PHYSIOLOGISCHE CHEMIE

EIN LEHR- UND HANDBUCH FÜR ÄRZTE
BIOLOGEN UND CHEMIKER

HERVORGEGANGEN AUS DEM
LEHRBUCH DER PHYSIOLOGISCHEN CHEMIE
VON OLOF HAMMARSTEN

ZWEITER BAND

ZWEITER TEIL

BANDTEIL a

HERAUSGEGEBEN VON

B. FLASCHENTRÄGER
ALEXANDRIA

UND

E. LEHNARTZ
MÜNSTER/WESTF.

SPRINGER-VERLAG BERLIN HEIDELBERG GMBH 1956

DER STOFFWECHSEL

ZWEITER TEIL

BANDTEIL a

BEARBEITET VON

K. LOHMANN · P. OHLMEYER
C. G. SCHMIDT · H. SÜLLMANN · Z. STARY

MIT 70 TEXTABBILDUNGEN

SPRINGER-VERLAG BERLIN HEIDELBERG GMBH 1956

ISBN 978-3-662-21765-8 ISBN 978-3-662-21764-1 (eBook)
DOI 10.1007/978-3-662-21764-1

URSPRUNGLICH ERSCHIENEN BEI SPRINGER-VERLAG OHG. BERLIN · GÖTTINGEN · HEIDELBERG 1956
SOFTCOVER REPRINT OF THE HARDCOVER 1ST EDITION 1956

Inhaltsverzeichnis.

Der Stoffwechsel. Zweiter Teil.

Seite

D. Physiologische Chemie einzelner Lebensvorgänge und Organe (Fortsetzung).

IV. Biochemie einiger Organe 1

1. Leber und Galle. Von Z. STARY, Istanbul 1
2. Muskel. Von K. LOHMANN, Berlin, und P. OHLMEYER, Tübingen 570
3. Gehirn und Nerven. Von C. G. SCHMIDT, Bad Nauheim 613
4. Auge und Tränen. Von H. SÜLLMANN, Münster i. W. 864

Namenverzeichnis 949

Sachverzeichnis 1193

Berichtigungen VI

Berichtigungen.

Zu Band I.

Seite

16[5]: statt: ATEN, A. H. W. lies: ATEN, A. H. W. jr.
29[3]: statt: ARNON, D. T. lies: ARNON, D. I.
78[7]: statt: (1923) lies: (1933).
92[17]: statt: HAMMETT lies: HAMMET.
211[20]: statt: MAVINIS lies: MARINIS.
243[12]: statt: FROMAGEOT, F. lies: FROMAGEOT, C.
247[3]: statt: SOGNAES lies: SOGNNAES.
294[6]: statt: DEUEL, A. J. jr. lies: DEUEL, H. J. jr.
426[7]: statt: PRELOG, K. lies: PRELOG, V.
535[7]: statt: FÖLLING, H. lies: FÖLLING, A.
638[1]: statt: ATEN, A. H. W. lies: ATEN, A. H. W. jr.
698[6]: statt: FLOBEY lies: FLOREY.
761[4]: statt: STANNIER lies: STANIER.
841[1]: statt: LASKOWSKY lies: LASKOWSKI.
908[1], 2. Zitat: statt: CHU, E., JU-HUA lies: CHU, E. J.-H.
996[1], Zitat: statt H. CALCKAR lies: H. M. KALCKAR.
1056[11]: statt: TOLALAY lies: TALALAY.
1073[1]: statt: FRAZER, A. C., J. SCHULMANN and H. STEWART lies: FRAZER, A. C., J. H. SCHULMAN and H. C. STEWART:
1091[10]: statt: HARRIS, D. J. lies: HARRIS, D. L.
1152[8]: statt: WOOLEY lies: WOOLLEY.
1195[10]: statt: G. F. CORI lies: C. F. CORI.
1201[9]: statt: ERKARNA lies: ERKAMA.
1263, li. Spalte: statt: ANTWEILER, H. A. lies: ANTWEILER, H. J.
1263, re. Spalte: statt: ARNON, D. T. lies: ARNON, D. I.
1264, li. Spalte: statt: ATEN, A. H. W. lies: ATEN, A. H. W. jr.
1286, li. Spalte: statt: CALCKAR, H. lies: KALCKAR, H. M., und ordne ein auf S. 1355, li. Spalte.
1290, li. Spalte: statt: CHRISTENSEN, L. K., u. W. F. ROSS lies: CHRISTENSEN, H. N., and W. F. ROSS.
1290, 2 Zeilen tiefer: — s. ROSS, W. F. ist CHRISTENSEN, H. N. zuzuordnen.
1290, re. Spalte: statt: CHU, E., and JU-HUA lies: CHU, E. J.-H.
1292, li. Spalte: statt: COLOWICK, S. P., H. CALCKAR and C. F. CORI lies: COLOWICK, S. P., H. M. KALCKAR and C. F. CORI.
1293, re. Spalte: statt: CORI, G. F. lies: CORI, C. F.
1293, re. Spalte: statt: CORI, G. T., H. W. SLEIN and G. F. CORI lies: CORI, G. T., M. W. SLEIN and C. F. CORI.
1299, re. Spalte: statt: DIPPEL, C. J., s. ATEN, A. H. W. lies: DIPPEL, C. J. s. ATEN, A. H. W. jr.
1301, li. Spalte: statt: DREVEN, J. v., s. ATEN, A. H. W. lies: DREVEN, J. v., s. ATEN, A. H. W. jr.
1305, li. Spalte: statt: ELLIS, J. W., and J. H. ZELLER lies: ELLIS, N. R., and J. H. ZELLER.
1306, re. Spalte: statt: ERKARNA lies: ERKAMA.
1310, li. Spalte: FERRY, J. D. um 1 Stelle nach oben rücken.
1312, li. Spalte: statt: FISCHER, ED. lies: FISCHER, ED. H.
1316, li. Spalte: bei: FISHMAN, W. H. statt: TOLALAY, P. lies: TALALAY, P.
1317, li. Spalte: statt: FLOBEY lies: FLOREY.
1317, re. Spalte: statt: FÖLLING, H. lies: FÖLLING, A.
1320, li. Spalte: statt: FRAZER, A. C., J. SCHUHMANN and H. STEWART lies: FRAZER, A. C., J. H. SCHULMAN and H. C. STEWART.
1322, li. Spalte: statt: FROMAGEOT, F. lies: FROMAGEOT, C.
1322, re. Spalte: bei FÜHRER statt: PRELOG, K. lies: PRELOG, V.
1323, li. Spalte: unter GALE, E. F.: statt: APPS lies: EPPS.
1325, li. Spalte: bei GOLDSCHMIDT, ST. (1923) streichen.
1334, li. Spalte: statt: HAMMETT lies: HAMMET.
1335, li. Spalte: bei: HARDING, H. E. statt: FLOBEY lies: FLOREY.

Seite

1335, re. Spalte: statt: HARRIS, D. J. lies: HARRIS, D. L.
1343, re. Spalte: bei: HILL, J. M. statt: MAVINIS lies: MARINIS.
1353, re. Spalte: bei: JONES, F. statt: MAVINIS lies: MARINIS.
1354, re. Spalte: JU-HUA s. CHU, E. ist zu streichen.
1359, re. Spalte: statt: KEUNING, K. J., s. ATEN, A. H. W. lies: KEUNING, K. J., s. ATEN, A. H. W. jr.
1365, li. Spalte: KOSTERLITZ sowie KOSTYTSCHEW in die re. Spalte hinter KOSSEL einordnen.
1373, li. Spalte: statt: LARDY, A. H. lies: LARDY, H. A.
1373, li. Spalte: statt: LASKOWSKY, M., and M. K. SEIDEL lies: LASKOWSKI, M., and M. K. SEIDEL und ordne ein unter: LASKOWSKI, M., hinter 1156[1].
1385, re. Spalte: statt: MAVINIS lies: MARINIS.
1386, re. Spalte bei: McCARTHY, E. F. statt: PAPJÁK lies: POPJÁK.
1387, li. Spalte: statt: McGILLOVRY lies: MACGILLAVRY.
1388, re. Spalte: bei: MELLANBY, J. statt: WOOLEY lies: WOOLLEY.
1394, re. Spalte: MOREHOUSE, G., s. DEUEL, A. J. jr. ist zu streichen.
1394, re. Spalte: bei: MOREHOUSE, M. G. statt: DEUEL, A. J. jr. lies: DEUEL, H. J. jr.
1396, li. Spalte: bei: MUIRHEAD, E. E. statt: MAVINIS lies: MARINIS.
1402, re. Spalte: bei: OGSTON, A. G. statt: STANNIER lies: STANIER.
1411, re. Spalte: statt: PRELOG, K. lies: PRELOG, V.
1429, li. Spalte, 1. Zeile: statt: SCHÖNEIMER lies: SCHÖNHEIMER.
1429, li. Spalte, vorletzte Zeile: SCHØNHEYDER, F. ist hinter SCHÖNHEIMER einzuordnen.
1430, re. Spalte: statt: SCHULMANN, J. lies: SCHULMAN, J. H.
1432, li. Spalte: bei: SEIDEL, M. K. statt: LASKOWSKY lies: LASKOWSKI.
1435, li. Spalte: bei: SIPOS, F. statt: ARNON, D. T. lies: ARNON, D. I.
1438, li. Spalte: statt: SOGNAES lies: SOGNNAES.
1440, li. Spalte: statt: STANNIER lies: STANIER.
1442, re. Spalte: statt: STEWART, H. lies: STEWART, H. C.
1443, re. Spalte: bei: STOUT, P. statt: ARNON, D. T. lies: ARNON, D. I.
1455, re. Spalte: statt: UREY, H. C., A. H. W. ATEN and A. S. KESTON lies: UREY, H. C., A. H. W. ATEN jr. and A. S. KESTON.
1458, re. Spalte: bei: VOLKER, J. F. statt: SOGNAES lies: SOGNNAES.
1472, li. Spalte: statt: WOOLEY, V. J. lies: WOOLLEY, V. J.

Zu Band II/1a.

187[1]: statt: LEIBOWITZ, T. lies: LEIBOWITZ, L.
252, 5. Absatz, 1. Zeile: statt: seriös lies: serös.
516[9]: statt: MERTEN lies: MENTEN.

Zu Band II/1b.

1037: In der Coenzym A-Formel muß es bei Pantethein heißen:

$$-C(=O)-N(H)-CH_2-CH_2-C(=O)-N(H)-CH_2-CH_2-SH$$

1223[6]: statt: THUDICHUM, L. L. W. lies: THUDICHUM, J. L. W.
1264, li. spalte: Statt: ANDERSCH, WILSON and MERTEN lies: ANDERSCH, WILSON and MENTEN.
1296, re. Spalte: statt: BUESNOD lies: BUENSOD.
1311, re. Spalte: CORLEY. R, C. s. CHRISTENSEN, H. N. ist zu streichen.
1321, li. Spalte: bei: DIMTER, A. lies: — HEPEN 339[3]. — Squalen und Hepen fehlen im Blut 339[4].
1326, re. Spalte: bei: EDELBACHER statt: v. BONEN lies: von BONEM.
1327, re. Spalte: bei EGGLESTON, L. V., s. KREBS, H. A. statt: 971[19] lies: 971[9].
1328, li. Spalte: bei EIRICH statt: F. MARK lies: H. MARK.
1329, li. Spalte: statt: ELKINTON, J. P. lies: ELKINTON, J. R.
1345, li. Spalte: FRIEDMANN, B. (Zeile 19 von oben) sowie FRIEDMANN, E. (Zeile 21—24 von oben) sind einzuordnen bei Zeile 6 von unten bzw. 5 von unten derselben Seite.
1352, li. Spalte: GLATZKO, A. J. gehört zu 1351 re.
1376, re. Spalte: bei: HEVESY, G. (C.) (v.) statt: LINDSTRØM-LANG lies: LINDERSTRØM-LANG.
1378, li. Spalte: statt: HINSELWOOD lies: HINSHELWOOD.
1386, li. Spalte: INUKAI ist falsch eingeordnet.

Seite

1401, li. Spalte: bei: Klein, W.: Zusammenfassung usw. statt: 1177[2] lies: 1177[28].
1417, li. Spalte: statt: Leibowitz, T. lies: Leibowitz, L.
1442, re. Spalte: statt: Merten, M. L. lies: Menten, M. L.
1531, re. Spalte: statt: Thudichum, L. L. W. lies: Thudichum, J. L. W.
1609, li. Spalte: statt: Ephistia lies: Ephestia.
1652, li. Spalte: statt: Englobulin lies: Euglobulin.
1660, re. Spalte, Zeile 25: Methylfumarsäure ist falsch eingeordnet.
1660, re. Spalte: statt: 2-Methyl-3-phythyl-1,4-naphthochinon lies: 2-Methyl-3-phytyl-1,4-naphthochinon.
1662, re. Spalte: statt: „milieu intèrieur“ lies: „milieu intérieur“.
1679, re. Spalte, letzte Zeile: statt: Naphtindan lies: Naphthindan.
1688: Unter Progesteron statt: s. a. Corpus Leutum-Hormon lies: s. a. Corpus luteum-Hormon.
1696, li. Spalte: hinter: Sauerstoff, Austausch in der Lunge 505 einfügen: —, kein, zwischen Sulfat und Wasser 653.
1704, re. Spalte: statt: Tetraäthyl-thiuramid-sulfid lies: Tetraäthyl-thiuram-disulfid.
1711, li. Spalte: hinter: Venenblut füge ein: Venensteine 721.

Zu Band II/2a.

22, vorletzte Zeile: statt: Tetrahydronaphtylamin lies: Tetrahydronaphthylamin.
53[1]: statt: **2**, 281 (1845) lies: **1854**, 281.
65[3], 3. Zitat: statt: Mohamed, M. S. lies: Safwat Mohamed, M.
65[9]: statt: P. Heytler lies: P. G. Heytler.
66[13]: statt: Flemming lies: Fleming.
74[6]: statt: Russel lies: Russell; statt: (1930) lies: (1938).
77[1]: statt: Kastrop lies: Kastrup.
78[8]: statt: Mering, I. v. lies: Mering, J. v.
82[12]: statt: Illingwotrh lies: Illingworth.
97[6], 3. Zitat: statt: G. E. Wever lies: G. K. Wever.
104[4]: statt: Lefon lies: Lafon.
109[4]: statt: McNair, Scott, D. B. lies: Scott, B. D. McN.
115[5]: statt: W. G. Bissell lies: G. W. Bissell.
124[5]: statt: F. G. Fry lies: Fry, E. G.
125[3]: statt: Stoerck lies: Stoerk.
128[3], 2. Zitat: statt: Larson lies: Larsen.
132[2]: statt: H. Belin lies: P. Belin.
137[1]: statt: Wallsch lies: Waelsch.
139[5]: statt: Dible, J. H. z. lies: Dible, J. H.
142[5], 1. Zitat: statt: D. S. Ingle lies: D. J. Ingle.
142[20]: statt: R. L. Barnes lies: R. H. Barnes.
146[5]: statt: C. L. Keith lies: C. K. Keith.
154[15]: statt: Govaerts, J. M. lies: Govaerts, J.
157[14]: statt: Petterson lies: Peterson.
160[10]: statt: Hahn, L. H. lies: Hahn, L. A.
212[16], 1. Zitat: statt: Labbé, H. lies: Labbé, M.
213[6], 1. Zitat: statt: J. A. Weiss lies: H. A. Weiss.
222[7]: statt: Westerfield lies: Westerfeld.
234[10], 1. Zitat: statt: 591 lies: 598.
246[11], 4. Zitat: statt: Kalk, K. lies: Klak, H.
291[1]: statt: 7347[4] lies: 7347[1].
293[7], 3. Zitat: statt: Bokman, A. lies: Bokman, A. H.
337, 2. Absatz, Zeile 6: statt: C-Atom[6] lies: C-Atom 6.
338, letzter Absatz, 3. Zeile: streiche: an.
345, letzter Absatz, 3. Zeile: statt: nachgewiesenem lies: nachgewiesene.
345, letzte Zeile: statt: Seemiller lies: Seegmiller.
348[10]: statt: Con lies: Kon.
356[1]: statt: Sharmann lies: Sharman.
372[3]: statt: W. D. Andrus lies: W. de W. Andrus.
377[14]: statt: Schulenburg lies: Schulenberg.
380[10]: statt: Gosh lies: Ghosh; vor **138**, 844 (1936) füge ein: Guha, B. C., and B. Ghosh: Nature.
387[13]: statt: F. Goudsmit lies: J. Goudsmit.
389[11]: statt: M. L. Mason lies: H. L. Mason (zweimal).
413[14] u. 414[1]: statt: Laskovsky lies: Laskowski.
414[12]: statt: Raimondo, F., Di N. Mannino lies: Raimondo, F. di, N. Mannino.

Seite

419, 2. Absatz, 4. Zeile: statt: Leichmanii lies: Leichmannii.
419[14]: statt: GRIDWOOD lies: GIRDWOOD.
428[5]: statt: HELLER, C. J. lies: HELLER, C. G.
435, 2. Absatz, 3. Zeile: Hinter Gruppe füge ein: an.
449[6]: statt: TYLOR lies: TYLER.
482, 1. Absatz, 6. Zeile: statt: Toluoyl- lies: Tolyl-
494[11]: statt: M. M. KENNAWAY lies: N. M. KENNAWAY.
495[10]: statt: SCHINZ, R. H. lies: SCHINZ, H. R. (zweimal).
496[4]: statt: T. GILLMANN lies: T. GILLMAN.
498[1]: statt: E. C. MILLRE lies: E. C. MILLER.
503[4], 2. Zitat: statt: F. SHELTON lies: E. SHELTON.
505[14]: statt: FAETHERSTON lies: FEATHERSTON.
511, vorletzter Absatz, 3. Zeile: statt: (s. d.) lies: (s. S. 514).
512[8], 3. Zitat: statt: T. H. MALLOY lies: H. T. MOLLOY.
512[9]: statt: ANSELMINO, J. A. lies: ANSELMINO, K. J.
514[7], 3. Zitat: statt: DODOS lies: DODDS.
514[10], letztes Zitat: statt: Isiopat. lies: Fisiopat.
518[11], 2. Zitat: statt: GORGES lies: GÖRGES.
527, 9: statt: FICKENTSCHER lies: FIKENTSCHER.
531[12], vorletztes Zitat: statt: ORNDOFF lies: ORNDORFF.
541[13]: statt: LEHMAN lies: LEHMANN.
550[1]: statt: FRIEDMANN lies: FRIEDMAN.
554[15]: statt: SJÖWALL lies: SJÖVALL.
579[3]: statt: L. LAKI lies: K. LAKI.
626[7]: statt: RABINOVITSCH lies: RABINOVITCH.
652[11]: statt: WOHLFAHRT lies: WOHLFART.
656, 2. Absatz, letzte Zeile: S. 685 und S. 826 sind zu vertauschen.
678[1]: statt: GAILBRAITH lies: GALBRAITH.
705[19]: statt: E. KRIMSKY lies: I. KRIMSKY.
748, 2. Absatz, 7. Zeile: statt: S. 736 lies: S. 756.
759, 2. Absatz, 4. Zeile: statt: Glucosamin lies: Glykocyamin.
759[8]: statt: MACKENZIE, E. C. G. lies: MACKENZIE, C. G.
765[9] u. 767[1]: statt: REISS, J. L. lies: REIS, J.
767[3–5]: statt: REISS, J. L. lies: REIS, J. L.
790, 3. Absatz, 7. Zeile: statt: Mescalin lies: Mezcalin.
792, 1. Absatz, vorletzte Zeile: Hinter 779 ist einzufügen: 803.
846, 2. Absatz, 7. Zeile von unten: statt: Phosphoryl lies: Phosphorylcholin.
865: Unter g): statt: aquaeus lies: aqueus.
886[4], 2. Zitat: statt: H.-C. WOODS lies: A.-C. WOODS.
891, 3. Zeile: statt: Brenzsäure lies: Brenztraubensäure.
901: Im Kolumnentitel und der Überschrift: statt: aquaeus lies: aqueus.
903: Im Kolumnentitel: statt: aquaeus lies: aqueus.
903[1] u. 904[10]: statt: SALLMANN, L. VON lies: SALLMANN, L. VAN.
936[13]: statt: REIS, J. (L.) lies: REIS, J.
974, re. Spalte: bei: BRAUER, R. W. statt: NICOSIA lies: NICOSIAS.
1017, re. Spalte: bei: FLASCHENTRÄGER, B., Zeile 10/11 statt: p-Toluylsulfonamid lies: p-Tolylsulfonamid.
1032, re. Spalte: bei: GRIFFIN, RINFRET and CORIGLIA statt: 3′,3′-Methyl- lies: 3′-Methyl-.
1108, re. Spalte: statt: NICOSIA lies: NICOSIAS.

γ) Stoffwechsel und Funktion der Lipoide.

1. Funktion der Lipoide.

Während die strukturelle Aufklärung der Lipoidbestandteile im Zentralnervensystem weit fortgeschritten ist, ist über Funktion und Stoffwechsel der Lipoide bisher wenig bekannt. Sie erfüllen sicherlich im Zentralnervensystem wichtige strukturelle Aufgaben. Es ist offensichtlich, daß sie außerdem vitale Funktionen übernehmen, wie sich aus den Beziehungen zwischen pathologischer Verteilung und Ablagerung und den Folgen für den Gesamtorganismus ergibt. Es dürfte ferner wahrscheinlich sein, daß obwohl die Reizleitung im Achsenzylinder selbst erfolgt, auch die Markscheiden bei diesem Vorgang eine wesentliche Rolle spielen[1], wenn auch die Myelinisierung keine notwendige Voraussetzung für die Erregungsleitung ist[2–4]. Achsenzylinder und Markscheiden müssen als funktionelle Einheit aufgefaßt werden, bei der die Markscheiden nicht nur als hervorragende elektrische Isolatoren aufzufassen sind. Die Markscheiden dürften auf Grund polarisations- und röntgenoptischer Untersuchungen[5] aus zahlreichen übereinandergelagerten zylindrischen Schichten von Lipoiden und Eiweiß bestehen. Die Lipoide sollen in molekularer Doppelschicht so ausgerichtet sein, daß die hydrophoben Paraffinketten in radiärer Stellung den inneren Teil der Schicht und die hydrophilen, in die wäßrige Eiweißschicht hineinragenden Gruppen den äußeren Teil bilden. Es ist möglich, daß diese Lipoidschichten die Eigenschaften einer polarisierbaren Membran besitzen und als Sitz der Potentialspannung gelten können[1]. Nach KLENK[1] ist in diesem Zusammenhang das Vorhandensein von Lipoiden mit stark unterschiedlichem isoelektrischen Punkt von Bedeutung. So dürfte der isoelektrische Punkt von Serinkephalin und Sulfatiden weit im sauren, der von Lecithin und Sphingomyelinen im alkalischen Bereich liegen. Unter der Voraussetzung, daß Lecithin und Sphingomyelin die eine, Serinkephalin und Sulfatide die andere Seite der Membran bilden, müßte sie der Sitz einer relativ hohen Potentialspannung auch dann sein, wenn auf beiden Seiten der Membran dieselbe Wasserstoffionen- und Elektrolytkonzentration herrscht[1]. Andererseits dürften derartige Lipoidschichten mit anderen vorwiegend aus Cerebrosiden und Cholesterin bestehenden abwechseln, die andere Funktionen ausüben werden. Es ist ferner bemerkenswert, daß die sehr reaktionsfähigen Acetalphosphatide fast vollständig in den Markscheiden lokalisiert sein sollen (s. S. 638, 646). Ihre Funktion ist bisher nicht bekannt.

Die frühere Ansicht einer alleinigen strukturellen Aufgabe der Lipoide ist unzureichend. Neuere Untersuchungen mit Deuterium und radioaktivem P ergaben unter bestimmten Bedingungen einen schnellen Umsatz dieser Elemente im Hirngewebe[6] (s. S. 735). Es scheinen Zusammenhänge zwischen dem Lipoidstoffwechsel des Zentralnervensystems und der nervalen und psychischen Aktivität zu bestehen[6].

Ein möglicher Weg, auf dem der Stoffwechsel der Lipoide mit physiologischen Vorgängen im Zentralnervensystem verknüpft sein könnte, wäre die Beteiligung am Ionentransport durch Nervenzellen und -membranen[7] (s. S. 801), der in Nerven von Tintenfischen und Krabben mit besonderer Aktivität vor sich geht[8–10]. Da die elektrophysiologischen Eigenschaften der verschiedensten Arten

[1] KLENK, E.: 3. Mosbacher Coll. S. 36. — [2] MOTT, F. W.: Lancet **1900 I**, 1779. — [3] ULETT, G. A., R. S. DOW and O. LARSELL: J. comp. Neurol. **80**, 1 (1944). — [4] WOLF, A., E. A. KABAT and A. E. BEZER: J. Neuropath. exp. Neurol. **6**, 333 (1947). — [5] SCHMITT, F. O., and R. S. BEAR: Biol. Reviews **14**, 27 (1939). — [6] SLOANE-STANLEY, G. H.: Biochem. J. **50**, XXIV (1951). — [7] SLOANE-STANLEY, G. H.: Lipoids of the central nervous system. Biochem. Soc. Symp. 8, 44 (1952). — [8] ROTHENBERG, M. A.: Biochim. biophysica Acta, N.Y. **4**, 96 (1950).— [9] KEYNES, R. D.: J. Physiol., London **113**, 99; **114**, 119 (1951). — [10] KEYNES, R. D., and P. R. LEWIS: J. Physiol., London **114**, 151 (1951).

von leitenden Geweben ähnlich sind[1], ist zu vermuten, daß die gleichen Erscheinungen auch für das Zentralnervensystem gelten. Der Gesamtbetrag von Na^+, der während eines durchlaufenden Impulses von nur 0,4 msec Anstieg des Aktionspotentials[2] die Oberfläche (1 cm^2) der Nervenfasern von Tintenfischen durchwandert, beträgt 17×10^{-12} Mol, so daß Nervengewebe, das in seinem Aufbau dem des Tintenfisches ähnelt, fähig ist, über 10^6 μMol Na^+ je g Frischgewicht je Std durch seine Membranen zu transportieren. Die höchste beschriebene Aktivität eines lipolytischen Enzyms im Gehirn beträgt dagegen rund 50 μ Mol/g/Std[3]. Es ist daher unwahrscheinlich, daß derartige Enzyme an dem sehr schnellen Ionentransport im Zentralnervensystem beteiligt sind. Möglicherweise können die Lipoide aber durch nichtfermentative Mechanismen in diesen Prozeß eingeschaltet sein. Andererseits ist es möglich, daß das aktive diphosphoinositspaltende Enzymsystem[4] am Kalium-Natriumaustausch beteiligt ist.

Im peripheren Nerven dürfte Bewegung und Stoffwechsel der Lipoide durch den stetigen distalen Fluß von Material entlang den Nervenfasern[5,6] für Ernährung, Stoffwechsel und Funktion von Bedeutung sein; gewisse strukturelle Besonderheiten an den synaptischen Endigungen von Nervenfasern[7,8] lassen einen ähnlichen Strom auch in zentralen Fasern vermuten[3].

Die Mitochondrien enthalten neben größeren Mengen Eiweiß beträchtliche Bestände an Phosphatiden[9]. Ihre genaue Beteiligung an den durch die Mitochondrien katalysierten Reaktionen ist noch nicht bekannt, obwohl der P-Einbau in die Phosphatidfraktion des Gehirns von der Atmungskettenphosphorylierung abhängt[10].

2. Stoffwechsel der Lipoide.

Neuere Einblicke in den Lipoidstoffwechsel des Zentralnervensystems konnten erst durch Anwendung der Isotopentechnik unter Berücksichtigung der Blut-Hirnschranke gewonnen werden. Infolge des gegenüber anderen Organen verzögerten Einbaus von markierten Fettsäuren[11-14], von radioaktivem P in Form von Na_2HPO_4[15-17] oder von Phosphatiden[18], von markiertem Cholin und Serin[19,20] in die Lipoide des Gehirns schien ihr Stoffwechsel im Zentralnervensystem ausgesprochen träge zu sein. Diese Ergebnisse sind indessen durch die langsame Permeation der benutzten Verbindungen durch die Blut-Hirnschranke zu erklären[21-27], so daß zumindest bei experimentellen Eingriffen mit der Möglichkeit gerechnet werden muß, daß die Blut-Hirnschranke einen den Stoffwechsel des Zentralnervensystems regulierenden Faktor darstellt. Dies ergibt sich z. B.

[1] HUXLEY, A. F., and R. STÄMPFLI: J. Physiol., London **112**, 476, 496 (1951). — [2] HODGKIN, A. L., and B. KATZ: J. Physiol., London **108**, 37; **109**, 240 (1949). — [3] SLOANE-STANLEY, G. H.: Metabolism and function in nervous tissue. Biochem. Soc. Symp. **8**, 44 (1952). — [4] SLOANE STANLEY, G. H.: Biochem. J. **49**, IV (1951). — [5] WEISS, P.: Anat. Rec. **88**, 464 (1944). — [6] SAMUELS, A. J., L. L. BOYARSKY, R. W. GERARD, B. LIBET and M. BRUST: Amer. J. Physiol. **164**, 1 (1951). — [7] WEBER, A.: C. R. Soc. Biol. **137**, 422 (1943); **144**, 740 (1950). — [8] MICHELI, H.: Exper. **7**, 426 (1951). — [9] LEHNINGER, A. L.: Z. Naturforsch. **7**b, 256 (1952). — [10] DAWSON, R. M. C.: Biochem. J. **53**, VIII (1953). — [11] McCONNEL K. P., and R. G. SINCLAIR: J. biol. Ch. **118**, 131 (1937). — [12] SINCLAIR, R. G.: J. biol. Ch. **134**, 89 (1940). — [13] CAVANAGH, B., and H. S. RAPER: Biochem. J. **33**, 17 (1939). — [14] SPERRY, W. M., H. WAELSCH and V. A. STOYANOFF: J. biol. Ch. **135**, 281 (1940). — [15] PERLMAN, I., S. RUBEN and I. L. CHAIKOFF: J. biol. Ch. **122**, 169 (1937). — [16] DZIEWIATKOWSKI, D., and D. BODIAN: J. cellul. comp. Physiol. **35**, 141 (1950). — [17] STREICHER, E., and R. W. GERARD: Proc. Soc. exp. Biol. Med. **85**, 174 (1954). — [18] HEVESY, G., and L. HAHN: Kgl. danske Vid. Selsk. biol. Medd. **15**. No. 6 (1940). — [19] STETTEN, D. jr.: J. biol. Ch. **140**, 143 (1941). — [20] LEVINE, M., and H. TARVER: J. biol. Ch. **184**, 427 (1950). — [21] CHARGAFF, E.: J. biol. Ch. **128**, 587 (1939). — [22] HEVESY, G., and L. HAHN: Kgl. danske Vid. Selsk. biol. Medd. **15**, No. 5 (1940). — [23] SINCLAIR, R. G.: Biol. Symp. **5**, 82 (1941). — [24] CHAIKOFF, I. L.: Physiol. Rev. **22**, 291 (1942). — [25] LINDBERG, O., and L. ERNSTER: Biochem. J. **46**, 43 (1950). — [26] HEVESY, G.: Ann. Rev. **9**, 641 (1940). — [27] DAWSON, R. M. C.: Biochem. J. **50**, XXV (1952).

aus dem extrem langsamen Eintritt von anorganischem Phosphat[1,2] in das Gehirn. In analoger Weise nimmt das Gehirn im Gegensatz zur Leber von im Blut kreisenden markierten Phosphatiden in 4 Std nur 0,06% auf[3]. Ähnlich ist — wiederum durch die Existenz der Blut-Hirnschranke bedingt — der für Leber und Niere nachgewiesene schnelle Austausch ihrer Phosphatide mit denen des Blutplasmas für Gehirn nur sehr beschränkt[3,4]. Hirngewebe weist unter diesen Umständen die geringste Phosphatidsynthese aller Organe auf. Nur bei jungen Tieren wird als charakteristisches Zeichen der Wachstumsvorgänge vom Gehirn mehr P in die Phosphatide aufgenommen. Bei hungernden Tieren ist im Gehirn im Gegensatz zu Leber und Dünndarm die Phosphatidsynthese unbeeinflußt. Mit zunehmendem Alter sinkt der Phosphatidumsatz im Gehirn[5,6]. Nach neueren Untersuchungen ist aber der Stoffwechsel der Phosphatide im Gehirn mit dem anderer Organe vergleichbar[7]. Im Gehirn von erwachsenen Mäusen[6] und von Ratten[8] findet ein intensiver Austausch von radioaktivem P statt, der besonders bei Injektion in die Cysterne[8] — unter Umgehung der Blut-Hirnschranke — hohe Werte erreicht (s. S. 770).

Unter in vitro-Bedingungen konnte in Hirnhomogenaten erwachsener Ratten bei Inkubation in Hydrogencarbonatpuffer ein Verlust von etwa 12% der Phosphatide je Std beobachtet werden[9,10]. Der Stoffwechsel einzelner Lipoide, wie Strandin, der Sulfatide, Ganglioside und Sphingomyeline scheint noch nicht untersucht zu sein. Injiziertes Sphingomyelin verschwindet schnell aus der Blutbahn und wird in Leber, Niere und Milz, dagegen kaum im Gehirn gespeichert[11]. Gleichzeitig mit der Erhöhung des Lipoid-P wird der Lipoidabbau verstärkt, was aus der Steigerung des säurelöslichen P geschlossen werden kann. Der Abbau geht offenbar über die Abspaltung von Phosphorsäure vor sich. Neuere Untersuchungen[12] haben entgegen älteren Ansichten über die rein strukturellen Aufgaben der Lipoide ihre rasche Verwertung im Stoffwechsel nachweisen können. So wird nach Injektion von Desoxycorticosteron Galaktose im Gehirn mobilisiert und erscheint im Blut der Jugularvenen. Nach den bisherigen Kenntnissen kommt als Quelle allein ein rascher Abbau der Cerebroside in Frage. Wenngleich eine einmalige krampferzeugende Dosis von Insulin den Phosphatidgehalt im Gehirn von Kaninchen nicht beeinflußt[13], tritt bei längerer Einwirkung — mit Ausnahme vom Mittelhirn[14] — Verminderung des Phosphatidbestandes um 10% und der Neutralfette ein[14,15]. Es ist zu vermuten, daß bei der unter diesen Umständen eintretenden Erschöpfung der Kohlenhydratreserven die Lipoide zusätzlich als Energiequelle für den Hirnstoffwechsel herangezogen werden. Die Verminderung des Lipoid-P nach Insulinzufuhr ist durch Lecithin und Glucose nicht zu beeinflussen[15].

In zellfreien Homogenaten aus Meerschweinchengehirn erfordert der maximale Einbau von ^{32}P in die Lipoide des Gehirns die Gegenwart von Mg^{++}, Adenylsäure

---

[1] HAHN, L. A., G. C. HEVESY and E. C. LUNDSGAARD: Biochem. J. **31**, 1705 (1937). — [2] COHN, W. E., and D. M. GREENBERG: J. biol. Ch. **123**, 185 (1938). — [3] HAHN, L., and G. HEVESY: Nature **144**, 204 (1939). — [4] CHANGUS, G. W., I. L. CHAIKOFF and S. RUBEN: J. biol. Ch. **126**, 493 (1938). — [5] FRIES, B. A., G. W. CHANGUS and I. L. CHAIKOFF: J. biol. Ch. **132**, 23 (1940). — [6] DAWSON, R. M. C., and D. RICHTER: Proc. R. Soc. London (B) **137**, 252 (1950). — [7] SLOANE-STANLEY, G. H.: Metabolism and function in nervous tissue. Biochem. Soc. Symp. **8**, 44 (1952). — [8] LINDBERG, O., and L. ERNSTER: Biochem. J. **46**, 43 (1950). — [9] FRIES, B. A., H. SCHACHNER and I. L. CHAIKOFF: J. biol. Ch. **144**, 59 (1942). — [10] SPERRY, W. M.: J. biol. Ch. **170**, 675 (1947). — [11] GOEBEL, A.: B. Z. **319**, 196 (1948). — [12] BENTINCK, R. C., G. S. GORDAN, J. E. ADAMS, L. H. ARNSTEIN and T. B. LEAKE: J. clin. Invest. **30**, 200 (1951). — [13] PAGE, I. H., L. PASTERNAK u. M. L. BURT: B. Z. **231**, 113 (1931). — [14] RANDALL, L. O.: J. biol. Ch. **133**, 129 (1940). — [15] MCGHEE, E. C., E. PAPAGEORGE, W. L. BLOOM and G. T. LEWIS: J. biol. Ch. **190**, 127 (1951).

Cytochrom c, oxydierbaren Substanzen und von Sauerstoff[1]. Bei optimalem p_H-Wert von p_H 6,5 wird der größte Teil des markierten P bei 37° bereits in der 1. Std aufgenommen. Glucose und Mannose erhöhen in vitro den Einbau von anorganischem ^{32}P beträchtlich; Fructose hat nur geringen, Galaktose keinen Einfluß[2]. Die spezifische Aktivität der Phosphatidfraktion kann in vitro in Schnittversuchen bei Katzen auch durch Zusatz von Pyruvat und Lactat, dagegen nicht durch den von L- oder D-Glutaminat, α-Ketoglutarat, Citrat, Succinat oder Malat erhöht werden. Die anaerobe Glykolyse erlaubt nur geringen P-Einbau, der durch Fluorid bei Veratmung von Pyruvat oder Fumarat stark aktiviert wird. Der Einbau von ^{32}P in die Lipoide des Gehirns ist von der Atmungskettenphosphorylierung abhängig. Infolgedessen kann er durch 2,4-Dinitrophenol, Azid, Methylenblau, Arsenat, Gramicidin, SO_4^{--}, Ca^{++} hypertonische Lösungen, ferner durch Cyanid, Malonitril, Nembutal, Jodacetat und anaerobe Bedingungen gehemmt werden[1,2]. Auch Glucose, Kreatin, anorganisches Phosphat und unter bestimmten Bedingungen ATP schränken den P-Einbau ein. Die unter diesen Umständen beobachtete Lipoidsynthese betrifft vor allem die Kephalinfraktion, während Lecithine und Sphingomyeline praktisch nicht betroffen werden. Die außerordentlich hohe Aktivität der Kephalinfraktion beruht fast ausschließlich auf der Radioaktivität von Diphosphoinosit, wogegen sie bei Serinkephalin und Colaminkephalin sehr gering ist[3]. Als begrenzender Faktor der Reaktion ist die Atmungskettenphosphorylierung anzusehen. Die Synthesefähigkeit von Hirnhomogenaten ist durch die größere Schädigung des Gewebes 3—5fach geringer als die von Schnitten[4]. Hirngewebe (Schnitte) vermag in vitro Phosphatide mit radioaktivem P selbst in Abwesenheit von Glucose in einem Ausmaß von $^1/_{10}$—$^1/_2$ derjenigen von Leber zu synthetisieren[4,5]. In Anwesenheit von Glucose, Galaktose oder Mannose ist die Phosphatidsynthese im Gehirn junger Ratten 4—5fach stärker als bei ihrer Abwesenheit[6]. Fructose wirkt etwas schwächer; Pentosen üben keine Wirkung aus. Die fördernde Wirkung der Hexosen erlischt bei der Homogenisierung von Hirngewebe. Da der Zusatz der Hexosen nur unter aeroben Bedingungen die Phosphatidsynthese fördert, dürfte ihre Wirkung über die Atmungskettenphosphorylierung zustande kommen. Es ist zu vermuten, daß auch im Gehirn ebenso wie in der Leber[7] Cholinphosphat schneller in die Phosphatidfraktion eingebaut wird als freies Cholin. Hirngewebe enthält jedenfalls ein entsprechendes Ferment — *Cholinphosphokinase* —, das Cholin in Gegenwart von ATP phosphoryliert[8]:

$$(H_3C)_3\overset{+}{N}—CH_2—CH_2—OH + ATP — (H_3C)_3\overset{+}{N}—CH_2—CH_2—O—PO_3H_2 + ADP$$

ATP dürfte als spezifischer Phosphatdonator gelten, da Cholinphosphokinasepräparationen mit ADP nur schwach reagieren. Die gereinigte Cholinphosphokinase ist noch mit der Myokinase verunreinigt, so daß die spärliche Reaktion von ADP durch vorherige Umwandlung zu ATP erklärt werden kann. Werden durch Zusatz von Glucose und Hexokinase die aus ADP unter Vermittlung der Myokinase gebildeten Mengen ATP laufend entfernt, so zeigt die gereinigte Cholinphosphokinase keine Reaktion auf ADP.

Das Ferment, das in zahlreichen Organen und in der Hefe nachgewiesen werden konnte, wird durch Mg^{++} aktiviert und verliert in Abwesenheit von Cystein über 40% seiner Aktivität.

[1] DAWSON, R. M. C.: Biochem. J. **53**, VIII (1953); **57**, 237 (1954). — [2] STRICKLAND, K. P.: Canad. J. Biochem. **32**, 50 (1954). — [3] DAWSON, R. M. C.: Biochem. J. **55**, XII (1953); **57**, 237 (1954). — [4] FRIES, B. A., H. SCHACHNER and I. L. CHAIKOFF: J. biol. Ch. **144**, 59 (1942). — [5] FISHLER, M. C., A. TAUROG, I. PERLMAN and I. L. CHAIKOFF: J. biol. Ch. **141**, 809 (1941). — [6] SCHACHNER, H., B. A. FRIES and I. L. CHAIKOFF: J. biol. Ch. **146**, 95 (1942). — [7] KORNBERG, A., and W. E. PRICER jr.: Fed. Proc. **11**, 242 (1952). — [8] WITTENBERG, J., and A. KORNBERG: J. biol. Ch. **202**, 431 (1953).

Das p_H-Optimum liegt bei aus Hefe gewonnener Cholinphosphokinase zwischen p_H 8—9,5. Derartige Präparationen phosphorylieren außer Cholin noch Dimethyl- und Diäthyläthanolamin, Monomethyl- und Monoäthyläthanolamin sowie Äthanolamin. Es bleibt abzuwarten, ob bei der Synthese der Phosphatide im Gehirn auch Äthanolamin direkt phosphoryliert werden kann. Dies ist angesichts der Umwandlung von ^{32}P-Orthophosphat in Phosphoryläthanolamin[1] durch Hirnschnitte wahrscheinlich.

Auch der periphere Nerv (N. ischiadicus) kann beträchtliche Mengen an Phosphatiden synthetisieren[2]. Da der excidierte Nerv in vitro von seinen zugehörigen Nervenzellen getrennt ist, muß damit gerechnet werden, daß den Neurilemmzellen oder der Neuroglia bedeutende Fähigkeiten zur Synthese von Phosphatiden zukommt. Es ist auffallend, daß die spezifische Aktivität von radioaktivem P in der Phosphatidfraktion des Gehirns weitgehend unabhängig von der des säurelöslichen P ist[3]. Bei anaesthesierten Ratten ist der Einbau von radioaktivem P in die Phosphatid- und Nucleoproteidfraktion im Zusammenhang mit der allgemeinen Senkung des Stoffwechsels erniedrigt (s. Narkose S. 813). Bei Abfall der Körpertemperatur wird die Verminderung der Phosphatidsynthese weiter verstärkt. Bei Insulinhypoglykämie (s. S. 823) und elektrisch induzierten Krämpfen (s. S. 815) ist der P-Einbau in die Phosphatide des Gehirns im Gegensatz zu dem der Nucleoproteide ebenfalls deutlich herabgesetzt[3]. Die erhebliche Störung des Fettstoffwechsels bei Diabetes mellitus hat keinen Einfluß auf den Phosphatidstoffwechsel und die spezifische Aktivität (^{32}P) des Gehirns[4]. Plötzliche Rotation führt bei Mäusen zu 25%iger Abnahme des P-Einbaus in die Phosphatide des Gehirns[3], während Gewöhnung diesen Effekt vermissen läßt. Da die Muskelarbeit in beiden Fällen die gleiche ist, dürfte der schwere Schock und die damit verbundene Erregung für die Störung des Phosphatidstoffwechsels verantwortlich sein. Dem entsprechen Veränderungen des Milchsäuregehaltes und der Acetylcholinkonzentration im Gehirn bei psychischer Erregung[5,6]. Da bereits im Gehirn von Feten[7] eine Phosphatidsynthese nachgewiesen wurde und neuere Untersuchungen[3] eine relativ hohe Umsatzrate der Phosphatide im Gehirn ermitteln konnten, dürfen die Phosphatide des Zentralnervensystems nicht als stoffwechselmäßig inaktiv aufgefaßt werden, zumal da die beobachteten Umsatzraten in 70 Std einen Phosphataustausch bedingen, der dem Gesamtbetrag der in der Phosphatidfraktion enthaltenden Menge entspricht.

Verfütterung von carboxylmarkiertem Acetat führt im Gehirn von Ratten zur Bildung von radioaktivem *Sphingosin*, dessen spezifische Aktivität von der gleichen Größenordnung wie die der Fettsäuren in der Sphingolipoidfraktion ist[8]. Bei der Aufarbeitung und Zerlegung von Sphingosin in Formaldehyd, Ameisensäure und Palmitinsäure läßt sich eine spezifische Aktivität nur im Carboxyl-C-Atom der Palmitinsäure (C_3 des Dihydrosphingosins) nachweisen. Die Befunde sprechen gegen die Kondensation einer C_{16}-Fettsäure mit Äthanolamin bei der Biosynthese von Sphingosin[8]. Verwendung von Glykokoll-1-^{14}C, Glykokoll-2-^{14}C, ^{15}N und von Äthanolamin-2-^{14}C sowie von L-Serin-3-^{14}C; 2,3-D, ^{15}N in vitro ergab den Einbau von Glykokoll und von Serin in das Sphingosinmolekül[9].

C (3), C (2) und der Amino-N von Serin werden zu C (1) und C (2) bzw. zum Stickstoff des Sphingosinmoleküls. Der Einbau von Glykokoll in C (1) und C (2) des Sphingosins stimmt mit

---

[1] ANSELL, G. B., and R. M. C. DAWSON: Biochem. J. **50**, 241 (1951). — [2] FRIES, B. A., H. SCHACHNER and I. L. CHAIKOFF: J. biol. Ch. **144**, 59 (1942). — [3] DAWSON, R. M. C., and D. RICHTER: Proc. R. Soc. London (B) **137**, 252 (1950). — [4] ZILVERSMIT, D. B., and N. R. DI LUZIO: J. biol. Ch. **194**, 673 (1952). — [5] RICHTER, D., and R. M. C. DAWSON: Amer. J. Physiol. **154**, 73 (1948). — [6] RICHTER, D., and J. CROSSLAND: Amer. J. Physiol. **159**, 247 (1949). — [7] POPJÁK, G.: Nature **160**, 841 (1947). — [8] ZABIN, I., and J. F. MEAD: Fed. Proc. **12**, 294 (1953). — [9] SPRINSON, D. B., and A. COULON: J. biol. Ch. **207**, 585 (1954).

seiner vorherigen Umwandlung zu Serin überein. C(1) von Glykokoll wird ebenso wie Äthanolamin-2-^{14}C nicht in diesen Teil des Sphingosins eingebaut. Dagegen werden über 90% der Aktivität in C(3)—C(18) der Kohlenstoffkette des Sphingosins wiedergefunden. Da C(3)—C(18) des Sphingosins aus Acetat gebildet werden[1], dürften Glykokoll-1-^{14}C und Äthanolamin-2-^{14}C im Gehirn vor ihrem Einbau in das Sphingosinmolekül zu Acetat verwandelt werden.

Im Zusammenhang mit dem allgemeinen Austausch von kleinen Körperbausteinen im „metabolic pool" ist es von Interesse, daß mit ^{35}S versehenes Cystin von Hirnschnitten und Homogenaten außer in die Eiweißfraktion auch in die der Lipoide eingebaut wird[2]; nur ein geringer Teil der Radioaktivität in der Lipoidfraktion entsprach dabei den Lipoproteiden.

Das Schicksal des bei der Kephalinspaltung (s. S. 743) freiwerdenden Diphosphoinosits ist noch nicht sicher bekannt. Diphosphoinosit wird ebenso wie andere Hirnlipoide — aber 10mal schneller — unter Bildung freier Säure hydrolysiert[3]. Die Hydrolyse von Diphosphoinosit ist begleitet von der Freisetzung von organischem und von mit Inosit verbundenem Phosphat. Außerdem werden kleine Mengen N, von freiem Inosit und von Glycerin gefunden, die hauptsächlichste Reaktion ist aber die partielle Hydrolyse von Diphosphoinosit[3]. Möglicherweise ist es am Umsatz der Phosphoproteide des Gehirns[4] beteiligt sowie an dem distalwärts gerichteten Transport von Phosphoproteiden in peripheren Nerven[5], da offenbar die Hälfte des Phosphoproteid-phosphors dem Diphosphoinosit angehört[6]. Nach den bisherigen Ergebnissen dürfte der Umsatz von Kephalinen und Sphingomyelinen im Gehirn stärker als der von Lecithin sein[7,8]. Eine Decarboxylierung von Serinphosphatid zu Colaminphosphatid kommt in nennenswertem Umfang im Gehirn nicht vor. Wenn eine solche Reaktion existieren sollte, kann ihr maximaler Umsatz nur 2,4 μMol/g Feuchtgewicht je Std betragen[3].

Hirngewebe bietet ein Beispiel für die Beobachtung, daß intensive Synthese von *Cholesterin* und sein Abbau nicht notwendigerweise in einem Organ nebeneinander existieren. Im Hirngewebe neugeborener Ratten wird Cholesterin aus Acetat in einem Ausmaße synthetisiert, welches das der Leber erreicht und nur noch von dem der Haut übertroffen wird[9]. Mit zunehmendem Alter nimmt die Cholesterinsynthese ab[10]. Bei 60 Tage alten weiblichen Ratten ist nach Verabfolgung von Deuterium die Radioaktivität von Cholesterin im Gehirn geringer als in allen anderen Organen[11]. Obwohl im Gehirn neugeborener Ratten eine intensive Synthese von Cholesterin stattfindet, ist es nicht in der Lage, C_{26} des Cholesterins nennenswert zu oxydieren[12]. Nach oraler Verfütterung von ^{14}C-Stearinsäure wird die stärkste Radioaktivität des Cholesterins im Dünndarm gefunden, die die des Gehirns bei weitem übersteigt[13].

Oestrogene, Testosteron, Desoxycorticosteron und 11-Dehydro-17-oxycorticosteron (Cortison) werden vorzugsweise in Leber und Milz inaktiviert, dagegen nicht von Hirngewebe[14]. Mit radioaktivem ^{131}J gekennzeichnetes α-Oestradiol wird nach seiner Injektion zu 0,555% in der Leber und nur zu 0,004% im Gehirn gespeichert[15].

---

[1] Zabin, I., and J. F. Mead: Fed. Proc. **12**, 294 (1953). — [2] Gaitonde, M. K., and D. Richter: Biochem. J. **51**, XXXIX (1952). — [3] Sloane-Stanley, G. H.: Biochem. J. **53**, 613 (1953). — [4] Sloane-Stanley, G. H.: Metabolism and function in nervous tissue. Biochem. Soc. Symp. **8**, 44 (1952). — [5] Samuels, A. J., L. L. Boyarsky, R. W. Gerard, B. Libet and M. Brust: Amer. J. Physiol. **164**, 1 (1951). — [6] Folch, J., I. Ascoli, M. Lees, J. A. Meath and F. N. LeBaron: J. biol. Ch. **191**, 833 (1951). — [7] Chargaff, E., K. B. Olson and P. F. Partington: J. biol. Ch. **134**, 505 (1940). — [8] Hevesy, G., and L. Hahn: Kgl. danske Vid. Selsk. biol. Medd. **15**, No. 5 (1940). — [9] Srere, P. A., I. L. Chaikoff, S. S. Treitman and L. S. Burstein: J. biol. Ch. **182**, 629 (1950). — [10] Waelsch, H., W. M. Sperry and V. A. Stoyanoff: J. biol. Ch. **135**, 297 (1940). — [11] Alfin-Slater, R. B., H. J. Deuel jr., M. C. Schotz and F. K. Shimoda: Fed. Proc. **9**, 144 (1950). — [12] Meier, J. R., M. D. Siperstein and I. L. Chaikoff: J. biol. Ch. **198**, 105 (1952). — [13] Borgström, B.: Acta chem. scand. **5**, 1190 (1951). — [14] Louchart, J., and J. W. Jailer: Proc. Soc. exp. Biol. Med. **79**, 393 (1952). — [15] Albert, S., R. D. H. Heard, C. P. Leblond and J. Saffran: J. biol. Ch. **177**, 247 (1949).

3. Stoffwechsel der Fettsäuren.

Nervengewebe ist durch die Konstanz seiner Lipoidzusammensetzung gekennzeichnet, die auch für die Fettsäuren gilt (s. S. 685). Dennoch sind auch die Lipoide des Gehirns in ständigem Auf- und Umbau begriffen. Die Fettsäuren im Gehirn erwachsener Ratten werden in einer mit anderen Organen vergleichbaren Art umgesetzt[1]. Hirngewebe neugeborener Ratten synthetisiert Fettsäuren und Cholesterin stärker als andere Organe[2]. Deuteriumhaltiges Fett wird nach seiner Verfütterung in den Organ- und Körperfetten wiedergefunden. 6 Std nach seiner Verabreichung ist Deuterium in den Hirnglyceriden und Lipoiden nachweisbar. Seine Konzentration ist mit 0,01% D in den Glyceriden und mit 0,004% D in den übrigen Lipoiden des Gehirns geringer als in Leber, Blutplasma, Erythrocyten und Niere[3]. Der D-Gehalt in den Lipoiden steigt bis zu 10 Std nach der Verfütterung an; nach 24 Std sind bereits wieder niedrigere Werte vorhanden. Da es sich um sehr geringe Konzentrationen handelt, dürfte der Fettaustausch zwischen Blutplasma und Gehirn — bedingt durch die Blut-Hirnschranke — langsam und gering sein, was den Ergebnissen über die geringe P-Aufnahme in die Hirnlipoide entspricht. ^{14}C markiertes Acetat wird nach seiner Injektion in die Lipoide des Gehirns eingebaut[4]. Der Einbau kann durch Injektion von Urethan beträchtlich gefördert werden. Gehirnfett nimmt etwa 4mal mehr Acetat auf als die Proteine. Injektion von Acetat, das in der Carboxylgruppe ^{13}C enthält, führt zur Bildung von Fettsäuren mit ^{13}C. Nach seiner Injektion steigt im Gehirn die spezifische Aktivität der Fettsäuren innerhalb weniger Minuten an, bleibt aber im Gegensatz zur Leber ziemlich konstant[5]. Hirngewebe dürfte nicht wie die Leber Fettsäurefraktionen mit rascher Erneuerungsgeschwindigkeit enthalten. ^{14}C-1-Octansäure wird im durchströmten Gehirn mit Ausnahme von Cholesterin in alle Lipoidfraktionen eingebaut[6].

Über den Mechanismus des *Fettsäureumsatzes* im Gehirn ist wenig bekannt. Hirngewebe (Schnitte) von Meerschweinchen kann Buttersäure und Crotonsäure nicht[7], das von Ratten dagegen Laurinsäure und Octansäure[8] oxydieren. Hochemulgierte Triglyceride permeieren ohne Schwierigkeiten in die Zellen, wie sich aus der hohen Umsatzgeschwindigkeit von radioaktivem Trilaurin ergibt. In vitro oxydiert Hirngewebe Trilaurin und Octansäure schwächer als andere Organe, bei sehr geringer Substratkonzentration (0,0033 m) Octansäure allerdings besser als die Leber[8]. 36- bzw. 60stündiges Fasten ist ohne Einfluß auf die Oxydation von Fettsäuren im Gehirn. Hirnhomogenate und -schnitte scheinen Palmitinsäure nicht oxydieren zu können[9,10]. Verfütterte radioaktive Palmitinsäure wird dagegen vom Gehirn oxydiert, wenn auch Hirngewebe von allen Organen den geringsten Anteil der verfütterten Palmitinsäure einbaut[10]. Auch hier erfolgt der Austausch der Fettsäure langsam. Nicht mehr als 20% der Fettsäuren des Gehirns sind schnell austauschbar, der größere Rest dürfte vorwiegend strukturellen Aufgaben dienen. So ist z. B. nach 6 Std die Radioaktivität der Phosphatidfettsäuren erst $^1/_3$ so stark wie die der Nichtphosphatidfettsäuren[10]. Die schwere Löslichkeit der höheren Fettsäuren, die Tatsache ihrer schwachen Dissoziation bei

[1] Waelsch, H., W. M. Sperry and V. A. Stoyanoff: J. biol. Ch. **135**, 291 (1940). — [2] Waelsch, H., W. M. Sperry and V. A. Stoyanoff: J. biol. Ch. **140**, 885 (1941). — [3] Cavanagh, B., and H. S. Raper: Biochem. J. **33**, 17 (1939). — [4] Hevesy, G., R. Ruyssen and M. L. Beeckmans: Exper. **7**, 317 (1951). — [5] Hevesy, G., R. Ruyssen and M. L. Beeckmans: Exper. **7**, 144 (1951). — [6] Sperry, W. M., R. M. Taylor and H. L. Meltzer: Fed. Proc. **12**, 271 (1953). — [7] Quastel, J. H., and A. H. M. Wheatley: Biochem. J. **27**, 1753 (1933). — [8] Geyer, R. P., L. W. Matthews and F. J. Stare: J. biol. Ch. **180**, 1037 (1949). — [9] Weinhouse, S., R. H. Millington and M. E. Volk: J. biol. Ch. **185**, 191 (1950). — [10] Volk, M. E., R. H. Millington and S. Weinhouse: J. biol. Ch. **195**, 493 (1952).

physiologischem p_H und die Unlöslichkeit ihrer Ca- und Mg-Salze, die Medien mit unphysiologischer ionaler Zusammensetzung erfordert, erschweren die in vitro-Untersuchung[1]. Außerdem hemmt das Fettsäureanion durch seine Oberflächenaktivität die Enzyme der Fettsäureoxydation[2,3].

Auf Grund der bisher vorliegenden Untersuchungen besteht kein Zweifel, daß die Leber der Hauptort des Fettsäurestoffwechsels ist. Es ist aber nicht ausgeschlossen, daß Hirn- und Nervengewebe selbständig in die *Oxydation der Fettsäuren* eingreifen. Die Funktion der peripheren Gewebe ist bisher überwiegend darin gesehen worden, die Oxydation der Fettsäuren zu vervollständigen, indem sie die zunächst in der Leber gebildeten Ketonkörper weiteroxydieren sollten[4]. Auch für Hirngewebe wurde das Nichtvermögen der einleitenden Fettsäureoxydation angenommen. Durch Isotopenstudien konnte die direkte Oxydation von Fettsäuren in extrahepatischen Geweben bewiesen werden[2,5-9], die auch für Gehirn gilt[1,5]. Dies ist nicht überraschend, da die Fermente der Fettsäureoxydation in den Mitochondrien lokalisiert sind[10-12], wo sie in Gegenwart von ATP, Mg^{++}, anorganischem Phosphat und unter Sauerstoffaufnahme die Oxydation von Fettsäuren katalysieren[10]. Die Untersuchungen mit radioaktiven Isotopen weisen ebenso wie der niedrige *RQ* bei Glucosemangel darauf hin, daß auch für Gehirn die Möglichkeit besteht, die endogene Atmung teilweise durch Verbrennung von Fetten zu unterhalten. Hirngewebe dürfte Linolensäure oxydieren; vorherige Behandlung mit adrenocorticotropem Hormon und Nebennierenrindenextrakten scheint die Verbrennung der Säure in aerob inkubierten Hirnhomogenaten zu fördern[13]. Das gleiche gilt für die Einwirkung einiger Analgetica, wie Morphin, Meperidin (Äthylester von 1-Methyl-4-phenylpiperidin-4-carboxylat), Methadon (2-Dimethylamino-4:4-diphenylheptan-5-on) sowie von Adrenalin und Ascorbinsäure[13,14]. Von allen tierischen Geweben besitzt Hirn- und Nervengewebe die größte Fähigkeit zur Oxydation von Linolensäure[15], gefolgt von Medulla oblongata und Testes. Bei Vitamin C-Mangel ist die Oxydation der Linolensäure herabgesetzt[14,15]. Während zwischen beiden Hirnhemisphären keine Unterschiede bestehen, ist die Oxydation der Linolensäure im Bulbus olfactorius gering. Die in Gehirn, Medulla oblongata und anderen Organen bei Vitamin C-Mangel herabgesetzte Oxydation ungesättigter Fettsäuren kann durch Ascorbinsäurezusatz in vitro im Gehirn im Gegensatz zu Leber, Milz und Herzmuskel normalisiert werden. Zusatz von Vitamin C kann sogar im Nervengewebe gesunder Meerschweinchen die Fettsäureoxydation fördern[15].

Über die Einzelheiten der Fettsäureoxydation im Gehirn ist wenig bekannt. Vermutlich geschieht sie auch hier über die β-Oxydation und die biologische Endoxydation im Citronensäurecyclus unter vorheriger Bildung von „aktivierter Essigsäure", deren reversible Umwandlung zu bzw. Bildung aus Acetessigsäure auch im Gehirn möglich sein dürfte. Brenztraubensäure wird im Organstoffwechsel teilweise zu Milchsäure, Acetessigsäure durch die β-Oxybuttersäure-

[1] Volk, M. E., R. H. Millington and S. Weinhouse: J. biol. Ch. **195**, 493 (1952). — [2] Weinhouse, S., R. H. Millington and M. E. Volk: J. biol. Ch. **185**, 191 (1950). — [3] Kennedy, E. P., and A. L. Lehninger: J. biol. Ch. **185**, 275 (1950). — [4] Stadie, W. C.: Physiol. Rev. **25**, 395 (1945). — [5] Geyer, R. P., L. W. Matthews and F. J. Stare: J. biol. Ch. **180**, 1037 (1949). — [6] Lehninger, A. L.: J. biol. Ch. **165**, 131 (1946). — [7] Goldman, D. S., I. L. Chaikoff, W. O. Reinhardt, C. Entenman and W. G. Dauben: J. biol. Ch. **184**, 719 (1950). — [8] Weinman, E. O., I. L. Chaikoff, W. G. Dauben, M. Gee and C. Entenman: J. biol. Ch. **184**, 735 (1950). — [9] Chaikoff, I. L., D. S. Goldman, G. W. Brown jr., W. G. Dauben and M. Gee: J. biol. Ch. **190**, 229 (1951). — [10] Lehninger, A. L.: Z. Naturforsch. **7**b. 256 (1952). — [11] Kennedy, E. P., and A. L. Lehninger: J. biol. Ch. **179**, 957 (1949). — [12] Schneider, W. C.: J. biol. Ch. **176**, 259 (1948). — [13] Bernheim, F., and H. L. Zauder: Fed. Proc. **9**, 150 (1950). — [14] Donnan, S. K.: J. biol. Ch. **182**, 415 (1950). — [15] Abramson, H.: J. biol. Ch. **178**, 179 (1949).

dehydrogenase zu β-Oxybuttersäure reduziert[1]. Auch α-Ketoglutarsäure und Oxalessigsäure reagieren ähnlich. Hirngewebe baut α-Ketopropionsäure und β-Ketobuttersäure ab, während γ-Ketovaleriansäure und δ-Ketocapronsäure nicht umgesetzt werden. Es können also offenbar nur die α- und β-, nicht aber die γ- und δ-Ketogruppen angegriffen werden. Dies dürfte auch der Grund sein, warum Oxalessigsäure, die gleichzeitig als α- und als β-Ketosäure aufgefaßt werden kann, so leicht im intermediären Stoffwechsel außer der Bildung von Citronensäure umgesetzt wird. Der Fettsäureabbau dürfte auch im Gehirn über die β-Oxydation mit nachfolgendem Abbau zu 2-C-Stufen vor sich gehen[2].

Es dürfte noch zu klären sein, ob die für andere Organe festgestellte bevorzugte Umwandlung von Fettsäuren mit kurzer Kette in Ketonkörper und die vorwiegende Oxydation von Fettsäuren mit langer Kette[3] auch für das Gehirn gilt. *Bildung und Schicksal der Ketonkörper im Gehirn* sind umstritten. Hirngewebe scheint in vitro aus Essigsäure, Buttersäure und Propionsäure keine Ketonkörper zu bilden[4]; Hirnschnitte können keine der 3 Säuren verwerten. Während außer der Leber auch von anderen Organen Ketonkörper gebildet werden, konnte ihre Bildung im Gehirn bisher nicht nachgewiesen werden[5-7]. Hirngewebe baut gewisse Ketosäuren[1], darunter auch Acetessigsäure[8], ab. β-Oxybuttersäure kann im Gehirn zu Acetessigsäure dehydrogeniert werden. Unter anaeroben Bedingungen scheint Acetessigsäure im Gehirn einer Dismutation zu unterliegen, wobei 50% zu β-Oxybuttersäure reduziert werden[9]. Die oxydative Umwandlung der übrigen 50% in Oxyacetessigsäure konnte dagegen nicht nachgewiesen werden. Der endgültige Abbau der Fettsäuren geschieht auch im Gehirn unter Beteiligung des *Citronensäurecyclus*. So wird bei Bebrütung eines Gemisches von Oxalacetat und Acetacetat mit Nieren-, Herz- und Skeletmuskel- oder Gehirnbrei unter aeroben Bedingungen in erheblichem Ausmaß Citronensäure gebildet[10-12]. Wird Acetacetat mit ^{13}C in der β- und der Carboxylstellung aerob Hirngewebe zugesetzt, so sammelt sich Citrat mit hohem Überschuß von ^{13}C in der primären und geringem Überschuß in der tertiären Carboxylgruppe an[13]. Im Gehirn werden unter diesen experimentellen Bedingungen 24% der gebildeten Citronensäure aus Acetessigsäure gebildet.

Aceton ist nicht Endprodukt des Stoffwechsels, durch Hirngewebe wird es aber nach den bisherigen Ergebnissen nicht abgebaut[9]. Die Verwandlung von Aceton in Acetessigsäure durch CO_2-Fixation[14] ist für Gehirn noch nicht untersucht worden. Über die besonders für die Leber nachgewiesene bevorzugte Bildung von Acetonkörpern aus Fettsäuren mit gerader C-Atomzahl sowie die Bildung von Propionsäure aus den Säuren mit ungerader C-Atomzahl und deren eventuelle Verwandlung in Milchsäure und Brenztraubensäure (glucoplastische Wirkung) herrscht für das Zentralnervensystem noch Unklarheit.

Hirngewebe verbrennt unter starker Steigerung der Sauerstoffaufnahme die Methylester der Monocarbonfettsäuren von C_1—C_8 besser als die freien Säuren[15]. Der Sauerstoffverbrauch steigt mit der Länge der Fettsäurekette bis zu C_6—C_7 an und sinkt jenseits C_8 wieder ab, was aber auf die verminderte Löslichkeit der Methylester zurückzuführen ist. Man kann in der

[1] Breusch, F. L., and R. Tulus: Arch. Biochem. **11**, 499 (1946). — [2] Breusch, F. L., and E. Ulusoy: Arch. Biochem. **14**, 183 (1947). — [3] Weinhouse, S., R. H. Millington and M. E. Volk: J. biol. Ch. **185**, 191 (1950). — [4] Pennington, R. J.: Biochem. J. **51**, 251 (1952). — [5] Goldfarb, W., and H. E. Himwich: J. biol. Ch. **101**, 441 (1933). — [6] Jowett, M., and J. H. Quastel: Biochem. J. **29**, 2181 (1935). — [7] Mulder, A. G., and L. A. Crandall jr.: Amer. J. Physiol. **133**, P 392 (1941). — [8] Quastel, J. H.: Physiol. Rev. **19**, 135 (1939). — [9] Weil-Malherbe, H.: Biochem. J. **32**, 1033 (1938). — [10] Wieland, H., u. C. Rosenthal: A. **554**, 241 (1943). — [11] Breusch, F. L.: Science, N. Y. **97**, 490 (1943). Enzymologia **11**, 169 (1944). — [12] Breusch, F. L., and H. Keskin: Enzymologia **11**, 243 (1944). — [13] Floyd, N. F., G. Medes and S. Weinhouse: J. biol. Ch. **171**, 633 (1947). — [14] Plaut, G. W. E., and H. A. Lardy: J. biol. Ch. **186**, 705 (1950). — [15] Ciaranfi, E.: Nature **144**, 751 (1939).

gesteigerten Oxydation der Methylester Anzeichen für die Existenz der ω-Oxydation erblicken. An Ratten mit der Magensonde verfüttertes ^{14}C-Methanol scheint im Gehirn nicht oxydiert zu werden[1].

Die stärkere Radioaktivität der Nichtphosphatidfettsäuren gegenüber den Phosphatidfettsäuren nach Verfütterung von markierter Palmitinsäure[2] (s. S. 740) scheint auch für Hirngewebe die Auffassung zu unterstützen, daß die Phosphatide keine obligaten Zwischenstufen in der Synthese von Triglyceriden sind[3].

4. Fermente des Lipoidstoffwechsels.

Die Kenntnisse über Enzyme, durch die die Lipoide des Zentralnervensystems synthetisiert oder abgebaut werden können, sind gering. Darüber hinaus ist der Grad der Hydrolyse von Lipoiden durch Hirngewebe in vitro und in vivo von verschiedenen Autoren sehr unterschiedlich angegeben, was teilweise auf unterschiedlicher Technik beruht.

Nach der Umrechnung von SLOANE-STANLEY[4] ergeben sich in μMol/g Frischgewebe je Std folgende *Hydrolysewerte* für: im Gewebe vorhandene Phosphatide 1,72[5] bzw. 0,333[6]; Phosphatide in vivo 0,33[7]; zugesetztes Lecithin 0,985[8] bzw. 1,675[9]; im Gewebe vorhandenes Lecithin 0,081[6] und vorhandenes Kephalin 0,236[6]; zugesetztes Diphosphoinosit 47[10]; zugesetztes Sphingomyelin 0,22[11] bzw. 0,122[9]; Cerebroside 2,35[11].

Ebenso wie die Untersuchungen über den intensiven P-Austausch in den Kephalinfraktionen des Gehirns haben auch die Versuche über den Phosphatidabbau zu einer Revision der Auffassung über den Phosphatidstoffwechsel geführt. Im Gehirn ist der Stoffwechsel der Kephaline intensiver als der der Lecithine[6]. In 24 Std fällt der mittlere Phosphatidgehalt des Gehirns von 4,92 auf 4,30%. Dabei treten bei Lecithin und Sphingomyelin keine eindeutigen Veränderungen auf. Die Hauptveränderung betrifft den Abbau der Kephaline durch eine *Kephalinase*[6], die möglicherweise P-haltige Reste abspaltet. Das Ferment hat keinen oder nur geringen Einfluß auf den Abbau von Lecithin. Es ist aber zu berücksichtigen, daß die angewandten Methoden das in der Kephalinfraktion vorkommende Diphosphoinosit einschließen. Hirnhomogenate von Meerschweinchen besitzen starke Aktivität bezüglich des Abbaus von Diphosphoinosit[10]. Hirnsuspensionen, die in Hydrogencarbonatpuffer inkubiert sind, entfalten intensiven Phosphatidstoffwechsel, der über 0,01 μMol/mg Trockengewebe je Std beträgt. Es konnte nachgewiesen werden, daß die unter diesen Bedingungen durch Kephalinabbau bedingte rapide Freisetzung von CO_2, die 0,04—0,19 μMol/mg Frischgewicht je Std. bzw. 0,20—0,95 μMol/mg Trockengewicht je Std ausmacht, mit der Bildung von säurelöslichem Phosphat und Inosit, nicht aber von N-haltigen Verbindungen verknüpft ist[10]. Es ist daher möglich, daß die Aktivität der „Kephalinase" auf der intensiven Spaltung von Diphosphoinosit beruht. Diese schnell ablaufende Reaktion, die durch Erhitzen der Hirnhomogenate auf 100° für 5 min völlig aufgehoben werden kann, läßt auf einen intensiven Kephalinstoffwechsel im Gehirn schließen.

Die Untersuchung der einzelnen Fermente für den Abbau der Lipoide im Zentralnervensystem dürfte noch ausstehen.

Bisher liegen keine Anzeichen für die Existenz echter *Lipase*aktivität im Zentralnervensystem im Sinne der Abspaltung höherer im Gehirn vorkommender

[1] BARTLETT, G. R.: Amer. J. Physiol. **163**, 614 (1950). — [2] VOLK, M. E., R. H. MILLINGTON and S. WEINHOUSE: J. biol. Ch. **195**, 493 (1952). — [3] PIHL, A., and K. BLOCH: J. biol. Ch. **183**, 431 (1950). — [4] SLOANE-STANLEY, G. H.: Metabolism and function in nervous tissue. Biochem. Soc. Symp. **8**, 44 (1952). — [5] SPERRY, W. M.: J. biol. Ch. **170**, 675 (1947). — [6] TYRRELL, L. W.: Nature **166**, 310 (1950). — [7] DAWSON, R. M. C., and D. RICHTER: Proc. R. Soc. London (B) **137**, 252 (1952). — [8] KING, E. J.: Biochem. J. **25**, 799 (1931). — [9] ROSSI, A.: H. **231**, 115 (1935). — [10] SLOANE-STANLEY, G. H.: Biochem. J. **49**, IV (1951). — [11] THANNHAUSER, S. J., and M. REICHEL: J. biol. Ch. **113**, 311 (1936).

Fettsäuren (C_{16}—C_{26}) vor[1]. Die früher beschriebenen Lipasen[2,3] müssen den triacetin- und tributyrinspaltenden *Esterasen* zugerechnet werden. Untersuchungen mit Estern langkettiger Fettsäuren ergaben teilweise geringe[4] und teilweise negative Resultate[5,6].

Die im Gehirn von Kaninchen und Kälbern bei p_H 7,5—7,6 maximal wirksame *Lecithinase*[7,8] spaltet Hydrolecithin und die natürlichen ungesättigten Lecithine mit gleicher Geschwindigkeit, ist dagegen gegen Kephalin wenig wirksam. Das Ferment aus Kalbshirn übersteht Dialyse, Einfrieren und Trocknen[8]. Auch eine gewisse *Sphingomyelinase*aktivität mit optimalem p_H-Wert von p_H 8 ließ sich in Extrakten aus Kalbshirn gewinnen. Aus Sphingomyelin wird nach Zusatz von Preßsäften aus Leber und Gehirn, nicht dagegen aus Niere, Milz, Lunge und Pankreas säurelöslicher Phosphor freigesetzt[9]. Die Spaltung verläuft sowohl im alkalischen als auch im sauren Milieu, optimal ist sie bei p_H 6,4. Die Veränderungen sind erst nach 36 Std abgeschlossen. Die Sphingomyelinase wird durch Phosphat und Arsenat gehemmt, durch Mg^{++} und Gallensalze gefördert. Cystein hemmt das Ferment in geringem Grade[10]. Dagegen wird die Lecithinase durch Phosphat nicht beeinflußt. Da die in den entsprechenden Experimenten benutzten Sphingomyelinpräparate vermutlich Hydrolecithin enthielten, dürfte ein Teil der Wirksamkeit der „Sphingomyelinase" auf die Lecithinase zu beziehen sein.

Hirngewebe enthält eine *Cerebrosidase*, die zur vollen Wirksamkeit Cystein, reduziertes Glutathion oder H_2S benötigt und durch Jodacetat gehemmt wird[10]. Offenbar enthält das Enzym als aktiven Anteil freie Sulfhydrylgruppen. Die Cerebrosidase hydrolysiert — gemessen an der freigesetzten Galaktose — die Cerebroside nahezu vollständig.

Der autolytische Abbau von Lipoiden im Zentralnervensystem ist umstritten[11-16]. Bereits nach 4—6stündiger Autolyse finden sich im Rückenmark[14] histologische Anzeichen der Autolyse. Gemessen an der Proteolyse findet während eines Tages im Gehirn eine Autolyse von 20% statt[15]. Während eintägiger Inkubation von Hirngewebe ließen sich keine bemerkenswerten Veränderungen in der Cholesterin- und Phosphatidkonzentration nachweisen[17]. Man kann daraus schließen, daß bei der Autolyse des Gehirns zwar die Proteine abgebaut werden, womit ein erheblicher Verlust an festen Gewebsteilen verbunden ist, so daß die löslichen Endprodukte herausdiffundieren, Cholesterin und die Phosphatide aber zunächst übrig bleiben.

δ) Eiweißstoffwechsel.

1. Stoffwechsel der Eiweißkörper.

Über den Eiweißstoffwechsel im Zentralnervensystem und seine Fermente ist wenig bekannt. Der Ausdruck „Eiweißumsatz" (protein turnover) wird im allgemeinen weniger auf den Umsatz der Eiweißkörper als auf den der Aminosäuren in den Proteinen bezogen. Das gilt auch für das Gehirn.

---

1 Sloane-Stanley, G. H.: Metabolism and function in nervous tissue. Biochem. Soc. Symp. **8**, 44 (1952). — 2 English, H. M., and C. G. McArthur: Am. Soc. **37**, 653 (1915). — 3 Takasaka, T.: B. Z. **184**, 390 (1927). — 4 Edlbacher, S., E. Goldschmidt u. V. Schläppi: H. **227**, 118 (1934). — 5 Copenhaver, J. H. jr., R. O. Stafford and W. H. McShan: Arch. Biochem. **26**, 260 (1950). — 6 Gomori, G.: Proc. Soc. exp. Biol. Med. **58**, 362 (1945). — 7 King, E. J.: Biochem. J. **25**, 799 (1931). — 8 Rossi, A.: H. **231**, 115 (1935). — 9 Goebel, A., u. H. Seckfort: B. Z. **319**, 203 (1948). — 10 Thannhauser, S. J., and M. Reichel: J. biol. Ch. **113**, 311 (1936). — 11 Kestner, O.: C. R. Lab. Carlsberg (I) **22**, 261 (1938). — 12 Levene, P. A., and L. B. Stookey: J. med. Res. **10**, 212 (1903/04). — 13 Simon, F.: H. **72**, 463 (1911). — 14 Trzebinski, S.: Folia neuro-biol., Leipzig **6**, 166 (1912). — 15 Soula. L. C.: J. Physiol. Path. gén. **15**, 267 (1913). — 16 Gibson, C. A., F. Umbreit and H. C. Bradley: J. biol. Ch. **47**, 333 (1921). — 17 Sperry, W. M., F. C. Brand and W. M. Copenhaver: J. biol. Ch. **144**, 297 (1942).

Mit Hilfe der UV-Absorption und des röntgenmikroradiographischen Verfahrens ließ sich im Gehirn ein bemerkenswert hoher *Eiweißumsatz* feststellen, der an der Funktion der Neurone beteiligt ist (s. S. 801). Der große Nucleolus der Nervenzellen enthält beträchtliche Mengen Eiweiß vom Histontyp[1,2], das an der Nucleotidbildung beteiligt ist. Substanzen vom Histontyp finden sich im Kern auch außerhalb des Nucleolus mit in Richtung auf die Kernmembran abnehmender Konzentration. Dies deutet auf einen Diffusionsstrom zur Kernmembran hin, der beim „Chromatinaustritt" unter lokaler Auflösung der Kernmembran stark gesteigert werden kann. Dabei sammeln sich einwärts dieses Gebietes im Kern hohe Konzentrationen von Eiweißsubstanzen vom Histontyp und außerhalb große Mengen von Ribonucleotiden an. Vermutlich werden an der Kernmembran neben den Ribonucleotiden auch die Plasmaeiweißkörper gebildet, so daß beim Chromatinaustritt Hyperfunktion der Ribonucleotid- und Eiweißsynthese vorliegt. Entsprechend den Beobachtungen in anderen Organen (Drüsenzellen) sprechen derartige Bilder, die sich auch morphologisch stützen lassen[3], für eine sehr aktive Eiweißsynthese[4]. Die Intensität der Eiweißbildung der nicht mehr teilungsfähigen Nervenzellen entspricht derjenigen von stark wachsenden Zellen (z. B. Eizellen). Die bereits während der Embryonalentwicklung beobachtete starke Eiweißbildung der Nervenzellen wird auch im ausgewachsenen Zustand unverändert beibehalten und steht in direkter Verbindung mit der Funktion der Neurone[5-10].

Die bisherigen Untersuchungen mit *radioaktiven Isotopen* ergaben für den Eiweißumsatz im Gehirn geringere Werte als für andere Organe. Während beim Menschen die halbe Lebensdauer der Proteine aus Plasma, Leber und inneren Organen 10 Tage beträgt, macht sie für Lunge, Gehirn, Knochen und Muskulatur zusammen 158 Tage aus[11]. Auch der Austausch von Gewebsproteinen mit den freien Aminosäuren des Blutplasmas ist im Gehirn gering[12]. Die Verteilung von radioaktivem N in Aminosäuren ergibt nach ihrem Einbau bald ein N-Gleichgewicht mit einer Durchschnittskonzentration an ^{15}N, die auch für ^{35}S nach Verfütterung von markiertem Methionin gilt. Hirngewebe zeigt nach Verfütterung von markiertem Methionin, Methioninsulfoxim[13] oder Na-Sulfat[14] eine im Vergleich zu anderen Organen sehr geringe spezifische Aktivität[12-17]. Auch nach Injektion von mit ^{35}S markiertem BAL ist die Konzentration von ^{35}S im Gehirn sehr gering[18]. Nach intravenöser Injektion von in der Carboxylgruppe durch ^{14}C gezeichnetem Glykokoll werden im Gehirn nach $^1/_4$ Std 0, nach 6 Std 0,3 mÄq/g Eiweiß eingebaut (0,1% der Dosis je g Protein), in der Darmmucosa 0,99 bzw. 12,2 mÄq[19, 20]. Injektion von β-^{14}C-DL-Tyrosin ergibt bei Ratten nach 6 Std einen Einbau

[1] CASPERSSON, T.: Naturwiss. **29**, 33 (1941). — [2] LANDSTRÖM, H., T. CASPERSSON u. G. WOHLFART: Z. mikroskop.-anat. Forsch. **49**, 534 (1941). — [3] ALTMANN, H. W.: Naturwiss. **39**, 348 (1952). — [4] CASPERSSON, T.: Cell Growth and Cell Function. S. 126. New York 1950. — [5] HYDÉN, H.: Acta physiol. scand. **6**, Suppl. **17** (1943). — [6] HYDÉN, H.: Nord. Med. **22**, 904 (1944). — [7] HYDÉN, H., and C.-A. HAMBERGER: Acta oto-laryng., Stockholm, Suppl. **61** (1945). — [8] HAMBERGER, C.-A., and H. HYDÉN: Acta oto-laryng., Stockholm **35**, 479 (1947); Suppl. **75**, 82 (1949). — [9] HYDÉN, H.: Nucleic acid. Symp. Soc. exp. Biol. **1**, 152 (1951). — [10] CASPERSSON, T.: Nucleic acid. Symp. Soc. exp. Biol. **1**, 127 (1951). — [11] SPRINSON, D. B., and D. RITTENBERG: J. biol. Ch. **180**, 715 (1949). — [12] TARVER, H., and L. M. MORSE: J. biol. Ch. **173**, 53 (1948). — [13] ROTH, J. S., A. WASE and L. REINER: Science, N. Y. **115**, 236 (1952). — [14] DZIEWIATKOWSKI, D. D.: J. biol. Ch. **178**, 197 (1949). — [15] MAASS, A. R., F. C. LARSON and E. S. GORDON: J. biol. Ch. **177**, 209 (1949). — [16] FRIEDBERG, F., H. TARVER and D. M. GREENBERG: J. biol. Ch. **173**, 355 (1948). — [17] TARVER, H., and C. L. A. SCHMIDT: J. biol. Ch. **146**, 69 (1942). — [18] PETERS, R. A., G. H. SPRAY, L. A. STOCKEN, C. H. COLLIE, M. A. GRACE and G. A. WHEATLEY: Biochem. J. **41**, 370 (1947). — [19] GREENBERG, D. M., and T. WINNICK: J. biol. Ch. **173**, 199 (1948). — [20] BORSOOK, H., and C. L. DEASY: Ann. Rev. **20**, 209 (1951).

von nur 0,13 mÄq Tyrosin je g Eiweiß im Gehirn[1], was den Ergebnissen anderer Autoren[2] im Prinzip entspricht. Hirngewebe besitzt sowohl nach oraler Verfütterung als auch nach intravenöser und intramuskulärer Injektion von markiertem Glykokoll mit 0,05—0,17% den geringsten Anteil der Gesamtradioaktivität aller Organe[3]. Nach 15 Tagen ist dagegen kein entscheidender Unterschied zwischen Leber, Herz- und Skeletmuskulatur sowie Gehirn mehr feststellbar[4]. Nach Injektion von ^{14}C—Na-Carbonat wird im Gehirn von wachsenden Ratten eine mittlere spezifische Aktivität der Proteine beobachtet, die sich über längere Zeit hält[5]. Der einmal erreichte Wert für die spezifische Aktivität inkorporierter radioaktiver Isotopen bleibt in den Proteinen des Gehirns lange konstant[1-4, 6-15]. Diese Ergebnisse haben zusammen mit der geringen absoluten spezifischen Aktivität der Gehirnproteine im Gegensatz zu den durch UV-Absorption und die röntgenmikroradiographische Methode erzielten Befunden die Vorstellung eines trägen Eiweißstoffwechsels im Gehirn hervorgerufen. Die Diskrepanzen dürften sich auch hier durch geringe Permeation von Aminosäuren durch die Blut-Hirnschranke erklären, da nach ihrer direkten Injektion in die Cisterna magna die Proteine des Gehirns mehr Aminosäuren einbauen als die von Leber, Plasma oder Niere[10]! Im Gehirn von Ratten ließ sich in vivo nach Injektion von ^{35}S-Methionin in die Cisterna magna intensive Neubildung von Eiweißkörpern nachweisen[16]. Injiziertes Methionin wird schnell in die Proteine des Gehirns eingebaut. Die gleiche Erklärung dürfte für den geringen Einbau von radioaktivem P in die Eiweißfraktion des Gehirns[17] zutreffen. Hirngewebe ist nicht in der Lage, Aminosäuren nennenswert zu konzentrieren[18].

Obgleich der Proteinverlust des Gehirns bei hungernden Tieren nur 5% und damit weniger als 0,5% des allgemeinen Proteinverlustes ausmacht[19], spricht die Inkorporation von Methionin in die Proteinfraktion unter diesen Umständen dafür, daß auch im Gehirn das celluläre Eiweiß — wenigstens teilweise — labil ist[11]. Bei tumortragenden Tieren ist infolge der Tyrosinanreicherung im Tumorgewebe und der Abnahme des Gehaltes an Gesamttyrosin im Gehirn die spezifische Aktivität von markiertem Tyrosin geringer als bei gesunden Tieren[1]. Der allgemeine Eiweißumsatz ist dagegen im Gegensatz zu anderen Organen unverändert[20]. Starke muskuläre Anstrengung vermindert den Einbau von ^{14}C in die Proteine des Gehirns um 21%; Injektion von Urethan erhöht sie um 27%[21].

Das Eiweiß des Gehirns dürfte ebenso wie das anderer Organe einem ständigen *Auf- und Abbau* unterliegen und mit anderen Körperbausteinen im metabolic pool in Verbindung stehen. Nach Injektion von markiertem Glykokoll gehören nur 30% der Radioaktivität des Gehirns der Proteinfraktion, 60—65% dagegen den Lipoiden

---

[1] Winnick, T., F. Friedberg and D. M. Greenberg: J. biol. Ch. **173**, 189 (1948). — [2] Reid, J. C., and H. B. Jones: J. biol. Ch. **174**, 427 (1948). — [3] Altman, K. I., G. W. Casarett, T. R. Noonan and K. Salomon: Arch. Biochem. **23**, 131 (1949). — [4] Nardi, G. L.: Science, N. Y. **111**, 362 (1950). — [5] Schubert, J., and W. D. Armstrong: J. biol. Ch. **177**, 521 (1949). — [6] Tarver, H., and L. M. Morse: J. biol. Ch. **173**, 53 (1948). — [7] Roth, J. S., A. Wase and L. Reiner: Science, N. Y. **115**, 236 (1952). — [8] Dziewiatkowski, D. D.: J. biol. Ch. **178**, 197 (1949). — [9] Mass, A. R., F. C. Larson and E. S. Gordon: J. biol. Ch. **177**, 209 (1949). — [10] Friedberg, F., H. Tarver and D. M. Greenberg: J. biol. Ch. **173**, 355 (1948). — [11] Tarver, H., and C. L. A. Schmidt: J. biol. Ch. **146**, 69 (1942). — [12] Peters, R. A., G. H. Spray, L. A. Stocken, C. H. Collie, M. A. Grace and G. A. Wheatley: Biochem. J. **41**, 370 (1947). — [13] Greenberg, D. M., and T. Winnick: J. biol. Ch. **173**, 199 (1948). — [14] Borsook, H., and C. L. Deasy: Ann. Rev. **20**, 209 (1951). — [15] Schubert, J., and W. D. Armstrong: J. biol. Ch. **177**, 521 (1949). — [16] Gaitonde, M. K., and D. Richter: Biochem. J. **55**, VIII (1953). — [17] Dziewiatkowski, D., and D. Bodian: J. cellul. comp. Physiol. **35**, 141 (1950). — [18] Friedberg, F., and D. M. Greenberg: J. biol. Ch. **168**, 411 (1947). — [19] Addis, T., L. J. Poo and W. Lew: J. biol. Ch. **115**, 111 (1936). — [20] Norberg, E., and D. M. Greenberg: Cancer, N. Y. **4**, 383 (1951). — [21] Hevesy, G.: Nature **164**, 1007 (1949).

an[1]. Auch ^{35}S-Cystin wird außer in die Proteinfraktion in die Lipoide des Gehirns eingebaut[2]. 60% seiner Aufnahme in die Proteinfraktion des Gehirns beruhen auf einer Anlagerung an Eiweiß unter der Bildung von S—S-Bindungen, der Rest dürfte der Proteinsynthese angehören. Der Kohlenstoff aus durch ^{14}C markierter Glucose[3,4] wird ebenso in die Eiweißkörper des Gehirns eingebaut wie der aus $NaH^{14}CO_3$[3]. 65—85% der anfänglichen Radioaktivität der Proteinfraktion werden in den Aminosäuren wiedergefunden; Prolin und Threonin zeigen keine, Lysin und Histidin nur geringe Radioaktivität[4]. Bei Phenylalanin, Leucin, Isoleucin und Methionin ist nach Inkubation mit ^{14}C-Glucose der Kohlenstoff der Carboxylgruppe aktiver als der Durchschnittswert der übrigen C-Atome. CO_2 enthält nach der Decarboxylierung von Methionin 24,3, von Phenylalanin 46,9, von Leucin und Isoleucin 42,0 bzw. 44,5% der Gesamtradioaktivität der betreffenden Aminosäuren. Die Methylgruppe des Methionins enthält unter diesen Umständen 23% der Radioaktivität der Aminosäure. Etwa 35% der Gesamtradioaktivität der Hydrolysate sind nach Inkubation mit ^{14}C-Glucose an die Carboxylgruppen der Aminosäuren gebunden. Da unter diesen Umständen im Gehirn von neugeborenen Mäusen 5—12% der proteingebundenen Aminosäuren durch radioaktive Aminosäuren ersetzt werden, die ganz oder teilweise der Glucose entstammen[5], muß eine intensive Proteinsynthese aus anderen Körperbausteinen stattfinden. In vivo nimmt Gehirn von Mäusen ^{14}C aus Glucose vor allem in gewisse nichtessentielle Aminosäuren: Asparaginsäure, Glutaminsäure und Alanin auf. Der Einbau in Histidin ist besonders hoch. Im Gehirn ausgewachsener Tiere ist nach Zusatz von ^{14}C-Glucose Radioaktivität von Asparaginsäure, Glutaminsäure, Alanin, Glykokoll, Serin, Arginin, Valin und Methionin feststellbar. Die Radioaktivität der essentiellen Aminosäuren ist in vivo bei jungen Tieren mit Ausnahme des Histidins im Gegensatz zum Verhalten in vitro gering. Hirngewebe erwachsener Tiere zeigt bei in vitro-Inkubation mit ^{14}C-Glucose keine Radioaktivität irgendeiner essentiellen Aminosäure.

2. Stoffwechsel der Aminosäuren.

a) Allgemeines. Über Stoffwechsel und Abbau der Aminosäuren ist für das Nervengewebe wenig bekannt. Hirngewebe ist in vitro nicht in der Lage, *Glykokoll* zu desaminieren; es wird weder Harnstoff noch NH_3 gebildet, noch verschwindet Amino-N (s.[6]). Auch die Atmung von Hirnschnitten kann durch Glykokoll nicht beeinflußt werden. Im Gegensatz zu dem Verhalten von Ratten kann die Atmung von menschlichem Hirngewebe durch Caseinhydrolysat für mehrere Stunden unterhalten werden; *Alanin* allein ist unwirksam[7] (s. jedoch unten!). Hirngewebe von Menschen scheint Aminosäuren besser verwerten zu können als das von Tieren. *Lysin* wird im Schnittversuch von Hirngewebe nicht in nennenswerter Weise umgesetzt[8]. Die natürliche Form des *Prolins* wird dagegen je nach den Reaktionsbedingungen in α-Ketoglutarsäure, Glutaminsäure oder Glutamin umgewandelt, was in beiden Fällen offenbar über die Verwandlung zu Glutaminsäure geschieht[9]. Der Abbau einzelner Aminosäuren dürfte auch im Gehirn unter oxydativer

[1] ALTMAN, K. I., G. W. CASARETT, T. R. NOONAN and K. SALOMON: Arch. Biochem. **23**, 131 (1949). — [2] GAITONDE, M. K., and D. RICHTER: Biochem. J. **51**, XXXIX (1952). — [3] RAFELSON, M. E. jr., R. J. WINZLER and H. E. PEARSON: J. biol. Ch. **181**, 595 (1949). — [4] RAFELSON, M. E. jr., R. J. WINZLER and H. E. PEARSON: J. biol. Ch. **193**, 205 (1951). — [5] WINZLER, R. J., K. MOLDAVE, M. E. RAFELSON jr. and H. E. PEARSON: J. biol. Ch. **199**, 485 (1952). — [6] BACH, S. J.: Biochem. J. **33**, 90 (1939). — [7] ELLIOTT, H. W., and V. C. SUTHERLAND: J. cellul. comp. Physiol. **40**, 221 (1952). — [8] NEUBERGER, A., and F. SANGER: Biochem. J. **38**, 119 (1944). — [9] WEIL-MALHERBE, H., and H. A. KREBS: Biochem. J. **29**, 2077 (1935).

Desaminierung geschehen, da DL-Alanin unter aeroben Bedingungen von Hirngewebe unter deutlicher Freisetzung von Ammoniak abgebaut wird[1]. Im Gehirn beträgt der Abbau von DL-Alanin-1-^{14}C $^1/_3$ desjenigen in der Niere[2]. Im Gegensatz zur Niere, in der die D- und L-Form der Aminosäure nahezu gleichmäßig umgesetzt werden, wird im Gehirn der Abbau von L-Alanin bevorzugt[3]. Ist nur die L-Form als Substrat vorhanden, so bestehen hinsichtlich des Abbaus von Alanin zwischen Niere und Gehirn keine nennenswerten Differenzen. Die Dissimilation von DL-Alanin wird durch Zusatz von Gliedern des Citronensäurecyclus gefördert, durch den Entzug von Sauerstoff gehemmt. Hirngewebe kann D-Aminosäuren desaminieren[4,5]. Möglicherweise ist die Desaminierung der erste Schritt der Umwandlung von der D- in die L-Form, die im Gehirn möglich ist[6]. Im Gehirn wurde bisher kein *phenylalaninoxydierendes* System nachgewiesen[7]. Gehirn von Ratten enthält Cysteinsulfinsäure[8], die als mögliches Zwischenprodukt des oxydativen Abbaues von Cystein bzw. Cystin gilt.

b) Stoffwechsel der Glutaminsäure. α) Allgemeines. Die Glutaminsäure nimmt im Stoffwechsel des Nervengewebes eine Sonderstellung ein. Bisher sind mit Sicherheit 4 Reaktionen der Glutaminsäure im Zentralnervensystem bekannt[9]: oxydative Desaminierung, Transaminierung, Amidierung und ihre Decarboxylierung zu γ-Aminobuttersäure. Die ersten 3 Reaktionen dienen der schnellen Entionisierung des intracellulär gebildeten Ammoniaks. Darüber hinaus ist Glutaminsäure am Ionentransport im Gehirn (s. S. 736) beteiligt. Möglicherweise nimmt die Säure auch im Gehirn an der Peptidsynthese durch Transpeptidierung teil. Glutaminsäure kann Glucose nicht als Substrat des Hirnstoffwechsels ersetzen; die Kennzeichnung „Nährstoff des Gehirns“ ist unzutreffend. Ein Teil ihrer Wirkungen ist unspezifisch und scheint über die Beteiligung der Nebennieren zustande zu kommen. Der Umsatz der Glutaminsäure ist im Gehirn — bedingt durch die Transaminierungen — in Gegenwart von Oxalacetat am größten; ähnlich in der von Fumarat, das zu Oxalacetat oxydiert wird. Im allgemeinen vermindern solche Verbindungen, die im Stoffwechsel des Gehirns schnell verbrannt werden, den Stoffwechsel der Glutaminsäure, so daß diese sich im Gewebe ansammelt[6]. Substanzen, die schwer oxydiert werden, haben keinen Einfluß auf den Umsatz der Säure.

β) Ursprung und Synthese der Glutaminsäure. Zur Erklärung des mengenmäßig bedeutenden Vorkommens von Glutaminsäure im Gehirn gibt es 3 Möglichkeiten: die Säure kann von Hirngewebe aus dem strömenden Blut aufgenommen werden; sie kann aus Glutamin entstehen oder im Gehirn synthetisiert werden. Die erste Möglichkeit ist wegen der schlechten Permeation durch die Blut-Hirnschranke nur in geringem Umfang gegeben[10-12]. Nach intravenöser Injektion von Glutaminsäure ist ihre Konzentration im Gehirn von Ratten und Mäusen unverändert[11,13], was auch aus Untersuchungen über den Gesamt-Amino-N im Gehirn nach Verabfolgung von Glutaminsäure hervorgeht[10,14]. Dagegen permeiert

[1] KREBS, H. A.: H. **217**, 191 (1933). — [2] FRIEDBERG, F., and L. M. MARSHALL: Biochim. biophysica Acta, N.Y. **10**, 624 (1953). — [3] FRIEDBERG, F.: Biochim. biophysica Acta, N. Y. **11** 308 (1953). — [4] WEIL-MALHERBE, H.: Biochem. J. **30**, 665 (1936). — [5] EDLBACHER, S., u. O. WISS: Helv. **27**, 1060 (1944). — [6] STERN, J. R., L. V. EGGLESTON, R. HEMS and H. A. KREBS: Biochem. J. **44**, 410 (1949). — [7] UDENFRIEND, S., and J. R. COOPER: J. biol. Ch. **194**, 503 (1952). — [8] BERGERET, B., et F. CHATAGNER: Biochim. biophysica Acta, N. Y. **14**, 297 (1954). — [9] WEIL-MALHERBE, H.: Biochem. J. **50**, XXIII (1951). — [10] KLEIN, J. R., and N. S. OLSEN: J. biol. Ch. **167**, 1 (1947). — [11] SCHWERIN, P., S. P. BESSMAN and H. WAELSCH: J. biol. Ch. **184**, 37 (1950). — [12] DAWSON, R. M. C.: Biochem. J. **47**, 386 (1950). — [13] SLYKE, D. D. VAN, R. T. DILLON, D. A. MACFADYEN and P. HAMILTON: J. biol. Ch. **141**, 627 (1941). — [14] FRIEDBERG, F., and D. M. GREENBERG: J. biol. Ch. **168**, 411 (1947).

Glutamin leichter in das Gehirn[1-3]. Es ist möglich, daß die Erhöhung der Glutaminsäurekonzentration des Gehirns nach Injektion von Glutamin auf ihrer Freisetzung aus dem Amid beruht. Ähnliche Ergebnisse hatten Durchströmungsversuche am Gehirn von Katzen in vivo[4]. Höherer Zusatz von Glutaminsäure als den physiologischen Verhältnissen entspricht, senkt den Sauerstoffverbrauch des Gehirns, was durch Methioninsulfoxyd — dem Antagonisten der Glutaminsäure im Stoffwechsel[5] — in einigen Fällen vermieden werden kann. Diese Experimente zeigen ebenso wie diejenigen bei eviscerierten Tieren[6], daß aus dem Blut entnommene Glutaminsäure in vivo nicht als Atmungssubstrat für Hirngewebe gelten kann.

Die Bildung von Glutaminsäure aus Glutamin ist durch die Tätigkeit der Glutaminase möglich.

Glutaminsäure kann durch *reduktive Aminierung* von α-Ketoglutarsäure durch die Glutaminsäuredehydrogenase im Gehirn synthetisiert werden[7]. Die reduktive Aminierung von Ketoglutarsäure ist mit oxydativen Prozessen gekoppelt (oxydoreduktive Koppelung z. B. mit Triosephosphatdehydrogenierung). In Gegenwart von Ketoglutarsäure und Ammoniak beträgt $Q_{\text{Glutaminsäure}}$ in Hirnschnitten von Schafen, Meerschweinchen und Tauben 0,8—1,3. Zusatz von Citrat bewirkt 2—3fache Steigerung. Die Reaktion, die über die Zwischenstufe der Iminoglutarsäure verlaufen muß, ist reversibel und weit in Richtung der Glutaminsäuresynthese verschoben:

$$\text{Glutaminsäure} + \text{CoI} \rightleftharpoons \text{Iminoglutarsäure} + \text{CoI}\cdot H + H^+$$
$$\text{Iminoglutarsäure} + H_2O \rightleftharpoons \alpha\text{-Ketoglutarsäure} + NH_3$$

Das Gleichgewicht der Reaktion ist nur dann gewährleistet, wenn die nichtenzymatische Hydrolyse der Iminoglutarsäure zu α-Ketoglutarsäure und NH_3 verhindert wird. Iminoglutarsäure ist daher nur in Gegenwart von NH_4-Ionen stabil[8]. Daher führt in der atmenden Zelle, in der die Konzentration der Glieder des Citronensäurecyclus ein Gleichgewicht erreicht hat, jede Freisetzung von NH_4^+ automatisch zur Synthese von Glutaminsäure. Die Hydrogenierung der Iminoglutarsäure zu Glutaminsäure durch die Dihydrocozymase erfordert in vivo ständige Nachlieferung des reduzierten Fermentes als Wasserstoffdonator. Diese Nachlieferung können cozymaseabhängige Dehydrogenasen besorgen, deren Substrat verschieden sein kann (z. B. Triosephosphat, Glucose)[9]. Da die hydrogenierte Cozymase mit ihren Apodehydrogenasen in einem Dissoziationsgleichgewicht steht, ist die Beweglichkeit und Übertragbarkeit des labilen Wasserstoffs sehr groß. Die Spezifität der Reaktion ist groß: Von allen Ketosäuren wird nur α-Ketoglutarsäure als NH_3-Acceptor von der Dehydrogenase benutzt.

Die reduktive Aminierung der Ketoglutarsäure zu Glutaminsäure im Gehirn kann als letzter Schritt in der Synthese von Aminosäuren aufgefaßt werden. Wie Versuche mit radioaktiver Glucose ergeben haben[10] stammt das Kohlenstoffskelet der Glutaminsäure aus dem Kohlenhydratstoffwechsel. Der Abfall der Glutaminsäurekonzentration in Hirnschnitten bei Substratmangel kann durch Glucose vermindert werden[11], wobei die Glutaminsäure entweder

[1] Schwerin, P., S. P. Bessman and H. Waelsch: J. biol. Ch. **184**, 37 (1950). — [2] Handler, P., H. Kamin and J. S. Harris: Abstr. amer. chem. Soc. **116**, 53C (1949). — [3] Tigerman, H., and R. MacVicar: J. biol. Ch. **189**, 793 (1951). — [4] Geiger, A., and H. Waelsch: Unveröffentlicht [Waelsch, H.: Adv. Protein Chem. **6**, 299 (1951)]. — [5] Waelsch, H., P. Owades, H. K. Miller and E. Borek: J biol. Ch. **166**, 273 (1946). — [6] Maddock, S., J. E. Hawkins jr., and E. Holmes: Amer. J. Physiol. **125**, 551 (1939). — [7] Krebs, H. A., L. V. Eggleston and R. Hems: Biochem. J. **43**, 406 (1948). — [8] Weil-Malherbe, H.: Metabolism and function in nervous tissue. Biochem. Soc. Symp. **8**, 16 (1952). — [9] Euler, H. v., E. Adler, G. Günther u. N. B. Das: H. **254**, 61 (1938). — [10] Beloff-Chain, A., R. Catanzaro, E. B. Chain, I. Masi and F. Pocchiari: Proc. R. Soc. London (B) **144**, 22 (1955). — [11] Waelsch, H.: Adv. Protein Chem. **6**, 299 (1951). Naturwiss. **40**, 404 (1953).

aus Glucose über den Citronensäurecyclus regeneriert oder die vorhandene Glutaminsäure bei Zusatz von Glucose nicht mehr als Substrat verwandt wird. Die Erhöhung der Glutaminsäurekonzentration in erschöpftem Hirngewebe nach Zusatz von Glucose kann neben der Synthese aus dem Kohlenhydratstoffwechsel durch Proteindesintegration zustande kommen. Durch die Beziehung zwischen α-Ketoglutarsäure und Glutaminsäure besteht eine enge Verbindung zwischen Kohlenhydratstoffwechsel und Eiweißsynthese im Gehirn[1,2]. Im Zusammenhang mit der Transaminierung eröffnet die Fixation von NH_3 in Form der Glutaminsäure die Möglichkeit, durch Transaminierung andere Aminosäuren aufzubauen, sofern ihre Ketosäuren vorhanden sind. Das System α-Ketoglutarsäure-Glutaminsäure nimmt daher im Hirnstoffwechsel eine Schlüsselstellung ein.

γ) Oxydative Desaminierung. Glutaminsäure kann von peripheren Nerven[3] und von Hirngewebe[4–7] oxydiert werden. Die Säure nimmt im Gehirn eine Sonderstellung ein, da von 13 untersuchten Aminosäuren nur Glutaminsäure durch Hirngewebe oxydiert wird[5]. Hirnschnitte greifen nur die L-Form an, während in Extrakten vorwiegend D-Glutaminsäure oxydiert wird (s. S. 753). Zusatz von Glutaminsäure wirkt auf die Atmung von menschlichem Hirngewebe wie der von Glucose[8] durch Erhöhung des Sauerstoffverbrauchs. Der R.Q.-Wert für die Verbrennung von Aminosäuren im menschlichen Gehirn weist darauf hin, daß entweder Glutaminsäure nicht vollständig verbrannt wird oder außer ihr noch andere Aminosäuren oxydiert werden. Der theoretische Wert für die Verbrennung der Glutaminsäure wird nicht erreicht. Die bei Gegenwart anderer oxydierbarer Substanzen im Gehirn beobachtete Summation der Oxydation von Glutaminsäure und diesen Substanzen[5] (Glucose, Pyruvat, Lactat, Succinat) gilt für menschliches Hirngewebe nicht, da gleichzeitiger Zusatz von Glutaminsäure und Glucose den Q_{O_2} nicht über den durch Glutaminsäure erreichten Wert steigert[8]. Zufuhr von Glucose zu einem Medium, das bereits Glutaminsäure enthält, hat keinen weiteren Effekt auf die Hirnatmung; wird dagegen Glutaminat oder auch Succinat einem glucosehaltigen Medium zugesetzt, so wird die Sauerstoffaufnahme weiter gesteigert, so daß möglicherweise die Oxydation der Glutaminsäure im Gehirn weniger empfindlich als die von Glucose ist[7].

Diese Ergebnisse haben zu der Vorstellung geführt, in der Glutaminsäure ein wirksames Substrat der Hirnatmung an Stelle von Glucose zu sehen — eine Ansicht, die durch die hohe Konzentration der Säure und ihres Amids im Gehirn Unterstützung zu finden schien. Aber bereits die Tatsache, daß die Zelle die zur Glutaminsynthese notwendige Energie nicht durch Verbrennung von Glutaminsäure gewinnen kann, spricht gegen diese Auffassung. Ebenso scheint Glutaminsäure nicht in der Lage zu sein, die Phosphokreatinkonzentration in Hirnschnitten zu erhalten oder etwa zu restaurieren[9]. Hirngewebe, das in Gegenwart von Glutaminsäure atmet, reagiert im Gegensatz zum Verhalten bei Zusatz von Glucose wenig oder gar nicht auf elektrische Reize. Der geringe Abfall der Glutaminsäurekonzentration im Gehirn hypoglykämischer Ratten[10] dürfte weniger ein Anzeichen für die Verwendung als Atmungssubstrat als vielmehr das Ergebnis herabgesetzter Synthese aus α-Ketoglutarsäure und vermutlich stärkerer Transaminierung, Amidierung und Decarboxylierung sein[11]. Beobachtungen über die Atmung von

[1] Euler, H. v., E. Adler, G. Günther u. N. B. Das: H. **254**, 61 (1938). — [2] Adler, E., H. v. Euler, G. Günther and M. Plass: Biochem. J. **33**, 1028 (1939). — [3] Thunberg, T.: Skand. Arch. Physiol. **43**, 275 (1923). — [4] Quastel, J. H., and A. H. M. Wheatley: Biochem. J. **26**, 725 (1932). — [5] Weil-Malherbe, H.: Biochem. J. **30**, 665 (1936). — [6] Edlbacher, S., u. O. Wiss: Helv. **27**, 1060 (1944). — [7] Harris, H., E. M. Trautner and M. Messer: Nature **168**, 914 (1951). — [8] Elliott, H. W., and V. C. Sutherland: J. cellul. comp. Physiol. **40**, 221 (1952). — [9] McIlwain, H.: J. ment. Sci. **97**, 674 (1951). — [10] Dawson, R. M. C.: Biochem. J. **47**, 386 (1950). — [11] Weil-Malherbe, H.: Metabolism and function in nervous tissue. Biochem. Soc. Symp. **8**, 16 (1952).

Hirngewebe in Gegenwart von Glutaminsäure zwingen nicht zu dem Schluß, die Glutaminsäure als energielieferndes Substrat der Hirnatmung anzusehen. Glutaminsäure kann Glucose nicht als Substrat für die Resynthese energiereicher Phosphatbindungen ersetzen. Normalerweise dürfte somit Glutaminsäure kaum als Substrat für die Hirnatmung dienen[1]. Ammoniakbindung und Transaminierung können als die wichtigsten Funktionen der Glutaminsäure im Gehirn angesehen werden.

Die Oxydation der Glutaminsäure im Gehirn ist die Umkehr ihrer Synthese durch reduktive Aminierung von α-Ketoglutarsäure. Bei der oxydativen Desaminierung von Glutaminsäure ist kein freies Ammoniak nachweisbar[1], da in Hirnschnitten aus überschüssiger Glutaminsäure und NH_3 Glutamin gebildet wird[2]. Die Primärreaktion besteht in der durch die spezifische Glutaminsäuredehydrogenase und Cozymase vermittelten Dehydrogenierung von Glutaminsäure zu Iminoglutarsäure, die spontan in NH_3 und α-Ketoglutarsäure zerfällt[3].

δ) Transaminierung. Im Gehirn sind von den geläufigen Transaminierungsreaktionen die Reaktion[4]: Glutaminsäure + Oxalessigsäure ⇌ L-Asparaginsäure + α-Ketoglutarsäure und die Reaktion[5–7]: Glutaminsäure + Brenztraubensäure ⇌ Milchsäure + L-Alanin deutlich ausgeprägt. Es ist noch nicht entschieden, ob die in der Leber beobachtete Teilnahme von Glutamin an Transaminierungsreaktionen[8,9] auch für Gehirn gilt. Die in der Leber festgestellte Übertragung des Amino-N von L-Ornithin auf Ketosäuren — Brenztraubensäure, Ketoglutarsäure, Oxalessigsäure — konnte im Gehirn nicht nachgewiesen werden[5]; das gleiche gilt für die Arginin-Brenztraubensäure-Transaminierung.

Da die geschilderten Reaktionen reversibel sind, kann die Bildung der Glutaminsäure außer ihrer Synthese durch reduktive Aminierung von α-Ketoglutarsäure auch durch Transaminierung von Aminosäuren stattfinden. In allen tierischen Geweben existieren multiple Transaminierungssysteme von unterschiedlicher Aktivität[10]. Im Gehirn wird Glutaminsäure durch Transaminierung in absteigender Menge aus Asparaginsäure, Alanin, Leucin, Isoleucin und Valin gebildet[10]. Nach neueren Untersuchungen findet im Gehirn auch *zwischen γ-Aminobuttersäure und α-Ketoglutarsäure Transaminierung* statt, die die bisher unbekannte Rolle der γ-Aminobuttersäure im Hirnstoffwechsel besser erklären kann. Die Anregung der über die Transaminierung von α-Ketoglutarsäure sich abspielenden Bildung von Glutaminsäure durch γ-Aminobuttersäure findet so ihre Erklärung. Auf diese Weise dürfte Glutaminsäure im Gehirn auch durch Transaminierung zwischen γ-Aminobuttersäure und α-Ketoglutarsäure entstehen, wobei neben Glutaminsäure Bernsteinsäurehalbaldehyd gebildet wird[11,12].

Die reversible Reaktion konnte im Gehirn von Ratten, Kaninchen und Kälbern nachgewiesen werden. Sie kommt in der Leber schwächer, in der Niere nicht vor und ist ausschließlich an die unlöslichen Zellpartikel gebunden.

Hirngewebe enthält ferner ein Enzymsystem, das eine *Transaminierung zwischen β-Alanin und α-Ketoglutarsäure* katalysiert[12]. Die Umsatzrate ist von der gleichen Größenordnung wie die der Transaminierung mit Alanin und Asparaginsäure. Die Tatsache der Transaminierung von β-Alanin, das als Bestandteil von

[1] Weil-Malherbe, H.: Biochem. J. **30**, 665 (1936). — [2] Krebs, H. A.: Biochem. J. **29**, 1951 (1935). — [3] Euler, H. v., E. Adler, G. Günther u. N. B. Das: H. **254**, 61 (1938). — [4] Cohen, P. P., and G. L. Hekhuis: J. biol. Ch. **140**, 711 (1941). — [5] Quastel, J. H., and R. Witty: Nature **167**, 556 (1951). — [6] Tulpule, P. G., and V. N. Patwardhan: Nature **169**, 671 (1952). — [7] Simola, P. E., u. H. Alapeuso: H. **278**, 57 (1943). — [8] Meister, A.: Fed. Proc. **9**, 204 (1950). — [9] Meister, A., and S. V. Tice: J. biol. Ch. **187**, 173 (1950). — [10] Awapara, J., and B. Seale: J. biol. Ch. **194**, 497 (1952). — [11] Bessman, S. P., J. Rossen and E. C. Layne: J. biol. Ch. **201**, 385 (1953). — [12] Roberts, E., and H. M. Bregoff: J. biol. Ch. **201**, 393 (1953).

Pantothensäure, Anserin und Carnosin eine gewisse Bedeutung hat, eröffnet neue Ausblicke für den intermediären Stoffwechsel dieser Aminosäure.

Die Transaminierung ist ein weitverbreitetes, nicht auf die obigen Reaktionen beschränktes Stoffwechselprinzip, an dem viele Säuren teilnehmen (s. Bd. **1**, S. 511 und 1206, sowie Bd. **2**/1, S. 936ff.). Es besteht somit auch für Hirngewebe die Möglichkeit, jede Erhöhung der Ammoniakkonzentration auszugleichen, da Brenztraubensäure und Oxalessigsäure selbst dann noch als Acceptor für die Aminogruppen der Glutaminsäure wirken, wenn die Konzentration an α-Ketoglutarsäure aus irgendeinem Grunde nicht mehr ausreichen sollte.

ε) Amidierung zu Glutamin. Hirngewebe synthetisiert aus Glutaminsäure und Ammoniak Glutamin[1]. Das erforderliche Enzymsystem wurde im Gehirn aller untersuchten Vertebraten (Ratten, Meerschweinchen, Schweine, Schafe, Tauben, Frösche, Schildkröten, Forellen) nachgewiesen. Die Reaktion erfordert Energie, die nicht durch Verbrennung der Glutaminsäure gewonnen werden kann. Die Synthese ist an den Abbau von Glucose als Energiequelle[1] gebunden und daher durch Cyanid hemmbar. Als eigentlicher unmittelbarer Energiespender[2-5] wirkt das durch die Glucoseoxydation regenerierte ATP. ATP-freie Hirnextrakte synthetisieren in Gegenwart von Glutaminsäure, NH_3 und ATP Glutamin:

$$\text{Glutaminsäure} + NH_3 + \text{ATP} \rightarrow \text{Glutamin} + \text{ADP} + \text{anorganisches Phosphat.}$$

Wird NH_3 durch Hydroxylamin (H_2NOH) ersetzt, so entsteht eine Hydroxamsäure [R—CO—NH(OH)]. Die Bildung von Glutamin verläuft parallel der Freisetzung von anorganischem Phosphat aus ATP und erfordert die Anwesenheit von Mg^{++} oder Mn^{++}[4,5]. Die Synthese, die durch Fluorid gehemmt[4,6] und nach längerer Einwirkung durch Cystein gefördert wird, ist absolut spezifisch für die L-Form. D-Glutaminsäure wird nicht amidiert. Die Wirkung von ATP als Energielieferant ist im Übertritt einer Phosphatgruppe an die δ-Carboxylgruppe der Glutaminsäure zur Bildung von Glutaminylphosphat gesehen worden, das mit NH_3 unter Freisetzung von anorganischem Phosphat reagieren kann. Diese Vermutung hat sich bisher noch nicht bestätigen lassen. Methioninsulfoxyd[3] und das stark neurotoxisch wirkende Methioninsulfoximin[7] vermindern die Glutaminbildung im Gehirn. Wird Glutaminsäure durch DL-α-Methylglutaminat ersetzt, so entsteht das entsprechende Amin[6], das zu seiner Bildung ebenfalls ATP erfordert. Da das gleiche Enzym für die Ammoniakbindung an Glutaminsäure und Methylglutaminsäure verantwortlich sein dürfte, erklärt Kompetition mit DL-Methylglutaminat die starke Hemmung der Glutaminsynthese im Gehirn.

Die Synthese von Glutamin gehört durch die Bindung des toxisch wirkenden Ammoniaks zu den wichtigsten Funktionen der Glutaminsäure im Zentralnervensystem, da während jeder Periode gesteigerter Aktivität der Ammoniakgehalt im Nervengewebe zunimmt. Wenn Hirnschnitte in glucosefreiem Medium atmen, läßt sich bei nur geringer Veränderung des Amid-N stetige Bildung von Ammoniak beobachten. In glucosehaltigem Milieu wird kein freies Ammoniak gebildet, obwohl ein beträchtlicher Anstieg des Rest-N und in ihm des Amid-N stattfindet. Dies spricht für die Existenz eines ammoniakbindenden Systems im Gehirn, das von Ketoglutarsäure zu Glutaminsäure und von Glutaminsäure zu Glutamin führt[8]. Glutamin kann allgemein als die Transportform des Ammoniaks im Organismus angesehen werden.

ζ) Transpeptidierung. Glutaminsäure bzw. Glutamin können möglicherweise auch im Gehirn durch Transpeptidierung an der Proteinsynthese teilnehmen, wobei die an den Abbau von ATP zu ADP gekoppelte Synthese von Glutamin als die eigentliche Reaktion angesehen

---

[1] Krebs, H. A.: Biochem. J. **29**, 1951 (1935). — [2] Speck, J. F.: J. biol. Ch. **168**, 403 (1947). — [3] Elliott, W. H.: Biochem. J. **42**, V (1948). — [4] Elliott, W. H.: Nature **161**, 128 (1948). — [5] Elliott, W. H.: Biochem. J. **49**, 106 (1951). — [6] Braganca, B. M., J. H. Quastel and R. Schucher: Arch. Biochem. **41**, 478 (1952). — [7] Pace, J., and E. E. McDermott: Nature **169**, 415 (1952). — [8] Weil-Malherbe, H.: Unveröffentlicht [Weil-Malherbe, H.: Metabolism and function in nervous tissue. Biochem. Soc. Symp. **8**, 16 (1952)].

wird, bei der die Energie energiereicher Phosphatbindungen in die Synthese von Peptidbindungen eingreift. Es ist möglich, daß der in Nierenextrakten nachgewiesene Ersatz des Cysteinylglycinrestes aus Glutathion durch andere Aminosäuren und die Bildung neuer γ-Glutaminylpeptide[1] auch für Gehirn gilt, da im Gehirn Fermente mit ähnlichen Reaktionen nachgewiesen wurden. So kann die Amidgruppe von Glutamin mit Ammoniak oder Hydroxylamin[2,3] reagieren. In Extrakten aus acetongetrocknetem Gehirn ließ sich eine sehr aktive *Glutaminotransferase* nachweisen, die Mg^{++} erfordert und durch Phosphat weiter aktiviert wird. Die Bezeichnung Glutamino- bzw. Asparaginotransferase[3] für Fermente des Amidaustausches von Glutamin bzw. Asparagin mit Aminen ist berechtigt, da der Austauschvorgang als Transport des Aminosäureradikals von einem Amin zum anderen aufgefaßt werden kann. Da die Aminosäuren im Eiweißmolekül vorwiegend durch Amidbindungen verknüpft sind, und einem ständigen Auf- und Abbau unterliegen, dürfte der Nachweis von Transpeptidierungen im Gehirn zur Erklärung der intensiven Eiweißsynthese von Bedeutung sein, da Transpeptidierungsreaktionen durch Gruppentransport ohne vorherige Hydrolyse der einzelnen Glieder verlaufen (Carboxyl- oder Amino-„Transfer"). Das glutaminyltransportierende System des Gehirns wird durch Methioninsulfoximin stärker gehemmt als die Synthese von Glutamin[4]. Möglicherweise ist Glutathion als γ-Glutaminylpeptid als Zwischenprodukt zwischen freien Aminosäuren und Proteinen anzusehen[5]. *Glutathionase* wurde in meßbaren Mengen nur in Niere und Darm, *Cysteinylglycinase* in allen Geweben außer Nervengewebe gefunden[6]. Dagegen läßt sich im Gehirn eine *Glutathionreduktase* nachweisen[7], deren Aktivität geringer als in Leber und Niere ist.

η) Decarboxylierung zu γ-Aminobuttersäure. Hirngewebe besitzt eine sehr aktive *Glutaminsäuredecarboxylase*[8-10], die Glutaminsäure zu γ-Aminobuttersäure decarboxyliert. Die Reaktion kann durch Cyanid, Hydroxylamin und Semicarbazid, nicht aber durch Octylalkohol gehemmt werden[10]. Die gegenüber anderen Organen auffallend hohe Aktivität des Fermentes[9] und die hohe Konzentration an γ-Aminobuttersäure können als Anzeichen für besondere funktionelle Aufgaben dieser Reaktion aufgefaßt werden. Die Glutaminsäuredecarboxylase dürfte kaum an der Ammoniakbindung im Gehirn beteiligt sein. Sie ist möglicherweise an der Regulierung des p_H-Wertes im Gewebe beteiligt.

ϑ) Fermente des Glutaminsäurestoffwechsels im Gehirn. *Glutaminsäuredehydrogenase.* Das Ferment katalysiert die oxydative Desaminierung der Glutaminsäure und durch reduktive Aminierung der α-Ketoglutarsäure ihre Synthese. Hirnschnitte oxydieren nur L-Glutaminsäure; Hirnextrakte die D- und L-Form[11]. Offenbar erleidet das Enzym während der Extraktion eine Veränderung seiner Spezifität gegen die optischen Isomeren. Das Ferment dürfte als Enzym-Lipoidkomplex vorliegen. Wäßrige Extrakte aus Acetontrockenpulver des Gehirns greifen D- und L-Glutaminsäure an, in großen Verdünnungen nur noch die D-Form. Ätherextrakte oxydieren durch Zerstörung des Lipoid-Enzymkomplexes nur noch D-Glutaminsäure. Der Lipoidträger scheint für die sterische Spezifität verantwortlich zu sein; er gehört möglicherweise der Monoaminophosphatidfraktion an. Die Glutaminsäuredehydrogenase des Gehirns kann mit Codehydrogenase I und II reagieren[12]. TPN besitzt allerdings nur 10% der Aktivität von DPN. Die geringe Fähigkeit von Codehydrogenase II, als Coenzym für die Glutaminsäureapodehydrogenase zu wirken, dürfte nicht an der Coenzymspezifität der Dehydrogenase liegen, sondern an der mangelhaften Verbindung

[1] HANES, C. S., F. J. R. HIRD and F. A. ISHERWOOD: Nature **166**, 288 (1950). — [2] WAELSCH, H.: Fed. Proc. **10**, 266 (1951). — [3] SCHOU, M., N. GROSSOWICZ, A. LAJTHA and H. WAELSCH: Nature **167**, 818 (1951). — [4] PACE, J., and E. E. MCDERMOTT: Nature **169**, 415 (1952). — [5] STEWARD, F. C., and J. F. THOMPSON: Nature **169**, 739 (1952). — [6] BINKLEY, F. R.: Nature **167**, 888 (1951). — [7] RALL, T. W., and A. L. LEHNINGER: J. biol. Ch. **194**, 119 (1952). — [8] ROBERTS, E., and S. FRANKEL: J. biol. Ch. **188**, 789 (1951). — [9] ROBERTS, E., and S. FRANKEL: J. biol. Ch. **190**, 505 (1951). — [10] WINGO, W. J., and J. AWAPARA. J. biol. Ch. **187**, 267 (1950). — [11] WEIL-MALHERBE, H.: Biochem. J. **30**, 665 (1936). — [12] EULER, H. v., E. ADLER, G. GÜNTHER u. N. B. DAS: H. **254**, 61 (1938).

der Codehydrogenase II mit dem Cytochromsystem[1]. Bei der alleinigen Dehydrogenierung wirkt Sauerstoff als Endacceptor für den freiwerdenden Wasserstoff. Die Übertragung des Wasserstoffs von Glutaminsäure auf Sauerstoff geschieht unter Beteiligung des Cytochromsystems über Glutaminsäure-apodehydrogenase, Codehydrogenase I (bzw. II), Cytochrom c-Reduktase, Cytochrom c und Cytochromoxydase[1]. Da DPN-Cytochrom c-Reduktase und Cytochromoxydase im Überschuß vorhanden sind, ist die Aktivität der spezifischen Dehydrogenase der begrenzende Faktor des Systems. Die Glutaminsäuredehydrogenase wird durch ihre Reaktionsprodukte, α-Ketoglutarsäure und NH_3, gehemmt; erst die laufende Entfernung beider Verbindungen im Stoffwechsel gestattet die weitere Oxydation von Glutaminsäure. Die Hydrogenierung der Cozymase ist p_H-abhängig; sie nimmt mit zunehmendem p_H zu. Bei physiologischem p_H ist die Reaktion in Richtung der Synthese verschoben. Das p_H-Optimum[1] liegt bei p_H 7,4. Die Spezifität der Glutaminsäuredehydrogenase ist in sterischer und konstitutioneller Richtung scharf ausgeprägt, so daß selbst Asparaginsäure nicht angegriffen wird. Die Anwesenheit beider Carboxylgruppen in der C_5-Kette ist Voraussetzung der Dehydrogenierbarkeit der Aminogruppe. Der Gehalt an Glutaminsäuredehydrogenase im Gehirn ist bedeutend niedriger als in der Leber (Verhältnis 6:100); das Verhältnis der Aktivität Leber : Niere : Gehirn beträgt 100 : 50 : 21.

Aminopherasen (Transaminasen). Hirngewebe enthält die für die beiden wichtigsten bisher bekannten Transaminierungen notwendigen Enzyme[2], die in allen tierischen Geweben existieren. Es ist möglich, daß in Analogie zur Leber auch im Gehirn die Transaminierung an die unlöslichen Partikelchen der Zelle gebunden ist.

Glutaminase. Glutaminase spaltet Glutamin in Glutaminsäure und Ammoniak. Das Ferment ist in Hirnextrakten nachweisbar[3], das p_H-Optimum liegt im Gehirn bei p_H 8,5. Die Aktivität des Fermentes ist von der Gegenwart verschiedener Anionen — Phosphat, Arsenat, Sulfat oder Citrat — abhängig[4,5]. Die Steigerung durch Phosphat beträgt im Gehirn von Ratten und Mäusen das 4fache, dem von Kaninchen das 13- und dem von Meerschweinchen das 11fache[6]. Na-Chlorid, -Nitrat, -Pyruvat, -Pyruvylglycinat, Na-Benzolsulfonat und -Methylarsenat üben keinen Einfluß aus[7]. Im Gegensatz zu der beschleunigenden Wirkung von Phosphat auf die Desamidierung von Glutamin wird die von Benzoylargininamid beträchtlich verzögert[7-9]. Asparagin wird durch Hirngewebe nicht, L-Isoglutamin und DL-Alaninamid deutlich, Glycylamid wenig und DL-Leucylamid besonders stark desaminiert, wobei in allen Fällen die Anionen ohne beschleunigenden Einfluß auf die Reaktion bleiben. Es ist nicht sicher, ob der Einfluß anorganischer Ionen auf die Glutaminase des Gehirns durch Bildung eines labilen Zwischenproduktes mit Glutamin oder durch direkte Einwirkung auf das Ferment zustande kommt. Der Effekt ist allein auf ω-Amide beschränkt, da die Desaminierung von α-Amiden, wie Isoglutamin und Leucylamid, keine Beschleunigung erfährt. Es scheint mehrere Arten von Glutaminasen zu geben. Glutaminase I kommt im Gehirn vor und wird durch Phosphat oder Arsenat aktiviert[6]; Glutaminase II

---

[1] COPENHAVER, J. H. jr., W. H. McSHAN and R. K. MEYER: J. biol. Ch. **183**, 73 (1950). — [2] AWAPARA, J., and B. SEALE: J. biol. Ch. **194**, 497 (1952). — [3] KREBS, H. A.: Biochem. J. **29**, 1951 (1935). — [4] PRICE, V. E., and J. P. GREENSTEIN: J. nat. Cancer Inst. **7**, 275 (1946/47). — [5] WAELSCH, H., and P. OWADES: Fed. Proc. **7**, 197 (1948). — [6] ERRERA, M., and J. P. GREENSTEIN: J. biol. Ch. **178**, 495 (1949). — [7] GREENSTEIN, J. P., and F. M. LEUTHARDT: Arch. Biochem. **17**, 105 (1948). — [8] GREENSTEIN, J. P., and F. M. LEUTHARDT: J. nat. Cancer Inst. **6**, 203 (1945/46). — [9] GREENSTEIN, J. P., and F. M. LEUTHARDT: J. nat. Cancer Inst. **8**, 77 (1947/48).

wird durch α-Ketosäuren aktiviert und scheint ebenso wie Asparaginase II im Gehirn nicht vorzukommen[1]. Die Glutaminase wird durch beide Isomere der Glutaminsäure gehemmt. Die Hemmung dürfte durch Kompetition geschehen und ist vom p_H-Wert und der Ionenkonzentration abhängig. Unter Berücksichtigung der Konzentration an Glutaminsäure, Glutamin und freien Phosphationen im Gehirn, dürfte die Aktivität der Glutaminase unter physiologischen Umständen nicht groß sein[2]. Eine Spaltung von Glutamin bei sehr niedrigen p_H-Werten und inaktiver Glutaminase — wie sie in der Leber beschrieben wurde — konnte bisher im Gehirn nicht nachgewiesen werden.

Das Ferment der *Glutaminsynthese* aus Glutaminsäure, NH_3 und ATP läßt sich aus dem Gehirn von Schafen gewinnen[3]. Die Aktivität des Systems, das durch Mg^{++} oder Mn^{++} gefördert wird, steigt bei hoher ATP-Konzentration an und wird durch ADP gehemmt. Schon ein Verhältnis von ADP:ATP von 0,3 hemmt das Fermentsystem zu 50%. Das Ferment, dessen p_H-Optimum bei p_H 7,2 liegt, ist streng spezifisch und greift D-Glutaminsäure, L-Isoglutaminsäure, L-Glutamin, L-Asparaginat und Nicotinsäure nicht an. NH_3 kann durch Hydroxylamin und Hydrazin ersetzt werden, nicht aber durch Methyl- oder Äthylamin, Harnstoff, Glykokoll, Glycinäthylester, p-Aminobenzoesäure, Anilin, Phenylhydrazin, β-Phenylisopropylamin oder L-Glutamin.

Glutaminotransferase. Wäßrige Extrakte aus acetongetrocknetem Gehirn zeigen nach Zusatz von Mn-Salzen Aktivierung der Glutaminotransferase, die durch Phosphat noch weiter gesteigert werden kann[4]. Phosphat allein hat keinen Einfluß auf das Ferment. Das Enzym aus dem Gehirn von Schafen läßt sich von der Glutaminase trennen und ohne diese gewinnen. Der optimale p_H-Wert liegt bei p_H 5,5. Die Aktivität der Glutaminotransferase des Gehirns ist entschieden stärker als die anderer Organe. Ihre Bedeutung dürfte im gegenseitigen Austausch von Aminen liegen, wobei es möglicherweise den Fermenten zugerechnet werden kann, die am Austausch von Glutaminylradikalen beteiligt sind.

Glutaminsäuredecarboxylase. Der Gehalt des Gehirns von Mäusen an Glutaminsäuredecarboxylase ist 20fach größer als der von Leber oder Nieren[5]. Das p_H-Optimum des Fermentes liegt bei p_H 6,8[6] bzw. p_H 6,4—6,5[5]. Die Reaktion verläuft proportional der Enzymkonzentration und erfordert Pyridoxal-5-phosphat als Coenzym[5, 7-9]. Pyridoxin und ATP allein sind unwirksam, sie bedürfen eines Fermentes zur Phosphatübertragung. Ebenso wie die Aktivität der Glutaminsäure-Asparaginsäure-Transaminase ist auch die der Glutaminsäuredecarboxylase bei Vitamin B_6-Mangel herabgesetzt. Zusatz von Pyridoxin zur Nahrung erhöht den Gehalt an Codecarboxylase in den Geweben von Ratten. Die Aktivität der Glutaminsäuredecarboxylase des Gehirns wird durch Überschuß von Pyridoxin nicht gesteigert[8]. Fehlt das Vitamin dagegen in der Nahrung, so sinkt sie auf 50%. Desoxypyridoxin wirkt als Antagonist gegen Vitamin B_6 durch kompetitive Hemmung bezüglich der Bindung an das Apoferment; es beschleunigt daher bei Pyridoxinmangel den Eintritt der Mangelsymptome. Die herabgesetzte Aktivität des Fermentes im Gehirn bei Pyridoxinmangel ist möglicherweise einer der

[1] GREENSTEIN, J. P., and V. E. PRICE: J. biol. Ch. **178**, 695 (1949). — [2] WAELSCH, H.: Adv. Protein Chem. **6**, 299 (1951). — [3] ELLIOTT, W. H.: Biochem. J. **49**, 106 (1951). — [4] SCHOU, M., N. GROSSOWICZ, A. LAJTHA and H. WAELSCH: Nature **167**, 818 (1951). — [5] ROBERTS, E., and S. FRANKEL: J. biol. Ch. **190**, 505 (1951). — [6] WINGO, W. J., and J. AWAPARA: J. biol. Ch. **187**, 267 (1950). — [7] ROBERTS, E., and S. FRANKEL: J. biol. Ch. **188**, 789 (1951). — [8] ROBERTS, E., F. YOUNGER and S. FRANKEL: J. biol. Ch. **191**, 277 (1951). — [9] VISCONTINI, M., G. BONETTI, C. ERBNÖTHER u. P. KARRER: Helv. **34**, 1384 (1951).

Faktoren, die für die neurologischen und psychischen Erscheinungen des Pyridoxinmangels verantwortlich sind[1-4]. Das Ferment ist hochgradig spezifisch für L-Glutaminsäure. Andere Aminosäuren werden nicht angegriffen[5], nur Glutamin und α-Ketoglutarsäure können durch Umwandlung in Glutaminsäure wirksam werden. Die Glutaminsäuredecarboxylase wird durch D-Glutaminsäure und in höherer Konzentration durch α-Ketoglutarsäure gehemmt. Die Hemmung durch Histidin beträgt 5%, durch Lysin 15, Arginin 17, Ornithin 19, Carbamyl-L-glutaminsäure 26, Cystin 62%. L-Tryptophan, DL-Alanin, L-Cystin, DL-Threonin, 2,4-Dioxyphenylalanin schränken die Aktivität um mehr als 50% ein.

ι) Permeation von Glutaminsäure und anderen Aminosäuren. Die Permeation von Glutaminsäure in Hirnschnitte erfordert Energie, die aus dem oxydativen Kohlenhydratstoffwechsel entnommen wird[6,7]. Nach Zusatz von Glucose zu einem glutaminsäurehaltigen Medium steigert sich die Aufnahme der Säure durch Hirnschnitte um 50—120%. Die Permeation der Glutaminsäure geschieht gegen ein Konzentrationsgefälle; Hirngewebe kann nach Zusatz von Glucose 2—2,5mal mehr Glutaminsäure ansammeln als seinem normalen Gehalt entspricht. Unter besonderen Bedingungen kann die Konzentrierung von Glutaminsäure das 20fache betragen. Glucose kann durch Fructose, Lactat, Pyruvat und Fructose-1,6-diphosphat, nicht aber durch α-Glycerophosphat, Phosphoglycerat, Citrat, α-Ketoglutarat, Succinat, Oxalacetat oder ATP ersetzt werden. Störung der Oxydation von Glucose vermindert die Aufnahme von Glutaminsäure. Auch der gewöhnliche Abfall der Glutaminsäurekonzentration in Hirnschnitten kann außer durch Glucose durch Lactat, Pyruvat oder Oxalacetat, aber nicht durch Glutaminsäure selbst vermieden werden. Infolge des Konzentrationsgefälles können Aminosäuren leichter vom Gewebe in das Blutplasma als umgekehrt wandern. Die Aufrechterhaltung der Permeabilität und die Wanderung von Aminosäuren in das Gewebe bzw. die alleinige Erhaltung der intracellulären Konzentration und Struktur erweisen sich hier als Energieproblem, noch bevor es zu Umsetzungen in der Zelle gekommen ist. Die Diffusion von Glykokoll durch das Interstitium in die Zellen ist dagegen nicht von derartigen Reaktionen abhängig. Für Asparaginsäure beträgt der Temperaturkoeffizient Q_{10} dagegen 2,4, so daß ihr Eintritt in die Neuronen als aktiver Prozeß aufgefaßt werden muß[8]; ihre Diffusion durch den interstitiellen Raum geschieht passiv ($Q_{10} = 1,0$). Dementsprechend hat die Hemmung der Atmung durch Cyanid keinen Einfluß auf den Transport von Glykokoll im Gehirn, hemmt aber den der Asparaginsäure um 25%. Ebenso wie für L-Glutaminsäure dürfte auch für die Permeation der Asparaginsäure Atmungsenergie notwendig sein.

ϰ) Glutaminsäure und Ionentransport. In vitro schützt und restauriert Glutaminsäure die intracelluläre K^+-Konzentration in Hirnschnitten[9]. Die Aufrechterhaltung des bedeutenden Unterschiedes in der Kaliumkonzentration zwischen Nervengewebe und den Körperflüssigkeiten erfordert Energiezufuhr, die durch Oxydation von Glucose gewonnen wird. Unter anaeroben Bedingungen haben Glucose und Glutaminsäure keinen Einfluß auf den K^+-Verlust von Hirngewebe, der aerob durch gleichzeitigen Zusatz beider Substanzen fast völlig verhindert werden kann. Der Effekt von Asparaginsäure

[1] Wintrobe, M. M., M. H. Miller, R. H. Follis jr., H. J. Stein, C. Mushatt and S. Humphreys: J. Nutrit. **24**, 345 (1942). — [2] Follis, R. H. jr., and M. M. Wintrobe: J. exp. Med. **81**, 539 (1945). — [3] Hawkins, W. W., and J. Barsky: Science, N. Y. **108**, 284 (1948). — [4] Davenport, V. D., and H. W. Davenport: J. Nutrit. **36**, 263 (1948). — [5] Roberts, E., and S. Frankel: J. biol. Ch. **190**, 505 (1951). — [6] Stern, J. R.: Biochem. J. **42**, LVII (1948). — [7] Stern, J. R., L. V. Eggleston, R. Hems and H. A. Krebs: Biochem. J. **44**, 410 (1949). — [8] Korey, S. R., and R. Mitchell: Biochim. biophysica Acta, N. Y. **7**, 507 (1951). — [9] Terner, C., L. V. Eggleston and H. A. Krebs: Biochem. J. **47**, 139 (1950).

dürfte durch ihre Umwandlung zu Glutaminsäure zu erklären sein. Da äquivalente Mengen K^+ und Glutaminsäure in das Hirngewebe transportiert werden, kann K^+ als äquivalentes Kation für das Glutaminatanion gelten, während Glucose als Energiequelle für den Transport gegen das Konzentrationsgefälle dient. Glutamin hat keinen Einfluß auf den K^+-Transport. KOREY[1] konnte in Schnitten von Kaninchengehirn keinen Einfluß von Glutaminat oder Asparaginat auf die Geschwindigkeit des K^+-Eintrittes in das Zellinnere feststellen.

λ) Wirkungen der Glutaminsäure bei Hypoglykämie. Die Anwendung von Glutaminsäure hat bei Insulinhypoglykämie (Schizophreniebehandlung) günstige Resultate ergeben. Die Patienten erlangen nach Zufuhr von Glutaminsäure in kurzer Zeit das Bewußtsein wieder, sind ansprechbar und vermögen auf Fragen zu antworten[2,3]. Der Effekt ist nicht spezifisch für Glutaminsäure[4] und kann durch Glykokoll und p-Aminobenzoesäure ebenfalls erzielt werden. Die Anwendung von Glutaminsäure erhöht den Blutzucker stärker, als durch Verwandlung der Aminosäure in Glucose möglich ist. Die Wirkung der Glutaminsäure auf das hypoglykämische Insulinkoma kommt wahrscheinlich indirekt durch Stimulierung des adrenergischen Systems zustande[5] und kann durch Adrenalin reproduziert werden. Nach Injektion von Glutaminsäure steigt die Konzentration der adrenergischen Amine im Blut an[6,7]. Der Abfall der Glutaminsäurekonzentration des Gehirns während der Hypoglykämie[8,9] bedeutet noch nicht, daß jetzt Glutaminsäure als Substrat für die Energielieferung dient. Die mangelhafte Synthese der Säure bei herabgesetztem Kohlenhydratstoffwechsel und die besonders bei Krämpfen verstärkt notwendige Amidierung zu Glutamin können diesen Befund ausreichend erklären. Da Glutamin offenbar als NH_3-Träger zwischen den Geweben fungiert, ist die Erhöhung seiner Konzentration im Gehirn unter diesen Umständen nicht notwendig.

Auch die Verminderung der Glutaminsäurekonzentration unter dem Einfluß verschiedener Barbiturate, die mit dem Abfall des Hirnstoffwechsels bei Anaesthesie verbunden ist, erklärt sich vermutlich durch den herabgesetzten Verbrauch von Glucose[10]; er ist nicht durch gesteigerte Synthese von Glutamin zu erklären, da der NH_3-Gehalt des Gehirns unter der Einwirkung von Barbituraten absinkt. Barbiturate hemmen die Oxydation von Glutaminsäure und α-Ketoglutarsäure[11].

μ) Beziehungen zwischen Glutaminsäure und Ammoniakbildung. Gehirnschnitte, die in einem glucosefreien Medium atmen, lassen erhebliche Ammoniakbildung erkennen, die 5—10 mg Ammoniak je 100 g Feuchtgewicht je Std beträgt[12]. Die Reaktion verläuft mindestens 5 Std lang linear. Im Homogenat kommt die Ammoniakbildung nach etwa $^1/_2$ Std zum Stillstand. Die Ammoniakbildung dürfte das Ergebnis einer Proteolyse sein. Während elektrisch ausgelöste Krämpfe keinen Einfluß auf die Konzentration der freien Glutaminsäure im Gehirn zu haben scheinen[10,13], sinkt der Gehalt an Glutaminsäure bei Strychninkrämpfen ab[14]. Andererseits steigt die Konzentration an Glutaminsäure und Glutamin nach Metrazolkrämpfen — wenigstens vorübergehend — an[15].

[1] KOREY, S. R.: Biochim. biophysica Acta, N. Y. **9**, 633 (1952). — [2] MAYER-GROSS, W., and J. W. WALKER: Nature **160**, 334 (1947). — [3] MAYER-GROSS, W., and J. W. WALKER: Biochem. J. **44**, 92 (1949). — [4] WEIL-MALHERBE, H.: Metabolism and function in nervous tissue. Biochem. Soc. Symp. **8**, 16 (1952). — [5] WEIL-MALHERBE, H.: Physiol. Rev. **30**, 549 (1950). — [6] WEIL-MALHERBE, H.: J. ment. Sci. **95**, 930 (1949). — [7] WEIL-MALHERBE, H., and A. D. BONE: Biochem. J. **51**, 311 (1952). — [8] DAWSON, R. M. C.: Nature **164**, 1097 (1949). — [9] DAWSON, R. M. C.: Biochem. J. **47**, 386 (1950). — [10] DAWSON, R. M. C.: Biochem. J. **49**, 138 (1951). — [11] QUASTEL, J. H., and A. H. M. WHEATLEY: Proc. R. Soc. London (B) **112**, 60 (1932). — [12] WEIL-MALHERBE, H.: 3. Mosbacher Coll. S. 62. — [13] RICHTER, D., and R. M. C. DAWSON: J. biol. Ch. **176**, 1199 (1948). — [14] HABER, C., and L. SAIDEL: Fed. Proc. **7**, 47 (1948). — [15] WAELSCH, H.: Adv. Protein Chem. **6**, 299 (1951).

Die Ergebnisse sprechen zum Teil für vermehrte Bildung von Glutaminsäure durch gesteigerte Proteolyse, obgleich der Gesamtamino-N nicht im Verhältnis zum angenommenen Abbau der Proteine ansteigt[1]. Es ist vorstellbar, daß die unter diesen Umständen durch Proteolyse gebildeten Aminosäuren verbrannt werden und ihr N und möglicherweise auch ein Teil ihres Kohlenstoffgerüstes als Glutaminsäure bzw. Glutamin erhalten bleiben, so daß der N der umgesetzten Aminosäuren in Form von Glutamin gespeichert werden kann[2]. Im Gehirn kommen wahrscheinlich 5 *ammoniakbildende Enzyme* vor[3]: Glutaminsäuredehydrogenase, Glutaminase, Aminoxydase, Adenylsäuredesaminase und Adenosindesaminase, von denen die ersten 3 vermutlich nicht für die Abspaltung von Ammoniak in Frage kommen — sie sind vielmehr Bestandteile des ammoniakbindenden Systems im Gehirn. Es kann noch nicht entschieden werden, ob die beiden anderen Enzyme als Katalysatoren für die Ammoniakbildung von Gehirnschnitten in Frage kommen und ob eine Übertragung von Eiweiß oder Eiweißspaltprodukten auf Inosin oder Inosinsäure möglich ist.

ν) Einfluß der Glutaminsäure auf die Glykolyse. Die Beeinflussung der aeroben und anaeroben Glykolyse des Gehirns durch Glutaminsäure wurde S. 707 dargestellt. Bisher dürfte eine befriedigende Erklärung noch ausstehen. Die Wirkung beruht nicht auf der Freisetzung von Ammoniak. Die Hemmung der anaeroben Glykolyse durch Glutaminsäure kann durch ATP aufgehoben werden. ATP muß somit in Gegenwart von Glutaminsäure ein die Glykolyse begrenzender Faktor sein[4]. Möglicherweise vermindert Glutaminsäure die ATP-Konzentration durch Phosphorylierung zu γ-Glutaminylphosphat.

ξ) Einfluß der Glutaminsäure auf die Cholinacetylase. Die intensive Synthese von Acetylcholin in zellfreien Extrakten des Rattengehirns[5] in Gegenwart von Cholin und Acetat als Substrat, ATP als Energiequelle und von Fluorid und Eserin, die nach kurzer Dialyse gegen Wasser bis zu 80% ihrer Aktivität einbüßt[6,7], kann durch Zusatz von K^+ und besonders von Glutaminsäure reaktiviert werden. Die Reaktivierung dürfte von der Art der Extraktion der Cholinacetylase abhängen[2], wodurch sich die negativen Ergebnisse anderer Autoren[8] vermutlich erklären lassen. Cystein wirkt noch stärker als Glutaminsäure, was auf die Existenz von leicht oxydierbaren SH-Gruppen hinweist. Der Mechanismus der Aktivierung der Cholinacetylase durch Glutaminsäure ist unbekannt. Möglicherweise besteht er in der Teilnahme an der Synthese von Coenzym A und damit an Transacetylierungen[9].

o) Einfluß von Glutaminsäure auf den funktionellen Zustand des Zentralnervensystems. Bei der Durchströmung des Rückenmarks mit erythrocytenhaltiger modifizierter TYRODE-Lösung bleibt die Reflexerregbarkeit über 3 Std erhalten. Nach 1 min dauernder Asphyxie oder 2—4 min nach Durchströmung ohne Glucose erlischt die Reflexerregbarkeit des Rückenmarks, die aber im Gegensatz zum Verhalten des Gehirns selbst nach $^1/_2$stündigem Mangel an Glucose oder Sauerstoff innerhalb von 2 min durch erneute Sauerstoffzufuhr wiederhergestellt werden kann. Glutaminsäure und Glutamin[10] können die Reflexerregbarkeit des Rückenmarks nach 15 min dauerndem Glucosemangel restaurieren. Oxalessigsäure, Pyruvat, Isocitrat, Ketoglutarat haben nur geringe Wirkung; Malat, Succinat und Fumarat sind ohne Einfluß. Die Rückenmarksdurchströmungsversuche scheinen nicht reproduzierbar zu sein[11], so daß das Problem ungeklärt bleibt.

[1] SLYKE, D. D. VAN, R. T. DILLON, D. A. MACFADYEN and P. HAMILTON: J. biol. Ch. **141**, 627 (1941). — [2] WAELSCH, H.: Adv. Protein Chem. **6**, 299 (1951). — [3] WEIL-MALHERBE, H.: 3. Mosbacher Coll. S. 62. — [4] STERN, J. R., L. V. EGGLESTON, R. HEMS and H. A. KREBS: Biochem. J. **44**, 410 (1949). — [5] NACHMANSOHN, D., and A. L. MACHADO: J. Neurophysiol. **6**, 397 (1943). — [6] NACHMANSOHN, D., H. M. JOHN and H. WAELSCH: J. biol. Ch. **150**, 485 (1943). — [7] NACHMANSOHN, D., and H. M. JOHN: J. biol. Ch. **158**, 157 (1945). — [8] FELDBERG, W.: J. Physiol., London **103**, 367 (1945). — [9] COHEN, G. N., G. COHEN-BAZIRE et B. MINZ: Cr. **229**, 260 (1949). — [10] TSCHIRGI, R. D., R. W. GERARD, H. JENERICK, L. L. BOYARSKY and J. Z. HEARON: Fed. Proc. **8**, 166 (1949). — [11] WEIL-MALHERBE, H.: 3. Mosbacher Coll. S. 103.

π) Therapie von Geisteskrankheiten mit Glutaminsäure. Die Wirkungen der Glutaminsäure in der Therapie von Geisteskrankheiten sind umstritten und haben zu widerspruchsvollen Ergebnissen geführt. Die Widersprüche dürften neben wechselnder psychiatrischer Diagnostik auf mangelhaften Vergleichsverfahren, verschiedener Art der Applikation und Unterschieden in der Wirkung von freier Glutaminsäure bzw. ihres Na-Salzes sowie auf Unterschieden in der Auswertung der Ergebnisse beruhen. Die Wirkung der Glutaminsäure scheint im allgemeinen in der Erhöhung der Reaktionsfähigkeit und der persönlichen Aktivität, der emotionellen Stabilität und Ansprechbarkeit zu liegen, die sich in erhöhter Teilnahme der Patienten an ihrer Umgebung bemerkbar macht. Die oft behauptete Steigerung der Intelligenz dürfte ein Sekundärphänomen sein, das sich durch erhöhte persönliche Anteilnahme gegenüber intellektuellen Problemen erklärt. (Zusammenfassende Darstellungen[1, 2].) Glutaminsäure[3] vermindert ebenso wie das Einatmen von CO_2-haltigen Gasmischungen die Entstehung von petit mal-Anfällen bei Epilepsie, während durch beide die Entstehung von grand mal-Anfällen begünstigt wird[2, 4-6]. Eine befriedigende Erklärung der klinischen Wirkungen der Glutaminsäure steht noch aus.

c) Transmethylierungen. Hirngewebe ist in gewissem Umfang an den Transmethylierungen des Organismus beteiligt, wenn auch die Aktivität seiner Transmethylierungssysteme geringer als die anderer Organe ist. Die durch Transmethylierung bedingte Extrabildung von Kreatin in Gegenwart von Glucosamin und Methionin beträgt in Hirnschnitten von Ratten 36 γ Kreatin je 100 mg Trockengewebe (Leber 44,8 γ)[7]. Hirngewebe enthält trotz seines großen Gehaltes an Cholin bei Verfütterung von radioaktivem Methionin (^{14}C in der Methylgruppe) die geringste Konzentration an Methylkohlenstoff aller Organe[8]. Die geringe Radioaktivität dürfte vermutlich weniger auf der besonders schnellen Oxydation der labilen Methylgruppen als vielmehr auf der geringen Permeation von Methionin durch die Blut-Hirnschranke beruhen.

d) Primäre Decarboxylierung und Stoffwechsel der proteinogenen Amine. Die primäre Decarboxylierung der Glutaminsäure wurde S. 753 dargestellt. Histamin konnte im Nervengewebe von verschiedenen Untersuchern nachgewiesen werden[9-19]. Während bisher als Histamin eine Substanz angesprochen wurde, die die pharmakologischen Eigenschaften des Histamins zeigte, die durch Antihistaminsubstanzen oder durch die Diaminoxydase aufhebbar waren, konnte inzwischen Histamin im Nervengewebe chemisch eindeutig identifiziert werden[19]. Methylierte Histamine konnten im N. ischiadicus und Ganglion stellatum von Rindern nicht nachgewiesen werden[19]. Dagegen wurde Acetylhistamin in geringer Menge im Ganglion stellatum gefunden, obwohl wäßrige Extrakte dieses Gewebes kein Ferment zur Spaltung von Acetylhistamin enthalten. Histamin findet sich in zentralen, peripheren (gemischt motorisch-sensiblen) und autonomen (sympathischen und parasympathischen) Nerven, in grauer und weißer Substanz des Gehirns, den grauen

[1] WAELSCH, H.: Adv. Protein Chem. **6**, 299 (1951). — [2] WEIL-MALHERBE, H.: Metabolism and function in nervous tissue. Biochem. Soc. Symp. 8, 16 (1952). — [3] WAELSCH, H., and J. C. PRICE: Arch. Neurol. Psychiatry **51**, 393 (1944). — [4] LENNOX, W. G., F. A. GIBBS and E. L. GIBBS: Arch. Neurol. Psychiatry **36**, 1236 (1936). — [5] GIBBS, E. L., W. G. LENNOX and F. A. GIBBS: Arch. Neurol. Psychiatry **43**, 223 (1940). — [6] ZIMMERMAN, F. T.: Quart. Rev. Psychiatry Neurol. **4**, 263 (1949). — [7] FERRONI, A., e G. CIMINO: Arch. Sci. biol., Napoli **35**, 477 (1951). — [8] MACKENZIE, E. C. G., J. P. CHANDLER, E. B. KELLER, J. R. RACHELE, N. CROSS and V. DU VIGNEAUD: J. biol. Ch. **180**, 99 (1949). — [9] KWIATKOWSKI, H.: J. Physiol., London **102**, 32 (1943). — [10] EULER, U. S. v.: J. Physiol., London **107**, 10 P (1948). — [11] EULER, U. S. v., and A. ÅSTRÖM: Acta physiol. scand. **16**, 97 (1948). — [12] RYBKINA, D. E.: Bull. Biol. Méd. exp. URSS **24**, 53 (1947). — [13] WERLE, E., u. G. WEICKEN: B. Z. **319**, 457 (1949). — [14] CICARDO, V. H., and A. O. M. STOPPANI: Nature **163**, 365 (1949). — [15] WERLE, E., u. D. PALM: B. Z. **320**, 322 (1950). — [16] EULER, U. S. v., and A. PURKHOLD: Acta physiol. scand. **24**, 218 (1951). — [17] REXED, B., and U. S. v. EULER: Acta psychiatr. neurol., København **26**, 61 (1951). — [18] EULER, U. S. v.: Acta physiol. scand. **19**, 85 (1949). — [19] WERLE, E., u. D. PALM: B. Z. **323**, 255 (1952).

Stammhirnkernen und in geringer Menge in den Meningen[1]. Es gehört in erster Linie dem leitenden Gewebe und weniger den Nervenscheiden und dem Bindegewebe an. Im peripheren Nerven ist sein Gehalt mit 2—50 γ/g höher als im Gehirn (0—3 γ/g). Es ist fraglich, ob Histamin als Aktionssubstanz des Nerven angesprochen werden kann, da seine Konzentration im durchschnittenen Nerven bis zu 200% ansteigt und erst später absinkt[1]. Das sympathische Nervensystem weist mit 60—80 γ/g den höchsten Histamingehalt auf, der in der Reihenfolge: Milznerven (64 γ), N. splanchnicus (49 γ), Grenzstrang (31 γ), R. communicans (17 γ), N. intercostalis (10 γ), Radix ventralis und dorsalis (2,2 γ) zum Rückenmark mit 0,48 γ/g abfällt. Sympathische Ganglien besitzen mit 60—80 γ/g mehr Histamin als spinale Ganglien (46 γ)[2]. Im menschlichen Nervensystem konnten bisher keine ausgeprägten Unterschiede im Histamingehalt festgestellt werden. Es ist möglich, daß der hohe Histamingehalt sympathischer Nerven morphologisch durch den Mangel an histaminarmen Markscheiden[3] und nicht funktionell bedingt ist[2]. Histamin entsteht durch fermentative Decarboxylierung von Histidin. Nervengewebe enthält eine *Histidindecarboxylase*, die bei Zusatz von Histidin die Histaminkonzentration deutlich vermehrt[2]. Der weitere Abbau von Histamin geschieht durch die *Histaminase* (Diaminoxydase), die durch Semicarbazid, Blausäure und kompetitiv durch Putrescin gehemmt wird. Nervengewebe kann Histamin nicht speichern; eine Zufuhr auf dem Blutweg ist ausgeschlossen, da bei fehlender Speicherungsfähigkeit Nervengewebe eine 100—1000fach höhere Histaminkonzentration als Blut besitzt. Diaminoxydase konnte von HUSZÁK[4] im Hirngewebe nicht nachgewiesen werden, obwohl Histamin von Hirnhomogenaten — besonders der weißen Substanz — inaktiviert wird[4]. Da der Zusatz von Histamin zu Pferdehirnsuspensionen die O_2-Aufnahme weit mehr steigert als zu seiner Oxydation notwendig ist, wurde an einen Zusammenhang von Histamininaktivierung und der Oxydation von Fettsäuren gedacht[5]. Die Histaminase baut außer Histamin in abnehmender Geschwindigkeit Mono- und Dimethylhistamin ab[6]. Gehirn von Ochsen kann Tryptamin und Tyramin nicht inaktivieren[7] (s. u.).

Gewisse Amine, wie z. B. *Isoamylamin* und *Heptylamin*, die die Atmung von Hirngewebe hemmen[8], sowie *Butylamin, Amylamin* und *Tyramin* werden durch Hirngewebe von Ratten und Meerschweinchen desaminiert[9–11], während die niedrigen Amine, wie *Propyl-*, *Äthyl-* und *Methylamin*, schwächer oder kaum angegriffen werden[9]. Hirngewebe besitzt ein von den L-Aminosäureoxydasen verschiedenes System von *Aminoxydasen*. Die Verminderung der Oxydationsvorgänge im Gehirn durch ein Amin vom Typ $R{-}CH_2{-}NH_2$ beruht nicht so sehr auf der freien Aminogruppe als auf der Ansammlung des durch Oxydation gebildeten entsprechenden Aldehyds $R{-}CHO$, die durch Benzedrin kompetitiv gehemmt wird. Andere Amine, die nur schwach oder nicht oxydiert werden, können sich mit der Aminoxydase verbinden und die Oxydation von Aminen durch Kompetition hemmen[10–14]. Dies gilt besonders für Benzedrin (Phenylisopropylamin)[12,13]. Kleinere Dosen Benzedrin können somit – indem sie die Oxydation von Tyramin und iso-Amylamin hemmen – die Verminderung der Hirnatmung durch diese Verbindungen aufheben[12]. Benzedrin allein hat — abgesehen von sehr

[1] WERLE, E., u. G. WEICKEN: B. Z. **319**, 457 (1949). — [2] WERLE, E., u. D. PALM: B. Z. **320**, 322 (1950). — [3] REXED, B., and U. S. v. EULER: Acta psychiatr. neurol., København **26**, 61 (1951). — [4] HUSZÁK, I.: Z. Vit.-, Horm.-Ferm.-Forsch. **2**, 33 (1948). — [5] HUSZÁK, I., u. J. DOMONKOS: Z. Vit.-, Horm.-Ferm.-Forsch. **4**, 137 (1951). — [6] WERLE, E., u. D. PALM: B. Z. **323**, 255 (1952). — [7] WERLE, E., u. G. MENNICKEN: B. Z. **296**, 99 (1938). — [8] QUASTEL, J. H., and A. H. M. WHEATLEY: Biochem. J. **27**, 1609 (1933). — [9] PUGH, C. E. M., and J. H. QUASTEL: Biochem. J. **31**, 286 (1937). — [10] PUGH, C. E. M., and J. H. QUASTEL: Biochem. J. **31**, 2306 (1937). — [11] BLASCHKO, H., D. RICHTER and H. SCHLOSSMANN: Biochem. J. **31**, 2187 (1937). — [12] MANN, P. J. G., and J. H. QUASTEL: Nature **144**, 943 (1939). — [13] MANN, P. J. G., and J. H. QUASTEL: Biochem. J. **34**, 414 (1940). — [14] BLASCHKO, H.: Nature **145**, 26 (1940).

großen Konzentrationen — keinen Einfluß auf die Hirnatmung; seine Wirkung tritt erst bei Zusatz eines die Atmung hemmenden Amins auf. Es ist nicht ausgeschlossen, daß der klinische Gebrauch von Benzedrin bei Narkolepsie auf dieser Wirkung beruht. Es ist aber ungeklärt, ob ein Zusammenhang zwischen Narkolepsie und der Bildung von toxisch wirkenden Aldehyden besteht.

Benadryl (β-Dimethylaminoäthylenbenzhydryläther) läßt sich nach oraler Verfütterung im Gehirn nachweisen[1], wo es unter Verlust seiner basischen Eigenschaften in geringem Umfang abgebaut wird[2]. Die Monoaminoxydase des Gehirns wird in vivo und in vitro durch 1-iso-Nicotinyl-2-iso-propylhydrazin (IIH) gehemmt[3,4]. Das Ferment ist an den Mitochondrien lokalisiert[5,6]; Zusatz von IIH zu Mitochondrienpräparationen führt zum Verlust der Fermentaktivität.

Die Aminoxydase ist für den Abbau von *Adrenalin*[7–10] und von *Noradrenalin*[11–13] verantwortlich. Ihre Hemmung durch Ephedrin oder Cocain ruft durch Ansammlung sympathicomimetischer Amine entsprechende klinische Erscheinungen hervor, während beide Cholinesterasen des Gehirns unbeeinflußt bleiben. Die enzymatische Oxydation von Adrenalin und Noradrenalin ist für die Inaktivierung des an den Nervenendigungen gebildeten sympathischen Wirkstoffs — Noradrenalin[14–16] — von Bedeutung. Das Ferment, das an den sympathischen Nervenendigungen lokalisiert ist[17, 18], zerstört Noradrenalin schneller als Adrenalin[11,12]. Die früher beobachtete schwächere Wirkung von intravenös injiziertem Noradrenalin gegenüber Adrenalin an der Nickhaut von Katzen[19], der Iris[20] und den Blutgefäßen der Kaninchenohren[21, 22] findet in dieser Tatsache ihre Erklärung[13]. Nach der Denervierung (Entfernung des Ganglion cervicale sup.) sinkt die Konzentration der Aminoxydase zunächst ab[13, 23], was mit einer erhöhten Empfindlichkeit der sympathischen Erfolgsorgane gegenüber Noradrenalin parallel geht. Ebenso wie Noradrenalin an den adrenergischen Nervenendigungen als Überträgersubstanz und Acetylcholin an den cholinergischen wirkt, dürfte die Aminoxydase die gleiche kontrollierende Wirkung auf die sympathische Impulsübertragung ausüben wie die Acetylcholinesterase auf die parasympathische.

Die sehr labile Brenzkatechinoxydase wird durch die Reaktionsprodukte der Oxydation von Derivaten des Brenzkatechins inaktiviert und wie die Phenoloxydasen als Cu-Proteinkomplex durch Cu aktiviert. Im Gehirn von Schafen läßt sich bei p_H 7,0 eine Phenoloxydase nachweisen[24]. Im Gehirn von Ratten konnte keine L-Dioxyphenylalanin-decarboxylase gefunden werden[25].

---

[1] Glazko, A. J., and W. A. Dill: J. biol. Ch. **179**, 403 (1949). — [2] Glazko, A. J., and W. A. Dill: J. biol. Ch. **179**, 417 (1949). — [3] Zeller, E. A., J. Barsky, J. R. Fouts, W. F. Kirchheimer and L. S. van Orden: Exper. **8**, 349 (1952). — [4] Zeller, E. A., and J. Barsky: Proc. Soc. exp. Biol. Med. **81**, 459 (1952). — [5] Cotzias, G. C., and V. P. Dole: Proc. Soc. exp. Biol. Med. **78**, 157 (1951). — [6] Hawkins, J.: Biochem. J. **50**, 577 (1952). — [7] Blaschko, H., D. Richter and H. Schlossmann: Biochem. J. **31**, 2187 (1937). — [8] Gaddum, J. H., and H. Kwiatkowski: J. Physiol., London **94**, 87 (1938). — [9] Green, D. E., and D. Richter: Biochem. J. **31**, 596 (1937). — [10] Bacq, Z. M.: J. Physiol., London **92**, P 28 (1938). — [11] Blaschko, H., and J. H. Burn: J. Physiol., London **112**, P 37 (1951). — [12] Burn, J. H., and J. Robinson: Brit. J. Pharmacol. **6**, 101 (1951). — [13] Burn, J. H.: Brit. med. J. **1952 I**, 784. — [14] Euler, U. S. v.: Acta physiol. scand. **12**, 73 (1946). — [15] Peart, W. S.: J. Physiol., London **108**, 491 (1949). — [16] Mann, M., and G. B. West: Brit. J. Pharmacol. **5**, 173 (1950); **6**, 79 (1951). — [17] Thompson, R. H. S., and A. Tickner: J. Physiol., London **115**, 34 (1951). — [18] Robinson, J.: J. Physiol., London **115**, P 39 (1951). — [19] Bülbring, E., and J. H. Burn: Brit. J. Pharmacol. **4**, 202 (1949). — [20] Burn, J. H., and D. E. Hutcheon: Brit. J. Pharmacol. **4**, 373 (1949). — [21] Luduena, F. P., E. Ananenko, O. H. Siegmund and L. C. Miller: J. Pharmacol. exp. Therap. **95**, 155 (1949). — [22] Gaddum, J. H., W. S. Peart and M. Vogt: J. Physiol., London **108**, 467 (1949). — [23] Burn, J. H., and J. Robinson: J. Physiol., London **116**, 21 P (1952). — [24] Bhagvat, K., and D. Richter: Biochem. J. **32**, 1397 (1938). — [25] Page, E. W.: Arch. Biochem. **8**, 145 (1945).

3. Fermente des Eiweißstoffwechsels.

Über die *Proteasen* des Gehirns ist wenig bekannt. Ihre verhältnismäßig hohe Aktivität[1,2] spricht für einen hohen Strukturumsatz im Zentralnervensystem[3] (s. S. 889). Entsprechend der großen histologischen Differenzierung der einzelnen Hirnareale muß auch mit unterschiedlicher Stoffwechselaktivität gerechnet werden. Cerebrale und cerebellare Hemisphären zeigen mit DL-Alanylglycin als Substrat (bezogen auf das Trockengewicht) größere Aktivität ihrer *Peptidasen* als Rückenmark und Hirnstamm[1], was auf der stärkeren Beteiligung von grauer Substanz beruht. Da die Unterschiede auch bei Berechnung auf die fettfreie Trockensubstanz bestehen bleiben, darf angenommen werden, daß die Nervenzellen und ihre Dendriten größere Peptidaseaktivität besitzen als ihre Axone. Dem entspricht die geringe Fermentaktivität des keine Nervenzellen enthaltenden Corpus callosum. Untersuchungen über die Aktivität der *Dipeptidasen* ergaben in Serienschnitten die höchsten Werte in den Schichten II, IV, Vb und VIa[4]. Auch dies Ergebnis spricht für die vorwiegende Lokalisation der Dipeptidasen an *Nervenzellkörpern* und wahrscheinlich auch an Gliazellen.

Nach den bisherigen Untersuchungen scheint die auf den Proteinabbau bezogene *Autolyse des Gehirns* weder schnell noch intensiv zu sein[5–9]. Frühere Untersucher haben neben der Existenz von *Nucleasen*[6,9] *Gelatinasen* und *Peptidasen*[9,10] *Trypsin*aktivität[11] beschrieben, andere bei schwacher *katheptischer* keine tryptische Aktivität beobachtet[12]. Neuere Untersuchungen, die auf der Freisetzung von Tyrosin aus Proteinen zur Bestimmung von *Proteinasen* beruhen[13], ergaben für das Gehirn von Kälbern beim Abbau von Hämoglobin einen 6fach höheren Gehalt an Proteinasen als in der Muskulatur. Bezogen auf den allgemeinen Eiweißgehalt des Gehirns, der etwa die Hälfte desjenigen der Muskulatur ausmacht, bedeutet das eine 12fach größere Fermentkonzentration als in der Muskulatur oder $^2/_5$ derjenigen in der Milz[14]. Die *katheptische Aktivität* des Gehirns ist deutlich schwächer als die von Leber, Niere und Milz[15]. Das im Gehirn des Menschen sowie bei Ratten, Kaninchen und Rindern nachgewiesene Kathepsin dürfte dem Kathepsin I-Typ angehören[16], da es durch SH-Verbindungen nicht aktiviert wird. Es unterscheidet sich allerdings durch sein p_H-Optimum von p_H 3,5 von den anderen Fermenten des Typs (p_H-Optimum 5,4). Das teilweise gereinigte Enzym kann durch Cystein nicht gegen seine Inaktivierung bei 37° geschützt werden. Es wird dementsprechend durch Cystein, Glutathion, Cyanid oder Jodacetat nicht beeinflußt. Die Aktivität des Fermentes ist in der grauen Gehirnsubstanz 5mal größer als in der weißen. Die proteolytische Wirksamkeit von Kernsuspensionen entspricht der der gesamten Rinde (Trockengewicht-Basis). Die Proteolyse durch Kathepsin führt bis zu den Polypeptiden und wird durch Poly- und Dipeptidasen ausgedehnt. Das mit p_H 3,5 stark von dem physiologischen Bereich abweichende p_H-Optimum der Kathepsinproteolyse macht es nach Ansicht der

---

[1] Pope, A., and C. B. Anfinsen: J. biol. Ch. **173**, 305 (1948). — [2] Zeller, E. A.: Helv. physiol. Acta **3**, C 47 (1945). — [3] Opitz, E.: 3. Mosbacher Coll. S. 98. — [4] Pope, A.: J. Neurophysiol. **15**, 115 (1952). — [5] Levene, P. A., and L. B. Stookey: J. med. Res. **10**, 212 (1903). — [6] Craifaleanu, A. D.: Boll. Soc. Natur. Napoli **30**, 173 (1917). — [7] Gibson, C. A., F. Umbreit and H. C. Bradley: J. biol. Ch. **47**, 333 (1921). — [8] Gueorgiervskaia, A. M.: Russ. fiziol. Ž. **4**, 53 (1922). — [9] Takasaka, T.: B. Z. **184**, 390 (1927). — [10] Blum, E., A. I. Jakovtschuk and A. I. Jarmoschkewitsch: Bull. Biol. Méd. exp. URSS **1**, 17 (1936). — [11] Slowtzoff, B. J.: Russ. fiziol. Ž. **3**, 1 (1921). — [12] Edlbacher, S., E. Goldschmidt u. V. Schläppi: H. **227**, 118 (1934). — [13] Anson, M. L.: J. gen. Physiol. **22**, 79 (1938). — [14] Anson, M. L.: J. gen. Physiol. **23**, 695 (1940). — [15] Rothschild, H., and L. C. M. Junqueira: Arch. Biochem. **34**, 453 (1951). — [16] Ansell, G. B., and D. Richter: Biochim. biophysica Acta, N. Y. **13**, 87 (1954).

Autoren für Gehirn wahrscheinlich, daß dem Ferment bei neutralem p_H weniger die Funktion der Proteolyse als die der Transamidierung und Transpeptidierung zukommt[1,2]. Die Proteinasen des Gehirns unterscheiden sich in ihrem Verhalten nicht von denen in Leber, Milz und Muskulatur. Die Existenz einer trypsinaktiven Proteinase ist für Gehirn unwahrscheinlich[3], während Di- und Tripeptidasen nachgewiesen werden konnten. DL-Leucylglycin und DL-Leucylglycylglycin werden im Gehirn ebenso wie Glycyl-L-leucin, Glycylglycin deutlich stärker, DL-Alanylglycin dagegen schwächer gespalten als in der Muskulatur[3]. Die Autolyse des Gehirns durch Kathepsin ist nach 48 Std beendet. Es ist aber fraglich, ob die peptidspaltenden Fermente in den ersten Tagen der Autolyse einen wirksamen Einfluß haben, da ihre Wirkung im alkalischen Milieu stärker, die Autolyse des Gehirns bei p_H 3,6 aber größer als bei p_H 6,6 ist.

In frischem Hirngewebe läßt sich außer den Enzymen vom Typ des Kathepsins (p_H 3,5—4,0) ein Enzym nachweisen, das Aminosäuren bei neutraler Reaktion und einem p_H-Optimum von p_H 7,4 freisetzt[4]. Es dürfte sich nicht um eine einfache Peptidase handeln. Das System kommt in grauer und weißer Substanz vor; es wird durch Jodacetat und Cu-Sulfat stark gehemmt. Vermutlich setzt sich das Enzymsystem aus mehreren Bestandteilen zusammen: Peptidasen, Polypeptidasen und neutralen Proteinasen. Das Ferment ist im Gegensatz zum Kathepsin des Gehirns instabil und wird 1—$1^1/_2$ Std nach dem Tode inaktiv[5]. Das System ist bei Kaninchen in der weißen Substanz etwa 75% aktiver als in der grauen. Die Wirksamkeit der neutralen Proteinase übersteigt eindeutig die durch Kathepsin katalysierte Proteolyse, die im Gehirn von Schafen 0,015 γ N/mg/Std (p_H 1,7) und bei Kälbern 0,042 γ N/mg/Std (p_H 3,6) beträgt[3,5,6].

Im Gehirn existiert eine *Phosphoproteidphosphatase*, die ohne vorherige Hydrolyse der Eiweißkörper aus Phosphoproteiden anorganisches Phosphat abspaltet[7]. Die Aktivität des Fermentes wird durch Ascorbinsäure stark gesteigert, ebenso durch Mg^{++}, Mn^{++}, Ba^{++} und Ca^{++}, während $CuCl_2$ hemmend wirkt. Die Phosphoproteidphosphatase wird durch reduzierende Substanzen aktiviert, durch oxydierende gehemmt. Ihre Aktivität im Gehirn ist beträchtlich und wird nur von der der Milz übertroffen.

Hirngewebe kann *Dehydropeptide* spalten[8,9], wobei äquivalente Mengen NH_3 und Ketosäuren entstehen. DL-Alanyldehydroalanin und Glycyldehydroalanin werden schnell gespalten; Glycyldehydrophenylalanin, DL-Chloropropiondehydroalanin, Acetyldehydrophenylalanin, Chlorodehydroalanin, Chloroacetyldehydrophenylalanin und Acetyldehydroalanin dagegen nicht[8]. Die Fermentaktivität nimmt in der Reihenfolge: Niere, Pankreas, Milz, Gehirn, Leber und Muskulatur ab. Cyclische Dehydropeptide werden im Gehirn nicht abgebaut. Die Rolle der Dehydropeptide im intracellulären Proteinstoffwechsel ist unklar, vor allem ihre Herkunft ist ungeklärt.

Extrakte aus Gehirn entfalten starke *fibrinolytische Aktivität*, die aber nicht auf der Existenz des eigentlichen fibrinolytischen Enzyms, sondern auf der eines auf Plasminogen wirkenden Aktivators beruht[10]. Im Gehirn von Ratten lassen sich *Sulfatasen* nachweisen, deren Aktivität bei Männchen größer als bei weiblichen Tieren ist; sie beträgt 203 bzw. 184 p-Oxyacetophenoneinheiten[11] (1 Einheit = 1 γ p-Oxyacetophenon je g Feuchtgewicht je Std.).

---

[1] ANSELL, G. B., and D. RICHTER: Biochim. biophysica Acta, N. Y. **13**, 87 (1954). — [2] FRUTON, J. S., R. B. JOHNSTON and M. FRIED: J. biol. Ch. **190**, 39 (1951). — [3] KIES, M. W., and S. SCHWIMMER: J. biol. Ch. **145**, 685 (1942). — [4] ANSELL, G. B., R. B. WILLIAMS and D. RICHTER: Biochem. J. **50**, XXIX (1952). — [5] ANSELL, G. B., and D. RICHTER: Biochim. biophysica Acta **13**, 92 (1954). — [6] GIBSON, C. A., F. UMBREIT and H. C. BRADLEY: J. biol., Ch. **47**, 333 (1921). — [7] FEINSTEIN, R. N., and M. E. VOLK: J. biol. Ch. **177**, 339 (1949). — [8] PRICE, V. E., and J. P. GREENSTEIN: J. biol. Ch. **171**, 477 (1947). — [9] GONÇALVES, J. M., and J. P. GREENSTEIN: Arch. Biochem. **16**, 1 (1948). — [10] ASTRUP, T., and I. STERNDORFF: Nature **170**, 981 (1952). — [11] DODGSON, K. S., B. SPENCER and J. THOMAS: Biochem. J. **53**, 452 (1953).

ε) Stoffwechsel der Nucleinsäuren.

1. Stoffwechsel und Synthese von Nucleinsäuren.

Über Stoffwechsel und Synthese der Nucleinsäuren im Zentralnervensystem ist wenig bekannt. Der Nucleotidstoffwechsel ist auch im Nervensystem eng mit der Eiweißsynthese verbunden[1]. So ist das Vorkommen von Pentosenucleotiden in den Geweben — wie auch im embryonalen Gehirn[2] — im Zusammenhang mit raschem Wachstum eine allgemeine Erscheinung[1]. Der spätere Reichtum der Nervenzellen an Pentosenucleotiden läßt den Schluß zu, daß keine einfache Korrelation zwischen Wachstumstendenz und den Nucleinsäuremengen des Gewebes bestehen kann. Die Nervenzelle enthält in ihrem Cytoplasma Pentosenucleotidbestände, die sich mit denen der Eizelle vergleichen lassen. Die Polynucleotide sind ebenso wie die Eiweißkörper eng mit der funktionellen Aktivität des Nervensystems verbunden[3,4] (s. S. 809). Es ist ganz allgemein ein Zusammenhang zwischen dem Vorhandensein von Ribosenucleotiden in hoher Konzentration im Cytoplasma und der Produktion von Eiweißkörpern gegeben. Offensichtlich regelt das Heterochromatin den Nucleinsäurestoffwechsel der Zellen, wobei umgekehrt für jegliche biologische Eiweißsynthese die Gegenwart von Nucleinsäuren notwendig ist. Es herrscht eine sehr ausgesprochene Beziehung zwischen dem Vorkommen großer histonhaltiger Nucleolen in Zellkernen und den Ribonucleotiden im Cytoplasma. Während der Entwicklung der Nervenzellen tritt der große Nucleolus charakteristischerweise gleichzeitig mit der Bildung der ribonucleoproteidhaltigen NISSL-Schollen auf[1].

Die Nucleinsäurekonzentration ist in unmittelbarer Nähe der Kernmembran am größten, was darauf hindeutet, daß hier die Nucleotide synthetisiert wurden. Dies entspricht der Beobachtung, daß die basophile Materie des Cytoplasmas zuerst als ein Ring um die Kernmembran auftritt. Eine starke Funktion des Heterochromatin-Nucleolusmechanismus wird von einer intensiven Tätigkeit des Cytoplasmanucleotid-Eiweißbildungssystems begleitet. Da Kernstrukturveränderungen mit Nucleolenbildung dem wahrnehmbaren Wachstum bzw. der Entstehung von basophilem Material im Cytoplasma vorausgehen, ist ersichtlich, daß die Aufgabe des Heterochromatins letzten Endes darin bestehen dürfte, auf dem Wege über den Nucleolus und die Cytoplasmanucleotidsynthese die Eiweißsynthese im Cytoplasma zu regeln.

Untersuchungen mit radioaktivem P ergaben für Hirngewebe gegenüber den Phosphatiden einen entschieden langsameren Umsatz der Nucleinsäuren[5]. So wird z. B. bei Kaninchen nach 50 Tagen erst 27% des ursprünglich vorhandenen Nucleinsäurephosphors entfernt, während in der gleichen Zeit bereits 77% des Phosphatidphosphors erneuert worden sind. Gehirnschnitte von Katzen bauen ^{32}P schnell in Ribosenucleinsäuren ein[6–8], obgleich unter den gleichen Versuchsbedingungen größere P-Mengen in Phosphatide und Phosphoproteide eingebaut werden. Ribonucleinsäure des Gehirns, die Guanylsäure in höherer Konzentration als Adenylsäure enthält, weist unter diesen Bedingungen geringere spezifische Aktivität der Guanylsäure auf. In ähnlicher Weise ist die Konzentration an Cytidylsäure größer, ihre spezifische Aktivität schwächer als die von Uridylsäure.

Der Einbau von ^{32}P in Ribonucleinsäure dürfte von der Atmungskettenphosphorylierung abhängen. Sie wird dementsprechend durch anaerobe Bedingungen, Cyanid, Azid, Malonitril, Chloreton, Nembutal, Jodacetat und durch 2,4-Dinitrophenol, stark gehemmt, durch Zufuhr von Glucose, Mannose, Pyruvat

---

[1] CASPERSSON, T.: Naturwiss. **29**, 33 (1941). — [2] DAVIDSON, J. N., and C. WAYMOUTH: Biochem. J. **38**, 39 (1944). — [3] CASPERSSON, T.: Nucleic acid. Symp. Soc. exp. Biol. **1**, 127 (1951). — [4] HYDÉN, H.: Nucleic acid. Symp. Soc. exp. Biol. **1**, 152 (1951). — [5] HAHN, L., and G. HEVESY: Nature **145**, 549 (1940). — [6] STRICKLAND, K. P., and R. J. ROSSITER: Fed. Proc. **12**, 276 (1953). — [7] DELUCA, H. A., R. J. ROSSITER and K. P. STRICKLAND: Biochem. J. **55**, 193 (1953). — [8] FINDLAY, M., R. J. ROSSITER and K. P. STRICKLAND: Biochem. J. **55**, 200 (1953).

oder Lactat gefördert. Fructose, Galaktose, Succinat, L-Glutaminat, D-Glutaminat, α-Ketoglutarsäure, Citrat oder L-Malat haben keinen Einfluß[1, 2].

Die wesentlichsten und für den allgemeinen Stoffwechsel des Nervensystems wichtigsten Umsetzungen der Nucleotide betreffen die *Adenosintriphosphorsäure*. Mit Hilfe von Isotopenuntersuchungen läßt sich im Gehirn eine schnelle Erneuerung der stabilen Phosphatgruppe in ATP und ADP nachweisen[3, 4]. Unter diesen Umständen ist die relative spezifische Aktivität von ADP, ATP und von Kreatinphosphat[3, 5] sehr hoch, sie übertrifft nach intracisternaler Injektion von $Na_2H \cdot {}^{32}PO_4$ diejenige der Muskulatur um das 40—200fache[5]. Der Umsatz von ^{32}P in Kreatinphosphat und ATP liegt im Gehirn somit wesentlich höher als in der Muskulatur, wenn auch die transportierten Mengen in der Muskulatur überwiegen. Die geringe Radioaktivität der Nucleoproteidfraktion im Gehirn von Mäusen nach intraperitonealer Injektion von Na_2HPO_4 (s.[6]) oder Na_3PO_4 (s.[7]) dürfte die Folge mangelhafter Permeation durch die Blut-Hirnschranke sein. Unter diesen Umständen geschieht der hauptsächlichste P-Austausch durch Beteiligung am Kohlenhydratstoffwechsel und weniger durch P-Eintritt in die Nucleinsäuren[7], während bei intracisternaler Injektion der größte Teil des P in Form von Orthophosphat und labilem Phosphat aus Kreatinphosphat und ATP vorhanden ist[4]. Nach Injektion von radioaktivem Phosphat und papierchromatographischer Trennung der Nucleotide in den Trichloressigsäureextrakten aus Hirngewebe läßt sich zeigen, daß Phosphat der Adenylsäure ebenso schnell wie das säurestabile Phosphat von ADP und ATP ausgetauscht wird[8]. Das gleiche gilt für die hohe Austauschgeschwindigkeit des an Adenosin gebundenen Phosphats im *Diphosphopyridinnucleotid*molekül. Die relative spezifische Aktivität der stabilen Phosphatgruppe in ADP und ATP unterstützen die Ansicht[9, 10], nach der die Erneuerung der Adenylsäure im Gehirn — im Gegensatz zur Muskulatur — möglicherweise durch Rephosphorylierung geschieht. Bei gesteigerter funktioneller Aktivität des Gehirns treten schnelle Änderungen der energiereichen Phosphatbindungen ein[11, 12], die bis zur Erschöpfung der Vorräte reichen können. Es ist allerdings auch möglich, daß die Erhöhung des Gehaltes an anorganischem Phosphat und von P-Acceptoren, die sich aus dem Umsatz der energiereichen P-Bindungen ergibt, den Stoffwechsel des Hirngewebes steigert[13]. Bei Unterbrechung der Blutzufuhr im Gehirn sinkt der ATP-Gehalt bis zum völligen Verlust ab[14–16], während der an anorganischem Phosphat zunimmt, was den postmortalen Veränderungen entspricht[17]. Nach Wiederherstellung des Kreislaufs kann in der Hirnrinde die Regeneration von ATP und von Phosphokreatin stattfinden[14]. Auch Hirnrindenschnitte bauen in vitro unter entsprechenden Bedingungen Adenosinpolyphosphate auf[18].

Über die eigentliche Synthese von Nucleotiden bzw. ihrer Pyrimidin- und Purinbasen aus kleinen Körperbausteinen herrscht für das Nervensystem noch Unklarheit.

---

[1] STRICKLAND, K. P., and R. J. ROSSITER: Fed. Proc. **12**, 276 (1953). — [2] FINDLAY, M., R. J. ROSSITER and K. P. STRICKLAND: Biochem. **55**, 200 (1953). — [3] ZETTERSTRÖM, R., L. ERNSTER and O. LINDBERG: Arch. Biochem. **25**, 225 (1950). — [4] LINDBERG, O., and L. ERNSTER: Biochem. J. **46**, 43 (1950). — [5] SACKS, J., and G. G. CULBRETH: Amer. J. Physiol. **165**, 251 (1951). — [6] DZIEWIATKOWSKI, D., and D. BODIAN: J. cellul. comp. Physiol. **35**, 141 (1950). — [7] BORELL, U., and Å. ÖRSTRÖM: Biochem. J. **41**, 398 (1947). — [8] ZETTERSTRÖM, R., and M. LJUNGGREN: Acta chem. scand. **5**, 291 (1951). — [9] REISS, J. L.: Enzymologia **2**, 110 (1937). — [10] KERR, S. E.: J. biol. Ch. **145**, 647 (1942). — [11] MCILWAIN, H.: Biochem. J. **50**, XXIV (1952). — [12] MCILWAIN, H., and M. B. R. GORE: Biochem. J. **50**, 24 (1952). — [13] MCILWAIN, H.: Biochem. J. **52**, 289 (1952). — [14] GURWITSCH, A. J., M. I. LEWJANT u. G. H. JERSINA: Biochimija, Moskva **15**, 541 (1950) [C. **1951 II**, 3339]. — [15] GROMOVA, K. G., T. J. KUDRITZKAJA, I. P. PETROW u. W. S. SCHAPOT: Biochimija, Moskva **17**, 13 (1952). — [16] GROMOVA, K. G., u. W. S. SCHAPOT: Dokl. Akad. Nauk. SSSR. (N. S.) **78**, 941 (1951). — [17] MALECI, O.: Arch. Fisiol. **50**, 18 (1950). — [18] MCILWAIN, H.: Metabolism and function in nervous tissue. Biochem. Soc. Symp. **8**, 27 (1952).

2. Abbau der Nucleinsäuren und Fermente des Nucleinsäureabbaus.

Die Nucleotide sind untereinander durch Phosphatesterbindungen verknüpft — Phosphorsäure ist somit doppelt verestert — und diese Nucleotidkombinationen sind ihrerseits zu Molekülen von hohem Molekulargewicht polymerisiert. Die polymerisierten Polynucleotide werden durch bisher unbekannte Kräfte zusammengehalten[1]. Die Desaggregation von Nucleinsäurepolymeren geschieht durch *Nucleasen* (besser *Nucleodepolymerasen*). Die dabei entstandenen, durch Phosphatester verbundenen Nucleotidkombinationen werden unter geeigneten Bedingungen durch *Polynucleotidasen* gespalten, die der Gruppe der Phosphatasen zugerechnet werden müssen. Der Komplex der Nucleasen umschließt somit Ribo- und Desoxyribodepolymerasen und Polynucleotidasen. Diese Bedingungen dürften auch für Gehirn gelten. Bei den im Gehirn[2,3] und in geringer Menge im peripheren Nerven[11] beschriebenen Nucleasen dürfte eine Mischung aus Depolymerasen und Nucleotidasen vorgelegen haben, da in diesen Untersuchungen[3] die Abspaltung von Phosphorsäure aus Nucleinsäuren gemessen wurde. Ribo- und Desoxyribonucleinsäuren werden durch Extrakte aus Rattengehirn in kleinere, dialysable Bestandteile gespalten, dagegen werden Desoxyribonucleate von dialysierten Hirnextrakten weder desaminiert noch dephosphoryliert[1]. Die Reihenfolge des weiteren Abbaus der entstandenen Nucleotide ist auch im Gehirn umstritten. Es kann bisher nicht sicher entschieden werden, ob die Desaminierung der Wirkung der Depolymerasen, Polynucleotidasen, Nucleotidasen und Nucleosidasen vorangeht, parallel läuft oder folgt.

Zum gegenwärtigen Zeitpunkt kann die Bezeichnung *Nucleodesaminase* nur auf die Freisetzung von Ammoniak aus Nucleinsäuren unter der Einwirkung von wäßrigen Gewebsextrakten bezogen werden, ohne genaue Angabe der Reihenfolge des Abbaus[1]. Das gleiche gilt für die *Nucleophosphatasen*. Frische und dialysierte Hirnextrakte können Mischungen verschiedener Nucleotide und Ribonucleinsäuren desaminieren und dephosphorylieren, wobei im allgemeinen die Dephosphorylierung überwiegt. Die enzymatische Desaminierung und Dephosphorylierung von Desoxyribonucleaten ist entschieden stärker von der Extraktkonzentration abhängig als die von Ribonucleaten[1]. Na-Hydrogencarbonat und -Fluorid hemmen die Desaminierung und Dephosphorylierung von Nucleinsäuren.

Hirnextrakte benötigen ebenso wie Extrakte anderer Organe die Anwesenheit von Ionen zum Abbau von Desoxy-, nicht aber für den von Ribonucleinsäuren. Dialysierte Hirnextrakte dephosphorylieren und desaminieren allerdings Ribonucleate besser als frische Extrakte, was möglicherweise auf der Existenz eines Hemmfaktors in frischen Extrakten beruht. Zusatz von Na^+, K^+, Mg^{++}, Ca^{++} in Form ihrer Chloride und von Arginin erhöht die Dephosphorylierung und Desaminierung von Desoxyribonucleaten in dialysierten Extrakten erheblich. In frischen Extrakten übersteigt die Dephosphorylierung von Ribo- diejenige von Desoxyribonucleinsäuren. Der Abbau von Desoxyribonucleinsäuren dürfte im Gehirn sehr gering sein, dagegen werden die freien Nucleotide desaminiert und dephosphoryliert[1]. Im allgemeinen scheinen die Nucleotidphosphatasen und Nucleotiddesaminasen nicht auf Polynucleotide oder ihre ersten Abbaustufen zu wirken.

Der Abbau der Nucleotide vollzieht sich in Gehirn und Nerven möglicherweise zunächst durch Dephosphorylierung, z. B. der Adenylsäure zu Adenosin, ehe die Purinbasen selbst angegriffen werden. Hirn- und Nervengewebe enthält eine sehr

---

[1] GREENSTEIN, J. P., C. E. CARTER and H. W. CHALKLEY: Cold Spring Harbor Symp. quant. Biol. **12**, 64 (1947). — [2] CRAIFALEANU, A. D.: Boll. Soc. Natur. Napoli **30**, 173 (1917). — [3] TAKASAKA, T.: B. Z. **184**, 390 (1927).

aktive *5-Nucleotidase*[1,2], die als spezifische Phosphatase nur auf Nucleotide mit einer Phosphatgruppe an C(5) der Pentose — also Adenyl-5-phosphorsäure und Inosin-5-phosphorsäure — wirkt[3]. Das Ferment, dessen p_H-Optimum bei p_H 7,5—8,0 liegt, greift ATP, Ribose-5-phosphat, Adenosin-3-phosphorsäure (Hefeadenylsäure) und andere Phosphorsäureester nicht an; es wird durch Mg^{++} aktiviert und ist in den meisten Geweben mit einer unspezifischen Phosphatase vergesellschaftet[3,4]. In Gehirn und Plexus chorioideus sind beide Fermente vorhanden, im peripheren Nerven ist die 5-Nucleotidase fast frei von unspezifischen Phosphatasen. Die größte Aktivität der 5-Nucleotidase wird im Hypophysenhinterlappen gefunden[4]; im Gehirn ist ihre Aktivität größer als die der sauren und alkalischen Phosphatasen. Das Ferment kann im Nervengewebe histochemisch[5] nachgewiesen werden.

Es ist aber noch ungeklärt, ob in Hirn- und Nervengewebe die Dephosphorylierung der Desaminierung vorangeht, da bei physiologischem p_H — ebenso wie in der Muskulatur — die direkte hydrolytische Desaminierung beobachtet werden konnte, während sie in anderen Organen erst nach vorangehender Dephosphorylierung stattfinden soll[6]. Andererseits[2] konnte hydrolytische Desaminierung von Adenylsäure ebensowenig wie ihr Reaktionsprodukt — Inosinsäure — im Gehirn beobachtet werden. Die Aminopurine werden vor oder nach ihrer Dephosphorylierung durch spezifische Desaminasen in Oxypurine umgewandelt, die schließlich zu Harnsäure oxydiert werden. Hirngewebe enthält *Adenylsäuredesaminase* und *Adenosindesaminase*[6], wodurch Muskeladenylsäure zu Inosinsäure und Adenosin zu Hypoxanthin verwandelt wird. Die Muskeladenylsäuredesaminase aus acetonbehandeltem Hundegehirn benötigt ATP für die Reaktion, ohne daß ein Verlust von Adenylpyrophosphat oder seine Desaminierung eintritt[7]. Das Ferment ist vermutlich von den bisher bekannten Desaminasen verschieden. Es ist unbekannt, in welcher Weise ATP die Desaminierung von Muskeladenylsäure im Gehirn stimuliert. Nur in Gegenwart der Myokinase (s. S. 874) kann ATP allein als NH_3-Quelle dienen, wenn ein verwertbarer Phosphatacceptor wie Fructose-6-phosphat dem System zugesetzt wird. Beide Fermente sind im Zentralnervensystem weit verbreitet. Wird als Einheit die freigesetzte Menge N in γ/ml/min oder in γ/g/min bezeichnet, so enthalten Rückenmark 14,7; Gesamtgehirn 8,6; Hirnrinde 5,6; Hypophyse 2,6; N. ischiadicus 0,8 E an Adenosindesaminase und entsprechend 14,8; 12,2; 15,9; 24,6; 4,8 E an Adenylsäuredesaminase[6]. Das Verhältnis Adenylsäuredesaminase: Adenosindesaminase beträgt in der Cortex cerebri 3:1, in den peripheren Nerven 6:1. Die Adenylsäuredesaminase ist sehr empfindlich gegen verschiedene Anionen — Phosphat, Hydrogencarbonat — während Maleat und Citrat ohne Einfluß sind. Die Einwirkung von Anionen auf das Ferment dürfte die Adenylsäure des Gewebes vor zu intensiver Desaminierung schützen. Die Desaminierung von Purin- und Pyrimidinderivaten durch Hirnextrakte von Ratten und Mäusen ergab für Cytosin, Adenin, Cytidin und Cytidylsäure negative Ergebnisse[8]. Es darf allerdings nicht übersehen werden, daß die Beweiskraft von negativen Ergebnissen hinsichtlich der Freisetzung von Ammoniak aus Nucleotiden bzw. Nucleosiden durch die mögliche Übertragung von Ammoniak in andere Reaktionen eingeschränkt wird. Nach den bisherigen Ergebnissen scheint Adenylsäure im Gehirn von Ratten und Mäusen vorwiegend dephosphoryliert zu

---

[1] Reiss, J. L.: Enzymologia **2**, 110, 183 (1937); **5**, 251 (1938). — [2] Kerr, S. E.: J. biol. Ch. **145**, 647 (1942). — [3] Reiss, J. L.: Biochem. J. **46**, XXI (1950). — [4] Reiss, J. L.: Biochem. J. **48**, 548 (1951). — [5] Pearse, A. G. E., and J. L. Reiss: Biochem. J. **50**, 534 (1952). — [6] Conway, E. J., and R. Cooke: Biochem. J. **33**, 479 (1939). — [7] Muntz, J. A.: J. biol. Ch **201**, 221 (1953). — [8] Greenstein, J. P., C. E. Carter and H. W. Chalkley: Cold Spring Harbor Symp. quant. Biol. **12**, 64 (1947).

werden, Guanin und Guanosin werden desaminiert, Guanylsäure desaminiert und dephosphoryliert, Cytidylsäure und Uridylsäure nur dephosphoryliert[1].

Der weitere Abbau der durch die Wirkung von Nucleotidasen entstandenen Nucleoside dürfte auch im Gehirn unter Vermittlung von *Nucleosidasen* geschehen, die als *Nucleosidphosphorylasen* die Glykosidbindung der Nucleoside unter Freisetzung von Purin- bzw. Pyrimidinbasen und unter Phosphataufnahme spalten[2]:

$$\text{Ribose-1-purin} + \text{Phosphat} \rightleftharpoons \text{Ribose-1-phosphat} + \text{Purin}.$$

Im Hirngewebe von Affen konnte *Purinnucleosid-phosphorylase* nachgewiesen werden[3]. Das Ferment, das im nichtdialysierten Hirnhomogenat in Abwesenheit von Phosphat 93% seiner Aktivität verliert, synthetisiert in gereinigter Form Hypoxanthin-desoxyribosid aus Hypoxanthin und Desoxyribose-1-phosphat. Die enzymatische Spaltung von Inosin verläuft im Gehirn bei einem p_H-Optimum von 7,2—7,4 rein phosphorolytisch. Bei Inkubation von Hypoxanthin und Desoxyribose-1-phosphat mit partiell gereinigtem Enzym wird je Mol verschwundenen Hypoxanthins 1 Mol anorganisches Phosphat frei[3]. Andererseits wird bei der Spaltung von Inosin durch Homogenate aus Gesamtgehirn je Mol freiwerdenden Hypoxanthins 1 Mol anorganisches Phosphat verestert. Die Veresterung dürfte zu Ribose-1-phosphat und nicht zu Ribose-5-phosphat führen. Hirngewebe ist dagegen arm an Phosphoribomutase. Bei Macacus mulatta beträgt die durchschnittliche Aktivität der Purinnucleosid-phosphorylase in Molekularschicht, Körnerschicht und Marklager der Kleinhirnhemisphären 0,97; 1,39 bzw. 0,90 Mol gespaltenen Inosins je kg Trockengewicht je Std. Im Kleinhirnwurm werden entsprechend 1,04; 1,76 bzw. 1,02 gemessen. Bezogen auf den Proteingehalt ergeben sich 1,58; 2,48 bzw. 2,80 Mol/kg/Std.

Die Inkubation von Purinnucleotiden und -nucleosiden mit Hirnextrakten führt zum Abfall der *Pentosekonzentration*[4], der die Wirkung von Nucleosidasen voraussetzt. Adenosin und Guanosin werden unter diesen Umständen schneller abgebaut als Adenosin-5-phosphat, Adenosin-3-phosphat, Cozymase und Inosinsäure. Unter der Einwirkung von Nucleosidasen entsteht aus den Nucleosiden Ribose-1-phosphat[5], das offenbar durch eine *Mutase* schnell in Ribose-5-phosphat umgelagert wird[4]; das labile Ribose-1-phosphat ist nur ein Intermediärprodukt der unter Phosphataufnahme ablaufenden Reaktion[2,6]. Der Pentoseabbau ist nicht vollständig, offenbar wird das Enzym inaktiviert, ehe die Reaktion zu Ende gelaufen ist. Sauerstoff scheint nicht notwendig zu sein, Jodacetat und Fluorid haben keinen Einfluß. Ebenso wie für die Aktivität der Nucleosidasen ist auch für den Abbau der Pentosen die Anwesenheit von Phosphationen notwendig[6]. Durch die Bildung von Ribose-5-phosphat beim Abbau der Nucleotide bzw. Nucleoside ist möglicherweise eine Verbindung zur direkten Oxydation (s. S. 728) von Glucose gewonnen.

Es ist fraglich, ob die endgültige Umwandlung der Oxypurine in *Harnsäure* durch die Xanthinoxydase im Gehirn stattfinden kann. Harnsäure ist im Gehirn nur in Spuren nachweisbar[7].

ζ) Phosphataufnahme und Transphosphorylierungen.

1. Phosphataufnahme.

Die Phosphataufnahme des Gehirns und der Einbau von radioaktivem P in organische P-haltige Verbindungen ist von der Permeabilität der Blut-Hirnschranke abhängig. Infolgedessen hat parenterale oder orale Verabreichung von

[1] Greenstein, J. P., C. E. Carter and H. W. Chalkley: Cold Spring Harbor Symp. quant. Biol. **12**, 64 (1947). — [2] Christman, A. A.: Physiol. Rev. **32**, 303 (1952). — [3] Robins, E., D. E. Smith and R. E. McCaman: Fed. Proc. **12**, 260 (1953). J. biol. Ch. **204**, 927 (1953). — [4] Schlenk, F., and M. J. Waldvogel: Arch. Biochem. **9**, 455 (1946). — [5] Kalckar, H. M.: J. biol. Ch. **158**, 723 (1945). — [6] Schlenk, F., and M. J. Waldvogel: Arch. Biochem. **12**, 181 (1947). — [7] Kerr, S. E.: J. biol. Ch. **145**, 647 (1942).

radioaktivem P zu ganz anderen Ergebnissen geführt als intracisternale, die Blut-Hirnschranke umgehende Injektion. Radioaktives P erscheint nach intraperitonealer oder subcutaner Injektion sehr schnell in der Blutbahn; es wird in der Hauptsache von der Muskulatur und anderen Geweben aufgenommen[1,2], schnell mit dem vorhandenen, normalen Phosphat ausgetauscht und in den allgemeinen Stoffwechsel eingebaut. Der Eintritt von radioaktivem P in das Gehirn ist sehr gering und geschieht langsam[1-9]. Im Gegensatz zu allen anderen Organen fehlt im Gehirn der markante Anstieg und steile Abfall der Konzentration an radioaktivem P. Hirngewebe nimmt von allen Organen den geringsten Teil des radioaktiven P auf[1], der nach 4 Std nur 0,02% der injizierten Dosis beträgt[10]. 40 min nach intraperitonealer Injektion von $Na_3{}^{32}PO_4$ ist innerhalb des Zentralnervensystems die höchste Aktivität im Corpus pineale nachweisbar. (Das Corpus pineale zeigt ebenfalls nach Injektion von ^{131}J nach der Schilddrüse die höchste Konzentration an J.) Plexus chorioideus[8] und Hypophysenvorder- und -hinterlappen zeigen ebenfalls relativ hohe Aktivität[3], die der grauen und weißen Substanz sowie die der Habenula liegt eng beieinander. Die spezifische Aktivität von Lobus olfactorius, Telencephalon, Tuber cinereum (pars ant. und post.), der Corpora mamillaria, von Thalamus, Substantia perforata, Medulla oblongata und des Kleinhirns ist gering und ziemlich gleichmäßig verteilt. Corpora quadrigemina und Pons zeigen die geringste Radioaktivität. Während im Gehirn im allgemeinen nur ein langsamer Abfall der ^{32}P-Konzentration stattfindet, ist in Corpus pineale, Plexus chorioideus und Hypophyse bereits nach 2 Std ein steiler Abfall bemerkbar. 40 min nach der Injektion finden sich nur 3% der Radioaktivität des Corpus pineale in der Phosphatid- und Nucleoproteidfraktion. Der Wert erhöht sich nach 2 Std auf 19%. Der hauptsächlichste Phosphataustausch unter diesen Bedingungen findet jedoch durch Beteiligung am Kohlenhydratstoffwechsel statt. Offensichtlich gibt es im Gehirn bei parenteraler Injektion 2 verschiedene Typen des P-Stoffwechsels: einen relativ schnellen P-Austausch durch Beteiligung am Kohlenhydratstoffwechsel und einen langsamen P-Eintritt und -Umsatz durch Einbau in die Phosphatid- und Nucleoproteidfraktion[2,3]. Innerhalb von 3 Std werden über 3,1 mg P je 100 g Frischgewebe je Std des Phosphatidphosphors mit dem P der säurelöslichen Fraktion ausgetauscht[2].

Im Gegensatz zu der niedrigen spezifischen Aktivität — besonders der Stammganglien und des Pallidum — weisen Hirn- und periphere Nerven, bedingt durch das Fehlen einer wirksamen Blut-„Nerven"-Schranke, höhere spezifische Aktivität auf[8], obwohl markierte Ionen wie Phosphat vom N. ischiadicus der Vertebraten in vivo und in vitro langsam aufgenommen werden. Es ist bisher noch nicht bekannt, in welchem Ausmaß markiertes Phosphat in die einzelnen Nervenfasern eindringt. Die Phosphataufnahme dürfte nicht durch einfache passive Diffusion geschehen, da sie durch Azid und Sauerstoffmangel gestört werden kann[11]. Auch in peripheren Nerven wird P organisch gebunden[12]. Elektrische Reizung erhöht die Aufnahme von radioaktivem P, Na, K und auch

[1] Cohn, W. E., and D. M. Greenberg: J. biol. Ch. **123**, 185 (1938). — [2] Dawson, R. M. C., and D. Richter: Proc. R. Soc. London (B) **137**, 252 (1950). — [3] Borell, U., and Å. Örström: Biochem. J. **41**, 398 (1947). — [4] Hevesy, G.: Ann. Rev. **9**, 641 (1940). — [5] Dziewiatkowski, D., and D. Bodian: J. cellul. comp. Physiol. **35**, 141 (1950). — [6] Dawson, R. M. C.: Biochem. J. **50**, XXV (1952). — [7] Born, H. J.: Naturwiss. **28**, 476 (1940). — [8] Roeder, F.: Naturwiss. **33**, 111 (1946). — [9] Rosenfeld, I., and O. A. Beath: Proc. Soc. exp. Biol. Med. **81**, 608 (1952). — [10] Hevesy, G.: Soc. **1939**, 1213. — [11] Mullins, L. J.: Fed. Proc. **9**, 93 (1950). — [12] Samuels, A. J., and R. W. Gerard: Persönliche Mitteilung [Dawson, R. M. C.: Metabolism and function in nervous tissue. Biochem. Soc. Symp. **8**, 93 (1952)].

von Bromid aus dem strömenden Blut bzw. der Suspensionsflüssigkeit[1,2]. Bei motorischen peripheren Nerven scheint das distale Ende, im N. suralis (saphenus) der proximale Anteil mehr Phosphat aufzunehmen[3], was in beiden Fällen mehr durch gesteigerte P-Aufnahme als durch schnelle Passage der aufgenommenen Isotopen längs des Nerven bedingt sein dürfte[4]. Dementsprechend bleibt die unter diesen Bedingungen einsetzende vermehrte P-Aufnahme des distalen Endes vom N. ischiadicus des Frosches von der Durchtrennung der Nervenwurzel unbeeinflußt[5]. Bei der Nervenreizung scheinen 2 verschiedene Vorgänge hinsichtlich der P-Aufnahme im Nerven stattzufinden[4]: während der augenblicklichen Reizung ist die P-Aufnahme vollständig blockiert, in unmittelbarer Nachbarschaft findet dagegen eine kompensatorische, schnelle P-Ablagerung statt, die insgesamt die erhöhte Radioaktivität des gereizten gegenüber dem ruhenden Nerven bedingt[4,6].

Neben der P-Aufnahme in den peripheren Nerven scheint eine langsame Wanderung von Phosphat entlang des Nerven stattzufinden, die ebenfalls durch elektrische Reizung gefördert werden kann[7]. Es darf angenommen werden, daß diese Wanderung entlang der Achsenzylinder selbst erfolgt. In vivo konnte die Wanderung der Phosphoproteidfraktion entlang dem N. ischiadicus von Meerschweinchen mit einer Geschwindigkeit von 3 mm je Tag beobachtet werden[8]. Im degenerierenden und regenerierenden Nerven ist die Phosphataufnahme gesteigert[8,9], was mit gesteigertem Einbau in die Phosphatid- und Nucleoproteidfraktion zusammenhängt.

Die Phosphationen scheinen im Gehirn durch Ionenaustausch zwischen Blut und Hirngewebe unter Vermittlung des Liquor cerebrospinalis in das nervale Gewebe einzudringen[4,10]. Die Verzögerung des P-Eintritts in das Gehirn ist vermutlich auf die geringe Liquorbildung aus dem Plexus chorioideus zurückzuführen. Ist das Phosphat erst einmal in das Hirngewebe gelangt, so wird es schnell in die Hirnsubstanz eingebaut und z. B. mit den labilen Phosphatgruppen von Phosphokreatin und ATP ausgetauscht sowie langsamer in Phosphatide und Nucleoproteide aufgenommen. Die früher aus der langsamen Permeation durch die Blut-Hirnschranke gezogene Schlußfolgerung eines trägen P-Stoffwechsels im Nervensystem hat sich als Irrtum erwiesen. ^{32}P wird nach intracisternaler Injektion sehr schnell vom Hirngewebe aufgenommen[11-13]. Bereits nach 2 min sind 40%, nach 8 Std 70% des injizierten P organisch gebunden. Innerhalb des proteingebundenen P des Gehirns ist die Phosphoproteidfraktion durch einen hohen Umsatz, der den der Nucleinsäuren in anderen Organen übertrifft, gekennzeichnet[14]. Nach intracisternaler Injektion von radioaktivem Phosphat wird dieses besonders schnell und intensiv in die Fraktion des säurelöslichen P eingebaut[13], es folgen in absteigender Reihenfolge Phosphoproteide, Diphosphoinosit, Ribonucleinsäure, säureunlöslicher Rückstand, Phosphatide und Desoxyribonucleinsäure. Bei schwangeren Tieren zeigt das fetale Gehirn 24 Std nach Injektion von ^{32}P keine

[1] EULER, H. v., U. S. v. EULER and G. HEVESY: Acta physiol. scand. **12**, 261 (1946). — [2] GRANDE, F., and D. RICHTER: J. Physiol., London **111**, 11 P (1949). — [3] CAUSEY, G., and G. WERNER: Nature **165**, 21 (1950). — [4] DAWSON, R. M. C.: Metabolism and function in nervous tissue. Biochem. Soc. Symp. **8**, 93 (1952). — [5] GRANDE, F., and D. RICHTER: Persönliche Mitteilung [DAWSON, R. M. C.: Metabolism and function in nervous tissue. Biochem. Soc. Symp. **8**, 93 (1952)]. — [6] MULLINS, L. J.: Fed. Proc. **9**, 93 (1950). — [7] GRANDE, F., and D. RICHTER: J. Physiol., London **111**, 57 P (1950). — [8] SAMUELS, A. J., L. L. BOYARSKY, R. W. GERARD, B. LIBET and M. BRUST: Amer. J. Physiol. **164**, 1 (1951). — [9] BODIAN, D., and D. DZIEWIATKOWSKI: J. cellul. comp. Physiol. **35**, 155 (1950). — [10] DAWSON, R. M. C.: Biochem. J. **50**, XXV (1952). — [11] BAKAY, L., and O. LINDBERG: Acta physiol. scand. **17**, 179 (1949). — [12] LINDBERG, O., and L. ERNSTER: Biochem. J. **46**, 43 (1950). — [13] STRICKLAND, K. P.: Canad. J. med. Sci. **30**, 484 (1952). — [14] DAVIDSON, J. N., M. GARDNER, W. C. HUTCHINSON, W. M. McINDOE, W. H. A. RAYMOND and J. F. SHAW: Biochem. J. **44**, XX (1949).

wesentlichen Differenzen gegenüber dem mütterlichen, während nach 45—48 Std der Gehalt an radioaktivem P entschieden größer als der des mütterlichen Gehirns ist[1]. Etwa 60% des P befinden sich in der säurelöslichen Fraktion des fetalen Gehirns.

Die P-Aufnahme und Inkorporation in das Gehirn ist durch verschiedene Faktoren beeinflußbar. So setzt leichte Anaesthesie durch Nembutal bei Mäusen die P-Aufnahme herab und vermindert die spezifische Aktivität der Nucleoproteid- und Phosphatidfraktion[2], was durch gleichzeitigen Abfall der Körpertemperatur noch verstärkt werden kann. Bei elektrochirurgisch gesetzten Läsionen treten höhere Ansammlungen von P in den traumatisierten Hirnarealen auf, wobei auch hier der größte Anteil auf die säurelösliche Fraktion entfällt[1]. Purulente Infektionen des Gehirns ergaben unterschiedliche Ergebnisse, wobei herabgesetzte und gesteigerte P-Inkorporation selbst in einschmelzendem Gewebe und perifokalem Ödem beobachtet wurden[1]. Hypophysektomierte Tiere lassen eine zwischen 50—500% schwankende Steigerung der P-Aufnahme erkennen, die beim Corpus pineale von 70—900% reicht[3]. Wird den Tieren 1 Std vor der Hypophysektomie corticotropes Hormon verabreicht, normalisiert sich die P-Aufnahme. Dies entspricht Veränderungen der anaeroben Glykolyse des Gehirns nach Hypophysektomie und Behandlung mit corticotropem Hormon[4]. Während der Gehalt an ^{32}P in den Phosphatiden unter diesen Umständen keinen wesentlichen Veränderungen unterliegt, befindet sich die Hauptmenge des radioaktiven P in der Fraktion der P-Ester des Kohlenhydratstoffwechsels. Aus in vitro-Untersuchungen ist die Abhängigkeit der Phosphatpenetration des Gehirns vom Glucosestoffwechsel bekannt[5], so daß die nach Hypophysektomie gesteigerte Aktivität der Hexokinase[4] ebenso wie die erhöhte anaerobe Glykolyse die Voraussetzung für den vermehrten P-Einbau abgeben. Eine Woche nach Enucleation beider Augen, die die Funktion der Hypophyse beeinflußt, findet sich eine starke Steigerung der P-Aufnahme nur in der Medulla oblongata[6]. Bei Kaninchen ist die Aufnahme von markiertem Phosphat in das Gehirn vom Sexualcyclus abhängig[7]. Während des Proöstrus ist die P-Ablagerung im Tuber cinereum und dem Hypophysenvorderlappen am größten; sie kann nach der Paarung der Tiere wesentlich gesteigert werden, während die Ablagerung im Kleinhirn unbeeinflußt bleibt[8]. Phosphat tritt nicht nur schneller und vermehrt in das Tuber cinereum über, sondern wird auch vermehrt in organische Bindung überführt, so daß der Effekt nicht allein durch veränderte Permeabilität erklärt werden kann. Während der Insulinhypoglykämie ist die spezifische Aktivität der Phosphatidfraktion erheblich (50%) herabgesetzt[2], dagegen weist das Verhältnis der spezifischen Aktivität der säurelöslichen Fraktion des Gehirns zu der des Blutes einen leichten Anstieg auf. Elektrische Reizung des Gehirns hat keinen deutlichen Einfluß auf die spezifische Aktivität der säurelöslichen und der Nucleoproteidfraktion, senkt aber die der Phosphatide.

2. Transphosphorylierungen.

Die während der Glykolyse und im Verlaufe der biologischen Endoxydation im Citronensäurecyclus stattfindenden Transphosphorylierungen wurden S. 729 und 730 dargestellt. Zu den biologisch wichtigsten energiereichen P-Bindungen gehört die der Kreatinphosphorsäure, die mit ATP im Gleichgewicht steht:

$$\text{ADP} + \text{Kreatinphosphorsäure} \rightleftharpoons \text{ATP} + \text{Kreatin.}$$

Auch im Gehirn dürfte Kreatinphosphorsäure als Energiespeicher zu betrachten sein, da sie ihre energiereiche P-Bindung offenbar nur auf Adenosindiphosphorsäure überträgt, die dann als ATP der allgemeinen Energieübertragung dient.

[1] Stern, W. E., and C. Marshall: Proc. Soc. exp. Biol. Med. **78**, 16 (1951). — [2] Dawson, R. M. C., and D. Richter: Proc. R. Soc. London (B) **137**, 252 (1950). — [3] Reiss, M., F. E. Badrick and J. H. Halkerston: Biochem. J. **44**, 257 (1949). — [4] Reiss, M., and D. S. Rees: Endocrinology **41**, 437 (1947). — [5] Schachner, H., B. A. Fries and I. L. Chaikoff: J. biol. Ch. **146**, 95 (1942). — [6] Borell, U., and Å. Örström: Biochem. J. **41**, 398 (1947). — [7] Borell, U., A. Westman and Å. Örström: Acta physiol. scand. **15**, 245 (1948). — [8] Borell, U., A. Westman and Å. Örström: Gynaecologia, Basel **123**, 186 (1947).

Nach intracisternaler Injektion von radioaktivem P ist die spezifische Aktivität von Kreatinphosphat und ATP im Gehirn ungefähr gleich groß und sehr hoch[1], da der P-Austausch zwischen Cerebrospinalflüssigkeit und Gehirnsubstanz sehr schnell geschieht. Phosphokreatin unterliegt unter verschiedenen Bedingungen einem rapiden Zerfall. Elektrische Reizung des Gehirns führt schon nach 1 sec zu über 50%igem Verlust des Phosphokreatins, was vermutlich mit der Phosphorylierung von Glucose zusammenhängt, da unter diesen Umständen der rapide Zerfall von Phosphokreatin mit vorübergehendem Anstieg von Hexosephosphaten einhergeht[2]. Das gleiche gilt für das Verhalten von Phosphokreatin unter der Einwirkung von Krampfgiften und unter besonderen Bedingungen auch für die Einwirkung von Narkotica[3] sowie für den starken Abfall von Phosphokreatin nach dem Tode (s. S. 657) und nach Schädeltraumen[4]. Hirngewebe ist in vitro und in vivo in der Lage, Phosphokreatin zu resynthetisieren, wobei die Resynthese vom ungestörten Ablauf des Kohlenhydratstoffwechsels abhängig ist[3-6]. Als Phosphatquelle für den Wiederaufbau von Phosphokreatin dient die Dephosphorylierung der Phosphobrenztraubensäure. In Gegenwart von ATP kann die PARNASsche Umesterungsreaktion:

Phosphobrenztraubensäure + Kreatin → Kreatinphosphorsäure + Brenztraubensäure

eine beträchtliche Synthese von Phosphokreatin bewirken[7].

Hirnextrakte besitzen im Vergleich zu denen anderer Organe eine mittlere Fähigkeit zur *Synthese* von Phosphokreatin aus Phosphobrenztraubensäure. Bei 40° C wird im Gehirn in 30 min aus 1,30 mg verbrauchter Phosphobrenztraubensäure 0,38 mg Kreatinphosphat gebildet[7]. Nach elektrischer Reizung können die zunächst abgefallenen Phosphokreatinwerte sich normalisieren, wobei die Resynthese 1,25 mg Phosphokreatin je g Feuchtgewicht je min ausmacht[2]. Bei emotioneller Erregung[2] steigt die Phosphokreatinsynthese 13% über die Norm an. Die Resynthese von Phosphokreatin und die gleichzeitige Abnahme der Konzentration an anorganischem Phosphat wird in Hirnschnitten in vitro durch Zusatz von Glucose und Glutaminsäure erleichtert[3,4]. Sie bedarf der Gegenwart von Glucose und Sauerstoff und kann bei Fehlen eines der beiden nicht stattfinden[6].

Die Beziehungen zwischen Phosphorylierungen einerseits und Atmung sowie Glykolyse andererseits gehen auch daraus hervor, daß Substanzen, die die Hirnatmung und Glykolyse steigern, den Gehalt an Phosphokreatin herabsetzen und entsprechend den an anorganischem Phosphat erhöhen[5]. Im Gehirn dürfte in vivo[8] und in vitro[9] dasselbe *Gleichgewicht* zwischen Adenosinpolyphosphaten und Phosphokreatin existieren wie in der Muskulatur, so daß auch hier Phosphokreatin, das Energievorratssystem, durch Rephosphorylierung aus dem Energieübertragungssystem ATP entstehen kann. Darauf ist auch der rapide Abfall von Phosphokreatin zu Beginn der Ischämie[4,10] zurückzuführen, der dem von Adenosinpolyphosphaten vorangeht[11], da erst bei Entleerung des Phosphokreatinreservoirs und damit mangelhafter Auffüllung der ATP-Bestände das ATP-Reservoir selbst entleert wird. Es besteht aber keine Veranlassung zu der Annahme, daß im Nervensystem Phosphokreatin der Funktion näher stehe als ATP[12,13].

---

[1] SACKS, J., and G. G. CULBRETH: Amer. J. Physiol. **165**, 251 (1951). — [2] RICHTER, D., and R. M. C. DAWSON: Biochem. J. **44**, XLVII (1949). — [3] MCILWAIN, H., and J. D. CHESHIRE: Biochem. J. **47**, XVIII (1950). — [4] MCILWAIN, H., L. BUCHEL and J. D. CHESHIRE: Biochem. J. **48**, 12 (1951). — [5] MCILWAIN, H., and M. B. R. GORE: Biochem. J. **49**, XLIII (1951). — [6] MCILWAIN, H.: Biochem. J. **52**, 289 (1952). — [7] TORRES, I.: B. Z. **283**, 128 (1936). — [8] KLEIN, J. R., and N. S. OLSEN: J. biol. Ch. **167**, 747 (1947). — [9] NARAYANASWAMI, A.: Biochem. J. **52**, 295 (1952). — [10] KERR, S. E.: J. biol. Ch. **110**, 625 (1935). — [11] KERR, S. E.: J. biol. Ch. **145**, 647 (1942). — [12] WEIL-MALHERBE, H.: 3. Mosbacher Coll. S. 102. — [13] MARTIUS, C.: 3. Mosbacher Coll. S. 107.

3. Spezifische und unspezifische Phosphatasen.

a) Adenosintriphosphatase und Apyrase. Hirngewebe enthält sehr aktive Adenosintriphosphatase *(ATPase)* und *Apyrase*, die zu $^9/_{10}$ an die Strukturelemente der Zellen gebunden sind[1]. Die durch die ATPase durchgeführte Abspaltung von 1 Mol Phosphorsäure aus ATP ist durch die Freisetzung von 10000 cal so stark exergonisch, daß die ATPase schon aus diesem Grund nicht an der Umkehr der Reaktion beteiligt ist[2]. Im Gehirn verläuft nur in den ersten 20 min die Reaktion linear zur Inkubationszeit. Die Reaktion ist bis zu sehr kleinen Gewebsmengen direkt proportional der Fermentkonzentration[2,3]. Der Abfall der Fermentaktivität im Gehirn nach 20 min Inkubationszeit beruht nicht auf dem Mangel an Substrat oder Coferment, vielmehr dürfte der Grund in der Freisetzung von Substanzen zu suchen sein, die die ATPase hemmen[2]. Das Ferment wird möglicherweise durch Ca^{++} aktiviert, so daß die Menge Calcium im Gewebe, die mit der ATPase verbunden ist, die Aktivität des Systems begrenzen könnte[2]. Die Aktivierung durch Ca^{++} ist aber umstritten[3]. Von verschiedenen Autoren wird über starke Aktivierung des Fermentes durch Mg^{++} bzw. Hemmung durch Ca^{++} berichtet[3-7]. Die Aktivierung durch Ca erreicht nur $^1/_3$ derjenigen durch Mg oder Mn[8]. In Gegenwart von Mg hemmen Ca-Ionen das Ferment vermutlich durch Kompetion mit Mg. In Gegenwart von Mg^{++} wird die Abspaltung von P durch K^+ noch weiter gesteigert.

Wird als eine Fermenteinheit die Menge Pyro-P in γ bezeichnet, die je mg Gewebe in 15 min bei 38° C aus ATP abgespalten wird, so enthält Hirngewebe 2,4 E ATPase in Abwesenheit und 7,0 E in Gegenwart von Ca^{++}[2]. Wird Hirngewebe in Ringerlösung ohne Ca^{++} aber mit Zusatz von Mg^{++} homogenisiert, so werden 14 γ Pyro-P je mg je 15 min abgespalten[1].

Die Aktivität der ATPase des Gehirns ist maximal bei einer Substratkonzentration von $2{,}5 \times 10^{-3}$ m, weitere Steigerung der ATP-Konzentration bewirkt keine weitere Intensivierung der Fermentaktivität[3]. Es existieren 2 p_H-Optima bei p_H 7,4 bzw. p_H 8,2. Bei beiden p_H-Optima werden 2 P-Gruppen aus ATP, mit ADP als Substrat nur eine P-Gruppe abgespalten.

Die ATPase wird durch NaF gehemmt und scheint empfindlich gegen Substanzen zu sein, die mit Thiolgruppen reagieren: $CuSO_4$, Na-*Jodacetat, Alloxan.* Dagegen sind relativ hohe Konzentrationen an NaCN (15×10^{-3} m) notwendig, um eine geringe Hemmung (19%) des Fermentes zu erzielen. 2,4-Dinitrophenol ist kaum von Einfluß. Purinderivate, die strukturell der Adenosintriphosphorsäure nahestehen, wirken nur gering auf die Aktivität des Fermentes ein, das selbst durch hohe Konzentrationen von Adenin kaum beeinflußt wird. Verbindungen der Barbitursäurereihe beeinflussen die ATPase des Gehirns nicht. Papaverin, Narcotin in gesättigter Lösung, Brucin (2×10^{-3} m) und Colchicin (10^{-3} m, $0{,}4 \times 10^{-4}$ m) rufen nur geringe, Atropin ($0{,}4 \times 10^{-3}$ m) eine 17%ige Hemmung hervor[3]. p_H-Optimum, Ionenaktivierung und der Einfluß verschiedener Hemmstoffe lassen große Ähnlichkeit zwischen der ATPase und der anorganischen Pyrophosphatase des Gehirns (s. S. 777) erkennen. Möglicherweise kann die anorganische Pyrophosphatase des Gehirns auch organische Pyrophosphate spalten, oder es existieren im Gehirn wirklich 2 verschiedene Pyrophosphatasen, von denen die eine mit ATP, die andere mit anorganischen Pyrophosphaten reagiert[3].

Die Aktivität der ATPase wird in verdünnten, ungereinigten Gewebshomogenaten durch Acetylcholin aktiviert, dagegen nicht in Gegenwart eines Ca^{++}-Überschusses[9].

Über die ATPase der peripheren Nerven s. S. 696.

---

[1] MEYERHOF, O., and J. R. WILSON: Arch. Biochem. **14**, 71 (1947). — [2] DUBOIS, K. P., and V. R. POTTER: J. biol. Ch. **150**, 185 (1943). — [3] GORE, M. B. R.: Biochem. J. **50**, 18 (1951). — [4] GREVILLE, G. D., and H. LEHMANN: Nature **152**, 81 (1943). — [5] FELDBERG, W., and T. MANN: J. Physiol., London **103**, 28 P (1944). — [6] EPELBAUM, S. J., G. S. SCHEWESS and A. A. KOBYLIN: Biochimija, Moskva **14**, 107 (1949). — [7] BINKLEY, F., and C. K. OLSON: J. biol. Ch. **186**, 725 (1950). — [8] LOWRY, O. H., N. R. ROBERTS, M. L. WU, W. S. HIXON and E. J. CRAWFORD: J. biol. Ch. **207**, 19 (1954). — [9] DUBOIS, K. P., and V. R. POTTER: J. biol. Ch. **148**, 451 (1943).

Neben ATPase und Apyrase gibt es im Hirngewebe noch eine *unspezifische Phosphatase*, die das Adenylsäuresystem ebenfalls irreversibel dephosphorylieren kann. Sie ist gleichfalls an die Strukturelemente der Zelle gebunden, ihre Aktivität beträgt $^1/_{10}$ derjenigen der Apyrase[1]. In Abwesenheit von P-Acceptoren werden alle 3 P-Gruppen der Adenosintriphosphorsäure schnell abgespalten, in ihrer Gegenwart wird die Zeit durch teilweise Resynthese von ATP verlängert.

b) Adenosindiphosphat-phosphomutase (Myokinase). Hirngewebe enthält neben der ATPase auch Myokinase[2–5]. In Gegenwart von ATP ist die Myokinase nicht als begrenzender Faktor des Glucoseabbaus anzusehen, da ATP selbst am Ende der Reaktion noch im Überschuß vorhanden ist. Nur durch Vermittlung der Myokinase ist es möglich, daß auch ADP als P-Donator für die Hexokinasereaktion wirksam sein kann, da sie nach

$$2\,\text{ADP} \rightleftharpoons \text{ATP} + \text{Adenylsäure}$$

ATP zur Phosphorylierung von Glucose bereitstellt. Das schnelle Absinken der Hexosephosphorylierung mit ADP erklärt sich durch die Hemmung der Myokinase durch Adenylsäure[2]. Die Hemmwirkung der Adenylsäure auf die Myokinase kann ein Fermentüberschuß durchbrechen. Wird die entstandene Adenylsäure durch Adenylsäuredesaminase abgebaut, so ist die Hexosephosphorylierung mit Myokinase und ADP solange konstant, bis die vorhandene ATP-Menge als limitierender Faktor auftritt. Aus der durch die Wirkung der Myokinase aus ATP entstandenen Adenylsäure kann durch Desaminierung Ammoniak freigesetzt werden (s. S. 767).

Die spezifischen Phosphatasen der Nucleotid- bzw. Nucleosidspaltung wurden S. 766 besprochen.

c) Kreatinphosphokinase. Die durch die Kreatinphosphokinase vermittelte Reaktion:

$$\text{ATP} + \text{Kreatin} \rightleftharpoons \text{ADP} + \text{Kreatinphosphat}$$
$$\text{ADP} + \text{Kreatin} \rightleftharpoons \text{Adenylsäure} + \text{Kreatinphosphat}$$

kommt auch im Gehirn (Meerschweinchen, Ratte) vor[6]. Die reversible Übertragung von Phosphatgruppen aus Adenosinpolyphosphaten auf Kreatin kann in Homogenaten aus Säugetiergehirnen nachgewiesen werden. Phosphokreatin wird in Gegenwart von Adenylsäure gespalten.

Die Kreatinphosphokinase des Gehirns kann durch 0,9%ige NaCl-Lösung oder durch H_2O praktisch vollständig extrahiert werden[6]. Die Fermentaktivität ist von Mg-Ionen abhängig und wird durch 6stündige Dialyse völlig, nach 4 Std auf 34% und nach 2stündiger Dialyse auf 86% eingeschränkt. Die optimale Mg^{++}-Konzentration beträgt 1—2 mMol. Ca^{++} und Mn^{++} wirken ebenfalls, aber deutlich schwächer, K^+ ist ohne Einfluß. Das p_H-Optimum für die Spaltung liegt zwischen p_H 5,9—7. Bei p_H 8,9 hört die Reaktion auf; unterhalb von p_H 5,9 hat das Ferment keinen Einfluß auf die nunmehr automatische Spaltung von Phosphokreatin. Das Ferment läßt sich ohne Aktivitätseinbuße für 8 Tage in der Kälte halten. Phosphokreatin wird fast ebenso gut gespalten, wenn ADP als Acceptor wirkt.

Die *Synthese* von Phosphokreatin aus Kreatin und ATP ist an größere Fermentkonzentrationen gebunden als die Spaltung, was möglicherweise durch die Aktivität der ATPase bedingt ist. Das p_H-Optimum für die Synthese liegt über p_H 8,2. Das Gleichgewicht ist nach 40 min erreicht. 1 mMol Jodacetat hemmt die Reaktion des Fermentes zu 100%; 0,2 mMol um 57% und 10 mMol Fluorid nur um 28%.

---

[1] MEYERHOF, O., and J. R. WILSON: Arch. Biochem. **14**, 71 (1947). — [2] COLOWICK, S. P., and H. M. KALCKAR: J. biol. Ch. **148**, 117 (1943). — [3] KALCKAR, H. M.: J. biol. Ch. **148**, 127 (1943). — [4] WEIL-MALHERBE, H., and A. D. BONE: Biochem. J. **49**, 339 (1951). — [5] MUNTZ, J. A.: J. biol. Ch. **201**, 221 (1953). — [6] NARAYANASWAMI, A.: Biochem. J. **52**, 295 (1952).

Zahlreiche Pharmaka, die das Zentralnervensystem beeinflussen: Coffein, Leptazol, Pikrotoxin, Strychnin, krampflindernde Verbindungen, wie Phenobarbiton, Mesantoin und Narkotica der Barbitursäurereihe sowie Morphin, haben keinen Einfluß auf die Aktivität der Kreatinphosphokinase des Gehirns[1], ebensowenig Adenin und Adenosin.

Die Kreatinphosphokinase spaltet optimal 1,04 μMol Phosphokreatin je g/sec, was 3750 μMol/g/Std entspricht. Hirnextrakte spalten unter optimalen Bedingungen 2,5 μMol Phosphokreatin je 2 mg je 20 min. Da die Wirkung der Kreatinphosphokinase nicht als einfache hydrolytische Reaktion verläuft, sondern durch Übertragung einer energiereichen P-Bindung auf Adenylsäure oder ADP als P-Acceptor, bleibt auch im Gehirn die im Phosphokreatin gespeicherte Energie erhalten und über ATP verwertbar. Die Aktivität der Kreatinphosphokinase des Gehirns ist weitaus stärker als es die Phosphorylierung und der Gebrauch von Glucose maximal erfordern; sie kann mit der der ATPase verglichen werden. Unter optimalen Bedingungen beträgt die Aktivität der ATPase des Gehirns von Meerschweinchen 10,2—13,6 μMol P je mg/Std[2], was unter Berücksichtigung des Verhältnisses Feucht-Trockengewicht 1600—2176 μMol P je g Feuchtgewicht je Std entspricht. Die Aktivität beider Fermente übertrifft entschieden die der im Gehirn an sich besonders aktiven Hexokinase. Bei der Inkubation mit Hirnextrakten (1:5,5) beträgt der Glucoseabfall 1,2 μMol je 12 min[3], was einen P-Transfer von 66 μMol/g/Std bedeutet. Die Kreatinphosphokinase des Gehirns kann somit ATP in weitaus größerer Menge bereitstellen als selbst bei voller Aktivität der Hexokinase benötigt wird.

Im Gehirn existieren charakteristische Unterschiede hinsichtlich der histologischen Verteilung der Hydrolyse von ATP, Adenosin-5-phosphat, Aneurinpyrophosphat und von Glycerophosphat[4,5]. In Suspensionen aus Rattengehirn beträgt die Hydrolyse von Adenosin-5-monophosphat bei p_H 6,5 114,3, die von Glycerophosphat bei p_H 5,3 24,3 und bei p_H 9,1 25,8 μMol P je g Frischgewebe je Std[6]. Die Spaltung von Aneurinpyrophosphat ergibt bei p_H 6,9 12,7, die von ATP bei p_H 6,5 58,0 und die von anorganischem Pyrophosphat bei p_H 6,9 126 μMol P je g/Std. Abgesehen von den niedrigen Angaben für die Hydrolyse von ATP und von anorganischem Phosphat liegen diese Werte höher als früher unter teilweise anderen Bedingungen gewonnene Ergebnisse[7-10].

d) Unspezifische Phosphatasen. Hirn- und Nervengewebe enthalten *saure und alkalische sowie Pyrophosphatasen.* Mit Hilfe der GOMORI-Technik konnte die Verteilung der Phosphatasen histochemisch erfaßt werden. Die Reaktion auf alkalische Phosphatase ist im Cytoplasma von Nervenzellen und im bindegewebigen Gerüst des Nervensystems stark positiv[11]. Der Nachweis von Phosphatasen in den Nucleoli von Leber- und Nervenzellen ist umstritten[12-16]. Im Gehirn von Meerschweinchen, Ratten und Katzen wurde in den Nucleoli der Zellkerne histochemisch keine saure Phosphatase, wohl aber im nucleolar assoziierten Chromatin gefunden[16]. In den Nervenzellen konnten Cytochromoxydase, Kohlen-

[1] NARAYANASWAMI, A.: Biochem. J. **52**, 295 (1952). — [2] GORE, M. B. R.: Biochem. J. **50**, 18 (1951). — [3] MEYERHOF, O., and J. R. WILSON: Arch. Biochem. **19**, 502 (1948). — [4] NAIDOO, D., and O. E. PRATT: J. Neurol. Psychiatry **14**, 287 (1951). — [5] NAIDOO, D., and O. E. PRATT: J. Neurol. Psychiatry **15**, 164 (1952). — [6] PRATT, O. E.: Biochem. J. **55**, 140 (1953). — [7] REIS, J.: Enzymologia **2**, 183 (1937). — [8] WESTENBRINK, H. G. K., E. P. STEYN PARVÉ and J. GOUDSMIT: Enzymologia **11**, 26 (1943). — [9] DU BOIS, K. P., and V. R. POTTER: J. biol. Ch. **150**, 185 (1943). — [10] GORDON, J. J.: Biochem. J. **46**, 96 (1950). — [11] IRAZOQUE, J., et M. DEMAY: Bull. Microscop. appl. (2) **1**, 102 (1951). — [12] WACHSTEIN, M.: Arch. Path., Chicago **40**, 57 (1945). — [13] BARTELMEZ, G. W., and S. H. BENSLEY: Science, N. Y. **106**, 639 (1947). — [14] SULKIN, N. M., and J. H. GARDNER: Anat. Rec. **100**, 143 (1948). — [15] CAMMERMEYER, J.: J. comp. Neurol. **90**, 121 (1949). — [16] RABINOVITCH, M.: Nature **164**, 878 (1949).

säureanhydratase, Cholinesterase, alkalische und saure Phosphatase nachgewiesen werden[1]. Die alkalische Phosphatase ist in den Zellkernen offenbar in höherer Konzentration enthalten als im Cytoplasma[2]. Dies gilt besonders für die Zellkerne der Großhirnrinde, da die Enzymaktivität des Kernes hier in jedem Fall größer als die des Cytoplasmas oder Gesamtgewebes ist. Auch Gehirn von Tauben enthält alkalische Phosphatase in erheblicher Menge; sie fehlt im Nucleus olivae und ist im Nucleus rotundus nur schwach vorhanden[3].

Beide Hirnkerne dürften *Phosphoamidasen* enthalten, die auch im Occipitalpol des Vorderhirns neben saurer Phosphatase vorkommen. Die allgemein stärkere Konzentration der Fermente in der grauen gegenüber der weißen Substanz gilt auch für die sauren und alkalischen Phosphatasen (p_H 4,9 bzw. p_H 9,9—10)[4] — besonders in den Kernen der Stammganglien. So konnte im Nucleus supraopticus sowie den akcessorischen Nuclei supraoptici und dem Nucleus paraventricularis des Hypothalamus eine besondere Aktivität beider Phosphatasen beobachtet werden[5]. Während aber die alkalische Phosphatase vielfach den Capillaren des Nervengewebes angehört, konnte in diesen Untersuchungen die saure Phosphatase in Kern und Cytoplasma von Nervenzellen nachgewiesen werden. Die Unterschiede in der Verteilung und der Aktivität der Phosphatasen in einzelnen Hirnarealen können im Zusammenhang mit der histologischen Differenzierung für Unterschiede in der Stoffwechselaktivität sprechen.

Bei Meerschweinchen[6,7], Mäusen[8] und Ratten[6] sowie beim Menschen[6,8] konnte mit Na-β-Glycerophosphat, Glucose-1-phosphat, Kreatinphosphat, Hefeadenylsäure, Ribonucleinsäure, Hexosediphosphat und Thiaminpyrophosphat als Substrat intensive Anfärbung von Zellkernen und Cytoplasma der Capillarendothelien des Gehirns beobachtet werden[9], die bei Kaninchen[6] nur schwach ausfiel. Die Kerne von Nerven- und Gliazellen reagieren schwächer, die interstitielle Substanz der grauen und weißen Anteile sowie die äußere Gliamembran deutlich. Bei den Nervenfasern konnte nur gelegentlich eine Reaktion festgestellt werden. (Über die alkalische und saure Phosphatase der peripheren Nerven s. S. 695.) Bei Verwendung von Muskeladenylsäure und ATP als Substrat konnte bei Ratten und Kaninchen gleichmäßige Anfärbung des interstitiellen Raumes in grauer und weißer Substanz beobachtet werden, während bei Mäusen und Meerschweinchen ebenso wie beim Menschen die Anfärbung in der grauen Substanz überwiegt. Die Kerne von Nerven- und Gliazellen reagieren ebenso wie das Cytoplasma der Nervenzellen schwach[9]. Im Ependym reagieren die Zellkerne auf beide Substratgruppen; Zellkerne und Cytoplasma der Capillarendothelien im Plexus chorioideus sowie die Arachnoideazellen der Leptomeningen und die Piazellen reagieren vorwiegend oder ausschließlich auf die erste Substratgruppe[9]. In den visceralen Ganglien sprechen die Zellkerne der Ganglien- und Satellitenzellen auf Phosphatester der ersten Gruppe an[6,7,9]; bei längerer Inkubation scheint auch im Cytoplasma der Ganglienzellen Phosphataseaktivität nachweisbar zu sein.

Die mit histochemischer Methodik gewonnenen Ergebnisse können infolge der ihr anhaftenden Mängel nur Anhaltspunkte über Verteilung und Aktivität der Phosphatasen liefern. Negative Ergebnisse bedeuten nicht mit Sicherheit das Fehlen der Phosphatasen in den betreffenden Geweben (s. a. S. 695).

In Acetontrockenpulvern aus Gehirn werden alkalische und saure Phosphatase durch einen Vitamin C-Cu-Komplex gehemmt, während Vitamin C und Cu allein ohne Einfluß sind[10]. Hirnextrakte beschleunigen die katalytische Oxydation von Vitamin C durch Cu und

---

[1] RICHTER, D., and R. P. HULLIN: Biochem. J. **48**, 406 (1951). — [2] RICHTER, D., and R. P. HULLIN: Biochem. J. **44**, LV (1949). — [3] SINDEN, J. A., and E. SCHARRER: Proc. Soc. exp. Biol. Med. **72**, 60 (1949). — [4] MCNABB, A. R.: Canad. J. med. Sci. **29**, 208 (1951). — [5] ERÄNKÖ, O.: Acta physiol. scand. **24**, 1 (1951). — [6] GOMORI, G.: J. cellul. comp. Physiol. **17**, 71 (1941). — [7] BOURNE, G.: Quart. J. exp. Physiol. **32**, 1 (1943/44). — [8] LANDOW, H., E. A. KABAT and W. NEWMAN: Arch. Neurol. Psychiatr. **48**, 518 (1942). — [9] NEWMAN, W., I. FEIGIN, A. WOLF and E. A. KABAT: Amer. J. Path. **26**, 257 (1950). — [10] GIRI, K. V.: Biochem. J. **33**, 309 (1939).

entfalten in nicht dialysiertem Zustand daher keine Schutzwirkung gegen die Vitamin C-Oxydation durch Kupfer, wodurch die Phosphatasen gehemmt werden. Da Glutathion, Cystein, Cystin und Cyanid die Oxydation der Ascorbinsäure durch Cu verhindern, schützen sie die Phosphatasen des Gehirns vor der Hemmung durch den Vitamin C-Cu-Komplex.

Die Phosphataseaktivität des Gehirns steht möglicherweise in Beziehung zum Alter, da die Fermentaktivität in der Jugend größer, im Alter geringer ist[1]. Für die saure Phosphatase, die im allgemeinen gleichmäßiger zwischen Kern und Cytoplasma verteilt ist, ist das Bestehen einer Altersrelation fraglich. In wäßrigen Gewebsextrakten ist die Phosphataseaktivität neben der Art der Extraktion vom Alter der Präparate abhängig[2]. Bei längerer Barbitursäurenarkose zeigen die Phosphatasen in Cerebellum, der Olive und im Nucleus dentatus histochemische Abweichungen[3].

Hirngewebe enthält neben ATPase eine *anorganische Pyrophosphatase*, die anorganisches Pyrophosphat hydrolysiert[4,5] und durch Mg^{++} aktiviert wird. Das Ferment, dessen p_H-Optimum zwischen p_H6,8—7,4 und dessen optimale Substratkonzentration bei 0,0005 m liegt, kann von der alkalischen und der sauren Phosphatase des Gehirns getrennt werden. Die anorganische Pyrophosphatase wird durch 0,002 m $CaCl_2$ um 84%, durch 0,00002 m $CuSO_4$ um 87,4%, durch 0,02 m Alloxan um 94,4% und durch 0,02 m Na-jodacetat um 77,2% gehemmt. Sie dürfte somit vermutlich aktive Thiolgruppen enthalten. Dementsprechend kann die Hemmwirkung dieser Substanzen durch Überschuß von Cystein aufgehoben werden. Die Pyrophosphatase ist hochempfindlich gegen Fluorid, reagiert aber kaum auf Cyanid. Die Hemmung der alkalischen Phosphatase des Gehirns durch Salze von Gallensäuren[6] gilt nicht für die Pyrophosphatase[5]. Da die Fermentaktivität im Gehirn sehr viel stärker als die der sauren und alkalischen Phosphatase ist, dürfte dem Ferment eine wichtige Rolle im P-Stoffwechsel des Gehirns zukommen.

η) Atmung von Hirn- und Nervengewebe.

1. Allgemeine Hirnatmung.

a) Aerober Stoffwechsel in situ. Der aus der Bestimmung der arterio-venösen Sauerstoffdifferenz und der Durchblutung gemessene *Sauerstoffverbrauch des Gesamtgehirns* ergab am nichtnarkotisierten, gesunden Menschen 3,3—3,4 (s.[7,8]) bzw. 3,8 (s.[9]) cm^3 O_2 je 100 g Frischgewebe je min, was 46 bzw. 53 cm^3/min für das Gesamtgehirn entspricht. Die ersten Werte beziehen sich auf eine Durchblutung von etwa 50 cm^3 je 100 g/min, wobei allerdings die Angaben über die Durchblutung des Gehirns von Menschen und Affen schwanken[10-14]. Überträgt man an Affen gewonnene Ergebnisse auf den Menschen, so erhält man einen Sauerstoffverbrauch von 35—*52*—63 cm^3 O_2 je min[13,14], während bei direkter Beobachtung unter Annahme eines Hirngewichtes von 1350 g Werte von 31,2—*37,8*—53,1 bzw. 33,8[15] cm^3 O_2 je min gemessen wurden. Bei Umrechnung auf das übliche Hirngewicht von 1400 g (etwa 2% des Körpergewichtes) ergeben sich daraus

---

[1] Richter, D., and R. P. Hullin: Biochem. J. **48**, 406 (1951). — [2] Giri, K. V.: H. **254**, 117 (1938). — [3] Cammermeyer, J., and R. L. Swank: Acta pharmacol. toxicol., København **7**, 65 (1950). — [4] Gordon, J. J.: Nature **164**, 579 (1949). — [5] Gordon, J. J.: Biochem. J. **46**, 96 (1950). — [6] Fleischhacker, H. H.: J. mental Sci. **84**, 947 (1938). — [7] Schmidt, C. F.: Pflügers Arch. **251**, 571 (1949). — [8] Kety, S. S., and C. F. Schmidt: J. clin. Invest. **27**, 476 (1948). — [9] Scheinberg, P., and E. A. Stead jr.: J. clin. Invest. **28**, 1163 (1949). — [10] Schneider, M., u. D. Schneider: A. e. e. P. **175**, 606 (1934). — [11] Ferris, E. B. jr.: Arch. Neurol. Psychiatr. **46**, 377 (1941). — [12] Batson, O. V.: Fed. Proc. **3**, 139 (1944). — [13] Kety, S. S., and C. F. Schmidt: Amer. J. Physiol. **143**, 53 (1945). — [14] Schmidt, C. F., S. S. Kety and H. H. Pennes: Amer. J. Physiol. **143**, 33 (1945). — [15] Himwich, W. A., E. Homburger and H. E. Himwich: Amer. J. Psychiatry **103**, 689 (1947).

39,2[1] bzw. 35,0[2] cm³ O_2 je min. Die letztere Beobachtung (35,0 cm³ O_2 je min) ist als Vergleichswert ungeeignet, da es sich um Patienten mit Schizophrenie bzw. allgemeiner Parese handelte, bei denen im allgemeinen der Stoffwechsel herabgesetzt ist. Andere Untersuchungen[3] ergaben dagegen 52,0 cm³ O_2 je min. Bei einer Atmungsgröße von 3,3—3,4 bzw. 3,8 cm³ O_2 je 100 g/min entfallen bei einem Hirngewicht von 1400 g beim ruhenden Menschen von 70 kg auf das Gehirn 18—21% des gesamten Sauerstoffverbrauchs und 16% des Herzminutenvolumens[4,5], was bei einer Gesamtsauerstoffaufnahme des Körpers von 250 cm³ je min entsprechend 1,25 cal/min einem Energieumsatz von 0,22—0,26 cal/min entspricht[5]. Hirngewebe beansprucht somit einen überraschend hohen Anteil des Gesamtsauerstoffverbrauchs, von dem z. B. auf den ständig arbeitenden Herzmuskel nur 10% entfallen[5].

Die Atmung des Gesamtgehirns bleibt unter physiologischen Bedingungen bemerkenswert konstant[6]. Sie wird durch Atmung von 5—7% CO_2, willkürliche und passive Hyperventilation[7], Atmung von 10% und von 85—100% Sauerstoff[8] nicht geändert, obgleich die Durchblutung des Gehirns beeinflußt wird. Die — auch im Schlaf[9] geltende — Konstanz der Hirnatmung steht in bemerkenswertem Gegensatz zu dem Verhalten anderer Organe und dürfte ihre Erklärung in der Tatsache finden, daß das Gehirn in seiner Gesamtheit als ein ständig tätiges Organ angesehen werden muß, dessen Tätigkeit weder wesentlich gesteigert noch bedeutend eingeschränkt werden kann, ohne daß es entweder zum Versagen lebenswichtiger Regulationen oder aber zur Erschöpfung bzw. ungenügender Versorgung der Gehirnzellen kommt[4]. Wenngleich unter wechselnden funktionellen Bedingungen Veränderungen des Sauerstoffverbrauchs einzelner Areale vorkommen, bleibt dennoch insgesamt die Hirnatmung unverändert, so daß Ausgleichsvorgänge im Organ selbst zu vermuten sind.

Die *Atmung der Großhirnrinde* des Menschen liegt in situ mit etwa 5—6 cm³ O_2 je 100 g/min in der gleichen Größenordnung wie die von Leber und Niere mit 4,5 bzw. 6,1 cm³ O_2 je 100 g/min; manche Areale scheinen selbst das Herz bei mittlerer Tätigkeit zu übertreffen[4].

Die Atmung der Gehirnrinde ist bei verschiedenen Warmblüterspecies (in vitro-Methode) verhältnismäßig wenig abhängig vom Körpergewicht[10]. Der Gesamtumsatz des Organismus sinkt je kg Körpergewicht von der Maus bis zum Pferd im Verhältnis 9:1, für die Leber ergibt sich ein solches von 4—7:1, für Milz von 4:1, für Lunge von 3:1, dagegen für die Großhirnrinde nur ein Verhältnis von 2,2:1 (s. [10,11]).

Über die allgemeine Hirnatmung bei Krämpfen s. S. 815, in Narkose s. S. 813, bei diabetischer Acidose s. S. 822 und bei Insulinhypoglykämie s. S. 853.

b) Aerober Stoffwechsel in vitro. Die Höhe der O_2-Aufnahme von Hirngewebe in vitro ist von der angewandten Methodik abhängig und ergibt in der Regel im Schnittversuch bessere Resultate als im Gewebsbrei. Durch Zusatz geeigneter Cofaktoren — ATP, Hexosediphosphat, Coenzym I, Mg^{++} und Nicotinsäureamid —

[1] Kety, S. S., and C. F. Schmidt: Amer. J. Physiol. **143**, 53 (1945). — [2] Himwich, W. A., E. Homburger and H. E. Himwich: Amer. J. Psychiatrie **103**, 689 (1947). — [3] Shenkin, H. A., R. B. Woodford, F. A. Freyhan and S. S. Kety: Proc. Ass. Res. nerv. ment. Dis. **27**, 823 (1948). — [4] Opitz, E.: 3. Mosbacher Coll. S. 67—71. — [5] Himwich, H. E.: Brain Metabolism and Cerebral Disorders. S. 180. Baltimore 1951. — [6] Schmidt, C. F.: Pflügers Arch. **251**, 571 (1949). — [7] Kety, S. S., and C. F. Schmidt: J. clin. Invest. **25**, 107 (1946). — [8] Kety, S. S., and C. F. Schmidt: J. clin. Invest. **27**, 484 (1948). — [9] Mangold, R., L. Sokoloff, P. O. Therman, E. H. Conner, J. I. Kleinerman and S. S. Kety: Fed. Proc. **10**, 89 (1951). — [10] Krebs, H. A.: Biochim. biophysica Acta, N. Y. **4**, 249 (1950). — [11] Elliott, K. A. C.: J. Neurophysiol. **11**, 473 (1948).

lassen sich Gewebspräparationen von Nerven- und Hirngewebe vollwertig erhalten[1]. In verdünntem Homogenat ist ferner der Zusatz von Cytochrom c notwendig[1,2]. DPN ist für die Hirnatmung in vitro unentbehrlich, dagegen ist die Notwendigkeit von Mg^{++} nicht ganz gesichert. Möglicherweise ist der aerobe Bedarf an Mg^{++} nicht so groß wie der anaerobe, so daß die Gewebsvorräte reichen. Auf diese Weise läßt sich in einem vollwertigen System $Q_{O_2} = 18{,}5$ erreichen. Die Werte für Extrakte liegen mit $Q_{O_2} = 7$ entschieden niedriger, was auf den geringen Gehalt an der an die abzentrifugierten Zellpartikel gebundenen Cytochromoxydase zurückzuführen sein dürfte. Zahlreiche unterschiedliche Ergebnisse der Literatur hinsichtlich der Q_{O_2}-Werte für Hirngewebe sind durch unterschiedliche Präparationstechnik bedingt[3].

Verschiedene Ionen, der osmotische Druck, die Sauerstoffspannung und zugesetzte Katalysatoren können das Bild der Hirnatmung in vitro stark beeinflussen. Die intensivste Hirnatmung wird in vitro — neben den Schnitten — mit Hirnsuspensionen erzielt, die bei 37° in isotonischer Lösung homogenisiert wurden. Zusatz von NaCl zu hypotonischen Lösungen steigert die Atmung um 65%. Die Unterschiede der Atmung von Hirngewebe in isotonischen und hypotonischen Lösungen können 400% ausmachen[3]. Dies ist von besonderer Bedeutung für die Auswertung von Testsubstanzen, die infolge der Beeinflussung des osmotischen Drucks falsche Effekte vortäuschen können. Ebenso wie bei der Präparation der Mitochondrien (s. S. 732) verhindern isotonische Salz- oder Zuckerlösungen die deletäre Cytolyse.

Die *Hirnatmung wird in vitro durch eine Reihe von Ionen spezifisch beeinflußt.* So ist die initiale Atmung von Hirnsuspensionen in isotonischer NaCl-Lösung höher als in isotonischer Zuckerlösung. Isotonischer Zusatz von Phosphat steigert die Atmung bedeutend, das gleiche gilt für Na-Nitrat und stärker für Na-Sulfat, am intensivsten aber für Na-Phosphat. Diese Effekte, die nicht auf der Zufuhr von Na^+, sondern auf der der Anionen beruhen, sind nach 1 Std abgeklungen[3]. Durch Zusatz kleiner Mengen von Ca^{++} und Mg^{++} wird die Hirnatmung in vitro gehemmt[3-5], obgleich diese Ionen in längeren Versuchszeiten die Hirnatmung günstig beeinflussen können. In Abwesenheit von Glucose und hypotonischen Lösungen hat Mg^{++} dagegen keinen derartigen Effekt[3]. Auch die etwas verminderte Atmung von Hirnsuspensionen, die in neutralisiertem, hydrogencarbonatfreiem Rattenserum[6] inkubiert sind, gegenüber Suspensionen in Ca-freier Ringer-Phosphatlösung dürfte auf den Ca^{++}-Gehalt des Serums zurückzuführen sein. K-Ionen hemmen die Atmung des Gehirns ebenfalls[3,4], so daß ihre Entfernung zu leichter Erhöhung der Sauerstoffaufnahme führt. Auch der Ersatz von NaCl durch KCl in isotonischen Suspensionen vermindert die Sauerstoffaufnahme beträchtlich. Die zum Teil abweichenden Ergebnisse[4,7] durch KCl beruhen auf stärkeren Konzentrationen. Mit Ausnahme von Na^+ lassen sich durch die gewöhnlichen Kationen unter Einschluß der Ammoniumionen Hemmeffekte auf die Hirnatmung erzielen[3].

Die O_2-Aufnahme des Gehirns scheint in vitro p_H-*Änderungen* gegenüber nur träge zu reagieren. In Schnittversuchen soll hinsichtlich des Sauerstoffverbrauchs ein deutliches p_H-Optimum zwischen p_H 9—9,5 existieren mit geringem Abfall der Atmung bei Erniedrigung des p_H auf p_H 7,3—6,0[8]. In glucosehaltigen

[1] REINER, J. M.: Arch. Biochem. **12**, 327 (1947). — [2] CASE, E. M., and H. MCILWAIN: Biochem. J. **48**, 1 (1951). — [3] ELLIOTT, K. A. C., and B. LIBET: J. biol. Ch. **143**, 227 (1942). — [4] DICKENS, F., and G. D. GREVILLE: Biochem. J. **29**, 1468 (1935). — [5] ELLIOTT, K. A. C., M. E. GREIG and M. P. BENOY: Biochem. J. **31**, 1003 (1937). — [6] WARREN, C. O. jr.: Amer. J. Physiol. **128**, 455 (1940). — [7] ASHFORD, C. A., and K. C. DIXON: Biochem. J. **29**, 157 (1935). — [8] CANZANELLI, A., M. GREENBLATT, G. A. ROGERS and D. RAPPORT: Amer. J. Physiol. **127**, 290 (1939).

Lösungen läßt sich nach 2—3 Std eine Erniedrigung des p_H bis auf p_H 6,1 feststellen, in glucosefreien Medien findet praktisch keine Veränderung des p_H statt[1]. Das echte p_H-Optimum dürfte aber ohne Zweifel im physiologischen Bereich[2] liegen; man erhält die besten Werte zwischen p_H7—7,5. Abweichende Ergebnisse[3] sind auf die Differenz im p_H-Wert von Schnitten und Medium zurückzuführen. Hirnsuspensionen atmen bei p_H 9 um 40—50% schwächer als bei physiologischem p_H[2].

Bei *Ratten* scheint eine *jahreszeitliche Abhängigkeit* der Sauerstoffaufnahme des Gehirns nicht ausgeschlossen zu sein. So ergaben die Mittelwerte bei großen Tierzahlen folgende Q_{O_2}-Werte: Oktober und November 10,4; Dezember und Januar 11,5 und im Februar und März 10,7[4].

Die Untersuchung von menschlichem durch präfrontale Lobotomie gewonnenen Hirngewebe ergab im Schnittversuch ein ständiges Absinken der endogenen Atmung innerhalb von 180 min[5]. Nach Zusatz von Glucose, Fructose, Galaktose, Pyruvat oder Lactat bleibt sie dagegen für 3 Std im wesentlichen konstant. Das gleiche gilt für den Zusatz von Aminosäuren (Caseinhydrolysat) und für den von Glutaminsäure allein.

Tabelle 120 gibt einige Q_{O_2}-Werte verschiedener Species bei unterschiedlichen Bedingungen wieder.

Tabelle 120. Q_{O_2}-Werte von Hirngewebe verschiedener Warmblüter in vitro unter verschiedenen Bedingungen.

Tierart	Q_{O_2}	Medium	Autoren
		Hirnrindenschnitte	
Ratte	10,7	Ringer-Glucose	WARBURG, POSENER u. NEGELEIN[6]
	14,5	Ringer-Glucose	LOEBEL[7]
	12,4 (11,4—13,7)	Ringer-Glucose	DICKENS u. ŠIMER[8,9]
	19,1 *	Phosphat-Salzlösung-Glucose	JOWETT u. QUASTEL[10]
	26,3	Medium II	KREBS[11]
	19,2	Medium III	KREBS[11]
	10,38—11,52	KREBS-Ringer-Glucose	WESTFALL[4]
Meerschweinchen	14—15	Phosphat-Salzlösung-Glucose	QUASTEL u. WHEATLEY[12]
	11,8 **	Phosphat-Salzlösung-Glucose	JOWETT u. QUASTEL[13]
	2,7	Ringer	WOHLGEMUTH[14]

* Bestimmung innerhalb der ersten 24 min des Versuches. — ** 2 Std-Periode. Medium I = Salzlösung-Serumersatz; Medium II = Phosphat-Salzlösung ohne Ca mit geringem Gehalt an Hydrogencarbonat und CO_2; Medium III = Salzlösung mit geringem Gehalt an Phosphat, Hydrogencarbonat und CO_2 (alle Messungen in Medium I—III bei 40°).

[1] ELLIOTT, K. A. C., and B. LIBET: J. biol. Ch. **143**, 227 (1942). — [2] ELLIOTT, K. A. C., and M. K. BIRMINGHAM: J. biol. Ch. **177**, 51 (1949). — [3] CANZANELLI, A., M. GREENBLATT, G. A. ROGERS and D. RAPPORT: Amer. J. Physiol. **127**, 290 (1939). — [4] WESTFALL, B. A.: J. cellul. comp. Physiol. **37**, 351 (1951). — [5] ELLIOTT, H. W., and V. C. SUTHERLAND: J. cellul. comp. Physiol. **40**, 221 (1952). — [6] WARBURG, O., K. POSENER u. E. NEGELEIN: B. Z. **152**, 309 (1924). — [7] LOEBEL, R. O.: B. Z. **161**, 219 (1925). — [8] DICKENS, F., and F. ŠIMER: Biochem. J. **24**, 905 (1930). — [9] DICKENS, F., and F. ŠIMER: Biochem. J. **24**, 1301 (1930). — [10] JOWETT, M., and J. H. QUASTEL: Biochem. J. **31**, 1101 (1937). — [11] KREBS, H. A.: Biochim. biophysica Acta, N. Y. **4**, 249 (1950). — [12] QUASTEL, J. H., and A. H. M. WHEATLEY: Biochem. J. **28**, 1521 (1934). — [13] JOWETT, M., and J. H. QUASTEL: Biochem. J. **31**, 565 (1937). — [14] WOHLGEMUTH, J., u. E. SZÖRÉNYI: B. Z. **264**, 371 (1933).

Tabelle 120. (Fortsetzung.)

Tierart	Q_{O_2}	Medium	Autoren
		Hirnrindenschnitte (Fortsetzung)	
Meerschweinchen	27,3	Medium II	KREBS[1]
	17,4	Medium III	KREBS[1]
	18,6	Medium I	KREBS[1]
Kaninchen	6,0	Ringer	HOLMES[2]
	7,3—10,4	Serum	KREBS u. ROSENHAGEN[3]
	8,3	Ringer-Glucose	DIXON[4]
	28,2	Medium II	KREBS[1]
	15,1	Medium III	KREBS[1]
	17,5	Medium I	KREBS[1]
Maus	32,9	Medium II	KREBS[1]
	22,9	Medium III	KREBS[1]
Katze	26,9	Medium II	KREBS[1]
	15,5	Medium III	KREBS[1]
Hund	21,2	Medium II	KREBS[1]
	14,8	Medium III	KREBS[1]
Schaf	19,7	Medium II	KREBS[1]
	11,3	Medium III	KREBS[1]
	13,5	Medium I	KREBS[1]
Rind	9,9	Medium I	KREBS[1]
	17,2	Medium II	KREBS[1]
	12,1	Medium III	KREBS[1]
Pferd	15,7	Medium II	KREBS[1]
	10,5	Medium III	KREBS[1]
	13,7	Medium I	KREBS[1]
		Gewebsbrei	
Ratte	5,3	Phosphat-Salzlösung	QUASTEL u. WHEATLEY[5]
	18,5	komplettes System mit Zusatz von Cofaktoren s. Text S. 779	REINER[6]
	8,0	ohne Hexosediphosphat	REINER[6]
	9,8	ohne ATP	REINER[6]
	3,3	ohne DPN	REINER[6]
	8,3	ohne Cytochrom c	REINER[6]
	18,0	ohne Mg^{++}	REINER[6]
	13,5	ohne Nicotinsäureamid	REINER[6]
	15,5	ohne Fumarat	REINER[6]
	6,5	ohne Hexosediphosphat oder Glucose	REINER[6]
Meerschweinchen .	3,3—4,6	Phosphat-Salzlösung	QUASTEL u. WHEATLEY[5]
	6,7	Phosphat-Salzlösung-Glucose	QUASTEL u. WHEATLEY[7]
Kaninchen	3,8	Hydrogencarbonat-Ringer-Lösung	ASHFORD u. HOLMES[8]
Taube	3,3	Phosphat-Ringer-Lösung	PETERS u. SINCLAIR[9]

[1] KREBS, H. A.: Biochim. biophysica Acta, N. Y. **4**, 249 (1950). — [2] HOLMES, E. G.: Biochem. J. **24**, 914 (1930). — [3] KREBS, H. A., u. H. ROSENHAGEN: Z. ges. Neurol. Psychiatr. **134**, 643 (1931). — [4] DIXON, K. C.: Biochem. J. **30**, 1479 (1936). — [5] QUASTEL, J. H., and A. H. M. WHEATLEY: Biochem. J. **26**, 725 (1932). — [6] REINER, J. M.: Arch. Biochem. **12**, 327 (1947). — [7] QUASTEL, J. H., and A. H. M. WHEATLEY: Biochem. J. **28**, 1521 (1934). — [8] ASHFORD, C. H., and E. G. HOLMES: Biochem. J. **25**, 2028 (1931). — [9] PETERS, R. A., and H. M. SINCLAIR: Biochem. J. **27**, 1677 (1933).

2. Sauerstoffverbrauch verschiedener Areale.

Zwischen den verschiedenen Hirnarealen in vitro bestehen große Unterschiede in der Gewebsatmung[1-3] (s. Tabelle 121). Die Atmung der grauen ist je nach Herkunft und Methode 3—10mal stärker als die der weißen Substanz[3-5]. Unter der Annahme einer 5mal höheren Sauerstoffaufnahme der grauen Substanz ergibt sich unter Berücksichtigung des Anteiles von 59% grauer Substanz[6] ein Sauerstoffverbrauch der Großhirnrinde in situ von 5 und der der weißen Substanz von 1 cm³ O_2 je 100 g Frischgewebe je min[3]. Dies entspricht einem Q_{O_2} von 18 für die Rinde und von 2 für die weiße Substanz unter Berücksichtigung des Trockengewichtes der Rinde von 16,5% und der der weißen Substanz von 29,7%[7-9], ein Wert, der unter geeigneten Bedingungen selbst im Homogenat erzielt werden

Tabelle 121. Atmung verschiedener Gehirnteile in vitro (in cm³ O_2 je 100 g Frischgewebe je min)[3].

	Rind, Schnitte, Glucose[1]	Hund, Gewebsbrei, Glucose[2]
Cortex cerebelli	4,25 (Cerebellum)	1,78
Corpus striatum	3,30 (Nucleus caudatus)	2,27
Cortex cerebri	2,83	1,95
Cornu ammonis	2,10	—
Thalamus	1,95	1,69
Mittelhirn	—	1,54
Pallidum	0,60	—
Corp. callosum (weiße Substanz)	0,30	—
Medulla oblongata	—	1,15
Rückenmark	—	0,84

kann (s. Tabelle 120). In anderen Arealen des Zentralnervensystems scheint die Atmung noch höher als in der Großhirnrinde zu sein, was insbesondere für die Kleinhirnrinde und das Neostriatum gilt. Die höchsten Werte wurden früher an der Retina gemessen[10]. Im durchströmten Rückenmark von Ratten entspricht der durchschnittliche Glucoseverbrauch von 7,5 mg/g Feuchtgewicht je Std einem Q_{O_2} von rund 5000[11]. (Offenbar ist der Wert auf g Feuchtgewicht je Std bezogen. Unter Berücksichtigung eines Wassergehaltes von 67% für das Rückenmark [s. Tabelle 84, S. 620] und dem Verhältnis 1 cm³ O_2 = 1,34 mg Glucoseverbrauch errechnet sich ein Q_{O_2}-Wert [mm³ O_2 je mg Trockengewicht je Std] von 16,8.) In Gegenwart von Glucose beträgt der Q_{O_2} des *Hypothalamus* von Ratten in der Pars anterior 9,6, der Pars posterior 10,5. In der Adenohypophyse werden 5,6, der Neurohypophyse 6,0 gemessen[12]. Bei Glucosemangel sinkt die Atmung des Hypothalamus deutlich ab; die Neurohypophyse verhält sich ähnlich, dagegen

[1] Dixon, T. F., and A. Meyer: Biochem. J. **30**, 1577 (1936). — [2] Himwich, H. E., and J. F. Fazekas: Amer. J. Physiol. **132**, 454 (1941). — [3] Opitz, E.: 3. Mosbacher Coll. S. 69. — [4] Holmes, E. G.: Biochem. J. **24**, 914 (1930). — [5] Rosenthal, O., H. Shenkin, D. L. Drabkin, W. M. Parkins and M. H. Gibbon: Amer. J. Physiol. **144**, 334 (1945). — [6] Rose, M.: Handb. Neurol. (Bumke-Foerster) Bd. 1, S. 541. — [7] Brattgård, S. O., and H. Hydén: Acta radiol., Stockholm, Suppl. **94** (1952). — [8] D'Ans-Lax S. 1738. — [9] Randall, L. O.: J. biol. Ch. **124**, 481 (1938). — [10] Warburg, O., K. Posener u. E. Negelein: B. Z. **152**, 309 (1924). — [11] Tschirgi, R. D., R. W. Gerard, H. Jenerick, L. L. Boyarsky and J. Z. Hearon: Fed. Proc. **8**, 166 (1949). — [12] Roberts, S., and M. R. Keller: Arch. Biochem. **44**, 9 (1953).

scheint die Adenohypophyse relativ unempfindlich gegen Substratmangel zu sein. Es ist bis heute nicht sicher bekannt, worauf der hohe Energieumsatz besonders der grauen Areale beruht, da vom Gehirn keinerlei äußere Arbeit geleistet wird.

Während die charakteristischen Unterschiede in der Geschwindigkeit der Wärmebildung von Tieren verschiedener Körpergröße hauptsächlich auf Änderungen des Q_{O_2} in der Muskulatur zurückzuführen sind, scheint der Q_{O_2} des Gehirns im Gegensatz zu dem der Muskulatur an erster Stelle durch die Energiebedürfnisse des Gehirns und nicht durch den Wärmebedarf des ganzen Körpers bedingt zu sein[1].

Der *Sauerstoffverbrauch des peripheren Nerven* liegt etwas unter dem der weißen Substanz von 200—300 mm³ O_2 je g/Std[2]. Die Ruheatmung des peripheren Nerven wird mit 19—23 mm³ O_2 je g/Std[3] bzw. 79 mm³ O_2 je mg/Std[4] (Frosch) angegeben. Sie stimmt innerhalb eines Nervenpaares um 8% überein, wird aber in der Literatur verschieden angegeben. (Über den Energiestoffwechsel des peripheren Nerven s. S. 862).

3. Der Respiratorische Quotient.

Der Energiebedarf des Nervensystems wird nahezu ausschließlich durch den Verbrauch von Kohlenhydraten gedeckt[5,6]. Dementsprechend wird im überlebenden Hirngewebe ein R.Q. von 1 oder nahe an 1 (0,99) gemessen[7–10]. Auch in vivo ließ sich am anaesthesierten und nichtanaesthesierten Hund ein R.Q. von 1 nachweisen[11], der in gleicher Weise für Katzen[12] und Affen gilt[13]. Die früher für das Gehirn des Menschen gemachte Beobachtung eines R.Q. von 0,95[14] konnte durch methodische Verbesserungen auf 0,98[15] bzw. 0,99[16] korrigiert werden. Auf Grund der bei den meisten Individuen unterschiedlichen Quelle des Blutes der V. jugularis interna[17,18] dürfte die bilaterale Ähnlichkeit des cerebralen R.Q. beim ruhenden Menschen für einen ziemlich gleichmäßigen R.Q. im Gesamtgehirn sprechen[19]. In verschiedenen Teilen des Gehirns wurden folgende R.Q.-Werte gefunden[20]: Cortex cerebri 0,99; Hirnstamm 0,93; Kleinhirn 0,89; Medulla oblongata 0,89. Der R.Q. des peripheren Nerven[21] ist ebenso wie der der Medulla oblongata niedriger als 1 und beträgt für den Ruhestoffwechsel 0,77, für den gereizten Nerven 0,87.

Der R.Q. kann in Hirnhomogenaten ohne Substratzusatz auf 0,87 absinken[22], nach vorheriger Erschöpfung der Kohlenhydratreserven des Gehirns durch Insulininjektion sogar auf 0,80[23]. Da Hirnschnitte in glucosefreien Medien erhebliche Mengen Ammoniak entwickeln und die Ammoniakbildung durch Zusatz eines geeigneten Substrates unterdrückt werden kann[8,24,25],

---

[1] Krebs, H. A.: Biochim. biophysica Acta, N. Y. **4**, 249 (1950). — [2] Holmes, E. G.: Biochem. J. **24**, 914 (1930). — [3] Meyerhof, O., u. W. Schulz: B. Z. **228**, 1 (1930). — [4] Doty, R. W., and R. W. Gerard: Amer. J. Physiol. **162**, 458 (1950). — [5] Himwich, H. E., and J. F. Fazekas: Endocrinology **21**, 800 (1937). — [6] Himwich, W. A., and H. E. Himwich: J. Neurophysiol. **9**, 133 (1946). — [7] Dickens, F.: Biochem. J. **30**, 661 (1936). — [8] Loebel, R. O.: B. Z. **161**, 219 (1925). — [9] Dickens, F., and F. Šimer: Biochem. J. **24**, 1301 (1930); **25**, 985 (1931). — [10] Dickens, F., and G. D. Greville: Biochem. J. **27**, 832 (1933). — [11] Himwich, H. E., and L. H. Nahum: Amer. J. Physiol. **90**, 389 (1929); **101**, 446 (1932). — [12] Courtice, F. C.: J. Neurol. Psychiatr. (N. S.) **3**, 306 (1940). — [13] Schmidt, C. F., S. S. Kety and H. H. Pennes: Amer. J. Physiol. **143**, 33 (1945). — [14] Lennox, W. G.: Arch. Neurol. Psychiatry **26**, 719 (1931). — [15] Wortis, J., K. M. Bowman and W. Goldfarb: Amer. J. Psychiatr. **97**, 552 (1940). — [16] Gibbs, E. L., W. G. Lennox, L. F. Nims and F. A. Gibbs: J. biol. Ch. **144**, 325 (1942). — [17] Batson, O. V.: Fed. Proc. **3**, 139 (1944). — [18] Gibbs, E. L., and F. A. Gibbs: Anat. Rec. **59**, 419 (1934). — [19] Gibbs, E. L., W. G. Lennox and F. A. Gibbs: Amer. J. Psychiatr. **102**, 184 (1945). — [20] Himwich, H. E., and J. F. Fazekas: Proc. Soc. exp. Biol. Med. **30**, 366 (1932/33). — [21] Meyerhof, O., u. F. O. Schmitt: B. Z. **208**, 445 (1929). — [22] Weil-Malherbe, H.: 3. Mosbacher Coll. S. 41. — [23] Elliott, K. A. C., D. B. McN. Scott and B. Libet: J. biol. Ch. **146**, 251 (1942). — [24] Warburg, O., K. Posener u. E. Negelein: B. Z. **152**, 309 (1924). — [25] Dickens, F., and G. D. Greville: Biochem. J. **27**, 1123 (1933).

ist ebenso wie aus der Bestimmung normaler R. Q.-Werte von 0,9[1-4] auch mit einer gewissen Verbrennung von Fetten und Proteinen zu rechnen. Ähnliches scheint auch für die Durchströmung des Gehirns mit glucosefreiem Blut zu gelten, bei der die zunächst aufrechterhaltenen Gehirnfunktionen und der unveränderte Sauerstoffverbrauch durch Verbrennung anderer Substanzen als Glucose oder Glykogen bedingt sein müssen[5]. Über die Energieversorgung des Zentralnervensystems durch Nichtkohlenhydratquellen ist aber wenig bekannt, sie dürfte eine untergeordnete Rolle spielen. (Über den R. Q. des Gehirns beim Diabetes mellitus s. S. 822.)

4. Substrate der Hirnatmung.

Die Ermittlung des R. Q. ergibt für Gehirn fast ausschließlich die Verwendung von Glucose als Substrat des Stoffwechsels. Die entscheidende Bedeutung dieser Hexose geht insbesondere aus dem Verhalten des Gehirns bei Insulinhypoglykämie hervor (s. S. 823). Unter in vitro-Bedingungen läßt sich die Oxydation zahlreicher Intermediärprodukte verfolgen. In Schnitten der Großhirnrinde des Menschen geht aus dem Verlauf des R. Q. ohne Substratzusatz (0,95—1,12) die Oxydation von Hexosen und zu späterem Zeitpunkt (3 Std R. Q. = 1,12) die Verbrennung von sauerstoffreichen Verbindungen hervor[6]. Der R. Q. für Glucose und Pyruvat erreicht annähernd den theoretischen Wert für die vollständige Verbrennung, Succinat dürfte nicht vollständig verbrannt werden — möglicherweise wird nur die Dehydrogenierung zu Fumarsäure erfaßt. Der R. Q. für die Verbrennung von Aminosäuren weist darauf hin, daß entweder Glutaminsäure nicht vollständig verbrannt wird oder daß außer Glutaminsäure noch andere Aminosäuren vom Gehirn des Menschen verbrannt werden.

Von den im Gehirn oxydierten *Kohlenhydraten* entfaltet Glucose die stärkste Wirkung. In absteigender Reihe können neben Glucose Fructose[7-11], Mannose[8,11] und Galaktose[8,11,12] sowie Hexosediphosphat und Hexosemonophosphat verbrannt werden. Mannit, Arabinose und Xylose sind ohne Einfluß[8]. Im homogenisierten Rattengehirn steigt in Abhängigkeit von der Gewebspräparation auch nach Zusatz von Glykogen der Sauerstoffverbrauch an[13]. Hirngewebe verbraucht in vitro aerob 3mal soviel Glucose wie Fructose[11]. Bei Umsatz einer bestimmten Menge Fructose wird 3mal soviel CO_2 abgegeben und 3mal soviel O_2 aufgenommen wie bei Umsatz einer gleich großen Menge Glucose. Hirnrindenschnitte scheinen somit, um überleben zu können, nur eine Fructosemenge zu benötigen, die $^1/_3$ der verbrauchten Glucosemenge entspricht. Fructose gewährleistet zwar einen ausreichenden Sauerstoffumsatz im Gehirn, aber der vermutlich durch die mangelhafte Affinität der Hexokinase für Fructose (s. S. 702) bedingte niedrige Verbrauch dieser Hexose läßt sie als Substrat für die Hirnatmung weniger geeignet erscheinen.

In Abwesenheit von Glucose sinkt in vitro die Atmung von Hirnrindenschnitten ab; sie kann bei längerem Fehlen irreversibel geschädigt werden. Glucose und Lactat wirken in vitro als gleichwertige Substrate der Hirnatmung[14]. In vivo dürfte Lactat keine besondere Stoffwechselfunktion übernehmen[2]. In vitro kann der Zusatz von Glucose bis zu 84% des Sauerstoffverbrauchs in Anspruch nehmen. Glucose dürfte nicht vollständig verbrannt werden.

[1] Himwich, H. E., and J. F. Fazekas: Proc. Soc. exp. Biol. Med. **30**, 366 (1932/33). — [2] Elliott, K. A. C., D. B. McN. Scott and B. Libet: J. biol. Ch. **146**, 251 (1942). — [3] Baker, Z., J. F. Fazekas and H. E. Himwich: J. biol. Ch. **125**, 545 (1938). — [4] Elliott, K. A. C., and Z. Baker: Biochem. J. **29**, 2433 (1935). — [5] Geiger, A., J. Magnes and R. S. Geiger: Nature **170**, 754 (1952). — [6] Elliott, H. W., and V. C. Sutherland: J. cellul. comp. Physiol. **40**, 221 (1952). — [7] Loebel, R. O.: B. Z. **161**, 219 (1925). — [8] Quastel, J. H., and A. H. M. Wheatley: Biochem. J. **26**, 725 (1932). — [9] Dickens, F., and G. D. Greville: Biochem. J. **27**, 832 (1933). — [10] Klein, J. R.: J. biol. Ch. **153**, 295 (1944). — [11] Helmreich, E., K. Stuhlfauth u. S. Goldschmidt: Z. Naturforsch. **7**b, 418 (1952). — [12] Sherif, M., and E. G. Holmes: Biochem. J. **24**, 400 (1930). — [13] Elliott, K. A. C., and B. Libet: J. biol. Ch. **136**, 797 (1940). — [14] Elliott, K. A. C., M. E. Greig and M. P. Benoy: Biochem. J. **31**, 1003 (1937).

Etwa 10—16% der O_2-Aufnahme beruhen auf der Verbrennung von Nichtkohlenhydraten[1]. Dagegen dürfte in vivo die Oxydation von Glucose vollständiger sein. Ohne Zusatz eines Substrats macht die Oxydation der im Gewebe noch vorhandenen Milchsäure in 2 Std 24% der Atmung aus, während 76% des aufgenommenen Sauerstoffs der Verbrennung von Nichtkohlenhydraten mit entsprechendem R.Q. von 0,87 dienen. Es ist somit eindeutig, daß bei den geringen Kohlenhydratreserven des Gehirns in vitro ohne Zusatz von Glucose Nichtkohlenhydratverbindungen zur Energiegewinnung herangezogen werden können. Sobald Glucose als Substrat zur Verfügung steht, wird die Oxydation von Nichtkohlenhydraten eingeschränkt. Es ist daher wahrscheinlich, daß auch in vivo unter den Bedingungen tiefer Hypoglykämie (s. S. 825) Hirngewebe Nichtkohlenhydratverbindungen zur Deckung des Energiebedarfs verbrennen kann, obwohl im Coma hypoglycaemicum derartige Oxydationen nicht genügen, um die normalen Hirnfunktionen aufrecht zu erhalten.

Der Zusatz von *Pyruvat* steigert die Hirnatmung, ferner den R.Q. auf 1,21. In Gegenwart von Brenztraubensäure dürfte noch mehr als in der von Glucose die Oxydation von Nichtkohlenhydraten eingeschränkt werden. Werden Brenztraubensäure und Glucose gleichzeitig als Substrat zugesetzt, so ist die O_2-Aufnahme genau so groß wie mit Brenztraubensäure allein, aber geringer als mit Glucose[1]. Zusatz von *Milchsäure*, der die Hirnatmung ebenfalls aufrechterhält, beansprucht 73% der Atmung bei einem R.Q. von 0,88 und schränkt somit die Verbrennung von Nichtkohlenhydraten schwächer ein als Glucose und Brenztraubensäure. Bei insulinvorbehandelten Tieren kann der Zusatz von Lactat entsprechend der Erschöpfung der Kohlenhydratreserven mit 92% fast die gesamte Atmung beanspruchen[1], was anderen Ergebnissen[2] entspricht. Bei gleichzeitigem Zusatz von Lactat und Glucose geht die Verbrennung vorwiegend auf Kosten der Glucose; Lactat wird nicht abgebaut. Neben Milchsäure[3-6] und Brenztraubensäure[3,4,7-11] werden α-Ketoglutarsäure[12,13] und Bernsteinsäure[7,8,11,14,15] schneller oxydiert als α-Glycerophosphat[8,16,17] und Phosphoglycerinsäure[10]. Von den Nichtkohlenhydraten ist ferner die Oxydation der Glutaminsäure (s. S. 750) und in kleineren Mengen die von Alkohol[18-20] nachweisbar. Entgegen früheren Ansichten dürfte Hirngewebe auch durch Verbrennung von Fettsäuren Energie gewinnen können (s. S. 741).

Da ein großer Teil der erwähnten oxydierbaren Substanzen im Blute nicht in nennenswerter Konzentration vorkommt, kommen praktisch als *Nährstoffe für Gehirn nur Glucose, Milchsäure und Brenztraubensäure* in Frage. Zwischen in vitro- und in vivo-Befunden bestehen allerdings starke Differenzen hinsichtlich der Verwertung der Substrate. Während in vitro Glucose, Milchsäure und Brenztraubensäure als Substrate gleichwertig sind, ist in vivo die Wirkung der Glucose der der beiden anderen Substrate bei weitem überlegen. Brenztraubensäure und

[1] ELLIOTT, K. A. C., D. B. McN. SCOTT and B. LIBET: J. biol. Ch. **146**, 251 (1942). — [2] DIXON, K. C.: Biochem. J. **29**, 973 (1935). — [3] LOEBEL, R. O.: B. Z. **161**, 219 (1925). — [4] ASHFORD, C. A., and E. G. HOLMES: Biochem. J. **25**, 2028 (1931). — [5] MEYERHOF, O., u. K. LOHMANN: B. Z. **171**, 381 (1926). — [6] MEYERHOF, O., u. K. LOHMANN: B. Z. **171**, 421 (1926). — [7] QUASTEL, J. H., and A. H. M. WHEATLEY: Biochem. J. **26**, 725 (1932). — [8] PETERS, R. A., and H. M. SINCLAIR: Biochem. J. **27**, 1677 (1933). — [9] PETERS, R. A., H. M. SINCLAIR and R. H. S. THOMPSON: Biochem. J. **40**, 516 (1946). — [10] JOWETT, M., and J. H. QUASTEL: Biochem. J. **31**, 565 (1937). — [11] ELLIOTT, K. A. C., M. E. GREIG and M. P. BENOY: Biochem. J. **31**, 1003 (1937). — [12] KREBS, H. A., and W. A. JOHNSON: Biochem. J. **31**, 772 (1937). — [13] McGOWAN, G. K.: Biochem. J. **31**, 1627 (1937). — [14] BANGA, I., S. OCHOA and R. A. PETERS: Biochem. J. **33**, 1980 (1939). — [15] KREBS, H. A., and W. A. JOHNSON: Biochem. J. **31**, 645 (1937). — [16] JOHNSON, R. E.: Biochem. J. **30**, 33 (1936). — [17] QUASTEL, J. H., M. TENNENBAUM and A. H. M. WHEATLEY: Biochem. J. **30**, 1668 (1936). — [18] WORTIS, S. B.: Arch. Neurol. Psychiatr. **33**, 1022 (1935). — [19] ROBERTSON, J. D., and C. P. STEWART: Biochem. J. **26**, 65 (1932). — [20] HIMWICH, H. E., L. H. NAHUM, N. RAKIETEN, J. F. FAZEKAS, D. DU BOIS and E. F. GILDEA: J. amer. med. Ass. **100**, 651 (1933).

Milchsäure können das hypoglykämische Koma nicht durchbrechen[1]. Die Unterschiede sind möglicherweise durch unterschiedliche Permeation sowie Absorption der Substrate durch Hirngewebe bedingt.

5. Sauerstoffversorgung, Hypoxie, Anoxie und Sauerstoffvergiftung.

a) Sauerstoffversorgung. Die Sauerstoffversorgung eines Organs wird bestimmt durch Sauerstoffverbrauch, Sauerstoffdruck im Blut und Vascularisierung. Aus dem arteriellen Sauerstoffdruck von 93 mm Hg und 35 mm Hg für das gemischte Hirnvenenblut läßt sich unter Berücksichtigung von Capillarisierung, Atmung und Druckabfall von den Capillaren bis in die Peripherie des Gewebszylinders für den besonders ungünstig gelegenen peripheren Teil des venösen Zylinderendes ein Sauerstoffdruck von wenigstens 20—30 mm Hg errechnen[2]. Der intracelluläre Sauerstoffdruck des Gehirns dürfte somit weit über dem kritischen Sauerstoffdruck von 2 mm Hg liegen[3], bei dem die Atmung aus Mangel an Sauerstoff abzusinken beginnt. Somit müßte die Atmung des Gehirns weitgehend unempfindlich gegen Sauerstoffmangel sein, was z. B. für die Atmung von 10% Sauerstoff beim Menschen der Fall ist (s. S. 787). Der „kritische" Sauerstoffdruck der V. jugularis ist erst bei 19 mm Hg gelegen[4,5], was immer noch einem Druck von 10—15 mm Hg im Gewebszylinder entspricht.

b) Hypoxie. Da bei einem derartigen Druck im Zustande der Hypoxie trotz unveränderter Sauerstoffaufnahme des Gehirns bereits erhebliche funktionelle Störungen der Gehirntätigkeit bestehen, die als „Mangelwirkungen ohne eigentliche Not" bezeichnet werden können[6,7], ist vermutet worden, daß funktionelle Störungen bereits durch Senkung des intracellulären Sauerstoffdrucks an sich ohne Erreichen des kritischen Sauerstoffdrucks von 2 mm Hg hervorgerufen würden (Hypoxiehypothese[6,7]). Die Tatsache, daß bei Katzen bei noch unverändertem arteriellem Milchsäuregehalt der Milchsäuregehalt des Gehirns bereits gesteigert sein kann, wenn sie in 11% Sauerstoff atmen[8], könnte dafür sprechen, daß bei der Hypoxie Veränderungen des qualitativen Zellstoffwechsels eintreten, noch bevor die Gewebsatmung durch ungenügende Sättigung des Atmungsfermentes abzusinken beginnt. Andererseits scheint aber die für die Retina geltende Erhöhung der Milchsäurebildung bei sinkendem Sauerstoffpartialdruck vor dem Abfall der Atmung nicht für Gehirn zuzutreffen. Hier steigt die Glykolyse erst dann, wenn die Atmung zu sinken beginnt[3,9]. Allgemein ist mit der Möglichkeit zu rechnen, daß die Atmungskettenphosphorylierung der Gewebe und des Gehirns empfindlicher auf das Absinken des Sauerstoffdrucks reagiert als der Bruttosauerstoffverbrauch[10]. Da die Acetylcholinkonzentration des Gehirns als empfindlicher Maßstab der Atmungskettenphosphorylierung gelten kann, unterstreichen die Störungen diese Auffassung im Elektroencephalogramm, die in dem gleichen Augenblick auftreten, in dem die Acetylcholinkonzentration des Gehirns zu fallen beginnt[11]. Dies entspricht auch Beobachtungen über Unregelmäßigkeiten im Elektroencephalogramm und psychischen Störungen bei Sauerstoffdrucken, die den Sauerstoffverbrauch des Gehirns noch nicht beeinträchtigen. Es muß

[1] Himwich, H. E.: Brain Metabolism and Cerebral Disorders. S. 17. Baltimore 1951. — [2] Opitz, E.: 3. Mosbacher Coll. S. 75. — [3] Elliott, K. A. C., and M. Henry: J. biol. Ch. **163**, 351 (1946). — [4] Noell, W.: Pflügers Arch. **247**, 528 (1944). — [5] Noell, W., u. M. Schneider: Pflügers Arch. **246**, 207 (1942); **250**, 514 (1944). — [6] Opitz, E.: Naturwiss. **35**, 80 (1948). — [7] Opitz, E., u. M. Schneider: Ergebn. Physiol. **46**, 126 (1950). — [8] Fazekas, J. F., and H. E. Himwich: Amer. J. Physiol. **139**, 366 (1943). — [9] Craig, F. N., and H. K. Beecher: J. Neurophysiol. **6**, 135 (1943). — [10] Weil-Malherbe, H.: 3. Mosbacher Coll. S. 60. — [11] Crossland, J., and D. Richter: 18. Int. Congr. Physiol. Kopenhagen. S. 170. 1950.

damit gerechnet werden, daß im Gehirn im Zustand der Hypoxie bei an sich unveränderter Atmung die Atmungskettenphosphorylierung früher beeinträchtigt wird als die „Atmung" an sich. Im Augenblick kann noch keine befriedigende chemische Erklärung für die Veränderungen bei der Hypoxie gegeben werden.

c) Anoxie und Ischämie. Hirngewebe ist in vitro unter definierten Bedingungen gegenüber Anoxie und Substratmangel das empfindlichste aller Organe, obgleich in vivo infolge der regulatorischen Sonderstellung des Hirnkreislaufs schwerer, den ganzen Körper betreffender Sauerstoffmangel zuerst in Leber, Herz und Niere und erst bei schwersten Graden und wiederholter Hypoxie des gesamten Organismus zu Nekrosen des Gehirns führt[1–3]. Dies gilt in ähnlicher Weise für die Abnahme des Atmungsvermögens in vitro[4,5]. Erst nach der Ausschaltung der Regulationsmechanismen ist die hohe Empfindlichkeit des Gehirns gegenüber Sauerstoff- und Substratmangel nachweisbar. Das Zentralnervensystem verfügt nur über außerordentlich geringe Reserven zur Bestreitung seiner Funktionen unter Mangelzuständen, wie Asphyxie, Anoxie und Ischämie, so daß bei allgemeinem Kreislaufstillstand oder allgemeiner Anoxie das Gehirn als limitierender Faktor für die Erhaltung des Lebens gilt. Das Leben reicht unter diesen Umständen so weit, wie die lebenswichtigen Funktionen des Gehirns erholungsfähig bleiben. Bereits 8—12 sec nach Unterbrechung der Blutzufuhr zum Gehirn schwindet das Bewußtsein des Menschen[6].

Nach allen bisherigen Untersuchungen dürfte die Aufrechterhaltung des Bewußtseins besonders hohe Energieansprüche an das Gehirn stellen, da der Verlust des Bewußtseins zu den ersten Folgen gestörter Funktionen und gestörten Stoffwechsels gehört. Sowohl die Funktions- als auch die Strukturstabilität des Gehirns sind in den höheren Zentren bemerkenswert gering. Der frühere Funktionsausfall höherer Gehirnteile beruht aber weniger auf geringerer Resistenz der Einzelelemente als auf der leichten Störbarkeit komplexer Funktionen[7,8], deren geregelter Ablauf sich aus dem Zusammenwirken zahlreicher Elemente ergibt. Bei akuter Anoxie und Ischämie nimmt die Empfindlichkeit des Gehirns in craniocaudaler Richtung ab. Bei CO-Vergiftung, Blutverlusten und Anämie werden dagegen fast ausschließlich tiefer gelegene Hirnteile, wie Pallidum und Ammonshorn, befallen, während Groß- und Kleinhirnrinde mehr oder weniger verschont bleiben[9].

Den nach Unterbrechung der Blutzufuhr sehr schnell eintretenden Störungen der Hirnfunktion und Struktur entsprechen Veränderungen des Stoffwechsels. So fällt der p_H auf der Hirnoberfläche narkotisierter Kaninchen bei plötzlicher Unterbrechung der Blutzufuhr nach einer 6 sec dauernden Latenzzeit durchschnittlich um 0,14 p_H/min ab[3]. Der p_H-Abfall hat 10 sec nach Beendigung der Ischämie sein Maximum erreicht[10]. Dagegen setzt bei reiner Anoxie der Abfall erst nach einer Latenzzeit von 10—15 sec ein. Bei längerer Dauer wird ein p_H-Wert von 6,4 erreicht. Unter natürlichen Bedingungen kann sich der Wert wieder normalisieren. Die Erholungszeit steht zur Dauer der Anoxie bzw. zu der der perakuten Ischämie im Verhältnis 20:1—25:1 (s.[10]). Unter anoxischen Bedingungen setzt im Gehirn

[1] ALTMANN, H. W., u. H. SCHUBOTHE: Beitr. path. Anat. **107**, 3 (1942). — [2] BÜCHNER, F.: Luftfahrtmed. **6**, 281 (1942). Kli. Wo. **1942**, 721. Zbl. allg. Path. **83**, 53 (1945). — [3] OPITZ, E.: 3. Mosbacher Coll. S. 79, 85. — [4] FUHRMAN, F. A., G. J. FUHRMAN and J. FIELD: Amer. J. Physiol. **144**, 87 (1945). — [5] FUHRMAN, G. J., F. A. FUHRMAN and J. FIELD: Amer. J. Physiol. **163**, 642 (1950). — [6] OPITZ, E., u. W. THORN: Pflügers Arch. **251**, 369 (1949). — [7] NOELL, W.: Arch. Psychiatr. Nervenkrankh. **180**, 687 (1948). — [8] NOELL, W., and H. I. CHINN: Amer. J. Physiol. **161**, 573 (1950). — [9] BÜCHNER, F.: Persönliche Mitteilung [OPITZ, E.: 3. Mosbacher Coll. S. 84]. — [10] THORN, W., u. R. HEITMANN: Pflügers Arch. **258**, 501 (1954).

eine so starke anaerobe Glykolyse ein[1,2], daß während des Glykolysemaximums zwischen 5—25 sec ein etwa 50% höherer Umsatz an freier Energie ermöglicht wird als im aeroben, normal tätigen Organ. Die höchsten Werte der anaeroben Glykolyse erreichen für das Gesamthirn hier $Q_M^{N_2} = 70$, was die höchsten in vitro-Werte an Schnitten der an sich stärker glykolysierenden Gehirnrinde[3] von $Q_M^{N_2} = 51$ übertrifft, während sie von Hirnextrakten erreicht werden (s. S. 701f.). Trotz der vorübergehend gesteigerten Ausbeute an freier Energie sind alle Anzeichen schweren Energiemangels gegeben.

Die Vulnerabilität von Atmung und Glykolyse des Gehirns sind besonders groß. So schädigt eine nur 3 min dauernde Unterbrechung der Sauerstoff- und Glucosezufuhr den Stoffwechsel von Gehirnschnitten irreparabel, wovon besonders die anaerobe Glykolyse betroffen wird[4]. Bei totaler Ischämie sinkt der Glucosegehalt des Gehirns, so daß nach 3, spätestens nach 5 min keine freie Glucose mehr nachweisbar ist[5]. Die Glykogenkonzentration sinkt etwas später ab, gleichzeitig steigt mit der Abnahme des Phosphokreatins die Milchsäurekonzentration des Gehirns an[6-8]. Es ist bisher nicht entschieden, ob die spätere Glykolysehemmung auf der Milchsäurebildung[4,9] oder der fermentativen Zerstörung von Di- und Triphosphopyridinnucleotid beruht. Außerdem dürfte die Erschöpfung der glykolysierbaren Substrate eine entscheidende Rolle spielen. Der Phosphokreatingehalt des ischämischen Gehirns sinkt bereits in 30 sec auf 10% des Ausgangswertes ab[10,11]. Die Adenylpolyphosphate fallen nur in den ersten 10 sec schnell, später langsamer ab[12]. Abfall der energiereichen Phosphatverbindungen, Erschöpfung der Substrate, Zerstörung der Cofermente und Anhäufung von Milchsäure dürften die Ursachen für die schnelle Abnahme der Glykolysegeschwindigkeit[3,13,14] sein. Ein Teil der Veränderungen: der rapide Abfall von Phosphokreatin und die Steigerung der Milchsäurebildung stehen außerdem vermutlich im Zusammenhang mit den bei Anoxie und Ischämie auftretenden Krämpfen. Insgesamt nimmt der Gehalt an energiereichen Phosphaten in den ersten 30 sec um 4,7 mMol/kg ab. Da der Umsatz an diesen Estern im normal atmenden Gehirn in 30 sec auf 4,4 mM je kg geschätzt werden kann (P/O = 3,0; Atmung = 0,74 mMol O_2 je kg je 30 sec), müßte die Spaltungsgeschwindigkeit der energiereichen Phosphatester in der ersten $^1/_2$ min selbst dann einen normalen Energiebedarf decken, wenn inzwischen keine Resynthese erfolgt[15]. Die Spaltung genügt aber nicht für den durch Krämpfe gesteigerten Bedarf. Bei Anoxie und Ischämie wird somit im Gehirn die an sich noch vorhandene geringe Stoffwechselreserve durch das Auftreten von Krämpfen — sowie durch den hohen Energiebedarf zur Erhaltung der Struktur (Strukturumsatz) — schnell erschöpft. Nur primitive Erregungsabläufe, wie die Schnappatmung, können durch die Energie der anaeroben Glykolyse allein unterhalten werden[15].

Die Frage des Strukturumsatzes von Hirngewebe ist von außerordentlicher Bedeutung für das Auftreten irreparabler Strukturschäden. Hirngewebe besitzt eine sehr geringe Strukturstabilität, die neben dem Fehlen wirksamer Stoffwechselreserven und dem wenig wirkungs-

[1] Thorn, W.: B. Z. **321**, 361 (1951). — [2] Thorn, W., u. H. A. Raszkowski: B. Z. **323**, 21 (1952). — [3] MacFarlane, M. G., and H. Well-Malherbe: Biochem. J. **35**, 1 (1941). — [4] Dickens, F., and G. D. Greville: Biochem. J. **27**, 1134 (1933). — [5] Kerr, S. E., and M. Ghantus: J. biol. Ch. **117**, 217 (1937). — [6] Bain, J. A., and J. R. Klein: Amer. J. Physiol. **158**, 478 (1949). — [7] Dawson, R. M. C., and D. Richter: Amer. J. Physiol. **160**, 203 (1950). — [8] Kerr, S. E., and A. Antaki: J. biol. Ch. **122**, 49 (1937). — [9] Meyerhof, O., u. K. Lohmann: B.Z. **171**, 421 (1926). — [10] Kerr, S. E.: J. biol. Ch. **110**, 625 (1935). — [11] McIlwain, H., L. Buchel and J.D. Cheshire: Biochem. J. **48**, 12 (1951). — [12] Kerr, S. E.: J. biol. Ch. **145**, 647 (1942). — [13] Meyerhof, O., and N. Geliazkowa: Arch. Biochem. **12**, 405 (1947). — [14] Meyerhof, O., and J. R. Wilson: Arch. Biochem. **14**, 71 (1947). — [15] Opitz, E.: 3. Mosbacher Coll. S. 94, 95, 97.

vollen Abbau von Glykogen, dessen theoretische Ausbeute an freier Energie nur knapp $^1/_{10}$ des normalen Energieumsatzes gewährleistet[1], auf den hohen Strukturumsatz bezogen werden muß. Hirngewebe benötigt offenbar erhebliche Energiebeträge allein zur Erhaltung von Struktur und Konzentration an lebenswichtigen Substanzen (s. S. 802). Dies ergibt sich besonders aus den sehr kurzen Wiederbelebungszeiten, der verhältnismäßig hohen Aktivität von Proteasen und Phosphopyridinnucleotidasen (s. S. 793).

d) Sauerstoffvergiftung des Gehirn. Unter in vitro-Bedingungen scheint der Sauerstoffverbrauch des Rattengehirns der Sauerstoffspannung in der Suspensionsflüssigkeit direkt proportional zu sein[2]. Die bei hohen Sauerstoffdrucken einsetzende Herabsetzung der Atmung ist irreversibel[3]. Die sog. Sauerstoffvergiftung beruht wahrscheinlich auf der Schädigung von Fermentsystemen der biologischen Oxydation. Besonders Fermente mit SH-Gruppen oder mit Metallaktivatoren sind gegen Sauerstoff empfindlich[4], ferner einige Flavoproteide. Die oxydative Inaktivierung von Fermenten kann auf verschiedenen Vorgängen beruhen: Oxydation der SH-Gruppen, Verlust der katalytischen Funktion der essentiellen Metalle — möglicherweise durch Umwandlung in höhere Valenzform und oxydative Zerstörung der Flavoproteide.

Innerhalb des Kohlenhydratstoffwechsels sind folgende Fermente sauerstoffempfindlich: Phosphoglucomutase, Fructose-6-phosphat-phosphorylase (Phosphohexokinase), Triosephosphatdehydrogenase, das Succinoxydase- und das Pyruvatoxydasesystem[4]. Dies entspricht der Störung der Glucoseoxydation des Gehirns[5] unter diesen Umständen. Bei längerer Einwirkung wird auch die Cytochromoxydase betroffen. Die reversible Hemmung der Succinodehydrogenase durch Malonat kann das Ferment gegen hohe Sauerstoffdrucke schützen (vorübergehende Blockade der SH-Gruppen ?). Da auch die Transaminasen des Gehirnssauerstoffempfindlich sind, kann unter diesen Umständen selbst in Gegenwart von Glutaminsäure mangelhafte Transaminierung zur Ansammlung von Oxalacetat führen, wodurch die Succinodehydrogenase gehemmt wird. Glutaminat kann unter diesen Umständen die Sauerstoffvergiftung der Succinodehydrogenase nur so lange verhindern, wie die Transaminasen des Gehirns erhalten sind. Die Lacticodehydrogenase selbst ist gegen hohe Sauerstoffdrucke ziemlich widerstandsfähig, die Einschränkung der Oxydation von Milchsäure muß daher auf tieferen Stufen geschehen. Äpfelsäure- und Triosephosphatdehydrogenase sind wenig empfindlich, letztere nur nach Entfernung der Cozymase.

Die klinischen Erscheinungen von Krämpfen[6] bei hohen Sauerstoffspannungen finden vermutlich in der Störung des Kohlenhydratstoffwechsels ihre Erklärung. Besonders die Hirnrinde reagiert empfindlich auf hohe Sauerstoffdrucke, was durch kleine Spuren von H_2O_2 verstärkt werden kann[7]. Diese Erscheinung muß auf den geringen Katalasegehalt des Gehirns bezogen werden ($Q_{\text{Katalase}} = 57—73$ für die graue Substanz; Leber = 1700).

Der Einfluß hoher Sauerstoffspannungen auf die Glucoseoxydation des Gehirns tritt langsam ein und gleicht der Dosiswirkungskurve mancher Pharmaka, die dem Alles-oder-Nichtsgesetz unterliegen[6]. Die Zeit, die zur Erzeugung des toxischen Effektes notwendig ist, verhält sich umgekehrt proportional dem Sauerstoffdruck. Die Irreversibilität der Sauerstoffwirkung in vitro scheint in vivo nicht zu gelten. Ratten, die hohen Sauerstoffspannungen ausgesetzt waren und Krämpfe erlitten hatten, ließen keine Abweichung des Q_{O_2} erkennen, was auch für die CO_2-Bildung im Gehirn von Meerschweinchen gilt[8], obgleich Nervengewebe von allen Geweben am empfindlichsten auf hohe Sauerstoffdrucke reagiert. Im Gehirn werden Atmung und anaerobe Glykolyse in gleicher Weise geschädigt. Der erste Angriffspunkt scheint das System der Pyruvatoxydase zu betreffen.

Vitamin B_1, B_2, B_6, C, Pantothensäure, Nicotinsäureamid, Nicotinsäure, Adenylsäure (Muskel, Hefe), Adenin, Adenosin, Cozymase und Flavoproteide besitzen ebenso wie Narkotica keine Schutzwirkung[6]. Zweiwertige Metalle: Mn, Mg, Ca und Co schützen die Hirnatmung gegen hohe Sauerstoffspannungen; Fe, Ni, Cu sind schwach wirksam, Zn ist ohne Einfluß. Co schützt die Oxydation von Glucose, Lactat, Pyruvat, Mn diejenige der Bernsteinsäure.

---

[1] OPITZ, E.: 3. Mosbacher Coll. S. 94, 95, 97 — [2] GOOR, H. VAN, and J. JONGBLOED: Acta brev. neerl. Physiol. **12**, 41 (1942). — [3] GOOR, H. VAN, and J. JONGBLOED: Arch. néerl. Physiol. **26**, 407 (1942). — [4] DICKENS, F.: Biochem. J. **40**, 171 (1946). — [5] ELLIOTT, K. A. C., and B. LIBET: J. biol. Ch. **143**, 227 (1942). — [6] DICKENS, F.: Biochem. J. **40**, 145 (1946). — [7] MANN, P. J. G., and J. H. QUASTEL: Biochem. J. **40**, 139 (1946). — [8] GOOR, H. VAN, and J. JONGBLOED: Enzymologia **13**, 313 (1949).

6. Beeinflussung der Hirnatmung durch verschiedene Substanzen.

Cyanid. Cyanid schränkt die Hirnatmung sehr stark ein, läßt aber einen gewissen Prozentsatz der Sauerstoffaufnahme unbeeinflußt[1,2]. Die Atmung des Rattengehirns wird durch n/200 Cyanid zu 97,5% gehemmt[3]; andere Autoren[4] beobachteten bei starkem Abfall der Atmung keine Veränderung des R. Q. Die Atmung excidierten Gewebes wird in vitro durch ungefähr die gleiche Dosis Cyanid gehemmt, die für den intakten Organismus letal wirkt[5]. Die gestörte Bildung oxydativer Energie bewirkt im Gehirn beschleunigte anaerobe Umsetzungen, die zu rapidem Verlust von Glykogen, Glucose und ATP führen, während Lactat, ADP und anorganisches Phosphat sich ansammeln[6]. Die Erscheinungen der Cyanidvergiftung des Zentralnervensystems entsprechen denjenigen der akuten Anoxie. Im ersten Fall können die Zellen durch Inaktivierung der Cytochromoxydase den angebotenen Sauerstoff nicht verwerten, im anderen Fall erreicht der Sauerstoff die Zellen des Gehirns nicht. Auch die Atmung der peripheren Nerven von Vertebraten und Invertebraten wird durch Cyanid gehemmt. Zufuhr von Farbstoffen, wie Kresylblau, die als Wasserstoffacceptoren wirken, kann die Wirkung der Cyanidhemmung vermindern[7].

Kohlenoxyd. Die Atmung des peripheren Nerven wird durch Kohlenoxyd in einer durch Licht reversiblen Weise gehemmt[7,8]. Sie ist durch Kresylblau nicht so beeinflußbar wie die Cyanidhemmung, was für getrennte Angriffspunkte von Cyanid und CO spricht (s. Abb. 69, S. 733). Infolge der Bildung von Kohlenoxydhämoglobin ist die Sauerstoffaufnahme des Gehirns herabgesetzt[9]. Der auf diese Weise erzeugte Sauerstoffmangel führt zu irreparablen Hirnschädigungen, besonders von Pallidum und Nucleus lenticularis. Es ist bisher nicht sicher bekannt, auf welchen Ursachen das unterschiedliche „Schädigungsmuster" des Gehirns bei akuter Anoxie und Ischämie bzw. bei CO-Vergiftung und Anämien beruht.

Amine. Verschiedene, vorwiegend von Tyrosin, Tryptophan und Leucin abstammende Amine hemmen die Sauerstoffaufnahme des Gehirns in vitro[10]. Cadaverin, Putrescin, Neurin und Äthylamin entfalten schwache Wirkung auf die Oxydation von Glucose und Lactat; Tyramin, β-Phenyläthylamin und p-Phenyl-β-oxyäthylamin sind stark wirksam. Auch Mezcalin (β-3,4,5-Trimethoxyphenyläthylamin), das optische Halluzinationen hervorruft, Indol, Skatol, Isoamylamin und Indoläthylamin sowie Benzedrin[11] wirken ähnlich hemmend. Histamin ist dagegen ohne Einfluß auf die Hirnatmung. Die Mescalinwirkung ist reversibel[12], die von Indol nicht. Die Injektion einiger dieser Amine, z. B. von Phenyläthylaminderivaten, ruft bei Tieren katatone Zustände hervor[13]. Der Antihistaminkörper Benadryl hemmt die Atmung von Gehirnschnitten (Ratten) nur in Gegenwart von Glutaminsäure, nicht aber bei Zusatz von Glucose[14]. Die selektive Wirkung von Benadryl in Gegenwart von Glutaminsäure kann durch andere Substanzen wie *n*-Amylcarbamat, Amidon und Morphin, die die Hirnatmung ebenfalls hemmen, nicht hervorgerufen werden.

2,4-Dinitrophenol. Kleinere Konzentrationen von Dinitrophenol fördern, größere hemmen die Zellatmung[15–17]. Die Atmung von Hirnrindenschnitten wird durch 2,4-Dinitrophenol in

[1] Dixon, M., and K. A. C. Elliott: Biochem. J. **23**, 812 (1929). — [2] Banga, I., L. Schneider u. A. Szent-Györgyi: B. Z. **240**, 454 (1931). — [3] Torres, I.: B. Z. **280**, 114 (1935). — [4] Himwich, H. E., J. F. Fazekas and M. H. Hurlburt: Proc. Soc. exp. Biol. Med. **30**, 904 (1933). — [5] Evans, C. L.: J. Physiol., London **53**, 17 (1919/20). — [6] Olsen, N. S., and J. R. Klein: J. biol. Ch. **167**, 739 (1947). — [7] Chang, T. H., and R. W. Gerard: Amer. J. Physiol. **97**, 511 (1931). — [8] Schmitt, F. O.: Amer. J. Physiol. **95**, 650 (1930). — [9] Himwich, H. E., K. M. Bowman and J. F. Fazekas: Arch. Neurol. Psychiatr. **44**, 1098 (1940). — [10] Quastel, J. H., and A. H. M. Wheatley: Biochem. J. **27**, 1609 (1933). — [11] Pugh, C. E. M., and J. H. Quastel: Biochem. J. **31**, 286, 2306 (1937). — [12] Quastel, J. H., and A. H. M. Wheatley: Biochem. J. **28**, 1521 (1934). — [13] Jong, H. De: Z. ges. Neurol. Psychiatr. **139**, 468 (1932). — [14] Carlisle, E. M., and F. Crescitelli: Science, N. Y. **112**, 272 (1950). — [15] Peiss, C. N., and J. Field: J. biol. Ch. **175**, 49 (1948). — [16] Tyler, D. B.: Arch. Biochem. **25**, 221 (1950). — [17] Tyler, D. B.: J. biol. Ch. **184**, 711 (1950).

Konzentrationen von $4{,}46 \times 10^{-6}$ bis $8{,}92 \times 10^{-5}$ m gefördert, in höheren Konzentrationen ($1{,}12 \times 10^{-4}$ m) gehemmt[1]. Die Wirkung von Dinitrophenol ist an die Zellstruktur gebunden, da im cytolysierten Material keine Förderung der Atmung zu erzielen ist und Konzentrationen, die in Schnittversuchen die Atmung fördern, in Homogenaten bereits hemmen. Der Effekt von Dinitrophenol ist entscheidend von der Art der Gewebspräparation abhängig und kann je nach Dauer der Homogenisierung und des benutzten Mediums bei einer Konzentration von 5×10^{-5} m von -41% bis $+152\%$ schwanken[2]. Es wird angenommen, daß Dinitrophenol nur hemmende Wirkungen ausübt, die zuerst möglicherweise Atmungsregulationen betreffen und daher die Atmung zunächst fördern[1] (s. a. PASTEUR-Effekt S. 731). Dinitro-o-kresol (10^{-5} m) steigert die Atmung der Hirnrinde mit Glucose als Substrat, wobei Erhöhungen von Q_{O_2} 13,1 auf 39,0[3] beobachtet wurden.

Verschiedenes. Tridion (3,3,5-Trimethyloxazolidin-2,4-dion) hemmt den O_2-Verbrauch von Hirnschnitten und Homogenaten (Mäuse), besonders nach Zusatz von Glucose[4]. Die durch Auswaschen aufhebbare Wirkung ist unspezifisch. Die Oxydationshemmung durch Tridion entspricht der Wirkung anderer zentral lähmender Pharmaka. *Benzolhexachlorid* (Cyclohexan) ruft in Form seines γ-Isomeren Konvulsionen hervor, δ-Benzolhexachlorid dämpft die Tätigkeit des Zentralnervensystems. Während die Sauerstoffaufnahme in vivo nicht beeinflußt wird und γ-Benzolhexachlorid in vitro ohne Einfluß bleibt, ruft das in vivo dämpfende δ-Präparat eine signifikante Steigerung der Atmung hervor, die über 80% betragen kann[5]. *Pyocyanin* steigert die Atmung von Hirnrindenschnitten, der eine irreversible Hemmung folgt[6]. Der Grad der Oxydationsbeschleunigung ist vom Substrat abhängig, er ist mit Glucose maximal, ohne Glucose nicht nachweisbar. Die Wirkung, die auch bei herabgesetzten Sauerstoffspannungen nachweisbar ist, betrifft auch die Glykolyse, die durch hohe Konzentrationen gefördert wird. Die Wirkung von Pyocyanin dürfte auf seinem Farbstoffcharakter beruhen und durch Eingriffe in Oxydoreduktionen zustande kommen. Andere Farbstoffe wie *Thionin* und *Brillantkresylblau* fördern die Hirnatmung[7], wieder andere hemmen sie[8]. Es ist möglich, daß die durch das antibakteriell wirkende *Furacin* (5-Nitro-2-furaldehydsemicarbazon) in hohen Dosen hervorgerufenen Krämpfe und Hyperirritabilität durch Hemmung der Hirnatmung hervorgerufen werden, die in vitro nur bei großen Konzentrationen nachweisbar ist[9]. Sie betrifft vor allem die Oxydation von Glucose, Brenztraubensäure und Milchsäure, nicht aber die anaerobe Glykolyse. Na-*Sulfid* (5×10^{-4} m) hemmt die Atmung von Hirnschnitten und Homogenaten stark[10], während die aerobe Glykolyse gefördert und die anaerobe Milchsäurebildung gehemmt wird (Aufhebung des PASTEUR-Effektes? s. S. 731). Na-*Salicylat* (0,06 bis 0,56 mMol/*l*) steigert die Atmung von Hirnschnitten bei Ratten um 38%, die Glykolyse wird nicht beeinflußt, durch hohe Konzentrationen gehemmt[11]. Während *Physostigmin* (10^{-4}m) die Atmung von Hirngewebe fördert, hemmt *Atropin* (10^{-3} und 10^{-2} m) besonders mit steigendem p_H die O_2-Aufnahme zunehmend[12], was durch Acetylcholin aufgehoben werden kann. Bei akuter *Äthylalkoholintoxikation* sinkt die Hirnatmung in den meisten Fällen ab; sie ist nach der Erholung unverändert[13]. Im Gegensatz zu anderen Organen können Schnitte aus Rattengehirn ^{14}C-Äthanol nicht zu $^{14}CO_2$ und H_2O oxydieren[14]. *Sulfanilamid* beeinflußt die Sauerstoffaufnahme des Gehirns ebensowenig wie die Tätigkeit der Dehydrogenasen mit Methylenblau als H-Acceptor[15], obgleich es neuritische, auf Aneurin gut ansprechende Symptome hervorrufen kann. In vitro reduzieren 5 mg *Bleiacetat* je 100 g Gewebe die O_2-Aufnahme des Gehirns[16]. Die Verminderung der O_2-Aufnahme des Gehirns bei Vitamin B_1-Mangel wurde S. 669 erwähnt. Nach systematischer Zufuhr von *Vitamin C* scheint das Gehirn von Hunden mehr

---

[1] PEISS, C. N., and J. FIELD: J. biol. Ch. **175**, 49 (1948). — [2] TYLER, D. B.: Arch. Biochem. **25**, 221 (1949). — [3] GREVILLE, G. D.: Biochem. J. **30**, 877 (1936). — [4] TAYLOR, J. D., R. K. RICHARDS, G. M. EVERETT and E. L. BERTCHER: J. Pharmacol. exp. Therap. **98**, 392 (1950). — [5] MCNAMARA, B. P., and S. KROP: Science, N. Y. **109**, 330 (1949). — [6] YOUNG, L.: J. biol. Ch. **120**, 659 (1937). — [7] DICKENS, F.: Biochem. J. **30**, 661, 1064 (1936). — [8] O'CONNOR, R. J.: Nature **163**, 405 (1949). — [9] PAUL, H. E., M. F. PAUL and F. KOPKO: Proc. Soc. exp. Biol. Med. **79**, 555 (1952). — [10] SMYTHE, C. V.: Arch. Biochem. **2**, 259 (1943). — [11] FISHGOLD, J. T., J. FIELD and V. E. HALL: Amer. J. Physiol. **164**, 727 (1951). — [12] CAVANAUGH, D. J.: Proc. Soc. exp. Biol. Med. **75**, 607 (1950). — [13] GOLDFARB, W., K. M. BOWMAN and J. WORTIS: Amer. J. Psychiatr. **97**, 384 (1940). — [14] MASORO, E. J., and H. ABRAMOVITCH: Fed. Proc. **12**, 94 (1953). — [15] ŘEŘÁBEK, J.: B. Z. **314**, 291 (1943). — [16] DOLOWITZ, D., J. F. FAZEKAS and H. E. HIMWICH: J. industr. Hyg. **19**, 93 (1937).

Sauerstoff aufnehmen zu können[1]. *Bilirubin* hemmt in vitro die O_2-Aufnahme des Gehirns von Ratten um 25%, wenn seine Konzentration im Medium 20—25 mg-% erreicht hat. Die Wirkung ist durch Cytochrom c aufzuheben, durch dessen Einwirkung vermutlich unter Vermittlung der Cytochromoxydase Bilirubin in das unwirksame Biliverdin verwandelt wird[2].

Über den Einfluß von BAL auf die Hirnatmung s. S. 727. Hirnstoffwechsel bei Narkose s. S. 813, bei Krämpfen s. S. 613. Über den Einfluß von Ionen auf den Hirnstoffwechsel s. S. 779. Über die hormonale Beeinflussung des Hirnstoffwechsels s. S. 818.

7. Fermente und Cofermente der biologischen Oxydation.

a) Dehydrogenasen. Über die spezifischen Dehydrogenasen wurde in den entsprechenden Kapiteln bereits berichtet (s. S. 713ff., 724—727).

b) Codehydrogenase I und II. Hirngewebe enthält Codehydrogenase I und in sehr viel geringerer Konzentration (5% derjenigen von Coenzym I) Codehydrogenase II (s.[3]). Der Gehalt an Cozymase beträgt für die graue Substanz der Hirnrinde bei Meerschweinchen 107, bei Ratten 313 und bei Kaninchen 303 γ/g Feuchtgewicht[4]. Andererseits wurden im Gehirn von Meerschweinchen 159, von Ratten 158 und Mäusen 333 sowie in dem von Kaninchen 103 γ Cozymase je g Feuchtgewicht gefunden[3]. Bei Meerschweinchen repräsentiert der Gehalt an Cozymase 93%, bei Ratten 92, Mäusen 85 und bei Kaninchen 75% der gesamten Nicotinsäure des Gehirns. Bei verschiedenen Tiergruppen scheint der Gehalt an Cozymase mit zunehmender Größe des Gehirns abzunehmen. In vitro hat selbst in Gegenwart von Nicotinsäure oder Nicotinsäureamid keine Synthese von Coenzym I nachgewiesen werden können. Weder Glucose oder Glutaminsäure noch ATP, Ribose, Adenylsäure oder Glutathion haben aerob oder anaerob eine Synthese der Cozymase in vitro bewirken können[3]. Hirngewebe ist im Gegensatz zu Leber und Muskulatur gegen Nicotinsäuremangel gut geschützt[5,6]. Weder intraperitoneale Injektion von Nicotinsäure noch ihr Mangel verändern die Konzentration der Cozymase im Gehirn. Es ist fraglich, ob der nach Adrenalektomie im Gehirn von Ratten beobachtete Abfall der Cozymasekonzentration von 140 auf 121 γ/g signifikant ist[7].

Cozymase wird im Gehirn außerordentlich schnell fermentativ zerstört[3,8–17]. Das Ferment verliert zunächst seine an Nicotinsäureamid gebundene wasserstoffübertragende Fähigkeit[18]. In den meisten tierischen Geweben ist das Verhältnis von reduzierter zu oxydierter Cozymase[11] $Co \cdot H_2 : Co = 0{,}7$. Die schnelle Abnahme der oxydierten und reduzierten Cozymase in vitro[11] ist umstritten, da andererseits[16] Hirngewebe Dihydrocodehydrogenase I und II nicht abzubauen scheint (weniger als 1%). Offenbar sind die reduzierten Formen stabil. Erst wenn Dihydrocozymase durch Hexacyanoferrat zu Cozymase reoxydiert wird, unterliegt die nunmehr oxydierte Form dem schnellen fermentativen Abbau[16]. *Coenzym II* wird durch das gleiche Ferment, aber langsamer abgebaut. Seine Zerstörung beträgt 70—85% derjenigen von Coenzym I.

---

[1] Usbekow, G. A.: Biochimija, Moskva **16**, 104 (1951). — [2] Day, R. L., and Z. Javid: Proc. Soc. exp. Biol. Med. **85**, 261 (1954). — [3] Gore, M., F. Ibbott and H. McIlwain: Biochem. J. **47**, 121 (1950). — [4] Axelrod, A. E., and C. A. Elvehjem: J. biol. Ch. **131**, 77 (1939). — [5] Axelrod, A. E., R. J. Madden and C. A. Elvehjem: J. biol. Ch. **131**, 85 (1939). — [6] Axelrod, A. E., and C. A. Elvehjem: Nature **143**, 281 (1939). — [7] Runnström, J., E. Sperber and E. Bárány: Nature **145**, 106 (1940). — [8] Mann, P. J. G., and J. H. Quastel: Nature **147**, 326 (1941). — [9] Mann, P. J. G., and J. H. Quastel: Biochem. J. **35**, 502 (1941). — [10] McIlwain, H., and R. Rodnight: Biochem. J. **44**, 470 (1949). — [11] Euler, H. v., u. H. Heiwinkel: Naturwiss. **25**, 269 (1937). — [12] Handler, P., and J. R. Klein: J. biol. Ch. **143**, 49 (1942). — [13] Handler, P., and J. R. Klein: J. biol. Ch. **144**, 453 (1942). — [14] Jandorf, B. J.: J. biol. Ch. **150**, 89 (1943). — [15] Kornberg, A., and O. Lindberg: J. biol. Ch. **176**, 665 (1948). — [16] McIlwain, H., and R. Rodnight: Biochem. J. **45**, 337 (1949). — [17] McIlwain, H.: Biochem. J. **46**, 612 (1950). — [18] Euler, H. v., E. Adler u. H. Hellström: Svensk kem. T. **47**, 290 (1935).

Der Abbau der Cozymase geschieht im Zentralnervensystem am Pyridin-N unter Sprengung der Bindung zwischen Nicotinsäureamid und Ribose[1,2], so daß er mit der Freisetzung von Nicotinsäureamid verbunden ist[2-4]. Offenbar existieren im Organismus 2 Abbauwege, die z. T. für die unterschiedlich schnelle enzymatische Zerstörung der Cozymase in verschiedenen Geweben verantwortlich sind: die besonders im Zentralnervensystem geltende Spaltung der Glykosidbindung zwischen Nicotinsäureamid und dem Rest des DPN-Moleküls unter Freisetzung von Nicotinsäureamid durch die spezifische *Diphosphopyridin-nucleotidase* und die Spaltung der Pyrophosphatverbindung durch eine *Diphosphopyridin-pyrophosphatase*[2], die verglichen mit dem DPN-Abbau äquivalente Mengen Adenylsäure liefert. Im Gehirn überwiegt fast ausschließlich der erste Vorgang. Auch reines Nicotinsäureamid-mononucleotid wird im Gehirn — sogar schneller als DPN — abgebaut[2], andere synthetische Nicotinsäureamidglykoside, die ebenfalls über die Verbindung Nicotinsäureamid-Ribose verfügen, Mannosid-, Galaktosid- und Glucosidformen dagegen nicht[1]. Da das Ferment offenbar nur die oxydierte Form unter Spaltung der Kette Nicotinsäureamid-Ribose angreift, dürfte es mit dem ionisierten quaternären N-Atom reagieren. Zwischen Coenzym I und II besteht Kompetition hinsichtlich des abbauenden Fermentes, so daß es sich um die gleiche Diphosphopyridinnucleotidase handeln muß, was angesichts der für den Wirkungsort dieses Fermentes gleichartigen Struktur beider Coenzyme nicht verwunderlich ist.

Der *Abbau der Cozymase* in vitro ist entscheidend vom Zustand des Gewebes abhängig. Im unzerstörten Gewebe wird die Stabilität des Fermentes länger erhalten[5], so daß hier DPN offenbar dem Angriff des abbauenden Fermentsystems nicht so direkt unterworfen ist wie bei der Zerstörung der Gewebe. Besonders die Zerstörung der Zelloberflächen wirkt begünstigend auf den DPN-Abbau[5]. So ist in Hirnschnitten nach 10 min erst ein Abfall von 28% nachweisbar, in Homogenaten beträgt bereits nach 2 min die Cozymasekonzentration nur noch 25% des Ausgangswertes[6], die möglicherweise durch Ansammlung von Nicotinsäureamid vor weiterer Zerstörung bewahrt bleiben.

Hirnhomogenate[2] zerstören in 30 min von 8,9 μMol DPN 8,1 μMol; Homogenate, Schnitte oder Gewebsbrei zwischen 0,4—1,8 μMol DPN je mg Trockengewicht je Std[7]. 0,2 cm^3 Enzymlösung aus Gehirn inaktivieren in Abwesenheit von Nicotinsäureamid in 5 min 90% der zugesetzten DPN- und 74% der zugesetzten TPN-Konzentration[3].

Die Aktivität der *Diphosphopyridin-nucleotidase* des Gehirns übertrifft die in allen anderen Organen. Die Diphosphopyridin-nucleotidase wird durch ihr Reaktionsprodukt Nicotinsäureamid vermutlich kompetitiv gehemmt[7-10]. Das Ferment, das aerob und anaerob wirkt, ist thermolabil[3,8] und kann durch Extraktion mit Wasser und konzentrierten Salzlösungen aus Gehirn gewonnen werden[10]. Es wird durch Ca^{++}, K^+, Cyanid und Fluorid nicht beeinflußt. Über seine Beeinflussung durch 3-substituierte Pyridinverbindungen s. S. 706. Das p_H-Optimum[7] des Cozymaseabbaus liegt zwischen p_H 6,5—7, in gewaschenen Hirnpräparaten bei p_H 7,5[3]. Aus dem Verhältnis des Cozymaseabbaus und der Substratkonzentration muß geschlossen werden, daß ihr Abbau im Gehirn sehr schnell verläuft, dagegen bei den durch Zerstörung erniedrigten Werten sehr verlangsamt wird, wozu ferner die hemmende Wirkung des freigesetzten Nicotinsäureamids hinzukommt. Die intensive Zerstörung der Cozymase im Gehirn deutet auf intensive Synthese in vivo hin.

Die Einschränkung der Aktivität der Succinodehydrogenase des Gehirns bei Zusatz von DPN beruht auf der Bildung von Oxalacetat aus Succinat, durch welches die Succino-

---

[1] McIlwain, H., and R. Rodnight: Biochem. J. **45**, 337 (1949). — [2] Kornberg, A., and O. Lindberg: J. biol. Ch. **176**, 665 (1948). — [3] Handler, P., and J. R. Klein: J. biol. Ch. **143**, 49 (1942). — [4] Handler, P., and J. R. Klein: J. biol. Ch. **144**, 453 (1942). — [5] Jandorf, B. J.: J. biol. Ch. **150**, 89 (1943). — [6] Gore, M., F. Ibbott and H. McIlwain: Biochem. J. **47**, 121 (1950). — [7] McIlwain, H., and R. Rodnight: Biochem. J. **44**, 470 (1949). — [8] Mann, P. J. G., and J. H. Quastel: Biochem. J. **35**, 502 (1941). — [9] Mann, P. J. G., and J. H. Quastel: Nature **147**, 326 (1941). — [10] McIlwain, H.: Biochem. J. **46**, 612 (1950).

dehydrogenase spezifisch gehemmt wird. Dementsprechend kann die hemmende Wirkung der Cozymase durch Zusatz von Hirngewebe vermindert, durch den von Nicotinsäureamid bedeutend verstärkt werden. Ob die in der Niere beobachtete Umwandlung von DPN zu ATP[1] auch im Gehirn möglich ist, ist noch nicht geklärt.

Im Hirngewebe von Kaninchen konnte mit Hilfe der TPN-spezifischen iso-Citricodehydrogenase die Existenz einer *Transhydrogenase* nachgewiesen werden, die folgende Reaktion katalysiert[2]:

$$\text{TPN-H} + \text{DPN}^+ \rightarrow \text{TPN}^+ + \text{DPN-H}$$

In Gegenwart von iso-Citrat geschieht die Reduktion von DPN nur, wenn TPN vorhanden ist, so daß folgende Reaktion ablaufen dürfte:

$$\begin{array}{rl} & \text{iso-Citrat} + \text{TPN}^+ \rightarrow \alpha\text{-Ketoglutarat} + CO_2 + \text{TPN-H} \\ & \text{TPN-H} + \text{DPN}^+ \rightarrow \text{TPN}^+ + \text{DPN-H} \\ \hline \text{Gesamtreaktion:} & \text{iso-Citrat} + \text{DPN}^+ \rightarrow \alpha\text{-Ketoglutarat} + CO_2 + \text{DPN-H} \end{array}$$

Im Gehirn anderer Tiere konnte diese Reaktion allerdings bisher nicht nachgewiesen werden. Dagegen kommt im Gehirn von Schweinen und Rindern ein Ferment vor, das einen Elektronenaustausch zwischen der oxydierten und reduzierten Form des gleichen Nucleotids katalysiert. Mit durch ^{14}C-Nicotinsäureamid markiertem DPN ließ sich dieser Reaktionsablauf beweisen[3]:

$$\text{Markiertes DPN-H} + \text{DPN}^+ \rightleftharpoons \text{Markiertes DPN}^+ + \text{DPN-H}$$

Die Wirkung der Transhydrogenase ist getrennt von der der Dehydrogenasen. Untersuchungen mit deuteriummarkierten Pyridinnucleotiden lassen auf eine direkte Wasserstoffübertragung schließen. Wahrscheinlich reagieren bei der Transhydrogenierung 2 Pyridinnucleotide miteinander, die gleichzeitig an das Enzym gebunden sind.

c) Flavoproteide. Die zwischen Dehydrogenasen bzw. Coenzymen und Cytochromsystem als Wasserstoffüberträger eingeschalteten Flavinenzyme (Diaphorasen) konnten auch im Gehirn nachgewiesen werden[4-6]. Die Aktivitäts-p_H-Kurve ergibt ihre stärkste Wirksamkeit im alkalischen Gebiet (p_H 10)[6]. Sie sind spezifisch auf beide Codehydrogenasen eingestellt und können Wasserstoff nicht direkt auf Sauerstoff übertragen. Normale und adrenalektomierte Ratten enthalten 10 μg Flavin-adenin-dinucleotid je g Frischgewebe im Gehirn[4], dessen Konzentration bei flavinarmer Kost nur sehr unwesentlich vermindert wird. Im Gegensatz zur Leber konnte im Gehirn in vitro selbst bei 3stündiger Inkubation kein wesentlicher Abbau von Flavin-adenin-dinucleotid beobachtet werden. Es ergaben sich keine Anhaltspunkte für den Einfluß der Nebennieren auf die Flavinphosphorylierung. Da auch die Verbrennung von Alkohol zu Acetaldehyd im Gehirn neben Alkoholdehydrogenase, Coenzym I und dem Cytochromsystem Flavoproteide benötigt[7,8], weisen auch diese Versuche auf die Existenz von Flavoproteiden im Gehirn hin.

d) Cytochromsystem. Hirn- und Nervengewebe enthalten — wie sich bereits aus der Atmungskettenphosphorylierung ergibt (s. S. 730) — die Fermente des

[1] Kornberg, A., and O. Lindberg: J. biol. Ch. **176**, 665 (1948). — [2] Kaplan, N. O., S. P. Colowick and E. F. Neufeld: J. biol. Ch. **205**, 1 (1953). — [3] Kaplan, N. O., S. P. Colowick, L. J. Zatman and M. M. Ciotti: J. biol. Ch. **205**, 31 (1953). — [4] Ochoa, S., and R. J. Rossiter: Biochem. J. **33**, 2008 (1939). — [5] Charite, A. J., and N. W. Khaustov: Biochem. J. **29**, 34 (1935). — [6] Euler, H. v., u. K. Hasse: Naturwiss. **26**, 187 (1938). — [7] Dewan, J. G.: Quart. J. Stud. Alcohol **4**, 357 (1943). — [8] Dewan, J. G.: Amer. J. Psychiatr. **99**, 565 (1942/43).

Cytochromsystems[1-15]. Die Cytochrome b und c konnten im Ganglion opticum des Tintenfisches[1], die Cytochromoxydase im ausgepreßten Axoplasma[2] nachgewiesen werden. Der mangelhafte histochemische Nachweis der Cytochromoxydase im Mark bei intensiver Reaktion der Rinde[5] darf angesichts der durch Licht reversiblen Hemmung der Atmung von peripheren Nerven durch Kohlenoxyd (s. S. 733) nicht verallgemeinert werden. Histochemisch finden sich die stärksten Reaktionen in der Rinde und den zentralen grauen Kernen, auch die Substantia nigra reagiert deutlich. Die Medulla oblongata verhält sich ähnlich wie die Rinde.

Der *Gehalt an Cytochrom c* und die *Aktivität der Cytochromoxydase* variieren von Tier zu Tier und von Organ zu Organ, was im Hinblick auf den unterschiedlichen Stoffwechsel verständlich ist. So enthält die Hirnrinde von Rindern 3,11, das Mark 1,68 mg-% Cytochrom c[6], Gehirn von Kaninchen 3,9[15]; 3,0[14] bzw. 4,7 mg-%[7] (Frischgewebe). Gehirn von Ratten besitzt 4,3—8,2 mg-%[14]; Hirnrinde von Ratten 375 γ Cytochrom c je g[7]; die von Kaninchen 304—308 γ/g Trockengewicht[16]. Die indirekte manometrische Bestimmung ergab im Durchschnitt 75 γ Cytochrom c je g Frischgewebe, was 350 γ/g Trockengewicht entspricht[11]. Da das Cytochromsystem auch im Gehirn an die Mitochondrien gebunden ist[13] und der Nucleinsäurephosphor als Maß für den Zellgehalt der Gewebe gelten kann, ist es besser, den Cytochrom c-Gehalt auf den proteingebundenen Phosphor je g zu beziehen. Daraus ergibt sich für das Gehirn von Ratten ein *Verhältnis Cytochrom c: proteingebundener* P von 0,242, bei Kaninchen 0,218 und bei Mäusen von 0,283[7]. Der Cytochrom c-Gehalt läßt innerhalb der gleichen epithelialen Organe (Leber, Niere, Gehirn) annähernd ein inverses Verhältnis zur Körpermasse erkennen, so daß die Cytochrom c-Konzentration übereinstimmender Organe bei verschiedenen Species mit steigendem Körpergewicht abfällt. Andererseits scheinen im Gehirn keine klaren Relationen zwischen der Aktivität der Cytochromoxydase je Gewichtseinheit und der Körpergröße zu bestehen[12]. Der Cytochrom c-Gehalt der Organe ist abhängig von der Intensität des Stoffwechsels[8]; die Aktivität der Cytochromoxydase und der Gehalt an Cytochrom c nehmen in den Organen in derselben Reihenfolge ab wie die O_2-Aufnahme[11]. Hirngewebe enthält 5, Herzmuskel 20mal mehr Cytochrom c als für den physiologischen Sauerstoffbedarf notwendig ist[3]. Mit radioaktivem Fe markiertes, durch Biosynthese gewonnenes Cytochrom c dringt selbst in anoxischen Zuständen kaum in die Zellen des Gehirns ein[17].

Die Aktivität der *Cytochromoxydase* der grauen übertrifft die der weißen Substanz und diese diejenige der peripheren Nerven[18]. Das Ferment konnte im Gehirn des Menschen, ferner in dem von Mäusen, Ratten, Meerschweinchen, Kaninchen, Tauben und Katzen nachgewiesen werden[4]. Wird als eine Oxydaseeinheit je mg N diejenige Fermentkonzentration bezeichnet, die in 1 Std einen

[1] Arvanitaki, A., et N. Chalazonitis: Arch. int. Physiol. **54**, 441 (1947). — [2] Nachmansohn, D., H. B. Steinbach, A. L. Machado and S. Spiegelman: J. Neurophysiol. **6**, 203 (1943). — [3] Stadie, W. C., and J. B. Marshall: J. clin. Invest. **26**, 899 (1947). — [4] Quastel, J. H.: Physiol. Rev. **19**, 135 (1939). — [5] Huszák, S.: B. Z. **298**, 137 (1938). — [6] Fujita, A., T. Hata, I. Numata u. M. Ajisaka: B.Z. **301**, 376 (1939). — [7] Rosenthal, O., and D. L. Drabkin: J. biol. Ch. **150**, 131 (1943). — [8] Junowicz-Kocholaty, R., and T. R. Hogness: J. biol. Ch. **129**, 569 (1939). — [9] Torda, C., and H. G. Wolff: Proc. Soc. exp. Biol. Med. **74**, 744 (1950). — [10] Smith, F. G., and E. Stotz: J. biol. Ch. **179**, 891 (1949). — [11] Stotz, E.: J. biol. Ch. **131**, 555 (1939). — [12] Kunkel, H. O., and J. E. Campbell jr.: J. biol. Ch. **198**, 229 (1952). — [13] Brody, T. M., R. I. H. Wang and J. A. Bain: J. biol. Ch. **198**, 821 (1952). — [14] Prader, A., u. A. Gonella: Exper. **3**, 462 (1947). — [15] Harnischfeger, E., u. E. Opitz: Pflügers Arch. **252**, 627 (1950). — [16] Rosenthal, O., and D. L. Drabkin: J. biol. Ch. **149**, 437 (1943). — [17] Beinert, H., P. Matthews and E. O. Richey: J. biol. Ch. **186**, 167 (1950). — [18] Holmes, E. G.: Biochem. J. **24**, 914 (1930).

Anstieg des O_2-Verbrauchs von 10 cm^3 hervorruft, so enthält Gehirn 36,0 Oxydaseeinheiten[1], ein Wert der nur noch von Niere und Herzmuskel übertroffen wird. Bezogen auf Trockengewicht ergeben sich 3,5 E/mg (Niere 4,7; Herz 9,7). Die colorimetrische Bestimmung der Cytochromoxydase ergibt höhere Werte als die trägere manometrische Methode, was im Gehirn 1,58mal höhere Werte und damit einen $Q_{O_2\text{-Cytochromoxydase}}$ von 162 bedeutet[2].

Die Angaben über die Aktivität der Cytochromoxydase im Gehirn des Menschen und von Säugetieren schwanken in Abhängigkeit von der benutzten manometrischen oder spektrophotometrischen Methodik. Ultramikrospektrophotometrische Bestimmung der Fermentaktivität ergab in Schnittversuchen bei Ratten einen $Q_{O_2\text{-Cytochromoxydase}}$ von 153 bzw. 174[3]. Nach anderen Angaben beträgt der Q_{O_2} des Atmungsfermentes im Gehirn 134[4], 35,0[1], 13,0[5], 420[6-8], 162[2], 17,7[9], was jeweils 26,5, 36,0, 32,3, 43,1, 66,4, 17,1% der Aktivität des Herzmuskels ausmacht.

Zahlreiche krampferzeugende Substanzen steigern neben dem Sauerstoffverbrauch auch die Aktivität der Cytochromoxydase im Gehirn[10].

Das Cytochromsystem ist in der frühen Fetalperiode im Gehirn nicht nachweisbar, es erfährt im postnatalen Abschnitt eine sehr starke und schnelle Aktivierung[11, 12]. Die Hemmung der Cytochromoxydase des Gehirns durch Cyanid in vitro[13] entspricht der allgemeinen Erfahrung.

Peroxydase und *Katalase* sind im Gehirn nur in kleinen Konzentrationen vorhanden[14, 15]. (s. S. 789).

e) Kohlensäureanhydratase. Hirngewebe enthält seinem hohen Sauerstoffverbrauch entsprechend relativ große Beträge an Kohlensäureanhydratase[16]. Das Ferment entwickelt sich im Gehirn erst mit zunehmendem Alter des Feten von caudal nach rostral und entfaltet erst in reifen Organen die größte Aktivität[17, 18] (s. S. 683). Die Hemmung der Kohlensäureanhydratase durch Thiophen-2-sulfonamid scheint das Nervensystem nicht zu beeinflussen[19] (s. dagegen S. 802). Die Funktion des Fermentes im Zentralnervensystem ist nicht sicher bekannt.

ϑ) Blut-Hirnschranke und Mineralstoffwechsel des Zentralnervensystems.

1. Blut-Hirnschranke
(Blut-Liquorschranke und Liquor-Hirnschranke).

In den Kapiteln über den Stoffwechsel der Lipoide, der Eiweißkörper und der Nucleinsäuren sowie über die P-Aufnahme wurde bei der Permeation markierter Substanzen bereits auf die Existenz der Blut-Hirnschranke hingewiesen. Die aus dem Endothel der Gehirngefäße bzw. der Plexus chorioidei und der Meningen gebildete Blut-Hirn- bzw. Blut-Liquorschranke zeichnet sich durch selektive

---

[1] STOTZ, E.: J. biol. Ch. **131**, 555 (1939). — [2] SMITH, F. G., and E. STOTZ: J. biol. Ch. **179**, 891 (1949). — [3] HESS, H. H., and A. POPE: J. biol. Ch. **204**, 295 (1953). — [4] ELLIOTT, K. A. C., and M. E. GREIG: Biochem. J. **32**, 1407 (1938). — [5] GREENSTEIN, J. P., J. WERNE, A. B. ESCHENBRENNER and F. M. LEUTHARDT: J. nat. Cancer Inst. **5**, 55 (1944/45). — [6] SCHNEIDER, W. C., and V. R. POTTER: J. biol. Ch. **149**, 217 (1943). — [7] POTTER, V. R.: Adv. Enzymol. **4**, 201 (1944). — [8] LANG, K.: 4. Mosbacher Coll. S. 8. — [9] COOPERSTEIN, S. J., and A. LAZAROW: J. biol. Ch. **189**, 665 (1951). — [10] TORDA, C., and H. G. WOLFF: Proc. Soc. exp. Biol. Med. **74**, 744 (1950). — [11] HIMWICH, H. E., A. O. BERNSTEIN, J. F. FAZEKAS, H. C. HERRLICH and E. RICH: Amer. J. Physiol. **137**, 327 (1942). — [12] POTTER, V. R., W. C. SCHNEIDER and G. J. LIEBL: Cancer Res. **5**, 21 (1945). — [13] HIMWICH, H. E., J. F. FAZEKAS and M. H. HURLBURT: Proc. Soc. exp. Biol. Med. **30**, 904 (1932/33). — [14] SCHMITT, F. O., and R. K. SKOW: Amer. J. Physiol. **105**, 87; **106**, 404 (1933). — [15] BANCROFT, G., and K. A. C. ELLIOTT: Biochem. J. **28**, 1911 (1934). — [16] LEINER, M.: Naturwiss. **29**, 468 (1941). — [17] ASHBY, W., and E. BUTLER: J. biol. Ch. **175**, 425 (1948). — [18] ASHBY, W., and E. M. SCHUSTER: J. biol. Ch. **184**, 109 (1950). — [19] DAVENPORT, H. W.: J. Neurophysiol. **9**, 41 (1946).

Permeabilität aus. Die *Blut-Hirnschranke* darf als Zellmembran von besonderer Ausdehnung aufgefaßt werden, die das Zentralnervensystem einer Riesenzelle vergleichbar umschließt und den Stoffaustausch zwischen Blut und nervösem Gewebe reguliert[1]. Im Zentralnervensystem übernimmt das Endothel der Capillaren die Funktion der Zellmembran, da die Membran der Nervenzellen vermutlich auf Grund einseitiger funktioneller Differenzierung dazu nicht mehr in der Lage ist. Während die Capillarmembranen in den übrigen Geweben alle dialysablen Stoffe durchlassen, üben sie im Zentralnervensystem die Funktion selektiv permeabler Membranen aus.

Die *Permeabilität der Blut-Hirnschranke* scheint nicht gleich der der Blut-Liquorschranke zu sein, da verschiedene Substanzen unterschiedlich schnell permeieren. Nach dem Tode wird die Blut-Liquorschranke eher durchlässig als die Blut-Hirnschranke[2]. Außerdem bestehen hinsichtlich der Permeabilität der Blut-Liquorschranke deutliche örtliche Unterschiede. Die weichen Hirnhäute färben sich im Bereich der Cauda equina — dem Hauptort der spinalen Liquorresorption — postmortal sehr viel früher an als das übrige Zentralnervensystem[1]. Dies dürfte auch der Grund sein, warum radioaktives ^{24}Na nach intravenöser Injektion[3] zuerst im Lumballiquor auftaucht und verschwindet[4], so daß die Annahme einer lumbalen Liquorquelle nicht zwingend ist.

Das als Wasserstoffacceptor dienende *Triphenyltetrazoliumchlorid* läßt nach arterieller Zufuhr die eigentliche Hirnsubstanz und das Rückenmark ungefärbt[2,5], wohingegen Neurohypophyse, Epiphyse, Area postrema (Recessus opticus) sowie die Plexus intensiv, das Ganglion GASSERI und die Spinalganglien gering, die Nervenwurzeln sehr schwach angefärbt werden (Formazanbildung).

Die Existenz der zwischen Liquor und Hirngewebe angenommenen *Liquor-Hirnschranke*[6,7], die sich aus der der äußeren Hirnoberfläche aufliegenden Gliafaserdeckschicht bzw. dem die Ventrikel auskleidenden Ependym zusammensetzt, ist noch umstritten. Sie dürfte von allen 3 Schranken am leichtesten störbar sein und schon unter normalen Bedingungen die größte Permeabilität aufweisen[1].

Die *selektive Permeabilität* der Blut-Hirnschranke — z. B. gegen Barbiturate[8] — dürfte eine Funktion der Capillarwand sein[9], da selbst ausgesprochen extracelluläre Ionen nur langsam in das Gehirn eintreten. Nach Injektion von radioaktivem Cl ist bei Kaninchen nach 48 min erst $^1/_3$ des Cl im Gehirn ersetzt, in anderen Organen wird dagegen bereits nach 11 min ein Gleichgewicht mit den Plasmachloriden erreicht[10]. Das gleiche gilt für die langsame Permeation von radioaktivem Na[11], Br[12] und P[13,14] (s. S. 768), wohingegen zwischen Hirngewebe und Liquor cerebrospinalis Ionen, z. B. Phosphat[15–17], rasch ausgetauscht werden. Dies gibt sich auch in der intensiven P-Aufnahme der Plexus zu erkennen[18].

---

[1] BECKER, H., u. G. QUADBECK: Z. Naturforsch. 7b, 493 (1952). — [2] BECKER, H., u. G. QUADBECK: Naturwiss. **37**, 565 (1950). — [3] EICHLER, O., F. LINDER u. K. SCHMEISER: Kli. Wo. **1951**, 9. — [4] BECKER, H.: Nervenarzt **23**, 146 (1952). — [5] HAYEK, H. v.: Naturwiss. **37**. 262 (1950). — [6] WALTER, F. K.: Arch. Psychiatr. Nervenkrankh. **101**, 195 (1934). — [7] JACOB, H.: Arch. Psychiatr. Nervenkrankh. **186**, 327 (1951). — [8] TAYLOR, J. D., R. K. RICHARDS and D. L. TABERN: Distribution of Radioactive ^{35}S of Thiopental in the Rabbit and the Cat. Abbott. Labs. North Chicago 1949. — [9] SPATZ, H.: Arch. Psychiatr. Nervenkrankh. **101**, 267 (1934). — [10] MANERY, J. F., and L. F. HAEGE: Amer. J. Physiol. **134**, 83 (1941). — [11] MANERY, J. F., and W. F. BALE: Amer. J. Physiol. **132**, 215 (1941). — [12] HAHN, L., and G. HEVESY: Acta physiol. scand. **1**, 347 (1941). — [13] ARTOM, C., G. SARZANA, C. PERRIER, M. SANTANGELO and E. SEGRÈ: Nature **139**, 836, 1105 (1937). — [14] COHN, W. E., and D. M. GREENBERG: J. biol. Ch. **123**, 185 (1938). — [15] GREENBERG, D. M., R. B. AIRD, M. D. D. BOELTER, W. W. CAMPBELL, W. E. COHN and M. M. MURAYAMA: Amer. J. Physiol. **140**, 47 (1943). — [16] BAKAY, L., and O. LINDBERG: Acta physiol. scand. **17**, 179 (1949). — [17] LINDBERG, O., and L. ERNSTER: Biochem. J. **46**, 43 (1950). — [18] BORELL, U., and Å. ÖRSTRÖM: Biochem. J. **41**, 398 (1947).

Die *intakte Blut-Hirnschranke* ist für Ionen saurer und basischer Farbstoffe undurchlässig. Versuche mit Farbstoffen legen es nahe, die Schrankenfunktion auf die Wirkung einer elektrischen Ladung an der Endothelmembran zu beziehen[1]. Eine in dieser Weise begründete Schrankenfunktion läßt die Beeinflussung der Permeabilität durch p_H-Änderungen verständlich werden. Die geltende Ansicht, daß basische Farbstoffe die Blut-Hirnschranke durchdringen können, saure dagegen nicht[2], muß auf das Verhalten der basischen Farbstoffe unter den im Organismus geltenden Bedingungen zurückgeführt werden. Basische Farbstoffe können die Schranke durchdringen, wenn sie wenigstens teilweise in elektrisch ungeladene lipoidlösliche Anhydrobasen bzw. Pseudobasen übergehen können, die keine Ionenstruktur mehr besitzen und aus dem jenseits der Schranke die Kationen des Farbstoffs zurückgebildet werden, oder wenn sie durch reduzierende Fermentsysteme zu lipoidlöslichen Leukobasen hydrogeniert werden, die als solche — z. B. Methylenblau, Janusgrün und Malachitgrün — die Schranke durchwandern und im Gehirn selbst wieder dehydrogeniert werden. Dies führt nach Injektion von Methylenblau und seiner Wanderung in Form der Leukoverbindung zur Nachdunklung des freigelegten Gehirns. Lipoidunlösliche Leukoverbindungen, wie z. B. Leuko-Lactoflavin, das auf Grund seiner 4 Hydroxylgruppen wenig lipoidlöslich ist, permeieren nicht. Aus nur wasserlöslichen Farbsalzen können unter Abspaltung von HCl lipoidlösliche Farbbasen entstehen, die nicht mehr ionisiert sind. Derartige Farbsalze — z. B. Toluidinblau — verlieren unter diesen Umständen ihre elektrische Ladung und werden dadurch lipoidlöslich, so daß sie die Blut-Hirnschranke durchdringen können. Bei Farbstoffen mit stark sauren $—SO_3$-Gruppen (Methylorange, Trypanblau) ist die elektrische Ladung unter physiologischen Bedingungen weder durch p_H-Änderungen noch durch Hydrogenierung zu beseitigen, was auch für Carbonsäuren (Fluorescein, Eosin) gilt.

Die Permeabilität der Blut-Hirnschranke läßt sich durch p_H-Änderungen beeinflussen: Erniedrigung des p_H auf der Hirnseite oder Erhöhung auf der Blutseite steigern die Permeabilität der Schranke; p_H-Änderungen im umgekehrten Sinne wirken eher abdichtend. Die Übereinstimmung zwischen Lipoidlöslichkeit und Schrankendurchtritt läßt vermuten, daß Lipoide ähnlich wie am Aufbau der Zellmembran auch an dem der Blut-Hirnschranke beteiligt sind. Die Empfindlichkeit gegenüber p_H-Änderungen kann möglicherweise durch den Dipolcharakter von Lipoidmolekeln erklärt werden[1], wie er für Kephalin bekannt ist[3]. Bei Verringerung der Potentialdifferenz, die diese Dipole ausrichtet, ist die Möglichkeit einer weniger geordneten Lagerung der Dipole gegeben. Durch die Möglichkeit der Komplexbildung oder der Veresterung von sauren Gruppen besitzt der Organismus die Fähigkeit, an sich nichtlipoidlösliche Verbindungen in lipoidlösliche Form zu überführen bzw. eine elektrische Ladung aufzuheben.

Für die *Aufnahme verschiedener Ionen* — besonders von PO_4-Ionen — in das Gehirn dürften 2 Wege existieren: der direkte Transport durch die Capillaren in das Gehirn und der Weg über die Capillaren des Plexus chorioideus und den Liquor cerebrospinalis. Nach den bisherigen Untersuchungen scheint der Transport über das Plexussystem der Hauptweg des P-Eintritts zu sein[4, 5], wofür indirekt auch die größere Permeabilität der Capillaren des Plexus gegenüber Anionen im Vergleich zu den Capillaren der Hirnsubstanz spricht[6]. Auch der stärkere Eintritt

---

[1] Becker, H., u. G. Quadbeck: Z. Naturforsch. **7b**, 493 (1952). — [2] Spatz, H.: Arch. Psychiatr. Nervenkrankh. **101**, 267 (1934). — [3] Hausser, I.: S.-B. heidelb. Akad. Wiss. (A) **1935**, Nr. 6. — [4] Bakay, L., and O. Lindberg: Acta physiol. scand. **17**, 179 (1949). — [5] Sacks, J., and G. G. Culbreth: Amer. J. Physiol. **165**, 251 (1951). — [6] Friedemann, U.: Physiol. Rev. **22**, 125 (1942).

von markiertem Phosphat[1] in die weiße gegenüber der an sich stärker capillarisierten grauen Substanz unterstreicht die mangelhafte Permeabilität der Capillaren der Hirnsubstanz. Man wird daher erwarten können, daß das Ausmaß des über die Plexus verlaufenden Eintritts von Phosphat und anderen Kationen und Anionen durch die Sekretion des Liquors kontrolliert werden kann. Radioaktives P der Cerebrospinalflüssigkeit wird schnell mit intracellulärem anorganischem P des Gehirns ausgetauscht und rasch in die säurelöslichen Phosphatesterfraktionen des Gehirns eingebaut[2]. Der intensive Ionenaustausch mit dem Blutplasma gibt sich durch hohe Radioaktivität des Blutplasmas nach intracisternaler Injektion von radioaktivem Phosphat zu erkennen. Die Cerebrospinalflüssigkeit des Subarachnoidalraumes ist mit dem Inneren des Gehirns durch perivasculäre und pericapilläre Spalträume verbunden, wobei normalerweise nur träge und unregelmäßige Flüssigkeitsbewegungen in diesen Räumen vermutet werden[3], die durch Versuche mit radioaktivem Na bestätigt wurden[4]. Die intensive Permeation von radioaktivem P in Corpus pineale und Hypophyse[1] ist vermutlich auf die bessere Absorption aus den großen sinusoiden Bluträumen zurückzuführen. An diesen Stellen scheint die Wirksamkeit der Blut-Hirnschranke normalerweise sehr gering zu sein, es ist sogar fraglich, ob hier eine derartige Schranke existiert.

Nach den bisherigen Untersuchungen dürfte dem Transport über die Plexus und die Cerebrospinalflüssigkeit eine große — möglicherweise sogar größere Rolle als der eigentlichen Blut-Hirnschranke — für die Versorgung des Gehirns zukommen. Da der capilläre Blutdruck zur Erklärung von Konzentrationsdifferenzen zwischen Blutplasma und Liquor nicht ausreicht, muß schon aus diesem Grund eine *sekretorische Tätigkeit* angenommen werden[5], die vor allem in den Plexus zu suchen ist[3]. Somit muß auch in den Plexus die Energie zur Bildung des Liquor cerebrospinalis und für den Ionentransport über das Liquorsystem zur Verfügung stehen. Unter Berücksichtigung der 3 verschiedenen anatomischen Elemente: Plexusepithel, Stroma und Stroma-Epithelbarriere läßt sich an Hand der Verteilung der Cytochromoxydase, der Potentialdifferenzen, dem Farbstofftransport durch die Membran und ihren physikochemischen Eigenschaften die Energiegewinnung und ihre Transformierung in sekretorische Energie verfolgen[6]. Die Sekretion der Plexus chorioidei wird ermöglicht durch Umwandlung von aus Oxydoreduktionen gewonnener Energie in Sekretionsarbeit[6,7]. Der Sekretionsmechanismus beruht auf dem Elektronentransport zwischen Epithel und Stroma, der die Bewegung der Kationen vom Stroma in das Epithel und der Anionen aus dem Epithel in das Stroma verursacht. Die Quelle der elektromotorischen Kraft dieses Transportes ist die Potentialdifferenz zwischen Stroma und Epithel, die bei geringerem Potential im Stroma zur Elektronenabgabe an das Epithel führt. Die für den Elektronentransport benötigten Elektronen werden durch reversible Oxydoreduktionssysteme über die Stroma-Epithelbarriere übertragen. Zur Aufrechterhaltung der Elektroneutralität müssen Kationen (basische Farbstoffe) aus dem Stroma in das Epithel und Anionen (saure Farbstoffe) in umgekehrter Richtung wandern. Der für den elektrischen Kreislauf notwendige Elektronentransport vom Stroma in das Epithel geschieht durch reversible Oxydoreduktionen unter der Voraussetzung, daß dieses System im Epithel oxydiert und im Stroma reduziert wird. Die histochemische Prüfung ergab das ausschließliche Vorhandensein der Cytochromoxydase im Plexusepithel ohne Beteiligung des Stromas[6],

[1] Borell, U., and Å. Öström: Biochem. J. **41**, 398 (1947). — [2] Strickland, K. P.: Canad. J. med. Sci. **30**, 484 (1952). — [3] Flexner, L. B.: Quart. Rev. Biol. **8**, 397 (1933). — [4] Sweet, W. H., A. Solomon and B. Selverstone: Trans. amer. neurol. Ass. **73**, 228 (1948). — [5] Flexner, L. B.: Physiol. Rev. **14**, 161 (1934). — [6] Stiehler, R. D., and L. B. Flexner: J. biol. Ch. **126**, 603 (1938). — [7] Flexner, L. B., and R. D. Stiehler: J. biol. Ch. **126**, 619 (1938).

wohingegen im Stroma erhöhtes Reduktionsvermögen (Dehydrogenasen) nachweisbar ist. Das Oxydoreduktionspotential des Plexusepithels wurde bei p_H 7,4 in der Luft mit +0,100 V, im Stroma zu —0,130 V bestimmt, was einer Potentialdifferenz von 0,230 entspricht. Basische Farbstoffe (Kationen in Lösung) wandern vom Stroma in das Epithel, saure (Anionen in Lösung) vom Epithel in das Stroma, neutrale Farbstoffe beschreiten beide Wege. Der selektive Transport ist an die Aufrechterhaltung der Potentialdifferenz gebunden. Unter Cyanid, N_2 und Asphyxie erlischt der selektive Transport und saure, basische und neutrale Farbstoffe ergeben das gleiche Wanderungsbild. Die Sauerstoffaufnahme der Plexus (13 mm^3 O_2 je mg Trockengewicht je Std!) ändert sich parallel der stark p_H-abhängigen Oxydasereaktion, die bereits bei p_H 5,7 erloschen ist. Die Stroma-Epithelbarriere verhält sich bei ihrem isoelektrischen Punkt (p_H 5,74) amphoter. Bei sinkendem p_H (p_H 5,77) schränkt sie den Transport basischer Farbstoffe fast völlig, den von sauren kaum ein, zwischen p_H 5,76—5,73 passieren saure und basische Farbstoffe die Barriere gleich (amphotere Reaktion), unterhalb von p_H 5,72 werden bei basischer Permeation die sauren Farbstoffe fast völlig zurückgehalten.

Bei Schweinefeten setzt die aktive Sekretionsleistung der Plexus gegen Ende des ersten Drittels der Gravidität ein[1], was mit alleiniger Konzentrierung der vorher über Stroma und Epithel gleichmäßig verteilten Cytochromoxydase auf das Epithel, der Entwicklung von Potentialdifferenzen und selektivem Ionentransport einhergeht.

Die *Permeabilität* der Blut-Hirnschranke dürfte nicht immer gleich sein. Es ist damit zu rechnen, daß Veränderungen des Stoffwechsels von analogen Änderungen der Permeabilität der cerebralen Blutgefäße bzw. der Sekretion des Liquors begleitet werden, die zur Anpassung der Funktion der Blut-Hirnschranke an die jeweiligen Stoffwechselbedürfnisse des Gehirns führt. *Histamin* ruft beim Kaninchen gesteigerte Permeation von Phosphat in allen Teilen des Nervensystems hervor[2], was ebenfalls für die gesteigerte P-Aufnahme in Medulla oblongata, Hypothalamus und Rückenmark nach Einatmung von *Kohlensäure* gilt, die besonders auf den Hirnkreislauf einwirkt. Im *anaphylaktischen Schock* wird die Permeabilität der Blut-Hirnschranke erhöht[3]; sie bleibt auch bei der Unterdrückung des durch Sensibilisierung mit Eiweiß hervorgerufenen Schocks in Äthernarkose bestehen, so daß Narkose die Permeabilität der Blut-Hirnschranke nicht zu verändern scheint. Andererseits ruft *Pentobarbitonanaesthesie*, die vermutlich die Zirkulation im Gehirn einschränkt, eine Verzögerung des P-Eintritts im Gehirn von Mäusen hervor[4]. Beim *traumatischen Schock* scheinen die Blut-Hirn- und Blut-Liquorschranke keine Veränderungen zu erleiden[5]. *Sauerstoffmangel* führt allgemein zu schwerer Schädigung der Blut-Hirnschranke[6], woraus die Abhängigkeit von energieliefernden Prozessen hervorgeht. Offenbar ist die Aufrechterhaltung der Blut-Hirnschranke ein stark energieverzehrender Prozeß. Die selbst bei schwerstem O_2-Mangel negativen Versuche mit Trypanblau sind auf das ungeeignete Verhalten dieses Farbstoffes zurückzuführen, der erst nach direkter Schädigung der Capillaren in das Gehirn eintritt[7]. Mit Trypanblau wird nicht die Permeabilität, sondern die Fragilität der Hirngefäße geprüft[8]. Die Blut-Hirnschranke wird unter Sauerstoffmangel besonders in der grauen Substanz und hier besonders im Pallidum und Ammonshorn[9] geschädigt, gefolgt von den übrigen Kernen des Hirnstammes und erst später der Rinde. Außerdem ist in allen Fällen einer Vermehrung des Hirnvolumens — *Hirnödem* bzw. *Hirnschwellung* — eine Störung der Blut-Hirnschranke vorhanden[10].

Die Permeabilität der Blut-Hirnschranke scheint von der Aktivität des Acetylcholin-Cholinesterasesystems abhängig zu sein[11], da nach Hemmung der

[1] Flexner, L. B., and R. D. Stiehler: J. biol. Ch. **126**, 619 (1938). — [2] Brierley, J. B.: Persönliche Mitteilung [Dawson, R. M. C.: Metabolism and function in nervous tissue. Biochem. Soc. Symp. 8, 93 (1952)]. — [3] Berg, G.: Z. ges. exp. Med. **118**, 123 (1951). — [4] Dawson, R. M. C., and D. Richter: Proc. R. Soc. London (B) **137**, 252 (1950). — [5] Bekaert, J., et G. Demeester: Arch. int. Physiol. **59**, 233 (1951). — [6] Pentschew, A.: Arch. Psychiatr. Nervenkrankh. **185**, 345 (1950). — [7] Eich, J., u. K. Wiemers: Dtsch. Z. Nervenheilkde. **164**, 537 (1950). — [8] Schneider, M.: 3. Mosbacher Coll. S. 152. — [9] Scholz, W.: Arch. Psychiatr. Nervenkrankh. **181**, 621 (1949). — [10] Becker, H., u. J. Gerlach: Z. ges. exp. Med. **120**, 51 (1952). — [11] Greig, M. E., and W. C. Holland: Science, N. Y. **110**, 237 (1949).

Cholinesterase durch Physostigmin und Zugabe von Acetylcholin die Permeabilität der Schranke sehr erheblich gesteigert wird, was ebenfalls durch Zufuhr von Hyaluronidase zu erreichen ist[1]. Die artspezifische, in den Plexus chorioidei von Kaninchen, Hunden, Schafen und Meerschweinchen gebildete Substanz, die in der Haut als „spreading factor" wirkt und die Permeabilität der Blut-Hirnschranke steigert[2], ist wohl mit der Hyaluronidase identisch.

Die peripheren Nerven besitzen keine den Verhältnissen des Gehirns entsprechende Schranke, sie färben sich im Gegensatz zum Gehirn mit Vital- und Gallenfarbstoffen an[3]. Es ist umstritten, ob die Bindegewebsscheide der peripheren Nerven — wie vielfach vermutet wird — als wirksame Diffusionsschranke für Ionen und neutrale Moleküle gelten kann[4].

2. Ionentransport im Zentralnervensystem.

Der Ionentransport im Organismus — insbesondere im Nervensystem — entgegen dem Konzentrationsgefälle gehört in seinen Einzelheiten zu den bisher ungelösten Problemen der Biochemie. Es ist bekannt, daß die Konzentration an K^+ im Zentralnervensystem 10—20fach höher, die an Na^+ bedeutend geringer als die des Blutplasmas ist. Während der Erregungs- und der Erholungsphase laufen im Nervensystem hinsichtlich des Ionentransportes 2 grundsätzlich verschiedene Vorgänge ab. In der ersten Phase tritt dem Konzentrationsgefälle folgend K^+ aus der Zelle aus und Na^+ ein — ein Vorgang, der keine Energie erfordern dürfte. Die zweite Phase stellt den früheren Konzentrationsunterschied wieder her und benötigt als aktiver Vorgang Energie. Untersuchungen mit Isotopen haben einen schnellen Ionentransport von K^+ und Na^+ durch die Zellmembranen in den meisten Geweben nachweisen können[5-8], wobei die Wanderungsgeschwindigkeit bei erhöhter funktioneller Aktivität gesteigert ist. Insbesondere die Bewegung der einwertigen Kationen ist im Nervensystem eng mit der Erregungs- und Leitungsfunktion des Gewebes verbunden[9-11].

Der *Ionentransport* z. B. für K^+ erfordert im Nervensystem ein ausbalanciertes Ionenmilieu, die Gegenwart von Sauerstoff, von Glucose (bzw. von Lactat oder Pyruvat) sowie von L-Glutaminsäure (s. S. 756), die durch L-Asparaginat ersetzt werden kann. Fehlen Sauerstoff, Glucose und Glutaminat, so verliert Nervengewebe in vitro in 1 Std 90% des K^+-Gehaltes an das Medium. Hirnschnitte und Retina verlieren in vitro innerhalb weniger Minuten 50% ihres K^+ an die umgebende Suspensionsflüssigkeit[12-15], was durch Glucose und Glutaminsäure unter aeroben Bedingungen in etwa 30—40 min ausgeglichen werden kann. Nach der Erholungsperiode bleibt der K^+-Gehalt des Gehirns konstant, aber es findet — bei gleichbleibender Konzentration — ein rapider K^+-Austausch zwischen Gehirn und Medium bzw. Plasma statt[13, 15-17], der auch für die Nervenfasern (Riesenfasern

[1] Korting, G. W., B. Ostertag u. R. Schmitz: Medizinische **1952**, 649. — [2] Cohen, H. and S. Davies: Nature **143**, 285 (1939). — [3] Spatz, H.: Arch. Psychiatr. Nervenkrankh. **101**, 267 (1934). — [4] Lorente de Nó, R.: J. cellul. comp. Physiol. **35**, 195 (1950). — [5] Joseph, M., W. E. Cohn and D. M. Greenberg: J. biol. Ch. **128**, 673 (1939). — [6] Hahn, L. A., G. C. Hevesy and O. H. Rebbe: Biochem. J. **33**, 1549 (1939). — [7] Fenn, W. O., T. R. Noonan, L. J. Mullins and L. Haege: Amer. J. Physiol. **135**, 149 (1941/42). — [8] Noonan, T. R., W. O. Fenn and L. Haege: Amer. J. Physiol. **132**, 474, 612 (1941). — [9] Hodgkin, A. L., and A. F. Huxley: J. Physiol., London **106**, 341 (1947). — [10] Hodgkin, A. L., and B. Katz: J. Physiol., London **108**, 37 (1949). — [11] Keynes, R. D.: J. Physiol., London **113**, 99 (1951). — [12] Krebs, H. A., and L. V. Eggleston: Biochem. J. **44**, VII (1949). — [13] Krebs, H. A., L. V. Eggleston and C. Terner: Biochem. J. **47**, XXXIV (1950). — [14] Terner, C., L. V. Eggleston and H. A. Krebs: Biochem. J. **47**, 139 (1950). — [15] Davies, R. E., and H. A. Krebs: Biochem. J. **50**, XXV (1952). — [16] Krebs, H. A., L. V. Eggleston and C. Terner: Biochem. J. **48**, 530 (1951). — [17] Lasnitzki, A., and A. K. Brewer: Biochem. J. **35**, 144 (1941).

des Tintenfisches)[1,2] gilt. Die Konzentrationsunterschiede zwischen den Ionen des Gewebes und des Blutplasmas können somit nicht auf Permeabilitätsbarrieren zurückgeführt werden, sondern sind die Resultante zweier entgegengesetzter Vorgänge: der Ionenabgabe aus dem Gewebe als „passivem Verlust" und aktivem energiegesteuertem Transport gegen das Konzentrationsgefälle. Hirnschnitte von Meerschweinchen tauschen je min 4—5% ihres K^+ mit dem Medium aus, die Retina des Ochsen 7—10%[3], was für das Gehirn eine etwa 120mal höhere Umsatzrate als die von Erythrocyten bedeutet. Infolge der zur Aufrechterhaltung des Ionenmilieus allein für K^+ erforderlichen hohen Energiebeträge, der notwendigen Gegenwart von Sauerstoff, Glucose und Glutaminat kann der K^+-Verlust der Gewebe allgemein als frühes — vielleicht sogar als das erste — Zeichen einer Gewebsschädigung angesehen werden[3-10]. Möglicherweise ist der anfängliche K^+-Verlust und die sich anschließende Restauration die Hauptursache für das schnelle Einsetzen und allmähliche Verschwinden des Verletzungspotentials. Die im Gehirn für den Transport von 1 gMol K^+ von der Konzentration c_1 zur Konzentration c_2 notwendige Energie läßt sich mit 365 cal/Std/kg errechnen[3], was unter Berücksichtigung eines Q_{O_2} von 18 (Hirnrinde, Meerschweinchen)[11] und einem Verhältnis von Feucht- zu Trockengewicht von 6 bei einem Energiebetrag von 15000 cal/Std je kg über 2,5% der verwertbaren Energie ausmacht! Da es sich hier nur um den Energiebetrag für ein einziges Ion handelt, muß ebenso wie bei dem Strukturumsatz des Gehirns damit gerechnet werden, daß im Nervensystem relativ große Energiemengen allein zur Aufrechterhaltung instabiler Konzentrationen in Anspruch genommen werden.

Im Nervensystem laufen somit 2 Vorgänge des Ionentransportes nebeneinander: der Ionentransport gegen das Konzentrationsgefälle und der ständige Ionenaustausch bei gleichbleibender Konzentration. Es blieb zunächst unsicher, ob der reine Ionenaustausch Zufuhr von Energie erfordert, da für diesen Vorgang die Möglichkeit der „Austauschdiffusion" nach Ussing[12] zutreffen kann, ebenso wie in Donnan-Gleichgewichten, bedingt durch die Gegenwart nichtdiffusibler Anionen, die K^+-Konzentration auf einer Seite der Membran höher als auf der anderen sein kann. Die Experimente mit Hirn- und Retinagewebe haben allerdings ergeben, daß die Aufrechterhaltung des Gleichgewichtszustandes für K^+ und das Ausmaß des Kaliumtransportes ständige Energiezufuhr verlangen.

Zur Erklärung des *aktiven Ionentransportes* im Zentralnervensystem ist die Teilnahme von OH^-, CO_2 sowie der Kohlensäureanhydratase notwendig, wodurch in Analogie zur Produktion von HCl in der Magenschleimhaut (s. Bd. 2/1, S. 60f., s. a. Bd. 2/2b, S. 29ff.) eine Verbindung zwischen osmotischer und chemischer Energie hergestellt wird[13]. Die Kohlensäureanhydratase ist offensichtlich im Zentralnervensystem ähnlich wie in der Magenschleimhaut am Ionentransport beteiligt. Gewisse Sulfonamide, wie Benzolsulfonamid und Toluol-p-sulfonamid, die spezifische Hemmstoffe der Kohlensäureanhydratase sind, schränken den Kaliumaustausch und den Rücktransport bereits in Konzentrationen ein, bei denen andere Fermente noch nicht beeinflußt werden. Es werden sowohl der im Gleichgewichtszustand stattfindende Ionenaustausch als auch der Ionentransport

[1] Rothenberg, M. A., and E. A. Feld: J. biol. Ch. **172**, 345 (1948). — [2] Rothenberg, M. A.: Biochim. biophysica Acta, N.Y. **4**, 96 (1950). — [3] Krebs, H. A., L. V. Eggleston and C. Terner: Biochem. J. **48**, 530 (1951). — [4] Cuthbertson, D. P.: Brit. J. Surg. **23**, 505 (1936). — [5] Wilkinson, A. W., B. H. Billing, G. Nagy and C. P. Stewart: Lancet **1950 II**, 135. — [6] Blixenkrone-Møller, N.: Acta chir. scand. **97**, 300 (1949). — [7] Cattell, McK., and H. Civin: J. biol. Ch. **126**, 633 (1938). — [8] Holmes, J. H.: Amer. J. Physiol. **148**, 449 (1947). — [9] Bogatzki, M., C. G. Schmidt u. L. Fischer: Z. ges. exp. Med. **119**, 457 (1952). — [10] Doden, W., H. J. Hillenbrand, F. Menne, K. B. Pfennings, H. Rodeck u. N. Wolf: Z. ges. exp. Med. **119**, 590 (1952). — [11] Krebs, H. A.: Biochim. biophysica Acta, N.Y. **4**, 249 (1950). — [12] Ussing, H. H.: Physiol. Rev. **29**, 127 (1949). — [13] Davies, R. E., and H. A. Krebs: Metabolism and function in nervous tissue. Biochem. Soc. Symp. **8**, 77 (1952).

gegen das Konzentrationsgefälle eingeschränkt[1]. Die Funktion der Kohlensäureanhydratase dürfte allerdings nicht der limitierende Faktor des Ionentransportes sein, da die Hydratation von CO_2 nur bei intensivem Transport begrenzend wirkt und selbst in Abwesenheit des Fermentes die Hydratation von CO_2 einen gewissen Transport von K^+ gewährleistet. Es ist anzunehmen, daß die Reaktion des Fermentes:

$$CO_2 + H_2O \rightleftharpoons H_2CO_3$$

oder nach SMITH[2]

$$CO_2 + OH^- \rightleftharpoons HCO_3^-$$

durch örtliche Säure-Basenverschiebungen am Ionentransport beteiligt ist.

Ähnlich den Verhältnissen der Produktion von Salzsäure in der Magenschleimhaut muß auch im Gehirn und den peripheren Nerven der erste Schritt in der Trennung des Wassers in H- und OH-Ionen gesehen werden[3]:

$$H_2O \rightarrow H^+ + OH^-,$$

an die sich durch Vermittlung der Kohlensäureanhydratase die Reaktion $OH^- + CO_2$ zu HCO_3^- anschließt. Es ist ferner anzunehmen, daß die gebildeten H- und OH- (oder HCO_3-) Ionen in den Zellen des Zentralnervensystems wie in anderen Zellen mit äquivalenten Mengen anderer Ionen ausgetauscht werden können.

Die wesentlichen Probleme des Ionentransportes im Zentralnervensystem sind somit: a) die energieerfordernde Bildung von H- und OH-Ionen und b) die Art, in der diese Ionen mit anderen ausgetauscht werden können.

a) Energiebildung beim Ionentransport. Für die Bildung von H- und OH-Ionen dürften 2 Möglichkeiten zur Verfügung stehen: *Die Atmung und die energiereichen Phosphatbindungen*[3]. Alle Zellen, die über das Cytochromsystem atmen, können H- und OH-Ionen bilden:

$$\begin{aligned} 4\,Fe^{+++} + 4\,H &= 4\,Fe^{++} + 4\,H^+ \\ 4\,Fe^{++} + O_2 + 2\,H_2O &= 4\,Fe^{+++} + 4\,OH^- \end{aligned} \tag{1}$$

Aus der Oxydation von Glucose können intermediär H- und OH-Ionen gebildet werden:

$$C_6H_{12}O_6 + 6\,O_2 + 18\,H_2O = 6\,CO_2 + 24\,H^+ + 24\,OH^- \tag{2}$$

Da die im vorstehenden geschilderte Bildung von H^+ und OH^- über eine Kette verschiedener Fe-Atome des Cytochromsystems abläuft, ist es vorstellbar, daß durch räumliche Trennung der Atmungsenzyme H- und OH-Ionen getrennt bleiben. Nach 1 + 2 würde ein Molekül O_2 maximal 4 H^+ ergeben, tatsächlich liefert die Atmung über 12 H-Ionen je Molekül aufgenommenen Sauerstoffs[4], so daß die H-Ionen nicht allein aus der Atmung bzw. aus dehydrogenierbaren Substratmolekülen stammen können.

Da organische Substrate nicht allein als Quelle für H- und OH-Ionen gelten können, müssen diese letztlich aus dem Wasser stammen. Auch die Bildung von H- und OH-Ionen aus Wasser ist eine Oxydoreduktion (Abgabe bzw. Aufnahme von Elektronen), die Energie erfordert. Nach den Vorstellungen von DAVIES u. KREBS[3] kann die durch die Atmungskettenphosphorylierung in den energiereichen P-Bindungen gestapelte Energie zur Bildung von H- und OH-Ionen verwandt werden, wobei der über das Cytochromsystem verlaufende Elektronentransport von den reduzierten Pyridinnucleotiden zum molekularen Sauerstoff sowohl mit der Bildung energiereicher P-Bindungen als auch mit der von H^+ und OH^- verbunden ist:

$$\left.\begin{matrix}\text{DPN}\cdot H_2\\ \text{oder}\\ \text{TPN}\cdot H_2\end{matrix}\right\} + \text{Flavoproteid} \rightarrow \left.\begin{matrix}\text{DPN}\\ \text{oder}\\ \text{TPN}\end{matrix}\right\} + \text{Dihydroflavoproteid} \tag{3}$$

$$\text{Dihydroflavoproteid} + 2\,Fe^{+++}\text{-Cytochrom} \rightarrow \text{Flavoproteid} + 2\,Fe^{++}\text{-Cytochrom} + 2\,H^+. \tag{4}$$

$$2\,Fe^{++}\text{-Cytochrom} + {}^1/_2\,O_2 + H_2O \rightarrow 2\,Fe^{+++}\text{-Cytochrom} + 2\,OH^- \tag{5}$$

---

[1] DAVIES, R. E., and A. W. GALSTON: Unveröffentlicht [DAVIES, R. E., and H. A. KREBS: Metabolism and function in nervous tissue. Biochem. Soc. Symp. 8, 77 (1952)]. — [2] SMITH, E. L.: Proc. nat. Acad. Sci. USA **35**, 80 (1949). — [3] DAVIES, R. E., and H. A. KREBS: Metabolism and function in nervous tissue. Biochem. Soc. Symp. 8, 77 (1952). — [4] CRANE, E. E., and R. E. DAVIES: Biochem. J. **49**, 169 (1951).

In der Bilanz:

$$\left.\begin{matrix}\text{DPN}\cdot H_2\\ \text{oder}\\ \text{TPN}\cdot H_2\end{matrix}\right\} + {}^1/_2\, O_2 \rightarrow \left.\begin{matrix}\text{DPN}\\ \text{oder}\\ \text{TPN}\end{matrix}\right\} + H_2O \qquad (6)$$

Die als Bilanz dargestellte Reaktion (6) führt zur Bildung von 3 Pyrophosphatbindungen (s. Atmungskettenphosphorylierung S. 730), wobei jede der 3 Stufen (3, 4, 5) in bisher unbekannter Weise mit der Reaktion:

$$\text{ADP} + P \rightarrow \text{ATP} + H_2O \qquad (7)$$

verbunden ist, so daß sich aus Reaktion (3), (4) und (5) insgesamt ergibt:

$$\left.\begin{matrix}\text{DPN}\cdot H_2\\ \text{oder}\\ \text{TPN}\cdot H_2\end{matrix}\right\} + \left\{\begin{matrix}\text{Flavoproteid}\\ +\\ \text{ADP}\end{matrix}\right\} + P \rightleftharpoons \left.\begin{matrix}\text{DPN}\\ \text{oder}\\ \text{TPN}\end{matrix}\right\} + \left\{\begin{matrix}\text{Dihydroflavoproteid}\\ +\\ \text{ATP}\end{matrix}\right. \qquad (3a)$$

$$\left.\begin{matrix}\text{Dihydroflavoproteid}\\ +\\ 2\,Fe^{+++}\text{-Cytochrom}\end{matrix}\right\} + \left\{\begin{matrix}\text{ADP}\\ +\\ P\end{matrix}\right. \rightleftharpoons \left\{\begin{matrix}\text{Flavoproteid}\\ +\\ 2\,Fe^{++}\text{-Cytochrom}\end{matrix}\right\} + \left\{\begin{matrix}\text{ATP}\\ +\\ H_2O + 2\,H^+\end{matrix}\right. \qquad (4a)$$

$$2\,Fe^{++}\text{-Cytochrom} + \left\{\begin{matrix}{}^1/_2\,O_2 + H_2O\\ +\\ \text{ADP} + P\end{matrix}\right\} \rightleftharpoons 2\,Fe^{+++}\text{-Cytochrom} + 2\,OH^- + H_2O + \text{ATP} \qquad (5a)$$

Durch die Reversibilität der Reaktion (4a) kann das in Reaktion (3a) und (5a) gebildete ATP bei seiner Anhäufung die Reaktion von rechts nach links verschieben und damit zum Verschwinden von H-Ionen führen, die beim Reaktionsverlauf von links nach rechts gebildet werden[1]. Praktisch würde somit ATP indirekt unter Vermittlung von Fe^{++}- bzw. Fe^{+++}-Atomen des Cytochromsystems und von Flavoproteiden H-Ionen zu kovalenten H-Atomen reduzieren können, was z. B. bei der Reduktion von Phosphoglycerinsäure zu Glycerinaldehydphosphorsäure der Fall ist. Auch hier kann das an sich in Richtung der Bildung von Phosphoglycerinsäure gerichtete Gleichgewicht der Reaktion[2] durch Zusatz von ATP umgekehrt werden. Aus Reaktion (4a) ergibt sich aber auch, daß Veränderungen der H-Ionenkonzentration das Gleichgewicht verschieben können, so daß im Prinzip Pyrophosphatbindungen durch den in Reaktion (4a) formulierten Mechanismus aus der in Konzentrationsunterschieden von H-Ionen bzw. bei folgendem Austausch von irgendwelchen anderen Kationen gestapelten Energie synthetisiert werden können. In dieser Weise mag osmotische Energie als Ionenkonzentrationsdifferenz durch direkte Verbindung zur Atmungskettenphosphorylierung (3a, 4a, 5a u. 7) in chemische Energie verwandelt werden. Die überragende Rolle von ATP im Energiekreislauf beruht dagegen auf seiner Fähigkeit, als Bindeglied zwischen stark verschiedenen Redoxpotentialen zu wirken. Die bei der Neutralisierung von H^+ und OH^- sonst als Wärme freiwerdende Energie wird so in energiereichen P-Bindungen gestapelt. Da andere Kationen mit H-Ionen ausgetauscht werden, können Ionenkonzentrationsdifferenzen allgemein als Energiequelle dienen.

Die in den Reaktionen (4a) und (5a) gebildeten H- und OH-Ionen können zum Ionentransport benutzt werden oder neutralisieren sich im anderen Fall, wodurch der Reaktionsverlauf von links nach rechts und damit die Bildung energiereicher P-Bindungen begünstigt wird. Die Bildung von OH-Ionen dürfte in Gegenwart von CO_2 mit und ohne Vermittlung der Kohlensäureanhydratase schnell zu HCO_3^- führen. Nur bei intensiver Bildung ist eine katalytische Beschleunigung dieser Reaktion durch die Kohlensäureanhydratase zur Vermeidung einer Gewebsschädigung notwendig.

b) Ionenaustausch. Die Art, in der die gebildeten H- und HCO_3-Ionen zum Transport anderer Ionen dienen, kann am besten mit der Wirkung von Ionenaustauschern verglichen werden[1], die ohne Energiebildung oder -freisetzung spontan Ionen gegen elektrochemisch äquivalentes Material austauschen. Es ist vorstellbar, daß in den Zellen in Analogie zu den Ionenaustauschern an Stellen geringer Wasserstoffionenkonzentration die Salzform vorliegt und diese an die

[1] Davies, R. E., and H. A. Krebs: Metabolism and function in nervous tissue. Biochem. Soc. Symp. 8, 77 (1952). — [2] Bücher, T.: Biochim. biophysica Acta, N. Y. 1, 292 (1947).

Stellen hoher Wasserstoffionenkonzentration wandert, was mit der Freisetzung von Metallkationen verbunden ist. Unter der Voraussetzung einer entsprechenden Anordnung dieser Regionen in den Zellen und besonders an den Zellgrenzflächen ist durch ein solches Ionenaustauschsystem aktiver Transport von K^+ und Na^+ möglich. Das an den Zellgrenzflächen lokalisierte Kephalin kann als mobiler Ionenaustauscher angesehen werden, da es undissoziierte Verbindungen mit K^+ und Na^+ bildet[1, 2]. Auch im peripheren Nerven ist die H-Ionenkonzentration wahrscheinlich ein entscheidender Faktor für die Änderung der K^+-Konzentration[3].

Über die möglichen Beziehungen zwischen Lipoidstoffwechsel und dem Ionentransport wurde S. 734 berichtet. Über die Rolle der δ-Carboxylgruppe der Glutaminsäure im Austausch von H-Ionen gegen andere Kationen (speziell K^+) als Kationenträger beim Transport in die Zelle (s. S. 756).

Möglicherweise gelten ähnliche Vorstellungen auch für den Anionentransport mit Hilfe von Anionenaustauschern, als die z. B. die quarternären N enthaltenden Lipoide der Zellgrenzflächen[2] aufgefaßt werden können.

Allgemein dürfte der Ionentransport im Zentralnervensystem grundsätzlich ähnlichen Vorgängen folgen, wie sie für die Bildung von HCl in der Magenschleimhaut (s. Bd. 2/1, S. 60f.), dem Transport von Na^+, K^+ und von NH_4^+ in den Nierentubuli (s. Bd. 2/2b, S. 37—52) sowie der Bildung von H-Ionen in ihnen und ihrer Abhängigkeit von der Funktion der Kohlensäureanhydratase gelten. Infolge der geringeren Konzentrationsdifferenzen ist beim Ionentransport im Zentralnervensystem im Vergleich zu dem der Magenschleimhaut weniger osmotische Arbeit je Mol transportierter Ionen notwendig. Die Sonderstellung des Zentralnervensystems hinsichtlich der Ionenbewegungen beim Erregungsablauf ist eine rein funktionelle, sie gilt nicht bezüglich der dabei ablaufenden biochemischen Vorgänge. Die Vermutung, daß Ionenkonzentrationsdifferenzen die Brücke zwischen der freien Energie der Reaktionen (3a, 4a u. 5a) einerseits und der Bildung energiereicher P-Bindungen andererseits bilden, macht ein besonderes strukturelles Gefüge in der Zelle notwenig. In der Tat verlaufen die Reaktionen (3a, 4a, 5a u. 7) fast ausschließlich in den Mitochondrien, deren physiologische Aktivität durch Ionenkonzentrationsänderungen und Zusammensetzung der Medien deutlich beeinflußt werden kann. In diesem Zusammenhang ist die Unterdrückung des aktiven Ionentransportes in der Magenschleimhaut und dem Zentralnervensystem durch 2,4-Dinitrophenol, die mit der Beeinflussung energiereicher P-Bindungen einhergeht, von besonderer Bedeutung (s. PASTEUR-Effekt S. 731).

Der schnelle Kaliumverlust markhaltiger Kaninchen- und markloser Hummernerven in Abwesenheit von Glucose oder von Glucose[4] und O_2 sowie der im N. ischiadicus von Fröschen[3] unter N_2 erklärt sich aus mangelhafter Energielieferung. Die Verminderung der K^+-Konzentration des Gehirns unter anaeroben Bedingungen oder bei Unterbrechung des Glucoseabbaus durch NaF ist auf die gleiche Ursache zurückzuführen[5]. Es ist daher anzunehmen, daß der K^+-Verlust im Gehirn bei Ischämie als einer der wesentlichsten Faktoren der Desintegration des Gewebes bei Zirkulationsstörungen anzusehen ist. Bei Mäusen, Ratten und Katzen sind nach 2tägigem Hunger die Na- und K-Werte in den corticalen Teilen des Gehirns vermindert; bei weiterem Hunger sinken sie nach 6 Tagen weiter ab[6]. Auch der Ca-Gehalt des Gehirns vermindert sich mit fortschreitendem Hunger. Die Sauerstoffaufnahme der Hirnrinde ist bei kaliumarm ernährten Tieren nicht verändert[7].

---

[1] CHRISTENSEN, H. N., and A. B. HASTINGS: J. biol. Ch. **136**, 387 (1940). — [2] SLOANE-STANLEY, G. H.: Metabolism and function in nervous tissue. Biochem. Soc. Symp. 8, 44 (1952). — [3] FENN, W. O., and R. GERSCHMAN: J. gen. Physiol. **33**, 195 (1950). — [4] HARREVELD, A. VAN: J. cellul. comp. Physiol. **35**, 331 (1950); **38**, 199 (1951). — [5] DIXON, K. C.: Biochem. J. **44**, 187 (1949). — [6] GILLAPSY, C. C.: J. cellul. comp. Physiol. **39**, 261 (1952). — [7] FUHRMAN, F. A.: Amer. J. Physiol. **167**, 314 (1951).

3. Einfluß von Ionen auf den Hirnstoffwechsel.

Der Stoffwechsel des Nervengewebes wird durch verschiedene Ionen — insbesondere durch K^+ — nachhaltig beeinflußt. In Gegenwart von Glucose erhöhen K-Ionen Atmung (50—100%) und aerobe Glykolyse und hemmen die anaerobe Milchsäurebildung[1-3]. Im Zusammenhang mit dem K^+-Austritt bei Asphyxie ist Steigerung des Hirnstoffwechsels und der nervalen Aktivität[4] vermutet worden. Von anderer Seite[5] wurden die finalen paralytischen Symptome bei cerebraler Ischämie auf durch K^+-Freisetzung bedingte Hemmung der anaeroben Glykolyse zurückgeführt, was aber zur Erklärung des Hirnstoffwechsels und des schließlichen Stillstandes der anaeroben Glykolyse bei Anoxie nicht ausreichen dürfte (s. S. 787). Die Hemmung der anaeroben Glykolyse durch K^+ ist bereits bei 20 mÄq/*l* feststellbar, sie erreicht bei 40 mÄq/*l* 75%, wohingegen die aerobe Glykolyse durch K^+-Konzentrationen von 30—50 mÄq/*l* zuletzt bis auf anaerobe Werte gefördert wird. CsCl und RbCl[2,6] entfalten ähnliche Wirkungen wie K^+; NH_4-Ionen fördern bereits in kleinen Konzentrationen die aerobe Glykolyse stark[7]. Die irreversible Wirkung von K^+ ist nicht die Folge einer durch den Ionenzusatz bedingten Hypertonie der Lösung und bleibt auch in isotonischen Medien erhalten[3].

Der Angriffspunkt der K^+-Wirkung ist noch ungeklärt. K^+ scheint gewisse Enzyme des glykolytischen Systems zu aktivieren — z. B. zusammen mit Mg^{++} oder Mn^{++} die Transphosphorylierung von Phosphoenolbrenztraubensäure und ADP zu Brenztraubensäure und ATP s.[8]. Neben der durch 0,1 m KCl bedingten 74%igen Steigerung des Q_{O_2} in Gegenwart von Glucose wird auch die Oxydation von Milchsäure und Brenztraubensäure gefördert[9], nicht aber die von α-Ketoglutarsäure, Bernsteinsäure und L-Glutaminsäure. Zusatz von Citrat, α-Ketoglutarat oder von Succinat sowie der von L-Glutaminat, nicht aber der von L-Asparaginat, L-Glutamin und von DL-Methionin, verhindert die K^+-Wirkung auf die Hirnatmung. Gleichzeitiger Zusatz von Succinat und Malonat läßt durch Hemmung der Succinatoxydation den Effekt wieder hervortreten. Auch NaF (2×10^{-3} m) und 2,4-Dinitrophenol (8×10^{-5} m) unterdrücken den K^+-Effekt, dagegen hat Na-Azid keinen Einfluß. Die Förderung der Lactat- und Pyruvatoxydation durch K^+ machen die ausschließliche Aktivierung der Dephosphorylierung von Phosphobrenztraubensäure unwahrscheinlich. Es muß zunächst offen bleiben, ob die durch diese Reaktion geförderte Regeneration von ATP die fehlende K^+-Wirkung in Gegenwart von Gliedern des Citronensäurecyclus erklären kann. Offensichtlich bestehen aber enge Beziehungen zwischen K-, Na- und NH_4-Ionen und dem Kohlenhydratstoffwechsel[10], der ohne Existenz von Ionenantagonismen durch K^+ und NH_4^+ gefördert, durch Na^+ gehemmt wird[11-13]. Auch das aus acetonbehandeltem Rattengehirn gewonnene glykolytische System wird durch K^+ und NH_4^+ unabhängig von Na^+ stimuliert[10]. Die Stimulierung kann nur in Gegenwart kleiner Mengen von ATP demonstriert werden und geschieht durch NH_4^+ stärker als durch K^+. Der Effekt von NH_4^+ und K^+ scheint in der Aufrechterhaltung der für die Glykolyse notwendigen ATP-Konzentration zu liegen. Wird

[1] Ashford, C. A., and K. C. Dixon: Biochem. J. **29**, 157 (1935). — [2] Dickens, F., and G. D. Greville: Biochem. J. **29**, 1468 (1935). — [3] Dixon, K. C.: J. Physiol., London **110**, 87 (1949). — [4] Gerard, R. W.: Arch. Neurol. Psychiatry **40**, 985 (1938). — [5] Dixon, K. C.: Brain **63**, 191 (1940). — [6] Dixon, K. (C.), and E. (G.) Holmes: Nature **135**, 995 (1935). — [7] Weil-Malherbe, H.: Biochem. J. **32**, 2257 (1938). — [8] Boyer, P. D., H. A. Lardy and P. H. Phillips: J. biol. Ch. **146**, 673 (1942); **149**, 529 (1943). — [9] Lipsett, M. N., and F. Crescitelli: Arch. Biochem. **28**, 329 (1950). — [10] Muntz, J. A., and J. Hurwitz: Arch. Biochem. **32**, 124 (1951). — [11] Racker, E., and I. Krimsky: J. biol. Ch. **161**, 453 (1945). — [12] Utter, M. F.: J. biol. Ch. **185**, 499 (1950). — [13] Wiebelhaus, V. D., and H. A. Lardy: Arch. Biochem. **21**, 321 (1949).

die Aktivität der Apyrase innerhalb des Systems durch Abzentrifugieren der Zellpartikel herabgesetzt, so gewährleistet die nunmehr höhere ATP-Konzentration auch ohne Gegenwart von NH_4^+ eine intensive Glykolyse[1]. Dementsprechend verläuft die Glykolyse in Gegenwart der Apyrase bei höheren ATP-Konzentrationen ohne K^+ und NH_4^+ ungestört weiter. Beide Ionen wirken aber nicht als Antagonisten gegenüber der durch Na^+ bedingten Aktivierung[2] der Apyrase[1]. In Hirnextrakten ist die Dephosphorylierung von Phosphoenolbrenztraubensäure und damit die Phosphatübertragung auf ADP oder Adenylsäure abhängig von der Gegenwart von NH_4^+, wobei die Übertragung auf Adenylsäure am meisten stimuliert wird[3]. Ohne NH_4^+ beträgt Q_{Pyruvat} 896; mit NH_4^+ dagegen 2030. Auch die Hexokinase und Phosphohexokinase des Gehirns scheinen durch NH_4^+ aktiviert zu werden, da ohne NH_4^+ die Aktivität der Phosphohexokinase $Q_{CO_2} = 108$, in seiner Gegenwart 637, die der Hexokinase $Q_{\text{Glucose}} = 145$ bzw. 397 beträgt. Die Stufe der Triosephosphatoxydation wird dagegen nicht beeinflußt.

In Gehirn und Rückenmark wird die Glykolyse bereits durch sehr kleine Na^+-Konzentrationen (0,03 m) gehemmt[2], was auch für Homogenate aus Mäusegehirn gilt[4]. Die Na^+-Wirkung, die im Extrakt schwächer ist, beruht nicht auf Beeinflussung der Hexokinase, Phosphohexokinase und der gekoppelten Oxydoreduktionen. Dagegen wird der Phosphattransport von Phosphoenolbrenztraubensäure auf das Adenylsäuresystem gehemmt und die Dephosphorylierung von ATP durch Aktivierung der Apyrase gefördert. Offenbar existieren 3 Stufen des Kohlenhydratstoffwechsels, an denen die Na^+-Wirkung sich bemerkbar macht[2]: Stimulierung der Umwandlung von ATP in Adenylsäure; Hemmung der Glykolyse durch die vermehrt gebildete Adenylsäure (s. S. 709) und Verzögerung der durch Dephosphorylierung aus Phosphoenolbrenztraubensäure sich abspielenden Entfernung der Adenylsäure. Auch die Schutzwirkung von Hexosediphosphat auf die Glykolyse des Gehirns in Gegenwart von Na^+ erklärt sich durch gesteigerte Rephosphorylierung von Adenylsäure (s. S. 709). Die Beeinflussung der Hirnatmung durch verschiedene Ionen wurde S. 779 geschildert.

In Hirnschnitten, nicht aber im Brei, wird mit Glucose als Substrat aerob die *Synthese von Acetylcholin* durch K^+ (optimale K^+-Konzentration 27 mM) stark aktiviert[5,6]. Zellfreie Hirnpräparationen benötigen zur maximalen Acetylcholinsynthese 80 mM K^+[7]. Die Aktivierung der Acetylcholinsynthese durch K^+ ist außerordentlich stark; sie reicht von 2,3 γ Acetylcholinbildung je g/Std bei niedrigem bis zu 34,6 γ/g/Std bei hohem K^+-Gehalt[6]. In Hirnhomogenaten entfaltet K^+ keinen Einfluß auf die Synthese von Acetylcholin. Es ist wahrscheinlich, daß auch diese K^+-Wirkung indirekt über ATP zustande kommt, da die Synthese von Acetylcholin ATP erfordert (s. S. 845) und im Homogenat durch Aktivierung der Apyrase Zusatz von ATP notwendig macht. Auch die Hemmung der Acetylcholinbildung in Hirnschnitten durch NH_4^+ ist vermutlich auf diesen Faktor zurückzuführen[8]. Da sowohl die durch NH_4^+ geförderte Synthese von Glutamin als auch die von Acetylcholin ATP erfordern, besteht die Möglichkeit, daß die Hemmwirkung der Ammoniumionen indirekt durch Kompetition der Acetylierung bzw. der Glutaminbildung hinsichtlich des ATP-Vorrates zustande kommt. In Gegenwart von ATP entfalten NH_4^+-Ionen in Extrakten aus acetonbehandeltem Kalbshirn keine Einschränkung der Acetylcholinsynthese. Dementsprechend schränken Methionin- und Äthioninsulfoxyd sowie Methioninsulfoximin, die die Synthese von Glutamin hemmen (s. S. 752), die Hemmwirkung

[1] Muntz, J. A., and J. Hurwitz: Arch. Biochem. **32**, 124 (1951). — [2] Utter, M. F.: J. biol. Ch. **185**, 499 (1950). — [3] Muntz, J. A., and J. Hurwitz: Arch. Biochem. **32**, 137 (1951). — [4] Racker, E., and I. Krimsky: J. biol. Ch. **161**, 453 (1945). — [5] Mann, P. J. G., M. Tennenbaum and J. H. Quastel: Biochem. J. **33**, 822 (1939). — [6] McLennan, H., and K. A. C. Elliott: Arch. Biochem. **36**, 89 (1952). — [7] Nachmansohn, D., and H. M. John: J. biol. Ch. **158**, 157 (1945). — [8] Braganca, B. M., P. Faulkner and J. H. Quastel: Biochim. biophysica Acta, N. Y. **10**, 83 (1953).

von NH_4^+ auf die Acetylcholinsynthese ein. Offenbar verstärken im atmenden Hirngewebe NH_4-Ionen die Glutaminsynthese, wodurch das verfügbare ATP vermindert und die Acetylcholinsynthese verlangsamt wird[1].

c) Stoffwechsel und Funktion des Zentralnervensystems.

α) Allgemeines.

Im Gegensatz zu zahlreichen anderen Organen ist ebenso wie der Herzmuskel das Gehirn ständig tätig, sein Stoffwechsel selbst im Schlaf weitgehend konstant (s. S. 778). Daraus ergibt sich bereits, daß ältere Auffassungen, die die primäre Funktion des Gehirns in Bildung und Steuerung geistiger und psychischer Aktivität erblickten, der verwickelten Funktion des Gehirns und seines Stoffwechsels nicht gerecht werden. Für das Gehirn gilt keine Analogie etwa zur Muskeltätigkeit, bei der der Energiebedarf eng mit der Arbeitsleistung verbunden ist. Beim Gehirn ist kaum eine Unterscheidung zwischen Ruhe- und Tätigkeitsstoffwechsel zu treffen. Die hohe Stoffwechselaktivität des Gehirns gibt sich in der Temperatur des Organs zu erkennen, die im wachen Zustand 0,5° über der des arteriellen Blutes liegt[2]. Unter besonderen Bedingungen (s. u.) wird der Hirnstoffwechsel allerdings parallel mit funktionellen Änderungen beeinflußt.

Bei Katzen steigt die Temperatur der motorischen Anteile der Gehirnrinde bei Erregung der Tiere scharf an und sinkt bei eingetretener Beruhigung wieder ab. Ebenso reagieren die optischen Rindenareale mit lokalem Temperaturanstieg, wenn Lichtreize die Augen treffen[3].

Wenn somit der Stoffwechsel des Gehirns in seiner Gesamtheit bemerkenswert konstant bleibt, in einzelnen Arealen aber Anpassungen an wechselnde funktionelle Aktivität vorkommen, so ist das wohl nur so zu erklären, daß die überaus vielfältigen, komplexen — vielfach unbewußten — Funktionen dieses Organs zur Erhaltung des Lebens stets ausgeübt werden und vermutlich nur innerhalb gewisser Rindenareale mit höheren Funktionen ein Wechsel von Ruhe und Tätigkeit möglich ist. Funktionell sieht man im Gehirn am besten eine Hierarchie relativ selbständiger Organe mit komplexen Funktionen. Dies gilt besonders für die lebenswichtigen Automatismen des Mittel- und Zwischenhirns sowie für die der Kreislauf und Atmung kontrollierenden Medulla oblongata, die ständig in Funktion sein müssen.

β) Veränderungen des Hirnstoffwechsels unter physiologischen Bedingungen.

Bei erhöhter cerebraler Aktivität ist die *Temperatur* des Gehirns als Ausdruck gesteigerten Stoffwechsels der Hirnzellen erhöht[2], was sich z. B. in der Steigerung der O_2-Aufnahme von Affen im Zustande der Erregung äußert[4]. Umgekehrt werden Temperatur und elektrische Aktivität des Organs im Schlaf beträchtlich reduziert, obgleich Sauerstoffverbrauch und Hirnzirkulation nicht signifikant erniedrigt sind[5].

Der *Milchsäuregehalt* des Gehirns schlafender Ratten ist mit 12,2 mg-% deutlich niedriger als der von wachen Kontrolltieren und liegt in der Größenordnung der Werte bei anästhesierten Tieren, wohingegen bei erregten Tieren das Gehirn 37,5 mg-% Milchsäure enthält[6]. Der erhöhte Lactatgehalt ist direkt auf gesteigerte glykolytische Aktivität des Gehirns zu beziehen und nicht die Folge gleichzeitig

[1] Braganca, B. M., P. Faulkner and J. H. Quastel: Biochim. biophysica Acta, N.Y. **10**. 83 (1953). — [2] Richter, D.: Metabolism and function in nervous tissue. Biochem. Soc. Symp. **8**, 62 (1952). — [3] Feitelberg, S., u. H. Lampl: A. e. P. P. **177**, 726 (1934). — [4] Schmidt, C. F., S. S. Kety and H. H. Pennes: Amer. J. Physiol. **143**, 33 (1945). — [5] Mangold, R., L. Sokoloff, P. O. Therman, E. H. Conner, J. I. Kleinerman and S. S. Kety: Fed. Proc. **10**, 89 (1951). — [6] Richter, D., and R. M. C. Dawson: Amer. J. Physiol. **154**, 73 (1948).

verstärkter Muskeltätigkeit, da er auch unter Curare bestehen bleibt, und umgekehrt alleinige Muskelanstrengung den Milchsäuregehalt des Gehirns nicht verändert. Nach der Beruhigung der Tiere normalisiert sich die Milchsäurekonzentration des Gehirns innerhalb weniger Minuten.

Bei schlafenden Tieren ist der Gehalt an *Acetylcholin* erhöht, bei erregten Tieren erniedrigt[1]. Ebenso wie das Verhalten des Acetylcholins bei Krämpfen und in Narkose weisen diese Befunde darauf hin, daß der Abbau von Acetylcholin unmittelbar mit der nervalen Funktion verbunden ist (s. S. 842). Da die beim Abbau von Phosphokreatin freiwerdende Energie (10000 cal/Mol) für die Synthese von 5 Molekülen Acetylcholin (1500—2000 cal) ausreicht, genügen die Vorräte an energiereichen Phosphatverbindungen unter physiologischen Bedingungen zur Acetylcholinsynthese vollauf[2]. Die Veränderungen der Acetylcholinkonzentration im Schlaf und bei Erregung sind daher Ausdruck unmittelbarer Beteiligung an der Hirnfunktion und unabhängig von dem Verhalten energiereicher P-Bindungen. Unter den Bedingungen der Anoxie bei mangelhafter Regeneration der Phosphatester oder bei besonders starkem Abbau von Acetylcholin nach elektrischer Reizung des Gehirns kann dagegen der Energievorrat in den P-Estern begrenzend wirken.

γ) Kohlenhydratstoffwechsel und Hirnfunktion.

Der Kohlenhydratstoffwechsel liefert die Hauptenergie für den Hirnstoffwechsel und die Funktionen des Organs. Da der R. Q. 0,98—1 beträgt (s. S. 783), sind alle Funktionen des Nervensystems fast ausschließlich von der oxydativen Umsetzung der Kohlenhydrate abhängig, die als Energiequelle durch kein anderes Substrat ersetzt werden können. Mangelhafte Zufuhr von Glucose führt bei schnell einsetzendem Bewußtseinsverlust über das Coma hypoglycaemicum zum Tod des Organismus durch Versagen lebenswichtiger Hirnfunktionen (s. S. 823).

Die *energiereichen Phosphatverbindungen* werden im Gehirn ebenso schnell umgesetzt wie in Leber oder Muskulatur[3]. Sie sind — wie sich aus Änderungen ihrer Konzentration ergibt — eng mit der Funktion des Nervensystems verknüpft (s. Anoxie, Narkose, Krämpfe). Im Zustand herabgesetzter Funktion — Schlaf, Narkose — werden in vivo die energiereichen Phosphatverbindungen angereichert, in dem gesteigerter Tätigkeit wie auch bei Vergiftungs- und Erstickungszuständen vermehrt abgebaut[4]. Die diesen Bedingungen als Reaktion (s. PASTEUR-Effekt, S. 731) folgende gesteigerte Glykolyse führt zur Erhöhung der Milchsäurekonzentration des Gehirns (s. Tabelle 122), die allerdings bei Erschöpfung der Kohlenhydratreserven des Gehirns z. B. im hypoglykämischen Koma vermindert ist.

δ) Eiweiß- und Nucleinsäurestoffwechsel und Hirnfunktion.

Proteine und Nucleoproteide sind ebenso wie gewisse Aminosäuren eng mit der Funktion des Nervensystems verbunden. Während die Glutaminkonzentration im Schlaf und bei Erregung nicht wesentlich verändert wird, führt Steigerung der Hirnfunktion zu Anstieg, Ruhestellung zum Abfall der Ammoniakkonzentration[5,6]. Die unter besonderen Bedingungen nachweisbare Diskrepanz des Verhaltens der Ammoniakkonzentration und der von Glutamin kann darauf hinweisen, daß das ammoniakbindende System des Gehirns (s. S. 748, 757) bisher nicht vollständig bekannt ist oder noch andere Regulationen bestehen.

Bei Kaninchen reagiert das neben dem Nucleolus gelegene, aus Pentosenucleinsäuren und Eiweißen bestehende *heterochromatische Gebiet* der Ganglienzellen mit

---

[1] RICHTER, D., and J. CROSSLAND: Amer. J. Physiol. **159**, 247 (1949). — [2] RICHTER, D.: Metabolism and function in nervous tissue. Biochem. Soc. Symp. 8, 62 (1952). — [3] LINDBERG, O., and L. ERNSTER: Biochem. J. **46**, 43 (1950). — [4] WEIL-MALHERBE, H.: 3. Mosbacher Coll. S. 54. — [5] WEIL-MALHERBE, H.: Physiol. Rev. **30**, 549 (1950). — [6] WEIL-MALHERBE, H.: Metabolism and function in nervous tissue. Biochem. Soc. Symp. **8**, 16 (1952).

Tabelle 122.

Einfluß des Funktionszustandes auf den Hirnstoffwechsel (ungefähre Abweichung in % von der Normalkonzentration)[1].

	Glykogen	Milchsäure	Anorganischer P	Kreatinphosphat	Pyro-P oder ATP	Acetylcholin	NH_3	Glutaminsäure	Glutamin	Literatur
Hypoxie	0	+550	+38	−52			+190			2–4
HCN-Vergiftung	−35	+300	+50 bis +174	−50	−60					5–7
Akute Morphinvergiftung	+22	+1500	+36	−50						8
Krampfmittel oder elektrische Reizung	−31 bis +75*	+25 bis +510	0 bis +60	0 bis −72	0 bis −62	−55	+65	0	0	3–5, 9–15
Dekapitierung, Gehirntrauma		+460	+180	−74	−43		+68			3, 16, 17
Hypoglykämisches Koma	−70	0 bis −86	+70	−50	−100		0	−27	0	5, 18, 19
Schlaf		−35	−10	0	−10	+15				11–13
Narkose	+25	−50	−20	+36	+10	+32	−60	−33	+14	3, 5, 11–14, 16, 20, 21

* Siehe Text S. 816.

[1] WEIL-MALHERBE, H.: 3. Mosbacher Coll. S. 54. — [2] GURDJIAN, E. S., J. E. WEBSTER and W. E. STONE: Amer. J. Physiol. **156**, 149 (1949). — [3] RICHTER, D., and R. M. C. DAWSON: J. biol. Ch. **176**, 1199 (1948). — [4] OLSEN, N. S., and J. R. KLEIN: Proc. Ass. Res. nerv. ment. Dis. **26**, 118 (1947). — [5] STONE, W. E.: Biochem. J. **32**, 1908 (1938). — [6] ALBAUM, H. G., J. TEPPERMAN and O. BODANSKY: J. biol. Ch. **164**, 45 (1946). — [7] OLSEN, N. S., and J. R. KLEIN: J. biol. Ch. **167**, 739 (1947). — [8] ABOOD, L. G., E. KUN and E. M. K. GEILING: J. Pharmacol. exp. Therap. **98**, 373 (1950). — [9] KLEIN, J. R., and N. S. OLSEN: J. biol. Ch. **167**, 747 (1947). — [10] STONE, W. E., J. E. WEBSTER and E. S. GURDJIAN: J. Neurophysiol. **3**, 233 (1945). — [11] RICHTER, D., and R. M. C. DAWSON: Amer. J. Physiol. **154**, 73 (1948). — [12] DAWSON, R. M. C., and D. RICHTER: Amer. J. Physiol. **160**, 203 (1950). — [13] RICHTER, D., and J. CROSSLAND: Amer. J. Physiol. **159**, 247 (1949). — [14] DAWSON, R. M. C.: Biochem. J. **49**, 138 (1951). — [15] GURDJIAN, E. S., J. E. WEBSTER and W. E. STONE: Proc. Ass. Res. nerv. ment. Dis. **26**, 184 (1947). — [16] STONE, W. E.: J. biol. Ch. **135**, 43 (1940). — [17] MCILWAIN, H., L. BUCHEL and J. D. CHESHIRE: Biochem. J. **48**, 12 (1951). — [18] OLSEN, N. S., and J. R. KLEIN: Arch. Biochem. **13**, 343 (1947). — [19] DAWSON, R. M. C.: Biochem. J. **47**, 386 (1950). — [20] ELLIOTT, K. A. C., and N. HENDERSON: Amer. J. Physiol. **165**, 365 (1951). — [21] IVANENKO, E. F., and A. O. VOINAR: Bull. exp. Biol. Med. (russ.) **14**, 11 (1942).

quantitativen Veränderungen bei kräftiger Stimulation[1] und Virusinfektion[2]. Gesteigerte motorische Aktivität (dauerndes Laufenlassen) führt zur Verminderung der Pentosenucleoproteidfraktion in den motorischen Ganglienzellen des Vorderhorns von Meerschweinchen auf $^1/_5$ des Ursprungswertes, die Abnahme der Eiweißfraktion ist geringer[3–5]. Die Veränderungen, die schon nach 1 Std ausgeprägt sind, werden innerhalb von 50 Std wieder ausgeglichen. Ähnliche oder tiefergreifendere Veränderungen treten in den Nervenzellen des Ganglion cochleare[6–8] nach akustischer und in denen des Ganglion vestibulare[9] nach rotatorischer Reizung auf. Die etwa 2% Nucleinsäuren und 20—30% Eiweiß enthaltenden Ganglienzellen des Ganglion cochleare, dessen Proteinfraktion anfänglich Zeichen gesteigerter Bildung erkennen läßt, verlieren nach starker akustischer Reizung innerhalb von 2 Wochen ihren Nucleinsäurebestand fast völlig, der der Eiweißkörper vermindert sich auf 2—8%. Nach 3 Wochen ist die ursprüngliche Konzentration wieder hergestellt. Das erste Anzeichen der Restaurationsphase ist die Ansammlung von Ribosenucleotiden und Proteinen stark basischen Charakters innerhalb des Cytoplasmas in der Nähe der Kernmembran. Außerordentlich starke — als Trauma wirkende — akustische Reizung führt neben Veränderungen der Proteinkonzentration zu Störungen der cytochemischen Organisation, die selbst nach 8 Wochen noch nicht überwunden sind[8].

Die *Zellsubstanz* von Ganglienzellen wird somit durch verstärkte Aktivität des Neurons erheblich verändert. Es ist dabei von besonderer Bedeutung, daß Ergebnisse, die bei unphysiologisch starke Reizung erzielt wurden, im Prinzip auf das Verhalten von Nervenzellen bei normaler Funktion übertragen werden können. Darüber hinaus haben Untersuchungen über Reizung des N. statoacusticus neben den charakteristischen Erscheinungen im Ganglion cochleare und vestibulare gleichzeitige Veränderungen in höheren Zentren ergeben, die als chemische Unterlage transneuraler Aktivität aufgefaßt werden können[10]. Die außerordentlich intensive Proteinsynthese in Nervenzellen (s. S. 745) findet in der deutlichen Beteiligung der Proteine an der Funktion der Neurone ihre Erklärung. Da die Funktion der betreffenden Neurone hochspezifisch und voneinander verschieden, die Veränderung der Proteine und Nucleoproteide bei ihrer Aktivität aber gleichbleibend ist, bieten Abbau und Erneuerung von Nucleoproteiden und Proteinen eine chemische Grundlage für die Neuronenfunktion, aber keine Erklärung ihrer Spezifität. Im Kleinhirn kann man hinsichtlich der Größe der Pentosenucleoproteidfraktion und in bezug auf das Resteiweiß 3 verschiedene Typen von PURKINJE-Zellen unterscheiden (s. S. 767), die den Windungen folgend jeweils in Gruppen mit ungefähr derselben Zusammensetzung beieinanderliegen. Ähnliche Verhältnisse gelten für die motorischen Vorderhornzellen im Rückenmark von Meerschweinchen, bei denen 2 Zelltypen vorhanden sind, die sich durch ihre Masse, den Gehalt an Proteinen und an Ribonucleinsäuren unterscheiden[5]. Es ist daher anzunehmen, daß der Verschiedenheit an Masse und chemischer Zusammensetzung bei den PURKINJE-Zellen Unterschiede im Funktionszustand zugrunde liegen[3].

Im Zusammenhang mit der Beteiligung der Nucleoproteide und der Proteine an der Funktion der Neurone kommt der *adäquaten Stimulation* für Entwicklung

[1] HAMBERGER, C.-A., u. H. HYDÉN: Acta oto-laryng., Stockholm, Suppl. **75**, 82 (1949). — [2] HYDÉN, H.: Cold Spring Harbor Symp. quant. Biol. **12**, 104 (1947). — [3] HYDÉN, H.: 3. Mosbacher Coll. S. 17, 19 (1952). — [4] HYDÉN, H.: Acta physiol. scand. **6**, Suppl. 17 (1943). — [5] GOMIRATO, G.: J. Neuropath. **13**, 359 (1954). — [6] HYDÉN, H., and C.-A. HAMBERGER: Acta oto-laryng., Stockholm, Suppl. **61** (1945). — [7] HAMBERGER, C.-A., u. H. HYDÉN: Acta oto-laryng., Stockholm, Suppl. **75**, 124 (1949). — [8] HYDÉN, H.: Nucleic acid. Symp. Soc. exp. Biol. **1**, 152 (1951). — [9] HAMBERGER, C.-A., u. H. HYDÉN: Acta oto-laryng., Stockholm, Suppl. **75**, 53 (1949). — [10] CASPERSSON, T. O.: Cell Growth and Cell Function. S. 130. New York 1950.

und Stoffwechsel der Neurone große Bedeutung zu. Bei jungen Kaninchen, die sich von Geburt an 10 Wochen in völliger Dunkelheit entwickelt hatten, beträgt die Zellmasse der Ganglienzellen der Retina nur $^1/_6$ derjenigen von Kontrolltieren, der Eiweißgehalt ist auf die Hälfte vermindert und Pentosenucleoproteide sind nicht nachweisbar[1]. In analoger Weise bringt Dunkeladaptation während 3 Std die Nucleoproteidfraktion zum Verschwinden. Tiere, die von ihrer Geburt an 10 Wochen in völliger Dunkelheit und anschließend 3 Wochen bei Tageslicht gelebt hatten, ließen im Vergleich zu normal aufgewachsenen Kontrolltieren in den Ganglienzellen der Retina bei normalisierter Eiweißkonzentration um die Hälfte erniedrigte Pentosenucleoproteide und etwa $^2/_3$ der Kontrollmasse erkennen. Für die Funktion der Sehbahn sowohl in ihrem peripheren Teil als auch für die komplizierte Funktion der höheren Gehirnzentren ist adäquate Stimulation während der ersten Lebensperiode von ausschlaggebender Bedeutung[2]. So lernen Menschen, die seit ihrer Geburt durch Katarakt blind sind, nur durch lange Übung Gegenstände zu unterscheiden, während regelrechtes unterscheidendes Sehen niemals möglich wird[3]. Ähnliche Ergebnisse lassen sich bei Schimpansen erhalten[4]. Die mit röntgenspektrographischer Methode erzielten Ergebnisse unterstreichen die Bedeutung der Anpassung adäquater Stimulation an das entsprechende Entwicklungsstadium. Möglicherweise liegen dem Prinzip der „Bahnung" — des Sicheinspielens erlernbarer Funktionen — ähnliche Vorgänge zugrunde.

Auch nach der *Excision des Axons* treten im Cytoplasma motorischer und sensorischer Ganglienzellen Veränderungen der Protein- und Nucleoproteidfraktion ein[5–7], die innerhalb von 14 Tagen zu fast völligem Verlust beider Fraktionen führen. Die Erneuerung der Proteine beginnt nach rund 1 Monat und ist ebenso wie die der Nucleoproteide mit früher Ansammlung der beiden Stoffe an der Kernmembran verbunden. Gegenteilige Ergebnisse[8] dürften methodisch bedingt sein[9].

Protein- und Nucleoproteidstoffwechsel der Ganglienzellen und psychische Funktion dürften ebenfalls in wechselseitigem Zusammenhang stehen. So scheint bei Manisch-Depressiven und in Fällen von Schizophrenie bei langer Dauer der Eiweiß- und Nucleotidgehalt verschiedener Nervenzellen erniedrigt zu sein[9,10]. Malonitril ($NC{-}CH_2{-}CN$), das in Dosen von 4 mg/kg Körpergewicht bei Kaninchen innerhalb 1 Std den Eiweiß- und Nucleotidgehalt der Nervenzellen unter Neubildung stark basischer Proteine verdoppelt, ruft beim Menschen (3—5 mg/kg) günstige psychische Stimulierung hervor[9,10]. Bei schweren, bis zu 20 Jahre dauernden Psychosen konnten neben psychischer Besserung katatone Erscheinungen aufgehoben werden. Der Effekt, der innerhalb von 48 Std eintritt, hält etwa 10 Tage an. In Fällen akuter Depression verschwanden die depressiven Symptome innerhalb 1 Std. Nicht nur motorische und sensorische Funktionen, sondern auch die psychische Aktivität werden durch das intracelluläre System der cytoplasmatischen Proteinsynthese beeinflußt und sind mit diesem eng verbunden.

Im allgemeinen scheint physiologische Stimulierung von Ganglienzellen zur Intensivierung der Protein- und Nucleoproteidsynthese zu führen. Erst bei unphysiologisch hohem Reiz übersteigt der Bedarf das Angebot, und es kommt zur Verminderung beider Fraktionen.

ε) Lipoidstoffwechsel und Hirnfunktion.

Über die Beziehungen zwischen Lipoiden, Lipoidstoffwechsel und Funktion des Nervensystems ist wenig bekannt. Die Tatsache der Freisetzung von Galaktose nach Injektion

[1] Brattgård, S. O.: Acta radiol., Stockholm, unveröffentlicht [Hydén, H.: 3. Mosbacher Coll. S. 20]. — [2] Hydén, H.: 3. Mosbacher Coll. S. 21. — [3] Senden, M. v.: Raum- und Gestaltauffassung bei operierten Blindgeborenen vor und nach der Operation. Leipzig 1932. — [4] Riesen, A. H.: Science, N. Y. **106**, 107 (1947). — [5] Landström-Hydén, H.: Nord. Med. **13**, 144 (1942). — [6] Hydén, H.: Acta physiol. scand. **6**, Suppl. **17** (1943). — [7] Hydén, H., u. B. Rexed: Z. mikroskop.-anat. Forsch. **54**, 352 (1943). — [8] Gersh, I., and D. Bodian: J. cellul. comp. Physiol. **21**, 253 (1943). — [9] Hydén, H.: Nucleic acid. Symp. Soc. exp. Biol. **1**, 152 (1951). — [10] Hydén, H.: Nord. Med. **22**, 904 (1944).

von Desoxycorticosteron (s. S. 736) und die deutlich herabgesetzte Phosphatidsynthese bei längerer Rotation von Versuchstieren (s. S. 738) weisen darauf hin, daß auch Verbindungen, die vorwiegend strukturellen Aufgaben zu dienen scheinen, mit der Funktion des Zentralnervensystems eng verbunden sind. Über die Beziehungen zwischen Lipoiden und der Nervenfunktion wurde S. 734 berichtet.

ζ) Hirnstoffwechsel und Narkose.

Während der Narkose ist der Hirnstoffwechsel in vivo und in vitro in jeweils charakteristischer Weise verändert (s. a. Tabelle 122, S. 810). Der Sauerstoffverbrauch des Gehirns ist in der Narkose in vivo[1,2] und in vitro[3-12] — in einer durch hohe K^+-Konzentrationen reversiblen Weise[3,4] — herabgesetzt. Auf Grund früherer Untersuchungen wurde die Funktionseinschränkung des Zentralnervensystems in der Narkose als Folge der Atmungshemmung angesehen und als Theorie für die Narkose die Hemmung des Kohlenhydratstoffwechsels angenommen[13]. Diese Auffassung schien durch zahlreiche Versuche bestätigt zu werden, da die Oxydation von Fructose[4], Glucose[5,14,15], Lactat[3,5] und von Pyruvat[3-5], Succinat[16,17], von Ascorbinat[17] und Glutaminat[4] durch zahlreiche Narkotica gehemmt wird, wohingegen die Hemmung der anaeroben Glykolyse umstritten ist[5,14,17,18]. Darüber hinaus scheinen einige Narkotica auch das Cytochromsystem beeinflussen zu können[5,17]. Die Diskussion um die Bedeutung der Atmungseinschränkung in der Narkose[19] ist durch neuere Untersuchungen im Sinne eines durch die Narkose bedingten verminderten Energiebedarfs entschieden, da im Gefolge einer primären Atmungshemmung eine Erschöpfung, nicht aber eine Anreicherung des Energiereservoirs zu erwarten wäre. Die *Einschränkung der Atmung* ist somit nicht Ursache, sondern Folge der Narkose. Die relativ hohen Konzentrationen an Phosphokreatin und ATP in vivo[20,21] bei geringem Gehalt an Milchsäure und vermindertem anorganischem Phosphat[21], die Abnahme der Ammoniakkonzentration im Gehirn[22], die Verminderung des Amino-N der freien Aminosäuren (vorwiegend Glutaminsäure) bei Erhöhung des Amid-N (vorwiegend Glutamin)[23] sowie der hohe Gehalt an Acetylcholin[24-26] sprechen trotz der Beeinflussung der die Regeneration von energiereichen Phosphatverbindungen unterhaltenden Oxydation von Glucose eindeutig für verminderten Energiebedarf des Gehirns in vivo.

Die bisherigen Ergebnisse würden eher für eine Beeinflussung von *Synapsen* sprechen, als deren Folge der Hirnstoffwechsel bei nunmehr herabgesetztem Energiebedarf absinkt. So hemmen verschiedene narkotisch wirkende Substanzen (Äther, Pentobarbiton, Chloroform und Methanol) im Ganglion cervicale superior (craniale) die sympathische Transmission bevor

[1] SCHMIDT, C. F., S. S. KETY and H. H. PENNES: Amer. J. Physiol. **143**, 33 (1945). — [2] HIMWICH, W. A., E. HOMBURGER, R. MARESCA and H. E. HIMWICH: Fed. Proc. **5**, 47 (1946). — [3] JOWETT, M., and J. H. QUASTEL: Biochem. J. **31**, 565 (1937). — [4] JOWETT, M., and J. H. QUASTEL: Biochem. J. **31**, 1101 (1937). — [5] MICHAELIS, M., and J. H. QUASTEL: Biochem. J. **35**, 518 (1941). — [6] QUASTEL, J. H.: Trans. Faraday Soc. **39**, 348 (1943). — [7] WEBB, J. L., and K. A. C. ELLIOTT: Fed. Proc. **9**, 243 (1950). — [8] CASE, E. M., and H. MCILWAIN: Biochem. J. **48**, 1 (1951). — [9] WESTFALL, B. A.: Amer. J. Physiol. **166**, 219 (1951). — [10] BRODY, T. M., and J. A. BAIN: Proc. Soc. exp. Biol. Med. **77**, 50 (1951). — [11] ELLIOTT, H. W., and V. C. SUTHERLAND: J. cellul. comp. Physiol. **40**, 221 (1952). — [12] MCILWAIN, H.: Biochem. J. **53**, 403 (1953). — [13] QUASTEL, J. H.: Physiol. Rev. **19**, 135 (1939). — [14] ELLIOTT, H. W., A. E. WARRENS and H. P. JAMES: J. Pharmacol. exp. Therap. **91**, 98 (1947). — [15] GREIG, M. E.: Arch. Biochem. **17**, 129 (1948). — [16] WATTS, D. T.: J. Pharmacol. exp. Therap. **95**, 117 (1949). — [17] WATTS, D. T.: Arch. Biochem. **25**, 201 (1950). — [18] GREIG, M. E., and R. S. HOWELL: Arch. Biochem. **19**. 441 (1948). — [19] BUTLER, T. C.: Pharmacol. Rev. **2**, 121 (1950). — [20] BUCHEL, L., and H. MCILWAIN: Nature **166**, 269 (1950). — [21] STONE, W. E.: J. biol. Ch. **149**, 29 (1943). — [22] RICHTER, D., and R. M. C. DAWSON: J. biol. Ch. **176**, 1199 (1948). — [23] ANSELL, G. B., and D. RICHTER: Biochem. J. **57**, 70 (1954). — [24] RICHTER, D., and J. CROSSLAND: Amer. J. Physiol. **159**, 247 (1949). — [25] ELLIOTT, K. A. C., R. L. SWANK and N. HENDERSON: Amer. J. Physiol. **162**, 469 (1950). — [26] HERKEN, H., u. D. NEUBERT: A. e. P. P. **219**, 223 (1953).

der Sauerstoffverbrauch zu fallen beginnt[1]. Andererseits schließt aber die bei Kaninchen, Meerschweinchen, Hamstern und Hunden, nicht aber bei Ratten mit Glucose, Pyruvat, Succinat und Fumarat zu erzielende Weckwirkung bei Barbitursäurenarkose[2] eine gewisse Beeinflussung des Kohlenhydratstoffwechsels nicht aus. Auch die Verminderung der Glutaminsäurekonzentration sowie die herabgesetzte Aktivität der Adenylsäuredesaminase[3] ist ebenso wie die Erhöhung der Glykogenkonzentration im Gehirn von Kaninchen und Mäusen[4,5] Ausdruck herabgesetzten Energiebedarfs, was vermutlich auch für die herabgesetzte Synthese von Phosphatiden und Nucleoproteiden unter Nembutalanaesthesie[6] gilt. In vivo dürfte während der Narkose die Synthese den Abbau überragen.

Unter *in vitro-Bedingungen* ist zwar in den meisten Fällen ebenso wie in vivo die Atmung von Hirngewebe durch Narkotica herabgesetzt, dagegen weisen energiereiche Phosphatverbindungen und anorganisches Phosphat Abweichungen vom Verhalten in vivo auf. Der Abfall der Atmung geht in vitro mit Verminderung des Phosphokreatingehaltes und Vermehrung von anorganischem Phosphat einher[7]. In vitro ist die Einschränkung der Hirnatmung mit herabgesetzter Phosphorylierung verbunden[8], die durch Thiopental ($5—7{,}5 \times 10^{-4}$ m) in Hirnhomogenaten bei erst 20—40%iger Hemmung der Atmung völlig aufgehoben werden kann[9]. Dieser Befund, der ebenfalls die Erklärung der Barbitursäurewirkung durch „Oxydationshemmung" in Frage stellt, weist ebenso wie das Verhalten des Hirnstoffwechsels bei Hypoxie darauf hin, daß die Atmungskettenphosphorylierung offenbar empfindlicher reagiert als die als Bruttosauerstoffaufnahme gemessene „Atmung". Die gesteigerte Milchsäurebildung[7,10-14] in der Narkose in vitro erklärt sich zwanglos aus der Beeinflussung der Phosphorylierung. Man muß daher unter in vitro-Bedingungen — abweichend von dem Verhalten in vivo — mit der Möglichkeit rechnen, daß narkotisch wirkende Pharmaka die Aktivität energieerfordernder biologischer Prozesse durch Beeinflussung der Atmungskettenphosphorylierung einschränken[8,9]. Ebenso wie 2,4-Dinitrophenol scheinen somit gewisse vorwiegend der Barbitursäurereihe angehörige Pharmaka Oxydation und Phosphorylierung zu entkoppeln. Es darf aber nicht übersehen werden, daß in vitro, z. B. Pentobarbital, die Bildung energiereicher Phosphatverbindungen nur in dem Ausmaß hemmt, wie es mit der Sauerstoffaufnahme interferiert, so daß auch diese Wirkung bereits indirekt sein kann. So bleibt mit Pyruvat als Substrat der P/O-Quotient bei gleichbleibender Senkung konstant[8], während die Succinatoxydation und die mit ihr verbundene Phosphorylierung unbeeinflußt bleiben. Möglicherweise beruht die analeptische Wirkung von Succinat bei Barbitursäurevergiftung[15] auf der ungestörten Oxydation und der Bildung von für die Energieübertragung wesentlichen Phosphatestern. Durch die Oxydation von Succinat zu Fumarat wird wahrscheinlich nur eine Phosphatbindung gebildet[16]. Da die Oxydation von Fumarsäure durch Pentobarbital gehemmt wird und der P/O-Quotient mit Succinat selbst bei hoher Barbituratkonzentration 1,4 beträgt, ist es wahrscheinlich, daß beim Transport eines

---

[1] LARRABEE, M. G., J. G. RAMOS and E. BULBRING: Fed. Proc. **9**, 75 (1950). — [2] LAMSON, P. D., M. E. GREIG, and B. H. ROBBINS: Science, N. Y. **110**, 690 (1949). — [3] DAWSON, R. M. C.: Biochem. J. **49**, 138 (1951). — [4] IVANENKO, E. F., u. A. O. VOINAR: Bull. exp. Biol. Med. (russ.) **14**, 11, 56 (1942). — [5] PALLADIN, A. W.: Biochimija, Moskva **17**, 456 (1952). — [6] DAWSON, R. M. C., and D. RICHTER: Proc. R. Soc. London (B) **137**, 252 (1950). — [7] BUCHEL, L., and H. McILWAIN: Nature **166**, 269 (1950). — [8] EILER, J. J., and W. K. McEWEN: Arch. Biochem. **20**, 163 (1949). — [9] BRODY, T. M., and J. A. BAIN: Proc. Soc. exp. Biol. Med. **77**, 50 (1951). — [10] WARBURG, O.: B. Z. **172**, 432 (1926). — [11] HUTCHINSON, M. C., and E. STOTZ: J. biol. Ch. **140**, LXV 1941). — [12] BUCHEL, L., and H. McILWAIN: Brit. J. Pharmacol. **5**, 465 (1950). — [13] ROSENBERG, A.-J., L. BUCHEL, N. ETLING et J. LÉVY: Cr. **230**, 480 (1950). — [14] WEBB, J. L., and K. A. C. ELLIOTT: J. Pharmacol. exp. Therap. **103**, 24 (1951). — [15] BARRETT, R. H.: Curr. Res. Anesth. & Analg. **26**, 74, 105 (1947). — [16] OCHOA, S.: Ann. N. Y. Acad. Sci. **47**, 835 (1947).

Elektronenpaares von Succinat über das Cytochromsystem zum Sauerstoff mehr als nur eine P-Bindung entsteht (s. a. den korrigierten Wert von 2, S. 730).

Die Diskrepanzen hinsichtlich der experimentellen Befunde in vivo und in vitro sind bisher nicht ganz erklärbar. Ein sehr wesentlicher Grund scheint der Aktivitätszustand des Hirngewebes im Augenblick der Untersuchung zu sein. Während in vivo z. B. die elektrische Aktivität des Gehirns in der Narkose herabgesetzt ist[1,2], geben Hirnschnitte in vitro keine Anzeichen elektrischer Aktivität[3]. Bei der Applikation elektrischer Impulse auf Hirnschnitte in vitro[4,5] sowie bei chemischer Reizung des Hirnstoffwechsels durch Kaliumsalze oder 2,4-Dinitrophenol[6] ließen sich dagegen auch in vitro gewisse den Verhältnissen in vivo analoge Ergebnisse in der Narkose erreichen. So senken Phenobarbiton, Butobarbiton und Allobarbiton als aromatische, aliphatische und ungesättigte Barbiturate ebenso wie Chloral in vitro in kleineren Konzentrationen unterhalb 10^{-3} m nur die Sauerstoffaufnahme des gereizten Gewebes[6]. Während im ungereizten Hirngewebe in vitro diese Verbindungen die Milchsäurebildung steigern, senken sie die durch elektrische Reizung von 20—30 auf 99 μmol je g/Std erhöhte Milchsäurebildung. Auch die durch 2,4-Dinitrophenol bei 5×10^{-5} m maximal und durch KCl (0,033 m) stark gesteigerte O_2-Aufnahme des Gehirns wird durch diese Verbindungen in Konzentrationen gehemmt, die auf die Atmung des ungereizten Gewebes ohne Einfluß bleiben. Die Einwirkung der Narkotica gleicht somit in vitro nur in stimuliertem Gewebe dem Verhalten in vivo, indem die Einschränkung energieverbrauchender gegenüber energieerfordernden Reaktionen das biochemische Verhalten des Gewebes erklärt.

Tägliche intraperitoneale Zufuhr von 45 mg Na-thiopental je kg führt bei Mäusen innerhalb weniger Tage zur Gewöhnung mit drastischer Verkürzung der Schlafdauer, obgleich im homogenisierten Gehirn derartiger Tiere die Oxydation von Glucose, Brenztraubensäure und Milchsäure ebenso gehemmt wird wie bei Kontrolltieren[7]. Da die anaerobe Glykolyse, die Aktivität der Succinodehydrogenase und die Aktivität der Cytochromoxydase sich unter diesen Umständen ebenfalls nicht ändern, dürfte die Depression der Hirnatmung durch Narkotica nicht der einzige durch sie beeinflußte Mechanismus sein. Im peripheren Nerven sinkt bei irreversibler Narkose die Menge des extrahierbaren Acetylcholins um mehr als $^1/_3$ ab[8].

η) Hirnstoffwechsel bei Krämpfen.

Bei Anwendung von Krampfgiften bzw. bei elektrischer Reizung erleidet Hirngewebe gegenteilige Veränderungen wie im Zustande der Narkose. Bereits unter normalen Bedingungen ist ein ständiger Energieaufwand notwendig, um das Gehirn im Zustande der Erregbarkeit zu erhalten. Der durch Zufuhr von Glucose und O_2 gewährleistete Energiebedarf des Gehirns ist bei Krämpfen stark gesteigert. In besonderen Fällen besteht ein Mißverhältnis zwischen starkem Energieverlust und mangelhaftem Energieangebot. So steigert elektrische Reizung in vitro die Atmung von Hirngewebe auf das Doppelte, die aerobe Glykolyse als Zeichen mangelhaften Energieangebotes auf das Dreifache[4,5]. Das gleiche gilt für die gesteigerte Entladung energiereicher Phosphatverbindungen, die bei starkem Energiebedarf und mangelhaftem Angebot zum Zerfall von Phosphokreatin führt[9,10] (s. PASTEUR-Effekt, S. 731). Die biochemischen Reaktionen des Gehirns auf elektrische Reizung dürften durch unmittelbare Beteiligung der Mitochondrien zustande kommen, da elektrische Reizung von Mitochondriensuspensionen aus Rattengehirn die O_2-Aufnahme verdoppelt und die Atmungskettenphosphorylierung zu 75% hemmt[11]. Die biochemischen Veränderungen des

---

[1] BRAZIER, M. A. B., and J. E. FINESINGER: Arch. Neurol. Psychiatr. **53**, 51 (1945). — [2] WIKLER, A.: Pharmacol. Rev. **2**, 435 (1950). — [3] MCILWAIN, H., and S. OCHS: Amer. J. Physiol.: Amer. J. Physiol. **171**, 128 (1952). — [4] MCILWAIN, H.: Biochem. J. **49**, 382 (1951). — [5] MCILWAIN, H.: Biochem. J. **50**, 132 (1951). — [6] MCILWAIN, H.: Biochem. J. **53**, 403 (1953). — [7] HUBBARD, T. F., and L. R. GOLDBAUM: Proc. Soc. exp. Biol. Med. **74**, 362 (1950). — [8] KEPKA, O. J.: Z. Vit.-, Horm.-Ferm.-Forsch. **5**, 35 (1952). — [9] MCILWAIN, H., G. ANGUIANO and J. D. CHESHIRE: Biochem. J. **50**, 12 (1951). — [10] MCILWAIN, H., and M. B. R. GORE: Biochem. J. **50**, 24 (1951). — [11] ABOOD, L. G., and R. W. GERARD: Fed. Proc. **12**, 3 (1953).

Gehirns im Verlaufe von Krampfanfällen erklären sich durch die bis auf das äußerste gesteigerten Energieanforderungen und bestehen im Zerfall energiereicher Phosphatverbindungen, gesteigertem Umsatz von Glucose und erhöhtem Sauerstoffverbrauch[1–4]. Der Abfall der Konzentrationen von Glucose, Glykogen, ATP und Phosphokreatin sowie die Erhöhung der Milchsäurewerte, von ADP und anorganischem Phosphat erklären sich durch gesteigerte Umsetzungen. Die Vermehrung der Glykogenkonzentration im Gehirn von Mäusen nach tonischen und klonischen Krämpfen[5,6], die in Hirnrinde und Medulla oblongata deutlich, in Kleinhirn und Rückenmark nur schwach ausgeprägt sein soll, dürfte eine Ausnahme darstellen. Nach diesen Untersuchungen ist der allgemeine Anstieg der Milchsäurekonzentration[7–15] bereits durch unterschwellige Reize zu erzielen[5]. Der aerob und anaerob stattfindende Milchsäureanstieg kann das 3—4fache der Norm erreichen. Da der Durchtritt von Milchsäure durch die Blut-Hirnschranke relativ langsam geschieht und bereits unter physiologischen Bedingungen rund 15% der Glucose zu Milchsäure glykolysiert werden[16], steigt die Milchsäurekonzentration des Gehirns vorübergehend stark an. Der Anstieg der Brenztraubensäurekonzentration im Gehirn von Affen[14] ist analog bedingt.

Es ist sehr wahrscheinlich, daß die geschilderten Veränderungen Folge, nicht Ursache der Krämpfe sind, und man kann annehmen, daß der Zerfall labiler Phosphatverbindungen zu den ersten Reaktionen des Hirnstoffwechsels auf gesteigerten Energiebedarf gehört und daß Steigerung der Atmung und — da diese zur Energielieferung nicht ausreicht — auch der Glykolyse folgen. Bereits 1 sec nach elektrischer Reizung ist die Phosphokreatinkonzentration um 50% herabgesetzt[17], was — vermutlich bedingt durch stärkere Phosphorylierung von Glucose — mit vorübergehendem Anstieg von Hexosephosphaten einhergeht. Auch die mit der Freisetzung von anorganischem Phosphat verbundene Rückkehr der Hexosephosphatkonzentration zur Norm innerhalb von 10 sec geschieht vor dem Einsetzen der Krämpfe. Nach Unterbrechung der elektrischen Reizung kehrt die Atmung innerhalb weniger Minuten auf den Ausgangswert zurück[12], die Glykolyse erreicht die Werte des normalen Gewebes[18], die labilen Phosphatverbindungen werden schnell neugebildet[12,17]. Innerhalb kurzer Zeit werden bei absinkender Atmung und Glykolyse bei normalisiertem Energiebedarf Kreatinphosphat und ATP resynthetisiert. Die Resynthese von Phosphokreatin beträgt nach elektrischer Reizung des Gehirns 1,25 mg/g Frischgewicht je min[17]. Der stärkere Abfall von Phosphokreatin gegenüber dem von ATP[19] bei kurzdauernder Reizung entspricht den Vorstellungen über die Funktion des Phosphokreatins als Energiespeicher (s. S. 771). Bei emotioneller Erregung von Ratten, die zur Erhöhung der Milchsäurekonzentration im Gehirn führt[20], kann die Resynthese von Phosphokreatin zu 13% über der Norm liegenden Werten führen[17].

Die neben dem Großhirn besonders Kleinhirnrinde, Basalganglien und Hirnstamm[21] betreffende Steigerung der Atmung nach Reizung des Gehirns, die auch die Aktivität

---

[1] Gurdjian, E. S., J. E. Webster and W. E. Stone: Publ. Ass. Res. nerv. ment. Dis. **26**, 184 (1947). — [2] Olsen, N. S., and J. R. Klein: Res. Publ. Ass. nerv. ment. Dis. **26**, 118 (1947). — [3] Richter, D.: Perspectives in Neuropsychiatry. S. 95. London 1950. — [4] Kratzing, C. C.: Biochem. J. **54**, 312 (1953). — [5] Chance, M. R. A., and D. C. Yaxley: J. exp. Biol. **27**, 311 (1950). — [6] Chance, M. R. A.: Brit. J. Pharmacol. **6**, 1 (1951). — [7] Stone, W. E.: Biochem. J. **32**, 1908 (1938). — [8] McIlwain, H.: Biochem. J. **48**, LVI (1951). — [9] McIlwain, H.: Biochem. J. **49**, 382 (1951). — [10] Kratzing, C. C.: Biochem. J. **50**, 253 (1951). — [11] McIlwain, H.: Brit. J. Pharmacol. **6**, 531 (1951). — [12] McIlwain, H., and M. B. R. Gore: Biochem. J. **50**, 24 (1951). — [13] Bain, J. A., and G. H. Pollock: Proc. Soc. exp. Biol. Med. **71**, 495 (1949). — [14] Bain, J. A., G. H. Pollock and S. N. Stein: Proc. Soc. exp. Biol. Med. **71**, 497 (1949). — [15] McIlwain, H.: Biochem. J. **53**, 403 (1953). — [16] Gibbs, E. L., W. G. Lennox, L. F. Nims and F. A. Gibbs: J. biol. Ch. **144**, 325 (1942). — [17] Richter, D., and R. M. C. Dawson: Biochem. J. **44**, XLVII (1949). — [18] McIlwain, H., G. Anguiano and J. D. Cheshire: Biochem. J. **50**, 12 (1951). — [19] Dawson, R. M. C., and D. Richter: Amer. J. Physiol. **160**, 203 (1950). — [20] Richter, D., and R. M. C. Dawson: Nature **161**, 205 (1948). — [21] McIlwain, H.: Biochem. J. **50**, 132 (1951).

der Cytochromoxydase betrifft[1], kann durch Atropin eingeschränkt werden[2–4]. Atropin, Hyoscin, Hyoscyamin und Cocain, die in Konzentrationen von 10^{-3} bis 10^{-4} m die Atmung normalen Hirngewebes nicht beeinflussen, senken Atmung und Glykolyse des durch elektrische Reizung erregten Gehirns. Eserin, Acetylcholin, Tubocurarin sind ohne Einfluß[4]. Auch in der Wirkung verschiedener krampferzeugender Verbindungen bestehen Unterschiede zwischen den in vivo- und den in vitro-Befunden[5]. Offenbar scheinen nur elektrisch ausgelöste Krämpfe mit in vivo und in vitro gleichförmigen biochemischen Veränderungen einherzugehen.

Die Konzentration an Acetylcholin, die besonders eng mit der nervösen Funktion verbunden ist, erfährt unmittelbar nach Einschalten des Stromes einen plötzlichen Sturz und anschließend eine Rückkehr zum Ausgangswert[6]. Mit dem Beginn der erst 8—15 sec später einsetzenden klonischen Krämpfe tritt ein zweiter, fast ebenso schneller Abfall der Konzentration ein. Mit der Erschöpfung des Acetylcholins kommen die Krämpfe zum Stillstand. Zur Ausübung von Konvulsionen scheint somit ein adäquater Stand des Acetylcholinniveaus notwendig zu sein[7]. Dies stimmt mit der Beobachtung überein, daß abgelaufene Krämpfe durch Applikation von Acetylcholin erneut ausgelöst werden können[8]. Elektrische Reizung scheint somit eine Dissoziation des gebundenen Acetylcholinkomplexes zu bedingen, bei der das frei gewordene Acetylcholin durch die Acetylcholinesterase schnell hydrolysiert wird. Dementsprechend erhöht elektrische Reizung von mit Eserin behandelten Hirnschnitten die Acetylcholinkonzentration der Suspensionsflüssigkeit über 40% und erniedrigt den Gehalt an gebundenem Acetylcholin in den Schnitten um 25%[9]. Nach anderen Untersuchungen können Krämpfe nicht durch Mangel an Acetylcholin zum Stillstand kommen, und es dürfte fraglich sein, ob dem Acetylcholin bei der Genese generalisierter Krämpfe eine Bedeutung zukommt[10]. Bei elektrisch und durch Scillirosid (s. Bd. **1**, S. 419) induzierten Krämpfen blieb der Acetylcholingehalt im Gehirn von Ratten unverändert. Ein Teil des freigesetzten Acetylcholins wird durch die Cholinesterase schnell abgebaut, ein anderer Teil gelangt ins Blut und den Liquor cerebrospinalis, dessen Konzentration an Acetylcholin unter diesen Bedingungen erhöht ist[11]. Da beim Zerfall von 1 Molekül Phosphokreatin 5 Moleküle Acetylcholin gebildet werden können, dürfte in Anbetracht der mit 1,25 mg/g/min angegebenen Resynthese von Phosphokreatin eine ausreichende Energiereserve für die nach elektrischer Reizung sich anschließende 7 γ/g/min betragende Resynthese von Acetylcholin zur Verfügung stehen.

Entgegengesetzt dem Verhalten des Acetylcholins steigt die Ammoniakkonzentration im gereizten Hirngewebe — bereits im präkonvulsivischen Stadium[12] — an[12–14], ohne mit Veränderungen der Glutaminkonzentration einherzugehen. Möglicherweise ist die frühzeitige Ammoniakfreisetzung an der Auslösung von Krämpfen mitbeteiligt, wofür die krampfhemmende Wirkung von Glutaminsäure[15,16] durch „Entgiftung" des Ammoniaks zu Glutamin sprechen kann.

Obgleich der Abfall des Sauerstoffpartialdrucks dem Beginn der Krämpfe zeitlich vorgelagert sein kann[17], dürften die biochemischen Veränderungen des Gehirns unter diesen Um-

[1] Torda, C., and H. G. Wolff: Proc. Soc. exp. Biol. Med. **74**, 744 (1950). — [2] McIlwain, H.: Biochem. J. **50**, 132 (1951). — [3] McIlwain, H.: Brit. J. Pharmacol. **6**, 531 (1951). — [4] McIlwain, H.: Biochem. J. **53**, XVIII (1953). — [5] Anguiano, G., and H. McIlwain: Brit. J. Pharmacol. **6**, 448 (1951). — [6] Richter, D., and J. Crossland: Amer. J. Physiol. **159**, 247 (1949). — [7] Forster, F. M.: Arch. Neurol. Psychiatr. **54**, 391 (1945). — [8] Hyde, J., S. Beckett and E. Gellhorn: J. Neurophysiol. **12**, 17 (1949). — [9] Rowsell, E. V.: Biochem. J. **55**, V (1953). — [10] Herken, H., u. D. Neubert: A. e. P. P. **219**, 223 (1953). — [11] Tower, D. B., and D. McEachern: Canad. J. Res. (E) **27**, 120 (1949). — [12] Richter, D., and R. M. C. Dawson: J. biol. Ch. **176**, 1199 (1948). — [13] Weil-Malherbe, H.: Physiol. Rev. **30**, 549 (1950). — [14] Weil-Malherbe, H.: Metabolism and function in nervous tissue. Biochem. Soc. Symp. **8**, 16 (1952). — [15] Sapirstein, M. R.: Proc. Soc. exp. Biol. Med. **52**, 334 (1943). — [16] Davenport, V. D., and H. W. Davenport: J. Nutrit. **36**, 263 (1948). — [17] Davis, E. W., W. S. McCulloch and E. Roseman: Amer. J. Psychiatr. **100**, 825 (1944).

ständen nicht dem möglichen Abfall der Sauerstoffspannung zuzuschreiben sein, da sie bei Sauerstoffsättigung des cerebralen Blutes und Lähmung der Muskulatur durch Dihydro-β-erythroidin[1] unverändert bestehen bleiben[2]. Auch Anoxämie kann die Ursache von Krämpfen sein, die ihrerseits den an sich unter anoxischen Bedingungen unterbrochenen Energielieferungsprozeß zusätzlich belasten.

ϑ) Hormonale Beeinflussung des Hirnstoffwechsels.

Der Einfluß der *Schilddrüse* auf den Stoffwechsel des Gehirns dürfte teilweise noch ungeklärt sein. Die von einigen Autoren[3,4] angenommene Steigerung des Hirnstoffwechsels bei hyperthyreotischen Tieren konnte von anderer Seite nicht bestätigt werden[5-8]. Bei jungen Ratten, die durch Verabfolgung von Thyroxin an die Muttertiere hyperthyreoidisiert waren, ergab der Sauerstoffverbrauch des Hirngewebes in vitro mit Glucose als Substrat keinen Unterschied zu dem Verhalten der Kontrolltiere[8], was auch für den Q_{O_2} der grauen Hirnsubstanz von mit Thyroxin behandelten erwachsenen Ratten gilt[9]. Während in vivo der Hirnstoffwechsel bei Kretins[10] und bei Patienten mit Myxödem[11] herabgesetzt ist und nach Einsetzen der Therapie gesteigert wird[10,11], konnte bei hyperthyreotischen Zuständen kein signifikanter Anstieg des Hirnstoffwechsels beobachtet werden[11]. Der bei 11 Kretins nach Schilddrüsentherapie im Durchschnitt um 32% gesteigerte Hirnstoffwechsel[10] dürfte die Grundlage für die Steigerung der geistigen und psychischen Aktivität dieser Kranken darstellen. Die Aktivität der Hexokinase des Gehirns wird im Gegensatz zu dem Verhalten in der Muskulatur durch hohe Dosen von Thyroxin nicht beeinflußt[12].

Nach *Hypophysektomie* ist die Atmung des Gehirns nicht meßbar beeinflußt, die anaerobe Glykolyse um 25 % gesteigert[4], nach anderen Ergebnissen deutlich gesenkt[13]. Behandlung mit thyreotropem Hormon ruft bei hypophysektomierten Tieren Steigerung der Sauerstoffaufnahme des Gehirns hervor, während die zunächst gesteigerte anaerobe Glykolyse innerhalb von 5—8 Tagen auf die Norm absinkt. Die Aktivität der Hexokinase ist in der grauen Substanz nach Hypophysektomie gesteigert[14], was ebenso wie der erheblich gesteigerte Einbau von ^{32}P mit der möglichen Erhöhung der anaeroben Glykolyse in Zusammenhang stehen dürfte[15]. Die Steigerung von P-Aufnahme und anaerober Glykolyse nach Hypophysektomie kann durch corticotropes Hormon verhindert werden.

Im Zustande des *Hypopituitarismus* sowie bei erwachsenen Eunuchen ist der Hirnstoffwechsel herabgesetzt, obgleich der Verbrauch von Glucose gesteigert sein soll, was nach Hypophysektomie beim Menschen (bei Melanosarkom) besonders ausgeprägt ist. Bei präadolescenten Eunuchen ist der Verbrauch von Sauerstoff und Glucose im Gehirn gesteigert[16]. Es ist möglich, daß die verminderte Sauerstoffaufnahme des Gehirns bei Hypopituitarismus teilweise durch herabgesetzte Schilddrüsenfunktion zu erklären ist, da auch bei hypothyreotischen Menschen

---

[1] STONE, W. E., J. E. WEBSTER and E. S. GURDJIAN: J. Neurophysiol. **3**, 233 (1945). — [2] RICHTER, D.: Metabolism and function in nervous tissue. Biochem. Soc. Symp. **8**, 62 (1952). — [3] COHEN, R. A., and R. W. GERARD: J. cellul. comp. Physiol. **10**, 223 (1937). — [4] MACLEOD, L. D., and M. REISS: Biochem. J. **34**, 820 (1940). — [5] SPIRTES, M. A.: Proc. Soc. exp. Biol. Med. **46**, 279 (1941). — [6] GORDON, E. S., and A. E. HEMING: Endocrinology **34**, 353 (1944). — [7] FAZEKAS, J. F.: Fed. Proc. **5**, 26 (1946). — [8] FAZEKAS, J. F., F. B. GRAVES and R. W. ALMAN: Endocrinology **48**, 169 (1951). — [9] BROPHY, D., and D. MCEACHERN: Proc. Soc. exp. Biol. Med. **70**, 120 (1949). — [10] HIMWICH, H. E., C. DALY and J. F. FAZEKAS: Amer. J. Psychiatr. **98**, 489 (1942). — [11] SCHEINBERG, P.: Fed. Proc. **9**, 113 (1950). — [12] SMITH, R. H., and H. G. WILLIAMS-ASHMAN: Biochim. biophysica Acta, N. Y. **7**, 295 (1951). — [13] ABOOD, L. G., and J. J. KOCSIS: Proc. Soc. exp. Biol. Med. **75**, 55 (1950). — [14] REISS, M., and D. S. REES: Endocrinology **41**, 437 (1947). — [15] REISS, M., F. E. BADRICK and J. H. HALKERSTON: Biochem. J. **44**, 257 (1949). — [16] GORDAN, G. S., R. C. BENTINCK and E. EISENBERG: Ann. N.Y. Acad. Sci. **54**, 575 (1951).

die Sauerstoffaufnahme des Gehirns herabgesetzt wird[1, 2]. Der Sauerstoffverbrauch des Gehirns nach Hypophysektomie wird durch Desoxycorticosteron gehemmt, der von Glucose soll gefördert werden. Die O_2-Aufnahme bleibt dagegen bei Patienten mit Hypopituitarismus durch Desoxycorticosteron unbeeinflußt und wird bei testiculären Eunuchen und erwachsenen männlichen Kastraten (Kastration bei Prostatacarcinom) gesteigert.

Bei der Einwirkung von *Insulin* auf den Hirnstoffwechsel ist seine Funktion bei physiologischer Dosierung von dem Verhalten des Hirnstoffwechsels im Coma hypoglycaemicum zu trennen. Auf Grund indirekter Hinweise besteht neben der — noch umstrittenen — Beeinflussung der Hexokinase die Möglichkeit, daß Insulin durch Verbesserung der Kopplung zwischen Oxydation und Phosphorylierung in den Kohlenhydratstoffwechsel eingreift[3]. Im Gehirn alloxandiabetischer Tiere sind die Atmung und besonders die Phosphokreatinsynthese herabgesetzt[4]. Insulinbehandlung alloxandiabetischer Tiere normalisiert die Phosphokreatinsynthese im Gehirn, ohne die Atmung signifikant zu beeinflussen. In Gegenwart von Malat und Succinat läßt sich auch in vitro die unter Insulin gesteigerte oxydative Synthese von Phosphokreatin nachweisen[4]. In Gegenwart von Succinat, nicht aber in der von Malat wird die Sauerstoffaufnahme des Gehirns erhöht; die Steigerung entspricht aber nicht der stärkeren Beschleunigung der Phosphokreatinsynthese.

Über den Hirnstoffwechsel bei Diabetes mellitus s. S. 822, bei Insulinhypoglykämie s. S. 823, Insulin und Hexokinase s. S. 712.

Die verschiedenen *Steroidhormone* üben einen deutlichen Einfluß auf den Hirnstoffwechsel aus. Mit Ausnahme von Diäthylstilböstrol hemmen Östradiol, Testosteron, Methyltestosteron, Progesteron und besonders Desoxycorticosteron und Stilböstrol sowie Dehydroisoandrosteron[5] die Sauerstoffaufnahme von Hirngewebe in vitro in Gegenwart von Glucose[6] und Pyruvat, dagegen wird die Oxydation von Succinat wenig beeinflußt. Cholesterin entfaltet nur geringe Wirkungen. Desoxycorticosteron ist das die Atmung von Hirngewebe am meisten beeinflussende Steroid[5, 6], was den Ergebnissen über die Hemmung der Hirnatmung von Ratten durch Gesamtextrakt der Nebennierenrinde und durch krystallines Corticosteron entspricht[7].

Der Angriffspunkt der Steroidwirkung auf den Hirnstoffwechsel ist noch unklar; er scheint aber an die in abzentrifugierbaren Zellpartikeln ablaufenden Oxydationsvorgänge gebunden zu sein[5]. Da die Wirkung für Gehirn weitgehend spezifisch ist, dürfte sie nicht allein auf die molekulare Struktur der Steroide zurückzuführen sein. Methylenblau (6×10^{-5} m) kann die Hemmung des Succinoxydasesystems im Gehirn von Ratten durch Stilböstrol aufheben, es beeinflußt dagegen nicht die durch Steroide induzierte Einschränkung der Sauerstoffaufnahme mit Glucose als Substrat[8], so daß die Beeinflussung der Cytochromoxydase unwahrscheinlich ist. Die Wirkung der Steroide scheint in der Oxydationskette vor den Flavoproteiden gelegen zu sein und möglicherweise die Dehydrogenasen zu betreffen. Die Hemmung der Hirnatmung in vitro kann allerdings nur durch relativ hohe Konzentrationen erreicht werden — Desoxycorticosteron senkt in einer Konzentration von 30 γ/cm^3 Inkubationslösung die Grundatmung um 68% (s.[5]). Steigende Dosen von Desoxycorticosteron rufen zunehmende Hemmung der Atmung bei verlängerter Inkubationszeit hervor, wobei der einmal erreichte maximale Effekt über längere Zeit unverändert wirksam ist[8].

---

[1] Scheinberg, P., E. A. Stead jr., E. S. Brannon and J. V. Warren: J. clin. Invest. **29**, 1139 (1950). — [2] Himwich, H. E., C. Daly and J. F. Fazekas: Amer. J. Psychiatr. **98**, 489 (1942). — [3] Stadie, W. C.: Yale J. Biol. Med. **16**, 539 (1944). — [4] Goranson, E. S., and S. D. Erulkar: Arch. Biochem. **24**, 40 (1949). — [5] Hayano, M., S. Schiller and R. I. Dorfman: Endocrinology **46**, 387 (1950). — [6] Gordan, G. S., and H. W. Elliott: Endocrinology **41**, 517 (1947). — [7] Tipton, S. R.: Amer. J. Physiol. **127**, 710 (1939). — [8] Gordan, G. S., R. C. Bentinck and E. Eisenberg: Ann. N. Y. Acad. Sci. **54**, 575 (1951).

Bei *jungen, kastrierten männlichen Ratten* ist der Sauerstoffverbrauch des Gehirns im Durchschnitt um 32% gegenüber dem von Kontrolltieren gesteigert. Kastrierte, 30 Tage mit 1 mg Testosteronpropionat behandelte Tiere weisen einen fast normalen, nur gering gesteigerten Sauerstoffverbrauch auf[1]. Bei älteren oder schlecht ernährten männlichen Ratten führt die Kastration nicht zur Erhöhung der Hirnatmung[2]. In vitro ruft der Zusatz von Testosteron im Hirngewebe normaler und in dem kastrierter mit Testosteron behandelter Tiere deutliche, in dem von unbehandelten Tieren schwächere Depression der Sauerstoffaufnahme hervor. Da bei männlichen Ratten die durch Kastration gesteigerte Hirnatmung auch durch adrenocorticotropes Hormon (ACTH) auf normale Werte gesenkt werden kann[3], dürften auch die Nebennieren in vivo eine gewisse physiologische „Bremswirkung" auf den Hirnstoffwechsel ausüben. Die Wirkung von Testosteronpropionat auf die Hirnatmung männlicher kastrierter Ratten ist unspezifisch und wird ebenso oder ähnlich durch Methyltestosteron, unverestertes Testosteron, Testosteron-cyclopentylpropionat, Progesteron und Desoxycorticosteronacetat und etwas schwächer durch Östradioldipropionat erzeugt[3].

Auch *in vivo* dürften die *Steroide* den Hirnstoffwechsel beeinflussen. So vermindert Desoxycorticosteron bei epileptischen Patienten die Häufigkeit der Anfälle[4–6] und erhöht bei Ratten die Krampfschwelle für die Auslösung von Elektroschockanfällen[7]. Auch die elektroencephalographischen Veränderungen beim Morbus ADDISON — besonders langsame Wellen[8–11] — können durch verschiedene Steroide, Nebennierenextrakt[8–10] und Cortison aufgehoben werden[11]. Injektion von 50 mg Desoxycorticosteronglucosid schränkt bei Epileptikern unmittelbar — aber nur vorübergehend — die elektroencephalographischen Veränderungen ein[5]. Beim gesunden Menschen werden cerebraler Sauerstoffverbrauch und die CO_2-Produktion nicht eindeutig beeinflußt, obgleich Desoxycorticosteron auch hier — wie sich aus der gelegentlichen Freisetzung von Glucose und von Galaktose ergibt — in den Hirnstoffwechsel eingreifen dürfte[2]. Der Glykogengehalt der grauen und weißen Substanz des menschlichen Gehirns wird durch Desoxycorticosteron nicht eindeutig beeinflußt. Nur in 3 von 10 Fällen konnte in der weißen Substanz eine Verminderung der Cerebrosidkonzentration (Galaktosebestimmung) durch Desoxycorticosteron beobachtet werden. Bei beiden Geschlechtern scheint die Konzentration der Galaktose enthaltenden Lipoide des Gehirns durch Kastration reduziert zu werden[12]. Nur in einzelnen Fällen kann Desoxycorticosteron das Hirnglykogen mobilisieren. Die nach Hypophysektomie reduzierte Glykogenkonzentration des Gehirns kann durch Behandlung mit adrenocorticotropem Hormon (ACTH) normalisiert werden[13].

Bei allen Formen der Unterfunktion eines oder mehrerer Steroidhormone scheint der Glucoseverbrauch des menschlichen Gehirns erhöht zu sein, was mit der Vorstellung der physiologischen „Bremswirkung" von Steroiden auf den Hirnstoffwechsel übereinstimmt. Das Verhältnis der cerebralen arterio-venösen Glucosedifferenz zum Sauerstoffverbrauch ist bei präadolescenten Eunuchen normal, im Zustand des Hypopituitarismus und bei erwachsenen männlichen Kastraten dagegen deutlich erhöht, was auf teilweise Umwandlung von Kohlenhydraten in andere Verbindungen schließen läßt.

---

[1] EISENBERG, E., G. S. GORDAN and H. W. ELLIOTT: Science, N. Y. **109**, 337 (1949). — [2] GORDAN, G. S., R. C. BENTINCK and E. EISENBERG: Ann. N. Y. Acad. Sci. **54**, 575 (1951). — [3] EISENBERG, E., G. S. GORDAN and H. W. ELLIOTT: Fed. Proc. **9**, 269 (1950). — [4] MCQUARRIE, I., J. A. ANDERSON and M. R. ZIEGLER: J. clin. Endocrinol. **2**, 406 (1942). — [5] AIRD, R. B., and G. S. GORDAN: J. amer. med. Ass. **145**, 715 (1951). — [6] KLEIN, R., and S. LIVINGSTON: J. Pediatr. **37**, 733 (1950). — [7] WOODBURY, D. M., and V. D. DAVENPORT: Amer. J. Physiol. **157**, 234 (1949). — [8] ENGEL, G. L., and S. MARGOLIN: Arch. int. Med. **70**, 236 (1942). — [9] ENGEL, G. L., and J. RAMONO: Arch. Neurol. Psychiatr. **51**, 378 (1944). — [10] HOFFMAN, W. C., R. A. LEWIS and G. W. THORN: Bull. Johns Hopkins Hosp. **70**, 335 (1942). — [11] FORSHAM, P. H., L. L. BENNETT, M. ROCHE, R. S. REISS, A. SLESSOR, E. B. FLINK and G. W. THORN: J. clin. Endocrinol. **9**, 660 (1949). — [12] WEIL, A.: Endocrinology **29**, 150 (1941). — [13] ABOOD, L. G., and J. J. KOCSIS: Proc. Soc. exp. Biol. Med. **75**, 55 (1950).

Die theoretische Deutung der teilweise für das Gehirn spezifischen Veränderungen steht noch aus. Es ist vorstellbar, daß die Aufhebung der Hemmwirkung der Steroide auf die Hexokinase[1], die in vivo bei Mangel eines oder mehrerer Steroidhormone zu gesteigerter Phosphorylierung von Glucose führt[2-4], den gesteigerten Glucoseverbrauch des Gehirns bei Hypopituitarismus und Unterfunktion der Gonaden erklären kann, wozu der nach Hypophysektomie herabgesetzte oder unveränderte Sauerstoffverbrauch bei Erhöhung der Glykolyse unter diesen Umständen nicht unbedingt in Widerspruch stehen muß. Da bei erwachsenen Kastraten und beim Hypopituitarismus auf Grund des erhöhten Verhältnisses von arterio-venöser Glucosedifferenz zum Sauerstoffverbrauch theoretisch ein vollkommener Abbau von Glucose ohne Beteiligung von Nichtkohlenhydraten erwartet werden kann, andererseits der Sauerstoffverbrauch des Gehirns geringer ist als der vollständigen Oxydation der verbrauchten Glucosemenge entspricht, dürften zumindest beim Kastraten Kohlenhydrate im Gehirn in andere Verbindungen überführt oder stärker glykolysiert werden. Eine verstärkte Polymerisierung zu Glykogen konnte ausgeschlossen werden.

Verschiedene cancerogene Phenathrene (3-Methylcholanthren; 1,2-Benzanthracen; 1,2,5,6-Dibenzanthracen und 3,4-Benzpyren) haben in vitro keinen Einfluß auf die Sauerstoffaufnahme von Rattengehirnhomogenaten[5].

ι) Hirnstoffwechsel unter pathologischen Bedingungen.

1. Allgemeines.

Der Stoffwechsel des Zentralnervensystems wird durch zahlreiche — auch außerhalb des Organs gelegene — pathologische Vorgänge in Mitleidenschaft gezogen. Die Veränderungen des Hirnstoffwechsels bei Patienten mit *Hirntumoren* variieren je nach Sitz und Größe des Tumors beträchtlich. Dies gilt besonders für die von Fall zu Fall unterschiedliche Hirnzirkulation[6], deren Veränderungen — ebenso wie die des Stoffwechsels — von der Steigerung des Hirndrucks abhängen. Die durch raumbeengende intrakranielle Prozesse bedingte cerebrale Anämie senkt den Hirnstoffwechsel beträchtlich und dürfte für den später sich entwickelnden komatösen Zustand mitverantwortlich sein. Unter diesen Bedingungen beträgt der Hirnstoffwechsel im Durchschnitt 76% des Normalwertes[6]. Es ist aber zu berücksichtigen, daß tumornahe Hirnregionen bereits vor der allgemeinen Senkung des Hirnstoffwechsels schwer geschädigt sein können. Dies ist vermutlich auch der Grund, warum bei intrakraniellen Tumoren intravenöse Injektion von 50%iger Glucoselösung zwar die Zirkulation, nicht aber den Stoffwechsel des Gehirns steigert[7]. Bei *essentieller Hypertonie* bleibt der Hirnstoffwechsel weitgehend normal. Der erhöhte Blutdruck gewährleistet wie bei Hirntumoren in der ersten kompensatorischen Phase trotz erhöhten Widerstandes der cerebralen Gefäße genügende Zirkulation und Sauerstoffversorgung des Gewebes[8]. In der *Schwangerschaft* sind cerebraler Sauerstoffverbrauch, arterio-venöse O_2-Differenz und Hirnzirkulation nicht verändert[9]. Der Hirnstoffwechsel ist bei *Eklampsie* um 20% reduziert, bei *Schwangerschaftshypertension* und *Präeklampsie* unverändert, obgleich der cerebrovasculäre Widerstand erhöht ist. Bei Patienten mit allgemeiner *Parese* sowie bei solchen mit *meningovasculärer Lues* ist die Hirnzirkulation auf 75% herabgesetzt, der Hirnstoffwechsel in der ersten Gruppe auf 70%, in der zweiten Gruppe weniger stark erniedrigt[10]. Bei *asymptomatischer Lues* sind Hirnstoffwechsel und Zirkulation unverändert. Die durch Penicillin- und Malariatherapie bedingten Veränderungen sind inkonstant. Offenbar beeinflußt die *Neurolues* neben der Hirnzirkulation auch den Hirnstoffwechsel direkt. Die Veränderungen des Hirnstoffwechsels bei *cerebraler Arteriosklerose* sind noch umstritten. Die Durchblutung des Gehirns ist unter diesen Um-

---

[1] PRICE, W. H., M. W. SLEIN S. P. COLOWICK and G. T. CORI: Fed. Proc. **5**, 150 (1946). — [2] REISS, M., and D. S. REES: Endocrinology **41**, 437 (1947). — [3] REISS, M., F. E. BADRICK and J. M. HALKERSTON: J. Endocrinol. **6**, IV (1949). — [4] LEPAGE, G. A.: Cancer Res. **10**, 77 (1950). — [5] EISENBERG, E., G. S. GORDAN and H. W. ELLIOTT: Endocrinology **45**, 113 (1949). — [6] KETY, S. S., H. A. SHENKIN and C. F. SCHMIDT: J. clin. Invest. **27**, 493 (1948). — [7] SHENKIN, H. A., E. B. SPITZ, F. C. GRANT and S. S. KETY: J. Neurosurg. **5**, 466 (1948). — [8] HIMWICH, H. E.: Brain Metabolism and Cerebral Disorders. S. 188. Baltimore 1951. — [9] McCALL, M. L.: Amer. J. med. Sci. **216**, 596 (1948). — [10] PATTERSON, J. L. jr., A. HEYMAN and F. T. NICHOLS jr.: J. clin. Invest. **29**, 1327 (1950).

ständen und bei *cerebraler Atrophie* übereinstimmend verändert[1–4]. In einigen Fällen ist die cerebrale arteriovenöse O_2-Differenz nicht verändert[1,2], andere Autoren[4] konnten Erniedrigung des Stoffwechsels beobachten. Bei *idiopathischer Epilepsie* scheinen Hirnstoffwechsel und Zirkulation nicht signifikant von der Norm abzuweichen[5], beide sind in einigen Fällen[6] von *postencephalitischem Parkinsonismus* reduziert. Bilaterale Blockade des *Ganglion stellatum* erhöht die Durchblutung, nicht aber den Stoffwechsel des Gehirns[7].

2. Hirnstoffwechsel bei Diabetes mellitus.

Der Stoffwechsel des Gehirns ist bei Diabetes mellitus kaum beeinflußt. Die bei alloxandiabetischen Tieren beobachtete Steigerung der anaeroben Glykolyse in der Leber, der Aktivität der Fermente des Tricarbonsäurecyclus einschließlich der Succinodehydrogenase und des Asparaginsäure-Glutaminsäure-Transaminasesystems gilt nicht für das Gehirn[8]. Die Aktivität der Succinodehydrogenase ($Q_{O_2} = 54{,}0$) des Gehirns ist bei Diabetes mellitus ebensowenig ververändert wie die anaerobe Glykolyse[9]. Auch im diabetischen Zustand veratmet Hirngewebe Glucose[10] mit einem R. Q. von fast 1, so daß der *Kohlenhydratstoffwechsel des Gehirns weniger insulinempfindlich* sein dürfte als der anderer Organe. Injiziertes Insulin dringt nur sehr langsam und in außerordentlich geringem Umfang in Hirngewebe ein[11]. Die bis zu 91% betragende Hemmung der Lactatoxydation durch Nicotin (0,03 m), die bei Hemmung der Oxydation der Glucose um 49% zu Steigerung der aeroben Glykolyse auf Werte von $Q_M = 13{,}6$ führen kann, läßt den R.Q. bei normalen und ebenfalls bei diabetischen Tieren unverändert. Die herabgesetzte Verwertung von Glucose, die mangelhafte Fett- und Proteinsynthese bei beschleunigter Umwandlung von Proteinen in Kohlenhydrate mit negativer N-Bilanz, die insgesamt zu starkem Abfall des *R.Q.* führen, gelten nicht für das Zentralnervensystem. Der Umsatz von Glucose ist in diesem Organ bei Diabetes mellitus nicht gestört. Selbst bei pankreasektomierten Hunden werden die Kohlenhydrate im Gehirn in unveränderter Weise oxydiert[12,13], der R.Q.[12–14] liegt bei oder nahe an 1, die cerebrale arterio-venöse Sauerstoffdifferenz ist ebenso wie bei diabetischen Patienten[15] unverändert[12,13]. Die vermehrte Oxydation von Glucose, die sich im diabetischen Organismus nach Zufuhr von Insulin durch Erhöhung des R.Q. anzeigt, ist somit auf nichtnervöse Organe zu beziehen.

Bei diabetischen Patienten ist der Hirnstoffwechsel bei *diabetischer Acidose* auf 82%, im Coma diabeticum auf 52% reduziert[16]. Die Schwere des komatösen Krankheitsbildes geht der Einschränkung des Hirnstoffwechsels im allgemeinen parallel. Die Beeinflussung des Hirnstoffwechsels im diabetischen Koma beruht nicht auf Mangel an Sauerstoff; es bestehen ferner keine Differenzen zwischen komatösen und nichtkomatösen Patienten hinsichtlich des Grades der Acidose, der Hyperglykämie und der Elektrolytverteilung im Blut.

[1] Wortis, J., K. M. Bowman and W. Goldfarb: Amer. J. Psychiatr. **97**, 552 (1940). — [2] Cameron, D. E., H. E. Himwich, S. R. Rosen and J. F. Fazekas: Amer. J. Psychiatr. **97**, 566 (1940). — [3] Rosenbaum, M., E. Roseman, C. D. Aring and E. B. Ferris jr.: Arch. Neurol. Psychiatr. **47**, 793 (1942). — [4] Freyhan, F. A., R. B. Woodford and S. S. Kety: J. nerv. ment. Dis. **113**, 449 (1951). — [5] Grant, F. C., E. B. Spitz, H. A. Shenkin, C. F. Schmidt and S. S. Kety: Trans. amer. neurol. Ass. **72**, 82 (1947). — [6] Shenkin, H. A., and J. C. Yaskin: Trans. amer. neurol. Ass. **74**, 70 (1949). — [7] Harmel, M. H., J. H. Hafkenschiel, G. M. Austin, C. W. Crumpton and S. S. Kety: J. clin. Invest. **28**, 415 (1949). — [8] Copenhaver, J. H., E. G. Shipley and R. K. Meyer: Arch. Biochem. **34**, 360 (1951). — [9] Shipley, E. G., R. K. Meyer, J. H. Copenhaver jr. and W. H. McShan: Endocrinology **46**, 334 (1950). — [10] Baker, Z., J. F. Fazekas and H. E. Himwich: J. biol. Ch. **125**, 545 (1938). — [11] Haugaard, N., H. Vaughan, E. S. Haugaard and W. C. Stadie: J. biol. Ch. **208**, 549 (1954). — [12] Himwich, H. E., and L. H. Nahum: Amer. J. Physiol. **90**, 389 (1929). — [13] Himwich, H. E., and L. H. Nahum: Amer. J. Physiol. **101**, 446 (1932). — [14] Fazekas, J. F., and H. E. Himwich: Amer. J. Physiol. **116**, 46 (1936). — [15] Himwich, H. E.: Brain Metabolism and Cerebral Disorders. S. 89. Baltimore 1951. — [16] Kety, S. S., B. D. Polis, C. S. Nadler and C. F. Schmidt: J. clin. Invest. **27**, 500 (1948).

Möglicherweise üben die Ketonkörper der diabetischen Acidose einen ungünstigen Einfluß auf den Stoffwechsel des Gehirns aus, da langsame intravenöse Infusion von Acetessigsäure bei Kaninchen Koma erzeugen kann[1].

3. Hirnstoffwechsel bei Hypoglykämie.

Hirngewebe besitzt nur sehr geringe Reserven an Kohlenhydraten, so daß verminderte Zufuhr von Glucose auf dem Blutweg den Hirnstoffwechsel und die Energiebildung in Mitleidenschaft zieht. Es ist daher verständlich, daß bei mangelhafter Substratzufuhr die Konzentration an Glucose und Glykogen im Gehirn absinkt und ein weitgehender Abfall an energiereichen Phosphatbindungen einsetzt, der mit Erhöhung des anorganischen P verbunden ist (s. Tabelle 122, S. 810). Die herabgesetzte Milchsäurekonzentration findet ihre Ursache in der Erschöpfung der Kohlenhydratreserven des Organs. Während die Erniedrigung der Glucose-[2,3] und der Glykogenkonzentration[2-4] unbestritten ist, wechseln die Angaben über das Verhalten der *Milchsäure*[3,5,6], was vermutlich durch Erfassung verschiedener Stadien hinsichtlich der Erschöpfung der Kohlenhydratreserven bedingt ist. Bei weitgehendem Substratmangel ist die Erniedrigung der Milchsäurekonzentration eindeutig[3,6]. Insgesamt vermindert die durch Injektion von Insulin bedingte *Hypoglykämie* die Konzentrationen an *Glucose*, *Glykogen*, *Lactat*, *Pyruvat*, *Phosphokreatin*, *ATP* und *säurelöslichem* P und erhöht die an *ADP* und an *anorganischem P*. Die Erschöpfung der *Glykogenvorräte* des Gehirns weicht von dem sonstigen trägen Verhalten des Hirnglykogens ab. Insulin kann im Gehirn im Gegensatz zu Leber und Muskulatur die Glykogenkonzentration — mit Ausnahme des Gehirns von Fröschen[7] — nicht erhöhen[5]. Ebenso hat Injektion von Adrenalin oder die im Verlauf der Insulinhypoglykämie einsetzende reflektorische Freisetzung von Adrenalin keinen Einfluß auf den Glykogenbestand des Gehirns[2,5]. Die Verminderung der Glykogenkonzentration des Gehirns bei Hypoglykämie ist somit nicht Folge der reflektorischen Adrenalinsekretion, sondern allein durch Substratmangel bedingt und daher ein Kompensationsvorgang. Die Herabsetzung der *Glucoseoxydation* bei Hypoglykämie gibt sich in verminderter Sauerstoffaufnahme des Gehirns zu erkennen[8], während die Hirnzirkulation bei Menschen[8-10] und Kaninchen[11] keine entscheidenden Veränderungen erleidet. Bei der Insulinhypoglykämie bzw. der Insulinschocktherapie der Schizophrenie ist der Abfall der Glucosekonzentration des Blutes eng mit den Veränderungen der arterio-venösen Sauerstoffdifferenz[12-16] verbunden. So sinkt die normalerweise etwa 7 Vol.-% betragende *cerebrale arterio-venöse* O_2-*Differenz* nach Insulininjektion bald auf Werte von 4,4—2,6 Vol.-% ab[15], bei denen die Patienten das Bewußtsein verlieren. Bei Fortdauer der Hypoglykämie wurden Werte bis zu

---

[1] SCHNEIDER, R., and H. DROLLER: Quart. J. exp. Physiol. **38**, 323 (1938). — [2] KERR, S. E., C. W. HAMPEL and M. GHANTUS: J. biol. Ch. **119**, 405 (1937). — [3] OLSEN, N. S., and J. R. KLEIN: Arch. Biochem. **13**, 343 (1947). — [4] ASHER, L., u. K. TAKAHASHI: B. Z. **154**, 444 (1924). — [5] KERR, S. E., and M. GHANTUS: J. biol. Ch. **116**, 9 (1936). — [6] STONE, W. E.: Biochem. J. **32**, 1908 (1938). — [7] WINTERSTEIN, H., u. E. HIRSCHBERG: B. Z. **159**, 351 (1925). — [8] HIMWICH, H. E., K. M. BOWMAN, C. DALY, J. F. FAZEKAS, J. WORTIS and W. GOLDFARB: Amer. J. Physiol. **132**, 640 (1941). — [9] LOMAN, J., and A. MYERSON: Amer. J. Psychiatr. **92**, 791 (1936). — [10] KETY, S. S., R. B. WOODFORD, M. H. HARMEL, F. A. FREYHAN, K. E. APPEL and C. F. SCHMIDT: Amer. J. Psychiatr. **104**, 765 (1948). — [11] LEIBEL, B., and G. E. HALL: Proc. Soc. exp. Biol. Med. **38**, 894 (1938). — [12] HIMWICH, H. E., and J. F. FAZEKAS: Endocrinology **21**, 800 (1937). — [13] CRAIGIE, E. H.: J. comp. Neurol. **31**, 429 (1920). — [14] HIMWICH, H. E., K. M. BOWMAN, J. WORTIS and J. F. FAZEKAS: J. nerv. ment. Dis. **89**, 273 (1939). — [15] HIMWICH, H. E., Z. HADIDIAN, J. F. FAZEKAS and H. HOAGLAND: Amer. J. Physiol. **125**, 578 (1939). — [16] HIMWICH, H. E., J. P. FROSTIG, J. F. FAZEKAS and Z. HADIDIAN: Amer. J. Psychiatr. **96**, 371 (1939).

1,3 Vol.-% gemessen, die mit tiefer Bewußtlosigkeit verbunden sind. Das Coma hypoglycaemicum tritt in der Regel bei Abfall der Blutzuckerkonzentration von 90 mg-% (5 mMol) auf 20 mg-% (1,1 mMol) ein[1]. Bereits bei einer Glucosekonzentration von 2,5 mMol beginnen die Veränderungen der elektrischen Aktivität des Gehirns[2]. Erreicht der Blutzuckerwert 1,1 mMol, so ist die cerebrale O_2-Aufnahme durchschnittlich um 24%, bei 0,5 mMol Glucose um 44% abgesunken[3]. Zufuhr von wenigstens 4 g Glucose[4] erhöht in diesem Stadium neben der Glucosekonzentration des Blutes die arterio-venöse O_2-Differenz des Gehirns; die Patienten erlangen bei etwa 5 Vol.-% das Bewußtsein wieder. Zufuhr von Lactat oder von Pyruvat ist dagegen ohne Einfluß[5,6], was ebenso für die Zufuhr von Äthanol gilt[7]. (Über den Einfluß von Lactat und Pyruvat auf den Hirnstoffwechsel in vitro s. S. 785.) Die günstigen, vermutlich auf reaktiver Freisetzung von Adrenalin beruhenden Wirkungen der Glutaminsäure bei Hypoglykämie wurden S. 757 dargestellt.

Die besondere *Empfindlichkeit* des Gehirns gegenüber *Insulinüberdosierungen* ist eine indirekte und beruht auf dem Verhalten der nichtnervösen Organe und paradoxerweise dem mangelhaften Einfluß von Insulin auf den Hirnstoffwechsel. So ist mit Ausnahme des Zentralnervensystems der *periphere Zuckerverbrauch* bei hohen Insulingaben gesteigert[8,9], was trotz erhöhter Nachlieferung des Blutzuckers aus der Leber zu der für das Zentralnervensystem kritischen Erniedrigung der Glucosekonzentration führt. Die lebenswichtigen automatischen Hirnfunktionen bleiben trotz des Erlöschens aller höheren Funktionen und des Bewußtseins während der Hypoglykämie zunächst erhalten. Der Hirnstoffwechsel kann selbst bei länger dauernder Hypoglykämie durch Zufuhr von Glucose ohne schwerwiegende Schädigungen normalisiert werden. Dies ist im wesentlichen auf 4 Faktoren zurückzuführen: a) die Freisetzung von Glucose aus Hirnglykogen; b) die ständige Nachlieferung von Blutzucker aus Leberglykogen; c) die Verminderung des peripheren Zuckerverbrauchs unter größerer Beteiligung der Oxydation von Fetten und d) die Oxydation von Nichtkohlenhydraten im Gehirn selbst.

a) Die Umwandlung von Hirnglykogen in Glucose spielt wegen des geringen Glykogenbestandes im Gehirn nur eine geringe Rolle. Der Glykogengehalt des Gehirns von Kaninchen variiert in einzelnen Arealen bei normalem Blutzuckergehalt[10]; bei Hypoglykämie erleidet er einen im Nucleus caudatus einsetzenden fortschreitenden Abfall, der sich nach früher Beteiligung der Hirnhemisphären auf den Hirnstamm ausdehnt, während der Glykogenbestand der Medulla oblongata lange erhalten bleibt[11]. Nimmt man für menschliches Gehirn — in Analogie zu dem Verhalten des Gehirns von Hunden — einen Abfall von 60 mg-% Glykogen an[12], so würden vom Gesamtgehirn im Gewicht von 1300 g 0,78 g Glykogen mobilisiert werden können, was etwa 0,9 g Glucose entspricht. Bei einem während der Hypoglykämie auf rund 1,8 g/Std herabgesetztem Verbrauch von Glucose würde somit der Hirnstoffwechsel durch den Glykogenvorrat des Gehirns für etwa 1/2 Std aufrechterhalten. Katzen verhalten sich bereits bei einem

[1] McIlwain, H.: Biochem. J. **55**, 618 (1953). — [2] Hill, D., P. S. J. Loe, J. Theobald and M. Waddell: J. mental Sci. **97**, 111 (1951). — [3] Kety, S. S., R. B. Woodford, M. H. Harmel, F. A. Freyhan, K. E. Appel and C. F. Schmidt: Amer. J. Psychiatr. **104**, 765 (1948). — [4] Wortis, J., K. M. Bowman, W. Goldfarb, J. F. Fazekas and H. E. Himwich: J. Neurophysiol. **4**, 243 (1941). — [5] Himwich, H. E., K. M. Bowman, C. Daly, J. F. Fazekas, J. Wortis and W. Goldfarb: Amer. J. Physiol. **132**, 640 (1941). — [6] Goldfarb, W., and J. Wortis: Proc. Soc. exp. Biol. Med. **46**, 121 (1941). — [7] Goldfarb, W., and J. Wortis: Quart. J. Stud. Alcohol **1**, 268 (1940/41). — [8] Price, W. H., C. F. Cori and S. P. Colowick: J. biol. Ch. **160**, 633 (1945). — [9] Price, W. H., M. W. Slein, S. P. Colowick and G. T. Cori: Fed. Proc. **5**, 150 (1946). — [10] Chesler, A., and H. E. Himwich: Arch. Biochem. **2**, 175 (1943). — [11] Chesler, A., and H. E. Himwich: Arch. Neurol. Psychiatr. **52**, 114 (1944). — [12] Himwich, H. E.: Brain Metabolism and Cerebral Disorders. S. 50, 54. Baltimore 1951.

Abfall des Glykogens von 88 auf 47—56 mg-% abnorm; sinkt die Konzentration unter 47 mg-%, so treten Gleichgewichtsstörungen, völlige Erschöpfung, Muskelzittern und Krämpfe auf[1].

b) Die ständige Nachlieferung von Blutzucker aus Leberglykogen, die sich aus dem unter Insulin erhöhten Glucoseverbrauch der peripheren Gewebe ergibt, ist für die Aufrechterhaltung des Hirnstoffwechsels von besonderer Bedeutung. Die durch mangelhaftes Glucoseangebot bedingte Ausschaltung der Hirnrinde führt unter Vermittlung der entzügelten Zentren des Hypothalamus zur reflektorischen Adrenalinausschüttung und damit zu vorübergehender Erhöhung der Blutzuckerkonzentration[2]. Auch im Zustande ausgeprägter Hypoglykämie dürfte der aus der Leber stammende Zucker die Energiequelle des Hirnstoffwechsels sein, da selbst unter diesen Bedingungen die Erniedrigung der cerebralen arterio-venösen Sauerstoffdifferenz dem herabgesetzten Glucoseverbrauch entspricht[3]. Nur in den Fällen, in denen die O_2-Aufnahme gegenüber dem arteriovenösen Glucoseverbrauch erhöht ist, dürfte der Umwandlung von Hirnglykogen in Glucose einige Bedeutung zukommen. Da der Hirnstoffwechsel $^1/_6$ des Grundumsatzes ausmacht und fast ausschließlich auf der Oxydation von Glucose basiert, schließt HIMWICH, daß etwa $^1/_6$ des Kohlenhydratbestandes der Leber der Deckung des Energiebedarfes im Gehirn dienen[2]. Dies würde bei einem Glykogengehalt von 3% und einem Lebergewicht von 1500 g einen absoluten Glykogengehalt von 45 g, also etwa 7,5 g Glykogen für den Hirnstoffwechsel bedeuten, so daß aus der Leber etwa 10mal mehr Glykogen zur Verfügung gestellt werden kann als vom Gehirn selbst. Die selbst bei schwerer Hypoglykämie nicht vollständige Erschöpfung der Glykogenvorräte der Leber sowie die Gluconeogenie aus Proteinen bleiben dabei unberücksichtigt. Entsprechend dem auf 1,8 g/Std reduzierten Glucoseverbrauch des Gehirns können 7,5 g Glykogen, die 8,3 g Glucose entsprechen, den Hirnstoffwechsel bei Hypoglykämie für $4^3/_5$ Std aufrechterhalten — zusammen mit dem Hirnglykogen etwa 5 Std.

c) Die Einschränkung des peripheren Zuckerverbrauchs unter stärkerer Beteiligung der Oxydation von Fetten, die sich in peripheren Organen im Verlaufe der Hypoglykämie einstellt, ist die Folge des nunmehr auch für diese Organe ungenügenden Glucoseangebotes und führt bei sinkendem R.Q. analog dem Verhalten im Hungerzustand zur Bildung von *Ketonkörpern*. Ihr Einfluß auf den Hirnstoffwechsel ist schwer zu beurteilen, er dürfte gering sein und nur indirekt durch Einschränkung eines weiteren Absinkens der Blutzuckerwerte zustande kommen. Dem entspricht die Beobachtung, daß Hirngewebe Destruktionen[4] erleidet, wenn die unter a) und b) aufgeführten Reaktionen erschöpft sind.

d) Die Oxydation von Nichtkohlenhydraten bei Glucosemangel ist in Gehirnhomogenaten nachgewiesen (s. S. 785). In vivo ist ihr Einfluß gering, da entscheidende Funktionen des Gehirns offenbar nicht durch Energiebezug aus Nichtkohlenhydratquellen gewährleistet werden können.

Der Hirnstoffwechsel kann bei schwerer Hypoglykämie vorübergehend auf 25% gesenkt werden, ohne daß irreversible Schäden auftreten[5]. Dies scheint der minimale Bedarf zu sein, der zur Aufrechterhaltung der Hirnstruktur und der Funktion der lebenswichtigen Zentren in Hirnstamm und Medulla oblongata notwendig ist. Sinkt der Hirnstoffwechsel bei weiter abfallendem Glucoseangebot unter diese Grenze, so treten irreversible Veränderungen auf, die selbst auf die

---

[1] KERR, S. E., C. W. HAMPEL and M. GHANTUS: J. biol. Ch. **119**, 405 (1937). — [2] HIMWICH, H. E.: Brain Metabolism and Cerebral Disorders. S. 50, 54. Baltimore 1951. — [3] HIMWICH, H. E., K. M. BOWMAN, J. WORTIS and J. F. FAZEKAS: J. nerv. ment. Dis. **89**, 273 (1939). — [4] CAMMERMEYER, J.: Z. ges. Neurol. Psychiatr. **163**, 617 (1938). — [5] HIMWICH, H. E., K. M. BOWMAN, C. DALY, J. F. FAZEKAS, J. WORTIS and W. GOLDFARB: Amer. J. Physiol. **132**, 640 (1941).

Zufuhr von Glucose nicht mehr ansprechen. Sie sind besonders in der 5. Schicht der Frontalrinde in Form von irreparabler Atrophie, Chromophobie und Verminderung der Anzahl der Pyramidenzellen erkennbar[1].

Bei Ratten geht der Abfall der *Glutaminsäurekonzentration* im Gehirn der Schwere der Hypoglykämie parallel[2]. Diese Veränderungen können Folge mangelhafter Glucoseoxydation (s. S. 657) oder Anzeichen einer gewissen Verwendung von Glutaminsäure als Energiequelle sein. Auch der Gehalt an freier Glutaminsäure, γ-Aminobuttersäure und Glutamin nimmt im Insulinschock ab[3], der an Asparaginsäure scheint bedeutend erhöht zu sein. Möglicherweise bestehen Zusammenhänge mit Veränderungen der Transaminierungsreaktionen.

4. Oligophrenia phenylpyruvica.

Die auch als FÖLLINGsche *Krankheit* bezeichnete, mit Schwachsinn, Hyperkinesen, allgemeiner motorischer Unruhe und Pigmentarmut einhergehende Erkrankung ist eine angeborene, recessiv vererbbare Stoffwechselstörung, die durch die Ausscheidung von *Phenylbrenztraubensäure* durch den Harn gekennzeichnet ist. Es ist anzunehmen, daß der Organismus in diesen Fällen nicht in der Lage ist, aus Phenylalanin Tyrosin zu bilden, so daß — wahrscheinlich in der Niere — Phenylalanin zu Phenylbrenztraubensäure desaminiert und ausgeschieden wird[4]. Die tägliche Ausscheidung der Phenylbrenztraubensäure kann mit der Schwere der Erkrankung zunehmend 0,5—2,9 g betragen. Bei Verabfolgung von Phenylalanin steigt die Ausscheidung der Phenylbrenztraubensäure an[5], dagegen haben Glykokoll, Alanin, Valin, Leucin, Cystein und Tryptophan keinen Einfluß. Werden phenylalaninhaltige Proteine der Nahrung zugesetzt, so steigt die Ausscheidung der Phenylbrenztraubensäure in Abhängigkeit vom Phenylalaningehalt der jeweiligen Proteine[5,6]. Wird dagegen die Desaminierung von Phenylalanin blockiert oder β-Oxyalanin zugegeben, bei dem die β-Oxygruppe die α-Oxydation verhindert, so wird keine Phenylbrenztraubensäure ausgeschieden, wohingegen Glycyl-DL-phenylalanin zu gesteigerter Abgabe führt[5]. Da die Ausscheidung bei der D-Form von Phenylalanin größer als beim L-Isomeren ist, kann man annehmen, daß die natürliche L-Form schneller umgesetzt wird. Formyl- und Acetyl-D-phenylalanin führen nicht zur Ausscheidung von Phenylbrenztraubensäure, wohl aber die entsprechenden L-Derivate, so daß offenbar nur die natürlichen L-Derivate zur Stufe der Phenylbrenztraubensäure oxydiert werden können. Zulage von Phenylbrenztraubensäure und Phenylmilchsäure erhöht in beiden Fällen die Ausscheidung von Phenylbrenztraubensäure. Phenylderivate von Fettsäuren, die 3 C-Atome in der aliphatischen Kette enthalten, sind ebenso wie Tyrosin[5] ohne Einfluß. Die ursprüngliche Auffassung der Ansammlung von unnatürlichem D-Phenylalanin konnte durch mikrobiologische Methoden widerlegt werden[7]. Es ist daher sehr wahrscheinlich, daß der Oligophrenia phenylpyruvica nicht die Bildung des unnatürlichen Isomeren von Phenylalanin zugrunde liegt, sondern die Unfähigkeit des Organismus, den aromatischen Ring des Phenylalanins zu oxydieren[5,8] (s. a. S. 278 sowie Bd. 2/1, S. 981).

Bei vielen Krankheitsfällen gibt bereits die auffallende Pigmentarmut einen Hinweis auf die gestörte Oxydation von Phenylalanin zu Tyrosin. Die enzymatische Oxydation von Phenylalanin zu Tyrosin bei p_H 7, die als Teilvorgang der Adrenalinsynthese aufgefaßt werden kann, erfordert O_2 und Pyridinnucleotid[9]. Bei Verwendung von markiertem Phenylalanin läßt sich radioaktives Tyrosin in den Organeiweißen nachweisen. Im Gehirn konnte bisher kein Phenylalanin oxydierendes System, das vorwiegend der Leber angehört, nachgewiesen werden[9]. Es ist bisher nicht bekannt, in welcher Weise die Stoffwechselstörung mit Schwachsinn verbunden ist. Möglicherweise ist auch die Oligophrenia phenylpyruvica ein Beispiel der zahlreichen noch undurchsichtigen Beziehungen zwischen Leber und Gehirn, vielleicht handelt es sich auch um den Defekt anderer Gene.

---

[1] LORENTZEN, K. A.: Acta psychiatr. neurol., København, Suppl. **64** (1950). — [2] DAWSON, R. M. C.: Nature **164**, 1097 (1949). — [3] CRAVIOTO, R. O., G. MASSIEU and J. J. IZQUIERDO: Proc. Soc. exp. Biol. Med. **78**, 856 (1951). — [4] COWIE, V.: J. ment. Sci. **97**, 505 (1951). — [5] JERVIS, G. A.: J. biol. Ch. **126**, 305 (1938). — [6] STEINBORN, K.: Mschr. Kinderheilkde. **99**, 84 (1951). — [7] PRESCOTT, B. A., E. BOREK, A. BRECHER and H. WAELSCH: J. biol. Ch. **181**, 273 (1949). — [8] JERVIS, G. A.: Proc. Soc. exp. Biol. Med. **81**, 715 (1952). — [9] UDENFRIEND, S., and J. R. COOPER: J. biol. Ch. **194**, 503 (1952).

Durch Autopsie gewonnene Leberfragmente von Patienten mit Oligophrenia phenylpyruvica sind in Gegenwart von O_2, TPN, Nicotinsäureamid und Phosphatpuffer nicht in der Lage, Phenylalanin zu Tyrosin zu oxydieren. Dies steht im Gegensatz zum Verhalten normaler Leberfragmente[1].

5. Hirnstoffwechsel bei Psychosen.

Es ist für die meisten Geisteskrankheiten bisher nicht gelungen, eine organische Grundlage zu finden; dies gilt insbesondere für die *Schizophrenie*[2]. Die Auseinandersetzung hinsichtlich der organischen oder nichtorganischen Auslösung von Geisteskrankheiten kann bis jetzt biochemisch nicht entschieden werden. Die cerebrale arterio-venöse Sauerstoffdifferenz ist bei Schizophrenie ebensowenig verändert[3–5] wie Zirkulation[6] und Hirnstoffwechsel[7]. Ähnliche Ergebnisse gelten für *Depressionszustände*[8]. Bei *Kretinismus, Mongolismus* und der *Oligophrenia phenylpyruvica* ist die O_2-Differenz beträchtlich erniedrigt[9,10]. Die Bestimmung der arterio-venösen O_2-Differenz bei *familiärer amaurotischer Idiotie* ergab überraschend hohe Werte. Da bisher keine Angaben über die Hirnzirkulation vorliegen dürften, kann eine Aussage über den Stoffwechsel des Gehirns in diesen Fällen noch nicht gemacht werden. Angesichts der starken Durchsetzung von Ganglienzellen und grauer Substanz mit Gangliosiden würde eine Senkung des Hirnstoffwechsels nicht überraschen. Beim *Hydrocephalus* ist die Senkung der arterio-venösen Differenz von der Schwere der sekundären Hirnschädigung abhängig, ohne welche normale Werte beobachtet werden. *Präfrontale Leukotomie* hat Senkung des Hirnstoffwechsels um durchschnittlich 16% zur Folge[11]. Es ist möglich, daß die durch diesen Eingriff hervorgerufene Unterbindung der Funktionen der rostralen Frontalhirnrinde für diesen Befund mitverantwortlich ist, da diese Anteile des Gehirns, die als phylogenetisch jüngere Areale einen besonders hohen Stoffwechsel aufweisen, nach Ausschaltung ihrer Funktion lediglich einen Strukturstoffwechsel unterhalten dürften. Dennoch ist die Senkung des Hirnstoffwechsels zu groß, um allein durch Funktionsausfall des kleinen Frontalareals erklärt werden zu können. Offenbar führt der Fortfall assoziativer Impulse nach diesem Eingriff zur allgemeinen Senkung der Aktivität des Gehirns.

Über den Gehalt an Nucleinsäuren und an Eiweiß in Ganglienzellen bei Schizophrenie s. S. 812.

6. Stoffwechsel und Virusinfektion des Zentralnervensystems.

a) Allgemeines. Entsprechend der chemischen Natur der Viren führt die Inokulation mit neurotropen Viren besonders zu Veränderungen des Nucleoproteidstoffwechsels im Zentralnervensystem, die sich aus der identischen Reproduktion der Viren in den Gastzellen ergeben. Das Problem der Reproduktion von Viren und ihrer Propagation ist eng mit dem Nucleoproteidstoffwechsel des Zentralnervensystems verbunden. Die Virusinfektionen treffen im Zentralnervensystem infolge der von allen anderen Organen abweichenden einzigartigen, während des ganzen Lebens beibehaltenen intensiven Proteinsynthese der Ganglienzellen auf andere Verhältnisse als in anderen Organen. Darüber hinaus werden nach den bisherigen Ergebnissen auch der allgemeine Stoffwechsel sowie in einigen Fällen einzelne Fermente betroffen.

---

[1] JERVIS, G. A.: Proc. Soc. exp. Biol. Med. **82**, 514 (1953). — [2] PATZIG, B., u. W. BLOCK: Naturwiss. **40**, 13 (1953). — [3] HIMWICH, H. E., K. M. BOWMAN, J. WORTIS and J. F. FAZEKAS: J. nerv. ment. Dis. **89**, 273 (1939). — [4] HIMWICH, H. E., Z. HADIDIAN, J. F. FAZEKAS and H. HOAGLAND: Amer. J. Physiol. **125**, 578 (1939). — [5] WORTIS, J., K. M. BOWMAN and W. GOLDFARB: Amer. J. Psychiatr. **97**, 552 (1940). — [6] FERRIS, E. B. jr., M. ROSENBAUM, C. D. ARING, H. W. RYDER, E. ROSEMAN and J. T. HAWKINS: Arch. Neurol. Psychiatr. **46**, 509 (1941). — [7] KETY, S. S., R. B. WOODFORD, M. H. HARMEL, F. A. FREYHAN, K. E. APPEL and C. F. SCHMIDT: Amer. J. Psychiatr. **104**, 765 (1948). — [8] CAMERON, D. E., H. E. HIMWICH, S. R. ROSEN and J. F. FAZEKAS: Amer. J. Psychiatr. **97**, 566 (1940). — [9] HIMWICH, H. E., and J. F. FAZEKAS: Arch. Neurol. Psychiatr. **44**, 1213 (1940). — [10] HIMWICH, H. E., and J. F. FAZEKAS: Arch. Neurol. Psychiatr. **51**, 73 (1944). — [11] SHENKIN, H. A., R. B. WOODFORD, F. A. FREYHAN and S. S. KETY: Proc. Ass. Res. nerv. ment. Dis. **27**, 823 (1948).

b) Infektionen mit neurotropen Viren vom Desoxyribosetyp. α) Rabies. Intracerebrale Infektion mit beiden Virustypen — Fixtyp und „street-type" unter Einschluß des „Tanger"-Typs — führt bei Kaninchen und Hunden zu eindeutigen Veränderungen der Ganglienzellen, die an den PURKINJE-Zellen besonders gut ausgeprägt sind. Bereits in den frühen Stadien der Infektion ist der Kern mit großen Mengen fremder aus Nucleotiden vom Desoxyribosetyp und Proteinen bestehenden Substanzen angefüllt, dagegen enthält das Cytoplasma nur geringe Proteinkonzentrationen und keine Nucleinsäuren[1]. Offenbar ist der normale Prozeß der Proteinregeneration in den PURKINJE-Zellen unterbrochen. Das Wachstum der neugebildeten Substanzen beginnt am nucleolar-assoziierten Chromatin und führt zur vollständigen Ausfüllung des Kernes, dessen strukturelle Einzelheiten verschwinden. Bei der Rabiesinfektion von Kaninchen sind Unterschiede feststellbar, je nachdem ob ein R-Typ oder ein Fix-Typ vorliegt[2]. Beim Fixtyp sind die geschilderten Veränderungen des nucleolar-assoziierten Chromatins und die starke Vermehrung von desoxyribosehaltigen Partikelchen zu beobachten; sie fehlen bei Infektion mit dem R-Typ.

β) Neurovaccinia. Neurovaccinia ist im strengen Sinne des Wortes keine Infektion mit einem typischen neurotropen Virus, ruft aber nach intracerebraler Infektion bei Kaninchen, die am 3. Tage Paresen zeigen, ähnliche Veränderungen wie die Rabiesinfektion hervor. Auch hier sistiert der normale Protein- und Nucleotidstoffwechsel der PURKINJE-Zellen und im Kern sammeln sich große Mengen von Desoxyribonucleinsäure und Proteine enthaltenden Substanzen an.

c) Infektionen mit neurotropen Viren vom Ribosetyp. α) Poliomyelitis. Die ersten nach der Infektion mit Poliomyelitisviren zu entdeckenden Veränderungen der motorischen Vorderhornganglienzellen betreffen den Zellkern, dessen Nucleolus in diesen Stadien Anzeichen einer Reizung mit gesteigerter Protein- und Nucleotidsynthese erkennen läßt. Besonders die Neubildung von Ribosenucleotiden ist im Nucleolus stark beschleunigt. Neben dem stark vergrößerten Nucleolus ist die Ansammlung von Ribosenucleotiden an umschriebener Stelle der Außenseite der Kernmembran auffallend. Die Nervenzellen bieten somit in den ersten Stadien der Infektion das gleiche Bild der Reizung des Nucleolus mit intensiver Proteinsynthese, wie es während der Entwicklung des Neurons (s. S. 671), der Regenerationsperiode nach Durchtrennung des Axons (s. S. 832) und der Erholungsperiode nach akustischer Stimulation (s. S. 831) beobachtet wird. Anschließend wird der Zellkern mit Ribosenucleotide und Proteine enthaltenden Granula durchsetzt, die durch ihren Reichtum an Ribosenucleotiden von der Zusammensetzung gesunder Nervenzellen abweichen. In der 3. Phase der Poliomyelitisinfektion bietet der Nucleolus das Bild schwerer Schädigung, die Nucleotide des Cytoplasmas verschwinden, die Proteinkonzentration ist stark vermindert. Die Masse der neugebildeten fremden Nucleinsäuren und Proteine bleibt dagegen im Zellkern erhalten, wenngleich ihre Form sich ändert[1]. Die Absorptionsspektren ergeben sogar eine weitere Vermehrung der Nucleinsäurekonzentration. Auch bei Poliomyelitis liegt somit eine Störung des Nucleoproteidstoffwechsels vor. Die starke Verminderung der Nucleoproteide des Cytoplasmas kann als Zeichen des Funktionsausfalls des Neurons gelten. Offensichtlich werden besonders die heterochromatischen Anteile der Ganglienzellen betroffen. Das Verschwinden der Nucleoproteide im Cytoplasma ist begleitet von der Neubildung von Nucleoproteiden, die den gesunden Ganglienzellen fehlen.

Regenerierende Nervenzellen verfügen besonders in der Erholungsphase über gesteigerte Resistenz gegen Infektion mit Poliomyelitisviren[3]. So sind 2 Wochen nach einseitiger

---

[1] HYDÉN, H.: Cold Spring Harbor Symp. quant. Biol. **12**, 104 (1947). — [2] HYDÉN, H.: 3. Mosbacher Coll. S. 23. — [3] HOWE, H. A., and D. BODIAN: Bull. Johns Hopkins Hosp. **69**, 92 (1941).

Durchtrennung peripherer Achsenzylinder die Vorderhornzellen des Rückenmarks gegen die Viruschromatolyse geschützt, während die Vorderhornzellen der unversehrten Seite zerstört werden. Möglicherweise kann somit gesteigerte Protein- und Nucleotidsynthese in Nervenzellen eine wirkungsvolle Prophylaxe gegenüber Poliomyelitisinfektion ausüben. Es müßte noch untersucht werden, ob auch Malonitril, das die Nucleoproteidsynthese in Ganglienzellen stark anregt, als Prophylaktikum Verwendung finden kann.

β) Louping ill. Bei Mäusen und Kaninchen treten nach Infektion mit dem Louping ill-Virus charakteristische Veränderungen der PURKINJE-Zellen und der motorischen Ganglienzellen auf, die im Prinzip den Ganglienzellveränderungen bei Poliomyelitis gleichen.

Grundsätzlich führt die Infektion mit neurotropen Viren im Zentralnervensystem zur Ansammlung von pathologischem Material und zur Bildung fremder Nucleoproteide in den Zellkernen, die mit großer Wahrscheinlichkeit als Viren im Zustande der Reproduktion angesprochen werden können. Die Viren dürften sich somit nicht im Cytoplasma, sondern allein in den Kernen der Ganglienzellen aufhalten und vermehren. Die Reproduktion von einfachen Viren vom Ribosetyp, die den niedrigsten Grad der Organisation darstellen, geschieht durch Ribonucleotide und interferiert mit der normalen Nucleoproteidsynthese. Die Vermehrung der höher organisierten Viren vom Desoxyribosetyp, die mehrere verschiedene Proteingruppen enthalten dürften, die ebenfalls reproduziert werden müssen, scheint einen primitiven, Desoxyribonucleotide enthaltenden Chromosomenmechanismus zu erfordern, der dem Kern höher organisierter Zellen vergleichbar ist und daher zur Vermehrung von Desoxyribonucleotiden im Zellkern der Ganglienzellen führt[1].

Alle Viren verhalten sich somit wie Parasiten hinsichtlich der Nucleoproteidsynthese der Gastzellen und unterscheiden sich je nach ihrer Differenzierung lediglich in der Art der befallenen Nucleinsäuregruppe. Auch bei ihnen hat ebenso wie in den infizierten Ganglienzellen das in der gesamten lebendigen Welt vertretene fundamentale Prinzip der Kernorganisation[2] Geltung, nach dem die Ribonucleinsäuren an der Vermehrung homogener Proteinmassen, die Desoxyribonucleotide an der Reduplikation differenzierter Proteine beteiligt sind.

d) Allgemeiner Hirnstoffwechsel bei Virusinfektion. Untersuchungen über den Stoffwechsel des Gehirns bei Virusinfektionen sind auf wenige Versuchstiere beschränkt, von denen 1—2 Tage alte Mäuse besonders geeignet sind. Wenngleich die Vermehrung der Viren vom Stoffwechsel der Wirtszellen abhängt, sind bei Inokulation mit THEILERs *GD VII-Mäuseencephalomyelitis-Virus* weder O_2- und *Glucoseverbrauch* noch *Milchsäurebildung* im Gehirn beeinflußt[3,4]. Dagegen ist der Einbau von Phosphat in die Lipoid- und die Eiweißfraktion stark gesteigert bei unverändertem Einbau in die organische säurelösliche Fraktion. Der Phosphateinbau geht der Virusausbreitung parallel[4]. Bei älteren Tieren ist keine Steigerung mehr nachweisbar. Intensive Atmung und Glykolyse dürften vermutlich für die Ausbreitung von neurotropen Viren entbehrlich sein[5]. Der verstärkte Einbau von P in die Proteinfraktion entspricht den Ergebnissen über den Nucleoproteidstoffwechsel des Zentralnervensystems bei Virusinfektionen. Bei der Infektion mit THEILERs GD VII-Stamm ist die besonders erhöhte spezifische Aktivität des an Eiweiß gebundenen Phosphors vor allem auf Aktivierung der Ribonucleinsäure zurückzuführen, dagegen ist sie für Desoxyribonucleotide und die Residualproteinfraktion nicht gesteigert. Dies kann möglicherweise bedeuten, daß das Mäuseencephalomyelitisvirus dem Ribosetyp angehört. Die Steigerung der *Proteinneubildung* betrifft auch den Übergang von ^{14}C aus Glucose in Proteine[6-8], der nach Infektion mit dem Virus verdoppelt wird, wohingegen der

---

[1] HYDÉN, H.: Cold Spring Harbor Symp. quant. Biol. **12**, 104 (1947). — [2] CASPERSSON, T., and H. HYDÉN: Nord. Med. **28**, 2631 (1945). — [3] PEARSON, H. E., and R. J. WINZLER: J. biol. Ch. **181**, 577 (1949). — [4] RAFELSON, M. E. jr., H. E. PEARSON and R. J. WINZLER: Science, N. Y. **112**, 231 (1950). — [5] RAFELSON, M. E. jr., R. J. WINZLER and H. E. PEARSON: J. biol. Ch. **181**, 583 (1949). — [6] RAFELSON, M. E. jr., R. J. WINZLER and H. E. PEARSON: J. biol. Ch. **181**, 595 (1949). — [7] RAFELSON, M. E. jr., R. J. WINZLER and H. E. PEARSON: J. biol. Ch. **193**, 205 (1951). — [8] MOLDAVE, K., R. J. WINZLER and H. E. PEARSON: J. biol. Ch. **200**, 357 (1953).

Einbau von ^{14}C aus Glucose in die Lipoidfraktion des Gehirns auf die Hälfte vermindert ist[1]. Der Einbau von ^{14}C aus $NaH^{14}CO_3$ in Lipoide und Eiweißkörper des Gehirns wird dagegen durch die Virusinfektion nicht beeinflußt. Nach 24stündiger Inkubation mit ^{14}C-Glucose entfallen im infizierten, 1 Tag alten Mäusegehirn 65—85% der anfänglichen Radioaktivität der Proteinfraktion auf die Aminosäuren[2]. Mit Ausnahme der beträchtlichen Erniedrigung von Lysin und Histidin und der Erhöhung von Cystein bleibt die Konzentration an Aminosäuren unverändert. Dagegen ist die Radioaktivität fast aller Aminosäuren des infizierten Gehirns erheblich gesteigert. Prolin und Threonin zeigen in beiden Fällen keine Radioaktivität, die von Lysin und Histidin wird durch die Infektion erniedrigt[2]. Bei der Decarboxylierung der Gesamthydrolysate ergibt sich, daß in der etwa 35% der Gesamtradioaktivität ausmachenden Aktivität der Carboxylgruppen kein Unterschied zwischen infizierten und gesunden Gehirnen besteht. Es existieren ferner keine Unterschiede der ^{14}C-Aufnahme aus Glucose zwischen entbehrlichen und unentbehrlichen Aminosäuren.

Neben der Inkorporation von ^{14}C aus Glucose ist auch die aus Formiat in die Proteinfraktion gesteigert, nicht aber die aus Na-hydrogencarbonat oder aus Acetat (Carboxylmarkierung). ^{14}C aus Acetat wird vorwiegend in Glutaminsäure, Asparaginsäure und Histidin eingebaut, kleinere Mengen sind in Alanin, Prolin, Serin und Glykokoll nachweisbar. Die höchste Radioaktivität mit ^{14}C aus Formiat wird in Serin, Methionin, Histidin, Tyrosin und Phenylalanin, geringere Aktivität in Cystin, Glutaminsäure und Asparaginsäure nachgewiesen. Bei Inokulation mit THEILERS GD VII-Virus ist der Einbau von ^{14}C aus Formiat in Serin, Methionin, Tyrosin + Phenylalanin und Cystin gesteigert, die in Histidin ebenso wie in Glucose gehemmt. Der Einbau in Glutaminsäure und Asparaginsäure ist wenig beeinflußt.

Die Carboxylgruppe der Essigsäure, die sich mit Oxalessigsäure zu Citronensäure kondensiert[3,4], muß bei dieser Umwandlung in der distal der Carbonylgruppe gelegenen Carboxylgruppe der α-Ketoglutarsäure erscheinen, die bei ihrer Transaminierung eine Glutaminsäure ohne Radioaktivität der der Aminogruppe benachbarten Carboxylgruppe (1-Carboxylgruppe) ergibt[5]. Dies trifft für das Gehirn von Mäusen in Gegenwart und Abwesenheit von THEILERS GD VII-Virus zu. Wird dagegen α-Ketoglutarsäure über den Citronensäurecyclus und die symmetrisch gebaute Bernsteinsäure zu Oxalessigsäure rückverwandelt, so müssen beide Carboxylgruppen gleichmäßig radioaktiv werden und ebenso nach Transaminierung von Oxalessigsäure zu Asparaginsäure deren Carboxylgruppen. Auch diese Möglichkeit ist im Gehirn von Mäusen mit und ohne Mäuseencephalomyelitis-Virus erwiesen. Die ebenfalls zu beobachtende geringe Radioaktivität der 1-Carboxylgruppe der Glutaminsäure dürfte durch erneutes Durchlaufen von Oxalessigsäure durch den Citronensäurecyclus erklärt werden. Kondensation von markiertem Oxalacetat mit einem 2-C-Fragment und anschließende Umwandlung von Citronensäure zu α-Ketoglutarsäure ergibt dagegen bei nachfolgender Transaminierung Glutaminsäure, deren Radioaktivität nahezu vollständig in der 1-Carboxylgruppe gefunden wird. Diese Reaktion verläuft in infizierten und in Kontrollgehirnen. Mit markiertem Formiat und Hydrogencarbonat sind 97 bzw. 93% der Radioaktivität in der 1-Carboxylgruppe der Glutaminsäure nachweisbar.

Bei der Bildung von Brenztraubensäure aus Oxalessigsäure nach Inkubation mit ^{14}C-(Carboxyl-)Acetat entsteht carboxylmarkiertes Pyruvat. Nach seiner Transaminierung zu Alanin findet sich in normalem und in infiziertem Gehirn die Radioaktivität fast ausschließlich (94%) in dessen Carboxylgruppe. Inkubation mit Glucose ergibt dagegen nur 36% ^{14}C in der Carboxylgruppe von Alanin. Die Inkorporation von ^{14}C aus Acetat in die Carboxylgruppe von Prolin und

---

[1] RAFELSON, M. E. jr., R. J. WINZLER and H. E. PEARSON J. biol. Ch. **181**, 595 (1949).— [2] RAFELSON, M. E. jr., R. J. WINZLER and H. E. PEARSON: J. biol. Ch. **193**, 205 (1951). — [3] POTTER, V. R., and C. HEIDELBERGER: Nature **164**, 180 (1949). — [4] LORBER, V., M. F. UTTER, H. RUDNEY and M. COOK: J. biol. Ch. **185**, 689 (1950). — [5] MOLDAVE, K., R. J. WINZLER and H. E. PEARSON: J. biol. Ch. **200**, 357 (1953).

Histidin, die für die letzte Aminosäure im virusinfizierten Gehirn herabgesetzt wird, ist ein bemerkenswerter Hinweis auf die Existenz eines metabolic pool im Zentralnervensystem. Ihre Deutung steht dagegen noch aus, da Acetat und von ihm abstammende Verbindungen nicht an der Bildung der Kohlenstoffkette des Histidins beteiligt sein sollen[1]. Der Einbau von ^{14}C aus Acetat in Prolin ist überraschend, da er mit Glucose nicht stattfindet.

Der Einbau von ^{14}C aus Formiat in Serin, Methionin und Cystin erklärt sich durch die bekannte Umwandlung von Glykokoll und Formiat in Serin[2-4], von Homocystein und von Formiat in Methionin[5,6] und von Methionin bzw. Homocystein und Serin durch Transsulfurierung über die Kondensation zu Cystathionin zu Cystein[7,8]. Das Fehlen jeglicher Radioaktivität in den Carboxylgruppen von Serin, Methionin und Cystin unterstreicht diesen Vorgang und gibt einen Hinweis auf die Bedeutung der 1-C-Körper im intermediären Stoffwechsel des Gehirns. Die Verstärkung der Inkorporation von ^{14}C aus Formiat in Serin, Methionin, Tyrosin + Phenylalanin und in Cystin weist auf Stimulierung von Transmethylierungen und des Stoffwechsels der 1-C-Körper im Gehirn bei Virusinfektionen hin und dürfte im Zusammenhang mit der Steigerung der Proteinsynthese stehen.

Daß die Radioaktivität fast ausschließlich der 1-Carboxylgruppe der Glutaminsäure und nur sehr gering der 1-Carboxylgruppe der Asparaginsäure nach Inkubation mit ^{14}C-Formiat zukommt, ist vermutlich auf CO_2-Fixation zurückzuführen[9], da radioaktives Formiat markiertes CO_2 bilden kann[9,10]. Die Carboxylierung von Brenztraubensäure durch Fixation radioaktiver CO_2 führt bei anschließender Transaminierung der entstandenen Oxalessigsäure zu Asparaginsäure, die lediglich in der distalwärts der Aminogruppe gelegenen Carboxylgruppe markiert ist. Radioaktives ^{14}C der Asparaginsäure nach Inkubation mit Formiat entsteht somit durch CO_2-Fixation durch Brenztraubensäure und direkte Transaminierung von Oxalessigsäure, nicht aber aus Stoffwechselprodukten von Oxalessigsäure nach durchlaufenem Citronensäurecyclus. Die geringe Intensivierung dieser Reaktion nach Infektion mit THEILERs GD VII-Virus beweist ungeschädigte CO_2-Fixation und Transaminierung unter den gewählten Versuchsbedingungen.

Die Ergebnisse der Decarboxylierung von Aminosäuren nach Inkubation mit ^{14}C-Glucose weisen in Abwesenheit und Gegenwart der Viren auf gleichmäßige Markierung von Asparaginsäure, Glutaminsäure, Serin, Glykokoll, Alanin und Cystin hin. Die Entdeckung von rund 50% der Radioaktivität in der 1-Carboxylgruppe von Isoleucin, Leucin, Tyrosin + Phenylalanin und Arginin dürften unter diesen Umständen auf die Inkorporation von 2-C-Fragmenten aus Glucose zurückzuführen sein.

Die *Ausbreitung* von Viren (THEILERS GD VII-Stamm) wird im Gehirn von 1 Tag alten Mäusen durch gewisse Aminosäuren gehemmt[11,12], von denen Lysin in Konzentrationen (1 mg/cm³) wirkt, in denen andere Aminosäuren noch unwirksam sind. Methionin, das allein keinen Effekt zeigt, kann die Wirkung von L-Lysin aufheben; Histidin und Tryptophan[11] wirken in Konzentrationen von 3 mg/cm³. Während Lysin, Serin und Ornithin die Viruspropagation stark eindämmen, entfalten Alanin, Arginin, Asparaginsäure, Cystin, Glykokoll,

[1] LEVY, L., and M. J. COON: Fed. Proc. **11**, 248 (1952). — [2] SAKAMI, W.: J. biol. Ch. **178**, 519 (1949). — [3] SHEMIN, D.: J. biol. Ch. **162**, 297 (1946). — [4] WINNICK, T., I. MORING-CLAESSON and D. M. GREENBERG: J. biol. Ch. **175**, 127 (1948). — [5] SAKAMI, W., and A. D. WELCH: J. biol. Ch. **187**, 379 (1950). — [6] BERG, P.: Fed. Proc. **10**, 162 (1951). — [7] BINKLEY, F., and V. DU VIGNEAUD: J. biol. Ch. **144**, 507 (1942). — [8] STETTEN, D. jr.: J. biol. Ch. **144**, 501 (1942). — [9] PLAUT, G. W. E., J. J. BETHEIL and H. A. LARDY: J. biol. Ch. **184**, 795 (1950). — [10] MOSBACH, E. H., E. F. PHARES and S. F. CARSON: Arch. Biochem. **35**, 435 (1952). — [11] RAFELSON, M. E. jr., H. E. PEARSON and R. J. WINZLER: Arch. Biochem. **29**, 69 (1950). — [12] PEARSON, H. E., D. L. LAGERBORG and R. J. WINZLER: Proc. Soc. exp. Biol. Med. **79**, 409 (1952).

Histidin, Norleucin, Phenylalanin, Threonin und Tryptophan erst in höheren Konzentrationen hemmende Wirkungen, die den Aminosäuren Prolin und Valin abgehen[1]. Der bei Virusinfektionen stark gesteigerte Einbau von ^{32}P in die Proteinfraktion wird in Gegenwart von Lysin ebenfalls eingeschränkt. Auch gewisse Stoffwechselantagonisten, wie D,L-2-Thiophen-alanin, Benzimidazol und 8-Azaguanin hemmen die Virusvermehrung[2], die insgesamt von der Wirksamkeit des Citronensäurecyclus abzuhängen scheint[3]. Die Ausbreitung des LANSING-Poliomyelitis-Virus wird durch Fluoressigsäure ebenso eingeschränkt wie die von intracerebral inokulierten Encephalomyelitisviren der Maus[4]. Die Verlängerung der Überlebenszeit hat allerdings keinen Einfluß auf den Gesamtverlauf der Infektion. Da Fluoressigsäure das Virus in vitro nicht inaktiviert und keinen Einfluß auf die Empfänglichkeit der Versuchstiere für die Infektion hat, dürfte ihre Wirkung über die bekannte Hemmung des Citronensäurecyclus (s. S. 725) zustande kommen. In der gleichen Richtung wird die Erklärung der Hemmung der Viruspropagation durch Verbindungen wie Dinitrophenol, Cyanid, Azid, Jodacetat zu suchen sein, die in ähnlicher Weise die für die Virusausbreitung notwendige Energiezufuhr unterbrechen. Die einschränkende Wirkung von Purin- und Pyrimidinderivaten, wie Adenin, Adenosin, 2,6-Diaminopurin, Cytidin, Guanosin und Thymin sowie verschiedener, substituierter Nucleoside — Amino-, Chlor-, Diazo-, Oxy- und Methyluridin —, kommt möglicherweise durch Blockade der Virusnucleinsäuresynthese zustande[5]. Guanin, Uridin, Uracil, Guanyl- und Cytidylsäuren sind ohne Einfluß.

Im Gegensatz zu der hohen *Empfindlichkeit* normal ernährter Mäuse gegenüber Infektionen mit Poliomyelitis-Viren besitzen vitamin-B_1-arm ernährte Tiere eine besondere Widerstandsfähigkeit[6-9], die nicht durch calorische Restriktion bedingt ist und bei Lactoflavinmangel fehlt. Mangel an Pantothensäure erhöht die Resistenz von Mäusen gegen Infektionen mit Encephalomyelitis-Viren, nicht aber gegen solche mit dem LANSING-Poliomyelitis-Virus[10]. Obgleich die Tiere bei Thiaminmangel polyneuritische Symptome zeigen, erleiden sie nach Infektion mit dem LANSING-Virus keine Paralyse. Wird dagegen Thiamin zugeführt, so tritt bei 36% der Tiere 15 Tage nach der Infektion Paralyse auf[9]. Offenbar beeinflußt die Bildung von Ketonkörpern (Brenztraubensäure usw.) bei unvollständigem Abbau der Kohlenhydrate das Zustandekommen bzw. den Verlauf dieser Infektion. Wird z. B. die Bildung von Brenztraubensäure bei Ersatz der Kohlenhydrate durch Fette in der Nahrung eingeschränkt und entsprechend weniger Vitamin B_1 im Organismus verbraucht, so erleiden bereits 50% der Tiere Paralysen. Gleichzeitige Zugabe von Thiamin zu fettarmer Kost führt in 74% zu Paralysen. Direkter Zusatz von Pyruvat und Thiamin verzögert die Ausbildung der Paralyse. Bereits der Zusatz von 4% Na-Pyruvat, der im Prinzip wie Vitamin B_1-Mangel wirkt, erhöht die Resistenz gegen Poliomyelitis-Viren beträchtlich. Die Erklärung dieser Zusammenhänge steht noch aus. Es ist vorstellbar, daß sie in der gleichen Richtung wie die Wirkung der Fluoressigsäure durch Beeinflussung des Citronensäurecyclus zu suchen sind. Die Frage ob Beri-Beri eine natürliche Prophylaxe gegen Poliomyelitisinfektion bedeutet, dürfte noch zu klären sein.

Auch im Überschuß der Nahrung zugesetztes Methionin vermindert bei Mäusen die Empfänglichkeit für LANSING-Poliomyelitis-Virus[11]. Es verlängert die Inkubations- und Überlebenszeit. Zusatz von Methionin bei Tryptophanmangelkost, der 6-Methyltryptophan

[1] PEARSON, H. E., D. L. LAGERBORG and R. J. WINZLER: Proc. Soc exp. Biol. Med. **79**, 409 (1945). — [2] RAFELSON, M. E. jr., H. E. PEARSON and R. J. WINZLER: Arch. Biochem. **29**, 69 (1950). — [3] ACKERMANN, W. W.: J. biol. Ch. **189**, 421 (1951). — [4] WATANABE, T., R. D. HIGGINBOTHAM and L. P. GEBHARDT: Proc. Soc. exp. Biol. Med. **80**, 758 (1952). — [5] VISSER, D. W., D. L. LAGERBORG and H. E. PEARSON: Proc. Soc. exp. Biol. Med. **79**, 571 (1952). — [6] FOSTER, C., J. H. JONES, W. HENLE and F. DORFMAN: J. exp. Med. **79**, 221 (1944). — [7] FOSTER, C., J. H. JONES, W. HENLE, F. DORFMAN, M. E. QUINBY and D. L. ALEXANDER: J. exp. Med. **80**, 257 (1944). — [8] RASMUSSEN, A. F. jr., H. A. WAISMAN, C. A. ELVEHJEM and P. F. CLARK: J. infect. Dis. **74**, 41 (1944). — [9] WAISMAN, H. A., H. C. LICHSTEIN, C. A. ELVEHJEM and P. F. CLARK: Arch. Biochem. **8**, 203 (1945). — [10] LICHSTEIN, H. C., H. A. WAISMAN, C. A. ELVEHJEM and P. F. CLARK: Proc. Soc. exp. Biol. Med. **56**, 3 (1944). — [11] GERSHOFF, S. N., A. F. RASMUSSEN jr., C. A. ELVEHJEM and P. F. CLARK: Proc. Soc. exp. Biol. Med. **81**, 484 (1952).

zugesetzt wurde, wirkt stärker als alleinige Gabe von Methionin oder 6-Methyltryptophan. Während im Überschuß zugesetztes Leucin, Histidin, Phenylalanin und Cholin wirkungslos sind, scheinen hohe Dosen von 6-Methyltryptophan Mäuse teilweise völlig gegen die Poliomyelitisinfektion schützen zu können.

Nach den bisherigen Ergebnissen dürfte die Wirkung neurotroper Viren durch Eingriff in den Nucleoproteid- und Proteinstoffwechsel der Ganglienzellen zustande kommen. Darüber hinaus entfalten andere Stämme der Mäuseencephalomyelitis-Viren andersartige Wirkungen. Gereinigte Präparate von THEILERs *FA-Mäuseencephalomyelitisstamm* hemmen die *Glykolyse* entsprechend ihrem Eisengehalt[1]. Die Unterbrechung der Glykolyse ist in gereinigten und dialysierten Präparaten dieses Virusstammes an den Fe-Gehalt der Viren gebunden und läßt sich durch Fe-Sulfat allein erzielen. Zusatz von Fructose-1,6-diphosphat erhöht die Milchsäurebildung des inaktivierten Hirnhomogenates beträchtlich, dagegen sind Hexokinase und Phosphofructokinase ohne Einfluß. Die Inaktivierung der Glykolyse durch THEILERs FA-Stamm bzw. durch Fe-Salze kann durch einen aus Muskulatur gewonnenen „*restoring factor*" aufgehoben werden, der als Triosephosphatdehydrogenase erkannt wurde[2]. Der Hirnstoffwechsel wird durch diesen Virusstamm auf der Stufe der Triosephosphatdehydrogenierung gehemmt. Die deletäre Wirkung auf die Hirnglykolyse erklärt sich durch die Störung in der Bildung der energiereichen Phosphatbindung bei der Oxydation von 3-Glycerinaldehydphosphorsäure, die als begrenzender Faktor für die Bildung von Hexosediphosphat wirkt. Die günstige Wirkung von Fructose-1,6-diphosphat ergibt sich aus dem gleichen Zusammenhang wie die Wirkung gereinigter und umkrystallisierter Triosephosphatdehydrogenase, die wegen der Oxydation von 3-Glycerinaldehydphosphorsäure durch die mit ihr gekoppelte Substratphosphorylierung die initiale Hexosephosphorylierung wieder ermöglicht. Entsprechend der geschilderten Wirkungsweise kann Zusatz von ATP die glykolytische Aktivität der Homogenate wiederherstellen. Dies geschieht weniger durch direkten Zusatz von ATP, das durch die aktive ATPase der Homogenate schnell abgebaut wird, als durch Zugabe von Phosphokreatin und Kreatinphosphokinase, wodurch die glykolytische Aktivität völlig wiederhergestellt wird. Die Hemmwirkung der Fe-Ionen von THEILERs FA-Mäuseencephalomyelitisstamm ist an einen hitzelabilen Faktor gebunden, der durch Dialyse seine Wirkung verliert, sie nach Fe-Zusatz wieder erlangt. Die in gleicher Weise durch Fe-Salze, neutrope Viren (THEILERs FA-Stamm) und proteolytische Enzyme zu erzielende Unterbrechung der Hirnglykolyse durch Hemmung der Triosephosphatdehydrogenase geschieht durch Aktivierung eines Fermentes vom *Kathepsin III-Typ*[3]. Dementsprechend kann die Reaktivierung der Glykolyse neben dem Zusatz der gereinigten Triosephosphatdehydrogenase auch durch Zugabe des spezifischen Substrates für Kathepsin III — L-Leucinamid — geschehen. Der die Glykolyse inaktivierende Faktor im Mäusegehirn, der durch neurotrope Viren und Fe-Salze aktiviert wird, kann außerdem ebenso wie Kathepsin III durch Cystein und Ascorbinsäure stimuliert werden. Die Schutzwirkung von L-Leucinamid, die auch für Leucinäthylester und den besonders wirksamen N-Phenylglycin-äthylester sowie einige andere Aminosäureester gilt, dürfte durch Kompetition zu erklären sein, indem diese Verbindungen mit der Triosephosphatdehydrogenase in Konkurrenz hinsichtlich der aktiven Gruppe von Kathepsin III treten. Offenbar wirken also Viren von THEILERs FA-Mäuseencephalomyelitisstamm allein durch ihren Fe-Gehalt aktivierend auf Kathepsin III, welches das spezifische Protein der Triosephosphatdehydrogenase angreift und dadurch die Hirnglykolyse an entscheidender

[1] RACKER, E., and I. KRIMSKY: J. exp. Med. **85**, 715 (1947). — [2] RACKER, E., and I. KRIMSKY: J. biol. Ch. **173**, 519 (1948). — [3] KRIMSKY, I., and E. RACKER: J. biol. Ch. **179**, 903 (1949).

Stelle unterbricht. Zusatz des spezifischen Substrates für Kathepsin III — L-Leucinamid — sättigt das Ferment ab und verhindert die Schädigung der Triosephosphatdehydrogenase. Es ist bisher nicht bekannt, ob dem Leucinamid sowie einigen Aminosäureestern therapeutische Wirkungen bei Encephalomyelitiden zukommen.

Viren benötigen zu ihrer Existenz ein bestimmtes organisches Milieu, das für den Fall der neurotropen Viren eng begrenzt ist. Es ist bisher unbekannt, welche Faktoren für die Lokalisierung von Viren maßgebend sind. Intraperitoneale Injektion von Acetylcholin nach intranasaler Inokulation des St. Louis-Encephalomyelitisstamms erhöht bei Mäusen die Überlebensrate von 31 auf 55%[1]. Es ist aber unentschieden, ob dem Acetylcholinsystem eine Bedeutung für die Neurotropie gewisser Viren zukommen dürfte, da Acetylcholin auch nicht nervösen Ursprungs sein und z. B. aus der Placenta stammen kann.

d) Chemische Vorgänge bei Erregung und Erregungsleitung.

α) Allgemeines.

Die Fortleitung von Nervenimpulsen wird von Erscheinungen physikalischer und chemischer Art begleitet, von denen die elektrischen Veränderungen, die mit der gleichen Geschwindigkeit wie der Impuls mit diesem zusammen den Nerven entlang verlaufen, besonders intensiv untersucht sind. Die elektrischen Veränderungen bei der Erregungsleitung sind eng mit Ionenveränderungen des erregten Nerven verbunden. Eine Erregungsleitung ist erst dann möglich, wenn durch die Erregung die dazu notwendige elektrische Energie erzeugt worden ist. Während der eigentliche Erregungsvorgang ein allgemeiner biochemischer Vorgang ist, der eng mit physiologisch-chemischen und physikalisch-chemischen Prozessen verknüpft ist, dürfte der Leitungsprozeß weitgehend ein elektrischer Vorgang sein (Übersicht s. [2]). Die Veränderungen, die notwendig sind, um erregbare Membranen dauernd im Zustand der Erregbarkeit zu halten, sind weitgehend unbekannt. Sie dürften, abgesehen von der Erhaltung des Strukturumsatzes, hohe Energieansprüche an die Aufrechterhaltung instabiler Ionenkonzentrationen stellen, die für den Erregungs- und Leitungsvorgang wichtig sind. Erregbarkeit und Leitfähigkeit von Impulsen sind an Membranen gebunden, deren Existenz indirekt auf verschiedenen Wegen gesichert werden konnte. Die erregbare Membran muß jeweils an der Zellperipherie am Ort der mikroskopisch wahrnehmbaren Zellbegrenzung liegen[2].

β) Ionenaustausch und Erregungsleitung.

Die erregbare Membran ist der Sitz eines elektrischen Potentials — *Ruhepotentials* —, das zeitlebens aufrechterhalten wird und bei O_2-Mangel langsam verschwindet. Es wird angenommen, daß die *Potentialdifferenz* durch ungleiche Elektrolytverteilung an beiden Seiten der Membran zustande kommt, als deren Voraussetzung unterschiedliche Permeabilität gegenüber gewissen Ionen gelten muß. Beim Nerven grenzt die erregbare Membran als Grenzfläche zwischen 2 Elektrolytlösungen verschiedener Konzentration das Axoplasma von der Extracellulärflüssigkeit ab, deren Zusammensetzung weitgehend der des Blutplasmas entspricht. Die ungleiche Verteilung der K-Ionen, deren Konzentration im Zellinnern mehr als 10fach höher als in der Außenlösung ist, der Konzentrationsgradient der Cl-Ionen, der sich ebenso wie der für Na-Ionen in umgekehrter Richtung von außen nach innen bewegt, können auf Grund ihrer elektrochemischen Eigenschaften am ehesten als Potentialbildner angesehen werden.

---

[1] Laskowski, L. F., G. W. Fox and H. Pinkerton: Proc. Soc. exp. Biol. Med. **80**, 505 (1952). — [2] Stämpfli, R.: 3. Mosbacher Coll. S. 109—114.

Die gefundenen Ruhepotentiale lassen eine ausgesprochene Abhängigkeit von der K^+-Konzentration der Außenflüssigkeit erkennen. Die ruhende erregbare Membran ist in erster Linie für K^+ durchgängig, dessen *Konzentrationsdifferenz* zwischen dem negativ gegenüber dem Außenmedium aufgeladenen Axoplasma und der Außenzone die Ursache der Potentialdifferenz sein muß. Die Aufrechterhaltung des Konzentrationsgradienten, der die Voraussetzung des Ruhepotentials bildet, ist an hohe Energiebeträge gebunden, die aus dem oxydativen Kohlenhydratstoffwechsel entnommen werden (s. S. 802). Umsatzrate und Austausch von Na^+ und K^+ sind im Nerven stark temperaturabhängig[1]. Während Na^+ weitgehend austauschbar ist, dürfte K^+ in vitro nur teilweise ausgetauscht werden. Erniedrigung der Temperatur auf 0° vermindert den Anteil des austauschbaren K^+ von 9,1 auf 0,9 μÄq/*l*. Gleichzeitig ist der Eintritt von K^+ in den Nerven vermindert, sein Austritt vermehrt. Die erregbaren Membranen dürften auch für Na^+ in gewissem Umfang durchlässig sein[2], das aber durch eine „*Stoffwechselpumpe*" gegen den elektrochemischen Gradienten stets wieder entfernt und aus elektrostatischen Gründen durch K^+ ersetzt werden muß. Da aber der Eintritt von K-Ionen in das Zellinnere ein aktiver energieerfordernder Prozeß ist (s. Ionentransport S. 801), dürfte die Erklärung des Ruhepotentials als Konsequenz des Herauspumpens von Na^+ und einfachen Ersatz durch K^+ allein nicht ausreichend sein.

Die Umwandlung des Ruhepotentials in das *Aktionspotential* bei maximaler Erregung ist nicht — wie bisher vermutet wurde — mit dem Zusammenbruch des Potentials auf Null, sondern mit Wechsel der Polarität verbunden, so daß auf dem Gipfel des Erregungsvorganges das Zellinnere gegenüber der Außenlösung relativ eine positive Ladung annimmt[3]. Während des Erregungsanstiegs sind die Membranen von Nerven in hohem Maße für Na-Ionen durchgängig, die daher dem Konzentrationsgefälle folgend in die Zellen eintreten, während K-Ionen die Zellen in späterer Phase verlassen[4–10]. Der K^+-Verlust, der bei normaler Aktion je Impuls und cm² Membran etwa 1,7[2] bzw. $3{,}4 \times 10^{-12}$ m beträgt[6], genügt zur Entladung der Membrankapazität[5]. Der Natriumeintritt konnte durch radioaktives Na einwandfrei demonstriert werden; er beträgt netto im Durchschnitt je Impuls und cm² Membran $3{,}8 \times 10^{-12}$ m[6]. Es ist aber festzustellen, daß auch während des Erregungsvorganges neben dem Gesamteintritt von Na^+ in Höhe von 10×10^{-12} m in das Innere des Axoplasmas eine Na^+-Auswanderung von etwa 5×10^{-12} m stattfindet[6], die — gegen das Konzentrationsgefälle gerichtet — als aktiver Prozeß aufzufassen ist. Es gibt Hinweise für die Auffassung, daß der Austausch von K- und Na-Ionen, der während des Aktionsvorganges dem Konzentrationsgefälle folgend ohne Energiezufuhr stattfinden könnte, die unmittelbare Energie für die Fortleitung der Impulse abgeben kann[7,9]. Der Erholungsvorgang, der die früheren Konzentrationsunterschiede wieder herstellt, erfordert dagegen Zufuhr von Energie.

Die außerordentliche *Permeabilitätssteigerung* für Na-Ionen während des Erregungsvorganges[11] ist mit diesem eng verbunden, da die Erregungsleitung bei Verwendung Na^+-freier Lösungen blockiert, die Membran unerregbar wird und da die Geschwindigkeit der Membranpotentialänderung bei Erregung von der Na^+-Konzentration abhängig ist[11,12]. Auf Grund der bei der Erregung sich abspielenden Ionenverschiebungen wurde die Na-K-*Ionentheorie der Erregung*[13]

[1] McLennan, H., and E. J. Harris: Biochem. J. **57**, 329 (1954). — [2] Dean, R. B.: Biol. Symp. **3**, 331 (1941). — [3] Stämpfli, R.: 3. Mosbacher Coll. S. 109—114. — [4] Hodgkin, A. L., and A. F. Huxley: Nature **160**, 248 (1947). — [5] Hodgkin, A. L., and A. F. Huxley: Nature **158**, 376 (1946). — [6] Keynes, R. D., and P. R. Lewis: Nature **165**, 809 (1950). — [7] Hodgkin, A. L.: Nature **166**, 713 (1950). — [8] Keynes, R. D., and P. R. Lewis: J. Physiol., London **113**, 73 (1951). — [9] Keynes, R. D.: J. Physiol., London **113**, 99 (1951). — [10] Rothenberg, M. A.: Biochim. biophysica Acta, N. Y. **4**, 96 (1950). — [11] Hodgkin, A. L., and B. Katz: J. Physiol., London **108**, 37 (1949). — [12] Huxley, A. F., and R. Stämpfli: J. Physiol., London **112**, 496 (1951). — [13] Hodgkin, A. L.: Biol. Reviews **26**, 339 (1951).

formuliert, nach der die Erregung durch zeitlich aufeinanderfolgende Ionendurchlässigkeitsänderungen erregbarer Membranen entsteht, die vorher durch einen Reiz um einen bestimmten Minimalbetrag depolarisiert wurden. Die Depolarisation erreicht in kürzester Zeit ihr Maximum und geht ebenso schnell wieder zurück. Auf Grund des Konzentrationsgefälles der Na-Ionen liefert jede erregte Stelle einen Einwärtsstrom[1], so daß benachbarte, unerregte Stellen als Austrittsstellen für eine entsprechende Strommenge dienen müssen. Die an der erregten Stelle aufgetretene Potentialänderung teilt sich der unerregten Umgebung mit und bewirkt durch Depolarisation benachbarter Membranstellen Auswärtsströme, deren Gesamtmenge dem Einwärtsstrom an der erregten Stelle gleich sein muß. Der nach der initialen Depolarisation mit der Ionenkonzentrationsänderung bei erhöhter Permeabilität für Na-Ionen in der Anstiegsphase des Aktionspotentials verbundene Einwärtsstrom gehört somit zu den frühesten Phänomenen der Erregung und der sich konzentrisch ausbreitenden Erregungsleitung. Die Inaktivierung des Na-Systems dürfte der Grund der *Refraktärperiode* sein. Offenbar bewirkt eine Depolarisation beträchtliche Veränderungen der Membranen hinsichtlich ihrer phasischen Durchlässigkeitszunahme für Na^+, so daß außer dem schnellen Vorgang der Permeabilitätszunahme ein länger dauernder Prozeß existieren muß, durch den die ursprüngliche Aktionsbereitschaft wieder hergestellt wird. Die Erregungsleitung[2] dürfte als elektrotonische Ausbreitung von Potentialveränderungen auf Grund von Ionenströmen ein rein passiver Vorgang sein, die Energie des Erregungsprozesses selbst muß dagegen aus dem Na-Einwärtsstrom stammen. Der Na-Einwärtsstrom ist nur dann möglich, wenn die Konzentration von Na^+ außen größer als innen ist und wenn durch eine Depolarisation einer beschränkten Na-Menge plötzlich der Eintritt in die Faser gestattet wird. Die Na-Konzentrationsdifferenz zwischen außen und innen hat — da die Membran auch für Na^+ in gewissem Umfang durchlässig ist — zu der Annahme eines aktiven Stoffwechselprozesses geführt, durch den Na^+ wieder aus der Nervenfaser bzw. dem Zellinneren in anderen Geweben herausgepumpt werden soll. Die für einen derartigen Na^+-Transport notwendige Trägersubstanz ist noch unbekannt.

Die Erklärung der für die Erregung entscheidenden Permeabilitätsänderung der Membran durch die Annahme eines Membransiebes, dessen mittlere Größe den Durchgang von K-Ionen, nicht aber den von Na-Ionen gestattet, läßt sich mit den experimentellen Beobachtungen nicht vereinbaren. Vor allem widerspricht ihr die plötzliche selektive Durchlässigkeitszunahme bei der Erregung für Na^+, das stärker hydratisiert ist als K^+ und daher schlechter durch eine Lipoidmembran gehen dürfte. Die Passage ist daher wahrscheinlich an ein lipoidlösliches Trägermolekül gebunden, dessen Beweglichkeit bei hohem Membranpotential beschränkt, bei Depolarisation stark erhöht ist[3].

γ) Aktionssubstanzen.

Unter Aktionssubstanz wird nach der Definition von v. MURALT[4] jeder Stoff verstanden, der im Aktionszustand des Nerven gebildet oder verändert wird und ein unentbehrliches Glied in der Kette der Aktionsreaktionen ist. Nach den bisherigen Vorstellungen müssen K^+, *Aneurin, ein nicht näher identifizierter Stoff* A_4 *und Acetylcholin* als Aktionssubstanzen angesprochen werden. Nach den Veränderungen des Ionenaustausches bei der Erregungsleitung muß auch Na^+ *bzw. die* (hypothetische) Na-*Pumpe* zu den Aktionssubstanzen gerechnet werden, da durch

---

[1] STÄMPFLI, R.: 3. Mosbacher Coll. S. 117 (1952). — [2] HODGKIN, A. L.: J. Physiol., London **90**, 183 (1937). — [3] STÄMPFLI, R.: 3. Mosbacher Coll. S. 126, 124.. — [4] MURALT, A. v.: Die Signalübermittlung im Nerven. S. 270. Basel 1946.

ihre Tätigkeit die für die Erregbarkeit unentbehrlichen Konzentrationsdifferenzen ermöglicht werden. Eine strenge direkte Zuordnung der Aktionssubstanzen zu dem Aktionszustand selbst stößt aber noch auf Schwierigkeiten[1].

1. Kalium.

Das Verhalten der K-Ionen wurde bereits beim Ionenaustausch erwähnt. Kalium dürfte neben Na^+ am ehesten als Aktionssubstanz anzusprechen sein, da es für die Rückkehr des Membranpotentials zum Ausgangsniveau im Zusammenhang mit der Abnahme der Na^+-Durchlässigkeit eine Rolle spielt[1]. Da die Nervenfasern über große Reserven an K^+ verfügen, ist es schwer zu beurteilen, ob K^+ unentbehrlich ist. Längere Reizung führt zu eindeutigen Kaliumverlusten[2]. Beseitigung von K^+ in der Außenlösung hat aber außer geringer Erhöhung des Membranpotentials keinen wesentlichen Einfluß auf die Erregbarkeit[1].

2. Aneurin.

Der erregte Nerv gibt nach elektrischer Reizung bedeutend mehr Aneurin an die Umgebung ab als der ruhende Nerv[3,4] — ein Ergebnis, das durch verschiedene Methoden mit Ausnahme der Hefe-Fermentationsmethode erhalten werden konnte[5]. Auf Grund der methodischen Aufarbeitung besagt die Feststellung der Thiaminfreisetzung nur, daß sich Thiamin im zermahlenen Gewebe des gereizten Nerven in einem durch Ringerlösung besser extrahierbaren Zustand befindet als unter den Bedingungen des nicht gereizten Nerven[5]. Die durchschnittliche Freisetzung von 1—2 γ Aneurin je g des gereizten Nerven übertrifft die Bildung von Acetylcholin (0,1 γ/g) unter diesen Bedingungen um das 10—20fache.

Es ist bisher nicht zu beurteilen, ob und inwieweit Aneurin in den Erregungsprozeß eingreift. Untersuchungen über die UV-Absorption des Nerven führten zu der Vermutung, daß mit und nach der Erregung molekulare Umgruppierungen stattfinden, an denen Aneurin beteiligt ist[5], so daß die „Freisetzung" von Aneurin nicht nur eine Frage seiner Löslichkeitsänderung im Nerven ist. Untersuchungen über das Verhalten von Nervenfasern nach *UV-Belichtung* ergaben, daß die erste Phase der photochemischen Reaktion — die *Übererregbarkeit* — auf die Zerstörung einer Substanz zurückzuführen ist, deren Absorptionsspektrum ähnlich dem oder identisch mit Thiamin ist. Die Substanz ist bei markhaltigen Nerven in den Markscheiden lokalisiert. Die Phase der Übererregbarkeit entspricht den initialen Symptomen des Vitamin B_1-Mangels in vivo. Die an die UV-Belichtung sich anschließende Phase der *Destruktion* beruht auf Denaturierung der Nervenproteine. Werden die RANVIERschen Schnürringe, die nur Protein aber keine Lipoide und Thiamin enthalten, allein bestrahlt, so entsteht nur die 2. Phase der Zerstörung. Offenbar besteht also eine enge Verbindung zwischen Thiaminzerstörung und Übererregbarkeit des peripheren Nerven. Vitamin B_1 dürfte aber vermutlich mehr an den Erholungsprozessen als an der eigentlichen Erregung beteiligt sein. Die durch Karpfendarmextrakte, die eine aneurinspaltende Wirkung besitzen, reversibel erzielte Empfindlichkeitsabnahme sensibler Nervenendigungen[6] in der Froschzunge treten ebenso wie Schwellenerhöhungen an der peripheren Nervenfaser nur langsam auf, so daß ein indirekter Einfluß über oxydative Prozesse zur Aufrechterhaltung der Erregbarkeit wahrscheinlicher ist als der Einfluß auf den Erregungsvorgang selbst. Diese Ansicht wird unterstützt durch die Untersuchungen von PETERS[7], nach denen 1 Mol Cocarboxylase 1500 Mol O_2 je min für den Brenztraubensäurecyclus katalysieren kann.

---

[1] STÄMPFLI, R.: 3. Mosbacher Coll. S. 126, 124. — [2] HODGKIN, A. L., and A. F. HUXLEY: Nature **158**, 376 (1946). — [3] MINZ, B.: C. R. Soc. biol. **127**, 1251 (1938). — [4] MINZ, B.: Presse méd. **76**, 1406 (1938). — [5] MURALT, A. v.: Vitamins & Hormones **5**, 93 (1947). — [6] MURALT, A. v., u. Y. ZOTTERMAN: Unveröffentlicht [STÄMPFLI, R.: 3. Mosbacher Coll. S. 125. — [7] PETERS, R. A.: Nature **146**, 387 (1940).

Die Freisetzung von Thiamin ist nicht auf den peripheren Nerven beschränkt, sondern gilt auch für den N. vagus, nicht aber für den N. sympathicus[1–4]. So hemmt z. B. am Herzmuskel Thiamin die Wirkung von Acetylcholin[5,6]. Die Wirkung tritt nur auf, wenn Aneurin mit Acetylcholin gleichzeitig auf das Herz einwirkt. Aneurin allein hat keinen Einfluß. Dementsprechend ruft B_1-Avitaminose im Anfang Bradycardie und arterielle Hypotonie hervor[7], während Tachykardie und Arhythmie der ausgesprochenen Beri-Beri vermutlich auf Störungen des Herzmuskelstoffwechsels direkt zu beziehen sind[8]. Die hemmende Wirkung von Aneurin auf die Wirkung von Acetylcholin verschwindet nach photochemischer Zerstörung oder Absorption von Vitamin B_1. Ebenso setzt Injektion von Thiamin die Herzwirkung des Vagus bei Kaninchen herab. Es dürfte daher *neben dem Acetylcholin als „Vagusstoff" ein „2. Vagusstoff"*[4] bei der Reizung des Nerven abgegeben werden, der als Vitamin B_1 anzusprechen ist. Sein hemmender Einfluß auf die Wirkung des Acetylcholins am Herzmuskel wird so lange ausgeübt, wie ein quartäres Thiazol mit einer β-Oxyäthylgruppe in Stellung 5 vorhanden ist. Acetylaneurin ist unwirksam, Cocarboxylase wirkt sogar umgekehrt[4]. Es ist ungeklärt, ob darüber hinaus Thiamin an allen Endigungen cholinergischer Nerven freigesetzt wird.

Nach der Reaktion ATP + Thiamin → Adenylsäure + Cocarboxylase führt der Abbau von ATP zur Bildung der wirksamen Stufe von Vitamin B_1, die aerob und anaerob die Decarboxylierung von Brenztraubensäure katalysiert, wodurch Essigsäure in Form der „aktivierten Essigsäure" als Acetyl-Coenzym A gebildet wird. Dieses ist wiederum notwendig für die Acetylierung von Cholin, das durch Spaltung oder bei der Synthese von Phosphatiden im Nervensystem entsteht. Es besteht daher die Möglichkeit, daß Vitamin B_1 in seiner wirksamen Form eng mit dem Stoffwechsel des Acetylcholins verbunden ist, was auch durch die räumliche Verbindung an der Oberfläche des Axoplasmas unterstrichen wird[9,10].

Die Funktion des bei der Vagusreizung freigesetzten Aneurins dürfte zum Teil darin bestehen, durch seinen hemmenden Einfluß auf die Wirkung von Acetylcholin dessen histiotrope Wirkung je nach Bedarf mehr oder weniger in ergotropem Sinne zu modifizieren[4]. Zahlreiche Versuche haben im N. vagus antagonistische Komponenten nachweisen können, die sich selbst nach gründlicher Entfernung des Ganglion stellatum, bei sorgfältigster Isolierung des N. vagus bis hinauf zu seinem Ursprung, Durchtrennung aller Verbindungen zum Sympathicus und selbst bei Abtrennung des Rückenmarks nachweisen ließen[11]. Die acceleratorischen Wirkungen des N. vagus dürften außer Zweifel stehen, obgleich ein direkter Beweis für die Existenz acceleratorischer Fasern nicht erbracht ist[4]. Es dürfte bisher nicht entschieden sein, ob besondere cardioacceleratorische Fasern im N. vagus verlaufen und ob diese hypothetischen Fasern an ihren Endigungen Aneurin freisetzen, das hemmend in die Wirkung von Acetylcholin eingreift oder ob im N. vagus nur eine Faserart vorkommt, die beide Aktionssubstanzen — Acetylcholin und Aneurin — freisetzt[4].

Die bisherigen Ergebnisse wurden von v. MURALT[4] zur *Theorie der humoralen Antagonisten mit gleichem Funktionsziel* zusammengefaßt, nach der an den

---

[1] MURALT, A. v.: Vitamins & Hormones **5**, 93 (1947). — [2] WYSS, F., u. A. v. MURALT: Helv. physiol. Acta **2**, C 61 (1944). — [3] WYSS, A., u. F. WYSS: Helv. physiol. Acta **3**, C 30 (1945). — [4] MURALT, A. v.: Exper. **1**, 136 (1945). — [5] AGID, R., et J. BALKANYI: C. R. Soc. Biol. **127**, 680 (1938). — [6] KAISER, P.: Pflügers Arch. **242**, 504 (1939). — [7] WILLIAMS, R. D., H. L. MASON, R. M. WILDER and B. F. SMITH: Arch. internal Med., Chicago **66**, 785 (1940). — [8] Bicknell-Prescott, Vitamins 2. Aufl. S. 225. — [9] NACHMANSOHN, D., and H. B. STEINBACH: J. Neurophysiol. **5**, 109 (1942). — [10] NACHMANSOHN, D.: Vitamins & Hormones **3**, 337 (1945). — [11] JOURDAN, F., et H. J. G. NOWAK: Arch. int. Pharmacodyn. Thérap. **53**, 121 (1936).

Endigungen des N. vagus 2 Stoffe freigesetzt werden, die als humorale Antagonisten je nach den Bedürfnissen der Stoffwechsellage in ihrem gegenseitigen Gleichgewicht beeinflußt werden.

3. Acetylcholin und Sympathin.

Acetylcholin ist der Überträgerstoff zahlreicher Nervenwirkungen. Neben Acetylcholin spielen 2 sympathicomimetische Überträgersubstanzen — Adrenalin und Noradrenalin (Arterenol) — die gleiche Rolle bei anderen Nervenwirkungen, so daß von DALE[1] die Unterscheidung von *cholinergischen* und *adrenergischen Nerven, Nervenfasern und Neuronen* getroffen wurde. Die Terminologie beruht auf dem funktionellen Verhalten der Nerven, das dem anatomischen Ausbreitungsgebiet nicht immer parallel geht.

a) Die Verteilung cholinergischer und adrenergischer Neurone. Cholinergische Nerven übertragen ihre Wirkung durch Acetylcholin, adrenergische durch Adrenalin oder Noradrenalin. Neben dem N. vagus sind alle parasympathischen Fasern, die präganglionären Fasern des Sympathicus und die motorischen Nerven cholinergisch. Die postganglionären, parasympathischen Fasern sind cholinergisch, die meisten postganglionären sympathischen Fasern adrenergisch[2]. Einige postganglionäre sympathische Fasern, wie z. B. die Fasern zu den Schweißdrüsen, sind trotz anatomischer Zugehörigkeit zum sympathischen Nervensystem cholinergisch.

Auch die synaptische Übertragung innerhalb des autonomen Nervensystems ist cholinergisch. Alle präganglionären sympathischen und parasympathischen Fasern besitzen cholinergische Natur, ebenso die sympathischen Fasern zum Nebennierenmark, die — bedingt durch die entwicklungsgeschichtliche Abstammung der Markzellen und sympathischen Ganglienzellen aus derselben Mutterzelle — als einziger peripherer sympathischer Nervenverlauf aus nur einem Neuron bestehen.

Während die Natur der Überträgerstoffe bei den efferenten peripheren Nerven im wesentlichen bekannt ist, bestehen bei den sensiblen Nervenendigungen Zweifel. Es ist bisher nicht bekannt, wodurch die Übertragung von der sensorischen Nervenendigung auf die Nervenzelle zustande kommt, da die sensorischen Fasern weder cholinergisch noch adrenergisch sind. Das Zentralnervensystem dürfte aus cholinergischen und nichtcholinergischen Neuronen aufgebaut sein. Wenngleich Acetylcholin im Zentralnervensystem nicht als universeller, zentraler, synaptischer Überträgerstoff angesehen werden kann[2], so zeigt die enge Verbundenheit des Acetylcholins mit dem Hirnstoffwechsel und sein Verhalten bei Krämpfen (s. S. 817), in Narkose (s. S. 813) und während des Schlafes, daß es die synaptische Überträgerrolle an gewissen zentralen Synapsen ausüben dürfte.

b) Die Natur der Überträgerstoffe. Seit den grundlegenden Untersuchungen von LOEWI[3] sowie späteren Untersuchungen ist die Natur der *cholinergischen Überträgersubstanz als Acetylcholin* gesichert[4]. Bei der *Reizung adrenergischer Fasern werden Adrenalin und Noradrenalin frei*, von denen insbesondere Noradrenalin als Überträgersubstanz wirkt[5]. Die früher als *Sympathin I und E* (inhibitorische und excitatorische Wirkung) bezeichneten Stoffe[6] sind als Adrenalin und sein nichtmethyliertes Homologon Noradrenalin erkannt worden. Für Gemische von Adrenalin und Noradrenalin findet der Ausdruck „*Sympathin*"

---

[1] DALE, H. H.: J. Physiol., London **80**, 10 P (1933). — [2] FELDBERG, W.: A. e. P. P. **212**, 64 (1950). — [3] LOEWI, O.: Schweiz. med. Wschr. **67**, 850 (1937). — [4] MURALT, A. v.: Exper. **1**, 136 (1945). — [5] HOLTZ, P.: Pharmazie **5**, 49 (1950). — [6] CANNON, W. B., and A. ROSENBLUETH: Amer. J. Physiol. **104**, 557 (1933).

Verwendung. Noradrenalin ist körpereigener natürlicher Bestandteil zahlreicher Nerven und des Nebennierenmarkes. Sein Vorkommen in anderen Organen dürfte auf den Gehalt an adrenergischen Fasern zurückgehen[1]. Nach Reizung des Nebennierenmarkes lassen sich Adrenalin und Noradrenalin im Nebennierenvenenblut nachweisen[2-4]. Der Anteil an Noradrenalin ist variabel und schwankt nach verschiedenen Angaben von 15—80% und nimmt bei wiederholter Reizung des N. splanchnicus stetig zu.

Die Wirksamkeit adrenergischer Nerven beruht zum überwiegenden Teil auf Noradrenalin: so bei Milznerven[5,6] zu über 98%, da je g Gewebe 10—15 γ Noradrenalin und weniger als 0,5 γ Adrenalin extrahiert werden konnten. Auch die Reizung der isolierten Nerven setzt Noradrenalin in Freiheit[6]. Noradrenalin dürfte aber nicht generell in allen adrenergischen Nerven überwiegen; Milzextrakte zahlreicher Tiere enthalten nur Noradrenalin und kein Adrenalin. Milznerven und der Grenzstrang enthalten ein Gemisch beider Stoffe und die Coronarnerven des Menschen ausschließlich Adrenalin[7]. Demnach scheinen in einigen Nerven Noradrenalin, in anderen Adrenalin, in wieder anderen beide Stoffe als Überträgersubstanzen zu wirken. Es ist bisher ungeklärt, ob eine Nervenfaser beide Stoffe freisetzen kann oder ob adrenergische Nerven aus in dieser Hinsicht verschiedenen Nervenfasern zusammengesetzt sind[1]. Sympathische Lebernerven setzen vorwiegend Noradrenalin frei[8-11], ebenso die der Milz, nach deren Reizung im Plasma des Milzvenenblutes im wesentlichen Noradrenalin nachweisbar ist[12].

Sympathische Vasoconstrictoren dürften im allgemeinen mehr über Noradrenalin als über Adrenalin wirken[1]. An den Coronararterien übt Noradrenalin die gleiche gefäßerweiternde Wirkung aus wie Adrenalin[13], obgleich die Coronarnerven nur Adrenalin enthalten, so daß adrenergische, sympathische Gefäßerweiterer vorliegen. Bei der Reizung sympathischer Fasern zum durchströmten Kaninchenohr werden beide Stoffe — Noradrenalin und Adrenalin — in der abströmenden Flüssigkeit nachgewiesen[1]. Über Adrenalin und Noradrenalin s. a. S. 761.

c) Wirkung von Acetylcholin auf die motorische Endplatte und den neuromuskulären Block. An isolierten Muskelfasern konnte gezeigt werden, daß nur die Endplattengegend empfindlich für Acetylcholin ist, während andere Gegenden auf 1000fach höhere Dosen mit lokaler Kontraktur reagieren[14]. Kleine Acetylcholinkonzentrationen depolarisieren die Endplatte, höhere Dosen führen zu propagierten Aktionsströmen. Curare verhindert die Aktionsströme, indem es die Depolarisierung so weit führt, daß sie für Reizung der Muskelfasern unzureichend wird.

Acetylcholin entfaltet mehrere Wirkungen auf die Skeletmuskulatur[1]: *Kontraktion*, *Kontraktur* und *Depression*, die alle als Folge einer Depolarisierung auftreten. Kurzanhaltende Depolarisierung liefert das Potential der motorischen Endplatten, das die Kontraktion auslöst. Große Acetylcholindosen — oder kleinere nach Eserin — bedingen Kontraktion, gefolgt von Lähmung, die durch Depolarisation der Muskelmembran jenseits der Endplatte hervorgerufen wird, so daß die Zelle elektrisch unerregbar geworden ist. Unter diesen Bedingungen kann der Nervenimpuls nicht passieren, es entsteht der *neuromuskuläre*

---

[1] Feldberg, W.: A. e. P. P. **212**, 64 (1950). — [2] Bülbring, E., and J. H. Burn: J. Physiol., London **108**, 508 (1949). — [3] Holtz, P., u. H. J. Schümann: A. e. P. P. **206**, 49, 484 (1949). — [4] Gaddum, J. H., and F. Lembeck: Brit. J. Pharmacol. **4**, 401 (1949). — [5] Euler, U. S. v.: Acta physiol. scand. **11**, 168; **12**, 73 (1946); **16**, 63 (1948). — [6] Euler, U. S. v., and A. Åström: Acta physiol. scand. **16**, 97 (1948). — [7] Bacq, Z. M., et P. Fischer: Arch. int. Physiol. **55**, 73 (1947). — [8] Stehle, R. L., and H. C. Ellsworth: J. Pharmacol. exp. Therap. **59**, 114 (1937). — [9] Melville, K. I.: J. Pharmacol. exp. Therap. **59**, 317 (1937). — [10] Greer, C. M., J. O. Pinkston, J. H. Baxter jr. and E. S. Brannon: J. Pharmacol. exp. Therap. **62**, 189 (1938). — [11] Gaddum, J. H., and L. G. Goodwin: J. Physiol., London **105**, 357 (1947). — [12] Peart, W. S.: J. Physiol., London **108**, 491 (1949). — [13] Burn, J. H., and D. E. Hutcheon: Brit. J. Pharmacol. **4**, 373 (1949). — [14] Kuffler, S. W.: J. Neurophysiol. **6**, 99 (1943).

Block. Am Warmblütermuskel ist der durch Ausdehnung der Depolarisation von der Endplatte auf die Muskelfaser entstandene Block die einzige sichtbare Erscheinung, sie geht beim Kaltblüter mit Kontraktion einher. Während Curare die Empfindlichkeit der Endplatte gegen die depolarisierende Wirkung von Acetylcholin herabsetzt, depolarisieren hohe Dosen von Acetylcholin die Muskelfasern jenseits der Endplatte. Die muskelkontrahierende Wirkung von Acetylcholin nach seiner intraarteriellen Injektion beim Menschen ist gering, die Hauptwirkung besteht in vorübergehender Lähmung[1]. Neuromuskulärer Block kann außer durch hohe Konzentrationen von Acetylcholin durch Curare, Dekamethonium und Botulismustoxin hervorgerufen werden. Curare senkt die Empfindlichkeit der Endplatte gegen Acetylcholin[1], Dekamethonium depolarisiert Endplatte und Muskelfasern[2], Botulismustoxin verhindert die Freisetzung von Acetylcholin an den Nervenendigungen[3] und bedingt irreversiblen neuromuskulären Block, ohne auf die Endplatte der Muskelfasern einzuwirken.

d) Acetylcholin und Fortleitung der Nervenerregung. Die Freisetzung von Acetylcholin an den Enden cholinergischer Nerven ist eine gesicherte Tatsache[4,5]; die Beteiligung von Acetylcholin an der Fortleitung der Erregung dagegen sehr stark umstritten[1,6,7]. Zahlreiche Untersuchungen haben mit unterschiedlicher Methodik die Freisetzung von Acetylcholin auch an der Nervenoberfläche nach Reizung des Nerven ergeben[8,9]. Mit dem Einfrierverfahren konnte bei Erregung die Freisetzung von 0,1 γ Acetylcholin je g Leitungsstrecke sowie sein äußerst schnelles Verschwinden beobachtet werden[10,11] — ein Ergebnis, das durch zahlreiche andere Untersuchungen bestätigt wurde[12–15]. Sein vermuteter Zusammenhang mit dem Erregungsvorgang des Nerven gründet sich auf folgende Ergebnisse[9]: die im Nerven gebildete Acetylcholinmenge von 0,1 γ entsteht nur bei Erregung, nicht dagegen bei Blockierung des Nerven durch Anelektrotonus, Cocain oder Äther[10]. Die Acetylcholinmenge ist um so größer, je mehr Erregungswellen auf einem Nerven chemisch abgefangen werden. Der Acetylcholingehalt des Nerven fällt bei sekundärer Degeneration stark ab[16,17]; die Fähigkeit zur Erregungsbildung schwindet, wenn der Acetylcholingehalt unter 10% der Norm gesunken ist.

Angesichts der Acetylcholinbildung in Nervenstückchen und -extrakten kann ein enger Zusammenhang zwischen Erregung und Acetylcholinbildung am Nervenende und auf der Leitungsstrecke vermutet werden[16,18]. Die Fähigkeit zur Acetylcholinbildung scheint *vor* dem Verlust der Erregungsbildung[16], nach anderen Untersuchungen *mit* der Fähigkeit zur Erregungsbildung[17] verloren zu gehen. Am Ende der cholinergischen Nerven entsteht wahrscheinlich Acetylcholin in größeren Mengen, auf der Nervenstrecke in geringeren, die sehr rasch zerstört werden[9]. In den Ganglien von Warmblütern wird mit jeder ankommenden Erregung 6×10^{-5} bis $1 \times 10^{-4}\,\gamma$ Acetylcholin je g von den in den Synapsen endenden cholinergischen Nervenfasern an die Durchströmungsflüssigkeit abgegeben[19]. Da auf der Leitungsstrecke des N. ischiadicus beim Frosch bei jeder Erregung $6 \times 10^{-4}\,\gamma$

---

[1] Feldberg, W.: A. e. P. P. **212**, 64 (1950). — [2] Paton, W. D. M., and E. J. Zaimis: Brit. J. Pharmacol. **4**, 381 (1949). — [3] Burgen, A. S. V., F. Dickens and L. J. Zatman: J. Physiol., London **109**, 10 (1949). — [4] Loewi, O.: Schweiz. med. Wschr. **67**, 850 (1937). — [5] Dale, H. H.: Reizübertragung durch chemische Mittel im peripheren Nervensystem. Wien 1935. — [6] Nachmansohn, D.: Vitamins & Hormones **3**, 337 (1945). — [7] Nachmansohn, D.: Bull. Johns Hopkins Hosp. **83**, 463 (1948). — [8] Muralt, A. v.: Vitamins & Hormones **5**, 93 (1947). — [9] Muralt, A. v.: Exper. **1**, 136 (1945). — [10] Muralt, A. v.: Pflügers Arch. **245**, 604 (1942). — [11] Muralt, A. v.: Proc. R. Soc. London (B) **123**, 397 (1937). — [12] Scheinfinkel, N.: Helv. physiol. Acta **1**, 149 (1943). — [13] Lissák, K.: Amer. J. Physiol. **125**, 778 (1939); **127**, 263 (1939). — [14] Lissák, K., E. K. Nagy u. J. Pásztor: Pflügers Arch. **245**, 783 (1942). — [15] Brecht, K., u. M. Corsten: Pflügers Arch. **245**, 160 (1942). — [16] Feldberg, W.: J. Physiol., London **101**, 432 (1943). — [17] Muralt, A. v., u. G. v. Schulthess: Helv. physiol. Acta **2**, 435 (1944). — [18] Sanz, M. C.: Pflügers Arch. **247**, 317 (1943). — [19] Feldberg, W., and A. Vartiainen: J. Physiol., London **83**, 103 (1934).

Acetylcholin je g ganz plötzlich freigesetzt werden[1], dürfte — sofern die Ergebnisse von Warmblütern auf Kaltblüter übertragen werden können — zwischen Leitungsstrecke und Nervenende in der Bildung von Acetylcholin kein wesentlicher Unterschied bestehen[2]. Nach den Vorstellungen von v. MURALT spielt das *Acetylcholin* am Nervenende die Rolle eines *Mediators*, auf der Leitungsstrecke die einer *Aktionssubstanz*[3]. Auf der Leitungsstrecke kann Acetylcholin möglicherweise ganz lokal im Dienst der örtlichen Erregungsleitung stehen, deren Fortpflanzung auf benachbarte unerregte Abschnitte durch elektrische Feldschleifen geschieht[4], die von der erregten Stelle ausgehen. Am Nervenende wirkt das gebildete Acetylcholin als Depolarisator im Dienste der Übertragung der Erregung und entfaltet übergreifende Wirkung auf von seinem Bildungsort räumlich entfernte Orte[2]. Entsprechend dieser Verteilung wird Acetylcholin als Aktionssubstanz am Bildungsort direkt inaktiviert, als Mediator erst am benachbarten Ort seiner Übertragungswirkung.

Die Vorstellungen über die Beteiligung von Acetylcholin an der Fortleitung der Nervenerregung[5,6], die sich neben dem Vorkommen und der mit der Erregung gekoppelten Freisetzung von Acetylcholin im Nerven auf die Hemmung der Nervenleitung durch Hemmstoffe der Cholinesterase stützen, sind nicht unwidersprochen geblieben[7]. Folgende Beobachtungen stehen in Widerspruch zu der geschilderten Hypothese: die Hemmung der Nervenleitung durch Hemmstoffe der Cholinesterase (sog. Anticholinesterasen) geschieht erst bei relativ hohen Konzentrationen, die die Zelloxydationen im Nervengewebe beeinflussen können[7]. Es ist unentschieden, inwieweit die notwendigen, hohen Konzentrationen (1:300—500) durch die Lipoidunlöslichkeit dieser Verbindungen erklärt werden können. Acetylcholin scheint den Nerven nicht erregen zu können[8], erst in hohen Konzentrationen werden sensorische Nervenendigungen erregt. Cholinergische Nerven enthalten je g mehrere γ Acetylcholin, sensible Nerven nur 0,004—0,009 γ/g[9]. Dies Verhältnis von etwa 1:1000 manifestiert sich nicht in der Erregungsleitung. Die hintere Wurzel von Katzen enthält nur geringe Mengen echter Cholinesterase[10] — eine Einschränkung, die in Anbetracht der ungesicherten Existenz einer chemischen Überträgersubstanz bei sensiblen Neuronen in ihrer Bedeutung unklar sein dürfte. Die Freisetzung von Acetylcholin auf der Leitungsstrecke ist durch die übereinstimmenden histochemischen Eigenschaften von Nervenendigungen und Fasern erklärt worden[7], da histochemisch die Nervenendigung keine von dem Nervenaxon abweichende Struktur erkennen läßt — „die Nervenendigung existiert nicht, der Nerv hört nur auf". Eine endgültige Klärung des Problems der Wirkung von Acetylcholin als Aktionssubstanz im Sinne obligatorischer oder akzidenteller Bedeutung steht noch aus.

e) Acetylcholin und die nichtcholinergischen Neurone im Zentralnervensystem. Acetylcholin ist, wenngleich es nicht generell als chemischer Überträger im Zentralnervensystem angesprochen werden kann, eng mit dem Nervenstoffwechsel verbunden. Die Veränderungen seiner Konzentration nach elektrischer Reizung vor dem Einsetzen von Krämpfen (s. S. 817) gehören zu den frühesten Erscheinungen am Gehirn. Die Auslösung von Krämpfen scheint an ein bestimmtes Acetylcholinniveau gebunden zu sein. Bei sofortiger Fixierung in flüssiger Luft spiegelt der Acetylcholingehalt des Gehirns seinen funktionellen Zustand zum Zeitpunkt des Todes wieder[11]. Die Erhöhung der Acetylcholinkonzentration während des Schlafes und in Narkose, ihre extreme Abnahme bei

---

[1] MURALT, A. v.: Pflügers Arch. **245**, 604 (1942). — [2] MURALT, A. v.: Exper. **1**, 136 (1945). — [3] MURALT, A. v.: Naturwiss. **27**, 265 (1939). — [4] HODGKIN, A. L.: J. Physiol., London **90**, 183 (1937). — [5] NACHMANSOHN, D.: Bull. Johns Hopkins Hosp. **83**, 463 (1948). — [6] NACHMANSOHN, D.: Pincus-Thimann, Hormones Bd. II, S. 515. — [7] FELDBERG, W.: A. e. P. P. **212**, 64 (1950). — [8] TOMAN, J. E. P., J. W. WOODBURY and L. A. WOODBURY: J. Neurophysiol. **10**, 429 (1947). — [9] BRECHT, K., u. M. CORSTEN: Pflügers Arch. **245**, 160 (1942). — [10] HOLLINSHEAD, W. H., and C. H. SAWYER: Amer. J. Physiol. **144**, 79 (1945). — [11] RICHTER, D., and J. CROSSLAND: Amer. J. Physiol. **159**, 247 (1949).

Krämpfen auf Werte, die nur 20—30% der Werte von Schlaf- und Kontrolltieren ausmachen, sind unmittelbarer Ausdruck der Gehirntätigkeit. Die Erhöhung des Acetylcholingehaltes im Gehirn von Fröschen auf das Doppelte bei mehrere Std anhaltenden Strychninkrämpfen[1] dürften eine Ausnahme darstellen. Die allerdings umstrittene starke Eniedrigung der Acetylcholinbestände bei Krämpfen dürfte dadurch zustande kommen, daß bei erhöhter Hirntätigkeit die Neubildung von Acetylcholin mit seiner Zerstörung nicht Schritt hält (s. a. S. 817). Entsprechend dem inversen Verhältnis zwischen Acetylcholinkonzentration und funktioneller Aktivität des Gehirns steigt die Konzentration an freiem und an Gesamtacetylcholin im Gehirn von Ratten an, wenn die allgemeine Körpertemperatur und Aktivität der Tiere durch Exposition in der Kälte bei —12° reduziert ist[2]. Es ist anzunehmen, daß bei der normalen Funktion des Gehirns Acetylcholin laufend verbraucht wird[3]. Dagegen machen Versuche über den mangelhaften Einfluß von Eserin es fraglich, ob dem Acetylcholin bei der synaptischen Übertragung der Spinalreflexe eine maßgebende Bedeutung zukommt[4].

Die Natur der chemischen Überträgersubstanz sensibler Nerven ist schwer zu ermitteln, da ihre Endigungen tief im Zentralnervensystem verborgen liegen. Dennoch dürfte die cholinergische Natur gewisser sensibler Äste — wie z. B. des N. vagus — wahrscheinlich sein[5-9]. Unter der Annahme der Existenz von cholinergischen und nichtcholinergischen Neuronen im Zentralnervensystem bestehen an den Synapsen 4 Möglichkeiten[10]: cholinergisch-cholinergisch; cholinergisch-nichtcholinergisch; nichtcholinergisch-nichtcholinergisch; nichtcholinergisch-cholinergisch. Für den Wechsel von cholinergischen und nichtcholinergischen Neuronen bestehen in auf- und absteigenden Nervenwegen Anhaltspunkte. Die entscheidende Frage, in welcher Weise bei wechselnden Überträgersubstanzen die hohe Spezifität der Funktion der einzelnen Nervenbahnen zustande kommt, bleibt noch ungeklärt. Sie ist möglicherweise in Besonderheiten der Erfolgsorgane zu suchen. Die Natur der nichtcholinergischen Neurone ist unbekannt. Es ist unentschieden, ob der für die antidrome Gefäßerweiterung verantwortliche Faktor auch im Zentralnervensystem am anderen Ende der sensiblen Fasern als Überträgersubstanz wirkt[11]. Strychnin soll die enzymatische Zerstörung dieser Substanz hemmen. Andererseits konnte der Verlauf der antidromen Gefäßerweiterung durch Strychnin nicht beeinflußt werden[10].

In Extrakten des Gehirns sowie in denen des Dünndarms konnte ein biologisch aktives Polypeptid nachgewiesen werden, das selbst in Gegenwart von Atropin und Antihistaminsubstanzen den Blutdruck senkt[12,13]. Der als *Substanz P* bezeichnete Körper ist in gereinigter Form bereits in Konzentration von 1 γ/mm^3 wirksam. Die höchsten Werte für Substanz *P* ergibt die graue Substanz[12,14]. An der Spitze stehen Hypothalamus und Basalganglien mit 180 bzw. 130 Einheiten *P* je g Gewebe, es folgen Thalamus und Tegmentum. Tractus opticus, Pons und Rückenmark ergeben mittlere Werte; die Hemisphären, Kleinhirn, Bulbus und Tractus olfactorius sowie Corpus callosum enthalten wenig Substanz *P*, deren Konzentration im Plexus chorioideus mit 1 E/g am niedrigsten ist. Die Verteilung von Substanz *P*

[1] LOEWI, O.: Naturwiss. **25**, 526 (1937). — [2] MILCH, L. J., H. F. MIDKIFF, P. MATTHEWS and H. I. CHINN: Proc. Soc. exp. Biol. Med. **77**, 659 (1951). — [3] HERKEN, H., u. D. NEUBERT: A. e. P. P. **219**, 223 (1953). — [4] ECCLES, J. C.: Nature **153**, 432 (1944). — [5] FELDBERG, W., and H. SCHRIEVER: J. Physiol., London **86**, 277 (1936). — [6] CORTELL, R., J. FELDMAN and E. GELLHORN: Amer. J. Physiol. **132**, 588 (1941). — [7] HELLAUER, H.: Pflügers Arch. **242**, 382 (1939). — [8] BRECHT, K., u. M. CORSTEN: Pflügers Arch. **245**, 160 (1942). — [9] SCHEINFINKEL, N.: Helv. physiol. Acta **1**, 149 (1943). — [10] FELDBERG, W.: A. e. P. P. **212**, 64 (1950). — [11] HELLAUER, H. F., u. K. UMRATH: Pflügers Arch. **249**, 619 (1948). — [12] EULER, U. S. v., and J. H. GADDUM: J. Physiol., London **72**, 74 (1931). — [13] EULER, U. S. v.: A. e. P. P. **181**, 181 (1936). — [14] PERNOW, B.: Nature **171**, 746 (1953).

im Gehirn ähnelt mit Ausnahme des Hypothalamus der von Acetylcholin[1]. Substanz *P* wird in allen Arten von Nerven und Ganglien gefunden[2]. Hinterstränge, präganglionäre sympathische Fasern und der N. vagus scheinen relativ reich an ihr zu sein. Es ist ungeklärt, ob ihr eine Bedeutung als Überträgersubstanz zukommt.

f) Acetylcholingehalt, gebundenes und freies Acetylcholin im Zentralnervensystem. Der Acetylcholingehalt der Hirnrinde ist beim Menschen und einzelnen Tierspecies sehr unterschiedlich[3]. Er dürfte mit der phylogenetischen Differenzierung in Zusammenhang stehen und nimmt mit zunehmendem Hirngewicht ab. Dementsprechend verringert sich auch die durchschnittliche Aktivität der Acetylcholinesterase (als CO_2-Bildung gemessen) (s. Tabelle 123).

Acetylcholingehalt und Aktivität der Acetylcholinesterase verhalten sich in den einzelnen Hirnarealen ziemlich gleichmäßig. Allgemein besteht zwischen der Aktivität der einzelnen Komponenten des Acetylcholinsystems und dem Hirngewicht ein enges inverses Verhältnis. Die Verminderung der Zahl der Neuronen je Volumeneinheit der Hirnrinde geht bei steigendem Hirngewicht der Aktivitätsabnahme des Acetylcholinsystems parallel.

Tabelle 123. Gehalt an Acetylcholin und Aktivität der Acetylcholinesterase des Gehirns[3].

Tierart	Acetylcholin γ/g	Acetylcholinesterase-aktivität cm^3 CO_2 je g Gehirn je Std
Maus	7,35	9,7
Ratte	4,35	5,2
Meerschweinchen	4,2	4,3
Kaninchen	3,35	6,6
Katze	2,35	3,45
Hund	1,65	2,4
Affe	1,5	1,8
Rind	1,5	1,7
Mensch	0,55	0,95

Für das *Gesamtgehirn* werden unter Normalbedingungen bei Ratten 1,25 bzw. 1,15 γ Acetylcholin[4,5] je g, nach anderen Angaben 3,45 γ an Gesamtacetylcholin (gebundenes und freies Acetylcholin) je g, bei Katzen[6] 1,1 γ/g, in Hirnhomogenaten von Ratten[7] 2,65—3,65 γ/g angegeben. Gewisse Widersprüche hinsichtlich der Acetylcholinkonzentrationen dürften methodisch bedingt sein[8]. Die exakte Bestimmung erfordert Einfrieren mit flüssiger Luft[4,8] und ergibt 13% höhere Werte als die übliche Extraktion. Die andererseits[6,7] behauptete vollständige Extraktion von Acetylcholin allein durch Homogenisieren des nicht gefrorenen Gehirns in angesäuerter Salzlösung konnte nicht bestätigt werden[8]. Die Methode der Dekapitation liefert infolge extremer konvulsivischer Reizung des Gehirns zu niedrige Werte.

Acetylcholin liegt im Nervensystem in *gebundener* und in *freier Form* vor[6,7,9-15]. Es läßt sich im Gegensatz zum Herzmuskel mit eserinhaltiger Ringerlösung nur in geringer Menge extrahieren[9]. Der weitaus größte Teil des Acetylcholins befindet sich im Zentralnervensystem in einem wasserunlöslichen Rückstand, aus dem es durch Alkohol bzw. HCl-haltigen Alkohol extrahiert werden kann. Gebundenes Acetylcholin ist pharmakologisch inaktiv und nicht durch die Cholinesterase

---

[1] Euler, U. S. v.: Acta physiol. scand. **4**, 373 (1942). — [2] Pernow, B.: Nature **171**, 746 (1953). Acta physiol. scand. **29**, Suppl. **105** (1953). — [3] Tower, D. B., and K. A. C. Elliott: Amer. J. Physiol. **168**, 747 (1952). — [4] Richter, D., and J. Crossland: Amer. J. Physiol. **159**, 247 (1949). — [5] Milch, L. J., H. F. Midkiff, P. Matthews and H. I. Chinn: Proc. Soc. exp. Biol. Med. **77**, 659 (1951). — [6] Elliott, K. A. C., R. L. Swank and N. Henderson: Amer. J. Physiol. **162**, 469 (1950). — [7] Elliott, K. A. C., and N. Henderson: Amer. J. Physiol. **165**, 365 (1951). — [8] Crossland, J., and A. J. Merrick: Nature **171**, 267 (1953). — [9] Loewi, O.: Naturwiss. **25**, 461 (1937). — [10] Mann, P. J. G., M. Tennenbaum and J. H. Quastel: Biochem. J. **32**, 243 (1938). — [11] Stedman, E., and E. Stedman: Biochem. J. **33**, 811 (1939). — [12] Mann, P. J. G., M. Tennenbaum and J. H. Quastel: Biochem. J. **33**, 822, 1506 (1939). — [13] Mann, P. J. G., and J. H. Quastel: Nature **145**, 856 (1940). — [14] Hobbiger, F., u. G. Werner: Arch. int. Pharmacodyn. Thérap. **79**, 221 (1949). — [15] Welsh, J. H., and M. Prajmovsky: J. biol. Ch. **171**, 829 (1947).

angreifbar; es ist in Gegenwart von O_2 und Glucose stabil. In frischem Hirngewebe wird aus ihm freies Acetylcholin gebildet[1]. Die Umwandlung von gebundenem zu freiem Acetylcholin wird durch Eserin nicht beeinflußt, sie geschieht besonders gut in saurem Milieu und bei Behandlung mit Chloroform. Die in der Literatur angegebene „Synthese" von Acetylcholin in Gegenwart von Chloroform[2] dürfte auf diesen Vorgang zurückzuführen sein. Mechanische Einwirkungen (Homogenisieren), hypotonische Lösungen, Anaerobiose und hohe K^+-Konzentrationen fördern die Umwandlung von gebundenem zu freiem Acetylcholin[3]. Die gebundene Form ist nicht dialysabel und diffusibel und besitzt Eigenschaften eines Eiweißkomplexes[1]. Die Synthese des gebundenen Acetylcholins — „*Acetylcholinvorläufer*" — geschieht besonders gut in Gegenwart von Glucose, Lactat oder Pyruvat und dürfte ebenso wie die von Acetylcholin von oxydativer Energielieferung abhängen. Infolgedessen hemmen alle Maßnahmen, die die Atmung herabsetzen, die Synthese von gebundenem Acetylcholin. Die Bildung der gebundenen Form erreicht ziemlich schnell einen Grenzwert, der nicht von Cholin, Glucose, Lactat oder Pyruvat abhängt, sondern möglicherweise von dem Vorrat an bestimmten Proteinen, die sich mit Acetylcholin zu dem Komplex des gebundenen Acetylcholins verbinden. Freies Acetylcholin scheint als Katalysator für die Synthese von gebundenem und von freiem Acetylcholin wirken zu können[4].

g) Synthese von Acetylcholin und Cholinacetylase. α) Synthese. Zwischen der Synthese von Acetylcholin und dem Kohlenhydratstoffwechsel bestehen enge Beziehungen[5-14]. Die Synthese von Acetylcholin erfordert O_2 und Glucose bzw. Lactat oder Pyruvat[5], sie geschieht nicht unter anaeroben Bedingungen, es sei denn nach Zusatz von ATP[15,16]. Mannose ist fast ebenso wirksam wie Glucose; Fructose und Galaktose haben geringeren Einfluß auf die Synthese[5]. Die optimale Konzentration von Glucose für die Acetylcholinsynthese beträgt 10% der normalen Blutzuckerkonzentration[17]. In entsprechenden Konzentrationen bewirken Glucose und Fructose Hemmung der Synthese von Acetylcholin in Extrakten aus acetonbehandeltem Gehirn[15]. Bereits eine normale Blutzuckerkonzentration müßte somit die Bildung bzw. die Freisetzung von Acetylcholin hemmen, so daß — sofern diese Ergebnisse auf die Verhältnisse in vivo übertragbar sind (Blut-Hirnschranke) — eine Einschränkung der Acetylcholinbildung durch normale Blutzuckerwerte erwartet werden müßte. Senkung des Blutzuckers würde durch Beseitigung der Glucosehemmung auf das Zentralnervensystem ebenso wirken wie künstliche Applikation von Acetylcholin auf die motorische Hirnrinde[17]. Damit würden die Insulinkrämpfe möglicherweise durch Vermittlung von Acetylcholin ausgelöst werden. Sowohl die Wirkung der „Glucosebremse" als auch die Notwendigkeit einer gewissen optimalen Glucosekonzentration erklären

[1] Mann, P. J. G., M. Tennenbaum and J. H. Quastel: Biochem. J. **32**, 243 (1938). — [2] Stedman, E., and E. Stedman: Biochem. J. **31**, 817 (1937). — [3] Elliott, K. A. C., and N. Henderson: Amer. J. Physiol. **165**, 365 (1951). — [4] Hobbiger, F., u. G. Werner: Arch. int. Pharmacodyn. Thérap. **79**, 221 (1949). — [5] Mann, P. J. G., M. Tennenbaum and J. H. Quastel: Biochem. J. **33**, 822, 1506 (1939). — [6] Mann, P. J. G., and J. H. Quastel: Nature **145**, 856 (1940). — [7] Nachmansohn, D., H. M. John and H. Waelsch: J. biol. Ch. **150**, 485 (1943). — [8] Comline, R. S., and F. R. Whatley: Nature **161**, 350 (1948). — [9] Nachmansohn, D., S. Hestrin and H. Voripaieff: J. biol. Ch. **180**, 875 (1949). — [10] Easton, D. M.: J. biol. Ch. **185**, 813 (1950). — [11] Balfour, W. E., and C. O. Hebb: Nature **167**, 991 (1951). — [12] McLennan, H., and K. A. C. Elliott: Arch. Biochem. **36**, 89 (1952). — [13] Korkes, S., A. del Campillo, S. R. Korey, J. R. Stern, D. Nachmansohn and S. Ochoa: J. biol. Ch. **198**, 215 (1952). — [14] Braganca, B. M., P. Faulkner and J. H. Quastel: Biochim. biophysica Acta, N. Y. **10**, 83 (1953). — [15] Feldberg W., and T. Mann: J. Physiol., London **104**, 8 (1945/46). — [16] Nachmansohn, D., and A. L. Machado: J. Neurophysiol. **6**, 397 (1943). — [17] Feldberg, W.: A. e. P. P. **212**, 64 (1950).

sich zwanglos durch den Bedarf an ATP. Hexosen dürften die Hemmung der Synthese von Acetylcholin auf Grund ihrer Phosphorylierung, die ATP benötigt, ausüben, so daß die für die Acetylierung von Cholin notwendige ATP-Konzentration unzureichend wird[1] — ein Vorgang, der ebenfalls für die Hemmwirkung von Ammoniumionen durch Steigerung der ebenfalls ATP erfordernden Glutaminsynthese gelten dürfte[2] (s. S. 807). Die Notwendigkeit optimaler Glucosemengen ergibt sich aus der mit ihrem aeroben Abbau verbundenen Regeneration von ATP. Die mangelhafte Synthese unter anaeroben Bedingungen hat den gleichen Grund. Ebenso wie bei zahlreichen anderen energieerfordernden Prozessen ist auch hier die Energie der Glucoseoxydation nicht direkt verwertbar, sondern erst über die Energierückgewinnung in Form von ATP. Die Notwendigkeit von Flavinadenindinucleotiden[3], bei deren fermentativer Inaktivierung die Bildung von Acetylcholin herabgesetzt ist, erklärt sich durch die Beteiligung von Flavinenzymen an der biologischen Oxydation und damit an der zur ATP-Regeneration führenden Atmungskettenphosphorylierung (s. S. 730). Insgesamt erfordert die *Synthese* von Acetylcholin die Gegenwart von Cholin, Acetat, ATP, Cystein, Coenzym A sowie von K^+, Ca^{++} und Mg^{++}[4]. Der Zusatz von Cystein ist notwendig, um unter aeroben Bedingungen die Oxydation der Cholinacetylase zu verhindern. Acetat oder „aktivierte Essigsäure" in Form von Acetyl-Coenzym A (Cotransacetylase) liefert die für die Transacetylierung notwendigen 2 C-Körper. Die Kombination von ATP, Acetat und Coenzym A verhält sich wie „aktivierte Essigsäure". Da die Acetylmercaptanbindung im Acetyl-Coenzym A energiereich ist, gibt die Kombination von ATP mit Acetat vermutlich durch direkte Transphosphorylierung zwischen ATP und Coenzym A mit nachfolgendem Austausch der Phosphorsäure gegen Acetat ein wichtiges Donatorsystem ab:

$$\text{ATP} + \text{Acetat} + \text{Coenzym A} \rightleftharpoons \text{Acetyl-Coenzym A} + \text{ADP} + \text{anorganisches Phosphat.}$$

Bei dem für die Acetylcholinsynthese notwendigen Abbau von Glucose kann die dehydrogenierende Decarboxylierung von Brenztraubensäure als Acetyldonatorreaktion auftreten, da in gereinigten Lösungen der Cholinacetylase das obige System wirksam wird. Theoretisch kann die Energie für die Transacetylierungsreaktion zur Bildung der energiereichen Acetylmercaptanbindung außer aus der dehydrogenierenden Decarboxylierung von Brenztraubensäure und der Spaltung von ATP durch thioklastische Säurespaltung von Acetessigsäure gewonnen werden. Es ist ungeklärt, ob ihr eine Bedeutung für die Synthese des Acetylcholins zukommt. Extrakte aus acetonbehandelter Gehirnrinde von Ratten synthetisieren in einem System aus Cholin, ATP, CoA und Acetat in Gegenwart von Mg-Ionen Acetylcholin[5]. In Gegenwart von Cocarboxylase können Pyruvat oder Acetaldehyd an Stelle von Acetat verwandt werden. Zusatz von Acetaldehyd zu einem Medium aus Acetat und Pyruvat steigert unter diesen Bedingungen die Synthese von *Acetylcholin* und die von *Acetoin* erheblich. Möglicherweise kann ebenso wie bei Mikroorganismen Acetaldehyd auch im Gehirn als Vorstufe von Acetyl-CoA aufgefaßt werden, so daß ein Aldehyddehydrogenasesystem über CoA mit der Cholinacetylase verbunden ist[5]. Wird Cholin durch Phosphoryl ersetzt, so wird die Synthese von Acetylcholin deutlich gesteigert. ATP ist unter diesen Umständen nicht erforderlich; CoA kann dagegen nicht entbehrt werden. Da in einem derartigen System durch Zusatz von ATP und von CoA die Synthese von Acetoin in Hirnextrakten gesteigert wird, ist damit zu rechnen, daß Acetyl-CoA im Gehirn auch an der Bildung von Acetoin beteiligt ist. Es ist zu vermuten, daß Kondensation eines C_2-Fragmentes mit einem Aldehyd-Enzymkomplex zur Bildung von Acetoin führt.

Da die durch Transacetylierung und Kondensation zwischen Acetyl-Coenzym A und Oxalessigsäure vor sich gehende Bildung der Citronensäure reversibel ist, wird die Bildung

[1] FELDBERG, W., and T. MANN: J. Physiol., London **104**, 8 (1945/46). — [2] BRAGANCA, B. M., P. FAULKNER and J. H. QUASTEL: Biochim. biophysica Acta, N. Y. **10**, 83 (1953). — [3] COMLINE, R. S., and F. R. WHATLEY: Nature **161**, 350 (1948). — [4] NACHMANSOHN, D., S. HESTRIN and H. VORIPAIEFF: J. biol. Ch. **180**, 875 (1949). — [5] BERRY, J. F., and E. STOTZ: Fed. Proc. **12**, 178 (1953). J. biol. Ch. **208**, 591 (1954).

von Acetylcholin in einem System aus Acetontrockenpulver des Gehirns mit Zusatz von Citrat, Cholin, ATP, Hefekochsaft, Mg^{++} und K^+ verständlich (s. S. 718). Die Förderung der Acetylcholinsynthese durch Citrat[1] findet in dieser Umkehr vermutlich ihre Deutung. Wie bereits S. 743 erwähnt, erscheint im Gehirn von Rindern auch die Übertragung nur eines einzigen Phosphatradikals von ATP auf CoA als möglich, wodurch Phosphoryl-CoA entsteht[2]:

$$\text{ATP} + \text{CoA} \rightleftharpoons \text{ADP} + \text{P-CoA}$$

Das halbsynthetisch gewonnene Phosphoryl-CoA-Zwischenprodukt gestattet bei Zusatz von Fermentextrakten aus Gehirn in Gegenwart von Cholin und Acetat die Synthese von Acetylcholin auch ohne ATP:

$$\text{P-CoA} + \text{Acetat} \rightleftharpoons \text{Acetyl-CoA} + \text{P},$$

$$\text{Acetyl-CoA} + \text{Cholin} \rightarrow \text{Acetylcholin} + \text{CoA}$$

In atmenden Hirnschnitten ist Zusatz von ATP zur Acetylcholinsynthese nicht notwendig[3], wohl aber in zellfreien Extrakten[4] und in Homogenaten. In Hirnhomogenaten wird durch die Aktivierung der ATPase die notwendige ATP-konzentration unterschritten, so daß die Bildung von Acetylcholin eingeschränkt wird. In gleicher Weise wirkt Zusatz von ATPase-haltigen Hirnsuspensionen zu Extrakten aus acetonbehandeltem Gehirn, der die anaerobe Synthese von Acetylcholin und die ATP-Konzentration erniedrigt[3]. Dementsprechend kann Fluorid die Einschränkung der Acetylcholinsynthese vermindern. Obgleich Hirnsuspensionen gut atmen und damit ATP bilden, dürfte — bedingt durch die Aktivität der ATPase — die für die maximale Acetylcholinsynthese notwendige ATP-Konzentration nicht erreicht werden. Maximale Synthese von Acetylcholin in Hirnextrakten[4] erfordert 3 μMol ATP je cm^3, unterhalb von 2 μMol/cm^3 sinkt sie ab[3]. Die in Hirnsuspensionen gemessene O_2-Aufnahme von 54 μMol[5] ergibt 1300—1900 μMol energiereiche Phosphatbindungen je g/Std[6-8], von denen aber durch die intensive Tätigkeit der Apyrase, die in 5 min von 9 μMol zugesetztem labilem Phosphat 83% abbaut, nach 1 Std nur noch Spuren vorhanden sind[3]. In Hirnschnitten finden sich dagegen nach 1 Std noch 27—36 μMol 7 min hydrolysierbares Phosphat, von dem der größte Teil als ATP vorliegen dürfte. Unter der Bedingung, daß 1 Äq energiereicher Phosphatbindung zur Synthese von 1 Molekül Acetylcholin notwendig ist, dürfte unter normalen Bedingungen die für die Acetylcholinsynthese in Anspruch genommene ATP-Menge mit 0,2 μMol/g/Std sehr gering sein. Dies bedeutet, daß bei einem Q_{O_2} von 15 und der Bildung von 2—3 energiereichen P-Bindungen je Atom verbrauchten Sauerstoffs (= 270 bis 400 μÄq energiereiches Phosphat je g/Std) nicht mehr als 5% der verwertbaren ersten energiereichen Phosphatbindung von ATP für eine aktive Acetylcholinbildung benötigt werden[3]. Infolgedessen vermag selbst die Glykolyse, wenn durch Nicotinsäureamid die Zerstörung der Cozymase verhindert wird, genügend ATP für die Acetylcholinbildung zu liefern[9]. Glucose hemmt in höheren Konzentrationen die Synthese durch Kompetition mit ATP[9,10].

Die *Synthese* von *Acetylcholin* ist von der *Ionenzusammensetzung* abhängig, sie wird sehr stark durch relativ hohe K^+-Konzentration gefördert, die bei 27 mMol optimal ist[11]. Ebenso bestehen enge Beziehungen zwischen der Freisetzung von Acetylcholin und dem Kalium-

---

[1] Feldberg, W., and T. Mann: J. Physiol., London **104**, 411 (1946). — [2] Feuer, G., u. M. Wollemann: Acta physiol. hung. **5**, 553 (1954). — [3] McLennan, H., and K. A. C. Elliott: Arch. Biochem. **36**, 89 (1952). — [4] Nachmansohn, D., and H. M. John: J. biol. Ch. **158**, 157 (1945). — [5] Elliott, K. A. C.: J. Neurophysiol. **11**, 473 (1948). — [6] Ochoa, S.: J. biol. Ch. **151**, 493 (1943). — [7] Cross, R. J., J. V. Taggart, G. A. Covo and D. E. Green: J. biol. Ch. **177**, 655 (1949). — [8] Lehninger, A. L., and S. W. Smith: J. biol. Ch. **181**, 415 (1949). — [9] Harpur, R. P., and J. H. Quastel: Nature **164**, 779 (1949). — [10] Feldberg, W., and T. Mann: J. Physiol., London **104**, 8 (1945). — [11] Mann, P. J. G., M. Tennenbaum and J. H. Quastel: Biochem. J. **33**, 822 (1939).

gehalt[1-3]. Größere Kaliumkonzentrationen hemmen die Synthese. Die Wirkung von K^+ beruht nicht auf einem eventuellen Antagonismus zu Na^+ und geschieht in ähnlicher Weise durch Rb^+ und Cs^+. Die Wirkung von K^+ wird durch Ca^{++} oder Mg^{++} neutralisiert. Hirnschnitte synthetisieren in Glucose-Eserin-Lockelösung bei Zusatz von 0,027 m K^+ etwa 30—50γ Acetylcholin je g/Std[4]. Bei kleineren K^+-Konzentrationen beträgt die Synthese nur 4,0 (s.[4]) bzw. 2,3 γ/g/Std[5]. Maximale Synthese von Acetylcholin erfordert neben der Gegenwart von K^+ ein CO_2-Hydrogencarbonatsystem sowie geringe Ca^{++}-Konzentrationen (1,3 mMol)[6]. Ca-Mangel hemmt dagegen die Synthese erheblich, Mg-Mangel hat nur geringen Einfluß. In zerkleinertem Hirngewebe läßt sich der K^+-Effekt nicht nachweisen[4,5]; in zellfreien Hirnpräparationen sind sogar 80 mMol K^+ zur maximalen Synthese von Acetylcholin erforderlich[7], die unter diesen Bedingungen von 22,0 bei niedriger K-Konzentration auf 49,9 γ/g/Std ansteigt. In vitro wird die Synthese von Acetylcholin nach gewisser Zeit durch die Ansammlung des gebildeten Acetylcholins — wenn ein „kritischer Wert" erreicht ist — gehemmt[4]. 10 γ Acetylcholin hemmen die Synthese bereits um 40%. Die Hemmwirkung wird in Gegenwart von K^+ besonders deutlich, was möglicherweise dafür sprechen kann, daß der Ioneneffekt durch Erhöhung der Permeabilität zustande kommt[4]. Es ist ferner an die Förderung des Kohlenhydratstoffwechsels zu denken (s. S. 806).

In *sympathischen Ganglien* der Katze schwankt die Menge des gebildeten Acetylcholins von Tier zu Tier erheblich, während die Streuung in verschiedenen Ganglien des gleichen Tieres weniger groß ist[8]. Im Durchschnitt werden je Fermentansatz 3—4 (maximal 6,5) mg Acetylcholin je g Trockengewicht je Std synthetisiert, was den Wert für das Gehirn von Kaninchen[9] mit 1,6—2,4 mg und den von Meerschweinchen mit 1,5—1,8 mg/g/Std[10] übertrifft. Nach Resektion des Truncus sympathicus nimmt die Acetylcholinbildung schnell und stark ab; sie beträgt nach 40 Std noch 40%, nach 70 Std 20%, nach 4 Tagen noch 15% und nach 4 Wochen nur noch 2% der Norm. Im Ganglion nodosum, das Vagusfasern enthält, werden nur 0,6 mg Acetylcholin je g Trockengewicht je Std gebildet[8]. Das durchströmte Ganglion cervicale superior gibt spontan und bei Reizung des N. vagus und der postganglionären sympathischen Fasern kein Acetylcholin ab, wohl aber nach Reizung der präganglionären sympathischen Fasern[11].

Im Gehirn *polyneuritischer* Tauben ist der Gehalt an Acetylcholin nicht erniedrigt[12], ebenso ist in Hirnschnitten gesunder und polyneuritischer Tauben unter aeroben Bedingungen keine Differenz in der Acetylcholinbildung erkennbar[13]. Erst in Gegenwart von hohen K^+-Konzentrationen synthetisiert B_1-avitaminöses Taubengehirn wesentlich weniger Acetylcholin, was durch Zusatz von Vitamin B_1 verbessert werden kann. In Gegenwart von Pyruvat wird durch Aneurin die Acetylcholinsynthese im Gehirn polyneuritischer Tauben eindeutig beeinflußt.

L-Glutaminsäure (2×10^{-2} m) steigert in dialysierten Hirnextrakten die Acetylcholinsynthese um das 4—5fache[14]. D-Glutaminsäure, L-Asparaginsäure und DL-Serin haben keinen Einfluß. DL-Alanin, DL-Methionin und Glutamin erhöhen die Acetylcholinbildung in Konzentrationen von 2×10^{-2} m auf das Doppelte. Äpfelsäure, Malonsäure und α-Ketoglutarsäure üben keinen Einfluß aus; Citronensäure steigert die Synthese 6fach. Unter der Annahme, daß die niedrigen Wellen im Elektroencephalogramm bei petit mal-Anfällen der Epilepsie

[1] Brown, G. L., and W. Feldberg: J. Physiol., London **86**, 290 (1936). — [2] Feldberg, W., and J. A. Guimarãis: J. Physiol., London **86**, 306 (1936). — [3] Beznák, A. B. L.: J. Physiol., London **82**, 129 (1934). — [4] Mann, P. J. G., M. Tennenbaum and J. H. Quastel: Biochem. J. **33**, 822 (1939). — [5] McLennan, H., and K. A. C. Elliott: Arch. Biochem. **36**, 89 (1952). — [6] McLennan, H., and K. A. C. Elliott: Amer. J. Physiol. **163**, 605 (1950). — [7] Nachmansohn, D., and H. M. John: J. biol. Ch. **158**, 157 (1945). — [8] Banister, J., and M. Scrase: J. Physiol., London **111**, 437 (1950). — [9] Nachmansohn, D., and M. Berman: J. biol. Ch. **165**, 551 (1946). — [10] Feldberg, W., and T. Mann: J. Physiol., London **104**, 8, 411 (1945/46). — [11] MacIntosh, F. C.: J. Physiol., London **94**, 155 (1938). — [12] MacIntosh, F. C.: J. Physiol., London **96**, 6 P (1939). — [13] Mann, P. J. G., and J. H. Quastel: Nature **145**, 856 (1940). — [14] Nachmansohn, D., H. M. John and H. Waelsch: J. biol. Ch. **150**, 485 (1943).

durch Mangel an Acetylcholin mitbedingt sind, ist es vorstellbar, daß der günstige Effekt von Glutaminsäure auf diese Anfälle über eine Beeinflussung der Acetylcholinkonzentration zustande kommt.

Auch in den *Abdominalganglien* von *Crustaceen* ist Acetylcholin nachweisbar (0,2 bis 0,5 γ/100 mg)[1]. Die Ganglien bilden 122—224 γ Acetylcholin je g/Std. Da eine weitgehende Identität mit der Cholinacetylase und Cholinesterase der Säugetiere besteht[2,3], dürfte Acetylcholin im Nervensystem der Crustaceen die gleiche Rolle spielen wie bei Vertebraten.

Die *Synthese* von Acetylcholin ist im Gehirn *hypophysektomierter* Ratten um 56% herabgesetzt, sie kann durch ACTH fast normalisiert werden[4]. Nach Zusatz von *Schlangengift* ist im Hirnbrei fast das gesamte Acetylcholin in freier Form vorhanden[5], während sonst gebundenes Acetylcholin etwa $^1/_3$ der Gesamtmenge ausmacht. Kobragift macht Acetylcholin aus gebundener Form frei und steigert die Synthese von Acetylcholin bis zu 100%. Es hat keinen Einfluß auf die Cholinacetylase und wirkt möglicherweise durch eine Lecithinase oder Phospholipase. Die Bildung von Acetylcholin kann im Gehirn durch ververschiedene Alkaloide — Cocain, Ephedrin, Ergotamin — in kleinen Konzentrationen gefördert, in großen gehemmt werden[6].

β) Cholinacetylase (s. a. Bd. **1**, S. 1085). In Extrakten aus Acetontrockenpulver des Gehirns kann Cholinacetylase frei von ATPase und fast völlig frei von Cholinesterase gewonnen werden[7,8]. Im Gegensatz zu der geringen Acetylcholinbildung in Homogenaten und Hirnbrei synthetisieren zellfreie Extrakte bis zu 150 γ Acetylcholin je g Frischgewebe je Std. Im vollständigen System werden 2—3 mg Acetylcholin je g Trockenpulver je Std gebildet. Die Cholinacetylase gehört zu den sulfhydrylhaltigen Fermenten und kann leicht oxydiert werden[9]. Die Hemmung der Acetylcholinsynthese durch Jodessigsäure, Jod und Cu dürfte auf eine Reaktion mit den Sulfhydrylgruppen des Fermentes zurückgehen. Die leichte Beeinträchtigung des Fermentes unter aeroben Bedingungen[8,10] und durch Dialyse sowie die Schutzwirkung von Cystein in beiden Fällen muß ebenso wie die Empfindlichkeit des Fermentes gegen hohe Sauerstoffdrucke[11] auf seinen Gehalt an Sulfhydrylgruppen zurückgeführt werden. Die Cholinacetylase verliert nach Dialyse sehr rasch ihre Aktivität[12]; Zusatz von K^+ stellt sie teilweise wieder her. Die weitere Reaktivierung erfordert L-Glutaminsäure in frischen, nicht aber in acetonbehandelten Präparationen. Citronensäure aktiviert — besonders nach Dialyse — das Ferment in Extrakten aus frischem Gewebe und aus Acetontrockenpulver[8,12]; sie wirkt dagegen in hoch gereinigten Fermentlösungen von hoher Aktivität vermutlich durch Entfernung von Mg^{++} hemmend[13].

Das acetylcholinsynthetisierende System kann aus Gehirn von Kaninchen durch Fraktionierung mit Ammonsulfat gereinigt und angereichert werden[14,15]. Das aktive Material befindet sich in der Fraktion der 16—36%igen Sättigung[15]. In Gegenwart von Cholin, Acetat, Coenzym A, ATP, Cystein, K-, Mg-, Ca-, Na-, Cl- und P-Ionen sowie von Tetraäthylpyrophosphat (Hemmung der Cholinesterase) werden bis zu 125 γ Acetylcholin je cm³ bzw. über 180 mg Acetylcholin je g Protein je Std[14,15] gebildet. Unter gewissen Bedingungen kann Citrat, in anderen

---

[1] Walop, J. N.: Acta physiol. pharmacol. neerl. **1**, 333 (1950). — [2] Walop, J. N.: Arch. int. Physiol. **59**, 145 (1951). — [3] Easton, D. M.: J. biol. Ch. **185**, 813 (1950). — [4] Torda, C., and H. G. Wolff: Amer. J. Physiol. **161**, 534 (1950). — [5] Braganca, B. M., and J. H. Quastel: Nature **169**, 695 (1952). — [6] Torda, C., and H. G. Wolff: Arch. Biochem. **10**, 247 (1946). — [7] Nachmansohn, D., and H. M. John: Proc. Soc. exp. Biol. Med. **57**, 361 (1944). — [8] Nachmansohn, D., and H. M. John: J. biol. Ch. **158**, 157 (1945). — [9] Nachmansohn, D.: Pincus-Thimann, Hormones Bd. II, S. 515. — [10] Feldberg, W.: A. e. P. P. **212**, 64 (1950). — [11] Stadie, W. C., B. C. Riggs and N. Haugaard: J. biol. Ch. **161**, 189 (1945). — [12] Nachmansohn, D., H. M. John and H. Waelsch: J. biol. Ch. **150**, 485 (1943). — [13] Nachmansohn, D., and M. S. Weiss: J. biol. Ch. **172**, 677 (1948). — [14] Nachmansohn, D., S. Hestrin and H. Voripaieff: J. biol. Ch. **180**, 875 (1949). — [15] Balfour, W. E., and C. O. Hebb: Nature **167**, 991 (1951).

Fällen Acetat die Synthese fördern[1-3]. Die Förderung durch Acetat scheint in gereinigten, die durch Citrat in den üblichen aus mit Aceton getrockneten Geweben hergestellten Extrakten stattzufinden.

Die enzymatische Synthese von Acetylcholin erreicht in den Kopfganglien des Tintenfisches ihr Maximum bei p_H 7; sie sinkt bei steigendem schneller ab als bei fallendem p_H und erlischt bei p_H 5 bzw. p_H 9 fast völlig[4]. Das Ferment scheint nicht streng spezifisch für Acetat und Cholin zu sein[4,5]. Wird Cholin durch verschiedene alkylierte Äthanolamine ersetzt, so ergibt die nur mit dem Dimethylderivat mögliche Veresterung biologisch inaktives Dimethylaminoäthylacetat[4]. Propionsäure wird zu 50% des Wertes von Essigsäure verestert, auch Glutaminsäure wird verestert. Wird Acetat durch Acetylester von Glykokoll, L-Alanin oder L-Lysin ersetzt, so ist ebenfalls Transacetylierung möglich ebenso wie auch bei Verwendung von Thiolacetat[5].

Die Acetat, ATP und Coenzym A erfordernde Acetylierung von Cholin durch die Cholinacetylase benötigt als Acetyldonator Acetyl-Coenzym A (s. [6]). In Gegenwart katalytischer Mengen von Coenzym A läßt sich Cholinacetylase mit noch anderen Acetyldonatorsystemen koppeln, von denen Acetylphosphat, Pyruvat und Citrat in entsprechender Gegenwart der Phosphotransacetylase[7], des Pyruvatoxydasesystems[8,9] bzw. von condensing enzyme[10] wirksam sind. In Gegenwart von Acetyl-Coenzym A als Donatorsystem werden in Gegenwart von Cholin bei der Synthese von Acetylcholin stöchiometrische Mengen von Sulfhydrylgruppen frei, die die Beteiligung von Coenzym A bestätigen[11]. In Gegenwart von Phosphotransacetylase kann die teilweise gereinigte Cholinacetylase aus den Kopfganglien des Tintenfisches mit Acetylphosphat reagieren, was für Vertebraten von untergeordneter Bedeutung sein dürfte. Pyruvat und Citrat als Acetyldonatoren wirken ebenfalls über die Bildung von Acetyl-Coenzym A.

In den verschiedenen Abschnitten des Gehirns bestehen wesentliche Unterschiede in der *Aktivität* der Cholinacetylase[12], die im Thalamus und N. caudatus besonders hoch, in Funiculus gracilis und cuneatus sowie im N. stato-acusticus sehr gering ist. Da in der Retina und den retinalen Nerven des Tintenfisches die Aktivität der Cholinacetylase gleich Null[12], in den Kopfganglien des Tintenfisches dagegen sehr groß[13] ist, dürfte das Zentralnervensystem aus cholinergischen und nichtcholinergischen Neuronen zusammengesetzt sein, die gegebenenfalls untereinander wechseln. Für die Werte der grauen Substanz dürften im wesentlichen nicht die Zellen verantwortlich sein, sondern die Tatsache, daß Anfang und Ende der Nervenfasern myelinfrei sind[14]. Die Cholinacetylase konnte in allen Nervengeweben nachgewiesen werden[15] und ist selbst im Leitungsgewebe von Anneliden vorhanden[16]. In den Kopfganglien des Tintenfisches wird 30 mg Acetylcholin je g/Std synthetisiert, was die Synthese im Gehirn von Kaninchen mit 2,0 bis 2,5 mg/g/Std 12—15fach übersteigt[13]. Die Aktivität der Cholinacetylase des Nerven nimmt bei seiner Degeneration innerhalb von 3 Tagen um $^1/_3$ ab[15].

Das Ferment wird durch α-Ketosäuren[13] und einige Naphthochinone[13,17] gehemmt, von denen α-Ketoglutarsäure bzw. 2-Methyl-1,4-naphthochinon-8-sulfosäure die stärksten

[1] Balfour, W. E., and C. O. Hebb: Nature **167**, 991 (1951). — [2] Balfour, W. E., and C. Hebb: J. Physiol., London **114**, 27 P (1951). — [3] Feldberg, W., and T. Mann: J. Physiol., London **104**, 411 (1946). — [4] Korey, S. R., B. de Braganza and D. Nachmansohn: J. biol. Ch. **189**, 705 (1951). — [5] Nachmansohn, D., I. B. Wilson, S. R. Korey and R. Berman: J. biol. Ch. **195**, 25 (1952). — [6] Lynen, F., E. Reichert u. L. Rueff: A. **574**, 1 (1951). — [7] Stadtman, E. R., G. D. Novelli and F. Lipmann: J. biol. Ch. **191**, 365 (1951). — [8] Korkes, S., A. del Campillo, I. C. Gunsalus and S. Ochoa: J. biol.Ch. **193**, 721 (1951). — [9] Korkes, S., A. del Campillo and S. Ochoa: J. biol. Ch. **195**, 541 (1952). — [10] Stern, J. R., B. Shapiro, E. R. Stadtman and S. Ochoa: J. biol. Ch. **193**, 703 (1951). — [11] Korkes, S., A. del Campillo, S. R. Korey, J. R. Stern, D. Nachmansohn and S. Ochoa: J. biol. Ch. **198**, 215 (1952). — [12] Feldberg, W., G. W. Harris and R. C. Y. Lin: J. Physiol., London **112**, 400 (1951). — [13] Nachmansohn, D., and M. S. Weiss: J. biol. Ch. **172**, 677 (1948). — [14] Feldberg, W.: A. e. P. P. **212**, 64 (1950). — [15] Nachmansohn, D., H. M. John and M. Berman: J. biol. Ch. **163**, 475 (1946). — [16] Persky, H., and M. Gold: Biol. Bull. **95**, 278 (1948). — [17] Beiler, J. M., R. Brendel, M. Graff and G. J. Martin: Arch. Biochem. **26**, 72 (1950).

Wirkungen entfalten[1]. Diisopropylfluorophosphat greift im Gegensatz zu seinem Verhalten gegen die Cholinesterase die Cholinacetylase nicht an.

h) Fermentative Zerstörung von Acetylcholin. Acetylcholinesterase und die unspezifischen Cholinesterasen. α) Allgemeines und Nomenklatur. Die fermentative Hydrolyse von Acetylcholin geschieht durch die spezifische Cholinesterase (Acetylcholinesterase). Im Zentralnervensystem existiert fast ausschließlich die echte Cholinesterase neben geringen Mengen von unspezifischen Esterasen (Pseudocholinesterasen). Die ursprünglich unter dem Sammelnamen „Cholinesterase" zusammengefaßten Fermente setzen sich aus 2 Enzymgruppen zusammen, für die die Bezeichnung „*echte, spezifische Cholinesterase*" und „*Pseudocholinesterase*" vorgeschlagen wurde[2,3]. Die echte Cholinesterase wirkt vorwiegend auf Cholinester, die Pseudocholinesterasen spalten auch andere Ester. Das im Körper gebildete Acetylcholin wird nur durch die echte Cholinesterase, nicht aber durch die unspezifischen Esterasen gespalten. Nur in vitro können beide Esterasen Acetylcholin hydrolysieren; sie unterscheiden sich aber entscheidend durch die Substratkonzentration. Die echte Cholinesterase wird durch hohe Substratkonzentrationen gehemmt und ist nur bei niedrigem Gehalt an Acetylcholin wirksam, bei dem die Pseudoesterasen unwirksam sind. Diese entfalten dagegen ihre maximale Wirksamkeit bei hohen Acetylcholinkonzentrationen[2]. Die optimale Substratkonzentration beträgt 3×10^{-3} m Acetylcholin[4]. Beide Fermentgruppen lassen sich durch spezifische Substrate leicht trennen. So wird Acetyl-β-methylcholin nur durch die echte, Benzoylcholin nur durch die Pseudocholinesterasen gespalten. Die unspezifischen Cholinesterasen spalten außer Cholinestern noch Tributyrin, Tripropionin und Methylbutyrat. Eine Trennung beider Enzymgruppen ist ferner durch Anwendung verschiedener Hemmstoffe möglich (s. S. 858). Außerdem gibt es verschiedene, gut definierte Optima der Substratkonzentration für die einzelnen Esterasen, die ihre Unterscheidung ermöglicht, wobei das Verhältnis zwischen Fermentaktivität und Substratkonzentration von Substrat zu Substrat verschieden sein kann[4]. So spaltet bei hohen Substratkonzentrationen die Acetylcholinesterase des Gehirns Triacetin schneller als Acetylcholin. Die Prüfung der Fermentaktivität bei unphysiologisch hohen Substratkonzentrationen kann daher zu völlig falschen Schlüssen führen, deren Übertragung auf physiologische Verhältnisse unzulässig ist.

Die *Eigenschaften* der echten Cholinesterase (*Acetylcholinesterase*[5]) lassen sich folgendermaßen kennzeichnen[6]: die Affinität des Enzyms für Acetylcholin ist hoch, infolgedessen ist die MICHAELIS-Konstante (s. Bd. 1, S. 1081) klein. Die Wechselzahl des Fermentes ist sehr groß (s. S. 854), kein anderer Ester wird stärker als Acetylcholin hydrolysiert. Das Enzym spaltet Propionylcholin ebenso rasch oder langsamer als Acetylcholin, Butyrylcholin kaum oder gar nicht. Wird die Enzymaktivität der Acetylcholinesterase (in mm^3 CO_2 je 30 min) gegen den negativen Logarithmus der molaren Konzentration aufgetragen (pS-Wert), so ergeben sich für die echte Cholinesterase mit Acetylcholin und Propionylcholin als Substrat glockenförmige Kurven, die die Hemmung des Fermentes durch Substratüberschuß dokumentieren[7-10]. Die optimale Substratkonzentration stimmt für Acetylcholin, Butyrylcholin und Propionylcholin ungefähr überein, dagegen bestehen bei

[1] NACHMANSOHN, D., and M. S. WEISS: J. biol. Ch. **172**, 677 (1948). — [2] MENDEL, B., D. B. MUNDELL and H. RUDNEY: Biochem. J. **37**, 473 (1943). — [3] MENDEL, B., and H. RUDNEY: Biochem. J. **37**, 59 (1943). — [4] AUGUSTINSSON, K. B.: Arch. Biochem. **23**, 111 (1949). — [5] AUGUSTINSSON, K. B., and D. NACHMANSOHN: Science, N. Y. **110**, 98 (1949). — [6] NACHMANSOHN, D.: Pincus-Thimann, Hormones Bd. II, S. 515. — [7] AUGUSTINSSON, K. B.: Nature **157**, 587 (1946). — [8] AUGUSTINSSON, K. B.: Acta physiol. scand. **11**, 141 (1946). — [9] AUGUSTINSSON, K. B.: Biochem. J. **40**, 343 (1946). — [10] AUGUSTINSSON, K. B.: Acta physiol. scand. **15**, Suppl. **52** (1948).

anderen Estern und besonders bei Nichtcholinestern, wie Triacetin, beträchtlich verschiedene Substrataktivitätsverhältnisse. Im Gegensatz zu früheren Anschauungen konnte die Hydrolyse zahlreicher Nichtcholinester durch die Acetylcholinesterase nachgewiesen werden[1]. Gereinigte Acetylcholinesterase des Taubengehirns spaltet außer Acetyl-β-methylcholin iso-Amylacetat, das außerdem durch unspezifische Esterasen hydrolysiert wird. Mit steigender Anzahl der C-Atome in der Acylgruppe einer Serie von n-Amylestern sinkt der Grad der Hydrolyse, die mit Butyrat als Substrat etwa den Nullpunkt erreicht hat. Werden in einer Reihe von Acetatestern die C-Atome der Alkylgruppe verändert, so wird das Maximum der Hydrolyse mit n-Butylacetat erreicht. Mit 3,3-Dimethylbutylacetat ist die Hydrolyse besonders intensiv.

Das physiologische *Substrat* der *unspezifischen Cholinesterasen* (Pseudoesterasen) ist unbekannt. Die Terminologie „echte" und „Pseudo"-Cholinesterase scheint schon aus diesem Grund unglücklich gewählt. Es wird daher im folgenden der Ausdruck spezifische Cholinesterase = *Acetylcholinesterase* und *unspezifische Cholinesterasen* gewählt werden[2], obgleich auch hier Überschneidungen bestehen. Mit dieser Unterscheidung werden die Verhältnisse in vivo zugrunde gelegt, unter denen Acetylcholin allein durch die Acetylcholinesterase gespalten wird, während es in vitro in Abhängigkeit von der Konzentration durch beide Esterasegruppen hydrolysiert werden kann.

Die Gruppe der unspezifischen Cholinesterasen ist nicht einheitlich. Sie werden in den entsprechenden Fällen in Abhängigkeit von dem bevorzugt gespaltenen Substrat, z. B. als Benzoylcholin- oder Butyrylcholinesterase usw., bezeichnet.

β) Vorkommen der Cholinesterasen im Nervensystem. Hirn- und Nervengewebe enthält vorwiegend Acetylcholinesterase und nur geringe Mengen an unspezifischen Cholinesterasen[3-8]. So hat Eserin, das in Konzentrationen von 10^{-6} bis 10^{-4} m die Hydrolyse von Acetylcholin in Gesamthirn, grauer Substanz, N. caudatus und weißer Substanz völlig unterbindet, keinen Einfluß auf die Spaltung von Tributyrin; ein solcher wird erst bei 100fach höheren Konzentrationen sichtbar[3]. Da bei Verwendung von Acetylcholin und von Tributyrin als Substrat die hydrolytische Aktivität des Gehirns der Summe der Einzelwirkungen entspricht, dürften wenigstens 2 verschiedene Enzymgruppen anwesend sein. Dementsprechend wird auch Benzoylcholin und Butyrylcholin durch Hirngewebe gespalten[5,6]. Die Hydrolyse von Benzoylcholin beträgt in den Basalganglien 1—8% und den subcorticalen weißen Anteilen 21—33% derjenigen von Acetylcholin[6]. Butyrylcholin wird in diesen Arealen 2mal mehr als Acetylcholin und 7mal mehr als Acetyl β-methylcholin gespalten. Die Hydrolyse von Tributyrin ist in den Basalganglien intensiv; sie erreicht im N. lentiformis 3972, in den subcorticalen weißen Anteilen nur 802 mm^3 CO_2 je g/Std. Die weiße Substanz des menschlichen Gehirns enthält somit im Gegensatz zu der Verteilung der Acetylcholinesterase mehr unspezifische Cholinesterasen als die graue Substanz. Im Gehirn von Menschen dürften diese vorwiegend dem Typ der Butyrylcholinesterase und Tributyrinase, bei Ratten dem der Propionylcholinesterase angehören.

Auch in den oberen Cervicalganglien von Kaninchen läßt sich neben spezifischer Cholinesterase Butyrylcholinesterase nachweisen[8], die aber vorwiegend an die Gliazellen gebunden

---

[1] Whittaker, V. P.: Biochem. J. **54**, 660 (1953). — [2] Augustinsson, K. B., and D. Nachmansohn: Science, N. Y. **110**, 98 (1949). — [3] Mendel, B., and H. Rudney: Biochem. J. **37**, 59 (1943). — [4] Whittaker, V. P.: Biochem. J. **44**, XLVI (1949). — [5] Ord, M. G., and R. H. S. Thompson: Biochem. J. **50**, XXXII (1952). — [6] Ord, M. G., and R. H. S. Thompson: Biochem. J. **51**, 245 (1952). — [7] Mendel, B., and D. K. Myers: Nature **170**, 928 (1952). — [8] Koelle, G. B.: Biochem. J. **53**, 217 (1953).

zu sein scheint. Sie erleidet daher im Gegensatz zu dem Verhalten der Acetylcholinesterase keinen Aktivitätsverlust nach Denervierung. Im Gehirn von Ratten beträgt die Spaltung von Benzoylcholin 8, die von Butyrylcholin 38; im Kleinhirn 7 bzw. 52 mm³ CO_2 je 100 mg/Std[1].

Die *Aktivität* der *Acetylcholinesterase* erreicht in den Basalganglien und in den an Synapsen reichen Gebieten ihre höchsten Werte. Sie beträgt beim Menschen im N. lentiformis 24650, N. caudatus 16900, Substantia nigra 5540, Cerebellum 4540, Thalamus 1620, Nucleus ruber 1537 mm³ CO_2 je g/Std, dagegen in den vorwiegend faserigen Gebieten 275—523 mm³ CO_2 je g/Std[2] (s. a. Tabelle 124, S. 854). Die Aktivität der spezifischen Cholinesterase nimmt bei aufsteigender phylogenetischer Entwicklung mit zunehmendem Hirngewicht ab (s. S. 844). Im Gegensatz zu dem Verhalten von Säugetiergehirnen ist die Aktivität der Acetylcholinesterase im Gehirn von Vögeln in allen Anteilen sehr hoch[3,4]. Sie beträgt im Gehirn von Tauben für Gesamtgehirn 87, die Hemisphären 95, Lobus olfactorius 147, Cerebellum 70 und den Hirnstamm 43 mm³ CO_2 je mg Trockengewicht je Std und liegt damit deutlich über der Aktivität des Fermentes im Gehirn von Säugetieren[4]. Die hohe Aktivität des Fermentes im Gehirn von Vögeln dürfte auf den größeren Reichtum dieser Gehirne an Strukturen zurückzuführen sein, die ebenso wie die Basalganglien der Säugetiere vom Striatumgewebe abzuleiten sind. Dagegen ist die intensive Hydrolyse in Lobus olfactorius, Cerebellum und Hirnstamm dadurch nicht erklärt. Hier ist möglicherweise die geringere Anzahl an Nervenbahnen von Bedeutung[3]. Es ist bemerkenswert, daß bei Hunden der vordere Anteil des Cerebellums, der dem Kleinhirn von Vögeln ähnelt, eine besonders hohe Aktivität der Acetylcholinesterase zeigt, die nur noch von der der Basalganglien überboten wird[5].

Die *Aufgabe* der *unspezifischen Cholinesterasen* im Zentralnervensystem ist unbekannt. Sie haben keinen Einfluß auf die Inaktivierung des an der Leitungsstrecke und besonders an den Nervenenden gebildeten Acetylcholins, dürften aber an die markhaltigen Fasern assoziiert sein[1]. Durch 14 Tage durchgeführte Injektion von Tri-o-kresylphosphat werden die unspezifischen Cholinesterasen im Gehirn von Ratten fast völlig gehemmt, ohne daß Paralyse oder histologische Veränderungen in Gehirn, Rückenmark und N. ischiadicus auftreten. Die durch Tri-o-kresylphosphat bei manchen Species hervorgerufene Paralyse mit Demyelinisierung peripherer Nerven, degenerativen Veränderungen der Vorderhornzellen und fettiger Degeneration der weißen Substanz des Rückenmarks beruht nicht auf der Hemmung der unspezifischen Cholinesterasen. Die Integrität markhaltiger Nervenfasern ist somit nicht von der Aktivität dieser Fermente abhängig. Die Bedeutungslosigkeit der unspezifischen Cholinesterasen für die Hydrolyse von Acetylcholin geht auch daraus hervor, daß bei ihrer Hemmung keine auf Acetylcholinanhäufung beruhenden Vergiftungserscheinungen auftreten[6], die andererseits bei Vergiftung der Acetylcholinesterase selbst dann auftreten, wenn die unspezifischen Cholinesterasen unbeeinflußt bleiben[7]. Infolge des Überschusses an Acetylcholinesterase müssen 75% des Fermentes gehemmt sein, ehe die Anhäufung von Acetylcholin Symptome hervorruft[7].

γ) Wirkungsweise, Konzentration und Lokalisation der Acetylcholinesterase. Die Hydrolyse von Acetylcholin durch die Acetylcholinesterase geschieht im Nervensystem sehr schnell. Das durch Ammonsulfatfällung gereinigte, aus dem elektrischen Organ des Electrophorus electricus gewonnene Ferment spaltet über 20 g Acetylcholin je mg Protein je Std und bei weiterer

---

[1] MENDEL, B., and D. K. MYERS: Nature **170**, 928 (1952). — [2] ORD, M. G., and R. H. S. THOMPSON: Biochem. J. **51**, 245 (1952). — [3] NACHMANSOHN, D.: Bull. Soc. Chim. biol., Paris **21**, 761 (1939). — [4] WHITTAKER, V. P.: Biochem. J. **54**, 660 (1953). — [5] BURGEN A. S. V., and L. M. CHIPMAN: J. Physiol., London **114**, 296 (1951). — [6] HAWKINS, R. D., and J. M. GUNTER: Biochem. J. **40**, 192 (1946). — [7] HAWKINS, R. D., and B. MENDEL: Biochem. J. **44**, 260 (1949).

Reinigung des Fermentes durch hochtouriges Zentrifugieren über 75 g Acetylcholin je mg Protein je Std[1]! Auf der Basis des aus der Sedimentation bestimmten Molekulargewichtes von rund 3 Millionen ergibt sich eine Wechselzahl von über 20 Millionen je min, so daß ein Fermentmolekül 1 Mol Acetylcholin in etwa 3 bis 4 µsec spalten kann. Die Beteiligung der Acetylcholinesterase am Leitungs- bzw. Erregungsvorgang hat — bedingt durch die Schnelligkeit der Impulspassage — Spaltungsreaktionen innerhalb von 100 µsec zur Voraussetzung, die nach den obigen Ergebnissen gegeben sind.

Die hohe Umsatzrate der Acetylcholinesterase erfordert entsprechende Konzentration des Fermentes, die in allen Teilen des Nervengewebes hoch ist. Nervenfasern können 5 bis 50 mg Acetylcholin je g Frischgewebe je Std spalten[2]. Die Spaltung erreicht in Gebieten, die reich an Synapsen sind, mehrfach höhere Werte als in den Fasern. So hydrolysieren präganglionäre Fasern des oberen Cervicalganglion bei Katzen 50—70 mg/g/Std, wohingegen im Ganglion selbst 400—600 mg Acetylcholin je g/Std gespalten werden. Ähnliches gilt für den Abdominalstrang des Hummers, für den die Werte 80—140 bzw. 180—300 mg betragen. In der grauen Substanz des Gehirns schwanken die Werte von 30—400 mg, während sie in der weißen Substanz unter 10 mg Acetylcholin liegen. Auf die Unterschiede bei den einzelnen Säugetierspecies wurde bereits hingewiesen (s. S. 844). Während im Gehirn von Säugetieren 80—100, dem von Vögeln 240—300 und in dem von Amphibien 60 bis 100 mg Acetylcholin je g/Std hydrolysiert werden, erreichen die Werte bei Invertebraten (Kopfganglien des Tintenfisches) 3000—4000 mg/g/Std. Im Gehirn von Fischen werden 100—150 mg/g/Std gespalten. Die Hydrolyse von Acetylcholin beträgt in den peripheren Nerven von Invertebraten 2—7, von Amphibien 10 mg/g/Std; sie erreicht bei den adrenergischen postganglionären Fasern der Katze 25 sowie in entsprechenden sympathischen Anteilen der Halsganglien 60—70 mg, dagegen im Ganglion cervicale superior 400 bis 600 mg/g/Std. Bei Hunden ist die Aktivität der Acetylcholinesterase in den Vordersträngen (25—30 mg) größer als in den Hintersträngen (12—15), sie beträgt für periphere Nerven (N. ischiadicus) 8—10, für Hirnnerven (N. opticus) 10—15 und in Spinalganglien 30 bis 50 mg/g/Std. Präganglionäre sympathische Fasern spalten 40—60, die entsprechenden Ganglien selbst 150—200 mg Acetylcholin je g/Std.

Die somit von Species zu Species schwankende Aktivität der Acetylcholinesterase gilt ferner innerhalb des Gesamtgehirns, z.B. bei verschiedenen Warmblütern (s. Tabelle 124). Die höchste Aktivität besitzen übereinstimmend die Basalganglien — Nucleus caudatus und lentiformis[2,3] — die niedrigsten Werte finden sich in der weißen Substanz.

Tabelle 124. Konzentration der Acetylcholinesterase in verschiedenen Hirnzentren[2].

Hirnzentrum	Hydrolyse von Acetylcholin in mg/g Gewebe je Std			
	Kaninchen	Hund	Ochse	Mensch
Cortex cerebri	60—80	20—50	20—30	12
Weiße Substanz (Hemisphären)	—	3	2—3	—
Nucleus caudatus	350	500—600	400	300
Nucleus lentiformis (Putamen)	—	—	680	460
Cerebellum	90—100	120—150	20—40	80
Thalamus opticus	120	60	50	30
Pons	130	70—80	—	60
Corpora quadrigemina (ant.)	250	140	100—120	60
Corpora quadrigemina (post.)	130	50	40	30
Retina	—	150	140—200	—

[1] ROTHENBERG, M. A., and D. NACHMANSOHN: J. biol. Ch. **168**, 223 (1947). — [2] NACHMANSOHN, D.: Pincus-Thimann, Hormones Bd. II, S. 515. — [3] ASHBY, W., R. T. GARZOLI and E. M. SCHUSTER: Amer. J. Physiol. **170**, 116 (1952).

Innerhalb derselben Species und der gleichen Hirnareale ist die Aktivität der Acetylcholinesterase dagegen bemerkenswert konstant. Nervenfasern mit sehr dünner Myelinscheide, die bisher als marklos bezeichnet wurden, weisen in der Regel größere Fermentkonzentrationen auf als markhaltige. Die doppelt so starke Aktivität der Vorder- gegenüber den Hintersträngen entspricht der vermuteten vorwiegend nichtcholinergischen Natur der letzteren. Periphere Nerven und Ganglien von Katzen scheinen Acetylcholinesterase und unspezifische Cholinesterasen in nahezu gleichen Konzentrationen zu enthalten[1], von denen nach Durchschneidung und Degeneration der präganglionären Fasern die Aktivität der Acetylcholinesterase schneller absinkt als die der unspezifischen Cholinesterasen. Auch hier dürfte die Bedeutung der letzteren für die synaptische Transmission zu vernachlässigen sein.

Die Acetylcholinesterase dürfte im leitenden Gewebe und den neuromuskulären Überleitungsstellen nicht gleichmäßig verteilt sein[2-5]. Da ein kleiner Anteil des M. sartorius beim Frosch ohne Nervenendigungen ist, ließ sich durch Bestimmung der Konzentration der Acetylcholinesterase in diesem Muskelanteil, in Gebieten mit Nervenendigungen und in Nervenfasern die außerordentlich hohe Konzentration des Fermentes an der motorischen Endplatte errechnen[2-4]. Je Endplatte werden demnach $1{,}6 \times 10^9$ Moleküle Acetylcholin in 1 msec gespalten. Die Acetylcholinesterase muß an der *motorischen Endplatte* vorwiegend in der postsynaptischen Membran lokalisiert sein, die der Sitz des Endplattenpotentials und als Sohlenplatte ausschließlich muskulärer Natur ist. Ähnliche Ergebnisse der ungleichmäßigen Verteilung der Acetylcholinesterase ließen sich auch bei Meerschweinchen beobachten[6,7]; sie dürfte auch für die Ganglien des Grenzstranges gelten. Nach Durchschneidung der präganglionären Fasern fällt die Enzymkonzentration im Ganglion cervicale superior von Katzen zur gleichen Zeit schnell auf 40% des Anfangswertes, in der die Nervenendigungen verschwunden sind, und bleibt dann für mehrere Wochen konstant[8]. Infolgedessen muß der Anteil des verschwundenen Enzyms seiner Lokalisation innerhalb der im Verlaufe der Degeneration verschwundenen Nervenfasern des Ganglion zugesprochen werden. Auf Grund dieser Ergebnisse läßt sich vermuten, daß die Enzymkonzentration je g Gewebe in den präganglionären Fasern innerhalb des Ganglion selbst erheblich größer ist als vor ihrem Eintritt in dieses. Dies dürfte mit der enormen Endausbreitung und Oberflächenvergrößerung der präganglionären Fasern in ihrem Ganglion zusammenhängen. Auch aus diesem Grund erscheint die Ansiedlung des Fermentes an der Neuronenoberfläche wahrscheinlich[6,7]. In den Riesenfasern des Tintenfisches, dessen Axoplasma isoliert extrahiert werden kann, ist die Acetylcholinesterase nahezu ausschließlich in der Markscheide isoliert, sie konnte im Axoplasma nicht nachgewiesen werden[9].

In Anbetracht dieser Ergebnisse gibt die Konzentrationsangabe des Fermentes je Gewichtseinheit Gewebe ein falsches Bild der wirklichen Enzymkonzentration, die auf eine sehr kleine Gewebsfraktion beschränkt ist. Die definierte Konzentration des Fermentes muß an Ort und Stelle sehr groß sein. Unter Berücksichtigung dieser Ergebnisse muß die Menge Acetylcholin, die von 1 g Gehirn in 1 msec gespalten wird, in der Größenordnung

[1] Sawyer, C. H., and W. H. Hollinshead: J. Neurophysiol. 8, 137 (1945). — [2] Marnay, A., et D. Nachmansohn: C. R. Soc. Biol. **124**, 942 (1937). — [3] Marnay, A., et D. Nachmansohn: C. R. Soc. Biol. **125**, 41 (1937). — [4] Marnay, A., and D. Nachmansohn: J. Physiol., London **92**, 37 (1938). — [5] Feng, T. P., and Y. C. Ting: Chin. J. Physiol. **13**, 141 (1938). — [6] Couteaux, R.: C. R. Soc. Biol. **139**, 641 (1945). — [7] Couteaux, R., and D. Nachmansohn: Proc. Soc. exp. Biol. Med. **43**, 177 (1940). — [8] Nachmansohn, D.: Pincus-Thimann, Hormones Bd. II, S. 515. — [9] Boell, E. J., and D. Nachmansohn: Science, N. Y. **92**, 513 (1940).

von 10^{14}—10^{15} Molekülen liegen. Unter der Annahme, daß 1 Molekül eine Fläche von 30 Å^2 in Anspruch nimmt, dürften 30—300 Millionen μ^2 Nervenoberfläche durch die Acetylcholinmenge bedeckt werden, die von 1 g Gehirn in 1 msec gespalten wird [1].

Acetylcholinesterase konnte in allen Nervengeweben bei Vertebraten und Invertebraten — motorischen und sensiblen, zentralen und peripheren, cholinergischen und nichtcholinergischen — nachgewiesen werden und kommt selbst im neuromuskulären Gewebe von Tubularia vor [2].

δ) Eigenschaften der Acetylcholinesterase. Die Acetylcholinesterase des Gehirns hat große Ähnlichkeit mit der der Erythrocyten[3-6]. Die Annahme einer vorwiegenden Assoziation des Fermentes an die unlöslichen Zellpartikel des Gewebes konnte von einigen Autoren nicht bestätigt werden[7,8]. Bei Homogenisation des Gehirns von Mäusen in destilliertem Wasser ließen sich 90% der Aktivität in der überstehenden Flüssigkeit nachweisen. Hochtouriges Zentrifugieren ergab dagegen die bevorzugte Lokalisation des Fermentes innerhalb der Zellpartikel[9]. Es ist wahrscheinlich, daß anderweitige Angaben durch ungenügendes Zentrifugieren bedingt sind, wodurch die „Lösung" des Fermentes in der überstehenden Flüssigkeit vorgetäuscht wird. Infolge des großen Lipoidreichtums des Gehirns ist die Abtrennung einer klaren Acetylcholinesteraselösung aus Hirnhomogenaten außerordentlich schwierig. Fraktionierte Fällung der Enzymlösung ergibt Proteinfraktionen, von denen die Fällung bei 7%iger Sättigung (Ammonsulfat) 58% der Fermentaktivität enthält. Die Fällungen mit 23%iger bzw. 46%iger Sättigung enthalten nur geringe Fermentaktivitäten[8]. Die erste Fraktion läßt sich durch mehrmaliges Fällen, Filtrieren, Zentrifugieren, Waschen und wiederholte Resuspensionen zu einer stabilen wäßrigen Suspension aufarbeiten, in der das Ferment gegenüber dem ursprünglichen Homogenat 9- bis 10fach gereinigt ist. Die Suspension fällt bei p_H 5,5 aus und wird bei erneuter Auflösung bei p_H 12 ebenso wie nach kurzer Einwirkung proteolytischer Fermente inaktiviert. Während das ursprüngliche Hirnhomogenat Tributyrin leicht hydrolysiert, greift die gereinigte Acetylcholinesterase bei voll erhaltener Aktivität gegen Acetyl-β-methylcholin Tributyrin nicht mehr an.

Die *Acetylcholinesterase* des Gehirns ist möglicherweise ein *Lipoproteid* oder an einen *Lipoproteidkomplex* assoziiert[8,10]. Das Ferment enthält offensichtlich SH-Gruppen, die für die Aktivität entscheidend sind. Das Ferment ist nur wirksam in Gegenwart zweiwertiger Kationen[11] und verliert daher nach Dialyse seine Aktivität vollständig. Ba^{++}, Ca^{++}, Mg^{++} und Mn^{++} reaktivieren in dieser Reihenfolge die Acetylcholinesterase[11,12]. Die Acetylcholinesterase aus dem Nucleus caudatus von Ochsen kann durch $CaCl_2$ um mehr als 100% aktiviert werden[13]. Hohe $CaCl_2$-Konzentrationen hemmen das Ferment. Die optimale Ionenkonzentration hängt vom Substrat und der Fermentpräparation ab. Die Reaktivierung durch Ionen ist offenbar verschieden von derjenigen durch Reduktion der S—S-Gruppen, da der regenerierende Effekt von Glutathion und Mg^{++} der Summe der Einzelwirkungen entspricht. Einwertige Kationen — Na^+, K^+ — reaktivieren das Ferment erst in hohen Konzentrationen und nur schwach. Acetylcholin wird zwischen p_H 7—9 maximal hydrolysiert[14].

---

[1] NACHMANSOHN, D.: Pincus-Thimann, Hormones Bd. II, S. 515. — [2] BULLOCK, T. H., H. GRUNDFEST, D. NACHMANSOHN and M. A. ROTHENBERG: J. Neurophysiol. **10**, 11 (1947). — [3] ZELLER, E. A., u. A. BISSEGGER: Helv. **26**, 1619 (1943). — [4] MENDEL, B., and H. RUDNEY: Biochem. J. **37**, 59 (1943). — [5] WHITTAKER, V. P.: Biochem. J. **44**, XLVI (1949). — [6] AUGUSTINSSON, K. B., and D. NACHMANSOHN: Science, N. Y. **110**, 98 (1949). — [7] LITTLE, J. M.: Amer. J. Physiol. **153**, 436 (1948). — [8] ORD, M. G., and R. H. S. THOMPSON: Biochem. J. **49**, 191 (1951). — [9] WHITTAKER, V. P.: Biochem. J. **54**, 660 (1953). — [10] AUGUSTINSSON, K. B.: Nature **162**, 194 (1948). — [11] NACHMANSOHN, D.: Nature **145**, 513 (1940). — [12] MASSART, L., and R. DUFAIT: Nature **145**, 822 (1940). — [13] MEER, C. VAN DER: Nature **171**, 78 (1953). — [14] WILSON, I. B., and F. BERGMANN: J. biol. Ch. **185**, 479 (1950).

Das Ferment dürfte eine elektrisch negative Seite und eine „Esterseite" besitzen, an der die Esterbindung gespalten wird[1–8]. Die Aktivität des Fermentes scheint nicht an das gesamte Proteinmolekül gebunden zu sein, sondern von der Ionisation der aktiven, nur wenige funktionelle Gruppen enthaltenden Oberfläche abhängig zu sein[2]. An der aktiven Oberfläche des Fermentes befinden sich 2 Hauptzentren: ein anionisches Zentrum mit negativer Ladung, das mit dem kationischen Teil des Substrates oder von Hemmstoffen vorwiegend durch Coulombkräfte reagiert, und eine Esterseite, die wiederum 2 Gruppen — eine basische und eine saure — enthält[3]. Die erstere verbindet sich mit dem elektrophilen Kohlenstoff des Estercarboxyls von Acetylcholin, die andere möglicherweise mit einem der 2 Sauerstoffatome der Carboxylgruppe[3,5]. Die Fermentaktivität steht in Abhängigkeit vom p_H, die aktive Seite des Fermentes kann Protonen aufnehmen oder abgeben[2]. Aus der Hemmwirkung der natürlichen L-Aminosäuren auf die Acetylcholinesterase, die den D-Formen abgeht, ergibt sich die Existenz optischer Asymmetrie der aktiven Oberfläche[3]. Ester von Aminosäuren, die viel größere Hemmstoffe als die Aminosäuren selbst sind, werden unter Bedingungen, in denen sie hemmen, nicht von der Acetylcholinesterase gespalten. Die Hemmwirkung von Nicotinsäure muß der Reaktion zwischen der undissoziierten Carboxylgruppe mit der Esterseite sowie der Anziehung des kationischen N zur anionischen Seite zugeschrieben werden. Da die undissoziierte Form der Nicotinsäure die gleiche Hemmwirkung entfaltet wie durch Substitution der Carboxylgruppe erhaltene Ester, dürfte die negative Ladung des Carboxylions die Affinität zur Esterseite einschränken, indem sie den elektrophilen Charakter des Carboxylkohlenstoffs herabsetzt, da nur undissoziierte Moleküle ein elektrophiles C-Atom zur Bildung des initialen Komplexes enthalten. Auf Grund der Existenz einer anionischen Seite der aktiven Fermentoberfläche[1,9] sind Kationenbildner stärkere Hemmstoffe als ungeladene Basen[3]. Es ist nach Untersuchungen mit Hemmstoffen des Fermentes zu vermuten, daß im Enzymsubstratkomplex das Substrat an 2 Punkte gebunden wird: mit dem elektrophilen Kohlenstoff der Carboxylgruppe an die kationisch wirkende Esterseite und mit der kationischen Ammoniumgruppe an die anionische Seite der aktiven Fermentoberfläche. Wird der elektrophile Charakter des Carboxylkohlenstoffs z. B. bei den Derivaten der Nicotinsäure progressiv gesteigert, so ist die Reaktion mit dem Ferment um so intensiver, je größer die elektrophilen Eigenschaften des Kohlenstoffs werden[4]. Anionisches und esterspaltendes Zentrum des Fermentes müssen räumlich und funktionell getrennt sein, aber sich dennoch in enger Nachbarschaft befinden, da Trimethylammoniumionen (anionische Seite) mit der Hydrolyse von Äthylacetat interferieren und Acetylcholin sonst nicht gleichzeitig an beide Zentren gebunden sein kann. Prostigmin reagiert mit beiden Zentren des Enzyms. Offensichtlich ist aber das anionische Zentrum funktionell unabhängig von dem ersterspaltenden Zentrum. Diese Ergebnisse können für die Verhältnisse in vivo von Bedeutung sein, da die Affinität des positiv geladenen Acetylcholinions der negativen Ladung des Enzyms direkt proportional sein kann, so daß mit gesteigerter Negativität die optimale Substratkonzentration erniedrigt werden kann und damit physiologische Verhältnisse erreicht werden[10]. Diese Möglichkeit ist theoretisch durch die Negativierung der Neuronenoberfläche bei der Depolarisierung gegeben.

Zu den charakteristischen Eigenschaften der Acetylcholinesterase gehört die Abnahme der Hydrolyse mit steigender Länge der Acylkette[11,12] so daß Propionylcholin nur $1/3$ so stark wie Acetylcholin hydrolysiert wird und die Spaltung von Butyrylcholin bereits eine 140fach höhere Fermentkonzentration erfordert[4]. Bei der Hydrolyse aliphatischer Ester durch die Acetylcholinesterase ist der Grad der Spaltung von der Acylgruppe — Acetat

---

[1] WILSON, I. B., and F. BERGMANN: J. biol. Ch. **185**, 479 (1950). — [2] WILSON, I. B., and F. BERGMANN: J. biol. Ch. **186**, 683 (1950). — [3] BERGMANN, F., I. B. WILSON and D. NACHMANSOHN: J. biol. Ch. **186**, 693 (1950). — [4] WILSON, I. B., F. BERGMANN and D. NACHMANSOHN: J. biol. Ch. **186**, 781 (1950). — [5] WILSON, I. B.: Biochim. biophysica Acta, N. Y. **7**, 520 (1951). — [6] BERGMANN, F., and A. SHIMONI: Biochim. biophysica Acta, N. Y. 8, 347, 352 (1952). — [7] BERGMANN, F., and A. SHIMONI: Biochim. biophysica Acta, N. Y. **9**, 473 (1952). — [8] BERGMANN, F., and A. SHIMONI: Biochim. biophysica Acta, N. Y. **10**, 49 (1953). — [9] ADAMS, D. H., and V. P. WHITTAKER: Biochim. biophysica Acta, N. Y. **4**, 543 (1950). — [10] AUGUSTINSSON, K. B.: Nature **162**, 194 (1948). — [11] NACHMANSOHN, D., and M. A. ROTHENBERG: J. biol. Ch. **158**, 653 (1945). — [12] AUGUSTINSSON, K. B.: Arch. Biochem. **23**, 111 (1949).

ergibt die besten Ergebnisse — und der Konfiguration der Alkylgruppen abhängig[1]. Der freie Energieaustausch bei der Hydrolyse von Acetylcholin beträgt 3100 cal[2].

ε) Hemmstoffe der Cholinesterasen. Die Cholinesterasen werden durch eine Reihe von Substanzen gehemmt, die in ihrer Gesamtheit wenig glücklich als „*Anticholinesterasen*" bezeichnet werden. Sie lassen sich in 3 Gruppen unterteilen[3], bei denen allerdings Überschneidungen vorkommen: 1. Hemmstoffe, die beide Cholinesterasegruppen hemmen, 2. solche, die die unspezifischen Cholinesterasen stärker oder ausschließlich beeinflussen und 3. Verbindungen, die nur auf die Acetylcholinesterase einwirken.

1. Durch Eserin und Physostigmin werden beide Cholinesterasegruppen gleichmäßig gehemmt[4]. Auch Tri-o-kresylphosphat und Morphin beeinflussen beide Gruppen[3]. Prostigmin und Eserin sind reversible Giftstoffe[5,6], die an der gleichen Fermentgruppe anzugreifen scheinen, die Acetylcholin hydrolysiert[7]. Infolgedessen besitzt Acetylcholin als Substrat Schutzwirkung gegen die Wirkung dieser Verbindungen, indem es mit ihnen in Konkurrenz um das aktive Zentrum tritt. $8{,}5 \times 10^{-7}$ m Prostigmin hemmt die Cholinesterasen kompetitiv. Eserin unterscheidet sich von Prostigmin dadurch, daß es in neutraler und saurer Lösung vorwiegend als Kation, im alkalischen Gebiet als ungeladene Base vorliegt. Die Eserinwirkung ist daher p_H-abhängig. Eserin ist als Kation wirksamer als in Form der Base, was vermutlich auf die größere Bindung an die anionische Seite der aktiven Fermentoberfläche zurückzuführen ist. In analoger Weise ist die Hemmwirkung quarternärer Ammoniumsalze auf die Acetylcholinesterase zu erklären, die in der Reihenfolge Prostigmin, Acetophenon-trimethylammoniumjodid, Cholinchlorid und Tetraäthylammoniumbromid absinkt[8]. Ihre Wirkung ist p_H-abhängig, sie bleibt zwischen p_H 7—10,5 praktisch konstant und sinkt bei fallendem p_H gleichmäßig ab. Bei p_H 5 ist die Aktivität aller quarternären Ammoniumsalze erloschen. Die mit sinkendem p_H-Wert zunehmende Inaktivierung kann nicht durch Beeinflussung der esterspaltenden Oberfläche zustande kommen, da z. B. das Tetraäthylammoniumion keine spezifische Aktivität zu solchen Gruppen besitzt. Vielmehr sind seine Alkylgruppen durch unspezifische VAN DER WAALS*sche Kräfte* an die aktive Oberfläche gebunden. Die p_H-Abhängigkeit der Hemmwirkung muß daher auf die Verbindung der anionischen Seite mit dem H-Ion zurückgeführt werden, wodurch die negative Ladung der anionischen Seite vermindert und die basische Gruppe der esterspaltenden Seite inaktiviert wird.

2. Die unspezifischen Cholinesterasen werden durch Pyrazolone[9], Percain[10], Tri-o-kresylphosphat[11–13], einige Curarepräparate[14], das Prostigminanalog Nu 683 (Dimethylcarbamat des 2-Oxy-5-phenylbenzyl-trimethylammoniumbromids)[15], Diisopropylfluorophosphat[3,16] (DFP) und andere Alkylfluorophosphate, durch 2987 R.P. (= Diäthylaminoäthylphenothiazin)[17] stärker gehemmt als die Acetylcholinesterase. Nu 683 und 2987 R.P. hemmen selektiv die unspezifischen Cholinesterasen.

3. Die Acetylcholinesterase wird selektiv durch Coffein[10], Dichlordiäthyl-N-methylamin[3,18] sowie durch das Prostigminanalogon Nu 1250 (= N-p-Chlorophenyl-N-methylcarbamat des m-Oxyphenyl-trimethylammoniumbromids)[19] gehemmt. Darüber hinaus scheinen eine Reihe von Kontaktinsekticiden durch Hemmung der Acetylcholinesterase zu wirken.

---

[1] WHITTAKER, V. P.: Biochem. J. **44**, XLVI (1949). — [2] HESTRIN, S.: J. biol. Ch. **180**, 879 (1949). — [3] ADAMS, D. H., and R. H. S. THOMPSON: Biochem. J. **42**, 170 (1948). — [4] HAWKINS, R. D., and B. MENDEL: J. cellul. comp. Physiol. **27**, 69 (1946). — [5] NACHMANSOHN, D., M. A. ROTHENBERG and E. A. FELD: J. biol. Ch. **174**, 247 (1948). — [6] AUGUSTINSSON, K. B., and D. NACHMANSOHN: J. biol. Ch. **179**, 543 (1949). — [7] WILSON, I. B., and F. BERGMANN: J. biol. Ch. **185**, 479 (1950). — [8] BERGMANN, F., and A. SHIMONI: Biochim. biophysica Acta, N. Y. **8**, 347 (1952). — [9] ZELLER, E. A.: Helv. **25**, 1099 (1942). — [10] ZELLER, E. A., u. A. BISSEGGER: Helv. **26**, 1619 (1943). — [11] MENDEL, B., and H. RUDNEY: Science, N. Y. **100**, 499 (1944). — [12] HOTTINGER, A., u. H. BLOCH: Helv. **26**, 142 (1943). — [13] MENDEL, B., and D. K. MYERS: Nature **170**, 928 (1952). — [14] HARRIS, M. M., and R. S. HARRIS: Proc. Soc. exp. Biol. Med. **56**, 223 (1944). — [15] HAWKINS, R. D., and J. M. GUNTER: Biochem. J. **40**, 192 (1946). — [16] HAWKINS, R. D., and B. MENDEL: Brit. J. Pharmacol. **2**, 173 (1947). — [17] GORDON, J. J.: Nature **162**, 146 (1948). — [18] THOMPSON, R. H. S.: J. Physiol., London **105**, 370 (1946). — [19] HAWKINS, R. D., and B. MENDEL: Biochem. J. **44**, 260 (1949).

Die Hemmung der Cholinesterase durch *Diisopropylfluorophosphat* (DFP) ist in vitro nur für eine gewisse Zeitspanne reversibel[1-3]. Längere Einwirkung lähmt das Ferment irreversibel[2-5]. Die Hemmwirkung ist von der Temperatur abhängig. Bei gegebener Temperatur hängt dagegen die Reversibilität des Prozesses von der DFP-Konzentration ab. Der Parallelismus zwischen der Reversibilität der Hemmung des Aktionspotentials von mit Diisopropylfluorophosphat vergifteten Nerven und der Reversibilität der Hemmung der Cholinesterase ist eine Funktion der Zeit, da die Periode bis zum irreversiblen Verlöschen des Aktionspotentials mit dem Zeitpunkt der irreversiblen Hemmung der Cholinesterase gut übereinstimmt[1, 2]. DFP hemmt bereits in kleinen Dosen (1×10^{-10} m) die Acetylcholinesterase. Die durch DFP erzeugten toxischen Symptome weisen auf die Mitbeteiligung des Zentralnervensystems hin.

Bei Injektion von 1 mg DFP je kg ist bei Kaninchen die Aktivität der Acetylcholinesterase im Gehirn vollkommen erloschen. Nach 0,3 mg DFP je kg sinkt sie auf 2—3% des ursprünglichen Wertes ab; die Tiere reagieren mit Krämpfen, Muskeltremor und gesteigerter Reflexerregbarkeit. In der Hirnrinde von überlebenden Tieren werden allerdings noch 11,9 mg Acetylcholin je g/Std, im Nucleus caudatus 70,4 mg/g/Std gespalten, was 26,4 bzw. 22,3% der ursprünglichen Aktivität ausmacht. Infolge des großen Überschusses an Acetylcholinesterase können 90% des Fermentes durch DFP ohne Blockade der Nervenleitung gelähmt sein[8]. Zur Erzielung einer Nervenblockade sind hohe DFP-Konzentrationen erforderlich, was vermutlich durch die schlechte Permeation dieser Verbindung erklärt werden kann. Es werden nur 0,5% der Außenkonzentration im Nerven selbst wiedergefunden. Die Hemmung scheint auf stöchiometrischer Basis Molekül für Molekül zu erfolgen, wobei über 100000 Moleküle DFP zu 50%iger Hemmung des Fermentes notwendig sein dürften[8]. Untersuchungen mit radioaktivem DFP ergaben die Bindung des DFP-Phosphors an das Fermentprotein[5]. Wird als Fermenteinheit die Menge Acetylcholinesterase bezeichnet, die 1 g Acetylcholin in 1 Std bei p_H 7,4 und 38° bei 0,015 m Substratkonzentration spaltet, so ergeben $1{,}2 \times 10^{-10}$ m DFP je Fermenteinheit 50%ige Hemmung der Acetylcholinesterase, die eine Aktivität von 60 E/mg Protein besaß[5]. Butyrylcholin, das ein spezifischer, kompetitiv wirkender Hemmstoff der Acetylcholinesterase ist[6], kann in bestimmten Konzentrationen (0,005 m) das Ferment gegen jede DFP-Konzentration schützen[7]. Die zwischen Ferment und Hemmstoff eingegangene Bindung kann dagegen durch Butyrylcholin nicht mehr beeinflußt werden.

Von den verschiedenen Alkylphosphaten hemmt neben DFP *Tetraäthylpyrophosphat* (TEPP) die Cholinesterase[8-12]. Die Wirkung ist fast unmittelbar irreversibel[9]. Die Hemmwirkung von DFP und TEPP ist im Gegensatz zu der von Eserin und Physostigmin nicht kompetitiv; sie dürften an der gleichen Fermentgruppe angreifen wie Acetylcholin. Es ist anzunehmen, daß die Hemmung der Cholinesterase durch Alkylphosphate durch Phosphorylierung der basischen Gruppe der Esterseite an der Fermentoberfläche zustande kommt[11]. Die Regeneration des Fermentes nach Vergiftung mit verschiedenen Alkylphosphaten (DFP, Parathion, TEPP) nimmt mehrere Tage in Anspruch und kann zu langdauernder Aktivitätssteigerung führen[12]. Bei der Einwirkung von DFP und TEPP in vivo werden die Funktionsstörungen nicht durch Hemmung der Acetylcholinesterase allein hervorgerufen, sondern möglicherweise auch durch Eingriff in den Oxydationsstoffwechsel[8].

Manche *Insekticide*, deren Vergiftungsbild beim Warmblüter der Acetylcholinvergiftung entspricht, hemmen die Acetylcholinesterase. Zu ihnen gehört *Parathion* (E 605 = O,O′-Di-

[1] Nachmansohn, D., M. A. Rothenberg and E. A. Feld: Arch. Biochem. **14**, 197 (1947).— [2] Nachmansohn, D., and E. A. Feld: J. biol. Ch. **171**, 715 (1947). — [3] Nachmansohn, D., M. A. Rothenberg and E. A. Feld: J. biol. Ch. **174**, 247 (1948). — [4] Bain, J. A.: Proc. Soc. exp. Biol. Med. **72**, 9 (1949). — [5] Michel, H. O., and S. Krop: J. biol. Ch. **190**, 119 (1951). — [6] Kalsbeek, F., J. A. Cohen and B. R. Bovens: Biochim. biophysica Acta, N. Y. **5**, 548 (1950). — [7] Cohen, J. A., M. G. P. J. Warringa and B. R. Bovens: Biochim. biophysica Acta, N. Y. **6**, 469 (1951). — [8] Brooks, V. B., R. E. Sansmeier and R. W. Gerard: Amer. J. Physiol. **157**, 299 (1949). — [9] Augustinsson, K. B., and D. Nachmansohn: J. biol. Ch. **179**, 543 (1949). — [10] Hobbiger, F.: Brit. J. Pharmacol. **6**, 21 (1951). — [11] Wilson, I. B.: J. biol. Ch. **190**, 111 (1951). — [12] Locker, A., u. H. Siedek: Exper. **8**, 146 (1952).

äthyl-p-nitrophenylthiophosphat)[1–6], während die Ergebnisse für DDT (Dichlordiphenyltrichloräthan) widersprechend sind[5]. Parathion wirkt nicht in vitro, hemmt aber in vivo in einer Dosis von 1,5 mg/kg (intraperitoneal) die Cholinesterase zu 50%[1]. Die hohe Wirksamkeit von Parathion scheint aber auf Verunreinigung mit dem hoch toxischen S-Äthyl-Isomeren von Parathion zu beruhen, wohingegen reines Parathion wenig wirkt[2]. Die zunächst reversible Wirkung führt zu irreversibler Lähmung der Cholinesterase, von denen die unspezifischen Cholinesterasen stärker befallen zu sein scheinen[3]. Auch das in vitro stark wirksame *Schradan* (*Pestox III* oder Bis-dimethylamino-phosphoanhydrid) hemmt in vivo die Cholinesterase[7]. Die Beeinflussung der Acetylcholinesterase des Gehirns durch Morphin und einige seiner Derivate (Dilaudid, Dihydrodesoxymorphin, Apomorphin, N-Alkylnormorphin) ist möglicherweise die Ursache von Nebenwirkungen dieser Verbindungen[8]. Alkohole fördern in kleinen und hemmen das Ferment in größeren Dosen[9,10]. Die Acetylcholinesterase des Gehirns wird durch 3wertige As-Verbindungen (z. B. Marphasid) sehr stark, durch 5wertige As-Verbindungen kaum gehemmt[11]. Die Wirkung kann durch Überschuß von Cystein stark vermindert werden und dürfte an den SH-Gruppen des Fermentes angreifen. Das Ferment wird durch BAL nicht angegriffen[12] (s. a. S. 728). Stickstofflostderivate in Form von β-chlorierten Aminen hemmen die Acetylcholinesterase des Rattengehirns in offenbar nicht kompetitiver Weise[13]. Die Krampfwirkung geeigneter Dosen von Stickstofflostderivaten, Eserin und DFP kann theoretisch zum beträchtlichen Teil auf Hemmung der Acetylcholinesterase zurückgeführt werden; andere Stoffe, wie Pikrotoxin, Metrazol, beeinflussen dagegen das Ferment nicht. Die Hemmung der Acetylcholinesterase durch obige Verbindungen scheint von ihrer Fähigkeit abzuhängen, in wäßriger Lösung quarternäre Ammoniumverbindungen zu bilden (s. a. S. 858). β,β'-Dichlordiäthyl-N-methylamin (DDM; nitrogen-mustard) hemmt das Ferment in einer Konzentration von 10^{-4} m fast zu 100%[14]. Äthanol, Aceton und Äther[15] lähmen ebenso wie Methanol das Ferment in frischem Hirngewebe vollkommen[16]. Die Stabilität der Acetylcholinesterase des Gehirns gegenüber organischen Lösungsmitteln wird durch Trocknen erheblich gesteigert[17].

Durch die Methode der schonenden *Mikroinjektion* in die Axone des Tintenfisches lassen sich Zusammenhänge zwischen elektrischer Aktivität und neuro-chemischen Veränderungen untersuchen[18]. So blockiert Eserin auch bei äußerlicher Applikation die nervale Aktivität; Prostigmin dagegen nicht, da es die Permeabilitätsbarrieren der Nervenfasern nicht durchdringen kann. Bei direkter Mikroinjektion von Curare, Eserin, Prostigmin und Stilbamidin werden Erregung und Erregungsleitung blockiert. 0,1 γ Prostigmin wirken bereits innerhalb von 10—30 sec, wohingegen über 1 γ Eserin zur Erzielung der gleichen Wirkung notwendig sind. Während Stilbamidin auch äußerlich appliziert die nervale Aktivität blockiert, entfaltet D-Tubocurarin diese Wirkung erst nach Injektion. Bei direkter Injektion sind Tubocurarin und Stilbamidin, die an sich schwache Hemmstoffe der Acetylcholinesterase sind, in kleineren Konzentrationen wirksamer als Eserin und Physostigmin.

Nach den bisherigen Ergebnissen greift ein Teil der sog. Anticholinesterasen innerhalb des Enzymmoleküls am gleichen Receptor wie Acetylcholin an. Es ist vorstellbar, daß das gleiche am funktionellen Receptor in der Zelle geschieht[19], so daß die Möglichkeit von acetylcholinartigen Wirkungen unabhängig von der

[1] Diggle, W. M., and J. C. Gage: Nature **168**, 998 (1951). — [2] Diggle, W. M., and J. C. Gage: Biochem. J. **48**, XXV; **49**, 491 (1951). — [3] Grob, D.: Bull. Johns Hopkins Hosp. **87**, 95 (1950). — [4] Grob, D., W. L. Garlick and A. M. Harvey: Bull. Johns Hopkins Hosp. **87**, 106 (1950). — [5] Stegwee, D.: Biochim. biophysica Acta, N. Y. **8**, 187 (1952). — [6] Pulver, R., u. R. Domenjoz: Exper. **7**, 306 (1951). — [7] Gardiner, J. E., and B. A. Kilby: Biochem. J. **51**, 78 (1952). — [8] Blohm, T. R., and W. G. Willmore: Proc. Soc. exp. Biol. Med. **77**, 718 (1951). — [9] Fellowes, K. P., J. P. Rutland and A. Todrick: Biochem. J. **47**, XX (1950). — [10] Todrick, A., K. P. Fellowes and J. P. Rutland: Biochem. J. **48**, 360 (1951). — [11] Gordon, J. J., and J. H. Quastel: Biochem. J. **42**, 337 (1948). — [12] Webb, E. C., and R. van Heyningen: Biochem. J. **41**, 74 (1947). — [13] Bain, J. A.: Amer. J. Physiol. **160**, 187 (1950). — [14] Adams, D. H., and R. H. S. Thompson: Biochem. J. **42**, 170 (1948). — [15] Bernheim, F., and M. L. C. Bernheim: J. Pharmacol. exp. Therap. **57**, 427 (1936). — [16] Nachmansohn, D., et E. Lederer: Bull. Soc. Chim. biol. **21**, 797 (1939). — [17] Bullock, K.: Biochem. J. **49**, VII (1951). — [18] Grundfest, H., D. Nachmansohn, C. Y. Kao and R. Chambers: Nature **169**, 190 (1952). — [19] Feldberg, W.: A. e. P. P. **212**, 64 (1950).

Hemmung der Acetylcholinesterase besteht. So bewirkt Physostigmin nach intraarterieller Injektion im quergestreiften Muskel selbst dann eine acetylcholinartige Kontraktion, wenn die Acetylcholinesterase vorher gehemmt wurde[1]. Beim Eserin können die erregenden Wirkungen indirekt alle durch Anhäufung von Acetylcholin erklärt werden[2]. Die Ansammlung von Acetylcholin an der Kathode, seine Verminderung an der Anode bei Polarisation des Nervengewebes beruhen auf entsprechender Hemmung bzw. Steigerung der Acetylcholinesterase[3].

Auch im *Liquor cerebrospinalis* konnten — entgegen älteren Angaben — Acetylcholinesterase und unspezifische Cholinesterasen nachgewiesen werden[4,5], deren Aktivität individuell schwankt. Die Acetylcholinesterase scheint gegenüber der Aktivität der unspezifischen Cholinesterasen zu überwiegen[4].

Diisopropylfluorophosphat und andere ähnlich wirkende Verbindungen rufen in toxischen Dosen Symptome hervor, die gewissen Psychosen ähneln, und verschlimmern die Erscheinungen der Schizophrenie[6]. Eserin verstärkt beim Menschen und bei Affen mit Läsionen zwischen Nucleus ruber und Substantia nigra die Erscheinungen des Parkinsonismus, während Atropin, Hyoscin und ähnliche Verbindungen die Symptome dämpfen. Katzen, bei denen durch umschriebene Läsionen echte katatone Zustände erzielt werden konnten, ließen nach intraventrikulärer Injektion von Acetylcholinesterase, die aus menschlichen Erythrocyten gewonnen war, vorübergehende Remissionen erkennen[7].

Während der *Entwicklung* des Zentralnervensystems fällt der Beginn der Hirnfunktion in den einzelnen Zentren mit dem Auftreten erheblicher Konzentrationen der Acetylcholinesterase zeitlich zusammen[8,9]. Ihre Konzentration ist in unreifen Gehirnen neugeborener Ratten und Kaninchen gering und steigt in den ersten Wochen nach der Geburt rapide an. Bei Ratten wurde die erste meßbare Aktivität des Fermentes im Gehirn bei 16 Tage alten Feten gefunden[10]. Bedingt durch den unterschiedlichen Funktionsbeginn in den einzelnen Hirnarealen geht die Entwicklung der Acetylcholinesterase nicht gleichmäßig vor sich[11-14]. Im Gesamtgehirn von Ratten steigt die Aktivität der Acetylcholinesterase vom 3.—20. Tag nach der Geburt um 300 E (μl/Std) je Tag an[15]. Später sinkt die Aktivität des Fermentes. Zwischen dem 3.—10. Tag bleibt die Aktivität der unspezifischen Cholinesterasen mit 150—160 E unverändert; sie steigt bis zum 24. Tag nach der Geburt auf den doppelten Wert. Im Rückenmark junger Ratten bleibt die Aktivität beider Fermentgruppen zwischen dem 8.—22. Tag ohne Veränderung. Beide Fermente sind im Rückenmark anfänglich in höherer Konzentration vorhanden als im Gehirn[15]. Die erhöhte Aktivität der unspezifischen Cholinesterasen hängt möglicherweise mit der zeitlich übereinstimmenden Vermehrung der Capillaren[16] im Gehirn zusammen, da auf Grund histochemischer Untersuchungen die unspezifischen Cholinesterasen im Gehirn vorwiegend in den Capillarwänden, den Muskelfasern der Arteriolen und Venolen und der Astroglia lokalisiert sein sollen[17]. Mit zunehmendem Alter scheint die Aktivität der Acetylcholinesterase nachzulassen[10].

---

[1] RIKER, W. F. jr., and W. C. WESCOE: J. Pharmacol. exp. Therap. **88**, 58 (1946). — [2] FELDBERG, W.: A. e. P. P. **212**, 64 (1950). — [3] BABSKY, E. G., and P. F. MINAJEV: Nature **158**, 343 (1946). — [4] REISS, M., and R. E. HEMPHILL: Nature **161**, 18 (1948). — [5] EARLY, D. F., R. E.. HEMPHILL, M. REISS and E. BRUMMEL: Biochem. J. **45**, 552 (1949). — [6] ROWNTREE, D. W., S. NEVIN and A. WILSON: J. Neurol., London **13**, 47 (1950). — [7] SHERWOOD, S. L., E. RIDLEY and W. S. MCCULLOCH: Nature **169**, 157 (1952). — [8] NACHMANSOHN, D.: J. Physiol., London **93**, 2 P (1938). — [9] NACHMANSOHN, D.: Bull. Soc. Chim. biol. **21**, 761 (1939). — [10] METZLER, C. J., and D. G. HUMM: Science, N. Y. **113**, 382 (1951). — [11] NACHMANSOHN, D.: J. Neurophysiol. **3**, 396 (1940). — [12] YOUNGSTROM, K. A.: J. Neurophysiol. **4**, 473 (1941). — [13] SAWYER, C. H.: J. exp. Zool. **92**, 1 (1943). — [14] NACHMANSOHN, D.: C. R. Soc. Biol. **127**, 670 (1938). — [15] BAYLISS, B. J., and A. TODRICK: Biochem. J. **54**, XXIX (1953). — [16] CRAIGIE, E. H.: Proc. Ass. Res. nerv. ment. Dis. **18**, 3 (1938). — [17] KOELLE, G. B.: J. Pharmacol. exp. Therap. **106**, 401 (1952).

4. Aktionssubstanz A_4.

Bei der Erregung peripherer Nerven wird eine polarographisch nachweisbare Substanz in Freiheit gesetzt, die nicht mit Acetylcholin, Aneurin und K^+ identisch ist und daher als *4. Aktionssubstanz* — A_4 — bezeichnet wird[1-4]. Im gereizten Nerven wird stets mehr A_4 gefunden als im ruhenden Nerven[1]; es tritt aus dem Nervenquerschnitt nach dessen Reizung vermehrt aus[2]. A_4 ist dialysabel und bleibt bei Behandlung mit Sulfosalicylsäure in Lösung, es ist thermostabil[3] und wird durch UV-Licht zerstört[1]. Seine Aktivität ist stark p_H-abhängig und nimmt unterhalb p_H 7 sowie jenseits p_H 9 schnell ab. A_4, das kein Eiweißkörper sein kann, ist ferner von Cocarboxylase und ATP verschieden, seine Regeneration und Inaktivierung dürften ohne Beteiligung von Fermenten geschehen.

δ) Erregungsstoffwechsel.

Die Nervenleitung als wellenförmige Fortpflanzung des Aktionszustandes kann offenbar allein auf elektrischer Grundlage erklärt werden, wobei der Nerv mit seinem Achsenzylinder in der relativ gut isolierenden Markscheide als Kernleiter mit erheblicher innerer Ausbreitung der Stromschleifen bei Einwirkung der Potentialdifferenz zwischen verschiedenen Nervenabschnitten betrachtet werden kann[5]. Die Intensität der von einer erregten Stelle des Nerven ausgehenden Stromschleife ist in benachbarten ruhenden Abschnitten mehr als 10fach ausreichend, um durch Reizung dort die Erregung auszulösen[6]. Es ist daher nach den bisherigen Ergebnissen mit der Möglichkeit zu rechnen, daß mit Ausnahme der initialen, minimalen Depolarisierung der Vorgang der Erregung und der Erregungsausbreitung auf Grund der passiven Ionenaustauschvorgänge entsprechend den Konzentrationsgradienten nicht als primärer energieverbrauchender Prozeß anzusehen ist. Vielmehr dürfte der Energieverbrauch vorwiegend der Restauration, insbesondere der Ionenkonzentrationsdifferenzen, dienen, die eine unabdingbare Voraussetzung jeglicher Erregbarkeit und Erregungsleitung sind.

Die Tätigkeit des Nerven geht mit vermehrter *Wärmebildung* einher. Während die Wärmeentwicklung des arbeitenden Muskels bis etwa 100mal größer als die des ruhenden werden kann, wird der Energieumsatz im aktiven Nerven kaum verdoppelt. Von den beiden Phasen der Wärmebildung — *Initialwärme* und *Erholungswärme* — steht die erstere in naher zeitlicher Beziehung zum Nervenimpuls, obgleich es aus methodischen Gründen bisher nicht möglich ist, zu entscheiden, ob die initiale Wärmeproduktion gleichzeitig oder kurze Zeit nach dem Nervenimpuls auftritt. Bei markhaltigen Froschnerven beträgt die initiale Wärmebildung bei 20° für den einzelnen Aktionszustand 7×10^{-8} cal oder 3 erg/g Nerv[7]. Die auf die einzelne Erregungswelle bezogene freigesetzte Wärme nimmt bei rhythmischer Reizung ab und nähert sich einem Grenzwert, der nicht unterschritten wird und bei 20° 300 erg/g/sec beträgt. Die Steigerung der Sauerstoffaufnahme und der CO_2-Bildung bei der Nervenreizung[8-12] ist gerade so groß, daß sie der Wärmebildung des Erregungsvorgangs entspricht, wenn diese auf die Verbrennung von Kohlenhydraten, Fetten und Eiweiß bezogen wird[12]. Bei kurzer tetanischer Reizung ergab sich durchschnittlich ein Extraverbrauch von 61 mm^3

[1] MURALT, A. v.: Pflügers Arch. **245**, 604 (1942). — [2] MURALT, A. v.: Helv. physiol. Acta **1**, C 20 (1943). — [3] WEIDMANN, S.: Exper. **1**, 61 (1945). — [4] WEIDMANN, S., u. F. WYSS: Exper. **1**, 62 (1945). — [5] HODGKIN, A. L.: J. Physiol., London **90**, 183 (1937). — [6] MURALT, A. v.: Naturwiss. **27**, 265 (1939). — [7] HILL, A. V.: Chemical Wave Transmission in Nerve. Cambridge 1932. — [8] GERARD, R. W.: Amer. J. Physiol. **82**, 381 (1927). — [9] GERARD, R. W., u. O. MEYERHOF: Naturwiss. **15**, 538 (1927). — [10] GERARD, R. W., u. O. MEYERHOF: B. Z. **191**, 125 (1937). — [11] MEYERHOF, O., u. F. O. SCHMITT: B. Z. **208**, 445 (1929). — SCHMITT, F. O.: B. Z. **213**, 443 (1929). — [12] MEYERHOF, O., u. W. SCHULZ: B. Z. **228**, 1 (1930).

O_2 je g/Std und eine durchschnittliche Extrawärme von $6{,}9 \times 10^{-5}$ cal entsprechend 48 mm³ O_2 je g/Std. Der R.Q. des Nerven steigt bei seiner Reizung[1] von 0,77 auf 0,87.

Außer der Initialwärme tritt somit im Anschluß an die Tätigkeit des Nerven eine lang andauernde Erholungswärme auf, die unabhängig von der Gegenwart von Sauerstoff zu sein scheint. Die Wärmebildung der Nachperiode sinkt anfangs schnell, dann langsam und kann 10 min oder länger andauern. Sie kann in der Regel nicht in direkte Beziehung zum Nachpotential gesetzt werden. Die Geschwindigkeit der Wärmebildung ist in der Phase der Initialwärme mehrere tausendmal größer als ihre maximale Geschwindigkeit in der Nachperiode. Die Wärmemenge der Erholungsperiode ist aber im Gegensatz zur Muskulatur, in der beide gleich sind, ein Vielfaches (10—30faches) derjenigen der Initialwärme. Infolge der geringen Wärmebildung bei der Erregung hat HILL[2] den Schluß gezogen, daß der zum Aktionszustand führende Prozeß nicht in größerem Ausmaß mit chemischen Umsetzungen verbunden sein kann, da sonst größere Initialwärmen beobachtet werden müßten. So reicht bereits die JOULEsche Wärme des Aktionsstromes zur Erklärung von 1% der beobachteten Wärme aus[3]. Die Erholungswärme des Nerven ist 5—10mal so groß wie die des Muskels[4]. Es muß daher angenommen werden, daß auch im Nerven die bekannte energetische Kopplung zwischen oxydativen Vorgängen und rückläufiger Führung der Primärprozesse[5] besteht. Die Entwicklung der Erholungswärme verläuft aber — wiederum im Gegensatz zur Muskulatur — in Stickstoff und Sauerstoff gleichartig. Dies kann kaum anders gedeutet werden, als daß die zugrundeliegenden chemischen Vorgänge in Stickstoff und Sauerstoff dieselben sind. Bei einem 100%igen Wirkungsgrad der oxydativen Prozesse dürfte in der Erholungsphase keine Wärme auftreten, da die gesamte Energie des Erholungsvorganges zur Aufladung des Systems verwendet würde. Es muß also um so mehr Wärme erscheinen, je schlechter der Wirkungsgrad der oxydativen Prozesse ist[4]. Andererseits kann die Erholungswärme des Nerven Ausdruck einer temporären Wärmeschuld sein[4,6], wenn die freie Energie größer als die Wärmetönung ist. Der Ausgleich der temporären Wärmeschuld muß dann um so mehr Erholungswärme liefern, je größer jene gewesen ist.

Die Beziehungen zwischen Erregbarkeit und Kohlenhydratstoffwechsel des Nerven gehen aus der Abnahme des Aktionspotentials eines mit Monojodessigsäure vergifteten Nerven hervor[7,8]. Zusatz von Lactat bedingt wesentlich längere Erregbarkeit, der von Brenztraubensäure eine vollständige Erholung des vergifteten Nerven. Der Aktivitätsverlust peripherer Nerven bei längerem O_2-Mangel[9] erklärt sich in der gleichen Weise durch mangelhafte Energiebildung. Periphere Nerven scheinen aber über eine gewisse Sauerstoffreserve zu verfügen, die unter anaeroben Bedingungen in Anspruch genommen wird und hierbei eine Zeitlang die Oxydationsvorgänge und die Funktionstüchtigkeit des Nerven unterhalten kann. Werden Nerven in Stickstoff gesetzt, so bleiben die Leitfähigkeit und die Bildung von CO_2 lange erhalten. Bei anschließender Überführung in Sauerstoff kommt es zu zusätzlicher Sauerstoffaufnahme. Die chemische Natur der Sauerstoffreserve ist nicht näher bekannt. Bisher ist es nicht gelungen, in aktiven Nerven einen erhöhten Kohlenhydratstoffwechsel nachzuweisen. Ebensowenig konnte gezeigt werden, daß sich Eiweiß und Lipoide am Tätigkeitsstoffwechsel des Froschnerven beteiligen. Die Bildung von Ammoniak und von anorganischem Phosphat gehört neben der Erhöhung der O_2-Aufnahme und der CO_2-Produktion zu

[1] MEYERHOF, O., and F. O. SCHMITT: B. Z. **208**, 445 (1929). — SCHMITT, F. O.: B. Z. **213**, 443 (1929). — [2] HILL, A. V.: Chemical Wave Transmission in Nerve. Cambridge 1932. — [3] HILL, A. V.: Proc. R. Soc. London (B) **92**, 178 (1921). — [4] MURALT, A. v.: Naturwiss. **27**, 265 (1939). — [5] MEYERHOF, O.: Naturwiss. **19**, 923 (1931). — [6] MURALT, A. v.: Ergebn. Physiol. **37**, 406 (1935). — [7] FENG, T. P.: J. Physiol., London **76**, 477 (1932). — [8] SHANES, A. M., and D. E. S. BROWN: J. cellul. comp. Physiol. **19**, 1 (1942). — [9] BUCHTHAL, F., and H. HERTZ: Nature **155**, 20 (1945).

den chemischen Veränderungen, die bisher beim Frosch mit Sicherheit als Folge einer Nervenreizung beobachtet worden sind. Elektrische Reizung des N. ischiadicus von Fröschen in Ringerlösung bei 20° mit 10 mMol ^{14}C-Glucose je l als Substrat hat ebenso wie bei Verwendung von Acetat-1-^{14}C, Pyruvat-1-^{14}C, Lactat-1-^{14}C und Glykokoll-2-^{14}C keine Produktion von Extra-CO_2 gegenüber ruhenden Nerven zur Folge[1]. Während Glykokoll mit ^{14}C in der α-Kohlenstoffposition auch im ruhenden Nerven nicht zur Bildung von CO_2 führt, läßt sich bei Verwendung von carboxylmarkiertem Glykokoll CO_2-Produktion im ruhenden und Extra-CO_2-Bildung im gereizten Nerven nachweisen. In ähnlicher Weise führt Glutaminat-2-^{14}C und Alanin-1-^{14}C im erregten Nerven zu verstärkter Bildung von Kohlensäure.

e) Schlußbemerkung.

Die Untersuchungen der letzten Jahre haben ergeben, daß die Vorstellungen vom Energiestoffwechsel und der Energietransformation auf Nervengewebe anwendbar sind. Die Erkenntnisse betreffen allgemeine biologische Grundleistungen, während das Verständnis für die spezifischen Leistungen des Nervengewebes und seine höheren Funktionen von übergeordnetem Charakter bisher kaum über eine deskriptive Phänomenologie hinausgekommen ist. Die Untersuchung naturwissenschaftlich erfaßbarer Vorgänge bezieht sich im Zentralnervensystem z. Z. noch vorwiegend auf Einzelreaktionen. Die Einsicht in die Gesamtvorgänge ist uns noch weitgehend verschlossen. Es dürfte darüber hinaus grundsätzlich fraglich sein, ob geistige und psychische Phänomene sowie der Vorgang des Denkens an sich jemals einer naturwissenschaftlichen Interpretation zugänglich sein werden.

4. Auge und Tränen[2—17].

Von H. Süllmann.

Inhaltsverzeichnis.

Seite
a) Allgemeines 867
b) Die Tränenflüssigkeit 868
α) Anatomisches zur Tränendrüse 868
β) Physiologische Bedeutung der Tränenflüssigkeit 868
γ) Chemische Analyse 869
c) Die Bindehaut (Conjunctiva) 870
α) Anatomisches 870
β) Physiologische Bedeutung 870
γ) Chemische Analyse 870

[1] Mullins, L. J.: Amer. J. Physiol. **175**, 358 (1953).

Zusammenfassende Darstellungen: 2—17. [2] Steindorff, K.: Chemie des Augapfels. Handb. Biochem. **4**, 389—440 (1925); Erg.-W. **2**, 262 —288 (1934). Flüssigkeits- und Stoffwechsel des Auges. Handb. Biochem. Erg.-W. **3**, 436—460 (1936). — [3] Krause, A. C.: The Biochemistry of the Eye. Baltimore 1934. — [4] Süllmann, H.: Chemie des Auges. Tab. biol. **22**/2, 1—119 (1951). — [5] Fischer, F. P.: Physikalische Chemie des Auges. Tab. biol. **22**/2, 120—142 (1951). — [6] Marquardt, P.: Fermente des Auges. Tab. biol. **22**/2, 143—160 (1951). — [7] Süllmann, H.: Ergänzungen zu: Fermente des Auges. Tab. biol. **22**/2, 161—172 (1951). — [8] Buschke, W.: Vitamine und die ihnen verwandten Stoffe des Auges. Tab. biol. **22**/2, 173—199 (1951). — [9] Krause, A. C.: Visual purple. Tab. biol. **22**/2, 200—270 (1951). — [10] Fischer, F. P.: Stoffwechsel und Ernährung des Auges. Tab. biol. **22**/2, 271—284 (1951). Ernährung und Stoffwechsel der Gewebe des Auges. Ergebn. Physiol. **31**, 507 (1931). Auge. Med. Kolloidlehre S. 263—321. — [11] Bietti, G.: Le vitamine in oftalmologia. Bologna 1940. — [12] Rötth, A. v.: Tränen. Handb. Biochem. Erg.-W. **2**, 542—545 (1934). — [13] Bellows, J. G.: Cataract and Anomalies of the Lens. St. Louis 1944. — [14] Studnitz, G. v.: Physiologie des Sehens. 2. Aufl. Leipzig 1952. — [15] Granit, R.: Sensory Mechanisms of the Retina. Oxford 1947. — [16] Adler, F. H.: Physiology of the Eye. St. Louis, London 1950. — [17] Nordmann, J.: Biologie du cristallin. Paris 1954.

Seite

d) Die Lederhaut (Sklera) . . . 871
α) Anatomisches . . . 871
β) Physiologische Bedeutung . . . 871
γ) Chemische Analyse . . . 871
Mineralbestandteile . . . 871
Organische Bestandteile . . . 872
e) Die Hornhaut (Cornea) . . . 872
α) Anatomisches . . . 872
β) Physiologische Aufgaben . . . 873
γ) Chemische Analyse . . . 873
Anorganische Bestandteile . . . 873
Organische Bestandteile . . . 874
Wirkstoffe . . . 875
δ) Stoffwechsel . . . 876
Atmung und Glykolyse . . . 877
Enzyme . . . 878
ε) Permeabilität, Quellung und Durchsichtigkeit . . . 878
Permeabilität . . . 878
Quellung . . . 879
Durchsichtigkeit . . . 881
f) Die Linse (Lens crystallina) . . . 881
α) Anatomisches . . . 881
β) Physiologische Aufgaben . . . 882
γ) Wachstum . . . 882
δ) Chemischer Aufbau der Linse . . . 883
1. Anorganische Bestandteile . . . 883
Wassergehalt . . . 883
Mineralstoffe . . . 884
2. Organische Bestandteile . . . 885
Eiweiß . . . 885
Darstellung S. 886. — Immunologische Eigenschaften S. 886. — Zusammensetzung S. 887. — Heterogene Natur S. 888.
Rest-N . . . 889
Lipide . . . 889
Kohlenhydrate und verwandte Verbindungen . . . 890
Phosphorsäureester . . . 891
ε) Physiologie und Pathologie des Linsenstoffwechsels . . . 891
Permeabilität der Linsenkapsel . . . 891
Regulation des Stoffaustausches . . . 892
Kohlenhydratstoffwechsel . . . 893
Eiweißstoffwechsel . . . 994
Bildung von Pigmenten . . . 895
Lipoidstoffwechsel . . . 895
Enzyme der Linse . . . 895
Klinische Katarakte . . . 897
Experimentelle Katarakte . . . 898
g) Das Kammerwasser (Humor aquaeus) . . . 901
α) Physiologische Bedeutung der intraocularen Flüssigkeit . . . 901
β) Chemie des Kammerwassers . . . 901
1. Anorganische Bestandteile . . . 901
2. Organische Bestandteile . . . 902
Eiweißgehalt S. 902. — Enzyme S. 903. — Antikörper S. 903. — Rest-N S. 904. — Lipoide S. 904. — N-freie Verbindungen S. 905.
γ) Stoffaustausch zwischen Blut und intraocularer Flüssigkeit . . . 905
Blutkammerwasserschranke . . . 906
Hypothesen über die Kammerwasserbildung . . . 906

Seite

Austausch von Wasser und anorganischen Elektrolyten 907
Der Übertritt von Ascorbinsäure 908
Der Übertritt von Nichtelektrolyten 908
h) Der Glaskörper (Corpus vitreum) 909
α) Struktur 909
β) Chemische Analyse 910
Eiweiß 910
Enzyme 911
Hyaluronsäure 911
Lipoide 911
Krystalloide 912
γ) Physikalisch-chemische Eigenschaften 912
i) Die Gefäßhaut (Uvea) 913
α) Anatomisches 913
β) Chemische Analyse 914
1. Anorganische Bestandteile 914
2. Organische Bestandteile 916
Melaninähnliche Pigmente S. 916. — Augenpigmente von Insekten S. 918. — Lipoide S. 918. — Andere organische Verbindungen S. 918.
γ) Stoffwechsel 919
Atmung und Glykolyse 919
Enzyme 920
Die sekretorische Funktion des Ciliarkörpers 921
k) Die Netzhaut (Retina) 922
α) Anatomie und Physiologie 922
1. Histologie 922
2. Blutversorgung 923
3. Stäbchen und Zapfen 923
4. Tages- und Dämmerungssehen 923
5. Dunkel- und Hellanpassung 924
β) Chemische Analyse 924
1. Anorganische Bestandteile 924
2. Organische Bestandteile 925
Eiweiß S. 925. — Nucleinsäuren S. 926. — Lipoide S. 926. — Flavine S. 927. Aneurin S. 928. — Cozymase S. 928. — Acetylcholin S. 928. — Kohlenhydrate und verwandte Verbindungen S. 928.
γ) Stoffwechsel 929
1. Ernährung der Retina 929
a) Bedeutung der Blutversorgung 929
b) Bedeutung des Pigmentepithels 929
2. Kohlenhydratstoffwechsel 929
a) Atmung und Glykolyse 929
b) Oxydation verschiedener Verbindungen 931
c) Der glykolytische Kohlenhydratabbau 932
Phosphorylierung und Glykolyse. Hemmung der Glykolyse 932
d) Carboxylierungen 933
e) Einfluß des Belichtungswechsels auf Atmung und Glykolyse 933
3. Stoffwechsel N-haltiger Verbindungen 933
a) Autolyse 933
b) Ammoniakbildung 934
c) Glutaminbildung 934
4. Stoffwechsel und Ionenhaushalt 934
5. Lichtwirkung und Säurebildung 935
6. Enzyme 936
δ) Die Sehstoffe 936
1. Allgemeines 936
2. Struktur der Außenglieder der Sehzellen 937

Seite
3. Der Sehpurpur 937
a) Extraktion 937
b) Eigenschaften 938
α) Eiweißartige Natur 938
β) Absorptionsspektrum 939
c) Abbau und Regeneration des Sehpurpurs 939
α) Photochemische Reaktion 939
β) Bildung von Retinin und Vitamin A 940
γ) Regeneration 941
δ) Isomerisationsvorgänge 944
4. „Sehstoff" der Zapfen 945
l) Der Sehnerv (N. opticus) 947
α) Anatomisches 947
β) Chemische Analyse 947
Anorganische Bestandteile 947
Organische Bestandteile 948

a) Allgemeines.

Die biochemische Erforschung des Auges umfaßt einen vielgestaltigen Aufgabenbereich. Ihr obliegt vor allem die Klärung der chemischen Vorgänge, auf denen die *spezifische Funktion* dieses Sinnesorganes beruht und die die Aufnahme des Lichtreizes, die Umwandlung des Reizes in Erregung und die Fortleitung der Erregung in sich schließen. Weiterhin ist der chemische Aufbau und der Stoffwechsel, nicht nur der eigentlichen Sinneselemente, sondern auch der *Stützorgane* zu untersuchen. Den physiologischen *Alterungsvorgängen* und den Beziehungen zum Stoffwechsel des übrigen Körpers ist dabei besondere Beachtung zu schenken.

Sowohl für den Physiologen als auch für den Arzt bietet die Biochemie des Auges eine Fülle von bedeutungsvollen Problemen. Der Physiologe wird vor allem die Vielgestaltigkeit der Leistungs- und Anpassungsfähigkeit des Auges zum Angriff seiner Forschung nehmen. Vermögen wir doch mit dem Auge nicht nur Helligkeitsunterschiede wahrzunehmen *(Lichtsinn)*, sondern auch die Lichter verschiedener Wellenlängen zu unterscheiden *(Farbensinn)* und können außerdem noch benachbarte Punkte als getrennt erkennen (*Raumsinn* nach der Fläche und Sehschärfe) und Formen und Gestalten sowie Bewegungen erfassen. Alle diese Fähigkeiten des Auges sind auf das engste mit chemischen Vorgängen in der Netzhaut verbunden. Dies gilt auch für das große *Anpassungsvermögen* unseres Sehorganes an die verschiedensten Umweltbedingungen. So vermögen wir ja mit unseren Augen sowohl bei der geringen Beleuchtung des bedeckten Nachthimmels als auch im grellen Sonnenschein zu sehen, also bei Beleuchtungen, die sich in ihrer Stärke um das Milliardenfache unterscheiden.

Aber auch in anderer Beziehung stellt das Auge der Biochemie wesentliche Aufgaben. So ist die *Durchsichtigkeit der Hornhaut, der Linse und des Glaskörpers* eine bemerkenswerte Eigenschaft, die von allgemeinerem Interesse ist. Auch für die Erforschung der *Membranen* im Stoffwechselgeschehen können am Auge wichtige Befunde erhoben werden. Wie sich der *Stoffaustausch zwischen Blut und Augeninnerem* vollzieht, ist ebenfalls eine Frage von grundsätzlicher Bedeutung.

Der Arzt weiß auf Grund seiner klinischen Erfahrung, daß das Auge, das in inniger Beziehung mit dem Gefäß- und Nervensystem des übrigen Körpers steht, auf Störungen des Gesamtstoffwechsels, des Vitaminhaushaltes und der inneren Sekretion in besonderer Weise reagiert. Der empfindliche Chemismus des Auges macht dieses zu einem sehr geeigneten Indikator der genannten Störungen. Der

Arzt hat deshalb an der Aufklärung des Stoffwechselgeschehens im Auge größtes Interesse und er hofft dadurch Möglichkeiten zum erfolgreichen therapeutischen Eingreifen zu gewinnen.

Dies gilt auch für die Altersveränderungen. Ein großer Teil aller Augenerkrankungen zeigt eine verhältnismäßig strenge Bindung an das Lebensalter, und auch die physiologischen Alterserscheinungen treten am Auge in ganz besonders gesetzmäßiger Weise auf. Wenn auch die Altersvorgänge zweifellos keimplasmatisch bedingt sind, so ist doch zu erwarten, daß die Erforschung der mit ihnen einhergehenden biochemischen Veränderungen dem Arzt einmal die Möglichkeit gibt, auf ihren Ablauf hemmend einzuwirken. Auch bei anderen hereditär bedingten Erkrankungen des Auges, wie z. B. der Pigmententartung der Netzhaut, der zur Netzhautablösung führenden cystoiden Netzhautdegeneration, dem Keratoconus, der hereditären Sehnervenatrophie und all den Leiden, bei denen wir bis jetzt keine wirksame Therapie kennen, ist zu hoffen, daß das Eindringen in das biochemische Geschehen Mittel und Wege finden lassen wird, um dem Kranken helfen zu können.

Über die Biochemie des Auges ist verhältnismäßig, d. h. im Vergleich zu der der anderen Sinnesorgane, viel bekannt. Freilich gehen hierbei unsere Kenntnisse nur selten über die Erfassung von einzelnen Tatsachen hinaus, und wir sind noch weit davon entfernt, z. B. den Zusammenhang der chemischen Vorgänge, die zum Sehen führen, schildern zu können. Wenn trotzdem der Versuch einer zusammenfassenden Darstellung der Biochemie des Auges gemacht wird, so geschieht dies vor allem im Hinblick auf die zukünftige Forschung.

Die Abschnitte zur Anatomie der Augengewebe verdanken wir dem freundlichen Entgegenkommen von Herrn Prof. Dr. H. K. Müller (Bonn).

b) Die Tränenflüssigkeit.

α) Anatomisches zur Tränendrüse[1-3].

Die Tränenflüssigkeit wird von der orbitalen, in der Fossa lacrimalis des Stirnbeins gelegenen, von der palpebralen unter der Bindehaut der oberen Übergangsfalte befindlichen Tränendrüse und von kleinen unter der Bindehaut der oberen Übergangsfalte verstreut liegenden Drüsen abgesondert. Die Drüsenausführungsgänge münden in der oberen Übergangsfalte. Als sekretorische Nerven werden parasympathische Fasern des Nervus intermedius angenommen, die zuerst im Nervus facialis und dann im Nervus trigeminus verlaufen. Histologisch sind die Tränendrüsen tubulo-alveoläre Drüsen. In den Drüsenzellen befinden sich Granula, die sich bei Sekretion vergrößern und zum Lumen wandern. Mit zunehmendem Alter atrophiert das Drüsengewebe.

β) Physiologische Bedeutung der Tränenflüssigkeit.

Sie besteht in der Befeuchtung der Hornhautoberfläche und in der Herausschwemmung von Verunreinigungen aus dem Bindehautsack. Da die Tränenflüssigkeit fast denselben Brechungsindex wie die Hornhaut hat, werden durch die Tränenflüssigkeit die feinen, durch die einzelnen Epithelzellen bedingten Niveauunterschiede ausgeglichen, so daß die Hornhautoberfläche in optischer Beziehung spiegelnd und glatt ist. Dies ist eine wichtige Tatsache, weil die Hornhautoberfläche von allen brechenden Medien des Auges die größte Brechkraft (etwa 48 Dioptrien) besitzt und kleine Unregelmäßigkeiten schon erhebliche Fehler der Abbildung auf der Netzhaut bedingen. Die Oberfläche der Epithelzellen der Hornhaut muß stets genügend befeuchtet sein, da sonst diese Zellen Schaden leiden,

---

[1] Eisler, P.: Handb. Ophthalm. (Schieck-Brückner) Bd. 1, S. 287. — [2] Meisner, W.: Handb. Ophthalm. (Schieck-Brückner) Bd. 3, S. 367. — [3] Weiss, O.: Handb. Physiol. Bd. 12/2, S. 1283—1284.

was häufig beim Versiegen des Tränenflusses, z. B. nach Exstirpation der Tränendrüsen beobachtet werden kann.

Die Benetzungsflüssigkeit der Hornhautoberfläche ist aber nicht die reine Tränenflüssigkeit, sondern ein Gemisch von Tränenflüssigkeit mit dem von den Schleimzellen der Bindehaut abgesonderten Sekret. Die physikalischen und chemischen Untersuchungen wurden fast ausschließlich mit dieser Mischflüssigkeit vorgenommen.

Nur in einzelnen Fällen von Tränendrüsenfisteln und bei starkem Ectropium des Oberlides gelang es, die Tränenflüssigkeit getrennt zu untersuchen. Hierbei muß man aber bedenken, daß solche Zustände ihrerseits die Zusammensetzung der Tränenflüssigkeit beeinflussen.

γ) Chemische Analyse.

Die normale *Menge* der sezernierten Tränenflüssigkeit läßt sich schwer bestimmen. Beim Menschen beträgt sie wahrscheinlich 0,5—0,8 g in 16 Std[1], bei

Tabelle 125. Physikalische Eigenschaften der Tränenflüssigkeit.

Osmotischer Druck[2, 3]	äquivalent 0,9% NaCl
Spezifisches Gewicht[4] bei 38° C	1,001
Viscosität[4] bei 38° C (bezogen auf Wasser = 1)	1,053—1,405
Oberflächenspannung[4] bei 38° C (bezogen auf Wasser = 1)	0,694—0,746
Brechungsindex[5]	1,336—1,337
p_H[6]	7,35

der Katze wurde sie zu 6—20 mg in 4 min bestimmt[7]. Bei den verschiedensten Reizzuständen steigert sie sich natürlich erheblich. Menschliche Tränen enthalten 1,84% feste Substanzen[8].

Tabelle 126. Chemische Zusammensetzung der Tränenflüssigkeit vom Menschen[9].

Wasser	98,2 g-%	Rest-N	51 mg-%
Trockensubstanz	1,8 g-%	Zucker	65 mg-%
NaCl	660 mg-%	Citronensäure[10]	0,6 mg-%
Eiweiß	670 mg-%	Ascorbinsäure[11]	0,6 mg-%
Albumin	395 mg-%	Lactoflavin[12]	5,0 γ-%
Globulin	275 mg-%		

Der *osmotische Druck* der Tränenflüssigkeit dürfte etwa dem der Blutflüssigkeit entsprechen[2, 3], es wurden aber auch stark schwankende Werte gefunden (Gefrierpunktserniedrigungen von 0,55—0,95° C)[4]. Er ist vermutlich für den

[1] SCHIRMER, O.: Graefes Arch. Ophthalm. **56**, 197 (1903). — [2] KROGH, A., C. G. LUND and K. PEDERSEN-BJERGAARD: Acta physiol. scand. **10**, 88 (1945). — [3] SCHAEFFER, A. J.: Arch. Ophthalm., Chicago (2) **43**, 1026 (1950). — [4] CERRANO, E.: Arch. ital. Biol. **54**, 192 (1911). — [5] RÖTTH, A. v.: Klin. Mbl. Augenheilkde. **68**, 598 (1922). — [6] HOSFORD, G. N., and A. M. HICKS: Arch. Ophthalm., Chicago (2) **13**, 14 (1935). — Vgl. a. GARDILČIĆ, A.: Graefes Arch. Ophthalm. **137**, 71 (1937). — SWAN, K. C., R. E. TRUSSELL and J. H. ALLEN: Proc. Soc. exp. Biol. Med. **42**, 296 (1939). — [7] MAES, J. P.: Amer. J. Physiol. **123**, 359 (1938). — [8] GIARDINI, A., and J. R. E. ROBERTS: Brit. J. Ophthalm. **34**, 737 (1950). — [9] RIDLEY, F.: Trans. ophthalm. Soc. **50**, 268 (1930). — [10] GRÖNVALL, H.: Acta ophthalm., København Suppl. **14** (1937). — [11] COLOMBO, G.: Ann. Ottalm. **66**, 142 (1938). — [12] PHILPOT, F. J., and A. PIRIE: Biochem. J. **37**, 250 (1943).

Quellungszustand und damit für die Durchsichtigkeit der Hornhaut von Bedeutung (s. S. 880). Das *Benetzungsvermögen* der Tränen wird durch ihren Eiweißgehalt begünstigt, der eine Herabsetzung der Oberflächenspannung bewirkt. Auf die im Bindehautsack herrschende *Wasserstoffionenkonzentration* wirken die Tränen mitbestimmend und nehmen damit auch Einfluß auf entzündliche Vorgänge, bei denen sich der p_H-Wert ändert.

Die Tränenflüssigkeit vom Menschen enthält *immunbiologisch spezifisches Eiweiß*, das in Tränen von Tieren nicht nachweisbar ist[1]. Die bactericide Wirkung, die die Tränen haben, beruht auf ihrem Gehalt an *Lysozym*[2] (s. Bd. 1, S. 1164), dem für die Infektionsabwehr aber nur eine beschränkte Bedeutung zukommt. Jedenfalls erstreckt sich die bakteriolytische Wirkung der Tränen nur auf wenige pathogene Mikrobenarten. Das Lysozym der Tränen unterscheidet sich immunbiologisch von dem des Eiereiweißes[3]. Bei Krankheiten des Auges mit vermehrter Tränenabsonderung (akute Conjunctivitis, Ulcera der Cornea u. a.) ist der Lysozymgehalt der Tränen meist erniedrigt[4]. Durch Papierelektrophorese können die Eiweißkörper der Tränenflüssigkeit vom Menschen in 3 Fraktionen aufgeteilt werden[5], von denen eine das Lysozym enthält[5,6].

Die normale Tränenflüssigkeit soll *keinen Zucker* enthalten; erst wenn der Blutzuckerspiegel alimentär oder durch Adrenalin bzw. Diabetes mellitus erhöht wird, tritt diesen Angaben zufolge Zucker in die Tränenflüssigkeit über[7]. Nach neueren Analysen beträgt der „wahre" Glucosegehalt der Tränenflüssigkeit 2,5 mg-% (s.[8]), ist auf alle Fälle also bedeutend niedriger, als der in Tabelle 126 angegebene Wert.

In der Tränenflüssigkeit soll eine Substanz mit der Wirkung von *Histamin* vorkommen[9], eine Angabe, die zur Pathogenese des Glaukoms in Beziehung gebracht worden ist.

c) Die Bindehaut (Conjunctiva).

α) Anatomisches[10].

Die Bindehaut überkleidet den vorderen Teil des Augapfels und die Innenfläche der Lider. Die zwischen der Bindehaut des Augapfels und der Lider gelegene Bindehaut bezeichnet man als die Conjunctiva fornicis. Die Bindehaut des Augapfels hört am Hornhautrande auf und nur ihre Deckzellenschicht setzt sich als Hornhautepithel auf der Hornhaut fort. Etwa in der Gegend des Äquators des Augapfels schlägt die Bindehaut nach vorn um und überzieht die Rückfläche der Lider. Die Bindehaut ist eine Schleimhaut, die aus dem Epithel und der Submucosa besteht. Diese ist ein Bindegewebe mit zahlreichen elastischen Fasern. Das Epithel enthält Schleimzellen und ganz vereinzelte Drüsen.

β) Physiologische Bedeutung.

Die Bindehaut hat die Aufgabe, für das Gleiten der Lider über den Augapfel zu sorgen. Dafür ist ihr schleimiges Sekret von Bedeutung, das der Tränenflüssigkeit beigemischt ist.

γ) Chemische Analyse.

Die Bindehaut (vom Rind) enthält 82% *Wasser*. Ihr *Eiweiß* besteht vorwiegend aus Kollagenen[11], entsprechend dem überwiegenden Anteil von Bindegewebe. In der

---

[1] Fleming, A., and V. D. Allison: Brit. J. exp. Path. **6**, 87 (1925). — [2] Fleming, A.: Proc. R. Soc. London (B) **93**, 306 (1922). — Übersicht s. Thompson, R.: Arch. Ophthalm., Chicago (2) **25**, 491 (1941). — Hobart, C.: Amer. J. Ophthalm. **33**, 1409 (1950). — [3] Smolens, J., I. H. Leopold and J. Parker: Amer. J. Ophthalm. **32** (II), 153 (1949). — [4] Regan, E.: Amer. J. Ophthalm. **33**, 600 (1950). — [5] Miglior, M., e A. Pirodda: G. ital. Oftalm. **7**, 429 (1954). — [6] Caselli, P., u. H. Schumacher: Klin. Mbl. Augenheilkde. **124**, 148 (1954). — [7] Michail, D., P. Vancea et N. Zolog: C. R. Soc. Biol. **125**, 194, 1095 (1937). — [8] Giardini, A., and J. R. E. Roberts: Brit. J. Ophthalm. **34**, 737 (1950). — [9] Ridley, F.: Trans. ophthalm. Soc. **58**, 590 (1939). — [10] Lauber, H.: Handb. mikroskop. Anat. (v. Möllendorff) Bd. 3/2, S. 530—566. — [11] Krause, A. C., and E. Chan: Amer. J. Physiol. **103**, 270 (1933).

Bindehaut wurden *Lactoflavin*[1] und einige andere organische Bestandteile (*Äpfelsäure, Citronensäure* usw.)[2] nachgewiesen, ferner *Eisen, Kupfer, Zink* und *Mangan*[3]. Die Bindehaut (vom Rind) enthält mehr Mangan als die übrigen Augengewebe[4].

Über den *Stoffwechsel* der Bindehaut ist kaum etwas bekannt. Mit Hilfe der sog. NADI-Reaktion ist Indophenoloxydase (= Cytochromoxydase) in den Epithelzellen nachweisbar, nicht dagegen im Stroma der Bindehaut[5, 6].

d) Die Lederhaut (Sklera).

α) Anatomisches[7].

Die Lederhaut besteht aus derben bindegewebigen Fasern. Sie ist verhältnismäßig arm an Gefäßen. Zusammen mit der durchsichtigen Hornhaut bildet sie die äußere Wandung des Augapfels.

β) Physiologische Bedeutung.

Die Aufgabe der Lederhaut ist, dem Augapfel die richtige Form zu geben und einen Schutz für die zarten Gewebeteile des Augeninneren zu bieten. Sie steht durch den inneren Augendruck unter einer ständigen Spannung. Dementsprechend zeigen die Fasern der Lederhaut eine sinnvolle, den physikalischen Druck- und Spannungsverhältnissen entsprechende Anordnung[8]. In optischer Beziehung ist natürlich ein Gleichbleiben der Augapfelform unbedingt notwendig, da schon eine Verlängerung der Augenachse um $^1/_3$ mm eine Kurzsichtigkeit von einer Dioptrie erzeugt. Die Dehnbarkeit und die Rigidität der Lederhaut sind klinisch bedeutsame Eigenschaften, die vor allem bei der krankhaften Steigerung des Augendruckes (Glaukom) eine wichtige Rolle spielen, wenn sie auch für diesen nicht primär verantwortlich gemacht werden können.

γ) Chemische Analyse.

Der *Wasser*gehalt der Sklera beträgt etwa 70%. Die physikalischen Eigenschaften der Sklera: Dicke, Festigkeit, Elastizität und außerdem ihre Undurchsichtigkeit hängen wesentlich vom Wassergehalt ab. Obgleich die Lederhaut reichlich Kollagene enthält, zeigt sie eine geringere Quellungsfähigkeit als die Hornhaut (vgl. den Abschnitt Hornhaut). Bei einem (experimentell durch Entquellung oder Quellung erzeugten) Wassergehalt von weniger als 40 oder mehr als 80% wird die Lederhaut durchsichtig[9].

Für die Frage, warum die Lederhaut im Gegensatz zur Hornhaut undurchsichtig ist, ist es bemerkenswert, daß die Lederhaut im frühen Embryonalstadium nahezu ebenso durchsichtig ist wie die Hornhaut. Strukturelle Differenzierungen bei der weiteren Entwicklung mögen zum Teil die optischen Unterschiede zwischen den beiden Geweben bedingen[10].

Mineralbestandteile*. Neben den in Tabelle 127 angegebenen Mineralstoffen wurden in der Sklera (vom Rind) noch *Eisen, Kupfer, Zink* und *Mangan* bestimmt[3].

---

* Die von FISCHER[11] ausgeführten Mineralstoffanalysen werden hier und in den folgenden Abschnitten aufgenommen, weil sie gegenwärtig den vollständigsten Überblick über den Mineralbestand des Auges geben. Die Analysen sind aber revisionsbedürftig; unter anderem finden die post mortem eintretenden Änderungen im Mineralgehalt von einigen Augengeweben noch keine genügende Berücksichtigung.

[1] PHILPOT, F. J., and A. PIRIE: Biochem. J. **37**, 250 (1943). — [2] KRAUSE, A. C., and A. M. STACK: Arch. Ophthalm., Chicago (2) **22**, 66 (1939). — [3] TAUBER, F. W., and A. C. KRAUSE: Amer. J. Ophthalm. **26**, 260 (1943). — [4] FORE, H., and R. A. MORTON: Biochem. J. **51**, 603 (1952). — [5] SCHALL, E.: Graefes Arch. Ophthalm. **115**, 666 (1925). — [6] OGIHARA, H.: Nagoya J. med. Sci. **12**, 183 (1938). — [7] v. MÖLLENDORFF, Lehrb. Histol., 26. Aufl. S. 479. — [8] KOKOTT, W.: Graefes Arch. Ophthalm. **138**, 424 (1938). — [9] FISCHER, F. P.: Arch. Augenheilkde. **103**, 1 (1930). — [10] HART, W. M., and B. F. CHANDLER: Arch. Ophthalm., Chicago (2) **40**, 601 (1948). — [11] FISCHER, F. P.: Arch. Augenheilkde. **107**, 295 (1933).

In der Sklera vom Knochenfisch wurde wesentlich mehr Zink gefunden als in der vom Menschen[1].

Der *Calcium*gehalt der Sklera vom Menschen nimmt mit dem Alter stark zu. So wurden in der Trockensubstanz der Sklera von Kindern unter einem Jahr 57 mg-% Ca, in der von Personen über 50 Jahren 262 mg-% Ca gefunden[2].

Tabelle 127. Mineralbestandteile der Lederhaut (mg-%)[3].
Bestimmungen nach feuchter Veraschung.

	K	Na	Mg	Ca	Cl	P	S
Kalb	75	160	2	11	213	13	39
Rind	71	183	2	18	244	11	46
Schwein . . .	89	175	2	8	276	13	37

Organische Bestandteile. Das *Eiweiß* der Lederhaut[4, 5] besteht hauptsächlich aus Kollagen (79%), Mucoproteid (10,7%) und Elastin (7,0%)[5]. (Aminosäuren im Eiweiß der Sklera s. Tabelle 130, S. 874.) In der Sklera findet sich *Chondroitinschwefelsäure.* Der *Lipoid*gehalt der Sklera (vom Rind) beträgt etwa 0,6%[6]. Eine beim Menschen im Alter manchmal zu beobachtende geringe Gelbfärbung der Sklera scheint durch Lipoideinlagerungen zustande zukommen. Die Natur dieser Lipoide ist unbekannt.

Von der weiteren biochemischen Untersuchung der Sklera ist vor allem zu erhoffen, daß sie einen tieferen Einblick in die Alterungsvorgänge und in die degenerativen Vorgänge gibt. Mit zunehmendem Alter erhöht sich die Rigidität der Lederhaut. Bei der Kurzsichtigkeit, insbesondere bei den höheren Graden der Myopie, erleidet die Sklera eine erhebliche Verdünnung ihrer hinteren Abschnitte. Da wir über die Ursachen der Kurzsichtigkeit, abgesehen von ihrer keimplasmatischen Bedingtheit, noch sehr wenig wissen, ist ein Beitrag der Biochemie zu diesen Fragen wünschenswert. Eine hochgradige Verdünnung der Lederhaut ist auch bei dem Krankheitsbild der „blauen Sklera“ vorhanden. Diese Erkrankung ist häufig mit einer abnormen Brüchigkeit der Knochen und einer Schwerhörigkeit verbunden. Ihre Ursache wird in einer endokrinen Störung auf hereditärer Grundlage vermutet.

e) Die Hornhaut (Cornea).

α) Anatomisches[7].

Die fast farblose und durchsichtige Hornhaut bildet den vorderen Teil der Augenkapsel. Im menschlichen Auge hat sie einen Durchmesser von 11—12 mm und eine Dicke von etwa 0,6 mm. Sie besitzt keine Blutgefäße, aber zahlreiche marklose Nerven, die in den ersten Ast des Nervus trigeminus einlaufen. Die äußerste Schicht der Hornhaut wird durch ein geschichtetes Plattenepithel gebildet, das auf der Bowmanschen Membran ruht. Diese Membran ist strukturlos und hat im menschlichen Auge eine Dicke von etwa 10—16 μ. An die Bowmansche Membran schließt sich nach innen die Grundsubstanz der Hornhaut an, die die Hauptmasse der Cornea bildet. Sie besteht aus ineinander verflochtenen, in großen Zügen der Oberfläche parallel angeordneten Fasern eines veränderten Bindegewebes, das von den sog. fixen Hornhautzellen, die ein Syncytium bilden, durchsetzt ist. Die Anordnung der Hornhautfibrillen

[1] Leiner, M., u. G. Leiner: Biol. Zbl. **62**, 119 (1942). — [2] Sorsby, A., K. Wilcox and D. Ham: Brit. J. Ophthalm. **19**, 327 (1935). — [3] Fischer, F. P.: Arch. Augenheilkde. **107**, 295 (1933). — [4] Krause, A. C.: Arch. Ophthalm., Chicago (2) **7**, 598 (1932). — [5] Krause, A. C.: Amer. J. Ophthalm. **16**, 214 (1933). — [6] Krause, A. C.: Amer. J. Physiol. **110**, 182 (1934/35). — [7] v. Möllendorff: Lehrb. Histol. 26. Aufl. S. 479. — Handb. mikroskop. Anat. (v. Möllendorff) Bd. 3/2. Auge. Bearb. von Kolmer, W., u. H. Lauber. Berlin 1936.

entspricht der Funktion der Cornea als Stützgewebe. Nach innen ist die Hornhautgrundsubstanz durch die stark lichtbrechende, homogene, elastische und sehr widerstandsfähige DESCEMETsche Membran begrenzt. Diese hat eine Dicke von etwa 7 μ und ist nach der vorderen Augenkammer zu mit einer einschichtigen Lage platter Zellen, dem Endothel, bedeckt.

β) Die physiologische Aufgabe der Hornhaut

ist eine 2fache. Erstens ist sie ein Teil der Augenwandung und hat somit die Aufgabe eines Stützgewebes. Zweitens ist sie aber auch der Hauptträger der Brechkraft des Auges. In optischer Beziehung kommt dabei vor allem der Form und der Gestalt ihrer Oberfläche Bedeutung zu. Die richtige Glättung der Oberfläche der Hornhaut durch Benetzung des Epithels mit Tränenflüssigkeit ist deshalb sehr wichtig. Damit die Tränenflüssigkeit an der Oberfläche der Hornhaut haften bleibt, ist eine richtige chemische Zusammensetzung der Tränenflüssigkeit ebenso notwendig wie die normale Beschaffenheit des Hornhautepithels. Zur Erfüllung ihrer optischen Aufgaben muß die Hornhaut weiterhin klar und durchsichtig sein. Die Durchsichtigkeit der Hornhaut wird vor allem von dem Quellungszustand der Hornhautgrundsubstanz beherrscht. Dieser Quellungszustand ist aber wiederum von der Tätigkeit des Epithels und besonders des Endothels abhängig (s. u.).

γ) Chemische Analyse.

Die chemische Zusammensetzung der Hornhaut wird hauptsächlich durch die ihrer Grundsubstanz bestimmt, die fast 90% der Hornhautmasse ausmacht.

Anorganische Bestandteile. Der *Wasser*gehalt der Hornhaut (vom Rind) beträgt 81—85%. Er nimmt mit steigendem Alter ab[1], ebenso mit zunehmendem

Tabelle 128. Mineralbestandteile der Hornhaut (mg-%)[2].
Bestimmung nach feuchter Veraschung.

	K	Na	Mg	Ca	Cl	P	S
Kalb	101	247	3	7	225	16,0	75
Rind	66	262	3	10	260	13,7	94
Schwein . . .	120	288	4	5	330	12,7	75

Augendruck[3]. Die Kolloide der Hornhaut haben im Vergleich zu denen der Lederhaut ein sehr starkes Wasserbindungsvermögen[4] (s. weiter u.).

Nach Tabelle 128 kommt es beim Rind mit zunehmendem Alter zu einer Abnahme des Kalium- und zu einer Vermehrung des Natrium- und Calcium-

Tabelle 129. Eisen, Kupfer, Zink und Mangan in der Cornea vom Rind (in γ je 100 g Frischgewicht)[5].

	Fe	Cu	Zn	Mn
Ganze Cornea . .	257	176	211	11,3
Epithel	616	455	376	46,1
Stroma	197	131	117	8,2

gehaltes in der Cornea. Bemerkenswert ist die Verteilung von einigen Schwermetallelementen in der Cornea, die für den Stoffwechsel wichtig sind und sich dementsprechend im Epithel reichlicher finden als im Stroma (Tabelle 129).

[1] BÜRGER, M., u. G. SCHLOMKA: Z. ges. exp. Med. **61**, 465 (1928). — [2] FISCHER, F. P.: Arch. Augenheilkde. **107**, 295 (1933). — [3] HERTEL, E.: Ber. dtsch. ophthalm. Ges. **46**, 36 (1927). — [4] FISCHER, F. P.: Arch. Augenheilkde. **103**, 1 (1930). — [5] TAUBER, F. W., and A. C. KRAUSE: Amer. J. Ophthalm. **26**, 260 (1943).

Pathologisch kann es zur Ablagerung von *Kupfer*-Verbindungen in der Cornea kommen (KAYSER-FLEISCHERscher Ring)[1].

Organische Bestandteile. Das *Eiweiß* der Hornhaut ist zum allergrößten Teil wasserunlöslich. Es besteht zur Hauptsache aus Kollagen (78,5%), Mucoproteid (16,4%) und Elastin (2,5%) der Grundsubstanz[2-4].

Im Eiweiß der Cornea (und Sklera) ist viel Glykokoll vorhanden. Das Verhältnis von Histidin:Lysin:Arginin ist in beiden Geweben ähnlich wie in den Eukeratinen des Haares, der Fingernägel und des Hornes[5]. Der Gehalt an einzelnen Aminosäuren scheint im (Gesamt-)Eiweiß von Cornea und Sklera ziemlich gleich zu sein (Tabelle 130).

Tabelle 130. Aminosäuren im Gesamteiweiß der Cornea und Sklera vom Menschen (in g-%[5]).

	Cornea	Sklera		Cornea	Sklera
Glykokoll	18,0	17,5	Threonin	2,8	2,7
Valin	3,8	3,7	Histidin	0,7	0,8
Leucin	4,7	4,0	Arginin	7,6	7,6
Isoleucin	3,0	2,4	Methionin	1,1	1,2
Asparaginsäure	7,4	6,6	Lysin	3,8	3,8
Glutaminsäure	11,0	10,8	Phenylalanin	2,9	2,3
Serin	4,3	3,8	Tyrosin *	1,4	1,3

* Minimalwerte.

Über die Natur des *Corneamucoproteids* besteht noch keine einheitliche Auffassung. Aus der Cornea wurde Mucoitinschwefelsäure isoliert[6]. Demgegenüber hat man angenommen[7,8], daß das Polysaccharid des Corneamucoproteids aus dem Monoschwefelsäureester der Hyaluronsäure bestehe. Diese Annahme muß nach neueren Arbeiten jedoch revidiert werden. Das Corneamucopolysaccharid ist offenbar nicht einheitlich; es enthält einen sauren und einen neutralen Polysaccharidkomplex[9]. Chromatographisch werden in dem sauren Polysaccharid die Bestandteile der Mucoitinschwefelsäure (Glucosamin, Glucuronsäure und Schwefelsäure), in dem neutralen Polysaccharid Glucosamin, Galaktose und Mannose nachgewiesen. Das Corneamucopolysaccharid enthält aber auch Galaktosamin[10].

Aus der gequollenen Cornea lassen sich 85% der aus dem Ester-S berechneten Mucopolysaccharidmenge mit 10%iger Calciumchloridlösung bei $p_H = 8$ extrahieren und durch Behandlung mit Trypsin eiweißfrei gewinnen. Nach saurer Hydrolyse sind Galaktose, Glucosamin, Galaktosamin und Schwefelsäure, aber keine Hexuronsäure, als Bestandteile der (elektrophoretisch einheitlichen) Mucopolysaccharidsäure nachzuweisen[11]. Hyaluronidase (aus Hoden) greift das saure Mucopolysaccharid nicht an. In einer anderen Untersuchung[12] wurden aus der Rindercornea 3 verschiedene Mucopolysaccharidfraktionen erhalten: 1. Chondroitinschwefelsäure, 2. eine Mucopolysaccharidfraktion, die wie Hyaluronsäure

[1] BRAND, I., u. I. TAKÁTS: Graefes Arch. Ophthalm. **151,** 391 (1951) — [2] MÖRNER, C. T.: H. **18**, 213 (1894). — [3] KRAUSE, A. C.: Amer. J. Ophthalm. **15**, 422 (1932); **20**, 508 (1937). — [4] SCHAEFFER, A. J., and J. D. MURRAY: A. M. A. Arch. Ophthalm. **44**, 833 (1950). — [5] SCHAEFFER, A. J., and S. SHANKMAN: Amer. J. Ophthalm. **33**, 1049 (1950). — [6] LEVENE, P. A., and J. LOPÉZ-SUÁREZ: J. biol. Ch. **36**, 105 (1918). — [7] MEYER, K., and E. CHAFFEE: Amer. J. Ophthalm. **23**, 1320 (1940). — [8] MEYER, K.: Mucopolysaccharides and mucoids of ocular tissues and their enzymatic hydrolysis. In: Modern Trends in Ophthalmology (SORSBY, A., Hrsgb.) Bd. 2, S. 71, 1948. — [9] WERNER, I., and L. ODIN: Exper. **5**, 233 (1949). Uppsala Läk.-Fören. Förh. **54**, 69 (1949). — [10] GARDELL, S.: Acta chem. scand. **7**, 207 (1953). — [11] WOODIN, A. M.: Biochem. J. **51**, 319 (1952); **58**, 50 (1954). — [12] MEYER, K., A. LINKER, E. A. DAVIDSON and B. WEISSMANN: J. biol. Ch. **205**, 611 (1953).

durch Hoden- und Pneumokokkenhyaluronidase spaltbar ist, aber eine geringere spezifische Drehung hat als Hyaluronsäure aus anderen Quellen und 3. ein uronsäurefreies Mucopolysaccharid, das aus äquimolekularen Mengen von Glucosamin, Acetyl, Galaktose und Schwefelsäure besteht. Dieses als „Keratosulfat" bezeichnete saure Mucopolysaccharid macht etwa die Hälfte vom gesamten Mucopolysaccharidanteil der Cornea aus.

Der Ester-S entspricht einem Gehalt der Rindercornea an Mucopolysaccharid von 4,2% [1]. Nach Versuchen mit ^{35}S enthaltendem Natriumsulfat scheinen die S-haltigen Mucopolysaccharide der Cornea und Sklera ihren Schwefelsäurerest mit anorganischem Sulfat auszutauschen [2]. Der Gehalt an Hexosamin beträgt in der Cornea von Ratten 0,7—0,8%, von Kaninchen 1,2—1,5% und von Rindern 1,7—1,8% [3].

Das *Eiweiß der* DESCEMET*schen Membran* wurde als „Membranin" bezeichnet. Es ist für die große physikalische Widerstandsfähigkeit dieser Membran verantwortlich, die auch mit chemischen Mitteln nur schwer angreifbar ist. Ebenso greifen Trypsin und Pepsin die Membransubstanz augenscheinlich nur schwer an [4]. Im lebenden Auge sieht man nie, daß traumatisch abgelöste und in das Kammerwasser hineinragende Rollen der DESCEMETschen Membran im Laufe des Lebens Resorptionserscheinungen zeigen, auch wenn sie keinen Zusammenhang mehr mit dem Mutterboden haben.

Das Eiweiß der DESCEMETschen Membran ist reich an Glykokoll und Oxyprolin. Nach Hydrolyse werden reduzierende Substanzen in erheblicher Menge frei [4], die aus den an Eiweiß gebundenen Polysacchariden stammen. Als Bausteine der Polysaccharidgruppen wurden nachgewiesen: Galaktose, Glucose, Mannose, Fucose und Hexosamin [5]. Durch das Fehlen von Hexuronsäure und Estersulfat unterscheiden sich die Polysaccharide der DESCEMETschen Membran von denen des Corneastroma; ihre Zusammensetzug entspricht wahrscheinlich mehr der Zusammensetzung der Polysaccharide der Linsenkapsel.

Der Gehalt der Cornea an *Lipoiden* beträgt etwa 0,2%. Sie verteilen sich auf Phosphatide, Cholesterin, Neutralfette und Cerebroside [6]. Das Epithel der Cornea ist wesentlich reicher an Lipoiden als das Stroma. Histochemisch konnten

Tabelle 131. „Wirkstoffe" in der Cornea.

	Glutathion [7] in mg-% *	Ascorbinsäure [8] in mg-% *	Lactoflavin [9] in γ je g *	Aneurin [10] in γ je g **	Acetylcholin [10] in γ je g **
Cornea . .	21— 29	26—36	—	3,3— 4,6	4 — 24
Stroma .	3— 7	16—17	0,18—0,54	1,7— 2,4	0,3— 0,5
Epithel .	78—178	47—94	1,5 —2,7	26 —42	50 —200

* Cornea vom Rind. ** Cornea vom Kaninchen.

in Epithel und Endothel auch *Acetalphosphatide* nachgewiesen werden [11,12]. Sie spielen bei der Wundheilung vielleicht eine Rolle [12]. Der Cholesteringehalt der Cornea nimmt mit dem Alter zu [13].

Wirkstoffe. Über die *Verteilung von einigen physiologisch aktiven organischen Verbindungen* in der Cornea gibt Tabelle 131 Aufschluß. Diese Stoffe finden sich im

[1] WOODIN, A. M.: Biochem. J. **51**, 319 (1952); **58**, 50 (1954). — [2] ODEBLAD, E., and H. BOSTRÖM: Acta path. microbiol. scand. **31**, 339 (1952).—BOSTRÖM, H., u. E. JORPES: Exper. **10**, 392 (1954). — [3] WISE, G.: Amer. J. Ophthalm. **26**, 591 (1943). — [4] MÖRNER, C. T.: H. **18**, 233 (1894). — [5] DOHLMAN, C.-H., and E. A. BALAZS: Arch. Biochem. **57**, 445 (1955). — [6] KRAUSE, A. C.: Amer. J. Physiol. **110**, 182 (1934/35). — [7] HERRMANN, H., and S. G. MOSES: J. biol. Ch. **158**, 33 (1945). — [8] PIRIE, A.: Biochem. J. **40**, 96 (1946). — [9] PHILPOT, F. J., and A. PIRIE: Biochem. J. **37**, 250 (1943). — [10] BRÜCKE, H. v., H. F. HELLAUER u. K. UMRATH: Ophthalmologica, Basel **117**, 19 (1949). — [11] BÖCK, J.: Graefes Arch. Ophthalm. **147**, 345 (1944). — [12] FRIEDENWALD, J. S., W. BUSCHKE and J. E. CROWELL: J. cellul. comp. Physiol. **25**, 45 (1945). — [13] BÜRGER, M., u. G. SCHLOMKA: Z. ges. exp. Med. **61**, 465 (1928).

Epithel viel reichlicher als im Stroma. Das wurde auch für eine Anzahl von anderen organischen Substanzen, die für den Zellstoffwechsel wichtig sind, nachgewiesen[1].

Der Gehalt an *Glutathion* (GSH) ist im Corneaepithel vom ungeborenen Kalb bedeutend geringer als in dem von erwachsenen Tieren[2]. *Lactoflavin* findet sich in der Cornea ganz oder doch überwiegend als Adenindinucleotid[3, 4]. Bis zu einer oberen Grenze ist der Lactoflavingehalt der Rattencornea von der Nahrung abhängig[4]. Bestrahlung mit sichtbarem oder ultraviolettem Licht bewirkt keine Veränderung im Lactoflavingehalt[3, 4]. *Ascorbinsäure* ist histochemisch vor allem in den oberflächlichen Epithelschichten der Cornea (Meerschweinchen) nachweisbar[5]. Besonders bemerkenswert ist der hohe Gehalt der Cornea an *Acetylcholin*, das in der Epithelschicht stark angereichert ist.

Das Corneaepithel wird als das acetylcholinreichste Gewebe angesprochen[6]. In der Cornea vom Hund wurde allerdings viel weniger Acetylcholin gefunden als in der vom Rind, Kaninchen und Meerschweinchen[6]. Nach postganglionärer Durchschneidung des ersten Trigeminusastes nimmt der Gehalt an Acetylcholin (und auch an *Aneurin*) in der Cornea ab[6]. Ebenso bewirken Cocain und Pantocain eine Verminderung des Acetylcholingehaltes der Cornea. Acetylcholin und Aneurin scheinen für die normale Funktion der Corneaepithelzellen, die nervösen Einflüssen unterliegen, von ganz besonderer Bedeutung zu sein. Dem Acetylcholin wird auch eine günstige Wirkung bei der Keratitis neuroparalytica zugesprochen[6].

δ) Stoffwechsel.

Die *Ernährung* der Hornhaut erfolgt durch Diffusion und Imbibition vom Rande her, wo sie mit den Gefäßen der Bindehaut und der Lederhaut in Berührung steht. Auch Austauschvorgänge durch die Oberfläche mit der Tränenflüssigkeit und der Luft sowie durch das Endothel zur Vorderkammer spielen bei der Ernährung der Hornhaut eine gewisse, im einzelnen allerdings nicht genau abzuschätzende Rolle[7].

Einzelne Nahrungsbestandteile sind für die normale Beschaffenheit der Cornea unerläßlich. Das zeigen Tierversuche mit Mangeldiäten, die zu Veränderungen in der Cornea führen. So bewirken Mangel an Zink[8], Tryptophan[9], Lysin[10], Valin[11], Methionin[12], Phenylalanin, Leucin, Histidin[13] und von anderen essentiellen Aminosäuren bei der Ratte eine Vascularisierung und ödematöse Trübung der Cornea. Avitaminosen (Vitamin A- und Vitamin B_2-Mangel s. u.) können auch beim Menschen schwere Hornhautveränderungen zur Folge haben. Vitamin B_6- sowie Pantothensäuremangel erzeugen bei Ratten eine Vascularisierung und Trübung der Hornhaut[14].

---

[1] KRAUSE, A. C., et R. WEEKERS: Arch. Ophtalm., Paris (N. S.) **3**, 225 (1939). — KRAUSE, A. C., and A. M. STACK: Arch. Ophthalm., Chicago (2) **22**, 66 (1939). — [2] HERRMANN, H., and S. G. MOSES: J. biol. Ch. **158**, 33 (1945). — [3] PHILPOT, F. J., and A. PIRIE: Biochem. J. **37**, 250 (1943). — [4] BESSEY, O. A., and O. H. LOWRY: J. biol. Ch. **155**, 635 (1944). — BESSEY, O. A., O. H. LOWRY and R. H. LOVE: J. biol. Ch. **180**, 755 (1949). — [5] SCHMID, A. E., u. E. BÜRKI: Ophthalmologica, Basel **105**, 65 (1943). — BÜRKI, E., u. A. E. SCHMID: Ophthalmologica, Basel **105**, 121 (1943). — HENKES, H. E.: Ophthalmologica, Basel **112**, 113 (1946). — [6] BRÜCKE, H. v., H. F. HELLAUER u. K. UMRATH: Ophthalmologica, Basel **117**, 19 (1949). — [7] Vgl. die Übersicht von DUANE, T. D.: Arch. Ophthalm., Chicago (2) **41**, 736 (1949). — Ferner MAURICE, D. M.: Ophthalm. Lit., London **7**, 3 (1953). — [8] FOLLIS R. H. jr., H. G. DAY and E. V. MCCOLLUM: J. Nutrit. **22**, 223 (1941). — [9] TOTTER, J. R., and P. L. DAY: J. Nutrit. **24**, 159 (1942). — [10] SYDENSTRICKER, V. P., W. K. HALL, C. W. HOCK and E. R. PUND: Science, N. Y. **103**, 194 (1946). — [11] FERRARO, A., L. ROIZIN, I. GIVNER and M. WORTHY: Arch. Ophthalm., Chicago (2) **38**, 342 (1947). — [12] BERG, J. L., E. R. PUND, V. P. SYDENSTRICKER, W. K. HALL, L. L. BOWLES and C. W. HOCK: J. Nutrit. **33**, 271 (1947). — [13] MAUN, M. E., W. H. CAHILL and R. M. DAVIS: Arch. Path., Chicago **39**, 294; **40**, 173 (1945); **41**, 25 (1946). — [14] BOWLES, L. L., W. K. HALL, V. P. SYDENSTRICKER and C. W. HOCK: J. Nutrit. **37**, 9 (1949).

Über ***Atmung*** und ***Glykolyse*** einzelner Gewebeteile der isolierten Kaninchencornea orientiert Tabelle 132. In anderen Versuchen wurden für die ganze Hornhaut niedrigere Q_{O_2}-Werte gefunden[1]; die in der Tabelle aufgeführten Zahlen können aber wenigstens die Unterschiede im Atmungs- und Glykolysevermögen der verschiedenen Gewebeteile veranschaulichen. Epithel und Endothel zeigen, wie man erwarten kann, den höchsten Sauerstoffverbrauch (vgl. a. [2]) und das stärkste Glykolysevermögen. Bemerkenswert ist die geringe Milchsäurebildung der Epithel- und Endothelschicht in Gegenwart von Sauerstoff, was auf einen vorwiegenden Atmungsstoffwechsel dieser Schichten unter physiologischen Bedingungen hindeutet. Das im Corneaepithel vorhandene Glykogen wird anaerob schneller verbraucht als aerob[3]. Auch aus Glucosamin vermag die Cornea Milchsäure zu bilden[3]. Brenztrauben- und Fumarsäure steigern den Sauerstoffverbrauch von homogenisierten Epithelzellen, deren Atmung durch die mechanische Schädigung vermindert ist[1].

Tabelle 132. Atmung und Glykolyse der Hornhaut[4].

(Bedeutung der Q-Werte s. Tabelle 159, S. 930.)

	Q_{O_2}	$Q_M^{O_2}$	$Q_M^{N_2}$
Ganze Cornea . . .	2,3	0,4	1,7
Epithelschicht . . .	8,0	1,6	6,2
Parenchym	1,4	0,7	0,9
Endothelschicht . .	10,8	2,5	7,8

Die Cornea nimmt in vivo Sauerstoff aus der Luft auf und gibt Kohlensäure an sie ab. Wahrscheinlich erfolgt auch ein Gasaustausch mit dem Kammerwasser; jedenfalls vermag Sauerstoff in beiden Richtungen durch die Cornea zu diffundieren[5]. Die physiologische Bedeutung der Sauerstoffversorgung der Cornea durch ihre beiden Grenzflächen zeigt sich auch dadurch, daß Entzug von atmosphärischem Sauerstoff oder Injektion von Stickstoff in die Augenkammer zu einer Vermehrung der Milchsäure in der Cornea führt[5]. Die Erhaltung der Durchsichtigkeit der Cornea (Ratte) soll nicht von der Zufuhr von Luftsauerstoff abhängig sein, wenigstens nicht während 12 Std[6]. Andererseits wurde in Versuchen an Menschen und Tieren mit besonders konstruierten Kontaktschalen festgestellt, daß sich bei Mangel an atmosphärischem Sauerstoff Corneaödeme entwickeln[7]. Der normale deturgescente Zustand der Cornea (s. u.) scheint danach von dem aeroben Stoffwechsel abhängig zu sein.

Bei *vitamin-B_2-arm ernährten Ratten* ist der Sauerstoffverbrauch des Corneaepithels vermindert (vermutlich eine Folge der eintretenden Zellnekrose), der des Stromas kann erhöht oder unverändert sein, je nachdem, ob die Cornea vascularisiert oder nicht vascularisiert war[8]. Nach *vitamin-A-freier* Ernährung, die zu einer Keratomalacie führt, sollen Atmung und Glykolyse der Rattencornea erhöht sein[9]. Das könnte auf Entzündungsvorgängen und cellulären Infiltrationen beruhen.

Von klinischer Bedeutung ist auch der Einfluß von *Pharmaka* auf den Stoffwechsel der Cornea. Pantocain, Cocain und Atropin z. B. bewirken eine Herabsetzung des Sauerstoffverbrauches der isolierten Rindercornea; Ephedrin und Äthylurethan zeigen diese Wirkung nicht[10]. Der Verminderung des O_2-Verbrauches geht eine Anreicherung von Milchsäure parallel.

---

[1] Roetth, A. de jr.: A. M. A. Arch. Ophthalm., **44**, 666 (1950). — [2] Robbie, W. A., P. J. Leinfelder and T. D. Duane: Amer. J. Ophthalm. **30**, 1381 (1947). — Langham, M. E.: J. Physiol., London **126**, 396 (1954). — [3] Herrmann, H., and F. H. Hickman: Bull. Johns Hopkins Hosp. **82**, 225, 260 (1948). — [4] Kôhra, T.: Acta Soc. ophthalm. jap. **39**, 107 (dtsch. Zus.-fassg.) (1935); **40**, 98, 123, 125 (dtsch. Zus.-fassgn.) (1936). — [5] Langham, M. (E.): J. Physiol., London **117**, 461 (1952). — [6] Bakker, A.: Ned. T. Geneeskde. **1941**, 1121. — [7] Smelser, G. K., and V. Ozanics: Science, N. Y. **115**, 140 (1952). — Smelser, G. K.: A. M. A. Arch. Ophthalm. **47**, 328 (1952). — [8] Lee, O. S., and W. M. Hart: Amer. J. Ophthalm. **27**, 488 (1944). — [9] Orzalesi, F.: Boll. Ocul. **17**, 442 (1939). — [10] Herrmann, H., S. G. Moses and J. S. Friedenwald: Arch. Ophthalm., Chicago (2) **28**, 652 (1942).

Über den normalen *Fettstoffwechsel* ist nichts bekannt. Ölsäure und Natriumoleat, nicht aber andere Fettsäuren, bewirken in vivo und in vitro eine durch Sudanfärbung nachweisbare Bildung von Fett in allen Zellen der Cornea. Diese Lipogenese findet nur in Gegenwart von Serum statt und wird durch verschiedene Enzymgifte gehemmt[1].

Enzyme. Epithel und Endothel der Cornea reagieren mit dem sog. NADI-Reagens (α-Naphthol + Dimethyl-p-phenylendiamin) unter Indophenolblaubildung[2, 3]; die Reaktion ist in der BOWMANschen und DESCEMETschen Membran sowie in der Grundsubstanz der Cornea negativ. Dialysierte Epithelzellensuspensionen aus der Cornea, die nur eine geringe Oxydationswirkung haben, vermögen nach Zusatz von Cytochrom c Substrate wie Hydrochinon und p-Phenylendiamin unter schneller Sauerstoffaufnahme zu oxydieren[4]. Damit ist der Nachweis von *Cytochromoxydase* in den Zellschichten der Cornea geführt. Außerdem erweist sich die Corneaatmung als cyanid- und azidempfindlich[4, 5]. Aminosäuren werden von der Cornea *desaminiert*[6]. Bei alkalischer Reaktion wirksame *Phosphatasen* lassen sich histochemisch im Epithel, Endothel und in den fixen Stromazellen der Cornea verschiedener Tierarten nachweisen[7, 8]. Schnitte der Rattencornea zeigen nach Einwirkung von Hodenextrakt *Glucuronidaseaktivität*[9]. [Durch die Hyaluronidase des Hodenextraktes soll das in der Cornea vorhandene Hyaluronsulfat (vgl. hierzu S. 874) als Enzyminhibitor ausgeschaltet werden.] Die Cornea enthält *Hyaluronidase* und wahrscheinlich auch eine *Sulfatase*, die Hyaluronsulfat zu spalten vermögen[10]. Unter den *Peptidasen* der Hornhaut findet sich eine Leucylpolypeptidase, deren Aktivität von Mg^{++} in Phosphatpuffer gesteigert wird[11]. Die in der Hornhaut vorhandene *Kohlensäureanhydratase*[12] dürfte für den Gaswechsel in diesem gefäßlosen Gewebe besondere Bedeutung haben.

In der Hornhaut vorkommende *Dehydrogenasen* sind in der Epithelschicht angereichert. Die Epithelzellen können die folgenden Verbindungen als Wasserstoffdonatoren verwenden: Glucose, Brenztraubensäure, Milchsäure, Bernsteinsäure, α-Ketoglutarsäure, Äpfelsäure und Citronensäure[13,14]. Dehydrogenasengifte (z.B. Kupfersalze, Bienengift und Schlangengifte) bewirken Hornhautschädigungen[13].

ε) Permeabilität, Quellung und Durchsichtigkeit.

Permeabilität. Über die sowohl physiologisch als auch therapeutisch wichtige Frage nach der Durchlässigkeit der Cornea für verschiedene Stoffe gibt es eine ansehnliche Zahl von Untersuchungen. Die sich manchmal widersprechenden Ergebnisse können zum Teil darauf zurückgeführt werden, daß die leichte Verletzbarkeit der Epithel- und besonders der Endothelschicht im Experiment nicht genügend berücksichtigt wurde. Die normalen Permeabilitätseigenschaften der Cornea hängen weitgehend von der Intaktheit dieser Zellschichten ab.

---

[1] COGAN, D. G., and T. KUWABARA: Science, N. Y. **120**, 321 (1954). — [2] SCHMELZER, H.: Ber. dtsch. ophthalm. Ges. **45**, 259 (1925). — [3] SCHALL, E.: Graefes Arch. Ophthalm. **115**, 666 (1925). — [4] HERRMANN, H., S. G. MOSES and J. S. FRIEDENWALD: Arch. Ophthalm., Chicago (2) **28**, 652 (1942). — [5] ROBBIE, W. A., P. J. LEINFELDER and T. D. DUANE: Amer. J. Ophthalm. **30**, 1381 (1947). — [6] AURICCHIO, G., et M. DE VINCENTIIS: Acta ophthalm., København **28**, 7 (1950). — [7] SÜLLMANN, H., u. P. PAYOT: Ophthalmologica, Basel **118**, 345 (1949). — SÜLLMANN, H.: Z. Vit.-, Horm.-, Ferm.-Forsch. **1**, 374 (1947). — [8] s. a. FRIEDENWALD, J. S., and J. E. CROWELL: Bull. Johns Hopkins Hosp. **84**, 568 (1949). — ALLEN, R. A., and J. S. FRIEDENWALD: A. M. A. Arch. Ophthalm. **50**, 671 (1953). — [9] BECKER, B., and J. S. FRIEDENWALD: Arch. Biochem. **22**, 101 (1949). — [10] MEYER, K.: Mucopolysaccharides and mucoids of ocular tissues and their enzymatic hydrolysis. In: Modern Trends in Ophthalmology (SORSBY, A., Hrsgb.) Bd. 2, S. 71 (1948). — [11] ABDERHALDEN, E., u. H. HANSON: Fermentforsch. **16**, 67 (1938). — [12] BAKKER, A.: Graefes Arch. Ophthalm. **140**, 543 (1939). — [13] JAEGER, W.: Graefes Arch. Ophthalm. **154**, 142, 401, 431 (1953/54). — [14] BERARDINIS, E. DE: Exper. **10**, 312 (1954).

Von den zahlreichen Untersuchungen, die über die Permeabilität der Cornea gemacht worden sind, können hier nur einige angeführt werden.

Für Wasser ist die Cornea in beiden Richtungen durchlässig[1, 2]. Auch Elektrolyte können durch die Cornea hindurchtreten; Epithel und Endothel bilden für sie jedoch eine mehr oder weniger dichte Schranke. Für Ionen von kleinem Durchmesser (etwa 10—25 Å) ist die Durchtrittsgeschwindigkeit von derselben Größenordnung (aber bedeutend geringer als für Wasser). Größere Ionen vermögen durch die Zellschichten der Cornea anscheinend nicht hindurchzutreten. Es wird deshalb angenommen, daß Ionen nur durch die extracellulären Zwischenräume die Grenzschichten passieren können[3]. Für Kationen scheint die Cornea durchlässiger zu sein als für Anionen[4]. Nach Versuchen mit NaCl und Chloridbestimmung wird sogar angenommen, daß die Zellschichten der Cornea gegenüber starken Elektrolyten in hohem Grade als semipermeable Membrane wirken[1]. Im übrigen hängt die Durchtrittsfähigkeit einer Substanz stark von ihren Löslichkeitseigenschaften ab. Die Schicht der Epithel- und ähnlich wohl auch der Endothelzellen bilden eine gewisse Schranke für nur in Wasser, nicht in Lipoiden lösliche Stoffe (mit Ausnahme des Wassers selber); sie gestatten dagegen leicht den Eintritt von lipoidlöslichen Stoffen in die Cornea[5, 6]. Umgekehrt verhält sich das Corneastroma: es ist permeabel für wasserlösliche, impermeabel für nur in Lipoiden lösliche Stoffe.

Damit ein Stoff durch die ganze Cornea hindurchtreten kann, muß er eine biphasische Löslichkeit besitzen, also sowohl in Lipoiden als auch in Wasser löslich sein. Starke Elektrolyte, die wie NaCl in Lipoiden unlöslich sind, vermögen deshalb nur schwer in die Cornea einzudringen. Die Permeationsfähigkeit von schwachen organischen Elektrolyten, zu denen therapeutisch verwendete Alkaloidsalze gehören, hängt weitgehend von ihrem die Löslichkeit beeinflussenden Dissoziationsgrad und damit von der Wasserstoffionenkonzentration der Lösung ab[6, 7].

Die (wenigstens graduell vorhandene) selektive Permeabilität der einzelnen Teile der Cornea wird verständlich, wenn man deren Gehalt an Lipoiden in Betracht zieht: Die Trockensubstanz des Corneastromas enthält 1,1%, die des Epithels 10,7% Gesamtlipoide[8].

Quellung. Die Hornhaut ist ein außerordentlich quellungsfähiges Gewebe[9]. In destilliertes Wasser gebrachte Corneastückchen — deren Verhalten nicht ohne weiteres mit dem der intakten Cornea gleichgesetzt werden darf — vermehren ihr Gewicht bis auf das 4- oder 5fache und ihre Dicke nimmt bis auf das 8fache zu. Sie quellen auch in physiologischen Flüssigkeiten, wie Kammerwasser und Serum, und selbst noch in hypertonischen Lösungen von verschiedenen Elektrolyten und Nichtelektrolyten. Bei p_H 4,3—4,6 ist die Quellung am geringsten[10, 11]; auf beiden Seiten dieses isoelektrischen Bereiches der quellungsfähigen Stromakolloide steigt sie mit einer bemerkenswerten Regelmäßigkeit an[11]. Das Quellungsvermögen der Hornhaut beruht vor allem wohl auf dem des Kollagens der Grundsubstanz (vgl. z. B. [12]); außerdem wird auch dem Mucoproteid Bedeutung

---

[1] COGAN, D. G., and V. E. KINSEY: Arch. Ophthalm., Chicago (2) **27**, 466 (1942). — [2] COGAN, D. G., and V. E. KINSEY: Arch. Ophthalm., Chicago (2) **27**, 696 (1942). — [3] MAURICE, D. M.: J. Physiol., London **112**, 367 (1951). — [4] YOSHIKAWA, Y.: Acta Soc. ophthalm. jap. **57**, 23 (1953). — [5] COGAN, D. G., E. O. HIRSCH and V. E. KINSEY: Arch. Ophthalm., Chicago (2) **31**, 408 (1944). — [6] SWAN, K. C., and N. G. WHITE: Amer. J. Ophthalm. **25**, 1043 (1942). — SWAN, K. C.: Arch. Ophthalm., Chicago (2) **41**, 253 (1949). — [7] COGAN, D. G., and E. O. HIRSCH: Arch. Ophthalm., Chicago (2) **32**, 276 (1944). — [8] KRAUSE, A. C.: Amer. J. Physiol. **110**, 182 (1934/35). — [9] Vgl. LEBER, T.: Cirkulations- und Ernährungsverhältnisse des Auges. Handb. Augenheilkde. (GRAEFE-SAEMISCH) Bd. 2/2, S. 363. — FISCHER, F. P.: Auge. Med. Kolloidlehre S. 263. — [10] KINSEY, V. E., and D. G. COGAN: Arch. Ophthalm., Chicago (2) **28**, 272 (1942). — [11] HART, W. M., and B. F. CHANDLER: Arch. Ophthalm., Chicago (2) **40**, 601, 612 (1948). — [12] AURELL, G., and H. HOLMGREN: Acta ophthalm., København **31**, 1 (1953).

für die Wasserbindung in der Cornea zugesprochen[1,2]. Die von den Kolloiden gebildeten Feinstrukturen werden hierbei ebenfalls eine Rolle spielen. Da die Quellung der Hornhaut vorwiegend in radiärer Richtung erfolgt, ist eine dazu senkrechte Anordnung von länglichen, das Wasser bindenden oder in ihren Zwischenräumen einschließenden Micellen in der Grundsubstanz anzunehmen, eine Annahme, die auch histologisch gerechtfertigt ist.

Elektronenmikroskopische Untersuchungen[3] ergeben eine regelmäßige Anordnung der Cornealfasern. Die Fasern sind 300—350 Å dick. Sie sind dicht zusammengelagert und werden von einer amorphen Substanz, wahrscheinlich Mucoid, umhüllt. Bei der Quellung der Cornea ist eine Trennung der Fasern voneinander zu beobachten; Dicke und Struktur der einzelnen Fasern ändern sich dabei aber nicht.

Der von den Eiweißkörpern des Hornhautparenchyms ausgeübte osmotische Druck entspricht etwa 1000 mm H_2O[4]. Diesem kolloidosmotischen Druck müssen Vorrichtungen gegenüberstehen, die ein Einströmen von unphysiologischen Wassermengen aus den eiweißarmen Flüssigkeiten der Umgebung (Kammerwasser, Tränen) verhindern.

Unter physiologischen Bedingungen befindet sich die Hornhaut also in einem dehydratisierten oder deturgescenten Zustande. Es ist eine wichtige Frage, auf welche Weise die Hornhaut diesen für ihre optischen und mechanischen Eigenschaften wesentlichen Zustand aufrecht zu erhalten vermag, trotz der großen Quellungsbereitschaft ihrer Stromakolloide und obgleich ihr vom Limbus her Wasser zugeführt wird und sie an ihrer Vorder- und Hinterfläche mit wäßrigen Lösungen in Berührung steht. Eine Vorbedingung für den dehydratisierten Zustand der Cornea ist die Intaktheit ihrer Epithel- und Endothelschicht. Nach Verletzung dieser Schicht quillt die Hornhaut auch in situ. Der physiologische Dehydratationszustand der Cornea kann im Experiment annähernd aufrecht erhalten werden, wenn durch hypertonische Salzlösungen zu beiden Seiten der Cornea ein osmotischer Gradient erzeugt wird[5]. Die in dieser Richtung ausgeführten Versuche haben vermuten lassen, daß physiologisch ein ähnlicher Dehydratationsmechanismus wirksam ist[5].

Es wird angenommen, daß Tränen und Kammerwasser im Vergleich zur Imbibitionsflüssigkeit des Stromas hypertonisch sind. Die Semipermeabilität von Epithel und Endothel verhindert, daß es durch den Übertritt von Ionen in die Cornea zu einem Ausgleich der osmotischen Drucke kommt. Auf diese Weise wird der Cornea ständig Wasser entzogen, das ihr aus den Randgebieten zugeführt wird. Der physiologische Hydratationszustand der Cornea beruht danach auf einem Gleichgewicht zwischen den zu beiden Seiten der Cornea wirksamen osmotischen Kräften und der Imbibitionskraft der Stromakolloide. Das Ergebnis ist, daß die Cornea in einem relativ dehydratisierten Zustand gehalten wird. Die Lederhaut hat keine semipermeable Membran und verfügt darum über keinen Dehydratationsmechanismus. Sie ist bis zu einer physiologisch bestimmten Grenze hydratisiert.

Diese Hypothese wird durch eine Anzahl von Beobachtungen gestützt, sie hat aber noch verschiedenen Einwänden[6-9] zu begegnen. Epithel und Endothel haben durch ihren Stoffwechsel einen vielleicht aktiveren Anteil am Wasserhaushalt der Cornea, als sich gegenwärtig sicher nachweisen läßt. Für eine Beteiligung von Stoffwechselvorgängen (s. a. S. 877) spricht, daß die Cornea im isolierten Auge

---

[1] Heringa, G. C., u. A. Weidinger: Ned. T. Geneeskde. **84**, 4907 (1940). — Leyns, W. F., G. C. Heringa u. A. Weidinger: Acta brev. neerl. Physiol. **10**, 25 (1940). — [2] Meyer, K.: Mucopolysaccharides and mucoids of ocular tissues and their enzymatic hydrolysis. In: Modern Trends in Ophthalmology (Sorsby, A., Hrsg. Bd. 2, S. 71 (1948). — [3] François, J., M. Rabaey u. G. Vandermeerssche: Ophthalmologica, Basel **127**, 74 (1954). — s. a. Jakus, M. A.: Amer. J. Ophthalm. **38** (II), 40 (1954). — [4] Pau, H.: Graefes Arch. Ophthalm. **154**, 579 (1953/54). — [5] Kinsey, V. E., and D. G. Cogan: Arch. Ophthalm., Chicago (2) **28**, 449 (1942). — [6] Davson, H.: Brit. J. Ophthalm. **33**, 175 (1949). — [7] Hart, W. M., and B. F. Chandler: Arch. Ophthalm., Chicago (2) **40**, 601, 612 (1948). — [8] Maurice, D. M.: J. Physiol., London **112**, 367 (1951). — [9] Smelser, G. K.: A. M. A. Arch. Ophthalm. **47**, 328 (1952).

unter dem Einfluß niedriger Temperaturen[1] oder von Stoffwechselgiften[2] (wie Jodacetat, NaF und 2,4-Dinitrophenol) beträchtliche Mengen Wasser aufnimmt. Außerdem ist die Anordnung der kollagenen Fibrillen im Corneastroma, die — anders als in der weniger stark und unregelmäßiger quellbaren Sklera — anscheinend nur locker miteinander verflochten sind und deshalb leicht Wasser in ihren Zwischenräumen aufnehmen können, als ein die Quellungseigenschaften der Cornea mitbestimmender Umstand in Betracht zu ziehen. Schließlich bleibt die Rolle der Mucoproteide bei der Wasserbindung in der Cornea noch abzuklären.

Durchsichtigkeit. Die Bedeutung des Wasserhaushalts der Cornea für ihre Transparenz zeigt sich schon dadurch, daß Quellungen und Entquellungen zu Trübungen in der Cornea führen können. Ödematöse Corneatrübungen, die z. B. nach mechanischer Verletzung oder bei einer anderweitig bedingten Funktionsuntüchtigkeit des Epithels oder Endothels auftreten, sind klinisch häufige Krankheitsbilder.

Im Versuch mit der isolierten Cornea beobachtet man[3], daß nicht jede Quellung eine makroskopisch erkennbare Trübung der Cornea bewirkt; es hängt vom Milieu ab, in dem der Quellungsvorgang stattfindet. In 0,001 n HCl, in der die Hornhaut nur mäßig stark quillt, wird sie opak; in 0,01 n HCl trübt sie sich bei starker Quellung nicht oder kaum. In Acetatpuffer von $p_H = 4{,}6$ (isoelektrischer Punkt des Stromaeiweißes) verliert die Cornea Wasser und wird opak, wogegen sie bei $p_H = 5{,}6$ und 3,6 beträchtlich quillt und eine gute Durchsichtigkeit behält. Im groben besteht danach eine umgekehrte Beziehung zwischen dem vom p_H abhängigen Quellungsgrad und dem Grad der Trübung der Cornea. Unter anderen Bedingungen, z. B. unter dem Einfluß bestimmter Ionen, stellt man Abweichungen von dieser Beziehung fest. In der Regel wird die quellende Hornhaut trübe, wobei sie bei hohem Quellungsgrad wieder an Durchsichtigkeit gewinnen kann. Die Art der Trübung hängt unter anderem vom *Zustand* des eingetretenen Wassers ab, das manchmal in der Grundsubstanz in Form feiner Tröpfchen sichtbar bleibt.

Als eine von den allgemeinen Voraussetzungen für die normale Durchsichtigkeit der Hornhaut ist die weitgehende Übereinstimmung in den Brechungsindices der Mizellen und der sie umgebenden Lösung anzusehen. Diese — wenn auch nicht vollkommene[4, 5] — Übereinstimmung wird durch einen bestimmten Quellungszustand der Stromakolloide und eine bestimmte Zusammensetzung ihres Dispersionsmittels erreicht. Sie kann durch verschiedene Einflüsse gestört werden, von denen die mit einer Änderung im Wasserhaushalt verbundenen Vorgänge im Vordergrund stehen. Durch mechanische Kräfte (Druck, Spannung) bewirkte Hornhauttrübungen können mit einer Flüssigkeitsverschiebung und mit einer Orientierung anisodiametrischer Teilchen in der Hornhaut in Zusammenhang gebracht werden.

f) Die Linse (Lens crystallina).

α) Anatomisches[6].

Die Augenlinse des erwachsenen Menschen hat ungefähr die Form einer Linse. Den Linsenrand bezeichnet man als den Äquator und den Mittelpunkt der Vorder- bzw. der Hinterfläche als den vorderen und hinteren Pol. Der äquatoriale Durchmesser beträgt etwa 9 mm und der Abstand der beiden Pole etwa 4 mm. Der Krümmungsradius der Vorderfläche wird im Durchschnitt bei Akkommodationsruhe zu 10 mm und der der Hinterfläche zu 7 mm angegeben. Die gesamte Linse ist von einer Kapsel eingeschlossen, die sehr elastisch ist,

[1] DAVSON, H.: J. Physiol., London **125**, 15P (1954). — [2] SCHWARTZ, B., B. DANES and P. J. LEINFELDER: Amer. J. Ophthalm. **38**, 182 (1954). — [3] HART, W. M., and B. F. CHANDLER: Arch. Ophthalm., Chicago (2) **40**, 601, 612 (1948). — [4] Vgl. VERRIJP, C. D., C. B. DUYSTER u. A. J. OUWEJAN: Ned. T. Geneeskde. **80**, 2379 (1936). — VERRIJP, C. D.: Ned. T. Geneeskde. **81**, 2978 (1937). — [5] AURELL, G., and H. HOLMGREN: Acta Ophthalm., København **31**, 1 (1953). — [6] MÖLLENDORFF, v.: Lehrb. Histol. 26. Aufl. S. 487.

stumpfer Gewalt erheblichen Widerstand entgegensetzt, aber leicht zu zerreißen und zu durchschneiden ist. Die Kapsel der Vorderfläche ist etwa doppelt so dick (15 μ) wie die der Hinterfläche. Unter der Kapsel befindet sich in einfacher Schicht das Epithel der Linse, das aber nur unter der Vorderfläche gelegen ist, wogegen die Hinterfläche epithelfrei ist. Die dem Äquator benachbarten Epithelzellen übernehmen die Neubildung der Linsenfasern, indem sie zu 7—8 mm langen, bandartigen Zellen von etwa 6eckigem Querschnitt von 10 μ Breite und 5 μ Dicke auswachsen. Die Linsenfasern bestehen aus einem etwas dichteren Mantel, der eine zähflüssige Masse umschließt. Die neugebildeten Linsenfasern legen sich auf die alten Fasern, die allmählich einem Sklerosierungsprozeß unterliegen. Die sklerosierten Linsenfasern verlieren ihren flüssigen Inhalt und die Zellkerne verschwinden. Im hohen Alter schreitet die Verhärtung bis nahe an die Oberfläche der Linse vor. Die verhärteten Linsenpartien bezeichnet man als den Linsenkern und die noch weichen Teile als die Rinde. Die Linsenfasern sollen durch eine Kittsubstanz miteinander verbunden sein.

Die erste sichtbare Entwicklung der menschlichen Linse beginnt etwa am 13. Tag des Embryonallebens. Die Linse entsteht dabei aus dem Ektoderm; an ihrem Aufbau ist das Mesoderm nur insofern beteiligt, als zunächst die Linse von einer Gefäßhaut umgeben ist, wobei man die die Hinterfläche der Linse umgebende Haut als Tunica vasculosa und die die Vorderfläche umschließende als Membrana capsulopupillaris bezeichnet. Nach abgeschlossener Entwicklung hängt die Linse an den zahlreichen feinsten Fädchen der Zonula Zinnii, die sich von den Fortsätzen des Strahlenkörpers zum Äquator der Linse hinziehen. Die Vorderfläche und der Äquator der Linse sind vom Kammerwasser umspült, wogegen die Hinterfläche in einer flachen Grube des Glaskörpers ruht. Die Hinterfläche der Regenbogenhaut berührt teilweise die Vorderfläche der Linse. Die Linse steht weder mit dem Nerven- noch mit dem Gefäßsystem in unmittelbarer Verbindung.

β) Physiologische Aufgaben.

Die physiologische Aufgabe der Linse besteht darin, daß sie die optische Feineinstellung des Auges auf verschiedene Entfernungen zu besorgen hat. Ihre Brechkraft ist im Verhältnis zu der der Hornhaut gering. Im menschlichen Auge werden die Veränderungen der Brechkraft der Linse durch Kontraktionen des Ciliarmuskels ausgelöst. Dabei wird das Aufhängebändchen der Linse, die Zonula Zinnii, entspannt, und die elastischen Kräfte der Linsenkapsel bedingen, daß die Linsengestalt sich etwas mehr der Kugelform nähert, wobei sich der Abstand der beiden Linsenpole vergrößert. Da die Linsenfasern durch eine Kittsubstanz miteinander verbunden sein sollen, kann die Verdickung der Linse bei der Akkommodation nicht durch ein Ineinanderschieben der Linsenfasern, sondern nur durch eine Verdickung der einzelnen Linsenfaser hervorgerufen werden. Man wird durch diese Überlegungen zu der Annahme geführt, daß bei der Akkommodation in der Linsenfaser Flüssigkeitsverschiebungen stattfinden. Da aber derartige Flüssigkeitsverschiebungen Kräfte beanspruchen, die weit über den elastischen Kräften der Linsenkapsel liegen, ist zu vermuten, daß bei der Akkommodation auch chemische Vorgänge eine Rolle spielen. Über ihre Natur ist bis jetzt noch nichts bekannt. Durch die Einwirkung von Gleichstrom auf die Linse werden optisch feststellbare reversible Veränderungen der Linsenfasern hervorgerufen[1]. Der elektrische Reiz bewirkt unter anderem eine Abnahme des Glucose-, Milchsäure- und Ascorbinsäuregehalts sowie eine Erhöhung des Sauerstoffverbrauchs der Linse[2].

γ) Wachstum.

Als epitheliales Organ wächst die Linse[3] während der ganzen Dauer ihres Lebens. Da das Wachstum durch Apposition erfolgt, ist eine Vermehrung der Linsensubstanz die Folge. Das zeigt sich deutlich bei der Verfolgung des Linsengewichtes in Abhängigkeit vom Alter des Individuums (Tabelle 133). Die Linse wächst nicht gleichmäßig, ihr Wachstum nimmt vielmehr mit zunehmendem Alter ab und hört schließlich praktisch auf[4, 5].

[1] KLEIFELD, O.: Graefes Arch. Ophthalm. **154**, 332 (1953/54). — [2] KLEIFELD, O., R. FUCHS, O. HOCKWIN u. P. ARENS: Ber. dtsch. ophthalm. Ges. **58**, 220 (1953). — KLEIFELD, O., O. HOCKWIN u. P. ARENS: Graefes Arch. Ophthalm. **156**, 467 (1955). — [3] JESS, A.: Chemie der Linse. Presbyopie. Star. Handb. Physiol. Bd. 12/1, S. 187—195. — [4] KRAUSE, A. C.: The Biochemistry of the Eye. Baltimore 1934. — [5] BROWN, E. V. L., and E. I. EVANS: Trans. amer. ophthalm. Soc. **33**, 220 (1935).

Tabelle 133. Linsengewicht und Lebensalter[1].

	g		g
Neugeborenes	0,10	Rind, 1 Jahr alt	1,6
Kind, 10 Jahre alt	0,16	„ 2 Jahre alt	1,7—2,9
Erwachsener, 25 Jahre alt	0,22	„ 5 „ „	2,0—2,5
„ 65 „ „	0,25	„ 10 „ „	2,4—2,8
Kalb, 3 Wochen alt . . .	0,9—1,0	„ 16 „ „	2,5—2,8

Es ist leicht verständlich, daß die jugendliche, in der Zeit stärksten Wachstums befindliche Linse gegenüber der gealterten manche Unterschiede in ihrer Zusammensetzung und in ihrem Stoffwechsel zeigt. Je älter die Linse ist, um so mehr treten die physikalischen und chemischen Eigenschaften der den Linsenkern bildenden Stoffe hervor.

δ) Chemischer Aufbau der Linse.

1. Anorganische Bestandteile.

Der ***Wassergehalt*** der Linse beträgt 65—70%. In der Jugend ist er etwas höher als im Alter, z. B. bei 3 Wochen alten Kälbern 67%, bei 10jährigen Rindern 63—64%[1]. Linsen von Süßwasserfischen, deren Alter jedoch nicht feststeht, weisen auffallend niedrige Werte (53—59% H_2O) auf[2].

Das Wasser ist sowohl für die physikalischen Eigenschaften (Konsistenz, Elastizität, Lichtdurchlässigkeit, Brechungsindex) als auch für den Stoffwechsel der Linse von großer Bedeutung. Änderungen des Wassergehaltes, sei es durch vermehrte Aufnahme oder vermehrte Abgabe von Wasser, führen leicht zu Linsentrübungen. Die Linsenkapsel, obgleich ziemlich durchlässig, ist für den Wasseraustausch von Wichtigkeit, denn die entkapselte Linse nimmt leichter Flüssigkeit auf als die Linse mit erhaltener Kapsel. Die Alterung der Linsenfasern ist mit einem Wasserverlust verbunden; der Wassergehalt nimmt dementsprechend von der Rinde zum Kern hin ab. Zum Beispiel beträgt das Verhältnis von Wasser zu Trockensubstanz bei normalen Rinderlinsen in der Rindensubstanz 2,33, im Kern 1,04 (s. [3]). Die vermehrte Menge an fester Substanz im Kern hat einen von der Peripherie zum Zentrum hin ansteigenden Brechungsindex zur Folge.

Tabelle 134. Mineralstoffe in Tierlinsen
(mg-%; Bestimmungen nach feuchter Veraschung)[4].

Linse von	K	Na	Mg	Ca	Cl	P*	S
Kalb	375	61	7	0,5	66	22	164
Rind	404	46	8	6	69	14	156
Schwein . . .	284	116	7	0,4	116	23	123

* Die Werte dieser Tabelle für das Gesamtphosphat sind als zu niedrig anzusehen, da allein das säurelösliche Phosphat verschiedener Tierlinsen bedeutend höher ist.

Im Hinblick auf den niedrigeren Wassergehalt in der Kernsubstanz der normalen Linse ist es besonders bemerkenswert, daß in kataraktösen Linsen (vom Menschen) eine mit dem Grad der Sklerosis fortschreitende *Zunahme* des Wassergehaltes festgestellt worden ist[5] (z. B. von 67,6% H_2O in Linsen ohne Sklerose auf 75,4% H_2O bei weit fortgeschrittener

[1] JESS, A.: Z. Biol. **61**, 93 (1913). — [2] BRÜCKNER, R.: Ophthalmologica, Basel **100**, 203 (1940). — s. a. LAVAGNA, F.: Bull. Mém. Soc. franç. Ophtalm. **67**, 45 (1954). — [3] LEBENSOHN, J. E.: Arch. Ophthalm., Chicago (2) **15**, 217 (1936). — [4] FISCHER, F. P.: Arch. Augenheilkde. **107**, 295 (1933). — [5] SALIT, P. W.: Arch. Ophthalm., Chicago (2) **30**, 255 (1943).

Sklerose). Vermutlich findet in der sklerosierten Linse eine Vermehrung der osmotisch wirksamen Teilchenzahl durch autolytische Vorgänge statt, was einen Einstrom von Wasser in die Linse zur Folge hat.

Mineralstoffe. Das mengenmäßige Verhältnis der beiden wichtigsten Kationen: *Kalium* und *Natrium* ist in der Linse etwa das gleiche wie in vielen anderen Körpergeweben (z. B. Muskel): das „Gewebekation" Kalium überwiegt das „Säftekation" Natrium. Bezogen auf 1000 g Wasser wurden in 0,29—0,52 g schweren Kaninchenlinsen 115—126 mÄq Kalium und 23—30 mÄq Natrium gefunden[1]. Diese Verteilung muß von der Linse aktiv aufrecht erhalten werden,

Tabelle 135. Mineralstoffe in der menschlichen Linse[2].

	mg-% der Trockensubstanz					
	K	Na	Ca	Cl	P	S
Normal	635	385	29	97	179	466
Unreife Katarakt	309	603	84	272	101	—
Reife Katarakt	92	622	201	325	128	553

da in der Nährlösung der Linse, dem Kammerwasser, wie ja in den Körperflüssigkeiten überhaupt, wesentlich mehr Natrium als Kalium vorhanden ist. Auf eine Verknüpfung dieser Verteilung mit dem Stoffwechsel (s. S. 892) deutet auch hin, daß die Alterung der Linsenfasern in der normalen Linse mit einem Verlust an Kalium einhergeht[3] und ferner die starke Abnahme des Kalium- und Zunahme des Natriumgehaltes in der sklerosierten und kataraktösen Linse (vgl. Tabelle 136). Nur ein Teil (etwa 68%) der in der Linse vorhandenen Kalium- und Natriummengen ist ultrafiltrierbar[4].

Betrachtet man den Kaliumgehalt als ein Maß für die intracelluläre Wassermenge und den Natriumgehalt als Maß für die extra- oder intercellulär vorhandene Wassermenge, so darf man schließen, daß der überwiegende Teil des in der normalen Linse enthaltenen Wassers sich innerhalb der Linsenfasern befindet. Mit verschiedenen Methoden hat man für den extracellulären Raum in der Linse Werte von 5,5—6,7% erhalten[5].

Tabelle 136. Eisen, Kupfer, Zink und Mangan in der Linse vom Rind[6].

γ je 100 g Frischgewicht			
Fe	Cu	Zn	Mn
32	169	280	18

Calcium kommt in der jugendlichen Linse nur in sehr geringer Menge vor, nimmt aber im Laufe des Lebens zu und ist besonders in Starlinsen stark erhöht. Der Linsenkern enthält mehr Calcium als die Rinde. Die mit der Sklerosierung oder Trübung zunehmende Aufnahme von Calciumverbindungen in der Linse steigert vielleicht die Empfindlichkeit der Linsenproteine gegenüber denaturierenden Einflüssen. Die Kalkeinlagerung soll durch Bindung an Phosphationen erfolgen und durch Licht gefördert werden[7]. Aber auch andere Anionen, die bei autolytischen Vorgängen in der Linse frei werden und die mit Calcium schwer lösliche oder schwer diffusible Salze bilden (Kohlensäure, Fettsäuren, Aminosäuren,

[1] HARRIS, J. E., and L. B. GEHRSITZ: Amer. J. Ophthalm. **34**, (II) 131 (1951). — [2] MACKAY, G., C. P. STEWART and J. D. ROBERTSON: Brit. J. Ophthalm. **16**, 193 (1932).— [3] LEBENSOHN, J. E.: Arch. Ophthalm., Chicago (2) **15**, 217 (1936). — [4] MANDEL, P., et J. NORDMANN: C. R. Soc. Biol. **147**, 1285 (1953). — [5] LANGHAM, M., and H. DAVSON: Biochem. J. **44**, 467 (1949). — [6] TAUBER, F. W., and A. C. KRAUSE: Amer. J. Ophthalm. **26**, 260 (1943). — Über Mangan in verschiedenen Augengeweben s. a. FORE, H., and R. A. MORTON: Biochem. J. **51**, 603 (1952). — [7] BURGE, W. E., G. C. WICKWIRE and H. M. SCHAMP: Arch. Ophthalm., Chicago (2) **17** 234 (1937).

Schwefelsäure), sind zweifellos an der Kalkinfiltration beteiligt. Eine Ablagerung von Calciumverbindungen in krystalliner Form ist in seltenen Fällen auch in sonst klaren Linsen zu beobachten.

Die Linse enthält relativ wenig *Chloride*, entsprechend ihrem niedrigen Natriumgehalt. Die engen Beziehungen, die zwischen Na^+ und Cl^- bestehen, werden auch dadurch deutlich, daß die Konzentration an beiden Ionen in sklerosierten und kataraktösen Linsen etwa in gleichem Ausmaße vermehrt ist.

In der Linse wurde spektrographisch eine Anzahl von *Spurenelementen* nachgewiesen (vgl. Tabelle 151, S. 916). Bemerkenswert ist, daß nach diesen Untersuchungen Linse und Glaskörper einen verhältnismäßig hohen Gehalt an *Aluminium* aufweisen können.

Der Gehalt an anorganischem *Phosphat* der Linse von Rind, Kaninchen, Meerschweinchen, Fischen beträgt 5—10 mg-% P und der Gehalt an säurelöslichem, organisch gebundenem Phosphat 30—50 mg-% P. Diese mit dem Kohlenhydratstoffwechsel in Beziehung stehende Phosphatfraktion (s. S. 894) nimmt mit dem Alter ab[1] und ist auch in der kataraktösen Linse vermindert, offenbar deshalb, weil der mit der Bildung von Phosphorsäureestern verknüpfte Kohlenhydratabbau in der alten oder kranken Linse herabgesetzt ist und phosphatatische Spaltungsprozesse überwiegen.

Reife Katarakte, in denen sowohl der Gehalt an anorganischem als auch an organischem Phosphat meistens vermindert ist, können in einzelnen Fällen einen stark erhöhten Gehalt an anorganischem Phosphat (bis 200 mg-% anorganisches P in Rinderkatarakten[1]) aufweisen, bei völligem Schwund des säurelöslichen organischen Phosphats. In diesen Fällen muß eine Infiltration von Phosphat stattgefunden haben, die vermutlich mit der Calcifizierung der kataraktösen Linsen im Zusammenhang steht.

2. Organische Bestandteile.

Eiweiß. Der eigentümlich hohe Eiweißgehalt der Linse hat in Verbindung mit ihrer Lichtdurchlässigkeit schon frühzeitig die Aufmerksamkeit auf das Linsenprotein gelenkt. Die Ergebnisse der vor 60 Jahren gemachten Untersuchungen von MÖRNER[2] sind grundlegend für unsere Kenntnisse über die Zusammensetzung des Linseneiweißes.

Das Linseneiweiß läßt sich in einen in Wasser löslichen und in einen unlöslichen Anteil trennen. Das in Wasser und auch in Kochsalzlösung unlösliche Eiweiß wird *Albumoid* genannt. Das wasserlösliche Eiweiß kann durch geeignete Fällungen in 3 Fraktionen aufgeteilt werden: *α-Krystallin, β-Krystallin* und *Albumin*. Außerdem wurden in der Linse kleine Mengen eines *Mucoproteids*[3] und eines *Phosphoproteids*[4] nachgewiesen.

Mit dem Wachstum der Linse findet eine Vermehrung des Gesamteiweißes (bei Rinderlinsen von etwa 32% in der Jugend auf 37% im Alter[5,6]) statt. Während in ganz jungen Rinderlinsen rund 75% des gesamten Eiweißes auf die lösliche Fraktion und 25% auf das Albumoid entfallen, ändert sich dieses Verhältnis im Laufe des Lebens stark zugunsten des Albumoids; dieses macht in Linsen von über 10 Jahre alten Rindern 50—60% des gesamten Eiweißgehaltes aus[5]. Das unlösliche Albumoid findet sich dementsprechend hauptsächlich in dem älteren Teil der Linse, im Linsenkern.

Nahezu die Hälfte des löslichen Eiweißes von *Fisch*linsen soll aus dem in Säugetierlinsen nur spärlich vorhandenen Albumin („γ-Krystallin") bestehen[7].

---

[1] MÜLLER, H. K.: Arch. Augenheilkde. **110**, 128 (1937). — [2] MÖRNER, C. T.: H. **18**, 61 (1894). — [3] KRAUSE, A. C.: Arch. Ophthalm., Chicago (2) **10**, 788 (1933). — [4] MANDEL, P., J. NORDMANN, J. ZIMMER and S. HARTH: Nature **164**, 794 (1949). — [5] JESS, A.: Z. Biol. **61**, 93 (1913). — [6] Vgl. dazu SALIT, P. W.: Arch. Ophthalm., Chicago (2) **5**, 623 (1931). — [7] SHROPSHIRE, R. F.: Arch. Ophthalm., Chicago (2) **17**, 508 (1937).

Das Albumoid bildet vorwiegend wohl den äußeren Teil der Linsenfasern, in deren Innerem sich die mehr am Stoffwechselgeschehen beteiligten löslichen Eiweiße befinden. Das *Mucoproteid*, über das noch nichts Näheres bekannt ist, vermittelt vielleicht den Zusammenhalt der Linsenfasern.

Darstellung und Eigenschaften der Linsenproteine. Die meisten der zur Darstellung der Linsenproteine verwendeten Methoden[1-4] weichen nur wenig voneinander ab. Das Albumoid wird durch Auswaschen der Linsenmasse, Lösen des Rückstandes in verdünnter Lauge und Fällen mit Essigsäure erhalten. α-Krystallin fällt aus, wenn man in einen wäßrigen Linsenextrakt CO_2 einleitet oder ihn mit sehr verdünnter Essigsäure versetzt. Aus dem neutralisierten Filtrat kann β-Krystallin durch Sättigung mit $MgSO_4$ ausgefällt werden.

Die beiden Krystalline lassen sich nicht nur durch die erwähnte fraktionierte Fällung, sondern auch *elektrophoretisch* im wäßrigen Linsenauszug nachweisen und voneinander trennen[5,6]. Die im elektrischen Feld mit der größeren Geschwindigkeit wandernde Komponente kann dem α-Krystallin, die andere dem β-Krystallin zugeordnet werden. In Extrakten aus Linsen von Pferd, Rind und Schwein sind elektrophoretisch nur die beiden Krystalline nachweisbar (wegen seiner geringen Menge entzieht sich das Linsenalbumin hierbei dem Nachweis). Etwa 50—60% des löslichen Linseneiweißes besteht aus β-Krystallin[5,6]. Die löslichen Proteine von *Fisch*linsen bestehen dagegen aus mindestens 4 elektrophoretisch voneinander verschiedenen Eiweißkörpern[7]. Die durch Elektrophorese erreichte Aufteilung der löslichen Linsenproteine zeigt im übrigen eine interessante Altersabhängigkeit: Zum Beispiel wird beim Kalb[7] und anderen Jungtieren[8] noch eine 3., beim Kleinkind[8] noch eine 3. und 4. Komponente gefunden, wogegen sich das lösliche Linseneiweiß von erwachsenen Menschen bei der Papierelektrophorese wie ein homogenes Protein verhält[8]. (Über die Elektrophorese von Linseneiweiß vgl. ferner[9]).

Das *Albumoid* (in verdünntem Alkali gelöst) *koaguliert* bei 50°, das α-Krystallin bei 72°, das β-Krystallin bei 63° und das Linsenalbumin bei 53° (s.[1-3]). Der *isoelektrische Punkt* des α-Krystallins liegt bei $p_H = 5{,}1$, der des β-Krystallins bei $p_H = 6{,}1$ (s.[5]).

Den ***immunologischen Eigenschaften*** *der Linsenproteine* wird ein besonderes Interesse entgegengebracht, nachdem sie als organspezifische, aber artunspezifische Antigene gekennzeichnet wurden[10], d. h. Präzipitine, erhalten mit Linseneiweiß einer Tierart, reagieren auch mit der Linsensubstanz anderer Tierarten. Nach den Ergebnissen von zahlreichen weiteren Untersuchungen (vgl.[11,12]) wird man jedoch nur sagen dürfen, daß die Linsenproteine von verschiedenen Säugetierarten immunologisch vielleicht identisch, jedenfalls einander sehr ähnlich, von den Linsenproteinen anderer Tierarten (Vogel, Frosch, Fisch) aber wohl unterscheidbar sind. Mit Hilfe der Präzipitinreaktion lassen sich die beiden Krystalline voneinander unterscheiden[13]; negative Ergebnisse[14] erklären sich vielleicht aus dem mangelhaften Reinheitsgrad der verwendeten Krystalline. α-Krystallin wird als die eigentliche organspezifische Substanz der Linse betrachtet, deren Antigenwirkung durch β-Krystallin oder Linsenalbumin abgeschwächt werden soll.

[1] Krause, A. C.: Arch. Opthalm., Chicago (2) **10**, 788 (1933). — [2] Mörner, C. T.: H. **18**, 61 (1894). — [3] Krause, A. C.: Arch. Ophthalm., Chicago (2) 8, 166 (1932); **9**, 617 (1933) — [4] Woods, A. C., and E. L. Burky: J. amer. med. Ass. **89**, 102 (1927). — Burky, E. L., et H.-C. Woods: Clin. ophtalm., Paris **17**, 92 (1928). — [5] Hesselvik, L.: Skand. Arch. Physiol. **82**, 151 (1939). — [6] Viollier, G., H. Labhart u. H. Süllmann: Helv. physiol. Acta **5**, C 10 (1947). — [7] Labhart, H., H. Süllmann u. G. Viollier: Exper. **3**, 418 (1947). — [8] François, J., R. Wieme, M. Rabaey u. A. Neetens: Exper. **10**, 79 (1954). — [9] Croisy, A.: Thèse, Marseille 1952. — Stemmermann, W.: Kli. Wo. **1952**, 1102. — [10] Uhlenhuth, (P).: D. m. W. **1906 II**, 1244. — [11] Landsteiner, K.: The Specifity of Serological Reactions. S. 22. Cambridge 1946. — [12] Bellows, J. G.: Cataract and Anomalies of the Lens. St. Louis 1944. — [13] Hektoen, L., and K. Schulhof: J. infect. Dis. **34**, 433 (1924). — Woods, A. C., and E. L. Burky: J. amer. med. Ass. **89**, 102 (1927). — Woods, A. C., E. L. Burky and M. B. Woodhall: Arch. Ophthalm., Chicago (2) **9**, 446 (1933). — [14] Dold, H., O. Flössner u. F. Kutscher: Z. Immun.-Forsch. **46**, 50 (1926).

Zusammensetzung der Linsenproteine. Tabelle 137 vermittelt eine Übersicht über den Anteil einzelner Aminosäuren am Gesamteiweiß der Linse. Die Analyse ist nicht vollständig: einzelne Aminosäuren (wie Alanin, Cystein, Cystin, Tryptophan, Prolin), die im Linseneiweiß vorkommen[1], sind hier nicht aufgeführt. Der Nachweis von *Glykokoll* ist von besonderem Interesse, weil man bisher angenommen hat[1, 2], daß diese Aminosäure in den Linsenproteinen fehle. Die

Tabelle 137. Aminosäuren im Gesamteiweiß der Linse vom Menschen (in g-%, mikrobiologische Bestimmungen)[3].

Glykokoll	4,8	Threonin	3,8
Valin	5,3	Histidin	3,8
Leucin	9,0	Arginin	11,1
Isoleucin	6,4	Methionin	2,9
Asparaginsäure	9,9	Lysin	5,5
Glutaminsäure	15,3	Phenylalanin	8,5
Serin	7,3	Tyrosin	7,4

Linseneiweiße von Mensch, Rind und von einigen anderen Säugern unterscheiden sich in ihrem Aminosäuregehalt nur wenig voneinander, abgesehen von einem anscheinend niedrigeren Gehalt an Histidin und höheren Gehalt an Leucin und Isoleucin im menschlichen Linseneiweiß[3, 4]. Ebenso hat das

Tabelle 138. Aminosäuren in einzelnen Proteinen aus normalen Säugetierlinsen (in g-%).

	Albumoid	α-Krystallin	β-Krystallin	Albumin
Threonin[4]	6,0	4,4	3,2	5,8
Cystein[5]	0,10	0,18	1,25	
Phenylalanin[4]	9,5	10,6	6,0	4,8
Tyrosin[4]	4,7	5,4	8,3	6,1
Tryptophan[6]	3,7	2,5	4,9	

Eiweiß von beginnenden Katarakten (des Menschen) bezüglich einiger Aminosäuren die gleiche Zusammensetzung wie das Eiweiß von maturen Katarakten mit weit fortgeschrittener Sklerose[7]. Das Linseneiweiß der alten oder kataraktösen Linse hat aber einen niedrigeren Cystein- und höheren Cystingehalt als das Eiweiß aus jungen und normalen Linsen[5] (vgl. S. 897).

Die *einzelnen Linsenproteine* unterscheiden sich durch ihren Gehalt an verschiedenen Aminosäuren. Besonders charakteristische Unterschiede haben sich für die in Tabelle 138 aufgeführten Aminosäuren ergeben.

Der *Schwefel*gehalt des Albumoids (aus Rinderlinsen) beträgt 0,7%, des α-Krystallins 0,6%, des β-Krystallins 1,3%, des Albumins 0,9% und des Kapseleiweißes

[1] Jess, A.: H. **110**, 266 (1920); **122**, 160 (1922). Graefes Arch. Ophthalm. **105**, 428 (1921). — [2] Hijikata, Y.: J. biol. Ch. **51**, 155 (1922). — [3] Schaeffer, A. J., and S. Shankman: Amer. J. Ophthalm. **33**, 1049 (1950). — [4] Schaeffer, A. J.: Some problems of protein chemistry of the eye. Docum. ophthalm., den Haag **5/6**, 403 (1951). — Schaeffer, A. J., and J. D. Murray: Arch. Ophthalm., Chicago (2) **43**, 1056 (1950). — [5] Dische, Z., and H. Zil: Amer. J. Ophthalm. **34** (II), 104 (1951). — [6] Süllmann, H.: Ophthalmologica, Basel **108**, 281 (1944). — [7] Block, R. J., and P. W. Salit: Arch. Biochem. **10**, 277 (1946).

0,8%[1-4]. Die löslichen Proteine aus *Fisch*linsen enthalten viel mehr Schwefel (α-Krystallin 3,7%, β-Krystallin 3,5%, Albumin 2,7%[5]). Im Linseneiweiß von Säugetieren kommen andere S-haltige Verbindungen als Cystein, Cystin und Methionin nicht in nennenswerten Mengen vor[6].

Mittels der Nitroprussidreaktion lassen sich im Albumoid direkt keine freien *Sulfhydryl*gruppen nachweisen, das α-Krystallin gibt eine schwache und das β-Krystallin eine sehr intensive Reaktion[7, 8]. Löst man jedoch das Albumoid in konzentrierten Lösungen von Harnstoff, Guanidinhydrochlorid, Natriumsalicylat oder Ammoniumrhodanid, so gibt auch das Albumoid eine positive Nitroprussidreaktion und reduziert Jod[9]. In dem Albumoid scheinen also „maskierte" Sulfhydrylgruppen vorhanden zu sein, die durch die erwähnten Denaturierungsmittel freigelegt werden.

Das *Eiweiß der Linsenkapsel*[10] ist bei gewöhnlicher Temperatur in Wasser, Salzlösungen, verdünnten Säuren und Alkalien unlöslich, wird jedoch von Pepsin, Trypsin und Kollagenase[11] bis auf einen geringen unlöslichen Rest verdaut. Das Kapseleiweiß hat manche Eigenschaften mit den Kollagenen gemeinsam, gehört wahrscheinlich aber zu den Glykoproteiden; es enthält 10% Kohlenhydrat (berechnet als Glucose)[3, 11]. Sein Argingehalt ist geringer als der der Linsenproteine[2]. Es gelang nicht, das Kapseleiweiß in verschiedene Eiweißkörper zu zerlegen[11].

Das an Eiweiß gebundene Polysaccharid der Linsenkapsel enthält offenbar kein Hexosamin und keine Hexuronsäure; es sind nur Galaktose und Glucose (im molekularen Verhältnis von etwa 3:2) als Bestandteile der Polysaccharidgruppen nachweisbar[12]. Der Gehalt des Kapselproteins an Polysaccharid ist im zentralen Teil der Linsenkapsel höher als im äquatorialen, was für die Permeabilität verschiedener Bezirke der Linsenkapsel von Bedeutung sein kann.

Heterogene Natur der Linsenproteine. Obgleich die besprochenen Hauptproteine der Linse (Albumoid, α- und β-Krystallin) sicher voneinander verschieden sind, wird man sie jedoch nicht als in sich chemisch einheitliche Eiweißkörper betrachten dürfen, sondern als Gemische von Proteinen, die einige Eigenschaften (z. B. elektrophoretische Beweglichkeit) gemeinsam haben. Das ist schon deshalb zu vermuten, weil die Linse eine große Zahl von verschiedenen Enzymen enthält. Für die heterogene Natur der Linsenproteine können Befunde angeführt werden, nach denen die aus verschiedenen Schichten der Linse dargestellten Proteine (Albumoid, α- und β-Krystallin, Albumin) keine konstante, sondern eine mit dem Wachstum der Linse sich ändernde chemische Zusammensetzung zeigen[4]. Die Albumoide aus normalen und kataraktösen Linsen haben einen verschiedenen Cystingehalt[6] (vgl. S. 897).

Die Untersuchung des Verhaltens der Linsenproteine gegenüber konzentrierten Salzlösungen sowie die Untersuchung ihrer Löslichkeit bei verschiedenem p_H führte in neuerer Zeit zur Aufteilung des Rinderlinseneiweißes in wenigstens 6 verschiedene Proteine, von denen 4, die den größten Teil vom Linseneiweiß ausmachen, die Löslichkeitseigenschaften von Serumglobulinen besitzen[13]. Auch unter Anwendung von Methoden, die zur Fraktionierung von Proteinen des Blutplasmas geeignet sind, haben sich die löslichen Linsenproteine in eine größere Zahl von Fraktionen zerlegen lassen; einzelne dieser Fraktionen wandern bei der Papierelektrophorese einheitlich[14].

[1] Mörner, C. T.: H. **18**, 61 (1894). — [2] Krause, A. C.: Arch. Ophthalm., Chicago (2) **8**, 166 (1932). — [3] Krause, A. C.: Arch. Ophthalm., Chicago (2) **9**, 617 (1933). — [4] Krause, A. C.: Arch. Ophthalm., Chicago (2) **10**, 788 (1933). — [5] Shropshire, R. F.: Arch. Ophthalm., Chicago (2) **17**, 508 (1937). — [6] Dische, Z., and H. Zil: Amer. J. Ophthalm. **34** (II), 104 (1951). — [7] Jess, A.: Z. Biol. **61**, 93 (1913). — [8] Reis, W.: Graefes Arch. Ophthalm. **80**, 588 (1912). — [9] Süllmann, H., u. G. Viollier: Helv. physiol. Acta **6**, C 66 (1948). — [10] Mörner, C. T.: H. **18**, 233 (1894). — [11] Pirie, A.: Biochem. J. **48**, 368 (1951). — [12] Dische, Z., and E. Borenfreund: Amer. J. Ophthalm. **38** (II), 165 (1954). — [13] Jayle, G. E., Y. Derrien et A. G. Ourgaud: J. Ophtalm., Marseille **1**, 1 (1942). Bull. Mém. Soc. franc. Ophtalm. **59**, 205 (1940/46). — [14] François, J., M. Rabaey et R. J. Wieme: Bull. Mém. Soc. franç. Ophtalm. **67**, 26 (1954).

Rest-N. Die Menge der nicht im Eiweiß gebundenen stickstoffhaltigen Verbindungen verschiedener Tierlinsen[1] entspricht 80—110 mg-% N. Der Gehalt der normalen Kaninchenlinse an *Amino*-N wird zu 30—50 mg-% angegeben[2]. Von den nichteiweißartigen Stickstoffverbindungen beansprucht das *Glutathion* als einziges in der Linse frei vorkommendes Thiol die meiste Beachtung.

Der Glutathiongehalt der Linse ist auffallend hoch[3, 4]; in Rinderlinsen wurden von verschiedenen Untersuchern 100—450 mg-% reduziertes Glutathion (GSH) gefunden. Linsen vom Menschen enthalten 170—190 mg-% GSH[5]. In dem jüngeren Teil der Linse, der Rindensubstanz, ist bedeutend mehr GSH vorhanden als im Kern (Tabelle 139). Die Tabelle zeigt auch, daß der Glutathiongehalt von Rattenlinsen in den ersten Tagen nach der Geburt am niedrigsten ist, dann bis zu einem gewissen Alter zunimmt und darüber hinaus wieder abnimmt (vgl. a.[6]). In kataraktösen Linsen ist der Gehalt an GSH vermindert; unter bestimmten Bedingungen (Galaktosefütterung), die zu Katarakten führen, ist eine Abnahme an GSH schon vor dem Auftreten von ophthalmoskopisch feststellbaren Linsenveränderungen nachzuweisen[7].

Oxydiertes Glutathion (GS-SG) findet sich in eiweißfreien Extrakten aus normalen Linsen nicht oder höchstens in Spuren, ist jedoch in Extrakten aus kataraktösen Linsen vorhanden[5]. An Eiweiß gebunden scheint es auch in der normalen Linse vorzukommen[9]. GS-SG kann von der Linse reduziert werden (s. u.).

Tabelle 139. Glutathion in der Linse von Ratten (in mg-% GSH)[8].

Alter	Linse	Rinde	Kern
1—17 Tage	44—100		
21—26 „	114—200	153—236	82—141
2— 4 Monate	172—320	371—616	82—133
7—11 „	193—233	316—434	61—107
14 „	203	285	87

Ein anderer Teil des nichteiweißartigen Stickstoffs entfällt auf Verbindungen wie *Harnstoff*[10], *Kreatin, Carnosin, Spermin*[11], *Nicotinsäure*[12], *Trigonellin*[13] (?), *Ribonucleinsäure*[14]. *Pyridinnucleotide* (Cozymase, Codehydrogenase II) sind in der Linse in beachtenswerten Mengen vorhanden[15]. Die Kaninchenlinse enthält je g 0,15—0,3 γ *Aneurin*[16] und die Rinderlinse je g 0,05—0,28 γ *Lactoflavin*[17].

Aus Pferdelinsen wurde eine blaufluorescierende Substanz erhalten, die vermutlich *Dimethylalloxazin* ist[18].

Lipoide. Die junge Rinderlinse enthält etwa 320 mg-% Lipoide, die hauptsächlich aus Phosphatiden (190 mg-%) und Cholesterin (70 mg-%) bestehen[19]. In der Linse vom Menschen wurden 1,3% Lipoide gefunden[20]. Zum überwiegenden Teil ist das Cholesterin in der menschlichen Linse unverestert[21].

---

[1] Salit, P. W.: Arch. Ophthalm., Chicago (2) **5**, 623 (1931). — [2] Milano, A.: Ann. Ottalm. **66**, 393 (1938). — Vgl. a. Vecchi, I. de: Rass. ital. Ottalm. **5**, 552 (1936). — [3] Müller, H. K., u. W. Buschke: Arch. Augenheilkde. **108**, 368 (1934). — [4] Euler, H. v., u. C. Martius: H. **222**, 65 (1933). — [5] Dische, Z., and H. Zil: Amer. J. Ophthalm. **34** (II), 104 (1951). — [6] Brown, E. V. L., and E. I. Evans: Trans. amer. ophthalm. Soc. **33**, 220 (1935). — [7] Bellows, J. G.: Arch. Ophthalm., Chicago (2) **16**, 762 (1936). — [8] Rosner, L., C. J. Farmer and J. G. Bellows: Arch. Ophthalm., Chicago (2) **20**, 417 (1938). — [9] Herrmann, H., and S. G. Moses: J. biol. Ch. **158**, 33 (1945). — [10] Grümer-Schmoll, G.: Ber. dtsch. ophthalm. Ges. **50**, 161 (1934). — O'Brien, C. S., and P. W. Salit: Amer. J. Ophthalm. **14**, 582 (1931.) — [11] Krause, A. C., and F. W. Tauber: Arch. Ophthalm., Chicago (2) **21**, 1027 (1939). — Krause, A. C.: Arch. Ophthalm., Chicago (2) **16**, 986 (1936). — [12] Simonelli, M.: Boll. Ocul. **20**, 163 (1941). — [13] Cristini, G., et W. Ciusa: Ann. Oculist., Paris **180**, 742 (1947). — [14] Mandel, P., J. Nordmann et J. Zimmer: Cr. **228**, 516 (1949). — [15] Euler, H. v., H. Hellström, F. Schlenk u. G. Günther: Graefes Arch. Ophthalm. **140**, 116 (1939). — [16] Ferrante, A.: Ann. Ottalm. **68**, 453 (1940). — [17] Philpot, F. J., and A. Pirie: Biochem. J. **37**, 250 (1943). — [18] Morton, R. A.: Nature **153**, 69 (1944). — [19] Krause, A. C.: Arch. Ophthalm., Chicago (2) **13**, 187 (1935). — [20] Salit, P. W.: Amer. J. Ophthalm. **20**, 157 (1937); **24**, 191 (1941). Arch. Ophthalm., Chicago (2) **16**, 271 (1936). — [21] Bunge, E.: Graefes Arch. Ophthalm. **139**, 50 (1938).

In der alternden und in der kataraktösen Linse kann es zum Auftreten von Lipoidtröpfchen und von Cholesterinkrystallen kommen. Über die Veränderungen, die der Lipoidgehalt der Linse mit dem Alter und mit der Entwicklung der Katarakt erfährt, sind wir aber nicht sicher orientiert. Die von mehreren Untersuchern angegebene starke Vermehrung an Lipoiden in der alten und in der kataraktösen Linse — z. B. von 2,1% der Trockensubstanz normaler Linsen vom Menschen im 1. Lebensjahr auf 8,4% im 75. Jahr[1] — ist zweifelhaft. Nach neueren Untersuchungen[2] an kataraktösen Linsen vom Menschen kann man höchstens auf eine geringe Zunahme an Lipoiden mit dem Alter schließen (von durchschnittlich 1,5% der Frischsubstanz im 5. Jahrzehnt auf 1,7% im 9. Jahrzehnt), wobei keine deutliche Abhängigkeit des Lipoidgehalts vom Stadium der Linsentrübung oder -sklerose zu erkennen ist.

Kohlenhydrate und verwandte Verbindungen. Die normale Linse vom Menschen enthält 50—90 mg-% *Glucose*[3]. Bei experimentell bewirkter Hypo- oder Hyperglykämie verändert sich der Glucosegehalt der Linse gleichsinnig mit dem des Blutes[4]. *Glykogen* ist in der normalen Linse nicht nachweisbar. Das *organische Phosphat* der Linse besteht zum Teil aus Kohlenhydratphosphorsäureestern (s. S. 891).

Ascorbinsäure kommt in der Linse in überraschend großer Menge vor. Die Werte sind aber bei einzelnen Tierarten sehr verschieden (Tabelle 140). Bei

Tabelle 140. Verteilung von Ascorbinsäure (Vitamin C) im Auge (in mg-%, Werte abgerundet)[5].

Tierart	Ascorbinsäure	Ciliarkörper	Iris	Kammerwasser	Linse	Glaskörper
Pferd	gesamte	11	20	19	56	18
	reduzierte	6	12	19	49	17
Rind	gesamte	10	17	23	38	15
	reduzierte	8	11	21	37	13
Hund	gesamte	18	26	7	5	5
	reduzierte	8	7	5	3	3
Hammel	gesamte	18	26	25	46	10
	reduzierte	17	22	25	43	9
Kaninchen	gesamte		52	30	16	
	reduzierte		31	22	13	
Meerschweinchen	gesamte	39		22	11	20
	reduzierte	26		22	10	20

Hund und Ratte[6] sind sie niedrig, bei einigen Meeresfischen wurden sehr hohe Werte gefunden[7] (bis 100 mg-% Ascorbinsäure). Wie der Gehalt an Glutathion und an manchen anderen am Stoffwechsel besonders beteiligten Verbindungen, nimmt auch der Ascorbinsäuregehalt der Linse mit dem Alter und mit der Entwicklung der Katarakt ab. Innerhalb der Linse findet sich die meiste Ascorbinsäure in der subkapsulären Rinde[8]. Bei vitamin-C-freier Ernährung nimmt der Ascorbinsäuregehalt der Meerschweinchenlinse stark ab[7].

[1] Goldschmidt, M.: B. Z. **127**, 210 (1922). — [2] Salit, P. W.: Amer. J. Ophthalm. **20**, 157 (1937); 24, 191 (1941). Arch. Ophthalm., Chicago (2) **16**, 271 (1936). — [3] Lottrup-Andersen, C.: Acta ophthalm., København **5**, 226 (1927). — [4] Weekers, R.: C. R. Soc. Biol. **133**, 698 (1940). — [5] Podestà, H. H., u. J. Baucke: Graefes Arch. Ophthalm. **139**, 720 (1938). — [6] Müller, H. K., u. W. Buschke: Arch. Augenheilkde. **108**, 368 (1934). — [7] Euler, H. v., u. M. Malmberg: Arch. Augenheilkde. **109**, 225 (1936). — [8] Henkes, H. E.: Ophthalm., Basel **108**, 11 (1944); **112**, 113 (1946). — Über die Verteilung der Ascorbinsäure innerhalb der Linse s. ferner Gurewitsch, A.: Arch. Augenheilkde. **108**, 572 (1934). — Glick, D., and G. R. Biskind: Arch. Ophthalm., Chicago (2) **16**, 990 (1936). — Schmid, A. E., u. E. Bürki: Ophthalm., Basel **105**, 65 (1943). — Bürki, E., u. A. E. Schmid: Ophthalmologica, Basel **105**, 121 (1943).

Milchsäure findet sich in Kälberlinsen (von 1—1,3 g Gewicht) zu rund 100 mg-%, in Rinderlinsen (von 2,2—2,8 g) zu 60 mg-% [1]. Von anderen organischen Säuren, die in der Linse nachgewiesen wurden, sind zu nennen: *Ameisensäure*[2], *Äpfelsäure, Citronensäure*[3], *Brenzsäure*[4] (vgl. Tabelle 141) und *Bernsteinsäure*[5].

In ziemlich bedeutender Menge (150 mg-%) wurde *Inosit* in der (Rinder-) Linse aufgefunden[6].

Phosphorsäureester. In der Linse wurden die folgenden organischen Phosphatverbindungen nachgewiesen[7, 8]: Adenylsäure, ATP, Kreatinphosphorsäure, Glucose-1-phosphorsäure, Glucose-6-phosphorsäure, Fructose-6-phosphorsäure, Hexosediphosphorsäure, Dioxyacetonphosphorsäure, 3-Phosphoglycerinsäure und Glycerinphosphorsäure. Die höchste Konzentration an energiereichen Adenosinphosphaten findet sich in den Epithelzellen, an Kreatinphosphat dagegen im hinteren Teil der Linsenrinde[7]. Alle Phosphatester sind in der alten Linse mehr oder weniger vermindert[8]. Durch Papierelektrophorese gelingt eine Aufteilung der in der Linse vorhandenen, mit ^{32}P markierten Phosphate in 3 Fraktionen[9].

ε) Physiologie und Pathologie des Linsenstoffwechsels.

Die bereits hervorgehobene anatomische Sonderstellung der Linse bedingt, daß sie ohne Vermittlung eines Capillarsystems und ohne nervöse Regulierung auf einen unmittelbaren Stoffaustausch mit der Umgebung angewiesen ist. Die Linse muß also den intraocularen Flüssigkeiten, vor allem dem Kammerwasser, die zu ihrer Erhaltung und zu ihrem Wachstum notwendigen Stoffe entnehmen und Endprodukte ihres Stoffwechsels wieder an sie abgeben können. Deshalb ist auch die Zusammensetzung des Kammerwassers für die Ernährung der Linse von höchster Wichtigkeit. Für den Stoffaustausch zwischen Linse und Kammerwasser kommt es auf die Diffusionsmöglichkeit der beteiligten Verbindungen bzw. auf die Permeabilität der Linse selbst an.

Für den Stoffaustausch ist zunächst die ***Permeabilität der Linsenkapsel,*** die kein aus Zellen bestehendes Gewebe, sondern ein Absonderungsprodukt der Epithelzellen ist, wichtig. Mikroskopisch und ultramikroskopisch bietet die Membran ein homogenes Bild[10, 11]; Membranporen müßten also submikroskopisch sein. Gegen physiologische Kochsalzlösungen zeigt die Kapsel negative Ladung[11].

Nach elektronenmikroskopischen Untersuchungen[12] besitzt die Linsenkapsel lamellare Struktur. Die Lamellen bilden submikroskopische Schichten, die in eine „granulare Substanz" eingebettet sind und durch sie zusammengehalten werden. Die granulare Substanz kann durch Hyaluronidase oder Perjodsäure abgebaut werden.

Zahlreiche Untersuchungen mit der isolierten Kapsel oder an der ganzen Linse in vivo und in vitro haben gezeigt, daß die Kapselmembran für Wasser und für krystalloid gelöste Stoffe durchlässig ist[11, 13]. Die Durchtrittsgeschwindigkeit nimmt mit steigender Molekülgröße des permeierenden Stoffes ab. Selbst für

[1] Weekers, R.: Arch. Ophtalm., Paris **1**, 707 (1937). — [2] Krause, A. C., et R. Weekers: Arch. Ophtalm., Paris **3**, 225 (1939). — [3] Krause, A. C., and A. M. Stack: Arch. Ophthalm., Chicago (2) **22**, 66 (1939). — Citronensäure in jungen und alten Linsen s. Zimmer, J., et P. Mandel: C. R. Soc. Biol. **146**, 765 (1952). — [4] Kinsey, V. E., and C. E. Frohman: A. M. A. Arch. Ophthalm. (2) **46**, 536 (1951). — [5] Mandel, P., et J. Klethi: C. R. Soc. Biol. **148**, 577 (1954). — [6] Krause, A. C., and R. Weekers: Arch. Ophthalm., Chicago (2) **20**, 299 (1938). — [7] Frohman, C. E., and V. E. Kinsey: A. M. A. Arch. Ophthalm. **48**, 12 (1952). — [8] Nordmann, J., et P. Mandel: Ann. Ocul., Paris **185**, 929 (1952). — [9] Müller, H. K., u. O. Kleifeld: Graefes Arch. Ophthalm. **154**, 165 (1953/54). — Kleifeld, O., H. K. Müller, U. Dardenne, R. Fuchs, O. Hockwin u. P. Arens: Graefes Arch. Ophthalm. **156**, 453 (1955). — [10] Hess, C.: Handb. Augenheilkde. (Graefe-Saemisch) Bd. 6/2, S. 1—357. — [11] Friedenwald, J. S.: Arch. Ophthalm., Chicago (2) **3**, 182; **4**, 350 (1930). — [12] Bairati, A., u. A. Grignolo: Naturwiss. **41**, 263 (1954). — [13] Leber, A. T.: Graefes Arch. Ophthalm. **62**, 85 (1906).

kolloide Teilchen scheint die Linsenkapsel noch eine gewisse Durchlässigkeit zu besitzen[1]. Auf die Permeabilität der Kapselmembran können verschiedene Einflüsse steigernd oder hemmend einwirken. Traumatische oder toxische Schädigungen führen vielfach zu einer Permeabilitätserhöhung. Calciumsalze sowie Cyanide, aber auch manche andere Stoffe vermindern die Permeabilität[1]. Es ist interessant, daß Hyaluronidase eine vermehrte Durchlässigkeit der Linsenkapsel bewirkt[2].

In der Linsenkapsel wurden Glutathion, ATP und die Codehydrogenasen I und II gefunden; sie vermag Glutathion aerob zu oxydieren und die in Nucleotiden gebundene Ribose anaerob abzubauen[3]. Versuche mit ^{32}P lassen annehmen, daß die Kapsel bei der Aufnahme von anorganischem Phosphat in die Linse eine aktive Rolle spielt, wobei jedoch die Verbindung der Kapsel mit den Linsenfasern von Bedeutung ist[4]. Die Kapsel ist also möglicherweise nicht völlig stoffwechselinert, eine Frage, die für die Kenntnis der Permeabilitätseigenschaften der Kapsel von Bedeutung ist. Hierzu sind weitere Untersuchungen erforderlich.

Mit dem Alter scheint die Permeabilität der Linsenkapsel abzunehmen[1, 5, 6], was — wenigstens zum Teil — auf die Zunahme der Kapseldicke zurückgeführt werden könnte. Eine wachsende Abdichtung durch die Kapsel ist als Ursache des Altersstars und anderer Starformen in Betracht gezogen worden. Es soll dabei vor allem zu einer Anhäufung von (sauren) Stoffwechselschlacken und dadurch zu einer Erhöhung des osmotischen Druckes in der Linse kommen, so daß vorübergehend Wasser in die Linse aufgenommen wird. Durch die Säuerung wird die Eiweißautolyse in der Linse eingeleitet. Die entstehenden diffusiblen Moleküle verlassen allmählich die Linse und damit beginnt diese zu schrumpfen. Wenn diese Verhältnisse auch noch keineswegs klar sind, so ist doch leicht einzusehen, daß eine Veränderung der Kapseldurchlässigkeit den physiologischen Stoffaustausch stören muß, und selbst wenn diese Störung auch nur vorübergehend eintritt, so kann dadurch doch eine Kette von Umsetzungen ausgelöst werden, die zu dauernden Linsentrübungen führt.

Die eigentliche ***Regulation des Stoffaustausches*** der Linse mit dem Kammerwasser kann nur zu einem geringeren Teil auf den Membraneigenschaften der Linsenkapsel beruhen; denn ihre Permeabilität ist ziemlich groß und vielleicht nur passiver Natur (vgl. jedoch oben). Die Linse trifft aber gegenüber einigen wichtigen Stoffen eine mehr oder weniger ausgeprägte Auswahl, sei es schon bei der Aufnahme oder bei deren Speicherung: Die Linse enthält Natrium und Kalium im umgekehrten Mengenverhältnis, das die intraoculare Flüssigkeit aufweist. Während das Kammerwasser keine nachweisbaren Mengen Glutathion und bei einigen Tierarten auch weniger Ascorbinsäure enthält, ist die Linse außerordentlich reich an diesen beiden diffusiblen Verbindungen. Die Konzentration an anorganischen und organischen Phosphaten ist in der Linse größer als im Kammerwasser. Diese „Ungleichgewichte" müssen von der Stoffwechseltätigkeit des Linsenepithels und der Linsenfasern (und vielleicht auch der Kapsel) aufrecht erhalten werden.

Die Aktivität der Linse bei der Stoffaufnahme wurde in vitro für Glucose, Ascorbinsäure[7] und Phosphat[8] nachgewiesen, deren Aufnahme — bei unbeeinflußter Permeabilität der Linsenkapsel — durch Jodessigsäure oder Cyanid verzögert wird. Insulin, in vitro der Nähr-

[1] Friedenwald, J. S.: Arch. Ophthalm., Chicago (2) **3**, 182; **4**, 350 (1930). — [2] Seifter, J., D. H. Baeder and A. Dervinis: Proc. Soc. exp. Biol. Med. **72**, 136 (1949). — [3] Dische, Z., G. Ehrlich, C. Muñoz and L. v. Sallmann: Amer. J. Ophthalm. **36** (II), 54 (1953). — [4] Kleifeld, O., H. K. Müller, O. Hockwin, P. Arens, R. Fuchs u. U. Dardenne: Graefes Arch. Ophthalm. **156**, 443 (1955). — Kleifeld, O., H. K. Müller, U. Dardenne, R. Fuchs, O. Hockwin u. P. Arens: Graefes Arch. Ophthalm. **156**, 453 (1955). — [5] Robbins, B. H.: J. Pharmacol. exp. Therap. **80**, 264 (1944). — [6] Gifford, S. R., J. E. Lebensohn and I. S. Puntenny: Arch. Ophthalm., Chicago (2) **8**, 414 (1932). — [7] Müller, H. K.: Graefes Arch. Ophthalm. **140**, 258 (1939). — [8] Müller, H. K., u. O. Kleifeld: Kli. Wo. **1952**, 662. Graefes Arch. Ophthalm. **153**, 177 (1952/53); **154**, 165 (1953/54).

lösung zugesetzt, bewirkt eine Steigerung der Glucoseaufnahme durch die Kaninchenlinse um 350%[1]. Es wird angenommen, daß Insulin die enzymatischen Vorgänge beschleunigt, die für die Glucoseaufnahme wichtig sind.

Versuche in vitro zeigen ferner, daß die Linse Kalium verliert und Natrium (sowie Wasser) aufnimmt, wenn die Zusammensetzung der umgebenden Flüssigkeit den normalen Ablauf des Linsenstoffwechsels stört[2]. Das tritt z. B. ein, wenn in der Tyrodelösung Glucose durch Fructose, Galaktose oder Xylose ersetzt wird, wenn der Gehalt an Ca^{++} oder Mg^{++} herabgesetzt wird oder wenn Enzymgifte (Jodessigsäure, Fluorid) zugesetzt werden. Brenztraubensäure, an Stelle von Glucose, vermag das Ionengleichgewicht aufrecht zu erhalten. Die im Eisschrank abgekühlte Linse verliert Kalium und nimmt Natrium vermehrt auf[3, 4]. Dieser Vorgang ist bei 37° reversibel. Für die Umkehr des durch Kälte bewirkten Kationenwechsels ist die Anwesenheit von Glucose unerläßlich; L-Glutaminsäure und Rohrzucker, die auf den Kationentransport in Gegenwart von Glucose beschleunigend wirken, können die Glucose als Energielieferanten nicht ersetzen. O_2-Mangel und hohe Glucosekonzentrationen hemmen die Reversion des Kationentransports. Die schädigende Wirkung hoher Glucosekonzentrationen ist nicht osmotisch bedingt; sie wird durch Zusatz von ATP aufgehoben. Insulin beeinflußt den Kationentransport nicht.

Kohlenhydratstoffwechsel. Die nachweisbaren Stoffwechselvorgänge in der Linse sind vor allem durch *Sauerstoffverbrauch, Milchsäurebildung* und den damit verbundenen *Kohlenhydratumsatz* gekennzeichnet.

Die genaue Messung des O_2-*Verbrauches* der ganzen Linse stößt auf methodische Schwierigkeiten[5]. Den physiologischen Verhältnissen am nächsten kommen wohl Versuche, in denen die Linse in einer Kulturflüssigkeit[6] lebensfähig erhalten und der O_2-Verbrauch über lange Zeit konstant gefunden wurde. Unter diesen Bedingungen zeigt die 200—250 mg schwere Linse eines mehrere Wochen alten Kaninchens einen O_2-Verbrauch von 3,6—4,6 mm³/Std[7], ein Befund, der gut mit dem ebenfalls für die Kaninchenlinse angegebenen Q_{O_2} (mm³ O_2 je mg Trockensubstanz/Std) von 0,085 übereinstimmt[8]. Die stärkste Sauerstoffzehrung weisen die Epithelzellen auf, der Rest entfällt auf die jungen Linsenfasern. Diese Werte rücken in das rechte Licht, wenn wir sie zu dem *Kohlenhydratumsatz* in Beziehung setzen: dieser beträgt für die Kaninchenlinse etwa 0,07—0,1 mg Glucose/Std, ist also um ein Mehrfaches höher, als durch den gesamten aufgenommenen Sauerstoff verbrannt werden könnte. Schätzungsweise verläuft höchstens $^1/_{10}$—$^1/_5$ des gesamten Zuckerverbrauchs in der Linse oxydativ. Für den Energiehaushalt der Linse sind die oxydativen Vorgänge jedoch von mindestens ebenso großer Bedeutung wie die glykolytischen, da bei der Glucoseoxydation etwa 20mal soviel Energie frei wird wie bei der Glykolyse.

Die verhältnismäßig geringe Sauerstoffzehrung der Linse ist vielleicht eine Anpassung an die niedrige O_2-Spannung im Kammerwasser, die etwa der des venösen Blutes entspricht[9], und an die schlechte Diffusionsmöglichkeit des Sauerstoffs in dem gefäßlosen Gewebe.

Der überwiegende Teil des Kohlenhydratabbaus in der Linse verläuft anaerob und führt zu Milchsäure. Das in der Jugend beträchtliche *Glykolysevermögen* der Linse nimmt mit dem Alter ab. Dementsprechend ist der Milchsäuregehalt junger Linsen höher als der von älteren. Die überschüssige Milchsäure wird, entsprechend dem Diffusionsgefälle, von der Linse an das Kammerwasser abgegeben. Im aphaken (linsenlosen) Auge enthält das Kammerwasser weniger Milchsäure als

[1] Ross, E. J.: Nature **171**, 125 (1953). — [2] Harris, J. E., and L. B. Gehrsitz: Amer. J. Ophthalm. **34** (II), 131 (1951). — [3] Harris, J. E., L. B. Gehrsitz and L. Nordquist: Amer. J. Ophthalm. **36** (II), 39 (1953). — [4] Harris, J. E., J. D. Hauschildt and L. T. Nordquist: Amer. J. Ophthalm. **38** (II), 141, 148 (1954). — [5] Vgl. Kronfeld, P., u. L. Bothman: Z. Augenheilkde. **65**, 41 (1928). — Kronfeld, P. C.: Amer. J. Ophthalm. **16**, 881 (1933). — [6] Haan, J. de, K. H. Kolk u. H. Gerritsma: Arch. exp. Zellforsch. **8**, 452 (1929). — [7] Bakker, A.: Graefes Arch. Ophthalm. **135**, 581 (1936). — [8] Ely, L. O., and W. A. Robbie: Amer. J. Ophthalm. **33**, 269 (1950). — [9] Friedenwald, J. S., and H. F. Pierce: Arch. Ophthalm., Chicago (2) **17**, 477 (1937).

im normalen Kontrollauge[1], ein Beweis dafür, daß die Linse auch in vivo Milchsäure bildet und abgibt.

Der aerobe Stoffwechsel beschränkt sich im wesentlichen auf das Linsenepithel, wogegen der Stoffumsatz in der Rinde und im Kern vorwiegend anaerob verläuft. Dafür spricht u. a., daß respiratorische Enzyme (Flavoprotein, Cytochromoxydase) und energiereiche Phosphatverbindungen (S. 891) vorwiegend im Epithel lokalisiert sind, ferner auch die Verteilung von Milchsäure und Brenztraubensäure in der Linse[2] (Tabelle 141). Cytochrom c ist ebenfalls im Epithel angereichert[2].

Soweit die bisher vorliegenden Untersuchungen erkennen lassen, verläuft die Glykolyse in der Linse auf die gleiche Art wie im Muskel und anderen Organen, nämlich über Phosphorylierungen[3-5]. Die Veresterung von anorganischem Phosphat in der Linse wurde mit ^{32}P direkt nachgewiesen[6]. Die Glykolyse nimmt ihren Ausgang von der mit dem Kammerwasser zugeführten Glucose: die Linse gehört zu den glucoseverbrauchenden Organen; Glykogen spielt im Stoffwechsel der Linse wahrscheinlich keine Rolle[5], obwohl die Linse über die Enzyme zum Abbau von Glykogen verfügt[4]. Allerdings wurde bisher nur in der ganzen Linse, nicht im isolierten Epithel nach Glykogen gesucht.

Tabelle 141. Milchsäure und Brenztraubensäure in verschiedenen Teilen der Kaninchenlinse (mg je 100 g Frischgewicht)[2].

	Milchsäure	Brenztraubensäure
Epithel . . .	25±10	500 ± 120
Rinde . . .	131±39	5,3 ± 1,7
Kern	120±42	10,8 ± 2,3

In glucosehaltiger Ringerlösung bleibt die isolierte Linse länger klar als in glucosefreier[7]. Fructose, die in der Linse mindestens so gut verestert und glykolysiert wird wie Glucose[4], vermag in diesen Versuchen Glucose bezüglich Erhaltung der Durchsichtigkeit (und des Ionengleichgewichts, s. o.) nicht vollwertig zu ersetzen.

Eiweißstoffwechsel. Die Linse ist zweifellos befähigt, das ihr eigene Eiweiß aus niedrigmolekularen Stoffen, die sie dem Kammerwasser entnimmt, aufzubauen. Ribonucleinsäure, die mittels der Pyroninmethylgrün-Färbung im Epithel und in den jungen Fasern der stark wachsenden Linse von Hühnerembryonen in reichlichen Mengen gefunden wird, dürfte mit der Proteinsynthese in der Linse eng verknüpft sein (vgl. [8]). Wenn wir über die Vorgänge, die sich bei der Eiweißbildung in der Linse abspielen, auch noch nichts Näheres wissen, so können wir doch mit gutem Grunde annehmen, daß die einmal gebildeten Linsenproteine keine starren Moleküle sind, sondern einem ständigen *Auf- und Abbau* unterliegen. Mit ^{14}C in der Carboxyl- oder Methylengruppe signiertes Glykokoll wird in die Proteine der Rattenlinse eingebaut, und die Linse bildet aus dem Glykokoll *Serin*, das ebenfalls in den Eiweißverband aufgenommen wird[9]. Obgleich durch diese Ergebnisse in erster Linie der dynamische Zustand der Linsenproteine

[1] Fischer, F. P.: Ergebn. Physiol. **31**, 507 (1931). — [2] Kinsey, V. E., and C. E. Frohman: A. M. A. Arch. Ophthalm. **46**, 536 (1951). — [3] Müller, H. K.: Arch. Augenheilkde. **109**, 434, 497 (1936); **110**, 128 (1937). — [4] Süllmann, H.: Arch. Augenheilkde. **110**, 303 (1937). Kli. Wo. **1937 II**, 1583. — [5] Weekers, R., et H. Süllmann: Arch. int. Méd. exp. **13**, 483 (1938). — [6] Palm, E.: Acta ophthalm., København, Suppl. **32** (1948). — Müller, H. K., u. O. Kleifeld: Graefes Arch. Ophthalm. **154**, 165 (1953/54). — Palm, E.: Acta ophthalm., København **32**, 49 (1954). — Kleifeld, O., H. K. Müller, O. Hockwin, P. Arens, R. Fuchs u. U. Dardenne: Graefes Arch. Ophthalm. **156**, 443 (1955). — Kleifeld, O., H. K. Müller, U. Dardenne, R. Fuchs, O. Hockwin u. P. Arens: Graefes Arch. Ophthalm. **156**, 453 (1955). — Müller, H. K., O. Kleifeld, R. Fuchs, U. Dardenne, O. Hockwin u. P. Arens: Graefes Arch. Ophthalm. **156**, 460 (1955). — [7] Weekers, R.: Ophthalmologica, Basel **98**, 142 (1939). — [8] Töndury, G.: Schweiz. med. Wschr. **83**, 175 (1953). — [9] Merriam, F. C., and V. E. Kinsey: A. M. A. Arch. Ophthalm. **44**, 651 (1950).

nachgewiesen wird, geben sie doch schon einen Hinweis auf die synthetischen Leistungen der Linse, die zu einer Eiweißvermehrung notwendig sind. Auf- und Abbau müssen in einem physiologisch bestimmten Verhältnis zueinander stehen, damit die Linse ihre Substanz erhalten und wachsen kann. Gewinnt die hydrolytische Wirkung der in der Linse vorhandenen Proteinasen und Peptidasen (s. u.) das Übergewicht, so verliert die Linse Eiweiß. Das kann für die Kataraktgenese wichtig sein. Von Bedeutung ist auch die Frage nach der Beziehung der einzelnen Linsenproteine zueinander. Die Tatsache, daß die Menge des Albumoids im Vergleich zu der des löslichen Eiweißes mit dem Alter der Linse am stärksten zunimmt, führt zu der Überlegung, ob innerhalb der Linse eine Umwandlung des löslichen Eiweißes in Albumoid stattfinde[1]. Für diese Vermutung, die eine eingehende Untersuchung verdient, sprechen auch die Beobachtungen über den vermehrten Cystingehalt des Albumoids aus Katarakten[2] (s. S. 897).

Mit Hilfe von signiertem Glykokoll wurde ferner nachgewiesen, daß in der Linse ein ständiger *Auf- und Abbau von Glutathion* stattfindet[3]. Die mit der Entwicklung von Katarakten einhergehende Verminderung des Glutathiongehaltes ist vielleicht auf eine Störung der Resynthese zurückzuführen.

Die ***Bildung von Pigmenten,*** die eine gelbliche bis braune Verfärbung der alternden oder kataraktösen Linse bewirken können, steht sehr wahrscheinlich im Zusammenhang mit einem autolytischen Abbau und mit oxydativen Veränderungen des Linseneiweißes. Aromatische Aminosäuren oder sie enthaltende Eiweißabbauprodukte sind vor allem als Vorstufen der Linsenpigmente in Betracht zu ziehen. Dafür spricht unter anderem, daß freies Tyrosin und Tryptophan in der normalen Linse nicht festzustellen sind, in einer überwiegenden Zahl kataraktöser Linsen aber nachgewiesen werden können[4], ferner, daß die Linsenpigmente melaninähnliche Eigenschaften zeigen. Über den Vorgang der Bildung melanoider Farbstoffe in der Linse gibt es aber keine überzeugenden Befunde (Literatur vgl.[5]). Zu erwähnen ist, daß die Linsen mancher Wirbeltiere, z. B. des Eichhörnchens, physiologischerweise eine auffallend starke Gelbfärbung aufweisen[6]. Die Farbstoffe schränken die Lichtdurchlässigkeit der Linse im Blauen stark ein.

Lipoidstoffwechsel. Unsere Kenntnisse über das Verhalten der Lipoide in der Linse gehen nicht über die schon mitgeteilten deskriptiven Daten hinaus (S. 889). Einige gesättigte Fettsäuren scheinen von der Linse oxydiert zu werden[7].

Enzyme der Linse. Der geringe Sauerstoffverbrauch der Linse, von dem wir überdies nicht sicher wissen, ob er nur auf Enzymwirkungen oder zum Teil auch auf einer Autoxydation der in der Linse reichlich vorhandenen reduzierenden Substanzen (Ascorbinsäure, Glutathion, SH-Gruppen im Eiweiß) beruht (vgl. [8]), läßt zunächst auf ein wenig ausgebildetes Oxydationssystem der Linse schließen. Die ersten in dieser Richtung ausgeführten Versuche stützten diese Vermutung. So wurden Cytochrome und Cytochromoxydase sowie die mit diesem Enzym reagierende Diaphorase in der Linse vermißt[9]. Es ist aber zu berücksichtigen, daß der aerobe Stoffwechsel sich zur Hauptsache auf das Linsenepithel beschränkt (S. 894), das nur einen kleinen Teil der ganzen Linsenmasse ausmacht. Neuere Untersuchungen zeigen, daß das Linsenepithel *Cytochromoxydase*[10, 11], *Cytochrom c* und ein *Flavoprotein*[11] enthält. Da die Linsenatmung zudem von Cyanid bereits

[1] Krause, A. C.: Amer. J. Ophthalm. **17**, 502 (1934). Arch. Ophthalm., Chicago (2) **10**, 788 (1933). — [2] Dische, Z., and H. Zil: Amer. J. Ophthalm. **34** (II), 104 (1951). — [3] Kinsey, E. V., and F. C. Merriam: A. M. A. Arch. Ophthalm. **44**, 370 (1950). — [4] Sauermann, A.: Amer. J. Ophthalm. **16**, 985 (1933). — [5] Gifford, S. R., and I. Puntenny: Amer. J. Ophthalm. **16**, 1050 (1933). — [6] Merker, E.: Biol. Zbl. **59**, 87 (1939). — Walls, G. L., and H. D. Judd: Brit. J. Ophthalm. **17**, 705 (1933). — [7] Leonibus, F. de: Ann. Ottalm. **68**, 128 (1940). Rass. ital. Ottalm. **10**, 547 (1947). — [8] Christiansen, G. S., and P. J. Leinfelder: Amer. J. Ophthalm. **35** (II), 21 (1952). — [9] Euler, H. v., H. Hellström, F. Schlenk u. G. Günther: Graefes Arch. Ophthalm. **140**, 116 (1939). — [10] Herrmann, H., and S. G. Moses: J. biol. Ch. **158**, 33 (1945). — [11] Kinsey, V. E., and C. E. Frohman: A. M. A. Arch. Ophthalm. **46**, 536 (1951).

in 10^{-4} molarer Konzentration zur Hälfte gehemmt wird[1], darf angenommen werden, daß sie wenigstens zum größten Teil über ein Schwermetallsystem verläuft.

Der für die Oxydation von Brenztraubensäure wichtige *Tricarbonsäurencyclus* scheint in der Linse stattfinden zu können, wenn auch — auf die ganze Linse bezogen — mit geringer Aktivität[2]. In Linsenextrakten läßt sich eine Reduktion von Glutathion (GS-SG) in einer durch Codehydrogenase II (TPN) mit der oxydativen Decarboxylierung von Äpfelsäure gekoppelten Reaktion beobachten[3], die Linse enthält somit das sog. „*malic enzyme*" und *Glutathionreduktase*:

$$\text{Malat} + \text{TPN} \rightleftharpoons \text{Pyruvat} + CO_2 + \text{TPN}\cdot H + H^+$$
$$\text{GS-SG} + \text{TPN}\cdot H + H^+ \rightarrow 2\,\text{GSH} + \text{TPN}.$$

Die Linse enthält eine Anzahl *Dehydrogenasen*. Folgende Substrate erweisen sich im Methylenblauversuch als Wasserstoffdonatoren: Milch-, Brenztrauben-, Fumar-, Bernstein-, Äpfel-, Oxalessig-, α-Ketoglutar-, Citronen-, Essig-, Glutaminsäure, Alanin, Valin, Glycerinphosphorsäure, Hexosemonophosphorsäure[2,4,5]. Auf den reichlichen Gehalt der Linse an Pyridinnucleotiden (Cozymase, Codehydrogenase II) wurde schon hingewiesen (S. 889). Auch Coenzym A ist in der Linse vorhanden[6]. Die in der Linse nachgewiesene *Kohlensäureanhydratase*[7] dürfte für das gefäßlose Gewebe besondere Bedeutung haben. *Phosphatasen* der Linse vermögen Glycerophosphat[8], ATP und anorganisches Pyrophosphat[9,10] zu spalten. *Hexokinase, Fructokinase, Aldolase* und *Triosephosphatdehydrogenase* wurden in der Linse nachgewiesen[11], außerdem *Isocitronensäuredehydrogenase* und *Cytochrom c-Reduktase*[6].

Die Anwesenheit *proteolytischer Enzyme* in der Linse zeigt sich bereits in dem autolytischen Eiweißzerfall[12] und dem Auftreten stickstoffhaltiger Zerfallsprodukte[13] in der kranken Linse. Intracelluläre Proteasen haben neben den Proteasen des Kammerwassers daran Anteil, daß die Linsensubstanz z. B. nach Beschädigung der Kapsel im Auge zur Resorption gelangt. Die in vitro durch Bestimmung des Amino-N verfolgte Autolyse der Linsensubstanz ist bei schwach saurer Reaktion ($p_H = 6$) am stärksten[14].

Im einzelnen sind die Proteasen der Linse noch nicht gut bekannt. Nach Versuchen über die proteolytische Wirkung von Linsenextrakten auf Gelatine ist Kathepsin in der normalen Linse nicht nachweisbar; Extrakte aus kataraktösen Linsen sollen dagegen unter den gleichen Bedingungen eine deutliche proteolytische Wirkung aufweisen[15]. Ein als β-Protease bezeichnetes Enzym der Linse spaltet β-Krystallin und Albumin unter Bildung von noch eiweißartigen Verbindungen von kleinerem Molekulargewicht (primäre Spaltprodukte); die Protease ist zwischen p_H 4—7 wirksam. Die primären Spaltprodukte werden unter Bildung von Peptonen, Peptiden und Aminosäuren zwischen p_H 3—8 von einer sog. α-Protease der Linse

---

[1] Ely, L. O., and W. A. Robbie: Amer. J. Ophthalm. **33**, 269 (1950). — [2] Ely, L. O.: Amer. J. Ophthalm. **34** (II), 127 (1951). — [3] Heyningen, R. van, and A. Pirie: Biochem. J. **53**, 436 (1953). — [4] Euler, H. v., H. Hellström, F. Schlenk u. G. Günther: Graefes Arch. Ophthalm. **140**, 116 (1939). — [5] Ahlgren, G.: Acta ophthalm., København **5**, 1 (1927). — [6] Pirie, A., R. van Heyningen and J. W. Boag: Biochem. J. **54**, 682 (1953). — Heyningen, R. van, A. Pirie and J. W. Boag: Biochem. J. **56**, 372 (1954). — [7] Bakker, A.: Graefes Arch. Ophthalm. **140**, 531 (1939). — [8] Santoni, A.: Ann. Ottalm. **66**, 208 (1938). — Histochemischer Nachweis von Phosphatasen in der Linse und in anderen Augengeweben s. Allen, R. A., and J. S. Friedenwald: A. M. A. Arch. Ophthalm. **50**, 671 (1953). — [9] Zeller, E. A., K. G. Wakim, J. F. Herrick, W. L. Benedict and J. Daily jr.: Amer. J. Ophthalm. **34**, 1301 (1951). — [10] Mandel, P., J. Zimmer et J. Nordmann: C. R. Soc. Biol. **146**, 1799 (1952). — [11] Mandel, P., et D. Izraelewicz: Cr. **238**, 404 (1954). — [12] Burdon-Cooper, J.: Ophthalm. Rev., London **33**, 129 (1914). — [13] Vecchi, I. de: Boll. Ocul. **16**, 400 (1937). Rass. ital. Ottalm. **5**, 552 (1936). — [14] Sauermann, A.: Amer. J. Ophthalm. **16**, 985 (1933). — [15] Gandolfi, G.: Rass. ital. Ottalm. **9**, 702 (1940).

hydrolysiert[1]. *Peptidasen* der Linse[2,3] wirken auch auf eine Anzahl synthetischer Peptide[2]. Die Linse vermag einige Aminosäuren oxydativ zu *desaminieren*[4].

Klinische Katarakte. Die Kataraktlinse zeigt mit fortschreitender Trübung immer mehr die Merkmale eines alternden und absterbenden Gewebes. Dementsprechend sind die für die Erhaltung und das Wachstum der Linse wichtigen Stoffumsetzungen, die sich zum Teil in der Atmung und in der Glykolyse ausdrücken, in der kataraktösen Linse stark herabgesetzt oder fehlen ganz. Der gestörte Eiweißstoffwechsel zeigt sich in einer Verminderung von Sulfhydryl- zugunsten von Disulfidgruppen, der Abnahme von löslichem Eiweiß, dem Auftreten proteolytischer Spaltprodukte und in einer gelben bis braunen Verfärbung der Linsenmasse. Eng mit dem Stoffwechsel verbundene Substanzen, wie Ascorbinsäure, Glutathion und Glucose, verschwinden mehr und mehr aus der kataraktösen Linse. Die normalerweise zwischen Linse und Kammerwasser bestehenden Unterschiede im Elektrolytgehalt sind durch Abwanderung (K^+) oder Anreicherung (Na^+, Ca^{++}, Cl^-) einzelner Elektrolyte verwischt. Der Wassergehalt der trüben Linse kann je nach Art und Entwicklungsstadium der Katarakt vermehrt oder vermindert sein. Phosphorylierungsreaktionen sind in der getrübten Linse herabgesetzt.

Tabelle 142. Cystein und Cystin im Eiweiß normaler und kataraktöser Linsen vom Menschen (in %)[5].

	Cystein	Cystin	Cystein + Cystin
Normale Linse			
Lösliches Eiweiß	1,81	0,29	2,10
Albumoid	0,40	0,73	1,13
Totale Katarakt			
Lösliches Eiweiß	0,31	0,72	1,03
Albumoid	0,53	2,76	3,29

Als Ursache der *Alterskatarakt* hat man u. a. endokrine Dysfunktionen, eine den Stoffaustausch erschwerende Abnahme der Permeabilität der Linsenkapsel (vgl. S. 891), Sensibilisierung der Linsenproteine durch kurzwelliges Licht, Aktivierung von Proteasen durch p_H-Verschiebung nach der sauren Seite, Schwund von freien und im Linseneiweiß gebundenen Sulfhydrylgruppen in Betracht gezogen[6].

Die zuletzt genannte Annahme verdient besondere Aufmerksamkeit. Ihr liegen folgende Feststellungen zugrunde[5]: Die löslichen Proteine normaler Linsen enthalten etwa 4—6mal mehr Cystein als Cystin. In senilen Katarakten ist dieses oxydoreduktive Gleichgewicht zugunsten des Cystins verschoben. Die Summe von Cystein + Cystin ist im Albumoid aus totalen Katarakten größer als im Albumoid aus normalen Linsen (vgl. Tabelle 142). In der getrübten Linse hat also eine Oxydation von Sulfhydrylgruppen der löslichen Proteine stattgefunden. Dieser bereits in den noch nicht getrübten Linsenteilen feststellbare Vorgang ist vielleicht eine Folge des Schwundes von Glutathion (das die Linsenproteine vor Oxydation schützt) aus der sich trübenden Linse. Das vermehrte Auftreten von Disulfidgruppen in den löslichen Proteinen dürfte deren Präzipitation und enzymatische Hydrolyse fördern, wodurch es dann zu einer Abnahme des löslichen und Zunahme des unlöslichen Eiweißes kommen kann. Wegen des hohen Gehaltes an Cystin im Albumoid aus totalen Katarakten darf man daran denken, daß das an Cystein reiche β-Krystallin infolge der Oxydation und weiterer Vorgänge in die wasserunlösliche Albumoidfraktion übergeht. In diesen Zusammenhang gehört auch

[1] Krause, A. C.: Arch. Ophthalm., Chicago (2) **10**, 631 (1933). — [2] Abderhalden, E., u. H. Hanson: Fermentforsch. **16**, 67 (1938). — [3] Zeller, E. A., K. G. Wakim, J. F. Herrick, W. L. Benedict and J. Daily jr.: Amer. J. Ophthalm. **34**, 1301 (1951). — [4] Leonibus, F. de: Rass. ital. Ottalm. **10**, 547 (1941). — Auricchio, G., et M. de Vincentiis: Acta ophthalm., København **28**, 7 (1950). — [5] Dische, Z., and H. Zil: Amer. J. Ophthalm. **34** (II), 104 (1951). — [6] Vgl. hierzu Pau, H.: Die Permeabilitätskatarakt. Klin. Mbl. Augenheilkde. **124**, 1 (1954). — Meesmann, A.: Über endokrin bedingte Linsentrübungen. Med. Klinik **1955**, 29.

der Befund[1], nach dem die Linse in vivo durch Zufuhr von Cystein vor Schädigungen durch Röntgenstrahlen geschützt werden kann.

Nach Röntgenbestrahlung der Kaninchenlinse in vivo nimmt der Gehalt an reduziertem Glutathion ab, und zwar schon vor dem Auftreten von optisch erkennbaren Veränderungen der Linse. Mit dem fortschreitenden Schwund von GSH und der Entwicklung von Trübungen ist ein Aktivitätsverlust von Glutathionreduktase und von Enzymen, deren Aktivität von SH-Gruppen abhängt (Glycerinaldehyddehydrogenase, Glyoxalase, Acetaldehydoxydase), verbunden. Coenzym A ist in der nach Röntgenbestrahlung getrübten Linse ebenfalls vermindert[2]. Auch diese Befunde weisen auf die Bedeutung von SH-Gruppen für die Erhaltung der Linsenfunktion und auf ihre besondere Rolle bei der Entstehung von Linsentrübungen hin.

Bei anderen Starformen, z. B. der echten *Cataracta diabetica* und der *Cataracta tetanica*, sind die die Trübungen auslösenden Bedingungen zweifellos in den allgemeinen Stoffwechselstörungen zu suchen. Die beim Diabetes durch den erhöhten Blutzuckergehalt bedingten Veränderungen der osmotischen Verhältnisse, eine Acidose oder eine (in vitro nachgewiesene[3]) toxische Wirkung von Aceton und β-Oxybuttersäure auf das Linsenepithel können als Ursache für Linsentrübungen in Frage kommen (vgl. ferner[4]). Wir kennen aber die die Linse unmittelbar betreffenden Faktoren noch nicht, und es ist zu bemerken, daß längst nicht jeder Diabetes mit Linsentrübungen verbunden ist.

Bei der Entstehung der Cataracta tetanica spielt sehr wahrscheinlich der verminderte Calciumgehalt im Kammerwasser die bedeutendste Rolle. Nach einer Annahme[5] soll es dadurch zu einer erhöhten Durchlässigkeit der Linsenkapsel kommen, wodurch der Eintritt eines toxisch wirkenden Kolloids in die Linse begünstigt werde. Eine andere Auffassung[6] bezieht sich auf die Feststellung, daß Zusatz von Parathyreoideaextrakt zu einer 0,1—0,25% $CaCl_2$ enthaltenden Ringerlösung, in die die Linse gelegt wird, den Übertritt von Ca^{++} in die Linse herabzusetzen oder völlig zu verhindern vermag. Das soll auf der Bildung eines nichtdiffusiblen Calcium-Hormonkomplexes beruhen. Die Tetaniekatarakt ist danach auf ein vermehrtes Eindringen von Ca^{++} in die Linse zurückzuführen; dadurch werde die Empfindlichkeit der Linsenproteine gegenüber kurzwelligem Licht gesteigert, und es entstehen Trübungen. Besonders hinzuweisen ist auf Versuche in vitro, nach denen die Linse bei Calciummangel in der Umgebungsflüssigkeit K^+ verliert und Na^+ (sowie Wasser) aufnimmt (vgl. S. 893). Therapeutische Maßnahmen (Verabfolgung von Parathormon, AT 10, Vitamin D, Calciumsalzen), die zu einer Normalisierung des Calciumgehaltes im Blut und Kammerwasser führen, können in manchen Fällen von Nebenschilddrüseninsuffizienz die Entstehung oder die weitere Entwicklung von Linsentrübungen verhindern.

Neben der Cataracta diabetica und der Cataracta tetanica werden zu den endokrin bedingten Staren noch die Katarakt bei myotonischer Dystrophie, bei Mongolismus und bei verschiedenen Hauterkrankungen (Cataracta syndermatotica) gerechnet. Diese Starformen sind biochemisch jedoch noch kaum untersucht worden.

Experimentelle Katarakte. Linsentrübungen können in vivo durch eine Reihe von Maßnahmen hervorgerufen werden.

Die nach Injektion von *hypertonischen Elektrolyt- oder Nichtelektrolytlösungen* auftretenden Trübungen zeigen die Empfindlichkeit der Linsenproteine gegenüber einer Störung des osmotischen Gleichgewichtes im Körper, die auch für manche andere Starformen als Ursache in Betracht zu ziehen ist.

In engster Beziehung zu der klinischen Cataracta diabetica stehen die bei *experimentellem Diabetes* (pankreatektomierte Hunde[7] und Ratten[8]) festgestellten

[1] SALLMANN, L. v., Z. DISCHE, G. EHRLICH and C. M. MUÑOZ: Amer. J. Ophthalm. **34** (II), 95 (1951). — [2] PIRIE, A., R. VAN HEYNINGEN and J. W. BOAG: Biochem. J. **54**, 682 (1953). — HEYNINGEN, R. VAN, A. PIRIE and J. W. BOAG: Biochem. J. **56**, 372 (1954). — [3] KIRBY, D. B., K. C. ESTEY and R. E. WIENER: Arch. Ophthalm., Chicago (2) **10**, 37 (1933). — [4] HEINSIUS, E., u. G. ARNDT: Graefes Arch. Ophthalm. **150**, 555 (1950). — [5] BAHR, G. v.: Acta ophthalm., København **18**, 170 (1940). — [6] CLARK, J. H.: Amer. J. Physiol. **126**, 136 (1939). — [7] CHAIKOFF, I. L., and G. S. LACHMAN: Proc. Soc. exp. Biol. Med. **31**, 237 (1933). — [8] FOGLIA, V. G., and F. K. CRAMER: Proc. Soc. exp. Biol. Med. **55**, 218 (1944).

Linsentrübungen. Auch bei dem durch *Alloxan* erzeugten Diabetes wird (bei Kaninchen) Katarakt beobachtet[1, 2]. Injektion von *Dehydroascorbinsäure* und verwandten Verbindungen führt bei Ratten zu einer Hyperglykämie und im Laufe von Wochen zu Katarakt[3]. *Adrenalin* bewirkt bei Mäusen vorübergehende subkapsuläre Linsentrübungen[4]; bei Ratten ist dazu die kombinierte Wirkung von Adrenalin und Histamin nötig. Ergotamin verhindert die durch Adrenalin erzeugbaren Trübungen. Der Zusammenhang, der sehr wahrscheinlich zwischen Hypocalcämie und der Cataracta tetanica besteht, findet eine Parallele in Fütterungsversuchen, die bei Ratten zu *Hypocalcämie* und Linsentrübungen führen[5-7].

Nach ungenügender Zufuhr von *Vitamin* B_2 werden bei Hühnern, Ratten[8] und Schweinen[9] Katarakte beobachtet; eine besondere Zusammensetzung des Futters scheint dazu notwendig zu sein, da andere Untersucher[10] über negative Ergebnisse berichten. Ratten, deren Futter arm ist an *Tryptophan*[11], *Phenylalanin*[12], *Histidin*[13] oder an bestimmten anderen Aminosäuren, bekommen Linsentrübungen, die als Folge einer gestörten Eiweißsynthese aufzufassen sind. Tryptophanmangel führt nur bei jungen, nicht bei alten Ratten zu Katarakt. Einige *Zuckerarten* (Milchzucker, Galaktose, Xylose[14]), in größerer Menge an Ratten verfüttert, bewirken Linsentrübungen. Bei einem Kinde mit Galaktosämie wurden bilaterale Katarakte beobachtet[15]. Die „Galaktosekatarakt“ ist vermutlich auf eine Störung des osmotischen Gleichgewichts im Organismus zurückzuführen[16]. Außerdem wird in Betracht gezogen, daß Galaktose den Glucoseabbau in der Linse blockiere[17]. Cocarboxylase soll die Entstehung der Galaktosekatarakt bei Ratten verhindern[18], was jedoch nicht bestätigt werden konnte[19].

Anoxämie löst bei Ratten reversible Linsentrübungen aus[20]. Unter anoxämischen Bedingungen steigt der Milchsäuregehalt des Kammerwassers (von Kaninchen) bis auf das 4fache des Normalwertes an.

Von allgemein-toxisch wirkenden Verbindungen, deren Zufuhr zu Linsentrübungen führt, sind zu nennen: *Thalliumsalze*[21] (Ratte), *Naphthalin*[22] und

---

[1] Bailey, C. C., O. T. Bailey and R. S. Leech: New Engl. J. Med. **230**, 533 (1944). — [2] Waters, J. W.: Biochem. J. **46**, 575 (1950). — Nordmann, J., et P. Mandel: Cr. **236**, 426 (1953). — [3] Patterson, J. W.: Amer. J. Physiol. **165**, 61 (1951). — [4] Suden, C. tum: Amer. J. Physiol. **130**, 543 (1940). — Suden, C. tum, and L. C. Wyman: Endocrinology **27**, 628 (1940). — [5] Bietti, G.: Klin. Mbl. Augenheilkde. **105**, 299 (1940). — [6] Bahr, G. v.: Acta ophthalm., København, Suppl. **11**, 1 (1936). — Meesmann, A.: Hypocalcämie und Linse. Stuttgart 1938. — [7] Vgl. a. Rauh, W., u. K.-H. Wagner: Graefes Arch. Ophthalm. **143**, 85 (1941). — [8] Day, P. L., W. C. Langston and C. S. O'Brien: Amer. J. Ophthalm. **14**, 1005 (1931). — Cosgrove, K. W., and P. L. Day: Amer. J. Ophthalm. **25**, 544 (1942). — [9] Buschke, W.: Arch. Ophthalm., Chicago (2) **30**, 751 (1943). — [10] György, P.: Biochem. J. **29**, 741 (1935). — [11] Curtis, P. B., S. M. Hauge and H. R. Kraybill: J. Nutrit. **5**, 503 (1932). — Totter, J. R., and P. L. Day: J. biol. Ch. **140**, 134 (1941). J. Nutrit. **24**, 159 (1942). — Albanese, A. A., and W. Buschke: Science, N.Y. **95**, 584 (1942). — Schaeffer, A. J., and E. Geiger: Proc. Soc. exp. Biol. Med. **66**, 309 (1947). — [12] Bowles, L. L., V. P. Sydenstricker, W. K. Hall and H. L. Schmidt jr.: Proc. Soc. exp. Biol. Med. **66**, 585 (1947). — [13] Sydenstricker, V. P., H. L. Schmidt jr. and W. K. Hall: Proc. Soc. exp. Biol. Med. **64**, 59 (1947). — [14] Mitchell, H. S., and W. M. Dodge: J. Nutrit. **9**, 37 (1935). — Darby, W. J., and P. L. Day: J. biol. Ch. **133**, 503 (1940). — [15] Reiter, C., and M. A. Lasky: Amer. J. Ophthalm. **35**, 69 (1952). — [16] Süllmann, H., u. R. Weekers: Z. Augenheilkde. **95**, 58 (1938). — Sasaki, T.: Graefes Arch. Ophthalm. **138**, 365 (1938). — [17] Ross, E. J.: Nature **171**, 125 (1953). — [18] Hörmann, E.: Graefes Arch. Ophthalm. **154**, 561 (1954). — [19] Heyningen, R. van, A. Pirie and J. Blackwell: Brit. J. Ophthalm. **39**, 37 (1955). — [20] Bellows, J. G., and D. Nelson: Proc. Soc. exp. Biol. Med. **54**, 126 (1943). — [21] Buschke, (A.): Z. Augenheilkde. **48**, 302 (1922). Arch. Derm. Syph., Berlin **116**, 477 (1913). — [22] Pagenstecher, H. E.: Ber. dtsch. ophthalm. Ges. **37**, 44 (1911). — Goldmann, H.: Klin. Mbl. Augenheilkde. **83**, 433 (1929).

Naphthalinderivate[1] (Kaninchen, Ratte), *2,4-Dinitrophenol*[2], *Dinitro-o-kresol*[3] und andere aromatische Nitroverbindungen[4] (Mensch, Huhn). Einige Inhibitoren der Cholinesterase (z. B. *Diisopropylfluorophosphat*) bewirken beim Meerschweinchen Linsentrübungen[5]. Die nach Dinitrophenol auftretende Katarakt nimmt beim Menschen einen chronischen Verlauf, tritt beim Huhn oder Küken als reversible Linsentrübung dagegen akut, bereits 1 Std nach Zufuhr der Verbindung, auf[4].

Da 2,4-Dinitrophenol nach Feststellungen an Enzympräparaten aus anderen Geweben die Kopplung zwischen Zellatmung und Phosphorylierung unterbricht, kommt eine gleichartige Wirkung der Substanz auf den Linsenstoffwechsel als Ursache dieser Katarakt in Betracht. In Konzentrationen von 0,05—1,25 mg-% erhöht 2,4-Dinitrophenol in vitro den O_2-Verbrauch der Linse[6]. Eine Störung des Einbaus von radioaktivem Phosphat in die durch Papierelektrophorese trennbaren Phosphatfraktionen der Linse wurde nach Dinitrophenolvergiftung (Hähnchen) nicht beobachtet, wohl aber nach Verabreichung von Alloxan oder Naphthalin an Kaninchen[7].

Aus dem Experiment und aus dem Auftreten von Linsentrübungen bei bestimmten Stoffwechselstörungen können wir einige der äußeren Bedingungen erschließen, die zu Linsentrübungen führen. Über die unmittelbaren Ursachen, die eine als Trübung sichtbar werdende Änderung im kolloiden Zustand der Linsenproteine und in den von ihnen gebildeten Strukturen bewirken, erfahren wir dadurch nichts oder nur wenig. Man muß sich vergegenwärtigen, daß zwischen dem physikalisch-chemischen Zustand der Eiweißkörper, dem Milieu und dem Stoffwechsel in der Linse — ebenso wie in jedem anderen Gewebe — enge Wechselbeziehungen bestehen, um zu erkennen, daß wir es bei der Entwicklung von Linsentrübungen kaum mit einem einfachen Vorgang, sondern mit einer Kette von Vorgängen zu tun haben. Diese gegenseitige Abhängigkeit der die optische Funktion der Linse gewährleistenden Bedingungen, in Verbindung mit dem in der gefäßlosen Linse nur langsam erfolgenden Stoffaustausch und ihrem nicht besonders regen Stoffwechsel, erklärt es auch, daß bereits geringfügige Einflüsse zu immer mehr fortschreitenden Trübungen der Linse führen können. Andererseits dient die Stoffwechseltätigkeit der Linse der Erhaltung ihrer Strukturen. Der normale oder nur wenig gestörte Ablauf der Stoffwechselvorgänge bietet so einen gewissen Schutz dagegen, daß jede Schädigung der Linse zur vollen Auswirkung kommt. Die klinische Beobachtung zeigt ja auch, daß in manchen Fällen auftretende Trübungen sich nicht oder nur sehr langsam weiterentwickeln oder daß es sogar zu einer Rückbildung von Trübungen kommt. Abgesehen von den therapeutischen Maßnahmen, die sich über eine Normalisierung des allgemeinen Stoffwechsels (z. B. bei Diabetes, Tetanie) auch auf die Linse günstig auswirken, kennen wir noch keine eigentliche Therapie für die erkrankte Linse. In neuerer Zeit werden Beobachtungen mitgeteilt[8], nach denen die Injektion von Proteinen aus Fischlinsen beim Menschen zu einer Rückbildung von Linsentrübungen führt. Nachprüfungen haben aber ergeben, daß eine auf dieser Grundlage durchgeführte Therapie wertlos und zudem nicht ungefährlich ist.

---

[1] FITZHUGH, O. G., and W. H. BUSCHKE: Arch. Ophthalm., Chicago (2) **41**, 572 (1949). — [2] HORNER, W. D.: Arch. Ophthalm., Chicago (2) **16**, 447 (1936). — COGAN, D. G., and F. C. COGAN: J. amer. med. Ass. **105**, 793 (1935). — ROBBINS, B. H.: J. Pharmacol. exp. Therap. **80**, 264 (1944). — [3] MÅHLÉN, S.: Acta ophthalm., København **16**, 563 (1938). — [4] BUSCHKE, W.: Amer. J. Ophthalm. **30**, 1356 (1947). — [5] DIAMANT, H.: Acta ophthalm., København **32**, 357 (1954). — [6] FIELD, J. II, and E. G. TAINTER: Proc. Soc. exp. Biol. Med. **36**, 277 (1937). — FIELD, J. II, E. G. TAINTER, A. W. MARTIN and H. S. BELDING: Amer. J. Ophthalm. **20**, 779 (1937). — [7] MÜLLER, H. K., O. KLEIFELD, R. FUCHS, U. DARDENNE, O. HOCKWIN u. P. ARENS: Graefes Arch. Ophthalm. **156**, 460 (1955). — [8] SHROPSHIRE, R. F., J. R. GINSBERG and M. JACOBI: Science, N. Y. **116**, 276 (1952).

g) Das Kammerwasser (Humor aquaeus).

α) Physiologische Bedeutung der intraocularen Flüssigkeit.

Kammerwasser und Glaskörperflüssigkeit bilden die intraoculare Flüssigkeit. Sie ist für den Stoffaustausch im Augeninnern und für den Augendruck wichtig. Besonders die gefäßlosen Gewebe des Auges sind ganz (Linse) oder teilweise (Hornhaut) für ihre Ernährung und zur Fortschaffung überflüssiger Stoffwechselprodukte auf einen wechselseitigen Stoffaustausch mit der intraocularenFlüssigkeit angewiesen. Ferner sind Austauschvorgänge zwischen Netzhaut und Glaskörper nachweisbar. Die Abhängigkeit des Augendruckes von der Menge der intraocularen Flüssigkeit läßt sich leicht nachweisen: ein (z. B. osmotisch durch Injektion hypertonischer oder kolloider Lösungen in die Blutbahn bewirkter) Entzug von Flüssigkeit aus dem Auge führt zu einer Senkung, Vermehrung der intraocularen Flüssigkeitsmenge (z. B. durch Einspritzung in die Vorderkammer) zu einer Erhöhung des intraocularen Druckes. Eine Behinderung des Kammerwasserabflusses (s. u.) kann ebenfalls einen Druckanstieg im Auge zur Folge haben. Die bei Glaukom vorhandene Augendruckerhöhung steht sehr wahrscheinlich in einem derartigen Zusammenhang mit der im Auge vorhandenen Flüssigkeitsmenge.

β) Chemie des Kammerwassers.

Das Kammerwasser ist eine wasserklare Flüssigkeit mit einem geringen Gehalt an *festen Stoffen* (1,1%) und einem dementsprechend niedrigen *spezifischen Gewicht* (1,004—1,009). Der p_H-*Wert* des Kammerwassers vom Kaninchen beträgt 7,5—7,6 und ist im Mittel um 0,17 höher als der des Blutplasmas[2]. Der *osmotische Druck* des Kammerwassers ist nach den sorgfältigsten Messungen höher als der des Blutplasmas[2-4]; die Differenz entspricht beim Hund[4] dem osmotischen Druck einer 5,4-millimolaren, beim Kaninchen[2] einer 3-millimolaren Kochsalzlösung.

Tabelle 143. Mineralbestandteile im Kammerwasser, Glaskörper und Serum vom Rind (Durchschnittswerte in mg-%)[1].

	Kammerwasser	Glaskörper	Serum *
Natrium	339	338	331
Kalium	19,0	19,1	28,5
Calcium	6,2	6,9	10,3
Magnesium	1,1	1,0	1,5
Chlor	437	441	366
Phosphor (anorganisch)	2,8	1,0	4,7
Schwefel (anorganisch)	1,2	1,4	2,7

* Unter Berücksichtigung des nichtlösenden Raumes sind die Werte für Serum um etwa 8% höher.

Die bei verschiedenen Tierarten gefundene osmotische Hypertonie des Kammerwassers, die ein Einströmen von Wasser aus dem Blut ins Auge zur Folge haben muß, ist einem hydrostatischen Druck von etwa 90—180 mm Hg äquivalent. Daß sich dieser hydrostatische Druck nicht in vollem Umfange auf den intraocularen Druck (der 15—25 mm Hg beträgt) auswirkt, beruht sehr wahrscheinlich auf dem ständigen Abfluß von Kammerwasser (s. S. 895).

1. Anorganische Bestandteile.

Das Kammerwasser enthält alle anorganischen Verbindungen, die im Blut vorhanden sind. Quantitativ bestehen einige Unterschiede, über die aber von

[1] Tron, E.: Graefes Arch. Ophthalm. **117**, 677 (1926); **118**, 713 (1927); **119**, 659 (1928). — [2] Kinsey, V. E.: A. M. A. Arch. Ophthalm. **44**, 215 (1950). — [3] Hodgson, T. H.: Trans. ophthalm. Soc. **58**, 87 (1938). — [4] Roepke, R. R., and W. A. Hetherington: Amer. J. Physiol. **130**, 340 (1940).

verschiedenen Untersuchern und für verschiedene Tierarten zum Teil voneinander abweichende Angaben gemacht werden (vgl. Tabelle 143 und 144).

Kationen. Nach mehreren Untersuchern ist die Konzentration an *Natrium* und *Kalium* im Kammerwasser geringer als im Blutplasma. Man hat das mit dem Bestehen eines Dialysegleichgewichtes zwischen den beiden Körperflüssigkeiten in Verbindung gebracht (s. weiter unten). Bemerkenswert sind Befunde über die *Altersabhängigkeit des Kaliumgehaltes* im Serum und in den intraocularen Flüssigkeiten vom Rind[1]: Der Kaliumgehalt ist beim alten Tier in allen Flüssigkeiten vermindert, am stärksten aber im Kammerwasser. Der *Calciumgehalt* von Kammerwasser (und Glaskörper) entspricht etwa dem Gehalt des Serums an diffusiblem Calcium[2]. Im Kammerwasser wurden auch *Kupfer*[3] und *Eisen*[4] nachgewiesen.

Anionen. Die *Chlorid*konzentration soll im Kammerwasser höher sein als im Plasma, entsprechend den Erfordernissen eines Dialysationsgleichgewichtes. Das trifft nach neueren Analysen wenigstens für das Kaninchen nicht zu (Tabelle 144). *Phosphat-* und *Sulfationen* finden sich nach übereinstimmenden Angaben im Kammerwasser in geringerer Konzentration als im Plasma. Der Gehalt an *Hydrogencarbonat* liegt beim Menschen und bei verschiedenen Tieren zwischen 60 und 70 Vol.-% CO_2; er ist danach ungefähr gleich dem HCO_3^--Gehalt von Plasma aus venösem Blut[6]. Neuere Befunde (Tabelle 144) ergeben für das Kammerwasser (von Kaninchen) einen wesentlich höheren Gehalt an HCO_3^- als für das Plasma; das Konzentrationsverhältnis beträgt im Mittel 1,45:1.

Tabelle 144. Mineralbestandteile im Kammerwasser und Plasma von Kaninchen (Durchschnittswerte in mMol je 1000 g Wasser)[5].

	Kammerwasser	Plasmawasser
Natrium	143,0	146,0
Kalium	4,7	4,8
Calcium (diffusibel)	1,4	1,8
Magnesium	0,5	0,9
Chlorid	107,9	113,8
Hydrogencarbonat	31,9	21,9
Phosphat	0,7	1,2

Gase. Die Menge an physikalisch *gelöstem Kohlendioxyd* entspricht in der Vorderkammerflüssigkeit des Hundes einem Partialdruck von 25—45 mm Hg[7]. Im Kaninchenkammerwasser wird etwas weniger freies CO_2 gefunden als im Plasma[5], was dem höheren p_H-Wert des Kammerwassers entspricht. Der Partialdruck des *Sauerstoffs* beträgt in der Vorderkammer 40—50 mm Hg (s.[7]). In der hinteren Kammerflüssigkeit ist die O_2-Spannung etwas höher.

Weitaus die meisten Analysen liegen für die Vorderkammerflüssigkeit vor. Die quantitative Zusammensetzung der Flüssigkeiten aus der *vorderen* und *hinteren* Kammer ist aber verschieden. Beim Kaninchen werden in der Hinterkammerflüssigkeit z. B. weniger Chloride und Phosphate, dagegen mehr Hydrogencarbonate gefunden als in der Vorderkammerflüssigkeit[8]. Der osmotische Druck ist in beiden Flüssigkeiten gleich. Im ganzen gesehen weicht die Zusammensetzung der Hinterkammerflüssigkeit stärker von der des Blutplasmas ab als die der Vorderkammerflüssigkeit. Das trifft auch für einige organische Bestandteile zu

2. Organische Bestandteile.

Der ***Eiweiß***gehalt des Kammerwassers vom Menschen beträgt 10—30 mg-%. Im Kammerwasser von einigen Tieren, z. B. von jungen Kaninchen, wird manchmal mehr Eiweiß festgestellt. Das Eiweiß besteht aus Albumin und Globulinen;

[1] Salit, P. W.: B. Z. **301**, 253 (1939). — [2] Stary, Z., u. R. Winternitz: H. **212**, 215 (1932). — [3] Nitzescu, I. I., u. I. D. Georgescu: Kli. Wo. **1935 I**, 97. — [4] Tauber, F. W., and A. C. Krause: Amer. J. Ophthalm. **26**, 260 (1943). — [5] Kinsey, V. E.: A. M. A. Arch. Ophthalm. **44**, 215 (1950). — [6] Kronfeld, P.: Graefes Arch. Ophthalm. **118**, 606 (1927). — [7] Friedenwald, J. S., and H. F. Pierce: Arch. Ophthalm., Chicago (2) **17**, 477 (1937). — [8] Kinsey, V. E.: A. M. A. Arch. Ophthalm. **50**, 401 (1953).

Fibrinogen ist im normalen Kammerwasser nicht vorhanden. Das elektrophoretisch bestimmte Verhältnis von Albumin: Globulin ist im Kammerwasser und im Serum etwa gleich groß; der Anteil der einzelnen Globuline am Gesamteiweiß ist nach diesen Untersuchungen in den beiden Körperflüssigkeiten aber verschieden[1]. Mittels der Papierelektrophorese wurden die in Tabelle 145 wiedergegebenen Werte erhalten[2] (vgl. a. [3]). Im Kammerwasser des Menschen[4] und von einigen Tierarten[1] findet man bei der Papierelektrophorese eine dem Albumin vorauswandernde, noch nicht identifizierte Komponente.

Infolge einer Durchlässigkeitssteigerung der Capillaren kann es zu einer bedeutenden Vermehrung des Eiweißes im Kammerwasser kommen. So beruht der hohe Eiweißgehalt des nach vorhergehender Punktion der Vorderkammer wieder gebildeten Kammerwassers auf einer vermehrten Durchlässigkeiten der Capillaren, wahrscheinlich bedingt durch eine reaktive Hyperämie und damit verbundene Gefäßerweiterung im Auge. Die Eiweißmenge im regenerierten, sog. „zweiten" Kammerwasser kann beim Kaninchen 1 Std nach der Punktion über 3% betragen und zu einer spontanen Gerinnung der Augenflüssigkeit führen[5]; nach einigen Tagen zeigt das Kammerwasser wieder einen normalen Eiweißgehalt. Beim Menschen ist der Einfluß der Vorderkammerpunktion auf den Eiweißgehalt des zweiten Kammerwassers nicht so groß wie beim Kaninchen.

Tabelle 145. Elektrophoretisch bestimmter Anteil einzelner Proteine am Gesamteiweiß im Kammerwasser vom Kaninchen[2].

	Relative Prozente
Albumin	50,0
α_1-Globulin . . .	18,3
α_2-Globulin . . .	11,5
β-Globulin . . .	10,6
γ-Globulin . . .	9,6

Im Kammerwasser entzündeter Augen (Injektion von Staphylokokkentoxin in den Glaskörper) ist elektrophoretisch neben Albumin, α-, β-, γ-Globulin auch Fibrinogen nachweisbar[1]. Bei Vermehrung der Eiweißmenge im Kammerwasser kann es zu einer Verschiebung des Albumin-Globulinverhältnisses kommen, das beim Kaninchen, z. B. nach intravenöser Injektion von Colitoxin[1] oder nach einer Vasodilatation im vorderen Augenabschnitt (mit Histamin und Physostigmin)[1] beträchtlich erhöht ist. Trotz der künstlich vermehrten Permeabilität der intraocularen Schranken sind diese also für die Globuline weniger durchlässig als für das Albumin.

Enzyme. Der niedrige Eiweißgehalt des normalen Kammerwassers läßt von vornherein nur geringe Enzymmengen erwarten. Es wird über das Vorhandensein von *Hyaluronidase*[6], ferner von *Amylase, Maltase, Lipase, Proteasen, Dehydrogenasen, Oxydasen* und *Katalase* berichtet[7]. *Cholinesterase* konnte von einigen Untersuchern nicht[8], von anderen[9] in geringer Menge nachgewiesen werden. Mit der z. B. nach Punktion der Vorderkammer erhöhten Eiweißmenge sind auch Enzyme, die im Blute vorhanden sind, im Kammerwasser vermehrt.

Antikörper. Nach Immunisierung mit verschiedenen Bakterienarten sind *Antikörper* auch im Kammerwasser (von Kaninchen) nachweisbar[10, 11]. Theophyllin, das (wie noch andere Diuretica) die Permeabilität der Blutkammerwasserschranke erhöht, bewirkt einen vermehrten Übertritt von Antikörpern ins Kammerwasser[11]. Bei chronischer Uveitis (Augentuberkulose) findet sich im Kammerwasser der Antikörper, der sensibilisierte Hammelblutkörperchen agglutiniert[12].

---

[1] Sallmann, L. von, and D. H. Moore: Arch. Ophthalm., Chicago (2) **40**, 279 (1948). — [2] Witmer, R.: Ophthalmologica, Basel **123**, 380 (1952). — [3] Münich, W.: Kli. Wo. **1952**, 849. Graefes Arch. Ophthalm. **154**, 50 (1953/54). — [4] Esser, H., F. Heinzler u. H. Pau: Graefes Arch. Ophthalm. **155**, 11 (1954). — [5] Franceschetti, A., u. H. Wieland: Arch. Augenheilkde. **99**, 1 (1928). — [6] Meyer, K.: Physiol. Rev. **27**, 335 (1947). — [7] Lo Cascio, G.: Ann. Ottalm. **50**, 219 (1922). — Böck, J., u. H. Popper: Z. ges. exp. Med. **90**, 319 (1933). — [8] Uvnäs, B., and H. Wolff: Acta ophthalm., København **16**, 157 (1938). — Matteucci, P.: Ann. Oculist., Paris **180**, 671 (1947). — [9] Plattner F., u. H. Hintner: Pflügers Arch. **225**, 19 (1930). — Brückner, R.: Ophthalmologica, Basel **105**, 37 (1943). — [10] Leber, A.: Graefes Arch. Ophthalm. **64**, 413 (1906). — Römer, P.: Arch. Augenheilkde. **54**, 207 (1906). — Salus, R.: Klin. Mbl. Augenheilkde. **49**, 362 (1911). — [11] Franceschetti, A., u. C. Hallauer: Arch. Augenheilkde. **100/101**, 59 (1929). — [12] Witmer, R.: Schweiz. med. Wschr. **82**, 449 (1952).

Rest-N. Der Gehalt des Kammerwassers an Rest-N liegt bei verschiedenen Tieren zwischen 12 und 40 mg-%[1,2]. Er besteht zum größten Teil aus *Harnstoff* (24—32 mg-% im Kammerwasser vom Hund[1]) und *Aminosäuren* (8—10 mg-% Amino-N)[1]. Daneben sind zu nennen: *Kreatinin* (1—2 mg-%)[1], *Harnsäure* (1—4,5 mg-%)[3], *Nicotinsäure* (0,4 γ je g)[4], *Lactoflavin* (etwa 1 γ je 100 g)[5]. Das Kammerwasser enthält *kein* Glutathion[6], obgleich die Linse reich daran ist.

Das Kammerwasser enthält weniger Harnstoff, als gleichzeitig beim gleichen Tier im Blutplasma vorhanden ist[7]. Das Defizit kann nicht durch den intraocularen Stoffwechsel erklärt werden, da ein Harnstoffverbrauch durch Augengewebe nicht festzustellen ist. Auch an anderen, kleinmolekularen Stickstoffverbindungen, z. B. Harnsäure, scheint das Kammerwasser ärmer zu sein. Der papierchromatographisch bestimmte Gehalt an freien Aminosäuren ist im menschlichen Kammerwasser ebenfalls geringer als im Blutplasma[8].

Das Kammerwasser vom Menschen enthält je g 15—18 γ, das von der Katze 21—47 γ *Hexosamin*[9]. Da Serum in der Mucoid- und Globulinfraktion bedeutend mehr Hexosamin enthält, kommt es bei einem vermehrten Übertritt von Serumeiweiß auch zu einer Erhöhung des Hexosamingehaltes im Kammerwasser. Im normalen Kammerwasser ist fast die gesamte Menge Hexosamin als *Hyaluronsäure*[9] vorhanden. Aus Rinderkammerwasser wurden 4,5 mg-% Hyaluronsäure isoliert. Die Hyaluronsäure ist im Kammerwasser zum größten Teil in einer depolymerisierten Form vorhanden. Weil sie im Serum nicht nachweisbar ist, wird ihr Vorkommen im Kammerwasser als Stütze für die Sekretionshypothese (s. u.) betrachtet. Eine bei der elektrophoretischen Untersuchung des Kammerwassers (s. o.) beobachtete schnell wandernde Komponente steht vielleicht in Beziehung zur Hyaluronsäure[10].

Im Kammerwasser kommen mehrere pharmakologisch aktive Verbindungen vor. Hervorzuheben ist der relativ hohe Gehalt des (Rinder-) Kammerwassers an *Adrenalin* (0,1—0,6 γ/cm^3) und L-*Noradrenalin* (0,1—0,3 γ/cm^3)[11]. Außerdem wurden eine parasympathicomimetische *(acetylcholinähnliche)* Substanz[12] und eine Verbindung, die als *Histamin* betrachtet wird[13,14], deren Identität aber noch nicht sicher ist[15], nachgewiesen.

Lipide sind im Kammerwasser nur in Spuren vorhanden (etwa 4 mg-%)[16]. Nachgewiesen wurden Neutralfette, Phosphatide und Cholesterin. Bei experimenteller Hypercholesterinämie des Kaninchens finden sich im Kammerwasser erhöhte Cholesterinmengen[17]. Im Kammerwasser von Kaninchen wurden *Corticosteroide*

[1] KRAUSE, A. C., and A. M. YUDKIN: J. biol. Ch. **88**, 471 (1930). — [2] O'BRIEN, C. S., and P. W. SALIT: Amer. J. Ophthalm. **14**, 582 (1931). — [3] WALKER, A. M.: J. biol. Ch. **101**, 269 (1933). — [4] SIMONELLI, M.: Boll. Ocul. **20**, 163 (1941). — [5] PHILPOT, F. J., and A. PIRIE: Biochem. J. **37**, 250 (1943). — [6] MÜLLER, H. K.: Nature **132**, 280 (1933). — HERRMANN, H., and S. G. MOSES: J. biol. Ch. **158**, 33 (1945). — [7] MOORE, E., H. G. SCHEIE and F. H. ADLER: Arch. Ophthalm., Chicago (2) **27**, 317 (1942). — ADLER, F. H.: Arch. Ophthalm., Chicago (2) **10**, 11 (1933). — [8] WUNDERLY, C., and B. CAGIANUT: Brit. J. Ophthalm. **38**, 357 (1954). — [9] PALMER, J. W., E. M. SMYTH and K. MEYER: J. biol. Ch. **119**, 491 (1937). — [10] SALLMANN, L. VON, and D. H. MOORE: Arch. Ophthalm., Chicago (2) **40**, 279 (1948). — [11] EULER, U. S. v.: Ergebn. Physiol. **46**, 261 (1950). — s. dagegen PILLAT, B., and M. M. POWERS: A. M. A. Arch. Ophthalm. **50**, 323 (1953). — Ferner DUNER, H., U. S. v. EULER and B. PERNOW: Acta physiol. scand. **31**, 113 (1954). — [12] BLOOMFIELD, S.: Proc. Soc. exp. Biol. Med. **60**, 293 (1945). — VELHAGEN, K. jr.: Arch. Augenheilkde. **103**, 424 (1930). — ENGELHART, E.: Pflügers Arch. **227**, 220 (1931). — [13] EMMELIN, N.: Acta physiol. scand. **11**, Suppl. **34** (1945). — [14] ZOPPO, I. DEL: Ann. Ottalm. **75**, 55 (1949). — [15] KRAKAU, C. E. T.: Acta ophthalm., København **27**, 259 (1949). — BÖCK, J., u. H. HELLAUER: Graefes Arch. Ophthalm. **154**, 268 (1953/54). — [16] DUKE-ELDER, W. S.: The nature of the intra-ocular fluids. Brit. J. Ophthalm. Monogr., Suppl. **3** (1927). — [17] HAGINO, R.: Acta Soc. ophthalm. jap. **37**, 1 (1933).

nachgewiesen[1, 2]. Hauptsächlich sollen Corticosteron und Desoxycorticosteron vorliegen[1]. Im regenerierten Kammerwasser ist der Gehalt an Corticosteroiden höher als im normalen[1].

Von den **N-freien Verbindungen** ist zunächst *Glucose* zu nennen. Das Kammerwasser (von Kaninchen und Katzen) enthält 15—20%, der Glaskörper etwa 50% weniger Glucose als das Blutplasma vom gleichen Tier[3]. Dieses Defizit in den intraocularen Flüssigkeiten wird — wenigstens zum Teil — auf den Glucoseverbrauch von Linse und Netzhaut zurückgeführt. Änderungen im Glucosegehalt des Blutes kommen im Glucosegehalt des Kammerwassers zum Ausdruck.

Ascorbinsäure[4, 5] ist im Kammerwasser in bedeutend höherer Konzentration vorhanden als im Blut; ihre Menge wechselt zum Teil beträchtlich mit der Tierart (vgl. Tabelle 140, S. 890). Ferner besteht bei der gleichen Tierart eine auffallende Altersabhängigkeit: bei ganz jungen Kaninchen enthalten Kammerwasser und Blut fast gleich viel Ascorbinsäure; der erwähnte Unterschied zugunsten des Kammerwassers bildet sich erst im Laufe der Entwicklung aus[6].

Der *Milchsäure*gehalt des Kammerwassers liegt mit 20—25 mg-% über dem Ruhewert der Blutmilchsäure[7]. Das ist eine Folge der Glykolyse der Linse; im aphaken (linsenlosen) Auge ist der Milchsäuregehalt des Kammerwassers vermindert[8]. Im Kammerwasser wurden 3,5 mg-% *Brenztraubensäure* gefunden (gegenüber 2,5 mg-% im Plasma[9]). Der Gehalt des Kammerwassers an *Citronensäure* beträgt beim Menschen 16—32 γ je cm^3; er ist im Kammerwasser der Vögel bedeutend größer (bis 600 γ je cm^3) und liegt hier weit über dem Citronensäuregehalt des Serums[10].

γ) Stoffaustausch zwischen Blut und intraocularer Flüssigkeit.

Die Zusammensetzung der intraocularen Flüssigkeit wird durch Austauschvorgänge mit dem Blut reguliert.

Erstens besteht ein unter der Wirkung des intraocularen Druckes stattfindender Abfluß von Flüssigkeit aus dem Auge. Dieser Abfluß erfolgt vorwiegend durch das Endothel des SCHLEMMschen Kanals in diesen hinein und von dort in die episkleralen Venen. Mit dem in neuerer Zeit gelungenen optischen Nachweis[11, 12] von „Kammerwasservenen“, d. h. von kammerwasserführenden Gefäßen, die mit dem SCHLEMMschen Kanal in Verbindung stehen und ihren farblosen Inhalt bluthaltigen Gefäßen zuführen, ist dieser Weg des Austritts von Kammerwasser aus dem Auge sichergestellt. Die aus dem Auge abfließende Flüssigkeitsmenge muß natürlich durch einen entsprechenden Zufluß ersetzt werden, damit der Augendruck sich in seinen physiologischen Grenzen hält. Das mit verschiedenen Methoden ermittelte *Minutenvolumen des Kammerwasserdurchflusses* beträgt beim Menschen[13] etwa 2 mm^3 (rund 1% der Kammerwassermenge), beim Hund[14] 1 bis 2 mm^3 und beim Kaninchen[15] 2,75 mm^3 oder 4 mm^3 nach einem anderen Befunde[16].

---

[1] MONTANARI, L., e G. LEPRI: Rass. ital. Ottalm. **22**, 305 (1953). — [2] GREEN, H., I. H. LEOPOLD and V. L. WEIMAR: Amer. J. Ophthalm. **38** (II), 101 (1954). — GREEN, H., J. L. SAWYER and I. H. LEOPOLD: Amer. J. Ophthalm. **39**, 871 (1955). — [3] DUKE-ELDER, S., and H. DAVSON: Brit. J. Ophthalm. **33**, 21 (1949). — [4] HARRIS, L. J.: Nature **132**, 27 (1933). — [5] MÜLLER, H. K.: Nature **132**, 280 (1933). — [6] KINSEY, V. E., B. JACKSON and T. L. TERRY: Arch. Ophthalm., Chicago **34**, 415 (1945). — [7] WITTGENSTEIN, A., u. A. GAEDERTZ: B. Z. **176**, 1 (1926). — [8] FISCHER, F. P.: Ergebn. Physiol. **31**, 533 (1931). — [9] KINSEY, V. E.: A. M. A. Arch. Ophthalm. **44**, 215 (1950). — [10] GRÖNVALL, H.: Acta ophthalm., København Suppl. **14** (1937). — [11] ASCHER, K. W.: Amer. J. Ophthalm. **25**, 1301 (1942). — [12] GOLDMANN, H.: Ophthalmologica, Basel **111**, 146 (1946). — [13] GOLDMANN, H.: Ophthalmologica, Basel **119**, 65 (1950). — [14] FRIEDENWALD, J. S., and H. F. PIERCE: Arch. Ophthalm., Chicago (2) **7**, 538 (1932). — [15] BÁRÁNY, E., and V. E. KINSEY: Amer. J. Ophthalm. **32** (II), 177 (1949). — [16] KINSEY, V. E., and W. M. GRANT: J. gen. Physiol. **26**, 131 (1942).

Zweitens findet ein hiervon verschiedener Stoffaustausch zwischen Blut und intraocularer Flüssigkeit durch die Oberflächen von Iris, Ciliarkörper und Netzhaut statt. Die auf diesen Wegen erfolgenden Austauschvorgänge sind für die Zusammensetzung der intraocularen Flüssigkeit von der größten Bedeutung. Die Frage, wie sich dieser Stoffaustausch vollzieht, führt zu den verschiedenen Ansichten über die „Bildungsweise des Kammerwassers".

Blutkammerwasserschranke. Die nur Spuren Eiweiß enthaltende intraoculare Flüssigkeit ist vom Blut durch Gewebeschichten getrennt, die als semipermeable, für Kolloide nahezu undurchlässige Membrane wirken. Als solche kommen hauptsächlich die Endothelien der Uveacapillaren, das sie umgebende Stroma und das ektodermale Epithel in Betracht. Sie bilden im wesentlichen das anatomische Substrat der sog. Blutkammerwasserschranke, eine Bezeichnung, die bei der Betrachtung einzelner Austauschvorgänge nicht immer in einem anatomisch genau bestimmten Sinne angewendet werden kann.

Hypothesen über die Kammerwasserbildung. Nach der wohl ältesten Auffassung über die Bildung des Kammerwassers ist dieses ein Sekret. Als Sekretionsorgan wird der Ciliarkörper angesprochen, dem man Eigenschaften einer Drüse zugeschrieben hat[1]. Heute faßt man die *Sekretionshypothese* der Kammerwasserbildung allgemeiner im Sinne einer aktiven, auf Stoffwechselvorgänge zurückführbaren Beteiligung der uvealen Gewebe, vor allem des Ciliarkörpers, beim Stofftransport vom Blut in die Augenkammern auf[2], ohne eigentliche Drüsen anzunehmen. Nach der *Ultrafiltrationshypothese* ist das Kammerwasser ein Filtrat der Blutflüssigkeit[3], erzeugt durch den Blutdruck in den uvealen Capillaren, von dem angenommen wird, daß er größer sei als die Summe aus dem auf den Gefäßen lastenden intraocularen Druck und dem kolloidosmotischen Druck des Blutes (die beide einem Austritt von Blutflüssigkeit entgegenwirken). Die Zusammensetzung des Kammerwassers sollte danach im wesentlichen der eines Ultrafiltrates aus Blutplasma gleich sein. Nach der *Dialysationshypothese* erfolgt die Bildung des Kammerwassers durch Diffusions-, vielleicht auch durch Filtrationsvorgänge; wegen der nahezu nur auf der Blutseite vorhandenen Eiweißanionen sollte die Elektrolytverteilung zwischen Kammerwasser und Blutflüssigkeit nicht einem einfachen Diffusions-, sondern einem Dialysations- oder Donnangleichgewicht entsprechen.

Keine dieser Hypothesen über die Herkunft des Kammerwassers kann heute mit der gleichen Entschiedenheit vertreten werden, wie das früher geschah. Es ist auch sehr fragwürdig geworden, ob man die Bildung des Kammerwassers als einen einheitlichen Vorgang ansehen darf; wahrscheinlicher ist, daß einzelne Bestandteile unabhängig voneinander und auf verschiedene Weise in die Augenkammern gelangen.

Wir betrachten hierzu nur einige von den Ergebnissen, die bei Untersuchungen 1. über das Verteilungsverhältnis bestimmter Verbindungen und 2. über den zeitlichen Verlauf des Stoffaustausches zwischen Blutflüssigkeit und intraocularer Flüssigkeit erhalten worden sind.

Das *Verteilungsverhältnis von* Na^+ *und* Cl^-, die ihrer Menge nach die Hauptionen in den Körperflüssigkeiten sind, ist am häufigsten bestimmt worden. Tabelle 146 enthält die Durchschnittswerte von einigen Analysen.

Betrachtet man das Kammerwasser als Dialysat der Blutflüssigkeit — oder nimmt man wenigstens das Bestehen eines Dialysationsgleichgewichtes zwischen den beiden Flüssigkeiten an, ohne allein daraus auf die Bildungsweise des Kammerwassers zu folgern — so sollte sich beim Menschen für R_{Na} ein theoretischer Wert von 1,04, für R_{Cl} von 0,97 ergeben[4]. Einige Zahlen der Tabelle stimmen damit wenigstens annähernd überein, wobei jedoch zu bemerken

[1] SEIDEL, E.: Graefes Arch. Ophthalm. **102**, 189, 366, 383, 415 (1920). — [2] FRIEDENWALD, J. S., and R. D. STIEHLER: Arch. Ophthalm., Chicago (2) **20**, 761 (1938). — [3] BAURMANN, M.: Graefes Arch. Ophthalm. **116**, 96 (1926). — [4] SLYKE, D. D. VAN: Factors Affecting the Distribution of Electrolytes, Water, and Gases in the Animal Body. Philadelphia 1926.

ist, daß die vom gleichen Untersucher bei der selben Spezies erhaltenen Einzelergebnisse teilweise sehr verschieden sind (z. B. R_{Na} beim Menschen 0,82—1,30[1]). Außerdem sind die für das Verteilungsverhältnis *errechneten* Werte (s. o.) noch unsicher. Unter Berücksichtigung der anscheinend nur unvollständigen Ionisation von Na im Plasma[2] wäre z. B. für R_{Na} ein Wert von etwa 1,12 zu erwarten. Die experimentell gefundenen Werte weichen hiervon ab. Vergleicht man die bei verschiedenen Tierarten erhobenen Befunde miteinander, so ergeben sich Hinweise dafür, daß die Beziehung zwischen Blutflüssigkeit und Kammerwasser — soweit sich diese Beziehung durch die Verteilung der beiden Ionenarten veranschaulichen läßt — nicht bei allen Tieren gleich ist.

Verteilung von anderen diffusiblen Verbindungen. Das Kammerwasser weist ein Defizit an Phosphat[3], Sulfat und an Nichtelektrolyten (Glucose, Harnstoff) auf. Auch körperfremde Nichtelektrolyte, in die Blutbahn injiziert, erreichen im Kammerwasser nicht die gleiche Konzentration wie im Plasma (s. u.). Das Kammerwasser enthält mehr Ascorbinsäure, Milchsäure, Brenztraubensäure und anscheinend auch mehr Hydrogencarbonat als das Blutplasma.

Tabelle 146. Verteilungsverhältnis von Na^+ und Cl^- zwischen Plasmawasser und Kammerwasser. (R = Ionenkonzentration im Plasmawasser zu Ionenkonzentration im Kammerwasser.)

	R_{Na}	R_{Cl}
Mensch	1,05[1]	0,89[4]; 0,97[5]
Hund	1,04[6]	1,00[5]; 0,93[9]
Katze	1,03[6]	0,92[6]
Kaninchen	1,02[7]	1,02[5]; 1,05[7]
Meerschweinchen	0,92[8]; 0,96[10]	1,07[9]; 1,03[10]

Kurz zusammengefaßt ist zu sagen: die Annahmen, nach denen das Kammerwasser ein Ultrafiltrat oder ein Dialysat des Blutes ist, werden durch die chemische Analyse der beiden Körperflüssigkeiten nicht hinreichend gestützt. Die Ergebnisse dieser Untersuchungen führen vielmehr zu der Aufgabe, nach noch anderen Vorgängen und Bedingungen zu suchen, die für die Zusammensetzung des Kammerwassers mitbestimmend sind.

Austausch von Wasser und anorganischen Elektrolyten. Einen weiteren Einblick in die Beziehungen zwischen intraocularer Flüssigkeit und Blut geben Versuche, in denen die Übertrittsgeschwindigkeit bestimmter Stoffe vom Blut ins Augeninnere und in umgekehrter Richtung untersucht wurde. Die Verwendung von Isotopen hat sich hierbei als sehr fruchtbar erwiesen.

Daß sich z. B. der *Austausch von Wasser* zwischen Blut und Augeninnerem nicht auf die wenigen Kubikmillimeter je min beschränkt, die wir oben für den Kammerwasserdurchfluß angeführt haben, zeigen Versuche mit D_2O[11]. Hiernach wird beim Kaninchen die Hälfte des in der Vorderkammer vorhandenen Wassers in 2,5—3 min mit dem Blut ausgetauscht, was einem Wasserwechsel von 50 mm³ je min entspricht. Im Glaskörper des Kaninchens wird die Hälfte des Wassers in 10—15 min ausgetauscht, entsprechend einem Wasserwechsel von etwa 85 mm³ je min. Ähnliche Verhältnisse findet man am Menschenauge[12].

[1] CAGIANUT, B.: Schweiz. med. Wschr. **78**, 200 (1948). — [2] GREENE, C. H., and M. H. POWER: J. biol. Ch. **91**, 183 (1931). — INGRAHAM, R. C., C. LOMBARD and M. B. VISSCHER: J. gen. Physiol. **16**, 637 (1933). — [3] WINTERNITZ, R., u. Z. STARY: Z. ges. exp. Med. **89**, 540 (1933). — [4] HODGSON, T. H.: Trans. ophthalm. Soc. **58**, 87 (1938). — [5] KINSEY, V. E.: J. gen. Physiol. **32**, 329 (1949). — [6] DUKE-ELDER, S., and H. DAVSON: Brit. J. Ophthalm. **32**, 555 (1948). — [7] KINSEY, V. E.: A. M. A. Arch. Ophthalm. **44**, 215 (1950). — [8] SCHOLZ, R. O., D. B. COWIE and W. S. WILDE: Amer. J. Ophthalm. **30**, 1513 (1947). — WILDE, W. S., R. O. SCHOLZ and D. B. COWIE: Amer. J. Ophthalm. **30**, 1516 (1947). — [9] DAVSON, H., P. A. MATCHETT and J. R. E. ROBERTS: J. Physiol., London **116**, 47P (1952). — [10] RIDGE, J. W.: Brit. J. Ophthalm. **39**, 534 (1955). — [11] KINSEY, V. E., (W). M. GRANT and D. G. COGAN: Arch. Ophthalm., Chicago (2) **27**, 242 (1942). — [12] CAGIANUT, B., H. HEUSSER u. K. EICHENBERGER: Exper. **5**, 243 (1949).

Demgegenüber erfolgt der *Austausch von Elektrolyten* offensichtlich langsamer. ^{24}Na und ^{38}Cl werden zwischen Blut und Kammerwasser mit einer Geschwindigkeit ausgetauscht, die einem Zufluß von 3—4 mm³ vollständigem Kammerwasser je Minute äquivalent sein würde[1,2]. Das entspricht ungefähr dem Minutenvolumen des Kammerwasserdurchflusses (s. o.), ist aber bedeutend niedriger als die in gleicher Zeit insgesamt ausgetauschte Wassermenge. Daraus ergibt sich, daß der Austausch von Wasser und Elektrolyten (z. B. auch von Li^+, Mg^{++}, Fe^{++}, NCS^-, Br^-, HPO_4^{--})[3,4] zwischen Blut und Kammerwasser weitgehend unabhängig voneinander, jedenfalls mit ganz verschiedener Geschwindigkeit erfolgt.

Die im Ciliarkörper vorhandene Kohlensäureanhydratase ist für den Elektrolytaustausch zwischen Blut und Kammerwasser vielleicht von Bedeutung: Intravenöse Injektion eines Inhibitors der Kohlensäureanhydratase (Diamox) bewirkt unter Senkung des intraocularen Drucks eine Verminderung des Kaliumgehaltes des Kammerwassers von Kaninchen, wogegen der Natriumgehalt des Kammerwassers durch den Inhibitor nicht beeinflußt wird[5]. Nach Versuchen, die ebenfalls mit Diamox und an Kaninchen ausgeführt wurden, scheint die Kohlensäureanhydratase der Uvea beim Austausch von CO_2 überraschenderweise keine Rolle zu spielen; in diesen Versuchen wurde keine Änderung des intraocularen Drucks beobachtet[6].

Übertritt von Ascorbinsäure. Die Ascorbinsäurekonzentration im Kammerwasser ist von der Blutseite aus beeinflußbar, und zwar bewirkt beim Kaninchen eine geringe Vermehrung der Ascorbinsäuremenge im Blut bereits eine starke Erhöhung der Ascorbinsäuremenge im Kammerwasser[7,8]. Diese Beziehung ist aber in bemerkenswerter Weise vom Alter der Tiere abhängig[9]. Beim erwachsenen Kaninchen steigt die Ascorbinsäurekonzentration im Kammerwasser schnell mit der Erhöhung der Konzentration im Blut an, bis sie im Kammerwasser einen Wert von 50 mg-% hat. Dieser Wert wird erreicht, wenn die Ascorbinsäurekonzentration im Serum 3 mg-% beträgt. Darüber hinaus steigt die Ascorbinsäure im Kammerwasser nicht an. Beim ganz jungen Kaninchen dagegen hängt die Ascorbinsäurekonzentration im Kammerwasser direkt von der im Blut ab. Wie schon erwähnt (s. S. 905), ist bei jungen Tieren auch die physiologische Ascorbinsäurekonzentration im Kammerwasser nahezu gleich der im Blut, beim erwachsenen Tier ist sie dagegen im Kammerwasser viel höher. Man wird so zu der Annahme geführt[9,10], daß beim erwachsenen Kaninchen die Ascorbinsäure durch einen Sekretionsvorgang, der eine Anreicherung bewirkt, ins Auge gelangt, beim jungen Kaninchen aber diese sekretorische Fähigkeit noch nicht ausgebildet ist und die Ascorbinsäureverteilung zwischen Blut und Kammerwasser durch Diffusion erfolgt.

Der ***Übertritt von Nichtelektrolyten*** aus dem Blut ins Kammerwasser scheint ohne eine Beteiligung von sekretorischen Vorgängen zu erfolgen. Der Austausch von Zuckerarten z. B. hängt von der Molekülgröße und nicht von der chemischen Natur des Zuckers ab[11]. Pentosen und Hexosen gelangen etwa mit der gleichen Geschwindigkeit ins Kammerwasser, Disaccharide bedeutend

---

[1] KINSEY, V. E., W. M. GRANT, D. G. COGAN, J. J. LIVINGOOD and B. R. CURTIS: Arch. Ophthalm., Chicago (2) **27**, 1126 (1942). — [2] KINSEY, V. E.: A. M. A. Arch. Ophthalm. **44**, 215 (1950). — [3] KINSEY, V. E., and W. M. GRANT: J. gen. Physiol. **26**, 119 (1942). — [4] DUKE-ELDER, S., H. DAVSON and D. M. MAURICE: Brit. J. Ophthalm. **33**, 329 (1949). — [5] FALBRIARD, A., R. ZENDER, M. C. SANZ et A. FRANCESCHETTI: Exper. **11**, 232 (1955). — [6] GREEN, H., S. A. CAPPER, C. A. BOCHER and I. H. LEOPOLD: A. M. A. Arch. Ophthalm. **52**, 758 (1954). — [7] GOLDMANN, H., u. W. BUSCHKE: Arch. Augenheilkde. **109**, 205, 314 (1936). — [8] LANGHAM, M.: J. Physiol., London **111**, 388 (1950). — [9] KINSEY, V. E.: Amer. J. Ophthalm. **30**, 1262 (1947). — Vgl. auch PURCELL, E. F., L. H. LERNER and V. E. KINSEY: A. M. A. Arch. Ophthalm. **51**, 1 (1954). — [10] FRIEDENWALD, J. S., W. BUSCHKE and H. O. MICHEL: Arch. Ophthalm., Chicago (2) **29**, 535 (1943). — [11] DUKE-ELDER, S., and H. DAVSON: Brit. J. Ophthalm. **33**, 21 (1949).

langsamer und Polysaccharide (Raffinose, Inulin) noch schwerer. Die körperfremde 3-Methylglucose tritt ebenso schnell über wie die Pentosen und Hexosen. Demgegenüber gelangen aber Harnstoff und andere N-haltige Stoffe trotz geringerer Molekülgröße langsamer vom Blut ins Kammerwasser als die Zucker[1, 2]. Lipoidlöslichkeit begünstigt den Übertritt einer Verbindung[3]. Es ist bemerkenswert, daß die Zucker (und noch andere Verbindungen) in den Glaskörper langsamer übertreten als in das Kammerwasser, was auf Unterschiede zwischen den Permeabilitätseigenschaften der die Blut-Kammerwasserschranke bildenden Teile der Uvea hinweist.

Nach dem Konzentrationsausgleich (d. h. wenn der als „steady state" bezeichnete Zustand erreicht ist, in dem sich die Konzentrationen im Kammerwasser und im Plasma mit der Zeit nicht ändern) ist das Verteilungsverhältnis: Konzentration im Kammerwasser: Konzentration im Plasma sowohl für D-Glucose als auch für andere in die Blutbahn gebrachte Zucker (D-Galaktose, D-Xylose, D- und L-Arabinose) kleiner als 1 (s.[4]). Auch diese Versuche geben keinen Hinweis auf einen aktiven Transport der Zucker vom Blut ins Kammerwasser. Wegen des gleichartigen Verhaltens der verschiedenen, zum Teil körperfremden Zucker ist es danach auch fraglich, ob sich das physiologische Glucosedefizit im Kammerwasser ausschließlich auf einen Glucoseverbrauch durch die inneren Augengewebe zurückführen läßt.

Andererseits soll *Insulin* den Übertritt von Glucose vom Blut ins Kammerwasser fördern[5], was auf eine Mitwirkung von Stoffwechselvorgängen in den uvealen Geweben hindeuten würde.

Das Defizit des Kammerwassers an Nichtlektrolyten und einigen Elektrolyten läßt sich teilweise durch den stetigen Einstrom von Wasser — als Folge der osmotischen Hypertonie des Kammerwassers – in die Augenkammern erklären (vgl.[1, 6-9]). Dadurch wird das Kammerwasser verdünnt, und die nur auf dem Diffusionswege ins Kammerwasser gelangenden Substanzen können hier nicht die gleiche Konzentration erreichen wie im Blutplasma. Die osmotische Hypertonie des Kammerwassers wird durch eine Sekretion von Hydrogencarbonat und Ascorbinsäure (vgl. den Abschnitt Uvea S. 921) sowie durch die Milchsäurebildung der Linse aufrecht erhalten. Vielleicht spielt auch die Sekretion von anderen Elektrolyten, je nach Tierart, eine Rolle. Für die Höhe des Augendruckes ist die dem Kammerwasser durch Osmose (und durch einen hydrostatischen Filtrationsdruck in den Uveacapillaren) zufließende Flüssigkeitsmenge, der normalerweise ein entsprechender Abfluß von Kammerwasser gegenüber stehen muß, von ausschlaggebender Bedeutung.

h) Der Glaskörper (Corpus vitreum).

α) Struktur.

Der Glaskörper stellt eine halbfeste, gallertartige Masse dar. Im durchfallenden Licht und mit dem gewöhnlichen Mikroskop sind im frischen Glaskörper keine Strukturen zu sehen. Trotzdem ist er kein strukturloses Gebilde. Aus Untersuchungen mit der Spaltlampe hat man bereits auf (konzentrisch angeordnete lamellare) Strukturen im Glaskörper geschlossen[10, 11]. Genauere, wenn auch in Einzelheiten noch nicht übereinstimmende Einblicke in die Struktur

[1] Duke-Elder, S., and H. Davson: Brit. J. Ophthalm. **32**, 555 (1948). — [2] Ross, E. J.: Brit. J. Ophthalm. **33**, 310 (1949). — [3] Palm, E.: Acta ophthalm., København **25**, 139 (1947). — [4] Harris, J. E., and L. B. Gehrsitz: Amer. J. Ophthalm. **32** (II), 167 (1949). — [5] Ross, E. J.: J. Physiol., London **116**, 414 (1952). — [6] Kinsey, V. E.: A. M. A. Arch. Ophthalm. **44**, 215 (1950). — [7] Kinsey, V. E., and W. M. Grant: J. gen. Physiol. **26**, 131 (1942). Brit. J. Ophthalm. **28**, 355 (1944). — [8] Bárány, E. H., and H. Davson: Brit. J. Ophthalm. **32**, 313 (1948). — [9] Harris, J. E., and L. B. Gehrsitz: Amer. J. Ophthalm. **32** (II), 167 (1949); **34** (II), 113 (1951). — [10] Vogt, A., H. Wagner u. M. Schneiter: Klin. Mbl. Augenheilkde. **101**, 235 (1938). — [11] Friedenwald, J. S., and R. D. Stiehler: Arch. Ophthalm., Chicago (2) **14**, 789 (1935).

des Glaskörpers haben Untersuchungen mit dem Immersions-Ultramikroskop[1, 2], mit dem Phasenkontrastmikroskop[2, 3] und mit dem Elektronenmikroskop[4–6] erbracht. Danach verfügt der Glaskörper über ein Faserwerk von sowohl räumlich als auch chemisch komplexem Aufbau. Im Bereiche der lichtmikroskopischen Größe gibt es anscheinend 2 Arten von Fasern, gröbere und feinere. Nur die letzteren werden von Kollagenase verdaut, wogegen die gröberen Fasern von Trypsin abgebaut werden[3]. Ein Teil der Fasern zeigt nach elektronenmikroskopischen Untersuchungen protoplasmatische Einschlüsse[5]. Aus Beobachtungen mit dem Phasenkontrastmikroskop wird auch auf das Vorhandensein einer optisch homogenen hyalinen Membran an der Glaskörperoberfläche geschlossen[3]. Die Membransubstanz wird sowohl von Trypsin als auch von Kollagenase aufgelöst[3]. Außer dem Faserwerk, das die grobdisperse Phase des Glaskörpers bildet, ist elektronenoptisch noch ein zur kolloiden Phase gehörendes Faserwerk nachweisbar[5]. Dieses Netzwerk in der kolloiden Phase dürfte den größten Anteil an der gallertartigen Konsistenz des Glaskörpers haben[5].

Nach den erwähnten und anderen Untersuchungen schließen wir uns hier der Auffassung an, nach der der Glaskörper über fibrilläre Strukturen verfügt. Es ist aber darauf hinzuweisen, daß der physikalisch-chemische Aufbau des Glaskörpers noch zahlreiche Fragen offen läßt, und daß das Vorhandensein fibrillärer Strukturen im ganz frischen Glaskörper bestritten wird[7].

β) Chemische Analyse.

Der Glaskörper besteht zu rund 99% aus *Wasser*; seine Trockensubstanz ist zum überwiegenden Teil anorganischer Natur. Der in vivo beim Kaninchen gemessene p_H-*Wert* beträgt in den mittleren Teilen des Glaskörpers 7,0—7,1; in den netzhautnahen Bezirken ist die Reaktion meistens etwas saurer[8]. Der *osmotische Druck* soll beim Menschen gleich, bei einigen Tieren niedriger sein als der des Serums[9]; jedoch sind dazu weitere Messungen wünschenswert.

Eiweiß. Der gesamte Eiweißgehalt des Glaskörpers beträgt beim erwachsenen Kaninchen[10] 8—16 mg-%, beim Pferd[11] etwa 20 mg-% und beim Rind[11] 40 mg-%. Beim neugeborenen Kaninchen ist der Eiweißgehalt des Glaskörpers höher als beim erwachsenen Tier[12]. Diese erstaunlich geringe Eiweißmenge baut teilweise das Fadenwerk auf und ist zu einem andern Teil in der Glaskörperflüssigkeit gelöst. Das Eiweiß des Rinderglaskörpers enthält 7,0—7,9% Tyrosin und 3,0 bis 4,2% Tryptophan[13].

Das lösliche Eiweiß besteht aus *Albumin* und *Globulin*; der spektrophotometrisch bestimmte Quotient ergibt für den Rinderglaskörper 0,30—0,64, im Durchschnitt 0,46 s. [13]. Das Globulin des Glaskörpers verhält sich elektrophoretisch wie das γ-Globulin des Serums[14]. Wäscht man den Glaskörper aus oder läßt die Glaskörperflüssigkeit auf einem Filter abtropfen, so bleibt ein als *Restprotein* oder *Vitrein* bezeichnetes Eiweiß zurück. Der Gehalt des Rinderglaskörpers an Vitrein[15] beträgt 11—16 mg-%. Aus dem Vitrein baut sich das Fadenwerk des Glaskörpers auf. Einleitend wurde aber schon erwähnt, daß die fädigen Strukturbestandteile des Glaskörpers morphologisch und chemisch nicht einheitlicher Natur sind.

---

[1] BAURMANN, M.: Graefes Arch. Ophthalm. **111**, 352 (1923); **114**, 276 (1924); **122**, 415 (1929); **132**, 302 (1934). — Zusammenfassende Darstellungen: BAURMANN, M.: Ergebn. Path. **26**, Erg.-Bd., 121 (1933). Zbl. Ophthalm. **47**, 1 (1942). — [2] SCHWARZ, W., u. E. SCHUCHARDT: Z. Zellforsch. **35**, 293 (1950). — [3] BEMBRIDGE, B. A., G. N. C. CRAWFORD and A. PIRIE: Brit. J. Ophthalm. **36**, 131 (1952). — [4] SCHUCHARDT, E., u. M. KNOCH: Naturwiss. **37**, 426 (1950). — [5] SCHWARZ, W.: Z. Zellforsch. **36**, 45 (1951). — [6] MATOLTSY, A. G., J. GROSS and A. GRIGNOLO: Proc. Soc. exp. Biol. Med. **76**, 857 (1951). — [7] ROSSI, A. A.: Brit. J. Ophthalm. **37**, 343 (1953). — [8] SALLMANN, L. v.: Arch. Ophthalm., Chicago (2) **33**, 32 (1945). — [9] NUEL, N.: Arch. Ophtalm., Paris **25**, 732 (1905). — [10] FRANCESCHETTI, A., u. H. WIELAND: Arch. Augenheilkde. **99**, 45 (1928). — [11] COHEN, M., J. A. KILLIAN and N. METZGER: Contr. ophthalm. Sci. **1926**, 216. — [12] BEMBRIDGE, B. A., and A. PIRIE: Brit. J. Ophthalm. **35**, 784 (1951). — [13] BALAZS, E. A.: Amer. J. Ophthalm. **38** (II), 21 (1954). — [14] HESSELVIK, L.: Skand. Arch. Physiol. **82**, 151 (1939). — [15] PIRIE, A.: Brit. J. Ophthalm. **33**, 271 (1949).

Das Vitrein zeigt Eigenschaften der Kollagene. Es löst sich in heißem Wasser uud in verdünnten Säuren; beim Abkühlen der wäßrigen Lösung entsteht ein Gel. Von Trypsin[1] (vgl. jedoch[2]) und Papain[3] wird es nicht angegriffen, wohl aber von Pepsin und von Kollagenase[4] (aus Cl. Welchii). Letztere bewirkt eine Verflüssigung des Glaskörpers in vitro und in vivo. Frisch dargestelltes Vitrein vermag in Wasser wieder ein voluminöses Gerüst zu bilden, dessen Volumen bis zu 50% des ursprünglichen Glaskörpervolumens beträgt[5]. Es enthält kein Hexosamin und etwa 6% Kohlenhydrat[4]. Die qualitative Aminosäurenanalyse durch Papierchromatographie ergibt für Vitrein und für Kollagen aus der Hornhaut das gleiche Bild[4]. (Über den Feinbau des Strukturproteins des Glaskörpers s. [6].)

Enzyme. Da der Glaskörper kein aus Zellen bestehendes Gewebe ist, hat er auch keinen selbständigen Stoffwechsel. An Enzymen wurden nachgewiesen: Katalase, Amylase, Lipase, Proteasen, Cholinesterase[7-9]. Die Aktivität der Cholinesterase ist im Glaskörper ziemlich hoch; innerhalb des Glaskörpers findet sich das Enzym in ungleichmäßiger Verteilung[9].

Hyaluronsäure. Ungefähr $^1/_3$ des organischen Materials im Rinderglaskörper besteht aus Hyaluronsäure[10]. Aus den Glaskörpern von etwa 200 Rinderaugen werden annähernd 0,2 g Hyaluronsäure (als Natriumsalz) erhalten[11]. Der Glaskörper vom Menschen und von verschiedenen Tieren enthält nicht soviel Hyaluronsäure wie der Rinderglaskörper. Das ergibt sich aus dem *Gehalt an Hexosamin*, das im Glaskörper fast nur in Form von Hyaluronsäure vorhanden ist: er beträgt beim Menschen 37 γ, beim Hund 20—44 γ und beim Rind 126—207 γ je g Glaskörper[12]. Der Glaskörper von neugeborenen Kaninchen scheint noch keine Hyaluronsäure zu enthalten[13].

Die Hyaluronsäure liegt im Glaskörper sehr wahrscheinlich in freier, nicht an Eiweiß gebundener Form vor[14, 15]; bei der Elektrophorese wandert sie getrennt von den Proteinen der Glaskörperflüssigkeit[16]. Das von früheren Untersuchern gefundene „Glaskörpermucin“ scheint ein Kunstprodukt zu sein. Die Viscosität der Glaskörperflüssigkeit beruht auf ihrem Gehalt an hochpolymerer Hyaluronsäure. Aus Glaskörper dargestellte Hyaluronsäure ist polydispers[11] (Teilchenlängen nach Viscositätsmessungen 1000—4800 Å). Im Glaskörper findet vermutlich eine ständige Desaggregation von hochpolymerer Hyaluronsäure statt[14], wonach die Bruchstücke wegdiffundieren und wohl teilweise ins Kammerwasser gelangen. Ascorbinsäure vermag Hyaluronsäure zu depolymerisieren[17]. Über die Herkunft der Hyaluronsäure ist nichts bekannt. Es ist wahrscheinlich, daß sie im Auge von den umgebenden Geweben des Glaskörpers gebildet wird, da sie im Blut nicht vorhanden ist[15]. Für eine stetige Absonderung von Hyaluronsäure in den Glaskörper spricht folgendes: Injektion von Hyaluronidase in den Glaskörper des Kaninchens bewirkt eine Depolymerisation der Hyaluronsäure; nach einigen Wochen ist im Glaskörper wieder hochpolymere Hyaluronsäure vorhanden[18].

Lipoide. Der Lipoidgehalt des Glaskörpers ist sehr gering; für den Rinderglaskörper wird ein Wert von 200 mg-% angegeben, der wahrscheinlich aber viel

---

[1] Mörner, C. T.: H. **18**, 213, 233 (1894). — [2] Bembridge, B. A., G. N. C. Crawford and A. Pirie: Brit. J. Ophthalm. **36**, 131 (1952). — [3] Krause, A. C.: Arch. Ophthalm., Chicago (2) **11**, 960 (1934). — [4] Pirie, A., G. Schmidt and J. W. Waters: Brit. J. Ophthalm. **32**, 321 (1948). — [5] Baurmann, M.: Graefes Arch. Ophthalm. **132**, 302 (1934). — [6] Matoltsy, A. G.: Biochim. biophysica Acta, N .Y. **11**, 326 (1953). — Neckel, J.: Z. Naturforsch. 8b, 236 (1953). — [7] Lo Cascio, G.: Ann. Ottalm. **50**, 219 (1922). — [8] Uvnäs, B., u. H. Wolff: Acta ophthalm., København **16**, 157 (1938). — [9] Brückner, R.: Ophthalmologica, Basel **106**, 200 (1943). — [10] Meyer, K., and J. W. Palmer: J. biol. Ch. **107**, 629 (1934); **114**, 689 (1936). Amer. J. Ophthalm. **19**, 859 (1936). — [11] Blix, G., u. O. Snellmann: Ark. Kemi, Mineral. Geol. **19** A, Nr. 32 (1945). — [12] Meyer, K., E. M. Smyth and E. Gallardo: Amer. J. Ophthalm. **21**, 1083 (1938). — [13] Bembridge, B. A., and A. Pirie: Brit. J. Ophthalm. **35**, 784 (1951). — [14] Meyer, Karl: Mucopolysaccharides and mucoids of ocular tissues and their enzymatic hydrolysis. Modern Trends in Ophthalmology (Hrsgb. Sorsby, A.) Bd. 2, S. 71 (1948). — [15] Meyer, Karl: The biological significance of hyaluronic acid and hyaluronidase. Physiol. Rev. **27**, 335 (1947). — [16] Blix, G.: Acta physiol. scand. **1**, 29 (1940/41). — Vgl. Varga, L., and E. A. Balazs: Amer. J. Ophthalm. **38** (II), 29 (1954). — [17] Robertson, W. v. B., M. W. Ropes and W. Bauer: J. biol. Ch. **133**, 261 (1940). Biochem. J. **35**, 903 (1941). — [18] Pirie, A.: Brit. J. Ophthalm. **33**, 678 (1949).

zu hoch ist. Unter pathologischen Bedingungen können Lipoide *Glaskörpertrübungen* bewirken[1]; es kann zur Ausscheidung von Cholesterinkrystallen sowie von Calciumseifen zusammen mit Phosphaten und Carbonaten kommen. Nur ein erhöhter Gehalt an Lipoiden, der aus zugrundegegangenen Leukocyten, aus degenerierendem Gewebe oder aus dem Blut bei erhöhter Capillarpermeabilität stammen kann[2], dürfte unter nicht näher bekannten Voraussetzungen Anlaß zu Glaskörpertrübungen geben, nicht aber die geringe normale Lipoidmenge. Bei experimenteller Lipämie konnten keine Trübungen beobachtet werden[3].

Im Glaskörper vom Rind wurden *Steroidhormone* nachgewiesen, und zwar 0,1 mg-% 17-Ketosteroide und 1 γ-% Oestron[4].

Krystalloide. Der Gehalt des Glaskörpers an diffusiblen Verbindungen ähnelt dem des Kammerwassers. Es bestehen jedoch bemerkenswerte Unterschiede, von denen der niedrigere Gehalt des Glaskörpers (von Kaninchen und einigen anderen Tieren) an anorganischem und organischem Phosphat[5], Glucose, Ascorbinsäure und Citronensäure genannt seien (Tabelle 147, vgl. a. den Abschnitt Kammerwasser S. 905). Der niedrige Glucosegehalt des Glaskörpers erklärt sich — wenigstens teilweise — durch den Glucoseverbrauch der Netzhaut: die netzhautnahen Bezirke des Glaskörpers enthalten weniger Glucose als die vorderen Abschnitte[7, 10], außerdem ist der Glucosegehalt des Glaskörpers bei atrophierter Netzhaut (die ein vermindertes Glykolysevermögen hat) erhöht[11]. Ferner bestehen für den Stoffaustausch zwischen Blut und Glaskörper einige besondere Bedingungen (S. 909), deren Bedeutung für die quantitative Zusammensetzung des Glaskörpers aber noch nicht ganz klar ist. Ins Blut gebrachtes radioaktives Phosphat tritt nur langsam in den Glaskörper über[12].

Tabelle 147. Verteilung von einigen Verbindungen beim Kaninchen.

Bestandteil	mg-% im		
	Glaskörper	Kammerwasser	Plasma
Anorganischer P[6]	1,0	3,3	5,8
Glucose[7]	73	125	146
Ascorbinsäure[8] .	7,5	24,3	
Citronensäure[9] .	1,5—2,1	8,0—9,7	6,5—7,8

Die im Blutplasma frei vorkommenden Aminosäuren scheinen auch im Glaskörper vorhanden zu sein. Chromatographisch wurden im Glaskörper 17 bekannte Aminosäuren nachgewiesen, neben anderen, noch nicht identifizierten ninhydrinpositiven Verbindungen[13].

γ) Physikalisch-chemische Eigenschaften.

Das Gerüst des Glaskörpers (s. S. 909f.) weist eine nur geringe Festigkeit auf und wird schon durch geringfügige Einwirkungen zerstört. Eine irreversible Verflüssigung des Glaskörpers ist die Folge. Zur Konsistenz trägt die Beschaffenheit

---

[1] Bachstez, E.: Z. Augenheilkde. **54**, 26 (1925). — Verhoeff, F. H.: Amer. J. Ophthalm. **4**, 155 (1921). — Clapp, C. A.: Arch. Ophthalm., Chicago (2) **2**, 635 (1929). — [2] Krause, A. C.: Arch. Ophthalm., Chicago (2) **13**, 1022 (1935). — [3] Jess, A.: Ber. dtsch. ophthalm. Ges. **43**, 11 (1922). — [4] Dardenne, U., u. H. Breuer: Graefes Arch. Ophthalm. **156**, 283 (1955). — [5] Stary, Z., u. R. Winternitz: Arch. Augenheilkde. **108**, 433 (1934). — [6] Palm, E.: Acta ophthalm., København **27**, 552 (1949). — [7] Duke-Elder, S., and H. Davson: Brit. J. Ophthalm. **33**, 21 (1949). — [8] Nakamura, B., u. O. Nakamura: Graefes Arch. Ophthalm. **135**, 87 (1936). — [9] Grönvall, H.: Acta ophthalm., København, Suppl. **14** (1937). — [10] Adler, F. H.: Trans. amer. ophthalm. Soc. **28**, 307 (1930.) — [11] Adler, F. H.: Arch. Ophthalm., Chicago (2) **6**, 901 (1931). — [12] Cristiansson, J., u. E. Palm: Acta ophthalm., København **32**, 197 (1954). — [13] Wootton, J. F., R. G. Young and H. H. Williams: A. M. A. Arch. Ophthalm. **51**, 589 (1954).

der Glaskörperflüssigkeit bei: Durch ihre Viscosität stabilisiert sie das Gerüst und erschwert den Austritt von Flüssigkeit aus dem Glaskörper. Vielleicht darf man auch annehmen, daß die Hyaluronsäure als eine Art Kittsubstanz an den Berührungspunkten der Fäden wirkt und so für den Zusammenhalt des Fadenwerkes von Bedeutung ist.

Injiziert man Hyaluronidase in den Glaskörper des Kaninchens, so findet eine Depolymerisation der Hyaluronsäure statt. Der Glaskörper wird dabei nicht verflüssigt, seine Konsistenz ist aber labiler und er gibt viel leichter Flüssigkeit ab als der normale Glaskörper[1]. Kollagenase, die einen Teil des Fadeneiweißes abbaut (s. o.), bewirkt eine Verflüssigung des Glaskörpers[2].

Verschiedene Einflüsse können zu *Änderungen des Glaskörpervolumens* führen. Hypotonische Lösungen begünstigen eine Volumenvergrößerung[3]. In destilliertem Wasser, dessen Menge groß gehalten oder das häufig erneuert wird, vermag der Glaskörper Wasser aufzunehmen und sein Volumen bis auf das Doppelte zu vermehren. Das beruht offenbar auf einer Entsalzung: kleine Mengen Neutralsalze wirken dieser Volumenzunahme entgegen. In isotonischen Pufferlösungen zeigt der sorgfältig präparierte Glaskörper bei p_H 4—10 eine — wenn auch nur geringe — Ausdehnungstendenz; bei p_H unter 4 und über 11 schrumpft der Glaskörper, und bei einem p_H 11 findet eine bedeutende Zunahme des Volumens statt[4]. Der *verflüssigte* Glaskörper zeigt keine Ausdehnungstendenz[4]. Deshalb ist anzunehmen, daß die Volumenänderungen letzten Endes auf Änderungen in dem Glaskörpergerüst beruhen, etwa auf einer Verengerung oder Erweiterung des Netzwerkes. In Analogie zu dem Verhalten von Kollagenfibrillen bei der Quellung nimmt man an, daß die kollagenähnlichen Vitreinfäden sich bei der Quellung verkürzen und so eine Schrumpfung des Glaskörpers bewirken[2]. Andererseits zieht man in Betracht, daß die elektrische Aufladung der Vitreinfäden, die untereinander anscheinend nicht fest verbunden sind, für die Weite des Fadenwerkes und damit für das Glaskörpervolumen bedeutsam ist[3].

Bei der Volumenvergrößerung entwickelt der Glaskörper keinen nennenswerten *Quellungsdruck*[5]. Eine allenfalls vorhandene oder unter pathologischen Bedingungen auftretende Neigung des Glaskörpers im Auge zur Ausdehnung könnte deshalb den intraocularen Druck nicht beeinflussen.

Diffusionsvorgänge sind im Glaskörper erschwert. In den Glaskörper gelangtes Blut bleibt während längerer Zeit lokalisiert. Intravitreal injiziertes Penicillin breitet sich im Glaskörper nur langsam aus[6]. Hyaluronidase wirkt im intakten Glaskörper bedeutend langsamer als in der Glaskörperflüssigkeit[7]. Sowohl die festen Strukturen als auch die Viscosität der interfibrillären Flüssigkeit wirken auf die Stoffwanderung im Glaskörper hemmend.

i) Gefäßhaut (Uvea).

α) Anatomisches[8].

Die Gefäßhaut des menschlichen Auges setzt sich aus 3 Teilen zusammen, die entwicklungsgeschichtlich und funktionell eine Einheit bilden und als Aderhaut (Chorioidea), Strahlenkörper (Corpus ciliare) und als Regenbogenhaut (Iris) bezeichnet werden.

---

[1] PIRIE, A.: Brit. J. Ophthalm. **33**, 678 (1949). — [2] PIRIE, A., G. SCHMIDT and J. W. WATERS: Brit. J. Ophthalm. **32**, 321 (1948). — [3] GOEDBLOED, J.: Graefes Arch. Ophthalm. **132**, 323 (1934); **133**, 1; **134**, 146 (1935); **137**, 131 (1937). — [4] SALLMANN, L. v.: Arch. Ophthalm., Chicago (2) **25**, 243 (1941). — [5] BAURMANN, M.: Graefes Arch. Ophthalm. **111**, 352 (1923); **114**, 276 (1924); **122**, 415 (1929); **132**, 302 (1934). — [6] SALLMANN, L. v., K. MEYER and J. DI GRANDI: Arch. Ophthalm., Chicago (2) **32**, 179 (1944). — [7] PIRIE, A.: Brit. J. Ophthalm. **33**, 271 (1949). — [8] v. MÖLLENDORFF, Lehrb. Histol. 26. Aufl. S. 480.

Die *Aderhaut*, die die Innenwand der Lederhaut auskleidet, besteht aus 5 anatomisch unterscheidbaren Schichten. Die äußerste Schicht ist die Suprachorioidea, eine feine aus mehreren Blättern bestehende Bindegewebsschicht, deren Zellen ein Syncytium bilden. Außerdem enthält die Suprachorioidea elastische Fasern und farbstoffhaltige Zellen (Chromatophoren) eingelagert. An die Suprachorioidea schließt sich nach innen die Schicht der großen Aderhautgefäße und dann die der Capillaren, die sog. Choriocapillaris, an. Ihren Abschluß nach dem Inneren des Auges zu findet die Aderhaut durch eine Glashaut (Lamina vitrea), die in 2 feine Membranen geteilt ist. Die farbstoffhaltigen Zellen der Aderhaut befinden sich nicht nur in der Suprachorioidea, sondern es sind auch zwischen den großen und kleinen Gefäßen Chromatophoren eingelagert. Die wesentliche Blutzufuhr erhält die Aderhaut von den kurzen hinteren Ciliararterien und der Blutabfluß erfolgt vornehmlich durch die Vortexvenen.

Die physiologische Aufgabe der Aderhaut hat man vor allem in der Ernährung der äußeren Schichten der Netzhaut zu erblicken.

An die Aderhaut schließt sich ja das *Pigmentepithel der Netzhaut* an, eine einschichtige Lage von farbstoffhaltigen Zellen, und darauf folgen das eigentliche Sinnesepithel und die anderen Netzhautschichten. Die Gefäße der Netzhaut dringen nur bis zu der sog. inneren Körnerschicht vor, und die zwischen der Choriocapillaris und der inneren Körnerschicht gelegenen Netzhautteile sind sowohl auf die Ernährung durch die Netzhaut- als auch durch die Aderhautgefäße angewiesen.

Nach vorn geht die Aderhaut in den *Strahlenkörper* über, der von seinen radiär angeordneten strahlig nach dem Augeninneren gerichteten Fortsätzen seinen Namen hat. Neben dem der Aderhaut ähnlichen gefäßreichen Gewebe enthält er die glatte Muskulatur für die der Akkommodation dienende Entspannung und Spannung der Fasern der Zonula Zinnii. Die nach dem Inneren des Auges zu gerichtete Oberfläche des Strahlenkörpers ist ebenso wie die Aderhaut von dem Pigmentepithel der Netzhaut überzogen, das im Bereich des Strahlenkörpers als Ciliarepithel bezeichnet wird.

Als Fortsetzung der Uvea schließt sich an den Strahlenkörper die *Regenbogenhaut* an. Die Iris hat die Form einer dünnen Scheibe und ist von einer kreisrunden Öffnung, dem Sehloch, durchbrochen, so daß sie wie eine optische Blende vor die Linse geschaltet ist. Die Größe der Blendenöffnung wird reflektorisch geregelt. Die Iris ist aber bei einer Reihe von Tieren auch unmittelbar durch Licht erregbar. Das eigentliche Gefäßhautgewebe bildet die Grundsubstanz der Iris, das sog. Irisstroma, das nach der vorderen Augenkammer zu gerichtet ist. Es gliedert sich in 2 Blätter und besteht aus Bindegewebszügen, die im menschlichen Auge als Grenzschicht gegen das Kammerwasser keinen Endothelbelag haben. Im inneren Stromablatt befindet sich der die Pupille erweiternde Musculus dilatator und um die Pupille herum der Musculus sphincter pupillae. Im Irisstroma selbst ist Farbstoff in verzweigten Chromatophorenzellen eingelagert. Die Irisfarbstoffe sind bei den Tieren, deren Irismuskeln unmittelbar auf Licht reagieren, für die Reizaufnahme und -umwandlung von Bedeutung. Außerdem enthält das Irisstroma zahlreiche Gefäße. Die Hinterfläche der Iris wird von der Fortsetzung des Pigmentepithels der Netzhaut, das hier das Pigmentepithel der Iris genannt wird, gebildet

β) Chemische Analyse.

Bei der Deutung der chemischen Befunde ist zu berücksichtigen, daß die Gefäßhaut anatomisch ein sehr heterogenes Gewebe ist. Der Gefäßreichtum bedingt auch, daß die Gefäßhaut bei der Präparation nicht gänzlich vom Blut befreit werden kann. Besonders schwierig ist es, das entwicklungsgeschichtlich zur Netzhaut gehörige Pigmentepithel von der Aderhaut zu trennen, da es sehr fest an dieser haftet und nur abgeschabt werden kann.

1. Anorganische Bestandteile.
(Tabellen 148, 149 und 150.)

Der *Wasser*gehalt von Iris, Ciliarkörper und Aderhaut beträgt etwa 75—80%. In verschiedenen Bezirken der einzelnen Gewebe bestehen aber bemerkenswerte Unterschiede: z. B. enthält im Ciliarkörper (vom Rind) die Schicht der Muskeln 83%, die der Ciliarfortsätze nur 73% Wasser[1].

[1] BRÜCKNER, R.: Ophthalmologica, Basel **106**, 200 (1943).

Tabelle 148. Mineralbestandteile in Iris, Ciliarkörper und Aderhaut (in mg-% des Frischgewichtes nach feuchter Veraschung der Gewebe)[1].

Uveateil	Tier	K	Na	Mg	Ca	Cl	P	S
Iris	Kalb	102	182	7	38	214	29	19
	Rind	84	189	3	39	218	25	9
	Schwein	114	179	4	38	317	24	75
Ciliarkörper	Kalb	115	240	16	12	193	42	56,5
	Rind	97	218	6	13	178	38	87
	Schwein	99	220	6	25	262	32	78
Aderhaut	Kalb	77	164	15	60	177	26	33
	Rind	37	175	22	63	147	73	43
	Schwein	65	103	9	32	174	25	49

Der Ciliarkörper (vom Kaninchen) enthält 46 mg-% *säurelöslichen* Phosphor und 12 mg-% *anorganischen Phosphor*[2]. Die Chorioidea von Knochenfischen besitzt auffallend viel *Zink*[3]. *Barium* ist ein fast regelmäßig anzutreffender Bestandteil von Wirbeltieraugen, in denen es sich besonders reichlich oder ausschließlich in der Chorioidea findet[4].

Tabelle 149. Schwermetalle in der Chorioidea und Iris vom Rind[5].

	γ je 100 g Frischgewicht			
	Fe	Cu	Zn	Mn
Chorioidea	1880	339	220	21
Iris	338	318	404	24

Wir geben hier neuere Analysen über den Kupfer- und Zinkgehalt verschiedener Bulbusteile wieder (Tabelle 150). Diese Ergebnisse weichen zum Teil erheblich von denen anderer Autoren[5] ab. An dieser Stelle ist der hohe Gehalt an Zink und Kupfer in den pigmentierten Augengeweben hervorzuheben. Iris oder Chorioidea von pigmentierten Kaninchen enthalten wesentlich mehr Zink als die gleichen Gewebe von albinotischen Tieren, ein Befund, der allerdings nach anderen Untersuchungen[6] nicht

Tabelle 150. Kupfer und Zink in verschiedenen Augenteilen (Werte in γ je g Trockengewicht)[7].

	Rind		Schaf		Kaninchen albinotisch		Kaninchen pigmentiert	
	Cu	Zn	Cu	Zn	Cu	Zn	Cu	Zn
Iris + Ciliarkörper	27,5	246	50,1	436	14,7	54,4	11,6	127
Chorioidea + Pigmentepithel	9,8	139	13,5	277	21,0	86,2	16,8	466
Retina (ohne Pigmentepithel)	6,8	71	11,5	80,0	—	—	—	—
Linse	1,2	37,3	2,1	117	0,62	12,5	0,62	15,8
Kammerwasser	10,4	30,0	—	—	—	—	—	—
Glaskörper	17,7	26,4	24,0	23,2	—	—	—	—
Sklera	4,8	14,6	5,1	56,0	—	—	—	—
Cornea	3,2	13,5	1,9	25,0	0,30	12,1	0,30	6,6
N. opticus	5,6	6,8	7,9	—	—	—	—	—

[1] Fischer, F. P.: Arch. Augenheilkde. **107**, 295 (1933). — [2] Palm, E.: Acta ophthalm., København, Suppl. **32** (1948). — [3] Leiner, M., u. G. Leiner: Biol. Zbl. **62**, 119 (1942). s. a. Bd. 2/1, S. 610, 675, 676 Tab. — [4] Gerlach, W. E., u. R. Müller: Virchows Arch. **296**, 588 (1936). — [5] Tauber, F. W., and A. C. Krause: Amer. J. Ophthalm. **26**, 260 (1943). — [6] Weitzel, G., u. A.-M. Fretzdorff: H. **292**, 221 (1953). — [7] Bowness, J. M., R. A. Morton, M. H. Shakir and A. L. Stubbs: Biochem. J. **51**, 521 (1952).

gesichert ist. Weiter unten wird noch auf vermutliche Beziehungen der melanotischen Augenpigmente zu gewissen Metallen (z. B. Zink) hingewiesen. In der Chorioidea von einigen Säugetieren wurden besonders hohe Zinkgehalte gefunden; so in der Tockensubstanz der Chorioidea vom Hund bis zu 1,46%, vom Fuchs bis zu 6,9% und vom Marder bis zu 9,1% Zink[1].

Die Chorioidea von Carnivoren enthält wesentlich mehr Zink als die von Herbivoren[2]. Es hat sich gezeigt, daß das Tapetum lucidum fibrosum der Herbivoren nicht besonders zinkreich ist, das Tapetum lucidum cellulosum der Carnivoren aber einen außerordentlich hohen Zinkgehalt aufweist. In der Trockensubstanz des isolierten Tapetumgewebes vom Hund wurden bis zu 8,5% und vom Fuchs bis zu 13,8% Zink gefunden. Die im Tapetum lucidum von Hund und Fuchs vorkommende Zinkverbindung ist niedrigmolekular; sie ist identisch mit *Zinkcysteinathydrat* (s. Strukturformel)[3].

```
      S
H2C/   \
 |   H   \
HC—N  →  Zn←—OH2
 |   H   /
OC\     /
    O
```

Zinkcysteinat-monohydrat[3]

Radioaktives *Molybdän* (^{99}Mo), Rindern per os oder intravenös zugeführt, wird in hohem Maße im Auge angereichert[4]. In welchen Teilen des Auges Molybdän angereichert wird, wurde noch nicht untersucht. Nach den in Tabelle 151 aufgeführten Ergebnissen, die bei der spektrographischen Untersuchung verschiedener Teile von Rinderaugen auf Spurenelemente erhalten wurden, scheint Molybdän wenigstens gelegentlich besonders reichlich in der Uvea vorhanden zu sein.

Tabelle 151. Spurenelemente in verschiedenen Teilen des Rinderauges[5] (spektrographisch). (Werte in γ je 100 g Frischgewicht.)

	Si	Ba	Fe	Cu	Mo	Ag	Sn	Mn	Pb	Al	Ni	Zn	H_2O(%)
Sklera . .	200	8000	800	40	1—60	42	—	12—130	20	4—700	4—100	20—270	73,3
Cornea . .	1300	1000	500	50	2—20	30	50	5—100	80	500	30	20—200	85,7
Linse . .	800	—	600	40	30	6—60	200	4—60	40	500—5600	20	3—750	67,3
Glaskörper	800	—	200	100	0,7—10	60	8	4—60	50	300—2500	10	—	98,7
Uvea. . .	700	22000	7100	80	1,5—500	60	—	20—100	40	600	24—150	500	86,5
Retina . .	800	—	1100	80	7,5—80	80	—	7—60	20	20—600	8—75	40—150	92,7

2. Organische Bestandteile.

Das Eiweiß von Chorioidea und Iris ist zum überwiegenden Teil in Wasser unlöslich (Tabelle 152). Der Gehalt beider Gewebe an einzelnen Eiweißkörpern ist ziemlich ähnlich; es ist einzig auf den höheren Gehalt an Kollagenen in der Iris hinzuweisen.

Melaninähnliche Pigmente. Die in den uvealen Geweben und im retinalen Pigmentepithel vorkommenden braunen Farbstoffe finden naturgemäß eine bebesondere Aufmerksamkeit. Der Farbstoff des retinalen Pigmentepithels, der teilweise in Form von Körnchen und Nadeln auftritt, wird „Fuscin“[6] genannt. In der Uvea, besonders in den Chromatophoren der Aderhaut, bilden die Farbstoffe feine Granula. Entwicklungsgeschichtlich erscheint zuerst das Fuscin, d. h. im menschlichen Embryo von 6—7 mm Länge beginnt sich zunächst das Pigmentepithel zu pigmentieren und gegen Ende der Fetalzeit die Aderhaut. In den Chromatophoren der Iris wird der Farbstoff erst nach der Geburt sichtbar[7].

[1] WEITZEL, G., u. A.-M. FRETZDORFF: H. **292**, 221 (1953). — [2] WEITZEL, G., F.-J. STRECKER, U. ROESTER, E. BUDDECKE u. A.-M. FRETZDORFF: H. **296**, 19 (1954). — [3] WEITZEL, G., E. BUDDECKE, A.-M. FRETZDORFF, F.-J. STRECKER u. U. ROESTER: H. **299**, 193 (1955). — [4] ÇOMAR, C. L., L. SINGER and G. K. DAVIS: J. biol. Ch. **180**, 913 (1949). — [5] OKSALA, A.: Acta ophthalm., København **32**, 235 (1954). — [6] KÜHNE, W.: Handb. Physiol. (HERMANN) Bd. 3/1, S. 247 — [7] MIESCHER, G.: Arch. mikroskop. Anat. **97**, 327 (1923).

Die *Chemie dieser Augenpigmente* ist nur unzulänglich bekannt. Sie stehen den Melaninen nahe, enthalten aber Eiweiß, das als Träger der Farbstoffgruppen zu betrachten ist. Die Bindung der Farbstoffgruppen an Eiweiß erschwert ihre Reindarstellung, und es ist verständlich, daß verschiedene Methoden zu Präparaten mit voneinander abweichenden Eigenschaften führten.

Das Pigment der Chorioidea und der Iris (vom Rind) ist in verdünnten Säuren und Laugen löslich[1,2]. Aus Pferdeaugen wurden nach mehreren Reinigungsstufen 7 mg Chorioideapigment und 0,34 mg Fuscin je Auge erhalten[3]. Diese (in Säure nicht, in Lauge nur schwer löslichen) Pigmente enthalten einen unverdaulichen Eiweißrest, der erst nach Einwirkung von Brom (in Eisessig) abgebaut wird. Durch langdauernde Hydrolyse mit Salzsäure läßt sich das keratinähnliche Eiweiß von der unlöslichen Farbstoffgruppe abtrennen. Der Anteil des Eiweißrestes beträgt beim Chorioideapigment 40%, beim Fuscin 56%. Die Farbstoffgruppe des Fuscins enthält mehr Schwefel als die des Chorioideapigments. Sowohl Farbstoffgruppe als auch Träger dürften in beiden Pigmenten voneinander verschieden sein.

Tabelle 152. Eiweißgehalt der Chorioidea und Iris vom Rind (in g-% des Frischgewichtes)[1].

Eiweiß	Chorioidea	Iris
Albumin und Globuline . .	2,4	1,0
Unlösliche Proteine	8,5	11,2
Mucoide	2,1	3,3
Kollagene	4,8	7,2
Elastine	1,6	0,7
„Pigmente" *	3,3	3,6

* Farbstoffgruppe + Eiweiß der Pigmentgranula.

Dioxyphenylalanin („Dopa") wird von den pigmentbildenden Zellen der Aderhaut und des retinalen Pigmentepithels im frühen Lebensalter zu einem dunklen Produkt umgewandelt[4]. Obgleich damit über die natürliche Vorstufe der Pigmente noch nichts Sicheres ausgesagt ist, wird die Annahme, daß Dioxyphenylalanin oder eine ihm nahestehende aromatische Verbindung das Chromogen der Uveapigmente sei, durch enzymologische Untersuchungen gestützt.

Aus dem Ciliarkörper (pigmentierter Tiere[5]) lassen sich Enzympräparate gewinnen, die Dioxyphenylalanin in Abwesenheit von Cytochrom c oxydieren, anscheinend also eine *spezifische Dopaoxydase* enthalten[6]. Dieses Enzym ist in den (stoffwechselchemisch sonst als indifferent betrachteten) *Pigmentgranula* des Ciliarkörpers vorhanden, neben Cytochromoxydase und Succinodehydrogenase. Obgleich nun Dioxyphenylalanin von dem in fast allen Geweben vorhandenen Cytochromoxydase-Cytochromsystem oxydiert werden kann, ist die Pigmentbildung auf wenige Gewebe beschränkt. Die Bedeutung der im Ciliarkörper nachgewiesenen, auch in der pigmentierten Iris vorhandenen Dopaoxydase könnte darin gesehen werden, daß unter ihrer Wirkung aus dem Substrat ein höhermolekulares und weniger lösliches Oxydationsprodukt entsteht. Vielleicht erfordert die Bildung von Pigmentgranula auch das Vorhandensein eines spezifischen Eiweißes mit besonderer Affinität zu dem Oxydationsprodukt[6].

Aus der Chorioidea des Rindes oder durch *Autoxydation* von Dioxyphenylalanin dargestellte Melanine zeigen übereinstimmend ein Absorptionsmaximum bei 270 mμ, wogegen Melanine, die auf *enzymatischem* Wege aus Tyrosin oder Dioxyphenylalanin erhalten wurden, in ihren Absorptionseigenschaften von dem Augenmelanin abweichen[7]. Weitere Versuche werden zu zeigen haben, wie weit die oben erwähnte Annahme einer enzymatischen Bildung der Augenmelanine mit diesen Absorptionsmessungen vereinbar sind.

Zink und *Kupfer*, die in den pigmentierten Augengeweben in besonders reichlicher Menge vorhanden sind (S. 915), finden sich hauptsächlich in dem Pigmentmaterial, das nach Trypsinverdauung übrigbleibt[8]. Fast die ganze Zink- und die Hälfte der Kupfermenge in der

[1] Krause, A. C., and E. Chan: Amer. J. Physiol. **103**, 270 (1933). — [2] Krause A. C.: Arch. Ophthalm., Chicago (2) **10**, 42 (1933). — [3] Waelsch, H.: H. **213**, 35 (1932). — [4] Miescher, G.: Arch. mikroskop. Anat. **97**, 327 (1923). — [5] Angenent, W. J., and G. B. Koelle: Science, N. Y. **116**, 543 (1952). — [6] Herrmann, H., and M. B. Boss: J. cellul. comp. Physiol. **26**, 131 (1945). — [7] Stein, W. D.: Nature **174**, 601 (1954). — [8] Bowness, J. M., R. A. Morton, M. H. Shakir and A. L. Stubbs: Biochem. J. **51**, 521 (1952).

Chorioidea vom Barsch ist in nichtionogener Form an die Pigmentproteinfraktion gebunden[1]. Zink- und andere Metallionen erhöhen die Lichtabsorption von Melanin, das in Iris- und Ciliarkörperextrakten aus Tyrosin gebildet wird[2]. Zink wird nicht von proteinfreiem Melanin, in geringem Maße von dem in den Extrakten vorhandenen Protein, aber in erheblicher Menge bei der Bildung von Melanin in Gegenwart des Proteins gebunden. Die Beziehungen, die nach diesen und anderen Beobachtungen zwischen Metallen (z. B. Zink) und den melanotischen Augenpigmenten bestehen mögen, sind noch unklar.

Kurz sei auf die ***Augenpigmente von Insekten*** (s. a. Bd. 1, S. 545 sowie Bd. 2/1, S. 994) hingewiesen. Sie werden Ommochrome genannt und bilden eine neue Gruppe von Naturfarbstoffen[3,4]. Nach ihrem Vorkommen bei verschiedenen Insektenarten und nach ihren Eigenschaften werden Ommatine und Ommine unterschieden[3]. Sie können in reversibler Weise oxydiert und reduziert werden. Die Ommatine sind an Eiweiß gebunden. Die hochmolekularen Ommine teilen einige Eigenschaften mit den Melaninen, durch andere (Lage der Absorptionsbanden, Farbe in verdünnten Säuren usw.) unterscheiden sie sich von ihnen. Die Bildung der Ommochrome findet nach einer von bestimmten Genen abhängigen Folge von Reaktionen statt, die vom Tryptophan zu Kynurenin und weiteren Umwandlungsprodukten führt[5]. Bei der Mehlmotte (Ephestia kühniella) entsteht aus Kynurenin eine diesem proportionale Menge Ommin[6]. Ommochrome kommen auch in anderen Organen der Insekten vor.

Lipoide. Die Chorioidea (vom Rind) enthält 1,3%, die Iris 1,1% Lipoide[7]. Sie bestehen zum überwiegenden Teil aus Phosphatiden. *Acetalphosphatide* wurden histochemisch im Epithel des Ciliarkörpers nachgewiesen[8].

Die in der Iris von Hühnern vorhandenen *Carotinoide*[9] bestehen hauptsächlich aus Kryptoxanthin und dessen Ester[10]; im Pigmentepithel der Iris vom Rind findet sich β-Carotin (2,4 γ je Auge)[11]. *Vitamin A* ist fluorescenzmikroskopisch in den Ciliarfortsätzen (Ratte) nachweisbar[12].

Andere organische Verbindungen (Tabelle 153). Der Gehalt der uvealen Gewebe an *Ascorbinsäure* ist bei den einzelnen Tierarten sehr verschieden; er beträgt z. B. in der Chorioidea vom Pferd 8 mg-%, in der vom Hund 25 mg-%[13]. Neben Ascorbinsäure enthalten Iris und Ciliarkörper bei mehreren Tierarten erhebliche Mengen Dehydroascorbinsäure[14]. Etwa 50—60% der jodreduzierenden Stoffe in eiweißfreien Extrakten aus den Ciliarfortsätzen von Rindern und aus Ciliarkörper + Iris von Kaninchen bestehen aus Ascorbinsäure; das übrige ist im wesentlichen *Glutathion*[15]. Das oxydierte Glutathion in Iris und Ciliarkörper scheint an Eiweiß gebunden zu sein[16].

Nach histochemischen Befunden ist Ascorbinsäure in der Iris[17] (vom Meerschweinchen) besonders im Pigmentepithel, daneben im Sphincterteil und weniger reichlich im übrigen Stroma vorhanden. Im Ciliarkörper[15,17,18] findet sie sich hauptsächlich im Stroma, kaum im Epithel. In der Chorioidea[17] ist Ascorbinsäure vor allem in der Gegend der Glaslamelle (zwischen Pigmentepithel und Chorioidea), ferner in der Choriocapillaris und in der Suprachorioidea nachweisbar. Die Verteilung der Ascorbinsäure in den uvealen Geweben (vgl.

[1] Bowness, J. M., and R. A. Morton: Biochem. J. **51**, 530 (1952). — [2] Bowness, J. M., and R. A. Morton: Biochem. J. **53**, 620 (1953). — [3] Becker, E.: Biol. Zbl. **59**, 597 (1939). Naturwiss. **26**, 433 (1938). — [4] Vgl. ferner Wald, G., and G. Allen: J. gen. Physiol. **30**, 41 (1946). — [5] Butenandt, A., W. Weidel u. E. Becker: Naturwiss. **28**, 63 (1940). — Butenandt, A., W. Weidel, R. Weichert u. W. v. Derjugin: H. **279**, 27 (1943). — Butenandt, A.: Naturwiss. **40**, 91 (1953). — [6] Kühn, A., u. E. Becker: Biol. Zbl. **62**, 303 (1942). — [7] Krause, A. C.: Amer. J. Physiol. **110**, 182 (1934/35). — [8] Böck, J.: Graefes Arch. Ophthalm. **147**, 345 (1944). — [9] Hollander, W. F., and R. D. Owen: Poultry Sci. **18**, 385 (1939) [C. **1939 II**, 3842]. — [10] Busch, L., u. H. J. Neumann: Naturwiss. **29**, 782 (1941). — [11] Bielig, H.-J., u. L. Busch: H. **280**, 56 (1944). — [12] Greenberg, R., and H. Popper: Amer. J. Physiol. **134**, 114 (1941). — [13] Nakamura, O.: Acta Soc. ophthalm. jap. **41**, 53 (1937); **42**, 71 (1938). — [14] Podestà, H. H., u. J. Baucke: Graefes Arch. Ophthalm. **139**, 720 (1938). — [15] Friedenwald, J. S., W. Buschke and H. O. Michel: Arch. Ophthalm., Chicago (2) **29**, 535 (1943). — [16] Herrmann, H., and S. G. Moses: J. biol. Ch. **158**, 33 (1945). — [17] Schmid, A. E., u. E. Bürki: Ophthalmologica, Basel **105**, 65 (1943). — Bürki, E., u. A. E. Schmid: Ophthalmologica, Basel **105**, 121 (1943). — [18] Friedenwald, J. S., W. Buschke and H. O. Michel: Trans. amer. ophthalm. Soc. **37**, 310 (1939).

auch[1]), besonders im Ciliarkörper, ist vielleicht für den Stoffaustausch zwischen Blut und intraocularen Flüssigkeiten von Bedeutung (s. u.). Im Ciliarkörperepithel soll eine Oxydation von Ascorbinsäure erfolgen[1].

Extrakten aus der Uvea kommt eine blutdrucksenkende Wirkung zu, die auf *Acetylcholin* zurückgehen dürfte[2]. Aus Iris und Chorioidea vom Rind konnte Acetylcholin (als Reinekke salz) isoliert werden[3].

Noradrenalin ist im Ciliarkörper und in der Iris vom Rind in verhältnismäßig kleiner Menge vorhanden[4].

Purine finden sich in der Chorioidea vieler Tierarten, die ein sog. Tapetum lucidum besitzen[5]. Sie kommen in den Zellen der das Tapetum bildenden Schicht

Tabelle 153. Organische Bestandteile der Uvea vom Rind (in mg-% des Frischgewichtes).

Bestandteil	Chorioidea	Iris	Ciliarkörper
Kreatin[6]	42	46	
Kreatinin[6]	2,3	1,2	
Carnosin[7]	17	3,8	
Spermin[8]	3,6	36	
Glutathion[9] (GSH)		14—33	21—39
Glutathion[9] (GS-SG)		18	16—29
Ascorbinsäure[10]	5[11]	11	8
Inosit[12]	32	28	
Lactoflavin[13]	0,09—0,32	0,12—0,28	0,18—0,29

zum Teil als Krystalle vor, die zur Hauptsache aus *Guanin* bestehen[14, 15]. Daneben sind vermutlich noch andere Purine (wie Xanthin und Hypoxanthin) vorhanden[15, 16]. Aus der Chorioidea eines Fisches (Squalus acanthias) wurde eine blaufluorescierende Substanz isoliert, die wahrscheinlich *Xanthopterin* ist[15].

γ) Stoffwechsel.

Atmung und Glykolyse. Nach der Retina hat wohl die Uvea von allen Augengeweben den regsten Stoffwechsel. Iris, Ciliarkörper und Chorioidea zeigen in vitro ein beträchtliches Atmungs- und Glykolysevermögen (Tabelle 154). Die in vitro gegenüber der anaeroben Glykolyse ($Q_M^{N_2}$) stark verminderte aerobe Glykolyse ($Q_M^{O_2}$) von Iris und Ciliarkörper läßt auf einen vorwiegenden Atmungsstoffwechsel dieser gut mit Sauerstoff versorgten Gewebe im Auge schließen. Das Atmungs- und Glykolysevermögen der Epithelien von Ciliarkörper und Iris ist, wie zu erwarten, bedeutend größer als das des Stromas dieser Gewebe[17].

[1] FRANÇOIS, J., et M. RABAEY: Ann. Oculist., Paris **183**, 829 (1950). — [2] VELHAGEN, K. jr.: Arch. Augenheilkde. **109**, 195 (1935). — [3] LEIDIG, I. M.: Diss. med. Freiburg i. Br. 1939. — [4] PILLAT, B., and M. M. POWERS: A. M. A. Arch. Ophthalm. **50**, 323 (1953). — s. a. DUNER H., U. S. v. EULER and B. PERNOW: Acta physiol. scand. **31**, 113 (1954). — [5] Über Arten und Verbreitung der Tapeta im Tierreiche vgl. LAUBER, H.: Handb. mikroskop. Anat. (v. MÖLLENDORFF) Bd. 3/2, S. 129—134. — KOLMER, W.: Handb. mikrokop. Anat. (v. MÖLLENDORFF) Bd. 3/2, S. 308—310. — DETWILER, S. R.: Vertebrate Photoreceptors. New York 1943. — [6] KRAUSE, A. C., and F. W. TAUBER: Arch. Ophthalm., Chicago (2) **21**, 1027 (1939). — [7] KRAUSE, A. C.: Arch. Ophthalm., Chicago (2) **16**, 986 (1936). — [8] KRAUSE, A. C.: Amer. J. Ophthalm. **20**, 508 (1937). — [9] HERRMANN, H., and S. G. MOSES: J. biol. Ch. **158**, 33 (1945). — [10] PODESTÀ, H. H., u. J. BAUCKE: Graefes Arch. Ophthalm. **139**, 720 (1938). — [11] NAKAMURA, O.: Acta Soc. ophthalm. jap. **41**, 10 (1937). — [12] KRAUSE, A. C., and R. WEEKERS: Arch. Ophthalm, Chicago (2) **20**, 299 (1938). — [13] PHILPOT, F. J., and A. PIRIE: Biochem. J. **37**, 250 (1943). — [14] KÜHNE, W., u. H. SEWALL: Unters. physiol. Institut Heidelberg **3**, 211 (1880). — [15] PIRIE, A., and D. M. SIMPSON: Biochem. J. **40**, 14 (1946). — [16] CAPRANICA, S.: Arch. Anat. Physiol. (Physiol. Abt.) **1877**, 283. — [17] BRÜCKNER, R.: Ophthalmologica, Basel **109**, 19 (1945).

Die Atmung der Ciliarfortsätze (vom Rind) ist in reinem Sauerstoff wesentlich höher als in Luft. Sie ist cyanidempfindlich. Succinat, Pyruvat, Fumarat, Acetat, Citrat und Glucose steigern den O_2-Verbrauch. An den Ciliarfortsätzen kann in vitro das Vorhandensein eines „Erregungsstoffwechsels" nachgewiesen werden: Acetylcholin und Physostigmin bewirken einen erhöhten O_2-Verbrauch[1].

Enzyme. Mittels der NADI-Reaktion (Indophenolblaubildung aus α-Naphthol und Dimethyl-p-phenylendiamin) ist *Cytochromoxydase* im Epithel des Ciliarkörpers und der Iris nachweisbar[2, 3]. Im Stroma des Ciliarkörpers und der Iris sowie in der Chorioidea[4] ist die Reaktion negativ. Die Anreicherung von Cytochromoxydase im Epithel und ihr fast völliges Fehlen im Stroma des Ciliarkörpers wurde durch Versuche bestätigt, in denen die beiden Gewebeteile voneinander getrennt wurden und die Sauerstoffaufnahme nach Zusatz von Cytochrom c und verschiedenen Substraten (Hydrochinon, p-Phenylendiamin, Adrenalin u. a.) gemessen wurde[5]. Auf gleiche Weise wurden *Bernsteinsäuredehydrogenase*[5] und die bereits erwähnte *Dopaoxydase*[7] im Ciliarkörper nachgewiesen. (Über die Oxydation von Dioxyphenylalanin und Adrenalin durch uveale Gewebe von albinotischen und pigmentierten Kaninchen s. a.[8].) Die Chorioidea vermag Aminosäuren zu *desaminieren*[9]. Die Iris enthält *Aminoxydase*[10]. Im Ciliarkörper wurde *Kohlensäureanhydratase* nachgewiesen[11].

Tabelle 154. Atmungs- und Glykolysevermögen der uvealen Gewebe vom Kaninchen[6].

	Q_{O_2}	$Q_M^{O_2}$	$Q_M^{N_2}$
Iris	6,7	1,7	15
Ciliarkörper	6,2	0,2	17
Chorioidea	7,7	6,5	9

Ciliarkörper[12], Iris[13] und Chorioidea enthalten *Cholinesterase*[14]. Sowohl im Ciliarkörper als auch in der Iris (vom Rind) scheint den Gewebeabschnitten, die vom N. oculomotorius innervierte Muskeln enthalten, eine besonders hohe Esteraseaktivität zuzukommen, mit Ausnahme des sehr aktiven Irisepithels[14]. In den Ciliarfortsätzen findet man histochemisch eine Anreicherung des Enzyms zwischen den beiden Epithelschichten, was für eine Beteiligung der Cholinesterase bei den „sekretorischen" Vorgängen im Ciliarkörper sprechen könnte[15]. Herabsetzung der Esteraseaktivität im Ciliarkörper und in der Iris (durch Inhibitoren, retrobulbäre Alkoholinjektion, Entfernung des ciliaren Ganglions) führt zu einem Verlust des Lichtreflexes der Pupille[16]. Neben der Cholinesterase enthalten Ciliarkörper und Iris (Katze, Kaninchen) *Cholinacetylase*[17], das für die Bildung von Acetylcholin verantwortliche Enzymsystem.

Ciliarkörper, Iris und Chorioidea (Mensch, Rind, Pferd, Hund, Kaninchen) besitzen eine sehr wirksame *Nucleotidase*, die aus 5-Nucleotiden (Adenylsäure, Inosinsäure) bei $p_H = 7{,}5$ Phosphat abspaltet[18]. Im Vergleich zur Nucleotidase-

[1] ROETTH, A. DE jr.: A. M. A. Arch. Ophthalm. **50**, 491 (1953). — [2] SCHMELZER, H.: Ber. dtsch. ophthalm. Ges. **45**, 259 (1925). — [3] FRIEDENWALD, J. S., and R. D. STIEHLER: Arch. Ophthalm., Chicago (2) **20**, 761 (1938). — [4] SCHALL, E.: Graefes Arch. Ophthalm. **115**, 666 (1925). — [5] FRIEDENWALD, J. S., H. HERRMANN and R. MOSES: Bull. Johns Hopkins Hosp. **73**, 421 (1943). — HERRMANN, H., J. S. FRIEDENWALD and M. B. BOSS: Bull. Johns Hopkins Hosp. **78**, 119 (1946). — [6] KURATI, Y.: Acta Soc. ophthalm. jap. **39**, 109 (1935). — [7] HERRMANN, H., and M. B. BOSS: J. cellul. comp. Physiol. **26**, 131 (1945). — [8] ANGENENT, W. J., and G. B. KOELLE: Science, N. Y. **116**, 543 (1952). — [9] AURICCHIO, G., et M. DE VINCENTIIS: Acta ophthalm., København **28**, 7 (1950). — [10] ROBINSON, J.: Brit. J. Pharmacol. **7**, 99 (1952). — [11] WISTRAND, P. J.: Acta physiol. scand. **24**, 145 (1951). — [12] HERRMANN, H., and J. S. FRIEDENWALD: Bull. Johns Hopkins Hosp. **70**, 14 (1942). — [13] PLATTNER, F., u. H. HINTNER: Pflügers Arch. **225**, 19 (1930). — [14] BRÜCKNER, R.: Ophthalm., Basel **106**, 200 (1943). — [15] KOELLE, G. B., and J. S. FRIEDENWALD: Amer. J. Ophthalm. **33**, 253 (1950). — [16] ROETTH, A. DE jr.: Amer. J. Ophthalm. **34** (II), 120 (1951). — [17] ROETTH, A. DE jr.: Arch. Ophthalm., Chicago (2) **43**, 849 (1950). — [18] REIS, J.: Arch. Ophtalm., Paris (N. S.) **3**, 900 (1940). Bull. Soc. Chim. biol. **22**, 36 (1940). Brit. J. Ophthalm. **35**, 149 (1951).

aktivität ist die phosphatatische Aktivität in Iris und Ciliarkörper gegenüber β-Glycerophosphat und Phenylphosphorsäure als Substraten gering; die Chorioidea zeigt gegenüber diesen Substraten jedoch eine bemerkenswert hohe Aktivität[1].

Ciliarkörper und Iris enthalten *Hyaluronidase*[2] (s. dagegen[3]). Im Ciliarkörperepithel ist ferner eine *Glucuronidase* vorhanden[4].

Sekretorische Funktion des Ciliarkörpers. In den Abschnitten „Kammerwasser" und „Glaskörper" bereits erwähnte Ergebnisse führen zu der Annahme, daß die uvealen Gewebe beim Stoffaustausch zwischen Blut und intraocularen Flüssigkeiten nicht nur die passive Rolle von mehr oder weniger durchlässigen Membranen spielen, sondern daß sie daran einen aktiven Anteil haben, den wir uns als durch Stoffwechselvorgänge in einzelnen Teilen der Uvea bedingt vorstellen müssen.

Nach Versuchen mit ^{32}P enthaltendem Phosphat wird anorganisches Phosphat in den vorderen Abschnitten der Uvea (Ciliarkörper und Iris) in organisches Phosphat übergeführt, und es kann angenommen werden, daß der Phosphataustausch zwischen Blut und Kammerwasser nahezu vollständig über die intermediäre Bildung von organischem Phosphat in der Uvea verläuft[5]. An der Bedeutung dieser Tatsache für den Austausch von anderen Stoffen, deren Stoffwechsel in irgendeiner Weise mit dem des Phosphats verknüpft ist, kann kaum gezweifelt werden.

Aus anderen Untersuchungen am Ciliarkörper ist man zu einer vorläufigen Anschauung über den „sekretorischen Mechanismus" in diesem Organ gelangt[6]. Die wesentlichsten Gesichtspunkte dieser Annahme und die Befunde, auf die sie sich stützt, seien kurz angeführt.

Epithel und Stroma des Ciliarkörpers zeigen charakteristische Unterschiede in ihrem Oxydations- und Reduktionsvermögen[7, 8]. Im Ciliarepithel überwiegen oxydierende Stoffe (System der Cytochromoxydase), im Ciliarstroma demgegenüber reduzierende Systeme. Als solche wirken Dehydrogenasen mit ihren Substraten, ferner Ascorbinsäure und andere reduzierende Stoffe, die in dem interstitiellen Gewebe des Ciliarstromas nachweisbar sind. Das Epithel hat dementsprechend ein positives, das Stroma ein negatives Oxydoreduktionspotential; die Potentialdifferenz beträgt 230 mV. Entzug von Sauerstoff (Asphyxie) oder Vergiftung mit Cyanid hebt die Potentialdifferenz auf. Zwischen Epithel und Stroma wird eine negativ geladene, reversibel oxydierbare und reduzierbare Grenzschicht oder „Barriere" angenommen, deren Eigenschaften die Stoffwanderung im Ciliarkörper maßgeblich zu bestimmen scheinen.

Aus diesen Feststellungen abgeleitete intercelluläre Oxydoreduktionsvorgänge zwischen Epithel und Stroma sollen die Energie für einen aktiven Stofftransport durch den Ciliarkörper liefern. Die (durch Dehydrogenasen zusammen mit Ascorbinsäure und ähnlichen Stoffen vermittelte) oxydoreduktive Wechselwirkung führt danach zu einem Überschuß von Anionen im Epithel (primär von OH-Ionen durch Reduktion von Sauerstoff) und von Kationen im Stroma (primär von H-Ionen durch Oxydation von Wasserstoff). Die gebildeten OH- und H-Ionen unterliegen dem Austausch durch andere Anionen bzw. Kationen (z. B. OH^- gegen HCO_3^- und Cl^-, H^+ gegen Na^+, K^+ usw.). Es kann auch angenommen werden, daß die im Epithel vorhandenen OH-Ionen mit CO_2 unter Bildung von HCO_3-Ionen reagieren[9]. Durch die negative Ladung der sich zwischen Stroma und Epithel findenden „Barriere" erhält die mit ihr in Berührung stehende Wasserschicht eine positive Aufladung. Infolge des Anionenüberschusses im Epithel findet ein durch die elektrischen Anziehungskräfte bestimmter Transport

---

[1] Reis, J.: Arch. Ophtalm., Paris (N. S.) **3**, 900 (1940). Bull. Soc. Chim. biol. **22**, 36 (1940). Brit. J. Ophthalm. **35**, 149 (1950). — [2] Meyer, K., R. Dubos and E. M. Smyth: J. biol. Ch. **118**, 71 (1937). — [3] Chain, E., and E. S. Duthie: Brit. J. exp. Path. **21**, 324 (1940). — [4] Becker, B., and J. S. Friedenwald: Amer. J. Ophthalm. **33**, 673 (1950). — [5] Palm, E.: Acta ophthalm., København, Suppl. **32** (1948). — [6] Friedenwald, J. S.: Brit. J. Ophthalm. **28**, 503 (1944). — [7] Friedenwald, J. S., and R. D. Stiehler: Arch. Ophthalm., Chicago (2) **20**, 761 (1938). — [8] Friedenwald, J. S., W. Buschke and H. O. Michel: Trans. amer. ophthalm. Soc. **37**, 310 (1939). Arch. Ophthalm., Chicago (2) **29**, 535 (1943). — [9] Vgl. hierzu Green, H., S. A. Capper, C. A. Bocher and I. H. Leopold: A. M. A. Arch. Ophthalm. **52**, 758 (1954).

von Wasser und Kationen vom Stroma zum Epithel, also in der Richtung vom Blut zum Kammerwasser, statt. Damit erfolgt eine teilweise Neutralisation des (durch Oxydoreduktionsvorgänge aufrecht erhaltenen) Anionenüberschusses im Epithel. Der (wenigstens für das Kaninchen nachgewiesene) Überschuß von Hydrogencarbonat im Kammerwasser[1] läßt sich auf diese Weise erklären.

Der „gerichtete“ Stofftransport im Ciliarkörper kann mit Hilfe von Farbstoffen, die in die Blutgefäße oder in den Glaskörper injiziert werden, sichtbar gemacht werden. Basische (kationische) Farbstoffe wandern schnell vom Stroma in das Epithel, aber nicht in umgekehrter Richtung (elektive Färbung des Epithels); saure (anionische) Farbstoffe gehen vom Epithel in das Stroma, aber nicht vom Stroma in das Epithel über (elektive Färbung des Stromas). Unter Asphyxie, bei Ascorbinsäuremangel (skorbutische Meerschweinchen) sowie nach Ausfall des Nebennierenmarks (adrenalektomierte Tiere, denen Rindenextrakte zugeführt werden) — Bedingungen, die die für den Stofftransport als wesentlich betrachteten Oxydoreduktionsvorgänge im Ciliarkörper unterbrechen — verlieren Epithel und Stroma die Fähigkeit zur Speicherung von basischen bzw. sauren Farbstoffen. Damit ist zugleich eine Abnahme der Fähigkeit des Ciliarkörpers, Kammerwasser nach Punktion der Vorderkammer zu regenerieren, verbunden.

Dieses sind, andeutungsweise, die biochemischen Befunde und Gesichtspunkte, die ein Verständnis für die — auch aus anderen Gründen angenommene — aktive Beteiligung („sekretorische Funktion“) des Ciliarkörpers bei der Bildung des Kammerwassers anzubahnen vermögen, wenn auch die Auffassung im einzelnen noch der weiteren Klärung bedarf.

k) Netzhaut (Retina).

α) Anatomie[2] und Physiologie[3].

1. Histologie.

Die aus dem Ektoderm hervorgehende Netzhaut besteht aus 2 Blättern, von denen das äußere, das Pigmentepithel, wie schon erwähnt, der Glashaut unmittelbar anliegt. Das innere Blatt der Netzhaut ist der eigentliche Träger der Sinneszellen und der daran anschließenden Nervenzellen, deren Fasern im Sehnerv zusammengefaßt zum Gehirn ziehen. Dem nervösen Aufbau der Netzhaut entsprechend, kann man bei ihr histologisch leicht mehrere Schichten unterscheiden. Die am weitesten nach außen, also dem Pigmentepithel benachbarte Schicht ist die der Stäbchen und Zapfen. Es sind dies die eigentlichen Sinneszellen, in denen die ersten das Sehen einleitenden photochemischen Vorgänge durch das einfallende Licht ausgelöst werden (erstes Neuron der Sehleitung). Die Stäbchen und Zapfen sind palisadenartig senkrecht zur Oberfläche des Pigmentepithels angeordnet. Die Zellkerne der Stäbchen und Zapfen sind in einer Schicht, der sog. äußeren Körnerschicht, angeordnet. Stäbchen und Zapfen zusammen mit der äußeren Körnerschicht bezeichnet man als die Neuroepithelschicht im Gegensatz zu den nun folgenden Schichten, die man unter dem Namen der Gehirnschicht zusammenfaßt. An die äußere Körnerschicht schließt sich die äußere reticuläre Schicht an, die aus den Ausläufern der nun folgenden Nervenzellenschicht, der inneren Körnerschicht besteht. Diese bilden das zweite Neuron des Sehapparates. Auf die Schicht der inneren Körner folgt die innere reticuläre Schicht und die Schicht der Ganglienzellen, das dritte Neuron. Ihre Ausläufer bilden die dem Glaskörper unmittelbar anliegende Schicht, die Nervenfaserschicht. Diese Nervenfasern werden an der Sehnervenaustrittsstelle zu einem Bündel, dem Sehnerven zusammengefaßt. In das nervöse Gewebe ist noch ein aus Neuroglia bestehendes Stützgerüst eingelagert, das auch die Grenzmembran der Netzhaut gegen den Glaskörper, die Membrana limitans interna, bildet.

Etwa 5 mm vor der Iriswurzel zeigt die Netzhaut eine plötzliche Dickenabnahme mit einer zackigen Begrenzung, der Ora serrata. Diese jetzt nur einschichtige Epithellage bezeichnet man als den blinden Teil der Netzhaut, die Pars coeca retinae. In der Mitte des hinteren Augenpoles

[1] Kinsey, V. E.: Arch. Ophthalm., Chicago (2) **44**, 215 (1950). — [2] Kolmer, W.: Die Netzhaut. Handb. mikroskop. Anat. (v. Möllendorff) Bd. 3/2, S. 295—466. — v. Möllendorff, Lehrb. Histol. 26. Aufl. S. 490. — [3] Rein, H.: Einführung in die Physiologie des Menschen. 8. Aufl. S. 520. Berlin 1947.

ist die Stelle des schärfsten Sehens gelegen. Sie wird von einem kleinen Grübchen, der Foveola gebildet, die selbst ebenso wie ihre nähere Umgebung eine alle Schichten der Netzhaut durchsetzende gelbe Lackfarbe besitzt. Die gelb gefärbte Stelle bezeichnet man als Macula lutea. Der gelbe Fleck wiederum ist von einem leichten Wall umgeben, und der ganze von diesem eingenommene Bezirk wird Fovea centralis genannt; er hat einen Durchmesser von etwa 1,7 mm. Etwa 3,5 mm nach der Nasenseite davon entfernt ist die Sehnervenaustrittsstelle gelegen, die einen Durchmesser von etwa 1,5 mm hat.

2. Die Blutversorgung

der Netzhaut besorgt die Arteria centralis retinae. Ihr Blut kommt über die Arteria ophthalmica aus der Arteria carotis interna. Die größten Äste der Zentralarterie liegen in den dem Glaskörper benachbarten Schichten der Netzhaut. Aber auch die Capillaren dringen nur bis zur inneren Körnerschicht vor. Die äußere plexiforme Schicht und das Neuroepithel stehen also nicht mit dem Blutgefäßsystem in direkter Berührung. Vielleicht sollen auf diese Weise die hochempfindlichen Sinneszellen, die Stäbchen und Zapfen, vor Störungen durch plötzliche Änderungen in der Blutzusammensetzung bewahrt werden.

3. Stäbchen und Zapfen.

Bei den Stäbchen und Zapfen der Netzhaut unterscheidet man ein Außen- und ein Innenglied. Das Außenglied der *Stäbchen* zeigt frisch fettartigen Glanz und ist stärker lichtbrechend als das Innenglied. Es besitzt eine zarte als „Neurokeratin" angesprochene Hülle und sein Inhalt ist durch den Sehpurpur je nach dem Adaptationszustand verschieden stark rot gefärbt. Die Außengliedsubstanz wird als „Myoid" bezeichnet. An der Grenze von Innen- und Außenglied befindet sich ein Diplosom (doppeltes Zentralkörperchen), von dem aus das Innenglied und vielleicht auch das Außenglied (vgl. hierzu S. 937) von einem feinen Faden durchzogen wird. Die Stäbchen haben im ganzen eine Länge von etwa 50—60 μ und einen Durchmesser von etwa 2 μ.

Die *Zapfen* haben die Form einer bauchigen Flasche, wobei das Außenglied dem Flaschenhals entspricht. Sie sind etwa gleich lang wie die Stäbchen. Ihre größte Dicke beträgt etwa 6 μ. Ebenso wie bei den Stäbchen besitzt auch das Außenglied der Zapfen eine Neurokeratinhülle, und sein Inhalt neigt zum Zerfall in Plättchen. Dem Außenglied fehlt aber der Sehpurpur. Im Innenglied befindet sich eine eigenartige wabige Figur, das sog. Zapfenelipsoid. Der übrige Teil des Zapfeninnengliedes wird als Zapfenmyoid bezeichnet und ist contractil.

Die Zahl der Stäbchen wird in der menschlichen Netzhaut auf 75000000—170000000 und die der Zapfen auf 3000000—7000000 geschätzt. Das gegenseitige Zahlenverhältnis verschiebt sich örtlich in dem Sinne, daß in der Fovea centralis nur Zapfen vorhanden sind. In nächster Umgebung der Fovea erscheinen die Zapfen von einfachen Reihen von Stäbchen umgeben, gegen den Äquator nimmt die Menge der Stäbchen schnell zu, und in der Nähe der Ora serrata finden sich Zapfen nur noch spärlich.

4. Tages- und Dämmerungssehen.

Die Zapfen bilden in der Netzhaut den sog. Tagesapparat. Das Sehen mit diesem Apparat ist durch hohe Sehschärfe und ein gutes Farbenunterscheidungsvermögen ausgezeichnet. Der Tagesapparat kann seine Lichtempfindlichkeit um etwa das 1000fache verändern, so daß wir mit ihm sowohl bei hellem Sonnenlicht als auch bei herabgesetzter Beleuchtung noch zu sehen vermögen. Bei etwa 0,01 Lux liegt der untere Schwellenwert des Tagesapparates. Von hier ab übernimmt der Stäbchenapparat, den man auch den Dämmerungsapparat nennt, allein die Funktion des Sehens. Von 0,01 bis zu 100 Lux wird das Sehen von beiden Apparaten vermittelt. Der Stäbchenapparat kann ebenfalls seine Lichtempfindlichkeit um etwa das 1000fache variieren, so daß wir mit seiner Hilfe noch bei außerordentlich geringer Beleuchtung zu sehen vermögen. Beim Sehen mit dem Stäbchenapparat sind wir nicht in der Lage, Farben zu unterscheiden, und unsere Sehschärfe ist dabei sehr gering. Wir verhalten uns unter diesen Bedingungen so wie total farbenblind.

5. Dunkel- und Hellanpassung.

Beim Übergang von heller zu herabgesetzter Beleuchtung nimmt die Lichtempfindlichkeit im Bereiche des Tagesapparates sehr schnell zu, dagegen nur langsam im Gebiete des Dämmerungsapparates, so daß es etwa 1 Std dauert, bis die Augen nach dem Betreten eines Dunkelzimmers ihre maximale Lichtempfindlichkeit erreicht haben. Beim Übergang von herabgesetzter zu stärkerer Beleuchtung wird sowohl im Bereich des Tagesapparates als auch in dem des Dämmerungsapparates die Lichtempfindlichkeit der Augen mit großer Geschwindigkeit vermindert.

β) Chemische Analyse.

Die *festen Bestandteile* der Netzhaut betragen 11—17% des Frischgewichtes. Sie sind am höchsten bei Kaninchen (15,8%) und Hund (16,6%), am niedrigsten bei Meerschweinchen, Schaf, Schwein und Rind (11,7—12,2%)[1]. Etwa die Hälfte des Trockenrückstandes besteht aus Eiweiß und $^1/_4$—$^1/_5$ aus Lipoiden, den Rest bilden niedrigmolekulare organische Bestandteile und Mineralstoffe.

1. Anorganische Bestandteile.
(Tabellen 155 und 156.)

Es fällt auf, daß nach in der Tabelle 155 wiedergegebenen Analysen die Netzhaut bedeutend weniger *Kalium* enthält als *Natrium*, im Gegensatz z. B. zum Gehirn. Es ist aber zu berücksichtigen, daß die Netzhaut im enucleierten Auge sehr schnell Natrium aufnimmt und Kalium verliert (s. S. 935). In der unmittelbar nach der Tötung des Tieres entnommenen Rinderretina werden etwa 120 mg-% Na und 250—270 mg-% K gefunden[2]. Von allen Augengeweben weisen Netzhaut und

Tabelle 155. Mineralstoffgehalt der Netzhaut und des Gehirns (in mg-% des frischen Organs).

	H_2O	K	Na	Mg	Ca	Cl	P*	S*
Netzhaut[3]:								
Kalb	89	66	154	8	10	142	43	48
Rind	89	50	155	3	12	147	49	40
Schwein . . .	90	93	150	4	14	170	25	29
Gehirn (graue Substanz)[4]:								
Mensch . . .	84—86	320—420	90—150	8—12	6—11	130—210	—	—

* Nach feuchter Veraschung.

ihr Pigmentepithel den höchsten Gehalt an *Magnesium* auf[5]. Das kann zwanglos zu dem regen Stoffwechsel der Netzhaut, an dem Mg als Hilfsstoff beteiligt ist, in Beziehung gesetzt werden. *Zink* findet sich besonders reichlich in den Netzhäuten von Knochenfischen (bis zu 25 mg-% des Frischgewichtes bei Thynnus alalonga[6]). Es soll in der Netzhaut in lipoidlöslicher Form vorkommen[7]. Die Netzhaut gehört zu den Geweben mit einem ziemlich hohen Gehalt an *Mangan*[8].

[1] MÜLLER, R. W. J.: B. Z. **267**, 43 (1933). — [2] TERNER, C., L. V. EGGLESTON and H. A. KREBS: Biochem. J. **47**, 139 (1950). — [3] FISCHER, F. P.: Arch. Augenheilkde. **107**, 295 (1933). — [4] Aus PAGE, I. H.: Chemistry of the Brain. London 1937. — [5] WOLFF, R., et A. BOURQUARD: C. R. Soc. Biol. **124**, 319 (1937). — [6] LEINER, M., u. G. LEINER: Biol. Zbl. **62**, 119 (1942). — [7] WEITZEL, G.: Angew. Chem. **65**, 92 (1953). — [8] FORE, H., and R. A. MORTON: Biochem. J. **51**, 603 (1952).

Tabelle 156. Schwermetalle in der Netzhaut vom Rind (in γ je 100 g Frischgewicht)[1]

Fe	Cu	Zn	Mn
380	264	299	32
330—440	121—395	266—322	24—39

Der in Tabelle 155 angegebene, nach feuchter Veraschung gefundene Gehalt an *Phosphat* (als P) ist wohl viel zu niedrig. Die Kaninchennetzhaut enthält 260—270 mg-% Gesamt-P[2]. Etwa 70% davon sind säureunlöslich. Der Gehalt an anorganischem P beträgt in der dunkeladaptierten Netzhaut 13 mg-%, in der helladaptierten 18 mg-%[2]. Dieser Unterschied beruht wahrscheinlich auf einer Phosphatabspaltung aus noch unbekannten Verbindungen in der belichteten Netzhaut (s. weiter unten).

2. Organische Bestandteile.
(Tabellen 157 und 158.)

Eiweiß. In der Netzhaut von verschiedenen Tieren wurden 6—8% Eiweiß gefunden[3]. Etwa 80% der Proteine sind wasserlöslich. In dem wasserlöslichen Anteil findet man je einen bei 47°, 56° und 70° koagulierenden Eiweißkörper[3].

Tabelle 157. Lipoide in der Netzhaut des Rindes (in g-%)[4].

	Frischgewicht	Trockengewicht	% der Gesamtlipoide
Gesamtlipoide	2,3	19,7	100
Fette	0,3	2,5	13
Phosphatide	1,6	13,7	70
Lecithin	0,8	7,0	36
Kephalin	0,5	4,8	24
Sphingomyelin	0,2	1,9	10
Cerebroside	0,1	0,8	4
Cholesterin	0,2	2,0	10
Carotinoide *	0,0005	0,004	
Unverseifbares unbekannter Natur	0,04	0,3	1,5
Freie Fettsäuren	0,03	0,3	1,5

* Xanthophylle wurden nicht gefunden.

Die überwiegende Menge des löslichen als auch des unlöslichen Eiweißes der Netzhaut liegt in Bindung an Lipoide vor[5].

Bei der Behandlung der Netzhaut (und anderem Nervengewebe) mit organischen Lösungsmitteln, Alkalien, Säuren, sowie mit Trypsin und Pepsin, bleibt ein Eiweißkörper zurück, der wegen seiner Löslichkeitseigenschaften und seiner Widerstandsfähigkeit gegen die Verdauungsenzyme zu den Keratinen gezählt und als *Neurokeratin* bezeichnet wird[6, 7]. Sehr wahrscheinlich ist auch das Neurokeratin der Netzhaut — ebenso wie das des Gehirns[8] — von den echten Keratinen verschieden. Neurokeratin soll, wie nach Verdauungsversuchen mit Trypsin angenommen wird, ein Bestandteil der MÜLLERschen Stützfasern und vielleicht auch der äußeren Grenzmembran sein. Es bildet vermutlich auch den Mantel der Sehzellen.

[1] TAUBER, F. W., and A. C. KRAUSE: Amer. J. Ophthalm. **26**, 260 (1943). — [2] TAWARA, M.: Acta Soc. ophthalm. jap. **42**, 106 (1938). — Vgl. auch STILO, A.: Boll. Soc. ital. Biol. sperim. **12**, 806 (1937). — [3] CAHN, A.: H. **5**, 213 (1881). — [4] KRAUSE, A. C.: Acta ophthalm., København **12**, 372 (1934). — [5] KRAUSE, A. C.: Amer. J. Ophthalm. **19**, 555 (1936). — [6] KUHNT, (H.): Klin. Mbl. Augenheilkde. **15** (Beilage), 72 (1877). — [7] KÜHNE, W., u. R. H. CHITTENDEN: Z. Biol. **26**, 291 (1890). — [8] Vgl. BLOCK, R. J.: J. biol. Ch. **94**, 647 (1931/32).

Nucleinsäuren. Die Netzhaut vom Rind enthält 400—700 mg-% Desoxyribonucleinsäure und 95—200 mg-% Ribonucleinsäure[1]. Das Verhältnis von Desoxyribonucleinsäure zu Ribonucleinsäure beträgt in der Retina von Kaninchen, Katzen und Rindern 2,8—7, in der grauen Gehirnsubstanz, im Opticus und in anderen Geweben liegt es dagegen unter 1. Histochemisch ist Desoxyribonucleinsäure (Thymonucleinsäure) in den Kernen der Pigmentepithelschicht, in der äußeren und inneren Körnerschicht und in der Ganglienzellenschicht nachweisbar[2]. Die Außenglieder der Stäbchen enthalten nur wenig oder keine Desoxypentosenucleinsäure[3].

Lipoide. Die gesamte Lipoidmenge der Rindernetzhaut wird mit 2,3—3,4% des Frischgewichtes, entsprechend 20—30% des Trockengewichtes angegeben[4-6]. Mit 70% bilden die Phosphatide den Hauptanteil an den Netzhautlipoiden. Cholesterin liegt in der (Rinder-) Netzhaut ausschließlich unverestert vor[5].

Tabelle 158. N-haltige Verbindungen in der Netzhaut des Rindes (in mg-% der Frischsubstanz).

Kreatin[11]	68
Kreatinin[11]	1,4
Spermin[12]	26—35
Carnosin[13]	2,3—3
Glutathion[14] (GSH)	48—108

Die größte Menge der Lipoide ist an Eiweiß gebunden, nur die Fette sind wahrscheinlich frei[7]. Diese Lipoid-Eiweiß-Verbindungen sind zum größten Teil wasserlöslich und zerfallen leicht, besonders bei saurer Reaktion. Bei der Autolyse der Netzhaut werden aus ihnen Lipoide freigesetzt[8, 9].

Über die örtliche Verteilung[10] der einzelnen Lipoide in der Netzhaut liegen nur wenige verwertbare Untersuchungen vor. Reichlicher als in den Innengliedern sind Lipoide in den Außengliedern der Sehzellen vertreten, die zu 30% ihres Trockengewichtes aus Phospholipoiden bestehen[3]. In den Außengliedern der Stäbchen findet sich auch der zu den Lipoproteiden zu zählende Sehpurpur. Die äußere Körnerschicht enthält am wenigsten lipoide Verbindungen.

Carotinoide bilden eine wichtige Gruppe von Netzhautstoffen. Sie sind unter anderem Bestandteile der Sehstoffe, der bei manchen Tierarten (Amphibien, Reptilien, Vögel) im Pigmentepithel und an der Grenze zwischen Innen- und Außenglied der Zapfen vorhandenen „*Ölkugeln*" sowie auch der Macula beim Menschen. Aus der ölkugelführenden Kükennetzhaut wurden Astaxanthin[15-17], Xanthophyll (Lutein)[16], Xanthophyllester[15,17] und ein bisher unbekanntes Carotinoid Galloxanthin[18] isoliert. Sie gehören zu den bereits von KÜHNE[19] aus der Kükenretina extrahierten „Chromophanen".

Das retinale Pigmentepithel vom Frosch enthält etwa 1,3 mg Xanthophyll (Luteinester) je g Trockensubstanz[20]. Das im Netzhautepithel (+ Chorioidea) von einigen Fischen vor-

[1] EHRLICH, G., and Z. DISCHE: Proc. Soc. exp. Biol. Med. **74**, 40 (1950). — [2] TAKAZAWA, Y.: Acta Soc. ophthalm. jap. **38**, 72 (1934). — [3] COLLINS, F. D., R. M. LOVE and R. A. MORTON: Biochem. J. **51**, 669 (1952). — [4] CAHN, A.: H. **5**, 213 (1881). — [5] KRAUSE, A. C.: Acta ophthalm., København **12**, 372 (1934). — [6] LEINFELDER, P. J., and P. W. SALIT: Amer. J. Ophthalm. **17**, 619 (1934). — Neuere Untersuchungen über Lipoide in der Netzhaut (sowie in Linse, Cornea, Iris und Ciliarkörper) s. D'ASARO, B. S., R. G. YOUNG and H. H. WILLIAMS: A. M. A. Arch. Ophthalm. **51**, 596 (1954). — [7] KRAUSE, A. C.: Amer. J. Ophthalm. **19**, 555 (1936). — [8] SALA, G.: Boll. Ocul. **12**, 161 (1933). — [9] KRAUSE, A. C.: Arch. Ophthalm., Chicago (2) **16**, 425 (1936). — [10] vgl. LO CASCIO, G.: Ann. Ottalm. **1923**, 653. — [11] KRAUSE, A. C., and F. W. TAUBER: Arch. Ophthalm., Chicago (2) **21**, 1027 (1939). — [12] KRAUSE, A. C.: Amer. J. Ophthalm. **20**, 508 (1937). — [13] KRAUSE, A. C.: Arch. Ophthalm., Chicago (2) **16**, 986 (1936). — [14] HERRMANN, H., and S. G. MOSES: J. biol. Ch. **158**, 33 (1945). — [15] WALD, G., and H. ZUSSMAN: J. biol. Ch. **122**, 449 (1938). — Über Astaxanthin vgl. KUHN, R., J. STENE u. N. A. SÖRENSEN: B. **72**, 1688 (1939). — [16] STUDNITZ, G. v., H. J. NEUMANN u. H. K. LOEVENICH: Pflügers Arch. **246**, 652 (1943). — [17] WALD, G.: Docum. ophthalm., Paris **3**, 94 (1949). — [18] WALD, G.: J. gen. Physiol. **31**, 377 (1948). — [19] KÜHNE, W., u. W. C. AYRES: Unters. physiol. Inst. Heidelberg **1**, 341 (1878). — [20] WALD, G.: J. gen. Physiol. **19**, 781 (1936).

handende Xanthophyll unterscheidet sich in seinen Absorptionseigenschaften etwas von dem des Frosches[1]. Der Gehalt der Rindernetzhaut an lipochromen Farbstoffen (ausgedrückt als β-Carotin) beträgt insgesamt 1,6 γ je Netzhaut und 1,8 γ je Pigmentepithel[2]. Von dieser Carotinoidmenge ist etwas weniger als $^1/_3$ im Sehpurpur gebunden. Der Farbstoff in der Macula des Menschen ist ein Xanthophyll, wahrscheinlich identisch mit Lutein[3].

Bei der Spaltung des Sehpurpurs (z. B. durch Licht oder Chloroform) werden Carotinoide erhalten. Sie werden Retinine genannt. *Retinin₁* entsteht aus der Rhodopsin genannten Sehpurpurart von Landvertebraten und Meerwasserfischen[4], *Retinin₂* aus dem Porphyropsin von Süßwasserfischen. $Retinin_1$ ist Vitamin A_1-Aldehyd[5]; $Retinin_2$ ist identisch mit dem Aldehyd von Vitamin A_2 (s.[6]) (s. a. Bd. **1**, S. 481).

Vom Retinin wurden 5 Isomere krystallisiert erhalten[7,8]. Es handelt sich wahrscheinlich um cis-trans-Isomere, die durch Licht ineinander übergeführt werden können.

Die Netzhaut ist reich an *Vitamin A* (s. a. Bd. 2/2b). Das zeigt für Netzhäute von verschiedenen Tierarten sowohl der Fütterungsversuch[9] als auch die chemische Bestimmung[10] und der fluorescenzmikroskopische Nachweis[11,12]. Die Netzhaut von Säugetieren enthält etwa 20 γ Vitamin A je g Trockensubstanz[10]. Der Vitamin A-Gehalt der Netzhaut ist aber — außer von der Ernährung[12] — vom Adaptationszustand abhängig[13]: Er ist in der belichteten Netzhaut höher als in der unbelichteten (s. weiter unten). Die größte Menge an Vitamin A findet sich in der Epithelschicht; z. B. enthält das retinale Pigmentepithel von Rana catesbiana 6 mg Vitamin A je g Trockensubstanz[14]. Vitamin A kommt in Netzhäuten mit Rhodopsin vor; in porphyropsinführenden Netzhäuten tritt an seine Stelle Vitamin A_2[15].

Flavine. Aus Netzhäuten verschiedener Tierarten können Auszüge erhalten werden, die eine grüne oder auch ins Bläuliche gehende Fluorescenz zeigen[16]. Die grüne Fluorescenz beruht hauptsächlich auf der Anwesenheit von Lactoflavin. Die Netzhaut vom Menschen enthält 3—5 γ Lactoflavin je g[17]. Reichlicher ist es in der Netzhaut von einigen Fischarten vorhanden: die Netzhaut (+ Pigmentepithel) vom Dorsch z. B. enthält annähernd 500 γ Lactoflavin je g Frischgewicht oder 4—5 mg je g Trockengewicht[18]. Mehr als 90% des retinalen Lactoflavins vom Fisch ist dialysabel[18]; es scheint also in seiner überwiegenden Menge nicht an Eiweiß gebunden und auch nicht mit Phosphorsäure (Retina vom Rind und Schwein) verestert[19] zu sein.

Diese Befunde haben zu Annahmen geführt, nach denen das — zum Unterschied von der an Eiweiß gebundenen Lactoflavinphosphorsäure — fluorescierende freie Flavin eine besondere

---

[1] WALD, G.: J. gen. Physiol. **20**, 45 (1936). — [2] BIELIG, H.-J., u. L. BUSCH: H. **280**, 56 (1944). — [3] WALD, G.: Docum. ophthalm., den Haag **3**, 94 (1949). — [4] WALD, G.: J. gen. Physiol. **19**, 351, 781 (1935/36). — [5] MORTON, R. A., and T. W. GOODWIN: Nature **153**, 405 (1944). — BALL, S., T. W. GOODWIN and R. A. MORTON: Biochem. J. **42**, 516 (1948). — [6] MORTON, R. A., M. K. SALAH and A. L. STUBBS: Nature **159**, 744 (1947). — [7] HUBBARD, R., and G. WALD: J. gen. Physiol. **36**, 269 (1952/53). — [8] HUBBARD, R., R. I. GREGERMAN and G. WALD: J. gen. Physiol. **36**, 415 (1952/53). — Zur Darstellung von $Retinin_2$ in krystallisierter Form s. CAMA, H. R., P. D. DALVI, R. A. MORTON, M. K. SALAH, G. R. STEINBERG and A. L. STUBBS: Biochem. J. **52**, 535 (1952). — [9] HOLM, E.: Acta ophthalm., København **7**, 146 (1929). — YUDKIN, A. M., M. KRISS and A. H. SMITH: Amer. J. Physiol. **97**, 611 (1931). — [10] WALD, G.: J. gen. Physiol. **18**, 905 (1935). — [11] QUERNER, F. R. v.: Kli. Wo. **1935 II**, 1213. — JANCSÓ, N. v., u. H. v. JANCSÓ: B. Z. **287**, 289 (1936). — SCHAIRER, E., u. K. PATZELT: Virchows Arch. **307**, 124 (1941). — [12] GREENBERG, R., and H. POPPER: Amer. J. Physiol. **134**, 114 (1941). — [13] WALD, G.: J. gen. Physiol. **19**, 351 (1935/36). — [14] WALD, G.: J. gen. Physiol. **19**, 781 (1935/36). — [15] WALD, G.: J. gen. Physiol. **22**, 391, 775 (1938/39). — EDISBURY, J. R., R. A. MORTON, G. W. SIMPKINS and J. A. LOVERN: Biochem. J. **32**, 118 (1938). — [16] EULER, H. v., u. E. ADLER: H. **223**, 105; **228**, 1 (1934). — ADLER, E., and H. v. EULER: Nature **141**, 790 (1938). — [17] PHILPOT, F. J., and A. PIRIE: Biochem. J. **37**, 250 (1943). — [18] EULER, H. v., u. E. ADLER: H. **228**, 1 (1934). — [19] BRUNNER, O., u. E. BARONI: S.-B. Akad. Wiss. Wien (IIb) **145**, 484 (1936).

Rolle bei den photochemischen Vorgängen in der Netzhaut spielt. Andererseits weisen neuere Untersuchungen[1, 2], in denen der Flavingehalt der Rindernetzhaut mikrobiologisch und mittels D-Aminosäureoxydase bestimmt wurde, darauf hin, daß ein größerer Teil vom gesamten Flavin der Netzhaut als Adenindinucleotid vorliegt. Auch über die Lokalisation des Lactoflavins in der Netzhaut bestehen noch einige Zweifel. Es soll sich (bei Fischen) reichlicher im Pigment- als im Neuroepithel der Netzhaut finden[3-5]. Demgegenüber wird in der pigmentepithelfreien Rindernetzhaut ein höherer Lactoflavingehalt gefunden als in dem zusammen mit der Chorioidea untersuchten Pigmentepithel[1].

Neben Lactoflavin wurden aus Rinder- und Schweinenetzhäuten auch Photoderivate desselben (*Lumiflavin* und *Lumichrom*) isoliert[6].

Aneurin. Im Fütterungsversuch wurde Aneurin in der Netzhaut vom Rind gefunden[7]. Andererseits konnte mit der Thiochrommethode in der Retina vom Menschen und von verschiedenen Wirbeltieren kein Aneurin nachgewiesen werden; in geringer Menge fand es sich nur im Pigmentepithel[8].

Cozymase (Codehydrogenase I = Diphosphopyridinnucleotid) (s. Bd. **1**, S. 832). Nach der quergestreiften Muskulatur hat die Netzhaut den höchsten Gehalt an Cozymase[9]. In verschiedenen Teilen der Rindernetzhaut findet sich 1,7—4,1 mg Cozymase je g fettfreier Trockensubstanz[10]. Den höchsten Gehalt haben die Synapsen führenden Bezirke und die Ganglienzellen.

Acetylcholin. Die Netzhaut vom Rind[11] enthält 5—6 γ, die vom Hund[12] 2 γ und die vom Frosch[13] 2—5 γ Acetylcholin je g Frischgewicht. Aus der Rindernetzhaut wurde Acetylcholin als Reineckat isoliert[14]. Über den Acetylcholingehalt von hell- und dunkeladaptierten Netzhäuten gibt es widersprechende Angaben[12, 15, 16]. Hell- und Dunkelnetzhäute vom Frosch zeigen keine sicheren Unterschiede in ihren Acetylcholingehalten[13, 15].

Über den Gehalt der Netzhaut an einigen anderen N-haltigen Verbindungen orientiert Tabelle 158 (S. 926). Dunkeladaptierte Netzhäute sollen weniger Kreatin und mehr Kreatinphosphorsäure enthalten als helladaptierte[17]. Das Phosphagen könnte danach mit dem Sehpurpurzerfall und -aufbau verbunden sein.

Kohlenhydrate und verwandte Verbindungen. *Glykogen* wurde in der Netzhaut verschiedener Tiere histochemisch nachgewiesen[18, 19]. Es soll sich nach Untersuchungen an Netzhäuten von Frosch und Taube hauptsächlich in dem contractilen Teil der Zapfen, dem „Myoid", finden[19]. In der Netzhaut von Karpfen wurden 50—85 mg Glykogen je g Trockengewicht gefunden[20].

Die Höhe des *Glucose*gehaltes im Netzhautgewebe liegt beim Säugetier etwa in der des Blutzuckers.

---

[1] PHILPOT, F. J., and A. PIRIE: Biochem. J. **37**, 250 (1943). — [2] PIRIE, A.: Brit. J. Ophthalm. **27**, 291 (1943). — [3] EULER, H., u. E. ADLER: H. **228**, 1 (1934). — [4] EULER, H. v., H. HELLSTRÖM u. E. ADLER: Z. vgl. Physiol. **21**, 739 (1935). — [5] ZEWI, M.: Finska Läk.-Sällsk. Handl. **80**, 923 (1937). — [6] BRUNNER, O., u. E. BARONI: S.-B. Akad. Wiss. Wien (IIb) **145**, 484 (1936). — [7] MISSIROLI, G.: Fisiol. e Med. **12**, 209 (1941) [Zbl. Ophthalm. **47**, 363]. — [8] NOVER, I.: H. **282**, 159 (1947). — [9] SYM, E., R. NILSSON u. H. v. EULER: H. **190**, 228 (1930). — [10] ANFINSEN, C. B.: J. biol. Ch. **152**, 279 (1944). — [11] LOEWI, O., u. H. HELLAUER: Pflügers Arch. **240**, 769 (1938). — [12] CHANG, H.-C., W.-M. HSIEH, L.-Y. LEE and T.-H. LI: Proc. Soc. exp. Biol. Med. **43**, 140 (1940). — CHANG, H.-C., L.-Y. LEE and T.-H. LI: Chin. J. Physiol. **16**, 373 (1941). — [13] EASTON, D. M.: Proc. Soc. exp. Biol. Med. **59**, 31 (1945). — [14] LEIDIG, I. M.: Diss. med. Freiburg i. Br. 1939. — [15] THERMAN, P. O.: Acta Soc. Sci. fenn. (B) [N. S.] **2**, 74 (1938). — [16] LANGE, V.: H. **279**, 73 (1943). — [17] HWANG, T. F.: Japan. J. Physiol. **1**, 160 (1950) — [18] BRAMMERTZ, W.: Arch. mikroskop. Anat. **86**, 1 (1914). — [19] SCHMITZ-MOORMANN, P.: Graefes Arch. Ophthalm. **118**, 506 (1927). Klin. Mbl. Augenheilkde. **78** (Beilageheft), 69 (1927). — Über die histochemische Lokalisation von Glykogen in der hell- und dunkeladaptierten Netzhaut von Meerschweinchen s. SHIMIZU, N., and S. MAEDA: Anat. Rec. **116**, 427 (1953). — [20] GOURÉVITCH, A.: J. Physiol., Paris **43**, 255 (1951).

Die Netzhaut vom Rind enthält 10—15 mg-% *Ascorbinsäure*[1], die histochemisch[2] in der Meerschweinchennetzhaut vor allem in den multipolaren Ganglienzellen nachweisbar ist.

Über die Lokalisation verschiedener Bestandteile in der Netzhaut vgl. besonders[3].

γ) Stoffwechsel.

1. Ernährung der Retina.

a) Bedeutung der Blutversorgung. Die Ernährung der gefäßhaltigen Netzhaut ist weitgehend von der direkten Blutzufuhr abhängig. Unterbrechung der Blutversorgung durch die Zentralgefäße führt beim Menschen zu Ödem, Trübung und Zerfall des Netzhautgewebes, wovon hauptsächlich die von diesen Gefäßen unmittelbar versorgten inneren Schichten der Netzhaut betroffen werden. Die äußeren, keine Gefäße enthaltenden Schichten werden zu einem Teil aus den inneren Schichten, hauptsächlich aber durch einen Stoffaustausch mit der Choriocapillaris ernährt, unter Vermittlung des Pigmentepithels. Dieser Weg des Stoffaustausches zeigt sich auch dadurch, daß bei Unterbrechung der Blutzufuhr aus den die Chorioidea versorgenden Ciliargefäßen nunmehr in erster Linie die äußeren Schichten, bis zu ihrem völligen Verschwinden, geschädigt werden. Unterbrechung des Blutzuflusses aus der Zentral- oder aus den Ciliararterien führt beim Kaninchen bereits nach 10—15 min zu erkennbaren Störungen im Netzhautstoffwechsel.

b) Bedeutung des Pigmentepithels. Für die Ernährung wie überhaupt für die physiologischen Funktionen der Netzhaut spielt das Pigmentepithel eine bedeutende Rolle. Nur die mit dem Pigmentepithel verbundene Netzhaut vermag, wenigstens über längere Zeit, ihren normalen Stoffwechsel aufrecht zu erhalten. Am augenfälligsten tritt die Bedeutung des Pigmentepithels bei den sich im Anschluß an die Lichteinwirkung in der Netzhaut abspielenden Regenerationsvorgängen hervor, auf die wir noch zu sprechen kommen. Der schon erwähnte hohe Gehalt des Pigmentepithels an Vitamin A und wahrscheinlich auch an B_2 (Lactoflavin) läßt vermuten, daß es als Speicher für einige physiologisch wichtige Stoffe wirkt und diese nach Bedarf an die Netzhaut abgibt.

Mehr als die verhältnismäßig gut mit Gefäßen versorgte, sog. holangische Netzhaut der Primaten ist die gefäßarme, paurangische Netzhaut mancher Tiere, z. B. vom Pferd, Kaninchen, Meerschweinchen, auf eine unmittelbare Ernährung durch die Aderhaut angewiesen. Für die gefäßlose, anangische Netzhaut der Vögel, vieler Fische und Reptilien kommt nur ein durch Diffusion erfolgender Stoffaustausch mit der Umgebung in Betracht.

2. Kohlenhydratstoffwechsel.

a) Atmung und Glykolyse. Vor den meisten anderen Geweben ist die Netzhaut durch ihren großen Sauerstoffverbrauch und ihr starkes Glykolysevermögen ausgezeichnet. Diese Feststellung gründet sich hauptsächlich auf Untersuchungen von Warburg und seinen Mitarbeitern[4-9] mit isolierten Netzhäuten verschiedener Tiere.

Vergleichsweise verbraucht die Rattennetzhaut 3mal mehr Sauerstoff und bildet anaerob 4mal so viel Milchsäure wie Schnitte von grauer Gehirnrinde[4]. Die Netzhaut der Ratte vermag anaerob in 1 Std 30—35%, diejenige des Huhnes 55% und die Taubennetzhaut 84% ihres Trockengewichtes an Milchsäure zu

---

[1] Bietti, G.: Boll. Ocul. **14**, 3, 938 (1935). — Cavallacci, G.: Arch. Ottalm. **42**, 149 (1935). — Süllmann, H., u. A. E. Schmid: Ophthalm., Basel **103**, 150 (1942). — [2] Schmid, A. E., u. E. Bürki: Ophthalmologica, Basel **105**, 65, (1943). — Bürki, E., u. A. E. Schmid: Ophthalm., Basel **105**, 121 (1943). — Vgl. a. Vetter, J.: Graefes Arch. Ophthalm. **147**, 189 (1944). — [3] Wislocki, G. B., and R. L. Sidman: J. comp. Neurol. **101**, 53 (1954). — [4] Warburg, O., K. Posener u. E. Negelein: B. Z. **152**, 309 (1924). — Negelein, E.: B. Z. **165**, 122 (1925). — [5] Warburg, O.: B. Z. **184**, 484 (1927). — [6] Krebs, H. A.: B. Z. **189**, 57 (1927). — [7] Tamiya, C.: B. Z. **189**, 114 (1927). — [8] Kubowitz, F.: B. Z. **204**, 475 (1929). — [9] Nakashima, M.: B. Z. **204**, 479 (1929).

bilden[1]. Einige Werte über Atmung und Glykolyse sind in der Tabelle 159 zusammengestellt. Das p_H-Optimum der Netzhautatmung liegt zwischen 7,4 und 8,0 (s.[2]).

Die Atmung soll in den peripheren Teilen der Kaninchennetzhaut größer sein als in den mittleren: Das Umgekehrte wird für die anaerobe Glykolyse angegeben[3,4]. Der O_2-Verbrauch der Gehirn- und Sehepithelschicht soll annähernd gleich sein[5].

Für die Retina der Ratte wurden in glucosehaltiger Nährlösung *Respiratorische Quotienten* von 1 (s.[6]) und von 0,87—0,96 (s.[7]) gefunden.

Die Stoffwechselmessungen mit der isolierten Netzhaut müssen unter dem Gesichtspunkt gewertet werden, daß sie an *geschädigtem Gewebe* erfolgen. Durch die Gewebeschädigungen, die bereits beim Aufhören der Blutzirkulation einsetzen und weiter durch die Herausnahme der Netzhaut aus dem Bulbus, mechanische Verletzungen sowie durch unphysiologische Bedingungen bei der Messung zustande kommen, wird in erster Linie die Retina*atmung* betroffen.

Tabelle 159. Atmung und Glykolyse der isolierten Netzhaut verschiedener Tiere.

Q_{O_2} (Atmung) = mm³ verbrauchter Sauerstoff je mg Trockengewebe je Std.

$Q_M^{N_2}$ (anaerobe Glykolyse) = Milchsäurebildung in N_2 } = mm³ freigesetzte CO_2

$Q_M^{O_2}$ (aerobe Glykolyse) = Milchsäurebildung in O_2 } je mg Trockengewebe je Std.

$Q_M \cdot 0{,}004$ = mg Milchsäure, je mg Trockengewebe je Std.

Netzhaut von	Versuchslösung	Meßtemperatur °C	Q_{O_2}	$Q_M^{N_2}$	$Q_M^{O_2}$
Ratte[8]	Ringer + Glucose	37,5	31	88	45
Huhn[1]	Eigenserum	40	0	80—140	80—135
Taube[1]	Eigenserum	40	0	160	170
Taube[9]	Phosphat-Ringer + Glucose	38	7,5	150	
Haifisch[10] (Scyllium catalus)	Eigenserum + Glucose	15	3,1	1,5	0,9
		25	7,1	5,5	1,8
		30	16,2	9,1	3,9
		35	26	14,8	14
Plötze[11] (Leuciscus rutilus)	Ringer + Glucose	30	10	29	1
		37,5	28	60	27

Sehr aufschlußreich sind in dieser Hinsicht bei verschiedenen Temperaturen durchgeführte Stoffwechselmessungen an der Froschnetzhaut[12]: Zwischen 15 und 35° steigen sowohl der Atmungs- als auch der anaerobe Spaltungsstoffwechsel; eine aerobe Glykolyse fehlt. Über 35° nimmt die Atmung ab und gleichzeitig tritt die aerobe Glykolyse auf, die den Wert der anaeroben Milchsäurebildung erreicht. (Vgl. a. die Versuche an der Fischnetzhaut in Tabelle 159.)

Die aerobe Glykolyse der Kaltblüterretina kann mithin als Ausdruck einer Schädigung des Atmungssystems aufgefaßt werden. Und zwar kommt es zu einer Glykolyse sowohl, wenn — wie bei der Froschnetzhaut — die Größe der Atmung, als auch — wie bei der Fischnetzhaut —, wenn die Wirkung der Atmung (PASTEURsche Reaktion) geschädigt ist. Derartige Beziehungen zwischen der in

[1] KREBS, H. A.: B. Z. **189**, 57 (1927). — [2] RÖE, O.: Acta ophthalm. København **32**, 181 (1954). — [3] CAMPOS, R.: Ann. Ottalm. **64**, 456, 538, 577 (1936). — [4] CAMPOS, R.: Boll. Soc. ital. Biol. sperim. **11**, 320 (1936). — [5] OGUCHI, T.: Acta Soc. ophthalm. jap. **41**, 149 (1937). — [6] DICKENS, F., and F. ŠIMER: Biochem. J. **24**, 1301 (1930). — [7] ELLIOTT, K. A. C., and Z. BAKER: Biochem. J. **29**, 2433 (1935). — DIXON, M.: Biochem. J. **31**, 924 (1937). — [8] WARBURG, O., K. POSENER u. E. NEGELEIN: B. Z. **152**, 309 (1924). — NEGELEIN, E.: B. Z. **165**, 122 (1925). — [9] KREBS, H. A.: Biochem. J. **29**, 1620 (1935). — [10] CAMPOS, R.: Ann. Ottalm. **64**, 456, 538, 577 (1936). — [11] NAKASHIMA, M.: B. Z. **204**, 475 (1929). — [12] KUBOWITZ, F.: B. Z. **204**, 475 (1929).

vitro gemessenen aeroben Glykolyse und dem geschädigten Atmungssystem sind auch für die isolierte Warmblüternetzhaut anzunehmen.

Diese bei der Messung in vitro erhaltenen Befunde lassen es somit zweifelhaft erscheinen, ob die aerobe Glykolyse, d. h. Auftreten eines Milchsäureüberschusses im Netzhautstoffwechsel, ein physiologischer Vorgang ist. Die Verhältnisse mögen bei den Netzhäuten verschiedener Tierarten etwas voneinander abweichen. Hierauf weist z. B. der hohe Spaltungsstoffwechsel der Vogelnetzhaut hin, die im Verhältnis dazu — wenigstens in vitro — eine geringe Atmung hat. Weiter unten zu erwähnende Befunde zeigen, daß die Netzhaut den anaeroben Kohlenhydratabbau, ebenso wie den aeroben, als energieliefernde Reaktion für andere Stoffwechselvorgänge auszunutzen fähig ist. Bestimmte Vorgänge, die im Elektroretinogramm zum Ausdruck kommen, sollen durch die Glykolyse, nicht durch die Atmung der Netzhaut aufrecht erhalten werden[1].

Ferner sind Atmung und Glykolyse der isolierten Retina stark von dem *Milieu* abhängig, in dem die Messung erfolgt.

In Phosphatlösung bildet die Rattennetzhaut bedeutend mehr Milchsäure als in Hydrogencarbonatlösung. Von großem Einfluß ist die Kohlendioxyd- und Sauerstoffspannung auf Atmung und aerobe Glykolyse[2]: Eine Erhöhung des CO_2-Gehaltes von 1% auf 5% bewirkt eine Verdoppelung von Atmung und Glykolyse der Rattennetzhaut, von 5% auf 20% CO_2 eine Verminderung der Atmung, bei unbeeinflußter Glykolyse. Im Gleichgewicht mit 5% O_2 ist die Atmung in phosphathaltigem Milieu um die Hälfte niedriger als in reinem Sauerstoff. In hydrogencarbonathaltigem Milieu ist eine Herabsetzung der O_2-Spannung von 95% auf 5% ohne Einfluß auf die Atmung, bewirkt aber eine Vermehrung der aeroben Glykolyse bis auf die Höhe der anaeroben Glykolyse.

Der Einfluß des Sauerstoffs auf die Netzhautglykolyse wird auf die Wirksamkeit eines besonderen Enzyms zurückgeführt, über dessen spektroskopischen Nachweis in der Rattenretina berichtet wird[3]. Zur Wirkungsweise des Enzyms wird angenommen, daß seine Ferroform autoxydabel ist und die Ferriform die Glykolyse dadurch hemmt, daß sie einen Bestandteil des glykolytischen Systems, vermutlich ein Coenzym, im oxydierten Zustand hält und so inaktiviert. Die Existenz dieses Enzyms ist aber nicht gesichert und eine nähere Untersuchung über die PASTEUR*sche Reaktion* in der Netzhaut steht noch aus (s. dazu a. Bd. 1, S. 890).

b) Oxydation verschiedener Verbindungen. Eine Reihe von Verbindungen vermehrt die Atmung der Retina in vitro bedeutend. Hierher gehören: Milchsäure, Brenztraubensäure, Glucose, Glucosamin, Mannose und Fructose. Milchsäure und Glucose steigern die Atmung in phosphathaltiger Ringerlösung stärker als in phosphatfreier; umgekehrt verhält sich Brenztraubensäure[4]. Bernsteinsäure und Fumarsäure werden von der Retina nur in geringem Maße oxydiert[5]. Von den Aminosäuren kommt der L(+)-*Glutaminsäure* eine Sonderstellung zu, da sie die größte Atmungssteigerung bewirkt und als einzige Aminosäure die sonst schnell abklingende Atmung der Netzhaut in vitro aufrecht zu erhalten und sie auch in Gegenwart von Glucose noch zu steigern vermag[6]. Besonders bemerkenswert ist, daß dieser Einfluß der Glutaminsäure auf die Netzhautatmung ohne Ammoniakabspaltung (s. u.) stattfindet.

Methylenblau vermehrt die Atmung der Netzhaut um 20—150%[7]. Nach Vergiftung der Retinaatmung mit KCN bewirkt Methylenblau oder Lactoflavin[8] wieder einen beträchtlichen

---

[1] NOELL, W. K.: J. cellul. comp. Physiol. **37**, 283 (1951). — [2] CRAIG, F. N., and H. K. BEECHER: J. gen. Physiol. **26**, 467, 473 (1943). — [3] STERN, K. G., J. L. MELNICK and D. DUBOIS: J. biol. Ch. **139**, 301 (1941). — [4] KISCH, B.: B. Z. **257**, 95; **267**, 32 (1933). — [5] GREIG, M. E., M. P. MUNRO and K. A. C. ELLIOTT: Biochem. J. **33**, 443 (1939). — [6] KREBS, H. A.: Biochem. J. **29**, 1620 (1935). — Vgl. a. SANTONI, A.: Rass. ital. Ottalm. **9**, 81 (1940). — KORNBLUETH, W., E. YARDENI-YARON and E. WERTHEIMER: A. M. A. Arch. Ophthalm. **50**, 45 (1953). — [7] FLEISCHMANN, W., u. S. KANN: B. Z. **257**, 293 (1933). — [8] FLEISCHMANN, W., u. E. PICHLER: Kli. Wo. **1938 I**, 314.

Anstieg des Sauerstoffverbrauches. 2,4-Dinitrophenol steigert unter aeroben Bedingungen den Glucoseverbrauch und die Milchsäurebildung der Rindernetzhaut[1].

Wirkung von Cyanid. Die Atmung der isolierten Rattennetzhaut wird durch 0,001 m Cyanid sowohl in phosphat- als auch in hydrogencarbonathaltiger Lösung nahezu vollständig gehemmt[2]. Die ältere Beobachtung[3], nach der 0,01 m Cyanid die Netzhautatmung in hydrogencarbonathaltiger Lösung nicht hemmt, scheint auf einem Verlust von HCN beim Durchgasen der Manometer zu beruhen.

c) Der glykolytische Kohlenhydratabbau. Die Netzhaut gehört mit Gehirn, Tumor, Embryo, Erythrocyten zu den Geweben, die Glucose anaerob weit schneller umsetzen als Glykogen. Ebensogut wie Glucose wird Mannose von der isolierten Netzhaut glykolysiert, in bedeutend geringerem Maße dagegen Fructose[4-6]. In Netzhaut*extrakten* wird dagegen aus Fructose mindestens so schnell Milchsäure gebildet wie aus Glucose[7]. Gegen die Vermutung, daß das Netzhautgewebe für Fructose weniger permeabel sei als für Glucose, spricht, daß Fructose ein ebenso gutes Substrat der Netzhaut*atmung* ist wie Glucose[8], und daß eine Erhöhung der Fructosekonzentration keine Steigerung der Milchsäurebildung durch das Netzhautgewebe bewirkt[6].

Phosphorylierung und Glykolyse. Man hat angenommen[9-11], daß die Milchsäurebildung in der Netzhaut ohne Beteiligung von Phosphat stattfinde.

Diese Annahme einer „nichtphosphorylierenden Glykolyse“ stützt sich besonders darauf, daß bei der Milchsäurebildung aus Glucose durch die isolierte Retina weder deutliche Veresterung noch Abspaltung von Phosphat nachweisbar ist und Phosphat- oder Arsenatzusatz zur Nährlösung die Glykolyse nicht oder nur wenig beschleunigt[9]. Ferner wurde mit zerteilter Rindernetzhaut keine Oxydoreduktion zwischen α-Glycerinphosphorsäure und Brenztraubensäure beobachtet[12]. Brenztraubensäure soll kein Zwischenprodukt der Netzhautglykolyse sein[10].

Nach den über den Kohlenhydratabbau in anderen Geweben gemachten Erfahrungen genügen diese (im übrigen ausschließlich negativen) Befunde nicht zur Begründung der Annahme einer ohne Phosphatbeteiligung erfolgenden Glykolyse in der Netzhaut.

Versuche mit Extrakten haben gezeigt, daß auch die Netzhaut über ein phosphorylierendes, zur Milchsäurebildung führendes Enzymsystem verfügt[7,13,14]: In den Enzymlösungen werden die Kohlenhydrate nur unter Phosphatbindung glykolysiert. Die Hexosen Glucose, Fructose und Mannose sind annähernd gleichwertige Substrate, Glykogen wird in geringerem Umfang mit Phosphat verestert und zu Milchsäure abgebaut[7]. Auch Glucosamin wird in Netzhautextrakten phosphoryliert[15]. Außer Phosphat sind Cozymase und Adenylsäure für die Milchsäurebildung in den Netzhautextrakten notwendig; Magnesium- und Manganionen sowie Brenztraubensäure fördern in diesen Extrakten die Glykolyse. Die Oxydoreduktion zwischen Triosephosphat und Brenztraubensäure verläuft in den Retinaextrakten in Gegenwart von Phosphatacceptoren wie Kreatin oder Hexosemonophosphat mit einer Geschwindigkeit, die der der anaeroben Milchsäurebildung durch das intakte Gewebe entspricht[14].

Hemmung der Glykolyse. Die Netzhautglykolyse wird durch Fluorid, Jodacetat, Hydrogensulfit, Hydrazin[10] und Glycerinaldehyd[7,10] gehemmt. 0,001 m Cyanid, das die Atmung hemmt, bewirkt eine vermehrte Milchsäurebildung[2]; hohe Konzentrationen hemmen auch die Netzhautglykolyse.

[1] TERNER, C.: Biochem. J. **52**, 229 (1952). — [2] ROBBIE, W. A., and P. J. LEINFELDER: Arch. Biochem. **16**, 437 (1948). — [3] LASER, H.: Biochem. J. **31**, 1677 (1937). — [4] DICKENS, F., and G. D. GREVILLE: Biochem. J. **26**, 1251 (1932). — [5] CALIFANO, L.: Atti R. Accad. naz. Lincei, R. C. (6) **25**, 93 (1937). — [6] SÜLLMANN, H.: Ophthalmologica, Basel **106**, 301 (1943). — [7] SÜLLMANN, H., u. T. A. VOS: Enzymologia **6**, 246 (1939). — [8] KISCH, B.: B. Z. **267**, 32 (1933). — [9] BUMM, E., u. K. FEHRENBACH: H. **195**, 101 (1931). — [10] LENTI, C.: Arch. Sci. biol. **25**, 455 (1939). — [11] MAZZA, F. P., e C. LENTI: Arch. Sci. biol., Bologna **24**, 203 (1938). — [12] POSSENTI, G.: Riv. Pat. sperim. **15**, 183 (1935). — [13] KERLY, M., and M. C. BOURNE: Biochem. J. **34**, 563 (1940). — [14] MEYERHOF, O., et E. PERDIGON: Enzymologia **8**, 353 (1940). — [15] HOARE, D. S., and M. KERLY: Biochem. J. **58**, 38 (1954).

d) Carboxylierungen. Nach Versuchen mit $^{14}CO_2$ vermag die Netzhaut Brenztraubensäure zu carboxylieren; über den Dicarbonsäurencyclus wird dabei aus nichtmarkierter Brenztraubensäure radioaktive Brenztraubensäure erhalten[1]. Aerob verläuft die Carboxylierung mit Brenztraubensäure als einzigem Substrat, anaerob ist außerdem Glucose nötig. Aerob hemmt 3,5-Dinitro-o-kresol die CO_2-Fixierung zu 50%, ein Hinweis auf die Beteiligung energiereicher Phosphatverbindungen. Anaerob bewirkt Jodacetat (in einer Konzentration, die gerade zur Hemmung der Glykolyse genügt) eine vermehrte CO_2-Fixierung. Es wird angenommen, daß aus dem Netzhautglykogen entstehendes Glucose-6-phosphat in Gegenwart von Jodacetat zur Reduktion von TPN mittels der Glucosephosphathydrogenase zur Verfügung steht und daß die Carboxylierung unter diesen Bedingungen mit Hilfe des „malic enzyme"-Systems erfolgt. Die Bedeutung dieser Carboxylierungsreaktion darf man in der Bildung von Oxalessigsäure sehen, die für die Abwicklung des Citronensäurecyclus nötig ist.

e) Einfluß des Belichtungswechsels auf Atmung und Glykolyse. In dieser Richtung gemachte Versuche haben nicht zu einheitlichen Ergebnissen geführt. Nach Untersuchungen mit der Netzhaut vom Kaninchen und Affen ist der Sauerstoffverbrauch der vorher im Auge belichteten, dann isolierten und ins Dunkle gebrachten Netzhaut erhöht[2]. Ein dementsprechender Befund wurde auch mit der Froschnetzhaut gemacht[3]. Es ist naheliegend, den vermehrten O_2-Verbrauch der ins Dunkle gebrachten Netzhaut mit den Restitutionsvorgängen in Zusammenhang zu bringen. In anderen Versuchen war dagegen kein deutlicher Einfluß des Belichtungswechsels auf die Atmung der Froschnetzhaut festzustellen[4].

Die anaerobe Glykolyse der Netzhaut von Kaninchen und Ratte wird durch den Belichtungswechsel nicht beeinflußt; für die Affennetzhaut wird eine Verminderung der anaeroben Glykolyse der zentralen Teile durch Belichtung angegeben[2]. Die aerobe Glykolyse soll in der Netzhaut bei Belichtung vermehrt sein[5]. Brenztraubensäure soll in der Dunkelnetzhaut vom Frosch in größerer Menge vorhanden sein als in der Hellnetzhaut[6].

3. Stoffwechsel N-haltiger Verbindungen.

Über den normalen Eiweiß- und Lipoidstoffwechsel der Netzhaut ist nichts bekannt.

a) Autolyse. Für die Pathologie der Netzhaut verdienen Beachtung die durch Proteinasen und andere hydrolysierenden Enzyme bewirkten autolytischen Vorgänge, die zur Entstehung giftiger Stoffe (z. B. Amine) führen können und vielleicht für atrophische Veränderungen des Gewebes mitverantwortlich sind. Diese Vorgänge verlaufen in vitro in der Netzhaut mit größerer Geschwindigkeit ab als in den anderen Augengeweben.

Bei alkalischer Reaktion (p_H 7,4—7,6) vollziehen sich die autolytischen Veränderungen in der Rindernetzhaut langsam, die bedeutendsten Änderungen bestehen in der Hydrolyse organischer Phosphate und in der Spaltung eines kleinen Teils des Lipoideiweißes. Bei p_H 6,5 verläuft die Autolyse wesentlich schneller und besteht in erster Linie in einem Abbau der Lipoproteide[7]. Vorgänge, die eine Ansäuerung des Netzhautgewebes zur Folge haben, wie z. B. das Auftreten einer stärkeren Glykolyse bei geschädigter Atmung, werden also die Gewebszersetzung durch Autolyse fördern.

---

[1] Crane, R. K., and E. G. Ball: J. biol. Ch. **188**, 819; **189**, 269 (1951). — [2] Campos, R.: Boll. Soc. ital. Biol. sperim. **11**, 320 (1936). Ann. Ottalm. **64**, 456, 538, 577 (1936). — [3] Jongbloed, J., u. A. K. Noyons: Z. Biol. **97**, 399 (1936). — [4] Chase, A. M., and E. L. Smith: J. gen. Physiol. **23**, 21 (1939). — [5] Oguchi, T.: Acta Soc. ophthalm. jap. **42**, 32 (1938). — [6] Tanaka, S.: Nagoya J. med. Sci. **14**, 91 (1951). — [7] Krause, A. C.: Arch. Ophthalm., Chicago (2) **16**, 425 (1936).

b) Ammoniakbildung. Die isolierte Netzhaut von Ratte[1], Frosch[2,3], Rind[4] bildet, bei Abwesenheit von Glucose und anderen Nährstoffen in der umgebenden Lösung, erhebliche Mengen Ammoniak. Dieses Vermögen findet sich ungefähr ebenso ausgeprägt auch bei anderen stark glykolysierenden Geweben, wie graue Gehirnsubstanz, Tumor, Muskel, im Gegensatz zu schwach glykolysierenden Geweben (z. B. Schilddrüse, Submaxillaris, Leber), die unter gleichen Bedingungen nur wenig Ammoniak bilden[1]. Die NH_3-Bildung verläuft sowohl aerob wie auch anaerob; sie ist im ersten Fall etwas stärker. Durch Zusatz von Glucose zur umgebenden Flüssigkeit wird die Ammoniakbildung unterdrückt, sowohl unter aeroben als auch anaeroben Verhältnissen[1]. Wie Glucose wirken die erwähnten atmungssteigernden Stoffe Brenztraubensäure und Milchsäure[4]. Deshalb kann angenommen werden, daß sowohl die Atmung als auch die Glykolyse die NH_3-Abspaltung in der Retina hemmen und es physiologisch zu keiner oder zu einer nur geringen NH_3-Bildung kommt.

Lichteinfluß. Die Ammoniakbildung in der isolierten Netzhaut hat auch darum große Beachtung gefunden, weil sich zeigte, daß sie durch Licht erheblich gefördert wird[2].

Der NH_3-Gehalt vorher dunkeladaptierter, dann dem Licht ausgesetzter Froschnetzhaut (im enucleierten und eröffneten Auge belassen) ist um 70—600% höher als der NH_3-Wert der zugehörigen Dunkelretina. In unbelichteter Rindernetzhaut wurden 2—25 mg-%, in belichteter 6—60 mg-% NH_3 (bezogen auf Trockensubstanz) gefunden; in Vergleichsversuchen betrug die Steigerung des NH_3-Gehaltes durch Licht 200—500%[4]. Besonders wichtig ist nun, daß auch diese, durch das Licht angeregte NH_3-Mehrbildung ausbleibt, wenn die (Rinder-) Netzhaut mit Glykolyse- und Atmungssubstraten (Glucose, Brenztraubensäure, Milchsäure) versorgt wird[4], so daß der Lichtreiz im Leben kaum eine große Ammoniakbildung in der Netzhaut auslösen dürfte.

Versuche mit Fröschen haben zwar gezeigt, daß starke und langdauernde Belichtung auch in vivo zu einem deutlich erhöhten NH_3-Gehalt der Netzhaut führt[3]. Auch Röntgenstrahlen bewirken eine vermehrte Ammoniakbildung.

Die Muttersubstanz des Netzhautammoniaks ist nicht bekannt. Netzhaut oder Netzhautbrei spalten NH_3 aus folgenden zugesetzten Aminoverbindungen ab: Adenosin, Muskeladenylsäure, Hefeadenylsäure, kaum aus Adenin und Guanosinphosphorsäure[2,3]; ferner aus Alanin, Serin[4], Glutamin[5]. Aus Harnstoff wird im Netzhautbrei kein Ammoniak gebildet[2,3].

c) Glutaminbildung[5]. In Gegenwart von L(+)-Glutaminsäure ist die sonst vorhandene Ammoniakabspaltung (s. o.) in der isolierten Netzhaut, in Gehirnschnitten sowie in Nieren- und Leberschnitten mancher Tiere nicht festzustellen, oder sie ist doch stark vermindert, weil das vielleicht zunächst entstandene NH_3 oder dessen Muttersubstanz mit der L(+)-Glutaminsäure unter Bildung von Glutamin reagiert. Die Warmblüterretina vermag stündlich 5—7% ihres Trockengewichtes an Glutamin zu bilden, Gehirnrinde nur $^1/_3$ davon. Die Netzhaut bildet, bei Zusatz von Glucose, sowohl aerob als auch anaerob Glutamin, Gehirn und Niere jedoch nur aerob. In der Netzhaut kann also sowohl die Atmung als auch die Glykolyse die zur Glutaminsynthese erforderliche Energie liefern.

D(—)-Glutaminsäure gibt kein Glutamin und hemmt darum die NH_3-Bildung im Gewebe auch nicht. Sie hemmt aber die enzymatische Glutaminsynthese aus der natürlichen L(+)-Glutaminsäure und Ammoniak.

4. Stoffwechsel und Ionenhaushalt.

Die Netzhaut kann ihren physiologischen Kalium- und Natriumgehalt nur bei ungestörtem Ablauf des Stoffwechsels aufrecht erhalten. Im enucleierten,

---

[1] Warburg, O., K. Posener u. E. Negelein: B. Z. **152**, 309 (1924). — [2] Rösch, H., u. W. te Kamp: H. **175**, 158 (1928). — [3] Rösch, H.: H. **186**, 237 (1930). — [4] Stutzke, S.: Diss. med. Köln 1936. — [5] Krebs, H. A.: Biochem. J. **29**, 1620, 1951 (1935).

1—2 Std bei 0° C aufgehobenen Auge verliert die Retina etwa die Hälfte ihres Kaliumgehaltes und nimmt dafür eine äquivalente Menge Natrium auf[1]. In vitro können der Verlust an Kalium und die Zunahme an Natrium wieder rückgängig gemacht werden, wenn der Inkubationslösung sowohl Glucose als auch L-Glutaminsäure zugesetzt werden; jede der beiden Verbindungen ist allein unwirksam. Glucose kann durch Milch- oder Brenztraubensäure, Glutaminsäure durch L-Asparaginsäure (aus der Glutaminsäure gebildet wird) ersetzt werden. Glutamin ist nicht wirksam. Glucose liefert offenbar die Energie für den gegen das Konzentrationsgefälle erfolgenden Kaliumtransport in das Netzhautgewebe; die Rolle der Glutaminsäure bedarf noch der Aufklärung[1].

Die Netzhaut vollzieht mit ihrer Umgebung augenscheinlich einen regen Kaliumaustausch. Die auf den Kaliumgehalt des Gewebes bezogene Kaliummenge, die in einer Glucose und Glutaminsäure enthaltenden Hydrogencarbonatlösung ausgetauscht wird, ist mit Netzhautstückchen (vom Rind) etwa doppelt so groß (7—10% je min) wie mit Schnitten aus der Gehirnrinde (Meerschweinchen)[2].

5. Lichtwirkung und Säurebildung.

Die Säurebildung in der belichteten Netzhaut ist ein seit langem bekannter Vorgang. Sie ist z. B. daran zu erkennen, daß aus der isolierten und belichteten Froschnetzhaut Stoffe in die umgebende Flüssigkeit austreten, die eine schwach alkalische Phenolphthaleinlösung entfärben[3]. Hiermit geht eine Vermehrung von anorganischer Phosphorsäure in der belichteten Netzhaut einher[4], und in der Abspaltung von Phosphorsäure aus irgendwelchen organischen Verbindungen (s. u.) wird auch die Ursache der durch Licht bewirkten Reaktionsverschiebung nach der sauren Seite gesehen. Für den Verlauf der Phosphorsäureausscheidung ist der Zusammenhang der Netzhaut mit dem Pigmentepithel von Bedeutung[4]: Die vom Pigmentepithel befreite Netzhaut (vom Frosch oder Karpfen) antwortet nur einmal auf den Lichtreiz mit einer vermehrten Phosphatabspaltung, wogegen die in Verbindung mit dem Pigmentepithel belassene Netzhaut nach vorausgehenden Dunkelperioden auf wiederholte Belichtung mit erneuter Bildung anorganischer Phosphorsäure reagiert. Nach Lichteinwirkung klingt in diesem Falle die Phosphorsäureausscheidung auch schneller ab als bei der pigmentepithellosen Retina. Das Pigmentepithel für sich zeigt diese Lichtreaktion nicht. Nach alledem ist es wahrscheinlich, daß das Pigmentepithel für die Neubildung der Verbindung notwendig ist, aus der unter der Lichteinwirkung Phosphorsäure abgespalten wird. Die Phosphorsäureabspaltung wird auch bei Belichtung des Auges in situ beobachtet. Sie scheint mit den bei manchen Tierarten im Licht stattfindenden Bewegungen der Sehzellen und des epithelialen Pigments in ursächlichem Zusammenhang zu stehen[5].

Woher die bei Belichtung in der Netzhaut abgespaltene Phosphorsäure stammt, ist noch nicht sicher bekannt. Wenn, wie nach den erwähnten Versuchen angenommen werden kann, die Ansäuerung in der belichteten Netzhaut auf der Phosphorsäureabspaltung beruht, so scheiden die Kohlenhydratphosphorsäureester sowie Kreatinphosphorsäure als Muttersubstanzen aus, da ihre Spaltung keine neuen Säureäquivalente ergibt. Die Hydrolyse von

---

[1] TERNER, C., L. V. EGGLESTON and H. A. KREBS: Biochem. J. **47**, 139 (1950). — [2] KREBS, H. A., L. V. EGGLESTON and C. TERNER: Biochem. J. **48**, 530 (1951). — [3] DITTLER, (R.): Pflügers Arch. **120**, 44 (1907). Die objektiven Veränderungen der Netzhaut bei Belichtung. Handb. Physiol. Bd. 12/1, S. 266—271. — [4] LANGE, H., u. M. SIMON: H. **120**, 1 (1922). — [5] Vgl. STUDNITZ, G. v.: Z. vgl. Physiol. **18**, 307 (1932). — WIGGER, H.: Pflügers Arch. **239**, 215 (1938).

Nucleotidpyrophosphorsäure würde hingegen zum Auftreten von 2 Säureäquivalenten führen. Man hat eine Photolyse von Lipoiden der Netzhaut angenommen[1], was zu neueren Angaben hinführt, nach denen bei Belichtung aus der ätherlöslichen „Zapfensubstanz" (s. u.) eine Phosphatabspaltung erfolgen soll[2].

6. Enzyme.

Das eisenhaltige *Atmungsferment* der Rattenretina stimmt nach Lage der Hauptabsorptionsbande mit dem Atmungsferment der Hefe nahezu überein[3]. Von einzelnen Enzymen der Netzhaut, die noch nicht erwähnt wurden, sind zu nennen: *Kohlensäureanhydratase*[4], *Dehydrogenasen*[5], *Aminosäureoxydasen*[6], *Phosphorylase*[7], *Phosphoglucomutase*[7], *Phosphohexoseisomerase*[8]. *Phosphohexokinase*[8], *Aldolase*[9], *Methylglyoxalase*[10], *Phosphatasen* (für Hexosediphosphat[11], α-Glycerinphosphorsäure und Phosphoglycerinsäure[12], Nucleinsäure[11], 5-Nucleotide[13], ATP und ADP[14]), *Amylase*[15], *Cholinesterase*[16,17], *Cholinacetylase*[18] und *Nucleotidase*, die Cozymase abbaut[19].

Die Indophenolblaureaktion auf Cytochromoxydase fällt beim Menschen in den Körner- und Ganglienzellenschichten sowie in den Innengliedern der Stäbchen und Zapfen am stärksten positiv aus[20]. Cholinesterase ist innerhalb der Retina vorwiegend in den Synapsen[16] lokalisiert[21]. Spezifische Cholinesterase wird in der Katzenretina hauptsächlich in den amacrinen Zellen und ihren Fortsätzen gefunden[22]. Phosphatase ist histochemisch in den Innengliedern der Stäbchen sowie in den Innen- und Außengliedern der Zapfen (Froschretina) nachweisbar[23]. Die Phosphataseaktivität in den Sehzellen scheint von dem Adaptationszustand der Netzhaut abhängig zu sein, was in einem Zusammenhang mit den retinomotorischen Vorgängen (Bewegung der Sehzellen und Pigmentwanderung bei Beleuchtungswechsel) stehen könnte. Die ATP und ADP dephosphorylierenden Enzyme finden sich in der Netzhaut vor allem im Pigmentepithel und in den inneren Körnerschichten[14]. In den Innengliedern lassen sich histochemisch außer Phosphatasen und Esterasen auch Dehydrogenasen nachweisen; augenscheinlich sind sie reicher an Enzymen als die Außenglieder[24].

δ) „Sehstoffe".

1. Allgemeines.

Wir wenden uns nunmehr den für die Lichtperzeption bedeutsamen, als „Sehstoffe" bezeichneten Substanzen der Netzhaut zu. Damit das Licht wirksam werden kann, muß es absorbiert werden. Von den lichtabsorbierenden Stoffen der Netzhaut beanspruchen hier diejenigen unsere Aufmerksamkeit, deren

---

[1] Nakashima, M., u. Y. Arata: Acta Soc. ophthalm. jap. **40**, 97 (1936). — Takamatsu, T.: Acta Soc. ophthalm. jap. **38** (dtsch. Zussfssg.), 71 (1934). — [2] Studnitz, G. v.: Pflügers Arch. **238**, 802 (1937); **239**, 515 (1938). — [3] Warburg, O., u. E. Negelein: B. Z. **214**, 101 (1929). — [4] Leiner, M., u. G. Leiner: Biol. Zbl. **60**, 449 (1940). — [5] Grönvall, H.: Acta ophthalm., København, Suppl. **14** (1937). — [6] Auricchio G., et M. de Vincentiis: Acta ophthalm., København **28**, 7 (1950). — [7] Süllmann, H., u. R. Brückner: Enzymologia 8, 167 (1940). — [8] Hoare, D. S., and M. Kerly: Biochem. J. **58**, 38 (1954). — [9] Meyerhof, O., u. K. Lohmann: B. Z. **273**, 413 (1934). — [10] Lenti, C.: Arch. Sci. biol., Bologna **25**, 455 (1939). — [11] Edlbacher, S., u. W. Kutscher: H. **199**, 200 (1931). — [12] Possenti, G.: Riv. Pat. sperim. **15**, 229 (1935). — [13] Reis, J. (L.): Enzymologia **2**, 110 (1937/38). Bull. Soc. Chim. biol. **22**, 36 (1940). Brit. J. Ophthalm. **35**, 149 (1951). — [14] Berardinis, E. de, e G. Auricchio: Ann. Ottalm. **77**, 430 (1951). — [15] Trematore, M.: Riv. Biol. **20**, 108 (1936). — [16] Anfinsen, C. B.: J. biol. Ch. **152**, 267 (1944). — [17] Weekers, R.: Acta ophthalm. København **23**, 161 (1945). — [18] Roetth, A. de jr.: Arch. Ophthalm., Chicago (2) **43**, 849 (1950). — [19] Wald, G.: Science, N.Y. **109**, 482 (1949). — [20] Schall, E.: Graefes Arch. Ophthalm. **115**, 666 (1925). — [21] Vgl. dazu Koelle, G. B., and J. S. Friedenwald: Amer. J. Ophthalm. **33**, 253 (1950). — Eichner, D.: Z. Zellforsch. **41**, 493 (1955). — [22] Koelle, G. B., L. Wolfand, J. S. Friedenwald and R. A. Allen: Amer. J. Ophthalm. **35**, 1580 (1952). — [23] Macher, E.: Verh. anat. Ges., Anat. Anz. **97** (Erg.-H.), 120 (1951). — [24] Wislocki, G. B., and R. L. Sidman: J. comp. Neurol. **101**, 53 (1954).

Absorptionskurve mit der Kurve der spektralen Helligkeitsempfindung weitgehend übereinstimmt. Unter den Bedingungen des Dämmerungssehens ist das menschliche Auge im grünen (für Licht einer Wellenlänge von etwa 505 mμ), unter den Bedingungen des Tagessehens im gelbgrünen Spektralbereich (550—562 mμ)* am empfindlichsten, d. h. von energiegleichen Lichtern bewirkt das grüne bzw. gelbgrüne Licht die stärkste Helligkeitsempfindung. In den das Dämmerungs- bzw. Tagessehen vermittelnden Elementen der Netzhaut (Stäbchen- bzw. Zapfenapparat) werden wir also verschiedene lichtabsorbierende Stoffe vermuten dürfen. Hinzu kommt die an den Zapfenapparat gebundene Fähigkeit, Lichter verschiedener Wellenlängen qualitativ zu unterscheiden (Farbensehen), wodurch die Vermutung eines komplizierten photochemischen Systems in den Zapfen nahegelegt wird.

2. Struktur der Außenglieder der Sehzellen.

Die Perzeption des Lichtreizes und die ersten Vorgänge, die zur Erregung der Nervenfasern führen, sind in den Außengliedern der Sehzellen lokalisiert. Das Außenglied scheint von einem dünnen, aus dem Neurokeratin (s. o.) gebildeten Mantel umgeben zu sein. Bei der Quellung in Wasser, sauren oder alkalischen Lösungen tritt in dem sonst optisch homogen erscheinenden Außenglied eine Querstreifung auf. Man schließt auf eine „Plättchenstruktur“ des Außengliedes, die sich auch elektronenoptisch hat nachweisen lassen[1]. Das Außenglied zeigt eine positive Doppelbrechung (mit längsgerichteter optischer Achse), die negativ wird, wenn man die in ihm vorhandenen Lipoide extrahiert. Hauptsächlich auf Grund von polarisationsoptischen Untersuchungen wird angenommen[2], daß das Innere des Außengliedes aus Schichten von Eiweiß und Lipoiden in regelmäßig abwechselnder Anordnung besteht. In den einzelnen Schichten sind die Eiweißmoleküle quer, die Lipoidmoleküle parallel zur Achse des Außengliedes angeordnet. Die Plättchenstruktur ermöglicht vielleicht eine bessere Ausnützung des Lichtes, weil es an den Grenzschichten teilweise reflektiert wird. Der den Stäbchenaußengliedern eigene Farbstoff (Sehpurpur) findet sich in den Eiweißschichten. Aus dem Dichroismus der Stäbchen in polarisiertem Lichte ist auf eine orientierte Anordnung der Farbstoffmoleküle zu schließen, so daß deren Absorptionsvermögen für das in der Längsrichtung eintretende Licht erhöht wird.

Die Mikrostruktur des Außengliedes dürfte nicht nur für die Aufnahme des Lichtreizes, sondern auch für dessen Umwandlung in nervöse Erregung von Bedeutung sein[3].

3. Der Sehpurpur.

a) Extraktion. Am längsten bekannt und am eingehendsten untersucht ist der Sehstoff in den Stäbchen, der Sehpurpur (KÜHNE[4]). Die Kenntnis seiner chemischen und optischen Eigenschaften verdanken wir wesentlich dem Umstand, daß er sich aus den Außengliedern herauslösen läßt. Dazu sind wäßrige Lösungen von cytolysierend wirkenden Mitteln nötig, die als „Detergentien“ auch die Löslichkeit des Sehpurpurs günstig beeinflussen.

Zur Extraktion des Sehpurpurs kann eine Reihe von Substanzen verwendet werden: gallensaure Salze[4, 5], Digitonin und Saponin[6], Panaxtoxin, Natriumoleat und Natriumsalicylat[7]. Von diesen wird Digitonin (in etwa 2%iger Lösung) am häufigsten verwendet.

---

* Das Empfindlichkeitsmaximum der Zapfen liegt in der Peripherie bei 550 mμ, in der Fovea bei 562 mμ. Vgl. WALD, G.: Rev. Optique, Paris **28**, 239 (1949).

[1] SJÖSTRAND, F. S.: J. cellul. comp. Physiol. **33**, 383 (1949); **42**, 1 (1953). — [2] SCHMIDT, W. J.: Kolloid-Z. **85**, 137 (1938). — [3] Vgl. WALD, G.: The molecular organization of visual processes. Colloid Chemistry (Hrsg. ALEXANDER, J.) Bd. 5, S. 753—762. New York 1944. — Vgl. a. TALBOT, S. A.: Science, N. Y. **120**, 722 (1954). — WALD, G.: Science, N. Y. **120**, 723 (1954). — [4] KÜHNE, W.: Unters. physiol. Inst. Heidelberg **1**, 1, 15, 455 (1878). — [5] CHASE, A. M., and C. HAIG: J. gen. Physiol. **21**, 411 (1938). — [6] TANSLEY, K.: J. Physiol., London **71**, 442 (1931). — [7] HOSOYA, Y., u. V. BAYERL: Pflügers Arch. **231**, 563 (1933).

Lysolecithin ist bereits in Konzentrationen von 1:10000 wirksam[1]. Der Farbstoff kann durch die negativ geladene Cetylsulfonsäure ($C_{16}H_{33} \cdot SO_3Na$) aus den Stäbchen herausgelöst werden, nicht jedoch durch eine andere, ebenfalls langkettige und hämolytisch wirkende, aber positiv geladene Verbindung, nämlich Cetylpyridiniumchlorid [$C_5H_5N \cdot (C_{16}H_{33}) \cdot Cl$][1]. Mit sehr verdünnten Lösungen von „Zephirol" (Gemisch quartärer Ammoniumverbindungen) werden Sehpurpurlösungen erhalten, die gegenüber der Einwirkung von Licht und Wärme auffallend beständig sind[2]. Höhere Konzentrationen Zephirol zersetzen den Sehpurpur.

Alle bisher verwendeten Sehpurpurlösungen enthalten noch Begleitstoffe, auch abgesehen von den zur Lösung notwendigen Detergentien. Nach vorhergehender Behandlung der Netzhaut mit Alaun[3] lassen sich verhältnismäßig reine Sehpurpurlösungen gewinnen. Es ist auch zweckmäßig, zur Extraktion des Sehpurpurs nicht die ganze Netzhaut, sondern nur die Außenglieder zu verwenden, die sich besonders leicht aus der Froschnetzhaut auf verschiedene Weise isolieren lassen[4, 5]. Die Stäbchen der Rindernetzhaut haben die gleiche Dichte wie eine 0,88 m Rohrzuckerlösung, eine Feststellung, die zur Isolierung der Außenglieder und zur Darstellung weitgehend reiner Sehpurpurlösungen herangezogen wird[6]. Die Netzhaut vom Frosch enthält etwa 500mal mehr Sehpurpur als die von Schlachttieren.

b) Eigenschaften. α) Eiweißartige Natur. Der Sehpurpur ist nicht dialyabel. Durch Natrium-, Ammonium- oder Magnesiumsulfat läßt er sich aussalzen; von Aluminiumhydroxyd und Tierkohle wird er adsorbiert. Das mit Hilfe der Ultrazentrifuge ermittelte Molekulargewicht des Sehpurpurs wird zu 100000 (s.[1, 7]) und 270000 (s.[8]) angegeben; es handelt sich hierbei aber wahrscheinlich nur um die Gewichte der komplexen Verbindung des Sehpurpurs mit den zur Lösung notwendigen Detergentien. Das „wahre" Molekulargewicht des Sehpurpurs dürfte etwa 40000 betragen[9]. Der kataphoretisch bestimmte isoelektrische Punkt des ungebleichten Sehpurpurs (vom Frosch) liegt bei p_H 4,47, der des gebleichten bei 4,57 (s.[10, 11]). Bis 51° bleibt die Farbe des Sehpurpurs unverändert, zwischen 65 und 70° erfolgt Zersetzung unter Auftreten einer Gelbfärbung und bei 72° eine schnelle Entfärbung[12]. Ähnlich wie bei der Hitzedenaturierung von Albumin wirken Salze auch bei der thermischen Zersetzung des Sehpurpurs schützend[12]. Trypsin und Fäulnisbakterien scheinen den Sehpurpur nicht anzugreifen[12, 14]; vielleicht ist hierfür die lipoide Komponente[13] des Sehpurpurs von Bedeutung.

Das Sehpurpurmolekül wird durch zahlreiche chemische Reagentien zersetzt, häufig kenntlich am Verschwinden der roten und Auftreten einer gelben Färbung. Zersetzend wirken: Säuren, Ätzalkalien, einige Schwermetallsalze, Chloroform, Alkohole und Äther. Dagegen bewirken Benzol, Petroläther, Schwefelkohlenstoff, Ammoniak, Harnstoff, Alaun usw. keine sichtbare Veränderung des Farbstoffs. Gegen Oxydations- und Reduktionsmittel, wie Wasserstoffsuperoxyd, Ozon, Sulfit, Nitrit zeigt der Sehpurpur eine auffällige Beständigkeit[14], nicht jedoch gegenüber Osmiumtetroxyd und Kaliumpermanganat[15].

---

[1] LYTHGOE, R. J.: Proc. physic. Soc. **50**, 321 (1938). — [2] BUSCH, L., H. J. NEUMANN u. G. v. STUDNITZ: Naturwiss. **29**, 781 (1941). — [3] KÜHNE, W.: Z. Biol. **32**, 21 (1895). — [4] LYTHGOE, R. J.: J. Physiol., London **89**, 331 (1937). — [5] WALD, G., and R. HUBBARD: J. gen. Physiol. **32**, 367 (1948/49). — [6] COLLINS, F. D., R. M. LOVE and R. A. MORTON: Biochem. J. **51**, 292 (1952). — [7] LYTHGOE, R. J., and C. F. GOODEVE: Trans. ophthalm. Soc. **57**, 88 (1937). — [8] HECHT, S., and E. G. PICKELS: Proc. nat. Acad. Sci. USA **24**, 172 (1938). — [9] HUBBARD, R.: J. gen. Physiol. **37**, 381 (1954). — [10] BRODA, E. E., C. F. GOODEVE, R. J. LYTHGOE and E. VICTOR: Nature **144**, 709 (1939). — [11] WALD, G.: J. gen. Physiol. **22**, 775 (1938/39). — [12] LYTHGOE, R. J., and J. P. QUILLIAM: J. Physiol., London **93**, 24 (1938). — [13] Über Phosphatid im Sehpurpur s. BRODA, E. E.: Biochem. J. **35**, 960 (1941). — [14] KÜHNE, W.: Unters. physiol. Inst. Heidelberg **1**, 1, 15, 455 (1878). — [15] DRESER, H.: Z. Biol. **22**, 23 (1886).

β) Absorptionsspektrum[1-8]. Im Sichtbaren liegt das Absorptionsmaximum des als *Rhodopsin* bezeichneten Sehpurpurs von Säugern, Vögeln und Amphibien bei 500 mμ. Die Absorptionskurve fällt nach dem langwelligen Ende des Spektrums steil ab. Im Violetten zeigen die Sehpurpurlösungen noch eine bedeutende Absorption, die nur teilweise auf die Absorption von Begleitstoffen zurückgeführt werden kann. Im Ultravioletten steigt das Absorptionsvermögen des Sehpurpurs steil an und erreicht bei 278 mμ ein Maximum, das für viele Proteine wegen ihres Gehaltes an aromatischen Aminosäuren charakteristisch ist.

Die Absorptionskurve des Sehpurpurs weicht nur wenig von der Kurve der spektralen Empfindlichkeit des Auges unter den Bedingungen des Dämmerungssehens ab. Eine nahezu vollständige Übereinstimmung wird erreicht, wenn man die Lichtabsorption durch die ocularen Medien berücksichtigt[9] und der Empfindlichkeitskurve nicht die zur Erregung nötigen Energiemengen, sondern die dazu erforderliche Anzahl Quanten zugrunde legt[10].

Der Sehpurpur vieler Fischarten hat im Sichtbaren ein anderes Absorptionsmaximum als das Rhodopsin[2,11]. Bei Süßwasserfischen findet sich eine *Porphyropsin* genannte Sehpurpurart, deren Absorptionskurve bei 522 mμ gipfelt[12]. Die meisten im Meere lebenden Fische haben Rhodopsin. Zwischen Süßwasser- und Meeraufenthalt wechselnde Fische haben einen gemischten, aus Rhodopsin und Porphyropsin bestehenden Sehpurpur mit einem Absorptionsmaximum, das zwischen dem der beiden Sehpurpurarten liegt. Bei bestimmten Fischarten kommen noch andere Formen von Sehpurpur vor.

c) Abbau und Regeneration des Sehpurpurs. Seit der Entdeckung der Lichtempfindlichkeit des Netzhautfarbstoffes[13] sind über seine Zersetzung und über seine Regeneration außerordentlich zahlreiche Untersuchungen ausgeführt worden, die bis in die neueste Zeit auf den bereits vor 75 Jahren von KÜHNE ausgeführten Arbeiten fußen. Über den Chemismus dieser Vorgänge konnten erst in den letzten 15 Jahren bestimmte Vorstellungen gewonnen werden, nachdem die chromophore Gruppe des Sehpurpurs als Carotinoid und ihre Beziehung zu Vitamin A-Aldehyd und zu Vitamin A erkannt wurde (WALD, MORTON).

Wir verfolgen hier nicht die historische Entwicklung, sondern beschränken uns darauf, den gegenwärtigen Stand der Forschung wiederzugeben[14].

α) Photochemische Reaktion. Die Bleichung des Sehpurpurs unter dem Einfluß von Licht setzt sich aus mehreren Vorgängen zusammen, die nur teilweise

---

[1] EWALD, A., u. W. KÜHNE: Unters. physiol. Inst. Heidelberg **1**, 139 (1878). — [2] KÖTTGEN, E., u. G. ABELSDORFF: Z. Psychol. Physiol. Sinnesorg. **12**, 161 (1896). — [3] TRENDELENBURG, W.: Z. Psychol. Physiol. Sinnesorg. **37**, 1 (1904). — [4] GARTEN, S.: Graefes Arch. Ophthalm. **63**, 121 (1906). Absorptionskurve des Sehpurpurs vom Menschen s. CRESCITELLI, F., and H. J. A. DARTNALL: Nature **172**, 195 (1953). — [5] HOSOYA, Y., u. V. BAYERL: Pflügers Arch. **231**, 563 (1933). — HOSOYA, Y.: Pflügers Arch. **233**, 57 (1934). — [6] LYTHGOE, R. J.: J. Physiol., London **89**, 331 (1937). — [7] WALD, G.: J. gen. Physiol. **21**, 795 (1937/38). — [8] CHASE, A. M., and C. HAIG: J. gen. Physiol. **21**, 411 (1937/38). — [9] ROGGENBAU, C., u. A. WETTHAUER: Klin. Mbl. Augenheilkde. **79**, 456 (1927). — LUDVIGH, E., and E. F. MCCARTHY: Arch. Ophthalm., Chicago (2) **20**, 37 (1938). — [10] DARTNALL, H. J. A., and C. F. GOODEVE: Nature **139**, 409 (1937). — [11] BAYLISS, L. E., R. J. LYTHGOE and K. TANSLEY: Proc. R. Soc. London (B) **120**, 95 (1936). — [12] WALD, G.: J. gen. Physiol. **22**, 391, 775 (1939); **25**, 235 (1941). — [13] BOLL, F.: Arch. Anat. Physiol. **1877**, 3. Berlin. akad. Mber. **1876**, 783. — [14] Neuere Übersichten s. HECHT, S.: The chemistry of visual substances. Ann. Rev. **11**, 465 — 496 (1942). — WALD, G.: The photochemistry of vision. Docum. ophthalm., den Haag **3**, 94—137 (1949). — WALD, G.: Visual systems and the vitamins A. Biol. Symp. **7**, 43—71 (1942). — WALD, G.: The photoreceptor function of the carotenoids and vitamins A. Vitamins & Hormones **1**, 195 (1943). — WALD, G.: The chemistry of rod vision. Science, N. Y. **113**, 287 (1951). — TANSLEY, K.: Visual purple. Docum. ophthalm., den Haag **4**, 116—129 (1950). — WALD, G.: The biochemistry of vision. Ann. Rev. **22**, 497—526 (1953). — COLLINS, F. D.: The chemistry of vision. Biol. Reviews **29**, 453—477 (1954). — SAFFER, D.: Neuere Erkenntnisse über den Chemismus des Sehvorganges. Wien. klin. Wschr. **1954**, 529—531.

photochemischer Natur sind. Vor der Bildung des farblosen Endproduktes der völligen Bleichung entstehen aus dem Sehpurpur Zwischenstoffe, die zum Teil sehr labil sind. Das erste nachweisbare Zwischenprodukt ist rot-orange gefärbt *(„Übergangsorange“*[1] oder *„Lumirhodopsin“*[2]*)*, mit einem Absorptionsmaximum bei etwa 495 mμ[2-4]. Durch tiefe Temperaturen läßt es sich stabilisieren. Das Lumirhodopsin ist das Endprodukt der Lichtreaktion, und mit seiner Bildung oder mit der schnell erfolgenden Bildung eines Umwandlungsproduktes („Metarhodopsin“) wird man vielleicht die Auslösung der Erregung in den Sehzellen verknüpfen dürfen[2].

Im Lumirhodopsin ist die chromophore Gruppe noch mit dem Protein verbunden. Welche Änderungen am Sehpurpurmolekül seiner Entstehung zugrunde liegen, läßt sich nicht sicher sagen. Bei der Lichtbleiche des Sehpurpurs treten im Protein SH-Gruppen auf[5]. Vielleicht spielt auch eine Isomerisation der chromophoren Gruppe eine Rolle, entsprechend der durch Licht bewirkten Bildung von Isomeren aus freiem Retinin (vgl. S. 944).

Die durch Licht bewirkte Sehpurpurzersetzung ist in einem weiten Bereich temperatur- und p_H-unabhängig. Die Quantenausbeute liegt bei 1 oder ist nur wenig niedriger als 1, d. h. annähernd jedes absorbierte Lichtquant führt zur Zersetzung eines Sehpurpurmoleküls bzw. einer chromophoren Gruppe[6]. Die Aktivierungsenergie der Sehpurpurbleichung beträgt 44—48,5 Cal/Mol[7,8]. Sie kann durch die absorbierten Lichtquanten oder durch Wärme geliefert werden. Bei der Bleichung durch die energiearmen Quanten roten Lichts (einer Wellenlänge von über 600 mμ) wirken beide Vorgänge zusammen[8], und es besteht eine Abhängigkeit der Sehpurpurzersetzung von der Temperatur, bei einer geringeren Quantenausbeute als 1. Im weißen Licht ist die Bleichung temperaturunabhängig. Nach Untersuchungen über die Empfindlichkeit des Sehpurpurs im Ultravioletten wird vermutet, daß vom Protein absorbierte Lichtenergie zur chromophoren Gruppe weitergeleitet werden kann[8]. Zur Auslösung einer minimalen Lichtempfindung ist beim Menschen die photochemische Reaktion von je einem Sehpurpurmolekül in schätzungsweise 5—14 Stäbchen nötig[9].

β) Bildung von Retinin und Vitamin A. Die Vorgänge, die sich der weiteren Umwandlung des belichteten Sehpurpurs anschließen („Dunkelreaktionen“), verlaufen langsamer und sind temperaturabhängig. Sie führen — nach einer nicht eindeutig bekannten Folge von Reaktionen (s. u.) — zu einem gelb gefärbten Produkt, das aus Retinin und dem Sehpurpurprotein besteht. Aus den bis zu diesem Stadium gebleichten Netzhäuten oder Sehpurpurlösungen kann Retinin mit organischen Lösungsmitteln, z. B. mit Petroläther, extrahiert werden. Rhodopsin liefert $Retinin_1$[10] (mit einem Absorptionsmaximum in Chloroform bei 387 mμ), aus dem Porphyropsin entsteht $Retinin_2$[11] (Absorptionsmaximum bei 405 mμ).

Die Ablösung der chromophoren Gruppe vom Sehpurpurprotein (ein Vorgang, der wahrscheinlich mit Änderungen in der chromophoren Gruppe selbst einhergeht) erfolgt offenbar stufenweise. Bei der sich der photochemischen Reaktion anschließenden Bleichung wird ein Zwischenprodukt beobachtet, das Indikatoreigenschaften hat: Es ist bei alkalischer Reaktion

[1] Lythgoe, R. J.: J. Physiol., London **89**, 331 (1937). — [2] Wald, G., J. Durell and R. C. C. St. George: Science, N. Y. **111**, 179 (1950). — [3] Lythgoe, R. J., and J. P. Quilliam: J. Physiol., London **94**, 399 (1938/39). — Broda, E. E., and C. F. Goodeve: Proc. R. Soc. London (B) **130**, 217 (1941/42). — Collins, F. D., and R. A. Morton: Biochem. J. **47**, 18 (1950). — [4] Wald, G.: J. gen. Physiol. **21**, 795 (1937/38). — [5] Wald, G., and P. K. Brown: J. gen. Physiol. **35**, 797 (1951/52). — [6] Dartnall, H. J. A., C. F. Goodeve and R. J. Lythgoe: Proc. R. Soc. London (A) **156**, 158 (1936); **164**, 216 (1938). — [7] Lythgoe, R. J., and J. P. Quilliam: J. Physiol., London **93**, 24 (1938). — [8] St. George, R. C. C.: J. gen. Physiol. **35**, 495 (1951/52). — [9] Hecht, S.: J. opt. Soc. Amer. **32**, 42 (1942). — Vgl. a. Baumgardt, E.: Naturwiss. **39**, 388 (1952). — Esper, F. J.: Z. Naturforsch. **9**b, 13 (1954). — [10] Wald, G.: J. gen. Physiol. **19**, 351, 781 (1935/36); **21**, 795 (1937/38). — [11] Wald, G.: J. gen. Physiol. **22**, 775 (1938/39).

nahezu farblos, bei saurer Reaktion tief gelb. Im „*Indikatorgelb*“[1, 2] ist Retinin wahrscheinlich noch lose an das Protein gebunden. Da Retinin mit einer Anzahl von Aminosäuren, Aminen und Eiweißkörpern unter Bildung p_H-empfindlicher Farbstoffe reagiert[3], ist die Frage aufgetaucht, ob das Indikatorgelb ein spezifisches und obligates Zwischenprodukt der Sehpurpurbleiche sei. Die intermediäre Entstehung von Indikatorgelb wird man aber als gesichert betrachten dürfen[4], obgleich die spezielle Natur dieses Produktes noch nicht abgeklärt ist.

In der Netzhaut oder in frischen Sehpurpurlösungen[5, 6] entsteht in einer weiteren vom Licht unabhängigen Reaktion aus Retinin$_1$ Vitamin A und aus Retinin$_2$ Vitamin A_2[7]. Die Bildung der A-Vitamine ist spektroskopisch, durch Fluorescenz und mit der Antimontrichloridreaktion nachweisbar.

Durch den Nachweis, daß Retinin$_1$ identisch ist mit Vitamin A-Aldehyd[8, 9] und Retinin$_2$ mit Vitamin A_2-Aldehyd[10], läßt sich der Übergang von Retinin in Vitamin A als Reduktion der Carbonylgruppe des Retinins formulieren. Diese Reduktion bewirkt Hydrogenierung der Cozymase, in Verbindung mit einem als Dehydrogenase wirkenden Protein (Retininreduktase)[5]. Die Rolle eines Wasserstoffdonators für die bei diesem Vorgange oxydierte Cozymase kann Hexosediphosphat (zusammen mit einer Dehydrogenase) übernehmen. Das die Reduktion des Retinins bewirkende Enzymsystem ist in den Außengliedern der Sehzellen lokalisiert. Die isolierten Außenglieder vermögen Retinin jedoch nur dann zu reduzieren, wenn sie mit der dazu nötigen hydrierten Cozymase (oder mit Cozymase + Wasserstoffdonator) von außen versorgt werden.

Retinin$_1$ und Retinin$_2$ können aber nicht nur in der Netzhaut, sondern auch im Intestinaltrakt (Ratte) zu Vitamin A bzw. Vitamin A_2 reduziert werden[11].

Bei der Sehpurpurspaltung (durch Licht oder Alkohol) wird ein Retinin mit trans-Konfiguration erhalten, aus dem enzymatisch ein trans-Vitamin A entsteht. Die erst aus neueren Arbeiten ersichtliche Bedeutung von Isomerisationsvorgängen im „Sehpurpurcyclus“ fassen wir weiter unten kurz zusammen.

γ) Regeneration. Die durch Licht mehr oder weniger geschwächte Sehpurpurfarbe kehrt im Dunkeln zurück. Diese Regeneration des Sehpurpurs läßt sich sowohl ophthalmoskopisch als auch an der isolierten Retina und selbst an Sehpurpurlösungen beobachten. Gegenüber der ziemlich schnell verlaufenden Sehpurpurbleiche in der isolierten Netzhaut und in Lösungen erscheint der Bleichungsprozeß in der im Auge befindlichen Netzhaut verzögert und unvollständig, weil der Sehpurpur stetig, auch während der Belichtung regeneriert wird, und zwar im Leben in größerem Umfange als in der isolierten Netzhaut oder in Sehpurpurlösungen.

Die Zeit, die zu einer vollständigen Regeneration der Sehpurpurmenge im verdunkelten Auge erforderlich ist, hängt von der Dauer und der Stärke der vorhergehenden Belichtung, von der Spezies sowie von der Temperatur ab. Durch starke Belichtung intra vitam gebleichte

[1] LYTHGOE, R. J.: J. Physiol., London **89**, 331 (1937). — [2] LYTHGOE, R. J. and J. P. QUILLIAM: J. Physiol., London **94**, 399 (1938/39). — [3] BALL, S., F. D. COLLINS, P. D. DALVI and R. A. MORTON: Biochem. J. **45**, 304 (1949). — [4] Vgl. hierzu DARTNALL, H. J. A.: Nature **162**,222 (1948). — COLLINS, F. D.: Nature **171**, 469 (1953). — COLLINS, F. D., and R. A. MORTON: Biochem. J. **47**, 10 (1950). — [5] WALD, G., and R. HUBBARD: J. gen. Physiol. **32**, 367 (1949). — WALD, G.: Biochim. biophysica Acta, N. Y. **4**, 215 (1950). — [6] BLISS, A. F.: J. biol. Ch. **172**, 165 (1948). Biol. Bull. **97**, 221 (1949). Arch. Biochem. **31**, 197 (1951). — [7] WALD, G.: J. gen. Physiol. **22**, 775 (1939). — [8] MORTON, R. A., and T. W. GOODWIN: Nature **153**,405 (1944). — BALL, S., T. W. GOODWIN and R. A. MORTON: Biochem. J. **42**, 516 (1948). — [9] WALD, G.: Fed. Proc. **7**, 129 (1948). J. gen. Physiol. **31**, 489 (1948). — [10] MORTON, R. A., M. K. SALAH and A. L. STUBBS: Nature **159**, 744 (1947). — WALD, G.: Biochim. biophysica Acta, N. Y. **4**, 215 (1950). — [11] GLOVER, J., T. W. GOODWIN and R. A. MORTON: Biochem. J. **43**, 109 (1948). — CAMA, H. R., P. D. DALVI, R. A. MORTON and M. K. SALAH: Biochem. J. **52**, 542 (1952).

Netzhäute gewinnen ihren maximalen Sehpurpurgehalt erst nach etwa 1- (Kaninchen) bis 2stündigem (Frosch) Dunkelaufenthalt zurück; es werden aber auch viel längere Zeiten angegeben. Der Einfluß von Belichtungsdauer und -stärke auf die Geschwindigkeit der Sehpurpurregeneration im Dunkeln ist nicht ganz klar. Nach mehreren Beobachtungen wird der Sehpurpur im Dunkeln um so schneller gebildet, je unvollständiger der Bleichungsprozeß war. Man nimmt an, daß die verhältnismäßig schnell verlaufende, auch als „Anagenese" bezeichnete Regeneration des Sehpurpurs in der weniger gebleichten Netzhaut aus den photochemischen Zerfallsprodukten und aus Retinin erfolgt, in der stärker ausgebleichten Netzhaut dagegen eine sich langsamer vollziehende „Neogenese" von Sehpurpur aus anderen Quellen stattfindet.

Die Sehpurpurbleiche bis zur Stufe des Retinins (und darüber hinaus) ist reversibel. Wird eine Sehpurpurlösung in Gegenwart einer hohen Konzentration von $Retinin_1$ (erhalten durch Oxydation von Vitamin A mit festem Mangandioxyd) gebleicht, so wird im Dunkeln Rhodopsin schnell bis zu 85% der ursprünglich im Extrakt vorhandenen Sehpurpurmenge regeneriert. Eine Bildung von Sehpurpur wird auch erzielt, wenn dem farblosen Sehpurpurprotein („Opsin") synthetisches $Retinin_1$ zugesetzt wird[1].

Die Sehpurpurbildung aus Retinin und dem Protein ist eine spontane, ohne Energiezufuhr stattfindende Reaktion[1]. Sie wird durch Formaldehyd gehemmt, das mit dem Retinin um die aktive Gruppe des Proteins konkurriert. Für die Bindung des Retinins scheinen freie Sulfhydrylgruppen in dem Protein notwendig zu sein[2]. Die chromophore Gruppe des Sehpurpurs soll durch Kondensation von 2 Molekülen Retinin entstehen[1,3], oder durch Bindung von 2 Molekülen Retinin an ein zentrales N-Atom gebildet werden[4]. Über den Aufbau der chromophoren Gruppe läßt sich aber — außer, daß sie aus Retinin entsteht — noch nichts Abschließendes sagen. Die Kinetik der Sehpurpurbildung aus Opsin und Retinin in vitro spricht eher dafür, daß die chromophore Gruppe von nur einem Molekül Retinin gebildet wird[5]. Das Sehpurpurmolekül soll etwa 10 chromophore Gruppen enthalten[6]. Wegen der noch bestehenden Unsicherheit über das Molekulargewicht des Sehpurpurs kann man aber auch über die Zahl der chromophoren Gruppen noch keine endgültigen Aussagen machen.

$Retinin_1$ bildet mit SH-Gruppen kurzwellig absorbierende Verbindungen (λ_{max} etwa 330 mμ), mit NH_2-Gruppen langwelliger absorbierende Verbindungen (λ_{max} 440—550 mμ)[7]. Es wird angenommen, daß zunächst eine Bindung von Retinin an SH-Gruppen des Sehpurproteins erfolgt und daß diese Bindung innermolekular in eine Bindung an NH_2-Gruppen übergeht.

Für die Sehpurpurbildung, wenigstens für die als Neogenese bezeichnete Phase, kommt dem retinalen Pigmentepithel eine große Bedeutung zu. Isoliert ausgebleichte Netzhäute gewinnen ihre Sehpurpurfarbe im Dunkeln vollständiger oder überhaupt erst zurück, wenn sie wieder in Kontakt mit dem Pigmentepithel gebracht werden[8,9]. Aus dem Pigmentepithel stammende Stoffe sind für eine dauernde Regeneration des Sehpurpurs nötig. Einer dieser Stoffe ist Vitamin A, das im Pigmentepithel in reichlicher Menge vorkommt (S. 927).

Bei Vitamin A-Mangel ist das Dämmerungssehen gestört (Nachtblindheit = Hemeralopie), was klinisch bereits frühzeitig mit Hilfe des Adaptometers an einer verzögerten Dunkel-

---

[1] Wald, G., and P. K. Brown: Proc. nat. Acad. Sci. USA **36**, 84 (1950). — [2] Wald, G., and P. K. Brown: J. gen. Physiol. **35**, 797 (1952). — [3] Wald, G.: Docum. ophthalm., den Haag **3**, 94 (1949). — [4] Collins, F. D., and R. A. Morton: Biochem. J. **47**, 18 (1950). — [5] Hubbard, R., and G. Wald: J. gen. Physiol. **36**, 269 (1952). — [6] Broda, E. E., C. F. Goodeve and R. J. Lythgoe: J. Physiol., London **98**, 397 (1940). — [7] Collins, F. D., J. N. Green and R. A. Morton: Biochem. J. **56**, 493 (1954). — Collins, F. D.: Nature **171**, 469 (1953). — [8] Kühne, W.: Handb. Physiol. (Hermann) Bd. 3/1, S. 235—342. — [9] Hosoya, Y., u. T. Sasaki: Tohoku J. exp. Med. **32**, 447 (1938).

anpassung bzw. an einem erhöhten Schwellenwert für den Lichtreiz zu erkennen ist. Zufuhr von Vitamin A behebt die avitaminotisch bedingte Hemeralopie[1]. Der Zusammenhang dieser Störung mit der Sehpurpurbildung ergibt sich aus dem Nachweis einer verzögerten Sehpurpurregeneration bei vitamin-A-frei ernährten Tieren[2]*. Bei vorher intensiv belichteten Fröschen soll die Zufuhr von Vitamin A sogar einen weit über den normalen Wert hinausgehenden Anstieg des Sehpurpurgehaltes bewirken[3]. Zu diesen Feststellungen tritt hinzu, daß das bei der Sehpurpurzersetzung aus dem Retinin entstehende Vitamin A im Verlaufe der Dunkeladaption aus der Netzhaut bis auf geringe Mengen verschwindet[4–7].

Diese Befunde führen zu der Annahme von direkten stofflichen Beziehungen zwischen Vitamin A und Sehpurpur: Vitamin A ist sowohl ein Zersetzungsprodukt als auch eine Vorstufe der chromophoren Gruppe des Sehpurpurs. Verluste, die beim Sehpurpurabbau an Vitamin A (durch Zerstörung, Wegdiffusion) entstehen, müssen der Netzhaut durch Zufuhr mit dem Blut ersetzt werden.

Da Vitamin A in der Netzhaut durch eine Reduktion von Retinin entsteht, ist die Vermutung naheliegend, daß es durch eine Oxydation wieder in Retinin übergeführt und auf diesem Wege zur Bildung der chromophoren Gruppe des Sehpurpurs herangezogen wird. Diese Reaktionen — die Oxydation von Vitamin A zu Retinin$_1$ und die Bildung von Sehpurpur aus Vitamin A (und dem Protein) — haben sich mit Präparaten (vor allem mit Homogenaten) aus der Retina verwirklichen lassen[8–10]. Die Oxydation von Vitamin A zu Retinin wird durch die Retininreduktase + Cozymase (s. o.) bewirkt, wenn durch ein Abfangen des entstehenden Aldehyds (mit Hydroxylamin) das Gleichgewicht der von diesem Enzymsystem katalysierten Reaktion nach der Seite der Oxydation verschoben wird[8]. Physiologisch spielt wahrscheinlich das Sehpurpurprotein die Rolle eines „Abfangmittels". Damit ist der Weg gegeben zur Bildung von Sehpurpur aus Vitamin A und dem spezifischen Protein. Die Rolle der Retininreduktase kann in vitro Alkoholdehydrogenase aus Leber übernehmen[9], so daß die Annahme einer *spezifischen* Retininreduktase wahrscheinlich überflüssig ist.

In Retinahomogenaten werden aus Vitamin A 10% Sehpurpur (bezogen auf die in den Homogenaten ursprünglich vorhandene Sehpurpurmenge) gebildet. Diese Sehpurpurbildung kann durch Zusatz von Cozymase zusammen mit einem Homogenat aus dem Pigmentepithel bis auf 40% gesteigert werden[8]. Mit Suspensionen der Froschretina (+ Chorioidea) und einem Medium, das Vitamin A, ATP, Cozymase, Cytochrom c sowie Nicotinsäureamid enthält, wird unter aeroben Bedingungen eine praktisch vollständige (92%ige) Sehpurpurregeneration erzielt[10]. Die Verwertung von Vitamin A in der Netzhaut ist vielleicht mit Phosphorylierungen verknüpft. Pyridoxalphosphat fördert die Regeneration von Sehpurpur in Homogenaten aus der Rindernetzhaut[11]. Es könnte als transaminierendes Coenzym für das Vorhandensein der NH_2-Gruppe im Sehpurpurprotein von Bedeutung sein, die für die Bindung von Retinin als wesentlich betrachtet wird.

---

* Schairer, E., u. K. Patzelt [Graefes Arch. Ophthalm. **144**, 416 (1942)] fanden bei normalen und vitamin-A-frei ernährten Ratten keinen Unterschied im zeitlichen Verlauf der Sehpurpurregeneration. Im retinalen Pigmentepithel der helladaptierten Augen von A-avitaminotischen Ratten wurde in diesen Versuchen jedoch noch Vitamin A gefunden.

[1] Holm, E.: Amer. J. Physiol. **73**, 79 (1925). — [2] Fridericia, L. S., and E. Holm: Amer. J. Physiol. **73**, 63 (1925). — Tansley, K.: J. Physiol., London **71**, 442 (1931). Proc. R. Soc. London (B) **114**, 79 (1933). — Kuwana, Y.: Acta Soc. ophthalm. jap. **38**, 85 (1934). — [3] Derman, H.: Arch. int. Pharmacodyn. Therap. **68**, 230 (1942). — [4] Wald, G.: J. gen. Physiol. **18**, 905 (1935); **19**, 351 (1935/36). — [5] Schairer, E., J. Rechenberger, H. Gockel u. K. Patzelt: Virchows Arch. **305**, 360 (1940). — Schairer, E., u. K. Patzelt: Virchows Arch. **307**, 124 (1941). — [6] Greenberg, R., and H. Popper: Amer. J. Physiol. **134**, 114 (1941). — [7] Peskin, J. C.: J. gen. Physiol. **26**, 27 (1942). — [8] Wald, G., and P. K. Brown: Proc. nat. Acad. Sci. USA **36**, 84 (1950). — [9] Hubbard, R., and G. Wald: Proc. nat. Acad. Sci. USA **37**, 69 (1951). — Bliss, A. F.: Arch. Biochem. **31**, 197 (1951). — [10] Collins, F. D., J. N. Green and R. A. Morton: Biochem. J. **53**, 152 (1952). — [11] Collins, F. D., J. N. Green and R. A. Morton: Biochem. J. **56**, 493 (1954).

Die isolierten Stäbchenaußenglieder der Froschretina verbrauchen in Ringerlösung Sauerstoff[1], verfügen offenbar also über ein vollständiges Atmungssystem. Die Atmung ist cyanidempfindlich; Fructosediphosphat oder Bernsteinsäure können als Atmungssubstrate dienen.

Somit wird klar, wie die Sehpurpurbildung und -zersetzung durch teilweise enzymatisch gesteuerte Reaktionen in den übrigen Netzhautstoffwechsel eingeschaltet ist. In vorigen Abschnitten erwähnte Lichtreaktionen, wie Größe des Sauerstoffverbrauchs und der Milchsäurebildung, Phosphat- und Ammoniakabspaltung, werden sich nach näherer Untersuchung besser mit den spezifischen Vorgängen in der Retina (Bildung und Abbau der Sehstoffe, Erregung) in einen Zusammenhang bringen lassen, als das bisher möglich war.

Durch reichliche Versorgung der Netzhaut mit Vitamin A läßt sich die Sehpurpurmenge nicht beliebig steigern. Auch die vollständig dunkeladaptierte Netzhaut, in der die Sehpurpurbildung bis zu einer physiologisch bestimmten Grenze abgeschlossen ist, enthält noch Vitamin A, und die Empfindlichkeit des normalen Auges wird durch Zufuhr von Vitamin A nicht erhöht. Ferner gibt es Hemeralopien — ganz abgesehen von den anatomisch bedingten —, die durch Vitamin A nicht geheilt werden können. Wir finden hier einige Hinweise darauf, daß die normale und in bestimmten pathologischen Fällen auch die verzögerte Sehpurpurbildung durch andere Umstände, die nicht auf einen Mangel an Vitamin A zurückzuführen sind, begrenzt wird. Man wird hier vor allem an das Sehpurpurprotein denken, ferner an die Retininreduktase und die übrigen Bestandteile des an der Sehpurpurbildung beteiligten Enzymsystems.

δ) Isomerisationsvorgänge. Ebenso wie andere Polyene[2] existieren Retinin und Vitamin A in verschiedenen geometrisch isomeren Formen. Neuere Arbeiten[3-5] zeigen, daß von den Isomeren des $Retinin_1$ (S. 927) nur eines der cis-Isomeren (vermutlich Δ_3-cis-$Retinin_1$) mit dem Sehpurpurprotein (Stäbchen-Opsin) unter Bildung von Rhodopsin reagiert. Das spezifische cis-$Retinin_1$ wird *Neoretinin b* genannt. Es wurde durch Einwirkung von gefiltertem Sonnenlicht auf all-trans-Vitamin A-Aldehyd krystallisiert erhalten[6]. Ein anderes cis-$Retinin_1$ (iso-Retinin a) gibt mit dem Opsin einen als iso-Rhodopsin bezeichneten lichtempfindlichen Farbstoff, dessen natürliches Vorkommen aber noch zweifelhaft ist. Die anderen isomeren Formen von $Retinin_1$ sind inaktiv. Das Sehpurpurprotein zeigt mithin eine ausgesprochene Spezifität bezüglich der Molekülgestalt der chromophoren Gruppe. Porphyropsin entsteht in gleicher Weise nur aus einem der cis-Isomeren des $Retinin_2$; mit einem anderen cis-$Retinin_2$ wird iso-Porphyropsin erhalten (vgl. Tabelle 160).

Vorstufe für das spezifische, zur Rhodopsinbildung nötige cis-$Retinin_1$ (Neoretinin b) ist ein Vitamin A mit cis-Konfiguration (Neovitamin Ab), das wahrscheinlich Δ_3-cis-Vitamin A ist. Krystallisiertes Vitamin A, das trans-Konfiguration besitzt, liefert inaktives $Retinin_1$. Das bei der Sehpurpurspaltung entstehende Retinin hat eine durchgehende trans-Konfiguration; aus ihm entsteht bei der enzymatischen Reduktion trans-Vitamin A. Die Abwicklung des Sehpurpurcyclus erfordert also entweder eine Umlagerung des gebildeten trans-Vitamin A in der Netzhaut oder eine stetige Versorgung der Netzhaut mit dem spezifischen cis-Vitamin A durch das Blut. In welchem Umfang der eine oder der andere Weg in vivo beschritten wird, ist noch unbekannt. trans-Retinin, das bei der Sehpurpurspaltung entsteht, kann durch Licht, das von ihm absorbiert wird, oder durch Wärme in das spezifische cis-Retinin umgelagert werden, ein Vorgang, der

[1] HUBBARD, R.: J. gen. Physiol. **37**, 373 (1953/54). — [2] Übersicht s. ZECHMEISTER, L.: Exper. **10**, 1 (1954). — [3] HUBBARD, R., and G. WALD: Science, N. Y. **115**, 60 (1952). J. gen. Physiol. **36**, 269 (1952/53). — [4] HUBBARD, R., R. I. GREGERMAN and G. WALD: J. gen. Physiol. **36**, 415 (1952/53). — [5] WALD, G., P. K. BROWN and P. H. SMITH: Fed. Proc. **11**, 304 (1952). — WALD, G.: Fed. Proc. **12**, 606 (1953). — [6] DIETERLE, J. M., and C. D. ROBESON: Science, N. Y. **120**, 219 (1954).

zu einer von Vitamin A unabhängigen Rückbildung des Sehpurpurs führt und der wahrscheinlich auch in vivo stattfindet, mit dem aber die enzymatische Reduktion des Retinins zu trans-Vitamin A konkurriert (vgl. untenstehendes Schema[1,2]). Wie sich die bei der Bindung oder Abspaltung der chromophoren Gruppe stattfindende Umlagerung von cis- in trans-Retinin vollzieht, ist noch unklar. Licht ist daran offenbar nicht beteiligt, da die Sehpurpurspaltung durch orangerotes Licht, das (im Gegensatz zu blauem Licht) keine Umlagerung des Retinins bewirkt, ebenfalls zu trans-Retinin führt. Bei der Umwandlung von Retinin in „aktives Retinin“ wird die Mitwirkung einer Isomerase oder Dimerase vermutet[3].

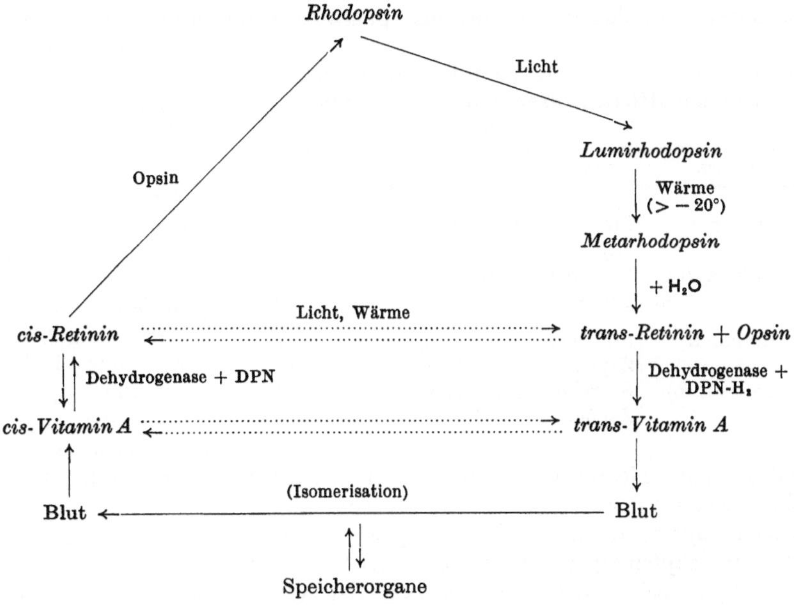

Abb. 70. Sehpurpurcyclus.

4. „Sehstoff“ der Zapfen.

Anders als bei den durch Sehpurpur gefärbten Stäbchen läßt die direkte Beobachtung keine gefärbten und lichtempfindlichen Stoffe in den Zapfen erkennen. Eine ihrer Aufgabe nach dem Sehpurpur entsprechende Substanz kann also in den Zapfen nur in sehr geringer Menge vorhanden sein, worauf vielleicht die höhere Reizschwelle des Zapfenapparates zurückzuführen ist.

Der Nachweis eines dem Sehpurpur wahrscheinlich analogen Sehstoffes in den Zapfen (*„Zapfensubstanz“*[4], *„Iodopsin“*[5]) wurde hauptsächlich auf Grund von Absorptionsmessungen an Netzhäuten und Netzhautextrakten von Tieren, deren Sehzellen nur oder doch überwiegend aus Zapfen bestehen, geführt[4–7]. Der Zapfensubstanz werden 3 Absorptionsmaxima zugeschrieben[8]: im roten, gelben und blauen Spektralbereich (vgl. a. [6]). Das Absorptionsmaximum im

[1] Hubbard, R., and G. Wald: Science, N. Y. **115**, 60 (1952). J. gen. Physiol. **36**, 269 1952/53. — [2] Baumann, C. A.: Ann. Rev. **22**, 527 (1953). — [3] Collins, F. D., J. N. Green and R. A. Morton: Biochem. J. **56**, 493 (1954). — [4] Studnitz, G. v.: Pflügers Arch. **230**, 614 (1932); **239**, 515 (1937). Naturwiss. **29**, 65 (1941). — [5] Wald, G.: Nature **140**, 545 (1937). — [6] Hosoya, Y., T. Okita u. T. Akune: Tohoku J. exp. Med. **34**, 532 (1938). — [7] Bliss, A. F.: J. gen. Physiol. **29**, 299 (1945/46). — [8] Studnitz, G. v.: Z. vergl. Physiol. **28**, 153 (1941).

Gelben entspricht der höchsten Empfindlichkeit des Auges unter den Bedingungen des Tagessehens. Die einzelnen Absorptionsmaxima kommen vielleicht verschiedenen lichtabsorbierenden Stoffen der Zapfen zu, so daß der Sehstoff der Zapfen möglicherweise nicht einheitlich ist[1]. Die Zapfensubstanz ist sehr lichtempfindlich; im Dunkeln regeneriert sie[2]. Sie soll in Äther löslich sein[2]; andere Untersucher[3, 4] extrahieren sie aus der Netzhaut mit wäßrigen Lösungen von Digitonin oder Natriumglykocholat.

Die Chemie des Sehstoffes der Zapfen läßt sich wenigstens andeutungsweise erkennen. Man darf vermuten, daß er seinem chemischen Aufbau nach dem Sehpurpur nahe steht. Dafür spricht unter anderem, daß Vitamin A nicht nur für die normale Funktion des Stäbchenapparates, sondern auch für die des Zapfenapparates notwendig ist[5, 6]. Die Möglichkeit, daß der Sehpurpur[7, 8] oder doch das System Vitamin A/Retinin$_1$[9] ebenso mit dem Tages- und Farbensehen wie mit dem Dämmerungssehen verknüpft ist, hat man unter verschiedenen Gesichtspunkten erörtert. Nach neueren Angaben[10] ist der carotinoide Teil im Iodopsin und Sehpurpur gleich. Verschieden sind offenbar die Opsine aus Stäbchen und Zapfen. Neoretinin b, das mit dem Stäbchen-Opsin unter Bildung von Rhodopsin reagierende spezifische cis-Isomere von Retinin$_1$, bildet mit Zapfen-Opsin *Iodopsin*, und das für die Porphyropsinbildung nötige spezifische cis-Retinin$_2$ gibt mit Zapfen-Opsin einen *Cyanopsin*[11] genannten lichtempfindlichen Farbstoff. Cyanopsin wurde noch nicht aus der Netzhaut isoliert; es ist nur bei den Tieren zu erwarten, in deren Netzhaut Vitamin A_2 vorkommt. Die früher bei einigen von diesen Tierarten (z. B. der Schleie) elektrophysiologisch bestimmte spektrale Empfindlichkeitskurve[12] stimmt mit der Absorptionskurve des synthetisch gewonnenen Cyanopsin weitgehend überein, so daß für ein natürliches Vorkommen dieses Farbstoffes Anhaltspunkte gegeben sind.

Tabelle 160. In vitro dargestellte lichtempfindliche Farbstoffe aus verschiedenen Retininen und Opsinen.

Retinin	Opsin	Produkt	λ_{max} (mμ)
Neoretinin b	Stäbchen	Rhodopsin	500
	Zapfen	Iodopsin	562
cis-Retinin$_2$ (a)	Stäbchen	Porphyropsin	522
	Zapfen	Cyanopsin	620
iso-Retinin a	Stäbchen	iso-Rhodopsin	487
	Zapfen	iso-Iodopsin	515
cis-Retinin$_2$ (b)	Stäbchen	iso-Porphyropsin	507
	Zapfen	iso-Cyanopsin	575

Je ein anderes cis-Isomeres von Retinin$_1$ und Retinin$_2$ bilden mit Zapfen-Opsin ebenfalls lichtempfindliche Farbstoffe, deren Absorptionsmaxima bei kürzeren Wellenlängen liegen. Vorläufig besteht kein Grund zur Annahme, daß diese „iso-Farbstoffe" in der Netzhaut vorkommen. In Tabelle 160 sind die nach den bis jetzt vorliegenden Angaben[11] aus den Retininen und Opsinen auf „synthetischem" Wege dargestellten lichtempfindlichen Farbstoffe mit ihren Absorptionsmaxima (λ_{max}) aufgeführt. Die voneinander verschiedenen cis-Isomeren des Retinin$_2$ werden hier durch (a) und (b) gekennzeichnet.

---

[1] STUDNITZ, G. v.: Z. vergl. Physiol. **28**, 153 (1941). — [2] STUDNITZ, G. v.: Pflügers Arch. **230**, 614 (1932); **239**, 515 (1937). Naturwiss. **29**, 65 (1941). — [3] WALD, G.: Nature **140**, 545 (1937). — [4] HOSOYA, Y., T. OKITA u. T. AKUNE: Tohoku J. exp. Med. **34**, 532 (1938). — [5] HAIG, C., S. HECHT and A. J. PATEK jr.: Science, N. Y. **87**, 534 (1938). — [6] WALD, G., H. JEGHERS and J. ARMINIO: Amer. J. Physiol. **123**, 732 (1938). — WALD, G., and D. STEVEN: Proc. nat. Acad. Sci. USA **25**, 344 (1939). — [7] WEIGERT, F., u. J. W. MORTON: Ophthalm., Basel **99**, 145 (1940). — [8] DARTNALL, H. J. A.: Brit. J. Ophthalm. **32**, 793 (1948). — [9] BALL, S., and R. A. MORTON: Biochem. J. **45**, 298 (1949). — [10] WALD, G., P. K. BROWN and P. H. SMITH: Fed. Proc. **11**, 304 (1952). — [11] WALD, G., P. K. BROWN and P. H. SMITH: Science, N. Y. **118**, 505 (1953). — [12] GRANIT, R.: Acta physiol. scand. **2**, 334 (1941).

Durch die Verbindung verschiedener Retinine mit verschiedenen Proteinen verfügt die Natur offenbar über ein Mittel, eine Anzahl von lichtempfindlichen Farbstoffen mit verschiedenem Absorptionsbereich zu erzeugen. Unter ihnen finden sich solche, die als lichtpercipierende Stoffe unter den Bedingungen des Tagessehens in Betracht kommen. Das *Farbensehen* stellt der Erforschung der Zapfensubstanzen noch besondere Probleme, deren Lösung aber zweifellos durch die bis jetzt gewonnenen Einblicke in die Chemie der Sehstoffe gefördert werden wird.

l) Sehnerv (N. opticus).

α) Anatomisches[1].

Der Sehnerv ist seiner Entwicklung gemäß als intrazentrale Bahn aufzufassen, die die Verbindung zwischen dem 3. in der Netzhaut und dem 4. im Hirnstamm gelegenen Neuron vermittelt. Bis zur Sehnervenkreuzung beträgt seine Länge etwa 5 cm. Die Fortsätze der Ganglienzellen der Retina ziehen von allen Seiten radiär zur Austrittsstelle der Sehnerven: dabei wird die Fovea centralis, die ein eigenes sog. papillomaculäres Bündel entsendet, bogenförmig eingefaßt. Erst nach dem Durchtritt durch die Lederhaut im Gebiet der Siebplatte erhalten die Sehnervenfasern ihre Markscheiden. Der Sehnerv ist ebenso wie das Gehirn von der Dura mater arachnoides und der Pia mater, den sog. Sehnervenscheiden, umgeben. Von der Pia mater ausgehend dringen zahlreiche aus Bindegewebe bestehende Gewebszüge zwischen die Sehnervenfasern, so daß der Sehnerv in etwa 1000 Faserbündel unterteilt ist. Etwa 1,5 cm hinter dem Auge tritt in den Sehnerven die Zentralarterie ein, um nach vorne in die Retina zu ziehen und diese mit Blut zu versorgen. Der in der Augenhöhle gelegene Teil des Sehnerven wird durch die Arteria ophthalmica mit Blut versorgt. Kleine Äste dieser Arterie bilden auf der Dura und Pia mater feinste Gefäßnetze, die mit den Bindegewebssepten in das Innere des Sehnerven gelangen. Nahe der Austrittsstelle des Sehnerven sind auch kleine Äste der Zentralarterie an der Blutversorgung des dem Auge benachbarten Sehnervenabschnittes beteiligt.

Die Sehnervenfasern gehören zu den feinsten markhaltigen Nervenfasern des menschlichen Körpers. Ihre mittlere Dicke beträgt 2 μ. Man schätzt ihre Zahl auf etwa 800000. Im Bezirk des schärfsten Sehens besteht für jede Sehzelle die Möglichkeit, die Erregung über eine bipolare Zelle und eine Ganglienzelle in eine Sehnervenfaser weiterzuleiten. In der Peripherie der Netzhaut besteht diese Möglichkeit nicht. Hier sind immer mehrere Sinneszellen an eine Sehnervenfaser angeschlossen. Nach neuen Vorstellungen[2] ist jede Sinneszelle, auch die der Fovea, nicht nur mit einer bipolaren Zelle, sondern mit mehreren verbunden, die verschiedenen Typen angehören. Jede bipolare Zelle steht wiederum mit mehreren Ganglienzellen in Verbindung. Auch bei den Ganglienzellen pflegt man verschiedene Arten zu unterscheiden. Dem Erregungsablauf stehen daher jeweils die verschiedensten Wege offen.

β) Chemische Analyse.

(s. a. das Kapitel Gehirn und Nerven).

Über die Biochemie des N. opticus ist überraschend wenig bekannt. Unsere Kenntnisse beschränken sich fast ganz auf die Ergebnisse von wenigen chemischen Analysen; Stoffwechseluntersuchungen wurden bisher kaum gemacht.

Anorganische Bestandteile. Der *Wasser*gehalt des Sehnerven vom Rind beträgt 69% [3]. Der Gehalt an Magnesium wird zu 11,5 mg-% angegeben[4]. Über den Gehalt des N. opticus an einigen *Schwermetallen* orientiert Tabelle 161. Nach anderen Analysen[5] enthält der N. opticus vom Rind nur 4—9 γ Mn je 100 g Frischgewicht.

---

[1] v. MÖLLENDORFF, Lehrb. Histol. 26. Aufl. S. 496. — [2] POLYAK, S.: Docum. ophthalm., den Haag 3, 24 (1949). — [3] KRAUSE, A. C.: Trans. amer. ophthalm. Soc. 36, 297 (1938). — [4] WOLFF, R.: Bull. Soc. ophtalm. France 4, 275 (1937). — [5] FORE, H., and R. A. MORTON: Biochem. J. 51, 603 (1952).

Im N. opticus von $1^1/_2$—6 Jahre alten Rindern werden 25 mg-% P als Gesamt*phosphat* und 1,3 mg-% P als Phosphokreatinphosphat gefunden[1]. Der Gehalt an anorganischem Phosphat ist im N. opticus junger Tiere niedriger als in dem von älteren Tieren (9,5 bzw. 16 mg-% P).

Organische Bestandteile. (Tabelle 162). Das *Eiweiß* des N. opticus ist zum überwiegenden Teile wasserunlöslich. Eiweißkörper mit den Eigenschaften der Elastine und Kollagene herrschen vor.

Tabelle 161. Eisen, Kupfer, Zink und Mangan im N. opticus vom Rind (in γ je 100 g Frischgewicht)[4].

Fe	Cu	Zn	Mn
335	349	241	26

Mehr als die Hälfte der Trockensubstanz des Sehnerven besteht aus *Lipoiden*[2, 3], die bei der Retina nur $^1/_4$ des Trockengewichtes betragen. Unter den *Phosphatiden* des N. opticus überwiegen die Kephaline[2]. Das *Cholesterin* ist zu 90% unverestert[2].

Andere N-haltige Verbindungen. Der N. opticus vom Rind enthält 72 mg-% *Rest*-N[2]; ein wesentlicher Teil davon besteht aus *Kreatin* (50—70 mg-%)[5, 6]. Der Gehalt des N. opticus an *Acetylcholin* ist gering; er beträgt beim Rind und Hund 0,03 bzw. 0,05 γ je g Frischgewicht[7, 8]. Bei der faradischen Reizung des N. opticus in vitro tritt Acetylcholin aus der Schnittfläche aus[7]. Entsprechend seinem niedrigen Acetylcholingehalt enthält der N. opticus auch nur wenig *Cholinesterase*[9]. Ferner wurden nachgewiesen: *Harnstoff*[2] *Spermin*[10] und *Carnosin*[11].

Tabelle 162. Eiweiß und Lipoide im N. opticus vom Rind (in g-%)[2].

	Frischgewicht	Trockengewicht
Eiweiß	12,1	41,7
Lipoide (gesamt)	16,2	52,7
Cholesterin	3,9	12,7
Phosphatide	7,6	24,7
Cerebroside	3,6	11,6

N-*freie Verbindungen.* Zu nennen sind: *Inosit* (100 mg-%)[12], *Glucose, Milchsäure*[2], *Äpfelsäure, Citronensäure*[13], *Ameisensäure*[14] und *Ascorbinsäure*[15]. Ascorbinsäure ist histochemisch besonders in den Septen des N. opticus (vom Meerschweinchen) nachweisbar[15].

[1] STILO, A.: Boll. Soc. ital. Biol. sperim. **11**, 423, 425 (1936). — [2] KRAUSE, A. C.: Trans. amer. ophthalm. Soc. **36**, 297 (1938). — [3] LO CASCIO, G.: Ann. Ottalm. **1923**, 653. — [4] TAUBER, F. W., and A. C. KRAUSE: Amer. J. Ophthalm. **26**, 260 (1943). — [5] STILO, A.: Boll. Soc. ital. Biol. sperim. **11**, 425 (1936). — [6] KRAUSE, A. C., and F. W. TAUBER: Arch. Ophthalm., Chicago (2) **21**, 1027 (1939). — [7] BRECHT, K., u. M. CORSTEN: Pflügers Arch. **245**, 160 (1942). — [8] LISSÁK, K., u. J. PÁSZTOR: Pflügers Arch. **244**, 120 (1941). — [9] WEEKERS, R.: Acta ophthalm., København **23**, 161 (1945). — [10] KRAUSE, A. C.: Amer. J. Ophthalm. **20**, 508 (1937). — [11] KRAUSE, A. C.: Arch. Ophthalm., Chicago (2) **16**, 986 (1936). — [12] KRAUSE, A. (C.), and R. WEEKERS: Arch. Ophthalm., Chicago (2) **20**, 299 (1938). — [13] KRAUSE, A. C., and A. M. STACK: Arch. Ophthalm., Chicago (2) **22**, 66 (1939). — [14] KRAUSE, A. C., et R. WEEKERS: Arch. Ophtalm., Paris (N. S.) **3**, 225 (1939). — [15] SCHMID, A. E., u. E. BÜRKI: Ophthalmologica Basel **105**, 65 (1943). — BÜRKI, E., u. A. E. SCHMID: Ophthalmologica Basel **105**, 121 (1943).

Namenverzeichnis.

AAES-JORGENSEN, E., s. GRANADOS, H. 686[19].

ABBOTT, L. D. jr.: Entgiftung körperfremder α-Aminosäuren durch Acetylierung 475[5]. Verwendung von Acetylglycin zur Hippursäuresynthese 478[3].

ABDEL KADER, M. M., s. ELLINGER, P. 294[4], 396[13].

ABDERHALDEN, E., u. S. BUADZE: Histidasewirkung 298[3].

— u. K. FRANKE: Sauerstoffverbrauch von Hundeleber nach Thyroxin 443[15]. — Thyroxinwirkung auf Leberautolyse 446[8].

— u. H. HANSON: Leucylpolypeptidase in der Cornea 878[11]. — Vorkommen von Peptidasen in der Linse 897[2].

— E. S. LONDON u. A. SCHITTENHELM: Harnsäure- und Allantoinbildung aus Purinen bei Hunden 338[6].

— u. P. RONA: Glykogengehalt verschiedener Leberteile 67[10].

— u. A. WEIL: Keine Verwertung von D-Histidin 298[1].

— u. E. WERTHEIMER: Glykogengehalt der Leber bei B_1-Avitaminose der Taube 73[10]. Dijodtyrosinwirkung auf Leberglykogen 77[18]. — Bedeutung der Ernährung für Entgiftungsvorgänge 454[5,6].

ABDERHALDEN, R.: Tokopherolgehalt der menschlichen Leber 364[5]. — Wirkung von Methionin und Cystin bei Lebernekrosen 365[5].

ABELIN, I.: Zusammenfassung über Physiologie der Schilddrüse (1930) 143[9]. — Glykogengehalt der Leber nach Vitamin A-Zufuhr 73[9]. — Adaptive Thyroxinzerstörung 443[4].

— u. J. JAFFÉ: Abbau von Leberglykogen nach Thyroxinzufuhr 77[12].

— u. W. SPICHTIN: Abnahme von Glykogen- und Kreatingehalt der Leber nach Thyroxin 77[19].

ABELS, J. C., C. W. KUPEL, G. T. PACK and C. P. RHOADS: Inosit zur Lebertherapie 150[11]. — Inositgehalt von lipotrop wirkenden Pankreasextrakten 154[12]. — Leberverfettung bei malignen Geschwülsten 155[1].

ABELSDORFF, G., s. KÖTTGEN, E. 939[2].

ABERCROMBIE, M., and M. L. JOHNSON: Abnahme an nichtextrahierbarem Stickstoff im degenerierenden Nerven 695[4]. — Proliferation von Endothelien und glatten Muskelzellen in den Gefäßen des degenerierenden Nerven 696[1]. — Gehalt an Myelinlipoiden und Nucleinsäure und histologische Veränderungen in degenerierenden Nerven 697[10]. — Kollagen- und Protein-N-Gehalt in regenerierenden Nerven 699[8].

ABERLE, S. B. D.: Degeneration in der Medulla oblongata bei Vitamin A-Mangel 669[11].

ABOOD, L. G., and R. W. GERARD: Hemmstoff der Glykolyse in Nervenhomogenaten 707[1]. — Hemmstoff der Glykolyse aus Nerven 709[10]. — Atmungskettenphosphorylierung in isolierten Gehirnmitochondrien 730[15]. — P/O-Verhältnis bei Atmungskettenphosphorylierung in der Hirnrinde 731[1]. — Sauerstoffaufnahme und Atmungskettenphosphorylierung in elektrisch gereizten Mitochondriensuspensionen aus Rattengehirn 815[11].

— R. W. GERARD, J. BANKS and R. D. TSCHIRGI: Fermentgehalt von Gehirnmitochondrien 700[9]. — Atmungskettenphosphorylierung in isolierten Gehirnmitochondrien 730[14].

— and J. J. KOCSIS: Senkung der Hirnatmung nach Hypophysektomie 818[13]. — Wirkung von ACTH auf Glykogengehalt des Gehirns nach Hypophysektomie 820[13].

— E. KUN and E. M. K. GEILING: Gehirnstoffwechsel bei akuter Morphinvergiftung 810[8].

ABRAHAM, A.: Verwertung anderer Hexosen als Glucose 92[1]. — Verwertung von Mannose 105[2].

ABRAHAM, E. P., s. HEIDELBERGER, C. 294[2], 398[5].

ABRAHAMSEN, N. S. B., s. COON, M. J. 266[1].

ABRAMI, P., et R. (W.) WALLICH: Plasmaproteingehalt bei Lebererkrankungen 227[5]. — Albumin: Globulinverhältnis bei Lebererkrankungen 229[4]. — α-Globulinvermehrung bei malignen Geschwülsten 231[5].

ABRAMOVITCH, H., s. MASORO, E. J. 791[14].

ABRAMOWITZ, S., s. SHILS, M. E. 409[6].

ABRAMS, R.: Verwendung von Glycin- und Ammoniak-N zur Adenin- und Guaninsynthese 333[10].

ABRAMSON, H.: Förderung der Fettsäureoxydation im Nervengewebe durch Vitamin C 741[15]. — Linolensäureoxydation 741[15].

ABT, A. F., H. CHINN and C. J. FARMER: Ascorbinsäuregehalt des Blutes 379[1].

— s. FARMER, C. J. 379[1].

Ackermann, D.: Trigonellinbildung aus Nicotinsäure 396[10]. — Nicotinursäurebildung aus Nicotinsäure 397[6].
Ackermann, W. W.: System der α-Ketoglutarsäureoxydation im Gehirn 720[6]. — α-Ketoglutarsäureoxydase im Gehirn 724[4]. — Bedeutung des Citronensäurecyclus für Virusvermehrung im Gehirn 832[3].
— s. Shive, W. 333[2].
— s. Swendseid, M. E. 414[9], 415[1], 419[8], 420[6].
Acosta, R. R., s. Fierro del Rio, L. 227[6].
Adachi, A.: Steigerung der Gallenproduktion durch Pilocarpin und Acetylcholin 533[9]. — Keine Hemmung der Gallenproduktion durch Atropin 533[9].
Adair, G. S., K. Bailey and T. C. Tsao: Tropomyosin 578[12].
— s. Tsao, T. C. 579[2].
Adam, N. K.: Zusammenfassung über molekulare Kräfte, Orientierung und Oberflächenfilme (1937) 84[1].
Adam, W. E., s. Fleckenstein, A. 606[1].
Adams, D. H., and R. H. S. Thompson: Anticholinesterasen 858[3]. — Wirkung von Tri-o-Kresylphosphat und Morphin auf Cholinesterasen 858[3]. — Hemmung der Acetylcholinesterase durch β,β'-Dichlordiäthyl-N-methylamin 860[14].
— and V. P. Whittaker: Hemmung der Acetylcholinesterase durch Kationenbildner 857[9].
Adams, J. E., s. Bentinck, R. C. 736[12].
Adams, M., s. Welch, C. S. 52[8].
Adamstone, F. B.: Kleinhirnschädigungen bei Tokopherolmangel 675[11].
Adant, M., s. Nolf, P. 31[3].
Addicks, K.: Beschleunigung der Blutgerinnung durch Coffein 371[19].
Addink, N. W. H.: Zinkgehalt der menschlichen Leber 62[12]. — Zinkgehalt der Leber von Menschen mit malignen Tumoren 63[11].
Addis, T., L. J. Poo and W. Lew: Proteingehalt der Leber nach Hunger 219[4,5], 320[9]. — Eiweißersatz in der Leber 220[4], Eiweißgehalt des Gehirns bei Hunger 684[7], 746[19].
— s. Wilbur, R. L. 520[3], 521[5].
Adeline, S. M., L. R. Cerecedo and C. P. Sherwin: Überführung aromatischer Nitrile in Rhodanid 480[20].
Adelson, H., s. Sobel, A. E. 351[2], 352[3].
Adickes, F., s. Lang, K. 163[16], 374[9].
Adler, A.: Erregung der Gallensekretion durch gallensaure Salze 532[3]. — Choleretische Wirkung von Dehydrocholsäure 532[3]. — Steigerung der Gallenproduktion durch Acetylcholin 533[10].
— u. H. Lange: Milchsäuregehalt des Blutes bei Leberkranken 121[6]. — Milchsäure zur Leberfunktionsprüfung 121[6].
— u. H. Lemmel: Cholesterinester im Blut bei Hyperthyreoidismus 446[15].
Adler, E., F. Calvet, H. v. Euler u. G. Günther: Kohlenhydratstoffwechsel im Zentralnervensystem 700[2]. — Glykogenphosphorylierung im Gehirn 705[9].
— u. H. v. Euler: Reaktion eines Flavinfermentes mit Glucosedehydrogenase 108[5]. — Fluoreszenz von Netzhautextrakten 927[16].
— H. v. Euler, G. Günther and M. Plass: Glutaminsäurebildung aus Ketoglutarsäure 193[7]. — Citricodehydrogenase im Gehirn 719[7]. — α-Ketoglutarsäure im Stoffwechsel des Zentralnervensystems 719[7]. — TPN als Coenzym der Isocitronensäuredehydrogenierung 724[1]. — Verdünnungseffekt der Citricodehydrogenase 724[1]. — Beziehungen zwischen Kohlenhydratstoffwechsel und Eiweißsynthese im Gehirn 750[2].
— H. v. Euler u. W. L. Hughes: Glycerophosphatdehydrogenase 714[4].
— u. G. Günther: Bedeutung von Coenzym I für Triosephosphatdehydrogenase 713[6]. — Reduktion und Oxydation von Cozymase 714[1].
— u. W. L. Hughes: Triosephosphorsäure als Reaktionsform der Zucker 705[20]. – Oxydoreduktion der Trioseester durch Lösungen von Gehirnenzymen 706[1]. — Triosephosphatdehydrogenase aus Gehirn 713[7]. — Bedeutung von Cozymase für Reduktion von Dioxyacetonphosphorsäure 714[2].
— s. Euler, H. v. 248[2], 254[5], 390[3], 391[3], 487[2], 749[9], 750[1], 751[3], 753[12], 792[18], 927[16,18], 928[3,4].
Adler, F. H.: Buch über Physiologie des Auges. Engl. (1950) 864[16]. — Harnstoffgehalt in Kammerwasser 904[7]. — Glucosegehalt verschiedener Glaskörperbezirke 912[10]. — Glucosegehalt des Glaskörpers bei Netzhautatrophie 912[11].
— s. Moore, E. 904[7].
Adlersberg, D., u. H. Minibeck: Leberverfettung ohne Leberstörung 155[7]. — Leberfunktion nach fettreicher Nahrung 155[7]. — Benzoesäurebelastung als Leberfunktionsprüfung 471[6]. — Hippursäuretest nach Lebergiften 471[12].
— u. E. Neubauer: Bilirubinausscheidung unabhängig von der Gallenmenge 509[7]. — Keine Beschleunigung der Ausscheidung von injiziertem Bilirubin durch Dehydrocholsäure 533[14].
— u. O. Porges: Fettgehalt der Leber diabetischer Menschen 140[7].
— H. Sobotka and B. Bogatin: Vitamin A zur Leberfunktionsprüfung 360[9].
Adrian, J., s. Terroine, T. 406[2].
Aebi, H.: Wirkung von Calciumionen auf die Wasseraufnahme der Leber 40[3].
Afanassiew, M.: Proteinspeicherung in der Leber 220[8].
Aggeler, P. M., S. P. Lucia and L. Goldman: Prothrombin im Blut bei Leberkranken 236[7]

AGGELER, P. M., s. LUCIA, S. P. 372[10].
AGID, R., et J. BALKANYI: Hemmung der Acetylcholinwirkung auf den Herzmuskel durch Thiamin 838[5].
ÅGREN, G., and H. LAGERLÖF: Keine Wirkung von gereinigtem Sekretin auf Gallenproduktion 531[9].
— O. WILANDER and E. JORPES: Rhythmus der Gallenproduktion und der Glykogenbildung in der Leber 25[3]. — Rhythmische Tagesschwankungen des Glykogengehaltes der Leber 71[10], 529[9].
— s. TAYLOR, A. 561[3].
AHLGREN, G.: Vorkommen von Dehydrogenase in der Linse 896[5].
AHLHELM, H. A., s. FRETWURST, F. 463[17], 464[4].
AHMAD, B.: Carotinumwandlung durch Lebergewebe 351[6].
— s. WILSON, H. E. C. 351[8].
AHRENS, E. H. jr., and L. C. CRAIG: Taurin- und glycinhaltige Gallensäuren der Ochsengalle 557[22].
— s. EISENMENGER, W. J. 18[8].
— s. KUNKEL, H. G. 245[2].
AIRD, R. B., and G. S. GORDAN: Wirkung von Desoxycorticosteron bei Epilepsie 820[5].
— s. GREENBERG, D. M. 797[15].
AISNER, M., s. JANKELSON, I. R. 97[8], 284[4].
AJISAKA, M., s. FUJITA, A. 795[6].
AKAWAIE, S., s. DUNN, M. S. 284[9].
AKAWIE, R. I., s. CLARK, W. G. 439[6].
ÅKESSON, Å., s. THEORELL, H. 579[10].
AKUNE, T., s. HOSOYA, Y. 945[6], 946[4].
ALAPEUSO, H., s. SIMOLA, P. E. 716[7], 719[9], 720[1], 751[7].
ALBANESE, A. A., and W. BUSCHKE: Linsentrübungen bei Ratten nach Tryptophanmangel 899[11].
— s. HOLT, L. E. jr. 302[5].
ALBAUM, H. G., J. TEPPERMAN and O. BODANSKY: Gehirnstoffwechsel bei HCN-Vergiftung 810[6].
ALBEAUX-FERNET, M., s. FIESSINGER, N. 238[5], 398[11].
ALBERGHINI, C., s. KRAUSE, R. F. 352[7].
ALBERS, D.: Phosphatase, ein Globulin 241[1]. – Ausscheidung von Phosphatase im Harn 241[1].
ALBERS, H.: Buch über Eisen bei Mutter und Kind (1941) 50[2].
ALBERS, R. W., s. LOWRY, O. H. 617[3].
ALBERT, A., and F. R. KEATING jr.: Thyroxinspeicherung in der Leber 441[5,6].
— s. JOHNSON, H. W. 441[12].
ALBERT, P. W., B. T. SCHEER and H. J. DEUEL jr.: Bildung von Nicotinsäureamid aus 3-Oxyanthranilsäure 292[10].
ALBERT, S., R. D. H. HEARD, C. P. LEBLOND and J. SAFFRAN: Oestradiolausscheidung in die Galle 429[7]. — α-Oestradiolspeicherung in Gehirn und Leber 739[15].
— s. JOHNSON, R. M. 33[11,12], 34[3], 325[5].
ALBERTONI, P.: Verminderung der Gallenmenge bei Hunger 530[5].
ALBERTSEN, K., N. R. CHRISTOFFERSEN u. F. HEINTZELMANN: Hemmung der TAKATA-ARA-Reaktion durch Albumine 243[8]. Fällung der γ-Globuline bei TAKATA-ARA-Reaktion 244[4]. — TAKATA-ARA-Reaktion in Plasma und Serum 244[4]. — γ- und β-Globuline beim Thymoltrübungstest 246[5].
— and F. HEINTZELMANN: Heparinwirkung auf TAKATA-ARA-Reaktion 244[8]. — Serum und Plasma beim Thymoltrübungstest 246[8]. — Einwirkung von Heparin auf den Thymoltrübungstest 246[9].
ALBITSKY, B. L., s. ARENSCHEIN, J. B. 623[26].
ALBRINK, M. J.: Phosphatidgehalt im Blut bei Leberkranken 160[7].
ALCAYAGA, R., s. WINTROBE, M. M. 151[9], 403[4], 505[13].
ALCOCK, R. S.: Phenylalanin als lebensnotwendige Aminosäure 277[3].
ALDRICH, F. L., s. GAST, J. H. 480[13].
ALDRICH, M., s. GREENE, C. H. 532[2].
ALEXANDER, A. E., s. GODDARD, E. D. 640[5].
ALEXANDER, B.: Acceleratorglobulin im Blut bei Leberschäden 237[5].
— and R. GOLDSTEIN: Acceleratorglobulin im Blut bei Leberschäden 237[5].
— s. VRIES, A. DE 213[4], 470[9].
ALEXANDER, D. L., s. FOSTER, C. J. 832[7].
ALEXANDER, H. D., and R. W. ENGEL: Cholinwirkung auf Leberverfettung 144[4].
ALEXANDER, W. F., and B. BACKLAR: Einfluß von Vitamin B_{12} auf RNS-Gehalt in Nervenzellen 667[5]. — Bedeutung von Vitamin B_{12} für Ribonucleoproteidbildung im Zentralnervensystem 674[6].
ALEXANDRY, A. K., s. NEDSWEDSKY, S. W. 137[5].
ALEXEJEWA, A. M.: Phosphokreatingehalt im Gehirn 657[8].
ALFIN-SLATER, R. B., H. J. DEUEL jr., M. C. SCHOTZ and F. K. SHIMODA: Cholesterinsynthese im Gehirn 739[11].
— M. C. SCHOTZ, F. SHIMODA and H. J. DEUEL jr.: Halbwertszeit des Cholesterins im Organismus 204[11]. — Cholesterinsynthese in der Leber bei cholesterinreicher Kost 205[5].
— s. SCHOTZ, M. C. 207[15].
ALFORD, L. B., s. OPIE, E. L. 37[3].
ALLAN, F. N., D. J. BOWIE, J. J. R. MACLEOD and W. L. ROBINSON: Fettleber bei pankreaslosen Hunden 154[2].
ALLARD, C., s. LAMIRANDE, G. DE 315[4].
ALLEN, G., s. WALD, G. 918[4].
ALLEN, J. G., and O. C. JULIAN: Avitaminotische und acholische Hypoprothrombinämie 372[3].
— and H. LIVINGSTONE: Leberschädigung durch Cl-haltige Anästhetika 370[10].
— M. SANDERSON, M. MILHAM, A. KIRSCHON and L. O. JACOBSON: Blutgerinnung nach Röntgenbestrahlung 233[10].
— s. STEWART, J. D. 475[13], 476[10].
ALLEN, J. H., s. SWAN, K. C. 869[6].

ALLEN, M. T., s. KRAEMER, E. O. 241[1].
ALLEN, R. A., and J. S. FRIEDENWALD: Phosphatase in der Cornea 878[8]. — Histochemischer Nachweis von Phosphatasen im Auge 896[8].
- s. KOELLE, G. B. 936[22].
ALLFREY, V., and A. E. MIRSKY: Desoxyribonuclease 319[7].
— s. DALY, M. M. 316[8].
ALLISON, J. B.: Gehalt an Eiweiß und Fermenten in Herz und Leber bei Proteinmangel 222[4].
— and A. W. WASE: Symptome von Riboflavinmangel nach 2-Acetylaminofluoren 393[12].
— A. W. WASE and J. F. MIGLIARESE: Hemmung der carcinogen Wirkung von 2-Acetylaminofluoren durch Riboflavin und Pantothensäure 502[3].
— s. WAINIO, W. W. 222[4].
— s. WASE, A. W. 393[11].
ALLISON, V. D., s. FLEMING, A. 870[1].
ALMADEN, P., s. YAVORSKY, M. 585[4].
ALMAGIA, M., u. G. EMBDEN: Ketonkörperabgabe durch verschiedene Organe 184[3].
ALMAN, R. W., s. FAZEKAS, J. F. 818[8].
ALMEN, M. C., s. WICK, A. N. 104[8].
ALMQUIST, H. J.: Lipotrope Wirkung von Cystin + Methionin 149[11]. — Abhängigkeit des Vitamin A-Spiegels im Blut von Aufnahme und Speicherung in der Leber 353[13].
— s. KLOSE, A. A. 302[7,8].
ALPER, T., D. V. SAVAGE and T. H. BOTHWELL: Eisenresorption bei Hämochromatose 54[4].
ALPERN, D.: Vermehrung der Gallenmenge durch Histamin 531[12].
ALPERT, L. K., s. ZIMMERMANN, H. J. 140[9,11].
ALPHEN, A. J. S. VAN, s. VERKADE, P. E. 176[2,6].
ALT, H. L., s. ANDERSEN, R. K. 24[4].
ALTENBURGER, E.: Glykogengehalt der Leber bei Ascorbinsäuremangel 73[13], 385[2].
— s. STEPP, W. 385[6].
ALTHAUSEN, T. L.: Leberglykogenvermehrung nach Glucosezufuhr 72[11].
— G. R. BISKIND and W. J. KERR: Leberfunktionsprüfung mit Rose Bengale 564[4].
— R. K. DOIG, S. WEIDEN, R. MOTTERAM, C. N. TURNER and A. MOORE: Eisengehalt in aspirierten Leberproben 54[1].
— and G. K. WEVER: Leberfunktionsprüfung mit Galaktose 97[6]. — Galaktoseresorption bei Hyperthyreoidismus 447[3].
— s. BASSETT, A. M. 97[8].
— s. COHEN, E. S. 562[11].
ALTMAN, K. I., G. W. CASARETT, T. R. NOONAN and K. SALOMON: Glykokollaufnahme durch Gehirn 746[3]. — Einbau von Glykokoll in Eiweiß- und Lipoidfraktion des Gehirns 747[1].
ALTMANN, H. W.: Eiweißsynthese im Zellkern 745[3].
— u. H. SCHUBOTHE: Gehirnnekrosen bei Hypoxie 787[1].
ALTMANN, K. I. s. VENNESLAND, B. 127[8].
ALTSCHUL, A. M., s. COPPEDGE, R. L. 423[4], 427[6].
ALTSCHUL, R.: Lipofuscin im Gehirn 680[3,4].
AL-WAKIL, S. J., s. HANAHAN, D. J. 206[1].
AMATO, A., s. ERCOLI, G. 510[12].
AMATUZIO, D. S., and S. NESBITT: Brenztraubensäuregehalt des Blutes nach Glucosebelastung bei Leberschäden 115[11].
— N. SHRIFTER, F. L. STUTZMAN and S. NESBITT: Brenztraubensäurebildung bei Glucosebelastung und Insulininjektion 115[1]. Brenztraubensäuremangel in der Leber bei Störung des Glucoseabbaus 116[2].
— L. J. WEBER and S. NESBITT: Übertritt von Bilirubin in den Liquor cerebrospinalis 514[13].
AMBERSON, W. R., T. P. NASH, A. G. MULDER and D. BINNS: Chlorionenretention im Gehirn 629[14].
— s. OSTER, R. H. 629[13].
AMBROSE, A. M., F. W. POWER and C. P. SHERWIN: Phenylessigsäureentgiftung beim Menschen 454[1]. — Bindung von Phenylessigsäure an Glucuron- und Glutaminsäure 472[3].
— and C. P. SHERWIN: Keine Bindung von ringsubstituierten Phenylessigsäuren an Glutaminsäure 472[4].
AMDUR, M. O., L. C. NORRIS and G. F. HEUSER: Lipotrope Wirkung von Manganionen 61[6].
AMER, A., s. BRULE, M. 457[6].
AMES, S. R.: Nucleosidasehemmung durch Tokopherol 367[4].
— and H. A. RISLEY: Succinodehydrogenasehemmung durch Tokopherol 367[6].
— P. S. SARMA and C. A. ELVEHJEM: Transaminierungen bei Pyridoxinmangel 251[1].
AMIRA, A., s. CAVALLERO, C. 35[3], 36[12], 143[3].
AMMON, R., u. H. FEDTKE: Acetylierung von Sulfaguanidin 475[16].
— u. W. SAVELSBERG: Atropinspaltende Esterase im Kaninchenblut 484[5].
AMOS, E. S., s. TOTTER, J. R. 262[2], 417[7].
ANANENKO, E., s. LUDUENA, F. P. 761[21].
ANCHEL, M., and R. SCHOENHEIMER: 3-Oxy-6-ketocholansäure und 3α-Oxy-6-ketoallocholansäure aus Schweinegalle 553[3].
— and H. WAELSCH: Fettsäurealdehyde aus Acetalphosphatiden 638[5]. — Plasmalogengehalt des Gehirns 638[9]
ANDERSEN, J. G., s. HOFF-JØRGENSEN, E. 421[1].
ANDERSEN, P. H.: Verlauf der Blutalkoholkurve 485[7].
ANDERSEN, R. K., and H. L. ALT: Einfluß von thyreotropem Hormon auf den Sauerstoffverbrauch der Leber 24[4].
ANDERSON, A. B., and S. L. TOMPSETT: Serumarginase 242[1].
— s. TOMPSETT, S. L. 64[6], 66[15].
ANDERSON, C. E., s. IRVIN, J. L. 545[10].

ANDERSON, E. G., L. J. TEPLY and C. A. ELVEHJEM: Nicotinsäuregehalt von Hühnerleber 394[12]. — Nicotinsäuregehalt der Leber abhängig von der Nahrung 395[1]. — Coenzym I-Gehalt in Kükengehirn nach Nicotinsäurezufuhr 673[1].
— s. BORMAN, A. 300[8].
ANDERSON, E. I., and J. A. STEKOL: Bedeutung von Vitamin B_{12} für Glycin- und Cystinstoffwechsel 421[6].
ANDERSON, E. P., and S. E. G. ÅQVIST: Aufnahme von ^{32}P und ^{15}N-Orotsäure in Lebernucleinsäuren nach Hepatektomie 325[9].
ANDERSON, H. H., s. HINE, C. H. 490[7].
ANDERSON, J. A., s. MCQUARRIE, I. 820[4].
ANDERSON, R. C., s. WOLF, D. E. 262[5].
ANDERSON, R. M., s. HIGGINS, G. M. 32[6], 33[6].
ANDERSON, W. H., and R. BRODERSEN: Penicillininaktivierung durch Leber 562[6].
— s. BRODERSEN, R. 562[3].
ANDERSSON, B.: DPN als Coferment der Glucosedehydrogenase 108[3].
ANDERVONT, H. B., s. GREENSTEIN, J. P. 34[5].
ANDO, T.: Beeinflussung der carcinogenen Wirkung von p-Dimethylaminoazobenzol durch Ernährung 500[8].
ANDRÉ, M., s. GOURBET, M. 483[9].
ANDREAE, M., s. BERNHARD, K. 176[3].
ANDREWES, C. H.: Nierenschwelle des Bilirubins 510[3]. — Extraktion von indirektem Bilirubin aus dem Blutserum 514[7].
ANDREWS, E., and L. HRDINA: Resorption von Cholaten in der entzündeten Gallenblase 536[4]. — Calciumresorption in der Gallenblase 541[2].
— R. SCHOENHEIMER and L. HRDINA: Verhältnis Cholesterin:Cholat in der Galle 209[15]. — Bedeutung der Gallensäuren für Löslichkeit von Cholesterin in der Galle 568[9]. — Gehalt an Cholesterin und Gallensäuren in der Galle bei Gallenblasenerkrankungen 569[1].
— s. DOSTAL, L. E. 547[3].
— s. SCHÖNHEIMER, R. 557[26].
ANDREWS, M. M., s. SCHEID, H. E. 419[15], 420[2].
ANDREWS, W. H. H.: Verteilung von Tusche nach Chloroformvergiftung der Leber 37[1].
ANDRIOTAKIS, C., s. LIVIERATOS, S. 360[5].
ANDRUS, W. DE W., and J. W. LORD jr.: Prothrombin im Blut bei Leberkranken 236[6]. — Avitaminotische und acholische Hypoprothrombinämie 372[3].
— J. W. LORD jr. and R. A. MOORE: Prothrombinbildung in der Leber 235[9].
— s. LORD, J. W. jr. 237[2], 369[8], 372[3].
ANFINSEN, C. B.: Cozymasegehalt der Rindernetzhaut 928[10]. — Cholinesterase in der Netzhaut 936[16].
— s. PETERS, T. jr. 228[3], 230[1].
— s. POPE, A. 762[1].
ANGARANO, D., s. RAIMONDO, F. DI 395[6].
ANGENENT, W. J., and G. B. KOELLE: Oxydation von Dioxyphenylalanin im Ciliarkörper 917[5], 920[8].
ANGRIST, A., s. INNERFIELD, I. 238[1].
ANGUIANO, G., and H. MCILWAIN: Wirkung krampferzeugender Stoffe auf Gehirnatmung 817[5].
— s. MCILWAIN, H. 733[3], 815[9], 816[18].
ANKER, H. S.: Fettsäuredehydrogenase der Leber 163[8]. — Palmitinsäurebildung aus Myristinsäure in der Leber 170[7]. — Cholesterinsynthese in der Leber 200[12]. — Serinbildung aus Essigsäure 262[7].
— and K. BLOCH: Weg der Koprosterinbildung aus Cholesterin 549[8].
— s. BLOCH, K. 275[4].
— s. PIHL, A. 166[4], 204[10].
ANLYAN, A. J., and A. STARR: β-Glucuronidaseaktivität von Hirntumoren 692[3].
— s. FISHMAN, W. H. 698[7,8].
ANNAU, E.: Ketogene Wirkung von Ammoniumsalzen 193[5].
— A. EPERJESSY u. Ö. FELSZEGHY: Fettsäuredehydrogenase der Leber 163[12].
— A. EPERJESSY u. Z. L. ZATHURECZKY: R.Q. der Leber nach Ammonchloridzusatz 173[1].
ANREP, G. V., M. S. AYADI, G. S. BARSOUM, J. R. SMITH and M. M. TALAAT: Acetylierung von Histamin 476[3].
— and E. v. SAALFELD: Durchblutung des Muskels bei tetanischer Reizung 573[1].
ANSCHEL, N.: Fructosebildung aus Sorbit 105[1].
ANSELL, G. B., and R. M. C. DAWSON: Freie Äthanolaminophosphorsäure im Gehirn 640[11]. — Umwandlung von o-Phosphat in Colaminphosphat im Gehirn 738[1].
— and J. M. NORMAN: Freie Äthanolaminophosphorsäure in Rattengehirn 641[2].
— and D. RICHTER: Freie Aminosäuren im Rattengehirn 656[1]. — Kathepsin I im Gehirn 762[16]. — Funktion des Kathepsins im Gehirn 763[1]. — Peptidase und neutrale Proteinase aus Gehirn 763[5]. — Gehalt an Amino-N und Amid-N im Gehirn bei Narkose 813[23].
— R. B. WILLIAMS and D. RICHTER: Peptidase aus Gehirn 763[4].
— s. DAWSON, R. M. C. 640[10].
ANSELMINO, K. J., u. F. HOFFMANN: Sauerstoffsättigung des Embryonalblutes 512[9]. Erythrocytenzahl bei Embryo und Neugeborenen 512[10].
— O. EICHLER u. H. SCHLOSSMANN: Sauerstoffverbrauch von Rattenleber nach Thyroxin 443[13].
ANSLOW, W. P. jr., s. BINKLEY, F. 269[5].
— s. RATNER, S. 309[2].
ANSON, M. L.: Methode der Proteinasebestimmung 762[13]. — Proteinasegehalt von Organen 762[14].
ANTAKI, A., s. KERR, S. E. 659[12], 788[8].
ANTOPOL, W., A. SCHIFRIN and L. TUCHMAN: Serumesterase bei Leberschäden 239[5].

ANTOPOL, W., L. TUCHMAN and A. SCHIFRIN: Serumesterase bei Leberschäden 239[5].
— and K. UNNA: Verzögerte Bildung von Buttergelbtumoren bei Riboflavinzufuhr 393[3].
ANWYL-DAVIES, T., s. MELLANBY, J. 244[15].
APPEL, H., G. BERGER, H. BÖHM, W. KEIL u. G. SCHILLER: Senkung des R.Q. durch ungeradzahlige Fettsäuren 175[1].
— s. BUMM, E. 709[15].
— s. KEIL, W. 175[1].
APPEL, K. E., s. KETY, S. S. 823[10], 824[3], 827[7].
APPELMANS, R., et J. P. BOUCKAERT: Ausscheidung von injiziertem Bilirubin durch die Leber 510[1].
AQUILONIUS, L., s. CASPERSSON, T. 321[2].
ÅQVIST, S., s. BOSTRÖM, H. 270[1].
— s. ELIASSON, N. A. 325[1].
ÅQVIST, S. E. G.: Transaminierung 250[4], 252[4].
— s. ANDERSON, E. P. 325[9].
ARA, K., s. TAKATA, M. 243[2].
ARAI, K., s. GAST, J. H. 480[13].
ARAKI, T.: Milchsäureausscheidung im Harn 609[3].
ARATA, H., s. KURODA, M. 551[12].
ARATA, Y., s. NAKASHIMA, M. 936[1].
ARCHDEACON, J. W., and M. BRUCER: Galliumausscheidung in der Galle 541[15].
— J. B. NASH and G. C. WILSON: Gallium- und Hafniumausscheidung in der Galle 541[16].
ARCHIBALD, R. M., s. SLYKE, D. D. VAN 254[1].
ARDENNE, M. v.: Durchmesser von Glykogenpartikeln 81[8].
ARENS, P., s. KLEIFELD, O. 882[2], 891[9], 892[4], 894[6].
— s. MÜLLER, H. K. 894[6], 900[7].
ARENSCHEIN, J. B., u. B. L. ALBITSKY: Vorkommen von organisch gebundenem Kalium im Gehirn 623[26].
ARGENT, J., s. LÉVY-SOLAL, E. 370[11].
ARGUS, M. F., s. RAY, F. E. 495[5], 499[12].
ARING, C. D., s. FERRIS, E. B. jr. 827[6].
— s. ROSENBAUM, M. 822[3].
ARMENTANO, L., A. BENTSÁTH, A. HÁMORI u. A. KORÁNYI: Glucosebelastung nach Ascorbinsäurezufuhr 385[9]. — Kein Einfluß von Ascorbinsäure auf Plasmaproteine 386[7].
ARMINIO, J., s. WALD, G. 946[6].
ARMSTRONG, A. R., and F. G. BANTING: Herkunft der Phosphatasen aus dem Knochen 241[3].
— E. J. KING and R. I. HARRIS: Phosphatasegehalt in Blutserum und Galle 240[8].
— s. KING, E. J. 543[13].
ARMSTRONG, E. C., and G. M. BONSER: Cancerogene Wirkung von 2-Aminofluoren 495[3].
ARMSTRONG, S. H. jr., s. THORN, G. W. 230[6], 231[9].
ARMSTRONG, W. D., s. SCHUBERT, J. 680[17], 746[5,15].
ARNAKI, M., u. Z. STARY: Verteilung der Methylgruppen in Carotinoiden 202[15].
— s. STARY, Z. 202[16].
ARNAUDET, A., s. BINET, L. 276[5].
ARNDT, G., s. HEINSIUS, E. 898[4].
ARNOLD, A., O. L. KLINE, C. A. ELVEHJEM and E. B. HART: Argininbedarf wachsender Tiere 302[6].
ARNOLD, W.: Cholesteringranulomatose 688[4].
ARNOLT, R. I., e R. H. DE MEIO: Esterschwefelsäurebildung in der Darmwand 464[15].
— s. MEIO, R. H. DE 464[8], 465[2].
ARNOUX, J., s. MAY, R. M. 693[3], 694[5], 697[13].
ARNOW, L. E., s. KAZAL, L. A. 676[3].
ARNSTEIN, H. R. V., and A. NEUBERGER: Serinbildung aus Essigsäure 262[7].
ARNSTEIN, L. H., s. BENTINCK, R. C. 736[12].
ARON, H., u. R. GRALKA: Zusammenfassung über Calcium 41[5].
ARONSOHN, H. G.: Sekret aus einem abgebundenen Teil des Gallenganges 536[5].
ARREGUIN, B., s. BONNER, J. 202[14].
ARRIGO, L., e T. MONTINI: Wirkung von Vitamin K auf Cholesteringehalt der Leber 373[2].
ARSOVE, S., s. FOLCH, J. 644[12], 645[1], 691[10].
ARTH, G. E., s. WOLF, D. E. 262[5].
ARTOM, C.: Zusammenfassung über Lipidstoffwechsel (1953) 160[1]. — Phosphatidgehalt von Rattenleber 133[3]. — Phospholipoidgehalt der Hundeleber nach Fettresorption 138[2]. — Cholesteringehalt von Hundeleber 198[7].
— and W. E. CORNATZER: Phosphatidsynthese bei proteinarmer Ernährung 161[4].
— and M. CROWDER: Cholinabbau in der Leber 146[8]. — Einbau von Dimethylcolamin in Leberphosphatide 159[12].
— and W. H. FISHMAN: Phosphatidgehalt der Leber bei proteinarmer Nahrung 152[8], 161[5].
— W. H. FISHMAN and R. P. MOREHEAD: Wirkung von Vitamin B_6 auf Giftigkeit von D-Serin 401[2].
— C. PERRIER, M. SANTANGELO, G. SARZANA e E. SEGRÈ: ^{32}P-Gehalt der Leberphosphatide nach fettreicher Nahrung 138[4].
— G. SARZANA, C. PERRIER, M. SANTANGELO and E. SEGRÈ: Phosphatidbildung in der Leber 158[1]. — Permeabilität der Blut-Hirnschranke für Phosphat 797[13].
— G. SARZANA e E. SEGRÈ: ^{32}P-Gehalt der Leberphosphatide nach fettreicher Nahrung 138[4]. — Phosphatidumsatz in Leber, Muskel und Gehirn bei fettreicher Nahrung 160[9]. — Unabhängigkeit der Hirnlipoide von der Nahrung 686[16].
— and M. A. SWANSON: Phosphatidgehalt der Leber bei proteinarmer Nahrung 152[7]. Phosphatidsynthese bei proteinarmer Ernährung 161[3]. — Einfluß von Cholin auf Phosphatidsynthese 161[3].

ARTOM, C., s. FISHMAN, W. H. 138[5], 144[19, 20], 145[2, 3], 401[2].
— s. SWANSSON, M. A. 134[1], 158[10].
ARVANITAKI, A., et N. CHALAZONITIS: Fermente des Cytochromsystems im Gehirn 795[1]. — Cytochrome b und c im Ganglion opticum des Tintenfisches 795[1].
ARVIDSON, H., N. A. ELIASSON, E. HAMMARSTEN, P. REICHARD, H. v. UBISCH and S. BERGSTRÖM: Pyrimidinbildung aus Orotsäure 342[11].
— s. BERGSTRÖM, S. 342[9].
ARVIDSSON, U. B., s. WALKER, A. R. P. 54[12].
ARVY, L., s. GABE, M. 441[9].
ASAHINA, Y., u. T. MOMOSE: α-Oxysantonin 482[3], 483[3].
ASCHER, K. W.: „Kammerwasservenen" 905[11].
ASCHKENASY, A., et J. MIGNOT: Antilipotrope Wirkung von Nicotinsäureamid 151[5]. — Steigerung der Fettbildung aus Kohlenhydrat durch Vitamin B_1 151[22].
ASCHOFF, L.: Histologischer Nachweis von Cholesterinestern 199[11]. — Abbau der Erythrocyten im Reticuloendothel 507[1].
ASCOLI, G.: Allantoinbildung beim Rind 338[12].
ASCOLI, I., s. FOLCH, J. 739[6].
ASHBURN, L. L., s. LILLIE, R. D. 365[1].
ASHBY, W., and E. BUTLER: Auftreten von Kohlensäureanhydratase im Gehirn bei der Embryonalentwicklung 683[5]. — Aktivität der Gehirnkohlensäureanhydratase beim Fetus und im reifen Organismus 796[17].
— R. T. GARZOLI and E. M. SCHUSTER: Acetylcholinesterasekonzentration in verschiedenen Gehirnzentren 854[3].
— and E. M. SCHUSTER: Auftreten von Kohlensäureanhydratase im Gehirn bei der Embryonalentwicklung 683[4]. — Aktivität der Gehirnkohlensäureanhydratase beim Fetus und im reifen Organismus 796[18].
ASHER, L., u. M. DURAN: Wirkung von Sauerstoffmangel auf Leber bei Hyperthyreoidismus 447[8].
— u. N. SCHEINFINKEL: Eisengehalt der Leber nach Milzexstirpation 50[9].
— u. K. TAKAHASHI: Glykogengehalt im Gehirn bei Glucosemangel 823[4].
— u. Y. TOMINAGA: Eisengehalt der Leber nach Milzexstirpation 50[9].
ASHFORD, C. A.: Nichtphosphorylierende Glykolyse im Gehirn 701[5]. — Wirkung von Glycerinaldehyd auf Glykolyse und Atmung von Gehirn 704[19].
— and K. C. DIXON: Förderung der aeroben Glykolyse durch Kaliumionen 708[7].— Wirkung von KCl auf Atmung von Gehirnsuspensionen 779[7]. — Einwirkung von Kaliumionen auf Stoffwechsel des Nervengewebes 806[1].
ASHFORD, C. A., and E. G. HOLMES: Nichtphosphorylierende Glykolyse im Gehirn 701[6]. — Atmung im Gehirnbrei von Kaninchen 781[8]. — Verbrennung von Milchsäure und Brenztraubensäure im Gehirn 785[4].
ASHLEY, C., s. CUYLER, W. K. 437[12].
ASHMORE, J., A. B. HASTINGS and F. NESBETT: Insulin, Einfluß auf Aktivität der Glucose-6-phosphatase 91[6].
ASHWORTH, J. N., s. COHN, E. J. 425[14].
ASIMOV, G., u. E. ESTRIN: Thyroxinausscheidung im Stuhl 442[6].
ASMUSSEN, E., J. HALD, E. JACOBSEN and G. JØRGENSEN: Vergiftungserscheinungen nach Alkohol- und Antabusgaben 490[5].
— J. HALD and V. LARSEN: Acetaldehydoxydation beim Menschen 490[12].
ASTBURY, W. T., S. DICKINSON and K. BAILEY: Beugungsdiagramme denaturierter Nervenproteine 619[2].
ÅSTRÖM, A., s. EULER, U. S. v. 759[11], 840[6].
ASTRUP, P.: Leberfunktionsprüfung mit Methionin 213[6].
ASTRUP, T., and I. STERNDORFF: Plasminogenaktivator aus Gehirn 763[10].
ASZÓDI, L., s. VARGA, E. 584[3], 586[5].
ASZÓDI, Z.: Gehalt der Hundegalle an reduzierenden Stoffen 543[1].
ATCHLEY, W. A.: Propionsäurebildung aus n-Valeriansäure 174[3].
ATEN, A. H. W. jr., s. HEVESY, G. 158[5].
ATKIN, L., R. J. WILLIAMS, A. S. SCHULTZ and C. N. FREX: Freisetzung von Pantothensäure aus Coenzym A 404[14].
ATKINS, W. R. G., and H. H. POOLE: Eindringtiefe von UV-Strahlen ins Meer 362[7].
ATKINSON, A. J., s. BERMAN, A. L. 532[7], 533[21].
— s. SCHMIDT, C. R. 532[10], 533[1].
ATLAS, L. T., and K. BENIRSHKE: Verhältnis Ribonucleinsäure: Desoxyribonucleinsäure in Leberzellen nach Cortison 322[10].
ATZLER, E., K. BERGMANN, O. GRAF, H. KRAUT, G. LEHMANN u. A. SZAKÁLL: Stoffwechsel des anorganischen Phosphats im Gesamtkörper 608[2].
— G. LEHMANN u. A. SZAKÁLL: Stoffwechsel des anorganischen Phosphats im Gesamtkörper 608[2].
AUB, J. C.: Bleigehalt der Leber 66[16].
— R. D. EVANS, L. H. HEMPELMANN and H. S. MARTLAND: Thoriumdioxydfixierung durch die Leber 66[7]. — Maligne Lebertumoren nach Thoriumvergiftung 66[7].
— s. MEYER, O. O. 443[14].
— s. MINOT, A. S. 623[21].
— s. RAWSON, R. W. 449[14], 450[4].
AUBEL, C. E., s. HUGHES, J. S. 669[14].
AUBEL, E., W. S. REICH et F. M. LANG: Extraktion von Glykogen aus Leberzellen 68[11].
AUBERTIN, E., s. MAURIAC, P. 154[3].
AUERBACH, V. H., s. KNOX, W. E. 43[1], 287[5].

AUFFRET, C., et T. TANGUY: Vitamin A-Gehalt der menschlichen Leber 354[7].
AUGUSTINSSON, K. B.: Optimale Substratkonzentration für Cholinesterase 851[4]. — Spezifische Cholinesterase und Pseudocholinesterase 851[4]. — Aktivitäts-pS-Kurve der Acetylcholinesterase 851[7–10]. — Assoziation der Acetylcholinesterase des Gehirns an Lipoproteide 856[10]. — Ladung und Funktion der Acetylcholinesterase 857[10]. — Aktivität der Acetylcholinesterase gegen verschiedene Substrate 857[12].
— and D. NACHMANSOHN: Acetylcholinesterase 851[5]. — Acetylcholinesterase und unspezifische Cholinesterasen 852[2]. — Acetylcholinesterase aus Gehirn und Erythrocyten 856[6]. — Wirkung von Prostigmin und Eserin auf Cholinesterase 858[6]. — Hemmung der Cholinesterase durch Tetraäthylpyrophosphat 859[9].
AUPART, D. A., s. FIERRO DEL RIO, L. 227[6].
AURELL, G., and H. HOLMGREN: Quellbarkeit des Hornhautkollagens 879[12]. — Brechungsindex der Cornea 881[5].
AURICCHIO, G., et M. DE VINCENTIIS: Desaminierung von Aminosäuren in der Cornea 878[6]. — Oxydative Desaminierung von Aminosäuren in der Linse 897[4]. — Desaminierung von Aminosäuren in der Chorioidea 920[9]. — Aminosäureoxydasen in der Netzhaut 936[6].
— s. BERARDINIS, E. DE 936[14].
AUSTIN, G. M., s. HARMEL, M. H. 822[7].
AUSTIN, J. H., s. JOHNSTON, C. G. 541[4].
— s. RAVDIN, I. S. 536[1].
AUSTONI, M. E., A. RABINOVITCH and D. M. GREENBERG: Eisenbestimmung in der Leber 44[4]. — Eisengehalt der Rattenleber 44[4]. — Eisengehalt in Rattengehirn 626[7].
AVERY, B. F., S. E. KERR and M. GHANTUS: Flüssige Luft zur Gehirnfixierung 659[7]. — Milchsäuregehalt im Kaninchengehirn 659[7].
AWAPARA, J.: Bildung von Hypotaurin und Taurin aus Cystein 273[10].
— A. J. LANDUA and R. FUERST: Äthanolaminophosphorsäure aus Rattengehirn 640[8].
— A. J. LANDUA, R. FUERST and B. SEALE: γ-Aminobuttersäure im Gehirn 655[9].
— and B. SEALE: Aminosäuredesaminierung in der Leber 249[6]. — Transaminierungssystem in tierischen Geweben 751[10]. — Glutaminsäurebildung im Gehirn 751[10]. — Transaminasen im Gehirn 754[2].
— and W. J. WINGO: Taurinbildung aus Cysteinsäure 271[7]. — Keine Bildung von Cysteinsäure aus Cystin 272[1].
— s. WINGO, W. J. 753[10], 755[6].
AXELROD, A. E., and C. A. ELVEHJEM: Xanthinoxydaseaktivität bei Riboflavinmangel 335[2]. — Coenzym I-Gehalt in Organen bei Nicotinsäuremangel 672[11]. — Gehalt an Cozymase im Gehirn verschiedener Tiere 792[4]. — Gehirn ist gegen Nicotinsäuremangel geschützt 792[6].
AXELROD, A. E., R. J. MADDEN and C. A. ELVEHJEM: Hirngewebe ist gegen Nicotinsäuremangel geschützt 792[5].
— K. F. SWINGLE and C. A. ELVEHJEM: Nucleosidasehemmung durch Vitamin E 367[2].
— s. PILGRIM, F. J. 116[1], 410[4], 412[1].
— s. POTTER, R. L. 505[6].
— s. SWINGLE, K. F. 367[2].
AXELROD, B., and R. S. BANDURSKI: Decarboxylierung von Gluconsäure-6-phosphat in höheren Pflanzen 109[5].
— R. S. BANDURSKI, C. M. GREINER and R. JANG: Transaldolasewirkung auf Sedoheptulose-7-phosphat 110[3].
AXELROD, H. E., A. F. MORGAN and S. LEPKOVSKY: Xanthurensäureausscheidung bei Pyridoxinmangel 291[6].
AYADI, M. S., s. ANREP, G. V. 476[3].
AYLWARD, F. X., H. J. CHANNON and H. WILKINSON: Lipoidfraktionen der Rattenleber nach fettreichem Futter 135[1].
AYRES, W. C., s. KÜHNE, W. 926[19].
AZARKH, R. M., and V. N. GLADKOVA: Bedeutung von Pyridoxalphosphat für Desulfhydrase 402[3].
— s. BRAUNSTEIN, A. E. 274[2], 401[11], 402[2].
AZATO, H., s. ISAKA, H. 551[5].

BABA, T., s. NAKAMURA, H. 551[19].
BABKIN, B. P.: Insulineinwirkung auf Leberglykogen 74[7].
BABSKY, E. G., and P. F. MINAJEV: Wanderung der Acetylcholinesterase in polarisiertem Nervengewebe 861[3].
BACCHUS, H., and M. H. HEIFFER: Glykoneogenese nach Ascorbinsäurezufuhr 385[3].
BACH, S. J.: Keine Wirkung von D- und L-Aminosäureoxydase auf Glycin 259[2]. — Glykokollstoffwechsel im Gehirn 747[6].
BACHSTEZ, E.: Glaskörpertrübungen durch Lipoide 912[1].
BACIGALUPO, F. A., s. CULIK, R. 675[9].
BACILA, M.: Hemmung und Aktivierung der Galaktokinase 95[2]. — Galaktokinasebildung in der Leber nach Galaktosefütterung 95[3].
BACKLAR, B., s. ALEXANDER, W. F. 667[5], 674[6].
BACQ, Z. M.: Adrenalinabbau durch Aminoxydase 761[10].
— G. DECHAMPS, P. FISCHER, A. HERVE, H. LE BIHAN, J. LECOMTE, M. PIROTTE and P. RAYET: Bildung von Mercaptoäthylamin aus Cystamin 272[5].
— et P. FISCHER: Vorkommen von Adrenalin und Noradrenalin in Milznerven und Grenzstrang, von Adrenalin in Coronarnerven des Menschen 840[7].
BADDILEY, J.: Thiomethyladenosin 268[2].

Baddiley, J., and E. M. Thain: Aminoäthylmercaptan als Baustein von Coenzym A 272[3].
— O. Trauth and F. Weygand: Thiomethyladenosin 268[2].
Badrick, F. E., s. Reiss, M. 771[3], 818[15], 821[3].
Baeder, D. H., s. Seifter, J. 892[2].
Baer, E., and M. Kates: Phosphatidbildung in der Leber 158[4]. — Bildung langkettiger Fettsäuren in der Leber 158[4]. — Fragliche Existenz von β-Lecithin 159[7]. — α- und β-Lecithin 636[4].
Baer, J., u. L. Blum: Keine Bildung von Ketonkörpern aus n-Valeriansäure 174[2]. Ketonkörperbildung aus verzweigten Fettsäuren 176[8]. — Ketogene Wirkung von Äthylbuttersäuren 176[9].
— s. Parnas, J. 28[1].
Baeyer, E. v., u. A. v. Muralt: Lichtdurchlässigkeit des Muskels 603[1].
Baggenstoss, A. H., s. Bennett, H. S. 426[12].
Bahler, G. P., s. Lampen, J. O. 411[2].
Bahr, G. v.: Cataracta tetanica 898[5]. — Linsentrübung nach Hypocalcämie bei Ratten 899[6].
Bailey, C. C., O. T. Bailey and R. S. Leech: Kataraktbildung bei Alloxandiabetes 899[1].
— s. Talbot, N. B. 98[2].
Bailey, J., s. Tabor, C. W. 674[11].
Bailey, J. M., and W. J. Whelan: Q-Enzym 89[3]. — Glykogenabbau durch Phosphorylase 90[3].
Bailey, K.: Tropomyosin 578[12]. — Keine endständigen Aminogruppen in L-Myosin und Tropomyosin 579[1]. — Molekulargewicht von Tropomyosin 579[2].
— and S. V. Perry: SH-Gruppen im Myosin 579[8].
— and E. C. Webb: Tropomyosin 578[12].
— s. Adair, G. S. 578[12].
— s. Astbury, W. T. 619[2].
— s. Tsao, T.-C. 579[2].
Bailey, O. T., s. Bailey, C. C. 899[1].
Bailey, W. H. 3rd, and J. H. Roe: Bildung von Glucose aus Mannose 105[5].
Bailly, O.: α- und β-Glycerinphosphorsäure aus Phosphatiden 636[2].
Bain, J. A.: Hemmung der Cholinesterase durch Diisopropylfluorophosphat 859[4]. — Hemmung der Acetylcholinesterase durch Derivate von Stickstofflost 860[13].
— and J. R. Klein: Milchsäurebildung im Gehirn bei Ischämie 788[6].
— and G. H. Pollock: Milchsäuregehalt des Gehirns bei Krämpfen 816[13].
— G. H. Pollock and S. N. Stein: Milchsäure- und Brenztraubensäuregehalt des Gehirns bei Krämpfen 816[14].
— s. Brody, T. M. 666[17], 725[5], 730[12,13], 731[2], 795[13], 813[10], 814[9].
Bairati, A., u. A. Grignolo: Struktur der Linsenkapsel 891[12].
Bakay, L., and O. Lindberg: Aufnahme von ^{32}P durch Gehirn nach intracisternaler Injektion 770[11]. — Austausch von Phosphat zwischen Gehirn und Liquor cerebrospinalis 797[16]. — Übergang von Phosphat ins Gehirn über das Plexussystem 798[4].
Baker, B. L., D. J. Ingle, C. H. Li and H. M. Evans: Fettleber durch Hypophysenvorderlappenextrakte 142[5]. — Wirkung von ACTH auf Ribonucleinsäuregehalt der Leberzellen 322[8].
Baker, C. G., and D. M. Greenberg: Kein Einfluß von cancerogenen Stoffen auf Cholesterinsynthese aus Acetat 206[3].
Baker, N., I. L. Chaikoff and A. Schusdek: Fettsäuresynthese bei Alloxandiabetes 168[8]. — Einwirkung von Fructose auf Fettsäurebildung bei Alloxandiabetes 169[6].
Baker, Z.: Wirkung von Glycerinaldehyd auf Glykolyse und Atmung von Gehirn 704[25]. Förderung der aeroben Milchsäurebildung durch Glutaminsäure und red. Glutathion 707[10].
— J. F. Fazekas and H. E. Himwich: Hemmung der Diphosphopyridinnucleotidase durch Nicotin 708[2]. — Kohlenhydratoxydation im Gehirn bei Nicotinvergiftung 729[11]. — Verbrennung von Fetten und Proteinen durch Gehirnschnitte 784[3]. R.Q. von Hirngewebe bei Diabetes mellitus 822[10].
— and B. F. Miller: Verhältnis Kreatin: Kreatinin im Gehirn 657[5].
— s. Elliott, K. A. C. 784[4], 930[7].
Bakker, A.: Durchsichtigkeit der Cornea 877[6]. — Kohlensäureanhydratase in der Cornea 878[12]. — Sauerstoffverbrauch der Kaninchenlinse 893[7]. — Kohlensäureanhydratase in der Linse 896[7].
Bakx, C. J. A.: Vergärbarer Zucker im Blut nach Galaktosezufuhr 96[8].
Balazs, E. A.: Tyrosin- und Tryptophangehalt im Glaskörpereiweiß vom Rind 910[13]. — Albumin- und Globulingehalt im Rinderglaskörper 910[13].
— s. Dohlman, C.-H. 875[5].
— s. Varga, L. 911[16].
Baldassi, G.: Kupfergehalt der Tierleber 56[1], 58[1].
Baldes, E. J., s. Mann, F. C. 507[2], 508[1, 3, 7].
Baldes, K., s. Embden, G. 278[2].
Baldoni, A.: Salicylsäureentgiftung durch Bildung von Salicylursäure 469[3].
Balduini, M., G. Ghia e C. Ghia: Wirkung von Vitaminen E und B_{12} auf tetrachlorkohlenstoffgeschädigte Leber 366[9].
Baldus, I., s. Lang, K. 504[17].
Bale, W. F., s. Balfour, W. M. 53[2].
— s. Fink, R. M. 224[2].
— s. Hahn, P. F. 44[7], 52[1, 5].
— s. Manery, J. F. 797[11].
— s. Miller, L. L. 226[1], 295[4], 296[1].

BALFOUR, W. E., and C. O. HEBB: Beziehungen zwischen Acetylcholinsynthese und Kohlenhydratstoffwechsel 845[11]. — Cholinacetylase aus Kaninchengehirn 849[15]. Förderung der Cholinacetylase durch Citrat und Acetat 850[1,2].

BALFOUR, W. M., P. F. HAHN, W. F. BALL, W. T. POMMERENKE and G. H. WHIPPLE: Eisengehalt der Leber in der Schwangerschaft 50[2]. — Eisenresorption im Darm 53[2].

— s. HAHN, P. F. 44[7].

BÁLINT, M., s. BÁLINT, P. 243[9].

BÁLINT, P., u. M. BÁLINT: Bedeutung der Euglobuline für die TAKATA-ARA-Reaktion 243[9].

BALKANYI, J., s. AGID, R. 838[5].

BALL, E. G.: Ascorbinsäureoxydation 383[1].

— s. CHRISTENSEN, W. R. 85[3].

— s. CRANE, R. K. 721[3,4], 933[1].

BALL, H. A., s. SAMUELS, L. T. 141[6].

BALL, S., F. D. COLLINS, P. D. DALVI and R. A. MORTON: Bildung p_H-empfindlicher Farbstoffe aus Retinin 941[3].

— T. W. GOODWIN and R. A. MORTON: $Retinin_1$ 927[5]. — $Retinin_1$ ist Vitamin A-aldehyd 941[8].

— and R. A. MORTON: Bedeutung des Systems Vitamin A — $Retinin_1$ für Tages-, Farben- und Dämmerungssehen 946[9].

BALL, W. F., s. BALFOUR, W. M. 50[2].

BALLANTYNE, R. M., s. BEATON, J. R. 402[13].

BALÓ, J. v.: Buch über die Erkrankungen der weißen Substanz von Gehirn und Rückenmark (1940) 692[8].

BĂLTĂCÉANU, G., et C. VASILIU: Vermehrung der Gallenmenge durch Histamin 531[12]. Ausscheidung von Glutathion in der Galle 542[5]. — Gesamtkohlenhydratgehalt der Galle 543[11].

BALTZ, J. I., s. MATEER, J. G. 562[8].

BAMANN, E., F. FISCHLER u. H. TRAPMANN: Katalyse der Spaltung organischer Phosphorsäureester durch Cer und Lanthan 66[19].

BANCHE, M., e M. SALVADORI: Pantothensäurewirkung bei Lebererkrankungen 410[7].

BANCROFT, F. W., s. QUICK, A. J. 369[4].

BANCROFT, G., and K. A. C. ELLIOTT: Vorkommen von Peroxydase und Katalase im Gehirn 796[15].

BANDURSKI, R. S., s. AXELROD, B. 109[5], 110[3].

BANERJEE, S.: Glykogengehalt der Leber bei Skorbut 385[2].

— s. CHATTOPADHYAY, D. 397[1].

BANG, I.: Glykogenabbau in der Leber nach Adrenalin 76[3].

BANG, O., O. BØJE and M. NIELSEN: Respiratorischer Quotient beim Menschen 590[2]. Übergang der Milchsäure aus dem Muskel ins Blut 608[3]. — Blutzuckergehalt bei Trainierten und Untrainierten 609[4].

BANGA, I., S. OCHOA and R. A. PETERS: Cocarboxylase in der Leber 387[12]. — Katatorulintest 670[3]. — Umsatz von 3-Phosphoglycerinsäure in Taubengehirn 706[2]. — Förderung der Brenztraubensäureoxydation durch C_4-Dicarbonsäuren 716[12], 717[12]. — Acetylcoenzym A-Bildung 718[9]. — Bildung und Oxydation von Äpfelsäure im Gehirn 720[10]. — Verbrennung von Bernsteinsäure im Gehirn 785[14].

— L. SCHNEIDER u. A. SZENT-GYÖRGYI: Einschränkung der Gehirnatmung durch Cyanid 790[2].

BANISTER, J., and M. SCRASE: Cholinacetylasegehalt im degenerierenden Nerven 696[19]. — Acetylcholinsynthese in sympathischen Ganglien der Katze 848[8].

BANKS, B. M., and J. B. SEARS: Glykogenbildung aus Glucose bei Leberschäden 72[14].

— P. H. SPRAGUE and A. M. SNELL: Leberfunktionsprüfung mit Galaktose bei mechanischem Ikterus 97[7].

BANKS, J., s. ABOOD, L. G. 700[9], 730[14].

BANTING, F. G., s. ARMSTRONG, A. R. 241[3].

BARANOWSKI, T.: α-Glycerophosphatdehydrogenasen 577[6].

— s. OSTERN, P. 329[4].

BÁRÁNY, E. (H.), and H. DAVSON: Einstrom von Wasser in die Augenkammern 909[8].

— and V. E. KINSEY: Minutenvolumen des Kammerwasserdurchflusses beim Kaninchen 905[15].

— s. RUNNSTRÖM, J. 792[7].

BARÁT, J., s. RUSZNYÁK, S. 234[9].

BARBÈRA, A. G.: Verminderung der Gallenmenge bei Hunger 530[5]. — Keine Steigerung der Gallenproduktion durch Wasser oder physiologische Salzlösungen 533[18].

BARBERIO, J. R., s. LE VEEN, H. H. 241[9].

BARBIERI, A. DE: Insulininaktivierung durch Arginase 449[1].

— e M. GRASSI: Insulinase 448[2]. — Insulinaseaktivität nach alipotroper proteinarmer Fettnahrung 448[10].

BARBOUR, A. D., I. L. CHAIKOFF, J. J. R. MACLEOD and M. D. ORR: Glykogengehalt der Leber im Hunger 73[5]. — Insulineinwirkung auf Leberglykogen 74[10].

BARBUDO, J., s. COLLAZO, J. A. 586[7].

BARCLAY, J. A., R. G. KENNEY and W. T. COOKE: Ketogene Wirkung von Methionin 147[16].

— s. SINGH, I. D. 18[14].

BARCROFT, J.: Buch über die respiratorische Funktion des Blutes. Engl. (1925) 609[1]. Bultspeicherung in der Leber 16[11]. — Entleerung der Blutspeicher der Leber durch Adrenalin 16[11].

— and L. E. SHORE: Durchblutung von Pfortader und Leberarterie 15[12]. — Sauerstoffversorgung der Leber 15[12].

BARDACH, K., s. FISCHLER, F. 29[12].

BARELARE, B. jr., s. VEST, S. A. 434[10].

BARER, A. P., and W. M. FOWLER: Eisenverlust bei der Menstruation 54[6].
BARGERO, A.: Ausscheidung injizierter Mangansalze in die Galle 541[11].
BARGETON, D., s. CHARONNAT, R. 532[7].
BARGONI, N.: Lipotrope Wirkung der Proteine 147[11]. — Leberverfettung bei proteinarmer Ernährung 152[3].
— M. CAFIERO, S. di BELLA e M. A. GRILLO: Aktivität der Leberesterase bei proteinfreier Ernährung 157[12].
— M. CAFIERO, S. DI BELLA, E. DE MORI and M. A. GRILLO: Stickstoff- und Wassergehalt des Gehirns bei proteinarmer Ernährung 684[8].
— s. HELLER, L. 157[11], 377[6].
BARKAN, G.: Eisenbindung durch Siderophilin 48[5].
BARKER, C. C., E. L. HIRST and G. T. YOUNG: Bildung von 2,3,4,6-Tetramethylglucose aus Glykogenspaltstücken 82[9]. — Wirkung von Amylo-1,6-glucosidase auf Grenzdextrin 82[9].
BARKER, C. F., s. SCHWENK, E. 203[11].
BARKER, H. A., s. HASSID, W. Z. 157[17].
— s. KARLSSON, J. L. 337[7].
— s. PUTMAN, E. W. 315[3].
BARKER, S. A., E. J. BOURNE, S. PEAT and I. A. WILKINSON: Q-Enzym 89[3]. — Glykogenabbau durch Phosphorylase 90[3].
— E. J. BOURNE and I. A. WILKINSON: Q-Enzym 89[3]. — Glykogenabbau durch Phosphorylase 90[3].
— E. J. BOURNE, I. A. WILKINSON and S. PEAT: Q-Enzym 89[3]. — Glykogenabbau durch Phosphorylase 90[3].
BARKER, S. B., E. SHORR and M. MALAM: Milchsäurebildung im Gehirn 706[8]. — Kohlenhydratoxydation im Gehirn nach Jodessigsäurevergiftung 729[12].
— s. CHAMBERS, W. H. 194[4].
— s. KLITGAARD, H. M. 442[3].
— s. LIPNER, H. J. 441[8].
— s. SHORR, E. 704[16].
BARKER, W., s. DOBRINER, K. 524[7].
BARKI, V. H., R. A. COLLINS, E. B. HART and C. A. ELVEHJEM: Bildung von Arachidonsäure aus Linolsäure 164[4].
— H. NATH, E. B. HART and C. A. ELVEHJEM: Keine Bildung von mehrfach ungesättigten Fettsäuren im Organismus 164[3].
BARKULIS, S. S., and A. L. LEHNINGER: Empfindlichkeit von Phosphorylierungen gegen Dinitrophenol 730[2].
BARLOW, J., s. SAMUEL, E. 565[3].
BARNES, F. W. jr., and R. SCHOENHEIMER: Purinsynthese in Taubenorganen 332[3]. — Pyrimidinsynthese 341[5].
BARNES, J. M., s. CUNNINGHAM, L. 261[2].
— s. TODD, W. R. 261[4].
BARNES, R. H., E. S. MILLER and G. O. BUHR: Phosphatidbildung in der Leber nach Adrenektomie 143[2].
— s. BOSSHARDT, D. K. 154[8].
— s. MACKAY, E. M. 142[11,20], 186[1].
BARNES, R. H., s. SWENDSEID, M. E. 186[2].
BARNET, H. N., s. BARTLETT, G. R. 485[5].
BARNETT, E. L., s. ROBBINS, K. C. 338[16].
BARNETT, S. A., and R. B. FISHER: Silberniederschläge auf Öltröpfchen 378[10].
BARNUM, C. P., and R. A. HUSEBY: Erneuerungsgeschwindigkeit von Ribonucleinsäuren in Leberzellen 317[6,8]. — Erneuerungsgeschwindigkeit von Phospholipoiden in Leberzellen 317[8].
— s. KRETCHMER, N. 133[9], 134[2].
— s. MACKAY, E. M. 193[10].
— s. OMACHI, A. 377[7].
BARONI, E., s. BRUNNER, O. 927[19], 928[6].
BARR, M. L.: Sekundärkörper in Gliazellen 667[2].
— and E. G. BERTRAM: Sekundärkörper in Nervenzellen weiblicher Tiere 667[1].
BARRATT, R. W., s. FULLER, R. C. 150[17].
BARRATT, W., s. HARLEY, V. 568[4].
BARRENSCHEEN, H. K., u. A. PEHAM: Gehalt an Nucleinsäurepurin im Kaninchengehirn 667[10]. — Gehalt an Nucleinsäure-N-fraktion im Kaninchengehirn 668[2].
— s. DWORACZEK, E. 611[3].
BARRETT, H. M., C. H. BEST, D. L. MACLEAN and J. H. RIDOUT: Wirkung lipotroper Stoffe bei Chloroformvergiftung 36[14].
— C. H. BEST and J. H. RIDOUT: Fettleber durch Hypophysenvorderlappenextrakte 142[4]. — Übergang von Depotfett in die Leber 142[7]. — Fettsäureabbau und -bildung in der Leber 164[6].
— D. L. MACLEAN and E. W. MCHENRY: Giftigkeit von Adenin und Allantoin 334[6].
BARRETT, R. H.: Analeptische Wirkung von Bernsteinsäure bei Barbitursäurevergiftung 814[15].
BARRON, E. S. G., and C. M. LYMAN: Cocarboxylasespaltung in Anaerobiose 389[3].
— Z. B. MILLER, G. R. BARTLETT, J. MEYER and T. P. SINGER: Hemmung der Brenztraubensäureoxydation durch Lewisit 727[8].
— Z. B. MILLER and J. MAYER: Wirkung von BAL auf Brenztraubensäureoxydation 728[2].
— s. GRAY, S. J. 229[4], 231[4], 244[15].
— s. HARROP, G. A. 510[14].
BARRY, M. C., s. GALLAGHER, T. F. 429[16], 436[9].
BARRY, W. M., and V. E. LEVINE: Reduktion von Biliverdin zu Bilirubin in der Leber 516[1].
BARSKY, J., s. HAWKINS, W. W. 756[3].
— s. ZELLER, E. A. 761[3,4].
BARSOUM, G. S., s. ANREP, G. V. 476[3].
BARTELS, E. C.: Hippursäuretest bei gesteigerter Schilddrüsentätigkeit 445[17].
— and H. J. PERKIN: Hippursäuretest bei gesteigerter Schilddrüsentätigkeit 445[17]. Hippursäuretest zur Diagnose der Lebererkrankungen 471[7].

Bartelmez, G. W., and S. H. Bensley: Nachweis der Phosphatase im degenerierenden Nerven 695[15]. — Vorkommen von Phosphatasen in Nucleoli von Leber- und Nervenzellen ist fraglich 775[13].

Bartholomew, L. G., s. Herrell, W. E. 561[9].

Bartlett, G. R.: Geschwindigkeit der Alkoholoxydation bei der Ratte 486[4]. — Keine Alkoholentgiftung im Gehirn 489[1]. — Hemmung der Methylalkoholoxydation durch Äthylalkohol 489[5]. — Oxydation von Äthylalkohol durch Katalase 489[10]. Keine Methanoloxydation im Rattengehirn 743[1].

— and H. N. Barnet: Äthylalkoholoxydation durch Leber und andere Organe 485[5].

— s. Baron, E. S. G. 727[8].

Bartlett, M. N., s. Kochakian, C. D. 446[3].

Bartley, W. C., s. Krebs, H. A. 478[8].

Bartoli, M. A., s. Moruzzi, Gio. 112[3].

Barton, A. D.: Erneuerungsgeschwindigkeit von Glykokoll in Leber und Muskel 468[7].

Barton, D. H. R., and P. de Mayo: Ikterus nach Ikterogenin 534[2].

Barton, H. C., s. Kinsell, L. W. 213[6].

Baserin, O., s. Minkowski, O. 55[10].

Basinski, D. H., s. Sealock, R. R. 283[13], 386[12].

Bass, A. D., J. Tepperman, D. A. Richart and W. W. Westerfeld: Harnsäure- und Allantoinausscheidung bei Xanthinoxydasemangel 335[11].

Bassani, B.: Methodik der Leberdurchströmung 27[2].

Bassett, A. M., T. L. Althausen and G. C. Coltrin: Leberfunktionsprüfung mit Galaktose 97[8].

Basu, K. P., s. Grassmann, W. 558[1].

Basu, N. K.: Verstärkung der Insulinwirkung durch Ascorbinsäure 385[4].

Bate-Smith, E. C., and J. R. Bendall: Totenstarre 607[1].

Bates, J. C., s. Geyer, R. P. 189[8], 190[3].

Bates, M. I., s. McMahon, H. E. 66[4].

Batiyok, F., s. Stary, Z. 233[1].

Batson, O. V.: Durchblutung des Gehirns von Menschen und Affen 777[12]. — Quellgebiet der V. jugularis interna 783[17].

Battelli, F., et L. Stern: Alkoholdehydrogenase aus Leber 485[1], 487[3].

Baucke, J., s. Podestà, H. H. 890[5], 918[14], 919[10].

Baudouin, A., et J. Lewin: Eiweißfreies Ultrafiltrat aus Gehirnbrei 657[3]. — Reduzierende Substanzen im Ultrafiltrat von Gehirn 659[5].

Bauer, F. K., s. Davis, H. A. 115[8], 389[8].

Bauer, F. X., s. Glenn, W. W. L. 136[7].

Bauer, J., u. E. Feil: Esterasegehalt im Blutplasma bei Leberschäden 238[7].

Bauer, R.: Leberfunktionsprüfung mit Galaktose 97[3].

Bauer, R., et A. Chinassi-Hakki: Mucingehalt der Blasengalle bei Choledochusverschluß 542[15].

Bauer, W., H. H. Dale, L. T. Poulson and D. W. Richards: Durchblutung von Pfortader und Leberarterie 15[14].

— s. Robertson, W. v. B. 911[17].

Bauereisen, E.: Glykogengehalt der Leber nach Vitamin A-Zufuhr 73[8].

Baum, H., s. Mahler, H. R. 57[15], 338[17], 3391.

Baum, W. S., s. Clausen, S. W. 353[9].

Bauman, E., s. Ralli, E. P. 353[2].

Bauman, L., s. Pickens, M. 568[7].

— s. Spanner, G. O. 545[14], 546[14], 568[10], 569[3].

Baumann, C. A.: Zusammenfassung über fettlösliche Vitamine (1953) 945[2].

— B. M. Riising and H. Steenbock: Vitamin A-Speicherung 348[9].

— s. Bey, H. J. de 400[4].

— s. Clayton, C. C. 349[10].

— s. Field, J. B. 236[4], 370[8].

— s. Giese, J. E. 494[6], 500[9].

— s. Griffin, A. C. 393[13], 502[12], 503[14].

— s. Jacobi, H. P. 144[11].

— s. Johnson, R. M. 348[11], 349[12].

— s. Kline, B. E. 501[9].

— s. Miller, E. C. 291[9], 400[1], 401[7], 489[3,12].

— s. Miller, J. A. 494[5], 497[9], 498[2,11], 499[5], 500[11].

— s. Sauberlich, H. E. 414[5].

— s. Schweigert, B. S. 399[7], 403[3].

Baumann, E.: Phenolschwefelsäurebildung in der Leber 464[10]. — Entgiftung durch Bindung an Schwefelsäure 465[4]. — Bakterieller Proteinabbau im Darm und Phenolsulfatausscheidung 466[5]. — Bildung von Merkaptursäuren aus monohalogenierten Naphthalinen 474[1].

— u. E. Herter: Veresterung von Oxydationsprodukten des Benzols mit Schwefel- oder Glucuronsäure 473[3]. — Esterschwefelsäurebildung nach Pikrinsäurezufuhr 484[3].

— u. C. Preusse: Ausscheidung von Esterschwefelsäuren bei gesteigerter Darmfäulnis 466[4]. — Ausscheidung von anorganischem Sulfat bei Phenolvergiftung 468[1]. — Bildung von Merkaptursäure aus Brombenzol 473[8].

— u. P. Schmitz: Bildung von Merkaptursäure aus Brombenzol und Jodbenzol 473[9].

— s. Christiani, A. 464[12].

Baumann, E. J., D. B. Sprinson and N. Metzger: Überführung der CN-Gruppe von Benzylcyanid in Rhodanid 480[19]. — Bedeutung der Thyreoidea für Deacetylierung von Acetonitril 480[19].

Baumgärtel, T.: Bilirubinreduktion durch E. coli + B. verrucosus 518[5,6]. — Cysteindehydrogenase von E. coli reduziert Bilirubin zu Stercobilinogen 519[3,4]. — Extrahepatische Bildung von Mesobilan (Urobilinogen) 519[12].

Baumgärtel, T., u. D. Zahn: Bilirubinreduktion im Darm 519[5]. — Extrahepatische Bildung von Mesobilan (Urobilinogen) 519[12].

Baumgardt, E.: Zur minimalen Lichtempfindung notwendige Sehpurpurmenge 940[9].

Baur, H.: Leberfunktionsprüfung durch Aminosäurebelastung 212[21]. — Leberfunktionsprüfung mit Histidin 213[5].

— s. Edlbacher, S. 310[10].

Baurmann, M.: Zusammenfassung über Anatomie und Physiologie des Glaskörpers (1933; 1942) 910[1]. — Ultrafiltrationshypothese der Kammerwasserbildung 906[3]. — Glaskörperstruktur 910[1]. — Vitrein 911[5]. — Quellungsdruck des Glaskörpers 913[5].

Baxter, J. G., s. Kascher, H. M. 358[4].

— s. Robeson, C. D. 358[7], 364[9].

Baxter, J. H. jr., s. Greer, C. M. 840[10].

Baxter, R. M., and J. H. Quastel: Pepsinhydrolyse von gebundenem Biotin 411[9]. Biotinoxydation 411[9].

Bayerl, V., s. Hosoya, Y. 937[7], 939[5].

Bayliss, B. J., and A. Todrick: Aktivitätssteigerung der Acetylcholinesterase im Gehirn neugeborener Ratten 861[15]. — Cholinesterasen im Rückenmark 861[15].

Bayliss, J. R., s. Smith, P. K. 469[4].

Bayliss, L. E., R. J. Lythgoe and K. Tansley: Absorptionskurve des Sehpurpurs von Fischen 939[11].

Bayliss, W. M., and E. H. Starling: Menge der Ductus thoracicus-Lymphe nach Kompression der V. cava 19[6]. — Vermehrung der Gallensekretion durch ungereinigtes Sekretin 531[7].

Beach, D. A., s. Cook, D. L. 529[5].

Beach, E. F., B. Munks and A. Robinson: Methioninbestimmung 217[3]. — Aminosäuregehalt von Gehirnproteinen 655[1].

— and A. White: Ersatz von Cystein durch Methionin 268[8].

Beach, G., s. Payne, A. H. 327[4].

Beams, A. J.: Cholin zur Lebertherapie 146[9]. Lipotrope Wirkung von Cystin + Cholin 149[13].

— and E. T. Endicott: Cholin zur Lebertherapie 146[9].

Bean, H. W., s. Mitchell, H. H. 9[4], 39[5], 41[7].

Bean, W. B., M. Franklin, J. F. Embick and K. Daum: Bestimmung der Stoffaufnahme durch die Leber beim Menschen 38[3].

— s. Mithoefer, J. 426[9].

Bear, R. S., and C. F. Cori: Glykogensynthese durch Phosphorylase 88[1].

— and F. O. Schmitt: Proteingehalt in Achsenzylinder des Tintenfischnerven 652[8].

— F. O. Schmitt and J. Z. Young: Nucleoproteide aus Crustaceen- und Tintenfischnerven 652[7].

Bear, R. S., s. Schmitt, F. O. 618[3], 620[2,3,5], 646[10], 652[6], 734[5].

Beare, J. L., s. Beaton, J. R. 223[2], 400[4,5], 402[14].

Bearn, A. G., B. Billing and S. Sherlock: Wirkung von Adrenalin auf Leberdurchblutung 16[8].

— and H. G. Kunkel: Kupfergehalt des Blutes und Kupferausscheidung bei hepatolenticularer Degeneration 60[11].

Beath, O. A., s. Rosenfeld, I. 769[9].

Beaton, G. H., s. Beaton, J. R. 223[2], 400[5].

Beaton, J. R., R. M. Ballantyne, R. E. Lau, A. Steckley and E. W. McHenry: Harnstoff- und Reststickstoffgehalt im Blut bei Pyridoxinmangel 402[13].

— J. L. Beare, G. H. Beaton and E. W. McHenry: Proteingehalt der Leber bei Leberregeneration 223[2]. — Vitamin B_6-Gehalt der Rattenleber nach partieller Hepatektomie 400[5].

— J. L. Beare and E. W. McHenry: Wirkung von Aminosäuren und proteinreicher Ernährung bei Pyridoxinmangel 400[4].

— J. L. Beare, J. M. White and E. W. McHenry: Harnstoffausscheidung bei Pyridoxinmangel 402[14].

Beaufays, H., s. Duve, C. de 91[2].

Beaumont, A., et M. Prenant: Leberglykogen bei Amphibien während der Metamorphose 71[4].

Beauvallet, M., et S. Manuel: Einfluß fettfreier Ernährung auf Lipoidgehalt des Gehirns 687[1].

Beaven, G. H., s. Cooley, G. 419[22].

Beaver, D. C., and J. de J. Pemberton: Leberstörungen bei Hyperthyreoidismus 443[7].

Beaver, J. J., s. Kaunitz, H. 584[4].

Beazell, J. M., s. Schmidt, C. R. 532[10], 533[1].

Bechgaard, P.: Serumphosphatase bei Hyperthyreoidismus 446[4].

Beck, A. B., s. Bennetts, H. W. 627[1].

Beck, E., s. Flaschenträger, B. 173[6].

Beck, E. M., s. Dumm, M. E. 409[8].

Beck, F. F., s. Morrison, S. 545[3].

Becker, B., and J. S. Friedenwald: Glucuronidase in der Cornea 878[9]. — Glucuronidase im Ciliarkörperepithel 921[4].

Becker, E.: Ommochrome 918[3].

— s. Butenandt, A. 918[5].

— s. Kühn, A. 918[6].

Becker, H.: Blut-Hirnschranke 797[4].

— u. J. Gerlach: Hirnödem bei Störung der Blut-Hirnschranke 800[10].

— u. G. Quadbeck: Blut-Hirnschranke 797[1]. — Postmortale Permeabilität der Blut-Liquor- und der Blut-Hirnschranke 797[2]. — Bedeutung der elektrischen Ladung für Funktion der Blut-Hirnschranke 798[1].

Becker, H. W., s. Werle, E. 492[3].

Becker, J. E., s. McCollum, E. V. 362[5].

Beckett, S., s. Hyde, J. 817[8].

Beckmann, K.: Kaliumabgabe durch die Leber 42[2]. — Milchsäurebelastung bei lebergeschädigten Hunden 121[2]. — Milchsäure zur Leberfunktionsprüfung 121[2].
— u. T. Mirsalis: Natriumaufnahme durch die Kaninchenleber 42[1]. — Milchsäurebelastung bei lebergeschädigten Hunden 121[2]. — Milchsäure zur Leberfunktionsprüfung 121[2].
Beecher, H. K., s. Craig, F. N. 786[9], 931[2].
Beeckmans, M. L., s. Hevesy, G. 740[4,5].
— s. Popják, G. 204[6,13].
Beek, C. van, and A. J. Haex: Leberpunktion 38[4].
Beeston, A. W., and H. J. Channon: Fettleber nach großen Fettmengen 137[9]. — Antilipotrope Wirkung von Cystin 149[8].
Begtrup, H.: Hypoprothrombinämien bei Lebercarcinom 372[5].
— and P. F. Hansen: Avitaminotische und acholische Hypoprothrombinämie 372[3].
— s. Hansen, P. F. 372[3].
Behrens, M.: Butyrase in Leberzellkernen 157[10]. — Arginasegehalt von Leberzellkernen 310[8].
Behrens, O. K., s. Staub, A. 76[8].
Behring, H. v., s. Schönheimer, R. 200[7], 549[2,9], 645[6].
Beiler, J. M., R. Brendel, M. Graff and G. J. Martin: Hemmung der Cholinacetylase durch Naphthochinone 850[17].
Beinert, H., R. M. Bock, D. S. Goldman, D. E. Green, H. R. Mahler, S. Mii, P. G. Stansly and S. J. Wakil: Ferment der Bildung und Spaltung von CoA-Verbindungen 181[4]. — Substrate der Crotonase 182[7]. — Äthylenreduktase 183[2].
— P. Matthews and E. O. Richey: Geringe Permeabilität der Gehirnzellen für Cytochrom c 795[17].
— s. Green, D. E. 65[12], 195[7,8].
Bekaert, J., et G. Demeester: Permeabilität der Blut-Hirn- und Blut-Liquorschranke im traumatischen Schock 800[5].
Bel, L., s. Delphaut, J. 533[1].
Belasco, I. J.: Umsatzsteigerung in der Leber nach thyreotropem Hormon 444[8]. Vergrößerung der Leber bei experimentellem Hyperthyreoidismus 446[17].
Belding, H. S., s. Field, J. II. 900[6].
Belin, P., s. Terroine, E. F. 132[2], 685[10].
Bell, D. J.: Glucosereste pro Endgruppe im Glykogen aus Kaninchenleber 82[13]. Glykogenbildung aus Galaktose in der Leber 93[9].
Bell, L. S., W. C. Blair, S. Lindsay and S. J. Watson: Angeborene chronische Galaktosurie 97[11].
Bell, M. A., s. Shay, H. 97[4].
Bell, M. E., s. Drummond, J. C. 348[2].
Bella, S. di, s. Bargoni, N. 157[12], 684[8].
Bellows, J. G.: Buch über Katarakt und Linsenanomalien. Engl. (1944) 864[13]. — Glutathiongehalt in kataraktösen Linsen 889[7].
Bellows, J. G., and D. Nelson: Linsentrübung bei Ratten nach Anoxämie 899[20].
— s. Rosner, L. 889[8].
Beloff-Chain, A., R. Catanzaro, E. B. Chain, I. Masi and F. Pocchiari: Bildung von Glutaminsäure aus Glucose im Gehirn 749[10].
Belt, T. H., s. King, E. J. 628[1].
Bembridge, B. A., G. N. C. Crawford and A. Pirie: Glaskörperstruktur 910[3]. — Abbau von Vitrein durch Trypsin 911[2].
— and A. Pirie: Eiweißgehalt im Glaskörper von Kaninchen 910[12]. — Hyaluronsäure fehlt im Glaskörper neugeborener Kaninchen 911[13].
Bénard, H., et A. Gajdos: Buch über die Funktionen der Leber. Franz. (1952) 1[1].
— A. Gajdos et M. Gajdos-Török: Abgabe der Leberesterase bei Leberschäden 238[15]. — Pseudocholinesterase 239[9].
— A. Gajdos, M. Polonovski et M. Tissier: Gallenfarbstoffbildung aus Hämin 506[6]. — Keine Bilirubinbildung aus Hämatoporphyrin 506[6].
— s. Chabrol, E. 548[6].
— s. Fiessinger, N. 21[6], 76[12], 304[6], 485[6], 488[2].
Benatt, A., s. Brugsch, T. 74[11].
Benbow, J. T., s. Ingram 2, W. R. 450[9].
Bence, J.: Kupfergehalt der Leber des Neugeborenen 58[10]. — Bedeutung des Magens für antianämische Wirkung der Leber 420[13].
Bendall, J. R., s. Bate-Smith, E. C. 607[1].
Bendich, A., H. Getler and G. B. Brown: Cytosinabbau bei der Ratte 331[9]. — Kein Einbau freier Pyrimidine in Nucleotide 343[2].
— P. J. Russell jr. and G. B. Brown: Desoxyribonucleinsäuren der Leber 314[3].
— s. Geren, W. 339[9].
Bendien, W. M., and I. Snapper: Bilirubin geht nicht ins Ultrafiltrat des Blutes 515[2].
— s. Snapper, I. 515[2].
Bendix, E.: Glykogengehalt der Leber bei Muskelarbeit 73[15]. — Leberglykogen bei Senkung der Zuckerschwelle der Niere 78[10].
Benedict, H., u. G. Török: Acetonkörperbildung aus Äthylalkohol 486[9].
Benedict, J. D., P. H. Forsham and D. Stetten jr.: Harnsäureabbau beim Menschen 339[6].
Benedict, O., s. Brigl, P. 554[1].
Benedict, W. L., s. Zeller, E. A. 896[9], 897[3].
Benesch, R., s. Dziewiatkowski, D. D. 274[14].
— s. Ellinger, P. 395[7], 396[12].
Benesch, R. E., s. Dziewiatkowski, D. D. 274[14].
Benetato, G., et P. Ciurdariu: Altersunterschiede im Kaliumgehalt des Rattengehirns 623[30].
Benirshke, K., s. Atlas, L. T. 322[10].
Benitez, D., s. Pscheidt, G. R. 726[3].

BENNETT, E. L.: Verwertung von Adenin zur ATP- und RNS-Synthese in der Leber 329[5]. — Halbwertszeit der Nucleotide 329[7].
BENNETT, H. S., A. H. BAGGENSTOSS and H. R. BUTT: Störung der Oestrogenveresterung bei Leberkrankheiten 426[12].
BENNETT, L. L., s. FORSHAM, P. H. 820[11].
— s. LIDDLE, G. W. 125[7].
BENNETT, M. A.: Antilipotrope Wirkung von Arachin 147[8]. — Bedeutung von Vitamin Bc für Methylgruppenübertragung 415[3].
BENNETTS, H. W., and A. B. BECK: Demyelinisierung des Rückenmarks bei Kupfermangel 627[1].
BENNHOLD, H.: Zusammenfassung über Vehikelfunktion der Serumeiweißkörper (1932) 515[1].
— u. G. SEYBOLD: Ausscheidung fluorescierender Farbstoffe durch die Leber 528[6].
BENOTTI, J., s. SCHMIDT, G. 133[2].
— s. THANNHAUSER, S. J. 133[1], 633[6], 642[5].
BENOY, M. P., s. ELLIOTT, K. A. C. 720[7], 779[5], 784[14], 785[11].
BENSLEY, E. H.: Leberfunktionsprüfung mit Galaktose 97[6].
BENSLEY, R. R.: Lipidgehalt von Lebermitochondrien 133[12,13]. — Lokalisation der Ribonucleinsäuren in Leberzellen 312[9].
BENSLEY, S. H., s. BARTELMEZ, G. W. 695[15], 775[13].
BENTINCK, R. C., G. S. GORDAN, J. E. ADAMS L. H. ARNSTEIN and T. B. LEAKE: Verwertung der Gehirnlipoide 736[12].
— s. GORDAN, G. S. 659[2], 818[16], 819[8], 820[2].
BENTLEY, L. S., and A. F. MORGAN: Einfluß von Fett und Cholesterin auf Vitamin A-Speicherung in der Leber 349[17]. Einfluß lipotroper Substanzen auf Vitamin A-Speicherung 350[1].
BENTON, D. A., s. HARPER, A. E. 152[9,10], 265[5].
BENTSATH, A., s. ARMENTANO, L. 385[9], 386[7].
BENZ, P., s. KARRER, P. 159[6].
BENZINGER, T., u. H. A. KREBS: Harnsäurebildung aus Ammoniumsalzen in Hühnerleber 336[9].
BERARDINIS, E. DE: Substrate der Hornhautdehydronasen 878[14].
— e G. AURICCHIO: Vorkommen von Phosphatasen in der Netzhaut 936[14].
BERENBAUM, M. C., and C. A. BIRCH: Thoriumdioxydfixierung durch die Leber 66[6].
BERENBLUM, I., E. CHAIN and N. G. HEATLEY: Nucleinsäurebestimmung im Gehirn 666[5].
BERENBOM, M., and J. WHITE: p-Dimethylaminoazobenzol, Fixierung in der Leber 496[6].
BERG, A., s. SHILS, M. E. 387[8], 388[7].
BERG, B. N., s. BLOCH, K. 199[3], 206[9], 208[14], 554[7].
— s. SCHOENHEIMER, R. 208[16], 554[9].
BERG, C. P.: Keine Verwertung von D-Lysin 295[6].
— s. BORCHERS, R. 293[2].
— s. FEATHERSTONE, R. M. 298[6].
— s. KALLIO, R. E. 292[14], 294[12].
— s. MASON, M. 287[1], 289[5].
— s. SHARP, G. O. 297[2].
— s. TOTTER, J. R. 295[5].
BERG, G.: Permeabilität der Blut-Hirnschranke im anaphylaktischen Schock 800[3].
BERG, J. L., E. R. PUND, V. P. SYDENSTRICKER, W. K. HALL, L. L. BOWLES and C. W. HOCK: Hornhautveränderungen bei Methioninmangel 876[12].
BERG, K., s. LINDERHOLM, H. 491[5].
BERG, P.: Serinbildung aus Glycin und Formiat 260[9]. — Methioninbildung 831[6].
BERG, R. L., s. WESTERFELD, W. W. 487[11], 488[1,11], 489[15].
BERG, W.: Proteinspeicherung in der Leber 220[7]. — Basophile Schollen in Leberzellen 221[2]. — Verschwinden basophiler Granula in Leberzellen bei Hunger 321[4].
BERGEIM, O., s. KIRSNER, J. B. 212[7].
BERGEN, J. R., and H. HOAGLAND: Kein Einfluß der Nebennierenentfernung auf Kaliumgehalt des Rattengehirns 624[1].
BERGER, G., s. APPEL, H. 175[1].
— s. KEIL, W. 175[1].
BERGER, J., and M. J. JOHNSON: Aktivitätssteigerung von Leucinaminopeptidase durch Manganionen 61[3].
BERGER, W., s. BLEYER, L. 9[10].
BERGERET et MAYENCON: Ausscheidung injizierter Kobaltsalze mit der Galle 541[7].
BERGERET, B., et F. CHATAGNER: Cysteinsulfinsäurespaltung zu Hypotaurin 273[2]. Hypotaurinnachweis 273[3,5]. — Cysteinsulfinsäure im Rattengehirn 748[8].
— F. CHATAGNER et C. FROMAGEOT: Hypotaurinbildung aus Cysteinsulfinsäure 273[3].
— s. CHATAGNER, F. 273[4].
BERGGREN, S. M.: Oxydation von n-Propanol und n-Butanol bei Kaninchen 489[7].
BERGH, G. S., s. LYNN, D. 561[5].
BERGLUND, H., s. FOLIN, O. 212[14], 339[3].
BERGMAN, H. C., s. MACKAY, E. M. 72[6].
BERGMANN, F., and A. SHIMONI: Wirkungszentren der Acetylcholinesterase 857[6–8]. Hemmung der Acetylcholinesterase durch quaternäre Ammoniumsalze 858[8].
— I. B. WILSON and D. NACHMANSOHN: Wirkungszentren der Acetylcholinesterase 857[3].
— s. WILSON, I. B. 856[14], 857[1,2,4], 858[7].
BERGMANN, G. v.: Taurinbildung aus Cystein 271[3]. — Bilirubin zur Leberfunktionsprüfung 510[13].
BERGMANN, K., s. ATZLER, E. 608[2].
BERGMANN, M., s. SMITH, E. L. 61[2], 62[5].
BERGMANN, V., s. GOVIER, W. M. 366[15], 367[7].
BERGMANN, W., s. WINDAUS, A. 550[6].

BERGSTRAND, A., N. A. ELIASSON, E. HAMMARSTEN, B. NORBERG, P. REICHARD and H. v. UBISCH: Erneuerung der Desoxyribonucleinsäuren der Leber 316[7].
BERGSTRÖM, S.: Gallensäurebildung aus Cholesterin 554[11].
— H. ARVIDSON, E. HAMMARSTEN, N. A. ELIASSON, P. REICHARD and H. v. UBISCH: Orotsäure und Ureidobernsteinsäure als Pyrimidinvorstufe 342[9].
— A. DAHLQVIST and U. LJUNGQVIST: Cholsäurebildung aus Desoxycholsäure 556[4]. Kupplung von Desoxycholsäure mit Taurin in Leberschnitten 557[23].
— and A. NORMAN: Chol- und Chenodesoxycholsäureausscheidung bei der Ratte 551[20]. — Gallensäurebildung aus Cholesterin 554[14]. — Ausscheidung tauringebundener Gallensäuren bei Ratten 557[15]. — Spaltung tauringebundener Gallensäuren im Rattendarm 558[4].
— M. ROTTENBERG u. J. SJÖVALL: Cholsäurebildung aus Desoxycholsäure 556[3]. Ausscheidung tauringebundener Gallensäuren bei Ratten 557[14].
— and J. SJÖVALL: Gallensäurebildung aus Cholesterin 554[15]. — Oxydation von Chenodesoxycholsäure im Stoffwechsel 556[2].
— J. SJÖVALL and J. VOLTZ: Oxydation von Gallensäuren im Stoffwechsel 556[1].
— s. ARVIDSON, H. 342[11].
— s. REICHARD, P. 342[8].
BERK, J. E., R. E. KARNOFSKY, H. SHAY and H. M. STAUFFER: Cholecystographie 565[3].
BERKMAN, S., s. DORFMAN, A. 410[3].
BERLINER, F. S., s. HESS, A. F. 622[5].
BERMAN, A. L., E. SNAPP and A. C. IVY: Bilirubinausscheidung unabhängig von der Gallenmenge 509[7]. — Choleretische Wirkung von Dehydrogallensäuren 532[6]. Gallenmenge nach choleretisch wirkenden Stoffen 533[13].
— E. SNAPP, A. C. IVY and A. J. ATKINSON: Hemmung der Gallenproduktion durch Alkohol 533[21].
— E. SNAPP, A. C. IVY, A. J. ATKINSON and V. S. HOUGH: Choleretische Wirkung von Dehydrogallensäuren 532[7].
BERMAN, J. K., H. KOENIG and L. P. MULLER: Unterbindung der Leberarterie 29[1].
BERMAN, M., s. NACHMANSOHN, D. 696[18], 722[12], 848[9], 850[15].
BERMAN, R., s. NACHMANSOHN, D. 129[6], 850[5].
BERNARD, C.: Buch: Wintervorlesungen. Franz. (1854/55) 543[6]. — Vorlesungen über experimentelle Physiologie in der Anwendung auf die Medizin. 2 Bde. Franz. (1855/56) 24[11]. — Regulation des Blutzuckers 66[20].
BERNARD, R. M., and L. D. ODELL: β-Glucuronidase und Zellproliferation 698[10].
BERNFELD, P., and W. H. FISHMAN: β-Glucuronidase aus Kalbsmilz 462[9]. — Aktivierung von β-Glucuronidase durch Desoxyribonucleinsäure 462[9, 10, 14]. — β-Glucuronidase aus Kalbsleber 462[10].
— et A. MEUTÉMÉDIAN: Q-Enzym 89[2].
— J. S. NISSELBAUM and W. H. FISHMAN: Aktivierung von β-Glucuronidase durch Desoxyribonucleinsäuren 462[10]. — β-Glucuronidase aus Kalbsleber 462[10].
— s. MEYER, K. H. 80[6].
BERNHARD, K.: Leberstörung bei Leberverfettung 156[1]. — Oxydation von Dicarbonsäuren bei Hund und Katze 176[4]. — Vitamin A-Gehalt von Thoracicus-Lymphe nach Carotinzufuhr 351[12]. — Verwendung von Acetat zur Acetylierung von Sulfonamiden 476[15]. — Bildung von Acetylresten bei Äthylalkoholoxydation 487[1].
— u. M. ANDREAE: Abbau von Sebacinsäure 176[3].
— and R. SCHOENHEIMER: Essentielle Fettsäuren 153[2]. — Keine Bildung von mehrfach ungesättigten Fettsäuren im Organismus 164[2], 374[10]. — Einbau von Deuterium in Fette der Leber 164[8]. — Bildung von D-Palmitinsäure und -Stearinsäure in der Leber 166[1].
— H. STEINHAUSER u. F. BULLET: Keine Bildung von mehrfach ungesättigten Fettsäuren im Organismus 164[1].
— u. E. VISCHER: Umbau von Behensäure im Organismus 162[6].
— s. FLASCHENTRÄGER, B. 175[3, 5], 482[1].
BERNHART, F. W., and R. W. SCHNEIDER: Leberfunktionsprüfung mit Tyrosin 213[3], 285[1].
BERNHEIM, F., and M. L. C. BERNHEIM: Steigerung der Phospholipoidoxydation in der Leber durch Vanadium 61[8]. — Hemmung der Vanadiumwirkung auf Lipoidoxydation durch Manganionen 61[9]. Wirkung von Mangan auf Sauerstoffverbrauch der Leber 61[9]. — Hemmung von Oxydationen durch Pertitanat 65[17]. — Förderung der Phosphatidoxydation durch Natriummetavanadat 66[2]. — Cholinoxydase fehlt in Meerschweinchenleber 146[2]. — Enzymsystem der Cysteinoxydation zu Cysteinsäure 271[4]. — Prolinabbau 299[11]. — Phenolschwefelsäurebildung in der Leber 464[7]. — Verwendung von anorganischem Sulfat zur Bildung von Esterschwefelsäuren 467[5]. — Atropinspaltung durch Leberesterase 484[4]. — Entgiftung von Opiumalkaloiden in der Leber 484[8]. — Hemmung der Acetylcholinesterase durch Äthanol, Aceton und Äther 860[15].
— and H. L. ZAUDER: Linolensäureoxydation im Gehirn 741[13].
— s. BERNHEIM, M. L. C. 278[4].
— s. DARBY, W. J. 386[11].
— s. HANDLER, P. 146[4].

Bernheim, F., s. Michel, H. O. 478[4].
— s. Perlzweig, W. A. 397[8].
Bernheim, M. L. C., and F. Bernheim: Keine Oxydation von Phenylacetat und Phenyläthylamin 278[4].
— s. Bernheim, F. 61[8,9], 65[17], 66[2], 146[2], 271[4], 299[11], 464[7], 467[5], 484[4,8], 860[15].
— s. Darby, W. J. 386[11].
— s. Handler, P. 259[4].
— s. Michel, H. O. 478[4].
— s. Perlzweig, W. A. 397[8].
Bernstein, A., A. Pletscher, C. Lauchenauer and H. Staub: Wirkung von Alkohol auf Galaktoseverwertung durch die Leber 97[10].
— s. Ottenberg, R. 457[5].
— s. Pletscher, A. 101[5], 488[7,10].
Bernstein, A. O., s. Himwich, H. E. 796[11].
Bernstein, S., and R. W. McGilvery: Bildung von Estersulfaten in der Leber 464[9]. — Sulfatveresterndes Enzymsystem im Cytoplasma 468[4]. —
Bernstorf, E. C.: Uterusgewicht nach Implantation der Ovarien in die Milz 424[3, 6].
Berry, J. F., and E. Stotz: Fermentsystem der Acetylcholinsynthese 846[5].
Berryman, G. H., J. L. Bollman and F. C. Mann: Eiweißfraktionen im Blutplasma nach Hepatektomie 227[7]. — Serumalbuminbildung in Leberschnitten 228[4].— Fibrinogengehalt im Blut nach Hepatektomie 234[3].
Bersin, T., H. Köster u. H. J. Jusatz: Verbindung von Dehydroascorbinsäure und Glutathion 383[10].
— H.-J. Lauber u. H. Nafziger: Ascorbinsäureausscheidung im Harn nach Äthernarkose 379[10].
— s. Feulgen, R. 584[2], 637[6], 638[11].
— s. Lauber, H.-J. 69[4], 379[10].
Bertagnini, C.: Salicylsäureentgiftung durch Bildung von Salicylursäure 469[3].
Bertcher, E. L., s. Taylor, J. D. 791[4].
Berthet, J., s. Hers, H. 91[2], 98[17].
Berthet, L., s. Hers, H. 91[2], 98[17].
Berthrong, M., s. Rich, A. R. 34[13].
Bertram, E. G., s. Barr, M. L. 667[1].
Bertrán, E. C.: Phosphatasegehalt von Hühnergalle und -leber 544[2].
Bertrand, G.: Kein Gold im Gehirn 628[11].
— et V. Ciurea: Zinngehalt von Tierlebern 64[3]. — Bleigehalt der Leber 66[15]. — Cer- und Zinngehalt im Rindergehirn 628[7].
— et M. Mâcheboeuf: Nickel- und Kobaltgehalt von Rinderleber 65[1]. — Kobaltgehalt im Gehirn 627[11]. — Nickelgehalt im Gehirn 628[9]. —
— et F. Medigreceanu: Mangangehalt der menschlichen Leber 61[12]. — Mangangehalt von Tierlebern 61[13].
— et R. Vladesco: Zinkgehalt der Leber 62[9].
Bertrand, J. C., s. Royer, M. 515[9], 516[14].
Bertrand, M. G., et Mme. Voronca-Spirt: Titangehalt der Leber 65[15].
Bessey, O. A., and O. H. Lowry: Vorkommen von Adenindinucleotid in der Cornea 876[4].
— O. H. Lowry and R. H. Love: Flavinadenindinucleotidgehalt von Rattenorganen 330[6]. — Riboflavin in der Rattenleber 390[13]. — Riboflavin in der Leber bei Riboflavinmangel 391[1]. — Riboflavingehalt im Gehirn 672[2]. — Adenindinucleotid in der Cornea 876[4].
— M. L. Menten and C. G. King: Leberverfettung bei Vitamin C-Mangel 151[12], 385[12].
— s. Wolbach, S. B. 669[7,8].
Bessman, S. P., J. Rossen and E. C. Layne: Glutaminsäurebildung im Gehirn 751[11].
— s. Schwerin, P. 656[5], 748[11], 749[1].
Best, C. H.: Lecithinbildung aus Cholin 144[7].
— and J. Campbell: Fettleber durch Hypophysenvorderlappenextrakte 142[4].
— H. J. Channon and J. H. Ridout: Fettsäuregehalt von Rattenleber 131[4]. — Neutralfettgehalt der Leber nach Fett- oder Kohlenhydratzufuhr 138[6]. — Cholinwirkung auf Cholesterinfettleber 153[7]. Zusammensetzung des Leberfettes bei Ratten 153[7].
— G. C. Ferguson and J. M. Hershey: Wirkung von Cholin auf Leberverfettung nach Hypophysenextrakten 142[10].
— R. Grant and J. H. Ridout: Lipotrope Wirkung proteinreicher Nahrung 147[6].
— W. S. Hartroft and E. A. Sellers: Cholinwirkung bei Leberverfettung 145[9].
— J. M. Hershey and M. E. Huntsman: Fettleber nach Zufuhr großer Fettmengen 137[8]. — Keine Fettleber nach Lecithingaben 144[1]. — Verringerte Fettablagerung in der Leber nach Cholin 144[3]. — Lipotrope Wirkung von Betain 148[7].
— and M. E. Huntsman: Lipotrope Wirkung von Betain 148[7].
— C. C. Lucas, J. M. Patterson and J. H. Ridout: Inosit- und Cholinwirkung auf Leberverfettung 150[7].
— C. C. Lucas, J. H. Ridout and J. M. Patterson: Lipotrope Wirkung von Cholin 144[6]. — Lipotrope Wirkung von Inosit 149[17].
— M. E. H. Mawson, E. W. McHenry and J. H. Ridout: Cholinwirkung auf Fettleber nach Vitamin B_1 151[18].
— and J. H. Ridout: Lipotrope Wirkung von Methionin 147[4]. — Lipotrope Wirkung der Proteine 147[9], 152[2]. — Cholinwirkung auf Cholesterinfettleber 153[8]. —
— J. H. Ridout, J. M. Patterson and C. C. Lucas: Einfluß von Fett auf lipotrope Wirkung von Inosit 150[1].
— s. Barrett, H. M. 36[14], 142[4,7], 164[6].
— s. McArthur, C. S. 144[13], 146[13].
— s. Maclean, D. L. 145[8].
— s. Ridout, J. H. 150[9], 153[6].
— s. Sellers, E. A. 36[13].

Besuglov, V. P., u. L. M. Tutkevich: Gallenmenge bei Gallenfistelhunden nach Thyroxin 446[11]. — Cholesterinausscheidung in der Galle nach Thyroxin 446[11].

Bethe, A.: Energiebedarf für Spannungserhaltung in glatten Muskeln 612[4]. — Fibrillensäure 652[15].

Betheil, J. J., V. D. Wiebelhaus and H. A. Lardy: Schilddrüse und Rattenwachstum 447[5].

— s. Plaut, G. W. E. 417[6,9], 831[9].

Bethell, F. H.: Bedeutung von Vitamin B_c für die Blutbildung 415[2].

— s. Swendseid, M. E. 413[16], 414[7,9], 415[1], 416[14], 419[8], 420[6].

Beumer, H.: Cholesteringehalt von Säuglingsleber 199[2]. — Calciumgehalt des Gehirns bei Rachitis 622[6].

— u. F. Hepner: Steringehalt im Inhalt verschiedener Darmteile 549[7].

Beutmann, G., s. Chrometzka, F. 69[6].

Bevan, A. D., and H. B. Favill: Fettige Degeneration der Leber nach Chloroformvergiftung 35[14].

Beveridge, J. M. R., and C. C. Lucas: Lipotrope Wirkung der Proteine 147[10]. — Einfluß von Fett auf lipotrope Wirkung von Inosit 150[2].

— C. C. Lucas and M. K. O'Grady: Lipotrope Wirkung der Proteine 147[10].

Beveridge, R. S.: Blutgerinnung beim Neugeborenen 371[1].

Bey, H. J. de, E. E. Snell and C. A. Baumann: Wirkung von Aminosäuren und proteinreicher Ernährung bei Pyridoxinmangel 400[4].

Beyer, K. H.: Wirkung von Ascorbinsäure auf Leberverfettung 386[1].

— and S. H. Shapiro: Entgiftung durch Bindung an Glucuron- oder Schwefelsäure 441[3].

— s. Govier, W. M. 366[15], 367[7].

Bezer, A. E., s. Wolf, A. 734[4].

Beznák, A. B. L.: Freisetzung von Acetylcholin und K-Konzentration 848[3]

Bhagvat, K., and D. Richter: Adrenalinveresterung 439[11]. — Rolle der Phenolasen bei der Adrenalininaktivierung 441[2]. — Phenoloxydase im Gehirn von Schafen 761[24].

Bianchi, R. G., s. Cook, D. L. 529[5].

Bickel, A.: Beschleunigung der Alkoholoxydation durch Zufuhr von Kohlenhydrat + Insulin 488[6].

Bickel, G.: Lebervergrößerung bei Hyperthyreose 446[20].

— et E. Rutishauser: Leberstörungen bei Hyperthyreoidismus 443[5].

Bidder, T. G.: Glucuronsäurebildung 460[3].

Biebl, M., H. E. Essex and F. C. Mann: Nicotinabbau in der Leber 491[14]. — Nicotinaufnahme durch die Extremitätenmuskulatur 492[5].

Bielig, H.-J., u. L. Busch: β-Carotingehalt in der Rinderiris 918[11]. — Gehalt der Rindernetzhaut an Lipochromen 927[2].

Bielschowsky, F.: Cancerogene Wirkung von 2-Aminofluoren 495[4]. — Cancerogene Wirkung von 7-Oxy-2-acetylaminofluoren 495[8]. — Oxydation von 2-Acetylaminofluoren 499[13]. — Hemmung der cancerogenen Wirkung von 2-Acetylaminofluoren durch Hefe 502[2].

Bierbaum, O., s. MacBryde, C. M. 143[12].

Bieri, J. G., and C. J. Pollard: Carotinumwandlung durch Lebergewebe 351[6].

Bierich, R., u. A. Rosenbohm: Milchsäuregehalt im Gehirn 660[2].

Biering-Sørensen, K., and T. K. With: Ursachen der Bilirubinämie des Neugeborenen 512[8].

Bierman, H. R., and E. Jawetz: Aufhebung der Urobilinbildung im Darm durch Sulfonamide 518[8].

Bierry, H., et L. Malloizel: Blutzuckerwerte bei Addisonscher Krankheit 124[3]. Steigerung der Gluconeogenese durch ACTH 125[6].

Biester, H. E., s. Eveleth, D. F. 669[5].

Bieth, R., s. Mandel, P. 677[4], 681[1], 682[3].

Bietti, G.: Buch über Vitamine in der Ophthalmologie. Ital. (1940) 864[11]. — Linsentrübung bei Ratten nach Hypocalcämie 899[5]. — Ascorbinsäuregehalt der Rindernetzhaut 929[1].

Biggs, M. W., s. Byers, S. O. 208[15], 554[8].

Bijvoet, J. M., s. Vloten, G. W. van 150[15].

Bilen, M., s. Stary, Z. 233[1].

Billet, J., s. Doyon, M. 234[4].

Billeter, O., u. E. Marfurt: Arsengehalt der menschlichen Leber 64[11].

Billing, B., s. Bearn, A. G. 16[8].

Billing, B. H., s. Wilkinson, A. W. 802[5].

Billings, F. T. jr., and H. E. de Pree: Bestimmung der Stoffaufnahme durch die Leber beim Menschen 38[3].

Bills, C. E.: Zusammenfassung über Physiologie der Sterine, einschl. Vitamin D (1935) 549[2].

Bindi, N.: Durchströmungsversuche an Hundeleber 28[2]. — Glykogengehalt der diabetischen Leber nach Insulin 75[11].

Binet, L., et A. Arnaudet: Glutathiongehalt der Leber bei Chloroform- und Alkoholvergiftung 276[5].

— et G. Weller: Glutathiongehalt in Organen 276[3]. — Glutathiongehalt im Blut von Lebervene und Pfortader 276[9].

Bingold, K.: Zusammenfassung über Pentdyopent (1932) 523[2]. — Pentdyopente und Propentdyopente 523[2].

Binkley, F.: Ferment der Serinspaltung aus Leber 263[3]. — Cystathioninspaltung 269[6]. Desulfurase 274[4].

— W. P. Anslow jr. and V. du Vigneaud: Cystathioninspaltung 269[5].

— and G. M. Christensen: Thionase 402[4].

— G. M. Christensen and W. N. Jensen: Pyridoxalphosphat und Transsulfurasewirkung 402[1].

Binkley, F., and C. K. Olson: ATPase-Aktivierung durch Ca-Ionen 696[9]. — ATPase, Hemmung durch Ca-, Aktivierung durch Mg-Ionen 773[7].
— and V. du Vigneaud: Cysteinbildung 269[1], 831[7].
— and J. Watson: Methylierung von Kreatin durch Methylphosphat 303[10].
— s. Vigneaud, V. du 474[10].
Binkley, F. R.: Vorkommen von Glutathionase und Cysteinylglycinase 753[6].
Binkley, S. B., s. Bird, O. D. 413[15].
— s. Pfiffner, J. J. 413[7].
Binns, D., s. Amberson, W. R. 629[14].
Biörck, G.: Gehalt an Myoglobinhäm in der menschlichen Muskulatur 521[7].
Birch, C. A., s. Berenbaum, M. C. 66[6].
Birch, T. W.: Einfluß von Pyridoxin auf Wachstumswirkung essentieller Fettsäuren 375[5], 687[6].
— and P. György: Synergismus zwischen Pyridoxin und ungesättigten Fettsäuren 687[5].
Bird, F. H.: Magnesiummangelerscheinungen 625[6].
Bird, H. R., s. Kline, O. L. 674[1].
— s. Machlin, L. J. 270[4].
Bird, O. D., S. B. Binkley, E. S. Bloom, A. D. Emmett and J. J. Pfiffner: Folsäurekonjugase aus Schweineniere 413[15].
— s. Lemley, J. M. 348[15], 349[2].
— s. Mims, V. 414[3].
— s. Pfiffner, J. J. 413[7].
— s. Snell, E. E. 272[3].
Birmingham, M. K., and K. A. C. Elliott: Aerobe Glykolyse in Hirnsuspensionen 707[5]. — Atmungskettenphosphorylierung in Salzhomogenaten aus Gehirn 732[12].
— s. Elliott, K. A. C. 780[2].
Birnbaum, M., s. Dorfman, R. I. 78[7].
Birnhall, S. D., s. Mann, F. C. 534[6].
Birnie, J. H.: Zerstörung von antidiuretischem Hypophysenhormon 450[11,12]. — Vasopressinzerstörende Wirkung der Leber 451[8].
— K. E. Blackmore and H. Heller: Zerstörung von antidiuretischem Hypophysenhormon 450[14].
— s. Eversole, W. J. 450[10].
Bisceglie, V.: Vitamin A-Gehalt von Fischlebern 356[13].
Bishop, C., s. Buzard, J. 339[7].
Biskind, G. R.: Wirkung von implantiertem Oestrol 424[9]. — Verschwinden von Testosteron aus dem Blut 429[14]. — Verhinderung des Oestrus durch Testosteronimplantation 430[5]. — Inaktivierung von 17-Methyltestosteron in der Leber 434[11].
— and M. S. Biskind: Bedeutung von B-Vitaminen für Oestrogeninaktivierung 427[9].
— and J. Mark: Wirkung von implantiertem Oestrol 424[8]. — Implantation von Testosteronpropionat im Pfortadergebiet 430[3].
Biskind, G. R., s. Althausen, T. L. 564[4].
— s. Biskind, M. S. 427[4,7,14], 434[4].
— s. Glick, D. 890[8].
Biskind, L. H., s. Biskind, M. S. 427[14].
Biskind, M. S., and G. R. Biskind: Vitamin B-Komplex und Inaktivierung oestrogener Hormone 427[4,7]. — Testosteroninaktivierung bei Vitamin B-Mangel 434[4].
— G. R. Biskind and L. H. Biskind: Bedeutung von Vitamin B_1 und B_2 für Oestrogeninaktivierung 427[14].
— and M. C. Shelesnyak: Bedeutung von B-Vitaminen für Oestrogeninaktivierung 427[8].
— s. Biskind, G. R. 427[9].
Bissegger, A., s. Zeller, E. A. 856[3], 858[10].
Bissell, G. W., s. Williams, R. H. 115[5], 389[5].
Bith, H., s. Labbé, M. 212[16].
Bjørneboe, M.: Verhältnis Albumin : Globulin bei Lebererkrankungen 229[4].
— C. Brun and F. Raaschou: Plasmaproteingehalt bei Lebererkrankungen 227[5].
— and F. Raaschou: Fibrinopenie bei akuter gelber Leberdystrophie 235[2].
— s. Fischel, E. E. 125[3].
Black, A. L., s. Smith, A. H. 539[8,9].
Black, H. C., s. Borman, A. 300[8].
Black, R., s. Zondek, B. 427[3].
Black, S., s. Jones, M. E. 179[9].
— s. Lipmann, F. 179[6], 723[2].
— s. McKibbin, J. M. 505[13].
Blackmore, K. E., s. Birnie, J. H. 450[14].
Blackwell, J., s. Heyninger, R. van 899[19].
Blair, W. C., s. Bell, L. S. 97[11].
Blakley, R. L.: Fructosebildung aus Sorbit 104[11]. — Einfluß von Sorbit auf β-Oxybuttersäurebildung in Leber 104[11]. — Bedingungen der Serinbildung aus Glycin 260[10].
Blalock, A., and M. F. Mason: Durchblutung von Pfortader und Leberarterie 15[16].
Blanchard, J., s. Chabrol, E. 546[13].
— s. Norris, J. L. 34[9].
Blanchard, M., D. E. Green, V. Nocito and S. Ratner: L-Aminosäureoxydase 248[5]. — L-Aminosäureoxydase, ein Flavoprotein 248[6].
Blanchard, M. L., S. Korkes, A. del Campillo and S. Ochoa: Bedeutung von Biotin für die CO_2-Fixierung 128[2].
— s. Ochoa, S. 128[1].
Blancher, G., E. le Breton et P. May: Vorkommen von Hexaensäure im Gehirn 646[6].
Blankenhorn, M. A.: Vorkommen von Bilirubin in der Ductus thoracicus-Lymphe 520[7].
Blaschko, H.: Cysteinsäuredecarboxylase 271[9]. — Hemmung der Aminoxydasen durch Amine 760[14].
— and J. H. Burn: Abbau von Noradrenalin durch Aminoxydase 761[11].

BLASCHKO, H., C. W. CARTER, J. R. P. O'BRIEN and G. H. SLOANE STANLEY: Bedeutung von Vitamin B_6 für Taurinbildung 402[7].
— S. P. DATTA and H. HARRIS: Bedeutung von Vitamin B_6 für Taurinbildung 402[9].
— D. RICHTER and H. SCHLOSSMANN: Adrenalin- und Noradrenalinabbau 440[4]. — Oxydation von Adrenalin und anderen Aminen durch Gewebsextrakte 440[6]. — Desaminierung von Butylamin, Amylamin und Tyramin durch Gehirn 760[11]. — Adrenalinabbau durch Aminoxydase 761[7].
— s. MEYERHOF, O. 598[3].
BLASS, J., M. CACHIN et J. DURLACH: Tyrosingehalt des Blutes bei Leberschäden 284[3].
BLASTER, K. L.: Bleiausscheidung in der Galle 541[17].
BLATHERWICK, N. R., P. J. BRADSHAW, O. S. CULLIMORE, M. E. EWING, H. W. LARSON and S. D. SAWYER: Leberglykogengehalt bei Ratten und Meerschweinchen 70[5].
— P. J. BRADSHAW, M. E. EWING, H. W. LARSON and S. D. SAWYER: Glykogenbildung aus Sorbit 104[7].
— P. J. BRADSHAW, M. E. EWING and S. D. SAWYER: Milchsäuregehalt des Muskels nach Fructosezufuhr 101[9].
— E. M. MEDLAR, P. J. BRADSHAW, A. L. POST and S. D. SAWYER: Antilipotrope Wirkung von Biotin 151[15]. — Lebercholesterin nach Cholesterinverfütterung 199[8,9].
— s. JANNEY, N. W. 122[4].
— s. RYNBERGEN, H. J. 103[10].
BLAU, N. F.: Aminosäurestickstoff im Blut 212[13].
BLEYER, L., u. W. BERGER: Lebergewicht beim Kaninchen 9[10].
BLISS, A. F.: Vitamin A-Bildung aus Retinin 941[6]. — Sehpurpurbildung durch Netzhautpräparate 943[9]. — Alkoholdehydrogenase wirkt wie Retininreduktase 943[9]. „Zapfensubstanz" 945[7].
BLIX, G.: Struktur der Sulfatide 643[10]. — Chondrosamingehalt der Ganglioside 644[4]. Elektrophoretische Wanderung der Hyaluronidase aus Glaskörper 911[16].
— u. O. SNELLMANN: Hyaluronsäure aus Rinderglaskörper 911[11].
— L. SVENNERHOLM u. I. WERNER: Chondrosamingehalt der Ganglioside 644[3].
— s. MALMROS, H. 231[11].
BLIXENKRONE-MØLLER, N.: Ketonkörperbildung in glykogenreicher Leber 190[6]. — Ketonkörperoxydation in der Muskulatur 194[5]. — Ketonkörperausscheidung bei Katzen 194[5]. — Ketonkörperverwertung ist insulinunabhängig 197[3]. — Kaliumionenverlust als Zeichen einer Gewebsschädigung 802[6].
BLOCH, E.. s. SOBOTKA, H. 551[6].
BLOCH, H., s. HOTTINGER, A. 858[12].
BLOCH, K.: Cholesterinsynthese aus Pyruvat 200[16]. — Keine Cholesterinsynthese in Leberhomogenaten 203[20]. — Abbau des Cholesterins zu Steroidhormonen 209[4]. — Acetatbildung aus Leucin und Isovaleriansäure 265[1]. — Glutathionsynthese in Leberhomogenaten 275[5].
— and H. S. ANKER: Glutathionsynthese 275[4].
— B. N. BERG and D. RITTENBERG: Verteilung von injiziertem D-Cholesterin 199[3]. Bedeutung der Galle für den Cholesteringehalt des Blutes 206[9]. — Gallensäurebildung aus Cholesterin 208[14]. — Cholsäurebildung aus markiertem Cholesterin 554[7].
— E. BOREK and D. RITTENBERG: Fettsäuresynthese in Organen 165[4]. — Fettsäurebildung in der Leber 167[3]. — Cholesterinsynthese in der Leber 200[9], 204[7]. Keine Cholesterinsynthese in Leberhomogenaten 203[19]. — Cholesterinsynthese in Milz, Niere und Darmtrakt 204[7].
— and W. KRAMER: Fettsäurebildung aus ^{14}C-Acetat 167[5].
— and D. RITTENBERG: Cholesterinsynthese in der Leber 200[8,11]. — Vorstufen der Cholesterinsynthese 200[13]. — Cholesterinsynthese aus Äthylalkohol 200[13]. — Cholesterinsynthese aus Acetat 201[9]. — Verwendung von Acetat zur Acetylierung von Phenyamobuttersäure 477[1]. — Verwendung von Acetat zu Acetylierungen 477[5].
— and R. SCHOENHEIMER: Glycinbildung aus Betain 257[5]. — Kreatinbildung aus Arginin 303[4]. — Bedeutung von Glykokoll für die Kreatinsynthese 586[10].
— s. ANKER, H. S. 549[8].
— s. JOHNSTON, R. B. 275[7,10], 276[2].
— s. LANGDON, R. G. 202[13], 203[7].
— s. LITTLE, H. N. 201[8], 202[12].
— s. MANDELES, S. 275[9].
— s. PIHL, A. 133[8], 166[4], 167[1], 204[10], 743[3].
— s. RITTENBERG, D. 166[2], 167[7,8], 201[7], 476[15].
— s. SNOKE, J. R. 275[6,8].
— s. WOODWARD, R. B. 203[6].
— s. WÜRSCH, J. 202[11].
— s. ZABIN, I. 200[21], 201[1,13,14], 202[4].
BLOCK, M. A., s. FLOCK, E. V. 685[4].
BLOCK, R. J.: Aminosäurezusammensetzung von Haarkeratin 653[2]. — Aminosäurezusammensetzung des Neurokeratins 653[2], 654[1]. — Aminosäurezusammensetzung der Gehirnproteine 653[2], 654[5], 655[4,5], 681[5]. — Gehalt an basischen Aminosäuren im Neurokeratin 653[5]. — Neurokeratin, ein Denaturierungsprodukt 653[6]. — Neurokeratinabnahme im degenerierenden Nerven 695[3]. Neurokeratin 925[8].
— and D. BOLLING: Schwefelgehalt von Gehirnproteinen 655[2].
— and E. BRAND: Nucleoproteid aus Nervenzellen 652[5]. — Immunologische Eigenschaften von Nucleoproteiden aus Gehirn 654[6].

BLOCK, R. J., G. A. JERVIS, D. BOLLING and M. WEBB: Aminosäurezusammensetzung der Proteine aus menschlicher Leber 217[5].
— and P. W. SALIT: Linseneiweiß bei Katarakt und Sklerose 887[7].
— and J. A. STEKOL: Bildung von Methionin und Cystein aus Sulfat bei Wiederkäuern 270[3].
— J. A. STEKOL and J. K. LOOSLI: Bildung von Methionin und Cystein aus Sulfat bei Wiederkäuern 270[3].
— s. BRAND, E. 268[7].
— s. JACKSON, R. W. 268[7,8], 272[6].
— s. JERVIS, G. A. 278[13].
BLOCK, W., s. PATZIG, B. 827[2].
BLOHM, T. R., and W. G. WILLMORE: Einfluß von Morphin auf Acetylcholinesterase 860[8].
BLONDHEIM, S. H., and H. G. KUNKEL: Stoffaufnahme durch die menschliche Leber 38[3].
— s. EISENMENGER, W. J. 18[8], 42[12].
BLOOM, B., I. L. CHAIKOFF and W. O. REINHARDT: Fettresorption auf dem Lymphwege 136[10].
— I. L. CHAIKOFF, W. O. REINHARDT and W. G. DAUBEN: Fettresorption auf dem Lymphwege 136[8].
— F. EISENBERG jr. and D. STETTEN jr.: Verwendung von Gluconsäure zur Glykogensynthese 109[13].
— and D. STETTEN jr.: Wege des oxydativen Glucoseabbaues 107[1].
— s. CHAIKOFF, I. L. 136[9].
— s. KIYASU, J. Y. 136[11].
BLOOM, E. S., s. BIRD, O. D. 413[15].
— s. PFIFFNER, J. J. 413[7].
BLOOM, W. L., G. T. LEWIS, M. Z. SCHUMPERT and T.-M. SHEN: Mit Trichloressigsäure extrahierbarer Anteil des Leberglykogens 68[12]. — Desmo- und lyo-Glykogen 580[4].
— s. BONDY, P. K. 38[2].
— s. MCGHEE, E. C. 736[15].
BLOOMBERG, B. M.: Acetylierung körperfremder Substanzen in der Leber 476[4].
BLOOMFIELD, A. L., s. ROWNTREE, L. G. 564[7].
BLOOMFIELD, S.: Acetylcholinähnliche Substanz in Kammerwasser 904[12].
BLOOR, W. R.: Gehalt der Leber an Strukturlipoiden 132[4]. — Ungesättigte Fettsäuren in der Leber 374[16]. — Ungesättigte Fettsäuren in Leberphosphatiden 375[11]. Gehalt an ungesättigten Fettsäuren in Muskelfett 584[1]. — Phosphatid- und Cholesteringehalt von atrophischen und dystrophischen Muskeln 586[8].
— R. OKEY and G. W. CORNER: Gehalt der Leber an Strukturlipoiden 132[4].
— and R. H. SNIDER: Gehalt der Leber an Strukturlipoiden 132[4].
— s. HODGE, H. C. 139[6].
— s. MACLACHLAN, P. L. 9[11], 10[3], 39[9], 40[1], 139[2], 140[1].
— s. SNIDER, R. H. 376[3].
BLUM, E., A. I. KAKOVTSCHUK and A. I. JARMOSCHKEWITSCH: Vorkommen von Gelatinasen und Peptidasen im Gehirn 762[10].
BLUM, L., s. BAER, J. 174[2], 176[8,9].
BLUMBERG, H., s. RUSSAKOFF, A. H. 146[9], 149[13].
BLUMENTHAL, A., s. SCHWARTZ, S. O. 55[8].
BLUNDEN, H., s. BUTTS, J. S. 262[8], 271[1].
— s. DEUEL, H. J. jr. 70[7], 71[8].
BLY, C. G., s. MILLER, L. L. 226[1], 295[4].
— s. ROTHSTEIN, M. 295[11], 296[14].
BOAG, J. W., s. HEYNINGEN, R. VAN 896[6], 898[2].
— s. PIRIE, A. 896[6], 898[2].
BOBBITT, B. G., and H. J. DEUEL jr.: Postmortale Glykogenolyse in der Leber 69[9].
BOCHER, C. A., s. GREEN, H. 908[6], 921[9].
BOCK, A. V., C. VANCAULAERT, D. B. DILL, A. FÖLLING and L. M. HURXTHAL: Respiratorischer Quotient bei Arbeit 589[2].
BOCK, F., s. LICHTWITZ, L. 540[5].
— s. WINDAUS, A. 645[9], 675[5].
BOCK, J. C.: Aminosäurestickstoff im Blut 212[14].
BOCK, R. M., s. BEINERT, H. 181[4], 182[7], 183[2].
— s. GREEN, D. E. 183[3].
— s. MAHLER, H. R. 180[3].
BOCKLAGE, B. C., s. DOISY, E. A. jr. 150[19].
— s. ELLIOT, W. H. 436[11].
BOCKUS, H. L., H. SHAY, J. H. WILLARD and J. F. PESSEL: Proteingehalt der Galle bei entzündlichen Lebererkrankungen 535[3]. — Galle bei Cholelithiasis 535[3]. — Nachweis von Ca-Bilirubinat in der Galle 569[6].
— s. CUMMINS, A. J. 238[14], 241[14].
— s. PIERSOL, G. M. 535[3], 569[6].
— s. TUMEN, H. 229[4].
BODANSKY, A.: Blutphosphatase bei Obstruktionsikterus 240[3]. — Herkunft der Blutphosphatasen 240[3,5].
— and H. L. JAFFE: Blutphosphatase bei Obstruktionsikterus 240[3]. — Bildungsort der Blutphosphatasen 240[3].
BODANSKY, M.: Zinkgehalt der Leber 62[9].
— and O. BODANSKY: Buch über Biochemie der Krankheit. Engl. (1947) 283[1].
BODANSKY, O., s. ALBAUM, H. G. 810[6].
— s. BODANSKY, M. 283[1].
— s. GEREN, W. 339[9].
— s. LEWIS, J. M. 353[1].
BODIAN, D.: Phosphokreatingehalt im Affenrückenmark 658[1]. — Aktivität der sauren Phosphatase im degenerierenden Nerven 695[7]. — Chromatolyse der NISSL-Schollen bei Nervendurchschneidung 698[13]. — Aktivität der sauren Phosphatase in Nervenzellen bei Nervenregeneration 699[1].
— and D. DZIEWIATKOWSKI: P-haltige Verbindungen in Affengehirn und -nerven 662[8]. — Nucleinsäure im Gehirn, Gehalt und Bestimmung 666[10]. — Phosphataufnahme durch regenerierende und degenerierende Nerven 770[9].

Bodian, D., s. Dziewiatkowski, D. 735[16], 746[17], 765[6], 769[5].
— s. Gersh, I. 652[12, 13], 698[14], 812[8].
— s. Howe, H. A. 828[3].
Bodnár, J., V. L. Nagy u. A. Dickmann: Transportwege von Nicotin im Körper 492[2].
— Ö. Szép u. B. Weszprémy: Quecksilbergehalt im Gehirn 623[18], 627[18].
Bodur, H., s. Stary, Z. 233[1].
Böck, J.: Acetalphosphatide in der Cornea 875[11]. — Acetalphosphatide im Ciliarkörperepithel 918[8].
— u. H. Hellauer: Histamin im Kammerwasser? 904[15].
— u. H. Popper: Fermente im Kammerwasser 903[7].
Boedecker, F.: Apocholsäure 556[12].
— u. H. Volk: Apocholsäure 556[12].
Boehm, G.: Anordnung der Fettsäuren in den Myelinscheiden von Wirbeltiernerven 618[5].
Böhm, H., s. Appel, H. 175[1].
Böhm, P., s. Klenk, E. 635[7], 636[1], 637[9], 639[11].
Boehm, R., u. F. A. Hoffmann: Abbau des Leberglykogens bei Wärmeverlust 23[1].
Boehncke, H.: Wirkung von Ascorbinsäure auf Blutzuckergehalt 385[8].
Boekelman, A. J.: Stickstoffgehalt im entzündlichen Gallenblaseninhalt 538[3].
Boell, E. J.: Bildung der Cholinesterase bei Entwicklung von Amblystoma maculatum 683[7].
— and D. Nachmansohn: Acetylcholinesterase der Markscheide von Tintenfischnerven 855[9].
Boelter, M. D. D., s. Greenberg, D. M. 797[15].
Bösl, O.: Abbau von Leberglykogen nach Thyroxin beim hungernden Tier 77[13].
Bogatin, B., s. Adlersberg, D. 360[9].
Bogatzki, M., C. G. Schmidt u. L. Fischer: Kaliumionenverlust als Zeichen von Gewebsschädigung 802[9].
Bogetti, H., et P. Mazzocco: Lipoidgehalt der Leber nach partieller Exstirpation 32[10]. — Glykogengehalt der Leber nach partieller Hepatektomie 33[3]. — Chemische Regeneration der Leber nach partieller Hepatektomie 33[15].
— s. Royer, M. 508[8].
Bogniard, R. P., and G. H. Whipple: Eisenbestimmung in der Leber 44[5]. — Eisengehalt der Hundeleber 44[5]. — Umsatzgeschwindigkeit von Eisen in Leber und Milz 45[2]. — Eisengehalt der Leber nach Blutentnahme 50[6]. — Eisenablagerung in Leber und Milz nach Erythrocytenabbau 52[3]. — Eisengehalt der Darmschleimhaut 53[8].
Bohr, D. F., s. Greenberg, L. D. 291[7].
Bohonos, N., s. Hutchings, B. L. 413[4].
Boissier, J., s. Rambert, P. 48[4].
Boissonnas, R. A., R. A. Turner and V. du Vigneaud: Oxydation von p-Dimethylaminoazobenzol 498[5].
— s. Meyer, K. H. 80[6].
Boivin, A., R. Vendrely et C. Vendrely: Desoxyribunocleinsäuregehalt eines Leberzellkerns 311[5]. — Desoxyribonucleinsäuregehalt von Spermien 312[1].
Bøje, O., s. Bang, O. 590[2], 608[3], 609[4].
Bokman, A. H., and B. S. Schweigert: Nicotinsäurebildung aus Chinolinsäure 293[7].
Boku, S., and T. Kin: Campher zur Leberfunktionsprüfung 457[6].
Boll, F.: Lichtempfindlichkeit des Sehpurpurs 939[13].
Bollier, M., s. Sutherland, D. A. 526[10].
Bolling, D., s. Block, R. J. 217[5], 655[2].
— s. Jervis, G. A. 278[13].
Bollman, J. L.: Collateralkreislauf nach Unterbindung der Leberarterie 29[2]. — Proteingehalt im Blutplasma bei Leberschädigung 227[3].
— H. R. Butt and A. M. Snell: Prothrombin im Blut bei Leberkranken 236[6].
— and E. V. Flock: Cholesteringehalt der Leberlymphe 20[7]. — Phosphatidsynthese bei proteinarmer Ernährung 161[4].
— E. V. Flock, J. C. Cain and J. H. Grindlay: Lipoidgehalt in Leber- und Darmlymphe 20[6].
— M. Khattab, R. Thors and J. Grindlay: Durchblutungsgröße der Leber 38[1].
— and F. C. Mann: Zusammenfassung über Leber und Galle (1932; 1934) 1[8]. — Zusammenfassung über Leberexstirpation (1936) 30[2]. — Aminosäuregehalt im Blut bei entleberten Tieren 31[12]. — Partielle Leberexstirpation 32[5]. — Tetrachlorkohlenstoffvergiftung der Hundeleber 36[3]. — Glucosebildung aus Galaktose beim Diabetiker 96[12]. — Verhalten der Harnsäure bei hepatektomierten Hunden 338[2]. — Keine Gallensäurebildung bei leberlosen Hunden 559[4]. — Hemmung der Gallensäureresekretion bei Chloroformvergiftung 559[4]. — Gallensäureausscheidung bei Gallenfistelhunden 560[3].
— F. C. Mann and T. B. Magath: Verschwinden injizierter Aminosäuren aus dem Blut nach Hepatektomie 211[2]. — Aminosäurezufuhr bei leberlosen Tieren 211[4]. — Bedeutung der Leber für Harnstoffbildung 304[5]. — Allantoinbildung in der Leber 338[1]. — Bilirubingehalt im Blut nach Hepatektomie bzw. Choledochusunterbindung 508[8].
— F. C. Mann and M. H. Power: Ausscheidung verabreichter Galaktose nach Hepatektomie 92[6]. — Bedeutung der Leber für Umwandlung von Galaktose in Glucose 93[1].
— s. Berryman, G. H. 227[7], 228[4], 234[3].
— s. Cain, J. C. 19[2].
— s. Flock, E. V. 211[6], 544[3, 4], 685[4].

BOLLMAN, J. L., s. GRINDLAY, J. H. 19[3], 29[1].
— s. MANN, F. C. 211[7], 507[2], 508[1,3,7,8].
— s. MANN, F. D. 369[7].
— s. NIX, J. T. 19[4], 20[3].
— s. VOLWILER, W. 20[4].
BOLTE, A., s. GOHR, H. 518[11], 519[13], 520[1].
BOLTON, E. T., D. B. COWIE and M. K. SANDS: Verwertung von Sulfat durch Bakterien 270[6].
— s. COWIE, D. B. 270[2].
BOLYARD, M. N., s. STANGER, D. W. 203[2].
BOMSKOV, C., u. K. N. v. KAULLA: Abbau des Leberglykogens bei Wärmeverlust 23[2]. — Temperaturabhängigkeit des Glykogengehaltes der Leber 72[1].
BONANNI, A.: Phospholipide in menschlicher Fistelgalle 545[6].
BONCODDO, N. F., s. THANNHAUSER, S. J. 70[3], 80[4], 634[5], 637[6,7], 638[2], 641[6].
BOND, H. W., s. HUNDLEY, J. M. 292[16].
BONDY, P. K.: Abbau von Adrenalin und Noradrenalin 440[5]. — Thyroxininaktivierung in der Leber 441[11].
— W. L. BLOOM, V. S. WHITNER and B. W. FARRAR: Bestimmung von Teilfunktionen des Leberstoffwechsels 38[2].
— D. F. JAMES and B. W. FARRAR: Bestimmung von Teilfunktionen des Leberstoffwechsels 38[2].
— and W. H. SHELDON: Glykogengehalt der diabetischen Leber nach Insulin 75[8].
BONDZYŃSKI, S., u. V. HUMNICKI: Koprosterinbildung aus Cholesterin 549[9].
BONE, A. D., s. WEIL-MALHERBE, H. 704[26], 705[2], 710[7], 711[12], 712[1,6,8], 713[1], 757[7], 774[4].
BONELLI, M., s. FASOLI, A. 232[3].
BONETTI, G., s. VISCONTINI, M. 389[2], 755[9].
BONGARD, W., s. KLENK, E. 639[8].
BONGIOVANNI, A. M., and W. J. EISENMENGER: Cortison- und 17-Oxycorticosteronausscheidung bei Leberkranken 438[7].
— s. EISENMENGER, W. J. 18[8], 42[12].
BONNER, D., s. KREHL, W. A. 294[7].
— s. REID, D. F. 291[5].
BONNER, J., and B. ARREGUIN: Verteilung der Methylgruppen in Carotinoiden 202[14].
BONNETT, R., J. R. CANNON, A. W. JOHNSON, T. SUTHERLAND, A. R. TODD and E. L. SMITH: Struktur von Vitamin B_{12} 524[1].
BONNICHSEN, R. K.: Alkoholdehydrogenase aus Leber 485[3].
— and A. M. WASSÉN: Krystallisierte Alkoholdehydrogenase 487[4].
— s. THEORELL, H. 487[5,6], 489[6].
BONNYCASTLE, D. D., s. TABACHNICK, I. I. A. 179[4].
BONOT, A., s. CAHN, T. 321[8].
BONSER, G. M., D. B. CLAYSON, J. W. JULL and L. N. PYRAH: Cancerogene Wirkung von 3,4,5,6-Dibenzcarbazol 496[2].
— s. ARMSTRONG, E. C. 495[3].
BOOHER, L. E., and J. A. KILLIAN: Ketogene Wirkung von Hydrogencarbonat 193[11].
BOOTH, J., E. BOYLAND and D. MANSON: Bildung von 2-Naphthylamin-1- und -6-schwefelsäure aus 2-Naphthylamin 474[4].
BOOTH, V. H.: Vitamin A-Speicherung in der Leber 348[8], 355[5].
BORASI, M., s. CAVALLERO, C. 35[3], 36[12], 143[3].
BORCHERS, R., C. P. BERG and N. E. WHITMAN: Antiketogene Wirkung von Tryptophan 293[2].
BOREK, E., and D. RITTENBERG: Cholesterinsynthese aus Aceton 200[20], 201[4].
— and H. WAELSCH: Oxydative Desaminierung von Methionin 268[6].
— s. BLOCH, K. 165[4], 167[3], 200[9], 203[19], 204[7].
— s. PRESCOTT, B. A. 826[7].
— s. WAELSCH, H. 749[5].
BORELL, U., and Å. ÖRSTRÖM: ^{32}P-Austausch im Gehirn 765[7]. — Aufnahme von ^{32}P durch Gehirn 769[3]. — Steigerung der P-Aufnahme durch die Medulla oblongata nach Enucleation der Augen 771[6]. — Austausch von Phosphat zwischen Gehirn und Liquor cerebrospinalis 797[18]. — Permeabilität von Phosphat in die weiße und graue Substanz des Gehirns 799[1].
— and H. HOLMGREN: Sauerstoffverbrauch der Leber bei Thyroxinmangel 444[6].
— A. WESTMAN and Å. ÖSTRÖM: Abhängigkeit der P-Aufnahme durch Gehirn vom Sexualcyclus bei Kaninchen 771[7,8].
BORENFREUND, E., s. DISCHE, Z. 888[12].
BORGHI, A., e G. NERI SERNERI: Zinkreaktion 245[2]. — Thymoltrübungstest bei Verschlußikterus 246[10].
— s. NERI SERNERI, G. 246[10].
— s. TEODORI, U. 246[10].
BORGSTRÖM, B.: Cholesterinsynthese in der Darmwand 204[8]. — Verwendung von Stearinsäure zur Cholesterinsynthese 739[13].
BORIANI, A.: Hemmung des Adrenalinabbaus durch Salicylate 439[8].
BORMAN, A., T. R. WOOD, H. C. BLACK, E. G. ANDERSON, M. J. OESTERLING, M. WOMACK and W. C. ROSE: Unentbehrlichkeit von Arginin 300[8].
— s. ROSE, W. C. 295[6].
BORN, H. J.: Aufnahme von ^{32}P durch Gehirn 769[7].
— u. H. TIMOFÉEFF-RESSOVSKY: Arsenaufnahme durch Gehirn 626[1]. — Chloridaufnahme durch Gehirn 630[4].
— H. A. TIMOFÉEFF-RESSOVSKY u. P. M. WOLF: Aufnahme von ^{56}Mn durch Rattenleber 62[1]. — Aufnahme von ^{56}Mn durch Gehirn 625[9].
BORNSTEIN, A.: Harnstoffbildung in der Leber 247[10]. — Aminosäureabbau in der Leber 248[1].
— u. H. F. ROESE: Aminosäureabbau 247[9].
BOROWSKAY, W., s. KAPLANSKY, S. 654[4].
BORSON, H. J., S. R. METTIER and A. MCBRIDE: Anämie bei Mangel an Vitamin B_6 505[13].

Borsook, H., H. W. Davenport, C. E. P. Jeffreys and R. C. Warner: Ascorbinsäureoxydation 383[2].
— and C. L. Deasy: Zusammenfassung über Stoffwechsel von Eiweiß und Aminosäuren (1951) 216[3]. — Glykokollaufnahme durch Gehirn und Darmschleimhaut 745[20]. — Einbau radioaktiver Isotopen in Gehirnproteine 746[14].
— C. L. Deasy, A. J. Haagen-Smit, G. Keighley and P. H. Lowy: Aminosäureaufnahme durch Organproteine 214[8]. — Proteinsynthese in Lebermitochondrien 215[1]. — Proteinsynthese in Leberzellen 215[4]. — Energielieferung für Peptidsynthese 215[9]. — Aminosäureaufnahme durch Leberzellfraktionen 216[1]. — Polypeptid A aus Leber 218[2,3]. — Einbau von Glycin in Lebermikrosomen 258[2]. — Bildung von α-Aminoadipinsäure aus Lysin 296[7]. — Bildung von Glutarsäure aus α-Ketoadipinsäure 296[10].
— and J. W. Dubnoff: Bedeutung von ATP für Methylgruppenübertragung von Methionin 267[7]. — Bildung von α-Aminoadipinsäure aus Lysin 296[8]. — Keine Synthese von Guanidinoessigsäure in der Leber 303[6]. — Methylierung von Guanidinoessigsäure durch Methionin 303[7]. — ATP als Energiequelle für Methylierung der Guanidinoessigsäure 303[9]. — Argininbildung durch Transaminierung 308[4]. — Argininbildung in der Niere 309[7]. — Energielieferung für Hippursäurebildung 470[4]. — Hemmung der Hippursäurebildung durch Cyanid 470[5].
— s. Dubnoff, J. W. 148[12], 267[4], 296[7].
Boss, M. B., s. Herrmann, H. 917[6], 920[5,7].
Bosshardt, D. K., L. S. Cieresko and R. H. Barnes: Lipotrope Pankreasextrakte 154[9].
Boström, H., and S. Åqvist: Keine Cysteinbildung in der Leber aus Sulfat 270[1].
— u. E. Jorpes: Schwefelaustausch der Cornea- und Skleramucopolysaccharide 875[2].
— s. Odeblad, E. 875[2].
Bothmann, L., s. Kornfeld, P. 893[5].
Bothwell, T. H., s. Alper, T. 54[4].
Bots, P., s. Jezler, A. 243[5].
Bottiglioni, E.: Wirkung von Vitamin E auf Glutathionstoffwechsel 367[16].
Boucher, R. V., s. Castano, F. F. 348[6], 353[12].
Bouchut, M., s. Mouriquand, G. 443[5].
Bouckaert, J. J.: Senkung des Leberglykogens durch Tetrahydronaphthylamin 22[6]. — Einzeitige Leberexstirpation 31[2].
Bouckaert, J. P., s. Duve, C. de 75[4], 76[9].
— s. Appelmans, R. 510[1].
Boulanger, P.: Zusammenfassung über Kalium und Natrium bei tierischen Organismen (1946) 622[15].
— et R. Osteux: Diaminosäuredehydrogenase 249[1].
Boulin, R., F. W. Meyer, M. Gueniot et C. Lapresle: Insulin und Cocarboxylase als Synergisten beim Glucoseabbau 112[5].
Bourdillon, Mme, s. Ravault, P. 38[3].
Bourne, E. J., s. Barker, S. A. 89[3], 90[3].
Bourne, G.: Vitamin A-Gehalt in Mitochondrien 350[17]. — Lokalisation von Ascorbinsäure in der Leberzelle 378[9]. — Keine Phosphatasereaktion in der Lebergalle von Meerschweinchen 544[11]. — Phosphatasenachweis im Meerschweinchengehirn 776[7].
Bourne, M. C., and L. Young: Bildung von α-Naphthylmerkaptursäure aus Naphthalin 473[17].
— s. Kerly, M. 932[13].
Bourquard, A., s. Wolff, R. 924[5].
Bourrillon, R., s. Polonovski, M. 508[9], 509[11], 538[2], 542[12], 543[16], 545[11], 546[6,11], 549[10], 550[2].
Boutwell, R. K., s. Geyer, R. P. 93[10].
Bouvet, P., s. Cuny, L. 672[5].
Bovens, B. R., s. Cohen, J. A. 859[7].
— s. Kalsbeek, F. 859[6].
Bowden, J. P., and W. H. Peterson: Freisetzung von Biotin durch Trypsin und Papain 411[6].
Bowen, W. J., s. Laki, K. 579[6].
Bowes, J. H., and R. H. Kenten: Prolin- und Oxyprolingehalt von Reticulin 14[6].
Bowie, D. J., s. Allan, F. N. 154[2].
Bowie, E. J., s. Geyer, R. P. 189[8], 190[3].
Bowie, M. A., s. Rosenthal, O. 92[1], 105[2].
Bowles, L. L., W. K. Hall, V. P. Sydenstricker and C. W. Hock: Hornhautveränderungen bei Mangel an Vitamin B_6 und Pantothensäure 876[14].
— V. P. Sydenstricker, W. K. Hall and H. L. Schmidt jr.: Kataraktbildung bei Ratten nach Phenylalaninmangel 899[12].
— s. Berg, J. L. 876[12].
Bowman, D. E., and E. Muntwyler: Vitamin C-Gehalt der Leber nach Äthernarkose 379[9].
Bowman, K. M., s. Goldfarb, W. 488[6], 791[13].
— s. Himwich, H. E. 790[9], 823[8,14], 824[5], 825[3,5], 827[3].
— s. Wortis, J. 783[15], 822[1], 824[4], 827[5].
Bowman, R. O., s. Manter, W. B. 79[6].
Bowness, J. M., and R. A. Morton: Bindung von Zink und Kupfer in der Chorioidea vom Barsch 918[1]. — Erhöhung der Lichtabsorption von Melanin durch Metallionen 918[2].
— R. A. Morton, M. H. Shakir and A. L. Stubbs: Zink- und Kupfergehalt verschiedener Augengeweben 915[7]. — Zink- und Kupfervorkommen in pigmentierten Augengeweben 917[8].
Boxer, G. E., and J. C. Rickards: Normale Cyanidausscheidung im Harn 481[2]. — Normale Cyanidausscheidung in der Atemluft 481[3]. — Cyanidausscheidung im

Hundeharn 481[4]. — Rhodanidausscheidung bei Hund und Ratte 481[4]. — Rhodanidbindung durch Leberproteine 481[4]. Oxydativer Abbau von Cyanid 481[4].
BOXER, G. E., and D. STETTEN jr.: Vorstufen der Glykogenbildung in Leber und Muskel 118[1]. — Lecithinbildung aus Cholin 144[10]. Steigerung der Fettbildung aus Kohlenhydrat durch Vitamin B_1 151[21]. — Fettsynthese bei Thiaminmangel 170[4].
— s. STETTEN, D. jr. 118[1], 166[3], 168[4].
BOY, G.: Harnstoffbildung bei Hunger 305[2].
— s. TERROINE, E. F. 470[14].
BOYARSKY, L. L., s. SAMUELS, A. J. 662[9], 666[11], 694[9], 735[6], 739[5], 770[8].
— s. TSCHIRGI, R. D. 758[10], 782[11].
BOYCE, F. F., and E. M. MCFETRIDGE: Hippursäuretest bei gesteigerter Schilddrüsentätigkeit 445[17].
BOYCOTT, J. A.: Eisengehalt der Leber in der Schwangerschaft 50[2].
BOYD, E. M.: Gehalt der Leber an Strukturlipoiden 132[5].
— and C. J. KINGSMILL: Empfindlichkeit hepatektomierter Hunde gegen Antabus 491[8].
BOYD, G. S.: Cholesterinsynthese in der Leber bei Pantothensäuremangel 205[13]. — Cholesteringehalt der Nebenniere bei Pantothensäuremangel 409[8]. — Cholesterinester in Leber und Blutplasma bei Pantothensäuremangel 409[10].
BOYD, L. J., s. INNERFIELD, I. 238[1].
BOYD, M. J., s. WASE, A. W. 65[2].
BOYD, T. C., and N. K. DE: Kein Vorkommen von Cer und Zinn im Gehirn 628[5]. — Ammoniakfreisetzung im Gehirn bei epileptischen Zuständen 629[3].
BOYER, P. D., H. A. LARDY and P. H. PHILLIPS: ADP als P-Acceptor 709[9]. — Angriffspunkt der Kaliumwirkung im Gehirn 806[8].
— J. H. SHAW and P. H. PHILLIPS: Wirkung manganarmer Ernährung auf die Leber 61[15].
— s. RABINOVITZ, M. 732[10].
BOYLAND, E., and M. E. BOYLAND: Fermentgehalt von Muskeln 585[6].
— and A. A. LEVI: Bildung von L-Anthraniloylmerkaptursäure aus Anthracen 474[5].
— and G. H. WILTSHIRE: Oxydation von Naphthalin zu Dioxynaphthalin 473[14].
— s. BOOTH, J. 474[4].
BOYLAND, M. E., s. BOYLAND, E. 585[6].
BRACHET, J.: Basophilie des Nucleolus 312[4]. Basophilie von Chromatin 666[16]. — Einfluß von Ribonucleoproteiden auf die neurale Induktion 682[4].
— et R. JEENER: Phosphomonoesterasegehalt im regenerierenden Lebergewebe 34[7].
— R. JEENER, M. ROSSEEL et L. THONET: Gehalt an Ribonucleinsäure und Gesamt-N in Leber bei Nahrungsentzug oder Proteinmangel 321[1].
— s. NEEDHAM, J. 302[9].
BRADLEY, G. P., s. BRADLEY, S. E. 14[12], 16[1], 38[1].
BRADLEY, H. C., s. GIBSON, C. A. 744[16], 762[7], 763[6].
BRADLEY, S. E.: Gesteigerte Leberdurchblutung im Fieber 24[10].
— F. J. INGELFINGER, G. P. BRADLEY and J. J. CURRY: Durchblutung der Leber 14[12], 38[1]. — Rhythmische Schwankungen der Leberdurchblutung 16[1].
— s. MENDELOFF, A. I. 563[11].
BRADLEY, W. B., and A. C. IVY: Atophanausscheidung mit der Galle 482[11]. — Choleretische Wirkung von Atophan (Cinchophen) 533[4].
BRADLOW, H. L., s. CHAIKOFF, I. L. 209[1], 554[10].
BRADSHAW, P. J., s. BLATHERWICK, N. R. 70[5], 101[9], 104[7], 151[15], 199[8].
BRADY, R. O., and S. GURIN: Mechanismus der Fettsäuresynthese in der Leber 165[1]. Insulinwirkung auf Fettsäurebildung aus Acetat 167[13,14]. — Keine Wirkung von Insulin auf Bildung höherer Fettsäuren 168[1]. — Fettsäureabbau und -bildung in diabetischer Leber 168[13]. — Fettsäurebildung aus Pyruvat und C_2-Bruchstücken 170[2]. — Bedeutung von Diphosphopyridinnucleotid für die Fettsäuresynthese 170[8]. — Fettsäuresynthese in Leberbrei und -extrakt 171[1,3]. — Cholesterinsynthese aus Acetaldehyd 200[15]. — Cholesterinsynthese aus Pyruvat 200[18]. — Cholesterinsynthese aus Aceton 201[3]. — Cholesterinsynthese in der Leber aus C_4-Verbindungen 202[5,7]. — Fettsäuresynthese in Leberhomogenaten 203[16–18]. Fettsäure- und Cholesterinsynthese in der Leber von pankreaslosen Katzen 205[9].
— F. D. W. LUKENS and S. GURIN: Fettsynthese in der Leber bei pankreas- und hypophysenlosen Tieren 169[1,2].
— s. CRANDALL, D. I. 188[2].
BRAEKKAN, O. R.: Thiamingehalt der Walleber 387[10]. — Riboflavingehalt von Walleber 390[11]. — Nicotinsäuregehalt von Walleber 394[10].
BRAGANZA, B. DE, s. KOREY, S. R. 850[4].
BRAGANCA, B. M., P. FAULKNER and J. H. QUASTEL: Hemmung der Acetylcholinbildung in Hirnschnitten durch Ammoniumionen 807[8]. — Steigerung der Glutaminsynthese in Hirngewebe durch Ammoniumionen 808[1]. — Beziehungen zwischen Acetylcholinsynthese und Kohlenhydratstoffwechsel 845[14]. — Hemmung der Glutaminsynthese durch Ammoniumionen 846[2].
— and J. H. QUASTEL: Fermentinaktivierung durch Phospholipase A 134[4]. — Freisetzung von Acetylcholin durch Schlangengift 849[5].
— J. H. QUASTEL and R. SCHUCHER: Hemmung der Glutaminsynthese durch Fluorid 752[6].

BRAGANCA, B. M., s. QUASTEL, J. H. 134[3].
BRAINERD, H. D., H. B. BRUYN, G. MEIKLEJOHN and L. O'GARA: Ausscheidung von Aureomycin durch die Leber 561[6].
BRAMANTE, P., s. MARFORI-SAVINI, L. 399[3,4].
— s. MAFORI, L. 399[2].
BRAMMERTZ, W.: Vorkommen von Glykogen in der Netzhaut 928[18].
BRAND, E., R. J. BLOCK and G. F. CAHILL: Verwertung von D-Methionin 268[7].
— s. BLOCK, R. J. 652[5], 654[6].
BRAND, F. C., s. SPERRY, W. M. 207[4], 744[17].
BRAND, I., u. I. TAKÁTS: Kupferverbindungen in der Cornea (KAYSER-FLEISCHERscher Ring) 874[1].
BRAND, J.: Trockensubstanz in menschlicher Galle 535[5].
BRANDALEONE, H., and E. P. RALLI: Vitamin A-Bildung aus Carotin bei Diabetes 352[2].
— s. RALLI, E. P. 352[2].
BRANDENBERGER, H., s. KARRER, P. 251[6].
BRANDES, W. W., s. SIMONDS, J. P. 446[19].
BRANDT, E. L., s. GRIFFIN, A. C. 501[17], 502[14].
— s. WARD, D. N. 501[18].
BRANDT, W., s. BÜRGER, M. 76[9].
BRANNON, E. S., s. GREER, C. M. 840[10].
— s. MYERS, J. D. 444[1], 446[16].
— SCHEINBERG, P. 819[1].
— s. WARREN, J. V. 37[9].
BRANTE, G.: Kephalingehalt in peripheren Nerven 636[11]. — Inositphosphatidgehalt von Gehirn und Rückenmark 637[4]. — Kephalingehalt des Gehirns 638[13]. — Chondrosamingehalt der Ganglioside 644[5]. Vorkommen von Gangliosiden in der weißen Substanz 644[11]. — Serinkephalingehalt der Markscheidenlipoide 646[2]. — Vorkommen von Cholesterin und Cerebrosiden im Achsenzylinder 646[2]. — Plasmalogengehalt der Markscheidenphosphatide 646[4]. — Gehalt an Bindegewebe in sympathischen Ganglien 646[7]. — Lipoidzusammensetzung verschiedener Nervengewebe 647[1], 648[1]. — Lecithingehalt im Nervengewebe des Hummers 647[3]. — Gehalt an Cerebrosiden und Cholesterin im Thalamus 648[2]. — Verhältnis Sphingomyelin: Lecithin in Gehirn und Nerven 649[1]. — Lipoidverteilung in Markscheiden und Achsenzylinder 649[6]. — Lipoidgehalt im Gehirn wachsender Ratten 678[2]. — Cerebrosidgehalt im Gehirn neugeborener Säugetiere 678[9]. Zunahme der Markscheiden im Gehirn beim Wachstum 678[12]. — Myelinisierung im Zentralnervensystem 679[5]. — Lipofuscin im Gehirn 680[2]. — Phosphatide in Gliomen 691[8]. — Lipoidgehalt des Gehirns bei diffuser Sklerose 692[6].
— and L. SVENNERHOLM: Vorkommen von Gangliosiden im Achsenzylinder 646[3]. — Gangliosidgehalt im Gehirn menschlicher Feten 678[6]. — Vorkommen von Gangliosiden in Glioblastomen 691[9].
BRATTGÅRD, S. O.: Bedeutung adäquater Reize für Entwicklung und Stoffwechsel von Neuronen 812[1].
— and H. HYDÉN: Atmung der weißen und grauen Substanz des Gehirns 782[7].
BRATTON, A. C. jr., s. GLATZKO, A. J. 561[12].
BRATZLER, J. W., J. K. LOOSLI, V. N. KRUKOVSKY and L. A. MAINARD: Vitamin E-Speicherung in der Schweineleber 364[1].
BRAUER, L.: Gehalt an reduzierenden Stoffen in der Galle nach Pankreasexstirpation 543[8].
BRAUER, R. W., R. L. PESSOTTI and N. J. NICOSIA: Bromsulphaleinausscheidung bei Tetrachlorkohlenstoffvergiftung 563[16]. — Bromsulphaleinaufnahme durch extrahepatische Organe 564[3].
— R. L. PESSOTTI and P. PIZZOLATO: Methodik der Leberdurchströmung 27[5]. — Bromsulphaleintest 563[6].
— and M. A. ROOT: Bildung der Plasmaesterase in der Leber 238[3]. — Esterasegehalt von Blut und Leberzellen bei Leberschädigungen 238[3], 239[2].
— s. KREBS, J. 563[14].
BRAUN, W., and N. B. CARLE: Vitamin A-Gehalt in der Leber junger Tiere 356[8].
BRAUNSHTEĬN, A. E., s. BRAUNSTEIN, A. E.
BRAUNSTEIN, A. E.: Zusammenfassung über Transaminierung und die Funktion der Dicarbonsäuren im Stickstoff-Stoffwechsel (1947) 295[13].
— and R. M. AZARKH: Wirkung von Pyridoxin auf Desulfhydrase 274[2]. — Pyridoxalphosphat und Transsulfurasewirkung 401[11]. — Desulfhydraseaktivität bei Pyridoxinmangel 402[2].
— and E. V. GORYACHENKOVA: Pyridoxalphosphat und Transsulfurasewirkung 401[12].
— E. V. GORYACHENKOVA and T. S. PASKHINA: Kynureninase 289[7].
— and M. G. KRITZMANN: Transaminierung 249[5]. — Alaninbildung aus Pyruvat 254[5].
— A. N. PARSCHIN u. O. D. CHALISOWA: Bedeutung der Ernährung für Entgiftungsvorgänge 454[7]. — Entgiftung von Benzol 455[15].
— and M. M. SHEMYAKIN: Bildung von SCHIFFschen Basen bei der Transaminierung 251[5].
— and G. Y. VILENKINA: Lipotrope Wirkung von Threonin 152[11].
— s. EPSTEIN, I. S. 455[17].
BRAUS, H.: Buch über Anatomie des Menschen. Bd. 2. 2. Aufl. (1934) 12[1].
BRAWERMAN, G., s. CHARGAFF, E. 668[5].
BRAY, H. G., S. P. JAMES, I. M. RAFFAN, B. E. RYMAN and W. V. THORPE: Deacetylierungsenzyme der Leber 478[9].
— S. P. JAMES and W. V. THORPE: Deacetylierungsenzyme der Leber 478[9].
— S. P. JAMES, W. V. THORPE and M. R. WASDELL: Deacetylierung von substituierten Acetaniliden 478[7]. — Deacetylasen in Leber und Niere 478[7].

BRAY, W. E., s. WADDELL, W. W. jr. 371[12].
BRAZER, J. G., and A. C. CURTIS: Vitamin A-Bildung aus Carotin bei Diabetes 352[2].
BRAZIER, M. A. B., and J. E. FINESINGER: Elektrische Aktivität des Gehirns bei Narkose 815[1].
BRECHER, A., s. PRESCOTT, B. A. 826[7].
BRECHT, K., u. M. CORSTEN: Freisetzung von Acetylcholin bei Nervenreizung 841[15]. Acetylcholingehalt in cholinergischen und sensiblen Nerven 842[9]. — Cholinergische Natur sensibler Vagusäste 843[8]. — Acetylcholingehalt im Sehnerven 948[7].
BREESE, B. B., and A. B. McCOORD: Vitamin A-Gehalt im Blut bei Ikterus 359[12]. Steigerung der Vitamin A-Resorption durch Galle 359[12]. — Steigerung der Vitamin A-Resorption bei Ikterus durch Gallensäuren 360[8].
— s. CLAUSEN, S. W. 353[9].
BREGOFF, H. M., s. ROBERTS, E. 751[12].
BRENDEL, R., s. BEILER, J. M. 850[17].
BRENNER, S., M. C. H. BROOKES and L. J. ROBERTS: Vitamin A-Gehalt von Leber und Blut, Beziehungen 353[3].
— s. GILLMAN, J. 39[3], 523[9].
— s. POPPER, H. 350[9], 356[3].
BRENTANO, C.: Insulineinwirkung auf Leberglykogen 74[6]. — Adsorption von Gallensäuren an Proteine 560[5].
BREUER, H., s. DARDENNE, U. 912[4].
BREUSCH, F. (L.): Zusammenfassung über Biochemie des Fettsäureabbaues (1948) 184[1]. — Sorbitoxydation in der Leber 104[10]. — Direkte Oxydation von Kohlenhydraten in der Leber 108[8]. — Endoxydation von Pyruvat 126[8]. — Ketonkörperoxydation 194[9]. — Gehalt an freien Fettsäuren in der Galle 546[13]. — Äpfelsäurebildung aus Oxalessigsäure im Gehirn 718[11]. — Decarboxylierung von Oxalessigsäure von Gehirn und Nerven 718[11]. — Citronensäurebildung im Gehirn 718[11], 742[11]. — Succinodehydrogenase im Gehirn 720[9]. — Aconitase 723[10]. Cytochromsystem und Aktivität der Succinodehydrogenase 725[2].
— and H. KESKIN: Citronensäurebildung im Gehirn 742[12].
— u. R. SCALABRINO: Vitamin A-Gehalt cirrhotischer Lebern 360[1].
— and R. TULUS: Citronensäureumsatz in Leber und Muskel 126[9]. — Keine Wasserstoffübertragung von Isocitronensäure auf Oxalessigsäure im Nervengewebe 719[8]. — Reduktion von Brenztraubensäure und β-Oxybuttersäure 742[1].
— and E. ULUSOY: Ketonkörperbildung in menschlicher Leber 185[3]. — Mechanismus des Fettsäureabbaus im Gehirn 742[2].
— s. SCHOENHEIMER, R. 205[2], 208[11].
BREWER, A. K., s. LASNITZKI, A. 801[17].
BRICKMAN, H. F., s. GOLDBLOOM, A. 98[1].
BRIDGE, E. M.: Insulineinwirkung auf Leberglykogen 74[10].
BRIDGMAN, W. B.: Polydispersität des Leberglykogens 81[7].
BRIERLEY, J. B.: Förderung von Phosphateintritt ins Nervensystem durch Histamin 800[2].
BRIERLY, J. M., s. SEALOCK, R. R. 377[13], 378[2], 387[1].
BRIGGS, A. P., s. SINGAL, S. A. 292[5], 293[12], 398[2].
BRIGGS, F. N., s. TAUROG, A. 442[1,2].
BRIGGS, G. M. jr.: Ersatz von Nicotinsäure durch Tryptophan beim Hühnchen 292[3].
— T. D. LUCKEY, C. A. ELVEHJEM and E. B. HART: Behandlung von Vitamin B_4-Mangel beim Huhn 673[19].
BRIGL, P., u. O. BENEDICT: Nutriaglykocholsäure aus Sumpfbibergalle 554[1].
BRIN, M., R. E. OLSON and F. J. STARE: Oxydation von L- und D-Lactat im Gehirn 706[10].
BRINK, G., u. M. GÜLZOW: Serumamylase bei Leberschädigung 241[13].
BRINK, N. G.: Steigerung der Atmung von Leberhomogenaten durch Nicotinsäureamid 395[10].
— F. A. KUEHL jr. and K. FOLKERS: Cyanid- und Kobaltgehalt von Vitamin B_{12} 481[1].
— s. RICKES, E. L. 419[3].
BRINKHOUS, K. M., H. P. SMITH and E. D. WARNER: Bedeutung der Galle für Vitamin K-Resorption 368[10]. — Prothrombingehalt im Neugeborenen und im Placentarblut 371[2].
— and S. A. WALKER: Eiweißgehalt der Leberlymphe 19[10].
— and E. D. WARNER: E-Avitaminose bei Gallensperre 368[1].
— s. HAWKINS, W. B. 368[8], 369[3].
— s. SCANLON, G. H. 372[4].
— s. SMITH, H. P. 235[7,11], 236[1,3], 237[1], 368[11], 370[5].
— s. WARNER, E. D. 235[7], 236[3], 369[4], 370[5].
BRINKMANN, E., s. TOENNIESSEN, E. 184[3], 185[9], 186[3].
BRISKAS, S., s. LESNÉ, E. 58[6].
BRITTON, S. W., and H. SILVETTE: Abnahme des Leberglykogens bei hungernden adrenektomierten Tieren 124[1].
— s. SILVETTE, H. 23[2], 42[3], 71[15], 74[2], 124[1].
BROACH, W. J., s. KEITH, C. K. 335[8], 415[5], 416[9].
BROCKMANN, H.: Vitamin D_3 in Thunfischleber 363[7]. — Vitamin D_3 in Heilbuttleber 363[8].
— u. A. BUSSE: Vitamin D_3 in Bluefin-Thune-Leber 363[9]. — Vitamin D_2 in Fischlebern 363[10].
BRØCHNER-MORTENSEN, K.: Sideroämie bei Obstruktionsikterus 48[4].
BRODA, E. E.: Phosphatid im Sehpurpur 938[13].
— and C. F. GOODEVE: Absorptionsmaximum von Lumirhodopsin 940[3].

Broda, E. E., C. F. Goodeve and R. J. Lythgoe: Zahl der chromophoren Gruppen im Sehpurpurmolekül 942[6].
— C. F. Goodeve, R. J. Lythgoe and E. Victor: Isoelektrischer Punkt von Sehpurpur 938[10].
Brodersen, R., and W. H. Anderson: Penicillininaktivierung in der Leber und -ausscheidung in der Galle 562[3].
— s. Anderson, W. H. 562[6].
Brodie, B. B., s. Wallace, G. B. 630[2].
Brody, T. M., and J. A. Bain: Lokalisation der Ribonucleinsäure in Nervenzellen 666[17]. — Oxydation der Zwischenstufen des Citronensäurecyclus im Gehirn 725[5]. Atmungskettenphosphorylierung in isolierten Gehirnmitochondrien 730[12,13]. — P/O-Verhältnis bei Atmungskettenphosphorylierung in Gehirnmitochondrien 731[2]. — Sauerstoffverbrauch des Gehirns bei Narkose 813[10]. — Einfluß von Thiopental auf Atmung und Phosphorylierung in Hirnhomogenaten 814[9]. — Einfluß von Narkotica auf Atmungskettenphosphorylierung im Hirngewebe 814[9].
— R. I. H. Wang and J. A. Bain: Fermente des Cytochromsystems im Gehirn 795[13].
Brofman, B., s. Craig, J. W. 102[10].
Broh-Kahn, R. H., and I. A. Mirsky: Wirkung von Hypophysenvorderlappenextrakten auf Hexokinase 85[3]. — Keine Hydrolyse von Glucose-1- und Fructose-6-phosphat in der Leber 91[3]. — Insulinase 448[3].
— B. Simkin and I. A. Mirsky: Insulinasegehalt der Leber nach Kohlenhydratnahrung 448[5]. — Insulinase-Inhibitor 448[11].
— s. Mirsky, I. A. 185[7], 447[14], 448[1,12].
— s. Simkin, B. 10[2], 448[4,9].
Brooke, B. N., s. Crawford, N. 537[11].
Brookens, N.: p_H-Wert im ruhenden Froschmuskel 604[2].
Brookes, M. C. H., s. Brenner, S. 353[3].
Brooks, V. B., R. E. Sansmeier and R. W. Gerard: Hemmung der Cholinesterase durch Tetraäthylpyrophosphat 859[8].
Brophy, D., and D. McEachern: Q_{O_2} der grauen Hirnsubstanz nach Thyroxinbehandlung 818[9].
Brosteaux, J., s. Green, D. E. 726[10].
Broun, G. O.: Vermehrte Gallenfarbstoffbildung nach Muskelanstrengung 522[5].
— s. McMaster, P. D. 522[4].
Brown, C. F. G., s. Dolkart, R. E. 546[14].
Brown, D. E. S., s. Shanes, A. M. 671[8], 863[8].
Brown, E. F., s. Goettsch, M. 367[13].
— s. Gray, E. L. 352[4].
Brown, E. V. L., and E. I. Evans: Linsenwachstum 882[5]. — Glutathiongehalt der Rattenlinse 889[6].
Brown, F.: α-Tokopherol in Fischleberölen 364[8].
Brown, F., S. Dunstan, T. G. Halsall, E. L. Hirst and J. K. N. Jones: Glucoseoxydation mit Perjodat 82[10].
Brown, G. B.: Allantoinbildung aus Hypoxanthin 331[7]. — Hypoxanthin und Hypoxanthosin, nicht Vorstufen der Aminopurine in Nucleinsäuren 333[8].
— M. L. Petermann and S. S. Furst: Aufnahme von Adenin in Desoxyribonucleinsäuren der Leber 316[6]. — Nucleinsäuresynthese aus Adenin 331[1].
— P. M. Roll and A. A. Plentl: Nucleinsäuresynthese aus Adenin 331[3].
— P. M. Roll, A. A. Plentl and L. F. Cavalieri: Nucleinsäuresynthese aus Adenin 331[2]. — Verhalten von exogenem Guanin 331[2].
— s. Bendich, A. 314[3], 331[9], 343[2].
— s. Drochmans, P. 332[8].
— s. Furst, S. S. 316[4,5], 325[7,8], 333[9].
— s. Geren, W. 339[9].
— s. Getler, H. 331[7], 333[8].
— s. Roll, P. M. 331[11].
— s. Vigneaud, V. du 266[3], 267[2], 269[4], 475[9], 477[3].
Brown, G. L., and W. Feldberg: Freisetzung von Acetylcholin und Kaliumkonzentration im Gehirn 848[1].
Brown, G. M., and E. E. Snell: Coenzym A-Bildung in der Leber 179[2]. — Pantothenylcystein als Coenzym A-Vorstufe 407[2].
— s. Snell, E. E. 272[3].
Brown, G. W. jr., s. Chaikoff, I. L. 187[5], 189[2], 741[9].
Brown, H., s. West, C. D. 434[5].
Brown, J. B.: Ungesättigte Fettsäuren in Leberphosphatiden 376[5].
Brown, P. K., s. Wald, G. 940[5], 942[1,2], 943[8], 944[5], 946[10,11].
Brown, R. A., s. Lemley, J. M. 348[15], 349[2].
— s. Pfiffner, J. J. 413[7].
Brown, R. K., s. Miller, E. C. 496[1].
— s. Needham, J. 302[9].
Brown, R. R., J. A. Miller and E. C. Miller: Förderung der Demethylierung von p-Dimethylaminoazobenzol durch Peroxyde 498[1].
Browne, J. S. L., s. Hoffman, M. M. 437[12].
— s. Maughan, G. B. 458[4].
— s. Venning, E. H. 435[6], 437[4].
Brownell, K. A., s. Hartman, F. A. 123[11].
Brox, G.: Glucuronidbildung bei Lebererkrankungen 457[2].
Bruce, R. A., s. Kochakian, C. D. 435[1].
Brucer, M., s. Archdeacon, J. W. 541[15].
Bruck, E., and S. Rapoport: Galaktoseprobe bei Kindern mit Galaktoseintoleranz 98[2].
Brücke, E. v.: Bilifuscin 522[6].
Brücke, H. v., H. F. Hellauer u. K. Umrath: Aneuringehalt der Cornea 875[10]. Acetylcholingehalt der Cornea 875[10], 876[6]. Acetylcholinwirkung bei Ceratitis neuroparalytica 876[6].

BRÜCKEL, K. W., H. J. HÜBENER, G. MEYERHEIM u. G. LIERSCH: Cortison- und 17-Oxycorticosteronausscheidung bei Leberkranken 438[7].
BRÜCKMANN, G., and S. G. ZONDEK: Kupfergehalt der Leber von Kleinkindern 57[6]. Mangangehalt der menschlichen Leber 60[14]. — Kein Kupferdepot im Gehirn des Neugeborenen 626[16].
BRÜCKNER, J.: Galaktosidform der Gehirncerebroside 642[10]. — Glucosegehalt von Organcerebrosiden 690[6].
BRÜCKNER, R.: Wassergehalt der Linse 883[2]. Cholinesterase im Kammerwasser 903[9]. — Enzymgehalt im Glaskörper 911[9]. — Wassergehalt im Ciliarkörper 914[1]. — Atmung und Glykolyse der Ciliarkörper- und Irisepithelien 919[17]. — Cholinesterase in der Uvea 920[14].
— s. SÜLLMANN, H. 936[7].
BRÜHL, H. H.: Ammoniakfreisetzung im Gehirn bei epileptischen Zuständen 629[4].
BRUES, A. M., D. R. DRURY and M. C. BRUES: Partielle Leberexstirpation 32[2]. — Synthesegeschwindigkeit der Lebernucleinsäuren nach Hepatektomie 325[10].
— and B. B. MARBLE: Partielle Leberexstirpation 32[3]. — Synthesegeschwindigkeit der Lebernucleinsäuren nach Hepatektomie 325[10].
— M. M. TRACY and W. E. COHN: N:P-Quotient in Ribo- und Desoxyribonucleinsäuren der Leber 315[1]. — Erneuerungsgeschwindigkeit der Desoxyribonucleinsäuren 316[1]. — ^{32}P-Einbau in Nucleinsäuren der regenerierenden Leber 325[6]. — Umsatzgeschwindigkeit der Nucleinsäuren in Leberhepatomen bei der Ratte 326[3].
BRUES, M. C., s. BRUES, A. M. 32[2], 325[10].
BRUGER, M., s. ROSENKRANTZ, J. A. 447[2].
BRUGGEN, J. T., VAN, s. HUTCHENS, T. T. 167[10].
BRUGSCH, J. T.: Zusammenfassung über Störungen des Porphyrinstoffwechsels (1936) 525[4]. — Porphyrinausscheidung in Galle und Harn 525[4]. — Porphyrinausscheidung im Harn bei Ikterus und Hepatitis 526[5]. — Porphyrine im Harn bei Lebererkrankungen und hämolytischem Ikterus 527[8].
— and A. KEYS: Koproporphyrinurie bei Alkoholismus 527[11].
BRUGSCH, T., A. BENATT, H. HORSTERS u. R. KATZ: Insulineinwirkung auf Leberglykogen 74[11].
— u. H. HORSTERS: Atophanwirkung auf die Leber 482[10]. — Wirkung von Histamin auf Gallenbildung und Bilirubinausscheidung 509[8], 531[12]. — Gallenmenge beim Hund mit Gallenfistel 529[4]. — Tagesverlauf der N-Ausscheidung in der Galle 529[4]. — Einfluß von Kohlenhydraten auf die Gallensekretion 530[11]. — Erregung der Gallensekretion durch Galle 532[1]. — Choleretische Wirkung von Atophan (Cinchophen) 533[3]. — Keine Steigerung der Gallenproduktion nach Wasser und physiologischen Salzlösungen 533[17]. — Hemmung der Gallenproduktion durch Alkohol 533[20]. — Spezifisches Gewicht der menschlichen Galle 537[1].
BRUGSCH, T., u. J. IRGER: Eisengehalt der Galle 55[12]. — Spezifisches Gewicht der menschlichen Galle 537[1].
— u. K. KAWASHIMA: Gallenfarbstoffbildung aus Hämin 506[5].
— u. K. RETZLAFF: Gallenfarbstoffbildung aus Hämin 506[5].
— u. J. ROTHER: Harnsäureausscheidung in der Galle bei Niereninsuffizienz 542[10].
— u. S. YOSHIMOTO: Gallenfarbstoffbildung aus Hämin 506[5].
BRULÉ, M., H. GARBAN et A. AMER: Campher zur Leberfunktionsprüfung 457[6].
BRUMAN, F.: Beeinflussung der Körpertemperatur durch wärmeregulierende Hirnzentren 23[8].
BRUMMEL, E., s. EARLY, D. F. 861[5].
BRUN, C., s. BJØRNEBOE, M. 227[5].
BRUNEL, A.: Allantoicase 340[4]. — Harnsäureabbau bei Amphibien 340[5]. — Harnsäureabbau bei verschiedenen Tierarten 341[1].
— s. FOSSE, R. 338[11].
BRUNELLI, E., and W. W. WAINIO: DPN und TPN als Cofermente der Glucosedehydrogenase 108[4].
BRUNISH, R., and J. M. LUCK: Halbwertszeit der Leberproteine 214[9].
BRUNNER, O., u. E. BARONI: Zustandsform von Lactoflavin in der Netzhaut 927[19]. Lumiflavin und Lumichrom aus Rinder- und Schweinenetzhäuten 928[6].
BRUNS, F. (H.): Serumaldolase bei Hepatitis 242[4].
— u. W. JACOB: Phosphohexoseisomerase 242[5].
— u. W. PULS: Serumaldolase bei Hepatitis 242[4].
BRUNSCHWIG, A., s. TAGNON, H. J. 423[4], 425[10], 426[4].
BRUST, M., s. SAMUELS, A. J. 662[9], 666[11], 694[9], 735[6], 739[5], 770[8].
BRUYN, H. B., s. BRAINERD, H. D. 561[6].
BRYAN, A. R., s. SEIBERT, R. A. 41[11].
BRYANS, F., s. ZARROW, M. X. 438[1].
BRYSON, M. J., L. T. SAMUELS and H. C. GOLDTHORPE: Beeinflussung der Androgeninaktivierung durch Nicotinsäureamid und Tryptophan 430[14].
BRZEZINSKI, A., s. ZONDEK, B. 427[1].
BUADZE, S., s. ABDERHALDEN, E. 298[3].
BUCHANAN, J. M.: Vorstufen der Pyrimidinsynthese 342[3].
— A. B. HASTINGS and F. B. NESBETT: Glykogensynthese in Leberschnitten 40[5]. — Förderung der Glucosebildung in Leberschnitten aus Pyruvat durch Natriumionen 43[6]. — Förderung der Glykogen-

bildung in der Leber durch Kaliumionen 43[6]. — Wirkung von Natrium- und Kaliumionen auf die Glykogensynthese in Leberzellen 43[8]. — Bedeutung von K-Salzen für Glykogenbildung aus Brenztraubensäure 120[3].

Buchanan, J. M., W. Sakami, S. Gurin and D. W. Wilson: Acetessigsäurebildung aus kurzkettigen Fettsäuren 188[1]. — Citratbildung aus Acetoacetat in der Niere 195[4].

— J. C. Sonne and A. M. Delluva: Verwendung von Glycin zur Purinsynthese 337[7].

— s. Deane, H. W. 43[10].

— s. Hastings, A. B. 40[4], 43[5].

— s. Schulman, M. P. 333[3,7], 337[5,8].

— s. Solomon, A. K. 129[1].

— s. Sonne, J. C. 337[7].

— s. Vennesland, B. 118[2].

Buchbinder, W. C., and R. Kern: Negative Ca-Bilanz bei Acholie 360[11].

Buchel, L., and H. McIlwain: Phosphokreatin- und ATP-Gehalt im Gehirn bei Narkose 813[20]. — Einfluß von Narkotica auf Atmung, Phosphokreatin- und Phosphatgehalt von Hirnschnitten 814[7]. — Milchsäurebildung im Hirngewebe bei Narkose 814[7]. — Milchsäurebildung im Hirngewebe bei Narkose 814[12].

— s. McIlwain, H. 630[10], 772[4], 788[11], 810[17].

— s. Rosenberg, A.-J. 814[13].

Bucher, N. L. R., and A. D. Glinos: Synthesegeschwindigkeit der Lebernucleinsäuren nach Hepatektomie 325[10].

Buchthal, F.: Zusammenfassung über Muskel (1947) 570[20].

— and H. Hertz: Aktivitätsverlust des Nerven bei Sauerstoffmangel 863[9].

Buchwald, E., s. Dorfman, R. I. 78[7].

Budanowa, A., s. Kaplansky, S. 654[4].

Budanowa, A. M.: Argininggehalt von Hirnproteinen 654[8].

Buddecke, E., s. Weitzel, G. 916[2,3].

Budnick, M., s. Sharnoff, J. G. 457[13].

Bücher, T.: Reduktion von H-Ionen durch ATP 804[2].

— s. Negelein, E. 580[1].

Büchmann, P.: Buch über essentielle Eisenmangelanämie (1948) 49[4]. — Zusammenfassung über Eisenresorption (1944) 54[2].

Büchner, F.: Buch über Spezielle Pathologie (1955) 212[9]. — Gehirnnekrosen bei Hypoxie 787[2]. — Einwirkung von Anämie und CO-Vergiftung auf verschiedene Gehirnteile 787[9].

Bueding, E., M. H. Stein and H. Wortis: Brenztraubensäureabgabe aus der Leber 115[2].

— s. Lipschitz, W. L. 455[3], 456[7], 457[10], 458[8], 459[9], 460[4].

Bueker, E. D., s. Lassek, A. M. 695[14].

Bülbring, E., and J. H. Burn: Adrenalin- und Noradrenalinwirkung an der Nickhaut der Katze 761[19]. — Freisetzung von Adrenalin und Noradrenalin bei Reizung des Nebennierenmarks 840[2].

Bülbring, E., s. Larrabee, M. G. 814[1].

Büll, H.: Bleigehalt der Leber 66[15].

Buell, M. V., s. Still, J. L. 255[4].

Bülow, M., u. E. G. Holmes: Ammoniakgehalt im Gehirn 628[12].

— s. Plaut, F. 674[15].

Bürger, M., u. W. Brandt: Glucagongehalt von Insulin 76[9].

— u. E. Klotzbucher: Glucagongehalt von Insulin 76[9].

— u. H. Kohl: Insulineinwirkung auf Leberglykogen 74[10].

— u. H. Kramer: Glucagongehalt von Insulin 76[9]. — Glucagonwirkung auf die Leber 76[11].

— u. H. D. Oeter: Koprosterinbildung im Darm 549[2].

— u. G. Schlomka: Wassergehalt der Hornhaut 873[1]. — Cholesteringehalt der Cornea, Zunahme im Alter 875[13].

— u. W. Winterseel: Sterinausscheidung bei Gallengangsverschluß 549[3].

Bürker, K.: Gallendruck bei Gallengangshindernissen 528[10].

Bürki, E., u. A. E. Schmid: Ascorbinsäure im Oberflächenepithel der Cornea 876[5]. — Verteilung der Ascorbinsäure in der Linse 890[8]. — Lokalisierung der Ascorbinsäure in der Uvea 918[17]. — Ascorbinsäure in den multipolaren Ganglienzellen der Meerschweinchennetzhaut 929[2]. — Ascorbinsäure im Sehnerven 948[15].

— s. Schmid, A. E. 876[5], 890[8], 918[17], 929[2], 948[15].

Buffa, A.: Vitamin A-Gehalt in Thunfisch- und Schwertfischleber 357[7].

Buffa, F., s. Zoccoli, A. G. 227[5].

Buffa, P., W. D. Lotspeich, R. A. Peters and R. W. Wakelin: Fluorcitronensäure, Wirkung auf Isocitrocodehydrogenase und Aconitase 725[15].

— and R. A. Peters: Citronensäuregehalt im Rattengehirn 660[13]. — Fluoressigsäurehemmung des Citronensäurecyclus 717[13], 725[7]. — Keine Wirkung von Fluoressigsäure auf Aconitase 725[7].

— s. Peters, R. (A.) 725[9], 726[2].

Buhs, R. P., s. Scudi, J. V. 403[10].

Bujard, E., u. F. Leuthardt: Bedeutung von ATP für Glutaminsynthese 253[10].

Bulbring, E., s. a. Bülbring, E.

Bull, L. B., H. R. Marston, D. Murnane and E. W. L. Lines: Demyelinisierung des Rückenmarks bei Kupfermangel 627[2].

Bullet, F., s. Bernhard, K. 164[1].

Bullock, K.: Stabilität der Acetylcholinesterase gegenüber organischen Lösungsmitteln 860[17].

Bullock, T. H., H. Grundfest, D. Nachmansohn and M. A. Rotenberg: Acetylcholinesterase kommt in allen Nervengeweben vor 856[1].

Bulmer, E.: Bromsulphaleintest beim Kaninchen 563[2].

BUMM, E., H. APPEL u. P. COUCEIRO: Steigerung der anaeroben Glykolyse durch Gewebsextrakte 709[15].
— u. K. FEHRENBACH: Nichtphosphorylierende Glykolyse in der Netzhaut 932[9].
— s. KRAUT, H. 709[14].
BUMSTEAD, J. H., s. RICH, A. R. 507[13].
BUNGE, E.: Unverestertes Cholesterin in menschlichen Linsen 889[21].
BUNGE, G. (v.): Eisenreserve der Säuglingsleber 45[5]. — Kalium- und Natriumgehalt im Stützgewebe 575[9].
— u. O. SCHMIEDEBERG: Hippursäurebildung an entleberten Fröschen 28[3].
BUNN, D., s. MACLAGAN, N. F. 244[5], 246[3], 247[5].
BUNNEN, J. P. v., s. LEDERER, J. 450[1].
BURBRIDGE, T. N., s. HINE, C. H. 490[7].
BURCHI, R.: Blutammoniakgehalt bei Lebercirrhose 18[11].
BURDICK, F. D., s. PRATT, E. B. 15[3], 38[1].
BURDON-COOPER, J.: Autolytischer Eiweißzerfall in der Linse 896[12].
BURGE, W. E., G. C. WICKWIRE and H. M. SCHAMP: Kalkeinlagerungen in die Linse 884[7].
BURGEN, A. S. V., and L. M. CHIPMAN: Aktivität der Acetylcholinesterase im Hundekleinhirn 853[5].
— F. DICKENS and L. J. ZATMAN: Wirkung von Botulismustoxin auf Acetylcholinfreisetzung an Nervenendigungen 841[3].
BURGOYNE, F. H., s. SYMEONIDIS, A. 501[22].
BURIÁN, R.: Xanthinoxydase 334[7].
— u. H. SCHUR: Purinsynthese 332[1].
BURK, D.: Änderung der freien Energie bei Milchsäurebildung aus Glykogen im Muskel 599[3].
— J. M. SPANGLER, V. DU VIGNEAUD, C. KENSLER, K. SUGIURA and C. P. RHOADS: Wirkung von Biotin auf Cancerogenese durch p-Dimethylaminoazobenzol 501[10].
— and R. J. WINZLER: Pepsinhydrolyse von gebundenem Biotin 411[10]. — Bedeutung von Biotin für CO_2-Fixierung 411[10].
— R. J. WINZLER and V. DU VIGNEAUD: Ersatz von Biotin durch Asparaginsäure bei Mikroorganismen 412[7].
— s. FIALA, S. 47[7].
— s. VIGNEAUD, V. DU 501[11].
— s. WINZLER, R. J. 412[7].
BURKHOLDER, P. R.: Komplex aus Magenstoff und Vitamin B_{12} 421[1].
— I. MCVEIGH and K. WILSON: Gebundene Folsäure in der Leber 413[10].
BURKY, E. L., and A. C. WOODS: Darstellung von Linsenproteinen 886[4].
— s. WOODS, A. C. 886[4, 13].
BURN, J. H.: Abbau von Noradrenalin durch Aminoxydase 761[13].
— and D. E. HUTCHEON: Adrenalin- und Noradrenalinwirkung an der Iris 761[20]. — Wirkung von Noradrenalin auf Coronargefäße 840[13].
BURN, J. H., and H. W. LING: Jahreszeitliche Unterschiede im Glykogengehalt der Rattenleber 71[12].
— and J. ROBINSON: Abbau von Noradrenalin durch Aminoxydase 761[12]. — Aminoxydasekonzentration an sympathischen Nervenendigungen nach Denervierung 761[23].
— s. BLASCHKO, H. 761[11].
— s. BÜLBRING, E. 761[19], 840[2].
BURN, S. H., and H. P. MARKS: Abbau von Leberglykogen nach Thyroxin 77[12].
BURNETT, W. T. jr., s. TOTTER, J. R. 65[12].
BURNS, J. E.: Anwendung von Thorium-Komplex-Verbindungen in der Röntgendiagnostik 66[3].
BURNS, J. J., E. H. MOSBACH and S. SCHULENBERG: Vitamin C-Speicherung in der Leber 377[14].
— E. H. MOSBACH, S. SCHULENBERG and J. REICHENTHAL: Bildung von L-Sorbose aus L-Idit 104[12]. — Sorbose nicht Ascorbinsäurevorstufe 381[7].
— s. JACKEL, S. S. 380[9], 381[1].
BURNS, T. W., s. SAYERS, G. 126[1], 449[6].
BURR, G. O., and M. M. BURR: Essentielle Fettsäuren 153[2]. — Keine Bildung mehrfach ungesättigter Fettsäuren im Organismus 374[10].
— s. BARNES, R. H. 143[2].
— s. RIECKEHOFF, I. G. 164[4], 375[1], 687[2].
— s. WESSON, L. G. 153[2].
BURR, M. M., s. BURR, G. O. 153[2], 374[10].
BURRILL, M. W., and R. R. GREENE: Androgene Wirkung von implantiertem Testosteron 430[1]. — Implantierung von Methyltestosteron 430[1]. — Inaktivierung von 17-Methyltestosteron in der Leber 434[11]. — Inaktivierung von Desoxycorticosteron in der Leber 437[8].
— s. GREENE, R. R. 438[1].
BURRIS, R. H., s. GRISOLIA, S. 307[7].
— s. LARDY, H. A. 128[3], 412[5].
— s. OLSON, O. E. 413[11], 414[4].
BURROUGHS, E. W., H. S. BURROUGHS and H. H. MITCHELL: N-Gleichgewicht bei Argininmangel 302[3].
BURROUGHS, H. S., s. BURROUGHS, E. W. 302[3].
BURROWS, W. H., s. MARKOWITZ, J. 31[5].
BURSA, F., s. STARY, Z. 233[1], 355[2], 356[6], 357[8].
BURSTEIN, L. S., s. SRERE, P. A. 739[9].
BURT, J. C., s. ODELL, L. D. 698[9].
BURT, M. L., s. PAGE, I. H. 736[13].
BURT, N. S., A. R. MCNABB and R. J. ROSSITER: Lipoidkonzentration im regenerierenden Nerven 699[7].
BURTON, A. C., s. CAMPBELL, B. A. 569[7].
BURTON, C. L.: Keine Bedeutung des Endometriums für Pregnandiolglucuronidbildung 437[2].
BURTON, K.: Diphosphopyridinnucleotid als Coferment von Fettsäuredehydrogenase 163[7].

Burton-Opitz, R.: Durchblutung der Leber 14[9,10]. — Blutdruck in Pfortader und Leberarterie 15[9,10]. — Wirkung von Adrenalin auf Leberdurchblutung 16[9].

Busch, L., u. H. J. Neumann: Kryptoxanthin und -ester in der Hühneriris 918[10]. —

— H. J. Neumann u. G. v. Studnitz: Sehpurpurlösung 938[2].

— s. Bielig, H.-J. 918[11], 927[2].

Buschke, (A.): Linsentrübungen durch Thalliumsalze 899[21].

Buschke, W.: Zusammenfassung über Vitamine des Auges (1951) 864[8]. — Kataraktbildung bei Schweinen nach Vitamin B_2-Mangel 899[9]. — Linsentrübung durch aromatische Nitroverbindungen 900[4].

— s. Albanese, A. A. 899[11].

— s. Fitzhugh, O. G. 900[1].

— s. Friedenwald, J. S. 875[12], 908[10], 918[15,18], 921[8].

— s. Goldmann, H. 908[7].

— s. Müller, H. K. 889[3], 890[6].

Buskirk, H. H., and R. A. Delor: Freisetzung von Pantothensäure aus Coenzym A 404[12].

Busse, A., s. Brockmann, H. 363[9,10].

Butenandt, A.: Kynureninbildung beim Tryptophanabbau 285[10]. — Genabhängigkeit der Ommochrombildung 918[5].

— W. Weidel u. E. Becker: Genabhängigkeit der Ommochrombildung 918[5].

— W. Weidel, R. Weichert u. W. v. Derjugin: Genabhängigkeit der Ommochrombildung 918[5].

Butler, A. M., and M. Cushman: Ascorbinsäuregehalt des Blutes 379[1].

Butler, C.: Vitamin A- und D-Gehalt in Fischleberölen 362[6].

Butler, E., s. Ashby, W. 683[5], 796[17].

Butler, G. C., s. Hurst, R. O. 313[8].

— s. Packham, M. A. 459[8], 463[13].

Butler, T. C.: Zusammenfassung über Theorien der allgemeinen Narkose (1950) 813[10].

Butsch, W. L., and J. M. McGowan: Sekretionsdruck der Galle beim Menschen 528[12].

— s. Hubbard, R. S. 561[2].

Butt, E. M., H. E. Pearson and D. G. Simonsen: Bleiwerte im Gehirn bei kongenitalen Erkrankungen 627[15].

Butt, H. R., M. W. Comfort, M. H. Power and H. L. Mason: Ausscheidung von 17-Ketosteroiden bei Leberkranken 439[1].

— A. M. Snell and A. Keys: Verhältnis Albumin : Globulin bei Lebererkrankungen 229[4].

— A. M. Snell and A. E. Osterberg: Prothrombin im Blut bei Leberkranken 236[6]. Bedeutung der Galle für Vitamin K-Resorption 368[9].

— and R. M. Wilder: Hämosiderinablagerung bei Hämochromatose 54[5]. — Hämochromatose bei Frauen 54[5].

Butt, H. R., s. Bennett, H. S. 426[12].

— s. Bollman, J. L. 236[6].

Butt, W. R., P. Morris, C. J. O. R. Morris and D. C. Williams: Inaktivierung von Progesteron 434[14].

Button, V., s. Kaucher, M. 131[5], 132[6], 633[1], 641[10], 642[7], 650[1].

Butts, H. A., s. Evans, R. J. 406[5].

Butts, J. S., H. Blunden and M. S. Dunn: Bildung von Leberglykogen aus Serin 262[8]. —Keine Leberglykogenbildung aus Cystein 271[1].

— M. S. Dunn and L. F. Hallman: Glykogenbildung aus Phenylalanin 280[6]. — Experimentelle Alkaptonurie bei Ratten 283[10].

— and R. O. Sinnhuber: Leberglykogenbildung aus Valin 263[11]. — Lysin weder gluco- noch ketoplastisch 297[2]. — Antiketogene Wirkung von Arginin 303[3].

— s. Deuel, H. J. jr. 70[7], 71[8], 102[2].

Buu Hoï, N. P., E. Philippot, M. J. Dallemagne et M. A. Gerebtzoff: Antilipotrope Wirkung von Monooxypentamethoxycyclohexan 150[24].

Buxton, C. L., s. Westphal, U. 436[6].

Buzard, J., C. Bishop and J. H. Talbott: Wiederausscheidung injizierterHarnsäure beim Menschen 339[7].

Byers, S. O., and M. W. Biggs: Gallensäurebildung aus Cholesterin 208[15]. — Cholsäurebildung aus markiertem Cholesterin 554[8].

— and M. Friedman: Cholesteringehalt des Blutes nach Gallensperre 206[18]. — Cholesteringehalt der Leber nach Gallensperre 207[1]. — Kein Zusammenhang zwischen Cholesteringehalt in Galle und Nahrung 547[3].

— M. Friedman and M. M. Garfield: Allantoinbildung in der Leber 338[3].

— M. Friedman and F. Michaelis: Bedeutung der Galle für den Cholesteringehalt des Blutes 206[10]. — Cholesteringehalt des Blutes nach partieller Hepatektomie 206[16]. — Cholesterinester im Blutplasma nach Choledochusunterbindung 208[9].

— s. Friedman, M. 126[5], 200[17], 206[5,17,19,20,21], 547[9], 548[5], 550[1], 560[2,8].

— s. Rosenman, R. H. 547[7,9].

Byerrum, R. U., and J. H. Flokstra: Cocarboxylasegehalt von Organen und Aneuringehalt der Nahrung 722[2].

Cabello Ruz, J.: Biliverdin in Amphibiengalle 516[10]. — Bilinverdingehalt der Galle von Vögeln und Amphibien 536[7].

Cabib, E., L. F. Leloir and C. E. Cardini: Uridindiphosphatacetylglucosamin 96[5].

— s. Leloir, L. F. 96[4].

Caccuri, S., e A. Chiarello: Aminosäuregehalt des Blutes bei Lebercirrhose 212[5].

Cachera, R.: Extracelluläres Gewebswasser bei Lebererkrankungen 230[5].

CACHERA, R., M. LAMOTTE et S. LAMOTTE-BARRILLON: Fettlebern ohne Lebercirrhose 156[3]. — Hyperbilirubinämie bei Glykogenablagerung in der Leber 513[3].
CACHIN, M., s. BLASS, J. 284[3].
— s. CHABROL, E. 547[5].
— s. DURLACH, J. 450[8].
CAFIERA, M., s. BARGONI, N. 157[12], 684[8].
CAGAN, R. N., J. L. GRAY and H. JENSEN: Wirkung von Thyreoektomie auf Xanthinoxydase der Leber 445[14].
CAGIANUT, B.: Verteilung von Na-Ionen zwischen Blutflüssigkeit und Kammerwasser 907[1].
— H. HEUSSER u. K. EICHENBERGER: Wasseraustausch zwischen Blut und Augeninnerem 907[12].
— s. FLASCHENTRÄGER, B. 463[12].
— s. WUNDERLY, C. 904[8].
CAHANE, M., s. PARHON, C. I. 621[7].
CAHILL, G. F., s. BRAND, E. 268[7].
CAHILL, W. H., s. MAUN, M. E. 876[13].
CAHILL, W. M., and G. G. RUDOLPH: Verwertung von D-Methionin 268[7].
CAHN, A.: Eiweißgehalt und Eiweißkörper der Netzhaut 925[3]. — Lipoidgehalt der Rindernetzhaut 926[4].
CAHN, T., et A. BONOT: Nucleinsäuregehalt von Leberzellen bei Hunger 321[8].
CAIN, J. C., J. H. GRINDLAY, J. L. BOLLMAN, E. V. FLOCK and F. C. MANN: Leberlymphe 19[2].
— s. BOLLMAN, J. L. 20[6].
— s. GRINDLAY, J. H. 19[3].
CAJORI, F. A., and H. M. VARS: Bildung der Blutplasmaesterase in der Leber 238[4]. — Serumamylase bei Leberschädigung 241[11].
CALDER, R. M.: Tetrachlorkohlenstoffvergiftung der Rattenleber 36[5].
CALDWELL, E. F., and E. W. MCHENRY: Bedeutung von Pyridoxin für Transaminierung Glutaminsäure/Brenztraubensäure 400[9]. — Wirkung von 4-Desoxypyridoxin auf Transaminierung 401[4]. — Harnstoffbildung bei Pyridoxinmangel 402[12].
CALET, C., A. RERAT at R. JACQUOT: Thiamingehalt der Rattenleber nach Aureomycin 388[6]. — Einfluß von Aureomycin auf Gehalt der Leber an B-Vitaminen 392[3]. — Pantothensäuregehalt der Leber nach Aureomycin 406[8].
CALIFANO, L.: Verwertung von Mannose und Fructose durch die Netzhaut 932[5].
CALLAWAY, C. P., s. RUSSEL, W. O. 151[12].
CALLENBACH, E. W., s. CASTANO, F. F. 348[6], 353[12].
CALLISON, E. C., and V. H. KNOWLES: Vitamin A-Speicherung in der Leber männlicher Ratten 355[8].
— and E. ORENT-KEILES: Nervöse Störungen bei Vitamin E-Mangel 675[8].
CALLOW, E. H., and T. S. HELE: Ausscheidung von Neutralschwefel nach Benzolaufnahme 472[7].
CALVERY, H. O., s. NELSON, A. A. 493[5].
CALVET, F., s. ADLER, E. 700[2], 705[9].
CAMA, H. R., F. D. COLLINS and R. A. MORTON: Neovitamin A in Fischleberölen 358[9].
— P. D. DALVI, R. A. MORTON and M. K. SALAH: Vitamin A_2-Bildung aus Vitamin A_2-Aldehyd 350[5]. — Bildung der Retinine aus den A-Vitaminen im Darmkanal der Ratte 941[11]
— P. D. DALVI, R. A. MORTON, M. K. SALAH, G. R. STEINBERG and A. L. STUBBS: Krystallisiertes $Retinin_2$ 927[8].
— and T. W. GOODWIN: Vitamin A-Speicherung bei Thyroxinmangel 349[13].
CAMERON, D. B., s. GOLDSTEIN, M. N. 374[7].
CAMERON, D. E., H. E. HIMWICH, S. R. ROSEN and J. F. FAZEKAS: Gehirndurchblutung bei cerebraler Arteriosklerose und Atrophie 822[2]. — Hirnstoffwechsel bei Depressionszuständen 827[8].
CAMERON, G. R., and W. A. E. KARUNARATNE: CCl_4-Vergiftung der Rattenleber 36[5]. — Leberstörungen bei Hyperthyreoidismus 443[6].
CAMMARATA, P. S., and P. P. COHEN: Transaminierung durch verschiedene Organe 250[3]. — Transaminierung beim Tyrosinabbau 279[10]. — Glutaminsäurebildung aus Ketoglutarsäure bei Pyridoxalphosphatzusatz 400[7].
CAMMERMEYER, J.: Vorkommen von Phosphatasen in Nucleoli von Nerven- und Leberzellen ist fraglich 775[15]. — Gehirnveränderungen bei Kohlenhydratmangel 825[4].
— and R. L. SWANK: Histochemisches Verhalten der Gehirnphosphatasen nach Barbitursäurenarkose 777[3].
CAMPBELL, B. A., and A. C. BURTON: Muttersubstanz der Gallensteine 569[7].
CAMPBELL, D. J., a. GOULD, R. G. 200[10], 204[5], 205[4], 206[4].
CAMPBELL, J., s. BEST, C. H. 142[4].
CAMPBELL, J. E. jr., s. KUNKEL, H. O. 795[12].
CAMPBELL, J. G.: Aufgabe der β-Glucuronidase 463[6].
— s. KERR, L. M. H. 428[13], 462[13], 463[5], 698[5].
— s. LEVVY, G. A. 463[4], 698[4].
CAMPBELL, P. N., and T. S. WORK: Colaminphosphatidgehalt von Schweineleber 133[6].
CAMPBELL, R. M., and H. W. KOSTERLITZ: Phosphatidgehalt der Leber bei proteinarmer Nahrung 152[6]. — Phosphatidsynthese bei proteinarmer Ernährung 161[4]. — Phosphatidumsatz der Leber 161[6]. — Ribonucleinsäuregehalt der Leber bei proteinarmer Kost 321[11]. — Kein Einfluß von Proteinmangel auf Desoxyribonucleinsäuregehalt von Leberzellen 321[14] — Gehalt der Leber an Ribo- und Desoxyribonucleinsäure bei Schwangerschaft 322[14]. — Gehalt der Leber an Nucleinsäuren von trächtigen Ratten 323[1]. — Regeneration der Leberzellen nach Zerstörung durch Gifte 326[1].

CAMPBELL, R. M., s. KOSTERLITZ, H. W. 221[6], 320[8], 322[13].
CAMPBELL, T. W., s. SCHINZ, H. R. 495[10].
CAMPBELL, W., s. GERSHOLOWITZ, W. 276[6].
CAMPBELL, W. R., and R. J. MALTBY: R.Q. beim Fructoseabbau 101[10].
— and S. SOSKIN: R.Q. beim Fructoseabbau 101[10].
— s. DAUPHINE, J. A. 231[12].
CAMPBELL, W. W., s. GREENBERG, D. M. 797[15].
CAMPILLO, A. DEL, s. BLANCHARD, M. L. 128[2].
— s. KORKES, S. 845[13], 850[8,9,11].
— s. STERN, J. R. 180[5], 181[2], 182[5].
CAMPOS, R.: Atmung und Glykolyse in der Kaninchennetzhaut 930[3,4]. — Atmung und Glykolyse der Haifischnetzhaut 930[10]. — Sauerstoffverbrauch der belichteten Netzhaut 933[2].
CANNAVÓ, L., u. R. INDOVINA: Magnesiumgehalt im Gehirn 623[5], 625[3].
CANNON, J. R., s. BONNETT, R. 524[1].
CANNON, W. B., and A. ROSENBLUETH: Sympathin I und E 839[9].
CANTAROW, A., and L. L. MILLER: Phosphatase in der Galle 241[8], 543[13].
— and J. NELSON: Blutphosphatase bei Leberschäden 240[2]. — Phosphatase bei Gallengangsatresie 241[7].
— K. E. PASCHKIS, A. E. RAKOFF and L. P. HANSEN: Ausscheidung oestrogener Substanzen in die Galle 429[3].
— K. E. PASCHKIS, J. STASNEY and M. S. ROSENBERG: Auslösung von Hepatomen oder Cholangiomen durch cancerogene Stoffe 493[7].
— A. E. RAKOFF, K. E. PASCHKIS and L. P. HANSEN: Oestronausscheidung in die Galle 429[6].
— A. E. RAKOFF, K. E. PASCHKIS, L. P. HANSEN and A. A. WALKLING: Oestronausscheidung in die Galle 429[6].
— and C. W. WIRTS jr.: Ausscheidung von Bromsulphalein durch Polygonalzellen der Leber 563[9].
— C. W. WIRTS jr., W. J. SNAPE and L. L. MILLER: Ausscheidung von Bromsulphalein durch Polygonalzellen der Leber 563[10].
— MEIO, R. H. DE, 425[1], 427[5].
— s. PASCHKIS, K. E. 436[12].
— s. PEARLMAN, W. H. 429[10].
— s. RUPP, J. 426[14], 434[8].
— s. RUTMAN, R. J. 344[5].
— s. WIRTS, C. W. 534[1], 563[17].
— s. WIRTS, C. W. jr. 563[9].
CANTERO, A., R. DAOUST and G. DE LAMIRANDE: Wirkung von Leberextrakten auf Pneumokokken 319[2]. — Aktivität der Ribonucleodepolymerase in Leberzellen nach Buttergelb 320[6], 505[1].
— s. DAOUST, R. 319[2], 320[6], 505[2].
— s. LAMIRANDE, G. DE 315[4].
CANTO, A.: Eiweißfraktionen im Blutplasma nach Hepatektomie 227[7].
CANTONI, G. L.: Bedeutung von ATP für Methylgruppenübertragung von Methionin 267[7-9]. — Aktiviertes Methionin (= S-Adenosylmethionin) 267[10]. — Enzym für Bildung von S-Adenosylmethionin 268[4,5]. — Keine Methylierung von Nicotinsäureamid durch Betain und Dimethylthetin 397[10]. — Bedeutung von Glykokoll für die Kreatinsynthese 586[10].
CANTONI, O.: Fettgehalt des Pfortaderblutes nach fettreichen Mahlzeiten 136[4].
CANZANELLI, A., M. GREENBLATT, G. A. ROGERS and D. RAPPORT: p_H-Optimum der Gehirnatmung 779[8], 780[3].
— R. GUILD and R. RAPPORT: Bedeutung der Schilddrüse für Aminosäuresynthese in der Leber 445[15]. — Bedeutung der Schilddrüse für Leberregeneration 446[21].
— and D. RAPPORT: Umsatzsteigerung in der Leber nach thyreotropem Hormon 444[9]. — Sauerstoffverbrauch von Leberschnitten nach Dijodtyrosin 445[1].
CAPPER, S. A., s. GREEN, H. 908[6], 921[9].
CAPRANICA, S.: Vorkommen von Purinen im Tapetum lucidum 919[16].
CAPUTTO, R.: Adenosinkinase in Leber 329[3].
— L. F. LELOIR, C. E. CARDINI and A. C. PALADINI: Galaktowaldenase 95[5]. — Gehalt tierischer Organe an Uridindiphosphatglucose 96[3].
— L. F. LELOIR and R. E. TRUCCO: Bildung von Galaktose-1-phosphat aus Galaktose 94[8].
— L. F. LELOIR, R. E. TRUCCO, C. E. CARDINI and C. A. PALADINI: Mechanismus der Umwandlung von Galaktose in Glucose 94[4]. — Coferment der Galaktowaldenase 95[7], 96[1].
— s. CARDINI, C. E. 87[2], 95[9].
— s. LELOIR, L. F. 87[1], 95[8].
— s. PALADINI, A. C. 87[1].
— s. REPETTO, O. M. 87[1].
— s. TRUCCO, R. E. 94[9], 95[1].
CARADANTE, G.: Insulinase im Diabetikerblut 449[2].
CARCASSI, U., s. LEONARDI, G. 561[10].
CARDINI, C. E., R. CAPUTTO, A. C. PALADINI and L. F. LELOIR: Uridindiphosphatglucose 95[9].
— A. C. PALADINI, R. CAPUTTO, L. F. LELOIR and R. E. TRUCCO: Glucose-1,6-diphosphat als Katalysator der Umwandlung von Glucose-1- in Glucose-6-phosphat 87[2].
— s. CABIB, E. 96[5].
— s. CAPUTTO, R. 94[4], 95[5,7], 96[1,3].
— s. LELOIR, L. F. 87[1], 95[4,8], 96[4].
— s. PALADINI, A. C. 87[1].
— s. REPETTO, O. M. 87[1].
CARDOSA, H. T.: Vitamin A_2-Gehalt in Leberölen von Süßwasserfischen 359[5].
CARLE, N. B., s. BRAUN, W. 356[8].

CARLEEN, M. H., N. WEISSMAN and J. W. FERREBEE: Brenztraubensäuregehalt des Blutes bei Leberkrankheiten 389[7].

CARLISLE, E. M., and F. CRESCITELLI: Hemmung der Gehirnatmung durch Benadryl 790[14].

CARLO, F. J. DI, s. ROLL, P. M. 331[11].

CARLSTRÖM, B.: Myoglobinurie und Hyperbilirubinämie bei Kreuzlähme des Pferdes 522[1].

CARNE, H. O., s. MACKAY, E. M. 186[1], 193[10].

CARNOT, P., et Z. GRUZEWSKA: Alkalireserve der Galle nach Histamininjektion 537[12]. — Alkalireserve der Galle nach Injektion von Hydrogencarbonat 537[13]. — Eiweißgehalt der Galle 542[12].

— et P. HARVIER: Partieller Gallengangsverschluß bedingt keinen Stauungsikterus 513[7].

CARO, L. DE, u. M. GIANI: Verbindung von Dehydroascorbinsäure und Glutathion 383[11].

— e C. RINDI: Stickstoffverwertung bei B_1-Avitaminose 685[5].

— G. RINDI and E. GRANA: Thiamingehalt der Rattenleber 387[6]. — Thiamingehalt in Leber, Muskel und Gehirn bei Thiaminmangel 388[2].

CAROLI, J., A. PARAF et J. ETEVE: Schädigung der Gallencapillaren bei Stauungsikterus 513[4].

— et Y. TANASOLĞU: Bromsulphaleintest 563[5].

CAROLINE, L., s. SCHADE, A. L. 47[6], 48[2].

CARPENTER, P. M., s. FINCKE, M. L. 379[1].

CARPENTER, T. M., and R. C. LEE: Kein Anstieg des R.Q. nach Galaktose beim Diabetiker 97[2]. — Beschleunigung der Alkoholentgiftung durch Kohlenhydratzufuhr 488[5].

— s. ROOT, H. F. 103[1].

CARR, C. J., and S. E. FORMAN: Glykogenbildung aus Sorbit 104[7].

— and J. C. KRANTZ jr.: Zusammenfassung über Stoffwechsel der Zuckeralkohole und ihrer Derivate (1945) 104[15]. — Ausnutzung von Mannit 106[2].

— R. MUSSER, J. E. SCHMIDT and J. C. KRANTZ jr.: Glykogenbildung aus Mannit 106[1].

CARR, J. L., and F. S. FOOTE: Wirkung parenteraler Zufuhr von Vitamin K bei cholämischen Blutungen 369[4].

CARRACIDO, A.: Keine Gallensäurebildung bei entleberten Fröschen 559[6].

CARRASCO-FORMIGUERA, R.: Adrenalinabbau in der Leber 439[7].

CARRETERO, R., s. SNYDERMAN, S. E. 293[5].

CARRIÉ, C., u. G. STÜTTGEN: Leberfunktionsprüfung mit Tyrosin 213[3], 285[3].

— s. SCHREUS, H. T. 507[10], 524[4], 525[2].

CARRIÉ, K.: Buch über die Porphyrine (1936) 525[2].

CARRUTHERS, A.: Kein amylolytischer Glykogenabbau in der Leber 89[4].

CARRUTHERS, A., and S. M. LING: Extraktion von Glykogen aus Leberzellen 68[11].

CARSON, S. F., s. MOSBACH, E. H. 831[10].

CARTER, C. E., s. GREENSTEIN, J. P. 252[1], 319[3], 766[1], 767[8], 768[1].

— s. TOTTER, J. R. 316[12], 343[8].

— s. VOLKIN, E. 317[3], 318[1].

CARTER, C. W., s. BLASCHKO, H. 402[7].

CARTER, H. E.: Abbau von α-Methylbuttersäure 266[2].

— and F. L. GREENWOOD: Struktur von Sphingomyelinen und Cerebrosiden 641[9].

— and D. B. MELVILLE: Keine lipotrope Wirkung von Serin- und Threoninbetain 148[10].

— O. NALBANDOV and P. A. TAVORMINA: Methylsphingosine 641[5].

— and W. P. NORRIS: Dihydrosphingosin in Gehirn und Rückenmark 641[3].

CARTER, J. R., s. MADDEN, S. C. 302[4].

CARTLAND, G. F., s. KUIZENGA, M. H. 437[10].

CARTWRIGHT, G. E., and M. M. WINTROBE: Siderophilin 47[6], 48[2].

— M. M. WINTROBE and S. HUMPHREYS: Hämosiderinablagerung in der Schweineleber bei Pyridoxinmangel 55[3]. — Anämie bei Mangel an Vitamin B_6 505[13].

— M. M. WINTROBE, P. JONES, M. LAURITSEN and S. HUMPHREYS: Xanthurensäureausscheidung bei Pyridoxinmangel 291[11].

— s. GUBLER, C. J. 55[4], 400[6].

— s. WINTROBE, M. M. 151[9], 403[4], 505[13].

CASARETT, G. W., s. ALTMAN, K. I. 746[3], 747[1].

CASCAO DE ANCIAES, J. H.: Phosphatase in der Galle 543[15]. — Lipase in der Schafsgalle 544[18].

CASE, E. M., and H. MCILWAIN: Regulierung der aeroben Glykolyse im Zentralnervensystem 708[6]. — P/O-Verhältnis bei Atmungskettenphosphorylierung 730[11]. — Hemmung der PASTEUR-Reaktion und der Atmungskettenphosphorylierung durch Phenosafranin 732[1]. — Notwendigkeit von Cytochrom c für überlebendes Gehirngewebe 779[2]. — Sauerstoffverbrauch des Gehirns bei Narkose 813[8].

CASELLI, P., u. H. SCHUMACHER: Lysozymgehalt menschlicher Tränenflüssigkeit 870[6].

CASENTINI, S., C. COLIZZI, M. ROSSANDA et F. VACCARI: Einfluß von Kälte auf Vitamin C-Gehalt der Leber 379[15].

CASIER, H., s. HANDOVSKY, H. 483[10].

— s. HEYMANS, C. 483[9].

CASPERSSON, T.: Buch über Zellwachstum und Zellfunktion. Engl. (1950) 745[4]. — NISSL-Substanz, ein Nucleoproteid 652[9,10]. Eiweiß vom Histontyp im Nucleolus von Nervenzellen 745[1]. — Eiweißsynthese in Nervenzellen 745[10]. — Verbindung von Eiweiß- und Nucleotidstoffwechsel im Gehirn 764[1]. — Bedeutung der Polynucleotide für Aktivität des ZNS 764[3].

CASPERSSON, T., and H. HYDEN: Nucleoproteidsynthese in Ganglienzellen bei Virusinfektionen 829[2].
— H. LANDSTRÖM-HYDEN u. L. AQUILONIUS: Ribonucleinsäuregehalt von Pankreas bei Nahrungsentzug 321[2].
— and J. SCHULTZ: FEULGEN-Reaktion 312[2].
— s. LANDSTRÖM, H. 652[11], 681[4], 745[2].
CASPI, E. Y., H. LEVY and O. M. HECHTER: Cortisonabbau in der Leber 436[3].
CASSELMAN, W. G. B., and A. M. RAPPAPORT: Durchblutung der Leber 15[4]. — Bromsulphaleinausscheidung bei Ischämie der Leber 18[10]. — Katheterisierung der Lebervene beim Menschen 37[9].
CASTANO, F. F., R. V. BOUCHER and E. W. CALLENBACH: Vitamin A-Speicherung in der Hühnerleber 348[6]. — Abhängigkeit des Vitamin A-Spiegels im Blut von Aufnahme und Speicherung in der Leber 353[12].
CASTILLO, E. B. DEL, s. ROYER, M. 447[2].
CASTLE, W. B., and G. R. MINOT: Buch über pathologische Physiologie und klinische Beschreibung der Anämien (1936) Engl. 420[14].
— s. WALLERSTEIN, R. O. 421[2].
CASTRODALE, D., s. MACBRYDE, C. M. 143[12].
CASTRO MENDOZA, H., s. JIMÉNEZ DÍAZ, G. 155[2].
CATANZARO, R., s. BELOFF-CHAIN, A. 749[10].
CATIZONE. O., and P. GRAY: Störungen der Entwicklung des Zentralnervensystems bei Bleiinjektionen in Kükenembryonen 627[17].
CATTANEO, C., s. SCOZ, G. 386[2].
CATTELL, MCK., and H. CIVIN: Kaliumionenverlust als Zeichen einer Gewebsschädigung 802[7].
CAUJOLLE, F.: Zusammenfassung über Biochemie des Kobalts (1947) 627[10]. — Ausscheidung injizierter Kobaltsalze mit der Galle 541[8]. — Nickelausscheidung in der Hundegalle 541[14].
— s. HERMANN, H. 492[1].
CAULAERT, C. VAN, et C. DEVILLER: Entgiftung von Ammoniumsalzen bei Lebercirrhose 18[12]. — Ammoniakgehalt des Blutes bei Lebercirrhose 305[8].
— C. DEVILLER et M. HALFF: Ammoniakgehalt des Blutes bei Leberstörungen 305[7].
— C. DEVILLER et J. HOFSTEIN: Ammoniumchloridvergiftungen bei Lebercirrhosen 305[10].
CAUSEY, G., and G. WERNER: Phosphataufnahme durch periphere motorische Nerven 770[3].
CAUWENBERGE, H. VAN: Ascorbinsäuregehalt der Nebennierenrinde nach Salicylaten 379[6].
CAVALCANTI, A. C., e F. LEVIS: Fettgehalt der Leber bei P-Vergiftung und Pantothensäurezufuhr 410[2].
CAVALIERI, L. F., s. BROWN, G. B. 331[2].
CAVALLACCI, G.: Ascorbinsäuregehalt der Rindernetzhaut 929[1].
CAVALLERO, C., G. SALA, A. AMIRA and M. BORASI: Hemmung der Leberregeneration durch Cortison 35[3]. — Vermehrung der sauren Mucopolysaccharide und alkalischen Phosphatasen der Leber nach Tetrachlorkohlenstoffvergiftung 36[12]. — Keine antilipotrope Wirkung von Cortison 143[3].
CAVALLINI, D., C. DE MARCO e B. MONDOVI: Hypotaurinbildung aus Cystin 273[6].
— C. DE MARCO, B. MONDOVI and F. STIRPE: Oxydation von Hypotaurin zu Taurin 273[9].
— B. MONDOVI and C. DE MARCO: Hypotaurinbildung aus Cystin 273[6]. — Hypotaurinbildung aus Cystamin 273[8].
CAVANAGH, B., and H. S. RAPER: Verteilung resorbierter Fettsäuren auf Leber und peripheres Fettgewebe 137[2]. — Aufnahme von D-haltigem Fett in Gehirnlipoide 686[2]. — Einbau markierter Fettsäuren in Gehirnlipoide 735[13]. — Ablagerung von D-haltigem Fett in verschiedenen Organen 740[3].
CAVANAUGH, D. J.: Beeinflussung der Gehirnatmung durch Physostigmin und Atropin 791[12].
CAVAZZANI, E.: Eiweißgehalt der Galle 542[12].
CAWLEY, J. D. s. GRAY, E. L. 347[1], 352[4].
— s. JENSEN, J. L. 359[4].
CAYER, D., s. TYOR, M. P. 39[2].
CEDRANGOLO, F., e R. CONTE-MAROTTA: Glykogengehalt der Fettleber nach Cholinzufuhr 145[8].
— E. LEONE e D. GUERRITORE: Bildung von Glutaminsäure und α-Ketoglutarsäure aus Prolin 300[7].
CERA, B., s. LOMBROSO, C. 379[8].
CERCEO, E., s. PEARLMAN, W. H. 436[8].
CERECEDO, L. R.: Barbitursäurespaltung durch Bodenbakterien 344[3]. — Harnstoffbildung aus Isobarbitursäure und Isodialursäure 344[4]. — Entgiftung von Isobarbitur- und Isodialursäure 466[10].
— and J. R. FOY: Dermatitis bei proteinreicher Ernährung und Pyridoxinmangel 400[2].
— M. E. LOMBARDO, D. V. N. REDDY and J. J. TRAVERS: Nucleinsäuregehalt von Mäuseorganen nach Tumorimplantation 327[2].
— D. V. N. REDDY, A. PIRCIO, M. E. LOMBARDO and J. J. TRAVERS: Nucleinsäuregehalt von Leber und Lunge bei Tumormäusen 327[1].
— and E. C. DE RENZO: Wirkung von Aminosäuren und proteinreicher Ernährung bei Pyridoxinmangel 400[4].
— and C. P. SHERWIN: Entgiftung von p-Aminophenylessigsäure 476[13].
— s. ADELINE, S. M. 480[20].
— s. LOMBARDO, M. E. 326[5].
— s. MUENZEN, J. B. 475[4].

CERECEDO, L. R., s. RENZO, E. C. DE 400[3].
— s. STEKOL, J. A. 466[12].
CERIOTTI, G.: Desoxy- und Ribonucleinsäuregehalt von Ratten- und Mäuseleber 311[4].
CERRANO, E.: Spezifisches Gewicht, Viscosität und Oberflächenspannung der Tränen 869[4].
CHABROL, E., H. BENARD et GAMBILLARD: Cholesterinanreicherung in der Blasengalle durch Wasserresorption 548[6].
— R. CHARONNAT et J. BLANCHARD: Gehalt an freien Fettsäuren in der Galle 546[13].
— R. CHARONNAT, J. COTTET et M. CACHIN: Cholesteringehalt der Galle nach choleretisch wirkenden Stoffen 547[5].
— J. COTTET et J. SALLET: Beseitigung intravenös injizierter Cholate 560[7].
— et M. MAXIMIN: Anregung der Gallensäureproduktion durch gallensaure Salze 532[4].
CHAFFEE, E., s. MEYER, K. 874[7].
CHAIKINA, B. I., and S. J. EPELBAUM: Abnahme des labilen P im embryonalen Gehirn 682[5].
CHAIKOFF, I. L.: Blut-Hirnschranke 735[24].
— B. BLOOM, B. P. STEVENS, W. O. REINHARDT and W. G. DAUBEN: Fettresorption auf dem Lymphwege 136[9].
— C. ENTENMAN and M. L. MONTGOMERY: Cholinersatz durch Methionin beim Hund 146[16]. — Ursache der Lipocainwirkung 154[8].
— D. S. GOLDMAN, G. W. BROWN jr., W. G. DAUBEN and M. GEE: Acetessigsäurebildung 187[5], 189[2]. — Fettsäureoxydation in extrahepatischen Geweben 741[9].
— and A. KAPLAN: Fettleber bei pankreaslosen Hunden 154[4].
— and G. S. LACHMAN: Kataraktbildung bei experimentellem Diabetes 898[7].
— J. J. R. MACLEOD, J. MARKOWITZ and W. W. SIMPSON: G:N-Quotient bei pankreasektomierten Hunden 122[3].
— M. D. SIPERSTEIN, W. G. DAUBEN, H. L. BRADLOW, J. F. EASTHAM, G. M. TOMKINS, J. R. MEIER, R. W. CHEN, S. HOTTA and P. A. SRERE: Abbau der Cholesterinseitenkette in der Leber 209[1]. — Gallensäurebildung aus Cholesterin 554[10].
— and S. SOSKIN: Ketonkörperoxydation in der Muskulatur 195[1].
— s. BAKER, N. 168[8], 169[6].
— s. BARBOUR, A. D. 73[5], 74[10].
— s. BLOOM, B. 136[8, 10].
— s. CHANGUS, G. W. 736[4].
— s. CHERNICK, S. S. 74[12], 102[14], 165[3, 6], 167[6], 168[6, 9], 169[5], 170[1].
— s. ENTENMAN, C. 160[5].
— s. FELTS, J. M. 141[2, 4], 168[5], 170[3].
— s. FISHLER, M. C. 158[3], 737[5].
— s. FRIES, B. A. 158[1], 736[5, 9], 737[4], 738[2].
— s. GIBBS, G. E. 140[6], 168[12].
— s. GOLDBERG, R. C. 143[15].
— s. GOLDMAN, D. S. 158[6], 741[7].
CHAIKOFF, I. L., s. HOTTA, S. 205[8].
— s. JENSEN, D. 143[13], 148[3].
— s. KAPLAN, A. 10[9], 131[3], 141[1].
— s. KIYASU, J. Y. 136[11].
— s. LYON, I. 167[9], 204[15].
— s. MASORO, E. J. 164[10], 165[9], 167[11], 204[14].
— s. MASRI, M. S. 167[12].
— s. MEIER, J. R. 209[2], 555[1], 739[12].
— s. MONTGOMERY, M. L. 63[1].
— s. OSBORN, M. J. 141[3, 5], 168[7, 11].
— s. PERLMAN, I. 144[9], 147[5], 148[6], 149[14], 153[10], 158[1], 160[15, 17], 161[1, 2], 735[15].
— s. RANNEY, R. E. 28[5].
— s. SCHACHNER, H. 737[6], 771[5].
— s. SHELINE, G. E. 62[11], 65[8].
— s. SIPERSTEIN, M. D. 204[3], 209[3], 548[1], 549[6], 554[12, 13].
— s. SRERE, P. A. 204[4], 739[9].
— s. STEVENS, B. P. 158[8].
— s. TAUROG, A. 442[1, 2].
— s. TOMKINS, G. M. 205[1].
— s. TONG, W. 442[7].
— s. WEINMAN, E. O. 159[10], 741[8].
— s. ZILVERSMIT, D. B. 160[14].
CHAIN, E., and E. S. DUTHIE: Vorkommen von Hyaluronidase in Ciliarkörper und Iris 921[3].
— s. BERENBLUM, I. 666[5].
CHAIN, E. B., s. BELOFF-CHAIN, A. 749[10].
CHAIX, P., s. FROMAGEOT, C. 273[14], 274[5, 6].
CHALAZONITIS, N., s. ARVANITAKI, A. 795[1].
CHALISOWA, O. D., s. BRAUNSTEIN, A. E. 454[7], 455[15].
CHALKLEY, H. W., s. GREENSTEIN, J. P. 319[3], 766[1], 767[8], 768[1].
CHALLENGER, F., and M. I. SIMPSON: Dimethylpropiothetin als Methyldonator 148[15].
CHAMBERS, R., s. GRUNDFEST, H. 860[18].
CHAMBERS, W. H., J. P. CHANDLER and S. B. BARKER: Ketonkörperausscheidung bei Hunden 194[4].
— s. RYNBERGEN, H. J. 103[10].
CHAMBON, A., s. CHAMBON, M. 541[1], 542[16].
CHAMBON, M., P. MALLET-GUY, P. CROIZAT et A. CHAMBON: Calciumanreicherung in der Gallenblase bei Gallenstauung 541[1]. Mucin aus Galle 542[16].
— P. MALLET-GUY et P. VAN DEN LINDEN: Mucingehalt der Galle 542[14].
CHAN, E., s. KRAUSE, A. C. 870[11], 917[1].
CHANCE, B.: Zusammenfassung über Katalasen und Peroxydasen (1951) 489[9]. — Stellung von Cytochrom b im Schema des Elektronentransportes 733[8].
— s. THEORELL, H. 487[7].
CHANCE, M. R. A.: Glykogengehalt im Mäusegehirn nach Krämpfen 816[6].
— and D. C. YAXLEY: Glygogengehalt im Mäusegehirn 658[7]. — Milchsäuregehalt im Mäusegehirn 659[11]. — Glykogengehalt im Mäusegehirn nach Krämpfen 816[5].
CHANDLER, A. C., and R. N. CHOPRA: Tetrachlorkohlenstoffvergiftung der Hundeleber 36[3].

CHANDLER, B. F., s. HART, W. M. 871[10], 879[11], 880[7], 881[3].
CHANDLER, J. P., and H. B. LEWIS: Phenylacetatbildung als L-Phenylalanin 278[7].
— s. MACKENZIE, C. G. 147[12, 13], 267[6], 759[8].
— s. CHAMBERS, W. H. 194[4].
— s. SIMMONDS, S. 267[3].
— s. VIGNEAUD, V. DU 146[15], 147[2], 149[3], 257[5], 266[3], 267[1, 2], 269[4].
CHANG, H.-C., W.-M. HSIEH, L.-Y. LEE and T.-H. LI: Acetylcholingehalt der Hundenetzhaut 928[12].
— L.-Y. LEE and T.-H. LI: Acetylcholingehalt der Hundenetzhaut 928[12].
CHANG, T. H., and R. W. GERARD: Atmungshemmung im peripheren Nerven durch Kohlenoxyd 733[9]. — Hemmung der Atmung peripherer Nerven durch Cyanid und Kohlenoxyd 790[7].
CHANG, W.-S., and W. H. PETERSON: Bindung von Biotin an Avidin 411[5].
CHANG, Y. T., J. M. CHEN and T. SHEN: Anämie bei Mangel an Vitamin B_6 und Nicotinsäureamid 505[12].
CHANGUS, G. W., I. L. CHAIKOFF and S. RUBEN: Phosphatidaustausch zwischen Blut und Gehirn 736[4].
— s. FRIES, B. A. 736[5].
CHANNON, H. J.: Cholesterinbildung aus Squalen 203[5].
— S. W. F. HANSEN and P. A. LOIZIDES: Wirkung von Ölsäure und Elaidinsäure auf Fettleberbildung 152[16].
— G. N. JENKINS and J. A. B. SMITH: Abbau niedermolekularer Fettsäuren 162[2].
— M. C. MANIFOLD and A. P. PLATT: Lipotrope Wirkung von Methionin 147[4].
— and G. F. MARRIAN: Squalenähnliche Kohlenwasserstoffe in der Leber 203[4].
— and J. A. B. SMITH: Lipotrope Wirkung von Äthylcholin 144[14].
— and H. WILKINSON: Jodzahl des Leberfettes 137[6]. — Fettgehalt der Leber nach Zufuhr verschiedener Fette 138[1]. — Wirkung von Fettsäurezufuhr auf Fettleberbildung 152[15]. — Cholinwirkung auf Cholesterinfettleber 153[9].
— s. AYLWARD, F. X. 135[1].
— s. BEESTON, A. W. 137[9], 149[8].
— s. BEST, C. H. 131[4], 138[6], 153[7].
CHANTRENNE, H.: Ribonucleinsäuren in Mikrosomen 312[10].
— and F. LIPMANN: Herkunft der Acetylreste von Acetyl-GoA 179[5].
CHANUTIN, A., and E. C. GJESSING: β-Lipoproteide nach Hepatektomie 232[11].
— and S. LUDEWIG: Fettleberbildung nach Cholesterinzufuhr 153[5]. — Cholesteringehalt von Rattenleber 197[6], 198[10]. — Lebercholesterin nach Cholesterinverfütterung 199[6]. — Bedeutung der Galle für den Cholesteringehalt des Blutes 206[15]. Verhältnis freies : gebundenes Cholesterin im Blutplasma 208[1]. — Cholesterinester im Blutplasma nach partieller Leberexstirpation 208[1].
CHANUTIN, A., s. LUDEWIG, S. 51[2], 310[9], 377[7], 479[11].
CHAPLIN, H., s. REICH, C. 371[4].
CHAPMAN, A., s. WELLS, B. B. 124[7].
CHARGAFF, E.: Lipidgehalt von Lebermitochondrien 133[10]. — Lecithinbildung in der Leber 160[2]. — Blut-Hirnschranke 735[21].
— and A. S. KESTON: Äthanolaminophosphorsäure 640[9].
— C. LEVINE and C. GREEN: Neue Phophatidkomponenten 638[8].
— B. MAGASANIK, E. VISCHER, C. GREEN, R. DONIGER and D. ELSON: Cytidylsäuregehalt von RNS 668[7].
— K. B. OLSON and P. F. PARTINGTON: Umsatz verschiedener Phosphatide im Gehirn 739[7].
— and D. B. SPRINSON: Brenztraubensäurebildung aus Serin in der Leber 123[4]. — Ferment der Serinspaltung aus Leber 263[2].
— S. ZAMENHOF, G. BRAWERMAN and L. KERIN: Zusammensetzung von DNS im Gehirn 668[5].
— S. ZAMENHOF and C. GREEN: Molares Basenverhältnis in Desoxyribonucleinsäuren der Leber 314[1]. — Zusammensetzung der DNS im Gehirn 668[4].
— and M. ZIFF: Serin als Phosphatidbaustein 635[3].
— s. LAVINE, C. 638[6, 7].
— s. MAGASANIK, B. 668[6].
CHARITE, A. J., and N. W. KHAUSTOV: Vorkommen von Diaphorasen im Gehirn 794[5].
CHARLES, A. F., and D. A. SCOTT: Proteingebundenes Heparin in Organen 233[7]. — Heparingehalt in Tierlebern 233[7].
— and A. R. TODD: Proteingebundenes Heparin in Organen 233[7].
— s. SCOTT, D. A. 233[7].
CHARLES, J. J.: Kohlensäuregehalt von frischer Kaninchengalle 538[5].
CHARLIER, R.: Choleretische Wirkung von Salicylsäure 533[1].
CHARONNAT, R., D. BARGETON, J. COTTET et A. VARAY: Choleretische Wirkung von Dehydrogallensäuren 532[7].
— s. CHABROL, E. 546[13], 547[5].
CHASE, A. M., and C. HAIG: Extraktion von Sehpurpur 937[5]. — Absorptionsspektrum des Sehpurpurs 939[8].
— and E. L. SMITH: Kein Einfluß von Belichtungswechsel auf Atmung der Froschnetzhaut 933[4].
CHASE, W. H., s. FLEMING, A. J. 66[13].
CHATAGNER, F., et B. BERGERET: Hypotaurinnachweis 273[4].
— s. BERGERET, B. 273[2], 273[3, 5], 748[8].
CHATTOPADHYAY, D., N. C. GHOSH, H. CHATTOPADHYAY and S. BANERJEE: Keine Trigonellinausscheidung bei Kaninchen 397[1].

CHATTOPADHYAY, H., s. CHATTOPADHYAY, D. 397[1].
CHAUCHARD, P., s. LECOQ, R. 675[14].
CHELDELIN, V. H., s. KING, T. E. 405[5].
— s. NISHI, H. 405[4].
CHEN, J. M., s. CHANG, Y. T. 505[12].
CHEN, K. K., and C. L. ROSE: Cyanidentgiftung durch Thiosulfat 480[10].
CHEN, L., s. LITWACK, G. 335[5].
CHEN, R. W., s. CHAIKOFF, I. L. 209[1], 554[10].
CHEN, Y. P., s. FREEMAN, S. 240[3,4].
CHEN, Y. T., s. ISHERWOOD, F. A. 381[6].
CHENG, K. K.: Totale Leberexstirpation bei Säugetieren 30[4].
CHERNICK, S. S., and I. L. CHAIKOFF: Förderung der Fettbildung aus Glykogen durch Insulin 74[12]. — Fructoseumsatz bei Alloxandiabetes 102[14]. — Fettsäuresynthese in der Leber bei Alloxandiabetes 168[6]. — Fructoseverwertung bei Alloxandiabetes 169[5]. — Einwirkung von Fructose auf Fettsäurebildung bei Alloxandiabetes 170[1].
— I. L. CHAIKOFF, E. J. MASORO and E. ISAEFF: Förderung der Fettbildung aus Glykogen durch Insulin 74[12]. — Fettsynthese aus Glucose in diabetischer Leber 168[9].
— E. J. MASORO and I. L. CHAIKOFF: Fettsäuresynthese in Organen 165[3].
— P. A. SRERE and I. L. CHAIKOFF: Fettsäuresynthese in der Arterienwand 165[6]. Fettsäurebildung aus ^{14}C-Acetat 167[6].
— s. MASORO, E. J. 167[11], 204[14].
— s. SIPERSTEIN, M. D. 204[3].
CHÉROUX, R., s. GOUNELLE, H. 350[2].
CHESBRO, R. M., s. MORGAN, A. F. 390[9], 394[11].
CHESHIRE, J. D., s. MCILWAIN, H. 630[10], 733[3], 772[3,4], 788[11], 810[17], 815[9], 816[18].
CHESKY, V. E., s. SCHMIDT, C. R. 445[18], 446[2].
CHESLER, A., and H. E. HIMWICH: Glykogengehalt im Zentralnervensystem von Katze und Hund 658[8], 659[1]. — Glykogengehalt der Hirnrinde 680[11]. — Glykogengehalt in verschiedenen Teilen des Kaninchengehirns 824[10]. — Glykogengehalt in verschiedenen Gehirnteilen bei Hypoglykämie 824[11].
CHESTER, S. A., s. SHILS, M. E. 409[5].
CHEVALLIER, A., J. OLMER et J. VAGUE: Vitamin A-Gehalt des Blutplasmas bei Lebererkrankungen 360[5].
CHEVILLARD, L., F. HAMON et A. MAYER: Fetteinlagerung in die Leber hungernder Tiere 139[1]. — Fetteinlagerung in der Mäuseleber 139[4].
— et A. MAYER: Fettgehalt der Leber hungernder Tiere 139[3].
CHIARELLO, A., s. CACCURI, S. 212[5].
CHIBNALL, A. C., S. H. PIPER and E. F. WILLIAMS: Cerebronsäure 643[3].
CHICK, H., T. F. MACRAE, A. J. P. MARTIN and C. J. MARTIN: Anämie bei Mangel an Vitamin B_6 505[13].
CHICK, H., M. M. EL SADR und A. N. WORDEN: Epileptiforme Krämpfe bei pyridoxinfrei ernährten Ratten 673[4].
CHILDS, A. W., s. LIDDLE, G. W. 125[7].
CHINASSI-HAKKI, A., s. BAUER, R. 542[15].
CHINN, H. s. ABT, A. F. 379[1].
— s. POPPER, H. 349[18].
CHINN, H. I., s. MILCH, L. J. 843[2], 844[5].
— s. NOELL, W. 787[8].
CHIPMAN, L. M., s. BURGEN, A. S. V. 853[5].
CHIPPS, H. D., and G. L. DUFF: Glykogen in Leberzellkernen bei Diabetes 68[7].
CHIRAY, M., et P. FIRMIN: Alkalireserve der Galle 537[10].
— et J. HESSE: Cholesterinsekretion in der Gallenblase 548[8].
— s. GILBERT, A. 227[4].
— s. ROGER, H. 457[3,4], 458[4].
CHITTENDEN, R. H., s. KÜHNE, W. 653[4], 925[7].
CHOLACK, J., s. KEHOE, R. A. 623[9], 625[7], 626[10], 628[2].
CHOLOPOFF, A. D.: Desaminierung von Aminosäuren durch Darmbakterien 304[1].
CHOPRA, R. N., s. CHANDLER, A. C. 36[3].
CHOU, T. C., and F. LIPMANN: Transacetylasen und Acetokinasen 129[3].
— and M. SOODAK: Acetylierung von Glucosamin 130[6].
CHOW, B. F., C. ROSENBLUM, R. H. SILBER, D. T. WOODBURY, R. YAMAMOTO and C. A. LANG: Vitamin B_{12}-Speicherung im Gehirn 674[5].
CHRISTENSEN, F., s. DAM, H. 569[11].
CHRISTENSEN, G. M., s. BINKLEY, F. 402[1,4].
CHRISTENSEN, H. N., and A. B. HASTINGS: Kephalin als Ionenaustauscher 805[1].
— J. A. STREICHER and R. L. ELBINGER: Verbrauch von Glykokoll in Leber und Muskel für Hippursäuresynthese 470[15].
— s. RIGGS, T. R. 475[11], 477[15].
CHRISTENSEN, W. R., C. H. PLIMPTON and E. G. BALL: Wirkung von Hypophysenvorderlappenextrakten auf Hexokinase 85[3].
— and M. C. SOSMAN: Cholecystographie 565[2].
CHRISTIAN, W., s. WARBURG, O. 108[12], 109[2], 249[4], 728[6].
CHRISTIANI, A., u. E. BAUMANN: Keine Phenolschwefelsäurebildung in der Niere 464[12].
CHRISTIANSEN, G. S., and P. J. LEINFELDER: Vorkommen reduzierender Substanzen in der Linse 895[8].
CHRISTIE, G. S., and J. D. JUDAH: L-Glutaminsäuredehydrogenase in Lebermitochondrien 248[3].
CHRISTMAN, A. A.: Zusammenfassung über Serin- und Pyrimidinstoffwechsel (1952) 768[2].
CHRISTOFFERSEN, N. R., s. ALBERTSEN, K. 243[8], 244[4], 246[5].
CHROMETZKA, F., u. G. BEUTMANN: Verminderung des Leberglykogens bei längerer Narkose 69[6].

CHROMETZKA, F., u. F. ERLEMANN: Serumamylase bei Leberschädigung 241[12].
— u. (P.) GOTTLEBE: Hemmung der Harnsäuresynthese bei Blockade des RES 336[11].
— u. H. KÜHL: Allantoin- und Harnsäureausscheidung bei Blockade des RES 338[8].
— u. E. SCHNOOR: Allantoingehalt im Harn bei Hypophysenerkrankungen und bei Polyurien 340[2].
— s. SCHITTENHELM, A. 338[9].
CHRZONZCZEWSKY, N.: Ausscheidung von Indigocarmin durch die Leber 528[4].
CHU, W. C., s. KENSLER, C. J. 501[2].
CHURCH, C. F., s. WHIPPLE, D. V. 151[20].
CHVOSTEK, F.: Alopecia pectoralis bei Lebercirrhose 426[8].
CIARANFI, E.: Verbrennung der Methylester von Monocarbonfettsäuren im Gehirn 742[15].
CICARDO, V. H., and A. O. M. STOPPANI: Vorkommen von Histamin im Nervengewebe 759[14].
CIERESKO, L. S., s. BOSSHARDT, D. K. 154[9].
CIMINO, G., s. FERRONI, A. 759[7].
CINDI, R., s. STARY, Z. 233[1].
CIOTTI, M. M., s. KAPLAN, N. O. 487[8], 794[3].
CIUDARIU, P., s. BENETATO, G. 623[30].
CIUREA, V., s. BERTRAND, G. 64[3], 66[15], 628[7].
CIUSA, W., s. CRISTINI, G. 889[13].
CIVIN, H., s. CATTELL, McK. 802[7].
CLAIBORN, L. N., s. GOODMAN, L. 420[13].
CLAPP, C. A.: Glaskörpertrübungen durch Lipoide 912[1].
CLAPP, J. W., s. WINTERBOTTOM, R. 179[3].
CLAPS, F. X., s. RALLI, E. P. 352[2].
CLARA, M.: Durchmesser der Leberzellkerne 11[4]. — Zwischenstücke der Gallencapillaren 12[2]. — Rhythmus der Gallenproduktion und der Glykogenbildung in der Leber 25[1]. — Amitotische und mitotische Zellvermehrung in der Leber nach Phosphorvergiftung 35[6]. — Leberverfettung bei Phosphorvergiftung 35[6]. — Glykogenverteilung in der Leberzelle 68[2]. — Proteinspeicherung in der Leber 220[9]. — Basophile Schollen in Leberzellen 221[5]. — Mikroskopisches Bild der Leber während der Gallensekretion 527[12]. — Histochemischer Nachweis von Gallensäuren 528[2]. — Glykogenverbrauch bei Gallenbildung 528[7]. — Gallenproduktion bei glykogenreicher Leber 530[12]. — Nachweis von alkalischer Phosphatase in Gallencapillaren 544[8].
CLARENZ, L., s. KLENK, E. 643[1].
CLARK, A., s. LAKI, K. 579[6].
CLARK, A. J., R. GADDIE and C. P. STEWART: Verwertung anderer Hexosen als Glucose 92[1]. — Verwertung von Mannose 105[2]. — Energielieferung für das Froschherz 610[3].
CLARK, B. B., R. W. MORRISSEY and J. F. FAZEKAS: Beschleunigung der Alkoholoxydation durch Zufuhr von Kohlenhydrat + Insulin 488[6].
CLARK, B. B., R. W. MORRISSEY, J. F. FAZEKAS and C. S. WELCH: Geschwindigkeit der Alkoholoxydation nach Hepatektomie 485[9]. Keine Gewöhnung von Ratten an Alkoholoxydation 486[7]. — Beschleunigung der Alkoholoxydation durch Zufuhr von Kohlenhydrat + Insulin 488[6].
CLARK, D. E., and J. R. MURLIN: Antiketogene Wirkung von Fructose 102[1].
CLARK, G. L., s. SCHMITT, F. O. 620[3].
CLARK, I.: Verlust an Gewicht und Stickstoff nach Cortisonzufuhr 123[9]. — Verringerung des Glycineinbaues in Protein nach Cortison 125[2].
— and D. RITTENBERG: Festigkeit der Bindung des α-H-Atoms im Lysin 295[17].
CLARK, J. H.: Ursache der Cataracta tetanica 898[6].
CLARK, L. C. jr., and C. D. KOCHAKIAN: Inaktivierung von Testosteron 430[6], 432[1].
— C. D. KOCHAKIAN and J. LOBOTSKY: Inaktivierung von Testosteron 430[7]. — Testosteronbildung aus Androstendion 432[8].
CLARK, P. F., s. GERSHOFF, S. N. 832[11].
— s. LICHSTEIN, H. C. 832[10].
— s. RASMUSSEN, A. F. jr. 832[8].
— s. WAISMAN, H. A. 832[9].
CLARK, R. H., s. PYLE, J. J. 543[17].
CLARK, W. G., R. I. AKAWIE, R. S. POGRUND and T. A. GEISSMAN: Adrenalinglucuronsäureester 439[6].
CLARKE, D., s. RALLI, E. P. 451[3,5].
CLAUDE, A.: Phosphatide als Bausteine von Mitochondrien 33[10]. — Eisengehalt von Lebermikrosomen 45[4]. — Stickstoff- und Schwefelgehalt von Leberglykogen 68[13]. Lipidgehalt von Lebermitochondrien 133[11]. — Lipidgehalt von Mikrosomen 134[5]. — Lokalisation der Ribonucleinsäure in Leberzellen 312[9].
— s. HOGEBOOM, G. H. 377[3], 504[5].
— s. SCHNEIDER, W. C. 504[5].
CLAUSEN, S. W., W. S. BAUM, A. B. MCCOORD, J. O. RYDEEN and B. B. BREESE: Freies und verestertes Vitamin A im Blutplasma 353[9].
— s. KATSAMPES, C. P. 350[3].
CLAYSON, D. B., s. BONSER, G. M. 496[2].
CLAYTON, C. C., and C. A. BAUMANN: Vitamin A-Reserven bei Vitamin K-Mangel (Ratte) 349[10].
— s. GIESE, J. E. 494[6], 500[9].
— s. GRIFFIN, A. C. 393[13].
CLEGHORN, R. A., s. JENDRASSIK, L. 514[3].
CLÉMENT, G.: Übergang von Depotfett in die Leber 142[9]. — Wirkung von Hypophysenextrakten auf Leberverfettung 142[16].
CLEMENTI, A.: Keine Arginase in Vogelleber 310[13]. — Harnstoffgehalt im Gewebe bei Vögeln 310[15]. — Harnsäurebildung aus Aminosäuren und Ammoniumsalzen in Vogelleber 336[8].

CLOETENS, R.: Leberfunktionsprüfung mit Tyrosin 213[3].
CLOSS, J. O., s. CORI, G. T. 587[2].
CLOSS, K., s. FÖLLING, A. 278[9,12], 279[2].
CLOWES, G. H. A., and A. K. KELTCH: Fermente der Glykolyse in Cytoplasma von Gehirnzellen 700[12].
— s. HARRIS, P. N. 501[4,8].
— s. KELTCH, A. K. 700[11].
CLOWES, G. H. A. jr., and L. B. MACPHERSON: Verhinderung von Fettleber durch Pankreasextrakte 152[13].
CLUTTON, R. F., R. SCHOENHEIMER and D. RITTENBERG: Argininbildung aus Ornithin 302[12], 306[7].
COATES, M. E., S. Y. THOMPSON and S. K. KON: Vitamin A-Veresterung in der Darmwand 348[1].
COBB, D. M., s. FENN, W. O. 576[2], 623[29], 624[4], 629[5], 630[16].
COCHRAN, K. W., s. DUBOIS, K. P. 728[4].
COCHRAN, T. H., s. RICH, A. R. 142[5].
COCKBURN, R. M., s. HUTCHENS, T. T. 167[10].
COCKRELL, M. C., s. HUFF, R. L. 49[3], 51[4].
COENE, J., s. LEDERER, J. 450[1].
COETZEE, W. H. K.: Degeneration in der Medulla oblongata bei Vitamin A-Mangel 669[2].
COGAN, D. G., and F. C. COGAN: Linsentrübungen durch 2,4-Dinitrophenol 900[2].
— and E. O. HIRSCH: Permeabilität der Cornea 879[7].
— E. O. HIRSCH and V. E. KINSEY: Eintritt lipoidlöslicher Stoffe in die Cornea 879[5].
— and V. E. KINSEY: Permeabilität der Cornea für Wasser 879[1,2].
— and T. KUWABARA: Fettbildung in der Cornea 878[1].
— s. KINSEY, V. E. 879[10], 880[5], 907[11], 908[1].
COGAN, F. C., s. COGAN, D. G. 900[2].
COGNASSO, A., e F. PERNA: Prothrombinzeit bei Trichloräthylennarkose 370[12].
COHEN, E. S., T. L. ALTHAUSEN, K. UYEYAMA and H. TREAGER: Bromsulphaleintest 562[11].
COHEN, G. N., G. COHEN-BAZIRE et B. MINZ: Aktivierung der Cholinacetylase durch Glutaminsäure 758[9].
COHEN, H., and S. DAVIES: Einfluß der Hyaluronidase auf die Blut-Hirnschranke 801[2].
COHEN, J. A., M. G. P. J. WARRINGA and B. R. BOVENS: Schutz der Acetylcholinesterase gegen Diisopropylfluorophosphat durch Butyrylcholin 859[7].
— s. KALSBEEK, F. 859[6].
COHEN, J. B.: Harnstoffausscheidung in der Galle 542[6].
COHEN, M., J. A. KILLIAN and N. METZGER: Eiweißgehalt im Glaskörper von Pferd und Rind 910[11].
COHEN, P. P.: Keine Wirkung von D- und L-Aminosäureoxydase auf Glycin 259[2]. — Keine Lysintransaminasen 295[14].
COHEN, P. P., and S. GRISOLIA: Bedeutung von Mg-Ionen für Citrullinbildung 306[13]. — Förderung der Citrullinbildung durch Carbamoylglutaminsäure 307[4–6]. — Mechanismus der Citrullinbildung 412[11].
— and M. HAYANO: Bedeutung von Mg-Ionen für Citrullinbildung 306[12]. —
— Bedeutung von ATP und Adenylsäure für Citrullinbildung 307[1]. — Bedingungen der Argininsynthese 308[6]. — Keine Citrullinbildung in der Niere 309[6].
— and G. L. HEKHUIS: Transaminierungsreaktion im Gehirn 751[4].
— and R. W. MCGILVERY: Entgiftung von p-Aminobenzoesäure durch Bildung von p-Aminohippursäure 469[5–7]. — Bedeutung von ATP und Cytochrom c für Hippursäurebildung 470[1,2]. — Hemmung der Hippursäurebildung durch Fluorid 470[2].
— and F. L. THOMPSON: β-Globuline beim Thymoltrübungstest 246[7].
— s. CAMMARATA, P. S. 250[3], 279[10], 400[7].
— s. DEISS, W. P. 469[4], 470[10], 471[8].
— s. GRISOLIA, S. 306[13], 307[4,7,9], 412[11].
— s. KREBS, H. A. 193[7], 252[5].
— s. MACLEOD, P. R. 308[1], 412[10].
— s. SOROF, S. 230[2], 497[5].
— s. TUNG, T. C. 308[3].
COHEN, R. A., and R. W. GERARD: Steigerung des Hirnstoffwechsels bei Hyperthyreose 818[3].
COHEN, S.: Methylierung von Guanidinoessigsäure durch fetale Leber 303[8].
— s. SCHWARTZ, S. 525[11].
COHEN, S. L., s. ONESON, I. 428[11].
COHEN, S. S.: Gluconokinase 108[10].
— s. SCOTT, D. B. MCN. 109[4].
COHEN-BAZIRE, G., s. COHEN, G. N. 758[9].
COHN, C., R. LEVINE and D. STREICHER: Bromsulphaleinaufnahme durch extrahepatische Organe 564[2].
COHN, E. J., L. E. STRONG, W. L. HUGHES jr., D. J. MULFORD, J. N. ASHWORTH, M. MELIN and H. L. TAYLER: Oestroprotein in der Lipoproteidfraktion des Serums 425[14].
COHN, E. M., s. ORLOFF, T. L. 565[3].
— s. PINCUS, I. J. 426[13], 434[9].
COHN, H., u. H. GESSLER: N-Ausscheidung im Harn bei Abkühlung 23[4].
COHN, M., s. FISHMAN, W. H. 477[4].
— s. SIMMONDS, S. 267[3].
— s. SUTHERLAND, E. W. 87[2].
— s. VIGNEAUD, V. DU 146[15], 149[3], 257[5], 266[3], 267[1,2], 269[2], 475[9], 477[3].
COHN, R.: Entgiftung von Pyridincarbonsäuren durch Bindung an Glykokoll 469[11].
— s. JAFFÉ, M. 469[10].
COHN, W. E., and D. M. GREENBERG: Eindringen von anorganischem Phosphat ins Gehirn 736[2]. — Aufnahme von ^{32}P durch verschiedene Gewebe 769[1]. — Permeabilität der Blut-Hirnschranke für Phosphat 797[14].

COHN, W. E., s. BRUES, A. M. 315[1], 316[1], 325[6], 326[3].
— s. GREENBERG, D. M. 41[15], 797[15].
— s. JOSEPH, M. 801[5].
COLE, W. H., s. GRAHAM, E. A. 564[12].
COLIZZI, C., s. CASENTINI, S. 379[15].
COLLARD, H. B., s. MACLAGAN, N. F. 447[2].
COLLAZO, J. A., J. BARBUDO u. I. TORRES: Zusammensetzung des Muskels bei progressiver Muskeldystrophie 586[7].
— M. HÄNDEL u. P. RUBINO: Einwirkung von Insulin auf Leberglykogen bei glykogenarmen Tieren 75[3].
COLLENTINE, G. E., s. QUICK, A. J. 374[3].
COLLET, A., et H. MOUSSARD: Kieselsäureausscheidung in Galle und Harn 541[18].
COLLIE, C. H., s. PETERS, R. A. 745[18], 746[12].
COLLINS, A., s. SENECA, H. 438[3].
COLLINS, F. D.: Zusammenfassung über Chemie des Sehens (1954) 939[14]. — Vitamin A-Gehalt in Mitochondrien 350[18]. —
— Indicatorgelb 941[4]. — Verbindungen vou Retinin$_1$ mit SH- bzw. NH_2-Gruppen 942[7].
— J. N. GREEN and R. A. MORTON: Verbindungen von Retinin$_1$ mit SH- bzw. NH_2-Gruppen 942[7]. — Sehpurpurbildung durch Netzhautpräparate 943[10]. —Förderung der Sehpurpurregeneration durch Pyridoxalphosphat 943[11]. — Umwandlung von Retinin in „aktives Retinin". 945[3].
— R. M. LOVE and R. A. MORTON: Desoxyribonucleinsäure in den Außengliedern der Stäbchen 926[3]. — Dichte der Stäbchen der Rindernetzhaut 938[6].
— and R. A. MORTON: Absorptionsmaximum von Lumirhodopsin 940[3]. — Indicatorgelb 941[4]. — Chromophore Gruppe des Sehpurpurs 942[4].
— s. BALL, S. 941[3].
— s. CAMA, H. R. 358[9].
COLLINS, R. A., s. BARKI, V. H. 164[4].
COLLIP, J. B., s. NEUFELD, A. H. 70[9], 73[3].
— s. SELYE, H. 143[6].
COLOMBO, G.: Ascorbinsäuregehalt menschlicher Tränenflüssigkeit 869[11].
COLOSIMO, C., s. ROSSONI, R. 534[4].
COLOWICK, S. P., G. T. CORI and M. W. SLEIN: Hemmung des Kohlenhydratabbaues durch Nebennierenrindenhormon 123[8]. — Wirkung von Nebennierenrindenhormon bei adrenektomierten pankreasdiabetischen Tieren 124[9]. — Einfluß von Hypophysenvorderlappenextrakten und Insulin auf Hexokinase 712[3].
— and H. M. KALCKAR: Vorkommen von Myokinase im Gehirn 774[2].
— and E. W. SUTHERLAND: Darstellung von Phosphoglucomutase 86[6]. — Gleichgewicht an der Phosphoglucomutase 87[4].
— M. S. WELCH and C. F. CORI: Förderung der Glucosephosphorylierung 85[1]. — Wirkungsbedingungen der Hexokinasen 99[4].
COLOWICK, S. P., s. CORI, G. T. 86[3], 87[5], 90[1], 91[1], 705[8].
— s. KAPLAN, N. O. 794[2,3].
— s. PRICE, W. H. 85[2], 821[1], 824[8,9].
COLP, R., and H. DOUBILET: Resorption von Cholaten in der entzündeten Gallenblase 536[4]. — Freie Gallensäuren in menschlicher Galle 557[24].
COLTRIN, G. C., s. BASSETT, A. M. 97[8].
COLVIN, F. M., and S. R. TIPTON: Keine Thyroxinwirkung aus Lebergewebe bei B_1-Avitaminose 444[11].
COLWELL, A. R. jr.: Lipoidausscheidung in der Galle bei Cholinmangel 145[7]. — Gallenbildung bei Fettleber 533[22]. — Wirkung von Cholinmangel auf Fette und Lipoide in der Galle 546[2].
— s. FRASER, D. 29[1].
COMAR, C. L., and G. K. DAVIS: Verteilung von radioaktivem Kobalt beim Rind 65[5]. — Ablagerung von Kobalt im Gehirn 627[13].
— G. K. DAVIS and L. SINGER: Kupferspeicherung in der Leber 58[9].
— G. K. DAVIS and R. F. TAYLOR: Verteilung von radioaktivem Kobalt beim Rind 65[5]. — Ablagerung von Kobalt im Gehirn 627[12].
— L. SINGER and G. K. DAVIS: Anreicherung von Molybdän im Rinderauge 916[4].
— s. TOTTER, J. R. 65[12].
COMFORT, M. W., s. BUTT, H. R. 439[1].
COMLINE, R. S., and F. R. WHATLEY: Beziehungen zwischen Acetylcholinsynthese und Kohlenhydratstoffwechsel 845[8]. — Bedeutung von Flavinadenindinucleotiden für Acetylcholinsynthese 846[3]. —
CONANT, J. B., R. D. CRAMER, A. B. HASTINGS, F. W. KLEMPERER, A. K. SOLOMON and B. VENNESLAND: Glykogenbildung aus Lactat in der Leber 118[2].
CONIGLIO, J. G., W. J. DARBY, M. C. WILKERSON, R. STEWART, A. STOCKELL and G. W. HUDSON: Kein Einfluß von Röntgenbestrahlung auf Vitamin A-Gehalt der Leber 349[15].
CONN, J. W., L. H. LOUIS and C. E. WHEELER: Diabetesähnlicher Zustand nach Injektion von ACTH 125[9]. — Wirkung von ACTH auf Gluconeogenese und Nucleoproteidbilanz 126[6].
CONNELL, G. E., s. HANES, C. S. 157[15].
CONNER, E. H., s. MANGOLD, R. 778[9], 808[5].
CONSBRUCH, U., u. D. SCHMÄHL: Riboflavingehalt von Rattenleber 390[7]. — Riboflavinwirkung auf Entwicklung von Buttergelbtumoren 393[5]. — Wirkung von Buttergelb auf Riboflavingehalt der Leber 394[3].
CONSDEN, R., A. H. GORDON and A. J. P. MARTIN: Trennung von Nucleotiden durch Papierionophorese 315[9].
CONTE-MAROTTA, R., s. CEDRANGOLO, F. 145[8].
CONTRO, L., s. VILLA, L. 395[12].

CONWAY, E. J., and R. COOKE: Abbau der Nucleinsäuren im Gehirn 767[6]. — Vorkommen von Adenylsäure- und Adenosindesaminasen im Gehirn 767[6].
CONZELMAN, G. M. jr., H. G. MANDEL and P. K. SMITH: Purinbildung aus 4-Aminoimidazolcarboxamid 333[4].
CONZEN, F.: Glucuronidausscheidung beim Menschen 458[2].
COOK, D. L., D. A. BEACH, R. G. BIANCHI, W. E. HAMBOURGER and D. M. GREEN: Gallenmenge beim Hund 529[5].
COOK, E. D., s. ZIMDAHL, W. T. 60[12].
COOK, H., s. GRIFFIN, A. C. 502[6].
COOK, J. W., C. L. HEWETT, E. L. KENNAWAY and M. M. KENNAWAY: Cholangiombildung durch Azonaphthaline bei Mäusen 494[11].
COOK, L., s. ENGSTROM, W. W. 434[6].
COOK, M.: Glykogenbildung aus Mannose 105[7].
— and V. LORBER: Glykogenbildung aus Mannose 105[7].
— s. LORBER, V. 830[4].
COOK, R. P., N. POLGAR and R. O. THOMSON: Cholesterinoxydation 208[12].
— s. NEEDHAM, J. 92[1], 105[2].
COOKE, R., s. CONWAY, E. J. 767[6].
COOKE, W. T., s. BARCLAY, J. A. 147[16].
— s. SINGH, I. D. 18[14].
COOLEY, G., B. ELLIS, V. PETROW, G. H. BEAVEN, E. R. HOLIDAY and E. R. JOHNSON: Form von Vitamin B_{12} in der Leber 419[22].
COOLIDGE, T. B.: Extraktion von direktem Bilirubin aus Blutserum 514[5]. — Fällung von Bilirubin mit Albumin durch Ammonsulfat 515[3].
COOMBS, H. I.: Steigerung der Neutralschwefelausscheidung bei Merkaptursäurebildung 473[11].
COON, M. J.: Cholesterinsynthese aus Isofettsäuren 202[2]. — Bildung von Acetessigsäure aus Isovaleriansäure 265[4].
— and N. S. B. ABRAHAMSEN: Isoleucinabbau 266[1].
— and S. GURIN: Bildung von Acetessigsäure aus Leucin 265[3].
— S. GURIN and D. W. WILSON: Bildung von Acetessigsäure aus Leucin 265[2].
— s. LEVY, L. 831[1].
— s. ROSE, W. C. 268[6], 295[6].
— s. STERN, J. R. 181[2].
COON, R. W., s. HAWKINS, W. B. 558[14].
COOPER, A. R., s. FORBES, R. M. 9[5], 39[6], 41[8].
COOPER, C., R. WU and D. W. WILSON: Orotsäure als Pyrimidinvorstufe 342[9].
COOPER, E. J., s. DABROWSKA, W. 320[4].
COOPER, J. R., s. UDENFRIEND, S. 278[3], 748[7], 826[9].
COOPER, M. A., s. QUICK, A. J. 455[7], 457[1], 471[7].
COOPERMAN, J. M., B. TABENKIN and R. DRUCKER: Vitamin B_{12}-Extraktion aus der Leber 419[13]. — Vitamin B_{12}-Gehalt von Ratten- und Hühnerleber 420[7].
COOPERMAN, J. M., H. A. WAISMAN, K. B. McCALL and C. A. ELVEHJAM: Anämie bei Vitamin B_1-Mangel 505[6].
COOPERSTEIN, S. J., and A. LAZAROW: Cytochromoxydaseaktivität im Gehirn 796[9].
COPELAND, D. H., and W. D. SALMON: Lebertumoren bei Ratten nach Cholinmangel 493[6].
— s. ENGEL, R. W. 501[1, 23], 502[1].
— s. HOVE, E. L. 365[9, 13].
— s. SCHAEFER, A. E. 415[3].
COPENHAVER, J. H., E. G. SHIPLEY and R. K. MEYER: Gehirnstoffwechsel bei Diabetes mellitus 822[8].
COPENHAVER, J. H. jr., W. H. McSHAN and R. K. MEYER: Codehydrogenase II als Coenzym der Glutaminsäuredehydrogenase 754[1].
— R. O. STAFFORD and W. H. McSHAN: Keine Spaltung von Fettsäureestern im Gehirn 744[5].
— s. SHIPLEY, E. G. 822[9].
COPENHAVER, W. M., s. SPERRY, W. M. 744[17].
COPHER, G. H., and B. M. DICK: Strombahnen in der Pfortader 17[2].
— s. GRAHAM, E. A. 564[12].
COPP, D. H., and D. M. GREENBERG: Eisenbestimmung in der Leber 44[6]. — Eisenabgabe durch die Leber bei Hämoglobinbildung 49[5]. — Eisengehalt in Leber, Milz und Knochenmark bei eisenfreier Ernährung 50[8]. — Eisenablagerung in der Leber bei Erythropoese 51[5]. — Eisenablagerung in Leber und Knochenmark nach intraperitonaealer Injektion 52[4]. — Eisenausscheidung nach Eiseninjektion 52[6]. — Eisenresorption nach eisenarmer Ernährung 53[6]. — Kobaltausscheidung im Harn 65[6].
— s. GREENBERG, D. M. 62[4], 65[7], 541[9].
— s. ULRICH, F. 65[4].
COPPEDGE, R. L., A. SEGALOFF, and H. P. SARETT: Oestradiolinaktivierung durch Leberschnitte 425[2].
— A. SEGALOFF, H. P. SARETT and A. M. ALTSCHUL: Inaktivierung oestrogener Substanzen in der Leber 423[4]. — Förderung der Oestradiolentgiftung durch Nicotinsäureamid und Diphosphopyridinnucleotid 427[6].
COPPENS, P. A., u. G. A. METZ: Zerstörung von Vitamin D in der Lunge 362[8], 363[1].
COPPING, A. M.: Vitamin D in Crustaceen 363[6].
CORA, D., s. SALVIATI, L. 509[10].
CORBET, A., s. LANG, K. 504[17].
CORDA, D.: Keine Spaltung von gebundenen Gallensäuren durch Leberextrakte 558[2].
COREY, R. B., s. PAULING, L. 606[3].
CORI, C. F.: Insulineinwirkung auf Leberglykogen 74[9]. — Glykogengehalt der diabetischen Leber nach Insulin 75[9]. — Glykogenbildung aus Galaktose in der Leber 93[4]. — Fructokinase der Leber 98[13]. Bildung von Fructose-1-phosphat aus

Fructose 99[9]. — Milchsäuregehalt im Blut nach Adrenalin 120[6]. — Fehlen von Glucose-6-phosphatase bei Glykogenspeicherkrankheit 691[4]. — Einfluß von Hypophysenvorderlappenextrakten und Insulin auf Hexokinase 712[4].
CORI, C. F., S. P. COLOWICK and G. T. CORI: Leberphosphorylase 87[5].
— and G. T. CORI: Glykogenabbau in der Leber nach Adrenalin 76[3]. — Adrenalinwirkung auf Leber- und Muskelglykogen 76[4]. — Vergärbarer Zucker im Blut nach Galaktosezufuhr 96[9]. — Wirkung von Insulin auf Fructosetoleranzkurve 102[12]. Glykogengehalt der Leber nach Adrenalininjektion 121[1]. — Abnahme des Leberglykogens bei hungernden adrenektomierten Tieren 124[1].
— G. T. CORI and H. L. GOLTZ: Wirkung von Insulin auf Fructosetoleranzkurve 102[12].
— G. SCHMIDT and G. T. CORI: Leberphosphorylase 87[7].
— and W. M. SHINE: Umwandlung von Fructose-1-phosphat in Glucose-6-phosphat durch Leber 99[11]. — Glucosebildung aus Fructose, Galaktose und Mannose 101[2].
— s. BEAR, R. S. 88[1].
— s. COLOWICK, S. P. 85[1], 99[4].
— s. CORI, G. T. 70[3], 80[3], 81[3], 86[3], 87[5,7], 88[1], 89[5], 90[1,6], 91[1,3], 98[10], 99[8,11], 102[12], 581[2], 691[6], 705[6,8].
— s. GREEN, A. A. 88[1].
— s. LARNER, J. 81[2], 88[3].
— s. PRICE, W. H. 85[2], 824[8].
— s. SLEIN, M. W. 98[18], 99[3], 105[8], 705[4], 710[5].
— s. SUTHERLAND, E. W. 76[7, 13,15], 87[1,2], 90[5].
CORI, G. T., and J. O. CLOSS: Konzentrationsverhältnis Plasma: Muskel für Glucose 587[2].
— S. P. COLOWICK and C. F. CORI: Vorkommen von Phosphoglucomutase in der Leber 86[3]. — Leberphosphorylase 87[5], 90[1]. — Phosphoglucomutase 91[1]. — Glykogenphosphorylierung im Gehirn 705[8].
— and C. F. CORI: Glykogenabbau in der Leber bei Glykogenspeicherkrankheit 70[3]. Struktur des Glykogens bei Glykogenspeicherkrankheit 80[3]. — Glykogensynthese in der Leber 81[3]. — Glykogensynthese durch Phosphorylase 88[1]. — Glucose-1-phosphatbildung beim Glykogenabbau 90[6]. — Wirkung von Insulin auf die Glucose- und Fructosetoleranzkurve 102[12]. — Gehalt an Hexosemonophosphorsäure im Skeletmuskel 581[2]. — Fehlen von Glucose-6-phosphatase bei Glykogenspeicherkrankheit 691[6]. — Gleichgewicht Glykogen: Glucose-1-phosphat 705[6].
— C. F. CORI and G. SCHMIDT: Leberphosphorylase 87[7]. — Phosphorolytischer Glykogenabbau in der Leber 89[5]. — Keine Hydrolyse von Glucose-1- und Fructose-6-phosphat in der Leber 91[3].
CORI, G. T., and A. A. GREEN: Glykogensynthese durch Phosphorylase 88[1].
— and J. LARNER: Amylo-1,6-glucosidase 82[11]. — Amylo-1,6-glucosidase 90[2]. — Glykogenabbau durch Phosphorylase 90[2]. — Reinigung der Phosphorylase 90[4].
— S. OCHOA, M. W. SLEIN and C. F. CORI: Glucosebildung aus Fructose in Leberbrei 98[10]. — Bildung von Fructose-1-phosphat aus Fructose 99[8]. — Umwandlung von Fructose-1-phosphat in Glucose-6-phosphat in der Leber 99[11].
— and M. W. SLEIN: Gluco- und Fructokinase aus Leber 84[2].
— s. COLOWICK, S. P. 123[8], 124[9], 712[3].
— s. CORI, C. F. 76[3, 4], 87[5,7], 96[9], 102[12], 121[1], 124[1].
— s. GREEN, A. A. 88[1].
— s. ILLINGWORTH, B. 80[1], 82[12], 83[1], 691[5].
— s. LARNER, J. 81[2], 88[3].
— s. PRICE, W. H. 85[2], 821[1], 824[9].
— s. SLEIN, M. W. 98[18], 99[3], 105[8], 705[4], 710[5].
CORI, O., and F. LIPMANN: Bildung von Gluconsäure-6-phosphatlacton aus Glucose-6-phosphat 108[14].
CORKILL, A. B., H. P. MARKS and W. E. WHITE: Einwirkung von Insulin auf Leberglykogen bei glykogenarmen Tieren 75[2].
— and S. OCHOA: Glykogenbildung aus Milchsäure oder Glucose bei Leberschädigungen 121[3].
CORKILL, B.: Einwirkung von Insulin auf Leberglykogen bei glykogenarmen Tieren 75[2].
CORLEY, R. C., s. DENIS, W. 621[6], 622[11].
CORNATZER, W. E., s. ARTOM, C. 161[4].
CORNER, G. W., s. BLOOR, W. R. 132[4].
CORNETT, M. L., s. MCHENRY, E. W. 165[10].
CORNFORTH, J. W., and G. POPJÁK: Squalenbildung aus Acetat in der Leber 203[13].
CORRAN, H. S., J. G. DEWAN, A. H. GORDON and D. E. GREEN: Oxydation von Glyoxylsäure durch Aldehydoxydasen 259[5].
CORRE, L., P. L. MARIANI et R. REVERDIN: Auslösung von Hepatomen oder Cholangiomen durch cancerogene Stoffe 493[7].
CORSIGILIA, V. F., s. GRIFFIN, A. C. 501[19].
CORSTEN, M., s. BRECHT, K. 841[15], 842[9], 843[8], 948[7].
CORTELL, R., J. FELDMAN and E. GELLHORN: Cholinergische Natur sensibler Vagusäste 843[6].
COSBY, E. L., and J. B. SUMNER: Reinigung der Rhodanese 479[7].
COSGROVE, K. W., and P. L. DAY: Kataraktbildung bei Ratten nach Vitamin B_2-Mangel 899[8].
COSTA, P. J., s. ENGSTROM, W. W. 434[6].
COSTA, W. A. DA, s. MARSHALL, L. M. 660[15].
COTONIO, M., s. FRIEDEMANN, T. E. 593[5].
COTTET, J., s. CHABROL, E. 547[5], 560[7].
— s. CHARONNAT, R. 532[7].
— s. LOEPER, M. 379[13].

COTZIAS, G. C., and V. P. DOLE: Monoaminoxydase in Gehirnmitochondrien 761[5].
COUCEIRO, P., s. BUMM, E. 709[15].
COUCH, J. R., and O. OLCESE: Vitamin B_{12}-Gehalt von Hühnerleber 420[9].
COULON, A., s. SPRINSON, D. B. 738[9].
COULSON, R. A., s. ELLINGER, P. 395[7], 396[12], 398[1].
COUNSELLER, V. S., s. MCINDOE, A. H. 17[5].
— s. ZASLOW, J. 561[4].
COURRIER, R., s. JOLIOT, F. 441[12].
COURTIAL, J., s. FIESSINGER, N. 485[6], 488[2].
COURTICE, F. C.: R.Q. im Gehirn von Katzen 783[12].
COUTEAUX, R.: Verteilung der Acetylcholinesterase beim Meerschweinchen 855[6]. — Lokalisation der Acetylcholinesterase an der Neuronenoberfläche 855[6].
— and D. NACHMANSOHN: Verteilung der Acetylcholinesterase beim Meerschweinchen 855[7]. Lokalisation der Acetylcholinesterase an der Neuronenoberfläche 855[7].
COVO, G. A., s. CROSS, R. J. 847[7].
COWARD, K. H.: Vitamin A-Bedarf von männlichen und weiblichen Ratten 356[2].
— s. DRUMMOND, J. C. 356[15], 363[3].
— s. JAMESON, H. L. 356[14], 363[4].
COWDRY, E. V.: Lehrbuch der Histologie. 3. Aufl. Engl. (1944) 571[1].
COWGILL, G. R., s. GILMAN, A. 537[4].
— s. ROE, J. H. 92[4], 93[12], 97[2].
— s. ZIMMERMAN, H. M. 669[10].
COWIE, D. B., E. T. BOLTON and M. K. SANDS: Bildung S-haltiger Aminosäuren aus Sulfat durch Darmbakterien 270[2].
— s. BOLTON, E. T. 270[6].
— s. SCHOLZ, R. O. 907[8].
— s. WILDE, W. S. 907[8].
COWIE, V.: Oligophrenia phenylpyruvica 826[4].
COX, A. J.: Lokalisation von Vitamin A in der Leber 350[11]. — Vitamin A-Gehalt cirrhotischer Lebern 360[1].
COX, A. J. jr., R. H. WILSON and F. DEEDS: Wirkung von 2-Acetylaminofluoren auf Leberzellen 502[7].
— WILSON, R. H. 495[3,6], 502[4].
COX, G. J., and W. C. ROSE: Keine Wachstumsförderung durch Urocaninsäure 299[9].
COXON, R. V.: Milchsäurebildung im Gehirn 705[11]. — Citratbildung bei Brenztraubensäureabbau im Gehirn 716[10]. — Brenztraubensäureoxydation im Gehirn 717[2]. Acetatbildung im Taubengehirn 717[4]. — Sauerstoffverbrauch im Taubengehirn bei Acetatzusatz 717[5].
— C. LIÉBECQ and R. A. PETERS: Brenztraubensäureoxydation im Gehirn 717[1].
— and R. A. PETERS: Citrat- und α-Ketoglutaratbildung im Taubengehirn bei B_1-Avitaminose 717[3].
CRAIFALEANU, A. D.: Autolyse des Gehirns 762[6]. — Vorkommen von Nucleasen im Gehirn 762[6], 766[2].
CRAIG, F. N., and H. K. BEECHER: Glykolyse im Gehirn bei sinkender Atmung 786[9]. — Einfluß von CO_2- und O_2-Spannung auf Atmung und aerobe Glykolyse der Netzhaut 931[2].
— and W. T. SALTER: Sauerstoffverbrauch von Leberschnitten nach Thyroxin 444[17].
CRAIG, J. A., s. SNELL, E. E. 272[3].
CRAIG, J. W., W. R. DRUCKER, M. MILLER, J. E. OWENS, H. WOODWARD jr., B. BROFMAN and W. H. PRITCHARD: Verwertung der Fructose 102[10].
— s. MILLER, M. 101[4], 103[2], 488[8].
CRAIG, L. C., s. AHRENS, E. H. jr. 557[22].
CRAIGIE, E. H.: Arteriovenöse Sauerstoffdifferenz und Glucosegehalt des Blutes bei Insulinhyperglykämie 823[13]. — Zusammenhang zwischen Cholinesteraseaktivität und Zahl der Capillaren im Gehirn 861[16].
CRAMB, I. D., s. KOSTERLITZ, H. W. 320[10], 321[7].
CRAMER, A.: Lebergewicht des Neugeborenen 9[6].
CRAMER, F. K., s. FOGLIA, V. G. 898[8].
CRAMER, P., s. MENDELOFF, A. I. 563[11].
CRAMER, R. D., s. CONANT, J. B. 118[2].
— s. VENNESLAND, B. 118[2].
CRAMER, W., and R. A. KRAUSE: Abbau von Leberglykogen nach Thyroxin 77[8].
CRANDALL, D. I., R. O. BRADY and S. GURIN: Acetessigsäurebildung aus Octansäure 188[2].
— and S. GURIN: Acetessigsäurebildung aus Octansäure 188[2].
— s. GURIN, S. 194[7].
— s. RAVDIN, R. G. 279[11], 280[4].
CRANDALL, L. A. jr.: Zusammenfassung über Leber und Galle (1944) 1[6].
— H. B. IVY and G. J. EHNI: Abbau von Acetyl-CoA über den Citronensäurecyclus 189[3].
— s. IVY, A. C. 1[8].
— s. LIPSCOMB, A. 14[16].
— s. MULDER, A. G. 742[7].
— s. WINTER, I. C. 136[7].
CRANDALL, M. W., and D. L. DRABKIN: Wassergehalt der Leber nach partieller Hepatektomie 33[7]. — Regeneration von Cytochrom c nach partieller Hepatektomie 34[4]. — Regeneration des Cytochromgehaltes der Leber bei verminderter O_2-spannung 35[4].
CRANE, E. E., and R. E. DAVIES: Energielieferung für Dissoziation des Wassers beim Ionentransport 803[4].
CRANE, R. K., and E. G. BALL: CO_2-Fixation in der Retina 721[3]. — Hemmung der CO_2-Fixation durch 3,5-Dinitro-o-kresol 721[4]. — Carboxylierung von Brenztraubensäure in der Netzhaut 933[1].
— and A. SOLS: Bindung der Hexokinase an die Mitochondrien 711[11].
— s. SOLS, A. 710[8], 711[1].

CRASS, G., s. MUIRHEAD, E. E. 55[9].
CRAVENS, W. W., s. WILLIAMS, J. N. jr. 415[6].
CRAVIOTO, R. O., G. MASSIEU and J. J. IZQUIERDO: Gehalt an Glutaminsäure, Glutamin, Asparaginsäure und γ-Aminobuttersäure im Gehirn beim Insulinschock 826[3].
CRAWFORD, E. J., s. LOWRY, O. H. 617[2], 773[8].
CRAWFORD, G. N. C., s. BEMBRIDGE, B. A. 910[3], 911[2].
CRAWFORD, J. D., s. TALBOT, N. B. 98[2].
CRAWFORD, N., and B. N. BROOKE: Pufferungskurven von menschlicher Galle 537[11].
CREED, R. H., s. MORTON, R. A. 359[9].
CREMER, H.-D.: Fettsäuredehydrogenase 163[13].
CREMER, M.: Zusammenfassung über Physiologie des Glykogens (1902) 93[8].
CREPAX, P., s. DUBUISSON, M. 607[2].
CRÉPY, O.: Bildung von Oestrogenglucuroniden 428[12].
CRESCITELLI, F., and H. J. A. DARTNALL: Absorptionskurve des Sehpurpurs 939[4].
— s. CARLISLE, E. M. 790[14].
— s. LIPSETT, M. N. 806[9].
CRESSON, S. L., s. GLENN, W. W. L. 136[7].
CRIDDLE, J. E., and A. F. MORGAN: Vitamin E-Speicherung in der Truthahnleber 364[2]. — Tokopherolgehalt des Blutes bei Stauungsikterus 368[5].
CRISTIANSSON, J., u. E. PALM: Übertritt von Phosphat in den Glaskörper 912[12].
CRISTINI, G., et W. CIUSA: Vorkommen von Trigonellin in der Linse (?) 889[13].
CRISTOL, P., L. HÉDON, A. LOUBATIÈRES et P. MONNIER: Insulineinwirkung auf Leberglykogen 74[5], 75[1].
CROISY, A.: Elektrophorese von Linseneiweiß 886[9].
CROIZAT, P., s. CHAMBON, M. 541[1], 542[16].
CROSBIE, G. W., R. M. S. SMELLIE and J. N. DAVIDSON: Zusammensetzung der Ribonucleinsäuren aus Leberzellen 315[4].
CROSS, N., s. MACKENZIE, C. G. 147[12, 13], 267[6], 759[8].
CROSS, R. J., J. V. TAGGART, G. A. COVO and D. E. GREEN: Sauerstoffbedarf für Bildung energiereicher Phosphatbindungen 847[7].
CROSSLAND, J., and A. J. MERRICK: Acetylcholinbestimmung 844[8].
— and D. RICHTER: Abhängigkeit des Elektroencephalogramms vom Acetylcholingehalt des Gehirns 786[11].
— s. RICHTER, D.: 738[6], 809[1], 810[13], 813[24], 817[6], 842[11], 844[4].
CROSSLEY, M. L., s. SUGIURA, K. 494[10].
CROWDER, M., s. ARTOM, C. 146[8], 159[12].
CROWDLE, J. H., and C. P. SHERWIN: Ornithursäurebildung bei Benzoesäurevergiftung und argininarmer Kost 302[10]. — Ornithursäurebildung bei Vögeln 472[5].
CROWELL, J. E., s. FRIEDENWALD, J. S. 875[12], 878[8].
CRUICKSHANK, E. M., and E. KODICEK: Vitamin D-Speicherung in der Leber 361[9], 363[12].
CRUICKSHANK, E. W. H., and C. W. STARTUP: R.Q. im Herzlungenpräparat 610[2].
CRUMPTON, C. W., s. HARMEL, M. H. 822[7].
CRUZ, J. M., s. JACOBSOHN, K. P. 416[12].
CSAPÓ, A.: Myosin- und Actomyosingehalt im graviden Uterus 611[4].
CSONKA, F. A.: Verwendung von exogenem Glykokoll zur Hippursäuresynthese 470[8].
CSÚCS, L., s. ERNST, E. 587[5].
CUCUEL, F., s. STOCK, A. 64[12].
CULBRETH, G. G., s. SACKS, J. 765[5], 772[1], 798[5].
CULIK, R., F. A. BACIGALUPO, F. THORP jr., R. W. LUECKE and R. H. NELSON: Nervöse Störungen bei Vitamin E-Mangel 675[9].
CULLIMORE, O. S., s. BLATHERWICK, N. R. 70[5].
CUMINGS, J. N.: Kupfergehalt in Leber und Stammganglien bei hepatolenticularer Degeneration 60[8]. — Kupferausscheidung im Harn bei hepatolenticularer Degeneration 60[12]. — Kaliumgehalt im Muskel 575[8].
CUMMING, G. R., s. PERRY, W. F. 409[8].
CUMMINS, A. J., and H. L. BOCKUS: Leberesterase bei akuten Leberschäden 238[14]. Serumamylase bei Leberschädigung 241[14].
CUNNINGHAM, E., s. WILLIAMS, R. J. 670[5], 672[1], 673[3], 674[10], 675[13].
CUNNINGHAM, I. J.: Kupfergehalt der Ferkelleber 56[8] .— Kupfergehalt der Leber von Mensch und Tieren 57[3]. — Kupfergehalt der Leber bei kupferarmer Nahrung 58[6]. Kupfergehalt der embryonalen Leber 58[6]. Kupfergehalt der Leber neugeborener Tiere 59[6].
CUNNINGHAM, L., J. M. BARNES and W. R. TODD: Förderung der Leberglykogenbildung durch Glycin 261[2].
— s. GRIFFIN, A. C. 502[6, 14].
— s. RICHARDSON, H. L. 501[15]
— s. TODD, W. R. 261[4].
CUNNINGHAM, M., s. GEYER, R. P. 189[1].
CUNY, L., P. BOUVET et J. DEVILLERS: Nicotinsäuregehalt im Hammelgehirn 672[5].
CURRAN, G. L.: Kein Einfluß von Biotin auf Cholesterinbildung 153[12]. — Cholesterinsynthese in der Leber aus C_4-Verbindungen 202[6].
— and D. RITTENBERG: Cholesterinsynthese aus Äthylalkohol 200[19].
CURRY, J. J., s. BRADLEY, S. E. 14[12], 16[1], 38[1].
CURTIS, A. C., s. BRAZER, J. G. 352[2].
— s. HORTON, P. B. 353[3].
CURTIS, B. R., s. KINSEY, V. E. 908[1].
CURTIS, P. B., S. M. HAUGE and H. R. KRAYBILL: Linsentrübungen bei Ratten nach Tryptophanmangel 899[11].
CUSHMAN, M., s. BUTLER, A. M. 379[1].
CUSCUNÁ, C.: Harnsäuresynthese aus Aminosäuren durch Vogelleber 336[10].

CUTHBERTSON, D. P.: Kaliumionenverlust als Zeichen einer Gewebsschädigung 802[4].
— A. McCUTCHEON and H. N. MUNRO: Proteinspeicherung in der Leber 220[6].
CUTHBERTSON, E. M., s. GREENBERG, D. M. 62[4], 65[7], 541[9].
CUTTING, W. C., s. MARSHALL, E. K. jr. 475[12], 476[1,12].
— s. WINKLE, W. VAN 476[5].
CUYLER, W. K., C. ASHLEY and E. C. HAMBLEN: Pregnandiolbildung aus Deoxycorticosteron 437[12].
— D. V. HIRST, J. M. POWERS and E. C. HAMBLEN: Keine Bildung von 17-Ketosteroiden aus Desoxycorticosteron 438[2].
— s. HAMBLEN, E. C. 436[5].
CYTRONBERG, S.: Lebercholesterinesterase 207[7].
CZIKE, A., s. JENDRASSIK, L. 514[3].
CZYHLARZ, E. v., A. FUCHS u. O. v. FÜRTH: Zusammensetzung von menschlicher Fistelgalle 538[1].
CZYZYK, A.: Vergiftungserscheinungen nach Alkohol- und Anstabusgaben 490[7].

DABROWSKA, W., E. J. COOPER and M. LASKOWSKI: Inhibitor von Desoxyribonuclease aus Rattenleber 320[4].
DACHMANN, W. B.: Ausscheidung von Adrenalin als Schwefelsäureester 439[10].
DAFF, M., C. HOCH-LIGETI, E. L. KENNAWAY and M. M. TIPLER: Wirkung cancerogener Stoffe auf Ascorbinsäuregehalt der Leber 379[12], 503[11].
DAFT, F. S., W. H. SEBRELL and R. D. LILLIE: Lebernekrosen bei Mangel an S-haltigen Aminosäuren 365[1].
— s. LILLIE, R. D. 365[1].
DAHLQVIST, A., s. BERGSTRÖM, S. 556[4], 557[23].
DAILY, J. jr., s. ZELLER, E. A. 896[9], 897[3].
DAKIN, H. D.: Stereochemische Spezifität der Leberesterase 157[5]. — Glycinbildung aus β-Phenylserin 256[4]. — Glucosebildung aus Cystein 270[8]. — Keine Glucosebildung aus Phenylalanin bei Phlorrhizindiabetes 280[8]. — Keine experimentelle Alkaptonurie 283[8,9]. — Lysin weder gluco- noch ketoplastisch 297[1]. — Zuckerbildung aus Arginin 303[2].
— s. KOSSEL, A. 310[3].
DALE, H. H.: Buch über Reizübertragung durch chemische Mittel im peripheren Nervensystem (1935) 841[5]. — Cholinergische und adrenergische Nerven 839[1].
— s. BAUER, W. 15[14].
DALGAARD, J. B.: Phosphatasegehalt in Blutserum und Galle 240[8]. — Aktivität der Serumphosphatase bei Gallenmangel 240[9]. — Blutphosphatase nach Hepatektomie 240[13]. — Phosphatasegehalt von Serum 241[2]. — Phosphatase in der Galle 543[13]. — Phosphatasegehalt von Fistelgalle beim Hund 544[1].
DALGLIESH, C. E.: Kynureninabbau bei Pyridoxinmangel 290[4]. — Ausscheidungsformen von Oxykynurenin 292[1]. — Oxykynureninbildung bei Pyridoxinmangel 401[6].
— W. E. KNOX and A. NEUBERGER: Abbau von Tryptophan und Oxytryptophan in der Leber 287[2]. — Steigerung der Kynurensäurebildung durch Brenztraubensäure 289[3]. — Kynurenin-Transaminase ein Pyridoxalenzym 289[3]. — Aktivität der Kynureninase bei Pyridoxinmangel 290[3]. — Oxykynureninbildung bei Pyridoxinmangel 401[6].
— and S. TEKMAN: Kynureninbildung aus Tryptophan 288[3]. — Bildung von Oxykynurenin 290[5]. — Ausscheidung von 3-Oxykynurenin bei fieberhaften Erkrankungen 291[14].
DALLEMAGNE, M. J., et M. A. GEREBTZOFF: Antilipotrope Wirkung von Hexamethoxycyclohexan 150[23].
— M. A. GEREBTZOFF et E. PHILIPPOT: Antilipotrope Wirkung von Gammexan 150[20]. Leberverfettung bei Lactoflavinüberschuß 151[14]. — Leberverfettung nach Gammexan 154[14].
— s. BUU HOÏ, N. P. 150[24].
— s. GEREBTZOFF, M. A. 150[21].
— s. GOVAERTS, J. 150[21], 154[15], 161[8].
DALTON, A. J., s. EDWARDS, J. E. 493[3].
DALVI, P. D., s. BALL, S. 941[3].
— s. CAMA, H. R. 350[5], 927[8], 941[11].
DALY, C., s. HIMWICH, H. E. 818[10], 819[2], 823[8], 824[5], 825[5].
DALY, M. M., V. G. ALLFREY and A. E. MIRSKY: Erneuerung der Desoxyribonucleinsäuren der Leber 316[8].
DAM, H.: Vitamin K-Mangelnahrung 369[10]. Koprosterinausscheidung 549[1].
— and F. CHRISTENSEN: Cholelithiasis bei Hamstern 569[11].
— and J. GLAVIND: Prothrombin im Blut bei Leberkranken 236[6].
— J. GLAVIND, H. LARSEN and P. PLUM: Prothrombingehalt im Blut von Neugeborenen 371[11].
— J. GLAVIND, L. LEWIS and E. TAGE-HANSEN: Vitamin K kein Bestandteil von Prothrombin 370[2].
— and H. GRANADOS: Lebernekrosen bei fettreicher Nahrung 365[12].
— I. PRANGE and E. SØNDERGAARD: Vitamin A-Speicherung in der Leber 349[7]. — Einfluß von Antabus auf Vitamin A-Speicherung in der Leber 349[8].
— E. TAGE-HANSEN and P. PLUM: Prothrombingehalt im Blut von Neugeborenen 371[10]. — Hämorrhagische Diathesen bei Neugeborenen 371[10].
— s. GRANADOS, H. 686[19].
D'AMBROSIO, L., s. MORELLI, A. 385[2].
DAMESHEK, W., s. MILLER, E. B. 508[4].
— s. TAT, R. J. 518[12].

DAMIENS, A.: Chlorgehalt der menschlichen Leber 41[6]. — Bromgehalt der menschlichen Leber 64[4].
DAMRON, C. M., M. M. MONIER and J. H. ROE: Ascorbinsäure- und Dehydroascorbinsäuregehalt von Meerschweinchenleber 384[4].
DANBY, M.: Inaktivierung von Testosteron in Kaninchenleber 430[9].
DANE, E., s. WIELAND, H. 556[13].
DANES, B., s. SCHWARTZ, B. 881[2].
DANIEL, P. M., and M. M. L. PRICHARD: Wirkung von Adrenalin auf Leberdurchblutung 16[7]. — Alternierende Durchblutung einzelner Leberlappen 17[6].
DANIELLI, J. F.: Aldehydfärbung mit Leukofuchsin 661[7].
DANN, M., E. MARPLES and S. Z. LEVINE: Phenylalaninausscheidung bei Oligophrenia phenylpyruvica 279[3].
DANN, W. J.: Vitamin A-Gehalt in der Leber neugeborener Tiere 356[9,10] — Vitamin A-Gehalt der Leber junger Ratten 356[11]. — Carotingehalt des Colostrums 356[12].
— and T. MOORE: Vitamin A-Speicherung in der Leber bei Vitamin B_1-Mangel 349[9].
— s. HANDLER, P. 149[6], 151[4], 394[9], 395[3] 396[8,11].
— s. KOHN, H. I. 672[10].
DANOPOULOS, E., K. MARATOS and J. LOGOTHETOPOULOS: Alkoholentgiftung bei Lebercirrhose 485[12].
DANOWSKI, T. S., E. B. MAN and A. W. WINKLER: Thyroxininaktivierung beim Hund 443[3].
DAOUD, K. M., and H. A. F. GOHAR: Verminderung des Leberglykogens bei längerer Narkose 69[4]. — Insulineinwirkung auf Leberglykogen 74[10].
DAOUST, R., and A. CANTERO: Wirkung von Leberextrakten auf Pneumokokken 319[2]. Aktivität der Ribonucleodepolymerase in Leberzellen nach Buttergelb 320[6]. — Aktivität der Leberribonucleodepolymerase bei Hepatomen 505[2].
— s. CANTERO, A. 319[2], 320[6], 505[1].
DARBY, W. J., and P. L. DAY: Linsentrübungen bei Ratten nach Milchzucker, Galaktose und Xylose 899[14].
— and H. B. LEWIS: Urocaninsäurebildung aus Histidin 299[4].
— R. H. DE MEIO, M. L. C. BERNHEIM and F. BERNHEIM: Tyrosinstoffwechsel bei Scorbut 386[11].
— s. CONIGLIO, J. G. 349[15].
— s. DAY, P. L. 506[7].
— s. WOODRUFF, C. W. 417[3].
DARDENNE, U., u. H. BREUER: Gehalt an Steroidhormonen im Glaskörper 912[4].
— s. DIRSCHERL, W. 439[2].
— s. KLEIFELD, O. 891[9], 892[4], 894[6].
— s. MÜLLER, H. K. 894[6], 900[7].
DARIO, E. F., s. BOYER, M. 447[2].
DARLING, D., s. FOLEY, E. F. 227[5], 229[4].
DARROW, D. C., s. YANNET, H. 620[7], 676[7], 680[13].
DARTNALL, H. J. A.: Indicatorgelb 941[4]. — Bedeutung von Sehpurpur für Tages-, Farben- und Dämmerungssehen 946[8].
— and C. F. GOODEVE: Absorptionskurve des Sehpurpurs entspricht der spektralen Empfindlichkeit des Auges 939[10].
— C. F. GOODEVE and R. J. LYTHGOE: Quantenausbeute der Lichtzersetzung des Sehpurpurs 940[6].
— s. CRESCITELLI, F. 939[4].
DAS, N. (B.): DPN und TPN als Cofermente der Glucosedehydrogenase 108[4]. — Coenzym der D-Aminosäureoxydase 249[3]. — Glucosedehydrogenase der Leber 330[5].
— s. EULER, H. v. 248[2], 254[5], 749[9], 750[1], 751[3], 753[12].
D'ASARO, B. S., R. G. YOUNG and H. H. WILLIAMS: Lipoide in Netzhaut, Linse, Cornea, Iris und Ciliarkörper 926[6].
DASTRÉ, A., et N. FLORESCU: Katalasewirkung der Galle 545[2].
DATTA, N. C.: Plasmaproteingehalt bei Lebererkrankungen 227[5].
DATTA, S. P., and H. HARRIS: Taurin im Rattenharn 402[8].
— s. BLASCHKO, H. 402[9].
DAUBEN, W. G., s. BLOOM, B. 136[8].
— s. CHAIKOFF, I. L. 136[9], 187[5], 189[2], 209[1], 554[10], 741[9].
— s. GOLDMAN, D. S. 158[6], 741[7].
— s. MASORO, E. J. 164[10], 165[9].
— s. SIPERSTEIN, M. D. 554[13].
— s. SRERE, P. A. 204[4].
— s. WEINMAN, E. O. 159[10], 741[8].
DAUM, K., s. BEAN, W. B. 38[3].
DAUN, H., s. KLENK, E. 635[10], 639[10], 640[2], 645[2].
DAUPHINEE, J. A., and W. R. CAMPBELL: Euglobulinvermehrung bei Lebercirrhose 231[12].
— s. HUNTER, A. 302[11], 310[5].
DAVENPORT, H. A., and H. K. DAVENPORT: Milchsäurebestimmung im Muskel 593[6].
DAVENPORT, H. K., s. DAVENPORT, H. A. 593[6].
DAVENPORT, H. W.: Hemmung der Kohlensäureanhydratase durch Thiophen-2-sulfonamid 796[19].
— s. BORSOOK, H. 383[2].
— s. DAWENPORT, V. D. 756[4], 817[16].
— s. SAYERS, G. 126[1], 449[6].
DAVENPORT, V. D.: Lithiumgehalt im Gehirn 628[3].
— and H. W. DAVENPORT: Wirkungen von Pyridoxinmangel auf Gehirn 756[4]. — Krampfhemmende Wirkung von Glutaminsäure 817[16].
— s. THORN, G. W. 230[6], 231[9].
— s. WOODBURY, D. M. 820[7].
DAVID, P., s. WHITE, J. 401[1].
DAVIDSON, C. S., s. ECKHARDT, R. E. 156[4].
DAVIDSON, E. A., s. MEYER, K. 874[12].

DAVIDSON, J. N.: Gehalt der Leber an Ribo- und Desoxyribonucleinsäure bei Schwangerschaft 322[12]. — Chromosomin 666[15].
— S. C. FRAZER and W. C. HUTCHSON: Adsorption von P-Verbindungen an Nucleinsäuren 315[7].
— M. GARDNER, W. C. HUTCHINSON, W. M. MCINDOE, W. H. A. RAYMOND and J. F. SHAW: Aufnahme von ^{32}P durch die Phosphoproteidfraktionen des Gehirns 770[14].
— W. O. KERMACK, D. M. MOWAT and C. P. STEWART: Hyperglykämie nach Zufuhr von Glucose und Fructose 102[6]. — Verwertung der Fructose unter Insulinwirkung 102[11].
— and I. LESLIE: Nucleinsäuregehalt in Leber von Hühnerembryonen 324[1]. — Zusammenhang zwischen Gehalt an Protein N, Phosphatiden und Ribonucleoproteiden mit Gehirnwachstum 681[7].
— I. LESLIE, R. M. S. SMELLIE and R. Y. THOMPSON: Zellvergrößerung beim Gehirnwachstum 682[2].
— I. LESLIE and J. C. WHITE: Konstanter Gehalt an Desoxyribonucleinsäuren in diploiden Zellen 698[2].
— and W. M. MCINDOE: Erneuerungsgeschwindigkeit von Ribonucleinsäuren in Leberzellen 317[5].
— W. M. MCINDOE and R. M. S. SMELLIE: Erneuerungsgeschwindigkeit von Ribonucleinsäuren in Leberzellen 317[4].
— and R. M. S. SMELLIE: Differenzen zwischen Ribonucleinsäuren aus Cytoplasma und Zellkern 315[3]. — Umsatzgeschwindigkeit der Zellnucleotide 315[10].
— and C. WAYMOUTH: Wassergehalt der Leber nach partieller Hepatektomie 33[8]. Desoxyribonucleinsäuregehalt im Nucleolus der Leberzellen 312[6]. — Färbbarkeit der Nucleoli mit Toluidinblau 312[7]. — Ribonucleinsäuren : Desoxyribonucleinsäuren, Phosphatverhältnis 312[8]. — Ribonucleinsäuregehalt von Leberzellen bei Nahrungsentzug 320[11,12], 321[5,6]. — Desoxyriboneucleinsäuren in Zellkernen bei Proteinmangel 321[5,6]. — Nucleinsäuregehalt der Leber von Schaf- und Vogelembryonen 323[5]. — Gebundenes Phosphat im Gehirn 662[1]. — Nucleinsäurebestimmung im Gehirn 666[7]. — Gehalt an Nucleoproteiden im fetalen Gehirn 682[1]. — Vorkommen von Pentosenucleotiden im embryonalen Gehirn 764[2].
— s. CROSBIE, G. W. 315[4].
— s. MCINDOE, W. M. 315[2], 327[5].
— s. SMELLIE, R. M. S. 315[3], 317[7], 318[2], 323[2], 324[3], 325[3].
DAVIDSON, L. T., K. K. MERRITT and A. A. WEECH: Bilirubingehalt im Neugeborenenblut 512[4].
DAVIES, A. W., and T. MOORE: Vitamin A-Speicherung in Lunge und Nebennieren 348[12]. — Vitamin A-Speicherung in der Leber 348[16], 349[3].
DAVIES, A. W., s. RODAHL, K. 357[5].
DAVIES, D. T., and E. C. DODDS: Extraktion von indirektem Bilirubin aus dem Blutserum 514[7]. — Biliverdin gibt keine direkte Diazoreaktion 516[8].
DAVIES, H. W., J. B. S. HALDANE and E. L. KENNAWAY: Ketogene Wirkung der Hyperventilation 193[12].
DAVIES, R. E., and A. W. GALSTON: Einschränkung des Kaliumaustausches durch Hemmstoffe der Kohlensäureanhydratase 803[1].
— and H. A. KREBS: Abgabe von Kaliumionen durch Retina und Hirnschnitte 801[15]. — Kaliumaustausch zwischen Gehirn- und Blutplasma 801[15]. — Theorie des aktiven Ionentransportes 802[13]. — Dissoziation von Wasser beim Ionentransport 803[3]. — Bedeutung von H- und HCO_3-Ionen für den Transport anderer Ionen 804[1].
— s. CRANE, E. E. 803[4].
— s. WHITTAM, R. 624[12].
DAVIES, S., s. COHEN, H. 801[2].
DAVIS, C. B. jr., s. GOULD, R. G. 206[4].
DAVIS, C. D., s. HANAHAN, D. J. 428[16].
DAVIS, E. W., W. S. MCCULLOCH and E. ROSEMAN: Sauerstoffpartialdruck bei Gehirnkrämpfen 817[17].
DAVIS, G. K., s. COMAR, C. L. 58[9], 65[5], 627[12,13], 916[4].
DAVIS, H. A., and F. K. BAUER: Brenztraubensäurespiegel des Blutes bei Thiaminmangel 115[8]. — Brenztraubensäuregehalt des Blutes bei Leberkrankheiten 389[8].
DAVIS, L., C. TANTURI and J. TARKINGTON: Unterbindung der Leberarterie 29[1].
DAVIS, N. C.: Tetrachlorkohlenstoffvergiftung der Hundeleber 36[3].
— and G. H. WHIPPLE: Wirkung von Lebergiften bei Hunger 37[5]. — Leberschäden durch Chloroform bei Hyperthyreose 447[11].
DAVIS, R. M., s. MAUN, M. E. 876[13].
DAVIS, W. D., R. W. SCOTT and H. Z. LUND: Leberpunktion 38[4].
DAVIS, W. E. jr., s. GRIFFIN, A. C. 502[13].
DAVISON, K. B., s. OSGOOD, E. E. 316[3].
DAVSON, H.: Dehydratationszustand der Cornea 880[6]. — Wasseraufnahme durch die Hornhaut 881[1].
— P. A. MATCHETT and J. R. E. ROBERTS: Cl-Ionenverteilung zwischen Plasma- und Kammerwasser beim Meerschweinchen 907[9].
— s. BÁRÁNYI, E. H. 909[8].
— DUKE-ELDER, S. 905[3], 907[6], 908[4,11], 909[1], 912[7].
— s. LANGHAM, M. 884[5].
DAWBARN, M. C., s. ROBERTSON, T. B. 323[6].
DAWSON, I. M., s. SMELLIE, R. M. S. 317[7], 318[2], 323[2], 324[3], 325[3]
DAWSON, R. M. C.: Glutamingehalt im Rattengehirn 656[4]. — Postmortale Ammoniakbildung im Gehirn 657[1]. — Ent-

koppelung der Atmungskettenphosphorylierung durch Dinitrophenol 731[6]. — Entkoppelung der Atmungskettenphosphorylierung durch Methylenblau 732[19]. — Phosphatidgehalt von Mitochondrien 735[10]. Blut-Hirnschranke 735[27], 748[12]. — P-Einbau in Gehirnphosphatide 737[1]. — P-Einbau in Diphosphoinosit im Gehirn 737[3]. — Glutaminsäuregehalt des Gehirns bei Hypoglykämie 750[10], 757[8,9]. — Glutaminsäuregehalt im Gehirn nach Zufuhr vonBarbituraten und elektrischen Krämpfen 757[10]. — Aufnahme von ^{32}P durch Gehirn 769[6]. — P-Aufnahme durch den gereizten Nerven 770[4]. — Phosphataustausch zwischen Blut und Gehirn über den Liquor cerebrospinalis 770[10]. — Gehirnstoffwechsel bei Krämpfen und Narkose 810[14]. — Gehirnstoffwechsel bei hypoglykämischem Koma 810[19]. — Glutaminsäuregehalt und Aktivität der Adenylsäuredesaminase im Gehirn bei Narkose 814[3]. — Glutaminsäuregehalt im Gehirn bei Hypoglykämie 826[2].

DAWSON, R. M. C., and G. B. ANSELL: Äthanolaminophosphorsäure 640[10].

— and D. RICHTER: Phosphatid- und Phosphatumsatz im Gehirn 736[6]. — Einbau von radioaktivem P in Gehirnphosphatide 738[3]. — Hydrolysewert für Phosphatide 743[7]. — Aufnahme von ^{32}P in verschiedene Gewebe 769[2]. — Herabsetzung der P-Aufnahme ins Gehirn durch Nembutalnarkose 771[2]. — Milchsäurebildung im Gehirn bei Ischämie 788[7]. — Einfluß von Pentobarbitonnarkose auf Phosphateintritt ins Gehirn 800[4]. — Gehirnstoffwechsel bei Krämpfen, Schlaf und Narkose 810[12]. — Phosphatid- und Nucleoproteidsynthese im Gehirn bei Nembutalanaesthesie 814[6]. — Phosphokreatin- und ATP-Spaltung im Gehirn bei elektrischer Reizung 816[19].

— s. ANSELL, G. B. 640[11], 738[1].

— s. RICHTER, D. 628[15], 657[2], 738[5], 757[13], 772[2], 808[6], 810[3,11], 813[22], 816[17,20], 817[12].

DAWYDOWA, S. J., u. A. S. KONIKOWA: Austausch von H gegen D in Organeiweiß 680[16].

DAY, H. G., and B. E. SKIDMORE: Bedeutung von Zink für Leberfermente 63[5].

— s. FOLLIS, R. H. 876[8].

— s. HIGH, E. G. 350[6], 355[7].

— s. SHILS, M. 115[9].

DAY, P. L., W. C. LANGSTON and C. S. O'BRIEN: Kataraktbildung bei Ratten nach Vitamin B_2-Mangel 899[8].

— W. C. LANGSTON, W. J. DARBY, J. G. WAHLIN and V. MIMS: Anämie bei Mangel an Vitamin B_1 und Nicotinsäureamid 505[7].

— L. D. PAYNE and J. S. DINNING: Förderung der cancerogenen Wirkung von Azofarbstoffen durch Vitamin B_{12} 501[13].

— s. COSGRAVE, K. W. 899[8].

DAY, P. L., s. DARBY, W. J. 899[14].

— s. DINNING, J. S. 146[5], 262[4], 416[7], 418[1,2].

— s. KEITH, C. K. 335[8], 415[5], 416[9].

— s. KELLEY, B. 418[3].

— s. LASKOWSKI, M. 413[14], 414[1].

— s. MIMS, V. 413[13].

— s. TOTTER, J. R. 261[7], 413[8], 876[9], 899[11].

DAY, R. L., and Z. JAVID: Hemmung der Gehirnatmung durch Bilirubin 792[2].

DAYTON, A., s. WHITE, J. 401[1].

DE, H. N., and S. R. GUHA: Hemmung der Nicotinsäuresynthese aus Tryptophan durch carcinogene Stoffe 398[8].

DE, N. K., s. BOYD, T. C. 628[5], 629[3].

DEAL, C. C., s. NAJJAR, V. A. 399[5].

DEAN, R. B.: Durchlässigkeit erregbarer Membranen für Na-Ionen 835[2].

DEANE, H. W., and J. M. MCKIBBIN: Bedeutung der Pantothensäure für Synthese der Nebennierenrindenhormone 410[8].

— F. B. NESBETT, J. M. BUCHANAN and A. B. HASTINGS: Hemmung der Glykogenolyse in Leberschnitten durch Kaliumionen 43[10].

— s. GREEP, R. O. 124[4].

DEASY, C. L., s. BORSOOK, H. 214[8], 215[1,4,9], 216[1,3], 218[2,3], 258[2], 296[7,10], 745[20], 746[14].

DEBUCH, H., s. KLENK, E. 635[10], 639[10], 640[2].

— s. STAMMLER, A. 638[12].

DECHAMPS, G., s. BACQ, Z. M. 272[5].

DEFALQUE, A., s. GROTEPASS, W. 524[11].

DEHLINGER, J., s. KALCKAR, H. M. 327[7].

DEICHMANN, W. B.: Glucuronidausscheidung beim Menschen 458[3].

— K. V. KITZMILLER and S. WITHERUP: Entgiftungsvorgänge bei Kaninchen mit experimentellen Leberschädigungen 457[9].

— and G. THOMAS: Glucuronidausscheidung beim Menschen 458[3].

DEICHMILLER, M., s. DIXON, F. J. 224[4].

DEISS, W. P., and P. P. COHEN: Entgiftung von p-Aminobenzoesäure durch Bildung von p-Aminohippursäure 469[4]. — Steigerung der Entgiftung von p-Aminobenzoesäure durch Glykokollzufuhr 470[10]. p-Aminobenzoesäurebelastung zur Leberfunktionsprüfung 471[8].

DELAY, J., P. PICHOT et J. THUILLIER: Stoffwechselprodukte des Antabus verantwortlich für seine Wirkung 491[7].

DELFS, E., s. SHETTLES, L. B. 371[4].

DELLUVA, A. M., s. BUCHANAN, J. M. 337[7].

— s. GURIN, S. 255[7].

— s. SONNE, J. C. 337[7].

DELOR, C. J., and H. L. REINHART: Bromsulphaleintest 562[9].

DELOR, R. A., s. BUSKIRK, H. H. 404[12].

DELORY, G. E., and E. J. KING: Aktivierung der Serumphosphatase durch Galle (?) 240[7].

— s. KING, E. J. 543[18].

DELOYERS, L.: Leberfunktionsprüfung durch Aminosäurebelastung 212[20].

DELPHAUT, J., et L. BEL: Choleretische Wirkung von Salicylsäure 533[1].
— et L. DONIN: Choleretische Wirkung von Salicylsäure 533[1].
DELPRAT, G. D., and G. H. WHIPPLE: Hippursäuretest nach Lebergiften 471[12].
DELSERONE, B., s. WIRTS, C. W. 534[1], 563[17].
DELUCA, H. A., R. J. ROSSITER and K. P. STRICKLAND: Einbau von ^{32}P in Ribosenucleinsäuren im Gehirn 764[7].
DEMAY, M., s. IRAZOQUE, J. 775[11].
DEMEESTER, G., s. BEKAERT, J. 800[5].
DE MAIO, R. H., s. MEIO, R. H., DE.
DEMLING, L., H. KINZLMEIER u N. HENNING: Elektrophorese der Gehirneiweißkörper 652[2].
DEMPSEY, E. W., s. LEDUC, E. H. 544[11].
— s. LISSAK, K. 696[16].
DENECKE, G., s. GRAFE, E. 22[3].
DENIS, W., and R. C. CORLEY: Calciumgehalt von Kaninchenhirn 621[6]. — Calciumchlorid und Lactat ohne Einfluß auf Calciumgehalt des Gehirns 622[11].
— and L. REED: Oxydation von Sulfid zu Sulfat 274[7].
DENNINGER, K., u. A. GOEDTLER: Thymoltrübungstest bei Verschlußikterus 246[11].
DENNSTEDT, M., u. T. RUMPF: Wassergehalt der menschlichen Leber 39[4]. — Mineralgehalt der menschlichen Leber 41[2].
DENNY-BROWN, D. (E.): Kupferausscheidung in der Galle bei hepatolenticularer Degeneration 60[13].
— and H. PORTER: Kupferausscheidung im Harn bei hepatolenticularer Degeneration 60[12].
DENT, C. E.: Aminosäureausscheidung bei Lebererkrankungen 212[19].
— and J. A. WALSHE: Aminosäuregehalt des Blutes bei akuter gelber Leberdystrophie 212[11].
DENTON, A. E., J. N. WILLIAMS jr. and C. A. ELVEHJEM: Freie Aminosäuren im Gehirn bei Methioninmangel 685[2].
— s. WILLIAMS, J. N. jr. 335[12].
DENTON, C. A., s. MACHLIN, L. J. 270[4].
DENTON, R. W., and A. C. IVY: Regeneration von Lebergewebe nach Leberfütterung 34[14].
DEODHAR, S., and W. SAKAMI: Serinbildung aus Glycin und Formiat 260[8]. — 4-Desoxypyridoxin als Antivitamin B_6 402[11].
DERICK, C., s. FOLIN. O. 339[3].
DERJUGIN, W. v., s. BUTENANDT, A. 918[5].
DERMAN, H.: Bedeutung von Vitamin A für Sehpurpurbildung 943[3].
DERMER, L., s. FESSINGER, N. 76[12], 304[6], 485[6], 488[2].
DERRIEN, Y., S. JAYLE, G. E. 888[13].
DERSE, P. H., s. PRIER, R. F. 419[20].
DERVENAGAS, A., s. LIVIERATOS, S. 360[5].
DERVINIS, A., s. SEIFTER, J. 892[2].
DESCHWANDEN, J. v.: Zunahme des Leberglykogens nach UV-Bestrahlung 72[3].
DESMARAIS, A.: Wirkung von Ascorbinsäure auf Sauerstoffverbrauch der Leber 386[4].
DESQUEYROUX, J.: Aminosäurestickstoff im Blut 212[12].
DETWILER, S. R.: Buch über Photorezeptoren bei Wirbeltieren. Engl. (1943) 919[5].
DEUEL, H. J. jr.: Pyrimidinabbau in der Leber 344[8].
— J. S. BUTTS, L. F. HALLMAN, S. MURRAY and H. BLUNDEN: Leberglykogengehalt von Ratten und Meerschweinchen 70[7]. — Tagesschwankungen von Leberglykogen bei der Ratte 71[8].
— and M. GULICK: Ketonämie 191[2].
— M. GULICK and J. S. BUTTS: Antiketogene Wirkung von Fructose 102[2].
— L. F. HALLMAN and S. MURRAY: Leberglykogengehalt bei Ratten und Meerschweinchen 70[5].
— L. F. HALLMAN, S. MURRAY and J. HILLIARD: Glykogenbildung aus Mannose 105[6]. — Antiketogene Wirkung von Mannose 105[6].
— L. F. HALLMAN, S. MURRAY and L. T. SAMUELS: Leberglykogengehalt bei Ratten und Meerschweinchen 70[5].
— E. M. MCKAY, P. W. JEWEL, M. GULICK and C. F. GRUNEWALD: Glykogenbildung aus Galaktose in der Leber 93[3].
— H. E. C. WILSON and A. T. MILHORAT: Glucoseausscheidung bei Phlorrhizinvergiftung 122[1].
— s. ALBERT, P. W. 292[10].
— s. ALFIN-SLATER, R. B. 204[11], 205[5], 739[11].
— s. BOBBITT, B. G. 69[9].
— s. GANGULY, J. 352[6], 353[5,8].
— s. GULICK, M. 70[5].
— s. HRUBETZ, M. C. 354[9].
— s. HURT, W. W. 293[8], 398[6].
— s. JOHNSTON, C. 104[7].
— s. MATTSON, F. H. 351[10].
— s. NIEFT, M. L. 93[10], 207[14].
— s. SEXTON, E. L. 351[4].
— s. WAELSCH, H. 739[10].
DEULOFEU, V.: Ausscheidung von Cholsäure bei Schlangen 551[9].
DEUTICKE, H. J.: Teilchengewicht von Globulin X 577[8]. — Löslichkeit von Muskelproteinen 578[7]. — Löslichkeit der Proteine aus ermüdetem Muskel 605[4].
— u. U. EBBECKE: Chemische Umsetzungen bei Kompressionsverkürzung von Muskeln 605[5].
— O. HÖVELS u. K. LAUENSTEIN: Eiweißgehalt in peripheren Nerven 652[1]. — Eiweißkörper aus dem N. obturatorius 654[2]. Rest-N-Gehalt im N. obturatorius 658[2].
DEUTSCH, E., s. KARK, R. 372[10].
— s. PETERSON, O. L. 561[4].
— s. WHITE, F. W. 236[9], 372[10], 471[7].
DEVILLER, C., s. CAULAERT, C. VAN 18[12], 305[7,8,10].
DEVILLERS, J., s. CUNY, L. 672[5].
DEVOR, A. W., s. WINZLER, R. J. 233[2].

DEWAN, J. G.: Glutaminsäurebildung aus Ketoglutarsäure 193[7]. — L-Glutaminsäureoxydase 248[2]. — Fermentsystem der Alkoholoxydation im Gehirn 794[7,8]. — s. CORRAN, H. S. 259[5].
DEXTER, S. O., s. KENSLER, C. J. 494[3].
DHUNGAT, S. B., and A. SREENIVASAN: Xanthinoxydasebildung 336[3].
DIAMANT, H.: Linsentrübungen nach Diisopropylphosphat 900[5].
DIAMOND, J. S., S. A. SIEGEL and S. MYERSON: Vermehrung der Gallensekretion durch ungereinigtes Sekretin 531[6].
DIANZANI, M. U.: Glucosedehydrogenase und Alkoholdehydrogenase in Lebercytoplasma 396[5]. — Intracelluläre Verteilung der Alkoholdehydrogenase bei fettiger Degeneration der Leber 487[9].
DIAS, M. V., s. VILLELA, G. G. 670[8].
DIBLE, J. H.: Verfettung der Rattenleber bei Hunger 139[5].
— J. MCMICHAEL and S. P. V. SHERLOCK: Leberpunktion 38[4].
DIBOLD, H., s. SCHWARZ, H. 628[13].
DICK, B. M.: Strombahnen in der Pfortader 17[3].
— s. COPHER, G. H. 17[2].
DICKENS, F.: Decarboxylierung von Gluconsäure-6-phosphat in verschiedenen Organen 109[6]. — Bildung von Ribose-5-phosphat aus Gluconsäure-6-phosphat 109[8]. — Citronensäuregehalt im Gehirn 660[12]. — Hemmung der Diphosphopyridinnucleotidase durch Phenosafranin 708[4]. — Oxydation von Glucose-6-phosphat zu Phosphogluconsäure 728[8]. — R.Q. im Gehirngewebe 783[7]. — Empfindlichkeit von Fermenten mit SH-Gruppen oder Metallaktivatoren gegen hohen Sauerstoffdruck 789[4]. — Krämpfe bei hohen Sauerstoffspannungen 789[6]. — Förderung der Gehirnatmung durch Thionin und Brillantkresylblau 791[7].
— and G. E. GLOCK: Aerober Glucoseabbau 107[2]. — Oxydation von Glucose-6-phosphat zu Gluconsäure-6-phosphat 108[11], 109[9].
— Abbau von Ribose-5-phosphat Oxydation von Glucose-6-phosphat und 6-Phosphogluconsäure im Gehirn 728[9,10]. — Bedeutung der direkten Glucoseoxydation im Gehirn noch unbekannt 729[6].
— and G. D. GREVILLE: Milchsäurebildung aus Fructose im Gehirn 702[6]. — Hemmung der Gehirnglykolyse durch Glutaminsäure 707[7]. — Förderung der aeroben Glykolyse durch Rubidiumchlorid 708[10]. Hemmung der Hirnatmung durch K-, Ca- und Mg-Ionen 779[4]. — R. Q. im Gehirngewebe 783[10]. — Ammoniakbildung durch Gehirnschnitte 783[25]. — Verbrennung von Fructose durch Gehirn 784[9]. — Gehirn, Schädigung bei Nährstoffmangel 788[4]. — Einwirkung von Kaliumionen auf Stoffwechsel des Nervengewebes 806[2]. — Verwertung von Mannose und Fructose durch die Netzhaut 932[4].
DICKENS, F., and F. ŠIMER: Atmung von Rattengehirn 780[8,9]. — R. Q. im Gehirngewebe 783[9]. — R.Q. von Rattennetzhaut 930[6].
— s. BURGEN, A. S. V. 841[3].
DICKER, S. E., and M. GINSBURG: Zerstörung von antidiuretischem Hypophysenhormon 450[13].
— and A. L. GREENBAUM: Inaktivierung von Harn-antidiuretin durch Leber 451[15].
DICKINSON, S., s. ASTBURY, W. T. 619[2].
DICKMANN, A,. s. BODNÁR, J. 492[2].
DIEDRICH, P., s. DOHRN, M. 565[1].
DIEFENBACH, O. L.: Einfluß von thyreotropem Hormon auf den Sauerstoffverbrauch der Leber 24[3].
DIERYCK, J., s. FIESSINGER, N. 92[3].
DIETERLE, J. M., and C. D. ROBESON: Neoretinin b aus all-trans-Vitamin A-aldehyd 944[6].
DIETRICH, H.: Negative Ca-Bilanz bei Acholie 360[11].
DIETRICH, L. S., W. J. MONSON and C. A. ELVEHJEM: Bedeutung von Vitamin B_{12} für Folinsäurebildung 414[10].
— W. J. MONSON, H. GWOH and C. A. ELVEHJEM: Vorkommen von Pteroylglutaminsäure 674[12].
— W. J. MONSON, J. N. WILLIAMS jr. and C. A. ELVEHJEM: Hemmung der Xanthinoxydase durch 2-Amino-4-oxy-6-formylpteridin 416[1].
— s. THOMPSON, H. T., 419[5,10].
— s. WILLIAMS, J. N. jr. 421[5], 422[2].
DIETZ, E., s. WIELAND, H. 556[13].
DIGGLE, W. M., and J. C. GAGE: Hemmung der Acetylcholinesterase durch Parathion 860[1,2].
DILL, D. B., s. BOCK, A. V. 589[2].
DILL, W. A., s. GLAZKO, A. J. 561[12], 761[1,2].
DILLMANN, L. M., s. REED, C. I. 622[3,4].
DILLON, R. T., s. SLYKE, D. D. VAN 748[13], 758[1].
DILUZIO, N. R., s. LUZIO, N. R. DI.
DIMTER, A.: Squalenähnliche Kohlenwasserstoffe in der Leber 203[3].
DINGEMANSE, E., and E. LAQUEUR: Ausscheidung oestrogener Substanzen im Harn 423[3]. — Ausscheidung oestrogener Substanzen im Kot 429[8].
DINNING, J. S., and P. L. DAY: Bedeutung von Folsäure für den Glycinstoffwechsel 262[4]. — Beeinflussung von Harnsäure-, Allantoin-, Kreatin- und Kreatininausscheidung durch Folsäure 418[1].
— C. K. KEITH and P. L. DAY: Aminopterin und Pteroylglutaminsäure in vitro ohne Wirkung auf Cholinoxydase 146[5]. — Hemmung der Cholinoxydase durch perorale Aminopterinzufuhr 416[7].
— C. K. KEITH, J. T. PARSONS and P. L. DAY: Leberverfettung nach großen Folsäuredosen 418[2].

DINNING, J. S., s. DAY, P. L. 501[13].

DIOGUARDI, N., s. VILLA, L. 395[11,12].

DIRR, K., u. K. MAYER: Albumin : Globulin-Quotient bei TAKATA-ARA-Reaktion 243[6].
— u. M. PLATIEL: Albumin: Globulin-Quotient bei TAKATA-ARA-Reaktion 243[6]. —

DIRSCHERL, W., u. U. DARDENNE: Spaltung von Estern der Steroidhormone 439[2]. — Steroidesterasen der Rattenleber 439[2].

DISCHE, Z.: Bildung von Fructosediphosphat aus Ribosephosphat 109[12]. — Einwirkung von Transketolase auf Ribulose-5-phosphat 110[1]. — Diphenylaminreaktion 662[4].
— and E. BORENFREUND: Kohlenhydrate aus Mucoproteid der Linsenkapsel 888[12].
— G. EHRLICH, C. MUÑOZ and L. v. SALLMANN: Vorkommen von Glutathion, ATP und Coenzym I und II in der Linsenkapsel 892[3].
— and H. ZIL: Cystin- und Cysteingehalt von Linseneiweiß 887[5], 897[5]. — Schwefelhaltige Verbindungen in Linseneiweiß 888[6]. — Glutathiongehalt menschlicher Linsen 889[5]. — Cystingehalt von Albumoid aus Kataraktlinsen 895[2].
— s. EHRLICH, G. 926[1].
— s. SALLMANN, L. v. 898[1].

DISTÈCHE, A.: α-Glycerophosphatdehydrogenasen 577[6].

DITT, F., s. KNOOP, F. 256[3].

DITTLER, (R.): Zusammenfassung über Veränderungen der Netzhaut bei Belichtung (1929) 935[3]. — Säurebildung der belichteten Netzhaut 935[3].

DIXON, F. J., D. W. TALMAGE, P. H. MAURER and M. DEICHMILLER: Abbaugeschwindigkeit der Plasmaproteine 224[4].

DIXON, G. H., s. HANES, C. S. 157[15].

DIXON, K. C.: Histochemische Darstellung der Gehirnproteine 653[1]. — Glykolytische Aktivität der Dendriten in der Gehirnrinde 701[1]. — Förderung der aeroben Glykolyse durch Kaliumionen 708[8]. — Atmung von Kaninchengehirn 781[4]. — Verbrennung von Lactat im Gehirn 785[2]. Kaliumverlust des Gehirns bei mangelhafter Energielieferung 805[5]. — Einwirkung von Kaliumionen auf Stoffwechsel des Nervengewebes 806[3]. — Paralytische Symptome bei cerebraler Ischämie 806[5].
— and B. M. HERBERTSON: Glykolipoide in Gehirn und Rückenmark 661[1].
— and E. G. HOLMES: Förderung der aeroben Glykolyse durch Rubidiumchlorid 708[9]. — Wirkung von Cäsium- und Rubidiumchlorid auf den Gehirnstoffwechsel 806[6].
— s. ASHFORD, C. A. 708[7], 779[7], 806[1].
— s. NEEDHAM, J. 92[1], 105[2].

DIXON, M.: Zusammenfassung über Nicotin (1924) 492[12]. — R.Q. der Rattennetzhaut 930[7].
— and K. A. C. ELLIOTT: Einschränkung der Gehirnatmung durch Cyanid 790[1].

DIXON, T. F.: Bromgehalt im Gehirn 623[24], 632[1].
— and A. MEYER: Atmung in verschiedenen Gehirnteilen 782[1].

DJÉVAT, H., s. MOUKHTAR, A. 482[4].

DOBENECK, H. v.: Propentdyopent in Gallensteinen 523[5]. — Nachweis von 4,4′-Dimethyl-3,3′-dipropionsäurepropentdyopent in Gallensteinen 567[1].

DOBREFF, M.: Choleretische Wirkung von sog. Pflanzensekretinen 533[6]. — Hemmung der Gallenbildung durch Alkohol 533[6].

DOBRINER, K.: Ausscheidung von injiziertem Koproporphyrin I bei Gallenfistelhunden 524[7]. — Porphyrinausscheidung im Harn bei Leberkranken 525[8]. — Porphyrinausscheidung im Harn 526[3]. — Porphyrinausscheidung im Harn bei Ikterus und Hepatitis 526[7]. — Koproporphyrine im menschlichen Harn bei Leberschäden 527[3]. — Koproporphyrin I-Ausscheidung im Harn bei Lebercirrhose 527[4].
— and W. BARKER: Ausscheidung von injiziertem Koproporphyrin I bei Gallenfistelhunden 524[7].
— W. H. STRAIN and S. A. LOCALIO: Ausscheidung von injiziertem Koproporphyrin I bei Gallenfistelhunden 524[7].
— s. EGGLESTON, N. M. 78[7].
— s. GALLAGHER, T. F. 429[16], 436[9].
— s. STEVENSON, E. S. 497[11], 499[7].

DOBSON, E. L., s. RANNEY, R. E. 28[5].

DOBSON, M. M., s. TALALAY, P. 432[6], 433[5].

DOCK, W.: Durchblutungsgröße der Leber 14[14]. — Störungen der Leberdurchblutung 17[7]. — Veränderung der Leberarterie bei Cirrhose 18[5]. — Inosit zur Lebertherapie 150[10].

DODDS, E. C., s. DAVIES, D. T. 514[7], 516[8].

DODDS, M. L., and F. L. MCLEOD: Ascorbinsäuregehalt des Blutes 379[1].

DODEN, W., H. J. HILLENBRAND, F. MENNE, K. B. PFENNINGS, H. RODECK u. N. WOLF: Kaliumionenverlust als Zeichen einer Gewebsschädigung 802[10].
— s. RODECK, H. 41[13].

DODGE, A. H., s. GOLDBERG, R. C. 143[15].

DODGE, W. M., s. MITCHELL, H. S. 899[14].

DODGSON, K. S., G. A. GARTON and R. T. WILLIAMS: Adrenalinglucuronsäureester 439[5].
— B. SPENCER and J. THOMAS: Sulfatase aus Rattengehirn 763[11].

DOEDEN, D., s. ULSTROM, R. A. 690[11], 691[2].

DÖLLKEN, H.: Anämie bei Mangel an B-Vitaminen 505[8].

DÖRING, G. K., E. SCHAEFERS u. G. WEBER: Tagesschwankungen im Eiweißgehalt des Blutserums 26[3].

DÖRNBRACK, U., s. IRRGANG, K. 562[4].

DOERSCHUK, A. P.: Glucuronsäurebildung aus Glycerin 460[6].
— s. HOROWITZ, H. H. 381[2].

Dohlman, C.-H., and E. A. Balazs: Polysaccharid aus Eiweiß der Descemetschen Membran 875[5].
Dohrn, M., u. P. Diedrich: Cholecystographie 565[1].
— u. W. Faure: Oestrogenausscheidung in Galle und Stuhl 429[13].
Doig, R. K., s. Althausen, T. L. 54[1].
Doisy, E. A., s. MacArthur, C. G. 677[3].
Doisy, E. A. jr., and B. C. Bocklage: Inosit ohne Wirkung auf Gammexanvergiftung 150[19].
— s. Elliot, W. H. 436[11].
Doisy, R. J., and W. W. Westerfeld: Verteilung von Riboflavin in der Leberzelle 390[14]. — Xanthinoxydaseaktivität der Rattenleber bei Riboflavinmangel 392[11].
Dold, H., O. Flössner u. F. Kutscher: Präzipitinreaktion der Krystalline 886[14].
Dole, V. P., s. Cotzias, G. C. 761[5].
Dolger, H., s. Pollack, H. 140[7].
Doljanski, A., s. Rosin, A. 507[8].
Dolkart, R. E., K. K. Jones and C. F. G. Brown: Stabilisierung des Cholesterins in der Galle durch Fettsäureanionen 546[14].
— M. Lorenz, K. K. Jones and C. F. G. Brown: Stabilisierung des Cholesterins in der Galle durch Fettsäureanionen 546[14].
Dolowitz, D., J. F. Fazekas and H. E. Himwich: Hemmung der Gehirnatmung durch Bleiacetat 791[16].
Domar, G., A. Fredga and H. Linderholm: Ausscheidung von Diäthyldithiocarbamat nach Antabuszufuhr 491[6].
Domenjoz, R., s. Pulver, R. 860[6].
Domini, G.: Vitamin A-Gehalt im Gehirn und Rückenmark von Rindern 669[19].
Dominici, G.: Eisengehalt der Galle 55[12].
Dommelen, C. K. V. van, s. Schalm, L. 518[11].
Domonkos, J., s. Huszák, I. 760[5].
Donald, J. M.: Keine nervöse Beeinflussung des Kohlenhydratstoffwechsels der Leber 21[4].
Donaldson, H. H.: Buch über die Ratte. Engl. (1924) 678[11]. — Wassergehalt im Gehirn 678[10].
Doniger, R., s. Chargaff, E. 668[7].
— s. Magasanik, B. 668[6].
Donin, L., s. Delphaut, J. 533[1].
Donnan, S. K.: Förderung der Linolensäureoxydation im Gehirn 741[14].
Donnell, G. N., and S. H. Lann: Leberverfettung bei galaktämischer Hepatomegalie 98[5].
Dontcheff, L.: Alkoholoxydation 486[8]. — Beschleunigung der Alkoholoxydation durch Kohlenhydratzufuhr 488[5].
Dorfman, A., S. Berkman and S. A. Koser: Hemmung der Acetatbildung bei Pantothensäuremangel 410[3].
— s. Koser, S. A. 128[3], 412[7].
Dorfman, A. S., s. Dorfman, R. I. 78[7].
Dorfman, F., s. Foster, C. 832[6,7].
Dorfman, R. I.: Ausscheidung oestrogener Substanzen im Harn 423[3].
— E. Ross and R. A. Shipley: Pregnanolonbildung aus Progesteron 435[8].
— E. Ross, R. A. Shipley, A. S. Dorfman, E. Buchwald and M. Birnbaum: Auswertung von Nebennierenrindenpräparaten 78[7].
— R. A. Shipley, E. Ross, S. Schiller and B. N. Horwitt: Auswertung von Nebennierenrindenpräparaten 78[7].
— s. Fish, W. R. 437[12].
— s. Hayano, M. 819[5].
— s. Horwitt, B. N. 437[12].
— s. Ungar, F. 432[5], 436[4].
Dormer, B. A., and M. Gibson: Vitamin A-Bildung aus Carotin bei Diabetes 352[2].
Dornow, A., u. A. Hargesheimer: Neopyrithiamin 388[4].
Dorrance, S. S., s. Lewis, R. A. 124[7].
Dosne, C.: Wirkung von Progesteron bei Einbringen in die Milz 435[2].
— s. Selye, H. 123[10].
Dostal, L. E., and E. Andrews: Kein Zusammenhang zwischen Cholesteringehalt der Galle und der Nahrung 547[3].
Doster-Virtue, M. E., s. Virtue, R. W. 271[8], 272[8], 558[8].
Doty, J. R., and A. G. Eaton: Harnstoffbildung aus Lysin 296[2].
Doty, R. W., and R. W. Gerard: Ruheatmung des peripheren Nerven 783[4].
Doubilet, H.: Choleretische Wirkung von Dehydrogallensäuren 532[8]. — Gallensäuregehalt in menschlicher und in Hundegalle 549[11], 550[4].
— s. Colp, R. 536[4], 557[24].
Doudoroff, M., s. Hassid, W. Z. 157[17].
— s. Stadtman, E. R. 130[7].
Douglas, J. F., and C. G. King: Glucuronsäureabbau beim Meerschweinchen 460[1]. Verwendung von Glucuronsäure für Glucuronidsynthese 460[2].
Douglas-Sauermann, A. Graf: Bindung von Gallensäuren an Glycin und Taurin beim Menschen 557[20].
Doull, J., s. du Bois, K. P. 728[4].
Dounce, A. L.: Arginasegehalt von Leberzellkernen 310[8]. — Desoxyribonucleinsäure der Leber 313[7].
— and R. P. Shanewise: Gehalt an porphyrinhaltigen Fermenten in der Leber von Tumorratten 504[3].
Doutt, J. K.: A-Hypervitaminose nach Genuß von Eisbärleber 357[9].
Dow, R. S., s. Ulett, G. A. 734[3].
Downie, E., s. King, W. E. 54[1].
Downs, A. W.: Vermehrung der Gallensekretion durch ungereinigtes Sekretin 531[7].
— and N. B. Eddy: Vermehrung der Gallensekretion durch ungereinigtes Sekretin 531[7].
Doyon, (M.): Fibrinogengehalt im Blut nach Phosphor- und Chloroformvergiftung 234[4].

DOYON, (M)., et J. BILLET: Fibrinogengehalt im Blut nach Phosphor- und Chloroformvergiftung 234[4].
— A. MOREL et N. KAREEF: Fibrinogengehalt im Blut nach Phosphor- und Chloroformvergiftung 234[4].
DRABKIN, D. L.: Zusammenfassung über den Stoffwechsel der Hämin-Chromoproteide (1951) 46[7]. — Wassergehalt der Leber nach partieller Hepatektomie 33[7]. — Regeneration von Cytochrom c nach partieller Hepatektomie 34[4]. — Regeneration des Cytochromgehaltes der Leber bei verminderter O_2-Spannung 35[4]. — Nucleinsäuregehalt in regenerierender Leber bei Proteinmangel 325[2]. — Cytochrom c-Gehalt der Leber nach Thyroxin, Thyreoektomie und Thiouracil 445[6].
— s. CRANDALL, M. W. 33[7], 34[4], 35[4].
— s. ROSENTHAL, O. 321[8], 666[6], 733[6], 782[5], 795[7,16].
DRAGSTEDT, C. A., s. MILLS, M. A. 563[8].
DRAGSTEDT, L. R., J. v. PROHASKA and H.P. HARMS: Lipocain (lipocaic factor) 154[7].
— s. EILERT, M. L. 154[5].
— s. PROHASKA, J. v. 154[6].
DRAKE, B. B., C. V. SMYTHE and C. G. KING: Verbindung von Dehydroascorbinsäure mit Glutathion 383[9].
DRAUDT, L.: Störung von Galaktose- und Lactoseverwertung bei Tieren mit ECKscher Fistel 29[9]. — Galaktoseverwertung durch die Leber 92[5].
DREILING, D. A., J. J. LIPSAY, A. KLEIN and C. TARR: Sekretintest 531[11].
— s. GREENSPAN, E. M. 233[4].
DRESEL, K.: Sauerstoffverbrauch von Rattenleber nach Thyroxin 24[1], 443[13].
DRESEL, M.: Abbau von Leberglykogen nach Thyroxin 77[12].
DRESER, H.: Verhalten von Sehpurpur gegen Osmiumtetroxyd und Kaliumpermanganat 938[15].
DREYFUS, G.: Hyperfolliculie bei Leberkrankheiten 426[11].
DRILL, V. A., and C. A. PFEIFFER: Oestrogeninaktivierung bei Unterernährung 427[16].
DRINKER, C. K., s. LUND, C. C. 62[3].
— s. MCCARRELL, J. D. 19[12].
— s. WHITE, J. C. 19[9].
DRINKER, K. R., P. K. THOMPSON and M. MARSH: Zinkgehalt verschiedener Organe 62[10]. — Zinkgehalt der Rattenleber 62[14].
DROCHMANS, P.: Ribo- und Desoxyribonucleinsäuregehalt von Leberzellen bei Ischämie 322[5].
— D. H. MARRIAN and G. B. BROWN: Verwendung von Formiat und Adenin zur Nucleinsäuresynthese 332[8].
DROLLER, H., s. SCHNEIDER, R. 823[1].
DROUINEAU, S., s. ROCHE, J. 219[3], 220[5].
DRUCKER, R., s. COOPERMAN, J. M. 419[13], 420[7].
DRUCKER, W. R., s. CRAG, J. W. 102[10].
DRUCKER, W. R., s. MILLER, M. 101[4], 103[2], 488[8].
DRUCKREY, H.: Cancerogene Gesamtdosis von Dimethylaminoazobenzol 495[1].
— u. K. KÜPFMÜLLER: Cancerogene Gesamtdosis von Dimethylaminoazobenzol 495[1].
— K. KÜPFMÜLLER u. W. TRAPP: Cancerogene Gesamtdosis von Dimethylaminoazobenzol 495[1].
— s. REISS, M. 24[2], 443[13].
DRUMMOND, J. C., M. E. BELL and E. T. PALMER: Resorptionsweg von Vitamin A 348[2].
— and I. L. FINAR: Bildung von Phenylmerkaptursäure aus Benzol 472[6]. — Muconsäurebildung aus Benzol 473[6].
— and E. R. GUNTHER: Vitamin D-Gehalt im Plankton 363[2].
— and R. J. MACWALTER: Gallensäure-Carotin-Komplexe 360[7].
— S. S. ZILVA and K. H. COWARD: Diatomeen als Vitamin A-Quelle 356[15]. — Vitamin A-Bildung durch Nitzschia closterium 363[3].
— s. GREGORY, E. 374[14].
— s. JAMESON, H. L. 356[14], 363[4].
— s. LOGARAS, G. 349[14].
— s. REA, J. L. 351[11].
— s. THORBJARNARSON, T. 349[16].
DRURY, D. R.: Totale Leberexstirpation bei Säugetieren 30[2]. — Fettbildung aus Kohlenhydrat bei pankreaslosen Tieren 168[2]. Calciumgehalt der Fistelgalle vom Hund 540[4]. — Geringer Cholesteringehalt in weißer Galle 548[9].
— and P. D. MCMASTER: Fibrinogengehalt im Blut nach Hepatektomie 234[1].
— P. D. MCMASTER and P. ROUS: p_H-Wert in menschlicher Fistel- und Blasengalle 537[9].
— s. BRUES, A. M. 32[2], 325[10].
— s. MCMASTER, P. D. 31[10], 156[5], 211[8], 234[1].
— s. WICK, A. N. 93[2].
DRY, T. J., s. JUDD, E. S. 541[6].
DRYSDALE, G. R.: Fettsäureoxydation in Mitochondrien 171[4].
— and H. A. LARDY: DPN als Elektronenacceptor für β-Ketoreduktase 182[3].
— G. W. E. PLAUT and H. A. LARDY: Einbau von Ameisensäure-C in Purine 332[5]. Nucleinsäuresynthese bei Folsäuremangel 333[1].
DUAMARCO, J., s. VARELA, B. 276[7].
DUANE, T. D.: Ernährung der Cornea 876[7].
— s. ROBBIE, W. A. 877[2], 878[5].
DUBIN, A., s. POPPER, H. 348[2], 353[10], 368[4].
DUBIN, H.: Störung der Phenolentgiftung bei Tieren mit ECKscher Fistel 29[10].
DUBNIK, C. S., s. MORRIS, H. P. 495[7], 499[9].
DUBNOFF, J. W.: Cholinoxydase fehlt in Meerschweinchenleber 146[1], 267[7]. — Dimethylthetin als Methyldonator 148[13]. — Cholin als Methylgruppendonator 267[1].

DUBNOFF, J. W., and H. BORSOOK: Dimethylthetin als Methyldonator 148[12], 267[4]. — Bildung von α-Aminoadipinsäure aus Lysin 296[7].
— s. BORSOOK, H. 267[7], 296[8], 303[6,7,9], 308[4], 309[7], 470[4,5].
DU BOIS, D., s. HIMWICH, H. E. 785[20].
— s. STERN, K. G. 931[3].
DU BOIS, K. P., K. W. COCHRAN and J. DOULL: Wirkung von Röntgenstrahlen auf Citronensäuresynthese 728[4].
— and V. R. POTTER: ATPase-Aktivität im Gehirn und peripheren Nerven 696[7]. — ATPase 773[2]. — Aktivierung von ATPase durch Acetylcholin 773[9]. — Aneurinpyrophosphatspaltung im Gehirn 775[9].
— s. MOXON, A. L. 475[1].
DUBOIS, R.: Temperaturanstieg beim erwachenden Winterschläfer 23[10]. — Anstieg der Lebertemperatur nach Adrenalin 24[6].
DUBOS, R., s. MEYER, K. 921[2].
DUBOS, R. J., and R. H. S. THOMPSON: Spaltung von Hefenucleinsäuren durch Leberextrakte 319[1]. — Ribonuclease 319[1].
DUBOULOZ, P., et C. GASQUY: Vitamin A-Gehalt von Fischleberölen 356[13].
DUBREUIL, R., and P. S. TIMIRAS: Glykokollgehalt der Leber 468[5].
DUBUISSON, M.: Zusammenfassung über Chemie des Muskels (1952) 570[25]. — p_H-Änderung bei Muskelkontraktion 605[3].
— et P. CREPAX: Totenstarre 607[2].
DU BUY, H. G., s. HESSELBACH, M. L. 700[10].
DUCHATEAU, G., s. HOUET, R. 462[5].
DUDLEY, H. C.: Selenausscheidung in der Galle 542[1].
DUDLEY, H. W., and G. F. MARRIAN: Insulineinwirkung auf Leberglykogen 74[8,11].
DUERST, M. L., s. OSGOOD, E. E. 316[3].
DUESBERG, R.: Gallenfarbstoffbildung aus Hämin 506[7].
DÜTTMANN, G.: Negative Ca-Bilanz bei Acholie 360[11].
— s. STEPP, W. 533[16].
DUFAIT, R., s. MASSART, L. 856[12].
DUFF, G. L., s. CHIPPS, H. D. 68[7].
DUGAL, L. P., and M. THÉRIEN: Einfluß von Kälte auf Vitamin C-Gehalt der Leber 379[14].
DUKE-ELDER, W. S.: Zusammenfassung über Natur der intraocularen Flüssigkeiten (1927) 904[16].
— and H. DAVSON: Glucosegehalt im Glaskörper 905[3]. — Na- und Cl-Ionenverteilung zwischen Plasma und Kammerwasser bei Hund und Katze 907[6]. — Übertritt von Zucker aus dem Blut ins Kammerwasser 908[11]. — Übertritt von Harnstoff aus dem Blut ins Kammerwasser 909[1]. — Glucosegehalt in Glaskörper, Kammerwasser und Plasma von Kaninchen 912[7].
DUKE-ELDER, W. S., H. DAVSON and D. M. MAURICE: Austausch von Wasser und Elektrolyten zwischen Blut und Kammerwasser 908[4].
DUMAZERT, C., et S. GRAC: Proteinfraktionen der Leber 216[9,10], 222[1].
DUMITRESCO, G., s. PARHON, C. 622[8].
DUMM, M. E.: Glykogengehalt der fetalen Leber 70[11]. — Nucleinsäuregehalt der Leber von Rattenembryonen 323[4].
— H. GERSHBERG, E. M. BECK and E. R. PALLI: Cholesteringehalt der Nebennieren bei Pantothensäuremangel 409[8].
— s. PATTERSON, E. K. 647[4], 649[2], 650[3].
— s. RALLI, E. P. 32[4].
DUNBAR, P., s. GOETTSCH, E. 213[1].
— s. LYTTLE, J. D. 213[1].
DUNCAN, G. M., s. FORBES, J. C. 380[2,4], 488[2].
DUNCOMBE, W. G., s. GLASCOCK, R. F. 165[2].
DUNER, H., U. S. v. EULER and B. PERNOW: Adrenalin- und Noradrenalingehalt in Kammerwasser 904[11]. — Vorkommen von Noradrenalin in Iris und Ciliarkörper 919[4].
DUNGERN, M. v.: Choleretische Wirkung von gallensauren Salzen 532[2].
DUNHAM, E. K., s. MANDEL, J. A. 268[1].
DUNN, M. S., S. AKAWAIE, H. L. YEH and H. MARTIN: Tyrosinausscheidung im Harn bei Leberkranken 284[9].
— s. BUTTS, J. S. 262[8], 271[1], 280[6], 283[10].
DUNN, T. B., s. MORRIS, H. P. 495[7].
DUNSTAN, S., s. BROWN, F. 82[10].
DURAN, M., s. ASHER, L. 447[8].
DURELL, J., s. WALD, G. 940[2].
DURLACH, J., et M. CACHIN: Melanophorenhormonwirkung beim Frosch 450[8].
— G. HABIB et M. CACHIN: Melanophorenhormonwirkung beim Frosch 450[8].
— s. BLASS, J. 284[3].
DURLACHER, S. H., s. MAN, E. B. 206[8], 208[8].
DURSCH, H. R., and F. J. REITHEL: Mechanismus der Umwandlung von Galaktose in Glucose 94[5].
DUTCHER, R. A., s. MOREHOUSE, A. L. 349[6].
DUTHIE, E. S., s. CHAIN, E. 921[3].
DUTOIT, P., et C. ZBINDEN: Zinkgehalt der Leber 62[9]. — Cer- und Zinngehalt im Gehirn 628[6].
DUTTON, G. J., and I. D. E. STOREY: Uridindiphosphat-glucuronsäure 96[7]. — Glucuronsäureübertragender Leberfaktor 461[3,4], 462[1].
— s. STOREY, I. D. E. 462[2].
DUVE, C. DE, et H. BEAUFAYS: Glucose-6-phosphatase 91[2].
— H. G. HERS et J. P. BOUCKAERT: Glucagongehalt von Insulin 76[9].
— P. P. DE NAYER, M. v. OOSTVELDT et J. P. BOUCKAERT: Glucoseverwertung unter Insulin 75[4].
— s. HERS, H. 91[2], 98[17].
— s. SUTHERLAND, E. W. 77[2].
DUYSTER, C. B., s. VERRIJP, C. D. 881[4].

DUZÁR, J., u. S. RUSZNYÁK: Leberfunktionsteste bei Neugeborenen 512[7].
DWORACZEK, E., u. H. K. BARRENSCHEEN: P-Fraktionen im Hühnermagen 611[3].
DYE, J. A., and R. A. WAGGENER: Aktivität der Lebercytochromoxydase nach Thyreoektomie 445[5].
DYKMAN, L. M., s. SMIRNOV, G. D. 670[10].
DYNIEWICZ, H. A., s. POPPER, H. 348[2], 353[10], 360[2].
DYU, M. Y., s. MASON, K. E. 364[7].
— s. QUAIFE, M. L. 363[13], 364[6].
DZIALOSZYNSKI, L. M., E. M. MYSTKOWSKI and C. P. STEWART: Bindung von Vitamin A und Carotinoiden an Plasmaeiweißkörper 353[6].
DZIEWIATKOWSKI, D. (D.): Bildung von Cystin aus Sulfat bei Ratten 270[5]. — Oxydation von Sulfid zu Sulfat 274[8]. — Ausscheidung von freiem und verestertem Sulfat 274[13]. — Eiweißumsatz im Gehirn 745[14]. — Einbau radioaktiver Isotope in Gehirnproteine 746[8].
— R. E. BENESCH and R. BENESCH: Bildung von Chondroitinschwefelsäure aus Sulfat 274[14].
— and D. BODIAN: Einbau von ^{32}P in Gehirnlipoide 735[16]. — Einbau von radioaktivem P in Gehirneiweiß 746[17]. — ^{32}P-Austausch der Nucleoproteidfraktion im Gehirn 765[6]. — Aufnahme von ^{32}P durch Gehirn 769[5].
— and H. B. LEWIS: Glucuronsäurebildung aus Leberglykogen 458[10].
— and W. J. WINGO: Keine Bildung von Sulfat aus Isocystin 274[11].
— s. BODIAN, D. 662[8], 666[10], 770[9].

EAKIN, R. E., s. SHIVE, W. 333[2].
— s. SNELL, E. E. 411[3].
EARLE, D. P. jr., and J. VICTOR: Lebernekrosen bei Mangel an S-haltigen Aminosäuren 365[1].
EARLY, D. F., R. E. HEMPHILL, M. REISS and E. BRUMMEL: Vorkommen von Cholinesterasen im Liquor cerebrospinalis 861[5].
EASTHAM, J. F., s. CHAIKOFF, I. L. 209[1], 554[10].
EASTMAN, N. J., s. LIN, H. 512[6].
EASTON, D. M.: Beziehungen zwischen Acetylcholinsynthese und Kohlenhydratstoffwechsel 845[10]. — Cholinacetylase und Cholinesterase bei Crustaceen 849[3]. — Acetylcholingehalt der Froschnetzhaut 928[13].
EATON, A. G., s. DOTY, J. R. 296[2].
EAVES, E. C.: Calciumgehalt in menschlichem Gehirn 621[9].
EBBECKE, U., s. DEUTICKE, H. J. 605[5].
EBIHARA, T., s. FUJITA, A. 378[6].
EBINA, T.: Sauerstoffverbrauch von Rattenleber nach Thyroxin 443[13].
EBISUZAKI, K., s. KRING, J. P. 401[10].
EBNÖTHER, C., s. VISCONTINI, M. 389[2].
ECCLES, J. C.: Bedeutung von Acetylcholin für synaptische Übertragung der Spinalreflexe 843[4].
ECK, N. v.: ECKsche Fistel 29[3].
ECKARDT, B., s. TROPP, C. 689[2].
ECKARDT, K., s. OBERDISSE, K. 304[9].
ECKARDT, P.: Entleerung der Blutspeicher der Leber durch Sympathicusreizung 16[12].
ECKHARDT, R. E., N. ZAMCHECK, R. L. SIDMAN, G. J. GABUZDA jr. and C. S. DAVIDSON: Wirkung proteinreicher Diät auf Lebercirrhose 156[4].
ECKLES, C. H., s. PALMER, L. S. 353[6].
ECKSTEIN, D. M., s. LASZLO, D. 66[17].
ECKSTEIN, H., s. TYNER, E. P. 151[3].
ECKSTEIN, H. C.: Fetttransport zur Leber durch die Pfortader 136[2]. — Bildung von Arachidonsäure aus Linolsäure 375[3].
— and C. R. TREADWELL: Cholesteringehalt der Leber nach fettreicher Nahrung 201[11].
— s. HORNING, M. G. 144[17], 147[7].
— s. ROBERTS, E. 148[17].
— s. SINGAL, S. A. 147[7], 148[9].
— s. TREADWELL, C. R. 147[7].
— s. TUCKER, H. F. 147[3,7].
EDDY, N. B., s. DOWNS, A. W. 531[7].
EDELFSEN, G.: Bildung von Naphtholglucuronid aus Naphthalin 473[15].
EDELMANN, A., s. EVERSOLE, W. J. 437[6].
EDEN, E., and T. MOORE: Vitamin A-Speicherung in der Niere 348[11].
— and K. C. SELLERS: Vitamin A-Veresterung in der Darmwand 348[3]. — Vitamin A-Ester in der Leber 352[4].
EDER, H. A., and E. M. RUSS: Cholesterin: Phosphatidverhältnis in β-Globulinen bei Lebercirrhose 232[4]. — Lipoidgehalt der α-Globuline bei Lebercirrhose und Hepatitis 232[4].
EDICK, M., s. SMITH, A. H. 539[8].
EDISBURY, J. R., R. A. MORTON and G. W. SIMPKINS: Vitamin A_2 in Leberölen von Süßwasserfischen 359[2].
— R. A. MORTON, G. W. SIMPKINS and J. A. LOVERN: Vitamin A_2 in der Netzhaut 927[15].
EDLBACHER, S., u. H. BAUR: Aktivierung der Arginase durch Metallionen 310[10].
— E. GOLDSCHMIDT u. V. SCHLÄPPI: Spaltung von Fettsäurestern im Gehirn 744[4]. Kathepsinaktivität von Gehirn 762[12].
— u. J. KRAUS: Histidase 297[5,6], 298[4].
— u. W. KUTSCHER: Vorkommen von Phosphatasen in der Netzhaut 936[11].
— u. M. NEBER: Vorkommen der Histidase 298[5].
— u. H. RÖTHLER: Arginasegehalt von Säugetierorganen 310[4].
— u. O. WISS: Abbau von D-Aminosäuren im Gehirn 748[5]. — Glutaminsäureoxydation im Gehirn 750[6].
EDLUND, Y.: Leberglykogengehalt bei kurz narkotisierten Tieren 69[3].
— u. H. HOLMGREN: Glykogengehalt der Rattenleber bei B_1-Avitaminose 73[12].

EDMAN, P. V.: Cerebrosidgehalt der Lipoide 642[8].
EDMONDSON, H. A., s. GLASS, S. J. 426[10], 427[2].
EDMUNDS, C. W.: Gewöhnung von Hunden an Nicotin 492[13].
EDS, F. DE: Fluorgehalt im Gehirn 623[23].
— s. COX, A. J. jr. 502[7].
— s. WILSON, R. H. 495[3,6], 501[23], 502[4].
EDSALL, J. T., s. MURALT, A. L. v. 578[1].
EDSON, N. L.: Herabsetzung der β-Ketobuttersäurebildung durch Sorbit 104[13]. — Ketonkörperbildung aus ungeradzahligen Fettsäuren 187[1]. — Ketonkörperbildung durch Leberschnitte von hungernden Tieren 189[6]. — Einfluß von Lactat und Glycerin auf Fettsäureabbau 190[4]. — Ketogene Wirkung von Ammoniumsalzen 193[6]. — Acetonkörperbildung aus Isovaleriansäure 264[5]. —
— H. A. KREBS and A. MODEL: Hypoxanthin als Harnsäurevorstufe bei der Taube 337[2]. — Bedeutung von Xanthinoxydase für Harnsäurebildung 337[2].
EDWARDS, J. E.: Lebertumoren nach Tetrachlorkohlenstoffvergiftung bei Mäusen 493[3].
— and A. J. DALTON: Lebertumoren nach Tetrachlorkohlenstoffvergiftung bei Mäusen 493[3].
— W. E. HESTON and A. J. DALTON: Lebertumoren nach Tetrachlorkohlenstoffvergiftung bei Mäusen 493[3].
— and J. WHITE: Auslösung von Hepatomen oder Cholangiomen durch cancerogene Stoffe 493[7].
— s. GREENSTEIN, J. P. 34[5].
EDWARDS, L. E., s. ROSTORFER, H. H. 27[4].
EDWARDS, R. R., s. TOTTER, J. R. 261[7].
EDWARDS, S. W., s. KNOX, W. E. 280[4].
EGBERT, H. L., s. TAYLOR, F. W. 15[7].
EGELI, E. S., s. NIXON, W. C. W. 37[6], 221[13], 366[2].
EGER, W., u. C. KLÄRNER: Glykogen in Leberzellkernen bei Erkrankungen 68[8].
EGGERS, P., u. G. WILDE: Thymoltrübungstest bei Verschlußikterus 246[12].
EGGLESTON, L. V., s. KREBS, H. A. 22[1], 329[1], 656[2], 718[12], 749[7], 801[12,13,16], 802[3], 935[2].
— s. STERN, R. J. 748[6], 756[7], 758[4].
— s. TERNER, C. 756[9], 801[14], 924[2], 935[1].
EGGLESTON, N. M., B. J. JOHNSTON and K. DOBRINER: Auswertung von Nebennierenrindenpräparaten 78[7].
EGGLETON, G. P., s. EGGLETON, P. 581[3], 594[2].
— s. a. EGGLETON, M. G.
EGGLETON, M. G.: Korrelation von Alkoholentgiftung und Lebergewicht 485[8]. — Diffusionsgleichgewicht von anorganischem Phosphat zwischen Plasma und Muskelwasser 587[3]. — Argininphosphorsäureresynthese 612[2].
— and P. EGGLETON: Diffusionsgleichgewicht für Carnosin zwischen Plasma und Muskelwasser 587[4].
— s. a. EGGLETON, G. P.
EGGLETON, P.: Zusammenfassung über Chemie der Muskelkontraktion (1933) 570[16]. —
— and G. P. EGGLETON: Kreatinphosphorsäuregehalt des Muskels 581[3]. — Entdeckung der Kreatinphosphorsäure 594[2].
— s. EGGLETON, M. G. 587[4].
EGGLETON, W. G. E.: Zinkgehalt im Gehirn bei Chinesen 626[15].
EGGSTEIN, A. A., s. JOBLING, J. W. 157[14], 238[13].
EHMKE, D. A., s. TODHUNTER, E. N. 383[7].
EHNI, G. J., s. CRANDALL, L. A. jr. 189[3].
EHRENSVÄRD, G., s. ELIASSON, N. A. 325[1].
— s. LAGERKVIST, U. 342[7].
EHRLICH, G., and Z. DISCHE: Nucleinsäuregehalt der Rindernetzhaut 926[1].
— s. DISCHE, Z. 892[3].
— [illegible]ALLMA[illegible], L. v. 898[1].
EHRLICH, P.: Glykogengehalt der Leber bei Diabetes 75[6].
EICH, J., u. K. WIEMERS: Trypanblau zur Prüfung der Permeabilität der Gehirngefäße ungeeignet 800[7].
EICHEL, B., s. WAINIO, W. W. 222[4].
EICHEL, H. J., s. WAINIO, W. W. 222[4].
EICHELBERGER, L., R. B. RICHTER and M. ROMA: Kaliumgehalt im Gehirn 622[16]. — Kalium-, Natrium- und Chloridgehalt des Gehirns 623[4]. — Natriumgehalt des Gehirns 624[8]. — Chloridgehalt im Gehirn 629[9].
— s. RICKETTS, W. E. 42[13].
EICHENBERGER, K., s. CAGIANUT, B. 907[12].
EICHLER, O., F. LINDER u. K. SCHMEISER: Örtliche Unterschiede in der Permeabilität der Blut-Hirnschranke 797[3].
— s. ANSELMINO, K. J. 443[13].
EICHMAN, P. L., s. MANN, J. D. 238[10], 239[4].
EICHNER, D.: Lokalisation der Cholinesterase in der Retina 936[21].
EIDELSBERG, J., and I. MADOFFE: Wirkung von Methyltestosteron 434[10].
EILBOTT, W.: Bilirubin zur Leberfunktionsprüfung 510[13].
EILER, J. J., and W. K. MCEWEN: P/O-Verhältnis bei Atmungskettenphosphorylierung 730[9]. — Entkoppelung der Atmungskettenphosphorylierung durch Dinitrophenol 731[4]. — Einschränkung von Atmung und Phosphorylierung in Hirnschnitten durch Narkotica 814[8]. — Einfluß von Narkotica auf Atmungskettenphosphorylierung im Hirngewebe 814[8].
EILERS, T., s. HEILMEYER, L. 509[4].
EILERT, M. L., and L. R. DRAGSTEDT: Fettleber bei pankreaslosen Hunden 154[5].
EINBECK, H.: Bernstein- und Fumarsäure aus Muskel 580[6].
EISEN, H. N., s. STOERK, H. C. 402[15].
EISENBERG, E., G. S. GORDAN and H. W. ELLIOTT: Sauerstoffverrbauch des Gehirns kastrierter männlicher Ratten nach Testosteronpropionat 820[1]. — Einfluß

von ACTH auf Hirnatmung kastrierter männlicher Ratten 820[3]. — Einfluß von Steroidhormonen auf Hirnatmung männlicher kastrierter Ratten 820[3]. — Kein Einfluß cancerogener Phenanthrene auf Sauerstoffaufnahme von Rattengehirnhomogenaten 821[5].
EISENBERG, E., s. GORDAN, G. S. 659[2], 818[16], 819[6], 820[2].
EISENBERG, F. jr., and S. GURIN: Glucuronsäurebildung aus Glucose 460[8], 461[1].
— s. BLOOM, B. 109[13].
EISENBERG, H., s. THORN, G. W. 437[5].
EISENMAN, A. J., s. PETERS, J. P. 229[4].
EISENMENGER, W. J., E. H. AHRENS jr., S. H. BLONDHEIM and H. G. KUNKEL: Störungen von Wasser- und Mineralhaushalt bei Cirrhose 18[8].
— S. H. BLONDHEIM, A. M. BONGIOVANNI and H. G. KUNKEL: Störungen von Wasser- und Mineralhaushalt bei Cirrhose 18[8]. — Natriumausscheidung bei Lebercirrhose 42[12].
— s. BONGIOVANNI, A. M. 438[7].
— s. KUNKEL, H. G. 245[2].
EISENREICH, F.: Gallenfarbstoffe im oberen menschlichen Jejunum 519[2]. — Nicht identifizierte Farbstoffe in der Galle 519[2].
— s. SIEDEL, W. 522[8].
EISLER, B., s. SCHITTENHELM, A. 632[3].
EISLER, P.: Zusammenfassung über Anatomie der Tränendrüsen (1930) 868[1].
EITEL, H., G. LÖHR u. A. LOESER: Glykogenabnahme in der Leber durch thyreotropes Hormon 78[4].
ELBINGER, R. L., s. CHRISTENSEN, H. N. 470[15].
ELDJARN, L.: Taurinbildung aus Cystamin 272[7]. — Hypotaurinbildung aus Cystamin 273[7].
ELGART, S., s. MIRSKY, I. A. 449[4].
ELGEE, N. J., R. H. WILLIAMS, N. D. LEE, T. WONG and J. R. HOGNESS: Insulininaktivierung nach Hepatektomie 447[16].
ELIAS, H.: Bau der Leberzellbalken 11[8]. — Hypoglykämie nach Injektion saurer Lösungen 73[1].
— u. H. KAUNITZ: Wirkung der Erstickung auf das Muskelglykogen 76[5].
— and D. PETTY: Bau der Leberzellbalken 11[8]. — Störungen der Leberdurchblutung bei Cirrhose 18[9].
ELIASSON, N. A., E. HAMMARSTEN, P. REICHARD, S. ÅQVIST, B. THORELL and G. EHRENSVÄRD: Umsatzgeschwindigkeit von Ribonucleinsäuren und Protein in regenerierender Leber 325[1].
— s. ARVIDSON, H. 342[11].
— s. BERGSTRAND, A. 316[7].
— s. BERGSTRÖM, S. 342[9].
ELLENBERG, M., s. POLLACK, H. 140[7].
ELLENBOGEN, E., s. SENECA, H. 438[3].
ELLINGER, A.: Bildung von Kynurensäure aus Kynurenin 288[5].
ELLINGER, A. u. M. HENSEL: Entgiftung aromatischer Amine durch Acetylierung 475[3].
— u. Z. MATSUOKA: Bildung von Kynurensäure aus Kynurenin 288[5].
ELLINGER, G. F., s. GOLDSMITH, G. A. 379[1].
ELLINGER, P.: Keine Bildung von N-Methylnicotinsäure durch Rattenleberschnitte 397[9]. — Nicotinsäurebildung aus Nicotinsäureamid im Gehirn 672[8,9].
— and M. M. ABDEL KADER: Keine Trigonellinbildung aus Nicotinsäure beim Menschen 396[13].
— R. BENESCH and S. W. HARDWICK: Bildung von N-Methylnicotinsäureamid aus Nicotinsäure beim Menschen 396[12].
— and R. A. COULSON: Bildung von N-Methylnicotinsäureamid aus Nicotinsäure beim Menschen 396[12]. — Methylnicotinsäureamid-Ausscheidung nach Aufnahme konzentrierter alkoholischer Getränke 398[1].
— R. A. COULSON and R. BENESCH: Einwirkung von Antibioticis auf Nicotinsäurebildung durch Darmflora 395[7].
— G. FRAENKEL and M. M. ABDEL KADER: Nicotinsäurebildung aus Chinolinsäure 294[4].
— and S. W. HARDWICK: Bildung von N-Methylnicotinsäureamid aus Nicotinsäureamid 396[12].
— and B. A. HIRT: Ausscheidung fluorescierender Farbstoffe durch die Leber 528[5].
ELLIOT, W. H., E. A. DOISY jr., B. C. BOCKLAGER, F. N. H. SHARR, S. A. THAYER, P. M. HYDE and E. A. DOISY: Progesteronabbau bei der Maus 436[11].
ELLIOTT, H. W., and V. C. SUTHERLAND: Keine Atmungssteigerung im Gehirn durch Alanin 747[7]. — Steigerung der Gehirnatmung durch Glutaminsäure 750[8]. — Atmungsabfall im überlebenden menschlichen Gehirngewebe 780[5]. — R. Q. in Schnitten der Großhirnrinde 784[6]. Sauerstoffverbrauch des Gehirns bei Narkose 813[11].
— A. E. WARRENS and H. P. JAMES: Hemmung der Oxydation von Glucose durch Narkotica 813[14]. — Einfluß von Narkotica auf anaerobe Glykolyse 813[14].
— s. EISENBERG, E. 820[1,3], 821[5].
— s. GORDAN, G. S. 819[6].
ELLIOTT, K. A. C.: Sauerstoffverbrauch der Gehirnrinde bei verschiedenen Warmblütern 778[11]. — Sauerstoffverbrauch von Gehirnsuspensionen 847[5].
— and Z. BAKER: Verbrennung von Fetten und Proteinen durch Gehirnschnitte 784[4]. Respiratorischer Quotient der Rattennetzhaut 930[7].
— and M. K. BIRMINGHAM: p_H-Optimum der Gehirnatmung 780[2].
— and M. E. GREIG: Bernsteinsäurebildung aus Essigsäure im Gehirn 717[6]. — Cytochromoxydaseaktivität im Gehirn 796[4].

ELLIOTT, K. A. C., M. E. GREIG and M. P. BENOY: Succinoxydase im Gehirn 720[7]. Bildung und Oxydation von Äpfelsäure im Gehirn 720[7]. — Hemmung der Gehirnatmung durch Ca- und Mg-Ionen 779[5]. — Glucose und Lactat als Substrate der Gehirnatmung 784[14]. — Verbrennung von Brenztraubensäure und Bernsteinsäure im Gehirn 785[11].
— and N. HENDERSON: Gehirnstoffwechsel bei Narkose 810[20]. — Acetylcholingehalt in Hirnhomogenaten von Ratten 844[7]. — Bildung von freiem aus gebundenem Acetylcholin 845[3].
— and M. HENRY: Intracellulärer Sauerstoffdruck im Gehirn 786[3].
— and B. LIBET: Q_{O_2}-Werte für Gehirngewebe bei verschiedener Präparationstechnik 779[3]. — Hemmung der Gehirnatmung durch K-, Ca- und Mg-Ionen 779[3]. — p_H-Optimum der Gehirnatmung 780[1]. — Verwendung von Glykogen im Gehirnstoffwechsel 784[13]. — Störung der Glucoseoxydation im Gehirn durch hohen Sauerstoffdruck 789[5].
— D. B. McN. SCOTT and B. LIBET: Energielieferung im Zentralnervensystem durch Fette und Proteine 700[7]. — R.Q. im Gehirn nach Erschöpfung der Kohlenhydratreserven 783[23]. — Verbrennung von Fetten und Proteinen durch Gehirnschnitte 784[2]. — Verbrennung von Nichtkohlenhydraten im Gehirn 785[1].
— R. L. SWANK and N. HENDERSON: Acetylcholingehalt im Gehirn bei Narkose 813[25]. — Acetylcholingehalt von Katzengehirn 844[6].
— s. BANCROFT, G. 796[15].
— s. BIRMINGHAM, M. K. 707[5], 732[12].
— s. DIXON, M. 790[1].
— s. GREIG, M. E. 931[5].
— s. McLENNAN, H. 807[6], 845[12], 847[3], 848[5,6].
— s. TOWER, D. B. 844[3].
— s. WEBB, J. L. 813[7], 814[14].
ELLIOTT, W. H.: ATP als Energiespender für Glutaminsynthese im Gehirn 752[3-5]. Hemmung der Glutaminsynthese durch Fluorid 752[4]. — Notwendigkeit von Mangan- und Magnesiumionen für Glutaminsynthese 752[4,5]. — Ferment der Glutaminsynthese aus Gehirn von Schafen 755[3].
ELLIS, B., V. PETROW and G. F. SNOOK: Darstellung von Vitamin B_{12} 419[3].
— s. COOLEY, G. 419[22].
ELLIS, F. W., and J. C. KRANTZ jr.: Verwertung von Sorbit beim Affen 104[2]. — Glykogenbildung aus Sorbit 104[2]. — Glykogenbildung aus Mannit 106[6].
ELLIS, G. H., S. E. SMITH, E. M. GATES, D. LOBB and E. J. LARSON: Mangangehalt der Leber bei manganarmem Futter 61[14].
ELLIS, N. R., and H. S. ISBELL: Ablagerung von Linolsäure im peripheren Fett 375[8].
ELLIS, N. R., s. SPADOLA, J. M. 375[3].
ELLIS, R. W. B., and W. W. PAINE: Blutzuckeranstieg nach Fructosebelastung bei Glykogenspeicherkrankheit 79[8].
ELLISON, J. B., and T. MOORE: Vitamin A-Gehalt der Leber bei Neugeborenen 354[8].
ELLMAN, P. B., s. STEVENS, C. M. 296[12].
ELLSWORTH, H. C., s. STEHLE, R. L. 840[8].
ELMAN, R., and E. A. GRAHAM: Cholesterinsekretion in der Gallenblase 548[8].
— C. J. HEIFETZ and H. WOLF: Leberveränderungen bei Hunger und Proteinmangel 221[9].
— and P. D. McMASTER: Reduktion von Bilirubin in infizierten Gallengängen 519[7].
— M. G. SMITH and L. A. SACHAR: Leberveränderungen bei Hunger und Proteinmangel 221[10].
— and J. B. TAUSSIG: Cholesterinsekretion in der Gallenblase 548[8].
— s. McMASTER, P. D. 15[14], 509[6], 518[2], 519[7], 520[2].
— s. WEICHSELBAUM, T. E. 72[13].
ELMLINGER, P. J., s. HUFF, R. L. 49[3], 51[4].
EL SADR, M. M., s. CHICK, H. 673[4].
ELSON, D., s. CHARGAFF, E. 668[7].
— s. MAGASANIK, B. 668[6].
ELSON, L. A., F. GOULDEN and F. L. WARREN: Entgiftung körperfremder α-Aminosäuren durch Acetylierung 475[5]. — Bedeutung von Pantothensäure für Acetylierungen 477[16]. — Deacetylierung von Acetanilid in der Rattenleber 478[5].
ELTON, N. W.: Verschluß der Gallencapillaren bei Schwellung der Leberzellen 513[1].
ELVEHJEM, C. A.: Zusammenfassung über die biologische Bedeutung von Kupfer und seine Beziehung zum Eisenstoffwechsel (1935) 59[4]. — Bedeutung von Kupfer für Hämoglobinbildung 56[10].
— and E. B. HART: Wirkung von Kupfer auf die Hämoglobinbildung 59[4].
— R. C. HERRIN and E. B. HART: Wirkung von Kupfer auf die Hämoglobinbildung 59[4].
— P. H. PHILLIPS and E. B. HART: Nutritive Encephalomalacie 673[18].
— and W. C. SHERMAN: Wirkung von Kupfer auf die Hämoglobinbildung 59[4].
— s. AMES, S. R. 251[1].
— s. ANDERSON, E. G. 394[12], 395[1], 673[1].
— s. ARNOLD, A. 302[6].
— s. AXELROD, A. E. 335[2], 367[2], 672[11], 792[4-6].
— s. BARKI, V. H. 164[3,4].
— s. BRIGGS, G. M. jr. 673[19].
— s. COOPERMAN, J. M. 505[6].
— s. DENTON, A. E. 685[2].
— s. DIETRICH, L. S. 414[10], 416[1], 674[12].
— s. FEIGELSON, P. 395[10].
— s. GERSHOFF, S. N. 832[11].
— s. GEYER, R. P. 93[10].
— s. HARPER, A. E. 152[9,10], 265[5].
— s. HART, E. B. 57[14], 59[4].

ELVEHJEM, C. A., s. HAWK, E. A. 421[8].
— s. HOVE, E. 63[2,6].
— s. KEENAN, J. A. 673[15].
— s. KLINE, O. L. 674[1].
— s. KREHL, W. A. 292[2,13], 398[4].
— s. KRING, J. P. 401[10].
— s. LARDY, H. A. 128[3], 412[6].
— s. LEWIS, U. J. 420[10].
— s. LICHSTEIN, H. C. 832[10].
— s. LINDOW, C. W. 56[9], 57[12].
— s. LIPSCHITZ, M. A. 685[8], 715[12].
— s. LITWACK, G. 335[5].
— s. MCKIBBIN, J. M. 505[13].
— s. OLSON, O. E. 413[11], 414[4].
— s. PILGRIM, F. J. 116[1], 410[4], 412[1].
— s. POTTER, R. L. 505[6].
— s. RASMUSSEN, A. F. 832[8].
— s. RIESEN, W. H. 392[2].
— s. SCHAEFER, A. E. 410[1].
— s. SCHANTZ, E. J. 93[10].
— s. SCHULTZE, M. O. 58[10].
— s. SCHURR, P. E. 655[3,6].
— s. SCHWEIGERT, B. S. 217[4], 399[7], 403[3], 411[1].
— s. SHERMAN, W. C. 115[6].
— s. SPECTOR, H. 505[6].
— s. SWINGLE, K. F. 367[2].
— s. THOMPSON, H. T. 419[5,10], 684[9], 685[1].
— s. WACHTEL, L. W. 63[3].
— s. WADDELL, J. 59[4].
— s. WAISMAN, H. A. 404[13], 832[9].
— s. WILLIAMS, J. N. jr. 335[4,5,12,13], 415[6–8], 416[5,13], 417[1], 418[4], 421[5], 422[2–4], 685[3].
— s. WOOLLEY, D. W. 404[4].
ELVOVE, E., s. KASTLE, J. H. 157[2].
ELWYN, D., and D. B. SPRINSON: Alaninbildung aus Glycin 261[6], 263[1]. — Umwandlung von Serin in Glycin bei Folsäuremangel 262[3]. — Alanin- und Essigsäurebildung aus Serin 262[9]. — Verwendung von Serin-N für Glykochol- und Hippursäuresynthese 263[8]. — Erneuerung der Desoxyribonucleinsäuren der Leber 316[10]. — Thyminbildung aus Serin 343[9]. — Bedeutung von Folsäure für Glycin-Serin-Umwandlung 417[5].
ELY, J. O., and M. H. ROSS: Vermehrung der Desoxyribonucleinsäuren bei Proteinmangel 322[2].
ELY, L. O.: Tricarbonsäurecyclus in der Linse 896[2]. — Vorkommen von Dehydrogenasen in der Linse 896[2].
— and W. A. ROBBIE: Sauerstoffverbrauch der Kaninchenlinse 893[8]. — Hemmung der Linsenatmung durch Cyanid 896[1].
ELZAS, M., s. VERKADE, P. E. 175[2].
EMANUELE, L., s. PIETROGRANDE, V. 361[11].
EMBDEN, G.: Zusammenfassung über Chemismus der Muskelkontraktion und Chemie der Muskulatur (1925) 570[8]. — Acetonkörperbildung aus Isovaleriansäure 264[3]. — Bildung von Phenolglucuroniden in der Leber 465[5].
— u. K. BALDES: Bildung von Tyrosin aus Phenylalanin 278[2].
EMBDEN, G., u. H. ENGEL: Methodik der Leberdurchströmung 27[3].
— u. K. GLAESSNER: Bildung von Phenolglucuroniden in der Leber 456[5]. — Phenolschwefelsäurebildung 464[6].
— u. W. GRIESBACH: Zuckerbildung aus Sorbit in der Leber 104[9].
— u. H. HABS: Glykogengehalt der Muskulatur nach Training 586[1].
— u. H. JOST: Gehalt an Hexosemonophosphorsäure im Skeletmuskel 581[2].
— u. F. KALBERLAH: Methodik der Leberdurchströmung 27[3]. — Ketonkörperabgabe durch verschiedene Organe 184[3].
— u. F. KRAUS: Milchsäurebildung aus Glykogen in der Leber 112[2].
— u. L. LATTES: Ketonkörperbildung in der Leber pankreasloser Hunde 191[3].
— u. E. LEHNARTZ: Milchsäurebestimmung im Muskel 593[3].
— u. A. MARX: Acetonbildung aus geradzahligen Fettsäuren 174[1].
— u. H. REESE: Tyrosingehalt des Harns 284[11].
— u. H. SALOMON: G:N-Quotient bei pankreasektomierten Hunden 122[3]. — Glucosebildung aus Alanin 255[6].
— H. SALOMON u. F. SCHMIDT: Acetonbildung aus verzweigten Fettsäuren 176[7]. — Acetonkörperbildung aus Isovaleriansäure 264[3]. — Acetessigsäurebildung aus Phenylalanin und Tyrosin 280[5].
— u. G. SCHMIDT: Inosinsäurebildung aus Adenylsäure 582[3].
— u. E. SCHMITZ: Alaninbildung in der Leber 254[2].
— u. H. WASSERMEYER: Inosinsäurebildung aus Adenylsäure 582[3]. — Ammoniakbildung im tätigen Muskel 597[1].
— u. J. WIRTH: Ketongehalt der glykogenarmen Leber 190[7].
— u. M. ZIMMERMANN: Isolierung von Hexosemonophosphorsäure aus Muskel 581[1].
— s. ALMAGIA, M. 184[3].
EMBICK, J. F., s. BEAN, W. B. 38[3].
EMBREE, N. D., and E. M. SHANTZ: Kitol in Leberöl von Walen 359[10]. — Kitol in Tierleber 359[11].
— s. JENSEN, J. L. 359[4].
— s. SHANTZ, E. M. 359[8].
EMERSON, K. jr., s. MARSHALL, E. K. jr. 475[12], 476[1,12].
— s. THORN, G. W. 437[5].
EMERY, F. E., s. GRIFFITHS, F. R. 16[7].
EMMELIN, N.: Histamin in Kammerwasser 904[13].
EMMETT, A. D., s. BIRD, O. D. 413[15].
— s. LEMLEY, J. M. 348[15], 349[2].
— s. PFIFFNER, J. J. 413[7].
EMMRICH, R.: p-Oxyphenylbrenztraubensäurebestimmung 285[7].
— u. I. EMMRICH-GLASER: Oxydation höherer Dicarbonsäuren bei Mensch und Hund 176[5].
EMMRICH-GLASER, I., s. EMMRICH, R. 176[5].

ENDERLEIN, R., s. EULER, H. v. 443[13].
ENDERLEN, E., S. J. THANNHAUSER u. M. JENKE: Cholesteringehalt der menschlichen Galle 209[11]. — Steigerung der Gallensäurebildung durch Koprosterin 555[2]. Steigerung der Gallensäurebildung durch cholesterinreiche Ernährung 558[16].
ENDICOTT, E. T., s. BEAMS, A. J. 146[9].
ENGEL, C., s. TOMASZEWSKI, W. 349[11].
ENGEL, F. L., s. SCHWARTZ, T. B. 126[2,3].
ENGEL, G. L., and S. MARGOLIN: Wirkung von Steroiden auf elektroencephalographische Veränderungen bei Morbus ADDISON 820[8].
— and J. RAMONO: Wirkung von Steroiden auf elektroencephalographische Veränderungen bei Morbus ADDISON 820[9].
ENGEL, H., s. EMDBEN, G. 27[3].
ENGEL, L. L., s. RYAN, K. J. 425[3,9], 426[5].
ENGEL, P.: Wirkung von Progesteron bei Injektion in die Pfortader 435[3].
— u. E. NARVRATIL: Oestrogeninaktivierung durch Leberextrakte 425[12].
— and E. ROSENBERG: Inaktivierung von Oestrogenen durch Leberextrakte 425[12].
— s. SILBERSTEIN, F. 423[4].
ENGEL, R. W.: Inositwirkung auf Pyridoxinfettleber 151[10]. — Leberverfettung bei Lactoflavinüberschuß 151[13]. — Lipotrope Wirkung essentieller Fettsäuren 153[3], 377[2]. — Leberverfettung bei Pyridoxinmangel 403[3].
— and D. H. COPELAND: Cancerogene Wirkung von Monomethylaminoazobenzol 501[1]. — Einfluß der Ernährung auf cancerogene Wirkung von 2-Acetylaminofluoren 501[23]. — Einfluß vitaminarmer Ernährung auf cancerogene Wirkung von 2-Acetyl-aminofluoren 502[1].
— and P. H. PHILLIPS: P-Stoffwechselstörungen im Gehirn bei Vitamin B_4-Mangel 674[2].
— s. ALEXANDER, H. D. 144[4].
ENGELHARDT, W. A.: Beziehung von Desaminase zu Myosin 585[5].
— and M. N. LJUBIMOVA: Einfluß von ATP auf Elastizitätsmodul von Myosinfäden 578[3].
ENGELHART, E.: Acetylcholinähnliche Substanz in Kammerwasser 904[12].
ENGLISCH, H. M., and C. G. MCARTHUR: Vorkommen von Esterasen im Gehirn 744[2].
ENGLISH, J. P., s. WINTERBOTTOM, R. 179[3].
ENGSTRÖM, A., u. B. LINDSTRÖM: Absorptionsanalyse peripherer Nerven 619[3].
— u. H. LÜTHY: Markscheide von peripheren Nerven 619[4].
ENGSTROM, W. W., P. L. MUNSON, L. COOK and P. J. COSTA: Bildung von 17-Ketosteroiden aus Testosteron bei Leberkranken 434[b].
— s. HOBERMAN, H. D. 434[12].
ENKELWITZ, M., and M. LASKER: Wirkung von Glucuronsäure auf Pentosurie 463[11].
ENNIS, J. M., s. GOLDSTEIN, E. O. 98[2].
ENNOR, A. H., and H. ROSENBERG: Kreatin- und Phosphokreatingehalt im Gehirn 657[4].
ENNS, T., s. FINK, R. M. 224[2].
ENTENMAN, C., I. L. CHAIKOFF and D. B. ZILVERSMIT: Phosphatidumsatz bei Funktionsstörungen der Leber 160[5].
— s. CHAIKOFF, I. L. 146[16], 154[8].
— s. FISHLER, M. C. 158[3].
— s. GOLDMAN, D. S. 158[6], 741[7].
— s. WEINMAN, E. O. 159[10], 741[8].
— s. ZILVERSMIT, D. B. 160[3,14].
ENZER, N., s. SIMONSON, E. 432[7].
EPELBAUM, S. J., G. S. SCHEWESS and A. A. KOBYLIN: ATPase, Hemmung durch Ca-, Aktivierung durch Mg-Ionen 773[6].
— s. CHAIKINA, B. I. 682[5].
EPERJESSY, A., s. ANNAU, E. 163[12], 173[1].
EPPINGER, H.: Buch über Leberkrankheiten (1937) 426[8]. — Zusammenfassung über Pathologie der Kreislaufkorrelationen (1931) 609[2].
EPPLEN, F.: Leberdurchblutung bei Cirrhose 18[3].
EPPRECHT, W., H. ROSENMUND u. H. R. SCHINZ: Cholesteringallensteine 565[5]. — Gallensteine vom Menschen 566[2]. — Vorkommen von Kupfer in Pigmentkalksteinen 567[3]. — Analyse von Rindergallensteinen 568[1].
EPPRIGHT, M. A., s. WILLIAMS, R. J. 670[5], 672[1], 673[3], 674[10], 675[13].
EPPS, H. M. R., s. GALE, E. F. 402[6].
EPPSTEIN, S. H., s. MORGULIS, S. 686[20].
EPSTEIN, E.: Cholesteringranulomatose 688[3].
EPSTEIN, E. Z.: Bedeutung der Galle für den Cholesteringehalt des Blutes 206[13]. — Estersturz bei akuter gelber Leberdystrophie 208[5]. — Cholesterinestergehalt im Blut bei Obstruktionsikterus 208[7].
— and E. B. GREENSPAN: Bedeutung der Galle für den Cholesteringehalt des Blutes 206[14]. — Cholesteringehalt des Blutes bei alkoholischer Leberdegeneration 207[2]. Estersturz bei akuter gelber Leberdystrophie 208[6]. — Cholesterinestergehalt im Blut bei Obstruktionsikterus 208[6].
EPSTEIN, I. S., u. A. E. BRAUNSTEIN: Entgiftung von aromatischen Kohlenwasserstoffen 455[17].
ERÄNKÖ, O.: Aktivität der Phosphatasen im Hypothalamus 776[5].
ERBNÖTHER, C., s. VISCONTINI, M. 755[9].
ERCOLI, G., e A. AMATO: Bilirubingehalt des Blutes nach Desoxycorticosteron 510[12].
ERICKSON, C. C., s. KNUTTI, R. E. 226[4], 227[1].
ERLEMANN, F., s. CHROMETZKA, F. 241[12].
ERNST, E.: Ionenpermeabilität des gereizten Muskels 587[5]. — Volumabnahme des sich kontrahierenden Muskels 601[1,2].
— u. L. CSÚCS: Ionenpermeabilität des gereizten Muskels 587[5].
— u. J. FRICKER: Kaliumionisierung bei Muskelkontraktion 604[1].

ERNST, Z., u. B. SZAPPANYOS: Bilirubinbildung in der Hundemilz 508[6].
ERNSTER, L., s. LINDEBERG, O. 630[9], 735[25], 736[8], 765[4], 770[12], 797[17], 809[3].
— s. ZETTERSTRÖM, R. 329[2], 765[3].
ERRERA, M.: Glutamindesamidierung durch Leberextrakte 252[1]. — Glutamindesaminasen in Leberhomogenaten 253[7].
— and J. P. GREENSTEIN: Glutamindesamidierung durch Leberextrakte 252[1]. — Glutamindesaminasen in Leberhomogenaten 253[5,8]. — Aktivitätssteigerung der Glutaminase durch Phosphat 754[6].
ERSHOFF, B. H.: Schilddrüse und Rattenwachstum 447[5].
ERULKAR, S. D., s. GORANSON, E. S. 730[10], 819[4].
ERWAY, W. F., s. MCSHAN, W. H. 725[1].
ESCHENBRENNER, A. B., and E. MILLER: Lebertumoren nach Chloroformvergiftung 493[4].
— s. GREENSTEIN, J. P. 796[5].
ESER, S., et P. TÜZÜNKAM: Inaktivierung von Melanophorenhormon durch Arginase 450[7]. — Zerstörung von antidiuretischem Hypophysenhormon 450[10].
ESPER, F. J.: Zur minimalen Lichtempfindung notwendige Sehpurpurmenge 940[9].
ESPINAZO, J., s. MENEGHELLO, J. 151[2].
ESSER, H., F. HEINZLER u. H. PAU: Eiweißkörper im Kammerwasser des Menschen 903[4].
ESSEX, H. E., s. BIEBL, M. 491[14], 492[5].
ESTABLIER Y COSTA, A., s. KAYSER, C. 340[1].
ESTBORN, B., s. REICHARD, P. 331[5], 342[1], 343[6].
ESTES, F. L., s. WAINIO, W. W. 222[4].
ESTEY, K. C., s. KIRBY, D. B. 898[3].
ESTRIN, E., s. ASIMOV, G. 442[6].
ETEVE, J., s. CAROLI, J. 513[4].
ETIENNE-PETIFILS, J., et E. KAHANE: Lecithinspaltung in steriler Galle 546[3].
ETLING, N., s. ROSENBERG, A.-J. 814[13].
ETS, H. N., s. WILLIAMSON, C. S. 50[3,4].
ETTINGER, R. H., s. SMITH, L. H. jr. 488[8].
ETTORI, J., s. MAILLARD, L. C. 623[8].
EULENBERG, H., u. H. VOHL: Reduktion von Pikrinsäure zu Pikraminsäure 484[2].
EULER, H. v., u. E. ADLER: Riboflavingehalt von Rinderleber 390[3]. — Alkoholdehydrogenase 487[2]. — Fluoreszenz von Netzhautextrakten 927[16]. — Lactoflavingehalt der Dorschnetzhaut 927[18]. —Lokalisation von Lactoflavin in der Fischnetzhaut 928[3].
— E. ADLER, G. GÜNTHER u. N. B. DAS: L-Glutaminsäureoxydase 248[2]. — Alaninbildung aus Pyruvat 254[5]. — Hydrogenierung von Iminoglutarsäure 749[9]. — Kohlenhydratstoffwechsel, Beziehungen zur Eiweißsynthese im Gehirn 750[1]. — Dehydrogenierung von Glutaminsäure 751[3]. — Reaktion von Glutaminsäuredehydrogenase aus Gehirn mit Codehydrogenase I und II 753[12].
EULER, H. v., E. ADLER u. H. HELLSTRÖM: Cozymasezerstörung im Gehirn 792[18].
— E. ADLER, u. A. SCHLÖTZER: Flavinfermente in der Leber 391[3].
— u. R. ENDERLEIN: Sauerstoffverbrauch von Rattenleber nach Thyroxin 443[13].
— U. S. v. EULER and G. HEVESY: Ionenaufnahme durch den Nerven bei elektrischer Reizung 770[1].
— G. GÜNTHER u. R. VESTIN: Glykolyse in Gehirnpräparationen 701[10].
— and L. HAHN: Nucleinsäurebestimmung im Gehirn 666[12].
— u. K. HASSE: Vorkommen von Diaphorasen im Gehirn 794[6].
— u. H. HEIWINKEL: Nicotinsäureamid-nucleotidase im Gehirn 704[1]. — Cozymasezerstörung im Gehirn 792[11].
— u. L. HELLER: Gehalt an Katalase in den Mitochondrien von Lebertumoren nach Azofarbstoffen 504[4].
— H. HELLSTRÖM u. E. ADLER: Lokalisation von Lactoflavin in der Fischnetzhaut 928[4].
— H. HELLSTRÖM, F. SCHLENK u. G. GÜNTHER: Vorkommen von Pyridinnucleotiden in der Linse 889[15]. — Fehlen von Cytochromen, Cytochromoxydase und Diaphorase in der Linse 895[9]. — Vorkommen von Dehydrogenasen in der Linse 896[4].
— u. M. MALMBERG: Ascorbinsäuregehalt der Linse bei Meeresfischen 890[7]. — Ascorbinsäuregehalt der Meerschweinchenlinse bei vitamin-C-freier Ernährung 890[7].
— u. C. MARTIUS: Glutathiongehalt der Linse 889[4].
— u. I. RÖNNESTAM-SÄBERG: Desoxyribonucleinsäuregehalt der Leber unabhängig von Nucleinsäurezufuhr 322[4].
— F. SCHLENK, H. HEIWINKEL u. B. HÖGBERG: Codehydrogenasegehalt der Leber 330[2], 396[1].
— u. R. VESTIN: Cocarboxylasebildung in der Leber 115[3], 388[9].
— s. ADLER, E. 108[5], 193[7], 700[2], 705[9], 714[4], 719[7], 724[1], 750[2], 927[16].
— s. SYM, E. 928[9].
EULER, U. S. v.: Zusammenfassung über Arterenol (1950) 904[11]. — Vorkommen von Histamin im Nervengewebe 759[10]. — Vorkommen von Histamin im Nervengewebe 759[18]. — Inaktivierung von Noradrenalin an Nervenendigungen 761[14]. — Vorkommen von Noradrenalin und Adrenalin in Milznerven 840[5]. — Substanz P 843[13]. — Verteilung der Substanz P im Gehirn 844[1].
— and A. ÅSTRÖM: Vorkommen von Histamin im Nervengewebe 759[11]. — Vorkommen von Noradrenalin und Adrenalin in Milznerven 840[6].
— and J. H. GADDUM: Substanz P 843[12].
— u. A. G. HOLMQUIST: Rhythmus von Gallenproduktion und Glykogenbildung in der Leber 25[1]. — Tagesschwankungen des Leberglykogens 71[6].

EULER, U. S. v., and A. PURKHOLD: Vorkommen von Histamin im Nervengewebe 759[16].
— s. DUNER, H. 904[11], 919[4].
— s. EULER, H. v. 770[1].
— s. REXED, B. 759[17], 760[3].
EVANS, C. L.: Milchsäuremaximum in glatten Muskeln 612[1]. — Atmungshemmung im Gehirngewebe durch Cyanid 790[5].
— C. TSAI and F. G. YOUNG: Glykogengehalt verschiedener Leberlappen 67[9]. — Abnahme des Leberglykogens bei dekapitierten Tieren 69[2]. — Wirkung von Anästheticis auf das Leberglykogen 76[6].
EVANS, E. A. jr., and L. SLOTIN: Bildung von α-Ketoglutarsäure aus Pyruvat 127[2]. — Bedeutung von Biotin für Harnstoffbildung 412[9].
— B. VENNESLAND and L. SLOTIN: Hemmung des Citronensäurecyclus durch Malonat 192[4]. — Hemmung der Oxalacetatdecarboxylase durch Malonat 193[3].
— s. VENNESLAND, B. 127[8].
EVANS, E. I., s. BROWN, E. V. L. 882[5], 889[6].
EVANS, G.: N-Ausscheidung bei adrenektomierten Tieren 124[6].
EVANS, G. T., s. LARSON, E. A. 516[5,6].
— s. LONG, C. N. H. 74[1].
EVANS, H. M., and S. LEPKOVSKY: Unabhängigkeit des Aneuringehaltes im Gehirn von der Ernährung 670[15].
— s. BAKER, B. L. 142[5], 322[8].
— s. GREENSPAN, F. S. 449[7].
— s. LI, C. H. 11[3], 125[8], 142[1,3,6].
EVANS, R. D., s. AUB, J. C. 66[7].
EVANS, R. J., A. C. GROSCHKE and H. A. BUTTS: Pantothensäuregehalt der Leber nach Vitamin B_{12}-Zufuhr 406[5].
EVANS, T. S., s. LOWMAN, R. M. 565[2].
EVELETH, D. F., and H. E. BIESTER: Degeneration in der Medulla oblongata bei Vitamin A-Mangel 669[5].
EVELYN, K. A., s. MALLOY, H. T. 514[2].
— s. MAUGHAN, G. B. 458[4].
EVERETT, E. F., and L. G. RIGLER: Cholecystographie 565[2].
EVERETT, G. M., s. TAYLOR, J. D. 791[4].
EVERETT, N. B., and B. S. SIMMONS: Sulfatausscheidung in Galle, Darm und Harn 540[1].
— s. HANAHAN, D. J. 428[16,17], 540[2].
EVERSOLE, W. J., J. H. BIRNIE and R. GAUNT: Zerstörung von antidiuretischem Hypophysenhormon 450[10].
— A. EDELMANN and R. GAUNT: Wirkung von Nebennierenrinde bei Implantation in die Milz 437[6].
— and R. GAUNT: Inaktivierung von Desoxycorticosteron in der Leber 437[8].
— and F. A. GIERE: ACTH-Injektion in die Milz 449[9].
EWALD, A., u. W. KÜHNE: Neurokeratin 653[3]. — Ab sorptionsspektrum des Sehpurpurs 939[1].
EWERBECK, H.: Albuminabgabe ins Blut nach Blutverlusten 229[8]. — Albumingehalt von Pfortader- und Lebervenenblut nach Aderlaß 230[3].
EWING, M. E., s. BLATHERWICK, N. R. 70[5], 101[9], 104[7].
EWING, P. L., s. NOWINSKI, W. W. 490[15].
EYMER, K. P., u. N. ZÖLLNER: Thymoltrübungstest bei Verschlußikterus 246[11].
— s. ZÖLLNER, N. 231[6].

FABER, K.: Störungen der Magensekretion bei perniziöser Anämie 420[12].
FABER, M.: Serumesterase bei Leberschäden 238[10], 239[4]. — Esterase- und Albumingehalt im Blutplasma 239[7].
FABIANI, E., s. MEIO, R. H. DE 468[3].
FABRE, R., s. RANDOIN, L. 276[9].
FACQUET, J., s. LIAN, C. 234[10].
FAGER, E. E. C., s. OLSON, O. E. 413[11], 414[4].
FAHEY, J. L., s. SEEGERS, W. H. 235[5].
FAHL, J. C., s. ROSENTHAL, O. 544[15].
FAHRLÄNDER, H., P. FAVARGER u. F. LEUTHARDT: Hemmung der Argininbildung durch Malonat 309[3].
— P. FAVARGER, H. NIELSEN u. F. LEUTHARDT: Aufhebung der Malonathemmung der Argininbildung 309[4].
— s. PLETSCHER, A. 101[3], 102[13], 488[7].
FAILLARD, H., s. KLENK, E. 643[4].
FAIRCLOUGH, M., s. HRUBETZ, M. C. 354[9].
FALBRIARD, A., R. ZENDER, M. C. SANZ et A. FRANCESCHETTI: Bedeutung der Kohlensäureanhydratase für Elektrolytaustausch zwischen Blut und Kammerwasser 908[5].
FALK, F.: Markscheidenlose Nervenfasern 646[8].
— u. P. SAXL: Aminosäure-N : Gesamt-N im Harn bei Leberschäden 212[16].
FALK, K. G., s. LEWIS, J. M. 353[1].
FALKENHAUSEN, M. FRHR. v., u. P. SIWON: Leberausschaltung bei Vögeln 28[5].
— s. ROSENTHAL, F. 557[21].
FALLOT. P,, s. SCHMIDT, G. 133[5].
FALTA, W.: Alkaptonurie 283[2].
— u. L. LANGSTEIN: Alkaptonurie 283[2].
— s. NEUBAUER, O. 283[4].
FANELLI, A. R., N. SILIPRANDI and P. FASELLA: Thiaminmono- und -triphosphat in Rattenleber 389[1].
FANTL, P., and J. G. LINCOLN: Fettsäuredehydrogenase 163[5].
— and M. N. ROME: Keine Hydrolyse von Glucose-1- und Fructose-6-phosphat in der Leber 91[3].
— M. N. ROME and J. F. NESLON: Keine Hydrolyse von Glucose-1- und Fructose-6-phosphat in der Leber 91[3].
FARAGÓ, S.: Calciumverteilung in Katzenhirn 621[8]. — Calciumgehalt im Gehirn von Ratten nach Schilddrüsen- und Nebenschilddrüsenentfernung 622[10].

FARBER, E., D. KOCH-WESER and H. POPPER Lipotrope Wirkung von Äthionin 148[2].
— D. KOCH-WESER, P. B. SZANTO and H. POPPER: Basophilie des Cytoplasmas der Leberzellen nach Chloroformvergiftung 36[16].
— M. V. SIMPSON and H. TARVER: Antilipotrope Wirkung von Äthionin 148[1].
— s. KOCH-WESER, D. 36[11], 160[6], 513[2].
FARBER, R. K., s. LEVIN, L. 142[13], 143[4].
FARMELAN, M. H., s. FISHMAN, W. H. 428[15].
FARMER, C. J., and A. F. ABT: Ascorbinsäuregehalt im Blut 379[1].
— s. ABT, A. F. 379[1].
— s. ROSNER, L. 889[8].
FARR, A. L., s. LOWRY, O. H. 617[1,3].
FARRAR, B. W., s. BONDY, P. K. 38[2].
FASELLA, P., s. FANELLI, A. R. 389[1].
FASHENA, G. J., s. NORMAN, F. A. 98[4].
FASOLI, A., e M. BONELLI: Plasmaphosphatide bei Lebererkrankungen 232[3].
FAULKNER, P., s. BRAGANCA, B. M. 807[8], 808[1], 845[14], 846[2].
FAURE, W., s. DOHRN, M. 429[13].
FAUST, E. S.: Morphinentgiftung in der Leber 453[1].
FAVARGER, P., s. FAHRLÄNDER, H. 309[3,4].
FAVILL, H. B., s. BEVAN, A. D. 35[14].
FAZEKAS, J. F.: Keine Steigerung des Hirnstoffwechsels bei Hyperthyreose 818[7].
— F. B. GRAVES and R. W. ALMAN: Keine Steigerung des Hirnstoffwechsels bei Hyperthyreose 818[8].
— and H. E. HIMWICH: Kohlenhydratoxydation im Gehirn nach Nicotin- und Fluoridvergiftung 729[10]. — Gehirnstoffwechsel bei Hypoxie 786[8]. — R.Q. im Gehirn bei pankreasdiabetischen Hunden 822[14].
— s. BAKER, Z. 708[2], 729[11], 784[3], 822[10].
— s. CAMERON, D. E. 822[2], 827[8].
— s. CLARK, B. B. 485[9], 486[7], 488[6].
— s. DOLOWITZ, D. 791[16].
— s. HIMWICH, H. E. 684[1], 700[5], 729[9], 782[2], 783[5,20], 784[1], 785[20], 790[4,9], 796[11,13], 818[10], 819[2], 823[8,12,14-16], 824[5], 825[3,5], 827[3,4,9,10].
— s. WORTIS, J. 824[4].
FEATHERSTON, W. P., s. HANDLER, P. 505[14].
FEATHERSTONE, R. M., and C. P. BERG: Glykogenbildung aus Histidin 298[6].
FEDTKE, H., s. AMMON, R. 475[16].
FEHRENBACH, K., s. BUMM, E. 932[9].
FEIGELSON, P., J. N. WILLIAMS jr. and C. A. ELVEHJEM: Hemmung DPN-haltiger Dehydrogenasen durch Nicotinsäureamid 395[10].
— s. LITWACK, G. 335[5].
— s. WILLIAMS, J. N. jr. 335[4].
FEIGIN, I., s. NEWMAN, W. 696[2], 776[9].
FEIGL, J.: Verhältnis freies : gebundenem Cholesterin im Blutplasma bei Leberschäden 208[2].
FEIL, E., s. BAUER, J. 238[7].
FEINBLATT, H. M., and I. SHAPIRO: Aminosäuregehalt des Blutes bei Lebererkrankungen 212[2].
FEINER, M., B. KRICHESKY and S. J. GLASS: Oestrogeninaktivierung bei Tetrachlorkohlenstoffvergiftung 426[3].
FEINSCHMIDT, O., s. FERDMANN, D. 586[11].
FEINSTEIN, R. N., and M. E. VOLK: Phosphoproteidphosphatase aus Gehirn 763[7].
FEITELBERG, S., u. H. LAMPL: Temperatursteigerung in aktiven Gehirnteilen 808[3].
FELD, E. A., s. NACHMANSOHN, D. 858[5], 859[1-3].
— s. ROTHENBERG, M. A. 802[1].
FELDBERG, W.: Acetylcholin- und Cholinacetylasegehalt von degenerierenden Nerven 696[17]. — Cholinacetylase 758[8]. — Acetylcholin als Überträgerstoff im Zentralnervensystem 839[2]. — Cholinergische und adrenergische Fasern 839[2]. — Vorkommen von Noradrenalin 840[1]. — Wirkung von Acetylcholin auf Skeletmuskeln 840[1], 841[1]. — Senkung der Acetylcholinempfindlichkeit motorischer Endplatten durch Curare 841[1]. — Acetylcholingehalt des Nerven bei sekundärer Degeneration 841[16]. — Zusammenhang zwischen Erregung und Acetylcholinbildung im Nerven 841[16]. — Rolle des Acetylcholins bei der Nervenerregung 842[7]. — Möglichkeiten der synaptischen Übertragung im Zentralnervensystem 843[10]. — Kein Einfluß von Strychnin auf antidrome Gefäßerweiterung 843[10]. — Optimale Glucosekonzentration für Acetylcholinsynthese 845[17]. — Cholinacetylasewirkung unter aeroben Bedingungen 849[10]. — Aktivität der Cholinacetylase in der grauen Substanz 850[14]. — Wirkungsmechanismus der Anticholinesterasen 860[19]. — Eserinwirkung auf Muskel 861[2].
— and J. A. GUIMARÃIS: Freisetzung von Acetylcholin und K-Konzentration 848[2].
— G. W. HARRIS and R. C. Y. LIN: Aktivität der Cholinacetylase der verschiedenen Gehirnteile 850[12].
— and T. MANN: Acetylierung von Cholin im Gehirn 722[11]. — ATPase, Aktivierung durch Mg-, Hemmung durch Ca-Ionen 773[5]. — Hemmung der Acetylcholinsynthese durch Fructose 845[15]. — Bedeutung von ATP für Acetylcholinsynthese 845[15], 846[1]. — Hemmung der Acetylcholinsynthese durch Glucose 845[15], 847[10]. — Förderung der Acetylcholinsynthese durch Citrat 847[1]. — Acetylcholinsynthese in Meerschweinchengehirn 848[10]. — Förderung der Cholinacetylase durch Citrat und Acetat 850[3].
— and H. SCHRIEVER: Cholinergische Natur sensibler Vagusäste 843[5].
— and A. VARTIAINEN: Acetylcholinabgabe bei Erregung von Warmblüterganglien 841[19].
— s. BROWN, G. L. 848[1].

Feldman, J., s. Cortell, R. 843[6].

Feldman, M., s. Morrison, S. 545[3].

Feldott, G., and H. A. Lardy: Bedeutung von Biotin für Citrullinsynthese 308[1]. — — and H. A. Lardy: Citrullinbildung aus Carbamoylglutamat 412[12].

— P. MacLeod and H. A. Lardy: Bedeutung von Biotin für Citrullinsynthese 308[2]. Citrullinsynthese bei Buttergelbvergiftung 308[2].

Felix, K.: p-Oxyphenylbrenztraubensäurebestimmung 285[6].

— u. K. Morinaka: Argininspaltung durch Leber 310[7].

— I. Pendl, P. Pin u. L. Roka: Keine in vitro-Wirkung von Dicumarin 373[8]. — Einfluß von Dicumarin auf Ac-Globulingehalt im Blut 373[8]. — Mechanismus der Wirkung von K-Antivitaminen 374[1].

— F. Scheel u. W. Schuler: Uricolyse 340[3].

— u. R. Teske: Leberfunktionsprüfung mit p-Oxyphenylbrenztraubensäure 285[5].

— u. M. Tomita: Argininspaltung durch Leber 310[6].

Fellowes, K. P., J. P. Rutland and A. Todrick: Wirkung von Alkoholen auf Acetylcholinesterase 860[9].

— s. Todrick, A. 860[10].

Fels, I. G., s. King, T. E. 405[5].

Fels, S. S., s. Shay, H. 561[2].

Felszeghy, Ö., s. Annau, E. 163[12].

Felts, J. M., I. L. Chaikoff and M. J. Osborn: Fettsäurebildung aus Lactat bei Alloxandiabetes 141[2], 170[3]. — Fettsäuresynthese aus Acetat bei Alloxandiabetes 141[4]. — Fettsäurebildung in Leberschnitten 168[5].

— s. Masoro, E. J. 167[11], 204[14].

— s. Osborn, M. J. 141[3,5], 168[7,11].

Feng, T. P.: Aneuringehalt des gereizten Nerven nach Monojodessigsäurevergiftung 671[7]. — Aktionspotential des Nerven bei Monojodessigsäurevergiftung 863[7].

— and Y. C. Ting: Verteilung von Acetylcholinesterase in leitendem Gewebe und neuromuskulären Überleitungsstellen 855[5].

Fenn, W. O.: Zusammenfassung über Muskel (1941) 570[17]. — Na- und K-Gehalt von Katzen- und Rattenleber 41[9]. — Kaliumaufnahme durch Leber und Muskel 41[9]. Glykogenabbau in der Leber nach Kaliumzufuhr 42[4]. — Kaliumaustausch zwischen Muskel und Leber 42[4].

— and D. M. Cobb: Kalium- und Natriumaustausch bei der Muskelkontraktion 576[2].

— D. M. Cobb, A. H. Hegnauer and B. S. Marsh: Jahreszeitliche Unterschiede im Kaliumgehalt von Froschnerven 623[29]. — Elektrolytgehalt peripherer Nerven 624[4]. Ammoniakgehalt der peripheren Nerven 629[5]. — Phosphatgehalt im Nervengewebe 630[16]. — Vorkommen von K-, Ca- und Mg-Phosphat in den Nervenfasern 630[16].

Fenn, W. O., and R. Gerschman: Bedeutung der H-Ionenkonzentration für Kaliumionenkonzentration in peripheren Nerven 805[3].

— T. R. Noonan, L. J. Mullins and L. Haege: Transport von Kalium- und Natriumionen durch Zellmembranen 801[7].

— s. Noonan, T. R. 801[8].

Ferdmann, D., u. O. Feinschmidt: Phosphatgehalt in Muskeln winterschlafender Tiere 586[11].

Ferguson, G. C., s. Best, C. H. 142[10].

— s. Rosenthal, O. 480[6].

Ferguson, L. K., s. Reinhold, J. G. 537[6].

Férin, J., et C. Mertens: Wirkung von Progesteron bei Implantation in die Milz 435[2].

Fernández-Morán, H.: Elektronenmikroskopische Untersuchungen an Nerven 619[5].

Ferner, H.: Glucagonbildung in den α-Zellen des Pankreas 77[3].

— s. Gaede, K. 76[10], 77[1].

Fernholz, E.: Gallensäuren der Schweinegalle 553[1].

Ferrante, A.: Vorkommen von Aneurin in der Linse 889[16].

Ferraro, A., L. Roizin, I. Givner and M. Worthy: Hornhautveränderungen bei Valinmangel 876[11].

Ferrebee, J. W., N. Weissman, D. Parker and P. S. Owen: Thiamingehalt von Leber und Herzmuskel beim Menschen 387[11].

— s. Carleen, M. H. 389[7].

Ferris, E. B. jr.: Durchblutung des Gehirns bei Menschen und Affen 777[11].

— M. Rosenbaum, C. D. Aring, H. W. Ryder, E. Roseman and J. T. Hawkins: Gehirndurchblutung bei Schizophrenie 827[6].

— s. Rosenbaum, M. 822[3].

Ferroni, A., e G. Cimino: Kreatinbildung im Gehirn 759[7].

Ferry, R. M., s. Perlmann, G. E. 241[1].

Feuer, G., u. M. Wollemann: Phosphorylierung von Coenzym A durch ATP 723[3]. Bildung von Phosphoryl-CoA bei Acetylcholinsynthese 847[2].

— s. Straub, F. B. 579[6].

Feulgen, R., u. T. Bersin: Acetalphosphatide im Muskel 584[2]. — Plasmalogene 637[5]. — Plasmalgehalt der Hirnphosphatide 638[11].

— s. Stepp, W. 489[13].

Fex, J.: Cholesteringehalt in menschlicher Leber 198[11]. — Lebercholesterin bei perniziöser Anämie 199[1].

Feyrter, F.: Niemann-Picksche Erkrankung und familiäre amaurotische Idiotie 689[7].

Fiala, S., and D. Burk: Siderophilin 47[7].

Field, J., s. Fishgold, J. T. 791[11].

— s. Fuhrman, F. A. 787[4].

— s. Fuhrman, G. J. 787[5].

— s. Peiss, C. N. 709[3], 790[15], 791[1].

FIELD II, J., and E. G. TAINTER: Sauerstoffverbrauch der Linse nach 3,4-Dinitrophenol 900[6].
— E. G. TAINTER, A. W. MARTIN and H. S. BELDING: Sauerstoffverbrauch der Linse nach 3,4-Dinitrophenol 900[6].
FIELD, J.B., C.A. BAUMANN and K.P. LINK: Hypoprothrombinämie bei Buttergelbtumoren 236[4], 370[8].
— E. G. LARSEN, L. SPERO and K. P. LINK: Hyperprothrombinämie nach Methylxanthinen 372[1].
— and K. P. LINK: Hyperprothrombinämie nach 2-Methylnaphthochinondiphosphat 370[14].
— L. SPERO and K. P. LINK: Wirkung von Salicylsäure uud Acetylsalicylsäure bei Prothrombinämie nach Dicumarin 373[10].
FIELD, M. E., s. WHITE, J. C. 19[9].
FIELD, N. S., s. WERTHESSEN, N. T. 424[4].
FIERRO DEL RIO, L., L. A. C. SERNA, F. C. VEGA, D. A. AUPART e R. R. ACOSTA: Plasmaeiweißgehalt bei Lebercirrhose 227[6].
FIESER, L. F., and M. A. FIESER: Buch über Naturprodukte mit Beziehungen zu Phenanthren. 3. Aufl. Engl. (1949) 553[6].
FIESER, M. A., s. FIESER, L. F. 553[6].
FIESSINGER, N., M. ALBEAUX-FERNET et A. GAJDOS: Bildung der Blutplasmaesterase in der Leber 238[5].
— M. ALBEAUX-FERNET, A. LWOFF et A. QUERIDO: Nicotinsäuregehalt des Blutes bei Lebererkrankungen 398[11].
— H. BÉNARD, J. COURTIAL et L. DERMER: Alkoholoxydation in der durchströmten Leber 485[6]. — Abnahme des Leberglykogens bei Alkoholoxydation 488[2].
— H. BÉNARD, M. HERBAIN et L. DERMER: Glucagonwirkung auf die Leber 76[12]. — Harnstoffbildung in der durchströmten Leber 304[6].
— H. BÉNARD et G. SYLLABA: Sauerstoffverbrauch der Hundeleber 21[6].
— J. DIERYCK et F. THIÉBAUT: Umwandlung von Galaktose in Glucose in der Leber 92[3].
— et A. GAJDOS: Blutplasmaesterase 238[2]. Bildung der Blutplasmaesterase in der Leber 238[6]. — Esterase im Blutplasma nach Leberschädigung durch Gifte 238[11,12] Leberesterase nach Leberschädigung durch Gifte 238[12].
— A. GAJDOS et M. POLONOVSKI: Direkte und indirekte Bilirubinreaktion bei Zusatz von Globulin bzw. Albumin 515[6].
— et G. GLOMAUD: Serumesterase bei Leberschäden 239[5].
— et R. F. MINOLI: Benzoesäurebelastung als Leberfunktionsprüfung 471[3]. — Hippursäuretest nach Lebergiften 471[12].
— F. THIÉBAUT et J. DIERYCK: Umwandlung von Galaktose in Glucose in der Leber 92[3].
— et H. TORRES: Vitamin A-Gehalt des Blutplasmas bei Lebererkrankungen 360[5].
FIESSINGER, N., et H. WALTER: Buch über neuere Methoden der Leberfunktionsprüfung. Franz. (1934) 512[11].
— s. POLONOVSKI, M. 515[6].
FIKENTSCHER, R., u. K. FRANKE: Porphyrinausscheidung im normalen Harn 526[2]. — Porphyrinausscheidung im Harn nach Alkoholbelastung 527[9].
— s. FRANKE, K. 526[2], 527[9].
FILINSKI, W.: Albumin: Globulinverhältnis bei Lebererkrankungen 229[4].
FINAR, I. L., s. DRUMMOND, J. C. 472[6], 473[6].
FINCH, C. A., J. G. GIBSON jr., W. C. PEACOCK and R. G. FLUHARTY: Aufnahme von radioaktivem Eisen durch Erythrocyten 51[7].
— s. KINNEY, T. D. 47[4], 55[1].
— s. RATH, C. E. 47[6], 48[2].
FINCKE, M. L., V. L. LANDQUIST and P. M. CARPENTER: Ascorbinsäuregehalt des Blutes 379[1].
FINDLAY, M., R. J. ROSSITER and K. P. STRICKLAND: Einbau von ^{32}P in Ribosenucleinsäuren im Gehirn 764[8]. — Hemmung und Förderung des Einbaus von ^{32}P in Ribosenucleinsäuren des Gehirns 765[2].
FINE, J., and A. M. SELIGMAN: Plasmaproteinabbau beim Hund 224[3].
— s. FRANK, E. D. 31[4].
— s. SELIGMAN, A. M. 224[3].
FINEBERG, R. A., and D. M. GREENBERG: Apoferritinsynthese 46[4].
FINESINGER, J. E., s. BRAZIER, M. A. B. 815[1].
FINGER, G. C., s. MILLER, J. A. 494[9].
FINK, H.: Koproporphyrine im normalen menschlichen Harn 527[2].
— u. W. HOERBURGER: Koproporphyrine im normalen menschlichen Harn 527[2].
— s. HOCK, A. 365[3].
FINK, R. M., T. ENNS, C. P. KIMBALL, H. E. SILBERSTEIN, W. F. BALE, S. C. MADDEN and G. H. WHIPPLE: Plasmaproteinabbau beim Hund 224[2].
FINKELMAN, I., J. HORA, I. C. SHERMAN and M.K. HORWITT: Hippursäuretest zur Diagnose von Lebererkrankungen 471[7].
FINKELSTEIN, N., s. SMITH, W. W. 106[5].
FINLAND, M., s. PETERSON, O. L. 561[4].
FIRMIN, P., s. CHIRAY, M. 537[10].
FIROR, W. M., and E. STINSON jr.: Einzeitige Leberexstirpation 31[6].
FISCHEL, E. E., H. C. STOERK and M. BJØRNEBOE: Keine Beeinflussung der Proteinspaltung durch Glucocorticoide 125[3].
FISCHER, C., s. THIEM, C. 35[13].
FISCHER, E., u. O. PILOTY: Weg der Glucuronidbildung aus Glucose bzw. Glykogen 459[4].
FISCHER, F. P.: Zusammenfassungen über Ernährung und Stoffwechsel des Auges (1931; 1951) 864[10]. — Zusammenfassung über Kolloidchemie des Auges (1935) 864[10]. — Zusammenfassung über physikalische Chemie des Auges (1951) 864[5].

Durchsichtigkeit gequollener oder entquollener Lederhaut 871[9]. — Mineralgehalt der Augengewebe 871[11]. — Mineralbestandteile der Lederhaut 872[3]. — Mineralbestandteile der Hornhaut 873[2]. Wasserbindungsvermögen der Hornhautkolloide 873[4]. — Mineralstoffgehalt von Tierlinsen 883[4]. — Mineralbestandteil in Iris, Ciliarkörper und Aderhaut 915[1]. — Mineralstoffgehalt der Netzhaut 924[3].

FISCHER, H., u. H. HALBACH: Stercobilin und Stercobilinogen im Kot 519[6].
— H. HALBACH u. A. STERN: Stercobilin und Stercobilinogen im Kot 519[6].
— H. HILMER, F. LINDNER u. B. PÜTZER: Vorkommen von Protoporphyrin in der Ochsenleber 523[6]. — Porphyringehalt menschlicher Galle bei Porphyrie 523[6].
— u. F. REINDEL: Hämatoidin identisch mit Bilirubin 507[12].

FISCHER, L., s. BOGATZKI, M. 802[9].

FISCHER, M. I., s. MAWSON, C. A. 623[17], 626[14].

FISCHER, P., s. BACQ, Z. M. 272[5], 840[7].

FISCHLER, F.: Buch über Physiologie und Pathologie der Leber. 2. Aufl. (1925) 1[2].
— u. K. BARDACH: Wirkung hepatotroper Gifte bei Tieren mit ECKscher Fistel 29[12].
— u. E. GRAFE: Bedeutung der Leber für Wärmeregulation 22[2].
— u. H. KOSSOW: Umgekehrte ECKsche Fistel 29[14]. — Ketonkörperbildung bei Phlorrhizinvergiftung 185[5].
— u. K. W. ROECKL: Wirkung von Lanthansalzen auf die Leber 66[18].
— s. BAMANN, E. 66[19].
— s. GRAFE, E. 29[7].

FISCHLER, M., s. LÖBISCH, W. F. 525[3].

FISH, C. A., s. SCHWENK, E. 203[1,12].

FISH, W. R., B. N. HORWITT and R. I. DORFMAN: Pregnandiolbildung aus Desoxycorticosteron 437[12].
— s. HORWITT, B. N. 437[12].

FISHBACK, F. C., s. MANN, F. C. 32[7].

FISHER, A., s. SCHLENK, F. 251[1].

FISHER, J. H., s. PYLE, J. J. 543[17].

FISHER, L., s. MILLAR, G. J. 369[6].

FISHER, N. F.: Fettleber bei pankreaslosen Hunden 154[1].
— and R. W. LACKEY: Glykogengehalt der Leber im Hunger 73[2]. — Insulineinwirkung auf Leberglykogen 74[10].

FISHER, R. B., s. BARNETT, S. A. 378[10].

FISHGOLD, J. T., J. FIELD and V. E. HALL: Steigerung der Gehirnatmung durch Na-Salicylat 791[11].

FISHLER, M. C., C. ENTENMAN, M. L. MONTGOMERY and I. L. CHAIKOFF: Phosphatidbildung in der Leber 158[3].
— A. TAUROG, I. PERLMAN and I. L. CHAIKOFF: Phosphatidsynthese in Hirnschnitten 737[5].
— s. ZILVERSMIT, D. B. 160[3].

FISHMAN, W. H.: β-Glucuronidase in der Leber nach Stilboestrolgabe 428[14]. — β-Glucuronidase 462[3]. — β-Glucuronidase der Leber nach Mentholvergiftung 463[7]. — β-Glucuronidase und Zellproliferation 698[6].
— and A. J. ANLYAN: β-Glucuronidase und Zellproliferation 698[7,8].
— and C. ARTOM: Lipotrope Wirkung von Cholin 138[5]. — Einfluß von Cholin auf Phosphatidgehalt der Leber 144[19,20]. — Vermehrung der Cholinphosphatide nach Cholinzufuhr 145[2,3]. — Wirkung von Vitamin B_6 auf Giftigkeit von D-Serin 401[2].
— and M. COHN: Bildung von Acetylresten für Acetylierungen 477[4].
— and M. H. FARMELAN: β-Glucuronidase in der Leber nach Stilboestrolgabe 428[15].
— s. ARTOM, C. 152[8], 161[5], 401[2].
— s. BERNFELD, P. 462[9,10,14].
— s. SIE, H.-G. 458[14], 459[2].
— s. TALALAY, P. 462[11].

FISKE, C. H., and Y. SUBBAROW: Kreatinphosphorsäuregehalt des Muskels 581[3]. — Kreatinphosphorsäurebestimmung 595[2].

FISZEL, H., s. WIERZUCHOWSKY, M. 92[4].

FITCH, R. H., s. VOEGTLIN, C. 604[3].

FITTS, W. T. jr., s. GRANT, J. L. 29[1].

FITZHUGH, O. G.: Giftwirkung von Adenin und Allantoin 334[6].
— and W. H. BUSCHKE: Linsentrübungen durch Naphthalinderivate 900[1].
— s. NELSON, A. A. 493[5].

FITZPATRICK, J., s. TOMPSETT, S. L. 279[1], 284[7].

FLASCHENTRÄGER, B.: Benzolsulfomethylaminofettsäuren 173[5].
— u. E. BECK: Abbau von Benzolsulfomethylaminoheptansäure 173[6].
— u. K. BERNHARD: Dicarbonsäurebildung aus Caprinsäure 175[3].
— K. BERNHARD, C. LÖWENBERG u. M. SCHLÄPFER: ω-Oxydation von α-Benzolsulfomethylaminolaurinsäure 175[5]. — Oxydation von Toluol und von p-Toluoylsulfonamid im Organismus 482[1].
— B. CAGIANUT u. F. MEIER: Bildung von 2,5-Furandicarbonsäure aus D-Glucuron- und D-Galakturonsäure 463[12].
u. F. HALLE: Abbau von Benzolsulfomethylaminoundecansäure 173[8].

FLAUM, G., s. STUECK, G. H. 352[2].

FLECKENSTEIN, A., H. HILLE u. W. E. ADAM: Kalium-Natriumaustausch als Energiequelle 606[1].

FLECKSEDER, R.: Alopecia pectoralis bei Leberschäden 426[8].

FLEIDERMAN, G.: Riboflavingehalt von Rinderleber 390[4]. — Nicotinsäuregehalt von Tierlebern 394[6].

FLEISCHHACKER, H. H.: Hemmung der alkalischen Gehirnphosphatase durch Gallensäuren 777[6].

FLEISCHMANN, F., s. REISS, M. 445[7].

FLEISCHMANN, W., u. S. KANN: Steigerung der Netzhautatmung durch Methylenblau 931[7].
— u. E. PICHLER: Steigerung der Netzhautatmung durch Methylenblau oder Lactoflavin nach KCN-Vergiftung 931[8].
— s. WILKINS, L. 432[7], 434[13].
FLEMING, A.: Lysozymgehalt der Tränen 870[2].
— and V. D. ALLISON: Immunbiologisch spezifisches Eiweiß in menschlicher Tränenflüssigkeit 870[1].
FLEMING, A. J., and W. H. CHASE: Leberspätschäden nach Thoriumdioxyd 66[13].
FLETCHER, H. G. jr.: Zusammenfassung über Chemie und Konfiguration der Cyclite (1948) 580[5].
FLETCHER, J. P., and E. T. WATERS: Verwertung von Saccharose und Invertzucker 102[9].
FLETCHER, W. M., and F. G. HOPKINS: Milchsäurebildung bei Muskeltätigkeit 592[1].
FLEXNER, J., s. HOWE, H. A. 698[17].
FLEXNER, J. B., L. B. FLEXNER and W. L. STRAUSS jr.: Ausbildung des Atmungssystems in der Hirnrinde fetaler Schweine 683[2].
— s. FLEXNER, L. B. 683[3].
FLEXNER, L. B.: Zusammenfassung über Chemie und Natur der Cerebrospinalfüssigkeit (1934) 799[5]. — Verbindungen zwischen Subarachnoidalraum und Gehirn 799[3].
— and J. B. FLEXNER: Ausbildung des Atmungssystems in der Hirnrinde fetaler Schweine 683[2].
— and R. D. STIEHLER: Energielieferung für sekretorische Tätigkeit der Plexus chorioidei 799[7]. — Sekretion der Plexus chorioidei bei Schweinefeten 800[1].
— s. FLEXNER, J. B. 683[2].
— s. STIEHLER, R. D. 799[6].
FLINK, E. B., A. B. HASTINGS and J. K. LOWRY: Kalium- und Natriumaufnahme und -abgabe durch Leberschnitte 41[16].
— s. FORSHAM, P. H. 820[11].
FLINN, F. B., and W. C. v. GLAHN: Kupfergehalt in Tierleber 56[2]. — Keine Lebercirrhose nach Kupferzufuhr im Tierversuch 60[6].
FLOCK, E. V., M. A. BLOCK, J. H. GRINDLEY, F. C. MANN and J. L. BOLLMAN: Glutamingehalt des Hundegehirns nach totaler Hepatektomie 685[4].
— and J. L. BOLLMAN: Alkalische Phosphatase in der Darmlymphe nach Nahrungsaufnahme 544[3,4].
— F. C. MANN and J. L. BOLLMAN: Aminosäure-Chromatogramm im Blutplasma leberloser Hunde 211[6].
— s. BOLLMAN, J. L. 20[6,7], 161[4].
— s. CAIN, J. C. 19[2].
— s. GRINDLAY, J. H. 19[3].
— s. NIX, J. T. 19[4], 20[3].
FLÖSSNER, O., s. DOLD, H. 886[14].
FLOKSTRA, J. H., s. BYERRUM, R. U. 722[2].
FLOOD, C. A., E. B. GUTMAN and A. B. GUTMAN: Phosphatasegehalt in Blutserum und Galle 240[8]. — Aktivität der Serumphosphatase bei Gallenmangel 240[10]. — Phosphatase bei Gallengangsatresie 241[6].
— s. GUTMAN, A. B. 240[3].
FLORENCE, G., s. HUGOUNENQ, L. 304[4].
FLORESCU, N., s. DASTRÉ, A. 545[2].
FLORKIN, M., s. HOUET, R. 462[5].
FLOYD, N. (F.), G. MEDES and S. WEINHOUSE: Citratbildung im Gehirn 722[1]. — Citronensäurebildung im Gehirn 742[13].
— s. MEDES, G. 186[6], 273[1].
— s. WEINHOUSE, S. 186[6,7].
FLUHARTY, R. G., s. FINCH, C. A. 51[7].
FLYNN, E. H., s. POHLAND, A. 414[8].
FLYNN, J. E., s. SCANLON, G. H. 372[4].
FLYNN, L. M., s. KOHL, M. F. F. 478[6], 484[1].
FLYNN, R. M., s. JONES, M. E. 179[9].
— s. LIPMANN, F. 179[C], 723[2].
FOÀ, P. P., H. R. WEINSTEIN and B. KLEPPEL: Phosphatidstoffwechsel des Gehirns bei Cholinmangel 686[13].
FÖLLING, A.: Oligophrenia phenylpyruvica 278[9].
— u. K. CLOSS: Oligophrenia phenylpyruvica 278[9].
— K. CLOSS u. T. GAMNES: Phenylalanin und Phenylpyruvat im Blut bei Oligophrenia phenylpyruvica 278[12]. — Phenylalaninausscheidung bei Oligophrenia phenylpyruvica 279[2].
— O. L. MOHR u. L. RUUD: Oligophrenia phenylpyruvica 278[8].
— s. BOCK, A. V. 589[2].
FOGELMAN, M. J., and A. C. IVY: Förderung der Leberregeneration durch Thiouracil 35[2].
FOGLIA, V. G., and F. K. CRAMER: Kataraktbildung bei experimentellem Diabetes 898[8].
— et P. MAZZOCCO: Wirkung von Hypophysenvorderlappenextrakt auf Leberglykogen 78[5].
FOLCH, J.: Phosphatwanderung bei Lecithinhydrolyse 159[6]. — Serin als Phosphatidbaustein 635[2]. — Serin- und Colaminkephalin 635[5,6]. — Serinkephalin 635[11]. — α- und β-Lecithin 636[5]. — Inositphosphatide 637[2]. — Stearin- und Ölsäure aus Serinkephalin 639[9]. — Strandin 662[6].
— S. ARSOVE and J. A. MEATH: Strandin 644[12]. — Neuraminsäuregehalt von Strandin 645[1]. — Strandingehalt von Hirntumoren 691[10].
— I. ASCOLI, M. LEES, J. A. MEATH and F. N. LE BARON: Beziehungen von Diphosphoinosit zu Phosphoproteid 739[6].
— and F. N. LE BARON: Trypsinresistenter Lipoproteidkomplex der weißen Substanz 650[7]. — Phosphatidanteil der Lipoproteide 650[8]. — Inositdiphosphat in Lipoproteiden aus Gehirn 665[2].

FOLCH, J., and M. LEES: Proteolipoide $650^{5,6}$. Neurokeratin 650^{5}, 635^{8}. — Eiweißkomponente eines Proteolipoids der weißen Substanz 651^{1}.

— and H. A. SCHNEIDER: Serin als Phosphatidbaustein 635^{1}.

— and D. W. WOOLLEY: Inositphosphatide 637^{1}.

FOLEY, E. F., R. W. KEETON, A. B. KENDRICK and D. DARLING: Plasmaproteingehalt bei Lebererkrankungen 227^{5}. — Albumin: Globulinverhältnis bei Lebererkrankungen 229^{4}.

FOLIN, O., and H. BERGLUND: Aminosäurestickstoff im Blut 212^{14}.

— H. BERGLUND and C. DERICK: Purinabbau beim Menschen 339^{3}.

FOLKERS, K., s. BRINK, N. G. 481^{1}.

— s. KACZKA, E. A. 481^{1}.

— s. RICKES, E. L. 419^{3}.

— s. WOLF, D. E. 262^{5}.

FOLLIS, R. H. jr., H. G. DAY and E. V. McCOLLUM: Corneaveränderungen bei Zinkmangel 876^{8}.

— and M. M. WINTROBE: Wirkungen von Pyridoxinmangel auf Gehirn 756^{2}.

— s. WINTROBE, M. M. 151^{9}, 403^{4}, 505^{13}, 756^{1}.

FONES, W. S., T. P. WAALKES and J. WHITE: Abbau von α-Methylpropionsäure 176^{10}. Zuckerbildung aus Valin 264^{2}.

— and J. WHITE: Abbau von α-Methylpropionsäure 176^{10}. — Zuckerbildung aus Valin 264^{2}. — Fixierung von p-Dimethylaminoazobenzol in der Leber 496^{5}.

FONTAINE-SCHLUITER, J. J. DE LA, s. HIJMANS VAN DEN BERGH, A. A. 510^{4}.

FOOTE, F. S., s. CARR, J. L. 369^{4}.

FORATTINI, C., e A. MALAVASI: Prothrombinzeit nach Theophyllin beim Menschen 372^{2}.

FORBES, G. B.: Cardialer Typ der Glykogenspeicherkrankheit 80^{5}.

FORBES, J. C.: Fettgehalt der Leber nach Thyroxin 143^{8}. — Giftwirkung von Adenin und Allantoin 334^{5}. — Fett- und Cholesteringehalt der Leber nach Cholin + Thyroxin 447^{4}.

— and G. M. DUNCAN: Ascorbinsäuregehalt der Nebenniere bei Alkoholvergiftung 380^{2}. — Ascorbinsäuregehalt der Leber bei Alkoholvergiftung 380^{4}. — Abnahme des Leberglykogens bei Alkoholoxydation 488^{2}.

— and O. PETTERSON: Schilddrüse und Rattenwachstum 447^{6}. — Glykogenverarmung der Leber bei Hyperthyreoidismus 447^{6}.

FORBES, R. M., A. R. COOPER and H. H. MITCHELL: Lebergewicht des Menschen 9^{5}. — Wassergehalt der menschlichen Leber 39^{6}. — Calciumgehalt der menschlichen Leber 41^{8}.

FORD, Z. W. jr., s. SURE, B. 670^{14}, 672^{3}.

FORE, H., and R. A. MORTON: Manganbindung an Proteine der Zellgrenzflächen 625^{8}. — Mangangehalt der Rinderbindehaut 871^{4}. — Mangangehalt verschiedener Augengewebe 884^{6}. — Mangangehalt der Netzhaut 924^{8}. — Mangangehalt des Sehnerven vom Rind 947^{5}.

FORELL, M. M., and F. KOLLER: Avitaminotische und acholische Hypoprothrombinämie 372^{3}.

FORMAN, S. E., s. CARR, C. J. 104^{7}.

FORRAI, E., u. R. SIVÓ: Bilirubin geht nicht ins Ultrafiltrat des Blutes über 515^{2}.

FORSGREN, E.: Rhythmische Tagesschwankungen des Leberglykogens 25^{1}, 71^{5}, 529^{8}. Rhythmus der Gallenproduktion in der Leber 25^{1}, 529^{7}. — Glykogenverteilung im Leberlappen 68^{2}. — Histochemischer Nachweis von Gallensäuren 528^{3}. — Gallenproduktion bei glykogenreicher Leber 530^{12}.

FORSHAM, P. H., L. L. BENNETT, M. ROCHE, R. S. REISS, A. SLESSOR, E. B. FLINK and G. W. THORN: Wirkung von Cortison auf elektroencephalographische Veränderungen bei Morbus ADDISON 820^{11}.

— G. W. THORN, L. RECANT and A. G. HILLS: Steigerung der Urat- und Allantoinausscheidung durch ACTH 126^{4}.

— s. BENEDICT, J. D. 339^{6}.

FORSSMANN, W.: Katheterisierung der Lebervene beim Menschen 37^{9}.

FORST, A. W.: Cyanidentgiftung durch Thiosulfat 480^{9}.

FORSTER, F. M.: Bedeutung von Acetylcholin für Auslösung von Gehirnkrämpfen 817^{7}.

FOSSE, R., A. BRUNEL et P. DE GRAEVE: Allantoinbildung aus Harnsäure in Pferdeleber 338^{11}.

FOSSEL, M.: Amylasegehalt der Galle 544^{17}.

FOSTER, C., J. H. JONES, W. HENLE and F. DORFMAN: Widerstandsfähigkeit vitamin-B_1-arm ernährter Mäuse gegen Poliomyelitisinfektion 832^{6}.

— H. JONES, W. HENLE, F. DORFMAN, M. E. QUINBY and D. L. ALEXANDER: Widerstandsfähigkeit vitamin-B_1-arm ernährter Mäuse gegen Poliomyelitisinfektion 832^{7}.

FOSTER, D. P., and G. H. WHIPPLE: Fibrinogenbildung in regenerierender Leber 234^{6}.

FOSTER, G. L., D. RITTENBERG and R. SCHOENHEIMER: Lysin als lebensnotwendige Aminosäure 295^{3}.

— R. SCHOENHEIMER and D. RITTENBERG: Keine Synthese des C-Skelets von Histidin 297^{3}. — Argininsynthese 306^{3}.

FOSTER, J. P., s. MANN, F. C. 534^{6}.

FOSTER, M. G., C. W. HOOPER and G. H. WHIPPLE: Steigerung der Gallensäurebildung durch cholesterinreiche Ernährung 558^{15}. — Gallensäureausscheidung bei Hunden mit ECKscher Fistel 559^{7}.

FOUQUET, S., s. ROCHE, J. 219^{3}, 220^{5}.

Fouts, J. R., s. Zeller, E. A. 761[3].
Fouts, P. J., O. M. Helmer and L. G. Zerfas: Hippursäuretest zur Diagnose der Lebererkrankungen 471[7].
Fowler, W. W., s. Barer, A. P. 54[6].
Fowweather, F. S.: Eisengehalt von Siderophilin 48[3].
Fox, C. L. jr., s. Stetten, M. R. 333[2].
Fox, D. L., and C. H. Oppenheimer: Gehalt an Carotinoiden und Oxycarotinoiden in Meeresschlamm 358[3].
— D. M. Updegraff and G. D. Novelli: Gehalt an Carotinen und Oxycarotinoiden in Meeresschlamm 358[3].
Fox, F. W.: Vitamin A-Gehalt menschlicher Leber 354[5].
— and L. F. Levy: Wirkung von Dehydroascorbinsäure bei Skorbut 383[5].
Fox, G. W., s. Laskowski, L. F. 834[1].
Fox, H. M., and H. Ramage: Kupfergehalt der menschlichen Leber 57[4].
Fox, M., s. Schoenheimer, R. 470[13].
Fox, M. D., s. Hard, W. L. 696[22].
Fox, S., s. Rhoads, J. E. 154[10].
Foy, H., A. Kondi and A. Hargreaves: Wirkung von Antibioticis bei perniciöser Anämie 421[3].
Foy, J. R., s. Cerecedo, L. R. 400[2].
Fraenkel, G., s. Ellinger, P. 294[4].
Fränkel, S.: Extraktion von Glykogen aus Leberzellen 68[11].
Fraenkel-Conrat, H., s. Fraenkel-Conrat, J. 411[8].
Fraenkel-Conrat, H. L.: Desoxycorticosteron-Wirkung bei oraler Zufuhr 437[10].
Fraenkel-Conrat, J., and H. Fraenkel-Conrat: Schicksal von injiziertem Biotin 411[8].
— and C. H. Li: Umsatz der Leberphosphatide nach Thyroxin 143[10], 322[7]. — Umsatzgeschwindigkeit von Phospholipoiden und Nucleinsäuren nach Hypophysektomie 322[7].
Frage, K., s. Wieland, H. 485[3].
Franceschetti, A., u. C. Hallauer: Antikörper im Kammerwasser 903[11].
— u. H. Wieland: Eiweißmenge im regenerierten Kammerwasser von Kaninchen 903[5]. — Eiweißgehalt im Glaskörper vom Kaninchen 910[10].
— s. Falbriard, A. 908[5].
Franchi, G., e A. Risolo: Ausscheidung von Oxysantonin mit der Galle 482[4].
Franchini, G.: Verhalten der Gehirnlipoide bei Lipoidmast 686[5].
François, J., et M. Rabaey: Verteilung der Ascorbinsäure in der Uvea 919[1].
— M. Rabaey u. G. Vandermeerssche: Cornealfasern 880[3].
— M. Rabaey et R. J. Wieme: Fraktionierung der löslichen Linseneiweißkörper 888[14].
— R. Wieme, M. Rabaey u. A. Neetens: Eiweißkörper in Linsen von jungen Tieren und Kleinkindern 886[8].
François-Franck, C. A., et L. Hallion: Leberdurchblutung nach Reizung der Lebernerven 16[4].
Frank, E.: Buch über Pathologie des Kohlenhydratstoffwechsels (1949) 74[3]. — Cholesterinfreie Diät bei Arteriosklerose 205[6].
— E. Hartmann u. M. Nothmann: Einwirkung von Insulin auf Leberglykogen bei glykogenarmen Tieren 75[2].
— M. Nothmann u. E. Hartmann: Einwirkung von Insulin auf Leberglykogen bei glykogenarmen Tieren 75[2].
Frank, E. D., H. A. Frank and J. Fine: Einzeitige Leberexstirpation 31[4].
Frank, H. A., and S. W. Jacob: Einzeitige Leberexstirpation 31[1].
— s. Frank, E. D. 31[4].
Franke, C., u. H. Gessler: Gesteigerter Sauerstoffverbrauch bei Abkühlung 23[3].
Franke, H.: Buch über klinische Laboratoriumsmethoden (1952) 97[5].
Franke, K.: Porphyrinausscheidung im Harn bei Ikterus und Hepatitis 526[8]. — Porphyrinausscheidung im Harn nach Alkoholbelastung 527[10].
— u. R. Fikentscher: Porphyrinausscheidung im normalen Harn 526[2]. — Porphyrinausscheidung im Harn nach Alkoholbelastung 527[9].
— s. Abderhalden, E. 443[15], 446[8].
— s. Fikentscher, R. 526[2], 527[9].
Franke, M., T. Toczyski et J. Lankosz: Eiweißfraktionen im Blutplasma nach Hepatektomie 227[7].
Franke, O., s. Rühl, A. 609[6].
Franke, W., s. Lynen, F. 108[2].
Frankel, D. R., s. Layton, L. L. 270[7].
Frankel, E. M., s. Ringer, A. I. 264[4].
Frankel, M.: Keine Spaltung von gebundenen Gallensäuren durch Leberextrakte 558[3]. — Spaltung gebundener Gallensäuren durch Darmbakterien 558[3].
Frankel, S., s. Roberts, E. 655[7], 681[6], 753[8,9], 755[5,7,8], 756[5].
Franklin, M., s. Bean, W. B. 38[3].
Frantz, I. D. jr., R. B. Loftfield and W. W. Miller: Einbau von Alanin in Leberproteine 215[5].
— P. C. Zamecnik, J. W. Reese and M. L. Stephenson: Dinitrophenolwirkung auf Alanineinbau in Leberproteine 215[8].
Fraps, G. S., s. Kemmerer, A. R. 358[8].
Fraser, A. M.: Vasopressinabbau durch Arginase 451[13].
Fraser, D., A. M. Rappaport, C. A. Vuylsteke and A. R. Colwell jr.: Unterbindung der Leberarterie 29[1].
Frazer, S. C., s. Davidson, J. N. 315[7].
Frazier, W. D., and H. Frieman: Abbau von Leberglykogen nach Thyroxin 77[14].
Fredga, A., s. Domar, G. 491[6].
Free, A. H., and J. R. Leonards: Phosphorsäurebindung bei Umwandlung von Galaktose in Glucose 94[3].

FREEDLAND. R. A., s. HANSEN, R. G. 96[2].
FREEMAN, M. V., s. TABOR, C. W. 674[11].
FREEMAN, S.: Zusammenfassung über Leber und Galle (1946) 1[6]. — Totale Leberexstirpation bei Säugetieren 30[3]. — Überlebensdauer von Hunden nach mehrzeitiger Leberexstirpation 31[8].
— and Y. P. CHEN: Herkunft der Blutphosphatasen 240[4]. — Phosphatasegehalt der Galle 240[4].
— Y. P. CHEN and A. C. IVY: Blutphosphatase bei Obstruktionsikterus 240[3].
— and A. C. IVY: Phosphatasegehalt in Blutserum und Galle 240[8]. — Bildungsort der Blutphosphatasen 240[8].
FRERICHS, F., s. WÖHLER, F. 469[1].
FRERICHS, F. T., u. G. STAEDLER: Harnsediment bei akuter gelber Leberdystrophie 284[10].
FRESEN, O.: Cerebrosidspeicherkrankheit 690[9].
FRETWURST, F., u. H. A. ALTHELM: Glucuronsäureausscheidung beim Menschen 463[17]. Ausscheidung von Glucuronsäurelacton bei Leberkranken 464[3].
FRETZDORFF, A.-M., s. WEITZEL, G. 915[6], 916[1-3].
FREY, C. N., s. ATKIN, L. 404[14].
FREY, G.: Calciumgehalt im Gehirn von Feten und Kindern 621[10].
FREYHAN, F. A., R. B. WOODFORD and S. S. KETY: Gehirndurchblutung bei cerebraler Arteriosklerose und cerebraler Atrophie 822[4].
— s. KETY, S. S. 823[10], 824[3], 827[7].
— s. SHENKIN, H. A. 778[3], 827[11].
FRICK, E., u. F. LAMPL: Kupfermangel ohne Wirkung auf Entwicklung des Rattengehirns 627[7].
FRICKE, H. H., s. LONGENECKER, H. E. 380[7].
— s. FROST, D. V. 419[21].
FRICKER, J., s. ERNST, E. 604[1].
FRIDERICIA, L. S., and E. HOLM: Verzögerte Sehpurpurregeneration bei Vitamin A-Mangel 943[2].
FRIED, B. M.: Entwicklung von Lebercarcinomen bei Lebercirrhose 493[2].
FRIED, M., s. FRUTON, J. S. 763[2].
FRIEDBERG, F.: Bevorzugter Abbau von L-Alanin im Gehirn 748[3].
— and D. M. GREENBERG: Keine Konzentrierung von Aminosäuren im Gehirn 746[18]. — Aufnahme injizierter Glutaminsäure durch Gehirn 748[14].
— and L. M. MARSHALL: Abbau von DL-Alanin in Gehirn und Niere 748[2].
— H. TARVER and D. M. GREENBERG: Eiweißumsatz im Gehirn 745[16]. — Einbau radioaktiver Isotopen in Gehirnproteine 746[10].
— s. MARSHALL, L. M. 660[15].
— s. WINNICK, T. 214[6], 215[6], 216[2], 285[4], 746[1].
FRIEDEMANN, T. E.: Acetessigsäureverwertung 194[1].
FRIEDEMANN, T. E., M. COTONIO and P. A. SHAFFER: Milchsäurebestimmung im Muskel 593[5].
— and A. I. KENDALL: Milchsäurebestimmung im Muskel 593[5].
FRIEDEMANN, U.: Zusammenfassung über Blut-Hirnschranke (1942) 798[6].
FRIEDENSON, O., s. MATET, A. 365[7].
FRIEDENWALD, J. S.: Linsenkapsel 891[11]. — Permeabilität der Linsenkapsel 892[1]. — Sekretorischer Mechanismus im Ciliarkörper 921[6].
— W. BUSCHKE and J. E. CROWELL: Acetalphosphatide in der Cornea 875[12].
— W. BUSCHKE and H. O. MICHEL: Ascorbinsäuregehalt in Blut und Kammerwasser 908[10]. — Glutathion in der Uvea 918[15]. — Lokalisierung der Ascorbinsäure im Ciliarkörper 918[18]. — Oxydations- und Reduktionsvermögen von Ciliarkörperepithel und -stroma 921[8].
— and J. E. CROWELL: Phosphatasen in der Cornea 878[8].
— H. HERRMANN and R. MOSES: Cytochromoxydase fehlt im Stroma der Uvea 920[5]. — Vorkommen von Bernsteinsäuredehydrogenase im Ciliarkörper 920[5].
— and H. F. PIERCE: Sauerstoffspannung im Kammerwasser 893[9]. — Kohlendioxyd und Sauerstoff in der Vorderkammerflüssigkeit vom Hund 902[7]. — Minutenvolumen des Kammerwasserdurchflusses beim Hund 905[14].
— and R. D. STIEHLER: Beteiligung des Ciliarkörpers an der Bildung des Kammerwassers 906[2]. — Glaskörperstruktur 909[11]. Cytochromoxydase in Ciliarkörper- und Irisepithel 920[3]. — Oxydations- und Reduktionsvermögen von Ciliarkörperepithel und -stroma 921[7].
— s. ALLEN, R. A. 878[8], 896[8].
— s. BECKER, B. 878[9], 921[4].
— s. HERRMANN, H. 877[10], 878[4], 920[5,12].
— s. KOELLE, G. B. 920[15], 936[21,22].
FRIEDKIN, M.: Phosphoribomutase 111[2].
— and H. M. KALCKAR: Phosphoribomutase 111[2].
— and A. L. LEHNINGER: Phosphatidbildung in Mitochondrien 158[10].
FRIEDMAN, A., H. F. WEISBERG and R. LEVINE: Insulinzerstörung im Organismus 447[15].
— s. WEISBERG, H. F. 447[15], 448[6].
FRIEDMAN, B., s. WEINHOUSE, S. 190[9].
FRIEDMAN, M., and S. (O.) BYERS: Nierenwirkung von ACTH 126[5]. — Hypercholesterinämie nach Gallensäurevermehrung im Blut 206[19,20]. — Anstieg des Plasmacholesterins bei gesteigertem Gallensäuregehalt im Blut 560[2].
— S. O. BYERS and F. MICHAELIS: Cholesterinbildung bei leberlosen Tieren 206[5]. Cholesteringehalt des Blutes nach Gallengangsverschluß 206[17]. — Vorkommen von freiem Cholesterin in der Rattengalle

548[5]. — Cholesterin- und Cholesterinesteranstieg im Blut nach Unterbrechung des Gallenflusses 548[5]. — Gallensäuregehalt in Rattengalle 550[1]. — Gallensäuregehalt des Blutes bei nephrektomierten Ratten mit Gallengangsverschluß 560[8].
FRIEDMAN, M., S. O. BYERS and R. H. ROSENMAN: Cholesterinsynthese aus Pyruvat 200[17]. — Hypercholesterinämie nach Gallensäurevermehrung im Blut 206[21]. — Cholesteringehalt des Blutes nach Thyreoidektomie und nach Thiouracilgaben 547[9]. — Anstieg des Plasmacholesterins bei gesteigertem Gallensäuregehalt im Blut 560[2].
— s. BYERS, S. O. 206[10, 16, 18], 207[1], 208[9], 338[3], 547[3].
— s. MOLANDER, D. W. 238[10], 239[4].
— s. ROSENMAN, R. H. 547[7, 9].
FRIEDMAN, M. H. F., and W. J. SNAPE: Hepatocrinin 531[10].
FRIEDMANN, B., s. NAKADA, H. I. 259[3].
FRIEDMANN, E.: Methodik der Leberdurchströmung 27[3]. — Ketonkörperbildung aus Acetat in der Leber 185[10].
— u. H. TACHAU: Hippursäurebildung in der Niere 469[12].
FRIEMAN, H., s. FRAZIER, W. D. 77[14].
FRIES, B. A., G. W. CHANGUS and I. L. CHAIKOFF: Phosphatidumsatz im Gehirn 736[5].
— S. RUBEN, I. PERLMAN and I. L. CHAIKOFF: Phosphatidbildung in der Leber 158[1].
— H. SCHACHNER and I. L. CHAIKOFF: Phosphatidabbau in Hirnhomogenaten 736[9]. Phosphatidsynthese in Gehirn und Gehirnpräparationen 737[4]. — Phosphatidsynthese im N. ischiadicus 738[2].
— s. SCHACHNER, H. 737[6], 771[5].
FRISELL, W. R. s. MACKENZIE, C. G. 498[7].
FRISK, A. R.: Acetylierung von Sulfonamiden 475[15].
FRITSCH, F., s. REIMANN, F. 52[7], 53[5].
FRITZ-NIGGLI, H., s. SCHINZ, H. R. 495[10].
FROHMAN, C. E., and V. E. KINSEY: Organische Phosphatverbindungen in der Linse 891[7].
— J. M. ORTEN and A. H. SMITH: Säuren des Citronensäurecyclus im Gehirn 660[14].
— s. KINSEY, V. E. 891[4], 894[2], 895[11].
FROMAGEOT, C., et A. ROYER: Thiosulfatgehalt im Harn 480[13].
— E. WOOKEY et P. CHAIX: Desulfurase in Hundeleber 273[14]. — Alaninbildung aus Cystein 274[5, 6].
— s. BERGERET, B. 273[3].
— s. LASKOWSKI, M. 273[15], 274[3].
FROMHERZ, K., u. L. HERMANNS: Keine Homogentisinsäurebildung aus 3,4-Dioxyphenylalanin 283[7].
FROMM, E., u. H. HILDEBRANDT: Entgiftung von Terpenen 455[14].
FROST, D. V., M. LAPIDUS, K. A. PLAUT, E. SCHERFLING and H. H. FRICKE: Vitamin B_{12}-Extraktion aus der Leber 419[21].
FROST, D. V., s. MCKIBBIN, J. M. 505[13].
FROSTIG, J. P., s. HIMWICH, H. E. 823[16].
FRUMUSAN, P., s. LIAN, C. 234[10].
FRUNDT, R. J. L., s. REED, G. 358[5].
FRUTON, J. S., R. B. JOHNSTON and M. FRIED: Funktion des Kathepsins im Gehirn 763[2].
FRY, E. G., s. LONG, C. N. H. 123[5], 124[5].
FUCHS, A., s. CZYHLARZ, E. v. 538[1].
FUCHS, D., u. A. v. SOÓS: Muconsäurebildung aus Benzol 473[5].
FUCHS, H., s. WISS, O. 292[9].
FUCHS, R., s. KLEIFELD, O. 882[2], 891[9], 892[4], 894[6].
— s. MÜLLER, H. K. 894[6], 900[7].
FUERST, R., s. AWAPARA, J. 640[8], 655[9].
FÜRTH, O. (v.): Zusammenfassung über Muskelgewebe (1934) 570[4].
— u. H. MINIBECK: Mucingehalt und Emulgierungsfähigkeit der Galle 545[13]
— u. R. SCHOLL: Bedeutung des Phosphatidgehaltes für Emulgierungsfähigkeit der Galle 545[12].
— s. CZYHLARZ, E. v. 538[1].
FUHRMAN, F. A.: Glykogengehalt der Rattenleber nach kaliumfreier Kost 42[5]. — Unveränderte Sauerstoffaufnahme der Hirnrinde bei kaliumarmer Ernährung 805[7].
— G. J. FUHRMAN and J. FIELD: Atmungsvermögen des Gehirns in vitro nach Hypoxie 787[5].
— s. FUHRMAN, G. J. 787[5].
FUHRMAN, G. J., F. A. FUHRMAN and J. FIELD: Atmungsvermögen des Gehirns in vitro nach Hypoxie 787[5]. —
— s. FUHRMAN, F. A. 787[6, 5].
FUJII, I.: Jahreszeitliche Unterschiede im Glykogengehalt der Kaninchenleber 71[11].
FUJIKI, T., s. MAKINO, K. 291[13].
FUJISHITA, H.: Oxydation von Santonin bei Schädigung durch Lebergifte 482[5]. — Santoninausscheidung mit der Galle 482[9].
FUJITA, A., u. T. EBIHARA: Gebundene Form der Ascorbinsäure in der Leber 378[6].
— T. HATA, I. NUMATA u. M. AJISAKA: Fermente des Cytochromsystems im Gehirn 795[6]. — Cytochrom c-Gehalt im Mark der Großhirnrinde beim Rind 795[6].
FUKUDA, M., et A. SHIBATANI: Wirkung von Ascorbinsäuremangel auf die Leber 386[5].
FUKUI, T.: Abbau von Leberglykogen nach Thyroxin 77[9]. — Kein Einfluß von Schilddrüsenhormon auf Muskelglykogen 77[9].
FUKUSHIMA, D. K., s. GALLAGHER, T. F. 429[16], 436[9].
— s. ROSENFELD, R. S. 549[5].
FUKUSHIMA, K.: Gehalt an anorganischen Ionen in der Galle 539[6].
FULD, H.: Entgiftung von Ammoniumsalzen bei Lebercirrhose 18[12]. — Ammoniakgehalt des Blutes bei Leberstörungen 305[7].
FULD, M., s. MEYER, K. H. 82[8].

FULLER, A. T.: Acetylierung von Sulfonamiden 475[14].
FULLER, R. C., R. W. BARRATT and E. L. TATUM: Gammexan als Inosit-Antimetabolit 150[17].
FUNG, F. H., s. GAL, E. M. 480[7].
FURLONG, E., B. KRICHESKY and S. J. GLASS: Oestrogeninaktivierung bei Tetrachlorkohlenstoffvergiftung 426[3].
FURST, S. S., and G. B. BROWN: Erneuerung von Ribo- und Desoxyribonucleinsäuren der Leber 316[5]. — Adeninaufnahme in Desoxyribonucleinsäuren der regenerierenden Leber 325[7].
— P. M. ROLL and G. B. BROWN: Erneuerung von Ribo- und Desoxyribonucleinsäuren der Leber 316[4]. — Adeninaufnahme in Desoxyribonucleinsäuren der regenerierenden Leber 325[8]. — Einbau von Adenin-N in Adenin- und Guaninreste der Nucleotide 333[9].
— s. BROWN, G. B. 316[6], 331[1].
FUTCHER, P. H., s. SLYKE, D. D. VAN 254[1].

GABE, M., et L. ARVY: Thyroxininaktivierung in der Leber 441[9].
GABRIELLI, M. C., s. SCOZ, G. 386[2].
GABUZDA, G. J. jr., s. ECKHARDT, R. E. 156[4].
GAD, I.: Aktivierung der Serumphosphatasen durch Galle 240[6].
GADASKIN, I. D. s. TSCHERNIKOW 473[1].
GADDIE, R., s. CLARK, A. J. 92[1], 105[2], 610[3].
GADDUM, J. H., and L. G. GOODWIN: Freisetzung von Noradrenalin durch sympathische Lebernerven 840[11].
— and H. KWIATKOWSKI: Adrenalinabbau durch Aminoxydase 761[8].
— and F. LEMBECK: Freisetzung von Adrenalin und Noradrenalin bei Reizung des Nebennierenmarks 840[4].
— W. S. PEART and M. VOGT: Adrenalin- und Noradrenalinwirkung auf Gefäße im Kaninchenohr 761[22].
— s. EULER, U. S. v. 843[12].
GAEDE, K., H. FERNER u. H. KASTRUP: Glucagongehalt von Insulin 76[10]. — Ort der Glucagonbildung 77[1].
GAEDERTZ, A., s. WITTGENSTEIN, A. 905[7].
GÄNSSLEN, M.: Wirkung von Leberextrakten bei perniziöser Anämie 419[1].
GAGE, J. C., s. DIGGLE, W. M. 860[1,2].
GAILEY, F. B., and M. J. JOHNSON: Aktivitätssteigerung von Leucinaminopeptidase durch Manganionen 61[3].
GAITONDE, M. K., and D. RICHTER: Einbau von Cystin in Gehirnlipoide 739[2]. — Neubildung von Eiweißkörpern im Rattengehirn 746[16]. — Einbau von Cystin in Eiweiß- und Lipoidfraktion des Gehirns 747[2].
GAJDOS, A.: Kolloidale Bindung von Bilirubin in Blut und Harn 514[12].
— et A. HOCHWALD: Blutesterase nach Ascorbinsäurebelastung 386[3].
GAJDOS, A., s. BENARD, H. 1[1], 238[15], 239[9], 506[6].
— s. FIESSINGER, N. 238[2,5,6,11,12], 515[6].
— s. POLONOVSKI, M. 515[6].
GAJDOS-TÖRÖK, M., s. BÉNARD, H. 238[15], 239[9].
GAL, E. M., F. H. FUNG and D. M. GREENBERG: Rhodanesegehalt von fetaler Rattenleber 480[7].
GALANTE, M., s. GARDNER, R. 20[5].
GALBRAITH, H., s. KAUCHER, M. 131[5], 132[6], 633[1], 641[10], 642[7], 650[1].
— s. WILLIAMS, H. H. 678[1].
GALDI, F.: Eiweißgehalt der Galle 542[12].
GALE, E. F., and H. M. R. EPPS: Aktivierung von Lysindecarboxylase durch Leberextrakte 402[6].
GALIMARD, J. E.: Vitamin K-Wirkung auf Prothrombinbildung 372[9].
GALLAGHER, T. F., D. K. FUKUSHIMA, M. C. BARRY and K. DOBRINER: Zusammenfassung über Untersuchungen an isotopen Steroidhormonen (1951) 436[9]. — Ausscheidung von injiziertem Testosteron 429[16].
— s. ROSENFELD, R. S. 549[5].
GALLARDO, E., s. MEYER, K. 911[12].
GALLE, K., s. RIESSER, O. 574[2].
GALSTON, A. W., s. DAVIES, R. E. 803[1].
GALT, J., and R. B. HUNTER: Aufhebung der Stercobilinbildung im Darm durch Sulfonamide 518[8].
GAMBILLARD, s. CHABROL, E. 548[6].
GAMMELTOFT, A.: Ketonkörperausscheidung beim Menschen 194[2]. — Ketonkörperoxydation zur Energielieferung beim hungernden Menschen 197[1]. — Ketonkörperverwertung bei Phlorrhizinvergiftung 197[2].
GAMNES, T., s. FÖLLING, A. 278[12], 279[2].
GANDOLFI, G.: Proteolytische Wirkung von Extrakten aus Kataraktlinsen 896[15].
GANDZHA, I. M.: Nachweis von Penicillin im Duodenalinhalt 562[2].
GANGULY, J., and H. J. DEUEL jr.: Axerophtholesterase 352[6].
— and N. I. KRINSKY: Speicherung von Vitamin A-estern in der Leber 353[11]. — Vitamin A und Vitamin A-Ester in Leber und Blutplasma nach Vitamin A-Zufuhr 355[5].
— N. I. KRINSKY, J. W. MEHL and H. J. DEUEL jr.: Bindung von Vitamin A und Carotinoiden an Plasmaeiweißkörper 353[5].
— J. W. MEHL and H. J. DEUEL jr.: Bindung von Carotinoiden an Gewebsproteine 353[8].
— s. KRINSKY, N. I. 350[13].
— s. THOMPSON, S. Y. 351[10].
GANNON, C., s. LOCALIO, S. A. 525[6].
GANZ, A., F. E. KELSEY and E. M. K. GEILING: Nicotinentgiftung in der Leber 491[12].
GARBAN, H., s. BRULÉ, M. 457[6].
GARCIA, J. F., s. HUFF, R. L. 49[3], 51[4].

GARDELL, S.: Corneamucopolysaccharid 874[10].

GARDILČIĆ, A.: p_H-Wert der Tränenflüssigkeit 896[6].

GARDINER, J. E., and B. A. KILBY: Hemmung der Cholinesterase durch Pestox III 860[7].

GARDNER, G. H., R. C. GROVE, R. K. GUSTAFSON, E. D. MAIRE, M. J. THOMPSON, H. S. WELLS and P. D. LAMSON: Tetrachlorkohlenstoffvergiftung der Hundeleber 36[3].

— s. LAMSON, P. D. 36[7].

GARDNER, J. H., s. SULKIN, N. M. 34[7], 775[14].

GARDNER, M., s. DAVIDSON, J. N. 770[14].

GARDNER, R., R. JOHANSEN, M. GALANTE and H. J. MCCORKLE: Amylasegehalt der Leberlymphe 20[5]. — Übergang von Penicillin in Leberlymphe 20[5].

GARFIELD, M. M., s. BYERS, S. O. 338[3].

GARIRC, P., s. SENDRAIL, M. 61[7].

GARLICK, W. L., s. GROB, D. 860[4].

GARMAISE, D. L., s. WHITTINGHAM, D. J. 150[14].

GARNER, R. L., and G. F. GRANNIS: Galaktokinase 94[11]. — Galaktowaldenase 95[6].

GARROD, A. E.: Porphyrinausscheidung im Harn bei Leberkranken 525[7].

GARTEN, S.: Absorptionsspektrum des Sehpurpurs 939[4].

GARTON, G. A., s. DODGSON, K. S. 439[5].

GARŻÓLI, R. T., s. ASHBY, W. 854[3].

GASQUY, C., s. DUBOULOZ, P. 356[13].

GAST, J. H., K. ARAI and F. L. ALDRICH: Thiosulfatgehalt im Harn 480[13].

— s. MORELAND, F. B. 539[7].

GATES, E. M., s. ELLIS, G. H. 61[14].

GATTINI, M., s. TRAVIA, L. 392[16].

GAUDRY, R., s. GINGRAS, R. 295[7].

GAUNT, R., s. EVERSOLE, W. J. 437[3,8], 450[10].

GAUTIER, C.: Proteinspeicherung 219[2].

— et H. P. THIERS: Proteinspeicherung 219[2].

GAVIN, G., and E. W. MCHENRY: Inositwirkung auf cholesterinreiche Fettlebern 150[4,5]. — Antilipotrope Wirkung von Biotin 151[17], 413[2]. — Inosit in lipotrop wirkenden Pankreasextrakten 154[12]. Kein Einfluß von Vitamin B_6 auf Leberverfettung nach Thiamin 403[2].

— s. MCHENRY, E. W. 151[16], 403[1].

GAY, J. G., s. MANN, F. C. 32[7].

GEBHARDT, F.: Herkunft des Blutes der V. cava 15[17]. — Bedeutung der Galle für den Cholesteringehalt des Blutes 206[6]. Cholesterinesterspaltung bei Leberautolyse 207[13].

GEBHARDT, L. P., s. WATANABE, T. 832[4].

GEDIGK, P.: Wirkung von Perjodsäure auf ungesättigte Carbonsäuren 661[11]. — Lipofuscinähnliches Abnutzungspigment in Nervenzellen 661[11].

GEE, M., s. CHAIKOFF, I. L. 187[5], 189[2], 741[9].

— s. WEINMAN, E. O. 741[8].

GEHRSITZ, L. B., s. HARRIS, J. E. 884[1], 893[2,3] 909[4,9].

GEIGER, A.: Verwertung anderer Hexosen als Glucose 92[1]. — Verwertung von Mannose 105[2]. — Nichtphosphorylierende Glykolyse im Gehirn 701[2,4]. — Antiglykolysefaktor 704[13].

— and J. MAGNES: Nichtphosphorylierende Glykolyse im Gehirn 701[3].

— J. MAGNES and R. S. GEIGER: Verbrennung von Fetten und Proteinen im Gehirn bei Kohlenhydratmangel 784[5].

— and H. WAELSCH: Aufnahme von Glutamin durch Gehirn 749[4].

GEIGER, A. J., s. GOODMAN, L. 420[13].

GEIGER, E., u. E. SCHMIDT: Adrenalinwirkung auf Leber- und Muskelglykogen 76[4].

— s. SCHAEFFER, A. J. 899[11].

GEIGER, R. S., s. GEIGER, A. 784[5].

GEILING, E. M. K., s. ABOOD, L. G. 810[8].

— s. GANZ, A. 491[12].

GEISSMAN, T. A., s. CLARK, W. G. 439[6].

GELBIRD, J., s. WOWSI, M. 212[1].

GELIAZKOWA, N. s. MEYERHOF, O. 701[11], 702[1], 703[2], 788[13].

GELLHORN, E., s. CORTELL, R. 843[6].

— s. HYDE, J. 817[8].

GEMMIL, C. L.: Kohlenhydratverbrauch des tätigen Froschmuskels 590[3]. — Hemmung der anaeroben Glykolyse durch Alloxan 709[2].

GEORGESCU, I. D., s. NITZESCU, I. I. 902[3].

GEORGIERSKAYA, L. M., A. M. PETRUŃKINA u. M. L. PETRUŃKIN: Natriumgehalt in der grauen Substanz des menschlichen Gehirns 624[9].

GERARD, R. W.: Kaliumverlust des Gehirns bei Asphyxie 806[4]. — Sauerstoffaufnahme und Kohlensäurebildung bei Nervenreizung 862[8].

— and M. MCINTYRE: Sauerstoffverbrauch von Hundeleber nach Schilddrüsenfütterung 443[10].

— u. O. MEYERHOF: Glykolyse im Froschnerv 706[11]. — Sauerstoffaufnahme und Kohlensäurebildung bei Nervenreizung 862[9,10].

— and N. TUPIKOVA: Kreatinphosphatkonzentrationen im Gehirn 703[5].

— s. ABOOD, L. G. 700[9], 707[1], 709[10], 730[14,15], 731[1], 815[11].

— s. BROOKS, V. B. 859[8].

— s. CHANG, T. H. 733[9], 790[7].

— s. COHEN, R. A. 818[3].

— s. DOTY, R. W. 783[4].

— s. SAMUELS, A. J. 662[9], 666[11], 694[9], 735[6], 739[5], 769[12], 770[8].

— s. STREICHER, E. 735[17].

— s. TSCHIRGI, R. D. 758[10], 782[11].

— s. TUPIKOVA, N. 620[8], 622[14], 624[11], 625[1], 629[10].

GERASIMOVA, V. V., s. GOL'DSTEIN, B. I. 321[9].

GERAUDEL, E.: Verschluß der Gallencapillaren bei Schwellung der Leberzellen 513[1].

GERBER, I. E.: Fettlebern bei Kwashiorkor 151[1].

Gerebtzoff, M. A., M. J. Dallemagne et E. Philippot: Antilipotrope Wirkung von Gammexan 150[21].
— s. Buu Hoi, N. P. 150[24].
— s. Dallemagne, M. J. 150[20,23], 151[14], 154[14].
— s. Govaerts, J. 150[21], 154[15], 161[8].
Geren, W., A. Bendich, O. Bodansky and G. B. Brown: Harnstoffbildung aus per os zugeführter Harnsäure beim Menschen 339[9].
Gerhartz, H.: Lebergewicht beim Hund 9[13].
Gerlach, J., s. Becker, H. 800[10].
Gerlach, We.: Kupfergehalt der menschlichen Leber 56[5,7]. — Kupfergehalt der Leber in der Schwangerschaft 59[9]. — Kupfergehalt der Leber bei alkoholischer Laënnecscher Cirrhose 60[4].
— u. R. Müller: Bariumgehalt der Chorioidea 915[4].
Gerlich, N., s. Remy, R. 147[17].
Germann, G., s. Klenk, E. 638[17], 639[1].
Gerritsma, H., s. Haan, J. de 893[6].
Gerschman, R., s. Fenn, W. O. 805[3].
— s. Houssay, B. A. 42[7].
Gersh, I., and D. Bodian: Nissl-Substanz, ein Nucleoproteid 652[12,13]. — Chromatolyse der Nissl-Schollen bei Nervendurchschneidung 698[14]. — Cytoplasmatische Änderung in Ganglienzellen nach Excision des Axon 812[8].
Gershberg, H., and W. J. Kuhl jr.: Acetylierungsvermögen der Leber bei Cirrhose 476[11].
— s. Dumm, M. E. 409[8].
Gershoff, S. N., A. F. Rasmussen jr., C. A. Elvehjem and P. F. Clark: Einfluß von Methionin auf Poliomyelitisinfektion 832[11].
Gersholowitz, W., and W. Campbell: Glutathiongehalt der Leber bei Chloroformvergiftung 276[6].
Gershon-Cohen, J., s. Orloff, T. L. 565[3].
Geschwind, I. (I.), and C. H. Li: Nucleinsäuregehalt im fetalen Lebergewebe 323[7], 324[2]. — ACTH-Inaktivierung 449[11].
— s. Li, C. H. 125[8].
Gesell, R., s. McGinty, D. A. 660[1].
Gessler, H., s. Cohn, H. 23[4].
— s. Franke, C. 23[3].
Getler, H., P. M. Roll, J. F. Tinker and G. B. Brown: Allantoinbildung aus Hypoxanthin 331[7]. — Hypoxanthin und Hypoxanthosin keine Vorstufen der Aminopurine in Nucleinsäuren 333[8].
— s. Bendich, A. 331[9], 343[2].
Getzendaner, M. E., s. Shive, W. 333[2].
Geyer, R. P., R. K. Boutwell, C. A. Elvehjem and E. B. Hart: Steigerung der Galaktoseverwertung durch fettreiche Nahrung 93[10].
— E. J. Bowie and J. C. Bates: Acetessigsäurebildung aus Palmitinsäure 189[8]. — Fettsäureabbau in Gegenwart von Pyruvat 190[3].
Geyer, R. P., M. Cunningham and J. Pendergast: Orientierter Einbau von Acetatresten in Acetessigsäure 189[1].
— L. W. Matthews and F. J. Stare: Antiketogene Wirkung von Malat und α-Ketoglutarat 190[5]. — Abbau von Octansäure, Palmitinsäure und Tripalmitin 190[9]. — Hemmung des Abbaus von Trilaurin und Octansäure durch Malonat 192[5]. — Einwirkung von Malonat + Fumarat auf den Citronensäurecyclus 193[2]. Trilaurinoxydation in verschiedenen Geweben 196[3]. — Oxydation von Laurin- und Octansäure im Rattengehirn 740[8]. — Fettsäureoxydation in extrahepatischen Geweben 741[5].
— and W. R. Waddell: Tripalmitin- und Palmitinsäureabbau durch Leber 190[8].
Ghantus, M., s. Avery, B. F. 659[7].
— s. Kerr, S. E. 659[4,8,9], 660[6], 685[7], 705[10], 788[5], 823[2,5], 825[1].
Ghia, C., s. Balduini, M. 366[9].
Ghia, G., s. Balduini, M. 366[9].
Ghosh, A. R., and B. C. Guha: Vitamin A-Gehalt von Fischleberölen 356[13].
— s. Guha, B. C. 380[10], 381[5].
Ghosh, B., s. Guha, B. C. 380[10], 381[5].
Ghosh, N. C., s. Chattopadhyay, D. 397[1].
Giacosa, P., s. Nencki, M. 473[2], 483[7].
Giani, M., s. Caro, L. de 383[11].
Giansiracusa, J. E., s. Liddle, G. W. 125[7].
Giardini, A., and J. R. E. Roberts: Gehalt menschlicher Tränen an fester Substanz 869[8]. — Glucosegehalt der Tränenflüssigkeit 870[8].
Gibbon, M. H., s. Rosenthal, O. 733[6], 782[5].
Gibbons, A. J., s. Govier, W. M. 179[2], 405[8], 408[2].
Gibbs, E. L., and F. A. Gibbs: Quelle des Blutes der V. jugularis interna 783[18].
— W. G. Lennox and F. A. Gibbs: Wirkung von Glutaminsäure bei Epilepsie 759[5]. — R.Q. im menschlichen Gehirn 783[19].
— W. G. Lennox, L. F. Nims and F. A. Gibbs: R.Q. im menschlichen Gehirn 783[16]. — Milchsäureansammlung im Gehirn bei Krämpfen 816[16].
— s. Lennox, W. G. 759[4].
Gibbs, F. A., s. Gibbs, E. L. 759[5], 783[16,18,19], 816[16].
— s. Lennox, W. G. 759[4].
Gibbs, G. E., and I. L. Chaikoff: Fettgehalt der Leber pankreasloser Hunde 140[6]. Leberverfettung bei diabetischen Tieren 168[12].
Gibert, S., s. Rathery, F. 74[6].
Gibson, C. A., F. Umbreit and H. C. Bradley: Autolyse von Lipoiden im Gehirn ist fraglich 744[16]. — Autolyse des Gehirns 762[7]. — Neutrale Proteinase aus Gehirn 763[6].
Gibson, J. G. jr., s. Finch, C. A. 51[7].
Gibson, M., s. Dormer, B. A. 352[2].
Gibson, R. B., s. Turner, M. E. 232[7].
Giere, F. A., s. Eversole, W. J. 449[9].

GIERKE, E. v.: Glykogenspeicherkrankheit 79[2]. — Enzymschwäche der Leberzellen bei Glykogenspeicherkrankheit 691[1].
GIERLACH, Z. S., s. HAMOLSKY, M. W. 441[10].
GIESE, J. E., C. C. CLAYTON, E. C. MILLER and C. A. BAUMANN: Cancerogene Wirkung von 3-Methyl-4-dimethylaminoazobenzol 494[6]. — Einfluß der Ernährung auf carcinogene Wirkung von 3'-Methyl-p-dimethylaminoazobenzol 500[9].
GIFFORD, S. R., J. E. LEBENSOHN and I. S. PUNTENNY: Permeabilität der Linsenkapsel im Alter 892[6].
— and I. PUNTENNY: Bildung melanoider Farbstoffe in der Linse 895[5].
GIGES, B., W. C. MORSE, W. S. SHARON and J. WYNN: Bromsulphaleinabbau durch Darmbakterien 563[20].
GILBERT, A., et M. CHIRAY: Plasmaproteingehalt bei Lebererkrankungen 227[4].
GILBERT, C., s. GILLMAN, J. 496[4].
GILBERT, G. A., and A. D. PATRICK: Q-Enzym 89[1].
GILDEA, E. F., s. HIMWICH, H. E. 785[20].
GILDER, H., and C. L. HOAGLAND: Oestrogenausscheidung bei akuter Hepatitis 426[15].
GILLAM, A. E., s. LEDERER, E. 359[1].
GILLAPSY, C. C.: Abnahme des Natrium- und Kaliumgehaltes der Gehirnrinde im Hunger 805[6].
GILLERT, E.: Negative Ca-Bilanz bei Acholie 360[11].
GILLMAN, J., and T. GILLMAN: Eisenanhäufungen in der Leber bei Pellagra 54[9]. Hämochromatose bei hohem Eisengehalt der Nahrung 54[9].
— T. GILLMAN and S. BRENNER: Bestimmung der Phosphatasen in Leberpunktaten 39[3]. — Porphyringehalt menschlicher Leber bei Pellagra 523[9].
— T. GILLMAN and C. GILBERT: Reticulosarkome bei der Ratte durch Trypanblau 496[4].
— J. MANDELSTAM and T. GILLMAN: Eisenanhäufung in der Leber bei Mangelernährung 54[11].
— s. GILLMAN, T. 38[4].
GILLMAN, T., and J. GILLMAN: Leberpunktion 38[4].
— and L. GOLDBERG: Brenztraubensäureabgabe aus der Leber 115[2].
— s. GILLMAN, J. 39[3], 54[9,11], 496[4], 523[9].
GILMAN, A., and G. R. COWGILL: Osmotischer Druck der menschlichen Galle 537[4].
— s. ROE, J. H. 93[12], 97[2].
GILMOUR, J. R.: Erythrocytenbildung in der embryonalen Leber 505[5].
GINGRAS, R., E. PAGÉ and R. GAUDRY: Unentbehrlichkeit von L-Lysin 295[7].
— s. PAGÉ, E. 262[1], 417[8].
GINSBERG, J. R., s. SHROPSHIRE, R. F. 900[8].
GINSBERG, V., s. LICHTMAN, H. 421[3].
GINSBURG, M., and J. GRAYSON: Reflexbogen der Beeinflussung der Leberdurchblutung 16[6]. — Adrenalinwirkung auf die Leberdurchblutung 16[6].
— s. DICKER, S. E. 450[13].
GIRARD, M., et J. VIALLIER: Fibrinogengehalt des Blutes bei Lebercirrhose 234[10].
— s. RAVAULT, P. 38[3].
GIRDWOOD, R. H.: Menschliche Leber enthält nur gebundene Folinsäure 414[11]. — Folinsäuregehalt menschlicher Organe 414[11]. — Vitamin B_{12}-Extraktion aus Leber 419[14].
GIRI, K. V.: Hemmung von Gehirnphosphatasen durch Vitamin C-Cu-Komplex 776[10]. — Phosphataseaktivität in Gehirnextrakten 777[2].
GIROUD, A., et A. R. RATSIMAMANGA: Glykogengehalt der Leber bei Skorbut 385[2].
GITLIN, D., s. SCHEINBERG, I. H. 60[10].
GITTER, A., u. L. HEILMEYER: Gallenfarbstoffbildung aus Hämin 506[7].
GIVNER, I., s. FERRARO, A. 876[11].
GJESSING, E. C., s. CHANUTIN, A. 232[11].
GLADKOVA, V. N., s. AZARKH, R. M. 402[3].
GLAESSNER, K.: Aminosäure-N : Gesamt-N im Harn bei Leberschäden 212[17]. — Harnstoffbildung bei Leberkranken 305[9].
— s. EMBDEN, G. 456[5], 464[6].
GLAHN, W. C. v., s. FLINN, F. B. 56[2], 60[6].
GLAISTER, D., s. HARDING, V. J. 93[4].
GLASCOCK, R. F., and W. G. DUNCOMBE: Fettsäuresynthese und -abbau in Milchdrüse und Leber 165[2].
GLASER, A., s. SILBERSTEIN, F. 305[4].
GLASER, H.: Wirkung von Fettsäuredehydrogenase auf höhere Dicarbonsäuren 163[11].
GLASS, S. J., H. A. EDMONDSON and S. N. SOLL: Gynäcomastie bei Lebercirrhose 426[10]. — Oestrogeninaktivierung als Leberfunktionsprüfung 427[2].
— s. FEINER, M. 426[3].
— s. FURLONG, E. 426[3].
GLASSER, O., s. REINHARD, J. J. 31[7].
GLAUBACH, S., u. H. MOLITOR: Bildung antidiuretischer Substanzen in geschädigter Leber 451[2].
GLAVIND, J., s. DAM, H. 236[6], 370[2], 371[11].
GLAZEBROOK, A. J.: Kupfergehalt in Leber und Stammganglien und Kupferausscheidung im Harn bei hepatolenticularer Degeneration 60[9].
GLAZER, H. S., J. F. MUELLER, C. THOMPSON, V. R. HAWKINS and R. W. VILTER: Bedeutung von Pyridoxin für Tryptophanabbau 291[12].
GLAZKO, A. J., and W. A. DILL: Vorkommen von Benadryl im Gehirn nach oraler Zufuhr 761[1]. — Abbau von Benadryl im Gehirn 761[2].
— L. M. WOLF, W. A. DILL and A. C. BRATTON jr.: Inaktivierung von Chloromycetin in der Leber 561[12].

Glenn, W. W. L., S. L. Cresson, F. X. Bauer, F. Goldstein, O. Hoffman and J. E. Healey jr.: Fettresorption auf dem Lymphwege 136[7].
Gley, E., et V. Pachon: Einzeitige Leberexstirpation 31[2].
Glick, D.: Buch über Technik der Histo- und Cytochemie. Engl. (1949) 528[1].
— and G. R. Biskind: Verteilung der Ascorbinsäure in der Linse 890[8].
— s. Omachi, A. 377[7].
— s. Wattenberg, L. W. 560[4].
Glinos, A. D., s. Bucher, N. L. R. 325[10].
Glisson, F.: Buch über Anatomie der Leber Lat. (1654) 14[2].
Glock, G. E.: Ketopentosephosphatbildung aus Glucose-6-phosphat 345[2]. — Keine Bildung von Glykolaldehyd bei Pentoseoxydation 346[1].
— and P. McLean: TPN als Coferment der Glucose-6-phosphatdehydrogenase 108[13]. Bildung von Fructose-6-phosphat aus Pentosephosphaten 109[11]. — Fermente der direkten Oxydation von Glucose-6-phosphat im Gehirn 729[5].
— s. Dickens, F. 107[2], 108[11], 109[9], 728[9, 10], 729[6].
— s. Platt, B. S. 585[3].
Glomaud, G., s. Fiessinger, N. 239[5].
Glover, J., T. W. Goodwin and R. A. Morton: Vitamin A-Speicherung in der Leber 348[5]. — Vitamin A_1-Bildung aus Vitamin A_1-Aldehyd 350[4]. — Vitamin A-Gehalt im Blutplasma 350[7]. — Vitamin A-Bildung aus Carotin im Darm 351[9]. — Beziehungen zwischen Vitamin A-Gehalt von Leber und Blut 353[4]. — Vitamin A-Gehalt in Rattenleber und Blutplasma 354[1]. — Bildung der Retinine aus den A-Vitaminen im Darmkanal der Ratte 941[11].
— s. Glover, M. 203[15], 645[10], 675[6].
Glover, M., J. Glover and R. A. Morton: Dihydrocholesterin in der Leber 203[15]. — Vorkommen von 7-Dehydrocholesterin 645[10]. — Vorkommen von 7-Dehydrocholesterin im Gehirn 675[6].
Gluckman, J., s. Samuel, E. 565[3].
Glynn, L. E., and H. P. Himsworth: Leberschäden durch Unterbrechung der Blutzufuhr 37[2].
— H. P. Himsworth and A. Neuberger: Experimentelle Alkaptonurie bei Mangel an S-haltigen Aminosäuren 283[11]. — Wirkung von Cystin bei Lebernekrosen 365[4].
— s. Himsworth, H. P. 365[2].
Gockel, H., s. Schairer, E. 943[5].
Goda, T.: Glucosebildung aus Fructose in Leberschnitten 98[9]. — Umwandlung von Fructose in Glucose 99[7]. — Milchsäurebildung aus Fructose in der Leber 101[7].
Goddard, E. D., and A. E. Alexander: cis-Vaccensäure aus Pferdegehirn 640[5].
Goebel, A.: Lipoid-P-Gehalt im Gehirn nach Sphingomyelininjektion 686[15]. — Sphingomyelinspeicherung 736[11].
Goebel, A., u. H. Seckfort: Sphingomyelinspaltung 744[9].
Goedbloed, J.: Glaskörpervergrößerung in hypertonischen Lösungen 913[3].
Goedtler, A., s. Denninger, K. 246[11].
Görges, T., s. Gohr, H. 518[11], 519[13], 520[1].
Goerner, A.: Vitamin A-Gehalt in Mitochondrien 350[14].
— and M. M. Goerner: Vitamin A-Gehalt in Mitochondrien 350[15].
Goerner, M. M., s. Goerner, A. 350[15].
Goettsch, E., J. D. Lyttle, W. M. Grim and P. Dunbar: Leberfunktionsprüfung durch Aminosäurebelastung 213[1].
— s. Lyttle, J. D. 213[1].
Goettsch, M.: Lebernekrosen und Muskeldystrophie bei Mangel an Vitamin E und Protein 365[11].
— and E. F. Brown: Steigerung der Kreatinsynthese durch Vitamin E 367[13].
— and A. M. Pappenheimer: Nutritive Encephalomalacie 673[13,14].
— s. Papppenheimer, A. M. 673[11].
Gofman, J., s. McGinley, J. 232[7].
Gofman, J. W., s. Pierce, F. T. 232[8].
Gohar, H. A. F., s. Daoud, K. M. 69[4], 74[10].
Gohr, H., T. Görges u. A. Bolte: Aufhebung der Stercobilinbildung durch Antibiotica 518[11]. — Mesobilanausscheidung bei chronischen Hepatopathien 519[13]. — Reduktion von Biliverdin zu Mesobilan durch geschädigte Leber 520[1].
Gold, M., s. Persky, H. 850[16].
Goldbaum, L. R., s. Hubbard, T. F. 815[7].
Goldberg, L., s. Gillman, T. 115[2].
Goldberg, R. C., I. L. Chaikoff and A. H. Dodge: Äthioninwirkung auf Pankreaszellen 143[15].
Goldblatt, H., s. György, P. 37[6], 144[5], 149[12], 365[1,10], 427[20], 500[12].
Goldblatt, M. W.: Jahreszeitliche Unterschiede im Glykogengehalt der Rattenleber 71[13]. — Insulineinwirkung auf Leberglykogen 74[10]. — Einwirkung von Insulin auf Leberglykogen bei glykogenarmen Tieren 75[2].
Goldbloom, A., and H. F. Brickman: Galaktoseprobe bei Kindern 98[1].
Golden, J. B., and E. L. Sevringhaus: Oestrus nach Transplantation der Ovarien 424[2].
Goldfarb, W., K. M. Bowman, S. Parker and B. Krautman: Beschleunigung der Alkoholoxydation durch Zufuhr von Kohlenhydrat + Insulin 488[6].
— K. M. Bowman and J. Wortis: Einfluß von Alkoholvergiftung auf Gehirnatmung 791[13].
— and H. E. Himwich: Aufnahme von Ketonkörpern durch Organe 185[1]. — Keine Ketonkörperbildung im Gehirn 742[5].
— and J. Wortis: Kein Einfluß von Lactat und Pyruvat auf arteriovenöse Sauerstoffdifferenz des Gehirns bei Hypoglykämie 824[6]. — Kein Einfluß von Äthanol auf

arteriovenöse Sauerstoffdifferenz des Gehirns bei Hypoglykämie 824[7].
GOLDFARB, W., s. HIMWICH, H. E. 185[1], 823[8], 824[5], 825[5].
— s. WORTIS, J. 783[15], 822[1], 824[4], 827[5].
GOLDING, J., S. K. KON and J. E. RAMPION: Vitamin A-Speicherung 348[10].
GOLDMAN, D. S., I. L. CHAIKOFF, W. O. REINHARDT, C. ENTENMAN and W. G. DAUBEN: Einbau von ^{14}C-Palmitat in Plasmaphosphatide bei leberlosen Hunden 158[6]. — Fettsäureoxydation in extrahepatischen Geweben 741[7].
— s. BEINERT, H. 181[4], 182[7], 183[2].
— s. CHAIKOFF, I. L. 187[5], 189[2], 741[9].
— s. GREEN, D. E. 195[7].
GOLDMAN, L., s. AGGELER, P. M. 236[7].
GOLDMAN, R.: Na-, K- und H_2O-Ausscheidung bei Lebercirrhose 26[1]. — Rhythmus der Salzausscheidung bei Lebercirrhose 42[10].
GOLDMANN, H.: Linsentrübungen durch Naphthalin 899[22]. — „Kammerwasservenen" 905[12]. — Minutenvolumen des Kammerwasserdurchflusses beim Menschen 905[13].
— u. W. BUSCHKE: Ascorbinsäuregehalt in Blut und Kammerwasser 908[7].
— J. HEPTER u. L. MARCHLEWSKI: Ausscheidung von Chlorophyllabbauprodukten mit der Galle 525[3].
GOLDNER, M. G., and M. MORSE: Esterasegehalt im Blutplasma bei Leberschäden 238[10], 239[4].
GOLDSCHMIDT, E., s. EDLBACHER, S. 744[4], 762[12].
GOLDSCHMIDT, M.: Lipoidgehalt alter und kataraktöser Linsen 890[1].
GOLDSCHMIDT, S(amuel), H. M. VARS and I. S. RAVDIN: Wirkung von Lebergiften bei fettarmer Ernährung 37[4].
GOLDSCHMIDT, S(tefan), s. HELMREICH, E. 191[6], 784[11].
GOLDSCHMIDT, V.: Cholesterinpigmentkalksteine 566[1].
GOLDSMITH, G. A., and G. F. ELLINGER: Ascorbinsäuregehalt des Blutes 379[1].
— s. SARETT, H. P. 291[15], 292[7], 293[13], 294[15].
GOLDSMITH, R., s. ZASLOW, J. 561[6,8].
GOL'DSTEIN, B. I., L. G. KONDRAT'EVA i V. V. GERASIMOVA: Einfluß von Ascorbinsäure auf Desoxyribonucleinsäurebildung 321[9].
GOLDSTEIN, E. O., and J. M. ENNIS: Galaktoseprobe bei Kindern 98[2].
GOLDSTEIN, F., and F. RIEDERS: Oxydation von Rhodanid zu Cyanid durch Erythrocyten 479[15]. — Keine reversible Wirkung von Leberrhodanese 479[15].
— s. GLENN, W. W. L. 136[7].
GOLDSTEIN, M. N., and D. B. CAMERON: Leberschädigung durch Dicumarin 374[7].
GOLDSTEIN, R., s. ALEXANDER, B. 237[5].
GOLDSWORTHY, P. D., T. WINNICK and D. M. GREENBERG: Aminosäureaufnahme durch Leberproteine 216[3]. — Serinbildung aus Glycin 260[1].
GOLDTHORPE, H. C., s. BRYSON, M. J. 430[14].
GOLDWASSER, E.: Synthese von P-haltigen Adeninverbindungen in der Taubenleber 329[9].
GOLDWATER, L. J., and M. E. SHILS: Bedeutung von Pantothensäure für Acetylierungen 477[17].
— s. SHILS, M. E. 387[8], 388[7], 477[11].
GOLDWATER, W. H., and D. STETTEN jr.: Glykogengehalt der fetalen Leber 70[11].
— s. SNAVELY, J. R. 232[7].
GOLLUB, S., F. E. KAPLAN, D. R. MERANZE and D. C. SCHECHTER: Thromboplastinwirkung von Kaninchengehirn 676[4].
GOLTZ, H. L., s. CORI, C. F. 102[12].
GOMIRATO, G.: RNS-Regeneration in Vorderhornzellen nach Muskeltätigkeit 667[6]. Verminderung der Pentosenucleoproteide in motorischen Ganglienzellen durch gesteigerte Aktivität 811[5].
GOMORI, G.: Histochemischer Phosphatasenachweis 544[5]. — Nachweis von alkalischer Phosphatase in Gallencapillaren 544[6]. — Alkalische Phosphatase im peripheren Nerven 695[16]. — Keine Spaltung von Fettsäureestern im Gehirn 744[6]. — Phosphatasenachweis im Gehirn 776[6].
GONÇALVES, J. M., and J. P. GREENSTEIN: Dehydropeptidspaltung durch Gehirn 763[9].
— V. E. PRICE and J. P. GREENSTEIN: Glutamindesamidierung durch Leberextrakte 252[1].
GONELLA, A., s. PRADER, A. 795[14].
GONGORA, J., s. KOCHAKIAN, C. D. 430[10], 432[9].
GONNERMANN, M.: Aluminiumgehalt der menschlichen Leber 63[13].
GONZALES-ODDONE, M. V.: Phosphatasegehalt der Leberlymphe bei Obstruktionsikterus 240[12].
GOOD, C. A., H. KRAMER and M. SOMOGYI: Differenzen zwischen Ribonucleinsäuren aus Cytoplasma und Zellkern 315[3].
GOODEVE, C. F., s. BRODA, E. E. 938[10], 940[3], 942[6].
— s. DARTNALL, H. J. A. 939[10], 940[5].
— s. LYTHGOE, R. J. 938[7].
GOODLAND, R. L., s. SEALOCK, R. R. 377[13], 378[2], 386[10], 387[1].
GOODMAN, E. H.: Cholesteringehalt der Hundegalle 209[10].
GOODMAN, L., A. J. GEIGER and L. N. CLAIBORN: Bedeutung des Magens für antianämische Wirkung der Leber 420[13].
GOODPASTURE, E. W.: Fibrinogenbildung nach Darmexstirpation 234[8].
GOODSON, W. H., s. KOCH, W. 694[6].
GOODWIN, L. G., s. GADDUM, J. H. 840[11].
GOODWIN, T. W., and R. A. GREGORY: Resorptionsweg von Vitamin A 348[2]. — Vitamin A in Thoracicuslymphe nach Carotinzufuhr 352[1].
— s. BALL, S. 927[5], 941[8].
— s. CAMA, H. R. 349[13].

Goodwin, T. W., s. Glover, J. 348[5], 350[4,7], 351[9], 353[4], 354[1], 941[11].
— s. Morton, R. A. 927[5], 941[8].
Goodyear, G. H., s. Williams, R. J. 403[12].
Goor, H. van, and J. Jongbloed: Sauerstoffverbrauch des Gehirns in Suspensionsflüssigkeiten 789[2]. — Senkung der Gehirnatmung durch hohen Sauerstoffdruck 789[3]. — Keine Änderung des Q_{O_2} im Gehirn durch hohen Sauerstoffdruck 789[8].
Goranson, E. S., and S. D. Erulkar: P/O-Verhältnis bei Atmungskettenphosphorylierung 730[10]. — Herabsetzung von Atmung und Phosphokreatinsynthese im Gehirn bei Alloxandiabetes 819[4]. — Steigerung der oxydativen Phosphokreatinsynthese durch Insulin 819[4].
Gordan, G. S., R. C. Bentinck and E. Eisenberg: Glykogengehalt in menschlichem Frontalhirn 659[2]. — Steigerung von Sauerstoff- und Glucoseverbrauch im Gehirn jugendlicher Eunuchen 818[16]. — Hemmung der Sauerstoffaufnahme von Hirngewebe durch Steroidhormone 819[8]. Einfluß der Kastration auf Hirnatmung männlicher Ratten 820[2].
— and H. W. Elliott: Hemmung der Sauerstoffaufnahme von Hirngewebe durch Steroidhormone 819[6].
— s. Aird, R. B. 820[5].
— s. Bentinck, R. C. 736[12].
— s. Eisenberg, E. 820[1,3], 821[5].
Gordon, A. H., s. Consden, R. 315[9].
— s. Corran, H. S. 259[5].
Gordon, E. S., and A. E. Heming: Steigerung der Gewebsatmung durch Thyroxin 444[5]. — Keine Steigerung des Hirnstoffwechsels bei Hyperthyreose 818[6].
— s. Kimble, M. S. 382[3].
— s. Maass, A. R. 745[15], 746[9].
Gordon, H. H., s. Levine, S. Z. 283[15], 386[8].
Gordon, J. J.: Aneurinpyrophosphatspaltung im Gehirn 775[10]. — Anorganische Pyrophosphatase im Gehirn 777[4,5]. — Hemmung der unspezifischen Cholinesterasen durch 2987 R.P. 858[17].
— and J. H. Quastel: Affinität von Arsenverbindungen zu Gewebsproteinen 727[5]. Wirkung von Arsenverbindungen auf Acetylcholinesterase 860[11].
Gordon, M., s. Shive, W. 333[2].
Gordon, W. G., R. E. Kaufman and R. W. Jackson: Kynurensäureausscheidung 291[3].
Gore, M., F. Ibbott and H. McIlwain: Nicotinsäureamid-nucleotidase im Gehirn 704[11]. — Gehalt an Codehydrogenase I und II im Gehirn 729[8], 792[3]. — Abbau der Cozymase in vitro durch Gehirngewebe 793[6].
Gore, M. B. R.: ATPase, Hemmung durch Ca-, Aktivierung durch Mg-Ionen 773[3]. — Aktivität der ATPase des Meerschweinchengehirns 775[2].
Gore, M. B. R., s. McIlwain, H. 733[4], 765[12], 772[5], 815[10], 816[12].
Gore, W. A.: Eisenanhäufungen bei Pellagra 54[10].
Gornall, A. G., and A. Hunter: Citrullinwirkung auf Harnstoffbildung 306[10].
Goryachenkova, E. V., s. Braunstein, A. E. 289[7], 401[12].
Goschewa, A. J.: Glykogengehalt von Hirntumoren 692[1].
Goss, D. M., s. Wase, A. W. 65[2].
Gosset, A., G. Loewy et J. Magrou: Cholesterinsekretion in der Gallenblase 548[8].
Goth, A., and I. Littmann: Ascorbinsäuregehalt von menschlichen Lebertumoren 503[12].
Gotō, (S.), u. Ōsima: Verwertung von D-Tryptophan 294[9].
— s. Kotake, Y. 294[8].
Gottlebe, B.: Prothrombingehalt des Blutes bei akuter gelber Leberdystrophie 236[8].
— s. Chrometzka, (F.) 336[11].
Gottschalk, A.: Zusammenfassung über Bedeutung der Ersatzkohlenhydrate für Praxis und Theorie der Zuckerkrankheit (1929) 104[14].
Goudsmit, J., s. Westenbrink, H. G. K. 387[13], 388[1], 775[8].
Gould, R. G.: Cholesterinoxydation 208[13].
— D. J. Campbell, C. B. Taylor, F. B. Kelly jr., I. Warner and C. B. Davis jr.: Leber als Quelle von Plasmacholesterin 206[4].
— and C. B. Taylor: Form des Cholesterins in der Leber 199[13]. — Cholesterinsynthese in Nebennierenrinde und Haut 204[5]. — Cholesterinsynthese in der Leber bei cholesterinreicher Kost 205[3].
— C. B. Taylor, J. S. Hagerman, I. Warner and D. J. Campbell: Cholesterinsynthese durch Organschnitte 200[10]. — Cholesterinsynthese in Nebennierenrinde und Haut 204[5]. — Cholesterinsynthese in der Leber bei cholesterinreicher Kost 205[4].
Goulden, F., s. Elson, L. A. 475[5], 477[16], 478[5].
Gounelle, H., et J. Marche: Vitamin A-Gehalt des Blutplasmas bei Lebererkrankungen 360[5]. — Ascorbinsäuregehalt des Blutes bei Leberkranken 379[2]. — Ascorbinsäurebelastung 379[2].
— C. Marnay, R. Chéroux et Y. Raoul: Resorption von Vitamin A_1-aldehyd beim Menschen 350[2].
— Y. Raoul, A. Valette et J. Marche: Ascorbinsäuregehalt des Blutes 379[1].
— s. Teulon, H. 349[4].
Gourbet, M., et M. André: Reduktion von 2,4-Dinitrophenol zu Aminonitrophenolen 483[9].
Gourévitch, A.: Glykogengehalt der Karpfennetzhaut 928[20].

GOVAERTS, J., M. J. DALLEMAGNE et M. A. GEREBTZOFF: Antilipotrope Wirkung von Gammexan 150[21]. — Leberverfettung nach Gammexan 154[15]. — Phosphatidstoffwechsel bei Gammexanvergiftung 161[8].
GOVIER, W. M., V. BERGMANN and K. H. BEYER: Nucleosidasehemmung durch Vitamin E 366[15]. — Milchsäuredehydrogenasehemmung durch Vitamin E 367[7].
— and A. J. GIBBONS: Coenzym A-Bildung in der Leber 179[2]. — Verteilung von injiziertem Coenzym A 405[8]. — Coenzym A-Bildung aus Pantethein 408[2].
— et M. E. GREIG: Cocarboxylasespaltung durch geschädigte Leber 389[4].
— and N. S. JETTER: Nucleosidasehemmung durch Vitamin E 367[3].
GRAB, W., S. JANSSEN u. H. REIN: Durchblutung der Hundeleber 14[15], 16[5]. — Durchblutung von Pfortader und Leberarterie 15[13]. — Adrenalinwirkung auf Blutspeicherung in der Leber 17[1].
— (H.) REIN u. (S.) JANSSEN: Adrenalinwirkung auf Blutspeicherung in der Leber 17[1].
GRAC, S., s. DUMAZERT, C. 216[9,10], 222[1].
GRACE, M. A., s. PETERS, R. A. 745[18], 746[12].
GRAEF, I., s. RALLI, E. P. 410[8].
GRAEVE, P. DE, s. FOSSE, R. 338[11].
GRAF, O., s. ATZLER, E. 608[2].
GRAFE, E., u. G. DENECKE: Wärmeregulation bei Hunden mit ECKscher Fistel 22[3].
— u. F. FISCHLER: Keine alimentäre Glucosurie bei Tieren mit ECKscher Fistel 29[7].
— s. FISCHLER, F. 22[2].
GRAFF, M., s. BEILER, J. M. 850[17].
— s. SCHOENHEIMER, R. 549[8].
GRAFF, M. M., s. GREENSPAN, E. M. 233[3].
GRAFFLIN, A. L., and D. E. GREEN: Bedeutung von Magnesiumionen für das Cyclophorasesystem 43[1]. — Keine Bildung von Acetonkörpern aus n-Valeriansäure 174[4]. Enzyme für Bindung von CoA an höhere Fettsäuren 180[2].
GRAHAM, A. F.: β-Glucuronidase 462[3].
— s. KERR, L. M. H. 462[12].
GRAHAM, E. A., and W. H. COLE: Ausscheidung jodhaltiger aromatischer Verbindungen mit der Galle 564[12].
— W. H. COLE and G. H. COPHER: Ausscheidung jodhaltiger aromatischer Verbindungen mit der Galle 564[12].
— W. H. COLE, G. H. COPHER and S. KODAMA: Ausscheidung jodhaltiger aromatischer Verbindungen mit der Galle 564[12].
— s. ELMAN, R. 548[8].
GRAHAM, M., s. MCHENRY, E. W. 378[7].
GRAHAM, W. D.: Hemmung der Leberaldehydoxydase durch Antabus und ihre Aufhebung durch Glutathion und Ascorbinsäure 490[16].
— s. SPAULDING, M. E. 367[1].
GRAIL, G. F., s. STETTEN, D. jr. 144[21], 145[4], 149[7], 263[7].
GRALKA, R., s. ARON, H. 41[5].
GRANA, E., s. CARO, L. DE 387[6], 388[2].
GRANADOS, H., E. AAES-ORGENSEN and H. DAM: Einfluß von Vitamin E auf Lipoidzusammensetzung der Organe 686[19].
— s. DAM, H. 365[12].
GRANDE, F., and D. RICHTER: Ionenaufnahme durch den Nerven bei elektrischer Reizung 770[2]. — P-Aufnahme durch den gereizten N. ischiadicus vom Frosch 770[5]. Phosphatwanderung am Nerven 770[7].
GRANDE COVIAN, F., e J. C. DE OYA: Ausschaltung der Leber aus dem Pfortaderkreislauf 29[6].
GRANDI, J. DI, s. SALLMANN, L. v. 913[6].
GRANICK, S.: Wirkung von Eisen auf Apoferritinbildung 46[5]. — Ferritin aus cirrhotischer Leber 47[2]. — Regulation der Eisenresorption durch Ferritin 53[7].
— and P. F. HAHN: Eisenkomplex im Ferritin 46[3]. — Eisenbindung an Ferritin 47[1].
— s. HAHN, P. F. 52[1].
GRANIT, R.: Buch über sensorische Mechanismen in der Retina. Engl. (1947) 864[15]. Spektrale Empfindlichkeitskurve vitamin-A_2-haltiger Netzhaut 946[12].
GRANNIS, G. F., s. GARNER, R. L. 94[11], 95[6].
GRANT, F. C., E. B. SPITZ, H. A. SHENKIN, C. F. SCHMIDT and S. S. KETY: Stoffwechsel und Durchblutung des Gehirns bei idiopathischer Epilepsie 822[5].
— s. SHENKIN, H. A. 821[7].
GRANT, G. A., s. HARDING, V. J. 92[2], 93[4], 96[8].
GRANT, J. K., and G. F. MARRIAN: Keine Hemmung des Pregnandiolabbaus durch Cyanide 436[13].
GRANT, J. L., W. T. FITTS jr. and I. S. RAVDIN: Unterbindung der Leberarterie 29[1].
GRANT, N. H., s. ROBBINS, K. C. 338[16].
— s. VESTLING, C. S. 98[11], 99[6].
GRANT, R., s. BEST, C. H. 147[6].
GRANT, W. M., s. KINSEY, V. E. 905[16], 907[11], 908[1,3], 909[7].
GRASSI, M., s. BARBIERI, A. DE 448[2,10].
GRASSMANN, W., u. K. P. BASU: Keine Spaltung gebundener Gallensäuren durch Leber und Pankreasextrakte 558[1].
GRASSNICKEL, W.: Bilirubingehalt im Pferdeserum 510[7].
GRATTAN, J. F., and H. JENSEN: Auf Gluconeogenese wirksame Corticosteroide (Glucocorticoide) 124[10].
— s. THANNHAUSER, S. J. 240[6], 543[14].
GRAVES, F. B., s. FAZEKAS, J. F. 818[8].
GRAY, C. H.: Fettleber durch Hypophysenvorderlappenextrakte 142[4]. — Leberverfettung nach ketogenem Hypophysenhormon 143[14].
GRAY, E. L., and J. D. CAWLEY: Vitamin A-Ester in der Leber 352[4].
— K. C. D. HICKMAN and E. F. BROWN: Vitamin A-Ester in der Leber 352[4].
— K. MORGAREIDGE and J. D. CAWLEY: Spaltung von Vitamin A-Estern im Darm 347[1].

GRAY, I., s. KRITCHEVSKY, D. 202[1].
GRAY, J. L., s. CAGAN, R. N. 445[14].
GRAY, P.: Störungen der Entwicklung des Zentralnervensystems von Kükenembryonen durch Bleiinjektionen 627[16].
— s. CATIZONE, O. 627[17].
GRAY, S. J.: γ-Globuline beim Kephalin-Cholesterinflockungstest 247[2].
— and E. S. G. BARRON: Albumin: Globulinverhältnis bei Lebererkrankungen 229[4]. β- und γ-Globuline bei Leberschädigungen 231[4]. — Goldsolreaktion im Serum 244[15].
GRAYHACK, J. T., and W. W. SCOTT: Testosteronimplantation im Pfortadergebiet 430[4]. — Implantation von Testosteronpropionat in die Milz 434[3].
GRAYMAN, I.: Leberglykogengehalt bei Ratten und Meerschweinchen 70[5].
— s. MIRSKY, I. A. 449[4].
GRAYSON, J., and D. H. JOHNSON: Leberdurchblutung nach Reizung der Lebernerven 16[3].
— s. GINSBURG, M. 16[6].
GREAVES, J. D.: Bedeutung von Galle für Vitamin K-Resorption 369[1]. — Vitamin K-Gehalt in Rattenleber 369[9].
— and C. L. A. SCHMIDT: Bedeutung von Gallensäuren für Carotinresorption 360[6]. Bedeutung von Galle für Vitamin D-Resorption 361[4]. — Vitamin D-Wirkung auf P- und Ca-Bilanz nach Cholecystektomie 361[7]. — E-Avitaminose bei Gallensperre 368[1]. — Bedeutung der Galle für Vitamin K-Resorption 368[6]. — Bedeutung von Vitamin K für Prothrombinbildung 368[6]. — Verzögerung der Blutgerinnung bei Vitamin K-Mangel 368[11].
GREBE, F., s. SCHÖNDORFF, B. 28[1].
GREELEY, D. M., s. LYTTLE, J. D. 213[1].
GREEN, A. A., G. T. CORI and C. F. CORI: Glykogensynthese durch Phosphorylase 88[1].
— G. T. CORI and J. L. ONCLEY: Glykogensynthese durch Phosphorylase 88[1].
— s. CORI, G. T. 88[1]
GREEN, C., s. CHARGAFF, E. 314[1], 638[8], 668[4,7].
GREEN, D. E.: Energielieferung für Acetyl-CoA-Bildung 179[7]. — Äpfelsäuredehydrogenase im Gehirn 725[3].
— and H. BEINERT: Molybdän als Bestandteil von Xanthinoxydase 65[12]. — A-C-System (acetoacetyl cleaving system) aus Herzmuskel 195[8].
— and J. BROSTEAUX: Hemmung der Lacticodehydrogenase durch Brenztraubensäure 726[10].
— D. S. GOLDMAN, S. MII and H. BEINERT: A-C-System (acetoacetyl cleaving system) aus Herzmuskel 195[7].
— S. MII, H. R. MAHLER and R. M. BOCK: Aethylenreduktase 183[3].
— V. NOCITO and S. RATNER: Kein Abbau von Lysin durch Aminosäureoxydasen 295[15].
GREEN, D. E., and D. RICHTER: Adrenochrombildung aus Adrenalin 441[1]. — Adrenalinabbau durch Aminoxydase 761[9].
— s. BEINERT, H. 181[4], 182[7], 183[2].
— s. BLANCHARD, M. 248[5,6].
— s. CORRAN, H. S. 259[5].
— s. CROSS, R. J. 847[7].
— s. GRAFFLIN, A. L. 43[1], 174[4], 180[2].
— s. RATNER, S. 248[7], 259[3].
— s. STILL, J. L. 255[4].
— s. WAKIL, S. J. 182[2].
GREEN, D. M.: Inaktivierung von Desoxycorticosteron in der Leber 437[9]. — Desoxycorticosteronwirkung bei Implantation im Pfortadergebiet oder in der Subcutis 437[9].
— s. COOK, D. L. 529[5].
GREEN, G. F., s. MANN, F. C. 32[7].
GREEN, H., S. A. CAPPER, C. A. BOCHER and I. H. LEOPOLD: Kohlensäureanhydratase und CO_2-Austausch zwischen Blut und Kammerwasser 908[6]. — Bildung von HCO_3-Ionen im Ciliarkörper 921[9].
— I. H. LEOPOLD and V. L. WEIMAR: Corticosteroide in Kammerwasser 905[2].
— J. L. SAWYER and I. H. LEOPOLD: Corticosteroide in Kammerwasser 905[2].
GREEN, J. N., s. COLLINS, F. D. 942[7], 943[10,11], 945[3].
GREENBAUM, A. L., F. C. GREENWOOD and R. D. HARKNESS: Regeneration der L-Glutaminsäuredehydrogenase nach Leberexstirpation 223[3], 248[4].
— s. DICKER, S. E. 451[15].
GREENBAUM, L., s. SCHMIDT, G. 133[5].
GREENBERG, D. M., R. B. AIRD, M. D. D. BOELTER, W. W. CAMPBELL, W. E. COHN and M. M. MURAYAMA: Austausch von Phosphat zwischen Gehirn und Liquor cerebrospinalis 797[15].
— D. H. COPP and E. M. CUTHBERTSON: Manganausscheidung durch die Galle 62[4]. Kobaltausscheidung durch die Galle 65[7]. Ausscheidung injizierter Kobalt- und Mangansalze mit der Galle 541[9].
— M. JOSEPH, W. E. COHN and E. V. TUFTS: Kaliumaufnahme durch Leberparenchym 41[15].
— and F. M. TROESCHER: Ausscheidung von injiziertem radioaktivem Ca und Sr mit der Galle 540[9].
— and T. WINNICK: Glykokollaufnahme in Organproteine 214[5]. — Glykokollaufnahme durch Gehirn und Darmschleimhaut 745[19]. — Einbau radioaktiver Isotopen in Gehirnproteine 746[13].
— s. AUSTONI, M. E. 44[4], 626[7].
— s. BAKER, C. G. 206[3].
— s. COHN, W. E. 736[2], 769[1], 797[14].
— s. COPP, D. H. 44[6], 49[5], 50[8], 51[5], 52[4,6], 53[6], 65[6].
— s. FINEBERG, R. A. 46[4].
— s. FRIEDBERG, F. 745[10], 746[10,18], 748[14].
— s. GAL, E. M. 480[7].
— s. GOLDSWORTHY, P. D. 216[3], 260[1].

Greenberg, D. M., s. Joseph, M. 801[5].
— s. Kaplan, N. O. 85[4], 86[1], 89[6], 91[4], 328[1].
— s. LaDu, B. N. jr. 279[8], 387[2].
— s. Norberg, E. 746[20].
— s. Peterson, E. A. 43[3].
— s. Rabinovitz, M. 204[1].
— s. Safwat Mohamed, M. 46[6], 58[3], 62[2], 65[3].
— s. Sanadi, D. R. 293[1].
— s. Schmidt, C. L. A. 621[5].
— s. Siekevitz, P. 260[2,3].
— s. Venkataraman, P. R. 328[2], 446[6].
— s. Winnick, T. 214[6], 215[6], 216[2,4], 260[4], 285[4], 746[1], 831[4].
Greenberg, G. R.: Ribonucleotid von 4-Amino-5-imidazolcarboxamid, Vorstufe der Purine 333[7]. — Hypoxanthin als Harnsäurevorstufe bei der Taube 337[3]. — Inosin und Inosinsäure als Hypoxanthinvorstufen in der Taubenleber 337[9]. — Hemmung der Milchsäurebildung in Hirnhomogenaten durch Adenosin- und Inosin-5-phosphorsäure 709[4].
— and M. M. Wintrobe: Ablagerung von radioaktivem Eisen in der Leber 51[6].
Greenberg, L. A., s. Lester, D. 490[7].
Greenberg, L. D., D. F. Bohr, H. McGrath and J. F. Rinehart: Xanthurensäureausscheidung bei Pyridoxinmangel 291[7].
— and J. F. Rinehart: Xanthurensäureausscheidung bei Pyridoxinmangel 291[8].
Greenberg, M., s. Gal, E. M. 480[7].
Greenberg, R., and H. Popper: Vorkommen von Vitamin A in Ciliarfortsätzen 918[12]. — Vitamin A-Gehalt der Netzhaut 927[12]. — Verschwinden von Vitamin A aus der Netzhaut bei Dunkeladaptation 943[6].
— s. Popper, H. 351[5].
Greenblatt, A. P., s. Greenblatt, I. J. 518[7].
Greenblatt, I. J., and A. P. Greenblatt: Aufhebung der Urobilinbildung im Darm durch Sulfonamide 518[7].
Greenblatt, M., s. Canzanelli, A. 779[8], 780[3].
Greene, C. H., M. Aldrich and L. G. Rowntree: Erregung der Gallenproduktion durch gallensaure Salze 532[2].
— and M. H. Power: Theoretische Verteilung von Na-Ionen zwischen Blutflüssigkeit und Kammerwasser 907[2].
— H. F. Shattuck and L. Kaplowitz: Phosphatasegehalt in Blutserum und Galle 240[8]. — Serumarginase bei Leberschädigung 242[2].
— and A. M. Snell: Beseitigung intravenös injizierter Cholate 560[6].
Greene, R. R., and M. W. Burrill: Geringe androgene Wirkung von Desoxycorticosteron 438[1].
— s. Burrill, M. W. 430[1], 434[11], 437[8].
Greengaard, H., s. Tanturi, C. A. 531[5].
Greenman, L.: Insulinwirkung beim Diabetiker nach Galaktoseverabreichung 97[1].
Greenmann, L., and J. C. Rathbun: Leberstörungen bei galaktämischer Hepatomegalie 98[7].
Greenspan, E., s. Snapper, I. 457[12].
Greenspan, E. B., s. Epstein, E. Z. 206[14], 207[2], 208[6].
Greenspan, E. M., and D. A. Dreiling: Mucoproteide im Blutserum bei Lebererkrankungen 233[4].
— I. Lehman, M. M. Graff and E. B. Schoenbach: Mucoproteide im Blutserum bei Lebererkrankungen 233[3].
Greenspan, F. S., C. H. Li and H. M. Evans: ACTH-Zerstörung 449[7].
Greenstein, J. P.: Kein Abbau von Cystein durch Hepatomextrakte 271[2]. — Gehalt an SH-Gruppen in Proteinen aus Hepatomen 503[10]. — Arginasegehalt von transplantierten Rattenhepatomen 505[3].
— and C. E. Carter: Glutamindesamidierung durch Leberextrakte 252[1].
— C. E. Carter and H. W. Chalkley: Polymerisierte Polynucleotide 766[1]. — Desaminierung von Purin- und Pyrimidinderivaten durch Hirnextrakte von Ratten und Mäusen 767[8]. — Abbau von Nucleosiden, Nucleotiden und Purinen im Ratten- und Mäusegehirn 768[1].
— C. E. Carter, H. W. Chalkley and F. M. Leuthardt: Ribonucleasegehalt verschiedener Organe 319[3].
— J. E. Edwards, H. B. Andervont and J. White: Gehalt an Arginase und Katalase im normalen und regenerierenden Lebergewebe 34[5].
— W. V. Jenrette, G. B. Mider and J. White: Gehalt an porphyrinhaltigen Fermenten in der Leber von Tumorratten 504[1]. — Arginasegehalt von transplantierten Rattenhepatomen 505[3].
— W. V. Jenrette and J. White: Gehalt an porphyrinhaltigen Fermenten in der Leber von Tumorratten 504[2]. — Katalaseaktivität in Leber und Lebertumoren 505[4].
— and F. M. Leuthardt: Glutamindesaminasen in Leberhomogenaten 253[6]. Hemmung der Desamidierung von Benzoylargininamid durch Phosphat 754[7–9].
— and V. E. Price: Glutamindesamidierung durch Leberextrakte 252[1]. — Glutaminase II und Asparaginase II fehlen im Gehirn 755[1].
— and J. W. Thompson: Cytochromoxydasegehalt im normalen und regenerierenden Lebergewebe 34[6].
— J. Werne, A. B. Eschenbrenner and F. M. Leuthardt: Cytochromoxydaseaktivität im Gehirn 796[5].
— s. Errera, M. 252[1], 253[5,8], 754[6].
— s. Gonçalvez, J. M. 252[1], 763[9].
— s. Price, V. E. 754[4], 763[8].
Greenwalt, T. J., s. Tat, R. J. 518[12].
Greenwood, F. C., s. Greenbaum, A. L. 223[3], 248[4].

Greenwood, F. L., s. Carter, H. E. 641[9].
Greep, R. O., and H. W. Deane: Einfluß der Nebennierenrinde auf den Blutzuckergehalt 124[4].
— and J. C. Jones: Zusammenfassung über Kontrolle der Hypophysenfunktion durch Steroide (1950) 424[5].
Greer, C. M., J. O. Pinkston, J. H. Baxter jr. and E. S. Brannon: Freisetzung von Noradrenalin durch sympathische Lebernerven 840[10].
Gregerman, R. I., s. Hubbard, R. 927[8], 944[4].
Gregory, E., and J. C. Drummond: Essentielle Fettsäuren im Leberfett 374[14].
Gregory, R. A., s. Goodwin, T. W. 348[2], 352[1].
Greig, M. E.: Wirkung von Amidon auf Hexokinase 712[10]. — Hemmung der Oxydation von Glucose durch Narkotica 813[15].
— and W. C. Holland: Permeabilität der Blut-Hirnschranke abhängig vom Acetylcholin-Cholinesterasesystem 800[11].
— and R. S. Howell: Wirkung von Amidon auf Oxydationen im Gehirn 728[5]. — Einfluß von Narkotica auf anaerobe Glykolyse 813[18].
— and M. P. Munro: Aktivierung der α-Glycerophosphatdehydrogenase durch Pyrophosphat 714[6].
— M. P. Munro and K. A. C. Elliott: Oxydation von Bernsteinsäure und Fumarsäure in der Netzhaut 931[5].
— s. Elliott, K. A. C. 717[6], 720[7], 779[5], 784[14], 785[11], 796[4].
— s. Govier, W. M. 389[4].
— s. Lamson, P. D. 814[2].
Greiner, C. M., s. Axelrod, B. 110[3].
Greisheimer, E. M., and O. H. Johnson: Glykogengehalt der Leber nach kohlenhydrat- bzw. fettreicher Nahrung 72[6].
Grenet, H.: Plasmaproteingehalt bei Lebererkrankungen 227[4]. — Albumin: Globulinverhältnis bei Lebererkrankungen 229[4].
Grevenstuk, A., u. E. Laqueur: Insulineinwirkung auf Leberglykogen 74[11].
Greville, G. D.: Steigerung der Gehirnatmung durch Dinitro-o-kresol 791[3].
— and H. Lehmann: ATPase, Hemmung durch Ca-, Aktivierung durch Mg-Ionen 773[4].
— s. Dickens, F. 702[6], 707[7], 708[10], 779[4], 783[10,25], 784[9], 788[4], 806[2], 932[4].
— s. Lehninger, A. L. 182[4].
— s. Ström-Olsen, R. 471[7].
Griesbach, W., s. Embden, G. 104[9].
Griese, A., s. Warburg, O. 108[12], 728[6].
Grieshaber, H.: Antiketogene Wirkung von Sorbose 102[3].
Griffin, A. C., E. L. Brandt and V. Setter: Hemmung der cancerogenen Wirkung von 3'-Methyl-4-dimethylaminoazobenzol durch N-Lost 501[17].
— and C. A. Baumann: Hitzekoagulation von Leberhomogenaten nach Vergiftung mit 3'-Methyl-4-dimethylaminoazobenzol 502[12]. — Riboflavingehalt in durch Azofarbstoffe geschädigten Leberzellen 503[14].
Griffin, A. C., C. C. Clayton and C. A. Baumann: Riboflavingehalt der Leber nach carcinogenen Azofarbstoffen 393[13].
— H. Cook and L. Cunningham: Leberveränderungen durch Azofarbstoffe und Aminofluoren 502[6].
— L. Cunningham, E. L. Brandt and D. W. Kupke: P-Umsatz des Zellkerns (Leber) nach carcinogenen Azofarbstoffen 502[14].
— W. E. Davis jr. and M. O. Tifft: Beschleunigte Aufnahme von ^{14}C-(8)-Adenin in Zellkernnucleinsäuren der Leber nach carcinogenen Azofarbstoffen 502[13].
— W. N. Nye, L. Noda and J. M. Luck: Vermehrung der Desoxynucleinsäuren in Leberzellen nach 3'-Methyl-4-dimethylaminoazobenzol 502[11]. — Ribonucleinsäuregehalt der Lebermitochondrien nach cancerogenen Azofarbstoffen 504[19].
— A. P. Rinfret and V. F. Corsigilia: Hemmung der cancerogenen Wirkung von 3', 3'-Methyl-4-dimethylaminoazobenzol durch Hypophysektomie 501[19].
— A. P. Rinfret, M. O'Neal and C. H. Robertson: Hemmung der cancerogenen Wirkung von 3'-Methyl-4-dimethylaminoazobenzol durch Hypophysektomie 501[20].
— s. Robertson, C. H. 501[21].
— s. Ward, D. N. 501[18].
Griffith, W. H., and H. B. Lewis: Steigerung von Entgiftungen durch Glykokollzufuhr 470[11]. — Steigerung der Hippursäuresynthese durch glykokollreiche Proteine 470[12].
— s. Mulford, D. J. 149[9].
Griffiths, F. R., and F. E. Emery: Wirkung von Adrenalin auf Leberdurchblutung 16[7].
Griffiths, J. P., and E. T. Waters: Verwertung von Fructose durch eviscerierte Tiere 103[3].
Grignolo, A., s. Bairati, A. 891[12].
— s. Matoltsy, A. G. 910[6].
Grillo, M. A., s. Bargoni, N. 157[12], 684[8].
Grillo, R. A., s. Weech, A. A. 510[15].
Grim, M. W., s. Goettsch, E. 213[1].
— s. Lyttle, J. D. 213[1].
Grindlay, J. H., J. C. Cain, J. L. Bollman and E. V. Flock: Leberlymphe 19[3].
— J. F. Herrick and F. C. Mann: Durchblutung von Pfortader und Leberarterie 15[14].
— and F. C. Mann: Totale Leberexstirpation bei Säugetieren 30[4].
— F. C. Mann and J. L. Bollman: Unterbindung der Leberarterie 29[1].
— s. Bollman, J. L. 20[6], 38[1].
— s. Cain, J. C. 19[2].
— s. Flock, E. V. 685[4].
— s. Nix, J. T. 19[4].
— s. Volwiler, W. 20[4].

Grinyer, I., s. McIlwain, H. 732[16].
Grisolia, S., R. H. Burris and P. P. Cohen: Förderung der Citrullinbildung durch Carbamoylglutaminsäure 307[7].
— and P. P. Cohen: Bedeutung von Mg-Ionen für Citrullinbildung 306[13]. — Förderung der Citrullinbildung durch Carbamoylglutaminsäure 307[4]. — Mechanismus der Citrullinbildung 412[11].
— S. B. Koritz and P. P. Cohen: Enzymsystem der Citrullinbildung 307[9].
— s. Cohen, P. P. 306[13], 307[4–6], 412[11].
— s. MacLeod, P. R. 308[1], 412[10].
Grob, D.: Hemmung der Acetylcholinesterase durch Parathion 860[3].
— W. L. Garlick and A. M. Harvey: Hemmung der Acetylcholinesterase durch Parathion 860[4].
— J. L. Lilienthal jr., A. M. Harvey and B. F. Jones: Pseudocholinesterase 239[9].
Grönvall, H.: Citronensäuregehalt menschlicher Tränenflüssigkeit 869[10]. — Citronensäuregehalt in Kammerwasser 905[10], 912[9]. — Citronensäuregehalt in Glaskörper und Plasma von Kaninchen 912[9]. — Dehydrogenasen in der Netzhaut 936[5].
Gróf, P., s. Jendrassik, L. 514[3].
Grollman, A., s. Stimmel, B. F. 428[7,8].
Gromova, K. G., T. J. Kudritzkaja, I. P. Petrow u. W. S. Schapot: ATP-Abbau bei Ischämie des Gehirns 765[15].
— u. W. S. Schapot: ATP-Abbau bei Ischämie des Gehirns 765[16].
Groothuis, M., s. Treadwell, C. R. 147[7].
Gros, W.: Takata-Ara-Reaktion 243[5]. — Bedeutung von Pseudoglobulin I bei Takata-Ara-Reaktion 243[10], 244[1]. — Takata-Ara-Reaktion bei Myelom 244[1,11]
Groschke, A. C., s. Evans, R. J. 406[5].
Gross, E. G., and V. Thompson: Morphinentgiftung in der Leber 453[1].
Gross, J., and C. P. Leblond: Thyroxinausscheidung im Stuhl 442[5].
— s. Hess, A. F. 622[5].
— s. Matoltsy, A. G. 910[6].
Gross, P.: Synergismus zwischen Pyridoxin und ungesättigten Fettsäuren 687[8].
Grossman, M. I., H. D. Yanowitz, H. Ralston and K. S. Kim: Vermehrung der Gallensekretion durch ungereinigtes Sekretin 531[8].
Grossman, W. I., s. Knox, W. E. 397[2,3].
Grossowicz, N., s. Schou, M. 753[3], 755[4].
Grotepass, W., u. A. Defalque: Porphyringehalt von Galle bei Porphyrie 524[11].
— s. Hijmans van den Bergh, A. A. 524[5], 525[9], 526[1].
— s. Hulst, L. A. 523[3].
Groth, A. H., s. Smith, H. P. 530[3], 558[7], 559[1].
Grove, R. C., s. Gardner, G. H. 36[3].
Grube, K.: Methodik der Leberdurchströmung 27[1]. — Durchströmungsversuche an der Schildkrötenleber 28[1]. — Glykogengehalt verschiedener Leberlappen 67[10].
Grümer-Schmoll, G.: Vorkommen von Harnstoff in der Linse 889[10].
Grünbaum, A., s. Snapper, I. 27[3], 120[5], 194[8,11,12], 195[5], 608[1].
Grundfest, H., D. Nachmansohn, C. Y. Kao and R. Chambers: Elektrische Aktivität und neurochemische Veränderungen im Axon vom Tintenfisch 860[18].
— s. Bullock, T. H. 856[2].
Grunenberg, K.: Extraktion von indirektem Bilirubin aus dem Blutserum 514[7].
Grunewald, C. F., s. Deuel, H. J. jr. 93[3].
Gruzewska, Z., s. Carnot, P. 537[12,13], 542[12].
Guarino, A. J., s. Sable, H. Z. 108[9].
Guassi, A. M., s. White, T. J. 38[4].
Guberniev, M. A., and L. I. Il'ina: Erneuerungsgeschwindigkeit der Lebernucleinsäuren nach Pilocarpin 322[6].
Gubler, C. J., G. E. Cartwright and M. M. Wintrobe: Störung der Eisenresorption bei Pyridoxinmangel 55[4]. — Hämosiderose der Schweineleber bei Pyridoxinmangel 400[6].
Gubser, A.: Verminderung ätherunlöslicher P-Verbindungen bei Leberschäden 35[11].
Guehring, R. R., L. S. Hurley and A. F. Morgan: Cholesterinverwertung bei Pantothensäuremangel 205[10]. — Keine Einwirkung von Lactoflavin und Pyridoxin auf Cholesteringehalt von Leber und Blut 206[2]. — Keine Fettleber bei Pantothensäuremangel 409[9].
Gülzow, M.: Serumamylase bei Leberschädigung 241[13].
— s. Brink, G. 241[13].
Gueniot, M., s. Boulin, R. 112[5].
Günther, G., s. Adler, E. 193[7], 700[2], 705[9], 713[6], 714[1], 719[7], 724[1], 750[2], 753[12].
— s. Euler, H. v. 248[2], 254[5], 701[10], 749[9], 750[1], 751[3], 889[15], 895[9], 896[4].
Günther, H.: Zusammenfassung über Bedeutung der Hämatoporphyrine in Physiologie und Pathologie (1922) 526[6]. — Vorkommen von Koproporphyrin in Meconium 524[9].
Gueorgiervskaia, A. M.: Autolyse des Gehirns 762[8].
Guerrant, J. L., s. Hicks, M. H. 24[10].
Guerrant, N. B., s. Morehouse, A. L. 349[6].
— s. Thompson, R. Q. 402[5].
Guerritore, D., s. Cedrangolo, F. 300[7].
Guerry III, P. du, s. Waddell, W. W. jr. 371[12].
Gürtler, P., s. Meyer, K. H. 80[6].
Guest, G. M., s. Knowles, H. C. 42[8].
Guest, M. M.: Glykogengehalt der Rattenleber 67[4].
— s. Ware, A. G. 237[3].
Guha, B. C., and A. R. Ghosh: Ascorbinsäure aus Mannose in der Rattenleber 380[10]. — Keine Ascorbinsäurebildung durch Meerschweinchen- und Affenleber 381[5].

GUHA, B. C., and B. GHOSH: Ascorbinsäure aus Mannose in der Rattenleber 380[10]. — Keine Ascorbinsäurebildung durch Meerschweinchen- und Affenleber 381[5].
— s. GHOSH, A. R. 356[13].
— s. ROY, S. C. 382[9].
GUHA, K. D., T. P. HILDITCH and J. A. LOVERN: Ungesättigte Fettsäuren im Hai- und Dorschlebertran 376[7].
GUHA, S. R., s. DE, H. N. 398[8].
GUILD, R., s. CANZANELLI, A. 445[15], 446[21].
GUIMARÃIS, J. A., s. FELDBERG, W. 848[2].
GUIRARD, B. M., s. LIPMANN, F. 205[12], 404[10], 722[7].
GULICK, M., L. T. SAMUELS and H. J. DEUEL jr.: Leberglykogengehalt von Ratten und Meerschweinchen 70[5].
— s. DEUEL, H. J. jr. 93[3], 102[2], 191[2].
GULLBERG, M. E., s. HEIDELBERGER, C. 288[4], 289[1], 292[15].
GUNNESS, M., s. STOKES, J. L. 128[3], 412[7].
GUNSALUS, I. C., s. KORKES, S. 61[5], 129[2], 850[8].
— s. LICHTSTEIN, H. C. 251[1].
— s. UMBREIT, W. W. 251[4].
— s. WOOD, W. A. 263[4].
GUNTER, J. M., s. HAWKINS, R. D. 853[6], 858[15].
GUNTER, M. J., K. S. KIM, D. F. MAGEE, H. RALSTON and A. C. IVY: Choleretische Wirkung von organischen Stoffen 533[12].
GUNTHER, E. R., s. DRUMMOND, J. C. 363[2].
GURD, F. N., H. M. VARS and I. S. RAVDIN: Lipoidgehalt der Leber nach partieller Exstirpation 32[11]. — Wasser- und Glykogengehalt der Leber nach partieller Hepatektomie 33[1].
— s. VARS, H. M. 32[11], 33[1].
GURD, F. R. N., s. ONCLEY, J. L. 353[7].
GURDIJAN, E. S., W. E. STONE and J. E. WEBSTER: Phosphatfraktionen im Säugetiergehirn 630[14].
— J. E. WEBSTER and W. E. STONE: Hirnstoffwechsel bei Hypoxie 810[2]. — Gehirnstoffwechsel bei Krämpfen 810[15]. — Biochemische Veränderungen im Gehirn bei Krampfanfällen 816[1].
— s. STONE, W. E. 630[15], 810[10], 818[1].
GUREWITSCH, A.: Verteilung der Ascorbinsäure in der Linse 890[8].
GUREWITSCH, I. I., s. TSCHERNIKOW 473[1].
GURIN, S., and D. I. CRANDALL: Kein Umsatz von Acetoacetat durch Lebermitochondrien 194[7].
— A. M. DELLUVA and D. W. WILSON: Glucosebildung aus Alanin 255[7].
— and D. W. WILSON: Einfluß von Alanin auf die Glucosebildung 255[7].
— s. BRADY, R. O. 165[1], 167[13,14], 168[1,13], 169[1,2], 170[2,8], 171[1,3], 200[15,18], 201[3], 202[5,7], 203[16-18], 205[9].
— s. BUCHANAN, J. M. 188[1], 195[4].
— s. COON, M. J. 265[2,3].
— s. CRANDALL, D. I. 188[2].
— s. EISENBERG, F. jr. 460[8], 461[1].
GURIN, S., s. MILLER, C. S. 333[5].
— s. SCHEPARTZ, B. 280[1].
GURWITSCH, A. J., M. I. LEWJANT u. G. H. JERSINA: ATP-Abbau bei Ischämie des Gehirns 765[14].
GUSTAFSON, R. K., s. GARDNER, G. H. 36[3].
— s. LAMSON, P. D. 36[7].
GUTHNECK, B. T., s. SCHWEIGERT, B. S. 218[1].
GUTMAN, A. B., and B. JONES: Phosphataseinaktivierung durch Cyanide 241[4].
— K. B. OLSON, E. B. GUTMAN and C. A. FLOOD: Blutphosphatase bei Obstruktionsikterus 240[3]. — Bildungsort der Blutphosphatasen 240[3].
— s. FLOOD, C. A. 240[8,10], 241[6].
— s. WILLIAMS, R. D. 244[13].
GUTMAN, E. B., s. GUTMAN, A. B. 240[3].
— s. FLOOD, C. A. 240[8,10], 241[6].
GUTMANN, H. R., G. E. KIELY and M. KLEIN Abbau von 2-Acetylaminofluoren 500[7].
— and J. H. PETERS: Deacetylierung von 2-Acetylaminofluoren 499[10]. — Keine cancerogene Wirkung von Benzoylaminofluoren 499[10,11]. — Oxydation von 2-Acetylaminofluoren 500[1]. — Wirkung von 2-Acetylaminofluoren auf die Leber 502[5].
— and J. L. WOOD: Bildung von N-Acetyl-S-benzylhomocystein aus Benzyl-DL-homocystein 474[11].
GUTTMAN, S. A., H. R. POTTER, F. M. HANGER, D. B. MOORE, P. S. PIERSON and D. H. MOORE: Serumveränderungen beim Kephalin-Cholesterinflockungstest 247[4].
GWOH, H., s. DIETRICH, L. S. 674[12].
GYÖRGY, P.: Schutzwirkung von Cystein und Tokopherol bei Lebernekrosen 365[10]. Riboflavinphosphorylierung in der Leber 392[14]. — Acetaldehydvergiftung beim Menschen 490[11]. — Vitamin B_2- und B_6-Gehalt des Muskels 585[1]. — Keine Kataraktbildung bei Vitamin B_2-Mangel 899[10].
— and H. GOLDBLATT: Cholinwirkung auf Leberverfettung 144[5]. — Lipotrope Wirkung von Cystin + Cholin 149[12]. — Lebernekrosen bei Mangel an S-haltigen Aminosäuren 365[1]. — Oestrogeninaktivierung bei Methioninmangel 427[20].
— R. KUHN u. T. WAGNER-JAUREGG: Vitamin B_2-Gehalt von Herzmuskel 585[2].
— E. C. POLING and H. GOLDBLATT: Hemmung der Buttergelbwirkung durch Casein 500[12].
— F. S. ROBSCHEIT-ROBBINS and G. H. WHIPPLE: Anämie bei Mangel an Vitamin B_1 und Nicotinsäureamid 505[10].
— and C. S. ROSE: Biotin-Avidin-Komplexe 411[4].
— C. S. ROSE, R. M. TOMARELLI and H. GOLDBLATT: Schutzwirkung von Cystin und Tokopherol bei Lebernekrosen 365[10].
— J. SEIFTER, R. M. TOMARELLI and H. GOLDBLATT: Wirkung von Lebergiften bei Proteinmangel 37[6].

György, P., s. Birch, T. W. 687[5].
— s. Haanes, M. L. 154[11].
— s. Rhoads, J. E. 154[10].
— s. Shipley, R. A. 427[13].
— s. Vigneaud, V. du 410[11].
— s. Wheeler, J. E. 213[6].

Haagen-Smit, A. J., s. Borsook, H. 214[8], 215[1,4,9], 216[1], 218[2,3], 258[2], 296[7,10].
— s. Lepkovsky, S. 291[4], 292[16], 401[7].
Haan, J. de, K. H. Kolk u. H. Gerritsma: Sauerstoffverbrauch der Linse 893[6].
Haanes, M. L., and P. György: Proteasehemmung durch lipotrope Pankreasextrakte 154[11].
Haarmann, W.: Sauerstoffverbrauch von Leberschnitten nach Thyroxin 444[15]. Milchsäurebildung im Gehirn 706[9]. — Milchsäurebildung aus Brenztraubensäure 715[3].
Haas, A., s. Heim, F. 484[6].
Haba, G. de la, s. Racker, E. 109[14], 110[4].
Habán, G.: Leberstörungen bei Hyperthyreoidismus 443[6]. — Wirkung von Schilddrüsenhormon auf infektiöse Leberschäden 447[12].
Haber, C., and L. Saidel: Glutaminsäuregehalt im Gehirn bei Strychninkrämpfen 757[14].
Habib, G., s. Durlach, J. 450[8].
Habs, H.: Glykogengehalt der Muskulatur nach Training 586[1].
— s. Embden, G. 586[1].
Hach, J.: Homogentisinsäurebildung aus Phenylbrenztraubensäure 283[4].
Hack, M. H., s. Morrison, R. W. 661[8].
Haddow, A., and G. A. R. Kon: Cancerogene Wirkung von Dimethylaminostilben 494[12].
Hadidian, Z., s. Himwich, H. E. 823[15,16], 827[4].
Haege, L., s. Fenn, W. O. 801[7].
— s. Noonan, T. R. 801[8].
Haege, L. F., s. Manery, J. F. 797[10].
Hämäläinen, J.: Weg der Glucuronidbildung aus Glucose bzw. Glykogen 459[5].
Händel, M.: Entgiftung durch Bildung von Glucuroniden und Estersulfaten bei Leberkranken 457[8]. — Campherbelastung als Leberfunktionsprobe 466[3].
— s. Collazo, J. A. 75[3].
Haenel, H., s. Scheunert, A. 388[4].
Härle, R., s. Knoop, F. 256[3].
Haex, A. J., s. Beek, C. van 38[4].
Hafkenschiel, J. H., s. Harmel, M. H. 822[7].
Hagen, P.: Ascorbinsäure im Lebercytoplasma 378[11].
Hagerman, J. S., s. Gould, R. G. 200[10], 204[5], 205[4].
Haggerty, J. F., s. Loy, H. W. jr. 419[18].
Hagino, R.: Cholesteringehalt im Kammerwasser 904[17].
Hahn, L. (A.), and G. (C.) Hevesy: Bildung von Leberphosphatiden bei Hyperlipämie 160[10]. — Phosphatidaustausch mit dem Gehirn 736[3]. — Umsatzgeschwindigkeit von Phosphatiden und Nucleotiden im Gehirn 764[5]. — Permeabilität der Blut-Hirnschranke gegen Bromionen 797[12].
Hahn, L. (A.), G. C. Hevesy and E. C. Lundsgaard: Eindringen von anorganischem Phosphat ins Gehirn 736[1].
— G. C. Hevesy and O. H. Rebbe: Transport von Kalium- und Natriumionen durch Zellmembranen 801[6].
— s. Euler, H. v. 666[12].
— s. Hevesy, G. 158[2], 735[18,22], 739[8].
Hahn, M., O. Massen, M. Nencki u. J. Pawlow: Ecksche Fistel 29[5]. — Allantoinbildung bei Eckscher Fistel 338[4].
Hahn, P. F., W. F. Bale, R. A. Hettig, M. D. Kamen and G. H. Whipple: Eisenausscheidung nach Eiseninjektion 52[5].
— W. F. Bale, J. F. Ross, W. M. Balfour and G. H. Whipple: Eisengehalt der
— Hundeleber 44[7].
S. Granick, W. F. Bale and L. Michaelis: Eisengehalt der Leber nach Eiseninjektion 52[1].
— s. Balfour, W. M. 50[2], 53[2].
— s. Granick, S. 46[3], 47[1].
— s. Hawkins, W. B. 44[8], 50[5], 51[10], 55[11].
Haig, C., S. Hecht and A. J. Patek jr.: Bedeutung von Vitamin A für den Zapfenapparat 946[5].
— and A. J. Patek jr.: Vitamin A-Gehalt im Blut bei Lebercirrhose 359[15]. — Steigerung der Vitamin A-Resorption durch Galle 359[15].
— s. Chase, A. M. 937[5], 939[8].
Haines, S. F., T. B. Magath and M. H. Power: Hippursäuretest bei gesteigerter Schilddrüsentätigkeit 445[16]. — Grundumsatz und Hippursäurebildung bei Hyperthyreose 446[1].
Haines, W. J., s. Rose, W. C. 264[1].
Hajdu, S., J. A. C. Knox and R. J. S. McDowall: Rolle von Kalium bei der Erregungsleitung 575[7].
Halbach, H., s. Fischer, H. 519[6].
Hald, J., and E. Jacobsen: Hemmung der Acetaldehydoxydation durch Antabus 489[16]. — Acetaldehydgehalt des Blutes nach Antabus 490[3]. — Vergiftungserscheinungen nach Alkohol- und Antabusgaben 490[6].
— E. Jacobsen and V. Larsen: Acetaldehydoxydation unter Antabus 489[17]. — Beeinflussung der Acetaldehydoxydation durch Antabus 489[18]. — Beeinflussung der Acetaldehydoxydation durch antabusähnliche Stoffe 490[1]. — Verträglichkeit von Antabus 490[2]. — Acetaldehydvergiftung beim Kaninchen 490[10].
— and V. Larsen: Beeinflussung der Acetaldehydoxydation durch Antabus 489[19].
— s. Asmussen, E. 490[5,12].
Haldane, J. B. S.: Ketogene Wirkung von Ammoniumsalzen 193[9].

HALDANE, J. B. S., s. DAVIES, H. W. 193[12].
HALDI, J.: Milchsäuregehalt im Gehirn 660[3].
HALE, M. P.: Energielieferung für Acetyl-CoA-Bildung 179[8].
HALFF, M., s. CAULAERT, C. VAN 305[7].
HALKERSTON, J. H., s. REISS, M. 771[3], 818[15], 821[3].
HALL, E. M., and E. M. MCKAY: Glykogengehalt und Struktur der Leberzellen 68[6]. Verminderung des Leberglykogens bei längerer Narkose 69[5].
HALL, G. E., s. LEIBEL, B. 823[11].
HALL, M. C.: Tetrachlorkohlenstoffvergiftung der Hundeleber 36[3].
— and J. E. SHILLINGER: Tetrachlorkohlenstoffvergiftung der Hunde-, Kaninchen- und Hühnerleber 36[4].
HALL, R. S., s. NAJJAR, V. A. 399[5].
HALL, V. E., and M. SAHYUN: Wirkung von Anästheticis auf das Leberglykogen 76[6].
— s. FISHGOLD, J. T. 791[11].
— s. PEISS, C. N. 709[3].
HALL, W. K., s. BERG, J. L. 876[12].
— s. BOWLES, L. L. 876[14], 899[12].
— s. SYDENSTRICKER, V. P. 876[10], 899[13].
HALLAUER, C., s. FRANCESCHETTI, A. 903[11].
HALLE, F., s. FLASCHENTRÄGER, B. 173[8].
HALLERVORDEN, J.: Cholesteringranulomatose 688[7]. — Familiäre amaurotische Idiotie 689[6]. — Neutralfettablagerung bei der familiär amaurotischen Idiotie 689[8].
HALLIBURTON, W. D.: Buch über Biochemie von Muskel und Nerv. Engl. (1904) 652[3]. — Zusammenfassung über Biochemie der peripheren Nerven (1905) 652[3]. — Gehirnproteine 652[3].
HALLIDAY, N.: Leberverfettung bei Pyridoxinmangel 151[8], 403[3]. — Galaktosidform der Gehirncerebroside 642[11]. — Glucosegehalt von Organcerebrosiden 690[7].
HALLION, L., s. FRANÇOIS-FRANK, C. A. 16[4].
HALLMAN, L. F., s. BUTTS, J. S. 280[6], 283[10].
— s. DEUEL, H. J. jr. 70[5,7], 71[8], 105[6].
HALODAY, D., s. WILLIAMS, R. J. 403[12].
HALPERT, B., s. MORELAND, F. B. 539[7].
HALPIN, J. G., s. KEENAN, J. A. 673[15].
HALSALL, T. G., E. L. HIRST and J. K. N. JONES: Bildung von 2,3,4,6-Tetramethylglucose aus Glykogenspaltstücken 82[7].
— s. BROWN, F. 82[10].
HALTER, C. R., s. KENSLER, C. J. 501[5].
— s. SUGIURA, K. 493[12], 494[7], 498[10], 499[4].
HAM, D., s. SORSBY, A. 872[2].
HAMANO, M., s. HASEGAWA, F. 543[5].
HAMANO, S.: Vitamin A-palmitinsäureester im Leberöl von Stereolepsis ishinagi 358[6].
HAMAZAKI, Y., u. M. HAYAKAWA: Zellwucherung in der Rattenleber nach Milzexstirpation 50[10].
HAMBERGER, C.-A., and H. HYDÉN: Eiweißsynthese in Nervenzellen 745[8]. — Änderung des Heterochromatins in Ganglienzellen bei kräftiger Reizung 811[1]. — Verminderung der Pentosenucleoproteide im Ganglion cochleare durch gesteigerte Aktivität 811[7]. — Verminderung der Pentosenucleoproteide im Ganglion vestibulare durch gesteigerte Aktivität 811[9].
HAMBERGER, C.-A., s. HYDÉN, H. 745[7], 811[6].
HAMBLEN, E. C., W. K. CUYLER and D. V. HIRST: Pregnandiolglucuronid 436[5].
— s. CUYLER, W. K. 437[12], 438[2].
HAMBOURGER, W. E., s. COOK, D. L. 529[5].
HAMBURGER, R. N., s. KATSAMPES, C. P. 350[3].
HAMILTON, B., and R. SCHWARTZ: Wasserverlust des Gehirns beim durstenden Hund 684[6].
HAMILTON, M. G., s. PETERMANN, M. L. 312[11], 313[1-3].
HAMILTON, P., s. SLYKE, D. D. VAN 748[13], 758[1].
HAMILTON, P. B.: Glutamingehalt der Leber 253[3].
— and R. R. TARR: Ammoniakbildung aus Glutamin im Gehirn 628[17].
— s. SLYKE, D. D. VAN 254[1].
HAMILTON, T. S., s. MITCHELL, H. H. 9[4], 39[5], 41[7].
HAMLIN, M., s. SCUDI, J. V. 151[11].
HAMMARSTEN, E., and G. HEVESY: Erneuerung von Ribo- und Desoxyribonucleinsäure in verschiedenen Organen 316[2].
— and P. REICHARD: Keine Verwendung von Guanosin zur Nucleinsäuresynthese 331[4].
— P. REICHARD and E. SALUSTE: Erneuerung von Ribo- und Desoxyribonucleinsäuren 317[1]. — Einbau von Cytidin und Uridin in Nucleinsäuren 331[12]. — Kein Übergang von Pyrimidinen in Purine 342[2].
— s. ARVIDSON, H. 342[11].
— s. BERGSTRAND, A. 316[7].
— s. BERGSTRÖM, S. 342[9].
— s. ELIASSON, N. A. 325[1].
HAMMARSTEN, O.: Zusammenfassung über Chemie der Galle (1905) 546[10]. — Scymnol 550[5]. — Gallensäureausscheidung bei Säugetieren 554[6]. — Ausscheidung tauringebundener Gallensäuren beim Hund 557[16].
HAMOLSKY, M. W., and Z. S. GIERLACH: Thyroxininaktivierung in der Leber 441[10].
HAMON, F., s. CHEVILLARD, L. 139[1,4].
HÁMORI, A., s. ARMENTANO, L. 385[9], 386[7].
HAMPEL, C. W., s. KERR, S. E. 659[9], 823[2], 825[1].
HANAHAN, D. J., and S. J. AL-WAKIL: Ergosterinbildung in der Hefe bei Pantothensäuremangel 206[1].
— and N. B. EVERETT: Oestronsulfathydrolyse ist spezifisch für Leber 428[17]. — Sulfatausscheidung in der Galle 540[2].
— N. B. EVERETT and C. D. DAVIS: Hydrolyse von Oestronsulfat in der Leber 428[16].
— and S. J. WAKIL: Vitamin D-Transport mit der Lymphe 361[8]. — Vitamin D-Ausscheidung mit der Galle 362[1].
HAND, G.: Leberfunktionsprüfung mit Azorubin S 564[11].

HANDLER, P.: Wirkung von Thiouracil auf Leberfett 143[11]. — Cholinoxydase fehlt in Meerschweinchenleber 146[3]. — Cholin ohne Einfluß auf Entstehung cholesterinreicher Fettlebern 150[6]. — Keine Fettleber bei cholinfreier B_1-Mangeldiät 151[19].
— and F. BERNHEIM: Leberverfettung beim Hamster 146[4].
— M. L. C. BERNHEIM and J. R. KLEIN: Bildung von Glycin und Formaldehyd aus Sarkosin 259[4].
— and W. J. DANN: Antilipotrope Wirkung von Nicotinsäureamid 149[6], 151[4]. — Trigonellinbildung aus Nicotinsäureamid 149[6]. — Nicotinsäuregehalt von Rattenleber 394[9], 396[8]. — Nicotinsäuregehalt in Rattenorganen 395[3]. — Bildung von N-Methylnicotinsäureamid und 1-Methyl-3-carboxyamido-6-pyridon 396[11].
— and W. P. FEATHERSTON: Anämie bei Mangel an Nicotinsäureamid 505[14].
— H. KAMIN and J. S. HARRIS: Aufnahme von Glutamin durch Gehirn 749[2].
— and J. R. KLEIN: Nucleotidase aus Leber 394[14]. — Nicotinsäureamid-nucleotidase im Gehirn 704[4,5]. — Cozymasezerstörung im Gehirn 792[12,13], 793[3,4]. — Abbau von Cozymase im Gehirn 793[3]. — Abbau von TPN im Gehirn 793[3,4].
HANDOVSKY, H.: Acetaldehydvergiftung beim Hund 490[9].
— H. CASIER et C. SCHEPENS: Stoffwechselbeschleunigung durch Reduktion von 2,4-Dinitrophenol 483[10].
— u. K. WESTPHAL: Jahreszeitliche Unterschiede im Glykogengehalt der Leber 71[14].
HANDSCHUHMACHER, R. E., s. NEILANDS, J. B. 404[11].
HANES, C. S.: Leberphosphorylase 87[7].
— G. E. CONNELL and G. H. DIXON: Transpeptidation 157[15].
— F. J. R. HIRD and F. A. ISHERWOOD: Bildung von Glutaminylpeptiden in Nierenextrakten 753[1].
HANGER, F. M.: Kephalin-Cholesterinflokkungstest 246[13]. — Serumänderung beim Kephalin-Cholesterinflockungstest 247[3].
— and A. J. PATEK jr.: Kephalin-Cholesterinflockungstest 246[13].
— s. GUTTMAN, S. A. 247[4].
— s. KABAT, E. A. 229[4].
— s. MOORE, D. B. 247[1].
HANKES, L. V., s. SINGAL, S. A. 293[12].
HANLEY, B. J., s. HRUBETZ, M. C. 354[9].
HANSEMANN, D. v.: Auflösung menschlicher Gallensteine durch Hundegalle 568[4].
HANSEN, L. P., s. CANTAROW, A. 429[3,6].
HANSEN, P. F., and H. BEGTRUP: Avitaminotische und acholische Hypoprothrombinämie 372[3].
— s. BEGTRUP, H. 372[3].
HANSEN, R. G., and R. A. FREEDLAND: Coferment der Galaktowaldenase aus Milchsäurebakterien 96[2].
— s. JOHNSON, R. B. 674[14], 675[2].
HANSEN, R. G., s. RUTTER, W. J. 96[7].
HANSEN, S. W. F., s. CHANNON, H. J. 152[16].
HANSON, H., s. ABDERHALDEN, E. 878[11], 897[2].
HANSON, P. C., s. HAWKINS, W. B. 558[14].
HARAY, I., J. B. V. SALLES and S. OCHOA: malic enzyme 127[3].
HARD, W. L., and R. K. HAWKINS: Abgabe von Phosphatase durch die Leber 241[5]. Phosphatasegehalt der Gallengänge nach Gallengangsunterbindung 544[14].
— A. C. PETERSON and M. D. FOX: Cholinesterasegehalt in Cervicalganglien nach Nervendurchtrennung 696[22].
HARDIN, J. O., s. HOVE, E. L. 366[8,10], 367[15].
HARDING, C. V.: Hemmung der Zellteilung durch Heparin 320[3].
HARDING, V. J., and G. A. GRANT: Umwandlung von Galaktose in Glucose in der Leber 92[2]. — Vergärbarer Zucker im Blut nach Galaktosezufuhr 96[8].
— G. A. GRANT and D. GLAISTER: Glykogen bildung aus Galaktose in der Leber 93[4].
— and F. H. VAN NOSTRAND: Umwandlung von Galaktose in Glucose in der Leber 92[2]. — Vergärbarer Zucker im Blut nach Galaktosezufuhr 96[8].
HARDWICK, S. W., s. ELLINGER, P. 396[12].
HARDY, H., s. SCHREIER, K. 285[8].
HARGESHEIMER, A., s. DORNOW, A. 388[4].
HARGREAVES, A., s. FOY, H. 421[3].
HARKNESS, D. M., s. MUNTWYLER, E. 313[6], 321[12].
— s. SEIFTER, S. 390[8], 391[6], 392[4], 394[8], 395[2].
HARKNESS, M. L., and R. D. HARKNESS: Kollagenverteilung in der Leber 14[4]. — Kollagengehalt in der regenerierenden Rattenleber 34[11].
HARKNESS, R. D.: Volumen der Leberzellkerne 11[5]. — Regeneration der Leber nach partieller Exstirpation 32[8]. — Zusammensetzung der Leber nach partieller Hepatektomie 33[13]. — Wassergehalt der Leber nach partieller Hepatektomie 40[2].
— s. GREENBAUM, A. L. 223[3], 248[4].
— s. HARKNESS, M. L. 14[4], 34[11].
HARLEY, V., and W. BARRATT: Auflösung menschlicher Gallensteine durch Hundegalle 568[4].
HARLOFF, E., s. SEIBURG, H. 455[16].
HARMAN, J. W., s. PRICE, J. M. 497[7].
HARMAN, P. J., s. ROBERTS, E. 681[6].
HARMEL, M. H., J. H. HAFKENSCHIEL, G. M. AUSTIN, C. W. CRUMPTON and S. S. KETY: Stoffwechsel und Durchblutung des Gehirns bei Blockade des Ganglion stellatum 822[7].
— s. KETY, S. S. 823[10], 824[3], 827[7].
HARMS, H. P., s. DRAGSTEDT, L. R. 154[7].
— s. PROHASKA, J. v. 154[6].
HARNISCHFEGER, E., u. E. OPITZ: Fermente des Cytochromsystems im Gehirn 795[15].
HARPER, A. E., D. A. BENTON, M. E. WINJE and C. A. ELVEHJEM: Wachstumshemmung durch L-Leucin 265[5].

HARPER, A. E., W. J. MONSON, D. A. BENTON and C. A. ELVEHJEM: Lipotrope Wirkung von Proteinen, Glycin, Serin und Threonin 152[9].
— W. J. MONSON, D. A. BENTON, M. E. WINJE and C. A. ELVEHJEM: Lipotrope Wirkung von Threonin 152[10].
— s. WILLIAMS, J. N. jr. 421[5], 422[2,4].
HARPER, H. A., s. KINSELL, L. W. 213[6].
HARPUR, R. P., and J. H. QUASTEL: Wirkungsbereich der Hexokinase 710[6]. — ATP-Bildung bei der Glykolyse 847[9].
HARRELSON, R. T., s. SURE, B. 382[4], 675[1].
HARRER, C. J., s. STOTZ, E. 385[1].
HARREVELD, A. VAN: Kaliumverlust peripherer Nerven bei mangelhafter Energielieferung 805[4].
— s. TYLER, D. B. 684[2].
HARRIS, A. D., and T. MOORE: Vitamin A-Speicherung in Lungen und Nebennieren 348[12]. — Vitamin A-Gehalt menschlicher Leber 354[4].
HARRIS, E. J., s. MCLENNAN, H. 835[1].
HARRIS, F.: Vitamin A-Gehalt in Tierlebern 357[3].
HARRIS, G. W., s. FELDBERG, W. 850[12].
HARRIS, H., E. M. TRAUTNER and M. MESSER: Glutaminsäureoxydation im Gehirn 750[7].
— s. BLASCHKO, H. 402[9].
— s. DATTA, S. P. 402[8].
HARRIS, J. E., and L. B. GEHRSITZ: Kalium- und Natriumgehalt von Kaninchenlinsen 884[1]. — Kalium- und Natriumaustausch durch die Linse 893[2]. — Verteilungsverhältnis von Monosacchariden zwischen Kammerwasser und Plasma 909[4]. — Einstrom von Wasser in die Augenkammern 909[9].
— L. B. GEHRSITZ and L. NORDQUIST: Kalium- und Natriumaustausch durch die Linse 893[3].
— J. D. HAUSCHILDT and L. T. NORDQUIST: Kalium- und Natriumaustausch durch die Linse 893[4].
HARRIS, J. S., and J. R. KLEIN: Acetylierung durch Rattenleber 476[8]. — Beschleunigung von Acetylierungen in Leberschnitten durch Lactat, Pyruvat und Acetoacetat 477[7].
— s. HANDLER, P. 749[2].
— s. KLEIN, J. R. 476[7], 477[8].
HARRIS, J. W., s. WALLERSTEIN, R. O. 421[2].
HARRIS, L. J.: Ascorbinsäuregehalt in Kammerwasser 905[4].
HARRIS, M. M.: Ammoniakbildung aus Glutamin im Gehirn 628[16].
— and R. S. HARRIS: Hemmung der unspezifischen Cholinesterase durch Curarepräparate 858[14].
HARRIS, P. L., s. JENSEN, J. L. 359[4].
— s. QUAIFE, M. L. 368[2].
HARRIS, P. N., and G. H. A. CLOWES: Proteinzufuhr ohne Wirkung auf Cancerogenese durch Azofarbstoffe 501[8].
HARRIS, P. N., M. E. KRAHL and G. H. A. CLOWES: Antagonistische Wirkung von Riboflavin gegen cancerogene Azofarbstoffe 501[4].
HARRIS, R. I., s. ARMSTRONG, A. R. 240[8].
HARRIS, R. S., s. HARRIS, M. M. 858[14].
HARRIS, S. A., s. WOLF, D. E. 262[5].
HARRISON, D. C.: Dehydrogenase für Oxydation von Glucose zur Gluconsäure 108[1].
HARRISON, H. C., and C. N. H. LONG: N-Ausscheidung bei adrenektomierten Tieren 124[7]. — Ketonkörper im Muskelgewebe 185[2]. — Ketonkörperkonzentration im Zellwasser 195[2].
HARROP, G. A., and E. S. G. BARRON: Bilirubin zur Leberfunktionsprüfung 510[14].
HARROW, B., A. MAZUR and C. P. SHERWIN: Steigerung der Acetylierung von p-Aminobenzoesäure durch Insulin 477[12].
— F. W. POWER and C. P. SHERWIN: Entgiftung von p-Aminobenzoesäure durch Acetylierung 475[7]. — Beschleunigung von Acetylierungen durch Lactat, Pyruvat und Acetoacetat 477[6].
— and C. P. SHERWIN: Wachstumsförderung durch Urocaninsäure 299[10].
— s. OTTENBERG, R. 457[5].
— s. WAGREICH, H. 458[4].
HART, E. B., C. A. ELVEHJEM, H. STEENBOCK and A. R. KEMMERER: Kupfergehalt der Schweineleber 57[14].
— C. A. ELVEHJEM, J. WADDELL and R. C. HERRIN: Wirkung von Kupfer auf die Hämoglobinbildung 59[4].
— and E. V. MCCOLLUM: Degeneration des Zentralnervensystems bei Vitamin A-Mangel 669[12].
— W. S. MILLER and E. V. MCCOLLUM: Degeneration des Zentralnervensystems bei Vitamin A-Mangel 669[13].
— H. STEENBOCK, C. A. ELVEHJEM and J. WADDELL; Wirkung von Kupfer auf die Hämoglobinbildung 59[4].
— H. STEENBOCK, J. WADDELL and C. A. ELVEHJEM: Wirkung von Kupfer auf die Hämoglobinbildung 59[4].
— s. ARNOLD, A. 302[6].
— s. BARKI, V. H. 164[3,4].
— s. BRIGGS, G. M. jr. 673[19].
— s. ELVEHJEM, C. A. 59[4], 673[18].
— s. GEYER, R. P. 93[10].
— s. HOVE, E. 63[2,6].
— s. KEENAN, J. A. 673[15].
— s. KLINE, O. L. 674[1].
— s. SCHANTZ, E. J. 93[10].
— s. SCHULTZE, M. O. 58[10].
— s. SPECTOR, H. 505[6].
— s. WACHTEL, L. W. 63[3].
— s. WADDELL, J. 59[4].
HART, E. R., s. MUNRO, F. L. 31[7], 235[12].
HART, J. F., and J. R. LISA: Leberdurchblutung bei Cirrhose 17[8], 18[1].

HART, W. M., and B. F. CHANDLER: Optische Differenzen von Lederhaut und Hornhaut 871[10]. — Quellung der Hornhaut 879[11]. — Dehydratationszustand der Hornhaut 880[7]. — Hornhautquellung und -trübung 881[3].

— s. LEE, O. S. 877[8].

HARTH, S., s. MANDEL, P. 885[4].

HARTLEY, P.: Arachidonsäure in Leberlecithin 376[1].

HARTMAN, C. G., s. MARKER, R. E. 436[6].

HARTMAN, F. A., K. A. BROWNELL and J. E. LOCKWOOD: Blutzuckerabfall bei hungernden adrenektomierten Tieren 123[11].

HARTMANN, E., s. FRANK, E. 75[2].

HARTMANN, F.: Albumin: Globulinverhältnis bei Lebererkrankungen 229[5]. — β- und γ-Globuline bei Leberschädigungen 231[4]. — Albumin/Globulin-Verhältnis in der Galle bei Cholelithiasis 569[9].

— R. HERTEL, G. SCHULZE u. H. WELLMER: Tokopherolwirkung bei Leberverfettung durch Tetrachlorkohlenstoff 366[7].

— u. H. LANGER: Prothrombin im Blut bei Leberkranken 236[5]. — Acceleratorglobulin im Blut bei Leberschäden 237[4].

— u. K. STEINEBACH: β- und γ-Globuline im Blut bei Leberschädigungen 231[3]. — α-Globulinvermehrung im Blut bei malignen Geschwülsten 231[3].

HARTMANN, H.: Muskelvolumen bei tetanischer Kontraktion 602[1]. — Arbeitsfähigkeit von Muskeln in großen Höhen 609[5].

HARTREE E. F., s. KEILIN, D. 489[8].

HARTROFT, W. S.: Fettembolien 155[4,5]. — Bindegewebsvermehrung in der Leber bei alipotroper Ernährung 156[2].

— s. BEST, C. H. 145[9].

HARTROP, W. L., s. RIEGEL, B. 436[10].

HARVEY, A. M., s. GROB, D. 239[9], 860[4].

HARVIER, P., s. CARNOT, P. 513[7].

HASEGAWA, F.: Ausscheidung von Glutathion, Kreatin, Kreatinin und Harnsäure in der Galle 542[4]. — Glucuronsäure- und Ascorbinsäuregehalt der Meerschweinchengalle 543[12].

— u. M. HAMANO: Darstellung von Phenylglucosazon aus Galle 543[5].

HASKINS, A. L. jr., s. KOCHAKIAN, C. D. 435[1].

HASLEWOOD, G. A. D.: Δ^5-Cholesten-3β,7α-diol in Tierlebern 200[4].

— and V. WOOTTON: Schwefelsaure Ester von Steroidalkoholen in der Galle von Rana temporaria 551[3]. — Chenodesoxycholsäure in der Galle von Knochenfischen 551[3]. — Phytocholsäurebildung bei Schlangen 551[11]. — Gallensäuren der menschlichen Galle 554[2]. — Gallensäureausscheidung bei Säugetieren 554[2]. — Ausscheidung gebundener Gallensäuren bei Wirbeltieren 557[5].

HASSE, K., s. EULER, H. v. 794[6].

HASSELBACH, W.: Bedeutung von Calciumionen für ATP-Spaltung 575[6].

HASSELBACH, W., u. G. SCHNEIDER: Fraktionierung der Muskeleiweißstoffe 577[5].

HASSID, W. Z., M. DOUDOROFF and H. A. BARKER: Zusammenfassung über Phosphorylasen, Phosphorolyse und Synthese von Sacchariden (1951) 157[17].

— s. POTTER, A. L. 82[10].

— s. PUTMAN, E. W. 315[3].

HASTINGS, A. B., and J. M. BUCHANAN: Glykogensynthese in Leberschnitten 40[4]. Beeinflussung der Glykogenbildung in Rattenleber durch Calciumionen 43[5].

— C.-T. TENG, F. B. NESBETT and F. M. SINEX: Förderung der Glucosebildung in Leberschnitten aus Pyruvat durch Natriumionen. 43[7]. — Wirkung von Kalium- und Natriumionen auf Glykogensynthese in der Leber 43[7].

— s. ASHMORE, J. 91[6].

— s. BUCHANAN, J. M. 40[5], 43[6,8], 120[3].

— s. CHRISTENSEN, H. N. 805[1].

— s. CONANT, J. B. 118[2].

— s. DEANE, H. W. 43[10].

— s. FLINK, E. B. 41[16].

— s. KLEMPERER, F. W. 339[5].

— s. MANERY, J. F. 621[2], 624[10], 629[15].

— s. SOLOMON, A. K. 129[1].

— s. TOPPER, Y. J. 120[1].

— s. VENNESLAND, B. 118[2].

HATA, T., s. FUJITA, A. 795[6].

HATTERER, C., s. TERROINE, E. F. 685[11].

HATZ, F., s. WISS, O. 289[7].

HAUGAARD, E. S., s. HAUGAARD, N. 822[11].

HAUGAARD, N., H. VAUGHAN, E. S. HAUGAARD and W. C. STADIE: Eintritt von Insulin ins Gehirn 822[11]

— s. STADIE, W. C. 43[9], 85[3], 849[11].

HAUGE, S. M., s. CURTIS, P. B. 899[11].

HAUROWITZ, F.: Kupfergehalt der Leber des Menschen 56[6]. — Kupferstoffwechsel der Leber bei hepatolenticularer Degeneration 60[7].

HAUSBERGER, F. X., S. W. MILSTEIN and R. J. RUTMAN: Fettsäuresynthese in Fettgewebe 165[8]. — Fettbildung aus Glucose der Leber bei Alloxandiabetes 168[10].

HAUSCHILDT, J. D., s. HARRIS, J. E. 893[4].

HAUSMANN, K., and K. MULLI: Vitamin B_{12}-Extraktion aus der Leber 419[16].

HAUSSER, I.: Dipolcharakter von Kephalin 798[3].

HAVENS, W. P. jr., s. PASCHKIS, K. E. 436[12].

HAWK, E. A., and C. A. ELVEHJEM: Ersatz von Cholin durch Vitamin B_{12} 421[8].

HAWKINS, J.: Monoaminoxydase in Gehirnmitochondrien 761[6].

HAWKINS, J. E. jr., s. MADDOCK, S. 105[4], 749[6].

HAWKINS, J. T., s. FERRIS, E. B. jr. 827[6].

HAWKINS, R. D., and J. M. GUNTER: Keine Bedeutung unspezifischer Cholinesterasen für Acetylcholinspaltung 853[6]. — Hemmung der unspezifischen Cholinesterase durch Nu 683 858[15].

HAWKINS, R. D., and B. MENDEL: Vergiftung der Acetylcholinesterasen 853[7]. — Hemmung der Cholinesterasen durch Eserin und Physostigmin 858[4]. — Hemmung der unspezifischen Cholinesterasen durch Alkylfluorophosphate 858[16]. — Hemmung der Acetylcholinesterase durch Nu 250 858[19].
HAWKINS, R. K., s. HARD, W. L. 241[5], 544[14].
HAWKINS, V., s. VILTER, R. W. 343[7].
HAWKINS, V. R., s. GLAZER, H. S. 291[12].
— s. SCHREINER, A. W. 403[11].
HAWKINS, W. B.: Zusammenfassung über Leber und Galle (1941) 1[6].
— and K. M. BRINKHOUS: Bedeutung der Galle für Vitamin K-Resorption 368[8]. — Bedeutung von Vitamin K für Prothrombinbildung 368[8]. — Wirkung parenteraler Vitamin K-Zufuhr bei cholämischen Blutungen 369[3].
— and P. F. HAHN: Eisengehalt der Hundeleber 44[8]. — Eisengehalt der Leber nach Blutentnahme 50[5]. — Eisengehalt der Leber nach Eiseninjektion 51[10]. — Eisenausscheidung durch die Galle 55[11].
— P. C. HANSON, R. W. COON and R. TERRY: Bildung tauringebundener Gallensäuren nach Methioninzufuhr 558[14].
— F. S. ROBSCHEIT-ROBBINS and G. H. WHIPPLE: Eisenresorption bei Gallenfistelhunden 53[10].
— and G. H. WHIPPLE: Blutungsneigung bei Gallenfistel 236[2]. — Bedeutung der Galle für Vitamin K-Resorption 368[7]. — Verzögerung der Blutgerinnung bei Vitamin K-Mangel 368[11]. — Gallenfarbstoffbildung aus Erythrocyten 506[2].
— and A. WRIGHT: Bedeutung der Galle für den Cholesteringehalt des Blutes 206[12].
— s. SRIBHISHAJ, K. 520[4], 521[8].
— s. WHIPPLE, G. H. 226[3].
— s. WRIGHT, A. 547[6].
HAWKINS, W. W., and J. BARSKY: Wirkung von Pyridoxinmangel auf Gehirn 756[3].
— M. L. MACFARLAND and E. W. MCHENRY: Harnstoff- und Reststickstoffgehalt im Blut bei Pyridoxinmangel 402[13].
— s. PERRY, W. F. 409[8].
HAWKINSON, V., s. SCHWARTZ, S. 525[11].
HAWORTH, W. N.: Glykogenstruktur 81[5].
— E. L. HIRST and F. A. ISHERWOOD: Bildung von 2,3,4,6-Tetramethylglucose aus Glykogenspaltstücken 82[6].
HAX, D.: Glykogengehalt der Leber junger Hunde 71[1].
HAYAKAWA, M., s. HAMAZAKI, Y. 50[10].
HAYAISHI, O., and A. KORNBERG: Uracilthyminoxydase 344[1].
HAYANO, M., S. SCHILLER and R. I. DORFMAN: Hemmung der Sauerstoffaufnahme von Hirngewebe durch Steroidhormone 819[5].
— s. COHEN, P. P. 306[12], 307[1], 308[6], 309[6].
HAYEK, H. v.: Färbung verschiedener Gehirnteile durch Triphenyltetrazoliumchlorid 797[5].
HAYES, E., and M. PETITPIERRE: Neovitamin A in Fischleberölen 358[11].
HAYNES, R., s. SUTHERLAND, E. W. 76[15].
HAZAN, S. J., s. SINGAL, S. A. 152[1,4,12].
HEAD, G. D., and R. A. JOHNSON: Vitamin A-Bildung aus Carotin bei Diabetes 352[2].
HEALD, P. J.: Glucuronsäureabbau durch Darmbakterien 464[1].
HEALEY, J. E. jr., s. GLENN, W. W. L. 136[7].
HEALY, D. J., s. MCHARGUE, J. S. 59[4].
HEARD, R. D. H.: Zusammenfassung über Chemie und Stoffwechsel der Nebennierenrindenhormone (1948) 125[1].
— E. LOZINSKI, L. STEWART and R. D. STEWART: Glykogenabbau durch Glucagon 76[14].
— s. ALBERT, S. 429[7], 739[15].
HEARON, J. Z., s. TSCHIRGI, R. D. 758[10], 782[11].
HEATLEY, N. G., s. BERENBLUM, I. 666[5].
HEBB, C. O.: Insulineinwirkung auf Leberglykogen 74[6].
— s. BALFOUR, W. E. 845[11], 849[15], 850[1,2].
HECHT, L., s. NOVIKOFF, A. B. 313[5].
HECHT, L. L., s. SCHMIDT, G. 133[5].
HECHT, S.: Zusammenfassung über Chemie der Sehstoffe (1942) 939[14]. — Zur minimalen Lichtempfindung notwendige Sehpurpurmenge 940[9].
— and E. G. PICKELS: Molekulargewicht von Sehpurpur 938[8].
— s. HAIG, C. 946[5].
HECHTER, O., s. ZAFFARONI, A. 209[5].
HECHTER, O. M., s. CASPI, E. Y. 436[3].
HECKSTEDEN, W., s. KNOOP, F. 256[3].
HÉDON, L.: Glykogengehalt der diabetischen Leber nach Insulin 75[10].
— s. CRISTOL, P. 74[5], 75[1].
HEFFTER, A.: Thiosulfatgehalt im Harn 480[12]. — Reduktion von Pikrinsäure zu Pikraminsäure 484[2].
HEGNAUER, A. (H.), s. FENN, W. O. 623[29], 624[4], 629[5], 630[16].
HEGSTED, D. M., and F. J. STARE: Empfindlichkeit gegen Vitamin B-Mangel 405[6].
— s. KINNEY, T. D. 47[4], 55[1].
— s. RIGGS, T. R. 409[3,4], 477[2].
HEHRE, E. J.: Zusammenfassung über enzymatische Synthese von Polysacchariden (1931) 157[16].
HEIANZAN, N.: Hyperglykämie nach Injektion von Natrium- und Magnesiumsalzen 42[9]. — Verminderung der Gallensekretion durch Natriumsalze 43[12]. — Wirkung anorganischer Salze auf Gallenproduktion 553[19].
HEIDELBERGER, C., E. P. ABRAHAM and S. LEPKOVSKY: Nicotinsäurebildung aus Tryptophan 294[2], 398[5].
— M. E. GULLBERG, A. F. MORGAN and S. LEPKOVSKY: Kynureninbildung aus Tryptophan 288[4], 289[1]. — Nicotinsäurebildung aus Tryptophan 292[15].
— and G. A. LE PAGE: Erneuerung der Desoxyribonucleinsäuren 317[2].

HEIDELBERGER, C., s. LE PAGE, C. A. 316[9,11], 343[10].
— s. MILLER, E. C. 498[5].
— s. PARDEE, A. B. 717[7].
— s. POTTER, V. R. 830[3].
HEIDELBERGER, M., s. SCHOENHEIMER, R. 224[1].
HEIFETZ, C. J., s. ELMAN, R. 221[9].
HEIFFER, M. H., s. BACCHUS, H. 385[3].
HEILBRON, I. M., T. P. HILDITCH and E. D. KAMM: Squalen in Fischlebern 202[18].
— E. D. KAMM and W. M. OWENS: Squalen in Fischlebern 202[18]
— s. LEDERER, E. 359[1].
HEILBRUN, N., and R. S. HUBBARD: Extraktion von indirektem Bilirubin aus dem Blutserum 514[7].
HEILBRUNN, L. V., and W. L. WILSON: Hemmung der Zellteilung durch Heparin 320[3].
HEILMAN, F. R., s. HERRELL, W. E. 561[7,9].
HEILMEYER, L.: Ursache der Hämochromatose 54[8]. — Urobilinurie nach Muskellähmung 522[3].
— u. T. EILERS: Abbau der Erythrocyten bei Anämien 509[4].
— W. KEIDERLING u. G. STÜWE: Buch über Kupfer und Eisen als körpereigene Wirkstoffe (1941) 59[13].
— u. I. v. MUTIUS: Bedeutung der Galle für die Eisenresorption 53[9].
— u. W. OHLIG: Aufnahme der Urobilinkörper aus dem Pfortaderblut durch die Leber 520[10]. — Urobilingehalt im Blut bei diffusen Leberparenchymschäden 521[4].
— u. K. PLÖTNER: Buch über das Serumeisen und die Eisenmangelkrankheit (1937) 48[3].
— s. GITTER, A. 506[7].
HEIM, F., u. A. HAAS: Entgiftung von Pantocain und Procain durch Hydrolyse 484[6].
HEIMANN, F.: Wirkung der Erstickung auf das Muskelglykogen 76[5]. — Bilirubingehalt in Tierseren 510[10].
HEINBECKER, P.: Octansäureabbau 190[10]. — Ketonämie bei verschiedenen Menschenrassen 191[1].
HEINE, J.: Cholesteringranulomatose 688[8].
HEINEMAN, H., C. McC. SMYTHE and P. A. MARKS: Durchblutung der Leber 15[1]. — Durchblutungsgröße der Leber 38[1].
HEINLEIN, H.: Bedeutung der Galle für den Cholesteringehalt des Blutes 206[11]. — Koprosterinbildung im Darm 549[2].
HEINRICH, M. R., and H. A. MATTILL: Kreatingehalt von Leber und Muskel bei E-Avitaminose 367[14]. — Zusammensetzung der Hirnlipoide bei Vitamin E-Mangel 686[18].
— and D. W. WILSON: Guaninsynthese 332[4]. — Einbau von Guanin in Nucleinsäuren 333[10]. — Pyrimidinsynthese aus CO_2 342[5].
HEINSIUS, E., u. G. ARNDT: Ursache der Linsentrübung bei Diabetes 898[4].
HEINTZELMANN, F., s. ALBERTSEN, K. 243[8], 244[4,8], 246[5,8,9].
HEINZEN, B.: Aktivität der sauren Phosphatase im degenerierenden Nerveh 695[8].
HEINZLER, F., s. ESSER, H. 903[4].
HEISCHKEL, E.: Anorganische Bestandteile des Bindegewebes 575[4]. — Siliciumgehalt im Nackenband 577[1].
HEITERMAN, H. jr., s. SMITH, A. H. 539[8].
HEITMANN, R., s. THORN, W. 787[10].
HEIWINKEL, H., s. EULER, H. v. 330[2], 396[1], 704[1], 792[11].
HEJDA, s. LABBÉ, M. 305[7].
HEKHUIS, G. L., s. COHEN, P. P. 751[4].
HEKTOEN, L., and K. SCHULHOF: Unterscheidung der Krystalline durch Präzipitinreaktion 886[13].
HELE, T. S.: Ausscheidung von freiem und verestertem Sulfat 274[13]. — Entgiftung von Halogenbenzolen 453[4]. — Entgiftung von p-Kresol 454[12]. — Entgiftung von Isobarbitursäure durch Bindung an Schwefelsäure 467[2,3]. — Entgiftung von Phenol, Indol und Guajakol 467[3]. — Verwendung von anorganischem Sulfat zur Bildung von Esterschwefelsäuren 467[4].
— s. CALLOW, E. H. 472[7].
HELFERICH, B., u. G. SPARMBERG: β-Glucuronidase und β-Glucosidase sind nicht identisch 462[7].
HELLAUER, H. (F.): Cholinergische Natur sensibler Vagusäste 843[7].
— u. K. UMRATH: Acetylcholingehalt von degenerierenden Nerven 696[14]. — Antidrome Gefäßerweiterung 843[11].
— s. BÖCK, J. 904[15].
— s. BRÜCKE, H. v. 875[10], 876[6].
— s. LOEWI, O. 928[11].
— s. UMRATH, K. 696[15], 697[5].
HELLER, C. G.: Oestrogeninaktivierung durch Leber 424[14], 428[9]. — Oestradiolbildung durch Leberschnitte bei Cyanidvergiftung 425[4].
— and E. J. HELLER: Inaktivierung oestrogener Substanzen durch Leber 423[4], 425[5]. — Bildung von α-Oestradiol aus Oestron 428[5].
— E. J. HELLER and E. L. SERVINGHAUS: Oestrogeninaktivierung durch Leberschnitte 424[16].
HELLER, E. J., s. HELLER, C. G. 423[4], 424[16], 425[5], 428[5].
HELLER, H.: Zerstörung von antidiuretischem Hypophysenhormon 450[11].
— and F. F. URBAN: Zerstörung von antidiuretischem Hypophysenhormon 450[10].
— s. BIRNIE, J. H. 450[14].
HELLER, L., and N. BARGONI: Esteraseverteilung in sarkomatösen Lebern 157[11]. — Lipase im Cytoplasma von Leberzellen 377[6].
— s. EULER, H. v. 504[4].

HELLER, R.: Bilirubingehalt in Tierseren 510[10].
HELLERMAN, L., and M. E. PERKINS: Nickelwirkung auf Leberfermente 65[3].
— and C. C. STOCK: Nickelwirkung auf Leberfermente 65[3]. — Aktivierung von Arginase durch Fe-(II)-Ionen 310[11].
— s. RICHARDS, M. M. 60[19], 310[11].
HELLMAN, L., s. ROSENFELD, R. S. 549[5].
HELLMAN, L. M., and L. B. SHETTLES: Prothrombingehalt im Placentarblut 371[4].
— s. SHETTLES, L. B. 371[4].
HELLSTRÖM, H., s. EULER, H. v. 792[18], 889[15], 895[9], 896[4], 928[4].
HELMER, O. M., s. FOUTS, P. J. 471[7].
— s. KOHLSTAEDT, K. G. 471[5].
HELMREICH, E., H. HOLZER, W. LAMPRECHT u. S. GOLDSCHMIDT: Quotient DPN: DPN-H_2 in Leberzellen bei vermehrten Ketonkörperbildung 191[6].
— K. STUHLFAUTH u. S. GOLDSCHMIDT: Verbrennung von Fructose, Mannose und Galaktose im Gehirn 784[11].
HELMREICH, M. L., s. SAMUELS, L. T. 432[12], 433[4].
HELWIG, E. B., s. MACBRYDE, C. M. 143[12].
HEMING, A. E., s. GORDON, E. S. 444[5], 818[6].
HEMINGWAY, A., J. PRYDE and R. T. WILLIAMS: Glucuronidbildung in der Leber 456[6]. — Keine Glucuronidbildung aus β-Phenol-D-glucosid 459[7].
— s. OLSEN, N. S. 258[4], 261[1].
— s. SWENDSEID, M. E. 186[2].
HEMMELER, G.: Eisengehalt von Siderophilin 48[3]. — Sideroämie bei Obstruktionsikterus 48[4].
HEMPELMANN, L. H., s. AUB, J. C. 66[7].
HEMPHILL, R. E., s. EARLY, D. F. 861[5].
— s. REISS, M. 861[4].
HEMS, R., s. KREBS, H. A. 22[1], 329[1], 656[2], 749[7].
— s. STERN, R. J. 748[6], 756[7], 758[4].
HENDERSON, E., s. SENECA, H. 438[3].
HENDERSON, L. M.: Chinolinsäurebildung aus Tryptophan 293[11]. — Chinolinsäurewirkung im Wachstumstest 294[6].
— and H. M. HIRSCH: Chinolinsäurebildung aus Tryptophan 293[10]. — Chinolinsäurewirkung im Wachstumstest 294[5].
— and G. B. RAMASARMA: Bildung eines Antipellagrastoffes aus Tryptophan 293[9].
— G. B. RAMASARMA and B. C. JOHNSON: Chinolinsäurebildung aus Tryptophan 293[14].
— I. M. WEINSTOCK and G. B. RAMASARMA: Bedeutung von Pyridoxin und Riboflavin für Tryptophanabbau 293[3]. — Oxykynureninspaltung durch pyridoxalhaltige Fermente 401[8].
— s. KREHL, W. A. 292[13].
— s. SCHAYER, R. W. 294[1].
— s. SCHURR, P. E. 655[3,6].
— s. THOMPSON, H. T. 684[9], 685[1].
HENDERSON L. M., s. WAISMAN, H. A. 404[13].
HENDERSON, N., s. ELLIOTT, K. A. C. 810[20], 813[25], 844[6,7], 845[3].
HENKES, H. E.: Vorkommen von Ascorbinsäure im Oberflächenepithel der Cornea 876[5]. — Verteilung der Ascorbinsäure in der Linse 890[8].
HENLE, W., s. FOSTER, C. 832[6,7].
HENNING, N., s. DEMLING, L. 652[2].
HENRI, V., et P. PORTIER: Vermehrung der Gallensekretion durch ungereinigtes Sekretin 531[7].
HENRIQUES, O. B., S. B. HENRIQUES and A. NEUBERGER: Glykokollgehalt der Leber 468[6]. — Erneuerungsgeschwindigkeit von Glykokoll in Leber und Muskel 468[6].
HENRIQUES, S. B., s. HENRIQUES, O. B. 468[6].
HENRIQUES, V., u. U. KLAUSEN: Proteingehalt im Blutplasma bei Leberschädigung 227[3]. — Eiweißfraktionen im Blutplasma nach Phosphorvergiftung 228[1]. — Serumalbumingehalt bei Phosphorvergiftung 229[1].
— u. H. OKKELS: Schleimhautschädigung im Verdauungstrakt durch große Eisenmengen 55[5].
— et A. ROCHE: Eisenbestimmung in der Leber 44[2].
— u. H. ROLAND: Eisenausscheidung durch die Galle beim Fistelhund 55[13].
HENRY, M., s. ELLIOTT, K. A. C. 786[3].
HENSCHEL, A. F., s. SAMUELS, L. T. 432[7].
HENSCHEN, C.: Glykogengehalt verschiedener Leberlappen 67[6].
HENSEL, M.: Entgiftung von m- und p-Aminobenzoesäure durch Acetylierung 475[6]. — Beschleunigung von Acetylierungen durch Lactat, Pyruvat und Acetoacetat 477[6].
— s. ELLINGER, A. 475[3].
HENSELEIT, K., s. KREBS, H. A. 304[11], 305[1], 306[1].
HENTSCHEL, H.: Gehirnsterine 645[7]. — Vorkommen von Ergosterin im Gehirn 675[3].
HEPNER, F., s. BEUMER, H. 549[7].
HEPTER, J., s. GOLDMANN, H. 525[3].
HEPPEL, L. A., V. T. PORTERFIELD and E. G. PEAKE: Lipotrope Wirkung von Methylpurinen 149[1].
HERBAIN, M., s. FIESSINGER, N. 76[12], 304[6].
HERBERT, D.: Keine Aktivierung gereinigter Pyruvatcarboxylase durch Biotin 128[4].
— s. OSTERN, P. 43[4], 87[7], 91[3].
HERBERT, F. K.: Phosphatasegehalt in Blutserum und Galle 240[8]. — Vitamin-K-refraktäre Hypoprothrombinämien 372[7].
HERBERT, R. W., E. L. HIRST, E. G. V. PERCIVAL, R. J. W. REYNOLDS and F. SMITH: Bildung von Diketogulonsäure aus Dehydroascorbinsäure 384[5].
HERBERTSON, B. M., s. DIXON, K. C. 661[1].

HERINGA, G. C., and A. WEIDINGER: Reticulin 14[5]. — Wasserbindung in der Cornea 880[1].
— s. LEYNS, W. F. 880[1].
HERKEL, W.: Kupfergehalt der menschlichen Leber 57[2]. — Kupfergehalt der Leber in der Schwangerschaft 59[10]. — Kupfergehalt der Leber bei Hämochromatose und Cirrhose 60[1].
HERKEN, H., u. D. NEUBERT: Acetylcholingehalt im Gehirn bei Narkose 813[26]. — Bedeutung von Acetylcholin für Auftreten generalisierter Krämpfe 817[10]. — Verbrauch von Acetylcholin bei der Gehirnfunktion 843[3].
HERLITZ, C. W.: Ursachen der Hyperbilirubinämie des Neugeborenen 512[8].
HERMAN, H. A., s. STALLCUP, O. T. 351[13].
HERMANN, H., F. CAUJOLLE et F. JOURDAN: Nicotinausscheidung mit der Galle 492[1].
HERMANN, L.: Buch über Stoffwechsel der Muskeln (1867) 590[8].
HERMANN, M.: Intravasale Hämolyse 506[3].
HERMANNS, L., s. FROMHERZ, K. 283[7].
HERRAIZ, M. L., s. RADICE, J. C. 348[2].
HERRELL, W. E., and F. R. HEILMAN: Ausscheidung von Aureomycin und Terramycin in der Leber 561[7].
— F. R. HEILMAN, W. E. WELLMAN and L. G. BARTHOLOMEW: Terramycinausscheidung in der Leber 561[9].
HERRICK, F. C.: Störungen der Leberdurchblutung bei Cirrhose 18[7].
HERRICK, J. F., s. GRINDLAY, J. H. 15[14].
— s. ZELLER, E. A. 896[9], 897[3].
HERRIN, R. C., s. ELVEHJEM, C. A. 59[4].
— s. HART, E. B. 59[4].
HERRING, P. T.: Abbau von Leberglykogen nach Thyroxin 77[12].
— J. C. IRVINE and J. J. R. MACLEOD: Wirkung von Mannose beim hypoglykämischen Koma 105[3].
— and S. SIMPSON: Gallendruck beim Hund bei völliger Gallensperre 529[1].
HERRLICH, H. C., s. HIMWICH, H. E. 796[11].
HERRMANN, G. R., and P. ROCKWELL: Cholin zur Lebertherapie 146[9].
HERRMANN, H., and M. B. BOSS: Dopaoxydase im Ciliarkörper 917[6], 920[7].
— and J. S. FRIEDENWALD: Vorkommen von Cholinesterase im Ciliarkörper 920[12].
— J. S. FRIEDENWALD and M. B. BOSS: Cytochromoxydase fehlt im Stroma der Uvea 920[5]. — Vorkommen von Bernsteinsäuredehydrogenase im Ciliarkörper 920[5].
— and F. H. HICKMAN: Glykogenabbau in der Cornea 877[3]. — Milchsäurebildung aus Glucosamin in der Cornea 877[3].
— and S. G. MOSES: Glutathiongehalt der Cornea 875[7]. — Glutathiongehalt im Corneaepithel, Altersabhängigkeit 876[2]. — Eiweißgebundenes oxydiertes Glutathion in der Linse 889[9]. — Vorkommen von Cytochromoxydase im Linsenepithel 895[10]. — Kammerwasser enthält kein Glutathion 904[6]. — Bindung von Glutathion an Eiweiß in Iris und Ciliarkörper 918[16]. — Glutathiongehalt der Rinderuvea 919[9]. — Glutathiongehalt der Rindernetzhaut 926[14].
HERRMANN, H., S. G. MOSES and J. S. FRIEDENWALD: Wirkung verschiedener Pharmaka auf Stoffwechsel der Cornea 877[10]. Indophenolblaureaktion in der Cornea 878[4].
— s. FRIEDENWALD, J. S. 920[5].
HERS, H. G.: Fructokinase 98[14], 99[2].
— J. BERTHET, L. BERTHET et C. DE DUVE: Glucose-6-phosphatase 91[2]. — Trennung von Phosphatasen und Phosphokinasen der Leber 98[17].
— et C. DE DUVE: Glucose-6-phosphatase 91[2].
— et P. JACQUES: 1-Phosphofructoaldolase 100[2].
— and T. KUSAKA: 1-Phosphofructoaldolase 100[2].
— s. DUVE, C. DE 76[9].
HERSHEY, J. M., and S. SOSKIN: Keine Fettleber nach Lecithingaben 144[1]. — Wirkung von Fettsäurezufuhr auf Fettleberbildung 152[14]. — Lipotrope Wirkung von Fischtran 377[1].
— s. BEST, C. H. 137[8], 142[10], 144[1,3], 148[7].
HERSHMAN, B., s. SCHMIDT, G. 133[2].
HERTEL, E.: Wassergehalt der Hornhaut, Abhängigkeit vom Augendruck 873[3].
HERTEL, R., s. HARTMANN, F. 366[7].
HERTER, E., s. BAUMANN, E. 473[3], 484[3].
HERTZ, H., s. BUCHTHAL, F. 863[9].
HERTZ, W.: Abbau des Leberglykogens bei Feten und Neugeborenen 69[12].
HERVE, A., s. BACQ, Z. M. 272[5].
HESS, A. F., J. GROSS, M. WEINSTOCK and F. S. BERLINER: Calciumgehalt des Gehirns bei Rachitis und Tetanie 622[5].
HESS, B., s. MARTIUS, C. 24[5], 328[3,4], 446[5].
HESS, C.: Zusammenfassung über Pathologie und Therapie des Linsensystems (1911) 891[10].
HESS, H. H., and A. POPE: Cytochromoxydaseaktivität im Rattengehirn 796[3].
HESS, W. C., s. SULLIVAN, M. X. 272[6].
HESSE, J., s. CHIRAY, M. 548[8].
HESSELBACH, M. L., and H. G. DUBUY: Fermentgehalt von Gehirnmitochondrien 700[10].
HESSELVIK, L.: Elektrophoretische Trennung der Krystalline 886[5]. — Globulin aus Glaskörper 910[14].
HESSER, F. P., s. POPPER, H. 348[2], 353[10], 368[4].
HESTON, W. E., s. EDWARDS, J. E. 493[3].
HESTRIN, S.: Freier Energieaustausch bei Acetylcholinhydrolyse 858[2].
— s. NACHMANSOHN, D. 845[9], 846[4], 849[14].
HETHERINGTON, W. A., s. ROEPKE, R. R. 901[4].
HETTIG, R. A., s. HAHN, P. F. 52[5].

HEUBNER, W.: Zusammenfassung über Mineralstoffe des Tierkörpers (1931) 570[3]. Eisenresorption aus abgebundenen Darmschlingen 53[4].
— u. P. RONA: Calciumchlorid und -lactat ohne Einfluß auf Calciumgehalt des Gehirns 622[12].
HEUSER, G. F., s. AMDUR, M. O. 61[6].
— s. RINGROSE, A. T. 404[2].
— s. YACOWITZ, H. 406[6], 419[17], 420[8], 674[3].
HEUSSER, H., s. CAGIANUT, B. 907[12].
HEVESY, G. (C.): Zusammenfassung über Anwendung radioaktiver Indicatoren in der Biologie (1940) 735[26]. — Zusammenfassung über Anwendung radioaktiver Indikatoren bei Umsatzuntersuchungen (1947) 160[4]. — Blut-Hirnschranke 735[26]. Eiweißumsatz im Gehirn bei starker Muskelarbeit und nach Urethan 746[21]. — Aufnahme von ^{32}P durch Gehirn 769[10].
— and A. H. W. ATEN jr.: Einbau von ^{32}P in Phosphatide 158[5].
— and L. (A.) HAHN: Phosphatidbildung in der Leber 158[2]. — Einbau von Phosphatiden in Gehirnlipoide 735[18]. — Blut-Hirnschranke 735[22]. — Umsatz verschiedener Phosphatide im Gehirn 739[8].
— R. RUYSSEN and M. L. BEECKMANS: Einbau von Acetat in Gehirnlipoide 740[4]. — Fettsäurebildung aus Acetat im Gehirn 740[5].
— s. EULER, H., v. 770[1].
— s. HAHN, L. (A.) 160[10], 736[1,3], 764[5], 797[12], 801[6].
— s. HAMMARSTEN, E. 316[2].
HEWETT, C. L., s. COOK, J. W. 494[11].
HEWLETT, T. H., s. ZASLOW, J. 561[6,8].
HEYMAN, A., s. PATTERSON, J. L. jr. 821[10].
HEYMANN, G., s. SCHMITZ, E. 686[4].
HEYMANN, W.: Bedeutung von Galle für Vitamin D-Resorption 361[5]. — Vitamin D-Speicherung in der Leber 361[10]. — Vitamin D-Ausscheidung mit dem Kot 362[2]. — Vitamin D-Speicherung im Gehirn 675[7].
— and J. L. MODIC: Glykogengehalt der Leber junger Ratten 71[2].
HEYMANS, B., et C. HEYMANS: Insulineinwirkung auf Leberglykogen 74[11].
HEYMANS, C., et H. CASIER: Reduktion von 2,4-Dinitrophenol zu Aminonitrophenolen 483[9].
— s. HEYMANS, B. 74[11].
HEYNINGEN, R. VAN, and A. PIRIE: Vorkommen von „malic enzyme“ und Glutathionreduktase in der Linse 896[3].
— A. PIRIE and J. BLACKWELL: Galaktosekatarakt 899[19].
— A. PIRIE and J. W. BOAG: Vorkommen von Coenzym A, Isocitronensäuredehydrogenase und Cytochrom c-Reduktase in der Linse 896[6]. — Verminderung von Coenzym A in der Linse durch Röntgenbestrahlung. 898[2].
— s. PIRIE, A 896[6], 898[2].
HEYNINGEN, R. VAN, s. WEBB, E. C. 728[1], 860[12].
HEYTLER, P. G., s. RENZO, E. C. DE 64[15], 65[9,11,13].
HICKMAN, F. H., s. HERRMANN, H. 877[3].
HICKMAN, K.: Hemmung der Linolsäureoxydation durch Vitamin E 367[9].
HICKMAN, K. C. D., s. GRAY, E. L. 352[4].
HICKS, A. M., s. HOSFORD, G. N. 869[6].
HICKS, M. H., H. P. HOLT, J. L. GUERRANT and B. S. LEAVELL: Gesteigerte Leberdurchblutung im Fieber 24[10].
HIFT, H., s. SHWARTZMAN, G. 251[1].
HIGASHI, H., and S. ISEKI: Riboflavingehalt in Fischlebern 390[12].
HIGGINBOTHAM, R. D., s. WATANABE, T. 832[4].
HIGGINS, G. M.: Förderung der Leberregeneration durch Thyroxin 35[1]. — Vergrößerung der Leber bei experimentellem Hyperthyreoidismus 446[18].
— and R. M. ANDERSON: Regeneration der Leber nach partieller Exstirpation 32[6]. — Wassergehalt der Leber nach partieller Hepatektomie 33[6].
— F. C. MANN and J. T. PRIESTLEY: Partielle Leberexstirpation 32[2].
— and J. T. PRIESTLEY: Regeneration der Leber nach partieller Exstirpation 32[6]. — Regeneration der Leber nach Milzexstirpation 34[12].
— s. MANN, J. D. 20[8].
HIGGINS, H., J. A. MILLER, J. M. PRICE and F. M. STRONG: Verteilung von Pantothensäure in Leberzellen 405[1]. — Verteilung von Pantothensäure in Buttergelbtumoren 406[9].
— s. NEILANDS, J. B. 404[11].
HIGH, E. G.: Vitamin A-Aufnahme durch die Leber 348[4]. — Verteilung von Vitamin A zwischen Leber und Niere 350[6].
— and H. G. DAY: Verteilung von Vitamin A zwischen Leber und Niere 350[6]. — Vitamin A-Gehalt der Rattenleber 355[7].
HIJIKATA, Y.: Aminosäuren aus Linseneiweiß 887[2].
HIJMANS VAN DEN BERGH, A. A.: Buch über den Gallenfarbstoff im Blut (1918) 514[1].
— and J. J. DE LA FONTAINE-SCHLUITER: Bilirubingehalt im menschlichen Serum 510[4].
— W. GROTEPASS u. F. E. REVERS: Keine Bildung von Uroporphyrin aus Protoporphyrin 524[5]. — Bildung von Koproporphyrin aus Protoporphyrin in der Leber 524[5]. — Porphyrinausscheidung im Harn bei Leberkranken 525[9]. — Porphyrinausscheidung im normalen Harn 526[1].
— u. P. MULLER: Bilirubingehalt im menschlichen Serum 510[4].
— u. I. SNAPPER: Bilirubingehalt im menschlichen Serum 510[4].
HILDEBRAND, G., s. KÜHN, H. A. 20[1,2,9].
HILDEBRANDT, H.: Entgiftung von substituierten Toluolen 469[8].
— s. FROMM, E. 455[14].

HILDES, J. A., S. SHERLOCK and V. WALSHE: Glykogengehalt der menschlichen Leber 67[1]. — Glykogengehalt der diabetischen Leber 75[7].
HILDITCH, T. P.: Buch über chemische Konstitution natürlicher Fette. 2. Aufl. Engl. (1947) 163[9]. — Fettsäuren der Gewebsphosphatide 158[7].
— s. GUHA, K. D. 376[7].
— s. HEILBRON, I. M. 202[18].
HILL, A. V.: Buch über Muskelbewegung beim Menschen. Engl. (1927) 570[10]. — Buch über chemische Übertragung im Nerven. Engl. (1932) 862[7]. — Diskussion über Muskelkontraktion und -erschlaffung (1950) 570[21]. — Diskussion über Thermodynamik der Elastizität in biologischen Geweben (1951/52) 570[21]. — Gehalt an „freiem Wasser" im Froschmuskel 574[3]. — Volumschwankungen des Muskels bei Kontraktion und Erschlaffung 602[2]. — Osmotischer Druck von Froschblut und Froschmuskel 603[4]. — Zuckungsdauer von Schildkrötenmuskeln 612[3]. — JOULEsche Wärme des Nervenaktionsstromes 863[3].
— and P. S. KUPALOV: Zustandsform von Kalium im Muskel 587[1]. — Sauerstoffverbrauch des tätigen Froschsartorius 590[5]. — Gefrierpunktserniedrigung des ermüdeten Muskels 603[5].
— and C. N. H. LONG: Zusammenfassung über Muskeltätigkeit, Milchsäure und Zufuhr und Ausnutzung von Sauerstoff (1925) 120[5].
HILL, C. H., and M. L. SCOTT: Cysteinaktivierung der Konjugase aus Niere 414[2].
— s. YACOWITZ, H. 419[17], 420[8], 674[3].
HILL, D., P. S. J. LOE, J. THEOBALD and M. WADDELL: Elektrische Aktivität des Gehirns bei Herabsetzung des Blutzuckers 824[2].
HILL, D. K.: Zusammenfassung über Muskel (1951) 570[30]. — Lichtdurchlässigkeit des Muskels 603[2].
HILL, E., s. KOEHLER, A. E. 96[12].
— s. ZIEVE, L. 562[10], 563[1].
HILL, E. S., s. MCHARGUE, J. S. 59[4].
HILL, J. M., s. MUIRHEAD, E. E. 55[9].
HILL, R.: Zusammensetzung von Myoglobin 579[11].
HILLE, H., s. FLECKENSTEIN, A. 606[1].
HILLENBRAND, H. J., s. DODEN, W. 802[10].
HILLER, A., s. SLYKE, D. D. VAN 254[1].
HILLER, G. I., E. R. HUFFMAN and S. LEVEY: Plasmaeiweißgehalt bei Lebercirrhose 227[6].
HILLIARD, J., s. DEUEL, H. J. jr. 105[6].
HILLS, A. G., s. FORSHAM, P. H. 126[4].
— s. STADIE, W. C. 85[3].
HILLS, G. M.: Hemmung der Acetatbildung bei Pantothensäuremangel 410[3].
HILLYARD, L. V.: Humorale Auslösung der Gallenproduktion 531[2].
HILMER, H., s. FISCHER, H. 523[6].
HILZ, H., s. JONES, M. E. 180[1].
HIMMELBERGER, L. R.: Thyroxinwirkung auf Leberglykogen 77[17].
HIMSWORTH, H. P.: Totale Leberexstirpation bei Säugetieren 30[2].
— and L. E. GLYNN: Wirkung von Methionin bei Lebernekrosen 365[2].
— and O. LINDAN: Leberschädigungen bei Ratten nach Hefeeiweiß 365[6].
— s. GLYNN, L. E. 37[2], 283[11], 365[4].
— s. LINDAN, O. 365[14].
HIMWICH, H. E.: Buch über Gehirnstoffwechsel und cerebrale Störungen. Engl. (1951) 778[5]. — Keine Wirkung von Pyruvat und Lactat beim hypoglykämischen Koma 786[1].
— A. O. BERNSTEIN, J. F. FAZEKAS, H. C. HERRLICH and E. RICH: Postnatale Aktivierung des Cytochromsystems im Gehirn 796[11].
— K. M. BOWMAN, C. DALY, J. F. FAZEKAS, J. WORTIS and W. GOLDFARB: Sauerstoffaufnahme des Gehirns bei Hypoglykämie 823[8]. — Gehirndurchblutung beim Menschen bei Hypoglykämie 823[8]. Kein Einfluß von Lactat und Pyruvat auf arteriovenöse Sauerstoffdifferenz des Gehirns bei Hypoglykämie 824[5]. — Hirnstoffwechsel bei schwerer Hypoglykämie 825[5].
— K. M. BOWMAN and J. F. FAZEKAS: Herabgesetzte Sauerstoffaufnahme des Gehirns bei Kohlenoxydvergiftung 790[9].
— K. M. BOWMAN, J. WORTIS and J. F. FAZEKAS: Arteriovenöse Sauerstoffdifferenz und Glucosegehalt des Blutes bei Insulinhypoglykämie 823[14]. — Leber als Glucosequelle für den Hirnstoffwechsel 825[3]. — Cerebrale arteriovenöse Sauerstoffdifferenz bei Schizophrenie 827[3].
— C. DALY and J. F. FAZEKAS: Herabsetzung des Hirnstoffwechsels bei Kretinismus 818[10]. — Verminderte Sauerstoffaufnahme im Gehirn bei Hypothyreose 819[2].
— and J. F. FAZEKAS: Sauerstoffaufnahme durch verschiedene Gehirnteile 684[1]. — Energielieferung im Zentralnervensystem durch Kohlenhydrate 700[5]. — Kohlenhydratoxydation im Gehirn nach Nicotinvergiftung 729[9]. — Atmung in verschiedenen Gehirnteilen 782[2]. — Energielieferung für das Nervensystem durch Kohlenhydrate 783[5]. — R.Q. in verschiedenen Gehirnteilen 783[20]. — Verbrennung von Fetten und Proteinen durch Gehirnschnitte 784[1]. — Arteriovenöse Sauerstoffdifferenz und Glucosegehalt des Blutes bei Insulinhypoglykämie 823[12]. — Cerebrale arteriovenöse Sauerstoffdifferenz bei Kretinismus, Mongolismus und Oligophrenia phenylpyruvica 827[9,10].
— J. F. FAZEKAS and M. H. HURLBURT: Hemmung der Atmung des Rattengehirns 790[4]. — Hemmung der Gehirncytochromoxydase durch Cyanid 796[13].

HIMWICH, H. E., J. P. FROSTIG, J. F. FAZEKAS and Z. HADIDIAN: Arteriovenöse Sauerstoffdifferenz und Glucosegehalt des Blutes bei Insulinhypoglykämie 823[16].
— W. GOLDFARB and A. WELLER: Aufnahme von Ketonkörpern durch Organe 185[1].
— Z. HADIDIAN, J. F. FAZEKAS and H. HOAGLAND: Arterio-venöse Sauerstoffdifferenz und Glucosegehalt des Blutes bei Insulinhypoglykämie 823[15]. — Cerebrale arteriovenöse Sauerstoffdifferenz bei Schizophrenie 827[4].
— Y. D. KOSKOFF and L. H. NAHUM: Milchsäuregehalt in Coronarvene und -arterie 610[4].
— and L. H. NAHUM: Kein Fettabbau im Gehirn diabetischer Tiere 160[12]. — R.Q. im Gehirn von Hunden 783[11]. — Kohlenhydratoxydation im Gehirn bei pankreasdiabetischen Hunden 822[12,13].
— L. H. NAHUM, N. RAKIETEN, J. F. FAZEKAS, D. DU BOIS and E. F. GILDEA: Verbrennung von Alkohol im Gehirn 785[20].
— s. BAKER, Z. 708[2], 729[11], 784[3], 822[10].
— s. CAMERON, D. E. 822[2], 827[8].
— s. CHESLER, A. 658[8], 659[1], 680[11], 824[10,11].
— s. DOLOWITZ, D. 791[16].
— s. FAZEKAS, J. F. 729[10], 786[8], 822[14].
— s. GOLDFARB, W. 185[1], 742[5].
— s. HIMWICH, W. A. 389[10], 700[6], 777[15], 778[2], 783[6], 813[2].
— s. WORTIS, J. 824[4].
HIMWICH, W. A., and H. E. HIMWICH: Brenztraubensäureaufnahme durch Leber bei Thiaminmangel 389[10]. —Energielieferung im Zentralnervensystem durch Kohlenhydrate 700[6], 783[6].
— E. HOMBURGER and H. E. HIMWICH: Sauerstoffverbrauch des menschlichen Gehirns 777[15], 778[2].
— E. HOMBURGER, R. MARESCA and H. E. HIMWICH: Sauerstoffverbrauch des Gehirns bei Narkose 813[2].
— and J. P. SAUNDERS: Rhodanesegehalt der Hundenebennieren 480[3].
— s. SAUNDERS, J. P. 479[13].
HINE, C. H., T. N. BURBRIDGE, E. A. MACKLIN, H. H. ANDERSON and A. SIMON: Vergiftungserscheinungen nach Alkohol- und Antabusgaben 490[7].
HINES, L. R., and H. A. MATTILL: Vitamin E-Speicherung in der Leber 363[14]. — Vitamin E-Gehalt der Leber bei E-Avitaminose 364[4]. — Vitamin E-Gehalt von Rattenmuskel 584[6].
HINSBERG, K., u. R. MERTEN: Buch über chemische Bestimmungsmethoden im klinischen Laboratorium (1952) 243[1].
HINTNER, H., s. PLATTNER, F. 903[9], 920[13].
HIRAOKA, T., s. SCHMITZ, E. 686[10].
HIRAYAMA, S.: Gehalt der Hundegalle an reduzierenden Stoffen 543[2].
HIRD, F. J. R., s. HANES, C. S. 753[1].
HIRS, C. W. H., and D. RITTENBERG: Harnstoffbildung 306[4].
HIRSCH, A.: Bilirubingehalt im Nabelstrang- und Neugeborenenblut 512[1].
HIRSCH, E. O., s. COGAN, D. G. 879[5,7].
HIRSCH, G. C., and R. F. J. VAN PELT: Rhythmus der Gallenproduktion und der Glykogenbildung in der Leber 25[4].
HIRSCH, H. M., s. HENDERSON, L. M. 293[10], 294[5].
HIRSCH, J.: Alkoholdehydrogenase aus Leber 485[2].
HIRSCHBERG, E., s. WINTERSTEIN, H. 629[7], 658[4], 823[7].
HIRST, D. V., s. CUYLER, W. K. 438[2].
— s. HAMBLEN, E. C. 436[5].
HIRST, E. L., and S. S. ZILVA: Ascorbinsäureoxydation 383[3]. — Antiskorbutische Wirkungen von Dehydroascorbinsäure 383[3].
— s. BARKER, C. C. 82[9].
— s. BROWN, F. 82[10].
— s. HALSALL, T. G. 82[7].
— s. HAWORTH, W. N. 82[6].
— s. HERBERT, R. W. 384[5].
HIRT, B. A., s. ELLINGER, P. 528[5].
HISAW, F. L., s. ZARROW, M. 438[1].
HITCHCOCK, P., and E. E. NELSON: Entgiftung von Paraldehyd in der Leber 491[9].
HIXON, W. S., s. LOWRY, O. H. 617[2], 773[8].
HJARTH, E.: Vorkommen von Schwermetallen in Pigmentkalksteinen 567[6]. — Cholecystitis und Cholelithiasis nach Trypsininjektion in die Gallenblase 569[8].
HJORTH, P.: Glucose-Toleranzkurve bei Vitamin C-Mangel 385[10].
HOAGLAND, C. L.: Zusammenfassung über biochemische Probleme bei einer Muskelkrankheit (1946) 570[19]. — Zusammenfassung über Stoffwechseländerungen bei Muskelerkrankungen (1946) 570[19].
— s. GILDER, H. 426[15].
— s. KUNKEL, H. G. 246[4].
— s. LABBY, D. H. 451[3,5].
— s. RALLI, E. P. 451[3,5].
— s. SHANK, R. E. 245[10].
HOAGLAND, H., s. BERGEN, J. R. 624[1].
— s. HIMWICH, H. E. 823[15], 827[4].
HOAGLAND, M. B., and G. D. NOVELLI: Coenzym A-Bildung in der Leber 179[2]. — Mechanismus der Coenzym A-Bildung 408[4].
HOAGLAND, R., s. POWICK, W. C. 57[14].
HOARE, D. S., and M. KERLY: Phosphorylierung von Glucosamin in der Netzhaut 932[15]. — Vorkommen von Phosphohexoisomerase und Phosphohexokinase in der Netzhaut 936[8].
HOBART, C.: Lysozymgehalt der Tränen 870[2].
HOBBIGER, F.: Hemmung der Cholinesterase durch Tetraäthylpyrophosphat 859[10].
— u. G. WERNER: Freies und gebundenes Acetylcholin im Nervengewebe 844[14]. — Acetylcholin als Katalysator der Acetylcholinsynthese 845[4].

HOBERMAN, H. D.: Gehalt an Guanidinoessigsäure im Blut 303[5].
— C. W. LLOYD and R. H. WILLIAMS: Methylierung von Guanidinoessigsäure bei Lebercirrhose 303[11].
— E. A. H. SIMS and W. W. ENGSTROM: Kreatin- und Glykocyamingehalt nach Methyltestosteron in Blut und Harn 434[12].
HOBSON, P. N., W. J. WHELAN and S. PEAT: Q-Enzym 89[3]. — Glykogenabbau durch Phosphorylase 90[3].
HOCH, F. L., and F. LIPMANN: Lebertemperatur nach Adrenalininjektion 24[5].
HOCHBERG, M., D. MELNICK and B. L. OSER: Bildung von N-Methylnicotinsäureamid aus Nicotinsäure beim Menschen 396[12].
HOCHREIN, M., u. R. MEIER: Milchsäuregehalt des Blutes bei Leberkranken 121[4].
HOCHSTER, R. M., and J. H. QUASTEL: Hemmung der Succinodehydrogenase durch Malonsäure 717[11].
HOCHWALD, A., s. GAJDOS, A. 386[3].
— s. REISS, M. 24[2], 443[13].
HOCH-LIGETI, C.: Cancerogene Wirkung von 7-Oxy-2-acetylaminofluoren 495[9], 500[2]. Succinoxydasegehalt in Hepatomen 504[7].
— s. DAFF, M. 379[12], 503[11].
HOCK, A., u. H. FINK: Wirkung von Cystin bei Lebernekrosen 365[3].
HOCK, C. W., s. BERG, J. L. 876[12].
— s. BOWLES, L. L. 876[14].
— s. SYDENSTRICKER, V. P. 876[10].
HOCKWIN, O., s. KLEIFELD, O. 882[2], 891[9]. 892[4], 894[6].
— s. MÜLLER, H. K. 894[6], 900[7].
HODGE, H. C., P. L. MACLACHLAN, W. R. BLOOR, C. A. STONEBURG, M. C. OLESON and R. WHITEHEAD: Fettgehalt der Leber hungernder Mäuse 139[6].
— s. MACLACHLAN, P. L. 9[11], 10[3], 39[9], 40[1], 139[2], 140[1].
— s. SHANTZ, E. M. 359[8].
HODGKIN, A. L.: Durchlässigkeit von Nervenmembranen für Na- und K-Ionen bei Erregung 835[7]. — Na-K-Ionentheorie der Nervenerregung 835[13]. — Erregungsleitung im Nerven 836[2]. — Acetylcholin als Aktionssubstanz bei der Nervenleitung 842[4]. — Mechanismus der Nervenleitung 862[5].
— and A. F. HUXLEY: Bedeutung der Bewegung einwertiger Kationen für Erregung und Leitung im Nervensystem 801[9]. Durchlässigkeit von Membranen für Na- und K-Ionen bei Erregung 835[4,5]. — Kaliumverluste bei Nervenreizung 837[2].
— and B. KATZ: Natriumdurchtritt durch Tintenfischnerven bei Reizung 735[2]. — Bedeutung der Bewegung einwertiger Kationen für Erregung und Leitung im Nervensystem 801[10]. — Steigerung der Permeabilität von Nervenmembranen für Na-Ionen bei Erregung 835[11].
HODGSON, T. H.: Osmotischer Druck des Kammerwassers 901[3]. — Chlorionenverteilung zwischen Plasma und Kammerwasser beim Menschen 907[4].
HÖGBERG, B., s. EULER, H. v. 330[2], 396[1].
HOEKSTRA, W. G., A. L. POPE and P. H. PHILLIPS: Vitamin B_{12}-Gehalt von Schafsleber 420[4].
HOERBURGER, W., s. FINK, H. 527[2].
HÖRMANN, E.: Galaktosekatarakt 899[18].
HOERNER, M. T., s. JUDD, E. S. 369[4].
HOERR, N. L.: Lokalisation der Ribonucleinsäuren in Leberzellen 312[9].
HOESCH, K., u. C. SIEVERT: Leberfunktionsprüfung durch Aminosäurebeslastung 213[2]. — Glycinbelastung zur Leberfunktionsprüfung 259[7].
HOESCH, K. D.: Anreicherung jodhaltiger aromatischer Verbindungen in der Gallenblase 564[13].
HÖVELS, O., s. DEUTICKE, H. J. 652[1], 654[2], 658[2].
HOFF, F.: Alopecia pectoralis bei Lebercirrhose 426[8].
HOFF, H. E., s. KELLAWAY, P. E. 441[4].
HOFFBAUER, F. W.: Zusammenfassung über die Leber (1949) 1[7]. — Leberpunktion 38[4].
HOFFERT, D., s. MACLEAN, I. S. 200[14].
HOFF-JØRGENSEN, E.: Komplex aus Magenstoff und Vitamin B_{12} 421[1].
— A. P. SKOUBY and J. G. ANDERSEN: Komplex aus Magenstoff und Vitamin B_{12} 421[1].
— and E. LANDBOE-CHRISTENSEN: Komplex aus Magenstoff und Vitamin B_{12} 421[1].
HOFFMAN, H.: Förderung der Nervenregeneration durch Nervenextrakte 699[11].
— and P. H. SPRINGELL: Förderung der Nervenregeneration durch Fettsäuren aus Nerven 699[12].
HOFFMAN, H. E., and A. M. SCHACHTMAN: Bindung von p-Dimethylaminobenzol an Leberproteine 497[6].
HOFFMAN, M. M. ,V. E. KAZMIN and J. S. L. BROWNE: Pregnandiolbildung aus Desoxycorticosteron 437[12].
— s. MASSON, G. 435[4].
HOFFMAN, O., s. GLENN, W. W. L. 136[7].
HOFFMAN, W. C., R. A. LEWIS and G. W. THORN: Wirkung von Steroiden auf elektroencephalographische Veränderungen bei Morbus ADDISON 820[10].
HOFFMANN, C. E., and J. O. LAMPEN: Abbau von Desoxyribose 111[5].
— s. OCHOA, S. 128[1].
HOFFMANN, F., s. ANSELMINO, K. J. 512[9,10].
HOFFMANN, F. A., s. BOEHM, R. 23[1].
HOFFMANN, J.: Urangehalt der menschlichen Leber 64[7]. — Urangehalt der Rinderleber 64[8]. — Urangehalt im Gehirn 628[10].
HOFMANN, K., s. VIGNEAUD, V. DU 410[11].
HOFSTEIN, J., s. CAULAERT, C. VAN 305[10].

HOGAN, A. G., and E. M. PARROTT: Verhinderung der Kükenanämie durch Leberextrakte 413[5].
— s. O'DELL, B. L. 674[8].
— s. PFIFFNER, J. J. 413[7].
HOGEBOOM, G. H.: Cytochrom c-Reduktase in Mitochondrien und Mikrosomen 396[3]. Isocitronensäuredehydrogenase im Cytoplasma von Leberzellen 396[3].
— A. CLAUDE and R. D. HOTCHKISS: Wirkung essentieller Fettsäuren auf Cytochromoxydase 377[3]. — Verminderung der Succinoxydase in Hepatomzellen 504[5].
— and W. C. SCHNEIDER: Bedeutung von Magnesiumionen für die Isocitricodehydrogenase 43[2]. — Glutaminsäuredehydrogenase der Leber 330[4]. — Cytochrom c-reduktase in Lebermitochondrien und -mikrosomen 396[3, 4]. — Isocitronensäuredehydrogenase im Cytoplasma von Leberzellen 395[3]. — Diphosphopyridinnucleotidsynthese in Leberzellkernen 396[7]. — Gehalt an DPN-Cytochrom c-reduktase in Mäusehepatomen 504[16].
— W. C. SCHNEIDER and G. E. PALLADE: Succinoxydasegehalt in Leberzellen nach partieller Hepatektomie 33[14]. — Ribonucleinsäuregehalt von Mikrosomen der Leber 312[12]. — PASTEUR-Reaktion in Salzhomogenaten von Gehirnmitochondrien 732[14].
— s. SCHNEIDER, W. C. 314[4], 319[6], 320[1], 502[8], 503[2, 4, 5], 504[5, 6, 12, 18].
HOGNESS, J. R., s. ELGEE, N. J. 447[16].
HOGNESS, T. R., s. JUNOWICZ-KOCHOLATY, R. 795[8].
HOHLWEG, H.: Leberfunktionsprüfung durch Fructosebelastung 103[5].
HOLIDAY, E. R., s. COOLEY, G. 419[22].
HOLLAND, B. C., s. MYERS, J. D. 444[1], 446[16].
HOLLAND, W. C., s. GREIG, M. E. 800[11].
HOLLANDER, E.: Proteingehalt der Galle bei entzündlichen Lebererkrankungen 535[3]. Nachweis von Cα-Bilirubinat in der Galle 569[6].
HOLLANDER, W. F., and R. D. OWEN: Vorkommen von Carotinoiden in der Hühneriris 918[9].
HOLLINGER, D. M., J. E. LOGAN, W. A. MANNELL and R. J. ROSSITER: Aktivität der β-Glucuronidase im degenerierenden Nerven 696[10]. — β-Glucuronidase und Zellproliferation 698[11].
— and R. J. ROSSITER: Aktivität der β-Glucuronidase im degenerierenden Nerven 696[11].
— R. J. ROSSITER and H. UPMALIS: Aktivität der sauren Phosphatase im degenerierenden Nerven 695[9]. — 5-Nucleotidase im degenerierenden Nerven 696[5]. — Aktivität der sauren Phosphatase und β-Glucuronidase im regenerierenden Nerven 698[3]. — Phosphataseaktivität im regenerierenden Nerven 699[9].
HOLLINSHEAD, W. H., and C. H. SAWYER: Cholinesterasegehalt der hinteren Wurzeln bei Katzen 842[10].
— s. SAWYER, C. H. 696[21], 855[1].
HOLLMANN, S.: Aufnahme von Glucuronsäurenaphthol durch die Leber 464[2].
— u. E. WILLE: Entgiftung von Salicyl- und Acetylsalicylsäure durch Glucuronidbildung 455[9]. — Glucuronsäureausscheidung beim Menschen 463[14].
HOLLWICH, F.: Bedeutung von Lichtreizen für den Rhythmus der Leberfunktion 26[7].
HOLM, E.: Vitamin A-Gehalt der Netzhaut 927[9]. — Wirkung von Vitamin A bei Hemeralopie 943[1].
— s. FRIEDERICIA, L. S. 943[2].
HOLMAN, R. T.: Hemmung der Linolsäureoxydation durch Vitamin E 367[8].
— and T. S. TAYLOR: Verwertung von Arachidonsäure 375[10]. — Bildung von Arachidonsäure aus Linolsäure 687[3]. — Synthese von Hexaensäure im Gehirn 687[3].
— s. RIECKEHOFF, I. G. 164[4], 375[1], 687[2].
— s. WIDMER, C. jr. 164[4], 374[15], 375[9], 687[4].
— s. WITTEN, P. W. 164[4], 376[9], 403[5].
HOLMAN, W. I. M., and D. J. DE LANGE: Ausscheidung von Nicotinsäurederivaten nach Tryptophanzufuhr 292[8].
HOLMBERG, C. G.: Zinkgehalt von Uricase 63[4].
— and C.-B. LAURELL: Siderophilin 47[6], 48[2]. Toxische Allgemeinreaktionen nach größeren Eiseninjektionen 49[1]. — Caeruloplasmin 57[17].
HOLMES, B. E., and E. G. HOLMES: Bedeutung des Blutzuckers für Milchsäurebildung im Gehirn 660[9].
— s. HOLMES, E. G. 660[7, 8].
HOLMES, E.: Atmung von grauer und weißer Substanz 733[5].
— s. MADDOCK, S. 105[4], 749[6].
— s. OSTERN, P. 43[4], 87[5, 7], 89[5], 91[3].
HOLMES, E. G.: Zusammenfassung über Stoffwechsel von Gehirn und Nerven (1934) 704[20]. — Salicylsäureentgiftung durch Bildung von Salicylursäure 469[3]. — Atmung von Kaninchengehirn 781[2]. — Atmung von grauer und weißer Substanz 782[4]. — Sauerstoffverbrauch des peripheren Nerven 783[2]. — Cytochromoxydaseaktivität in Gehirn und peripheren Nerven 795[18].
— and B. E. HOLMES: Bedeutung des Blutzuckers für Milchsäurebildung im Gehirn 660[7, 8].
— and M. A. F. SHERIF: Bedeutung des Blutzuckers für Milchsäurebildung im Gehirn 660[10].
— s. ASHFORD, C. A. 701[6], 781[8], 785[4].
— s. BÜLOW, M. 628[12].
— s. DIXON, K. C. 708[9], 806[6].
— s. HOLMES, B. E. 660[9].
— s. SHERIF, M. 784[12].
HOLMES, J. H.: Kaliumionenverlust als Zeichen einer Gewebsschädigung 802[8].
— s. PRATT, E. B. 15[3], 38[1].

HOLMES, W., and J. Z. YOUNG: Gehalt an Myelinlipoiden und histologische Veränderungen im degenerierenden Nerven 697[11].
HOLMES, W. L., W. H. PRUSOFF and A. D. WELCH: Desoxyribonucleinsäuresynthese aus Thymin 331[10].
HOLMGREN, H.: Rhythmus der Gallenproduktion und der Glykogenbildung in der Leber 25[4]. — Tagesschwankungen von Gewicht, Fett- und Glykogengehalt der Leber 25[7]. — Glykogengehalt verschiedener Leberlappen 67[7]. — Tagesschwankungen des Leberglykogens bei der Ratte 71[8]. — Glykogengehalt der Leber nach kohlenhydrat- bzw. fettreicher Kost 72[9].
— u. O. WILANDER: Heparinbildung in den Mastzellen 233[11].
— s. AURELL, G. 879[12], 881[5].
— s. BORELL, U. 444[6].
— s. EDLUND, Y. 73[12].
— s. JORPES, J. E. 233[11].
— s. SJÖGREN, B. 25[1], 67[10], 71[7], 73[4].
HOLMQUIST, A. G.: Rhythmus der Gallenproduktion und der Glykogenbildung in der Leber 25[5].
— s. EULER, U. S. v. 25[1], 71[6].
HOLT, E., s. HOWELL, W. H. 233[5].
HOLT, H. P., s. HICKS, M. H. 24[10].
HOLT, L. E. jr., A. A. ALBANESE, L. B. SHETTLES, C. KAJDI and D. M. WANGERIN: Spermatogenese bei Argininmangel 302[5].
— s. SNYDERMAN, S. E. 293[5].
HOLTZ, P.: Entleerung der Blutspeicher der Leber durch Oxytocin 16[13]. — Freisetzung von Adrenalin und Noradrenalin bei Reizung adrenergischer Fasern 839[5].
— u. H. J. SCHÜMANN: Freisetzung von Adrenalin und Noradrenalin bei Reizung des Nebennierenmarks 840[3].
— u. M. WALTER: Vitamin C-Gehalt in Kaninchen- und Katzenleber 377[12]. — Gebundene Form der Ascorbinsäure in der Leber 378[5].
HOLZER, H., s. HELMREICH, E. 191[6].
HOLZER, P., s. ROSENTHAL, F. 514[10].
HOMBURGER, E., s. HIMWICH, W. A. 777[15], 778[2], 813[2].
HOMBURGER, F.: Methionin zur Behandlung von Fettleber 147[15]. — Leberfunktionsprüfung mit Methionin 213[6].
HOOD, D. B., s. SCUDI, J. V. 403[10].
HOOK, E. VAN, s. MANN, J. D. 369[7].
HOOPER, C. W., s. FOSTER, M. G. 558[15], 559[7].
HOPKINS, F. G., and E. J. MORGAN: Reduktion von Dehydroascorbinsäure durch Glutathion 383[8].
— B. R. SLATER and G. A. MILLIAKAN: Vitamin C-Gehalt der Leber bei Nahrungsentzug 378[3].
— s. FLETCHER, W. M. 592[1].
HOPPER, J. jr., s. MONROE, L. 564[6].
HOPPE-SEYLER, F.: Buch über Physiologische Chemie. Bd. 2 (1878) 540[10].
HOPPE-SEYLER, G.: Lebergewicht beim Menschen 10[8].
HORA, J., s. FINKELMAN, I. 471[7].
HORBACZEWSKI, J.: Harnsäurebildung im autolysierenden Lebergewebe 334[2].
HOREAU, A., s. JOLIOT, F. 441[12].
HORECKER, B. L.: TPN als Coferment der Glucose-6-phosphatdehydrogenase 108[13].
— and P. Z. SMYRNIOTIS: Decarboxylierung von Gluconsäure-6-phosphat in Hefe 109[3,7]. — Thiaminpyrophosphat als Coferment der Transketolase 109[15]. — Bildung von Sedoheptulose-7-phosphat aus Ribose-5-phosphat 110[2]. — Pentosephosphatisomerase aus Hefe 345[5]. — Bedeutung der direkten Glucoseoxydation im Gehirn noch unbekannt 729[7].
— P. Z. SMYRNIOTIS and H. KLENOW: Bildung von Sedoheptulose-7-phosphat aus Ribose-5-phosphat 110[2].
— P. Z. SMYRNIOTIS and J. E. SEEGMILLER: TPN als Coferment der Glucose-6-phosphatdehydrogenase 108[13]. — Bildung von Ribose-5-phosphat aus Gluconsäure-6-phosphat 109[8]. — Pentosephosphatisomerase aus Hefe 345[5]. — Oxydation der Phosphogluconsäure 729[1].
— s. SEEGMILLER, J. E. 109[1].
HORFENSTINE, J. C., s. LUDEWIG, S. 32[9], 33[9].
HORIYE, Y.: Cholesteringehalt von Rattenleber 197[7], 198[8].
HORNE, E. A., and H. E. MAGEE: Glykogengehalt in Kaninchendarm 611[2].
HORNER, W. D.: Linsentrübungen durch 2,4-Dinitrophenol 900[2].
HORNING, M. G., and H. C. ECKSTEIN: Beeinflussung der Phosphatidbildung in der Leber durch Cholin 144[17]. — Lipotrope Wirkung von Casein 147[7].
HORNYKIEWYTSCH, T., and H. S. STENDER: Cholecystographie 565[3].
HOROWITZ, H. H., A. P. DOERSCHUK and C. G. KING: Ascorbinsäurebildung aus Glucose bei der Ratte 381[2].
— and C. G. KING: Ascorbinsäurebildung aus Glucose bei der Ratte 381[3]. — Ascorbinsäurebildung aus Glucuronsäure bei der Ratte 381[4].
HORRALL, O. H., s. REGAN, J. F. 532[6], 533[13].
HORRIGAN, D., s. VILTER, R. W. 343[7].
HORSTERS, H.: Zusammenfassung über Physiologie und Pathologie der Galle (1932) 209[12].
— s. BRUGSCH, T. 74[11], 482[10], 509[8], 529[4], 530[11], 531[12], 532[1], 533[3,17,20], 537[1].
HORSTMANN, P. M., s. SCHNEIDER, J. J. 436[2], 437[14], 438[6].
HORTON, P. B., W. A. MURRILL and A. C. CURTIS: Beziehungen zwischen Vitamin A-Gehalt von Leber und Blut 353[3].
HORVATH, S. M., s. WERNER, A. Y. 15[2], 38[1].
HORWITT, B. N., R. I. DORFMAN, R. A. SHIPLEY and W. R. FISH: Pregnandiolbildung aus Desoxycorticosteron 437[12].
— s. DORFMAN, R. I. 78[7].

HORWITT, B. N., s. FISH, W. R. 437[12].
HORWITT, M. K., s. FINKELMAN, I. 471[7].
HOSFORD, G. N., and A. M. HICKS: p_H-Wert der Tränen 869[6].
HOSOYA, Y.: Absorptionsspektrum von Sehpurpur 939[5].
— u. V. BAYERL: Extraktion von Sehpurpur 937[7]. — Absorptionsspektrum des Sehpurpurs 939[5].
— T. OKITA u. T. AKUNE: „Zapfensubstanz" 945[6], 946[4].
— u. T. SASAKI: Regeneration von Sehpupur durch Pigmentepithel 942[9].
HOTCHKISS, R. D., s. HOGEBOOM, G. H. 377[3], 504[5].
HOTTA, S., and I. L. CHAIKOFF: Cholesterinbildung in der Leber von alloxandiabetischen Ratten 205[8].
— s. CHAIKOFF, I. L. 209[1], 554[10].
HOTTINGER, A., u. H. BLOCH: Hemmung der unspezifischen Cholinesterasen durch Tri-o-kresylphosphat 858[12].
HOUCHIN, O. B.: Cytochromoxydase und -reduktasehemmung durch Vitamin E 367[5]. — Hemmung der Cytochrom c-Reduktion durch Tokopherol 675[10].
HOUET, R.: Negative Ca-Bilanz bei Acholie 360[11]. — Vitamin A-Gehalt menschlicher Organe 362[3].
— G. DUCHATEAU et M. FLORKIN: Synthesewirkung von β-Glucuronidase 462[5].
HOUGH, V. S., s. BERMAN, A. L. 532[7].
HOUSSAY, B. A.: Buch über menschliche Physiologie. Engl. (1951) 507[7]. — Hypophysenexstirpation bei pankreaslosen Tieren 126[7].
— et A. D. MARENZI: Kaliumgehalt der Hundeleber 41[10]. — Kaliumaufnahme durch Leber und Muskel 41[10].
— A. D. MARENZI et R. GERSCHMAN: Kaliumabgabe der Leber nach Adrenalin 42[7].
HOVE, E., C. A. ELVEHJEM and E. B. HART: Zink als Aktivator oder Bestandteil von Fermenten 63[2]. — Glykogengehalt der Leber bei Zinkmangel 63[6].
— s. WACHTEL, L. W. 63[3].
HOVE, E. L.: Tokopherolwirkung bei Leberverfettung durch Tetrachlorkohlenstoff 366[4]. — Vitamin E-Wirkung auf Pyridinvergiftung der Leber 366[11].
— D. H. COPELAND and W. D. SALMON: Ernährungsbedingte Lebernekrosen 365[9]. — Lebernekrosen bei fettreicher Nahrung 365[13].
— and J. O. HARDIN: O_2-Verbrauch von Leberschnitten bei Tetrachlorkohlenstoffvergiftung 366[8]. — Wirkung der Vitamine E und B_{12} auf tetrachlorkohlenstoffgeschädigte Leber 366[10]. — Wirkung von Vitamin E auf Kreatinstoffwechsel 367[15].
HOWARD, F. H., and W. A. MERIWETHER: Auftreten von Fettlebern in tropischen Ländern 151[2].
HOWARD, J. E.: Ausscheidung von 17-Ketosteroiden 432[7].
— s. WILKINS, L. 432[7].
HOWE, H. A., and D. BODIAN: Resistenz regenerierender Nervenzellen gegen Poliomyelitisvirus 828[3].
— and J. FLEXNER: Aktivität der Succinodehydrogenase bei Chromatolyse nach Nervendurchtrennung 698[17].
— and R. C. MELLORS: Aktivität der Cytochromoxydase bei Chromatolyse nach Nervendurchtrennung 698[16].
HOWE, H. E., s. LINDOW, C. W. 56[9], 57[12].
HOWE, P. R., s. WOLBACH, S. B. 669[6].
HOWELL, R. S., s. GREIG, M. E. 728[5], 813[18].
HOWELL, W. H.: Heparin 233[5].
— and E. HOLT: Heparin 233[5].
HOWLAND, J., and N. A. RICHARDS: Fettige Degeneration der Leber nach Cloroformvergiftung 35[14].
HOWLAND, J. W., s. MADDEN, S. C. 226[2].
HOWTON, D. R., s. MEAD, J. F. 164[5], 375[3].
HRACHOVEC, J.: Lebergewicht bei Kaninchen 9[14].
HRDINA, L., s. ANDREWS, E. 209[15], 536[4], 541[2], 568[9], 569[1].
— s. SCHÖNHEIMER, R. 549[2], 557[26].
HRUBETZ, M. C., H. J. DEUEL jr., B. J. HANLEY and M. FAIRCLOUGH: Vitamin A-Gehalt in menschlicher und tierischer Milch 354[9].
HSIEH, W.-M., s. CHANG, H.-C. 928[12].
HU, C. H., s. PHELPS, B. M. 36[6].
HUANG, R. L., s. WÜRSCH, J. 202[11].
HUBBARD, R.: Molekulargewicht des Sehpurpurs 938[9]. — Sauerstoffverbrauch der Stäbchenaußenglieder 944[1].
— R. I. GREGERMAN and G. WALD: Retininisomere 927[8]. — Sehpurpurbildung aus Δ_3-cis-Retinin$_1$ 944[4].
— and G. WALD: Retininisomere 927[7]. — Chromophore Gruppe des Sehpurpurs 942[5]. — Sehpurpurbildung durch Netzhautpräparate 943[9]. — Ersatz von Retininreduktase durch Alkoholdehydrogenase 943[9]. — Sehpurpurbildung aus Δ_3-cis-Retinin$_1$ 944[3]. — Umlagerung von trans- in cis-Retinin 945[1].
— s. WALD, G. 938[5], 941[5].
HUBBARD, R. S., and W. L. BUTSCH: Ausscheidung von Sulfonamiden in der Galle 561[2].
— s. HEILBRUN, N. 514[7].
HUBBARD, T. F., and L. R. GOLDBAUM: Gewöhnung von Mäusen an Na-Thiopental 815[7].
HUBBLE, D.: Keine Glucagonwirkung bei Glykogenspeicherkrankheit 79[7].
HUBER, C. P., and J. C. SHRADER: Hypoprothrombinämie beim Neugeborenen 371[9]. — Prothrombingehalt im Blut von Neugeborenen 371[14].
HUBL, S., s. OSTERN, P. 329[4].
HUDSON, G. W., s. CONIGLIO, J. G. 349[15].
HÜBENER, H. J., s. BRÜCKEL, K. W. 438[7].

Hübscher, G., s. Mahler, H. R. 57[15], 338[17], 339[1].
Huerga, J. de la, and H. Popper: Cholinabbau zu Trimethylamin durch Darmbakterien 146[10]. — Trimethylaminausscheidung 146[10].
— H. Popper and F. Steigmann: Cholinabbau zu Trimethylamin durch Darmbakterien 146[11]. — Einfluß der Darmflora auf Cholinverwertung 146[11].
— s. Krehl, W. A. 292[13].
— s. Popper, H. 146[12].
— s. Schaffner, F. 160[7], 546[1].
Hürthle, K., u. K. Wachholder: Zusammenfassung über histologische Struktur und optische Eigenschaften der Muskeln (1925) 570[1].
Huff, J. W., and W. A. Perlzweig: N-Methylnicotinsäureamidbildung aus Nicotinsäureamid 396[15]. — Ausscheidung von Pyridoxinsäurelacton 403[7].
— W. A. Perlzweig and F. Spilman: Trigonellinbildung aus Nicotinsäureamid 151[6].
— s. Rosen, F. 292[5], 398[3,10].
Huff, R. L., P. J. Elmlinger, J. F. Garcia, J. M. Oda, M. C. Cockrell and J. H. Lawrence: Siderophilinaustausch zwischen Leber und Blutplasma bzw. Knochenmark 49[8], 51[4].
Huffman, E. R., s. Hiller, G. I. 227[6].
Huffman, M. N., s. Stimmel, B. F. 428[7,8].
Hugentobler, F., s. Wuhrmann, F. 231[6], 245[5].
— s. Wunderly, C. 244[17].
Huggins, C., s. Talalay, P. 462[11].
Huggins, R. A., s. Seibert, R. A. 41[11].
Hughes, E. H., and R. L. Squibb: Anämie bei Mangel an Vitamin B_6 505[13].
Hughes, J. S., H. F. Lienhardt and C. E. Aubel: Degeneration des Zentralnervensystems bei Vitamin A-Mangel 669[14].
Hughes, M. E., s. Osgood, E. E. 316[3].
Hughes, W. L., s. Adler, E. 705[20], 706[1], 713[7], 714[2,4].
Hughes, W. L. jr., s. Cohn, E. J. 425[14].
Hugounenq, L., et G. Florence: Tödliche Konzentration an Ammoniak im Blut 304[4].
Hujiwara, T., s. Nakahara, W. 500[8].
Huk, J., s. Vincent, D. 242[2].
Hullin, R. P., s. Richter, D. 776[1,2], 777[1].
Hulst, L. A.: Propentdyopentausscheidung bei Kreislaufstörungen und Allgemeinerkrankungen 523[4]. — Propentdyopentbildung in der Niere 523[4].
— u. W. Grotepass: Propentdyopentausscheidung bei Kreislaufstörungen und Allgemeinerkrankungen 523[3].
Hume, E. M., L. C. A. Nunn, I. Smedley-Maclean and H. H. Smith: Biologische Wirkung von Linolen- und Docosahexaensäure 374[12].
Humel, E. J. jr., s. Shipley, R. A. 76[13].
Humm, D. G., s. Metzler, C. J. 683[10], 861[10].
Humm, F. D., s. Klatskin, G. 427[15].
Hummel, R.: Cholesteringehalt von Mäuseleber 198[4]. — Wirkung von Gallensäuren auf Cholesterinspeicherung in der Leber 200[2].
— s. Schönheimer, R. 198[3], 199[7], 200[3,7], 549[9], 645[6].
Humnicki, V., s. Bondzyński, S. 549[9].
Humphreys, S., s. Cartwright, G. E. 55[3], 291[11], 505[13].
— s. Wintrobe, M. M. 151[9], 403[4], 505[13], 756[1].
Hundley, J. M., and H. W. Bond: Nicotinsäurebildung aus Tryptophan 292[16].
Hunner, M., s. Morgan, A. F. 390[9], 394[11].
Hunt, C. C., s. Wescoe, W. C. 239[8,9].
Hunter, A.: Urocaninsäurebildung aus Histidin 299[1].
— and J. A. Dauphinee: Vorkommen von Arginase in der Vogelleber 302[11]. — Arginasegehalt von Säugetierorganen 310[5].
— and J. A. Morrell: p_H-Optimum der Arginase 310[12].
— s. Gornall, A. G. 306[10].
Hunter, F. E.: Anteil des Sphingomyelins an den Phosphatiden aus Gehirn, Lunge und Blutzellen 642[6].
— and L. F. Leloir: Ketonkörperoxydation 194[10]. — Citratbildung aus Acetoacetat in der Niere 195[3].
Hunter, F. E. jr., and S. Spector: Empfindlichkeit von Phosphorylierungen gegen Dinitrophenol 730[3].
Hunter, J. B., s. Medes, G. 687[10].
Hunter, R. B., s. Galt, J. 518[8].
Huntsman, M. E., s. Best, C. H. 137[8], 144[1,3] 148[7].
Huppert, H.: Beseitigung intravenös injizierter Cholate 560[6].
Hurlbert, R. B., and V. R. Potter: Pyrimidinbildung in der Leber 341[3]. — Uridinbildung aus Orotsäure 341[4]. — Verwendung von Orotsäure zur Ribonucleinsäuresynthese 342[13]. — Pyrimidinbildung aus Orotsäure 343[3].
Hurlburt, M. H., s. Himwich, H. E. 790[4], 796[13].
Hurley, L. S., and A. F. Morgan: Funktion der Nebennierenrinde bei Pantothensäuremangel 410[9].
— s. Guehring, R. R. 205[10], 206[2], 409[9].
Hurst, R. O., A. M. Markò and G. C. Butler: Mononucleotide aus Desoxyribonucleinsäuren der Leber 313[8].
Hurt, W. W., B. T. Scheer and H. J. Deuel jr.: Bildung eines Antipellagrastoffes aus Tryptophan 293[8]. — Nicotinsäurebildung aus Tryptophan 398[6].
Hurwitz, J.: Oxydation von Pyridoxal zu Pyridoxinsäure 403[8].
— s. Muntz, J. A. 708[12], 713[3], 806[10], 807[1,3].
Hurwitz, S. H., s. Kerr, W. J. 227[2].
— s. Rowntree, L. G. 564[7].
— s. Whipple, G. H. 234[5].

HURXTHAL, L. M.: Cholesteringehalt des Blutes bei Hyperthyreoidismus 446[14].
— s. BOCK, A. V. 589[2].
HUSEBY, R. A., s. BARNUM, C. P. 317[6,8].
HUSEMANN, E., u. H. RUSKA: Durchmesser von Glykogenpartikeln 81[8].
— s. STAUDINGER, H. 81[4].
HUSSEY, C. V., s. QUICK, A. J. 371[6].
HUSZÁK, I.: Kohlenhydratstoffwechsel im Zentralnervensystem 700[3]. — Phosphorylase aus Gehirn 710[3]. — Pyruvatkinase 714[8]. — Keine Diaminoxydase im Gehirn 760[4].
— u. J. DOMONKOS: Histamininaktivierung und Oxydation von Fettsäuren 760[5].
— s. a. HUSZÁK, S.
HUSZÁK, S.: Hemmung der Succinodehydrogenase durch Malonsäure 717[10]. — Fermente des Cytochromsystems im Gehirn 795[5]. — Cytochromoxydase im Mark der Großhirnrinde 795[5].
— s. a. HUSZÁK, I.
HUTCHENS, T. T., J. T. VAN BRUGGEN, R. M. COCKBURN and E. S. WEST: Fettsäuresynthese in der Leber bei Hunger 167[10].
HUTCHEON, D. E., s. BURN, J. H. 761[20], 840[13].
HUTCHINGS, B. L., N. BOHONOS and W. H. PETERSON: Bedeutung von Folsäure für Küken 413[4].
— s. RENZO, E. C. DE 64[15], 65[9,11].
HUTCHINSON, M. C., and E. STOTZ: Milchsäurebildung im Hirngewebe bei Narkose 814[11].
HUTCHINSON, W.: Gallenblase kommt bei Giraffe nicht regelmäßig vor 534[7].
HUTCHISON, W. C., s. DAVIDSON, J. N. 315[7], 770[14].
HUXLEY, A. F., and R. STÄMPFLI: Elektrophysiologische Eigenschaften von leitenden Geweben 735[1]. — Steigerung der Permeabilität von Nervenmembranen für Na-Ionen bei Erregung 835[12].
— s. HODGKIN, A. L. 801[9], 835[4,5], 837[2].
HWANG, T. F.: Gehalt an Kreatin und Kreatinphosphorsäure in hell- und dunkeladaptierten Netzhäuten 928[17].
HYDE, J., S. BECKETT and E. GELLHORN: Auslösung von Gehirnkrämpfen durch Acetylcholin 817[8].
HYDE, P. M., s. ELLIOT, W. H. 436[11].
HYDÉN, H.: Röntgenmikroradiographie 652[14]. — Ribonucleinsäure in der NISSL-Substanz 666[18]. — Ribonucleinsäure im Heterochromatin 666[19]. — RNS: Proteinverhältnis in Nervenzellen 667[3]. — Nucleinsäure- und Eiweißgehalt in Vorderhornzellen 667[4]. — Altersbedingte Veränderungen der Nervenzellen 680[1,10]. — Eiweißsynthese im Gehirn in Nervenzellen 681[2]. — Proteinsynthese und NISSL-Substanz in Nervenzellen bei Nervenregeneration 698[15]. — Eiweißsynthese in Nervenzellen 745[5,6,9]. — Bedeutung der Polynucleotide für Aktivität des ZNS 764[4]. — Änderung des Heterochromatins in Ganglienzellen bei Virusinfektion 811[2]. Verminderung der Pentosenucleoproteide in motorischen Ganglienzellen durch gesteigerte Aktivität 811[3,4]. — Verminderung der Pentosenucleoproteide im Ganglion cochleare durch gesteigerte Aktivität 811[8]. — Bedeutung adäquater Reizung für Entwicklung der Sehbahn 812[2]. — Cytoplasmatische Änderung in Ganglienzellen nach Excision des Axon 812[6,9]. — Eiweiß- und Nucleotidgehalt von Nervenzellen bei Schizophrenie 812[9,10]. — Veränderungen an Ganglienzellen bei Rabies 828[1,2]. — Vermehrung der Desoxyribonucleotide in Ganglienzellkernen bei Louping ill-Virus 829[1].
— and C.-A. HAMBERGER: Eiweißsynthese in Nervenzellen 745[7]. — Verminderung der Pentosenucleoproteide im Ganglion cochleare durch gesteigerte Aktivität 811[6].
— and B. LINDSTRÖM: Lipofuscin 680[9].
— u. B. REXED: Cytoplasmatische Änderungen in Ganglienzellen nach Excision des Axon 812[7].
— s. BRATTGÅRD, S. O. 782[7].
— s. CASPERSSON, T. 829[2].
— s. HAMBERGER, C.-A. 745[8], 811[1,7,9].
HYMAN, I., s. ZIMDAHL, W. T. 60[12].
HYND, A., and D. L. ROTTER: Fettsäuregehalt der Leber nach fettreicher Nahrung 137[7].

IBBOTT, F., s. GORE, M. 704[11], 729[8], 792[3], 793[6].
ICHIHARA, K., S. OTANI u. J. TSUJIMOTO: Kynurensäurebildung aus Kynurenin 288[6].
IDEI, M.: Keine Bildung von L- aus D-Tryptophan bei Leberkrebs 294[13].
IGERSHEIMER, J., u. L. RUBEN: Bildung von Naphtholglucuronid aus Naphthalin 473[15].
IL'INA, L. I., s. GUBERNIEV, M. A. 322[6].
ILLINGWORTH, B., and G. T. CORI: Struktur des Leberglykogens bei Glykogenspeicherkrankheit 80[1]. — Fehlen von Glucose-6-phosphatase bei Glykogenspeicherkrankheit 691[5].
— J. LARNER and G. T. CORI: Amylo-1,6-glucosidase 82[12]. — Kettenlänge des Leberglykogens 83[1].
— s. LARNER, J. 81[2], 88[3].
IMAI, I.: Chenodesoxycholsäure und 3-Oxy-7-ketocholansäure in der Meerschweinchengalle 551[28]. — Chenodesoxycholsäure in Meerschweinchengalle 556[5].
IMAMURA, H.: Ausscheidung von Cholsäure bei Schlangen 551[10]. — Ausscheidung tauringebundener Gallensäure bei Schlangen 557[6].
INAGAKI, S.: Entgiftung von o-Nitroacetophenon 456[4]. — Oxydation von o-Aminoacetophenon und Bindung von o-(α-Oxyäthyl-)anilin an Glucuronsäure 483[8].

INDOVINA, R., s. CANNAVÒ, L. 623[5], 625[3].
INFANTELLINA, F.: Glykogengehalt von Leber und Muskel bei Vitamin K-Überdosierung 73[14]. — Wirkung von Vitamin K auf Glykogengehalt von Organen 373[1].
INGELFINGER, F. J.: Durchblutungsgröße der Leber 38[1].
— s. BRADLEY, S. E. 14[12], 16[1], 38[1].
— s. MENDELOFF, A. I. 563[11].
INGLE, D. J.: Steigerung der Blutzuckerbildung aus Eiweiß durch Nebennierenrindenextrakt 123[6]. — Insulinresistenz 448[7].
— and J. E. NEZAMIS: Insulinresistenz 448[8].
— M. C. PRESTRUD, J. E. NEZAMIS and M. H. KUIZENGA: Hemmung des Kohlenhydratabbaues durch Nebennierenrindenhormon 123[8]. — Wirkung von Nebennierenrindenhormon bei adrenektomierten pankreasdiabetischen Tieren 124[9].
— and G. W. THORN: Steigerung der Blutzuckerbildung aus Eiweiß durch Nebennierenrindenextrakt 123[6].
— s. BAKER, B. L. 142[5], 322[8].
— s. LI, C. H. 142[6].
— s. STETTEN, D. jr. 125[4].
— s. WELT, I. D. 125[5].
INGRAHAM, R. C., C. LOMBARD and M. B. VISSCHER: Theoretische Verteilung von Na-Ionen zwischen Blutflüssigkeit und Kammerwasser 907[2].
INGRAM 2, W. R., L. LADD and J. T. BENBOW: Zerstörung von antidiuretischem Hypophysenhormon 450[9].
INNERFIELD, I., and A. ANGRIST: Antithrombingehalt des Blutes bei Leber- und Pankreaserkrankungen 238[1].
— A. ANGRIST and L. J. BOYD: Antithrombingehalt des Blutes bei Leber- und Pankreaserkrankungen 238[1].
INNES, J. R. M., and G. D. SHEARER: Demyelinisierung des Rückenmarks bei Kupfermangel 627[3].
INOUE, K., T. MIKAYE, H. UCHINO and S. KARIYONE: Ausscheidung von injiziertem ^{45}Ca mit der Galle 540[8].
IPPONSUGI, T.: Calciumgehalt der Galle unabhängig vom Calciumspiegel des Blutes 540[3].
IRAZOQUE, J., et M. DEMAY: Alkalische Phosphatase im Nervensystem 775[11].
IRELAND, J., s. LOVERN, J. A. 356[16], 359[7].
IRGER, (J.), s. BRUGSCH, T. 55[12], 537[1].
IRISH, O. J., s. VIGNEAUD, V. DU 475[9,10], 477[3].
IRISH, U., s. VESTLING, C. S. 98[11], 99[6].
IRRGANG, K., u. U. DÖRNBRACK: Penicillinausscheidung bei Meerschweinchen und Kaninchen 562[4]. — Penicillininaktivierung durch Leber 562[4].
IRVIN, J. L., H. MERKER, C. E. ANDERSON and C. G. JOHNSTON: Vorkommen von Oleopalmitolecithin in der Galle 545[10].
— s. JOHNSTON, C. G. 545[7], 546[5].
IRVINE, J. C., s. HERRING, P. T. 105[3].
IRVING, J. T., and M. B. RICHARDS: Degeneration in der Medulla oblongata bei Vitamin A-Mangel 669[1,3].
ISAAC, S.: Bildung von Glucose aus Fructose durch überlebende Leber 98[8].
ISABOLISKAYA, R., s. LEITES, S. 446[10].
ISAEFF, E.. s. CHERNICK, S. S. 74[12], 168[9].
ISAKA, H., and H. AZATO: Ausscheidung von Chol- und Chenodesoxycholsäure bei Knochenfischen 551[5].
ISAKSSON, B.: Lipidgehalt in der Blasengalle 545[5]. — Vorkommen von Lecithin in der Galle 545[9]. — Bildung emulgierender Komplexe mit Lecithin und gallensauren Salzen 545[15]. — Lecithingehalt der Galle bei akuter Cholecystitis 546[7]. — Neutralfettgehalt der Galle 546[11]. — Cholesteringehalt der Galle 547[4]. — Cholesterin kommt in der menschlichen Galle frei vor 548[2]. — Steigerung der Löslichkeit von Cholesterin in der Galle durch Phosphatide und Gallensäuren 548[12]. — Bedeutung von Gallensäuren für Löslichkeit von Cholesterin in der Galle 568[12]. — Stabilisierung des Cholesterins in der Galle durch Phosphatide 569[4].
ISBELL, E. R., s. MITCHELL, H. K. 411[3].
ISBELL, H. S., s. ELLIS, N. R. 375[8].
ISEKI, S., s. HIGASHI, H. 390[12].
ISHERWOOD, F. A., Y. T. CHEN and L. W. MAPSON: Ascorbinsäurebildung aus D-Galakturonsäure und L-Galaktonsäurelacton bei der Ratte 381[6].
— s. HANES, C. S. 753[1].
— s. HAWORTH, W. N. 82[6].
ISHINO, N.: Cholsäure in der Kaninchengalle 551[26].
ISHIYAMA, N.: Desoxyribonucleinsäuren der Leber 313[7].
ISLAND, D., s. LIDDLE, G. W. 125[7].
ISRAEL, S. L., D. R. MERANZE and C. G. JOHNSTON: Inaktivierung oestrogener Substanzen in der Leber 424[1].
ISSEKUTZ, B. v. jr., u. F. VERZÁR: Einfluß der Hypophyse auf den Fettgehalt der Leberzellen 141[7].
ITAGAKI, C., u. Y. NAKAYAMA: Anthranilsäurebildung in der Leber 289[6]. — p_H-Optimum der Kynureninase 290[2].
ITO, H.: Einfluß der Temperatur auf Entgiftungsvorgänge 454[14].
ITOH, T.: Bilirubinbildung und -ausscheidung durch die Leber 511[1].
IVANENKO, E. F., and A. O. VOINAR: Gehirnstoffwechsel bei Narkose 810[21]. — Glykogengehalt in Kaninchen- und Mäusegehirn bei Narkose 814[4].
IVERSEN, P., and K. ROHOLM: Leberpunktion 38[4].
— s. ROHOLM, K. 38[4].
IVY, A. C., and L. A. CRANDALL jr.: Zusammenfassung über Leber und Galle (1936; 1938) 1[8].
— s. BERMAN, A. L. 509[7], 532[6,7], 533[13,21].
— s. BRADLEY, W. B. 482[11], 533[4].

IVY, A. C., s. DENTON, R. W. 34^{14}.
— s. FOGELMAN, M. J. 35^{2}.
— s. FREEMAN, S. $240^{3,8}$.
— s. GUNTER, M. J. 533^{12}.
— s. KOCOUR, E. J. 530^{2}.
— s. LUETH, H. C. 531^{12}.
— s. MAGEE, D. F. $558^{7,13}$, 559^{11}.
— s. SCHMIDT, C. R. 532^{10}, 533^{1}, 534^{9}.
— s. TANTURI, C. A. 15^{17}, $21^{2,3}$, 531^{5}.
— s. WALSH, E. L. 546^{14}, 568^{6}.
IVY, H. B., s. CRANDALL, L. A. jr. 189^{3}.
IWASAKI, T.: Urso- und Chenodesoxycholsäure 553^{8}.
IWATA, J.: Calcium- und Bilirubingehalt der Galle nach Phenylhydrazinvergiftung 540^{7}.
IZAR, G.: Harnsäurebildung aus Ammoniumsalzen bei Leberdurchströmung 336^{6}.
IZQUIERDO, J. J., s. CRAVIOTO, R. O. 826^{3}.
IZRAELEWICZ, D., s. MANDEL, P. 896^{11}
IZUME, S., s. LEWIS, H. B. 211^{11}.

JACKEL, S. S., E. H. MOSBACH, J. J. BURNS and C. G. KING: Steigerung der Ascorbinsäurebildung durch Chloreton 380^{9}. — Ascorbinsäurebildung aus Glucose bei der Ratte 381^{1}.
JACKSON, B., s. KINSEY, V. E. 905^{6}.
JACKSON, C. M.: Menge des Leberstromas 14^{8}.
JACKSON, R. W., and R. J. BLOCK: Verwertung von D-Methionin 268^{7}. — Ersatz von Cystein durch Methionin 268^{8}. — Bildung von Mercaptoäthylamin aus Cystamin 272^{6}.
— s. GORDON, W. G. 291^{3}.
— s. WHITE, A. 474^{13}.
JACOB, H.: Liquor-Hirnschranke 797^{7}.
JACOB, M., s. MANDEL P. 321^{3}.
JACOB, S. W., s. FRANK, H. A. 31^{1}.
JACOB, W., s. BRUNS, F. H. 242^{5}.
JACOBI, H. P., and C. A. BAUMANN: Leberverfettung bei cholinarmer Nahrung 144^{11}.
— C. A. BAUMANN and W. J. MEEK: Leberverfettung bei cholinarmer Nahrung 144^{11}.
JACOBI, M.: Fibrinogenbildung bei Leberschäden 35^{9}.
— s. SHROPSHIRE, R. F. 900^{8}.
— s. ZUCKERMAN, I. C. 529^{2}.
JACOBS, F. A., s. OLSON, R. E. 78^{7}.
JACOBSEN, E.: Hemmung der Acetaldehydoxydation durch Antabus $489^{16,18}$. — Acetaldehydgehalt des Blutes nach Antabus 490^{3}.
— and V. LARSEN: Bildung von Acetat aus Acetaldehyd 489^{11}.
— s. ASMUSSEN, E. 490^{5}.
— s. HALD, J. 489^{16-18}, $490^{1-3,6,10}$.
JACOBSOHN, K. P., et J. M. CRUZ: Aktivierung der Fumarase durch Folsäure 416^{12}.
JACOBSON, E.: Adenosintriphosphatspaltung in autolysierender Leber 328^{5}. — Pyrophosphat-P-Gehalt in der Leber 328^{5}.
JACOBSON, L. O., s. ALLEN, J. G. 233^{10}.
JACOBY, F., and B. F. MARTIN: Nachweis von alkalischer Phosphatase in Gallencapillaren 544^{7}.
JACQUES, P., s. HERS, H. G. 100^{2}.
JACQUOT, R., s. CALET, C. 388^{6}, 392^{3}, 406^{8}.
JAEGER, W.: Wasserstoffdonatoren für Dehydrogenasen der Cornea 878^{13}.
— s. KARRER, P. 584^{5}.
JAFFE, H. L., s. BODANSKY, A. 240^{3}.
JAFFÉ, J., s. ABELIN, J. 77^{12}.
JAFFÉ, M.: Urocaninsäure 299^{2}. — Entgiftung von Dimethylaminobenzaldehyd 456^{2}. — Ornithursäurebildung bei Vögeln 472^{5}. — Muconsäurebildung aus Benzol 473^{5}. — Bildung von Merkaptursäure aus Chlorbenzol 473^{7}. — Oxydation von Santonin zu α-Oxysantonin 482^{2}.
— u. R. COHN: Entgiftung von α-Furancarbonsäure durch Bindung an Glykokoll 469^{10}.
— u. H. LEVY: Entgiftung von Pyridincarbonsäuren durch Bindung an Glykokoll 469^{11}.
JAGANNATHAN, V., and J. M. LUCK: Förderung und Hemmung der Phosphoglucomutase 86^{4}.
JAGER, B. V., s. SAYERS, G. 126^{1}, 449^{6}.
JAILER, J. W.: Inaktivierung oestrogener Substanzen in der Leber 423^{4}. — Oestrogeninaktivierung bei Unterernährung 427^{17}.
— s. LOUCHART, J. 438^{5}, 739^{14}.
JAKAB, G., s. SHARNOFF, J. G. 457^{13}.
JAKOBS, E. C.: Bedeutung der Vitamine B_1 und B_2 für Oestrogeninaktivierung 427^{15}.
JAKOBSON, L. E., and D. ROSENBAUM: Thoriumdioxydfixierung durch die Leber 66^{8}.
JAKOVTSCHUK, A. I., s. BLUM, E. 762^{10}.
JAKUS, M. A.: Cornealfasern 880^{3}.
JALESKI, T. C., s. UNDERHILL, F. P. 622^{9}.
JALLING, O., T. LAURSEN and K. VOLQVARTZ: Phosphatasegehalt in Blutserum und Galle 240^{8}.
JAMES, D. F., s. BONDY, P. K. 38^{2}.
JAMES, G. V.: Acetylierung von Sulfonamiden 476^{14}.
JAMES, H. P., s. ELLIOTT, H. W. 813^{14}.
JAMES, S. P., s. BRAY, H. G. $478^{7,9}$.
JAMESON, H. L., J. C. DRUMMOND and K. H. COWARD: Vitamin A-Gehalt von Diatomeen 356^{14}. — Vitamin A-Bildung durch Nitzschia closterium 363^{4}.
JANCSÓ, H. v., s. JANCSÓ, N. v. 927^{11}.
JANCSÓ, N. v., u. H. v. JANCSÓ: Vitamin A-Gehalt der Netzhaut 927^{11}.
JANDORF, B. J.: Nicotinsäureamid-nucleotidase im Gehirn 704^{6}. — Cozymasezerstörung im Gehirn 792^{14}. — Abbau der Cozymase in vitro durch Gehirngewebe 793^{5}.
— s. LARNER, J. 717^{14}, 718^{1}.
JANG, R., s. AXELROD, B. 110^{3}.
JANKAU, L.: Kein Einfluß oraler Calciumzufuhr auf Calciumausscheidung in der Galle 540^{6}.

Jankelson, I. R., M. Segal and M. Aisner: Leberfunktionsprüfung mit Galaktose 97[8]. — Tyrosingehalt des Blutes bei Leberschäden 284[4].
Janney, N. W.: Glucosebildung aus verschiedenen Proteinen 123[1].
— and N. R. Blatherwick: D:N-Quotient bei Phlorrhizinvergiftung 122[4].
Janssen, L. W., s. Verschure, J. C. M. 232[9], 246[11].
Janssen, S., s. Grab, W. 14[15], 15[13], 16[5], 17[1].
Jaques, L. B., and E. T. Waters: Heparin im Blut im anaphylaktischen Schock 233[8].
— s. Lee, C. C. 373[7].
— s. Spinks, J. W. T. 373[6].
Jarmoschkewitsch, A. I., s. Blum, E. 762[10].
Jarrold, J., s. Vilter, R. W. 343[7].
Javert, C. T., and R. A. Moore: Prothrombingehalt im Blut von Neugeborenen 371[2,12]. — Prothombingehalt im Placentarblut 371[2].
Javid, Z., s. Day, R. L. 792[2].
Jawetz, E., s. Bierman, H. R. 518[8].
Jay, A. R., s. Sborov, V. M. 518[8,9], 519[10].
Jayko, M. E., s. Siperstein, M. D. 554[13].
Jayle, G. E., Y. Derrien et A. G. Ourgaud: Aufteilung der Eiweißkörper aus Rinderlinsen 888[13].
Jedeikin, L. A., and S. Weinhouse: Einbau freier Fettsäuren in Phosphatide 159[9].
Jeener, R., and D. Szafarz: Adsorption von P-Verbindungen an Nucleinsäuren 315[6]. — Ribonucleinsäurebildung im Zellkern 317[9]. — Erneuerungsgeschwindigkeit der Ribonucleinsäuren in Leberzellen 323[3].
— s. Brachet, J. 34[7], 321[1].
Jefferies, W. M.: Wirkung von Hypophysenextrakten auf Leberverfettung 142[15].
Jefferson, N. C., s. West, H. D. 474[7].
Jeffreys, C. E. P., s. Borsook, H. 383[2].
Jeghers, H., s. Wald, G. 946[6].
Jehn, W., s. Reiss, E. 97[3], 103[5].
Jendrassik, L., u. R. A. Cleghorn: Indirekte Bilirubinreaktion 514[3].
— u. A. Czike: Indirekte Bilirubinreaktion 514[3].
— u. P. Gróf: Indirekte Bilirubinreaktion 514[3].
Jenerick, H., s. Tschirgi, R. D. 758[10], 782[11].
Jenke, M.: Freie Cholsäure in der Fistelgalle von Hunden 557[25].
— s. Enderlen, E. 209[11], 555[2], 558[16].
Jenkins, G. N., s. Channon, H. J. 162[2].
Jenrette, W. V., s. Greenstein, J. P. 504[1,2], 505[3,4].
Jensen, D., I. L. Chaikoff and H. Tarver: Leberverfettung nach Äthionin 143[13]. — Kein Einfluß von Äthionin auf Cholesterin- und Phospholipoidgehalt der Leber 148[3].
Jensen, H., s. Cagan, R. N. 445[14].
Jensen, H., s. Grattan, J. F. 124[10].
Jensen, H. F.: Buch über Chemie und Physiologie von Insulin. Engl. (1938) 76[9].
Jensen, J. L., E. M. Shantz, N. D. Embree, J. D. Cawley and P. L. Harris: Vitamin A_2 in Leberöl vom Hecht 359[4].
Jensen, W. N., s. Binkley, F. 402[1].
Jent, M., B. Koechlin, A. v. Muralt u. T. Wagner-Jauregg: Neuroregenerativer Wuchsstoff „NR“ 699[13].
Jersina, G. H., s. Gurwitsch, A. J.: 765[14].
Jervell, O.: Milchsäuregehalt des Blutes bei schwerer Muskelarbeit 120[5]. — Milchsäuregehalt des Blutes bei Leberkranken 121[4].
Jervis, G. A.: Oligophrenia phenylpyruvica 278[8,11], 826[5,8]. — Keine Tyrosinbildung aus Phenylalanin bei Oligophrenia phenylpyruvica 279[4], 827[1]. — Phenylpyruvatausscheidung bei Oligophrenia phenylpyruvica 279[5]. — Gehirnhämorrhagien bei cholinarmer Ernährung 686[12].
— R. J. Block, D. Bolling and E. Kanze: Phenylalanin und Phenylpyruvat im Blut bei Oligophrenia phenylpyruvica 278[13].
— s. Block, R. J. 217[5].
Jess, A.: Zusammenfassung über Chemie der Linse (1929) 882[3]. — Linsengewicht und Lebensalter 883[1]. — Eiweißgehalt der Rinderlinse, Altersabhängigkeit 885[5]. Aminosäuren aus Linseneiweiß 887[1]. — Sulfhydrylgruppen in Linseneiweißkörpern 888[7]. — Keine Glaskörpertrübung bei experimenteller Lipämie 912[3].
Jetter, N. S., s. Govier, W. M. 367[3].
Jewel, P. W.: Glykogenbildung aus Galaktose in der Leber 93[8].
— s. Deuel, H. J. jr. 93[3].
Jezler, A.: Takata-Ara-Reaktion bei Leberschäden 243[3]. — Takata-Ara-Reaktion 243[5]. — Albumin: Globulin-Quotient bei Takata-Ara-Reaktion 243[6]. — Takata-Ara-Reaktion im Ascites bei Lebercirrhose 244[14].
— u. P. Bots: Takata-Ara-Reaktion 243[5].
Jiménez Díaz, G., et H. Castro Mendoza: Leberverfettung bei Hunden nach Nierenexstirpation 155[2].
Joanowicz: Bilirubinbildung nach Toluendiamin bei Milzexstirpation 508[5].
Jobling, J. W., A. A. Eggstein and W. Petersen: Aktivität der Leberesterase bei Phosphor- und Tetrachlorkohlenstoffvergiftung 157[14]. — Leberesterase bei akuten Leberschäden 238[13].
Jørgensen, G., s. Asmussen, E. 490[5].
Johansen, R., s. Gardner, R. 20[5].
John, H. M., s. Nachmansohn, D. 696[18], 758[6,7], 807[7], 845[7], 847[4], 848[7,14], 849[7,8,12], 850[15].
— s. Stoerk, H. C. 402[15].
Johnson, A. C., A. R. McNabb and R. J. Rossiter: Lipoidzusammensetzung des Gehirns 631[2]. — Lipoidgehalt im Gehirn

von Kindern und Erwachsenen 633[3]. — Phosphatidgehalt in peripheren Nerven 633[4,8], 634[4]. — Gehalt an Monoaminophosphatiden im Gehirn 634[1]. — Phosphatidgehalt im Gehirn 634[2]. — Lecithingehalt des peripheren Nerven 634[3]. — Phosphatidverteilung in peripheren Nerven 635[8]. — Kephalingehalt in weißer und grauer Substanz 636[8,9]. — Kephalingehalt in peripheren Nerven 636[10,12]. — Sphingomyelingehalt der weißen Substanz 642[2]. — Sphingomyelingehalt des N. ischiadicus 642[3,4]. — Cerebrosidgehalt der weißen Substanz 643[6,7]. — Cerebrosidgehalt in peripheren Nerven 643[8]. — Cholesteringehalt im Gehirn 645[3,5]. — Markscheidenlipoide 645[4]. — Cholesteringehalt im N. ischiadicus 645[4]. Sphingomyelingehalt der Markscheidenlipoide 646[1]. — Depotfette im N. ischiadicus 650[2]. — Wassergehalt der grauen und weißen Substanz 676[9]. — Myelinisierung des Gehirn 676[9]. — Lipoidfraktionen im Gehirn von Erwachsenen und Neugeborenen 678[5]. — Wasser- und Lipoidgehalt des peripheren Nerven bei WALLERscher Degeneration 693[1]. — Veränderungen der Myelinlipoide bei WALLERscher Degeneration 693[8-11], 694[1].

JOHNSON, A. W., s. BONNETT, R. 524[1].

— s. TODD, A. R. 524[1].

JOHNSON, B. C., s. HENDERSON, L. M. 293[14].

JOHNSON, D. H., s. GRAYSON, J. 16[3].

JOHNSON, E. R., s. COOLEY, G. 419[22].

JOHNSON, H. W., and A. ALBERT: Thyroxinausscheidung durch die Leber 441[12].

JOHNSON, J., and C. RIEGEL: Cholesterinausscheidung in der Galle nach Thyroxin 446[13]. — Einfluß der Schilddrüse auf Cholesteringehalt des Blutes 446[13].

JOHNSON, J. E., s. ROSE, W. C. 264[1].

JOHNSON, J. M.: Glutaminsäuregehalt der Rattenleber 217[6].

— s. MORRIS, H. P. 495[7], 499[9].

— s. VOEGTLIN, C. 604[3].

JOHNSON, L. E., and F. C. MANN: Lymphgefäßverteilung in der Leber 19[1].

JOHNSON, M., s. KREBS, H. A. 22[1], 329[1].

JOHNSON, M. E., s. KASTLE, J. H. 157[2].

JOHNSON, M. J.: PASTEUR-Effekt 731[9].

— s. BERGER, J. 61[3].

— s. GAILEY, F. B. 61[3].

JOHNSON, M. L., s. ABERCROMBIE, M. 695[4], 696[1], 697[10], 699[8].

JOHNSON, O. H., s. GREISHEIMER, E. M. 72[6].

JOHNSON, R. A., s. HEAD, G. D. 352[2].

JOHNSON, R. B., R. G. HANSEN and H. A. LARDY: Ascorbinsäuregehalt von Kaninchengehirn 674[14]. — Vitamin C-Gehalt des Gehirns nach Thyroxin, Thioharnstoff und Thiouracil 675[2].

JOHNSON, R. E.: Aktivierung der α-Glycerophosphatdehydrogenase durch Pyrophosphat 714[5]. — Verbrennung von α-Glycerinphosphorsäure im Gehirn 785[16].

JOHNSON, R. E., s. THOMPSON, R. H. S. 115[9].

JOHNSON, R. M., and S. ALBERT: Beziehung zwischen Phosphatidbindung und Mitosehäufigkeit 33[11]. — Nucleinsäuregehalt im regenerierenden Lebergewebe 34[3]. — ^{32}P-Einbau in Nucleinsäuren der regenerierenden Leber 325[5].

— and C. A. BAUMANN: Vitamin A-Speicherung in der Niere 348[11]. — Bedeutung der Schilddrüse für Vitamin A-Speicherung in der Leber 349[12].

— E. LEVIN and S. ALBERT: Beziehung zwischen Phosphatidbindung und Mitosehäufigkeit 33[12].

JOHNSON, S. W., and S. S. ZILVA: Ascorbinsäureausscheidung im Harn nach Zufuhr von Dehydroascorbinsäure 383[6].

JOHNSON, W. A.: Gleichgewicht Citronensäure/cis-Aconitsäure/iso-Citronensäure 719[6]. — Aconitasewirkung in Leberschnitten und -extrakten 723[9].

— s. KREBS, H. A., 716[5], 785[12,15].

JOHNSTON, B. J., s. EGGLESTON, N. M. 78[7].

JOHNSTON, C., and H. J. DEUEL jr.: Glykogenbildung aus Sorbit 104[7].

JOHNSTON, C. D., and C. S. PRICKETT: Entgiftung von Antabus 491[4].

— s. PRICKETT, C. S. 491[4].

JOHNSTON, C. G., J. L. IRVIN and C. WALTON: Phospholipidgehalt in Fistelgalle vom Menschen und in Blasengalle vom Hund 545[7]. — Bildung von Cholin durch Lecithinspaltung in steriler Galle 546[5].

— J. L. MORRISON and I. S. RAVDIN: Calciumresorption in der Gallenblase 540[13].

— I. S. RAVDIN, J. H. AUSTIN and J. L. MORRISON: Keine Sekretion von Calciumsalzen in der Gallenblase 541[4].

— s. IRVIN, J. L. 545[10].

— s. ISRAEL, S. L. 424[1].

— s. RAVDIN, I. S. 536[1,3], 537[3].

— s. RIEGEL, C. 536[6], 548[10].

— s. SACKEY, M. S. 519[1], 520[6].

— s. SCHOENHEIMER, R. 553[3].

JOHNSTON, J. M., s. MACKENZIE, C. G. 498[7].

JOHNSTON, R. B., and K. BLOCH: Förderung der Glutathionsynthese durch Adenylsäureverbindungen 275[7]. — Keine Gluthationbildung aus Glutamin 275[10]. — Ferment der Glutathionspaltung 276[2].

— s. FRUTON, J. S. 763[2].

JOLIOT, F., R. COURRIER, A. HOREAU et P. SÜE: Thyroxinausscheidung durch die Leber 441[12].

JONAS, L., s. RINGER, A. I. 264[4].

JONCS, C. M.: Proteingehalt der Galle bei entzündlichen Lebererkrankungen 535[3]. Nachweis von Ca-Bilirubinat in der Galle 569[6].

JONEN, P.: Glykogengehalt der Leber junger Hunde 70[13].

JONES, A. M., and W. SCHLAPP: Zerstörung von antidiuretischem Hypophysenhormon 450[10].

JONES, B., s. GUTMAN, A. B. 241[4].

JONES, B. F., s. GROB, D. 239[9].
JONES, C. M., and W. VOLWILER: Fettlebern ohne Lebercirrhose 156[3].
— s. VOLWILER, W. 156[3].
JONES, F., s. MUIRHEAD, E. E. 55[9].
JONES, G. E. S., and R. W. TE LINDE: Keine Bedeutung des Endometriums für Pregnandiolglucuronidbildung 437[3].
JONES, H., s. MCGINLEY, J. 232[7].
JONES, H. B., s. PAYNE, A. H. 327[4].
— s. REID, J. C. 746[2].
— s. SHELINE, G. E. 62[11].
JONES, H. W. jr., s. LEDOGAR, J. A. 428[6].
JONES, J. C., s. GREEP, R. O. 424[5].
JONES, J. H., s. FOSTER, C. 832[6,7].
JONES, J. K. N., s. BROWN, F. 82[10].
— s. HALSALL, T. G. 82[7].
JONES, K. K., and R. O. SHERBERG: Negative Versuche zum Nachweis von Neutralfett und Phosphatiden in der Galle 546[12].
— s. DOLKART, R. E. 546[14].
JONES, M. E., S. BLACK, R. M. FLYNN and F. LIPMANN: Energielieferung für Acetyl-CoA-Bildung 179[9].
— F. LIPMANN, H. HILZ and F. LYNEN: Mechanismus der Acetyl-CoA-Bildung 180[1].
— s. LIPMANN, F. 179[6], 723[2].
JONES, P., s. CARTWRIGHT, G. E. 291[11].
JONES, R. G., s. POHLAND, A. 414[8].
JONES, R. S., s. MEECHAN, R. J. 501[16].
JONES, T. B., and H. P. SMITH: Fibrinogengehalt im Blut nach Hepatektomie 234[2].
JONG, H. DE: Katatone Zustände nach Injektion von Phenyläthylaminderivaten 790[13].
JONGBLOED, J., u. A. K. NOYONS: Sauerstoffverbrauch der belichteten Froschnetzhaut 933[3].
— s. GOOR, H. VAN 789[2,3,8].
JONSSON, G., A. L. OBEL and K. SJÖBERG: Bedeutung von Vitamin A für Ascorbinsäuresynthese 382[5].
JORES, A.: Zusammenfassung über Physiologie und Pathologie der 24 Stunden-Rhythmik des Menschen (1935) 25[8]. — Rhythmus des Glykogenstoffwechsels nach Hypophysektomie 26[4,6].
JORPES, (J.) E., H. HOLMGREN u. O. WILANDER: Heparinbildung in den Mastzellen 233[11].
— s. ÅGREN, G. 25[3], 71[10], 529[9].
— s. BOSTRÖM, H. 875[2].
JOSEPH, L., s. WICK, A. N. 104[8].
JOSEPH, M., W. E. COHN and D. M. GREENBERG: Transport von Kalium- und Natriumionen durch Zellmembranen 801[5].
— s. GREENBERG, D. M. 41[15].
JOSEPHS, H. W.: Beziehungen zwischen Vitamin A-Gehalt von Leber und Blut 353[2].
JOSEPHSON, B., and H. LARSSON: Rhythmische Tagesschwankungen der Gallenproduktion bei Patienten mit Gallenfistel 529[10]. — Tagesverlauf der Gallensäureausscheidung beim Menschen 530[4]. Kein Tag-Nachtrhythmus der Gallensäurebildung 559[2].
JOST, H., s. EMBDEN, G. 581[2].
JOUANNETEAU, J., s. MEUNIER, P. 358[10].
JOURDAN, F., et H. J. G. NOWAK: Antagonistische Komponenten im N. vagus 838[11].
— s. HERMANN, H. 492[1].
JOWETT, M., and J. H. QUASTEL: Wirkung von Malonat auf Acetessigsäureabbau und -bildung 173[2]. — Ketonkörperbildung in verschiedenen Organen 184[2]. Acetessigsäuresynthese aus Acetat in der Leber 185[8]. — Hemmung der Acetatoxydation durch Malonat 192[2]. — Umsatz von Phosphoglycerinsäure in Gehirnschnitten 706[4]. — Hemmung der Lacticodehydrogenase durch Oxymalonsäure 715[2]. — Keine Ketonkörperbildung im Gehirn 742[6]. — Atmung von Rattengehirn 780[10]. — Atmung von Meerschweinchengehirn 780[13]. — Verbrennung von Phosphoglycerinsäure und Brenztraubensäure im Gehirn 785[10]. — Sauerstoffverbrauch des Gehirns bei Narkose 813[3,4]. — Hemmung der Milchsäure- und Brenztraubensäureoxydation durch Narkotica 813[3]. — Hemmung der Oxydation von Fructose, Brenztrauben- und Glutaminsäure durch Narkotika 813[4].
JOY, A. C.: Einfluß von Vitamin K auf Gallensäurebildung 373[4].
JOYET-LAVERGNE, P.: Vitamin A-Gehalt in Mitochondrien 350[16].
JUDAH, J. D.: Entkoppelung der Atmungskettenphosphorylierung durch Dinitrophenol 730[4], 731[5], 732[4]. — Hemmung der PASTEUR-Reaktion durch Dinitrophenol 732[4].
— and H. G. WILLIAMS-ASHMAN: Regulierung der aeroben Glykolyse im Zentralnervensystem durch Fermente des Cozymaseabbaues 708[5]. — Hemmung der PASTEUR-Reaktion und der Atmungskettenphosphorylierung durch Phenosafranin und Dinitrophenol 732[2].
— s. CHRISTIE, G. S. 248[3].
JUDD, E. S., and T. J. DRY: Vermehrte Kupferausscheidung in der Galle nach Zufuhr von Kupfersalzen 541[6].
— A. M. SNELL and M. T. HOERNER: Wirkung parenteraler Zufuhr von Vitamin K bei cholämischen Blutungen 369[4].
JUDD, H. D., s. WALLS, G. L. 895[6].
JUDITZKAJA, A. I.: Cystingehalt von Reticulin 14[7].
JÜRGENS, R.: Nicotinsäureamid und Pantothensäure als Dicumarinantagonisten 374[8]. — Chronische Dicumarinwirkung 374[8].
JUKES, T.: Zusammenfassung über Cholin (1947) 144[2].

JUKES, T. H.: Dermatitisverhindernder Leberfaktor identisch mit Pantothensäure 404[4]. — Pantothensäuregehalt in Rinderleber und Muskulatur 404[5]. — Keine Verwendung von gebundener Pantothensäure durch Milchsäurebakterien 404[15].
— s. LEPKOVSKY, S. 404[3].
— s. OCHOA, S. 128[1].
JULIAN, O. C., s. ALLEN, J. G. 372[3].
JULL, J. W., s. BONSER, G. M. 496[2].
JUNG, R., s. WEYGAND, F. 268[3].
JUNG, T. S., s. WEN, I. C. 66[10].
JUNGMANN, H., u. P. KIMMELSTIEL: Milchsäuregehalt im Gehirn 660[4].
JUNKERSDORF, P.: Lebergewicht während des Hungers 10[4]. — Glykogengehalt der Leber nach kohlenhydratreicher Kost 72[7]. Lipidgehalt der Leber hungernder Hunde 140[3].
— u. H. MISCHNAT: Glykogengehalt der Leber bei Phlorrhizinvergiftung 78[12].
JUNOWICZ-KOCHOLATY, R., and T. R. HOGNESS: Fermente des Cytochromsystems im Gehirn 795[8].
JUNQUEIRA, L. C. M., s. ROTHSCHILD, H. 762[15].
JUNQUEIRA, P. B., and B. S. SCHWEIGERT: Bedeutung von Riboflavin für Tryptophanabbau 293[6].
JUSATZ, H. J., s. BERSIN, T. 383[10].
JUSTIN-BESANÇON, F., s. LWOFF, A. 394[5], 396[9].

KABAT, E. A., F. M. HANGER, D. H. MOORE and H. LANDOW: Albumin: Globulinverhältnis bei Lebererkrankungen 229[4].
— D. H. MOORE and H. LANDOW: γ-Globuline beim Kephalin-Cholesterinflokkungstest 247[2].
— s. LANDOW, H. 695[17], 776[8].
— s. NEWMAN, W. 696[2], 776[9].
— s. WOLF, A. 695[12], 734[4].
KABAYASHI, T.: Glucuronsäurebildung aus Leberglykogen 458[9].
KACZKA, E. A., D. E. WOLF, F. A. KUEHL jr. and K. FOLKERS: Cyanid- und Kobaltgehalt von Vitamin B_{12} 481[1].
— s. WOLF, D. E. 262[5].
KÄMMERER, H.: Unterbrechung der Urobilinbildung bei Stauungsikterus 518[3].
— u. K. MILLER: Unterbrechung der Urobilinbildung bei Stauungsikterus 518[3].
KAHANE, E., s. ETIENNE-PETITFILS, J. 546[3].
KAHLER, H., s. ROBERTSON, W. v. B. 34[10].
— s. VOEGTLIN, C. 604[3].
KAHN, J., s. OTTENBERG, R. 537[7].
KAHN, M. C., s. QUICK, A. J. 464[1].
KAHN, R. H.: Leberglykogengehalt bei adrenektomierten Tieren 78[6]. — Abnahme des Leberglykogens bei hungernden adrenektomierten Tieren 124[1].
— u. E. STARKENSTEIN: Leberglykogengehalt bei adrenektomierten Tieren 78[6].
KAHNT, F. W., and A. WETTSTEIN: Bildung von 17-Oxycorticosteron aus 17-Oxy-11-desoxycorticosteron 438[4].
KAISER, P.: Hemmung der Acetylcholinwirkung auf den Herzmuskel durch Thiamin 838[6].
KAJDI, C., s. HOLT, L. E. jr. 302[5].
KALAJA, T., s. SIMOLA, P. E. 207[9].
KALBERLAH, F., s. EMBDEN, G. 27[3], 184[3].
KALCKAR, H. M.: Nucleosidasen bilden aus Nucleosiden Ribose-1-phosphat 768[5]. — Vorkommen von Myokinase im Gehirn 774[3].
— J. DEHLINGER and A. MEHLER: Adenosintriphosphatbildung in der Kaninchenleber 327[7].
— N. O. KJELDGAARD and H. KLENOW: Hemmung der Xanthinoxydase durch 2-Amino-4-oxy-6-formylpteridin 416[2]. — Hemmung der Xanthopterinoxydase durch Folsäure 416[4].
— and H. KLENOW: Hemmung der Xanthopterinoxydation durch Folsäure 416[4].
— s. COLOWICK, S. P. 774[2].
— s. FRIEDKIN, M. 111[2].
KALEITA, E., s. RENZO, E. C. DE 64[15], 65[9],[11],[13].
KALEOĞLU, G., s. STARY, Z. 233[1].
KALK, H.: Bilirubin zur Leberfunktionsprüfung 510[13].
— u. E. WILDHIRT: Thymoltrübungstest bei Verschlußikterus 246[11].
KALLIO, R. E., and C. P. BERG: Kein Ersatz von Nicotinsäure durch Indol und Indolessigsäure 292[14]. — Bildung von Kynurensäure aus Indolbrenztraubensäure 294[12].
KALMTHOUT, J. M.: Aufhebung der Sterco-bilinbildung durch Antibiotika 518[11].
KALNITSKY, G., s. SHEPHERD, J. A. 253[9], 725[6].
KALSBEEK, F., J. A. COHEN and B. R. BOVENS: Hemmung der Acetylcholinesterase durch Butyrylcholin 859[6].
KALTSCHMITT, H., s. KUHN, R. 390[5], 391[2].
KAMBAYASHI, Y.: Schwefelfraktionen in der Muskulatur 576[5].
KAMEN, M. D., s. HAHN, P. F. 52[5].
— s. RUBEN, S. 411[11].
KAMIL, I. A., J. N. SMITH and R. T. WILLIAMS: Entgiftung von Alkoholen durch Glucuronidbildung 455[2]. — Entgiftung von Methanol und Äthanol durch Glucuronidbildung 455[5]. — Bildung von Esterglucuroniden 455[11]. — Bildung von Äthylglucuronid aus Äthylalkohol bei Antabuseinwirkung 491[3].
KAMIN, H., s. HANDLER, P. 749[2].
— s. WAGREICH, H. 458[4].
KAMM, E. D., s. HEILBRON, I. M. 202[18].
KAMP, F.: Löslichkeit von Myosin 578[8].
KAMP, W. TE, s. RÖSCH, H. 934[2].
KANASAKI, K.: Biliverdinanstieg in der Galle bei niedrigem Glykogengehalt der Leber 516[4].

Kanemitsu, T.: Trioxysterocholansäurelacton und Trioxyisosterocholansäuremethylester in der Galle der Alligatorschildkröte 551[13].
Kann, S., s. Fleischmann, W. 931[7].
— s. Sobotka, H. 350[8], 352[4].
Kanze, E., s. Jervis, G. A. 278[13].
Kao, C. Y., s. Grundfest, H. 860[18].
Kapfhammer, J.: Zusammenfassung über die Leber im Stoffwechsel (1927) 1[3].
Kaplan, A., and I. L. Chaikoff: Fettleber beim pankreasektomierten Hund 10[9]. — Fettsäuregehalt von Hundeleber 131[3]. — Fettleber bei pankreaslosen Tieren 141[1].
— s. Chaikoff, I. L. 154[4].
Kaplan, F. E., s. Gollub, S. 676[4].
Kaplan, N. O., and M. M. Ciotti: Hemmung der Alkoholdehydrogenase durch Hydroxylamin 487[8].
— S. P. Colowick and E. F. Neufeld: Transhydrogenase für Wasserstoffübertragung von TPN auf DPN 794[2].
— S. P. Colowick, L. J. Zatman and M. M. Ciotti: Elektronenaustausch zwischen red. und oxyd. DPN 794[3].
— and D. M. Greenberg: Förderung der Phosphataufnahme in ATP der Leber durch Insulin 85[4]. — Hemmung der Phosphataufnahme in ATP durch Phlorrhizin 86[1]. — Phosphorolytischer Glykogenabbau in der Leber 89[6]. — Fluoridwirkung auf Glucose-6-phosphatase 91[4]. — Adenosintriphosphatbildung in der Leber nach Insulinzufuhr 328[1].
— and F. Lipmann: Coenzym A-Gehalt von Organen 179[1]. — Freisetzung von Pantothensäure aus Coenzym A 404[11]. — Coenzym A-Einheit 405*. — Coenzym A-Gehalt im Gehirn 673[8], 722[13].
— s. Lipmann, F. 205[11,12], 404[10], 408[1], 477[13,14], 722[7,9,10].
— s. Novelli, G. D. 179[2], 272[4], 404[8], 408[1], 409[1], 673[9], 723[1].
— s. Olson, R. E. 405[7], 406[10], 407[1], 410[5].
Kaplanskiĭ, S. Y., u. M. Karlina: Alaninbildung durch Leberschnitte 254[3].
Kaplansky, S., W. Borowskay and A. Budanowa: Aminosäurezusammensetzung der Gehirnproteine 654[4].
Kaplowitz, L., s. Greene, C. H. 240[8], 242[2].
Kaps, U., s. Stieve, H. 70[11].
Karabinos, J. V., s. Wolfrom, M. L. 82[3].
Kareff, N., s. Doyon, (M.) 234[4].
Kariyone, S., s. Inoue, K. 540[8].
Kark, R., and A. W. Souter: Resorption wasserlöslicher Vitamin K-Präparate 369[5]. Korrelation zwischen Prothrombintest und anderen Leberfunktionsprüfungen 372[10].
— F. W. White, A. W. Souter and E. Deutsch: Korrelation zwischen Prothrombintest und anderen Leberfunktionsprüfungen 372[10].
Kark, R. M.: Eisenanhäufung in der Leber nach wiederholten Bluttransfusionen 55[8].
Kark, R. M., s. Vorhaus, L. J. 238[10], 239[4].
Karl, M. M., s. Koch, R. E. 38[4].
Karlin, R., s. Wolff, R. 674[4].
Karlina, M., s. Kaplanskiĭ, S. Y. 254[3].
Karlsson, J. L., and H. A. Barker: Purinsynthese aus Glycin 337[7].
Karnofsky, R. E., s. Berk, J. E. 565[3].
Karplus, J. P.: Esterschwefelsäurebildung nach Zufuhr von Pikrinsäure 484[3].
Karrer, P., u. P. Benz: Phosphatwanderung bei Lecithinhydrolyse 159[6].
— u. H. Brandenberger: Bildung von Schiffschen Basen bei der Transaminierung 251[6].
— W. Jaeger u. H. Keller: Vitamin E-Gehalt von Katzenmuskel 584[5].
— u. H. Salomon: α- und β-Glycerinphosphorsäure aus Phosphatiden 636[3].
— s. Viscontini, M. 389[2], 755[9].
Kartin, B. L., s. Man, E. B. 206[8], 208[8].
Karunairatnam, M. C., L. M. H. Kerr and G. A. Levvy: Synthesewirkung von β-Glucuronidase 462[6]. — Aufgabe der β-Glucuronidase 463[3]. — Vorkommen von β-Glucuronidase und glucuronidsynthetisierendem Enzymsystem 463[3].
— and G. A. Levvy: Hemmung der β-Glucuronidase durch 1,4-Zuckersäurelacton 463[1].
Karunaratne, W. A. E., s. Cameron, G. R. 36[5], 443[6].
Karyagina, M. K.: Alaningehalt von Gehirnproteiden 654[7].
Kascher, H. M., and J. G. Baxter: Vitamin A-Ester in Fischlebern 358[4].
Kastle, J. H., M. E. Johnston and E. Elvove: Haltbarkeit der Leberesterase 157[2].
— and A. S. Loevenhart: Haltbarkeit der Leberesterase 157[2].
Kastrup, H., s. Gaede, K. 76[10], 77[1].
Kataoka, Y., s. Tukamoto, M. 551[4].
Kates, M., s. Baer, E. 158[4], 159[7], 636[4].
Katsampes, C. P., A. B. McCoord, R. N. Hamburger and S. W. Clausen: Vitamin A_1-aldehyd, Resorption bei Ratten 350[3].
Kattus, A. A. jr., s. Madden, S. C. 302[4].
Katz, B., s. Hodgkin, A. L. 735[2], 801[10], 835[11].
Katz, J. Anorganische Bestandteile im Skeletmuskel von Frosch und Mensch 575[2].
Katz, R., s. Brugsch, T. 74[11].
Katzin, B., s. Long, C. N. H. 123[5], 124[5].
Kaucher, M., H. Galbraith, V. Button and H. H. Williams: Fettgehalt von Rinderleber 131[5]. — Fettgehalt verschiedener Organe 132[6]. — Lipoidgehalt der Hirntrockensubstanz 633[1]. — Sphingomyelingehalt von Gehirn und Rückenmark 641[10]. — Gehalt an Cholinphosphatiden im Gehirn 642[7]. — Gehalt an Neutralfetten im Zentralnervensystem 650[1].
— s. Williams, H. H. 678[1].

Kauffmann, F., u. E. Mislowitzer: Histidasewirkung 298[2].
Kaufman, R. E., s. Gordon, W. G. 291[3].
Kaufman, S.: Reaktion von Succinat mit CoA 196[2].
Kaufmann, M.: Amylasegehalt der Galle 544[17].
Kaulla, K. N. v., s. Bomskov, C. 23[2], 72[1].
Kaunitz, H., and J. J. Beaver: Vitamin E-Gehalt im Muskel 584[4].
— s. Elias, H. 76[5].
Kawaguchi, K., s. Makino, K. 291[13].
Kawai, K.: Wirkung von Riboflavin auf Abbau carcinogener Azofarbstoffe durch Leber 393[8].
Kawakami, T., s. Pincussen, L. 72[3].
Kawashima, K.: Nicotinsäuregehalt von Tierlebern 394[7].
— s. Brugsch, T. 506[5].
Kawashima, M., s. Nakamura, H. 551[19].
Kay, H. D.: Glucuronsäureabbau durch Darmbakterien 464[1]. — Phosphataseaktivität in Leberextrakten 544[13].
Kayser, C., et A. Establier y Costa: Allantoingehalt im Harn bei Hypophysenerkrankungen 340[1].
Kazal, L. A., and L. E. Arnow: Thromboplastingehalt von Pferde- und Menschengehirn 676[3].
Kaziro, K.: Ursodesoxycholsäure aus Bärengalle 553[7].
Kazmin, V. E., s. Hoffman, M. M. 437[12].
Kazuno, T.: Pentaoxybufostan 550[9]. — Tetraoxycholanschwefelsäureester aus Galle von Rana catesbiana 551[2].
— H. Nakamura and B. Tatsuma: Chenodesoxycholsäurebildung beim Hund und Kaninchen 551[16].
— s. Kurauti, Y. 551[1], 557[4].
— s. Shimizu, T. 550[10, 11], 551[8].
Kearns, W. M., s. Simonson, E. 432[7].
Keating, F. R. (jr.), s. Albert, A. 441[5, 6].
Keefer, C. S., s. Myers, W. K. 229[4].
Keenan, J. A., O. L. Kline, C. A. Elvehjem, E. B. Hart and J. G. Halpin: Nutritive Encephalomalacie bei Vitamin B_4-Mangel 673[15].
Keeton, R. W., s. Foley, E. F. 227[5], 229[4].
— s. Spellberg, M. A. 378[12].
Keevil, N. B., s. Patterson, J. M. 144[16], 160[13].
Kehoe, R. A., J. Cholak and R. V. Story: Mangangehalt im Gehirn 623[9], 625[7]. — Kupfergehalt im Gehirn 623[9], 626[10]. — Silbergehalt im Gehirn 628[2].
Keiderling, W.: Kupferhaltiges Protein im Blutplasma 57[16].
— s. Heilmeyer, L. 59[13].
Keighley, G., s. Borsook, H. 214[8], 215[1, 4, 9], 216[1], 218[2, 3], 258[2], 296[7, 10].
Keil, W., H. Appel u. G. Berger: Senkung des R.Q. durch ungeradzahlige Fettsäuren 175[1].
— s. Appel, H. 175[1].
Keilholz, A.: Aluminiumgehalt der menschlichen Leber 63[13].
Keilin, D., and E. F. Hartree: Oxydation von Äthylalkohol durch Katalase 489[8].
— and T. Mann: Zink als Aktivator oder Bestandteil von Fermenten 63[2].
— s. Mann, T. 56[12], 58[3].
Keith, C. K., W. J. Broach, D. Warren, P. L. Day and J. R. Totter: Aktivität der Xanthinoxydase der Hühnerleber bei Folsäuremangel 335[8]. — Bedeutung von Vitamin B_c für Xanthinoxydaseaktivität 415[5]. — Einfluß von Folsäure auf Gewicht und Aktivität der Xanthinoxydase der Leber 416[9].
— s. Dinning, J. S. 146[5], 416[7], 418[2].
— s. Totter, J. R. 262[2], 417[7].
Kellaway, P. E., H. E. Hoff and C. P. Leblond: Thyroxinentgiftung in der Leber 441[4].
Keller, C. E., s. Trimble, H. C. 339[5].
Keller, D. C., s. Medes, G. 375[4], 687[11].
Keller, E. B.: Aminosäureaufnahme durch Lebermikrosomen 214[10].
— s. Mackenzie, C. G. 147[12], 267[6], 759[8].
Keller, H., s. Karrer, P. 584[5].
Keller, M. R., s. Roberts, S. 782[12].
Keller, W., u. F. Wöhler: Hippursäurebildung aus Benzoesäure 469[1].
Kelley, B., J. R. Totter and P. L. Day: Wirkung von Folsäure auf Lipoidstoffwechsel der Leber 418[3].
— s. Totter, J. R. 261[7].
Kelley, O. R., s. Waddell, W. W. jr. 371[12].
Kelly, F. B. jr., s. Gould, R. G. 206[4].
Kelly, L. S., s. Payne, A. H. 327[3, 4].
Kelsey, F. E., s. Ganz, A. 491[12].
Keltch, A. K., and G. H. A. Clowes: Fermente der Glykolyse in Cytoplasma von Gehirnzellen 700[11].
— s. Clowes, G. H. A. 700[12].
Kemmerer, A. R., and G. S. Fraps: Neo-β-carotin als Provitamin A 358[8].
— and H. Steenbock: Störung des Brenztraubensäureabbaues bei Thiaminmangel 115[4].
— s. Hart, E. B. 57[14].
Kendall, A. I., s. Friedemann, T. E. 593[5].
Kendall, E. C.: Zusammenfassung über Hormone (1941) 428[4]. — Thyroxinentgiftung in der Leber 441[4].
— s. Reinecke, R. M. 78[7].
Kendall, F. E.: Albumin : Globulinverhältnis bei Lebererkrankungen 229[4].
Kendrick, A. B., s. Foley, E. F. 227[5], 229[4].
Kennaway, E. L., N. M. Kennaway and F. L. Warren: Ascorbinsäuregehalt der Mäuseleber nach carcinogenen Stoffen 379[11].
— s. Cook, J. W. 494[11].
— s. Daff, M. 379[12], 503[11].
— s. Davies, H. W. 193[12].
Kennaway, N. M., s. Cook, J. W. 494[11].

KENNAWAY, N. M., s. KENNAWAY, E. L. 379[11].
KENNEDY, E. P.: Wirkung von Cytoplasma auf Phosphatidbildung in Mitochondrien 158[11]. — Phosphatidbildung in Lebermitochondrien 159[1]. — Cholinaufnahme in Mitochondrienphosphatide 159[2]. — Cholinphosphat als Zwischenstufe der Phosphatidsynthese 159[2]. — Weg der Lecithinbildung 159[5].
— and A. L. LEHNINGER: Verteilung der Aldolase in der Leberzelle 113[1]. — Schicksal von Acetyl-CoA aus Fettsäuren verschiedener Kettenlänge 186[9]. — Fettsäureabbau durch Mitochondrien 187[3]. — Oxydation höherer Fettsäuren durch Lebermitochondrien 189[5], 741[11]. — Verminderung der Succinoxydase in Hepatomzellen 504[5]. — Hemmung der fettsäureoxydierenden Fermente durch Fettsäuren 741[3].
— s. LEHNINGER, A. L. 180[5].
KENNEDY, N. K., s. NEWMAN, H. W. 485[6], 488[2].
KENNEDY, R. P.: Eisengehalt im Hundegehirn 626[6].
KENNEY, R. G., s. BARCLAY, J. A. 147[16].
KENSLER, C. J.: Einfluß von Riboflavin auf Buttergelbzerstörung in der Leber 393[7]. Riboflavingehalt der Leber nach Zufuhr cancerogener Azofarbstoffe 393[7]. — Abbau cancerogener Azofarbstoffe in der Leber 501[3]. — Einfluß von Vitamin B_{12} auf cancerogene Wirkung von Azofarbstoffen 501[14].
— and W. C. CHU: Cancerogene Wirkung von Monomethylaminoazobenzol 501[2].
— S. O. DEXTER and C. P. RHOADS: Keine cancerogene Wirkung von p-Aminoazobenzol 494[3]. — Cholangiombildung durch Azonaphthaline bei Mäusen 494[3].
— and H. LANGEMANN: Cholinoxydase in Lebermitochondrien 146[6]. — Dimethylthetin als Methylgruppendonator 267[5]. — Succinoxydase in Lebermitochondrien 377[5]. — Cholinoxydasegehalt von Mitochondrien 504[14]. — Cholinoxydasegehalt in Hepatomzellen 504[15].
— J. W. MAGILL and K. SUGIURA: Bindung von p-Dimethylaminoazobenzol an Leberzellproteine 497[1]. — Demethylierung von p-Dimethylaminoazobenzol in der Leber 497[10].
— J. W. MAGILL, K. SUGIURA and C. P. RHOADS: Dealkylierung von p-Diäthylaminoazobenzol in der Leber 498[8].
— K. SUGIURA and C. P. RHOADS: Riboflavingehalt in durch Azofarbstoffe geschädigten Leberzellen 503[14].
— K. SUGIURA, N. F. YOUNG, C. R. HALTER and C. P. RHOADS: Antagonistische Wirkung von Riboflavin gegen cancerogene Azofarbstoffe 501[5].
— s. BURK, D. 501[10].
— s. LANGEMANN, H. 148[14], 267[5].
— s. SINGHER, H. O. 424[17], 427[10].
KENSLER, C. J., s. SUGIURA, K. 493[12], 494[7,10], 498[10], 499[4].
— s. UNNA, K. 392[2], 427[19], 501[7].
— s. VIGNEAUD, V. DU 501[11].
KENT, N. L., and R. A. MCCANCE: Manganausscheidung im Stuhl 62[6].
KENTEN, R. H., s. BOWES, J. H. 14[6].
KEPKA, O. J.: Acetylcholinsenkung in peripheren Nerven bei irreversibler Narkose 815[8].
KEPLER, E. J., s. MASON, H. L. 433[6].
KEPPEL, D. M., s. VIGNEAUD, V. DU 147[2].
KERIN, L., s. CHARGAFF, E. 668[5].
KERLY, M., and M. C. BOURNE: Fermentsystem der Milchsäurebildung in der Netzhaut 932[13].
— and J. H. OTTAWAY: Leberglykogengehalt von Ratten und Meerschweinchen 70[8]. — Glykogengehalt der Leber nach kohlenhydrat- bzw. fettreicher Nahrung 72[6]. — Glykogenbildung in glykogenreichen Lebern 88[2].
— s. HOARE, D. S. 932[15], 936[8].
KERMACK, W. O., s. DAVIDSON, J. N. 102[6,11].
KERN, R., s. BUCHBINDER, W. C. 360[11].
KERR, L. M. H., J. G. CAMPBELL and G. A. LEVVY: β-Glucuronidase in der Leber nach Oestrongabe 428[13]. — β-Glucuronidase 462[13], 463[5]. — Beeinflussung der β-Glucuronidase durch Oestron und Testosteron 463[5]. — β-Glucuronidase und Zellproliferation 698[5].
— A. F. GRAHAM and G. A. LEVVY: β-Glucuronidase 462[12].
— s. KARUNAIRATNAM, M. C. 462[6], 463[3].
— s. LEVVY, G. A. 463[4], 698[4].
KERR, S. E.: Phosphatfraktionen im Säugetiergehirn 630[6,13]. — Kreatin- und Kreatiningehalt im Kleinhirn 657[6]. — Phosphokreatingehalt im Gehirn 657[6], 703[4]. — Glykogengehalt im Gehirn 685[5,6]. — Glykogen aus Hundegehirn 659[3]. — Flüssige Luft zur Gehirnfixierung 659[6]. — Nucleotid-N im Hundegehirn 667[7]. — Hypoxanthin- und Guanintriphosphat im Gehirn 667[7]. — ATP aus Hirngewebe 667[8]. Gehalt des Hundegehirns an Purinverbindungen 668[1]. — P-Austausch der stabilen P-Gruppe von ATP und ADP im Gehirn 765[10]. — Vorkommen von 5-Nucleotidase in Gehirn und Nervengewebe 767[2]. — Harnsäuregehalt im Gehirn 768[7]. — Phosphokreatin- und Adenosinpolyphosphatzerfall bei Ischämie des Gehirns 772[10,11]. — Phosphokreatingehalt im ischämischen Gehirn 788[19]. — Abnahme der Adenosinpolyphosphate im ischämischen Gehirn 788[12].
— and A. ANTAKI: Milchsäuregehalt im Kaninchengehirn 659[12]. — Milchsäurebildung im Gehirn bei Ischämie 788[8].
— and M. GHANTUS: Postmortaler Glykogenabbau und Milchsäurebildung im Gehirn 659[4]. — Gehalt an freiem Zucker im Gehirn 659[8]. — Milchsäuregehalt im

Gehirn 659[8], 823[5]. — Bedeutung des Blutzuckers für Milchsäurebildung im Gehirn 660[6]. — Glykogengehalt des Gehirns 685[7]. — Stoffwechselaktivität des Gehirnglykogens 705[10]. — Bei Ischämie verschwindet Glucose aus dem Gehirn 788[5]. — Einfluß von Insulin und Adrenalin auf Glykogengehalt des Gehirns 823[5].

KERR, S.E., C.W. HAMPEL and M. GHANTUS: Gehalt an freiem Zucker im Gehirn 659[9]. Glucose- und Glykogengehalt im Gehirn bei Glucosemangel 823[2]. — Ausfallserscheinungen bei Abnahme des Gehirnglykogens 825[1].

— s. AVERY, B. F. 659[7].

KERR, W. J., S. H. HURWITZ and G. H. WHIPPLE: Plasmaregeneration bei Leberschädigung 227[2].

— s. ALTHAUSEN, T. L. 564[4].

KERTESS, E., s. KNOOP, F. 475[8].

KERUP, N. F., s. WHITE, T. J. 38[4].

KESKIN, H., s. BREUSCH, F. L. 742[12].

KESTNER, O.: Autolyse von Lipoiden im ZNS ist fraglich 744[11].

KESTON, A. S., s. CHARGAFF, E. 640[9].

— s. RATNER, S. 258[5], 303[1].

— s. SCHOENHEIMER, R. 470[13].

KESTYÜS, L., s. VARGA, E. 584[3], 586[5].

Kettering Lab.: Forschungen über Bleiaufnahme und -ausscheidung (Dtsch. Übers.) (1939) 623[20].

KETY, S. S., B. D. POLIS, C. S. NADLER and C. F. SCHMIDT: Hirnstoffwechsel bei diabetischer Acidose im Coma diabeticum 822[16].

— and C. F. SCHMIDT: Sauerstoffverbrauch des menschlichen Gehirns 777[8], 778[1]. — Durchblutung des Gehirns bei Menschen und Affen 777[13]. — Konstanz der Gehirnatmung 778[7,8].

— H. A. SHENKIN and C. F. SCHMIDT: Hirndurchblutung und Hirnstoffwechsel bei Hirntumoren 821[6].

— R. B. WOODFORD, M. H. HARMEL, F. A. FREYHAN, K. E. APPEL and C. F. SCHMIDT: Gehirndurchblutung beim Menschen bei Hyperglykämie 823[10]. — Sauerstoffaufnahme des Gehirns nach Herabsetzung des Blutzuckers 824[3]. — Hirnstoffwechsel bei Schizophrenie 827[7].

— s. FERYHAN, F. A. 822[4].

— s. GRANT, F. C. 822[5].

— s. HARMEL, M. H. 822[7].

— s. MANGOLD, R. 778[9], 808[5].

— s. SCHMIDT, C. F. 777[14], 783[13], 808[4], 813[1].

— s. SHENKIN, H. A. 778[3], 821[7], 827[11].

KEYNES, R. D.: Ionentransport in Tintenfisch- und Krabbennerven 734[9]. — Bedeutung der Bewegung einwertiger Kationen für Erregung und Leitung des Nervensystems 801[11]. — Durchlässigkeit von Nervenmembranen für Na- und K-Ionen bei Erregung 835[9].

KEYNES, R. D., and P. R. LEWIS: Ionentransport in Tintenfisch- und Krabbennerven 734[10]. — Durchlässigkeit von Nervenmembranen für Na- und K-Ionen bei Erregung 835[6,8].

KEYS, A., s. BRUGSCH, J. T. 527[11].

— s. BUTT, H. R. 229[4].

— s. SAMUELS, L. T. 432[7].

KEYSER, J. W., s. SPILLANE, J. D. 60[12].

KHATTAB, M., s. BOLLMAN, J. L. 38[1].

KHAUSTOV, N. W., s. CHARITE, A. J. 794[5].

KHESIN, R. V.: ^{32}P-Einbau in Nucleinsäuren der regenerierenden Leber 325[6].

KIDDER, L. E., s. MORGAN, A. F. 390[9], 394[11].

KIELLEY, R. K., and W. C. SCHNEIDER: Hippursäurebildendes Enzym in Lebermitochondrien 469[14]. — Energielieferung für Hippursäurebildung 470[3].

KIELY, G. E., s. GUTMANN, H. R. 500[7].

KIER, L. C.: Chol- und Desoxycholsäure in menschlicher Galle 554[4]

KIERNAN, F.: Leberläppchen 11[6].

KIES, M. W., and S. SCHWIMMER: Keine trypsinaktive Proteinase im Gehirn 763[3]. Di- und Tripeptidasen sowie neutrale Proteinase im Gehirn 763[3].

KIESSLING, W.: Leberphosphorylase 87[6].

KIHN, L.: Leberfunktionsprobe mit p-Oxyphenylbrenztraubensäure 285[9].

KILBY, B. A., s. GARDINER, J. E. 860[7].

KILLIAN, J. A., s. BOOHER, L. E. 193[11]

— s. COHEN, M. 910[11].

KILMER, G. W., s. VIGNEAUD, V. DU 269[2].

KIM, C. H.: Desoxycholsäurebildung aus Cholsäure beim Meerschweinchen 556[6]. Desoxycholsäurebildung aus Dehydrocholsäure bei Kaninchen mit B-Avitaminose 556[9].

— T. S. SIHN and K. TAKAHASI: Tetraoxysterocholansäurelacton in der Galle von Emys orbicularis 551[15]. — Ausscheidung gebundener Gallensäuren beim Fuchs 557[13].

KIM, K. S., s. GROSSMAN, M. I. 531[8].

— s. GUNTER, M. J. 533[12].

— s. MAGEE, D. F. 558[7,13], 559[11].

KIM, M. S.: Resorption von Stercobilin und Stercobilinogen im Darm 520[4].

KIMBALL, C. P., and J. R. MURLIN: Glucagongehalt im Insulin 76[9].

— s. FINK, R. M. 224[2].

KIMBLE, M. S., and E. S. GORDON: Bedeutung von Vitamin A für Ascorbinsäuresynthese 382[3].

KIMMELSTIEL, P., s. JUNGMANN, H. 660[4].

KIMURA, H.: Deacetylierung von N-Acetyl-DL-leucin und N-Acetylglycin in der Leber 478[2].

KIMURA, T.: Spezifisches Gewicht der menschlichen Blasengalle 537[2]. — Cholsäurebildung beim Leoparden 551[23]. — Gallensäuren in der Schweinegalle 553[1]. Ausscheidung tauringebundener Gallensäuren bei Feliden 557[10].

KIN, T., s. BOKU, S. 457[6].

KING, C. G., s. BESSEY, O. A. 151^{12}, 385^{12}.
— s. DOUGLAS, J. F. $460^{1,2}$.
— s. DRAKE, B. B. 383^{9}.
— s. HOROWITZ, H. H. 381^{2-4}.
— s. JACKEL, S. S. 380^{9}, 381^{1}.
— s. LONGENECKER, H. E. 380^{7}.
— s. MOSBACH. E. H. 460^{7}.
— s. PRUSOFF, W. H. 415^{4}.
— s. SMYTHE, C. V. 380^{6}.
— s. STOTZ, E. 385^{1}.
— s. YAVORSKY, M. 585^{4}.
KING, E. J.: Siliciumgehalt von Hunde- und Kaninchenleber 64^{9}. — Hydrolysewert für Lecithin 743^{8}. — Lecithinase im Gehirn 744^{7}.
— and A. R. ARMSTRONG: Alkalische Phosphatase in der Galle 543^{13}.
— and T. H. BELT: Zusammenfassung über physiologische und pathologische Bedeutung von Quarz (1938) 628^{1}.
— and G. E. DELORY: Keine Wirkung von Ascorbinsäure auf Gallenphosphatase 543^{18}.
— s. ARMSTRONG, A. R. 240^{8}.
— s. DELORY, G. E. 240^{7}.
KING, T. E., I. G. FELS and V. H. CHELDELIN: Gebundene Form von Pantothensäure 405^{5}.
— and F. M. STRONG: Coenzym A-Bildung in der Leber 179^{2}. — Coenzym A-Bildung aus Pantethein 408^{2}.
— s. NEILANDS, J. B. 404^{11}.
— s. NISHI, H. 405^{4}.
KING, W. E., and E. DOWNIE: Eisengehalt in aspirierten Leberproben 54^{1}.
KINGSLAND, N., s. WOOD, J. L. 481^{5}.
KINGSMILL, C. J., s. BOYD, E. M. 491^{8}
KINLEY, G., s. STEELE, H. D. 661^{12}.
KINNERSLEY, H. W., and R. A. PETERS: Störung des Brenztraubensäureabbaues bei Thiaminmangel 115^{6}.
KINNEY, J. M., s. VIGNEAUD, V. DU 489^{4}.
KINNEY, T. D., D. M. HEGSTED and C. A. FINCH: Hämosiderinanhäufung in der Leber nach Eisenzufuhr 47^{4}. — Hämosiderinablagerung in der Tierleber 55^{1}.
KINOSHITA, R., s. KINOSITA, R.
KINOSITA, R.: Cancerogene Wirkung von Buttergelb 493^{11}. — Keine cancerogene Wirkung von p-Aminoazobenzol 494^{3}. Cholangiombildung durch Azonaphthaline bei Mäusen 494^{3}. — Dealkylierung von p-Diäthylaminoazobenzol in der Leber 498^{9}. — Nichtcancerogene Benzolderivate 499^{3}. — Aminosäurezusammensetzung der Zellproteine nach carcinogenen Azofarbstoffen 503^{9}.
KINSELL, L. W., H. A. HARPER, H. C. BARTON, G. D. MICHAELS and H. A. WEISS: Leberfunktionsprüfung mit Methionin 213^{6}.
— H. A. WEISS, G. D. MICHAELS and J. S. SHAVER: Methioningehalt des Blutplasmas bei Hepatitis 212^{7}.
KINSEY, V. E.: p_H-Wert und osmotischer Druck des Kammerwassers vom Kaninchen 901^{2}. — Mineralbestandteile in Kammerwasser und Plasma von Kaninchen 902^{5}. — Unterschiedliche Zusammensetzung der Vorder- und Hinterkammerflüssigkeit 902^{8}. — Brenztraubensäuregehalt in Kammerwasser 905^{9}. — Chlorionenverteilung zwischen Plasma und Kammerwasser bei Mensch, Hund und Kaninchen 907^{5}. — Na- und Cl-Ionenverteilung zwischen Plasma und Kammerwasser beim Kaninchen 907^{7}. — Elektrolytaustausch zwischen Blut und Kammerwasser 908^{2}. — Ascorbinsäuregehalt in Blut und Kammerwasser 908^{9}. Einstrom von Wasser in die Augenkammern 909^{6}. — Hydrogencarbonatgehalt in Kammerwasser 922^{1}.
KINSEY, V. E., and D. G. COGAN: Quellung der Hornhaut 879^{10}. — Dehydratationszustand der Cornea 880^{5}.
— and C. E. FROHMAN: Vorkommen von Brenztraubensäure in der Linse 891^{4}. — Verteilung von respiratorischen Fermenten, Milchsäure und Brenztraubensäure in der Linse 894^{2}. — Vorkommen von Cytochrom c und Flavoprotein im Linsenepithel 895^{11}.
— and W. M. GRANT: Minutenvolumen des Kammerwasserdurchflusses beim Kaninchen 905^{16}. — Austausch von Wasser und Elektrolyten zwischen Blut und Kammerwasser 908^{3}. — Einstrom von Wasser in die Augenkammern 909^{7}.
— (W.) M. GRANT and D. G. COGAN: Wasseraustausch zwischen Blut und Augeninnerem 907^{11}.
— W. M. GRANT, D. G. COGAN, J. J. LIVINGOOD and B. R. CURTIS: Elektrolytaustausch zwischen Blut und Kammerwasser 908^{1}.
— B. JACKSON and T. L. TERRY: Ascorbinsäuregehalt in Kammerwasser 905^{6}.
— and F. C. MERRIAM: Glutathionauf- und -abbau in der Linse 895^{3}
— s. BÁRÁNY, E. 905^{15}.
— s. COGAN, D. G. $879^{1,2,5}$.
— s. FROHMAN, C. E. 891^{7}.
— s. MERRIAM, F. C. 894^{9}.
— s. PURZELL, E. F. 908^{9}.
KINZLMEIER, H., s. DEMLING, L. 652^{2}.
KIPPING, H.: Ausscheidung von Penicillinestern mit der Galle 562^{5}.
KIRBERGER, E.: p-Oxyphenylbrenztraubensäurebestimmung 285^{8}.
— u. G. A. MARTINI: Bakterielle Herkunft von Serumphosphatase 241^{10}.
KIRBY, A. H. M.: Cancerogene Wirkung von o-Aminoazotoluol 493^{10}. — Keine cancerogene Wirkung von 2-Amino-4,5-azotoluol 493^{13}.
KIRBY, D. B.. K. C. ESTEY and R. v. E. WIENER: Toxische Wirkung von Aceton und β-Oxybuttersäure auf das Linsenepithel 898^{3}.
KIRCHHEIM, D.: Vergiftungserscheinungen nach Alkohol- und Antabusgaben 490^{7}.

KIRCHHEIMER, W. F., s. ZELLER, E. A. 761[3].
KIRK, E.: Ammoniakgehalt des Blutes bei Lebercirrhose 305[8].
KIRK, R. C.: Albumin : Globulin-Quotient bei TAKATA-ARA-Reaktion 243[6].
KIRKWOOD, S., and P. H. PHILLIPS: Keine Anti-Inositwirkung von Gammexan-Steroisomeren 150[22].
KIRSCHNER, L. B., s. PSCHEIDT, G. R. 726[3].
KIRSCHON, A., s. ALLEN, J. G. 233[10].
KIRSNER, J. B., A. L. SHEFFNER, W. L. PALMER and O. BERGEIM: Methioningehalt des Blutes bei Hepatitis 212[7].
— s. RICKETTS, W. E. 42[13].
KISCH, B.: Atmungssteigerung in der Netzhaut durch Brenztraubensäure 931[4]. — Fructose als Substrat der Netzhautatmung 932[8].
KISHI, S.: Lithocholsäure und Lagodesoxycholsäure in der Kaninchengalle 551[27].
— s. WIELAND, H. 551[24].
KISLIUK, R. L., and W. SAKAMI: Serinspaltung und -synthese 260[10].
KITAY, E., s. SNELL, E. E. 415[4].
KITTINGER, G. W., s. RIEGEL, B. 436[10].
KITZMILLER, K. V., s. DEICHMANN, W. B. 457[9].
KIYASU, J. Y., B. BLOOM and I. L. CHAIKOFF: Fettresorption auf dem Lymphwege 136[11].
KIYOKAWA, M.: Urocaninsäurebildung aus Histidin 299[5].
KJELDGAARD, N. O., s. KALCKAR, H. M. 416[2,4].
— s. SCHWARTZ, R. 403[9].
KJERULF-JENSEN, K.: Fructokinase der Leber 98[12].
— and B. NOER: Wirkung von Vitamin B_{12} auf perniziöse Anämie 419[2].
KLÄRNER, C., s. EGER, W. 68[8].
KLATSKIN, G., and W. A. KREHL: Vitamin E-Gehalt im menschlichen Blutplasma 368[3]. — Leberfunktionsprüfung mit Tokopherol 368[3].
— W. T. SALTER and F. D. HUMM: Bedeutung von Vitamin B_1 and B_2 für Oestrogeninaktivierung 427[15].
KLAUSEN, U., s. HENRIQUES, V. 227[3], 228[1], 229[1].
KLEIBER, M., s. SMITH, A. H. 539[8,9].
KLEIFELD, O.: Veränderungen der Linsenfasern bei Einwirkung von Gleichstrom 882[1].
— R. FUCHS, O. HOCKWIN u. P. ARENS: Linsenstoffwechsel bei elektrischer Reizung 882[2].
— O. HOCKWIN u. P. ARENS: Linsenstoffwechsel bei elektrischer Reizung 882[2].
— H. K. MÜLLER, U. DARDENNE, R. FUCHS, O. HOCKWIN u. P. ARENS: Organische Phosphatverbindung in der Linse 891[9]. — Bedeutung der Linsenkapsel bei der Aufnahme von anorganischem Phosphat 892[4]. — Veresterung von anorganischem Phosphat in der Linse 894[6].
KLEIFELD, O., H. K. MÜLLER, O. HOCKWIN, P. ARENS, R. FUCHS u. U. DARDENNE: Bedeutung der Linsenkapsel bei der Aufnahme von anorganischem Phosphat 892[4]. Veresterung von anorganischem Phosphat in der Linse 894[6].
— s. MÜLLER, H. K. 891[9], 892[8], 894[6], 900[7].
KLEIN, A., s. DREILING, D. A. 531[11].
KLEIN, B. V., s. STETTEN, D. jr. 94[1], 99[12], 168[3], 169[4].
KLEIN, D.: Brenztraubensäureabgabe aus der Leber 115[2].
KLEIN, G., u. W. ZIESE: Vorkommen von Arginase im Muskel 585[9].
KLEIN, H. P., and F. LIPMANN: Wirkung von Pantothenyl-tauryl-p-anisidid auf Lipidsynthese in der Leber 409[7].
KLEIN, J. R.: Wirkung von Schilddrüsenhormon auf D-Aminosäureoxydase der Leber 445[12,13]. — Wirkung von Thyreoektomie auf D-Aminosäureoxydase der Leber 445[12]. — Verbrennung von Fructose im Gehirn 784[10].
— and J. S. HARRIS: Acetylierung in Kaninchen- und Rattenleber 476[7]. — Beschleunigung von Acetylierungen in Leberschnitten durch Lactat, Pyruvat und Acetoacetat 477[8].
— and H. I. KOHN: Hemmung der Riboflavinphosphorylierung durch Blockierung des R.E.S. 392[15].
— and N. S. OLSEN: Phosphatfraktionen im Säugetiergehirn 630[11]. — Blut-Hirnschranke 748[10]. — Phosphokreatinsynthese im Gehirn nach elektrischer Reizung 772[8]. — Gehirnstoffwechsel bei Krämpfen 810[9].
— s. BAIN, J. A. 788[6].
— s. HANDLER, P. 259[4], 394[14], 704[4,5], 792[12,13], 793[3,4].
— s. HARRIS, J. S. 476[8], 477[7].
— s. KOHN, H. I. 672[10].
— s. OLSEN, N. S. 76[9], 630[12], 790[6], 810[4,7,18], 816[2], 823[3].
— s. SARETT, H. P. 391[5].
KLEIN, M., s. GUTMANN, H. R. 500[7].
KLEIN, R., and S. LIVINGSTON: Wirkung von Desoxycorticosteron bei Epilepsie 820[6].
KLEIN, R. I., and S. A. LEVINSON: Aufnahme von Bromsulphalein durch Reticuloendothelzellen 563[7].
— s. REED, C. I. 622[3].
KLEIN, W.: Lebercholesterinesterase 207[10].
KLEINER, I. S., s. TAUBER, H. 674[13].
KLEINERMAN, J. I., s. MANGOLD, R. 778[9], 808[5].
KLEINMANN, H., u. J. KLINKE: Kupfergehalt der menschlichen Leber 57[1]. — Abnahme des Kupfergehaltes der Leber mit dem Alter 59[7].
KLEINZELLER, A., s. KREBS, H. A. 718[12].
KLEMPERER, F. W., H. C. TRIMBLE and A. B. HASTINGS: Uricase der Leber beim Dalmatinerhund 339[5].
— s. CONANT, J. B. 118[2].

KLEMPERER, F. W., s. SOLOMON, A. K. 129[1].
KLEMPERER, G., u. H. UMBER: Lebercholesterin bei Diabetikern 198[14].
KLEMPERER, H. G.: Steigerung der Wärmeproduktion der Leber durch Thyroxin 24[5]. Einfluß von Thyroxin auf Atmungskettenphosphorylierung 328[4].
KLENK, E.: Phosphatidstruktur 635[9]. — Serinhaltige Acetalphosphatide im Gehirn 637[8]. — Fettsäurealdehyde aus Acetalphosphatiden 638[3]. — Vaccensäure fehlt im Gehirn 638[14]. — Fettsäuren aus Phosphatiden 638[15]. — Fettsäuren aus Glycerinphosphatiden des Gehirns 639[2]. — Aldehyde aus Glycerinphosphatiden des Gehirns 639[2,3]. — Fettsäuren aus Glycorinphosphatiden des Gehirns 639[5]. — Hochungesättigte Fettsäureu aus Phosphatiden 639[7]. — Fettsäurezusammensetzung von Lecithin und Kephalinen 640[1]. — Gegenseitige Beziehungen zwischen Gehirnphosphatiden 640[1]. — Galaktosidform der Gehirncerebroside 642[9]. — Ganglioside 643[12] — Ganglioside im Gehirn bei amaurotischer Idiotie 643[13-15]. — Neuraminsäure 644[1]. — Stickstoffgehalt der Ganglioside 644[1]. — Chondrosamingehalt der Ganglioside 644[6]. — Stickstoffgehalt der Ganglioside 644[7]. — Bruttoformel der Ganglioside und der Neuraminsäure 644[9]. — Bindung der Gehirnlipoide an Eiweiß 650[4]. — Denaturierung der Gehirneiweißkörper durch organische Lösungsmittel 651[3]. — Kohlenhydratbestimmung im Gehirn 658[6]. — NIEMANN-PICKsche Krankheit 689[1]. — Familiäre amaurotische Idiotie 689[1,4,5]. — Gangliosidspeicherung bei NIEMANN-PICKscher Erkrankung 689[4]. — Umwandlung von Zucker in Fett bei familiär amaurotischer Idiotie 689[10]. — Gangliosidvermehrung bei Dysostosis multiplex 690[4]. — Glucosegehalt von Organcerebrosiden 690[5]. — Bedeutung der Markscheiden für die Nervenleitung 734[1].
— u. P. BÖHM: Acetalphosphatide 635[7]. — Fettsäuren aus Gehirnphosphatiden 636[1]. Serinhaltige Acetalphosphatide im Gehirn 637[9]. — Fettsäurezusammensetzung von Lecithin und Kephalinen 639[11].
— u. W. BONGARD: Hochungesättigte Fettsäuren aus Phosphatiden 639[8].
— u. L. CLARENZ: Struktur der Cerebronsäure 643[1].
— u. H. DAUN: Neuraminsäuregehalt von Strandin 645[2].
— H. DEBUCH u. H. DAUN: Gehirnlecithin 635[10]. — Fettsäurezusammensetzung von Lecithin und Kephalinen 639[10], 640[2].
— u. H. FAILLARD: Δ^{17}-n-α-Oxytetracosensäure aus Cerebrosiden 643[4].
— u. G. GERMANN: Fettsäuren aus Phosphatiden 638[17]. — Hochungesättigte Fettsäuren aus Phosphatiden 639[1].
KLENK, E., u. H. LANGERBEINS: Neuraminsäuregehalt im Gehirn 644[2].
— u. F. RENNKAMP: Reindarstellung von Sphingomyelinen 641[7]. — Stickstoffgehalt der Ganglioside 644[8]. — Organspezifität der Cerebroside 690[8].
— u. O. v. SCHOENEBECK: Ungesättigte Fettsäuren in Neutralfett und Phosphatiden der Rinderleber 376[4].
— u. E. SCHUMANN: Struktur der Cerebronsäure 643[2]. — Vorkommen von n-Hexacosensäure in Cerebrosiden 643[2].
— s. THIERFELDER, H. 473[5], 643[5].
KLENOW, H., s. HORECKER, B. L. 110[2].
— s. KALCKAR, H. M. 416[2,4].
KLEPPEL, B., s. FOÀ, P. P. 686[13].
KLETHI, J., s. MANDEL, P. 891[5].
KLETZINSKY, V.: Eisenresorption im Darm 53[1].
KLINE, B. E., J. A. MILLER, H. P. RUSCH and C. A. BAUMANN: Förderung der Hepatombildung durch Fettnahrung 501[9].
— s. MILLER, E. C. 393[4], 501[12], 503[14].
KLINE, O. L., H. R. BIRD, C. A. ELVEHJEM and E. B. HART: Vorkommen von Vitamin B_4 in Schweinegehirn 674[1].
— s. ARNOLD, A. 302[6].
— s. KEENAN, J. A. 673[15].
— s. LOY, H. W. jr. 419[18].
KLINGHOFFER, K. A.: Kein Einfluß von Jodacetat auf ATP-Bildung 86[2]. — Gleichgewicht an der Phosphoglucomutase 87[3].
KLINKE, J., s. KLEINMANN, H. 57[1], 59[7].
KLINKE, K.: Resorption von Kalkseifen 361[1].
KLISIECKI, A., s. PARNAS, J. K. 304[3].
KLITGAARD, H. M., H. J. LIPNER, S. B. BARKER and T. WINNICK: Bindungsart von Thyroxin in der Galle 442[3].
KLOBUCHER, V., s. OSGOOD, E. E. 316[3].
KLOPPER, A., s. VENTURA, S. 47[5].
KLOSE, A. A., and H. J. ALMQUIST: Ersatz von Arginin durch Citrullin 302[8].
— E. L. R. STOKSTAD and H. J. ALMQUIST: Argininbedarf wachsender Tiere 302[7].
KLOTZBUCHER, E., s. BÜRGER, M. 76[9].
KLUG, H. L., s. POTTER, V. R. 719[3], 732[15].
— s. SCHNEIDER, W. C. 666[9].
KNEBEL, R., s. RÜHL, A. 609[6].
KNEDEL, M.: γ-Globuline bei Lebererkrankungen 231[8].
KNITTEL, G.: Kombinierte Wirkung von Thyroxin, Fructose und Insulin auf das Leberglykogen 77[16]. — Einfluß von Schilddrüsenhormon auf Muskelglykogen 77[16].
KNOBLOCH, H., s. VOGEL, H. 362[6].
KNOCH, M., s. SCHUCHARDT, E. 910[4].
KNOEPFELMACHER, A. A., s. VESTLING, C. S. 445[9].
KNOOP, F.: Oxydation von Phenylfettsäuren 173[4]. — Glycinbildung aus β-Oxy-α-aminosäuren 256[2].
— F. DITT, W. HECKSTEDEN, J. MAIER, W. MERZ u. R. HÄRLE: Glycinbildung aus β-Oxy-α-aminosäuren 256[3].

KNOOP, F., u. E. KERTESS: Entgiftung von γ-Phenyl-α-aminobuttersäure durch Acetyllierung 475[8].
— s. MARTIUS, C. 723[8].
KNOWLES, H. C., and G. M. GUEST: Natriumvermehrung in der Leber bei Alloxandiabetes 42[8].
KNOWLES, V. H., s. CALLISON, E. C. 355[8].
KNOWLTON, M. A., s. MANN, J. D. 238[10], 239[4].
KNOX, J. A. C., s. HAJDU, S. 575[7].
KNOX, W. E.: Methylnicotinsäureamidoxydase 397[5].
— and W. H. AUERBACH: Tryptophanperoxydase der Rattenleber 287[5].
— and S. W. EDWARDS: Spaltung von Fumarylacetoacetat 280[4].
— and W. I. GROSSMAN: Bildung von 1-Methyl-3-carboxamido-6-pyridon aus Nicotinsäureamid 397[2,3].
— and M. LE MAY-KNOX: Ferment des Tyrosinabbaus aus Leber 279[7].
— and A. H. MEHLER: Tryptophanpyrrolase 287[4]. — Formylkynureninbildung 287[4]. — Formylase 288[1].
— B. N. NOYCE and V. H. AUERBACH: Bedeutung von Magnesiumionen für das Cyclophorasesystem 43[1].
— s. DALGLIESH, C. E. 287[2], 289[3], 290[3], 401[6].
— s. MEHLER, A. H. 288[2].
KNUTTI, R. E., C. C. ERICKSON, S. C. MADDEN, P. E. REKERS and G. H. WHIPPLE: Eiweißregeneration bei Tieren mit ECKscher Fistel 226[4]. — Plasmaproteingehalt bei Tieren mit ECKscher Fistel 227[1].
KOBAYASHI, T.: Entgiftung von Avertin durch Glucuronidbildung 455[4].
KOBYLIN, A. A., s. EPELBAUM, S. J. 773[6].
KOCH, M. L.: Sulfatidgehalt im Gehirn neugeborener Säugetiere 678[7].
— s. KOCH, W. 678[8].
KOCH, R.: Leber, Glykogengehalt nach Tokopherol 366[13].
KOCH, R. E., and M. M. KARL: Leberpunktion 38[4].
KOCH, W., and W. H. GOODSON: Nucleinsäuregehalt des Nerven bei WALLERscher Erkrankung 694[6].
— and M. L. KOCH: Sulfatidgehalt im Gehirn neugeborener Säugetiere 678[8].
KOCHAKIAN, C. D., and M. N. BARTLETT: Alkalische Leberphosphatase bei Hyperthyreoidismus 446[3].
— J. GONGORA and N. PARENTE: Inaktivierung von Testosteron 430[10]. — Bildung von cis-Testosteron aus Testosteron 432[9].
— A. L. HASKINS jr. and R. A. BRUCE: Wirkung von Progesteron bei Implantation ins Mesenterium 435[1].
— and V. N. VAIL: Arginaseaktivität der Leber bei Adrenektomie 451[14].
— s. CLARK, L. C. jr. 430[6,7], 432[1,8].
KOCH-WESER, D., E. FARBER and H. POPPER: Phosphatidumsatz bei Funktionsstörungen der Leber 160[6]. — Hyperbilirubinämie nach Äthioninzufuhr 513[2].
KOCH-WESER, D., P. B. SZANTO, E. FARBER and H. POPPER: Vermehrung der alkalischen Leberphosphatasen bei Chloroformvergiftung 36[11].
— s. FARBER, E. 36[16], 148[2].
— s. POPPER, H. 146[12], 421[9].
KOCOUR, E. J., and A. C. IVY: Tagesverlauf der Gallenbildung beim Menschen 530[2]. — Steigerung der Gallenproduktion durch Eiweiß 530[2]. — Einfluß von Kohlenhydraten auf die Gallenproduktion 530[2].
KOCSIS, J. J., s. ABOOD, L. G. 818[13], 820[13].
KODAMA, S., s. GRAHAM, E. A. 564[12].
KODICEK, E.: Nicotinsäuregehalt im Ochsengehirn 672[6].
— s. CRUICKSHANK, E. M. 361[9], 363[12].
— s. REDDI, K. K. 397[4].
KOEBKE, K., s. WERLE, E. 492[9].
KOECHLIN, B., u. A. v. MURALT: Neurogenerativer Wuchsstoff „NR“ 699[14].
— s. JENT, M. 699[13].
KOECHLIN, B. A., s. SURGENOR, D. M. 47[6], 48[2].
KÖGL, F., u. B. TÖNNIS: Biotin aus Eidotter 410[10].
KÖHLE, H., s. REICHEL, L. 485[3].
KOEHLER, A. E., I. RAPP and E. HILL: Glucosebildung aus Galaktose beim Diabetiker 96[12].
KOELLE, G. B.: Unspezifische Cholinesterasen und Acetylcholinesterase in Hirn- und Nervengewebe 852[8]. — Lokalisation der unspezifischen Cholinesterase im Gehirn 861[17].
— and J. S. FRIEDENWALD: Beteiligung von Cholinesterase an sekretorischen Vorgängen im Ciliarkörper 920[15]. — Lokalisation der Cholinesterase in der Retina 936[21].
— L. WOLFAND, J. S. FRIEDENWALD and R. A. ALLEN: Lokalisation der Cholinesterase in der Katzenretina 936[22].
— s. ANGENENT, W. J. 917[5], 920[8].
KÖNIG, G., s. WINDAUS, A. 550[6].
KOENIG, H., s. BERMAN, J. K. 29[1].
KOEPF, G. F., s. LEWIS, R. A. 124[7].
— s. THORN, G. W. 123[8], 124[9].
KÖSTER, H., s. BERSIN, T. 383[10].
KÖTTGEN, E., u. G. ABELSDORFF: Absorptionsspektrum des Sehpurpurs 939[2].
KOFRÁNYI, E., s. KRAUT, H. 710[1].
KOGA, A.: Zinkgehalt der Leber 62[9].
KOGUT, B., s. ZUCKERMAN, I. C. 529[2].
KOHL, H., s. BÜRGER, M. 74[10].
KOHL, M. F. F., and L. M. FLYNN: Deacetylierung von substituierten Acetaniliden durch Rattenleber 478[6]. — Deacetylierung von Sulfonamiden 478[6]. — Reduktion von p- und m-Nitrobenzoesäure zu Aminobenzoesäuren 484[1].
KOHLS, C. L.: Anämie bei Vitamin B_1-Mangel 505[6].
KOHLSTAEDT, K. G., and O. M. HELMER: Benzoesäurebelastung als Leberfunktionsprüfung 471[5].

KOHN, H. I., J. R. KLEIN and W. J. DANN: Coenzym I-Gehalt von Organen bei Nicotinsäuremangel 672[10].
— s. KLEIN, J. R. 392[15].
KÔHRA, T.: Atmung und Glykolyse der Hornhaut 877[4].
KOIKE, T.: Verwertung von Sorbit beim Kaninchen 104[5].
KOJIMA, K., and S. KOSAKA: Kupfergehalt im Gehirn 623[13], 626[11].
KOKOTT, W.: Anordnung der Fasern in der Lederhaut 871[8].
KOLB, F. O., and D. J. OPPENHEIM: Aufhebung der Urobilinbildung im Darm durch Sulfonamide 518[9].
KOLK, K. H., s. HAAN, J. DE 893[6].
KOLLER, F.: Avitaminotische und acholische Hypoprothrombinämie 372[3]. — Leberschädigung durch Dicumarin 374[6].
— u. F. WUHRMANN: Wirkung parenteraler Zufuhr von Vitamin K bei cholämischen Blutungen 369[4].
— s. FORELL, M. M. 372[3].
KOLLMANN, G.: Purinsynthese beim Menschen 332[2].
KOLMER, W.: Zusammenfassung über Netzhaut (1936) 919[5].
KOMAROV, S. A., s. SHAY, H. 561[2].
KOMINZ, D. R., and L. LAKI: Tropomyosin als Bestandteil von L-Myosin 579[3].
KOMORI, Y., and Y. SENDJU: N-Methylnicotinsäureamid-bildung aus Nicotinsäureamid 396[14].
KON, G. A. R., s. HADDOW, A. 494[12].
KON, S. K., s. COATES, M. E. 348[1].
— s. GOLDING, J. 348[10].
— s. THOMPSON, S. Y. 351[10].
KONDI, A., s. FOY, H. 421[3].
KONDO, T.: Thiaminausscheidung nach Tetrachlorkohlenstoffvergiftung 389[6].
KONDRAT'EVA, L. G., s. GOL'DSTEIN, B. I. 321[9].
KONIKOWA, A. S., s. DAWYDOWA, S. J. 680[16].
KONISHI, M., s. KOTAKE, Y. 299[7].
KONIUSZY, R., s. RICKES, E. L. 419[3].
KOPKO, F., s. PAUL, H. E. 791[9].
KOPP, L. J., s. OLSON, R. E. 78[7], 124[10].
KORÁNYI, A., s. ARMENTANO, L. 385[9], 386[7].
KORENCHEVSKY, V.: Verschwinden der basophilen Granulation in Leberzellen nach Kastration 434[1].
KOREY, S. R.: Kein Einfluß von Glutaminat oder Asparaginat auf Kaliumeintritt in Gehirnzellen 757[1].
— B. DE BRAGANZA and D. NACHMANSOHN: p_H-Abhängigkeit der Acetylcholinsynthese in Kopfganglien vom Tintenfisch 850[4]. — Spezifität der Cholinacetylase 850[4].
— and R. MITCHELL: Übertritt von Asparaginsäure in Gehirnzellen 756[8].
— s. KORKES, S. 845[13], 850[11].
— s. NACHMANSOHN, D. 129[6], 850[5].
KORITZ, S. B., s. GRISOLIA, S. 307[9].
KORKES, S., A. DEL CAMPILLO, I. C. GUNSALUS and S. OCHOA: Acetyldonatorsysteme für Acetylcholinsynthese 850[8].
— A. DEL CAMPILLO, S. R. KOREY, J. R. STERN, D. NACHMANSOHN and S. OCHOA: Beziehungen zwischen Acetylcholinsynthese und Kohlenhydratstoffwechsel 845[13]. — Bildung freier Sulfhydrylgruppen bei Acetylcholinsynthese 850[11].
— A. DEL CAMPILLO and S. OCHOA: Acetyldonatorsysteme für Acetylcholinsynthese 850[9].
— J. R. STERN, I. C. GUNSALUS and S. OCHOA: Aktivitätssteigerung des citronensäurebildenden Fermentes der Taubenleber durch Manganionen 61[5]. — Oxydative Decarboxylierung von Pyruvat 129[2].
— s. BLANCHARD, M. L. 128[2].
— s. STRECKER, H. J. 108[6].
KORNBERG, A.: Synthese von Diphosphopyridinnucleotid 396[6]. — Bildung von TPN aus DPN 583[3].
— and O. LINDBERG: Spaltung von DPN 583[1]. — Nicotinsäureamid-nucleotidase im Gehirn 704[7]. — ATP-Bildung aus DPN 719[2]. — Cozymasezerstörung im Gehirn 792[15], 793[2]. — Diphosphopyridin-nucleotidase und Diphosphopyridinpyrophosphatase im Gehirn 793[2]. — Umwandlung von ADP in ATP in der Niere 794[1].
— and W. E. PRICER jr.: Weg der Lecithinbildung 159[3,4]. — Fermentsystem der Phosphatidsynthese 159[3]. — Cholinphosphat als Zwischenprodukt der Phosphatidsynthese 159[4]. — Spezifität des Fettsäureeinbaues in Phosphatide 159[8]. — Fettbildung in der Leber 167[2]. — Ferment für Bildung von CoA-Thioestern 180[4]. — Bindung von Fettsäure-S-CoA-an α-Glycerinphosphat 180[6]. — Struktur von TPN 583[4]. — Einbau von Cholinphosphatid in Gehirnlipoide 737[7].
— H. TABOR and W. H. SEBRELL: Anämie bei Mangel an Vitamin B_1 und B_6 505[9].
— s. HAYAISHI, O. 344[1].
— s. OCHOA, S. 127[3].
— s. SCHRECKER, A. W. 583[5].
— s. WITTENBERG, J. 737[8].
KORNBLUETH, W., E. YARDENI-YARON and E. WERTHEIMER: Steigerung der Netzhautatmung durch L-Glutaminsäure 931[6].
KORTING, G. W., B. OSTERTAG u. R. SCHMITZ Permeabilität der Blut-Hirnschranke 801[1].
KOSAKA, K., s. YAMAOKA, K. 507[9].
KOSAKA, S., s. KOJIMA, K. 623[13], 626[11].
KOSER, S. A., M. H. WRIGHT and A. DORFMAN: Bedeutung von Biotin für CO_2-Fixierung 128[3]. — Ersatz von Biotin durch Asparaginsäure bei Mikroorganismen 412[7].
— s. DORFMAN, A. 410[3].
KOSKOFF, Y. D., s. HIMWICH, H. E. 610[4].

KOSSEL, A.: P:N-Verhältnis in der Leber hungernder Tiere 220^{1}. — Nucleinsäuregehalt von Leberzellen bei Hunger 321^{8}. Nucleinsäurebestimmung im Gehirn 666^{4}.
— u. H. DAKIN: Arginase in der Leber 310^{3}.
KOSSEL, A. J., s. LOHMANN, K. 63^{2}.
KOSSOW, H.: Ketonkörperbildung bei Phlorrhizinvergiftung 185^{5}.
— s. FISCHLER, F. 29^{14}, 185^{5}.
KOSTER, H., A. SHAPIRO and H. LERNER: Tägliche Gallenmenge beim Menschen 529^{2}.
KOSTERLITZ, H. (W.): Galaktose-1-phosphat aus Leber 94^{6}. — Glykogenbildung in der Leber nach Fructose 102^{5}. — Leberveränderungen bei Mangel an essentiellen Aminosäuren 221^{11}. — Veränderungen an Lebernucleinsäuren bei Proteinmangel 222^{3}. — Nucleinsäuregehalt von Leberzellen bei Hunger 321^{8}. — Cytoplasmagehalt der Leberzellen abhängig vom Proteingehalt der Nahrung 321^{10}.
— and R. M. CAMPBELL: Ribonucleoproteide in basophilen Schollen der Leberzellen 221^{6}. — Wirkung von Nahrungsentzug auf Cytoplasma der Leberzellen 320^{8}. — Gehalt der Leber an Ribo- und Desoxyribonucleinsäure bei Schwangerschaft 322^{13}.
— and I. D. CRAMB: Phospholipidgehalt von Leberzellen bei Nahrungsentzug 320^{10}. — Nucleinsäure- und Cytoplasmagehalt von Leberzellen bei Hunger 321^{7}.
— u. H. W. WEDLER: Glucosebildung aus Galaktose beim Diabetiker 96^{12}.
— s. CAMPBELL, R. M. 152^{6}, $161^{4,6}$, $321^{11,14}$, 322^{14}, 323^{1}, 326^{1}.
KOSTYA, K., s. VARGA, E. 584^{3}, 586^{5}.
KOTAKE, Y.: Urocaninase 299^{8}.
— u. S. GOTŌ: Bildung von L- aus D-Tryptophan 294^{8}.
— u. M. KONISHI: Urocaninsäurebildung aus Histidin 299^{7}.
— u. T. MASAYAMA: Tryptophanpyrrolase 287^{3}.
— u. Y. NAKAYAMA: Bildung von Anthranilsäure aus Kynurenin 289^{4}.
— T. YORITAKA u. S. ŌTANI: Bildung von Kynurensäure aus Indolbrenztraubensäure 294^{11}.
KOVÁCS, T., s. LISSÁK, K. 621^{11}, 622^{1}, 623^{28}, 625^{5}.
KOWALEWSKI, K., u. H. SALASKIN: Harnsäurebildung aus Ammoniumsalzen bei Leberdurchströmung 336^{5}.
KOYANAGI, T., and H. MATSUI: Einfluß von Lactoflavin auf Ascorbinsäurebildung 382^{8}.
KRABBE, H., s. WESTENBRINK, H. G. K. 586^{4}.
KRAEMER, E. O., L. WEIL, E. B. SANIGAR and M. T. ALLEN: Phosphatase ein Globulin 241^{1}. — Ausscheidung von Phosphatase im Harn 241^{1}.
KRAHL, M. E., s. HARRIS, P. N. 501^{4}.
KRAKAU, C. E. T.: Histamin in Kammerwasser (?) 904^{15}.
KRAKAUR, R. B., s. TAGGART, J. V. 123^{3}, 300^{3}, 301^{6}.
KRAMER, H., s. BÜRGER, M. $76^{8,10}$.
— s. GOOD, C. A. 315^{3}.
KRAMER, W., s. BLOCH, K 167^{5}.
KRANTZ, J. jr., s. MORRISON, S. 545^{3}.
KRANTZ, J. C. jr., s. CARR, C. J. 104^{15}, $106^{1,2}$.
— s. ELLIS, F. W. 104^{2}, 106^{6}.
KRARUP, N. B., s. ROHOLM, K. 38^{4}.
KRATZING, C. C.: Biochemische Veränderungen im Gehirn bei Krampfanfällen 816^{4}. — Milchsäuregehalt des Gehirns bei Krämpfen 816^{10}.
KRATZSCH, (R.), s. KREHL, (L.) 24^{7}.
KRAUS, F., s. EMBDEN, G. 112^{2}.
KRAUS, G., s. SACHS, B. 103^{11}.
KRAUS, J., s. EDLBACHER, S. $297^{5,6}$, 298^{4}.
KRAUSE, A. C.: Buch über Biochemie des Auges. Engl. (1934) 864^{3}. — Zusammenfassung über Sehpurpur (1951) 864^{9}. — Eiweißkörper der Lederhaut $872^{4,5}$. — Lipoidgehalt der Sklera 872^{6}. — Hornhauteiweiß 874^{3}. — Lipoide der Cornea 875^{6}, 879^{8}. — Vorkommen von Mucoproteid in der Linse 885^{3}. — Darstellung von Linsenproteinen $886^{1,3}$. — Schwefelgehalt in Linseneiweißkörpern 888^{2-4}. — Vorkommen von Kreatin, Carnosin und Spermin in der Linse 889^{11}. — Lipoidgehalt der Rinderlinse 889^{19}. — Bildung von Albumoid in der Linse 895^{1}. — Vorkommen von α-Protease in der Linse 897^{1}. — Kein Abbau von Vitrein durch Papain 911^{3}. — Glaskörpertrübungen durch Lipoide 912^{2}. — Löslichkeit von Chorioidea- und Irispigment 917^{2}. — Lipoidgehalt in Chorioidea und Iris vom Rind 918^{7}. — Carnosingehalt der Rinderuvea 919^{7}. — Spermingehalt der Rinderuvea 919^{8}. — Lipoide der Rindernetzhaut 925^{4}. — Bindung der Netzhauteiweißkörper an Lipoide 925^{5}. — Lipoidgehalt der Rindernetzhaut 926^{5}. — Lipoid-Eiweißverbindungen in der Netzhaut 926^{7}. — Freisetzung von Lipoiden bei der Netzhautautolyse 926^{9}. — Spermingehalt der Rindernetzhaut 926^{12} — Carnosingehalt der Rindernetzhaut 926^{13}. — Abbau von Lipoproteiden bei der Netzhautautolyse 933^{7}. — Wassergehalt des Sehnerven vom Rind 947^{3}. — Chemische Zusammensetzung des Sehnerven 948^{2}. — Vorkommen von Spermin im Sehnerven 948^{10}. — Vorkommen von Carnosin im Sehnerven 948^{11}.
— and E. CHAN: Kollagen in der Bindehaut 870^{11}. — Chorioidea- und Irispigment, Löslichkeit 917^{1}. Eiweißgehalt in Chorioidea und Iris vom Rind 917^{1}.
— and A. M. STACK: Vorkommen organischer Bestandteile in der Bindehaut 871^{2}. Verteilung von Wirkstoffen im Epithel und Stroma der Cornea 876^{1}. — Vor-

kommen von Äpfel- und Citronensäure in der Linse 891[3]. — Vorkommen von Äpfel- und Citronensäure im Sehnerven 948[13].

KRAUSE, A. C., and F. W. TAUBER: Vorkommen von Kreatin, Carnosin und Spermin in der Linse 889[11]. — Kreatin- und Kreatiningehalt der Rinderuvea 919[6]. — Kreatin- und Kreatiningehalt der Rindernetzhaut 926[11]. — Kreatingehalt im Sehnerven vom Rind 948[6].

— et R. WEEKERS: Verteilung organischer Stoffe im Epithel und Stroma der Cornea 876[1]. — Vorkommen von Ameisensäure in der Linse 891[2]. — Vorkommen von Inosit in der Rinderlinse 891[6]. — Inositgehalt der Rinderuvea 919[12]. — Inositgehalt im Sehnerven 948[12]. — Vorkommen von Ameisensäure im Sehnerven 948[14].

— and A. M. YUDKIN: Rest-N-Gehalt des Kammerwassers 904[1].

— s. TAUBER, F. W. 871[3], 873[5], 884[6], 902[4], 915[5], 925[1], 948[4].

KRAUSE, F., s. MONGUIÓ, J. 18[13], 305[6].

KRAUSE, M. E., s. LEPKOVSKY, S. 404[3].

KRAUSE, R. A., s. CRAMER, W. 77[8].

KRAUSE, R. F., and C. ALBERGHINI: Vitamin A-ester-Spaltung durch Blutplasma 352[7].

— s. POWELL, L. T. 351[1].

KRAUT, H., u. E. BUMM: Steigerung der anaeroben Glykolyse durch Gewebsextrakte 709[14].

— u. E. KOFRÁNYI: Aktivierung der anaeroben Glykolyse durch Ketosäuren 710[1].

— u. R. W. NEFFLEN: Aktivator der anaeroben Glykolyse aus Rindergehirn 709[16].

— u. W. v. PANTSCHENKO-JUREWICZ: Reinigung der Leberesterase 156[8]. — Gereinigte Leberlipase 157[8].

— u. M. ROHDEWALD: Brenztraubensäuregehalt im Gehirn 660[11]. — Anaerobe Glykolyse in Taubengehirn bei B_1-Avitaminose 710[2].

— u. H. RUBENBAUER: Reinigung der Leberesterase 156[7].

— s. ATZLER, E. 608[2].

— s. PANTSCHENKO-JUREWICZ, W. v. 157[9].

KRAUTMAN, B., s. GOLDFARB, W. 488[6].

KRAYBILL, H. R., s. CURTIS, P. B. 899[11].

KRAYER, O.: Thyroxinausscheidung im Stuhl 442[6].

KRČMA, A., s. LÖW, A. 74[10].

KREBS, E. G., and E. R. NORRIS: Xanthopterinoxydase identisch mit Xanthinoxydase 416[3].

KREBS, H. A: Zusammenfassung über Atmung und Gärung in lebenden Zellen (1933) 711[9]. — Kupfergehalt der Leber in der Schwangerschaft 59[11]. — D-Aminosäureoxydase 249[2]. — Transaminierung 250[1]. — Glutaminase der Leber 253[4]. — Phenylpyruvatbildung aus L-Phenylalanin 278[6]. — Ornithinwirkung auf die Harnstoffbildung 306[9]. — Gehirnammoniak und Glutaminsäure-Glutaminasesystem 629[1]. — Keine anaerobe Glutaminsäuredesaminierung im Gehirn 707[9]. — Dismutation von Brenztraubensäure 716[3]. — Desaminierung von DL-Alanin im Gehirn 748[1]. — Glutaminbildung aus Glutaminsäure im Gehirn 751[2], 752[1]. — Glutaminase in Hirnextrakten 754[3]. — Atmung der Gehirnrinde bei verschiedenen Warmblütern 778[10]. — Atmung von Rattengehirn 780[11]. — Atmung von Gehirnschnitten verschiedener Tierarten 781[1]. — Energiebedarf und Q_{O_2} von Gehirn 783[1]. Q_{O_2} für Gehirnrinde von Meerschweinchen 802[11]. — Atmung und Glykolyse in der Netzhaut 929[6]. — Milchsäurebildung in der Netzhaut 930[1]. — Atmung und Glykolyse der Taubennetzhaut 930[9]. — Steigerung der Netzhautatmung durch L-Glutaminsäure 931[6]. — Glutaminbildung in der Netzhaut 934[5].

KREBS, H. A., and P. P. COHEN: Glutaminsäurebildung aus Ketoglutarsäure 193[7]. Reduktive Aminierung von α-Ketoglutarsäure 252[5].

— and L. V. EGGLESTON: Abgabe von Kaliumionen durch Retina und Hirnschnitte 801[12].

— L. V. EGGLESTON and R. HEMS: Gehalt an Glutaminsäure, Glutamin und Ammoniak im Gehirn 656[2]. — Bildung von Glutaminsäure aus α-Ketoglutarsäure im Gehirn 749[7].

— L. V. EGGLESTON, A. KLEINZELLER and D. H. SMYTH: Decarboxylierung von Oxalessigsäure in Gehirn und Nerven 718[12].

— L. V. EGGLESTON and C. TERNER: Abgabe von Kaliumionen durch Retina und Hirnschnitte 801[13]. — Kaliumionenaustausch zwischen Gehirn- und Blutplasma 801[13,16]. Kaliumionenaustausch durch Retina und Hirnschnitte 802[3]. — Kaliumionenverlust als Zeichen einer Gewebsschädigung 802[3]. Energiebedarf für Kaliumtransport 802[3]. Kaliumaustausch der Netzhaut 935[2].

— u. K. HENSELEIT: Harnstoffbildung bei Hunger 304[11]. — Harnstoffbildung in Leberschnitten 305[1]. — Harnstoffsynthese 306[1].

— and W. A. JOHNSON: Dismutation von Ketosäuren im Gehirn 716[5]. — Verbrennung von Brenztraubensäure und α-Ketoglutarsäure im Gehirn 785[12]. — Verbrennung von Bernsteinsäure im Gehirn 785[15].

— M. JOHNSON, L. V. EGGLESTON and R. HEMS: ATP-Spaltung in der Leber 22[1]. — Phosphataustausch von ATP in Rattenleber und Taubenmuskel 329[1].

— u. H. ROSENHAGEN: Atmung von Kaninchengehirn 781[3].

— W. O. SYKES and W. C. BARTLEY: Deacetylierung von N(4)-Acetylsulfamezathin in der Leber 478[8].

KREBS, H. A., s. BENZINGER, T. 336[9].
— s. DAVIES, R. E. 801[15], 802[13], 803[3], 804[1].
— s. EDSON, N. L. 337[2].
— s. ÖRSTRÖM, Å. 337[4].
— s. STERN, J. R. 748[6], 756[7], 758[4].
— s. TERNER, C. 756[9], 801[14], 924[2], 935[1].
— s. WEIL-MALHERBE, H. 300[6], 747[9].
KREBS, J., and R. W. BRAUER: Aufnahme von Bromsulphalein durch Leberzellen 563[14].
KREHL, (L.), u. (R.) KRATZSCH: Anstieg der Lebertemperatur im Fieber 24[7].
KREHL, W. A., D. BONNER and C. YANOFSKY: Chinolinsäurewirkung im Wachstumstest 294[7].
— L. M. HENDERSON, J. DE LA HUERGA and C. A. ELVEHJEM: Kein Ersatz von Nicotinsäure durch Anthranilsäure, Indol oder Indolessigsäure 292[13].
— P. S. SARMA and C. A. ELVEHJEM: Ersatz von Nicotinsäure durch Tryptophan bei der Ratte 292[2].
— P. S. SARMA, L. J. TEPLY and C. A. ELVEHJEM: Tryptophan als Ersatz für Nicotinsäure 398[4].
— L. J. TEPLY, P. S. SARMA and C. A. ELVEHJEM: Ersatz von Nicotinsäure durch Tryptophan bei der Ratte 292[2].
— s. KLATSKIN, G. 368[3].
— s. MAYER, J. 382[2,6].
— s. SMALL, R. G. 629[16], 630[1].
— s. WINTERS, R. W. 409[8].
KRETCHMER, N., and C. P. BARNUM: Verteilung der Strukturlipoide auf die Strukturelemente der Leberzelle 133[9]. — Jodzahl des Mitochondrienfettes 134[2].
KRETZ, R.: Veränderung der Leberarterie bei Cirrhose 18[4].
KRICHESKY, B., s. FEINER, M. 426[3].
— s. FURLONG, E. 426[3].
KRIEGER, C. H.: Vitamin B_{12}-Extraktion aus der Leber 419[19].
— s. PRIER, R. F. 419[20].
KRIEGER, C. I., s. RAFSKY, H. A. 229[6].
KRIMSKY, I., and E. RACKER: Hemmung der Glykolyse durch proteolytische Substanz aus Mäusegehirn 709[11]. — Wirkung von Kathepsin III auf Gehirnglykolyse bei Mäuseencephalomyelitis 833[3].
— s. RACKER, E. 705[19], 806[11], 807[4], 833[1,2].
KRING, J. P., K. EBISUZAKI, J. N. WILLIAMS jr. and C. A. ELVEHJEM: Einfluß von Desoxypyridoxin auf Bildung der Pyridinnucleotide 401[10].
KRINSKY, N. I., and J. GANGULY: Verteilung von Vitamin A und Vitamin A-Estern in Leberhomogenaten 350[13].
— s. GANGULY, J. 353[5,11], 355[5].
KRISS, M., s. YUDKIN, A. M. 927[9].
KRITCHEVSKY, D., and I. GRAY: Cholesterinsynthese aus Isobuttersäure 202[1].
KRITZMANN, M. G.: Alaninbildung durch Leberschnitte 254[4]. — Pyruvataminierung durch Asparaginsäure 255[1].
— s. BRAUNSTEIN, A. E. 249[5], 254[5].
KROGH, A., and J. LINDHARD: Wirtschaftlichheit der Fette bei Energielieferung für Muskelarbeit 590[1].
— C. G. LUND and K. PEDERSEN-BJERGAARD: Osmotischer Druck der Tränen 869[2].
KRONE, H. A.: Tokopherolwirkung bei Leberverfettung durch Tetrachlorkohlenstoff 366[5]. — Leberglykogen nach Tokopherol 366[5].
KRONFELD, P. (C.): Sauerstoffverbrauch der Linse 893[5]. — Hydrogencarbonatgehalt in Kammerwasser 902[6].
— u. L. BOTHMAN: Sauerstoffverbrauch der Linse 893[5].
KROP, S., s. MCNAMARA, B. (P.) 150[18], 791[5].
— s. MICHEL, H. O. 859[5].
KROTKOV, G., s. PUTMAN, E. W. 315[3].
KRÜGER, P.: Buch über Tetanus und Tonus der quergestreiften Skeletmuskeln der Wirbeltiere und des Menschen (1952) 570[24].
KRUEGER, R.: Glycinbildung aus Serin 256[7]. Glycingehalt der Leber 258[1], 468[5]. — Chloromycetinausscheidung in der Galle 562[1].
KRUISSINK, C. A., s. VLOTEN, G. W. VAN 150[15].
KRUKOVSKY, V. N., s. BRATZLER, J. W. 364[1].
KRUSIUS, F. E., s. NIKKILÄ, E. A. 231[4].
KRYZANOWSKAJA, L. J., s. LONDON, E. S. 508[2].
KUBOWITZ, F.: Atmung und Glykolyse in der Netzhaut 929[8], 930[12].
KUDRITZKAJA, T. J., s. GROMOVA, K. G. 765[15].
KUEHL, F. A. jr., s. BRINK, N. G. 481[1].
— s. KACZKA, E. A. 481[1].
KÜHL, H., s. CHROMETZKA, F. 338[8].
KÜHN, A., u. E. BECKER: Omminbildung aus Kynurenin bei der Mehlmotte 918[6].
KÜHN, H. A.: Bilirubin in der Leberlymphe bei Gallengangsunterbindung 513[5].
— u. G. HILDEBRAND: Eiweißverteilung im Blutplasma und Leberlymphe 20[1]. — Albumin-Globulin-Quotient in Leberlymphe 20[2]. — Farbstoffausscheidung durch Leber- und Darmlymphe 20[2]. — Übergang injizierter Farbstoffe in die Leberlymphe 20[9].
KÜHNAU, J.: Redoxpotential in Leberzellen und Ketonkörperbildung 191[5].
KÜHNAU, W. (W.): Porphyrinurie bei Pellagra 399[2].
KÜHNE, W.: Zusammenfassung über chemische Vorgänge in der Netzhaut (1879) 916[6]. — Beseitigung intravenös injizierter Cholate 560[6]. — Extraktion von Sehpurpur 937[4]. — Sehpurpurlösungen 938[3]. Zersetzung und Entfärbung des Sehpurpurs beim Erwärmen 938[14]. — Resistenz von Sehpurpur gegen Trypsin und Fäulnisbakterien 938[14].
— u. W. C. AYRES: Chromophane aus Kükennetzhaut 926[19].

KÜHNE, W., u. R. H. CHITTENDEN: Neurokeratin 653[4], 925[7].
— u. H. SEWALL: Guaninkrystalle in Tapetum lucidum 919[14].
— s. EWALD, A. 653[3], 939[1].
KÜLEY, M.: Hypoprothrombinämien bei schweren Lebererkrankungen 372[6]. — Wirkung von Vitamin K bei Lebercirrhose 373[5].
— et Z. SARAÇBASI: Glutathion des Blutes bei Lebercirrhose 276[8]. — Wirkung von Vitamin K auf Glutathiongehalt im Blut 373[3].
KÜLZ, E.: Abbau des Leberglykogens bei Wärmeverlust 23[1]. — Glykogengehalt der Leber hungernder Hunde 73[7]. — Veresterung von Oxydationsprodukten des Benzols mit Schwefel- oder Glucuronsäure 473[3]. — Urochloralsäure ohne hypnotische Wirkung 483[5].
— u. A. E. WRIGHT: Abbau des Leberglykogens bei Senkung der Zuckerschwelle der Niere 78[9].
KÜLZ, R.: Glykogengehalt verschiedener Leberlappen 67[10].
KÜPFMÜLLER, K., s. DRUCKREY, H. 495[1].
KÜRTHY, L., s. RUSZNYÁK, S. 234[9].
KUFFLER, S. W.: Wirkung von Acetylcholin auf motorische Endplatten 840[14].
KUHL, W. J. jr., s. GERSHBERG, H. 476[11].
KUHN, R., H. KALTSCHMITT u. T. WAGNER-JAUREGG: Riboflavingehalt von Rinder- und Rattenleber 390[5]. — Einfluß von Riboflavinzufuhr auf Riboflavingehalt der Leber 391[2].
— J. STENE u. N. A. SÖRENSEN: Astaxanthin 926[15].
— s. GYÖRGY, P. 585[2].
KUHNT, (H):. Neurokeratin 925[6].
KUIZENGA, M. H., J. W. NELSON and G. F. CARTLAND: Desoxycorticosteron-Wirkung bei oraler Zufuhr 437[10].
— s. INGLE, D. J. 123[8], 124[9].
KULWICH, R., L. STRUGLIA and P. B. PEARSON: Vitamin B_{12}-Gehalt von Kaninchenleber 420[5].
KUMMEROW, F. A., s. QUACKENBUSH, F. W. 374[13].
KUN, E.: Ferment der Glykolsäureoxydation 257[2]. — Verminderung der Succinoxydase in Hepatomzellen 504[5]. — Bildung von Phospho-enol-brenztraubensäure aus 3-Phosphoglycerinsäure im Rattengehirn 706[3]. — Phosphoglyceromutase und Enolase aus Rattengehirn 714[7]. — Glyoxalase aus Gehirn 715[4].
— s. ABOOD, L. G. 810[8].
KUNDE, F.: Biliverdin im Blut hepatektomierter Frösche 516[15].
KUNITZ, M.: Aktivitätssteigerung der Desoxyribonuclease durch Manganionen 61[4].
KUNKEL, A. (J.): Störung der Eisenresorption durch Zufuhr großer Eisenmengen 55[6]. — Eisenausscheidung durch die Leber 55[6,9].
KUNKEL, H. G.: Zinkreaktion 245[1].
— E. H. AHRENS jr. and W. J. EISENMENGER: Zinkreaktion 245[2].
— and C. L. HOAGLAND: Thymoltrübungstest 246[4].
— and R. J. SLATER: Lipoidgehalt der Globulinfraktionen bei Lebercirrhose 232[6].
— and S. M. WARD: Esterasegehalt im Blutplasma bei Leberschäden 238[8]. — Esterase- und Albumingehalt im Blutplasma 239[6].
— s. BEARN, A. G. 60[11].
— s. BLONDHEIM, S. H. 38[3].
— s. EISENMENGER, W. J. 18[8], 42[12].
KUNKEL, H. O., and J. E. CAMPBELL jr.: Fermente des Cytochromsystems im Gehirn 795[12].
— and J. N. WILLIAMS jr.: Bedeutung der essentiellen Fettsäuren für die Mitochondrien 153[1]. — Wirkung essentieller Fettsäuren auf Leberfermente 377[4].
KUNTZ, A., s. SULKIN, N. M. 661[2].
KUNZE, G., s. RIESSER, O. 574[2].
KUPALOV, P. S., s. HILL, A. V. 587[1], 590[5], 603[5].
KUPEL, C. W., s. ABELS, J. C. 150[11], 154[12], 155[1].
KUPFFER, C. v.: Sternzellen 13[1].
KUPKE, D. W., s. GRIFFIN, A. C. 502[14].
KURATI, Y.: Atmung und Glykolyse in der Kaninchenuvea 920[6].
KURAUTI, Y., u. T. KAZUNO: Tetraoxycholanschwefelsäureester aus Galle von Rana catesbiana 551[1]. — Ausscheidung von Gallensäuren und Steroidalkoholen als Schwefelsäureester beim Frosch 557[4].
KURODA, M., and H. ARATA: Bildung von 2,12-Dioxyketocholansäure bei Phyton reticulatus 551[12].
KURYIAMA, S.: Glykogenabbau in der Leber nach Adrenalin 76[3]. — Abbau von Leberglykogen nach Thyroxin 77[11]. — Einwirkung von Schilddrüsenhormon auf Muskelglykogen 77[11].
KUSAKA, T., s. HERS, H. G. 100[2].
KUSCHINSKY, G., u. F. TURBA: SH-Gruppen im Myosin 579[9].
KUTSCHER, F., s. DOLD, H. 886[14].
KUTSCHER, W., s. EDLBACHER, S. 936[11].
KUWABARA, T., s. COGAN, D. G. 878[1].
KUWANA, Y.: Verzögerte Sehpurpurregeneration bei Vitamin A-Mangel 943[2].
KWIATKOWSKI, H.: Vorkommen von Histamin im Nervengewebe 759[9].
— s. GADDUM, J. H. 761[8].
KYLE, T. I., and G. F. MARRIAN: Pregnandiolbildung aus Progesteron 435[7]. — Verhältnis Pregnandiol : allo-Pregnandiol im Harn nach Progesteronzufuhr 435[7]. — Verhältnis Pregnandiol: allo-Pregnandiol im Harn schwangerer Frauen 435[12].
KYOGOKU, K.: Reduktion von Dehydrodesoxycholsäure zu 3-Oxy-12-ketocholansäuren durch Kröten 556[11].
— s. YAMASAKI, K. 556[8].

Labbé, M., et H. Bith: Aminosäure-N: Gesamt-N im Harn bei Leberschäden 212[16].
— F. Nepveux et Hejda: Ammoniakgehalt des Blutes bei Leberstörungen 305[7].
Labby, D. H.: Wirkung des antidiuretischen Hormons bei Leberschädigung 451[6].
— and C. L. Hoagland: Wirkung des antidiuretischen Hormons bei Leberschädigung 451[3,5].
Labhart, H., H. Süllmann u. G. Viollier: Eiweißkörper aus Fisch- und Kälberlinsen 886[7].
— s. Viollier, G. 886[6].
Labò, G., s. Lenzi, G. 515[7].
Lachman, G. S., s. Chaikoff, I. L. 898[7].
Lackey, R. W., s. Fisher, N. F. 73[2], 74[10].
Lacquet, A. M.: Tetrachlorkohlenstoffvergiftung der Rattenleber 36[5].
Ladd, L., s. Ingram, W. R. 450[9].
La Du, B. N. jr.: Ersatz von Vitamin C durch Hydrochinon 387[2].
— and D. M. Greenberg: Ferment des Tyrosinabbaus aus Leber 279[8]. — Ersatz von Vitamin C durch Hydrochinon 387[2].
La Due, J, S., s. Molander, D. W. 238[10], 239[4].
Lafon, M.: Verwertung von Sorbit bei der Maus 104[4].
Lageder, K.: Porphyrinausscheidung im normalen Harn 526[3].
Lagerborg, D. L., s. Pearson, H. E. 831[12], 832[1].
— s. Visser, D. W. 832[5].
Lagerkvist, U.: Purinsynthese in der Vogelleber 337[6]. — Pyrimidinsynthese aus Ammoniak 342[4]. — Pyrimidinsynthese aus CO_2 342[6].
— P. Reichard and G. Ehrensvärd: Verwertung von Asparaginsäure-C zur Pyrimidinsynthese 342[7].
Lagerlöf, H.: Keine Wirkung von gereinigtem Sekretin auf Gallenproduktion 531[9].
— s. Ågren, G. 531[9].
Laidlaw, J. C., and L. Young: Ausscheidung von freiem und verestertem Sulfat 274[13].
Lajtha, A., s. Schou, M. 753[3], 755[4].
Lake, G. C.: Tetrachlorkohlenstoffvergiftung der Affenleber 36[8].
Lake, M.: Sekretintest 531[11].
Laki, K., W. J. Bowen and A. Clark: Bedeutung von ATP für Actinpolymerisation 579[6].
— s. Kominz, D. R. 579[3].
Lambert, G. F., s. Rose, W. C. 268[7], 295[6].
Lamirande, G. de, C. Allard and A. Cantero: Zusammensetzung der Ribonucleinsäuren aus Leberzellen 315[4].
— s. Cantero, A. 319[2], 320[6], 505[1].
Lamotte, M., s. Cachera, R. 156[3], 513[3].
Lamotte-Barrillon, S., s. Cachera, R. 156[3], 513[3].
Lampen, J. O., G. P. Bahler and W. H. Peterson: Gebundene Form von Biotin 411[2].
— s. Hoffmann, C. E. 111[5].
— s. Wang, T. P. 344[2].
Lampl, F., s. Frick, E. 627[7].
Lampl, H., s. Feitelberg, S. 808[3].
Lamprecht, W., s. Helmreich, E. 191[6].
Lamson, B. G., s. Yuile, C. L. 225[1].
Lamson, P. D., G. H. Gardner, R. K. Gustafson, E. D. Maire, A. J. McLean and H. S. Wels: Tetrachlorkohlenstoffvergiftung der Kaninchenleber 36[7].
— M. E. Greig and B. H. Robbins: Weckwirkung bei Barbitursäurenarkose 814[2].
— and R. Wing: Tetrachlorkohlenstoffvergiftung der Hundeleber 36[3].
— s. Gardner, G. H. 36[3].
Lan, T. H.: D-Aminosäureoxydase in der Leber bei Hepatomen 392[8].
— and R. R. Sealock: Kein Tyrosinabbau in der Leber von skorbutkranken Meerschweinchen 283[14]. — p-Oxyphenylbrenztraubensäure-Bildung aus Tyrosin und Phenylalanin bei Skorbut 386[9].
Lánczos, A.: Abbau des Leberglykogens bei Wärmeverlust 23[2]. — Leberglykogen bei Kälteeinwirkung 71[15].
Landau, M., u. J. W. McNee: Cholesteringehalt in menschlicher Leber 198[12].
Landau, R. L., s. Welch, A. D. 144[8].
Landboe-Christensen, E., s. Hoff-Jørgensen, E. 421[1].
Landow, H., E. A. Kabat and W. Newman: Alkalische Phosphatase im peripheren Nerven 695[17]. — Phosphatasenachweis im Gehirn 776[8].
— s. Kabat, E. A. 229[4], 247[2].
Landquist, V. L., s. Fincke, M. L. 379[1].
Landsberg, M., s. Weil, R. 446[9].
Landsteiner, K.: Buch über Spezifität serologischer Reaktionen. Engl. (1946) 886[11].
Landström, H., T. Caspersson u. G. Wohlfahrt: Nissl-Substanz, ein Nucleoproteid 652[11]. — Eiweiß vom Histontyp im Nucleolus 652[11], 745[2]. — Eiweißsynthese in Nervenzellen 681[4].
Landström-Hydén, H.: Cytoplasmatische Änderung in Ganglienzellen nach Excision des Axon 812[5].
— s. Caspersson, T. 321[2].
Landua, A. J., s. Awapara, J. 640[8], 655[9].
Landwehr, H. A.: Mucingehalt der Galle 542[13].
Lane, G. F., s. Weinstein, J. J. 72[12], 102[8].
Lang, C. A., s. Chow, B. F. 674[5].
Lang, F. M., s. Aubel, E. 68[11].
Lang, G. F., s. Weinstein, J. J. 102[8].
Lang, H., s. Lang, K. 316[13].
Lang, K.: Tagesschwankungen im Eiweißgehalt des Blutserums 26[2]. — Fettsäuredehydrogenase der Leber 163[3]. — Prolinoxydase 300[1]. — Desaturierung von Fettsäuren in der Leber 374[9]. — Cyanid-

entgiftung durch Thiosulfat 479[2]. — Rhodanese 479[5]. — Inaktivierung der Rhodanese durch Cyanid 479[14]. — Cytochromoxydaseaktivität im Gehirn 796[8].
LANG, K., u. F. ADICKES: Dehydrogenierung von Stearinsäure 163[16]. — Desaturierung von Fettsäuren in der Leber 374[9].
— H. LANG, G. SIEBERT u. S. LUCIUS: Erneuerung von Ribo- und Desoxyribonucleinsäuren in Zellkernen 316[13].
— u. H. MAYER: Aktivierung von Fettsäuredehydrogenase 163[4]. — Keine Aktivierung von Fettsäuredehydrogenase durch Adenin 163[6]. — Wirkungsbereich der Fettsäuredehydrogenase 163[6]. — Desaturierung von Fettsäuren in der Leber 374[9].
— u. G. SCHMIDT: Prolinoxydase 300[2]. — Abbau von Oxyprolin 301[5].
— G. SIEBERT, I. BALDUS u. A. CORBET: Desoxyribonucleasegehalt von Zellkernen 504[17].
— u. U. WESTPHAL: Ferment des Tyrosinabbaues aus Leber 279[9]. — Phenylalanin- und tyrosinoxydierendes Ferment 280[9].
— s. WESTPHAL, U. 392[9].
LANG, S.: Ausscheidung von freiem und verestertem Sulfat 274[12]. — Ascorbinsäuregehalt von Organen bei Bleivergiftung 379[3]. — Ausscheidung von gebundenem Phenol bei hepatektomierten Gänsen 464[14]. — Adaptation an Phenolentgiftung 465[1]. — Rhodanidbildung bei der Cyanidentgiftung 479[4]. — Cyanidentgiftung durch Thiosulfat 480[8]. — Rhodanidbildung aus organischen Nitrilen in der Leber 480[16].
LANGDON, R. G.: Cholesterinbildung aus Squalen 203[8].
— and K. BLOCH: Verteilung der Methylgruppen im Squalen 202[13]. — Cholesterinbildung aus Squalen 203[7].
— and D. R. WEAKLEY: Insulin und Aktivität der Glucose-6-phosphatase 91[6].
LANGE, D. J. DE, s. HOLMAN, W. I. M. 292[8].
LANGE, H., u. M. SIMON: Phosphorsäureausscheidung der Netzhaut 935[4].
— s. ADLER, A. 121[6].
LANGE, V.: Acetylcholingehalt in hell- und dunkeladaptierten Netzhäuten 928[16].
LANGEMANN, H., and C. J. KENSLER: Dimethylthetin als Methyldonator 148[14], 267[5].
— s. KENSLER, C. J. 146[6], 267[5], 377[5], 504[14,15].
LANGER, H., s. HARTMANN, F. 236[5], 237[4].
LANGERBEINS, H., s. KLENK, E. 644[2].
LANGHAM, M. (E.): Sauerstoffverbrauch der Cornea 877[2]. — Diffusion von Sauerstoff durch die Cornea 877[5]. — Ascorbinsäuregehalt in Blut und Kammerwasser 908[8].
— and H. DAVSON: Extracellulärer Raum der Linse 884[5].
LANGSTEIN, L., s. FALTA, W. 283[2].
— s. NEUBERG, C. 255[5].
LANGSTON, W. C., s. DAY, P. L. 505[7], 899[8].
LANKOSZ, J., s. FRANKE, M. 227[7].
LANN, S. H., s. DONNELL, G. N. 98[5].
LANS, H. S., I. F. STEIN jr. and K. A. MEYER: Sekretintest 531[11].
— s. STEIN, I. F. jr. 532[13].
LANYAR, F.: Homogentisinsäurebildung aus p-Oxyphenylbrenztraubensäure 283[6].
LAPIDUS, M., s. FROST, D. V. 419[21].
LAPRESLF, C., s. BOULIN, R. 112[5].
LAQUEUR, E., s. DINGEMANSE, E. 423[3], 429[8].
— s. GREVENSTUK, A. 74[11].
LAQUEUR, W.: Glykogenabbau in der fetalen Leber 69[13]. — Glykogengehalt der Leber des Neugeborenen 70[12].
— and I. ULAGAY: Wirkung von Lebergiften bei Proteinmangel 37[6].
— s. NIXON, W. C. W. 37[6], 221[13], 366[2].
LARDY, H. A., R. L. POTTER and R. H. BURRIS: Bedeutung von Biotin für die CO_2-Fixierung 128[3]. — Bedeutung von Biotin für Bildung von Asparaginsäure und Glutaminsäure bei Mikroorganismen 412[5].
— R. L. POTTER and C. A. ELVEHJEM: Bedeutung von Biotin für die CO_2-Fixierung 128[3]. — Bedeutung von Biotin für Bildung von Asparaginsäure und Glutaminsäure bei Mikroorganismen 412[6].
— V. D. WIEBELHAUS and K. M. MANN: Wirkung von Glycerinaldehyd auf Glykolyse und Atmung von Gehirn 704[23]. — Synthese von L-Sorbose-1-phosphat 704[23]. Hemmung der Hexokinase durch L-Sorbose-1-phosphat 705[1].
— and J. A. ZIEGLER: Steigerung der Glykogenbildung durch Kaliumionen 43[11]. — Phosphorylierung von Brenztraubensäure bei der Glykogensynthese 120[2].
— s. BETHEIL, J. J. 447[5].
— s. BOYER, P. D. 709[9], 806[8].
— s. DRYSDALE, G. R. 182[3], 332[5], 333[1].
— s. FELDOTT, G. 308[1,2], 412[12].
— s. JOHNSON, R. B. 674[14], 675[2].
— s. MACLEOD, P. R. 128[3], 308[1], 412[4,10].
— s. MALEY, G. F. 24[5].
— s. MOXON, A. L. 475[1].
— s. PLAUT, G. W. E. 201[5,6], 202[3], 412[3], 417[6,9], 742[14], 831[9].
— s. PRESSMAN, B. C. 41[1].
— s. WIEBELHAUS, V. D. 711[2], 712[9], 806[13].
LARIMORE, L. D., s. ROUS, P. 10[1], 518[1].
LARNER, J., B. ILLINGWORTH, G. T. CORI and C. F. CORI: Glykogensynthese in der Leber 81[2]. — Struktur des Glykogens 81[2]. Glykogenbildung durch Leberphosphorylase 88[3].
— B. J. JANDORF and W. H. SUMMERSON: Cofaktoren der Brenztraubensäureoxydation im Gehirn 717[14]. — Brenztraubensäureoxydation im Gehirn 718[1].
— s. CORI, G. T. 82[11], 90[2,4].
— s. ILLINGWORTH, B. 82[12], 83[1].
LARRABEE, M. G., J. G. RAMOS and E. BULBRING: Hemmung der Transmission im Ganglion cervicale superior durch Narkotika 814[1].

LARSELL, O., s. ULETT, G. A. 734[3].
LARSEN, A., s. STOKES, J. L. 128[3], 412[7].
LARSEN, E. G., s. FIELD, J. B. 372[1].
LARSEN, E. H., and T. K. WITH: Bilirubingehalt im Blut des Neugeborenen 512[5]. Ursachen der Hyperbilirubinämie des Neugeborenen 512[5].
LARSEN, H., s. DAM, H. 371[11].
LARSEN, V.: Acetaldehydgehalt des Blutes nach Antabus 490[4].
— s. ASMUSSEN, E. 490[12].
— s. HALD, J. 489[17–19], 490[1, 2, 10].
— s. JACOBSEN, E. 489[11].
LARSON, E. A., and G. T. EVANS: Biliverdin im Blut bei Ikterus 516[5].
— G. T. EVANS and C. J. WATSON: Spektroskopischer Biliverdinnachweis im Blut 516[6].
— s. WATSON, C. J. 526[13], 527[6].
LARSON, E. J., s. ELLIS, G. H. 61[14].
— s. SMITH, S. E. 63[7].
LARSON, F. C., s. MAASS, A. R. 745[15], 746[9].
LARSON, H. W., s. BLATHERWICK, N. R. 70[5], 104[7].
LARSON, P. S.: Nicotinabbau 492[10].
LARSON, R. F., s. SMITH, A. H. 539[9].
LARSSON, H., s. JOSEPHSON, B. 529[10], 530[4], 559[2].
LASCELLES, J., and D. D. WOODS: Serinbildung aus Formiat und Glycin 402[10].
LASCH, F.: Vitamin A-Gehalt des Blutplasmas bei Lebererkrankungen 360[5].
— u. D. ROLLER: Hemmung der Vitamin A-Speicherung in der Leber durch Blockade des RES 350[12].
LASCH, H. G., u. L. ROKA: Prothrombinbildung durch Lebermitochondrien 370[3]. Verringerung der Prothrombinbildung durch Dicumarin 374[5].
LASCH, W.: Thiosulfatgehalt im Harn 480[12].
LASER, H.: cis-Vaccensäure aus Pferdegehirn 640[3]. — Wirkung von Cyanid auf Netzhautatmung 932[3].
LASKER, M., s. ENKLEWITZ, M. 463[11].
LASKOWSKI, L. F., G. W. FOX and H. PINKERTON: Beeinflussung von Encephalitis bei Mäusen durch Acetylcholin 834[1].
LASKOWSKI, M., and C. FROMAGEOT: Desulfurase in Hundeleber 273[15]. — Desulfhydrase 274[3].
— V. MIMS and P. L. DAY: Folsäurekonjugase aus Hühnerpankreas 413[14]. — Artunterschiede im Gehalt der Leber an Konjugase 414[1].
— s. DABROWSKA, W. 320[4].
LASKY, M. A., s. REITER, C. 899[15].
LASNITZKI, A.: Energielieferung für Funktionen des ZNS 682[9].
— and A. K. BREWER: Kaliumionenaustausch zwischen Gehirn- und Blutplasma 801[17].
LASSEK, A. M., and E. D. BUEKER: Nachweis der Phosphatase im degenerierenden Nerven 695[14].
LASTER, L., s. SEEGMILLER, J. E. 333[6].
LASZLO, D., D. M. ECKSTEIN, R. LEWIN and K. G. STERN: Anreicherung der seltenen Erden in Leber und Milz 66[17].
— u. M. WACHSTEIN: Lebertemperatur 23[5]. — Anstieg der Lebertemperatur im Fieber und nach β-Tetrahydronaphthylamin 24[7, 8].
LASZT, L.: Glykogenfraktionen aus diabetischer Leber 76[1].
— u. F. VERZÁR: Keine Leberverfettung nach Adrenektomie 142[17].
LATNER, A. L.: Vitamin E zur Therapie der Lebernekrose 366[12].
LATTANZI, A.: Ausscheidung von direktem und indirektem Bilirubin 514[10].
LATTES, L., s. EMBDEN, G. 191[3].
LAU, R. E., s. BEATON, J. R. 402[13].
LAUBER, H.: Zusammenfassung über Bindehaut (1936) 870[10]. — Zusammenfassung über Aderhaut (1936) 919[5].
LAUBER, H. J.: Verminderung des Leberglykogens bei längerer Narkose 69[4].
— u. T. BERSIN: Verminderung des Leberglykogens bei längerer Narkose 69[4].
— T. BERSIN u. H. NAFZIGER: Ascorbinsäureausscheidung im Harn bei Äthernarkose 379[10].
— H. NAFZIGER u. T. BERSIN: Ascorbinsäureausscheidung im Harn nach Äthernarkose 379[10].
— s. BERSIN, T. 379[10].
LAUBRINGER, W.: Jodgehalt des Zwischenhirns 632[5].
LAUCHENAUER, C., s. BERNSTEIN, A. 97[10].
LAUENSTEIN, K., s. DEUTICKE, H. J. 652[1], 654[2], 658[2].
LAUGHLAND, D. H., s. MCGUGAN, W. A. 352[5].
LAURELL, C.-B.: Menge des Depoteisens beim Menschen 45[3]. — Eisengehalt von Siderophilin 48[3].
— s. HOLMBERG, C. G. 47[6], 48[2], 49[1], 57[17].
LAURENT, Y., s. RATHERY, F. 74[6].
LAURITSEN, M., s. CARTWRIGHT, G. E. 291[11].
LAURSEN, T., s. JALLING, O. 240[8].
LAVAGNA, F.: Wassergehalt der Linse 883[2].
LAVIN, G. I., s. OPIE, E. L. 320[7].
LAW, D. K., s. SINNHUBER, R. O. 356[13].
LAWRENCE, A. S. C., s. NEEDHAM, J. 578[4].
LAWRENCE, J. H., s. HUFF, R. L. 49[3], 51[4].
LAWRENCE, R. D., and R. A. MCCANCE: Insulineinwirkung auf Leberglykogen 74[10]. Glykogenschwund in Leber und Herzmuskel nach Thyroxin 77[21]. — Glykogengehalt der Leber bei Phlorrhizinvergiftung 78[11].
LAWRIE, N. R.: Tyrosinausscheidung im Harn 284[8].
— and N. W. PIRIE: Entgiftung von Isobarbitur- und Isodialursäure 466[9].
LAWS, J. O., s. RUDALI, G. 494[14].
LAWSON, G. M., s. WADDELL, W. W. jr 371[7].
LAYNE, E. C., s. BESSMANN, S. P. 751[11].
LAYTON, L. L.: Verwertung von Sulfat durch Hühnerembryonen und Küken 270[7].

LAYTON, L. L., and D. R. FRANKEL: Verwertung von Sulfat durch Hühnerembryonen und Küken 270[7].
LAZARD-KOLODNY, S., et A. MAYER: Fettaustausch zwischen Leber und Fettdepots im Hunger 138[8].
LAZAROW, A.: Glykogenverteilung im Cytoplasma der Leberzelle 68[5]. — Bindung von Leberglykogen an Zellproteine 68[5]. Lipidgehalt von Mikrosomen und Cytoplasma 134[6]. — Lokalisation der Ribonucleinsäuren in Leberzellen 312[9]. — Diabetogene Wirkung von Alloxan 384[2].
— s. COOPERSTEIN, S. J. 796[9].
— s. PATTERSON, J. W. 384[3].
LAZZARO, G.: Ammoniakgehalt des Blutes bei Leberstörungen 305[7].
LEAF, G., and A. NEUBERGER: Glutathionbildung in der Leber 276[4].
LEAKE, T. B., s. BENTINCK, R. C. 736[12].
LEATH, M. J., s. TIPTON, S. R. 445[3].
LEATHES, J. B., and J. MELLANBY: Gerinnungsaktive Stoffe im Gehirn 676[1].
LEATHES, Z. B.: Ungesättigte Fettsäuren in Strukturlipoiden der Leber 133[7].
LEAVELL, B. S., s. HICKS, M. H. 24[10].
LE BARON, F. N., s. FOLCH, J. 650[7,8], 665[2], 739[6].
LEBENSOHN, J. E.: Trockensubstanz der Rinderlinse 883[3]. — Kaliumverlust der alternden Linse 884[3].
— s. GIFFORD, S. R. 892[6].
LEBER, A.: Antikörper im Kammerwasser 903[10].
LEBER, A. T.: Durchlässigkeit der Linsenkapsel 891[13].
LEBER, D., s. WEYGAND, F. 268[3].
LEBER, T.: Zusammenfassung über Cirkulations- und Ernährungsverhältnisse des Auges (1903) 879[9].
LE BIHAN, H., s. BACQ, Z. M. 272[5].
LEBLOND, C. P., NGUYEN-VAN THOAI et G. SEGAL: Keine Leberverfettung nach Adrenektomie 142[19]
— s. ALBERT, S. 429[7], 739[15].
— s. GROSS, J. 442[5].
— s. KELLAWAY, P. E. 441[4].
LE BRETON, E.: Langsame Alkoholentgiftung in glykogenarmen Lebern 488[4].
— s. BLANCHER, G. 646[6].
LE COMPTE, P. M., s. WARREN, S. 51[8], 205[7].
LECOMTE, C., et A. DE SMUL: Vermehrung der Desoxynucleinsäure bei jungen proteinfrei ernährten Ratten 322[1].
LECOMTE, J., s. BACQ, Z. M. 272[5].
LECOQ, R.: Verwertung von Sorbit bei der Taube 104[6].
— P. CHAUCHARD et H. MAZONÉ: Antagonismus verschiedener B-Vitamine in peripheren Nerven 675[14].
LEDDY, J. A., s. MILLAR, G. J. 369[6].
LEDER, I. G., s. RACKER, E. 109[14], 110[4].
LEDERER, E., and F. H. RATHMANN: Vitamin A_2 in Leber und Leberölen 359[3].
LEDERER, E., V. ROSANOVA, A. E. GILLAM and I. M. HEILBRON: Vitamin A_2 in Leberölen von Süßwasserfischen 359[1].
— s. NACHMANSOHN, D. 860[16].
LEDERER, J., J. P. v. BUNNEN et J. COENE: Inaktivierung von thyreotropem Hormon in der Leber 450[1].
LEDOGAR, J. A., and H. W. JONES jr.: Oxydation von Oestradiol zu Oestron durch Protein aus Rinderleber 428[6].
LEDUC, E. H., and E. W. DEMPSEY: Keine Phosphatasereaktion in der Lebergalle von Meerschweinchen 544[11].
LEE, C. C., L. W. TREVOY, J. W. T. SPINKS and L. B. JAQUES: Dicumarinaufnahme durch die Leber 373[7].
LEE, C. S., s. TSUBOI, K. K. 36[15]
LEE, J. VAN DER, s. VERKADE, P. E. 175[2,4], 176[1,2,6].
LEE, L.-Y., s. CHANG, H.-G. 928[12].
LEE, N. D., s. ELGEE, N. J. 447[16].
LEE, O. S., and W. M. HART: Sauerstoffverbrauch der Cornea bei Vitamin B_2-Mangel 877[8].
LEE, R. C., s. CARPENTER, T. M. 97[2], 488[5].
LEECH, R. S., and BALLEY, C. C. 899[1].
LEES, M., s. FOLCH, J. 650[5,6], 651[1], 653[8], 739[6].
LEEVY, C. M., s. WHITE, T. J. 38[4].
LEFÈVRE, J.: Typen der chemischen Wärmeregulation 23[9].
LEGGE, J. W.: Mesobilanbildung aus Bilirubin im Darm bei Zufuhr von Sulfonamiden 518[10].
— s. LEMBERG, R. 527[7].
LEHMAN, I., s. GREENSPAN, E. M. 233[3].
LEHMANN, G., s. ATZLER, E. 608[2].
LEHMANN, H.: Reaktion von Adenosindiphosphorsäure mit Argininphosphorsäure 596[1]. — Gleichgewicht zwischen Adenylsäure und Kreatin 703[6].
— s. GREVILLE, G. D. 773[4].
— s. NEEDHAM, J. 704[24].
LEHMANN, J.: Hypoprothrombinämie beim Neugeborenen 371[8].
LEHMANN, K. B.: Nickelausscheidung in der Galle bei Katze und Hund 541[13].
LEHMANN, W., s. SOSKIN, S. 122[4].
LEHNART, C. H., s. MARINE, D. 443[6].
LEHNARTZ, E.: Zusammenfassung über die chemischen Vorgänge bei Muskelkontraktion (1933) 570[15]. — Milchsäurebestimmung im Muskel 593[4].
— s. EMBDEN, G. 593[4].
LEHNINGER, A. L.: Keine Wirkung von Malonat auf fettsäureoxydierendes Enzym 173[3]. — Schicksal von Acetyl-CoA aus Fettsäuren verschiedener Kettenlänge 186[8]. — Ketonkörperbildung aus ungeradzahligen Fettsäuren in Mitochondrien 187[2]. — Einfluß von Oxalacetat auf Acetyl-CoA-Abbau durch Leberenzyme 190[2]. — Förderung der Acetessigsäurebildung durch Malonat 192[3]. — Einwirkung von Malonat + Fumarat auf den

Citronensäurecyclus 193[1]. — Kein Umsatz von Acetoacetat durch Lebermitochondrien 194[7]. — β-Oxybuttersäure- und Glutaminsäuredehydrogenase in Lebermitochondrien 396[2]. — Fermentgehalt von Gehirnmitochondrien 700[8]. — Bernsteinsäureoxydation im Gehirn bei Malonsäurehemmung 724[8]. — Hemmstoffe der Atmungskettenphosphorylierung 731[7]. Phosphatidgehalt von Mitochondrien 735[9]. — Fettsäureoxydation in extrahepatischen Geweben 741[6]. — Fermente der Fettsäureoxydation in den Mitochondrien 741[10].

LEHNINGER, A. L., and G. D. GREVILLE: Oxydation von β-Oxybuttersäure durch DPN 182[4].

— and E. P. KENNEDY: Bindung von Crotonsäure und β-Oxybuttersäure an CoA 180[5].

— and S. W. SMITH: Sauerstoffbedarf für Bildung energiereicher Phosphatbindungen 847[8].

— s. BARKULIS, S. S. 730[3].

— s. FRIEDKIN, M. 158[10].

— s. KENNEDY, E. P. 113[1], 186[9], 187[3], 189[5], 504[5], 741[3, 11].

— s. RALL, R. W. 277[1], 753[7].

— s. SIBLEY, J. A. 242[3], 713[5].

LEIBEL, B., and G. E. HALL: Gehirndurchblutung bei hyperglykämischen Kaninchen 823[11].

LEIBOWITZ, J., s. LOEWY, A. 35[11].

LEIDIG, I. M.: Isolierung von Acetylcholin aus Iris und Chorioidea 919[3]. — Acetylcholin aus Rindernetzhaut 928[14].

LEIGH-CLARE, J. L.: Keine Vitamin D-Bildung durch Nitzschia closterium 363[5].

LEINER, G., s. LEINER, M. 623[16], 626[13], 627[9], 872[1], 915[3], 924[6], 936[4].

LEINER, K. Y., s. LOWRY, O. H. 617[1,3].

LEINER, M.: Kohlensäureanhydratase, Gehalt im Gehirn 796[16].

— u. G. LEINER: Zinkgehalt im Gehirn 623[16], 626[13]. — Zinkgehalt des Gehirns und Kohlensäureanhydratase 627[9]. — Zinkgehalt der Sklera 872[1]. — Zinkgehalt der Chorioidea von Knochenfischen 915[3]. Zinkgehalt in der Netzhaut von Knochenfischen 924[6]. — Vorkommen von Kohlensäureanhydratase in der Netzhaut 936[4].

LEINFELDER, P. J., and P. W. SALIT: Lipoidgehalt der Rindernetzhaut 926[6].

— s. CHRISTIANSEN, G. S. 895[8].

— s. ROBBIE, W. A. 877[2], 878[5], 932[2].

— s. SCHWARTZ, B. 881[2].

LEITES, S., u. R. ISABOLINSKAYA: Gallenmenge bei Gallenfistelhunden nach Thyroxin 446[10]. — Cholesterinausscheidung in der Galle nach Thyroxin 446[10].

LELOIR, L. F., and C. E. CARDINI: Galaktokinasedarstellung 95[4].

— C. E. CARDINI and E. CABIB: Gleichgewicht an der Galaktowaldenase 96[4].

LELOIR, L. F., and J. M. MUÑOZ: Energielieferung für die Bildung von Phosphoenolbrenztraubensäure 120[4]. — Fettsäuresynthese in Leberbrei und -extrakt 171[2]. — Äthylalkoholoxydation durch Ratten- und Taubenorgane in vitro 485[4]. — Beziehungen zwischen Pyruvat- und Äthylalkoholoxydation in der Leber 487[10]. — Langsame Alkoholentgiftung in glykogenarmen Lebern 488[3].

— R. E. TRUCCO, C. E. CARDINI, A. C. PALADINI and R. CAPUTTO: Glucose-1,6-diphosphat als Katalysator der Umwandlung von Glucose-1- in Glucose-6-phosphat 87[1]. — Uridindiphosphatglucose 95[8].

— s. CABIB, E. 96[5].

— s. CAPUTTO, R. 94[4,8], 95[5,7], 96[1,3].

— s. CARDINI, C. E. 87[2], 95[9].

— s. HUNTER, F. E. 194[10], 195[3].

— s. PALADINI, A. C. 87[1], 95[10].

— s. REPETTO, O. M. 87[1].

— s. TRUCCO, R. E. 94[9] 95[1].

LE MAY-KNOX, W. E., s. KNOX, W. E. 279[7].

LEMBECK, F., s. GADDUM, J. H. 840[4].

LEMBERG, R.: Amphibiengalle ist biliverdinhaltig 516[10].

— and J. W. LEGGE: Buch über Hämatinverbindungen und Gallenfarbstoffe. Engl. (1949) 527[7].

— and R. A. WYNDHAM: Wasserstoffdonatoren für Biliverdinreduktion 516[2].

LEMLEY, J. M.. R. A. BROWN, O. D. BIRD and A. D. EMMETT: Vitamin A-Speicherung in der Leber 348[15], 349[2].

LEMLEY, R. E.: Wirkung von Brombenzol bei Selenvergiftung 475[2].

LEMMEL, H., s. ADLER, A. 446[15].

LENNERSTRAND, Å.: PASTEUR-Effekt 731[8].

LENNON, R. W., s. STRÖM-OSLEN, R. 471[7].

LENNOX, W. G.: R. Q. im menschlichen Gehirn 783[14].

— F. A. GIBBS and E. L. GIBBS: Wirkung von Glutaminsäure bei Epilepsie 759[4].

— M. F. O'CONNOR and L. H. WRIGHT: Aminosäurestickstoff im Blut 212[14].

— s. GIBBS, E. L. 759[5], 783[16,19], 816[16].

LENTI, C.: Milchsäurebildung in der Netzhaut 932[10]. — Vorkommen von Methylglyoxalase in der Netzhaut 936[10]. —

— s. MAZZA, F. P. 932[11].

LENZI, G., e G. LABÒ: Biliverdin/Bilirubin-Verhältnis bei Gallenstauung und Entzündungen der Gallenwege 515[7].

LEONARDI, G., U. CARCASSI e G. MARRAS: Streptomycinausscheidung in der Leber 561[10].

LEONARDS, J. R., s. FREE, A. H. 94[3].

LEONE, E., s. CEDRANGOLO, F. 300[7].

LEONG, P. C.: Thiamingehalt in Leber und Herzmuskel von Ratten 387[7], 670[13]. — Thiamingehalt im Gehirn 670[9,13].

LEONIBUS, F. DE: Oxydation gesättigter Fettsäuren in der Linse 895[7]. — Oxydative Desaminierung von Aminosäuren in der Linse 897[4].

LEOPOLD, I. H., s. GREEN, H. 905[2], 908[6], 921[9].
— s. SMOLENS, J. 870[3].
LE PAGE, G. A.: Aufnahme von Glykokoll durch Nucleotide in der Leber 329[6]. — Phosphatgehalt im Säugetiergehirn 630[8]. Glucosephosphorylierung bei Mangel an Steroidhormonen 821[4].
— and C. HEIDELBERGER: Erneuerung der Desoxyribonucleinsäuren der Leber 316[9,11]. — Keine Thyminbildung aus Glycin 343[10].
— s. HEIDELBERGER, C. 317[2].
— s. PETT, L. B. 353[6].
— s. POTTER, V. R. 719[3], 732[15].
LEPEHNE, G.: Abbau der Erythrocyten im Reticuloendothel 507[1]. — Indirekte Bilirubinreaktion 514[3]. — Biliverdin in den KUPFFERschen Sternzellen der Vogelleber 516[12].
LEPKOVSKY, S., and T. H. JUKES: Wirkung von Leber auf pellagraähnliche Hühnerdermatitis 404[3].
— T. H. JUKES and M. E. KRAUSE: Wirkung von Leber auf pellagraähnliche Hühnerdermatitis 404[3].
— and E. NIELSEN: Xanthurensäurebildung bei Pyridoxinmangel 401[7].
— E. ROBOZ and A. J. HAAGEN-SMIT: Xanthurensäureausscheidung nach Tryptophan 291[4]. — Nicotinsäurebildung aus Tryptophan 292[16]. — Xanthurensäurebildung bei Pyridoxinmangel 401[7].
— s. AXELROD, H. E. 291[6].
— s. EVANS, H. M. 670[15].
— s. HEIDELBERGER, C. 288[4], 289[1], 292[15], 294[2], 398[5].
— s. OKEY, R. 153[11], 413[1].
— s. REID, D. F. 291[5].
LEPRI, G., s. MONTANARI, L. 905[1].
LERNER, A. B.: Äpfelsäurebildung aus Tyrosin 280[3].
LERNER, H., s. KOSTER, H. 529[2].
LERNER, L. H., s. PURZELL, E. F. 908[9].
LESLIE, I., s. DAVIDSON, J. N. 324[1], 681[7], 682[2], 698[2].
LESNÉ, E., P. ZIZINE et S. M. BRISKAS: Kupfergehalt der Leber bei kupferarmer Nahrung 58[6].
LESNIK, M.: Salicylsäureentgiftung durch Bildung von Salicylursäure 469[3]. — Bildung von Naphtholglucuronid aus Naphthalin 473[15].
LESSER, E. J.: Postmortale Glykogenolyse in der Leber von Sommer- und Winterfröschen 69[11].
LESTER, D., and L. A. GREENBERG: Vergiftungserscheinungen nach Alkohol- und Antabusgaben 490[7].
LESURE, A., s. LOEPER, M. 379[13].
LETTERER, E.: Zusammenfassung über Lipoidstoffwechsel (1948) 688[5]. — Pathothesaurosen im ZNS 688[1]. — Stapelungsdystrophien 688[2]. — PICK-Zellen 689[3].
LETTRÉ, H.: Energielieferung durch Atmung und Glykolyse 682[8].
LEUCHTENBERGER, C., s. STEELE, H. D. 661[12].
LEUPOLD, F.: Phosphatidreichtum in Gehirn- und Nervengewebe 633[2]. — Fettsäurealdehyde aus Acetalphosphatiden 638[4]. — Aldehyde aus Glycerinphosphatiden des Gehirns 639[4].
LEUTHARDT, F.: TAKATA-ARA-Reaktion 243[5]. Bildung von Glycin aus Dicarbonsäuren 263[5].
— A. F. MÜLLER u. H. NIELSEN: Förderung der Citrullinbildung durch Glutamin 307[2]. — Förderung der Citrullinbildung durch Glutaminsäure 307[3].
— u. H. NIELSEN: Phosphorylierung von Thiamin in Leberextrakten 388[10].
— u. E. TESTA: Fructokinase der Leber 98[15]. Wirkungsbereich der Fructokinase 99[1]. — Fructose-1-phosphatbildung aus Fructose 99[1].
— E. TESTA u. H. P. WOLF: 1-Phosphofructoaldolase 100[3].
— s. BUJARD, E. 253[10].
— s. FAHRLÄNDER, H. 309[3,4].
— s. MÜLLER, A. F. 306[11], 307[8], 309[5].
— s. NIELSEN, H. 388[13], 469[13], 470[6].
— s. WUHRMANN, F. 244[2].
LEUTHARDT, F. M., s. GREENSTEIN, J. P. 253[6], 319[3], 754[7-9], 796[5].
LEVEDAHL, B. H., and L. T. SAMUELS: Gehalt an Guanidinoessigsäure im Blut 303[5]. — Inaktivierung von Testosteron 430[8]. — Kein testosteronoxydierendes Ferment in Kaninchenleber 432[3].
— s. SAMUELS, L. T. 432[12], 433[4].
LEVEEN, H. H., L. J. TALBOT, M. RESTUCCIA and J. R. BARBERIO: Ausscheidung von Phosphatase mit der Galle 241[9].
LEVENE, P. A.: Desoxyribonucleinsäuren der Leber 313[7]. — Einfluß von Phlorrhizin auf Zuckergehalt der Galle 543[9].
— and J. LOPÉZ-SUÁREZ: Mucoitinschwefelsäure aus Cornea 874[6].
— and G. M. MEYER: Verwertung anderer Hexosen als Glucose 92[1]. — Verwertung von Mannose 105[2].
— and I. P. ROLF: Arachidonsäure in Leberlecithin 376[2]. — Optische Aktivität von Lecithin 636[7].
— and H. S. SIMMS: Arachidonsäure in Leberlecithin 376[2].
— and D. D. VAN SLYKE: Aminosäureausscheidung bei Leberverfettung 211[9].
— and L. B. STOOKEY: Autolyse von Lipoiden im Gehirn ist fraglich 744[12]. — Gehirnautolyse 762[5].
— s. SWEET, J. E. 344[6].
LEVERTON, R. M., and L. J. ROBERTS: Eisenverlust bei der Menstruation 54[6].
LEVEY, S., s. HILLER, G. I. 227[6].
LEVI, A. A., s. BOYLAND, E. 474[5].
LEVIN, E., s. JOHNSON, R. M. 33[12].

LEVIN, L.: Bedeutung der Hypophyse für Lebergröße 11[1]. — Fettleber durch Hypophysenvorderlappenextrakte 142[4]. — Bedeutung der Nebenniere für Leberverfettung nach Hypophysenextrakten 142[12]. Oestradiolausscheidung im Kot 429[11].
— and R. K. FARBER: Bedeutung der Nebenniere für Leberverfettung nach Hypophysenextrakten 142[13]. — Leberverfettung durch Hypophysenextrakte und Cortison 143[4].
LEVINE, C., and E. CHARGAFF: Neue Phosphatidkomponenten 638[6,7].
— s. CHARGAFF, E. 638[8].
LEVINE, M., and H. TARVER: Serinaufnahme durch Organproteine 214[7]. — Einbau von markiertem Cholin und Serin in Gehirnlipoide 735[20].
LEVINE, R., s. COHN, C. 564[2].
— s. FRIEDMAN, A. 447[15], 448[6].
— s. SOSKIN, S. 122[4].
— s. WEISBERG, H. F. 447[15].
LEVINE, S. Z., E. MARPLES and H. H. GORDON: Oxyphenylbrenztraubensäurebildung bei Vitamin C-Mangel 283[15]. — Bedeutung von Ascorbinsäure für Abbau der aromatischen Aminosäuren 386[8].
— s. DANN, M. 279[3].
— s. TOLSTOI, E. 120[6].
LEVINE, V. E., s. BARRY, W. M. 516[1].
LEVINSON, S. A., s. KLEIN, R. I. 563[7].
LEVINTOW, L., and G. D. NOVELLI: Coenzym A-Bildung in der Leber 179[2]. — Mechanismus der Coenzym A-Bildung aus Pantethein 408[3].
LEVIS, F., s. CAVALCANTI, A. C. 410[2].
LEVITAS, N., s. PERLZWEIG, W. A. 292[6].
— s. ROBINSON, J. 330[1], 394[13].
LEVVY, G. A.: Hemmung der β-Glucuronidase durch 1,4-Zuckersäurelacton 462[15], 463[2]. — Wirkung von Oestron und Testosteron auf β-Glucuronidase 463[8].
— L. M. H. KERR and J. G. CAMPBELL: Aufgabe der β-Glucuronidase 463[4]. — Proliferation der Leberzellen bei Mentholvergiftung 463[4]. — Aktivitätssteigerung der β-Glucuronidase bei Vergiftungen und partieller Hepatektomie 463[4]. — β-Glucuronidase und Zellproliferation 698[4].
— s. KARUNAIRATNAM, M. C. 462[6], 463[1,3].
— s. KERR, L. M. H. 428[13], 462[12,13], 463[5], 698[5].
LEVY, D. S., s. SCHERLIS, S. 245[4].
LEVY, H., s. CASPI, E. Y. 436[3]
— s. JAFFÉ, M. 469[11].
— s. SCHADE, A. L. 47[6], 48[2].
LÉVY, J., s. ROSENBERG, A.-J. 814[13].
LEVY, L., and M. J. COON: Einbau von C aus Acetat in Prolin und Histidin 831[1].
LEVY, L. F., s. FOX, F. W. 383[5].
LÉVY, M.: Antilipotrope Wirkung von Cystin 149[10]. — Antilipotrope Wirkung von Cystein 149[15]. — Umwandlung von kurz- in langkettige Fettsäuren 158[9].
LÉVY-SOLAL, E., et J. ARGENT: Hypoprothrombinämie bei Chloroformnarkose 370[11].
LEW, W., s. ADDIS, T. 219[4,5], 220[4], 320[9], 684[7], 746[19]
LEWIN, J., s. BAUDOUIN, A. 657[3], 659[5].
LEWIN, L.: Entgiftung von Diphenolen durch Bindung an Schwefelsäure 466[6].
LEWIN, R., s. LASZLO, D. 66[17].
LEWIŃSKI, W., s. PARNAS, J. K. 597[1].
LEWIS, A. E.: Bromsulphaleintest beim Kaninchen 563[15].
LEWIS, E. M., s. MORGAN, A. F. 409[11].
LEWIS, G. T., s. BLOOM, W. L. 68[12], 580[4].
— s. MCGHEE, E. C. 736[15].
LEWIS, H. B., and S. IZUME: Aminosäuregehalt des Blutes bei Leberschädigungen 211[11].
— s. CHANDLER, J. P. 278[7].
— s. DARBY, W. J. 299[4].
— s. DZIEWIATKOWSKI, D. D. 458[10].
— s. GRIFFITH, W. H. 470[11,12].
— s. MCGINTY, D. A. 295[7].
— s. PAPAGEORGE, E. 283[10].
— s. SHAMBAUGH, N. F. 278[5].
— s. SILBERMAN, A. K. 106[3].
— s. TYNER, E. P. 151[3].
— s. WHITE, F. R. 271[6].
— s. WILSON, R. H. 255[5].
LEWIS, J. M., O. BODANSKY, K. G. FALK and G. MCGUIRE: Beziehungen zwischen Vitamin A-Gehalt von Leber und Blut 353[1].
LEWIS, L., s. DAM, H. 370[2].
LEWIS, L. A., I. H. PAGE and C. THOMAS: β-Lipoproteide nach Hepatektomie 232[12].
— s. WHITMAN, J. F. 230[4], 231[10].
LEWIS, P. R., s. KEYNES, R. D. 734[10], 835[6,8].
LEWIS, R. A., G. W. THORN, G. F. KOEPF and S. S. DORRANCE: N-Ausscheidung bei adrenektomierten Tieren 124[7].
— s. HOFFMAN, W. C. 820[10].
— s. THORN, G. W. 123[8], 124[9].
LEWIS, U. J., U. D. REGISTER and C. A. ELVEHJEM: Abhängigkeit des Vitamin B_{12}-Gehaltes in Organen von der Nahrung 420[10].
LEWJANT, M. I., s. GURWITSCH, A. J. 765[14].
LEYNS, W. F., G. C. HERINGA u. A. WEIDINGER: Wasserbindung in der Cornea 880[1].
LI, C. H., and H. M. EVANS: Zusammenfassung über Biochemie des Wachstumshormons der Hypophyse (1948) 11[3].
— I. GESCHWIND and H. M. EVANS: Aminosäuregehalt des Blutes nach ACTH 125[8].
— D. J. INGLE, H. M. EVANS, M. C. PRESTRUD and J. E. NEZAMIS: Fettleber durch Hypophysenvorderlappenextrakte 142[6].
— M. E. SIMPSON and H. M. EVANS: Einfluß der Hypophyse auf den Fettgehalt der Leberzellen 142[1].
— s. BAKER, B. L. 142[5], 322[8].
— s. GESCHWIND, I. 323[7], 324[2], 449[11].
— s. FRAENKEL-CONRAT, J. 143[10], 322[7].

Li, C. H., s. Greenspan, F. S. 449[7].
Li, H. M.: Basophile Schollen in Leberzellen 221[1].
Li, J. G., s. Osgood, E. E. 316[3].
Li, T.-H., s. Chang, H.-C. 928[12].
Lian, C., J. Facquet (J.) Sassier et G. Schapira: Fibrinogengehalt des Blutes bei Lebercirrhose 234[10].
— et P. Frumusan: Fibrinogengehalt des Blutes bei Lebercirrhose 234[10].
— (J.) Sassier, J. Facquet et P. Frumusan: Fibrinogengehalt des Blutes bei Lebercirrhose 234[10].
Liang, T.-Y., s. Saxers, G. 380[1].
Libet, B., s. Elliott, K. A. C. 700[7], 779[3], 780[1], 783[23], 784[2,13], 785[1], 789[5].
— s. Samuels, A. J. 662[9], 666[11], 694[9], 735[6], 739[5], 770[8].
Liboro, O., s. Rhoads, J. E. 154[10].
Libowitzky, H., s. Vigliani, E. C. 527[5].
Licht, H., s. Melchior, E. 507[6].
— s. Rosenthal, F. 234[3], 507[6], 536[4], 569[5].
Lichtman, H., V. Ginsberg and J. Watson: Wirkung von Antibiotica bei perniziöser Anämie 421[3].
Lichtman, S. S.: Buch über Krankheiten der Leber, Gallenblase und Gallengänge Engl. 3. Aufl. (1953) 1[4]. — Tyrosingehalt des Harnes bei Lebererkrankungen 284[6]. — Galaktosebelastung bei Hyperthyreoidismus 447[2]. — Atophanoxydation und Ausscheidung von Oxyatophan im Harn bei Leberkrankheiten 483[1]. — Verminderung der Cholsäurebildung bei Tetrachlorkohlenstoffvergiftung 559[10].
— and H. Sobotka: Tyrosingehalt des Harnes bei akuter gelber Leberdystrophie 284[12].
Lichstein, H. C., I. C. Gunsalus and W. W. Umbreit: Transaminierungen bei Pyridoxinmangel 251[1].
— and W. W. Umbreit: Bedeutung von Biotin für die CO_2-Fixierung 128[3].
— H. A. Waisman, C. A. Elvehjem and P. F. Clark: Einfluß von Pantothensäure auf Ausbreitung von Virusinfektionen im Gehirn 832[10].
— s. Waisman, H. A. 832[9].
Lichtwitz, L., u. F. Bock: Calciumgehalt in Fistelgalle beim Menschen 540[5].
Liddle, G. W., J. E. Giansiracusa, A. W. Childs, D. Island, H. Waechtler and L. L. Bennett: Erhöhung des Blutzuckers durch ACTH 125[7].
Lieb, E., s. Steele, H. D. 661[12].
Lieb, H., u. M. K. Zacherl: Milchsäurebestimmung im Muskel 593[4].
Liébecq, C., et R. A. Peters: Hemmung des Citronensäurecyclus durch Malonat 192[4], 193[3]. — Fluoressigsäurewirkung auf Enzyme 725[8].
— s. Coxon, R. V. 717[1].
Lieben, F.: Buch über Geschichte der Physiologischen Chemie (1935) 588[1].
Lieberman, S., H. J. Tagnon and P. Schulman: Oestrogeninaktivierung durch Leber 425[6], 428[10].
— s. Tagnon, H. J. 423[4], 425[10], 426[4].
Liebig, J.: Bildung von Kynurensäure aus Kynurenin 288[5].
Liebl, G. J., s. Potter, V. R. 796[12].
Liebmann, J., s. Wortis, H. 379[1].
Lienhardt, H. F., s. Hughes, J. S. 669[14].
Liersch, G., s. Brückel, K. W. 438[7].
Lifson, N., s. Lorber, V. 119[1].
Likoff, W. B., s. Meranze, D. R. 447[2].
Lilienthal, J. L. jr., s. Grob, D. 239[9].
Lillie, R. D., L. L. Ashburn, W. H. Sebrell, F. S. Daft and J. V. Lowry: Lebernekrosen bei Mangel an S-haltigen Aminosäuren 365[1].
— s. Daft, F. S. 365[1].
— s. Rosenthal, S. M. 155[6], 563[13].
— s. Smith, M. I. 500[13].
Lin, H., and N. J. Eastman: Bilirubinausscheidung durch die Neugeborenenleber 512[6].
Lin, R. C. Y., s. Feldberg, W. 850[12].
Lincoln, J. G., s. Fantl, P. 163[5].
Lindan, O.: Lebernekrosen bei schwangeren Ratten 221[12]. — Lebernekrosen bei trächtigen Tieren durch Mangel an Vitamin E und S-haltigen Aminosäuren 366[1].
— and H. P. Himsworth: Lebernekrosen bei fettreicher Nahrung 365[14].
— s. Himsworth, H. P. 365[6].
Lindberg, O., and L. Ernster: Phosphatgehalt im Säugetiergehirn 630[9]. — Blut-Hirnschranke 735[25]. — Phosphataustausch im Gehirn 736[8]. — Erneuerung der stabilen P-Gruppe von ADP und ATP im Gehirn 765[4]. — Aufnahme von ^{32}P durch Gehirn nach intracisternaler Injektion 770[12]. — Austausch von Phosphat zwischen Gehirn und Liquor cerebrospinalis 797[17]. — Umsatz energiereicher Phosphatverbindungen in Gehirn, Leber und Muskulatur 809[3].
— s. Bakay, L. 770[11], 797[16], 798[4].
— s. Kornberg, A. 583[1], 704[7], 719[2], 792[15], 793[2], 794[1].
— s. Zetterström, R. 329[2], 765[3].
Linde, R. W. te, s. Jones, G. E. S. 437[3].
Lindeboom, G. A.: Hippursäuretest zur Diagnose von Lebererkrankungen 471[7].
Linden, P. van den, s. Chambon, M. 542[14].
Linder, F., s. Eichler, O. 797[3].
Linder, G. C.: Calciumgehalt im Gehirn 621[3], 623[7]. — Calciumgehalt im Gehirn bei Rachitis 622[2].
Linderholm, H., and K. Berg: Bildung von Diäthyldithiocarbamat aus Antabus 491[5].
— s. Domar, G. 491[6].
Lindert, M. C. F., s. Topp, J. H. 38[4].
Lindhard, J.: Zusammenfassung über den Skeletmuskel und seine Funktion (1931) 570[2].
— s. Krogh, A. 590[1].
Lindner, F., s. Fischer, H. 523[6].

LINDOW, C. W., C. A. ELVEHJEM, W. H. PETERSON and H. E. HOWE: Kupfergehalt in Tierlebern 56[9]. — Kupfergehalt der Rinderleber 57[12].
— W. H. PETERSON and H. STEENBOCK: Kupfergehalt der Rattenleber 57[10]. — Kupferspeicherung in Leber, Milz und Niere 58[5].
LINDSAY, S., s. BELL, L. S. 97[11].
LINDSTRÖM, B., s. ENGSTRÖM, A. 619[3].
— s. HYDÉN, H. 680[9].
LINES, E. W. L., s. BULL, L. B. 627[2].
LING, H. W., s. BURN, J. H. 71[12].
LING, S. M., s. CARRUTHERS, A. 68[11].
LINK, K. P., s. FIELD, J. B. 236[4], 370[8,14], 372[1], 373[10].
— s. OVERMAN, R. S. 374[2].
LINKE, A.: Prothrombin- und Acceleratorglobulin im Blut nach Vitamin K-Antagonisten 237[7]. — Tromexantest 237[8].
LINKER, A., s. MEYER, K. 874[12].
LINTZ, R. E.: Zinkgehalt der Katzenleber 62[15].
LINTZEL, W.: Zusammenfassung über Eisenstoffwechsel (1931) 45[6]. — Eisengehalt von Schweineleber und -milz 45[1]. — Keine Eisenresorption nach Füllung der Eisendepots 53[3]. — Kupfergehalt der Leber des Neugeborenen 58[10].
— u. T. RADEFF: Eisengehalt der Leber bei Sauerstoffmangel 50[1].
LIPKIN, R., s. REICH, C. 371[4].
LIPMANN, F.: Zusammenfassung über Bildung und Verwertung von Phosphatbindungsenergie (1914) 701[7]. — Decarboxylierung von Gluconsäure-6-phosphat in Leber 109[2]. — Transacetylasen und Acetokinasen 129[3]. — Acetylierung von Arylaminen und Sulfonamiden 130[3]. — Acetylierung aromatischer Amine durch Coenzym A 409[2]. — Acetylierung durch Taubenleber 476[9]. — Förderung der Acetylierung durch Cocarboxylase 477[9]. — Anaerobe Acetylierung in Taubenleber 478[1]. — Verbreitung von Coenzym A 722[8]. — Oxydation von Glucose-6-phosphat zu Phosphogluconsäure 728[7].
— M. E. JONES, S. BLACK and R. M. FLYNN: Energielieferung für Acetyl-CoA-Bildung 179[6]. — Reversible Phosphorylierung von Coenzym A 723[2].
— and N. O. KAPLAN: Cholesterinsynthese in der Leber bei Pantothensäuremangel 205[11]. — Coenzym A-Spaltung durch Taubenleberextrakte 408[1]. — Bedeutung von Coenzym A für Cholinacetylierung 477[13,14]. — Bedeutung von Coenzym A für Sulfonamidacetylierung 477[14]. — Verbreitung von Coenzym A 722[9]. — Acetylierung von Cholin im Gehirn 722[10].
— N. O. KAPLAN, G. D. NOVELLI, L. C. TUTTLE and B. M. GUIRARD: Cholesterinsynthese in der Leber bei Pantothensäuremangel 205[12]. — Pantothensäuregehalt von Coenzym A 404[10], 722[7].
LIPMANN, F. u. O. MEYERHOF: Alkalisierung zu Beginn der Muskelkontraktion 605[1].
— and L. C. TUTTLE: Acetataktivierung durch Rattenleber 129[5]. — β-Carboxylierung 721[2].
— s. CHANTRENNE, H. 179[5].
— s. CHOU, T. C. 129[3].
— s. CORI, O. 108[14].
— s. HOCH, F. L. 24[5].
— s. JONES, M. E. 179[9], 180[1].
— s. KAPLAN, N. O. 179[1], 404[11], 405*, 673[8], 722[13].
— s. KLEIN, H. P. 409[7].
— s. LOOMIS, W. F. 215[7], 721[5], 731[3], 732[3 18].
— s. NOVELLI, G. D. 129[4], 130[2], 404[8], 408[1], 673[9], 723[1].
— s. SOODAK, M. 130[4].
— s. STADTMAN, E. R. 130[7], 850[7].
LIPNER, H. J., S. B. BARKER and T. WINNICK: Thyroxinverteilung in der Leberzelle 441[8].
— s. KLITGAARD, H. M. 442[3].
LIPPINCOTT, S. W., s. MORRIS, H. P. 673[6].
LIPSAY, J. J., s. DREILING, D. A. 531[11].
LIPSCHITZ, M. A., V. R. POTTER and C. A. ELVEHJEM: Brenztraubensäurestoffwechsel im Gehirn bei Hunger 685[8]. — Brenztraubensäureabbau und Aneuringehalt im Gehirn 715[12].
LIPSCHITZ, W. L., and E. BUEDING: Entgiftung von Avertin durch Glucuronidbildung 455[3]. — Glucuronidbildung in der Leber 456[7]. — Glucuronidbildung in Fettlebern 457[10]. — Glucuronsäurebildung bei hungernden Meerschweinchen 458[8]. — Keine Förderung der Glucuronidbildung durch Glucuronsäure 459[9]. — Glucuronsäurebildung aus C_3-Verbindungen 460[4].
LIPSCOMB, A., and L. A. CRANDALL jr.: Durchblutung der Hundeleber 14[16].
LIPSETT, M. N., and F. CRESCITELLI: Förderung der Milchsäure- und Brenztraubensäureoxydation im Gehirn durch Kaliumchlorid 806[9].
LISA, J. R., s. HART, J. F. 17[8], 18[1].
LISIE, S. G., s. STARY, Z. 233[1].
LISSÁK, K.: Freisetzung von Acetylcholin bei Nervenreizung 841[13].
— E. W. DEMPSEY and A. ROSENBLUETH: Acetylcholingehalt der degenerierenden Nerven 696[16].
— u. T. KOVÁCS: Calciumgehalt peripherer Nerven 621[11], 622[1], 625[5]. — Calciumgehalt von Muskeln 622[1], 625[5]. — Kaliumgehalt in Muskel und peripheren Nerven 623[28], 625[5].
— u. C. MARTIN: Thiamingehalt im vegetativen Nervensystem 670[12]. — Aneuringehalt im degenerierten Nerven 697[2].
— E. K. NAGY u. J. PÁSZTOR: Freisetzung von Acetylcholin bei Nervenreizung 841[14].
— u. J. PÁSZTOR: Acetylcholingehalt im Sehnerven 948[8].

LISSÁK, K., s. MARTIN, C. 670[11].
— s. REX-KISS, B. 621[12], 622[13].
LISSITZKY, S., s. ROCHE, J. 443[2].
LITT, I., s. MAZUR, A. 46[8].
LITT, I. C., s. WESCOE, W. C. 239[8,9].
LITTLE, A. G. jr., M. H. POWER and E. G. WAKEFIELD: Normale Eisenausscheidung beim Menschen 52[9].
LITTLE, H. N., and K. BLOCH: Cholesterinsynthese aus Acetat 201[8]. — Herkunft der C-Atome des Cholesterins 202[12].
LITTLE, J. M.: Lokalisation der Acetylcholinesterase im Gewebe 856[7].
— and C. S. ROBINSON: Fettresorption auf dem Lymphwege 136[6].
LITTLEFIELD, J. W., and D. R. SANADI: Reaktion von Succinat mit CoA 196[2].
— s. SANADI, D. R. 196[1].
LITTLEJOHN, J. M., s. SINGAL, S. A. 152[1,4,12], 292[5], 293[12], 398[2], 672[7].
LITTMANN, I., s. GOTH, A. 503[12].
LITWACK, G., J. N. WILLIAMS jr., L. CHEN and C. A. ELVEHJEM: Xanthinoxydaseaktivität bei proteinfreier Ernährung 335[5].
— J. N. WILLIAMS jr., P. FEIGELSON and C. A. ELVEHJEM: Xanthinoxydaseaktivität bei proteinfreier Ernährung 335[5].
LIVIERATOS, S., A. DERVENAGAS et C. ANDRIOTAKIS: Vitamin A-Gehalt des Blutplasmas bei Lebererkrankungen 360[5].
LIVINGOOD, J. J., s. KINSEY, V. E. 908[1].
LIVINGSTON, S., s. KLEIN, R. 820[6].
LIVINGSTONE, H., s. ALLEN, J. G. 370[10].
LJUBIMOVA, M. N., s. ENGELHARDT, W. A. 578[3].
LJUNGGREN, M., s. ZETTERSTRÖM, R. 765[8].
LJUNGQVIST, U., s. BERGSTRÖM, S. 556[4], 557[23].
LLOYD, C. W., and J. LOBOTSKY: Wirkung des antidiuretischen Hormons bei Leberschädigung 451[6].
— and R. H. WILLIAMS: Hodenatrophie bei Lebercirrhose 426[6]. — Bildung von 17-Ketosteroiden aus Testosteron bei Leberkranken 434[7].
— s. HOBERMAN, H. D. 303[11].
LOBB, D., s. ELLIS, G. H. 61[14].
LOBEL, R. O., s. TOLSTOI, E. 120[6].
LOBOTSKY, J., s. CLARK, L. C. jr. 430[7], 432[8].
— s. LLOYD, C. W. 451[6].
LOCALIO, S. A., M. S. SCHWARTZ and C. GANNON: Porphyrinausscheidung in Galle und Harn bei Gesunden und Leberkranken 525[6].
— s. DOBRINER, K. 524[7].
LO CASCIO, G.: Fermente im Kammerwasser 903[7]. — Enzymgehalt im Glaskörper 911[7]. Verteilung der Lipoide in der Netzhaut 926[10]. — Lipoidgehalt des Sehnerven 948[3].
LOCKE, A., E. R. MAIN and D. O. ROSBASH: Kupfergehalt von Blutserum bei Lebercirrhose 59[12].
LOCKER, A., u. H. SIEDEK: Hemmung der Cholinesterase durch Tetraäthylpyrophosphat 859[12].
LOCKHARDT, H. B., s. ROSE, W. C. 268[7].
LOCKHART, A. J., s. ROSENKRANTZ J. A. 447[2].
LOCKWOOD, J. E., s. HARTMAN, F. A. 123[11].
LOE, P. S. J., s. HILL, D. 824[2].
LOEB, A.: Ketonkörperbildung aus Acetat in der Leber 185[10].
LOEB, R. F.: Albumin: Globulinverhältnis bei Lebererkrankungen 229[4].
— E. G. NICHOLS and B. H. PAIGE: Insulineinwirkung auf Leberglykogen 74[10].
LOEBEL, R. O.: Michsäurebildung aus Fructose im Gehirn 702[4]. — Atmung von Rattengehirn 780[7]. — R.Q. im Gehirngewebe 783[8]. — Oxydation von Fructose durch Gehirn 784[7]. — Verbrennung von Milchsäure und Brenztraubensäure im Gehirn 785[3].
LÖBISCH, W. F., u. M. FISCHLER: Ausscheidung von Chlorophyllabbauprodukten mit der Galle 525[3].
LOEFFLER, K.: Lebercholesterin nach Zufuhr von Cholesterin + Gallensäuren 200[1].
LOEFFLER, L., and M. NORDMANN: Kontraktion der Lebersinusoide nach Chloroforminhalation 36[17].
LÖFFLER, W.: Steigerung des Blutammoniaks bei Anoxämie der Leber 304[10].
LÖHNER, L.: Amylasegehalt der Galle 544[17].
LÖHR, G., s. EITEL, H. 78[4].
LÖHR, H., u. H. WILMANNS: Jodgehalt im Gehirn 632[2].
LOEPER, M., J. COTTET et A. LESURE: Ascorbinsäuregehalt der Leber bei Phosphorvergiftung 379[13].
— et J. VIGNALOU: Entgiftung durch Bindung an Schwefelsäure 466[8].
LOESCHKE, A.: Kupfergehalt der Leber beim Hühnerembryo 59[2].
LOESER, A.: Abbau von Leberglykogen nach Thyroxin 77[15]. — Glykogenabnahme in der Leber durch thyreotropes Hormon 78[3]. — Verschwinden von thyreotropem Hormon aus dem Blut 449[12].
— s. EITEL, H. 78[4].
LOEVENHART, A. S.: Adsorption von Leberesterase 156[6]. — Spezifität der Leberesterase 157[4].
— s. KASTLE, J. H. 157[2].
LOEVENICH, H. K., s. STUDNITZ, G. v. 926[16].
LÖW, A., u. A. KRČMA: Insulineinwirkung auf Leberglykogen 74[10].
LÖWENBERG, C., s. FLASCHENTRÄGER, B. 175[5], 482[1].
LÖWENFELD, R., s. WEYGAND, F. 268[2].
LOEWENSTEIN, E.: Fibrinogengehalt des Blutes bei Lebererkrankungen 234[9].
LOEWI, O.: Actylcholin als cholinergische Überträgersubstanz 839[3]. — Freisetzung von Acetylcholin an cholinergischen Nervenendigungen 841[4]. — Acetylcholingehalt im Froschgehirn bei Strychninkrämpfen 843[1]. — Freies und gebundenes Acetylcholin im Nervensystem 844[9].

LOEWI, O. u. H. HELLAUER: Acetylcholingehalt der Rindernetzhaut 928[11].
LÖWIT, M.: Abbau der Erythrocyten im Reticuloendothel 507[1].
LOEWY, A.: Vermehrung der Leberphosphatide bei Phosphorvergiftung 35[8].
— u. J. LEIBOWITZ: Verminderung ätherunlöslicher P-Verbindungen bei Leberschäden 35[11].
LOEWY, G.: Cholesterinanreicherung in der Blasengalle durch Wasserresorption 548[7].
— s. GOSSET, A. 548[8].
LOFTFIELD, R. B., s. FRANTZ, I. D. jr. 215[5].
LOGAN, J. E., W. A. MANNELL and R. J. ROSSITER: Gebundenes Phosphat im Gehirn 661[14]. — P-haltige Verbindungen in der weißen Substanz 662[2]. — Nucleinsäureanalysengang für das Zentralnervensystem 663[1]. — Phosphorverbindungen und Nucleinsäuregehalt im Zentralnervensystem und N. ischiadicus 664[1]. — P-Verbindungen in verschiedenen Teilen des Zentralnervensystems 665[1]. — Nucleinsäurebestimmung im Gehirn 666[3]. — Gehalt des degenerierenden Nerven an Gesamt-, Lipoid- und Inosit-P sowie an Nucleinsäuren 694[3]. — Nucleinsäuregehalt und histologische Veränderungen im degenerierenden Nerven 697[8]. — Nucleinsäuregehalt im regenerierenden Nerven 699[10].
— s. HOLLINGER, D. M. 696[10], 698[11].
LOGAN, J. F.: Eiweißgehalt der Galle 542[11].
LOGAN, M. A., s. NEUMAN, R. E. 14[3], 621[1].
LOGAN, R., s. SMELLIE, R. M. S. 317[7], 318[2], 323[2], 324[3], 325[3].
LOGARAS, G., and J. C. DRUMMOND: Einfluß von Dinitrophenol auf Vitamin A-Speicherung in der Leber 349[14].
LOGOTHETOPOULOS, J., s. DANOPOULOS, E. 485[12].
LOHMANN, A.: Zuckungsdauer in Froschmuskeln 612[5].
LOHMANN, K.: Zusammenfassung über chemische Bestimmung der Glykolyse und der Resynthese der Kohlenhydrate (1929) 593[2]. — Zusammenfassung über den Stoffwechsel des Muskels (1936) 570[6]. — Pyrophosphat-P-Gehalt in Kaninchenorganen 328[6]. — Gehalt an Hexosephosphorsäure im Skeletmuskel 581[2]. — ATP als Coferment der Milchsäurebildung 582[1]. ATP als Coferment der Kreatinphosphorsäurespaltung 582[2]. — Kreatinphosphorsäurebestimmung 595[6]. — Argininphosphorsäurebestimmung 595[3]. — Zeitlicher Zusammenhang von Kreatinphosphorsäure- und ATP-Zerfall 595[15]. — Reaktion von Adenosindiphosphorsäure mit Argininphosphorsäure 596[1]. — Phosphohexoisomerase in Hirnextrakten 705[14].
— u. A. J. KOSSEL: Zink als Aktivator oder Bestandteil von Fermenten 63[2].
— u. O. MEYERHOF: Adenosin-5-phosphorsäure als P-Acceptor 709[7].
LOHMANN, K. u. P. SCHUSTER: Reaktion von Adenosindiphosphorsäure mit Argininphosphorsäure 596[2]. — Cocarboxylase 669[20]. — Cocarboxylase und Thiaminwirkung im Taubentest 670[1].
— u. B. WEICKER: Zusammenfassung über Herz- und Blutgefäße (1934) 570[5].
— s. MEYERHOF, O. 581[4], 598[5], 702[5], 707[6], 785[5,6], 788[9], 936[9].
LOIZIDES, P. A., s. CHANNON, H. J. 152[16].
LOMAN, J., and A. MYERSON: Gehirndurchblutung beim Menschen bei Hyperglykämie 823[9].
LOMBARD, C., s. INGRAHAM, R. C. 907[2].
LOMBARDO, M. E., J. J. TRAVERS and L. R. CERECEDO: Nucleinsäuregehalt und -zusammensetzung bei Tumorträgern 326[5].
— s. CERECEDO, L. R. 327[1,2].
LOMBROSO, C., e B. CERA: Vitamin C-Gehalt der Leber nach Amytalnarkose 379[8].
LOMBROSO, U.: Aufnahme emulgierter Fette aus dem Blut durch die Leber 137[4].
LONDON, E. S., u. L. J. KRYZANOWSKAJA: Bilirubinbildung in Milz und Knochenmark 508[2].
— s. ABDERHALDEN, E. 338[6].
LONDON, I. M.: Stercobilinbildung aus Hämin 506[8]. — Hämoglobinabbau 509[3].
— and D. RITTENBERG: Halbwertszeit des Plasmacholesterins beim Menschen 204[12].
— and R. WEST: Hämoglobinabbau bei perniziöser Anämie 509[5].
— R. WEST, D. SHEMIN and D. RITTENBERG. Gallenfarbstoffbildung aus Hämoglobin 506[1]. — Lebensdauer der Erythrocyten 509[1].
— s. SHEMIN, D. 263[10].
LONG, C.: Gehirnhexokinase 705[3]. — Aktivität der Hexokinase in verschiedenen Organen 711[7]. — Brenztraubensäureabbau im Gehirn 716[6,8,9]. — Brenztraubensäureoxydation im Gehirn 718[4–6]. — Äpfelsäureoxydation im Gehirnbrei 720[11].
— and R. A. PETERS: Dehydrogenierende Decarboxylierung von α-Ketobuttersäure 715[13]. — Brenztraubensäureabbau im Taubengehirn 716[2].
LONG, C. N. H.: Auf Gluconeogenese wirksame Corticosteroide (Glucocorticoide) 125[1].
— and G. T. EVANS: Glykogengehalt der Leber bei leichter Muskelarbeit 74[1].
— B. KATZIN and E. G. FRY: Steigerung der Blutzuckerbildung aus Eiweiß durch Nebennierenrindenextrakte 123[5]. — N-Ausscheidung bei adrenektomierten Tieren 124[5].
— and F. D. W. LUKENS: N-Ausscheidung, Blutzucker und Ketonkörperbildung bei adrenektomierten Tieren 124[8]. — Keine Leberverfettung nach Adrenektomie 142[18].
— s. HARRISON, H. C. 124[7], 185[2], 195[2].
— s. HILL, A. V. 120[5].
— s. SAYERS, G. 380[1].

Long, R. S., and E. E. Simmons: Hyperfolliculie bei Leberkrankheiten 426[11].
Longenecker, H. E.: Essentielle Fettsäuren 153[2]. — Fettbildung in der Leber 165[10].
— H. H. Fricke and C. G. Kling: Steigerung der Ascorbinsäurebildung und -ausscheidung bei Ratten 380[7].
Longwell, B. B., and F. S. McKee: Ausscheidung oestrogener Substanzen in die Galle 429[5].
Loomis, E. C, s. Seegers, W. H. 235[4].
Loomis, W. F., and F. Lipmann: Dinitrophenolwirkung auf Atmungskettenphosphorylierung 215[7]. — Wirkung von 3,5-Dinitro-o-kresol auf Atmungskettenphosphorylierung 721[5]. — Entkoppelung der Atmungskettenphosphorylierung durch 2,4-Dinitrophenol 731[3], 732[3]. — Hemmungen der Pasteur-Reaktion durch Dinitro-phenol 732[3]. — Entkoppelung der Atmungskettenphosphorylierung durch Atebrin und Na-Azid 732[18].
Looser, E.: Negative Ca-Bilanz bei Acholie 360[11].
Loosli, J. K., s. Block, R. J. 270[3].
— s. Bratzler, J. W. 364[1].
Lopéz-Suárez, J., s. Levene, P. A. 874[6].
Loquvam, G. S., s. Russell, W. O. 692[4].
Lorber, S. H., and H. Shay: Bromsulphaleintest 563[3]. — Enterohepatischer Kreislauf von Bromsulphalein 563[18].
— H. Shay and H. Siplet: Enterohepatischer Kreislauf von Bromsulphalein 563[19].
Lorber, V., N. Lifson, H. G. Wood, W. Sakami and W. W. Shreeve: Glykogenbildung aus Pyruvat in der Leber 119[1].
— and N. S. Olsen: Abbaugeschwindigkeit von Glycin 258[4]. — Leberglykogenbildung aus Glycin 261[1].
— M. F. Utter, H. Rudney and M. Cook: Citronensäurebildung aus Essigsäure 830[4].
— s. Cook, M. 105[7].
Lord, J. W. jr., and W. D. Andrus: Prothrombingehalt des Blutes bei Leberschäden 237[2]. — Avitaminotische und acholische Hypoprothrombinämie 372[3].
— W. D. Andrus and R. A. Moore: Vitamin K-Speicherung 369[8].
— s. Andrus, W. D. 235[9], 236[6], 372[3].
Lorente, L., u. H. Scholderer: Porphyrinausscheidung im Harn bei Ikterus und Hepatitis 526[9].
Lorente de Nó, R.: Bindegewebsscheide der peripheren Nerven als Diffusionsschranke 801[4].
Lorentzen, K. A.: Histologische Veränderungen im Frontalhirn bei Glucosemangel 826[1].
Lorenz, M., s. Dolkart, R. E. 546[14].
Lorenz, W., s. Stary, Z. 453[3], 479[1].
Lorenzen, E. J., and S. E. Smith: Kupfergehalt von Tierlebern 57[9], — Kupfergehalt der Leber des Neugeborenen 58[10]. Mangangehalt der menschlichen Leber 60[14].
Lorry, R. W., s. Zaslow, J. 561[8].
Lotspeich, W. D.: Pantothensäuremangel und fettreiche Ernährung 406[7].
— R. A. Peters and T. H. Wilson: Wirkung von Fluorcitronensäure auf Aconitase 726[1].
— s. Buffa, P. 725[15].
Lottrup-Andersen, C.: Glucosegehalt der menschlichen Linse 890[3].
Lotze, C.: Akute gelbe Leberdystrophie 212[9].
Loubatières, A., s. Cristol, P. 74[5], 75[1].
Louchart, J., and J. W. Jailer: Inaktivierung von Cortison 438[5]. — Organe der Inaktivierung von Steroidhormonen 739[14].
Louis, L. H., s. Conn, J. W. 125[9], 126[6].
Love, J. G.: Phosphorvergiftung der Leber 35[6].
Love, R. H., s. Bessey, O. A. 330[6], 390[13], 391[1], 672[2], 876[4].
Love, R. M., s. Collins, F. D. 926[3], 938[6].
Lovern, J. A.: Plasmalogen 638[1].
— R. A. Morton and J. Ireland: Vitamin A-Speicherung in der Mövenleber 356[16]. — Vitamin A_1 und A_2 in der Störleber 359[7].
— s. Edisbury, J. R. 927[15].
— s. Guha, K. D. 376[7].
Lowe, C. U., W. L. Williams and L. Thomas: Ribonucleinsäure: Desoxyribonucleinsäure-Verhältnis in Leberzellen nach Cortison 322[9].
Lowman, R. M., H. W. Stanley, T. S.Evans and J. C. Mendillo: Cholecystographie 565[2].
Lowry, J. K., s. Flink, E. B. 41[16].
Lowry, J. V., s. Lillie, R. D. 365[1].
Lowry, O. H., N. R. Roberts, K. Y. Leiner, M.-L. Wu and A. L. Farr: Chemische Methoden der Gehirnhistochemie 617[1].
— N. R. Roberts, K. Y. Leiner, M.-L. Wu, A. L. Farr and R. W. Albers: Chemische Zusammensetzung des Ammonshorns 617[3].
— N. R. Roberts, M.-L. Wu, W. S. Hixon and E. J. Crawford: Enzymatische Methoden der Gehirnhistochemie 617[2]. — Aktivierung der ATPase durch Mg- und Mn-Ionen 773[8].
— s. Bessey, O. A. 330[6], 390[13], 391[1], 672[2], 876[4].
Lowy, P. H., s. Borsook, H. 214[8], 215[1,4,9], 216[1], 218[2,3], 258[2], 296[7,10].
Loy, H. W. jr., J. F. Haggerty and O. L. Kline: Vitamin B_{12}-Extraktion aus der Leber 419[18].
Lozinski, E., s. Heard, R. D. H. 76[14].
Lu, G. D., s. Platt, B. S. 115[10].
Lubin, M., and W. W. Westerfeld: Acetaldehydoxydation bei Leberentfernung 489[12].
Lucas, C. C., s. Best, C. H. 144[6], 149[17], 150[1,7].
— s. Beveridge, J. M. R. 147[10], 150[2].
— s. McArthur, C. S. 144[13], 146[13].

LUCAS, C. C., s. RIDOUT, J. H. 150[9], 153[6].
— s. SELLERS, E. A. 36[13], 366[3].
LUCHSINGER, B.: Leberdurchströmung 27[1].
LUCIA, S. P., and P. M. AGGELER: Korrelation zwischen Prothrombintest und anderen Leberfunktionsprüfungen 372[10].
— s. AGGELER, P. M. 236[7].
LUCIUS, S., s. LANG, K. 316[13].
LUCK, J. M.: Proteinverlust und -ansatz in Leberzellen 221[14],[15]. — Reserveprotein der Leber 222[2]. — Proteinfraktionen der Leber bei proteinarmer und -reicher Nahrung 223[1]. — Aminosäurespeicherung in der Leber 256[1].
— s. BRUNISH, R. 214[9].
— s. GRIFFIN, A. C. 502[11], 504[19].
— s. JAGANNATHAN, V. 86[4].
— s. SAHYUN, M. 74[13], 76[3].
LUCKE, H.: Verhalten injizierter Harnsäure beim Menschen 339[8]. — Harnsäureausscheidung in der Galle 542[7].
LUCKEY, T. D., s. BRIGGS, G. M. jr. 673[19].
LUDEWIG, S., and A. CHANUTIN: Eisengehalt der Leber nach Röntgenbestrahlung 51[2]. Verteilung von Arginase in Leberzellen 310[9]. — Lipase in Lebermitochondrien 377[7]. — Rhodanese in Lebermitochondrien 479[11].
— R. G. MINOR and J. C. HORFENSTINE: Lipoidgehalt der Leber nach partieller Exstirpation 32[9]. — Lipoidbildung nach partieller Hepatektomie 33[9].
— s. CHANUTIN, A. 153[5], 197[6], 198[10], 199[6], 206[15], 208[1].
LUDUENA, F. P., E. ANANENKO, O. H. SIEGMUND and L. C. MILLER: Adrenalin- und Noradrenalinwirkung auf Gefäße im Kaninchenohr 761[21].
LUDVIGH, E., and E. F. MCCARTHY: Absorptionskurve des Sehpurpurs entspricht der spektralen Empfindlichkeit des Auges 939[9].
LUECKE, R. W., and P. B. PEARSON: Cholingehalt des Gehirns bei Cholinzufuhr 686[14].
— s. CULIK, R. 675[9].
LÜDEKE, K., s. WILLSTÄTTER, R. 636[6].
LUETH, H. C., B. H. ORNDORF and A. C. IVY: Vermehrung der Gallenmenge durch Histamin 531[12].
LÜTHY, H., s. ENGSTRÖM, A. 619[4].
LUETSCHER, J. A. jr.: Serumalbumingehalt bei Lebererkrankungen 229[3]. — β- und γ-Globuline bei Leberschädigungen 231[4].
LUICK, J. R., s. SMITH, A. H. 539[9].
LUKENS, F. D. W., s. BRADY, R. O. 169[1,2].
— s. LONG, C. N. H. 124[8], 142[18].
— s. STADIE, W. C. 191[4], 194[6], 196[4].
LUKJANOW, S. M.: Gallenmenge bei Hunger vermindert 530[5].
LUMRY, R., s. SWEAT, M. L. 432[2].
LUMSDEN, C. E.: Lipase- und Esteraseaktivität im degenerierenden und regenerierenden Nerven 697[6].
LUND, A.: Ameisensäurebildung bei Methylalkoholoxydation 489[2]. — Ameisensäuregehalt im Blut bei tödlicher Methylalkoholvergiftung 489[3].
LUND, C. C., L. A. SHAW and C. K. DRINKER: Aufnahme von ^{56}Mn durch Tierlebern 62[3].
— s. KROGH, A. 869[2].
LUND, H. Z., s. DAVIS, W. D. 38[4].
LUND, R. H., s. WEICHSELBAUM, T. E. 72[13].
LUNDBERG, H.: Humorale Auslösung der Gallenproduktion 531[3].
LUNDEGÅRDH, H.: Natriumgehalt der menschlichen Leber 41[4]. — Mineralgehalt der menschlichen Leber 64[1].
LUNDIN, H.: Abbau von ungeradzahligen Fettsäuren 174[5].
LUNDSGAARD, E.: Glykogenbildung in der Leber nach Fructose 102[5]. — Adenosintriphosphataufbau und -abbau in der Leber 327[6]. — Alkoholoxydation in der durchströmten Leber 485[6]. — Bedeutung der Kreatinphosphorsäure für Muskeltätigkeit 594[3], 595[4].
— s. MEYERHOF, O. 598[3].
LUNDSGAARD, E. C., s. HAHN, L. A. 736[1].
LUPTON, A. M.: Prothrombinabgabe durch die Leber 370[1]. — Verringerung der Prothrombinbildung durch Dicumarin 374[4].
LUSK, G.: Glykogenbildung aus Fructose 101[1].
— s. RAY, W. E. 543[9].
— s. RINGER, A. J. 280[7].
— s. STILES, P. G. 122[4].
LUTWAK-MANN, C.: Ascorbinsäuregehalt der Leber nach Salicylaten 379[7]. — Entgiftung von Amino- und Oxybenzoesäure durch Glucuronidbildung 455[8]. — Leberschädigungen durch Salicylsäure 458[12]. — Alkoholdehydrogenase aus Leber 487[3].
— s. MANN, T. 100[1].
LUZIO, N. R. DI, s. ZILVERSMIT, D. B. 160[11], 738[4].
LUZZATO, R.: Vanadiumspeicherung der Leber 66[1].
LWOFF, A., et F. JUSTIN-BESANÇON: Nicotinsäuregehalt in fetalen Lebern 394[5], 396[9].
— s. FIESSINGER, N. 398[11].
LYLE, G. G., s. POTTER, V. R. 719[1].
LYMAN, C. M., s. BARRON, E. S. G. 389[3].
— s. WILLIAMS, R. J. 403[12], 404[1].
LYNEN, F.: PASTEUR-Effekt 731[10].
— u. W. FRANKE: DPN als Coferment der Glucosedehydrogenase 108[2].
— and S. OCHOA: β-Ketothiolase 181[3]. — Äthylenreduktase, ein Flavoprot ein 183[5].
— E. REICHERT u. L. RUEFF: Acetyl-CoA bei Acetylcholinsynthese 850[6].
— L. WESSELY, O. WIELAND and L. RUEFF: Gleichgewicht der β-Ketothiolase-Reaktion 181[1]. — β-Ketoreduktase aus Schafsleber 182[1].
— s. JONES, M. E. 180[1].
— s. MARTIUS, C. 590[6].

LYNEN, F., s. SEUBERT, W. 183[1].
LYNN, D., G. S. BERGH and W. W. SPINK: Keine Ausscheidung von Sulfonamiden in der Gallenblase 561[5].
LYON, I., M. S. MASRI and I. L. CHAIKOFF: Fettsynthese in der Leber bei Unterernährung oder Hunger 167[9], 204[15].
— s. MASRI, M. S. 167[12].
LYTHGOE, R. J.: Extraktion von Sehpurpur 938[1]. — Sehpurpurgewinnung 938[4]. — Absorptionsspektrum des Sehpurpurs 939[6]. — Übergangsorange 940[1]. — Indikator gelb 941[1].
— and C. F. GOODEVE: Molekulargewicht von Sehpurpur 938[7].
— and J. P. QUILLIAM: Salze schützen Sehpurpur gegen thermische Zersetzung 938[12]. — Absorptionsmaximum von Lumirhodopsin 940[3]. — Aktivierungsenergie der Sehpurpurbleichung 940[7]. — Indikatorgelb 941[2].
— s. BAYLISS, L. E. 939[11].
— s. BRODA, E. E. 938[10], 942[6].
— s. DARTNALL, H. J. A. 940[6].
LYTTLE, J. D., E. GOETTSCH, D. M. GREELEY, W. M. GRIM and P. DUNBAR: Leberfunktionsprüfung durch Aminosäurebelastung 213[1].
— s. GOETTSCH, E. 213[1].

MAASS, A. R., F. C. LARSON and E. S. GORDON: Eiweißumsatz im Gehirn 745[15]. — Einbau radioaktiver Isotopen in Gehirneiweiß 746[9].
— s. SPECTOR, H. 505[6].
MABILLE, P., s. RUDALI, G. 494[14].
MABUTI, H.: Ausscheidung von Chol- und Chenodesoxycholsäure bei Knochenfischen 551[4].
McARDLE, B.: Serumesterase bei Leberschäden 239[5].
MACARTHUR, C. G., and E. A. DOISY: Cerebrosidgehalt im Gehirn 677[3].
— s. ENGLISCH, H. M. 744[2].
McARTHUR, C. S.: Aufnahme von Äthylcholin in Leberphosphatide 144[15].
— C. C. LUCAS and C. H. BEST: Lipotrope Wirkung von Äthylcholin 144[13], 146[13]. — Lipotrope Wirkung vom Homocholin 146[13].
McBRIDE, A., s. BORSON, H. J. 505[13].
MACBRYDE, C. M., D. CASTRODALE, E. B. HELWIG and O. BIERBAUM: Leberverfettung nach Oestron und Oestradiol 143[12].
McBURNEY, C. H., s. WILLIAMS, R. J. 404[1].
McCAFFERTY, D. E., s. MEECHAN, R. J. 501[16].
McCALL, K. B., s. COOPERMAN, J. M. 505[6].
McCALL, M. L.: Keine Änderung der Gehirnatmung in der Schwangerschaft 821[9].
McCALLUM, W. G., and C. VOEGTLIN: Calciumgehalt im Gehirn bei parathyreopriver Tetanie 622[7].
McCAMAN, R. E., s. ROBINS, E. 768[3].
McCANCE, R. A., and E. M. WIDDOWSON: Eisenverlust bei der Menstruation 54[6].
— s. KENT, N. L. 62[6].
— and LAWRENCE, R. D. 74[10], 77[21], 78[11].
— s. WIDDOWSON, E. M. 9[3], 41[3], 56[4], 62[13].
McCANN, D. C., s. OLCOTT, H. S. 351[7].
McCARRELL, J. D., S. THAYER and C. K. DRINKER: Eiweißgehalt der Leberlymphe 19[12].
McCARTHY, E. F., s. LUDVIGH, E. 939[9].
McCAULAY, C. (J.), s. SAMUELS, L. T. 424[15], 425[7], 430[11], 432[11], 434[12].
McCLAUGHRY, R. I., s. SEEGERS, W. H. 235[5].
McCLURE, M. M., s. SMITH, P. K. 469[4].
McCOLLUM, E. V., N. SIMMONDS, J. E. BEKKER and P. G. SHIPLEY: Heilwirkung von Fischleberöl bei experimenteller Rachitis 362[5].
— s. FOLLIS, R. H. jr. 876[8].
— s. HART, E. B. 669[12,13].
— s. MACKENZIE, C. G. 367[12].
— s. SHILS, M. E. 61[17], 115[9].
McCONNELL, K. P., and R. G. MARTIN: Selenatausscheidung in der Galle 542[2].
— and R. G. SINCLAIR: Fettsäureaufnahme in Gehirnphosphatide 686[1]. — Unabhängigkeit der Hirnlipoide von der Nahrung 686[1]. — Einbau markierter Fettsäuren in Gehirnlipoide 735[11].
McCOORD, A. B., s. BREESE, B. B. 359[12], 360[8].
— s. CLAUSEN, S. W. 353[9].
— s. KATSAMPES, C. P. 350[3].
McCORKLE, H. J., s. GARDNER, R. 20[5].
McCOY, E., s. PETERSON, W. H. 411[1].
McCREADY, R. L., s. REICH, C. 371[4].
McCULLAGH, D. R., s. McCULLAGH, E. P. 97[2].
McCULLAGH, E. P., and D. R. McCULLAGH: Kein Anstieg des R. Q. nach Galaktose beim Diabetiker 97[2].
— and H. R. ROSSMILLER: Ausscheidung von 17-Ketosteroiden 432[7].
McCULLOCH, W. S., s. DAVIS, E. W. 817[17].
— s. SHERWOOD, S. L. 861[7].
McCUTCHEON, A., s. CUTHBERTSON, D. P. 220[6].
McDANIEL, L. E., s. PETERSON, W. H. 411[1].
McDERMOTT, E. E., s. PACE, J. 752[7], 753[4].
McDERMOTT, M., s. RAY, W. E. 543[9].
MACDONALD, A., s. McLEAN, S. 35[10].
MACDONALD, J. C., E. C. MILLER, J. A. MILLER and H. P. RUSCH: Cancerogene Wirkung von 3-Methyl-p-dimethylaminoazobenzol + Acetylaminofluoren 496[3].
— A. M. PLESCIA, E. C. MILLER and J. A. MILLER: Verwendung von C aus p-Dimethylaminoazobenzol zum Serinaufbau 498[6].
McDOWALL, R. J. S., s. HAJDU, S. 575[7].
McDOWELL, F., s. SULLIVAN, F. L. 60[10].
McEACHERN, D.: Sauerstoffverbrauch von Rattenleber nach Thyroxin 443[13]. — Hemmung der Thyroxinwirkung auf Lebergewebe durch Fermentgifte 444[12].
— s. BROPHY, D. 818[9].
— s. TOWER, D. B. 817[11].

McEwen, W. K., s. Eiler, J. J. 730[9], 731[4], 814[8].
MacFadyen, D. A., s. Slyke, D. D. van 748[13], 758[1].
MacFarland, M. L., and E. W. McHenry: Inositwirkung auf Cholesteringehalt von Fettlebern 150[3,8].
— s. Hawkins, W. W. 402[13].
MacFarlane, M. G.: Glykolyse in Gehirnpräparationen 701[9].
— and H. Weil-Malherbe: ATP-Konzentration von Gehirnschnitten bei Anaerobiose 702[7]. — Bildung von Hexosemono- und -diphosphat bei der anaeroben Glykolyse im Gehirn 705[15]. — Anaerobe Glykolyse im Gehirn 788[3].
McFarlane, W. D., and H. I. Milne: Kupfergehalt der Leber beim Hühnerembryo 59[3].
McFetridge, E. M., s. Boyce, F. F. 445[17].
McGeown, M. G., and F. H. Malpress: Bildung von Ribulose- und Ribosephosphat aus Fructose-1,6-diphosphat 345[3]. — Desoxyribosebildung aus Fructose-1,6-diphosphat 345[4].
McGhee, E. C., E. Papageorge, W. L. Bloom and G. T. Lewis: Umsatz von Phosphatiden und Neuralfetten im Gehirn nach Insulin 736[15].
McGilvery, R. W., s. Bernstein, S. 464[9], 468[4].
— s. Cohen, P. P. 469[5–7], 470[1,2].
McGinley, J., H. Jones and J. Gofman: Lipoproteide bei akuter Hepatitis 232[7].
McGinty, D. A.: Milchsäuregehalt der Coronarvene und -arterie 610[4].
— and R. Gesell: Milchsäuregehalt im Gehirn 660[1].
— H. B. Lewis and C. S. Marvel: Unentbehrlichkeit von L-Lysin 295[7].
McGlohon, V. M., s. Snell, E. E. 272[3].
McGoon, D. C., s. Rich, A. R. 142[5].
McGowan, G. K.: Brenztraubensäureabbau und Aneuringehalt im Gehirn 715[7]. — Brenztraubensäureoxydation im Gehirn 718[2]. — Verbrennung von α-Ketoglutarsäure im Gehirn 785[13].
— and R. A. Peters: Brenztraubensäureabbau und Aneuringehalt im Gehirn 715[6]. α-Ketoglutarsäure und α-Ketoadipinsäure sind unwirksam im Katatorulintest 716[1]. Brenztraubensäureoxydation im Gehirn 718[3].
McGowan, J. C.: Antilipotrope Wirkung von Hexamethoxycyclohexan 150[23].
McGowan, J. M., s. Butsch, W. L. 528[12].
McGrath, H., s. Greenberg, L. D. 291[7].
McGregor, H. H.: Gehirnproteine 652[4].
McGugan, W. A., and D. H. Laughland: Axerophtholesterase 352[5].
McGuire, G., s. Lewis, J. M. 353[1].
Machado, A. L., s. Nachmansohn, D. 758[5], 795[2], 845[16].
McHargue, J. S.: Kupfergehalt der Rinderleber 57[11].
McHargue, J. S.: D. J. Healy and E. S. Hill: Wirkung von Kupfer auf die Hämoglobinbildung 59[4].
— s. Skinner, J. T. 60[20], 61[16], 62[6].
Mâcheboeuf, M.: Cenapsen 132[1].
— s. Bertrand, G. 65[1], 627[11], 628[9].
Machella, T. E., s. Rhoads, T. E. 154[10].
McHenry, E. W.: Cholinwirkung auf Fettleber nach Vitamin B_1 151[18]. — Leberverfettung nach Thiamin bei cholinfreier Ernährung 390[2].
— and M. L. Cornett: Fettbildung in der Leber 165[10].
— and G. Gavin: Antilipotrope Wirkung von Biotin 151[16]. — Bedeutung von Pyridoxin für Umwandlung von Eiweiß in Fett 403[1].
— and M. Graham: Ascorbinsäure-Eiweiß-Komplexe in Pflanzen 378[7].
— and J. M. Patterson: Lipotrope Wirkung von Inosit 150[12].
— s. Barrett, H. M. 334[6].
— s. Beaton, J. R. 223[2], 400[4,5], 402[13,14].
— s. Best, C. H. 151[18].
— s. Caldwell, E. F. 400[9], 401[4], 402[12].
— s. Gavin, G. 150[4,5], 151[17], 154[12], 403[2], 413[2].
— s. Hawkins, W. W. 402[13].
— s. MacFarland, M. L. 150[3,8].
— s. Patterson, J. M. 144[16,18], 160[13].
— s. Reedman, E. J. 378[7].
Macher, E.: Lokalisation der Phosphatase in der Froschretina 936[23].
Machlin, L. J., C. A. Denton, P. B. Pearson and H. R. Bird: ^{35}S-Cystin aus ^{35}S-Sulfat im Hühnerei 270[4].
— P. B. Pearson, C. A. Denton and H. R. Bird: ^{35}S-Cystin aus ^{35}S-Sulfat im Hühnerei 270[4].
McIlwain, H.: Phosphatgehalt im Gehirn 631[1]. — Nicotinsäureamid-nucleotidase im Gehirn 704[10,12]. — Aerobe Glykolyse im Gehirn 707[4]. — Steigerung der aeroben Glykolyse durch Pteridin und Phenazinderivate 707[11,12]. — Hemmung der Diphosphopyridin-nucleotidase durch Nicotin und Janusgrün 708[1]. — Hemmung der aeroben Glykolyse 708[13]. — Hemmung von Pasteur-Reaktion und Atmungskettenphosphorylierung durch Glutaminsäure 732[8]. — Wirkung der DPNase auf Atmungskettenphosphorylierung 732[17]. — Atmung und aerobe Glykolyse von Gehirn bei elektrischer Reizung 733[1,2], 815[4,5]. Kein Einfluß von Glutaminsäureoxydation im Gehirn auf Phosphokreatinsynthese 750[9]. — Änderungen der energiereichen Phosphatbindungen bei Gehirntätigkeit 765[11]. — Steigerung des Gehirnstoffwechsels durch anorganisches Phosphat 765[13]. — In vitro-Synthese von Adenosinpolyphosphaten in Gehirnschnitten 765[18]. — Phosphokreatinsynthese im Gehirn 772[6]. — Cozymasezerstörung im Gehirn 792[17]. — Aktivität der Diphospho-

pyridin-nucleotidase im Gehirn 793[10]. — Sauerstoffverbrauch des Gehirns bei Narkose 813[12]. — Elektrische Aktivität von Gehirnschnitten 815[4–6]. — Sauerstoffaufnahme von elektrisch gereiztem, narkotisiertem Hirngewebe 815[6]. — Milchsäuregehalt des Gehirns bei Krämpfen 816[8,9,11,15]. — Atmungssteigerung in verschiedenen Hirnteilen bei elektrischer Reizung 816[21]. — Wirkung von Atropin auf Atmungssteigerung des Gehirns nach elektrischer Reizung 817[2–4]. — Cerebrale arteriovenöse Sauerstoffdifferenz nach Insulin 824[1]. — Blutzuckergehalt im Coma hypoglycaemicum 824[1].

McIlwain, H., G. Anguiano and J. D. Cheshire: Entladung energiereicher Phosphatbindungen bei elektrischer Reizung 733[3]. — Phosphokreatinspaltung bei elektrischer Reizung von Hirngewebe 815[9]. — Glykolyse im Gehirn nach elektrischer Reizung 816[18].

— L. Buchel and J. D. Cheshire: Phosphatgehalt im Säugetiergehirn 630[10]. — Phosphokreatinzerfall im Gehirn nach dem Tode bei Schädeltraumen 772[4]. — Phosphokreatinsynthese im Gehirn 772[4]. Phosphokreatingehalt im ischämischen Gehirn 788[11]. — Gehirnstoffwechsel bei Gehirntrauma 810[17].

— and J. D. Cheshire: Zerfall von Phosphokreatin im Gehirn nach Krampfgiften und Narkoticis 772[3]. — Phosphokreatinsynthese im Gehirn 772[3].

— and M. B. R. Gore: Entladung energiereicher Phosphatbindungen bei elektrischer Reizung 733[4]. — Verhalten der energiereichen P-Bindungen bei Gehirntätigkeit 765[12]. — Phosphokreatinsynthese im Gehirn 772[5]. — Phosphokreatinspaltung bei elektrischer Reizung von Hirngewebe 815[10]. — Milchsäuregehalt des Gehirns bei Krämpfen 816[12].

— and I. Grinyer: Steigerung der aeroben Glykolyse durch Phenazinderivate und Janusgrün 732[16].

— and S. Ochs: Keine elektrische Aktivität in narkotisierten Gehirnschnitten 815[3].

— and R. Rodnight: Nicotinsäureamidnucleotidase im Gehirn 704[8,9]. — Cozymaseabbau im Gehirn 792[10,16], 793[1]. — Abbau der Cozymase in vitro durch Gehirngewebe 793[7]. — Aktivität der Diphosphopyridinnucleotidase im Gehirn 793[7].

— s. Anguiano, G. 817[5].

— s. Buchel, L. 813[20], 814[7,12].

— s. Case, E. M. 708[6], 730[11], 732[1], 779[2], 813[8].

— s. Gore, M. 704[11], 729[8], 792[3], 793[6].

McIndoe, A. H.: Leberdurchblutung bei Cirrhose 18[4].

— and V. S. Counseller: Strombahnen in der Pfortader 17[5].

McIndoe, W. M., and J. N. Davidson: Uracil in Ribonucleinsäuren des Zellkerns 315[2]. — Desoxyribonucleinsäure, Erneuerungsgeschwindigkeit bei Tumortieren 327[5].

— s. Davidson, J. N. 317[4,5], 770[14].

— s. Smellie, R. M. S. 317[7], 318[2], 323[2], 324[3], 325[3].

McIntire, J. M., s. Schweigert, B. S. 217[4], 411[1].

— s. Waisman, H. A. 404[13].

MacIntosh, F. C.: Acetylcholinbildung im Ganglion cervicale superior 848[11]. — Acetylcholingehalt im Gehirn polyneuritischer Tauben 848[12].

— s. Richter, D. 439[4].

McIntyre, M., s. Gerard, R. W. 443[10].

McIver, M. A. Leberschäden durch Chloroform bei Hyperthyreose 447[10].

— and E. A. Winter: Wirkung von Sauerstoffmangel auf Leber bei Hyperthyreoidismus 447[7].

McKahnn, C. F., s. Spector, S. 359[16].

Mackay, E. M.: Ketonkörperbildung aus Acetat bei Phlorrhizindiabetes 186[1].

— and R. H. Barnes: Wirkung von Lipocain auf Leberverfettung nach Hypophysenextrakten 142[11]. — Keine Leberverfettung nach Adrenektomie 142[20].

— R. H. Barnes, H. O. Carne and A. N. Wick: Ketonkörperbildung aus Acetat bei Phlorrhizindiabetes 186[1].

— and H. C. Bergman: Glykogengehalt der Leber nach kohlenhydrat- bzw. fettreicher Nahrung 72[6].

— A. N. Wick, H. O. Carne and C. P. Barnum: Ketogene Wirkung von Hydrogencarbonat 193[10].

— s. Deuel, H. J. jr. 93[2].

— s. Hall, E. M. 68[6], 69[5].

Mackay, G., C. P. Stewart and J. D. Robertson: Mineralstoffgehalt menschlicher Linsen 884[2].

McKee, F. S., s. Longwell, B. B. 429[5].

Mackenzie, C. G., J. P. Chandler, E. B. Keller, J. R. Rachele, N. Cross, D. B. Melville and V. du Vigneaud: Oxydation der Methylgruppe im Methionin 267[6].

— J. P. Chandler, E. B. Keller, J. R. Rachele, N. Cross and V. du Vigneaud: Schicksal der Methylgruppe von Methionin 147[12]. — Konzentration an Methylkohlenstoff in Gehirn 759[8].

— J. M. Johnston and W. R. Frisell: Demethylierung von p-Dimethylaminoazobenzol 498[7].

— and E. V. McCollum: Kreatinausscheidung bei Vitamin E-Mangel 367[12].

— J. R. Rachele, N. Cross, J. P. Chandler and V. du Vigneaud: Oxydation der Methylgruppe von Methionin 147[13].

— and V. du Vigneaud: Methylgruppenoxydation 147[14]. — Harnstoffbildung 306[6].

McKibbin, J. M., R. J. Madden, S. Black and C. A. Elvehjem: Anämie bei Mangel an Vitamin B_6 505[13].
— A. E. Schaefer, D. V. Frost and C. A. Elvehjem: Anämie bei Mangel an Vitamin B_6 505[13].
— and W. E. Taylor: Polyglycerinphosphatide aus Hundeleber 133[4]. — Cholin- und sphingosinhaltige Phosphatide bei cholinarmer Kost 145[1]. — Struktur von Sphingosin und Dihydrosphingosin 641[4]. — Kein Einfluß von Cholinmangel auf Gehirnlipoide 686[11].
— S. Thayer and F. J. Stare: Cholinersatz durch Methionin beim Hund 146[16].
— s. Deane, H. W. 410[8].
— s. Schaefer, A. E. 410[1].
— s. Taylor, W. E. 150[13].
Macklin, E. A., s. Hine, C. H. 490[7].
McLachlan, P. L., H. C. Hodge, W. R. Bloor, E. A. Welch, F. L. Truax and J. D. Taylor: Lebergewicht der Maus 9[11]. — Lebergewicht bei hungernden Mäusen 10[3]. — Wassergehalt der Mäuseleber 39[9], 40[1]. — Wassergehalt der Leber hungernder Mäuse 40[1]. — Leberfett bei hungernden Mäusen 139[2]. — Veränderungen der Leberphosphatidfraktionen hungernder Mäuse 140[1].
— s. Hodge, H. C. 139[6].
— s. Rafferty, M. A. 72[2].
Maclagan, N. F.: Vergärbarer Zucker im Blut nach Galaktosezufuhr 96[8]. — Thymoltrübungstest 245[9]. — Fällung von γ-Globulinphospholipoid beim Thymoltrübungstest 246[2].
— and D. Bunn: Fällung von α- und β-Globulinen bei Takata-Ara-Reaktion 244[5]. — Thymoltrübungstest 246[3]. — γ-Globuline beim Kephalin-Cholesterinflockungstest 247[5].
— F. F. Rundle, H. B. Collard and F. H. Mills: Galaktosebelastung bei Hyperthyreoidismus 447[2].
— and W. E. Sprott: Keine Abspaltung von Jod aus Thyroxin in der Leber 443[2].
MacLaggan, J., s. Mellinkoff, S. 98[7].
McLean, A. J., s. Lamson, P. D. 36[7].
Maclean, D. L., J. H. Ridout and C. H. Best: Glykogengehalt der Fettleber nach Cholinzufuhr 145[8].
— s. Barrett, H. M. 36[14], 334[6].
Maclean, I. S., and D. Hoffert: Cholesterinsythese aus Acetaldehyd 200[14].
McLean, J.: Heparin 233[5].
McLean, P., s. Glock, G. E. 108[13], 109[11], 729[5].
McLean, S., A. MacDonald and R. C. Sullivan: Fibrinogengehalt des Blutes bei Leberschäden 35[10].
McLellan, F., s. Rogers, J. 436[7].
McLennan, H., and K. A. C. Elliott: Aktivierung der Acetylcholinsynthese in Hirnschnitten durch Kaliumionen 807[6]. — Beziehungen zwischen Acetylcholinsynthese und Kohlenhydratstoffwechsel 845[12]. Einfluß von ATPase auf Acetylcholinsynthese 847[3]. — Acetylcholinsynthese 848[5,6].
McLennan, H., and E. J. Harris: Temperaturabhängigkeit von Na- und K-Austausch und Umsatzrate im Nerven 835[1].
McLeod, F. L., s. Dodds, M. L. 379[1].
Macleod, J.: Verwertung von Mannose 92[1], 105[2].
Macleod, (J.) J. R., and J. Markowitz: G:N-Quotient bei pankreasektomierten Hunden 122[3].
— and R. G. Pearce: Durchblutung der Leber 14[11]. — Durchblutung von Pfortader und Leberarterie 15[11]. — Glykogengehalt verschiedener Leberlappen 67[8]. — Postmortale Glykogenolyse in der Leber 69[7].
— s. Allan, F. N. 154[2].
— s. Barbour, A. D. 73[5], 74[10].
— s. Chaikoff, I. L. 122[3].
— s. Herring, P. T. 105[3].
Macleod, L. D.: Vergiftungserscheinungen nach Alkohol- und Antabusgaben 490[7].
— and M. Reiss: Steigerung des Hirnstoffwechsels bei Hyperthyreose 818[4]. — Atmung und anaerobe Glykolyse im Gehirn nach Hypophysektomie 818[4].
MacLeod, P., s. Feldott, G. 308[2].
MacLeod, P. R., S. Grisolia, P. P. Cohen and H. A. Lardy: Bedeutung von Biotin für Citrullinsynthese 308[1], 412[10].
— and H. A. Lardy: Bedeutung von Biotin für CO_2-Fixierung 128[3]. — Bedeutung von Biotin für Bildung von Asparaginsäure und Glutaminsäure 412[4].
McMahon, H. E., A. S. Murphy and M. I. Bates: Anwendung von Thoriumdioxyd in der Röntgendiagnostik 66[4]. — Lebertumoren nach Thoriumdioxyd 66[4].
McManus, I. R.: Förderung der CO_2-Assimilation in der Leber durch ATP 127[8].
McManus, J. F. A.: Perjodsäure-Leukofuchsinreaktion auf Glykolipoide 661[3,4].
McMaster, P. D.: Cholesterinausscheidung in der Galle 209[13]. — Taube hat keine Gallenblase 534[5]. — Gallenausscheidung bei der Ratte 534[5]. — Cholesterinausscheidung in der Galle nach cholesterinreicher Kost 547[1].
— G. O. Broun and P. Rous: Vermehrte Gallenfarbstoffbildung nach Muskelanstrengung 522[4].
— and D. R. Drury: Ausnutzung von Fett durch entleberte Tiere 31[10]. — Fettabbau zur Energielieferung in leberlosen Organismen 156[5]. — Desaminierung von Aminosäuren nach Hepatektomie 211[8]. — Fibrinogengehalt im Blut nach Hepatektomie 234[1].
— and R. Elman: Durchblutung von Pfortader und Leberarterie 15[14]. — Bilirubinausscheidung unabhängig von der Gallenmenge 509[6]. — Urobilinbildung im Darm

518[2]. — Reduktion von Bilirubin in infizierten Gallengängen 519[7]. — Ausscheidung urobilinhaltiger Galle durch Gallenfistelhund nach Urobilingaben 520[2].
McMaster, P. D. and P. Rous: Bilirubingehalt im Affen- und Hundeserum 510[9]. — Veränderungen im Lebergewebe bei Stauungsikterus 513[6].—Experimenteller Stauungsikterus bei Hunden und Affen 513[6].
— s. Drury, D. R. 234[1], 537[9].
— s. Elman, R. 519[7].
— s. Rous, P. 10[1], 121[7], 535[6], 536[5], 540[12].
McMichael, J.: Blutdruck in der Pfortader 15[5]. — Durchblutung von Pfortader und Leberarterie 15[14].
— s. Dible, J. H. 38[4].
McMillan, M. J., s. Mateer, J. G. 562[8].
McMillan, T., s. Todhunter, E. N. 383[7].
MacMurray, F. G., s. Zimmermann, H. J. 140[9,11].
McNabb, A. R.: Aktivität der sauren Phosphatase in Hundegehirn 695[11]. — Verteilung von alkalischer Phosphatase in weißer und grauer Substanz 776[4].
— s. Burt, N. S. 699[7].
— s. Johnson, A. C. 631[2], 633[3,4,8], 634[1-4], 635[8], 636[8-10,12], 642[2-4], 643[6-8], 645[3-5], 646[1], 650[2], 676[9], 678[5], 693[1,8-11], 694[1].
McNamara, B. (P.), and S. Krop: Inosit ohne Wirkung auf Gammexanvergiftung 150[18]. — Einfluß von γ- und δ-Benzolhexachlorid auf die Gehirnatmung 791[5].
McNee, J. W.: Cholesterinausscheidung in der Galle 209[14]. — Abbau der Erythrocyten im Reticuloendothel 507[1]. — Reticuloendothel der Gänseleber 507[4]. — Ausscheidung von direktem und indirektem Bilirubin 514[10]. — Biliverdin in den Kupfferschen Sternzellen der Vogelleber 516[12].
— s. Landau, M. 198[12].
McNutt, W. S., s. Snell, E. E. 415[4].
McPherson, A. I. S., s. Robson, J. M. 450[2].
MacPherson, L. B., s. Clowes, G. H. A. jr. 152[13].
McPhillamy, H. B.: Δ^5-Cholesten-3β, 7α-diol in Tierlebern 200[5].
McQuarrie, E. B., and A. T. Venosa: Xanthinoxydaseaktivität bei proteinfreier Ernährung 335[3].
McQuarrie, I., J. A. Anderson and M. R. Ziegler: Wirkung von Desoxycorticosteron bei Epilepsie 820[4].
— s. Stoesser, A. V. 686[17].
— s. Ulstrom, R. A. 690[11], 691[2].
Macrae, T. F., s. Chick, H. 505[13].
McShan, W. H., R. K. Meyer and W. F. Erway: Q_{O_2} Succinoxydase 725[1].
— s. Copenhaver, J. H. jr. 744[5], 754[1].
— s. Shipley, E. G. 822[9].
McTiernan, C., s. Meyer, O. O. 443[14].
McVeigh, I., s. Burkholder, P. R. 413[10].
MacVicar, R., s. Tigerman, H. 656[3], 749[3].
MacWalter, R. J., s. Drummond, J. C. 360[7].
Macy, I. G., s. Williams, H. H. 678[1].
Madden, R. J., s. Axelrod, A. E. 792[5].
— s. McKibbin, J. M. 505[13].
Madden, S. C., J. R. Carter, A. A. Kattus jr., L. L. Miller and G. H. Whipple: Proteinbildung bei Argininmangel 302[4].
— P. M. Winslow, J. W. Howland and G. H. Whipple: Regeneration der Plasmaproteine nach Plasmapherese 226[2].
— s. Fink, R. M. 224[2].
— s. Knutti, R. E. 226[4], 227[1].
Maddock, S., J. E. Hawkins jr. and E. Holmes: Verwertung von Mannose bei hepatektomierten Tieren 105[4]. — Glutaminsäure kein Atmungssubstrat für Gehirn 749[6].
— s. White, F. W. 236[9], 372[10], 471[7].
Maddock, S. J., s. Thannhauser, S. J. 240[6], 543[14].
Mader, W. J., s. Szalkowski, C. R. 550[3].
Madoff, I., s. Eidelsberg, J. 434[10].
Maeda, S., s. Shimizu, N. 928[19].
Maes, J. P.: Menge der Tränenflüssigkeit bei der Katze 869[7].
Magasanik, B., E. Vischer, R. Doniger, D. Elson and E. Chargaff: Guanylsäuregehalt von RNS 668[6].
— s. Chargaff, E. 668[7].
Magath, T. B.: Takata-Ara-Reaktion bei Lebercirrhose 244[10].
— s. Bollman, J. L. 211[2,4], 304[5], 338[1], 508[8].
— s. Haines, S. F. 445[16], 446[1].
— s. Mann, F. C. 30[1], 31[11], 32[1], 105[4], 117[1], 227[7].
— s. Snell, A. M. 121[4].
Magee, D. F., K. S. Kim and A. C. Ivy: Bedeutung der essentiellen Aminosäuren für die Gallensäurebildung 558[13]. — Steigerung der Gallensäurebildung durch Vitamin B_{12} 558[13].
— K. S. Kim, V. C. Pessoa and A. C. Ivy: Gallensäureproduktion der Leber 558[7]. — Verminderte Gallensäureausscheidung bei Leberfunktionsstörung 559[11].
— s. Gunter, M. J. 533[12].
— s. Schaffner, F. 160[7], 546[1].
Magee, H. E., s. Horne, E. A. 611[2].
Magill, J. W., s. Kensler, C. J. 497[1,10], 498[8].
Magnes, J., s. Geiger, A. 701[3], 784[5].
Magnus-Alsleben, E.: Zusammenfassung über Ecksche Fistel (1920) 29[4].
Magnus, Levy, A.: Chlorgehalt der Schweineleber 41[14]. — Entgiftung durch Veresterung mit Glucuronsäure 455[10].
Magrou, J., s. Gosset, A. 548[8].
Måhlén, S.: Linsentrübungen durch Dinitro-o-kresol 900[3].
Mahler, H. R.: Kupfergehalt von Äthylenreduktase 183[4]. — Äthylenreduktase 183[6].
— G. Hübscher and H. Baum: Kupfergehalt von Uricase 57[15], 339[1]. — Uricase aus Schweinelebermitochondrien 338[17].— Kupferprotein aus Lebermitochondrien 57[15].

Mahler, H. R., S. J. Wakil and R. M. Bock: Enzym für Bindung von CoA an höhere Fettsäuren 180[3].
— s. Beinert, H. 181[4], 182[7], 183[2].
— s. Green, D. E. 183[3].
— s. Wakil, S. J. 182[2,6].
Maier, J., s. Knoop, F. 256[3].
Maillard, L. C., et J. Ettori: Titangehalt im Gehirn 623[8].
Main, E. R., s. Locke, A. 59[12].
Mainard, L. A., s. Bratzler, J. W. 364[1].
Maire, E. D., s. Gardner, G. H. 36[3].
— s. Lamson, P. D. 36[7].
Majumdar, B. N., s. Wilson, H. E. C. 351[8].
Makino, H.: 4wertiger Steroidalkohol in Krötengalle 550[7].
Makino, J.: Bilirubingehalt im Blut nach Hepatektomie bzw. Choledochusunterbindung 508[8]. — Ausscheidung von injiziertem Bilirubin durch die Leber 510[1].
Makino, K., K. Satoh, T. Fujiki and K. Kawaguchi: Ausscheidung von 3-Oxykynurenin bei Tuberkulose 291[13].
— s. Satoh, K. 268[2].
Malam, M., s. Barker, S. B. 706[8], 729[12].
— s. Shorr, E. 704[16].
Malaprade, L.: Perjodsäureoxydation von Polyalkoholen 661[5].
Malavasi, A., s. Forattini, C. 372[2].
Malcolm, R. L., s. Smith, R. G. 480[4].
Maleci, O.: Postmortale Phosphokreatinspaltung im Gehirn 657[7]. — ATP-Abbau bei Gehirnautolyse 765[17].
Maley, G. F., and H. A. Lardy: Wirkung von Thyroxin auf Atmungskettenphosphorylierung in der Leber 24[5].
Mall, F. P.: Zahl der Leberläppchen beim Hund 11[7].
Mallet-Guy, P., s. Chambon, M. 541[1], 542[14,16].
Malloizel, L., s. Bierry, H. 124[3], 125[6].
Mallory, F. B.: Kupfergehalt der Rinderleber 57[13].
— F. Parker jr. and R. N. Nye: Kupfergehalt der Rinderleber 57[13]. — Kupferspeicherung in der Leber 58[4]. — Bedeutung von Kupfer für Entstehung der Lebercirrhose 60[5].
Mallory, T. B., s. Volwiler, W. 156[3].
Malloy, H. T., and K. A. Evelyn: Indirekte Bilirubinreaktion 514[2].
— s. Ross, S. G. 512[8].
Malmberg, M., s. Euler, H. v. 890[7].
Malmros, H., and G. Blix: φ-Zacke bei Lebercirrhose 231[11].
Malpress, F. H., s. McGeown, M. G. 345[3,4].
Maltby, E. J., s. Campbell, W. R. 101[10].
Maly, R.: Zusammenfassung über Galle (1881) 535[4]. — Reduktion des Bilirubins durch Darmbakterien 518[4].
Man, E. B., B. L. Kartin, S. H. Durlacher amd J. P. Peters: Bedeutung der Galle für den Cholesteringehalt des Blutes 206[8]. Cholesterinestergehalt im Blut bei Obstruktionsikterus 208[8].
Man, E. B., s. Danowski, T. S. 443[3].
Mandel, H. G., V. W. Rodwell and P. K. Smith: Entgiftung von Salicylamid durch Glucuronidbildung 455[6].
— s. Conzelman, G. M. jr. 333[4].
Mandel, J. A., and E. K. Dunham: Thiomethyladenosin aus Hefe 268[1].
Mandel, M., s. Mandel, P. 321[3].
Mandel, P., et R. Bieth: Phosphatidgehalt im Gehirn wachsender Ratten 677[4]. — Proteingehalt im Gehirn wachsender Ratten 681[1].
— R. Bieth et R. Stoll: Vermehrung von Ribo- und Desoxyribonucleinsäure im fetalen Gehirn 682[3].
— et D. Izraelewicz: Vorkommen von Hexokinase, Fructokinase, Aldolase und Triosephosphatdehydrogenase in der Linse 896[11].
— M. Jacob et M. Mandel: Basophilie des Cytoplasmas von Leberzellen bei Hunger und Proteinmangel 321[3].
— et J. Klethi: Vorkommen von Bernsteinsäure in der Linse 891[5].
— et J. Nordmann: Ultrafiltrables Kalium und Natrium der Linse 884[4].
— J. Nordmann et J, Zimmer: Vorkommen von Ribonucleinsäure in der Linse 889[14].
— J. Nordmann, J. Zimmer and S. Harth: Vorkommen von Phosphoproteid in der Linse 885[4].
— J. Zimmer et J. Nordmann: Vorkommen von Phosphatasen in der Linse 896[10].
— s. Nordmann, J. 891[8], 899[2].
— s. Warter, J. 326[2].
— s. Zimmer, J. 891[3].
Mandel, W. I., s. Mann, J. D. 238[10], 239[4].
Mandelbaum, T., s. Ralli, E. P. 352[2].
Mandeles, S., and K. Bloch: Ferment der Glutathionbildung 275[9].
Mandelstam, J., s. Giliman, J. 54[11].
Manderscheid, H.: Ornithinwirkung auf die Harnstoffbildung 306[8]. — Keine Harnstoffbildung aus Ornithin in Vogelleber 310[14]. — Harnstoffbildung in der Schildkröten- und Rattenleber 310[14].
Manery, J. F., and W. F. Bale: Permeabilität der Blut-Hirnschranke für Natriumionen 797[11].
— and L. F. Haege: Permeabilität der Blut-Hirnschranke für Chlorionen 797[10].
— and A. B. Hastings: Extracelluläre Phase von Gehirn und Rückenmark 621[2]. Natriumgehalt in der grauen Substanz des Kaninchengehirns 624[10]. — Natriumgehalt des N. ischiadicus beim Kaninchen 624[10]. — Chlorfreie Gewebszellen 629[15].
Manfredi, F. J., s. Royer, M. 528[8].
Mangold, R., L. Sokoloff, P. O. Therman, E. H. Conner, J. I. Kleinerman and S. S. Kety: Konstanz der Gehirnatmung 778[9]. — Abnahme von Temperatur und elektrischer Aktivität im Gehirn im Schlaf 808[5].
Manifold, M. C., s. Channon, H. J. 147[4].

MANLY, R. S., s. MURLIN, W. R. 102[4].
MANN, F. C.: Leberdurchblutung bei Cirrhose 18[2]. — Totale Leberexstirpation an Säugetieren 30[1,2]. — Überlebensdauer von Hunden nach Leberexstirpation 31[9]. Leber als Quelle des Blutzuckers 31[11]. — Tödliche Hypoglykämie bei hepatektomierten Tieren 117[1].
— and J. L. BOLLMAN: Aminosäuregehalt im Blut bei Hepatektomie 211[7].
— F. C. FISHBACK, J. G. GAY and G. F. GREEN: Regeneration der Leber nach partieller Exstirpation 32[7].
— J. P. FOSTER and S. D. BIRNHALL: Taube hat keine Gallenblase 534[6]. — Gallenableitendes System bei Haus- und Laboratoriumstieren 534[6].
— u. T. B. MAGATH: Zusammenfassung über totale Leberexstirpation (1924) 30[1]. — Leber als Quelle des Blutzuckers 31[11]. — Partielle Leberexstirpation 32[1]. — Verwertung von Mannose bei hepatektomierten Tieren 105[4]. — Tödliche Hypoglykämie bei hepatektomierten Tieren 117[1]. — Eiweißfraktionen im Blutplasma nach Hepatektomie 227[7].
— and F. D. MANN: Zusammenfassung über Leber (1953) 1[7].
— C. H. SHEARD and J. L. BOLLMAN: Bilirubingehalt im Blut nach Hepatektomie bzw. Choledochusunterbindung 508[8].
— C. SHEARD, J. L. BOLLMAN and E. J. BALDES: Bilirubinbildung in der Leber 507[2]. — Bilirubinbildung in der Milz 508[1]. — Bilirubinbildung im Knochenmark 508[1,7]. — Bilirubingehalt in Blut von Milzvene und -arterie 508[3]. — Bilirubingehalt im Blut nach Hepatektomie bzw. Choledochusunterbindung 508[7].
— s. BERRYMAN, G. H. 227[7], 228[4], 234[3].
— s. BIEBL, M. 491[14], 492[5].
— s. BOLLMAN, J. L. 1[8], 30[2], 31[12], 36[3], 92[6], 93[1], 96[12], 211[2,4], 304[5], 338[1,2], 508[8], 559[4], 560[3].
— s. CAIN, J. C. 19[2].
— s. FLOCK, E. V. 211[6], 685[4].
— s. GRINDLAY, J. H. 15[14], 29[1], 30[4].
— s. HIGGINS, G. M. 32[2].
— s. JOHNSON, L. E. 19[1].
— s. MARKOWITZ, C. 19[5].
— s. NIX, J. T. 19[4].
— s. WAKIM, K. G. 15[18], 36[18].
MANN, F. D., J. D. MANN and J. L. BOLLMAN: Resorptionsweg von Vitamin K 369[7].
— s. MANN, F. C. 1[7].
— s. MANN, J. D. 369[7].
MANN, J. D.: Prothrombin im Blut bei Leberkranken 236[6].
— and G. M. HIGGINS: Vorkommen von Lymphocyten in Leberlymphe 20[8].
— W. I. MANDEL, P. L. EICHMAN, M. A. KNOWLTON and V. M. SBOROV: Serumesterasegehalt bei Leberschäden 238[10], 239[4].
MANN, J. D., F. D. MANN, J. L. BOLLMAN and E. VAN HOOK: Resorptionsweg von Vitamin K 369[7].
— s. MANN, F. D. 369[7].
MANN, K. M., s. LARDY, H. A. 704[23], 705[1].
MANN, M., and G. B. WEST: Inaktivierung von Noradrenalin an Nervenendigungen 761[16].
MANN, M. V., s. MEDES, G. 687[10].
MANN, P. J. G., and J. H. QUASTEL: Nucleosidase für DPN-Spaltung 395[9]. — Nicotinsäureamid-nucleotidase im Gehirn 704[2,3]. — Hemmung der Diphosphopyridinnucleotidase durch Nicotinsäureamid 708[3]. — Hemmung der Oxydation von Tyramin und Isomylamin durch Benzedrin 760[12,13]. — Empfindlichkeit der Hirnrinde gegen hohe Sauerstoffdrucke 789[7]. — Cozymasezerstörung im Gehirn 792[8,9]. — Aktivität der Diphosphopyridin-nucleotidase im Gehirn 793[8,9]. — Freies und gebundenes Acetylcholin im Nervengewebe 844[13]. — Beziehungen zwischen Acetylcholinsynthese und Kohlenhydratstoffwechsel 845[6]. — Acetylcholinbildung in Hirnschnitten gesunder und polyneuritischer Tauben 848[13].
— M. TENNENBAUM and J. H. QUASTEL: Aktivierung der Acetylcholinsynthese in Hirnschnitten durch Kaliumionen 807[5].— Freies und gebundenes Acetylcholin im Nervensystem 844[10,12]. — Acetylcholinbildung in frischem Hirngewebe 845[1]. — Beziehungen zwischen Acetylcholinsynthese und Kohlenhydratstoffwechsel 845[5]. Förderung der Acetylcholinsynthese durch K-Ionen 847[11]. — Acetylcholinsynthese in Hirnschnitten 848[4].
MANN, T., and D. KEILIN: Hepatocuprein 56[12], 58[3].
— and C. LUTWAK-MANN: Weg der Glykogenbildung aus Fructose in der Leber 100[1]
— s. FELDBERG, W. 722[11], 773[5], 845[15], 846[1], 847[1,10], 848[10], 850[3].
— s. KEILIN, D. 63[2].
— s. OSTERN, P. 732[9].
— s. PARNAS, J. K. 709[6].
MANNELL, W. A.: Phosphatidgehalt des N. ischiadicus bei eiweißarmer Kost 687[12]. — Veränderungen der Myelinlipoide bei WALLERscher Degeneration 693[12]. — Nucleinsäuregehalt des Nerven bei WALLERscher Erkrankung 694[7]. — Nucleinsäuregehalt und histologische Veränderungen im degenerierenden Nerven 697[9].
— and R. J. ROSSITER: Nucleinsäuregehalt des Nerven bei WALLERscher Erkrankung 694[8].
— s. HOLLINGER, D. M. 696[10], 698[11].
— s. LOGAN, J. E. 661[14], 662[2], 663[1], 664[1], 665[1], 666[3], 694[3], 697[8], 699[10].
MANNINO, N., s. RAIMONDO, F. DI 395[5,6], 414[12], 419[6], 420[11].

Mansfeld, G.: Sauerstoffverbrauch von Kaninchenleber nach Schilddrüsenverfütterung 443[12]. — Sauerstoffverbrauch von Froschleber nach Schilddrüsenhormon 444[2].

Manson, D., s. Booth, J. 474[4].

Manson, L. A., and L. Young: Bildung von 2-Naphthylamin-1-schwefelsäure aus 2-Naphthylamin 474[3].

Manter, W. B., and R. O. Bowman: Keine Blutzuckersteigerung nach Adrenalin bei Glykogenspeicherkrankheit 79[6].

Manuel, S., s. Beauvallet, M. 687[1].

Mapson, L. W., s. Isherwood, F. A. 381[6].

Marais, J. S. C.: Paralyse der unteren Extremitäten nach Fluoressigsäure beim Menschen 725[10].

Maratos, K., s. Danopoulos, E. 485[12].

Marble, B. B., s. Brues, A. M. 32[3], 325[10].

Marburg, O.: Beteiligung lipolytischer Fermente bei Sklerose des Marklagers 692[7].

Marchant, J.: Alkalische Phosphatase im degenerierenden Nerven 696[3].

Marche, J.: Vitamin A-Gehalt des Blutplasmas bei Lebererkrankungen 360[4]. — Nicotinsäuregehalt des Blutes bei Lebercirrhose 398[12].

— et C. Marnay: Brenztraubensäuregehalt des Blutes bei Leberkrankheiten 389[9].

— s. Gounelle, H. 360[5], 379[1,2].

— s. Raoul, Y. 394[4], 398[11].

Marchlewski, L.: Ausscheidung von Chlorophyllabbauprodukten mit der Galle 525[3].

— s. Goldmann, H. 525[3].

Marco, C. de, s. Cavallini, D. 273[6,8,9].

Marenzi, A. D.: Esterschwefelsäurebildung bei hepatektomierten Hunden 464[13].

— s. Houssay, B. A. 41[10], 42[7].

Maresca, R., s. Himwich, W. A. 813[2].

Marfori, L., M. Stefanini and P. Bramante: Einfluß von Nicotinsäure auf Urobilingehalt des Harnes bei Leberkranken 399[3].

— s. a. Marfori-Savini, L.

Marfori-Savini, L., M. Stefanini e P. Bramante: Einfluß von Nicotinsäure auf Urobilingehalt des Harnes bei Leberkranken 399[3]. — Einfluß von Nicotinsäure auf Bilirubin-, Cholesterin- und Gallensäuregehalt des Blutes bei Leberkranken 399[4].

— s. a. Marfori, L.

Marfurt, E., s. Billeter, O. 64[11].

Margaria, R., u. A. v. Muralt: Alkalisierung bei der Muskelkontraktion 605[2].

Margolin, S., s. Engel, G. L. 820[8].

Margreth, G.: Milchsäuregehalt des Blutes bei Leberkranken 121[4].

Mariani, P. L., s. Corre, L. 493[7].

Marine, D., and C. H. Lehnart: Leberstörungen bei Hyperthyreoidismus 443[6].

Marion, D. F., s. Mateer, J. G. 562[8].

Mark, J.: Wirkung von implantiertem Desoxycorticosteron 437[11].

— s. Biskind, G. R. 424[8], 430[3].

Markees, S.: Brenztraubensäurebildung bei Thiaminmangel 112[4].

Marker, R. E., and C. G. Hartman: Keine Bildung von Pregnandiol aus Progesteron bei Affen, Katzen und Kaninchen 436[6].

Marko, A. M., s. Hurst, R. O. 313[8].

Markoff, G. N.: Steigerung der Gewebsatmung durch Thyroxin 444[4]. — Aktivität der Lebercytochromoxydase bei Hyperthyreose 445[2].

Markolf, I.: Takata-Ara-Reaktion bei Harnzusatz zu Serum 244[7].

Markowitz, C., and F. C. Mann: Menge der Darmlymphe nach Hepatektomie 19[5].

Markowitz, J.: Abbau des Leberglykogens bei Wärmeverlust 23[2]. — Unterbindung der Leberarterie 29[1]. — Leberglykogen bei Kälteeinwirkung 71[15]. — Glykogenabbau in der Leber nach Adrenalin 76[3].

— and A. M. Rappaport: Zusammenfassung über die Leberarterie (1951) 29[1].

— A. M. Rappaport and A. C. Scott: Unterbindung der Leberarterie 29[1].

— and S. Soskin: Totale Leberexstirpation bei Säugetieren 30[2].

— W. M. Yater and W. H. Burrows: Einzeitige Leberexstirpation 31[5].

— s. Chaikoff, I. L. 122[3].

— s. Macleod, J. J. R. 122[3].

Marks, G., s. Shils, M. E. 387[8], 388[7].

Marks, H. P., s. Burn, S. H. 77[12].

— s. Corkill, A. B. 75[2].

Marks, P. A., s. Heineman, H. 15[1], 38[1].

Marnay, A., et D. Nachmansohn: Verteilung von Acetylcholinesterase in leitendem Gewebe und neuromuskulären Überleitungsstellen 855[2-4].

Marnay, C.: Pantothensäuregehalt in Rattenleber 404[7].

— s. Gounelle, H. 350[2].

— s. Marche, J. 389[9].

— s. Teulon, H. 349[4].

Marples, E., s. Dann, M. 279[3].

— s. Levine, S. Z. 283[15], 386[8].

Marquardt, P.: Zusammenfassung über Fermente des Auges (1951) 864[6].

Marquette, M. M., s. Schweigert, B. S. 293[7], 398[7].

Marras, G., s. Leonardi, G. 561[10].

Marrian, D. H.: Adenylsäuresynthese in der Leber 329[8].

— s. Drochmans, P. 332[8].

Marrian, G. F., s. Channon, H. J. 203[4].

— s. Dudley, H. W. 74[8,11].

— s. Grant, J. K. 436[13].

— s. Kyle, T. I. 435[7,12].

Marsh, B. S., s. Fenn, W. O. 623[29], 624[4], 629[5], 630[16].

Marsh, M., s. Drinker, K. R. 62[10,14].

Marsh, W. H.: Einbau von Ameisensäure-C in Purine 332[6].

Marshak, A.: Molares Basenverhältnis in Nucleinsäuren der Kalbsleber 314[2].

— and H. J. Vogel: Adsorption von P-Verbindungen an Nucleinsäuren 315[5].

MARSHAK, A. and A. C. WALKER: Partielle Leberexstirpation 32[3].
MARSHALL, C., s. STERN, W. E. 771[1].
MARSHALL, E. K., and L. G. ROWNTREE: Aminosäuren in Blut und Harn nach Phosphor- und Chloroformvergiftung 211[10]. — Harnstoffbildung bei phosphorvergifteten Hunden 305[3].
MARSHALL, E. K. jr., W. C. CUTTING and K. EMERSON jr.: Acetylierung von Sulfonamiden 475[12]. — Toxizitätssteigerung von Sulfonamiden durch Acetylierung 476[1]. — Acetylierung ringgebundener Aminogruppen beim Hund 476[12].
MARSHALL, J. B., s. STADIE, W. C. 795[3].
MARSHALL, L. M., F. FRIEDBERG and W. A. DA COSTA: Äpfelsäuregehalt im Gehirn 660[15].
— s. FRIEDBERG, F. 748[2].
MARSTON, H. R.: Zusammenfassung über Kobalt, Kupfer und Molybdän in der Ernährung von Tier und Pflanze 626[17].
— s. BULL, L. B. 627[2].
MARTEL, F. s. PAGÉ, E. 262[1], 417[8].
MARTIN, A. J. P., s. CONSDEN, R. 315[9].
— s. CHICK, H. 505[13].
MARTIN, A. W., s. FIELD, J. II 900[6].
MARTIN, B. F., s. JACOBY, F. 544[7].
MARTIN, C., u. K. LISSÁK: Thiamingehalt im Rattengehirn 670[11].
— s. LISSÁK, K. 670[12], 697[2].
MARTIN, C. J., s. CHIK, H. 505[13].
MARTIN, D. W., s. PINCUS, G. 426[1].
MARTIN, G. J., and E. H. RENNEBAUM: Sulfonamidacetylierung bei Thiaminmangel 477[10].
— and W. STENZEL: Vorstufen der Glucuronsäurebildung 460[5].
— L. TOLMAN and J. MOSS: Hemmung der Tyraminbildung durch 7-Methylfolsäure 417[4].
— s. BEILER, J. M. 850[17].
MARTIN, H., s. DUNN, M. S. 284[9].
MARTIN, H. L., s. SULLIVAN, F. L. 60[10].
MARTIN, L. E., s. SNYDER, C. D. 27[6].
MARTIN, N. H.: Albumin: Globulinverhältnis bei Lebererkrankungen 229[5]. — Verminderung der α-Globuline bei Leberschädigungen 231[2]. — Elektrophoresediagramm der Serumeiweißkörper bei Leberschädigung 231[2].
MARTIN, R. G., s. MCCONNELL, K. P. 542[2].
MARTINI, G. A., s. KIRBERGER, E. 241[10].
MARTIUS, C.: Fluortricarbonsäure 725[14]. — Bedeutung von Phosphokreatin für Funktion des ZNS 772[13]
— and B. HESS: Wirkung von Thyroxin auf Atmungskettenphosphorylierung in der Leber 24[5], 328[4]. — Adenosintriphosphatbildung in der Leber nach Thyroxin 328[3], 446[5].
— u. F. KNOOP: Gleichgewicht Citronensäure ⇌ iso-Citronensäure ⇌ cis-Aconitsäure 723[8].
— u. F. LYNEN: Zusammenfassung über Citronensäurecyclus (1950) 590[6].
MARTIUS, C., s. EULER, H. v. 889[4].
MARTLAND, H. S., s. AUB, J. C. 66[7].
MARUM, A.: Acidose bei überstürztem Glykogenabbau als Todesursache 79[1].
MARVEL, C. S., s. MCGINTY, D. A. 295[7].
MARX, ALBERTA, s. SCHULTZ, E. W. 36[3].
MARX, ALFRED, s. EMBDEN, G. 174[1].
MARZA, V.: Proteingehalt im Säugetiergehirn während der Fetalentwicklung 680[14].
MASAMUNE, H.: β-Glucuronidase 462[3].
MASAYAMA, T., and T. YOKOYAMA: Vermehrung der Desoxynucleinsäuren in Leberzellen nach 3′-Methyl-4-dimethylaminoazobenzol 502[9].
— s. KOTAKE, Y. 287[3].
MASCHERPA, P.: Ausscheidung injizierter Kobaltsalze mit der Galle 541[10].
MASI, I., s. BELOFF-CHAIN, A. 749[10].
MASON, H. H., and M. E. TURNER: Galaktoseprobe bei Kindern 98[3].
MASON, H. L., and E. J. KEPLER: Abbau von Dehydroisoandrosteron beim Menschen 433[6].
— s. BUTT, H. R. 439[1].
— s. SCHNEIDER, J. J. 433[7].
— s. WILLIAMS, R. D. 389[11], 505[11], 838[7].
MASON, K. E.: Vitamin E-Gehalt in Organen 363[11].
— and M. Y. DYU: Tokopherolgehalt menschlicher Gewebe beim Wachstum 364[7].
MASON, M., and C. P. BERG: Abbau von Oxytryptophan in der Leber 287[1]. — Anthranilsäurebildung in der Leber 289[5].
MASON, M. F., s. BLALOCK, A. 15[16].
MASORO, E. J., and H. ABRAMOVITCH: Keine Oxydation von Äthanol durch Gehirnschnitte 791[14].
— I. L. CHAIKOFF, S. S. CHERNICK and J. M. FELTS: Fettsäuresynthese in der Leber bei Hunger 167[11], 204[14].
— I. L. CHAIKOFF and W. G. DAUBEN: Einbau von ^{14}C aus Glucose in Fettsäuren 164[10]. — Fettsäuresynthese bei leberlosen Ratten 165[9].
— s. CHERNICK, S. S. 74[12], 165[3], 168[9].
MASRI, M. S., I. LYON and I. L. CHAIKOFF: Insulinwirkung auf Fettsäurebildung in glykogenarmen Leberschnitten 167[12].
— s. LYON, I. 167[9], 204[15].
MASS, A. R., F. C. LARSON and E. S. GORDON: Einbau radioaktiver Isotope in Gehirnproteine 746[9].
MASSART, L., and R. DUFAIT: Aktivierung der Acetylcholinesterase durch zweiwertige Kationen 856[12].
MASSEN, O., s. HAHN, M. 29[5], 338[4].
MASSHOF, W.: Cholesteringranulomatose 688[9].
MASSIEU, G., s. CRAVIOTO, R. O. 826[3].
MASSON, G., et M. M. HOFFMAN: Wirkung von Progesteron bei oraler Zufuhr 435[4].
MASTERS, R. E., s. MILLER, L. L. 296[1].
MASUDA, N.: Aminosäureausscheidung bei Lebererkrankungen 212[18]. — Acetonkörperbildung aus Äthylalkohol 486[9].

MATCHETT, P. A., s. DAVSON, H. 907[9].

MATEER, J. G., J. I. BALTZ, D. F. MARION and M. J. McMILLAN: Bromsulphaleintest 562[8].

MATET, A., J. MATET et O. FRIEDENSON: Leberschädigungen nach Sojaeiweiß 365[7].

MATET, J., s. MATET, A. 365[7].

MATHEWS, A.: Fibrinogenbildung nach Darmexstirpation 234[8].

MATOLTSY, A. G.: Strukturprotein des Glaskörpers 911[6].

— J. GROSS and A. GRIGNOLO: Glaskörperstruktur 910[6].

MATSUI, H., s. KOYANAGI, T. 382[8].

MATSUOKA, Z., s. ELLINGER, A. 288[5].

MATTEUCCI, P.: Keine Cholinesterase im Kammerwasser 903[8].

MATTHEWS, L. W., s. GEYER, R. P. 190[5,9], 192[5], 193[2], 196[3], 740[8], 741[5].

MATTHEWS, P., s. BEINERT, H. 795[17].

— s. MILCH, L. J. 843[2], 844[5].

MATTILL, H. A., s. HEINRICH, M. R. 367[14], 686[18].

— s. HINES, L. R. 363[14], 364[4], 584[6].

MATTIS, P. A., s. SALERNO, P. R. 66[9].

MATTSON, F. H., J. W. MEHL and H. J. DEUEL jr.: Vitamin A-Bildung aus Carotin im Darm 351[10].

MAUGHAN, G. B., K. A. EVELYN and J. S. L. BROWNE: Glucuronidausscheidung beim Menschen 458[4].

— s. WAUGH, T. R. 512[4].

MAUN, M. E., W. H. CAHILL and R. M. DAVIS: Hornhautveränderungen bei Mangel an Phenylalanin, Leucin und Histidin 876[13].

MAURER, P. H., s. DIXON, F. J. 224[4].

MAURIAC, P., et E. AUBERTIN: Fettleber bei pankreaslosen Hunden 154[3].

MAURICE, D. M.: Ernährung der Cornea 876[7]. Ionenpermeabilität der Cornea 879[3]. — Dehydratationszustand der Cornea 880[8].

— s. DUKE-ELDER, S. 908[4].

MAW, G. A., and V. DU VIGNEAUD: Dimethylpropiothetin als Methyldonator 148[16].

MAWSON, C. A., and M. I. FISCHER: Zinkgehalt im Gehirn 623[17], 626[14].

MAWSON, M. E. H., s. BEST, C. H. 151[18].

MAXFIELD, M.: Eiweißkomponenten aus N. obturatorius 654[3].

MAXIMIN, M., s. CHABROL, E. 532[4].

MAY, F.: Galaktosepolysaccharid aus menschlicher Placenta 82[4].

MAY, P., s. BLANCHER, G. 646[6].

MAY, R. M.: Wassergehalt peripherer Nerven bei WALLERscher Degeneration 693[2,4,5]. Wassergehalt des Meerschweinchengehirns bei experimentellen Traumen 693[6,7]. — Abnahme des Lipoid-P im Nerven bei WALLERscher Degeneration. 694[2]. — Lipoid-S-Gehalt des Nerven bei WALLERscher Erkrankung 694[4]. — Eiweißgehalt im degenerierenden Nerven 695[1,2].

MAY, R. M., et J. ARNOUX: Wassergehalt des peripheren Nerven bei WALLERscher Degeneration 693[3]. — Lipoid- und Gesamt-N-Gehalt im Nerven bei WALLERscher Erkrankung 694[5]. — Gehalt an Gesamt-N und Protein-N und histologische Veränderungen im degenerierenden Nerven 697[13].

— et M. J. THILLARD: Erhöhung des Cystingehaltes im degenerierenden Nerven 695[5]. — Aminosäuren im gesunden und degenerierenden Nerven 695[6].

MAYENÇON s. BERGERET 541[7].

MAYER, A., et G. SCHAEFFER: Fettsäuregehalt von Kaninchen- und Taubenleber 131[2].

— s. CHEVILLARD, L. 139[1,3,4].

— s. LAZARD-KOLODNY, S. 138[8].

MAYER, H., s. LANG, K. 163[4,6], 374[9].

MAYER, J., and W. A. KREHL: Bedeutung von Vitamin A für Ascorbinsäuresynthese 382[2]. — Scorbutähnliche Erscheinungen bei Vitamin A-Mangel 382[6].

MAYER, K., s. DIRR, K. 243[6].

MAYER, P.: Glucuronidgehalt im Rinderblut 456[11].

MAYER-GROSS, W., and J. W. WALKER: Wirkung von Glutaminsäure bei Insulinhypoglykämie 757[2,3].

MAYO, P. DE, s. BARTON, D. H. R. 534[2].

MAZONÉ, H., s. LECOQ, R. 675[14].

MAZUR, A., I. LITT and E. SHORR: Ferritin hat blutdrucksenkende Wirkung 46[8].

— and E. SHORR: Ferritin hat blutdrucksenkende Wirkung 46[8].

— s. HARROW, B. 477[12].

MAZZA, F. P.: Fettsäuredehydrogenase in Niere 163[14].

— e. C. LENTI: Milchsäurebildung in der Netzhaut 932[11].

— e G. STOLFI: Fettsäuredehydrogenase der Leber 163[2].

— e C. ZUMMO: Fettsäuredehydrogenase der Leber 163[2].

MAZZOCCO, P.: Jahreszeitliche Schwankungen von Lebergewicht und -zusammensetzung bei Bufo arenarum 26[8].

— s. BOGETTI, H. 32[10], 33[3,15].

— s. FOGLIA, V. G. 78[5].

MEAD, J. F., G. STEINBERG and D. R. HOWTON: Bildung von Arachidonsäure im Organismus 164[5], 375[3].

— s. NIEMANN, C. 444[10], 446[7].

— s. ZABIN, I. 738[8], 739[1].

MEAD, R.: Fettgehalt der Leber diabetischer Menschen 140[8].

MEATH, J. A., s. FOLCH, J. 644[12], 645[1], 691[10], 739[6].

MEDES, G.: Cysteinoxydase B 271[5]. — Bildung von Cysteinsulfinsäure aus Cystein 272[8]. — Sulfinsäureoxydase 273[11]. — Bildung von Sulfat aus Cystein 274[10]. — Homogentisinsäureabbau 281[2]. — Tyrosinosis 284[2].

MEDES, G., and N. FLOYD: Bildung von Cystein und Cysteinsulfinsäure aus Cystin 273[1].
— and D. C. KELLER: Bedeuutng von Pyridoxin für Bildung mehrfach ungesättigter Fettsäuren 375[4]. — Diensäuregehalt im Gewebe bei Mangel an Pyridoxin + Linolsäure 687[11].
— M. V. MANN and J. B. HUNTER: Synergismus zwischen Pyridoxin und ungesättigten Fettsäuren 687[10].
— A. THOMAS and S. WEINHOUSE: Fettsäuresynthese in der Leber 164[11]. — Fettsäuresynthese in Organen 165[5]. — Fettsäurebildung aus ^{14}C-Acetat 167[4]. —
— S. WEINHOUSE and N. F. FLOYD: Acetessigsäurebildung aus Octansäure 186[6].
— s. FLOYD, N. F. 722[1], 742[13].
— s. WEINHOUSE, S. 186[6,7].
MEDIGRECEANU, F., s. BERTRAND, G. 61[12,13].
MEDLAR, E. M., s. BLATHERWICK, N. R. 151[15], 199[8,9].
MEDVEI, C. V., s. WELTMANN, O. 245[3].
MEECHAN, R. J., D. E. MCCAFFERTY and R. S. JONES: Einfluß von 3-Methylcholanthren auf cancerogene Wirkung von 3'-Methyl-4-dimethylaminoazobenzol 501[16].
MEEK, W. J.: Fibrinogenbildung in der Leber 234[7].
— s. JACOBI, H. P. 144[11].
MEER, C. VAN DER: Aktivierung von Acetylcholinesterase durch Calciumchlorid 856[13].
— and H. T. M. NIEUWERKERK: Hemmung von Leberesterasen durch Tokopherylphosphat 367[10].
MEESMANN, A.: Buch über Hypocalcämie und Linse (1938) 899[6]. — Ursache der Alterskatarakt 897[6]. — Linsentrübung bei Ratten nach Hypocalcämie 899[6].
MEHL, J. W., s. GANGULY, J. 353[5,8].
— s. MATTSON, F. H. 351[10].
— s. SEXTON, E. L. 351[4].
— s. WINZLER, R. J. 233[2].
MEHLER, A., s. KALCKAR, H. M. 327[7].
MEHLER, A. H., and W. E. KNOX: Vorkommen von Formylase 288[2].
— s. KNOX, W. E. 287[4], 288[1].
— s. OCHOA, S. 127[3], 128[1].
MEIER, F., s. FLASCHENTRÄGER, B. 463[12].
MEIER, J. R., M. D. SIPERSTEIN and I. L. CHAIKOFF: Abbau der Cholesterinseitenkette in der Leber 209[2], 555[1]. — Geringe Cholesterinoxydation im Gehirn neugeborener Ratten 739[12].
— s. CHAIKOFF, I. L. 209[1], 554[10].
MEIER, R., s. HOCHREIN, M. 121[4].
MEIGS, E. B., and L. A. RYAN: Anorganische Bestandteile im glatten und Skeletmuskel vom Frosch 575[3].
MEIKLEJOHN, G., s. BRAINERD, H. D. 561[6].
MEIO, R. H. DE: Phenolentgiftung bei Ratten 454[4]. — Adaptation an Phenolentgiftung 465[3]. — Phenolsulfatbildung 465[3].
MEIO, R. H. DE, and R. I. ARNOLT: Phenolschwefelsäurebildung in der Leber 464[8]. — Adaptation an Phenolentgiftung 465[2].
— A. E. RAKOFF, A. CANTAROW and K. E. PASCHKIS: Oestradiolinaktivierung 425[1], 427[5].
— and L. TKACZ: Phenolentgiftung 465[6]. — Bildung von Esterschwefelsäuren aus anorganischem Sulfat 467[6]. — Energielieferung für Bildung von Esterschwefelsäuren durch ATP 468[2].
— M. WIZERKANIUK and E. FABIANI: Enzymsystem der Esterschwefelsäurebildung in den Mitochondrien 468[3].
— s. ARNOLT, R. I. 464[15].
— s. DARBY, W. J. 386[11].
— s. PEARLMAN, W. H. 425[8].
MEISNER, W.: Zusammenfassung über Erkrankung der Tränenorgane (1930) 868[2].
MEISSNER, R.: Beschleunigung der Blutgerinnung durch Theophyllin 371[18].
MEISTER, A.: Transaminierung im Gehirn 751[8].
— H. P. MORRIS and S. V. TICE: Enzymsystem der Transaminierung Glutamin/Pyruvat 252[3]. — Bedeutung von Pyridoxin für Transaminierung Glutaminsäure — Brenztraubensäure 400[9].
— H. A. SOBER and E. A. PETERSON: Pyridoxal und Pyridoxamin als Cofermente von Transaminasen 251[2].
— and S. V. TICE: Aminierung von Pyruvat und α-Ketobutyrat 252[2]. — Transaminierung im Gehirn 751[9].
MEISTER, V. v.: Partielle Leberexstirpation 32[1].
MEITUS, M., s. SCHAFFNER, F. 160[7], 546[1].
MEJBAUM, W.: Orcinreaktion auf Ribonucleinsäure 662[5].
MEIXNER, K.: Postmortale Glykogenolyse in der Leber 69[10].
MELAMPY, R. M., and L. C. NORTHROP: Pantothensäuregehalt in Mäuseorganen 404[6]. Pantothensäurefreie Ernährung 405[2]. — Pantothensäuregehalt der Leber bei Hunger 406[1]. — Pantothensäuregehalt im Mäusegehirn 673[5].
MELASS, V. H., s. PEARSON, P. B. 404[9].
MELCHIOR, E., F. ROSENTHAL u. H. LICHT: Bilirubinbildung bei hepatektomierten Hunden nach hämolytisch wirkenden Giften 507[6].
— s. ROSENTHAL, F. 234[3], 507[6], 516[9].
MELCHIOR, J., and H. TARVER: Aminosäureaufnahme in Leberproteine 216[5].
MELDOLESI, G., W. SIEDEL u. H. MÖLLER: Myobilinausscheidung bei Muskeldystrophie 522[9]. — Myobilinausscheidung bei Wöchnerinnen 523[1].
MELIN, M., s. COHN, E. J. 425[14].
— s. ONCLEY, J. L. 353[7].
MĚLKA, J.: Einfluß von Lactoflavin auf Ascorbinsäurebildung 382[7].

MELLANBY, E.: Heilwirkung von Fischleberöl bei experimenteller Rachitis 362[4]. — Degeneration des Zentralnervensystems bei Vitamin A-Mangel 669[15]. — Osteoblastentätigkeit als Ursache zentralnervöser Demyelinisierung 669[16].
MELLANBY, J.: Prothrombinfällung durch Essigsäure 235[3]. — Prothrombinbildung in der Leber 235[3]. — Prothrombingehalt im Blutplasma bei Vitamin K-Mangel 235[3].
— and T. ANWYL-DAVIES: Goldsolreaktion im Serum 244[15].
— s. LEATHES, J. B. 676[1].
MELLINKOFF, S., B. ROTH and J. MACLAGGAN: Leberstörungen bei galaktämischer Hepatomegalie 98[7].
MELLORS, R. C., s. HOWE, H. A. 698[16].
MELNICK, D., s. HOCHBERG, M. 396[12].
MELNICK, J. L., s. STERN, K. G. 931[3].
MELTZER, H. L., s. SPERRY, W. M. 740[6].
MELTZER, S. J.: Duodenalsondierung beim Menschen 535[1].
MELVILLE, D. B., s. CARTER, H. E. 148[10].
— s. MACKENZIE, C. G. 267[6].
— s. VIGNEAUD, V. DU 410[11].
MELVILLE, K. I.: Freisetzung von Noradrenalin durch sympathische Lebernerven 840[9].
MEMMEN, F., s. WILLSTÄTTER, R. 157[3].
MENDEL, B.: Wirkung von Glycerinaldehyd auf Glykolyse und Atmung von Gehirn 704[18].
— D. B. MUNDELL and H. H. RUDNEY: Spezifische Cholinesterase und Pseudocholinesterase 851[2].
— and D. K. MYERS: Unspezifische Cholinesterasen und Acetylcholinesterase in Hirn- und Nervengewebe 852[7]. — Spaltung von Benzoyl- und Butyrylcholin in verschiedenen Gehirnteilen 853[1]. — Hemmung der unspezifischen Cholinesterasen durch Tri-o-kresylphosphat 858[13].
— and H. RUDNEY: Spezifische Cholinesterase und Pseudocholinesterase 851[3].— Unspezifische Cholinesterasen und Acetylcholinesterase in Hirn- und Nervengewebe 852[3]. — Acetylcholinesterase aus Gehirn und Erythrocyten 856[4]. — Hemmung der unspezifischen Cholinesterasen durch Tri-o-kresylphosphat 858[11].
— s. HAWKINS, R. D. 853[7], 858[4,16,19].
MENDEL, L. B., s. OSBORNE, T. B. 295[2].
MENDELOFF, A. I.: Bromsulphaleinausscheidung bei Blockierung des Reticuloendothels 563[12]. — Leberfunktionsprüfung mit Rose Bengale 564[5].
— P. CRAMER, F. J. INGELFINGER and S. E. BRADLEY: Ausscheidung von Bromsulphalein durch Polygonalzellen der Leber 563[11].
MENDES DE LEON, C., s. SNAPPER, I. 194[12], 195[5].
MENDILLO, J. C., s. LOWMAN, R. M. 565[2].
MENEGHELLO, J., H. NIEMEYER and J. ESPINOZA: Auftreten von Fettlebern in tropischen Ländern 151[2].
MENNE, F., s. DODEN, W. 802[10].
MENNICKEN, G., s. WERLE, E. 760[7].
MENSCHICK, W., u. I. H. PAGE: 7-Dehydrocholesteringehalt im fetalen Gehirn 645[12].
— s. PAGE, I. H. 198[1], 208[10], 645[8], 675[4].
MENTEN, M. L., s. BESSEY, O. A. 151[12], 385[12].
MENTZER, C., et G. URBAIN: Vitamin C-Gehalt der Leber bei Nahrungsentzug 378[4].
MENTZER, S. H.: Verminderung der Alkalireserve der Galle in der Gallenblase 536[2].
MERANZE, D. R., W. B. LIKOFF and N. G. SCHNEEBERG: Verhalten der Galaktose bei Hyperthyreoidismus 447[2].
— s. GOLLUB, S. 676[4].
— s. ISRAEL, S. L. 424[1].
MERCHANT, F. F., s. WAUGH, T. R. 512[4].
MERGUET, H.: Nervöse Störungen bei Unterernährung 673[17].
MERING, (J.) v.: Abbau von Leberglykogen bei Senkung der Zuckerschwelle der Niere 78[8]. — Entgiftung von Chloralhydrat 456[1]. — Reduktion von Chloralhydrat und Bindung von Trichloräthanol an Glucuronsäure 483[4].
— u. (F). MUSCULUS: Reduktion von Chloralhydrat und Bindung von Trichloräthanol an Glucuronsäure 483[4].
— s. THIERFELDER, H. 455[1].
MERIWETHER, W. A., s. HOWARD, F. H. 151[2].
MERKER, E.: Gelbfärbung der Eichhörnchenlinse 895[6].
MERKER, H., s. IRVIN, J. L. 545[10].
MERRIAM, F. C., and V. E. KINSEY: Einbau von Glykokoll und Serin in Linseneiweiß 894[9]. — Bildung von Serin aus Glykokoll in der Linse 894[9].
— s. KINSEY, E. V. 895[3].
MERRICK, A. J., s. CROSSLAND, J. 844[8].
MERRITT, K. K., s. DAVIDSON, L. T. 512[4].
MERTEN, R.: Leberglykogengehalt bei Ratten und Meerschweinchen 70[5].
— s. HINSBERG, K. 243[1].
MERTENS, C., s. PÉRIN, J. 435[2].
MERTENS, O., s. REIN, H. 573[2].
MERZ, W., s. KNOOP, F. 256[3].
MESERVE, E. R., s. SPECTOR, S. 359[16].
MESSER, M., s. HARRIS, H. 750[7].
METAIS, P., s. WARTER, J. 326[2].
METTIER, S. R., s. BORSON, H. J. 505[13].
METZ, G. A., s. COPPENS, P. A. 362[8], 363[1].
METZGER, N., s. BAUMANN, E. J. 480[19].
— s. COHEN, M. 910[11].
METZLER, C. J., and D. G. HUMM: Aktivität der Cholinesterase im Rattengehirn 683[10]. Auftreten der Acetylcholinesterase im Gehirn fetaler Ratten 861[10].
MEULEN, H. TER: Molybdängehalt von Dorschleber 64[10]. — Kupfergehalt im Gehirn 623[12], 626[9]. — Molybdängehalt im Kleinhirn 628[8].

MEUNIER, J., et G. SAINT-LAURENS: Vorkommen von Ca-Carbonat und -Phosphat in Pigmentkalksteinen 567[2].
MEUNIER, P.: Nutritive Encephalomalacie bei Vitamin B_4-Mangel 673[16].
— et J. JOUANNETEAU: Neovitamin A in Fischleberölen 358[10].
MEUSERT, W.: Pantothensäurewirkung bei neuralen Erkrankungen 673[10].
MEUTÉMÉDIAN, A., s. BERNFELD, P. 89[2].
MEYENBURG, H. v.: Einwirkung von Insulin auf Leberglykogen bei glykogenarmen Tieren 75[2].
MEYER, A(lfred), s. DIXON, T. F. 782[1].
MEYER, A. (München), s. WERLE, E. 491[13], 492[11].
MEYER, F. W., s. BOULIN, R. 112[5].
MEYER, G. M., s. LEVENE, P. A. 92[1], 105[2].
— s. SLYKE, D. D. VAN 211[1].
MEYER, H., s. SCHMIEDEBERG, O. 455[14].
MEYER, J., s. BARRON, E. S. G. 727[8], 728[2].
MEYER, J. R., and S. B. PESSÔA: Chloroformvergiftung der Hundeleber 36[3].
MEYER, K(arl): Zusammenfassung über biologische Bedeutung von Hyaluronsäure und Hyaluronidase (1947) 903[6]. — Zusammenfassung über Mucopolysaccharide und Mucoide der Augengewebe und ihre enzymatische Hydrolyse (1948) 874[8].
— and E. CHAFFEE: Hyaluronsäure-schwefelsäureester aus Corneamucoproteid 874[7].
— R. DUBOS and E. M. SMYTH: Vorkommen von Hyaluronidase in Ciliarkörper und Iris 921[2].
— A. LINKER, E. A. DAVIDSON and B. WEISSMANN: Mucopolysaccharide aus der Rindercornea 874[12].
— and J. W. PALMER: Hyaluronsäuregehalt im Glaskörper 911[10].
— E. M. SMYTH and E. GALLARDO: Hexosamingehalt im Glaskörper 911[12].
— s. PALMER, J. W. 904[9].
— s. SALLMANN, L. v. 913[6].
MEYER, K(LAUS), s. WEBER, H. H. 577[7].
MEYER, K. A., s. LANS, H. S. 531[11].
— s. POPPER, H. 359[14].
— s. STEIGMANN, F. 360[10], 471[7].
— s. STEIN, I. F. jr. 532[13].
MEYER, K. F., s. NEILSON, N. M. 529[6], 537[5].
MEYER, K. H.: Struktur des Glykogens 81[1]. Thermoelastische Theorie der Muskelkontraktion 606[2].
— P. BERNFELD, R. A. BOISSONNAS, P. GÜRTLER and G. NOELTING: Struktur des Glykogens 80[6].
— et M. FULD: Bildung von 2,3,4,6-Tetramethylglucose aus Glykogenspaltstücken 82[8].
— s. THANNHAUSER, S. J. 104[1,14].
MEYER, O. O., C. MCTIERNAN and J. C. AUB: Sauerstoffverbrauch von Mäuseleber nach Thyroxin 443[14].
MEYER, R. K., s. COPENHAVER, J. H. jr. 754[1], 822[8].
MEYER, R. K., s. MCSHAN, W. H. 725[1].
— s. SHIPLEY, E. G. 822[9].
MEYER, W. C.: Vorkommen nicht identifizierter Farbstoffe in der Galle 519[11].
MEYER-BETZ, F.: Resorption im Darm gebildeter Reduktionsprodukte des Bilirubins 520[3].
MEYERHEIM, G., s. BRÜCKEL, K. W. 438[7].
MEYERHOF, O.: Buch über die chemischen Vorgänge im Muskel und ihr Zusammenhang mit Arbeitsleistung und Wärmebildung (1930) 570[9]. — Zusammenfassung über Intermediärvorgänge der enzymatischen Kohlenhydratspaltung (1937) 587[7]. — Zusammenfassung über Kohlenhydratstoffwechsel (1947) 700[1]. — Wärmetönung der Milchsäurebildung aus Glykogenhydrat 598[8]. — $-\Delta F^{\circ}$ von ATP 599[2]. — Gefrierpunktserniedrigung des ermüdeten Muskels 603[6]. — ATPase 701[12]. — Glykolyse von Monosacchariden in Gehirnhomogenat 702[2]. — Kreatin erhöht Umsatz von Hexosediphosphat 703[7]. Phosphorylierung von Glucose und Fructose in Hirnextrakten 711[3]. — Erholungsvorgänge im Nerven 863[5].
— and N. GELIAZKOWA: ATPase 701[11]. — Glykolyse von Monosacchariden in Gehirnhomogenat 702[1]. — Q_M-Werte für Hexosemono- und -diphosphat im Gehirn 703[2]. — Ursachen der abnehmenden Glykolysegeschwindigkeit im ischämischen Gehirn 788[13].
— u. K. LOHMANN: Argininphosphorsäure 581[4]. — Wärmetönung der Reaktion ATP → Adenylsäure 598[5]. — Milchsäurebildung aus Fructose im Gehirn 702[5]. — Hemmung der Gehirnglykolyse durch Glutaminsäure 707[6]. — Verbrennung von Milchsäure im Gehirn 785[5,6]. — Hemmung der Glykolyse des Gehirns bei Ischämie 788[9]. — Vorkommen von Aldolase in der Netzhaut 936[9].
— E. LUNDSGAARD u. H. BLASCHKO: Methodik calorimetrischer Messungen 598[3].
— u. W. MÖHLE: Volumkonstriktion des Muskels 601[3].
— W. MÖHLE u. W. SCHULZ: p_H-Wert im ruhenden Froschmuskel 604[2].
— u. D. NACHMANSOHN: Sauerstoffverbrauch bei der Kreatinphosphorsäuresynthese 600[1].
— P. OHLMEYER u. W. MÖHLE: $-\Delta F^{\circ}$ von ATP 599[1].
— et E. PERDIGON: Milchsäurebildendes Fermentsystem der Netzhaut 932[14].
— and L. O. RANDALL: Wirkung von Naphthochinonen auf Hirnglykolyse 708[17].
— u. F. O. SCHMITT: R.Q. des peripheren Nerven 783[21], 863[1]. — Sauerstoffaufnahme und Kohlensäurebildung bei Nervenreizung 862[11].
— u. W. SCHULZ: Hydrolysewärme von Kreatin- und Argininphosphorsäure 598[7].

Ruheatmung des peripheren Nerven 783[3]. Sauerstoffaufnahme und Kohlensäurebildung bei Nervenreizung 862[12].

MEYERHOF, O., and J. R. WILSON: ATPase-Aktivierung durch Ca-Ionen 696[8]. — ATPase 701[13–16]. — Glykolyse von Monosacchariden in Gehirnhomogenat 702[3]. ATPase-Bedarf für Glykolyse von Glucose und Hexosediphosphat im Gehirn 703[1]. — Bedeutung von Apyrase für Glykolyse im Gehirn 703[3]. — Wirkung von Antiglykolysefaktor auf ATPase 704[14]. — Wirkung von Naphthochinonen auf Hirnglykolyse 708[18]. — Hemmung der Hirnglykolyse durch Phenylurethan und Phlorrhizin 708[19]. — Hemmung der anaeroben Glykolyse durch Alloxan 709[1]. — Förderung der Hexosediphosphatglykolyse durch Arsenat 709[12]. — Phosphorylierung von Glucose und Fructose in Hirnextrakten 711[4,5]. — Apyrase und ATPase 773[1]. — Unspezifische Phosphatase im Gehirn 774[1]. — Aktivität von ATPase und Kreatinphosphokinase im Meerschweinchengehirn 775[3]. — Ursachen der abnehmenden Glykolysegeschwindigkeit im ischämischen Gehirn 788[14].
— s. GERARD, R. W. 706[11], 862[9,10].
— s. LIPMANN, F. 605[1].
— s. LOHMANN, K. 709[7].
— s. POLIS, B. D. 596[3].

MEYTHALER, F.: Blutgehalt der Leber 16[10].— Entleerung der Blutspeicher der Leber durch Adrenalin 16[10].

MEZINCESCU, M. D., and F. SZABO: Rest-N-Gehalt in Schafsgehirn 658[3].

MICHAELIS, F., s. BYERS, S. O. 206[10,16], 208[9].
— s. FRIEDMAN, M. 206[5,17], 548[5], 550[1], 560[8].

MICHAELIS, L., s. HAHN, P. F. 52[1].

MICHAELIS, M., and J. H. QUASTEL: Sauerstoffverbrauch des Gehirns bei Narkose 813[5]. — Hemmung der Oxydation von Glucose, Lactat und Traubensäure durch Narkotika 813[5]. — Einfluß von Narkotika auf anaerobe Glykolyse und Cytochromsystem 813[5].

MICHAELS, G. D., s. KINSELL, L. W. 212[7], 213[6].

MICHAIL, D., P. VANCEA et N. ZOLOG: Vorkommen von Zucker in der Tränenflüssigkeit 870[7].

MICHAUD, L., s. SPECTOR, H. 505[6].

MICHEJEWA, J. W.: Phosphataseaktivität in Tumoren des ZNS 692[2].

MICHEL, H. O., F. BERNHEIM and M. L. C. BERNHEIM: Deacetylierungen in Tierlebern 478[4].
— and S. KROP: Hemmung der Cholinesterase durch Diisopropylfluorophosphat 859[5].
— s. FRIEDENWALD, J. S. 908[10], 918[15,18], 921[8].

MICHEL, O., s. ROCHE, J. 443[2].

MICHEL, R., s. ROCHE, J. 443[1,2].

MICHELI, H.: Synaptische Endigungen in Nervenfasern 735[8].

MIDER, G. B., s. GREENSTEIN, J. P. 504[1], 505[3].

MIDKIFF, H. F., s. MILCH, L. J. 843[2], 844[5].

MIESCHER, G.: Auftreten von Farbstoff in Chromatophoren der Iris nach der Geburt 916[7]. — Pigmentbildung aus Dioxyphenylalanin in der Aderhaut 917[4]. —

MIESCHER, K., u. E. TSCHOPP: Wirkung von Methyltestosteron 434[10].
— u. P. WIELAND: Cholesterinsynthese in der Leber aus C_4-Verbindungen 202[8].

MIGLIARESE, J. F., s. ALLISON, J. B. 502[3].

MIGLIOR, M., e A. PIRODDA: Lysozym in menschlicher Tränenflüssigkeit 870[5].

MIGNOT, J., s. ASCHKENASY, A. 151[5,22].

MIHALYI, E.: L- und H-Meromyosin 578[11].
— and A. G. SZENT-GYÖRGYI: L- und H-Meromyosin 578[11].

MIHÁRA, T.: Wassergehalt von Gehirn 676[6]. Lipoid-, Gesamt-N und „Roh“-Proteingehalt im Zentralnervensystem menschlicher Feten 677[2], 679[1]. — Gehalt an Lipoid- und Gesamt-N im Kleinhirn 680[12].

MII, S., s. BEINERT, H. 181[4], 182[7], 183[2].
— s. GREEN, D. E. 183[3], 195[7].
— s. WAKIL, S. J. 182[2].

MIKAMI, G., s. OKAMOTO, K. 58[8].

MIKAYE, T., s. INOUE, K. 540[8].

MIKI, T., s. SHIBUYA, S. 557[17].

MILANO, A.: Amino-N-Gehalt von Kaninchenlinsen 889[2].

MILCH, L. J., H. F. MIDKIFF, P. MATTHEWS and H. I. CHINN: Zusammenhang zwischen Acetylcholinkonzentration und funktioneller Aktivität des Gehirns 843[2]. Acetylcholingehalt von Rattengehirn 844[5].

MILHAM, M., s. ALLEN, J. G. 233[10].

MILHORAT, A. T., s. DEUEL, H. J. jr. 122[1].
— s. THOMAS, K. 586[9].

MILLAR, G. J., J. A. LEDDY and L. FISHER: Resorptionsweg von Vitamin K und Vitamin K-Präparaten 369[6].

MILLER, A. M.: Glykogengehalt der Leber alloxandiabetischer Ratten 75[12].

MILLER, B. F., s. BAKER, Z. 657[5].

MILLER, C. S., S. GURIN and D. W. WILSON: Purinbildung aus 4-Amino-imidazolcarboxamid 333[5].
— s. SCHULMAN, M. P. 333[3], 337[8].

MILLER, D. K., and C. P. RHOADS: Anämie bei Vitamin B_1-Mangel 505[6].

MILLER, E., s. ESCHENBRENNER, A. B. 493[4].

MILLER, E. B., K. SINGER and W. DAMESHEK: Urobilingehalt im Kot nach Milzexstirpation 508[4].

MILLER, E. C., and C. A. BAUMANN: Xanthurensäureausscheidung bei Pyridoxinmangel 291[9]. — Überlebensdauer pyridoxinfrei ernährter Mäuse 400[1]. — Xanthurensäurebildung bei Pyridoxinmangel 401[7]. — Methylierung von Aminoazobenzol 498[3]. — Cancerogene Wirkung von p-Monomethylaminobenzaldehyd 498[12].

Miller, E. C., and J. A. Miller: Einfluß von Riboflavin auf Buttergelbaufnahme und -zerstörung durch die Leber 393[6]. — Bindung von p-Dimethylaminobenzaldehyd an Leberzellproteine 497[2]. — Bindung von Monomethylaminoazobenzol und Azobenzol an Leberproteine 498[13].
— J. A. Miller, B. E. Kline and H. P. Rusch: Riboflavinwirkung auf Entwicklung von Buttergelbtumoren 393[4]. — Anticancerogene Wirkung von Riboflavin 501[12]. — Riboflavingehalt in durch Azofarbstoffe geschädigten Leberzellen 503[14].
— J. A. Miller, R. B. Sandin and R. K. Brown: Cancerogene Wirkung der 3-Acetylaminoderivate von Dibenzofuran und Dibenzothiophen 496[1].
— J. A. Miller, R. W. Sapp and G. M. Weber: Bindung von p-Dimethylaminoazobenzol an Leberzellproteine 497[1,8].
— A. M. Plescia, J. A. Miller and C. Heidelberger: Oxydation von p-Dimethylaminoazobenzol 498[5].
— s. Brown, R. R. 498[1].
— s. Giese, J. E. 494[6], 500[9].
— s. Macdonald, J. C. 496[3], 498[6].
— s. Miller, J. A. 494[8,9], 497[1,2,9], 498[2,3], 499[6].
— s. Potter, V. R. 497[8].
— s. Price, J. M. 33[10], 217[1,2], 393[9], 394[1], 497[3,4,7], 502[10,15,16], 503[6-8,13], 504[20].
— s. Schweigert, B. S. 218[1].
— s. Sorof, S. 497[5].
Miller, E. S., s. Barnes, R. H. 143[2].
Miller, H. K., s. Waelsch, H. 749[5].
Miller, J. A.: Riboflavingehalt in durch Azofarbstoffe geschädigten Leberzellen 503[14].
— and C. A. Baumann: Keine cancerogene Wirkung von p-Aminoazobenzol 494[5]. — Cancerogene Wirkung von Monomethylaminoazobenzol 494[5]. — Keine cancerogene Wirkung von p- und p′-Dimethylaminobenzanilin 494[5]. — Cancerogene Wirkung von p-Monomethylaminobenzaldehyd 498[11]. — Nicht cancerogene Benzolderivate 499[5].
— and E. C. Miller: Bindung von p-Dimethylaminobenzaldehyd an Leberzellproteine 497[2]. — Methylierung von Aminoazobenzol 498[3]. — Keine cancerogene Wirkung von Buttergelbabbauprodukten 499[6].
— E. C. Miller and C. A. Baumann: Demethylierung von p-Dimethylaminoazobenzol in der Leber 497[9]. — Reversibilität der Demethylierung von p-Dimethylamin oazobenzol 498[2].
— E. C. Miller and G. C. Finger: Cancerogene Wirkung von Di- und Trifluorderivaten des p-Dimethylaminoazobenzols 494[9].
— D. L. Miner, H. P. Rusch and C. A. Baumann: Hemmung der Buttergelbwirkung durch Casein 500[11].
Miller, J. A., R. W. Sapp and E. C. Miller: Cancerogene Wirkung von Fluorsubstitutionsprodukten des p-Dimethylaminoazobenzols 494[8]. — Bindung von p-Dimethylaminoazobenzol an Leberzellproteine 497[1].
— s. Brown, R. R. 498[1].
— s. Higgins, H. 405[1], 406[9].
— s. Kline, B. E. 501[9].
— s. Macdonald, J. C. 496[3], 498[6].
— s. Miller, E. C. 393[4,6], 496[1], 497[1,2,8], 498[5,13], 501[12], 503[14].
— s. Mueller, G. C. 394[2], 497[12], 498[4], 499[1,2]
— s. Potter, V. R. 497[8].
— s. Price, J. M. 33[10], 217[1,2], 393[9], 394[1], 497[3,4,7], 502[10,15,16], 503[6-8,13], 504[20].
— s. Schweigert, B. S. 218[1].
— s. Sorof, S. 497[5].
Miller, K., s. Kämmerer, H. 518[3].
Miller, L. C., s. Luduena, F. P. 761[21].
Miller, L. L.: Fermentgehalt in Leberzellen bei Proteinmangel 222[5,6]. — Xanthinoxydaseaktivität bei proteinfreier Ernährung 335[6]. — Xanthinoxydaseaktivität bei Hunger 335[7].
— W. F. Bale, C. L. Yuile, R. E. Masters, G. H. Tishkoff and G. H. Whipple: Lysinabbau 296[1].
— C. G. Bly, M. L. Watson and W. F. Bale: Bildung von Plasmaeiweißkörpern in der Leber 226[1]. — Keine Verwertung von D-Lysin 295[4].
— J. F. Ross and G. H. Whipple: Wirkung von Aminosäuren auf chloroformvergiftete Leber 37[8].
— and G. H. Whipple: Wirkung von Lebergiften bei Proteinmangel 37[6]. — Wirkung von Aminosäuren auf chloroformvergiftete Leber 37[8]. — Cholinwirkung auf Leberverfettung 144[5]. — Giftwirkung von Adenin und Allantoin 334[6].
— s. Cantarow, A. 241[8], 543[13], 563[10].
— s. Madden, C. S. 302[4].
— s. Rothstein, M. 295[11], 296[11,13,14].
— s. Yuile, C. L. 225[1].
Miller, M., W. R. Drucker, J. E. Owens, J. W. Craig and H. Woodward jr.: Brenztraubensäurebildung in der Leber nach Fructosebelastung 101[4], 488[8]. — Wirkung von Fructose auf den Citronensäuregehalt des Blutes 103[2].
— s. Craig, J. W. 102[10].
Miller, M. H., s. Wintrobe, M. M. 151[9], 403[4], 505[13], 756[1].
Miller, T. G., s. Rigney, L. J. 535[3], 569[6].
Miller, W. H., s. Winterbottom, R. 179[3].
Miller, W. S., s. Hart, E. B. 669[13].
Miller, W. W., s. Frantz, I. D. jr. 215[5].
Miller, Z. B., s. Barron, E. S. G. 727[8], 728[2].
Millican, R. C., S. M. Rosenthal and H. Tabor: Acetylierung von Histamin 130[5], 476[2].
Millikan, G. A.: Zusammenfassung über Chemie des Muskels (1942) 570[18]. — Zusammensetzung von Myoglobin 579[11].

MILLIKAN, G. A., s. HOPKINS, F. G. 378[3].
MILLINGTON, R. H., s. VOLK, M. E. 740[10], 741[1], 743[1].
— s. WEINHOUSE, S. 172[1], 189[4,7], 190[1,9], 195[6], 280[2], 740[9], 741[2], 742[2].
MILLS, C. A., s. WILLIAMS, R. J. 670[5], 672[1], 673[3], 674[10], 675[13].
MILLS, E. S.: Hämochromatose bei Frauen 54[7].
MILLS, F. H., s. MACLAGAN, N. F. 447[2].
MILLS, G. C., and J. L. WOOD: Bildung von p-Jodphenylmerkaptursäuren aus Jodbenzol 473[12].
MILLS, G. T.: β-Glucuronidase 462[4].
MILLS, M. A., and C. A. DRAGSTEDT: Aufnahme von Bromsulphalein durch Reticuloendothelzellen 563[8].
MILNE, H. I., s. MCFARLANE, W. D. 59[3].
MILSTEIN, S. W., s. HAUSBERGER, F. X. 165[8], 168[10].
— s. ROTH, J. S. 319[4].
MIMS, V., M. E. SWENDSEID and O. D. BIRD: Hemmstoffe der Folsäurekonjugase 414[3].
— J. R. TOTTER and P. L. DAY: Vitamin B_c-Polyglutaminsäure 413[13].
— s. DAY, P. L. 505[7].
— s. LASKOWSKI, M. 413[14], 414[1].
— s. TOTTER, J. R. 413[8].
MINAJEV, P. F., s. BABSKY, E. G. 861[3].
MINDEN, H.: Protoporphyrin in menschlicher Galle 524[12]. — Ausscheidung von Chlorophyllabbauprodukten mit der Galle 525[3].
MINER, D. L., s. MILLER, J. A. 500[11].
MINIBECK, H.: Gallensäurekonzentration im Blut bei Ikterus 559[12].
— s. ADLERSBERG, D. 155[7], 471[6,12].
— s. FÜRTH, O. 545[13].
MININNI, G., s. SCARDIGLI, G. 372[8].
MINKOWSKI, O.: Stoffwechselversuche an entleberten Vögeln 28[6]. — Wirkung von Fructose auf diabetische Ketonämie 102[13]. — G:N-Quotient bei pankreasektomierten Hunden 122[2]. — Harnsäureausscheidung nach Hepatektomie 336[4]. — Harnsäure- und Allantoinbildung aus Purinen bei Hunden 338[7].
— u. O. BASERIN: Eisenausscheidung durch die Leber 55[10].
— u. B. NAUNYN: Stoffwechselversuche an entleberten Vögeln 28[6]. — Kein Ikterus bei hepatektomierten Gänsen nach Arsenwasserstoffvergiftung 507[5]. — Biliverdin in den KUPFFERschen Sternzellen nach Arsenwasserstoffvergiftung 516[11]. Keine Gallensäurebildung bei entleberten Vögeln 559[5].
MINOLI, R. F., s. FIESSINGER, N. 471[3,12].
MINOR, R. G., s. LUDEWIG, S. 32[9], 33[9].
MINOT, A. S.: Bleigehalt der Leber 66[16].
— and J. C. AUB: Bleigehalt im Gehirn 623[21].
— s. REIMAN, C. K. 60[17], 61[11], 62[7], 541[12].
MINOT, G. R., and W. P. MURPHY: Wirkung von Leber auf perniciöse Anämie 418[6].
MINOT, G. R., and M. B. STRAUSS: Intrinsic und extrinsic factor 420[14].
— s. CASTLE, W. B. 420[14].
MINOVICI, S.: Cholesteringehalt der Leber nach Ölsäurezufuhr 201[12].
MINZ, B.: Aneurinabgabe bei Nervenreizung 671[5], 837[3,4].
— s. COHEN, G. N. 758[9].
MIRIAM, S. R., J. T. WOLF and C. P. SHERWIN: Entgiftung von Diphenylessigsäure durch Glucuronidbildung 455[12].
MIRSALIS, T., s. BECKMANN, K. 42[1], 121[2].
MIRSKI, A., I. ROSENBAUM, L. STEIN and E. WERTHEIMER: Glykogengehalt der Leber nach kohlenhydratreicher Kost 72[8]. — Keine Bildung von Muskelglykogen nach Glucosezufuhr 72[8]. — Glykogengehalt der Leber im Hunger 73[5]. — Einfluß der Ernährungsart auf Glykogengehalt der Hungerleber 261[5].
MIRSKY, A. E. s. ALLFREY, V. 319[7].
— s. DALY, M. M. 316[8].
MIRSKY, I. A.: Ketose bei eviszerierten Ratten 185[6].
— and R. H. BROH-KAHN: β-Oxybuttersäureabbau bei entleberten Ratten 185[7]. Insulinase 448[1].
— and N. NELSON: Einschränkung der Alkoholoxydation durch leberschädigende Stoffe 485[10]. — Langsame Alkoholentgiftung in glykogenarmen Lebern 488[4].
— N. NELSON, S. ELGART and I. GRAYMAN: Diabetes bei partieller Pankreasektomie nach Insulin 449[4].
— C. I. PODORE, J. WACHMAN, I. R. BROH-KAHN: Insulinzerstörung im Organismus 447[14].
— B. SIMKIN and R. H. BROH-KAHN: Trennung von Insulinase und Insulinase-Inhibitor 448[12].
— s. BROH-KAHN, R. H. 85[3], 91[3], 448[3,5,11].
— s. SIMKIN, B. 10[2], 448[4,9].
MISCHNAT, H., s. JUNKERSDORF, P. 78[12].
MISLOWITZER, E., s. KAUFFMANN, F. 298[2].
MISSIROLI, G.: Vorkommen von Aneurin in der Netzhaut 928[7].
MITCHELL, H. H.: Bildung von Taurin aus Cystamin 272[6].
— T. S. HAMILTON, F. R. STEGGERDA and H. W. BEAN: Lebergewicht des Menschen 9[4]. — Wassergehalt der menschlichen Leber 39[5]. — Calciumgehalt der menschlichen Leber 41[7].
— s. BURROUGHS, E. W. 302[3].
— s. FORBES, R. M. 9[5], 39[6], 41[8].
MITCHELL, H. K., and E. R. ISBELL: Freisetzung von gebundenem Biotin 411[3].
— J. F. NYC and R. D. OWEN: Ersatz von Nicotinsäure durch 3-Oxyanthranilsäure 292[12].
— E. E. SNELL and R. J. WILLIAMS: Folsäure aus Blättern 413[6].
MITCHELL, H. S., and W. M. DODGE: Linsentrübungen bei Ratten nach Milchzucker, Galaktose und Xylose 899[14].

MITCHELL, J. S.: Pentosereaktion des Nucleolus 312[3].
MITCHELL, M. C., s. SWANSSON, M. A. 134[7].
MITCHELL, R., s. KOREY, S. R. 756[8].
MITCHELL, W. T., and R. E. STIFEL: Gallendruck bei Gallengangshindernissen 528[11]. Gallendruck beim Hund bei völliger Gallensperre 529[1].
MITHOEFER, J., and W. B. BEAN: Gynäkomastie bei Lebercirrhose 426[9].
MITOLO, M.: Pyridoxingehalt im Rattengehirn 673[2].
MITSUHASHI, H., s. SHIBATA, S. 482[3], 483[3].
MITTELMAN, N., s. TRUCCO, R. E. 94[9], 95[1].
MIYAKA, T., s. YAMAOKA, K. 507[9].
MIYAZI, S.: Chenodesoxycholsäurebildung bei japanischen Bären 551[18]. — Bildung von 3 β,6α-Dioxyallocholansäure aus 3,6-Diketoallocholansäure bei Kaninchen 556[15]. — Tauringebundene Gallensäuren bei Feliden 557[10].
MIZEN, N. A., s. PETERMANN, M. L. 312[11], 313[1,3].
MIZUSAWA, H.: Alkoholdehydrogenase in der Leber 330[3], 485[3].
MOCHNACKA, I., s. PARNAS, J. K. 90[1].
MODEL, A., s. EDSON, N. L. 337[2].
MODIC, J. L., s. HEYMANN, W. 71[2].
MÖHLE, W., s. MEYERHOF, O. 599[1], 601[3], 604[2].
MÖLLER, H., s. MELDOLESI, G. 522[9], 523[1].
— s. SIEDEL, W. 522[7].
MØLLER-CHRISTENSEN, E.: Zerstörung von antidiuretischem Hypophysenhormon 450[15].
MÖLLERSTRÖM, J.: Wirkung von Fructose auf den Kohlenhydratumsatz beim Diabetiker 103[1].
— s. SJÖGREN, B. 25[1], 67[10], 71[7], 73[4].
MÖRNER, C. T.: Hornhauteiweiß 874[2]. — Membranin 875[4]. — Linseneiweiß 885[2]. Darstellung von Linsenproteinen 886[2]. — Schwefelgehalt von Linseneiweißkörpern 888[1]. — Eiweiß der Linsenkapsel 888[10]. — Kein Abbau von Vitrein durch Trypsin 911[1].
MOESCHLIN, S., s. PLANCHEREL, P. 101[6], 102[7,13].
MOGENSEN, E.: Wirkung von Antibiotica bei perniciöser Anämie 421[3].
MOHAMED, M. S., s. SAFWAT MOHAMED, M.
MOHNIKE, G.: Insulinresistenz 449[3]. — Diabetes bei partieller Pankreasektomie nach Insulin 449[5].
MOHR, O. L., s. FÖLLING, A. 278[8].
MOLANDER, D. W., M. FRIEDMAN and J. S. LA DUE: Serumesterase bei Leberschäden 238[10], 239[4].
MOLDAVE, K., R. J. WINZLER and H. E. PEARSON: Proteinneubildung in Gehirnzellen bei Virusinfektionen 829[8]. — Glutaminsäurebildung aus α-Ketoglutarsäure 830[5].
— s. WINZLER, R. J. 747[5].
MOLITOR, H., u. L. POLLAK: Glykogenabbau in der Leber nach Adrenalin 76[3].
— s. GLAUBACH, S. 451[2].
MOLLIN, D. L., and G. I. ROSS: Vitamin B_{12}-Vorrat der Leber 419[7].
MOLNAR, K., s. SILBERSTEIN, F. 423[4].
MOMMAERTS, W. F. H. M.: Buch über Muskelkontraktion. Engl. (1950) 570[26]. — Zusammenfassung über Biochemie des Muskels (1954) 570[26]. — Molekulargewicht von Actin 579[4]. — Phosphatfreisetzung bei Actinpolymerisation 579[7].
— and R. G. PARRISH: Myosindarstellung 578[10].
MOMOSE, T., s. ASAHINA, Y. 482[3], 483[3].
MONCKE, C.: Extraktion von indirektem Bilirubin 514[9].
MOND, R., u. H. NETTER: Lokalisation von Kalium und Natrium im Muskel 576[1]. — Eigenschaften der Muskelmembran 587[6].
MONDOVI, B., s. CAVALLINI, D. 273[6,8,9].
MONETTI, G.: Keine erhöhte Gallensteinbildung bei Vitamin A-Mangel 569[10].
MONGUIÓ, J., u. F. KRAUSE: Entgiftung von Ammoniumsalzen bei Hunden mit ECKscher Fistel 18[13]. — Ammoniakgehalt des Blutes bei ECKscher Fistel 305[6].
MONIER, M. M., s. DAMRON, C. M. 384[4].
MONNIER, P., s. CRISTOL, P. 74[5], 75[1].
MONROE, L., and J. HOPPER jr.: Leberfunktionsprüfung mit Rose Bengale 564[6].
MONROE, R. A., and C. W. TURNER: Thyroxinausscheidung in der Galle 442[4].
— s. TOTTER, J. R. 65[12].
MONSON, W. J., s. DIETRICH, L. S. 414[10], 416[1], 674[12].
— s. HARPER, A. E. 152[9,10].
— s. WILLIAMS, J. N. jr. 421[5], 422[2,4].
MONTANARI, L., e G. LEPRI: Corticosteroide in Kammerwasser 905[1].
MONTEJANO, B., s. ROYER, M. 447[2].
MONTGOMERY, M. L., G. E. SHELINE and I. L. CHAIKOFF: Zinkausscheidung durch Pankreas- und Duodenalsaft 63[1].
— s. CHAIKOFF, I. 146[16], 154[8].
— s. FISHLER, M. C. 158[3].
— s. SHELINE, G. E. 62[11], 65[8].
MONTINI, T., s. ARRIGO, L. 373[2].
MOOG, F.: Bildung der ATPase bei Embryonalentwicklung des Gehirns 683[6].
MOORE, A., s. ALTHAUSEN, T. L. 54[1].
MOORE, A. R.: Gefrierpunktserniedrigung des Froschmuskels 603[3].
MOORE, D. B., P. S. PIERSON, F. M. HANGER and D. H. MOORE: Kephalin-Cholesterinflockungstest 247[1].
— s. GUTTMAN, S. A. 247[4].
MOORE, D. H., s. GUTTMAN, S. A. 247[4].
— s. KABAT, E. A. 229[4], 247[2].
— s. MOORE, D. B. 247[1].
— s. ORR, W. F. jr. 235[4].
— s. SALLMANN, L. VON 903[1], 904[10].
MOORE, E., H. G. SCHEIE and F. H. ADLER: Harnstoffgehalt in Kammerwasser 904[7].
MOORE, J. A., s. SNELL, E. E. 272[3].
MOORE, L. A., and J. F. SYKES: Ursachen zentral-nervöser Demyelinisierung bei Vitamin A-Mangel 669[17,18].

MOORE, L. A., s. THOMAS, J. W. 348[7].
MOORE, R. A., s. ANDRUS, W. DE W. 235[9].
— s. JAVERT, C. T. 371[2,12].
— s. LORD, J. W. jr. 369[8].
MOORE, S., s. STEIN, W. H. 451[11].
MOORE, T.: Vitamin A im Peritonealfett 348[13]. — Keine Carotinablagerung in der Leber 351[3]. — Vitamin A-Gehalt menschlicher Leber 354[3].
— and J. E. PAYNE: Vitamin A-Gehalt von Tierlebern 355[1], 357[1]. — Jahreszeitliche Schwankungen im Vitamingehalt der Leber 356[4].
— and I. M. SHARMAN: Vitamin A-Speicherung in der Niere männlicher Ratten 355[9]. — Vitamin A-Speicherung in Leber und Niere weiblicher Ratten 356[1].
— I. M. SHARMAN and R. J. WARD: Vitamin A im Depotfett 348[14]. — Vitamin A-Speicherung in der Leber 349[1]. — Geschlechtsdifferenzen im Vitamin A-Gehalt der Rattenleber 355[7].
— s. DANN, W. J. 349[9].
— s. DAVIES, A. W. 348[12,16], 349[3].
— s. EDEN, E. 348[11].
— s. ELLISON, J. B. 354[8].
— s. HARRIS, A. D. 348[12], 354[4].
— s. RODAHL, K. 357[4], 358[1].
— s. WOOLF, B. 351[6].
MOREHEAD, P., s. ARTOM, C. 401[2].
MOREHOUSE, A. L., N. B. GUERRANT and R. A. DUTCHER: Einfluß von Vitamin A auf Ascorbinsäuregehalt der Leber 349[6].
MOREL, A., s. DOYON, (M.) 234[4].
— s. RAMBERT, P. 48[4].
MORELAND, F. B., J. H. GAST and B. HALPERT: Ausscheidung von Phosphat mit der Galle 539[7].
MORELLI, A., e L. D'AMBROSO: Glykogengehalt der Leber bei Scorbut 385[2].
MORETTI, I.: Tokopherolwirkung bei Leberverfettung durch Tetrachlorkohlenstoff 366[6].
MORGAN, A. F., L. E. KIDDER, M. HUNNER, B. K. SHAROKH and R. M. CHESBRO: Riboflavingehalt von Hühnerleber 390[9]. Nicotinsäuregehalt von Hühnerleber 394[11].
— and E. M. LEWIS: Pantothensäure und Fettstoffwechsel 409[11].
— and H. D. SIMMS: Bedeutung der Pantothensäure für Synthese der Nebennierenrindenhormone 410[8].
— s. AXELROD, H. E. 291[6].
— s. BENTLEY, L. S. 349[17], 350[1].
— s. CRIDDLE, J. E. 364[2], 368[5].
— s. GUEHRING, R. R. 205[10], 206[2], 409[9].
— s. HEIDELBERGER, C. 288[4], 289[1], 292[15].
— s. HURLEY, L. S. 410[9].
— s. MURRAY, H. C. 385[2].
MORGAN, E. J.: Harnsäurebildung bei Tauben 334[8]. — Xanthinoxydase im Hühnerembryo 334[9]. — Xanthinoxydase 335[10].
— s. HOPKINS, F. G. 383[8].
MORGAN, R. H., and H. B. STEWART: Cholecystographie 565[2].
MORGAREIDGE, K., s. GRAY, E. L. 347[1].
MORGENTHAU, J. E., s. SMITH, C. H. 48[1].
MORGULIS, S.: Aminosäuregehalt des Blutes nach proteinreicher Nahrung 211[3]. — Harnstoffgehalt des Blutes bei ECKscher Fistel 305[5].
— and H. C. SPENCER: Kreatinausscheidung bei Vitamin E-Mangel 367[11].
— V. M. WILDER, H. C. SPENCER and S. H. EPPSTEIN: Cholesteringehalt des Gehirns bei alimentärer Muskeldystrophie des Kaninchens 686[20].
MORI, E. DE, s. BARGONI, N. 684[8].
MORI, K., s. NAKAHARA, W. 500[8].
MORI, T.: Cholsäurebildung bei der Katze 551[21]. — Steroidsäure aus Seelöwengalle 553[5]. — Desoxycholsäurebildung aus 12-Keto-3-cholensäure bei Kaninchen 556[7]. Ausscheidung tauringebundener Gallensäuren bei Feliden 557[9].
— s. SUZUKI, U. 268[1].
MORINAKA, K., s. FELIX, K. 310[7].
MORING-CLAESSON, I., s. WINNICK, T. 216[4], 260[4], 831[4].
MORITA, Y., and J. M. ORTEN: Glykogengehalt der Leber alloxandiabetischer Ratten 75[13].
MORLEY, E. H., s. STETTEN, D. jr. 125[4].
— s. WELT, I. D. 125[5].
MORPURGO, B.: Größe der Leberzellen bei Nahrungsmangel 10[11].
MORRELL, J. A., s. HUNTER, A. 310[12].
MORRIONE, T. G.: Hodenatrophie bei Lebercirrhose 426[7].
MORRIS, C. J. O. R., s. BUTT, W. R. 434[14].
MORRIS, H. P., C. S. DUBNIK, T. B. DUNN and J. M. JOHNSON: Cancerogene Wirkung von 2-Diacetylaminofluoren und von Nitrofluoren 495[7].
— C. S. DUBNIK and J. M. JOHNSON: Cancerogene Wirkung von 2-Diacetylaminofluoren und von Nitrofluoren 495[7]. — Cancerogene Wirkung von 2-Acetylaminofluoren 499[9].
— and S. W. LIPPINCOTT: Paralyse der hinteren Extremitäten bei Pantothensäuremangel 673[6].
— J. H. WEISBURGER and E. K. WEISBURGER: Carcinogene Wirkung von 2-Acetylaminofluoren 499[8]. — Abbau von 2-Acetylaminofluoren 499[8], 500[3].
— and B. B. WESTFALL: Beseitigung von Acetylaminofluoren aus Organen 500[6].
— s. MEISTER, A. 252[3], 400[9].
— s. WEISBURGER, J. H. 500[4].
MORRIS, P., s. BUTT, W. R. 434[14].
MORRISON, D. B., and T. P. NASH jr.: Kupfergehalt der menschlichen Leber 57[5]. — Kupferdepot in der Leber des Neugeborenen 58[10].
— s. MYERS, V. C. 64[13].
MORRISON, J. L., s. JOHNSTON, C. G. 540[13], 541[4].
MORRISON, P. J., s. RIEGEL, C. 536[6], 568[3].

MORRISON, R. W., and M. H. HACK: Perjodsäure-Leukofuchsinreaktion bei Morbus GAUCHER 661[8].
MORRISON, S., M. FELDMAN, J. KRANTZ jr. and F. F. BECK: Lipidmenge in Hundegalle 545[3].
MORRISSEY, R. W., s. CLARK, B. B. 485[9], 486[7], 488[6].
MORSE, L. M., s. TARVER, H. 745[12], 746[6].
MORSE, M., s. GOLDNER, M. G. 238[10], 239[4].
MORSE, W. C., s. GIGES, B. 563[20].
MORTENSEN, W. L., s. RIGNEY, L. J. 535[3], 569[9].
MORTON, I. D., and A. R. TODD: cis-Vaccensäure aus Pferdegehirn 640[4].
MORTON, J. W. s. WEIGERT, F. 946[7].
MORTON, M. C., s. NEWMAN, H. W. 485[6], 488[2].
MORTON, R. A.: Vorkommen von Dimethylalloxazin in der Linse 889[18].
— and R. H. CREED: Vitamin A_2, Bildung aus Carotin 359[9].
— and T. W. GOODWIN: $Retinin_1$ ist Vitamin A-Aldehyd 927[5], 941[8].
— and D. G. ROSEN: Vitamin A- und Carotingehalt der Froschleber 355[6]. — JahreszeitlicheSchwankungen im Vitamingehalt der Leber 356[5].
— M. K. SALAH and A. L. STUBBS: $Retinin_2$ 927[6].— $Retinin_2$ ist Vitamin A_2-Aldehyd 941[10].
— and A. L. STUBBS: Vitamin A_2 in Lebern von Seefischen 359[6].
— s. BALL, S. 927[5], 941[3,8], 946[9].
— s. BOWNESS, J. M. 915[7], 917[8], 918[1,2].
— s. CAMA, H. R. 350[5], 358[9], 927[8], 941[11].
— s. COLLINS, F. D. 926[3], 938[6], 940[3], 941[4], 942[4,7], 943[10,11], 945[3].
— s. EDISBURY, J. R. 359[2], 927[15].
— s. FORE, H. 625[8], 871[4], 884[6], 924[8], 947[5].
— s. GLOVER, M. 203[15], 348[5], 350[4,7], 351[9], 353[4], 354[1], 645[10], 675[6], 941[11].
— s. LOVERN, J. A. 356[16], 359[7].
MORUZZI, G. (Brüssel): Verwertung von Mannose bei hepatektomierten Tieren 105[4].
MORUZZI, GIO., GIU. MORUZZI e M. A. BARTOLI: Oxydation von Triosephosphat in der Leber 112[3]. — Gluconsäurecyclus und Glykolyse 112[3].
MORUZZI, GIU., s. MORUZZI, GIO. 112[3].
MOSBACH, E. H., and C. G. KING: Glucuronsäurebildung aus Glucose 460[7].
— E. F. PHARES and S. F. CARSON: Bildung von CO_2 aus Formiat 831[10].
— s. BURNS, J. J. 104[12], 377[14], 381[7].
— s. JACKEL, S. S. 380[9], 381[1].
MOSCHCOWITZ, E.: Leberdurchblutung bei Cirrhose 18[6]. — Leberstörungen bei Hyperthyreoidismus 443[6].
MOSES, R., s. FRIEDENWALD, J. S. 920[5].
MOSES, S. G., s. HERRMANN, H. 875[7], 876[2], 877[10], 878[4], 889[9], 895[10], 904[6], 918[16], 919[9], 926[14].
MOSETTIG, E., s. TABOR, H. 476[3].
MOSIMAN, R. E., and G. H. WHIPPLE: Chloroformvergiftung der Leber von Nichtsäugetieren 36[2].
MOSS, A. R., and E. SCHOENHEIMER: Bildung von Tyrosin aus Phenylalanin 278[1].
MOSS, J., s. MARTIN, G. J. 417[4].
MOSS, W.: Wirkung parenteraler Zufuhr von Vitamin K bei cholämischen Blutungen 369[4].
MOSSE, M.: Bakterieller Proteinabbau im Darm und Phenolsulfatausscheidung 466[5].
MOSSO, U.: Salicylsäureentgiftung durch Bildung von Salicylursäure 469[3].
MOTT, F. W.: Myelinisierung und Erregungsleitung im Nerven 734[2].
MOTTERAM, R., s. ALTHAUSEN, T. L. 54[1].
MOTTRAM, V. (H.): Histologischer Fettnachweis in Leberzellen 136[1]. — Fettaustausch zwischen Leber und Fettdepots im Hunger 138[7].
MOUKHTAR, A., et H. DJÉVAT: Oxydation von Santonin zu α-Oxysantonin bei Leberkrankheiten 482[4]. — Ausscheidung von Oxysantonin mit der Galle 482[4].
MOURIQUAND, G., et M. BOUCHUT: Leberstörungen bei Hyperthyreoidismus 443[5].
MOUROT, G.: Harnsäureabbau beim Säugetier 341[2].
MOUSSARD, H., s. COLLET, A. 541[18].
MOWAT, D. M., s. DAVIDSON, J. N. 102[6,11].
MOXON, A. L., A. E. SCHAEFER, H. A. LARDY, K. P. DU BOIS and O. E. OLSON: Wirkung von Brombenzol bei Selenvergiftung 475[1].
MOYER, A. W., and V. DU VIGNEAUD: Keine lipotrope Wirkung von Glutaminsäurebetain 148[11]. — Sarkosin, Dimethylglycin, Trigonellin und Ergothionein sind keine Methyldonatoren 149[2]. — Antilipotrope Wirkung von Nicotinsäureamid 149[2].
— s. VIGNEAUD, V. DU 147[2].
MOYER, E. Z., s. WILLIAMS, H. H. 678[1].
MOZINGO, R., s. WOLF, D. E. 262[5].
MROCHKOV, K. A.: Vitamin A-Gehalt der Walleber 355[4], 357[6].
MÜHLMANN, M.: Größe der Leberzellen bei Nahrungsmangel 10[10]. — Lipofuscin im Gehirn 680[5,6].
MÜLLER, A. F., u. F. LEUTHARDT: Citrullinbildendes Fermentsystem in Lebermitochondrien 306[11]. — Förderung der Citrullinbildung durch Carbamoylglutaminsäure 307[8]. — Hemmung der Asparaginsäurebildung aus Glutaminsäure durch Malonat 309[5].
— s. LEUTHARDT, F. 307[2,3].
MÜLLER, D.: Direkte Oxydation von Galaktose und Xylose durch Leber 108[7].
MÜLLER, E.: Kreatininausscheidung in der Gallє 542[9].
MÜLLER, E. F. W.: Aminosäuregehalt der Galle 542[3]. — Cholin in Leichengalle 546[9].

MÜLLER, F. (v.): Unterbrechung der Urobilinbildung bei Stauungsikterus 518[3]. Resorption im Darm gebildeter Reduktionsprodukte von Bilirubin 520[3]. — Urobilinogen- bzw. Urobilinausscheidung im Harn bei diffusen Leberparenchymschäden 521[5].
MUELLER, G. C., and J. A. MILLER: Bedeutung von Riboflavin für Buttergelbspaltung 394[2]. — Demethylierung von p-Dimethylaminoazobenzol 497[12], 498[4]. — Notwendigkeit von Flavindinucleotid für Spaltung von p-Dimethylaminoazobenzol 499[1]. — Nichtcancerogene Benzolderivate 499[1]. — Notwendigkeit von Codehydrogenase für Spaltung von p-Dimethylaminobenzaldehyd 499[2].
MÜLLER, H. A.: Pregnandiolglucuronidbildung bei Atrophie des Endometriums oder Hysterektomie 437[1].
MÜLLER, H. K.: Organisch gebundenes Phosphat in der Linse 885[1]. — Gehalt an anorganischem Phosphat in kataraktösen Rinderlinsen 885[1]. — Aufnahme von Ascorbinsäure durch die Linse 892[7]. — Glykolyse in der Linse 894[3]. — Kammerwasser enthält kein Glutathion 904[6]. — Ascorbinsäuregehalt in Kammerwasser 905[5].
— u. W. BUSCHKE: Glutathiongehalt der Linse 889[3]. — Ascorbinsäuregehalt der Linse bei Hund und Ratte 890[6].
— u. O. KLEIFELD: Organische Phosphatverbindungen in der Linse 891[9]. — Aufnahme von Phosphat durch die Linse 892[8]. — Veresterung von anorganischem Phosphat in der Linse 894[6].
— O. KLEIFELD, R. FUCHS, U. DARDENNE, O. HOCKWIN u. P. ARENS: Veresterung von anorganischem Phosphat in der Linse 894[6]. — Störung der Phosphataufnahme durch die Linse nach Alloxan oder Naphthalin 900[7].
— S. KLEIFELD, O. 891[9], 892[4], 894[6].
MÜLLER, H. W.: Kaliumgehalt im Froschgehirn 623[25].
MUELLER, J. F., s. GLAZER, H. S. 291[12].
— s. VILTER, R. W. 343[7].
MUELLER, J. H.: Lebercholesterinesterase 207[12].
MÜLLER, L. R.: Calciumgehalt in Rattenhirn 621[4]. — Kaliumgehalt im Gehirn 622[17]. — Mineralgehalt des Gehirns 623[3]. Natriumgehalt des Gehirns 624[7]. — Magnesiumgehalt im Gehirn 625[2]. — Chloridgehalt im Gehirn 629[8].
MÜLLER, M., s. WISS, O. 292[11].
MÜLLER, P. B.: Leberdurchströmung 27[1].
MÜLLER, R. (Basel), s. GERLACH, WE. 915[4].
MÜLLER, R. (Düsseldorf), s. WERLE, E. 491[10], 492[6].
MÜLLER, R. W. J.: Gehalt der Netzhaut an festen Bestandteilen 924[1].
MÜNICH, W.: Eiweißfraktionen im Kammerwasser vom Kaninchen 903[3].
MUENZEN, J. B., L. R. CERECEDO and C. P. SHERWIN: Entgiftung aromatischer Amine durch Acetylierung 475[4].
MÜTING, D., u. V. WORTMANN: Aminosäurezusammensetzung der Leberproteine 217[7].
MUIRHEAD, E. E., G. CRASS, F. JONES and J. M. HILL: Störung der Eisenresorption bei Bluttransfusion 55[9].
MUKAI, M.: Nachweis von Spurenelementen in Pigmentkalksteinen 567[7].
MUKERJI, B., s. SMITH, R. G. 480[5].
MULAY, A. S., s. SYMEONIDS, A. 501[22].
MULDER, A. G., and L. A. CRANDALL jr.: Keine Ketonkörperbildung im Gehirn 742[7].
— s. AMBERSON, W. R. 629[14].
MULFORD, D. J., and W. H. GRIFFITH: Antilipotrope Wirkung von Cystin 149[9].
— s. COHN, E. J. 425[14].
MULL, J. W., s. MYERS, V. C. 63[12], 64[13,16].
MULLER, G. L., and M. M. SUZMAN: Lebercholesterin bei Erkrankungen 198[13].
— s. SUZMAN, M. M. 669[4].
MULLER, L. P., s. BERMAN, J. K. 29[1].
MULLER, P., s. HIJMANS VAN DEN BERGH, A. A. 510[4].
MULLI, K., s. HAUSMANN, K. 419[16].
MULLINS, L. J.: Hemmung der P-Aufnahme in Gehirn durch Azid und Sauerstoffmangel 769[11]. — P-Aufnahme durch gereizte Nerven 770[6]. — Keine Extrakohlensäurebildung im elektrisch gereizten Nerven 864[1].
— s. FENN, W. O. 801[7].
MUNDELL, D. B., s. MENDEL, B. 851[2].
MUNK, I., u. A. ROSENSTEIN: Fettresorption auf dem Lymphwege 136[5].
MUNKS, B., s. BEACH, E. F. 217[3], 655[1].
MUÑOZ, C., s. DISCHE, Z. 892[3].
MUÑOZ, C. M., s. SALLMANN, L. v. 898[1].
MUÑOZ, J. M., s. LELOIR, L. F. 120[4], 171[2], 485[4], 487[10], 488[3].
MUNRO, F. L., E. R. HART, M. P. MUNRO and A. A. WALKLING: Überlebensdauer von Hunden nach einzeitiger Leberexstirpation 31[7]. — Prothrombinbildung in der Leber 235[12].
MUNRO, H. N., s. CUTHBERTSON, D. P. 220[6].
MUNRO, M. P., s. GREIG, M. E. 714[6], 931[5].
— s. MUNRO, F. L. 31[7], 235[12].
MUNSON, P. L., s. ENGSTROM, W. W. 434[6].
MUNTWYLER, E.: Plasmaproteingehalt bei Lebererkrankungen 227[5].
— S. SEIFTER and D. M. HARKNESS: Verteilung der Nucleinsäuren in Leberzellen der Ratte 313[6]. — Nucleinsäuren in Leberzellen bei Proteinmangel 321[12].
— s. BOWMAN, D. E. 379[9].
— s. SEIFTER, S. 390[8], 391[6], 392[4], 394[8], 395[2].
MUNTZ, J. A.: Glycinbildung aus Betain 257[5]. — Phosphohexokinase aus Gehirn 713[2]. — Muskeladenylsäuredesaminase aus Hundegehirn benötigt ATP 767[7]. — Vorkommen von Myokinase im Gehirn 774[5].

MUNTZ, J. A., and J. HURWITZ: Förderung der aeroben Glykolyse durch Ammoniumionen 708[12]. Aktivierung der Phosphohexokinase durch Ammoniumionen 713[3]. Beziehungen zwischen K-, Na- und NH_4-Ionen und Kohlenhydratstoffwechsel im Gehirn 806[10]. — Abhängigkeit der Gehirnglykolyse von ATP 807[1]. — Bedeutung von Ammoniumionen für Phosphatübertragung auf ADP oder Adenylsäure 807[3].
MURALT, A. v.: Buch über Signalübermittlung im Nerven (1946) 836[4]. — Zusammenfassung über Zusammenhänge zwischen physikalischen und chemischen Vorgängen bei der Muskelkontraktion (1935) 570[14]. — Zusammenfassung über Thiamin und periphere Neurophysiologie (1947) 670[7]. — Doppelbrechung des Muskels bei Kontraktion 602[3]. — 2. Vagusstoff 671[9], 838[4]. — Thiaminfreisetzung bei Vagusreizung 838[4]. — Acetylcholin als cholinergische Überträgersubstanz 839[4]. — Freisetzung von Acetylcholin bei Nervenreizung 841[9-11], 842[1,2]. — Rolle des Acetylcholins bei der Nervenleitung 842[2,3]. — Aktionssubstanz A_4 862[1,2]. — Fortpflanzung der Nervenerregung 862[6]. — Erholungswärme des Nerven 863[4].
— and J. T. EDSALL: Myosin 578[1].
— u. G. v. SCHULTHESS: Acetylcholingehalt von degenerierenden Nerven 696[13]. — Acetylcholingehalt des Nerven bei sekundärer Regeneration 841[17].
— u. F. WYSS: Aneuringehalt im degenerierten Nerven 697[1].
— u. Y. ZOTTERMAN: Bedeutung von Aneurin für die Nervenerregung 837[6].
— s. BAEYER, E. v. 603[1].
— s. JENT, M. 699[13].
— s. KOECHLIN, B. 699[14].
— s. MARGARIA, R. 605[2].
— s. WYSS, F. 838[2].
MURAYAMA, M. M., s. GREENBERG, D. M. 797[15].
MURLIN, J. R.: Glucagongehalt von Insulin 76[10]. — Ort der Glucagonbildung 77[1].
— s. CLARK, D. E. 102[1].
— s. KIMBALL, C. P. 76[9].
— s. ROSTORFER, H. H. 27[4].
MURLIN, W. R., and R. S. MANLY: Proteinsparende Wirkung von Kohlenhydraten bei Phlorrhizinvergiftung 102[4].
MURNANE, D., s. BULL, L. B. 627[2].
MURPHY, A. S., s. MCMAHON, H. E. 66[4].
MURPHY, F. D., s. TUPP, J. H. 38[4].
MURPHY, W. P., s. MINOT, G. R. 418[6].
MURRAY, H. C., and A. F. MORGAN: Glykogengehalt der Leber bei Scorbut 385[2].
MURRAY, J. D., s. SCHAEFFER, A. J. 874[4], 887[4].
MURRAY, S., s. DEUEL, H. J. jr. 70[5,7], 71[8], 105[6].
MURRILL, W. A., s. HORTON, P. B. 353[3].
MUSAJO, L.: Oxykynureninabbau 291[1].
MUSCULUS, (F.), s. MERING (J.) v. 483[4].
MUSHATT, C., s. WINTROBE, M. M. 756[1].
MUSSER, R., s. CARR, C. J. 106[1].
MUTIUS, I. v., s. HEILMEYER, L. 53[9].
MUWAZI, E. M. K., s. TROWELL, H. C. 151[1].
MYANT, M. B., and E. E. POCHIN: Thyroxinspeicherung in der Leber 441[7].
MYERS, D. K., s. MENDEL, B. 852[7], 853[1], 858[13].
MYERS, J., s. TODD, W. R. 104[3], 106[4].
MYERS, J. D.: Durchblutung der Leber 14[13], 38[1]. — Bestimmung von Teilfunktionen des Leberstoffwechsels 38[2].
— E. S. BRANNON and B. C. HOLLAND: Sauerstoffverbrauch der Leber bei Hyperthyreose 444[1]. — Vergrößerung der Leber bei experimentellem Hyperthyreoidismus 446[16].
MYERS, V. C., and D. B. MORRISON: Aluminiumgehalt der Hundeleber 64[13].
— and J. W. MULL: Aluminiumgehalt der menschlichen Leber 63[12]. — Aluminiumgehalt der Hundeleber 64[13]. — Aluminiumgehalt der Rattenleber 64[16].
MYERS, W. K., and C. S. KEEFER: Albumin: Globulinverhältnis bei Lebererkrankungen 229[4].
MYERSON, A., s. LOMAN, J. 823[9].
MYERSON, S., s. DIAMOND, J. S. 531[6].
MYLROIE, A. K., s. VESTLING, C. S. 98[11], 99[6].
MYSTKOWSKI, E. M.: Polydispersität von Leberglykogen 81[6]. — Polymolekulares Leberglykogen 82[1].
— s. DZIALOSZYNSKI, L. M. 353[6].

NACE, P. F.: Wirkung von hohen Testosterondosen auf die Leber 434[2].
NACHADO, A. L., s. NACHMANSOHN, D. 758[5].
NACHMANNSOHN, D.: Zusammenfassung über die Rolle des Acetylcholins bei der Nerventätigkeit (1945) 838[10]. — Zusammenfassung über Acetylcholin (1950) 842[6]. — Bildung der Cholinesterase bei Entwicklung des Gehirns der Ziege 683[9]. — Aktivität der Cholinesterase im Hühnergehirn 683[11]. — Beteiligung von Acetylcholin an der Erregungsfortleitung 841[7]. Fortpflanzung der Erregung im Nerven 842[5]. — Aktivität der Acetylcholinesterase im Vogelgehirn 853[3]. — Aktivierung der Acetylcholinesterase durch zweiwertige Kationen 856[11]. — Auftreten der Acetylcholinesterase bei der Entwicklung des ZNS 861[8,9,11,14].
— and M. BERMAN: Acetylierung von Cholin im Gehirn 722[12]. — Acetylcholinsynthese im Kaninchengehirn 848[9].
— and E. A. FELD: Hemmung der Cholinesterase durch Diisopropylfluorophosphat 859[2].
— S. HESTRIN and H. VORIPAIEFF: Beziehungen zwischen Acetylcholinsynthese und Kohlenhydratstoffwechsel 845[9]. —

Fermentsystem der Acetylcholinsynthese 846[4]. — Cholinacetylase aus Kaninchengehirn 849[14].
NACHMANNSOHN, D., and H. M. JOHN: Acetylcholinsynthese in Gehirnextrakten 758[7]. — Aktivierung der Acetylcholinsynthese durch Kaliumionen 807[7]. — ATP-Bedarf für Acetylcholinsynthese 847[4]. — Acetylcholinsynthese in zellfreien Hirnpräparationen 848[7]. — Cholinacetylase aus Gehirn 849[7,8].
— H. M. JOHN and M. BERMAN: Cholinacetylasegehalt im degenerierenden Nerven 696[18]. — Cholinacetylase kommt in allen Nervengeweben vor 850[15].
— H. M. JOHN and H. WAELSCH: Acetylcholinsynthese in Gehirnextrakten 758[6]. Beziehungen zwischen Acetylcholinsynthese und Kohlenhydratstoffwechsel 845[7]. Steigerung der Acetylcholinsynthese durch L-Glutaminsäure 848[14]. — Aktivitätsverlust der Cholinacetylase bei Dialyse 849[12].
— et E. LEDERER: Hemmung der Acetylcholinesterase durch Methanol 860[16].
— and A. L. MACHADO: Acetylcholinsynthese in Gehirnextrakten 758[5]. — Anaerobe Acetylcholinsynthese nach Zusatz von ATP 845[16].
— and M. A. ROTHENBERG: Aktivität der Acetylcholinesterase gegen verschiedene Substrate 857[11].
— M. A. ROTHENBERG and E. A. FELD: Wirkung von Prostigmin und Eserin auf Cholinesterase 858[5]. — Hemmung der Cholinesterase durch Diisopropylfluorophosphat 859[1,3].
— and H. B. STEINBACH: Verbindung zwischen Vitamin B_1- und Acetylcholinstoffwechsel 838[9].
— H. B. STEINBACH, A. L. MACHADO and S. SPIEGELMAN: Fermente des Cytochromsystems im Gehirn 795[2]. — Cytochromoxydase im Axoplasma beim Tintenfisch 795[2].
— and M. S. WEISS: Wirkung von Citronensäure auf Cholinacetylase 849[13]. — Aktivität der Cholinacetylase in den Kopfganglien vom Tintenfisch 850[13]. — Hemmung der Cholinacetylase durch α-Ketosäuren und Naphthochinone 850[13]. — Hemmung der Cholinacetylase durch α-Ketoglutarsäure und 2-Methyl-1,4-naphthochinon-8-sulfosäure 851[1].
— I. B. WILSON, S. R. KOREY and R. BERMAN: Transacetylase aus Taubenleber 129[6]. — Spezifität der Cholinacetylase 850[5].
— s. AUGUSTINSSON, K. B. 851[5], 852[2], 856[6], 858[6], 859[9].
— s. BERGMANN, F. 857[3].
— s. BOELL, E. J. 855[9].
— s. BULLOCK, T. H. 856[2].
— s. COUTEAUX, R. 855[7].
— s. GRUNDFEST, H. 860[18].
NACHMANNSOHN, D., s. KOREY, S. R. 850[4].
— s. KORKES, S. 845[13], 850[11].
— s. MARNAY, A. 855[2-4].
— s. MEYERHOF, O. 600[1].
— s. ROTHENBERG, M. A. 854[1].
— s. WILSON, I. B. 857[4].
NADLER, C. S., s. KETY, S. S. 822[16].
NAFZIGER, H., s. BERSIN, T. 379[10].
— s. LAUBER, H.-J. 379[10].
NAGEOTTE, J.: Regeneration von Nerven 699[4].
NAGY, E. K., s. LISSÁK, K. 841[14].
NAGY, G., s. WILKINSON, A. W. 802[5].
NAGY, V. L., s. BODNÁR, J. 492[2].
NAHUM, L. H., s. HIMWICH, H. E. 160[12], 610[4], 783[11], 785[20], 822[12,13].
NAIDOO, D., and O. E. PRATT: Verteilung von phosphatester-spaltenden Fermenten im Gehirn 775[4,5].
NAIR, K. R.: Glykogengehalt der Leber bei Skorbut 385[2].
NAIR, P. V., and T. A. RAMA-KRISHNAN: Tokopherolgehalt von Haifischleberöl 364[10].
NAITO, H.: Verhalten der Gehirnlipoide bei Lipoidmast 686[7].
NAJJAR, V. A.: Hemmung und Aktivierung der Phosphoglucomutase 86[5]. — p_H-Optimum der Phosphoglucomutase 86[5]. Direktes Bilirubin fällt mit Albuminen, indirektes mit Globulinen bei Ammonsulfatfällung 515[4].
— R. S. HALL and C. C. DEAL: Leberfunktionsprüfung mit Nicotinsäureamid 399[5].
NAKADA, H. I., B. FRIEDMANN and S. WEINHOUSE: Glycinoxydase ein Flavinferment 259[3].
— and S. WEINHOUSE: Oxydation von L-Asparaginsäure durch große Granula der Leberzellen 123[2]. — Abhängigkeit der Asparaginsäuredesaminierung vom Citronensäurecyclus 253[2].
NAKAHARA, W., T. HUJIWARA and K. MORI: Beeinflussung der carcinogenen Wirkung von p-Dimethylaminoazobenzol durch die Ernährung 500[8].
NAKAMURA, B., u. O. NAKAMURA: Ascorbinsäuregehalt in Glaskörper, Kammerwasser und Plasma von Kaninchen 912[8].
NAKAMURA, H.: Einfluß gallensaurer Salze auf Riboflavingehalt der Leber 392[12].
— T. BABA and M. KAWASHIMA: Cholsäure und Chenodesoxycholsäure in der Fistelgalle von Ziegen 551[19].
— s. KAZUNO, T. 551[16].
NAKAMURA, O.: Ascorbinsäuregehalt der Chorioidea 918[13]. — Ascorbinsäuregehalt der Rinderchorioidea 919[11].
— s. NAKAMURA, B. 912[8].
NAKASHIMA, M.: Atmung und Glykolyse in der Netzhaut 929[9]. — Atmung der Netzhaut von der Plötze 930[11].
— u. Y. ARATA: Photolyse von Netzhautlipoiden bei Belichtung 936[1].
NAKASHIMA, T.: Bildung von α-Naphthylmerkaptursäure aus Naphthalin 473[17].

NAKAYAMA, Y., s. ITAGAKI, C. 289[6], 290[2].
— s. KOTAKE, Y. 289[4].
NALBANDOV, O., s. CARTER, H. E. 641[5].
NARAHARA, H. T., s. TOMIZAWA, M. L. 448[13].
NARATH, A.: Unterbindung der Leberarterie 28[7].
NARAYANASWAMI, A.: Gleichgewicht zwischen Adenosinpolyphosphaten und Phosphokreatin im Gehirn 772[9]. — Vorkommen von Kreatinphosphokinase im Gehirn 774[6], 775[1].
NARDI, G. L.: Glykokollaufnahme durch Organe 746[4].
NASARIJANZ, B. A.: Schädigung der Glucuronidbildung bei Phosphorvergiftung 456[13]. — Schädigung der Glucuronidbildung bei Lebererkrankungen 457[5].
NASH, J. B., s. ARCHDEACON, J. W. 541[16].
NASH, T. P., s. AMBERSON, W. R. 629[14].
NASH, T. P. jr., s. MORRISON, D. B. 57[5], 58[10].
NATH, H., s. BARKI, V. H. 164[3].
NAUNYN, B.: Buch über Klinik der Cholelithiasis (1892) 565[4]. — Reduzierende Stoffe in der Galle nach Piqûre 543[7].
— s. MINKOWSKI, O. 28[6], 507[5], 516[11], 559[5].
— s. SCHULLTEN, O. 472[9].
NAVA, G.: Phosphatidgehalt im Blut bei Leberkranken 160[8].
NAVRATIL, E., s. ENGEL, P. 425[12].
NAYER, P. P. DE, s. DUVE, C. DE 75[4].
NEALE, R. C., and H. C. WINTER: Giftwirkung von Adenin und Allantoin 334[5].
NEBER, M.: Alaninbildung durch Leberschnitte 254[3]. — Bildung von L-Glutaminsäure aus L-Prolin 300[4].
— s. EDLBACHER, S. 298[5].
NECKEL, J.: Strukturprotein des Glaskörpers 911[6].
NEDSWEDSKI, S. W.: Fettgehalt des Pfortaderblutes nach fettreichen Mahlzeiten 136[3].
— u. A. K. ALEXANDRY: Aufnahme von Fett durch die Leber 137[5].
NEEDHAM, D. M.: Buch über Biochemie des Muskels. Engl. (1932) 570[11]. — Zusammenfassung über Adenosintriphosphate und die Strukturproteine in Beziehung zur Muskelkontraktion (1952) 587[7].
— s. NEEDHAM, J. 578[4].
NEEDHAM, J.: Buch über Biochemie und Morphogenese. Engl. (1942) 505[5]. — Proteingehalt im Vogelgehirn während der Fetalentwicklung 680[15].
— J. BRACHET and R. K. BROWN: Harnstoffbildung in Hühnerembryonen 302[9].
— and H. LEHMANN: Wirkung von Glycerinaldehyd auf Glykolyse und Atmung von Gehirn 704[24].
— and W. W. NOWIŃSKI: Verwertung anderer Hexosen als Glucose 92[1]. — Verwertung von Mannose 105[2].
— W. W. NOWIŃSKI, K. C. DIXON and R. P. COOK: Verwertung anderer Hexosen als Glucose 92[1]. — Verwertung von Mannose 105[2].
NEEDHAM, J., S.-C. SHEN, D. M. NEEDHAM and A. S. C. LAWRENCE: Einfluß von ATP auf Myosin 578[4].
NEEFE, J. R.: Thymol-Trübungstest bei Leberstörungen 246[1].
— and J. G. RHEINHOLD: Thymol-Trübungstest bei Leberstörungen 246[1].
NEETENS, A., s. FRANÇOIS, J. 886[8].
NEFFLEN, R. W., s. KRAUT, H. 709[16].
NEGELEIN, E.: Atmung und Glykolyse in der Netzhaut 929[4]. — Atmung und Glykolyse der Rattennetzhaut 930[8].
— u. T. BÜCHER: CO-Bindung an Myoglobin 580[1].
— s. WARBURG, O. 705[12], 780[6], 782[10], 783[24], 929[4], 930[8], 934[1], 936[3].
NEGRI, R., s. RAMBERT, P. 48[4].
NEILANDS, J. B., H. HIGGINS, T. E. KING, R. E. HANDSCHUHMACHER and F. M. STRONG: Freisetzung von Pantothensäure aus Coenzym A 404[11].
NEILSON, N. M., and K. F. MEYER: Tägliche Gallenproduktion bei verschiedenen Tieren 529[6]. — p_H-Wert verschiedener Gallen 537[5].
NELSON, A. A., O. G. FITZHUGH and H. O. CALVERY: Lebertumoren nach Chloroform- und Selenvergiftung 493[5].
NELSON, D., s. BELLOWS, J. G. 899[20].
NELSON, E. E., s. HITCHCOCK, P. 491[9].
NELSON, J., s. CANTAROW, A. 240[2], 241[7].
NELSON, J. F., s. FANTL, P. 91[3].
NELSON, J. W., s. KUIZENGA, M. H. 437[10].
NELSON, N., s. MIRSKY, I. A. 449[4], 485[10], 488[4].
NELSON, R. H., s. CULIK, R. 675[9].
NELSON, V. E., s. SUTTON, W. R. 63[8].
NELSON, W. O., s. SEGALOFF, A. 424[7].
NEMETH, A. M.: Glucose-6-phosphatase fehlt in fetaler Leber 70[1], 91[5].
NENCKI, L. v.: Hippursäurebildung aus Benzoylamid 469[2].
NENCKI, M.: Salicylsäureentgiftung durch Bildung von Salicylursäure 469[3].
— u. P. GIACOSA: Oxydation von Benzol zu Brenzkatechin und Hydrochinon 473[2]. — Reduktion von Chloralhydrat unabhängig vom Glykogengehalt der Leber 483[7].
— J. P. PAWLOW u. J. ZALESKI: Ammoniakgehalt von Pfortaderblut 304[2].
— u. N. SIEBER: Oxydation von Benzol zu Phenol 473[4].
— s. HAHN, M. 29[5], 338[4].
NEPVEUX, F., s. LABBÉ, M. 305[7].
NERI SERNERI, G., e A. BORGHI: Thymoltrübungstest bei Verschlußikterus 246[10].
— s. BORGHI, A. 245[2], 246[10].
NESBETT, F., s. ASHMORE, J. 91[6].
NESBETT, F. B., s. BUCHANAN, J. M. 40[5], 43[6,8], 120[3].
— s. DEANE, H. W. 43[10].
— s. HASTINGS, A. B. 43[7].
NESBITT, S., and A. M. SNELL: Porphyrinausscheidung in Galle und Harn 525[5]. — Porphyrinausscheidung bei alkoholischer Lebercirrhose 526[11].

NESBITT, S., s. AMATUZIO, D. S. 115[1,11], 116[2], 514[13].
— s. ZIEVE, L. 562[10], 563[1].
NETTER, H., s. MOND, R. 576[1], 587[6].
NEUBAUER, E.: Gallendruck bei Gallengangshindernissen 528[9]. — Keine Hemmung der Gallenproduktion durch Atropin 533[11].
— s. ADLERSBERG, D. 509[7], 533[14].
NEUBAUER, O.: Bildung von Glyoxylsäure aus Glycin 259[1]. — Ferment der Homogentisinsäurespaltung 281[1]. — Homogentisinsäurebildung aus p-Oxyphenylbrenztraubensäure 283[5]. — Acetonkörperbildung aus Äthylalkohol 486[9].
— u. W. FALTA: Homogentisinsäurebildung aus Phenylbrenztraubensäure 283[4].
— u. O. WARBURG: Acetylierung von Phenylaminoessigsäure 476[6].
NEUBECK, C. E., and C. V. SMYTHE: Glutathionspaltendes Ferment 275[11]. — Glutathionspaltung durch Leber 276[1].
NEUBERG, C., and L. LANGSTEIN: Bildung von Leberglykogen aus Alanin 255[5].
NEUBERG, J., s. SNAPPER, I. 27[3].
NEUBERGER, A., C. RIMINGTON and J. M. G. WILSON: Tyrosinabbau 280[10]. — Homogentisinsäuregehalt im Blut bei Alkaptonurie 282[1]. — Homogentisinsäurebildung beim Alkaptonuriker 283[3]. — Alkaptonurie 284[1].
— and F. SANGER: Unverwertbarkeit von Acetylaminolysin 295[8]. — Kein Abbau von Lysin durch Aminosäureoxydasen 295[16]. — Desaminierung von ε-Acetylaminolysin 296[4]. — Ersetzbarkeit von Lysin durch Lysinderivate 296[5,6]. — Lysinumsatz im Gehirn gering 747[8].
— and T. A. WEBSTER: Experimentelle Alkaptonurie bei Proteinmangel 283[12].
— s. ARNSTEIN, H. R. V. 262[7].
— s. DALGLIESH, C. E. 287[2], 289[3], 290[3], 401[6].
— s. GLYNN, L. E. 283[11], 365[4].
— s. HENRIQUES, O. B. 468[6].
— s. LEAF, G. 276[4].
NEUBERT, D., s. HERKEN, H. 813[26], 817[10], 843[3].
NEUFELD, A. H., and J. B. COLLIP: Glykogengehalt der Mäuseleber 70[9]. — Glykogengehalt der Leber im Hunger 73[3].
NEUFELD, E. F., s. KAPLAN, N. O. 794[2].
NEUHAUS, E., s. VANNOTTI, A. 526[3].
NEUMAIER, H., s. STUHLFAUTH, K. 488[9].
NEUMAN, R. E., and M. A. LOGAN: Menge des Kollagens in der Leber 14[3]. — Kollagengehalt in Hirngewebe 621[1].
NEUMANN, H. J., s. BUSCH, L. 918[10], 938[2].
— s. STUDNITZ, G. v. 926[16].
NEURATH, H., s. SNOKE, J. E. 585[8].
NEUSCHLOSZ, S. M.: Wirkung von Schilddrüsenextrakt auf Dinitrobenzolreduktion in Leberbrei 445[10].
NEUSSER, (E. v.): Alopecia pectoralis bei Lebercirrhose 426[8].
NEUWEILER, W.: Kupfergehalt des Blutserums in der Schwangerschaft 59[8].
NEVIN, S., s. ROWNTREE, D. W. 861[6].
NEWCOMB, E. H., s. WITTER, R. F. 186[5].
NEWMAN, B., s. RAFSKY, H. A. 229[6], 399[1].
NEWMAN, C.: Calciumresorption in der Gallenblase 541[3].
NEWMAN, C. E.: Verhältnis Cholesterin zu Cholat in der Galle 209[16]. — Bedeutung von Gallensäuren für Löslichkeit von Cholesterin in der Galle 568[10]. — Gehalt an Cholesterin und Gallensäuren in der Galle bei Gallenblasenerkrankung 569[2].
NEWMAN, H. W.: Alkoholentgiftung im Hochgebirge 486[6].
— and H. V. PETZOLD: Keine beschleunigte Alkoholoxydation durch Antabus 491[2].
— W. VAN WINKLE jr., N. K. KENNEDY and M. C. MORTON: Alkoholoxydation in der durchströmten Leber 485[6]. — Abnahme des Leberglykogens bei Alkoholoxydation 488[2].
NEWMAN, W., I. FEIGIN, A. WOLF and E. A. KABAT: Alkalische Phosphatase und 5-Nucleotidase in den Achsenzylindern degenerierender Nerven 696[2]. — Phosphatasenachweis im Gehirn 776[9].
— s. LANDOW, H. 695[17], 776[8].
— s. WOLF, A. 695[1].
NEZAMIS, J. E., s. INGLE, D. J. 123[8], 124[9], 448[8].
— s. LI, C. H. 142[6].
NGUYEN-VAN THOAI, s. LEBLOND, C. P. 142[19].
NICHOL, C. A., and A. D. WELCH: Hemmung der Folinsäurebildung durch Aminopterin 414[6].
— s. WILLIAMS, J. N. jr. 415[7], 416[5,13], 417[1], 418[4], 422[3].
NICHOLS, E. G., s. LOEB, R. F. 74[10].
NICHOLS, F. T. jr., s. PATTERSON, J. L. jr. 821[10].
NICOLA, P. DE, s. WUHRMANN, F. 231[6,7].
NICOSIA, N. J., s. BRAUER, R. W. 563[16], 564[3].
NIEFT, M. L., and H. J. DEUEL jr.: Steigerung der Galaktoseverwertung durch fettreiche Nahrung 93[10]. — Cholesterinesterbildung in Leberemulsionen 207[14].
NIELSEN, E., s. LEPKOVSKY, S. 401[7].
— s. SCHWEIGERT, B. S. 411[1].
NIELSEN, H., u. F. LEUTHARDT: Enzymsystem der Thiaminphosphorylierung in Lebermitochondrien 388[13]. — Hippursäurebildendes Enzym in Lebermitochondrien 469[13]. — Verwendung von Peptiden zur Hippursäuresynthese 470[6].
— s. FAHRLÄNDER, H. 309[4].
— s. LEUTHARDT, F. 307[2,3], 388[10].
NIELSEN, K., s. SELYE, H. 11[2].
NIELSEN, M., s. BANG, O. 590[2], 608[3], 609[4].
NIEMANN, C., and J. F. MEAD: O_2-Verbrauch der Mitochondrien in Leberzellen nach Thyroxin 444[10]. — ATP-Pyrophosphatase der Leber 446[7].
NIEMEYER, H., s. MENEGHELLO, J. 151[2].

NIER, A. O., s. OLSEN, N. S. 258[4], 261[1].
— s. SWENDSEID, M. E. 186[2].
NIEUWERKERK, H. T. M., s. MEER, C. VAN DER 367[10].
NIKKILÄ, E.: Cholesterin : Phosphatid-Verhältnis in β-Globuline bei Lebercirrhose 232[5]. — Lipoidgehalt der α-Globuline bei Lebercirrhose 232[5].
NIKKILÄ, E. A., u. F. E. KRUSIUS: β- und γ-Globuline bei Leberschädigungen 231[4].
NILSSON, R., s. SYM, E. 928[9].
NIMS, L. F., s. GIBBS, E. L. 783[16], 816[16].
NISHI, H., T. E. KING and V. H. CHELDELIN: Pantothensäuregehalt der Leber bei Pantothensäuremangel 405[4].
NISHIKAWA, Y., u. T. TAKAGI: Zellwucherung in der Leber nach Milzexstirpation 51[1].
NISHIMURA, K.: Glucuronidbildung in der Leber 456[8].
NISHIO, S.: Aktivität der D-Aminosäureoxydase der Leber nach Riboflavinzusatz 392[5].
NISIMARU, Y.: Biliverdinbildung in der Froschleber 507[3]. — Bilirubingehalt von Amphibiengalle 516[10].
NISSELBAUM, J. S., s. BERNFELD, P. 462[10].
NISSIPESCO, C., s. PARHON, C. 622[8].
NISSL, F.: Chromatolyse der NISSL-Schollen bei Nervendurchschneidung 698[12].
NITZESCU, I. I.: Kupferdepot in der Leber des Neugeborenen 58[10].
— u. I. D. GEORGESCU: Vorkommen von Kupfer im Kammerwasser 902[3].
NIX, J. T., E. V. FLOCK and J. L. BOLLMAN: Eiweißtransport durch die Leberlymphe 20[3].
— F. C. MANN, J. L. BOLLMAN, J. H. GRINDLAY and E. V. FLOCK: Menge der Leberlymphe 19[4].
NIXON, W. C. W., E. S. EGELI, W. LAQUEUR and O. YAHYA: Wirkung von Lebergiften bei Proteinmangel 37[6]. — Lebernekrosen bei schwangeren Frauen 221[13], 366[2].
NIXON, W. L., s. TIPTON, S. R. 445[3,4].
NOCITO, V., s. BLANCHARD, M. 248[5,6].
— s. GREEN, D. E. 295[15].
— s. RATNER, S. 248[7], 259[3].
NODA, L., s. GRIFFIN, A. C. 502[11], 504[19].
NOËL, R.: Proteinspeicherung in der Leber 220[8].
NOELL, W.: Sauerstoffdruck in der V. jugularis 786[4]. — Ursachen des Funktionsausfalls höherer Gehirnteile 787[7].
— and H. I. CHINN: Ursachen des Funktionsausfalls höherer Gehirnteile 787[8].
— u. M. SCHNEIDER: Sauerstoffdruck in der V. jugularis 786[5].
NOELL, W. K.: Elektroretinogramm 931[1].
NOELTING, G., s. MEYER, K. H. 80[6].
NOER, B., s. KJERULF-JENSEN, K. 419[2].
NOLF, P.: Fibrinogenbildung in der Leber 233[12]. — Prothrombinbildung in der Leber 235[6].
— and M. ADANT: Einzeitige Leberexstirpation 31[3].
NOMURA, T.: Lebercholesterinesterase 207[8].
NONNENBRUCH, W., and W. SZYSZKA: Beschleunigung der Blutgerinnung durch Methylxanthine 371[17].
NOONAN, T. R., W. O. FENN and L. HAEGE: Transport von Kalium- und Natriumionen durch Zellmembranen 801[8].
— s. Altman, K. I. 746[3], 747[1].
— s. FENN, W. O. 801[7].
NOORDEN, K. H. v.: Antiketogene Wirkung von Sorbit 104[14].
NORBERG, B., s. BERGSTRAND, A. 316[7].
NORBERG, E., and D. M. GREENBERG: Eiweißumsatz im Gehirn bei tumortragenden Tieren 746[20].
NORDENSKJÖLD, T., s. SJÖGREN, B. 25[1], 67[10], 71[7], 73[4].
NORDMANN, J.: Buch über Biologie der Linse. Franz. (1954) 864[17].
— et P. MANDEL: Organische Phosphatverbindung in der Linse 891[8]. — Kataraktbildung bei Alloxandiabetes 899[2].
— s. MANDEL, P. 884[4], 885[4], 889[14], 896[10].
NORDMANN, M., s. LOEFFLER, L. 36[17].
NORDQUIST, L. (T.), s. HARRIS, J. E. 893[3,4].
NORMAN, A.: Ausscheidung gebundener Cholsäure bei Ratten ohne Darmflora 558[5].
— s. BERGSTRÖM, S. 551[20], 554[14], 557[15], 558[4].
NORMAN, F. A., and G. J. FASHENA: Galaktoseprobe bei Kindern 98[4].
NORMAN, J. M., s. ANSELL, G. B. 641[2].
NORRIS, E. R., s. KREBS, E. G. 416[3].
NORRIS, J. C.: Blutzuckerwerte bei ADDISONscher Krankheit 124[3]. — Steigerung der Gluconeogenese durch ACTH 125[6].
NORRIS, J. L., J. BLANCHARD and C. POVOLNY: Glykolyse im Lebergewebe 34[9].
NORRIS, L. C., s. AMDUR, M. O. 61[6].
— s. PEELER, H. T. 419[9].
— s. RINGROSE, A. T. 404[2,3].
— s. YACOWITZ, H. 406[6], 419[17], 420[8], 674[3].
NORRIS, W. P., s. CARTER, H. E. 641[3].
NORTHROP, L. C., s. MELAMPY, R. M. 404[6], 405[2], 406[1], 673[5].
NOSTRAND, F. H. VAN, s. HARDING, V. J. 92[2], 96[8].
NOTHDURFT, H.: Cancerogene Gesamtdosis von Dimethylaminoazobenzol 495[2].
NOTHMANN, M., s. FRANK, E. 75[2].
NOTHNAGEL, (H.): Fettige Degeneration der Leber nach Chloroformvergiftung 35[12].
NOVELLI, G. D., N. O. KAPLAN and F. LIPMANN: Pantothensäuregehalt in Kaninchenorganen 404[8]. — Coenzym A-Spaltung durch Taubenleberextrakte 408[1]. — Coenzym A im Gehirn 673[9]. — Freie Pantothensäure in Organen 723[1].
— and F. LIPMANN: Citratbildung in Taubenleberextrakten 129[4]. — Steigerung der Acetokinaseaktivität durch ATP 130[2].
— and F. J. SCHMETZ jr.: Pantothensäuregehalt in Kaninchenorganen 404[8].

Novelli, G. D., F. J. Schmetz jr. and N. O. Kaplan: Coenzym A-Bildung in der Leber 179[2]. — Bildung von Pantothenylaminoäthylmercaptan aus Pantothenylcystein 272[4]. — Abspaltung von Aminoäthylmercaptan aus Coenzym A 409[1].
— s. Fox, D. L. 358[3].
— s. Hoagland, M. B. 179[2], 408[4].
— s. Levintow, L. 179[2], 408[3].
— s. Lipmann, F. 205[12], 404[10], 722[7].
— s. Stadtman, E. R. 850[7].
Nover, I.: Aneurin im Pigmentepithel 928[8].
Novikoff, A. B., L. Hecht, E. Podber and J. Ryan: Verteilung der Nucleinsäuren in Leberzellen der Ratte 313[5].
— E. Podber and J. Ryan: Adenosintriphosphatasegehalt in Mitochondrien 504[13]
— and V. R. Potter: Glykogengehalt der Leber nach partieller Hepatektomie 33[4]. Fermentgehalt im regenerierenden Lebergewebe 33[4]. — Nucleinsäuregehalt im regenerierenden Lebergewebe 33[4], 34[2]. Ribonucleinsäurebildung in der regenerierenden Leber 324[4,5]. — Desoxyribonucleinsäuregehalt in regenerierender Leber 325[4]. —
— s. Schein, A. H. 339[2].
Novikova, E. I.: Thiamingehalt der Delphin- und Walleber 387[9]. — Riboflavingehalt von Fischleber 390[10].
Nowak, H. J. G., s. Jourdan, F. 838[11].
Nowiński, W. W., and P. L. Ewing: Hemmung der Aldehydoxydation durch Antabus bei der Taube 490[15].
— s. Needham, J. 92[1], 105[2].
Noyce, B. N., s. Knox, W. E. 43[1].
Noyons, A. K., s. Jongbloed, J. 933[3].
Nuel, N.: Osmotischer Druck im Glaskörper 910[9].
Numata, I., s. Fujita, A. 795[6].
Nunn, L. C. A., and I. Smedley-Maclean: Verhältnis gesättigte : ungesättigte Fettsäuren im Leberfett von Ratten 375[2]. — Desaturierung mehrfach ungesättigter Fettsäuren bei Ratten 375[2].
— s. Hume, E. M. 374[12].
— s. Smedley-Maclean, I. 376[6].
Nutley, M. L., s. Tomizawa, H. H. 448[13].
Nutter, P. E.: Abnahme des Muskelglykogens bei dekapitierten Tieren 69[1].
Nyc, J. F., and I. Zabin: Serinbildung aus Brenztraubensäure 262[6].
— s. Mitchell, H. K. 292[12].
Nye, R. N., s. Mallory, F. B. 57[13], 58[4], 60[5].
Nye, W. N., s. Griffin, A. C. 502[11], 504[19].
Nygaard, A. P., and J. B. Sumner: Wirkung von Cystein auf Antabushemmung der Leberaldehydoxydase 490[17].
Nygaard, K. K.: Wirkung von Vitamin K bei hämorrhagischen Diathesen von Neugeborenen 371[15].
Oakley, H. B., and F. G. Young: Molekulargewicht von Leberglykogen 82[3].
Obel, A. L., s. Jonsson, G. 382[5].
Oberdisse, K., u. K. Eckardt: Harnstoffbildung in der Leber aus Ammoniumsalzen 304[9].
Oberst, F. W.: Morphinentgiftung in der Leber 453[1].
Obersteiner, H.: Lipofuscingehalt im Gehirn 680[7].
O'Brien, C. S., and P. W. Salit: Vorkommen von Harnstoff in der Linse 889[10]. — Rest-N-Gehalt des Kammerwassers 904[2].
— s. Day, P. L. 899[8].
O'Brien, J. R. P., s. Blaschko, H. 402[7].
Ochoa, S.: malic enzyme 127[6]. — Oxydative Decarboxylierung von Pyruvat 129[2]. — p_H-Optimum der Thiaminphosphorylierung 388[12]. — P/O-Verhältnis bei Brenztraubensäureveratmung 600[2]. — Thiaminphosphorylieung im Gehirn 669[22]. — Glucosephosphorylierung durch ATP 705[5]. — Glucoseabbau im Gehirn 705[17]. — Bedeutung von Magnesiumionen für Carboxylasewirkung 715[14]. — α-Ketoglutarsäureoxydation in Herzmuskel 720[4,5]. — Decarboxylierung von Oxalbernsteinsäure 720[12]. — Citronensäuresynthese 721[1]. — Cocarboxylase spaltendes Ferment im Gehirn 722[5]. — Bedeutung von Mangan- und Magnesiumionen für Oxalbernsteinsäuredecarboxylase 724[2]. — Bedeutung von Cytochrom c für α-Ketoglutarsäurecarboxylase 724[5]. — Veresterung von Phosphat bei Brenztraubensäurephosphorylierung im Gehirn 730[5,6]. — P/O-Verhältnis bei Atmungskettenphosphorylierung 730[7]. — Energiereichen Phosphatverbindung bei Succinatoxydation 814[16]. — Sauerstoffbedarf für Bildung energiereicher Phosphatbindungen 847[6].
— A. Mehler, M. L. Blanchard, T. H. Jukes, C. E. Hoffmann and M. Regan: Bedeutung von Biotin für die CO_2-Fixierung 128[1]. — Kein Biotin in gereinigtem malic enzyme 128[1].
— A. H. Mehler and A. Kornberg: malic enzyme 127[3].
— and R. A. Peters: Cocarboxylasebildung in der Leber 388[8]. — Phosphorylierung von Thiamin in Leberschnitten und Leberbrei 388[11]. — Cocarboxylasegehalt von Organen bei Aneurinmangel 722[3].
— R. A. Peters and L. A. Stocken: Acetylcoenzym A-Bildung 718[8]. — Keine Oxydation von Acetylphosphat durch Gehirn 718[8].
— and R. J. Rossiter: Riboflavingehalt im Gehirn bei Riboflavinmangel 672[4]. — Vorkommen von Diaphorasen im Gehirn 794[4].
— J. B. V. Salles and P. J. Ortiz: Koppelung von Pyruvatreduktion und Oxydation von Glucose-6-phosphat 127[5].

OCHOA, S., J. R. STERN and M. C. SCHNEIDER: Acetokinasegehalt verschiedener Organe 130[1]. — condensing enzyme im Gehirn 723[4].
— and E. WEISZ-TABORI: malic enzyme 127[6]. Oxalessigsäurecarboxylase 720[13], 724[3]. Oxalbernsteinsäuredecarboxylase 724[3].
— s. BANGA, I. 387[12], 670[3], 706[2], 716[12], 717[12], 718[9], 720[10], 785[14].
— s. BLANCHARD, M. L. 128[2].
— s. CORI, G. T. 98[10], 99[8,11].
— s. CORKILL, A. B. 121[3].
— s. HARARY, I. 127[3].
— s. KORKES, S. 61[5], 129[2], 845[13], 850[8,9,11].
— s. LYNEN, F. 181[3], 183[5].
— s. OHLMEYER, P. 577[2].
— s. SALLES, J. B. V. 127[4].
— s. STERN, J. R. 61[5], 129[7], 718[7], 723[5–7], 850[10].
OCHS, S., s. MCILWAIN, H. 815[3].
O'CONNOR, M. F., s. LENNOX, W. G. 212[14].
O'CONNOR, R. J.: Aerobe Glykolyse und Zellvermehrung im Gehirn von Hühnerembryonen 682[6]. — Hemmung der Gehirnatmung durch Farbstoffe 791[8].
ODA, J. M., s. HUFF, R. L. 49[3], 51[4].
ODA, T., s. SHIMIZU, T. 550[10].
ODAKE, S., s. SUZUKI, U. 268[1].
ODEBLAD, E., and H. BOSTRÖM: Schwefelaustausch der Cornea- und Skleramucopolysaccharide 875[2].
O'DELL, B. L., J. R. WHITLEY and A. G. HOGAN: Hydrocephalus bei Vitamin B_{14}-Mangel 674[8].
— s. PFIFFNER, J. J. 413[7].
ODELL, L. D., and J. C. BURT: β-Glucuronidase und Zellproliferation 698[9].
— s. BERNARD, R. M. 698[10].
ODIN, L., s. WERNER, I. 874[9].
ØRSKOV, S. L.: Ätherlösliche Säuren in der Muskulatur 593[7].
ÖRSTRÖM, Å., M. ÖRSTRÖM and H. A. KREBS: Oxydation von Hypoxanthin zu Harnsäure 337[4].
— s. BORELL, U. 765[7], 769[3], 771[6–8], 797[18], 799[1].
ÖRSTRÖM, M., s. ÖRSTRÖM, Å. 337[4].
OERTEL, H.: Verschluß der Gallencapillaren bei Schwellung der Leberzellen 513[1].
OERUM, H. P. T.: Störung der Eisenresorption durch Zufuhr großer Eisenmengen 55[7].
OESTERLING, M. J., s. BORMAN, A. 300[8].
OESTREICHER, T., s. WETZEL, R. 73[6].
OETER, H. D., s. BÜRGER, M. 549[2].
O'GARA, L., s. BRAINERD, H. D. 561[6].
O'GRADY, M. K., s. BEVERIDGE, J. M. R. 147[10].
OGUCHI, T.: Sauerstoffverbrauch der Netzhaut 930[5]. — Aerobe Netzhautglykolyse bei Belichtung 933[5].
OGIHARA, H.: Indophenoloxydase in den Epithelzellen der Bindehaut 871[6].
OHLIG, W., s. HEILMEYER, L. 520[10], 521[4].
OHLMEYER, P.: Wärmetönung der Reaktion ATP → Adenylsäure 598[6].
— u. S. OCHOA: Mangan im Cofermentsystem der Glykolyse 577[2].
— and R. SHATAS: Methodik calorimetrischer Messungen 598[4].
— s. MEYERHOF, O. 599[1].
OHNO, J.: Salicylsäureentgiftung durch Bildung von Salicylursäure 469[3].
OHTA, K.: Ausscheidung von Cholsäure und Chenodesoxycholsäure bei Knochenfischen 551[7]. — Ausscheidung von Steroidalkoholen und Gallensäuren als Schwefelsäureester bei Knorpelfischen 557[2]. — Ausscheidung. tauringebundener Gallensäuren beim Fasan 557[8].
OIKAWA, S.: Scymnol, Zwischenprodukt der Gallensäurebildung aus Cholesterin 550[6]. Ausscheidung von Steroidalkoholen und Gallensäuren als Schwefelsäureester bei Knorpelfischen 557[1].
OKA, M.: Retention von Thoriumdioxyd im Reticoloendothel 66[5].
OKADA, S.: Vermehrung der Gallensekretion durch ungereinigtes Sekretin 531[7]. — Choleretische Wirkung von Salicylsäure 533[1]. — Steigerung der Gallensekretion durch Pilocarpin 533[8]. — p_H-Wert menschlicher Fistel- und Blasengalle 537[8].
OKAMOTO, K., and M. UTAMURA: Kupferspeicherung in der Leber 58[8].
— M. UTAMURA and G. MIKAMI: Kupferspeicherung in der Leber 58[8].
OKAMURA, S., u. T. OKAMURA: Cholsäure in der Kaninchengalle 551[25]. — Ausscheidung glycingebundener Gallensäuren beim Kaninchen 557[18].
OKAMURA, T.: Bufodesoxycholsäure 550[8].
— s. OKAMURA, S. 551[25], 557[18].
O'KANE, D. J., s. UMBREIT, W. W. 251[4].
OKEY, R.: Fettleberbildung nach Cholesterinzufuhr 153[4]. — Cholesterinestergehalt der Leber nach Cholesterinfütterung 199[10]. — Cholesteringehalt der Leber nach Biotinzufuhr 413[1].
— R. PENCHARZ, S. LEPKOVSKY and E. R. VERNON: Wirkung von Biotin und Avidin auf Cholesterinverfettung der Leber 153[11]. — Cholesteringehalt der Leber nach Biotinzufuhr 413[1].
— and E. TURNER: Cholesteringehalt der Leber bei proteinreicher Nahrung 152[5].
— s. BLOOR, W. R. 132[4].
— s. TOLBERT, M. E. 159[11].
OKITA, T., s. HOSOYA, Y. 945[6], 946[4].
OKKELS, H., s. HENRIQUES, V. 55[5].
OKRENT, A., s. WACHOLDER, K. 378[6].
OKSALA, A.: Spurenelemente im Rinderauge 916[5].
OLCESE, O., s. COUCH, J. R. 420[9].
OLCOTT, H. S., and D. C. MCCANN: Carotinumwandlung durch Lebergewebe 351[7].
OLESON, J. J., s. RENZO, E. C. DE 64[15], 65[9,11].
OLESON, M. C., s. HODGE, H. C. 139[6].

Olhagen, B.: β- und γ-Globuline bei Leberschädigungen 231[4]. — γ-Globulinvermehrung bei Takata-Ara-Reaktion 244[3]. Bedeutung der γ-Globuline für Weltmann-Reaktion 245[6].
Olitzky, P. K., and C. Tal: Encephalitogene Substanz 651[2].
Olmer, J., s. Chevallier, A. 360[5].
Olsen, E. F., s. Thorn, G. W. 123[8], 124[9].
Olsen, N. S., A. Hemingway and A. O. Nier: Abbaugeschwindigkeit von Glycin 258[4]. — Glykogenbildung aus Glycin in der Leber 261[1].
— and J. R. Klein: Glucagongehalt von Insulin 76[9]. — Phosphatfraktionen im Säugetiergehirn 630[12]. — Einfluß der Atmungshemmung durch Fluorid auf Stoffumsatz im Gehirn 790[6]. — Gehirnstoffwechsel bei Hypoxie und Krämpfen 810[4]. — Gehirnstoffwechsel bei HCN-Vergiftung 810[7]. — Gehirnstoffwechsel bei hypoglykämischem Koma 810[18]. — Biochemische Veränderungen im Gehirn bei Krampfanfällen 816[2]. Glucose-, Glykogen- und Milchsäuregehalt im Gehirn bei Glucosemangel 823[3].
— s. Klein, J. R. 630[11], 748[10], 772[8], 810[9].
— s. Lorber, V. 258[4], 261[1].
— s. Sutherland, E. W. 76[15].
Olson, C. K., s. Binkley, F. 696[9], 773[7].
Olson, K. B., s. Chargaff, E. 739[7].
— s. Gutman, A. B. 240[3].
Olson, O. E., E. E. C. Fager, R. H. Burris and C. A. Elvehjem: Gebundene Folsäure in der Leber 413[11]. — Hochmolekulare Folsäureformen in der Leber 414[4].
— s. Moxon, A. L. 475[1].
Olson, R. E., F. A. Jacobs, D. Richert, S. A. Thayer, L. J. Kopp and N. J. Wade: Auswertung von Nebennierenrindenpräparaten 78[7].
— and N. O. Kaplan: Coenzym A-Gehalt von Entenleber bei Pantothensäuremangel 405[7]. — Coenzym A-Bildung aus Pantothensäure 406[10], 407[1]. — Brenztraubensäureverwertung bei Pantothensäuremangel 410[5].
— S. A. Thayer and L. J. Kopp: Auswertung von Nebennierenrindenpräparaten 78[7]. — Auf Gluconeogenese wirksame Corticosteroide (Glucocorticoide) 124[10].
— s. Brin, M. 706[10].
Omachi, A., C. P. Barnum and D. Glick: Lipase in Lebermitochondrien 377[7].
Oncley, J. L., F. R. N. Gurd and M. Melin: Bindung von Vitamin A und Carotinoide an Lipoproteide des Blutplasmas 353[7].
— s. Green, A. A. 88[1].
O'Neal, M. s. Griffin, A. C. 501[20].
O'Neal, M. A., s. Robertson, C. H. 501[21].
Oneson, I., and S. L. Cohen: Ausscheidung gebundener Oestrogene 428[11].
Onoyama, T.: Oxydation von Santonin bei Schädigung durch Lebergifte 482[5]. — Santoninentgiftung bei jungen Tieren 482[6]. — Beschleunigung der Santoninentgiftung durch Ascorbinsäure und den Vitamin B-Komplex 482[7]. — Beschleunigung der Santoninentgiftung durch Thiamin 482[8].
Oostveldt, M. v., s. Duve, C. de 75[4].
Opdyke, D. F., s. Riddle, O. 143[5].
Opie, E. L.: Basophilie des Cytoplasmas von Leberzellen nach Buttergelb 320[7]. — Auslösung von Hepatomen oder Cholangiomen durch cancerogene Stoffe 493[7]. Basophile Färbbarkeit des Leberzellprotoplasmas nach cancerogenen Azofarbstoffen 504[21].
— and L. B. Alford: Wirkung von Lebergiften bei kohlenhydratreicher Ernährung 37[3].
— and G. I. Lavin: Basophilie des Cytoplasmas von Leberzellen nach Buttergelb 320[7].
Opitz, E.: Strukturumsatz im Zentralnervensystem 762[3]. — Anteil des Gehirns an Sauerstoffverbrauch und Herzminutenvolumen 778[4]. — Sauerstoffverbrauch der menschlichen Großhirnrinde 778[4]. — Atmung in verschiedenen Gehirnteilen 782[3]. — Sauerstoffversorgung eines Gewebszylinders 786[2]. — Hypoxie des Gehirns 786[6]. — Gehirnnekrosen bei Hypoxie 787[3]. — Deckung des Energiebedarfs im Gehirn durch energiereiche Phosphatverbindungen 788[15]. — Energielieferung für das Gehirn durch Glykogen 789[1].
— u. M. Schneider: Zusammenfassung über Sauerstoffversorgung des Gehirns (1950) 786[7].
— u. W. Thorn: Bewußtseinstrübung nach Unterbrechung der Blutzufuhr zum Gehirn 787[6].
— s. Harnischfeger, E. 795[15].
Oppel, T. W.: Biotinspeicherung 411[7].
Oppenheim, D. J., s. Kolb, F. O. 518[9].
Oppenheimer, C. H., s. Fox, D. L. 358[3].
Oppermann, A.: Thymoltrübungstest bei Verschlußikterus 246[11].
Ord, M. G., and R. H. S. Thompson: Unspezifische Cholinesterasen und Acetylcholinesterase in Hirn- und Nervengewebe 852[5,6]. — Benzoyl- und Butyrylcholinspaltung durch Hirngewebe 852[6,5]. Aktivität der Acetylcholinesterase in verschiedenen Teilen des menschlichen Gehirns 853[2]. — Fraktionierte Fällung von Acetylcholinesteraselösung 856[8].
Orden, L. S. van, s. Zeller, E. A. 761[3].
Orent-Keiles, E., s. Callison, E. C. 675[8].
Orgorzalek, S., s. Smith, P. K. 469[4].
Orloff, T. L., D. M. Sklaroff, E. M. Cohn and J. Gershon-Cohen: Cholecystographie 565[3].
Orndorf, B. H., s. Lueth, H. C. 531[12].
Orr, C. R., G. D. Popoff, R. S. Rosedale and B. R. Stephenson: Leberspätschäden nach Thoriumdioxyd 66[13].

ORR, J. W.: Auslösung von Hepatomen oder Cholangiomen durch cancerogene Stoffe 493[7]. — Basophile Färbbarkeit des Leberzellprotoplasmas nach cancerogenen Azofarbstoffen 504[20].
ORR, M. D., s. BARBOUR, A. D. 73[5], 74[10].
ORR, W. F. jr., and D. H. MOORE: Prothrombin 235[4].
ORTEN, J. M., s. FROHMAN, C. E. 660[14].
— s. MORITA, Y. 75[13].
ORTIZ, P. J., s. OCHOA, S. 127[5].
ORZALESI, F.: Atmung und Glykolyse der Rattencornea bei Vitamin A-Mangel 877[9].
OSBORN, M. J., I. L. CHAIKOFF and J. M. FELTS: Fettbildung aus Pyruvat bei Alloxandiabetes 141[3]. — Fettsäurebildung aus Pyruvat 168[7]. — Leberverfettung bei Alloxandiabetes 168[11].
— J. M. FELTS and I. L. CHAIKOFF: Fettsynthese bei Alloxandiabetes nach Insulininjektion 141[5].
— s. FELTS, J. M. 141[2,4], 168[5], 170[3].
OSBORNE, T. B., and L. B. MENDEL: Lysin als lebensnotwendige Aminosäure 295[2].
OSER, B. L., s. HOCHBERG, M. 396[12].
OSGOOD, E. E., H. TIVEY, K. B. DAVISON, A. J. SEAMAN, J. G. LI, M. L. DUERST, V. KLOBUCHER and M. E. HUGHES: Verteilung von ^{32}P auf Desoxyribonucleinsäuren in verschiedenen Organen 316[3].
OSHIMA, F., s. SCHÖNHEIMER, R. 60[2].
OSHIMA, G.: β-Glucuronidase 462[3].
OSHIMA, Z.: Fettgehalt der Leber nach Thyroxin 143[7].
ŌSIMA, s. GOTŌ, (S.) 294[9].
OSTER, J. G., s. OSTER, K. A. 661[6].
OSTER, K. A., and J. G. OSTER: Aldehydfärbung mit Leukofuchsin 661[6].
OSTER, R. H.: Chloridgehalt des Gehirns 629[12].
— and W. R. AMBERSON: Chlorionenbindung in Organen 629[13].
OSTERBERG, A. E., s. BUTT, H. R. 236[6], 368[9].
OSTERN, P., T. BARANOWSKI u. J. TERSZAKOWEÇ: Hefeadenosinkinase 329[4].
— D. HERBERT and E. HOLMES: Förderung der Glykogenbildung in Leberschnitten durch Calciumionen 43[4]. — Leberphosphorylase 87[7]. — Keine Hydrolyse von Glucose-1- und Fructose-6-phosphat in der Leber 91[3].
— and E. HOLMES: Leberphosphorylase 87[5]. Phosphorolytischer Abbau von Leberglykogen 89[5].
— u. T. MANN: Hemmung der aeroben Glykolyse durch ATP 732[9].
— u. J. TERSZAKOWEĆ: Hefeadenosinkinase 329[4].
— J. TERSZAKOWEĆ u. S. HUBL: Hefeadenosinkinase 329[4].
— s. PARNAS, J. K. 709[6].
OSTERTAG, B., s. KORTING, G. W. 801[1].
OSTEUX, R., s. BOULANGER, P. 249[1].
ŌTANI, S., s. ICHIHARA, K. 288[6].
— s. KOTAKE, Y. 294[11].
OTT, J., and J. C. SCOTT: Vermehrung der Gallensekretion durch ungereinigtes Sekretin 531[7].
OTTAWA, H., s. WIELAND, H. 556[13].
OTTAWAY, J. H., s. KERLY, M. 70[8], 72[6], 88[2].
OTTENBERG, R., and J. KAHN: p_H-Wert menschlicher Fistelgalle 537[7].
— H. WAGREICH, A. BERNSTEIN and B. HARROW: Schädigung der Glucuronidbildung bei Lebererkrankungen 457[5].
— s. SCHWARZ, H. 371[5].
OTTENSTEIN, B., s. THANNHAUSER, S. J. 334[4].
OURGAUD, A. G., s. JAYLE, G. E. 888[13].
OUWEJAN, A. J., s. VERRIJP, C. D. 881[4].
OVERMAN, R. S., M. A. STAHMANN and K. P. LINK: Mechanismus der Wirkung von K-Antivitaminen 374[2]. — Hemmung der Dicumarinwirkung durch Asparaginsäure 374[2].
OWADES, P., s. WAELSCH, H. 749[5], 754[5].
OWEN, C. A., s. ZIFFREN, S. E. 372[3].
OWEN, C. A. jr.: Keine Resorption von Bromsulphalein im Magen 563[21].
OWEN, P. S., s. FERREBEE, J. W. 387[11].
OWEN, R. D., s. HOLLANDER, W. F. 918[9].
— s. MITCHELL, H. K. 292[12].
OWENS, J. E., s. CRAIG, J. W. 102[10].
— s. MILLER, M. 101[4], 103[2], 488[8].
OWENS, W. M., s. HEILBRON, I. M. 202[18].
OWSIANY, E., s. WIERZUCHOWSKI, M. 93[6].
OYA, J. C. DE, s. GRANDE COVIAN. F. 29[6].
OZANICS, V., s. SMELSER, G. K. 877[7].

PAAL, H.: Einfluß von thyreotropem Hormon auf den Sauerstoffverbrauch der Leber 24[4]. — Sauerstoffverbrauch von Meerschweinchenleber nach Thyroxin 443[16]. — Umsatzsteigerung in der Leber nach thyreotropem Hormon 444[7].
PACE, J., and E. E. MCDERMOTT: Hemmung der Glutaminbildung im Gehirn durch Methioninsulfoximin 752[7]. — Hemmung der Glutaminotransferase im Gehirn durch Methioninsulfoximin 753[4].
PACHON, V., s. GLEY, E. 31[2].
PACK, G. T., s. ABELS, J. C. 150[11], 154[12] 155[1].
PACKHAM, M. A., and G. C. BUTLER: Bildung von α-Naphtholglucuronid 459[8]. — Glucuronsäureabbau 463[13].
PAGÉ, E., F. MARTEL et R. GINGRAS: Bedeutung von Folsäure für den Glycinstoffwechsel 262[1]. — Wirkung von Folsäure bei Vergiftung mit hohen Glycindosen 417[8].
— s. GINGRAS, R. 295[7].
PAGE, E. W.: Keine L-Dioxyphenylalanindecarboxylase im Rattengehirn 761[25].
PAGE, I. H.: Buch über Gehirnchemie (1937) Engl. 924[4].
— and W. MENSCHICK: Cholesteringehalt von Kaninchenleber 198[1]. — Cholesterinbilanz nach Cholesterinzufuhr 208[10]. — Gehirnsterine 645[8]. — Vorkommen von Ergosterin im Gehirn 675[4].

Page, I. H., L. Pasternak u. M. L. Burt: Wirkung von Insulin auf Phosphatidumsatz im Gehirn 736[13].
— s. Lewis, L. A. 232[12].
— s. Menschick, W. 645[12].
— s. Reinhard, J. J. 31[7].
Pagenstecher, H. E.: Linsentrübungen durch Naphthalin 899[22].
Paige, B. H., s. Loeb, R. F. 74[10].
Paijkull, L.: Eiweißgehalt der Galle 542[12].
Paine, W. W., s. Ellis, R. W. B. 79[8].
Paladini, A. C., R. Caputto, L. F. Leloir, R. E. Trucco and C. E. Cardini: Glucose-1,6-diphosphat als Katalysator der Umwandlung von Glucose-1- in Glucose-6-phosphat 87[1].
— and L. F. Leloir: Uridindiphosphatglucose 95[10].
— s. Caputto, R. 94[4], 95[5,7], 96[1,3].
— s. Cardini, C. E. 87[2], 95[9].
— s. Leloir, L. F. 87[1], 95[8].
— s. Repetto, O. M. 87[1].
Pallade, G. E., s. Hogeboom, G. H. 33[14], 312[12], 732[14].
Palladin, A.: Glykogengehalt der Meerschweinchenleber bei Ascorbinsäuremangel 73[13]. — Glykogengehalt der Leber bei Skorbut 385[2]. — Carnosingehalt des Muskels nach Training 586[3].
Palladin, A. V.: Glykogengehalt in Kaninchen- und Mäusegehirn bei Narkose 814[5].
— u. L. I. Palladina: Einfluß der Ermüdung auf Entgiftungsvorgänge 454[13].
Palladina, L. I., s. Palladin, A. V. 454[13].
Palli, E. R., s. Dumm, M. E. 409[8].
Palm, D., s. Werle, E. 759[15,19], 760[2,6].
Palm, E.: Veresterung von anorganischem Phosphat in der Linse 894[6]. — Lipoidlöslichkeit und Übertritt von Stoffen aus dem Blut ins Kammerwasser 909[3]. — Gehalt an anorganischem P in Glaskörper, Kammerwasser und Plasma von Kaninchen 912[6]. — Phosphatgehalt im Ciliarkörper 915[2]. — Phosphataustausch zwischen Blut und Kammerwasser 921[5].
— s. Cristiansson, J. 912[12].
Palmer, E. T., s. Drummond, J. C. 348[2].
Palmer, J. W., E. M. Smyth and K. Meyer: Hexosamin und Hyaluronsäure im Kammerwasser 904[9].
— s. Meyer, K. 911[10].
Palmer, K. J., s. Schmitt, F. O. 620[5].
Palmer, L. S., and C. H. Eckles: Bindung von Vitamin A und Carotinoiden an Plasmaeiweißkörper 353[6].
Palmer, W. L., and P. S. Woodall: Leberschädigungen durch Atophan 483[2].
— s. Kirsner, J. B. 212[7].
Pantschenko-Jurewicz, W. v., u. H. Kraut: Gereinigte Leberlipase 157[9]. — Ascorbinsäurewirkung auf Esterase 157[9].
— s. Kraut, H. 156[8], 157[8].
Pany, J.: Fructose-1-phosphat in Leber 99[10].
Panzer, L. M., s. Rhoads, J. E. 370[4].
Papageorge, E., and H. B. Lewis: Experimentelle Alkaptonurie bei Ratten 283[10].
— s. McGhee, E. C. 736[15].
Papo, I., s. Zubiani, A. 490[7].
Pappas, A., s. Ratner, S. 308[5,7].
Pappenheimer, A. M., and M. Goettsch: Nutritive Encephalomalacie 673[11].
— s. Goettsch, M. 673[13,14].
— s. Wolf, A. 673[12], 675[12].
Paraf, A., s. Caroli, J. 513[4].
Pardee, A. B., C. Heidelberger and V. R. Potter: Bedeutung von Oxalessigsäure für Acetatoxydation im Gehirn 717[7].
— and V. R. Potter: Hemmung der Citratbildung aus Oxalacetat durch Malonat 193[4], 724[7]. — Bernsteinsäurebildung im Gehirn 720[3].
— s. Potter, V. R. 719[1].
Parente, N., s. Kochakian, C. D. 430[10], 432[9].
Parhon, C., G. Dumitresco et C. Nissipesco: Calciumgehalt des Gehirns bei Tetanie 622[8].
Parhon, C. I., et M. Cahane: Calciumgehalt von Kaninchenhirn 621[7].
— et G. Werner: Cholesterinausscheidung in der Galle nach Thyroxin 446[12].
Parhon, M.: Abbau von Leberglykogen nach Thyroxin 77[12]. — Glykogengehalt in Leber und Muskel bei thyreoidektomierten Tieren 78[2].
Pariente, A. C., and E. P. Ralli: Carotinumwandlung durch Lebergewebe 351[6].
Parker, D., s. Ferrebee, J. W. 387[11].
Parker, F. jr., s. Mallory, F. B. 57[13], 58[4], 60[5].
Parker, J., s. Smolens, J. 870[3].
Parker, R. A., s. Spillane, J. D. 60[12].
Parker, R. G., s. Sapeika, N. 379[4].
Parker, S., s. Goldfarb, W. 488[6].
Parkins, W. M., s. Rosenthal, O. 733[6], 782[5].
Parnas, J. (K.): Zusammenfassungen über Chemie des Muskels (1932; 1933) 570[12]. — Durchströmungsversuche an der Schilddrüsenleber 28[1]. — Inosinsäurebildung aus Adenylsäure 582[3]. — Ammoniakbildung im tätigen Muskel 597[1]. — Energiebedarf für Spannungserhaltung in glatten Muskeln 612[4]. — Adenosin-5-phosphorsäure als P-Acceptor 709[5].
— u. J. Baer: Durchströmungsversuche an der Schilddrüsenleber 28[1].
— u. A. Klisiecki: Ammoniakgehalt von Darm- und Lebervenenblut 304[3]. — Ammoniakgehalt des Blutes bei Cyan- und CO-Vergiftung 304[3].
— u. W. Lewiński: Ammoniakbildung im tätigen Muskel 597[1].
— et I. Mochnacka: Leberphosphorylase 90[1].
— P. Ostern u. T. Mann: Adenosin-5-phosphorsäure als P-Acceptor 709[6].
— s. Wagner, R. 79[4].

PARR, C. W., and F. L. WARREN: Weg der Glykogenbildung aus Fructose in der Leber 100[1].
PARRISH, R. G., s. MOMMAERTS, W. F. H. M. 578[10].
PARROTT, E. M., s. HOGAN, A. G. 413[5].
PARSCHIN, A. N., s. BRAUNSTEIN, A. E. 454[7], 455[15].
PARSONS, J. T., s. DINNING, J. S. 418[2].
PARTINGTON, P. F., s. CHARGAFF, E. 739[7].
PASCHKIS, K.: Adrenalinwirkung auf basophile Schollen in Leberzellen 221[7]. — Geringe androgene Wirkung von Desoxycorticosteron 438[1].
— A. CANTAROW and W. P. HAVENS jr.: Pregnandiolausscheidung im Harn bei Leberkranken 436[12].
— s. CANTAROW, A. 429[3,6], 493[7].
— s. MEIO R. H. DE 425[1], 427[5].
— s. PEARLMAN, W. H. 429[10].
— s. RUPP, J. 426[14], 434[8].
PASCHKIS, K. E., s. RUTMAN, R. J. 344[5].
PASETTO, N.: Einfluß von Hypophysenvorderlappenextrakten auf Glucuronidasegehalt von Kaninchenorganen 463[10].
PASKHINA, T. S., s. BRAUNSTEIN, A. E. 289[7].
PASS, I. J., S. SCHWARTZ and C. J. WATSON: Gallenfarbstoffbildung aus Hämin 506[5].
— s. WATSON, C. J. 524[2,13].
PASSELAIGUE, P., s. ROCHE, J. 219[3], 220[5].
PASSMORE, R., R. A. PETERS and H. M. SINCLAIR: Einfluß von Thiamin auf Gehirnatmung 669[21].
PASTERNAK, L., s. PAGE, I. H. 736[13].
PÁSZTOR, J., s. LISSÁK, K. 841[14], 948[8].
PATEK, A. J. jr., s. HAIG, C. 359[15], 946[5].
— s. HANGER, F. M. 246[13].
— s. POST, J. 229[4].
PATERNOTTE, C., s. SZAFARZ, D. 315[8].
PATON, W. D. M., and E. J. ZAIMIS: Depolarisation von Muskelfasern und Endplatten durch Dekamethonium 841[2].
PATRICK, A. D., s. GILBERT, G. A. 89[1].
PATTERSON, E. K., M. E. DUMM and A. G. RICHARDS jr.: Kephalingehalt im Nervensystem der Biene 647[4]. — Lipoide aus dem Nervensystem von Insekten 649[2]. — Neutralfettgehalt im Nervensystem der Insekten 650[3].
PATTERSON, J. L. jr., A. HEYMAN and F. T. NICHOLS jr.: Hirnstoffwechsel bei allgemeiner Parese und meningovasculärer Lues 821[10].
PATTERSON, J. M., N. B. KEEVIL and E. W. MCHENRY: Beeinflussung der Phosphatidbildung in der Leber durch Cholin 144[16]. — Verlangsamter Phosphatidumsatz bei Cholinmangel 160[13].
— and E. W. MCHENRY: Einfluß von Cholin auf Phosphatidgehalt der Leber 144[18].
— s. BEST, C. H. 144[6], 149[17], 150[1,7].
— s. MCHENRY, E. W. 150[12].
— s. RIDOUT, J. H. 150[9], 153[6].
PATTERSON, J. W.: Diabetogene Wirkung von Dehydroascorbinsäure 384[1]. — Ascorbinsäure-, Dehydroascorbinsäure- und Diketogulonsäureinjektion an Meerschweinchen 384[1]. — Kataraktbildung bei Ratten nach Dehydroascorbinsäureinjektion 899[3].
— and A. LAZAROW: Wirkung von Glutathion, Cystein und BAL auf diabetogene Wirkung von Dehydroascorbinsäure 384[3].
PATWARDHAN, V. N. s. TULPULE, P. G. 751[6].
PATZELT, K., s. SCHAIRER, E. 927[11], 943*, 943[5].
PATZIG, B., u. W. BLOCK: Organische Grundlage der Schizophrenie unbekannt 827[2].
PAU, H.: Osmotischer Druck der Hornhauteiweißkörper 880[4]. — Ursache der Alterskatarakt 897[6].
— s. ESSER, H. 903[4].
PAUL, H. E., M. F. PAUL and F. KOPKO: Wirkung von Furacin auf die Gehirnatmung 791[9].
PAUL, M. F., s. PAUL, H. E. 791[9].
PAULA, F.: Gynäcomastie bei Lebercirrhose 426[9].
PAULESCO, N. C.: Glykogengehalt verschiedener Leberlappen 67[10].
PAULING, L., and R. B. COREY: Theorie der Muskelkontraktion 606[3].
PAVLOV, I. P.: Negative Ca-Bilanz bei Achylie 360[11].
PAVLOVIĆ, P., s. RONA, P. 157[1,6].
PAWLOW, J. (P.) s. HAHN, M. 29[5], 338[4].
— s. NENCKI, M. 304[2].
PAYNE, A. H., L. S. KELLY, G. BEACH and H. B. JONES: Desoxyribonucleinsäure, Erneuerungsgeschwindigkeit bei Tumortieren 327[4].
— L. S. KELLY and M. R. WHITE: Desoxyribonucleinsäure, Erneuerungsgeschwindigkeit bei Tumortieren 327[3].
PAYNE, J. E., s. MOORE, T. 355[1], 356[4], 357[1].
PAYNE, L. D., s. DAY, P. L. 501[13].
PAYNE, R. W.: Vermehrung des Leberfetts durch Hypophysenhormone 142[2]. — Wirkung von Hypophysenextrakten auf Leberverfettung 142[14]. — Wirkung von Nebennierenrindenhormonen auf Fettgehalt der Leber 143[1].
PAYOT, P., s. SÜLLMANN. H. 878[7].
PEACOCK, W. C., s. FINCH, C. A. 51[7].
PEAKE, E. G., s. HEPPEL, L. A. 149[1].
PEARCE, R. G., s. MACLEOD, J. (J.) R. 14[11], 15[11], 67[8], 69[7].
PEARLMAN, W. H., and E. CERCEO: Pregnan-3-ol-20-on und Pregnandiol in der Galle trächtiger Kühe 436[8].
— and R. H. DE MEIO: Oestrogenstoffwechsel in menschlicher Leber 425[8].
— A. E. RAKOFF, A. CANTAROW and K. E. PASCHKIS: Ausscheidung freier Oestrogene in die Galle 429[10].
— s. PINCUS, G. 423[4].
PEARSE, A. G. E., and J. L. REIS: 5-Nucleotidase im Nervengewebe 767[5].

Pearson, H. E., D. L. Lagerborg and R. J. Winzler: Hemmung der Virusausbreitung im Gehirn durch Aminosäuren 831[12], 832[1].
— and R. J. Winzler: Milchsäurebildung, Glucose- und Sauerstoffverbrauch im Gehirn bei Virusinfektion 829[3].
— s. Butt, E. M. 627[15].
— s. Moldave, K. 829[8], 830[5].
— s. Rafelson, M. E. jr. 747[3,4], 829[4-7], 830[1,2], 831[11], 832[2].
— s. Visser, D. W. 832[5].
— s. Winzler, R. J. 747[5].
Pearson, P. B., V. H. Melass and R. M. Sherwood: Pantothensäureablagerung im Muskel 404[9].
— s. Kulwich, R. 420[5].
— s. Luecke, R. W. 686[14].
— s. Machlin, L. J. 270[4].
— s. Perlzweig, W. A. 397[7].
— s. Schweigert, B. S. 293[4], 398[9], 401[9], 403[6].
Peart, W. S.: Inaktivierung von Noradrenalin an Nervenendigungen 761[15].
— Freisetzung von Noradrenalin aus Milznerven 840[12].
— s. Gaddum, J. H. 761[22].
Peat, S., P. J. P. Roberts and W. J. Whelan: 4α-Glucopyranosidofructose aus Leberglykogen 82[5].
— s. Barker, S. A. 89[3], 90[3].
— s. Hobson, P. N. 89[3], 90[3].
Pedersen, K. O., u. J. Waldenström: Wanderung von Bilirubin mit den Serumproteinen 515[5].
Pedersen-Bjergaard, K., s. Krogh, A. 869[2].
Peel, A. A. F.: Calciumgehalt von Leichengalle 540[11]. — Zusammensetzung von Cholesterinpigmentkalksteinen 566[3]. — Zusammensetzung von Gallensteinen 567[8].
Peeler, H. T., H. Yacowitz and L. C. Norris: Vitamin B_{12}-Extraktion aus der Leber 419[9].
Peham, A., s. Barrenscheen, H. K. 667[10], 668[2].
Peiss, C. N., and J. Field: Einfluß von 2,4-Dinitrophenol auf die Zellatmung 790[15]. — Einfluß von 2,4-Dinitrophenol auf die Gehirnatmung 791[1].
— J. Field and V. E. Hall: Wirkung von 2,4-Dinitrophenol auf aerobe und anaerobe Glykolyse 709[3].
Pelkan, K. F., and G. H. Whipple: Störungen der Phenolentgiftung bei Tieren mit Eckscher Fistel 29[10]. — Entgiftung von p-Kresol 454[12]. — Phenolentgiftung 466[1].
Pelosio, C., s. Travia, L. 393[1].
Pelt, R. F. J. van, s. Hirsch, G. C. 25[4].
Pemberton, J. de J.: Auftreten von Pigmentsteinen beim hämolytischen Ikterus 567[9].
— s. Beaver, D. C. 443[7].
Pencharz, R., s. Okey, R. 153[11], 413[1].
Pende, N.: Glykogenabnahme in der Leber bei Thyroxinmangel 78[1].
Pendergast, J., s. Geyer, R. P. 189[1].
Pendini, B.: Bilirubingehalt im Rinderserum 510[8].
Pendl, I., s. Felix, K. 373[8], 374[1].
Penev, L., s. Tropp, C. 526[9].
Penfield, W. (Hrsg.): Buch über Cytologie und Cellularpathologie des Nervensystems. Bd. 1. Engl. (1932) 699[4].
Pennes, H. H., s. Schmidt, C. F. 777[14], 783[13], 808[4], 813[1].
Penney, J. R., and S. S. Zilva: Bildung von Ascorbinsäure aus Dehydroascorbinsäure 383[4].
Pennington, D., s. Snell, E. E. 405[3], 673[7].
— s. Taylor, A. 505[15].
Pennington, R. J.: Kein Umsatz von Essig-, Butter- und Propionsäure im Gehirn 742[4].
Penrose, L. (S.): Oligophrenia phenylpyruvica 278[10].
— and J. H. Quastel: Phenylpyruvatbildung bei Oligophrenia phenylpyruvica 278[14], 279[6]. — p-Oxyphenylbrenztraubensäurebestimmung 285[8].
Pentschew, A.: Schädigung der Blut-Hirnschranke bei Sauerstoffmangel 800[6].
Percival, E. G. V., s. Herbert, R. W. 384[5].
Perdigon, E., s. Meyerhof, O. 932[14].
Perkin, H. J., s. Bartels, E. C. 445[17], 471[7].
Perkins, M. E., s. Hellerman, L. 65[3].
Perkinson, J. D. jr., s. Sealock, R. R. 283[13], 386[12].
Perlman, I., and I. L. Chaikoff: Lecithinbildung aus Cholin 144[9]. — Cholesterinwirkung auf Phosphatidumsatz der Leber 153[10]. — Betainwirkung auf Umsatz der Leberphosphatide 160[15]. — Hemmung des Phosphatidumsatzes durch Cholesterin 161[2].
— S. Ruben and I. L. Chaikoff: Phosphatidbildung in der Leber 158[1]. — Einbau von ^{32}P in Gehirnlipoide 735[15].
— N. Stillman and I. L. Chaikoff: Phosphatidumsatz der Leber nach Methionin 147[5]. — Lipotrope Wirkung von Betain 148[6]. — Beschleunigung der Phosphatidbildung durch Cystin 149[14]. — Methioninwirkung auf Umsatz der Leberphosphatide 160[17]. — Beschleunigung des Phosphatidumsatzes durch Cystin 161[1].
— s. Fishler, M. C. 737[5].
— s. Fries, B. A. 158[1].
Perlmann, G. E., and R. M. Ferry: Phosphatase, ein Globulin 241[1]. — Ausscheidung von Phosphatase im Harn 241[1].
Perlmutter, M., s. Stadie, W. C. 43[9].
Perlzweig, W. A., M. L. C. Bernheim and F. Bernheim: Keine Bildung von N-Methylnicotinsäure durch Rattenleberschnitte 397[8].
— F. Rosen, N. Levitas and J. Robinson: Nicotinsäureausscheidung nach Tryptophanzufuhr 292[6].
— F. Rosen and P. B. Pearson: Nicotinursäurebildung aus Nicotinsäure 397[7].
— s. Huff, J. W. 151[6], 396[15], 403[7].

PERLZWEIG, W. A., s. ROINSON, J. 330[1], 394[13].
— s. ROSEN, F. 292[5], 398[3,10].
— s. SARETT, H. P. 388[5], 391[5,7], 395[4], 501[7].
PERNA, F., s. COGNASSO, A. 370[12].
PERNOW, B.: Substanz P 843[14], 844[2].
— s. DUNER, H. 904[11], 919[4].
PERRIER, C., s. ARTOM, C. 138[4], 158[1], 797[13].
PERRONCITO, A.: Totale Leberexstirpation bei Säugetieren 30[2].
PERRY, S. V., s. BAILEY, K. 579[8].
PERRY, W. F., W. W. HAWKINS and G. R. CUMMING: Cholesteringehalt der Nebenniere bei Pantothensäuremangel 409[8].
PERSKY, H., and M. GOLD: Cholinacetylase in Leitungsgeweben von Anneliden 850[16].
PERSON, P., s. WAINIO, W. W. 222[4].
PERSOVA, E.: Schädigung der Glucuronidbildung durch Arsenik 456[12].
PERUTZ, A.: Porphyrinabbau durch Leber 524[3].
PESKIN, J. C.: Verschwinden von Vitamin A aus der Netzhaut bei Dunkeladaptation 943[7].
PESSEL, J. F., s. BOCKUS, H. L. 535[3], 569[6].
PESSÔA, V. C., s. MAGEE, D. F. 558[7], 559[11].
— s. MEYER, J. R. 36[3].
— s. SMILLIE, W. G. 36[3].
PESSOTTI, R. L., s. BRAUER, R. W. 27[5], 563[6,16], 564[3].
PETERMANN, M. L.: Mikrosomengehalt der Leber 312[13]. — Fraktionen der Ribonucleinsäure 313[4]. — Makromoleküle aus Leberzellen 313[4].
— and M. G. HAMILTON: Fraktionen der Ribonucleinsäure 313[2]. — Makromoleküle aus Leberzellen 313[2].
— M. G. HAMILTON and N. A. MIZEN: Komplexbildung der Ribonucleinsäuren mit Proteinen und Lipoiden 313[1].
— N. A. MIZEN and M. G. HAMILTON: Mikrosomengehalt der Leber 312[11]. — Fraktionen der Ribonucleinsäure 313[3]. — Makromoleküle aus Leberzellen 313[3].
— s. BROWN, G. B. 316[6], 331[1].
PETERS, A. W.: Desoxyribonucleinsäuren der Leber 313[7].
PETERS, F.: Kein Abbau von Benzolsulfomethylaminopropionsäure 173[7].
— u. K. WATANABE: Kein Abbau von γ-Benzoylsulfomethylaminovaleriansäure 173[9].
PETERS, J. B., s. WILLIAMS, R. H. 398[5].
PETERS, J. H., s. GUTMANN, H. R. 499[10,11], 500[1], 502[5].
PETERS, J. P., and A. J. EISENMAN: Albumin: Globulinverhältnis bei Lebererkrankungen 229[4].
— s. MAN, E. B. 206[8], 208[8].
— s. WILLIAMS, R. H. 115[5].
PETERS, R. A.: Störung des Brenztraubensäureabbaues bei Thiaminmangel 115[6]. — Hemmung des Citronensäurecyclus durch Malonat 192[1]. — Katatorulintest 670[2,4]. Brenztraubensäureabbau und Aneuringehalt im Gehirn 715[5,8]. — Fluoressigsäurewirkung auf Enzyme 725[9]. — Fluortricarbonsäure 725[9]. — Hemmung der Aconitase durch Fluorcitronensäure 726[2]. Hemmung der Pyruvatoxydase durch Arsenverbindungen 726[5]. — Hemmung der Pyruvatoxydase durch Dichlordiäthylsulfon und Jodacetat 726[6]. — Reaktion von Lewisit mit Pyruvatoxydase 727[9]. — Bedeutung von Aneurin für die Nervenerregung 837[7].
PETERS, R. A., and R. J. ROSSITER: Thiamingehalt der Leber 387[4]. — Einfluß der Schilddrüse auf Thiamingehalt von Organen 388[3]. — Katatorulintest bei hyperthyreotischen Tieren 671[2]. — Cocarboxylasegehalt im Gehirn von hyperthyreotischen Ratten 722[4].
— H. RYDIN and R. H. S. THOMPSON: Hemmung der Pyruvatoxydase durch Jodacetat 726[8].
— and H. M. SINCLAIR: Brenztraubensäuregehalt im Gehirn bei Vitamin B_1-Mangel 706[6]. — Brenztraubensäureabbau und Aneuringehalt im Gehirn 715[10]. — Atmung im Gewebsbrei von Taubengehirn 781[9]. — Verbrennung von Brenztraubensäure, Bernsteinsäure und α-Glycerinphosphorsäure durch Gehirn 785[8].
— H. M. SINCLAIR and R. H. S. THOMPSON: Hemmung der Pyruvatoxydase durch Arsenit 726[9]. — Verbrennung von Brenztraubensäure im Gehirn 785[9].
— G. H. SPRAY, L. A. STOCKEN, C. H. COLLIE, M. A. GRACE and G. A. WHEATLEY: BAL-Aufnahme durch Gehirn 745[18]. — Einbau radioaktiver Isotope in Gehirnproteine 746[12].
— and R. H. S. THOMPSON: Störung des Brenztraubensäureabbaues bei Thiaminmangel 115[7]. — Brenztraubensäuregehalt im Gehirn bei Vitamin B_1-Mangel 706[7]. Brenztraubensäureabbau und Aneuringehalt im Gehirn 715[11]. — Hemmung der Pyruvatoxydase durch Jodacetat 726[7].
— and R. W. WAKELIN: Citronensäurebildung im Gehirn 718[10]. — Hemmung des Pyruvatoxydasesystems durch gesättigte Fettsäuren 726[4]. — Wirkung von Cystin- und Cysteinestern und Jodacetat auf Pyruvatdehydrogenase 727[1]. — Hemmung des Pyruvatoxydasesystems und der Succinodehydrogenase durch Mustardgas 728[3].
— R. W. WAKELIN and P. BUFFA: Fluoressigsäurewirkung auf Enzyme 725[9]. — Fluortricarbonsäure 725[9]. — Hemmung der Aconitase durch Fluorcitronensäure 726[2].
— s. BANGA, I. 387[12], 670[3], 706[2], 716[12], 717[12], 718[9], 720[10], 785[14].
— s. BUFFA, P. 660[13], 717[13], 725[7,15].
— s. COXON, R. V. 717[1,3].
— s. KINNERSLEY, H. W. 115[6].
— s. LIÉBECQ, C. 192[4], 193[3], 725[8].

PETERS, R. A., s. LONG, C., 715[13], 716[2].
— s. LOTSPEICH, W. D. 726[1].
— s. MCGOWAN, G. K. 715[6], 716[1], 718[3].
— s. OCHOA, S. 388[8], 718[8], 722[3].
— s. PASSMORE, R. 669[21].
PETERS, T. jr., and C. B. ANFINSEN: Synthese von Crystalbumin in der Leber 228[3]. Serumalbuminbildung durch Leberschnitte 230[1].
PETERS, V. J., s. SNELL, E. E. 272[3].
PETERSEN, F. R., s. ZIFFREN, S. E. 372[3].
PETERSEN, W., s. JOBLING, J. W. 157[14], 238[13].
PETERSON, A. C., s. HARD, W. L. 696[22].
PETERSON, E. A., and D. M. GREENBERG: Aktivierung der Proteinbildung in der Leber durch Magnesiumionen 43[3].
— s. MEISTER, A. 251[2].
PETERSON, O. L., E. DEUTSCH and M. FINLAND: Sulfonamidausscheidung in der Galle 561[4].
PETERSON, W. H., L. E. MCDANIEL and E. MCCOY: Biotingehalt von Leber und Eigelb 411[1].
— s. BOWDEN, J. P. 411[6].
— s. CHANG, W.-S. 411[5].
— s. HUTCHINGS, B. L. 413[4].
— s. LAMPEN, J. O. 411[2].
— s. LINDOW, C. W. 56[9], 57[10,12], 58[5].
— s. SNELL, E. E. 413[3].
PETITPIERRE, M., s. HAYES, E. 358[11].
PETOW, H., s. RONA, P. 157[7].
PETRACK, B., s. RATNER, S. 308[9,10,12], 309[1,2], 310[1,2].
PETRÉN, T.: Rhythmus der Gallenproduktion und der Glykogenbildung in der Leber 25[6]. — Tagesschwankungen des Glykogens bei Meerschweinchen 71[9].
PETRI, K. A., s. STOESSER, A. V. 686[17].
PETROFF, J. R.: Zusammensetzung der Fistelgalle beim hungernden Hund 530[6].
PETROVA, A. N.: Amylo-1,6-glucosidase 90[2]. Glykogenabbau durch Phosphorylase 90[2].
PETROW, I. P., s. GROMOVA, K. G. 765[15].
PETROW, V., s. COOLEY, G. 419[22].
— s. ELLIS, B. 419[3].
PETRUŇKIN, M. L., s. GEORGIERSKAYA, L. M. 624[9].
PETRUŇKINA, A. M., s. GEORGIERSKAYA, L. M. 624[9].
PETT, L. B., and G. A. LE PAGE: Bindung von Vitamin A und Carotinoiden an Plasmaeiweißkörper 353[6].
PETTERSON, O., s. FORBES, J. C. 447[6].
PETTY, D., s. ELIAS, H. 11[8], 18[9].
PETZOLD, H. V., s. NEWMAN, H. W. 491[2].
PEYSER, E., s. STAUB, H. 486[2].
PEZOLD, F. A.: Bromsulphaleinbindung an Serumeiweißkörper 564[1].
PFAUNDLER, M.: Harnstoffbildung bei Phosphorvergifteten Hunden 305[3].
PFEIFFER, C. A., s. DRILL, V. A. 427[16].
PFEIFFER, G.: Cholesteringehalt von Rinderleber 198[6].
PFENNINGS, K. B., s. DODEN, W. 802[10].
PFIFFNER, J. J., S. B. BINKLEY, E. S. BLOOM, R. A. BROWN, O. D. BIRD, A. D. EMMETT, A. G. HOGAN and B. L. O'DELL: Krystallisierte Folsäure aus Leberextrakten 413[7].
— s. BIRD, O. D. 413[15].
PFLÜGER, E. (F. W.): Buch über Glykogen und seine Beziehungen zur Zuckerkrankheit. 2. Aufl. (1905) 68[11]. — Lebergewicht während des Hungers 10[5]. — Kohlensäuregehalt von frischer Hundegalle 538[4].
PFUHL, W.: KUPFFERsche Sternzellen 13[2]. — Menge des Leberstromas 14[8].
PHARES, E. F., s. MOSBACH, E. H. 831[10].
PHELPS, B. M., and C. H. HU: Chloroformvergiftung der Meerschweinchenleber 36[6].
PHILIPPOT, E., s. BUU HOÏ, N. P. 150[24].
— s. DALLEMAGNE, M. J. 150[20], 151[14], 154[14].
— s. GEREBTZOFF, M. A. 150[21].
PHILLIPS, P. H., s. BOYER, P. D. 61[15], 709[9], 806[8].
— s. ELVEHJEM, C. A. 673[18].
— s. ENGEL, R. W. 674[2].
— s. HOEKSTRA, W. G. 420[4].
— s. KIRKWOOD, S. 150[22].
PHILLIPS, R. A., s. SLYKE, D. D. VAN 254[1].
PHILPOT, F. J., and A. PIRIE: Lactoflavingehalt menschlicher Tränenflüssigkeit 869[12]. — Lactoflavin in der Bindehaut 871[1]. — Lactoflavingehalt der Cornea 875[9]. — Adenindinucleotid in der Cornea 876[3]. — Lactoflavin in der Linse 889[17]. — Lactoflavingehalt in Kammerwasser 904[5]. Lactoflavingehalt der Rinderuvea 919[13]. Lactoflavingehalt der menschlichen Netzhaut 927[17]. — Adenindinucleotid in der Rindernetzhaut 928[1].
PICHLER, E.: Alkohol- bzw. ätherextrahierbares Kalium in Gehirn und Nervengewebe 623[27].
— s. FLEISCHMANN, W. 931[8].
PICHLER, K.: Prothrombinbildung in der Leber 235[10].
PICHOT, P., s. DELAY, J. 491[7].
PICK, J.: Giftwirkung von Titan 65[16].
PICKELS, E. G., s. HECHT, S. 938[8].
PICKENS, M., G. O. SPANNER and L. BAUMAN: Auflösung von Gallensteinen durch Hundegalle 568[7].
PIERCE, F. T., and J. W. GOFMAN: Serumlipoproteide bei Tetrachlorkohlenstoffvergiftung 232[8].
PIERCE, H. B.: Vergärbarer Zucker im Blut nach Galaktosezufuhr 96[11].
PIERCE, H. F., s. FRIEDENWALD, J. S. 893[9], 902[7], 905[14].
PIERCE, J. G., and V. DU VIGNEAUD: Kein Arginin im Oxytocin 451[8].
— s. TURNER, R. A. 451[10].
PIERSOL, G. M., H. L. BOCKUS and H. SHAY: Proteingehalt der Galle bei entzündlichen Lebererkrankungen 535[3]. — Cholesterinkrystalle und Ca-Bilirubinat in der Galle bei Cholelithiasis 535[3]. — Nachweis von Ca-Bilirubinat in der Galle 569[6].

Pierson, P. S., s. Guttman, S. A. 247[4].
— s. Moore, D. B. 247[1].
Pieskow, W., s. Wierzuchowski, M. 93[7].
Pietrogrande, V., e L. Emanuele: Vitamin D-Gehalt in Leber, Blut und Knochen 361[11].
Pigarewa, S. D., u. D. A. Tschetwerikow: Entwicklung verschiedener Gehirnteile 682[10], 683[1].
Pihl, A., and K. Bloch: Fettsäurezusammensetzung der Leberlipoide 133[8]. — Fettbildung in der Leber 167[1]. — Phosphatide keine obligaten Zwischenstufen der Triglyceridsynthese im Gehirn 743[3].
— K. Bloch and H. S. Anker: Halbwertszeit der ungesättigten Fettsäuren des Körpers 166[4]. — Halbwertszeit des Cholesterins im Organismus 204[10].
Pike, F. H., s. Zwemer, R. L. 42[6].
Pilgrim, F. J., A. E. Axelrod and C. A. Elvehjem: Brenztraubensäuregehalt des Blutes bei Pantothensäuremangel 116[1]. — Brenztraubensäureoxydation in der Leber bei Pantothensäuremangel 410[4]. — Bedeutung von Biotin für Pyruvatoxydation 412[1].
Pillat, B., and M. M. Powers: Adrenalin- und Noradrenalingehalt in Kammerwasser 904[11]. — Vorkommen von Noradrenalin in Iris und Ciliarkörper 919[4].
Piloty, O., s. Fischer, E. 459[4].
Pin, P., s. Felix, K. 373[8], 374[1].
Pinck, L. A.: Cancerogene Gruppe im 2-Acetylaminofluoren 495[11].
Pincus, C., and D. W. Martin: Oestrogeninaktivierung bei Tetrachlorkohlenstoffvergiftung 426[1].
— and W. H. Pearlman: Inaktivierung oestrogener Substanzen in der Leber 423[4].
— et P. A. Zahl: Einfluß von Progesteron auf Oestrogeninaktivierung 428[1].
— s. Schiller, J. 424[12], 428[18, 20].
— s. Zaffaroni, A. 209[5].
Pincus, I. J., A. E. Rakoff, E. M. Cohn and H. Tumen: Störung der Oestrogenveresterung bei Leberkrankheiten 426[13]. — Verminderte Ausscheidung von 17-Ketosteroiden bei chronischen Lebererkrankungen 434[9].
Pincussen, L.: Zunahme des Leberglykogens nach UV-Bestrahlung 72[3, 4].
— u. T. Kawakami: Zunahme des Leberglykogens nach UV-Bestrahlung 72[3].
Pinkerton, H., s. Laskowski, L. F. 834[1].
Pinkston, J. O., s. Greer, C. M. 840[10].
Piper, S. H., s. Chibnall, A. C. 643[3].
Pircio, A., s. Cerecedo, L. R. 327[1].
Pirie, A.: Ascorbinsäuregehalt der Cornea 875[8]. — Kohlenhydratgehalt im Eiweiß der Linsenkapsel 888[11]. — Vitrein 910[15]. Regeneration depolymerisierter Hyaluronsäure 911[18]. — Wirkung von Hyaluronidase auf den Glaskörper 913[1, 7]. — Vorkommen von Adenindinucleotid in der Rindernetzhaut 928[2].
Pirie, A., R. van Heyningen and J. W. Boag: Vorkommen von Coenzym A, Isocitronensäuredehydrogenase und Cytochrom c-Reduktase in der Linse 896[6]. — Verminderung von Coenzym A in der Linse durch Röntgenbestrahlung 898[2].
— G. Schmidt and J. W. Waters: Vitreinabbau durch Pepsin und Kollagenase 911[4]. — Kohlenhydratgehalt von Vitrein 911[4]. — Verflüssigung des Glaskörpers durch Kollagenase 913[2].
— and D. M. Simpson: Xanthopterin in der Chorioidea von Squalus acanthias 919[15]. Vorkommen von Purinen im Tapetum lucidum 919[15].
— s. Bembridge, B. A. 910[3, 12], 911[2, 13].
— s. Heyningen, R. van 896[3, 6], 898[2], 899[19].
— s. Philpot, F. J. 869[12], 871[1], 875[9], 876[3], 889[17], 904[5], 919[13], 927[17], 928[1].
Pirie, N. W.: Bildung von Sulfat aus Cystein und Methionin 274[9].
— s. Lawrié, N. R. 466[9].
Pirodda, A., s. Miglior, M. 870[5].
Pirotte, M., s. Bacq, Z. M. 272[5].
Pizzolato, P., s. Brauer, R. W. 27[5], 563[6].
Plancherel, P., u. S. Moeschlin: Blutphosphatgehalt nach Fructosebelastung 101[6]. — Verwertung von Saccharose und Invertzucker 102[7]. — Glykogenansatz beim Diabetiker nach Fructose 102[13].
Plass, M., s. Adler, E. 193[7], 719[7], 724[1], 750[2].
Platiel, M., s. Dirr, K. 243[6].
Platt, A. P., s. Channon, H. J. 147[4].
Platt, B. S., and G. E. Glock: Gehalt an Nicotinsäure im Rattenmuskel 585[3].
— and G. D. Lu: Brenztraubensäuregehalt des Blutes bei Thiaminmangel 115[10].
Plattner, F., u. H. Hintner: Vorkommen von Cholinesterase im Kammerwasser 903[9]. — Vorkommen von Cholinesterase in der Iris 920[13].
Platz, B. R., s. Quackenbush, F. W. 375[6].
— s. Schneider, H. 687[9].
Plaut, F., u. M. Bülow: Vitamin C-Gehalt in verschiedenen Gehirnteilen 674[15].
— u. K. Stern: Vitamin C-Gehalt in verschiedenen Gehirnteilen 674[16].
Plaut, G. W. E., J. J. Bethell and H. A. Lardy: Bedeutung von Folsäure für Serinbildung 417[6]. — Einbau von ^{14}C aus Ameisensäure in Aminosäuren bei Folsäuregabe 417[9]. — Bildung von CO_2 aus Formiat 831[9].
— and H. A. Lardy: Cholesterinsynthese aus Aceton 201[5, 6]. — Cholesterinsynthese aus iso-Fettsäuren 202[3]. — Bedeutung von Biotin für Acetessigsäurebildung aus Aceton 412[3]. — Carboxylierung von Aceton zu Acetessigsäure 742[14].
— s. Drysdale, G. R. 332[5], 333[1].
Plaut, K. A., s. Frost, D. V. 419[21].

PLAUT, R.: Poikilothermie durch Curare 23[7]. — Anstieg der Lebertemperatur im Fieber 24[9].
PLENTL, A. A., and R. SCHOENHEIMER: Pyrimidinabbau 331[8], 343[1]. — Kein Einbau freier Pyrimidine in Nucleotide 331[8], 343[1].
— s. BROWN, G. B. 331[2,3].
PLESCIA, A. M., s. MACDONALD, J. C. 498[6].
— s. MILLER, E. C. 498[5].
PLETSCHER, A., A. BERNSTEIN u. H. STAUB: Alkoholentgiftung durch Fructose 101[5].— Bildung von Brenztraubensäure aus Fructose in der Leber 488[7]. — Beschleunigung der Alkoholoxydation durch Fructose 488[10].
— H. FAHRLÄNDER u. H. STAUB: Brenztraubensäurebildung nach Fructosebelastung 101[3]. — Glykogenansatz beim Diabetiker nach Fructose 102[13]. — Bildung von Brenztraubensäure aus Fructose in der Leber 488[7].
— u. H. RENSCHLER: Beschleunigung der Alkoholoxydation durch Fructose 488[9].
— s. BERNSTEIN, A. 97[10].
PLIMPTON, C. H., s. CHRISTENSEN, W. R. 85[3].
PLÖTNER, K., s. HEILMEYER, L. 48[3].
PLUM, P.: Vitamin K-Bildung durch Darmflora 371[13].
— s. DAM, H. 371[10,11].
PLUNKETT, J. E., s. SNELL, A. M. 471[4,10].
POCCHIARI, F., s. BELOFF-CHAIN, A. 749[10].
POCHIN, E. E., s. MYANT, M. B. 441[7].
PODBER, E., s. NOVIKOFF, A. B. 313[5], 504[13].
— s. SCHEIN, A. H. 339[1].
PODESTÀ, H. H., u. J. BAUCKE: Verteilung der Ascorbinsäure im Auge 890[5]. — Vorkommen von Dehydroascorbinsäure in Iris und Cilliarkörper 918[14]. — Ascorbinsäuregehalt der Rinderuvea 919[10].
PODORE, C. J., s. MIRSKY, I. A. 447[14].
PÖLNITZ, W. v., s. SIEDEL, W. 522[8].
POGRUND, R. S., s. CLARK, W. G. 439[6].
POHLAND, A., E. H. FLYNN, R. G. JONES and W. SHIVE: Folinsäurewirkung 414[8].
POHLE, E. A., and R. RITCHIE: Leberspätschäden nach Thoriumdioxyd 66[12].
POHLE, F. J., and J. K. STEWART: Prothrombin im Blut bei Leberkranken 236[6]. Kephalin-Cholesterinflockungstest 247[8]
POLGAR, N., s. COOK, R. P. 208[12].
POLICARD, A.: Buch über physiologische Histologie. 2. Aufl. Franz. (1928) 68[2].
POLING, E. C., s. GYÖRGY, P. 500[12].
POLIS, B. D., and O. MEYERHOF: ATPase und Actomyosin 596[3]..
— s. KETY, S. S. 822[16].
POLLACK, H., H. DOLGER and M. ELLENBERG: Fettgehalt der Leber diabetischer Menschen 140[7].
POLLACK, M. A., s. TAYLOR, M. A. 670[6].
POLLAK, L.: Glykogenabbau in der Leber nach Adrenalin 76[3].
— s. MOLITOR, H. 76[3].
POLLARD, C. J., s. BIERI, J. G. 351[6].
POLLOCK, G. H., s. BAIN, J. A. 816[13,14].
POLLOCK, M. R.: Bilirubingehalt im menschlichen Serum 510[6].
POLONOVSKI, M.: Buch über Biologie und Pathologie des Muskels. Franz. (1952) 570[27].
— et R. BOURRILLON: Bilirubingehalt der Galle 508[9]. — Freies und gebundenes Bilirubin in der Galle 509[11]. — Zusammensetzung von Leber- und Blasengalle 538[2]. — Eiweißgehalt der Galle 542[12]. — Aktivierung und Hemmung der Gallenphosphatasen 543[16]. — Vorkommen von Oleopalmitolecithin in der Galle 545[11]. — Phosphatidspaltung in der Galle durch Phosphatase 546[6]. — Neutralfettgehalt der Galle 546[11]. — Gallensäuregehalt in menschlicher und in Hundegalle 549[10]. — Gallensäuregehalt in Schweinegalle 550[2].
— N. FIESSINGER and A. GAJDOS: Überführung von direktem in indirektes Bilirubin durch Globinzusatz 515[6].
— s. BÉNARD, H. 506[6].
— s. FIESSINGER, N. 515[6].
POLSON, C. J.: Keine Lebercirrhose nach Kupferzufuhr im Tierversuch 60[6].
POLYAK, S.: Verbindung der Sinneszellen mit den Ganglienzellen in der Netzhaut 947[2].
POMMERENKE, W. T., s. BALFOUR, W. M. 50[2], 53[2].
PONFICK, E.: Folgen der partiellen Leberexstirpation 9[15]. — Partielle Leberexstirpation 32[1].
PONTIS, H. G.: Uridindiphosphat-Acetylglucosamin aus Leber 96[6].
POO, L. J., s. ADDIS, T. 219[4,5], 220[4], 320[9], 684[7], 746[19].
POOLE, H. H., s. ATKINS, W. R. G. 362[7].
POPE, A.: Dipeptidaseaktivität in verschiedenen Gehirnschichten 762[4].
— and C. B. ANFINSEN: Gehirnproteasen 762[1]. — Peptidasen in Gehirn und Rükkenmark 762[1].
— s. HESS, H. H. 796[3].
POPE, A. L., s. HOEKSTRA, W. G. 420[4].
POPJÁK, G.: ^{32}P-Aufnahme in Gehirnphosphatide beim Fetus 678[4]. — Phosphatidsynthese im fetalen Gehirn 738[7].
— and M.-L. BEECKMANS: Cholesterinsynthese im Ovarium und Darmwand 204[6]. — Halbwertszeit von Darm- und Lebercholesterin 204[6]. — Cholesterinbildung und -abbaub eim Fetus 204[13].
— s. CORNFORTH, J. W. 203[13].
POPOFF, G. D., s. ORR, C. R. 66[13].
POPP, E. M., and J. R. TROTTA: Pantothensäuregehalt der Ratten- und Hühnerleber bei Folsäuremangel 406[4].
POPPER, H.: DISSEsche Räume 14[1]. — Leberdurchblutung bei Cirrhose 18[9]. — Leberpunktion 38[5]. — Lokalisation von Vitamin A in der Leber 350[10]. — Vitamin A-Gehalt cirrhotischer Lebern 360[1].

Popper, H., and S. Brenner: Fluoreszenz von Vitamin A 350[9]. — Vitamin A-Verbrauch bei männlichen und weiblichen Ratten 356[3].
— and H. Chinn: Einfluß von Cholin auf Vitamin A-Speicherung 349[18].
— A. Dubin, F. Steigmann and F. P. Hesser: Vitamin E-Gehalt des Blutes bei Lebererkrankungen 368[4].
— and R. Greenberg: Vitamin A-Bildung aus Carotin 351[5].
— de la Huerga and D. Koch-Weser: Einfluß der Darmflora auf Cholinverwertung 146[12]. — Trimethylaminausscheidung nach Cholinzufuhr 146[12].
— D. Koch-Weser and P. B. Szanto: Wirkung von Vitamin B_{12} auf Leberverfettung bei Tetrachlorkohlenstoffvergiftung 421[9].
— and F. Steigmann: Vitamin A-Gehalt des Blutplasmas bei Lebererkrankungen 360[4]. — Hippursäuretest zur Diagnose von Lebererkrankungen 471[7].
— F. Steigmann, A. Dubin, H. A. Dyniewicz and F. P. Hesser: Resorptionsweg von Vitamin A 348[2]. — Freies und verestertes Vitamin A im Blutplasma 353[10].
— F. Steigmann and H. A. Dyniewicz: Vitamin A-Aufnahme durch geschädigte Leber 360[2].
— F. Steigmann, K. A. Meyer and S. S. Zevin: Vitamin A-Gehalt im Blut bei Lebercirrhose 359[14].
— F. Steigmann and S. (S.) Zevin: Vitamin A-Gehalt im Blut bei Ikterus 359[13].
— and B. W. Volk: Resorptionsweg von Vitamin A 348[2].
— u. O. Wozasek: Glykogengehalt der Leber von Mensch und Hund 67[2]. — Postmortale Glykogenolyse bei mit Insulin behandelten Diabetikern 70[4].
— s. Böck, J. 903[7].
— s. Farber, E. 36[16], 148[2].
— s. Huerga, J. de la 146[10,11].
— s. Greenberg, R. 918[12], 927[12], 943[6].
— s. Koch Weser, D. 36[11], 160[6], 513[2].
— s. Schaffner, F. 160[7], 546[1].
— s. Steigmann, F. 360[10], 471[7].
Porcherel, A.: Lebergewicht von Tieren 9[8].
Porges, O.: Glykogengehalt der Leber bei adrenektomierten Tieren 78[6], 124[1]. — Blutzuckerwerte bei Addisonscher Krankheit 124[3]. — Steigerung der Gluconeogenese durch ACTH 125[6].
— s. Adlersberg, D. 140[7].
Porter, H.: Kupferausscheidung im Harn bei hepatolenticularer Degeneration 60[12].
— s. Denny-Brown, D. 60[12].
Porterfield, V. T., s. Heppel, L. A. 149[1].
Portier, P., s. Henri, V. 531[7].
Portzehl, H., s. Weber, H. H. 570[23].
Posener, K., s. Warburg, O. 705[12], 780[6], 782[10], 783[24], 929[4], 930[8], 934[1].
Possenti, G.: Keine Oxydoreduktion von α-Glycerinphosphorsäure und Brenztraubensäure in Rindernetzhaut 932[12]. — Vorkommen von Phosphatasen in der Netzhaut 936[12].
Post, A. L., s. Blatherwick, N. R. 151[15], 199[8,9].
Post, J., and A. J. Patek jr.: Albumin:Globulinverhältnis bei Lebererkrankungen 229[4].
Posternak, T. (Z.): Glucose-1,6-diphosphat als Katalysator der Umwandlung von Glucose-1- in Glucose-6-phosphat 87[1]. — Galaktose-1-phosphat 94[7].
— s. Sutherland, E. 87[1,2].
Potick, D.: Ausscheidung von injiziertem Bilirubin durch die Leber 510[1].
Potter, A. L., and W. Z. Hassid: Glucoseoxydation mit Perjodat 82[10].
Potter, H. R., s. Guttman, S. A. 247[4].
Potter, M. G.: Vorkommen von Gallensteinen bei Schwangeren 568[2].
— s. Riegel, C. 568[3].
Potter, R. L., A. E. Axelrod and C. A. Elvehjem: Anämie bei Vitamin B_1-Mangel 505[6].
— s. Lardy, H. A. 128[3], 412[5,6].
Potter, V. R.: Zusammenfassung über biologische Energieumwandlungen und das Krebsproblem (1944) 796[7]. — Hemmung von Nucleosidase durch Nicotinsäureamid 395[8]. — Oxalessigsäurestoffwechsel im Gehirn 719[5]. — P/O-Verhältnis bei Atmungskettenphosphorylierung 730[8].
— and C. Heidelberger: Citronensäurebildung aus Essigsäure 830[3].
— G. A. Le Page and H. L. Klug: Oxydation von Säuren im Gehirn 719[3]. — Atmungskettenphosphorylierung bedarf intakter Mitochondrien 732[15].
— A. B. Pardee and G. G. Lyle: ATP und Oxalessigsäureoxydation 719[1].
— J. M. Price, E. C. Miller and J. A. Miller: Bindung von p-Dimethylaminoazobenzol an Leberzellproteine 497[8].
— W. C. Schneider and G. J. Liebl: Postnatale Aktivierung des Cytochromsystems im Gehirn 796[12].
— s. du Bois, K. P. 696[7], 773[2,9], 775[9].
— s. Hurlbert, R. B. 341[3,4], 342[13], 343[3].
— s. Lipschitz, M. A. 685[8], 715[12].
— s. Novikoff, A. B. 33[4], 34[2], 324[4,5], 325[4].
— s. Pardee, A. B. 193[4], 717[7], 720[3], 724[7].
— s. Recknagel, R. O. 193[8].
— s. Schneider, W. C. 504[9], 719[4], 796[6].
Pottner, M. M., s. Samuels, L. T. 432[12], 433[4].
Poulson, L. T., s. Bauer, W. 15[14].
Povolny, C., s. Norris, J. L. 34[9].
Powell, L. T., and R. F. Krause: Vitamin A-Verteilung in Leberzellfraktionen 351[1].
Power, F. W.: Bindung von Phenylessigsäure an Glutaminsäure 472[2].
— s. Ambrose, A. M. 454[1], 472[3].

Power, F. W., s. Harrow, B. 475[7], 477[6].
Power, M. H., s. Bollman, J. L. 92[6], 93[1].
— s. Butt, H. R. 439[1].
— s. Greene, C. H. 907[2].
— s. Haines, S. F. 445[16], 446[1].
— s. Little, A. G. jr. 52[9].
— s. Williams, R. D. 389[11].
Powers, J. M., s. Cuyler, W. K. 438[2].
Powers, M. M., s. Pillat, B. 904[11], 919[4].
Powick, W. C., and R. Hoagland: Kupfergehalt der Schweineleber 57[14].
Pozzi, G.: Glucuronidbildung bei Lebererkrankungen 457[2].
Prader, A., u. A. Gonella: Fermente des Cytochromsystems im Gehirn 795[14]. — Cytochrom c-Gehalt von Kaninchen- und Rattengehirn 795[14].
Prajmovsky, M., s. Welsh, J. H. 844[15].
Prange, I., s. Dam, H. 349[7,8].
Prat, J. de, s. Vincent, D. 239[1].
Pratt, E. B., F. D. Burdick and J. H. Holmes: Durchblutung der Leber 15[3], 38[1].
Pratt, O. E.: Adenosin-5-monophosphat- und Glycerophosphathydrolyse im Rattengehirn 775[6].
— s. Naidoo, D. 775[4,5].
Pratt, V., s. Turner, K. B. 207[20].
Prausnitz, W.: Abbau von Leberglykogen bei Senkung der Zuckerschwelle der Niere 78[10].
Pree, H. E. de, s. Billings, F. T. jr. 38[3].
Prenant, M., s. Beaumont, A. 71[4].
Presch, W.: Thiosulfatgehalt im Harn 480[12].
Prescott, B. A., E. Borek, A. Brecher and H. Waelsch: Oligophrenia phenylpyruvica 826[7].
Pressman, B. C., and H. A. Lardy: Mitochondrienatmung 41[1].
Prestrud, M. C., s. Ingle, D. J. 123[8], 124[9].
— s. Li, C. H. 142[6].
Preusse, C.: Entgiftung von substituierten Toluolen durch Bildung von substituierten Hippursäuren 469[8].
— s. Baumann, E. 466[4], 468[1], 473[8].
Price, J. C., s. Waelsch, H. 759[3].
Price, J. M., J. W. Harman, E. C. Miller and J. A. Miller: Bindung von Azofarbstoffen an Leberproteine und hyaline Tröpfchen in Leberzellen 497[7].
— E. C. Miller and J. A. Miller: Phosphatide als Bausteine von Mitochondrien 33[10]. — Proteingehalt der Leberzellfraktionen bei der Ratte 217[2]. — Bindung von p-Dimethylaminobenzaldehyd an Leberzellproteine 497[4]. — Vermehrung der Desoxynucleinsäuren in Leberzellen nach 3'-Methyl-4-dimethylaminoazobenzol 502[10]. — Proteingehalt in Leber- und Hepatomzellen bei Tumoren nach Azofarbstoffen 503[6]. — Vitamin B_6-Gehalt in Leber- und Carcinomzellen nach Azofarbstoffen 503[13].
— E. C. Miller, J. A. Miller and G. M. Weber: Bindung von p-Dimethylaminobenzaldehyd an Leberzellproteine 497[4]. — Wirkung cancerogener Azofarbstoffe auf Masse der Lebermitochondrien 502[16]. — Proteingehalt von Leber- und Hepatomzellen bei Tumoren nach Azofarbstoffen 503[8].
Price, J. M., J. A. Miller and E. C. Miller: Proteingehalt der Leberzellfraktionen bei Maus und Goldhamster 217[1]. — Einfluß von Buttergelb auf Riboflavingehalt der Leber 393[9]. — Kein Einfluß von Buttergelb auf Riboflavingehalt der Hamsterleber 394[1].
— J. A. Miller, E. C. Miller and G. M. Weber: Bindung von p-Dimethylaminoazobenzol an Leberzellproteine 497[3]. — Wirkung cancerogener Azofarbstoffe auf Enzyme der Lebermitochondrien 502[15]. — Proteingehalt in Leber- und Hepatomzellen bei Tumoren nach Azofarbstoffen 503[7]. — Basophile Färbbarkeit des Leberzellprotoplasmas nach cancerogenen Azofarbstoffen 504[20].
— s. Higgins, H. 405[1], 406[9].
— s. Potter, V. R. 497[8].
— s. Schweigert, B. S. 218[1].
Price, P., s. White, T. J. 38[4].
Price, T. D., and D. Rittenberg: Cholesterinsynthese aus Aceton 200[22], 201[2].
Price, V. E., and J. P. Greenstein: Glutaminase 754[4]. — Dehydropepetidspaltung durch Gehirn 763[8].
— s. Gonçalvez, J. M. 252[1].
— s. Greenstein, J. P. 252[1], 755[1].
Price, W. H., C. F. Cori and S. P. Colowick: Wirkung von Hypophysenvorderlappenextrakten auf Hexokinase 85[2]. — Steigerung des Zuckerverbrauchs nach Insulin 824[8].
— M. W. Slein, S. P. Colowick and G. T. Cori: Wirkung von Hypophysenvorderlappenextrakten auf Hexokinase 85[2]. — Hemmwirkung der Steroide auf Hexokinase 821[1]. — Steigerung des Zuckerverbrauchs nach Insulin 824[9].
Pricer, W. E. jr., s. Kornberg, A. 159[3,4,8], 167[2], 180[4,6], 583[4], 737[7].
Prichard, M. M. L., s. Daniel, P. M. 16[7], 17[6].
Prickett, C. S., and C. D. Johnston: Entgiftung von Antabus 491[4].
— s. Johnston, C. D. 491[4].
Prier, R. F., P. H. Derse and C. H. Krieger: Vitamin B_{12}-Extraktion aus der Leber 419[20].
Priestley, J. T., s. Higgins, G. M. 32[2,6], 34[12].
Pringle, R. B., s. Woolley, D. W. 333[2].
Prins, D. A., s. Ungar, F. 432[5].
Pritchard, W. H., s. Craig, J. W. 102[10].
Profitlich, W.: Lebergewicht beim Hund 9[9]. — Wassergehalt der Hunde- und Ochsenleber 39[7]. — Lipidgehalt der Leber hungernder Hunde 140[5]. — Eiweißgehalt der Leber 216[8].

Prohaska, J. v., L. R. Dragstedt and H. P. Harms: Fettleber bei pankreaslosen Hunden 154[6].
— s. Dragstedt, L. R. 154[7].
Prosiegel, R., s. Stuhlfauth, K. 488[8].
Prosperi, P.: Glykogengehalt der Leber nach Tokopherol 366[14].
Prunty, F. T. G.: Porphyringehalt menschlicher Galle bei Porphyrie 523[10].
Prushankin, M., s. Riegel, C. 532[11].
Prusoff, W. H., L. J. Teply and C. G. King: Bedeutung von Vitamin B_c für Nucleinsäuresynthese 415[4].
— s. Holmes, W. L. 331[10].
Pryde, J., and R. T. Williams: Bildung von Äther- und Esterglucuroniden in der Leber 455[13]. — Glucuronidgehalt im Blut 456[10]. — Weg der Glucuronidbildung aus Glucose bzw. Glykogen 459[6].
— s. Hemingway, A. 456[6], 459[7].
Przylecki, S. J.: Harnsäurebildung aus Purinen 333[13]. — Harnstoff als Endprodukt des Purinstoffwechsels bei Amphibien 334[1].
Pscheidt, G. R., D. Benitez, L. B. Kirschner and W. E. Stone: Fluoressigsäurekrämpfe 726[3].
Puccinelli, E.: Einfluß von thyreotropem Hormon auf den Sauerstoffverbrauch der Leber 24[4].
Pützer, B., s. Fischer, H. 523[6].
Pugh, C. E. M., and J. H. Quastel: Desaminierung von Butylamin, Amylamin und Tyramin durch Gehirn 760[9,10]. Hemmung der Gehirnatmung durch Indol, Skatol und Benzedrin 790[11].
Pugliese, A.: Proteinspeicherung 219[1].
Pulewka, P.: Atropinentgiftung in der Leber 453[2].
Puls, W., s. Bruns, F. 242[4].
Pulver, R., u. R. Domenjoz: Hemmung der Acetylcholinesterase durch Parathion 860[6].
— u. F. Verzár: Proteingehalt der Nahrung und Riboflavingehalt der Leber 392[1].
Pund, E. R., s. Berg, J. L. 876[12].
— s. Sydenstricker, V. P. 876[10].
Puntenny, I. S., s. Gifford, S. R. 892[6], 895[5].
Purcell, E. F., L. H. Lerner and V. E. Kinsey: Ascorbinsäuregehalt in Blut und Kammerwasser 908[9].
Purkhold, A., s. Euler, U. S. v. 759[16].
Purr, A.: Vorkommen von Kathepsin im Muskel 585[7].
Putman, E. W., W. Z. Hassid, G. Krotkov and H. A. Barker: Differenzen zwischen Ribonucleinsäuren aus Cytoplasma und Zellkern 315[3].
Pyle, J. J., J. H. Fisher and R. H. Clark: Hemmung der Gallenphosphatasen durch Ascorbinsäure 543[17]
Pyrah, L. N., s. Bonser, G. M. 496[2].
Quackenbush, F. W., F. A. Kummerow and H. Steenbock: Biologische Wirkung von Linolen- und Docosahexaensäure 374[13].
— B. R. Platz and H. Steenbock: Bedeutung von Pyridoxin für Umsetzung hochungesättigter Fettsäuren 375[6].
— and H. Steenbock: Synergismus zwischen Pyridoxin und ungesättigten Fettsäuren 687[7].
Quadbeck, G., s. Becker, H. 797[1,2], 798[1].
Quagliariello, G.: Dehydrogenasen im Fettgewebe 163[15].
— e G. Scoz: Dehydrogenasen im Fettgewebe 163[15].
Quaife, M. L.: Vitamin E-Speicherung in der Rattenleber 364[3]. — Umsatz von freiem und verestertem Vitamin E 364[3].
— and M. Y. Dyu: Vitamin E-Speicherung in Körperfett 363[13]. — Vitamin E-Gehalt von menschlichem Fett 364[6].
— and P. L. Harris: Vitamin E-Gehalt im menschlichen Blutplasma 368[2].
Quastel, J. H.: Zusammenfassung über Atmung im Zentralnervensystem (1939) 742[8]. — Sauerstoffverbrauch des Gehirns bei Narkose 813[6].
— and B. M. Braganca: Fermentinaktivierung durch Phospholipase A 134[3].
— M. Tennenbaum and A. H. M. Wheatley: Verbrennung von α-Glycerinphosphorsäure im Gehirn 785[17].
— and W. T. Wales: Hippursäuretest zur Diagnose von Lebererkrankungen 471[7].
— and A. H. M. Wheatley: Ketonkörperbildung aus Croton- und Isocrotonsäure 186[4]. — Oxydation ungeradzahliger Fettsäuren durch Mitochondrien 187[4]. — Kein Umsatz von Butter- und Crotonsäure im Meerschweinchenhirn 740[7]. — Glutaminsäureoxydation im Gehirn 750[4]. Hemmung der Oxydation von Glutaminsäure und α-Ketoglutarsäure durch Barbiturate 757[11]. — Hemmung der Gehirnatmung durch Isoamylamin und Heptylamin 760[8]. — Atmung von Meerschweinchengehirn 780[12]. — Atmung im Gehirnbrei von Ratten 781[5]. — Atmung im Gehirnbrei von Meerschweinchen 781[5,7]. — Verbrennung von Fructose, Mannose und Galaktose durch Gehirn 784[8]. — Verbrennung von Brenztraubensäure und Bernsteinsäure im Gehirn 785[7]. Hemmung der Sauerstoffaufnahme des Gehirns durch biogene Amine 790[10]. — Mezcalinwirkung auf Gehirnatmung 790[12].
— and R. Witty: Transaminierungsreaktion im Gehirn 751[5].
— s. Baxter, R. M. 411[9].
— s. Braganca, B. M. 134[4], 752[6], 807[8], 808[1], 845[14], 846[2], 849[5].
— s. Gordon, J. J. 727[5], 860[11].
— s. Harpur, R. P. 710[6], 847[9].
— s. Hochster, R. M. 717[11].
— s. Jowett, M. 173[2], 184[2], 185[8], 192[2], 706[4], 715[2], 742[6], 780[10,13], 785[10], 813[3,4].

QUASTEL, J. H., s. MANN, P. J. G. 395[9], 704[2,3], 708[3], 760[12,13], 789[7], 792[8,9], 793[8,9], 807[5], 844[10,12,13], 845[1,5,6], 847[11], 848[4,13].
— s. MICHAELIS, M. 813[5].
— s. PENROSE, L. 278[14], 279[6], 285[8].
— s. PUGH, C. E. M. 760[9,10], 790[11].
QUEIROGA, L. T., s. VILLELA, G. G. 670[8].
QUERIDO, A., s. FIESSINGER, N. 398[11].
QUERNER, F. R. v.: Vitamin A-Gehalt der Netzhaut 927[11].
QUIBELL, T. H.: DPN und TPN als Cofermente der Glucosedehydrogenase 108[4]. — Alkoholdehydrogenase 487[2].
QUICK, A. J.: Proteingebundenes Heparin im Blutplasma 233[6]. — Wirkung parenteraler Zufuhr von Vitamin K bei cholämischen Blutungen 369[4]. — Blutgerinnung bei Küken nach großen Vitamin K-Gaben 370[15]. — Vitamin K-Bedarf junger Hunde 371[16]. — K-Antivitamine, Wirkung bei verschiedenen Tierarten 373[9]. — Phenylessigsäureentgiftung beim Hund 454[2]. — Mentholentgiftung 454[9]. Salicylsäurenentgiftung 454[10,11], 469[3]. — Glucuronidbildung aus Leberglykogen 458[6]. — Glykogene Aminosäuren als Vorstufen der Harnglucuronide 458[13]. Verwendung von exogenem Glykokoll zur Hippursäuresynthese 470[7]. — Benzoesäurebelastung als Leberfunktionsprüfung 471[2]. — Hippursäuretest zur Diagnose von Lebererkrankungen 471[7].
— and G. E. COLLENTINE: Mechanismus der Wirkung von K-Antivitaminen 374[3].
— and M. A. COOPER: Benzoesäureentgiftung durch Glucuronidbildung 455[7]. — Glucuronidausscheidung bei Chloroformnarkose 457[1]. — Hippursäuretest zur Diagnose der Lebererkrankungen 471[7].
— and C. V. HUSSEY: Prothrombingehalt im Placentarblut 371[6].
— and M. C. KAHN: Glucuronsäureabbau durch Darmbakterien 464[1].
— M. STANLEY-BROWN and F. W. BANCROFT: Wirkung parenteraler Zufuhr von Vitamin K bei cholämischen Blutungen 369[4].
QUILLIAM, J. P., s. LYTHGOE, R. J. 938[13], 940[3,7], 941[2].
QUIN, J. I.: Ikterus durch Ikterogenin ohne Leberschädigung 534[3].
QUINAN, C.: Aktivität der Leberesterase bei Phosphor- und Tetrachlorkohlenstoffvergiftung 157[13].
QUINBY, M. E., s. FOSTER, C. J. 832[7].

RAABE, S.: Aktivität der Leberesterase bei Skorbut 386[2].
RAASCHOU, F., s. BJØRNEBOE, M. 227[5], 235[2].
RABAEY, M., s. FRANÇOIS, J. 880[3], 886[8], 888[14], 919[1].
RABINOVITCH, A., s. AUSTONI, M. E. 44[4], 626[7].
RABINOVITCH, M.: Lokalisation von Phosphatase im Chromatin von Nervenzellen 775[16].
RABINOVITZ, M., and D. M. GREENBERG: Cholesterinsynthese in Homogenaten aus embryonaler Leber 204[1].
— M. P. STULBERG and P. D. BOYER: Pyruvatumsatz in Herzmuskelmitochondrien 732[10].
RABINOWITCH, I. M.: Aminosäurestickstoff im Blut bei akuter gelber Leberdystrophie 212[15]. — Ausscheidung von direktem und indirektem Bilirubin 514[10]. — Biliverdin im Blut bei Ikterus 516[5].
RABINOWITSCH, S. J.: Harnsäureabbau in der Leber 338[10].
RABINOWITZ, J. C., and E. E. SNELL: Kein Pyridoxin in der Hühnerleber 399[6].
RABL, R.: Glykogenverbrauch bei Gallenbildung 528[7].
RABY, K.: Vergiftungserscheinungen nach Alkohol- und Antabusgaben 490[8].
RACHELE, J. R., s. MACKENZIE, C. G. 147[12,13] 267[6], 759[8].
— s. VIGNEAUD, V. DU 269[2], 489[4].
RACKER, E.: Einwirkung von Transketolase auf Ribulose-5-phosphat 110[1]. — DPN-abhängige Aldehyddehydrogenase der Leber 490[13].
— G. DE LA HABA and I. G. LEDER: Transketolase 109[14]. — Schema der Umsetzung von Pentosephosphat 110[4].
— and I. KRIMSKY: Hemmung der Hexosediphosphatglykolyse durch neurotrope Viren 705[19]. — Beziehungen zwischen K^-, Na- und NH_4-Ionen und Kohlenhydratstoffwechsel im Gehirn 806[11]. — Hemmung der Glykolyse in Gehirn und Rückenmark durch Natriumionen 807[4].— Hemmung der Gehirnglykolyse durch Mäuseencephalomyelitis 833[1]. — Reaktivierung der Glykolyse bei Mäuseencephalomyelitisinfektion durch Triosephosphatdehydrogenase 833[2].
— s. KRIMSKY, I. 709[11], 833[3].
RADEFF, T., s. LINTZEL, W. 50[1].
RADICE, J. C., and M. L. HERRAIZ: Resorptionsweg von Vitamin A 348[2].
RADT, P.: Retention von Thoriumdioxyd im Reticuloendothel 66[5].
RAE, S. L., s. RENNIE, J. B. 247[6].
RAFELSON, M. E. jr., H. E. PEARSON and R. J. WINZLER: Milchsäurebildung, Glucose- und Sauerstoffverbrauch im Gehirn bei Virusinfektion 829[4]. — Phosphatstoffwechsel im Gehirn bei Virusinfektion 829[4]. — Hemmung der Virusausbreitung im Gehirn durch Aminosäuren 831[11]. — Hemmung der Virusvermehrung im Gehirn durch Stoffwechselantagonisten 832[2].
— R. J. WINZLER and H. E. PEARSON: Einbau von C aus Hydrogencarbonat in Gehirneiweiß 747[3]. — Einbau von C aus Glucose in Gehirneiweiß 747[3,4]. — Einbau markierter Aminosäuren in Gehirn-

eiweiß 747[4]. — Ausbreitung neurotroper Viren 829[5]. — Lipoidsynthese im Gehirn bei Virusinfektion 830[1]. — Eiweißsynthese im Gehirn bei Virusinfektion 829[6,7], 830[2].
RAFELSON, M. E. jr., s. WINZLER, R. J. 747[5].
RAFFAN, I. M., s. BRAY, H. G. 478[9].
RAFFERTY, M. A., and P. L. MACLACHLAN: Temperaturabhängigkeit des Leberglykogengehaltes 72[2].
RAFSKY, H. A., and B. NEWMAN: Leberstörungen bei Nicotinsäuremangel 399[1].
— M. WEINGARTEN, C. I. KRIEGER, K. G. STERN and B. NEWMAN: Albumin: Globulinverhältnis bei Lebererkrankungen 229[6].
— s. STEINBERG, H. 142[5].
RAIMONDO, F. DI, D. ANGARANO, N. MANNINO e L. TRINCHESE: Nicotinsäureamidausscheidung nach Behandlung mit Antibioticis 395[6].
— N. MANNINO e L. TRINCHESE: Wirkung von Antibioticis auf Nicotinsäureamidgehalt der Leber 395[5]. — Einfluß von Antibioticis auf Vitamin B_c-Gehalt der Leber 414[12]. — Vitamin B_{12}-Gehalt von Lebern 419[6]. — Herabsetzung des Vitamin B_{12}-Gehaltes der Leber durch Antibiotica 420[11].
RAISTRICK, H.: Urocaninsäurebildung aus Histidin 299[6].
RAKIETEN, N., s. HIMWICH, H. E. 785[20].
RAKOFF, A. E., s. CANTAROFF, A. 429[3,6].
— s. MEIO, R. H. DE 425[1], 427[5].
— s. PEARLMAN, W. H. 429[10].
— s. PINCUS, I. J. 426[13], 434[9].
— s. RUPP, J. 426[14], 434[8].
RALL, T. W., and A. L. LEHNINGER: Glutathionreduktase 277[1]. — Glutathionreduktase 753[7].
RALLI, E. P., E. BAUMAN and L. B. ROBERTS: Beziehungen zwischen Vitamin A-Gehalt von Leber und Blut 353[2].
— H. BRANDALEONE and T. MANDELBAUM: Vitamin A-Bildung aus Carotin bei Diabetes 352[2].
— and F. X. CLAPS: Vitamin A-Bildung aus Carotin bei Diabetes 352[2].
— and M. E. DUMM: Partielle Leberexstirpation 32[4].
— and I. GRAEF: Bedeutung der Pantothensäure für Synthese der Nebennierenrindenhormone 410[8].
— J. S. ROBSON, D. CLARKE and C. L. HOAGLAND: Wirkung des antidiuretischen Hormons bei Leberschädigung 451[3,5].
— s. BRANDALEONE, H. 352[2].
— s. PARIENTE, A. C. 351[6].
— s. SHERRY, S. 385[5].
— s. SPOOR, H. J. 410[8].
— s. STUECK, G. H. 352[2].
RALSTON, H., s. GROSSMAN, M. I. 531[8].
— s. GUNTER, M. J. 533[12].
RAMAGE, H., and J. H. SHELDON: Kupfergehalt der Leber bei Hämochromatose und Cirrhose 60[3].
— J. H. SHELDON and W. SHELDON: Kupfergehalt der Leber von Kindern 57[7]. — Kupfergehalt der Leber des Neugeborenen 58[11]. — Kupfergehalt der Leber im Kindesalter 59[5]. — Mangangehalt der menschlichen Leber 60[15]. — Mangangehalt im Meconium 62[8].
— s. FOX, H. M. 57[4].
— s. SHELDON, J. H. 57[8], 58[10], 60[16], 628[4].
RAMAKRISHNAN, T. A., s. NAIR, P. V. 364[10].
RAMAN, C. S.: Einfluß von Cholin auf Fettsäurezusammensetzung der Leberlipide 145[10].
RAMASARMA, G. B., s. HENDERSON, L. M. 293[3,9,14], 401[8].
— s. SHENOY, K. G. 420[1].
RAMBERT, P., A. MOREL, J. BOISSIER et R. NEGRI: Siderämie bei Obstruktionsikterus 48[4].
RAMÓN Y CAJAL, S.: Buch über Regeneration und Degeneration des Nervensystems. Engl. (1928) 698[1].
RAMONO, J., s. ENGEL, G. L. 820[9].
RAMOS, J. G., s. LARRABEE, M. G. 814[1].
RAMPION, J. E., s. GOLDING, J. 348[10].
RAMSAY, W. N. M.: Hyperbilirubinämie beim Pferde nach Nahrungsentzug 510[11].
RANDALL, L. O.: Chemische Topographie des Gehirns 618[2]. — Wassergehalt vom Frontal- und Parietalhirn 620[9]. — Phosphatidgehalt verschiedener Gehirnregionen 633[7]. — Zusammensetzung von Nerven bei vasculär ausgelösten Degenerationen (Diabetes) 697[7]. — Hemmung der Hirnglykolyse durch Adrenochrom 708[16]. — Umsatz von Neutralfetten und Phosphatiden im Gehirn 736[14]. — Atmung der weißen und grauen Substanz des Gehirns 782[9].
— s. MEYERHOF, O. 708[17].
RANDOIN, L., et R. FABRE: Glutathiongehalt im Blut von Lebervene und Pfortader 276[9].
— s. FABRE, R. 276[9].
RANDOLPH, M. L., s. SNAVELY, J. R. 232[7].
RANNEY, R. E., I. L. CHAIKOFF and E. L. DOBSON: Leberausschaltung bei Vögeln 28[5].
RAO, M. V. R.: Vitamin E zur Therapie der Lebernekrose 366[12].
RAOUL, Y., A. VALLETTE et J. MARCHE: Nicotinsäuregehalt menschlicher Leber 394[4]. — Nicotinsäuregehalt des Blutes bei Lebererkrankungen 398[11].
— s. GOUNELLE, H. 350[2], 379[1].
RAPER, H. S., s. CAVANAGH, B. 137[2], 686[2], 735[13], 740[3].
RAPOPORT, S.: Prothrombingehalt des Blutes bei leberkranken Kindern 236[10].
— s. BRUCK, E. 98[2].
RAPP, I., s. KOEHLER, A. E. 96[12].

Rappaport, A. M.: Katheterisierung der Lebervene beim Menschen 37[9].
— s. Casselman, W. G. B. 15[4], 18[10], 37[9].
— s. Fraser, D. 29[1].
— s. Markowitz, J. 29[1].
Rappaport, H., s. Zimmermann, H. J. 140[9,11]
Rappont, D., s. Canzanelli, A. 444[9], 445[1,15], 446[21], 779[8], 780[3].
Rasmussen, A. F. jr., H. A. Waisman, C. A. Elvehjem and P. F. Clark: Widerstandsfähigkeit vitamin-D_1-arm ernährter Mäuse gegen Poliomyelitisinfektion 832[8].
— s. Gershoff, S. N. 832[11].
Raszkowski, H. A., s. Thorn, W. 788[2].
Rath, C. E., and C. A. Finch: Siderophilin 47[6], 48[2].
Rathbun, J. C., s. Greenman, L. 98[7].
Rather, L. J.: Alopecia pectoralis bei Lebercirrhose 426[8].
Rathery, F., S. Gibert et Y. Laurent: Insulineinwirkung auf Leberglykogen 74[6].
Rathmann, F. H., s. Lederer, E. 359[3].
Ratner, S.: Enzymsystem der Argininbildung in Leber 308[8]. — Argininbernsteinsäure 308[11]. — UV-Absorption von Argininbernsteinsäureanhydrid 308[13].
— W. P. Anslow jr. and B. Petrack: Argininbernsteinsäurespaltendes Ferment 309[2].
— V. Nocito and D. E. Green: Glycinoxydase 248[7], 259[3].
— and A. Pappas: Argininbildung aus Citrullin- und Asparaginsäure 308[5]. — Enzymsystem der Argininbildung in Leber 308[7].
— and B. Petrack: Enzymsystem der Argininbildung in Leber 308[9]. — Teilenzym der Argininsynthese aus Hefe 308[10]. — Argininbernsteinsäurespaltung in der Niere 310[1,2].
— B. Petrack and O. Rochovansky: Anhydrid der Argininbernsteinsäure 308[12].— Argininbernsteinsäurespaltendes Ferment 309[1].
— D. Rittenberg, A. S. Keston and R. Schoenheimer: Abbau von Glycin 258[5]. Desamidierung von Arginin 303[1].
— R. Schoenheimer and D. Rittenberg: Desamidierung von Arginin 302[14].
— N. Weissman and R. Schoenheimer: Keine Umwandlung von D- in L-Lysin 295[10].
— s. Blanchard, M. 248[5,6].
— s. Green, D. E. 295[15].
— s. Roloff, M. 253[1], 301[1], 302[13].
— s. Schoenheimer, R. 214[1], 224[1], 297[3], 306[3], 470[13].
Ratsimamanga, A. R., s. Giroud, A. 385[2].
Rauh, L., and C. Zelson: Lipämie bei Glykogenspeicherkrankheit 79[5]. — Galaktoseprobe bei Glykogenspeicherkrankheit 79[5].
Rauh, W., u. K.-H. Wagner: Linsentrübung bei Ratten nach Hypocalcämie 899[7].
Ravault, P., M. Girard, J. Viallier et Mme Bourdillon: Bestimmung der Stoffaufnahme durch die Leber beim lebenden Menschen 38[3].
Ravdin, I. S.: Glykogenverteilung im Leberlappen 68[3]. — Leberglykogenvermehrung nach Glucosezufuhr 72[11].
— C. G. Johnston, J. H. Austin and C. Riegel: Resorption von Wasser und Alkalisalzen in der Gallenblase 536[1].
— C. G. Johnston, C. Riegel and S. L. Wright jr.: Verminderung der Alkalireserve der Galle in der Gallenblase 536[3]. Resorption von Cholaten in der entzündeten Gallenblase 536[3]. — Osmotischer Druck und Gefrierpunkt der menschlichen Galle 537[3].
— s. Goldschmidt, S(amuel) 37[4].
— s. Grant, J. L. 29[1].
— s. Gurd, F. N. 32[11], 33[1].
— s. Johnston, C. G. 540[13], 541[4].
— s. Riegel, C. 202[9], 207[16], 209[6,9], 532[11], 536[6], 548[3,10], 568[3].
— s. Sackey, M. S. 519[1], 520[6].
Ravdin, R. G., and D. I. Crandall: Transaminierung beim Tyrosinabbau 279[11]. — Fumarylacetoacetatspaltung 280[4].
Rawls, W. B.: Hypoprothrombinämie bei Hyperthyreoidismus 370[9].
Rawson, R. W., G. D. Sterne and J. C. Aub: Zerstörung von thyreotropem Hormon in Schilddrüsengewebe 449[14]. — Gonadotropinabbau 450[4].
Ray, F. E., and M. F. Argus: Cancerogene Wirkung von 2-Aminofluoren 495[5]. — Keine carcinogene Wirkung von p-Toluylsulfaminofluoren 499[12].
Ray, T. W.: Vorkommen von Schwermetallen in Cholesterinpigmentkalksteinen 566[4].
Ray, W. E., M. McDermott and G. Lusk: Einfluß von Phlorrhizin auf Zuckergehalt der Galle 543[9].
Rayet, P., s. Bacq, Z. M. 272[5].
Raymond, W. H. A., s. Davidson, J. N. 770[14].
Rea, J. L., and J. C. Drummond: Ersatz von Vitamin A durch Carotin bei oraler Zufuhr 351[11].
Rebbe, O. H., s. Hahn, L. A. 801[6].
Recant, L., s. Forsham, P. H. 126[4].
Recarte, P., s. Varela, B. 508[10], 514[8].
Rechenberger, J., s. Schairer, E. 46[2], 943[5].
Recknagel, R. O.: Wirkung essentieller Fettsäuren auf Cytochromoxydase 377[3]. Cytochromoxydasegehalt in Mitochondrien 504[11].
— and V. R. Potter: Ketogene Wirkung von Ammoniumsalzen 193[8].
Reddi, K. K., and E. Kodicek: Bildung von 1-Methyl-3-carboxamido-6-pyridon aus Nicotinsäureamid 397[4].
Reddy, D. V. N., s. Ceredo, L. R. 327[1,2].

Reed, C. I., L. M. Dillmann, E. A. Thacker and R. I. Klein: Calciumgehalt im Gehirn bei Vitamin D-Vergiftung 622[3].
— E. A. Thacker, L. M. Dillmann and J. W. Welch: Calciumgehalt im Gehirn bei Vitamin D-Vergiftung 622[4].
Reed, G., E. C. Wise and R. J. L. Frundt: Vitamin A-Ester in Heilbuttöl 358[5].
Reed, L., s. Denis, W. 274[7].
Reedman, E. J., and E. W. McHenry: Ascorbinsäureeiweißkomplexe in Pflanzen 378[7].
Reen, R. van: Gehalt der Leber an eisenhaltigen Fermenten bei reichlicher Zinkzufuhr 63[9].
Rees, D. S., s. Reiss, M. 771[4], 818[14], 821[2].
Reese, H., s. Embden, G. 284[11].
Reese, J. W., s. Frantz, I. D. jr. 215[8].
Regan, E.: Lysozymgehalt der Tränen bei vermehrter Tränenabsonderung 870[4].
Regan, J. F., and O. H. Horrall: Choleretische Wirkung von Dehydrogallensäuren 532[6]. — Art der Galle nach choleretisch wirkenden Stoffen 533[13].
Regan, M., s. Ochoa, S. 128[1].
Register, U. D., s. Lewis, U. J. 420[10].
Reich, C., R. L. McCready, H. Chaplin and R. Lipkin: Prothrombingehalt im Placentarblut 371[4].
Reich, W. S., s. Aubel, E. 68[11].
Reichard, P.: Bildungsgeschwindigkeit von Guanin in regenerierender Leber 333[12]. — Pyrimidinbildung aus Orotsäure 342[12]. — Orotsäurebildung in der Leber 343[5].
— and S. Bergström: Keine Verwertung von Glycin für Pyrimidinsynthese 342[8]. Pyrimidinsynthese aus Orotsäure 342[8].
— and B. Estborn: Keine Verwendung von Desoxyhypoxanthosin zur Nucleinsäuresynthese 331[5]. — Kein Übergang von Pyrimidin in Purine 342[1]. — Keine Cytosinbildung aus Thymin 343[6].
— s. Arvidson, H. 342[11].
— s. Bergstrand, A. 316[7].
— s. Bergström, S. 342[9].
— s. Eliasson, N. A. 325[1].
— s. Hammarsten, E. 317[1], 331[4,12], 342[2].
— s. Lagerkvist, U. 342[7].
Reichel, C., s. Widenbauer, F. 676[2].
Reichel, L., u. H. Köhle: Alkoholdehydrogenase aus Leber 485[3].
Reichel, M., s. Thannhauser, S. J. 240[6], 543[14], 743[11], 744[10].
Reichenthal, J., s. Burns, J. J. 104[12], 381[7].
Reichert, E., s. Lynen, F. 850[6].
Reid, D. F., S. Lepkovsky, D. Bonner and E. L. Tatum: Xanthurensäureausscheidung nach Kynurenin 291[5].
Reid, E. W., s. Taylor, J. 55[2].
Reid, J. C., and H. B. Jones: Tyrosineinbau in Gehirneiweiß 746[2].
Reiman, C. K., and A. S. Minot: Mangangehalt der menschlichen Leber bei Lebererkrankungen 60[17]. — Mangangehalt der menschlichen Leber 61[11]. — Mangangehalt der Galle 62[7]. — Ausscheidung injizierter Mangansalze in die Galle 541[12].
Reimann, F., F. Fritsch u. K. Schick: Ausscheidung komplexer Eisenverbindungen durch die Niere 52[7]. — Steigerung der Eisenresorption nach Eisenmangelanämie 53[5].
Rein, H.: Einführung in die Physiologie. 8. Aufl. (1947) 922[3].
— O. Mertens u. M. Schneider: Durchblutung des Muskels bei tetanischer Reizung 573[2].
— s. Grab, W. 14[15], 15[13], 16[5], 17[1].
Reindel, F., s. Fischer, H. 507[12].
Reindel, W., s. Schuler, W. 337[1].
Reinecke, R. M.: Verwertung von Fructose durch eviscerierte Tiere 103[3].
— and E. C. Kendall: Auswertung von Nebennierenrindenpräparaten 78[7].
— s. Samuels, L. T. 141[6].
Reiner, J. M.: Verhältnis von Glucoseoxydation zu Milchsäurebildung im Rattengehirn 711[10]. — Aktivierung von Wasserhomogenaten aus Gehirn 732[11]. — Medium für Versuche an überlebendem Gehirngewebe 779[1]. — Atmung von Gehirnbrei von Ratten 781[6].
— s. Utter, M. F. 701[17], 704[15].
Reiner, L., s. Roth, J. S. 745[13], 746[7].
Reiner, M., s. Silver, S. 105[1].
Reiners, C. R. jr.: Gallensäuregehalt in Lymphe und Blut nach Gallengangsunterbindung 560[1].
Reinhard, J. J., O. Glasser and I. H. Page: Überlebensdauer von Hunden nach einzeitiger Leberexstirpation 31[7].
Reinhardt, W. O., s. Bloom, B. 136[8,10].
— s. Chaikoff, I. L. 136[9].
— s. Goldman, D. S. 158[6], 741[7].
— s. Tarver, H. 228[2].
Reinhart, H. L., s. Delor, C. J. 562[9].
Reinhart, R. W., s. Schade, A. L. 47[6], 48[2].
Reinhold, J. G., and L. K. Ferguson: p_H-Wert menschlicher Fistel- und Blasengalle 537[6].
— and D. W. Wilson: Vermehrung der Wasserausscheidung in der Galle durch Dehydrocholsäure 532[12]. — Gehalt an Chlorid und Hydrogencarbonat in der Fistelgalle vom Hund 538[6]. — Mineralstoff- und Gallensäuregehalt der Galle 539[1]. — Cholat-, Natrium- und Hydrogencarbonatgehalt in der Fistelgalle 539[2]. — Konzentration anorganischer Ionen in der Galle 539[5]. — Magnesiumgehalt der Galle nach Magnesiuminjektion 541[5]. — Phospholipidgehalt in der Blasengalle vom Hund 545[8]. — Rückresorption von Cholesterin im Darm 548[13]. — Bildung von Koprosterin aus Cholesterin im Darm 548[13].
Reinstein, H., s. Thannhauser, S. J. 133[1], 154[16], 155[3], 633[6], 642[5].

REINWEIN, H., u. W. SINGER: Sauerstoffverbrauch von Leberschnitten nach Thyroxin 444[14].
REIS, J.: 5-Nucleotidase im Nervengewebe 668[3]. — 5-Nucleotidase im degenerierenden Nerven 696[4]. — P-Austausch der stabilen P-Gruppe von ATP und ADP im Gehirn 765[9]. — Vorkommen von 5-Nucleoditase in Hirn- und Nervengewebe 767[1]. — Aneurinpyrophosphatspaltung im Gehirn 775[7]. — Vorkommen von 5-Nucleotidase in der Uvea 920[18]. — Phosphataseaktivität in der Uvea 921[1]. — Vorkommen von Phosphatasen in der Netzhaut 936[13].
REIS, J. L.: Aktivität der sauren Phosphatase in menschlichem Gehirn 695[10]. — Aktivität der alkalischen Phoshatase in normalen und degenerierenden Nerven 696[6]. — Spezifität der 5-Nucleotidase 767[3,4]. — Aktivität der 5-Nucleotidase im Hypophysenhinterlappen 767[4].
— s. PEARSE, A. G. E. 767[5].
REIS, W.: Sulfhydrylgruppen in Linseneiweißkörpern 888[8].
REISER, R.: Bildung von Arachidonsäure im Organismus 164[4].
REISS, E., and W. JEHN: Leberfunktionsprüfung mit Galaktose 97[3]. — Leberfunktionsprüfung mit Fructose 103[5].
— s. WÖRNER, H. 103[5].
REISS, M., F. E. BADRICK and J. H. HALKERSTON: P-Aufnahme in Gehirn nach Hypophysektomie 771[3], 818[15]. — Glucosephosphorylierung bei Mangel an Steroidhormonen 821[3].
— and R. E. HEMPHILL: Vorkommen von Cholinesterasen im Liquor cerebrospinalis 861[4].
— A. HOCHWALD u. H. DRUCKREY: Einfluß von Thyroxin auf Sauerstoffverbrauch der Leber 24[2], 443[13].
— and D. S. REES: Anaerobe Glykolyse im Gehirn nach Hypophysektomie und ACTH 771[4]. — Hexokinaseaktivität nach Hypophysektomie 771[4], 818[14]. — Glucosephosphorylierung bei Mangel an Steroidhormonen 821[2].
— L. SCHWARZ u. F. FLEISCHMANN: Wirkung von Thyroxin und thyreotropem Hormon auf Lebersuccinodehydrogenase 445[7].
— s. EARLY, D. F. 861[5].
— s. MACLEOD, L. D. 818[4].
REISS, R. S., s. FORSHAM, P. H. 820[11].
REITER, C., and M. A. LASKY: Katarakt bei Galaktosämie 899[15].
REITHEL, F. J., s. DURSCH, H. R. 94[5].
REKERS, P. E., s. KNUTTI, R. E. 226[4], 227[1].
REMY, C., D. A. RICHERT, W. W. WESTERFELD and J. TEPPERMAN: Wirkung von Thyroxin auf Xanthinoxydase der Leber 445[11].
— and W. W. WESTERFELD: Xanthinoxydase der Hühnerleber 336[2].
REMY, R.: Methioninwirkung auf Glykogenansatz 147[18].
— u. N. GERLICH: Glykogengehalt der Leber nach Methionin 147[17].
— u. A. TERBRÜGGEN: Wirkung von Lebergiften bei kohlenhydratreicher Ernährung 37[3].
RENNEBAUM, E. H., s. MARTIN, G. H. 477[10].
RENNER, W.: Fluoressigsäure, Giftstoff aus Dichapetalum cymosum 725[11].
RENNIE, J. B., and S. L. RAE: Kephalin-Cholesterinflockungstest bei Ikterus 247[6].
RENNKAMP, F.: Cholinphosphorsäure 841[8]. Sphingosin-Phosphorsäure-Cholinester aus Sphingomyelin 641[8].
— s. KLENK, E. 641[7], 644[8], 690[8].
RENSCHLER, H., s. PLETSCHER, A. 488[9].
RENZO, E. C. DE, and L..R. CERECEDO: Wirkung von Methionin bei Pyridoxinmangel 400[3]. —
— P. G. HEYTLER and E. KALEITA: Trennung von Molybdat und Xanthinoxydase 65[13].
— E. KALEITA, P. G. HEYTLER, J. J. OLESON, B. L. HUTCHINGS and J. H. WILLIAMS: Mineralgehalt der Leber 64[15]. — Aktivierung der Xanthinoxydase durch Molybdän 65[9,11].
— s. CERECEDO, L. R. 400[4].
REPETTO, O. M., R. CAPUTTO, C. E. CARDINI, L. F. LELOIR and A. C. PALADINI: Glucose-1,6-diphosphat als Katalysator der Umwandlung von Glucose-1- in Glucose-6-phosphat 87[1].
ŘEŘÁBEK, J.: Nucleinsäurebestimmung im Gehirn 666[13]. — Kein Einfluß von Sulfanilamid auf Gehirnatmung 791[15].
RERAT, A., s. CALET, C. 388[6], 392[3], 406[8].
RESSLER, C., s. VIGNEAUD, V. DU 451[12], 489[4].
RESTUCCIA, M., s. LEVEEN, H. H. 241[9].
REUSS, A. v.: Bindegewebsvermehrung in der Leber bei galaktämischer Hepatomegalie 98[6].
RETI, L.: Vitamin A-Ester in Fischlebern 358[4].
RETZLAFF, K.: s. BRUGSCH, T. 506[5].
REUTER, A.: Steigerung des Sauerstoffverbrauchs von Leberschnitten durch Thyroxin 444[13].
REVERDIN, R., s. CORRE, L. 493[7].
REVEREY, G., s. WIELAND, H. 515[8].
REVERS, F. E., s. HIJMANS VAN DEN BERGH, A. A. 524[5], 525[9], 526[1].
REWALD, B.: Lebercholesterin bei Diabetikern 198[14]. — Gehirnlipoide nach Verfütterung von Sojalecithin 686[8].
REXED, B., and U. S. v. EULER: Vorkommen von Histamin im Nervengewebe 759[17]. — Histamingehalt in sympathischen Nerven 760[3].
— s. HYDÉN, H. 812[7].
REX-KISS, B., u. K. LISSÁK: Calciumgehalt peripherer Nerven 621[12]. — Calciumgehalt des Nervengewebes nach Vergiftung mit Tetanustoxin 622[13].

Reynolds, R. J. W., s. Herbert, R. W. 384[5].
Reynolds, V. H., s. Touster, O. 461[2].
Rheinhold, J. G., s. Neefe, J. R. 246[1].
Rhoads, C. P.: Antagonistische Wirkung von Riboflavin gegen cancerogene Azofarbstoffe 501[6].
— s. Abels, J. C. 150[11], 154[12], 155[1].
— s. Burk, D. 501[10].
— s. Kensler, C. J. 494[3], 498[8], 501[5], 503[14].
— s. Miller, D. K. 505[6].
— s. Singher, H. O. 424[17], 427[10,12].
— s. Stevenson, E. S. 497[11], 499[7].
— s. Sugiura, K. 493[12], 494[7], 498[10], 499[4], 500[10].
— s. Unna, K. 392[2], 427[19], 501[7].
— s. Vigneaud, V. du 501[11].
Rhoads, J. E., O. Liboro, S. Fox, P. György and T. E. Machella: Lipotrope Pankreasextrakte 154[10].
— R. Warren and L. M. Panzer: Prothrombinbildung bei Leberschädigung 370[4].
— s. Warren, R. 31[7], 255[13].
Rhode, H.: Schwefelquellen für die Bildung von Phenolschwefelsäure 467[7].
Rhodewald, M., s. Willstätter, R. 68[10], 580[3].
— s. Kraut, H. 710[2].
Rice, L. I., s. Schotz, M. C. 207[15].
Rich, A. R.: Bilirubingehalt im Blut nach Hepatektomie bzw. Choledochusunterbindung 508[8]. — Ursachen der Hyperbilirubinämie des Neugeborenen 512[8].
— and M. Berthrong: Regeneration von fettreichen Lebern 34[13].
— and J. H. Bumstead: Hämatoidin identisch mit Bilirubin 507[13].
— T. H. Cochran and D. C. McGoon: Fettleber durch Hypophysenvorderlappenextrakte 142[5].
Rich, E., s. Himwich, H. E. 796[11].
Richards, A. G. jr.: Lipoidgehalt in den Markscheiden von Insektennerven 649[4].
— s. Patterson, E. K. 647[4], 649[2], 650[3].
Richards, A. J., s. Williams, H. H. 678[1].
Richards, D. W., s. Bauer, W. 15[14].
Richards, J. B.: Ascorbinsäuregehalt von Nebenniere nach ACTH 449[10].
— and G. Sayers: Keine ACTH-Ausscheidung im Harn 449[8]. — ACTH-Inaktivierung 449[8].
Richards, M. B.: Bedeutung von Mangan für Leberarginase 60[18]. — Mangangehalt der Leber 60[18], 61[10].
— s. Irving, J. T. 669[1,3].
Richards, M. M., and L. Hellerman: Bedeutung von Mangan für Leberarginase 60[19]. — Aktivierung von Arginase durch Fe^{II}-Ionen 310[11].
Richards, N. A., s. Howland, J. 35[14].
Richards, R. K., s. Taylor, J. D. 791[4], 797[8].
Richardson, H. B., s. Tolstoi, E. 120[6].
Richardson, H. L., and L. Cunningham: Wirkung von 3-Methylcholanthren auf cancerogene Wirkung von 3′-Methyl-4-dimethylaminoazobenzol 501[15].
— s. Robertson, C. H. 501[21].
Richardson, L. R.: Wirkung von Vitamin B_{12} und Folsäure auf ernährungsbedingten Hydrocephalus 674[9].
Richert, D., s. Olson, R. E. 78[7].
Richert, D. A., R. Vanderlinde and W. W. Westerfeld: Keine Beeinflussung der Milchxanthinoxydase durch Antabus 490[14]. — Wirkung von Methylenblau und Antabus auf Xanthinoxydase 491[1].
— and W. W. Westerfeld: Aktivierung der Xanthinoxydase durch Molybdän 65[10]. — Xanthinoxydase der Hühnerleber 336[1]. — Cholinoxydaseaktivität der Leber bei Riboflavinmangel 392[6].
— s. Bass, A. D. 335[11].
— s. Remy, C. 445[11].
— s. Westerfeld, W. W. 65[14], 222[7], 335[9].
Richet, C.: Relative Lebergröße bei verschiedenen Tieren 9[12].
Richey, E. O., s. Beinert, H. 795[17].
Richter, C. P.: Keine Förderung der Fettverwertung durch Glucose 93[11].
Richter, D.: Buch über Forschungsrichtungen in der Neuropsychiatrie. Engl (1950) 816[3]. — Adrenalinschwefelsäureester 439[3,11]. — Adrenalin- und Noradrenalinabbau 440[4]. — Rolle der Phenolasen bei der Adrenalininaktivierung 441[2]. — Gehirntemperatur 808[2]. — Energiereiche Phosphatverbindungen und Acetylcholinsynthese im Gehirn 809[2]. — Biochemische Veränderungen des Gehirns bei Lähmung der Muskulatur durch Dihydro-β-erythroidin 818[2].
— and J. Crossland: Milchsäure- und Acetylcholingehalt im Gehirn bei psychischen Störungen 738[6]. — Acetylcholingehalt des Gehirns 809[1]. — Gehirnstoffwechsel bei Krämpfen, Schlaf und Narkose 810[13]. Acetylcholingehalt im Gehirn bei Narkose 813[24]. — Verhalten des Acetylcholins bei elektrischer Gehirnreizung 817[6]. — Acetylcholingehalt und Funktion des Gehirns 842[11]. — Acetylcholingehalt von Rattengehirn 844[4].
— and R. M. C. Dawson: Ammoniakgehalt im Gehirn 628[15]. — Postmortale Ammoniakbildung im Gehirn 657[2]. — Milchsäure- und Acetylcholingehalt von Gehirn bei psychischen Störungen 738[5]. — Glutaminsäuregehalt im Gehirn bei elektrischen Krämpfen 757[13]. — Phosphokreatinzerfall und Hexosephosphatbildung bei elektrischer Reizung des Gehirns 772[2]. — Milchsäuregehalt in Rattengehirn 808[6]. — Hirnstoffwechsel bei Hypoxie, Krämpfen, Gehirntrauma und Narkose 810[3]. — Gehirnstoffwechsel bei Krämpfen, Schlaf und Narkose 810[11]. — Ammoniakgehalt im Gehirn bei Narkose 813[22]. —

Phosphokreatinspaltung bei elektrischer Reizung des Gehirns 816[17]. — Milchsäuregehalt im Rattengehirn bei emotioneller Erregung 816[20]. — Ammoniakgehalt im Gehirn bei Krämpfen 817[12].

RICHTER, D., and R. P. HULLIN: Fermentgehalt in Nervenzellen 776[1]. — Verteilung von alkalischer Phosphatase auf Kern und Cytoplasma in Nervenzellen 776[2]. — Altersabhängigkeit der Phosphataseaktivität in Gehirn 777[1].

— and F. C. MACINTOSH: Adrenalinschwefelsäureester 439[4].

— s. ANSELL, G. B. 656[1], 762[16], 763[1,4,5], 813[23].

— s. BHAGVAT, K. 439[11], 441[2], 761[24].

s. BLASCHKO, H. 440[4,6], 760[11], 761[7].

— s. CROSSLAND, J. 786[11].

— s. DAWSON, R. M. C. 736[6], 738[3], 743[7], 769[2], 771[2], 788[7], 800[4], 810[12], 814[6], 816[19].

— s. GAITONDE, M. K. 739[2], 746[16], 747[2].

— s. GRANDE, F. 770[2,5,7].

— s. GREEN, D. E. 441[1], 761[9].

— s. TYRRELL, L. W. 649[5].

RICHTER, R. B., s. EICHELBERGER, L. 622[16], 623[4], 624[8], 629[9].

RICKARDS, J. C., s. BOXER, G. E. 481[2–4].

RICKES, E. L., N. G. BRINK, F. R. KONIUSZY, F. R. WOOD and K. FOLKERS: Darstellung von Vitamin B_{12} 419[3].

RICKETTS, W. E., L. EICHELBERGER and J. B. KIRSNER: Natriumausscheidung bei Lebererkrankungen 42[13]

— and K. STERLING: Serumalbumingehalt bei Lebererkrankungen 229[3].

RIDDLE, O., and D. F. OPDYKE: Wirkung von Desoxycorticosteron auf Fettgehalt der Taubenleber 143[5].

RIDGE, J. W.: Na- und Cl-Ionenverteilung zwischen Plasma und Kammerwasser beim Meerschweinchen 907[10].

RIDLEY, E., s. SHERWOOD, S. L. 861[7].

RIDLEY, F.: Zusammensetzung der Tränenflüssigkeit vom Menschen 869[9]. — Histaminähnliche Substanz in der Tränenflüssigkeit 870[9].

RIDOUT, J. H., C. C. LUCAS, J. M. PATTERSON and C. H. BEST: Fettleberbildung nach Cholesterinzufuhr 153[6].

— J. M. PATTERSON, C. C. LUCAS and C. H. BEST: Inositwirkung auf Cholesteringehalt von Fettlebern 150[9].

— s. BARRETT, H. M. 36[14], 142[4,7], 164[6].

— s. BEST, C. H. 131[4], 138[6], 144[6], 147[4,6,9], 149[17], 150[1,7], 151[18], 152[2], 153[7,8].

— s. MACLEAN, D. L. 145[8].

RIEBELING, C.: Ammoniakgehalt im Gehirn 628[14]. — Wassergehalt des Gehirns im Senium 676[8].

RIECKEHOFF, I. G., R. T. HOLMAN and G. O. BURR: Bildung von Arachidonsäure im Organismus. 164[4]. — Mehrfach ungesättigte Fettsäuren im Leberfett 375[1]. — Ungesättigte Fettsäuren im Gehirn bei Fettmangel 687[2]. — Bildung von Arachidonsäure aus Linolsäure 687[2].

RIEDER, H. P.: Einfluß des Harnvolumens auf Hippursäureausscheidung 471[11].

RIEDERS, F., s. GOLDSTEIN, F. 479[15].

RIEDL, O., s. ZEMPLÉN, B. 526[12], 527[1].

RIEGEL, B., W. L. HARTROP and G. W. KITTINGER: Progesteronabbau bei der Maus 436[10].

RIEGEL, C., C. G. JOHNSTON and I. S. RAVDIN: Resorption von Cholesterin in der Gallenblase 548[10].

— I. S. RAVDIN, C. G. JOHNSTON and P. J. MORRISON: „Weiße" Galle 536[6].

— I. S. RAVDIN, P. J. MORRISON and M. G. POTTER: Cholesterin- und Gallensäuregehalt der Galle bei Schwangeren 568[3].

— I. S. RAVDIN and M. PRUSHANKIN: Vermehrung der Gallensäureausscheidung in der Galle durch Dehydrocholsäure 532[11].

— I. S. RAVDIN and H. J. ROSE: Cholesterinsynthese aus DL-Phenylalanin 202[9]. — Cholesterinesterbildung im Blutplasma 207[16]. — Wirkung von Galle auf Cholesterinveresterung im Blutplasma 207[16]. Cholesterin in der Hundegalle 209[6]. — Cholesterin und Cholesterinester in der Galle 209[9]. — Cholesterinesterausscheidung in der Galle 548[3].

— and H. J. ROSE: Cholesterinester in der Hundegalle 548[4].

— s. JOHNSON, J. 446[13].

— s. RAVDIN, I. S. 536[1,3], 537[3].

RIEGELE, L.: Nervenverzweigung in Leberläppchen 21[1].

RIEGLER, L. G., s. EVERETT, E. F. 565[2].

RIESEN, A. H.: Bedeutung adäquater Reizung für Entwicklung der Sehbahn 812[4].

RIESEN, W. H., B. S. SCHWEIGERT and C. A. ELVEHJEM: Einfluß von Methionin auf Riboflavingehalt der Leber 392[2].

RIESSER, O.: Zusammenfassung über vergleichende Muskelphysiologie (1936) 570[7].

— G. KUNZE u. K. GALLE: Einwirkungen auf die Zusammensetzung des Muskels 574[2].

RIGANO-IRRERA. D.: Negative Ca-Bilanz bei Achylie 360[11].

RIGGS, B. C., s. STADIE, W. C. 849[11].

RIGGS, T. R., and H. N. CHRISTENSEN: Acetylierung von p-Aminobenzoe- und p-Aminohippursäure 475[11].

— and H. N. CHRISTENSEN: Acetylierung von p-Aminobenzoesäure bei Pantothensäuremangel 477[15].

— and D. M. HEGSTED: Acetylierung von p-Aminobenzoesäure bei Pantothensäuremangel 409[3,4]. — Bedeutung von Coenzym A für Acetylierungen 477[2].

RIGNEY, L. J., W. L. MORTENSEN and T. G. MILLER: Proteingehalt der Galle bei entzündlichen Lebererkrankungen 535[3]. — Galle bei Cholelithiasis 535[3]. — Nachweis von Ca-Bilirubinat in der Galle 569[6].

RIISING, B. M., s. BAUMANN, C. A. 348[9].

RIKER, W. F. jr., and W. C. WESCOE: Wirkung von Physostigmin auf quergestreiften Muskel 861[1].

Riker, W. F. jr., s. Wescoe, W. C. 239[8,9].
Rimington, C.: Vorkommen von Protoporphyrin III in der Schafsleber 523[7]. — Ikterus durch Ikterogenin ohne Leberschädigung 534[3].
— s. Neuberger, A. 280[10], 282[1], 283[3], 284[1].
Rindi, C., s. Caro, L. de 387[6], 388[2], 685[5].
Rinehart, J. F., s. Greenberg, L. D. 291[7,8].
Rinfret, A. P., s. Griffin, A. C. 501[19,20].
Ringer, A. I., E. M. Frankel and L. Jonas: Acetonkörperbildung aus Isovaleriansäure 264[4].
Ringer, A. J., u. G. Lusk: Keine Glucosebildung aus Tyrosin bei Phlorrhizindiabetes 280[7].
Ringrose, A. T., and L. C. Norris: Wirkung von Leber auf pellagraähnliche Hühnerdermatitis 404[3].
— L. C. Norris and G. F. Heuser: Pellagraähnliche Dermatitis bei Hühnern 404[2].
Risley, H. A., s. Ames, S. R. 367[6].
Risolo, A., s. Franchi, G. 482[4].
Rissel, I., u. F. Wewalka: Glutathionausscheidung in der Galle 542[5].
Ritchie, R., s. Pohle, E. A. 66[12].
Rittenberg, D., and K. Bloch: Einbau von Deuterium in ungesättigte Fettsäuren 166[2]. — Fettsäurebildung aus Acetat 167[7,8]. — Cholesterinsynthese aus Acetat 201[7]. — Verwendung von Acetat zur Acetylierung von Sulfonamiden 476[14].
— and R. Schoenheimer: Erneuerung von Depotfett 162[1]. — Umwandlung ungesättigter in gesättigte Fettsäuren 162[7]. — Herkunft der H-Atome in Cholesterin 201[10]. — Verwendung von exogenem Glykokoll für die Hippursäuresynthese 470[13].
— and H. Waelsch: Harnstoffbildung 306[5]. Bedeutung von Biotin für Harnstoffbildung 412[9].
— s. Bloch, K. 165[4], 167[3], 199[3], 200[8,9,11,13], 201[9], 203[19], 204[7], 206[9], 208[14], 477[1,5], 554[7].
— s. Borek, E. 200[20], 201[4].
— s. Clark, I. 295[17].
— s. Clutton, R. F. 302[12], 306[7].
— s. Curran, G. L. 200[19].
— s. Foster, G. L. 295[3], 297[3], 306[3].
— s. Hirs, C. W. H. 306[4].
— s. London, I. M. 204[12], 506[1], 509[1].
— s. Price, T. D. 200[22], 201[2].
— s. Ratner, S. 258[5], 302[14], 303[1].
— s. Schoenheimer, R. 162[1,3,4], 208[16], 214[1], 224[1], 258[5], 295[12], 297[3], 306[3], 470[13], 549[8], 554[9].
— s. Shemin, D. 214[4], 263[10], 306[2], 332[7], 509[2].
— s. Sprinson, D. B. 214[3], 216[6], 745[11].
— s. Tesar, C. 297[4].
— s. Vigneaud, V. du 475[9], 477[3].
— s. Waelsch, H. 258[3], 275[1–3], 470[13].
Rivoire, R.: Verhalten der Galaktose bei Hyperthyreoidismus 447[2].
Robbers, H.: Taurinbildung aus Cystein über Aminoäthylmercaptan 272[2].
Robbie, W. A., and P. J. Leinfelder: Hemmung der Netzhautatmung durch Cyanid 932[2].
— P. J. Leinfelder and T. D. Duane: Sauerstoffverbrauch der Cornea 877[2]. — Vorkommen von Cytochromoxydase in der Cornea 878[5].
— s. Ely, L. O. 893[8], 896[1].
Robbins, B. H.: Chloroformvergiftung der Hundeleber 36[3]. — Permeabilität der Linsenkapsel im Alter 892[5]. — Linsentrübungen durch 2,4-Dinitrophenol 900[2].
— s. Lamson, P. D. 814[2].
Robbins, K. C., E. L. Barnett and N. H. Grant: Uricasedarstellung 338[16].
Robbins, W. C.: Aufhebung der Urobilinbildung im Darm durch Sulfonamide 518[8].
Robertis, E. de, and F. O. Schmitt: Neurotubuli 619[6].
Roberts, E., and H. M. Bregoff: Glutaminsäurebildung im Gehirn 751[12].
— and H. C. Eckstein: Lipotrope Wirkung von Methyldonatoren 148[17].
— and S. Frankel: γ-Aminobuttersäure im Gehirn 655[7]. — Glutaminsäuredecarboxylase im Gehirn 753[8,9], 755[5]. — Pyridoxal-5-phosphat als Coenzym der Glutaminsäuredecarboxylase 755[5,7]. — Spezifität der Glutaminsäuredecarboxylase 756[5].
— P. J. Harman and S. Frankel: Gehalt an γ-Aminobuttersäure und Glutaminsäuredecarboxylase im wachsenden Gehirn 681[6].
— F. Younger and S. Frankel: Pyridoxal-5-phosphat als Coenzym der Glutaminsäuredecarboxylase 755[8].
Roberts, J. R. E., s. Giardini, A. 869[8], 870[8].
— s. Davson, H. 907[9].
Roberts, L. B., s. Ralli, E. P. 353[2].
Roberts, L. J., s. Brenner, S. 353[3].
— s. Leverton, R. M. 54[6].
Roberts, N. R., s. Lowry, O. H. 617[1–3], 773[8].
Roberts, P. J. P., s. Peat, S. 82[5].
Roberts, S., and M. R. Keller: Sauerstoffverbrauch der Hypophyse 782[12].
— and C. M. Szego: Wirkung von α-Oestradiol nach partieller Hepatektomie 424[10]. Oestriolbindung an Serumprotein 425[15].
— s. Szego, C. M. 32[12], 33[5], 429[9].
Roberts, W. M.: Blutphosphatase bei Obstruktionsikterus 240[1]. — Bildungsort der Blutphosphatasen 240[1]. — Phosphatasegehalt der Galle 240[1].
Robertson, C. H., M. A. O'Neal, A. C. Griffin and H. L. Richardson: Bedeutung von ACTH für cancerogene Wirkung von 3 - Methyl - 4 - dimethylaminoazobenzol 501[21].
— s. Griffin, A. C. 501[20].
Robertson, J. D., and C. P. Stewart: Verbrennung von Alkohol im Gehirn 785[19].
— s. Mackay, G. 884[2].

ROBERTSON, T. B., and M. C. DAWBARN: Nucleinsäuregehalt der Schafleber 323[6].
ROBERTSON, W. v. B., and H. KAHLER: Lactoflavingehalt regenerierender Leber 34[10].
— M. W. ROPES and W. BAUER: Depolymerisierung von Hyaluronsäure durch Ascorbinsäure 911[17].
ROBESON, C. D., and J. G. BAXTER: Neovitamin A in Fischleberölen 358[7]. — α-Tokopherol in Lebertran 364[9].
— DIETERLE, J. M. 944[6].
ROBINS, E., D. E. SMITH and R. E. MCCAMAN: Purinnucleosid-phosphorylase aus Affengehirn 768[3].
ROBINSON, A., s. BEACH, E. F. 217[3], 655[1].
ROBINSON, C. S., s. LITTLE, J. M. 136[6].
ROBINSON, J.: Vorkommen von Aminoxydase an sympathischen Nervenendigungen 761[18]. — Vorkommen von Aminoxydase in der Iris 920[10].
— N. LEVITAS, F. ROSEN and W. A. PERLZWEIG: Codehydrogenasengehalt von Leber 330[1]. — DPN- und TPN-Dehydrogenase in der Leber 394[13].
— s. BURN, J. H. 761[12, 23].
— s. PERLZWEIG, W. A. 292[6].
ROBINSON, R.: Cholesterinbildung aus Squalen 203[6].
ROBINSON, R. R., s. SMITH, A. H. 539[8].
ROBINSON, W. L., s. ALLAN, F. N. 154[2].
ROBLEIN, R. O. jr., s. WINTERBOTTOM, R. 179[3].
ROBLES, E.: Sauerstoffverbrauch von Mäuseleber nach Schilddrüsenfütterung 443[9].
ROBOZ, E., s. LEPKOVSKY, S. 291[4], 292[16], 401[7].
ROBSCHEIT-ROBBINS, F. S., s. GYÖRGY, P. 505[10].
— s. HAWKINS, W. B. 53[10].
— s. WHIPPLE, G. H. 226[3], 506[2], 521[9].
ROBSON, J. M., and A. I. S. MCPHERSON: Gonadotropinbildung und -ausscheidung 450[2].
ROBSON, J. S., s. RALLI, E. P. 451[3, 5].
ROCHE, A., s. HENRIQUES, V. 44[2].
ROCHE, J., S. DROUINEAU, S. FOUQUET et P. PASSELAIGUE: Gewicht und Proteingehalt der Leber 219[3]. — Proteinansatz in der Leber nach proteinfreier Nahrung 220[5].
— R. MICHEL, O. MICHEL et S. LISSITZKY: Keine Jodabspaltung aus Thyroxin in der Leber 443[2].
— R. MICHEL et J. TATA: Schicksal von L-3,5,3'-Trijodthyronin in der Leber 443[1].
ROCHE, M., s. FORSHAM, P. H. 820[11].
ROCHOVANSKY, O., s. RATNER, S. 308[12], 309[1].
ROCKENBACH, J., s. SENECA, H. 438[3].
ROCKWELL, P., s. HERRMANN, G. R. 146[9].
RODAHL, K.: Vitamin A-Gehalt der Leber von Polartieren 358[3].
— and A. W. DAVIES: Vitamin A-Gehalt in Seehundlebern 357[5].
RODAHL, K., and T. MOORE: Vitamin A-Gehalt von Eisbär- und Seehundlebern 357[4]. — A-Hypervitaminose nach Genuß von Eisbärleber 358[1].
RODDA, F. C.: Blutgerinnung beim Neugeborenen 371[1].
RODECK, H., u. W. DODEN: Kaliumgehalt von Ratten- und Meerschweinchenleber 41[13].
— s. DODEN, W. 802[10].
RODNEY, G., M. E. SWENDSEID and A. L. SWANSON: Bedeutung von Folsäure für Tyrosinabbau 417[2].
RODNIGHT, R., s. MCILWAIN, H. 704[8, 9], 792[10, 16], 793[1, 7].
RODWELL, V. W., s. MANDEL, H. G. 455[6].
ROE, J. H., and G. R. COWGILL: Galaktoseaufnahme durch die Leber 92[4].
— A. GILMAN and G. R. COWGILL: Artunterschiede in der Galaktoseverwertung 93[12]. — Kein Anstieg des R.Q. nach Galaktose beim Diabetiker 97[2].
— and A. S. SCHWARTZMAN: Vergärbarer Zucker im Blut nach Galaktosezufuhr 96[10].
— s. BAILEY 3rd, W. H. 105[5].
— s. DAMRON, C. M. 384[4].
— s. WEINSTEIN, J. J. 102[8].
RÖE, O.: p_H-Optimum der Netzhautatmung 930[1].
ROECKL, K. W., s. FISCHLER, F. 66[18].
ROEDER, F.: Aufnahme von ^{32}P durch Gehirn 769[8].
RÖMER, P.: Antikörper im Kammerwasser 903[10].
RÖNNESTAM-SÄBERG, I., s. EULER, H. v. 322[4].
ROEPKE, R. R., and W. A. HETHERINGTON: Osmotischer Druck von Kammerwasser 901[4].
RÖSCH, H.: Ammonbildung in der Froschnetzhaut 934[3].
— u. W. TE KAMP: Ammoniakbildung der Froschnetzhaut 934[2].
ROESE, H. F., s. BORNSTEIN, A. 247[9].
RÖSSLE, R.: Lebergewicht des Menschen 9[1]. — Leberstörungen bei Hyperthyreoidismus 443[6].
ROESTER, U., s. WEITZEL, G. 916[2, 3].
RÖTHLER, H., s. EDLBACHER, S. 310[4].
RÖTTH, A. v.: Zusammenfassung über Tränen (1934) 864[12]. — Brechungsindex der Tränen 869[5].
— s. a. ROETTH, A. DE jr.
ROETTH, A. DE jr.: Atmung der Cornea 877[1]. Einfluß von Acetylcholin und Physostigmin auf Sauerstoffverbrauch der Ciliarfortsätze 920[1]. — Abhängigkeit des Lichtreflexes der Pupille von der Cholinesterase 920[16]. — Vorkommen von Cholinacetylase im Ciliarkörper und in der Iris 920[17]. — Vorkommen von Cholinacetylase in der Netzhaut 936[18].
— s. a. RÖTTH, A. v.
ROGER, G. H.: Handbuch der Physiologie, 2. Aufl. Franz. (1939) 9[7]. — Glykogenverteilung im Leberlappen 68[2].

Roger, H., et M. Chiray: Glucuronidbildung bei Lebercirrhose 457[3]. — Glucuronidbildung bei Hepatitis 457[4]. — Glucuronidausscheidung beim Menschen 458[4].
Rogers, C. S., s. Rosenthal, O. 480[6].
Rogers, G. A., s. Canzanelli, A. 779[8], 780[3].
Rogers, J., and F. McLellan: Progesteronabbauprodukte in der Galle 436[7].
Rogers, L. L., s. Shive, W. 412[2].
Rogers, W. F. jr.: Ursache der Hämochromatose 54[3].
Roggenbau, C., u. A. Wetthauer: Absorptionskurve des Sehpurpurs entspricht der spektralen Empfindlichkeit des Auges 939[9].
Rohdewald, M., s. Kraut, H. 660[11], 710[2].
— s. Willstätter, R. 580[3].
Roholm, K., and P. Iversen: Leberpunktion 38[4].
— and N. B. Krarup: Leberpunktion 38[4].
— s. Iversen, P. 38[4].
Rohrer, A.: Sauerstoffverbrauch von Mäuseleber nach Schilddrüsenfütterung 443[8].
Rohrmann, E., s. Williams, R. J. 404[1].
Roizin, L., s. Ferraro, A. 876[11].
Roka, L., s. Felix, K. 373[8], 374[1].
— s. Lasch, H. G. 370[3], 374[5].
Rokitansky, K.: Lehrbuch der Pathologischen Anatomie. Bd. 3 (1861) 212[8].
Roland, H., s. Henriques, V. 55[13].
Rolf, I. P., s. Levene, P. A. 376[2], 636[7].
Roll, P. M., G. B. Brown, R. J. di Carlo and A. S. Schultz: Polynucleotidsynthese bei der Ratte 331[11].
— and I. Weliky: Verwendung von Guanylsäure zur Nucleinsäuresynthese 331[6].
— s. Brown, G. B. 331[2,3].
— s. Furst, S. S. 316[4], 325[8], 333[9].
— s. Getler, H. 331[7], 333[8].
Roller, D., s. Lasch, F. 350[12].
Rolly, (F.): Glykogengehalt der Leber und Wärmeregulation 22[5].
Roloff, M., S. Ratner and R. Schoenheimer: Stoffwechselbeziehungen von Prolin, Ornithin und Glutaminsäure 253[1], 301[1], 302[13].
Roma, M., s. Eichelberger, L. 622[16], 623[4], 624[8], 629[9].
Rombauts, P., s. Terroine, T. 412[8].
Rome, M. N., s. Fantl, P. 91[3].
Romeis, B.: Abbau von Leberglykogen nach Thyroxin 77[10]. — Einfluß von Dijodtyrosin auf Leberglykogen 77[10].
Rona, P., u. P. Pavlrvić: Hemmung der Leberesterase durch Fluorid 157[1]. — Lipasehemmung durch Atoxyl 157[1]. — Lipasehemmung durch Chinin und Fluorid 157[6].
— H. Petow u. H. Schreiber: Lipase im Blut nach Leberschädigungen 157[7].
— s. Abderhalden, E. 67[10].
— s. Heubner, W. 622[12].
Root, H. F., E. Stotz and T. M. Carpenter: Wirkung von Fructose auf den Kohlenhydratumsatz beim Diabetiker 103[1].
Root, M. A., s. Brauer, R. W. 238[3], 239[2].
Ropes, M. W., s. Robertson, W. v. B. 911[17].
Rosanova, V., s. Lederer, E. 359[1].
Rosbash, D. O., s. Locke, A. 59[12].
Rose, C. L., s. Chen, K. K. 480[10].
Rose, C. S., s. György, P. 365[10], 411[4].
Rose, H. J., s. Riegel, C. 202[9], 207[16], 209[6,9], 548[3,4].
Rose, M.: Zusammenfassung über Anatomie des Großhirns (1935) 782[6].
Rose, W. C.: Zusammenfassung über die Bedeutung der Aminosäuren für die Ernährung (1938) 302[2]. — Tryptophanbedarf 294[14].
— A. Borman, M. J. Coon and C. F. Lambert: D-Lysin wird im Organismus nicht verwertet 295[6].
— M. J. Coon, H. B. Lockhardt and G. F. Lambert: Verwertung von D-Methionin 268[7].
— J. E. Johnson and W. J. Haines: Zukkerbildung aus Valin 264[1].
— and T. R. Wood: Ersatz von Cystein durch Methionin 268[8].
— s. Borman, A. 300[8].
— s. Cox, G. J. 299[9].
— s. Scull, C. W. 302[1].
— s. Womack, M. 277[2].
Rosedale, R. S., s. Orr, C. R. 66[13].
Roseman, E., s. Davis, E. W. 817[17].
— s. Ferris, E. B. jr. 827[6].
— s. Rosenbaum, M. 822[3].
Rosemann, R. H., s. Friedman, M. 560[2].
Rosen, D. G., s. Morton, R. A. 355[6], 356[5].
Rosen, F., J. W. Huff and W. A. Perlzweig: Bildung von N-Methylnicotinsäure aus Tryptophan 292[5]. — Nicotinsäurebildung aus Tryptophan 292[5], 398[3]. Bedeutung von Pyridoxin für Nicotinsäurebildung aus Tryptophan 398[10].
— s. Perlzweig, W. A. 292[6], 397[7].
— s. Robinson, J. 330[1], 394[13].
Rosen, S. R., s. Cameron, D. E. 822[2], 827[8].
Rosenbachs, J., s. Valdmanis, A. 380[8].
Rosenbaum, D., s. Jakobson, L. E. 66[8].
Rosenbaum, I., s. Mirski, A. 72[8], 73[5], 261[5].
Rosenbaum, M., E. Roseman, C. D. Aring and E. B. Ferris jr.: Gehirndurchblutung bei cerebraler Arteriosklerose und cerebraler Atrophie 822[3].
— s. Ferris, E. B. jr. 827[6].
Rosenberg, A., s. Sobel, A. E. 351[2], 352[3].
Rosenberg, A.-J., L. Buchel, N. Etling et J. Lévy: Milchsäurebildung im Hirngewebe bei Narkose 814[13].
Rosenberg, D. H., and S. Soskin: Kephalin-Cholesterinflockungstest 247[7]. — Leberfunktionsprüfung mit Azorubin S 564[10].
Rosenberg, E., s. Engel, P. 425[12].
Rosenberg, H., s. Ennor, A. H. 657[3].
Rosenberg, M. S., s. Cantarow, A. 493[7].

ROSENBERG, S.: Erhöhung der Gallensekretion durch Fett 530[9].
ROSENBLUETH, A., s. CANNON, W. B. 839[6].
— s. LISSÁK, K. 696[16].
ROSENBLUM, C., s. CHOW, B. F. 674[5].
ROSENBOHM, A., s. BIERICH, R. 660[2].
ROSENFELD, G.: Leberverfettung bei Phosphorvergiftung 35[7]. — Lipidgehalt der Leber hungernder Hunde 140[2]. — Leberverfettung bei Vergiftungen 154[13].
ROSENFELD, I., and O. A. BEATH: Aufnahme von ^{32}P durch Gehirn 769[9].
ROSENFELD, R. S., D. K. FUKUSHIMA, L. HELLMAN and T. F. GALLAGHER: Wege der Koprosterinbildung aus Cholesterin 549[5].
ROSENHAGEN, H., s. KREBS, H. A. 781[3].
ROSENHEIM, O., and T. A. WEBSTER: Weg der Koprosterinbildung aus Cholesterin 549[8]. — 7-Dehydrocholesteringehalt von Organen 645[11].
ROSENKRANTZ, H., s. SCHWENK, E., 203[14].
ROSENKRANTZ, J. A., M. BRUGER and A. J. LOCKHART: Verhalten der Galaktose bei Hyperthyreoidismus 447[2].
ROSENMAN, R. H., M. FRIEDMAN and S. O. BYERS: Steigerung der Cholesterinausscheidung in der Galle durch Schilddrüsenpräparate 547[7]. — Cholesteringehalt des Blutes nach Thyreoidektomie und nach Thiouracilgaben 547[9].
— and H. SHIBATA: Cholesteringehalt des Blutes nach Thyreoidektomie und nach Thiouracilgaben 547[9].
— s. FRIEDMAN, M. 200[17], 206[21], 547[9], 560[2].
ROSENMUND, H., s. EPPRECHT, W. 565[5], 566[2], 567[3], 568[1].
ROSENOW, L. P.: Wirkung der Galle auf Proteinverdauung 545[1].
ROSENSTEIN, A., s. MUNK, I. 136[5].
ROSENTHAL, C., s. WIELAND, H. 194[9], 742[10].
ROSENTHAL, F., u. M. v. FALKENHAUSEN: Bindung von Gallensäuren an Glycin und Taurin beim Menschen 557[21].
— u. P. HOLZER: Ausscheidung von direktem und indirektem Bilirubin im Harn 514[10].
— u. H. LICHT: Resorption von Cholaten in der entzündeten Gallenblase 536[4]. — Stabilisierung des Cholesterins in der Galle durch Phosphatide 569[5].
— H. LICHT u. E. MELCHIOR: Fibrinogengehalt im Blut nach Hepatektomie 234[3]. Bilirubinbildung bei hepatektomierten Hunden nach hämolytisch wirkenden Giften 507[6].
— u. E. MELCHIOR: Vogelgalle ist biliverdinhaltig 516[9].
— s. MELCHIOR, E. 507[6].
ROSENTHAL, O.: Rhodanesegehalt der Leber von Fleischfressern 480[1].
— M. A. BOWIE and G. WAGONER: Verwertung anderer Hexosen als Glucose 92[1]. — Verwertung von Mannose 105[2].
ROSENTHAL, O., and D. L. DRABKIN: Nucleinsäuregehalt von Leberzellen bei Hunger 321[8]. — Nucleinsäurebestimmung im Gehirn 666[6]. — Fermente des Cytochromsystems im Gehirn 795[7]. — Cytochrom c-Gehalt im Rattengehirn 795[7]. — Cytochrom c-Gehalt von Kaninchengehirn 795[7,16].
— J. C. FAHL and H. M. VARS: Leberphosphatase nach partieller Hepatektomie und bei Eisenmangel 544[15].
— C. S. ROGERS, H. M. VARS and C. C. FERGUSON: Rhodanesegehalt der Leber bei proteinfreier Ernährung 480[6].
— H. SHENKIN, D. L. DRABKIN, W. M. PARKINS and M. H. GIBBON: Atmung von grauer und weißer Substanz 733[6], 782[5].
ROSENTHAL, P. J., s. YARDUMIAN, K. 471[7].
ROSENTHAL, S. M.: Leberfunktionsprüfung mit Phenoltetrachlorphthalein 564[8,9].
— and R. D. LILLIE: Positiver Bromsulphaleintest bei Leberverfettung 155[6]. — Bromsulphaleinausscheidung bei Blockierung des Reticuloendothels 563[13].
— and H. TABOR: Acetylierung von Histamin 476[3].
— and E. C. WHITE: Bromsulphaleintest 562[7].
— s. MILLICAN, R. C. 130[5], 476[2].
ROSIN, A.: Vermehrung der Leberphosphatide bei Phosphorvergiftung 35[8].
— and A. DOLJANSKI: Vorkommen von Erythrocytentrümmern in Leberparenchymzellen 507[8].
ROSNER, L., C. J. FARMER and J. G. BELLOWS: Glutathiongehalt in Rattenlinsen 889[8].
ROSS, E., s. DORFMAN, R. I. 78[7], 435[8].
ROSS, E. J.: Steigerung der Glucoseaufnahme in Kaninchenlinsen durch Insulin 893[1]. — Galaktosekatarakt 899[17]. — Übertritt von Harnstoff aus dem Blut ins Kammerwasser 909[2]. — Einfluß von Insulin auf den Übertritt von Glucose ins Kammerwasser 909[5].
ROSS, G. I., s. MOLLIN, D. L. 419[7].
ROSS, H. E., s. SCHNEIDER, W. C. 504[12].
ROSS, J. F., s. MILLER, L. L. 37[8].
ROSS, M. H., s. ELY, J. O. 322[2].
ROSS, S. G., T. R. WAUGH and H. T. MALLOY: Ursachen der Hyperbilirubinämie des Neugeborenen 512[8].
ROSSANDA, M., s. CASENTINI, S. 379[15].
ROSSEEL, M., s. BRACHET, J. 321[1].
ROSSEN, J., s. BESSMAN, S. P. 751[11].
ROSSI, A.: Hydrolysewert für Lecithin und Sphingomyelin 743[9]. — Lecithinase im Gehirn 744[8].
ROSSI, A. A.: Glaskörperstruktur 910[7].
ROSSI, G.: Insulineinwirkung auf Leberglykogen 74[10].
ROSSI, L., s. VILLA, L. 395[12].
ROSSI, M.: Inaktivierung oestrogener Substanzen in der Leber 423[5].

Rossiter, R. J., s. Burt, N. S. 699[7].
— s. Deluca. H. A. 764[7].
— s. Findlay, M. 764[8], 765[2].
— s. Hollinger, D. M. 695[9], 696[5,10,11], 698[3,11], 699[9].
— s. Johnson, A. C. 631[1], 633[3,4,8], 634[1-4], 635[8], 636[8-10,12], 642[2-4], 643[6-8], 645[3-5], 646[1], 650[2], 676[9], 678[5], 693[1,8-11], 694[1].
— s. Logan, J. E. 661[14], 662[2], 663[1], 664[1], 665[1], 666[3], 694[3], 697[8], 699[10].
— s. Mannell, W. A. 694[8].
— s. Ochoa, S. 672[4], 794[4].
— s. Peters, R. A. 387[4], 388[3], 671[2], 722[4].
— s. Strickland, K. P. 764[6], 765[1].
Rossmiller, H. R., s. McCullagh, E. P. 432[7].
— s. Whitman, J. F. 230[4], 231[10].
Rossoni, R., e C. Colosimo: Entleerungs- und Füllungsmechanismus der Gallenblase 534[4].
Rost, E.: Zinkgehalt im Gehirn 623[15], 626[12].
— u. A. Weitzel: Zinkgehalt der Leber 62[9].
Rostorfer, H. H., L. E. Edwards and J. R. Murlin: Methodik der Leberdurchströmung 27[4].
Roth, B., s. Mellinkoff, S. 98[7].
Roth, J. S.: Verteilung der Ribonuclease in der Zelle 319[5], 320[5]. — Ribonucleasehemmung durch Heparin 320[2].
— and S. W. Milstein: Ribonucleaseaktivität in verschiedenen Organen 319[4].
— A. Wase and L. Reiner: Eiweißumsatz im Gehirn 745[13]. — Einbau radioaktiver Isotope in Gehirnproteine 746[7].
Rothenberg, M. A.: Ionentransport in Tintenfisch- und Krabbennerven 734[8]. Kaliumionenaustausch zwischen Tintenfischnerven und Plasma 802[2]. — Durchlässigkeit von Nervenmembranen für Na- und K-Ionen bei Erregung 835[10].
— and E. A. Feld: Kaliumionenaustausch zwischen Tintenfischnerven und Plasma 802[1].
— and D. Nachmansohn: Aktivität der Acetylcholinesterase aus dem elektrischen Organ von Electrophorus electricus 854[1].
— s. Bullock, T. H. 856[2].
— s. Nachmansohn, D. 857[11], 858[5], 859[1,3].
Rother, J., s. Brugsch, T. 542[10].
Rothmann, H.: Adrenalinwirkung auf basophile Schollen in Leberzellen 221[8].
Rothschild, H., and L. C. M. Jungqueira: Katheptische Aktivität von Gehirn und anderen Organen 762[15].
Rothstein, M., C. G. Bly and L. L. Miller: Keine Umwandlung von D- in L-Lysin 295[11]. — Abbau von D-Lysin 296[14].
— and L. L. Miller: Bildung von Pipecolinsäure aus Lysin 296[11]. — Bildung von Glucose, Acetessigsäure und Acetat aus Glutarsäure 296[13].
Rottenberg, M., s. Bergström, S. 556[3], 557[14].
Rotter, D. L., s. Hynd, A. 137[7].
Roubitschek, R.: Ausscheidung verabreichter Galaktose nach Phosphorvergiftung 92[7].
Rourke, G. M., s. Stewart, J. D. 475[13], 476[10].
Rous, P.: Resorption im Darm gebildeter Reduktionsprodukte des Bilirubins 520[3].
— and L. D. Larimore: Abhängigkeit der Lebergröße von der Versorgung mit Pfortaderblut 10[1]. — Bildung von „Urobilinen" und „Urobilinogenen" im Darm aus Bilirubin 518[1].
— and P. D. McMaster: Abhängigkeit der Lebergröße von der Versorgung mit Pfortaderblut 10[1]. — Leistungsgrenzen der Organtätigkeit 121[7]. — Konzentrierung der Galle in der Gallenblase 535[6]. — Sekrekt aus einem abgebundenen Teil des Gallenganges 536[5]. — Calciumgehalt in Blasengalle 540[12].
— s. Drury, D. R. 537[9].
— s. McMaster, P. D. 510[9], 513[6], 522[4].
Rousselot, L., s. Schoenheimer, R. 208[16], 554[9].
Rousselot, L. M.: Blutdruck in der V. lienalis 15[6].
Rowe, R. W.: Leberstörungen bei Hyperthyreoidismus 443[5].
Rowntree, D. W., S. Nevin and A. Wilson: Wirkung von Diisopropylfluorphosphat auf Gehirnfunktion 861[6].
Rowntree, L. G., S. H. Hurwitz and A. L. Bloomfield: Leberfunktionsprüfung mit Phenoltetrachlorphthalein 564[7].
— s. Greene, C. H. 532[2].
— s. Marshall, E. K. 211[10], 305[3].
Rowsell, E. V.: Bedeutung von Pyruvat bei der Transaminierung 250[2]. — Einfluß elektrischer Reizung auf Acetylcholingehalt von Gehirnschnitten 817[9].
Roy, S. C., S. K. Roy and B. C. Guha: Bedeutung von Thiamin und Lactoflavin auf Ascorbinsäurebildung 382[9].
Roy, S. K., s. Roy, S. C. 382[9].
Royer, A., s. Fromageot, C. 480[13].
Royer, M.: Urobilinkörper im Duodenalinhalt bei Gallengangsinfektionen 519[8]. Gallenfarbstoffresorption im Dickdarm 520[5]. — Beteiligung des Reticuloendothels der Leber bei Aufnahme von Urobilin aus dem Blut 520[11]. — Urobilinausscheidung im Harn bei hohem Stercobilin- und Stercobilinogengehalt im Pfortaderblut 521[1]. — Blasengalle bei Stase und Infektionen der Gallenwege 535[2].
— et J. C. Bertrand: Biliverdinvorkommen im Meconium 515[9]. — Reduktion von Biliverdin in der Froschleber 516[14].
— et H. Bogetti: Bilirubingehalt im Blut nach Hepatektomie bzw. Choledochusunterbindung 508[8].
— E. B. del Castillo, B. Montejano e E. F. Dario: Verhalten der Galaktose bei Hyperthyreoidismus 447[2].

ROYER, M., et F. J. MANFREDI: Druck in den großen Gallengängen beim Hund 528[8].
ROYER, P., s. WOLFF, R. 674[4].
ROYER, R., s. RUDALI, G. 494[13,14].
RUBEN, L., s. IGERSHEIMER, J. 473[15].
RUBEN, S., and M. D. KAMEN: Bedeutung von Biotin für CO_2-Fixierung 411[11].
— s. CHANGUS, G. W. 736[4].
— s. FRIES, B. A. 158[1].
— s. PERLMAN, I. 158[1], 735[15].
RUBENBAUER, H., s. KRAUT, H. 156[7].
RUBIN, L., s. SEIFTER, S. 390[8], 391[6], 392[4], 394[8], 395[2].
RUBINO, P., s. COLLAZO, J. A. 75[3].
— s. VARELA, B. 508[10], 514[8].
RUDALI, G., et R. ROYER: Acetaminobiphenyl ist nicht cancerogen 494[13].
— R. ROYER, J. O. LAWS et P. MABILLE: Keine anticancerogene Wirkung von Acetaminobiphenyl 494[14].
RUDDER, B. DE: Phosphatiddiathesen 688[10].
RUDNEY, H.: Wirkung von Glycerinaldehyd auf Glykolyse und Atmung von Gehirn 704[22]. — Hemmung der Hexokinase durch Glycerinaldehyd 704[22].
— s. LORBER, V. 830[4].
— s. MENDEL, B. 851[2,3], 852[3], 856[4], 858[11].
RUDOLPH, G. G., s. CAHILL, W. M. 268[7].
RUDRA, M. N.: Vitamin A-Gehalt der Pferdeleber 355[3], 357[2]. — Bedeutung von Manganionen für Ascorbinsäuresynthese 382[1].
RUEFF, L., s. LYNEN, F. 181[1], 182[1], 850[6].
RÜHL, A., O. FRANKE u. R. KNEBEL: Stoffwechselstörungen bei Arbeitsleistungen in großer Höhe 609[6].
RUIGH, W. L.: Zusammenfassung über Steroide (1945) 200[6].
RUMPF, T., s. DENNSTEDT, M. 39[4], 41[2].
RUNDLE, F. F., s. MACLAGAN, N. F. 447[2].
RUNNSTRÖM, J., E. SPERBER and E. BÁRÁNY: Einfluß von Adrenektomie auf Cozymasegehalt des Gehirns 792[7].
RUPP, J., A. CANTAROW, A. E. RAKOFF and K. E. PASCHKIS: Gynäkomastie und Ausscheidung freier Oestrogene 426[14]. — Verminderte Ausscheidung von 17-Ketosteroiden bei chronischen Lebererkrankungen 434[8].
RUPPEL, W., and L. WEISSBECKER: Cortison- und 17-Oxycorticosteron-Ausscheidung bei Leberkranken 438[7].
RUSCH, H. P., s. KLINE, B. E. 501[9].
— s. MAC DONALD, J. C. 496[3].
— s. MILLER, E. C. 393[4], 500[11], 501[12], 503[14].
RUSKA, H., s. HUSEMANN, E. 81[8].
— s. WETZEL, R. 73[6].
RUSS, E. M., s. EDER, H. A. 232[4].
RUSSAKOFF, A. H., and H. BLUMBERG: Cholin zur Lebertherapie 146[9]. — Lipotrope Wirkung von Cystin + Cholin 149[13].
RUSSELL, J. A.: Insulineinwirkung auf Leberglykogen 74[6]. — Hemmung des Kohlenhydratabbaues durch Nebennierenrindenhormon 123[7]. — Wirkung von Nebennierenrindenhormon bei adrenektomierten pankreasdiabetischen Tieren 124[9].
RUSSELL, P. J. jr., s. BENDICH, A. 314[3].
RUSSELL, W. O., and C. P. CALLAWAY: Leberverfettung bei Vitamin C-Mangel 151[12].
— and G. S. LOQUVAM: Resistenz des Gehirns gegen carcinogene Stoffe 692[4].
— s. STERN, J. R. 422[1].
RUSSO, G.: Harnsäurebildung aus Aminosäuren und Ammoniumsalzen in der Vogelleber 336[7].
RUSZNYÁK, S., J. BARAT u. L. KÜRTHY: Fibrinogengehalt des Blutes bei Lebererkrankungen 234[9].
— s. DUZÁR, J. 512[7].
RUTENBURG, A. M., s. SELIGMAN, A. M. 720[8].
RUTISHAUSER, E., s. BICKEL, G. 443[5].
RUTLAND, J. P., s. FELLOWES, K. P. 860[9].
— s. TODRICK, A. 860[10].
RUTMAN, R. J., A. CANTAROW and K. E. PASCHKIS: Enzymsystem für Uracilspaltung 344[5].
— s. HAUSBERGER, F. X. 165[8], 168[10].
RUTTER, W. J., and R. G. HANSEN: Uridindiphosphat-Glucuronsäure 96[7].
RUUD, L., s. FÖLLING, A. 278[8].
RUYSSEN, R., s. HEVESY, G. 740[4,5].
RYAN, J., s. NOVIKOFF, A. B. 313[5], 504[13].
RYAN, K. J., and L. L. ENGEL: Hemmung des Oestrogenabbaues durch Äthylalkohol 425[3]. — Oestrogenstoffwechsel in menschlicher Leber 425[9]. — Oestrogeninaktivierung bei Lebercirrhose 426[5]. — Oestrogeninaktivierung in Hepatomen 426[5].
RYAN, L. A., s. MEIGS, E. B. 575[3].
RYBKINA, D. E.: Vorkommen von Histamin im Nervengewebe 759[12].
RYDBERG, E.: Sudanfärbbare Lipoide im Gehirn bei Myelinisierung 679[2].
RYDEEN, J. O., s. CLAUSEN, S. W. 353[9].
RYDER, H. W., s. FERRIS, E. B. jr. 827[6].
RYDIN, H., s. PETERS, R. A. 726[8].
RYMAN, B. E., s. BRAY, H. G. 478[9].
RYNBERGEN, H. J., W. H. CHAMBERS and N. R. BLATHERWICK: Essentielle Fructosurie 103[10].

SAALFELD, E. v., s. ANREP, G. V. 573[1].
SABLE, H. Z.: Ribokinase 110[5]. — Adenosinphosphokinase 111[3]. — Spaltung von Ribose-5-phosphat 729[4].
— and A. J. GUARINO: Gluconokinase 108[9].
SACHAR, L. A., s. ELMAN, R. 221[10].
SACHS, B., L. STERNFELD and G. KRAUS: Essentielle Fructosurie 103[11].
SACKEY, M. S., C. G. JOHNSTON and I. S. RAVDIN: Keine Stercobilinbildung aus Bilirubin in abgebundenen Darmschlingen 519[1]. — Keine Bilirubinresorption im Dünndarm 520[6].

Sacks, J., and G. G. Culbreth: Aufnahme von ^{32}P durch ADP, ATP und Kreatinphosphorsäure im Gehirn 765^{5}. — P-Aufnahme durch ATP und Kreatinphosphat nach intracysternaler Injektion 772^{1}. — Übergang von Phosphat in Gehirn über das Plexussystem 798^{5}.

Sadasivan, V.: Bedeutung von Zink für Leberphosphatase 63^{10}.

Saegesser, M.: Blutdruck in der V. lienalis 15^{7}.

Saffer, D.: Zusammenfassung über Chemismus des Sehvorganges (1954) 939^{14}.

Saffran, J., s. Albert, S. 429^{7}, 739^{15}.

Safwat Mohamed, M.: Krystallisierte Leberesterase 156^{9}.

— and D. M. Greenberg: Krystallisiertes Ferritin 46^{6}. — Hepatocuprein 58^{3}. — Aufnahme von ^{56}Mn durch Hühnerleber 62^{2}. — Nickelwirkung auf Leberfermente 65^{3}.

Sahyun, M., and J. M. Luck: Hemmung der Glykogenspaltung durch Insulin 74^{13}. — Glykogenabbau in der Leber nach Adrenalin 76^{3}.

— s. Hall, V. E. 76^{6}.

Saidel, L., s. Haber, C. 757^{14}.

St. George, R. C. C.: Aktivierungsenergie der Sehpurpurbleichung 940^{8}.

— s. Wald, G. 940^{2}.

Saint-Laurens, G., s. Meunier, J. 567^{2}.

Saka, M. O.: Vermehrung der α-Zellen der Langerhansschen Inseln bei Alloxandiabetes 77^{4}.

— and Ü. Sipahioğlu: Wirkung ungesättigter Fettsäuren auf Leberlipase 377^{8}.

Saka, O.: Verminderung der Leberlipase durch Chloroformvergiftung 36^{9}. — Wirkung lipotroper Stoffe auf die Leber bei Chloroformvergiftung 36^{9}.

Sakai, H.: Cholesteringehalt von Ratten- und Katzenleber 197^{4}. — Cholesteringehalt von Meerschweinchenleber 198^{2}. — Lebercholesterin nach Peptonfütterung 198^{9}.

Sakami, W.: Bildung von Formiat aus Glyoxylsäure 259^{6}. — Serinbildung 260^{5-7}, 831^{2}.

— and A. D. Welch: Methioninbildung 831^{5}.

— s. Buchanan, J. M. 188^{1}, 195^{4}.

— s. Deodhar, S. 260^{8}, 402^{11}.

— s. Kisliuk, R. L. 260^{10}.

— s. Lorber, V. 119^{1}.

Sala, G.: Freisetzung von Lipoiden bei der Netzhautautolyse 926^{8}.

— s. Cavallero, C. 35^{3}, 36^{12}, 143^{3}.

Salah, M. K., s. Cama, H. R. 350^{5}, 927^{8}, 941^{11}.

— s. Morton, R. A. 927^{6}, 941^{10}.

Salaskin, H., s. Kowalewski, K. 336^{5}.

Salaskin, S.: Methodik der Leberdurchströmung 27^{3}. — Harnstoffbildung in der durchströmten Leber 304^{8}.

Salcedo, J. jr., s. Stetten, D. jr. 142^{8}, 145^{6}.

Salerno, P. R., and P. A. Mattis: Thoriumdioxydausscheidung mit der Galle 66^{9}.

Salit, P. W.: Wassergehalt in kataraktösen Linsen 883^{5}. — Eiweißgehalt der Rinderlinse, Altersabhängigkeit 885^{6}. — Reststickstoffgehalt von Tierlinsen 889^{1}. — Lipoidgehalt der menschlichen Linse 889^{20}. — Lipoidgehalt kataraktöser menschlicher Linsen 890^{2}. — Kaliumgehalt in Serum und intraocularen Flüssigkeiten beim Rind, Altersabhängigkeit 902^{1}.

— s. Block, R. J. 887^{7}.

— s. Leinfelder, P. J. 926^{6}.

— s. O'Brien, C. S. 889^{10}, 904^{2}.

Salkowski, E.: Harnsäure- und Allantoinbildung aus Purinen bei Hunden 338^{7}. — Entgiftung durch Veresterung mit Glucuronsäure 455^{10}. — Ausscheidung von Esterschwefelsäuren bei gesteigerter Darmfäulnis 466^{4}. — Phenylessigsäureentgiftung 469^{9}. — Thiosulfatgehalt im Harn 480^{12}. — Verhalten der Gehirnlipoide bei Lipoidmast 686^{6}.

Salles, J. B. V., and S. Ochoa: malic enzyme und Malatdehydrogenase 127^{4}.

— s. Harary, I. 127^{3}.

— s. Ochoa, S. 127^{5}.

Sallet, J., s. Chabrol, E. 560^{7}.

Sallmann, L. v.: p_H-Wert im Glaskörper 910^{8}. — Glaskörpervolumen bei verschiedenen p_H-Werten 913^{4}.

— Z. Dische, G. Ehrlich and C. M. Muñoz: Schutz der Linse gegen Röntgenschädigung durch Cystein 898^{1}.

— K. Meyer and J. di Grandi: Penicillinausbreitung im Glaskörper 913^{6}.

— and D. H. Moore: Albumin- und Globulingehalt von Kammerwasser 903^{1}. — Hyaluronsäure in Kammerwasser 904^{10}.

— s. Dische, Z. 892^{3}.

Salmon, W. D.: Bedeutung von Pyridoxin für Umsetzung hochungesättigter Fettsäuren 375^{6}.

— s. Copeland, D. H. 493^{6}.

— s. Hove, E. L. $365^{9,13}$.

— s. Schaefer, A. E. 415^{3}.

Salomon, H(arry), s. Karrer, P. 636^{3}.

Salomon, H. (Frankfurt), s. Embden, G. 122^{3}, 176^{7}, 255^{6}, 264^{3}, 280^{5}.

Salomon, K., s. Altman, K. I. 746^{3}, 747^{1}.

Salomonsen, L.: Leberfunktionsteste bei Neugeborenen 512^{7}.

Salt, H. B.: Acetylsalicylsäure zur Leberfunktionsprüfung 457^{7}.

Salter, W. T., s. Craig, F. N. 444^{17}.

— s. Klatskin, G. 427^{15}.

Saltzmann, A., s. Snapper, I. $457^{11,12}$.

Salus, R.: Antikörper im Kammerwasser 903^{10}.

Saluste, E., s. Hammarsten, E. 317^{1}, 331^{12}, 342^{2}.

SALVADORI, M., s. BANCHE, M. 410[7].
SALVESEN, H. A.: Albumin: Globulinverhältnis bei Lebererkrankungen 229[4]. — TAKATA-ARA-Reaktion bei Sarkoid 244[12].
SALVIATI, L., e D. CORA: Bilirubinausscheidung nach Nicotinsäureamid bei Leberschäden 509[10].
SALZBURG, P., and C. J. WATSON: Porphyrinabbau in der Leber 524[2]. — Deutero- und Protoporphyrin in der Kaninchengalle nach Protoporphyrininjektion 524[14].
SAMUEL, E., J. GLUCKMAN and J. BARLOW: Cholecystographie 565[3].
SAMUELS, A. J., L. L. BOYARSKY, R. W. GERARD, B. LIBET and M. BRUST: P-haltige Verbindungen im N. ischiadicus 662[9]. — Nucleinsäurebestimmung im Gehirn 666[11]. — P-Austauschgeschwindigkeit im degenerierenden Nerven 694[9]. Lipoidstoffwechsel im peripheren Nerven 735[6]. — Beteiligung von Diphosphoinosit am Phosphoproteidtransport in peripheren Nerven 739[5]. — Phosphoproteidwanderung im N. ischiadicus beim Meerschweinchen 770[8]. — Phosphataufnahme durch regenerierenden und degenerierenden Nerven 770[8].
— and R. W. GERARD: Organische Bindung von P im Nerven 769[12].
SAMUELS, L. T., A. F. HENSCHEL and A. KEYS: Ausscheidung von 17-Ketosteroiden 432[7].
— and C. J. MCCAULAY: Oestrogeninaktivierung durch Leberschnitte 424[15]. — Oestradiolinaktivierung durch menschliche Leber 425[7].
— C. MCCAULAY and D. M. SELLERS: Testosteroninaktivierung hemmende Stoffe 430[11]. — 17-Ketosteroide, Bildung und Abbau 432[11].
— R. M. REINECKE and H. A. BALL: Einfluß der Hypophyse auf die Fettverteilung 141[6].
— D. M. SELLERS and C. J. MCCAULAY: Einfluß von Methyltestosteron auf Kreatin- und Glykocyamingehalt in Blut und Harn 434[12].
— M. L. SWEAT, B. H. LEVEDAHL, M. M. POTTNER and M. L. HELMREICH: Testosteroninaktivierung bei Frosch, Klapperschlange und Fischen 432[12]. — Reduktion von Testosteron 433[4].
— and C. D. WEST: Abbauprodukte des Progesterons in der Leber 435[11].
— s. BRYSON, M. J. 430[14].
— s. DEUEL, H. J. jr. 70[5].
— s. GULICK, M. 70[5].
— s. LEVEDAHL, B. H. 303[5], 430[8], 432[3].
— s. SAYERS, G. 126[1], 449[6].
— s. SWEAT, M. L. 430[12,13], 432[2,4,13], 433[1,2].
— s. WEST, C. D. 432[10], 434[5].
— s. WISWELL, J. G. 435[10].
SANADI, D. R., and D. M. GREENBERG: Alaninrest des Tryptophans wird zu Brenztraubensäure 293[1].
SANADI, D. R., and J. W. LITTLEFIELD: α-Ketoglutaratoxydase 196[1].
— s. LITTLEFIELD, J. W. 196[2].
SANCLOU, G. H.: Prothrombin im Blut bei Leberkranken 236[6].
SANDE, D. VAN DER, s. VERKADE, P. E. 175[2].
SANDERSON, M., s. ALLEN, J. G. 233[10].
SANDIN, R. B., s. MILLER, E. C. 496[1].
SANDOW, A.: Zusammenfassung über Muskel (1949) 570[28].
SANDS, M. K., s. BOLTON, E. T. 270[6].
— s. COWIE, D. B. 270[2].
SANGER, F., s. NEUBERGER, A. 295[8,16], 296[4-6], 747[8].
SANIGAR, E. B., s. KRAEMER, E. O. 241[1].
SANSMEIER, R. E., s. BROOKS, V. B. 859[8].
SANTAGATI, U., s. TRAVIA, L. 392[16].
SANTANGELO, M., s. ARTOM, C. 138[4], 158[1], 797[13].
SANTI, R., e M. SEREMBE: Aureomycinausscheidung durch die Leber 561[6]. — Streptomycinausscheidung durch die Leber 561[10].
— s. SEREMBE, M. 561[11].
SANTONI, A.: Vorkommen von Phosphatase in der Linse 896[8]. — Steigerung der Netzhautatmung durch L-Glutaminsäure 931[6].
SANZ, M. C.: Zusammenhang zwischen Erregung und Acetylcholinbildung im Nerven 841[18].
— s. FALBRIARD, A. 908[5].
SAPEIKA, N.: Ascorbinsäuregehalt der Leber nach Pterophin 379[4].
— and R. G. PARKER: Ascorbinsäuregehalt der Leber nach Pterophin 379[4].
SAPIRSTEIN, M. R.: Krampfhemmende Wirkung von Glutaminsäure 817[15].
SAPP, R. W., s. MILLER, E. C. 497[1,8].
— s. MILLER, J. A. 494[8], 497[8].
SARAÇBAŞI, Z., s. KÜLEY, M. 276[8], 373[3].
SARETT, H. P.: Chinolinsäurebildung aus Tryptophan 293[13]. — Nicotinsäurebildung aus Chinolinsäure 294[3]. — Nicotinsäurebildung aus Tryptophan 294[15]. — Ausscheidung von Pyridoxinsäurelacton 403[7].
— and G. A. GOLDSMITH: Ausscheidung von 3-Oxykynurenin bei Diabetes 291[15]. — Nicotinsäureausscheidung nach Tryptophanzufuhr 292[7]. — Chinolinsäurebildung aus Tryptophan 293[13]. — Nicotinsäurebildung aus Tryptophan 294[15].
— J. R. KLEIN and W. A. PERLZWEIG: Proteingehalt der Nahrung und Riboflavingehalt der Leber 391[5].
— and W. A. PERLZWEIG: Kein Einfluß von Nahrungseiweiß auf Thiamingehalt der Leber 388[5]. — Proteingehalt der Nahrung und Riboflavingehalt der Leber 391[7]. — Eiweißgehalt der Nahrung und Nicotinsäuregehalt der Leber 395[4]. — Riboflavinspeicherung 501[7].
— and M. STENHOUSE: Trigonellinbildung aus Nicotinsäureamid 151[7].

SARETT, H. P., s. COPPEDGE, R. L. 423[4], 425[2], 427[6].
SARKAR, N. K., and J. B. SUMNER: Inaktivierungstemperatur für β-Glucuronidase 462[8].
SARMA, P. S., s. AMES, S. R. 251[1].
— s. KREHL, W. A. 292[2], 398[4].
SARZANA, G., s. ARTOM, C. 138[4], 158[1], 160[9], 686[16], 797[13].
SASAKI, T.: Entgiftung von α-Furancarbonsäure durch Bindung an Glykokoll 469[10]. Galaktosekatarakt 899[16].
— u. T. YOSHIDA: Cancerogene Wirkung von o-Aminoazotoluol 493[9]. — Keine cancerogene Wirkung von p-Aminoazobenzol 494[2].
— s. HOSOYA, Y. 942[9].
SASS, M., s. SHILS, M. E. 387[8], 388[7], 409[5,6].
SASSIER, (J.), s. LIAN, C. 234[10].
SATO, K.: Orte der Rhodanidbildung aus Nitrilen 480[17].
SATO, T.: Verwendung von Cystin zur Bildung von Esterschwefelsäure 467[8].
SATOH, K., and K. MAKINO: Thiomethyladenosin 268[2].
— s. MAKINO, K. 291[13].
SATTA, G.: Phenolschwefelsäurebildung in der Leber 464[11].
SAUBERLICH, H. E., and C. A. BAUMANN: Folinsäure 414[5].
— s. SCHWEIGERT, B. S. 399[7], 403[3].
SAUER, J.: Glucuronidbildung bei Lebererkrankungen 457[2].
SAUERMANN, A.: Vorkommen von freiem Tyrosin und Tryptophan in der Kataraktlinse 895[4]. — p_H-Optimum der Linsenautolyse 896[14].
SAUNDERS, B. C.: Toxische Gruppe in Fluoressigsäure 725[12,13]. — Paralyse der unteren Extremitäten durch Fluoressigsäure beim Menschen 725[12].
SAUNDERS, J. P., and W. A. HIMWICH: Temperaturoptimum derRhodanese 479[13]. Hemmung der Rhodanese durch Jodacetat 479[13].
— s. HIMWICH, W. A. 480[3].
SAVAGE, D. V., s. ALPER, T. 54[4].
SAVELSBERG, W., s. AMMON, R. 484[5].
SAWADA, T.: Proteingehalt im Blutplasma bei Leberschädigung 227[3]. — Serumalbumingehalt bei Chloroform- und Tetrachlorkohlenstoffvergiftung 229[2].
SAWYER, C. H.: Cholinesterasegehalt im degenerierenden Nerven 696[20]. — Auftreten der Acetylcholinesterase während der Entwicklung verschiedener Hirnbezirke 861[13].
— and W. H. HOLLINSHEAD: Cholinesterasegehalt in Cervicalganglien nach Nervendurchtrennung 696[21]. — Gehalt an Acetylcholinesterase und unspezifischen Cholinesterasen in peripheren Nerven und Ganglien von Katzen 855[1].
— s. HOLLINSHEAD, W. H. 842[10].
SAWYER, J. L., s. GREEN, H. 905[2].
SAWYER, S. D., s. BLATHERWICK, N. R. 70[5], 101[9], 104[6], 151[15], 199[8,9].
SAXL, P., s. FALK, F. 212[16].
SAYERS, G., T. W. BURNS, F. H. TYLER, B. V. JAGER, T. B. SCHWARTZ, E. L. SMITH, L. T. SAMUELS and H. W. DAVENPORT: Vermehrung der Blutpeptidase nach Zufuhr von Corticosteroiden und ACTH 126[1]. — ACTH-Zerstörung 449[6].
— M. A. SAYERS, T.-Y. LIANG and C. N. H. LONG: Ascorbinsäuregehalt der Leber nach Blutverlusten 380[1].
— s. RICHARDS, J. P. 449[8].
SAYERS, M.. A., s. SAYERS, G. 380[1].
SBOROV, V. (M.), A. R. JAY and C. J. WATSON: Aufhebung der Stercobilinbildung im Darm durch Sulfonamide 518[8,9]. — Bildung von optisch aktivem Urobilinogen nach Aureomycinbehandlung 519[10].
— s. MANN, J. D. 238[10], 239[4].
— s. SCHWARTZ, S. 519[9].
— s. WATSON, C. J. 519[9].
SCALABRINO, R., s. BREUSCH, F. 360[1].
SCANLON, G. H., K. M. BRINKHOUS, E. D. WERNER, H. P. SMITH and J. E. FLYNN: Hypoprothrombinämien bei Leberschäden 372[4].
SCARDIGLI, G., e G. MININNI: Vitamin K-Wirkung auf Prothrombingehalt im Blut bei Lebererkrankungen 372[8].
SCHAAF, E.: Arsengehalt im Gehirn 623[22], 626[2].
SCHABER, H., s. THANNHAUSER, S. J. 208[3].
SCHACHNER, H., B. A. FRIES and I. L. CHAIKOFF: Einfluß von Monosacchariden auf Phosphatidsynthese im Gehirn 737[6]. — Bedeutung des Glucosestoffwechsels für P-Aufnahme durch Gehirn 771[5].
— s. FRIES, B. A. 736[9], 737[4], 738[2].
SCHACHTMAN, A. M., s. HOFFMAN, H. E. 497[6].
SCHADE, A. L., and L. CAROLINE: Siderophilin 47[6], 48[2].
— R. W. REINHART and H. LEVY: Siderophilin 47[6], 48[2].
SCHAEFER, A. E., J. M. McKIBBIN and C. A. ELVEHJEM: Verfettung der Hundeleber bei Pantothensäuremangel 410[1].
— W. D. SALMON, D. R. STRENGTH and D. H. COPELAND: Bedeutung von Vitamin B_c für Methylgruppenübertragung 415[3].
— s. McKIBBIN, J. M. 505[13].
— s. MOXON, A. L. 475[1].
SCHAEFERS, E., s. DORING, G. K. 26[3].
SCHAEFFER, A. J.: Zusammenfassung über Probleme der Eiweißchemie des Auges (1951) 887[4]. — Osmotischer Druck der Tränen 869[3].
— and E. GEIGER: Linsentrübungen bei Ratten nach Tryptophanmangel 899[11].
— and J. D. MURRAY: Hornhauteiweiß 874[4]. — Aminosäurezusammensetzung von Linseneiweiß 887[4].
— and S. SHANKMAN: Aminosäuren im Gesamteiweiß von Cornea und Sklera 874[5]. Aminosäuren aus Linseneiweiß 887[3].

Schaeffer, G., s. Mayer, A. 131[2].
Schäffner, A., u. H. Specht: Leberphosphorylase 87[7].
Schaffner, F., M. Meitus, J. de la Huerga, D. F. Magee, F. Steigmann and H. Popper: Phosphatidgehalt im Blut bei Leberkranken 160[7]. — Geringe Aufnahme von ^{32}P in Phosphatide der Galle 546[1].
Schairer, E.: Schwermetalle in Pigmentkalksteinen 567[5].
— u. K. Patzelt: Vitamin A-Gehalt der Netzhaut 927[11]. — Sehpurpurregeneration 943*. — Verschwinden von Vitamin A aus der Netzhaut bei Dunkeladaptation 943[5].
— u. J. Rechenberger: Eisendepot in der Säuglingsleber 46[2].
— J. Rechenberger, H. Gockel u. K. Patzelt: Verschwinden von Vitamin A aus der Netzhaut bei Dunkeladaptation 943[5].
Schall, E.: Indophenoloxydase in den Epithelzellen der Bindehaut 871[5]. — Indophenolblaubildung in der Cornea 878[3]. — Cytochromoxydase fehlt im Stroma der Uvea 920[4]. — Indophenolblaureaktion in der menschlichen Netzhaut 936[20].
Schalm, L., u. C. K. V. van Dommelen: Aufhebung der Stercobilinbildung durch Antibiotica 518[11].
— and M. J. Schulte: Sog. verzögerte Diazoreaktion entspricht der indirekten Diazoreaktion 514[4].
Schamp, H. M., s. Burge, W. E. 884[7].
Schantz, E. J., C. A. Elvehjem and E. B. Hart: Steigerung der Galaktoseverwertung durch fettreiche Nahrung 93[10].
Schapira, G., s. Lian, C. 234[10].
Schapot, W. S., s. Gromova, K. G. 765[15,16].
Scharrer, E., s. Sinden, J. A. 776[3].
Schayer, R. W.: Weg der Kynurensäurebildung 288[8]. — Bildung von L- aus D-Tryptophan 294[10]. — Abbau des Indolkernes in der Niere 295[1]. — Adrenalinveresterung 439[9]. — Adrenalinabbau 439[9], 440[1,2].
— and L. M. Henderson: Chinolinsäurebildung aus Tryptophan 294[1].
Schechter, D. C., s. Gollub, S. 676[4].
Schechter, M.: Cyanidentgiftung durch Leber und andere Organe 479[3]. — Wirkung von Phosphorvergiftung auf Cyanidentgiftung 480[18].
Scheel, F., s. Felix, K. 340[3].
Scheer, B. T., s. Albert, P. W. 292[10].
— s. Hurt, W. W. 293[8], 398[6].
Scheid, H. E., M. M. Andrews and B. S. Schweigert: Vitamin B_{12}-Extraktion aus der Leber 419[15]. — Vitamin B_{12}-Gehalt von Rinder- und Rattenleber 420[2].
— and B. S. Schweigert: Folsäurefreisetzung durch Pankreatin 413[12]. — Vitamin B_{12}-Extraktion aus der Leber 419[11,12]. — Vitamin B_{12}-Gehalt von Rinderleber 420[3].
Scheid, L., s. Zöllner, N. 231[6].
Scheie, H. G., s. Moore, E. 904[7].
Scheiff, W.: Glykogengehalt verschiedener Leberlappen 67[5].
Schein, A. H., E. Podber and A. B. Novikoff: Verteilung von Uricase in Leberzellen 339[3].
Scheinberg, I. H., and D. Gitlin: Caeruloplasmingehalt des Blutes bei hepatolenticularer Degeneration 60[10].
Scheinberg, P.: Herabsetzung des Hirnstoffwechsels bei Myxödem 818[11]. — Unveränderter Hirnstoffwechsel bei Hyperthyreose 818[11].
— and E. A. Stead jr.: Sauerstoffverbrauch des menschlichen Gehirns 777[9].
— E. A. Stead jr., E. S. Brannon and J. V. Warren: Verminderte Sauerstoffaufnahme des Gehirns bei Hypothyreose 819[1].
Scheinfinkel, N.: Freisetzung von Acetylcholin bei Nervenreizung 841[12]. — Cholinergische Natur sensibler Vagusäste 843[9].
— s. Asher, L. 50[9].
Schellong, G., s. Südhof, H. 463[16], 464[4].
Schenck, J. R., s. Vigneaud, V. du 146[15], 266[3], 267[2].
Schenck, M.: Lithocholsäure aus Schweinegallensteinen 553[4].
Schepartz, B.: Transaminierung beim Tyrosinabbau 279[12].
— and S. Gurin: Acetessigsäurebildung aus Phenylalanin 280[1].
Schepens, C., s. Handovsky, H. 483[10].
Scherfling, E., s. Frost, D. V. 419[21].
Scherlis, S., and D. S. Levy: Bedeutung der α-Globuline für Weltmann-Reaktion 245[4].
Schettler, G.: Cholinhaltige Phosphatidgemische in der Lebertherapie 146[14].
Scheunert, A., u. H. Haenel: Neopyrithiamin 388[4].
Schewess, G. S., s. Epelbaum, S. J. 773[6].
Schick, B.: Hämoglobinabbau beim Neugeborenen 512[3].
Schick, K., s. Reimann, F. 52[7], 53[5].
Schiff, L.: Leberpunktion 38[4].
Schiffmann, A., and L. Winkelman: Blutphosphatase bei Obstruktionsikterus 240[3]. Bildungsort der Blutphosphatasen 240[3].
Schifrin, A., s. Antopol, W. 239[5].
Schiller, G., s. Appel, H. 175[1].
Schiller, J.: Oestriolbildung bei Tetrachlorkohlenstoffvergiftung 428[19].
— and G. Pincus: Oestronausscheidung nach partieller Hepatektomie 424[12]. — Oestriolbildung bei Leberdurchströmung 428[18]. — Oestriolbildung bei partieller Hepatektomie 428[20].
Schiller, S., s. Dorfman, R. I. 78[7].
— s. Hayano, M. 819[5].
Schilling, R. F., s. Wallenstein, R. O. 421[2].
Schindel, L., s. Schönheimer, R. 200[7], 549[9].

SCHINZ, H. R.: Cancerogene Wirkung von 4-Acetylaminofluoren 495[10].
— H. FRITZ-NIGGLI, T. W. CAMPBELL and H. SCHMIDT: Cancerogene Wirkung von 4-Acetylaminofluoren 495[10].
— s. EPPRECHT, W. 565[5], 566[2], 567[3], 568[1].
SCHIRMER, O.: Menge der Tränenflüssigkeit beim Menschen 869[1].
SCHITTENHELM, A.: Allantoinbildung beim Rind 338[14]. — Vorkommen von Uricase bei Schwein und Kaninchen 338[15].
— u. F. CHROMETZKA: Allantoinbildung aus Harnsäure bei Leberdurchströmung 338[9].
— u. B. EISLER: Jodgehalt des Zwischenhirns 632[3].
— s. ABDERHALDEN, E. 338[6].
SCHLÄPFER, M., s. FLASCHENTRÄGER, B. 175[5], 482[1].
SCHLÄPPI, V., s. EDLBACHER, S. 744[4], 762[12].
SCHLAMOWITZ, M.: Kettenlänge des Leberglykogens 83[2].
SCHLAPP, W., s. JONES, A. M. 450[10].
SCHLENK, F., and A. FISHER: Transaminierungen bei Pyridoxinmangel 251[1].
— and E. E. SNELL: Bedeutung von Pyridoxin für Transaminierung Glutaminsäure-Oxalessigsäure 400[8].
— and M. J. WALDVOGEL: Bildung von Ribose-5-phosphat aus Ribonucleinsäuren 111[4]. — Spaltung von Ribose-5-phosphat in der Leber 729[2]. — Abbau von Purinnucleosiden und -nucleotiden durch Hirnextrakte 768[4]. — Ribose-1-phosphatbildung bei Nucleosidspaltung 768[6].
— s. EULER, H. v. 330[2], 396[1], 889[15], 895[9], 896[4].
— s. SMITH, R. L. 268[3].
— s. WALDVOGEL, M. J. 109[10], 729[3].
SCHLICHTING, H.: Beschleunigung der Alkoholoxydation durch Zufuhr von Kohlenhydrat + Insulin 488[6].
SCHLÖTZER, A., s. EULER, H. v. 391[3].
SCHLOMKA, G., s. BÜRGER, M. 873[1], 875[13],
SCHLOSS, E. M., s. SHAY, H. 97[4].
SCHLOSSMANN, H., s. ANSELMINO, K. J. 443[13].
— s. BLASCHKO, H. 440[4,6], 760[11], 761[7].
SCHMÄHL, D., s. CONSBRUCH, U. 390[7], 393[5], 394[3].
SCHMEISER, K., s. EICHLER, O. 797[3].
SCHMELZER, H.: Indophenolblaubildung in der Cornea 878[2]. — Cytochromoxydase in Ciliarkörper- und Irisepithel 920[2].
SCHMETZ, F. J. jr., s. NOVELLI, G. D. 179[2], 272[4], 404[8], 409[1].
SCHMID, A. E., u. E. BÜRKI: Vorkommen von Ascorbinsäure im Oberflächenepithel der Cornea 876[5]. — Verteilung der Ascorbinsäure in der Linse 890[8]. — Lokalisierung der Ascorbinsäure in der Uvea 918[17]. — Ascorbinsäure in den multipolaren Ganglienzellen der Meerschweinchennetzhaut 929[2]. — Vorkommen von Ascorbinsäure im Sehnerven 948[15].
— s. BÜRKI, E. 876[5], 890[8], 918[17], 929[2], 948[15].
— s. SÜLLMANN, H. 929[1].
SCHMID, F.: Glucuronsäurebildung bei Winterfröschen 458[11].
SCHMID, H., s. SCHINZ, R. H. 495[10].
SCHMID, R., and S. SCHWARTZ: Prophyringehalt in Kaninchenorganen nach Sedormidvergiftung 523[8].
SCHMIDT, C. F.: Sauerstoffverbrauch des menschlichen Gehirns 777[7]. — Konstanz der Gehirnatmung 778[6].
— S. S. KETY and H. H. PENNES: Gehirndurchblutung bei Menschen und Affen 777[14]. — R. Q. im Gehirn von Affen 783[13]. Gesteigerte Sauerstoffaufnahme des Gehirns bei erhöhter Aktivität 808[4]. — Sauerstoffverbrauch des Gehirns bei Narkose 813[1].
— s. GRANT, F. C. 822[5].
— s. KETY, S. S. 777[8,13], 778[1,7,8], 821[6], 822[16], 823[10], 824[3], 827[7].
SCHMIDT, C. G., s. BOGATZKI, M. 802[9].
SCHMIDT, C. L. A., and D. M. GREENBERG: Zusammenfassung über Vorkommen, Transport und Regulation von Calcium, Magnesium und Phosphor im Tierkörper (1935) 621[5].
— s. GREAVES, J. 360[6], 361[4,7], 368[1,6,11].
— s. TARVER, H. 268[9], 270[1], 745[17], 746[11].
SCHMIDT, C. R., J. M. BEAZELL, A. J. ATKINSON and A. C. IVY: Choleretische Wirkung von Dehydrogallensäure (Triketocholansäure) 532[10]. — Choleretische Wirkung von Salicylsäure 553[1].
— and A. C. IVY: Keine adaptive Veränderung in Gallenzusammensetzung beim Hund nach Gallenblasenexstirpation 534[9].
— W. S. WALSH and V. E. CHESKY: Hippursäuretest bei gesteigerter Schilddrüsentätigkeit 445[18]. — Grundumsatz und Hippursäurebildung bei Hyperthyreose 446[2].
SCHMIDT, E., s. GEIGER, E. 76[4].
SCHMIDT, E. G.: Aminosäuregehalt des Blutes bei Lebererkrankungen 212[3].
SCHMIDT, F.: Glucuronidbildung bei Leberkranken 457[2].
— s. EMBDEN, G. 176[7], 264[3], 280[5].
SCHMIDT, G(ERHARD): Guanase aus Kaninchenleber 334[3].
— J. BENOTTI, B. HERSHMAN and S. J. THANNHAUSER: Phosphatidgehalt von Rattenleber 133[2].
— L. L. HECHT, P. FALLOT, L. GREENBAUM and S. J. THANNHAUSER: Cholinphosphatidgehalt von Tierleber 133[5].
— and S. J. THANNHAUSER: Ribo- und Desoxyribonucleinsäuregehalt von Leberzellen 311[2]. — Phosphoproteidgehalt im Gehirn 661[13]. — Aufarbeitung von P-Verbindungen 662[7]. — Nucleinsäurebestimmung im Gehirn 666[8].
— s. CORI, C. F. 87[7].
— s. CORI, G. T. 87[7], 89[5], 91[3].
— s. EMBDEN, G. 582[3].
— s. PIRIE, A. 911[4], 913[2].
— s. THANNHAUSER, S. J. 637[6,7], 638[2].

Schmidt, G. (Mainz), s. Lang, K. 300[2], 301[5].

Schmidt, H. L. jr., s. Bowles, L. L. 899[12].

— s. Sydenstricker, V. P. 899[13].

Schmidt, J. E., s. Carr, C. J. 106[1].

Schmidt, L. H.: Beseitigung intravenös injizierter Cholate 560[6].

Schmidt, M. B.: Zusammenfassung über Störungen des Eisenstoffwechsels (1940) 691[7]. — Zellwucherung in der Rattenleber nach Milzexstirpation 50[10]. — Zellwucherung in der menschlichen Leber nach Milzexstirpation 50[12]. — Knochenveränderungen bei Pfaundler-Hurlerscher Erkrankung 690[1].

Schmidt, W. J.: Schichtstruktur der Myelinscheide von Nerven 620[1]. — Struktur der Außenglieder der Sehzellen 937[2].

Schmidt-Thomé, J., s. Zander, J. 429[17], 433[3].

Schmiedeberg, O.: Entgiftung durch Bindung an Schwefelsäure 465[5]. — Oxydation von Benzol zu Brenzkatechin und Hydrochinon 473[2]. — Thiosulfatgehalt im Harn 480[11]. — Reduktion von Chloralhydrat unabhängig vom Glykogengehalt der Leber 483[7].

— u. H. Meyer: Entgiftung von Terpenen 455[14].

— s. Bunge, G. 28[3].

Schmiedt, E.: Glucose- und Galaktoseverwertung beim Menschen 93[13]. — Leberfunktionsprüfung mit Galaktose 97[6].

Schmitt, F. O.: Zusammenfassung über Strukturproteine von Zellen und Geweben (1944) 651[4]. — Struktur der Markscheiden 618[4]. — Bau der Myelinscheiden von Wirbeltiernerven 618[6], 619[1], 620[4,6]. Proteinfibrillen im Achsenzylinder der Nerven von Wirbellosen 619[1]. — Atmungshemmung in peripheren Nerven durch Kohlenoxyd 733[10], 790[8]. — Sauerstoffaufnahme und Kohlensäurebildung bei Nervenreizung 862[11]. — R.Q. des Nerven 863[1].

— and R. S. Bear: Struktur der Markscheiden 618[3], 620[2], 734[5]. — Achsenzylinder im Nervensystem des Hummers 646[10]. — Nucleoproteide aus Crustaceen- und Tintenfischnerven 652[6].

— R. S. Bear and G. L. Clark: Schichtstruktur der Myelinscheide von Nerven 620[3].

— R. S. Bear and K. J. Palmer: Schichtstruktur der Myelinscheide von Nerven 620[5].

— and R. K. Skow: Vorkommen von Peroxydase und Katalase im Gehirn 796[14].

— s. Bear, R. S. 652[7,8].

— s. Meyerhof, O. 783[21], 862[11], 863[1].

— s. Robertis, E. de 619[6].

Schmitz, E.: Verhalten der Gehirnlipoide bei Lipoidmast 686[3].

— u. G. Heymann: Verhalten der Gehirnlipoide bei Lipoidmast 686[4].

Schmitz, E., u. T. Hiraoka: Lebensdauer B_1-avitaminöser Tauben nach Lecithinzufuhr 686[10].

— s. Embden, G. 254[2].

Schmitz, K.: Bakterieller Proteinabbau im Darm und Phenolsulfatausscheidung 466[5].

Schmitz, P., s. Baumann, E. 473[9].

Schmitz, R., s. Korting, G. W. 801[1].

Schmitz-Moormann, P.: Vorkommen von Glykogen in der Netzhaut 928[19].

Schneeberg, N. G., s. Meranze, D. R. 447[2].

Schneeberg, R., s. Sturm, A. 632[4].

Schneider, D., s. Schneider, M. 777[10].

Schneider, G., s. Hasselbach, W. 577[5].

Schneider, H., H. Steenbock and B. R. Platz: Synergismus zwischen Pyridoxin und ungesättigten Fettsäuren 687[9].

Schneider, H. A., s. Folch, J. 635[1].

Schneider, J. J.: Bildung von allo-Pregnan (= 5α-Pregnan) aus 11-Desoxycorticosteron 436[2]. — Bildung von 3α- und 3β-Oxysteroiden beim Cortisonabbau in der Leber 436[2]. — Reduktion der Corticoidseitenkette 437[14]. — Desoxycorticosteronabbau durch die Leber 437[14].

— and P. M. Horstmann: Reduktion der Corticosteroidseitenkette 437[14]. — Desoxycorticosteronabbau durch Leber 437[14]. Cortisonabbau durch Organschnitte 438[6].

— and H. L. Mason: Abbau von Dehydroisoandrosteron in Rattenleberschnitten 433[7].

Schneider, L. s. Banga, I. 790[2].

Schneider, M.: Trypanblau zur Prüfung der Permeabilität der Gehirngefäße ungeeignet 800[8].

— u. D. Schneider: Gehirndurchblutung bei Menschen und Affen 777[10].

— s. Noell, W. 786[5].

— s. Opitz, E. 786[7].

— s. Rein, H. 573[2].

Schneider, M. C., s. Ochoa, S. 130[1], 723[4].

Schneider, R., and H. Droller: Auslösung von Koma beim Kaninchen durch Acetessigsäure 823[1].

Schneider, R. W., s. Bernhart, F. W. 213[3], 285[1].

Schneider, W. C.: Nucleinsäuregehalt verschiedener Gewebe 311[1]. — Ribo- und Desoxyribonucleinsäuregehalt von Rattenleber 311[3]. — UV-Absorption des Nucleolus 312[5]. — Ribonucleinsäuren in Mikrosomen 312[10]. — Desoxyribonucleinsäuregehalt in Hepatomen bei der Ratte 326[4]. — Wirkung essentieller Fettsäuren auf Cytochromoxydase 377[3]. — Mitochondrienmasse in Hepatomzellen nach Azofarbstoffen 503[1]. — Mitochondrienzahl und -größe in Mäusehepatomen 503[3]. — Succinoxydasegehalt in Hepatomen 504[5,8]. — Cytochromoxydase- und Adenosintriphosphatasegehalt in Mitochondrien 504[10]. — Gehirnextraktion

662[3]. — Aufarbeitung von P-Verbindungen 662[3]. — Nucleinsäurebestimmung im Gehirn 666[1,2]. — Fermente der Fettsäureoxydation in den Mitochondrien 741[12].

SCHNEIDER, W. C., A. CLAUDE and G. H. HOGEBOOM: Verminderung der Succinoxydase in Hepatomzellen 504[5].

— and G. H. HOGEBOOM: Löslichkeit der Desoxyribonucleinsäuren aus Leber in Rohrzuckerlösung 314[4]. — Verteilung der Ribonuclease in der Zelle 319[6]. — Ribonuclease und Desoxyribonuclease in Mitochondrien von Leberzellen 320[1]. — Mitochondrienmasse in Hepatomzellen nach Azofarbstoffen 503[2]. — Zusammensetzung der Zellen in 3'-Methyl-dimethylaminoazobenzoltumoren 503[5]. — Succinoxydasegehalt in Lebermitochondrien 504[6].

— G. H. HOGEBOOM and H. E. ROSS: Adenosintriphosphatasegehalt in Hepatommitochondrien 504[12].

— G. H. HOGEBOOM, E. SHELTON and M. J. STRIEBICH: Wirkung cancerogener Azofarbstoffe auf Leberzellen 502[8]. — Mitochondrienzahl in mit 3'-Methyl-dimethylaminoazobenzol behandelten Ratten 503[4]. — Desoxyribonucleasegehalt in Hepatomzellen 504[18].

— and H. L. KLUG: Nucleinsäurebestimmung im Gehirn 666[9].

— and V. R. POTTER: Succinoxydasegehalt in Hepatomen 504[9]. — Oxalessigsäurestoffwechsel im Gehirn 719[4]. — Cytochromoxydaseaktivität im Gehirn 796[6].

— s. HOGEBOOM, G. H. 33[14], 43[2], 312[12], 330[4], 396[3,4,7], 504[16], 732[14].

— s. KIELLEY, R. K. 469[14], 470[3].

— s. POTTER, V. R. 796[12].

— s. STRIEBICH, M. J. 502[8]. 503[4].

SCHNEIDERBAUR, A.: Buch über die TAKATA-Reaktion (1946) 243[5].

SCHNEITER, M., s. VOGT, A. 909[10].

SCHNOOR, E., s. CHROMETZKA, F. 340[2].

SCHOENBACH, E. B., s. GREENSPAN, E. M. 233[3].

SCHÖNDORFF, B.: Lebergewicht während des Hungers 10[6]. — Glykogengehalt verschiedener Leberlappen 67[10]. — Glykogengehalt der Leber nach kohlenhydratreicher Kost 72[7]. — Lipidgehalt der Leber hungernder Hunde 140[4].

— u. F. GREBE: Durchströmungsversuche an der Schildkrötenleber 28[1].

SCHOENEBECK, O. v., s. KLENK, E. 376[4].

SCHOENEWALDT, E. F., s. TWOMBLY, G. H. 428[21].

SCHÖNHEIMER, R.: Keine postmortale Glykogenolyse in der Leber bei Glykogenspeicherkrankheit 70[2]. — Eigenschaften des Glykogens bei Glykogenspeicherkrankheit 80[2]. — Saturation und Desaturation von Fettsäuren 162[8].

— E. ANDREWS u. L. HRDINA: Isolierung von Cholsäure und Desoxycholsäure aus Fistelgalle 557[26].

SCHÖNHEIMER, R., u. H. v. BEHRING: Koprosterinbildung im Darm 549[2].

— H. v. BEHRING u. R. HUMMEL: Dihydrocholesterin in den Gehirnsterinen 645[6].

— H. v. BEHRING, R. HUMMEL u. L. SCHINDEL: Gesättigtes Sterin aus menschlicher Leber 200[7]. — Koprosterinbildung aus Cholesterin 549[9].

— and F. BREUSCH: Cholesterinsynthese in der Leber bei cholesterinreicher Kost 205[2]. — Cholesterinbilanz nach Cholesterinzufuhr 208[11]. —

— u. L. HRDINA: Koprosterinbildung im Darm 549[2].

— u. R. HUMMEL: Cholesteringehalt von Mäuseleber 198[3]. — Lebercholesterin nach Cholesterinverfütterung 199[7]. — Wirkung von Gallensäuren auf Cholesterinresorption 200[3].

— and C. G. JOHNSTON: 3-Oxy-6-ketocholansäure und 3α-Oxy-6-ketoallocholansäure aus Schweinegalle 553[3].

— u. F. OSHIMA: Kupfergehalt der Leber bei Hämochromatose 60[2].

— S. RATNER and D. RITTENBERG: Halbwertszeit der Leberproteine bei der Ratte 214[1]. — Keine Synthese des C-Skelets von Histidin 297[3]. — Argininsynthese 306[3].

— S. RATNER, D. RITTENBERG and M. HEIDELBERGER: Erneuerung der Proteine in Blutplasma und Organen 224[1].

— u. D. RITTENBERG: Zusammenfassung über Untersuchung des intermediären Stoffwechsels von Tieren mit Isotopen (1940) 258[5]. — Erneuerung des Depotfettes 162[1]. — Schicksal der Stearinsäure im Organismus 162[3,4]. — Keine N-Aufnahme durch Lysin 295[12].

— D. RITTENBERG, B. N. BERG and L. ROUSSELOT: Gallensäurebildung aus Cholesterin 208[16]. — Keine Cholsäurebildung aus Koprostanon 554[9].

— D. RITTENBERG, M. FOX, A. S. KESTON and S. RATNER: Verwendung von exogenem Glykokoll für die Hippursäuresynthese 470[13].

— D. RITTENBERG and M. GRAFF: Weg der Koprosterinbildung aus Cholesterin 549[8].

— u. W. M. SPERRY: Koprosteronbildung im Darm 549[2].

— u. D. YUASA: Cholesteringehalt von Rattenleber 197[5]. — Cholesteringehalt von Mäuseleber 198[5]. — Lebercholesterin nach Cholesterinverfütterung 199[5].

— s. ANCHEL, M. 553[3].

— s. ANDREWS, E. 209[15], 568[9], 569[1].

— s. BARNES, F. W. jr. 332[3], 341[5].

— s. BERNHARD, K. 153[2], 164[2,8], 166[1], 374[10].

— s. BLOCH, K. 257[5], 303[4], 586[10].

— s. CLUTTON, R. F. 302[12], 306[7].

— s. FOSTER, G. L. 295[3], 297[3], 306[3].

— s. MOSS, A. R. 278[1].

— s. PLENTL, A. 331[8], 343[1].

SCHÖNHEIMER, R., s. RATNER, S. 258[5], 295[10], 302[14], 303[1].
— s. RITTENBERG, D. 162[1,7], 201[10], 470[13].
— s. ROLOFF, M. 253[1], 301[1], 302[13].
— s. STETTEN, D. jr. 137[3], 162[5], 163[1], 170[5,6].
— s. STETTEN, M. R. 300[5], 301[3].
— s. VIGNEAUD, V. DU 475[9], 477[3].
— s. WEISSMAN, N. 295[9], 296[3].
SCHÖNSEE, H., s. SCHREIER, K. 213[6].
SCHOLDERER, H.: Bilirubinausscheidung durch die Leber 510[2].
— s. LORENTE, L. 526[9].
SCHOLL, R., s. FÜRTH, O. 545[12].
SCHOLZ, R. O., D. B. COWIE and W. S. WILDE: Na-Ionenverteilung zwischen Plasma und Kammerwasser beim Meerschweinchen 907[8].
— s. WILDE, W. S. 907[8].
SCHOLZ, W.: Schädigung der Blut-Hirnschranke durch Sauerstoffmangel in verschiedenen Hirnbezirken 800[9].
SCHOTZ, M. C., L. I. RICE and R. B. ALFIN-SLATER: Cholesterinesterase in Lebermikrosomen 207[15].
— s. ALFIN-SLATER, R. B. 204[11], 205[5], 739[11].
SCHOU, M., N. GROSSOWICZ, A. LAJTHA and H. WAELSCH: Reaktion von Glutamin mit Ammoniak oder Hydroxylamin 753[3]. Glutamino- und Asparaginotransferase 753[3]. — Glutaminotranspherase in Gehirnextrakten 755[4].
SCHRAMM, G., u. H. H. WEBER: Myosinkomponenten 578[5].
— u. A. WOLFF: Lebercholesterinesterase 207[5].
SCHRECKER, A. W., and A. KORNBERG: Flavinadenindinucleotid 583[5].
SCHREIBER, H., s. RONA, P. 157[7].
SCHREIER, K., u. H. HARDY: p-Oxyphenylbrenztraubensäurebestimmung 284[8].
— u. H. SCHÖNSEE: Leberfunktionsprüfung mit Methionin 213[6].
SCHREINER, A. W., W. SLINGER, V. R. HAWKINS and R. W. VILTER: Wirkung von Pyridoxin bei seborrhoischer Dermatitis 403[11].
SCHREUDER, J. T. R.: Albumin: Globulin-Quotient bei TAKATA-ARA-Reaktion 243[6].
SCHREUS, H. T., u. C. CARRIÉ: Grüner Farbstoff aus Hämoglobin in Leberbrei und -extrakten 507[10]. — Porphyrinabbau durch Leber 524[4]. — Keine Bildung von Uroporphyrin aus Protoporphyrin 524[4]. Anämien mit Porphyrinausscheidung bei Leberkrankheiten 525[2].
SCHRIEVER, H., s. FELDBERG, W. 843[5].
SCHROEDER, H., s. STEPP, W. 385[6].
— s. WENDT, H. 349[5].
SCHRÖDER, W. v.: Methodik der Leberdurchströmung 27[3]. — Totale Leberexstirpation beim Hai 28[4]. — Harnstoffbildung in der durchströmten Leber 304[7].
SCHRYVER, S. B.: Thyroxinwirkung auf die Autolyse von Leberproteinen 446[9].
SCHUBERT, J., and W. D. ARMSTRONG: ^{14}C-Aufnahme in Hirnproteine 680[17], 746[5]. — Einbau radioaktiver Isotopen in Gehirnproteine 746[15].
SCHUBOTHE, H., s. ALTMANN, H. W. 787[1].
SCHUCHARDT, E., u. M. KNOCH: Glaskörperstruktur 910[4].
— s. SCHWARZ, W. 910[2].
SCHUCHARDT, W., u. A. VERCELLONE: Phosphatatische Spaltung von Phosphoglycerinsäuren im Pferdegehirn 706[5].
SCHUCHER, R., s. BRANGANCA, B. M. 752[6].
SCHÜMANN, H. J., s. HOLTZ, P. 840[3].
SCHULENBURG, S., s. BURNS, J. J. 104[12], 377[14], 381[7].
SCHULER, W., u. W. REINDEL: Harnsäuresynthese bei der Taube 337[1].
— s. FELIX, K. 340[3].
SCHULHOF, K., s. HEKTOEN, L. 886[13].
SCHULLTEN, O., u. B. NAUNYN: Oxydation von Benzol in der Leber 472[9].
SCHULMAN, I., s. SMITH, C. H. 48[1].
SCHULMAN, M. P., and J. M. BUCHANAN: Ribonucleotid von 4-Amino-imidazocarboxamid als Vorstufe der Purinbildung 333[7].
— J. M. BUCHANAN and C. S. MILLER: Purinbildung aus 4-Amino-imidazolcarboxamid 333[8]. — Purinsynthese aus Glycin und Formiat 337[8].
— J. C. SONNE and J. M. BUCHANAN: Purinsynthese aus Formiat in der Vogelleber 337[5].
— s. VENKATARAMAN, P. R. 328[2], 446[6].
SCHULMAN, P., s. LIEBERMAN, S. 425[6], 428[10].
— s. TAGNON, H. J. 423[4], 425[10], 426[4].
SCHULTE, M. J., s. SCHALM, L. 514[4].
SCHULTHESS, G. v., s. MURALT, A. v. 696[13], 841[17].
SCHULTZ, A. S., s. ATKIN, L. 404[14].
— s. ROLL, P. M. 331[11].
SCHULTZ, E. W., and A. MARX: Chloroformvergiftung der Hundeleber 36[3].
SCHULTZ, J., s. CASPERSON, T. 312[2].
SCHULTZ, J. H.: Lebercholesterinesterase 207[6].
SCHULTZ, R. B., s. WINTERS, R. W. 409[8].
SCHULTZE, M. O.: Bedeutung von Kupfer für Bildung von Cytochromoxydase 56[11].
— C. A. ELVEHJEM and E. B. HART: Kupfergehalt der Leber des Neugeborenen 58[10].
— s. STOTZ, E. 385[1].
SCHULZ, W., u. H. VOTH: Ausscheidung von Sulfonamiden in der Galle 561[1].
— s. MEYERHOF, O. 598[7], 604[2], 783[3], 862[12].
SCHULZE, G., s. HARTMANN, F. 366[7].
SCHUMACHER, H(EINZ), s. CASELLI, P. 870[6].
SCHUMACHER, H(ERTHA): Milchsäuregehalt des Blutes bei Leberkranken 121[5].
SCHUMANN, E., s. KLENK, E. 643[2].
SCHUMANN, H.: Buch über den Muskelstoffwechsel des Herzens (1950) 610[1]. — Zusammenfassung über Muskelstoffwechsel des Herzens (1942) 610[1].

SCHUMM, O.: Gallenfarbstoffbildung aus Hämin 506[7].
SCHUMPERT, M. Z., s. BLOOM, W. L. 68[12], 580[4].
SCHUR, H., s. BURIÁN, R. 332[1].
SCHURR, P. E., H. T. THOMPSON, L. M. HENDERSON and C. A. ELVEHJEM: Freie Aminosäuren im Gehirn 655[6].
— H. T. THOMPSON, L. M. HENDERSON, J. N. WILLIAMS jr. and C. A. ELVEHJEM: Gehalt an freien Aminosäuren im Rattenhirn 655[3].
— s. THOMPSON, H. T. 684[9], 685[1].
— s. WILLIAMS, J. N. jr. 685[3].
SCHUSCHANIA, P., s. SIEBKE, H. 429[12].
SCHUSDEK, A., s. BAKER, N. 168[8], 169[6].
SCHUSTER, E. M., s. ASHBY, W. 683[4], 796[18], 854[3].
SCHUSTER, P., s. LOHMANN, K. 596[2], 669[20], 670[1].
SCHUT, H.: Senkung des Leberglykogens durch Tetrahydronaphthylamin 22[7].
SCHUWIRTH, K.: Serin als Phosphatidbaustein 635[4]. — Fettsäuren aus Phosphatiden 638[16]. — Fettsäuren aus Glycerinphosphatiden des Gehirns 639[6]. — Colaminbildung aus Serin 640[6]. — Sphingomyelingehalt in Gehirn und Rückenmark 642[1]. — Gangliosidgehalt in Gehirn und Rückenmark 646[5]. — Wassergehalt des Gehirns 676[5]. — Sphingomyelingehalt im fetalen Gehirn 677[1].
SCHWARTZ, B., B. DANES and P. J. LEINFELDER: Wasseraufnahme durch die Hornhaut 881[2].
SCHWARTZ, M. A., and J. N. WILLIAMS jr.: Vitamin C-Gehalt in Rattenleber 377[10]. Einfluß von Sulfasuxidin und Aminopterin auf Ascorbinsäuregehalt der Leber 382[11]. — Einfluß von Folsäure auf Ascorbinsäuregehalt der Leber 382[12]. — Einfluß von Aminopterin auf Ascorbinsäureausscheidung im Harn 382[13].
SCHWARTZ, M. S., s. LOCALIO, S. A. 525[6].
SCHWARTZ, R(UTH), and N. O. KJELDGAARD: Antabuswirkung 403[9].
— s. HAMILTON, B. 684[6].
SCHWARTZ, S., V. HAWKINSON, S. COHEN and C. J. WATSON: Porphyrinausscheidung im Harn 525[11].
— V. SBOROV and C. J. WATSON: Bildung von optisch aktivem „Urobilin“ in den infizierten Gallengängen 519[9].
— L. ZIEVE and C. J. WATSON: Porphyrinausscheidung im Harn 525[11].
— s. PASS, I. J. 506[5].
— s. SCHMID, R. 523[8].
— s. WATSON, C. J. 519[9], 524[2,13].
SCHWARTZ, S. O., and A. BLUMENTHAL: Eisenanhäufung in der Leber nach wiederholten Bluttransfusionen 55[8].
SCHWARTZ, T. B., and F. L. ENGEL: Vermehrung von Blutpeptidase nach Zufuhr von Corticosteroiden und ACTH 126[2,3].
— s. SAYERS, G. 126[1], 449[6].
SCHWARTZMAN, A. S., s. ROE, J. H. 96[10].
SCHWARZ, H., u. H. DIBOLD: Ammoniakgehalt im Gehirn 628[13].
— and R. OTTENBERG: Prothrombingehalt im Placentarblut 371[5]. — Hämorrhagische Diathese bei Neugeborenen 371[5].
SCHWARZ, K.: Lipotrope Wirkung von α-Tokopherol 149[4]. — Wirkung von Tokopherol nach ernährungsbedingten Lebernekrosen 365[8].
SCHWARZ, L.: Eisenspeicherung in der Leber 51[3].
— s. REISS, M. 445[7].
SCHWARZ, O.: Abnahme des Leberglykogens bei hungernden adrenektomierten Tieren 124[1].
SCHWARZ, W.: Glaskörperstruktur 910[5].
— u. E. SCHUCHARDT: Glaskörperstruktur 910[2].
SCHWEIGERT, B. S.: Nicotinsäurebildung aus 3-Oxyanthranilsäure 293[7].
— B. T. GUTHNECK, J. M. PRICE, J. A. MILLER and E. C. MILLER: Aminosäuregehalt der Proteine aus Leberzellfraktionen 218[1].
— J. M. MCINTIRE, C. A. ELVEHJEM and F. M. STRONG: Aminosäurezusammensetzung der Leberproteine 217[4].
— and M. M. MARQUETTE: Nicotinsäurebildung aus 3-Oxyanthranilsäure 293[7], 398[7].
— E. NIELSEN, J. M. MCINTIRE and C. A. ELVEHJEM: Biotingehalt von Leber und Eigelb 411[1].
— and P. B. PEARSON: Bedeutung von Pyridoxin für Tryptophanabbau 293[4], 398[9]. — Bedeutung von Pyridoxin für Nicotinsäureamidbildung 398[9], 401[9]. — Akrodynie bei Pyridoxinmangel 403[6].
— H. E. SAUBERLICH, C. A. ELVEHJEM and C. A. BAUMANN: Vitamin B_6-Gehalt der Leber abhängig vom Angebot in der Nahrung 399[7]. — Leberverfettung bei Pyridoxinmangel 403[3].
— s. BOKMAN, A. H. 293[7].
— s. JUNQUEIRA, P. B. 293[6].
— s. RIESEN, W. H. 392[2].
— s. SCHEID, H. E. 413[12], 419[11, 12, 15], 420[2,3].
SCHWEIZER, W.: Leberfunktionsprüfung mit Tyrosin 213[3], 285[2]. — Tyrosingehalt des Blutes bei Lebererkrankungen 284[5].
SCHWENK, E., and C. F. BARKER: Intermediärprodukte bei der Cholesterinbildung aus Acetat 203[11].
— D. TODD and C. A. FISH: Squalen in der Schweineleber 203[1]. — Squalenbildung aus Acetat in der Leber 203[12].
— and N. T. WERTHESSEN: Intermediärprodukte bei der Cholesterinbildung aus Acetat 203[9,10].
— N. T. WERTHESSEN and H. ROSENKRANTZ: Bildung von 3β-, 5α-, 6β-Trioxycholestan aus Acetat in der Leber 203[14].
— s. WERTHESSEN, N. T. 204[2].

SCHWERIN, P., S. P. BESSMAN and H. WAELSCH: Glutamin- und Glutaminsäuregehalt im Rattengehirn 656[5]. — Blut-Hirnschranke 748[11]. — Glutaminsäurekonzentration im Gehirn 748[11]. — Aufnahme von Glutamin durch Gehirn 749[1].
SCHWIEGK, H.: Durchblutung von Pfortader und Leberarterie 15[15]. — Sauerstoffversorgung der Leber 15[15]. — Temperaturabhängigkeit der Pfortaderdurchblutung 16[2]. — Steigerung der Pfortaderdurchblutung bei Abkühlung 23[6].
SCHWIMMER, S., s. KIES, M. W. 763[3].
SCOTT, A. C., s. MARKOWITZ, J. 29[1].
SCOTT, C. C.: Bedeutung der Galle für Vitamin K-Resorption 369[2].
SCOTT, D. A., and A. F. CHARLES: Proteingebundenes Heparin in Organen 233[7].
— s. CHARLES, A. F. 233[7].
SCOTT, D. B. MCN., and S. S. COHEN: Decarboxylierung von Gluconsäure-6-phosphat in Bakterien 109[4].
— s. ELLIOT, K. A. C. 700[7], 783[23], 784[2], 785[1].
SCOTT, J. C., s. OTT, J. 531[7].
SCOTT, M. L., s. HILL, C. H. 414[2].
SCOTT, R. B.: Eisenverlust bei der Menstruation 54[6].
SCOTT, R. W., s. DAVIS, W. D. 38[4].
SCOTT, W. G., and W. A. SIMRIL: Cholecystographie 565[2].
SCOTT, W. W., s. GRAYHACK, J. T. 430[4], 434[3].
SCOZ, G., C. CATTANEO e M. C. GABRIELLI: Aktivität der Leberesterase bei Skorbut 386[2].
— s. QUAGLIARIELLO, G. 163[15].
SCRASE, M., s. BANISTER, J. 696[19], 848[8].
SCUDAMORE, H. H., s. VORHAUS, L. J. 238[10], 239[4].
SCUDI, J. V., R. P. BUHS and D. B. HOOD: Ausscheidung von Vitamin B_6 als Glucuronid oder Sulfat 403[10].
— and M. HAMLIN: Leberverfettung bei Pantothensäuremangel 151[11].
SCULL, C. W., and W. C. ROSE: Endogene Argininbildung 302[1].
SEABURY, J. H., s. SMITH, R. G. 480[5].
SEALE, B., s. AWAPARA, J. 249[6], 655[9], 751[10], 754[2].
SEALOCK, R. R., and GOODLAND, R. L.: p-Oxyphenylbrenztraubensäure-Bildung aus Tyrosin und Phenylalanin bei Skorbut 386[10].
— R. L. GOODLAND, W. N. SUMERWELL and J. M. BRIERLY: Vitamin C-Gehalt in Meerschweinchenleber 377[13]. — Vitamin C-Gehalt in der Leber skorbutischer Meerschweinchen 378[2]. — Oxydation von aromatischen Aminosäuren in der Leber bei Skorbut 387[1].
— J. D. PERKINSON jr. and D. H. BASINSKI: Alkaptonurie bei skorbutkranken Meerschweinchen 283[13]. — Bedeutung von Vitamin C für Tyrosinabbau 386[12].
SEALOCK, R. R., and H. E. SILBERSTEIN: Alkaptonurie bei skorbutkranken Meerschweinchen 283[13]. — Tyrosinstoffwechsel bei Skorbut 386[11].
— s. LAN, T. H. 283[14], 386[9].
— s. SUMERWELL, W. N. 377[11], 378[8].
SEAMAN, A., s. VILTER, R. W. 343[7].
SEAMAN, A. J., s. OSGOOD, E. E. 316[3].
SEARS, J. B., s. BANKS, B. M. 72[14].
SEBA, G.: Ausscheidung tauringebundener Gallensäuren beim Hund 557[16].
SEBRELL, W. H., s. DAFT, F. S. 365[1].
— s. KORNBERG, A. 505[9].
— s. LILLIE, R. D. 365[1].
— s. SULLIVAN, M. X. 272[6].
SECHER, K.: Ascorbinsäuregehalt des Blutes 379[1]. — Glucose-Toleranzkurve bei Vitamin C-Mangel 385[11].
SECKEL, H. P. G.: Glucoseverwertung unter Insulin 75[5].
SECKFORT, H., s. GOEBEL, A. 744[9].
SEDLMAIR, A.: Substanzverluste der Organe bei Hunger 684[5].
SEEGERS, W. H., E. C. LOOMIS and J. M. VANDERBILT: Prothrombin 235[4].
— R. I. MCCLAUGHRY and J. L. FAHEY: Prothrombin 235[5].
— s. SMITH, H. P. 235[11], 236[1], 368[11].
— s. WARE, A. G. 237[3,6].
SEEGMILLER, J. E., and B. L. HORECKER: Decarboxylierung von Gluconsäure-6-phosphat in Leber 109[1].
— L. LASTER and D. STETTEN jr.: Purinbildung aus 4-Amino-imidazolcarboxamid 333[6].
— s. HORECKER, B. L. 108[13], 109[8], 345[5], 729[1].
SEGAL, G., s. LEBLOND, C. P. 142[19].
SEGAL, M., s. JANKELSON, I. R. 97[8], 284[4].
SEGALOFF, A(LBERT): Inaktivierung oestrogener Substanzen in der Leber 423[4]. — Wirkung von α-Oestradiol nach partieller Hepatektomie 424[11]. — Inaktivierung von Hexoestrol 429[2].
— and W. O. NELSON: Keine Wirkung von Oestradiol bei intralienaler Applikation 424[7].
— and A(NN) SEGALOFF: Bedeutung von Vitamin B_1 und B_2 für Oestrogeninaktivierung 427[11].
— s. COPPEDGE, R. L. 423[4], 425[2], 427[6].
SEGALOFF, A(NN), s. SEGALOFF, A(LBERT) 427[11].
SEGONZAC, G., s. VINCENT, D. 239[1].
SEGRÈ, E., s. ARTOM, C. 138[4], 158[1], 160[9], 686[16], 797[13].
SEIBERT, R. A., R. A. HUGGINS and A. R. BRYAN: Kaliumgehalt der Hundeleber 41[11].
SEIBURG, H., u. E. HARLOFF: Entgiftung von Dibenzyl 455[16].
SEIDEL, E.: Bildung des Kammerwassers im Ciliarkörper 906[1].
SEIDEL, H.: Negative Ca-Bilanz bei Achylie 360[11].

Seidlin, S. M.: Ausscheidung von thyreotropem Hormon nach Thyreoektomie 449[13]. — Zerstörung von thyreotropem Hormon durch Schilddrüsenextrakte 449[13]. — Gonadotropinabbau 450[3].

Seifert, E.: Resorption von Vitamin D bei Achylie 361[3].

Seifter, J., D. H. Baeder and A. Dervinis: Steigerung der Permeabilität der Linsenkapsel durch Hyaluronidase 892[2].

— s. György, P. 37[6].

Seifter, S., D. M. Harkness, L. Rubin and E. Muntwyler: Riboflavingehalt von Rattenleber 390[8]. — Proteingehalt der Nahrung und Riboflavingehalt der Leber 391[6]. — D-Aminosäureoxydase der Leber bei proteinfreier Ernährung 392[4].— Nicotinsäuregehalt von Rattenleber 394[8]. Proteingehalt der Nahrung und Nicotinsäuregehalt der Leber 395[2].

— s. Muntwyler, E. 313[6], 321[12].

Seigel, G. B., and L. G. Worley: Basophilie des Cytoplasmas bei Vitamin B_{12}-Mangel 674[7].

Seitz, W.: P:N-Verhältnis in der Leber hungernder Tiere 220[2].

Sekuracki, F., s. Wierzuchowski, M. 101[8], 112[1].

Selbie, F. R.: Leberschädigungen durch Thorium 66[11].

Seligman, A. M., and J. Fine: Plasmaproteinabbau beim Hund 224[3].

— and A. M. Rutenburg: Succinodehydrogenase im Gehirn 720[8].

— s. Fine, J. 224[3].

Seligman, H. M., s. Shils, M. E. 477[11].

Seligson, D., s. Smith, L. H. 488[8].

Sellers, D. M., s. Samuels, L. T. 430[11], 432[11], 434[12].

Sellers, E. A., C. C. Lucas and C. H. Best: Wirkung lipotroper Stoffe bei Chloroformvergiftung der Leber 36[13].

— R. W. You and C. C. Lucas: Leberschädigungen durch Selenat 366[3].

— s. Best, C. H. 145[9].

Sellers, K. C.: Demyelinisierung des Rükkenmarks bei Kupfermangel 627[4].

— s. Eden, E. 348[3], 352[4].

Selverstone, B., s. Sweet, W. H. 799[4].

Selye, H.: Lehrbuch der Endokrinologie. 2. Aufl. Engl. (1950) 447[13]. — Ascorbinsäuregehalt der Leber bei Stress 380[5]. — Wirkung von α-Oestradiol nach partieller Hepatektomie 424[11]. —Anaesthesierende Wirkung von Progesteron 435[5]. — Wirkung von Nebennierenrinde bei Implantation in die Milz 437[7].

— J. B. Collip and D. L. Thomson: Wirkung von Desoxycorticosteron auf Fettgehalt der Ratten- und Mäuseleber 143[6].

— and C. Dosne: Förderung der Glykoneogenese durch Nebennierenrindenextrakte bei partieller Hepatektomie 123[10].

Selye, H., and K. Nielsen: Bedeutung der Hypophyse für Lebergröße 11[2].

— and H. Stone: Anaesthesierende Wirkung von Progesteron bei partiell hepatektomierten Tieren 435[5].

Senden, M. v.: Buch über Raum und Gestaltauffassung bei Blindgeborenen vor und nach Operation (1932) 812[3].

Sendju, Y., s. Komori, Y. 396[14].

Sendrail, M., D. Vincent and P. Garirc: Lipotrope Wirkung von Manganionen 61[7].

Seneca, H., E. Ellenbogen, E. Henderson, A. Collins and J. Rockenbach: Oxydation von Desoxycorticosteron an C (11) 438[3].

Sérégé, H.: Durchblutung einzelner Leberlappen 17[4].

Serejski, M.: Gehirnlipoide nach Verfütterung von Lipoiden 686[9].

Serembe, M.: Terramycinausscheidung in der Leber 561[9].

— e R. Santi: Ausscheidung von Dihydrostreptomycin in der Galle 561[11].

— s. Santi, R. 561[6,10].

Serna, L. A. C., s. Fierro del Rio, L. 227[6].

Setter, V., s. Griffin, A. C. 501[17].

Seubert, W., and F. Lynen: Äthylenreduktase 183[1].

Severy, H. W.: Kupfergehalt in Lebern mariner Säugetiere 58[2]. — Zinkgehalt der Leber von Pottwal und Seelöwen 62[16].

Sevringhaus, E. L., s. Golden, J. B. 424[2].

— s. Heller, C. G. 424[16].

Sewall, H., s. Kühne, W. 919[14].

Sexton, E. L., J. W. Mehl and H. J. Deuel jr.: Keine Carotinablagerung in der Leber 351[4].

Seybold, G., s. Bennhold, H. 528[6].

Shaffer, J. M.: Leberstörungen bei Hyperthyreoidismus 443[5].

Shaffer, P. A., s. Friedemann, T. E. 593[5].

Shakir, M. H., s. Bowness, J. M. 915[7], 917[8].

Shambaugh, N. F., H. B. Lewis and D. Tourtellotte: Phenylpyruvatbildung aus D-Phenylalanin 278[5].

Shanes, A. M., and D. E. S. Brown: Aktionspotential von Nerven nach Monojodessigsäurevergiftung 671[8], 863[8].

Shank, R. E., and C. L. Hoagland: Thymol-Trübungstest 245[10].

Shankman, S., s. Schaeffer, A. J. 874[5], 887[3].

Shantz, E. M., N. D. Embree, H. C. Hodge and J. H. Wills jr.: Vitamin A_2-Resorption 359[8].

— s. Embree, N. D. 359[10,11].

— s. Jensen, J. L. 359[4].

Shanwise, R. P., s. Dounce, A. L. 504[3].

Shapiro, A., s. Koster, H. 529[2].

Shapiro, B.: Phlorrhizinwirkung auf Phosphorylierung 708[20].

Shapiro, B., and E. Wertheimer: Fettsäuredeyhdrogenase 163[10]. — Fettsäuresynthese in Fettgewebe 165[7]. — Gleichgewicht Glykogen/Glucose-1-phosphat 705[7]. — Phosphorylase- und Phosphoglucomutaseaktivität von Hirngewebe 710[4]. — Glykogenolyse in grauer und weißer Substanz 710[4].
— s. Stern, J. R. 61[5], 723[5], 850[10].
Shapiro, I., s. Feinblatt, H. M. 212[2].
Shapiro, S., s. Unger, P. N. 370[13], 372[3].
Shapiro, S. H., s. Beyer, K. H. 441[3].
Sharman, I. M., s. Moore, T. 348[14], 349[1], 355[7,9], 356[1].
Sharnoff, J. G., M. Budnick and G. Jakab: Entgiftung von Benzoesäure durch Glucuronidbildung bei Lebererkrankungen 457[13].
Sharokh, B. K., s. Morgan, A. F. 390[9], 394[11].
Sharon, W. S., s. Giges, B. 563[20].
Sharp, G. O., and C. P. Berg: Lysin weder gluco- noch ketoplastisch 297[2].
Sharr, F. N. H., s. Elliot, W. H. 436[11].
Shatas, R., s. Ohlmeyer, P. 598[4].
Shattuck, H. F., s. Greene, C. H. 240[8], 242[2].
Shaver, J. S., s. Kinsell, L. W. 212[7].
Shaw, J. H., s. Boyer, P. D. 61[15].
Shaw, J. F., s. Davidson, J. N. 770[14].
Shaw, L. A., s. Lund, C. C. 62[3].
Shay, H., S. A. Komarov, H. Siplet and S. S. Fels: Ausscheidung von Sulfonamiden in der Galle 561[2].
— E. M. Schloss and M. A. Bell: Leberfunktionsprüfung mit Galaktose 97[4].
— s. Berk, J. E. 565[3].
— s. Bockus, H. L. 535[3], 569[6].
— s. Lorber, S. H. 563[3,18,19].
— s. Piersol, G. M. 535[3], 569[6].
Sheard, C., s. Mann, F. C. 507[2], 508[1,3,7,8].
Shearer, G. D., s. Innes, J. R. M. 627[3].
Sheffner, A. L., s. Kirsner, J. B. 212[7].
Sheldon, J. H.: Buch über Hämochromatose. Engl. (1935) 54[2]. — Hämosiderinablagerung bei Hämochromatose 54[5]. — Hämochromatose bei Frauen 54[5].
— and H. Ramagae: Kupfergehalt der cirrhotischen Leber 57[8]. — Kupfergehalt der Leber des Neugeborenen 58[10]. — Mangangehalt der menschlichen Leber 60[16]. — Rubidiumgehalt im Gehirn 628[4].
— s. Ramage, H. 57[7], 58[11], 59[5], 60[3,15], 62[8].
Sheldon, W., s. Ramage, H. 57[7], 58[11], 59[5], 60[15], 62[8].
Sheldon, W. H., s. Bondy, P. K. 75[8].
Shelesnyak, M. C., s. Biskind, M. S. 427[8].
Sheline, G. E., I. L. Chaikoff, H. B. Jones and M. L. Montgomery: Verteilung von ^{65}Zn bei der Maus 62[11].
— I. L. Chaikoff and M. L. Montgomery: Kobaltausscheidung durch die Galle 65[8].
— s. Montgomery, M. L. 63[1].
Shelton, E., s. Schneider, W. C. 502[8], 503[4], 504[18].
Shelton, E., s. Striebich, M. J. 502[8], 503[4].
Shemin, D.: Glycinbildung aus Serin 256[5].— Verwendung von Serin-N für Glykochol- und Hippursäuresynthese 263[9]. — Serinbildung 831[3].
— I. M. London and D. Rittenberg: Verwendung von Serin-N für Hämsynthese 263[10].
— and D. Rittenberg: Halbwertszeit der Leberproteine 214[4]. — Harnstoffsynthese 306[2]. — Einbau von Glycin-N in Harnsäure beim Menschen 332[7]. — Lebensdauer der Erythrocyten 509[2].
— s. London, I. M. 506[1], 509[1].
Shemyakin, M. M., s. Braunstein, A. E. 251[5].
Shen, S.-C., s. Needham, J. 578[4].
Shen, T., s. Chang, Y. T. 505[12].
Shen, T.-M., s. Bloom, W. L. 68[12], 580[4].
Shenk, W. D.: Chloridgehalt der Kaninchenleber 41[12]. — Chloridgehalt im Froschmuskel 576[4].
Shenkin, H., s. Rosenthal, O. 733[6], 782[5].
Shenkin, H. A., E. B. Spitz, F. C. Grant and S. S. Kety: Wirkung intravenöser Glucoseinjektion auf Durchblutung und Stoffwechsel des Gehirns bei Hirntumoren 821[7].
— R. B. Woodford, F. A. Freyhan and S. S. Kety: Sauerstoffverbrauch des menschlichen Gehirns 778[3]. — Hirnstoffwechsel nach präfrontaler Leukotomie 827[11].
— and J. C. Yaskin: Stoffwechsel und Durchblutung des Gehirns bei postencephalitischem Parkinsonismus 822[6].
— s. Grant, F. C. 822[5].
— s. Kety, S. S. 821[6].
Shenoy, K. G., and G. B. Ramasarma: Vitamin B_{12}-Gehalt von Tierlebern 420[1].
Shepherd, J. A., and G. Kalnitsky: Glutaminase I in Lebermitochondrien 253[9]. Bindung von Fumarase, Aconitase und des Succinoxydasesystems an Gehirnmitochondrien 725[6].
Sherberg, R. O., s. Jones, K. K. 546[12].
Sherif, M. (A. F.), and E. G. Holmes: Verbrennung von Galaktose im Gehirn 784[12].
— s. Holmes, E. G. 660[10].
Sherlock, S.: Leberpunktion 38[4].
— and V. Walshe: Bestimmung der Stoffaufnahme durch die Leber beim lebenden Menschen 38[3]. — Glykogengehalt der menschlichen Leber 67[1].
— s. Bearn, A. G. 16[8].
— s. Hildes, J. A. 67[1], 75[7].
Sherlock, S. P. V., and V. Walshe: Phosphatase in Leber und Galle bei akuter Hepatitis 544[9]. — Gallensäurekonzentration im Blut bei Ikterus 559[12].
— s. Dible, J. H. 38[4].
Sherman, I. C., s. Finkelman, I. 471[7].
Sherman, W. C., and C. A. Elvehjem: Störung des Brenztraubensäureabbaues bei Thiaminmangel 115[6].

SHERMAN, W. C., s. ELVEHJEM, C. A. 59[4].
SHERRY, S., and E. P. RALLI: Wirkung von Insulin auf Ascorbinsäuregehalt des Blutes 385[5].
SHERWIN, C. P., s. ADELINE, S. M. 480[20].
— s. AMBROSE, A. M. 454[1], 472[3,4].
— s. CERECEDO, L. R. 476[13].
— s. CROWDLE, J. H. 302[10], 472[5].
— s. HARROW, B. 299[10], 475[7], 477[6,12].
— s. MIRIAM, S. R. 455[12].
— s. MUENZEN, J. B. 475[4].
— s. SHIPLE, G. J. 471[1].
— s. THIERFELDER, H. 472[1].
SHERWOOD, H. H., s. SHERWOOD, K. K. 483[2].
SHERWOOD, K. K., and H. H. SHERWOOD: Leberschädigungen durch Atophan 483[2].
SHERWOOD, R. M., s. PEARSON, P. B. 404[9].
SHERWOOD, S. L., E. RIDLEY and W. S. MCCULLOCH: Wirkung von Acetylcholinesterase auf experimentelle Katatonie bei Katzen 861[7].
SHETTLES, L. B., E. DELFS and L. M. HELLMAN: Prothrombingehalt im Placentarblut 371[4].
— s. HELLMANN, L. M. 371[4].
— s. HOLT, L. E. jr. 302[5].
SHIBATA, H., s. ROSENMAN, R. H. 547[9].
SHIBATA, S., and H. MITSUHASHI: α-Oxysantonin 482[3], 483[3].
SHIBATANI, A., s. FUKUDA, M. 386[5].
SHIBUYA, S., u. T. MIKI: Ausscheidung glycingebundener Gallensäuren beim Schwein 557[17].
SHILLINGER, J. E., s. HALL, M. C. 36[4].
SHILS, M. E., S. ABRAMOWITZ and M. SASS: Acetylierung aromatischer Amine 409[6].
— S. A. CHESTER and M. SASS: Acetylierung aromatischer Amine 409[5].
— H. G. DAY and E. V. MCCOLLUM: Brenztraubensäuregehalt des Blutes bei Thiaminmangel 115[9].
— and E. V. MCCOLLUM: Bedeutung von Mangan für Aktivität der Leberarginase 61[17].
— M. SASS, M. WOLKE, G. MARKS, L. J. GOLDWATER and A. BERG: Thiamingehalt der Rattenleber 387[8]. — Thiamingehalt der Leber nach Tetrachlorkohlenstoff 388[7].
— H. M. SELIGMAN and L. J. GOLDWATER: Thiamin und Acetylierung von Sulfonamiden 477[11]. — Bedeutung von Coenzym A für Acetylierungen 477[11].
— s. GOLDWATER, L. J. 477[17].
SHIMAMURA, M.: Glykogengehalt der Meerschweinchenleber bei Ascorbinsäuremangel 73[13]. — Glykogengehalt der Leber bei Skorbut 385[2].
SHIMAMURA, T., s. YAMAOKA, K. 507[9].
SHIMIZU, N., and S. MAEDA: Lokalisation von Glykogen in der Meerschweinchennetzhaut 928[19].
SHIMIZU, T., u. T. KAZUNO: Trioxybufosterocholensäure 550[10]. — Trioxyisosterocholensäure 550[11]. — Gallensäureausscheidung bei Fischen 551[8].
— u. T. ODA: Trioxybufosterocholensäure 550[10].
SHIMODA, F., s. ALFIN-SLATER, R. B. 204[11], 205[5].
SHIMODA, F. K., s. ALFIN-SLATER, R. B. 739[11].
SHIMONI, A., s. BERGMANN, F. 857[6-8], 858[8].
SHIN, T.: Wirkung von Methionin und der Vitamine K und B_{12} auf Hypoprothrombinämie 370[6].
SHINE, W. M., s. CORI, C. F. 99[11], 101[2].
SHIPLE, G. J., and C. P. SHERWIN: Kein Einfluß der Hippursäurebildung auf die N-Bilanz 471[1].
SHIPLEY, E. G., R. K. MEYER, J. H. COPENHAVER jr. and W. H. MCSHAN: Aktivität der Succinodehydrogenase und anaeroben Glykolyse des Gehirns bei Diabetes mellitus 822[9].
— s. COPENHAVER, J. H. 822[8].
SHIPLEY, P. G., s. MCCOLLUM, E. V. 362[5].
SHIPLEY, R. A., and P. GYÖRGY: Bedeutung von Vitamin B_1 und B_2 für Oestrogeninaktivierung 427[13].
— and E. J. HUMEL jr.: Glykogenabbau durch Glucagon 76[13].
— s. DORFMAN, R. I. 78[7], 435[8].
— s. HORWITT, B. N. 437[12].
SHIVE, W., W. W. ACKERMANN, M. GORDON, M. E. GETZENDANER and R. E. EAKIN: 4-Amino-imidazolcarboxamid aus Colibacillen 333[2].
— and L. L. ROGERS: Carboxylierung von Brenztraubensäure in der Hefe 412[2].
— s. POHLAND, A. 414[8].
SHORB, M. S.: Mikrobiologische Testmethode für Vitamin B_{12} 419[4].
SHORE, L. E., s. BARCROFT, J. 15[12].
SHORR, E., S. B. BARKER and M. MALAM: Jodessigsäurewirkung auf Gehirnstoffwechsel 704[16].
— and B. W. ZWEIFACH: Bildung antidiuretischer Substanzen in geschädigter Leber 451[1].
— s. BARKER, S. B. 706[8], 729[12].
— s. MAZUR, A. 46[8].
SHRADER, J. C., s. HUBER, C. P. 371[9,14].
SHREEVE, W. W., s. LORBER, V. 119[1].
SHRIFTER, N., s. AMATUZIO, D. S. 115[1], 116[2].
SHROPSHIRE, R. F.: γ-Krystallin-Gehalt in Fischlinsen 885[7]. — Schwefelgehalt der Eiweißkörper aus Fischlinsen 888[5].
— J. R. GINSBERG and M. JACOBI: Behandlung von Linsentrübungen 900[8].
SHWARTZMAN, G., and H. HIFT: Transaminierungen bei Pyridoxinmangel 251[1].
— and L. STRAUSS: Xanthurensäureausscheidung bei Pyridoxinmangel 291[10].
SIBLEY, J. A., and A. L. LEHNINGER: Serumaldolase 242[3]. — Aktivität der Aldolase aus Rattengehirn 713[5].

SIDMAN, R. L., s. ECKHARDT, R. E. 156[4].
— s. WISLOCKI, G. B. 929[3], 936[24].
SIE, H.-G., and W. H. FISHMAN: Hemmung der Glucuronidbildung durch Glucuronsäurelacton 458[14]. — Hemmung der Aminophenolentgiftung durch Saccharat 459[2].
SIEBER, N., s. NENCKI, M. 473[4].
SIEBERT, G., s. LANG, K. 316[13], 504[17].
SIEBKE, H., u. P. SCHUSCHANIA: Oestrogenausscheidung in Galle und Stuhl 429[12].
SIEDECK, H., u. F. ZUCKERKANDL: Natriumretention bei katarrhalischem Ikterus 42[11].
— s. LOCKER, A. 859[12].
SIEDEL, W., and H. MÖLLER: Reduktion von Bilifuscin im Darm 522[7].
— W. v. PÖLNITZ u. F. EISENREICH: Spaltung von Bilirubin zu Bilifuscin 522[8].
— s. MELDOLESI, G. 522[9], 523[1].
SIEGEL, S. A., s. DIAMOND, J. S. 531[6].
SIEGFRIED, M.: Urocaninsäure 299[3].
SIEGLER, K., s. TROPP, C. 526[3].
SIEGMUND, H.: Abbau des Leberglykogens bei Feten und Neugeborenen 69[12]. — PFAUNDLER-HURLERsche Erkrankung 690[3]. — Glykogenspeicherkrankheit 690[10]
SIEGMUND, O. H., s. LUDUENA, F. P. 761[21].
SIEKEVITZ, P.: Proteinbildung in der Leberzelle 215[2].
— and D. M. GREENBERG: Serinbildung aus Glycin 260[3].
— T. WINNICK and D. M. GREENBERG: Serinbildung aus Glycin 260[2].
— and P. C. ZAMECNIK: Proteinbildung in der Leberzelle 215[3].
SIEVERT, C., s. HOESCH, K. 213[2], 259[7].
SIHN, T. S.: Bildung von 3,7-Dioxycholensäure aus Apocholsäure 556[14].
— s. KIM, C. H. 551[15], 557[13].
SILBER, R. H.: Fettleber bei Pantothensäuremangel 409[12].
— s. CHOW, B. F. 674[5].
SILBER, W.: Anorganische Bestandteile im Knorpel 575[5].
SILBERMAN, A. K., and H. B. LEWIS: Ausnutzung von Mannit 106[3].
SILBERSTEIN, F., P. ENGEL u. K. MOLNAR: Inaktivierung oestrogener Substanzen in der Leber 423[4].
— L. TUCHMAN u. A. GLASER: Harnstoffbildung bei Leberschädigungen 305[4].
SILBERSTEIN, H. E., s. FINK, R. M. 224[2].
— s. SEALOCK, R. R. 283[13], 386[11].
SILIPRANDI, N., s. FANELLI, A. R. 389[1].
SILVER, S., and M. REINER: Fructosebildung aus Sorbit 105[1].
SILVESTRINI, L.: Zellwucherung in der Kaninchenleber nach Milzexstirpation 50[11].
SILVETTE, H.: Abnahme des Leberglykogens bei hungernden adrenektomierten Tieren 124[1].
— and S. W. BRITTON: Abbau des Leberglykogens bei Wärmeverlust 23[2]. — Glykogenabbau in der Leber nach Kaliumzufuhr 42[3]. — Leberglykogen bei Kälteeinwirkung 71[15]. — Glykogengehalt der Leber nach erhöhter Muskelaktivität 74[2]. — Abnahme des Leberglykogens bei hungernden adrenektomierten Tieren 124[1].
SILVETTE, H., s. BRITTON, S. W. 124[1].
ŠIMER, F., s. DICKENS, F. 780[8,9], 783[9], 930[6].
SIMKIN, B., R. H. BROH-KAHN and I. A. MIRSKY: Lebergewicht bei kohlenhydratreicher Nahrung 10[2]. — Insulinase 448[4]. Insulinasegehalt der Leber nach Kohlenhydratzufuhr 448[9].
— s. BROH-KAHN, R. H. 448[5,11].
— s. MIRSKI, I. A. 448[12].
SIMMONDS, N., s. MCCOLLUM, E. V. 362[5].
SIMMONDS, S., M. COHN, J. P. CHANDLER and V. DU VIGNEAUD: Ummethylierung von Methionin in der Leber 267[3].
— and V. DU VIGNEAUD: Cholinersatz durch Methionin beim Menschen 147[1]. — Verwertung der Methylgruppe von Methionin 266[4].
— s. VIGNEAUD, V. DU 146[15], 149[3], 257[5], 266[3], 267[1,2].
SIMMONS, B. S., s. EVERETT, N. B. 540[1].
SIMMONS, E. E., s. LONG, R. S. 426[11].
SIMMS, H. D., s. MORGAN, A. F. 410[8].
SIMMS, H. S., s. LEVENE, P. A. 376[2].
SIMOLA, P. E.: Brenztraubensäureabbau und Aneuringehalt im Gehirn 715[9].
— u. H. ALAPEUSO: Brenztraubensäureabbau im Gehirn 716[7]. — α-Ketoglutarsäure im Stoffwechsel des Zentralnervensystems 719[9]. — α-Ketoglutarsäurebildung im Gehirn 720[1]. — Transaminierungsreaktion im Gehirn 751[7].
— and T. KALAJA: Lebercholesterinesterase 207[9].
SIMON, A., s. HINE, C. H. 490[7].
SIMON, F.: Autolyse von Lipoiden im Gehirn ist fraglich 744[13].
SIMON, M., s. LANGE, H. 935[4].
SIMONDS, J. P., and W. W. BRANDES: Vergrößerung der Leber bei experimentellem Hyperthyreoidismus 446[19]. — Leberregeneration bei Hyperthyreose 446[19].
SIMONELLI, M.: Vorkommen von Nicotinsäure in der Linse 889[12]. — Nicotinsäuregehalt in Kammerwasser 904[4].
SIMONSEN, D. G., s. BUTT, E. M. 627[15].
SIMONSON, E., W. M. KEARNS and N. ENZER: Ausscheidung von 17-Ketosteroiden 432[7].
SIMPKINS, G. W., s. EDISBURY, J. R. 359[2], 927[15].
SIMPSON, D. M., s. PIRIE, A. 919[15].
SIMPSON, G. E., s. UNDERHILL, F. P. 454[8].
SIMPSON, M. E., s. LI, C. H. 142[1].
SIMPSON, M. I., s. CHALLENGER, F. 148[15].
SIMPSON, M. V., s. FARBER, E. 148[1].
SIMPSON, S., s. HERRING, P. T. 529[1].
SIMPSON, W. W., s. CHAIKOFF, I. L. 122[3].
SIMRIL, W. A., s. SCOTT, W. G. 565[2].
SIMS, E. A. H., s. HOBERMAN, H. D. 434[12].
SINCLAIR, H. M.: Arsenneuritis 726[11].

SINCLAIR, H. M., s. PASSMORE, R. 669[21].
— s. PETERS, R. A. 706[6], 715[10], 726[9], 781[9], 785[8,9].
SINCLAIR, R. G.: Phosphatidgehalt der Rattenleber nach Fettresorption 138[3]. — Einfluß von Nahrungsfett auf Zusammensetzung der Gehirnlipoide 685[9]. — Einbau von Nahrungsfetten in Gehirnphosphatide 685[12]. — Einbau markierter Fettsäuren in Gehirnlipoide 735[12]. — Blut-Hirnschranke 735[23].
— s. MCCONNEL, K. P. 686[1], 735[11].
SINDEN, J. A., and E. SCHARRER: Alkalische Phosphatase im Taubengehirn 776[3].
SINEX, F. M., s. HASTINGS, A. B. 43[7].
SINGAL, S. A., A. P. BRIGGS and L. V. HANKES: Chinolinsäurebildung aus Tryptophan 293[12].
— A. P. BRIGGS, V. P. SYDENSTRICKER and J. M. LITTLEJOHN: Bildung von N-Methylnicotinsäure aus Tryptophan 292[5]. — Nicotinsäurebildung aus Tryptophan 292[5], 398[2]. — Chinolinsäurebildung aus Tryptophan 293[12].
— and H. C. ECKSTEIN: Lipotrope Wirkung von Casein 147[7]. — Lipotrope Wirkung von Cystinbetain 148[9].
— S. J. HAZAN, V. P. SYDENSTRICKER and J. M. LITTLEJOHN: Lipotrope Faktoren in Proteinen 152[1]. — Fettlebern bei Lysin- und Threoninmangel 152[1,4]. — Keine lipotrope Wirkung von Homoserin 152[12].
— V. P. SYDENSTRICKER and J. M. LITTLEJOHN: Nicotinsäuregehalt im Rattengehirn 672[7].
SINGER, K.: Urobilingehalt im Kot nach Milzexstirpation 508[4].
— s. MILLER, E. B. 508[4].
SINGER, L., s. COMAR, C. L. 58[9], 916[4].
SINGER, T. P., s. BARRON, E. S. G. 727[8].
SINGER, W., s. REINWEIN, H. 444[14].
SINGH, I. D., J. A. BARCLAY and W. T. COOKE: Portovenöse Anastomosen bei Lebercirrhose 18[14].
SINGHER, H. O., C. J. KENSLER, H. C. TAYLOR (jr.), C. P. RHOADS and K. UNNA: Oestrogeninaktivierung durch Leberschnitte 424[17]. — Bedeutung der Vitamine B_1 und B_2 für Oestrogeninaktivierung 427[10].
— H. C. TAYLOR jr., C. P. RHOADS and K. UNNA: Bedeutung von B_1- und B_2-Vitaminen für Oestrogeninaktivierung 427[12].
— s. UNNA, K. 392[2], 427[19], 501[7].
SINITSYNA, A. L.: Pantothensäure und Glutathionsynthese 410[6].
SINN, L., s. STAUB, A. 76[8].
SINNHUBER, R. O., and D. K. LAW: Vitamin A-Gehalt von Fischlebern 356[13].
— s. BUTTS, J. S. 263[11], 297[2], 303[3].
SIPĞAHIOLU, Ü., s. SAKA, M. O. 377[8].
SIPERSTEIN, M. D., and I. L. CHAIKOFF: Gallensäurebildung aus Cholesterin 209[3], 548[1], 554[12]. — Cholesterinausscheidung im Darm 549[6].
SIPERSTEIN, M. D., I. L. CHAIKOFF and S. S. CHERNICK: Cholesterinsynthese in der Arterienwand 204[3].
— M. E. JAYKO, I. L. CHAIKOFF and W. G. DAUBEN: Gallensäurebildung aus Cholesterin 554[13].
— s. CHAIKOFF, I. L. 209[1], 554[10].
— s. MEIER, J. R. 209[2], 555[1], 739[12].
SIPLET, H., s. LORBER, S. H. 563[19].
— s. SHAY, H. 561[2].
SIRNES, T. B.: Alkoholentgiftung bei Phosphor- und Tetrachlorkohlenstoffvergiftung 486[5].
SIVÓ, R., s. FORRAI, E. 515[2].
SIWON, P., s. FALKENHAUSEN, M. FRHR. v. 28[5].
SIZER, I. W.: Phosphatase, ein Globulin 241[1]. — Ausscheidung von Phosphatase im Harn 241[1].
SJÖBERG, K., s. JONSSON, G. 382[5].
SJÖGREN, B., T. NORDENSKJÖLD, H. HOLMGREN u. J. MÖLLERSTRÖM: Rhythmus der Gallenproduktion und der Glykogenbildung in der Leber 25[1]. — Glykogengehalt verschiedener Leberlappen 67[10]. — Tagesschwankungen des Leberglykogens 71[7]. — Glykogengehalt der Leber im Hunger 73[4].
SJÖSTRAND, F. S.: Struktur der Außenglieder der Sehzellen 937[1].
SJÖVALL, J.: Spaltung gebundener Gallensäuren im Dickdarm 558[6].
— s. BERGSTRÖM, S. 554[15], 556[1-3], 557[14].
SKEGGS, H. R., s. WRIGHT, L. D. 413[10].
SKIDMORE, B. E., s. DAY, H. G. 63[5].
SKINNER, J. T., and J. S. MCHARGUE: Erythropoetische Wirkung von Mangan 60[20]. Harnstoffausscheidung bei manganarmer Ernährung 61[16]. — Manganausscheidung im Stuhl 62[6].
SKLAROFF, D. M., s. ORLOFF, T. L. 565[3].
SKLOW, J., s. ZONDEK, B. 424[14], 425[4], 429[1], 450[2].
SKOUBY, A. P., s. HOFF-JØRGENSEN, E. 421[1].
SKOUGE, E.: Albumin: Globulin-Quotient bei TAKATA-ARA-Reaktion 243[7]. — TAKATA-Proteine 244[6].
SKOW, R. K., s. SCHMITT, F. O. 796[14].
SLADE, R. E.: Gammexan als Inosit-Antimetabolit 150[16].
SLATER, B. R., s. HOPKINS, F. G. 378[3].
SLATER, R. J., s. KUNKEL, H. G. 232[6].
SLEIN, M. W.: Phosphorylierung von Mannose 105[9]. — Fructokinase im Gehirn 711[6].
— G. T. CORI and C. F. CORI: Verschiedenheit von Fructo- und Glucokinase 98[18]. — Wirkungsbedingungen der Hexokinasen 99[3]. — Mannokinase 105[8]. — Gehirnhexokinase 705[4]. — Wirkungsbereich der Hexokinase 710[5].
— s. COLOWICK, S. P. 123[8], 124[9], 712[3].
— s. CORI, G. T. 84[2], 98[10], 99[8,11].
— s. PRICE, W. H. 85[2], 821[1], 824[9].
SLESSOR, A., s. FORSHAM, P. H. 820[11].

SLINGER, W., s. SCHREINER, A. W. 403[11].

SLOANE STANLEY, G. H.: Zusammenhänge zwischen Lipoidstoffwechsel und nervöser bzw. psychischer Aktivität 632[7]. — Lipoidgehalt von Säugetiergehirn 637[3]. — Plasmalogengehalt des Gehirns 638[10]. — Sulfatidgehalt der weißen Substanz 643[11]. Gangliosidgehalt des Gehirns 644[10]. — Umsatz von D und radioaktivem P im Gehirn 734[6]. — Lipoidstoffwechsel und nervale bzw. psychische Aktivität 734[6]. Beteiligung der Lipoide am Ionentransport durch Nervenzellen und -membranen 734[7]. — Lipolytisches Enzym im Gehirn 735[3]. — Kalium-Natriumaustausch im Gehirn 735[4]. — Phosphatidstoffwechsel im Gehirn 736[7]. — Hydrolyse von Diphosphoinosit 739[3]. — Bildung von Colamin- aus Serinphosphatid 739[3]. — Beteiligung von Diphosphoinosit am Umsatz der Phosphoproteide im Gehirn 739[4]. Phosphatidhydrolyse 743[4]. — Hydrolysewert für Diphosphoinosit 743[10]. — Vorkommen echter Lipasen im Gehirn fraglich 744[1]. — Kephalin als Ionenaustauscher 805[2].

— s. BLASCHKO, H. 402[7].

SLOTIN, L., s. EVANS, E. A. jr. 127[2], 192[4], 193[3], 412[9].

SLOWTZOFF, B. J.: Trypsinaktivität von Gehirn 762[11].

SLYKE, D. D. VAN: Buch über Faktoren, welche die Verteilung von Elektrolyten, Wasser und Gasen im Tierkörper beeinflussen. Engl. (1926) 906[4].

— R. T. DILLON, D. A. MACFADYEN and P. HAMILTON: Glutaminsäurekonzentration im Gehirn 748[13]. — Gesteigerte Proteolyse im Gehirn bei Krämpfen 758[1].

— and G. M. MEYER: Verschwinden injizierter Aminosäuren aus dem Blut 211[1].

— R. A. PHILLIPS, P. B. HAMILTON, R. M. ARCHIBALD, P. H. FUTCHER and A. HILLER: Bedeutung von Glutamin für die Regulierung der Harnreaktion 254[1].

— s. LEVENE, P. A. 211[9].

— s. STADIE, W. C. 212[10].

SMALL, R. G., and W. A. KREHL: Konstanz der Chlorwerte im Gehirn 629[16]. — Chloridgehalt des Gehirns nach Nephrektomie 630[1].

SMEDLEY-MACLEAN, I., and L. C. A. NUNN: Arachidonsäure in Leberphosphatiden 376[6].

— s. HUME, E. M. 374[12].

— s. NUNN, L. C. A. 375[2].

SMELLIE, R. M. S., and J. N. DAVIDSON: Differenzen zwischen Ribonucleinsäuren aus Cytoplasma und Zellkern 315[3].

— W. M. MCINDOE, R. LOGAN, J. N. DAVIDSON and I. M. DAWSON: Erneuerungsgeschwindigkeit von Nucleinsäuren in Mitochondrien und Mikrosomen 317[7]. — Einbau von ^{32}P in Ribonucleinsäuren der Leberzelle 318[2]. — ^{32}P-Aufnahme in Nucleinsäuren und Phospholipide der Leber 323[2]. — Umsatzgeschwindigkeit von Ribonucleinsäuren im Cytoplasma der fetalen Kaninchenleber 324[3]. — Ribonucleinsäuren aus regenerierender Leber 325[3].

SMELLIE, R. M. S., s. CROSBIE, G. W. 315[4].

— s. DAVIDSON, J. N. 315[3,10], 317[4], 682[2].

SMELSER, G. K.: Corneaödeme bei Mangel an atmosphärischem Sauerstoff 877[7]. — Dehydratationszustand der Cornea 880[9].

— and V. OZANICS: Corneaödeme bei Mangel an atmosphärischem Sauerstoff 877[7].

SMILLIE, W. G., and S. B. PESSÔA: Chloroformvergiftung der Hundeleber 36[3].

SMIRNOV, G. D., u. L. M. DYKMAN: Thiamingehalt im Karpfengehirn 670[10].

SMITH, A. H., M. KLEIBER, A. L. BLACK, M. EDICK, R. R. ROBINSON and H. HEITERMAN jr.: Ausscheidung von Phosphat mit der Galle 539[8].

— M. KLEIBER, A. L. BLACK, J. R. LUICK, R. F. LARSON and W. C. WEIR: Ausscheidung von Phosphat mit der Galle 539[9].

— s. FROHMAN, C. E. 660[14].

— s. YUDKIN, A. M. 927[9].

SMITH, B. F., s. WILLIAMS, R. D. 389[11], 505[11], 838[7].

SMITH, C. H., I. SCHULMAN and J. E. MORGENTHAU: Eisengehalt von Siderophilin in Blutplasma 48[1].

SMITH, D. E., s. ROBINS, E. 768[3].

SMITH, E. L.: Zusammenfassung über wasserlösliche Vitamine (1954) 421[4]. — Aktivitätssteigerung von Leucinaminopeptidase durch Manganionen 61[1]. — Darstellung von Vitamin B_{12} 419[3]. — Reaktionsgleichung der Kohlensäureanhydratase 803[2].

— and M. BERGMANN: Aktivitätssteigerung von Leucinaminopeptidase durch Manganionen 61[2]. — Manganausscheidung durch die Leber 62[5].

— s. BONNETT, R. 524[1].

— s. CHASE, A. M. 933[4].

— s, SAYERS, G. 126[1], 449[6].

SMITH, F., s. HERBERT, R. W. 384[5].

SMITH, F. G., and E. STOTZ: Fermente des Cytochromsystems im Gehirn 795[10]. — Cytochromoxydasegehalt im Gehirn 796[2].

SMITH, G. V. S., and O. W. SMITH: Einfluß von Progesteron auf Oestrogeninaktivierung 428[2].

— s. SMITH, O. W. 428[3].

SMITH, H. H., s. HUME, E. M. 374[12].

SMITH, H. P.: Eiweißgehalt der Leberlymphe 19[11]. — Übergang injizierter Farbstoffe in Leber- und Darmlymphe 20[10].

— A. H. GROTH and G. H. WHIPPLE: Tagesverlauf der Gallensäureausscheidung beim Hund 530[3]. — Gallensäureproduktion der Hundeleber 558[7]. — Kein Tag-Nachtrhythmus der Gallensäurebildung 559[1].

SMITH, H. P., E. D. WARNER and K. M. BRINKHOUS: Prothrombinbildung in der Leber 235[7]. — Prothrombingehalt im Blut nach Phosphor- und Chloroformvergiftung 236[3]. — Prothrombin- und Fibrinogengehalt im Blutplasma nach Chloroformvergiftung 237[1]. — Prothrombinbildung bei Leberschädigung 370[5].
— E. D. WARNER, K. M. BRINKHOUS and W. H. SEEGERS: Prothrombinbildung in der Leber 235[11]. — Prothrombingehalt im Blut bei Gallenfistel 236[1]. — Verzögerung der Blutgerinnung bei Vitamin K-Mangel 368[11].
— and G. H. WHIPPLE: Steigerung der Gallensäureproduktion durch Fleisch 558[9,10].
— s. BRINKHOUS, K. M. 368[10], 371[2].
— s. JONES, T. B. 234[2].
— s. SCANLON, G. H. 372[4].
— s. WARNER, E. D. 235[7], 236[3], 369[4], 370[5].
— s. WHIPPLE, G. H. 558[11,12], 559[8].
SMITH, H. W.: Vergiftungserscheinungen nach Alkohol- und Antabusgaben 490[7].
— s. SMITH, W. W. 106[5].
SMITH, J. A. B., s. CHANNON, H. J. 144[14], 162[2].
SMITH, J. J.: Ascorbinsäuregehalt der Nebenniere bei Alkoholvergiftung 380[3].
SMITH, J. N., R. H. SMITHIES and R. T. WILLIAMS: Entgiftung von aromatischen Ketonen 456[3].
— s. KAMIL, I. A. 455[2,5,11], 491[3].
SMITH, J. R., s. ANREP, G. V. 476[3].
SMITH, L. H. jr., R. H. ETTINGER u. D, SELIGSON: Bildung von Brenztraubensäure aus Fructose in der Leber 488[8].
SMITH, M. G., s. ELMAN, R. 221[10].
SMITH, M. I., R. D. LILLIE and E. F. STOHLMAN: Hemmung der Buttergelbwirkung durch Casein 500[13].
— B. B. WESTFALL and E. F. STOHLMAN: Selenit- und Selenatausscheidung in der Galle 541[19].
SMITH, O. W., and G. V. SMITH: Einfluß von Progesteron auf Oestrogeninaktivierung 428[3].
— s. SMITH, G. V. S. 428[2].
SMITH, P. H., s. WALD, G. 944[5], 946[10,11].
SMITH, P. K., J. R. BAYLISS, S. ORGORZALEK and M. M. MCCLURE: Entgiftung von p-Aminobenzoesäure durch Bildung von p-Aminohippursäure 469[4].
— s. CONZELMAN, G. M. jr. 333[4].
— s. MANDEL, H. G. 455[6].
— s. TABOR, C. W. 674[11].
SMITH, R. G., and R. L. MALCOLM: Rhodanesewirkung bei Kaninchen 480[4].
— B. MUKERJI and J. H. SEABURY: Rhodanesewirkung beim Hund 480[5].
SMITH, R. H.: Wirkung von Hypophysenvorderlappenextrakten auf Hexokinase 85[3], 712[5].
SMITH, R. H., and H. G. WILLIAMS-ASHMAN: Keine Thyroxinwirkung auf Gehirnhexokinase 712[7]. — Einfluß von Thyroxin auf Hexokinase in Gehirn und Muskulatur 818[12].
SMITH, R. L., and F. SCHLENCK: Thiomethyladenosin 268[3].
SMITH, S. E., and E. J. LARSON: Anämie und Wachstumshemmung bei reichlicher Zinkzufuhr 63[7].
— s. ELLIS, G. H. 61[14].
— s. LORENZEN, E. J. 57[9], 58[10], 60[14].
SMITH, S. W., s. LEHNINGER, A. L. 847[8].
SMITH, W. K.: Lokalisation der Phosphatase im degenerierenden Nerven 695[13].
SMITH, W. W., N. FINKELSTEIN and H. W. SMITH: Ausnutzung von Mannit 106[5].
SMITHIES, R. H., s. SMITH, J. N. 456[3].
SMOLENS, J., I. H. LEOPOLD and J. PARKER: Lysozym aus Tränen und Eiereiweiß 870[3].
SMUL, A. DE, s. LECOMTE, C. 322[1].
SMYRNIOTIS, P. Z., s. HORECKER, B. L. 108[13], 109[3,7,8,15], 110[2], 345[5], 729[1,7].
SMYTH, D. H.: Acetylierung körperfremder Substanzen in der Leber 476[4].
— s. KREBS, H. A. 718[12].
SMYTH, E. M., s. MEYER, K. 911[12], 921[2].
— s. PALMER, J. W. 904[9].
SMYTH, F. S., and G. H. WHIPPLE: Choleretische Wirkung von Dehydrogallensäuren 532[9]. — Choleretische Wirkung von Salicylsäure 533[2]. — Keine Wirkung von Thyroxin auf Gallensäureproduktion 559[3]. — Verminderung der Gallensäureausscheidung nach Chloroform- und Phosphorvergiftung 559[9].
SMYTH, I. M., s. WINZLER, R. J. 233[2].
SMYTHE, C. MCC., s. HEINEMAN, H. 15[1], 38[1].
SMYTHE, C. V.: Schwefelwasserstoffbildung aus Cystein 273[13]. — Cysteindesulfurierung in Niere und Muskel 274[1]. — Hemmung der Gehirnatmung durch Natriumsulfid 791[10].
— and C. G. KING: Ascorbinsäuresynthese in Leber und Niere 380[6]. — Steigerung der Ascorbinsäuresynthse durch Chloreton 380[6].
— s. DRAKE, B. B. 383[9].
— s. NEUBECK, C. E. 275[11], 276[1].
SNAPE, W. J., s. CANTAROW, A. 563[10].
— s. FRIEDMAN, M. H. F. 531[10].
— s. WIRTS, C. W. 534[1], 563[17].
SNAPP, E., s. BERMAN, A. L. 509[7], 532[6,7], 533[13,21].
SNAPPER, I., and W. M. BENDIEN: Bilirubin geht nicht ins Ultrafiltrat des Blutes über 515[2].
— E. GREENSPAN and A. SALTZMAN: Benzoesäureentgiftung bei Leberinsuffizienz 457[12].
— u. A. GRÜNBAUM: Methodik der Leberdurchströmung 27[3]. — Milchsäuregehalt des Blutes bei schwerer Muskelarbeit 120[5]. — β-Oxybuttersäure ⇌ Acetessig-

säure-Umwandlung in der Rattenleber 194[8]. — Ketonkörperoxydation in der Muskulatur 194[11]. — Milchsäureausscheidung in Schweiß und Harn 608[1].
SNAPPER, I., A. GRÜNBAUM u. C. MENDES DE LEON: Ketonkörperoxydation in der Muskulatur 194[12]. — Ketonkörperabbau in der Niere 195[5].
— A. GRÜNBAUM u. J. NEUBERG: Methodik der Leberdurchströmung 27[3].
— and A. SALTZMANN: Benzoesäureentgiftung bei Leberinsuffizienz 457[11].
— A. SALTZMAN and E. GREENSPAN: Benzoesäureentgiftung bei Leberinsuffizienz 457[12].
— and S. C. M. SPOOR: Leberfunktionsprüfung mit Rose Bengale 564[4].
— s. BENDIEN, W. M. 515[2].
— s. HIJMANS VAN DEN BERGH, A. A. 510[4].
SNAVELY, J. R., W. H. GOLDWATER, M. L. RANDOLPH, C. C. SPRAGUE and W. G. UNGLAUB: Lipoproteide bei akuter Hepatitis 232[7].
SNELL, A. M.: Plasmaproteingehalt bei Lebererkrankungen 227[5]. — Albumin: Globulinverhältnis bei Lebererkrankungen 229[4].
— and T. B. MAGATH: Milchsäuregehalt des Blutes bei Leberkranken 121[4].
— and J. E. PLUNKETT: Benzoesäurebelastung als Leberfunktionsprüfung 471[4]. — Hippursäuretest bei schweren Lebererkrankungen 471[10].
— s. BANKS, B. M. 97[7].
— s. BOLLMAN, J. L. 236[6].
— s. BUTT, H. R. 229[4], 236[6], 368[9].
— s. GREENE, C. H. 560[6].
— s. JUDD, E. S. 369[4].
— s. NESBITT, S. 525[5], 526[11].
SNELL, E. E.: Mechanismus der Transaminierung 251[3].
— G. M. BROWN, V. J. PETERS, J. A. CRAIG, E. L. WITTLE, J. A. MOORE, V. M. MCGLOHON and O. D. BIRD: Aminoäthylmercaptan als Baustein von Coenzym A 272[3].
— R. E. EAKIN and R. J. WILLIAMS: Freisetzung von gebundenem Biotin 411[3].
— E. KITAY and W. S. MCNUTT: Bedeutung von Vitamin B_c für Nucleinsäuresynthese 415[4].
— D. PENNINGTON and R. J. WILLIAMS: Pantothensäuregehalt der Kükenleber bei pantothensäurefreier Nahrung 405[3]. — Pantothensäuregehalt von Kükengehirn bei Pantothensäuremangel 673[7].
— and W. H. PETERSON: Wachstumssteigerung von Lactobacillus casei durch Leberextrakte 413[3].
— s. BEY, H. J. DE 400[4].
— s. BROWN, G. M. 179[2], 407[2].
— s. MITCHELL, H. K. 413[6].
— s. RABINOWITZ, J. C. 399[6].
— s. SCHLENK, F. 400[8].
SNELLMANN, O., s. BLIX, G. 911[11].
SNIDER, R. H., and W. R. BLOOR: Ungesättigte Fettsäuren im Leberlecithin 376[3].
— s. BLOOR, W. R. 132[4].
SNOKE, J. E.: Ferment der γ-Glutamoylcysteinbildung 275[8].
— and K. BLOCH: Glutathionbildung benötigt ATP 275[6].
— and H. NEURATH: Vorkommen von Chymotrypsin im Muskel 585[8].
— S. YANARI and K. BLOCH: Ferment der γ-Glutamoylcysteinbildung 275[8].
SNOOK, G. F., s. ELLIS, B. 419[3].
SNYDER, C. D.: Durchblutung von Pfortader und Leberarterie 15[14]. — Acetylcholinähnliche Wirkung von Lebervenenblut 21[5]. — Durchströmungsversuche an der Schilddrüsenleber 27[6].
— and L. E. MARTIN: Durchströmungsversuche an der Schilddrüsenleber 27[6].
SNYDERMAN, S. E., R. CARRETERO and L. E. HOLT jr.: Bedeutung von Pyridoxin für Tryptophanabbau 293[5].
SOBEL, A. E., A. ROSENBERG and H. ADELSON: Vitamin A-Bildung aus Carotin 351[2]. — Vitamin A-Speicherung bei Alloxandiabetes 352[3].
SOBER, H. A., s. MEISTER, A. 251[2].
SOBOTKA, H.: Buch über Physiologische Chemie der Galle. Engl. (1937) 551[4].
— and E. BLOCH: Zusammenfassung über Steroide (1943) 551[6].
— S. KANN and W. WINTERNITZ: Fluorescenz von Vitamin A 350[8]. — Vitamin A-Ester in der Leber 352[4].
— s. ADLERSBERG, D. 360[9].
— s. LICHTMAN, S. S. 284[12].
SOEJIMA, R.: Extraktion von indirektem Bilirubin aus dem Blutserum 514[7].
SØNDERGAARD, E., s. DAM, H. 349[7,8].
SÖRBO, B. H.: Transsulfurase 479[6]. — Krystallisierte Rhodanese 479[8,9]. — Wechselzahl der Rhodanese 479[10]. — Hemmung der Rhodanese durch Sulfit 479[10]. Aktive Gruppe der Rhodanese 479[12]. — Keine reversible Wirkung von Leberrhodanese 479[16]. — Rhodanese aus Rinderleber 480[2]. — Rhodaneseaktivität von Chorion 480[7]. — Thiosulfonat als Schwefelquelle für Cyanidentgiftung 480[14,15].
SÖRENSEN, N. A., s. KOHN, R. 926[15].
SOFFER, L. J.: Bilirubin zur Leberfunktionsprüfung 510[14].
SOKAL, J. E.: Glykogenolytischer Faktor aus Schweineleber 77[6,7].
SOKOLOFF, L., s. MANGOLD, R. 778[9], 808[5].
SOLL, S. N., s. GLASS, S. J. 426[10], 427[2].
SOLOMON, A., s. SWEET, W. H. 799[4].
SOLOMON, A. K., B. VENNESLAND, F. W. KLEMPERER, J. M. BUCHANAN and A. B. HASTINGS: Einbau von CO_2 im Leberglykogen 129[1].
— s. CONANT, J. B. 118[2].
— s. VENNESLAND, B. 118[2].

Sols, A., and R. K. Crane: Hemmung der Glucosephosphorylierung durch Glucose-1,6-diphosphat 710[8]. — Hemmung der Hexokinase durch ADP 711[1].
— s. Crane, R. K. 711[11].
Somogyi, M.: Kein amylolytischer Glykogenabbau in der Leber 89[4].
— s. Good, C. A. 315[3].
Sonne, J. C., J. M. Buchanan and A. M. Delluva: Purinsynthese aus Glycin 337[7].
— s. Buchanan, J. M. 337[7].
— s. Schulman, M. P. 337[5].
Sonzini, B., s. Vigliani, E. C. 526[3].
Soodak, M., and F. Lipmann: Acetylierung von Sulfonamiden 130[4].
— S. Chou, T. C. 130[6].
Soós, A. v., s. Fuchs, D. 473[5].
Sorkin, S. Z., s. Thannhauser, S. J. 70[3], 80[4].
Sorof, S., and P. P. Cohen: Elektrophoretische Wanderung von Serumalbumin und Leberproteinen 230[2].
— P. P. Cohen, E. C. Miller and J. A. Miller: Bindung von p-Dimethylaminobenzaldehyd an Leberzellproteine 497[5].
Sorsby, A., K. Wilcox and D. Ham: Calciumgehalt der Sklera 872[2].
Soskin, S.: Totale Leberexstirpation bei Säugetieren 30[2]. — Bindung des Leberglykogens an Zellproteine 68[10]. — G:N-Quotient bei pankreasektomierten Hunden 122[3]. — G:N-Quotient bei Phlorrhizinvergiftung 122[4].
— R. Levine and W. Lehmann: G:N-Quotient bei Phlorrhizinvergiftung 122[4].
— s. Campbell, W. R. 101[10]
— s. Chaikoff, I. L. 195[1].
— s. Hershey, J. M. 144[1], 152[14], 377[1].
— s. Markowitz, J. 30[2].
— s. Rosenberg, D. H. 247[7], 564[10].
Sosman, M. C., s. Christensen, W. R. 565[2].
Soula, L. C.: Autolyse von Lipoiden im Gehirn ist fraglich 744[15].
Souter, A. W., s. Kark, R. 369[5], 372[10].
Southwick, P. L., s. Wolf, D. E. 262[5].
Spadola, J. M., and N. R. Ellis: Bildung von Arachidonsäure aus Linolsäure 375[3].
Spangler, J. M., s. Burk, D. 501[10].
— s. Vigneaud, V. du 501[11].
Spanner, G. O., and L. Bauman: Lecithingehalt und Emulgierungsfähigkeit der Galle 545[14]. — Rolle von Fettsäureanionen bei Stabilisierung des Cholesterins in der Galle 546[14]. — Bedeutung von Gallensäuren für Löslichkeit von Cholesterin in der Galle 568[11]. — Gehalt an Cholesterin und Gallensäuren in der Galle bei Gallenblasenerkrankung 569[3].
— s. Pickens, M. 568[7].
Sparmberg, G., s. Helferich, B. 462[7].
Spatz, H.: Histochemischer Eisennachweis im Gehirn 626[8]. — Permeabilität der Blut-Hirnschranke gegen Barbiturate 797[9]. — Permeabilität der Blut-Hirnschranke für basische Farbstoffe 798[2]. — Färbung peripherer Nerven mit Vital- und Gallenfarbstoff 801[3].
Spaulding, M. E., and W. D. Graham: Nucleosidasehemmung durch Vitamin E 367[1].
Speakman, J. B., and F. Townend: Neurokeratin, ein Denaturierungsprodukt 653[7].
Specht, H., s. Schäffner, A. 87[7].
Specht, O.: Kein Einfluß von Schilddrüsen-, Hypophysen- und Nebennierenextrakten auf Gehalt der Galle an organischen Ionen 539[4].
Speck, J. F.: Enzymsystem der Glutaminsynthese 253[11,12]. — ATP als Energiespender für Glutaminsynthese im Gehirn 752[2].
Spector, H., A. R. Maass, L. Michaud, C. A. Elvehjem and E. B. Hart: Anämie bei Vitamin B_1-Mangel 505[6].
Spector, S., C. F. McKahnn and E. R. Meserve: Steigerung der Vitamin A-Resorption durch Galle 359[16].
— s. Hunter, F. E. jr. 730[3].
Spellberg, M. A.: Buch über Leberkrankheiten. Engl. (1954) 471[9].
— and R. W. Keeton: Ascorbinsäuregehalt in erkrankter Leber 378[12]. — Ascorbinsäureausscheidung bei Ascites 378[12].
Spencer, B., s. Dodgson, K. S. 763[11].
Spencer, F. M.: Cholecystographie 565[2].
Spencer, H. C., s. Morgulis, S. 367[11], 686[20].
Sperber, E., s. Runnström, J. 792[7].
Spero, L., s. Field, J. B. 372[1], 373[10].
Sperry, J. A., s. Whipple, G. H. 36[1]. —
Sperry, W. M.: Cholesterinsynthese aus DL-Phenylalanin 202[10]. — Cholesterinveresterung im Blutplasma 207[19]. — Verhältnis freies : gebundenes Cholesterin im Blutplasma bei Leberschäden 208[4]. — Leberfunktionsteste bei Neugeborenen 512[7]. — Cholesterinausscheidung bei Gallenfistelhunden 549[4]. — Phosphatidabbau im Gehirn 736[10]. — Hydrolysewert für Gewebsphosphatide 743[5].
— and F. C. Brand: Cholesterinesterbildung in Leberemulsionen 207[4]. — Plasmacholesterinesterase 207[4]. — Lebercholesterinesterase 207[4].
— F. C. Brand and W. M. Copenhaver: Cholesterin und Phosphatide bei Gehirnautolyse 744[17].
— and V. A. Stoyanoff: Plasmacholesterinesterase 207[18]. — Wirkung von gallensauren Salzen auf Cholesterinester des Blutes 207[21]. — Wirkung von Taurocholat auf Cholesterinester des Blutes 207[21,22].
— R. M. Taylor and H. L. Meltzer: Einbau von Octansäure in Gehirnlipoide 740[6].
— H. Waelsch and V. A. Stoyanoff: Verteilung resorbierter Fettsäuren auf Leber und peripheres Fettgewebe 137[1]. — Einbau markierter Fettsäuren in Gehirnlipoide 735[14].
— s. Schoenheimer, R. 549[2].
— s. Waelsch, H. 164[7], 678[3], 739[10], 740[1,2].

Spichtin, W., s. Abelin, I. 77[19].
Spiegelman, S., s. Nachmansohn, D. 795[2].
Spielmeyer, W. Zusammenfassung über Degeneration und Regeneration peripherer Nerven (1929) 699[3].
Spiess-Bertschinger, A.: Wirkung von Schilddrüsenhormon auf Rattenleber bei Allylformiatvergiftung 447[9].
Spillane, J. D.: Buch über Ernährungsstörungen des Nervensystems. Engl. (1947) 679[4].
— J. W. Keyser and R. A. Parker: Kupferausscheidung im Harn bei hepatolenticulärer Degeneration 60[12].
Spilman, F., s. Huff, J. W. 151[6].
Spink, W. W., s. Lynn, D. 561[5].
Spinks, J. W. T., and L. B. Jaques: Dicumarinaufnahme durch die Leber 373[6].
— s. Lee, C. C. 373[7].
Spirtes, M. A.: Sauerstoffverbrauch von Meerschweinchenleber nach Schilddrüsenfütterung 443[11]. — Steigerung der Gewebsatmung durch Thyroxin 444[3]. — Wirkung von Thyroxin auf Glykogengehalt der Leber 447[1]. — Keine Steigerung des Hirnstoffwechsels bei Hyperthyreose 818[5].
Spitz, E. B., s. Grant, F. C. 822[5].
— s. Shenkin, H. A. 821[7].
Spitzbarth, H.: Insulineinwirkung auf Leberglykogen 74[10].
Spitzer, W.: Harnsäurebildung im autolysierenden Lebergewebe 334[2].
Spoor, H. J., and E. P. Ralli: Bedeutung der Pantothensäure für Synthese der Nebennierenrindenhormone 410[8].
Spoor, S. C. M., s. Snapper, I. 564[4].
Sprague, C. C., s. Snavely, J. R. 232[7].
Sprague, P. H., s. Banks, B. M. 97[7].
Spray, C. M., s. Widdowson, E. M. 9[3], 41[3], 56[4], 62[13].
Spray, G. H., s. Peters, R. A. 745[18], 746[12].
Springell, P. H., s. Hoffman, H. 699[12].
Sprinson, D. B., and A. Coulon: Einbau von Glykokoll und Serin in Sphingosin 738[9].
— and D. Rittenberg: Halbwertszeit der Proteine 214[3]. — Einbau von NH_4 in Aminosäuren und Proteine 216[6]. — Halbe Lebensdauer der Organproteine 745[11].
— s. Baumann, E. J. 480[19].
— s. Chargaff, E. 123[4], 263[2].
— s. Elwyn, D. 261[6], 262[3,9], 263[1,8], 316[10], 343[9], 417[5].
— s. Weissbach, A. 256[8], 257[3,4].
Sprott, W. E., s. MacLagan, N. F. 443[2].
Squibb, R. L., s. Hughes, E. H. 505[13].
Sreenivasan, A., s. Dhungat, S. B. 336[3].
— s. Williams, J. N. jr. 421[5], 422[2].
Srere, P. A., I. L. Chaikoff and W. G. Dauben: Cholesterinsynthese in Nebennierenrinde 204[4].
— I. L. Chaikoff, S. S. Treitman and L. S. Burstein: Cholesterinsynthese im Gehirn neugeborener Ratten 739[9].
— s, Chaikoff, I. L. 209[1], 554[10].
Srere, P. A., s. Chernick, S. 165[6], 167[6].
Sribhishaj, K., W. B. Hawkins and G. H. Whipple: Resorption von Stercobilin und Stercobilinogen im Darm 520[4]. — Gallenfarbstoffbildung aus Myoglobin 521[8].
Stack, A. M., s. Krause, A. C. 871[2], 876[1], 891[3], 948[13].
Stadelmann, E.: Buch über Ikterus (1891) 512[11].
Stadie, W. C.: Zusammenfassung über den intermediären Stoffwechsel der Fettsäuren (1945) 741[4]. — Einwirkung von Insulin auf den Hirnstoffwechsel 819[3].
— and N. Haugaard: Wirkung von Hypophysenvorderlappenextraktion auf Hexokinase 85[3].
— N. Haugaard and A. G. Hills: Wirkung von Hypophysenvorderlappenextrakten auf Hexokinase 85[3].
— N. Haugaard and M. Perlmutter: Beeinflussung der Glykogenbildung durch Kaliumionen 43[9].
— and J. B. Marshall: Fermente des Cytochromsystems im Gehirn 795[3].
— B. C. Riggs and N. Haugaard: Empfindlichkeit von Cholinacetylase gegen hohe Sauerstoffdrucke 849[11].
— and D. D. van Slyke: Aminosäuregehalt des Blutes bei akuter gelber Leberdystrophie 212[10].
— and J. A. Zapp jr.: Beeinflussung der Glykogenbildung durch Kaliumionen 43[9].
— J. A. Zapp jr. and F. D. W. Lukens: Ketonkörperbildung bei diabetischen Katzen 191[4], 194[6]. — Fettsäureabbau durch Muskel + Leber 196[4].
— s. Haughaard, N. 822[11].
Stadman, E. R., M. Doudoroff and F. Lipmann: Acetessigsäurebildung durch Taubenleberextrakte 130[7].
— G. D. Novelli and F. Lipmann: Acetyldonatorsysteme für Acetylcholinsynthese 850[7].
— s. Stern, J. R. 850[10].
Städeler, G.: Bilifuscin 522[6].
Staedler, G., s. Frerichs, F. T. 284[10].
Stämpfli, R.: Erregung und Leitung im Nervensystem 834[2]. — Entstehung des Aktionspotentials in Nervenzellen 835[3]. Rolle der Na-Ionen bei der Nervenerregung 836[1]. — Na-Transport durch die Nervenmembran 836[3]. — Rolle der Kaliumionen bei der Nervenerregung 837[1].
— s. Huxley, A. F. 735[1], 835[12].
Stafford, R. O., s. Copenhaver, J. H. jr. 744[5].
Stahle, J.: Rhythmus der Gallenproduktion und der Glykogenbildung in der Leber 25[2]. — Rhythmus des Glykogenstoffwechsels bei hypophysektomierten Kaninchen 26[5].
Stahmann, M. A., s. Overman, R. S. 374[2].
Stallcup, O. T., and H. A. Herman: Vitamin A-Bildung aus Carotin in Kälberdarm und -leber 351[13].

STAMMLER, C. M.: Inaktivierung der Oestrogene 423[1]. — Ausscheidung oestrogener Substanzen in die Galle 429[4]. — Implantation von Testosteronpropionat im Pfortadergebiet 430[2].
STAMMLER, A., U. STAMMLER u. H. DEBUCH: Plasmalogengehalt im Gehirn 638[12].
STAMMLER, U., s. STAMMLER, A. 638[12].
STANBURY, S. W., and A. E. THOMSON: Tagesschwankungen der Na-, K- und H_2O-Ausscheidung beim Menschen 25[9].
STANDER, R. S., s. WHITE, J. 401[1].
STANGER, D. W., P. E. STEINER and M. N. BOLYARD: Squalenähnliche Kohlenwasserstoffe in der Leber 203[2].
STANLEY, H. W., s. LOWMAN, R. M. 565[2].
STANLEY-BROWN, M., s. QUICK, A. J. 369[4].
STANSLY, P. G., s. BEINERT, H. 181[4], 182[7], 183[2].
STARE, F. J., s. BRIN, M. 706[10].
— s. GEYER, R. P. 190[5,9], 192[5], 193[2], 196[3], 740[8], 741[5].
— s. HEGSTED, D. M. 405[6].
— s. MCKIBBIN, J. M. 146[16].
STARKENSTEIN, E., u. WEDEN: Störung der Eisenresorption durch Zufuhr großer Eisenmengen 55[7].
— s. KAHN, R. H. 78[6].
STARLING, E. H. Eiweißgehalt der Leberlymphe 19[8]. — Wasserbewegung zwischen Gewebe und Blutplasma 229[7].
— s. BAYLISS, W. M. 19[6], 531[7].
STARR, A., s. ANLYAN, A. J. 692[3].
STARTUP, C. W., s. CRUICKSHANK, E. W. H. 610[2].
STARY, Z.: Eisenbestimmung in der Leber 44[1].
— u. M. ARNAKI: Verteilung der Methylgruppen in Carotinoiden 202[16].
— H. BODUR, S. G. LISIE u. F. BATYOK: Kohlenhydratgehalt der Mucopolysaccharide im Blutserum 233[1].
— F. BURSA, Ö. KALEOĞLU u. M. BILEN: Kohlenhydratgehalt der Mucopolysaccharide im Blutserum 233[1].
— F. BURSA, O. TEZOK u. R. CINDI: Kohlenhydratgehalt der Mucopolysaccharide im Blutserum 233[1].
— F. BURSA et M. YUVANIDIS: Vitamin A-Gehalt in Fischlebern 355[2], 357[8]. — Jahreszeitliche Schwankungen im Vitamingehalt der Leber 356[6].
— u. W. LORENZ: Keine Cyanidvergiftung bei Salzsäuremangel im Magen 453[3]. — Bedeutung der Resorptionsgeschwindigkeit für Wirkung von Giften 479[1].
— u. R. WINTERNITZ: Calciumgehalt in Kammerwasser und Glaskörper 902[2]. — Gehalt des Glaskörpers an Phosphaten 912[5].
— s. ARNAKI, M. 202[15].
— s. WINTERNITZ, R. 907[3].
STASNEY, J., s. CANTAROW, A. 493[7].
STAUB, A., L. SINN and O. K. BEHRENS: Glucagon 76[8].
STAUB, A., and C. S. VESTLING: Fructokinase der Leber 98[16], 99[5]. — Fructose-1-phosphatbildung aus Fructose 99[5].
STAUB, H.: Albumin : Globulinverhältnis bei Lebererkrankungen 229[5]. — β- und γ-Globuline bei Leberschädigungen 231[4]. — TAKATA-ARA-Reaktion bei Leberschäden 243[4]. — Stoffwechselprodukte des Antabus verantwortlich für seine Wirkung 491[7].
— u. E. PEYSER: Alkoholtest zur Leberfunktionsprüfung 486[2].
— s. BERNSTEIN, A. 97[10].
— s. PLETSCHER, A. 101[3,5], 102[13], 488[7,10].
STAUDINGER, H., and E. HUSEMANN: Struktur des Glykogens 81[4].
STAUFFER, H. M., s. BERK, J. E. 565[3].
STEAD, E. A. jr., s. SCHEINBERG, P. 777[9], 819[1].
STECHER, R. M., s. UNGAR, F. 435[11], 436[4].
STECKLEY, A., s. BEATON, J. R. 402[13].
STEDMAN, E(DGAR), and E(LLEN) STEDMAN: Chromosomin 666[14]. — Freies und gebundenes Acetylcholin im Nervensystem 844[11]. — Freisetzung von Acetylcholin durch Chloroform 845[2].
STEDMANN, E(LLEN), s. STEDMAN, E(DGAR) 666[14], 844[11], 845[2].
STEELE, H. D., G. KINLEY, C. LEUCHTENBERGER and E. LIEB: Perjodsäure-Leukofuchsin-Reaktion der Corpora amylacea 661[12].
STEENBOCK, H., s. BAUMANN, C. A. 348[9].
— s. HART, E. B. 57[14], 59[4].
— s. KEMMERER, A. R. 115[4].
— s. LINDOW, C. W. 57[10], 58[5].
— s. QUACKENBUSH, F. W. 374[13], 375[6], 687[7].
— s. SCHNEIDER, H. 687[9].
— s. WADDELL, J. 59[4].
STEFANINI, M.: Bilirubinausscheidung nach Nicotinsäureamid bei Leberschäden 509[9].
— s. MARFORI-SAVINI, L. 399[3,4].
STEFÁNSSON, K., s. STRAUB, W. 49[2].
STEGGERDA, F. R., s. MITCHELL, H. H. 9[4], 39[5], 41[7].
STEGWEE, D.: Wirkung von Parathion und DDT auf Acetylcholinesterase 860[5].
STEHLE, R. L., and H. C. ELLSWORTH: Freisetzung von Noradrenalin durch sympathische Lebernerven 840[8].
STEIGMANN, F., K. A. MEYER and H. POPPER: Vitamin A-Gehalt des Blutes bei Krankheiten 360[10].
— H. POPPER and K. A. MEYER: Hippursäuretest zur Diagnose von Lebererkrankungen 471[7].
— s. HUERGA, J. ED LA 146[11].
— s. POPPER, H. 348[2], 353[10], 359[13,14], 360[2,4], 368[4], 471[7].
— s. SCHAFFNER, F. 160[7], 546[1].
STEIN, H. J., s. WINTROBE, M. M. 151[9], 403[4], 505[13], 756[1].
STEIN, I. F. jr., H. S. LANS and K. A. MEYER: Erleichterung der Gallensekretion durch Dehydrocholsäure 532[13].

STEIN, I. F. jr., s. LANS, H. S. 531[11].

STEIN, J.: Biliverdinbildung durch embryonale Hühnerleber 516[13]. — Histochemischer Nachweis der Gallenproduktion 528[1].

STEIN, L., E. TUERKISCHER and E. WERTHEIMER: Glykogengehalt der Leber nach kohlenhydrat- bzw. fettreicher Kost 72[9].

— s. MIRSKI, A. 72[8], 73[5], 261[5].

STEIN, M. H., s. BUEDING, E. 115[2].

STEIN, S. N., s. BAIN, J. A. 816[14].

STEIN, W. D.: Absorptionsspektrum von Melaninen 917[7].

STEIN, W. H., and S. MOORE: Kein Arginin in Oxytocin 451[11].

STEINBACH, H. B.: Kalium- und Natriumaustausch bei der Muskelkontraktion 576[3].

— s. NACHMANSOHN, D. 795[2], 838[9].

STEINBERG, G., s. MEAD, J. F. 164[5], 375[3].

STEINBERG, G. R., s. CAMA, H. R. 927[8].

STEINBERG, H., W. M. WEBB and H. A. RAFSKY: Fettleber durch Hypophysenvorderlappenextrakte 142[5].

STEINBERG, M. K., s. CAMA, H. R. 927[8].

STEINBORN, K.: Oligophrenia phenylpyruvica 826[6].

STEINDORFF, K.: Zusammenfassung über Chemie des Augapfels (1925; 1934) 864[2]. Zusammenfassung über Flüssigkeits- und Stoffwechsel des Auges (1936) 864[2].

STEINEBACH, K., s. HARTMANN, F. 231[3].

STEINER, P. E., s. STANGER, D. W. 203[2].

STEINHAUSER, H., s. BERNHARD, K. 164[1].

STEINITZ, H.: Leberfunktionsprüfung durch Fructosebelastung 103[4].

STEKOL, J. A.: Verwertung von D-Methionin 268[7]. — Entgiftung von Isobarbitur- und Isodialursäure 466[11]. — Entgiftung von Isobarbitursäure durch Bindung an Schwefelsäure 467[1]. — Ausscheidung von Neutralschwefel nach Benzolaufnahme 472[7]. — Bildung von N-Acetyl-S-benzylcystein aus Benzylchlorid 473[13]. — Glucuronsäuregehalt im Harn nach Naphthalinzufuhr 473[16]. — Bildung von α-Naphthylmerkaptursäure aus Naphthalin 473[17,18]. — Entgiftung von Phenanthren durch Merkaptursäurebildung 474[6]. — Förderung der Merkaptursäurebildung durch schwefelhaltige Aminosäuren 474[12]. — Wachstumshemmung durch Brombenzol 474[14]. — Aufhebung der Wachstumshemmung von Brombenzol durch Cystin oder Methionin 474[15]. — Wachstumshemmung durch Naphthalin und cancerogene Kohlenwasserstoffe 474[15].

— and L. R. CERECEDO: Entgiftung von Isobarbitur- und Isodialursäure 466[12].

— and K. WEISS: Störung der Colaminmethylierung durch Äthionin 148[4].

— S. WEISS and K. W. WEISS: Bedeutung von Vitamin B_{12} und Folsäure für Glycin- und Serinstoffwechsel 421[7].

— s. ANDERSON, E. I. 421[6].

— s. BLOCK, R. J.. 270[3].

STEMMERMANN, W.: Elektrophorese von Linseneiweiß 886[9].

STENDER, H. S., s. HORNYKIEWYTSCH, T. 565[3].

STENE, J., s. KUHN, R. 926[15].

STENHOUSE, M., s. SARETT, H. P. 151[7].

STENRAM, U.: Basophile Schollen in Leberzellen 220[10], 221[3,4].

STENZEL, W., s. MARTIN, G. J. 460[5].

STEPHENSON, B. R., s. ORR, C. R. 66[13].

STEPHENSON, M. L., s. FRANTZ, I. D. jr. 215[8].

STEPP, W.: Cholesteringehalt der Hundegalle 209[10]. — Glucuronidgehalt im menschlichen Blut 456[9]. — Acetaldehydgehalt im Harn 489[14].

— u. G. DÜTTMANN: Wirkung anorganischer Stoffe auf die Gallenproduktion 533[16]. — Wirkung sulfathaltiger Wässer auf die Gallenblase 533[16].

— u. R. FEULGEN: Acetaldehydgehalt im Harn nach Alkoholzufuhr 489[13].

— H. SCHROEDER u. E. ALTENBURGER: Wirkung von Ascorbinsäure auf Blutzuckergehalt 385[6].

STEPPUHN, O.: Fettleber durch Hypophysenvorderlappenextrakte 142[4].

STERLING, K., s. RICKETTS, W. E. 229[3].

STERN, A., s. FISCHER, H. 519[6].

STERN, F.: Einfluß der Ernährung auf Glucuronidbildung 458[5].

— s. TOLLENS, C. 458[1].

STERN, H.: Leberausschaltung bei Vögeln 28[5].

STERN, J(OEL) R., M. W. TAYLOR and W. C. RUSSELL: Wirkung von Vitamin B_{12} auf Ribonucleinsäuregehalt der Leberzellen 422[1].

STERN, J(OSEPH) R.: Energielieferung für Übertritt vou Glutaminsäure in Gehirnschnitte 756[6].

— and A. DEL CAMPILLO: Bindung von Crotonsäure und β-Oxybuttersäure an CoA 180[5]. — Crotonase aus Ochsenleber 182[5].

— M. J. COON and A. DEL CAMPILLO: Gleichgewicht der β-Ketothiolase-Reaktion 181[2].

— L. V. EGGLESTON, R. HEMS and H. A. KREBS: Umwandlung von D- in L-Aminosäuren im Gehirn 748[6]. — Glutaminsäurestoffwechsel im Gehirn 748[6]. — Energielieferung für Übertritt von Glutaminsäure in Gehirnschnitte 756[7]. — ATP als glykolysebegrenzender Faktor im Gehirn 758[4].

— and S. OCHOA: Citratsynthese durch Taubenleberextrakt 129[7]. — Acetylcoenzym A-Bildung 718[7]. — condensing enzyme im Gehirn 723[6,7].

— B. SHAPIRO and S. OCHOA: Aktivitätssteigerung des citronensäurebildenden Fermentes der Taubenleber durch Manganionen 61[5]. — condensing enzyme im Gehirn 723[5].

— B. SHAPIRO, E. R. STADTMAN and S. OCHOA: Acetyldonatorsysteme für Acetylcholinsynthese 850[10].

STERN, K., s. PLAUT, F. 674[16].
STERN, J(OSEPH) R., s. KORKES, S. 61[5], 129[2], 845[13], 850[11].
— s. OCHOA, S. 130[1], 723[4].
STERN, K. G., J. L. MELNICK and D. DUBOIS: Einfluß von Sauerstoff auf Netzhautglykolyse 931[3].
— s. RAFSKY, H. A. 229[6].
— s. LASZLO, D. 66[17].
STERN, L., s. BATTELLI, F. 485[1], 487[3].
STERN, W. E., and C. MARSHALL: Aufnahme von ^{32}P durch mütterliches und embryonales Gehirn 771[1]. — P-Ansammlung in traumatisierten Gehirnbezirken 771[1]. — P-Aufnahme durch Gehirn bei purulenten Infektionen 771[1].
STERNDORFF, I., s. ASTRUP, T. 763[10].
STERNE, G. D., s. RAWSON, R. W. 449[14], 450[4].
STERNFELD, L., s. SACHS, B. 103[11].
STETTEN, D. jr.: Herkunft der Leberphosphatide 145[5]. — Betain als Methyldonator 148[5]. — Betainwirkung auf Umsatz der Leberphosphatide 160[16]. — Äthanolaminabbau bei Ratten 257[1]. — Bildung von Äthanolamin und Cholin aus Serin 263[6]. — Cysteinbildung aus Serin 263[6], 269[3]. — Einbau von markiertem Cholin und Serin in Gehirnlipoide 735[19]. — Cysteinbildung 831[8].
— and G. E. BOXER: Vorstufen der Glykogenbildung in Leber und Muskel 118[1]. — Halbwertszeit der Fettsäuren in Rattenleber 166[3]. — Fettsynthese aus Kohlenhydrat bei Alloxandiabetes 168[4].
— and G. F. GRAIL: Einfluß von Cholin auf Phosphatidgehalt der Leber 144[21]. — Monoaminophosphatidvermehrung nach Äthanolamin und Serin 145[4]. — Leberverfettung nach Glykocyamin 149[7]. — Wirkung von Serin auf Kephalingehalt der Leber 263[7].
— and B. V. KLEIN: Mechanismus der Umwandlung von Galaktose in Glucose 94[1]. Einbau von D aus D_2O in Glykogen 99[12]. Beschleunigung des Fettsäureumsatzes durch Insulin 168[3]. — Fettsynthese in der Leber bei Phlorrhizinvergiftung 169[4].
— and J. SALCEDO jr.: Übergang von Depotfett in die Leber 142[8]. — Fettanhäufung in der Leber bei Cholinmangel 145[6].
— and R. SCHOENHEIMER: Verteilung resorbierter Fettsäuren auf Leber und peripheres Fettgewebe 137[3]. — Schicksal der Palmitinsäure im Organismus 162[5]. — Bildung ungesättigter Fettsäuren aus Palmitinsäure 163[1]. — Aktivierung der Fettsäuredehydrogenase durch Hypoxanthin 163[1]. — Anlagerung von C_2-Resten an Fettsäuren in der Leber 170[5,6].
— I. D. WELT, D. J. INGLE and E. H. MORLEY: Bestimmung der Gluconeogenese 125[4].
— s. BENEDICT, J. D. 339[6].
— s. BLOOM, B. 107[1], 109[13].
STETTEN, D. jr., s. BOXER, G. E. 118[1], 144[10], 151[21], 170[4].
— s. GOLDWATER, W. H. 70[11].
— s. SEEGMILLER, J. E. 333[6].
— s. STETTEN, M. R. 104[8], 107[3], 111[1], 345[1].
— s. TOPPER, Y. J. 94[2].
— s. WELT, I. D. 125[5].
STETTEN, M. R.: Abbau von Ornithin 301[2]. — Bildung von Oxyprolin aus Prolin 301[4].
— and C. L. FOX jr.: 4-Amino-imidazolcarboxamid aus Colibacillen 333[2].
— and R. SCHOENHEIMER: Bildung von L-Glutaminsäure und Arginin aus L-Prolin 300[5]. — Bildung von Oxyprolin aus Prolin 301[3].
— and D. STETTEN jr.: Verwertung von Sorbit 104[8]. — Kohlensäureabspaltung aus Gluconsäurephosphat 107[3]. — Bildung von Ribosephosphat aus Glucose 111[1]. — Pentosebildung aus Gluconsäure 345[1].
— and Y. J. TOPPER: Glucoseoxydation über Gluconsäure 107[4].
STEUDEL, H.: Pyrimidinabbau im Stoffwechsel 343[11].
STEVEN, D., s. WALD, G. 946[6].
STEVENS, B. P., and I. L. CHAIKOFF: Einbau von Laurin- und Myristinsäure in Gewebsphosphatide 158[8].
— s. CHAIKOFF, I. L. 136[9].
STEVENS, C. M., and P. B. ELLMAN: Kein Ersatz von L-Lysin durch α-Aminoadipin- oder Pipecolinsäure 296[12].
STEVENSON, E. S., K. DOBRINER and C. P. RHOADS: Demethylierung von p-Dimethylaminobenzol in der Leber 497[11]. — Spaltprodukte von Buttergelb in der Leber 499[7].
STEWARD, F. C., and J. F. THOMPSON: Glutathion als Zwischenprodukt zwischen Aminosäuren und Proteinen 753[5].
STEWART, C. P., s. CLARK, A. J. 92[1], 105[2], 610[3].
— s. DAVIDSON, J. N. 102[6,11].
— s. DZIALOSZYNSKI, E. M. 353[6].
— s. MACKAY, G. 884[2].
— s. ROBERTSON, J. D. 785[19].
— s. WILKINSON, A. W. 802[5].
STEWART, H. B., s. MORGAN, R. H. 565[2].
STEWART, J. D., G. M. ROURKE and J. G. ALLEN: Acetylierung von Sulfonamiden 475[13], 476[10].
STEWART, J. K., s. POHLE, F. J. 236[6], 247[8].
STEWART, L., s. HEARD, R. D. H. 76[14].
STEWART, R., s. CONIGLIO, J. G. 349[15].
STEWART, R. D., s. HEARD, R. D. H. 76[14].
STEWART, W. L.: Demyelinisierung des Rückenmarks bei Kupfermangel 627[5].
STEYN PARVE, E. P., s. WESTENBRINK, H. G. K. 775[8].
STICH, W.: Weg der rückresorbierten Gallenfarbstoffe vom Darm zur Leber 520[8].
STICKLAND, L. H.: Wirkung von Glycerinaldehyd auf Glykolyse und Atmung von Gehirn 704[21].

STIEHLER, R. D., and L. B. FLEXNER: Energielieferung für sekretorische Tätigkeit der Plexus chorioidei 799[6].
— s. FLEXNER, L. B. 799[7], 800[1].
— s. FRIEDENWALD, J. S. 906[2], 909[11], 920[3], 921[7].
STIEVE, H., u. U. KAPS: Glykogengehalt der fetalen Leber 70[11].
STIFEL, R. E., s. MITCHELL, W. T. 528[11], 529[1].
STILES, P. G., and G. LUSK: G:N-Quotient bei Phlorrhizinvergiftung 122[4].
STILL, J. L., M. V. BUELL and D. E. GREEN: Alaninabbau 255[4].
STILLMAN, N., s. PERLMAN, I. 147[5], 148[6] 149[14], 160[17], 161[1].
STILO, A.: Phosphatgehalt der Rindernetzhaut 925[2]. — Phosphokreatingehalt im Sehnerven vom Rind 948[1]. — Kreatingehalt im Sehnerven vom Rind 948[5].
STIMMEL, B. F., A. GROLLMAN and M. N. HUFFMAN: Oestriolbildung aus 16-Ketooestron 428[7]. — Oestriolbildung aus 16-Ketooestradiol 428[8].
STINSON, E. jr., s. FIROR, W. M. 31[6].
STIRPE, F., s. CAVALLINI, D. 273[9].
STIVEN, D., s. TAYLOR, J. 55[2].
STOCK, A.: Quecksilbergehalt der menschlichen Leber 64[12]. — Quecksilbergehalt im Gehirn 623[19], 627[19].
— u. F. CUCUEL: Quecksilbergehalt der menschlichen Leber 64[12].
STOCK, C. C., s. HELLERMAN, L. 65[3], 310[11].
STOCKELL, A., s. CONIGLIO, J. G. 349[15].
STOCKEN, L. A., and R. H. S. THOMPSON: Bildung eines arsenhaltigen Proteins durch Lewisit 727[6].
— R. H. S. THOMPSON and V. P. WHITTAKER: Schutz der Pyruvatdehydrogenase durch BAL gegen Arsenvergiftung 727[2].
— s. OCHOA, S. 718[8].
— s. PETERS, R. A. 745[18], 746[12].
STOCKMANN, A.: Salicylsäureentgiftung durch Bildung von Salicylursäure 469[3].
STÖHR, P.: Lehrbuch der Histologie und der mikroskopischen Anatomie des Menschen (1951) 571[2].
STOERK, H. C.: Wirkung von 4-Desoxypyridoxin auf Transaminierung 401[3].
— and H. N. EISEN: Antikörperbildung bei Pyridoxinmangel 402[15].
— H. N. EISEN and H. M. JOHN: Antikörperbildung bei Pyridoxinmangel 402[15].
— s. FISCHEL, E. E. 125[3].
STOESSER, A. V., K. A. PETRI and I. MCQUARRIE: Zusammensetzung der Hirnlipoide nach Cholesterinverfütterung 685[17].
STOHLMAN, E. F., s. SMITH, M. I. 500[13], 541[19].
STOKES, J. L., A. LARSEN and M. GUNNESS: Bedeutung von Biotin für die CO_2-Fixierung 128[3]. — Ersatz von Biotin durch Asparaginsäure bei Mikroorganismen 412[7].
STOKSTAD, E. L. R.: Krystallisierte Folsäure aus Leberextrakten 413[7].
— s. KLOSE, A. A. 302[7].
STOLFI, G., s. MAZZA, F. P. 163[2].
STOLL, R., s. MANDEL, P. 682[3].
STONE, C. S. jr.: Glykogengehalt der Leber nach partieller Hepatektomie 33[2]. — — Glykogengehalt vom regenerierenden Lebergewebe 34[1].
STONE, H., s. SELYE, H. 435[5].
STONE, W. E.: Phosphatgehalt im Säugetiergehirn 630[7]. — Gehalt des Gehirns an Milchsäure und P-Fraktionen 632[6]. — Äthanolaminophosphorsäure aus Hundegehirn 640[7]. — Milchsäuregehalt im Mäusegehirn 659[10]. — ATP-Gehalt im Hirngewebe 667[9]. — Gehirnstoffwechsel bei HCN-Vergiftung, Krämpfen und hypoglykämischem Koma 810[5]. — Gehirnstoffwechsel bei Gehirntrauma und Narkose 810[5,16]. — Gehalt an Phosphokreatin, ATP, Milchsäure und anorganischem Phosphat im Gehirn bei Narkose 813[21]. — Milchsäuregehalt des Gehirns bei Krämpfen 816[7]. — Milchsäuregehalt des Gehirns bei Glucosemangel 823[6].
— J. E. WEBSTER and E. S. GURDIJAN: Phosphatfraktionen im Säugetiergehirn 630[15]. — Gehirnstoffwechsel bei Krämpfen 810[10]. — Lähmung der Muskulatur durch Dihydro-β-erythroidin 818[1].
— s. GURDIJAN, E. S. 630[14], 810[2,15], 816[1].
— s. PSCHEIDT, G. R. 726[3].
STONEBURG, C. A., s. HODGE, H. C. 139[6].
STONER, W. C.: Vitamin A-Bildung aus Carotin beim Diabetes 352[2].
STOOKEY, L. B., s. LEVENE, P. A. 744[12], 762[5].
STOPPANI, A. O. M. s. CICARDO, V. H. 759[14].
STOREY, I. D. E.: Hemmung der Glucuronidbildung durch Glucuronsäurelacton 459[3].
— and G. J. DUTTON: Uridindiphosphatglucuronsäure 462[2].
— s. DUTTON, G. J. 96[7], 461[3,4], 462[1].
STORY, R. V., s. KEHOE, R. A. 623[9], 625[7], 626[10], 628[2].
STOTZ, E.: Fermente des Cytochromsystems im Gehirn 795[11]. — Cytochrom c-Gehalt im Kaninchengehirn 795[11]. — Cytochromoxydasegehalt im Gehirn 796[1].
— C. J. HARRER, M. O. SCHULTZE and C. G. KING: Kohlenhydratstoffwechsel der Leber bei Skorbut 385[1].
— s. BERRY, J. F. 846[5].
— s. HUTCHINSON, M. C. 814[11].
— s. ROOT, H. F. 103[1].
— s. SMITH, F. G. 795[10], 796[2].
— s. WESTERFELD, W. W. 487[11], 488[1,11], 489[15].
— s. WITTER, R. F. 186[5].
STOWELL, R. E.: Volumen der Nucleoli und Proteingehalt der Nahrung 322[3]. — UV-Absorption und Basophilie im regenerierenden Lebergewebe 324[6].

STOWELL, R. E., s. TSUBOI, K. K. 36[10,15], 223[4].
— s. WILSON, M. E. 223[4].
— s. YOKOYAMA, H. O. 223[4].
— s. ZORZOLI, A. 544[11].
STOYANOFF, V. A., s. SPERRY, W. M. 137[1], 207[18,21,22], 735[14].
— s. WAELSCH, H. 164[7], 678[3], 739[10], 740[1,2].
STRAIN, W. H., s. DOBRINER, K. 524[7].
STRANSKY, E.: Gallenmenge bei Kaninchen mit Gallenfistel 529[3]. — Einfluß von Fett und Kohlenhydrat auf Gallensekretion 530[10]. — Humorale Auslösung der Gallenproduktion 531[1]. — Vermehrung der Gallenproduktion durch Sekretin und Histamin 531[1]. — Gallensekretion bei Fistelhunden nach Einbringung von Galle ins Duodenum 532[5]. — Choleretische Wirkung von sog. Pflanzensekretinen 533[7]. — Wirkung anorganischer Salze auf die Gallenproduktion 533[7]. — Hemmung der Gallenbildung durch Chloroform, Äther und Alkohol 533[7]. — Wirkung anorganischer Stoffe auf Gallenproduktion 533[15]. — Ausscheidung anorganischer Salze in der Galle 539[3].
STRAUB, F. B.: Zusammenfassung über Muskel (1950) 570[29]. — Actomyosin 578[6].
— and G. FEUER: Bedeutung von ATP für Actinpolymerisation 579[6].
STRAUB, W., u. K. STEFÁNSSON: Eisenretention in der Leber 49[2].
STRAUSS, L., s. SHWARTZMAN, G. 291[10].
STRAUSS, M. B., s. MINOT, G. R. 420[14].
STRAUSS, W. L. jr., s. FLEXNER, J. B. 683[2].
STRECKER, A.: Entdeckung von Cholin in der Schweinegalle 546[8].
STRECKER, F.-J., s. WEITZEL, G. 916[2,3].
STRECKER, H. J., and S. KORKES: Spezifität der Glucosedehydrogenase 108[6].
STREICHER, D., s. COHN, C. 564[2].
STREICHER, E., and R. W. GERARD: Einbau von ^{32}P in Gehirnlipoide 735[17].
STREICHER, J. A., s. CHRISTENSEN, H. N. 470[15].
STRENGTH, D. R., s. SCHAEFER, A. E. 415[3].
STRICKLAND, K. P.: P-Einbau in Gehirnphosphatide 737[2]. — Aufnahme von ^{32}P durch Gehirn nach intracysternaler Injektion 770[13]. — Austausch von P zwischen Gehirn und Cerebrospinalflüssigkeit 799[2].
— and R. J. ROSSITER: Einbau von ^{32}P in Ribosenucleinsäuren im Gehirn 764[6]. — Hemmung und Förderung des Einbaus von ^{32}P in Ribosenucleinsäuren des Gehirns 765[1].
— s. DELUCA, H. A. 764[7].
— s. FINDLAY, M. 764[8], 765[2].
STRIEBICH, M. J., E. SHELTON and W. C. SCHNEIDER: Wirkung cancerogener Azofarbstoffe auf Leberzellen 502[8]. — Mitochondrienzahl in 3'-Methyldimethylaminoazobenzol 503[4].
— s. SCHNEIDER, W. C. 502[8], 503[4], 504[18].
STRIJK, B., s. VLOTEN, G. W. VAN 150[15].
STROEBE, F.: Ausscheidung von injiziertem Bilirubin durch die Leber 510[1]. — Bilirubin zur Leberfunktionsprüfung 510[13].
STRÖM-OLSEN, R., G. D. GREVILLE and R. W. LENNON: Hippursäuretest zur Diagnose von Lebererkrankungen 471[7].
STROMINGER, J. L.: Milchsäure- und Äpfelsäuredehydrogenase in Dendriten 618[1].
STRONG, F. M., s. HIGGINS, H. 405[1], 406[9].
— s. KING, T. E. 179[2], 408[2].
— s. NEILANDS, J. B. 404[11].
— s. SCHWEIGERT, B. S. 217[4].
STRONG, L. E., s. COHN, E. J. 425[14].
— s. SURGENOR, D. M. 47[6], 48[2].
STRUGLIA, L., s. KULWICH, R. 420[5].
STUBBS, A. L., s. BOWNESS, J. M. 915[7], 917[8].
— s. CAMA, H. R. 927[8].
— s. MORTON, R. A. 359[6], 927[6], 941[10].
STUCKY, D.: Leberfunktionsprüfung mit Novocain 484[7].
STUDNITZ, G. v.: Buch über Physiologie des Sehens. 2. Aufl. (1952) 864[14]. — Phosphorsäurebildung im belichteten Auge 935[5]. — Phosphatabspaltung aus „Zapfensubstanz" bei Belichtung 936[2]. — „Zapfensubstanz" 945[4]. — Absorptionsmaxima der „Zapfensubstanz" 945[8]. — Sehstoff der Zapfen 946[1]. — Regeneration der „Zapfensubstanz" 946[2].
— H. J. NEUMANN u. H. K. LOEVENICH: Astaxanthin und Xanthophyll aus Kükennetzhaut 926[16].
— v. s. BUSCH, L. 938[2].
STUECK, G. H., G. FLAUM and E. P. RALLI: Vitamin A-Bildung aus Carotin beim Diabetes 352[2].
STÜTTGEN, G., s. CARRIÉ, C. 213[3], 284[3].
STÜWE, G., s. HEIMLEYER, L. 59[13].
STUHLFAUTH, K., u. H. NEUMAIER: Beschleunigung der Alkoholoxydation durch Fructose 488[9].
— u. R. PROSIEGEL: Bildung von Brenztraubensäure aus Fructose in der Leber 488[8].
— s. HELMREICH, E. 784[11].
STULBERG, M. P., s. RABINOVITZ, M. 732[10].
STURM, A., u. R. SCHNEEBERG: Jodgehalt verschiedener Gehirnteile 632[4].
STUTZ, V., and F. VERZÁR: Kein Einfluß von Thymektomie auf Nucleinsäuregehalt von Lebergewebe 322[11].
STUTZKE, S.: Ammoniakbildung in der Rindernetzhaut 934[4].
STUTZMAN, F. L., s. AMATUZIO, D. S. 115[1], 116[2].
SUBBRAROW, Y., s. FISKE, C. H. 581[3], 595[2].
SUDA, M., Y. TAKEDA, K. SUJISHI and T. TANAKA: in vitro-Ersatz von Vitamin C durch Fe (II)-Ionen 387[3].
SUDEN, C. TUM: Linsentrübung bei Mäusen durch Adrenalin 899[4].
— and L. C. WYMAN: Linsentrübung bei Mäusen durch Adrenalin 899[4].

SÜDHOF, H.: Glucuronsäurebildung aus Glucose 458[7]. — Hemmung der Glucuronidbildung durch Glucuronsäurelacton 459[1]. — Glucuronsäureausscheidung beim Menschen 463[15]. — Leberfunktionsprüfung mit Glucuronsäurelacton 464[5].
— u. G. SCHELLONG: Glucuronsäureausscheidung beim Menschen 463[16]. — Abbau exogener Glucuronsäure bei Hepatitis und Cirrhose 464[4].
SÜE, P., s. JOLIOT, F. 441[12].
SÜLLMANN, H.: Zusammenfassung über Chemie des Auges (1951) 864[4]. — Zusammenfassung über Fermente des Auges (1951) 864[7]. — Phosphatasen in der Cornea 878[7]. — Tryptophangehalt in Linseneiweiß 887[6]. — Glykolyse in der Linse 894[4]. — Verwertung von Mannose und Fructose durch die Netzhaut 932[6]. —
— u. R. BRÜCKNER: Vorkommen von Phosphorylase und Phosphoglucomutase in der Netzhaut 936[7].
— u. P. PAYOT: Vorkommen von Phosphatasen in der Cornea 878[7].
— u. A. E. SCHMID: Ascorbinsäuregehalt der Rindernetzhaut 929[1].
— u. G. VIOLLIER: Sulfhydrylgruppen im Linsenalbumoid 888[9].
— u. T. A. VOS: Milchsäurebildung aus Glucose und Fructose in Netzhautextrakten 932[7]. — Fermentsystem der Milchsäurebildung in der Netzhaut 932[7]. Hemmung der Netzhautglykolyse durch Glycerinaldehyd 932[7].
— u. R. WEEKERS: Galaktosekatarakt 899[16].
— s. LABHART, H. 886[7].
— s. VIOLLIER, G. 886[6].
— s. WEEKERS, R. 894[5].
SUGANAMI, T., and K. YAMASAKI: Trioxysterocholansäurelacton und Trioxyisosterocholansäuremethylester in der Galle der Alligatorschildkröte 551[13].
SUGIURA, K., M. L. CROSSLEY and C. J. KENSLER: Cancerogene Wirkung von höher methyliertem Dimethylaminoazobenzol 494[10].
— C. R. HALTER, C. J. KENSLER and C. P. RHOADS: Cancerogene Wirkung von Buttergelb und N-Methylaminoazobenzol 493[12]. — Keine cancerogene Wirkung von Buttergelbanalogen 494[7]. — Dealkylierung von p-Diäthylaminoazobenzol in der Leber 498[10]. — Cancerogene Wirkung von p-Monomethylaminoazobenzol 498[10]. —Nicht cancerogene Benzolderivate 499[4].
— and C. P. RHOADS: Einfluß der Ernährung auf carcinogene Wirkung von 3'-Methyl-p-dimethylaminoazobenzol 500[10].
— s. BURK, D. 501[10].
— s. KENSLER, C. J. 497[1,10], 498[8], 501[5], 503[14].
— s. VIGNEAUD, V. DU 501[11].
SUJISHI, K., s. SUDA, M. 387[3].
SUKSTA, A., s. WINTROBE, M. M. 151[9], 403[4], 505[13].
SULKIN, N. M., and J. H. GARDNER: Phosphomonoesterasegehalt im regenerierenden Lebergewebe 34[7]. — Vorkommen von Phosphatasen in Nucleoli von Leber- und Nervenzellen ist fraglich 775[14].
— and A. KUNTZ: Glykolipoide in autonomen Ganglien 661[2].
SULLIVAN, F. L., H. L. MARTIN and F. MC DOWELL: Caeruloplasmingehalt des Blutes bei hepatolenticularer Degeneration 60[10].
SULLIVAN, M. X., W. C. HESS and W. H. SEBRELL: Bildung von Taurin aus Cystamin 272[6].
SULLIVAN, R. C., s. MCLEAN, S. 35[10].
— s. ZWEMER, R. L. 124[2].
SULMAN, F., s. ZONDEK, B. 429[1], 450[2].
SULMAN, F. G.: Beziehung zwischen adrenotropem und melanophorem Hormon 450[5].
SUMERWELL, W. N., and R. R. SEALOCK: Vitamin C-Gehalt in Schweineleber 377[11]. Freie und gebundene Ascorbinsäure in Schweineleber 378[8].
— s. SEALOCK, R. R. 377[13], 378[2], 387[1].
SUMMERSON, W. H., s. LARNER, J. 717[14], 718[1].
SUMNER, J. B., s. COSBY, E. L. 479[7].
— s. NYGAARD, A. P. 490[17].
— s. SARKAR, N. K. 462[8].
SUNABA, Y.: Kein Einfluß von Glucosezufuhr auf Muskelglykogen 72[10]. — Insulineinwirkung auf Leberglykogen 74[10].
SUNDE, M. L., s. WILLIAMS, J. N. jr. 415[6].
SURE, B., and Z. W. FORD jr.: Thiaminverlust des Gehirns bei Thiaminmangel 670[14]. Riboflavingehalt im Gehirn bei Riboflavinmangel 672[3].
— R. M. THEIS and R. T. HARRELSON: Bedeutung von Vitamin A für Ascorbinsäuresynthese 382[4]. — Vitamin C-Gehalt des Gehirns bei Hunger und Vitamin A-Mangel 675[1].
SURGENOR, D. M., B. A. KOECHLIN and L. E. STRONG: Siderophilin 47[6], 48[2].
SUTHERLAND, D. A., and M. BOLLIER: Porphyrinausscheidung im Harn bei Ikterus und Hepatitis 526[10].
SUTHERLAND, E. W., M. COHN, T. POSTERNAK and C. F. CORI: Glucose-1,6-diphosphat als Katalysator der Umwandlung von Glucose-1- in Glucose-6-phosphat 87[2].
— and C. F. CORI: Aktivierung der Leberphosphorylase durch Adrenalin und Glucagon 76[7]. — Glykogenabbau durch Glucagon 76[13]. — Angriffspunkt von Glucagon und Adrenalin in der Leberzelle 90[5].
— C. F. CORI, R. HAYNES and N. S. OLSEN: Kein Einfluß von Insulin auf Glucagonwirkung 76[15].
— and C. DE DUVE: Ort der Glucagonbildung 77[2].

SUTHERLAND, E. W., T. Z. POSTERNAK and C. F. CORI: Glucose-1,6-diphosphat als Katalysator der Umwandlung von Glucose-1- in Glucose-6-phosphat 87[1].
— s. COLOWICK, S. P. 86[6], 87[4].
SUTHERLAND, T., s. BONNETT, R. 524[1].
SUTHERLAND, V. C., s. ELLIOTT, H. W. 747[7], 750[8], 780[5], 784[6], 813[11].
SUTTON, W. R., and V. E. NELSON: Anämie bei reichlicher Zinkzufuhr 63[8].
SUZMAN, M. M., G. L. MULLER and C. C. UNGLEY: Degeneration in der Medulla oblongata bei Vitamin A-Mangel 669[4].
— s. MULLER, G. L. 198[13].
SUZUKI, U., S. ODAKE u. T. MORI: Thiomethyladenosin aus Hefe 268[1]. .
SVEC, M. H.: Aminosäuren im Blutplasma hepatektomierter Hunde 211[5].
SVENNERHOLM, L., s. BLIX, G. 644[3].
— s. BRANTE, G. 646[3], 678[6], 691[9].
SVIRBELY, J. L.: Ascorbinsäuregehalt der Leber nach Tetrachlorkohlenstoff, Cinchophen und Äthernarkose 379[5]. — Einfluß von Lactoflavin auf Ascorbinsäurebildung 382[7].
SWAN, K. C.: Eintritt lipoidlöslicher Stoffe in die Cornea 879[6].
— R. E. TRUSSELL and J. H. ALLEN: p_H-Wert der Tränen 869[6].
— and N. G. WHITE: Eintritt lipoidlöslicher Stoffe in die Cornea 879[6].
SWANK, R. L., s. CAMMERMEYER, J. 777[3].
— s. ELLIOTT, K. A. C. 813[25], 844[6].
SWANSON, A. L., s. RODNEY, G. 417[2].
— s. SWENDSEID, M. E. 416[14].
SWANSON, M. A.: Glucose-6-phosphatase 91[2].
— and C. ARTOM: Zusammensetzung der Lipoide in Lebermitochondrien 134[1]. — Phosphatidbildung in Mitochondrien 158[10].
— and M. C. MITCHELL: Phospholipoidgehalt von Adenosinphosphatase 134[7].
— s. ARTOM, C. 152[7], 161[3].
SWEAT, M. L., and L. T. SAMUELS: Hemmstoffe der Testosteroninaktivierung 430[12]. Testosteroninaktivierung fördernde Stoffe 430[13]. — Förderung der Testosteroninaktivierung durch DPN 432[4]. — Testosteronabbau in der Säugetierleber 432[13], 433[1]. — Reduktion von Testosteron 433[2].
— L. T. SAMUELS and R. LUMRY: Enzymsystem der Testosteroninaktivierung 432[2]. Förderung der Testosteroninaktivierung durch DPN 432[2].
— s. SAMUELS, L. T. 432[12], 433[4].
SWEET, J. E., and P. A. LEVENE: Pyrimidinabbau in der Leber 344[6].
SWEET, W. H., A. SOLOMON and B. SELVERSTONE: Verbindungen zwischen Subarachnoidalraum und Gehirn 799[4].
SWELL, L., and C. R. TREADWELL: Plasmacholesterinesterase 207[17].
SWENDSEID, M. E., R. H. BARNES, A. HEMINGWAY and A. O. NIER: Ketonkörperbildung aus Acetat 186[2].
SWENDSEID, M. E., F. H. BETHELL and W. W. ACKERMANN: Bindung von Folsäure an Polyglutaminsäure 414[9]. — Folinsäuregehalt der Mäuseleber 414[9]. — Folsäure- und Folinsäureverteilung in der Mäuseleber 415[1]. — Lokalisation von Vitamin B_{12} in der Leberzelle 419[8]. — Vitamin B_{12}-Gehalt von Mäuseleber 420[6].
— A. L. SWANSON and F. H. BETHELL: Keine Wirkung von Aminopterin auf Sarkosin 416[14].
— P. D. WRIGHT and F. H. BETHELL: Synonyma für Folinsäure 413[16]. — Folinsäurebildung im hämatopoetischen Gewebe 414[7].
— s. MIMS, V. 414[3].
— s. RODNEY, G. 417[2].
SWENSSON, Å.: Glykogengehalt von Tierlebern 67[3]. — Glykogenverteilung im Leberlappen 68[1]. — Postmortale Glykogenolyse in der Leber 69[8]. — Leberglykogengehalt von Ratten 70[6]. — Anstieg des Leberglykogens bei Kaninchen mit dem Alter 71[3].
SWINGLE, K. F., A. E. AXELROD and C. A. ELVEHJEM: Nucleosidasehemmung durch Vitamin E. 367[2].
— s. AXELROD, A. E. 367[2].
SWINGLE, W. W.: Blutzuckerabfall bei hungernden adrenektomierten Tieren 123[11].
SYDENSTRICKER, V. P., W. K. HALL, C. W. HOCK and E. R. PUND: Hornhautveränderungen bei Lysinmangel 876[10].
— H. L. SCHMIDT jr., and W. K. HALL: Kataraktbildung bei Ratten nach Histidinmangel 899[13].
— s. BERG, J. L. 876[12].
— s. BOWLES, L. L. 876[14], 899[12].
— s. SINGAL, S. A. 152[1,4,12], 292[5], 293[12], 398[2], 672[7].
SYKES, J. F., s. MOORE, L. A. 669[17],[18].
— TAYLOR, N. B. 361[5].
SYKES, W. O., s. KREBS, H. A. 478[8].
SYLLABA, G., s. FIESSINGER, N. 21[6].
SYLLABA, J., s. SYLLABA, G.
SYLVEST, O.: Wirkung von Ascorbinsäure auf Blutzuckergehalt 385[7].
SYM, E., R. NILSSON u. H. v. EULER: Gehalt der Netzhaut an Cozymase 928[9].
SYMEONIDIS, A., A. S. MULAY and F. H. BURGOYNE: Anticancerogene Wirkung von Adrenektomie bei Buttergelbzufuhr 501[22].
SZABÓ, É., s. VARGA, E. 584[3], 586[5].
SZABO, F., s. MEZINCESCU, M. D. 658[3].
SZAFARZ, D., et C. PATERNOTTE: Adsorption von P-Verbindungen an Nucleinsäuren 315[8].
— s. JEENER, R. 315[6], 317[9], 323[2].
SZAKÁLL, A., s. ATZLER, E. 608[2].
SZALKOWSKI, C. R., and W. J. MADER: Desoxycholsäuregehalt der Galle 550[3].
SZANTO, P. B., s. FARBER, E. 36[16].
— s. KOCH-WESER, D. 36[11].
— s. POPPER, H. 421[9].

SZAPPANYOS, B., s. ERNST, Z. 508[6].
SZEGO, C. M.: Bindung oestrogener Hormone an Serumproteine in der Leber 425[13].
— and S. ROBERTS: Lipoidgehalt der Leber nach partieller Exstirpation 32[12]. — Wassergehalt der Leber nach partieller Hepatektomie 33[5]. — Ausscheidung freier Oestrogene in die Galle 429[9].
— s. ROBERTS, S. 424[10], 425[15].
SZENT-GYÖRGYI, A. (G.): Buch über Chemie der Muskelkontraktion. 2. Aufl. Engl. (1951) 570[22]. — Buch über chemische Physiologie der Kontraktion von Skelet- und Herzmuskel. Engl. (1953) 570[22]. — Ionenstärke im Muskel 575[1]. — L- und H-Meromyosin 578[11]. — Bedeutung von ATP für chemische Leistung der Muskelfaser 598[1].
— s. BANGA, I. 790[2].
— s. MIHÁLYI I. E. 578[11].
SZÉP, Ö., s. BODNÁR, J. 623[18], 627[18].
SZÖRÉNYI, E., s. WOHLGEMUTH, J. 780[14].
SZYSZKA, W., s. NONNENBRUCH, W. 371[17].

TABACHNICK. I. I. A., and D. D. BONNYCASTLE: Einfluß von Thyroxin auf Coenzym A-Gehalt der Organe 179[4].
TABENKIN, B., s. COOPERMAN, J. M. 419[13], 420[7].
TABERN, D. L., s. TAYLOR, J. D. 797[8].
TABOR, C. W., M. V. FREEMAN, J. BAILEY and P. K. SMITH: p-Aminobenzoesäurespeicherung 674[11].
TABOR, H., and E. MOSETTIG: Acetylierung von Histamin 476[3].
— s. KORNBERG, A. 505[9].
— s. MILLICAN, R. C. 130[5], 476[2].
— s. ROSENTHAL, S. M. 476[3].
TABUSSO, M. E.: Demyelinisierung des Rükkenmarks bei Kupfermangel 627[6].
TACHAU, H., s. FRIEDMANN, E. 469[12].
TAFT, R. B.: Sarkombildung nach Thoriumdioxyd 66[14].
TAGE-HANSEN, E., s. DAM, H. 370[2], 371[10].
TAGGART, J. V., and R. B. KRAKAUR: Prolinbildung aus Glutaminsäure in der Leber 123[3]. — Aktivierung und Hemmung der Prolinoxydase 300[3]. — Abbau von 301[6].
— s. CROSS, R. J. 847[7].
TAGNON, H. J., S. LIEBERMAN, P. SCHULMAN and A. BRUNSCHWIG: Inaktivierung oestrogener Substanzen in der Leber 423[4]. Oestradiolinaktivierung durch Leber gesunder und krebskranker Menschen 425[10]. Oestrogeninaktivierung in der Leber 426[4].
— s. LIEBERMAN, S. 425[6], 428[10].
TAINTER, E. G., s. FIELD, J. II 900[6].
TAKAGI, T., s. NISHIKAWA, Y. 51[1].
TAKAHASHI, K.: Ausscheidung tauringebundener Gallensäuren beim Huhn 557[7].
— s. ASHER, L. 823[4].
— s. KIM, C. H. 551[15], 557[13].
TAKAMATSU, H.: Histochemischer Phosphatasenachweis 544[5].
TAKAMATSU, T.: Photolyse von Netzhautlipoiden bei Belichtung 936[1]
TAKAMORI, M.: Reduktion von 4-Br--Dehydrocholsäure in der Leber 556[10].
TAKASAKA, T.: Vorkommen von Esterasen im Gehirn 744[3]. — Vorkommen von Nucleasen im Gehirn 762[9], 766[3]. — Autolyse des Gehirns 762[9]. — Vorkommen von Gelatinasen und Peptidasen im Gehirn 762[9].
TAKATA, M.: TAKATA-Reaktion 243*. — Ausscheidung tauringebundener Gallensäuren bei Walen 557[11].
— and K. ARA: TAKATA-ARA-Reaktion bei Pneumonien 243[2].
— u. S. TAKATA: TAKATA-Reaktion 243*.
TAKATA, S., s. TAKATA, M. 243*.
TAKÁTS, I., s. BRAND, I. 874[1].
TAKAZAWA, Y.: Neutralisation der Desoxyribonucleinsäure in der Netzhaut 926[2].
TAKEDA, Y., s. SUDA, M. 387[3].
TAL, C., s. OLITZKY, P. K. 651[2].
TALAAT, M. M., s. ANREP, G. V. 476[3].
TALALAY, P., and M. M. DOBSON: Oxydation von 3β- und 17β-Oxysteroiden 432[6]. — Testosteronabbau bei Pseudomonas 433[5].
— W. H. FISHMAN and C. HUGGINS: p_H-Optimum von β-Glucuronidase 462[11].
TALBOT, L. J., s. LEVEEN, H. H. 241[9].
TALBOT, N. B.: Oestrogeninaktivierung bei Tetrachlorkohlenstoffvergiftung 426[2].
— J. D. CRAWFORD and C. C. BAILEY: Galaktoseprobe bei Kindern 98[2].
TALBOT, S. A.: Struktur der Außenglieder der Sehzellen 937[3].
TALBOTT, J. H., s. BUZARD, J. 339[7].
TALMAGE, D. W., s. DIXON, F. J. 224[4].
TALMAN, E., s. TODD, W. R. 261[3].
TAMIYA, C.: Atmung und Glykolyse in der Netzhaut 929[7].
TAMMANN, H.: Resorption von Vitamin D bei Achylie 361[2].
TANAKA, K.: Cholsäurebildung beim Löwen 551[22]. — Ausscheidung tauringebundener Gallensäuren bei Feliden 557[10].
TANAKA, S.: Brenztraubensäuregehalt in der Hell- und Dunkelnetzhaut 933[6].
TANAKA, T.: Gehalt an reduzierenden Stoffen in der menschlichen und in der Schweinegalle 543[3].
— s. SUDA, M. 387[3].
TANASOLĞU, Y., s. CAROLI, J. 563[5].
TANGANELLI, G., s. TEODORI, U. 246[10].
TANGUY, T., s. AUFFRET, C. 354[7].
TANIGUCHI, K.: Bilirubingehalt im Blut nach Hepatektomie bzw. Choledochusunterbindung 508[8]. — Resorption von Stercobilin und Stercobilinogen im Darm 520[4].
TANSLEY, K.: Zusammenfassung über Sehpurpur (1950) 939[14]. — Extraktion von Sehpurpur 937[6]. — Verzögerte Sehpurpurregeneration bei Vitamin A-Mangel 943[2].
— s. BAYLISS, L. E. 939[11].

TANTURI, C., s. DAVIS, L. 29[1].
TANTURI, C. A., and A. C. IVY: Regulation der Leberdurchblutung 15[17]. — Nervöse Beeinflussung der Gallenbildung 21[2,3].
— A. C. IVY and H. GREENGAARD: Vermehrung der Gallensekretion durch ungereinigtes Sekretin 531[5].
TARCHANOFF, J. v.: Bilirubinbildung aus exogenem Hämoglobin 506[4]. — Ausscheidung von injiziertem Bilirubin durch die Leber 510[1].
TARKINGTON, J., s. DAVIS, L. 29[1].
TARR, C., s. DREILING, D. A. 531[11].
TARR, R. R., s. HAMILTON, P. B. 628[17].
TARVER, H., and L. M. MORSE: Aminosäureaustausch zwischen Blutplasma und Gehirnproteinen 745[12]. — Einbau radioaktiver Isotope in Gehirnproteine 746[6].
— and W. O. REINHARDT: Regeneration von Serumeiweiß nach Hepatektomie 228[2].
— and C. L. A. SCHMIDT: Cystinbildung aus Methionin 268[9]. — Anorganisches Sulfat keine Cysteinvorstufe 270[1]. — Eiweißumsatz im Gehirn 745[17]. — Einbau radioaktiver Isotopen in Gehirnproteine 746[11].
— s. FARBER, E. 148[1].
— s. FRIEDBERG, F. 745[16], 746[10].
— s. JENSEN. D. 143[13], 148[3].
— s. LEVINE, M. 214[7], 735[20].
— s. MELCHIOR, J. 216[5].
TASHIRO, S.: Ammoniakbildung in peripheren Nerven 629[6].
TAT, R. J., T. J. GREENWALT and W. DAMESHEK: Bilirubin im Stuhl des Neugeborenen, Stercobilin in dem des Flaschenkindes 518[12].
TATA, J., s. ROCHE, J. 443[1].
TATSUMA, B., s. KAZUNO, T. 551[16].
TATUM, E. L., s. FULLER, R. C. 150[17].
— s. REID, D. F. 291[5].
TAUBER, F. W., and A. C. KRAUSE: Vorkommen von Schwermetallen in der Bindehaut 871[3]. — Schwermetallgehalt der Rinderhornhaut 873[5]. — Schwermetallgehalt in Rinderlinsen 884[6]. — Vorkommen von Eisen in Kammerwasser 902[4]. — Schwermetalle in Chorioidea und Iris vom Rind 915[5]. — Schwermetallgehalt der Rindernetzhaut 925[1]. — Schwermetallgehalt im Sehnerven vom Rind 948[4].
— s. KRAUSE, A. C. 889[11], 919[6], 926[11], 948[6].
TAUBER, H., and I. S. KLEINER: Ascorbinsäuregehalt von Meerschweinchengehirn 674[13].
TAUBER, S.: Bildung von Estersulfaten aus Sulfit 273[12]. — Ausscheidung von Esterschwefelsäure bei gesteigerter Darmfäulnis 466[4].
TAUROG, A., F. N. BRIGGS and I. L. CHAIKOFF: Thyroxinausscheidung durch die Leber 442[1]. — Bindung von Thyroxin an Glucuronsäure 442[2].
TAUROG, A., s. FISHLER, M. C. 737[5].
— s. TONG, W. 442[7].
TAUSSIG, J. B., s. ELMAN, R. 548[8].
TAVORMINA, P. A., s. CARTER, H. E. 641[5].
TAWARA, M.: Phosphatgehalt der Netzhaut 925[2].
TAYEAU, F.: Serumlipoide bei Obstruktionsikterus 232[2].
TAYLER, H. L., s. COHN, E. J. 425[14].
TAYLOR, A., and G. ÅGREN: Steigerung der Sulfonamidausscheidung in der Galle durch Choleretica 561[3].
— M. A. POLLACK and R. J. WILLIAMS: Aneuringehalt des menschlichen Gehirns 670[6].
— J. THACKER and D. PENNINGTON: Anämie bei Mangel an Pantothensäure 505[15].
TAYLOR, C. B., s. GOULD, R. G. 199[13], 200[10], 204[5], 205[3,4], 206[4].
TAYLOR, F. H. L., s. WILKINS, R. W. 115[10].
TAYLOR, F. W., and H. L. EGBERT: Blutdruck in der V. lienalis 15[7].
TAYLOR, H. C. jr., s. SINGHER, H. O. 424[17], 427[10,12].
— s. TWOMBLY, G. H. 423[4], 424[15], 425[7].
— s. UNNA, K. 392[2], 427[19], 501[7].
TAYLOR, J., D. STIVEN and E. W. REID: Störung der Eisenresorption bei Vitamin A-Mangel 55[2].
TAYLOR, J. D., R. K. RICHARDS, G. M. EVERETT and E. L. BERTCHER: Hemmung des Sauerstoffverbrauches im Gehirngewebe durch Tridion 791[4].
— R. K. RICHARDS and D. L. TABERN: Permeabilität der Blut-Hirnschranke gegen Barbiturate 797[8].
— s. MACLACHLAN, P. L. 9[11], 10[3], 39[9], 40[1], 139[2], 140[1].
TAYLOR, M. W., s. STERN, J. R. 422[1].
TAYLOR, N. B., C. B. WELD and J. F. SYKES: Bedeutung von Galle für Vitamin D-Resorption 361[5].
TAYLOR, R. F., s. COMAR, C. L. 65[5], 627[12].
TAYLOR, R. M., s. SPERRY, W. M. 740[6].
TAYLOR, T. S., s. HOLMAN, R. T. 375[10], 687[3].
TAYLOR, W.: Bildung von allo-Pregnandion und allo-Pregnan-3α-ol-20-on 435[9], 436[1].
TAYLOR, W. E., and J. M. MCKIBBIN: Inositgehalt der Hundeleber 150[13].
— s. MCKIBBIN, J. M. 133[4], 145[1], 641[4], 686[11].
TECHNER, F., s. THOMAS, K. 586[9].
TEILUM, G.: Cholesteringranulomatose 688[6].
TEKMAN, S., s. DALGLIESH, C. E. 288[3], 290[5], 291[14].
TELFER, S. V.: Vorkommen von Ca-Carbonat und -Phosphat in Pigmentkalksteinen 567[2].
TENG, C.-T., s. HASTINGS, A. B. 43[7].
TE LINDE, R. W., s. JONES, G. E. S. 437[3].
TENNENBAUM, M., s. MANN, P. J. G. 807[5], 844[10,12], 845[1,5], 847[11], 848[4].
— s. QUASTEL, J. H. 785[17].
TEODORI, U., A. BORGHI e G. TANGANELLI: Thymoltrübungstest bei Verschlußikterus 246[10].

TEPLY, L. J., s. ANDERSON, E. G. 394[12], 395[1], 673[1].
— s. KREHL, W. A. 292[2], 398[4].
— s. PRUSOFF, W. H. 415[4].
TEPPERMAN, J., s. ALBAUM, H. G. 810[6].
— s. BASS, A. D. 335[11].
— s. REMY, C. 445[11].
TERBRÜGGEN, A.: Glucagonbildung in den α-Zellen des Pankreas 77[3]. — Fettgehalt der Leber bei Skorbut 385[13].
— s. REMY, R. 37[3].
TERNER, C.: Aerobe Milchsäurebildung in Hirnrindenschnitten 707[2]. — Hemmung der PASTEUR-Reaktion und der Atmungskettenphosphorylierung durch Dinitrophenol 732[5,6]. — Hemmung der PASTEUR-Reaktion und der Atmungskettenphosphorylierung durch p-Nitrophenol 732[7]. — Wirkung von 2,4-Dinitrophenol auf Netzhautstoffwechsel 932[1].
— L. V. EGGLESTON and H. A. KREBS: Bedeutung von Glutaminsäure für Kaliumkonzentration in Hirnschnitten 756[9]. Abgabe von Kaliumionen durch Retina und Hirnschnitte 801[14]. — Na- und K-Gehalt der Rindernetzhaut 924[2]. — Kalium-Natriumaustausch der Netzhaut 935[1].
— s. KREBS, H. A. 801[13,16], 802[3], 935[2].
TERROINE, E. F.: Fettsäuregehalt von Kaninchen-, Tauben- und Gänseleber 131[1]. Zusammensetzung der Strukturlipoide von Leberzellen 132[3].
— et P. BELIN: élément constant des Leberfetts 132[2]. — Konstante Zusammensetzung der Hirnphosphatide 685[10].
— et G. BOY: Herkunft von Glycin für die Hippursäuresynthese 470[14].
— et C. HATTERER: Konstante Zusammensetzung der Hirnphosphatide 685[11].
TERROINE, T., and J. ADRIAN: Pantothensäuregehalt der Leber bei Hunger 406[2].
— et P. ROMBAUTS: Ammoniakausscheidung bei Biotinmangel 412[8].
TERRY, R., s. HAWKINS, W. B. 558[14].
TERRY, T. L., s. KINSEY, V. E. 905[6].
TERSZAKOWÉC, J., s. OSTERN, P. 329[4].
TESAR, C., and D. RITTENBERG: Verwertung von Histidin 297[4].
TESKE, R., s. FELIX, K. 284[5].
TESTA, E., s. LEUTHARDT, F. 98[15], 99[1], 100[3].
TEULON, H., C. MARNAY et H. GOUNELLE: Vitamin A-Speicherung in der Leber 349[4].
TEZOK, O., s. STARY, Z. 233[1].
THACKER, E. A., s. REED, C. I. 622[3,4].
THACKER, J., s. TAYLOR, A. 505[15].
THADDEA, S.: Abnahme des Leberglykogens bei hungernden adrenektomierten Tieren 124[1].
THAIN, E. M., s. BADDILEY, J. 272[3].
THANNHAUSER, S. J.: Cholesterin in der menschlichen Galle 209[8].
THANNHAUSER, S. J., J. BENOTTI, A. WALCOTT and H. REINSTEIN: Phosphatidgehalt menschlicher Leber 133[1]. — Gehalt an Lipoidphosphor im Gehirn 633[6]. — Sphingomyelinkonzentration im Gehirn 642[5].
— and N. F. BONCODDO: Hydrolecithin aus Kalbshirn 634[5]. — Sphingomyeline mit zwei Fettsäuren 641[6]. — Unterschiede zwischen Spingomyelinen aus Gehirn, Lunge und Milz 641[6].
— N. F. BONCODDO and G. SCHMIDT: Krystallisierte Acetalphosphatide aus Gehirn 637[6]. — α-Glycerylphosphorylcolamin aus Acetalphosphatiden 637[7]. — Fettsäurealdehyde aus Acetalphosphatiden 638[2].
— u. K. H. MEYER: Verwertung von Sorbit durch Hund und Mensch 104[1]. — Antiketogene Wirkung von Sorbit 104[14].
— u. B. OTTENSTEIN: Adenosin- und Adenindesaminase der Leber 334[4].
— and M. REICHEL: Hydrolysewert für Cerebroside und Sphingomyelin 743[11]. — Hemmung der Sphingomyelinase durch Cystein 744[10]. — Cerebrosidase 744[10].
— M. REICHEL and J. F. GRATTAN: Aktivierung der Serumphosphatasen durch Galle 240[6].
— M. REICHEL, J. F. GRATTAN and S. J. MADDOCK: Aktivierung der Serumphosphatasen durch Galle 240[6]. — Alkalische Phosphatase in der Galle 543[14]. — Aktivierung der Gallenphosphatase durch Ascorbinsäure 543[14].
— and H. REINSTEIN: Leberverfettung bei Infektionskrankheiten 154[16]. — Menge und Zusammensetzung von menschlichem Leberfett 155[3].
— u. H. SCHABER: Verhältnis freies:gebundenes Cholesterin im Blutplasma bei Leberschäden 208[3].
— S. Z. SORKIN and N. F. BONCODDO: Glykogenabbau in der Leber bei Glykogenspeicherkrankheit 70[3]. — Verminderung der Glucose-6-phosphatase bei Glykogenspeicherkrankheit 80[4].
— s. ENDERLEN, E. 209[11], 555[2], 558[16].
— s. SCHMIDT, G. 133[2,5], 311[2], 661[13], 662[7], 666[8].
THAYER, S., s. MCCARRELL, J. D. 19[12].
— s. MCKIBBIN, J. M. 146[16].
THAYER, S. A., s. ELLIOT, W. H. 436[11].
— s. OLSON, R. E. 78[7], 124[10].
THEIS, R. M., s. SURE, B. 382[4], 675[1].
THEOBALD, J., s. HILL, D. 824[2].
THEORELL, A. H. T.: Zusammensetzung von Myoglobin 579[10].
THEORELL, H.: Riboflavingehalt der Flavinfermente 391[4].
— and Å. ÅKESSON: Zusammensetzung von Myoglobin 579[10].
— and R. BONNICHSEN: Bindung zwischen Alkoholdehydrogenase und DPN 487[5,6]. Verteilung der Alkoholdehydrogenase in der Leberzelle 487[5]. — Spezifität der Alkoholdehydrogenase 489[6].

THEORELL, H., and B. CHANCE: Bindung von Alkoholdehydrogenase an DPN 487[7].
THÉRIEN, M., s. DUGAL, L. P. 379[14].
THERMAN, P. O.: Acetylcholingehalt in hell- und dunkeladaptierten Netzhäuten 928[15].
— s. MANGOLD, R. 778[9], 808[5].
THIÉBAUT, F., s. FIESSINGER, N. 92[3].
THIEL, W.: Porphyrinausscheidung im Harn bei Ikterus und Hepatitis 526[4].
THIEM, C., and C. FISCHER: Fettige Degeneration der Leber nach Chloroformvergiftung 35[13].
THIERFELDER, H.: Chloralhydrat wird nicht reduziert 483[6].
— u. E. KLENK: Buch über Chemie der Cerebroside und Phosphatide (1930) 643[5]. Muconsäurebildung aus Benzol 473[5].
— u. J. v. MERING: Entgiftung von Alkoholen durch Glucuronidbildung 455[1].
— u. C. P. SHERWIN: Phenylessigsäure, Bindung an Glutaminsäure 472[1].
THIERS, H. P., s. GAUTIER, C. 219[2].
THILLARD, M. J., s. MAY, R. M. 695[5, 6].
THING, E.: Melanophorenhormon 450[6].
THOMAS, A., s. MEDES, G. 164[11], 165[5], 167[4].
THOMAS, C., s. LEWIS, L. A. 232[12].
THOMAS, G., s. DEICHMANN, W. B. 458[3].
THOMAS, J.: Keine Porphyrinbildung beim Hämoglobinabbau 525[1]. — Porphyrinbildung beim Hämoglobinabbau nach Lebervergiftung 525[1].
— s. DODGSON, K. S. 763[11].
THOMAS, J. W., and L. A. MOORE: Vitamin A-Speicherung in der Leber 348[7].
THOMAS, K., A. T. MILHORAT u. F. TECHNER: Wirkung von Glykokoll bei progressiver Muskeldystrophie 586[9].
THOMAS, L., s. LOWE, C. U. 322[9].
THOMPSON, C., s. GLAZER, H. S. 291[12].
THOMPSON, F. L., s. COHEN, P. P. 246[7].
THOMPSON, H. T., L. S. DIETRICH and C. A. ELVEHJEM: Vitamin B_{12}-Bestimmung mit Lactobacillus Leichmannii 419[5]. — Vitamin B_{12}-Extraktion aus der Leber 419[10].
— P. E. SCHURR, L. M. HENDERSON and C. A. ELVEHJEM: Freie Aminosäuren im Gehirn bei Proteinmangel 684[9], 685[1].
— s. SCHURR, P. E. 655[3, 6].
THOMPSON, J. C., and H. M. VARS: Cholesterinausscheidung in der Galle nach Thyreoidektomie und nach Thiouracilgaben 547[8]. — Verminderte Gallensäureausscheidung bei verstärkter und verminderter Schilddrüsentätigkeit 547[10].
THOMPSON, J. F., s. STEWARD, F. C. 753[5].
THOMPSON, J. W., s. GREENSTEIN, J. P. 34[6].
THOMPSON, M. J., s. GARDNER, G. H. 36[3].
THOMPSON, P. K., s. DRINKER, K. R. 62[10, 14].
THOMPSON, R.: Lysozym in der Tränenflüssigkeit 870[2].
THOMPSON, R. H. S.: Hemmung der Acetylcholinesterase durch Dichlordiäthyl-N-methylamin 858[18].
THOMPSON, R. H., and R. E. JOHNSON: Brenztraubensäurespiegel des Blutes bei Thiaminmangel 115[9].
— and A. TICKNER: Vorkommen von Aminoxydase an sympathischen Nervenendigungen 761[17].
— and V. P. WHITTAKER: Hemmung der Brenztraubensäureoxydation durch Antimon-, Gold- und Quecksilberverbindungen 727[4].
— s. ADAMS, D. H. 858[3], 860[14].
— s. DUBOS, R. J. 319[1].
— s. ORD, M. G. 852[5, 6], 853[2], 856[8].
— s. PETERS, R. A. 115[7], 706[7], 715[11], 726[7–9], 785[9].
— s. STOCKEN, L. A. 727[2, 6].
THOMPSON, R. Q., and N. B. GUERRANT: Bedeutung von Vitamin B_6 für Thionase 402[5].
THOMPSON, R. Y., s. DAVIDSON, J. N. 682[2].
THOMPSON, S. Y., J. GANGULY and S. K. KON: Vitamin A-Bildung aus Carotin im Darm 351[10].
— s. COATES, M. E. 348[1].
THOMSON, A. E.: Tagesschwankungen der Na- K- und H_2O-Ausscheidung beim Menschen 25[9].
— s. STANBURY, S. W. 25[9].
THOMSON, D. L., s. SELYE, H. 143[6].
THOMSON, R. O., s. COOK, R. P. 208[12].
THOMSON, V., s. GROSS, E. G. 453[1].
THONET, L., s. BRACHET, J. 321[1].
THORBJARNARSON, T., and J. C. DRUMMOND: Einfluß von Fett und Cholesterin auf Vitamin A-Speicherung in der Leber 349[16].
THORDARSON, O.: Prothrombingehalt im Blut von Neugeborenen 371[3].
THORELL, B., s. ELIASSON, N. A. 325[1].
THORN, G. W., S. H. ARMSTRONG jr. and V. D. DAVENPORT: Albuminbildung bei Lebercirrhose 230[6]. — φ-Zacke bei Lebercirrhose 231[9].
— K. EMERSON jr. and H. EISENBERG: Wirkung von Nebennierenextrakten bei ADDISONscher Krankheit 437[5].
— G. F. KOEPF, R. A. LEWIS and E. F. OLSEN: Hemmung des Kohlenhydratabbaues durch Nebennierenrindenhormon 123[8]. — Wirkung von Nebennierenrindenhormon bei adrenektomierten pankreasdiabetischen Tieren 124[9].
— s. FORSHAM, P. H. 126[4], 820[11].
— s. HOFFMAN, W. C. 820[10].
— s. INGLE, D. J. 123[6].
— s. LEWIS, R. A. 124[7].
THORN, W.: Milchsäuregehalt im Kaninchengehirn 659[13], 660[5]. — Anaerobiose im Gehirn bei Anoxie 788[1].
— u. R. HEITMANN: p_H-Abfall im Gehirn bei Ischämie 787[10].
— u. H. A. RASZKOWSKI: Anaerobiose im Gehirn bei Anoxie 788[2].
— s. OPITZ, E. 787[6].

THOROGOOD, E., and B. ZIMMERMANN: Glykogenabbau in der Leber bei Alloxandiabetes nach Pankreasexstirpation 77[5].
THORP, F. jr., s. CULIK, R. 675[9].
THORPE, W. V., s. BRAY, H. G. 478[7,9].
THORS, R., s. BOLLMAN, J. L. 38[1].
THUDICHUM, J. L. W.: Buch über die chemische Konstitution des Gehirns des Menschen und der Tiere (1901) 643[9].
THUILLIER, J., s. DELAY, J. 491[7].
THUNBERG, T.: Glutaminsäureoxydation in peripheren Nerven 750[3].
TIBA, H.: Mucin aus Galle 542[17].
TICE, S. V., s. MEISTER, A. 252[2,3], 400[9], 751[9].
TICHMENEFF, N.: Eiweißspeicherung in der Leber 220[3]. — Nucleinsäuregehalt von Leberzellen bei Hunger 321[8].
TICKNER, A., s. THOMPSON, R. H. S. 761[17].
TIFFT, M. O., s. GRIFFIN, A. C. 502[13].
TIGERMAN, H., and R. MACVICAR: Glutamingehalt im Rattengehirn 656[3]. — Aufnahme von Glutamin durch Gehirn 749[3].
TIMIRAS, P. S., s. DUBREUIL, R. 468[5].
TIMOFÉEFF-RESSOVSKY, H. A., s. BORN, H. J. 62[1], 625[9], 626[1], 630[4].
TING, Y. C., s. FENG, T. P. 855[5].
TINGEY, A. H.: Eisengehalt im Gehirn 623[11], 626[3].
TINKER, J. F., s. GETLER, H. 331[7], 333[8].
TIPLER, M. M., s. DAFF, M. 379[12], 503[11].
TIPTON, I. H., s. TIPTON, S. R. 445[3].
TIPTON, S. R.: Wirkung von Thyroxin und thyreotropem Hormon auf Lebersuccinodehydrogenase 445[8]. — Hemmung der Hirnatmung durch Nebennierenrindenextrakt und Corticosteron 819[7].
— M. J. LEATH, I. H. TIPTON and W. L. NIXON: Aktivität der Lebercytochromoxydase bei Hyperthyreose 445[3].
— and W. L. NIXON: Aktivität der Lebercytochromoxydase bei Hyperthyreose 445[4]. — Aktivität der Leber-Cytochromoxydase nach Thiouracil 445[4].
— s. COLVIN, F. M. 444[11].
TISHKOFF, G. H., s. MILLER, L. L. 296[1].
TISSIER, M., s. BÉNARD, H. 506[6].
TISSIÈRES, A.: Decarboxylierung von Gluconsäure-6-phosphat in Bakterien 108[4].
TITAEV, A. A.: Vitamin B_1-Dehydrogenase im Gehirn 722[6].
TIVEY, H., s. OSGOOD, E. E. 316[3].
TKACZ, L., s. MEIO, R. H. 465[6], 467[6], 468[2].
TOCZYSKI, T., s. FRANKE, M. 227[7].
TODD, A. R., A. W. JOHNSON u. Mitarb.: Struktur von Vitamin B_{12} 524[1].
— s. BONNETT, R. 524[1].
— s. CHARLES, A. F. 233[7].
— s. MORTON, I. D. 640[4].
TODD, D., s. SCHWENK, E. 203[1,12].
TODD, W. R., J. M. BARNES and L. CUNINGHAM: Einwirkung von Glycin auf die Nebennierenrinde 261[4].
TODD, W. R., J. MYERS and E. S. WEST: Verwertung von Sorbit durch die Ratte 104[3]. — Glucosebildung aus Mannit und Sorbit 106[4].
— and E. TALMAN: Förderung der Leberglykogenbildung durch Glycin 261[3].
— s. CUNNINGHAM, L. 261[2].
TODHUNTER, E. N., T. MCMILLAN and D. A. EHMKE: Ausscheidung von Ascorbinsäure im Harn nach Dehydroascorbinsäure 383[7].
TODRICK, A., K. P. FELLOWES and J. P. RUTLAND: Wirkung von Alkoholen auf Acetylcholinsterase 860[10].
— s. BAYLISS, B. J. 861[15].
— s. FELLOWES, K. P. 860[9].
TÖNDURY, G.: Bedeutung von Ribonucleinsäure für Eiweißsynthese in der Linse 894[8].
TOENNIESSEN, E., u. E. BRINKMANN: Ketonkörperabgabe durch verschiedene Organe 184[3]. — Ketonkörperbildung aus Acetat in der Leber 185[9]. — Ketonkörperbildung aus Buttersäure in der Leber 186[3].
TÖNNIS, B., s. KÖGL, F. 410[10].
TÖROK, G., s. BENEDICT, H. 486[9].
TOLBERT, M. E., and R. OKEY: Einbau von Phosphat und Cholin in Phosphatide 159[11].
TOLLENS, C.: Glucuronidausscheidung beim Menschen 458[1]. — Phenol- und Indoxylentgiftung beim Menschen 465[8].
— u. F. STERN: Glucuronidausscheidung beim Menschen 458[1].
TOLMAN, L., s. MARTIN, G. J. 417[4].
TOLSTOI, E., R. O. LOBEL, S. Z. LEVINE and H. B. RICHARDSON: Milchsäurevermehrung im Blut nach Adrenalin 120[6].
TOMACZEWSKI, W., and E. ENGEL: Vitamin A-Reserven bei Vitamin K-Mangel (Huhn) 349[11].
TOMAN, J. E. P., J. W. WOODBURY and L. A. WOODBURY: Keine Erregung der Nerven durch Acetylcholin 842[8].
TOMARELLI, R. M., s. GYÖRGY, P. 37[6], 365[10].
TOMITA, M., s. FELIX, K. 310[6].
TOMIZAWA, H. H., M. L. NUTLEY, H. T. NARAHARA and R. H. WILLIAMS: Insulininaktivierung durch Leberextrakte 448[13].
TOMKINS, G. M., and I. L. CHAIKOFF: Cholesterinsynthese in der Leber von Hungerratten 205[1]. — Cholesterinbildung in der diabetischen Leber 205[1].
— s. CHAIKOFF, I. L. 209[1], 554[10].
TOMPSETT, S. L.: Kupfergehalt der menschlichen Leber 56[3]. — Kupfergehalt im Gehirn 623[14]. — Histochemischer Eisennachweis in Nerven- und Gliazellen 626[5].
— and A. B. ANDERSON: Bleigehalt der Leber 64[6], 66[15].
— and I. FITZPATRICK: Phenylalaninausscheidung 279[1]. — Tyrosinausscheidung im Harn 284[7].
— s. ANDERSON, A. B. 242[1].
TONG, W., A. TAUROG and I. L. CHAIKOFF: Spaltung und Bildung jodhaltiger Stoffe in der Leber 442[7].

TONUTTI, E.: Ascorbinsäuregehalt in Zellen verschiedener Gewebe 378[1].
— u. J. WALLRAFF: Glykogengehalt der Leber bei B_1-Avitaminose von Taube und Ratte 73[11]. — Insulineinwirkung auf Leberglykogen 74[10].
TOPP, J. H., M. C. F. LINDERT and F. D. MURPHY: Leberpunktion 38[4].
TOPPER, Y. J., and A. B. HASTINGS: Glykogenbildung aus Essigsäure oder CO_2 in der Leber 120[1].
— and D. STETTEN jr.: Mechanismus der Umwandlung von Galaktose in Glucose 94[2].
— s. STETTEN, M. R. 107[4].
TORDA, C., and H. G. WOLFF: Fermente des Cytochromsystems im Gehirn 795[9]. — Einfluß krampferzeugender Substanzen auf Sauerstoffverbrauch und Cytochromoxydase im Gehirn 796[10]. — Aktivität der Cytochromoxydase im elektrisch gereiztem Gehirn 817[1]. — Acetylcholinsynthese im Gehirn hypophysektomierter Ratten 849[4]. — Einfluß von Alkaloiden auf Acetylcholinbildung 849[6].
TORINOUMI, K.: Cholesterinresorption in der Gallenblase 548[11].
TORRES, H., s. FIESSINGER, N. 360[5].
TORRES, I.: Kreatinphosphatsynthese im Gehirn 772[7]. — Hemmung der Atmung des Rattengehirns durch Cyanid 790[3].
— s. COLLAZO, J. A. 586[7].
TOTANI, G.: Phenylessigsäureentgiftung bei Vögeln 454[3].
TOTTER, J. R., E. S. AMOS and C. K. KEITH: Bedeutung von Folsäure für den Glycinstoffwechsel 262[2]. — Bedeutung von Folsäure für Benzoesäurebildung 417[7].
— and C. P. BERG: Keine Verwertung von D-Lysin 295[5].
— W. T. BURNETT jr., R. A. MONROE, I. B. WHITNEY and C. L. COMAR: Molybdän als Bestandteil von Xanthinoxydase 65[12].
— and P. L. DAY: Hornhautveränderungen bei Tryptophanmangel 876[9]. — Linsentrübungen bei Ratten nach Tryptophanmangel 899[11].
— B. KELLEY, P. L. DAY and R. R. EDWARDS: Bedeutung der Folsäure für den Glycinstoffwechsel 261[7].
— V. MIMS and P. L. DAY: Folsäurebildung aus Xanthopterin 413[8].
— E. VOLKIN and C. E. CARTER: Erneuerung der Desoxyribonucleinsäuren der Leber 316[12]. — Thyminbildung aus Formiat 343[8].
— s. KEITH, C. K. 335[8], 415[5], 416[9].
— s. KELLEY, B. 418[3].
— s. MIMS, V. 413[13].
TOULLIER, J. s. WARTER, J. 326[2].
TOURTELLOTTE, D., s. SHAMBAUGH, N. F. 278[5].
TOUSTER, O., and V. H. REYNOLDS: Keine Verwendung von β-Glucuronsäure-1-phosphat für die Glucuronidsynthese 461[2].
TOWER, D. B., and K. A. C. ELLIOTT: Acetylcholingehalt der Hirnrinde 844[3].
— and D. MCEACHERN: Schicksal des durch Gehirnreizung freigesetzten Acetylcholins 817[11].
TOWNEND, F., s. SPEAKMAN, J. B. 653[7].
TRACY, M. M., s. BRUES, A. M. 315[1], 316[1], 325[6], 326[3].
TRAPMANN, H., s. BAMANN, E. 66[19].
TRAPP, W., s. DRUCKREY, H. 495[1].
TRAUTH, O., s. BADDILEY, J. 268[2].
— s. WEYGAND, F. 268[2].
TRAUTNER, E. M., s. HARRIS, H. 750[7].
TRAVERS, J. J., s. CERECEDO, L. R. 327[1,2].
— s. LOMBARDO, M. E. 326[5].
TRAVIA, L., e C. PELOSIO: Riboflavinphosphorylierung bei Lebercirrhose 393[1].
— U. SANTAGATI e M. GATTINI: Riboflavinphosphorylierung bei Lebercirrhose 392[16].
TREADWELL, C. R.: Lipotrope Wirkung von Cystin + Methionin 149[11].
— M. GROOTHUIS and H. C. ECKSTEIN: Lipotrope Wirkung von Casein 147[7].
— s. ECKSTEIN, H. C. 201[11].
— s. SWELL, L. 207[17].
— s. TUCKER, H. F. 147[7].
TREAGER, H., s. COHEN, E. S. 562[11].
TREITMAN, S. S., s. SRERE, P. A. 739[9].
TREMATORE, M.: Vorkommen von Amylase in der Netzhaut 936[15].
TRENDELENBURG, W.: Absorptionsspektrum des Sehpurpurs 939[3].
TREVOY, L. W., s. LEE, C. C. 373[7].
TRICKEY, E. B.: Chenodesoxycholsäurebildung beim Schwein 551[17]. — 3-Oxy-6-ketocholansäure und 3-Oxy-6-ketoallocholansäure aus Schweinegalle 553[2].
TRIMBLE, H. C., and C. E. KELLER: Uricase der Leber beim Dalmatinerhund 339[5].
— s. KLEMPERER, F. W. 339[5].
TRINCHESE, L., s. RAIMONDO, F. DI 395[5,6], 414[12], 419[6], 420[11].
TRIPPETT, S., s. VIGNEAUD, V. DU 451[12].
TROESCHER, F. M., s. GREENBERG, D. M. 540[9].
TRON, E.: Mineralbestandteile in Kammerwasser, Glaskörper und Serum vom Rind 901[1].
TROPP, C., u. B. ECKARDT: NIEMANN-PICKsche Krankheit 689[2].
— u. L. PENEV: Porphyrinausscheidung im Harn bei Ikterus und Hepatitis 526[9].
— u. K. SIEGLER: Porphyrinausscheidung im Harn 526[3].
TROTTA, J. R., s. POPP, E. M. 406[4].
TROWELL, H. C.: Entwicklung von Buttergelbtumoren bei proteinarmer Ernährung 393[10].
— and E. M. K. MUWAZ: Fettlebern bei Kwashiorkor 151[1].
TRUAX, F. L., s. MACLACHLAN, P. L. 9[11], 10[3], 39[9], 40[1], 139[2], 140[1].
TRUCCO, R. E., R. CAPUTTO, L. F. LELOIR and N. MITTELMAN: Bildung von Galaktose-1-phosphat aus Galaktose 94[9]. — Aktivierung der Galaktokinase 95[1].

TRUCCO, R. E., s. CAPUTTO, R. $94^{4,8}$, 95^{7}, 96^{1}.
— s. CARDINI, C. E. 87^{2}.
— s. LELOIR, L. F. 87^{1}, 95^{8}.
— s. PALADINI, A. C. 87^{1}.
TRUESDAIL, J. H., s. WILLIAMS, R. J. 403^{12}, 404^{1}.
TRUEX, R. C., and R. L. ZWEMER: Lipofuscin im Gehirn 680^{8}.
TRUSSELL, R. E., s. SWAN, K. C. 869^{6}.
TRUSZKOWSKI, R.: Eiweißgehalt der Leber 216^{7}. — Xanthinoxydase in der fetalen menschlichen Leber 335^{1}. — Keine Allantoinbildung beim Menschen 339^{4}.
TRZEBINSKI, S.: Autolyse von Lipoiden im Gehirn ist fraglich 744^{14}.
TSAI, C.: Glykogengehalt verschiedener Leberlappen 67^{9}. — Abnahme des Leberglykogens bei dekapitierten Tieren und nach Narkose 69^{2}.
— and C.-L. YI: Glykogengehalt verschiedener Leberlappen 67^{9}. — Abnahme des Leberglykogens bei dekapitierten Tieren und nach Narkose 69^{2}.
— s. EVANS, C. L. 67^{9}, 69^{2}, 76^{6}.
TSAO, T.-C.: Molekulargewicht von Actin 579^{5}.
— K. BAILEY and G. S. ADAIR: Molekulargewicht von Tropomyosin 579^{2}.
— s. ADAIR, G. S. 578^{12}.
TSCHALISOW, M. A.: Bildung von Hexosemono- und -diphosphat bei der anaeroben Glykolyse im Gehirn 705^{16}.
TSCHERMAK, A. v.: Proteolytisches Ferment in Hundegalle 544^{19}.
TSCHERNIKOW, I. D. GADASKIN u. I. I. GUREWITSCH: Oxydation von Benzol in der Leber 473^{1}.
TSCHESCHE, R.: Scymnol, Zwischenprodukt der Gallensäure aus Cholesterin 550^{6}.
TSCHETWERIKOW, D. A., s. PIGAREWA, S. D. 682^{10}, 683^{1}.
TSCHIRGI, R. D., R. W. GERARD, H. JENERICK, L. L. BOYARSKY and J. Z. HEARON: Wiederherstellung der Reflexerregbarkeit des Rückenmarkes durch Glutaminsäure und Glutamin 758^{10}. — Sauerstoffverbrauch im durchströmten Rattenrückenmark 782^{11}.
— s. ABOOD, L. G. 700^{9}, 730^{14}.
TSCHOPP, E., s. MIESCHER, K. 434^{10}.
TSUBOI, K. K.: Phosphataseaktivität regenerierender Leberzellen 34^{8}.
— and R. E. STOWELL: Leberfermente bei Tetrachlorkohlenstoffvergiftung 36^{10}.
— R. E. STOWELL and C. S. LEE: Nucleinsäuregehalt und Basophilie des Cytoplasmas der Leber bei Tetrachlorkohlenstoffvergiftung 36^{15}.
— H. O. YOKOYAMA, R. E. STOWELL and M. E. WILSON: Protein- und Enzymgehalt der Leber bei Leberregeneration 223^{4}.
— s. WILSON, M. E. 223^{4}.
— s. YOKOYAMA, H. O. 223^{4}.
TSUGE, S.: Glykogenabbau und -synthese in der Leber nach Ultrabeschallung 72^{5}.
TSUJI, T.: Bildung von α-Naphthylmerkaptursäure aus Naphthalin 473^{17}.
TSUJIMOTO, J., s. ICHIHARA, K. 288^{6}.
TSUJIMOTO, M.: Squalen in Fischlebern 202^{17}. Clupanodonsäure in Dorschlebertran 376^{8}.
TUBA, J.: Leberglucuronidase 463^{9}.
TUCHMAN, L., s. ANTOPOL, W. 239^{5}.
— s. SILBERSTEIN, F. 305^{4}.
TUCKER, H. F., and H. C. ECKSTEIN: Lipotrope Wirkung von Methionin 147^{3}. — Lipotrope Wirkung von Casein $147^{3,7}$.
— C. R. TREADWELL and H. C. ECKSTEIN: Lipotrope Wirkung von Casein 147^{7}.
TUERKISCHER, E., s. STEIN, L. 72^{9}.
TÜZÜNKAM, P.: Wirkung des antidiuretischen Hormons bei Leberschädigung 451^{4}. — Keine Wirkung der Leber auf Oxytocin 451^{9}.
— s. ESER, S. $450^{7,10}$.
TUFTS, E. V., s. GREENBERG, D. M. 41^{15}.
TUKAMOTO, M., u. Y. KATAOKA: Chenodesoxycholsäure in der Galle von Knochenfischen 551^{4}.
TULPULE, P. G., and V. N. PATWARDHAN: Transaminierungsreaktion im Gehirn 751^{6}.
TULUS, R., s. BREUSCH, F. L. 126^{9}, 719^{8}, 742^{1}.
TUMEN, H., and H. L. BOCKUS: Albumin: Globulinverhältnis bei Lebererkrankungen 229^{4}.
— s. PINCUS, I. J. 426^{13}, 434^{9}.
TUNG, T. C., and P. P. COHEN: Citrullinsynthese 308^{3}.
TUPIKOVA, N., and R. W. GERARD: Wasser- und Mineralgehalt in Gehirn und Nerven vom Hund 620^{8}. — Kaliumgehalt verschiedener Gehirnteile 622^{14}. — Natriumgehalt in N. ischiadicus und Gehirn vom Hund 624^{11}. — Natriumgehalt verschiedener Gehirnteile 625^{1}. — Chloridgehalt der peripheren Nerven 629^{10}.
— s. GERARD, R. W. 703^{5}.
TURBA, F., s. KUSCHINSKY, G. 579^{9}.
TURNER, C. N., s. ALTHAUSEN, T. L. 54^{1}.
TURNER, C. W., s. MONROE, R. A. 442^{4}.
TURNER, E., s. OKEY, R. 152^{5}.
TURNER, K. B., and V. PRATT: Wirkung von gallensauren Salzen auf Cholesterinveresterung 207^{20}.
TURNER, M. E., and R. B. GIBSON: Lipoproteide bei akuter Hepatitis 232^{7}.
— s. MASON, H. H. 98^{3}.
TURNER, R. A., J. G. PIERCE and V. DU VIGNEAUD: Arginingehalt von Vasopressin 451^{10}.
— s. BOISSONNAS, R. A. 498^{5}.
TURPEINEN, O.: Biologische Wirkung von Arachidonsäure 374^{11}. — Keine Bildung von Arachidonsäure im peripheren Fettgewebe 375^{7}.
TUTHILL, C. R.: Sudanfärbbare Lipoide im Gehirn bei Myelinisierung 679^{3}.
TUTKEVICH, L. M., s. BESUGLOV, V. P. 446^{11}.
TUTTLE, L. C., s. LIPMANN, F. 129^{5}, 205^{12}, 404^{10}, 721^{2}, 722^{7}.

Twombly, G. H., and E. F. Schoenwaldt: Verhalten von Diäthylstilboestrol im Stoffwechsel 428[21].
— and H. C. Taylor jr.: Inaktivierung oestrogener Substanzen in der Leber 423[4]. — Oestradiolinaktivierung durch menschliche Leber 425[7]. — Oestrogeninaktivierung durch Leberschnitte 424[15].
Tyler, D. B.: Einfluß von 2,4-Dinitrophenol auf die Gehirnatmung 790[16,17], 791[2].
— and A. van Harreveld: Sauerstoffaufnahme durch verschiedene Gehirnteile 684[2].
Tyler, F. H., s. Sayers, G. 126[1], 449[6].
— s. West, C. D. 434[5].
Tyner, E. P., H. B. Lewis and H. Eckstein: Verhinderung der Cystinfettleber durch Nicotinsäure oder Tryptophan 151[3].
Tyor, M. P., and D. Cayer: Umsatz von Phosphat und Phosphatiden in Leberpunktaten 39[2]. — Wirkung lipotroper Substanzen an Leberpunktaten 39[2].
Tyrrell, L. W.: Hydrolysewert für Gewebsphosphatide 743[6]. — Kephalinase 743[6].
— and D. Richter: Lipoidverteilung in der Nervenzelle 649[5].

Ubisch, H. v., s. Arvidson, H. 342[11].
— s. Bergstrand, A. 316[7].
— s. Bergström, S. 342[9].
Uchino, H., s. Inoue, K. 540[8].
Ucko, H.: Takata-Ara-Reaktion bei Leberschäden 243[4].
Udenfriend, S.: γ-Aminobuttersäure im Gehirn 655[8].
— and J. R. Cooper: Bildung von Tyrosin aus Phenylalanin 278[3]. — Keine Phenylalaninoxydation im Gehirn 748[7], 826[9].
Ülgen, T.: Essentielle Fructosurie 103[9].
Ufer, J.: Hyperfolliculie bei Leberkrankheiten 426[11].
Uhlenbroock, K., s. Wachholder, K. 586[2].
Uhlenhuth, (P.): Antigeneigenschaften von Linseneiweiß 886[10].
Ulagay, I., s. Laqueur, W. 37[6].
Ulett, G. A., R. S. Dow and O. Larsell: Myelinisierung und Erregungsleitung im Nerven 734[3].
Ulrich, F., and D. H. Copp: Aufnahme von ^{60}Co durch die Leber 65[4].
Ulstrom, R. A., M. R. Ziegler, D. Doeden and I. McQuarrie: Glykogenspeicherkrankheit 690[11]. — Gengebundene Enzymschwäche bei Glykogenspeicherkrankheit 691[2].
Ulusoy, E., s. Breusch, F. L. 185[3], 742[2].
Umber, H., s. Klemperer, G. 198[14].
Umbreit, F., s. Gibson, C. A. 744[16], 762[7], 763[6].
Umbreit, W. W., D. J. O'Kane and I. C. Gunsalus: Pyridoxaminphosphat als Coferment von Transaminasen 251[4].
Umbreit, W. W., s. Lichstein, H. C. 128[3], 251[1].
Umeno, M.: Phosphataseaktivität in Leberextrakten 544[12].
Umrath, K.: Acetylcholingehalt von degenerierenden Nerven 696[12]. — Aneuringehalt im degenerierenden Nerven 697[3,4].
— u. H. Hellauer: Acetylcholingehalt von degenerierenden Nerven 696[15]. — Aneuringehalt im degenerierenden Nerven 697[5].
— s. Brücke, H. v. 875[10], 876[6].
— s. Hellauer, H. (F.) 696[14], 843[11].
Underhill, F. P., and T. C. Jaleski: Calciumgehalt des Gehirns bei Tetanie 622[9].
— and G. E. Simpson: Bedeutung der Ernährung für Entgiftungsvorgänge 454[8].
Ungar, F., R. I. Dorfman and D. A. Prins: Oxydation des 17-α-Hydroxyls von C_{19}-Steroiden 432[5].
— R. I. Dorfman, R. M. Stecher and P. J. Vignos jr.: Pregnandiolstereoisomere 435[11]. — Reduktion der C (20)-Ketogruppe des Progesterons in der Leber 436[4].
Ungar, H.: Leberdurchblutung bei Cirrhose 18[9].
Unger, P. N., and S. Shapiro: Hyperprothrombinämie nach großen Vitamin K-Gaben 370[13]. — Avitaminotische und acholische Hypoprothrombinämie 372[3].
— M. Weiner and S. Shapiro: Avitaminotische und acholische Hypoprothrombinämie 372[3].
Unglaub, W. G., s. Snavely, J. R. 232[7].
Ungley, C. C., s. Suzman, M. M. 669[4].
Unna, K., H. O. Singher, C. J. Kensler, H. C. Taylor jr., and C. P. Rhoads: Einfluß von Methionin auf Riboflavingehalt der Leber 392[2]. — Oestrogeninaktivierung bei Methioninmangel 427[19]. Riboflavinspeicherung 501[7].
— s. Antopol, W. 393[3].
— s. Singher, H. O. 424[17], 427[10,12].
Unshelm, E.: Diastasegehalt der Leber bei Glykogenspeicherkrankheit 691[3].
Updegraff, D. M., s. Fox, D. L. 358[3].
Upmalis, H., s. Hollinger, D. M. 695[9], 696[5], 698[3], 699[9].
Urbach, K. F.: Acetylierung von Histamin 476[3].
Urbain, G., s. Mentzer, C. 378[4].
Urban, F. F., s. Heller, H. 450[10].
Usbekow, G. A.: Steigerung der Gehirnatmung nach Zufuhr von Vitamin C 792[1].
Uschold, E., s. Werle, E. 491[11], 492[7].
Ussing, H. H.: Zusammenfassung über Ionentransport durch Zellmembranen (1949) 802[12]. — Einbau von Deuterium in Fette der Leber 164[9]. — Erneuerungsgeschwindigkeit der Leberproteine 214[2].
Usuelli, F.: Glykogengehalt in Meerschweinchenuterus 611[1].
Utamura, M., s. Okamoto, K. 58[8].

UTTER, M. F.: Bildung von Malat aus Pyruvat 127[7]. — Förderung der CO_2-Assimilation in der Leber durch ATP 127[8]. — Phosphorylierende Glykolyse in Gehirnschnitten 705[13]. — Adenosin-5-phosphorsäure als P-Acceptor 709[8]. — Aktivität der Hexokinase in verschiedenen Organen 711[8]. — Hemmung der Pyruvatkinase durch Natriumionen 715[1]. — Beziehungen zwischen K-, Na- und NH_4-Ionen und Kohlenhydratstoffwechsel im Gehirn 806[12]. — Aktivierung der Apyrase durch Natriumionen 807[2]. — Hemmung der Glykolyse in Gehirn und Rückenmark durch Natriumionen 807[2].
— H. G. WOOD and J. M. REINER: Glykolyse in Gehirnextrakten und -homogenaten 701[17]. — Wirkung von Antiglykolysefaktor auf Nucleotidase 704[15].
— s. LORBER, V. 830[4].
UTTERBACK, R. A.: Markscheidenlose Nervenfasern 646[9].
UVNÄS, B.: Prothrombinbildung in der Leber 235[14].
— and H. WOLFF: Keine Cholinesterase im Kammerwasser 903[8]. — Enzymgehalt im Glaskörper 911[8].
UYEYAMA, K., s. COHEN, E. S. 562[11].

VACCARI, F., s. CASENTINI, S. 379[15].
VACCARO, P. F.: Benzoesäurebelastung als Leberfunktionsprüfung 471[4].
VAGUE, J., s. CHEVALLIER, A. 360[5].
VAHLQUIST, B.: Eisendepot in der Säuglingsleber 46[2]. — Esterasegehalt im Blutplasma bei Leberschäden 238[9], 239[3].
VAHLQUIST, B. C.: Ursachen der Bilirubinämie des Neugeborenen 512[8].
VAIL, V. N., s. KOCHAKIAN, C. D. 451[14].
VALDECASAS, J. G.: Reduktionswert der Galle nach Cholat-Cholerese 543[10]. — Ausscheidung von Raffinose in der Galle 543[10].
VALDMANIS, A., and J. ROSENBACHS: Beschleunigung der Ascorbinsäurebildung bei Vögeln 380[8].
VALETTE, A., s. GOUNELLE, H. 379[1].
— s. RAOUL, Y. 394[4], 398[11].
VANCAULAERT, C., s. BOCK, A. V. 589[2].
VANCEA, P., s. MICHAIL, D. 870[7].
VANDERBILT, J. M., s. SEEGERS, W. H. 235[4].
VANDERLINDE, R., s. RICHERT, D. A. 490[14], 491[1].
VANDERLINDE, R. E., and W. WESTERFELD: Oestrogeninaktivierung bei proteinarmer Ernährung 427[18].
VANDERMEERSSCHE, G., s. FRANÇOIS, J. 880[3].
VANN, D., s. WEECH, A. A. 510[15].
VANNOTTI, A.: Zusammenfassung über Klinik und Pathogenese der Porphyrien (1935) 526[3].
— u. E. NEUHAUS: Porphyrinausscheidung im Harn 526[3].
VARAY, A., s. CHARONNAT, R. 532[7].
VARELA, B., J. DUAMARCO et J. VILAR: Glutathiongehalt der Leber nach Choledochusunterbindung 276[7].
— P. RECARTE et P. RUBINO: Bilirubingehalt in menschlicher Duodenalgalle 508[10]. — Bestimmung von indirektem Bilirubin 514[8].
— et C. VIANA: Extraktion von direktem Bilirubin aus Blutserum 514[6].
VARGA, E., K. KOSTYA, É. SZABÓ, L. ASZÓDI and L. KESTYÜS: Bedeutung von Desoxycorticosteron für Phosphorylierungsprozesse im Muskel 584[3]. — Glykogenphosphorylierung im entnervten Muskel 586[5].
VARGA, L., and E. A. BALAZS: Elektrophorese der Hyaluronsäure der Glaskörkerflüssigkeit 911[16].
VARS, H. M., and F. N. GURD: Lipoidgehalt der Leber nach partieller Exstirpation 32[11]. — Glykogengehalt der Leber nach partieller Hepatektomie 33[1].
— s. CAJORI, F. A. 238[4], 241[11]
— s. GOLDSCHMIDT, S(amuel) 37[4].
— s. GURD, F. N. 32[11], 33[1].
— s. ROSENTHAL, O. 480[6], 544[15].
— s. THOMPSON, J. C. 547[8,10].
VARTIAINEN, A., s. FELDBERG, W. 841[19].
VASILIU, C., s. BĂLTĂCÉANU, G. 531[12], 542[5], 543[11].
VAUGHAN, H., s. HAUGAARD, N. 822[11].
VAZQUEZ LOPEZ, E.: Experimentelles Glioblastom bei Ratten 692[5].
VECCHI, I. DE: Amino-N-Gehalt der Kaninchenlinse 889[2]. — Stickstoffhaltige Zerfallsprodukte in kranken Linsen 896[13].
VEGA, F. C., s. FIERRO DEL RIO, L. 227[6].
VELHAGEN, K. jr.: Acetylcholinähnliche Substanz in Kammerwasser 904[12]. — Vorkommen von Acetylcholin in der Uvea 919[2].
VENDÉG, V.: Insulineinwirkung auf Leberglykogen 74[4].
VENDRELY, C., et R. VENDRELY: Abnahme der Ribonucleinsäuren bei Proteinmangel 321[13].
— s. BOIVIN, A. 311[5], 312[1].
VENDRELY, R., s. BOIVIN, A. 311[5], 312[1].
— s. VENDRELY, C. 321[13].
VENKATARAMAN, A., s. VENKATARAMAN, P. R. 328[2], 446[6].
VENKATARAMAN, P. R., A. VENKATARAMAN, M. P. SCHULMAN and D. M. GREENBERG: Adenosintriphosphatumsatz in der Leber bei Hyperthyreose 328[2], 446[6].
VENNESLAND, B., E. A. EVANS jr. and K. I. ALTMAN: Förderung der CO_2-Assimilation in der Leber durch ATP 127[8].
— A. K. SOLOMON, J. M. BUCHANAN, R. D. CRAMER and A. B. HASTINGS: Glykogenbildung aus Lactat in der Leber 118[2].
— s. CONANT, J. B. 118[2].
— s. EVANS, E. A. jr. 192[4], 193[3].
— s. SOLOMON, A. K. 129[1].

VENNING, E. H., and J. S. L. BROWNE: Pregnandiolbildung aus Progesteron 435[6]. Pregnandiolglucuronidausscheidung bei Männern 437[4].
VENOSA, A. T., s. McQUARRIE, E. B. 335[3].
VENTURA, S., and A. KLOPPER: Hämosiderin, Anhäufung in der Leber 47[5].
VERCELLONE, A., s. SCHUCHARDT, W. 706[5].
VERHOEFF, F. H.: Glaskörpertrübungen durch Lipoide 912[1].
VERKADE, P. E., M. ELZAS, J. VAN DER LEE, H. H. DE WOLFF, A. VERKADE-SANDBERGEN u. D. VAN DER SANDE: Dicarbonsäureausscheidung 175[2].
— and J. VAN DER LEE: ω-Oxydation der Fettsäuren 175[4]. — Bildung von Azelainsäure und Pimelinsäure aus Undecansäure 176[1].
— J. VAN DER LEE u. A. J. S. ALPHEN: Abbau von Undecandisäure und Sebacinsäure 176[2]. — Oxydation von Dicarbonsäuren beim Hund 176[6].
VERKADE-SANDBERGEN, A., s. VERKADE, P. E. 175[2].
VERLY, W. G., s. VIGNEAUD, V. DU 489[4].
VERNON, E. R., s. OKEY, R. 153[11], 413[1].
VERRIJP, C. D.: Brechungsindex der Cornea 881[4].
— C. B. DUYSTER u. A. J. OUWEJAN: Brechungsindex der Cornea 881[4].
VERSCHURE, J. C. M.: Bluteiweißfraktionen bei Lebererkrankungen 232[10]. — Elektrophoresediagramme vom Serum Leberkranker 233[9].
— and L. W. JANSSEN: Bluteiweißfraktionen bei Lebererkrankungen 232[9]. — Thymoltrübungstest bei Verschlußikterus 246[11].
VERZÁR, F., s. ISSEKUTZ, B. v. jr. 141[7].
— s. LASZT, L. 142[17].
— s. PULVER, R. 392[1].
— s. STUTZ, V. 322[11].
VEST, S. A., and B. BARELARE jr.: Wirkung von Methyltestosteron 434[10].
VESTIN, R., s. EULER, H. v. 115[3], 388[9], 701[10].
VESTLING, C. S., and A. A. KNOEPFELMACHER: Wirkung von Thyreoglobulin auf Lacticodehydrogenase der Leber 445[9].
— A. K. MYLROIE, U. IRISH and N. H. GRANT: Phosphorylierung von Fructose in der Leber 98[11]. — Fructokinase 99[6].
— s. STAUB, A. 98[16], 99[5].
VETTER, J.: Ascorbinsäure in den multipolaren Ganglienzellen der Meerschweinchennetzhaut 929[2].
VIALLIER, J., s. GIRARD, M. 234[10].
— s. RAVAULT, P. 38[3].
VIANA, C., s. VARELA, B. 514[6].
VICTOR, E., s. BRODA, E. E. 938[10].
VICTOR, J., s. EARLE, D. P. 365[1].
VIERORDT, H.: Anatomische, physiologische und physikalische Daten und Tabellen. 2. Aufl. (1893) 8[1].
VIGLIANI, E. C.: Ausscheidung von injiziertem Koproporphyrin I und III bei Gallenfistelpatienten 524[8]. — Porphyrinausscheidung bei Gallenfistelpatienten nach Protoporphyrininjektion 524[8]. — Porphyrinausscheidung im Harn bei Ikterus und Hepatitis 526[9].
— u. H. LIBOWITZKY: Koproporphyrin I-Ausscheidung im Harn bei Lebercirrhose 527[5].
— e B. SONZINI: Porphyrinausscheidung im Harn 526[3].
VIGNALOU, J., s. LOEPER, M. 466[8].
VIGNEAUD, V. DU: Antilipotrope Wirkung von Methylacceptoren 149[5]. — Identität von Adiuretin und Vasopressin 451[7].
— G. B. BROWN and J. P. CHANDLER: Ersatz von Cystein durch Cystathionin 269[4].
— J. P. CHANDLER, M. COHN and G. B. BROWN: Verwertung der Methylgruppe von Methionin 266[3]. — Herkunft der Methylgruppen für Kreatinbildung 267[2].
— J. P. CHANDLER, A. W. MOYER and D. M. KEPPEL: Cholinbildung aus Methionin 147[2].
— M. COHN, G. B. BROWN, O. J. IRISH, R. SCHOENHEIMER and D. RITTENBERG: Entgiftung von γ-Phenyl-α-amino-buttersäure durch Acetylierung 475[9]. — Bildung von Acetylresten für Acetylierungen 477[3].
— M. COHN, J. P. CHANDLER, J. R. SCHENCK and S. SIMMONDS: Methylierung von Colamin durch Methionin 146[15]. — Verwertung der Methylgruppe von Methionin 266[3]. — Herkunft der Methylgruppen für die Kreatinbildung 267[2].
— K. HOFMANN, D. B. MELVILLE and P. GYÖRGY: Biotin aus Rinderleber 410[11].
— and O. J. IRISH: Entgiftung von γ-Phenyl-α-amino-buttersäure durch Acetylierung 475[10].
— G. W. KILMER, J. R. RACHELE and M. COHN: Cysteinbildung aus Methionin 269[2].
— C. RESSLER and S. TRIPPETT: Kein Arginin in Oxytocin 451[12].
— S. SIMMONDS, J. P. CHANDLER and M. COHN: Dimethylglycin kein Methyldonator 149[3]. — Glycinbildung aus Betain 257[5]. — Cholin als Methylgruppendonator 267[1].
— J. M. SPANGLER, D. BURK, C. J. KENSLER K. SUGIURA and C. P. RHOADS: Biotinwirkung auf anticancerogene Wirkung von Riboflavin 501[11].
— W. G. VERLY, J. E. WILSON, J. R. RACHELE, C. RESSLER and J. M. KINNEY: Bildung labiler Methylgruppen aus Methylalkohol 489[4].
— J. L. WOOD and F. BINKLEY: Bildung von N-Acetyl-(bromphenyl-D-cystein) aus Bromphenyl-L-cystein 474[10].
— s. BINKLEY, F. 269[1,5], 831[7].
— s. BOISSONNAS, R. A. 498[5].

VIGNEAUD, V. DU, s. BURK, D. 412[7], 501[10].
— s. MACKENZIE, C. G. 147[12-14], 267[6], 306[6], 759[8].
— s. MAW, G. A. 148[16].
— s. MOYER, A. W. 148[11], 149[2].
— s. PIERCE, J. G. 451[11].
— s. SIMMONDS, S. 147[1], 266[4], 267[3].
— s. TURNER, R. A. 451[10].
— s. WINZLER, R. J. 412[7].
VIGNOS, P. J. jr., s. UNGAR, F. 435[11], 436[4].
VILAR, J., s. VARELA, B. 276[7].
VILENKINA, G. Y.: Glycinbildung aus Serin 256[6].
— s. BRAUNSTEIN, A. E. 152[11].
VILLA, L.: Adrenalinhyperglykämie 76[2].
— e N. DIOGUARDI: Einfluß von Nicotinsäureamid auf Sauerstoffverbrauch von Leberhomogenaten 395[11]. — Wirkung von Nicotinsäureamid auf Acetessigsäureoxydation in Leberhomogenaten 395[12].
— N. DIOGUARDI, L. CONTRO e L. ROSSI: Wirkung von Nicotinsäureamid auf Acetessigsäureoxydation in Leberhomogenaten 395[12].
VILLELA, G. G., M. V. DIAS and L. T. QUEIROGA: Thiamingehalt von Hundegehirn 670[8].
VILTER, C. F., s. VILTER, R. W. 343[7].
VILTER, R. W., D. HORRIGAN, J. F. MUELLER, J. JARROLD, C. F. VILTER, V. HAWKINS and A. SEAMAN: Förderung der Thyminbildung durch Folsäure 343[7].
— s. GLAZER, H. S. 291[12].
— s. SCHREINER, A. W. 403[11].
VINCENT, D., et J. HUC: Serumarginase bei Leberschädigung 242[2].
— G. SEGONZAC et J. DE PRAT: Pseudocholinesterase im Blutserum 239[1].
— s. SENDRAIL, M. 61[7].
VINCENTIIS, M. DE, s. AURICCHIO, G. 878[6], 897[4], 920[9], 936[6].
VINOGRADOV, A. P.: Titangehalt der Leber 65[15].
VINOGRADOVA, Z. A.: Jahreszeitliche Schwankungen im Vitamingehalt der Leber 356[7].
VIOLLIER, G.: Fibrinopenie bei akuter gelber Leberdystrophie 235[1]. — Cholinoxydaseaktivität der Leber bei Riboflavinmangel 392[7].
— H. LABHART u. H. SÜLLMANN: Elektrophoretische Trennung der Krystalline 886[6].
— s. LABHART, H. 886[7].
— s. SÜLLMANN, H. 888[9].
— s. WISS, O. 292[11].
VIRCHOW, R.: Hämatoidinbildung in Blutextravasaten 507[11].
VIRTUE, R. W., and M. E. DOSTER-VIRTUE: Taurocholsäurebildung aus Cysteinsäure 271[8]. — Bildung von Cysteinsulfinsäure aus Cystein 272[8]. — Keine Wirkung von Fett auf Gallensäurebildung 558[8].
VISCHER, E., s. BERNHARD, K. 162[6].
— s. CHARGAFF, E. 668[7].
— s. MAGASANIK, B. 668[6].
VISCO, S.: Einwirkung von Insulin auf Leberglykogen bei glykogenarmen Tieren 75[2].
VISCONTINI, M., G. BONETTI, C. EBBNÖTHER u. P. KARRER: Trennung von Thiaminmono- und -triphosphat 389[2]. — Pyridoxal-5-phosphat als Coenzym der Glutaminsäuredecarboxylase 755[9].
VISSCHER, M. B., s. INGRAHAM, R. C. 907[2].
VISSER, D. W., D. L. LAGERBORG and H. E. PEARSON: Hemmung der Virusausbreitung im Gehirn durch Nucleoside, Purin- und Pyrimidinderivate 832[5].
VLADESCO, R., s. BERTRAND, G. 62[9].
VLOTEN, G. W. VAN, C. A. KRUISSINK, B. STRIJK and J. M. BIJVOET: Gammexan 150[15].
VOEGTLIN, C., R. H. FITCH, H. KAHLER and J. M. JOHNSON: p_H-Wert im Rattenmuskel 604[3].
— s. MCCALLUM, W. G. 622[7].
VOGEL, H., u. H. KNOBLOCH: Buch über Chemie und Technik der Vitamine. 3. Aufl. (1921) 362[6].
VOGEL, H. J., s. MARSHAK, A. 315[5].
VOGT, A., H. WAGNER u. M. SCHNEITER: Glaskörperstruktur 909[10].
VOGT, C., and O. VOGT: Alterung der Zellen in verschiedenen Gehirnteilen 684[3].
VOGT, M., s. GADDUM, J. H. 761[22].
VOGT, O., s. VOGT, C. 684[3].
VOHL, H., s. EULENBERG, H. 484[2].
VOINAR, A. O., s. IVANENKO, E. F. 810[21], 814[4].
VOIT, C.: Wassergehalt der Hundeleber 39[8]. Verminderung der Gallenmenge bei Hunger 530[5]. — Substanzverluste der Organe bei Hunger 684[4].
VOIT, E.: Gewicht von Leber und Niere während des Hungers 10[7].
VOIT, F.: Glucosebildung aus Galaktose beim Diabetiker 96[12].
VOLK, B. W., s. POPPER, H. 348[2].
VOLK, H., s. BOEDECKER, F. 556[12].
VOLK, M. E., R. H. MILLINGTON and S. WEINHOUSE: Austauschgeschwindigkeit der Fettsäuren im Gehirn 740[10]. — Fettsäureumsatz im Gehirn 741[1]. — Verteilung von Palmitinsäure auf Phosphatide und Nichtphosphatide 743[2].
— s. FEINSTEIN, R. N. 763[7].
— s. WEINHOUSE, S. 189[4], 195[6], 740[9], 741[2], 742[3].
VOLKIN, E., and C. E. CARTER: ^{32}P-Aufnahme durch Desoxyribothymidylsäure 317[3]. Aufnahmegeschwindigkeit von ^{32}P in Mononucleotide der Ribonucleinsäure 318[1].
— s. TOTTER, J. R. 316[12], 343[8].
VOLQVARTZ, K., s. JALLING. O. 240[8].
VOLTZ, J., s. BERGSTRÖM, S. 556[1].
VOLWILER, W.: Menge der Ductus thoracicus-Lymphe nach Kompression der V. cava 19[7].

VOLWILER, W., J. H. GRINDLAY and J. L. BOLLMAN: Eiweißgehalt von Ascites 20[4].
— C. M. JONES and T. B. MALLORY: Fettlebern ohne Lebercirrhose 156[3].
— s. JONES, C. M. 156[3].
VORHAUS, L. J., H. H. SCUDAMORE and R. M. KARK: Esterasegehalt im Blutplasma bei Leberschäden 238[10], 239[4].
VORIPAIEFF, H., s. NACHMANSOHN, D. 845[9], 846[4], 849[14].
VORONCA-SPIRT, Mme., s. BERTRAND, M. G. 65[15].
VOS, T. A., s. SÜLLMANN, H. 932[7].
VOTH, H., s. SCHULZ, W. 561[1].
VRIES, A. DE: Bedeutung der Euglobuline für die TAKATA-ARA-Reaktion 243[9].
— and B. ALEXANDER: Leberfunktionsprüfung mit Glycin 213[4]. — Steigerung der Benzoesäureentgiftung durch Glykokollzufuhr 470[9].
VUYLSTEKE, C. A., s. FRASER, D. 29[1].

WAALKES, T. P., s. FONES, W. S. 176[10], 264[2].
WACHMAN, J., s. MIRSKY, I. A. 447[14].
WACHOLDER, K., u. A. OKRENT: Gebundene Form der Ascorbinsäure in der Leber 378[6].
— u. K. UHLENBROOCK: Glutathiongehalt des Muskels nach Training 586[2].
— s. HÜRTHLE, K. 570[1].
WACHSTEIN, M.: Glykogen in den KUPFFERschen Sternzellen bei Glykogenspeicherkrankheit 79[3]. — Leberphosphatase bei Obstruktionsikterus 240[11]. — Vorkommen von Phosphatasen in Nucleoli von Leber- und Nervenzellen ist fraglich 775[12].
— and F. G. ZAK: Leberphosphatase bei Obstruktionsikterus 240[11]. — Phosphatase in Leber und Galle bei akuter Hepatitis 544[10].
— s. LASZLO, D. 23[5], 24[8].
WACHTEL, L. W., E. HOVE, C. A. ELVEHJEM and E. B. HART: Zinkgehalt von Uricase 63[3].
WADDELL, J., C. A. ELVEHJEM, H. STEENBOCK and E. B. HART: Wirkung von Kupfer auf die Hämoglobinbildung 59[4].
— H. STEENBOCK, C. A. ELVEHJEM and E. B. HART: Wirkung von Kupfer auf die Hämoglobinbildung 59[4].
— s. HART, E. B. 59[4].
WADDELL, M., s. HILL, D. 824[2].
WADDELL, W. R., s. GEYER, R. P. 190[8].
WADDELL, W. W. jr., and P. DU GUERRY III: Prothrombingehalt im Blut von Neugeborenen 371[12].
— P. DU GUERRY III, W. E. BRAY and O. R. KELLEY: Prothrombingehalt im Blut von Neugeborenen 371[12].
— and G. M. LAWSON: Hypoprothrombinämie beim Neugeborenen 371[7].
WADE, N. J., s. OLSON, R. E. 78[7].
WAECHTLER, H., s. LIDDLE, G. W. 125[7].
WAELSCH, H.: Zusammenfassung über Glutaminsäure und Gehirnfunktion (1951) 749[11]. — Glucosezusatz stabilisiert Glutaminsäure in Hirnschnitten 749[11]. — Reaktion von Glutamin mit Ammoniak oder Hydroxylamin 753[2]. — Chorioideapigment und Fuscin aus Pferdeaugen 917[3].
— and P. OWADES: Glutaminase 754[5].
— P. OWADES, H. K. MILLER and E. BOREK: Glutaminsäure kein Atmungssubstrat für das Gehirn 749[5].
— and J. C. PRICE: Wirkung von Glutaminsäure bei Epilepsie 759[3].
— and D. RITTENBERG: Einbau von Glycin in Glutathion 258[3]. — Glutathionbildung in der Leber 275[1,2]. — Halbwertszeit von Glutathion in der Leber 275[3]. — Verwendung von exogenem Glykokoll für die Hippursäuresynthese 470[13].
— W. M. SPERRY and V. A. STOYANOFF: Einbau von Deuterium in Fette der Leber 164[7]. — Lipoidgehalt im Gehirn wachsender Ratten 678[3]. — Cholesterinsynthese im Gehirn 739[10]. — Fettsäureumsatz im Gehirn 740[1]. — Fettsäure- und Cholesterinsynthese im Gehirn neugeborener Ratten 740[2].
— s. ANCHEL, M. 638[5,9].
— s. BOREK, E. 268[6].
— s. GEIGER, A. 749[4].
— s. NACHMANSOHN, D. 758[6], 845[7], 848[14], 849[12].
— s. PRESCOTT, B. A. 826[7].
— s. RITTENBERG, D. 306[5], 412[9].
— s. SCHOU, M. 753[3], 755[4].
— s. SCHWERIN, P. 656[5], 748[11], 749[1].
— s. SPERRY, W. M. 137[1], 735[14].
WAGGENER, R. A., s. DYE, J. A. 445[5].
WAGNER, H., s. VOGT, A. 909[10].
WAGNER, K.-H., s. RAUH, W. 899[7].
WAGNER, R.: Vergärbarer Zucker im Blut nach Galaktosezufuhr 96[11].
— u. J. K. PARNAS: Blutzuckerwert bei Glykogenspeicherkrankheit 79[4].
WAGNER-JAUREGG, T., s. GYÖRGY, P. 585[2].
— s. JENT, M. 699[13].
— s. KUHN, R. 390[5], 391[2].
WAGONER, G., s. ROSENTHAL, O. 92[1], 105[2].
WAGREICH, H., H. KAMIN and B. HARROW: Glucuronidausscheidung beim Menschen 458[4].
— s. OTTENBERG, R. 457[5].
WAHL, R.: Nicotingewöhnung beim Menschen 492[14].
WAHLIN, J. G., s. DAY, P. L. 505[7].
WAINIO, W. W.: DPN und TPN als Cofermente der Glucosedehydrogenase 108[4].
— B. EICHEL, H. J. EICHEL, P. PERSON, F. L. ESTERS and J. B. ALLISON: Gehalt an Eiweiß und Fermenten in Herz und Leber bei Proteinmangel 222[4].
— s. BRUNELLI, E. 108[4].
WAISMAN, H. A.: Anämie bei Vitamin B_1-Mangel 505[6].

WAISMAN, H. A., L. M. HENDERSON, J. M. MCINTIRE and C. A. ELVEHJEM: Freisetzung von Pantothensäure aus Coenzym A 404[13].
— H. C. LICHSTEIN, C. A. ELVEHJEM and P. F. CLARK: Widerstandsfähigkeit vitamin-B_1-arm ernährter Mäuse gegen Poliomyelitisinfektion 832[9].
— s. COOPERMAN, J. M. 505[6].
— s. LICHSTEIN, H. C. 832[10].
— s. RASMUSSEN, A. F. jr. 832[8].
— s. WOOLLEY, D. W. 404[4].
WAJZER, J.: Extraktion von Glykogen aus Leberzellen 68[11].
— et R. ZELNIK: Weg der Glykogenbildung aus Fructose in der Leber 100[1].
WAKEFIELD, E. G., s. LITTLE, A. G. jr. 52[9].
— s. WELCH, C. S. 52[8].
WAKELIN, R. W., s. BUFFA, P. 725[15].
— s. PETERS, R. A. 718[10], 725[9], 726[2,4], 727[1], 728[3].
WAKIL, S. J., D. E. GREEN, S. MII and H. R. MAHLER: β-Ketoreduktase aus Rinderleber 182[2].
— and H. R. MAHLER: Crotonase aus Mitochondrien der Rinderleber 182[6].
— s. BEINERT, H. 181[4], 182[7], 183[2].
— s. HANAHAN, D. J. 361[8], 362[1].
— s. MAHLER, H. R. 180[3].
WAKIM, K. G.: Blutdruck in den Lebergefäßen 15[8]. — Alternierende Durchblutung der Leberläppchen 15[18].
— and F. C. MANN: Alternierende Durchblutung der Leberläppchen 15[18]. — Kontraktion der Lebersinusoide nach Tetrachlorkohlenstoffvergiftung 36[18].
— s. ZELLER, E. A. 896[9], 897[3].
WALCOTT, A., s. THANNHAUSER, S. J. 133[1], 633[6], 642[5].
WALD, G.: Zusammenfassung über Sehsysteme und die A-Vitamine (1942) 939[14]. Zusammenfassung über die Photorezeptorfunktion der Carotinoide und A-Vitamine (1943) 939[14]. — Zusammenfassung über die molekulare Organisation der Sehvorgänge (1944) 937[3]. — Zusammenfassung über Photochemie des Sehens (1949) 939[14]. — Zusammenfassung über die Chemie des Stäbchensehens (1951) 939[14]. — Zusammenfassung über Biochemie des Sehens (1953) 939[14]. — Astaxanthin und Xanthophyllester aus Kükennetzhaut 926[17]. — Galloxanthin aus Kükennetzhaut 926[18]. — Xanthophyllgehalt im Pigmentepithel vom Frosch 926[20]. — Xanthophyll aus Fischnetzhäuten 927[1]. — Farbstoff der Macula beim Menschen 927[3]. — Retinin$_1$ 927[4]. — Vitamin A-Gehalt der Netzhaut 927[10]. — Vitamin A-Gehalt der Netzhaut abhängig vom Adaptationszustand 927[13]. Vitamin A-Gehalt in Pigmentepithel von Rana catesbiana 927[14]. — Vitamin A_2 in der Netzhaut 927[15]. — Vorkommen von Nucleotidase in der Netzhaut 936[19]. — Empfindlichkeitsmaximum der Zapfen 937[*]. — Bedeutung der Außenglieder der Sehzellen 937[3]. — Isoelektrischer Punkt von Sehpurpur 938[11]. — Absorptionsspektrum des Sehpurpurs 939[7]. — Absorptionskurve von Porphyropsin 939[12]. — Absorptionsmaximum von Lumirhodopsin 940[4]. — Bildung von Retinin$_1$ aus Rhodopsin 940[10]. — Bildung von Retinin$_2$ aus Porphyropsin 940[11]. — Vitamin A-Bildung aus Retinin 941[5]. — Retininreduktase 941[5]. — Retinin$_2$-Bildung aus Vitamin A_2 941[7]. — Retinin$_1$ ist Vitamin A-Aldehyd 941[9]. — Retinin$_2$ ist Vitamin A_2-Aldehyd 941[10]. — Chromophore Gruppe des Sehpurpurs 942[3]. — Verschwinden von Vitamin A aus der Netzhaut bei Dunkeladaptation 943[4]. — Sehpurpurbildung aus Δ^3-cis-Retinin$_1$ 944[5]. — „Iodopsin" 945[5]. — Löslichkeit der „Zapfensubstanz" 946[3].
WALD, G., and G. ALLEN: Ommochrome 918[4].
— and P. K. BROWN: Freisetzung von SH-Gruppen bei der Bleichung von Sehpurpur 940[5]. — Bildung von Sehpurpur aus Opsin und Retinin$_1$ 942[1]. — Bindung von Retinin an Sulfhydrylgruppen des Opsin 942[2]. — Sehpurpurbildung durch Netzhautpräparate 943[8].
— P. K. BROWN and P. H. SMITH: Sehpurpurbildung aus Δ^3-cis-Retinin$_1$ 944[5]. – Identität des Carotinanteils von Iodopsin und Rhodopsin 946[10]. – Cyanopsin 946[11].
— J. DURELL and R. C. C. ST. GEORGE: Lumirhodopsin 940[2].
— and R. HUBBARD: Sehpurpurgewinnung 938[5]. — Vitamin A-Bildung aus Retinin 941[5]. — Retininreduktase 941[5].
— H. JEGHERS and J. ARMINIO: Bedeutung von Vitamin A für den Zapfenapparat 946[6].
— and D. STEVEN: Bedeutung von Vitamin A für den Zapfenapparat 946[6].
— and H. ZUSSMAN: Astaxanthin und Xanthophyllester aus Kükennetzhaut 926[15].
— s. HUBBARD, R. 927[7,8], 942[5], 943[9], 944[3,4] 945[1].
WALDENSTRÖM, J.: Verminderung der α-Globuline bei Leberschädigungen 231[1]. — Albuminverminderung bei Leberkranken 232[1]. — Vorkommen von Koproporphyrin I im Meconium 524[10].
— s. PEDERSEN, K. O. 515[5].
WALDVOGEL, M. J., and F. SCHLENK: Bildung von Glucose-6-phosphat aus Ribose-5-phosphat 109[10]. — Spaltung von Ribose 5-phosphat in der Leber 729[3].
— s. SCHLENK, F. 111[4], 729[2], 768[4,6].
WALES, W. T., s. QUASTEL, J. H. 471[7].
WALKER, A. C., s. MARSHAK, A. 32[3].
WALKER, A. M.: Harnsäuregehalt des Kammerwassers 904[3].
WALKER, A. R. P., and U. B. ARVIDSSON: Hämochromatose bei südafrikanischen Negern 54[12].

WALKER, D. M.: Freie Äthanolaminoglycerinphosphorsäure in Ochsengehirn 641[1].
WALKER, J. W., s. MAYER-GROSS, W. 757[2,3].
WALKER, S. A., s. BRINKHOUS, K. M. 19[10].
WALKLING, A. A., s. CANTAROW, A. 429[6].
— s. MUNRO, F. L. 31[7], 235[12].
WALKO, X. K.: Reduktion von Pikrinsäure zu Pikraminsäure 484[2].
WALLACE, G. B., and B. B. BRODIE: Chlorionengleichgewicht zwischen Gehirn und Liquor 630[2].
WALLENSTEIN, R. O., J. W. HARRIS, R. F. SCHILLING and W. B. CASTLE: Wirkungssteigerung von Vitamin B_{12} durch intrinsic factor 421[2].
WALLICH, R., s. ABRAMI, P. 227[5], 229[4], 231[5].
WALLRAFF, J., s. TONUTTI, E. 73[11], 74[10].
WALLS, G. L., and H. D. JUDD: Gelbfärbung der Eichhörnchenlinse 895[6].
WALOP, J. N.: Acetylcholin in Abdominalganglien von Crustaceen 849[1]. — Cholinacetylase und Cholinesterase bei Crustaceen 849[2].
WALSH, E. L.: Rolle von Fettsäureanionen bei Stabilisierung des Cholesterins in der Galle 546[14].
— and A. C. IVY: Rolle von Fettsäureanionen bei Stabilisierung des Cholesterins in der Galle 546[14]. — Auflösung menschlicher Gallensteine durch Hundegalle 568[6].
WALSH, W. S., s. SCHMIDT, C. R. 445[18], 446[2].
WALSHE, J. A., s. DENT, C. E. 212[11].
WALSHE, V., s. HILDES, J. A. 67[1], 75[7].
— s. SHERLOCK, S. (P. V.) 38[3], 67[1], 544[9], 559[12].
WALTER, F. K.: Liquor-Hirnschranke 797[6].
WALTER, H., s. FIESSINGER, N. 512[11].
WALTER, M., s. HOLTZ, P. 377[12], 378[5].
WALTHARD, B. jr.: Glykogenbildung in der Leber bei Schwangerschaft 70[10].
WALTON, C., s. JOHNSTON, C. G. 545[7], 546[5].
WANG, R. I. H., s. BRODY, T. M. 795[13].
WANG, T. P., and J. O. LAMPEN: Barbitursäurebildung aus Uracil und Bodenbakterien 344[2].
WANGERIN, D. M., s. HOLT, L. E. jr. 302[5].
WARBURG, O.: Buch über den Stoffwechsel der Tumoren (1926) 26[9]. — Riboflavinphosphorylierung in der Darmschleimhaut 392[13]. — Milchsäurebildung im Hirngewebe bei Narkose 814[10]. — Atmung und Glykolyse in der Netzhaut 929[5].
— u. W. CHRISTIAN: TPN als Coferment der Glucose-6-phosphatdehydrogenase 108[12]. Decarboxylierung von Gluconsäure-6-phosphat in Hefe 109[2]. — Riboflavin-Adenindinucleotid als Coenzym der D-Aminosäureoxydase 249[4].
— W. CHRISTIAN u. A. GRIESE: TPN als Coferment der Glucose-6-phosphatdehydrogenase 108[12]. — Oxydation von Glucose-6-phosphat zu Phosphogluconsäure 728[6].
WARBURG, O., u. E. NEGELEIN: Atmungsferment in der Rattenretina 936[3].
— K. POSENER u. E. NEGELEIN: Glykolyse in Gehirnschnitten 705[12]. — Atmung von Rattengehirn 780[6]. — Atmung der Retina 782[10]. — Ammoniakbildung durch Gehirnschnitte 783[24]. — Atmung und Glykolyse in der Netzhaut 929[4], 930[8]. — Ammoniakbildung der Rattennetzhaut 934[1].
— s. NEUBAUER, O. 476[6].
WARD, D. N., E. L. BRANDT and A. C. GRIFFIN: Hemmung der cancerogenen Wirkung von 3′-Methyl-4-dimethylaminoazobenzol durch N-Lost 501[18].
WARD, R. J., s. MOORE, T. 348[14], 349[1], 355[7].
WARD, S. M., s. KUNKEL H. G., 238[8], 239[6].
WARE, A. G., M. M. GUEST and W. H. SEEGERS: Bildung von Acceleratorglobulin in der Leber 237[3].
— and W. H. SEEGERS: Vitamin K-Antagonisten und Prothrombin- bzw. Acceleratorglobulinbildung 237[6].
WARNER, E. D.: Prothrombinbildung in der Leber 235[8]. — Hypoprothrombinämie nach partieller Leberektomie 370[7].
— K. M. BRINKHOUS and H. P. SMITH: Prothrombinbildung in der Leber 235[7]. — Prothrombingehalt im Blut nach Phosphor- und Chloroformvergiftung 236[3]. — Wirkung parenteraler Zufuhr von Vitamin K bei cholämischen Blutungen 369[4]. Prothrombinbildung bei Leberschädigung 370[5].
— s. BRINKHOUS, K. M. 368[1,10], 371[2].
— s. SMITH, H. P. 235[7,11], 236[1,3], 237[1], 368[11], 370[5].
— s. ZIFFREN, S. E. 372[3].
WARNER, I., s. GOULD, R. G. 200[10], 204[5], 205[4], 206[4].
WARNER, R. C., s. BORSOOK, H. 383[2].
WARREN, C. O. jr.: Atmung von Gehirnsuspensionen in Rattenserum 779[6].
WARREN, D., s. KEITH, C. K. 335[8], 415[5], 416[9].
WARREN, F. L., s. ELSON, L. A. 475[5], 477[16], 478[5].
— s. KENNAWAY, E. L. 379[11].
— s. PARR, C. W. 100[1].
WARREN, J. V., and E. S. BRANNON: Katheterisierung der Lebervene beim Menschen 37[9].
— s. SCHEINBERG, P. 819[1].
WARREN, R., and J. E. RHOADS: Überlebensdauer von Hunden nach einzeitiger Leberexstirpation 31[7]. — Prothrombinbildung in der Leber 235[13].
— s. RHOADS, J. E. 370[4].
WARREN, S., and P. M. LE COMPTE: Buch über die Pathologie des Diabetes mellitus. Engl. (1952) 51[8]. — Gehalt an Phosphatidfettsäuren in der Leber 140[10].
WARRENS, A. E., s. ELLIOTT, H. W. 813[14].
WARRINGA, M. G. P. J., s. COHEN, J. A. 859[7].

WARTER, J., P. MANDEL, P. METAIS et J. TOULLIER: Ribonucleinsäuregehalt in cirrhotischer Leber 326[2].
WASDELL, M. R., s. BRAY, H. G. 478[7].
WASE, A., s. ROTH, J. S. 745[13], 746[7].
WASE, A. W., and J. B. ALLISON: Symptome von Riboflavinmangel nach 2-Acetylaminofluoren 393[11].
— D. M. GOSS and M. J. BOYD: Verteilung von $^{63}NiCl_2$ im Körper 65[2].
— s. ALLISON, J. B. 393[12], 502[3].
WASSÉN, A. M., s. BONNICHSEN, R. K. 487[4].
WASSERMEYER, H., s. EMBDEN, G. 582[3], 597[1].
WATANABE, K., s. PETERS, F. 173[9].
WATANABE, T.: Choleretische Wirkung von sog. Pflanzensekretinen und von Acetylcholin 533[5]. — Keine Hemmung der Gallensekretion durch Atropin 533[5]. — Hemmung der Gallenbildung durch Alkohol 533[5].
— R. D. HIGGINBOTHAM and L. P. GEBHARDT: Hemmung der Virusausbreitung im Gehirn durch Fluoressigsäure 832[4].
WATERMANN, N.: Steigerung der anaeroben Glykolyse durch Gewebsextrakte 709[13].
WATERS, E. T., s. FLETCHER, J. P. 102[9].
— s. GRIFFITHS, J. P. 103[3].
— s. JAQUES, L. B. 233[8].
WATERS, J. W.: Kataraktbildung bei Alloxandiabetes 899[2].
— s. PIRIE, A. 911[4], 913[2].
WATSON, C. J.: Gallenfarbstoffbildung aus Hämin 506[5]. — Biliverdin im Blut bei Ikterus 516[5]. — Urobilintagesausscheidung im Harn 521[2]. — Urobilinausscheidung im Harn bei Leberparenchymschäden und gesteigertem Erythrocytenzerfall 521[6]. — Ausscheidung von Koproporphyrin I und III durch die Leber 524[6]. Vorkommen von Koproporphyrin I in Meconium 524[6]. — Kein Protoporphyrin in menschlicher Galle 524[6]. — Porphyrinausscheidung im Harn bei Leberkranken 525[8]. — Koproporphyrin I-Ausscheidung im Harn bei Lebercirrhose 527[4,5].
— and E. A. LARSON: Koproporphyrinausscheidung bei Leberfunktionsstörungen und Gallensperre 526[13]. — Koproporphyrinausscheidung im Harn bei Alkoholikern 527[6].
— I. J. PASS and S. SCHWARTZ: Porphyrinabbau in der Leber 524[2]. — Porphyrinausscheidung bei Hunden mit hepatorenaler Fistel nach Protoporphyrininjektion 524[13].
— V. SBOROV and S. SCHWARTZ: Bildung von optisch aktivem „Urobilin" in infizierten Gallengängen 519[9].
— s. LARSON, E. A. 516[5,6].
— s. PASS, I. J. 506[5].
— s. SALZBURG, P. 524[2,14].
— s. SBOROV, V. M. 518[8,9], 519[10].
— s. SCHWARTZ, S. 519[9], 525[11].
WATSON, J., s. BINKLEY, F. 303[10].
— s. LICHTMAN, H. 421[3].
WATSON, M. L., s. MILLER, L. L. 226[1], 295[4].
WATSON, R. H.: Myoglobingehalt in Herz- und Skeletmuskulatur 580[2].
WATSON, S. J., s. BELL, L. S. 97[11].
WATT, D., s. WIKÉN, T., 716[11].
WATTENBERG, L. W., and D. GLICK: Hemmung von Hyaluronidase durch Gallensäuren 560[4].
WATTS, D. T.: Hemmung der Oxydation von Bernsteinsäure durch Narkotica 813[16]. — Hemmung der Oxydation von Bernsteinsäure und Ascorbinsäure durch Narkotica 813[17]. — Einfluß von Narkotica auf anaerobe Glykolyse und Cytochromsystem 813[17].
WAUGH, T. R., F. F. MERCHANT and G. B. MAUGHAN: Bilirubin im Neugeborenenblut 512[4].
— s. ROSS, S. G. 512[8].
WAYMOUTH, C., s. DAVIDSON, J. N. 33[8], 312[6-8], 320[11,12], 321[5,6], 323[5], 662[1], 666[7], 682[1], 764[2].
WEAKLEY, D. R., s. LANGDON, R. G. 91[6].
WEBB, E. C., and R. VAN HEYNINGEN: Oxydation von BAL durch das Cytochromoxydasesystem 728[1]. — Wirkung von Arsenverbindungen auf Acetylcholinesterase 860[12].
— s. BAILEY, K. 578[12].
WEBB, J. L., and K. A. C. ELLIOTT: Sauerstoffverbrauch des Gehirns bei Narkose 813[7]. — Milchsäurebildung im Hirngewebe bei Narkose 814[14].
WEBB, M., s. BLOCK, R. J. 217[5].
WEBB, W. M., s. STEINBERG, H. 142[5].
WEBER, A.: Synaptische Endigungen in Nervenfasern 735[7].
— u. H. H. WEBER: Bedeutung von ATP für chemische Leistung der Muskelfaser 598[2].
WEBER, G., s. DÖRING, G. K. 26[3].
WEBER, G. M., s. MILLER, E. C. 497[1,8].
— s. PRICE, J. M. 497[3,4], 502[15,16], 503[7,8], 504[20].
WEBER, H.: Glykogengehalt der Leber alloxandiabetischer Ratten 75[12].
WEBER, H. H.: Zusammenfassung über die Muskeleiweißkörper und den Feinbau des Skeletmuskels (1934) 570[13]. — Eiweißkörper des Muskels 577[4]. — Myosinfäden 578[2]. — Löslichkeit von Myosin 578[9]. — Muskelkontraktion als energieverbrauchender Prozeß 606[4].
— u. K. MEYER: Globulin X 577[7].
— u. H. PORTZEHL: Zusammenfassung über Kontraktion, ATP-Cyclus und fibrilläre Proteine des Muskels (1952) 570[23].
— s. SCHRAMM, G. 578[5].
— s. WEBER, A. 598[2].
WEBER, L. J., s. AMATUZIO, D. S. 514[13].
WEBSTER, G.: Lebernekrosen bei Mangel an S-haltigen Aminosäuren 365[1].
WEBSTER, J. E., s. GURDIJAN, E. S. 630[14], 810[2,15], 816[1].
— s. STONE, W. E. 630[15], 810[10], 818[1].
WEBSTER, T. A., s. NEUBERGER, A. 283[12].
— s. ROSENHEIM, O. 549[8], 645[11].

WEDEN, H., s. STARKENSTEIN, E. 55[7].
WEDLER, H. W., s. KOSTERLITZ, H. 96[12].
WEECH, A. A., D. VANN and R. A. GRILLO: Bilirubin zur Leberfunktionsprüfung 510[15].
— s. DAVIDSON, L. T. 512[4].
WEED, L. L.: Pyrimidinbildung aus Orotsäure 343[4].
— and D. W. WILSON: Orotsäure als Pyrimidinvorstufe 342[9,10].
WEEKERS, R.: Glucosegehalt der Linse entspricht dem des Blutes 890[4]. — Milchsäuregehalt der Rinder- und Kälberlinse 891[1]. — Verhalten der Linse in glucosefreier Ringerlösung 894[7]. — Vorkommen von Cholinesterase in der Netzhaut 936[17]. Cholinesterasegehalt im Sehnerven 948[9].
— et H. SÜLLMANN: Glykolyse in der Linse 894[5].
— s. KRAUSE, A. C. 876[1], 891[2,6], 919[12], 948[12,14].
— s. SÜLLMANN, H. 899[16].
WEICHERT, R., s. BUTENANDT, A. 918[5].
WEICHSELBAUM, T. E.: Lebernekrosen bei Mangel an S-haltigen Aminosäuren 365[1].
— R. ELMAN and R. H. LUND: Vermehrung des Leberglykogens nach intravenöser Kohlenhydratzufuhr 72[13].
WEICKEN, G., s. WERLE, E. 759[13], 760[1].
WEICKER, B.: Aminosäuregehalt des Blutes bei Lebercirrhose 212[6].
— s. LOHMANN, K. 570[5].
WEIDEL, W., s. BUTENANDT, A. 918[5].
WEIDEN, S., s. ALTHAUSEN, T. L. 54[1].
WEIDENMÜLLER, K.: Beteiligung nervöser Elemente bei PFAUNDLER-HURLERscher Erkrankung 690[2].
WEIDINGER, A., s. HERINGA, G. C. 14[5], 880[1].
— s. LEYNS, W. F. 880[1].
WEIDLIN, E. R. jr.: Buch über Biochemie von Inosit. Engl. (1951) 149[16].
WEIDMANN, S.: Aktionssubstanz A_4 862[3].
— u. F. WYSS: Aktionssubstanz A_4 862[4].
WEIGERT, F., u. J. W. MORTON: Bedeutung von Sehpurpur für Tages-, Farben- und Dämmerungssehen 946[7].
WEIL, A.: Mineralgehalt menschlicher Gehirne 624[3]. — Magnesiumgehalt in Rükkenmark und Gehirn 625[4]. — Chloridgehalt in peripheren Nerven 629[11]. — Abnahme galaktosehaltiger Gehirnlipoide nach Kastration 820[12].
— s. ABDERHALDEN, E. 298[1].
WELL, L., s. KRAEMER, E. O. 241[1].
WEIL, R., u. M. LANDSBERG: Thyroxinwirkung auf die Autolyse von Leberproteinen 446[9].
WEIL-MALHERBE, H.: Zusammenfassung über die Bedeutung von Glutaminsäure für den Stoffwechsel des Nervengewebes (1950) 757[5]. — Ammoniakentgiftung durch Glutaminbildung 629[2]. — Kohlenhydratstoffwechsel im Zentralnervensystem 700[4]. — Bedeutung phosphorylierender Prozesse für die Glykolyse 701[8]. ATP-Bedarf für Fructosephosphorylierung 702[8]. — Aerobe ATP-Resynthese 704[17]. — Aerobe Milchsäurebildung in Hirnrindenschnitten 707[3]. — Hemmung der Gehirnglykolyse durch Glutaminsäure 707[3,8]. — Keine anaerobe Glutaminsäuredesaminierung im Gehirn 707[8]. — Förderung der aeroben Glykolyse durch Ammoniumionen 708[11]. — Hemmung der Hexokinase durch Diabetikerserum 712[2]. — Glycerophosphatdehydrogenase 714[3]. — Bernsteinsäurebildung aus Essigsäure 716[4]. — Citronensäurecyclus im Gehirn 717[8]. — Hemmung der Succinodehydrogenase durch Malonsäure 717[9]. — Bernstein säurebildung im Gehirn 720[2]. — Hemmung der Succinodehydrogenase 724[6]. Äpfelsäuredehydrogenase im Gehirn 725[4]. Bildung energiereicher Phosphatbindungen beim Elektronentransport 730[1]. — Bedeutung energiereicher Phosphatbindungen für PASTEUR-Effekt 731[11]. — Aufhebung der PASTEUR-Reaktion in wässrigen Mitochondriensuspensionen 732[13]. Schema des Elektronentransportes 733[7]. Dismutation von Acetessigsäure im Gehirn 742[9]. — Kein Acetonabbau im Gehirn 742[9]. — Desaminierung von D-Aminosäuren 748[4]. — Umsetzungen der Glutaminsäure im Gehirn 748[9]. — Iminoglutarsäure im Gehirn 749[8]. — Glutaminsäureoxydation im Gehirn 750[5]. — Glutaminsäuresynthese im Gehirn hypoglykämischer Ratten 750[11]. — Glutaminsäure nicht normales Substrat der Gehirnatmung 751[1]. — Ammoniakbindendes System im Gehirn 752[8]. — Oxydation von D- und L-Glutaminsäure durch Hirnextrakte 753[11]. — Wirkung von Glykokoll und p-Aminobenzoesäure bei Insulinhypoglykämie 757[4]. — Gehalt an adrenergischen Aminen im Blut nach Glutaminsäureinjektion 757[6]. — Ammoniakbildung in Gehirnschnitten 757[12]. — Ammoniakbildende Enzyme im Gehirn 758[3]. — Wiederherstellung der Reflexerregbarkeit des Rückenmarkes durch Glutaminsäure und Glutamin 758[11]. — Wirkung von Glutaminsäure bei Epilepsie 759[2]. — Bedeutung von Phosphokreatin für Funktion des ZNS 772[12]. — R.Q. in Hirnhomogenaten ohne Substratzusatz 783[22]. — Wirkung von absinkendem Sauerstoffdruck auf Atmungskettenphosphorylierung 786[10]. — Steigerung der anaeroben Glykolyse im Gehirn durch Ammoniumionen 806[7]. — Verhalten energiereicher Phosphatverbindungen im Gehirn bei verschiedenen Funktionszuständen 809[4]. — Ammoniakkonzentration und Gehirnfunktion 809[5,6]. — Stoffwechsel des Gehirns bei verschiedenen Funktionszuständen 810[1]. — Ammoniakgehalt im Gehirn bei Krämpfen 817[14].

WEIL-MALHERBE, H., and A. D. BONE: Hemmstoffe der Gehirnhexokinase 704[26]. Gehirnhexokinase 705[2], 713[1]. — Hemmung der Glucosephosphorylierung durch Glucose-6-phosphat 710[7]. — Steigerung der Hexokinaseaktivität durch Cytolysate von Erythrocyten 711[12]. — Hexokinaseaktivator aus Muskulatur 712[1]. — Keine Aktivierung von Hexokinase durch Insulin 712[6]. — Keine Aktivierung von Hexokinase durch Kaliumsalze 712[8]. — Gehalt an adrenergischen Aminen im Blut nach Glutaminsäureinjektion 757[7]. Vorkommen von Myokinase im Gehirn 774[4].
— and H. A. KREBS: Bildung von α-Ketoglutarsäure aus L-Prolin 300[6]. — Umsatz von Prolin im Gehirn 747[9].
— s. MACFARLANE, M. G. 702[7], 705[15], 788[3].
WEIMAR, V. L., s. GREEN, H. 905[2].
WEINBERGER, E.: Bilifuscin 522[6].
WEINER, M., s. UNGER, P. N. 372[3].
WEINGARTEN, M., s. RAFSKY, H. A. 229[6].
WEINHOUSE, S.: Korprosterinbildung im Darm 549[2].
— G. MEDES and N. F. FLOYD: Acetessigsäurebildung aus Octansäure 186[6]. — Acetessigsäurebildung aus Buttersäure 186[7].
— and R. H. MILLINGTON: Oxydation und Neubildung von Acetessigsäure in Leberschnitten 172[1]. — Sauerstoffverbrauch der Leber 172[1]. — Verhalten von Acetessigsäure in glykogenarmen und -reichen Leberschnitten 189[7]. — O_2-Verbrauch von Leberschnitten 190[1]. — Acetessigsäurebildung aus Tyrosin 280[2].
— R. H. MILLINGTON and B. FRIEDMAN: Octansäureabbau 190[9].
— R. H. MILLINGTON and M. E. VOLK: Oxydation höherer Fettsäuren durch Leberschnitte 189[4]. — Acetoacetatoxydation in der Niere 195[6]. — Keine Oxydation von Palmitinsäure in Hirnschnitten und -homogenaten 740[9]. — Hemmung der fettsäurenoxydierenden Fermente durch Fettsäuren 741[2]. — Fettsäureoxydation in extrahepatischen Geweben 741[2]. — Fettsäurestoffwechsel im Gehirn 742[3].
— s. FLOYD, N. F. 722[1], 742[13].
— s. JEDEIKIN, L. A. 159[9].
— s. MEDES, G. 164[11], 165[5], 167[4], 186[6].
— s. NAKADA, H. I. 123[2], 253[2], 259[3].
— s. VOLK, M. E. 740[10], 741[1], 743[2].
WEINMAN, E. O.: Aufnahmegeschwindigkeit von Cholin in Phosphatide 159[11].
— I. L. CHAIKOFF, W. G. DAUBEN, M. GEE and C. ENTENMAN: Fettsäureoxydation in extrahepatischen Geweben 741[8].
— I. L. CHAIKOFF, C. ENTENMAN and W. G. DAUBEN: Einbau freier Fettsäuren in Phosphatide 159[10].
WEINSTEIN, H. R., s. FOÀ, P. P. 686[13].
WEINSTEIN, J. J.: Verwertung von Saccharose und Invertzucker 102[8].
WEINSTEIN, J. J., and G. F. LANE: Leberglykogenvermehrung nach Fructose- oder Invertzuckerzufuhr 72[12]. — Verwertung von Saccharose und Invertzucker 102[8].
— and J. H. ROE: Verwertung von Saccharose und Invertzucker 102[8].
WEINSTOCK, H. H. jr., s. WILLIAMS, R. J. 404[1].
WEINSTOCK, I. M., s. HENDERSON, L. M. 293[3], 401[8].
WEINSTOCK, M., s. HESS, A. F. 622[5].
WEIR, W. C., s. SMITH, A. H. 539[9].
WEISBERG, H. F., A. FRIEDMAN and R. LEVINE: Insulininaktivierung 447[15], 448[6].
— s. FRIEDMAN, A. 447[15].
WEISBLAT, D. I., s. WOLFROM, M. L. 82[3].
WEISBURGER, E. K., s. MORRIS, H. P. 499[8], 500[3].
— s. WEISBURGER, J. H. 500[4].
WEISBURGER, J. H., E. K. WEISBURGER and H. P. MORRIS: Abbau von 2-Acetylaminofluoren 500[4].
— s. MORRIS, H. P. 499[8], 500[3].
WEISS, H. A., s. KINSELL, L. W. 212[7], 213[6].
WEISS, K., s. STEKOL, J. A. 148[4].
WEISS, K. W., s. STEKOL, J. A. 421[7].
WEISS, M. S., s. NACHMANSOHN, D. 849[13], 850[13], 851[1].
WEISS, O.: Zusammenfassung über Tränendrüsen (1931) 868[3].
WEISS, P.: Nervenregeneration 699[5]. — Lipoidstoffwechsel im peripheren Nerven 735[5].
WEISS, S., s. STEKOL, J. A. 421[7].
— s. WILKINS, R. W. 115[10].
WEISSBACH, A., and D. B. SPRINSON: Glycinbildung aus Äthanolamin 256[8]. — Glyoxylsäureverwertung bei Ratten 257[3]. Glycinbildung aus Glyoxylsäure 257[4].
WEISSBECKER, L., s. RUPPEL, W. 438[7].
WEISSMAN, N., and R. SCHOENHEIMER: Keine Beteiligung von Lysin am Aminogruppenaustausch 295[9]. — Harnstoffbildung aus Lysin 296[3].
— s. CARLEEN, M. H. 389[7].
— s. FERREBEE, J. W. 387[11].
— s. RATNER, S. 295[10].
WEISSMANN, B., s. MEYER, K. 874[12].
WEISZ-TABORI, E., s. OCHOA, S. 127[6], 720[13], 724[3].
WEITZEL, A., s. ROST, E. 62[9].
WEITZEL, G.: Lipoidlösliche Zinkverbindungen in der Netzhaut 924[7].
— E. BUDDECKE, A.-M. FRETZDORFF, F.-J. STRECKER u. U. ROESTER: Zinkcysteinathydrat im Tapetum lucidum 916[3].
— u. A. M. FRETZDORFF: Zinkgehalt in Iris und Chorioidea bei pigmentierten und albinotischen Kaninchen 915[6]. — Zinkgehalt der Chorioidea 916[1].
— F.-J. STRECKER, U. ROESTER, E. BUDDECKE u. A.-M. FRETZDORFF: Zinkgehalt der Chorioidea von Carnivoren und Herbivoren 916[2].

Welch, A. D.: Lecithinbildung aus Cholin 144[7]. — Lipotrope Wirkung von Arsenocholin 144[12]. — Bedeutung von Vitamin B_c für die Blutbildung 415[2].
— and R. L. Landau: Lecithinbildung aus Cholin 144[8]. — Lipotrope Wirkung von Arsenocholin 144[8].
— and M. S. Welch: Lipotrope Wirkung von Alaninbetain 148[8].
— s. Holmes, W. L. 331[10].
— s. Nichol, C. A. 414[6].
— s. Sakami, W. 831[5].
— s. Wright, L. D. 406[3], 413[9,10].
Welch, C. S., E. G. Wakefield and M. Adams: Eisenausscheidung durch das Colon beim Menschen 52[8].
— s. Clark, B. B. 485[9], 486[7], 488[6].
Welch, E. A., s. McLachlan, P. L. 9[11], 10[3], 39[9], 40[1], 139[2], 140[1].
Welch, J. W., s. Reed, C. I. 622[4].
Welch, M. S., s. Colowick, S. P. 85[1], 99[4].
— s. Welch, A. D. 148[8].
Weld, C. B., s. Taylor, N. B. 361[5].
Weliky, I., s. Roll, P. M. 331[6].
Welin, G.: Leberpunktion 38[4].
Weller, A., s. Himwich, H. E. 185[1].
Weller, C. V.: Leberstörungen bei Hyperthyreoidismus 443[7].
Weller, G., s. Binet, L. 276[3,9].
Wellman, W. E., s. Herrell, W. E. 561[9].
Wellmer, H., s. Hartmann, F. 366[7].
Wells, B. B., and A. Chapman: N-Ausscheidung bei adrenektomierten Tieren 124[7].
Wells, G.: Harnsäureoxydation bei Leberverfettung 155[8].
Wells, H. G.: Fettige Degeneration der Leber nach Chloroformvergiftung 35[14].
Wells, H. S., s. Gardner, G. H. 36[3].
— s. Lamson, P. D. 36[7].
Wells, I. C.: Hemmung der Cholinoxydation 146[7].
Welsh, J. H., and M. Prajmovsky: Freies und gebundenes Acetylcholin im Nervengewebe 844[15].
Welt, I. D., D. Stetten jr., D. J. Ingle and E. H. Morley: Gluconeogenese bei Alloxandiabetes 125[5].
— and A. E. Wilhelmi: Einfluß von Wachstumshormon und ACTH auf Fettsynthese in der Leber 169[3].
— s. Stetten, D. jr. 125[4].
Weltmann, O.: Weltmann-Reaktion 245[3].
— u. C. V. Medvei: Weltmann-Reaktion 245[3].
Wen, I. C., and T. S. Jung: Thoriumdioxydausscheidung im Harn 66[10].
Wendt, H.: Lebercholesterinesterase 207[11]. Vitamin A-Gehalt des Blutplasmas bei Lebererkrankungen 360[5].
— u. H. Schroeder: Vitamin A-Speicherung in der Leber, Hemmung durch Ascorbinsäure 349[5].
Wenusch, A.: Nicotinentgiftung nur unter aeroben Bedingungen 492[8].
Wepfer, J. J.: Buch über anatomische Probleme. Lat. (1664) 11[6].
Werkman, C. H., s. Wikén, T. 716[11].
— s. Wood, H. G. 127[1].
Werle, E.: Nicotinentgiftung in Niere und Gehirn 492[4].
— u. H. W. Becker: Nicotinentgiftung in der Lunge 492[3].
— u. K. Koebke: Nicotyrinbildung bei Nicotinentgiftung 492[9].
— u. G. Mennicken: Keine Inaktivierung von Tryptamin und Tyramin durch Ochsengehirn 760[7].
— u. A. Meyer: Nicotinaufnahme durch die Leber 491[13]. — Methylamin als Spaltprodukt beim Nicotinabbau 492[11].
— u. R. Müller: Entgiftung von Nicotin in der Leber 491[10]. — Entgiftungsgeschwindigkeit von Nicotin bei verschiedenen Tierarten 492[6].
— u. D. Palm: Vorkommen von Histamin im Nervengewebe 759[15,19]. — Histamingehalt im sympathischen Nervensystem 760[2]. — Abbau von Mono- und Dimethylhistidin durch Histaminase 760[6].
— u. E. Uschold: Nicotinentgiftung durch die Leber 491[11], 492[7].
— u. G. Weicken: Vorkommen von Histamin im Nervengewebe 759[13]. — Vorkommen von Histamin in verschiedenen Gehirnteilen. 760[1].
Werne, J., s. Greenstein, J. P. 796[5].
Werner, A. Y., and S. M. Horvath: Durchblutung der Leber 15[2], 38[1].
Werner, E. D., s. Scanlon, G. H. 372[4].
Werner, G., s. Causey, G. 770[3].
— s. Hobbiger, F. 844[14], 845[4].
— s. Parhon, C. I. 446[12].
Werner, I., and L. Odin: Corneamucopolysaccharid 874[9].
— s. Blix, G. 644[3].
Wertheimer, E.: Abbau des Leberglykogens bei Feten und Neugeborenen 69[12]. — Wirkung der Erstickung auf das Muskelglykogen 76[5].
— s. Abderhalden, E. 73[10], 77[18], 454[5,6].
— s. Kornblueth, W. 931[6].
— s. Mirski, A. 72[8], 73[5], 261[5].
— s. Shapiro, B. 163[10], 165[7], 705[7], 710[4].
— s. Stein, L. 72[9].
Wertheimer, M. E.: Humorale Auslösung der Gallenproduktion 531[4].
Werthessen, N. T., and N. S. Field: Uterusgewicht nach Implantation der Ovarien in die Milz 424[4].
— and E. Schwenk: Cholesterinsynthese in geschädigten Leberzellen 204[2].
— s. Schwenk, E. 203[9,10,14].
Wescoe, W. C., C. C. Hunt, W. F. Riker and I. C. Litt: Esterase- und Albumingehalt im Blutplasma 239[8]. — Pseudocholinesterase 239[9].
— s. Riker, W. F. jr. 861[1].
Wespi, H.: Ausscheidung von direktem und indirektem Bilirubin 514[10].

WESSELY, L., s. LYNEN, F. 181[1], 182[1].
WESSON, L. G., and G. O. BURR: Essentielle Fettsäuren 153[2].
WEST, C. D.: Übergang von Testosteron ins Fettgewebe 429[15].
— and L. T. SAMUELS: Reduktion von Δ^4-Androsten-3,17-dion durch Leber 432[10].
— F. H. TYLER, H. BROWN and L. T. SAMUELS: Bildung von 17-Ketosteroiden aus Testosteron bei Leberkranken 434[5].
— s. SAMUELS, L. T. 435[11].
WEST, E. S., s. HUTCHENS, T. T. 167[10].
— s. TODD, W. R. 104[3], 106[4].
WEST, G. B.: Noradrenalinabbau 440[3].
— s. MANN, M. 761[16].
WEST, H. D., and N. C. JEFFERSON: Entgiftung von Diphenyl durch Merkaptursäurebildung 474[7].
WEST, R., s. LONDON, I. M. 506[1], 509[1,5].
WESTENBRINK, H. G. K.: Thiamingehalt im Gehirn bei thiaminfreier Ernährung 671[1].
— and J. GOUDSMIT: Thiamin- und Cocarboxylasegehalt in Tierlebern 387[13]. — Cocarboxylasegehalt in der Leber 388[1].
— u. H. KRABBE: Gewicht des Muskels nach Entnervung 586[4].
— E. P. STEYN PARVÉ and J. GOUDSMIT: Aneurinpyrophosphatspaltung im Gehirn 775[8].
WESTERFELD, W., s. VANDERLINDE, R. E. 427[18].
WESTERFELD, W. W., and D. A. RICHERT: Bedeutung von Molybdän für Xanthinoxydase 65[14]. — Fermentgehalt in Leberzellen 222[7]. — Aktivität der Xanthinoxydase der Rattenleber bei Folsäuremangel 335[5].
— E. STOTZ and R. L. BERG: Beschleunigung der Alkoholentgiftung durch Pyruvat 487[11]. — Acetaldehyd- und Lactatbildung bei Alkoholoxydation in Gegenwart von Pyruvat 488[1]. — Pyruvatgehalt im Blut nach Alkoholgabe 488[11]. — Acetaldehydgehalt im Blut bei Alkoholoxydation 489[15].
— s. BASS, A. D. 335[11].
— s. DOISY, R. J. 390[14], 392[11].
— s. LUBIN, M. 489[12].
— s. REMY, C. 336[2], 445[11].
— s. RICHERT, D. A. 65[10], 336[1], 392[6]. 490[14], 491[1].
WESTFALL, B. A.: Schwankungen der jahreszeitlichen Sauerstoffaufnahme durch Rattengehirn 780[4]. — Sauerstoffverbrauch des Gehirns bei Narkose 813[9].
WESTFALL, B. B.: Umwandlung von Aminofluoren bei Kaninchen 500[5].
— s. MORRIS, H. P. 500[6].
— s. SMITH, M. I. 541[19].
WESTMAN, A., s. BORELL, U. 771[7,8].
WESTPHAL, K., s. HANDOVSKY, H. 71[14].
WESTPHAL, U.: D-Aminosäureoxydase bei Lebertumoren 392[10]. — Pregnandiolbildung aus Desoxycorticosteron 437[12].
WESTPHAL, U., and C. L. BUXTON: Keine Bildung von Pregnandiol aus Progesteron bei Affen, Katzen und Kaninchen 436[6].
— u. K. LANG: Riboflavingehalt der Leber bei Lebertumoren 392[9].
— s. LANG, K. 279[9], 280[9].
WESZPRÉMY, B., s. BODNÁR, J. 623[18], 627[18].
WETTHAUER, A., s. ROGGENBAU, C. 939[9].
WETTSTEIN, A., s. KAHNT, F. W. 438[4].
WETZEL, R., H. WOLLSCHITT, H. RUSKA u. T. OESTREICHER: Glykogengehalt der Leber im Hunger 73[6].
WEVER, G. K., s. ALTHAUSEN, T. L. 97[6], 447[3].
WEWALKA, F., s. RISSEL, I. 542[5].
WEYGAND, F., R. JUNG u. D. LEBER: Thiomethyladenosin 268[3].
— u. O. TRAUTH: Thiomethyladenosin 268[2].
— O. TRAUTH and R. LÖWENFELD: Thiomethyladenosin aus Hefe 268[2].
— s. BADDILEY, J. 268[2].
WHATLEY, F. R., s. COMLINE, R. S. 845[8], 846[3].
WHEATLEY, A. H. M., s. QUASTEL, J. H. 186[4], 187[4], 740[7], 750[4]. 757[11], 760[8], 780[12], 781[5,7], 784[8], 785[7,17], 790[10,12].
WHEATLEY, G. A., s. PETERS, R. A. 745[18], 746[12].
WHEELER, C. E., s. CONN, J. W. 125[9], 126[6].
WHEELER, J. E., and P. GYÖRGY: Leberfunktionsprüfung mit Methionin 213[6].
WHELAN, W. J., s. BAILEY, J. M. 89[3], 90[3].
— s. HOBSON, P. N. 89[3], 90[3].
— s. PEAT, S. 82[5].
WHIPPLE, D. V., and C. F. CHURCH: Steigerung der Fettbildung aus Kohlenhydrat durch Vitamin B_1 151[20].
WHIPPLE, G. H.: Zusammenfassung über Galle (1922) 547[3]. — Fibrinogenbildung bei Leberschäden 35[9]. — Auswaschung von Hämoglobin aus Organen 44[3]. — Leberesterase bei akuten Leberschäden 238[13]. — Leberverfütterung an anämische Hunde 418[5]. — Kresolbelastung als Leberfunktionsprüfung 466[2]. — Myoglobingehalt des Muskels nach Nervendurchschneidung 522[2].
— and S. H. HURWITZ: Fibrinogengehalt im Blut nach Phosphor- und Chloroformvergiftung 234[5].
— and F. S. ROBSCHEIT-ROBBINS: Gallenfarbstoffbildung aus Erythrocyten 506[2]. Gallenfarbstoffbildung aus Myoglobin 521[9].
— F. S. ROBSCHEIT-ROBBINS and W. B. HAWKINS: Regeneration der Plasmaeiweißkörper nach Plasmapherese 226[3].
— and H. P. SMITH: Steigerung der Gallensäurebildung durch Verfütterung von Leber und Niere 558[11]. — Notwendigkeit von Tryptophan für Gallensäurebildung 558[11]. — Bedeutung der essentiellen Aminosäuren für die Gallensäurebildung 558[12]. — Kein Effekt choleretisch wirkender Stoffe bei Hunden mit ECKscher Fistel 559[8].

Whipple, G. H., and J. A. Sperry: Fettige Degeneration der Leber nach Chloroformvergiftung 36[1].
— s. Balfour, W. M. 50[2], 53[2].
— s. Bogniard, R. P. 44[5], 45[2], 50[6], 52[3], 53[8].
— s. Davis, N. C. 37[5], 447[11].
— s. Delprat, G. D. 471[12].
— s. Fink, R. M. 224[2].
— s. Foster, D. P. 234[6].
— s. Foster, M. G. 558[15], 559[7].
— s. György, P. 505[10].
— s. Hahn, P. F. 44[7], 52[5].
— s. Hawkins, W. B. 53[10], 236[2], 368[7,11], 506[2].
— s. Kerr, W. J. 227[2].
— s. Knutti, R. E. 226[4], 227[1].
— s. Madden, S. C. 226[2], 302[4].
— s. Miller, L. L. 37[6,8], 144[5], 296[1], 334[6].
— s. Mosiman, R. E. 36[2].
— s. Pelkan, K. F. 29[10], 454[12], 466[1].
— s. Smith, H. P. 530[3], 558[7,9,10], 559[1].
— s. Smyth, F. S. 532[9], 533[2], 559[3,9].
— s. Sribhishaj, K. 520[4], 521[8].
— s. Wisner, F. P. 361[6], 530[1].
— s. Wright, A. 206[7], 209[7], 547[2].
— s. Yuile, C. L. 225[1].
Whitaker, L. R.: Anreicherung jodhaltiger aromatischer Verbindungen in der Gallenblase 564[13].
Whitby, L. G.: Riboflavinylglykosid-Bildung in der Leber 393[2].
White, A., and R. W. Jackson: Wachstumshemmung durch Brombenzol 474[13].
— s. Beach, E. F. 268[8].
— s. White, J. 474[8].
White, A. G. C., s. Wikén, T. 716[11].
White, E. C., s. Rosenthal, S. M. 562[7].
White, F. R., H. B. Lewis and J. White: Taurinbildung aus Cysteinsäure 271[6].
White, F. W., E. Deutsch and S. Maddock: Prothrombingehalt des Blutes bei Leberschäden 236[9]. — Korrelation zwischen Prothrombintest und anderen Leberfunktionsprüfungen 372[10]. — Hippursäuretest zur Diagnose von Lebererkrankungen 471[7].
— s. Kark, R. 372[10].
White, J., R. S. Stander, A. Dayton and P. David: Keine Bildung essentieller Aminosäuren aus Ketosäuren bei Pyridoxinmangel 401[1].
— and A. White: Entgiftung von cancerogenen Kohlenwasserstoffen 474[8].
— s. Berenbom, M. 496[6].
— s. Edwards, J. E. 493[7].
— s. Fones, W. S. 176[10], 264[2], 496[5].
— s. Greenstein, J. P. 34[5], 504[1,2], 505[3,4].
— s. White, F. R. 271[6].
White, J. C., M. E. Field and C. K. Drinker: Eiweißgehalt der Extremitätenlymphe 19[9].
— s. Davidson, J. N. 698[2].
White, J. M., s. Beaton, J. R. 402[14].
White, M. R., s. Payne, A. H. 327[3].
White, N. G., s. Swan, K. C. 879[6].
White, T. J., C. M. Leevy, N. F. Kerup, A. M. Guassi and P. Price: Leberpunktion 38[4].
White, W. E., s. Corkill, A. B. 75[2].
Whitehead, R., s. Hodge, H. C. 139[6].
Whitley, J. R., s. O'Dell, B. L. 674[8].
Whitlock, F. A.: Bedeutung der Vitamine B_1 und B_2 für Oestrogeninaktivierung 427[15].
Whitman, J. F., H. R. Rossmiller and L. A. Lewis: Albumingehalt des Blutplasmas bei Lebercirrhose 230[4]. — φ-Zacke bei Lebercirrhose 231[10].
Whitman, N. E., s. Borchers, R. 293[2].
Whitner, V. S., s. Bondy, P. K. 38[2].
Whitney, I. B., s. Totter, J. R. 65[12].
Whittaker, V. P.: Steigerung der Sauerstoffaufnahme des Gehirns durch BAL 727[3]. — Bildung cyclischer Thioarsenverbindungen bei Hemmung der Brenztraubensäureoxydation 727[7]. — Spezifitätsbereich der Acetylcholinesterase 852[1]. — Unspezifische Cholinesterasen und Acetylcholinesterase in Hirn- und Nervengewebe 852[4]. — Aktivität der Acetylcholinesterase im Vogelgehirn 853[4]. Acetylcholinesterase aus Gehirn und Erythrocyten 856[5]. — Lokalisation der Acetylcholinesterase in Zellpartikeln 856[9] Spaltung aliphatischer Ester durch Acetylcholinesterase 858[1].
— s. Adams, D. H. 857[9].
— s. Stocken, L. A. 727[2].
— s. Thompson, R. H. S. 727[4].
Whittam, R., and R. E. Davies: Natriumgehalt des N. obturatorius von Ochsen 624[12].
Whittenberger, J. L., s. Williams, R. H. 444[16].
Whittingham, D. J., and D. L. Garmaise: Gammexan 150[14].
Wick, A. N., M. C. Almen and L. Joseph: Verwertung von Sorbit 104[8].
— and D. R. Drury: Galaktoseverwertung durch eviscerierte Kaninchen 93[2].
— s. MacKay, E. M. 186[1], 193[10].
Wickwire, G. C., s. Burge, W. E. 884[7].
Widdowson, E. M., R. A. McCance and C. M. Spray: Lebergewicht des Menschen 9[3]. — Natrium- und Kaliumgehalt der menschlichen Leber 41[3]. — Kupfergehalt der menschlichen Leber 56[4]. — Zinngehalt der menschlichen Leber 62[13].
— s. McCance, R. A. 54[6].
Widenbauer, F., u. C. Reichel: Gerinnungsaktive Stoffe im Gehirn 676[2].
Widmark, E. M. P.: Alkoholentgiftung bei Lebercirrhose 485[11]. — Alkoholtest zur Leberfunktionsprüfung 486[1]. — Geschwindigkeit der Alkoholoxydation beim Menschen 486[3]. — Beschleunigung der Alkoholoxydation durch Zufuhr von Kohlenhydrat + Insulin 488[6].

WIDMER, C. jr., and R. T. HOLMAN: Bildung von Arachidonsäure im Organismus 164[4]. Ungesättigte Fettsäuren in der Leber 374[15]. — Desaturierung von Linol- und Linolensäure bei Ratten 375[9]. — Bildung von Arachidonsäure aus Linolsäure 687[4]. Gehalt an höher ungesättigten Fettsäuren im Gehirn 687[4].

WIEBELHAUS, V. D., and H. A. LARDY: Phosphorylierungsgeschwindigkeit von Mannose 711[2]. — Keine Wirkung von Orthophosphat auf Hexokinase 712[9]. — Beziehungen zwischen K-, Na- und NH_4-Ionen und Kohlenhydratstoffwechsel im Gehirn 806[13].

— s. BETHEIL, J. J. 447[5].

— s. LARDY, H. A. 704[23], 705[1].

WIECHOWSKI, W.: Keine Allantoinbildung beim Menschen 339[8].

WIEDEMANN, E.: β- und γ-Globuline bei Leberschädigungen 231[4].

WIELAND, H., u. E. DANE: 3,7-Dioxycholensäure 556[13].

— E. DIETZ u. H. OTTAWA: 3,7-Dioxycholensäure 556[13].

— u. K. FRAGE: Alkoholdehydrogenase aus Leber 485[3].

— u. S. KISHI: Gallensäuren der Rindergalle 551[24].

— u. G. REVEREY: Biliverdingehalt von Leichengalle 515[8].

— u. C. ROSENTHAL: Ketonkörperoxydation 194[9]. — Citronensäurebildung im Gehirn 742[10].

— s. FRANCESCHETTI, A. 903[5], 910[10].

WIELAND, O., s. LYNEN, F. 181[1], 182[1].

WIELAND, P., s. MIESCHER, K. 202[8].

WIEME, R., s. FRANÇOIS, J. 886[8], 888[14].

WIEMERS, K., s. EICH, J. 800[7].

WIENER, A.: Allantoinbildung beim Rind 338[13].

WIENER, H. J., and R. E. WIENER: Albumin: Globulinverhältnis bei Lebererkrankungen 229[4]. — Fibrinogengehalt des Blutes bei Lebererkrankungen 234[9].

WIENER, R. E., s. KIRBY, D. B. 898[3].

— s. WIENER, H. J. 229[4], 234[9].

WIERZUCHOWSKI, M.: Umwandlung von Galaktose in Glucose in der Leber 93[6]. — R.Q. nach Galaktosezufuhr 93[6].

— u. H. FISZEL: Galaktoseaufnahme durch die Leber 92[4].

— W. PIESKOW u. E. OWSIANY: Umwandlung von Galaktose in Glucose in der Leber 93[7].

— u. F. SEKURACKI: Milchsäurebildung aus Fructose 101[8]. — Bildung von Milchsäure aus Brenztraubensäure 112[1].

WIGGER, H.: Phosphorsäurebildung im belichteten Auge 935[5].

WIGGLESWORTH, V. B.: Ketonkörperausscheidung bei Ratten 194[3]. — Lipoidgehalt in den Markscheiden von Insektennerven 649[3].

WIKÉN, T., D. WATT, A. G. C. WHITE and C. H. WERKMAN: Umkehr der anaeroben Brenztraubensäuredismutation 716[11].

WIKLER, A.: Elektrische Aktivität des Gehirns bei Narkose 815[2].

WILANDER, O., s. ÅGREN, G. 25[3], 71[10], 529[9].

— s. HOLMGREN, H. 233[11].

— s. JORPES, J. E. 233[11].

WILBER, C. G.: Lipidgehalt in Opossumgalle 545[4].

WILBUR, R. L., and T. ADDIS: Resorption im Darm gebildeter Reduktionsprodukte des Bilirubins 520[3]. — Urobilinogen- bzw. Urobilinausscheidung im Harn bei diffusen Leberparenchymschäden 521[5].

WILCOX, K., s. SORSBY, A. 872[2].

WILDE, G., s. EGGERS, P. 246[12].

WILDE, W. S., R. O. SCHOLZ and D. B. COWIE: Na-Ionenverteilung zwischen Plasma und Kammerwasser beim Meerschweinchen 907[8].

— s. SCHOLZ, R. O. 907[8].

WILDER, R. M., s. BUTT, H. R. 54[5].

— s. WILLIAMS, R. D. 389[11], 505[11], 838[7].

WILDER, V. M., s. MORGULIS, S. 686[20].

WILDHIRT, E., s. KALK, H. 246[11].

WILEY, F. H.: Bildung von 2-Naphthylamin-1-schwefelsäure aus 2-Naphthylamin 474[2].

WILHELMI, A. E., s. WELT, I. D. 169[3].

WILKERSON, M. C., s. CONIGLIO, J. G. 349[15].

WILKERSON, V. A.: Kupfergehalt der Leber beim Schweineembryo 59[1].

WILKINS, L., and W. FLEISCHMANN: Ausscheidung von 17-Ketosteroiden 432[7]. — Kreatin- und Glykocyamingehalt in Blut und Harn nach Testosteron und Methyltestosteron 434[13].

— W. FLEISCHMANN and J. E. HOWARD: Ausscheidung von 17-Ketosteroiden 432[7].

WILKINS, R. W., F. H. L. TAYLOR and S. WEISS: Brenztraubensäuregehalt des Blutes bei Thiaminmangel 115[10].

WILKINSON, A. W., B. H. BILLING, G. NAGY and C. P. STEWART: Kaliumionenverlust als Zeichen einer Gewebsschädigung 802[5]

WILKINSON, H., s. AYLWARD, F. X. 135[1].

— s. CHANNON, H. J. 137[6], 138[1], 152[15], 153[9].

WILKINSON, I. A., s. BARKER, S. A. 89[3], 90[3].

WILKINSON, J. F.: Galaktose-6-phosphat kein Zwischenprodukt der Galaktose-Glucoseumwandlung 94[10].

WILLARD, J. H., s. BOCKUS, H. L. 535[3], 569[6].

WILLE, E., s. HOLLMANN, S. 455[9], 463[14].

WILLIAMS, D. C., s. BUTT, W. R. 434[14].

WILLIAMS, E. F., s. CHIBNALL, A. C. 643[3].

— s. WOOD, J. L. 481[5].

WILLIAMS, H. H., H. GALBRAITH, M. KAUCHER, E. Z. MOYER, A. J. RICHARDS and I. G. MACY: Lipoidgehalt im wachsenden Rattengehirn 678[1].

— s. D'ASARO, B. S. 926[6].

— s. KAUCHER, M. 131[5], 132[6], 633[1], 641[10], 642[7], 650[1].

— s. WOOTTON, J. F. 912[13].

WILLIAMS, J. H., s. RENZO, E. C. DE 64[15], 65[9,11].

WILLIAMS, J. N. jr.: Ascorbinsäuregehalt der Leber nach Aminopterin 382[10]. — Hemmung der Xanthinoxydase durch Aminopterin 415[9]. — Aktivierung der Cholinoxydase durch Folsäure 416[6]. — Hemmung der Cholinoxydase durch Aminopterin 416[8]. — Cholinoxydase, Hemmung und Reaktivierung 416[10]. — Keine Wirkung von Folsäure und Aminopterin auf Cholinoxydase in Rattenleberhomogenaten 416[11].

— A. E. DENTON and C. A. ELVEHJEM: Xanthinoxydasegehalt der Leber bei Methioninmangel 335[12].

— and C. A. ELVEHJEM: Xanthinoxydaseaktivität bei proteinfreier Ernährung 335[5]. — Wirkung von Tryptophanmangel auf Xanthinoxydasegehalt der Leber 335[13]. — Hemmung der Xanthinoxydase durch Vitamin B_c 415[8].

— P. FEIGELSON and C. A. ELVEHJEM: Xanthinoxydaseaktivität bei proteinfreier Ernährung 335[4]. — Bedeutung von Xanthinoxydase für Allantoinbildung 335[4]. — Xanthinabbau bei der Ratte 335[4].

— W. J. MONSON, A. E. HARPER and C. A. ELVEHJEM: Bedeutung von Vitamin B_{12} für Xanthinoxydase und Transmethylase 422[4].

— W. J. MONSON, A. SREENIVASAN, L. S. DIETRICH, A. E. HARPER and C. A. ELVEHJEM: Aktivierung der Cholinoxydase und Betain-Homocystein-Transmethylase durch Vitamin B_{12} 421[5]. — Bedeutung von Vitamin B_{12} für Atmung des Lebergewebes 422[2].

— C. A. NICHOL and C. A. ELVEHJEM: Hemmung der Xanthinoxydase durch Vitamin B_c 415[7]. — Hemmung der D-Aminosäureoxydase durch Folsäure 416[5]. Hemmung der Glycerophosphatase durch Folsäure 416[13]. — Wirkung von Folsäure auf Sauerstoffverbrauch der Leber 417[1]. Wirkung von Folsäure und Vitamin B_{12} auf Lebergewicht 418[4]. — Wirkung von Folsäure und Vitamin B_{12} auf D-Aminosäureoxydase 422[3].

— P. E. SCHURR and C. A. ELVEHJEM: Einfluß äußerer Faktoren auf Konzentration freier Aminosäuren im Gehirn 685[3].

— M. L. SUNDE, W. W. CRAVENS and C. A. ELVEHJEM: Bedeutung von Vitamin B_c für Xanthinoxydaseaktivität 415[6].

— s. DENTON, A. E. 685[2].

— s. DIETRICH, L. S. 416[1].

— s. FEIGELSON, P. 395[10].

— s. KRING, J. P. 401[10].

— s. KUNKEL, H. O. 153[1], 377[4].

— s. LITWACK, G. 335[5].

— s. SCHURR, P. E. 655[3].

— s. SCHWARTZ, M. A. 377[10], 382[11–13].

WILLIAMS, R. B., s. ANSELL, G. B. 763[4].

WILLIAMS, R. D., and A. B. GUTMAN: TAKATA-ARA-Reaktion bei Lymphogranuloma venereum 244[13].

— and H. L. MASON: Anämie bei Mangel an Vitamin B_1 505[11].

— H. L. MASON, M. H. POWER and R. M. WILDER: Brenztraubensäuregehalt des Blutes bei Thiaminmangel 389[11].

— H. L. MASON, M. H. POWER and R. M. WILDER: Brenztraubensäuregehalt des Blutes bei Thiaminmangel 389[11].

— H. L. MASON, B. F. SMITH and R. M. WILDER: Brenztraubensäuregehalt des Blutes bei Thiaminmangel 389[11]. — Anämie bei Mangel an Vitamin B_1 505[11].

— H. L. MASON, R. M. WILDER and B. F. SMITH: Anämie bei Mangel an Vitamin B_1 505[11]. — Bradycardie und Hypotonie bei B_1-Avitaminose 838[7].

WILLIAMS, R. H., G. W. BISSELL and J. P. PETERS: Störung des Brenztraubensäureabbaues bei Thiaminmangel 115[5]. — Thiamin zur Leberfunktionsprüfung 115[5]. Gestörte Thiaminphosphorylierung bei Lebercirrhose 389[5].

— and J. L. WHITTENBERGER: Schilddrüsenwirkung auf Sauerstoffverbrauch in Leberschnitten von myxödematösen Meerschweinchen 444[16].

— s. ELGEE, N. J. 447[16].

— s. HOBERMAN, H. D. 303[11].

— s. LLOYD, C. W. 426[6], 434[7].

— s. TOMIZAWA, M. L. 448[13].

WILLIAMS, R. J.: Zusammenfassung über Chemie und Biochemie der Pantothensäure (1943) 404[15]. — Vitamin A-Gehalt in Organen 354[2].

— M. A. EPPRIGHT, E. CUNNINGHAM and C. A. MILLS: Aneuringehalt des Rattengehirns 670[5]. — Gehalt an B-Vitaminen im Rattengehirn 672[1]. — Pyridoxin- und Pantothensäuregehalt im Rattengehirn 673[3]. — p-Aminobenzoesäure im Rattengehirn 674[10]. — Biotingehalt im Rattengehirn 675[13].

— C. M. LYMAN, G. H. GOODYEAR, J. H. TRUESDAIL and D. HALODAY: Entdekkung der Pantothensäure 403[12].

— J. H. TRUESDAIL, H. H. WEINSTOCK jr., E. ROHRMANN, C. M. LYMAN and C. H. MCBURNEY: Pantothensäuredarstellung aus Leber 404[1].

— s. ATKIN, L. 404[14].

— s. MITCHELL, H. K. 413[6].

— s. SNELL, E. E. 405[3], 411[3], 673[7].

— s. TAYLOR, A. 670[6].

WILLIAMS, R. T.: Phenolentgiftung 465[7]. — Entgiftung monosubstituierter Phenole 466[7].

— s. DODGSON, K. S. 439[5].

— s. HEMINGWAY, A. 456[6], 459[7].

— s. KAMIL, I. A. 455[2,5,11], 491[3].

— s. PRYDE, J. 455[13], 456[10], 459[6].

— s. SMITH, J. N. 456[3].

WILLIAMS, W. L., s. LOWE, C. U. 322[9].

Williams-Ashman, H. G., s. Judah, J. D. 708[5], 732[2].
— s. Smith, R. H. 712[7], 818[12].
Williamson, C. S., and H. N. Ets: Eisengehalt der Leber nach Blutverlusten 50[3] Eisengehalt der Leber nach Blutentnahme 50[4].
Willmore, W. G., s. Blohm, T. R. 860[8].
Wills, J. H. jr., s. Shantz, E. M. 359[8].
Willstätter, R., u. K. Lüdeke: Optische Aktivität von Lecithin 636[6].
— u. F. Memmen: Keine Aktivierung der Leberesterase durch Cholat und Oleat 157[3]. — Wirkungsbereich der Leberesterase 157[3]. — Stereochemische Spezifität der Leberesterase 157[3].
— u. M. Rhodewald: Bindung des Leberglykogens an Zellproteine 68[10]. — desmo- und lyo-Glykogen 580[3].
Wilmanns, H., s. Löhr, H. 632[2].
Wilson, A., s. Rowntree, D. W. 861[6].
Wilson, D. W.: Uracilabbau 344[7].
— s. Buchanan, J. M. 188[1], 195[4].
— s. Coon, M. J. 265[2].
— s. Cooper, C. 342[9].
— s. Gurin, S. 255[7].
— s. Heinrich, M. 332[4], 333[10], 342[5].
— s. Miller, C. S. 333[5].
— s. Reinhold, J. G. 532[12], 538[6], 539[1,2,5], 541[5], 545[8], 548[13].
— s. Weed, L. L. 342[9,10].
Wilson, G. C., s. Archdeacon, J. W. 541[16].
Wilson, H. E. C., B. Ahmad and B. N. Majumdar: Vitamin A-Bildung aus Carotin in autolysierender Leber 351[8].
— s. Deuel, H. J. jr. 122[1].
Wilson, I. B.: Wirkungszentren der Acetylcholinesterase 857[5]. — Hemmung der Cholinesterase durch Tetraäthylpyrophosphat 859[11].
— and F. Bergmann: p_H-Optimum der Acetylcholinesterase 856[14]. — Wirkungszentren der Acetylcholinesterase 857[1,2]. — Wirkung von Prostigmin und Eserin auf Cholinesterase 858[7].
— F. Bergmann and D. Nachmansohn: Wirkungszentren der Acetylcholinesterase 857[4].
— s. Bergmann, F. 857[3].
— s. Nachmansohn, D. 129[6], 850[5].
Wilson, J. E., s. Vigneaud, V. du 489[4].
Wilson, J. M. G., s. Neuberger, A. 280[10], 282[1], 283[3], 284[1].
Wilson, J. R., s. Meyerhof, O. 696[8], 701[13-16], 702[3], 703[1,3], 704[14], 708[18,19], 709[1,12], 711[4,5], 773[1], 774[1], 775[3], 788[14].
Wilson, J. W.: Zusammenfassung über die Leber (1951) 1[7].
Wilson, K., s. Burkholder, P. R. 413[10].
Wilson, M. E., R. E. Stowell, H. O. Yokoyama and K. K. Tsuboi: Protein- und Enzymgehalt der Leber bei Leberregeneration 223[4].
— s. Tsuboi, K. K. 223[4].
— s. Yokoyama, H. O. 223[4].
Wilson, R. H., and F. de Eds: Einfluß der Ernährung auf cancerogene Wirkung von 2-Acetylaminofluoren 501[23].
— F. de Eds and A. J. Cox jr.: Cancerogene Wirkung von 2-Aminofluoren 495[3]. — Cancerogene Wirkung von 2-Acetylaminofluoren 495[6]. — Wachstumshemmung durch Aminofluoren bei Ratten 502[4].
— and H. B. Lewis: Bildung von Leberglykogen aus Alanin 255[5].
— s. Cox, A. J. jr. 502[7].
Wilson, S. J.: Prothrombingehalt im Blut bei Ikterus 236[11]. — Avitaminotische und acholische Hypoprothrombinämie 372[3]. — Hippursäuretest zur Diagnose von Lebererkrankungen 471[7].
Wilson, T. H., s. Lotspeich, W. D. 726[1].
Wilson, W. L., s. Heilbrunn, L. V. 320[3].
Wiltshire, G. H., s. Boyland, E. 473[14].
Windaus, A.: Histologischer Nachweis von Cholesterinestern 199[12].
— W. Bergmann u. G. König: Scymnol, Zwischenprodukt der Gallensäurebildung aus Cholesterin 550[6].
— u. F. Bock: Vorkommen von 7-Dehydrocholesterin im Gehirn 645[9]. — Vorkommen von 7-Dehydrocholesterin im Gehirn 675[5].
Wing, R., s. Lamson, P. D. 36[3].
Wingo, W. J., and J. Awapara: Glutaminsäuredecarboxylase im Gehirn 753[10]. — p_H-Optimum der Glutaminsäuredecarboxylase im Gehirn 755[6].
— s. Awapara, J. 271[7], 272[1].
— s. Dziewiatkowski, D. D. 274[11].
Winje, M. E., s. Harper, A. E. 152[10], 265[5].
Winkelman, L., s. Schiffmann, A. 240[3].
Winkle, W. van, and W. C. Cutting: Acetylierung körperfremder Substanzen in der Leber 476[5]. — Extrahepatische Acetylierungen bei der Katze 476[5].
Winkle, W. van jr., s. Newman, H. 485[6], 488[2].
Winkler, A. W., s. Danowski, T. S. 443[3].
Winnick, T., F. Friedberg and D. M. Greenberg: Tyrosinaufnahme durch Organproteine 214[6], 284[4]. — Einbau von Glycin in Leberproteine 215[6]. — Aminosäureaufnahme durch Leberproteine 216[2]. Tyrosineinbau in Gehirneiweiß 746[1].
— I. Moring-Claesson and D. M. Greenberg: Aminosäureaufnahme in Leberproteine 216[4]. — Umwandlung von Glycin in andere Aminosäuren 260[4]. — Serinbildung 831[4].
— s. Goldsworthy, P. D. 216[3], 260[1].
— s. Greenberg, D. M. 214[5], 745[19], 746[13].
— s. Klitgaard, H. M. 442[3].
— s. Lipner, H. J. 441[8].
— s. Siekevitz, P. 260[2].
Winslow, P. M., s. Madden, S. C. 226[2].
Winter, E. A., s. McIver, M. A. 447[7].
Winter, H. C., s. Neale, R. C. 334[5].
Winter, I. C., and L. A. Crandall jr.: Fettresorption auf dem Lymphwege 136[7].

Winterbottom, R., J. W. Clapp, W. H. Miller, J. P. English and R. O. Roblein jr.: Hemmung der Fettsynthese durch Pantoyl-tauryl-p-anisidid 179[3].

Winternitz, M.: Aufnahme der Urobilinkörper aus dem Pfortaderblut durch die Leber 520[9]. — Urobilingehalt im Blut bei diffusen Leberparenchymschäden 521[3].

Winternitz, M. C.: Entwicklung von Lebercarcinomen bei Lebercirrhose 493[1].

Winternitz, R., u. Z. Stary: Phosphatgehalt im Kammerwasser 907[3].

— s. Stary, Z. 902[2], 912[5].

Winternitz, W., s. Sobotka, H. 350[8], 352[4].

Winters, R. W., R. B. Schultz and W. A. Krehl: Cholesteringehalt der Nebennieren bei Pantothensäuremangel 409[8].

Winterseel, W., s. Bürger, M. 549[3].

Winterstein, H., u. E. Hirschberg: Ammoniakbildung in peripheren Nerven 629[7]. — Glykogengehalt im Gehirn 658[4]. Einfluß von Insulin auf Glykogengehalt im Froschhirn 823[7].

Wintrobe, M. M., R. H. Follis jr., M. H. Miller, H. J. Stein, R. Alcayaga, S. Humphreys, A. Suksta and G. E. Cartwright: Leberverfettung bei Pyridoxinmangel 151[9], 403[4]. — Anämie bei Mangel an Vitamin B_6 505[13].

— M. H. Miller, R. H. Follis jr., H. J. Stein, C. Mushatt and S. Humphreys: Wirkungen von Pyridoxinmangel auf Gehirn 756[1].

— s. Cartwright, G. E. 47[6], 48[2], 55[3], 291[11], 505[13].

— s. Follis, R. H. jr. 756[2].

— s. Greenberg, G. R. 51[6].

— s. Gubler, C. J. 55[4], 400[6].

Winzler, R. J., D. Burk and V. du Vigneaud: Ersatz von Biotin durch Asparaginsäure bei Mikroorganismen 412[7].

— A. W. Devor, J. W. Mehl and I. M. Smyth: Mucoproteide im Blutserum bei Lebererkrankungen 233[2].

— K. Moldave, M. E. Rafelson jr., and H. E. Pearson: Synthese von Gehirneiweiß aus anderen Körperbausteinen 747[5].

— s. Burk, D. 411[10], 412[7].

— s. Moldave, K. 829[8], 830[5].

— s. Pearson, H. E. 829[3], 831[12], 832[1].

— s. Rafelson M. E. jr. 747[3,4], 829[4–7], 830[1,2], 831[11], 832[2].

Wirth, J., s. Embden, G. 190[7].

Wirts, C. W.: Bromsulphaleintest 563[4].

— A. Cantarow, W. J. Snape and B. Delserone: Gallenausscheidung bei Gallenfistelhunden nach Tetrachlorkohlenstoffvergiftung 534[1]. — Bromsulphaleinausscheidung bei Tetrachlorkohlenstoffvergiftung 563[17].

Wirts, C. W., jr., and A. Cantarow: Ausscheidung von Bromsulphalein durch Polygonalzellen der Leber 563[9].

— s. Cantarow, A. 563[9,10].

Wise, E. C., s. Reed, G. 358[5].

Wise, G.: Hexosamingehalt der Cornea 875[3].

Wislocki, G. B., and R. L. Sidman: Lokalisation verschiedener Stoffe in der Netzhaut 929[3]. — Lokalisation von Fermenten in Innen- und Außengliedern der Stäbchen 936[24].

Wisner, F. P., and G. H. Whipple: Osteoporose bei Gallenfistelhunden 361[6]. — Täglicher Verlauf der Gallenbildung beim Hund 530[1].

Wiss, O.: Alaninbildung in der Leber 254[2]. — Hemmung der Alaninbildung 255[2]. — Aminierung durch Histidin 255[3]. — Ferment der Kynurensäurebildung in Lebermitochondrien 288[7]. — Steigerung der Kynurensäurebildung durch α-Ketoglutarsäure 289[2]. — Kynureninase 289[7], 290[1]. — Bedeutung von Pyridoxylphosphat für Xanthurensäurebildung 291[2]. — Chinolinsäureabbau zu Nicotinsäure 293[7]. Pyridoxal 5-phosphat, Gehalt in Kynureninase 401[5].

— u. H. Fuchs: Nicotinsäurebildung aus Oxykynurenin 292[9].

— u. F. Hatz: Kynureninase 289[7].

— G. Viollier u. M. Müller: Ersatz von Nicotinsäure durch Kynurenin 292[11].

— s. Edlbacher, S. 748[5], 750[6].

Wistrand, P. J.: Vorkommen von Kohlensäureanhydratase im Ciliarkörper 920[11].

Wiswell, J. G.: Reduktion von Progesteron durch Leber 435[10].

— and L. T. Samuels: Reduktion von Progesteron durch Leber 435[10].

With, T. K.: Vitamin A-Bestimmung in Leberpunktaten 39[1]. — Bilirubingehalt im menschlichen Serum 510[5]. — Bilirubinurie bei Steigerung des indirekten Bilirubins im Blut 514[11].

— s. Biering-Sørensen, K. 512[8].

— s. Larsen, E. H. 512[5].

Witherup, S., s. Deichmann, W. B. 457[9].

Witmer, R.: Eiweißfraktionen im Kammerwasser vom Kaninchen 903[2]. — Antikörper im Kammerwasser 903[12].

Witten, P. W., and R. T. Holman: Bildung von Arachidonsäure im Organismus 164[4]. — Wachstumswirkung von Pyridoxin, Linolsäure und Linolensäure 376[9]. — Bedeutung von Pyridoxin für Linolsäurestoffwechsel 403[5].

Wittenberg, J., and A. Kornberg: Cholinphosphokinase 737[8].

Witter, R. F., E. H. Newcomb and E. Stotz: Acetessigsäurebildung aus Hexan- und Hexensäure 186[5].

Wittgenstein, A., u. A. Gaedertz: Milchsäuregehalt in Kammerwasser 905[7].

Wittich, v.: Amylase in menschlicher Galle 544[16].

Wittle, E. L., s. Snell, E. E. 272[3].

Witts, L.: Aminosäuregehalt des Blutes bei Lebererkrankungen 212[4].

Witty, R., s. Quastel, J. H. 751[5].

WIZERKANIUK, M., s. DE MEIO, R. H. 468[3].
WÖHLER, F., u. F. FRERICHS: Hippursäurebildung aus Benzoesäure 469[1].
— s. KELLER, W. 469[1].
WÖHLISCH, E.: Thermoelastische Theorie der Muskelkontraktion 606[2].
WÖRNER, H.: Ausscheidung von verabreichter Galaktose nach Phosphorvergiftung 92[7].
— u. E. REISS: Leberfunktionsprüfung durch Fructosebelastung 103[5].
WOHLFART, G., s. LANDSTRÖM, H. 652[11], 681[4], 745[2].
WOHLGEMUTH, J.: Zusammenfassung über Leber und Galle (1934) 1[5].
— u. E. SZÖRÉNYI: Atmung von Meerschweinchengehirn 780[14].
WOLBACH, S. B., and O. A. BESSEY: Zusammenfassung über Gewebsveränderungen bei Avitaminosen (1942) 669[8]. — Degeneration in der Medulla oblongata bei Vitamin A-Mangel 669[7].
— and P. R. HOWE: Degeneration in der Medulla oblongata bei Vitamin A-Mangel 669[6].
WOLF, A., E. A. KABAT and A. E. BEZER: Myelinisierung und Erregungsleitung im Nerven 734[4].
— E. A. KABAT and W. NEWMAN: Lokalisation der Phosphatase im degenerierenden Nerven 695[12].
— and A. M. PAPPEHNEIMER: Nutritive Encephalomalacie 673[12]. — Gefäßveränderungen im Gehirn bei Tokopherolmangel 675[12].
— s. NEWMAN, W. 696[2], 776[9].
WOLF, D. E., R. C. ANDERSON, E. A. KACZKA, S. A. HARRIS, G. E. ARTH, P. L. SOUTHWICK, R. MOZINGO and K. FOLKERS: Mechanismus der Folsäurewirkung auf den Glycinstoffwechsel 262[5].
— s. KACZKA, E. A. 481[1].
WOLF, H., s. ELMAN, R. 221[9].
WOLF, H. P., s. LEUTHARDT, F. 100[3].
WOLF, J. T., s. MIRIAM, S. R. 455[12].
WOLF, L. M., s. GLAZKO, A. J. 561[12].
WOLF, N., s. DODEN, W. 802[10].
WOLF, P. M., s. BORN, H. J. 62[1], 625[9].
WOLFAND, L., s. KOELLE, G. B. 936[22].
WOLFF, A., s. SCHRAMM, G. 207[5].
WOLFF, H., s. UVNÄS, B. 903[8], 911[8].
WOLFF, H. G., s. TORDA, C. 795[9], 796[10], 817[1], 849[4,6].
WOLFF, H. H. DE, s. VERKADE, P. E. 175[2].
WOLFF, L. K.: Vitamin A-Gehalt der menschlichen Leber 354[6]. — Vitamin A-Gehalt cirrhotischer Leber 360[1].
WOLFF, R.: Magnesiumgehalt des Sehnerven vom Rind 947[4].
— et A. BOURQUARD: Mg-Gehalt von Netzhaut und Pigmentepithel 924[5].
— P. ROYER et R. KARLIN: Vorkommen von Vitamin B_{12} in Meerschweinchengehirn 674[4].
WOLFROM, M. L., D. I. WEISBLAT and J. V. KARABINOS: Galaktosepolysaccharid aus Kaninchenlunge 82[3].
WOLKE, M., s. SHILS, M. E. 387[8], 388[7].
WOLLEMANN, M., s. FEUER, G. 723[3], 847[2]. —
WOLLENBERGER, A.: Einfluß von Strophantin auf aerobe und anaerobe Glykolyse im Meerschweinchengehirn 708[14]. — Einfluß von Veratrin auf aerobe und anaerobe Glykolyse im Meerschweinchengehirn 708[15].
WOLLSCHITT, H., s. WETZEL, R. 73[6].
WOLMAN, M.: Reduktion von Perjodsäure durch ungesättigte Lipoide 661[9]. — Perjodsäurereaktion der Lipoide in NIEMANN-PICK-Zellen 661[9].
WOLTERING, H. W. F. C: Störung der Eisenresorption durch Zufuhr großer Eisenmengen 55[7].
WOMACK, M., and W. C. ROSE: Phenylalanin als lebensnotwendige Aminosäure 277[2].
— s. BORMAN, A. 300[8].
WONG, T., s. ELGEE, N. J. 447[16].
WOOD, F. R., s. RICKES, E. L. 419[3].
WOOD, H. G., and C. H. WERKMAN: Bindung von CO_2 an Pyruvat 127[1].
— s. LORBER, V. 119[1].
— s. UTTER, M. F. 701[17], 704[15].
WOOD, J. L., E. F. WILLIAMS jr. and N. KINGSLAND: Sulfatbildung aus Rhodanid 481[5].
— s. GUTMANN, H. R. 474[11].
— s. MILLS, G. C. 473[12].
— s. VIGNEAUD, V. DU 474[10].
WOOD, T. R., s. BORMAN, A. 300[8].
— s. ROSE, W. C. 268[8].
WOOD, W. A., and I. C. GUNSALUS: Serindesaminierendes Ferment aus E. coli 263[4].
WOODALL, P. S., s. PALMER, W. L. 483[2].
WOODBURY, D. M., and V. D. DAVENPORT: Desoxycorticosteronwirkung auf Krampfschwelle für Elektroschock bei Ratten 820[7].
WOODBURY, D. T., s. CHOW, B. F. 674[5].
WOODBURY, J. W., s. TOMAN, J. E. 842[8].
WOODBURY, L. A., s. TOMAN, J. E. P. 842[8].
WOODFORD, R. B., s. FREYHAN, F. A. 822[4].
— s. KETY, S. S. 823[10], 824[3], 827[7].
— s. SHENKIN, H. A. 778[3], 827[11].
WOODHALL, M. B., s. WOODS, A. C. 886[13].
WOODIN, A. M.: Corneamucopolysaccharid 874[11]. — Gehalt der Rindercornea an Mucopolysaccharid 875[1].
WOODRUFF, C. W., and W. J. DARBY: Bedeutung von Folsäure für Tyrosinabbau 417[3].
WOODS, A. C., and E. L. BURKY: Darstellung von Linsenproteinen 886[4]. — Unterscheidung der Krystalline durch Präzipitinreaktion 886[13].
— E. L. BURKY and M. B. WOODHALL: Unterscheidung der Krystalline durch Präzipitinreaktion 886[13].
— s. BURKY, E. L. 886[4].

WOODS, D. D., s. LASCELLES, J. 402[10].
WOODWARD, G. E.: Cholinoxydasegehalt von Hepatomzellen 504[15].
WOODWARD, H. jr., s. CRAIG, J. W. 102[10].
— s. MILLER, M. 101[4], 103[2], 488[8].
WOODWARD, R. B., and K. BLOCH: Cholesterinbildung aus Squalen 203[6].
WOODYATT, R. T.: Darstellung von Phenylglucosazon aus Galle 543[4]. — Einwirkung von Phlorrhizin auf Reduktionswert der Galle 543[4].
WOOKEY, E., s. FROMAGEOT, C. 273[14], 274[5,6].
WOOLF, B., and T. MOORE: Carotinumwandlung durch Lebergewebe 351[6].
WOOLLEY, D. W.: Ersatz von Nicotinsäure durch Tryptophan 292[4].
— and R. B. PRINGLE: 4-Aminoimidazolcarboxamid aus Colibacillen 333[2].
— H. A. WAISMAN and C. A. ELVEHJEM: Dermatitisverhindernder Leberfaktor identisch mit Pantothensäure 404[4].
— s. FOLCH, J. 637[1].
WOOTTON, J. F., R. G. YOUNG and H. H. WILLIAMS: Vorkommen von Aminosäuren im Glaskörper 912[13].
WOOTTON, V. (M.), s. HASLEWOOD, G. A. D. 551[3,11], 554[2], 557[5].
WORDEN, A. N., s. CHICK, H. 673[4].
WORK, T. S., s. CAMPBELL, P. N. 133[6].
WORLEY, L. G., s. SEIGEL, G. B. 674[7].
WORM, M.: Bildung von Cholin durch Lecithinspaltung in steriler Galle 546[4].
WORTHY, M., s. FERRARO, A. 876[11].
WORTIS, E., s. WORTIS, H. 379[1].
WORTIS, H., J. LIEBMANN and E. WORTIS: Ascorbinsäuregehalt des Blutes 379[1].
— s. BUEDING, E. 115[2].
WORTIS, J., K. M. BOWMAN and W. GOLDFARB: R.Q. im menschlichen Gehirn 783[15]. — Gehirndurchblutung bei cerebraler Arteriosklerose und cerebraler Atrophie 822[1]. — Cerebrale arteriovenöse Sauerstoffdifferenz bei Schizophrenie 827[5].
— K. M. BOWMAN, W. GOLDFARB, J. F. FAZEKAS and H. E. HIMWICH: Wirkung von Glucosezufuhr bei Hypoglykämie auf arteriovenöse Sauerstoffdifferenz im Gehirn 824[4].
— s. GOLDFARB, W. 791[13], 824[6,7].
— s. HIMWICH, H. E. 823[8,14], 824[5], 825[3,5], 827[3].
WORTIS, S. B.: Verbrennung von Alkohol im Gehirn 785[18].
WORTMANN, V., s. MÜTING, D. 217[7].
WOWSI, M., u. J. GELBIRD: Aminosäuregehalt des Blutes bei Leberschädigungen 212[1].
WOZASEK, O., s. POPPER, H. 67[2], 70[4].
WRIGHT, A., and W. B. HAWKINS: Kein vermehrter Cholesteringehalt in der Galle nach Zerstörung von Erythrocyten 547[6].
— and G. H. WHIPPLE: Bedeutung der Galle für den Cholesteringehalt des Blutes 206[7]. Cholesterin in der Hundegalle 209[7]. — Cholesterinausscheidung in der Galle und Cholesteringehalt der Kost 547[2]. — Cholesteringehalt der Galle nach choleretisch wirkenden Stoffen 547[2].
WRIGHT, A., s. HAWKINS, W. B. 206[12].
WRIGHT, A. E., s. KÜLZ, E. 78[9].
WRIGHT, L. D., H. R. SKEGGS and A. D. WELCH: Gebundene Folsäure in der Leber 413[10].
— and A. D. WELCH: Pantothensäuregehalt der Leber nach Succinylsulfathioazol 406[3]. Folsäurebildung aus Xanthopterin 413[9].
— H. R. SKEGGS and J. W. HUFF: Vitamin B_{12}-Bestimmung mit Lactobacillus Leichmannii 419[5].
WRIGHT, L. H., s. LENNOX, W. G. 212[14].
WRIGHT, M. H., s. KOSER, S. A. 128[3], 412[7].
WRIGHT, P. D., s. SWENDSEID, M. E. 413[16], 414[7].
WRIGHT, S. L. jr., s. RAVDIN, I. S. 536[3], 537[3].
WU, M.-L., s. LOWRY, O. H. 617[1-3], 773[8].
WU, R., s. COOPER, C. 342[9].
WÜHRER, J.: Aluminiumgehalt der Hundeleber 64[2,14].
WÜRSCH, J., R. L. HUANG and K. BLOCH: Herkunft der C-Atome des Cholesterins 202[11].
WUHRMANN, F., u F. LEUTHARDT: Globulinvermehrung bei TAKATA-ARA-Reaktion 244[2].
— C. WUNDERLY u. F. HUGENTOBLER: Bedeutung der β_1-Globuline der WELTMANN-Reaktion 245[5].
— C. WUNDERLY u. P. DE NICOLA: γ-Globuline bei Lebererkrankungen 231[7].
— C. WUNDERLY, P. DE NICOLA u. F. HUGENTOBLER: β-Globulinvermehrung bei Lebererkrankungen 231[6].
— s. KOLLER, F. 369[4].
— s. WUNDERLY, C. 244[16, 17], 245[7], 246[6], 247[4].
WUNDERLY, C.: Wirkung von Aminosäuren und Dipeptiden auf TAKATA-ARA-Reaktion 244[9]. — Beeinflussung der WELTMANN-Reaktion durch krystalloide Serumbestandteile 245[8].
— and B. CAGIANUT: Aminosäuregehalt im menschlichen Kammerwasser 904[8].
— u. F. WUHRMANN: Cadmiumreaktion 244[16]. — Nephelogramm der WELTMANN-Reaktion 245[7]. — γ-Globuline beim Thymoltrübungstest 246[6]. — Serumveränderung beim Kephalin-Cholesterinflockungstest 247[4].
— F. WUHRMANN u. F. HUGENTOBLER: Cadmiumreaktion 244[17].
— s. WUHRMANN, F. 231[6,7], 245[5].
WYMAN, L. C., s. SUDEN, C. TUM 899[4].
WYNDHAM, R. A., s. LEMBERG, R. 516[2].
WYNN, J., s. GIGES, B. 563[20].
WYSS, A., u. F. WYSS: Freisetzung von Aneurin bei Nervenreizung nach Monojodessigsäurevergiftung 671[6]. — Thiaminfreisetzung bei Vagusreizung 838[3].

Wyss, F., s. Muralt, A. v. 697[1].
— s. Weidmann, S. 862[4].
— s. Wyss, A. 671[6], 838[3].
Wyss, L. F., u. A. v. Muralt: Thiaminfreisetzung bei Vagusreizung 838[2].

Yabusoe, M.: Eisenbestimmung in der Leber 44[2].
Yacowitz, H., C. H. Hill, L. C. Norris and G. F. Heuser: Vitamin B_{12}-Extraktion aus der Leber 419[17]. — Vitamin B_{12}-Gehalt von Hühnerleber 420[8]. — Vorkommen von Vitamin B_{12} in Hühnergehirn 674[3].
— L. C. Norris and G. F. Heuser: Pantothensäuregehalt des Muskels bei Vitamin B_{12}-Mangel 406[6]. – Pantothensäuresparende Wirkung von Vitamin B_{12} 406[6].
— s. Peeler, H. T. 419[9].
Yahay, O., s. Nixon, W. C. W. 37[6], 221[13], 366[2].
Yamamoto, R., s. Chow, B. F. 674[5].
Yamamotu, Y., s. Yamaoka, K. 507[9].
Yamaoka, K., K. Kosaka, T. Shimamura and T. Miyaka: Hämoglobinabbau in Parenchymzellen der Leber 507[9].
— K. Kosaka and Y. Yamamotu: Hämoglobinabbau in Parenchymzellen der Leber 507[9].
Yamasaki, K., u. K. Kyogoku: Reduktion von Dehydrocholsäure zu 3β-Oxy-7,12-diketocholansäure durch die Kröte 556[8].
— u. M. Yuuki: Tetraoxysterocholansäurelacton in der Galle der Aligatorschildkröte 551[14].
— s. Suganami, T. 551[13].
Yanari, S., s. Snoke, J. E. 273[8].
Yannet, H.: Kein Einfluß von experimenteller Alkalose auf Kaliumgehalt des Rattengehirns 624[2]. — Konstanz der Chlorwerte im Gehirn 629[17]. — Abnahme der Hirnchloride bei Erschöpfung der Chloridvorräte 630[3].
— and D. C. Darrow: Wassergehalt im Gehirn 620[7], 676[7]. — Vermehrung des intracellulären N im Gehirn während der Embryonalentwicklung 680[13].
Yanofsky, C., s. Krehl, W. A. 294[7].
Yanovskaya, B. J.: Ascorbinsäurebedarf bei Eiweißmangel 385[6].
Yanowitz, H. D., s. Grossman, M. I. 531[8].
Yardeni-Yaron, E., s. Korn-Blueth, W. 931[6].
Yardumian, K., and P. J. Rosenthal: Hippursäuretest zur Diagnose der Lebererkrankungen 471[7].
Yaskin, J. C., s. Shenkin, H. A. 822[6].
Yater, W. M., s. Markowitz, J. 31[5].
Yavorsky, M., P. Almaden and C. G. King: Vitamin C-Gehalt in Herz- und Skeletmuskel 585[4].
Yaxley, D. C., s. Chance, M. R. A. 658[7], 659[11], 816[5].
Yeh, H. L., s. Dunn, M. S. 284[9].
Yi, C.-L., s. Tsai, C. 67[9], 69[2].
Ylppö, A.: Bilirubingehalt im Nabelstrangblut 512[2]. — Ursache der Hyperbilirubinämie des Neugeborenen 512[2].
Yokoyama, H. O., K. K. Tsuboi, M. E. Wilson and R. E. Stowell: Protein- und Enzymgehalt der Leber bei Leberregeneration 223[4].
— M. E. Wilson, K. K. Tsuboi and R. E. Stowell: Protein- und Enzymgehalt der Leber bei Leberregeneration 223[4].
— s. Tsuboi, K. K. 223[4].
— s. Wilson, M. E. 223[4].
Yokoyama, T., s. Masayama, T. 502[9].
Yoritaka, T., s. Kotake, Y. 294[11].
Yoshida, T.: Cancerogene Wirkung von o-Aminoazotoluol 493[8]. — Keine cancerogene Wirkung von p-Aminoazobenzol 494[1, 4].
— s. Sasaki, T. 493[9], 494[2].
Yoshikawa, Y.: Ionenpermeabilität der Cornea 879[4].
Yoshimoto, S., s. Brugsch, T. 506[5].
Yoshimura, S.: Ausscheidung von Allantoin, Aminosäuren, Kreatinin und Ammoniumsalzen in der Galle 542[8].
You, R. W., s. Sellers, E. A. 366[3].
Young, F. G., s. Evans, C. L. 67[9], 69[2], 76[6].
— s. Oakley, H. B. 82[2].
Young, G. T., s. Barker, C. C. 82[9].
Young, J. Z.: Bindegewebsgehalt in Scherennerven des Hummers 647[2]. — Gehalt an Myelinlipoiden und histologische Veränderungen im degenerierenden Nerven 697[12]. — Nervenregeneration 699[6].
— s. Bear, R. S. 652[7].
— s. Holmes, W. 697[11].
Young, L.: Einfluß von Pyocyanin auf Atmung von Gehirngewebe 791[6].
— and S. H. Zbarsky: Bildung von N-Acetyl-p-fluorophenylcystein aus Fluorbenzol 473[10].
— s. Bourne, M. C. 473[17].
— s. Laidlaw, J. C. 274[13].
— s. Manson, L. A. 474[3].
— s. Zbarsky, S. H. 472[8], 474[9].
Young, N. F., s. Kensler, C. J. 501[5].
Young, R. G., s. D'Asaro, B. S. 926[6].
— s. Wootton, J. F. 912[13].
Younger, F., s. Roberts, E. 755[8].
Youngstrom, K. A.: Bildung der Cholinesterase bei Entwicklung des menschlichen Gehirns 683[8]. — Auftreten der Acetylcholinesterase während der Entwicklung verschiedener Hirnbezirke 861[12].
Yuasa, D.: Lebercholesterin nach Cholesterinverfütterung 199[4].
— s. Schönheimer, R. 197[5], 198[5], 199[5].
Yudkin, A. M., M. Kriss and A. H. Smith: Vitamin A-Gehalt der Netzhaut 927[9].
— s. Krause, A. C. 904[1].
Yudkin, S.: Vitamin A-Gehalt des Blutplasmas 360[3].

YUILE, C. L., B. G. LAMSON, L. L. MILLER and G. H. WHIPPLE: Aufnahme von Plasmaproteinen in verschiedene Organe 225[1].
— s. MILLER, L. L. 296[1].
YUUKI, M., s. YAMASAKI, K. 551[14].
YUVANIDIS, M., s. STARY, Z. 355[2], 356[6], 357[8].

ZABIN, I., and K. BLOCH: Cholesterinsynthese aus Aceton 200[21], 201[1]. — Verwendung von Buttersäure zur Cholesterin- und Fettsäuresynthese 201[13]. — Cholesterinsynthese aus Isovaleriansäure 201[14], 202[4].
— and J. F. MEAD: Sphingosinsynthese aus Acetat im Gehirn 738[8], 739[1].
— s. NYC, J. F. 262[6].
ZACHERL, M. K., s. LIEB, H. 593[4].
ZAFFARONI, A., O. HECHTER and G. PINCUS: Abbau des Cholesterins zu Steroidhormonen 209[5].
ZAHL, P. A., s. PINCUS, G. 428[1].
ZAHN, D., s. BAUMGÄRTEL, T. 519[5,12].
ZAIMIS, E. J., s. PATON, W. D. M. 841[2].
ZAK, F. G., s. WACHSTEIN, M. 240[11], 544[10].
ZALESKI, J., s. NENCKI, M. 304[2].
ZAMCHECK, N., s. ECKHARDT, R. E. 156[4].
ZAMECNIK, P. C., s. FRANTZ, I. D. jr. 215[8].
— s. SIEKEVITZ, P. 215[3].
ZAMENHOF, S., s. CHARGAFF, E. 314[1], 668[4,5].
ZAMORANI, V.: Biliverdinvorkommen im Meconium 515[9]. — Reduktion von Biliverdin in der Froschleber 516[14].
ZANDA, G. B.: Kupferspeicherung in der Leber 58[7].
ZANDER, J., u. J. SCHMIDT-THOMÉ: Inaktivierungsprodukte des Testosterons 429[17]. Reduktion von Testosteron 433[3].
ZAPP, J. A. jr., s. STADIE, W. C. 43[9], 191[4], 194[6], 196[4].
ZAPRUDSKAJA, D. S.: Aneurinspeicherung im Gehirn 671[3].
ZARROW, M. X., F. L. HISAW and F. BRYANS: Geringe androgene Wirkung von Desoxycorticosteron 438[1].
ZASLOW, J., and V. S. COUNSELLER: Sulfonamidausscheidung in der Galle 561[4].
— T. H. HEWLETT and R. GOLDSMITH: Ausscheidung von Aureomycin durch die Leber 561[6]. — Keine Ausscheidung von Aureomycin durch die Gallenblase 561[8].
— T. H. HEWLETT and R. W. LORRY: Keine Ausscheidung von Aureomycin durch die Gallenblase 561[8].
ZATHURECZKY, Z. L., s. ANNAU, E. 173[1].
ZATMAN, L. J., s. BURGEN, A. S. V. 841[3].
— s. KAPLAN, N. O. 794[3].
ZAUDER, H. L., s. BERNHEIM, F. 741[13].
ZBARSKY, S. H., and L. YOUNG: Bildung von Phenylmerkaptursäure aus Benzol 472[8]. — Bildung von Phenylmerkaptursäure aus Phenylcystein 474[9].
— s. YOUNG, L. 473[10].
ZBINDEN, C., s. DUTOIT, P. 62[9], 628[6].
ZDAREK, E.: Fluorgehalt der menschlichen Leber 64[5].
ZECHMEISTER, L.: Isomerie von Retinin und Vitamin A 944[2].
ZEGLIO, P.: Vorkommen von Blei in Pigmentkalksteinen 567[4].
ZELLER, E. A.: Gehirnproteasen 762[2]. — Hemmung der unspezifischen Cholinesterasen durch Pyrazolone 858[9].
— and J. BARSKY: Hemmung der Monoaminoxydase des Gehirns durch 1-iso-Nicotinyl-2-iso-propylhydrazin 761[4].
— J. BARSKY, J. R. FOUTS, W. F. KIRCHHEIMER and L. S. VAN ORDEN: Hemmung der Monoaminoxydase des Gehirns durch 1-iso-Nicotinyl-2-iso-propylhydraazin 761[3].
— u. A. BISSEGGER: Acetylcholinesterase aus Gehirn und Erythrocyten 856[3]. — Hemmung der unspezifischen Cholinesterasen durch Percain 858[10]. — Hemmung der Acetylcholinesterase durch Coffein 858[10].
— K. G. WAKIM, J. F. HERRICK, W. L. BENEDICT and J. DAILY jr.: Vorkommen von Phosphatasen in der Linse 896[9]. — Vorkommen von Peptidasen in der Linse 897[3].
ZELNIK, R., s. WAJZER, J. 100[1].
ZELSON, C., s. RAUH, L. 79[5].
ZEMPLÉN, B., and O. RIEDL: Koproporphyrinausscheidung im Harn bei Lebererkrankungen 526[12]. — Wirkung von Vitamin K auf Koproporphyrinausscheidung bei Ikterus 527[1].
ZENDER, R., s. FALBRIARD, A. 908[5].
ZERFAS, L. G., s. FOUTS, P. J. 471[7].
ZETTERSTRÖM, R., L. ERNSTER and O. LINDBERG: Erneuerung von Adenylsäure-P in der Leber 329[2]. — Erneuerung der stabilen P-Gruppe von ATP und ADP im Gehirn 765[3].
— and M. LJUNGGREN: P-Austausch von Adenylsäure, ATP und ADP im Gehirn 765[8].
ZEVIN, S. S., s. POPPER, H. 359[13,14].
ZEWI, M.: Lokalisation von Lactoflavin in der Fischnetzhaut 928[5].
ZEYNEK, R. v.: Phospholipide in menschlicher Fistelgalle 545[6].
ZIEGLER, J. A., s. LARDY, H. A. 43[11], 120[2].
ZIEGLER, M. R., s. MCQUARRIE, I. 820[4].
— s. ULSTROM, R. A. 690[11], 691[2].
ZIESE, W., s. KLEIN, G. 585[9].
ZIEVE, L., E. HILL and S. NESBITT: Bromsulphaleintest 562[10], 563[1].
— s. SCHWARTZ, S. 525[11].
ZIFF, M., s. CHARGAFF, E. 635[3].
ZIFFREN, S. E., C. A. OWEN, E. D. WARNER and F. R. PETERSEN: Avitaminotische und acholische Hypoprothrombinämie 372[3].
ZIL, H., s. DISCHE, Z. 887[5], 888[6], 889[5], 895[2], 897[5].

ZILVA, S. S., s. DRUMMOND, J. C. 356[15], 363[3].
— s. HIRST, E. L. 383[3].
— s. JOHNSON, S. W. 383[6].
— s. PENNEY, J. R. 383[4].
ZILVERSMIT, D. B., and N. R. DILUZIO: Phosphatidumsatz in Leber und Gehirn bei pankreaslosen Hunden 160[11]. —Phosphatidstoffwechsel des Gehirns bei Diabetes mellitus 738[4].
— C. ENTENMAN and I. L. CHAIKOFF: Cholinwirkung auf Umsatz der Leberphosphatide 160[14].
— C. ENTENMAN and M. C. FISHLER: Bedeutung der Leber für Umsatz der Plasmaphosphatide 160[3].
— s. ENTENMAN, C. 160[5].
ZIMDAHL, W. T., I. HYMAN and E. D. COOK: Kupferausscheidung im Harn bei hepatolenticularer Degeneration 60[12].
ZIMMER, J., et P. MANDEL: Citronen- und Äpfelsäure in jungen und alten Linsen 891[3].
— s. MANDEL, P. 885[4], 889[14], 896[10].
ZIMMERMAN, F. T.: Wirkung von Glutaminsäure bei Epilepsie 759[6].
ZIMMERMAN, H. M.: Degeneration in der Medulla oblongata bei Vitamin A-Mangel 669[9].
— and G. R. COWGILL: Degeneration in der Medulla oblongata bei Vitamin A-Mangel 669[10].
ZIMMERMANN, B., s. THOROGOOD, E. 77[5].
ZIMMERMANN, H. J., F. G. MACMURRAY, H. RAPPAPORT and L. K. ALPERT: Leberverfettung bei Diabetikern 140[9,11].
ZIMMERMANN, M., s. EMBDEN, G. 581[1].
ZIZINE, P., s. LESNÉ, E. 58[6].
ZOCCOLI, A. G., e F. BUFFA: Plasmaproteingehalt bei Lebererkrankungen 227[5].
ZÖLLNER, N., K. P. EYMER u. L. SCHEID: β-Globulinvermehrung bei Lebererkrankungen 231[6].
— s. EYMER, K. P. 246[11].
ZOLOG, N., s. MICHAIL, D. 870[7].
ZONDEK, B.: Inaktivierung von Oestron 423[2]. — Ausscheidung oestrogener Substanzen im Harn 423[3]. — Oestrogeninkativierung durch Lebergewebe 424[13], 425[11]. — Gonadotropinbildung und -ausscheidung 450[2].
— and R. BLACK: Oestrogenausscheidung bei Leberkranken 427[3].
— and A. BRZEZINSKI: Oestrogeninaktivierung als Leberfunktionsprüfung 427[1].
— and J. SKLOW: Oestrogeninaktivierung durch Leberschnitte 424[14]. — Oestradiolbildung durch Leberschnitte bei Cyanidvergiftung 425[4].
— F. SULMAN and J. SKLOW: Inaktivierung von Stilboestrol 429[1]. — Gonadotropinbildung und -ausscheidung 450[2].
ZONDEK, S. G., s. BRÜCKMANN, G. 57[6], 60[14], 626[16].
ZOPPO, I. DEL: Histamin in Kammerwasser 904[14].
ZORZOLI, A., and R. E. STOWELL: Keine Phosphatasereaktion in der Lebergalle von Meerschweinchen 544[11].
ZOTTERMAN, Y., s. MURALT, A. v. 837[6].
ZUBIANI, A., e I. PAPO: Vergiftungserscheinungen nach Alkohol- und Antabusgaben 490[7].
ZUCKERKANDL, F.: Natriumretention bei katarrhalischem Ikterus 42[11].
— s. SIEDEK, H. 42[11].
ZUCKERMAN, I. C., B. KOGUT and M. JACOBI: Tägliche Gallenmenge beim Menschen 529[2].
ZUMBUSCH, L. R. v.: Bilifuscin 522[6].
ZUMMO, C., s. MAZZA, F. P. 163[2].
ZUSSMAN, H., s. WALD, G. 926[15].
ZWEIFACH, B. W., s. SHORR, E. 451[1].
ZWEMER, R. L., and F. H. PIKE: Kaliumgehalt von Lebervenen- und Pfortaderblut nach Splanchnicusreizung 42[6].
— and R. C. SULLIVAN: Gluconeogenese bei adrenektomierten Tieren nach Nebennierenrindenextrakt 124[2].
— s. TRUEX, R. C. 680[8].

Sachverzeichnis.

Erklärung: Fettdruck = Hauptstichwort für Organe; kursiver Fettdruck desgl. für Stoffe; Kursivdruck: 1. desgl. für Organismen; 2. wichtige Stichworte; fetter Punkt über der Zeile = Formel im Text; Schema, Tab., Abb., Gleichung = Schema usw. im Text.

Aale, Leber, Vorkommen von Uricase und Allantoinase 341.
Abmagerung 164, 171.
Abnutzungspigment, lipofuscinähnliches, Perjodsäure-Leukofuchsinreaktion 661.
Acanthias vulgaris, Leber, Gehalt an Mangan 61 Tab.
Acceleratorglobulin, Bildung von — 235—238.
—, Gehalt im Blutplasma bei Leberschäden 237.
—, — im Blutserum nach Dicumarin 373.
Acetaldehyd, Atmungssteigerung durch — 490.
—, Ausscheidung im Harn nach Alkoholgenuß 489.
—, Bedeutung für Acetylcholinsynthese 846.
—, Bildung von Cholesterin aus — in der Leber 200.
—, Oxydation 489ff.
—, —, Hemmung durch Antabus 403, 489f.
—, Verwertung zur Desoxyribosesynthese 345.
Acetaldehyddehydrogenase, Schädigung bei Röntgenbestrahlung der Linse 898.
Acetalphosphatide 634f.
—, Aldehyde in den — 638, 639 Tab.
—, Gehalt in Achsenzylinder 649 Tab.
—, — in Gehirn 637—640.
—, — in Herzmuskel 584.
—, — in Markscheiden 649 Tab.
—, — —, Lokalisation 734.
—, — in Muskel 584.
—, — in Nervenzellen 649 Tab.
—, Vorkommen in Ciliarkörper 918.
—, — in Hornhaut 875.
— s. a. Plasmalogene.
Acetanilide, Desacetylierung in der Leber 478.
Acetat s. Essigsäure.
Acetat-C, Fettsäurebildung aus — 167.
—, Einbau in Aminosäuren im Gehirn bei Virusinfektionen 829ff.
Acetatcarboxyl-C, Einbau in Aminosäuren im Gehirn 830.
Acetat-Pool der Leber 188, 486.

Acetessigsäure:
Abbau 194.
— im Gehirn 741f.
— in der Leber 173 Tab.
— in der Niere 195.
Bildung, Beschleunigung durch Ammoniumsalze 193.

Acetessigsäure:
Bildung aus Acetat 168, 169 Abb.
— — in Leber 173 Tab., 185, 194.
— aus Aceton 201, 265, 412, 741.
— aus Acetyl-CoA 179.
— aus Fettsäuren, lang- und kurzkettigen, in der Leber 186, 187 Tab.
— aus Heptansäure 187 Tab.
— aus Isoleucin 266•.
— aus Isovaleriansäure 265•.
— aus Leucin 265•.
— aus α-Methylbuttersäure 266•.
— aus β-Oxybuttersäure in Gehirn 741f.
— — in der Leber 194.
— aus Phenylalanin 279, 281•, 282 Schema.
— aus Tyrosin 279, 281•, 282 Schema.
— bei Brenztraubensäuremangel 116.
— bei Kohlenhydratmangel 127.
— in Gehirnhomogenaten 849.
— in Leber 168, 169 Abb., 173 Tab., 185.
— in Leberschnitten 190 Tab.
— in Taubenleber 130.
— von Acetat aus — 477.
— von Cholesterin aus — 201f.
— von Citronensäure aus — 195, 741f.
— von β-Oxybuttersäure aus — 741.
Dismutation 716.
— in Gehirn 742.
Einbau, orientierter, der Carboxylgruppe von Fettsäuren 189 Tab.
Oxydation, Steigerung durch Nicotinsäureamid 395.
— in Leber 195.
— in Leberschnitten 190 Tab.
— Umsatz in Leber 173 Tab.
Ungleichwertigkeit der zur Bildung verwandten Acetylreste 187f., 189 Tab.
Acetoacetat s. Acetessigsäure.
acetoacetyl cleaving system 195.
Acetoacetyl-CoA, Bildung 177, 178 Abb., **180f.**, 189, 192 Abb.
—, — bei Fettsäureabbau in der Leber 186.
—, — in Geweben, extrahepatischen 195.
—, — von Cholesterin aus — 201.
—, — von Fett aus — 181.
—, — von Ketonkörpern aus — 181.
—, — von β-Oxybuttersäure-CoA aus — 181.
—, Verwertung in der Leber 181, 194.
Acetoacetylmercaptide, Reduktion durch β-Ketoreduktase 182.

Acetoaminobiphenyl, Wirkung, keine, cancerogene 495*.
Acetobrenztraubensäure, Steigerung der Glykolyse, anaeroben, von Gewebsschnitten durch — 710.
Acetoin, Bildung 846.
Acetokinase 129f.
Aceton, Bildung aus Buttersäuren, alkylierten 176.
—, — aus Isovaleriansäure 264.
—, — aus Leucin 176.
—, — von Acetessigsäure aus — 201, 265, 412, 742.
—, — von Cholesterin aus — 200f.
—, Hemmung der Acetylcholinesterase durch 860.
Acetonitril, Bildung von Rhodanid aus — 480.
Acetonkörper, Bildung aus Äthylalkohol 486.
—, — aus Fettsäuren, verzweigten 176.
— s. a. Ketonkörper.
Acetophenon-trimethylammoniumjodid, Hemmung von Cholinesterasen 858.
3-Acetylamino-dibenzothiophen, Wirkung, cancerogene 496*.
2'-Acetylamino-2,3:6,7-dibenzotropilidin, Wirkung, keine, cancerogene 495, 496*.
3-Acetylaminofluoranthren 495, 496*.
Acetylaminofluoren, Desacetylierung in der Leber 478, 499f.
—, Wirkung, wachstumshemmende, bei Ratten 502.
2-Acetylaminofluoren, Oxydation 499.
—, Riboflavin-Mangel nach — 393.
—, Wirkung auf Stoffwechsel der Leberzellen 502—505.
—, — auf Vitamin C-Gehalt der Leber 503.
—, —, cancerogene 495, 496*, 499f., 502.
—, —, —, Beeinflussung durch die Ernährung 501f.
4-Acetylaminofluoren 495, 496*.
N-Acetyl-p-aminophenol, Bildung aus Buttergelb 499.
p-Acetylaminophenylessigsäure, Bildung aus p-Aminophenylessigsäure 476.
Acetyl-aneurinpyrophosphat, Bildung bei Brenztraubensäureoxydation 716.
N-Acetyl-S-benzylcystein, Bildung aus Benzylchlorid 473.
N-Acetyl-S-benzylhomocystein, Bildung aus Benzylhomocystein 474.
N-Acetyl-(p-bromphenyl-L-cystein), Bildung aus Bromphenylcystein 474.

Acetylcholin:
Abbau, fermentativer 851—861.
Abgabe durch Ganglienzellen und Nerven bei Erregungsleitung 841f.
als Aktionssubstanz des Nerven 836, 839, 861.
Aktivierung von ATPase durch — 773.
Auslösung von Insulinkrämpfen 845.
Bedeutung für Erregungsleitung 841f.
Bildung, Bedarf an Phosphatbindungen, energiereichen 847.

Acetylcholin:
Bildung, Bedeutung von Coenzym A für — 846, 849f.
—, — von K-Ionen für — 718, 758, 846, 848.
—, — von Mg-Ionen für — 846ff.
—, Beeinflussung 758, 845—850.
—, Energielieferung für — durch Phosphokreatinspaltung 817.
— in Ganglienzellen 848.
— in Gehirn 718*, 722f., 758, 807, 809, 817, 842f., **845—850**, 856.
— — von Ratten, hypophysektomierten 849.
— in Gehirnextrakten 849.
— — nach Gehirnkrämpfen 817.
—, Hemmung durch Ammoniumionen 807, 846.
— in Hirnschnitten 807.
— im Nervensystem 850.
—, Umfang der — 848ff.
—, Wirkung von ATP auf — 718, 807, **845**ff., 850.
—, — von Eserin auf — 758.
— im Zentralnervensystem 845—851.
Block, neuromuskulärer, durch — 841.
als Depolarisator an Nervenendigungen 842.
und Fortleitung der Nervenerregung 841f.
in Ganglienzellen, Verteilung 855.
Freisetzung an der Nervenoberfläche 841.
Gehalt in Abdominalganglien von Crustaceen 849.
— Cornea 875 Tab., 876.
— in Fasern, präganglionären 854f.
— in Gehirn 809, 842—845, 849.
— — und Atmungskettenphosphorylierung 786.
— — bei Erregung, psychischer 738.
— — bei Funktionszuständen, verschiedenen 810 Tab.
— — bei Narkose 813.
— in Liquor cerebrospinalis nach Gehirnkrämpfen 817.
— — bei Strychninkrämpfen 843.
— in Muskel an Endplatte, motorischer 855.
— in Nerven 842.
— — bei Degeneration, sekundärer 841.
— — bei Degeneration, WALLERscher 695f.
— — bei Narkose 815.
— in N. opticus 948.
— in Retina 928.
— in Zentralnervensystem 844f.
Gehirnkrämpfe nach — 817.
Hemmung der Acetylcholinsynthese durch — 848.
Hydrolyse bei Energieaustausch 858.
Mangel bei Epilepsie 848f.
und Neurone, nichtcholinergische, im Zentralnervensystem 842ff.
Rolle bei Transmission, synaptischer, der Spinalreflexe 843.

Acetylcholin:
Spaltung 239, 851—861.
als Überträgersubstanz an Synapsen, zentralen 839.
— —, cholinergische 839, 841.
Verteilung in Grenzstrangganglien 855.
Vorkommen in Augengeweben 919.
Wirkung, Beeinflussung durch Aneurin 838.
— bei Infektion mit St. Louis-Encephalomyelitis-Virus 834.
— auf Keratitis, neuroparalytica 876.
— auf Muskelfaserendplatten 840.
— auf Skeletmuskulatur 840f.
—, choleretische 533.
freies und gebundenes, im Zentralnervensystem 844f.
Acetylcholin-Cholinesterasesystem, Bedeutung für Permeabilität der Blut-Hirnschranke 800.

Acetylcholinesterase:
851—861.
Aktivierung 856.
— durch Bariumionen 856.
— durch Calciumionen 846, 848f., 856.
— durch Kaliumionen 807, 856.
— nach Nervendurchschneidung 855.
Aktivität 853.
— in Basalganglien 853f., 854 Tab.
— in Gehirn verschiedener Tierarten 844 Tab., 853ff.
— in Netzhaut 854 Tab.
Bildung bei Entwicklung des Zentralnervensystems 861.
Eigenschaften 851f., 856ff.
Einheit 859.
Enzym-Substrat-Verbindung 857.
Gehalt in Ganglion cervicale 696, 852f.
— in Gehirn 861.
— in Nerven bei Degeneration 696.
— am Wirkungsort im Gewebe 855.
Gehirn, Natur, chemische 856f.
Hemmung 857—861.
Isolierung 853, 856.
Konzentration 854.
— an der Endplatte, motorischen 855.
MICHAELIS-Konstante 851.
Molekulargewicht 854.
Spaltung von Substraten, verschiedenen, durch — 857.
Verteilung im Gewebe 855.
Vorkommen 852ff.
— in Erythrocyten 855f.
— in Geweben, nervösen 855.
— in Liquor cerebrospinalis bei — 861.
Wechselzahl 851, 853, 855f.
Wirkungsweise 853.
„Acetylcholinvorläufer" 845.

Acetyl-Coenzym A (Acetyl-CoA)
s. a. Essigsäure, aktivierte.
Bedeutung für Acetylcholinsynthese 846, 850.
— von Cocarboxylase für Bildung von — 129, 838.

Acetyl-Coenzym A (Acetyl-CoA)
Bildung, Energielieferung für — 179.
— aus Acetat 179.
— aus Aminosäuren, ketogenen 179.
— aus Brenztraubensäure 179, 195f.
— bei Brenztraubensäureoxydation 716.
— von Acetessigsäure aus — 179.
— von Acetoacetyl-CoA aus 177, 178 Abb., 180, **181***, 189, 192 Abb.
— von Citronensäure aus — 179, **184***, 192 Abb.
— von Fettsäuren aus — 177–181, 189.
— von Ketonkörpern aus — 179.
Bildungsmöglichkeiten 718.
Kondensation mit Oxalacetat 179, 183, 184*, 186.
Übertragung von Acetylresten durch — 477.
Verbindung mit Fettsäuren 158, 180f.
N-Acetylcystein, Kupplung mit Kohlenwasserstoffen, aromatischen 472.
Acetyldehydroalanin 763.
Acetyldehydrophenylalanin 763.
N-Acetyl-p-fluorophenylcystein, Bildung aus Fluorbenzol 473.
N-Acetylglycin, Desacetylierung in der Leber 478.
—, Verwendung zur Glutathionsynthese 275.
Acetylhistamin, Bildung aus Histamin 476.
—, Vorkommen im Ganglion stellatum 759.
Acetylierungen 477.
—, Entgiftung durch — 453.
N-Acetyl-leucin, Desacetylierung in der Leber 478.
Acetyl-β-methylcholin, Spaltung durch Cholinesterasen 851f., 856.
Acetyl-phenylalanin, Bildung von Phenylbrenztraubensäure aus — 826.
Acetylphenylhydrazin, Gallenfarbstoffgehalt in der Galle nach — 547.
—, Hämolyse durch — 52, 55.
Acetylphosphat, Bedeutung für Acetylcholinsynthese 850.
—, Reaktion mit Cholinacetylase 850.
Acetylsalicylsäure, Desacetylierung in der Leber 478.
—, Entgiftung 455, 457.
—, Esterbildung mit Glucuronsäure 455.
—, Hypoprothrombinämie nach — 373.
—, Leberfunktionsprüfung mit — 456.
—, Spaltung, hydrolytische, in der Leber 484.
Acetylsulfaguanidin 475.
Acetylsulfanilamid, Giftwirkung 476.
N-Acetylsulfanilamid, Desacetylierung in der Leber 478.
N-Acetylthioäthanolamin 182.
Acetyl-L-tyrosin, Desacetylierung in der Leber 478.
Achsenzylinder s. Nerven, Achsenzylinder.
Achylie bei Anämie, perniziöser 420.
—, Ca-Bilanz bei — 360f.
—, Calciferol-Resorption bei — 360.
—, Phosphat-Resorption bei — 361.
Acidose, Abbau von Leberglykogen bei — 73.

Acidose, Ammoniakbildung bei — 254.
— nach Ammoniumsalzen 193.
—, Hyperglykämie bei — 73.
—, diabetische, Hirnstoffwechsel bei — 822.
Acipenser sturio, Leber, Gehalt an Vitamin A_2 359.
Aconitase bei Citronensäurebildung 719.
—, Gehalt im Gehirn 723.
—, Trennung von Citricodehydrogenase 724.
—, — von Fumarase 723.
—, Wirkung bei CO_2-Fixierung 721.
—, — von Fluoressigsäure auf — 725f.
cis-Aconitsäure, Gehalt im Gehirn 660.
—, Gleichgewicht mit Citronensäure und eis-Citronensäure 719.
—, Vorstufe, keine, von Citronensäure 778.
A—C-System 195.

ACTH (= adrenocorticotrophic hormone):
Abbau in der Leber 439.
Bedeutung für Acetylcholinsynthese 849.
Glucosurie nach — 125.
Glykoneogenase nach — 125.
Inaktivierung 449.
Ketonämie nach — 125.
im Leberstoffwechsel 449.
Wirkung auf Ascorbinsäuregehalt von Leber 380.
— — der Nebenniere 380, 449.
— auf Blutzucker 125.
— auf Fettgehalt der Leber 141f.
— auf Fettsynthese 169.
— auf Gehirnstoffwechsel 820.
— auf Gewebsproteine 125.
— auf Glykoneogenese 125f.
— auf Linolensäureoxydation im Gehirn 741.
— auf Tryptophanperoxydase 287.
— auf Umsatzgeschwindigkeit der Lebernucleinsäuren 322.
A- und G-Actin 577 Tab.
Actomyosin 577 Tab.
—, Gehalt im Skeletmuskel 579.
—, — im Uterus 611.
— als ATPase 596.
Acusticusneuriom, β-Glucuronidase 692.
ADDISONsche Krankheit s. Krankheit, ADDISONsche.

Adenin:
Abbau im Darm 440.
Aufnahme in Adenosintriphosphat in der Leber 329.
— in Desoxyribonucleinsäuren der Leber, regenerierenden 325.
— in Ribonucleinsäuren in der Leber 329.
Bildung in der Leber 332f.
— von Guanin aus — 330f., 333.
Desaminierung 334.
Gehalt in Desoxyribonucleinsäuren 668.
— in Gehirn 668, 668 Tab.
— in der Leber 313, 314, Tab. 315 Tab.
— in Nucleinsäuren der Kalbsleber 314 Tab.

Adenin:
Gehalt in Nucleinsäuren des Zentralnervensystems 676.
— in Ribonucleinsäuren der Rattenleber 315 Tab.
Giftwirkung 334.
Hemmung der Virusausbreitung durch — 832.
exogenes, Aufnahme in Ribonucleinsäuren 332.
markiertes, Einbau in Nucleinsäuren 316.
Umwandlung in Guanin 330f., 333.
Wirkung, keine, auf Fettsäuredehydrogenase 163.
^{14}C-8-Adenin, Aufnahme in Nucleinsäuren von Leberzellkernen 502.
Adenindinucleotid, Cornea 876.
—, Netzhaut 928.
Adeninribose-5'-phosphorsäure s. Adenylsäure.
Adenosin, Abbau im Gehirn 768.
—, Aktivierung der Fettsäuredehydrogenase durch — 163.
—, Bildung von Adenylsäure aus — in Hefe 111.
—, — von Ammoniak aus — in der Retina 934.
—, — von Ribosephosphat aus — und Phosphat in Erythrocyten 109.
—, Hemmung der Virusausbreitung 832.
—, Steigerung der Muskeldurchblutung durch — 573.
Adenosindesaminase, Aktivität in Hypophyse 767.
—, Vorkommen in Gehirn und Nerven 758, 767.
—, — in Leber 334.
Adenosindiphosphatphosphomutase, Vorkommen im Gehirn 774.

Adenosindiphosphorsäure (= ADP):
Bildung aus Adenosintriphosphorsäure 599.
— von Adenosintriphosphorsäure aus — 582*.
Disproportionierung 596.
Energielieferung für Glykogenbildung in der Leber 87 Abb.
Gehalt in Gehirn 788, 816, 823.
— in Leber, regenerierender 33.
Gleichgewicht mit Adenosinmono- und -triphosphorsäure 582.
als P-Donator für Hexokinasereaktion 774.
Phosphataustausch im Gehirn 765.
Reaktion mit Kreatin 774.
— mit Kreatinphosphorsäure 771, 774.
Spaltung in der Retina 936.
Transphosphorylierung mit Phosphoenol-brenztraubensäure 606.
Umsetzung im Nervengewebe 765.
Vorkommen in der Leber 311.
Adenosinkinase, Vorkommen in Leber und Hefe 329.
Adenosinmonophosphorsäure s. Adenylsäure.
Adenosinphosphatase, Phospholipoidgehalt 134.

Adenosinphosphokinase 111.
Adenosinphosphorsäure. s. Adenylsäure.
Adenosin-3-phosphorsäure, Abbau im Gehirn 768.
Adenosin-5-phosphorsäure s. Adenylsäure.
Adenosinpolyphosphate, Bildung in Gehirnschnitten 765.
—, Gehalt im Gehirn bei Ischämie 788.
—, Gleichgewicht mit Phosphokreatin 772.
—, Phosphatübertragung auf Kreatin 774.
—, Spaltung bei Ischämie 772.

Adenosintriphosphatase (ATPase): 595f.
Aktivierung durch Acetylcholin 773.
— durch Actomyosin 596.
— durch Calciumionen 596, 696, 773.
— durch Magnesiumionen 596, 773.
Aktivität bei der Gehirnentwicklung 683.
— in Gehirn 684f., 696, **701** ff., 773, 775.
— in Gehirnextrakten und -homogenaten 702—704.
Bestimmung im Gehirn 617.
Einfluß auf Acetylcholinbildung 847, 849.
Gehalt in Gehirn bei Eiweißmangel 684f., 773.
— in Hepatomen 504.
Hemmung der — 708, 773.
im Nervensystem bei Degeneration, WALLERscher 696.
Reaktion an Actomyosin 579, 596, 606.
Vorkommen in Antiglykolysefaktor 704.
— in Dendriten 618.
— in Nerven 696.
Wirkung auf Myosin 578f.

Adenosintriphosphorsäure (=ATP): 582•.
Aktivierung der Acetokinase durch — 130.
— der Glycerophosphatdehydrogenase durch — 714.
— der Prolinoxydase durch — 300.
Aufnahme von Adenin in — 329.
Auslösung der Muskelkontraktion durch — 598.
Bedeutung für
Acetoinbildung 846.
Acetylcholinbildung 718, 807, **845** ff., 850.
Adenylsäuredesaminase 767.
Argininbildung aus Citrullin 308.
Brenztraubensäureoxydation 717f.
Carbamoylglutaminsäurebildung 307•.
Citratbildung 129.
Citrullinbildung 307.
Cocarboxylasebildung 669, 838.
Coenzym A-Bildung 407, 477.
Cysteinbildung 269.
Fettsäureoxydation in Mitochondrien 741.
Fructokinasewirkung 99.
Galaktose-1-phosphatbildung 94.
Gehirnatmung 778.
Gluconokinasewirkung 108.
Glucosephosphorylierung 91.
Glutaminbildung 253, 807.

Adenosintriphosphorsäure (= ATP):
Bedeutung für
Glutathionsynthese 275.
Hexokinasewirkung 84.
α-Ketoglutarsäureoxydase 720, 724.
Koppelung von Kohlenhydratabbau und Fettsäuresynthese 169 Abb.
Kreatinbildung 303.
Kreatinphosphorsäurespaltung 595.
Methylgruppenübertragung 267.
die Muskelkontraktion 606.
Nicotinsäureamid-Methylierung 397.
Nucleinsäurebildung 111.
Oxalessigsäureoxydation 719.
Oxydationen im Gehirn 719.
Phosphatidbildung 159.
Phospho-enol-brenztraubensäurebildung 120.
Oxalacetatbildung aus Pyruvat 127, 128 Abb.
Sehpurpurregeneration 943.
Serinsynthese 260.
Thiaminphosphorylierung 388.
Bestimmung 597.
Bildung, Bedeutung von Pyruvatkinase für — 714.
—, Einfluß von Natriumionen auf — 807.
—, — von Thyroxin auf — 446.
—, Energielieferung für — 99, 102.
— aus Adenosinmono- und -diphosphorsäure 582•.
— bei Coenzym A-Synthese 408.
— in Leber 84f., 328.
— in Mitochondrien 327.
— und Spaltung in der Leber 84ff., 327ff.
— von Adenosindiphosphorsäure aus —, Änderung der Energie, freien, bei — 599.
Dephosphorylierung 596ff.
— bei der Muskelkontraktion 595.
Desaminierung 767.
Energielieferung für Bildung von Acetylcholin 758.
— — von Acetyl-CoA 179.
— — von Esterschwefelsäuren 468, 470.
— — von Glutamin 752.
— — von Glykogen in der Leber 84, 87 Abb.
— für Regeneration von — 99.
Erneuerungsrate in der Leber 327ff.
Gehalt in Gehirn 328, 667.
— — bei Funktionszuständen, verschiedenen — 810 Tab.
— — bei Hypoglykämie 823.
— — bei Krampfanfällen 816.
— — bei Narkose 813.
— in Gehirnextrakten und -homogenaten 701f.
— in Gehirnschnitten 702.
— in Herzmuskel 609.
— in Leber 327f.
— —, regenerierender 33.
— in Magen 611.

Adenosintriphosphorsäure (= ATP):
Gehalt in Muskulatur 328, 581 Tab., 582f.
— — im Winterschlaf 586.
— in Organen 328.
Gehirn, Phosphataustausch 765.
Gleichgewicht mit Adenosinmono- und -diphosphorsäure 582.
— mit Kreatinphosphorsäure 771, 772.
Hemmung der Glutaminsynthese 755.
— der Glykolyse, aeroben, im Muskelbrei 732.
— des P-Einbaus in Gehirnlipoide 737.
Muskeldurchblutung, Steigerung durch — 573.
Phosphatdonator für Cholinphosphokinase 737.
Phosphorylierung von Coenzym A durch — 847.
Reaktion mit Kreatin 771, 774.
Spaltung, Bedeutung von Calcium für — 575.
—, Wärmetönung 598.
— in Herzmuskel 611.
— in Leber 22.
— in Linse 896.
— im Muskel 328, 612.
— durch Myosin 578.
— in Retina 936.
Stoffwechsel in der Leber 327ff., 446.
Umsatz bei Hyperthyreoidismus 446.
— in Leber 446.
— in Mitochondrien 328.
— in Nervengewebe 765.
Unterbrechung der Dinitrophenolhemmung der PASTEUR-Reaktion 732.
Vorkommen in Leber 311.
— in Linse 891.
— in Linsenkapsel 892.
— in Muskel 585.
Weichmacherwirkung 606.
Wirkung auf Acetylcholinsynthese 807.
— auf Glykolysehemmung durch Glutaminsäure 758.
— auf Myosin 578f.
— auf Pyruvatumsatz 732.
— bei Infektion mit FA-Mäuseencephalitis-Virus 833.
Zerfall bei Muskelkontraktion, anaerober 588.
— bei Totenstarre 607.
S-Adenosylmethionin 267, 268*.
Adenylpolyphosphorsäure s. Adenosinpolyphosphate.
Adenylpyrophosphorsäure s. Adenosintriphosphorsäure.
Adenylsäure:
582*.
Abbau in Gehirn 766, 768.
— in Nerven 766.
— durch 5-Nucleotidase 767.
Aktivierung der Fettsäuredehydrogenase durch — 163.
— der Prolinoxydase durch — 300.
Adenylsäure:
Aufnahme von Phosphat (^{32}P) in Ribonucleinsäuren der Leber 318 Tab.
Bedeutung für Brenztraubensäureoxydation im Gehirn 717f.
— für Citrullinbildung 306.
— für P-Einbau in Gehirnlipoide 736.
— von Folsäure für Bildung von — 406.
Bildung aus Adenosin in Hefe 111.
— aus Diphosphopyridinnucleotid 583.
— im Gehirn 764f.
— von Adenosintriphosphorsäure aus — 582*.
— von Ammoniak aus — 597.
— von Coenzym A aus — 407f.
Desaminierung zu Inosinsäure im Gehirn 668.
Förderung der Phenolschwefelsäurebildung durch — 468.
Gehalt in Leber 311, 327ff.
— —, regenerierender 33.
Gleichgewicht mit Adenosindi- und -triphosphorsäure 582.
Hemmung der Glykolyse, anaeroben, durch — 709.
— der Myokinase durch — 774.
— der Netzhautglykolyse durch — 932.
Hydrolyse durch Rattengehirn 775.
im Leberstoffwechsel 327.
Phosphorylierung durch Phospho-enolbrenztraubensäure 709, 714.
Reaktion mit Kreatinphosphat 595, 774.
Steigerung der Muskeldurchblutung durch — 573.
Umsatz des Phosphatrestes 329.
Umsatzgeschwindigkeit in der Leber 323 Tab.
Vorkommen in der Linse 891.
Wirkung auf Milchsäurebildung 709.
Adenylsäuredesaminase 597.
—, Aktivität bei Narkose 814.
—, — in Hypophyse 767.
—, Bedeutung von Adenosintriphosphorsäure für — 767.
—, Vorkommen im Gehirn 758, 767.
—, — in Nerven 767.
Adenylsäuresystem und Kreatin, Gleichgewicht bei Gehirnglykolyse 703.
—, Phosphatübertragung auf das — 806f.
—, Spaltung im Herzmuskel 610.
Aderlaß, Blut, Gehalt an Albumin nach — 229.
Adermin s. Pyridoxin.
— s. Pyridoxal.
— s. Pyridoxamin.
Adipinsäure, Abbau 176.
—, Bildung aus Capronsäure 176.
Adrenalin:
439, 440*.
Abbau durch Aminoxydase 761.
— im Gehirn 440.
— in der Leber 439ff.
Abgabe durch Nebenniere 840.
Ausschüttung bei Hypoglykämie 825.

Adrenalin:

Bildung 826.
Bindung an Schwefel- oder Glucuronsäure 439.
Einfluß auf Milchsäurebildung 120.
— auf Wärmeerzeugung der Leber 24.
—, kein, auf Fructosämie 103.
Förderung der Linolensäureoxydation im Gehirn durch — 741.
Gehalt in Kammerwasser 904.
— in Milznerven 840.
Glucoseausscheidung im Harn nach — 121.
Hemmung der Glucuronsäurebildung durch — 458.
Hyperglykämie nach — 76.
Inaktivierung in der Leber 439ff.
Linsentrübungen durch — 899.
Oxydation in der Gefäßhaut 920.
als Überträgersubstanz, sympathicomimetische 839f.
Vorkommen in Corneanerven, menschlichen 840.
— in Nerven 840.
Wirkung, Vergleich mit Noradrenalin 761.
— auf Blutspeicherung in der Leber 17.
— auf Coronargefäße 840.
— auf Eiweißumsatz der Leber 221.
— auf Gehalt der Galle an Stoffen, reduzierenden 543.
— auf Glykogengehalt des Gehirns 705, 823.
— auf Kaliumgehalt der Leber 42.
— auf Kohlenhydratstoffwechsel 76f.
— auf Leberdurchblutung 16.
— auf Leberglykogen 76, 79.
— — bei Fetus und Neugeborenen 69.
— bei Insulinhypoglykämie 757.
—, abhängig von Leberrhythmus 25.
Zerstörung an Nervenendigungen, sympathischen 761.

ADP s. Adenosindiphosphorsäure.
Adrenektomie, Arginaseaktivität in der Leber bei — 451.
—, Blutzucker nach — 123.
—, Inaktivierung von Melanophorenhormon bei — 450.
—, Leber, Fettgehalt nach — 142f.
—, —, Glykogengehalt nach — 124.
—, —, Vasopressininaktivierung bei — 451.
—, N-Ausscheidung nach — 124.
—, Wirkung, anticancerogene, bei Buttergelbfütterung 501.
Adrenochrom, Hemmung der Hirnglykolyse durch — 708.

Äpfelsäure:

Abbau im Gehirn 717.
— in der Atmungskette 733 Abb.
Bedeutung für Oxydationen im Gehirn 719.
Bildung aus Brenztraubensäure 127.
— aus Fumarsäure 720.

Äpfelsäure:

Bildung aus Oxalessigsäure im Gehirn 719.
— aus Phenylalanin 280.
Einfluß, kein, auf Fettsäurebildung 167.
—, —, auf P-Einbau in Gehirnlipoide 737.
Gehalt in Gehirn 660.
— in Muskel 580.
Gleichgewicht mit Oxalacetat und Fumarat 128.
Hemmung der Oxalessigsäurecarboxylase durch 724.
Hornhautschädigungen durch — 878.
Oxydation im Gehirn 719.
P/O-Verhältnis bei Oxydation von — im Zentralnervensystem 730f.
Spaltung durch Lactobacillus arabinosus 128.
Verwendung zur Glucuronsäuresynthese 460.
Vorkommen in Bindehaut 871.
— in Linse 891.
— in N. opticus 948.
Wirkung, antiketogene 190.

Äpfelsäuredehydrogenase in Gehirn 720, 724f.
—, Vorkommen in Dendriten 618.
—, — in Linse 896.
—, Wirkung von Sauerstoffvergiftung auf — 789.
Äthanol s. Äthylalkohol.

Äthanolamin:

Beeinflussung der Gehirnatmung durch 790.
Bildung aus Serin 257, 258 Schema, 263.
— von Betain aus — 257*, 258 Schema.
— von Cholin aus — 257*, 258 Schema.
— von Essigsäure aus — 739.
— von Glykokoll aus — 256*, 257*.
— von Glykolaldehyd, Glykolsäure und Glyoxylsäure aus — 256*, 257, 258 Schema.
Desaminierung 257f.
— in Gehirn 760.
Einbau in Leberphosphatide 160.
Leber, Monoaminophosphatidgehalt nach Zufuhr von — 145.
Methylierung durch Methionin 146.
Rolle bei der Sphingosinbildung 738f.
Vorkommen in der Lipoidfraktion der Gliome 691.
— in Plasmalogenen 637.

Äthanolaminoglycerinphosphorsäure 640f.
Äthanolaminophosphorsäure 640.
Äther, Hemmung der Acetylcholinesterase durch — 860.
—, — der Transmission, synaptischen, durch — 813.
—, Nervenblockierung durch — 841.
—, Verminderung der Gallenbildung durch — 533.
Ätherglucuronide 455f.
Äthernarkose, Wirkung auf Ascorbinsäuregehalt der Leber 379.

Äthionin 148*.
—, Leberverfettung nach — 143.
—, Stoffwechsel 148.
—, Wirkung auf Pankreaszellen 143.
—, —, alipotrope 148.
Äthioninsulfoxyd, Hemmung der Glutaminsynthese durch — 807.
Äthylalkohol:
Abbau in der Atmungskette 733 Abb.
Beeinflussung der Acetonkörperbildung durch — 486.
— der Galaktoseverwertung durch — 97.
— der Gehirnatmung durch — 791.
Bildung von Cholesterin aus — in der Leber 200.
Bindung an Glucuronsäure 455, 489.
Einsparung von Nahrungsstoffen durch — 486.
Entgiftung 455.
—, Abbau von Leberglykogen bei — 488.
— durch Fructoseabbau 101, 488.
— in der Leber 484—489.
— bei Lebercirrhose 485.
Gallenbildung, Verminderung der — durch — 533.
Gehalt im Blut nach Leberexstirpation 485.
Hemmung der Acetylcholinesterase durch — 860.
Leberschädigung durch — 121, 154.
Oxydation, Beziehung zu Oxydation von Brenztraubensäure und Fettsäuren 486ff.
— durch Katalase 489.
— in Gehirn 785, 794.
— in Leber 452, 481f., 484—489.
— in Organen 485.
— zu Essigsäure 486.
—, anaerobe, bei Pyruvatzusatz 487.
Oxydationsgeschwindigkeit 487ff.
Porphyrinausscheidung im Harn, Steigerung durch — 527.
Verwertung in der Leber 486—489.
Wirkung, keine, auf Gehirn bei Hypoglykämie 824.
α-Äthyl-β-(3-amino-2,4,6-trijodphenyl)-propionsäure zur Darstellung, röntgenologischen, der Gallenblase 565.
Äthylarsenoxyd, Hemmung der Pyruvatoxydase durch — 726.
Äthylbenzylketon, Entgiftung 456.
Äthylbuttersäuren, Bildung von Aceton aus — 176.
Äthylcholin, Wirkung, lipotrope 144.
Äthylenreduktase 183.
Äthylglucuronid 455.
Äthylglucuronide, Ausscheidung bei Kaninchen nach Antabus 491.
2-Äthylhexanol, Entgiftung 455.
—, Oxydation zu α-Äthylhexansäure 455.
2-Äthylhexansäure, Bildung aus 2-Äthylhexanol 455.
—, Entgiftung 455.
—, Esterbildung mit Glucuronsäure 455.
Äthylmorphin, Entgiftung in der Leber 484.
Äthylphenylketon, Entgiftung 456.
Aetiocholan-3α,17α-diol 431*.
Aetiocholan-3α-ol,17-on 431*.
—, Bildung aus Dehydroandrosteron 433.
Aetiocholan-3β-ol,17-on 431*.
Affe:
Bildung von Ketonkörpern im Hunger bei — 190f.
Gehirn, Aktivität der Oxalbernsteinsäurecarboxylase 724.
—, — der Oxalessigsäurecarboxylase 724.
—, Eiweiß, Aminosäurezusammensetzung 654 Tab.
—, Gehalt an Acetylcholin 844 Tab.
—, Purinnucleosidphosphorylase 768.
—, Quotient, respiratorischer 783.
—, Sauerstoffverbrauch 777.
Leber, Cholinoxydasegehalt 146.
— bei Tetrachlorkohlenstoffvergiftung 36.
Rückenmark, Vorderhorn, Gehalt an Phosphokreatin 658.
Verwertung von Mannit 106.
— von Sorbit 104.
Xanthinoxydaseaktivität 335 Tab.
Akrodynie 403.
Aktionssubstanz A_4 862.
Alanin:
Abbau 255.
— in Gehirn 747f.
— in der Niere 748.
Bedeutung für Synthese von Leberglykogen 261.
Beschleunigung der Alkoholoxydation durch — 487f.
Bildung 254f.
—, Hemmung durch Cyanid 255.
— aus Acetylresten 293.
— aus Brenztraubensäure 123, 250, **254f.**
— aus Cysteinsulfinsäure 273f.
— aus Glykokoll 261*, 262, 263*.
— aus Kynurenin 286*, 289f.
— aus Kynurensäure 401.
— aus Oxykynurenin 292.
— aus Oxalessigsäure im Gehirn 830.
— aus Serin 261*, 262*.
— von Acetylresten aus — 293.
— von Ammoniak aus — in Leber 247.
— — aus — in Retina 934.
— von Asparaginsäure aus — 412.
— von Brenztraubensäure aus — 249.
— von Cholesterin aus — 293.
— von Glucose aus — 255, 292f.
Desaminierung durch die Leber 249 Tab.
Einbau von Acetat-C in — im Gehirn bei Virusinfektion 829.
— von Acetat-Carboxyl-C in — im Gehirn 830.
— von Glucose-C in — 747, 831.
Gehalt in Blutplasma nach Hepatektomie 211.
— — bei Lebercirrhose 230.
— in Gehirn 656.
— in Gehirnproteinen 653 Tab., 654.

Alanin:

Gehalt in Haarkeratin 653 Tab.
— in Leberproteinen 217 Tab., 218 Tab.
— in Proteolipoid aus Gehirn 651 Tab.
— in Neurokeratin 653 Tab.
Hemmung der Virusausbreitung im Gehirn durch — 831.
Oxydation durch L-Aminosäureoxydase 248.
Stoffwechsel 254f.
Transaminierung mit α-Ketoglutarsäure 249.
— — im Gehirn 751.
Verwendung zur Cholesterinsynthese 293.
— zur Häminsynthese 293.
Vorkommen im Nerven 695.
— im Polypeptid A der Leber 218.
markiertes, Aufnahmegeschwindigkeit in Organe 214ff.
DL-Alanin, Einfluß auf Acetylcholinsynthese 848.
—, Hemmung von Glutaminsäuredecarboxylase durch — 756.
β-Alanin, Transaminierung mit α-Ketoglutarsäure im Gehirn 751.
DL-Alaninamid, Desaminierung durch Gehirn 754.
Alaninbetain, Wirkung, lipotrope 148.
Alanindehydrogenase, Vorkommen in der Linse 896.
DL-Alanyldehydroalanin, Spaltung durch Gehirn 763.
DL-Alanylglycin, Spaltung in Gehirn und Muskulatur 763.
β-Alanylhistidin 583.

Albumin:

Ausscheidung im Harn bei Nierenerkrankungen 230.
— durch die Leber bei Blutverlusten 230.
Bildung in der Leber bei Nierenerkrankungen 230.
Bindung von Bilirubin, direktem, an — 515.
Gehalt an Aminosäuren 887 Tab.
— in Blutserum 20.
— in Chorioidea 917 Tab.
— in Gehirn 652.
— in Iris 917 Tab.
— in Leber 223 Tab.
— in Leberlymphe 20.
— in Linse 885—888.
— in Muskel 577 Tab.
— in Tränenflüssigkeit 869 Tab.
aus Linseneiweiß 888.
Spaltung durch Linsenprotease 896.
Vorkommen in Glaskörper 910.
— in Kammerwasser 902f.
Albumin-Globulin-Quotient bei Lebererkrankungen 229, 242f.
— in Kammerwasser 903.
— in Leberlymphserum 20.
Albuminurie, Abnahme der Proteinreserven der Leber bei — 230.
Albumoid der Linse 885—888.
Albumoid der Linse, Gehalt an Aminosäuren 887 Tab.
— —, — an Cystein und Cystin 897 Tab.
— —, — an Schwefel 887f.
— —, Zunahme im Alter 895.
—, Rinderlinse, Schwefelgehalt 887.
Aldehyddehydrogenase, Hemmung durch Antabus 490.
—, Verbindung mit Cholinacetylase 846.
Aldehyde, Entgiftung 456.
—, Vorkommen in Glycerinphosphatiden des Gehirns 638, 639 Tab.
—, polymerisierte, Ascorbinsäureausscheidung nach — 380.
Aldehydoxydase 490.
—, Vorkommen in Leber 259, 403.
Aldolase 704.
—, Gehalt in Blutserum 242.
—, — in Muskel 713.
—, Gehirn, Aktivität 713.
—, —, Bestimmung 617.
— bei Glucosephosphatbildung 100.
—, Identität mit Muskelalbumin 577 Tab.
—, Vorkommen in Dendriten 618.
—, — in Linse 896.
—, — in Retina 936.
Aldolkondensation 704.
D-Alduronsäure, Ascorbinsäurebildung aus — 382.
Alkaliionen, Gehalt im Muskel 575f.
—, — im Nackenband 575.
—, Stoffwechsel in der Leber 40—44.
Alkalireserve, Beeinflussung durch Fructose- und Glucoseinfusion 101.
—, Galle 536f.
Alkaloide, Ausscheidung mit der Galle 455.
—, Hemmung von ATPase durch — 733.
—, adrenalinähnliche 441.
Alkalose, Ketonkörperbildung bei — 193.
—, experimentelle, Chlorgehalt des Gehirns bei — 629.
Alkaptonurie 280—284.
Alkohol s. Äthylalkohol.
Alkoholdehydrogenase 487, 490.
—, Ersatz von Retininreduktase durch—943.
—, Reaktion mit Alkoholen, verschiedenen, in Pferdeleber 489.
—, Vorkommen in Cytoplasma 396, 487.
—, — in Gehirn 794.
—, — in Leber 330, 485, 487, 490.
—, — in Mitochondrien 487.
Alkohole, Entgiftung 481f.
—, — durch Glucuronsäure 455, 489.
—, Oxydation in Leber 452, 481f., 484—489.
— zur Leberfunktionsprüfung 485f.
—, aromatische, Entgiftung 482.
Alkoholismus, Koproporphyrinurie bei — 527.
Alkohol-Polyneuritis, Beeinflussung durch Pantothensäure 673.
Alkoholvergiftung, Glutathiongehalt der Leber bei — 276.
—, Wirkung auf Ascorbinsäuregehalt von Leber und Nebenniere 380.

N-Alkylnormorphin, Hemmung der Acetylcholinesterase durch — 860.
Alkylphosphate, Hemmung von Cholinesterase durch — 859.
Allantoicase 340.
Allantoin:
340•.
Abbau 340f.
— bei Fischen 333f., 340.
Ausscheidung nach ACTH 126.
— bei Störungen, endokrinen 339f.
— im Harn nach Folsäurezufuhr 418.
Bildung 262.
— aus Formiat 481.
— aus Guanin, exogenem 331.
— aus Harnsäure 333, 338ff.
— aus Hypoxanthin 331.
— in Leber 338ff.
— in Muskel und Niere 338.
— von Allantoinsäure aus — bei Teleostiern 334.
— von Glyoxylsäure aus — 340•, 341.
— von Harnstoff aus — 340•, 341.
als Endprodukt des N-Stoffwechsels 341.
Gehalt in der Galle 542.
— in Harn 339f.
Giftwirkung 334.
Allantoinase 340f.•
Allantoinsäure 340•.
—, Abbau bei Selachiern 334.
—, Abbauprodukte 341.
—, Bildung aus Allantoin bei Teleostiern 334.
—, — beim Kaltblüter 340.
—, — bei Kaninchen 341.
Alligatorschildkröte, Gallensäuren in der Galle von — 551.
Alloxan, Hemmung der Glykolyse, anaeroben, durch — 709.
—, — der Pyrophosphatase, anorganischen, durch — 777.
—, Wirkung auf ATPase 773.
—, —, diabetogene 383f.
Alloxandiabetes:
Gehirnstoffwechsel bei — 819.
Glykolyse, anaerobe, bei — 822.
Glykoneogenese bei — 125.
Katarakt bei — 899.
Leber, Cholesterinsynthese bei — 205.
—, Fettsynthese nach Insulin 141.
—, Fettsäurebildung aus Kohlenhydrat bei — 168.
—, Natriumgehalt 42.
—, Stoffwechsel bei — 169.
—, Vitamin A-Gehalt bei — 352.
Leberglucuronidase bei — 463.
Leberglykogen bei — 75f.
Leberverfettung bei — 168.
Quotient, respiratorischer, bei — 197.
Stoffwechselveränderungen bei — 822.
Allylformiat, Wirkung auf Leber 447.
Allyl-isopropyl-acetyl-carbamid 523.
Alopecia pectoralis bei Lebercirrhose 426.
Alosafalla nilotica, Leber, Axerophthol-Gehalt 357 Tab.
Alterskatarakt 897.
Altersstar, Linsenkapsel bei — 892.
Aluminium, Gehalt in Gehirn 628.
—, — in Leber 63, 64 Tab.
—, — in Rinderauge 916 Tab.
—, Vorkommen in Gallensteinen 567.
—, — in Linse 885.
Alveus, Lipoidgehalt 617.
Amblystoma maculatum, Apparat, neuromuskulärer, und Cholinesteraseaktivität 683.
Ameisensäure s. Formiat.
ω-Amide, Wirkung von Glutaminase auf — 754.
Amidine, Förderung der Glykolyse, aeroben, durch — 708.
Amidon, Hemmung der Hexokinase durch — 712.
—, Wirkung auf Oxydationen im Gehirn 728.
Amine, Acetylierung in der Leber 476.
—, Beeinflussung der Gehirnatmung durch — 790.
—, Oxydation 476.
—, aromatische, Acetylierung in der Leber 409.
—, proteinoge, Stoffwechsel im Gehirn 759ff.
—, sympaticomimetische 441.
o-Aminoacetophenon, Entgiftung in der Leber 483.
α-Aminoadipinsäure, Stoffwechsel 296, 297•.
Aminoäthylmercaptan 407•, 408.
—, Baustein von Coenzym A 272.
—, Bildung von Taurin aus — 272.
Aminoäthylsulfinsäure, Zwischenprodukt der Taurinbildung 271 Schema, 272.
Aminoazobenzol, Bildung aus p-Dimethylaminoazobenzol in der Leber 297.
—, Bindung an Leberproteine 498.
—, Methylierung 498.
p-Aminoazobenzol, Wirkung, keine cancerogene 494•, 497.
4-Aminoazobenzol s. p-Aminoazobenzol.
Aminoazotoluol, Wirkung auf Nicotinsäurebildung aus Tryptophan 398.
o-Aminoazotoluol, Wirkung, cancerogene 493.
2-Amino-4′, 5-azotoluol, Wirkung, keine cancerogene 493, 494•.
4-Amino-2′, 3-azotoluol, Wirkung, cancerogene 493, 494•.
Aminobenzoesäure, Bildung aus Nitrobenzoesäuren 483.
—, Entgiftung 455.
m-Aminobenzoesäure, Acetylierung 475.
p-Aminobenzoesäure, Acetylierung 409, 475, 477.
—, Bildung aus Pantocain und Procain 484.
—, — von p-Aminohippursäure aus — 469f.
—, Entgiftung 469f.
—, Esterbildung mit Glucuronsäure 455.
—, Gehalt im Gehirn 672 Tab., 674.
—, Leberfunktionsprüfung mit — 471.
—, Wirkung bei Insulinhypoglykämie 757.
o-Aminobenzoylbrenztraubensäure 288.

γ-Aminobuttersäure, Bildung aus Glutaminsäure 655.
—, — — im Gehirn 753.
—, — — im Zentralnervensystem 748.
—, Gehalt in Gehirn 655f., 681.
—, — — bei Insulinschock 826.
—, — — und Rückenmark 655.
—, Transaminierung mit α-Ketoglutarsäure im Gehirn 751.
—, Vorkommen im Nerven 695.
Aminodicarbonsäuren, Abbau 253.
— in Proteinen der Zellfraktionen 218.
Aminofluoren, Abbau 500.
—, Wirkung auf Stoffwechsel der Leberzellen 502—505.
2-Aminofluoren, Wirkung, cancerogene 493, 495, 496•, 499.
Aminogruppe, Acetylierung 477f.
Aminogruppenübertragung, Basen, SCHIFFsche, Bildung bei — 251•.
p-Aminohippursäure, Acetylierung 475.
—, Bildung aus p-Aminobenzoesäure 469f.
— zur Leberfunktionsprüfung 471.
4-Amino-5-imidazolcarboxamid, Purinbildung aus — 333.
2-Amino-2-methyl-propanol-1-cholin, Hemmung der Cholinoxydation durch — 146.
2-Amino-6-naphthol, Bildung aus 2-Naphthylamin-6-schwefelsäure 474.
Aminonitrophenole, Bildung aus 2,4-Dinitrophenol 483.
Aminoxydase, Abbau von Noradrenalin durch — 440.
—, Oxydation von Aminen durch — 476.
D-Aminoxydase, Aktivierung durch Cobalamin 422.
2-Amino-4-oxy-6-formylpteridin, Wirkung auf Xanthinoxydase 415f.
3-Amino-4-oxyphenylarsenoxyd-hydrochlorid, Wirkung auf Pyruvatdehydrogenase 727.
p-Aminophenacetursäure, Bildung aus p-Aminophenylessigsäure 476.
m-Aminophenol, Glucuronidbildung mit — 458f.
o-Aminophenol, Glucuronidbildung mit — 459, 461.
p-Aminophenol, Veresterung mit Schwefelsäure 464.
Aminophenole, jodierte, zur Darstellung, röntgenologischen, der Gallenblase 565.
p-Aminophenylessigsäure, Acetylierung 476.
o-Aminophenyl-α-oxyäthan, Bildung aus o-Nitroacetophenon 456.
Aminopherasen, Vorkommen im Gehirn 754.
Aminopterin als Antagonist der Folsäure 262.
—, Cholinoxydasegehalt der Leber nach — 146.
—, Hemmung der Folinsäurebildung durch — 414.
—, — von Cholinoxydase durch — 416.
—. — von Xanthinoxydase durch — 415.
—, Wirkung auf Ascorbinsäuregehalt der Leber 382.
Aminopterin, Wirkung auf Ausscheidung von Harnsäure, Allantoin, Kreatin und Kreatinin 418 Abb..
—, —, keine, auf Coenzym A-Gehalt der Leber 406.
Aminopurine, Bildung von Oxypurinen aus — 767.
Aminopyrin, Ascorbinsäureausscheidung nach — 380.
Aminosäuredecarboxylasen, pyridoxinhaltige 402.
Aminosäuredesaminasen, Vorkommen in der Hornhaut 878.
Aminosäureester, Hemmung der Acetylcholinesterase durch — 857.

Aminosäuren:

Abbau in der Atmungskette 733 Abb.
— in Leber 21, 209f., 247—310.
Aufnahme in die Leber aus dem Blut 211—214, 215 Tab.
Ausscheidung im Harn 211f.
Austausch der Aminogruppen 250, 252.
— mit Gehirneiweiß 745.
Bedeutung für Kalkinfiltration der Linse 884.
Bildung 401.
—, Bedeutung der Folsäure für — 417.
—, — der Schilddrüse für — 445.
— aus Brenztraubensäure 113, 445.
— aus Ketosäuren 210, 401.
— durch Transaminierung 250.
— in Leber 67.
— von Ammoniak aus — 247.
— von Glucose aus — 117.
— von Glykogen aus — 67, 117.
— von Harnstoff aus — in Leber 247.
— von Ketosäuren aus — 210, 248.
— von Kohlenhydraten aus — 210.
— von Pyruvat aus — in Leber 123.
Decarboxylierung, Bedeutung von Pyridoxalfermenten für — 400.
— im Gehirn 759ff.
Desaminierung in Chorioidea 920.
— in Leber 247, 249 Tab., 304.
— in Linse 897.
—, bakterielle, im Darm 303f.
Einbau in Proteine 214ff., 258, 745f.
— von Acetat-C in — 829ff.
— von Formiat-C in — 830f.
— von Glucose-C in — 747, 830f.
Entgiftung durch Bindung an — 452f., 468—472.
— von Alkoholen, aromatischen, durch — 482.
Gehalt in Albumin 887 Tab..
— in Blut nach ACTH 125.
— — nach Hepatektomie 211.
— — bei Hepatitis 212.
— in Blutplasma 210.
— in Gehirn 655 Tab., 684f.
— in Harn bei Leberdystrophie, akuter, gelber 212.
— in Galle 542.
— in Kammerwasser 904.

Aminosäuren:
Gehalt in Leberproteinen 217 Tab.
— in Nerven 695.
Gehirnatmung, Beeinflussung 780.
Gehirnproteine, Zusammensetzung aus — 653 Tab., 654f., 654 Tab., 681, 830.
Glykoneogenese aus 121ff.
Hemmung der Acetylcholinesterase 857.
— der Virusausbreitung in Gehirn 831.
Kataraktbildung bei Mangel an — 899.
zur Leberfunktionsprüfung 212f.
Oxydation in Gehirn 784.
— —, R. Q. bei — 750.
— in Leber 452.
Permeation durch Blut-Hirnschranke 746
— in Gehirnschnitten 756.
Stoffwechsel, Bedeutung von Vitamin B_6 für — 400.
— in Gehirn 747—761.
— in Leber 209f., 247—310.
Verhalten in Herz 611.
Vorkommen in Glaskörper 912.
— in Muskel 584.
Wirkung auf TAKATA-Reaktion 244.
aromatische, Abbau in Leber 277—301.
—, Bedeutung von Ascorbinsäure für Abbau der — 386f.
basische, in Proteinen der Zellfraktionen 218.
essentielle, Bedeutung für Bildung der Gallensäuren 558.
—, — für Ernährung der Hornhaut 876.
—, Begrenzung der Proteinbildung in Leber durch — 219.
—, Glykogen- und Fettgehalt der Leber bei Mangel an — 221.
—, Wirkung, lipotrope 151f.
freie, Gehalt in Gehirn bei Narkose 813.
glucogene, s. Aminosäuren, glucoplastische.
glucoplastische 113, 122f, 298.
—, Vorstufen der Harnglucuronide 458.
ketoplastische 122, 265.
—, Beeinflußung der Gallensäurebildung durch — 558.
—, Bildung von Acetat, aktiviertem, aus — 114 Abb., 115.
—, — von Acetyl-CoA aus — 179.
markierte, Aufnahme in Proteinfraktionen der Leberzelle 215 Tab.
—, Einbau in Organeiweiß 214.
S-haltige, Beziehung zu Merkaptursäuren 474f.
—, Bildung aus Sulfat 270.
—, — von Sulfat aus — 468.
—, Stoffwechsel 266—277.
—, —, Bedeutung von Tokopherol für — 365f.
—, Verwertung zur Bildung von Esterschwefelsäure 467.
—, Wirkung auf Lebernekrosen 365.
selenhaltige, Bildung in Pflanzen 475.
α-Aminosäuren, körperfremde, Acetylierung 475.
D-Aminosäuren, Desaminierung in Hirngewebe 748.
—, Vitamin B_6 und Desaminierung, oxydative, der — 401.
D-Aminosäureoxydase 249.
—, Gehalt in Leber bei Eiweißmangel 222 Abb.
—, — — bei Hepatomen 392.
—, Hemmung durch Folsäure 416, 422.
— als H_2O_2-Spender 287.
— der Leber 222 Tab., 249, 445.
— —, Aktivität bei Ernährung, proteinfreier 392.
L-Aminosäureoxydase 248.
—, Wirkung auf Prolin 299f.
Aminosäurenoxydasen, Vorkommen in Retina 936.
—, Wirkung auf Lysin 295f.
Aminosäurepool der Leber 213 Tab..
Aminoxydase, Abbau von Adrenalin und Noradrenalin durch — 761.
—, Hemmung 760f.
—, Vorkommen in Gehirn 758, 760f.
— in Iris 920.
Aminopherasen 754.
Ammoniak:
s. a. Ammonium.
s. a. Ammoniumionen.
Aufnahme durch die Leber 303ff.
Ausscheidung im Harn bei Biotinmangel 412.
Bildung, Hemmung durch Glutaminsäure 934.
— aus Adenosin in Retina 934.
— aus Adenylsäure 597.
— aus Aminosäuren in Leber 247.
— aus Glutamin in Retina 934.
— aus Histidin 297f.
— aus Tryptophan 295.
— bei Acidose 254.
— bei Nervenerregung 863.
— in Gehirn 656 Tab., 783, 809—812, 934.
— —, Beziehungen zu Glutaminsäure 629, 757f.
— in Glandula submaxillaris 934.
— in Herz 611.
— in Muskel 597.
— in Niere 254, 304.
— in Retina 934.
— und Glykolyse 934.
— von Harnsäure aus — in Vogelleber 336.
Entgiftung durch Glutaminbildung 629.
— in Gehirn 752.
— bei Vögeln und Reptilien 336.
Gehalt in Blut 18, 304f.
— in Gehirn 656 Tab., 783, 809—812, 817.
— — bei Funktionszuständen, verschiedenen 810 Tab.
— — bei Narkose 813.
— — bei Reizung, elektrischer 817.
— in Muskel 584.
— in Nerven, peripheren 629.
— in Pfortaderblut 304.

Ammoniak:
Gehalt in Proteolipoid aus Gehirn 651 Tab.
— in Retina 934.
Hemmung des Citronensäurecyclus durch — 304.
Hypoxanthinvorstufe bei Vögeln 337.
Konzentration, tödliche, in Blut 304.
Reizmittel, zentrales 629.
Verwertung zur Nucleinsäuresynthese 331.
— zur Pyrimidinsynthese 342.
Ammonium, Freisetzung von — bei Glutaminsäurebildung 749.
—, Gehalt in Gehirn 628ff.
—, — in Nerven 624 Tab.
— s. a. Ammoniak.
— s. a. Ammoniumionen.
Ammoniumchlorid, Störung des Citronensäurecyclus durch — 172.
Ammoniumionen, Aktivierung von Hexokinase durch — 807.
—, — von Phosphohexokinase durch — 807.
—, Einfluß auf Glykolyse im Gehirn 806.
—, Förderung der Glutaminsynthese durch — 807.
—, — der Glykolyse, aeroben, durch — 708.
—, Hemmung der Acetylcholinsynthese durch — 807, 846.
—, — der Gehirnatmung durch — 779.
—, — der Kohlendioxyd-Fixierung durch — 721.
—, Wirkung auf Dephosphorylierung von Phosphoenolbrenztraubensäure 807.
—, — auf Kohlenhydratstoffwechsel 806.
Ammoniumlactat, Bildung von Harnstoff aus — bei Pyridoxinmangel 402.
Ammoniumsalze, Gehalt in Galle 542.
—, Hemmung der Citronensäurebildung durch — 193.
—, Wirkung, ketogene 193.
—, quarternäre, Hemmung von Cholinesterasen durch — 858.
Ammonshorn, Gehalt an Vitamin C 674.
—, Q_{O_2} 782 Tab.
—, Störungen bei CO-Vergiftung, Blutverlusten und Anämie 787.
—, Zusammensetzung, chemische 617.
AMP s. Adenylsäure.
Amphibien, Allantoinabbau 340.
—, Endprodukte des N-Stoffwechsels bei — 341 Tab.
—, Galle, Biliverdingehalt 516, 536.
—, —, Steroidpolyalkohole in — 550.
—, Gallensäuren, gekoppelte 575f.
—, Gehirn, Aktivität der Acetylcholinesterase in — 844 Tab., 853f.
—, Harnsäureabbau bei — 340.
—, Harnstoff, Bildung 310.
—, — als Endprodukt des Purinstoffwechsels bei — 334.
—, Sehstoffe 926.
Amphioxus, Vorkommen von Kreatinphosphorsäure 581.
Amylalkohole, Ätherbildung mit Glucuronsäure 455.
Amylamin, Desaminierung in Gehirn 760.
Amylase, Gehalt in Blutserum 241.
—, — in Leberlymphe 20.
—, kein Glykogenabbau durch — in Leber 89.
—, Vorkommen in Galle 544.
—, — in Glaskörper 911.
—, — in Kammerwasser 903.
—, — in Retina 936.
α- und β-Amylase, Wirkung auf Glykogen 82.
n-Amylester, Spaltung durch Acetylcholinesterase 852.
Amylo-1,6-glucosidase, Glykogenabbau in Leber durch — 84, 89f.
—, Leber bei Glykogenspeicherkrankheit 80.
—, Spaltung von Grenzdextrin durch — 82.
Amylopektin, Kettenlänge 83.
Amylo-1,4-1,6-transglucosidase, Bedeutung für Bildung von Leberglykogen 84, 88.
Amytalnarkose, Wirkung auf Ascorbinsäuregehalt der Leber 379.
Anämie, Eisengehalt der Leber bei — 50.
—, Milchsäuregehalt des Blutes bei — 121.
—, Wirkung auf Gehirn 787.
— durch Zinkzufuhr, reichliche 63.
—, aplastische, Eisenstoffwechsel bei — 50.
—, hämolytische, Eisengehalt der Leber bei — 48.
—, —, Eisenstoffwechsel bei — 50.
—, hyperplastische, Eisenstoffwechsel bei — 49f.
Anämie, perniziöse:
Achylie bei — 420.
Bilirubinausscheidung bei — 509.
Cholesteringehalt der Leber bei — 198f.
Cobalamin-Gehalt der Leber bei — 419.
Eisenresorption bei — 53.
Eisenstoffwechsel bei — 50.
Erythrocytenabbau bei — 509.
Hämosiderin in Leber und Milz bei — 47.
Störung der Magensekretion bei — 420.
Stercobilingehalt in Kot bei — 509.
Urobilinämie bei — 523.
Urobilinausscheidung bei — 509.
Wirkung von Leber bei — 418f.
Anämien, Lebertherapie 505.
— bei Vitaminmangel 505.
Anaesthetica, Wirkung auf Ascorbinsäureausscheidung 380.
—, — auf Kohlenhydratstoffwechsel 76.
—, chlorhaltige, Wirkung auf Prothrombingehalt des Blutes 370.
Anastomosen bei Lebercirrhose 18.
Androstan-3α,17α-diol, Bildung aus Testosteron 431•.
Androstan-3-ol, 17-on, Bildung aus Δ^4-Androsten-3,17-dion 431•, 432.
Androstan-3α-ol,17-on (Androsteron), Bildung aus Δ^4-Androsten-3α-ol,17-on 431•.
Androstan-3β-ol,17-on, Bildung aus Δ^4-Androsten-3β-ol,17-on 431•.
Δ^5-Androsten-3β,17α-diol, Bildung aus Dehydroandrosteron 433•.

Androstendion, Bildung von Testosteron und cis-Testosteron aus — 432.
Δ^4-Androsten-3,17-dion, Bildung aus Testosteron 431•, 432.
—, Bildung von Androstan-3-ol,17-on aus — 431•, 432.
— Gleichgewicht mit Testosteron und cis-Testosteron 431•.
Δ^4-Androsten-3-on,17α-ol (Testosteron), Inaktivierung 431•.
Δ^4-Androsten-3-on,17β-ol (cis-Testosteron), Inaktivierung 431•.
Δ^4-Androsten-3α-ol,17-on, Hydrogenierung 431•.
Δ^4-Androsten-3β-ol,17-on, Hydrogenierung 431•.
Δ^5-Androsten-3β-ol,17-on (Dehydroisoandrosteron), Abbau 433•.
Δ^5-Androsten-3β,16β,17α-triol, Bildung aus Dehydroandrosteron 433•.
Androsteron, Bildung aus Δ^4-Androsten-3,17-dion 431•, 432.
—, — aus Dehydroandrosteron 433.
—, — aus Testosteron 429, 431•.
—, — von Androstan-3α,17α-diol aus — 431•.
—, — von 17-Ketosteroiden aus — 433 Abb., 434.
Anelektrotonus, Nervenblockierung durch — 841.
Aneurin und Aneurinverbindungen s. Thiamin.
Anguilla vulgaris, Leber, Vorkommen von Uricase und Allantoinase 341.
Anilin 499•.
—, Bildung bei Spaltung, reduktiver, von p-Dimethylaminoazobenzol 498, 499•.
—, Wirkung, keine, cancerogene 499.
Anoxämie, Linsentrübungen bei — 899.
—, Milchsäuregehalt des Kammerwassers bei — 899.
Anoxie, Wirkung auf Organe 787.
Anserin, Vorkommen in Muskel 583f.
Anstrengung, körperliche, Einfluß auf Lymphbildung 19.
Antabus 490•.
—, Einfluß auf Axerophthol-Gehalt der Leber 349.
—, Entgiftung in der Leber 491.
—, Enzymhemmung durch — 489f.
—, Giftwirkung bei Alkoholgenuß 490.
—, Hemmung der Acetaldehydoxydation durch — 403, 489f.
—, — von Xanthinoxydase durch — 490.
—, Reduktion zu Diäthyldithiocarbamat 490•, 491.
—, Wirkung, Einfluß von Cystein auf — 490.
—, — bei Hunden, hepatektomierten 491.
Anthracen, Bildung von Anthranylmerkaptursäure aus — 474.
Anthracen-Merkaptursäure 472•.
Anthranilbrenztraubensäure, Bildung aus Kynurenin 289•.
—, — bei Tryptophanabbau 289•.
Anthraniloylalanin s. Kynurenin.
Anthranilsäure, Ausscheidung im Harn 286.
—, Bildung aus Kynurenin 286•, 289f.
—, — aus Kynurensäure 401.
—, — aus Tryptophan 285, 286•, 287, 290 Schema.
—, Ersatz, kein, für Nicotinsäure 292.
Anthranylmerkaptursäure, Bildung von Anthracen aus — 474.
Antibiotica, Ausscheidung mit der Galle 561f.
—, Einfluß auf Ausscheidung von Nicotinsäureamid 395.
„Anticholinesterasen" 858.
—, Hemmung der Nervenleitung durch 842.
„Anti-Erweichungsfaktor" 673.
Antiglykolysefaktor 704.
Antikörper, Bildung in Leber 454.
—, — bei Pyridoxinmangel 402.
— in Kammerwasser 903.
—, Lebensdauer 125.
Antikörperproteine, Halbwertszeit 224.
Antimon, Gehalt in Leber 64 Tab.
—, Vorkommen in Gallensteinen 567.
Antimonverbindungen, Hemmung der Oxydation von Brenztraubensäure im Gehirn durch — 727.
Antipellagrafaktor, Gehalt in Muskel 585.
— s. a. Nicotinsäureamid.
Antipyretica, Ascorbinsäureausscheidung nach — 380.
Antipyrin, Ascorbinsäureausscheidung nach — 380.
Antithrombin, Bildung in Leber 237.
—, Gehalt in Blutplasma 238.
Antivitamine K im Leberstoffwechsel 373f.
Apatit, Vorkommen in Gallensteinen 567.
Apocholsäure 553•.
—, Beeinflussung der Cholesterinspeicherung in der Leber durch — 200.
—, Bildung von Dioxycholensäure aus — bei Kröten 553.
—, — von 3,7-Dioxycholensäure aus — 556.
Apoferritin 46.
Apomorphin, Hemmung der Acetylcholinesterase durch — 860.
Apoplexie, Urobilinurie bei — 522.
Apparat, neuromuskulärer, Cholinesteraseaktivität und Entwicklung des — 683.
Apyrase, Aktivierung durch Natriumionen 806f.
—, Bedeutung für Gehirnglykolyse 703.
— in Gehirn 702, 773.
Arabinose, Verteilungsverhältnis Plasma: Kammerwasser 909.
D-Arabinose, Oxydation, direkte 108.
Arabinose-5-phosphorsäure 109.
Arachidonsäure, Bedeutung für Phosphatidbildung in der Leber 376.
—, Bildung aus Essigsäure 164.
—, —, aus Linolsäure 164•, 374f., 403, 687.
—, —, keine, in Fettgewebe, peripheren 375.
—, Einfluß auf Leberlipase 377.
— Gehalt in Gehirn 687.
—, — in Leberlecithin 376.
—, — in Leberphosphatiden 133.

Arachidonsäure, Vorkommen in Glycerinphosphatiden des Gehirns 639.
—, Wirkung, biologische 374.
Arachin, Wirkung, alipotrope 147.
Arachinsäure, Gehalt in Sphingomyelinen 641.
Arachnoideazellen, GOMORI-Reaktion 776.
Aragonit, Vorkommen in Gallensteinen 567.
Arbeit, körperliche, Calorienbedarf für — 589.
—, —, Eiweißumsatz bei — 589.
—, —, Sauerstoffverbrauch bei — 589.
Arbeitsfähigkeit in großen Höhen 609.

Arginase:
306.
Aktivität in Leber bei Adrenektomie 451.
Aktivierung durch Mangan 61, 310.
— durch Metallionen 309f.
Beeinflussung durch Nickel 65.
Bildung in Leber 242.
Desaminierung in Leber 249 Tab.
Gehalt in Blutserum 242.
— in Cytoplasma 310.
— in Hepatomen 505.
— in Leber bei Eiweißmangel 222.
— —, regenerierender 34.
— in Zellfraktionen der Leber 310.
Inaktivierung von Insulin durch — 448f.
— von Melanophorenhormon 450.
— durch Vasopressin 451.
p_H-Optimum 310.
Vorkommen in Leber 310.
— in Niere 302, 309.

Arginin:
als Aminosäure, glykoplastische 303.
Bedarf 302.
Bildung 301ff, 308ff.
—, Bedeutung von Citronensäure für — 309.
—, — von Folsäure für — 417.
—, — von Magnesium für — 308 .
—, Fermentsystem der — 307.
—, Hemmung durch Malonsäure 309.
— aus Citrullin 305, 308ff.
— in Niere 307, 309.
— von Ornithin aus — 306.
Einbau von Glucose-C in — 747, 831.
Förderung des Abbaus von Desoxyribonucleinsäuren durch — 766.
Gehalt im Eiweiß der Augenlinse 887 Tab.
— — von Cornea und Sklera 874.
— — der Granula, großen, der Leber nach p-Dimethylaminoazobenzol 503.
— — der Linsenkapsel 888.
— in Gehirn 655 Tab.
— — bei Methioninmangel 685.
— in Gehirnproteinen 653 Tab., 664 Tab., 665.
— in Haarkeratin 653 Tab.
— in Hepatomen 505.
— in Leberproteinen 217, 218 Tab.
— in Neurokeratin 653 Tab.
— in Proteolipoid aus Gehirn 651 Tab.

Arginin:
Hemmung der Glutaminsäuredecarboxylase durch — 756.
— der Virusausbreitung im Gehirn durch — 831.
Spaltung 310.
Stoffwechsel 301ff.
Transaminierung 250 Tab.
Vorkommen im Nerven 695.
— in Polypeptid A der Leber 218.
Wirkung bei Vitamin B_4-Mangel 673.
—, antiketogene 303.
Argininbernsteinsäure, Anhydride 309*.
—, Bildung bei Argininsynthese 308, 309*, 310.
—, — von Fumarsäure — aus 308, 309*, 310.
Argininphosphorsäure 581*.
—, Bestimmung 594f.
—, Gehalt im Krebsmuskel 596.
—, — im Muskel von Wirbellosen 611f.
—, p_H-Änderung bei Spaltung der — 604.
—, Reaktion mit Adenosindiphosphorsäure 596.
—, Spaltung, Wärmetönung 598.
—, Vorkommen 594, 596.
Arsen, Gehalt in Gehirn 623 Tab., 626.
—, — in Leber 64 Tab..
—, Vorkommen in Gallensteinen 567.
Arsenat, Bedeutung für Glutaminasewirkung 754.
—, Entkoppelung der Atmungskettenphosphorylierung durch — 731.
—, Förderung der Glykolyse von Hexosediphosphat 709.
—, Hemmung der Sphingomyelinase 744.
—, — der Trioseophsphatdehydrogenase 721.
—, — des P-Einbaus in Gehirnlipoide 737.
—, Wirkung auf Bildung von Phosphatbindungen, energiereichen 721.
Arsenik, Leberschädigung durch — 456.
Arsenit, Hemmung der Pyruvatoxydase durch — 726.
—, Wirkung auf Katatorulintest 726.
Arsenocholin, Wirkung, lipotrope 144*.
Arsentrioxyd, Hemmung der Alaninbildung durch — 255.
—, Inaktivierung der Ketothiolase durch — 181.
Arsenverbindungen, Affinität zu Proteinen 727.
—, Hemmung der Acetylcholinesterase durch — 860.
—, — der Lacticodehydrogenase durch — 726.
—, — der Pyruvatoxydase durch — 726f.
Arsenvergiftung, Leberverfettung nach — 154.
Arsenwasserstoff, Wirkung, hämolytische 507.
Arsenwasserstoffvergiftung, Biliverdinbildung bei — 516.
Arteria ophthalmica 947.

Arterenol als Überträgersubstanz, sympathicomimetische 839f.
—, Wirkung auf Leberphosphorylase 90.
— s. a. Noradrenalin.
Arterienwand, Cholesterinsynthese in — 204.
—, Fettbildung in — 165.
Arteriosklerose, Diät, cholesterinfreie, bei — 205.
—, cerebrale, Gehirnstoffwechsel bei — 821.
Arylamine, Acetylierung durch Leber 130.
Ascites, Albumingehalt des Blutplasmas bei Lebercirrhose 230.
—, Ascorbinsäuregehalt im — 378.
—, Eiweißgehalt 20.
— bei Lebercirrhose 18.
Ascitesflüssigkeit, TAKATA-Reaktion bei Lebercirrhose 244.

L-***Ascorbinsäure (=Vitamin C):***
381•, 383•.
Aktivierung von Cholinoxydase 416.
— des Enzyms, tyrosinoxydierenden, durch — 278.
— von Kathepsin III durch — 833.
— von Phosphoproteidphosphatase 763.
Aufhebung der Antabushemmung der Aldehyddehydrogenase 490.
im Auge 918.
Aufnahme durch die Linse 892.
Ausscheidung 380, 382f., 385.
Bedarf bei Proteinmangel 386.
Bedeutung für Abbau von Aminosäuren, aromatischen 386f.
— — von Desoxycorticosteron 438.
— für Hypertonie des Kammerwassers 909.
— für Kohlenhydrat- und Lipoidstoffwechsel der Leber 385f.
— der Linolenoxydation im Gehirn durch — 741.
— für Proteinstoffwechsel der Leber 386f.
— für Sauerstoffverbrauch der Leber 386.
— für Tyrosinabbau 283.
Beeinflussung der Bildung von Desoxyribonucleinsäure durch — 321.
— des Blutesterasegehaltes durch — 386.
— der Gehirnatmung durch — 791.
— des Leberglykogens durch — 73.
— von Leberverfettungen durch — 386.
— des O_2-Verbrauchs der Leber durch — 386.
Bildung, Bedeutung von Axerophthol für — 382.
—, — von Mangan für — 382.
—, Steigerung durch Pharmaka 380.
— aus Hexosen 380ff.
— bei Ratten 381•.
— bei Stress 386.
— bei Tieren 379f.
— in Leber 342, 347, 380ff.
— in Niere 380.
— von Oxalsäure aus — 383.
Depolymerisation von Hyaluronsäure durch — 911.

L-***Ascorbinsäure (=Vitamin C):***
Förderung der Fettsäureoxydation 741.
— der Santoninentgiftung durch — 482.
Form, gebundene, in der Leber 378.
Gehalt im Ammonshorn 674.
— in Ascites 378.
— in Auge 890 Tab..
— in Blutplasma 378f., 912 Tab.
— in Chorioidea 918, 919 Tab.
— in Ciliarkörper 890 Tab., 919 Tab.
— in Cornea 875 Tab., 876.
— in Galle 543.
— in Gefäßhaut, Auge 918f.
— in Gehirn 674f.
— in Glaskörper 890 Tab., 912 Tab.
— in Hypophysenvorderlappen 378.
— in Iris 890 Tab., 919 Tab.
— in Kammerwasser 890 Tab., 905, 908, 912 Tab.
— bei Kaninchen 908.
— in Leber s. Leber, Gehalt an Ascorbinsäure.
— in Leberesterase 386.
— in Linse 890, 892.
— in Meerschweinchen, jungen 384.
— in Meerschweinchengalle 543.
— in Muskulatur 585.
— in Nebenniere 380, 449.
— in Nebennierenrinde 378.
— in Organen, Wirkung von Thyroxin auf — 675.
— in Retina 929.
— in Tränenflüssigkeit 869 Tab.
Hemmung der Linolensäureoxydation durch — 741.
Hydrocephalus bei Mangel an — 674.
-Kupfer-Komplex, Hemmung von Phosphatasen im Gehirn durch — 776f.
Mangel, Glucosetoleranz bei — 385.
Oxydation 383•, 777.
— zu Dehydroascorbinsäure 383.
—, Hemmung durch Narkotica 813.
— und Regeneration in Leber 382ff.
Proteinkomplexe der — 378.
Stoffwechsel in Leber 377—387.
Übergang ins Kammerwasser 908.
Vorkommen in Choriocapillaris 918.
— in Ciliarstroma 921.
— in Cytoplasma 378.
— in N. opticus 948.
Vorrat der Ratte 377.
Wirkung auf Blutzucker 385.
— auf Gallenphosphatase 543.
— auf Tyrosinabbau 417.
gebundene 378.
Asparaginase II 755.
Asparaginotransferase 753.

Asparaginsäure:
Aminierung von Glyoxylsäure durch — 257.
Bedeutung für Alaninbildung 254.
— für Harnstoffbildung 308f.
— für Ionentransport im Nervensystem 801.

Asparaginsäure:
Bedeutung für Kohlendioxyd-Fixierung 721.
— für Transaminierung 249f., 252f.
— von Folsäure für Bildung von — 417.
Beteiligung an Argininsynthese 308f.
Bildung aus Alanin 412.
— aus Brenztraubensäure 831.
— aus Glutaminsäure 309.
— aus Oxalessigsäure 250, 252, 254f., 718, 831.
— von Ammoniak aus — 247.
— von Brenztraubensäure aus — in der Leber 123.
— von Glykogen aus — 253.
— von Harnstoff aus — in der Leber 247.
— von Orotsäure aus — 343.
— von Oxalessigsäure aus — 249, 253.
Desaminierung durch die Leber 249 Tab.
Einbau von Acetat-C in — im Gehirn bei Virusinfektion 829.
— von Glucose-C in — 747, 831.
Gehalt im Eiweiß der Augenlinse 887 Tab.
— — von Cornea und Sklera 874 Tab.
— in Leberproteinen 217 Tab., 218 Tab.
— in Gehirn 655f.
— in Gehirnproteinen 653 Tab.
— in Haarkeratin 653 Tab.
— in Neurokeratin 653 Tab.
— in Proteolipoid aus Gehirn 651 Tab.
Hemmung der Virusausbreitung im Gehirn durch — 831.
Stoffwechsel 252ff.
Transaminierung mit α-Ketoglutarsäure 249f.
— — in Gehirn 751.
— durch Leber, Herz und Niere 250 Tab.
Verwendung zur Pyrimidinsynthese 342f.
Vorkommen im Nerven 695.
— in Polypeptid A der Leber 218.
Wirkung auf Kalium/Natriumaustausch der Retina 935.
Asparaginsäure-Glutaminsäure-Transaminasesystem bei Alloxandiabetes 822.
—, Wirkung von 4-Desoxypyridoxin auf — 401.
Asphyxie, Wirkung auf Zentralnervensystem 787.
Astaxanthin, Vorkommen in Ölkugeln der Retina 926.
Astrocytome, Gehalt an Glykogen 692.
ataxia, enzootic 626.
Atebrin, Entkoppelung der Atmungskettenphosphorylierung durch — 732.
Atmungsenzyme, E_0-Werte 733 Abb.
Atmungsferment, WARBURGsches, im Muskel 585.
—, —, s. a. Cytochromoxydase.
Atmungskette 733 Abb.
—, Bedeutung der Nebennieren bei Thyroxinwirkung auf — 445.
—, — von Schilddrüsenhormon für Energieübertragung auf Adenosinphosphat 328.

Atmungskettenphosphorylierung:
Abhängigkeit von Sauerstoffdruck 786.
Bedeutung für P-Einbau in Gehirnlipoide 737.
— von Acetylcholin für — 786.
Bildung von H- und OH-Ionen durch — 803f.
und Einbau von Phosphor in Ribonucleinsäure 764.
Entkoppelung 731f., 900.
in Gehirn 708, 730f, 786f., 814f.
— bei Narkose 814f.
— und Phosphatidsynthese 735.
Hemmstoffe der — 731f., 814.
in Mitochondrien 732.
P/O-Verhältnis bei — 730.
Wirkung von Barbitursäure auf — 815.
— von 3,5-Dinitro-o-kresol auf — 721, 933.
— von 2,4 Dinitrophenol auf — 814.
— von DPNase auf — 732.
Atophan 483*.
—, Abbau in der Leber 482.
—, Ausscheidung in der Galle 482.
—, Leberschädigung durch — 483.
—, Wirkung auf Cholesteringehalt der Galle 547.
—, —, choleretische 533.
Atoxyl, Lipasehemmung durch — 157.
ATP s. Adenosintriphosphorsäure.
ATPase s. Adenosintriphosphatase.
Atrophie, cerebrale, Gehirnstoffwechsel bei — 822.
Atropin, Abbau in der Leber 453.
—, Beeinflussung der Gehirnaktivität nach Reizung, elektrischer 817.
—, — der Gehirnatmung 791.
—, Entgiftung durch Hydrolyse 484.
—, Hemmung von ATPase durch — 773.
—, —, keine, der Gallensekretion durch — 533.
—, Sauerstoffverbrauch der Hornhaut nach — 877.
—, Wirkung bei Parkinsonismus 861.
AUERBACHscher Plexus, Glykogenspeicherkrankheit 690.
Aufwartefrau, Calorienbedarf 589.
Auge:
864—946.
Inhaltsverzeichnis 864.
Schrifttum 864.
Aderhaut (= Chorioidea): 913—922.
s. a. Auge, Ciliarkörper.
s. a. Auge, Gefäßhaut.
s. a. Auge, Iris.
Aminosäuren, Desaminierung in der — 920.
Anatomie 913f.
Ascorbinsäure, Lokalisation in der — 918.
Atmung 919, 920 Tab.
Gefäße 914.
Gehalt an Albumin 917 Tab.
— an Ascorbinsäure 918 Tab., 919 Tab.
— an Carnosin 919 Tab.

Auge:
Aderhaut:
Gehalt an Eisen 916 Tab.
— an Eiweiß 917 Tab.
— an Glutathion 919 Tab.
— an Inosit 919 Tab.
— an Kreatin 919 Tab.
— an Kreatinin 919 Tab.
— an Lactoflavin 919 Tab.
— an Lipoiden 918.
— an Mineralstoffen 915 Tab.
— an Schwermetallen 915 Tab.
— an Spermin 919 Tab.
— an Wasser 914.
— an Zink 915 Tab., 916.
— — bei Knochenfischen 915 Tab.
Glykolyse 919, 920 Tab.
Melaninbildung 277.
Melanine 917.
Phosphataseaktivität in der — 921.
Pigment 917.
+ Pigmentepithel, Gehalt an Kupfer 915 Tab.
+ —, — an Zink 915 Tab.
Q_{O_2}, $Q^{O_2}_M$ und $Q^{N_2}_M$ 920 Tab.
Vorkommen von Acetylcholin in der — 919.
— von Barium in der — 915.
— von Cholinesterase in der — 920.
— von Dehydrogenasen 800.
— von Nucleotidase in der — 920.
— von Xanthopterin in der — 919.
Akkommodation 882.
Alterserscheinungen 868.
Anpassungsvorgänge 867.
Bindehaut 870f.
Cataracta tetanica 898f.
Chorioidea, s. Auge, Aderhaut.
Chorioideapapillome, Gehalt an Glykogen 692.
Ciliarepithel 914.
—, Bildung von Anionen im — 921.
—, Vorkommen von Cytochromoxydase im — 921.
Ciliarfortsätze 920.
Ciliarkörper: 913—922.
Ascorbinsäure, Lokalisation im — 918.
Atmung 919, 920 Tab.
Bildung des Kammerwassers im — 906.
Cholinacetylase in — 920.
Fermente der Oxydation und Reduktion im — 921.
Funktion, sekretorische 921.
Gehalt an Ascorbinsäure 890 Tab., 919 Tab.
— an Carnosin 919 Tab.
— an Cholinacetylase 920.
— an Dehydroascorbinsäure 918.
— an Glutathion 919 Tab.
— an Inosit 919 Tab.
— an Kreatin 919 Tab.
— an Kreatinin 919 Tab.
— an Lactoflavin 919 Tab.
— an Mineralstoffen 915 Tab.

Auge:
Ciliarkörper:
Gehalt an Noradrenalin 919.
— an Phosphaten 915.
— an Spermin 919 Tab.
— an Wasser 914.
Glykolyse 919, 920 Tab.
Phosphataseaktivität im — 921.
Pigmentgranula 917.
Q_{O_2}, $Q^{O_2}_M$ und $Q^{N_2}_M$ 920 Tab.
Stoffaustausch mit Flüssigkeit, intraocularer, und Blut 906.
Stofftransport durch den —, Energielieferung für — 921.
—, gerichteter, durch den — 921f.
Vorkommen von Acetalphosphatiden im — 918.
— von Bernsteinsäuredehydrogenase im — 920.
— von Cholinesterase im — 920.
— von Cytochromoxydase im — 917, 920.
— von Dopaoxydase im — 917, 920.
— von Glucuronidase im — 921.
— von Hyaluronidase im — 921.
— von Kohlensäureanhydratase im — 908, 920.
— von Nucleotidase im — 920.
— von Succinodehydrogenase im — 917, 920.
Ciliarstroma, Bildung von Kationen im — 921.
—, Vorkommen von Ascorbinsäure im — 921.
—, — von Dehydrogenase im — 921.
Ciliarstroma/Ciliarepithel, Potentialdifferenz 921.
Conjunctiva 870f.
Cornea s. Auge, Hornhaut.
Corneamucoproteid 874.
Corpus vitreum s. Auge, Glaskörper.
Dunkelanpassung 924, 928.
Empfindlichkeit für Lichter verschiedener Wellenlänge 937.
—, spektrale 939.
Flüssigkeit, intraoculare 901—913.
— s. a. Auge, Kammerwasser.
Gefäßhaut 913—922.
s. a. Auge, Aderhaut.
s. a. Auge, Ciliarkörper.
s. a. Auge, Iris.
Anatomie 913f.
Atmung 919, 920 Tab.
Bedeutung für Phosphataustausch Blut/Kammerwasser 921.
Bestandteile, anorganische 914ff.
—, organische 916—919.
Enzyme 920f.
Gehalt an Ascorbinsäure 918f.
— an Spurenelementen 916 Tab.
Glykolyse 919, 920 Tab.
Oxydation von Adrenalin und von Dioxyphenylalanin in der — 920.
Pigmente, melaninähnliche 916f.
Q_{O_2}, $Q^{O_2}_M$ und $Q^{N_2}_M$ 920 Tab.

Auge:
Gefäßhaut:
Stoffwechsel 919.
Vorkommen von Acetylcholin 919.
Gehalt an Aluminium 916 Tab.
— an Ascorbinsäure 890 Tab.
— an Blei 916 Tab.
— an Glutathion 889.
— an Kupfer 56, 915 Tab.
— an Mangan 916 Tab.
— an Spurenelementen 916 Tab.
— an Zink 915 Tab.
Glashaut (Lamina vitra) 914.
Glaskörper 909—913.
Analyse, chemische 910ff.
Cholesterinkrystalle in — 912.
Diffusionsvorgänge 912f.
Druck, osmotischer 910.
Eigenschaften, physikalisch-chemische 912f.
Fermente 911.
Gehalt an Ascorbinsäure 890 Tab., 912 Tab.
— an Calcium 901 Tab., 902.
— an Citronensäure 912 Tab.
— an Dehydroascorbinsäure 918.
— an Eiweiß 910f.
— an Glucose 912 Tab.
— an Glutathion 918.
— an Hexosamin 911.
— an Hyaluronsäure 911.
— an Kupfer 915 Tab.
— an Lipoiden 911f.
— an Mineralstoffen 901 Tab.
— an Noradrenalin 919.
— an Phosphat 912 Tab.
— an Spurenelementen 916 Tab.
— an Wasser 910.
— an Zink 915 Tab.
Oberfläche, Membran, hyaline 910.
Quellungsdruck 913.
Struktur 909f.
Trübungen durch Lipoide 912.
Übergang von Zucker in — 909.
Verflüssigung durch Kollagenase 913.
Volumen, Änderungen 913.
Vorkommen von Albumin in — 910.
— von Aminosäuren in — 912.
— von Fermenten in — 911.
— von Steroidhormonen in — 912.
Wasseraustausch mit dem Augeninnern 907.
Wirkung von Kollagenase auf — 910, 913.
„Glaskörpermucin" 911.
Hellanpassung 924, 928.
Hinterkammerflüssigkeit, Zusammensetzung 902.
Hornhaut: 872—881.
Aminosäuren, essentielle, zur Ernährung der — 876.
Analyse, chemische 873.
Anatomie 872f.
Atmung und Glykolyse 877 Tab.
Aufgabe, physiologische 873.

Auge:
Hornhaut:
Bestandteile, anorganische 873.
—, organische 874ff.
Berechnungsindex 868, 881.
Durchsichtigkeit 881.
Eiweiß, Aminosäurezusammensetzung 874 Tab.
Eiweißkörper, Druck, kolloidosmotischer 880.
Epithel, Glykogengehalt 877.
Ernährung 876.
Fasern 880f.
Fermente in — 878.
Fettbildung aus Fettsäuren 877f.
Gehalt an Acetylcholin 875 Tab., 876.
— an Aneurin 875 Tab.
— an Ascorbinsäure 875 Tab., 876.
— an Calcium 873 Tab.
— an Chlor 873 Tab.
— an Eisen 873 Tab.
— an Eiweiß 874.
— an Glutathion 875 Tab., 876.
— an Hexosamin 875.
— an Kupfer 873 Tab., 915 Tab.
— an Lactoflavin 875 Tab.
— an Lipoiden 875.
— an Mangan 873 Tab.
— an Spurenelementen 916 Tab.
— an Wasser 881.
— an Zink 915 Tab.
Hydratation 880.
Indophenolblaubildung 878.
Lipoidgehalt 879.
Milchsäurebildung 877.
Mucopolysaccharide in — 874f.
Permeabilität 878ff.
Q_{O_2}-Werte 877.
Quellung 879ff.
Ring, Kayser-Fleischerscher 874.
Sauerstoffverbrauch nach Atropin 877.
Sauerstoffversorgung 877.
Schädigung 878.
— bei Riboflavinmangel 876ff.
Stoffwechsel 876ff.
Vorkommen von Acetalphosphatiden 875.
— von Adenindinucleotiden 876.
— von Chondroitinschwefelsäure 874.
Wasserbewegung in der — 880f.
Wasserbindung in der — 879f.
Hornhautgeschwür, Lysozymgehalt der Tränen bei — 870.
Hornhautnerven, Adrenalin in — 840.
Hornhautoberfläche, Brechkraft 868.
Iris: 913—922.
Anatomie 913f.
Ascorbinsäure Lokalisation in der — 918.
Atmung, 919, 920 Tab.
Bildung von Phosphaten, organischen, in — 921.
Chromatophoren 916.

Auge:
Iris:
+ Ciliarkörper, Gehalt an Kupfer 915 Tab.
—, — an Zink 915 Tab.
Farbstoffe 914.
Gehalt an Albumin 917 Tab.
— an Ascorbinsäure 890 Tab., 919 Tab.
— an Carnosin 919 Tab.
— an Cholinacetylase 920.
— an Dehydroascorbinsäure 918.
— an Eiweiß 917 Tab..
— an Glutathion 918, 919 Tab.
— an Inosit 919 Tab.
— an Kalium 883 Tab., 884 Tab., 892.
— an Kollagen 917 Tab..
— an Kreatin 919 Tab.
— an Kreatinin 919 Tab.
— an Lactoflavin 919 Tab.
— an Lipoiden 918.
— an Noradrenalin 919.
— an Mineralstoffen 915 Tab.
— an Schwermetallen 915 Tab.
— an Spermin 919 Tab.
— an Wasser 914.
Glykolyse 919, 920 Tab.
Phosphataseaktivität in der — 921.
„Pigmente" 917 Tab.
Q_{O_2}, $Q_M^{N_2}$ und $Q_M^{O_2}$ 920 Tab.
Stoffaustausch mit Flüssigkeit, intraocularer, und Blut 906.
Vorkommen von Acetylcholin in — 919.
— von Aminoxydase in — 920.
— von Axerophthol in — 918.
— von Carotinoiden in — 918.
— von Cholinacetylase in — 920.
— von Cholinesterase in — 920.
— von Cytochromoxydase in — 920.
— von Dopaoxydase in — 917.
— von Hyaluronidase in — 921.
— von Kryptoxanthin in — 918.
— von Nucleotidase in — 920.
Stroma 914.
Kammerwasser: 901—909.
Albumin: Globulin-Verhältnis 903.
Ascorbinsäure, Übertritt ins — 908.
in Augen, entzündeten 903.
Austausch von Wasser und Elektrolyten, anorganischen 907f.
Bestandteile, anorganische 901f.
—, organische 902f.
Bildung, Hypothesen der 904, 906f.
Chemie 901—905.
Druck, osmotischer 901f.
Gehalt an Adrenalin 904.
— an Aminosäuren 904.
— an Ascorbinsäure 890 Tab. 905, 908, 912 Tab.
— an Brenztraubensäure 905.
— an Citronensäure 905, 912 Tab.
— an Eiweiß 902f.
— an Fermenten 903.
— an Gasen 902.
— an Globulinen 903 Tab.

Auge:
Kammerwasser:
Gehalt an Glucose 905, 907, 912 Tab.
— an Harnsäure 904.
— an Harnstoff 904, 907.
— an Hexosamin 904.
— an Histamin 904.
— an Hyaluronsäure 904.
— an Hydrogencarbonat 902 Tab.
— an Kreatinin 904.
— an Kupfer 915 Tab.
— an Lipoiden 904.
— an Milchsäure 893f, 899, 905.
— an Mineralstoffen 901 Tab., 902 Tab.
— an Nichtelektrolyten 907.
— an Nicotinsäure 904.
— an L-Noradrenalin 904.
— an Phosphat 907.
— an Phosphat, anorganischem 912 Tab.
— an Phosphatasen 892.
— an Rest-N 904.
— an Substanz, parasympathicomimetischer 904.
— an Sulfat 907.
— an Zink 915 Tab.
Gewicht, spezifisches 901.
Hypertonie 909.
p_H-Wert 901.
: Plasmawasser, Verteilungsverhältnis $Na^+ : Cl^-$ 907 Tab.
Stoffaustausch mit Blut 905—909.
— mit Linse 892.
Übertritt von Nichtelektrolyten aus Blut ins — 908f.
Vorkommen von Albumin in — 902f.
— in Antikörpern in — 903.
— von Cholesterin in — 904.
— von Corticosteroiden in — 904f.
— von Fetten in — 904.
— von Fibrinogen in — 903.
— von Histamin (?) in — 904.
— von Hyaluronidase in — 904.
— von Oxydase in — 903.
— von Phosphatiden in — 904.
„zweites" 903.
Kammerwasserdurchfluß, Minutenvolumen 905.
„Kammerwasservenen" 905.
Kanal, SCHLEMMscher 905.
Lederhaut s. Auge, Sklera.

Linse: 881—890.
Abgabe von Kalium 898.
Albumin 885.
Albuminoid 885—888, 897 Tab.
—, Zunahme im Alter 895.
Alterskatarakt 897.
Aminosäuredesaminierung 897.
Anatomie 881f.
Atmung, Hemmung durch Cyanid 895f.
Aufbau, chemischer 883—891.
Aufgaben, physiologische 882.

Auge:
Linse:
Aufnahme von Ascorbinsäure 892.
— von Glucose 892.
— von Natrium 893, 898.
— von Wasser 893.
Bestandteile, anorganische 883ff.
—, organische 885—891.
Bildung von Glykokoll aus Serin 894.
— von Milchsäure 893f.
— —, Bedeutung für Hypertonie des Kammerwassers 909.
Brechkraft 882.
Brechungsindex 883.
Cholesterinkrystalle in der — bei Katarakt 890.
Ciliarmuskel 882.
Druck, osmotischer 892.
Einbau von Glykokoll in Proteine der — 894.
Eiweißkörper 885—888.
—, Aminosäurezusammensetzung 887 Tab.
—, Aufbau und Abbau 894f.
—, Autolyse 892.
—, Darstellung 886.
—, Eigenschaften, immunologische 886.
—, Gehalt an Cystein und Cystin 887 Tab., 888, 897, 897 Tab.
—, — an Sulfhydrylgruppen bei Katarakt 897.
— und Pigmentbildung 895.
—, Stoffwechsel 893f.
—, Zusammensetzung 887f.
—, —, veränderte, beim Wachstum 888.
—, lösliche, Fraktionen 888.
Elastizität 883.
Energielieferung durch Glucose 893.
Epithel, Stoffwechsel 894.
—, Vorkommen von Cytochromoxydase, Cytochrom c und Flavoprotein 894f.
Ernährung 891.
Farbstoffe, melanoide, in der — 895.
Fasern 881ff.
—, Alterung 883f.
—, Eiweißkörper der — 886.
Fermente 895ff.
Fettsäureoxydation in der — 895.
Fructoseverwertung 894.
Gehalt an Albumin 885—888.
— an Albumin-N 889.
— an Aluminium 885.
— an Ascorbinsäure 890, 890 Tab., 892.
— an Brenztraubensäure 884 Tab.
— an Calcium 883 Tab., 884 Tab.
— an Chlor 883 Tab., 884 Tab., 885.
— — bei Katarakt 897.
— an Cholesterin 889.
— an Eisen 884 Tab.
— an Eiweiß 885—888.
— an Glucose 890.

Auge:
Linse:
Gehalt an Glutathion 889, 892, 896.
— — bei Katarakt 889, 897f.
— an Inosit beim Rind 891.
— an Kalium 883 Tab., 884 Tab., 892, 897.
— an Kohlenhydraten 890.
— an Kohlenhydratphosphorsäureestern 890f.
— an Kupfer 884 Tab., 915 Tab.
— an Lipoiden 889f.
— an Mangan 884 Tab.
— an Milchsäure 891, 893, 894 Tab.
— an Natrium 883 Tab., 884 Tab., 885, 892.
— an Phosphat, organischem 890.
— an Phosphaten 885, 892.
— an Rest-N 889.
— an Schwefel 887f.
— an Spurenelementen 885, 916 Tab.
— an Thiamin 889.
— an Wasser 883f., 897.
— an Zink 915 Tab.
Gelbfärbung 895.
Gewicht und Lebensalter 883 Tab.
Glucoseverbrauch 893f., 905.
Glutaminsäuredehydrogenase 896.
Glutathion, Aufbau und Abbau 895.
—, Reduktion 896.
Glykolyse 893f., 905.
Ionentransport 893.
Kaliumabgabe 893.
Kalkinfiltration 884.
Kapsel 881, 883.
— bei Altersstar 892.
—, Eiweiß 887f.
—, Permeabilität 891ff.
—, Polysaccharid in — 888.
—, Vorkommen von ATP in der — 892.
—, — von Codehydrogenasen in der — 892.
—, — von Glutathion in der — 892.
Katarakt 883ff., 887—890, 895—900.
s. a. Linse, Trübungen.
bei Alloxandiabetes 899f.
bei Aminosäuremangel 899.
Cystein- und Cystingehalt der Linseneiweißkörper bei — 897.
durch Dehydroascorbinsäure 899.
bei Diabetes 898f.
bei Dystrophie, myotonischer 898.
Eiweißkörper der Linse bei — 887f.
nach Galaktose 889, 899.
Genese 895.
Glutathion in der Linse bei — 889, 897f.
bei Hauterkrankungen 898.
Lipoidtröpfchen in der Linse bei — 890.
Mineralstoffe der Linse bei — 883 Tab., 884 Tab., 885, 897.
bei Mongolismus 898.
Natriumgehalt 897.

Auge:
Linse:
Katarakt bei Tetanie 898.
durch Riboflavin-Mangel 899f.
Tyrosin und Tryptophan in der Linse bei — 895.
experimenteller 898ff.
Kern 882.
Kohlenhydratstoffwechsel 893f.
Konsistenz 883.
Lichtdurchlässigkeit 883.
Lipoidstoffwechsel 895.
Lipoidtröpfchen in der — bei Katarakt 890.
Membrana capsulopupillaris 882.
Mucoproteid 885.
Oxydationssystem 895f.
Permeabilität 892f.
Phosphoproteid 885.
Pigmentbildung 895.
β-Protease 896.
Proteolyse in der — bei Katarakt 896.
Q_{O_2} 893.
Raum, extracellulärer 884.
Reizung, elektrische 882.
Röntgenbestrahlung 898.
Sauerstoffverbrauch 893, 895.
Spaltung von Glycerinphosphorsäure 896.
Stoffaustausch mit dem Kammerwasser 892.
Stoffwechsel 891—900.
Tricarbonsäurecyclus 896.
Trübungen 883.
— bei Anoxämie 899.
— durch Adrenalin 899.
— durch Aminosäuremangel 899.
— durch Gifte 899f.
— durch Kohlenhydrate 899.
— durch Nitroverbindungen, aromatische 900.
—, Therapie 900.
— s. a. Auge, Linse bei Katarakt.
Tunica vasculosa 882.
Verfärbung bei Katarakt 897.
Vorkommen von Adenosintriphosphorsäure 891.
— von Adenylsäure 891.
— von Äpfelsäure 891.
— von Aldolase 896.
— von Ameisensäure 891.
— von Bernsteinsäure 891.
— von Brenztraubensäure 891.
— von Carnosin 889.
— von Cholesterin 890.
— von Citronensäure 891.
— von Codehydrogenase II 896.
— von Coenzym A 896.
— von Cozymase 896.
— von Cytochromoxydase 894f.
— von Dehydrogenasen 896.
— von Dimethylalloxazin 889.
— von Dioxyacetonphosphorsäure 891.
— von Fermenten 895f.

Auge:
Linse:
Vorkommen von Fermenten des Glykogenabbaus 894.
— —, respiratorischen 894f.
— von Glycerinphosphorsäure 891.
— von Harnstoff 889.
— von Hexosephosphorsäuren 891.
— von Kreatin 889.
— von Kreatinphosphorsäure 891.
— von Nicotinsäure 889.
— von Peptidasen 897.
— von 3-Phosphoglycerinsäure 891.
— von Pyridinnucleotiden 896.
— von Substanzen, reduzierenden 895.
Wachstum 882f.
—, Eiweißvermehrung bei — 885.
Membran, DESCEMETsche 875, 878.
Netzhaut s. Auge, Retina.
Netzhautablösung 868.
Netzhautdegeneration, cystoide 868.
N. opticus s. Auge, Sehnerv.
Pigmente 917.
Regenbogenhaut s. Auge, Iris.
Retina: 646, 922—947.
Acetylcholinesterase, Aktivität 854 Tab.
Adenosindiphosphorsäure, Spaltung 936.
Aldolase 936.
Aminosäureoxydasen 936.
Amylase 936.
Atmung 782, 929ff., 933.
—, Beeinflussung durch Cyanid 932.
—, Steigerung durch Lactoflavin 931.
—,— durch Methylenblau 931.
Aufnahme von Vitamin A_2 359.
Austausch von Kalium und Natrium 935.
Autolyse 933.
—, Lipoidfreisetzung bei 926 Tab.
Bestandteile, anorganische 924f.
—, organische 925—929.
Belichtungswechsel, Einfluß auf Atmung und Glykolyse 933.
Bildung von Ammoniak 934.
— von Glutamin 934.
— von Milchsäure 707, 786, 929ff.
— von Oxalessigsäure 933.
— von Säuren bei Belichtung 935f.
Blutversorgung 923, 929.
Cholinacetylase und -esterase 936.
Cholinesterase 936.
CO_2-Fixierung 721, 933.
Cytochromoxydase 935f.
Dehydrogenasen 936.
Dunkeladaptation 942f.
Enzymsystem 932.
Ernährung 929.
Fermente 932, 936.
Fleck, gelber 923, 926f.
Fovea centralis 923.
Foveola 923.

Auge:
Retina:
Ganglienzellen, Zellmasse und Zusammensetzung bei Adaptation 812.
Ganglienzellschicht 922, 926.
—, Cytochromoxydase in — 936
Gehalt an Acetylcholin 928.
— an Adenindinucleotid 928.
— an Aldolase 713, 936.
— an Ammoniak 934.
— an Ascorbinsäure 929, 946.
— an Axerophthol 927.
— — und Sehpurpurbildung 944.
— an Calcium 924 Tab.
— an Carnosin 926 Tab..
— an Carotinoiden 925 Tab., 926f.
— an Cerebrosiden 647 Tab., 924 Tab., 925 Tab.
— an Chlor 924 Tab.
— an Cholesterin 647 Tab., 925 Tab., 926.
— an Codehydrogenase I 928.
— an Disphosphopyridinnucleotid 928.
— an Eisen 925 Tab.
— an Eiweiß 812, 925.
— an Fetten 925 Tab.
— an Fettsäuren 925 Tab.
— an Flavinen 927f.
— an Glutathion 926 Tab.
— an Kalium 924 Tab., 934f.
— an Kephalinen 647 Tab., 925 Tab.
— an Kohlenhydraten 928.
— an Kreatin 926 Tab.
— an Kupfer 915 Tab., 925 Tab.
— an Lipoiden 647Tab., 925Tab., 926f.
— an Magnesium 924 Tab.
— an Mangan 924, 925 Tab.
— an Natrium 924 Tab., 934f.
— an Nucleinsäuren 926.
— an Nucleoproteiden bei Adaptation 812.
— an Phosphatiden 647, 925 Tab., 926.
— an Phosphor 924 Tab.
— an Phosphorsäure, anorganischer 935.
— an Retininen 927.
— an Schwefel 924 Tab.
— an Sehpurpur 938.
— an Spurenelementen 916 Tab.
— an Trockensubstanz 924.
— an Wasser 924 Tab.
— an Zink 915 Tab., 924.
Gehirnschicht 922.
Glucoseverbrauch 905, 912.
Glykolyse 929—933.
—, Beeinflussung durch Sauerstoff 930f.
—, Hemmung 932.
—, — durch Hydrogensulfit 932.
—, aerobe 707, 931.
—, anaerobe 930.
—, „nichtphosphorylierende“ 932.
Hexosediphosphatspaltung 936.
Histologie 922f.

Auge:
Retina:
Indolphenolblaureaktion 936.
Ionenhaushalt 934f.
Kalium/Natriumaustausch 935.
Körnerschicht, Cytochromoxydase in — 936.
—, äußere 922, 926ff.
—, innere 922f., 926.
Kohlenhydrate, Abbau, glykolytischer 932.
—, Stoffwechsel 929—933.
Kohlensäureanhydratase 936.
Lichtwirkung und Säurebildung 935f.
Lipoide, Zusammensetzung 647 Tab.
Lipoid-Eiweiß-Verbindungen 926.
Lipoproteide, Abbau bei Autolyse 933.
Macula lutea 923, 926f.
Methylglyoxalase 936.
Nervenfaserschicht 922.
Neuroepithelschicht 922.
Nucleotidase 936.
„Ölkugeln“ 926.
Ora serrata 922.
Oxydationen in der — 931f.
Oxydoreduktion Triosephosphat/Brenztraubensäure 932.
Pars coeca 922.
Phosphatasen 936.
Phosphoglucomutase 936.
Phosphohexokinase 936.
Phosphohexoseisomerase 936.
Phosphorylase 936.
Phosphorylierungsvorgänge in der — 932.
Pigmentepithel 914, 916, 922, 926, 929.
—, Bedeutung für Phosphatabspaltung in der — 935.
—, — für Sehpurpurbildung 942.
—, Gehalt an Axerophthol 927, 929, 942.
—, — an Riboflavin 927, 929.
Pigmentepithelschicht 926.
Pigmententartung 868.
Q_M, $Q_M^{N_2}$, $Q_M^{O_2}$ und Q_{O_2} 930, 930 Tab.
R.Q.-Wert 930.
Säurebildung bei Belichtung 935f.
Sauerstoffverbrauch 929f.
Schicht, äußere und innere, reticuläre 922.
„Sehstoffe“ 926, 936—947.
Sehpurpurregeneration 942f.
Sinnesepithel 914.
Stäbchen 922f., 926, 936.
—, Außenglieder, Atmungssystem in den — 944.
—, Farbstoffe 946 Tab.
—, Fermente in den — 936.
—, Opsine in den — 946.
—, Sehpurpur in den — 937.
Stoffaustausch mit Flüssigkeit, intraocularer, und Blut 906.
Stoffwechsel 929—936.
— und Ionenhaushalt 934f.

Auge:
Retina:
Stoffweohsel von Verbindungen, N-haltigen 933f.
Vorkommen von Adenindinucleotid 928.
— von Codehydrogenase I 928.
— von Fermenten 936.
— von Flavinen 927f.
— von Galloxanthin 926.
— von Kreatinphosphorsäure 928.
— von Labferment 127.
— von Lactoflavin 928.
— von Lumichrom und Lumiflavin 928.
— von Neurokeratin 923, 925.
Zapfen 922f., 926, 928, 936.
—, Farbstoffe 946 Tab.
—, Fermente in den — 936.
—, Opsine in den — 946.
—, Sehstoff 936, 945ff.
Zapfenapparat, Bedeutung von Axerophthol für den — 946.
Zapfenellipsoid 923.
Zapfenmyoid 923.
„Zapfensubstanz" 936, 945ff.
Zusammensetzung, chemische 924 bis 929.
SCHLEMMscher Kanal 905.
Sehnerv: 947f.
Acetylcholinesterase, Aktivität in — 854.
Bestandteile, anorganische 947.
—, organische 948.
Gehalt an Calcium 621.
— an Eisen 948 Tab.
— an Kephalinen 648 Tab., 948.
— an Kupfer 915 Tab., 948 Tab.
— Mangan 947, 948 Tab.
— an Phosphatiden 648 Tab.
— an Schwermetallen 947, 948 Tab.
— an Zink 915 Tab.
Lipoidzusammensetzung 648 Tab.
Papilla nervi optici 647 Tab.
Verhältnis Desoxyribonucleinsäure: Ribonucleinsäure 926.
Zusammensetzung, chemische 948, 948 Tab.
Sehpurpur: 923, 926f., **937—945.**
s. a. Rhodopsin
Abbau 939—945.
Absorptionsspektrum 939.
„Anagenese" 942.
Beziehungen zu Axerophthol 943.
Bildung aus Axerophthol 943.
— aus Retinin und Opsin 942.
— von Axerophthol aus — 940f.
— von Retinin aus — 940f.
Bleichung 940f.
Dunkelreaktionen 940.
Eigenschaften 938f.
Extraktion 937f.
Gruppe, chromophore 940, 942f.
Isomerisationsvorgänge 944f.
„Neogenese" 942.
Sehpurpur:
Molekulargewicht 938.
Punkt, isoelektrischer 938.
Regeneration 939—945.
Zersetzung 938, 940.
Sehpurpurcyclus 944, 945 Abb.
Sehpurpurprotein 940, 942, 944.
Sehstoffe 926, 936—947.
Sehzellen, Außenglieder, Struktur 937.
Sklera: 871f.
Analyse, chemische 871.
Eiweiß, Aminosäurezusammensetzung 874 Tab.
Gehalt an Calcium 872 Tab.
— an Chlor 872.
— an Chondroitinschwefelsäure 872.
— an Eiweiß 871f.
— an Kupfer 871, 915 Tab.
— an Mineralstoffen 872 Tab.
— an Mucoproteiden 872.
— an Natrium 876 Tab.
— an Spurenelementen 916 Tab.
— an Zink 915 Tab.
blaue 872.
Tapetum lucidum 916, 919.
Tränenflüssigkeit 868ff.
Uvea, s. Auge, Gefäßhaut.
Vorderkammerflüssigkeit, Zusammensetzung 902.
Wasseraustausch mit dem Blut 907.
aphakes, Milchsäuregehalt im Kammerwasser 905.
Augenerkrankungen 868.
Augenpigmente von Insekten 918.
Augentuberkulose, Antikörper im Kammerwasser bei — 903.
Aureomycin, Ausscheidung mit der Galle 561.
—, Einfluß auf Bilirubinreduktion 518f.
—, — auf Nicotinsäureamidgehalt der Rattenleber 395.
—, — auf Pantothensäuregehalt der Leber 406.
—, — auf Thiamingehalt der Leber 388.
—, — auf Vitamin B_c-Gehalt der Leber 414.
—, Gehalt der Leber an B-Vitaminen nach — 392.
Avertin, Entgiftung 455.
—, Glucuronidbildung 455, 458.
Avidin, Bindung von Biotin an — 411.
—, Wirkung auf Cholesteringehalt der Leber 153.
Axerophthol (= Vitamin A): 358•.
Antagonisten **237**.
Aufnahme durch die Leber 347—350, 360.
Bedarf der Ratte 356.
Bedeutung für Ascorbinsäuresynthese 382.
— für Dämmerungssehen 358.
— für Gehirn 668f.
— für Sehpurpurregeneration 943.
— für Zapfenapparat der Retina 946.
Bestimmung in Leberpunktaten 39.
Beziehungen zum Sehpurpur 939, 943.

Axerophthol (= Vitamin A):
Bildung aus Carotin 347, 349—352.
— aus Retinin 350, 941, 943.
— aus Sehpurpur 940., 943.
— in Leber 347, 351f., 354.
— durch Diatomeen 356, 363.
— von Carotin aus — 351.
— von Retinin aus — 943.
Bindung an β-Globuline 353.
Einfluß auf Ascorbinsäuregehalt der Leber 349.
— auf Glykogengehalt der Leber 73.
Gehalt in Blutplasma 348, 353, 354 Tab., 360.
— in Darmlymphe 351.
— in Leber 346 Tab., 347, 349ff., 356, 357 Tab., 360.
— — nach Antabus 349.
— — bei Lebererkrankungen 359f.
— — von Tieren 354—359.
— —, menschlicher 354.
— in Leberölen 356, 358 Tab., 362 Tab.
— in Milch 354.
— in Muskel 584.
— in Organen 354.
— im Pigmentepithel der Retina 942.
— in Retina 927.
— — und Sehpurpurbildung 944.
-Hypervitaminose 357.
Lokalisierung in Leber 350.
-Mangel, Einfluß auf Vitamin C-Gehalt im Gehirn 675.
—, Hornhautveränderungen bei — 876f.
—, Störungen der Eisenresorption bei — 55.
—, Veränderungen im Zentralnervensystem bei — 669.
und Neovitamin A, Umwandlung ineinander 358.
Resorption im Darm 347.
—, Steigerung durch Galle 359.
—, — durch Gallensäuren 347, 360.
Resorptionsweg 348.
Speicherung 348f., 352.
— in Leber 353f., 355 Abb., 356.
— —, Hemmung der — 349.
— in Niere 348ff., 355f.
— in Nebenniere 348.
Stoffwechsel in der Leber 347—360.
— bei Leberfunktionen, geschädigter 359f.
Umwandlung in Neovitamin A 358.
Vorkommen in Iris 918.
— in Retina 927.
Vorrat des Menschen 354.
Wirkung auf Calciumgehalt im Gehirn 622.
— bei Hemeralopie 943f.
freies und verestertes, Gehalt in Blutplasma 353.
— —, — in Leber 353, 355 Tab.
— —, Vorkommen 353, 354 Tab., 355 Abb., 358.
Axerophthol-acetat-esterase in Leber 352.
Axerophtholester, Bildung in der Darmwand 353.
—, — und Speicherung 353, 354 Tab., 355 Abb.
—, Spaltung im Darm 347.
—, — in Organen 352.
— als Speicherform von Axerophthol 352.
—, Vorkommen in Lebermikrosomen 352.
Axon s. Nerven, Axon.
Axonotmesis 699.
8-Azaguanin, Hemmung der Virusvermehrung durch — 832.
Azid, Entkoppelung der Atmungskettenphosphorylierung durch — 731.
—, Hemmung der ATPase durch — 708.
—, — des P-Einbaus in Gehirnlipoide durch — 737.
—, — der Phosphataufnahme ins Gehirn 769.
—, — der Proteinsynthese in der Leber durch — 215.
—, — der Ribonucleinsäurebildung durch — 764.
—, — der Virusausbreitung durch — 832.
Azobenzol, Wirkung auf Vitamin C-Gehalt der Leber 503.
Azobenzole, substituierte, Wirkung, cancerogene 493f.
Azofarbstoffe, Spaltung im Stoffwechsel 499.
—, Wirkung, carcinogene, und Riboflavin 393f.
—, cancerogene, Beeinflussung der Wirkung durch Kokosöl 501.
—, —, Bindung an Proteine der Leberzellen 497.
—, —, Spaltung, reduktive 498f.
—, —, Wirkung auf Lebermitochondrien 502f.
—, —, — auf P-Umsatz von Nucleinsäuren 502.
—, —, — auf Ribonucleinsäuregehalt in Leberzellen 504.
—, —, — auf Stoffwechsel der Leberzellen 502—505.
—, —, — auf Vitamin B_6-Gehalt in Leberzellen 503.
Azonaphthaline, Cholangiombildung nach — 494.
Azorubin S zur Leberfunktionsprobe 564.

Bacillus verrucosus, Cysteinbildung durch — 519.
— —, Reduktion von Bilirubin durch — 518.
Bär, japanischer, Bildung von Chenodesoxycholsäure 551.
BAL = British Anti Lewisit = 2,3-Dimercaptopropanol.
—, Einfluß auf S-Einbau in Gehirnproteine 745.
— als Hemmstoff von Enzymen, metallhaltigen 728.
—, Hemmung der Acetylcholinesterase durch — 860.

BAL, Wirkung auf Brenztraubensäureoxydation 727f.
—, — auf Sauerstoffaufnahme des Gehirns 727.
BAL-Lewisitverbindung 728*.
Barben, Harnsäureabbau bei — 340.
Barbitursäure, Bildung aus Pyrimidinen durch Bakterien 343f., 344*.
—, — bei Cytosin- und Uracilabbau 343, 344*.
—, Wirkung auf Atmungskettenphosphorylierung 814.
—, — auf Glutaminsäurekonzentration in Gehirn 757.
Barbitursäurederivate, Ascorbinsäureausscheidung nach — 380.
Barbitursäurenarkose, Weckwirkung bei — 814.
Barbitursäurevergiftung, Wirkung, analeptische, von Succinat bei — 814.
Barium, Gehalt in Gehirn 628.
—, — in Rinderauge 916 Tab.
—, Vorkommen in Gallensteinen 567.
—, — in Wirbeltieraugen 915.
Bariumionen, Aktivierung der Acetylcholinesterase durch — 856.
Barsch, Leber, Gehalt an Vitamin A_2 359.
—, Leberöl, Gehalt an Vitaminen A und D 362 Tab.
Basalganglien, Aktivität der Acetylcholinesterase in — 853f., 854 Tab.
—, Atmung in — nach Reizung des Gehirns 816.
—, Gehalt an Substanz P 843.
—, Spaltung von Cholinestern in — 852.
Basen, quartäre, Muskelstarre durch — 607.
—, SCHIFFsche, Bildung bei Aminogruppenübertragung(?) 251*.
Behensäure, Gehalt in Sphingomyelinen 641.
—, Vorkommen in Gangliosiden 643.
D-Behensäure, Umwandlung im Stoffwechsel 162.
Belichtung, Einfluß auf Ammoniakbildung in Retina 934.
—, — auf Atmung und Glykolyse der Retina 933.
—, Säurebildung in Retina bei — 935f.
Benadryl, Abbau im Gehirn 761.
—, Beeinflussung der Gehirnatmung durch — 790.
Benzaldehyd, Bildung von Benzoesäure aus — 469.
1,2-Benzanthracen, Wirkung, keine, auf Gehirnstoffwechsel 821.
Benzedrin, Beeinflussung der Gehirnatmung durch — 790.
—, Hemmung der Aminooxydase durch — 760.
Benzimidazol, Hemmung der Virusvermehrung durch — 832.
Benzoesäure:
Bildung aus Benzaldehyd 469.
— aus Chinasäure 469.
— aus Phenylacrylsäure 469.
— aus Phenylpropionsäure 469.
Benzoesäure:
Bildung aus Toluol 469, 482.
— beim Phenylalaninabbau 173.
— von Glucuroniden aus — 455, 470.
Bindung an Glykokoll 454f., 469.
Entgiftung 302, 453, 455, 469f.
— beim Hund 454.
— bei Lebererkrankungen 457.
— durch Hippursäurebildung 256, 454f., 469f.
Leberfunktionsprüfung mit — 457, 471, 563.
Benzol, Bildung von Brenzkatechin aus — 473.
— von Hydrochinon aus — 473.
— von Muconsäure aus — 473*.
—, — von Phenol aus — 455.
—, — von Phenylmerkaptursäure aus — 472.
—, Entgiftung 455, 472f.
—, — durch Phenolsulfatbildung 457.
Benzolhexachlorid, Beeinflussung der Gehirnatmung durch — 791.
Benzolsulfonamid, Hemmung der Kohlensäureanhydratase durch — 802.
Benzolsulfomethylaminofettsäuren, Oxydation in der Leber 173f.
β-Benzolsulfomethylaminopropionsäure, kein Abbau von — 173.
γ-Benzolsulfomethylaminovaleriansäure, kein Abbau von — 173.
Benzoylamid, Bildung von Hippursäure aus — 469.
Benzoylaminofluoren, Wirkung, keine, cancerogene 499.
Benzoylargininamid, Desaminierung durch Gehirn 754.
Benzoylcholin, Spaltung durch Cholinesterase 851.
—, — in Gehirn 852.
Benzoylcholinesterase 852.
Benzoylglucuronid, Bildung bei Lebererkrankungen 457.
—, — bei Leberinsuffizienz 471.
— als Entgiftungsprodukt der Benzoesäure 453, 455.
Benzoylglykokoll, Bildung aus Benzoesäure 453, 469.
— s. a. Hippursäure.
Benzpyren, Merkaptursäurebildung aus — 474.
—, Wirkung auf Nicotinsäurebildung aus Tryptophan 398.
—, —, wachstumshemmende 474.
3,4-Benzpyren, Wirkung, keine, auf Gehirnstoffwechsel 821.
Benzylchlorid, Bildung von N-Acetyl-S-benzylcystein aus — 473.
Benzylcyanid, Bildung von Rhodanid aus — 480.
S-Benzyl-homocystein, Bildung von N-Acetyl-S-benzylhomocystein aus — 474.
Benzylmerkaptursäure 472*.
Benzylverbindungen, Bildung von Merkaptursäuren aus — 473.

Bergsteiger, Arbeitsfähigkeit 609.
Beri-Beri, Herzstörungen bei — 838.
—, Poliomyelitisinfektion bei — 832.

Bernsteinsäure:

Abbau in der Atmungskette 733 Abb.
—, Beeinflussung durch Malonsäure 193.
Bildung, Förderung durch Glucose 720.
— aus Essigsäure im Gehirn 716f.
— aus α-Ketoglutarsäure 720.
— bei Aminierung, reduktiver, von α-Ketoglutarsäure 252•.
— in Gehirn 716f., 720.
— in Zentralnervensystem 720.
— von Fumarsäure aus — 720.
— —, Hemmung durch Malonat 192, 720.
— von Glucuronsäure aus — 460.
Ciliarkörper, Atmungsförderung im — durch — 920.
Einfluß auf Hirnatmung 719, 806.
— auf Proteinsynthese 215.
—, kein, auf Fettsäurebildung 167.
—, —, auf P-Einbau in Gehirnlipoide 737.
Gehalt in Gehirn 660.
— in Muskel 580.
Hornhautschädigungen durch — 878.
Oxydation, Hemmung durch Malonat 192f., 720.
—, — durch Narkotica 813.
— in Gehirn 719f., 784f.
— in Retina 931.
—, Wirkung von Amidon auf — 728.
P/O-Verhältnis bei Oxydation von — im Zentralnervensystem 730f.
Verstärkung der Glutaminsäurehemmung der Glykolyse durch — 707.
Vorkommen in Linse 891.
Weckwirkung bei Barbitursäurenarkose 814.
Wirkung auf Glucosephosphorylierung 85.
— auf Sauerstoffaufnahme 750f.
—, analeptische, bei Barbitursäurevergiftung 814.
—, keine, im Katatorulintest 716.
Bernsteinsäurehalbaldehyd, Bildung bei Transaminierung im Gehirn 751.
Bernsteinsäuredehydrogenase s. Succinodehydrogenase.
Beryllium, Gehalt in Leber 64 Tab.
Betain, Bedeutung für Kreatinbildung 266.
—, Beschleunigung der Phosphatbildung durch — 148.
—, Bildung aus Äthanolamin 257•, 258 Schema
—, — aus Cholin 257•, 258 Schema.
— als Methyldonator 148.
—, Wirkung, lipotrope 143, 148.
Betain-Homocystein-Transmethylase 421.
Biene, Nervensystem, Gehalt an Kephalinen 647.
—, —, Lipoidzusammensetzung 649.
Bienengift, Hornhautschädigungen durch — 878.
Bilifuscin 522f.

Bilirubin:

517•.
Ausscheidung bei Anämie, perniziöser 509.
— in Harn 514.
— in Galle 515f.
— — bei Ikterus 560.
— in Leber 506—510, 520f.
— im Stuhl bei Neugeborenen 518.
Beeinflussung der Gehirnatmung 792.
Bildung, Ort der — 31.
— aus Biliverdin in Leber 516.
— aus Myoglobin 521.
— außerhalb des RES 507.
— bei Hämoglobinabbau 515.
— in Blutextravasaten 507.
— in Knochenmark 506, 508f.
— in Leber 507f., 516.
— in Milz 506, 508.
— von Bilifuscin aus — 522.
— von Biliverdin aus — 515f.
— von Mesobilirubin aus — 519.
— von Stercobilin aus — 519.
— von Stercobilinogen aus — 519.
— gesteigerte, Schädigung von Knochenmark und Erythrocyten durch — 511.
Bindung an Bluteiweißkörper 515.
Gehalt in Blut 35, 399, 512.
— — bei Lebererkrankungen 510.
— in Blutplasma 410, 509ff.
— in Blutserum 510.
— in Galle 508, 538 Tab.
— in Leber 509ff.
— in Leberlymphe 240, 513.
— — bei Ikterus 512f.
— in Liquor cerebrospinalis bei Ikterus 514.
— in Nabelstrangblut 512.
— in Thoracicus-Lymphe 520.
Komplexbildung mit Lecithin und Proteinen 509.
Leberfunktionsprüfung mit — 510, 512.
Nierenschwelle 510.
Reduktion 517—520.
— in Gallenblase und Gallenwegen, infizierten 519.
— zu Stercobilin durch Darmbakterien 517f.
Resorption in Darm 520.
Tagesausscheidung 509.
Vorkommen in Blasengalle 515.
— in Dünndarminhalt 519f.
— im Liquor cerebrospinalis bei Ikterus 514.
— in Gallensteinen 515, 565, 567 Tab., 568.
„direktes“ und „indirektes“ 514f.

Biliverdin:

517•.
Ausscheidung mit Galle 515f.
Bildung aus Bilirubin in Galle 515.
— — in Leber 516.
— außerhalb des RES 507.
— bei Hämoglobinabbau 515.
— in Froschleber 507.
— von Bilirubin aus — in Leber 516.

Biliverdin:
Gehalt in Froschblut 516.
— in Galle 515f., 536.
Reduktion in Leber 516, 520.
Vorkommen in Blasengalle 515.
— in Blutserum 516.
— in Gallensteinen 515, 565, 567 Tab., 568.
— in Leichengalle 515.
— in Meconium 515.
— in Stuhl von Neugeborenen 518.
— in Tiergalle 536.
Bindegewebe, Vermehrung nach Ernährung, alipotroper 156.
—, Zusammensetzung, chemische 575 Tab.
—, elastisches, Gehalt an Alkalimetallen 575.
Bindehaut s. Auge, Bindehaut.

Biotin (= Vitamin H):
Bedeutung für Bildung von Asparaginsäure aus Alanin 412.
— — von Carbamoylglutamat 308.
— — von Citrullin 307, 412.
— — von Glutaminsäure 412.
— — von Oxalessigsäure aus Brenztraubensäure 412.
— für Fettstoffwechsel 413.
— für Kohlendioxyd-Fixierung 128, 411.
— für Oxydation von Brenztraubensäure 412.
— für Umwandlung von Aceton in Acetessigsäure 412.
Bestimmung 411.
Bindung an Avidin 411.
Ersatz durch Asparaginsäure bei Mikroorganismen 412.
Form, gebundene 411.
Gehalt in Gehirn 672, 675.
— in Leber 346 Tab., 347, 410f.
Oxydation, Wirkung von Fumar- und Malonsäure auf — 411.
Speicherung 411.
Steigerung der Wirkung, cancerogenen, des p-Dimethylaminoazobenzol durch — 501.
Stoffwechsel in Leber 410—413.
Vorkommen in Eidotter 410.
Wirkung auf Cholesteringehalt der Leber 150f., 153.
—, alipotrope 150f.
Biotinoxydase 411.
Bis-dimethylamino-phosphoanhydrid, Hemmung der Acetylcholinesterase durch — 860.
Bis-(2-succinylaminophenyl)-disulfid 448*.
„black tongue" 673.
Blasengalle, Entstehung 534ff.
—, Gehalt an Bilirubin 508, 515.
—, — an Biliverdin 515.
—, — an Cholesterin 209.
—, — — beim Kalb 547.
—, — an Gallensäuren 550 Tab.
—, — an Lipoiden 545.
—, — an Mucin 542.
—, — an Phosphatiden 545.
Blasengalle, Gehalt an Trockensubstanz 535.
—, Gewicht, spezifisches, von menschlicher — 537.
—, Ursodesoxycholsäure in — 553.
—, Zusammensetzung, chemische 538 Tab.
— s. a. Galle.
Blaufisch, Leber, Axerophthol-Gehalt 357 Tab.
Blausäure s. Cyanide.
Blauwal, Leber, Gehalt an Axerophthol 357 Tab.
—, —, — an Thiamin 387.
Blei, Ausscheidung in Galle 541.
—, Einfluß auf Gehirnentwicklung 627.
—, Gehalt in Gehirn 623 Tab., 627.
—, — in Leber 64 Tab., 66.
—, — in Rinderauge 916 Tab.
—, Vorkommen in Gallensteinen 566f.
Bleiacetat, Beeinflussung der Gehirnatmung durch — 791.
Bleivergiftung, Ascorbinsäuregehalt der Leber bei — 379.
Block, neuromuskulärer 840f.

Blut:
s. a. Blutplasma.
s. a. Blutserum.
Albuminfraktion, Vorkommen von Prothrombin in — 235.
Albumin-Globulinquotient bei Lebererkrankungen 242f.
Aminosäureabgabe an die Leber 211—215
Austausch von Eisen mit den Organen 49.
— von Elektrolyten mit Kammerwasser 908.
Bildung von Purinen im — 332.
Eiweiß, Aufnahme durch die Organe aus dem — 225.
—, Bildung aus Lebereiweiß 230.
—, — bei Lebererkrankungen 227, 229.
Elektrophoresediagramm bei Hepatitis 233 Abb.
Fettaustausch mit Gehirn 740.
Gefrierpunktserniedrigung (Frosch) 603.
Gehalt an Acceleratorglobulin bei Leberschädigungen 237.
— an Acetylcholin nach Gehirnkrämpfen 817.
— an Albumin nach Aderlaß 229.
— — bei Lebercirrhose 230.
— an Alkohol, Beeinflussung durch Brenztraubensäure 487.
— —, — durch Fructose 488.
— — bei Leberschäden 485.
— an Ameisensäure bei Methanolvergiftung 489.
— an Aminosäuren nach ACTH 125.
— — bei Hepatitis 212.
— — bei Ikterus 212.
— — bei Lebercirrhose 212.
— — bei Leberdystrophie, akuter, gelber 212.
— — bei Lebererkrankungen 212.
— — nach Leberexstirpation 31, 485.
— — bei Phosphorvergiftung 35.

Blut:
Gehalt an Aminosäure-N 212.
— an Ammoniak 304.
— — bei Fistel, Eckscher 305.
— — bei Lebercirrhose 18, 304.
— — bei Lebererkrankungen 305.
— an Bilirubin bei Ikterus 59.
— — bei Lebererkrankungen 510.
— — bei Neugeborenen 512.
— — nach Nicotinsäurezufuhr 399.
— — bei Phosphorvergiftung 35.
— an Biliverdin 516.
— an Brenztraubensäure bei Biotinmangel 412.
— — bei Leberschädigung 115, 389.
— — bei Thiamin-Mangel 115.
— — nach Fructose 488.
— an Calcium 575 Tab.
— an Chlor 575 Tab.
— an Cholesterin 208.
— — bei Hyperthyreoidismus 446.
— — bei Lebererkrankungen 207.
— — nach Nicotinsäurezufuhr 399.
— — bei Pantothensäuremangel 205.
— — nach Thiouracil und Propylthiouracil 547.
— an Cholesterinestern 208.
— an Citronensäure nach Fructosezufuhr 103.
— an Diäthyldithiocarbamat nach Antabus 491.
— an Eisen 44, 575 Tab.
— — bei Lebercirrhose 48 Tab.
— an Eiweiß bei Phosphorvergiftung 228 Tab.
— an Esterase nach Ascorbinsäurebelastung 386.
— — bei Lebererkrankungen 238f.
— an Fermenten bei Lebererkrankungen 238—242.
— an Fett im Hunger 138.
— an Fibrinogen bei Chloroformvergiftung 234, 237.
— — bei Lebererkrankungen 231, 234.
— — bei Phosphorvergiftung 35.
— an Gallensäuren 559f.
— —, Einfluß auf Cholesteringehalt des Blutes 206.
— — bei Ikterus 511, 513.
— — nach Nicotinsäurezufuhr 399.
— an Glucose bei Galaktosurie 97f.
— an Glutamin bei Pyridoxinmangel 402.
— an Glutaminsäure bei Pyridoxinmangel 402.
— an Glutathion 276 Tab.
— — bei Leberschäden 276.
— —, Wirkung von Phyllochinon auf — 373.
— —, — von Tokopherol auf — 367.
— an Glykocyamin nach 17-Methyltestosteron 434.
— an Harnsäure nach Hepatektomie 31.
— an Harnstoff bei Fistel, Eckscher 305.
— — bei Leberdystrophie, akuter, gelber 212.

Blut:
Gehalt an Kalium 575 Tab.
— an Kreatin nach 17-Methyltestosteron 434.
— an Kupfer bei Lebercirrhose 59.
— an Lipoproteiden nach Hepatektomie 232.
— an Magnesium 575 Tab.
— an Milchsäure 120, 608ff.
— — bei Anämie 121.
— — nach Fructosebelastung 101.
— — bei Kreislaufstörungen 121.
— — bei Leber- und Nierenschäden 121.
— an Natrium 575 Tab.
— an Nicotinsäure bei Lebererkrankungen 398f.
— an Peptidase nach ACTH 126.
— an Phenylalanin bei Oligophrenia phenylpyruvica 278.
— an Phenylbrenztraubensäure bei Oligophrenia phenylpyruvica 278.
— an Phosphat 575 Tab.
— — nach Zuckerbelastung 101.
— an Phosphatase bei Gallenretention 240.
— — nach Hepatektomie 240f.
— — bei Stauungsikterus 544.
— an Phosphatiden bei Lipämie, alimentärer 138.
— an Phosphohexoisomerase 242.
— an Prothrombin 370f.
— — bei Chloroformvergiftung 236, 370.
— — bei Hepatektomie 235.
— — bei Hepatitis 236.
— — bei Neugeborenen 371.
— — bei Phosphorvergiftung 370.
— an Reststickstoff bei Pyridoxinmangel 402.
— an Schwefel 575 Tab.
— an Serumalbumin bei Chloroformvergiftung 229.
— — bei Phosphorvergiftung 35.
— an Tokopherol bei Lebererkrankungen 368.
— an Trockensubstanz 575 Tab.
— an Tyrosin bei Lebererkrankungen 284.
— an Urobilin nach Nicotinsäurezufuhr 399.
— an Urobilinsubstanzen 520.
— an Vitamin A 348, 350.
— — bei Leberkrankheiten 359f.
— an Vitamin D 361.
— an Wasser 575 Tab.
— an Zucker bei Coma hypoglykaemicum 824.
— — bei Muskelarbeit 609.
— —, Wirkung von Leberextrakten auf 448.
— in Leber 16.
Globuline, Zusammensetzung nach Hepatektomie 232.
— — bei Lebererkrankungen 232f.
α-Globulinfraktion, Vorkommen von Prothrombin im — 235.

Blut:
Hämoglobinmenge 509.
Ionenaustausch mit Gehirngewebe 770, 804f.
Mucopolysaccharide 232f.
Nabelschnur, Sauerstoffsättigung 512.
Nichtelektrolyte, Übergang im Kammerwasser 908f.
Phosphatasen, Bildung im Knochen 241.
Stoffaustausch mit Flüssigkeit, intraocularer 905—909.
Temperatur beim Blutumlauf 23.
Vorkommen von Carotin 352.
— von Glucuroniden 456.
— von Insulinase 449.
Wasseraustausch mit dem Augeninnern 907.
fetales, Sauerstoffsättigung 512.
Blutalkoholkurve 485*.
Blutbildung, Bedeutung von Folsäure für 415.
—, Rolle der Leber bei der — 505f.
Bluteiweißkörper, Bindung von Bilirubin an — 515.
—, Veränderung bei Leberkrankheiten 242—247.
Blutextravasate, Eisenablagerung in — 50.
—, Bilirubinbildung in 507.
Blutfarbstoff, Abbau 506—521.
— s. a. Hämoglobin.
Blutgerinnung, Bedeutung von Phyllochinon für — 369.
—, Beschleunigung durch Coffein und Theophyllin 371.
—, Störung bei Röntgenbestrahlung 233.
—, Verlangsamung beim Neugeborenen 371.
Blut-Hirnschranke 796—801.
— , Bedeutung für Aufnahme von P-Verbindungen, organischen, in Gehirn 768ff.
—, — für Lipoidstoffwechsel 735.
—, Einfluß des Acetylcholin-Cholesterinesterase-Systems auf — 800.
—, — von Histamin auf — 800.
—, — von Hyaluronidase auf — 801.
—, Permeabilität 797.
—, —, Beeinflussung durch p_H-Änderungen 798.
—, — für Aminosäuren 746.
—, — für Barbiturate 797.
—, — Bromid 797.
—, — Chlorid 797.
—, — für Farbstoffionen 798.
—, — für Mangan 625.
—, — für Phosphor 797.
Blutkörperchen, Gehalt an Sphingomyelin 642.
— s. a. Erythrocyten.
Blut-Kammerwasserschranke 906, 909.
Blut-Liquorschranke 796—801.
Blut-„Nerven"schranke 769.
Blutphosphatase, Bildung im Knochen 241.
Blutplasma:
s. a. Blut.
s. a. Blutserum.

Blutplasma:
Aminosäureaustausch mit Gehirnproteinen 745.
Aufnahme von Fett, deuteriumhaltigem 686.
Aufnahmegeschwindigkeit von Glycin, markiertem, in — 214.
Bindung von Carotinoiden und Axerophthol an — 353.
Cholesterin, Bildung in Leber 206f.
Cholesterinester, Bildung und Spaltung 207f.
Druck, kolloidosmotischer, bei Nephrosen 230.
—, —, Regulation durch Leber 229.
Einbau von Aminosäuren in Proteine 746.
Eisenbindungskapazität 48 Tab.
Eiweiß s. Blutplasma, Proteine.
Eiweißfraktionen bei Lebererkrankungen 232 Tab., 233 Tab.
Fettaustausch mit Gehirn 740.
Gehalt an Acceleratorglobulin bei Leberschäden 237.
— an Alanin nach Hepatektomie 211.
— an Albumin 410.
— — bei Lebercirrhose 230.
— — bei Vergiftung 229.
— an Aminosäuren, Regulation durch Leber 210.
— an Antithrombin bei Chloroformvergiftung 237.
— — bei Pankreaserkrankungen 238.
— an Ascorbinsäure 378f., 912 Tab.
— — bei Lebererkrankungen 378f.
— an Axerophthol 348, 353.
— —, Bedeutung der Leber für — 353, 354 Tab.
— — bei Leberkrankheiten 360.
— an Bilirubin 410, 509ff.
— an Cholesterin, Bedeutung der Schilddrüse für — 446.
— — nach Gallengangsunterbindung 206.
— — nach Hepatektomie, partieller 206.
— an Cholesterinestern bei Pantothensäuremangel 409.
— an Citronensäure 912 Tab.
— an Eisen, Regulation 47.
— an Eiweiß bei Lebererkrankungen 227.
— — bei Phosphorvergiftung 228.
— —, Regulation durch Leber 210.
— an Esterase 238f.
— an Euglobulinen bei Lebererkrankungen 231.
— an Fibrinogen 231, 237 Abb.
— — bei Chloroformvergiftung 237.
— — bei Lebercirrhose 231.
— an Globulinen bei Leberschäden 231.
— an Glucose 912 Tab.
— an Glutaminsäure nach Hepatektomie 211.
— an Glycin nach Hepatektomie 211.
— an Histidin nach Hepatektomie 211.

Blutplasma:
Gehalt an Hydrogencarbonat 902 Tab.
— an Ketonkörpern bei Phlorrhizinvergiftung 195.
— an Lysin nach Hepatektomie 211.
— an Methionin nach Hepatektomie 211.
— an Mineralstoffen 902 Tab.
— an Phosphat, anorganischem 912 Tab.
— an Phosphohexoisomerase 242.
— an Prothrombin 237 Abb.
— — bei Chloroformvergiftung 237.
— — bei Leberkranken 235, 372.
— — nach 2-Methylnaphthochinondiphosphat 370.
— an Pseudoglobulinen bei Lebererkrankungen 231.
— an Siderophilin 47.
— an Tokopherol 368.
— an Tryptophan nach Hepatektomie 211.
— an Vitamin A s. Blutplasma, Gehalt an Axerophthol.
— an Vitamin E s. Blutplasma, Gehalt an Tokopherol.
Glykogenaustausch mit Gewebe 468.
Lipoide, Bildung 740.
— bei Obstruktionsikterus 232.
Lipoproteide, Bedeutung der Leber für — 232f.
Phosphatide, Austausch mit Gehirn 736.
—, Bildung in Leber 158.
Proteine, Abbau durch Leber 224f.
—, Aufnahme durch die Organe 225 Abb.
—, Bildung 213, 226—243.
—, — in Kernmembran 745.
—, Erneuerung in der Leber 223—243.
—, Halbwertszeit 224.
—, Lebensdauer 745.
—, Regeneration 226.
—, Übergang in die Organe 225.
—, Umwandlung in Zellproteine 225, 230.
Redoxpotential, Regulation durch Glutathion 277.
Spaltung von Acetylcholin durch — 239.
— von Axerophtholestern durch — 352.
TAKATA-Reaktion im — 244.
Trägerproteine 353.
Volumen, Abhängigkeit von Blutalbumingehalt 229.
— bei Lebercirrhose 227.
Vorkommen von Cholinesterase im — 207, 239.
— von Esterasen in der Albuminfraktion 239.
— von Pseudocholinesterase 239.
Wirkung, antidiuretische, bei Hepatitis und Lebercirrhose 451.

Blutserum:
s. a. Blut.
s. a. Blutplasma.
Albumine, Bildung in der Leber 226—230,
Aufnahmegeschwindigkeit von Leucin, markiertem 214.
Bildung von Fructose-6-phosphorsäure im — 242.

Blutserum:
Eiweißfraktionen bei Lebererkrankungen 232 Tab., 233.
Fermente, Bildung in der Leber 238—242.
Gehalt an Acceleratorglobulin nach Dicumarin 373.
— an Albumin 20.
— — nach Gallengangsunterbindung 229.
— an Aldolase 242.
— an Amylase 241.
— an Arginase 242.
— an Bilirubin 510.
— an Calcium 575 Tab., 901 Tab., 902 Tab.
— an Chlor 575 Tab., 901 Tab., 902 Tab.
— an Citronensäure 905.
— an Cyanid 481.
— an Eisen 48 Tab., 575 Tab.
— an Eiweiß, Tagesschwankungen 26.
— an Fermenten und Leberstoffwechsel 238—242.
— an β-Globulin bei Hepatitis 231.
— an Globulinen 20.
— an Kalium 575 Tab., 901 Tab., 902, 902 Tab.
— —, Altersabhängigkeit 902.
— an Lipase bei Lebererkrankungen 238.
— an Magnesium 575 Tab., 901 Tab., 902 Tab.
— an Mineralstoffen 901.
— an Natrium 575 Tab., 901 Tab., 902 Tab.
— an Phosphatase bei Hyperthyreoidismus 446.
— an Phosphaten 240f., 575 Tab.,
— an Phosphohexoseisomerase bei Hepatitis 242.
— an Rhodanid 481.
— an Ribonuclease 319 Tab.
— an Schwefel 575 Tab., 901 Tab., 902.
— an Trockensubstanz 575 Tab.
— an Wasser 575 Tab.
Globuline, Bedeutung der Leber für Stoffwechsel der — 231f.
Goldsolreaktion 244.
Gallenphosphatase, Hemmung durch — 543.
„Labilitätsproben“ 242—247.
Phosphatasen, Wirkung bei Hyperthyreoidismus 446.
Vorkommen von Biliverdin 516.
Blutspender, Eisenbindungsfähigkeit des Blutplasmas bei — 48 Tab.
—, Eisengehalt des Blutserums bei — 48 Tab.
Blutspeicherung, Leber 16ff.
Bluttransfusion, Eisengehalt der Leber nach — 48, 52, 55.
—, — — und Milz nach — 52, 55.
—, Eisenresorption bei — 55.
Blutungen, cholämische 368f.
Blutungszeit, Verkürzung durch Coffein und Theophyllin 372.
Blutverluste, Leber, Albuminausscheidung bei — 230.
—, —, Ascorbinsäuregehalt bei — 379.

Blutverluste, Leber, Eisengehalt bei — 50.
—, —, Eiweißumsatz bei — 221.
—, Wirkung auf das Gehirn 787.
Blutzucker, Beeinflussung durch Ascorbinsäure 385.
—, — durch Fluorid 91.
—, — durch Galaktose 96ff.
—, — durch Leberextrakte 448.
—, Bildung aus Glucose-6-phosphorsäure 114 Abb.
—, — aus Leberglykogen 116f., 825.
— — bei Coma diabeticum 824.
—, Regulation durch Leber 91f.
— bei Erkrankung, ADDISONscher 124.
— bei Glykogenspeicherkrankheit 79.
— bei Muskelkontraktion 609.
— bei Tieren, nebennierenlosen, pankreasdiabetischen 124.
— nach ACTH 125.
— nach Adrenektomie 123.
— nach Leberexstirpation 31.
Boa, Phytocholsäurebildung bei — 551.
VAN BOGAERT-SCHERERsche Erkrankung 688.
Boiden, Phytocholsäurebildung bei — 551.
Bonito, Leber, Axerophthol-Gehalt 357 Tab.
—, Leberöl, Gehalt an Axerophthol und Calciferol 362 Tab.
Bor, Gehalt in Leber 64 Tab.
—, Vorkommen in Gallensteinen 567.
Borneol, Glucuronidbildung mit — 456—460.
Bornylglucosid, Glucuronidbildung mit — 459.
Bornylglucuronid 460.
Botulismustoxin, Block, neuromuskulärer, durch — 841.
BOWMANsche Membran 872.
— —, Indolphenolblaubildung durch — 878.
Bradykardie bei Ikterus 560.
— bei Thiamin-Mangel 838.
Bradykardietest 671.
Brassylsäure, Abbau 176 Tab.
Brenzkatechin 473*.
—, Bildung aus Benzol 473.
—, Entgiftung durch Bindung an Schwefelsäure 466.
Brenzkatechinoxydase 761.

Brenztraubensäure:
Abbau, Bedeutung von Aneurin für den — 715.
—, Beeinflussung durch Alkoholoxydation 486.
— in der Atmungskette 733 Abb.
— im Citronensäurecyclus 114 Abb., 118.
— bei Leberschädigung 389.
— bei Thiamin-Mangel 115f.
Aufhebung der Glutaminsäurehemmung der Glykolyse durch — 707.
Aufnahme durch die Leber 116, 389.
Aktivierung von Glutaminase durch — 253.
Aminierung durch Glutaminsäure 252.
Bedeutung für Acetylcholinsynthese 845f., 848, 850.

Brenztraubensäure:
Bedeutung für Harnstoffbildung 305.
— für Ionentransport im Nervensystem 801.
— für Oxydationen im Gehirn 719.
— für Transaminierung 250.
Beeinflussung der Atmung im Ciliarkörper durch — 920.
— von Fettabbau in der Leber 190.
— der Gehirnatmung durch — 719, 780.
— von Glutaminsäureaufnahme in Hirnschnitte durch — 756.
— des Kalium/Natriumaustausches der Retina durch — 935.
— der Linsenpermeabilität durch — 893.
— der Monojodessigsäurevergiftung von Nerven durch — 863.
— des P-Einbaues in Gehirnlipoide durch — 737.
— der Poliomyelitisinfektionen durch — 832.
— der Ribonucleinsäurebildung durch — 764.
Beschleunigung der Alkoholoxydation 487f.
— des Acetatabbaues 174.
— der Fettsäurebildung 167
— der Harnsäurebildung in Vogelleber 311, 333, 336.
Bildung, Lokalisation in der Leberzelle 123.
— aus Acetat, aktiviertem 113, 114 Abb.
— aus Alanin 249.
— aus Aminosäuren, glucoplastischen 113, 123.
— aus Asparaginsäure 123.
— aus Fructose 101.
— aus Glucose 106.
— aus Glucose-6-phosphorsäure 114 Abb.
— aus Glutaminsäure 123.
— aus α-Ketoglutarsäure im Gehirn 719f.
— aus Milchsäure 120.
— aus Oxalacetat 116, 123, 127ff.
— aus Phospho-enol-brenztraubensäure 714.
— aus Serin 123, 263*.
— aus Valin 264*.
— bei Diabetes mellitus 116.
— in Leber 120, 123.
— von Acetat aus — 118, 119 Schema, **129**, 170, 477, 716f.
— —, aktiviertem, aus — 113, 114 Abb., 126, **129**ff.
— von Acetyl-CoA aus — 179, 195f.
— von Äpfelsäure aus — 127.
— von Alanin aus — 123, 250, 254f.
— von Aminosäuren aus — 113, 445.
— von Asparaginsäure aus — 831.
— von Cholesterin aus — in der Leber 200.
— von Citronensäure aus — 119 Schema.
— von Essigsäure aus — 118, 119 Schema, **129**, 170, 410, 477, 716f.
— von Fett aus — 113, 115.

Brenztraubensäure:
Bildung von Fettsäuren aus — in der Leber 168.
— —, höheren, aus — 168.
— von Glucose aus 43, 112f.
— von Glucose-6-phosphorsäure aus 114 Abb., 120.
— von Glucuronsäure aus — 460.
— von Glykogen aus — 102, 112f., 115, **118—120**, 127f., 129*, 253, 255.
— von α-Ketoglutarsäure aus — 127, 719f.
— von Merkaptursäure aus — 473.
— von Milchsäure aus — bei Alkoholoxydation 487.
— von Oxalessigsäure aus — 116, 118, 119 Schema, **126—129**, 255, 412, 720.
— von Serin aus — 262.
Carboxylierung in der Retina 933.
Decarboxylierung 115, 126, 130, 715f, 718.
Dismutation 716.
Gehalt in Blut 115, 389, 412.
— in Gehirn 660.
— — bei Hypoglykämie 823.
— — bei Krampfanfällen 816.
— — bei Thiamin-Mangel 115, 669. 706, 715f.
— in Kammerwasser 905.
— in Leber bei Leberschädigung 389.
und Glucose-6-phosphat, Verknüpfung des Stoffwechsels von — 113, 114 Abb.
Hornhautschädigungen durch — 878.
im Hornhautstoffwechsel 877.
Kondensation mit Kohlendioxyd zu Oxalessigsäure 255.
Oxydation, Bedeutung von Adenosintriphosphorsäure für — 717f.
—, — von Adenylsäure für — 717f.
—, — von Aneurinpyrophosphat für — 716.
—, — von Biotin für — 412.
—, — von Pantothensäure für — 412.
—, Bildung von AcetylCoA bei — 716.
—, Förderung durch C_4-Dicarbonsäuren 716ff.
— — durch Kaliumchlorid 806.
—, Hemmung durch Lewisit 727.
—, — durch Narkotica 813.
— in Gehirn 716—719, 784f.
— —, Hemmung 727.
— — bei Veresterung von Phosphat, anorganischem 730.
— in Leber 126—131.
— in Mitochondrien 41.
— in Retina 931.
—, Steigerung durch BAL 727.
—, Wirkung von Amidon auf — 728.
—, — von N,N-Diäthyldithiocarbamid auf — 728.
und Oxalessigsäure, Verknüpfung des Stoffwechsels von — 113, 114 Abb.
P/O-Verhältnis bei Oxydation von — im Zentralnervensystem 730f.
Reduktion, Hemmung durch Oxymalonat 715.

Brenztraubensäure:
Reoxydation durch Dihydro-Cozymase 714.
Steigerung der Glykolyse, anaeroben, von Gewebsschnitten durch — 709.
Stoffwechsel, Fermente 722—725.
—, Wirkung von Adenosintriphosphorsäure auf — 732.
— in Gehirn 685, 706, 715—720.
— in Leber 106, 112—131.
— in Mitochondrien 732.
— bei Pantothensäuremangel 410.
Transaminierungen mit — 250.
Verteilung in der Linse 894.
Vorkommen in Linse 891.
Weckwirkung bei Barbitursäurenarkose 814.
Wirkung, antiketogene 190.
als Wasserstoffacceptor 715.
Brenztraubensäure-Glutaminsäure-Transaminierung, Bedeutung von Pyridoxalfermenten für — 400.
Brenztraubensäuremangel, Acetessigsäurebildung bei — 116.
—, Ketonämie bei — 116.
Brillantkresylblau, Beeinflussung der Gehirnatmung durch 791.
—, Entkoppelung der Atmungskettenphosphorylierung durch — 731.
Brillantvitalrot, Übergang in Leberlymphe 20.
British Anti Lewisit s. BAL.
Brombenzol, Entgiftung 474.
—, — durch Merkaptursäurebildung 454.
—, — von Selen durch — 475.
—, Fettleber nach — 475.
—, Wirkung, wachstumshemmende 474.
4-Brom-dehydrocholsäure, Reduktion 556.
o-Bromhippursäure, Bildung aus o-Bromtoluol 469.
Bromid, Aufnahme durch Gehirn 770.
—, Austausch zwischen Blut und Kammerwasser 908.
—, Gehalt in Gehirn 623 Tab., 632.
—, — in Leber 64 Tab.
—, Permeabilität der Blut-Hirnschranke für — 797.
—, Vorkommen in Muskel 576.
p-Bromphenyl-L-cystein, Bildung von N-Acetyl-(p-bromphenyl-L-cystein) aus — 474.
p-Bromphenyl-merkaptursäure 472*.
Bromsulfophthalein s. Bromsulphalein.
Bromsulphalein, Aufnahme durch die Leber 18.
—, Ausscheidung bei Chloroformvergiftung 534, 563.
—, — durch Galle 446.
— zur Bestimmung der Leberdurchströmung 15, 38.
—, Kreislauf, enterohepatischer 563.
—, Leberfunktionsprüfung mit — 562—565.
—, Retention bei Leberfunktionsstörungen 559.
Bromsulphaleintest 15, 155, **562**ff.

o-Bromtoluol, Bildung von o-Brom-hippursäure aus — 469.
Brucin, Hemmung von ATPase durch — 773.
Brücke s. Pons.
Buchhalter, Calorienbedarf 589.
Buckelwal, Leber, Axerophthol-Gehalt 357 Tab.
Büffel, Leber, Gehalt an Cobalamin 420 Tab.
Bufo (verschiedene Arten), Harnsäureabbau 340.
— arenarum, Leber 26.
— vulgaris, Leber, Gehalt an Phosphatasen 544.
Bufodesoxycholsäure in Krötengalle 550.
Bulbus olfactorius, Gehalt an Substanz P 843.
— —, Oxydation der Linolensäure in — 741.
BURDACHscher Strang, Degenerationen bei Axerophthol-Mangel 669.
Butadien-1,4-dicarbonsäure 473.
n-Butanol, Oxydation 489.
Butobarbiton, Wirkung auf Gehirnstoffwechsel 815.
Buttergelb 494*.
—, Aktivität der Ribonucleodepolymerase der Leber nach — 320.
—, Bildung von N-Acetyl-p-aminophenol aus — 499.
—, Bindung an Leberproteine 393.
—, Demethylierung 498f.
—, Einfluß von Riboflavin auf Wirkung, carcinogene, von — 393.
—, Spaltung, reduktive 498—501.
—, Wirkung auf Riboflavingehalt der Leber 393f.
—. —, cancerogene 493ff., 500.
— s. a. Dimethylaminoazobenzol.
Buttergelbtumoren, Entstehung bei Nahrung, proteinarmer 393.
—, Gehalt an Pantothensäure 406.
—, Hypoprothrombinämie bei — 236.
—, Wirkung von Casein auf Bildung von — 500.
Buttersäure, Bildung aus Glutarsäure 296.
—, — von Cholesterin aus — in der Leber 200f.
—, — von Fettsäuren, höheren, aus — 168, 201.
—, — von Ketonkörpern aus — 184, 186.
—, Verwertung, keine, durch Gehirn 742.
Buttersäure-CoA, Bildung aus γ-Oxybuttersäure-CoA 181.
—, — von Acetoacetyl-CoA 177.
n-Butylacetat, Spaltung durch Acetylcholinesterase 852.
Butylalkohole, Ätherbildung mit Glucuronsäure 455.
Butylamin, Desaminierung im Gehirn 760.
Butyrase, Gehalt im Zellkern 157.
Butyrat s. Buttersäure.
Butyrylcholin, Hemmung der Acetylcholinesterase durch — 859.
—, Spaltung durch Acetylcholinesterase 851, 857.
—, — in Gehirn 852.
Butyrylcholinesterase 852.
Butyryl-CoA-dehydrogenase 183.
Butyrylsulfonamid, Desacetylierung in der Leber 478.

Cadaverin, Beeinflussung der Gehirnatmung durch — 790.
Cadmium, Vorkommen in Gallensteinen 567.
Cadmiumreaktion 244.
Caeruloplasmin 57.
Caesium, Wirkung auf Mitochondrienoxydation 41.
— -chlorid, Einfluß auf Glykolyse im Gehirn 806.
— -Ionen, Einfluß auf Acetylcholinsynthese 848.
Calciferol (= Vitamin D):
Abbau in Lunge 362f.
Aufnahme durch Knochen 361.
Ausscheidung im Darm 362.
— in Galle 347, 361f.
Bedeutung für Ca- und P-Bilanz 361.
Gehalt in Blut 361.
— in Crustaceen 363.
— in Gehirn 675.
— in Leber 361ff.
— in Leberölen 362 Tab.
— in Organen 361f.
— in Plankton 363.
Resorption, Bedeutung der Leber für — 360.
Speicherung in der Leber 361f., 363 Abb.
Stoffwechsel, Bedeutung der Leber für — 360—367.
Transportweg 361.
Calcit, Vorkommen in Gallensteinen 567.
Calcium:
s. a. Calciumionen.
Ausscheidung durch die Galle 44, 540.
Bedeutung für Spaltung der Adenosintriphosphorsäure 575.
Bilanz, Bedeutung von Calciferol für — 361.
Einfluß auf ATPase 773.
Gehalt in Aderhaut 915 Tab.
— in Bindegewebe 575 Tab.
— in Blut 575 Tab.
— in Blutserum 575 Tab., 901 Tab., 902 Tab.
— in Ciliarkörper 915 Tab.
— in Diencephalon 622.
— in Erythrocyten 575 Tab.
— in Galle 538—541.
— in Gallensteinen 566, 567 Tab.
— in Gehirn 621f., 623 Tab., 624 Tab.
— — Substanz, grauer 924 Tab.
— in Glaskörper 901 Tab., 902.
— in Halssympathicus 621.
— in Herzmuskel 575 Tab., 576.
— in Hirnrinde, Einfluß von Hunger auf — 805.
— in Hornhaut 873 Tab.
— in Hypothalamus 621.
— in Iris 915 Tab.

Calcium:
Gehalt in Kammerwasser 901 Tab., 902 Tab.
— in Knorpel 575 Tab.
— in Leber 41 Tab., 64 Tab.
— in Linse bei Katarakt 897.
— in Muskel, glattem 575 Tab.
— in Nebenniere 621.
— in Nerv 621, 624 Tab., 625 Tab.
— in Retina 924 Tab.
— in Skeletmuskel 575 Tab., 576.
— in Sklera 872 Tab.
— in Tierlinsen 883 Tab., 884 Tab.
Resorption bei Acholie 360f.
Rolle bei Tetaniekatarakt 898f.
Schutz des Gehirns gegen Sauerstoffvergiftung 789.
Verteilung im Nerven 630.
Calciumbilanz bei Acholie 360f.
Calciumbilirubinat, Vorkommen in Galle bei Cholelithiasis 569.
—; — in Gallensteinen 565, 567.
—, — in Rindergallensteinen 568.
Calciumcarbonat, Vorkommen in Gallensteinen 565, 567.
Calciumchlorid, Einfluß auf Gallenbildung 43.
—, Förderung des Abbaues von Desoxyribonucleinsäuren durch — 766.
—, Hemmung der Pyrophosphatase, anorganischen 777.
Calciumionen:
Aktivierung von Acetylcholinesterase durch — 846, 848f., 856.
— der Arginase durch — 310.
— von ATPase durch — 596, 696.
Bedeutung für Diphosphopyridin-Nucleosidase 367.
Einfluß auf Kreatinphosphokinase 774.
— auf Permeabilität der Linse 893.
Entkoppelung der Atmungskettenphosphorylierung durch 731.
Förderung der Glykogenbildung durch — 43.
— der Glykolyse, aeroben, durch — 708.
Hemmung der Fettsäuresynthese durch — 170.
— der Gehirnatmung durch — 779.
— des P-Einbaues in Gehirnlipoide durch — 737.
— der Phosphoglucomutase durch — 86.
Resorption in Gallenblase 540f.
Wirkung auf Leberstoffwechsel 40.
—, keine, auf Glucose-6-phosphatase 91.
Calciumoleat, Wirkung auf Esterasen 157.
Calciumphosphat, Vorkommen in Gallensteinen 565, 567.
Calciumsalze, Einfluß auf Hexokinase 712.
—, — Permeabilität der Linsenkapsel 892.
Calciumseifen, Ausscheidung im Glaskörper 912.
Calorienbedarf verschiedener Berufe 589.
Campher, Glucuronidbildung aus — 456ff.
— zur Leberfunktionsprüfung 456f., 466.
Cancerogene, hepatotrope 493—496.
Cancerogenese und Leberstoffwechsel 500 bis 505.
Caniden, Bildung von Gallensäuren, tauringebundenen 557.
Capillarendothelien, GOMORI-Reaktion 776.
Caprinsäure, Bildung von Dicarbonsäuren aus — 176f.
—, Resorptionsweg 136.
Capronsäure, Bildung von Korksäure aus — 176.
Caproylsulfonamid, Desacetylierung in der Leber 478.
Caprylalkohol, Hemmung der Hirnglykolyse durch — 708.
—, — der Prolinoxydase durch — 300.
Carbamoylglutaminsäure 408, 412.
—, Bedeutung für Citrullinbildung 307.
—, — von Adenosintriphosphorsäure für Bildung von — 307.
—, Phosphorverbindung, energiereiche, der — 307.
Carbamyl-L-glutaminsäure, Hemmung von Glutaminsäuredecarboxylase durch — 756.
Carbazolmethode zur Nucleinsäurebestimmung 311.
Carboanhydratase s. Kohlensäureanhydrase.
Carbonate, Ausscheidung im Glaskörper 912.
—, Gehalt in Gallensteinen 566, 567 Tab.
Carboxylase 387f., 715.
β-Carboxylierung 721.
Carcass, Gehalt an Eiweiß 220 Tab.
Carcinom, Desoxyribonucleinsäuren, Erneuerungsgeschwindigkeit 327.
—, Gehalt der Leber an Axerophthol bei Infektionskrankheiten 354.
Cardiazol, Kaliumgehalt des Gehirns nach — 623.
Carnitin, Gehalt im Muskel 584.
Carnivoren, Chorioidea, Gehalt an Zink 916.
—, Gallenmenge 529.
Carnosin, Gehalt in Chorioidea 919 Tab.
—, — in Ciliarkörper 919 Tab.
—, — in Iris 919 Tab.
—, — in Muskel 583, 586.
—, — in Retina 926 Tab.
—, Vorkommen in Augenlinse 889.
—, — in Muskel 583f.
—, — in N. opticus 948.
β-Carotin, Vorkommen in Iris 918.
Carotine:
Bildung von Axerophthol aus — 347, 349—352.
Gehalt in Froschleber 355.
— in Muskel 584.
Komplexbildung mit Gallensäuren 360.
Resorption 352f.
—, Bedeutung von Galle für — 360.
—, Beeinflussung durch Schilddrüsenhormon 349.
Resorptionsweg 348.
Vorkommen in Blut 352.
— in Gewebe 352.
— in Leber 352.
— in Milch 352.

Carotinalkohole, Resorption 353.
Carotinoide, Bildung aus Essigsäure, aktivierter 202.
—, Bindung an Proteine 353, 355 Abb.
—, Gehalt in Retina 925 Tab., 926f.
—, Vorkommen in Iris 918.
— in Meeresschlamm 358.
CARR-PRICE-Reaktion 350.
Casein, Glucosebildung aus — 123.
—, Schutzwirkung auf die Leber 365f.
—, Wirkung auf Bildung von Buttergelbtumoren 500.
—, —, lipotrope 147.
Caseinhydrolysat als Substrat der Atmung von Hirngewebe 747.
Cataracta diabetica 898.
— syndermatotica 898.
— tetanica 898f.
cénapses lipoprotéidiques 132.
Cer, Gehalt in Gehirn 628.
—, Wirkung auf Phosphatasen 66.
Cerebellum s. Kleinhirn.
Cerebrogalaktoside, Vorkommen in Gehirn 642.
—, — in Rückenmark 646.
Cerebron 642.
Cerebronsäure, Vorkommen in Cerebrosiden 643.
Cerebronschwefelsäure 630, 643.
Cerebrosidase, Vorkommen im Gehirn 744.

Cerebroside:

Abbau im Gehirn nach Desoxycorticosteronacetat 736.
Fettsäuren in den — 642f.
Gehalt an Galaktose 643.
— an Glucose 642, 690.
— an n-Hexacosensäure 643.
— in Achsenzylindern 649 Tab.
— in Ganglien, sympathischen 647 Tab.
— in Gehirn 631 Tab., 633 Tab., 642f.
— —, Altersveränderungen 677f., 679 Tab.
— — bei Encephalitis epidemica 692.
— — von Ratten, fetalen 678.
— — bei Sklerose, diffuser 692.
— in Gliomen 691.
— in Großhirn, Substanz, weißer 648 Tab.
— in Hirnrinde 647 Tab.
— in Intraduralnerven 648 Tab.
— in Markscheiden 649 Tab.
— in Milznerven 647 Tab.
— in Nerven bei Degeneration, WALLERscher 693.
— —, peripheren 643.
— in Nervensystem von Insekten 649.
— in Nervenzellen 649 Tab.
— in N. ischiadicus 648 Tab.
— — bei Degeneration, WALLERscher 694 Tab.
— in N. opticus 648 Tab., 948 Tab.
— in N. vagus 648 Tab.
— in N. vertebralis 647 Tab.
— in Nucleus caudatus 648.
— in Papilla nervi optici 647 Tab.

Cerebroside:

Gehalt in Retina 647 Tab., 925 Tab.
— in Rückenmark, Substanz, weißer 648 Tab.
— in Scherennerv, Hummer 647 Tab.
— in Sympathicus 647 Tab.
— in Thalamus 648.
— in Ventralmark, Hummer 647 Tab.
— in Zellkernen 649 Tab.
Hydrolyse in Gehirn 743.
Perjodsäure-Leukofuchsinreaktion 661.
Speicherung bei Idiotie, familiär amaurotischer 689.
Vorkommen in Cornea 875.
— in Markscheiden 642f.
— in Myelinlipoiden 645.
—, kein, im Nervensystem von Insekten 649.

Cerebrosidspeicherkrankheit 690.
Cerebrospinalflüssigkeit s. Liquor cerebrospinalis.
Cervicalganglien, Cholinesterasen in den — 852ff.
Cetylalkohol, Bildung von Stearinsäure aus — 170.
Cetylsulfonsäure, Extraktion des Sehpurpurs durch — 938.
Cheetah, Bildung von Cholsäure 551.
Chenodesoxycholsäure 552•.
—, Ausscheidung bei Knochenfischen 551.
—, Bildung aus Cholesterin 554.
—, — bei Tierarten, verschiedenen 551.
— in Meerschweinchengalle 556.
—, Oxydation 556.
—, Vorkommen in Galle, menschlicher 553f.
—, — in Vogelgalle 551.
Chinasäure, Bildung von Benzoesäure aus 469.
Chinin, Lipasehemmung durch — 157.
—, Oxydation, fermentative 397.
Chinolinsäure 286•.
—, Ausscheidung im Harn 286, 293.
—, Bildung aus Oxyanthranilsäure 286•, 292f.
—, — aus Tryptophan 285, 286•, 292ff.
—, — von Methylnicotinsäureamid aus — 294.
—, — von Nicotinsäure aus — 294.
Chloralhydrat, Entgiftung in der Leber 483.
—, Glucuronidbildung aus — 456, 483.
—, Reduktion zu Trichloräthylalkohol 456, 483.
Chloramphenicol, Wirkung auf Nicotinsäureamidgehalt der Rattenleber 395.
—, — auf Vitamin B_c-Gehalt der Leber 414.
Chlorbenzol, Bildung von Merkaptursäure aus — 473.
Chloreton, Hemmung der Ribonucleinsäurebildung durch 764.
—, Steigerung der Ascorbinsäuresynthese durch — 380, 382.

Chloride:

Ausscheidung durch die Galle 44.
Austausch zwischen Blut und Kammerwasser 908.

Chloride:
Einfluß auf Acetylcholinsynthese 849.
Gehalt in Aderhaut 915 Tab.
— in Bindegewebe 575 Tab.
— in Blut 575 Tab.
— in Blutserum 575 Tab., 901 Tab. 902 Tab.
— in Ciliarkörper 915 Tab.
— in Darmsaft 539 Tab..
— in Erythrocyten 575 Tab.
— in Galle 538.
— in Gehirn 620 Tab., 623 Tab., 624 Tab., 629f.
— —, Altersveränderungen 676.
—, —, Substanz, grauer 924 Tab.
— in Herzmuskel 575 Tab., 576.
— in Hornhaut 873 Tab.
— in Iris 915 Tab.
— in Kammerwasser 901 Tab., 902 Tab.
— in Knorpel 575 Tab.
— in Leber 41 Tab.
— in Lederhaut 872 Tab.
— in Linse bei Katarakt 897.
— in Magensaft 539.
— in Muskel, glattem 575 Tab., 576.
— in Nerv 620 Tab., 624 Tab., 629.
— in Pankreassekret 539.
— in Retina 924 Tab.
— in Rückenmark 629.
— in Skeletmuskel 575 Tab., 576.
— in Tierlinsen 883 Tab., 884 Tab., 885.
Permeabilität der Blut-Hirnschranke für — 797.
Retention in Gehirn 629.
Stoffwechsel in Leber 40—44.
Verteilung in Gehirn 629.
— in Nerv 630.
Chlor- und Natriumionen, Verteilung zwischen Kammer- und Plasmawasser 906, 907 Tab.
Chloroacetyldehydrophenylalanin 763.
Chlorodehydroalanin 763.
Chloroform, Leberschädigung durch — 35ff., 121, 325f.
—, Muskelstarre durch — 607.
—, Verminderung der Gallenbildung durch — 533.
—, Wirkung, cancerogene, bei Mäusen 493.
—, Zersetzung von Sehpurpur durch — 938.
Chloroformnarkose, Glucuronidausscheidung bei — 456f.
Chloroformvergiftung:
Blut, Fibrinogengehalt bei — 234, 237.
—, Prothrombingehalt bei — 236, 370.
—, Serumalbumingehalt bei — 229.
Blutplasma, Gerinnungsfaktoren bei — 237.
Bromsulphaleinausscheidung bei — 534, 563.
Cholinwirkung auf Leber bei — 36.
Cortisonwirkung auf Leber bei — 36.
Entgiftungsfunktionen der Leber bei — 457.
— —, Alkoholentgiftung 486.
— —, Benzolentgiftung 473.
— —, Glucuronidbildung 457.
Chloroformvergiftung:
Entgiftungsfunktionen der Leber, Nicotinentgiftung 492.
— —, Phenolentgiftung 466.
— —, Santoninentgiftung 482.
Galle, Calciumgehalt bei — 540.
—, Sulfonamidausscheidung bei — 561.
Gallenproduktion bei — 534.
Gallensäureausscheidung bei — 559.
Leber, Aminosäureaufnahme bei — 211.
—, Axerophthol-Gehalt bei — 360.
—, Fermentaktivität bei — 36.
—, Glutathiongehalt bei — 276.
—, Kreatinsynthese bei— 367.
—, Nucleinsäuregehalt bei — 36.
—, Thiamingehalt bei — 388.
Leberkonzentrate, Schutzwirkung bei — 334.
Leberschäden durch — 36, 154, 366, 447.
—, Beeinflussung durch Cholin 144.
Plasmaproteine, Regeneration bei — 227.
Serumamylase bei — 241f.
Thiaminausscheidung bei — 389.
Wirkung auf Glucuronidasebildung 463.
— von Vitaminen B_{12} und E bei — 366.
p-Chloromercuribenzoat, Inaktivierung von Äthylenreduktase durch — 183.
Chloromycetin, Ausscheidung durch Galle 561.
—, Inaktivierung durch Leber 561.
—, Wirkung auf Bilirubinreduktion im Darm durch — 518.
—, — auf Nicotinsäureamidgehalt der Rattenleber 395.
Chloropenie, Ketonkörperbildung bei — 193.
Chlorophyll, Abbau in Darm 525.
DL-Chloropropiondehydroalanin 763.
Chlorvinylarsenoxyd, Hemmung der Pyruvatoxydase durch — 726.
Cholagoga 209.
— s. a. Choleritica.
Cholangioblastome, experimentelle 493f.
Cholangiome, experimentelle 493.
Cholecystitis, chronische, Cholesterin- und Lecithingehalt der Galle bei — 546.
—, experimentelle, ausgelöst durch Trypsin 569.
Choledochussteine 567.
Choledochusunterbindung, Cholesterinester im Blut bei — 208.
Choledochusverschluß, Urobilinreaktion im Harn bei — 520.
Cholekinetica 531.
Cholelithiasis, Calciumbilirubinat in Galle bei — 535, 569.
—, Cholesterin- und Lecithingehalt der Galle bei — 546.
—, Cholesterinkrystalle in Galle bei — 535.
—, experimentelle, bei Hamstern 569.
—, —, ausgelöst durch Trypsin 569.
Cholepoietica 531.
Cholerese, Reduktionswert der Galle bei — 543.
Choleretica, Einfluß auf Gallensäureausscheidung 559.
—, — auf Sulfonamidausscheidung 561.

Choleretica, Wirkung 531ff.
—, — auf Cholesteringehalt der Galle 547.
— s. a. Cholagoga.
Cholestan-3β,5,6-trans-triol, Vorkommen in Tierlebern 200.
Δ^5-Cholesten-3β,7α-diol, Vorkommen in Tierleber 200.
Δ^5-Cholesten-3β,7β-diol, Vorkommen in Tierlebern 200.
Δ^4-Cholestenon, Zwischenprodukt der Koprosterinbildung aus Cholesterin 549•.

Cholesterin:
552•.
Abbau in der Leber 208f., 554f.
— in Organen 554f.
— der Seitenkette des — 555 Tab.
Ausfallen in der Blasengalle 536.
Ausscheidung durch die Darmschleimhaut 548f.
— durch die Galle 209, 362, 446, 547f.
Bedeutung als Strukturelement der Zelle 688.
Bestimmung in Gehirn 617.
Bildung, Bedeutung von CoA für — 409.
—, Hemmung durch Gallensäuren 207.
— aus Acetaldehyd 200.
— aus Acetat 168, 169 Tab., 200—205.
— aus Acetoacetyl-Co 201.
— aus Aceton 200f.
— aus Äthylalkohol 200.
— aus Alanin 293.
— aus Brenztraubensäure 200.
— aus Essigsäure, aktivierter 202f.
— aus Gallensäuren 198.
— aus Fettsäuren 200ff.
— aus Kohlenwasserstoffen 203.
— aus Stearinsäure 739.
— beim Fetus 204.
— bei Hunger 204f.
— in Arterienwand 204.
— in Darmkanal 204.
— in Gehirn 739f.
— in Haut 739.
— in Leber 200—205, 739.
— in Organen 204.
— von Gallensäuren aus — 198, 208f., 548, 554, 556, 559.
— von Koprosterin aus — 548, 549•.
— von Progesteron aus — 209.
— von Steroidhormonen aus — 209, 554f.
Einfluß auf Gallensäurebildung 558.
— auf Phosphatidbildung in der Leber durch — 154.
— auf Axerophthol-Gehalt der Leber 349.
Galle, Herkunft 547f.
Gehalt in Achsenzylinder 649 Tab.
— in Augenlinse 889.
— in Blut 205ff., 399, 446, 547.
— in Blutplasma, Bedeutung der Schilddrüse für — 446.
— in Darmlymphe 20.
— in Galle 209, 535, 538, 545 Tab., 546—549.

Cholesterin:
Gehalt in Galle und Gallensteinbildung 568.
— in Gallensteinen 566.
— in Ganglien, sympathischen 647 Tab.
— in Gehirn 618 Tab., 631 Tab., 633 Tab., 686.
— —, Altersveränderungen 677f., 679 Tab.
— — von Ratten, fetalen 678.
— — bei Sklerose, diffuser 692.
— in Gehirnteilen, verschiedenen 618 Tab.
— in Gliomen 691.
— in Großhirn, Substanz, weißer 648 Tab.
— in Herzmuskel 584.
— in Hirnrinde 647 Tab.
— in Hundegalle 568.
— in Intraduralnerven 648 Tab.
— in Leber 132f., 135, 150ff., 153 Tab., 155 Tab., **197—200**, 205, 207, 373, 447.
— — bei Anämie, perniciöser 198f.
— — nach Mahlzeit, fettreicher 135 Tab.
— — bei Pankreasdiabetes 141 Tab., 205.
— —, regenerierender 33.
— in Leberlymphe 20.
— in Markscheiden 649 Tab.
— in Milznerven 647 Tab.
— in Muskel 584, 586.
— in Nerven 645.
— — bei Degeneration, Wallerscher 693.
— in Nervensystem von Insekten 649.
— in Nervenzellen 649 Tab.
— in N. ischiadicus 648 Tab.
— — bei Degeneration, Wallerscher 694 Tab.
— in N. opticus 648 Tab., 948 Tab.
— in N. vagus 648 Tab.
— in N. vertebralis 647 Tab.
— in Nucleus caudatus 648.
— in Papilla nervi optici 647 Tab.
— in Retina 647 Tab., 925 Tab., 926.
— in Rückenmark, Substanz, weißer 648 Tab.
— in Scherennerv, Hummer 647 Tab.
— in Sympathicus 647 Tab.
— in Thalamus 648.
— in Ventralmark, Hummer 647 Tab.
Halbwertszeit 204.
Hemmung des Phosphatidumsatzes in der Leber durch — 161.
Herkunft der C-Atome des — 202.
Konzentrierung in Gallenblase 548.
Löslichkeit in der Galle 548, 568.
Resorption, Beeinflussung durch Gallensäuren 200.
— in Darm 548.
— in Gallenblase 548.
Speicherung 199f.
Stoffwechsel in Leber 197—209.
— — und Gehalt in Galle 547.
als Strukturlipoid der Zelle 199.

Cholesterin:
Verfütterung 199f.
—, Beeinflussung der Cholesterinbildung in der Leber durch — 205.
Verwendung von Alanin zur Cholesterinsynthese 293.
Vorkommen in Cornea 875.
— in Kammerwasser 904.
— in Linse 890.
— in Myelinlipoiden 645.
— in Zentralnervensystem 645.
Vorstufen 203.
Wirkung auf Lipoidzusammensetzung des Gehirns 686.
—, antilipotrope 153.
Zustandsform in der Galle 568.
Cholesterinester, Ausscheidung durch die Galle 209, 548.
—, Bildung in Leber 207f.
—, — in Nerv, gequetschtem 699.
—, — und Spaltung 207.
—, Gehalt in Blut 208.
—, — in Blutplasma 409.
—, — in Leber 198f., 409.
— in Nerven bei Degeneration, WALLERscher 693.
—, Spaltung durch Leber 207f.
—, Vorkommen in Zentralnervensystem 645.
Cholesterinesterase, Hemmung durch Physostigmin 801, 858, 860f.
—, Vorkommen in Leber 207.
Cholesteringranulomatose 688.
Cholesterin-Fettleber 150, 153.
Cholesterinkrystalle, Ausscheidung im Glaskörper 912.
Cholesterinoleat, Gehalt in Leber 153 Tab.
Cholesterin-Pigment-Kalksteine 565f., 566 Tab., 567 Tab.
Cholesterinsole 569.
Cholesterinspeicher, Leber 199.
Cholesterinsteine 565, 567 Tab.
—, Bedeutung der Phosphatidspaltung in der Galle für Bildung der — 546.
Cholin:
Abbau durch Darmbakterien 146.
— in der Leber 146.
Acetylierung 477.
— in Gehirn 722f.
Bedeutung für Lecithinbildung 143f.
— für Methioninbildung 266.
— für Phosphatidbildung in der Leber 144.
— für Phosphatidumsatz in der Leber 160.
Beschleunigung der Phosphatidbildung in den Mitochondrien durch — 159.
Bildung 146f., 266.
— aus Äthanolamin 257*, 258 Schema.
— aus Methionin 266.
— aus Serin 262f.
— bei Lecithinspaltung in der Galle 546.
— in Haut 204, 739.
— in Leber 213.
— — bei Lebererkrankungen 207.
— von Acetylcholin aus — 846f., 849.
Cholin:
Bildung von Betain aus — 257*, 258 Schema.
Einbau in Gehirnlipoide 735.
Einfluß auf Glykogengehalt der Leber 145.
— auf Lipoidgehalt des Gehirns 686.
— auf Wirkung, alipotrope, von Cystin durch — 149.
—, kein, auf Hypophysenwirkung auf Leberverfettung 142.
—, —, auf Axerophthol-Gehalt der Leber 349.
Entdeckung 546.
Ersatz durch Methionin 147.
— durch Vitamin B_{12} 421.
Gehalt in Galle 546, 548 Tab.
— in Zellfraktionen 134 Schema.
Lebertherapie mit — 146.
als Methyldonator für Thyminbildung 343.
Oxydation von — 146.
Phosphorylierung 737f.
Vorkommen in Galle 546.
— in der Lipoidfraktion der Gliome 691.
Wirkung auf Leber bei Chloroformvergiftung 36.
— auf Fettgehalt der Leber 447.
— — bei Pankreasektomie 144.
— — bei Pyridoxinmangel 403.
— auf Methioninoxydation 147.
—, lipotrope 61, 135, 138, 143—146, 149—153, 377.
Cholinacetylase:
845f., **849—851**.
Acetyldonatoren für — 850.
Aktivierung 849.
Aktivität in Gehirnteilen, verschiedenen 850.
Gehirn, Beeinflussung durch Glutaminsäure 758.
Hemmung durch α-Ketosäuren 850.
Reaktion mit Acetylphosphat 850.
Verbindung mit Aldehyddehydrogenase 846.
Vorkommen 850.
— in Ciliarkörper 920.
— in Gehirn 718, 849.
— in Iris 920.
— in Nerven bei Degeneration, WALLERscher 695.
— in Retina 936.
Wirkung von Kupferionen auf — 849.
Cholinchlorid, Hemmung von Cholinesterasen durch — 858.
Cholinester, Spaltung durch Cholinesterasen, unspezifische 851.
—, — in Basalganglien 852.
Cholinesterasen:
Aktivität in Ganglien 855.
— in Gehirn, Altersveränderungen 683.
— in Nerven, durchschnittenen 855.
und Apparat, neuromuskulärer 683.
Bestimmung in Gehirn 617.

Cholinesterasen:
Hemmstoffe 857—861.
Hemmung durch Acetophenon-trimethylammonumijodid 858.
— durch Cholinchlorid 858.
— durch Diisopropylfluorophosphat 858f.
— durch Eserin 858, 860f.
— durch Physostigmin 801.
— durch Tetraäthylpyrophosphat 849.
— durch Tokopherylphosphat 367.
Spaltung von Acetyl-β-methylcholin durch — 851f., 856.
Vorkommen in Blutplasma 207, 239.
— in Cervicalganglien 852ff.
— in Chorioidea 920.
— in Ciliarkörper 920.
— in Dendriten 618.
— in Gehirn 852.
— in Glaskörper 911.
— in Iris 920.
— in Kammerwasser 903.
— in Liquor cerebrospinalis 861.
— in Nervensystem 852f.
— in Nervenzellen 776.
— in N. opticus 948.
— in Retina 936.
— in Wurzeln, hinteren, bei Katzen 842.
„echte, spezifische" 851.
unspezifische 851—861.
—, Aktivität nach Nervendurchschneidung 855.
—, Bildung bei Entwicklung des Zentralnervensystems 861.
—, Hemmung durch Tri-o-kresylphosphat 853.
—, Lokalisation in Gehirn 861.
—, Vorkommen 852.
—, — in Liquor cerebrospinalis bei — 861.
Cholinmangel, Fettsynthese aus Kohlenhydrat bei — 145.
—, Gehirn, Demyelinisierung bei — 679.
—, Glykogen- und Fettsynthese in der Leber bei — 145, 155f.
—, Hämorrhagien in Gehirn bei — 686.
—, Lebertumoren bei — 493.
—, Wirkung auf Leber 145.
—, — auf Lipid- und Cholesteringehalt der Galle 546.
Cholinoxydase, Aktivierung 416, 418.
—, — durch Cobalamin 421.
—, Aktivität bei Mangel an Fettsäuren, essentiellen 377.
—, — in Leber bei Riboflavinmangel 392.
—, Bedeutung für Entmethylierung von Cholin 418.
—, — für Leberverfettung 145f.
—, Gehalt in Hepatomen 504.
—, — in Leber 104, 145f., 392, 504.
—, — in Lebermitochondrien 146.
—, — in Mitochondrien 504.
—, Hemmung durch Aminopterin 416.
Cholinphosphat, Einbau in Gehirnphosphatide 737.

Cholinphosphatide:
Gehalt in Ganglien, sympathischen 647 Tab.
— in Gehirn von Ratten, fetalen 678.
— in Großhirn, Substanz, weißer 648 Tab.
— in Hirnrinde 647 Tab.
— in Intraduralnerven 648 Tab.
— in Leber 133.
— in Milznerven 647 Tab.
— in N. ischiadicus 648 Tab.
— in N. opticus 648 Tab.
— in N. vagus 648 Tab.
— in N. vertebralis 647 Tab.
— in Papilla nervi optici 647 Tab.
— in Retina 647 Tab.
— in Scherennerv, Hummer 647 Tab.
— in Sympathicus 647 Tab.
— in Substanz, grauer 647f.
— —, weißer 648.
— —, —, Rückenmark 648 Tab.
— in Ventralmark, Hummer 647 Tab.
Vorkommen in Hirn- und Nervengewebe 633f.
Cholinphosphokinase 737f.
Cholinphosphorsäure, Einbau in Gehirnphosphatide 737.
—, Phosphatidbildung, keine, aus — 159.
— aus Sphingomyelinen 641.
Cholsäure 552•.
—, Ausscheidung bei Schlangen 551.
—, — in Galle von Knochenfischen 551.
—, Beeinflussung der Cholesterinspeicherung in der Leber durch — 200.
—, Bildung aus Cholesterin 554, 556.
—, — bei Säugetieren 551.
—, — von Desoxycholsäure aus — 553, 556.
—, Gehalt in Galle 550 Tab.
—, — —, menschlicher 533f.
—, — in Vogelgalle 551.
—, Resorption in der Gallenblase 536.
—, Wirkung auf Sekretionsdruck der Galle 528.
— s. a. Gallensäuren.
Chondroitinschwefelsäure, Bildung aus Sulfat, anorganischem 274.
—, Gehalt in Lederhaut 872.
—, Vorkommen in Cornea 874.
Chondrosamin, Vorkommen in Gangliosiden 644.
Choriocapillaris, Vorkommen von Ascorbinsäure 918.
Chorioidea s. Auge, Aderhaut.
Chorion, Rhodaneseaktivität 480.
Chrom, Gehalt in Leber 64 Tab.
—, Vorkommen in Gallensteinen 567.
Chromatin, Basophilie 666.
—, Nervenzellen, Phosphatasen, saure, — in 775.
Chromatolyse 698.
„Chromophane" 926.
x-Chromosom 667.
γ-Chromosom, Beziehungen zu Heterochromatin 666.

Chromosomin 666.
Chrysophrys aurata, Leber, Kupfergehalt 56 Tab.
— —, —, Axerophthol-Gehalt 357 Tab.
Chymotrypsin, Vorkommen in Muskel 585.
Ciliarkörper s. Auge, Ciliarkörper.
Cinchophen, Abbau in der Leber 482.
—, Wirkung auf Ascorbinsäuregehalt der Leber 379.
—, —, choleretische 533.
cis-Verbindungen s. unter den betreffenden Verbindungen.
Citricodehydrogenase 719.
—, Gehalt in Gehirn 724.
—, Trennung von Aconitase 724.
—, Vorkommen in Linse 896.
Citronensäure:
Aktivierung von Cholinacetylase 849.
Atmungsförderung im Ciliarkörper 920.
Bedeutung für Acetylcholinsynthese 850.
— für Fettsäuresynthese 170.
— für Glutaminasewirkung 754.
— für Oxydationen im Gehirn 719.
Beeinflussung der Acetylcholinsynthese 849f.
— der K-Wirkung auf Hirnatmung 806.
—, keine, von P-Einbau in Gehirnlipoide 737.
Bildung 126, 129, 190, 718.
—, Bedeutung von Aconitase für — 719.
—, — von Oxalessigsäure für — 717.
— aus Acetessigsäure 195, 741f.
— aus Brenztraubensäure 119 Schema.
— aus C_4-Dicarbonsäuren 718.
— aus Oxalessigsäure 114 Abb., 192f., 741f.
— — und Acetessigsäure 741.
— — und Acetyl-CoA 179, 183, 184*, 192 Abb.
— — und Essigsäure 114 Abb.
— in Gehirn 716f., 742.
— im Herzen 742.
— im Muskel 195.
— in Niere 195, 742.
— von Oxalessigsäure aus — 126.
Förderung der Acetylcholinbildung 847f.
— des Testosteronabbaues durch — 430.
Gehalt in Blut 103.
— in Blutplasma 912 Tab..
— in Blutserum 905.
— in Gehirn 660.
— in Glaskörper 912 Tab.
— in Kammerwasser 905, 912 Tab.
— in Serum 905.
— in Tränenflüssigkeit 869 Tab.
Gleichgewicht mit cis-Aconitsäure und cis-Citronensäure 719.
Hemmung der Bildung durch Ammoniumsalze 193.
Hornhautschädigungen durch — 878.
Oxydation in Gehirn 719.
P/O-Verhältnis bei Oxydation von — durch Gehirnmitochondrien 731.
Umsatz in Leber 126.
— in Muskulatur 126.
Citronensäure:
Vorkommen in Bindehaut 871.
— in Linse 891.
— in N. opticus 948.
Wirkung auf Glucosephosphorylierung 85.
Citronensäurecyclus:
21, 118, **126—131**, 183f., 189.
Abbau von Pyruvat im — 114 Abb., 118.
Bedeutung für Argininbildung 309.
— für Fettsäureabbau in der Leber 171f.
— für Kohlenhydratabbau 590.
Beeinflussung 725—728.
Energiegewinn aus dem — in der Leber 126.
Fermente des — in Gehirnmitochondrien 725.
im Gehirn 715—720, 742.
Hemmung durch Ammoniak 304.
— durch Ammoniumchlorid 172.
— durch Fluoressigsäure 717, 725f., 832.
— durch Malonsäure 173, 192, 309, 328, 724.
Citrovorum-Faktor, Bedeutung für Stoffwechsel der Formylgruppen 262.
—, Bildung in Leber 414.
—, Vorkommen 674.
— s. a. Folinsäure.
Citrullin als Argininersatz 301f.
—, Bildung 306—308.
—, —, Bedeutung von Glutaminsäure für — 253, 307f.
—, —, Fermentsystem der — 307.
—, — aus Ornithin 253, 305, 412.
—, — von Arginin aus — 305, 308ff.
—, Steigerung der Harnstoffbildung durch — 306.
C(1)-Körper s. C(1)-Verbindungen.
Clarase, Spaltung von Coenzym A durch — 404.
Clupanodonsäure, Gehalt in Dorschlebertran 376.
CoA s. Coenzym A.
Cobalamin (= Vitamin B_{12}):
s. a. extrinsic factor.
Aktivierung von Cholinoxydase durch — 416.
— von Fermenten durch — 422.
Ausscheidung im Harn 481.
Bedeutung für Erythrocytenbildung 412.
— für Hämoglobinbildung 505.
— für Sauerstoffverbrauch des Lebergewebes 422.
— für Stoffwechsel von C(1)-Verbindungen 421.
— für Übertragung der Methylgruppen 421.
Beeinflussung der Gallensäurebildung durch — 558.
Bestimmung 419.
Cyanidgehalt 481.
Darstellung, erste 419.
Einfluß, kein, auf Alkaptonurie des Menschen 284.
Ersatz für Cholin 421.

Cobalamin ***(= Vitamin B_{12}):***
Form in Leber 419.
Freilegung durch Fermente 419.
Gehalt in Gehirn 674.
— in Leber 418ff., 420 Tab.
— in Muskel 585.
— in Zellfraktionen 419.
-Mangel, Basophilie des Cytoplasmas bei — 674.
—, Hydrocephalus bei — 674.
—, Riboflavinsäuregehalt der Leber bei — 421.
Speicherung 674.
— in Leber 420f., 505, 523.
Steigerung der Wirkung, cancerogenen, von p-Dimethylaminoazobenzol 501.
Stoffwechsel in der Leber 418—422.
Struktur 523f.
Vorrat in Leber 419.
Wirkung auf Ribonucleoproteidsynthese in Gehirn 674.
— auf Leberschädigungen bei Chloroformvergiftung 366.
— auf Leberstoffwechsel 421f.
— auf Pantothensäuregehalt der Leber 406.
— bei Hypoprothrombinämie 370.
Cocain, Acetylcholingehalt der Cornea nach — 876.
—, Einfluß auf Acetylcholinsynthese 849.
—, — auf Gehirnaktivität nach Reizung, elektrischer 817.
—, Entgiftung in der Leber 484.
—, Hemmung der Aminoxydase 761.
—, Nervenblockierung 841.
—, Sauerstoffverbrauch der Hornhaut nach — 877.
—, Spaltung, hydrolytische, in der Leber 484.
Cocarboxylase:
s. a. Thiaminpyrophosphat.
Aktivität 837.
Bedeutung für Bildung von Acetat, aktiviertem, aus Pyruvat 129.
— — von Acetylcholin 846.
— — von Acetyl-Coenzym A 129, 838.
— für α-Ketoglutarsäureoxydase 724.
Bildung 388f., 669, 838.
— in Leber 115.
Förderung der Acetylierungen durch — 477.
Gehalt in Gehirn 722.
— in Leber 387.
Leberfunktionsprüfung mit — 115.
Spaltung in der Leber 389.
Vorkommen in Zentralnervensystem 669.
Wirkung auf N. vagus 838.
Codehydrogenase I s. Diphosphopyridinnucleotid.
Codehydrogenase I und II, Gehalt im Gehirn 792.
Codehydrogenase II s. Triphosphopyridinnucleotid.
Codehydrogenasen, Bedeutung für Spaltung, reduktive, von p-Dimethylaminoazobenzol 498f.
Codehydrogenasen, Gehalt in Gehirn 729.
—, — in Leber 330, 394, 395 Tab., 396.
—, — in Muskel 394, 395 Tab.
—, — in Organen 394.
—, Reaktion mit Flavoproteiden 794.
—, — mit Glutaminsäuredehydrogenase 753.
—, Vorkommen in Linsenkapsel 892.
Codein, Entgiftung in der Leber 484.
Coecum, Stercobilinbildung im — 518.
Coenzym A:
Aktivität bei Pantothensäuremangel 405.
Aminoäthylmerkaptan als Baustein von — 272.
Bedeutung für Acetatumsatz 116.
— für Bildung von Acetoin 846.
— — von Acetylcholin 846, 849f.
— — von Cholesterin 409.
— — von Lipiden 409.
— — von Phosphatiden 159.
— von Cystein für Bildung von — 270.
Bildung 405—409.
— in Leber 179, 180*, 406ff., 477.
Bindung von Acetat 129.
— von Fettsäuren 158, 180.
Gehalt in Cytoplasma 405.
— in Gehirn 673, 718, 722f.
— in Leber 179, 330, 347, 404—410.
— in Nebenniere 405.
— in Niere 404—410.
— in Skeletmuskel 179, 405.
— in Zellelementen 405.
Inaktivierung 723.
Verminderung bei Röntgenbestrahlung der Linse 898.
Phosphorylierung 847.
Spaltung durch Clarase 404.
Verteilung in der Leberzelle 405.
Vorkommen in Linse 896.
Coenzym A-Transferase 195.
Coenzym A-Verbindungen, Umsetzungen 182.
Coenzym I s. Codehydrogenase I.
Coenzym II s. Codehydrogenase II.
Coenzyme, flavinhaltige, Bildung 391ff.
Coffein, Beschleunigung der Blutgerinnung durch — 371f.
—, Hyperprothrombinämie nach — 372.
— als Methyldonator 149.
—, Muskelstarre durch — 607.
Colamin s. Äthanolamin.
Colaminkephaline 634f, 637.
—, Fettsäurezusammensetzung 640 Tab.
—, Gehalt an Ölsäure 636.
—, — in Nerven 646, 649 Tab.
—, — in Nervenzellen 649 Tab.
—, — in Substanz, grauer und weißer 648.
—, — in Zellkernen, Nervenzellen 649 Tab.
—, Konfiguration 636.
—, Vorkommen in Leber 133.
—, — von Nervonsäure in — 646.
Colaminkephalinfraktion, Fettsäuren in der — 635f.
—, Gehalt an Acetalphosphatiden 635.
Colaminphosphatide 634.
—, Gehalt in Gehirn 637 Tab.
—, — in Leber 133.

Colaminphosphatide, Vorkommen von Fettsäuren, ungesättigten, in — 636.
Colchicin, Hemmung von ATPase durch — 773.
Colitoxin, Wirkung auf Albumin: Globulin-Verhältnis im Kammerwasser 903.
Colliculi, Glykogengehalt 658 Tab.
Colon, Eisenausscheidung durch — 52, 55.
Coma diabeticum, Hirnstoffwechsel bei — 822.
— hypoglykaemicum 809.
— —, Blutzuckergehalt bei 824.
— —, Hirnstoffwechsel bei — 810 Tab., 819.
Compound A, E, F und S, Abbau durch Leber 438 Tab.
— U (= Thyroxinglucuronid), Ausscheidung in der Galle 441f.
condensing enzyme 129, 718, 723.
— —, Beteiligung an Acetylcholinsynthese 850.
Conger vulgaris, Leber, Vorkommen von Uricase und Allantoinase 341.
Coniferin, Glucuronidbildung mit — 459.
Coniferylglucosid, Glucuronidbildung mit — 459.
Conjunctiva 870f.
Conjugase 413f.
Conjunctivitis, akute, Lysozymgehalt der Tränen bei — 870.
CORI-Cyclus 121.
Cornea s. Auge, Hornhaut.
Corneamucopolysaccharid 874f.
Corneamucoproteid 874f.
Corona radiata, Wassergehalt 620.
— —, Zusammensetzung, chemische 618 Tab.
Coronargefäße, Blut, Milchsäuregehalt 610.
—, Wirkung von Adrenalin und Noradrenalin auf — 840.
Coronarnerven, Mensch, Vorkommen von Adrenalin in — 840.
Corpora amylacea, Perjodsäure-Leukofuchsinreaktion 661.
— mamillaria, Phosphataufnahme 769.
— quadrigemina, Acetylcholinesterase, Aktivität in — 854 Tab.
— —, Glykogengehalt 680.
— —, Phosphataufnahme 769.
Corpus callosum, Gehalt an P-Verbindungen 665 Tab.
— —, — an Substanz P 843.
— —, Q_{O_2} 782 Tab.
— —, Peptidaseaktivität 762.
— ciliare, Anatomie 913f.
— pineale, Permeation von Phosphat in — 799.
— —, Phosphataufnahme 769.
— —, — bei Hypophysektomie 771.
— striatum, Gehalt an Eisen 626.
— —, — an Plasmalogen 638.
— —, Q_{O_2} 782 Tab.
— vitreum s. Auge, Glaskörper.
Cortex cerebri s. Großhirnrinde.
Corticosteroide, Abbau bei Erkrankung, ADDISONscher 437.
Corticosteroide, Bildung aus Pregnandiolglucuronid 436.
—, Glykoneogenese durch — 124.
—, Inaktivierung in der Leber 437ff.
—, Vorkommen im Kammerwasser 904f.
Corticosteron, Abbau durch Leber 438 Tab.
—, Hemmung der Gehirnatmung durch — 819.
—, Vorkommen im Kammerwasser 905.
—, Wirkung auf Glykoneogenese 125.
Cortison:
Abbau in der Leber 436, 438.
— durch Milz 438.
— durch Niere 438.
Ausscheidung bei Hepatitis und Lebercirrhose 438.
Bedeutung für Fettstoffwechsel der Leber 142f.
Beeinflussung der Fettsynthese in der Leber durch — 169.
Hemmung der Leberregeneration durch — 35.
Inaktivierung 739.
Wirkung bei Krankheit, ADDISONscher 820.
— auf Glykoneogenese 125.
— auf Leber bei Chloroformvergiftung 36.
— auf Tryptophanperoxydase 287.
— auf Umsatzgeschwindigkeit der Lebernucleinsäuren 322.
—, keine, antilipotrope 143.
Cortisonacetat, Spaltung durch Leber und Niere 439.
Corynebakterien, Barbitursäurebildung aus Pyrimidinen 343f., 344*.
Cotransacetylase, Bedeutung für Acetylcholinsynthese 846.
Cozymase s. Diphosphopyridinnucleotid.
Craniopharyngeom, β-Glucuronidase in — 692.
Crotonyl-CoA, Bildung von Acetoacetyl-CoA aus — 177.
Crotonase 182.
Crotonsäure 186.
—, Bindung von Coenzym A an — 180.
Crustaceen, Abdominalganglien, Acetylcholingehalt in — 849.
—, Calciferol-Gehalt 363.
—, Nerven, Proteine in — 652.
Crystalbumin, Synthese 228.
Curare, Block, neuromuskulärer, durch — 841.
—, Hemmung von Cholinesterasen durch — 858, 860.
—, Wirkung auf Muskelfaserendplatte 840f.
C(1)-Verbindungen, Bedeutung von Cobalamin für Stoffwechsel der — 421.
—, — von Folsäure für Stoffwechsel der — 415.
— im Gehirnstoffwechsel 831.
Cyanide:
Ausscheidung 481.
Bildung aus Rhodanid 479.
— von Formiat aus — 481.

Cyanide:
Bildung von Rhodanid aus — 479, 481.
Einfluß auf Aminosäuretransport im Gehirn 756.
— auf Gehirnatmung 790.
— auf Linsenkapsel 892.
— auf Linsenpermeabilität 892f.
— auf Nervenatmung 790.
— auf Netzhautatmung 932.
— von Cytochrom c und Cytochromoxydase auf — 478.
Entgiftung in der Leber 479.
— durch Thiosulfat 479f.
— in Blutserum 481.
—, exogene 478ff.
Gehalt in Cobalamin 481.
Giftwirkung, verzögerte 453.
Hemmung der Alaninbildung 255.
— der Cytochromoxydase durch — 796.
— der Fettsäuredehydrogenase durch — 163.
— von Gallenphosphatase durch — 543.
— der Glucuronsäurebildung durch — 458, 462.
— der Glutaminsäuredecarboxylase durch — 753.
— der Glutaminsynthese durch — 752.
— der Hippursäurebildung durch — 470.
— der Histaminase durch — 760.
— der Linsenatmung 895f.
— der Methylierung von Nicotinsäureamid 397.
— der Netzhautatmung und -glykolyse durch — 932.
— der Nicotinentgiftung durch — 492.
— der Ribonucleinsäurebildung durch — 764.
— des P-Einbaues in Gehirnlipoide durch — 737.
— der Phosphatase durch — 241.
— der Prolinoxydase durch — 300.
— der Proteinsynthese in der Leber durch — 215.
— des Stofftransportes durch den Plexus chorioideus 800.
— des Testosteronabbaues durch — 430.
— der Thyroxinwirkung auf Leberstoffwechsel 444.
— der Virusausbreitung durch — 832.
im Leberstoffwechsel 478—481.
Schutz der Oxydation von Ascorbinsäure durch Cu 777.
Unterbrechung der Atmungskette durch — 733 Abb.
-Vergiftung, Hirnstoffwechsel bei — 810 Tab.
Vorkommen in Leber 480.
endogene, im Leberstoffwechsel 480.
Cyanid-C, Bildung von Formiat aus — 481.
Cyanidpool 481.
Cyanocobalamin s. Cobalamin.
Cyanopsin 946.
Cyclohexan, Beeinflussung der Gehirnatmung durch — 791.
Cyclohexanon, Entgiftung durch Bindung an Glucuronsäure 457.
Cyclophorasesystem, Aktivierung durch Magnesiumionen 43.
Cypriniden, Harnsäureabbau bei — 341.
Cyprinus carpio, Harnsäureabbau bei — 341.
—, — Leber, Gehalt an Vitamin A_2 359.
Cystamin, Bildung von Taurin aus — 272•.
Cystathionin 269•, 831.
—, Bedeutung von Pyridoxalphosphat für Bildung und Spaltung von — 402.
—, Bildung von Cystein aus — 269.
Cystein:
269•, 407•, 408.
Abbau 270—274.
—, Bedeutung von Pyridoxalfermenten für — 400f.
Aktivierung von Conjugase durch — 414.
— von Crotonase durch — 182.
— von Kathepsin III durch — 833.
— von Phosphoglucomutase durch — 86.
Aufhebung der Antabushemmung der Aldehyddehydrogenase 490.
Bedeutung für Bildung von Acetylcholin 846.
— — von Coenzym A 270.
— für Cerebrosidase 744.
Bildung 268ff.
— aus Cysteinsulfensäure 273•.
— aus Cystathionin 269.
— aus Homocystein 263.
— aus Methionin 831.
— aus Serin 262f.
— aus Sulfat 270.
— — durch Bacillus verrucosus 519.
— von Cysteinsäure aus — 271f.
— von Cysteinsulfinsäure aus — 272f.
— von Lipoiden aus — 739.
— von Schwefeldioxyd aus — 273f.
— von Schwefelwasserstoff aus — 273f.
— von Sulfat aus — 274.
— von Taurin aus — 270—273.
Bindung an Kohlenwasserstoffe, aromatische 270.
Einfluß auf Acetylcholinsynthese 849.
— auf Wirkung, diabetogene, von Alloxan und Dehydroascorbinsäure 384.
—, kein, auf Alkaptonurie des Menschen 284.
Ersatz durch Methionin in Nahrung 268.
Förderung der Glutaminbildung durch — 752.
— der Merkaptursäurebildung durch — 474.
Gehalt in Gehirneiweiß bei Virusinfektion 830.
— in β-Krystallin 897.
— in Linseneiweiß 887 Tab., 888, 897.
— in Proteinen des Lebercytoplasmas nach p-Dimethylaminoazobenzol 503.
Hemmung von Gallenphosphatase durch — 543.

Cystein:
Oxydation 270.
—, Hemmung durch Pertitanat 65.
Reduktion von Dehydroascorbinsäure durch — 383.
Spaltungsprodukte 274.
Stoffwechsel 268—274.
Transaminierung durch Leber, Herz und Niere 250 Tab.
Verwertung zur Bildung von Esterschwefelsäure 467.
Wirkung auf Acetylcholinsynthese in Gehirn 758.
— auf Ascorbinsäureoxydation durch Kupfer 777.
— auf Cholinphosphokinase 737.
Cysteindehydrogenase aus E. coli, Bedeutung für Bilirubinreduktion 519.
Cysteindesulfhydrase 274.
Cysteinester, Aktivierung von Pyruvatdehydrogenase durch — 727.
Cysteinoxydase A 272.
Cysteinoxydase B 271.
Cysteinsäure, Bildung aus Cystein 271f.
—, — von Taurin aus — 402.
—, — von Taurocholsäure aus — 271.
—, Decarboxylierung 271f.
—, Zwischenprodukt der Taurinbildung 271 Schema.
Cysteinsäuredecarboxylase 271f.
Cysteinsulfensäure, Dismutation 273.
Cysteinsulfinsäure, Bildung aus Cystein 272f.
—, Spaltung 272, 273*
—, Vorkommen in Gehirn von Ratten 748.
—, Zwischenprodukt der Taurinbildung 271 Schema.
Cysteinylglycinase 753.
Cystin:
Bildung aus Methionin 365.
— von Alanin aus — 273f.
Einbau in Gehirneiweiß 739, 747.
— in Gehirnlipoide 747.
— von Acetat-C in — im Gehirn bei Virusinfektion 829.
— von Formiat-C in — 831.
— von Glucose-C in — 831.
Förderung der Merkaptursäurebildung durch — 474.
Gehalt in Eiweiß des Nerven bei Degeneration, WALLERscher 695.
— in Gehirnproteinen 653 Tab., 654 Tab., 655.
— in Haarkeratin 653 Tab.
— in Leberproteinen 217, 218 Tab.
— in Linsenweiweiß 897.
— in Neurokeratin 653 Tab.
— in Proteolipoid aus Gehirn 651 Tab.
Hemmung der Virusausbreitung im Gehirn durch — 831.
— der Fettsäuredehydrogenase durch — 149.
— von Glutaminsäuredecarboxylase durch — 756.
Oxydation durch L-Aminosäureoxydase 248.

Cystin:
Steigerung der Wirkung, lipotropen, durch — 149.
Stoffwechsel in der Leber 268—274.
Verwertung zur Bildung von Eiweiß und Lipoiden im Gehirn 739.
— von Esterschwefelsäure 467.
Vorkommen in Nerv 695.
Wirkung auf Ascorbinsäureoxydation durch Cu 777.
— auf Lebernekrosen 365.
— auf Muskeldystrophie 365.
— auf Phosphatidstoffwechsel 149.
— bei Vitamin B_4-Mangel 673.
—, alipotrope 149.
markiertes, Einbau in Gehirnproteine 747.
—, — in Gehirnlipoide 747.
—, — in Leberproteine 216.
Cystinbetain, Wirkung, lipotrope 148.
Cystinester, Inaktivierung von Pyruvatdehydrogenase 727.
Cystophora cristata, Leber, Axerophthol-Gehalt 357 Tab.
Cytidin, Hemmung der Virusausbreitung durch — 832.
—, Verwendung zur Nucleinsäuresynthese 316.
—, exogenes, Einbau in Nucleinsäuren 331.
Cytidylsäure, Aufnahme von ^{32}P in — von Ribonucleinsäuren der Leber 318 Tab.
—, Bildung in Gehirn 764.
—, — aus Orotsäure 343.
—, Dephosphorylierung in Gehirn 768.
—, Gehalt in Ribonucleinsäuren 668.
—, Umsatzgeschwindigkeit in Leber 323 Tab.
Cytochrom a, a_3 und b, Stellung in der Atmungskette 733 Abb.
—, Vorkommen in Ganglion opticum des Tintenfisches 794.
Cytochrom c:
Bedeutung für Argininbildung aus Citrullin 308.
— für Brenztraubensäureoxydation im Gehirn 717f.
— für Fettsäuresynthese 170.
— für Gehirnatmung 779.
— für Glutaminsäuredehydrogenase-Stoffwechsel 754.
— für Hippursäurebildung 470.
— für α-Ketoglutarsäureoxydation 720, 724.
— für Oxydationen im Gehirn 719.
— für P-Einbau in Lipoide des Gehirns 736.
— für Sehpurpurregeneration 943.
als Elektronenacceptor für Äthylenreduktase 183.
Elektronentransport durch — 730.
Gehalt in Gehirn 795.
— in Herzmuskel 795.
— in Leber 795.
— — nach Thyroxin 445.
— —, regenerierender 34.
— in Organen 795.

Cytochrom c:
Stellung in Atmungskette 733 Abb.
Vorkommen in Gehirn 720.
— in Ganglion opticum des Tintenfisches 795.
— in Linsenepithel 894f.
Cytochrom c-Reduktase, Bedeutung für Glutaminsäuredehydrogenase 754.
—, Gehalt in Leber, regenerierender 33.
—, Hemmung durch Tokopherol 367.
—, Vorkommen in Linse 896.
—, — in Zellelementen 396.
Cytochrome, Bildung aus Glykokoll 258.
—, Blockierung durch Cyanide 478.
—, Vorkommen in Muskel 585.

Cytochromoxydase:
Aktivität bei Mangel an Fettsäuren, essentiellen 377.
— in Niere 796.
Bedeutung von Kupfer für —Bildung 56.
— für Glutaminsäuredehydrogenase 754.
Bildung aus Glykokoll 258.
Blockierung durch Cyanide 478.
Gehalt in Hepatomen 504.
— in Herzen bei Eiweißmangel 222 Abb.
— in Leber 34, 523.
— — bei Eiweißmangel 222 Abb.
— in Mitochondrien 504.
— in Nervenzellen bei Chromatolyse 698.
Gehirn, Aktivität im — 683, 795f., 817.
—, Verhalten bei Wachstum 682f.
Hemmung der Bildung durch Cyanid 796.
— durch Zink 63.
— durch Vitamin E 367.
Hydrochinon als Substrat von — 920.
Leber, Aktivität bei Hyperthyreose 445.
— bei Chloroformvergiftungen 36.
Q_{O_2} 796.
im Succinoxydasesystem 720.
Vorkommen in Ciliarepithel 921.
— in Ciliarkörper 917, 920.
— in Ganglion opticum des Tintenfisches 795.
— in Hornhaut 878.
— in Iris 920.
— in Linsenepithel 894f.
— in Nerven 795.
— in Nervenzellen 775.
— in Plexus chorioideus-Epithel 799f.
— in Retina 936.
Wirkung von Sauerstoffvergiftung auf — 789.
Cytochromsystem, Aktivität bei Gehirnwachstum 682f.
— Beeinflussung durch Narkotica 813.
—, Bildung von H- und OH-Ionen durch das — 803.
—, — in Gehirn 794ff.
—, Vorkommen 795f.

Cytoplasma:
Aufnahme von Aminosäuren, markierten, in — 215 Tab.
— von Phosphat, radioaktivem, in Ribonucleinsäuren 318.

Cytoplasma:
Basophilie 312, 324, 504, 674, 764.
— bei Chloroformvergiftungen 36.
Bildung von Coenzym A im — 408.
— von Eiweiß im — 764.
— von Hippursäure im — 256.
Enzymsystem, sulfatveresterndes im — 468.
Erneuerung der Proteine im — 214.
Gehalt an Arginase 310.
— an Cerebrosiden 649 Tab.
— an Cholesterin 649 Tab.
— an Cobalamin 419.
— an Coenzym A 405.
— an Cystein 503.
— an Folinsäure 415.
— an Glutaminase 253.
— an Magnesium 42.
— an Pantothensäure 405.
— an Ribonucleasen 319.
— an Ribonucleinsäuren bei Hunger 321.
— an Tryptophan 503.
Leber, Erneuerung der Ribonucleinsäuren in — 317.
—, Gehalt an Codehydrogenasen 396.
—, Vorkommen von Axerophthol 350f.
Nervenzellen, Lipoidverteilung 649 Tab.
Nucleinsäuren, Basenverhältnis 314 Tab.
Rattenleber, Gehalt an Adenin, Cytosin, Guanin und Uracil 315 Tab.
Umsatzgeschwindigkeit der Nucleinsäuren im — 323 Tab.
— der Phospholipide im — 323 Tab.
Vorkommen von Alkoholdehydrogenase im — 396, 487.
— von Ascorbinsäure im — 378.
— von Enzym, testosteronoxydierendem, im — 432.
— von Glucosedehydrogenase im — 396.
— von Isocitronensäure-Dehydrogenase im — 396.
— von Kynureninase im — 290.
— von Ribonucleinsäuren 666.
Zusammensetzung der Fettfraktionen in Cytoplasmabestandteilen 134 Tab.
Cytosin 344*.
—, Abbau 331, 344*.
—, Bildung aus Thymidin 341.
—, — aus Uracil 343.
—, — von Barbitursäure aus — 343, 344*.
—, — von Thymin aus — 343.
—, Gehalt in Desoxyribonucleinsäuren 668.
—, — — der Leber 313, 314 Tab., 315 Tab.
—, — in Nucleinsäuren der Kalbsleber 314 Tab.
—, — in Ribonucleinsäuren der Rattenleber 315 Tab.

Dachs, Leber, Gehalt an Kupfer 57 Tab.
Dämmerungssehen 923, 937.
—, Bedeutung von Axerophthol für — 358.
Dalmatinerhund, Harnsäurebildung beim — 333.
—, Leber, Uricasegehalt 222 Tab., 339.

Darm:
Abbau von Adrenalin 440 Tab.
— von Chlorophyll 525.
— von Isoamylamin 440 Tab.
— von Sympatol 440 Tab.
— von Tyramin 440 Tab.
Ausscheidung von Cholesterin 548f.
— von Sulfat 540.
— von Vitamin D 362.
Bildung von Fett 165.
— von Guanin aus Adenin 333.
— von Phenolschwefelsäure 464.
— von Rhodanid 480.
— von Ribonucleinsäuren 332.
— von Vitamin A aus Carotin 347, 349 bis 352.
—, keine, von Fibrinogen im — 234.
Eiweiß, Einbau von Glykokoll in — 745.
Gehalt an Ribonuclease 319 Tab.
Kaninchen, Glykogengehalt 611.
Lymphbildung im — 19.
Nucleinsäuren, Erneuerungsgeschwindigkeit 316.
Oxydation von Methylalkohol in — 488.
Resorption von Bilirubin 520.
— von Cholesterin 548.
— von Fett 136.
— von Galaktose 93.
— von Vitamin A 347.
Spaltung von Tyrosinen, jodierten 442.
— von Vitamin A-Estern 347.
Speicherung von Vitamin A 353, 354 Tab., 355 Abb.
Vorkommen von Dehydrocholesterin im — 203.
— von 9,10-Fettsäuredehydrogenase 163.
— von Formylase 288.
— von Glutathion 753.
— von Heparin in 233.
Darmbakterien, Abbau von Glucuronsäure durch — 464.
—, Bildung von Aminosäuren, S-haltigen, aus Sulfat 270.
—, — von Koprosterin aus Cholesterin 548. 549•.
—, Cholinabbau durch — 146.
—, Reduktion von Bilirubin durch — 517f.
—, Spaltung von Gallensäuren, gebundenen, durch 558.
—, Stoffwechselprodukte, Entgiftung durch die Leber 452.
Darmflora, Bedeutung für Prothrombingehalt im Blut 371.
Darmlymphe 19.
—, Gehalt an Axerophthol 351.
—, — an Cholesterin 20.
Darmmucosa s. Darmschleimhaut.
Darmphosphatase, Inaktivierung von Coenzym A durch — 723.
Darmsaft, Gehalt an Chlor, Kalium und Natrium 539 Tab.
Darmschleimhaut, Aufnahmegeschwindigkeit von Glycin, markiertem, in — 214.
—, Eisenresorption, Regulierung durch — 53f.
Darmschleimhaut, Cholesterinausscheidung 548.
—, Riboflavinphosphorylierung 392.
—, Vorkommen von Ferritin 46, 53.
Darmwandzellen, Selektionsfähigkeit, mangelhafte 452.
DDT = Dichlordiphenyltrichloräthan 860.
Decansäure, Abbau in Mitochondrien 187 Tab.
—, Bildung von Acetessigsäure aus — 187 Tab.
—, ω-Oxydation 175.
Decapitation, Einfluß auf Phosphatgehalt des Gehirns 631 Tab.
Degeneration, WALLERsche, Nerv 693—699.
Dehydroandrosteron, Bildung von Aetiocholan-3α-ol-17-on aus — 433.
—, — von Δ^5-Androsten-3β,17α-diol aus — 433•.
—, — von Δ^5-Androsten-3β,16β,17α-triol aus — 433•.
—, — von Androsteron aus — 433.
Dehydroascorbinsäure 382, 383•.
—, Abbau durch die Leber 347.
—, Aufnahme durch die Leber 384.
—, Beziehung zu Ascorbinsäure 383.
—, Bildung von Diketogulonsäure aus — 347, 383•, 384.
—, Gehalt in Iris und Glaskörper 918.
—, — in Leber 384 Tab.
—, — in Meerschweinchen, jungen 384.
—, Hyperglykämie nach — 899.
—, Kataraktbildung bei — 899.
—, Mutarotation 384.
—, Reduktion durch Cystein 383.
—, Vorkommen im Ciliarkörper 918.
—, Wirkung, antiskorbutische 383.
—, —, diabetogene 383f.
Dehydrocholesterin, Ausscheidung durch die Galle 362.
—, Gehalt im Dünndarm 644.
—, Vorkommen 203.
7-Dehydrocholesterin, Absorption, spektrale 645.
—, Gehalt in Gehirn 644f., 675.
—, — in Haut 203, 644.
—, — in Pankreas 644.
Dehydrocholsäure 552•.
—, Beeinflussung der Cholesterinspeicherung in der Leber durch — 200.
—, Bildung von Desoxycholsäure aus — 556.
—, — von 3β-Oxy-7,12-diketocholansäure aus — 556.
—, Reduktion 556.
—, Wirkung, choleretische 532.
Dehydrocorticosteron, Wirkung auf Gluconeogenese 125.
11-Dehydrocorticosteron, Abbau durch Leber 438 Tab.
17-Dehydrocorticosteron, Wirkung auf Umsatz der Lebernucleinsäuren 322.
Dehydrodesoxycholsäure 553•.
—, Bildung von 3-Oxy-12-ketocholansäuren aus — 553•, 556.
—, Reduktion 556.
—, — bei Kröten 553.

Dehydrogallensäuren, Wirkung, choleretische 532.
Dehydrogenasen, Hemmung durch Nicotinsäureamid 395.
— Vorkommen in Ciliarstroma 921.
—, — in Hornhaut 878.
—, — in Kammerwasser 903.
—, — in Leber 347, 394.
—, — in Linse 896.
—, — in Muskel 585.
—, — in Niere 394.
—, — in Stroma der Chorioidea 800.
—, — in Retina 936.
Dehydroisoandrosteron 433*.
11-Dehydro-17-oxycorticosteron, Abbau durch Leber 438 Tab.
—, Inaktivierung 739.
Dehydropeptidasen 763.
DEITERScher Kern, RNS:Protein-Verhältnis 667.
Dekamethonium, Block, neuromuskulärer, durch — 841.
Delphin, Leber, Gehalt an Riboflavin 390.
—, —, — an Thiamin 387.
Dephospho-Coenzym A 408.
Dephospho-Coenzym A-Kinase 408.
Dephospho-Coenzym A-Pyrophosphorylase 408.
Depoteisen 46.
—, Gehalt in Leber und Milz bei O_2-Mangel 50.
—, Menge beim Menschen 45.
Depotfett, Abbau in der Leber 165.
—, Auffüllung 137f.
—, Axerophthol-Speicherung im — 348.
—, Erneuerung 162.
—, Mobilisierung durch Hypophysenextrakt, ketogenen 142.
—, — bei Pankreasdiabetes 141.
Depressionszustände, Gehirnstoffwechsel bei 827.
Dermatitis, seborrhoische, Wirkung von Pyridoxin auf — 403.
Desaminase, Vorkommen im Muskel 585.
Desaminierung, oxydative 248f.
DESCEMETsche Membran, Eiweiß 875.
— —, Indolphenolblaubildung durch — 878.

Desoxycholsäure:
552*.
Aktivator der Hexokinase 711.
Ausscheidung in der Galle von Knochenfischen 551.
Beeinflussung der Cholesterinspeicherung in der Leber durch — 200.
Bildung aus Cholesterin 554.
— aus Cholsäure 553, 556.
— aus Dehydrocholsäure 556.
— — bei Meerschweinchen 553.
— aus Dehydrocholsäure 556.
— aus 12-Keto-3-cholensäure 553, 556.
— bei Säugetieren 551.
Gehalt in der Galle 550f.
Oxydation 556.
Vorkommen in Galle, menschlicher 553f.

Desoxycholsäure:
als Zwischenprodukt der Cholsäurebildung aus Cholesterin 556.
Desoxycholyltaurin, Bildung in Rattenleberschnitten 557.
Desoxycorticosteron, Abbau 436, 438.
—, Bildung von Pregnandiol aus — 436f.
—, Freisetzung von Galaktose im Gehirn durch 736, 812f.
—, Inaktivierung 739.
—, Spaltung in Niere 439.
—, Vorkommen in Kammerwasser 905.
—, Wirkung bei Epilepsie 820.
—, — auf Fettgehalt der Leber 143.
—, — auf Gehirnstoffwechsel 819f.
11-Desoxycorticosteron, Abbau in der Leber 436, 438 Tab.
Desoxycorticosteronacetat, Spaltung durch Leber und Niere 439.
Desoxycytidin, exogenes, Einbau in Nucleinsäuren 331.
2-Desoxyglucose, Phosphorylierungsgeschwindigkeit durch Hexokinase 711.
Desoxyhypoxanthosin, Verwendung, keine, zur Nucleinsäuresynthese 331.
11-Desoxy-17-oxycorticosteron, Abbau durch Leber 438 Tab.
Desoxypyridoxin, Antagonist von Pyridoxin 291, 755.
—, Einfluß auf Nucleinsäuregehalt von Organen bei Lymphosarkom 327.
4-Desoxypyridoxin, Stoffwechselwirkung 401f.
Desoxyriboadenylsäure 317.
—, Gehalt in Desoxyribonucleinsäuren der Leber 313.
Desoxyribocytidylsäure 317.
—, Gehalt in Desoxyribonucleinsäuren der Leber 313.
Desoxyribodepolymerasen im Gehirn 766.
Desoxyriboguanylsäure 317.
Desoxyribonuclease, Gehalt in Zellkernen bei Hepatomen 504.
Desoxyribomononucleotide, Aufnahme von ^{32}P in — 317.
Desoxyribonuclease 319f.
—, Aktivierung durch Manganionen 61.
—, Gehalt in Zellfraktionen 320, 504.
—, Hemmung durch Heparin 320.
—, Inhibitor der — 320.
—, Wirkung von 3'-Methyl-4-dimethylaminoazobenzol auf — 504.

Desoxyribonucleinsäuren:
s. a. Nucleinsäuren.
Abbau 766.
Aktivierung von β-Glucuronidase durch — 462.
Aufnahme von Adenin in — 325.
— von ^{32}P in — 316.
— von Pyrimidinribosiden und -desoxyribosiden in — 342 Tab.
Beeinflussung der Bildung von — durch Ascorbinsäure 321.
Bestimmung 311.

Desoxyribonucleinsäuren:
Bildung 321.
— in der Leber nach Hepatektomie, partieller 324.
Diphenylaminreaktion 662, 663 Tab., 665 Tab.
im Dünndarm 314.
Einbau von Thymin, exogenem, in — 331.
Erneuerung 316f., 327.
Fraktionen in Organen 314.
Gehalt in Gehirn 312, 664—667, 926.
— in Leber 34, **310—317**, 320, 325.
— — bei Eiweißmangel 222.
— — bei Schwangerschaft 322f.
— —, fetaler 323f.
— in Leberzellen bei Chloroformvergiftung 36.
— in Leberzellkernen 311f., 313 Tab.
— — nach 3'-Methyl-4-dimethylaminoazobenzol 502.
— in Nerv 666.
— — bei Degeneration, WALLERscher 694, 697.
— in Retina 926.
— in Zellkernen 312.
— — bei Hunger 321f.
— in Zentralnervensystem 664 Tab., 665 Tab..
Gehirn, Bestimmung 662, 664f.
—, Umsatz 770.
Leber, Umsatzgeschwindigkeit 323f., 323 Tab.
—, — bei Tumoren, malignen 327.
—, Zusammensetzung 313ff.
Lebertumoren, Umsatzgeschwindigkeit in — 326.
Spaltung durch Gehirnextrakte 766.
Vorkommen in Nucleolus 312.
— in Viren, neurotropen 828f.
Zellkerne, Lokalisation 666.
Zusammensetzung 313, 314 Tab., 315 Tab., 668.
Desoxyribose, Abbau und Bildung 345f.
—, — in Escherichia coli 111.
Desoxyribose-1-phosphorsäure, Bildung von Hypoxanthindesoxyribosid aus — 768.
Desoxyribothymidylsäure 317.
—, Gehalt in Desoxyribonucleinsäuren der Leber 313
Desulfhydrase 273f.
—, Rattenleber 402.
Desulfinase 273.
Desulfurase 273f.
Deuterium, Einbau in Leberglykogen 117f.
Deuteriumoxyd, Einbau von Deuterium aus — in Fettsäuren der Leber 168.
—, Untersuchung des Fettstoffwechsels mit — 166.
Deuteroporphyrin 524.
Dextrine 89.
DFP s. Diisopropylfluorophosphat.
Diabetes mellitus:
Arteriosklerose bei — 205.
Ausscheidung von Allantoin bei — 339f.
— von 3-Oxykynurenin bei — 291.

Diabetes mellitus:
Blutzuckeranstieg nach Galaktosezufuhr 96ff.
Brenztraubensäurebildung bei — 116.
Fettsäuren, β-Oxydation bei — 191.
Gallensteine bei 568.
Gehirn, Q_{O_2}, Succinodehydrogenase 822.
Gehirnstoffwechsel bei — 822f.
Gluconeogenese bei — 117.
G:N-Quotient bei — 122.
Katarakt bei — 898.
Ketonkörperbildung bei — 171, 191.
Ketonkörperverwertung als Energiequelle bei — 197.
Leber, Bildung von Cholesterin bei — 205.
—, Fettansammlung bei — 135.
—, Gehalt an Cholesterin bei — 198.
—, — an Fettsäuren 140ff.
—, — an Vitamin A bei — 354.
—, Umwandlung von Carotin in Vitamin A 352.
—, Vorkommen von Carotin bei — 352.
Leberverfettung bei — 140ff., 145.
Leberzellen, Glykogen in — 68.
Linsentrübungen bei — 898.
Nerven, Degeneration, WALLERsche, bei — 697.
Quotient, respiratorischer 197.
Stoffwechselveränderungen bei — 822.
Verwertung von Fructose bei — 102f., 191.
— von Galaktose bei — 96.
experimenteller, Linsentrübungen bei — 898f.
Diabetikerserum, Hemmung der Gehirnhexokinase durch — 712.
2-Diacetylaminofluoren 495.
N,N'-Diacetylphenylendiamin, Bildung aus Buttergelb 499.
Diätformen, alipotrope 135.
Diäthyläthanolamin, Phosphorylierung durch Cholinphosphokinase 738.
Diäthylaminoäthylphenothiazin, Hemmung der Acetylcholinesterase durch — 858.
Diäthylaminobenzol, Entmethylierung 498.
2-Diäthylbutanol, Entgiftung 455.
—, Oxydation zu Diäthylessigsäure 455.
Diäthyldithiocarbamat 490•.
— aus Antabus 490•, 491.
N,N-Diäthyldithiocarbamid, Wirkung auf Brenztraubensäureoxydation 728.
Diäthylessigsäure, Bildung aus 2-Diäthylbutanol 455.
—, Entgiftung 455.
O,O'-Diäthyl-p-nitrophenyl-thiophosphat (= E 605), Hemmung der Acetylcholinesterase durch — 859f.
N,N-Diäthyl-p-phenylazoanilin, Wirkung, keine, cancerogene 494.
Diäthylstilboestrol, Ausscheidung in Galle und Harn 428.
—, Hemmung der Succinoxydase durch – 725.
—, Speicherung in der Leber 428.
Dial, Einfluß auf Phosphatgehalt des Gehirns 631 Tab.

Dialkylglyceryl-phosphoryl-äthanolamin 635.
Diaminooxydase 760.
—, Oxydation von Aminen durch — 476.
Diaminophosphatide, Vorkommen im Anteil, flüssigen, des Protoplasmas 134.
2,6-Diaminopurin, Hemmung der Virusausbreitung durch — 832.
Diaminosäuredehydrogenase 248.
Diamox als Inhibitor der Kohlensäureanhydratase 908.
N, N-Diamyl-p-phenylazoanilin, Wirkung, keine, cancerogene 494.
Diaphorasen, Stellung in der Atmungskette 733 Abb.
—, Vorkommen in Gehirn 794.
Diathesen, hämorrhagische, bei Neugeborenen 371.
Diatomeen, Axerophthol-Bildung 356, 363.
Diazo-Reaktion, direkte 514f.
—, indirekte 514.
1,2,5,6-Dibenzanthracen, Wirkung auf Nicotinsäurebildung aus Tryptophan 398.
—, Wirkung, keine, auf Gehirnstoffwechsel 821.
3,4,5,6-Dibenzcarbazol, Wirkung, cancerogene 496*.
Dibenzyl, Entgiftung 455.
—, Oxydation zu Stilbenhydrat 455.
N, N-Dibutyl-p-phenylazoanilin, Wirkung, keine, cancerogene 494.
Dicarbonsäuren, Abbau 176 Tab.
—, Bildung bei ω-Oxydation 175f.
C_4-Dicarbonsäuren, Bildung von Citronensäure aus — 718.
—, Förderung der Brenztraubensäureoxydation durch — 716ff.
Dichapetalum cymosum und D. toxicaria, Gehalt an Fluoressigsäure 725.
Dichlordiäthylsulfon, Hemmung der Pyruvatoxydase durch — 726.
β,β'-Dichlordiäthyl-N-methylamin, Hemmung der Acetylcholinesterase durch — 860.
Dichlordiphenyltrichloräthan, Hemmung der Acetylcholinesterase durch — 860.
2,6-Dichlorphenolindophenol als Elektronenacceptor für Äthylenreduktase 183.
Dickdarm, Resorption von Gallenfarbstoffen 520.
—, Spaltung der Gallensäuren, konjugierten, im 558.
—, Stercobilinbildung im — 518.
—, Xanthinoxydaseaktivität 335 Tab.
Dicumarin 373.
—, Hypoprothrombinämie nach — 369, 372f.
—, als Vitamin A-Antagonist 237.
—, Wirkung, Einfluß von Vitamin K auf — 374.
—, — auf Acceleratorglobulingehalt im Serum 373.
—, — auf Prothrombinbildung 374.
Didelphus virginiana, Galle, Gehalt an Lipiden 545.
Diencephalon, Calciumgehalt im — 622.
Di-en-Fettsäuren, Dehydrogenierung in der Leber 374f.
—, Gehalt in der Leber 375.
Diensäuren, Gehalt im Gehirn bei Fettmangelkost 687.
$\Delta^{11,14}$-Diensäure, Vorkommen in Glycerinphosphatiden des Gehirns 639 Tab.
Digitalisglykoside, Entgiftung durch Hydrolyse 484.
Digitonin, Extraktion des Sehpurpurs durch — 937.
Diglyceride, Gehalt in Ganglien, sympathischen 647 Tab.
—, — in Großhirn, Substanz, weißer 648 Tab.
—, — in Hirnrinde 647 Tab.
—, — in Intraduralnerven 648 Tab.
—, — in Milznerven 647 Tab.
—, — in Nerven, peripheren 648 Tab.
—, — in N. vertebralis 647 Tab.
—, — in Papilla nervi optici 647 Tab.
—, — in Retina 647 Tab.
—, — in Rückenmark, Substanz, weißer 648 Tab.
—, — in Scherennerv, Hummer 647 Tab.
—, — in Sympathicus 647 Tab.
—, — in Ventralmark, Hummer 647 Tab.
Dihydrocholesterin, Gehalt im Gehirn 644f.
Dihydrocodehydrogenase I und II 792.
Dihydro-Cozymase s. Diphosphopyridinnucleotid, reduziertes.
Dihydrodesoxymorphin, Hemmung der Acetylcholinesterase durch — 860.
Dihydro-β-erythroidin 818.
Dihydromorphinon, Entgiftung in der Leber 484.
Dihydrosphingosin 641.
Dihydrostreptomycin, Ausscheidung durch die Galle 561.
Diisopropylfluorophosphat, Hemmung von Cholinesterasen durch — 858ff.
—, Linsentrübungen durch — 900.
—, Störungen, geistige, durch — 861.
—, Wirkung auf Pseudocholinesterase des Blutes 239 Abb.
—, —, keine, auf Cholinacetylase 851.
Dijodoxyphenylacetat, Bildung aus Dijodtyrosin 442.
Dijodoxyphenylpyruvat, Bildung aus Dijodtyrosin 442.
Dijodtetrachlorfluorescein, Leberfunktionsprobe mit — 564.
Dijodthyronin, Einfluß, kein, auf Leberstoffwechsel 444.
Dijodtyrosin, Einfluß auf Glykogengehalt der Leber 77.
—, — auf Leberstoffwechsel 445.
—, Spaltung 442.
3,6-Diketoallocholansäure, Bildung von 3β-6α-Dioxyallocholansäure aus — 556.
Diketogulonsäure 383*, 384.
—, Bildung aus Dehydroascorbinsäure 347, 383*, 384.
—, — von Dehydroascorbinsäure 347.
—, Gehalt in Meerschweinchen, jungen 384.
Diketo-L-gulonsäure 383*.

Diketo-L-gulonsäurehydrat = Dehydroascorbinsäure 383*.
Dilaudid, Entgiftung in der Leber 484.
—, Hemmung der Acetylcholinesterase 860.
Dimerkaptopropanol, Einfluß auf Wirkung, diabetogene, von Alloxan und Dehydroascorbinsäure 384.
Dimethyläthanol, Bildung aus Pantocain und Procain 484.
Dimethyläthanolamid, Phosphorylierung durch Cholinphosphokinase 738.
Dimethylalloxazin, Vorkommen in Pferdelinse 889.
Dimethylaminoäthanol, Demethylierung 498.
—, Hemmung der Cholinoxydation durch — 146.
Dimethylaminoäthylacetat, Bildung in Kopfganglien vom Tintenfisch 850.
β-Dimethylaminoäthylen-benzhydryläther, Abbau im Gehirn 761.
Dimethylaminoazobenzol:
s. a. Buttergelb.
Abspaltung von Methylgruppen 497f.
Arginingehalt in Granula, großen, der Leber nach — 503.
Auslösung von Lebertumoren durch — 294, 493.
Bildung von Aminoazobenzol 297.
— von Anilin aus — 498, 499*.
— von Monomethylaminoazobenzol aus — 497.
— von 4-Oxydimethylaminoazobenzol aus — 498.
Bindung an Protein in Leberzelle 497.
Demethylierung 497f.
Einfluß, kein, auf Cholesterinsynthese in der Leber 206.
Fluorderivat, Wirkung, keine, cancerogene 494.
Glutaminsäuregehalt in Nucleoproteiden nach — 503.
Hypoprothrombinämie nach — 470.
Spaltung, reduktive 484, 498f., 499*.
Wirkung, Steigerung durch Cobalamin 501.
— auf Citrullinsynthese 308.
— auf Nicotinsäurebildung aus Tryptophan 398.
— auf Proteinzusammensetzung der Leberzellen 503.
— auf Riboflavingehalt der Leber 393f.
— auf Vitamin C-Gehalt der Leber 503.
— von Riboflavin auf Carcinogenese durch — 393.
—, cancerogene 493.
—, —, Beeinflussung durch die Ernährung 500.
p-Dimethylaminoazobenzoltumoren 236.
p-Dimethylaminobenzalanilin, Wirkung, keine, cancerogene 494, 495*.
Dimethylaminobenzaldehyd, Entgiftung 456.
—, Reaktion auf „Urobilinogen" 517.
Dimethylaminobenzoesäure, Entgiftung von Dimethylaminobenzaldehyd durch Bildung von — 456.
2-Dimethylamino-4,4-diphenylheptan-5-on (= Methadon) 741.
Dimethylaminostilben, Wirkung, cancerogene 494, 495*.
3,3-Dimethylbutylacetat, Spaltung durch Acetylcholinesterase 852.
Dimethylcolamin, Einbau in Leberphosphatide 159.
—, Methylierung durch Methionin 146, 266.
4,4'-Dimethyl-3,3'-dipropionsäurepropentdyopent, Vorkommen in Gallensteinen 567.
Dimethyldisulfid, Wirkung, lipotrope 148.
Dimethylglycin, Demethylierung 498.
— kein Methyldonator 149.
Dimethylhistamin, Abbau durch Histaminase 760.
N,N-Dimethyl-p-phenylazoanilin s. Buttergelb.
N-Dimethylphenylendiamin 499*.
—, Bildung bei Spaltung, reduktiver, von p-Dimethylaminoazobenzol 498, 499*.
—, Wirkung, keine, cancerogene 499.
Dimethylpropiothetin 148*.
—, Wirkung, lipotrope 148.
N(1)-4,6-Dimethyl-2-pyrimidylsulfanilamid (= Mezathin) 478.
Dimethylthetin 148*.
— als Methylgruppendonator 267.
—, Wirkung, lipotrope 148.
α,α-Dimethyltriäthylcholin, Hemmung der Cholinoxydation durch — 146.
[(Dinatrium-N-adipin)-di-(3-amino-2,4,6-trijodphenylcarbonat)] zur Darstellung, röntgenologischen, der Gallenblase 565.
Dinitrobenzol 445.
Dinitro-o-kresol, Beeinflussung der Gehirnatmung durch — 791.
—, Linsentrübungen durch — 900.
3,5-Dinitro-o-kresol, Hemmung der CO_2-Fixation durch — 721, 933.
—, Wirkung auf Atmungskettenphosphorylierung 721.
Dinitrophenol, Einfluß auf Axerophthol-Gehalt der Leber 349.
— Entkoppelung von Oxydation und Bildung der Phosphatbindung, energiereichen, durch — 215.
—, Hemmung der Atmungskettenphosphorylierung durch — 732, 814.
—, — der Proteinsynthese in der Leber durch — 215.
—, — der PASTEUR-Reaktion durch — 732.
—, — der Reoxydation, aeroben, von Cozymase, reduzierter 732.
—, — der Virusausbreitung durch 832.
2,4-Dinitrophenol, Beeinflussung der Gehirnatmung durch — 790.
—, — der K^+-Wirkung auf Hirnatmung 806.
—, — des Kohlenhydratstoffwechsels der Retina 932.
—, — des Wassergehalts der Cornea 881.
—, Bildung von Aminonitrophenolen aus — 483.
—, Entgiftung in der Leber 483.

2,4-Dinitrophenol, Entkoppelung der Atmungskettenphosphorylierung durch — 731, 900.
—, Hemmung des P-Einbaus in Gehirnlipoide durch 737.
—, — der Ribonucleinsäurebildung durch — 764.
—, Linsentrübungen durch — 900.
—, Reizung des Hirnstoffwechsels durch — 815.
—, Unterdrückung des aktiven Ionentransportes durch — 805.
—, Wirkung auf Atmungskettenphosphorylierung 814.
—, — auf Milchsäurebildung 709.
Dinucleotide in der Leber 311, 327—330.
Dionin, Entgiftung in der Leber 484.
Dioxyaceton, Bildung aus Fructose-1-phosphorsäure 100.
—, — von Glykogen aus — 99, 102.
—, Verwendung zur Glucuronsäuresynthese 460.
—, Wirkung auf Redoxpotential der Leber 191.
Dioxyacetonphosphorsäure, Bildung aus Fructose-1-phosphorsäure 100.
—, Reaktion mit L-Glycerinaldehyd 704.
—, Vorkommen in Linse 891.
— als Wasserstoff-Acceptor 706.
3β,6α-Dioxyallocholansäure, Bildung aus 3,6-Diketoallocholansäure 556.
1,3-Dioxy-2-aminooctadecan 641.
1,3-Dioxy-2-amino-4,5-octadecen 641.
3α,6α-Dioxycholansäure (= Hyodesoxycholsäure) 553.
3α,7α-Dioxycholansäure (= Chenodesoxycholsäure) 553.
3α,7β-Dioxycholansäure (= Ursodesoxycholsäure) 553.
Dioxycholensäure 553•.
—, Bildung aus Apocholsäure bei Kröten 553.
3,7-Dioxycholensäure, Bildung aus Apocholsäure 556.
Di-4-oxycumarinylessigsäureäthylester als Vitamin A-Antagonist 237.
α,γ-Dioxy-β,β-dimethylbuttersäure 408.
2,12-Dioxy-7-ketocholansäure in Galle von Python reticulatus 551.
Dioxyindolylalanin 287•.
—, Bildung bei Tryptophanabbau (?) 287.
Dioxynaphthalin, Bildung aus Naphthalin 473.
2,4-Dioxyphenylalanin, Hemmung von Glutaminsäuredecarboxylase durch — 756.
—, Muttersubstanz von Augenpigmenten 917.
—, Oxydation in der Uvea 920.
3,4-Dioxyphenylalanin, Ausscheidung bei Tyrosinosis 284.
—, Bildung, keine, von Homogentisinsäure aus — 283.
L-Dioxyphenylalanin-decarboxylase 761.
2,5-Dioxyphenylbrenztraubensäure, Bildung bei Tyrosinoxydation 279, 281•, 282 Schema.
2,5-Dioxyphenylessigsäure, Bildung bei Tyrosinoxydation 279, 281•, 282 Schema.
Dioxyphenylglykolaldehyd 440•.
—, Bildung aus Noradrenalin 440.
3,4-Di-(p-oxyphenyl)-hexan, Inaktivierung in der Leber 429.
3,4-Di-(p-oxyphenyl)-hexen-Δ-3,4, Inaktivierung in der Leber 429.
Dipalmityllecithin 634.
Dipeptidasen, Gehirn 762f.
Dipeptide, Spaltung durch Muskel 763.
—, Wirkung auf TAKATA-Reaktion 244.
Diphenole, Entgiftung durch Bindung an Schwefelsäure 466.
Diphenyl, Entgiftung durch Merkaptursäurebildung 474.
Diphenyläthanolglucuronid 455.
Diphenylaminmethode zur Nucleinsäurebestimmung 311.
Diphenylaminreaktion auf Desoxyribonucleinsäure 662, 663 Tab., 665 Tab.
Diphenylessigsäure, Esterbildung mit Glucuronsäure 455.
Diphenyl-β-oxy-α-amino-valeriansäure, Bildung aus Hippursäure 256.
Diphosphoadenosin 409.
Diphospho-Coenzym A 408.
Diphosphofructose-1-phosphatase 100.
1,3-Diphosphoglycerinsäure, Bildung aus 3-Glycerinaldehydphosphorsäure 705, 729.
— als P-Donator bei Gehirnglykolyse 703.
Diphosphoglycerinsäuredephosphorylase 714.

Diphosphoinosit:
Abbau durch Meerschweinchengehirn 743.
als Bestandteil von Inositphosphatiden 637.
Einbau von P in — im Gehirn 737.
Gehalt in Ganglien, sympathischen 647 Tab.
— in Hirnrinde 647 Tab.
— in Intraduralnerven 648 Tab.
— in Milznerven 647 Tab.
— in Nerven, peripheren 648 Tab.
— in N. vertebralis 647 Tab.
— in Papilla nervi optici 647 Tab.
— in Retina 647 Tab.
— in Scherennerv, Hummer 647 Tab.
— in Substanz, grauer u. weißer 648.
— in Sympathicus 647 Tab.
— in Ventralmark, Hummer 647 Tab.
Hydrolyse im Gehirn 743.
Stoffwechsel 739.
Umsatz im Gehirn 770.
Diphospho-pantetheinnucleotid 407f.

Diphosphopyridinnucleotid:
583•.
Abbau in Gehirn 704, 719, 768, **792**f.
Aktivierung des Enzyms, testosteronoxydierenden 432.
Aktivität im Gehirn 713f.
Bedeutung für Alkoholentgiftung in der Leber 486.
— für Brenztraubensäureoxydation im Gehirn 717f.
— für Gehirnatmung 778f.

Diphosphopyridinnucleotid:
Bedeutung für α-Ketoglutarsäureoxydase 724.
— für Oxalessigsäureoxydation 719.
— für Oxydationen im Gehirn 719.
— für Progesteronreduktion 435.
— für Sehpurpurregeneration 943.
— für Serinsynthese 260.
— für Triosephosphat-dehydrogenase 713f.
Beteiligung an Alkoholoxydation 487.
— bei Axerophthol-Bildung aus Retinin 941, 943.
— an Decarboxylierung der Brenztraubensäure 716.
— an Fettsäuresynthese 170.
Bildung 396 Formel.
— von Adenylsäure aus — 583.
Bindung an Glucosedehydrogenase 728.
Coferment von Glucosedehydrogenase 108.
— der L-Glutaminsäuredehydrogenase 248.
— für Glycerophosphatdehydrogenase 714.
— der Malatdehydrogenase 127, 128 Abb.
— der Sorbitdehydrogenase 104.
Förderung des Testosteronabbaues durch — 430.
— der Oestradiolaktivierung durch — 425.
— der Oestrogeninaktivierung durch — 427.
Gehalt in Gehirn 792.
— in Leber 191, 394.
— — bei Nicotinsäuremangel 673.
— in Muskel 583.
Hemmung der Netzhautglykolyse 932.
— der Succinodehydrogenase des Gehirns 793.
Hydrogenierung durch Triosephosphat 714.
bei Oxydoreduktionen im Gehirn 706.
Phosphataustausch im Gehirn 765.
Reaktion mit β-Ketoreduktase 182.
Reduktion durch Triphosphopyridinnucleotid 794.
Spaltung 395.
Stellung in der Atmungskette 733 Abb.
Verhältnis, oxydiertes/reduziertes — im Gewebe 792.
Vorkommen in Augenlinse 889, 896.
— in Leber 330, 394ff.
— in Retina 928.
Wirkung auf Demethylierung von p-Dimethylaminoazobenzol 497.
— auf Glykolyse, aerobe, des Gehirns 707.
— auf Hippursäuresynthese 470.
—, keine, auf Fettsäuredehydrogenase 163.
Zerstörung bei Gehirnglykolyse 704.
reduziertes, Gehalt in der Leber bei Ketonkörperbildung, vermehrter 191.
—, Hemmung der Reoxydation, aeroben, durch — 732.

Diphosphopyridinnucleotid:
Hydrogenierung von Iminoglutarsäure durch — 749.
Reoxydation durch Brenztraubensäure 714.
Diphosphopyridin-Nucleosidase, Hemmung durch Tokopherol 366f.
Diphosphopyridin-nucleotidase 793.
—, Hemmstoffe der — 707f., 793.
—, Wirkung auf Atmungskettenphosphorylierung 732.
Diphosphopyridinnucleotid-Cytochromreductase, Gehalt im Herzen bei Eiweißmangel 222 Abb.
—, — in Leber bei Eiweißmangel 222 Abb.
—, — in Mäusehepatomen 504.
Diphosphopyridinnucleotid-Pyrophosphatase 719, 793.
N,N-Dipropyl-p-phenylazoanilin, Wirkung, keine, cancerogene 494.
Dipyrrylverbindungen, Bildung beim Abbau von Häm und von Myoglobin 522.
Disaccharide, Übertritt aus dem Blut ins Kammerwasser 908.
—, glucosehaltige, Verwertung in Geweben, peripheren 117.
D:N-Quotient 122.
Docosahexaensäure, Wirkung, biologische 374.
Dodecansäure, Abbau in Mitochondrien 187 Tab.
—, Bildung von Acetessigsäure aus — 187 Tab.
DONNAN-Gleichgewicht beim Ionentransport im Gehirn 802.
„Dopa", Muttersubstanz von Augenpigmenten 917.
Dopaoxydase, Vorkommen im Ciliarkörper 917, 920.
—, — in Iris 917.
Dorade, Leber, Axerophthol-Gehalt 357 Tab.
Dornhai, Leber, Gehalt an Mangan 61 Tab.
Dorsch, Leber, Gehalt an Molybdän 64 Tab.
—, —, — an Thiamin 387.
—, —, — an Vitamin A_2 359.
—, Leberöl, Gehalt an Axerophthol und Calciferol 362 Tab.
—, Lebertran, Gehalt an Clupanodonsäure 376.
—, Retina, Lactoflavingehalt 927.
Dorschlebertran, Gehalt an Fettsäuren, mehrfach ungesättigten 376.
DPN s. Diphosphopyridinnucleotid.
Druck, kolloidosmotischer, von Hornhauteiweiß 880.
—, — bei Nephrosen 230.
—, —, Regulation durch die Leber 229.
—, osmotischer, Bedeutung für Gehirnatmung 779.
—, —, Muskel 603f.
Ductus choledochus, Konkrementbildung im — 567.
Ductus-choledochus-Verschluß 514.
—, Mucingehalt der Blasengalle bei 542.
Ductus thoracicus, Fett-Transport 136.
Ductus-thoracicus-Lymphe 19.

Ductus-thoraciaus-Lymphe, Gallensäuregehalt bei Gallengangsunterbindung 560.
—, Vorkommen von Bilirubin in der — 520.
Dünndarm, Aufnahmegeschwindigkeit von Leucin, markiertem, im — 214.
—, Bildung von Cholesterin aus Stearinsäure im — 739.
—, Desoxyribonucleinsäuren, Fraktionen 314.
—, Gehalt an 7-Dehydrocholesterin 644.
—, Xanthinoxydaseaktivität 335 Tab.
Dünndarmextrakte, Polypeptid, blutdrucksenkendes in — 843.
Dünndarminhalt, Bilirubin im — 519f.
Duodenalextrakte, Wirkung, choleretische 531.
Duodenalsaft, Ausscheidung von Zink im — 63.
—, Einfluß von Sekretin auf Sekretion von — 531.
Duodenalschleimhaut, Extrakte, Wirkung auf Pankreassaft-, Duodenalsaft- und Gallenproduktion 531.
Duodenalsondierung 535.
Duodenum, Aufnahme von Plasmaeiweiß aus dem Blut 225 Abb.
—, Schleimhautschädigung durch große Eisenmengen 55.
Dura mater, Siliciumgehalt 628.
— — arachnoides 947.
Dysostosis multiplex 690.
Dystrophie, myotonische, Katarakt bei — 898.

E 605 = O,O'-Diäthyl-p-nitrophenylthiophosphat, Hemmung der Acetylcholinesterase durch — 860.
Ecksche Fistel s. Fistel, Ecksche.
Edestin, Glucosebildung aus — 123.
Eichhörnchen, Linse, Gelbfärbung 895.
Eidotter, Vorkommen von Biotin im — 410.
Eigelb, Gallenblasenentleerung durch — 535.
Eisbär, Galle 546.
—, Leber, Axerophthol-Gehalt 356, 357 Tab.

Eisen:
Abgabe durch Leber und Milz ans Blut 47.
— — bei Anämien 49f.
Ablagerung in Blutextravasaten 50.
Ausscheidung 52, 55.
— mit Galle 52, 55, 541.
— durch Leber 55.
Austausch zwischen Blut und Organen 49.
Bedarf für Hämoglobinbildung 45.
Depot in Leber, Bedeutung für Eisenresorption 53.
— — des Neugeborenen 45f.
Einfluß auf Apoferritinbildung 46.
Gehalt in Bindegewebe 575 Tab.
— in Blut 44, 575 Tab.
— in Blutplasma, Regulation 47.
— in Blutserum 48 Tab., 575 Tab.
— in Chorioidea 915 Tab.
— in Erythrocyten 575 Tab.
— in FA-Mäuseencephalomyelitis-Virus 833.

Eisen:
Gehalt in Ferritin 46.
— in Gehirn 623 Tab., 624 Tab., 626.
— in Herzmuskel 575 Tab.
— in Hornhaut 873 Tab.
— in Iris 915 Tab.
— in Knorpel 575 Tab.
— in Leber 44—52, 54, 64 Tab.
— — bei Anämie 50.
— —, fetaler 48.
— in Lederhaut des Auges 871.
— in Linse 884 Tab.
— in Milch 45.
— in Milz 44f.
— in Mikrosomen 45.
— in Muskel, glattem 575 Tab.
— in N. opticus 948 Tab.
— in Retina 925 Tab.
— in Rinderauge 916 Tab.
— in Skeletmuskel 575, 576 Tab.
Kreislauf im Organismus 44.
Resorption 52—55.
—, Störung bei Bluttransfusion 55.
Schädigung der Duodenalschleimhaut durch — 55.
Speicherung in der Haut 54.
— in Knochenmark 51, 52 Abb.
— in der Leber 51f.
— — bei Lebercirrhose 54.
— in Milz 52.
— in Pankreas 54.
Stoffwechsel bei Erythropoese 49ff., 55.
Übertragung durch Ferritin auf Siderophilin 49.
Vorkommen in Bindehaut 871.
— in Gallensteinen 566f.
— in Globus pallidus 674f.

Eisenbindungsfähigkeit im Blutplasma 48 Tab.
Eisen(III)-hydroxyd-Micellen im Ferritin 46.
Eisenionen, Aktivierung der Arginase 309.
Eisen(II)-Ionen, Austausch zwischen Blut und Kammerwasser 908.
Eisenmangel, Phosphataseaktivität der Leber bei — 544.
Eisenmangelanämie, Apoferritingehalt der Leber bei — 46.
—, Eisenresorption bei — 53.
Eisen-Porphyrinverbindungen, Bildung, Hemmung durch Zink 63.
—, —, Wirkung von Kupfer auf — 56, 63.
Eisen-Proteinverbindungen in Leber 46.
Eisensalze, Aktivierung von Kathepsin III durch — 833.
—, Unterbrechung der Hirnglykolyse 833.
Eisenspeicherung 51.
—, Leber, Bedeutung von Vitamin B_6 für — 400.
Eisenstoffwechsel, Stellung der Leber im — 44.
Eisenverlust bei Schwangerschaft 54.

Eiweiß:
s. a. Protein.
Abgabe durch Organe bei Hunger 219.

Eiweiß:
Aufnahme aus Blut durch Organe 225.
Ausscheidung bei Nephrosen 230.
Bedeutung für Citrullinsynthese 308.
Bildung, Bedeutung von α-Ketoglutarsäure für — 215.
—, — von Ribonucleotiden für — 764.
— aus Glucose im Gehirn bei Virusinfektionen 828f.
— aus Körperbausteinen, anderen 747.
— in Cytoplasma 764.
— in Gehirnzellen bei Poliomyelitis 828.
— und Kohlenhydratstoffwechsel, Beziehung der Glutaminsäure zu — 719.
— — in Gehirn 750.
— in Leber 210, 214f.
— im Nervensystem 681, 698, 764f., 811.
— von Fett aus — 402.
— von Glucose aus — 123.
— von Glykogen aus — 67.
Bindung von Azofarbstoffen, cancerogenen, an — 479f.
— von Rhodanid an — 481.
Einbau von Aminosäuren in — 214ff., 746f.
Einfluß auf Gallenproduktion 530.
Gehalt in Ascites 20.
— in Blutplasma 210, 227f.
— in Blutserum, Tageschwankungen 26.
— in Chorioidea 917 Tab.
— in Ganglienzellen bei Aktivität 811.
— in Gehirn 651—658, 684f.
— —, Altersveränderungen 677 Tab. 679 Tab., 680f.
— in Glaskörper 910f.
— in Herz 220 Tab., 222 Abb.
— in Hornhaut 874.
— in Kammerwasser 902f.
— in Leber s. Leber, Gehalt an Eiweiß.
— in Lederhaut des Auges 871f.
— in Linse 885—888.
— in Mitochondrien aus Hepatomen 503.
— in Nerven bei Degeneration, WALLERscher 694f., 697f.
— —, peripheren 652.
— im Nervensystem von Insekten 649.
— in Nervenzellen 667, 681.
— in N. opticus 948 Tab.
— in Neuroblasten, fetalen 681.
— in Niere 220 Tab.
— im Organismus nach Glucocorticoiden 125.
— in Retina 925.
— — bei Adaptation 812.
— in Rückenmark, Vorderhornzellen 667.
— in Tränenflüssigkeit 869 Tab.
Gehirn 651—658.
—, Aminosäurezusammensetzung bei Virusinfektionen 830.
—, Auf- und Abbau 746f.
—, Einbau von Cystin, markiertem, in — 747.
—, — von Phosphat in — 746.
—, Stoffwechsel 744—763.

Eiweiß:
Halbwertszeit 214.
Histontyp in Nervenzellen 745.
Leber s. Leber, Eiweiß.
Linse, Aminosäurezusammensetzung 887f.
aus Linsenkapsel 887f.
aus Markscheiden 653.
aus Muskel 577 Tab.
Nachweis durch Tetrazomethode 653.
Neubildung 746.
Speicherung in Leber 219ff., 223.
Stoffwechsel in Ganglienzellen und Funktion, psychische 812.
— in Gehirn 744—763.
— —, Fermente 762f.
— und Gehirnfunktion 809—812.
— in Linse 894f.
Umsatz, Definition 744.
— bei Arbeit, körperlicher 589.
— in Leber 221.
immunbiologisch spezifisches, in Tränenflüssigkeit vom Menschen 870.
schwefelarmes, Leberschädigungen durch — 365.
Eiweißmangel, Gehalt an Fermenten in Organen bei — 222 Abb..
—, — der Leber an Fett bei — 221.
—, — — an Glykogen bei — 221.
—, — — an Nucleinsäuren bei — 222.
—, Leberveränderungen bei — 221.
Eiweißnahrung, einseitige, Einfluß auf Wassergehalt der Leber 39.
Eklampsie, Gehirnstoffwechsel bei — 821.
Elaidinsäure, Gehalt in Gehirnlecithin 685f.
Elastine, Gehalt in Chorioidea 917 Tab.
—, — in Hornhaut 874.
—, — in Iris 917 Tab.
—, — in Lederhaut des Auges 871f.
—, Vorkommen im N. opticus 948.
Electrophorus electricus, Acetylcholinesterase aus — 853f.
Elektrolyte, Austausch zwischen Blut und Kammerwasser 908.
Elektroencephalogramm 786.
Elektronentransport 730.
—, Bedeutung von Nucleotidase für — 704.
— im Nervengewebe 733.
Elektroretinogramm 931.
Elaidinsäure, Verteilung im Körper nach Verfütterung 685f.
—, in Gehirnphosphatiden 685f.
EMBDEN-Ester 581.
EMBDEN-MEYERHOFsches Glykolyseschema 701.
Embryonalblut, O_2-Sättigung 512.
Embryonalextrakte, Steigerung der Glykolyse, anaeroben, durch — 709.
Emys orbicularis, Tetraoxysterocholansäurelacton in Galle von — 551.
Encephalitis, Urobilinurie bei — 522.
—, epidemische, Gehirn, Zusammensetzung, chemische, bei — 692.
—, VIRCHOWsche, kongenitale, neonatale 679.
Encephalomalacie, nutritive 673, 675.

Encephalomyelitisvirus, Hemmung der Ausbreitung durch Fluoressigsäure 832.
—, Resistenz gegen — bei Pantothensäuremangel 832.
Endoxydation, biologische, Fermente der — 722—725.
Endplatte, motorische, Acetylcholinesterase an der — 855.
Energielieferung durch Ionenkonzentrationsdifferenzen 804.
— durch Ionentransport 734.
Enolase, Aktivierung durch Magnesiumionen 42.
—, Vorkommen in Gehirn 714.
Ente, Gehirn, Oxydation von D-Milchsäure im — 706.
—, Leber, Mangangehalt 61 Tab.
—, —, Vitamin A-Gehalt 357 Tab.
—, Leberexstirpation 28.
Entenküken, Leber, Vitamin A-Gehalt 357 Tab.

Entgiftung:
s. a. Leber, Entgiftung.
s. a. bei den verschiedenen Substanzen.
durch Acetylierung 453.
von Acetylsalicylsäure 455, 457.
von Alkoholen 101, 455, 484—489.
von Benzoesäure 302, 453ff., 457, 469f.
durch Bindung an Glutaminsäure 454, 472.
— an Ornithin 454, 472.
— an Glucuronsäure 452—464, 482f.
von Ketonen, aromatischen 456.
von Kohlenwasserstoffen, aromatischen 455.
durch Konjugation 455—481.
in Leber 452—492.
durch Merkaptursäurebildung 474.
durch Methylierung 149.
von Phenolen 466.
durch Veresterung mit Schwefelsäure 465, 467.

Entgiftungsreaktionen 452.
Entgiftungsvorgänge, Abhängigkeit von der Ernährung 454.
Enzyme s. Fermente.
Eosin, Permeabilität, keine, der Blut-Hirnschranke für — 798.
Ependynom, β-Glucuronidase in — 692.
Ephedrin, Einfluß auf Acetylcholinsynthese 849.
—, Hemmung der Aminoxydase durch — 761.
Ephestia kühniella, Bildung von Ommin 918.
Epilepsie, petit mal-Anfälle, Acetylcholinmangel als Ursache von — 848f.
—, Wirkung von Desoxycorticosteron bei — 820.
—, — von Glutaminsäure bei — 759.
—, — von Kohlendioxyd auf Gehirnatmung bei — 759.
—, idiopathische, Gehirnstoffwechsel bei — 822.
Epithelkörperchen, Bedeutung für Phosphatgehalt des Gehirns 630.
Erdalkalimetalle, Gehalt in Muskel 576.
—, Stoffwechsel in Leber 40—44.
Erden, seltene, Speicherung in Leber und Milz 66.
Erepsin, Wirkung auf Proteine der Substanz, weißen, des Gehirns 650.
Ergosterin, Abbau in Leber 362.
—, Absorption, spektrale 645.
—, Ausscheidung im Harn 361.
—, Bildung, Bedeutung von Pantothensäure für — 206.
—, Resorption 361.
—, Vorkommen in Gehirn 675.
—, bestrahltes, Caliumgehalt in Gehirn nach — 622.
—, —, Resorption 361.
Ergotamin, Einfluß auf Acetylcholinsynthese 849.
Ergothionein, kein Methyldonator 149.
Erkrankung, ADDISONsche, Blutzucker bei — 124.
—, —, Corticosteroidabbau bei — 437.
—, VAN BOGAERT-SCHERERsche 688.
—, GAUCHERsche 642, 661, 690.
—, v. GIERKEsche, s. Glykogenspeicher-Krankheit.
—, HAND-SCHÜLLER-CHRISTIANsche 688.
—, NIEMANN-PICKsche 688f.
—, PFAUNDLER-HURLERsche 688, 690.
— s. a. Krankheit

Ernährung:
Einfluß auf Entgiftungen 454.
— auf Fettgehalt der Leber 136—140.
— auf Glykogengehalt der Leber 72, 261.
— auf Hepatombildung 500ff.
— auf Lipoidgehalt des Zentralnervensystems 686.
— auf Proteingehalt der Leber 218—223.
und Verhalten des Zentralnervensystems 684—687.
und Wirkung, cancerogene, von Dimethylaminoazobenzol 500.
alipotrope, Bindegewebsvermehrung in Leber durch — 156.
—, Leberverfettung bei — 145.
cholesterinfreie, Arteriosklerose bei — 205.
cholinfreie, Leberverfettung bei — 145.
eisenarme, Eisenresorption nach — 53.
eisenfreie, Eisengehalt der Leber bei — 50.
fettreiche, Fettleber bei — 137f.
proteinarme, Beeinflussung der Oestrogeninaktivierung durch — 427.
—, Phosphatidsynthese bei — 161.
proteinfreie, Bedeutung für Xanthinoxydase 335.

Erregung, psychische, Milchsäure- und Acetylcholingehalt in Gehirn bei — 738.
—, —, Wirkung auf Leberglykogen 76.

Erythrocyten:
Abbau 44, 506f., 509.
— und Gallenfarbstoffbildung 506.
Aufnahme von Fett, deuteriumhaltigem 686.

Erythrocyten:
Aufnahme von Leucin, markiertem 214.
Bedeutung von Folsäure und Vitamin B_{12} für Bildung von — 412.
Bildung in Leber 505.
— von Lipoiden in — 740.
— von Ribosephosphat aus Adenosin und Phosphat in — 109.
Gehalt an Mineralstoffen 575 Tab.
— an Ribonuclease 319 Tab.
— an Trockensubstanz 575 Tab.
— an Wasser 575 Tab.
Lebensdauer 509.
Oxydation von Rhodanid zu Cyanid durch — 479.
Senkungsgeschwindigkeit bei Lebererkrankungen 234.
Vorkommen von Acetylcholinesterase in — 855f.
— von Nicotinsäure in — 398.
— von Rhodanese in — 479.
Zerstörung bei Neugeborenen 512.
gewaschene, Cytolysate 711f.
Erythrocytenzahl, Vermehrung bei Sauerstoffmangel 49.
Erythropoese, Eisenstoffwechsel bei — 49ff., 55.
—, Steigerung durch Kupfer 59.
—, — durch Mangan 60.
D-Erythrose, Oxydation, direkte 108.
Escherichia coli, Abbau von Desoxyribose in — 111.
— —, Cysteindehydrogenase in — 519.
— —, Enzym, serindesaminierendes 263.
— —, Reduktion von Bilirubin durch — 518.
Eserin, Hemmung von Cholinesterasen durch — 858, 860f.
—, Wirkung auf Esterspaltung 852.
—, — bei Acetylcholinsynthese 758.
—, — bei Parkinsonismus 861.
Eskimo, Bildung von Ketonkörpern im Hunger bei — 190f.
Esociden, Harnsäureabbau bei — 341.
Esox lucius, Harnsäureabbau bei — 341.
— —, Leber, Gehalt an Vitamin A_2 359.

Essigsäure:
Abbau, Beschleunigung durch Propionsäure, Pyruvat und Glucose 174.
Aktivierung 179f.
Atmungsförderung in Ciliarkörper durch — 920.
Bildung aus Acetessigsäure 477.
— aus Äthanolamin 739.
— aus Alkohol 486, 489.
— aus Brenztraubensäure 118, 119 Schema **129**ff., 170, 477, 716f.
— —, Hemmung durch Pantothensäuremangel 410.
— aus Glykokoll 739.
— aus Isovaleriansäure 265*.
— aus α-Ketobuttersäure 716.
— aus α-Ketovaleriansäure 716.
— aus Leucin 265*.

Essigsäure:
Bildung aus Milchsäure 477.
— in Gehirn 716f.
— von Acetessigsäure aus — 168, 169 Abb., 173 Tab., 185f.
— von Acetyl-CoA aus — 179.
— von Arachidonsäure aus — 164.
— von Bernsteinsäure aus — 716f.
— von Cholesterin aus — 168, 169 Tab., 200—205.
— von Citronensäure aus — 114 Abb.
— von Fettsäuren aus — 164, 166f., 169, 740.
— —, höheren, aus — 166.
— von Serin aus — 262.
— von Sphingosin aus — 739.
— von 3β,5α,6β-Trioxycholestan aus — 203.
Einfluß auf Acetylcholinsynthese 846, 849f.
Oxydation im Citronensäurecyclus 126.
— in Gehirn 717.
P/O-Verhältnis bei Oxydation von — im Zentralnervensystem 730f.
Übertragung durch Coenzym A 116, 129.
Verwertung 486.
—, keine, durch Gehirn 742.
aktivierte, Bildung, Bedeutung von Cocarboxylase für — 129.
—, — aus Brenztraubensäure 113, 114 Abb., 126, **129**ff.
—, — von Acetylcholin aus — 846.
—, — von Brenztraubensäure aus — 113, 114 Tab.
—, — von Carotinoiden für — 202.
—, — von Cholesterin aus — 202f.
—, — von Fettsäuren aus — 114 Abb.
—, Quellen 114 Abb., 115.
—, Verwendung zu Synthesen, biologischen 202.
—, s. a. Acetyl-CoA.
Essigsäuredehydrogenase, Vorkommen in der Linse 896.
Ester, aliphatische, Spaltung durch Acetylcholinesterase 857.
Esterasen, Beeinflussung durch Calciumoleat 157.
—, Bildung in Leber 238f.
—, Gehalt in Blut 386.
—, — in Blutplasma 238f.
—, — in Leber 156ff., 238, 386.
—, Hemmung durch Tokopherylphosphat 367.
— der Leberzellen bei Chloroformvergiftungen 36.
—, Vorkommen in Plasmaalbuminen 239.
—, — in Gehirn 744.
—, — in Nerv bei Degeneration, WALLERscher 697.
—, Wirkung von Eserin auf — 852.
—, — von Natriumsalzen auf — 157.
—, atropinspaltende 484.
Esterglucuronide 455f.
Esterphosphatide, Fettsäuregemisch, Zusammensetzung 640 Tab.

Esterschwefelsäuren, Ausscheidung im Harn 466.
—, Bildung 459, 464—468.
—, —, Energielieferung für — 468, 470.
—, —, Mechanismus 468.
—, —, extrahepatische 464.
—, Paarlinge, exogene, der — 466ff.
Estersturz bei Leberdystrophie, akuter, gelber 208.
Euglobuline, Gehalt in Blutplasma bei Lebererkrankungen 231.
—, — in Leber 223 Tab.
— bei Lebererkrankungen 243.
Eunuchen, Gehirnstoffwechsel bei — 818, 820f.
E_0-Werte der Atmungsenzyme 733 Abb.
extrinsic factor 420.
— —, Gehalt in Muskel 585.
— — s. a. Cobalamin.

FAD s. Flavinadenindinucleotid.
Faktor für Gefäßerweiterung, antidrome 843.
FA-Mäuseencephalitis-Virus 833.
Farbensinn 867.
Farbstoffe, exogene, Ausscheidung mit der Galle 528.
—, —, — als Leberfunktionsprobe 562—565.
—, melanoide, in der Linse 895.
Farbstoffionen, Permeabilität durch die Blut-Hirnschranke 798.
Fasan, Bildung von Gallensäuren, tauringebundenen 557.
Fasern, postganglionäre, adrenergische, Katze 854.
—, präganglionäre, Acetylcholinesterase, Aktivität in — 854f.
—, —, sympathische, Gehalt an Substanz P 844.
Feliden, Bildung von Cholsäure 551.
—, — von Gallensäuren, tauringebundenen 557.
Ferment „C" 408.
— K_I und K_{II} 408.
— der Glutaminsäurebildung 755.
—, altes, gelbes, Oxydation von Glucose-6-phosphat durch — 728.
—, citratkondensierendes 195.
—, citronensäurebildendes, in Taubenleber, Aktivierung durch Manganionen 61.
—, glutathionspaltendes 275.
—, glutathionsynthetisierendes 275f.
—, lecithindesaturierendes, aus Rinderleber 163.
—, phenylalaninoxydierendes 278.
—, proteolytisches in Hundegalle 544.
—, riboflavinhaltiges, für Spaltung von Buttergelb 394.
—, serindesamidierendes, in E. coli 263.
—, testosteronoxydierendes 432.
—, tyrosinoxydierendes 278f.

Fermente:
Aktivierung durch Kupfer 56.
— durch Mangan 42f.
— durch Zink 63.

Fermente:
Ausscheidung durch die Galle 238.
der Fettsäureoxydation 171, 174.
Gehalt an Zink 63.
— in Blutserum 238—242.
— in Herz bei Eiweißmangel 222 Abb.
— in Leber bei Eiweißmangel 222 Abb.
— in Glaskörper 911.
— in Leber 36, 238.
— in Linse 895.
— in Mitochondrien 377.
— in Muskel 585.
— in Nerv bei Degeneration, WALLERscher 695.
der Glykolyse 710—715.
des Nucleinsäureabbaus 766ff.
Sauerstoffvergiftung, Wirkung auf — 789.
Vorkommen in Galle 543ff.
acetaldehydoxydierende 490.
ammoniakbildende, im Gehirn 758.
lecithindesaturierende 163.
porphyrinhaltige, bei Tumorratten 503.
proteolytische 896.
—, Unterbrechung der Hirnglykolyse durch — 833.
respiratorische, im Linsenepithel 894.
SH-haltige, Komplexbildung mit Methylglyoxal 715.
Fermentsystem der Argininbildung 417.
—, citrullinbildendes, in Leber 306.
—, glykolytisches, Vergiftung mit Monojodessigsäure 590.
—, —, Vorkommen im Muskel 585.
—, oxydierendes, während der Gehirnentwicklung 683.
—, sulfatveresterndes 468.
—, tryptophanspaltendes 288.
—, xanthurensäurebildendes 291.
Fermentsysteme, Lokalisation in der Leberzelle 255.
—, acetylierende, in der Leber 179, 478.
—, hydrolytische, Beteiligung an Entgiftungsvorgängen 484.
Ferkel, Leber, Kupfergehalt 56 Tab.
Ferricyanid als Elektronenacceptor für Äthylenreduktase 183.
Ferritin 46f.
—, Eisenübertragung auf Siderophilin 49.
—, Gehalt an Eisen 46.
—, — in Darmwand 46, 53.
—, — in Leber bei Hämochromatose 54.
—, Regulation der Fe-Resorption 53.
—, Vorkommen in Leber 46.

Fette:
Abbau im Herzen 196.
— in der Leber 177—183, 189ff., 196.
— —, Mechanismus 177—183.
— in der Lunge 196.
— in der Milz 196.
— in der Muskulatur 195f.
— in der Niere 196.
Abgabe durch die Leber 137, 166.
Aufnahme durch die Leber 136ff., 349.
— in Gehirnlipoide 686.

Fette:
Austausch zwischen Blutplasma und Gehirn 740.
Bildung:
Einfluß von Hypophyse auf — 169.
Hemmung durch Pentoyltauryl-p-anisid 179.
Wirkung von ACTH auf — 169.
— von Nebenniere auf — 169.
aus Acetoacetyl-CoA 181.
aus Brenztraubensäure 113, 115.
aus Fructose 102.
aus Glykogen nach Insulin 74.
aus Kohlenhydraten in Leber 67, **130**, 134, 137, 145, 177.
—, Beeinflussung durch Thiamin 170.
— bei Tieren, pankreasektomierten 168f.
aus Protein, Bedeutung von Pyridoxin für 402.
aus Sorbit 104.
bei Kohlenhydratmast 115, 135, 138.
bei Pantothensäuremangel 409.
in Arterienwand 165.
in Fettleber 155f.
in Hornhaut 878.
in Leber s. Leber, Bildung von Fett.
in Organen 165.
von Ketonkörpern beim Abbau der — 193.
von Kohlenhydraten aus — 130.
Einfluß auf Cholesterinbildung in Leber 205.
— auf Gallenproduktion 530.
— auf Phosphatbildung 138.
— auf Vitamin A-Gehalt der Leber 349.
— auf Wirkung, cancerogene, von Azofarbstoffen 501.
Emulgierung 545.
Energielieferung für Zentralnervensystem 700.
Gehalt in Blut 138.
— in Fleisch 584.
— in Leber s. Leber, Gehalt an Fett.
— in Lebermitochondrien 167.
— in Muskel 584.
— in Retina 925 Tab.
Oxydation in Gehirn 741, 784.
— bei Hypoglykämie 825.
— in Leber 452.
Quotient, respiratorischer, für — 589.
Resorption im Darm 136.
Stoffwechsel, Leber 131—209.
—, —, Bedeutung von Biotin für — 413.
—, —, — von Vitamin B_6 für — 400, 403.
—, Untersuchung mit Wasser, markiertem 165f.
Transport im Ductus thoracicus 136.
Umsatz im Gehirn 784.
Verwertung in Geweben, peripheren 156.
Vorkommen in Kammerwasser 904.
Wirkung auf Leberverfettung 152f.

Fette:
deuteriumhaltige, Verteilung im Organismus 686.
periphere, Linolsäuregehalt nach Maisölfütterung 375.
Fettansatz 164.
Fettcirrhose, Leber 156.
Fettcysten, Leber 155.
Fettdepots 137f.
Fettfärbemethoden, histologische 132.
Fettgewebe, Fettabgabe an das Blut 166.
—, Fettbildung in — 165.
—, Speicherung von Tokopherol im — 363f.
—, Vorkommen von 9,10-Fettsäuredehydrogenase 163.
Fettleber 135, 145—150.
—, Bildung bei Methioninmangel 475.
—, — durch Brombenzol 475.
—, — durch Naphthalin 475.
—, Glykogengehalt 155f.
—, Lebergewicht bei — 10.
—, Wirkung von Lipokain auf — 151.
— bei Fleisch- und Pflanzenfressern 139.
— bei Kwashiorkor 151.
— bei Pantothensäure-Mangel 105, 409f.
— nach Ernährung, fettreicher 137f.
Fettnahrung, Bedeutung für Lebervolumen 10.
—, Einfluß auf Wassergehalt der Leber 39.
Fettsäurecyclus 166, **177**, **178**•, 180, 183f.
Fettsäuredehydrogenasen 149, 163f.
9,10-Fettsäuredehydrogenase, Vorkommen 163.

Fettsäuren:
Abbau, Bedeutung von Kohlenhydraten für 190.
—, Beeinflussung durch Alkoholoxydation 486.
—, — durch Glykogen 190.
— in Leber 164f., **171**—**177**, 184, 186.
Anlagerung von Coenzym A an — 158, 180f.
Austausch im Gehirn 740.
Bedeutung für Kalkinfiltration der Linse 884.
— für Umsatz von Formylgruppen 261.
Beeinflussung des R.Q. der Leber durch 173, 175.
Bildung:
Bedingungen der — 170.
Beschleunigung der — 167.
Hemmung durch Calciumionen 170.
— durch Fluoridionen 170.
Koppelung mit Kohlenhydratabbau 169 Abb.
aus Acetat 164, 166f., 169, 740.
aus Acetat, aktiviertem 114 Abb.
aus Acetyl-CoA 177, 180, 181•, 189.
aus Brenztraubensäure 168.
aus Kohlenhydraten 168.
aus Milchsäure 168.
bei Hunger 204f.
in Gehirn 740.
in Leber 22, 164—171., 178•, 740.

Fettsäuren:
Bildung:
in Leberhomogenaten 167, 203.
in Lebermitochondrien 178*.
in Milchdrüse 165.
von Cholesterin aus — 201.
von Ketonkörpern aus — in der Leber 172, 174, 186—193.
Carboxylgruppe, Einbau, orientierter, in Acetessigsäure 189 Tab.
CoA-Verbindungen 158, 180f.
Desaturierung in der Leber 162, 374f.
Einbau in Gehirnlipoide 735.
Fettbildung in der Hornhaut aus — 878.
Gehalt in Galle 538 Tab., 545 Tab., 546.
— in Gehirnlipoiden 638.
— in Leber 131, 140ff., 153 Tab., 155 Tab.
— — im Hunger 139 Abb.
— in Leberlymphe 20.
— in Lecithin 638.
— in Nerven bei Degeneration, WALLERscher 693.
— in N. ischiadicus bei Degeneration, WALLERscher 694 Tab.
— in Zellfraktionen 134 Tab.
Halbwertszeit 166.
Na-Salze, Wirkung auf Pyruvatoxydasesystem 726.
Oxydation, Fermente der — in Mitochondrien 171, 741.
— durch Gehirn 740f., 785.
— in Nerven 741.
β-Oxydation 21, 171f., 174f.
ω-Oxydation 175f., 482.
Oxydationscyclus 196 Abb.
Resorption, Hemmung bei Ductus choledochus-Verschluß 514.
Saturation in der Leber 162.
Stoffwechsel in Gehirn 740—743.
— in Leber 156—183, 741.
Umesterung in der Leber 156—161.
Umsatz, Beschleunigung durch Insulin 168.
— im Gehirn 740.
Umwandlung ineinander 158, 161—164.
Vorkommen in Glycerinphosphatiden des Gehirns 638, 639 Tab.
Wirkung, alipotrope 152.
essentielle, Bedeutung für Fermentgehalt der Mitochondrien 377.
—, — für Phosphatidbildung in der Leber 376.
—, — von Pyridoxin für Stoffwechsel der — 403.
—, Bildung, keine, in der Leber 163.
—, Einfluß auf Leberlipase 377.
—, — von Pyridoxin auf Wachstumswirkung der — 375.
—, Gehalt im Leberfett 374ff.
—, Stoffwechsel in der Leber 374—377.
—, Wirkung, lipotrope 376f.
freie, Gehalt in der Galle 545 Tab., 546.
—, — in Retina 925 Tab.
gesättigte, Bildung 183.
—, Gehalt in Esterphosphatiden 640 Tab.
—, Oxydation in der Linse 895.

Fettsäuren:
höhere, Aktivierung 179f.
—, Bildung aus Acetat 166.
—, — aus Brenztraubensäure 168.
—, — aus Buttersäure 201.
—, — aus Fettsäuren, niederen 168.
—, — aus Isovaleriansäure 168, 201f.
—, β-Oxydation bei Diabetes 191.
—, Resorptionsweg 136.
ketogene und nicht ketogene 177*.
kurzkettige, Hemmung der Oxydation durch Malonat 192.
lang- und kurzkettige, Acetessigsäurebildung aus — 186, 187 Tab.
mehrfach ungesättigte, Bildung, keine, aus Öl- oder Palmitoleinsäure 374.
— —, —, im Organismus, tierischen 164.
— —, Gehalt in Dorschlebertran 376.
— —, — in Gehirn 687.
— —, — im Herzen 374ff.
— —, — in Leberphosphatiden 375.
— —, Stoffwechsel in der Leber 374ff.
— —, Umwandlung im Organismus, tierischen 164.
resorbierte, Verteilung auf Leber und Fettgewebe 136f.
ungeradzahlige, Bildung von Ketonkörpern aus — 187.
—, Oxydation 174.
ungesättigte, Bedeutung für Mitochondrien 153.
—, — für Phosphatidbildung 153.
—, Bildung aus Palmitinsäure 162f.
—, — in Leber 166.
—, Einfluß auf Vitamin B_6-Bedarf 687.
—, Gehalt in Esterphosphatiden 640 Tab.
—, und Pyridoxin, Synergismus 687.
—, in Strukturlipoiden 133.
—, Wirkung, lipotrope 143.
—, in Zellfraktionen 134.
verzweigte, Abbau 176f.
Fettstühle, acholische 514.
Fettsucht, Gallensteine bei — 568.
Fettverwertung, Förderung durch Galaktosezufuhr 93.
Fetus, Cholesterinsynthese beim — 204.
—, Gehirn, Gehalt an Wasser 676.
—, —, Phosphatidsynthese im — 738.
—, Kleinhirn, Gehalt an Lipoiden 679 Tab.
—, Leber, Gehalt an Eisen 48.
—, —, — an Glykogen 69.
—, —, — an Kupfer 58.
—, —, — an Nicotinsäure 394, 396.
—, —, — an Nucleinsäure und Umsatzgeschwindigkeit 323f.
—, —, Glucose-6-phosphatase in — 69f.
—, —, Glykogenolyse in der — 69.
—, Medulla oblongata, Gehalt an Lipoiden 679 Tab.
—, Rückenmark, Gehalt an Lipoiden 679 Tab.
Fibrillen, argyrophile 14.
Fibrillensäure 652.
Fibrin, Glucosebildung aus — 123.

Fibrinogen, Bildung 233ff.
—, — in Leber 210, 226f., 233.
—, — bei Phosphorvergiftung 35.
—, Einfluß auf Stabilität von Cholesterinsolen 569.
—, Gehalt in Blut bei Lebererkrankungen 234.
—, — in Blutplasma 231, 237, 237 Abb.
—, — in Leberlymphe 20.
—, Vorkommen in Kammerwasser 903.
Fibrinopenie bei Leberdystrophie, akuter, gelber 235.
Fibroplasie, retrolentale, bei Vitamin E-Mangel 675.
Fieber, Temperaturerhöhung in der Leber bei — 24.
Finwal, Leber, Gehalt an Vitamin A 357 Tab.
—, —, — an Vitamin B_1 387.
Fische:
Allantoinabbau bei — 333f., 340.
Endprodukte des N-Stoffwechsels bei — 341 Tab.
Gallensäureausscheidung 551.
Gallensäurebindung an Taurin 551.
Gehirn, Aktivität der Acetylcholinesterase 854.
Leber, Gehalt an Ascorbinsäure 377.
—, — an Calciferol 362f.
—, — an Mangan 60, 61 Tab., 64 Tab.
—, — an Riboflavin 390.
—, — an Thiamin 387.
—, Testosteroninaktivierung 432.
—, Vitamin A, freies und verestertes, in — 358.
—, Vitamin D_2 und D_3 in — 363.
Leberöl, Gehalt an Neovitamin A 358.
—, — an Tokopherol 364.
—, — an Vitamin A 356, 358 Tab., 362 Tab.
—, — an Vitamin D 362 Tab.
—, Vorkommen von Neovitamin A in — 358.
Linse, Eiweißkörper 885f., 888.
—, Phosphatgehalt 885, 890, 892.
Muskel, Ascorbinsäuregehalt 377.
Retina, Atmung und Glykolyse 929—933.
—, Ernährung 929.
—, Lactoflavingehalt 927.
Sehpurpur 939.
Fistel, Ecksche 18, 28, **29**, 30 Tab., 32, 92.
—, —, Allantoinbildung bei — 338.
—, —, Fibrinogengehalt des Blutes bei — 234.
—, —, Gallensäureausscheidung bei — 559.
—, —, Glucuronsäurelactonausscheidung bei — 464.
—, —. Phenolentgiftung bei — 466.
—, —, Harnstoffbildung bei — 304.
—, —, Harnstoffgehalt des Blutes bei — 305.
—, —, Regeneration der Plasmaproteine bei — 226.
—, —, umgekehrte 28, 29, 30 Abb.
—, —, —, Harnsäureausscheidung bei — 338.
—, —, —, Ketonkörperbildung bei Hunden mit — 185.
Fistelgalle, Gehalt an Gallensäure 539.
—, — an Kochsalz 539.
— s. a. Blasengalle.
— s. a. Galle.
Flavinadenindinucleotide, Bedeutung für Acetylcholinsynthese 846.
—, Gehalt in Gehirn 330, 672.
—, — im Herzen 330.
—, — in Leber 330, 390.
—, — in Organen 391 Tab.
—, — in Rattengehirn 794.
—, Vorkommen in Muskel 583.
Flavinadeninnucleotid als Coferment der Glycinoxydase 259.
Flavine, Vorkommen in der Retina 927f.
Flavinfermente, Bedeutung für Spaltung, reduktive, von p-Dimethylaminoazobenzol 498.
—, Gehalt in Hepatomen 503.
—, — in Leber 391.
—, — in Leberzellen nach Azofarbstoffen, cancerogenen 503.
—, Vorkommen in der Leber 347, 391.
Flavin-mononucleotide, Gehalt in Gehirn 672.
—, — in Leber 330, 390.
—, — in Organen 391 Tab.
—, Vorkommen in Muskel 583.
Flavinnucleotide, Gehalt in Leber 347, 390, 391 Tab.
—, — in Muskel 391 Tab., 583.
—, — in Organen 391 Tab.
Flavinphosphorsäure 583*.
Flavoproteide, Elektronentransport zum Cytochrom c 730.
—, Reaktion mit Codehydrogenasen 794.
—, Sauerstoffvergiftung, Wirkung auf — 789.
—, Stellung in der Atmungskette 733 Abb.
—, Vorkommen in Gehirn 794.
—, — in Linsenepithel 894f.
Fleisch, Einfluß auf Gallenproduktion 530f.
—, mageres, Fettgehalt 584.
Fleischkost, Calciumgehalt der Galle bei — 540.
Fleischfresser, Aminosäurestoffwechsel 210.
—, Fettleber beim 139.
—, Leber, Bildung von Kohlenhydrat aus Aminosäuren 210.
Flieger, Arbeitsfähigkeit in großen Höhen 609.
Flüssigkeit, intraoculare s. Auge, Kammerwasser.
Fluorbenzol, Bildung von Merkaptursäure aus — 473.
Fluorcitronensäure 725f.
Fluoren, Abbau im Stoffwechsel 500.
—, Wirkung, keine, cancerogene 495.
Fluorescein, Ausscheidung durch die Galle 528.
—, Permeabilität, keine, der Blut-Hirnschranke für — 798.
Fluoressigsäure, Einfluß auf Citronensäuregehalt des Gehirns 660.
—, Gehalt in Dichapetalum 725.

Fluoressigsäure, Hemmung des Citronensäurecyclus durch — 717, 725f., 832.
—, — der Virusausbreitung im Gehirn durch — 832.
—, Vorkommen 725.
—, Wirkung auf Aconitase 725f.
Fluoressigsäurevergiftung 726f.

Fluorid:
s. a. Natriumfluorid.
Einfluß auf Acetylcholinbildung 758, 847.
— auf Adenosintriphosphatbildung in der Leber 86, 328.
Gehalt in Gehirn 623 Tab.
— in Leber 64 Tab.
Hemmung der ATP-Bildung durch — 86.
— der Cocarboxylasebildung durch — 388.
— der Fettsäuresynthese durch — 170.
— von Gallenphosphatase durch 543.
— der Glucose-6-phosphatase durch — 91.
— der Glucuronsäurebildung durch — 458.
— der Glutaminbildung durch — 253, 752.
— der Hippursäurebildung durch — 470.
— der Leberlipase durch — 157.
— der Netzhautglykolyse durch — 932.
— der Nucleinsäurespaltung durch — 766.
— von Phosphoglucomutase durch — 86.
— der Serumlipase durch — 157.
— des Testosteronabbaus durch — 430.
— der Thyroxinwirkung auf Leberstoffwechsel durch — 444.
Kohlenhydratoxydation nach Vergiftung mit — 729.
Muskelstarre durch — 607.
Vorkommen in Muskel 576.
Wirkung auf Blutzuckergehalt 91.
— auf Fructosebilding aus Glucose 99.
— auf Leberesterase 157.
— auf Pyrophosphatase, anorganische 777.
—, keine, auf Fettsäuredehydrogenase 163.
Fluorisocitronensäure 725.
Fluortricarbonsäure 725.
FMN s. Flavinmononucleotid.
FÖLLINGsche Krankheit 826.
Folinsäure, Aktivierung von Cholinoxydase durch — 416.
—, Bestimmung 415 Tab.
—, Bildung in Knochenmark 414.
—, — in der Leber 414.
—, Form, gebundene 414.
—, Gehalt in Cytoplasma 415.
—, — in Leber 414.
—, — in Mitochondrien 415.
—, Verteilung, intracelluläre, in der Leber 415 Tab.
— s. a. Citrovorum-Faktor.
— s. a. Formylpteroylglutaminsäure.

Folsäure:
Aktivierung von Fumarase 416.
Antagonisten der — 262, 417.
Bedeutung für Adenylsäurebildung 406.
— für Aminosäurebildung 417.
— für Blutbildung 415.
— für Erythrocytenbildung 412.
— für Glykokollstoffwechsel 261ff., 417ff.
— für Harnsäureausscheidung 418.
— für Hippursäuresynthese 417.
— für Kreatin- und Kreatininausscheidung 418.
— für Leberstoffwechsel 415—418.
— für Methylgruppenübertragung 415.
— für Nucleinsäurebildung 415.
— für Purinbildung 332f.
— für Serinstoffwechsel 261f., 417ff.
— für Stoffwechsel von C_1-Verbindungen 415.
— für Thyminbildung 343.
— für Xanthinoxydase 335.
Bildung aus Xanthopterin 413.
— in Leber 413.
— von Folinsäure aus — 414.
Darstellung aus Leber 413.
Form, gebundene 413.
Funktion im Leberstoffwechsel 415—418.
Gehalt in Gehirn 672 Tab., 674.
— in Leber 413ff.
— in Muskel 585.
Hemmung der D-Aminosäureoxydase durch — 416, 422.
— der Glycerophosphatase durch — 416.
Hydrocephalus bei Mangel an — 674.
Polyglutaminsäureverbindung 413f.
Stoffwechsel in der Leber 413—418.
Verteilung, intracelluläre, in der Leber 415 Tab.
Wirkung auf Allantoinausscheidung 418.
— auf Coenzym A-Gehalt der Leber 406.
— auf Fettgehalt der Leber 418.
— auf Kreatinausscheidung 418.
— auf Lactobacillus casei 413.
— auf Leberfermente 415f.
— auf Sauerstoffverbrauch der Leber 416f.
— auf Tyrosinabbau 417.
— auf Xanthopterinoxydation 416.
Folsäureconjugase 413f.
Forelle, Gehirn, Bildung von Glutamin 752.
—, Harnsäureabbau bei — 340.
—, Leber, Gehalt an Vitamin A_2 359.
Formaldehyd, Bildung aus Sarkosin 259*.
—, Hemmung der Sehpurpurbildung durch — 942.
Formazanbildung 797.

Formiat:
Bildung aus Cyanid 481.
— aus Formylkynurenin 288.
— aus Glyoxylsäure 259f.
— aus Histidin 297f.
— bei Methylalkoholoxydation 489.
— von Kohlendioxyd aus — 831.

Formiat:
Bildung von Methylgruppen aus — 481.
— von Serin aus — 260•, 402, 831.
Einbau in Nucleinsäuren 316.
Gehalt in Blut bei Methylalkoholvergiftung, tödlicher 489.
als Hypoxanthinvorstufe bei Vögeln 337.
als Methyldonator für Thyminbildung 343.
Stoffwechsel, Bedeutung von Folinsäure für — 262.
Verwendung zum Allantoinaufbau 481.
— zum Methioninaufbau 481, 831.
— zur Proteinsynthese 830.
— zur Purinsynthese in der Leber 332f.
— zur Serinsynthese 831.
Vorkommen in Linse 891.
— in N. opticus 948.
Formiat-C, Einbau in Aminosäuren 830f.
Formylase 287f.
Formylglutamin, Bildung beim Histidinabbau 297, 298 Abb.
Formylgruppen, Stoffwechsel 260, 262.
Formylkynurenin 286•, 287•.
—, Bildung aus Tryptophan 285, 286•, 287.
—, — von Formiat aus — 288.
—, — von Kynurenin aus — 287f.
Formylphenylalanin, Bildung von Phenylbrenztraubensäure aus — 826.
Formylpteroylglutaminsäure, Bildung in der Leber 414.
— s. a. Folinsäure.
— s. a. Citrovorum-Faktor.
^{10}N-Formylpteroylglutaminsäure, Bedeutung für Stoffwechsel der Formylgruppen 262.
5-Formyl-5,6,7,8-tetrahydropteroyl-glutaminsäure s. Folinsäure.
Fovea centralis 977.
Foveola 923.
Frontalrinde, Zusammensetzung, chemische 618 Tab.
Frosch:
Blut, Biliverdingehalt 516.
—, Gefrierpunktserniedrigung 603.
Darm, Abbau von Adrenalin durch — 440 Tab.
—, — von Isoamylamin durch — 440 Tab.
—, — von Sympatol durch — 440 Tab.
—, — von Tyramin durch 440 Tab.
Gallensäuren, Bindung an Sulfat 557.
Gefrierpunktserniedrigung 603.
Gehirn, Acetylcholingehalt bei Strychninkrämpfen 843.
—, Glutaminbildung 752.
—, Glykogengehalt nach Insulin 823.
—, Kaliumgehalt 623.
Glucuronidbildung 458.
Hippursäurebildung 28.
Harnsäureabbau 340.
Harnstoff als Endprodukt des Purinstoffwechsels bei — 334.
Herz, Monojodessigsäurewirkung auf — 610.
Leber, Abbau von Adrenalin durch — 440 Tab.
Frosch:
Leber, Abbau von Isoamylamin durch — 440 Tab.
—, — von Sympatol durch — 440 Tab.
—, — von Tyramin durch 440 Tab.
—, Chloroformvergiftung 36.
—, Biliverdinbildung in — 507.
—, Biliverdinreduktion 516.
—, Gehalt an Carotin 355.
—, — an Glykogen 71.
—, — an Mangan 61 Tab.
—, — an Rhodanese 479.
—, —, an Vitamin A 355f.
—, — an Vitamin A_2 359.
—, Phenolsulfatbildung 465.
—, Testosteroninaktivierung 432.
Leberexstirpation bei 28.
Muskel, Endplatte, motorische, Acetylcholinkonzentration an 855.
—, Quotient, Respiratorischer 590.
—, Sauerstoffverbrauch 590.
—, glatter (Magen), Bestandteile, anorganische 575 Tab.
Nerven, Glykolyse, endogene 706.
—, periphere, Sauerstoffverbrauch 783.
N. ischiadicus, Acetylcholinabgabe bei Erregungsleitung 841.
Nicotinentgiftung 492.
Retina, Ammoniakbildung 934.
—, Gehalt an Acetylcholin 928.
—, — Ammoniak 934.
—, — an Glykogen 928.
—, — Sehpurpur 938.
—, — an Xanthophyll 926.
—, Stäbchen, Außenglieder, Atmungssystem in — 944.
—, Stoffwechsel 930.
—, Sehpurpurregeneration 942.
Skeletmuskel, Gehalt an Bestandteilen, anorganischen 575 Tab.
Fructokinase 711.
—, Vorkommen in Leber 84, 98ff.
—, — in Linse 896.
Fructosämie 103.
Fructose:
Abbau, glykolytischer, in der Retina 932.
Abbaugeschwindigkeit in der Leber 101.
Aufnahme durch die Leber 67.
Ausscheidung im Harn bei Leberstörungen 103.
Bedeutung für Acetylcholinsynthese 845.
— für Alkoholvergiftung 101.
Beeinflussung der Fettsynthese in der Leber durch — 169.
— der Gehirnatmung durch — 780.
— der Glutaminsäureaufnahme durch Hirnschnitte 756.
— der Harnstoffbildung durch — 304f.
— auf Permeabilität der Linse 893.
— des P-Einbaus in Gehirnlipoide durch — 757.
— Beschleunigung der Alkoholentgiftung durch — 101, 488.
Bildung aus Fructose-6-phosphat 100.

Fructose:
Bildung aus Glykogen durch α-Amylase 82, 117.
— aus Sorbit 104.
— von Brenztraubensäure aus — 101.
— von Fett aus — 102.
—, von Fettsäure aus — in der Leber 168.
— von Fructose-1-phosphat aus 98ff.
— von Glucose aus — 98—103, 117.
— — aus — bei Glykogenspeicherkrankheit 79.
— von Glykogen aus — 67, 72, 83, 89—92, **99—102**, 117.
— von Milchsäure aus — 101.
— von Triosephosphat aus — 100.
Brenztraubensäuregehalt im Blut nach — 488.
Energielieferung für Adenosintriphosphorsäurebildung durch — 102.
Glykolyse in Hirnhomogenat 702.
Hyperglykämie nach — 102.
Leberfunktionsprüfung mit — 103.
MICHAELIS-Konstante der Phosphorylierung durch Hexokinase 710f.
Oxydation im Gehirn 784.
—, Hemmung durch Narkotica 813.
— in Retina 931f.
Phosphorylierung 98—102.
—, Hemmung durch Mannose 710.
—, Störung bei Fructosämie 103.
— durch Hefehexokinase 84.
— durch Hexokinase im Gehirn 710.
— in Gehirn 702.
Quotient, respiratorischer, nach Zufuhr von — 101.
Verwertung beim Diabetiker 102f.
— in Geweben, peripheren 117.
— zur Glucuronsäuresynthese 460.
— durch die Linse 894.
Wirkung auf Alkalireserve 101.
— auf Citronensäuregehalt des Blutes 103.
— von Fluorid auf — -Bildung aus Glucose 99.
— von Hexokinase auf — 99.
—, antiketogene 101f.
—, —, bei Diabetes 191.
—, proteinsparende, bei Phlorrhizindiabetes 102.
Fructose-1,6-diphosphorsäure, Bildung aus Triosephosphaten 100.
—, — von Fructose-6-phosphat aus — 100.
—, — von Glucose aus — 99.
—, — von Pentosen aus — 345 Abb.
—, Förderung der Glutaminsäureaufnahme in Hirnschnitte durch — 756.
—, Spaltung im Gehirn 705.
—, Verwertung für Glykolyse im Gehirn bei Virusinfektion 833.
— s. a. Hexosediphosphorsäure.
Fructose-1-phosphorsäure, Bildung aus Fructose 98ff.
—, — aus D-Glycerinaldehyd 704.
—, — aus Triosephosphorsäure 100.
Fructose-1-phosphorsäure, Bildung von Dioxyaceton aus — 100.
—, — von Glucose aus — 99.
—, — von Glucose-1-phosphorsäure aus — 99.
—, — von Glucose-6-phosphorsäure aus — 98—101.
—, — von Glycerinaldehyd aus — 100.
Fructose-6-phosphorsäure, Bildung aus Fructose 710.
—, — aus Fructose-1,6-phosphorsäure 100.
—, — aus Glucose-6-phosphorsäure 86, 100.
—, — aus Mannose-6-phosphorsäure 711.
—, — aus Pentosephosphorsäure 109, 345.
—, — aus Sedoheptulose-7-phosphorsäure 110.
—, — in Blutserum 242.
—, — von Fructose aus — 100.
—, — von Glucose aus — 99.
—, — von Glucose-6-phosphorsäure aus — 100, 109.
—, Hydrolyse, keine, in der Leber 91.
—, Vorkommen in Linse 891.
Fructose-6-phosphat-phosphorylase, Wirkung von Sauerstoffvergiftung auf — 789.
Fructosurie, essentielle 103.
Fuchs, Chorioidea, Gehalt an Zink 916.
—, arktischer, Leber, Vitamin A-Gehalt 358.
Fucose, Vorkommen im Mucoproteid der DESCEMETschen Membran 875.
Fumarase 128.
—, Aktivierung durch Folsäure 416.
—, Bestimmung in Gehirn 617.
—, Gehalt in Gehirn 720, 724f.
—, Trennung von Aconitase 723.
—, Vorkommen in Dendriten 618.
Fumarat s. Fumarsäure.

Fumarsäure:
128, 129*.
Abbau im Gehirn 717.
Atmungsförderung im Ciliarkörper durch — 920.
Bildung aus Argininbernsteinsäure 308, 309*, 310.
— aus Bernsteinsäure 720.
—, —, Hemmung durch Malonat 192, 720.
— aus Tyrosin 279, 281*, 282 Schema.
— von Äpfelsäure aus — 720.
Einfluß, kein, auf Fettsäurebildung 167.
Förderung der Citronensäurebildung 718.
— der α-Ketoglutarsäurebildung 718.
— der Kohlendioxyd-Fixierung durch — 721.
Gehalt in Gehirn 660.
— in Muskel 580.
Gleichgewicht mit Malat und Oxalacetat 128.
in Hornhautstoffwechsel 877.
Oxydation, Hemmung durch Pentobarbital 814.
— in Retina 931.
P/O-Verhältnis bei Oxydation von — durch Gehirnmitochondrien 731.

Fumarsäure:
Weckwirkung bei Barbitursäurenarkose 814.
Wirkung auf Biotinoxydation 411.
—, antiketogene 190.
Fumarsäuredehydrogenase, Vorkommen in der Linse 896.
Fumarylacetoacetat, Bildung aus Tyrosin 280, 281•, 282 Schema.
Fumarylacetoacetat-hydrolase 280.
Funiculus cuneatus, Acetylcholinsynthese im — 850.
— gracilis, Acetylcholinsynthese im — 850.
— praedorsalis, Degenerationen bei Vitamin A-Mangel 669.
Funktion, psychische, Protein- und Nucleoproteidstoffwechsel bei — 812.
Furacin, Beeinflussung der Gehirnfunktion durch — 791.
α-Furancarbonsäure, Bindung an Glykokoll 469.
2,5-Furandicarbonsäure 463.
Fuscin 916f.

Gadiden, Allantoinsäurespaltung und -ausscheidung 341.
Gadius aeglefinus, Harnsäureabbau bei — 341.
— —, Leber, Gehalt an Mangan 61 Tab.
— callarias, Leber, Gehalt an Mangan 61 Tab.
— merlangus, Leber, Gehalt an Vitamin A_2 359.
— virens, Leber, Gehalt an Mangan 61 Tab.
Galaktocerebroside im Gehirn nach Kastration 820.
Galaktokinase 94f.
— verschieden von Hexokinase 95.
—, Vorkommen in Hefe 94.
L-Galaktonsäure, Bildung von Ascorbinsäure aus — 381.
L-Galaktonsäure-γ-lacton, Ascorbinsäurebildung aus — 381•.
Galaktosamin, Vorkommen im Corneamucoproteid 874.

Galaktose:
381•.
Aufnahme durch die Leber 67.
Ausscheidung 97f.
Bedeutung für Acetylcholinsynthese 845.
Beeinflussung der Fettverwertung 93.
— der Gehirnatmung durch — 780.
— der Permeabilität in Linse 893.
Bildung von Ascorbinsäure aus — 381.
— von Glucose aus — 92, 94, 117.
— von Glucose-1-phosphorsäure aus — 96.
— von Glykogen aus — 67, 92—101, 117.
Freisetzung im Gehirn nach Desoxycorticosteron 736, 812f.
Funktion im Leberstoffwechsel 93.
Gehalt in Cerebrosiden 643.
Kataraktbildung nach — 889, 899.
Glykolyse in Hirnhomogenat 702.

Galaktose:
Sekret im Insektennervensystem 649.
Leberfunktionsprobe mit — 97, 562.
Linsentrübungen durch 899.
Oxydation im Gehirn 784.
—, direkte 108.
Phosphorylierung im Gehirn 702.
— bei Umwandlung zu Glucose 94.
Resorption im Darm 93.
Umwandlung in Glucose 92, 94.
— — bei Glykogenspeicherkrankheit 79.
Verhalten bei Hyperthyreoidismus 447.
Verteilungsverhältnis Kammerwasser zu Plasma 909.
Verwertung 93.
—, Beeinflussung durch Äthylalkohol 97.
— bei Diabetes 96f.
—, extrahepatische 93.
Vorkommen in Gangliosiden 644.
— im Mucoproteid der Membran, DESCEMETschen 875.
— im Polysaccharid der Linsenkapsel 888.
— in Strandin 644.
Wirkung auf Blutzuckergehalt 96ff.
— auf den Stoffwechsel 96f.
„Galaktosekatarakt" 899.
Galaktose-1-phosphorsäure, Bildung in der Leber nach Galaktosezufuhr 94.
—, Umwandlung in Glucose-1-phosphorsäure 94.
Galaktosurie 97f.
Galaktowaldenase 94ff.
—, Coferment der — 94f.
D-Galakturonsäure 381•.
—, Bildung von Ascorbinsäure aus 381.
—, — von Furandicarbonsäure aus — 463.

Galle:
527—569.
s. a. Blasengalle.
s. a. Lebergalle.
A-, B- und C- 535.
Alkalireserve 536f.
Amphibien, Stereoidpolyalkohole in der — 550.
Ausscheidung:
Beeinflussung durch Gallensäuren 509.
—, nervöse 21.
Tagesrhythmus 25.
beim Hund 529.
von Alkaloiden 455.
von Antibiotica 561f.
von Atophan 482.
von Aureomycin 561.
von Bilirubin und Biliverdin 515f.
von Blei 541.
von Bromsulphalein 446.
von Calcium 44, 540.
von Chloromycetin 561.
von Cholesterin 209, 362, 547f.
—, Wirkung von Thyroxin auf — 446.
von Cholesterinestern 209, 548.
von Cholsäure und Desoxycholsäure bei Knochenfischen 551.

Galle:
Ausscheidung:
von Dehydrocholesterin 362.
von Diäthylstilboestrol 428.
von Dihydrostreptomycin 561.
von Eisen 52, 55, 541.
von Farbstoffen, organischen, synthetischen, mit der Galle 528.
von Fermenten 238.
von Gallenfarbstoffen 508f, 547.
von Gallensäuren 548, 551, 559.
von Gallium 541.
von Giften 455.
von Glucose 543.
von Gold 541.
von Kalium 25f., 43.
von Kieselsäure 541.
von Kobalt 65, 541.
von Kupfer 541.
von Lipoiden bei Ernährung, cholinfreier 145.
von Mangan 62, 541.
von Myoglobinabbauprodukten 521f.
von Natrium 44.
von Nickel 541.
von Nicotin 492.
von Oestrogenen 429.
von Phosphatase 241.
von Porphyrinen 523—527.
von Pyrrolfarbstoffen 506.
von Salzen, injizierten, durch die — 539.
von Santonin und α-Oxysantonin 482.
von Schwermetallen 455, 541.
von Selenit und Selenat 541f.
von Stoffen, exogenen 560—565.
von Sulfaten 540.
von Sulfonamiden 561f.
einer Thyroxinverbindung 441.
von Vitamin D 347, 361f.
von Vitamin D_2 362.
von Wasser 532.
von Zink 63.
Bedeutung für Carotinresorption 360.
— für Eisenresorption 53.
— für Fettemulgierung 545.
Bestandteile, anorganische 538—542.
Bildung 527—534.
—, Auslösung der — 531.
—, Beeinflussung durch Äther 533.
—, — durch Ätheralkohol 533.
—, — durch Chloroform 533f.
—, — durch Eiweiß 530.
—, — durch Fette 530.
—, — durch Histamin 509.
—, — durch Kalium 43, 533.
—, — durch Salze 43.
—, Glykogenverbrauch bei — 528.
—, Rhythmus der — 24f. 529f.
— bei Cholelithiasis 535, 546, 569.
— bei Diabetes 533.
— bei Leberschädigungen 533f.
Cholesterin, Löslichkeit in der — 548, 568.
Cholsäure: Desoxycholsäure-Verhältnis in —, menschlicher 554.
Druck, osmotischer 535.

Galle:
Eigenschaften und Zusammensetzung 536—549.
Eindickung in der Gallenblase 534ff., 538.
Einfluß auf Gallensäureausscheidung 559.
Emulgierung von Fetten durch — 545.
Gallensäuren in Rinder- — 551.
Gefrierpunkt 537.
Gehalt:
an Allantoin 542.
an Aminosäuren 542.
an Ammoniumsalzen 542.
an Ascorbinsäure 543.
an Bilirubin 508, 538 Tab.
an Biliverdin 515f., 536, 553f.
an Calcium 538—541.
an Chloriden 538.
an Cholesterin 209, 535, 538 Tab., 545 Tab., 546—549, 568.
an Cholin 538 Tab.
an Fettsäuren 538 Tab.
—, freien 545 Tab., 546.
an Gallensäuren 533f., 538f., 538 Tab., 549 Tab. 550f., 553f., 556f., 568.
an Gesamt-N 538 Tab.
— bei Cholecystitis 538.
an Gesamt-P 538 Tab.
an Glucuronsäure 543.
an Glutathion 542f.
an Glycin 542.
an Harnsäure 542.
an Harnstoff 542.
an Hydrogencarbonat 537f.
an Kalium 538.
an Kochsalz 539.
an Kohlendioxyd 538.
an Kohlenhydraten 538 Tab., 543.
an Kreatin 542.
an Kreatinin 542.
an Kupfer bei Krankheit, WILSONscher 541.
an Lecithin 538 Tab., 545 Tab., 546.
an Leucin 542.
an Lipoiden 544—549.
an Lithocholsäure 551, 553f.
an Lysin 542.
an Magnesium 538f., 541.
an Mucinen 542f.
— bei Entzündungen 569.
an Natrium 538.
an Natriumhydrogencarbonat 537.
an Neutralfett 545 Tab., 546.
an Phosphat, anorganischem 539.
an Phosphatasen 240, 543f.
an Phosphatiden 545f.
an Pregnandiol 436.
an Pregnan-3-ol-20-on 436.
an Proteinen 538 Tab., 542f.
an Stoffen, reduzierenden 543.
an Taurin 542.
an Trockensubstanz 535, 538, 545 Tab.
an Tyrosin 542.
an Valin 542.
an Wasser 538 Tab.
an Zucker 543.

Galle:
Gehalt, reduzierendem 538 Tab.
Geschmack 537.
Gewicht, spezifisches von —, menschlicher 537.
Katalasewirkung 545.
Löslichkeit von Cholesterin in — 548, 568f.
Menge 529, 535.
p_H-Wert 537.
Pufferungskurven 537 Abb.
Regurgitation 512f.
Sekretionsdruck 528f.
Spaltung von Glycerinphosphorsäure 543.
— von Lecithin 546.
Steigerung der Vitamin A-Resorption durch — 359.
Vorkommen von Amylase 544.
— von Bilifuscin in — 522.
— von Bilirubinat 569.
— von Cholin 546.
— von Ferment, proteolytischem 544.
— von Fermenten 543ff., 548ff.
— von Glucoproteid 542.
— von Glucuronsäuren, gepaarten 538.
— von Glycerin 546.
— von Koproporphyrinen 524.
— von Lecithin 538.
— von Lipase 544.
— von Nucleoproteiden 542.
— von Oleopalmitolecithin 945.
— von Phosphatasen 538, 543f.
— von Steroidpolyalkoholen 550.
— von Scymnol 550, 553.
— von Tetraoxybufostan 550.
Wirkung, choleretische 532.
Zusammensetzung und Eigenschaften 536—549.
infizierte, Farbstoffe in — 519.
pleiochrome 511.
„weiße" 536.
—, Gehalt an Cholesterin 548.
Gallenblase, Ausscheidung von Mucin 535f.
—, Darstellung, röntgenologische 564f.
—, Entleerung auslösende Stoffe 535.
—, Fassungsvermögen beim Menschen 534f.
—, Füllung und Entleerung 534.
—, Inaktivierung von Phosphatase in der — 544.
—, Konzentrierung von Cholesterin in — 548.
—, Reduktion von Bilirubin in — 519.
—, Resorption in der — 535f.
—, — von Calciumionen 540f.
—, — von Cholesterin 548.
—, — von Gallensäuren 536, 538.
—, — von Wasser 548.
—, Sekretion von Natriumchlorid 535f.
—, Vorkommen bei Tierarten, verschiedenen 534.
Gallencapillaren 12 Abb., 13 Abb.
—, Vorkommen von Phosphatase, alkalischer in — 544.
Gallenfarbstoffe, Ausscheidung und Erythrocytenabbau 506.
—, — in die Galle 508f.
Gallenfarbstoffe, Bildung aus Hämin 506.
—, — aus Hämoglobin 506f.
—, — in Leber 506—521.
—, Gehalt in der Galle nach Acetylphenylhydrazin 547.
—, — in Gallensteinen 566.
—, — im Mageninhalt 515.
—, Kreislauf, enterohepatischer 516—521.
—, Nachweis, histochemischer 528.
—, Reaktion mit Lösung, LUGOLscher 528.
—, Resorption im Dickdarm 520.
Gallenfistel, Hypoprothrombinämie bei — 236.
—, Muskeldystrophie bei — 368.
Gallengänge 11f.
—, Konkrementbildung in den — 567.
—, Regeneration nach Leberexstirpation, partieller 34.
Gallengangsatresie, angeborene, Phosphatasegehalt im Blut bei — 241.
Gallengangsunterbindung, Bilirubingehalt der Leberlymphe nach — 513.
—, Gallensäuregehalt in Ductus-thoracicus-Lymphe nach — 560.
—, Plasmacholesteringehalt nach — 206.
—, Serumalbumingehalt bei — 229.
Gallengangsverschluß, Leberverfettung bei — 155.
Gallenproduktion, Auslösung von der Duodenalschleimhaut aus — 531.
—, Rhythmus der — 24f., 529f.
Gallensalze, Förderung der Sphingomyelinase durch — 744.
Gallensäuren:
Abwanderung in die Gewebe 560.
Adsorption durch Proteine 560.
Ausscheidung 530, 549—560.
— bei Fischen 551.
— beim Hund 530.
— durch die Galle 548.
— in Harn 560.
Bedeutung für Fettemulgierung 545.
— für Löslichkeit von Cholesterin in der Galle 568f.
— für Resorption von Vitamin A 347, 360.
— — von Vitamin D 360.
— — von Vitamin E 368.
— — von Vitamin K 235, 368.
Bildung 549—560.
—, Anregung durch Koprosterin 555.
—, Artunterschiede der — 550—554.
—, Beeinflussung 558f.
—, — durch Phyllochinon 373.
— aus Cholesterin 198, 208f., 548, 554 bis 556, 559.
— in Leber, geschädigter 559.
— von Cholesterin aus — 198.
Bindung an Glykokoll 469, 554, 557.
— an Sulfat bei Knorpelfischen und Amphibien 557.
— an Taurin 551, 554, 557.
Einfluß auf Cholesterinausscheidung in der Galle 209.
— auf Cholesterinresorption 200.

Gallensäuren:
Einfluß auf Cholesterinspeicherung in der Leber 200.
— auf Riboflavingehalt der Leber 392.
Fällung durch Bariumchlorid in Leberschnitten 528.
Fettemulgierung durch — 545.
Gehalt in Blut 559f.
— — bei Ikterus, hämolytischem 511.
— — nach Nicotinsäurezufuhr 399.
— in Galle 538f., 538 Tab., 549f. 550 Tab., 553f., 556.
— — bei Schwangerschaft 568.
— in Hundegalle 549, 568.
— in Ochsengalle 557.
— in Thoracicuslymphe 560.
Hemmung der Cholesterinestersynthese durch — 207.
— der Hyaluronidase durch — 560.
— der Phosphatase, alkalischen, des Gehirns durch — 777.
bei Ikterus 559f.
Komplexbildung mit Carotinen 360.
Nachweis, histochemischer 528.
Reduktion 556.
Resorption in der Gallenblase 536, 568.
Stoffwechsel 552 Abb., 556—560.
Wirkung auf Cholesteringehalt der Galle 547.
— auf Gallenausscheidung 509.
— choleretische 531ff.
—, hämolytische, Hemmung durch Serumproteine 560.
freie, Vorkommen in Galle von Mensch und Hund 557.
gebundene, Spaltung durch Darmbakterien 558.
gekoppelte 557f.
konjugierte, Spaltung im Dickdarm 558.
Gallensekretion, Auslösung durch Extrakte der Duodenalschleimhaut 531.
—, — durch Übertritt von Mageninhalt in Duodenum 531f.
—, Einfluß der Nahrungsaufnahme auf — 530f.
—, —, nervöser, auf — 21.
—, Leber, Bild, mikroskopisches, während der — 527.
—, Tagesschwankungen 529.
—, Verringerung durch Stoffe, leberschädigende 533f.
—, Wirkung von Salzen, anorganischen, auf — 533.
Gallensperre 513.
—, Bedeutung für Carotin- und Vitamin A-Resorption 360.
—, Plasmacholesteringehalt nach — 206.
—, Urobilinausscheidung im Harn bei — 521.
—, Vitamin E-Mangel bei — 368.
Gallenstauung, Schädigung der Leberzellen bei — 513.
—, Verhältnis Biliverdin/Bilirubin in der Galle bei — 515.
Gallensteine 565—569.
—, Bildung 545f., 568f.
Gallensteine bei Fettsucht 568.
—, Vorkommen von Bilifuscin in — 522.
—, — von Bilirubin und Biliverdin in — 515, 565, 567 Tab., 568.
—, — von Lithocholsäure in — beim Schwein 553.
—, — von Propentdyopent in — 567.
—, Zusammensetzung 565ff.
Gallenwege, Entzündung, Verhältnis Biliverdin/Bilirubin in der Galle bei — 515.
—, Reduktion von Bilirubin in den — 519.
—, Konkrementbildung in den — 567.
—, Tätigkeit, sekretorische 536.
Gallium, Ausscheidung mit der Galle 541.
Galloxanthin in Ölkugeln der Retina 926.
Gammexan 679.
—, Wirkung, alipotrope 150.
Gammexanvergiftung, Leberverfettung bei — 154.
Ganglien, Acetylcholinesterase, Aktivität der — 855.
—, Acetylcholinverteilung in den — 855.
—, Fasern, präganglionäre, Acetylcholin in den — 854f.
—, Gehalt an Aneurin 670.
—, Lipoidzusammensetzung 647 Tab.
—, spinale, Gehalt an Histamin 760.
—, sympathische, Acetylcholinbildung in den — 848.
—, —, Bindegewebe in — 646.
—, —, Gehalt an Histamin 760.
—, —, — an Lipoiden 647.
—, —, Lipoidzusammensetzung 647 Tab.
—, —, Myelinlipoide in — 846.
—, viscerale, GOMORI-Reaktion 776.
Ganglienzellen, Acetylcholinabgabe bei Erregung 841.
—, Bildung von Nucleoproteiden in —, Beeinflussung durch Malonitril 829.
—, Chromatolyse 698.
—, Funktion, psychische, und Protein- und Nucleoproteidstoffwechsel 812.
—, Gehalt an Eiweiß bei Aktivität, gesteigerter 811.
—, — an Pentosenucleoproteiden bei Aktivität, gesteigerter 811.
—, GOMORI-Reaktion 776.
—, Heterochromatin 809—811.
—, NISSL-Substanz 652.
—, Verhältnis Ribonucleinsäure: Eiweiß 667.
—, Vorderhorn, Veränderungen bei Poliomyelitis 828.
—, große, Zusammensetzung, chemische 667.
Ganglion cervicale, Acetylcholinesterase in — 696, 852ff.
— — superior, Acetylcholinbildung im — 848.
— — —, Acetylcholinesterase in — 854.
— — —, Acetylcholingehalt bei der Katze 855.
— cochleare, Gehalt an Ribonucleoproteiden nach Reizung, akustischer 811.
— opticum, Tintenfisch, Cytochrome und Cytochromoxydase in — 794f.

Ganglion semilunare, Bedeutung für Wärmebildung in der Leber 24.
— stellatum, Blockade 822.
— —, Vorkommen von Acetylhistamin im — 759.
— vestibulare, Gehalt an Ribonucleoproteiden nach Reizung, rotatorischer 811.

Ganglioside:
643f.
Gehalt an Glucose 644.
— in Gehirn 637 Tab., 643, 646.
— —, Altersveränderungen 678.
— in Nerven und Nervenzellen 649 Tab.
Speicherung 689.
Vorkommen in Glioblastomen 691.
— in Nerv 646.
— von Behensäure in — 643.
— von Chondrosamin in — 644.
— von Galaktose in — 644.
— von Lignocerinsäure in — 643.

Gans, Leber, Bilirubinbildung in — 507.
—, —, Fettsäuregehalt 131.
—, —, Harnsäurebildung 336.
—, —, Vitamin A-Gehalt 357 Tab.
—, Leberexstirpation bei — 28.
Gargoylismus 690.
GAUCHER-Krankheit 690.
Gefäßerweiterung, antidrome 843.
Gefäßhaut s. Auge, Gefäßhaut.
Geflügel, Gehirn, Nucleoproteid-P 666.

Gehirn:
613—864.
s. a. Gehirnextrakte.
s. a. Gehirnrinde.
s. a. Großhirn.
s. a. Kleinhirn.
s. a. Zentralnervensystem.
Inhaltsverzeichnis 613.

Abbau:
von Acetessigsäure 741f.
von Adenosin 768.
von Adenosin-3-phosphorsäure 768.
von Adenylsäure 766, 768, 775.
von Adrenalin 440.
von Äpfelsäure 717.
von Alanin 747f.
von DL-Alanyldehydroalanin 763.
von DL-Alanylglycin 763.
von D-Aminosäuren 748.
von Amiden 754, 760.
von Amylamin 760.
von Benadryl 761.
von Cerebrosiden nach Desoxycorticosteron 736.
von Cytidylsäure 768.
von Dimethyl-aminoäthylen-benzhydryläther 761.
von Dinitro-o-kresol 791.
von Diphosphoinosit 743.
von Diphosphopyridinnucleotid 719, 768, 792.
von Fructose 780.
von Fructose-1,6-diphosphorsäure 705.

Gehirn:
Abbau:
von Fumarsäure 717.
von Galaktose 780.
von Glutaminsäure 717.
von Glycerinphosphorsäure 775.
von Glycyldehydroalanin 763.
von Glycylglycin 763.
von Guanosin 767f.
von Guanylsäure 767f.
von Isoamylamin 440.
von β-Ketobuttersäure 741f.
von Ketoglutarsäure 717.
von Ketonkörpern 742.
von α-Ketopropionsäure 741f.
von Muskeladenylsäure im — 767.
von Nicotinsäureamidverbindungen 793.
von Nucleinsäuren im — 197ff., 766ff.
von β-Oxybuttersäure 741f.
von Pentosen 768.
der Phosphatiden im — 736.
von Prolin 747.
von Sympatol durch — 440.
von Tyramin durch — 440.
anaerober, von Ribose-5-phosphat 729.

Abgabe von Eiweiß im Hunger 219.
Acetessigsäure, Dismutation im — 742.
Acetylcholinesterase, Natur, chemische 856.
Acetylcholinverbrauch 843.
Adenosintriphosphatase 617, 684f., **701**ff., 773, 775.
Aktionssubstanz A_4 862.
Aktivität von Acetylcholinesterase im — 844 Tab., 853f., 854 Tab.
— von Adenosin- und Adenylsäuredesaminase im — 758, 767.
— der Apyrase im — 702.
— der ATPase im — 696, 773, 775.
— — bei Eiweißmangel 684f., 701ff.
— der Cholinacetylase 758, 850.
— der Cytochromoxydase 795f., 817.
— von Diphosphopyridinnucleotid 713f.
— der Fumarase 720.
— der Glutaminsäuredecarboxylase im — 681.
— der Glycerophosphatdehydrogenase 713f.
— der Hexokinase 658, 710—713.
— der Oxalbernsteinsäurecarboxylase 724.
— der Oxalessigsäurecarboxylase 724.
— der Phosphoglucomutase im — 710.
— der Phosphorylase im — 710.
— nach Reizung, elektrischer 917.
— der Succinodehydrogenase bei Diabetes — 822.
— — bei Gehirnentwicklung 683.
— — nach Reizung, elektrischer 817.
—, elektrische, bei Hypoglykämie 824.
—, —, bei Narkose 815.
—, katheptische 762f.
γ-Aminobuttersäure, Bildung aus Glutaminsäure 753.

Gehirn:
Aminosäuren, Decarboxylierung, primäre 759ff.
—, Einbau von Acetat-C im — 829f.
Aminosäurentransport 756.
bei Anoxie 787.
Antiglykolysefaktor 704.
Atmung 777—796.
—, Abhängigkeit, jahreszeitliche 780.
—, Altersveränderungen 683f.
— in Arealen, verschiedenen 782f.
—, Bedeutung von Coenzym I für — 778f.
—, Beeinflussung 778—781.
—, — durch BAL 727.
—, — durch Benadryl 761.
—, — durch Bernsteinsäure 719, 806.
—, — durch Brenztraubensäure 719, 780.
—, — durch Glutaminsäure 780.
— — durch Kaliumionen 806.
—, — durch Kationen 779.
—, — durch Kohlendioxyd 759, 778.
—, — durch Kohlenoxyd 790.
—, — durch Magnesiumionen 719, 778f.
—, — durch Narkotica 814.
—, — durch p_H-Wert 779f.
—, — durch Substanzen, verschiedene 790ff.
—, — durch Tyramin 760.
—, Empfindlichkeit 787.
—, Hemmung durch Ammoniumionen 779.
—, — durch Ascorbinsäure 819.
—, — durch Heptylamin 760.
—, — durch Isoamylamin 760f., 790.
—, — durch Steroidhormone 819f.
—, bei Ratten, kastrierten 820.
— bei Reizung, elektrischer 815—817.
—, Substrate der — 784.
Atmungskettenphosphorylierung 708, 730f., 786f., 814f.
— bei Narkose 814f.
— bei Reizung, elektrischer 815.
Aufnahme von Bromid 770.
— von Glutamin 749.
— von Insulin 822.
— von Kalium 769f.
— von Natrium 769.
— von Phosphat, anorganischem 736, 768—771.
— von Phosphatiden 736.
Austausch von Fett mit Blutplasma 740.
— von Fettsäuren 740.
— von Kaliumionen 801.
— von Phosphat 765.
Autolyse 744, 762f.
Axerophthol, Bedeutung für — 668.
Bausteine, Altersveränderungen 676—684.
Bestandteile, anorganische 620ff.
—, organische 632—676.
Bestimmung von Kephalin 617.
Bildung:
von Acetessigsäure 741.
von Acetoin 846.

Gehirn:
Bildung:
von Acetylcholin 718*, 722f., 758, 807, 809, 817, 848ff.
von Adenosinpolyphosphaten 764f.
von Äpfelsäure 718—720.
von Alanin aus Oxalessigsäure 830.
von Ammoniak 656 Tab., 747, 783, 809, 810 Tab., 934.
—, Beziehungen zu Glutaminsäure 757f.
von Bernsteinsäure 716f., 720.
von Bernsteinsäurehalbaldehyd 751.
von Cholesterin 739f.
von Citronensäure 716f., 742.
von Cytidylsäure 764.
von Eiweiß bei Infektion mit Viren, neurotropen 828ff.
von Essigsäure 717.
von Fettsäuren 740.
von Fumarsäure 720.
von Glucose aus Glykogen 824f.
von Glucosephosphorsäure 705.
von Glutamin 749, 751f., 755.
von Glutaminsäure 749.
von γ-Glutaminylpeptiden 753.
von Guanylsäure 764.
von Glycerinphosphorsäure 706.
von Hexosediphosphorsäure 712.
von Inosinsäure 668.
von α-Ketoglutarsäure 717, 719f., 747.
von Kreatin 759.
von Lipoiden 740, 830.
von Milchsäure 706f., 806.
— nach Narkoticawirkung 815.
von Nicotinsäureamid 672.
von Pentose-5-phosphat aus Gluconsäure-6-phosphat 109.
von Phosphatiden 736ff., 764.
— durch Atmungskettenphosphorylierung 734.
von Phosphatbindungen, energiereichen, im — 847.
von Phosphokreatin 772, 774.
von Phosphoproteiden 764.
von Phosphoryl-CoA 723.
von Sphingosin im — 738f.
keine, von Ketonkörpern im — 184.
Chloridretention 629.
Cholinesterase, unspezifische, Lokalisation 861.
Citronensäurecyclus 715—720, 741.
Coenzyme im — 702.
Cozymase 719, 768, 792f.
Cytochromoxydase im — 683, 795.
Dehydropeptide, Spaltung 763.
Demyelinisierung bei Cholin- und Pantothensäuremangel 679.
Dephosphorylierung von Purin- und Pyrimidinnucleotiden 767f.
Desaminierung im — 748, 754, 760, 767f.
Desoxyribodepolymerasen im — 766.
Desoxyribonucleinsäuren, Fraktionen 314.
Dipeptidasen 762f.

Gehirn:
Einbau von Acetat-C in Aminosäuren bei Virusinfektion 829ff.
— von Aminosäuren in Proteine 746.
— von Octansäure in Lipoidfraktionen des — 740.
— von Pentosenucleinsäuren ins — 764.
— von Phosphat in Diphosphoinosit 737.
— — in Eiweißfraktion 746.
— — in Lipoide 735ff.
Eiweiß:
Aminosäurezusammensetzung 653 Tab., 654f., 654 Tab., 655, 681, 830.
Auf- und Abbau 746f.
Austausch mit Aminosäuren des Blutplasmas 745.
Bildung, Wirkung von Muskeltätigkeit auf — 746.
— aus anderen Körperbausteinen 747.
Einbau von Cystein in — 739, 747.
— von Glucose-C in — 747.
— von Glykokoll in — 745f.
— von Hydrogencarbonat-C in — 747.
— von Schwefelverbindungen in — 745.
— von Tyrosin in — 745f.
Neubildung von — 746.
Schwefelgehalt 655.
Seringehalt 653 Abb., 654 Abb.
Stickstoffgehalt 654 Abb.
Umsatz 745.
Verlust bei Hunger 746.
Elektrolytkonzentration unter Ernährungsbedingungen, besonderen 684.
Elektrolytverteilung, Altersveränderungen 676.
Energiebedarf zur Aufrechterhaltung der Struktur 789.
—, Beeinflussung durch Narkose 810 Tab., 813ff.
—, Deckung 825.
—, — durch Kohlenhydrate 783.
— bei Krämpfen 815.
Energiestoffwechsel, Verwendung von Lipoiden für den — 734, 736.
Entgiftung von Alkohol 486.
— von Ammoniak 752.
— von Nicotin 492.
Entwicklung, Fermentbildung bei — 683.
Erregung, Vorgänge, chemische, bei — 834—864.
Erregungsleitung 834—864.
Fermente des Eiweißstoffwechsels 762f.
— des Lipoidstoffwechsels 743f.
— des Nucleinsäureabbaus 766ff.
—, Sauerstoffvergiftung, Wirkung auf — 789.
Fermentsystem, oxydierendes, während der Entwicklung des — 683.
Fette, Verbrennung im — 741, 784.
Frontalrinde, Zusammensetzung, chemische 618 Tab.

Gehirn:
Funktion und Eiweißstoffwechsel 809—812.
—, Furacinwirkung auf — 791.
— und Kohlenhydratstoffwechsel 809.
— und Lipoidstoffwechsel 812f.
— und Nucleinsäurestoffwechsel 809—812.
Galaktosemobilisierung 736, 812.
Gehalt:
an Acetalphosphatiden 637—640.
an Acetokinase 129.
an Acetylcholin 809, 842—845, 849.
— und Atmungskettenphosphorylierung 786.
— und Auslösung von Krämpfen 842f.
— bei Erregung, psychischer 738.
— bei Funktionszuständen, verschiedenen 810 Tab.
— bei Kälte 843.
— bei Narkose 842.
— bei Reizung, elektrischer 817.
an Acetylcholinesterase bei Tieren, neugeborenen 861.
an Aconitase 723.
an cis-Aconitsäure 660.
an Adenin 668.
an Adenosindiphosphat-phosphomutase 774.
an Adenosindiphosphorsäure bei Hypoglykämie 823.
— bei Ischämie 788.
— bei Krämpfen 816.
— bei Narkose 813.
an Adenosintriphosphatase, 684f. 773f.
—, Altersveränderungen 683.
an Adenosintriphosphorsäure 328, **667**, 813, 823.
— bei Funktionszuständen, verschiedenen 810 Tab.
— bei Krämpfen 816.
an Adenylpolyphosphaten bei Ischämie 788.
an Äpfelsäure 660.
an Äpfelsäuredehydrogenase 720, 724f.
an Äthanolaminphosphorsäure 640.
an Alanin 656.
an Albumin 652.
an Aldolase 713.
an Aluminium 628.
an Amid-N bei Narkose 813.
an γ-Aminobuttersäure 655f., 681.
— bei Insulinschock 826.
an α-Amino-N 655.
an Aminosäuren 654 Tab.
— bei Eiweißmangel 684f.
— nach Hepatektomie, totaler 685.
—, freien 655 Tab.
—, —, bei Narkose 813.
an Ammoniak 628ff., 656 Tab., 783, 809, 810 Tab.

Gehirn:
Gehalt:
an Ammoniak bei Funktionszuständen, verschiedenen 810 Tab.
— bei Reizung, elektrischer 817.
an Aneurin s. Gehirn, Gehalt an Thiamin.
an Apyrase 773.
an Arachidonsäure 687.
an Arginin 655 Tab., 685.
an Arsen 623 Tab., 626.
an Asche, Altersveränderungen 677 Tab.
an Ascorbinsäure 674f.
an Asparaginsäure 655f.
an ATPase 773, 775.
an Bernsteinsäure 660.
an Biotin 672, 675.
an Blei 623 Tab., 627.
an Brenztraubensäure 660.
— bei Hypoglykämie 823.
— bei Krämpfen 816.
— bei Thiamin-Mangel 115, 669, 706, **715**f.
an Brom 623 Tab., 632.
an Calciferol 362, 675.
an Calcium 621f., 623 Tab., 624 Tab.
an Cer 628.
an Cerebrosiden 631 Tab., 633 Tab., 642f., 647 Tab., 678, 692.
—, Altersveränderungen 677f., 679 Tab.
an Chloriden 620 Tab., 623 Tab., 624 Tab., 629f.
—, Altersveränderungen 676.
an Cholesterin 631 Tab., 633 Tab., 644, 678, 692.
—, Altersveränderungen 677f., 679 Tab.
— bei Muskeldystrophie, alimentärer 686.
an Cholinphosphatiden 678.
an Citricodehydrogenase 724.
an Citronensäure 660.
an Cobalamin 674.
an Cocarboxylase 722.
an Codehydrogenase I und II 729.
an Coenzym A 673, 718, 722f.
an Colaminphosphatiden 637 Tab..
an condensing enzyme 723.
an Cytochrom c 795.
an 7-Dehydrocholesterin 644f., 675.
an Desoxyribonucleinsäuren 662, 664—667, 926.
an Diensäuren bei Fettmangel 687.
an Dihydrocholesterin 644.
an Diphosphoinosit 637.
an Diphosphopyridinnucleotid 673, 704, 706f., 765, 792f.
an Eisen 623 Tab., 624 Tab., 626.
an Eiweiß 651—658, 684f.
—, Altersveränderungen 677 Tab., 679 Tab., 680f.
— bei Ernährungsbedingungen, besonderen 684f., 746.

Gehirn:
Gehalt:
an Elektrolyten unter Ernährungsbedingungen, besonderen 684.
an Fermenten der Glykolyse 710—715.
— in Mitochondrien 700.
an Fettsäuren, mehrfach ungesättigten 687.
an Flavinnucleotiden 330, 391 Tab., 672.
an Fluor 623 Tab.
an Folsäure 672 Tab., 674.
an Fumarase 720, 724f.
an Fumarsäure 660.
an Gangliosiden 637 Tab., 643, 646.
—, Altersveränderungen 678.
an Gesamt-N 618 Tab.
an Globulinen 652.
an Glucose 816, 823.
an Glutamin 628, 656.
— bei Funktionszuständen, verschiedenen 810 Tab.
— bei Insulinschock 826.
— bei Narkose 813ff.
an Glutaminsäure 655f.
— bei Funktionszuständen, verschiedenen 810 Tab.
— bei Hypoglykämie 826.
— bei Insulinschock 826.
— bei Narkose 813ff.
— bei Ratten, hypoglykämischen 750.
—, Wirkung von Barbituraten auf — 757.
an Glutathion 276 Tab., 656.
an Glycerinphosphatiden 633—641.
an Glykogen 79, **658**f., 680, 685, 788, 816, 823ff.
— nach Adrenalin 705, 823.
—, Altersveränderungen 680.
— bei Erregung, psychischer 76.
— bei Funktionszuständen, verschiedenen 800 Tab.
— bei Glykogenspeicherkrankheit 79.
— bei Hypoglykämie 658, 750f., 823—826.
— nach Insulin 705, 823, 826.
— bei Ischämie 788.
— bei Krämpfen 816.
— bei Narkose 814.
— nach Hormon, thyreotropem 78.
an Glykokoll 656.
an Glykolipoiden 661.
an Gold 628.
an Guanin 668.
an Harnsäure 657, 667, 678.
an Harnstoff 657.
an Hexaensäure 687.
an Hexokinase 99, 658, 700, 704f., **710—713**, 807.
an Hexophosphaten 632 Tab.
— bei Reizung, elektrischer 816.
an Histamin 759f.

Gehirn:
Gehalt:
an Histidin 655 Tab.
— bei Eiweißmangel 685.
an Hydrogencarbonaten 630.
an Hypoxanthin 668.
an Inosit-P 664 Tab., 665 Tab.
an Inositphosphatiden 150, 636f. 637 Tab.
an Isocitronensäure 660.
an Isoleucin 655 Tab.
an Jod 623 Tab., 632.
an Kalium 620 Tab., 622ff.
an Kephalin 631 Tab., 633 Tab., 634 Tab., 634ff.
—, Altersveränderungen 676, 677 Tab., 678, 679 Tab.
an α-Ketoglutarsäure 660.
an α-Ketoglutarsäureoxydase 724.
an Kobalt 627.
an Kohlenhydraten 658f., 823.
—, Altersveränderungen 680.
— bei Ernährungsbedingungen, besonderen 685.
an Kohlensäureanhydratase 627, 683, 796.
an Kollagen 621.
an Kreatin 657.
— nach 17-Methyltestosteron 618 Tab.
an Kreatinin 657.
an Kreatinphosphat bei Funktionszuständen, verschiedenen 800 Tab.
an Kreatinphosphokinase 774f.
an Kupfer 56, 623 Tab., 626f.
an Lactoflavin 672.
an Lecithin 631 Tab., 633 Tab., 634 Tab., 636.
—, Altersveränderungen 676, 677 Tab., 678, 679 Tab.
—, Bestimmung 617.
an Leucin 655 Tab.
an Lipoiden 618 Tab., 631 Tab., 632 bis 650, 676—679, 685ff., 692, 740.
—, Altersveränderungen 676—680.
—, Einfluß von Cholinmangel auf — 686.
— bei Encephalitis epidemica 692.
— bei Ernährungsbedingungen, besonderen 685ff.
— bei Ratten, fetalen 678.
— bei Sklerose, diffuser 692.
—, zuckerhaltigen 642.
an Lipoidstickstoff in Gehirnteilen, verschiedenen 618 Tab.
an Lithium 628.
an Lysin 655 Tab.
— bei Eiweißmangel 685.
an Magnesium 623 Tab., 624 Tab., 625.
an Mangan 623 Tab., 625.
an Markscheiden, Altersveränderungen 678.
an Milchsäure 632 Tab., 659f., 808.
— bei Erregung, psychischer 738.
— bei Funktionszuständen, verschiedenen 810 Tab.

Gehirn:
Gehalt:
an Milchsäure bei Hypoglykämie 823.
— bei Hypoxie 786.
— bei Ischämie 788.
— bei Krämpfen 816.
— bei Narkose 813f.
an Mineralstoffen 620 Tab., 621—632.
an Molybdän 628.
an Monoaminophosphatiden 631 Tab., 633 Tab.
an Myokinase 774.
an Natrium 620 Tab., 623 Tab., 624f.
—, Altersveränderungen 676.
an Neutralfett 678.
an Nickel 628.
an Nicotinsäure 672, 672 Tab., 792.
—, Wirkung von Tryptophan auf — 672.
an Nicotinsäureamid 672f.
an Nucleinsäuren 661—668.
—, Altersveränderungen 681.
— bei Ernährungsbedingungen, besonderen 687.
an Nucleosiden 668.
an Oxalbernsteinsäurecarboxylase 724.
an Oxalessigsäure 660.
an Pantothensäure 404, 672f., 723.
an Phenylalanin 655 Tab.
— bei Eiweißmangel 685.
an Phosphatase, saurer 695.
an Phosphatasen 773—777.
an Phosphaten 620 Tab., 623 Tab., 624 Tab., 630, 631 Tab., 632 Tab., 771.
—, Altersveränderungen 676.
—, Bedeutung der Epithelkörperchen für — 630.
—, anorganischen, bei Funktionszuständen, verschiedenen 810 Tab.
—, —, bei Hypoglykämie 823.
—, —, bei Krampfanfällen 816.
—, —, bei Narkose 814.
—, energiereichen, bei Ischämie 788.
—, —, bei Narkose 814.
—, —, bei Reizung, elektrischer 815.
—, —, bei Schlaf und Narkose 809.
an Phosphatiden 631 Tab., 633—642.
—, Altersveränderungen 676, 677 Tab., 678, 679 Tab.
—, Insulinwirkung auf — 736.
— bei Encephalitis epidemica 692.
— bei Thiamin-Mangel 686.
an Phosphatid-P 633.
an Phosphokreatin 632 Tab., 657 Tab., 772, 810 Tab.
— bei Hypoglykämie 823.
— bei Ischämie 788.
— bei Krampfanfällen 816.
— bei Narkose 814.
— bei Reizung, elektrischer 815f.
Phosphoproteiden 661, 663ff.
an Phosphor, organischem, säurelöslichem 668.

Gehirn:
Gehalt:
an Prolin 655f.
— bei Eiweißmangel 684f.
an Pteroylglutaminsäure 674.
— s. a. Gehirn, Gehalt an Folsäure.
an Purinen 667f., 668 Tab.
an Purin-N 668 Tab.
an Pyridoxin 399, 672 Tab., 673.
an Pyrophosphat 632 Tab.
an Pyrophosphatase, anorganischer 773, 777.
an Quecksilber 623 Tab., 627.
an Rest-N bei Thiamin-Mangel 685.
an Riboflavin 391 Tab., 672.
an Ribonuclease 319.
an Ribonucleinsäuren 666f., 926.
an Säuren, organischen 659f.
an Serin 656.
an Silicium 628.
an Sphingomyelin 631 Tab., 633 Tab., 634 Tab., 641f., 646, 677 Tab., 679 Tab., 744.
—, Altersveränderungen 677f.
an Stickstoff 677 Tab., 679 Tab.
an Stickstoffverbindungen, löslichen 657.
an Succinodehydrogenase 724, 793.
an Succinoxydase 725.
an Sulfaten 630.
an Taurin 656.
an Thiamin 670, 671 Tab., 672 Tab
—, Bedeutung für Brenztraubensäureabbau 715.
— bei Hyperthyreoidismus 388.
an Titan 623 Tab.
an Tokopherol 675.
an Valin 655 Tab.
— bei Eiweißmangel 685.
an Vanadium 628.
an Vitamin A 354.
an Vitamin B_4 673f.
an Wasser 618, 620f.
—, Altersveränderungen 676, 677 Tab.
— unter Ernährungsbedingungen, besonderen 684.
an Zink 623 Tab., 626f.
an Zucker, freiem 659.
Gelatinasen 762f.
Gleichgewicht, DONNANsches 802.
Glucoseoxydation, Faktor, begrenzender, der — 711.
— bei Hypoglykämie 823.
Glucoseverbrauch 825.
Glutaminsäure, Ammoniakbindung durch — 751.
—, Beteiligung an Peptidsynthese 748.
—, Beziehungen zu Ammoniakbildung 757f.
—, Bildung zur Transaminierung 751.
—, — von γ-Aminobuttersäure aus — 753.
—, Desaminierung, oxydative 750f.
—, Einfluß auf Cholinacetylase 758.
—, — auf Glykolyse 758.

Gehirn:
Glutaminsäure, Fraktionen im — 751.
—, Funktionen im — 751.
— und Ionentransport 748, 756f.
Glutaminsäure-Glutaminase-System 629.
Glutaminsynthese, Ferment der — 755.
Glycerinphosphatide, Aldehyde und Fettsäuren in den — 638, 639 Tab.
Glycerophosphatdehydrogenase 713.
Glykogen, Stoffwechselaktivität 705.
Glykogenspeicherkrankheit 690.
Glykokoll, Verhalten im Gehirn 747.
—, markiertes, Aufnahmegeschwindigkeit von — 214, 746.
Glykolyse 700—715.
—, Bedeutung von Apyrase für — 703.
—, Dephosphorylierungen bei — 702.
—, Einfluß von Glutaminsäure auf — 758.
—, — von Ionen auf — 806.
—, Empfindlichkeit 787f.
—, Förderung und Hemmung 707—710.
—, Hemmung durch Caesiumchlorid 806.
—, — durch Caprylalkohol 708.
—, — durch Eisensalze 833.
—, — durch Kathepsin III 833.
—, — durch Mäuseencephalomyelitis-Virus 833.
—, — durch Natriumionen 807.
—, — bei Schlaf und Narkose 809.
—, — bei Virusinfektion 833.
—, Wirkung von Glycerinaldehyd auf — 704.
—, — von Kreatin auf — 703f.
—, — von Natriumfluorid auf — 702.
—, Zwischenstufen der — 705ff.
—, aerobe 707.
—, —, bei Reizung, elektrischer 815ff.
—, —, und Zellteilung 682.
—, anaerobe 700f.
—, —, bei Anoxie 788, 806.
Grundsubsatz, Eiweißgehalt 653.
Hämochromatose 691.
Hämorrhagien bei Cholinmangel 686.
Hemisphären, Glykogengehalt bei Hypoglykämie 824.
Hexokinase 658, 700, 704f., 710—713.
Hypoxie 786f.
Inosinspaltung 768.
Insulinempfindlichkeit 824.
bei Insulinhypoglykämie 784, 823.
Ionenaustausch 770, 802, 804f.
Ionentransport, Bedeutung von Glutaminsäure für — 748.
Ischämie 787ff.
—, K^+-Verlust 805f.
Kaliumaustausch 801.
Kaliumtransport, Energiebedarf für — 756f., 802.
Kaliumverteilung 629.
Kathepsin 762f.
Kephaline, Gehalt an Elaidinsäure 685f.
—, Hydrolyse 743.
α-Ketoglutarsäure-Glutaminsäure-System 750.
Ketogruppen, Reduktion von — 741f.

Gehirn:
Ketonkörper, Bildung und Schicksal 742.
Kohlendioxyd, Fixation 721f.
Kohlenhydratoxydation bei Diabetes 822.
Kohlenhydratreserven 823.
Kohlenoxydvergiftung 787.
Kreatinphosphorsäure als Energiespeicher 771f.
und Leber, Beziehungen 826.
Lecithinhydrolyse 743.
Lipoide, Aufnahme von Fett, deuteriumhaltigem in — 686.
—, Bildung aus Cystin 739.
—, Einbau von Cholin in — 735.
—, — von Cystin, markiertem 747.
—, — von Fettsäuren in — 735.
—, — von Glykokoll, markiertem 746.
—, — von Phosphat in — 736ff.
—, Hydrolyse von — 743.
—, Natur der Fettsäuren in den — 638.
—, Ölsäure in — 638.
—, Zusammensetzung 631 Tab., 649.
—, —, Wirkung von Cholesterin auf — 686.
—, —, — von Tokopherol-Mangel auf — 686.
Lipoproteide 650f.
Magnesiummangel 625.
Mitochondrien, Atmungskettenphosphorylierung in — 730.
—, Bindung der Fermente des Citronensäurecyclus an — 725.
—, Fermentgehalt 700.
—, Gehalt an Monoaminoxydase 761.
—, Oxydation von Fumarsäure 731.
—, Wirkung von Reizung, elektrischer, auf — 815.
Monoaminoxydase, Hemmung durch 1-iso-Nicotinyl-2-iso-propylhydrazin 761.
Myelinisierung 676, 678f.
Natrium:Chlor-Verhältnis 629.
Nucleasen 762, 766.
Nucleinsäuren, Bausteine der — 667f.
—, Bestimmung 664f.
Nucleodepolymerasen im — 766.
Nucleodesaminase im — 766.
Nucleophosphatasen im — 766.
Nucleoproteide aus — 654.
Nucleosidasen im — 768.
Nucleosidphosphorylase 768.
5-Nucleotidase im — 767.
α-Oestradiol, Speicherung von — 739.
Oxydation von Äpfelsäure 719.
— von Alkohol 785, 794.
— von Aminosäuren 784.
— von Bernsteinsäure 719f., 784f.
— —, Wirkung von Amidase auf — 728.
— von Brenztraubensäure 716—719, 726f.
— —, Veresterung von Phosphat, anorganischem, bei — 730.
— —, Wirkung von Amidase auf — 728.
— von Citronensäure 719.
— von Essigsäure 717.

Gehirn:
Oxydation von Fetten 741, 784.
— von Fettsäuren 740f., 785.
— von Glucose 711, 784, 823.
— von Glutaminsäure 750, 784f.
— von Glycerinphosphorsäure 758.
— von α-Ketoglutarsäure 719, 785.
— von Kohlenhydraten 784f.
— von Laurinsäure 740.
— von Linolensäure 741.
— von Methylgruppen 759.
— von Milchsäure 706, 784ff.
— —, Wirkung von Amidase auf — 728.
— von Monocarbonfettsäure-Methylestern 742f.
— von Nichtkohlenhydraten 785.
— — bei Glucosemangel 825.
— von Octansäure 740.
— von Oxalessigsäure 719.
— von Palmitinsäure 740.
— von Phenylalanin 277.
— von Ribose-5-phosphat 728.
— von Trilaurin 740.
—, biologische, Fermente und Cofermente der — 792—796.
—, direkte, im Gehirn 728f.
—, —, von Glucose 728f.
Oxydationen, Bedeutung von Magnesiumionen für — 719, 778f.
—, — von Oxalessigsäure auf — 719.
—, Hemmung durch Amidon 712.
Oxydoreduktionen 706.
PASTEUR-Effekt 731ff.
Peptidasen 762f.
Peptidsynthese, Beteiligung von Glutaminsäure an — 748.
p_H 787.
Phosphatase, alkalische, Hemmung durch Gallensäuren 777.
—, unspezifische 774—777.
Phosphataufnahme 768—771.
—, Abhängigkeit vom Glucosestoffwechsel 771.
—, Beeinflussung durch Sexualcyclus 771.
Phosphataustausch 765.
— mit Cerebrospinalflüssigkeit 799.
Phosphatide, Bildung 736ff., 764.
—, Einbau von Cholinphosphat in 737.
—, C_{22}-Fettsäuren in — 639.
—, Konstanz der Zusammensetzung 685.
—, Plasmalgehalt 638.
—, Umsatz 770.
—, — im Alter 736.
—, Umsatzrate 738.
—, Vorkommen von Elaidinsäure in — 685f.
—, — von Myristinsäure in — 639 Tab.
Phosphatidspeicherkrankheiten 688ff.
Phosphatstoffwechsel, Typen 769.
Phosphatverbindungen, energiereiche 765, 788, 809, 814ff.
—, —, Zerfall bei Krämpfen 816.
Phosphoamidase 776.

Gehirn:

Phosphoglucomutase im — 710.
Phosphohexoisomerase im — 710, 713.
Phosphohexokinase im — 710—713.
Phosphoproteidfraktion, Umsatz 770.
Phosphoproteidphosphatase 763.
Phosphoribomutase 768.
Phosphorylase 710, 917.
Phosphorsäurefraktionen 617, 662, 663 Tab., 664 Tab.
—, Analysengang 662, 663 Tab.
Posphorylierung von Kohlenhydraten 702, 710.
— bei Narkose 814.
Polynucleotidasen im — 766.
Protagonfraktion 643.
Proteasen 762f.
Proteinase, neutrale 763.
Proteine s. Gehirn, Eiweiß.
Proteolipoid, Aminosäurenzusammensetzung 651 Tab.
Purin-Nucleosidphosphorylase im — 768.
Pyrophosphatase, anorganische 773, 777.
Pyruvatdehydrogenase 726f.
Pyruvatoxydasesystem 726f.
Q_{Katalase} 789.
$Q_M^{N_2}$ 788.
Q_{O_2} 779f., 780, 782.
$Q_{O_2\,\text{Cytochromoxydase}}$ 796.
$Q_{O_2\,\text{Succinodehydrogenase}}$ 822.
Q_{Pyruvat} 807.
Quotient, respiratorischer 783, 809.
—, —, bei Aminosäureoxydation 750.
Raum, extracellulärer 621.
Reizung, elektrische, Phosphokreatinzerfall bei 772, 815f.
—, —, Wirkung auf Atmung und Glykolyse 733.
Ribodepolymerasen im — 766.
Ruhestoffwechsel 808.
Sauerstoffaufnahme bei Hypoglykämie 823f.
— in vitro 778—781.
—, Wirkung von BAL auf — 727.
—, — von Glutaminat und Succinat auf — 750.
—, — von 2-Merkapto-äthanol auf—727.
Sauerstoffdifferenz, arterio-venöse, bei Hypoglykämie 823ff.
Sauerstoffdruck, intracellulärer 786.
Sauerstoffverbrauch 777f., 813, 827.
Sauerstoffvergiftung 789.
Sauerstoffversorgung 786.
Speicherungskrankheiten 688.
Sphingomyelin, Spaltung von — 744.
—, Speicherung von — 736.
Sphingomyelin: Lecithin-Verhältnis 648f.
Stapelungsdystrophien 688.
Stabilität von Struktur und Funktion 787f.
Stoffwechsel:
Anteil am Grundumsatz 825.
Beeinflussung, hormonale 818—821.
—, ionale 806ff.

Gehirn:
Stoffwechsel:
Einfluß von Ketonkörpern auf — 825.
Energiequellen für — 736.
Reizung durch 2,4-Dinitrophenol 815.
— durch Kaliumsalze 815.
Wirkung von Butobarbiton auf — 815.
— von Cyanid auf — 810 Tab.
— von Desoxycorticosteron auf — 819f.
— von Insulin auf — 784, 819, 823.
— von Ketonkörpern auf 823.
— von Schilddrüse auf — 818f.
— von Steroiden auf — 819ff.
bei Acidose, diabetischer 822.
bei Alloxandiabetes 819.
bei Arteriosklerose, cerebraler 821.
bei Atrophie, cerebraler 822.
bei Depressionszuständen 827.
bei Diabetes mellitus 822f.
bei Eklampsie 821.
bei Epilepsie, idiopathischer 822.
bei Eunuchen 818, 820.
bei Hirntumoren 821.
bei Hypertonie, essentieller 821.
bei Hypoglykämie 823—826.
bei Hypopituitarismus 818, 820f.
bei Hypoxie 810 Tab., 814.
bei Krämpfen 810 Tab., 815—818.
— bei Kretinismus 818, 827.
bei Leukotomie, präfrontaler 827.
bei Lues 821.
bei Morphinvergiftung 810 Tab.
bei Myxödem 818.
bei Parese, allgemeiner 821.
bei Parkinsonismus, postencephalitischem 822.
bei Präeklampsie 821.
bei Psychosen 827.
bei Schwangerschaft 821.
bei Virusinfektion 829—834.
der Amine, proteinogenen 759ff.
der Aminosäuren 747—761.
der Brenztraubensäure 685, 706, 715 bis 720.
der Fettsäuren 740—743.
der Kephaline 739, 743.
der Kohlenhydrate 700—733.
— und Eiweißsynthese 750.
—, Insulinwirkung auf — 712.
— bei Narkose 813.
der Lipoide 734—744 812f.
der Nucleoproteide, Beeinflussung durch Viren 827.
der Nucleinsäuren 764—768.
der Sphingomyeline 739.
im Coma diabeticum 822.
im Coma hypoglycaemicum 810 Tab., 819.
nach Hypophysektomie 818.
und Fermente 700—808.
—, Altersveränderungen 682ff.
und Funktion 808—834.

Gehirn:
Stoffwechsel:
und Narkose 810 Tab., 813ff.
unter Bedingungen, pathologischen 821—834.
von Diphosphoinosit 739, 770.
von Eiweiß 744—763.
von Glutaminsäure 748—759.
von Glykokoll 747.
von Lecithin 739, 743.
von Lysin 747.
von Oxalessigsäure 718f.
aerober, in situ 777f.
—, in vitro 778—781.
Strukturstabilität 788.
Substanz, graue, Gehalt an Bestandteilen, anorganischen 924 Tab.
—, —, — an Hexokinase 818.
—, —, — an Magnesium 625.
—, —, — an Natrium 625.
—, —, Q_{O_2} nach Thyroxin 818.
—, —, Verhältnis Desoxyribonucleinsäure:Ribonucleinsäure 926.
—, —, s. a. Substanz, graue.
—, weiße, Erepsinwirkung auf — 650.
—, —, Gehalt an Natrium 625.
—, —, — an Wasser, Altersveränderungen 676.
—, —, s. a. Substanz, weiße.
Substratphosphorylierung 729f.
Succinodehydrogenase, Hemmung durch Cozymase 793.
System, acetylcholinsynthetisierendes 849.
Tätigkeitsstoffwechsel 808.
Temperaturerhöhung bei Aktivität, erhöhter cerebraler 808.
Thesauropathien 688.
Topographie, chemische 618 Tab.
Transaminierungsreaktionen 750ff.
Transmethylierungen 759.
Transpeptidierungen 752f.
Transphosphorylierungen 702, 771f.
Triosephosphatdehydrogenase 706, 713f.
— bei FA-Mäuseencephalomyelitis-Virus-Infektionen 833.
Tripeptidasen 763.
Umsatz von Adenylsäure im — 329.
— von Desoxyribonucleinsäure im — 770.
— von Diphosphoinosit im — 770.
— von Fetten 784.
— von Fettsäuren im — 740.
— von Glucose 702f., 710, 780, 784f.
— — bei Krämpfen 816.
— von Glutaminsäure im — 748.
— von Lipoiden im — 734.
— von Nucleinsäuren im — 764.
— von Phosphatiden im — 736, 738f., 764, 770.
— — bei Nahrung, fettreicher 160.
— von Phosphatverbindungen, energiereichen 765, 809.
— von Phosphoproteiden im — 770.
— von Proteinen 784.

Gehirn:
Umsatz von Ribonucleinsäure 770.
Verhältnis Nucleotid-N:Nucleosid-N 668.
— Ribonucleinsäure/Desoxyribonucleinsäuren 312, 666.
Virusinfektion 811, 827—834.
—, Hemmung durch Aminosäuren 831.
Vorkommen:
von Adenindinucleotiden 794.
von Adenosindesaminase 758, 767.
von Adenylsäuredesaminase 758, 767.
von Äthanolaminphosphorsäure 640.
von Alkoholdehydrogenase 794.
von Aminopherasen 754.
von Aminoxydase 758, 760f.
von Cerebrogalaktosiden 642.
von Cerebrosidase 744.
von Cholinacetylase 718, 849.
von Cholinesterasen 617, 852, 861.
von Cholinphosphokinase 737.
von Cysteinsulfinsäure 748.
des Cytochromsystems 720, 794ff.
von Enolase 714.
von Ergosterin 675.
von Esterasen 744.
von Enzymen, ammoniakbildenden 758.
von Flavoproteiden 794.
von Fumarase 720.
von Gelatinasen 762f.
von Glutaminase 749, 754f., 758.
von Glutaminsäuredecarboxylase 681, 753, 755f.
von Glutaminsäuredehydrogenase 753f., 749, 758.
von Glutamintransferase 755.
von Glutathionreduktase 753.
von Glyoxalase 715.
von Guanosintriphosphat 667.
von Hexokinase 99.
von Hypoxanthosintriphosphat 667.
von Isocitronensäuredehydrogenase 794.
von Katalase 796.
von Kohlensäureanhydratase 627, 683, 796, 844 Tab.
von Lacticodehydrogenase 715.
von Lecithinase 744.
von Lipofuscin 679f.
von Lipoiden, zuckerhaltigen 642 bis 645.
von Lipoproteiden 650f.
von Myokinase 774.
von Neurokeratin 652, 925.
von Nucleoproteiden 652.
von Nucleosidase, Diphosphopyridinnucleotid, spaltender 395.
von Nucleosidtriphosphat 667.
von Peroxydase 796.
von Phenoloxydasen 761.
von Phosphatasen 774—777.
von Phosphoglyceromutase 714.
von Proteolipoiden 650f.

Gehirn:
Vorkommen:
von Pyridoxin 399.
von Pyrophosphatase, anorganischer 777.
von Pyruvatkinase 709, 714f.
von Stoffen, gerinnungsaktiven 676.
von Succinodehydrogenase 720.
von Succinoxydase 720.
von Sulfatasen 763.
von Sulfatiden 637 Tab., 643, 678.
von Thromboplastin 676.
von Transaminasen 754.
von Transhydrogenase im — 794.
von Trypsin 762f.
von Uricase 338, 341.
Wachstum, Verhalten von Cytochromoxydasen beim — 682f.
—, — der Nucleinsäuren beim — 681f.
Wasserhaushalt unter Ernährungsbedingungen, besonderen 684.
Wirkung von Krampfgiften auf — 815.
Zirkulation bei Hypoglykämie 823.
Zusammensetzung bei Encephalitis epidemica 692.
fetales, Phosphatidsynthese 738.
—, Wassergehalt 676.
—, Zusammensetzung, chemische 677 Tab., 679 Tab.
Gehirnbrei, Diphosphopyridinnucleotidabbau 793.
Gehirnextrakte, Abbau von Inosinsäure in — 768.
—, Acetylcholinsynthese in — 849.
—, Aktivität, fibrinolytische 763.
—, ATPase-Aktivität in — 684f., 696, 701ff., 773, 775.
—, Diphosphopyridinnucleotidabbau 793.
—, Gehalt an Adenosintriphosphorsäure 701f.
— Glykolyse in — 701ff.
—, —, Steigerung der anaeroben — in Gewebsschnitten, durch — 709.
—, Oxydation von D-Glutaminsäure durch — 750.
—, Polypeptid, blutdrucksenkendes, (= Substanz P), in — 843.
—, Spaltung von Desoxyribonucleinsäuren durch — 766.
—, — von Ribonucleinsäuren durch — 766.
—, wäßrige 701ff.
Gehirnhomogenate, Acetylcholinsynthese in — 849.
—, ATPase-Aktivität in — 701ff.
—, Diphosphopyridinnucleotidabbau 793.
—, Glykolyse 701ff., 708.
Gehirnkrämpfe 817.
Gehirnnerven, Phosphataufnahme 769.
Gehirnrinde, Aktivität von Adenosin- und Adenylsäuredesaminase im — 767.
—, Acetylcholinesterase, Aktivität der — in — 854 Tab.
—, Atmung 778.
—, Eiweißnachweis mit der Tetrazomethode 653.
Gehirnrinde, Gehalt an Calcium 622.
—, — an Glykogen 658.
—, — — bei Krämpfen (Maus) 816.
—, — an Kalium 805.
—, — an Plasmalogen 638.
—, — an Lipoiden 647 Tab.
—, — an Thiamin 671 Tab.
—, Glutaminbildung 934.
—, Kaliumaustausch 935.
—, Kathepsinaktivität 762.
—, Lipoidzusammensetzung 647 Tab.
—, Milchsäurebildung, aerobe 707.
—, Reaktion auf Sauerstoffdrucke, hohe 789.
—, Sauerstoffaufnahme bei Ernährung, kaliumarmer 805.
—, graue, Aktivität, glykolytische 701.
Gehirnschnitte, Bildung von Acetylcholin, Aktivierung durch K^+ 807, 856.
—, — —, Hemmung durch Ammoniumionen 807f.
—, Gehalt an Adenosintriphosphorsäure 702.
—, Glutaminsäureaufnahme durch — 756.
—, Glykolyse 701, 703, 705.
—, Kaliumaustausch 801f.
—, Permeation von Aminosäuren in — 756.
Gehirnsubstanz, entfettete, Mineralgehalt 632.
—, —, Wassergehalt 632.
Gehirntätigkeit, Lipoidstoffwechsel bei — 632 Tab.
Gehirntrauma, Hirnstoffwechsel bei 810 Tab.
Gehirnzellen, Kern, Zusammensetzung 648.
—, Veränderungen bei Poliomyelitis 828.
Geißbrassen, Leber, Vitamin A-Gehalt 357 Tab.
Geisteskrankheiten, Therapie mit Glutaminsäure 759.
Gelatinasen, Gehirn 762f.
Gelatine, Förderung der Hippursäuresynthese durch — 470.
—, Glucosebildung aus — 123.
Gelenkerkrankungen, Ausscheidung von Glucuronsäurelacton bei — 464.
Geschwülste, maligne, Leberverfettung bei — 154.
—, —, Vermehrung der α-Globuline bei — 231.
Gewebsatmung, Energieausbeute 731f.
Gewebsschnitte, Glykolyse, anaerobe 709.
Gewebswasser, extracelluläres, bei Lebererkrankungen 230.
Giraffe besitzt eine Gallenblase 534.
Gitterfasern, Leber 14.
Glandula parathyreoidea und Calciumgehalt des Gehirns 622.
— submaxillaris, Ammoniakbildung 934.
Glaskörper s. Auge, Glaskörper.
Glaukom 901.
Gleichgewicht, DONNANsches, Gehirn 802.
Gliadin, Glucosebildung aus — 123.
Gliazellen, Kerne, GOMORI-Reaktion 776.
Glioblastoma multiforme, β-Glucuronidase 692.
Glioblastome, Vorkommen von Gangliosiden in — 691.
Gliome, Lipoidzusammensetzung 691.

Globulin X, Gehalt in Muskel 577 Tab.
Globuline, Bindung von Bilirubin, direktem, an — 515.
—, Blut, Zusammensetzung nach Hepatektomie 232.
—, Gehalt in Blutplasma 231.
—, — in Blutserum 20.
—, — in Chorioidea 917 Tab.
—, — in Iris 917 Tab.
—, — in Tränenflüssigkeit 869 Tab.
—, Halbwertszeit 224.
—, Vermehrung bei Lebererkrankungen 231, 242—247.
—, Vorkommen in Gehirn 652.
—, — in Glaskörper 910.
—, — in Kammerwasser 902f.
α-Globuline, Einfluß auf Koagulationsband, WELTMANNsches 245.
—, Gehalt in Gehirn 652.
— bei Leberschäden 231.
—, Verhalten bei TAKATA-Reaktion 244.
—, Vermehrung bei Geschwülsten, malignen 231.
α_1-Globuline, Gehalt in Blutserum 20.
—, — in Kammerwasser 903 Tab.
—, — in Leberlymphe 20.
α_2-Globuline, Gehalt in Blutserum 20.
—, — in Kammerwasser 903 Tab.
—, — in Leberlymphe 20.
β-Globuline, Bedeutung für Thymoltrübungstest 246.
—, Bindung von Carotinoiden und Vitamin A an — 353.
—, Gehalt in Blutserum 20.
—, — in Gehirn 652.
—, — in Kammerwasser 903 Tab.
—, — in Leberlymphe 20.
— bei Leberschäden 231.
—, Verhalten bei TAKATA-Reaktion 244.
—, Vermehrung bei Hepatitis 231.
β_1-Globuline, Einfluß auf Koagulationsband, WELTMANNsches bei — 245.
γ-Globuline, Bedeutung für Kephalin-Cholesterinflockungstest 247.
—, — für Thymoltrübungstest 246.
—, Einfluß auf Koagulationsband, WELTMANNsches bei — 245.
—, Gehalt in Blutserum 20.
—, — in Gehirn 652.
—, — in Kammerwasser 903 Tab.
—, — in Leberlymphe 20.
— bei Leberkrankheiten 231, 242—247.
—, Verhalten bei TAKATA-Reaktion 244.
—, Vermehrung bei Leberparenchymschäden 242, 244.
—, Zusammensetzung bei Leberparenchymerkrankungen, chronischen, diffusen 231.
Globus pallidus, Gehalt an Vitamin C 674.
— —, Vorkommen von Eisen in — 674f.
— — s. a. Pallidum.
Glucagon, Bildungsort 76f.
—, Wirkung auf Leberglykogen 76, 79.
—, — auf Leberphosphorylase 90.
Glucocorticoide, Abbau in Leber 438f.
Glucocorticoide, Eiweißgehalt des Organismus nach — 125.
—, Wirkung 124f.
Glucokinase 98, 108 Schema, 711.
—, Bedeutung für Bildung von Leberglykogen 84.
—, Beeinflußung durch Insulin 76.
—, Leber 84, 98ff.
Gluconat-C, Einbau in Glykogen 109.
Gluconeogenese s. Glykoneogenese.
Gluconokinase 108.
Gluconsäure, Bildung aus Glucose 106—111.
—, — bei Abbau, oxydativem, von Gluconsäure-6-phosphat 108.
—, — von Pentosen über — 106—111, 345.
Gluconsäurecyclus 106f.
Gluconsäure-6-phosphorsäure, Bildung aus Gluconsäure 108.
—, — aus Glucose 108 Schema.
—, — aus Glucose-6-phosphat 108.
—, — —, Koppelung mit Malatbildung aus Pyruvat 127.
—, — bei Glucoseoxydation in Leber 107 Abb.
—, — von Pentose-5-phosphat aus — 108 Schema, 109.
Glucophosphomutase, Beteiligung bei Umwandlung von Galaktose in Glucose 94.
Glucoproteid, Vorkommen in Galle 542.
4α-Glucopyranosidofructose, Bildung aus Glykogen durch α-Amylase 82.
Glucosamin, Acetylierung durch Taubenleber 130.
—, Bildung in Leber 67.
—, MICHAELIS-Konstante der Phosphorylierung durch Hexokinase 710f.
—, Milchsäurebildung aus — in Hornhaut 877.
—, Oxydation in Retina 931.
—, Phosphorylierung durch Hexokinase in Gehirn 710.
—, — in Netzhautextrakten 932.
—, Phosphorylierungsgeschwindigkeit durch Hexokinase 711.
—, Vorkommen in Corneamucoproteid 874.
—, — in Strandin 644.
Glucose:
381*.
Abbau bei Thiaminmangel 390.
— in der Leber 21, 106—113.
—, glykolytischer, in Retina 932.
—, oxydativer, über Gluconsäuren und Pentosen 106—111, 390, 728f.
—, —, und Nucleinsäurestoffwechsel 110f.
als Acceptor für Phosphatgruppen, labile 730.
Atmungsförderung im Ciliarkörper durch — 920.
Aufnahme durch Linse 892.
Ausscheidung im Harn nach Adrenalin 121.
Bedeutung für Acetylcholinsynthese 845ff.
— für Funktion der Muskulatur 116.
— — des Nervensystems 116.

Glucose:
Bedeutung für Ionentransport im Nervensystem 801f.
Beeinflussung der Bildung durch Natriumionen 43.
— der Cholesterinbildung in Leber durch — 205.
— der Fettbildung in Leber durch — 205.
— der Gehirnatmung durch — 780.
Beschleunigung des Acetatabbaues durch — 174.
— der Fettsäurebildung durch — 167.
— der Harnsäurebildung in Vogelleber aus — 336.
Bildung:
Förderung durch Natriumionen 43.
aus Alanin 255, 292f.
aus Aminosäuren 117.
aus Brenztraubensäure 43, 112f.
aus Eiweißkörpern, verschiedenen 123.
aus Fructose 79, 98—103, 117.
aus Fructose-1-phosphorsäure 99.
aus Fructose-1,6-phosphorsäure 99.
aus Fructose-6-phosphorsäure 99.
aus Galaktose 92—98, 117.
aus Glucose-1-phosphorsäure 99.
aus Glucose-6-phosphorsäure 98ff., 114 Tab.
aus Glykogen in Leber 89—92.
aus Hexosen, anderen 92—106, 117.
aus Idit 104.
aus Mannose 105, 117.
aus Milchsäure 117, 255.
aus Oxalessigsäure 253.
aus Phenylalanin 280, 282 Schema.
aus Sorbit 104.
aus L-Sorbose 104.
aus Tyrosin 280, 282 Schema.
aus Valin 264*.
in Gehirn 824f.
in Leber 22, 90ff.
von Ascorbinsäure aus — 380ff.
von Brenztraubensäure aus — 106.
von Eiweiß aus — im Gehirn bei Virusinfektion 829f.
von Fettsäuren in Leber aus — 168.
von Fructose aus — 99.
von Gluconsäure aus — 106—111.
von Gluconsäure-6-phosphorsäure aus — 108 Schema.
von Glucose-6-phosphorsäure aus — 98ff., 108 Schema, 114 Abb.
von Glykogen aus — 99f., 114 Abb.
von Hexosediphosphorsäure aus — in Gehirn 712.
von L-Idit aus — 104*.
von Leberglykogen nach —zufuhr 72, 83.
Bindung an Riboflavin 393.
Einfluß auf Adenosintriphosphatbildung in Leber 328.
— auf Glykogenstruktur 72, 83.
— auf Lymphbildung 19.
— auf Permeabilität der Linse 893.

Glucose:
Energielieferung für Kaliumtransport in Hirngewebe 756f.
Energiequelle für Glutaminbildung 752.
Förderung der Bernsteinsäurebildung in Gehirn durch — 720.
— der Glutaminsäureaufnahme durch Hirnschnitte 756.
— der Ribonucleinsäurebildung durch — 764.
Gehalt in Blut bei Galaktosurie 97f.
— in Blutplasma 912 Tab.
— in Galle 543.
— in Glaskörper 912 Tab.
— in Gehirn bei Hypoglykämie 823.
— — bei Krampfanfällen 816.
— in Kammerwasser 905, 907, 912 Tab.
— in Linse 890.
— in Retina 928.
Gehirnstoffwechsel bei Hypoglykämie, Normalisierung durch — 824.
Glykolyse in Hirnhomogenat 702f.
Harnstoffbildung, Steigerung durch — 304f.
Hemmung der Fructosephosphorylierung durch — 710.
— des P-Einbaus in Gehirnlipoide durch — 737.
Hornhautschädigung durch — 878.
Hyperglykämie nach — 102.
Konzentrationsverhältnis zwischen Plasma und Muskel 587.
Leistung, körperliche, Steigerung der — durch — 608.
Oxydation, Faktor, begrenzender, in Gehirn 711.
—, Hemmung durch Narkotica 813.
— in Gehirn 784, 823.
— in Retina 931.
Phosphorylierung, Bedeutung von Adenosintriphosphorsäure für — 91.
—, — von Citronensäure für — 85.
—, — α-Ketoglutarsäure für — 85.
—, Hemmung durch Glucosephosphorsäuren 710.
— bei Dehydrierungsreaktionen 85.
— in Gehirn 702, 710.
— durch Hexokinase 84, 710.
— in Leber 84.
Phosphorylierungsgeschwindigkeit durch Hexokinase 711.
Spaltung, glykolytische, in Leber 111ff.
Steigerung der Kreatinphosphorsäurebildung in Gehirn durch — 772.
— der Leistung, körperlichen, durch — 608.
Stoffwechsel, Bedeutung für Phosphataufnahme ins Gehirn 771.
Substrat der Gehirnatmung 784f.
Toleranz bei Hyperthyreoidismus 446.
— bei Vitamin C-Mangel 385.
Umsatz in Gehirn 702f., 710, 780, 784f.
Verbrauch in Gehirn 825.
— in Linse 893f., 905.
Verbrennung in Herzmuskel 611.

Glucose:
Verteilungsverhältnis Kammerwasser: Plasma 909.
Verwendung zur Eiweißsynthese in Gehirn bei Virusinfektionen 829f.
— zur Glucuronsäuresynthese 460.
— durch Herzmuskel 610.
— zur Lipoidsynthese in Gehirn bei — 830.
Verzögerung des Fettsäureabbaues durch — 190.
Vorkommen in Cerebrosiden 642, 690.
— in Gangliosiden 644.
— in Mucoproteid der DESCEMETschen Membran 875.
— im N. opticus 948.
— in Polysaccharid der Linsenkapsel 888.
Weckwirkung bei Barbitursäurenarkose 814.
Wirkung auf Kalium/Natriumaustausch der Retina 935.
— auf Glucose-C-Einbau in Aminosäuren 747, 831.
— — in Gehirnproteine 747.
— von Fluorid auf Bildung von Fructose aus — 99.
—, antiketogene 101f.
—, proteinsparende, bei Phlorrhizindiabetes 102.
Glucosedehydrogenase 728.
—, Vorkommen in Cytoplasma 396.
—, — in Leber 108, 330.
Glucose-6-phosphatase, Eigenschaften 91.
— bei Glykogenabbau in Leber 89, 91.
— bei Glykogenspeicherkrankheit 80, 691.
— in Leber, fetaler 69.
Glucose-6-phosphatdehydrogenase 108, 728.
—, Reduktion von Triphosphopyridinnucleotid durch — 721.
Glucose-1,6-diphosphorsäure, Bedeutung für Umwandlung Glucose-1-⇌-6-phosphat 87.
—, Hemmung der Glucosephosphorylierung durch — 710.
— s. a. Hexosediphosphorsäure.
Glucose-1-phosphorsäure, Bildung aus Fructose-1-phosphorsäure 99.
—, — aus Galaktose 96.
—, — aus Galaktose-1-phosphorsäure 94.
—, — aus Glucose 99.
—, — aus Glucose-6-phosphorsäure 98ff.
—, — aus Glykogen 90f.
—, — in Gehirn 705.
—, — in Leber 86.
—, — von Glucose aus — 99.
—, — von Glykogen aus — 87f., 98, 705.
—, Hydrolyse, keine, in Leber 91.
—, Vorkommen in Linse 891.
Glucose-1- und -6-phosphat, Umwandlung, gegenseitige 86f., 705.
Glucose-6-phosphorsäure:
s. a. Hexosemonophosphorsäure.
s. a. Hexosephosphorsäure.

Glucose-6-phosphorsäure:
Bedeutung für Spaltung, reduktive, von p-Dimethylaminoazobenzol 498f.
Bildung aus Brenztraubensäure 114 Abb. 120.
— aus Fructose-1-phosphat 98—101.
— aus Fructose-6-phosphorsäure 100, 109.
— aus Gluconsäure 108 Schema.
— aus Glucose 98—100, 108 Schema, 114 Abb.
— aus Glykogen 114 Abb.
— aus Pentosephosphorsäure 345.
— aus Ribose-5-phosphorsäure 109.
— in Gehirn 705.
— in Leber 91, 120.
— von Blutzucker aus — 114 Abb.
— von Brenztraubensäure aus — 114 Abb.
— von Fructose-6-phosphorsäure aus — 86, 100.
— von Gluconsäure-6-phosphorsäure aus — 108.
— von Glucose aus — 98ff.
— von Glucose-1-phosphorsäure aus — 98.
— von Glykogen aus — 85 Abb., 87, 114 Abb.
— von Ketopentosephosphorsäure 345.
und Brenztraubensäure, Verknüpfung des Stoffwechsels von — 113.
Fermente der Oxydation, direkten, in Organen 729.
Förderung der Antabusreduktion 491.
Hemmung der Glucosephosphorylierung durch — 710.
— der Hexokinase durch — 704.
Oxydation von —, Koppelung mit Malatbildung aus Pyruvat 127.
— zu Gluconsäure-6-phosphat 108.
—, direkte, im Gehirn 728.
—, reversible, zu 6-Phosphogluconsäure 721.
Stoffwechsel in Leber 86, 96.
Vorkommen in Linse 891.
β-Glucosidase 462.
Glucosurie nach ACTH 125.
—, Pyruvatangebot an Leber bei — 116.
—, alimentäre 29.
Glucuronidase, Ausscheidung 458ff., 463.
—, Bildung 463.
—, Vorkommen in Ciliarkörper 921.
—, — in Hornhaut 878.
—, — in Leber, Milz und Niere 462ff.
β-Glucuronidase 462f.
— in Hirntumoren 691f.
— in Nerven bei Degeneration, WALLERscher 696, 698.
—, Spaltung einer Thyroxinverbindung durch — 442.
—, Vorkommen in Leber 428.
Glucuronide, Ausscheidung 456, 458.
—, — bei Hepatitis 457, 464.
—, — bei Lebercirrhose 457.
—, — bei Vergiftungen 456f.
—, Bildung bei Hunger 458.

Glucuronide, Bildung, Mechanismus der — 459, 461f.
—, — aus Kohlenwasserstoffen 455, 459, 482.
—, — bei Nahrung, proteinreicher 458.
—, — mit Borneol 456—460.
—, — Menthol 458ff., 461, 461 Tab.
—, — in Leber 454—458.
—, Entgiftung durch Bildung von — 455.
—, Menge, ausgeschiedene 458.
—, Vorkommen im Blut 456.
—, pharmakogene 457.
—, physiologische 457f.
β-Glucuronide, Spaltung 462.
D-Glucuron-γ-lacton, Ascorbinsäurebildung aus — 381•.

Glucuronsäure:

Abbau durch Darmbakterien 464.
— in der Leber 463f.
Aktivierung durch Uridindiphosphat 461.
Ausscheidung 458ff., 463.
Beteiligung an Ascorbinsäuresynthese 381.
Bildung, Hemmung der — 458, 462.
— aus Glykogen 458, 460.
— bei Lebererkrankungen 457.
— in Leber 67, 457—461.
— von Furandicarbonsäure aus — 463.
— von L-Xyloketose aus — 463.
Bindung an Alkohole 455, 489.
— an Aminophenole 458f., 461.
— an Fettsäuren, substitutierte 455.
— an 3-Oxykynurenin 291.
— an C(3)-Oxysteroide 433.
— an Pregnandiole 435.
— an Pregnanolon 435.
— an Thyroxin und Adrenalin 439.
— von Phenolen an 453.
Entgiftung durch — 452—464.
— von Alkoholen, aromatischen, durch — 482.
— von o-Aminoacetophenon durch — 483.
— von Chloralhydrat durch — 456, 483.
— von Kohlenwasserstoffen durch — 455, 459, 482.
Gehalt in Galle 543.
Nachweis mit Naphthoresorcin 457.
Stoffwechsel in der Leber 455—464.
Verwendung zur Glucuronidsynthese 459.
Vorkommen im Corneamucoproteid 874.
Vorstufen der — 460.
gepaarte, Vorkommen in der Galle 538.

Glucuronsäurelacton, Ascorbinsäurebildung aus — 381.
—, Aufnahme durch die Leber 464.
—, Ausscheidung 463f.
—, Hemmung der Glucuronidbildung durch — 458f.
Glucuronsäure-1-phosphorsäure 462.
β-Glucuronsäure-1-phosphorsäure 461.

Glutamin:

Abbau in Leber 253f.
Aminierung von Ketosäuren durch — 252.
Bedeutung für Citrullinbildung 307.
Bildung, Energielieferung für — 752.
—, Ferment der — 755.
—, Förderung durch Ammoniumionen 807.
—, — durch Cystein 752.
—, — durch Magnesium- und Manganionen 752, 755.
—, Hemmung 752, 755, 807.
—, — der Acetylcholinsynthese durch — 846.
—, — durch Glutaminsäure 253.
— aus Glutaminsäure in Gehirn 752, 755.
— aus Histidin 298•.
— aus Prolin in Gehirn 747.
— im Auge 934.
— in Gehirn 749, 751f., 755.
— in Gehirnrinde 934.
— in Leber 253, 254 Tab.
— in Niere 934.
— von Ammoniak aus — in der Retina 934.
— von Glutaminsäure aus — 252•, 253f., 749, 751.
— zur Ammoniakentgiftung 629, 751.
Desaminierung 252ff.
Einfluß auf Acetylcholinsynthese 848.
Gehalt in Blut bei Pyridoxinmangel 402.
— in Gehirn 628, 656.
— — bei Funktionszuständen, verschiedenen 810 Tab.
— — nach Hepatektomie, totaler 685.
— — bei Insulinschock 826.
— — bei Narkose 813.
— in Leber 253.
— in Muskel 253.
— in Niere 253.
Glykolyse, Hemmung im Zentralnervensystem durch — 707.
Permeation ins Gehirn 749.
Reaktion mit Hydroxylamin 753.
— mit Phenylbrenztraubensäure 252•.
Spaltung in Leber 755.
Stoffwechsel 252ff.
Transpeptidierung 752f.
Übertragung der Aminogruppe auf Ketosäuren 252.
Wirkung auf Rückenmark, Reflexerregbarkeit 758.

Glutaminase I und II 754.
Glutaminasen 253, 755.
—, Vorkommen in Gehirn 749, 754f, 758.
Glutaminat s. Glutaminsäure.
Glutaminat-Pyruvat-Transaminasesystem 252, 400.
Glutaminotransferase 753, 755.

Glutaminsäure:

Abbau durch L-Glutaminsäuredehydrogenase 249.
— in der Atmungskette 733 Abb.
— im Gehirn 717.
Aktivierung von Cholinacetylase durch — 849.

Glutaminsäure:
Aminierungen durch — 252.
Ammoniakbindung durch — 629, 751f., 755.
Aufnahme durch Gehirnschnitte 756.
Bedeutung für Alaninbildung 254.
— für Citrullinbildung 253, 307f.
— für Hippursäurebildung 470.
— für Ionentransport im Gehirn 748, 756f.
— — in Nervensystem 801f.
— für Transaminierung 249—253, 751.
Beeinflussung der Gehirnatmung durch — 780.
— kein, von P-Einbau in Gehirnlipoide 737.
Beteiligung an Argininsynthese 309.
— an Peptidsynthese 748.
Beziehungen zu Ammoniakbildung im Gehirn 757f.
— zum Eiweißstoffwechsel im Gehirn 719.
— zum Kohlenhydratstoffwechsel im Gehirn 719, 749f.
Bildung, Bedeutung von Biotin für — 412.
—, — von Folsäure für — 417.
—, — von Glucose für — 752.
—, — von Magnesiumionen für — 752.
—, Hemmung durch Fluorid 253, 752.
— aus Glutamin 252•, 253f.
— — in Gehirn 749, 751.
— aus Histidin 255, 297f.
— aus α-Ketoglutarsäure 193, 252ff., 749.
— —, Bedeutung von Pyridoxalfermenten für — 400.
— aus Ornithin 253.
— aus Prolin 253, 299f., 747.
— bei Freisetzung von Ammonium 749.
— bei Prolinabbau 299f.
— bei Tyrosinoxydation 279, 281•, 282 Schema.
— durch Transaminierung 751.
— — von Glutamin und Phenylbrenztraubensäure 252•.
— in Gehirn 749.
— — bei Virusinfektionen 830f.
— von γ-Aminobuttersäure aus — 655, 748, 753.
— von Ammoniak aus — 757f.
— von Asparaginsäure aus — 309.
— von Brenztraubensäure aus — in der Leber 123.
— von Glutamin aus — im Gehirn 752, 755.
— — in der Retina 934.
— von Glykogen aus — 253.
— von α-Ketoglutarsäure aus — 193, 248•, 300, 749.
— von Kohlendioxyd aus — bei Nervenerregung 864.
— von Ornithin aus — 253.
— von Prolin aus — 253.
Desaminierung, oxydative 750f.

Glutaminsäure:
Einbau von Acetat-C in — im Gehirn bei Virusinfektion 829.
— von Glucose-C in — 747, 831.
Einfluß auf Acetylcholinsynthese 848.
— auf Cholinacetylase im Gehirn 758.
— auf Glykolyse im Gehirn 758.
— auf Zustand, funktionellen, des Zentralnervensystems 758.
Energielieferung für Adenosintriphosphorsäurebildung durch Oxydation von — 99.
Entgiftung durch — 472.
— von Phenylessigsäure durch — 454.
Förderung der Kreatinphosphorsäurebildung im Gehirn durch — 772.
— der Milchsäurebildung, aeroben, durch — 707.
Funktionen im Gehirn 751.
Gehalt in Blut bei Pyridoxinmangel 402.
— in Blutplasma nach Hepatektomie 211.
— in Eiweiß der Augenlinse 887 Tab.
— — von Cornea und Sklera 874 Tab.
— in Gehirn 655f.
— — bei Funktionszuständen, verschiedenen 810 Tab.
— — bei Hypoglykämie 658, 750f., 826, 829ff.
— — bei Insulinschock 826.
— — bei Narkose 813ff.
— — von Ratten, hypoglykämischen 750f.
— — Wirkung von Barbituraten auf — 757.
— in Gehirnproteinen 653 Tab.
— in Haarkeratin 653 Tab.
— in Leberproteinen 217, 218 Tab.
— in Neurokeratin 653 Tab.
— in Nucleoproteiden der Leber nach p-Dimethylaminoazobenzol 503.
— in Proteolipoid aus Gehirn 651 Tab.
Hemmung der Ammoniakbildung durch — 934.
— der Atmungskettenphosphorylierung durch — 732.
— von Glutaminase durch — 755.
— der Glutaminbildung durch — 253.
— von Glutaminsäuredecarboxylase durch — 756.
— der Glykolyse im Zentralnervensystem durch — 707.
— —, anaeroben, durch — 758.
— der Kohlendioxyd-Fixierung durch — 721.
— der Pasteur-Reaktion durch — 732.
und Ionentransport im Gehirn 756f.
Kohlendioxyd-Bildung aus — bei Nervenerregung 864.
Methioninsulfoxyd als Antagonist von — im Stoffwechsel 749.
Oxydation, Hemmung durch Narkotica 813.
— durch Glutaminsäuredehydrogenase 753.

Glutaminsäure:
Oxydation in Gehirn 750, 784f.
— in Retina 931.
Permeation in Gehirnschnitten 756.
P/O-Verhältnis bei Oxydation von — im Zentralnervensystem 730f.
Pyridoxinmangelerscheinungen bei — Mangel 400.
Stoffwechsel 252ff.
— in Gehirn 748—759.
— —, Fermente des — 753—758.
— in Nervengewebe 748—759.
und Synthese von Leberglykogen 261.
Therapie von Geisteskrankheiten mit — 759.
Transaminierung mit — 750ff.
Transpeptidierung 753f., 755f.
Verbindung zwischen Kohlenhydratstoffwechsel und Eiweißsynthese 719.
Vorkommen in Nerv 695.
— in Polypeptid A der Leber 218.
Wirkung auf Cholinacetylase 758.
— auf Glykolyse, aerobe, des Gehirns 707.
— auf Kalium/Natriumaustausch der Retina 935.
— auf Rückenmark, Reflexerregbarkeit 758.
— auf Sauerstoffaufnahme durch Gehirn 750.
— auf System, adrenergisches 757.
— bei Epilepsie 759.
— bei Gehirnkrämpfen 817.
— bei Hypoglykämie 757.
Glutaminsäure-Asparaginsäure-Transaminase 252, 755.
— bei Leberregeneration 223.
Glutaminsäurebetain, Wirkung, alipotrope 148.
Glutaminsäure-Brenztraubensäure-Transaminierung, Bedeutung von Pyridoxalfermenten für — 400.
—, Hemmung durch Semicarbazid 753.
Glutaminsäuredecarboxylase, Gehirn 681, 753, 755f.
—, Hemmungen der — 756.
Glutaminsäuredehydrogenase, Gehirn 749, 753f., 758.
—, Leber 248f., 330, 754.
— bei Leberregeneration 223.
—, Linse 896.
—, Mitochondrien 248, 396.
—, Niere 754.
Glutaminsäure-Glutaminasesystem, Bedeutung für Ammoniakgehalt des Gehirns 629.
Glutaminsäurehalbaldehyd, Bildung aus Ornithin 301•.
—, — beim Prolinabbau 299•, 300.
Glutaminsäure-Oxalessigsäure-Transaminierung, Bedeutung von Pyridoxalfermenten für — 400.
Glutamintransferase 755.
γ-Glutamylcystein 275.
γ-Glutamylpeptide 753.
Glutamylphosphat 752.
Glutarsäure, Abbau bei Phlorrhizinvergiftung 296.
—, Aminierung, reduktive 749.
—, Bildung von Buttersäure aus — 296.
—, — von α-Ketoadipinsäure aus — 296, 297•.
α-Glutarsäure-Glutaminsäuresystem im Gehirnstoffwechsel 750.
Glutathion:
Aktivierung der Acetylcholinesterase durch — 856.
— der Crotonase durch — 182.
Auf- und Abbau in der Linse 895.
Aufhebung der Antabushemmung der Alkoholdehydrogenase 490.
Bildung aus γ-Glutamylcystein 275.
Bildung in Leber 275, 410.
Einbau von Glykokoll in — 258.
Einfluß auf Wirkung, diabetogene, von Alloxan und Dehydroascorbinsäure 384.
Form in der Leber 277.
Gehalt in Blut 276, 276 Tab., 367, 373.
— in Chorioidea 919 Tab.
— in Ciliarkörper 919 Tab.
— in Cornea 875 Tab., 876.
— in Galle 542f.
— in Gehirn 276 Tab., 656.
— in Iris 918, 919 Tab.
— in Glaskörper 918.
— in Linse 889, 892.
— — bei Katarakt 889, 897f.
— in Muskel 584.
— — beim Training 586.
— in Organen 276 Tab.
— in Retina 926 Tab.
Halbwertszeit in der Leber 275.
Oxydation in der Linsenkapsel 892.
Reduktion 277.
— der Cystinreste in Fermentproteinen durch — 277.
— von Dehydroascorbinsäure durch — 383.
— in Linsenextrakten 896.
Schutzwirkung gegen Oxydation der Ascorbinsäure durch Cu 777.
— auf Pyruvatdehydrogenase 727.
Spaltung durch Leber 275f.
Stoffwechsel 275ff.
Vorkommen in Darm 753.
— in Linsenkapsel 892.
— in Niere 753.
oxydiertes, Wirkung auf Triosephosphatdehydrogenase 708.
— und reduziertes, in der Leber bei Phlorrhizin- und Phosphorvergiftung 191.
reduziertes, und Cerebrosidase 744.
—, Förderung der Milchsäurebildung, aeroben, durch — 707.
Glutathionase 753.
Glutathionreduktase 753.
—, Schädigung bei Röntgenbestrahlung der Linse 898.
—, Vorkommen in Leber 277, 753.

Glutathionreduktase, Vorkommen in Linse 896.
Glycerin, Beschleunigung der Phosphatidbildung in den Mitochondrien durch — 159.
—, Verwendung zur Glucuronsäuresynthese 460.
—, Wirkung, antiketogene 190.
Glycerinaldehyd, Bildung von Fructose-1-phosphorsäure aus — 100.
—, Hemmung der Netzhautglykolyse durch — 932.
—, Kohlenhydratoxydation nach Vergiftung mit — 729.
—, Oxydation, direkte 108.
—, Phosphorylierung durch Glycerinaldehydkinase 100.
—, Wirkung auf Glykolyse des Gehirns 704.
—, — auf Hexokinase 704.
D-Glycerinaldehyd, Bildung von Fructose-1-phosphat aus — 704.
L-Glycerinaldehyd, Reaktion mit Dioxyacetonphosphat 704.
Glycerinaldehyddehydrogenase, Schädigung bei Röntgenbestrahlung der Linse 898.
Glycerinaldehydkinase 100.
3-Glycerinaldehydphosphorsäure, Bedeutung für Glykolyse des Zentralnervensystems 705.
—, Bildung aus Ribose-5-phosphorsäure 110.
—, — aus 1,3-Diphosphoglycerinsäure 729.
— als H-Donator 706.
—, Oxydation von — als begrenzender Faktor für Bildung von Hexosediphosphorsäure 833.
Glycerinphosphatide, Gehalt in Gehirn 633—641.
—, Gehirn, Vorkommen von Aldehyden und Fettsäuren in den — 638, 639 Tab.
— s. a. Phosphatide.
Glycerinphosphorsäure, Abbau in der Atmungskette 733 Tab.
—, Bildung in Gehirn 706.
—, Hydrolyse durch Rattengehirn 775.
—, Spaltung durch Gallenphosphatasen 543.
—, — in der Linse 896.
—, Vorkommen in Eisbärgalle 546.
—, — in Linse 891.
α-Glycerinphosphorsäure als Lecithinvorstufe 159.
—, Oxydation durch Gehirn 785.
—, — in Retina 936.
α- und β-Glycerinphosphorsäuren 636.
Glycerinphosphorsäuredehydrogenase, Vorkommen in Linse 896.
Glycerophosphatase, Hemmung durch Folsäure 416.
Glycerophosphatdehydrogenase 713f.
—, Aktivität im Gehirn 713f.
—, Vorkommen im Gehirn 706.
α-Glycerophosphatdehydrogenasen 577.
Glycerylphosphoryl-cholin in der Leber 133.
— s. a. Lecithin
L-α-Glycerylphosphorylcholin 636.
Glycerylphosphorylcolamin 637.
Glycerylphosphorylcolamin s. a. Colaminkephaline.
Glycin s. Glykokoll.
Glycinbetain s. Betain.
Glycinoxydase 248, 259.
Glycylalanin, Verwendung zur Hippursäuresynthese 470.
Glycylamid, Desaminierung durch Gehirn 754.
Glycyldehydroalanin, Spaltung durch Gehirn 763.
Glycyldehydrophenylalanin 763.
Glycylglycin, Spaltung in Gehirn und Muskulatur 763.
Glycyl-L-leucin, Spaltung in Gehirn und Muskulatur 763.
Glycyl-DL-phenylalanin, Bildung von Phenylbrenztraubensäure aus 826.
Glycyltyrosin, Wirkung auf Koagulationsband, WELTMANNsches 245.
Glykocholsäure, Beeinflussung der Cholesterinspeicherung in der Leber durch — 200.
—, Bildung aus Serin 263.
—, Salze der —, Geschmack 537.
—, Spaltung durch Nierenextrakte 558.
Glykocyamin, Bildung 303.
—, — von Kreatin aus — 266f., 759.
—, Gehalt im Blut nach 17-Methyltestosteron 434.
—, Leberverfettung durch — 419.
— als Methylacceptor 148 Schema.
—, Methylierung 149.
—, Wirkung, alipotrope 149.
Glykogen:
Abbau in der Leber 81, 89—92.
—, glykolytischer, in der Retina 932.
Bestimmung 593.
Bildung, Beeinflussung durch Ionen 43.
— aus Aminosäuren 117.
— aus Asparaginsäure 253.
— aus Brenztraubensäure 102, 112f., 115, **118—120**, 127f., 129*, 253, 255.
— aus Dioxyaceton 99, 102.
— aus Eiweiß 67.
— aus Fructose 67, 72, 83, 99—102, 117.
— aus Galaktose 67, 92—101, 117.
— aus Glucose 99f., 114 Abb.
— aus Glucose-1-phosphorsäure 87f., 98, 705.
— aus Glucose-6-phosphorsäure 85 Abb., 87, 114 Abb.
— aus Glutaminsäure 253.
— aus Invertzucker 72.
— aus Mannit 105f.
— aus Mannose 93f., 99f., 105, 117.
— aus Milchsäure 67, 99, 102, 117f., 120f.
— — als Entgiftungsfunktion der Leber 452.
— aus Nichtkohlenhydraten 116.
— aus Phenylalanin 280.
— aus Sorbit 104.
— aus Tyrosin 280.
— aus Valin 263.

Glykogen:
Bildung bei Glykogenspeicherkrankheit 79.
— bei Hunger 73.
— bei Hyperthyreoidismus 446f.
— in Fettleber 155f.
— in Leber 40, 43, 67, 72, 81, 83f., 87f., 92—102, 118, 261, 446f.
— von Fett aus — 74.
— von Glucopyranosidofructose aus – 82.
— von Glucose aus — 89—92.
— von Glucose-1-phosphorsäure aus — 90f.
— von Glucose-6-phosphorsäure aus — 114 Abb.
— von Glucuronsäure aus — 458, 460.
— von Milchsäure aus — 120.
Durchmesser des — -Moleküls 81.
Einbau von Gluconat-C in — 109.
Endgruppen 82.
Energielieferung für die Muskelkontraktion durch — 591.
Gehalt in Darm 611.
— in Gehirn s. Gehirn, Gehalt an Glykogen.
— in Herz 77, 79, 373.
— in Hirnrinde 658.
— —, Altersveränderungen 680.
— in Hirntumoren 692.
— in Kleinhirn 658 Tab., 680, 816.
— in Leber s. Leber, Gehalt an Glykogen.
— in Milz und Niere bei Glykogenspeicherkrankheit 79.
— in Muskel 72, 77, 80, 373, 580, 586.
— in Myoblastomen 692.
— in Retina 928.
— in Rückenmark 658 Tab., 680, 816.
— in Uterus 611.
Gehirn, Stoffwechselaktivität 705.
Grenzdextrin aus — 81.
Leber, Blutzuckerbildung aus — 825.
—, Entstehung 84—89.
—, Kettenlänge 82, 83 Tab., 84.
—, Struktur 80.
—, — nach Galaktose 93.
—, — nach Fructose 72, 83.
—, — bei Glykogenspeicherkrankheit 79f.
—, Verteilung 67f.
Muskel, Resynthese 596.
Molekulargewicht 82.
Oxydation durch Rattengehirn, homogenisiertes 784.
Phosphorylierung im Gehirn 705.
Spaltung, Änderung der Energie, freien, bei — 599.
Speicherung, Wirkung der Nebennierenrindenhormone auf — 385.
Struktur 79f., 81 Abb., 82ff., 93.
Umwandlung in Fett nach Insulin 74.
Verbrauch bei Gallenbildung 528.
Verbrennungswärme 592, 598.
Verzögerung des Fettsäureabbaues durch — 190.

Glykogen:
Verzweigungsgrad 81f.
Wirkung bei Muskeldystrophie, progressiver 586.
Zerfall bei Muskelkontraktion, anaerober 588.
proteingebundenes, in der Leber 68.
desmo- und lyo-Glykogen 580.
Glykogenhydrat, Verbrennungswärme 592, 598.
Glykogenolyse, Nerv 710.
—, postmortale in der Leber 69f.
Glykogenspeicherkrankheit 70, 79f., 690f.
Glykokoll:
Abbau 258f.
Aufnahme durch Knochenmark 214.
— durch die Leber 256.
— in Proteinfraktionen der Leber 215 Tab.
Austausch zwischen Gewebe und Blutplasma 468.
Bedeutung für Bildung von Xanthinoxydase 336.
— für Hippursäuresynthese 470.
— von Folsäure für Serinbildung aus — 417.
— — (Pteroylglutaminsäure) für Stoffwechsel von — 261ff.
Bildung aus Äthanolamin 256•, 257•.
— aus Glykolaldehyd 257.
— aus Glykolsäure 257.
— aus Glyoxylsäure 257, 258 Schema.
— aus β-Oxy-α-aminosäuren 256.
— aus Sarkosin 259•.
— aus Serin **255—258**, 260, 262f., 470, 894.
— in Leber 252 — 275, 260, 468.
— von Alanin aus — 261•, 262, 263•.
— von Ammoniak aus — in der Leber 247.
— von Cytochromen aus 258.
— von Cytochromoxydase aus — 258.
— von Essigsäure aus — 739.
— von Fett aus — 74.
— von Glykogen aus — 261.
— von Glyoxylsäure aus — 259f.
— von Hämoglobin aus — 506.
— von Harnsäure aus — 332.
— von Katalase aus — 258.
— von Kohlendioxyd aus — bei Nervenerregung 864.
— von Kreatin aus — 258, 262.
— von Purinen aus — 258, 262, 332f.
— von Serin aus — 210, 260•, 417, 831.
— — aus — in der Linse 894.
— — aus — bei Pyridoxinmangel 402.
Bindung von Benzoesäure an — 454f., 469f.
— von α-Furancarbonsäure an — 469.
— von Gallensäuren an — 469, 554, 557.
— von Nicotinsäure an — 347.
Desaminierung 259•.
— durch die Leber 249 Tab.
Einbau in Darm- und Gehirnlipoide und -proteide 745.
— in Glutathion 258.

Glykokoll:
Einbau in Nucleinsäuren 316.
— in Proteine der Rattenlinse 894.
— in Sphingosin 738f.
— von Acetat-C in — im Gehirn bei Virusinfektion 829.
— von Glucose-C in — 747, 831.
Entgiftung durch Bindung an — 468—471.
— von Phenylessigsäure durch — 454.
Erneuerungszeit in Leber und Muskel 468.
Förderung der Glykoneogenese 261.
Gehalt in Blutplasma nach Hepatektomie 211.
— in Eiweiß der Augenlinse 887 Tab.
— — von Cornea und Sklera 874.
— in Galle 542.
— in Gehirn 656.
— in Gehirnproteinen 653 Tab.
— in Haarkeratin 653 Tab.
— in Leber 258, 468, 470.
— in Muskel 470.
— in Leberproteinen 217 Tab., 218 Tab., 655.
— in Neurokeratin 653 Tab.
— in Proteolipoid aus Gehirn 651 Tab.
Hemmung der Virusausbreitung im Gehirn durch — 831.
als Hypoxanthinvorstufe bei Vögeln 337.
Kohlendioxyd-Bildung aus — bei Nervenerregung 864.
Leberfunktionsprüfung mit — 213, 259.
Stoffwechsel, Bedeutung von Folinsäure für — 261ff., 417ff.
— in Leber 255—262.
— in Gehirn 748—759.
und Synthese von Leberglykogen 261.
Transaminierung durch α-Ketoglutarsäure 250.
— durch Leber, Herz und Niere 250 Tab.
Verbrauch in der Vogelleber 337.
Verhalten im Gehirn 747.
Verwertung 258 Schema.
— im Leberstoffwechsel 258.
Vorkommen in Eiweiß der Membran, DESCEMETschen 875.
— in Nerv 695.
— in Polypeptid A der Leber 218.
Wirkung bei Insulinhypoglykämie 757.
— bei Vitamin B_4-Mangel 673.
—, lipotrope 152.
markiertes, Aufnahmegeschwindigkeit in Organe 214ff.
—, Einbau in Gehirneiweiß und -lipoide 746.
Glykokollbetain s. Betain.
Glykolaldehyd, Bildung aus Äthanolamin 256*, 257, 258 Schema.
—, — aus Ketosephosphaten 109f.
—, — von Glykokoll aus — 257.
—, Oxydation in der Leber 346.
—, —, direkte 108.
—, Verwertung zur Ribosesynthese 345.
Glykolipoide, Gehalt in Gehirn und Rückenmark 661.
Glykolsäure, Bildung aus Äthanolamin 256*, 257, 258 Schema.
—, von Glykokoll aus — 257.
Glykolyse:
ATP-Lieferung für Acetylcholinsynthese durch — 847.
in Augengeweben 919, 920 Tab.
in Augenlinse 893f., 905.
Bedeutung von Apyrase für — 703.
Coenzyme, der — in Gehirnpräparationen 702.
Coenzymsystem der — 577.
Einwirkung von Ammoniumionen auf — 806.
Energiefreisetzung bei — 702.
Fermente 710—715.
Förderung durch Arsenat 709.
Gehirn s. Gehirn, Glykolyse.
in Gehirnextrakten, wäßrigen 701ff.
in Gehirnhomogenaten 701ff.
—, Hemmung durch Adrenochrom 708.
Gleichgewicht zwischen ATPase und Reaktionen, phosphorylierenden, bei der — 701.
Hemmstoff der — in Nervenhomogenaten 707, 709.
Hemmung durch FA-Mäuseencephalomyelitis-Virus 833.
— durch Glutaminsäure 707.
— durch Insulin 709.
— durch Magnesiumionen 932.
— bei Narkose und Schlaf 809.
— durch Narkotica 708.
von Hexosediphosphat in Hirntumoren und -extrakten 702f.
in Leber 34, 111f.
in Linse 893f, 905.
Lokalisierung im Protoplasma 113.
in Nerv 701, 706.
in Netzhaut 929—933.
Regulierung durch Adenylsäure 709.
Schema nach EMBDEN-MEYERHOF 701.
Transphosphorylierungen und Dephosphorylierungen 702.
im Zentralnervensystem 700—715.
Zwischenreaktionen, phosphorylierende 701—705.
aerobe, Förderung 708, 732.
—, Gehirn 707.
—, Muskel, Hemmung durch Adenosintriphosphorsäure 732.
anaerobe, bei Alloxandiabetes 822.
—, von Gewebsschnitten 709f.
—, Hemmung 708f.
—, — durch Glutaminsäure 758.
—, in Retina 930.
—, Steigerung durch Brenztraubensäure 709.
— —, durch Kohlenoxyd 708.
nichtphosphorylierende 701, 704.
Glykoneogenese 79, 117—126, 261.
— aus Aminosäuren 121—124.
—, Bedeutung von ACTH für — 125f.
—, Beeinflussung, hormonale 123—126.

Glykoneogenese bei Diabetes mellitus 117.
— durch Hunger 221.
— bei Hypophysektomie 126.
— bei Phosphorvergiftung 35.
—, Steigerung durch Glycin 261.
—, Wirkung der Nebennierenrindenhormone auf — 385.
Glykoproteide, Vorkommen im Polysaccharid der Linsenkapsel 888.
Glykoside, pflanzliche, Entgiftung durch Hydrolyse 484.
Glyoxalase, Schädigung bei Röntgenbestrahlung der Linse 898.
—, Vorkommen im Gehirn 715.
Glyoxylsäure 340*.
—, Aminierung durch Asparaginsäure 257.
—, Bildung aus Äthanolamin 256*, 257, 258 Schema.
—, — aus Allantoin 340*, 341.
—, — aus Glykokoll 259f.
—, — aus Sarkosin 259*.
—, — von Ameisensäure aus — 259f.
—, — von Glykokoll aus — 257, 258 Schema.
—, — von Oxalsäure aus 259.
—, Endprodukt des Purinstoffwechsels 334.
G:N-Quotient 122.
Gold, Ausscheidung mit der Galle 541.
—, Gehalt im Gehirn 628.
Goldverbindungen, Hemmung der Oxydation von Brenztraubensäure im Gehirn durch — 727.
Goldbrasse, Leber, Kupfergehalt 56 Tab..
—, —, Vitamin A-Gehalt 357 Tab.
Goldhamster, Leber, Gehalt an Eiweiß 217 Tab.
Goldsolreaktion im Blutserum 244.
GOMORI-Reaktion 352, 775f.
Gonaden, Bildung von Purinen in — 332.
Gramicidin, Entkoppelung der Atmungskettenphosphorylierung durch — 731.
—, Hemmung des P-Einbaus in Gehirnlipoide durch — 737.
Granula, große, Leber, Fettfraktionen 134 Tab.
Granulome, eosinophile, Lipoidgehalt 691.
Grenzdextrin 89 Abb.
— aus Glykogen 81.
Grenzstrang, Gehalt an Histamin 760.
Grenzstrangganglien, Acetylcholinverteilung 855.
Großhirn:
s. a. Gehirn.
Gehalt an Chlorid 620 Tab., 629.
— an Jod 632.
— an Kalium 620 Tab., 622.
— an Natrium 620 Tab.
— an Neuraminsäure 644.
— an Phosphor 620 Tab.
— an Plasmalogen 638.
— an Quecksilber 627.
— an Wasser 620 Tab.
Hemisphären, Gehalt an Substanz P 843.
Rinde, Atmung 778.
—, Einfluß von Hunger auf Ionengehalt der — 805.
Großhirn:
Rinde, Gehalt an Calcium 621.
— an Silicium 628.
—, Oxydation von Phenylalanin 277.
—, Q_{O_2} 782 Tab.
—, Quotient, respiratorischer 783f.
Speicherung von Kupfer 626.
Substanz, graue s. Substanz, graue.
—, weiße, Lipoidzusammensetzung 648 Tab.
—, — — s. a. Substanz, weiße.
kindliches, Gehalt an Uran 628.
Guajakol, Glucuronidbildung bei Lebererkrankungen 457.
— zur Leberfunktionsprüfung 466.
Guanase, Vorkommen in Leber 334.
Guanidinacetat, Kreatinbildung aus — 266f.
Guanidine, Förderung der Glykolyse, aeroben, durch — 708.
Guanidinoessigsäure s. Glykocyamin.
Guanin:
Bildung aus Adenin 330f., 333.
— von Allantoin aus — 331.
Desaminierung 334.
— in Gehirn 767.
Einbau in Nucleinsäuren 333.
— von Kohlendioxyd in — 333.
Gehalt in Desoxyribonucleinsäuren 668.
— in Gehirn 668.
— — der Leber 313, 314 Tab., 315 Tab.
— in Hundegehirn 668 Tab.
— in Nucleinsäuren der Kalbsleber 314 Tab.
— — des Zentralnervensystems 667.
— in Ribonucleinsäuren der Rattenleber 315 Tab.
Schutzwirkung gegen Lebergifte 334.
Vorkommen in Tapetum lucidum 919.
exogenes, Bildung von Allantoin aus — 331.
—, Verwendung, keine, zur Nucleinsäuresynthese 331.
Guanosin, Abbau im Gehirn 768.
—, Desaminierung 334.
—, — in Gehirn 767.
—, Hemmung der Virusausbreitung durch — 832.
—, Schutzwirkung gegen Lebergifte 334.
—, Verwendung, keine, zur Nucleinsäuresynthese 331.
Guaninosintriphosphat, Vorkommen in Gehirn 667.
Guanylsäure 764.
—, Abbau im Gehirn 767f.
—, Aufnahme von ^{32}P in — aus Ribonucleinsäuren der Leber 318 Tab.
—, Bildung in Gehirn 764.
—, Desaminierung 334.
—, Gehalt in Ribonucleinsäuren 668.
—, Leber, Umsatzgeschwindigkeit 323 Tab.
—, Verwertung zur Nucleinsäuresynthese 331.
Guanylsäuredesaminase, Leber 334.
L-Gulono-γ-lacton, Ascorbinsäurebildung aus — 381*.

L-Gulonsäure, Bildung von Ascorbinsäure aus — 381.
Gynäkomastie bei Lebercirrhose 426.
— bei Vitamin B_1- und B_2-Mangel 427.

Haarkeratin, Aminosäurezusammensetzung 653 Tab.
Habenula, Phosphataufnahme 769.
Häm, Bildung aus Serin 263.
—, — von Bilifuscin aus — 522.
—, — von Dipyrrylfarbstoffen aus — 522.
Hämangiome, Zentralnervensystem, Lipoidgehalt 691.
Hämatoidin 507.
Hämin, Bildung von Gallenfarbstoffen aus — 506.
—, — von Stercobilin aus — 506.
—, — von Urobilin aus — 525.
—, Verwendung von Alanin zur — synthese 293.
Hämochromatose 51, 53ff.
—, Ausscheidung von Koproporphyrin III im Harn bei — 526.
—, Gehirn 691.
Hämoglobin, Abbau 506—510.
—, —, täglicher 509.
—, Bildung 49, 505.
—, —, Bedeutung von Cobalamin für — 505.
—, —, — von Kupfer für — 56, 59.
—, —, — von Mangan für — 505.
—, —, Eisenbedarf 45.
—, — von Bilifuscin aus — 522.
—, — von Gallenfarbstoffen aus — 506f., 515.
—, — von Urobilin aus — 525.
—, Menge beim Säugling 45.
— s. a. Blutfarbstoff.
Hämoproteine, Stellung in Atmungskette 733 Abb.
Hämosiderin 46f., 53ff.
Hämosiderose der Leber bei Pyridoxinmangel 400.
Hai, Galle, Scymnol in — 553.
—, —, Scymnol-schwefelsäureester in — 550.
—, Gallensäuren, Bindung an Sulfat 557.
—, Leber, Kitol in — 359.
—, —, Riboflavin in — 390.
—, Leberexstirpation 28.
—, Leberöl, Gehalt an Neovitamin A 358 Tab.
—, —, — an Squalen 376.
—, —, — an Tokopherol 364.
—, —, — an Vitamin A und D 362 Tab.
—, Retina, Atmung und Glykolyse 930 Tab.
Halogenacetate, Hemmung der Milchsäurebildung durch — 594.
Halogenbenzole, Entgiftung durch Merkaptursäurebildung 453.
—, Oxydation zu Halogenphenolen 473.
Halogennaphthaline, Merkaptursäurebildung aus — 473f.
Halogenphenole, Bildung aus Halogenbenzolen 453, 473.
Halssympathicus, Calciumgehalt 621.
Hammel, Auge, Gehalt an Ascorbinsäure 890 Tab.
—, Gehirn, Gehalt an Nicotinsäure 672.
— s. a. Schaf.
Hamster, Cholelithiasis 569.
—, Leber, Gehalt an Cholinoxydase 146.
—, —, — an Riboflavin 393.
HAND-SCHÜLLER-CHRISTIANsche Erkrankung 688.

Harn:
Ausscheidung von Acetaldehyd nach Alkoholgenuß 489.
— von Albumin bei Nierenerkrankungen 230.
— von Allantoin nach ACTH 126.
— — nach Folsäurezufuhr 418.
— von Aminosäuren bei Chloroformvergiftungen 211.
— — bei Leberfunktionsstörungen 212.
— — bei Phosphorvergiftung 211.
— von Ammoniak bei Biotinmangel 412.
— von Anthranilsäure 286.
— von Ascorbinsäure 382f., 385.
— von Bilirubin 514.
— — bei Ikterus 560.
— von Chinolinsäure 286, 293.
— von Cobalamin 481.
— von Cyanid 481.
— von Diäthyldithiocarbamat nach Antabus 491.
— von Diäthylstilboestrol 428.
— von Ergosterin 361.
— von Esterschwefelsäuren 466.
— von Fructose bei Leberstörungen 103.
— von Gallensäuren 560.
— von Glucose nach Adrenalin 121.
— von Glucuronsäuren, gepaarten 456—460, 463.
— von Harnsäure nach Folsäurezufuhr 418.
— von Harnstoff bei Pyridoxinmangel 402.
— von Ketonkörpern 193f.
— von 17-Ketosteroiden 432.
— von Koproporphyrin 520, 526f.
— von Kreatin nach Folsäurezufuhr 418.
— — bei Tokopherolmangel 367.
— von Kreatinin nach Folsäurezufuhr 418.
— — nach 17-Methyltestosteron 434.
— von Kynurenin 286, 290.
— von Kynurensäure 286, 291.
— von Leucin bei Leberdystrophie, akuter, gelber 284.
— von 1-Methyl-3-carboxamido-6-pyridon 396f.
— von N-Methylnicotinsäure 292, 396.
— von N-Methylnicotinsäureamid 292f. 396.
— von Milchsäure 608.
— von Neutralschwefel 472f.
— von Nicotin 492.
— von Nicotinsäure 292f., 396, 398.
— von Nicotinsäureamid 292.
— von Oestradiolglucuronsäure 428.

Harn:
Ausscheidung von Oestriolglucuronsäure 428.
— von Oestrogenen bei Leberschädigungen 426.
— von Oestronschwefelsäure- und -glucuronsäure 428.
— von Oxykynurenin 286, 291.
— von p-Oxyphenylbrenztraubensäure 285.
— von Phenylalanin 278.
— von Phenylbrenztraubensäure 278f.
— — bei Oligophrenia phenylpyruvica 826.
— von Phenylessigsäure 278.
— von Phosphatase 241.
— von Porphyrinen 526f.
— von Pregnandiolglucuronid 436.
— von Rhodanid 480f.
— von Riboflavin 392f.
— von Stickstoff 124f., 529.
— von Substanzen, oestrogenen 423f.
— von Sulfat 540.
— —, anorganischem 274.
— von Taurin bei Ratten 402.
— von Thiamin 389.
— von Thiosulfat 480.
— von Trigonellin 396.
— von Trimethylamin 146.
— von Urobilin 521.
— von Xanthurensäure 286, 291.
Gehalt an Allantoin 339f.
— an Aminosäuren bei Leberdystrophie, akuter, gelber 212.
— an Sulfat, anorganischem, bei Phenolvergiftung 468.
— an Tyrosin 284.
Menge, Tagesschwankungen 25.
Prinzip, antidiuretisches, Inaktivierung 451.
„Urobilin"-Reaktion 517.
— bei totalem Choledochusverschluß 520.
— bei Obstruktionsikterus 521.
Urobilintagesmenge 521.
Wirkung auf TAKATA-Reaktion 244.
—, antidiuretische, bei Hepatitis und Lebercirrhose 451.

Harnsäure:
Abbau bei Amphibien 340.
— bei Fischen 340f.
— bei Fistel, ECKscher, umgekehrter 338.
— beim Menschen 339.
Ausscheidung im Harn nach Folsäurezufuhr 418.
Bildung, Bedeutung des Reticuloendothels für — 336.
—, — von Riboflavin für — 335.
— aus Ammoniak in Vogelleber 336.
— aus Glycin 332.
— aus Purinen 333—336.
— beim Dalmatinerhund 333.
— in Leber 329, 332ff., 336.

Harnsäure:
Bildung in Milz 334.
— in Niere 334, 336, 339.
— in Reptilienleber 311, 336ff.
— in Vogelleber 311, 333f., 336f.
— von Allantoin aus — 333, 338ff.
— von Harnstoff aus — beim Menschen 339.
—, keine, aus Harnstoff in Vogelleber 336.
als Endprodukt des N-Stoffwechsels 341.
Gehalt in Blut nach Leberexstirpation 31.
— in Galle 542.
— in Gehirn 657, 667, 768.
— in Kammerwasser 904.
Oxydation zu Allantoin 333, 338ff.
Harnsediment, Vorkommen von Leucin und Tyrosin in — 284.

Harnstoff:
340*.
Ausscheidung 61, 418 Abb.
— in Harn bei Pyridoxinmangel 402.
Bildung 22, 303—310.
—, Mechanismus der — 305—310.
—, Steigerung durch Ornithin und Citrullin 306.
— als Entgiftungsfunktion der Leber 452.
— aus Aminosäuren in Leber 247.
— aus Arginin 306.
— aus Harnsäure beim Menschen 339.
— aus Lysin 296.
— aus Tryptophan 295.
— bei Allantoinabbau 340*, 341.
— bei Amphibien und Schildkröten 310.
— bei Fischen 304.
— bei Fröschen 334.
— bei Lebererkrankungen 305.
— bei Pyridoxinmangel 402.
— bei Selachiern 340.
— bei Vögeln 302.
— im Hunger 304f.
— in Leber 247, 303—310.
— nach Leberexstirpation 31.
— von Isobarbitur- und Isodialursäure aus — 344.
—, keine, in Vogelleber 310, 336.
als Endprodukt des N-Stoffwechsels 334, 341.
— des Purinstoffwechsels 334, 340f.
Gehalt in Blut 212, 305.
— in Galle 542.
— in Gehirn 657.
— in Kammerwasser 904, 907.
— in Muskel 584.
Übertritt aus Blut ins Kammerwasser 909.
Vorkommen in Augenlinse 889.
— in N. opticus 948.
Hase, Leber, Axerophthol-Gehalt 355.
Haushuhn, Leber, Gehalt an Kupfer 57 Tab.
Haut, Abgabe von Eiweiß im Hunger 219.
—, Aufnahme von Plasmaeiweiß aus Blut 225 Abb.
—, Cholesterinsynthese in — 204, 739.
—, Eisenspeicherung 54.

Haut, Gehalt an Dehydrocholesterin 203, 644.
—, — an Vitamin A 354.
—, Melaninbildung 277.
—, Verhältnis Ribonucleinsäuren/Desoxyribonucleinsäuren 312.
—, Vorkommen von Dehydrocholesterin 203.
Hauterkrankungen, Katarakt bei — 898.
Hecht, Harnsäureabbau bei — 341.
—, Leber, Gehalt an Vitamin A_2 359.
—, Leberöl, Gehalt an Axerophthol und Calciferol 362 Tab.
Hefe, Cholinphosphokinase 738.
—, Hemmung der Wirkung, cancerogenen, von 2-Acetylaminofluoren 502.
—, Vorkommen von Adenosinkinase 329.
—, — von Alkoholdehydrogenase 487.
—, — von Galaktokinase 94.
—, — von Galaktowaldenase in — 96.
—, — von Hexokinase 84, 99.
—, — von Pentosephosphatisomerase 345.
Hefeadenosinkinase 329.
Hefeadenylsäure, Ammoniakbildung aus — in Retina 934.
Hefenucleinsäuren, Spaltung durch Leberextrakte 319.
Hefeproteine, schwefelarme, Leberschäden nach — 365.
Heilbutt, Leberöl, Gehalt an Axerophthol und Calciferol 362 Tab.
—, —, — an Vitamin A in — 358.
Hemeralopie 350, 942ff.
— bei Lebererkrankungen 360.
Heparin, Bildung in Mastzellen 233.
—, Hemmung der Nucleasen durch — 320.
—, — der Zellteilung durch — 320.
—, Vorkommen 233.
—, — auf TAKATA-Reaktion 244.
—, — auf Thymoltrübungstest 246.

Hepatektomie:
30—35, 117.
s. a. Leberexstirpation.
Bilirubinbildung nach — 508.
Blut, Alkoholgehalt nach — 485.
—, Aminosäuregehalt nach — 211.
—, Lipoidproteide nach — 232.
—, Phosphatasen nach — 240f.
Einfluß auf Lymphbildung 19.
Esterschwefelsäurebildung nach — 464.
Fibrinogenbildung nach — 233f.
Glutamingehalt im Gehirn nach — 685.
Hypoglykämie nach — 31, 93, 117, 123.
Prothrombinbildung nach — 235.
Thyroxinwirkung nach — 441.
Vitamin B_6-Einlagerung in die Leber nach — 400.
partielle, Cholesterinausscheidung in Galle bei — 547.
—, Hypoprothrombinämie bei — 370.
—, Leber, Eiweißgehalt bei Regeneration nach — 223.
—, —, Nucleinsäurestoffwechsel nach — 324f.
—, —, Oestradiol- und Oestronwirkung bei — 424.

Hepatektomie:
partielle, Oestriolbildung bei — 428.
—, Phosphatidumsatz bei — 161.
—, Plasmacholesteringehalt nach — 206.
totale, Gehirn, Gehalt an Aminosäuren, freien, bei — 685.
—, Synthese der Plasmaproteine nach — 227f.

Hepatitis:
Ausscheidung von Cortison und 17-Oxycorticosteron bei — 438.
Blut, Aminosäuregehalt bei — 212.
—, Axerophthol-Gehalt bei — 359f.
—, Elektrophoresediagramm bei — 233 Abb.
—, Prothrombingehalt bei — 236.
—, Zusammensetzung der Globuline bei — 232.
Blutplasma, Eisenbindungsfähigkeit bei — 48 Tab.
Blutserum, Eisengehalt bei — 48 Tab.
—, Gehalt an Aldolase und Phosphohexoisomerase bei — 242.
—, Globulinvermehrung bei — 231.
Glucuronidausscheidung bei — 457, 464.
Kephalin-Cholesterinflockungstest bei — 247.
Leber, Phosphatasen bei — 544.
Vermehrung der Globuline bei — 231.
Wirkung, antidiuretische, von Blutplasma und Harn bei — 451.
infektiöse, Eiweißfraktionen des Blutserums bei — 232 Tab., 233.
—, bei Lebernekrosen 366.
Hepatocrinin 531.
Hepatocuprein 57f.

Hepatome:
Arginingehalt 505.
Bildung, Beeinflussung durch die Ernährung 500ff.
— und Basophilie des Protoplasmas 504.
Cytoplasma, Stickstoffgehalt 503.
Gehalt an Adenosintriphosphatase 504.
— an D-Aminosäureoxydase und Cholinoxydase der Leber bei — 392.
— an Cholinoxydase 504.
— an Cytochromoxydase 504.
— an DPN-Cytochrom c-Reduktase 504.
— an Flavinfermenten 503.
— an Succinoxydase 504.
— an SH-Gruppen 503.
— an Vitamin B_6 503.
Katalaseaktivität 505.
Mikrosomen, Stickstoffgehalt 503.
Mitochondrien, Eiweißgehalt nach Stoffen, cancerogenen 503.
—, Stickstoffgehalt 503.
Mitochondrienmasse 503.
Nucleinsäuren, Umsatzgeschwindigkeit in — 326.
Oestrogeninaktivierung in — 426.
Porphyrinausscheidung im Harn bei — 526.

Hepatome:
Proteinzusammensetzung in den Zellfraktionen 503.
Ribonucleinsäuren, Zusammensetzung 326.
experimentelle 493.
Hepatomegalie, Lebergewicht bei — 10.
—, galaktämische 97f.
cis-Δ^{10}-Heptadecen-1-carbonsäure, Wirkung, hämolytische 640.
Heptansäure, Abbau in Mitochondrien 187 Tab.
—, Bildung von Acetessigsäure aus — 187 Tab.
Heptylamin, Hemmung der Gehirnatmung durch — 760.
Herbivoren, Chorioidea, Gehalt an Zink 916.
—, Gallenmenge 529.
Hering, Leber, Kupfergehalt 57 Tab.
Heringskönig, Leber, Kupfergehalt 56 Tab.
Herz:
s. a. Herzmuskel.
Abgabe von Eiweiß im Hunger 219.
Acetylcholinwirkung auf —, Hemmung durch Aneurin 838.
Aktivität der Cytochromoxydase 796.
— der Hexokinase 713.
— der α-Ketoglutarsäureoxydase 724.
— der Oxalbernsteinsäurecarboxylase 724.
— der Oxalessigsäurecarboxylase 724.
— der Phosphoglucomutase 710.
— der Phosphorylase 710.
— der Xanthinoxydase 335 Tab.
bei Anoxie 787.
Arhythmie bei Thiamin-Mangel 838.
Aufnahme von Plasmaeiweiß aus dem Blut 225 Abb.
Citronensäurebildung in — 742.
Fettabbau in — 196.
Fettbildung in — 165.
Gehalt an Acetokinase 129.
— an Axerophthol 354.
— an Codehydrogenasen 394.
— an Cytochromoxydase 222 Abb.
— an DPN-Cytochromreductase 222 Abb.
— an Eiweiß 220 Tab., 222 Abb.
— an Fettsäuren, mehrfach ungesättigten 374ff.
— an Flavinadenindinucleotid 330.
— an Flavinnucleotiden 391 Tab.
— an Fermenten bei Eiweißmangel 222 Abb.
— an Glutathion 276 Tab.
— an Glykogen bei Glykogenspeicherkrankheit 79.
— — bei Hyperthyreose 77.
— — nach Phyllochinon 373.
— an Lipoiden 132.
— an Protein 222 Abb.
— an Pantothensäure 404.
— an Riboflavin 391 Tab.
— an Ribonuclease 319 Tab.
— an Ribonucleinsäuren 312.
— an Succinodehydrogenase 222 Abb.
— an Thiamin 387f., 670.
Herz:
Gehalt an Tokopherol 363.
Leucin, markiertes, Aufnahmegeschwindigkeit in — 214.
Mitochondrien, Pyruvatumsatz 732.
Nucleinsäuren, Basenverhältnis 314 Tab.
Oxydation von α-Ketoglutarsäure 720.
— von Methylalkohol in — 488.
Purinbildung im — 332.
Q_{O_2}, Cytochromoxydase 796.
Quotient, respiratorischer 41.
Sauerstoffverbrauch 610.
—, Steigerung durch Thyroxin 444.
Spaltung von Axerophtholestern durch — 352.
Transaminierung in — 250 Tab.
Vaguswirkung auf — 838.
Verhältnis Ribonucleinsäuren/Desoxyribonucleinsäuren 312.
Vorkommen von Transaminasen 249.
Herzglykoside, Hemmung der Glykolyse, anaeroben, durch — 708.
Herz-Lungenpräparat, Quotient, respiratorischer 610.
Herzmuskel:
609ff.
s. a. Herz.
Energielieferung für Tätigkeit des — 610f.
Gehalt an Acetalphosphatiden 584.
— an Aldolase 713.
— an Bestandteilen, anorganischen 575 Tab.
— an Calcium 575 Tab., 576.
— an Chlor 575 Tab., 576.
— an Cholesterin 584.
— an Cytochrom c 795.
— an Eisen 575 Tab.
— an Kalium 575 Tab.
— an Kreatinphosphorsäure 581, 609.
— an Magnesium 575 Tab., 576.
— an Myoglobin 580.
— an Natrium 575 Tab.
— an Phosphatiden 584.
— an Phosphor 575 Tab., 576.
— an Schwefel 575 Tab.
— an Thiamin 670.
— an Trockensubstanz 575 Tab.
— an Vitaminen 585
— an Wasser 575 Tab., 576.
— —, intracellulärem 621.
Glucoseverwertung im — 610f.
Kohlendioxyd-Fixierung 721.
Kohlenhydratverbrennung im — 611.
Oxydation von α-Ketoglutarsäure 720.
Stoffwechsel 610f.
Totenstarre 607.
Verhältnis Natrium:Kalium 575f.
— RNS:DNS 666.
Zusammensetzung 609.
Heterochromatin, Bedeutung für Eiweißsynthese im Cytoplasma 764.
—, — für Nucleinsäurestoffwechsel 764.
— in Ganglienzellen 809—811.
—, Vorkommen von Ribonucleinsäuren im — 666.

Hexachlorocyclohexan, Wirkung, alipotrope 150.
Hexachlorocyclohexanvergiftung 161.
—, Leberverfettung bei — 154.
—, Phosphatidumsatz in der Leber bei — 160.
n-Hexacosensäure, Vorkommen in Cerebrosiden 643.
Hexadecanal, Vorkommen in Glycerinphosphatiden des Gehirns 639 Tab.
n-Hexadecanal, Vorkommen in Acetalphosphatiden 638.
Hexadecandisäure, Abbau 176 Tab.
Hexadecansäure, Abbau 176.
Hexadecenal, Vorkommen in Glycerinphosphatiden des Gehirns 639 Tab.
Hexadecensäure, Vorkommen in Glycerinphosphatiden des Gehirns 639 Tab.
Hexa-en-fettsäuren, Bildung aus Linolensäure 375.
—, — in Leber 374.
Hexaensäure, Bildung aus Linolsäure 403, 687.
—, Gehalt in Gehirn 687.
—, — in Sphingomyelinen 641.
C_{22}-Hexaensäure, Vorkommen in Glycerinphosphatiden des Gehirns 639.
$\Delta^{4,7,10,13,16,19}$-Hexaensäure, Vorkommen in Glycerinphosphatiden des Gehirns 639 Tab.
Hexamethoxycyclohexan, Wirkung, alipotrope 150.
Hexansäure, Abbau in Mitochondrien 187 Tab.
—, Bildung von Acetessigsäure aus — 187 Tab.
—, — von Fettsäuren, höheren, aus — 168.
—, — von Ketonkörpern aus — 186.
Hexansäure-CoA 177.
Hexensäure, Bildung von Ketonkörpern aus — 186.
Hexokinase:
Affinität zu ihren Substraten 710.
Aktivatoren der — 711f.
Aktivität im Gehirn 658, 710—713.
— im Herzen 713.
— im Muskel 711.
— nach Hypophysektomie 771, 818.
Aktivierung durch Magnesiumionen 42.
Bedeutung für Atmungskettenphosphorylierung 731.
Beeinflussung durch Adrenochrom 708.
— durch Insulin 712, 819.
— durch Magnesiumionen 84.
verschieden von Galaktokinase 95.
Gehirn 99, 658, 700, 704f., 710—713.
—, Aktivität 711.
—, Aktivierung durch Ammoniumionen 807.
—, Glucosephosphorylierung durch — 710.
—, Hemmung durch Diabetikerserum 712.
—, p_H-Optimum 711.
—, Wirkung von Insulin auf — 712.
Hefe, 84, 99.
Hemmstoff in Nervenhomogenaten 709.
Hexokinase:
Hemmung durch Amidon 712.
— durch Glucose-6-phosphorsäure 704.
— durch Hypophysenvorderlappenextrakte 712.
— durch L-Sorbose-1-phosphorsäure 704f.
MICHAELIS-Konstante 710f.
Phosphorylierung von Desoxyglucose 711.
— von Fructose 710f.
$Q_{Glucose}$ 807.
Vorkommen in Leber 84.
— in der Linse 896.
Wirkung auf Fructose 99.
— auf Mannose 84, 710f.
— von Calciumsalzen auf — 712.
— von Glycerinaldehyd auf — 704.
— von Hypophysektomie auf — in Gehirn, Substanz, grauer 818.
— von Kaliumionen auf — 712.
— von Nebennierenrinde auf — 85.
— von Pyrophosphat auf — 712.
— von Thyroxin auf 712, 818.
Hexokinasereaktion, ADP als P-Donator für 774.
Hexooestrol, Inaktivierung in der Leber 429.
Hexosamin, Gehalt in Cornea 875.
—, — in Glaskörper 911.
—, — in Kammerwasser 904.
—, Vorkommen im Mucoproteid der Membran, DESCEMETschen 875.
Hexosediphosphorsäure, Bedeutung für Gehirnatmung 778.
—, Begrenzung der Bildung von — 833.
—, Bildung aus Glucose im Gehirn 712.
—, — bei Glykolyse 703, 705.
—, Glykolyse, Förderung durch Arsenat 709.
—, Oxydation im Gehirn 784.
—, Spaltung in der Retina 936.
—, Vorkommen in der Linse 891.
—, Wirkung auf Demethylierung von p-Dimethylaminoazobenzol 497.
— s. a. Fructose-1,6-diphosphorsäure.
— s. a. Glucose-1,6-diphosphorsäure.
Hexosemonophosphorsäure als Acceptor für Phosphatgruppen, labile 730.
—, Bildung bei Gehirnglykolyse 705.
—, Gehalt im Muskel 580f., 581 Tab.
—, — — bei Winterschlaf 586.
—, Glykolyse im Gehirn 703.
—, Oxydation im Gehirn 784.
— s. a. Fructosephosphorsäure.
— s. a. Galaktosephosphorsäure.
— s. a. Glucosephosphorsäure.
Hexosemonophosphorsäuredehydrogenase, Vorkommen in der Linse 896.
Hexosen, Bedeutung für Acetylcholinsynthese 845f.
—, Bildung aus Pentosephosphaten 109.
—, — von Ascorbinsäure aus — 380ff.
—, — von Glucose aus —, anderen 92 bis 106.
—, Übertritt aus dem Blut ins Kammerwasser 908f.

Hexosephosphorsäure, Bildung bei Phosphokreatinzerfall 772.
—, Gehalt im Gehirn 632 Tab.
—, — — bei Reizung, elektrischer 816.
—, Glykolyse in Hirntumoren 702f.
Hexylalkohole, Ätherbildung mit Glucuronsäure 455.
Hippoglossus hippoglossus, Leber, Gehalt an Vitamin A_2 359.
Hippuricase 471.

Hippursäure:
Ausscheidung bei Leberschädigungen 471.
Bedeutung von Folsäure für Bildung von — 417.
Bildung 262, 453, 469f., 478.
— aus Benzoesäure 256, 454f., 469f.
— aus Benzoylamid 469.
— aus Diphenyl-β-oxy-α-amino-valeriansäure 256.
— aus β-Phenylserin 256.
— aus Serin 256, 263.
— bei Fröschen, entleberten 28.
— bei Hyperthyreoidismus 445.
— bei Lebererkrankungen 457.
— in Cytoplasma 256.
— in Leber 469.
— in Niere 469.
Bildungsmechanismus 469—472.
zur Leberfunktionsprüfung 471, 562.

Hippursäuretest 372, 445, 471, 562.
Hirn s. Gehirn.
Hirnödem 800.
Hirnschwellung 800.
Hirnstamm, Atmung nach Reizung des Gehirns 816.
—, Glykogengehalt bei Hypoglykämie 824.
—, Peptidasen 762.
—, Quotient, respiratorischer 783.
—, Zusammensetzung, chemische 618 Tab.
Hirntumoren, Gehirnstoffwechsel bei — 821.
—, Glykogengehalt in — 692.
—, Glykolyse in — 702f.
—, Untersuchung, chemische 691f.
Hirnzentren, wärmeregulierende 23.
Histamin, Acetylierung durch Taubenleber 130.
—, Einfluß auf Blut-Hirnschranke 800.
—, Gehalt in Ganglien 760.
—, — in Gehirn 759ff.
—, — im Grenzstrang 760.
—, — in Kammerwasser 904.
—, — in Nerven 670.
—, Vermehrung der Gallenbildung durch — 509.
—, Vorkommen im Nervensystem 759ff.
—, Wirkung auf Albumin: Globulin-Verhältnis im Kammerwasser 903.
—, — auf Blutspeicherung in der Leber 17.
Histaminase 760.
Histidase 255, 297f.

Histidin:
298*.
Abbau 297, 298 Abb.
als Aminosäure, glucoplastische 298.

Histidin:
Aufnahme in Proteinfraktionen der Leber 215 Tab.
Bedeutung für Ernährung der Hornhaut 876.
Bildung von Formiat aus — 297f.
— von Glutamin aus 298*.
— von Glutaminsäure aus — 255, 297f.
— von Isoglutaminsäure aus — 298*.
— von Urocaninsäure aus — 298f.
Einbau von Acetat-C in 829ff.
— von Glucose-C in — 747.
Gehalt in Blutplasma nach Hepatektomie 211.
— in Eiweiß der Augenlinse 887 Tab.
— — aus Cornea und Sklera 874.
— in Gehirn 655 Tab.
— — bei Eiweißmangel 685.
— in Gehirnproteinen 653 Tab., 654 Tab., 655.
— — bei Virusinfektion 830.
— in Haarkeratin 653 Tab.
— in Leberproteinen 217, 218 Tab.
— in Neurokeratin 653 Tab.
— in Proteolipoid aus Gehirn 651 Tab.
Hemmung der Virusausbreitung im Gehirn durch — 831.
— von Glutaminsäuredecarboxylase durch — 756.
Leberfunktionsprüfung mit — 213.
Linsentrübungen bei Mangel an — 899.
Oxydation durch L-Aminosäureoxydase 248.
Spaltung durch Histidase 297f.
Stoffwechsel 297ff.
Transaminierung mit Pyruvat 250.
Vorkommen in Nerv 695.
— in Polypeptid A der Leber 218.
markiertes, Aufnahmegeschwindigkeit in Organe 214ff.

D-Histidin, Verhalten im Stoffwechsel 297f.
Histidindecarboxylase, Vorkommen im Nervengewebe 760.
Histone, markierte, Aufnahmegeschwindigkeit in Organe 214ff.
Hochdruck, Cholesteringehalt der Leber bei — 198 Tab.
Hoden, Bildung von Ketonkörpern in — 184.
— s. a. Testes.
Hodenatrophie bei Lebercirrhose 426.
— nach Oestronimplantation 424.
Holzsäger, Calorienbedarf 589.
Homocholin, Wirkung, lipotrope 146.
Homocystein 269*.
—, Bildung von Cystein aus — 263.
—, — von Methionin aus — 266, 831.
— als Methylacceptor 148 Schema.
—, Verstärkung der Pyridoxinmangelerscheinungen durch — 400.
Homogentisinoxydase 280.
Homogentisinsäure, Abbau 280ff.
—, Ausscheidung bei Meerschweinchen, skorbutkranken 283.
—, Bedeutung von Folsäure für Bildung der — 417.

Homogentisinsäure, Bildung aus Tyrosin und Phenylalanin 279—283.
Homoserin 269*.
—, Bildung aus S-Adenosylmethionin 267.
Honigbiene, Nervensystem, Lipoidzusammensetzung 649.
Hormon, adrenocorticotropes s. a. ACTH.
—, antidiuretisches, Inaktivierung 450f.
—, corticotropes, Einfluß auf Phosphataufnahme durch Gehirn 771.
—, —, Wirkung auf Gehirnstoffwechsel 818.
—, thyreotropes 449.
—, —, Bindung in der Schilddrüse 450.
—, —, Leberglykogen nach — 78.
—, —, Wirkung auf Gehirnstoffwechsel 818.
—, —, — auf Leberstoffwechsel 443f.
—, —, — auf Succinodehydrogenase der Leber 445.
Hormone, Gleichgewicht, Regulierung durch die Leber 422f.
—, Inaktivierung in der Leber 422—450.
—, Wirkung auf Fettgehalt der Leber 140—143.
—, — auf Glykogengehalt der Leber 74—78.
—, — auf Umsatzgeschwindigkeit der Lebernucleinsäuren 322.
—, choleretische 531f.
—, gonadotrope, im Leberstoffwechsel 450.
—, oestrogene, Bindung an Serumproteine 425.
Hornhaut s. Auge, Hornhaut.
Huhn:
Bildung von Gallensäuren, tauringebundenen 557.
Blut, Axerophthol-Gehalt 348.
Embryo, Vorkommen von Xanthinoxydase 334.
Encephalomalacie, nutritive 673.
Galle, Phosphatasegehalt 544.
Gehirn, Gehalt an Cobalamin 674.
Kataraktbildung bei Riboflavin-Mangel 899.
Leber, Gehalt an Codehydrogenasen 394.
—, — an Conjugase 414.
—, — an Mangan 60, 61 Tab., 64 Tab.
—, — an Nicotinsäure 394.
—, — an Phosphatasen 544.
—, — an Pyridoxal, Pyridoxamin und Pyridoxin 399.
—, — an Vitamin A 357 Tab.
—, — an Vitamin A_2 359.
—, — an Vitamin B_2 390.
—, — an Vitamin B_{12} 420 Tab.
—, Harnsäurebildung 336.
—, Testosteroninaktivierung 432.
—, Tetrachlorkohlenstoffvergiftung 36.
—, Xanthinoxydase der — 335.
—, embryonale, Biliverdinbildung 516.
—, fetale, Glykogengehalt 70.
Leberexstirpation 28.
Linsentrübungen durch Gifte 900.
Magen, Phosphorsäuregehalt 611.
Niere, Harnsäurebildung 336.
Retina, Atmung und Glykolyse 930 Tab.
Huhn:
Retina, Milchsäurebildung 929.
Xanthinoxydaseaktivität 335 Tab.
Hummer, Abdominalstrang, Acetylcholinesterase, Aktivität in — 854.
—, Nervensystem 646.
—, Nerven, Proteine aus — 654.
—, Phosphatide 647.
—, Scherennerv, Lipoidzusammensetzung 647 Tab.
—, —, Proteine in — 652.
—, Ventralmark, Lipoidzusammensetzung 647 Tab.
Humor aqueus s. Auge, Kammerwasser.
Hund:
Alkoholentgiftung 487f.
Antabuswirkung 490.
Auge, Gehalt an Ascorbinsäure 890 Tab.
Ausscheidung von Cyanid 481.
— von Gallensäuren 530.
— von Ketonkörpern 194.
— von N-Methylnicotinsäureamid 396.
— von Nicotinursäure 397.
Bildung von Allantoin 338f.
— von Bilirubin 507.
— — nach Hepatektomie 508.
— von Chenodesoxycholsäure 551.
— von Gallensäuren 557f.
— von Ketonkörpern 185, 190f.
Blasengalle, Gehalt an Calcium 540.
—, — an Mucin 542.
Blut, Vorkommen von Glucuroniden im — 456.
Blutserum, Cyanidgehalt 481.
Chorioidea, Gehalt an Ascorbinsäure 918.
—, — an Zink 916.
Entgiftung von Benzoesäure 454.
— von Benzol 473.
— von p-Kresol 454.
— von Naphthalin 473.
— von 2-Naphthylamin 474.
— von Nicotin 491f.
Fettleber 139.
— bei Pantothensäuremangel 409f.
Galle, Ausscheidung 529f.
—, Cholesterinester in der — 548.
—, Gefrierpunkt 537.
—, Gehalt an Bilirubin 508.
—, — an Calcium 540.
—, — an Cholesterin 209, 568.
—, — an Gallensäuren 549, 568.
—, — —, freien 557.
—, — an Kohlendioxyd 538.
—, — an Lipoiden 545 Tab.
—, — an Phosphatase 544.
—, — an Phosphatiden 545.
—, — an Stoffen, reduzierenden 543.
—, — an Trockensubstanz 535.
—, Löslichkeit von Cholesterin in — 568.
—, Menge 529.
—, p_H-Wert 537.
—, Sekretionsdruck 528f.
—, Vorkommen von Ferment, proteolytischem, in — 544.

Hund:
Galle, Vorkommen von Gallensäuren, freien, in der — 557.
—, — von Urobilin 520.
—, Zusammensetzung, chemische 538 Tab.
Gefäßhaut, Nucleotidase in — 920.
Gehirn, Aktivität der Acetylcholinesterase im — 853f.
—, Gehalt an Acetylcholin 844 Tab.
—, — an Äthanolaminphosphorsäure 640.
—, — an Aneurin 670.
—, — an Calcium 621, 624 Tab.
—, — an Cerebrosiden 643.
—, — an Chloriden 629.
—, — an Glykogen 658.
—, — — bei Hypoglykämie 824.
—, — an Guanin 668 Tab.
—, — an Harnsäure 667.
—, — an Kreatin 657 Tab.
—, — an Lipoiden 631 Tab.
—, — an Milchsäure 659.
—, — an Mineralstoffen 621.
—, — an Natrium 624.
—, — an Nicotinsäure 672.
—, — an Nucleinsäuren 666.
—, — an Nucleosiden 668 Tab.
—, — an Phosphat 624 Tab., 630, 631 Tab.
—, — an Phosphatase, saurer 695.
—, — an Sphingomyelin 642.
—, — an Wasser 621.
—, — an Zucker, freiem 659.
—, Kohlensäureanhydratase 683.
—, Lipoidzusammensetzung 631 Tab.
—, Nucleinsäuren, Bausteine 667, 668 Tab.
—, Q_{O_2} 780 Tab.
—, Quotient, respiratorischer 783.
Gewöhnung an Nicotin 492.
Glaskörper, Gehalt an Hexosamin 911.
Glykogenolyse, postmortale 69.
Hornhaut, Acetylcholingehalt 876.
Kammerwasser, Druck, kolloidosmotischer 901.
—, Harnstoffgehalt 904.
Kammerwasser: Plasmawasser, Verteilungsverhältnis $Na^+:Cl^-$ 907 Tab.
Kammerwasserdurchfluß 905.
Knochenmark, Bilirubinbildung im — 508.
Leber, Acetylierungen in der — 476.
—, Desacetylierungen in der — 478.
—, Durchströmung beim — 28.
—, Exstirpation beim — 31f.
—, Gluconsäurebildung 107f.
—, Gehalt an Aluminium 64 Tab.
—, — an Aminosäuren in Proteinen der — 217 Tab.
—, — an Cholesterin 198.
—, — an Cholinoxydase 145.
—, — an Eisen 44, 45 Tab., 46.
—, — an Eiweiß 216 Tab., 217 Tab.
—, — an Fetten 131.
—, — an Fettsäuren 131.
—, — an Glykogen 67, 70, 72.
—, — — im Hunger 73.

Hund:
Leber, Gehalt an Heparin 233.
—, — an Kupfer 56 Tab., 57 Tab., 59 Tab.
—, — an Lipoiden im Hunger 140.
—, — an Mangan 61 Tab.
—, — an Mineralstoffen 41 Tab.
—, — an Pantothensäure 404.
—, — an Phosphatasen 544.
—, — an Rhodanese 479f.
—, — an Silicium 64 Tab.
—, — an Wasser 39.
—, — an Zink 62.
—, Gewicht 9f.
—, Oxydation von Acetaldehyd 489.
—, Phenolschwefelsäurebildung 465.
—, Tetrachlorkohlenstoffvergiftung 36.
—, Verfettung nach Sexualhormonen 143.
—, Vorkommen von Cysteinsäuredecarboxylase 271.
Lymphmenge 19.
Milch, Gehalt an Eisen 46.
Milz, Bilirubinbildung in der — 508.
—, Harnsäurebildung 334.
Myoglobinmenge 521.
Nebenniere, Rhodanesegehalt 480.
Nerven, Aktivität der Acetylcholinesterase im — 854.
—, Gehalt an Calcium 621.
—, — an Mineralstoffen 621.
—, — an Wasser 621.
—, — — bei Degeneration, WALLERscher 693.
—, periphere, Gehalt an Kephalin 636.
—, —, — an Phosphatiden 635 Tab.
Organe, Glutathiongehalt 276 Tab.
Pankreasektomie 140, 141 Tab., 144, 152.
Phlorrhizindiabetes 78.
Plasmaproteine, Halbwertszeit 224.
—, Regeneration bei Fistel, ECKscher 226.
Retina, Aktivität der Acetylcholinesterase 854.
—, Gehalt an Acetylcholin 928.
—, — an Trockensubstanz 924.
Veränderungen im Zentralnervensystem bei Axerophthol-Mangel 669.
Verwertung von Galaktose 93.
— von Mannit 106.
— von Sorbit 104, 106.
Wärmeregulation 23.
Xanthinoxydaseaktivität 335 Tab.
Zentralnervensystem, Gehalt an Nucleinsäuren 664 Tab.
—, — an Phosphorverbindungen 664 Tab.
hepatektomierter, Empfindlichkeit gegen Antabus 491.
—, — gegen Nicotin 491.
Hunger:
Abgabe von Eiweiß durch Organe 219.
Alkoholentgiftung 488.
Bildung von Cholesterin 204f.
— von Fettsäuren 164, 204f.
— von Gallensäure 558.
— von Glucuroniden 458.

Hunger:
Bildung von Harnstoff 304f.
— von Ketonkörpern 189ff.
Cytoplasma, „labiles", der Leber 320.
Galle, Gehalt an Calcium 540.
Gallenmenge 530.
Gehirn, Eiweißgehalt 684.
—, Proteinverlust 746.
Gehirnrinde, Ionengehalt 805.
Glykoneogenese bei — 221.
Haut, Eiweißabgabe bei — 219.
Ketonämie 185.
Ketonkörper, Bildung bei — 189ff.
— als Energiequelle bei — 197.
Leber, Fettabbau bei — 189ff.
—, Gehalt an Fett 135, 138ff.
—, — an Glykogen 73, 117.
—, — an Lipoiden 139 Abb., 140.
—, — an Nucleinsäuren 320f.
—, — an Phospholipiden 139f., 139 Tab., 320.
—, — an Protein 320.
—, — an Ribonucleinsäuren 320f.
—, — an Stickstoff, Gesamt- 321.
—, Glykogenbildung 73.
—, Größe bei — 10.
—, Histologie bei — 321.
—, Pyruvatangebot an die — 116.
—, Strukturlipoide bei — 140.
—, Veränderungen bei — 221.
—, Verfettung bei — 139.
Muskel, Eiweißabgabe bei — 219.
Niere, Alaninabbau bei — 189.
—, Gewicht bei — 10.
Zellfraktionen, Gehalt an Ribonucleinsäuren 321.
Hyaluronidase, Einfluß auf Permeabilität der Blut-Hirnschranke 801.
—, Hemmung durch Gallensäuren 560.
—, Vorkommen in Ciliarkörper 921.
—, — in Hornhaut 878.
—, — in Iris 921.
—, — in Kammerwasser 903.
Hyaluronsäure, Depolymerisation durch Ascorbinsäure 911.
—, Gehalt in Glaskörper 911, 913.
—, — in Kammerwasser 904.
—, Monoschwefelsäureester der — im Corneamucoproteid 874.
—, Vorkommen in der Hornhaut 875.
Hydrazin, Hemmung der Netzhautglykolyse durch — 932.
—, Verwendung zur Glutaminsynthese 755.
Hydrocephalus, Sauerstoffverbrauch des Gehirns bei — 827.
— bei Vitaminmangel 674.
Hydrochinon, Bildung aus Benzol 473.
—, Entgiftung durch Bindung an Schwefelsäure 466.
— als Substrat der Cytochromoxydase 920.
Hydrocholeretica 532, 559.
Hydrogencarbonate, Bedeutung für Bildung von Xanthinoxydase 336.
—, — für Hypertonie des Kammerwassers 909.
Hydrogencarbonate, Einfluß auf Adenylsäuredesaminase 767.
—, Gehalt in Blutplasma 902 Tab.
—, — in Galle 537f.
—, — in Gehirn 630.
—, — in Kammerwasser 902 Tab.
—, — in Nerv 624 Tab.
—, Hemmung der Nucleinsäurespaltung durch — 766.
—, Ketosis nach Zufuhr von — 193.
—, Verteilung im Nerven 630.
Hydrogencarbonationen, Mechanismus der Bildung von — 803f.
Hydrolecithin 634.
—, Spaltung durch Lecithinase 744.
Hydrogensulfit, Hemmung der Netzhautglykolyse durch — 932.
Hydroxamsäure 752*.
—, Bildung in der Leber 180.
Hydroxylamin 752*.
—, Hemmung der Alkoholdehydrogenase durch — 487.
—, — der Glutaminsäuredecarboxylase durch — 753.
—, Reaktion mit Glutamin 753.
—, Verwendung zur Glutaminsynthese 755.
Hyodesoxycholsäure 552*.
—, Vorkommen in Schweinegalle 553.
Hyoscin, Einfluß auf Gehirnaktivität nach Reizung, elektrischer 817.
—, Wirkung bei Parkinsonismus 861.
Hyoscyamin, Gehirn, Aktivität nach Reizung, elektrischer 817.
Hyperbilirubinämien 510—513.
— bei Kreuzlähme des Pferdes 522.
— des Neugeborenen 512.
Hypercholatämie bei Stauungsikterus 560.
Hypercholesterinämie bei Gallensperre 206.
— bei Muskeldystrophie, alimentärer 686.
Hyperfollikulie bei Lebererkrankungen 426.
Hyperglykämie bei Acidose 73.
— nach ACTH 125.
— nach Adrenalin 76.
— nach Dehydroascorbinsäure 899.
— nach Glucose und Fructose 102.
— nach Mannose 105.
— nach Natrium- und Magnesiumsalzen 42.
— nach Reizung der Lebernerven 21.
Hyperlipämie, Leberphosphatide, Erneuerung bei 160.
Hyperthyreoidismus, Aminosäurestoffwechsel der Leber bei — 445.
—, Cholesteringehalt des Blutes bei — 446.
—, Glucosetoleranz bei — 446.
—, Glykogenbildung in der Leber bei — 446f.
—, Glykogengehalt im Herzen bei — 77.
—, Hippursäurebildung bei — 445.
—, Hypoprothrombinämie bei — 370.
—, Leberschäden bei — 443, 445f.
—, Nucleinsäuregehalt der Leber bei — 446.
—, Thiamin-Gehalt der Organe bei — 388.
—, Verhalten der Galaktose bei — 447.
—, Wirkung auf die Leber 443—447.
—, — auf Umsatz des ATP 446.

Hyperthyreose, Aktivität der Cytochromoxydase der Leber bei — 445.
—, Aneurinbedarf bei — 671.
—, Cocarboxylasegehalt im Gehirn bei — 722.
—, Glykogengehalt der Leber bei — 77.
Hypertonie, essentielle, Hirnstoffwechsel bei — 821.
Hyperventilation, Ketonkörperausscheidung im Harn 193.
—, Wirkung auf Gehirnatmung 778.
Hypnotica, Hemmung der Glucuronsäurebildung durch — 458.
Hypocalcämie und Cataracta tetanica 898f.
Hypoglykämie, Adrenalinausschüttung bei — 825.
—, Fettoxydation bei — 825.
—, Gehirnstoffwechsel bei — 823—826.
—, Gehirnzirkulation bei — 823.
—, Glucoseoxydation in Gehirn bei — 823.
—, Glutaminsäurekonzentration in Gehirn bei — 658, 750f., 824ff.
—, Glykogengehalt in Gehirn bei — 658, 823ff.
—, Ketonkörperbildung bei — 825.
— nach Leberexstirpation 31, 93, 117, 123.
— bei Muskelarbeit 609.
—, Sauerstoffaufnahme des Gehirns bei — 823f.
—, Sauerstoffdifferenz, arteriovenöse, bei — 823ff.
—, Wirkung von Glutaminsäure bei — 757.
—, Zuckerverbrauch, peripherer, bei — 825.

Hypophyse:
Aktivität von Adenosin- und Adenylsäuredesaminase in — 767.
— von Hexokinase 771.
Bedeutung für Lebergröße 11.
— für Rhythmus der Leberfunktion 26.
Beeinflussung der Fettsynthese in der Leber durch — 169.
Ektomie, Acetylcholinsynthese nach — 849.
—, Beeinflussung des Pankreasdiabetes durch — 126.
—, — der Phosphataufnahme im Gehirn durch — 771.
—, — der Umsatzgeschwindigkeit von Phospholipiden und Nucleinsäuren durch — 322.
—, Glykogenogenese bei — 126.
—, Hemmung der Wirkung, cancerogenen, von 3'-Methyl-4-dimethylaminoazobenzol bei — 501.
—, Hexokinaseaktivität nach — 771, 818.
—, Phosphataufnahme von Gehirn bei — 771.
—, Wirkung auf Gehirnstoffwechsel 818.
Erkrankungen, Allantoinausscheidung bei — 339f.
—, Fettmobilisierung durch — 142.
Gehalt an Neuraminsäure 644.
— an Quecksilber 628.
Glykoneogenese bei — 126.
Hinterlappen, Aktivität von 5-Nucleotidase im — 767.

Hypophyse:
Hinterlappenhormone 450f.
Hormon, ketogenes, Leberverfettung nach — 142f.
—, thyreotropes, Wirkung auf Succinodehydrogenase der Leber 445.
—, —, Wärmeerzeugung der Leber 24.
Hormone, Aufnahme in die Zellen 225.
— im Leberstoffwechsel 449ff.
—, Wirkung auf Leberglykogen 78.
Phosphataufnahme 769, 799.
Q_{O_2} 782f.
Vorderlappen, Gehalt an Ascorbinsäure 378.
—, — an Tokopherol 675.
—, Phosphataufnahme im Proöstrus 771.
—, Protein, hexokinasehemmendes 709.
—, Wirkung auf Glucuronidasebildung 463.
Vorderlappenextrakte, Hemmung der Hexokinase durch — 85, 712.
—, Ketonämie durch — 185.
Wirkung auf Fettgehalt der Leber 141f.
— auf Gehirnstoffwechsel 818, 821.
Hypophysektomie s. Hypophyse, Ektomie.
Hypophysenadenom, β-Glucuronidase in — 692.
Hypopituitarismus, Gehirnstoffwechsel bei — 818, 820.
Hypoproteinämie nach Ableitung der Leberlymphe 20.
Hypoprothrombinämie 235f., 370—373.
— nach Dicumarin 369, 372.
— bei Gallenfistel 236.
— bei Hyperthyreoidismus 370.
— bei Lebererkrankungen 236, 372.
— bei Obstruktionsikterus 236.
— nach Methylxanthinen 372.
— nach Vitamin K-Überdosierung 370.
—, avitaminotische, acholische 372.
—, hepatocelluläre 372.
—, hepatogene 235f.
Hypothalamus, Gehalt an Calcium 621.
—, — an Plasmalogen 638.
—, — an Substanz P 843.
—, Phosphatasen im — 776.
—, Q_{O_2} (Ratte) 782.
Hypothyreoidismus, Gehirnstoffwechsel bei — 388, 818f.
Hypothyreose, Adenosintriphosphatbildung in der Leber bei — 328.
Hypotaurin, Bildung aus Cysteinsulfinsäure 272, 273*.
—, Zwischenprodukt der Taurinbildung 271 Schema.
Hypotonie, arterielle, bei Thiamin-Mangel 838.
Hypovitaminosen bei Lebererkrankungen 514.
Hypoxanthin, Aktivierung der Fettsäuredehydrogenase durch — 163.
—, Bildung bei Harnsäuresynthese in der Vogelleber 333.
—, — von Hypoxanthindesoxyribosid aus — 768.

Hypoxanthin, Gehalt im Hundegehirn 668 Tab.
—, — in Nucleinsäuren des Zentralnervensystems 667.
— als Harnsäurevorstufen bei Tauben 337.
—, Oxydation von — 334ff.
—, Schutzwirkung gegen Lebergifte 334.
—, Vorkommen in Tapetum lucidum 919.
—, Vorstufen bei Vögeln 337.
—, Zwischenstufe, keine, der Synthese von Aminopurinen 333.
—, exogenes, Bildung von Allantoin aus — 331.
Hypoxanthin-desoxyribosid, Bildung aus Hypoxanthin und Desoxyribose-1-phosphat 768.
Hypoxanthin-ribose-5-phosphorsäure s. Inosinsäure.
Hypoxanthintriphosphat, Vorkommen im Gehirn 667.
Hypoxanthosin als Hypoxanthinvorstufe bei Vögeln 337.
—, Zwischenstufe, keine, der Synthese von Aminopurinen 333.
Hypoxanthindesoxyribosid, Bildung aus Desoxyribose-1-phosphat 768.
Hypoxanthosinphosphat, Bildung in Taubenleber 337.
Hypoxie 786.
—, Gehirn, Milchsäuregehalt bei — 786.
—, —, Phosphatgehalt bei — 631 Tab.
—, Gehirn, Stoffwechsel bei — 810 Tab., 814.
Hysterektomie, Progesteronabbau bei — 437.

Idiotie, familiär-amaurotische (TAY-SACHS) 688.
—, —, Ganglioside in Gehirn bei — 643.
—, —, Sauerstoffverbrauch des Gehirns bei — 827.
L-Idit, Bildung aus L-Sorbose 104.
—, — von D-Glucose aus — 104*.
—, — von L-Sorbose aus — 104*.
Igel, Xanthinoxydaseaktivität 335 Tab.
Ikterogenin 534.

Ikterus:
511—515.
s. a. Obstruktionsikterus.
s. a. Stauungsikterus.
Ausscheidung von Gallensäuren bei – 560.
— von Propentdyopenten bei — 523.
Biliverdin in Blutserum bei — 516.
Blut, Gehalt an Aminosäuren bei — 212.
—, — an Axerophthol bei — 359f.
—, — an Bilirubin bei — 59.
—, — an Gallensäuren 511, 513.
—, — an Kupfer bei — 59.
—, — an Nicotinsäure bei — 398.
—, — an Phosphohexoisomerase bei — 242.
—, — an Tokopherol bei — 368.
Blutdrucksenkung bei — 560.
Gallensäuren bei — 559f.
Kephalin-Cholesterinflockungstest bei — 247.

Ikterus:
Leber, Eisenablagerung 512.
Leberlymphe, Bilirubingehalt 512f.
des Neugeborenen 512.
Vitamin A, Resorption bei — 360.
—, Vorkommen im Liquor cerebrospinalis bei — 514.
Wirkung von 2-Methyl-1,4-naphthochinon bei — 527.
hämolytischer 511f., 513f.
—, Eisenresorption bei — 53.
—, experimenteller, Ca-Gehalt der Galle bei — 540.
hepatischer, Thymoltrübungstest bei — 246.
hepatocellulärer 511ff., 516.
—, Porphyrinausscheidung in Harn bei — 526.
— und extrahepatischer, Unterscheidung 236.
katarrhalischer, Fibrinogengehalt des Blutes bei — 234.
—, Natriumretention bei — 42.
mechanischer 516.
posthepatischer und prähepatischer 511.
Ileum, Aufnahme von Plasmaeiweiß aus Blut 225 Abb.
Imidazol, Spaltung, keine, durch Histidase 297.
Imidazolring, Spaltung im Organismus 297.
Imidazylacrylsäure s. Urocaninsäure.
Imidazyläthylamin, Spaltung, keine, durch Histidase 297.
Imidazylmilchsäure, Spaltung, keine, durch Histidase 297.
α,α'-[Imino-N-(1-carboxyäthyl)]-glutaminsäure, Dehydrierung 251, 252*.
α,α'-[Imino-N-(1,2-dicarboxyäthyl)]-glutaminsäure, Dehydrierung 251, 252*.
Iminoglutarsäure 749.
Impedanz 605.
Indikatorgelb 941.
Indol, Beeinflussung der Gehirnatmung 790.
—, Entgiftung durch Bindung an Schwefelsäure 467.
—, Ersatz, kein, für Nicotinsäure 292.
Indolacetat, Ersatz, kein, für Nicotinsäure 292.
Indoläthylamin, Beeinflussung der Gehirnatmung durch — 790.
Indolbrenztraubensäure, Aminierung zu Tryptophan 294.
—, Wirkung, antiketogene 293.
Indolpropionsäure, Ersatz, kein, für Nicotinsäure 292.
Indophenolblaubildung 920.
—, Cornea 878.
Indoxyl, Ätherbildung mit Glucuronsäure 455.
—, Entgiftung 465.
—, — durch Bindung an Schwefelsäure 466f.
—, — durch Glucuronidbildung 457.
Indoxylschwefelsäure, Bildung 465.
Infektionen, Eisenbindungsfähigkeit des Blutplasmas bei — 48 Tab.

Infektionen, Eisengehalt des Blutserums bei — 48 Tab., 575 Tab.
—, akute, Cholesteringehalt der Leber bei — 198 Tab.
Infektionskrankheiten, Leberverfettung bei — 154.
Inosin als Hypoxanthinvorstufe 337.
—, Spaltung im Gehirn 768.
Insekten, Nervensystem 649.
Inosinsäure (= Inosin-5-phosphorsäure) 582*.
— Abbau durch Gehirnextrakte 768.
—, — durch 5-Nucleotidase 767.
—, Aktivierung der Fettsäuredehydrogenase durch — 163.
—, Bildung aus Adenylsäure 597.
—, — in Taubenleber 337.
— kommt in Gehirn nicht vor 767.
—, Wirkung auf Milchsäurebildung 709.

Inosit:

Gehalt in Chorioidea 919 Tab.
— in Ciliarkörper 919 Tab.
— in Iris 919 Tab.
— in Linse 891.
— in Muskel 580.
— in N. opticus 948.
Vorkommen in Gliomen 691.
— in Pankreasextrakten, lipotropen 154.
— in Proteolipoiden 650.
Wirkung auf Leberverfettung bei Pyridoxinmangel 403.
—, lipotrope 135, 149ff.

Inositdiphosphat in Proteolipoiden 650.
Inositkephaline 634.
Inositmetadiphosphat 637.
Inosit-P, Gehalt in Gehirn 664 Tab., 665 Tab.
—, — im N. ischiadicus 664 Tab., 665 Tab.
Inositphosphatide 635.
—, Gehalt in Gehirn 150, 636f, 637 Tab.
—, — in Nerven, peripheren 637.
—, — in Niere 150.
—, — in Pankreas 150.
—, Konfiguration 636.
— in Leberzellen 150.
Insekten, Augenpigmente von — 918.
—, Muskeln, Zuckungsdauer bei — 612.
—, Nervensystem 649f.
—, —, Lipoidzusammensetzung 649.
Insekticide, Hemmung der Acetylcholinesterase durch — 859.
Inseln, LANGERHANSsche, Bildung von Glucagon in α-Zellen 76f.
—, —, Zerstörung durch Eisenspeicherung, chronische 54.

Insulin:

Abbau in der Leber 439, 447ff.
Aufnahme in Zellen 225.
Beschleunigung der Alkoholentgiftung durch — 488.
— der Fettsäurebildung durch — 167.
— des Fettsäureumsatzes durch — 168.
Eindringen ins Gehirn 822.
Einfluß auf Adenosintriphosphatbildung in Leber 328.
— auf Brenztraubensäurebildung 116.
— auf Desoxycorticosteronabbau 438.

Insulin:

Einfluß auf Fettbildung aus Glykogen 74.
— — — bei Alloxandiabetes 141.
— der Fettsäurebildung aus ^{14}C-Acetat 167.
— auf Fettsäureumsatz 168.
— auf Glucokinase 76.
— — in Leber bei Alloxandiabetes 141, 168.
— auf Permeabilität der Linse 892f.
— auf Übertritt von Blutzucker ins Kammerwasser 909.
—, kein, auf Fructosämie 103.
Empfindlichkeit gegen — bei Glykogenspeicherkrankheit 79.
— von Gehirn gegen — 824.
Inaktivierung 439, 447ff.
Ketonkörperbildung bei — mangel 171, 191.
im Leberstoffwechsel 447ff.
Resistenz gegen — 448f.
Wirkung auf Acetylierungen 477.
— auf Ascorbinsäurestoffwechsel 385.
— auf Fructoseumsatz 102.
— auf Gehirnstoffwechsel 819, 823.
— auf Glykogengehalt des Gehirns 705, 823.
— — der Leber 74—77.
— auf Glykolysehemmung 709.
— auf Hexokinase 85.
— — des Gehirns 710ff., 807, 819.
— auf Kohlenhydratstoffwechsel des Gehirns 712.
— auf Phosphatidgehalt im Gehirn 736.
— auf O_2-Differenz, arterio-venöse 823f.
— auf Zuckerverbrauch, peripheren 824.
—, abhängig von Leberrhythmus 25.
—, antiketogene, bei Diabetes 191.

Insulinase-Inhibitor 448.
Insulinase 448f.
Insulinhyperglykämie, Einbau von P in Gehirnlipoide bei — 738.
Insulinhypoglykämie, Beeinflussung 757.
—, Einfluß auf Gehirnstoffwechsel 784, 819, 823.
—, Phosphataufnahme durch Gehirn bei — 771.
Insulinkrämpfe, Auslösung durch Acetylcholin 845.
Insulinmangel, Ketonkörperbildung bei — 171, 191.
—, Leberverfettung bei — 140f.
Insulinmastkur 586.
Insulinschock, Wirkung auf Gehirnzusammensetzung 823, 826.
Insulinschocktherapie 823.
Intestinaltrakt, Cholesterinsynthese in —204.
Intraduralnerven, Lipoidzusammensetzung 648 Tab.
intrinsic factor 420.
Inulin, Übertritt aus Blut ins Kammerwasser 909.
Invertebraten, Gehirn, Aktivität der Acetylcholinesterase im — 854.
—, Lipoidverteilung im Nervensystem 644.

Invertzucker, Bildung von Leberglykogen nach — 72.
—, Verwertung von — 102.
Iodopsin 945f., 946 Tab.
Ionen, Kreislauf, enterohepatischer 44.
Ionenaustausch und Erregungsleitung im Nerven 834.
Ionenaustauscher, Kephalin als — 805.
Ionengleichgewicht im Körper, Regulation 52.
Ionenkonzentration, Nerv, Änderung bei Erregungsleitung 836.
Ionenkonzentrationsdifferenzen als Energiequelle 804.
Ionentransport, Bedeutung von Glucose für — 801f.
—, — von Glutaminsäure für 756f.
—, Energiebildung bei — 803f.
— durch Nervenzellen und -membranen, Beteiligung von Lipoiden an — 734.
— in Magenschleimhaut 805•.
— im Zentralnervensystem 801—805.
—, aktiver, Unterdrückung durch 2,4-Dinitrophenol 805.
Iris s. Auge, Iris.
Irresein, manisch-depressives, Eiweiß- und Nucleoproteidgehalt von Nervenzellen bei — 812.
Ischämie, Spaltung von Adenosinpolyphosphaten und von Phosphokreatin bei — 772.
—, Wirkung auf Zentralnervensystem 787.
Isoamylacetat, Spaltung durch Acetylcholinesterase 852.
Isoamylamin, Abbau in Organen 440.
—, Beeinflussung der Gehirnatmung durch — 760f., 790.
Isobarbitursäure, Entgiftung durch Bindung an Schwefelsäure 466f.
—, Harnstoffbildung aus — 344.
Isobuttersäure, Bildung von Cholesterin aus — 201f.
Isocapronsäure, Bildung, keine, von Aceton aus — 176.
Isocitronensäure, Abbau in der Atmungskette 733 Abb.
—, Bildung von α-Ketoglutarsäure aus — 719ff., 794.
—, — von Oxalbernsteinsäure aus — 719.
—, Bildungsmöglichkeiten 718.
—, Dehydrogenierung, Produkte der — 719.
—, Gehalt in Gehirn 660.
—, Gleichgewicht mit cis-Aconitsäure und Citronensäure 719.
—, Hemmung der Oxalbernsteinsäurecarboxylase durch — 724.
—, Reduktion von Oxalessigsäure durch — 719.
Isocitricodehydrogenase 719, 725.
—, Aktivierung durch Magnesiumionen 43.
—, in Kaninchengehirn 794.
—, Vorkommen in Cytoplasma 396.
—, — in Linse 896.
Isocitronensäuredehydrogenase-Oxalbernsteinsäurecarboxylase, Wirkung bei CO_2-Fixierung 721.
Isocrotonsäure, Bildung von Ketonkörpern aus — 186.
iso-Cyanopsin 946 Tab.
Isodialursäure, Entgiftung durch Bindung an Schwefelsäure 466.
—, Harnstoffbildung aus — 344.
Isoglutamin, Bildung aus Histidin 298•.
L-Isoglutamin, Desaminierung durch Gehirn 754.
iso-Iodopsin 946 Tab.
Isoleucin:
Abbau 266•.
als Aminosäure, ketogene 265.
Bildung von Acetessigsäure aus — 266•.
— von α-Ketomethylbuttersäure aus — 266.
— von α-Keto-β-methylvaleriansäure aus — 266.
Einbau von Glucose-C in — 747, 831.
Gehalt in Eiweiß der Augenlinse 887 Tab.
— — von Cornea und Sklera 874 Tab.
— in Gehirn 655 Tab.
— in Gehirnproteinen 653 Tab.
— in Haarkeratin 653 Tab.
— in Leberproteinen 217 Tab., 218 Tab.
— in Neurokeratin 653 Tab.
— in Proteolipoid aus Gehirn 651 Tab.
Oxydation durch L-Aminosäureoxydase 248.
Stoffwechsel 265f.
Transaminierung mit α-Ketoglutarsäure in Gehirn 751.
Vorkommen in Polypeptid A der Leber 218.
Wirkung, ketogene 265.
D,L-Isoleucin, Desaminierung durch Leber 249 Tab.
—, Transaminierung durch Leber, Herz und Niere 250 Tab.
1-iso-Nicotinyl-2-iso-propylhydrazin, Hemmung der Monoaminoxydase des Gehirns durch — 761.
iso-Porphyropsin 944, 946 Tab.
Isopropionin, Wirkung bei Leberverfettung 148.
iso-Retinin a 944, 946 Tab.
iso-Rhodopsin 944, 946 Tab.
Isotope, radioaktive, Einbau in Proteine 745f.
Isovaleriansäure, Abbau 201.
—, Bildung aus Leucin 264.
—, — von Acetat aus — 265•.
—, — von Acetessigsäure aus — 265•.
—, — von Aceton aus — 264.
—, — von Cholesterin aus — 201f.
—, — von Fettsäuren, höheren, aus — 168, 201f.

Janusgrün, Hemmung der Diphosphopyridinnucleotidase durch — 708.
—, Permeabilität der Blut-Hirnschranke für — 798.
—, Steigerung der Glykolyse, aeroben, durch — 732.
Jejunum, Aufnahme von Plasmaeiweiß aus Blut 225 Abb.

Jejunum, Vorkommen von Bilirubin im — 519.
Jod, Einfluß auf Cholinacetylase 849.
—, Gehalt in Gehirn 623 Tab., 632.
—, Vorkommen in Muskel 576.
Jodessigsäure:
Einfluß auf Acetylcholinsynthese 849.
— auf Cholinacetylase 849.
— auf CO_2-Fixierung 933.
— auf Permeabilität der Linse 892f.
— auf Wassergehalt der Cornea 881.
Hemmung der Cocarboxylasebildung durch — 388.
— einer Gehirnproteinase, neutralen, durch — 763.
— der Glucuronsäurebildung durch — 458.
— der Netzhautglykolyse durch — 932.
— des P-Einbaus in Gehirnlipoide durch — 737.
— der Pyrophosphatase, anorganischen 777.
— der Rhodanese durch — 479.
— der Ribonucleinsäurebildung durch — 764.
— des Testosteronabbaus durch — 430.
— der Thyroxinwirkung auf Leberstoffwechsel 444.
— der Virusausbreitung durch — 832.
Inaktivierung der β-Ketothiolase durch — 181.
Wirkung auf ATPase 773.
— auf Insulinase 448.
— auf Stoffwechsel in Leber 86.
— keine, auf Fettsäuredehydrogenase 163.
—, —, auf Glucose-6-phosphatase 91.
Jodacetamid, Hemmung der Pyruvatdehydrogenase durch — 727.
Jodalbacid, Leber, Glykogengehalt nach — 77.
Jodbenzoat, Wirkung auf Insulinase 448.
Jodbenzol, Bildung von p-Jodphenylmerkaptursäure aus — 473.
—, Entgiftung 473.
Jodphenol, Bildung aus Jodbenzol 473.
p-Jodphenylmerkaptursäure aus Jodbenzol 473.

Kälte, Acetylcholingehalt des Gehirns bei — 843.
—, Wirkung auf Ascorbinsäurebildung bei Meerschweinchen 379.
—, — auf Leberglykogen 71, 117.
Känguruh, Bildung von Chenodesoxycholsäure beim — 551.
—, — von Gallensäuren, gekoppelten 557.
Kalb:
Aderhaut, Gehalt an Mineralstoffen 915 Tab.
Blasengalle, Cholesteringehalt 547.
Ciliarkörper, Gehalt an Mineralstoffen 915 Tab.
Galle, Gehalt an Cholesterin 209.

Kalb:
Galle, Gehalt an Gallensäuren 550.
—, — an Lipoiden 545 Tab.
Gehirn, Aminosäurezusammensetzung 654 Tab.
—, Gehalt an Glutamin, Glutaminsäure und Ammoniak 656 Tab.
—, Kathepsinwirkung 763.
—, Sphingomyeline in — 744.
—, Transaminierung γ-Aminobuttersäure/α-Ketoglutarsäure 751.
—, Vorkommen von Lecithinase 744.
Hornhaut, Mineralgehalt 873 Tab.
Iris, Gehalt an Mineralstoffen 915 Tab.
Leber, Gehalt an Kupfer 56 Tab.
—, — an Mangan 61 Tab.
—, — an Nicotinsäure 394.
— —, — an Vitamin A 357 Tab.
—, Nucleinsäuren, Basenverhältnis 314 Tab.
—, Vitamin A-Speicherung 348, 353f., 355 Abb.
Lederhaut, Mineralgehalt 872 Tab.
Linse, Eiweißkörper 886.
—, Gehalt an Milchsäure 891.
—, — an Mineralstoffen 883 Tab.
—, Gewicht und Lebensalter 883.
Milz, β-Glucuronidase 462.
Retina, Gehalt an Mineralstoffen 924 Tab.
Kalium:
s. a. Kaliumionen.
Abgabe durch die Linse 893, 898.
Aktivierung von Cholinacetylase 849.
Aufnahme in Gehirn 769f.
— durch Leber 41.
— durch Muskel 41.
Ausscheidung durch die Galle 43.
—, Tagesrhythmus 25f.
Austausch zwischen Gehirn und Nerven 801f.
— mit Nervenfasern 801.
Bedeutung für Muskelkontraktion 575.
Bindung in Mitochondrien 40.
Einfluß auf Acetylcholinsynthese 849.
— auf Stoffwechsel des Nervengewebes 806.
Gehalt in Aderhaut 915 Tab.
— in Bindegewebe 575 Tab.
— in Blut 575 Tab.
— in Blutserum 575 Tab., 901 Tab., 902, 902 Tab.
— in Ciliarkörper 915 Tab.
— in Darmsaft 539.
— in Erythrocyten 575 Tab.
— in Galle 538.
— in Gehirn 620 Tab., 622ff.
— —, Substanz, grauer 924 Tab.
— in Glaskörper 901 Tab.
— in Herzmuskel 575 Tab.
— in Hirnrinde, Einfluß von Hunger auf — 805.
— in Hornhaut 873 Tab.
— in Iris 915 Tab.
— in Kammerwasser 901 Tab., 902 Tab.

Kalium:
Gehalt in Knorpel 575 Tab.
— in Leber 41 Tab., 42, 64 Tab.
— in Lederhaut 872 Tab.
— in Linse 883 Tab., 884 Tab., 892.
— — bei Katarakt 897.
— in Magensaft 539 Tab.
— in Muskel 575 Tab., 587, 623, 625 Tab.
— —, glattem 575 Tab.
— in Nerv 620 Tab., 623, 624 Tab.
— in Pankreassekret 539 Tab.
— in Pons 620 Tab., 622.
— in Retina 924 Tab., 934f.
Konzentrationsdifferenzen zwischen Nervengewebe und Körperflüssigkeiten 756.
Lokalisation im Muskel 576, 587.
Permeabilität durch Nervenmembran 835.
Wirkung auf Mitochondrienatmung 41.
Kaliumchlorid, Einfluß auf Gallenbildung 43.
—, — auf Q_{O_2} 806.
—, Förderung des Abbaus von Desoxyribonucleinsäuren durch — 766
—, — der Milchsäureoxydation 806.
Kalium-hydrogensaccharat, Hemmung der m-Aminophenol-Entgiftung durch — 459.
Kaliumkontraktion, Muskel 576.
Kaliumionen:
s. a. Kalium.
als Aktionssubstanz des Nerven 836f.
Aktivierung der Acetylcholinsynthese in Hirnschnitten 807, 856.
Austausch zwischen Blut und Gehirn 801.
— zwischen Muskulatur und Leber 42.
— in Nerv, Temperaturabhängigkeit 835.
Bedeutung für Bildung von Acetylcholin 718, 758, 846, 848.
— — von Citrullin 307.
— — von Glykogen durch — 43.
— — von Hippursäure 470.
— — von Phospho-enol-brenztraubensäure 120.
— — von Ruhepotentialen 835.
— für Fructokinasewirkung 99.
— für Glykolyse im Gehirn 806.
— für Mitochondrienatmung 41.
— für Transphosphorylierung von Phospho-enol-brenztraubensäure mit ADP 806.
— für System, glykolytisches 806.
Förderung der Glykolyse, aeroben, durch — 708.
Hemmung der Gehirnatmung durch — 779, 806.
— von Phosphoglucomutase durch — 86.
Transport bei Nervenerregung 801f.
Verteilung im Gehirn 629.
Wirkung auf Gallensekretion 533.
— auf Hexokinase 712.
— auf Kohlenhydratstoffwechsel 806.
— auf Leberglykogen 42.
— auf Leberstoffwechsel 40.
— auf Milchsäurebildung, anaerobe, im Gehirn 806.
Kalium:Natrium-Verhältnis, Muskel 575f.
Kaliumpermanganat, Zersetzung von Sehpurpur durch — 938.
Kaliumsalze, Bedeutung für Nervenerregung 835, 837.
—, Muskelstarre durch — 607.
—, Reizung des Hirnstoffwechsels 815.
Kaliumtransport, Gehirn, Energiebedarf für — 756f., 802.
Kaltblüter, Allantoinsäurebildung 340.
Kammerwasser s. Auge, Kammerwasser.
Kanal, SCHLEMMscher 905.
Kaninchen:
Abbau von Cholesterin 208.
— von Nicotinsäure und -amid 396f.
Acetylierung von p-Aminophenylessigsäure 476.
Aminosäuren, markierte, Einbau in Organeiweiß 214.
Antabuswirkung 490f.
Aufnahme von ^{32}P in Ribonucleinsäuren 318.
Auge, Gehalt an Ascorbinsäure 890 Tab.
—, Kammerwasserdurchfluß 905.
—, Wasseraustausch mit dem Augeninnern 907.
Ausscheidung von Nicotinsäure 396.
— von Nicotinursäure 397.
Bildung von Allantoin 338.
— von Allantoinsäure 341.
— von Chenodesoxycholsäure 551.
— von Gallensäuren, glycingebundenen 557.
— von Glucuronsäure 458f.
— von 1-Methyl-3-carboxamido-6-pyridon 397.
—, keine, von Trigonellin bei — 396f.
Blut, Gehalt an Eiweiß bei Phosphorvergiftung 228 Tab.
Blutplasma, Mineralgehalt 902 Tab.
Blutserum, Cyanidgehalt 481.
Cervicalganglien, Cholinesterasen in — 852f.
Chorioidea, Q_{O_2}, $Q_M^{O_2}$, und $Q_M^{N_2}$ 920 Tab.
— und Pigmentepithel, Gehalt an Kupfer und Zink 915 Tab.
Ciliarkörper, Cholinacetylase 920.
—, Phosphatgehalt 915.
—, Q_{O_2}, $Q_M^{O_2}$ und $Q_M^{N_2}$ 920 Tab.
Cornea, Gehalt an Hexosamin 875.
Darm, Glykogengehalt 611.
—, Rhodanidbildung 480.
Dehydrocholsäure, Reduktion von 556.
3,6-Diketoallocholansäure, Reduktion von — 556.
Entgiftung von Anthracen 474.
— von Benzol 473.
— von Naphthalin 473.
— von Santonin 482.
Ferment, eiweißspaltendes 763.
Galle, Ausscheidung von Calcium 540.
—, Gallensäuren in der — 551.
—, p_H-Wert 537.
—, Sekretionsdruck 528f.

Kaninchen:
Galle, Vorkommen der Koproporphyrine I und III in — 524.
Gallenmenge 529.
Gefäßhaut, Nucleotidase in — 920.
—, Oxydation von Adrenalin und Dioxyphenylalanin in der — 920.
Gehirn, Acetylcholinbildung im – 848, 850.
—, Acetylcholinesterase, Aktivität im — 854 Tab.
—, Cytochromoxydase 795.
—, Kern, DEITERScher, RNS: Protein-Verhältnis 667.
—, Gehalt an Acetylcholin 844 Tab.
—, — an Äpfelsäuredehydrogenase 725.
—, — an Ascorbinsäure 674.
—, — an Citronensäure 660.
—, — an Coenzym A 722.
—, — an condensing enzyme 723.
—, — an Cozymase 792.
—, — an Cytochrom c 795.
—, — an Glykogen 658, 824.
—, — — bei Narkose 814.
—, — an Glykolipoiden 661.
—, — an Kohlensäureanhydratase 683.
—, — an Kreatin 657 Tab.
—, — an Milchsäure 659f.
—, — an Natrium 624.
—, — an Pantothensäure 404 Tab.
—, — an Purin 667f.
—, — an Purin-N 668 Tab.
—, — an Thiamin 671 Tab.
—, — an Zucker, freiem 659.
—, Glutaminase 754.
—, Kathepsin 762.
—, Phosphataufnahme, Beeinflussung durch Sexualcyclus 771.
—, Phosphatasenachweis 776.
—, Proteinase, neutrale 763.
—, Q_{O_2} 780 Tab.
—, System, acetylcholinsynthetisierendes, aus — 849.
—, Transaminierung γ-Aminobuttersäure/α-Ketoglutarsäure 751.
—, Transhydrogenase 794.
—, Vorkommen von Lecithinase 744.
—, — von Thromboplastin 676.
Glaskörper, Gehalt an Eiweiß 910.
—, — an Hyaluronsäure 911.
—, — an Kupfer und Zink 915 Tab.
—, Zusammensetzung, chemische 912 Tab.
Glykogenolyse, postmortale 69.
Harn, Stickstoffausscheidung 529.
Herz, Gehalt an Pantothensäure 404 Tab.
Hirnrinde, Lipoidzusammensetzung 647 Tab.
Hornhaut, Gehalt an Acetylcholin 875 Tab., 876.
—, — an Aneurin in der — 875 Tab.
—, — an Kupfer und Zink 915 Tab.
Iris, Cholinacetylase 920.
— und Ciliarkörper, Gehalt an Kupfer und Zink 915 Tab.
—, Q_{O_2}, $Q_M^{O_2}$ und $Q_M^{N_2}$ 920 Tab.

Kaninchen:
Kammerwasser, Antikörper im — 903.
—, Druck, kolloidosmotischer 901.
—, Gehalt an Ascorbinsäure 908.
—, — an Eiweiß 902f.
—, — an Glucose 905.
—, — an Kupfer und Zink 915 Tab.
—, — an Milchsäure bei Anoxämie 899.
—, — an Mineralstoffen 902 Tab.
—, p_H-Wert 901.
—, Zusammensetzung 902.
—, „zweites" 903.
Kammerwasser: Plasmawasser, Verteilungsverhältnis $Na^+:Cl^-$ 907 Tab.
12-Keto-3-cholensäure, Reduktion 553.
Leber, Acetylierung von Sulfonamiden 476.
—, Ascorbinsäurebildung 381.
—, Erneuerungszeit des Glykokolls 468.
—, Gehalt an Aminosäuren in Leberproteinen 217 Tab.
—, — an Ascorbinsäure 377.
—, — an Axerophthol 356, 357 Tab.
—, — an Cholesterin 197ff.
—, — an Cobalamin 420 Tab.
—, — an Cocarboxylase 387.
—, — an Eisen 45 Tab.
—, — an Fettsäuren 131.
—, — an Glykogen 67, 70f., 77.
—, — — nach Insulin 74.
—, — an Kupfer 56 Tab., 57 Tab.
—, — an Mangan 60, 61 Tab., 64 Tab.
—, — an Mineralstoffen 41 Tab.
—, — an Pantothensäure 404 Tab.
—, — an Phosphatasen 544.
—, — an Rhodanese 479f.
—, — an Riboflavin 390.
—, — an Silicium 64 Tab.
—, — an Thiamin 387.
—, — an Tokopherol 363, 364 Tab.
—, — an Wasser, intracellulärem 621.
—, Gewicht 9.
—, Glutathionspaltung 276.
—, Glykogen, Kettenlänge 83 Tab.
—, Glykogenbildung 43.
—, Histaminacetylierung 476.
—, Nicotinentgiftung 491f.
—, Oxydation von Acetaldehyd 489.
—, Phenolschwefelsäurebildung 465ff.
—, Sulfonamidacetylierung 476.
—, Tetrachlorkohlenstoffvergiftung 36.
—, fetale, Glykogengehalt 70.
—, —, Nucleinsäuren, Umsatzgeschwindigkeit 324.
Leberexstirpation bei — 31.
Linse, Gehalt an Amino-N 889.
—, — an Kupfer und Zink 915 Tab.
—, — an Phosphat 885.
—, — an Thiamin 889.
—, Glucoseumsatz 893.
—, Q_{O_2} 893.
—, Sauerstoffverbrauch 893.
—, Trübungen durch Gifte 900.
—, Veränderungen durch Röntgenbestrahlung 898.

Kaninchen:
Linse, Verteilung von Milchsäure und Brenztraubensäure 894 Tab.
Medulla oblongata, Gehalt an Thiamin 670.
Mitochondrien, Bindung von Fermenten des Citronensäurecyclus 725.
Muskel, Erneuerungszeit des Glykokolls 468.
—, Gehalt an Pantothensäure 404 Tab.
—, — an Tokopherol 363, 364 Tab.
Nerven, Gehalt an Calcium 621.
—, — an Natrium 624.
—, — an Thiamin 671 Tab.
—, — an Wasser bei Degeneration, WALLERscher 693.
—, periphere, Gehalt an Kephalin 636.
—, —, — an Phosphatiden 635 Tab.
N. ischiadicus, Substanz, weiße, Lipoidzusammensetzung 648.
N. opticus, Gehalt an Kupfer und Zink 915 Tab.
Nicotinsäureamid, Desaminierung 396.
Niere, Gehalt an Pantothensäure 404 Tab.
—, Hippursäurebildung 469.
Organe, Gehalt an Adenosintriphosphat 328.
—, — an Glutathion 276 Tab.
—, — an Pantothensäure 404 Tab.
Oxydation von n-Butanol 489.
— von n-Propanol 489.
Phosphatase, alkalische, in den Gallencapillaren 544.
Plasmaproteine, Halbwertszeit 224.
PURKINJE-Zellen, RNS-Protein-Verhältnis 667.
Retina, Acetylcholinesterase, Aktivität in der — 854.
—, Atmung 930.
—, Ernährung 929.
—, Gehalt an Kupfer und Zink 915 Tab.
—, — an Nucleinsäuren 926.
—, — an Trockensubstanz 924.
—, Glykolyse, anaerobe 930.
Rückenmark, Gehalt an Glykolipoiden 661.
—, Substanz, weiße, Lipoidzusammensetzung 648.
Sehpurpurregeneration 942.
Sklera, Gehalt an Kupfer und Zink 915 Tab.
Testes, Gehalt an Pantothensäure 404 Tab.
Verwertung von Mannose 105.
— von Sorbit 104.
Vorkommen von Uricase 339.
Wärmeregulation 23.
Xanthinoxydaseaktivität 335 Tab.
neugeborene, Gehirn, Acetylcholinesterasegehalt 861.
Kapsel, GLISSONsche 17.
Karpfen, Gehirn, Gehalt an Thiamin 670.
—, Harnsäureabbau bei — 341.
—, Leber, Gehalt an Vitamin A_2 359.
—, Retina, Glykogengehalt 928.
Kastration, Wirkung auf Galaktocerebroside des Gehirns 820.
Katalase:
Äthylalkoholoxydation durch — 489.
Aktivität in Hepatomen 505.
Bildung, Hemmung durch Zink 63.
Einbau von Glykokoll in — 258.
Gehalt in Leber bei Eiweißmangel 222.
— —, regenerierender 34.
— in Leberzellen bei Tumoren 504.
Hemmung der Tryptophanpyrrolasewirkung durch — 287.
Leber 416, 523.
Vorkommen in Gehirn 796.
— in Glaskörper 911.
— in Kammerwasser 903.
Katalasewirkung der Galle 545.
Katarakt s. Auge, Linse bei Katarakt.
Katatorulintest 670f., 716.
— Hemmung durch Arsenit 726.
Kathepsin, Gehalt in Leber bei Eiweißmangel 222.
—, Gehirn 762f.
—, Muskel 585.
Kathepsin III 709.
—, Aktivierung 833.
—, Gehirn 762f.
—, Inaktivierung von Triosephosphatdehydrogenase durch — 833.
—, Ferment vom Typ des — im Gehirn, Wirkung auf Gehirnglykolyse 833.
Kationen, Hemmung der Gehirnatmung durch — 779.
—, zweiwertige, Aktivierung der Acetylcholinesterase durch — 856.
Katze:
Acetylierung von Sulfonamiden 476.
Ausscheidung von Ketonkörpern 194.
— von N-Methylnicotinsäureamid 396.
Bildung von Cholsäure 551.
— von Gallensäuren, tauringebundenen 557.
Blut, Vorkommen von Glucuroniden im — 456.
Cervicalganglien, Acetylcholinspaltung in — 854f.
Cholesterinabbau 208.
Ciliarkörper, Cholinacetylase 920.
Fasern, postganglionäre, adrenergische 854.
Gallenmenge 529.
Ganglien, Cholinesterasen, Aktivität der — 855.
—, sympathische, Acetylcholinbildung 848.
Ganglion cervicale superior, Acetylcholinesteraseaktivität in — 854.
Gehirn, Cytochromoxydase 795.
—, Einbau von Pentosenucleinsäuren 764.
—, Gehalt an Acetylcholin 844 Tab.
—, — an Ammoniak 656 Tab.
—, — an Calcium 621.
—, — an Cerebrosiden 643.

Katze:
Gehirn, Gehalt an Fumarase 725.
—, — an Glutamin und Glutaminsäure 656 Tab.
—, — an Glykogen 658, 825.
—, — an Kohlensäureanhydratase 683.
—, — an Kreatin 657 Tab.
—, — an Phosphat 631 Tab.
—, — an Sphingomyelin 642.
—, — an Succinodehydrogenase 725.
—, — an Zucker, freiem 659.
—, Lipoidzusammensetzung 631 Tab.
—, Q_{O_2} 780 Tab.
—, Quotient, respiratorischer 783.
Iris, Cholinacetylase 920.
Kammerwasser, Gehalt an Glucose 905.
—, — an Hexosamin 904.
—, — an Hyaluronsäure 904.
—, — an Milchsäure 905.
Kammerwasser: Plasmawasser, Verteilungsverhältnis Na^+ : Cl^- 907 Tab.
Leber, Alkoholentgiftung 485.
—, Bildung von Gluconsäure aus Glucose in der — 107f.
—, Desacetylierungen in der — 478.
—, Gehalt an Ascorbinsäure 377.
—, — an Cholesterin 198f.
—, — an Glykogen 77.
—, — an Kupfer 56 Tab., 57 Tab.
—, — an Mineralstoffen 41 Tab.
—, — an Zink 62.
—, Gewicht 9.
—, Glykogen, Kettenlänge 83 Tab.
—, Nicotinentgiftung 491.
Muskel, Gehalt an Tokopherol 584.
Nerven, Gehalt an Calcium 621.
—, 5-Nucleotidase in — 696.
—, periphere, Cholinesterase, Aktivität der — 855.
—, —, Gehalt an Kephalin 636.
—, —, — an Phosphatiden 635 Tab.
N. ischiadicus, Aktivität, glykolytische 706.
—, Gehalt an Desoxyribonucleinsäure 664 Tab.
—, — an Lipoiden bei Degeneration, WALLERscher 694 Tab.
—, — an Nucleinsäuren 664 Tab., 666.
—, — an Ribonucleinsäuren 664 Tab.
Retina, Nucleinsäuregehalt 926.
Tränenflüssigkeit, Menge 869.
Wurzeln, hintere, Cholinesterase in — 842.
Xanthinoxydaseaktivität 335 Tab.
Zentralnervensystem, Demyelinisierung bei Kupfermangel 626.
—, Gehalt an Nucleinsäuren 664 Tab.
—, — an Phosphorverbindungen 664 Tab.
KAYSER-FLEISCHERscher Ring 874.
Kephalin:
s. a. Colaminkephalin.
s. a. Glycerylphosphorylcolamin.
s. a. Serinkephalin.
Bestimmung im Gehirn 617.
Bildung aus Serin 263.
Kephalin:
Einbau von P in — des Gehirns 737.
Fettsäurezusammensetzung 639.
Gehalt in Ganglien, sympathischen 647 Tab.
— in Gehirn 631 Tab., 633 Tab., 634 Tab., 634ff.
— —, Altersveränderungen 676, 677 Tab., 678, 679 Tab.
—, — bei Ratten, fetalen 678.
— in Großhirn, Substanz, weißer 648 Tab.
— in Hirnrinde 647 Tab.
— in Intraduralnerven 648 Tab.
— in Leber 132f.
— — bei Hunger 139 Abb., 140.
— —, regenerierender 33.
— in Milznerven 647 Tab.
— in Nerven bei Degeneration, WALLERscher 693.
— —, peripheren 636.
— in Nervensystem der Biene 647.
— — von Insekten 649.
— in N. ischiadicus 648 Tab.
— — bei Degeneration, WALLERscher 694 Tab.
— in N. opticus 648 Tab., 948.
— in N. vagus 648 Tab.
— in N. vertebralis 647 Tab.
— in Papilla nervi optici 647 Tab.
— in Retina 647 Tab., 925 Tab.
— in Rückenmark, Substanz, weißer 648 Tab.
— in Scherennerv, Hummer 647 Tab.
— in Substanz, grauer und weißer 648.
— in Sympathicus 647 Tab.
— in Ventralmark, Hummer 647 Tab.
Gehirn, Gehalt an Elaidinsäure 685f.
Hydrolyse im Gehirn 743.
als Ionenaustauscher 805.
Natur der Fettsäuren in — 638.
Perjodsäure-Leukofuchsinreaktion 661.
Stoffwechsel im Gehirn 739, 743.
Vorkommen in Muskel 584.
Kephalin-Cholesterinflockungstest 246f.
Kephalinase 743.
α- und β-Kephaline 636, 647 Tab., 648 Tab.
Kerasin 642.
Keratin 653.
Keratitis neuroparalytica, Wirkung von Acetylcholin bei — 876.
Keratoconus 868.
Keratomalacie bei Lebererkrankungen 360.
„Keratosulfat" 875.
Kern, DEITERScher, RNS: Protein-Verhältnis 667.
Kernmembran, Bildung von Ribonucleotiden und Plasmaeiweißkörpern an der — 745.
—, Nucleotidsynthese an der — 764.
α-Ketoadipinsäure, Bildung aus α-Aminoadipinsäure 296, 297*.
—, — von Glutarsäure aus 296, 297*.
—, Wirkung, keine, im Katatorulintest 716.
α-Keto-δ-aminovaleriansäure, Bildung beim Prolinabbau 299*, 300.

α-Ketobuttersäure, Aminierung durch Glutaminsäure 252.
—, Bildung von Essigsäure aus — 716.
—, Decarboxylierung 715.
β-Ketobuttersäure, Abbau im Gehirn 741f.
12-Keto-3,4-cholensäure 552*.
—, Bildung von Desoxycholsäure aus — 553, 556.
β-Ketofettsäuren, Bildung bei Fettsäureabbau und -synthese 181.
—, CoA-Verbindung 177, 178*, 181f.
—, — Reduktion 182.
Ketogallensäuren, Reduktion bei Kröten 553.
3-Keto-gluconsäurephosphat 109.
α-Ketoglutarat s. α-Ketoglutarsäure.
α-Ketoglutaratoxydase 196.
α-Ketoglutarsäure:
Abbau in Atmungskette 733 Abb.
— im Gehirn 717.
Aktivierung des Enzyms, tyrosinoxydierenden, durch — 279.
Aminierung, reduktive 252.
—, —, Koppelung mit Triosephosphatdehydrogenierung 749.
Bedeutung für Kynurensäurebildung 289.
— für Oxydationen im Gehirn 719.
— für Proteinsynthese 215.
— für Transaminierung 249f.
— für Tyrosinoxydation 279.
Beeinflussung der K^+-Wirkung auf Hirnatmung 806.
Bildung aus Brenztraubensäure 127.
— — in Gehirn 719f.
— aus Isocitronensäure 719ff., 794.
— aus Glutaminsäure 193, 248*, 300, 749.
— aus Oxalbernsteinsäure 719.
— aus Oxalessigsäure 718.
— aus Prolin im Gehirn 747.
— bei Umaminierung Glutaminsäure/Oxalessigsäure 309.
— in Gehirn 717.
— von Bernsteinsäure aus — 720.
— von Glutaminsäure aus — 193, 252ff., 749.
— —, Bedeutung von Pyridoxalfermenten für — 400.
— von Oxalessigsäure aus — 253.
— von Oxalsäure aus — 123, 253.
— von Succinyl-CoA aus — 195.
Carboxylierung zu Oxalbernsteinsäure 720f.
Dismutation 716.
Einfluß, kein, auf P-Einbau in Gehirnlipoide 737.
Energielieferung der Adenosintriphosphorsäurebildung durch Oxydation von — 99.
Förderung der Phenolschwefelsäurebildung durch — 468, 470.
Gehalt im Gehirn 660.
Hemmung der Cholinacetylase durch — 850.
— von Glutaminsäuredecarboxylase durch — 756.

α-Ketoglutarsäure:
Hemmung der Kohlendioxyd-Fixierung durch — 721.
— der Succinodehydrogenase durch — 724.
Hornhautschädigungen durch — 878.
Oxydation durch Gehirn 719, 785.
— in Herzmuskel 720.
P/O-Verhältnis bei Oxydation von — im Zentralnervensystem 730f.
Reduktion im Gewebe 742.
Stoffwechsel im Zentralnervensystem 719.
Transaminierungsreaktionen mit — 250, 751.
Umsetzung mit Asparaginsäure und Alanin 249.
Umwandlung, reversible, in Isocitronensäure 720f.
Wirkung auf Glucosephosphorylierung 85.
—, antiketogene 190.
—, keine, im Katatorulintest 716.
α-Ketoglutarsäuredehydrogenase, Vorkommen in der Linse 896.
α-Ketoglutarsäureoxydase 724.
δ-Ketogruppen, Reduktion durch Gehirn 742.
β-Ketohexansäure, Bildung bei Fettsäuresynthese 177.
α-Ketoisovaleriansäure, Bildung aus Valin 263, 264*.
α-Ketomethylbuttersäure, Bildung aus Isoleucin 266.
α-Keto-β-methylvaleriansäure, Bildung aus Isoleucin 266.
Ketonämie 185.
—, Beeinflussung durch Fructose- und Glucoseinfusion 101f.
— bei Brenztraubensäuremangel 116.
— bei Glykogenspeicherkrankheit 79.
— nach ACTH 125.
— nach Phlorrhizinvergiftung 185.
Ketone, aromatische, Entgiftung 456.
Ketonkörper:
s. a. Acetonkörper.
s. a. Ketosis.
Abbau 194.
— in Leber 172, 194.
— in Muskulatur 166, 195f.
— in Niere 195.
Aufnahme durch die Organe 185.
Ausscheidung im Harn 193f.
— bei Hunden 185.
— nach Hyperventilation 193.
Beeinflussung der LANSING-Poliomyelitis-Infektion durch — 832.
— des Hirnstoffwechsels 825.
Bildung 114 Abb., 115.
— aus Acetoacetyl-CoA 181.
— aus Acetyl-CoA 179.
— aus Fettsäuren 172, 186, 189.
— —, ungeradzahligen 187.
— aus Isocitronensäure 186.
— bei Diabetes 191.
— bei Fettabbau 193.
— — in Gehirn 721f.

Ketonkörper:
Bildung bei Hunger 189ff.
— bei Hypoglykämie 825.
— bei Insulinmangel 171, 191.
— bei Oxalessigsäuremangel 184, 189, 191, 192 Tab.
— bei Phlorrhizinvergiftung 191.
— bei Störung des Kohlenhydratabbaues 184 Abb.
— in Hoden 184.
— in Leber 166, 172, 183—193, 196.
— —, Beeinflussung durch Ammoniumsalze 193.
— —, Kapazität 185.
— —, diabetischer 191.
— in Lunge 184.
— in Milz 184.
— in Niere 184.
— nach Malonat 191ff.
— und Schicksal im Gehirn 742.
als Energiequelle 197.
— für Muskelarbeit 194.
Gehalt in Blut 185.
— in Muskulatur 195.
— in Organen bei Phlorrhizinvergiftung 195.
Oxydation 741.
Stoffwechsel in der Leber 172, 183 bis 197.
— bei Tieren, nebennierenlosen, pankreasdiabetischen 124.
Verwertung 193—197.
Wirkung auf Gehirnstoffwechsel 823.
Ketonurie, Einwirkung von Alkohol auf — 486.
— bei Glykogenspeicherkrankheit 79.
16-Keto-oestradiol, Bildung von Oestriol aus — 428.
16-Keto-oestron, Bildung von Oestriol aus — 428.
Ketopentosephosphat, Bildung in der Leber 345.
3-Keto-6-phosphogluconsäure 729.
α-Ketopropionsäure, Abbau im Gehirn 741 f.
β-Ketoreduktase 182.
Ketosäuren, Aminierung 751.
—, — durch Glutamin 252.
—, — durch L-Ornithin 751.
—, Bildung 401.
—, — aus Aminosäuren 210, 248.
—, — von L-Aminosäuren aus — 401.
α-Ketosäuren, Aktivierung von Glutaminase II durch — 754.
—, Hemmung der Cholinacetylase durch — 850.
Ketosis bei Phlorrhizinvergiftung 191.
—, alkalotische 193.
— s. a. Ketonkörper, Bildung,
17-Ketosteroide, Ausscheidung im Harn 432.
—, Bildung aus Androsteron 433 Abb., 434.
—, — aus 17-Oxysteroiden 438.
—, — aus Testosteron 431*, 432, 433 Abb.
—, Vorkommen im Glaskörper 912.
β-Ketothiolase 181, 195.
α-Ketovaleriansäure, Bildung von Essigsäure aus — 716.
Kieselsäure, Ausscheidung mit der Galle 541.
Kinder:
Bildung von Ketonkörpern im Hunger bei — 190f.
Gehirn, Gehalt an Calcium 621.
—, — an Cerebrosiden 643.
—, — an Cholesterin 644.
—, — an Kephalin 634 Tab., 636.
—, — an Lecithin 634 Tab.
—, — an Lipiden 633 Tab.
—, — an Phosphatiden 634 Tab.
—, — an Sphingomyelin 634 Tab., 642.
Halbwertszeit der Plasmaproteine bei — 224.
Leber, Axerophthol-Gehalt 354.
Kitol, Vorkommen in der Leber 359.
Klapperschlange, Leber, Testosteroninaktivierung 432.
Kleinhirn:
Aktivität der Acetylcholinesterase 853, 854 Tab.
Gehalt an Calcium 621f.
— an Chlorid 620 Tab., 629.
— an Glykogen 658 Tab., 680.
— — bei Krämpfen (Maus) 816.
— an Jod 632.
— an Kalium 620 Tab., 622.
— an Kreatin und Kreatinin 657.
— an Kupfer 626.
— an Lipoiden beim Fetus 679 Tab.
— an Magnesium 625.
— an Natrium 620 Tab., 625.
— an Neuraminsäure 644.
— an Phosphor 620 Tab.
— an Plasmalogen 638.
— an Quecksilber 627.
— an Silicium 628.
— an Sphingomyelinen, Altersveränderungen 677, 679 Tab.
— an Substanz P 843.
— an Uran 628.
— an Wasser 620, 620 Tab.
— an Zink 626f.
Phosphataufnahme 769.
Purin-Nucleosidphosphorylase 768.
PURKINJE-Zellen, Typen von — im — 811.
Q_{O_2} 782.
Quotient, respiratorischer 783.
Speicherung von Kupfer 626f.
Veränderungen bei Magnesiummangel 625.
Vorkommen von Kohlensäureanhydratase 683.
Kleinhirnrinde, Atmung nach Reizung des Gehirns 816.
Knochen, Bildung der Blutphosphatase im — 241.
—, Calciferol-Aufnahme 361.
—, —, Gehalt an Calciferol 361.
—, Speicherung von Zerfallsprodukten des Thoriums im — 66.

Knochenfische, Ausscheidung von Cholsäure und Chenodesoxycholsäure 551.
—, Harnsäureabbau bei — 340.
Knochenmark, Aufnahme von Siderophilin im — 49.
—, Glycin, markiertes, Aufnahmegeschwindigkeit 214.
—, Bilirubinbildung im — 506, 508f.
—, Eisenspeicherung 51, 52 Abb.
—, Folinsäurebildung im — 414.
—, Gehalt an Calciferol 361.
—, Hämoglobinbildung 505.
—, Porphyrinbildung im — 525.
—, Reticuloendothel, Erythrocytenabbau 506f.
Knorpel, Zusammensetzung, chemische 575 Tab.
—, Gehalt an Trockensubstanz 575 Tab.
Knorpelfische, Bildung von Gallensäuren 550.
—, — —, gepaarten 557f.
—, — von Scymnol 550.
—, — von Harnstoff 340.
—, Gallensäuren, Bindung an Sulfat 557.
Koagulationsband, WELTMANNsches 245.
Kobalt, Aktivierung der Arginase durch – 310.
—, — von Phosphoglucomutase durch — 86.
—, Aufnahme durch Lunge und Niere 65.
—, Ausscheidung durch die Galle 65, 541.
—, Bedeutung für Inaktivierung von Melanophorenhormon 450.
—, Gehalt in Gehirn 627.
—, — in Leber 64 Tab., 65.
—, Gehirn, Schutz gegen Sauerstoffvergiftung durch — 789.
—, Speicherung in der Leber 65.
—, Vorkommen in Gallensteinen 567.
Kobragift, Einfluß auf Acetylcholin im Gehirn 849.
—, Spaltung von Uridindiphosphatglucuronsäure durch — 462.
Kochsalz, Bedeutung für Gehirnatmung 779.
—, Gehalt in Tränenflüssigkeit 869 Tab.
—, s. a. Natriumchlorid.
Körperfett, Speicherung von Tokopherol im — 363f.
Körpertemperatur, Regulation durch die Leber 8.
Kohlendioxyd:
s. a. Kohlensäure.
Beteiligung an Ionentransport, aktivem, im Zentralnervensystem 802.
Bildung aus Formiat 831.
Einbau in Guanin 333.
Fixierung 720ff.
—, Hemmung durch 3,5-Dinitro-o-kresol 933.
—, — durch Jodessigsäure 933.
Gehalt in Galle 538.
— in Kammerwasser 902.
als Hypoxanthinvorstufe bei Vögeln 337.
Kondensation mit Brenztraubensäure zu Oxalessigsäure 255.
Verwendung zur Pyrimidinsynthese 342.
Wirkung auf Gehirnatmung 778.
— bei Epilepsie 759.
Kohlenhydrate:
Abbau, Hemmung durch Nebennierenrindenhormone 123f.
— und Fettsäuresynthese, Koppelung, energetische 169 Abb.
Bedeutung für Fettsäureabbau 190.
Beschleunigung der Alkoholentgiftung durch — 488.
Bilanz im Muskel 593.
Bildung aus Aminosäuren 210.
— aus Fett 130.
— aus Milchsäure 608.
— von Fett aus — 130.
— — —, Beeinflussung durch Thiamin 170.
— — — bei Cholinmangel 145.
— — — in der Leber 67, 134, 137, 141, 145, 170, 177.
— — — bei Pankreasektomie 168f.
— von Fettsäuren aus — 168.
— von Glucose aus — 92—106, 117.
— von Ketonkörpern aus — 184 Abb.
Einfluß auf Gallenproduktion 530.
Energielieferung für Gehirn 783.
— für Muskeltätigkeit 590.
— für Nervensystem 700, 783.
Gehalt in Galle 543.
— in Gehirn 658f., 680, 685, 823.
— in Linse 890.
— in Muskel 580.
— in Retina 928.
Kataraktbildung durch — 899.
Oxydation, Einfluß von Monojodessigsäure auf — 729.
—, Fluoridwirkung auf — 729.
—, Glycerinaldehydwirkung auf — 729.
— bei Diabetes 822.
— in Gehirn 728f.
— in Leber 106—130.
— in Muskel bei Muskeltätigkeit 590.
— nach Nicotinvergiftung 729.
—, direkte 107ff., 728f.
Quotient, respiratorischer 589.
Stoffwechsel von — und Acetylcholinsynthese 845.
—, Beeinflussung 806.
—, Beziehungen zu Glutaminsäurebildung 749f.
— bei Nervenerregung 863.
— und Eiweißsynthese, Beziehung der Glutaminsäure zu — 719.
— — in Gehirn 750.
— in Gehirn 700—733.
— — bei Narkose 813.
— und Hirnfunktion 809.
— in Leber 21, 66—131.
— in Linse 893f.
— in Retina 929, 933.
Verbrennung in Herzmuskel 611.
Kohlenhydratmangel, Acetessigsäurebildung bei Reaktion, WOOD-WERKMANscher 127.
Kohlenhydratmast, Fettbildung bei — 115, 135, 138.
Kohlenhydratnahrung, Bedeutung für Lebergewicht 10.

Kohlenhydratnahrung, einseitige, Einfluß auf Wassergehalt der Leber 39.
Kohlenhydratphosphorsäureester, Gehalt in Linse 890f.
Kohlenhydratumsatz und Phosphatbindung, energiereiche, Beziehungen 599.
Kohlenoxyd, Beeinflussung der Gehirnatmung durch — 790.
—, Förderung der Glykolyse, aeroben, durch — 708.
—, Hemmung der Nicotinentgiftung durch — 492.
—, Unterbrechung der Atmungskette durch — 733 Abb.
—, Vergiftung, Wirkung auf Gehirn 787, 790.
Kohlensäure, Bedeutung für Kalkinfiltration der Linse 884.
—, Bildung bei Muskelarbeit 607.
—, Einfluß auf Blut-Hirnschranke 800.
—, Steigerung der Muskeldurchblutung durch — 573.
— s. a. Kohlendioxyd.
Kohlensäureanhydratase, Aktivität bei der Gehirnentwicklung 683.
—, Beteiligung an Ionentransport, aktivem, im Zentralnervensystem 802.
—, Hemmstoffe der — 802, 908.
—, Vorkommen in Ciliarkörper 908, 920.
—, — in Gehirn 627, 683, 796.
—, — in Hornhaut 878.
—, — in Linse 896.
—, — in Nervenzellen 775.
—, — in Retina 936.
Kohlenwasserstoffe, Bildung von Cholesterin aus — 203.
—, — von Glucuroniden aus — 455, 482.
—, aromatische, Bindung an N-Acetylcystein 472.
—, —, — an Cystein 270.
—, —, Entgiftung in der Leber 472—475.
—, —, im Leberstoffwechsel 472f.
—, —, Oxydation und Entgiftung 455.
—, — und hydroaromatische, Entgiftung in Leber 482.
—, cancerogene, Oxydation und Entgiftung 474.
Kokosöl, Beeinflussung der Wirkung, cancerogenen, von Azofarbstoffen 501.
Kollagen, Beziehung zu Eiweiß der Linsenkapsel 888.
—, Gehalt in Chorioidea 917 Tab.
—, — in Gehirn 621.
—, — in Hornhaut 874.
—, — in Iris 917 Tab.
—, — in Leber 14.
—, — —, regenerierender 34.
—, — in Lederhaut 871f.
—, — in Nerven, degenerierenden 699.
—, Vorkommen in Bindehaut 870.
—, — in N. opticus 948.
Kollagenase, Abbau von Vitrein durch — 911.
—, Verdauung von Glaskörperfasern durch — 910.
—, Verflüssigung des Glaskörpers durch — 913.
Koma, hepatisches, Gehalt an Brenztraubensäure in Blut bei — 115.
—, —, Glucosebelastung bei — 115.
—, hypoglykämisches, Hirnstoffwechsel bei — 810 Tab., 819.
Kongorot, Übergang in Leberlymphe 20.
Konkrementbildung im Ductus choledochus 567.
Koproporphyrin, Ausscheidung in Harn 526f.
—, Bildung von Protoporphyrin in Leber aus — 524.
—, Vorkommen in Galle 524.
Koproporphyrin I 525.
—, Bildung bei Lebererkrankungen 526.
—, Vorkommen im Meconium 524.
Koproporphyrin III, Ausscheidung bei Hämochromatose 520.
Koprostanon, Bildung, keine, von Gallensäuren aus — 208.
—, Zwischenprodukt bei Koprosterinbildung aus Cholesterin 549*.
—, —, kein, der Gallensäurebildung 554.
Koprosterin, Anregung der Gallensäurebildung durch — 555.
—, Ausscheidung mit dem Kot 549.
—, Bildung aus Cholesterin durch Darmbakterien 548, 549*.
—, —, keine, bei Cholesterinabbau in Leber 208.
Korksäure, Bildung und Abbau 176.
Kost, gemischte, Quotient, respiratorischer, für — 589.
Kot, Ausscheidung von Bilirubin bei Neugeborenen 518.
—, — von Koprosterin im — 549.
—, — von Mangan 62.
—, — von Myoglobin bei Muskeldystrophie 522.
—, — von Oestradiol im — 429.
—, — von Stercobilin im — 509.
—, — von Thyroxin im — 442.
—, Gehalt an Urobilinsubstanzen 517.
—, Vorkommen von Mesobilan in — 517.
—, — von Mesobilifuscin im — 522.
—, — von Myoglobin im — 522f.
Krabben, Nerven, Ionenaustausch in — 734.
Krämpfe, Auslösung und Acetylcholingehalt des Gehirns 842f.
—, Einbau von P in Gehirnlipoide bei — 738.
—, Gehirn, Energiebedarf bei — 815.
—, —, Veränderungen, chemische, bei — 788f.
—, —, Glykogengehalt bei — 816.
—, —, Stoffwechsel bei — 815—818.
—, epileptiforme, bei Vitamin B_6-Mangel 673.
Krampfgifte, Kreatinphosphorsäurezerfall durch — 772.
—, Wirkung auf das Gehirn 815.
Krampfmittel, Hirnstoffwechsel bei — 810 Tab.
Krankheit, Addisonsche 124.
—, —, Cortisonwirkung bei — 820.
—, —, Elektroencephalogramm bei — 820.
—, Föllingsche 826.

Krankheit, WILSONsche, Gehalt der Galle an Kupfer bei — 541.
— s. a. Erkrankung.
Kreatin:
und Adenylsäuresystem, Gleichgewicht bei Gehirnglykolyse 703f.
Ausscheidung bei Tokopherol-Mangel 367.
— im Harn nach Folsäurezufuhr 418.
Bildung 266f., 303.
— aus Glykocyamin 149, 266f.
— aus Glykokoll 258, 262.
— aus Guanidinacetat 266f.
— aus Methionin 266f., 303, 759.
— in Leber 213, 303, 367.
Gehalt in Blut nach 17-Methyltestosteron 434.
— in Ciliarkörper 919 Tab.
— in Chorioidea 919 Tab.
— in Galle 542.
— in Gehirn 657.
— in Gehirnteilen, verschiedenen 618 Tab.
— in Harn nach 17-Methyltestosteron 434.
— in Iris 919 Tab.
— in Leber nach Schilddrüsenpräparaten 77.
— — bei Tokopherol-Mangel 367.
— in Muskel 583f.
— — bei Tokopherol-Mangel 367.
— in N. opticus 948.
— in Retina 926 Tab.
Hemmung des P-Einbaus in Gehirnlipoide durch — 737.
Phosphatübertragung auf — durch Adenosinpolyphosphate 774.
Reaktion mit ADP 774.
— mit ATP 771, 774.
Vorkommen in Augenlinse 889.
Wirkung auf Gehirnglykolyse 703.
Kreatinin, Ausscheidung in Harn nach Folsäurezufuhr 418.
—, Gehalt in Chorioidea 919 Tab.
—, — in Ciliarkörper 919 Tab.
—, — in Galle 542.
—, — in Gehirn 657.
—, — in Iris 919 Tab.
—, — in Retina 926 Tab.
Kreatinphosphokinase, Gehalt in Gehirn 774f.
—, Wirkung bei Infektion mit FA-Mäuseencephalitis-Virus 833.
Kreatinphosphat s. Phosphokreatin.
Kreatinphosphorsäure s. Phosphokreatin.
Krebs, Muskel, Gehalt an Argininphosphorsäure 596.
Kreislauf, enterohepatischer, von Bromsulphalein 563.
—, —, von Gallenfarbstoffen 516—521.
—, —, von Ionen 44.
—, —, von Substanzen, oestrogenen 429.
Kreislaufstörungen, Ausscheidung von Propentdyopenten bei — 523.
—, Milchsäuregehalt des Blutes bei — 121.
Kresol, Ätherbildung mit Glucuronsäure 455.
—, Entgiftung durch Bindung an Schwefelsäure 466.
—, — durch Glucuronidbildung 457.
p-Kresol, Entgiftung beim Hund 454.
— zur Leberfunktionsprüfung 466.
Kresylblau, Einfluß auf Cyanidhemmung der Gehirnatmung 790.
Kretinismus, Gehirnstoffwechsel bei — 818, 827.
Kreuzlähme, Pferd 521f.
Kröte:
Bildung von Gallensäuren 553.
Dehydrocholsäure, Reduktion 556.
Dehydrodesoxycholsäure, Reduktion 556.
Galle, Bufodesoxycholsäure in — 550.
—, Pentaoxybufostan in — 550.
—, Polyoxysterin in — 553.
—, Steroidpolyalkohole in — 550.
—, Tetraoxybufostan in — 550.
—, Trioxybufosterocholensäuren in—550.
—, Trioxyisosterocholensäure in — 550.
Gallensäuren, Bindung an Sulfat 557.
Harnsäureabbau 340.
Ketogallensäuren, Reduktion von — 553.
Leber, Glykogengehalt 71.
Kryptoxanthin, Vorkommen in Iris 918.
α-Krystallin 885—888.
—, Aminosäuregehalt 887 Tab.
—, Schwefelgehalt 887f.
β-Krystallin 885—888.
—, Aminosäuregehalt 887 Tab.
—, Cysteingehalt 897.
—, Schwefelgehalt 887f.
—, Spaltung durch Linsenprotease 896.
„γ-Krystallin“ 885.
Krystalline, Präzipitinreaktion 886.
Küken, Gehirn, Gehalt an Pantothensäure 673.
—, Leber, Axerophthol-Gehalt 357 Tab.
—, Linsentrübungen 900.
Kuh, Galle, Gehalt an Lipoiden 545 Tab.
—, Ganglien, Lipoidzusammensetzung 647 Tab.
—, Hirnrinde, Lipoidzusammensetzung 647 Tab.
—, Leber, Kupfergehalt 566 Tab.
—, Milznerven, Lipoidzusammensetzung 647.
—, Nervensystem, Substanz, weiße, Lipoidzusammensetzung 648.
—, Papilla nervi optici, Lipoidzusammensetzung 647 Ta.b
—, Retina, Lipoidzusammensetzung 647 Tab.
—, Substanz, graue, Lipoidzusammensetzung 647f.
—, Sympathicus, Lipoidzusammensetzung 647.
— s. a. Rind.
Kupfer:
Ablagerung in Organen 58.
Aktivierung von Brenzkatechinoxydase durch — 761.
— von Fermenten durch — 56.
— von Phenoloxydasen durch — 761.
Ausscheidung mit Galle 541.

Kupfer:
Bedeutung für Bildung von Eisenporphyrinverbindungen 56, 63, 505.
— — von Erythrocyten 59.
Gehalt in Augenteilen, verschiedenen 915 Tab.
— in Galle bei Krankheit, WILSONscher 541.
— in Gehirn 256, 623 Tab., 626f.
— in Hornhaut 873 Tab., 915.
— in Leber 56 Tab., 57 Tab., 58, 59 Tab., 64 Tab.
— in Lederhaut 871, 915 Tab.
— in Linse 884 Tab.
— in N. opticus 948 Tab.
— in Retina 915 Tab., 925 Tab.
— in Rinderauge 916 Tab.
Speicherung in Gehirn 58, 626f.
— in Leber 505.
— —, Bedeutung von Vitamin B_6 für — 400.
Stoffwechsel bei Lebererkrankungen 59f.
Vorkommen in Augengeweben, pigmentierten 917f.
— in Bindehaut 871.
— in Gallensteinen 566f.
— in Muskel 56, 58, 577.
Wirkung auf Insulinase 448.
Kupferchlorid, Aktivierung von Phosphoproteidphosphatase durch — 763.
Kupferionen, Einfluß auf Acetylcholinsynthese 849.
—, Hemmung von Phosphoglucomutase durch — 86.
Kupfer(II)-ionen, Hemmung der Prolinoxydase durch — 300.
Kupferproteid aus Schweinelebermitochondrien 57.
Kupfersalze, Hornhautschädigungen durch — 878.
Kupfersulfat, Hemmung einer Gehirnproteinase, neutralen, durch — 763.
—, — der Pyrophosphatase, anorganischen, durch — 777.
Kurzsichtigkeit, Verdünnung der Lederhaut bei — 872.
Kwashiorkor, Fettleber bei — 151.
Kynurenin:
286*, 287*, 289*.
Abbau 287*, 288—292.
Ausscheidung in Harn 286, 290.
Bedeutung von Pyridoxin für Spaltung von — 293.
Bildung aus Formylkynurenin 287f.
— aus Tryptophan 285, 286*, 287ff., 290 Schema, 292.
— von Alanin aus — 286*, 289f.
— von o-Aminobenzoylbrenztraubensäure aus — 288.
— von Anthranilbrenztraubensäure aus — 298*.
— von Anthranilsäure aus — 286*, 289f.
— von Kynurensäure aus — 286*, 288, 289*, 401.
— von Nicotinsäure aus — 292.

Kynurenin:
Bildung von Ommochromen aus — 918.
— von Oxyanthranilsäure aus — 286*, 294*.
— von 3-Oxykynurenin aus — 285, 286*, 290ff.
— von Xanthurensäure aus — 291.
Desaminierung und Reaminierung 294.
Wirkung, antiketogene 293.
Kynureninase 289f.
Kynureninsäure, Bildung aus o-Aminobenzoylbrenztraubensäure 288.
—, — aus Anthranilbrenztraubensäure 289*.
—, — aus Tryptophan 285, 286*, 287f., 289*, 290 Schema, 291.
Kynurenin-Transaminase 289, 401.
Kynurensäure 286*, 289*.
—, Ausscheidung in Harn 286, 291.
—, Bildung aus Indolbrenztraubensäure 294.
—, — aus Kynurenin 286*, 288, 289*, 401.
—, — von Alanin aus — 401.
—, — von Anthranilsäure aus — 401.
—, Ersatz, kein, für Nicotinsäure 292.

Lachs, Leber, Gehalt an Vitamin A_2 359.
—, Leberöl, Gehalt an Axerophthol und Calciferol 362 Tab.
Lactacidogen 581.
Lactat s. Milchsäure.
Lacticodehydrogenase 715.
—, Hemmung durch Arsenverbindungen 726.
—, — durch Tokopherol 367.
—, Leber, Wirkung von Thiouracil auf — 445.
—, —, — von Thyreoglobulin auf — 445.
— bei Oxydoreduktionen im Gehirn 706.
—, Vorkommen in Dendriten 618.
—, — in Gehirn 715.
—, — in Leber 330.
—, — in Linse 896.
—, — in Muskel 585.
Lactobacillus arabinosus, Biotinbestimmung mit — 411.
— —, Malatspaltung durch — 128.
— — zur Pantothensäurebestimmung 405.
— casei, Biotinbestimmung mit — 411.
— —, Wirkung von Folsäure auf 413.
— Leichmannii (ATCC 4797), Bestimmung von Cobalamin mit — 419.
— citrovorum, Bestimmung von Folinsäure mit — 415 Tab.
Lactoflavin s. Riboflavin.
Lävulosurie 103.
Lagodesoxycholsäure in Kaninchengalle 551.
Lamina vitrea 914.
Lamm, Galle, Gehalt an Gallensäuren 550.
—, Leber, Gehalt an Nucleinsäuren 323.
—, —, — an Polypeptid A 218.
—, —, Glutathionspaltung 276.
Landpflanzen, Oxycarotinoide in — 358.
Langfisch, Leberöl, Gehalt an Axerophthol und Calciferol 362 Tab.
LANSING-Poliomyelitis-Virus 832.
Lanthan, Wirkung auf Leberzellen 66.
—, — auf Phosphatasen 66.

Laurinsäure, Bildung von Palmitinsäure aus — 170.
—, — von Stearinsäure aus — 162, 170.
—, Oxydation im Rattengehirn 740.
Leber:
Inhaltsverzeichnis 1.
Schrifttum 1.
s. a. Lebergewebe.
s. a. Leberzellen.
Abbau:
von Acetessigsäure 173 Tab.
von ACTH 439, 449.
von Adrenalin 439ff.
von Aminosäuren 21, 209f., 247—310.
—, aromatischen 277—301.
—, —, Bedeutung von Ascorbinsäure 386f.
von Atropin 453.
von Blutfarbstoff 506—521.
von Cholesterin 208, 554f.
der Cholesterinseitenkette 555 Tab.
von Cholin 146.
von Corticosteroiden 437ff.
von Cortison 436, 438.
von Dehydroascorbinsäure 347.
von 11-Dehydrocorticosteron 438 Tab.
von Depotfett 165.
von 11-Desoxycorticosteron 436, 438 Tab.
von 11-Desoxy-17-oxycorticosteron 438 Tab.
von Desoxyribose 345f.
3,4-Di-(p-oxyphenyl)-hexan 429.
3,4-Di-(p-oxyphenyl)-hexen-Δ-3,4 429.
von Ergosterin 362.
von Fermenten 238.
von Fetten 177, 183, 189ff., 196.
— bei Hunger 189ff.
—, Wirkung von Pyruvat auf — 190.
von Fettsäuren 162, 164f., 171—177, 186, 374f.
—, Geschwindigkeit 184.
von Fructose 101.
von Glucocorticoiden 438f.
von Glucose 21, 106—113.
von Glucuronsäure 463f.
von Glutamin 253f.
von Glutathion 275f.
von Glykogen 72, 81, 83, 89—92.
von Hämoglobin 506f.
von Homogentisinsäure 280ff.
von Insulin 439, 447ff.
von Isoamylamin 440.
von Ketonkörpern 172, 191, 194.
von Kynurenin 287*, 288—292.
von 17-Methyltestosteron 430, 434.
von Mineralcorticosteroiden 437.
von Morphin 453, 484.
von Nebennierenrindenhormonen 437f.
von Noradrenalin 440.
von Phosphatiden 158—161.
von Plasmaproteinen 224f.
von Porphyrinen 524.
Leber:
Abbau:
von Progesteron 434—437
von Purinen 333—336.
von Pyrimidinen 341—344.
von Ribose 345f.
von Ribose-5-phosphat 109.
von Steroidhormonen 422—439.
von Stoffen, oestrogenen 423—429.
von Sympatol 440.
von Testosteron 429—434.
von Tyramin 440.
von Vasopressin 439.
Abgabe von Eisen ans Blut 47.
— von Eiweiß im Hunger 219.
— von Fett 137.
Ablagerung von Eisen 54f.
— von Kupfer 58.
Acetat-Pool der — 188.
2-Acetylaminofluoren, Desacetylierung 478, 499f.
Acetylierungen in der — 475f.
— von Aminen, aromatischen 409.
— von Histamin in Taubenleber 130.
Adenosintriphosphorsäure, Erneuerungsrate 327ff.
Aktivität der Arginase bei Adrenektomie 451.
— von Cytochromoxydase bei Hyperthyreose 445.
— von Fermenten bei Chloroformvergiftung 36.
— der Hexokinase 711.
— der α-Ketoglutarsäureoxydase 724.
— der Phosphatase bei Eisenmangel 544.
— der Phosphoglucomutase 710.
— der Phosphorylase 710.
—, katheptische 762f.
Aldehydoxydase 259, 403.
Alkoholverwertung, Mechanismus 486—489.
Aminosäuren, Desaminierung 247, 249 Tab., 304.
—, Einbau in Proteine 214ff., 746.
D-Aminosäureoxydase, Wirkung von Thyroxin auf — 445.
Aminosäurepool 213 Abb.
Anastomosen, arterioportale 18.
Anoxie, Wirkung auf — 787.
Ascorbinsäure, Bedeutung für Kohlenhydrat- und Fettstoffwechsel 385f.
—, Regeneration 382ff.
Ascorbinsäure-Protein-Komplexe 378.
Atmung bei Tierarten, verschiedenen 778.
Aufnahme von Adenin in Nucleotide 325, 329.
— von Aminosäuren aus dem Blut 211ff.
— —, markierten, in — 214, 215 Tab.
— von Ammoniak 303ff.
— von Brenztraubensäure 116, 389.
— von Dehydroascorbinsäure 136ff., 384.
— von Fett 349.
— —, deuteriumhaltigem 686.
— von Fructose 67.
— von Galaktose 67.

Leber:
Aufnahme von Glucuronsäurelacton 464.
— von Glykokoll 215 Tab., 256.
— von Kalium 41.
— von Mangan, radioaktivem 62.
— von Natriumionen 41f.
— von Plasmaeiweiß 225 Abb.
— von Vitamin A 347—350.
— von Vitamin K 369.
Ausschaltung, operative 28.
Ausscheidung von Albumin bei Blutverlust 230.
— von Bilirubin 506—510, 520f.
— von Eisen 55.
— von Porphyrinen 523—527.
— von Urobilin 520.
Autolyse, Wirkung von Thyroxin auf — 446.
Axerophthol, Lokalisierung 350.
Bau, histologischer 11—14.
Bedeutung für Resorption der D-Vitamine 360f.
— — der K-Vitamine 368f.
— für Säuren-Basen-Gleichgewicht 121, 193.
— für Stoffwechsel der Lipoproteide 232f.
— — der Serumglobuline 231f.
— für Wärmeregulation 21—24.
— für Vitamin A-Gehalt des Blutplasmas 353, 354 Tab.
— für Wasserstoffwechsel 210.
Bild, mikroskopisches, während der Gallensekretion 527.
Bildung:
von Acceleratorglobulin 235—238.
von Acetessigsäure 173 Tab., 185ff.
— aus β-Oxybuttersäure 194.
von Adenin 332f.
von Adenosintriphosphorsäure 84f., 328.
von Adenylsäure 337.
von Alanin 254f.
von Albumin bei Nierenerkrankungen 230.
von Allantoin 338ff.
von p-Aminohippursäure 337.
von Ammoniak 247, 934.
von Antikörpern 454.
von Arginase 242.
von Arginin 307, 309.
von Ascorbinsäure 342, 347, 380ff.
von Axerophthol 347, 351, 354.
von Bilirubin 507f., 516.
von Biliverdin 507, 516.
von Blutzucker aus Glykogen 825.
von Brenztraubensäure 120, 123.
von Cholesterin 200—206, 739.
von Cholesterinestern 207f.
von Cocarboxylase 115, 388f.
von Coenzym A 179, 180*, 406ff., 477.
von Coenzymen, flavinhaltigen 391ff.
von Desoxyribose 345f.
von Eiweiß in der — 214f., 223 bis 243.

Leber:
Bildung:
von Erythrocyten in der — 505.
von Esterase 238f.
von Esterschwefelsäuren 464—468.
von Fetten 177—183, 205.
—, Beeinflussung durch Fructose 169.
—, — durch Hypophyse 169.
—, Mechanismus 177—183.
— bei Diabetes mellitus 135.
— bei Ernährung, cholinfreier 145.
— nach Insulin bei Alloxandiabetes 141.
— aus Kohlenhydraten 67, 130, 134, 137, 141, 145, 170, 177.
— in Leberhomogenaten 167, 203.
— bei Pankreasektomie 168f.
von Fettsäuren 22, 164—171.
— aus Essigsäure 740.
— aus Milchsäure 168.
— in den Mitochondrien 178*.
von Fibrinogen 210, 226f., 233.
von Folsäure 413.
von Folinsäure 414.
von Formylpteroylglutaminsäure 414.
von Galaktose-1-phosphorsäure 94.
von Gallensäuren aus Cholesterin 559.
— bei Hunger 558.
von Glucosamin 67.
von Glucose 22, 90f.
— aus Galaktose 92—98, 117.
— aus Kohlenhydraten, anderen 117.
von Glucose-1-phosphorsäure 86.
von Glucose-6-phosphorsäure 91, 120.
von Gluconsäure 107f.
von Glucuroniden 454—461.
von Glucuronsäure 67, 458—461.
von Glutamin 253, 254 Tab.
von Glutathion in der — 275.
— bei Mangel an Pantothensäure 410.
von Glykogen 40, 43, 67, 72, 81, **83—89**, 93, 96, 261.
—, Aktivierung von Calciumionen 43.
— aus Brenztraubensäure 102, 112f., 115, **118—120**, 127f., 129*, 253, 255.
— aus Fructose 99—102.
— aus Galaktose 92—98.
— aus Glykokoll 261.
— aus Milchsäure 99, 102, 120f.
— aus Nichtkohlenhydraten 116.
— bei Hunger 73.
— bei Hyperthyreoidismus 446f.
— bei Leberschädigungen durch Gifte 121.
von Glykokoll 252—275, 260, 468.
von Guanin 332f.
von Hämoglobin 505.
von Harnsäure bei der Taube 334.
— bei Vögeln und Reptilien 311, 333, 336f.
von Harnstoff 247, 303—310.

Leber:
Bildung:
von Hexaenfettsäuren 374.
von Hippursäure 469.
von Hydroxamsäure 180.
von Hypoxanthosinphosphat 337.
von Ketonkörpern 166, 172, 183 bis 193.
—, Beeinflussung durch Ammoniumsalze 193.
—, Kapazität der — 185.
— beim Fettsäureabbau 172, 174, 186—193.
— bei Leberausschaltung, partieller 185.
— von Ketopentosephosphat 345.
von Kohlenhydrat aus Aminosäuren 210.
— aus Milchsäure 608.
von Kreatin 213, 303, 367.
von Lipoiden 740.
von Merkaptursäuren 472—475.
von 1-Methyl-3-carboxamido-6-pyridon 396.
von N-Methylnicotinsäure 396f.
von N-Methylnicotinsäureamid 396f.
von Mucopolysacchariden des Blutes in — 232f.
von Nicotinsäure 347, 398.
von Nicotinsäureamid 347.
von Nucleinsäuren 213.
von α-Oestradiol aus Oestron 428.
von Oestrogenglucuroniden 428.
von Oestron aus Oestradiol 425f., 428.
von Oestronsulfat 428.
von Orotsäure 343.
von β-Oxybuttersäure 194.
von Palmityl CoA 180.
von Pentosen 345f.
von Pentose-5-phosphat aus Gluconsäure-6-phosphat 109.
von Phenolschwefelsäure 464—467.
von Phosphatiden 156—161.
—, Bedeutung von Cholin für — 144f.
—, Beeinflussung durch Fettsäuren, essentielle 376.
— bei Ernährung, proteinarmer 161.
— nach Fettzufuhr 138.
—, Regulationsmechanismus 161.
von Phosphatidsäuren in der — 180, 183.
von Phospholipoiden der Galle 546.
von Plasmacholesterin 206f.
von Plasmaproteinen 226—243.
von Polynucleotiden 331.
von Proteinen 211—223.
—, Aktivierung durch Magnesiumionen 43.
von Prothrombin 210, 235—238, 368—372.
—, Bedeutung von Phyllochinon für — 368.
von Purinen 311, 329, 332f., 336.
von Pyridinnucleotiden, Einfluß von Tryptophan auf — 401.

Leber:
Bildung:
von Pyrimidinen 341—344.
von Rhodanid aus Nitrilen, organischen 480.
von Ribose 345f.
von Serin 260.
von Serumalbumin 226—230.
von Serumfermenten 238—242.
von Sulfat, anorganischem 274.
von Tokopherol 367.
von Trigonellin 396.
von Tyrosin aus Phenylalanin 277ff.
keine, von Fettsäuren, ungesättigten, in der — 163.
Bilirubinreduktion 516, 520.
und Bilirubinspiegel im Blutplasma 509.
Bindegewebsvermehrung durch Ernährung, alipotrope 156.
Bindung von Hormonen, oestrogenen, an Serumproteine 425.
Blutbildung, Rolle bei der — 505f.
als Blutspeicher 16ff.
Blutversorgung 14—18.
Blutzucker, Regulation durch — 91f.
Brenztraubensäure, Angebot an die — bei Ernährung, verschiedenartiger 116.
Chloroformvergiftung 36f., 211, 276, 360, 367, 388.
Cholin, Bedeutung für den Phosphatidumsatz in der — 160.
Citronensäurecyclus 21, 118, **126—130**, 183f., 189.
Cocarboxylase, Dephosphorylierung 389.
Cystein, Bildung von SO_2 aus — 273f.
Cytoplasma, Gehalt an Codehydrogenasen 396.
—, Cystein- und Tryptophangehalt 503.
—, Stickstoffgehalt 503.
—, „labiles", Abnahme im Hunger 320.
Degeneration, fettige 35f.
—, —, Eiweißfraktionen des Blutserums bei — 232 Tab.
Desacetylierungen 478, 499f.
Desaminierung von Aminosäuren 249 Tab.
Desoxyribonucleinsäuren, Zusammensetzung 313, 314 Tab., 315 Tab.
Desulfhydrase, Bedeutung von Pyridoxalphosphat für — 402.
Dien-fettsäuren, Dehydrogenierung 374f.
p-Dimethylaminoazobenzol, Demethylierung von — 498.
Durchblutung 14ff.
Durchblutungsschwankungen, rhythmische 15f.
Durchströmung, experimentelle 27.
Eisendepot, Bedeutung für Eisenresorption 53.
— bei Neugeborenen 45f.
als Eisenspeicher 51f.
Eiweiß:
Aminosäureaufnahme in — 215 Tab.
Aminosäurezusammensetzung 217f., 217 Tab., 218 Tab., 655.

Leber:
Eiweiß:
Bildung in Leber, regenerierender 324f.
Bindung von Azofarbstoffen, carcinogenen, an — 497f.
— von Rhodanid an 481.
Erneuerungsgeschwindigkeit 213 bis 216.
Halbwertszeit 214.
Lebensdauer 745.
Reserven 219ff., 223.
—, Abnahme bei Albuminurie 230.
Umsatz 221.
lösliches, Umwandlung in Plasmaeiweiß 230.
—, Wanderungsgeschwindigkeit, elektrophoretische, von — 230.
bei Eiweißmangel 221f.
Endoxydation in der — 184, 190.
Energiebilanz 21f.
Energieproduktion bei Pyruvatmangel 172.
Entgiftung:
in der — 452—492.
Enzymsysteme der —, Substratspezifität, geringe 453.
Mechanismen 453.
—, oxydative 481ff.
—, reduktive 483f.
durch Bindung an Aminosäuren 468—472.
durch Glucuronsäure 455—464.
durch Schwefelsäure 464—468.
durch Konjugation 455—481.
von Äthylalkohol 484—489.
von Alkoholen 481f.
von o-Aminoacetophenon 483.
von Antabus 491.
von Atophan 482.
von Chloralhydrat 483.
von Cocain 484.
von 2,4-Dinitrophenol 483.
von Kohlenwasserstoffen, aromatischen 472—475.
—, — und hydroaromatischen 482.
—, cancerogenen 474.
von Naphthalin 473.
von Nicotin 491ff.
von Novocain 484.
von Opiumalkaloiden 484.
von Pantocain 484.
von Percain 484.
von Phenolen, Adaptation an — 465.
von Pikrinsäure 484.
von Santonin 482.
von Substanzen, körperfremden 475.
s. a. Entgiftung.
Esterase, Aktivität bei Skorbut 386.
—, atropinspaltende 484.
Fermente, Lokalisation 255.
—, Wirkung von Folsäure auf — 415f.
—, — von Schilddrüsenhormon auf — 445.

Leber:
Fermente, acetylierende 478.
Fettabgabe 137, 166.
Fettansammlung 135.
Fettaufnahme aus dem Blut 137.
Fettcirrhose 156.
Fettcysten 155.
Fettsäuren, Bildung und Abbau 22, 164 bis 178, 740.
—, Desaturierung 162, 374f.
—, Halbwertszeit 166.
—, β-Oxydation 21, 171f., 175.
—, Saturation 162.
—, Umesterung 156—161.
—, Umsatz, Beschleunigung durch Insulin 168.
—, Umwandlung in der — 158.
Funktion, Lichtreize auf die — 26.
—, thermoregulatorische 386.
Gallenfarbstoffe, Bildung 506—521.
Gallenproduktion 527—534.
—, Tagesschwankungen 529.
Gehalt:
an Acetokinase 129.
an Adenosinphosphaten 33, 327ff.
an Aluminium 63, 64 Tab.
an D-Aminosäureoxydase 222 Abb., 392, 445.
an Aneurin 670.
an Apoferritin bei Eisenmangelanämie 46.
an Arginase 34, 222, 310.
—, Bedeutung von Mangan für — 60.
an Ascorbinsäure 346 Tab., 347, 377 bis 380, 384 Tab.
—, Einfluß von Axerophthol auf — 349.
— nach Alkoholvergiftung 380.
— bei Lebererkrankungen 378.
— bei Skorbut 386f.
— nach Stoffen, cancerogenen 379, 503.
— im Stress 380.
— bei Vergiftungen 379.
an Axerophthol 354—359.
— bei Leberkrankheiten 359f.
—, Schwankungen, jahreszeitliche 356.
an Bindegewebe 14.
an Biotin 346 Tab., 347, 410f.
an Blei 64 Tab., 66.
an Blut 16.
an Brenztraubensäure bei Leberschädigung 389.
an Calciferol 361f.
an Calcium 41 Tab., 64 Tab.
an Carboxylase 387f.
an Carotin 355.
an Chloriden 41 Tab.
an Cholesterin 132f., 135, 153 Tab., 155 Tab., 197—200.
—, Beeinflussung durch B-Vitamine 150.
—, — durch Phyllochinon 373.

Leber:
Gehalt:
an Cholesterin bei Diabetes mellitus 198.
— bei Gallensperre 207.
— bei Hochdruck 198 Tab.
— bei Infektionen, akuten 198 Tab.
— bei Nahrung, proteinreicher 152.
— bei Pantothensäuremangel 205.
—, Wirkung von Cholin + Thyroxin auf — 447.
an Cholesterinestern 198f., 409.
an Cholinoxydase 104, 145f., 392, 504.
an Cobalamin 418ff., 420 Tab.
an Cocarboxylase 387.
an Codehydrogenasen 330, 394, 395 Tab., 396.
an Coenzym A 179, 330, 347, 404—410.
an Conjugase 414.
an Cytochrom c 34, 445, 795.
an Cytochromoxydase 34, 222 Abb., 523.
an Cytoplasma, „labilem", bei Hunger 320.
an Dehydroascorbinsäure 384 Tab.
an Dehydrogenasen 394.
an Depoteisen bei O_2-Mangel 50.
an Desoxyribonucleinsäuren 34, 36, **310—317**, 320, **322—325**.
— bei Skorbut 386.
— in Zellkern 311ff., 313 Tab., 321f., 502.
an Dien-fettsäuren 375.
an Diketogulonsäure 384 Tab.
an Dinucleotiden 311, 327—330.
an Diphosphopyridinnucleotid 191, 394.
an DPN-Cytochromreduktase 222 Tab.
an Eisen 44—52, 54, 64 Tab.
—, Fraktionen, funktionelle 46.
—, Vermehrung 50f., 54.
—, Verringerung 49f.
— nach Eisenresorption 52.
— nach Ernährung, eisenfreier 50.
— nach Milzexstirpation 50.
— während der Schwangerschaft 50.
an Eisen-Proteinverbindungen 46.
an Eiweiß 215—223.
—, Beeinflussung durch Ernährung 218—223.
— bei Leberregeneration nach Exstirpation, partieller 223.
— bei Skorbut 386.
— im Hunger 320.
—, Hemmung durch Dinitrophenol 215.
— nach 2-Acetylaminofluoren 502.
— und Eiweißgehalt der Nahrung 219 Tab., 220 Tab., 222 Abb., 223 Tab.
an Esterasen bei Chloroformvergiftung 36.
an Euglobulinen 223 Tab.

Leber:
Gehalt:
an Fermenten bei Eiweißmangel 222 Abb.
—, acetylübertragenden 179.
—, porphyrinhaltigen, bei Tumorratten 503.
an Ferritin 46f., 54.
an Fett 131—135, 385, 403.
— nach 2-Acetylaminofluoren 502.
—, Änderungen, pathologische und physiologische 135—156.
—, Beeinflussung durch ACTH 141f.
—, — durch Eiweißmangel 221.
—, — durch Ernährung 136—140.
—, — durch Folsäure 418.
—, — durch Hormone 140—143.
—, — durch Hunger 135, 138ff.
—, — durch Hypophyse 141f.
—, — durch Nebenniere 142f.
—, — durch Sexualhormone 143.
—, — durch Thyreoektomie 179.
—, — durch Thyroxin 143.
—, — durch Wachstumshormon 141f.
—, Wirkung von Cholin + Thyroxin auf — 447.
— bei Eiweißmangel 221.
— bei Kohlenhydratmast 135, 138.
— bei Lipämie, alimentärer 137.
— bei Phlorrhizinvergiftung 135, 141.
— bei Phosphatidbildung, gesteigerter 145.
— bei Phosphorvergiftung 154f., 410.
— bei Skorbut 385.
—, s. a. Leberfett.
an Fettsäuren 131, 153 Tab., 155 Tab.
— bei Diabetes 140ff.
— bei Hunger 139 Abb.
—, mehrfach ungesättigten 374ff.
an Flavinadenindinucleotid 330, 390.
an Flavinfermenten 391.
an Flavinnucleotiden 347, 390, 391 Tab.
an Fluorid 64 Tab.
an Folinsäure 414, 415 Tab.
an Folsäure 413ff.
an Galaktokinase 94f.
an Glutamin 253.
an Glutamintransferase 755.
an Glutathion 267 Tab., 276f.
an Glykogen 67—80.
—, Abhängigkeit von Alter und Geschlecht 70.
—, Bedeutung für Alkoholentgiftung 488.
—, — für Wärmehaushalt 22f.
—, Beeinflussung durch ACTH 125.
—, — durch Adrenektomie 124.
—, — durch Cholinzufuhr und -mangel 145.
—, — durch Dijodtyrosin 77.
—, — durch Eiweißmangel 221.

Leber:
Gehalt:
an Glykogen, Beeinflussung durch Ernährung 72, 261.
—, — durch Hormone 74—78.
—, — durch Hunger 73, 117.
—, — durch Hyperthyreose 77.
—, — durch Hypophyse 78.
—, — durch Jodalbacid 77.
—, — durch Kälte 71, 117.
—, — durch Kaliumionen 42.
—, — durch Methionin 147.
—, — durch Muskeltätigkeit 73f.
—, — durch Natrium- und Magnesiumsalze 42.
—, — durch Nebennierenrindenhormone 78, 123f.
—, — durch Phyllochinon 373.
—, — durch Phosphorvergiftung 35.
—, — durch Tetrahydronaphthylamin 22.
—, — durch Tokopherol 366.
—, — durch Umweltfaktoren, physikalische 71.
—, — durch Vitamine 73.
—, — durch Zinkmangel 63.
—, Tagesschwankungen 24f. 71, 529.
— und Biliverdinreduktion 516, 520.
— bei Diabetes 68, 75.
— bei Galaktosurie 98.
— bei Glykogenspeicherkrankheit 79.
— bei Muskelkontraktion 117.
— bei Neugeborenen 70.
— bei Phlorrhizindiabetes 78f., 141.
— bei Skorbut 385.
— nach Thyroxin 447.
an Glykokoll 258, 468, 470.
an Heparin 233.
an Inositphosphatiden 150.
an Insulinase 448.
an Kalium 41 Tab., 64 Tab.
—, Beeinflussung durch Adrenalin 42.
an Katalase 416, 523.
an Kephalin 33, 132f., 139 Abb., 140.
an Ketonkörpern bei Phlorrhizinvergiftung 195.
an Kobalt 64 Tab., 65.
an Kollagen 14, 34.
an Kreatin nach Schilddrüsenpräparaten 77.
— bei Tokopherol-Mangel 367.
an Kupfer 56 Tab., 57 Tab., 58, 59 Tab., 64 Tab.
an Lecithin 33, 132, 139 Abb., 140, 153 Tab., 155 Tab.
an Lipiden 132f.
— im Hunger 140.
an Magnesium 41 Tab., 42, 64 Tab.
an Mangan 60, 61 Tab., 64 Tab.
an Mineralstoffen 41 Tab., 64 Tab.
—, Bedeutung von Vitamin B_6 für — 400.
an Molybdän 64 Tab., 65.
an Monoaminophosphatiden 145.
an Mononucleotiden 311, 327—330.

Leber:
Gehalt:
an Natrium 41 Tab., 64.
an Neutralfett 35, 131f., 134f., 153 Tab.
an Nickel 64 Tab., 65.
an Nicotinsäure 394ff.
an Nicotinsäureamid 346 Tab., 347.
an Nucleinsäuren 310—318, 323f.
—, abhängig von Blutversorgung der Leber 322.
— bei Eiweißmangel 222.
— bei Fetus und wachsendem Tier 323f.
— bei Hunger 320f.
— bei Lymphosarkom 327.
— und Proteingehalt der Nahrung 321f.
— bei Schwangerschaft 322f.
— bei Tumorträgern 326f.
— in Lebergewebe, erkranktem 325.
— in Zellelementen 313 Tab.
an Pantothensäure 346 Tab., 347., 403—406.
an Phosphatasen 240f., 544.
— bei Hyperthyreoidismus 446.
an Phosphatiden 33, 132ff., 155 Tab.
— bei Hexachlorcyclohexanvergiftung 161.
— bei Hunger 139f., 139 Tab.
— bei Nahrung, fettreicher 135 Tab.
— —, proteinreicher 152.
— bei Pankreasdiabetes 141 Tab., 320.
an Phospholipoiden 222.
— bei Hunger 320.
an Phosphorylase 87, 89 Abb., 90.
an Phyllochinon beim Neugeborenen 371.
an Polypeptid A 218.
an Pyridinnucleotiden 395 Tab., 396.
an Rhodanese 479f.
an Riboflavin 34, 346 Tab., 347, 390 bis 394, 501.
— bei Lebertumoren 501.
an Ribonuclease 319.
an Ribonucleinsäuren 33, 311—318, 320, 323f.
— bei Cobalamin-Mangel 421.
— bei Eiweißmangel 222.
— bei Hunger 320f.
— bei Lebercirrhose 326.
— bei Skorbut 386.
— nach Schädigungen 325.
— bei Schwangerschaft 322f.
— und Testosteroninaktivierung 433f.
— in Zellkern 313 Tab.
an Silicum 64 Tab.
an Sphingomyelin 33, 132f.
an Stickstoff 34, 321.
an Succinodehydrogenase 222 Abb., 445.
an Succinoxydase 222 Abb.
an Thiamin 346 Tab., 347, 387f., 670.
— bei Hyperthyreoidismus 388.
an Thionase 402.

Leber:
Gehalt:
an Tokopherol 363f., 364 Tab.
an Triphosphopyridinnucleotid 330, 394.
an Uricase 222 Abb., 339.
an Vanadium 64 Tab., 65.
an Vitamin A_2 359.
an Vitamin A-acetat-Esterase 352.
an Vitamin B_c s. Leber, Gehalt an Folsäure.
an Vitamin B_6 346 Tab., 347, 399f.
—, abhängig vom Proteingehalt der Nahrung 399f.
an Wasser 39, 40 Tab.
—, intracellulärem 621.
an Xanthinoxydase 222 Abb., 259, 335, 337, 490f.
an Zink 62, 64 Tab.
— und Tumorwachstum 63.
und Gehirn, Beziehungen zu — 826.
Gerüst, bindegewebiges 14.
Gewicht 8—11, 16 Tab.
—, Abhängigkeit von der Nahrung 219 Tab.
— bei Fettleber 10.
— und Folsäuregehalt der Nahrung 416 Tab., 418.
— bei Skorbut 386.
Gitterfasern 14.
Glucuronidase 462f.
L-Glutaminsäuredehydrogenase 248f., 330.
Glutathion, reduziertes und oxydiertes, bei Phlorrhizin- und Phosphorvergiftung 191.
Glykogen, Bildung und Abbau 40, 43, 67, 72, 80—92, 96, 117—126, 261.
—, — aus Invertzucker 72.
—, Struktur 72, 79f., 83, 93.
—, Verteilung in der — 67f.
—, Zerfall, autolytischer 69.
—, proteingebundenes 68.
Glykogenolyse, postmortale 69.
Glykogenstruktur, Einfluß von Glucose auf — 72, 83.
Glykogenverarmung, ernährungsbedingte 72.
Glykokoll, Desaminierung 249 Tab.
—, Erneuerungszeit 468.
—, Stoffwechsel 258.
Glykolyse 111ff.
—, anaerobe, bei Alloxandiabetes 822.
Granula, große, Argininggehalt nach p-Dimethylaminoazobenzol 503.
—, —, Fettfraktionen 134 Tab.
Größe 8—11.
Hämosiderose bei Pyridoxinmangel 400.
Hexachlorocyclohexanvergiftung 160.
Homogenat, Cholesterinsynthese in — 203f.
—, Fettsäuresynthese in — 203.
Hunger, Wirkung auf Histologie der — 321.
Inaktivierung von Hormonen 422—450.

Leber:
Inaktivierung von Insulin 439, 447ff.
— s. a. Leber, Abbau von —.
Inhibitor der Desoxyribonuclease 320.
Innervation 20f.
Kalium, Austausch mit Muskulatur 42.
Kapsel, GLISSONsche 17.
Ketonkörper, Stoffwechsel in der — 166, 172, 183—197.
Kupferproteide 57.
Lacticodehydrogenase, Wirkung von Thiouracil und Thyreoglobulin auf — 445.
Lebernerven, Einfluß auf — 21.
Lecithin, Gehalt an Fettsäuren 376.
Lipoide, phosphatidsäureartige in — 133.
Lymphbildung 19.
Lymphosarkom 526.
Lymphsystem 19f.
Mineralgehalt, Bedeutung von Vitamin B_6 für — 400.
Mikrosomen, Ferment der Spaltung von p-Dimethylaminoazobenzol in — 499.
—, Stickstoffgehalt 503.
Mitochondrien, Citronensäurecyclus in — 113.
—, Eiweißgehalt nach Stoffen, cancerogenen 503.
—, Fettsäureabbau in — 113.
—, Fettsäurebildung in — 178*.
—, Lecithingehalt 133.
—, Stickstoffgehalt 503.
—, Wirkung von Azofarbstoffen, cancerogenen, auf — 502f.
— s. a. Mitochondrien, Leber.
Nahrungsfett, Aufnahme durch die — 136ff.
Neutralfette, Fettsäurezusammensetzung 133 Tab.
Nicotinsäure, Bindung an Glycin 347.
Nicotinsäureamid, Methylierung 347, 396ff., 452.
Nucleinsäuren, Basenverhältnis 314 Tab.
—, Stoffwechsel, Änderungen, pathologische und physiologische 320—327.
—, Umsatzgeschwindigkeit 315—318, 322, 323 Tab.
—, —, Steigerung der Tätigkeit, sekretorische, durch — 322.
—, Zusammensetzung 313ff.
Nucleoproteide, Aufnahme von ^{32}P in — 318 Abb.
—, Glutaminsäuregehalt nach p-Dimethylaminoazobenzol 503.
Nucleotide, Erneuerung 329.
—, Halbwertszeit 329.
Octansäure, Umwandlung von — 165.
L-Ornithin, Amino-N-Übertragung auf Ketosäure 751.
Oxydation von Acetaldehyd 489ff.
— von Acetessigsäure 195.
— von Alkoholen 452, 481f., 484—489.
— von Biotin 411.
— von Brenztraubensäure 126—131.

Leber:
Oxydation von Fetten 452.
— von Fettsäuren 21, 171f., 175f.
— von Glykolaldehyd 108, 346.
— von Kohlenhydraten 106—130.
— von Lithocholsäure 556.
— von Methylalkohol in — 488.
— von Octansäure 740.
— von Paraldehyd 491.
— von Phenylalanin 826.
— von Pyridoxin und Pyridoxal 347.
— von Ribose-5-phosphat 729.
—, direkte, von Kohlenhydraten 108.
—, keine, von Phenylalanin bei Oligophrenia phenylpyruvica 827.
Oxydationen, Hemmung durch Mangan 61.
Phlorrhizinvergiftung 191.
Phosphatasen, Wirkung von Hyperthyreoidismus auf — 446.
Phosphatide, Einbau von Dimethyl-Colamin in — 159.
—, Erneuerung bei Hyperlipämie 160.
—, Gehalt an Arachidonsäure 133.
—, — an Fettsäuren, mehrfach ungesättigten 375.
—, Umsatz 160f.
—, —, Beeinflussung 143.
—, —, Steigerung durch Methionin 147.
Phospholipide, Fettsäurezusammensetzung 133 Tab.
—, Umsatzgeschwindigkeit 323 Tab.
Phosphorvergiftung 35, 141, 154f., 157, 191, 211, 379, 410, 456, 457, 463, 466, 473, 480, 482, 486, 492.
— Einzelheiten s. Phosphorvergiftung.
Plasmaproteine, Erneuerung der — 223 bis 243.
Polypeptid A in — 218.
Proteinasen 763.
Proteine s. Leber, Eiweiß.
Pyruvatpool **113—116**, 118, 126, 128, 255, 262f.
Q_{Katalase} 789.
Quotient, respiratorischer 172f.
Redoxpotential bei Phlorrhizin- und Phosphorvergiftung 191.
Reduktion von Dimethylaminoazobenzol 484.
Regulation des Blutzuckers durch — 91f.
— des Druckes, kolloidosmotischen, im Blutplasma 229.
— des Hormongleichgewichtes 422.
—, nervöse, der Durchblutung 15.
Reticuloendothel, Bedeutung für Urobilinaufnahme 520f.
—, Bilirubinbildung 506f.
—, Eisenspeicherung 49.
—, Erythrocytenabbau 507.
Riboflavinphosphorylierung 392f.
Ribonucleinsäure, Aufnahme von ^{32}P 318.
Sauerstoffmangel, Wirkung auf die — bei Hyperthyreoidismus 447.
Sauerstoffverbrauch 21.

Leber:
Sauerstoffverbrauch, Bedeutung von Ascorbinsäure für — 386.
—, — von Cobalamin für — 422.
—, Steigerung durch Thyroxin 443f.
—, Wirkung von Folsäure auf — 416f.
—, — von Methylthiouracil auf — 444.
Schädigung durch Thorium 66.
Schutzwirkung von Casein auf — 365f.
Sinusoide, Phosphatasegehalt bei Hepatitis 544.
bei Skorbut 386.
Spaltung von Adenosintriphosphat 22, 328f.
— von Arginase in — 310.
— von Cholesterinestern 207f.
— von Cortisonacetat 439.
— von Desoxycorticosteronacetat 439.
— von Glutamin durch Glutaminase in — 755.
— von Glutathion 276.
— von Novocain 484.
— von Oestradiolbenzoat 439.
— von Oestronsulfat 428.
— von Phosphatiden 158—161.
— von Sphingomyelin 744.
— von Testosteronpropionat 430, 439.
— von Tyrosinen, jodierten 442.
Speicherung von Biotin 411.
— von Cholesterin 199f.
— von Diäthylstilboestrol 428.
— von Eisen 51, 400.
— von Eiweiß 219ff., 223.
— von Erden, seltenen 66.
— von Kobalt 65.
— von Kupfer 505.
— von Mangan 505.
— von α-Oestradiol 739.
— von Riboflavin, Proteinbedarf für — 391.
— von Provitamin D_2 361.
— von Sphingomyelin in — 736.
— von Thorium 66.
— von Vitamin A 348ff., 352—356.
— von Vitamin B_6 505.
— von Vitamin B_{12} 420f., 505, 523.
— von Vitamin D 361f., 363 Abb.
— von Vitamin D_2 361.
Stellung im Blutkreislauf 14.
— im Eisenstoffwechsel 44.
Störungen bei Galaktosurie 98.
Stoffe, cancerogene, Bindung und Abbau in der — 496ff.
Stoffwechsel:
39—527.
Bedeutung von Antivitaminen K für — 373f.
— von Dijodtyrosin für — 445.
— von Folsäure für — 415—418.
— von Hormon, thyreotropem für — 443f.
— von Phosphaten, energiereichen, für — 22.
— von Thyroxin auf — 444.

Leber:
Stoffwechsel:
Untersuchungsmethoden 26.
Wirkung von Cancerogenen, hepatotropen, auf — 493—505.
— von Cobalamin auf — 421.
— von Jodessigsäure auf — 86.
— von Kalium auf — 40.
— von Stoffen, cancerogenen, auf — 493—505.
— von Thyroxin auf den — 443.
bei Pantothensäuremangel 409f.
bei Thiamin-Mangel und -Überschuß 389f.
und Cancerogenese 500—505.
und Serumfermente 238—242.
von Adenosintriphosphorsäure 327ff.
von Alanin 254f.
von Alkalimetallen 40—44.
von Ascorbinsäure 377—387.
von Axerophthol 347—360.
von Aminosäuren 209f., 247—330.
—, Bedeutung von Vitamin B_6 für — 400.
— bei Hyperthyreoidismus 445.
—, schwefelhaltigen 266—277.
von Arginin 301f.
von Asparaginsäure 252f.
von Biotin 410—413.
von Brenztraubensäure 106, 112 bis 131.
von Calciferol 360—367.
von Chloriden 40—44.
von Cholesterin 197—209.
von Cobalamin 418—422.
von Cyaniden 478—481.
von Cystathionin 269.
von Cystein und Cystin 268—274.
von Diphosphopyridinnucleotid 330, 394ff.
von Eisen 44.
von Eiweiß 209—247.
von Erdalkalimetallen 40—44.
von Fetten 131—209.
—, Bedeutung von Biotin für — 413.
—, — von Pantothensäure für — 409.
—, — von Vitamin B_6 für — 400, 403.
der Fettsäuren 156—183, 741.
—, essentiellen 374—377.
von Folsäure 413—418.
von Galaktose 93.
von Glucose-6-phosphorsäure 86, 96.
der Glucuronsäure 455—464.
von Glutamin 252ff.
von Glutaminsäure 252ff.
von Glutathion 275ff.
von Glykokoll 255—262.
von Histidin 297ff.
der Hypophysenhormone 449ff.
von Insulin 447ff.
von Isoleucin 265f.
von Ketonkörpern 183—197.
von Kohlenhydraten 21, 66—131.

Leber:
Stoffwechsel:
von Kohlenhydraten, Bedeutung von Ascorbinsäure für — 385f.
von Kohlenwasserstoffen, aromatischen 472ff.
von Leucin 264f.
von Lipoiden 131—209.
—, Bedeutung von Ascorbinsäure für — 385f.
von Lysin 295ff.
von Malonsäure 86.
von Melanophorenhormon 450.
von Methionin 266—270.
der Milchsäure 67.
von Mineralstoffen 39—66.
—, Bedeutung von Vitamin B_6 für — 400.
von Nicotinsäure und Nicotinsäureamid 394—399.
von Nucleinsäuren 310—330.
von Ornithin 301f.
von Oxalessigsäure 719.
von Oxyprolin 301.
von Pantothensäure 403—410.
von Phenylalanin 277—285.
von Phyllochinon 368—374.
von Porphyrinsubstanzen 505—527.
von Prolin 299ff.
von Proteinen 209—247.
—, Einfluß von Ascorbinsäure auf — 386.
von Purinen 330—346.
von Pyridoxin 399—403.
von Pyrimidinen 330—346.
von Rhodaniden 478—481.
von Riboflavin 390—394.
von Serin 262f.
von Thiamin 387—390.
von Thyroxin 441—447.
von Tokopherol 363—368.
von Tryptophan 285—297.
von Tyrosin 277—285.
von Urobilin 520f.
von Valin 263f.
von Vitaminen 346—422.
von Vitamin B_6 399—403.
des Wassers 39f.
Stoffwechselfunktion, Rhythmus der – 24.
Stoffwechselstörung bei Oligophrenia phenylpyruvica 279.
Succinodehydrogenase, Wirkung von Thyroxin und Hormon, thyreotropem, auf — 445.
und System, endokrines 422—450.
Temperatur 23.
Temperaturregulation durch die — 8.
Tetrachlorkohlenstoffvergiftung 35ff., 92, 147.
Thiaminpyrophosphat, Dephosphorylierung 389.
Thiaminvorrat 387.
Transaminierung 249—255, 308f.
— bei Regeneration nach Exstirpation, partieller, der — 223.

Leber:
Transaminierungssysteme 250.
Transsulfurase 401, 479.
Tryptophanperoxydase 287.
Umsatz von Acetessigsäure 173 Tab.
— von Adenosintriphosphat 446.
— von Citronensäure 126.
— von Nucleinsäuren 322ff.
— von Phosphatiden bei Hexachlorohexanvergiftung 160.
— von Phosphatverbindungen, energiereichen 809.
Umwandlung von Oestradiol in Oestron 425f., 428.
— von Oestron in α-Oestradiol 428.
— von Sorbit in Monosaccharide 104.
Uridindiphosphat-gluconsäureverbindungen in — 96.
Verfettung, Gehalt an Glutathion bei — 276.
—, Vitamin A-Aufnahme bei — 360.
— bei Geschwülsten, malignen 154.
— bei Pyridoxinmangel 403.
Verhältnis RNS:DNS 312, 666.
Verwertung von Acetoacetyl-CoA 181, 194.
— von Glykokoll 258.
Vitamin B_6, Oxydation und Inaktivierung 403.
Vögel, keine Arginase in — 310.
Vorkommen:
von Adenosindesaminase 334.
von Adenosinkinase 329.
von Alkoholdehydrogenase 330, 485, 487, 490.
von Allantoicase 340.
von Allantoinase 340f.
von D-Aminosäureoxydase 222 Abb., 249, 445.
von L-Aminosäureoxydase 248.
von Arginase 310.
von Carotin bei Diabetes mellitus 352.
von Cholesterinesterase 207.
von Cyanid 480.
von Cysteinsäuredecarboxylase 271f.
von Dehydrogenasen 347, 394.
von Dehydropeptidase 763.
von Diaminosäuredehydrogenase 248.
von Enzymen, aldehydoxydierenden 490.
von Enzymsystemen, acetylierenden 179, 478.
von Ferment der Diphosphopyridinnucleotidsynthese 396.
von Fermenten, lecithindesaturierenden, in der — 163.
von Ferritin 46.
von Fettsäuredehydrogenase 163f.
von Flavinenzymen 347, 391.
von Flavinmononucleotiden 330, 390.
von Formylase 288.
von Fructokinase 84, 98ff.
von Glucokinase 84, 98ff.
von Glucosedehydrogenase 108, 330.
von Glucose-6-phosphatase 69, 80, 89, 91.

Leber:
Vorkommen:
von β-Glucuronidase 426ff.
von Glutaminsäuredehydrogenase 248f., 330, 754.
von Glutathionreduktase 277, 753.
von Glycinoxydase 248.
von Guanase 334.
von Guanylsäuredesaminase 334.
von Heparin 233.
von Hexokinase 84.
von Kitol 359.
von Histidase 298.
von Katalase 416, 523.
von Lacticodehydrogenase 330.
von Malatdehydrogenase 127, 128 Tab.
von Malatferment in — 127.
von Neovitamin A 358.
von Nicotinsäureamidmethylkinase 397.
von Nucleosidase, diphosphopyridinnucleotid-spaltender 395.
von Nucleosidphosphorylase 329.
von Nucleotidase für Spaltung von Pyridinnucleotiden 394.
von Oxycholesterinen 200.
von Phenolasen 441.
von Phosphatasen 98ff.
von 1-Phosphofructoaldolase 100.
von Phosphoglucomutase 86.
von Phospholipid-Nucleotidkomplexen 312.
von Porphyrinen 523.
von Pyridoxal 399.
von Pyridoxalfermenten 347.
von Pyridoxamin 399.
von Pyridoxin 399.
von Rhodanese 478—481.
von Rhodanid 481.
von Thiaminfermenten 347.
von Titan 64 Tab., 65.
von Transaminasen 249.
von Tryptophanpyrrolase 287f.
von Uricase 339f.
von Uridindiphosphatglucuronsäure 461.
von Vanadium 64 Tab., 65.
von Xanthinoxydase 222 Abb., 259, 335, 337, 339, 445, 490f.
— beim Hühnerembryo in — 334.
Vorrat an Cobalamin 419.
Wärmeproduktion 24ff.
Wirkung von Hypothyreoidismus auf — 442—447.
— von Lanthan auf — 66.
— von Methyl-4-dimethylaminoazobenzolen auf — 502.
Zellkerne, Bildung von Diphosphopyridinnucleotid 396.
—, Gehalt an Arginase 310.
—, — an Desoxyribonuclease 504.
—, — an Desoxyribonucleinsäure 311f. 313 Tab.
—, P-Umsatz in Nucleinsäuren nach Azofarbstoffen, cancerogenen 502.

Leber:
Zellkerne, Vorkommen von Phosphatasen in — 544.
Zwischenstücke, CLARAsche 12.
alloxandiabetische, Stoffwechsel der — 169.
cirrhotische, Cholesteringehalt 198.
diabetische, Bildung von Ketonkörpern in der — 191.
fetale, Cholesterinbildung 204.
—, Gehalt an Eisen 48.
—, — an Glykogen 70.
—, — an Kupfer 48.
—, — an Nicotinsäure 394, 396.
—, — an Nucleinsäure 323f.
—, Glucose-6-phosphatase in — 69f.
—, Glykogenolyse in — 69f.
—, Nucleinsäure, Umsatzgeschwindigkeit 324.
glykogenarme, Ketonkörperbildung in 190.
menschliche, Gehalt an Vitaminen 346 Tab.
regenerierende, Desoxyribonucleinsäuren, Fraktionen 314.
—, Einbau von Thymin in Desoxyribonucleinsäuren 331.
—, Zusammensetzung, chemische 32ff.
Leberarterie 11, 12 Abb., 13 Abb., 14f., 15 Tab.
—, Blutversorgung der Leber durch die — 15, 16 Tab., 17.
—, Durchblutung 14.
—, Querschnitt 15.
—, Strömungsgeschwindigkeit in der — 15.
—, Unterbindung 28f.
Leberatrophie, Lebergewicht bei — 10.
—, akute, gelbe s. Leberdystrophie, akute, gelbe.
—, subchronische, Elektrophoresediagramm von Blut bei — 233 Abb.
Lebercarcinom, Bildung bei Lebercirrhose 493.
—, Eiweißfraktionen des Blutserums bei — 232 Tab.
—, Elektrophoresediagramm von Blut bei — 233 Abb.
—, Hypoprothrombinämien bei — 372.
—, Umwandlung, keine, von D- in L-Tryptophan bei — 294.

Lebercirrhose:
10, 14.
Acetylierungen bei — 476.
Alkoholentgiftung bei — 485.
Anastomosen bei — 18, 38.
Ausscheidung von Cortison und 17-Oxycorticosteron 438.
— von Glucuroniden 457.
— von Glucuronsäure 464.
— von Koproporphyrin I im Harn bei — 526.
— von Natrium bei — 42.
Bildung von Lebercarcinomen bei — 493.
— von Plasmaalbumin bei — 230.

Lebercirrhose:
Blut, Elektrophoresediagramm bei — 233 Abb.
—, Gehalt an Albumin bei — 230.
—, — an Aminosäuren bei — 212.
—, — an Ammoniak bei — 18, 305.
—, — an Axerophthol bei — 359f.
—, — an Biliverdin bei — 516.
—, — an Brenztraubensäure bei — 115.
—, — an Eisen bei — 48 Tab.
—, — an Fibrinogen bei — 231, 234.
—, — an Glutathion bei — 276.
—, — an Kupfer bei — 59.
—, — an Nicotinsäure bei — 398.
—, — an Phosphohexoisomerase bei — 242.
—, Globulinzusammensetzung bei — 232f.
Blutserum, Eiweißfraktionen bei — 232 Tab.
Blutzufuhr zur Leber bei — 17.
Eisenbindungsfähigkeit des Blutplasmas bei — 48 Tab.
Eisenspeicherung, chronische, durch — 54.
Elektropherogramm, φ-Zacke 231.
Glucosebelastung bei — 115.
Gynäkomastie bei — 426.
Hodenatrophie bei — 426.
Hypoprothrombinämien bei — 372.
Kephalin-Cholesterinflockungstest bei — 247.
Kreatinbildung bei — 303.
Leber, Cholesteringehalt bei — 198.
—, Gewicht bei — 10.
Lymphbildung bei — 19.
Milzschwellung bei — 18.
Mineralstoffwechsel bei — 18.
Oedeme bei — 230.
Plasmavolumen bei — 227.
Riboflavinausscheidung im Harn bei — 392f.
Ribonucleinsäuregehalt der Leber bei — 326.
Salzausscheidung bei — 42.
Serumamylase bei — 241.
Störung der Oestrogeninaktivierung bei — 426.
Tagesrhythmus der Leber bei — 25.
TAKATA-Reaktion bei — 244.
Therapie 146, 150.
Thiaminphosphorylierung bei — 389.
Wirkung von Phyllochinon bei — 373.
—, antidiuretische, von Blutplasma und Harn bei — 451.
φ-Zacke bei — 231.
alkoholische, Ausscheidung von Koproporphyrin III im Harn bei — 526.
—, portale, Porphyrinausscheidung im Harn bei — 526.
Leberdurchblutung, Bestimmung der — 38.
—, Schwankungen, alternierende 17.
—, Störungen 17.
Leberdystrophie, akute, gelbe, Aminosäuregehalt des Blutes bei — 212.

Leberdystrophie, akute, gelbe, Aminosäuregehalt des Harns bei — 212.
—, —, —, Eiweißfraktionen des Blutserums bei — 232 Tab.
—, —, —, Estersturz 208.
—, —, —, Fibrinopenie bei — 235.
—, —, —, Harnstoffgehalt des Blutes bei — 212.
—, —, —, Hypoprothrombinämien bei — 372.
—, —, —, Leucingehalt im Harn bei — 284.
—, —, —, Tyrosingehalt von Blut und Harn bei — 284.
—, subakute, gelbe, Porphyrinausscheidung im Harn bei — 526.

Lebererkrankungen:
s. a. Leberschädigung.
Albumin-Globulinquotient bei — 242f.
Aminosäureaufnahme durch Leber bei — 212.
Ascorbinsäuregehalt der Leber bei — 378.
Ausscheidung von Glucuronsäurelacton bei — 464.
— von Propentdyopenten bei — 523.
— von Rhodaniden bei — 480.
Bildung von Benzoylglucuronid bei — 471.
— von Cholesterin bei — 207.
— von Gallensäuren bei — 559.
— von Glucuroniden bei — 456f.
— von Hippursäure bei — 457.
— von Harnstoff bei — 305.
— von Koproporphyrin bei — 526.
Blut, Eiweißfraktionen bei — 232 Tab., 233.
—, Gehalt an Aminosäuren bei — 212.
—, — an Ammoniak 305.
—, — an Axerophthol 359f.
—, — an Bilirubin bei — 510.
—, — an Cholesterin bei — 207.
—, — an Fermenten bei — 238—242.
—, — an Fibrinogen bei — 231, 234.
—, — an Milchsäure bei — 121.
—, — an Nicotinsäure bei — 398f.
—, — an Tokopherol bei — 368.
—, Phosphataseaktivität bei — 240.
Bluteiweißkörper bei — 227, 229.
Erythrocyten, Senkungsgeschwindigkeit bei — 234.
Galle, Eiweißgehalt bei — 535.
—, Gallensäuren, freie, bei — 557.
Gewebswasser, extracelluläres, bei — 230.
Globuline bei — 231.
Glucuronsäurebildung bei — 457.
Hemeralopie und Keratomalacie bei — 360.
Hormone, oestrogene und androgene, Störungen des Gleichgewichtes bei — 423.
Hyperfollikulie bei — 426.
Hypoprothrombinämien bei — 236, 372.
Hypovitaminosen bei — 514.
Keratomalacie bei — 360.
Kupferstoffwechsel bei — 59f.

Lebererkrankungen:
Leber, Gehalt an Ascorbinsäure bei — 378.
—, — an Mangan bei — 60.
Lipoproteide, Veränderungen bei — 232f.
Oestrogeninaktivierung bei — 425f.
Porphyrinausscheidung bei — 525.
Proteinbildung, Störung bei — 210.
Prothrombinzeit bei — 372.
Serumproteine, Veränderungen bei — 232.
Tokopherolstoffwechsel bei — 368.
Tyrosinämie und Tyrosinurie bei — 284.
Urobilinausscheidung im Harn bei — 521.
Vitamin A-Stoffwechsel bei — 359f.
Leberesterase 156ff.
—, Aktivität bei Meerschweinchen, skorbutischen 386.
Leberexstirpation 9.
—, partielle 32, 34.
—, —, Cholesterinester in Blut bei — 208.
—, —, Hypoglykämie nach — 31, 93, 117, 123.
—, — Ketonkörperbildung bei — 185.
—, totale 28, 30ff.
— s. a. Hepatektomie.
Leberextrakte, Inaktivierung von Coenzym A durch — 723.
—, — von Oestrogenen durch — 425.
—, Spaltung von Hefenucleinsäuren durch — 319.
—, Wirkung auf Anämie, perniziöse 419.
—, — auf Blutzuckergehalt 448.
—, — auf Pneumokokken 319.
—, —, alipotrope 150.
Leberfaktor, dermatitisverhindernder 404.
Leberfermente, Aktivität und Tokopherol 366f.
Leberfett, Definition 131.
—, élément constant et variable 132.
—, Fraktionen, funktionelle 131.
—, Gehalt an Fettsäuren, essentiellen 374.
—, Jodzahl 134f., 375.
—, —, Abhängigkeit von Art des Nahrungsfettes 137.
—, — im Hunger 138f.
—, Zusammensetzung 153 Tab., 155 Tab.
— s. a. Leber, Gehalt an Fett.
Leberfunktion, Schädigung durch Gifte 35.
—, Tag-Nacht-Rhythmus 25f.
— bei Neugeborenen 512.
— und Serumstabilitätsteste 242—247.
Leberfunktionsprüfung:
mit Acetylsalicylsäure 457.
mit Alkoholen 485f.
mit p-Aminobenzoesäure 471.
mit Aminosäuren 212f.
mit Axerophthol 360.
mit Azorubin S 564.
mit Benzoesäure 457, 471, 563.
mit Bilirubin 510, 512.
mit Bromsulphalein 562—565.
mit Campher 456f., 466.
mit Cocarboxylasebildung 115.
mit Dijodtetrachlorfluorescein 564.

Leberfunktionsprüfung:
mit Farbstoffinjektionen 562—565.
mit Fructosebelastung 103.
mit Galaktose 97, 562.
mit Glykokoll 213, 259.
mit Guajakol 466.
mit Hippursäure 372, 471, 562f.
mit Histidin 213.
mit p-Kresol 466.
mit Methionin 213.
mit Milchsäurebelastung 121.
mit Niacinbelastung 399.
mit Novocain 484.
mit Oestrogenausscheidung 427.
mit Oxyphenylbrenztraubensäure 284f.
mit Phenoltetrachlorphthalein 564.
durch Prothrombinbestimmung 372, 562.
mit Rose Bengale 564.
mit Serumlabilitätstesten 242—247.
mit Tetrajodtetrachlorfluorescein 564.
mit Tokopherylestern 368.
mit Tyrosin 213, 284f.
mit Vitamin A 360.
Leberfunktionsstörungen, Aminosäureausscheidung im Harn bei — 212.
Lebergalle, Eigenschaften 536.
—, Gehalt an Bilirubin 508.
—, — an Cholesterin 209.
—, — an Gallensäuren 550 Tab.
—, — an Phosphatiden 545.
—, — an Trockensubstanz 535.
—, Mensch, Gewicht, spezifisches 537.
—, Tagesmenge 535.
—, Zusammensetzung, chemische 538 Tab.
Lebergewebe, Inaktivierung der Oestrogene 424f.
—, Regeneration 32—35, 324f.
—, Quotient, respiratorischer 172f.
—, Wirkung auf Anämie, perniziöse 419.
—, regenerierendes, Basophilie und UV-Absorption 34.
—, —, Nucleinsäurestoffwechsel 324f.
—, —, Proteinbildung im — 324f.
Lebergifte, Beeinflussung der Wirkung von — 37.
—, Schutzwirkung gegen — durch Purine 334.
Leberhomogenate, Atmung, Beeinflussung durch Nicotinsäureamid 395.
—, Fettbildung durch — 167, 203.
—, Hitzekoagulation 502.
—, Inaktivierung der Oestrogene durch — 424ff.
—, — von Testosteron durch — 430.
Leberinsuffizienz, Bildung von Benzoylglucuronid bei — 471.
Leberkapsel, Kollagengehalt 14.
Leberkonzentrate, Schutzwirkung bei Chloroform- und Tetrachlorkohlenstoffvergiftung 334.
Leberläppchen, Bau 11, 12 Abb.
—, Nahrungs- und Sauerstoffversorgung 165.
—, Zentralvene 11, 13 Abb.
Leberlappen, Durchblutung, verschiedene 17.
Leberlipase, Aktivität bei Mangel an Fettsäuren, essentiellen 377.
—, Hemmung durch Fluorid 157.
Leberlymphe 19f.
—, Gehalt an Bilirubin bei Ikterus 512f.
—, — an Phosphatasen 240, 513.
Lebermitochondrien, Fettbildung 167.
—, Umsatzsteigerung durch Thyroxin 444.
Lebernekrosen, Fettgehalt der Nahrung und — 365.
—, Schutzwirkungen gegen — 365f.
—, Wirkung von Aminosäuren, S-haltigen, auf — 365.
Lebernerven, sympathische, Freisetzung von Noradrenalin 840.
Leberöl, Fische, Gehalt an Axerophthol 356, 358 Tab., 362 Tab.
—, —, — an Calciferol 362 Tab.
—, —, — an Neovitamin A 358.
—, —, — an Squalen 372.
—, —, — Tokopherolgehalt 364.
—, Vorkommen von Vitamin A_2 in — 359.
— s. a. bei verschiedenen Fischarten.
Leberparenchym, Bau 11f.
—, Erythrocytenabbau im — 507.
—, Regeneration 9.
—, — nach Leberexstirpation, partieller 34.
Leberparenchymerkrankungen, chronische, diffuse, Zusammensetzung der γ-Globuline bei — 231.
Leberparenchymschäden, Kephalin-Cholesterinflockungstest bei — 247.
—, Thymoltrübungstest bei — 246.
—, Vermehrung der γ-Globuline bei — 242, 244.
Leberparenchymzellen, Phagocytose 507.
Leberpunktate, bioptische 38f.
Leberregeneration 32—35, 223, 324f.
—, Nucleinsäurebildung bei — 317, 324f.
Leberschädigung:
s. a. Lebererkrankungen.
Abbau von Hormonen, oestrogenen und androgenen, bei — 423.
durch Atophan 483.
Bildung von Esterschwefelsäuren 465f.
— von Gallensäuren 559.
Blut, Gehalt an Acceleratorglobulin 237.
—, — an Glutathion 276.
—, — an Prothrombin 370.
Blutalkoholspiegel bei — 485.
Brenztraubensäureabbau bei — 389.
Cholesterinsynthese bei — 204.
α-Globuline bei — 231.
Glykogenbildung bei — 121.
Hippursäureausscheidung bei — 471.
bei Hyperthyreoidismus 443, 445.
Hypoprothrombinämien bei — 372.
bei Leberverfettung 154ff.
bei Lipämie 155.
Nachweis durch Tromexantest 237.
durch Nahrung, fettreiche 155.
durch Na-Selenat 366.
bei Nicotinsäuremangel 399.
Oestrogenveresterung bei — 426.
durch Proteine, S-arme 365.

Leberschädigung:
Regeneration von — 325f.
bei Schwangerschaft 221.
Serumamylase bei — 241.
Serumarginase bei — 242.
Thiaminspeicherung bei — 389.
Verminderung der Gallenproduktion bei — 533f.
toxische, Cholesterinausscheidung in der Galle bei — 547.
Leberschnitte, Bildung von Fett in — 167.
—, — von Serumalbumin in — 228, 230.
—, — von Phosphatiden in — 161.
—, — von Xanthinoxydase in — 336.
—, Inaktivierung der Oestrogene in — 424f.
—, — von Testosteron durch — 430.
Leberschwellung, trübe, Lebergewicht bei — 10.
Leberstroma 14.
—, Regeneration nach Leberexstirpation, partieller 34.
Leberstruktur 13 Abb.
Lebertätigkeit, Rhythmen, physiologische 24ff.
Lebertherapie mit Tokopherol 366.
Lebertran, Tokopherolgehalt 364.
Lebertumoren, Ascorbinsäuregehalt 503.
—, Auslösung durch Stoffe, cancerogene 294, 493ff.
—, Entstehung bei Cholinmangel 493.
—, Mensch, Ascorbinsäuregehalt 503.
—, Riboflavingehalt der Leber bei — 501.
—, Umsatzgeschwindigkeit der Nucleinsäuren in — 326.
Lebervene 11.
—, Blutdruck in der — 15.
—, Glutathiongehalt in Blut der — bei Hunger 276.
—, Katheterisierung 37.
Leberveränderungen bei Hunger und Proteinmangeltieren 221.
Leberverfettung:
135, 145—153.
bei Alloxandiabetes 168.
Beeinflussung durch Ascorbinsäure 386.
— durch Isopropionin 148.
bei Chloroformvergiftung 366.
bei Diabetes 140ff., 145.
bei Ernährung, alipotroper 145.
Gallenbildung bei — 533.
Gluthationgehalt der Leber bei — 276.
durch Glykocyamin 149.
Glykogen- und Fettsynthese in der Leber bei — 155f.
nach Hormon, ketogenem 142f.
bei Hunger 139.
bei Infektionskrankheiten 154.
bei Insulinmangel 140f.
bei Kohlenhydratmast 138.
bei Leberschädigung 154ff.
bei Nierenexstirpation 155.
nach Oestradiol und Oestron 143,
bei Pankreasektomie 140, 141 Tab., 144, 152, 154.
bei Phosphorvergiftung 61.
Leberverfettung:
bei Pyridoxinmangel 403.
nach Sexualhormonen 143.
Therapie 146f., 150.
bei Vergiftungen 154.
Wirkung von Fetten auf — 152f.
degenerative, Lebergewicht bei — 10.
Lebervergrößerung bei Hyperthyreoidismus 446.
Lebervolumen bei Fettnahrung 10.
Leberzellbalken 11ff.
Leberzellen:
s. a. Leber.
Acetatpool 486.
Cytoplasma, Enzymsystem, sulfatveresterndes im — 468.
Durchmesser und Volumen 11.
Enzyme, Aktivität nach Azofarbstoffen, cancerogenen 502.
Esterase 156ff., 238, 386.
Fermentsystem, citrullinbildendes 306.
Fermentsysteme, Lokalisation in der — 255.
Gehalt an Katalase bei Tumoren durch Azofarbstoffe 504.
— an Lipase bei Chloroformvergiftung 36.
— an Riboflavin nach Azofarbstoffen, cancerogenen 503.
— an Vitamin B_6 nach Azofarbstoffen, cancerogenen 503.
Mitochondrien, Enzymsystem der Hippursäurebildung in den — 469f.
—, —, ATP-bildendes 468.
Nucleolus, Phosphatasen in — 775.
Protoplasma, Basophilie 321, 504.
—, Gehalt an Ribonucleinsäuren nach Azofarbstoffen, cancerogenen 502.
Schädigung bei Gallenstauung 513.
Schollen, basophile, in — bei Eiweißspeicherung 220f.
Strukturlipoide 131—134.
— im Hunger 140.
UV-Absorption 312.
Volumänderungen 10.
Vorkommen von Polypeptiden in — 218.
Wirkung von Lanthan auf — 66.
Lecithin:
634, 636.
s. a. Glycerylphosphorylcholin.
Bedeutung für Acetylcholinsynthese 846.
— für Emulgierung der Fette 545.
— von Cholin für Bildung von — 143f.
Bestimmung in Gehirn 617.
Bildung 159, 266.
Fettsäuren, Natur der — in — 638.
Fettsäurezusammensetzung 376, 639f., 640 Tab.
Gehalt in Achsenzylinder 649 Tab.
— in Galle 538 Tab., 545 Tab.
— — bei Cholecystitis 546.
— in Ganglien, sympathischen 647 Tab.
— in Gehirn 631 Tab., 633 Tab., 634, 634 Tab., 636.
— —, Altersveränderungen 676, 677 Tab., 678, 679 Tab.

Lecithin:
Gehalt in Gehirn von Ratten, fetalen 678.
— in Großhirn, Substanz, weißer 648 Tab.
— in Hirnrinde 647 Tab.
— in Intraduralnerven 648 Tab.
— in Leber 132f., 153 Tab., 155 Tab.
— — bei Hunger 139 Abb., 140.
— —, regenerierender 33.
— in Lebermitochondrien 133.
— in Markscheiden 649 Tab.
— in Mikrosomen 134.
— in Milznerven 647 Tab.
— in Nerven bei Degeneration, WALLERscher 693.
— —, peripheren 634.
— im Nervensystem des Hummers 647.
— — von Insekten 649.
— in Nervenzellen 649 Tab.
— in N. ischiadicus 648 Tab.
— — bei Degeneration, WALLERscher 694 Tab.
— in N. opticus 648 Tab.
— in N. vagus 648 Tab.
— in N. vertebralis 647, 647 Tab.
— in Papilla nervi optici 647 Tab.
— in Retina 647 Tab., 925.
— in Scherennerv, Hummer 647 Tab.
— in Substanz, grauer und weißer 634 Tab., 648.
— in Sympathicus 647, 647 Tab.
— in Ventralmark, Hummer 647 Tab.
— in Zellkernen, Nervenzellen 649 Tab.
Gehirn, Gehalt an Elaidinsäure 685f.
Hydrolyse in Gehirn 743.
Leber, Gehalt an Fettsäuren 376.
I.P. 734.
Spaltung durch Galle 546.
Stoffwechsel in Gehirn 739, 743.
Vorkommen in Achsenzylinder 646.
— in Galle 538.
— in Markscheiden 646.
— in Muskel 584.
Wirkung auf Leberverfettung bei Pankreasektomie 144.
— bei B_1-Avitaminose 686.
α- und β-Lecithine 634, 636.
β-Lecithine, Vorkommen fraglich 159.
Lecithinase, Vorkommen in Gehirn 744.
Lederhaut, s. Auge, Sklera.
Leistung, körperliche, Steigerung durch Phosphat und Traubenzucker 608.
Lens crystallina s. Linse, Auge.
Leopard, Bildung von Cholsäure 551.
Lepidotrigla aspera, Leber, Axerophthol-Gehalt 357 Tab.
Leptomeningen, GOMORI-Reaktion 776.

Leucin:
als Aminosäure, ketogene 122f., 264.
Aufnahme durch Dünndarm 214.
— durch Mikrosomen 216.
— durch den Zellkern 215f.
— in Proteinfraktionen der Leber 215 Tab.

Leucin:
Bedeutung für Ernährung der Hornhaut 876.
Bildung von Acetat aus — 265•.
— von Acetessigsäure aus — 265•.
— von Aceton aus — 176.
— von Isovaleriansäure aus — 264.
Desaminierung durch die Leber 249 Tab.
Einbau von Glucose-C in — 747, 831.
Gehalt in Eiweiß der Augenlinse 887 Tab.
— — von Cornea und Sklera 874 Tab.
— in Galle 542.
— in Gehirn 655 Tab.
— in Gehirnproteinen 653 Tab.
— in Haarkeratin 653 Tab.
— in Harn bei Leberdystrophie, akuter, gelber 284.
— in Leberproteinen 217, 218 Tab.
— in Neurokeratin 653 Tab.
— in Proteolipoid aus Gehirn 651 Tab.
Oxydation durch L-Aminosäureoxydase 248.
Stoffwechsel 264f.
und Synthese von Leberglykogen 261.
Transaminierung 250, 250 Tab.
— mit α-Ketoglutarsäure im Gehirn 751.
Vorkommen in Harn bei Leberdystrophie akuter, gelber 284.
— in Nerv 695.
— in Polypeptid A der Leber 218.
Wachstumswirkung 265.
Wirkung, ketogene 264f.
markiertes, Aufnahmegeschwindigkeit in Organe 214ff.
Leucinaminopeptidase, Aktivierung durch Manganionen 61.
Leuciscus erythrophtalmus, Harnsäureabbau bei — 341.
— rutilus, Harnsäureabbau bei — 341.
— —, Retina, Atmung und Glykolyse 930 Tab.
— vulgaris, Harnsäureabbau bei — 341.
— —, Leber, Gehalt an Vitamin A_2 359.
Leuconostoc citrovorum, Folinsäure als Wachstumsfaktor für — 414.
Leucovorin s. Citrovorum-Faktor.
DL-Leucylamid, Desaminierung durch Gehirn 754.
L-Leucinamid als Substrat für Kathepsin III 833ff.
—, Wirkung auf Gehirnglykolyse bei Virusinfektionen 833.
DL-Leucylglycin, Spaltung in Gehirn und Muskulatur 763.
DL-Leucylglycylglycin, Spaltung in Gehirn und Muskulatur 763.
Leucylpolypeptidase, Vorkommen in Hornhaut 878.
Leukotomie, präfrontale, Hirnstoffwechsel bei — 827.
Lewisit, Hemmung der Brenztraubensäureoxydation durch — 727.
Lichtreize, Bedeutung für Rhythmus der Leberfunktion 26.
Lichtsinn 867.

LIEBIG, Minimumgesetz 219.
Lignocerinsäure in Cerebrosiden 642f.
— in Gangliosiden 643.
— in Sphingomyelinen 641.
— — des Rückenmarks 646.
Linolensäure, Bildung von Acetessigsäure aus — 186.
—, Bindung von Coenzym A an — 180.
—, Desaturierung 375.
—, Oxydation im Gehirn 741.
—, Wirkung, biologische 374.
Linolsäure, Abbau in Mitochondrien 187 Tab.
—, Beeinflussung des R.Q. der Leber durch — 173.
—, Bildung von Acetessigsäure aus — 186, 187 Tab.
—, — von Arachidonsäure aus — 164*, 374f., 403, 687.
—, — von Hexaenfettsäuren aus — 375.
—, — von Hexaensäure aus — 403, 687.
—, —, keine, im Organismus, tierischen 164.
—, Bindung von Coenzym A an — 180.
—, Gehalt in Fetten nach Verfütterung von Maisöl 375.
—, — in Leberlecithin 376.
—, Oxydation durch Lipoxydase 367.
—, Wirkung, biologische 374.
Linse s. Auge, Linse.
Lipämie bei Glykogenspeicherkrankheit 79.
— bei Leberschädigung 155.
—, alimentäre, Fettgehalt der Leber bei — 137.
—, —, Phosphatidgehalt im Blut bei — 138.
lipocaic factor 154.
Lipase, Aktivierung von Hexokinase durch — 711.
—, Gehalt in Blutserum bei Lebererkrankungen 238.
—, — in Leber 157, 377.
—, — in Leberzellen bei Chloroformvergiftung 36.
—, Hemmung durch Natriumfluorid 157.
— in Nerv 697.
—, Serum, Hemmung durch Fluorid 157.
—, Vorkommen in Galle 544.
—, — in Glaskörper 911.
—, — in Kammerwasser 903.
—, — in Muskel 585.
Lipide, Definition 131.
—, phosphatidsäureartige, in der Leber 133.
Lipine, Definition 131.
Lipofuscin, Ablagerung im Gehirn 679f.

Lipoide:

Ausscheidung durch die Galle 145.
Beteiligung an Ionentransport im Nerven 734.
Bildung in Gehirn 631 Tab., 632—650, 676—680, 685ff., 692, 740.
— — bei Virusinfektionen 830.
— in Organen 740.
Definition 131.
als Energiequelle für den Hirnstoffwechsel 736.
Fette, Aufnahme in — 686.

Lipoide:

Freisetzung bei Autolyse der Netzhaut 926.
Funktion im Zentralnervensystem 734f.
Gehalt in Augenlinse 889f.
— in Blutplasma bei Obstruktionsikterus 232.
— in Cornea 875.
— in Chorioidea 918.
— in Galle 544—549.
— in Ganglien, sympathischen 647, 647 Tab.
— in Gehirn s. Gehirn, Gehalt an Lipoiden.
— in Glaskörper 911ff.
— in Herz 132.
— in Hirnrinde 647 Tab.
— in Hirntumoren 691.
— in Intraduralnerven 648 Tab.
— in Kammerwasser 904.
— in Leber 132, 134, 140.
— in Lederhaut 872.
— in Lunge 132.
— in Markscheiden 645f.
— in Medulla oblongata 679 Tab.
— in Milznerven 647 Tab.
— in Muskel 584.
— in Nerven bei Degeneration, WALLERscher 693f.
— —, peripheren 646, 648 Tab.
— in Nervensystem von Hummer 647 Tab.
— — von Insekten 649.
— —, vegetativem 646.
— in Nervenzellen 649 Tab., 667.
— in N. ischiadicus 648 Tab.
— — bei Degeneration, WALLERscher 694 Tab.
— in N. opticus 648 Tab., 948 Tab.
— in N. vagus 648 Tab.
— in N. vertebralis 647 Tab.
— in Niere 132.
— in Papilla nervi optici 647 Tab.
— in Retina 647 Tab., 925 Tab., 926.
— in Rückenmark 646.
— in Substanz, weißer 648 Tab.
— in Sympathicus 647 Tab.
— in Zellfraktionen 133f.
— im Zentralnervensystem, Einfluß von Ernährung auf — 686.
Gehirn, Altersveränderungen 676—680.
—, Einbau von Cystin, markiertem, in — 747.
—, Stoffwechsel und Funktion 812f.
—, Hydrolyse im — 743.
—, Zusammensetzung 631 Tab., 686.
in der Linse, alternden 890.
Glaskörpertrübungen durch — 910.
Nervensystem, Zusammensetzung 649.
Perjodsäure-Leukofuchsinreaktion 661.
Stoffwechsel, Beziehung zu Gehirntätigkeit 632 Tab.
—, Fermente des — im Gehirn 743f.
— in Gehirn 735—744, 812f.
— in Leber 131—209.
— in Linse 895.

Lipoide:
Stoffwechsel im Zentralnervensystem 734—744.
Umsatz im Hirngewebe 734, 736.
Verteilung in Nervensystem 645—649.
— in Nervenzellen 649 Tab.
Vorkommen in den Markscheiden 645.
Zusammensetzung in Nerven 646.
inosithaltige, in Mitochondrien und Mikrosomen 134.
zuckerhaltige, Vorkommen im Gehirn 642—645.
Lipoid-Eiweiß-Verbindungen in Retina 926.
Lipoidphosphor, Gehalt in Gehirnteilen, verschiedenen 618 Tab.
—, Gehirn, Bestimmung 662, 664 Tab.
Lipokain 154.
—, Beeinflussung von Fettlebern, cholesterinreichen 151.
—, —, keine, der Hypophysenwirkung auf Leberverfettung 142.
—, Wirkung, lipotrope 143.
Lipokainfaktor 154.
Liponucleoproteid-Komplex in NISSL-Schollen 666.
Lipoproteide, Blut nach Hepatektomie 232.
—, Gehirn 650f.
— bei Lebererkrankungen 232f.
—, Stoffwechsel 232f.
Lipoxydase 367.
Lophius piscatorius, Leber, Gehalt an Mangan 61 Tab.
Liquor cerebrospinalis, Gehalt an Acetylcholin nach Gehirnkrämpfen 817.
— —, — an β-Glucuronidase bei Hirntumoren im — 692.
— —, Phosphataustausch mit Gehirn 799.
— —, Vorkommen von Bilirubin bei Ikterus im — 514.
— —, — von Cholinesterasen im — 861.
Liquor-Hirnschranke 796—801.
Lithium, Austausch zwischen Blut und Kammerwasser 908.
—, Gehalt im Gehirn 628.
Lithocholsäure 552*.
—, Oxydation in der Leber 556.
—, Vorkommen in Galle, menschlicher 553f.
—, — in Gallensteinen beim Schwein 553.
—, — in Rindergalle 551.
Lithograph, Calorienbedarf 589.
Lobus olfactorius, Acetylcholinesterase 853.
— —, Phosphataufnahme 769.
Löwe, Bildung von Cholsäure 551.
Louping ill 829.
Lucioperca lucioperca, Leber, Gehalt an Vitamin A_2 359.
Lues, Gehirnstoffwechsel bei — 821.
Lumichrom, Vorkommen in der Retina 928.
Lumiflavin, Vorkommen in der Retina 928.
Lumirhodopsin 940.

Lunge:
Abbau der Cholesterinseitenkette 555 Tab.
— von Calciferol 362f.

Lunge:
Abbau von Fetten 196.
Atmungsgröße bei Tierarten, verschiedenen 778.
Aufnahme von Kobalt durch — 65.
— von Nickel 65.
— von Plasmaeiweiß aus dem Blut 225 Abb.
Bildung von Esterschwefelsäure in der — 464.
— von Ketonkörpern 184.
— von Purinen 332.
Entgiftung von Nicotin 492.
Gehalt an Axerophthol 354.
— an Flavinnucleotiden 391 Tab.
— an Glutathion 276 Tab.
— an Lipoiden 132.
— an Nucleinsäuren bei Lymphosarkom 327.
— an Riboflavin 391 Tab.
— an Ribonuclease 319 Tab.
— an Sphingomyelin 641f.
— an Tokopherol 363.
Glycin, markiertes, Aufnahmegeschwindigkeit in — 214.
Speicherung von Axerophthol 348.
— von Cholesterin 199f.
— von Provitamin D_2 361.
Verhältnis Ribonucleinsäuren/Desoxyribonucleinsäuren 312.
Vorkommen von 9,10-Fettsäuredehydrogenase 163.
— von Heparin 233.
Xanthinoxydaseaktivität 335 Tab.
Lutein, Vorkommen in Ölkugeln der Retina 926.
Lymphe, Ductus thoracicus, Gallensäuregehalt 560.
—, Menge beim Hund 19.
Lymphbildung 19.
Lymphocyten, Gehalt in Leberlymphe 20.
Lymphogranuloma venerum, TAKATA-Reaktion bei — 244.
Lymphosarkom, Leber, Ausscheidung von Koproporphyrin I im Harn bei — 526.
—, Nucleinsäuregehalt von Organen bei — 327.

Lysin:
Abbau 296, 297*.
als Aminosäure, unentbehrliche 295.
Aufnahme durch Mikrosomen 216.
— in Proteinfraktionen der Leber 215 Tab.
Austausch von Deuterium 295.
Bedeutung für Ernährung der Hornhaut 876.
Beteiligung, keine, am Aminogruppenaustausch 295.
Bildung von α-Aminoadipinsäure aus — 296, 297*.
— von Harnstoff aus — 296.
—, keine, von Kohlenhydrat oder Ketonkörpern aus — 297.
Desaminierung durch die Leber 249 Tab.

Lysin:
Gehalt in Blutplasma nach Hepatektomie 211.
— in Eiweiß von Cornea und Sklera 874.
— in Galle 542.
— in Gehirn 655 Tab.
— — bei Eiweißmangel 685.
— in Gehirnproteinen 653 Tab., 654 Tab., 655.
— — bei Virusinfektion 830.
— in Haarkeratin 653 Tab.
— in Leberproteinen 217, 218 Tab.
— in Linsenproteinen 887 Tab.
— in Neurokeratin 653 Tab.
— in Proteolipoid aus Gehirn 651 Tab.
Hemmung der Ausbreitung von Viren im Gehirn durch — 831.
— von Glutaminsäuredecarboxylase durch — 756.
Oxydation durch Diaminosäuredehydrogenase 248.
Stoffwechsel 295ff.
Verhalten im Gehirn 747.
Vorkommen in Nerv 695.
— in Polypeptid A der Leber 218.
Wirkung, lipotrope 152.
isotopes, Bestimmung des Abbaues der Plasmaeiweißkörper mit — 223.
markiertes, Aufnahmegeschwindigkeit in Organe 214ff.
D-Lysin, Einbau in Plasmaproteine 226.
—, Verwertung, keine, im Stoffwechsel 295f.
Lysindecarboxylase, bakterielle 402.
Lysolecithin, Extraktion des Sehpurpurs durch — 938.
Lysozym 870.

Macacus mulatta, Purin-Nucleosidphosphorylase im Gehirn von — 768.
Macula 926.
— lutea 923, 926f.
FA-Mäuseencephalomyelitisvirus, Hemmung der Glykolyse durch — 833.
GD VII-Mäuseencephalomyelitisvirus, Einfluß auf Gehirnstoffwechsel 829.
Mäusehepatom 504.
Magen, Aufnahme von Plasmaeiweiß aus dem Blut 225 Abb.
—, Gehalt an Adenosintriphosphorsäure 611.
—, — an Axerophthol 354.
—, — an Phosphorsäure beim Huhn 611.
—, Milchsäurebildung 612.
—, Muskulatur, Gehalt an Bestandteilen, anorganischen 575 Tab.
—, Xanthinoxydaseaktivität 335 Tab.
Mageninhalt, Gallenfarbstoffe im — 515.
Magensaft, Gehalt an Chlor 539 Tab.
—, — an Kalium 539 Tab.
—, — an Natrium 539 Tab.
Magenschleimhaut, Ionentransport 805.
—, Produktion von Salzsäure 803.
Magensekretion, Bedeutung für Cobalaminspeicherung in der Leber 420.

Magnesium:
s. a. Magnesiumionen.
Aktivierung von Gallenphosphatase durch — 543.
Austausch zwischen Blut und Kammerwasser 908.
Bedeutung für Acetylcholinsynthese 849.
— für Adenosintriphosphorsäurespaltung 575.
— für Cysteinbildung 269.
im Cofermentsystem der Milchsäurebildung 575.
Gehalt in Aderhaut 915 Tab.
— in Bindegewebe 575 Tab.
— in Blut 575 Tab.
— in Blutserum 575 Tab., 901 Tab., 902 Tab.
— in Ciliarkörper 915 Tab.
— in Erythrocyten 575 Tab.
— in Galle 538f., 541.
— in Gallensteinen 566.
— in Gehirn 623 Tab., 624 Tab., 625.
— in Glaskörper 901 Tab.
— in Herzmuskel 575 Tab., 576.
— in Hornhaut 873 Tab.
— in Iris 915 Tab.
— in Kammerwasser 901 Tab., 902 Tab.
— in Knorpel 575 Tab.
— in Leber 41 Tab., 42, 64 Tab.
— in Lederhaut 872 Tab.
— in Mitochondrien 42.
— in Muskel, glattem 575 Tab.
— in Nerven 624 Tab., 625.
— in N. opticus 947.
— in Retina 924 Tab.
— in Skeletmuskel 575 Tab., 576.
— in Tierlinsen 883 Tab.
Hemmung der Netzhautglykolyse durch — 932.
Schutz des Gehirns gegen Sauerstoffvergiftung durch — 789.
Verteilung im Nerven 630.
Magnesiumchlorid, Förderung des Abbaus von Desoxyribonucleinsäuren durch — 766.

Magnesiumionen:
s. a. Magnesium.
Aktivierung der Acetylcholinesterase durch — 856.
— von ATPase durch — 596, 773.
— von Cholinphosphokinase durch — 737.
— der Eiweißbildung in der Leber durch — 43.
— von Fermenten durch — 42f.
— von Galaktokinase durch — 95.
— von Leucylpolypeptidase durch — 878.
— von Malatferment durch — 127.
— von 5-Nucleotidase durch — 767.
— von Phospho-enol-brenztraubensäurebildung 714.
— der Phosphoglucomutase durch — 705.
— von Phosphoproteidphosphatase durch — 763.

Magnesiumionen:
Aktivierung der Prolinoxydase durch — 300.
— der Pyrophosphatase, anorganischen, durch — 777.
Bedeutung für Acetylcholinbildung 718, 846ff.
— für S-Adenosylmethioninbildung 268.
— für Argininbildung aus Citrullin 308.
— für ATPase-Wirkung 596.
— für Carboxylasewirkung 715.
— für Citrullinbildung 306.
— für Coenzym A-Bildung 407.
— für Desulfurase 274.
— für Diphosphopyridinnucleotidsynthese 396.
— für Fettsäureoxydation in Mitochondrien 741.
— für Fettsäuresynthese 170.
— für Fructokinasewirkung 99.
— für Gehirnatmung 719, 778f.
— für Gluconokinase 108.
— für Glutaminbildung 752.
— für Glutaminotransferase 753.
— für Glutathionsynthese 275.
— für Hexokinasewirkung 84.
— für Hippursäurebildung 470.
— für α-Ketoglutarsäureoxydase 724.
— für Muskelverkürzung 575.
— für Nicotinsäureamidmethylierung 397.
— für Oxydationen im Gehirn 719, 778f.
— für P-Einbau in Gehirnlipoide 736.
— für Thiaminphosphorylierung 388.
— für Umwandlung von Fructose-1-phosphat in Glucose-1-phosphat 99.
— —, gegenseitige, von Glucose-1- und Glucose-6-phosphat 705.
Förderung der Antabusreduktion 491.
— der α-Ketoglutarsäureoxydation durch — 720.
— der Oxalbernsteinsäurecarboxylase durch — 724.
— der Sphingomyelinase durch — 744.
— der Umwandlung Glucose-1-phosphat ⇌ Glucose-6-phosphat 705.
Hemmung der Glutaminsynthese durch — 755.
Wirkung auf Insulinase 448.
— auf Kreatinphosphokinase 774.
— auf Permeabilität der Linse 893.
— auf Phosphohexokinase 713.
— auf Transphosphorylierung von Phospho-enol-brenztraubensäure mit ADP 806.
— auf Umwandlung von 3-Phosphoglycerinsäure in Phospho-enol-brenztraubensäure 706.
—, keine, auf Glucose-6-phosphatase 91.
Magnesiummangel, Einfluß auf Gehirn 625.
Magnesiumsalze, Einfluß auf Glykogengehalt der Leber 42.
—, Hyperglykämie nach — 42.
Magnesiumsulfat, Förderung der Phenolschwefelsäurebildung durch — 468.
—, Gallenblasenentleerung durch — 535.
Maisöl, Beeinflussung der Wirkung, cancerogenen, von Azofarbstoffen 501.
—, Linolsäuregehalt in Fetten nach — 375.
Makrele, Harnsäureabbau 341.
—, Leber, Gehalt an Axerophthol 357 Tab.
—, —, — an Kupfer 56 Tab.
—, Leberöl, Gehalt an Axerophthol und Calciferol 362 Tab.
Malachitgrün, Permeabilität der Blut-Hirnschranke für — 798.
Malaria, Hämosiderin in Leber und Milz bei — 47.
Malat s. Äpfelsäure.
Malatdehydrogenase 127, 128 Abb.
—, Gehalt in Leber, regenerierender 33.
Malatferment s. malic enzyme.
Maleinsäure, Hemmung der Pyruvatdehydrogenase durch — 707, 727.
—, Wirkung auf Glykolyse, aerobe, des Gehirns 707.
Maler, Calorienbedarf 589.
malic enzyme 127f., 933.
— —, Vorkommen in der Linse 896.
Malonitril, Hemmung des P-Einbaus in Gehirnlipoide 737.
—, — der Ribonucleinsäurebildung 764.
—, — der Succinodehydrogenase 789.
—, Reizung, psychische, durch — 812.
—, Wirkung auf Nucleoproteidsynthese in Ganglienzellen 829.
Malonsäure:
129•, 344•.
Beschleunigung, keine, der Harnsäurebildung in Vogelleber aus — 336.
Hemmung der Argininbildung 309.
— der ATP-Bildung 86.
— der Bernsteinsäureoxydation 192f., 720.
— des Citronensäurecyclus 173, 192, 309, 328, 724.
— der Fumarsäurebildung aus Bernsteinsäure 192, 720.
— der Oxalessigsäuredecarboxylase 193.
— der Oxydation von Fettsäuren, kurzkettigen, durch — 192.
— der Succinodehydrogenase 717, 724, 789.
— des Testosteronabbaus 430.
Ketonkörperbildung nach — 191ff.
Stoffwechsel in der Leber 86.
Wirkung auf Adenosintriphosphatbildung in der Leber 328.
— auf Biotinoxydation 411.
—, ketogene 191ff.
Maltase, Vorkommen im Kammerwasser 903.
Maltose, Bildung, keine, bei Glykogenabbau in der Leber 89.
—, Verwendung zur Glucuronsäuresynthese 460.

Mangan:
s. a. Manganionen.
Aufnahme durch die Leber 62.
Ausscheidung durch die Galle 62, 541.
— im Stuhl 62.
Bedeutung für Cofermentsystem der Glykolyse 577.
— für Erythropoese 60.
— für Hämoglobinbildung 505.
— für Leberarginase 60.
Gehalt in Chorioidea 915 Tab.
— in Gehirn 623 Tab., 625.
— in Hornhaut 873 Tab.
— in Iris 915 Tab.
— in Leber 60ff., 64 Tab., 505.
— in Lederhaut 871.
— in Linse 884 Tab.
— in Nerven, peripheren 625.
— in N. opticus 947, 948 Tab.
— in Retina 924, 925 Tab.
— in Rinderauge 916 Tab.
Schutz des Gehirns gegen Sauerstoffvergiftung 789.
Vorkommen in Bindehaut 871.
— in Gallensteinen 566*.
— in Muskel 577.
Wirkung, lipotrope 61.

Manganchloridvergiftung, Porphyrinausscheidung bei — 525.

Manganionen:
s. a. Mangan.
Aktivierung von Acetylcholinesterase 856.
— von Arginase 61, 310.
— von Galaktokinase 95.
— von Hexokinase 42.
— von Leucinaminopeptidase 61.
— von Malatferment 127.
— von Phosphoglucomutase 86.
Bedeutung für Ascorbinsäuresynthese 382.
— für Coenzym A-Bildung 408.
— für Desulfurase 274.
— für Glutaminbildung 752, 755.
— für Inaktivierung von Melanophorenhormon 450.
Einfluß auf Insulinase 448.
— auf Kreatinphosphokinase 774.
— auf Phosphohexokinase 713.
— auf Transphosphorylierung von Phospho-enol-brenztraubensäure mit ADP 806.
Förderung der Oxalbernsteinsäurecarboxylase durch — 724.
Hemmung der Glutaminsynthese durch — 755.
— der Netzhautglykolyse durch — 932.

Mangansalze, Aktivierung der Glutaminotransferase durch — 755.

Mangelernährung, Eisenanhäufungen in der Leber bei — 54f.

Mannit, Bildung von Glykogen aus — 105f.

—, Verwertung 106.

Mannokinase 105.

Mannose:
Abbau, glykolytischer, in der Retina 932.
Bedeutung für Acetylcholinsynthese 845.
Bildung von Ascorbinsäure aus — 380ff.
— von Glucose aus — 105, 117.
— von Glykogen aus — 99ff., 105, 117.
Förderung der Ribonucleinsäurebildung durch — 764.
Hemmung der Fructosephosphorylierung durch — 710.
Hyperglykämie nach — 105.
Oxydation in Gehirn 784.
— in Retina 931.
Phosphorylierung in Gehirn 702, 710.
— durch Hexokinase 84, 710f.
Verwertung 105, 117.
Vorkommen in Corneamucoproteid 874.
Wirkung auf P-Einbau in Gehirnlipoide durch — 737.
—, antiketogene 105.

Mannose-6-phosphorsäure, Bildung von Fructose-6-phosphorsäure aus — 711.

Marder, Chorioidea, Gehalt an Zink 916.

Marklager, Plasmalogengehalt 638.

Markscheiden s. Nerven, Markscheiden.

Marphasid, Hemmung der Acetylcholinesterase durch — 860.

—, Wirkung auf Pyruvathydrogenase 727.

Mastzellen, Bildung von Heparin in den — 233.

Maus:
Aufnahme von ^{32}P in Ribonucleinsäuren 318.
Cholesterinabbau 208.
Gehirn, Cytochromoxydase 795.
—, Dephosphorylierung von Purin- und Pyrimidinnucleotiden 767f.
—, Desaminierung von Purinen und Pyrimidinen 767f.
—, Gehalt an Acetylcholin 844 Tab.
—, — an Äpfelsäure 660.
—, — an Citronensäure 660.
—, — an Cozymase 792.
—, — an Glutaminsäure und Glutamin 656.
—, — an Glykogen 658.
—, — — bei Krämpfen 816.
—, — — bei Narkose 814.
—, — an Milchsäure 659.
—, — an Pantothensäure 404, 673.
—, — an Phosphat 624 Tab., 630, 631 Tab., 632 Tab.
—, Glutaminase 754.
—, Hemmstoff der Triosephosphatdehydrogenase 709.
—, Phosphatasenachweis 776.
—, Phosphatidaustausch 736.
—, Q_{O_2} 780 Tab.
Gehirnrinde, Glykogengehalt bei Krämpfen 816.
Gesamtumsatz 778.
Glucuronsäurebildung 459.
Hepatome 504.
Herz, Gehalt an Pantothensäure 404.
Leber, p-Aminohippursäurebildung 470.

Maus:
Leber, Gehalt an Cholesterin 198f.
—, — an Cobalamin 420 Tab.
—, — an Cholinoxydase 145.
—, — an Eiweiß 217 Tab.
—, — an Fett 403.
—, — — im Hunger 139f.
—, — an Folinsäure 414.
—, — an Glykogen 67, 71, 77.
—, — — im Hunger 73.
—, — an Mikrosomen und Mitochondrien 133.
—, — an Nucleinsäuren 311.
—, — an Pantothensäure 404f.
—, — an Wasser 39, 40 Tab.
—, Glykokoll, Erneuerungszeit 468.
—, Sulfonamidacetylierung 476.
Lebergewicht 9f.
Leberproteine, Erneuerungsgeschwindigkeit 214.
Muskel, Erneuerungszeit des Glykokolls 468.
—, Sauerstoffverbrauch 590.
Niere, Gehalt an Pantothensäure 404.
Plasmaproteine, Halbwertszeit 224.
Sorbitverwertung 104.
Wirkung von Wachstumshormon auf Fettgehalt der Leber 142.
—, carcinogene, von Chloroform und Tetrachlorkohlenstoff bei — 493.
Mechaniker, Calorienbedarf 589.
Meconium, Vorkommen von Biliverdin 515.
—, — von Koproporphyrin I im — 524.
Medulla oblongata:
Degenerationen bei Axerophthol-Mangel 669.
Gehalt an Calcium 621.
— an Chloriden 620 Tab., 629.
— an Glykogen 658, 658 Tab., 680.
— — bei Hypoglykämie 824.
— — bei Krämpfen, Maus 816.
— an Kalium 620 Tab., 622.
— an Lipoiden 679 Tab.
— an Milchsäure 659.
— an Natrium 620 Tab., 625.
— an Neuraminsäure 644.
— an Phosphor 620 Tab.
— an Silicium 628.
— an Stickstoff, Altersveränderungen 680.
— an Thiamin 670, 671 Tab.
— an Wasser 620, 620 Tab.
Linolensäureoxydation 741.
Phosphataufnahme 769.
Q_{O_2} 782 Tab.
Quotient, respiratorischer 783.
Medulloblastome, Gehalt an Glykogen 692.
Meeraal, Leber, Vorkommen von Uricase und Allantoinase 341.
Meeraesche, Leber, Axerophthol-Gehalt 357 Tab.
Meeresfische, Auge, Gehalt an Ascorbinsäure 890 Tab.
Meeresschlamm, Carotine und Oxycarotinoide im — 358.

Meerschweinchen:
Abbau von Diphosphoinosit 743.
Aminosäuren, markiertes, Einbau in Organeiweiß 214.
Auge, Gehalt an Ascorbinsäure 890 Tab.
Bildung von Chenodesoxycholsäure 551.
— von Gallensäuren, tauringebundenen 557.
— Glucuronsäure von 458ff.
Biotinoxydation bei — 411.
Cholsäure, Reduktion zu Desoxycholsäure 553.
Ciliarkörper, Ascorbinsäure, Lokalisation 918.
Darm, Abbau von Adrenalin 440 Tab.
—, — von Isoamylamin 440 Tab.
—, — von Sympatol 440 Tab.
—, — von Tyramin 440 Tab.
Desaminierung von Aminen durch — 760.
Fermentsysteme, oxydierende, Ausbildung während der Gehirnentwicklung 683.
Galle, Chenodesoxycholsäure in — 556.
—, Gallensäuren in der — 551.
—, Gehalt an Ascorbinsäure 543.
—, — an Glucuronsäure 543.
—, 3-Oxy-7-ketocholansäure in — 551, 556.
—, p_H-Wert 537.
—, Sekretionsdruck 528f.
Gallenmenge 529.
Ganglienzellen, RNS: Protein-Verhältnis 667.
Gefäßhaut, Ascorbinsäure, Lokalisation 918.
Gehalt an Diketogulonsäure 384.
Gehirn, Abbau von Adrenalin 440 Tab.
—, — von Diphosphoinosit 743.
—, — von Isoamylamin 440 Tab.
—, — von Sympatol 440 Tab.
—, — von Tyramin durch 440 Tab.
—, ATPase-Aktivität 775.
—, Bildung von Acetylcholin 848.
—, — von Glutamin 752.
—, Cytochromoxydase 683, 795.
—, Eiweiß, Aminosäurezusammensetzung 654 Tab.
—, Gehalt an Acetokinase 129.
—, — an Acetylcholin 844 Tab.
—, — an Ascorbinsäure 674.
—, — an Citronensäure 660.
—, — an Cobalamin 674.
—, — an Cozymase 792.
—, — an Kreatin 657 Tab.
—, — an Phosphat 631 Tab.
—, Glutaminase 754.
—, Glykolyse, Förderung durch Strophantin 708.
—, Phosphatasenachweis 776.
—, Q_{O_2} 780.
Glykogenolyse, postmortale 69.
Herz, Gehalt an Acetokinase 129.
Hirnrinde, Milchsäurebildung, aerobe 707.
—, Q_{O_2} 802.

Meerschweinchen:
Hirnschnitte, Kaliumaustausch 802.
Hornhaut, Acetylcholingehalt 876.
Kammerwasser: Plasmawasser, Verteilungsverhältnis $Na^+ : Cl^-$ 907 Tab.
Leber, Abbau von Adrenalin 440 Tab.
—, — von Isoamylamin durch — 440 Tab.
—, — von Sympatol durch — 440 Tab.
—, — von Tyramin 440 Tab.
—, keine Cholinoxydase in — 146.
—, Cocainspaltung 484.
—, Gehalt an Acetokinase 129.
—, — an Ascorbinsäure 377, 379, 384 Tab.
—, — an Axerophthol 357 Tab.
—, — an Cholesterin 198.
—, — an Dehydroascorbinsäure 384 Tab.
—, — an Diketogulonsäure 384 Tab.
—, — an Eisen 45.
—, — an Fett 385.
—, — an Glykogen 67f., 70, 73, 77f.
—, — an Glykokoll 470.
—, — an Kupfer 56 Tab., 57 Tab., 59 Tab.
—, — an Mineralstoffen 41 Tab.
—, — an Phosphatasen 544.
—, — an Phosphatiden in Mikrosomen 134.
—, — — in Mitochondrien 133.
—, — an Polypeptid A 218.
—, keine Glucose-6-phosphatase in — 91.
—, Glutathionspaltung 276.
—, Glykogen, Kettenlänge 83 Tab.
—, Nicotinentgiftung 491f.
—, Phenolschwefelsäurebildung 467.
—, Tetrachlorkohlenstoffvergiftung 36.
—, Vorkommen von Cysteinsäuredecarboxylase 271.
Lebergewicht 9.
Linse, Gehalt an Phosphat 885.
Linsentrübungen 900.
Muskel, Endplatte, motorische, Acetylcholinkonzentration an — 855.
—, Gehalt an Acetokinase 129.
—, — an Glykokoll 470.
Niere, Abbau von Adrenalin durch — 440 Tab.
—, — von Isoamylamin durch — 440 Tab.
—, — von Sympatol durch — 440 Tab.
—, — von Tyramin durch — 440 Tab.
—, Gehalt an Acetokinase 129.
—, Hippursäurebildung 469.
Organe, Glutathiongehalt in — 276 Tab.
—, Vitamin D-Gehalt 361.
Plasmaproteine, Halbwertszeit 224.
Retina, Ernährung 929.
—, Trockensubstanzgehalt 924.
Rückenmark, Vorderhornzellen, motorische, Typen 811.
Uterus, Glykogengehalt 611.
Vorkommen von Phenolasen bei — 441.
Wirkung von Hypophysenextrakt, ketogenem, auf Fettgehalt der Leber 142.
myxödematöse, Thyroxinwirkung auf Leberstoffwechsel bei — 444.

Meerschweinchen:
skorbutische, Aktivität der Leberesterase bei — 386.
—, Ausscheidung von Abbauprodukten des Phenylalanins 283.
—, Leber, Ascorbinsäuregehalt 386.
—, —, Esteraseaktivität bei — 386.
—, —, Fettgehalt 385.
—, —, Sauerstoffverbrauch und Kohlensäurebildung 385.
—, Leberveränderungen bei — 386.
Melanine, Bildung aus Tyrosin 277.
—, Lichtabsorption, Steigerung durch Metallionen 918.
—, Vorkommen in der Chorioidea 917.
Melanophorenhormon im Leberstoffwechsel 450.
Melanosarkom, Leber, Ausscheidung von Koproporphyrin III im Harn bei — 526.
Membran, BOWMANsche 872, 878.
—, DESCEMETsche, Eiweiß der — 875.
—, —, Indophenolblaubildung in der — 878.
Membranen, erregbare, Permeabilität für Natrium- und Kaliumionen 835.
—, —, Potential, elektrisches 834f.
„Membranin" 875.
Meningen, Vorkommen von Histamin in den — 760.
Meningeom, β-Glucuronidase in — 692.
—, Lipoidgehalt 691.
Mensch:
Acetylierung von p-Aminophenylessigsäure 476.
Aktivität der Acetylcholinesterase im Gehirn 853, 854 Tab.
Antabuswirkung 490.
Auge, Gefäßhaut, Nucleotidase in — 920.
— Gehalt an Glutathion 889.
—, Kammerwasser, Gehalt an Citronensäure 905.
—, —, — an Eiweiß 902.
—, —, — an Hexosamin 904.
—, Kammerwasser: Plasmawasser, Verteilungsverhältnis $Na^+ : Cl^-$ 907.
—, Kammerwasserdurchfluß 905.
—, Lederhaut, Calciumgehalt 872.
—, Linse, Eiweißkörper 886, 887 Tab.
—, —, Gehalt an Lipoiden 889.
—, —, — an Mineralstoffen 884 Tab.
—, —, Gewicht und Lebensalter 883.
—, —, Wassergehalt 883f.
—, Linsentrübungen durch Gifte 900.
—, Retina, Acetylcholinesterase, Aktivität in der — 854.
—, —, Macula lutea, Carotinoidgehalt 926f.
—, Tränenflüssigkeit 869.
—, —, Eiweiß, immunbiologisch-spezifisches, in — 870.
Ausscheidung von Gallensäuren 530.
— von Glucuroniden 458.
— von Glucuronsäurelacton 463f.
— von Ketonkörpern im Harn 194.
— von Nicotinsäurestoffwechselprodukten 397.

Mensch:
Ausscheidung von Nicotinursäure 397.
Bildung von Gallensäuren, gekoppelten 557.
— von Harnsäure 333.
— von Harnstoff aus Harnsäure 339.
— von Indoxylschwefelsäure 465.
— von Ketonkörpern im Hunger bei — 190f.
— von N-Methylnicotinsäureamid 396.
— von Phenolglucuronsäure 465.
Blasengalle, Gehalt an Calcium 540.
—, — an Mucin 542.
—, Gewicht, spezifisches 537.
Blut, Gehalt an Bestandteilen, anorganischen 575 Tab.
—, Hämoglobinmangel 509.
—, Vorkommen von Glucuroniden im — 456.
Blutalkoholkurve 485*.
Blutserum, Bilirubingehalt 510.
Coronarnerven, Vorkommen von Adrenalin in — 840.
Depoteisen, Menge 45.
Entgiftung von p-Aminohippursäure 470.
— von Benzoesäure 470.
— von Benzol 473.
— von Phenol 465.
— von Phenylessigsäure 472.
Erythrocyten, Gehalt an Bestandteilen, anorganischen 575 Tab.
Galle, Gallensäuren in — 553f.
—, Gehalt an Bilirubin 508.
—, — an Biliverdin 515.
—, — an Calcium 540.
—, — an Cholesterin 209.
—, — an Gallensäuren 549, 553f.
—, — —, freien 557.
—, — an Lipoiden 545 Tab.
—, — an Stoffen, reduzierenden 543.
—, — an Trockensubstanz 535.
—, Gewicht, spezifisches 537.
—, p_H-Wert 537.
—, Pufferungskurven 537 Abb.
—, Sekretionsdruck 528f.
—, Tagesmenge 535.
—, Vorkommen von Amylase 544.
—, — von Koproporphyrinen I und III in — 514.
—, — von Protoporphyrin in — 524.
—, Zusammensetzung, chemische 538 Tab.
Gallenblase, Fassungsvermögen 534.
Gallenmenge 529.
Gehirn, Aktivität der Acetylcholinesterase 853, 854 Tab.
—, Atmung 780.
—, Cytochromoxydase 795.
—, Eiweiß, Aminosäurezusammensetzung 654 Tab.
—, Gehalt an Acetylcholin 844 Tab.
—, — an Calcium 621.
—, — an Cerebrosiden 643.
—, — —, Altersveränderungen 678.
—, — an Cholesterin 644.

Mensch:
Gehirn, Gehalt an Cholesterin, Altersveränderungen 678.
—, — an Diphosphoinosit 637.
—, — an Inositphosphatiden 637.
—, — an Kephalin 634 Tab., 636.
—, — an Kupfer 626.
—, — an Lecithin 634 Tab.
—, — —, Altersveränderungen 678.
—, — an Lipoiden 631 Tab., 633 Tab.
—, — an Natrium 624.
—, — an Phosphatase, saurer 695.
—, — an Phosphatiden 634 Tab.
—, — —, Altersveränderungen 678.
—, — an Sphingomyelin 634 Tab., 642.
—, — —, Altersveränderungen 678.
—, — an Thiamin 670.
—, — an Wasser, Altersveränderungen 676.
—, — an Zink 626.
—, Lipoidzusammensetzung 631 Tab., 649.
—, Phosphatasenachweis 776.
—, Quotient, respiratorischer 783.
—, —, — bei Aminosäureoxydation im — 750.
—, Sauerstoffverbrauch 777f.
—, Substanz, graue, Gehalt an Mineralstoffen 924 Tab.
—, Vorkommen von Thromboplastin im — 676.
—, Zellkerne, Lipoidzusammensetzung 649.
Glaskörper, Gehalt an Hexosamin 911.
—, — an Hyaluronsäure 911.
Großhirn, Substanz, weiße, Lipoidzusammensetzung 648.
Großhirnrinde, Atmung 778.
Harnsäureabbau 339.
Herzmuskel, Gehalt an Bestandteilen, anorganischen 575 Tab.
Hirnrinde, Lipoidzusammensetzung 647 Tab.
Kohlensäureanhydratase 683.
Leber, Atmung 778.
—, Cholesterinsynthese 204.
—, Eiweiß, Aminosäurezusammensetzung 217 Tab.
—, Esterschwefelsäurebildung 465f.
—, Gehalt an Axerophthol 354.
—, — an Cholesterin 198f.
—, — an Cholinoxydase 145.
—, — an Folinsäure 414.
—, — an Kupfer 56 Tab., 57 Tab., 59 Tab.
—, — an Lipoiden 132f.
—, — an Mangan 60, 61 Tab., 64 Tab.
—, — an Mineralstoffen 41 Tab., 64 Tab.
—, — an Nicotinsäure 394.
—, — an Phosphatasen 544.
—, — an Tokopherol 364.
—, — an Vitaminen 346 Tab.
—, — an Zink 62.
—, Glutathionspaltung 276.
—, Nicotinentgiftung 491f.
—, Nucleinsäuren, Basenverhältnis 314 Tab.

Mensch:
Leber, keine Uricase in — 339.
—, fetale, Glykogengehalt 70.
—, —, Nachweis von Xanthinoxydase 335.
Leberfett, Zusammensetzung 155 Tab.
Lebergalle, Gewicht, spezifisches 537.
—, Tagesmenge 535.
Lebergewicht 8f.
Leberproteine, Halbwertszeit 214.
Lebertumoren, Ascorbinsäuregehalt 503.
Methylalkoholvergiftung, tödliche, Ameisensäuregehalt des Blutes bei — 489.
Muskel, Nutzeffekt 587.
Nerven, periphere, Gehalt an Kephalin 636.
—, —, — an Phosphatiden 635 Tab.
Nicotin, Gewöhnung an — 492.
Niere, Atmung 778.
Plasmaproteine, Halbwertszeit 224.
Proteine, Lebensdauer der 745.
Selenvergiftung 475.
Skeletmuskel, Gehalt an Bestandteilen, anorganischen 575 Tab.
Stickstoff-Stoffwechsel, Endprodukte des 341 Tab.
Substanz, graue, Gehalt an Cholinphosphatiden 648.
—, weiße, Gehalt an Cholinphosphatiden 648.
Sympathicus, Lipoidzusammensetzung 647.
Tränenflüssigkeit, Eiweiß, immunbiologisch-spezifisches, in — 870.
Verwertung von Galaktose 93.
— von Mannit 106.
— von Milcheiweiß 220.
— von Sorbit 104.
Vitamin A-Vorrat 354.
Xanthinoxydaseaktivität 335 Tab.
Menschenaffen, Endprodukte des N-Stoffwechsels bei — 341 Tab.
Menstruation, Eisenverluste bei der — 54.
Menthol, Entgiftung 454.
—, Glucuronidbildung durch — 458—461, 461 Tab.
—, — in Leber, geschädigter 456.
—, Wirkung auf Glucuronidasebildung 463.
Meperedin, Förderung der Linolensäureoxydation im Gehirn durch — 741.
2-Mercaptoäthanol, Wirkung auf Sauerstoffaufnahme des Gehirns 727.
Mercaptoäthylamin, Zwischenprodukt der Taurinbildung 271 Schema.
Merkaptursäuren, Beziehungen zum Stoffwechsel der Aminosäuren, S-haltigen 474f.
—, Bildung bei der Entgiftung von Selen 475.
—, — in der Leber 472—475.
—, Entgiftung von Brombenzol durch Bildung von — 454.
—, — von Halogenbenzolen durch Bindung an — 453.
—, — von Halogennaphthalinen 473f.
Merlan, Harnsäureabbau bei — 341.
—, Leber, Gehalt an Mangan 61 Tab.
—, —, — an Vitamin A_2 359.
Merlangus vulgaris, Harnsäureabbau bei — 341.
Merlucius vulgaris, Harnsäureabbau bei — 341.
— —, Leber, Gehalt an Mangan 61 Tab.
Meromyosin 578.
Mesobilan 517*, 517f.
—, Bildung außerhalb des Darmes 519.
—, — in der Galle 519.
—, Vorkommen im Kot 517.
Mesobilen 517*, 517—519.
Mesobilifuscin 522.
Mesobilirubin 519.
Mesohämin, Bildung von Mesobilifuscin aus — 522.
Mesoxalsäure, Beschleunigung, keine, der Harnsäurebildung in Vogelleber aus — 336.
Metallarbeiter, Calorienbedarf 589.
Metarhodopsin 940.
Methadon, Förderung der Linolensäureoxydation im Gehirn durch — 741.
Methanol, Ätherbildung mit Glucuronsäure 455.
—, Bildung von Formiat aus — 489.
—, — von Methylgruppen, labilen, aus — 489.
—, Bindung an Glucuronsäure 489.
—, Entgiftung 455.
—, Glucuronidbildung 455.
—, Hemmung der Acetylcholinesterase durch — 860.
—, Oxydation zu Essigsäure 489.
—, — im Herzen 488.
—, — in der Leber 488.
—, — im Muskel 488.
—, Oxydationsgeschwindigkeit 489.
Methanolvergiftung 489.
Methionin:
Abbau 266ff.
Abspaltung der Methylgruppe 266.
Bedeutung für Ernährung der Hornhaut 876.
— für Kreatinbildung 266, 303.
— für Lecithinbildung 266.
— für Riboflavinspeicherung in der Leber 392.
— für Xanthinoxydasebildung 336.
Beeinflussung der Wirkung, alipotropen, von Cystin durch — 149.
Bildung aus Formiat 481, 831.
— aus Homocystein 266, 831.
— von Cholin aus — 146, 266.
— von Cystein aus — 831.
— von Esterschwefelsäuren aus — 467.
— von Cystin aus — 365.
— von Kreatin aus — 266, 303, 759.
Desaminierung 268.
— durch die Leber 249 Tab.
Einbau von Acetat-C in — im Gehirn bei Virusinfektion 829.
— von Formiat-C in — 830.

Methionin:
Einbau von Glucose-C in — 747.
— von S aus — in Gehirnproteine 745.
Ersatz für Cholin 147.
Förderung der Merkaptursäurebildung durch — 474.
Gehalt in Blutplasma nach Hepatektomie 211.
— in Eiweiß der Augenlinse 887 Tab.
— — von Cornea und Sklera 874 Tab.
— in Gehirn 655 Tab.
— in Gehirnproteinen 653 Tab., 654 Tab., 746.
— in Haarkeratin 653 Tab.
— in Leberproteinen 217, 218 Tab.
— in Neurokeratin 653 Tab.
— in Proteolipoid aus Gehirn 651 Tab.
Leberfunktionsprüfung mit — 213.
als Methyldonator 146, 148 Schema, 343.
Methylgruppen, Oxydation 147.
Methylierung von Nicotinsäureamid durch — 397.
Stoffwechsel 266—270.
Transaminierung mit Pyruvat 250.
Ummethylierung 267.
Verstärkung der Pyridoxinmangelerscheinungen durch — 400.
Vorkommen in Nerv 695.
Wirkung auf Gallensäurebildung 558.
— auf Glykogengehalt der Leber 147.
— bei Hypoprothrombinämie 370.
— auf Infektion durch LANSING-Poliomyelitis-Virus 832f.
— auf Leber bei Chloroformvergiftungen 36f.
— auf Lebernekrosen 365.
— auf Muskeldystrophie 365.
— auf Phosphatidumsatz der Leber 147.
—, keine, auf Alkaptonurie des Menschen 284.
— ketogene 147.
—, lipotrope 143, 146—148, 152, 266.
aktiviertes (= S-Adenosylmethionin) 267, 268•.
markiertes, Einbau in Leberproteine 216.
DL-Methionin, Einfluß auf Acetylcholinsynthese 848.
—, Transaminierung durch Leber, Herz und Niere 250 Tab.
^{35}S-Methionin, Untersuchung der Proteinbildung mit — 227f.
Methioninmangel, Fettleber bei — 475.
—, Gehalt der Leber an Xanthinoxydase bei — 335.
—, Wirkung auf Aminosäuregehalt im Gehirn 685.
Methioninsulfoxim, Einbau von S aus — in Gehirnproteine 745.
Methioninsulfoximin, Hemmung der Glutaminbildung durch 752, 807.
—, — der Transpeptidierung von Glutaminsäure durch — 753.
Methioninsulfoxyd als Antagonist der Glutaminsäure im Stoffwechsel 749.
Methioninsulfoxyd, Hemmung der Glutaminbildung durch — 752, 807.
Methoxyconiferylglucosid, Glucuronidbildung mit — 459.
Methylacceptoren 148 Schema.
—, Wirkung, antilipotrope 149.
Methylalkohol s. Methanol.
Methylamin, Bildung aus Sarkosin 259•.
—, Desaminierung im Gehirn 760.
N-Methylaminoazobenzol, Wirkung, cancerogene 493.
4-Methylaminoazobenzol, Wirkung, cancerogene 494•.
5-Methylbarbitursäure 344•.
—, Bildung aus Thymin 344•.
Methylbenzolsulfoadipinsäure, Bildung aus α-Methylbenzolsulfoaminolaurinsäure 175•.
α-Methylbenzolsulfo-aminolaurinsäure, Bildung von Methylbenzolsulfoadipinsäure aus — 175•.
Methylbenzylketon, Entgiftung 456.
Methyl-bis-(6-chloräthyl)-amin, Hemmung der Wirkung, cancerogenen, von 3′-Methyl-4-dimethylaminoazobenzol 501.
α-Methylbuttersäure, Bildung von Acetessigsäure aus — 266•.
Methylbuttersäure, Bildung von Aceton aus — 176.
Methylbutyrat, Spaltung durch Cholinesterasen, unspezifische 851.
1-Methyl-3-carboxamido-6-pyridon 397•.
—, Ausscheidung im Harn 292, 396f.
—, Bildung aus Tryptophan 292.
—, — beim Kaninchen 397.
—,— in der Leber 396.
Methylcarnosin 583.
3-Methylcholanthren, Hemmung der Wirkung, cancerogenen, von 3′-Methyl-4-dimethylaminoazobenzol 501.
—, Merkaptursäurebildung aus — 474.
—, Wirkung, keine, auf Gehirnstoffwechsel 821.
—, —, wachstumshemmende 474.
Methylcolamin, Methylierung durch Methionin 146.
5-Methylcytosin 344•.
2-Methyl-4-dimethylaminoazobenzol, Wirkung auf Leberparenchym 502.
3′-Methyl-4-dimethylaminoazobenzol 494•.
—, Wirkung auf Aktivität der Desoxyribonuclease 504.
—, — auf Leberparenchym 502.
—, — auf Mitochondrienzahl 503.
—, —, cancerogene 494, 496, 500f.
4-Methyldimethylaminoazobenzol, Wirkung, cancerogene 494, 495•.
Methyldonatoren 148, 343.
—, Wirkung, lipotrope 143.
Methylenblau, Atmungssteigerung in der Retina durch — 931.
—, Einfluß auf Axerophthol-Gehalt der Leber 349.
—, Entkoppelung der Atmungskettenphosphorylierung durch — 731f.

Methylenblau, Hemmung des P-Einbaus in Gehirnlipoide durch — 737.
—, Permeabilität der Blut-Hirnschranke für — 798.
—, Wirkung auf Xanthinoxydase 491.
Methylfluoressigsäure, Wirkung auf Citronensäurecyclus 726.
7-Methylfolsäure als Folsäureantagonist 417.
3-Methylglucose, Übertritt aus dem Blut ins Kammerwasser 909.
Methylglucuronid 455.
DL-α-Methylglutaminsäure, Bildung von DL-α-Methylglutamin aus — 752.
Methylglyoxal, Komplexbildung mit Enzymen, SH-haltigen 715.
Methylglyoxalase, Vorkommen in der Retina 936.
Methylgruppen, Abgabe durch Dimethylthetin 267.
—, Bildung aus Formiat 481.
—, Oxydation 176, 267.
—, — im Gehirn 759.
—, Übertragung von —, Bedeutung von Folsäure für 415.
—, — —, — von Vitamin B_{12} für — 421.
—, labile, Bildung aus Methylalkohol 489.
Methylgruppenpool 267 Schema.
Methylguanidin, Gehalt im Muskel 584.
Methylhistidin, Spaltung, keine, durch Histidase 297.
Methylierung, Entgiftung durch — 149.
2-Methyl-1,4-naphthochinon, Wirkung bei Ikterus 527.
2-Methylnaphthochinondiphosphat, Wirkung auf Prothrombinspiegel im Blutplasma 370.
2-Methyl-1,4-naphthochinon-8-sulfosäure, Hemmung der Cholinacetylase durch — 850.
N-Methylnicotinsäure, Ausscheidung im Harn 292, 396.
—, Bildung in der Leber 396f.
—, Bildung aus Tryptophan 292.
— s. a. Trigonellin.
N-Methylnicotinsäureamid, Ausscheidung 396ff.
—, — im Harn 292f., 396.
—, Bildung 397.
—, — aus Chinolinsäure 294.
—, — aus Indolpyruvat 294.
—, — aus Tryptophan 292f.
—, — in der Leber 396f.
— s. a. Trigonellinamid.
Methylorange, Permeabilität, keine, der Blut-Hirnschranke für 798.
Methylphenetylketon, Entgiftung 456.
1-Methyl-4-phenylpiperidincarboxylatäthylester (= Meperidin) 741.
α-Methylpropionsäure, Bildung aus Valin 176.
—, —, keine, von Aceton aus — 176.
Methylpurine als Methyldonatoren 148 Schema.
α-Methylpyridin, Bildung von α-Pyridincarbonsäure aus — 469.
2-Methylsphingosin 641.
Methyltestosteron, Abbau in der Leber 430, 434.
—, Hemmung der Gehirnatmung durch — 819f.
—, Wirkung auf Kreatinstoffwechsel 434.
17-Methyltestosteron, Inaktivierung 432.
Methylthioadenosin, Bildung aus S-Adenosylmethionin 267.
S-Methylthioharnstoff, Wirkung, lipotrope 148.
γ-Methylthio-α-ketobuttersäure, Bildung aus Methionin 268.
Methylthiouracil, Wirkung auf Sauerstoffverbrauch der Leber 444.
6-Methyltryptophan, Wirkung auf Infektion mit LANSING-Poliomyelitis-Virus 832f.
Methylxanthine, Wirkung auf Prothrombinbildung in der Leber 371f.
Methylxanthogenat, Wirkung, lipotrope 148.
Metrazol, Einfluß auf Phosphatgehalt des Gehirns 631 Tab.
—, Wirkung, keine, auf Acetylcholinesterase 860.
Metrazolkrämpfe, Glutaminsäuregehalt im Gehirn bei — 757.
Mezcalin, Beeinflussung der Gehirnatmung durch — 790.
Mikroorganismen, Ascorbinsäuresynthese, Beeinflussung durch Pharmaka 380.
—, Vorkommen von Aminosäuredecarboxylasen, pyridoxinhaltigen, in — 402.
Mikrosomen:
Aufnahme von Aminosäuren, markierten, in — 215 Tab., 216.
— an Cobalamin 419.
— von Phosphat, radioaktivem, in Ribonucleinsäuren 318.
Bedeutung für Proteinsynthese 215.
Einbau von Aminosäuren in Proteine der — 258.
Erneuerung der Phospholipoide in — 317.
— der Proteine in — 214f.
Gehalt an Arginase 310.
— an Cobalamin 419.
— an Coenzym A 405.
— an Desoxyribonuclease 320.
— an Eisen 45.
— an Lipoiden 134.
— an Pantothensäure 405.
— an Phosphatiden 134.
— an Riboflavin 390.
— an Ribonucleasen 319.
— an Ribonucleinsäuren bei Hunger 321.
— an Stickstoff 503.
— in Mäuseleber 133.
Hepatome, Stickstoffgehalt 503.
Leber, Erneuerung der Ribonucleinsäuren in — 317.
—, Fettfraktionen 134 Tab.
—, Gehalt an Adenin 315 Tab.
—, — an Cytosin 315 Tab.
—, — an Eiweiß 217 Tab.
—, — an Guanin 315 Tab.
—, — an Lipiden 134.
—, — an Ribonucleinsäuren 312, 313 Tab.

Mikrosomen:
Leber, Gehalt an Thyroxin 441.
—, — an Uracil 315 Tab.
—, Spaltung von p-Dimethylaminoazobenzol in — 499.
—, Strukturlipoide in den — 133f.
—, Vorkommen von Axerophthol 350f.
Nucleinsäuren, Umsatzgeschwindigkeit 323.
Stickstoff: Phosphor-Verhältnis 134.
Vorkommen von Axerophtholesterase 352.
— von Cholesterinesterase 207.
— von Cytochrom c-Reduktase 396.
— von Uricase 339.
Milch, Gehalt an Eisen 45f.
—, — an Vitamin A 354.
—, Verwertung der Eiweißkörper der — 220.
—, Vorkommen von Carotin in — 352.
—, — von Xanthinoxydase in — 490f.
Milchdrüse, Fettsäuresynthese in der — 165.
—, Xanthinoxydaseaktivität 335 Tab.
Milcheiweiß, Verwertung 220.
Milchsäure:
Abbau in der Atmungskette 733 Abb.
Ausscheidung in Schweiß und Urin 608.
Austritt aus dem Muskel bei der Arbeit 608.
Bedeutung für Acetylcholinsynthese 845.
— für Ionentransport im Nervensystem 801.
Beeinflussung der Gehirnatmung durch — 780.
Beschleunigung der Harnsäurebildung in Vogelleber 336.
Bestimmung 593.
Bildung, Cofermentsystem der — 575.
—, Entgiftung in der Leber 452.
—, Hemmung durch Halogenacetate 594.
—, —, Wirkung von Inosinsäure auf — 709.
—, p_H-Änderung bei — 604.
—, Volumendilatation des Muskels bei — 602.
—, Wärmetönung bei — 598.
— aus Brenztraubensäure durch Dismutation 716.
— aus Glucosamin in der Hornhaut 877.
— aus Glucose 117, 255.
— aus Fructose 101.
— aus Glykogen 120.
— bei Alkoholoxydation 487 Schema.
— bei Muskelkontraktion 120, 592 bis 595.
— bei Muskeltätigkeit 607.
— bei Totenstarre 607.
— in Gehirn 659, 706, 815.
— in Hornhaut 877.
— in Linse 893f.
— in Magen 612.
— in Muskeln, glatten 612.
— in Retina 786, 929ff.
— von Acetat aus — 477.
— von Fettsäuren in der Leber aus — 168.

Milchsäure:
Bildung von Glucose aus — 117, 255.
— von Glykogen aus — 99, 102, 117f., 120f.
—, aerobe, in Gehirn und Retina 707.
—, anaerobe, Gehirn, Beeinflussung durch Kaliumionen 806.
Durchtritt durch die Blut-Hirnschranke 816.
Einfluß auf P-Einbau in Gehirnlipoide durch — 737.
Förderung der Glutaminsäureaufnahme durch Hirnschnitte 756.
— der Ribonucleinsäurebildung durch — 765.
Gehalt in Blut 120, 608ff.
— — bei Kreislaufstörungen 121.
— in Gehirn 632 Tab., 659, 808.
— — bei Erregung, psychischer 738.
— — bei Funktionszuständen, verschiedenen 810 Tab.
— — bei Hypoglykämie 823.
— — bei Hypoxie 786.
— — bei Ischämie 788.
— — bei Krampfanfällen 816.
— — bei Narkose 813f.
— — von Ratten, schlafenden 808.
— in Kammerwasser 893f., 905.
— — bei Anoxämie 899.
— in Leber, regenerierender 33.
— in Linse 891, 893, 894 Tab.
— —, Bedeutung für Hypertonie des Kammerwassers 909.
— in Muskel 580.
— — nach Fructosebelastung 101.
— — bei Muskeldystrophie 586.
— in Nerv 624 Tab.
Hornhautschädigungen durch — 878.
Oxydation 608.
—, Förderung durch Kaliumchlorid 806.
—, Hemmung durch Arsenverbindungen 726.
—, — durch Narkotika 813.
—, — durch Nicotin 822.
—, — durch Oxymalonat 715.
—, Wirkung von Amidon auf — 728.
— durch Gehirn 706, 728, 784ff.
— in Leber 120.
— in Retina 931.
Oxydationsquotient 594.
Steigerung der Harnstoffbildung durch — 304f.
Stoffwechsel in Leber 67.
Verbrennung im Herzmuskel 610f.
Verbrennungswärme 592.
Verstärkung der Glutaminsäurehemmung der Glykolyse durch — 707.
Verteilung in Linse 897.
Verwertung der C-Atome zur Glykogensynthese 118, 119 Schema, 120 Tab.
— zur Glucuronsäuresynthese 460.
—, oxydative 608.
Vorkommen in N. opticus 948.
Wirkung auf Glutaminsäuregehalt in Hirnschnitten 756.

Milchsäure:
Wirkung auf Kalium/Natriumaustausch der Retina 935.
— bei Monojodessigsäurevergiftung von Nerven 863.
—, antiketogene 190.
D-Milchsäure, Oxydation in Gehirn 706.
D- und L-Milchsäure, Verwertung 594.
L-(+)-Milchsäure, Gehalt in Muskel 580.
Milchsäurebakterien, Galaktowaldenase in — 96.
Milchsäurebelastung zur Leberfunktionsprüfung 121.
Milchsäuredehydrogenase, s. Lacticodehydrogenase.
Milchsäureracemase 706.
Milchzucker, Linsentrübungen durch — 899.
Milz:
Abbau der Cholesterinseitenkette 555 Tab.
— von Cortison 438.
— von Fett 196.
Abgabe von Eisen in Blut 47.
Ablagerung von Kupfer 58.
Aktivität, katheptische 762.
Atmung bei Tierarten, verschiedenen 778.
Aufnahme von Plasmaeiweiß aus dem Blut 225 Abb.
Bildung von Bilirubin 506, 508.
— von Cholesterin 204.
— von Fett 165.
— von Harnsäure beim Hund 334.
— von Ketonkörpern 184.
Cerebroside, Glucosegehalt 690.
Dehydropeptidase in — 763.
Desoxyribonucleinsäuren, Fraktionen 314.
Einfluß auf Leberregeneration 35.
Gehalt an Adenosintriphosphat 328.
— an Axerophthol 354.
— an Depoteisen bei O_2-Mangel 50.
— an Eisen 44f.
— an Ferritin 46.
— an Glutathion 276 Tab.
— an Glykogen bei Glykogenspeicherkrankheit 79.
— an Hämosiderin 47.
— an Nucleinsäuren 311.
— an Ribonuclease 319.
— an Tokopherol 363.
Glycin, markiertes, Aufnahmegeschwindigkeit für — 214.
Leucin, markiertes, Aufnahmegeschwindigkeit für — 214.
Nucleinsäuren, Erneuerungsgeschwindigkeit 316.
Phosphoproteidphosphatase 763.
Proteinasen 762f.
Reticuloendothel, Erythrocytenabbau 506f.
Serin, markiertes, Aufnahmegeschwindigkeit für — 214.
Spaltung von Axerophtholestern durch — 352.
Speicherung von Biotin 411.

Milz:
Speicherung von Eisen 52.
— von Erden, seltenen 66.
— von Provitamin D_2 361.
— von Sphingomyelin 736.
Sphingomyeline aus — 641.
Verhältnis Ribonucleinsäuren/Desoxyribonucleinsäuren 312.
Vorkommen von 9,10-Fettsäuredehydrogenase 163.
— von Formylase 288.
— von Glucuronidase 462f.
— von Phospholipid-Nucleotidkomplexen 313.
Xanthinoxydaseaktivität 335 Tab.
Milzexstirpation, Eisengehalt der Leber bei — 50.
Milznerven, Gehalt an Adrenalin und Noradrenalin 840.
—, — an Histamin 760.
—, Lipoidzusammensetzung 647 Tab.
—, Struktur 646.
Milzschwellung bei Lebercirrhose 18.
Mineralocorticoide, Abbau in Leber 437f.
Mineralstoffe, Gehalt in Augengeweben s. unter Auge.
—, — in Blutplasma 902 Tab.
—, — in Blutserum 901 Tab.
—, — in Erythrocyten 575 Tab.
—, — in Gehirn 620 Tab., 621—632, 924 Tab.
—, — in Gehirnsubstanz, entfetteter 632 Tab.
—, — in Leber 41 Tab., 64 Tab.
—, — in Muskel 574—577, 620 Tab.
—, — in Nebenniere 621.
—, — in Tierlinsen 883 Tab.
—, Stoffwechsel in der Leber 39—66, 400.
Mineralstoffwechsel, Störungen bei Lebercirrhose 18.
—, Zentralnervensystem 796—801.
Mithridatismus 453.
Mitochondrien:
Abbau von Fettsäuren in — 187.
Atmung, Beeinflussung durch Kalium 41.
Atmungskettenphosphorylierung in — 730, 732.
Aufnahme von Aminosäuren, markierten, in — 215 Tab.
— von Phosphat, radioaktivem, in Ribonucleinsäuren 318.
Bedeutung für Proteinsynthese 215.
— von Fettsäuren, essentiellen, für Fermentgehalt der — 377.
— —, ungesättigten, für — 153.
— von Kaliumionen für Atmung der — 41.
Bildung von Asparaginsäure aus Glutamin 309.
— von ATP in — 327.
— von Fetten 167.
— von Fettsäuren 178*.
— von Phosphatiden 156—159.
— von Prothrombin 370, 374.
Brenztraubensäureoxydation in — 41.
Citronensäurecyclus in — 113.

Mitochondrien:
Enzymsystem des Citronensäurecyclus 725.
— der Hippursäurebildung 469f.
—, ATP-bildendes 468.
Fermente der Fettsäureoxydation 171, 741.
Gehalt an Arginase 310.
— an Cholinoxydase 146, 504.
— an Cobalamin 419.
— an Coenzym A 405.
— an Cytochromoxydase 504.
— an DPN-Cytochrom c-Reduktase in Hepatomen 504.
— an Desoxyribonuclease 320.
— an Fermenten 377.
— — im Gehirn 700.
— an Fol- und Folinsäure 415 Tab.
— an Glutaminase 253.
— an L-Glutaminsäuredehydrogenase 248, 396.
— an Lipoiden 133f.
— an Magnesium 42.
— an Monoaminoxydase im Gehirn 761.
— an Neutralfett 134.
— an Pantothensäure 405.
— an Phosphatiden 133, 735.
— an Riboflavin 390.
— an Ribonucleasen 319f.
— an Ribonucleinsäuren bei Hunger 321.
— an Succinoxydase 504.
— an Uricase 339.
— in Mäuseleber 113.
Gehirn, Fermente in — 700.
—, Wirkung von Reizung, elektrischer, auf — 815.
in Hepatomen, Zahl und Masse 503.
Herz, Pyruvatumsatz 732.
Kaliumbindung 40.
Leber, Bildung von Fettsäuren in — 178.
—, — von Kynurensäure in — 290.
—, Erneuerung der Ribonucleinsäuren in — 317.
—, Gehalt an Adenin 315 Tab.
—, — an Cytosin 315 Tab.
—, — an Eiweiß 217 Tab.
—, — — nach Stoffen, cancerogenen 503.
—, — an Guanin 315 Tab.
—, — an Katalase bei Tumoren durch Azofarbstoffe 504.
—, — an Lipoiden 133f.
—, — an Ribonucleinsäure 312, 313 Tab.
—, — — nach Azofarbstoffen, cancerogenen 504.
—, — an Stickstoff 503.
—, — an Thyroxin 441.
—, — an Uracil 315 Tab.
—, Kaliumbindung an — 40.
—, Kupferproteid aus — 57.
—, Strukturlipoide in den — 133f.
—, Thiaminphosphorylierung 388.
—, Wirkung von Azofarbstoffen, cancerogenen auf — 502f.

Mitochondrien:
Leber, Wirkung von Thyroxin auf Stoffwechsel der — 444.
—, regenerierende, Gehalt an Mitochondrien 33.
Nucleinsäuren, Umsatzgeschwindigkeit der — 323.
Proteine, Erneuerung in — 215.
—, Stickstoff:Phosphor-Verhältnis 134.
Vorkommen von Alkoholdehydrogenase 487.
— von Cytochron c-Reduktase 396.
— von Cytochromsystem 795.
— von Fermentsystem, citrullinbildendem 306.
— —, xanthurensäurebildendem 291.
— von β-Oxybuttersäuredehydrogenase 396.
— von Rhodanese 479.
— von Ribonucleinsäuren 666.
Wirkung von Thyroxin auf Umsatz in — 444.
— — auf Umsatzgeschwindigkeit von Adenosintriphosphat in den — 328.
Zahl, Beeinflussung durch 3'-Methyl-4-dimethylaminoazobenzol 503.
Mitochondrienfett, Jodzahl 134.
Mittelhirn, Gehalt an Chlorid 620 Tab.
—, — an Glykogen 658.
—, — an Kalium 620 Tab., 622.
—, — an Milchsäure 659.
—, — an Natrium 620 Tab., 625.
—, — an Phosphor 620 Tab.
—, — an Thiamin 671 Tab.
—, — an Wasser 620 Tab.
—, Q_{O_2} 782 Tab.
Molybdän, Gehalt in Gehirn 628.
—, — in Leber 64 Tab., 65.
—, — in Rinderauge 916 Tab.
—, — in Xanthinoxydase 65.
Molybdän (^{99}Mo), Anreicherung in Rinderauge 916.
Mongolismus, Katarakt 898.
—, Sauerstoffverbrauch des Gehirns 827.
Monoäthyläthanolamin, Phosphorylierung durch Cholinphosphokinase 738.
Monoaminophosphatide, Gehalt in Achsenzylinder 649 Tab.
—, — in Gehirn 631 Tab., 633 Tab.
—, — in Leber nach Äthanolamin und Serin 145.
—, — in Markscheiden 649 Tab.
—, — in Nerven, peripheren 634.
—, — in Nervenzellen 649 Tab.
—, — in N. ischiadicus bei Degeneration, WALLERscher 694 Tab.
—, — in Substanz, weißer 648.
Monoaminoxydase, Gehirn, Hemmung durch 1-iso-Nicotinyl-2-iso-propylhydrazin 761.
Monobromessigsäure, Vergiftung des Muskels mit — 594.
Monocarbonfettsäuren-Methylester, Verbrennung im Gehirn 742f.

Δ^{11}-Monoensäure, Vorkommen in Glycerinphosphatiden des Gehirns 639 Tab.
Monojodessigsäure, Einfluß auf Thiamingehalt des Nerven 671.
—, — auf Kohlenhydratoxydation 729.
—, Hemmung der Cerebrosidase durch — 744.
—, — der Citricodehydrogenase durch — 724.
—, — der Pyruvatdehydrogenase durch — 727.
—, — der Pyruvatoxydase durch — 726.
—, — der Triosephosphatdehydrogenase durch — 714, 727.
—, Muskelstarre durch — 607.
—, Vergiftung des Fermentsystems, glykolytischen, durch — 590.
—, — des Muskels durch — 594, 601f.
—, Wirkung auf Dauer der Muskelkontraktion 612.
—, — auf Froschherz 610.
—, — auf Glykolyse im Gehirn 702, 704.
—, — auf CO_2-Fixation 721.
—, — auf Nerven-Aktionspotential 863.
—, — auf Succinodehydrogenase 727.
—, Spaltung 442.
Monomethyläthanolamid, Phosphorylierung durch Cholinphosphokinase 738.
Monomethylaminoazobenzol, Bildung aus p-Dimethylaminoazobenzol in der Leber 497.
—, Bindung an Leberproteine 498.
—, Wirkung, cancerogene 494, 498, 501.
Monomethylhistamin, Abbau durch Histaminase 760.
Mononucleotide, Leber, Erneuerung 329.
—, —, Gehalt an — 327—330.
—, —, Verwertung zum Aufbau von Polynucleotiden 331.
—, —, Vorkommen 327.
—, ribosehaltige, Vorkommen in der Leber 311.
Mono-oxy-pentamethoxycyclohexan, Wirkung, alipotrope 150.
Monophosphoesterase, Vorkommen in Galle 543.
Morbus Basedow, Gehalt der Leber an Axerophthol bei — 354.
Morbus Gaucher 642, 661, 690.
Morphin, Abbau in Leber 453, 484.
—, Förderung der Linolensäureoxydation im Gehirn durch — 741.
—, Hemmung von Cholinesterasen durch — 858, 860.
Morphinvergiftung, Hirnstoffwechsel bei — 810 Tab.
Mucoide, Gehalt in Chorioidea 917 Tab.
—, — in Iris 917 Tab.
Mucoitinschwefelsäure, Vorkommen in Corneamucopolysaccharid 874.
trans-trans-Muconsäure 473*.
Mucopolysaccharide, Blut, Bildung in der Leber 232f.
—, Perjodsäure-Leukofuchsinreaktion 661.
—, Vorkommen in Cornea 874.
Mucoproteid, Gehalt in Hornhaut 874.
Mucoproteid, Gehalt in Lederhaut 872.
— der Linse 885—888.
—, Wasserbindung durch — in der Hornhaut 879f.
Mucin, Ausscheidung in Gallenblase 535f.
—, Gehalt in Galle 542f., 569.
Muconsäure, Bildung aus Benzol 473*.
Mugil chelo, Leber, Axerophthol-Gehalt 357 Tab.
Mullus barbatus, Leber, Vorkommen von Uricase und Allantoinase 341.
Murmeltier, Wärmeregulation 23.
Musculus dilatator papillae 914.
— gastrocnemius, Gehalt an Stoffen, anorganischen 620 Tab.
— sphincter pupillae 914.
Muskel:
Inhaltsverzeichnis 570.
Schrifttum 570.
s. a. Skeletmuskel.
Abbau von Fetten 195f.
— von Ketonkörpern 166, 195f.
Abgabe von Eiweiß im Hunger 219.
— von Milchsäure bei Arbeit 608.
Adenosintriphosphatspaltung 328.
Aktivator der Hexokinase in — 712.
Aktivität der Hexokinase 711.
— der Phosphoglucomutase 710.
— der Phosphorylase 710.
— der Xanthinoxydase 335 Tab.
Arbeitsleistung, anaerobe 588.
Aufnahme von Kalium durch — 41.
— von Plasmaeiweiß aus dem Blut durch — 225 Abb.
Bestandteile, anorganische 574—577.
—, organische 577—585.
Bildung von Allantoin 338.
— von Ammoniak 597, 934.
— von Citronensäure 195.
— von Glykogen 596.
Dehydropeptidase in — 763.
Doppelbrechung, Verhalten bei Kontraktion 602f.
Druck, osmotischer 603.
Durchblutung 573.
— bei Arbeit 608.
Eiweißkörper 577 Tab.
Einzelzuckung, Wärmebildung 600f.
Elastizitätsmodul 606f.
Endplatte, motorische 574.
—, —, Acetylcholinkonzentration an — 855.
—, —, Empfindlichkeit für Acetylcholin 840.
Entgiftung von Nicotin 492.
Entnervung, Einfluß auf Zusammensetzung 586.
Erholung 588.
Erholungsphase, oxydative 588.
Fermentsystem, glykolytisches, 585, 590.
Gefrierpunktserniedrigung 603f.
Gehalt
an Acetokinase 129f.
an Adenosintriphosphat 328, 581 Tab., 582f.

Muskel:
Gehalt:
an Äpfelsäure 580.
an Albumin 577 Tab.
an Aldolase 713.
an Ammoniak 584.
an Anserin 583.
an Antipellagrafaktor 585.
an Argininphosphorsäure 596.
an Asche 574.
an Ascorbinsäure 377, 585.
an Bernsteinsäure 580.
an Bestandteilen, anorganischen 574—577.
—, organischen 577—585.
an Carnitin 584.
an Carnosin 583.
— beim Training 586.
an Cholesterin 584.
— bei Muskeldystrophie 586.
an Cobalamin 585, 674.
an Codehydrogenasen 394, 395 Tab.
an Coenzym A 405.
an Dehydrogenasen 394.
an Diphosphopyridinnucleotid 583.
an Erdalkalimetallen 576.
an extrinsic factor 585.
an Fermenten 585.
an Fetten 584.
an Flavinnucleotiden 391 Tab., 583.
an Folsäure 585.
an Fumarsäure 580.
an Globulin X 577 Tab.
an Glutamin 253.
an Glutathion 584.
— beim Training 586.
an Glykogen 580.
—, Beeinflussung durch Art der Nahrung 72.
— bei Glykogenspeicherkrankheit 80.
— bei Insulinmastkur 586.
— bei Muskeldystrophie 586.
— nach Phyllochinon 373.
— nach Schilddrüsenhormon 77.
— beim Training 586.
an Glykokoll 470.
an Harnstoff 584.
an Hexosemonophosphorsäure 580f., 581 Tab., 586.
an Kalium 587, 623, 625 Tab.
an Ketonkörpern 185.
— bei Phlorrhizinvergiftung 195.
an Kohlenhydraten 580.
—, vergärbaren 580.
an Kreatin bei Tokopherol-Mangel 367.
an Kreatinphosphorsäure 581, 586.
an Kupfer 56, 58, 577.
an Lipoiden 584.
an Magnesium 575 Tab., 576.
an Methylguanidin 584.
an Milchsäure 580.
— nach Fructosebelastung 101.
— bei Muskeldystrophie 586.

Muskel:
Gehalt:
an Mineralbestandteilen 574—577.
an Myoglobinhäm 521.
an Myosin 577 Tab., 602.
— nach Entnervung 586.
an Natrium 575 Tab., 587.
an Nicotinsäure 585.
an Nicotinsäureamid 585.
an Pantothensäure 404 Tab., 585.
an Phosphaten 576.
— nach Entnervung 586.
an Phosphatiden 584.
an Pyridinnucleotiden 395 Tab.
an Pyridoxal 585.
an Pyridoxamin 585.
an Pyridoxin 399, 585.
an Riboflavin 391 Tab., 585.
an Ribonuclease 319 Tab.
an Säuren, organischen 580.
an Sterinen 584.
an Stroma 577 Tab.
an Thiamin 388, 585, 671.
an Tokopherol 363f., 364 Tab., 584.
an Triphosphopyridinnucleotid 583.
an Verbindungen, P-haltigen 581.
an Vitaminen 584f.
an Vitamin B_6 585.
an Wasser 574, 575 Tab.
Glucose, Bedeutung für Funktion der — 116.
Glykokoll, Erneuerungszeit der — 468.
—, markiertes, Aufnahmegeschwindigkeit in — 214.
Glykolyse, aerobe, Hemmung durch Adenosintriphosphorsäure 732.
Histologie 571.
Insekten, Zuckungsdauer 612.
Kalium, Lokalisation 576, 587.
Kaliumaustausch mit Leber 42.
Kaliumkontraktion 576.
Kathepsin 585.
Kohlenhydratbilanz 593.
Kompressionskürzung 605.
Kontraktur 606f.
Lichtdurchlässigkeit, Verhalten bei Kontraktion 603.
Natrium, Lokalisation 576, 587.
Natrium:Kalium-Verhältnis 575f.
Nervenversorgung 573, 574 Abb.
Nutzeffekt 587, 612.
Oxydation von Äthylalkohol 485.
— von Kohlenhydrat bei Muskelarbeit 590.
— von Methylalkohol 488.
oxygen debt 591.
Permeabilität 587.
Phosphataufnahme 769.
Phosphatidumsatz bei Nahrung, fettreicher 160.
Proteinasen 762f.
Querstreifung 572f.
Sarkolemm 571f.
Sauerstoffschuld 591.
Sauerstoffverbrauch 590ff.

Muskel:
Sauerstoffverbrauch bei Arbeit 589, 607f.
—, Steigerung durch Thyroxin 444.
Serin, markiertes, Aufnahmegeschwindigkeit in — 214.
Spaltung von Di- und Tripeptiden in — 763.
Spaltungsreaktionen, anaerobe, exergonisch verlaufende 588.
Starre 606f.
—, chemische 607.
Stoffumsatz, Nutzeffekt 571.
Totenstarre 586, 606f.
Training 586, 607, 609.
Umsatz von Adenylsäurephosphat 329.
— von Citronensäure 126.
— von Kreatinphosphat 765.
— von Phosphatverbindungen, energiereichen, im — 809.
Vergiftung mit Fluorid 607.
— mit Monobromessigsäure 594.
— mit Monojodessigsäure 594, 601f.
Volumenänderungen bei der Tätigkeit 601.
Volumenkonstriktion 601.
Vorkommen von Aminosäuren 584.
— von Brom 576.
— von 9,10-Fettsäuredehydrogenase 163.
— von Flavinnucleotiden 583.
— von Fluor 576.
— von Heparin 233.
— von Jod 576.
— von Kephalinen 584.
— von Kupfer 577.
— von Lacticodehydrogenasen 585.
— von Mangan 577.
— von Peptiden 584.
— von Phosphoglucomutase 86, 710.
— von Silicium 576.
— von Zink 577.
Wasserstoffionenkonzentration 604f.
Wirkung von Acetylcholin auf — 840.
Zusammensetzung 574—586.
glatter, Energieleistung für Spannungserhaltung 612.
—, Gehalt an Bestandteilen, anorganischen 575 Tab.
—, — an Chlor 575 Tab., 576.
—, — an Cholesterin 584.
—, — an Kreatinphosphorsäure 581.
—, — an Trockensubstanz 575 Tab.
—, Milchsäurebildung 612.
—, Natrium: Kalium-Verhältnis 575f.
—, Stoffwechsel 611f.
—, Zuckung 612.
Muskeln, rote und weiße 572.
Muskeladenylsäure, Abbau im Gehirn 767.
—, Ammoniakbildung aus — in der Retina 934.
— s. a. Adenylsäure.
Muskelarbeit s. Muskeltätigkeit.
Muskeldystrophie, Ausscheidung von Myoglobin im Kot bei — 522.
—, Cholesteringehalt des Muskels bei — 586.
Muskeldystrophie, Methioninwirkung bei — 365.
—, Milchsäuregehalt im Muskel bei — 586.
— bei Gallenfistelhunden 368.
— bei Tokopherol-Mangel 365.
—, alimentäre, Hypercholesterinämie bei — 686.
—, progressive 586.
Muskelfaser, Histologie 571f.
Muskelfaserendplatte, Depolarisierung 840.
Muskelfibrillen 571f.
Muskelkontraktion:
Alkalisierung bei der — 604f.
Auslösung durch Adenosintriphosphorsäure 598.
Bedeutung von Kalium für — 575.
— von Sauerstoff für — 590ff.
Doppelbrechung des Muskels bei — 602f.
Druck, osmotischer, bei — 603f.
Energie der Reaktionen, chemischen, bei der — 598ff.
Erholungsvorgang 591.
Impedanz bei — 605.
Kalium: Natrium-Austausch 576.
Lichtdurchlässigkeit des Muskels bei — 603.
Milchsäurebildung 592, 595.
Monojodessigwirkung auf — 612.
p_H-Änderung bei der — 604f.
Phase, aerobe 588ff.
—, anaerobe 590—597.
—, —, Ammoniakbildung 597, 934.
—, —, ATP-Dephosphorylierung 595ff.
—, —, Kreatinphosphorsäurespaltung 588, 594f.
—, —, Milchsäurebildung 592—595.
Reaktionen, chemische, Lieferung von Energie, freier, bei — 599f.
—, —, Wärmetönungen 598.
—, energieliefernde, Reihenfolge 596.
Sauerstoffverbrauch 592—608.
Theorien der — 605f.
Veränderungen, kolloidchemische, bei der — 605.
Volumenänderungen des Muskels 601f.
Vorgänge, chemische, bei der — 587.
Wärmebildung bei der — 592ff.
—, anaerobe, Glykogenzerfall bei — 588.
—, initiale 600, 601 Abb.
Muskelmembran, Eigenschaften 587.
Muskelproteine, Löslichkeit 578.
Muskelstarre 606f.
Muskeltätigkeit 607ff.
—, Einfluß auf Glykogengehalt der Leber 73f.
—, Bildung von Kohlensäure bei — 607.
—, — von Milchsäure aus Glykogen bei — 120.
—, Gehalt an Blutzucker bei — 609.
—, Glykogengehalt der Leber bei — 117.
—, Hypoglykämie bei — 609.
—, Ketonkörper als Energiequelle für — 194.
—, Kohlenhydrate, Oxydation bei — 590.
—, Milchsäurebildung bei — 607.
—, Quotient, respiratorischer bei — 589f.
—, Sauerstoffverbrauch bei der — 592f., 608.

Muskeltätigkeit, Volumenkonstriktion bei — 601.
—, Wirkung auf Eiweißumsatz der Leber 221.
—, — auf Proteinbildung im Gehirn 746.
Muskeltraining 586.
Muskelverkürzung, Bedeutung der Ionenstärke für — 575.
Muskelzuckung, Dauer 612.
—, Untersuchung, myothermische 600.
Muskulatur s. Muskel.
Mustardgas, Wirkung auf Pyruvatoxydase 728.
—, Wirkung auf Succinodehydrogenase 728.
Mycobakterien, Barbitursäurebildung aus Pyrimidinen 343f., 344•.
Myelinlipoide 643, 645.
— in Ganglien, sympathischen 646.
—, Gehalt in N. ischiadicus bei Degeneration, WALLERscher 694 Tab.
—, Verhalten bei Degeneration, WALLERscher 695.
Myelinscheide des Achsenzylinders 618ff.
Myelom, TAKATA-Reaktion bei — 244.
Mylase P 404.
Myogen A und B 577 Tab.
Myoglobin 521f., 579f.
—, Abbauprodukte, Ausscheidung mit der Galle 521f.
—, Ausscheidung im Kot 522.
—, Bildung von Bilirubin aus — 521.
—, — von Dipyrrylverbindungen aus — 522.
—, Gehalt im Herzmuskel 580.
—, Vorkommen im Kot 522f.
Myoglobinhäm, Gehalt in der Muskulatur 521.
Myoglobinurie bei Kreuzlähme des Pferdes 521f.
„Myoid“ 923, 928.
Myo-Inosit 580.
Myokinase 596.
—, Gehalt in Gehirn 774.
—, Hemmung durch Adenylsäure 774.
—, Vorkommen im Gehirn 774.
—, — im Zentralnervensystem 767.
Myosin, Baustein der Substanz, kontraktilen, des Muskels 602.
—, Doppelbrechung 602f.
—, Gehalt in Muskel 577 Tab.
—, — —, entnervten 586.
—, — in Uterus 611.
—, Spaltung von Adenosintriphosphorsäure durch — 578.
—, Wirkung von ATP auf — 578f.
L-Myosin 577 Tab.
—, Bedeutung für ATPase 596.
Myristinaldehyd, Vorkommen in Acetalphosphatiden 638.
Myristinsäure, Abbau in Mitochondrien 187 Tab.
—, Bildung aus Behensäure 162.
—, — von Acetessigsäure 187 Tab.
—, — von Palmitinsäure aus — 170•.
—, — von Stearinsäure aus — 170.
Myristinsäure, Desaturation 163.
—, Resorptionsweg 136.
—, Vorkommen in Glycerinphosphatiden des Gehirns 639 Tab.
Myristoleinsäure, Vorkommen in Geweben, tierischen 163.
Myxödem, Gehirnstoffwechsel bei — 818.

Nabelschnurblut, Sauerstoffsättigung 512.
Nabelstrangblut, Bilirubingehalt 512.
Nachtblindheit 942ff.
Nackenband, Gehalt an Alkalimetallen 575.
—, — an Silicium 577.
NADI-Reagens 878.
NADI-Reaktion 920.
Nahrungsfett, Angleichung an Körperfett 161—164.
—, Aufnahme durch die Leber 136ff.
Naphthalin, Entgiftung 473.
—, Fettleber nach — 475.
—, Linsentrübungen durch — 899.
—, Wirkung, wachstumshemmende 474.
Naphthalinderivate, Linsentrübungen durch — 900.
Naphthochinone, Hemmung der Cholinacetylase durch — 850.
—, — der Hirnglykolyse durch — 708.
—, Wirkung auf Glykogengehalt des Herzens 373.
α-Naphthol, Glucuronidbildung mit — 459.
Naphtholglucuronid 459, 473.
Naphthoresorcinreaktion 461.
2-Naphthylamin, Bildung von 2-Naphthylamin-schwefelsäuren aus — 474.
α-Naphthyl-merkaptursäure 472•, 473.
Narcotin, Hemmung von ATPase durch — 773.
Narkolepsie 761.
—, Atmungskettenphosphorylierung bei — 814f.
Narkose, Gehirn, Acetylcholingehalt bei — 842.
—, —, Aktivität, elektrische, bei — 815.
—, —, Anreicherung von Phosphatverbindungen, energiereichen 809, 814.
—, —, Gehalt an Glutamin 813.
—, —, — an Glutaminsäure 813ff.
—, —, — an Glykogen 814.
—, —, Glykolyse bei — 809.
—, —, Kohlenhydratstoffwechsel, Hemmung bei — 813.
—, —, Phosphorylierungen bei — 814.
—, —, Sauerstoffverbrauch bei — 813.
—, —, Stoffwechsel 810 Tab., 813ff.
—, Leberglykogen bei — 69.
Narkotica, Beeinflussung der Gehirnatmung durch — 813f.
—, Energiebedarf des Gehirns bei Zufuhr von — 813f.
—, Hemmung der Glykolyse durch — 708.
—, — der Glutaminsäureoxydation 813.
—, — der Milchsäurebildung durch — 822.
—, Kreatinphosphorsäurezerfall nach — 772.

Natrium:
s. a. Natriumionen.
Aktivierung der Apyrase durch — 806f.
Aufnahme durch Gehirn 769.
Aufnahme durch Linse 893, 898.
Ausscheidung durch Galle 44.
— bei Lebercirrhose 42.
—, Tagesrhythmus 25f.
Austausch zwischen Blut und Kammerwasser 908.
— bei Nervenerregung 835.
Einfluß auf Acetylcholinsynthese 849.
— auf Glucosebildung 43.
Gehalt in Aderhaut 915 Tab.
— in Bindegewebe 575 Tab.
— in Blut 575 Tab.
— in Blutserum 575 Tab., 901 Tab., 902 Tab.
— in Ciliarkörper 915 Tab.
— in Darmsaft 539.
— in Erythrocyten 575 Tab.
— in Galle 538.
— in Gehirn 620 Tab., 623 Tab., 624f.
— —, Altersveränderungen 676.
— —, Substanz, grauer 625, 924 Tab.
— in Glaskörper 901 Tab.
— in Herzmuskel 575 Tab.
— in Hirnrinde, Einfluß von Hunger auf — 805.
— in Hornhaut 873 Tab.
— in Iris 915 Tab.
— in Kammerwasser 901 Tab., 902 Tab.
— in Knorpel 575 Tab.
— in Leber 41 Tab., 64 Tab.
— in Lederhaut 872 Tab.
— in Linse 883 Tab., 884 Tab., 885, 892.
— in Magensaft 539.
— in Muskel 587.
— —, glattem 575 Tab.
— in Nerv 624 Tab.
— in Pankreassekret 539 Tab.
— in Pons 620 Tab., 625.
— in Retina 924 Tab., 934 Tab., 935.
— in Rückenmark 620 Tab., 625.
— in Skeletmuskel 575 Tab.
— in Tierlinsen 883 Tab., 884 Tab., 885.
Konzentrationsdifferenz zwischen Zelle und Umgebung 835.
Lokalisation im Muskel 576, 587.
Permeabilität der Blut-Hirnschranke für — 797.
— durch Nervenmenbran 835.
Verteilung im Nerven 630.
Retention bei Ikterus, katarrhalischem 42.
Natriumchlorid, Förderung des Abbaus von Desoxyribonucleinsäuren durch — 766.
—, Resorption und Sekretion in der Gallenblase 535f.
— s. a. Kochsalz.
Natriumcholat, Wirkung auf Esterasen 157.
Natriumcyanid, Hemmung von ATPase durch — 773.
Natriumfluorid, Beeinflussung der K^+-Wirkung auf Hirnatmung 806.
Natriumfluorid, Hemmung von ATPase 773.
—, — von Lipase 157.
—, — der Phospho-enol-brenztraubensäurebildung durch — 714.
—, Wirkung auf Glykolyse im Gehirn 702.
—, — auf Wassergehalt der Cornea 881.
— s. a. Fluorid.
Natriumhydrogencarbonat, Einbau in Gehirnproteine 747.
—, Resorption in der Gallenblase 536.
Natriumionen:
s. a. Natrium.
als Aktionssubstanz des Nerven 836.
Aktivierung der Acetylcholinesterase 856.
— der Apyrase 807.
Aufnahme durch die Leber 41f.
Austausch im Nerven, Temperaturabhängigkeit 835.
und Chlorionen, Verteilungsverhältnis Kammerwasser: Plasmawasser 906, 907 Tab.
Einfluß auf ATP-Bildung 807.
Förderung der Glucosebildung durch — 43.
Hemmung der Dephosphorylierung von Phospho-enol-brenztraubensäure 807.
— der Glykolyse 807.
— der Pyruvatkinase 715.
Gehalt in der Linse bei Katarakt 897.
Transport bei Nervenerregung 801.
Wirkung auf Kohlenhydratstoffwechsel 806.
Natrium: Kalium-Verhältnis in Muskel, glattem 575f.
— bei Muskelkontraktion 576.
Natriumnitrat, Hemmung der Gehirnatmung durch — 779.
Natriumoleat, Extraktion des Sehpurpurs durch — 937.
—, Wirkung auf Esterasen 157.
Natriumphosphat, Hemmung der Gehirnatmung durch — 779.
Natriumsalicylat, Beeinflussung der Gehirnatmung durch — 791.
—, Extraktion des Sehpurpurs durch — 937.
Natriumsalze, Einfluß auf Gallenbildung 43.
—, — auf Glykogengehalt der Leber 42.
—, Hyperglykämie nach — 42.
Natriumselenat, Leberschädigungen durch — 366.
Natriumselenit, Entgiftung 149.
Natriumsulfat, Einbau von S aus — in Gehirnproteine 745.
—, Entgiftung durch — 467.
—, Hemmung der Gehirnatmung durch — 779.
Natriumsulfid, Beeinflussung der Gehirnatmung durch — 791.
Nebennieren:
Abbau der Cholesterinseitenketten in — 555 Tab.
Abgabe von Eiweiß im Hunger 219.
Aufnahme von Plasmaeiweiß aus dem Blut 225 Abb.

Nebennieren:
Bedeutung für Thyroxinwirkung auf die Atmungskette 445.
Beeinflussung der Fettsynthese durch — 169.
Gehalt an Ascorbinsäure nach Alkoholvergiftung 380.
— —, Beeinflussung durch ACTH 380, 449.
— an Coenzym A 405.
— an Flavinnucleotiden 391 Tab.
— an Glutathion 276 Tab.
— an Rhodanese 480.
Speicherung von Provitamin D_2 361.
— von Vitamin A 348.
Wirkung auf Fettgehalt der Leber 142f.
Nebennierenexstirpation, Wirkung bei Pankreasdiabetes 124.
Nebennierenhormone, Abbau in Leber 437f.
Nebennierenmark, Abgabe von Adrenalin und Noradrenalin 840.
—, Fasern, sympathische, zum — sind cholinergisch 839.
Nebennierenrinde, Bedeutung für Glykoneogenese aus Aminosäuren 123f.
—, Cholesterinsynthese in — 204.
—, Gehalt an Ascorbinsäure 378, 380, 449.
—, Hemmung der Gehirnatmung durch — 819.
—, Wirkung auf Ascorbinsäuregehalt der Leber 379.
—, — auf Hexokinase 85.
—, — von Pantothensäure auf Hormonbildung in der — 410.
Nebennierenrindenextrakte, Einfluß auf Linolensäureoxydation im Gehirn durch — 741.
—, Wirkung auf Umsatzgeschwindigkeit der Lebernucleinsäuren 322.
Nebennierenrindenhormone, Abbau durch Leber 437f.
—, Bedeutung für Kohlenhydratstoffwechsel 123f.
—, Bildung aus Cholesterin 554f.
—, Hemmung des Kohlenhydratabbaus durch — 123f.
—, Wirkung auf Glykoneogenese und Glykogenspeicherung 385.
—, — auf Leberglykogen 78.
—, — bei Pankreasdiabetes 124.
Nebenschilddrüseninsuffizienz, Linsentrübungen bei — 898.
Nembutal, Einfluß auf Phosphatgehalt des Gehirns 631 Tab., 771.
—, Hemmung des P-Einbaus in Gehirnlipoide durch — 737.
—, — der Ribonucleinsäurebildung durch — 764.
Nembutalnarkose, Synthese von Phosphatiden und Nucleoproteiden bei — 814.
Neo-β-Carotin als Provitamin A 358.
Neopyrithiamin, Wirkung auf Thiamingehalt der Leber 388.
Neoretinin b 944, 946, 946 Tab.
Neosalvarsan, Wirkung auf Pyruvatdehydrogenase 727.
Neovitamin A 358*.
—, Gehalt im Leberöl von Fischen 358.
— und Vitamin A, Umwandlung ineinander 358.
—, Vorkommen 358.
Neovitamin A b, Vorstufe von $Retinin_1$ 944.
Nephrektomie, Einfluß auf Chlorgehalt des Gehirns 630.
Nephrosen, Druck, kolloidosmotischer, bei — 230.
—, Eiweißausscheidung bei — 230.
—, Esterasebildung in der Leber bei — 239.
Nerven:
613—864.
Inhaltsverzeichnis 613.
Abbau von Adenylsäure in — 766.
Abgabe von Thiamin 837.
Achsenzylinder, Gehalt an Phosphatase, saurer 695.
—, Lipoidverteilung 649 Tab.
—, Lipoidzusammensetzung 646.
—, Regeneration 698.
—, Struktur 619.
—, Vorkommen von 5-Nucleotidase 696, 698, 767.
Aktionspotential 835f.
— bei Vergiftung von Monojodessigsäure 863.
Aktionssubstanzen 836—862.
Aktivität der Acetylcholinesterase 854.
Austausch von Natriumionen 835.
Axon, Peptidaseaktivität 762.
Axonotmesis, Veränderungen bei — 699.
Axoplasma 834f.
—, Tintenfischnerv, Struktur 652.
Bestandteile, anorganische 620ff.
Bildung von Acetylcholin bei Degeneration, WALLERscher 696.
Blockierung 841.
Brenztraubensäuredecarboxylierung 718.
Cholinacetylaseaktivität im — 850.
Degeneration, WALLERsche 693—699, 841.
Dendriten, Vorkommen von Fermenten in — 618.
Durchschneidung, Aktivität der Cholinesterasen nach — 855.
Eiweißkörper aus Hummer- 652, 654.
Erholungswärme 863.
Erregung, Vorgänge, chemische, bei — 862ff.
Erregungsleitung 652, 834—864.
Erregungsstoffwechsel 862ff.
Fermente bei Degeneration, WALLERscher 695ff.
Gehalt an Acetylcholinesterase bei Degeneration 696.
— an Aminosäuren 695.
— an Ammonium 624 Tab.
— an Calcium 621, 624 Tab., 625 Tab.
— an Chloriden 624 Tab., 629.
— an Eiweiß bei Degeneration, WALLERscher 694f., 697f.

Nerven:
Gehalt an Hydrogencarbonat 624 Tab.
— an Kalium 623, 624 Tab.
— an Lipoiden bei Diabetikern 697.
— an Magnesium 624 Tab., 625, 630.
— an Mangan 625.
— an Milchsäure 624 Tab.
— an Mineralstoffen 620 Tab., 621 bis 632.
— an Natrium 624 Tab.
— an Nucleinsäuren 664 Tab., 665 Tab., 666.
— an Phosphaten 624 Tab., 630.
— an Thiamin 671, 671 Tab., 696f.
— an Wasser 620 Tab., 620f.
Glykolyse 706.
Glykogenolyse 710.
Homogenat, Hemmstoff der Glykolyse in — 707, 709.
Ionenaustausch 734.
— und Erregungsleitung 834.
Ionentransport, Beteiligung der Lipoide am — 734.
Kaliumaustausch 801f., 835.
Kalium-Natriumaustausch 735, 835.
Kaliumsalze bei Erregung 835, 837.
Kaliumverlust bei Energiemangel 805.
Kohlenhydratstoffwechsel und Erregbarkeit 863.
Leitungsstrecke, Acetylcholinfreisetzung auf der — 841f.
Lipoidzusammensetzung 647 Tab.
Markscheiden, Acetalphosphatide 734.
—, Aufbau 734.
—, Gehirn, Gehalt an — 678.
—, Insekten, Lipoidgehalt 649.
—, Lipoidgehalt 645f.
—, Lipoidverteilung 649 Tab.
—, Nucleinsäuregehalt 662.
—, Plasmalogengehalt 638, 646.
—, Proteine in den — 653.
—, Struktur 618f.
—, Veränderungen nach Nervendurchtrennung 693f., 697.
—, Vermehrung mit dem Alter 678.
—, Vorkommen von Acetylcholinesterase in — 855.
—, — von Cerebrosiden in — 642f.
—, — von Neurokeratin in — 652.
Monojodessigsäurevergiftung 863.
Myelinscheide 619f.
—, Doppelbrechung 618f.
Natriumaustausch bei Erregung 835.
5-Nucleotidase in — 767.
Oxydation von Fettsäuren im — 741.
Phosphatwanderung am — 770.
Quetschung, Veränderungen bei — 699.
Regeneration 698f.
Reizleitung 734.
Sauerstoffverbrauch bei Reizung 862.
Struktur 618ff.
Verteilung von Natrium im — 630.
Vorgänge, chemische, bei Erregung 834 bis 864.

Nerven:
Vorkommen von Aminosäuren 695.
— von Gangliosiden im — 646.
— von Histamin im — 759f.
— von Lacticodehydrogenase 618.
— von Noradrenalin im — 839.
— von Phosphatasen 775.
Wärmebildung 862f.
adrenergische 839.
—, Calciumgehalt 621.
cholinergische 839.
—, Gehalt an Acetylcholin 842.
—, — an Calcium 621.
—, — an Kollagen 699.
degenerierende und regenerierende, Phosphataufnahme durch — 770.
motorische, Calciumgehalt 621.
periphere 617—700.

Nerven, periphere:
Acetylcholin, extrahierbares, bei Narkose 815.
Acetylcholinesterase, Aktivität der — 855.
Aktionssubstanz A_4 bei Erregung 862.
Aktivitätsverlust bei Sauerstoffmangel 863.
Atmungshemmung durch Cyanid 790.
ATPase — in 696.
Aufbau, chemischer 617—700.
Cytochromoxydase 795.
Gehalt an Ammoniak 629.
— an Cerebrosid 643.
— an Chloriden 629.
— an Cholesterin 645.
— an Eiweißkörpern 652.
— an Inositphosphatid 637.
— an Kephalin 636.
— an Lecithin 634.
— an Lipoiden 646, 648 Tab.
— an Mangan 625.
— an Monoaminophosphatiden 634.
— an Phosphatiden 633, 635f.
— an P-Verbindungen 665 Tab.
— an Silicium 628.
— an Sphingomyelin 642.
— an Thiamin 670.
— an Wasser, bei Degeneration, WALLERscher 693.
Glutaminsäure, Desaminierung, oxydative, in — 750f.
Glykolyse 701.
Invertebraten, Acetylcholinesterase, Aktivität in — 854.
Lipoidzusammensetzung bei Degeneration, WALLERscher 693.
Phosphataufnahme 769f.
Phosphatidsynthese in — 738.
Quotient, respiratorischer 783.
Regeneration, Induktion 699.
Sauerstoffreserve 863.
Sauerstoffverbrauch 783.
Verhältnis Sphingomyelin: Lecithin 648f.
Vorkommen von Nucleasen in — 766.
Nerven, sensible, Gehalt an Acetylcholin 842.
—, —, — an Calcium 621.

Nervenblockade mit Diisopropylfluorophosphat 859.
Nervendurchtrennung, Veränderungen an den Markscheiden nach — 693f., 697.
Nervenendigungen, sensible, Erregungsübertragung an den — 839.
—, sympathische, Zerstörung von Noradrenalin und Adrenalin an den — 761.
Nervenerregung, Bedeutung von Thiamin für die — 671, 836—839.
—, Fortleitung der — und Acetylcholin 841f.
—, Ionenaustausch bei — 835.
—, Ionenkonzentration, Änderung bei — 836.
—, Ionentransport bei — 801f.
—, Natriumtransport bei — 801.
—, Na—K-Ionentheorie der — 835f.
Nervenfaser, Acetylcholinesterase, Aktivität in — 854.
—, Kaliumaustausch 801.
—, Verhalten nach UV-Belichtung 837.
—, adrenergische und cholinergische 839.
—, parasympathische, sind cholinergisch 839.
Nervengewebe, Atmung 777—796.
—, Elektronentransport im — 733.
—, Feinstruktur 618ff.
—, Quotient, respiratorischer 783.
—, Stoffwechsel, Beeinflussung durch Kaliumionen 806.
—, — von Glutaminsäure im — 748—759.
—, Vorkommen des Cytochromsystems 795f.
—, — von Histamin im — 759f.
—, — von Histidindecarboxylase im — 760.
—, — von 5-Nucleotidase im — 668.
Nervenimpulse, Fortleitung 834—864.
Nervenleitung, Hemmung durch Anticholinesterasen 842.
—, Refraktärperiode 836.
Nervenmembran, Ionentransport durch — 734.
—, Permeabilität für Natrium und Kalium 835.
—, Polarisation und Depolarisation bei Erregung 835.
Nervenoberfläche, Freisetzung von Acetylcholin an der — 841.
Nervenscheiden, Vorkommen von Thiamin in den — 670.

Nervensystem:
s.a. Zentralnervensystem.
Bedeutung der Glucose für Funktion von — 116.
Eiweißsynthese und Nucleotidstoffwechsel 764.
Energielieferung durch Kohlenhydrate 783.
Erregungsleitung 834—864.
Erregungs- und Erholungsphase, Ionentransport 801.
Gehalt an Kephalinen 647, 649.
— an Neutralfetten 649f.
Hummer 646.
Insekten 649f.
Ionentransport 801f.
Lipoidverteilung 644—649, 756f.
— bei Invertebraten 644.
Lipoidzusammensetzung 647 Tab., 648f.

Nervensystem:
Phosphatase, alkalische, im Bindegewebsgerüst des — 775.
Phosphorstoffwechsel 770.
Umsetzung von Adenosindiphosphorsäure 765.
— von Adenosintriphosphorsäure im — 765.
— von Kreatinphosphat im — 765.
Vorgänge, chemische, bei Erregung 834 bis 864.
Vorkommen von Cholinesterasen im — 852f.
— von Histamin im — 759ff.
— von Proteolipoiden im — 650f.
autonomes, Übertragung, synaptische 839.
sympathisches, Gehalt an Histamin 759.
vegetatives, Gehalt an Lipoiden 646.
—, — an Thiamin 670.

Nervenzellen:
Bildung von Eiweiß in den — 811.
Cytoplasma, Ganglioside in — 649 Tab.
—, Phosphatase, alkalische, in — 775f.
—, GOMORI-Reaktion 776.
Eiweißbildung in — 681, 745.
Gehalt an Eiweiß 667, 681.
— — bei Schizophrenie 812.
— an Lipoiden 649 Tab., 667.
— an Nucleoproteiden bei Schizophrenie 812.
— an Pentosenucleotiden 764.
— an Ribonucleinsäuren 667.
— an Sphingomyelinen 649 Tab.
— an Succinodehydrogenase bei Chromatolyse 698.
Ionentransport in — 734.
Kerne, GOMORI-Reaktion 776.
Lipoidverteilung 649 Tab.
NISSL-Schollen, ribonucleoproteidhaltige, in — 764.
Nucleolus, Eiweiß in — 652, 745.
Phosphatasen in — 775.
Peptidaseaktivität 762.
Proteinsynthese und NISSL-Substanz 698.
Stoffwechsel der Dendriten 701.
Vergrößerung beim Gehirnwachstum 682.
Vorkommen von Cholinesterase in — 776.
— von Cytochromoxydase in — 775.
— von Kohlensäureanhydratase in — 775.
Zellkerne, Gehalt an Lipoiden 649.
—, — an Phosphatase, alkalischer 776.
—, Lipoidverteilung 649 Tab.
—, „Nucleolar-Satellit" 667.
—, Sekundärkörper in den — 667.
Zusammensetzung, chemische, Altersveränderungen 679f.

Nervonsäure, Gehalt in Sphingomyelinen 641.
—, Vorkommen in Cerebrosiden 642.
—, — in Colaminkephalin 636.
Nervus caudatus, Acetylcholinsynthese im — 850.
—, Aktivität der Acetylcholinesterase 853f., 854.

Nervus femoralis, Gehalt an Phosphatiden 634, 635 Tab.
Nervus intercostalis, Gehalt an Histamin 760.
Nervus ischiadicus:
Acetylcholinabgabe bei Erregungsleitung 841f.
Aktivität der Acetylcholinesterase 854.
— von Adenosin- und Adenylsäuredesaminase im — 767.
—, glykolytische 706.
Degeneration, WALLERsche 672, 693, 694 Tab.
Gehalt an Calcium 621.
— an Chlorid 620 Tab.
— an Cholesterin 645.
— an Desoxyribonucleinsäure 664 Tab.
— an Inosit-Phosphor 664 Tab., 665 Tab.
— an Kalium 620 Tab.
— an Natrium 620 Tab., 624.
— an Neutralfett 650.
— an Nucleinsäuren 664 Tab., 665 Tab., 687.
— an Phosphatase, saurer 695.
— an Phosphatiden 633f., 635 Tab., 648 Tab.
— — bei Ernährung, eiweißarmer 687.
— an Phosphor 620 Tab.
— an P-Verbindungen 665 Tab.
— an Ribonucleinsäuren 664 Tab., 665 Tab.
— an Sphingomyelin 642.
— an Thiamin 671 Tab., 672.
— an Wasser 620 Tab., 694 Tab.
Lipoidzusammensetzung 648 Tab.
Phosphataufnahme 769f.
Phosphatidsynthese in — 738.
Phosphoproteidfraktion, Wanderung am — 770.
Nervus obturatorius, Natriumgehalt 624.
—, Proteine aus — 654.
Nervus opticus s. Auge, Sehnerv.
Nervus phrenicus, Gehalt an Thiamin 671 Tab.
Nervus saphenus, Calciumgehalt 621.
—, Phosphataufnahme 770.
Nervus splanchnicus, Gehalt an Histamin 760.
Nervus stato-acusticus, Acetylcholinsynthese im — 850.
—, Veränderungen in Zentren, höheren, nach Reizung des — 811.
Nervus suralis, Phosphataufnahme 770.
Nervus vagus, Einfluß auf Gallensekretion 21.
— —, Freisetzung von Thiamin 838.
— —, Gehalt an Lipoiden 648 Tab.
— —, — an Substanz P 844.
— —, an Thiamin 671 Tab.
— —, Komponenten, antagonistische 838.
— —, Lipoidzusammensetzung 648 Tab.
— —, Struktur 646.
— —, Theorie der Antagonisten, humoralen 838.
— —, Wirkung von Thiamin auf — 838.
— —, —, acceleratorische, auf das Herz 838.
Nervus vertebralis, Lipoidzusammensetzung 647 Tab.
Nervus vertebralis, Struktur 646.
Netzhaut s. Auge, Retina.
Netzhautablösung 868.
Netzhautdegeneration, cystoide 868.
Neugeborenes, Bilirubinausscheidung im Stuhl bei — 518.
—, Blut, Gehalt an Prothrombin 371.
—, Eisenablagerung in der Leber bei Ikterus 512.
—, Eisendepot in der Leber 45f.
—, Erythrocytenzerstörung 512.
—, Gehalt an Kupfer 58, 59 Tab.
—, Gehirn, Gehalt an Eisen 626.
—, Ikterus 512.
—, Leber, Eisendepot 45f.
—, —, Gehalt an Axerophthol 354.
—, —, — an Glykogen 70.
—, —, — an Pyridinnucleotiden 396.
—, Leberfunktion bei — 512.
—, Verlangsamung der Blutgerinnung beim — 371.
Neuraminsäure, Vorkommen 644.
Neurilemmzellen, Phosphatidsynthese in — 738.
Neurin, Beeinflussung der Gehirnatmung durch — 790.
Neurinome, Lipoidgehalt 691.
Neuroblasten, fetale, Eiweißgehalt 681.
„Neurocletin“ 699.
Neuroglia, Phosphatidsynthese in — 738.
Neurokeratin 650, 653, 923, 925.
—, Aminosäurenzusammensetzung 653 Tab.
— in Sehzellen 937.
—, Verhalten bei Degeneration, WALLERscher 695.
—, Vorkommen im Gehirn 652, 925.
—, — in Markscheiden 652.
Neurolues, Gehirnstoffwechsel bei — 821.
Neurone, Acetylcholinesterase an der Oberfläche der — 855.
—, Funktion, Beteiligung von Proteinen und Nucleoproteiden an — 811f.
—, adrenergische 839.
—, cholinergische 839.
—, — und nichtcholinergische, Wechsel 843.
Neuronin 652.
Neurotubuli 619.
Neurovaccinia 828.
Neutralschwefel, Ausscheidung im Harn 472f.
Neutralfett, Gehalt in Galle 545 Tab., 546.
—, — in Gehirn von Ratten, fetalen 678.
—, — in Leber 131f., 133ff., 153 Tab.
—, — —, regenerierender 33.
—, — in Lebermitochondrien 134.
—, — in Nerven 650.
—, — in Nervensystem 649f.
—, — — von Insekten 649.
—, — in N. ischiadicus bei Degeneration, WALLERscher 693, 694 Tab.
—, — im Zentralnervensystem 649.
—, Vorkommen in Cornea 875.
Niacin s. Nicotinsäureamid.
Niacinamid s. Nicotinsäureamid.
Nickel, Aufnahme durch Organe 65.
—, Ausscheidung mit der Galle 541.

Nickel, Gehalt in Gehirn 628.
—, — in Leber 64 Tab., 65.
—, — in Rinderauge 916 Tab.
—, Vorkommen in Gallensteinen 567.
Nickelionen, Aktivierung der Arginase durch — 310.
—, Bedeutung für Inaktivierung von Melanophorenhormon 450.
Nicotin, Ausscheidung 492.
—, Entgiftung 491ff.
—, Gewöhnung an — 492.
—, Hemmung der Diphosphopyridin-Nucleotidase durch — 708.
—, — der Milchsäureoxydation durch — 822.
—, Kohlenhydratoxydation nach Vergiftung mit — 729.
—, Muskelstarre durch — 607.
—, Resorption 492.

Nicotinsäure:
286*, 294*.
Abbau beim Kaninchen 396f.
Amidierung von — 397, 398 Schema.
Ausscheidung im Harn 292f, 396, 398.
Bildung 292ff.
—, Bedeutung von Vitamin B_6 für — 293, 388.
— aus Chinolinsäure 294.
— aus Kynurenin 292.
— aus Oxyanthranilsäure 286*, 292, 398.
— aus Oxykynurenin 286*, 292.
— aus Tryptophan 285, 286*, 292ff., 398.
— in Leber 347, 398.
— von Nicotinursäure aus — 397.
Bindung an Glykokoll 347.
Einfluß auf Pyridinnucleotidgehalt der Leber 395.
— auf Nicotinsäuregehalt des Blutes 399.
Gehalt in Blut bei Lebererkrankungen 398f.
— in Gehirn 672 Tab., 672f., 792.
— in Kammerwasser 904.
— in Leber 394—396.
— in Muskel 585.
— in Organen 395 Tab.
Hemmung der Acetylcholinesterase durch — 857.
Hydrocephalus bei Mangel an — 674.
Leberfunktionsprüfung mit — 399.
Mangel, Leberstörungen bei — 399.
Stoffwechsel 398 Schema.
— in Leber 394—399.
Vorkommen in Augenlinse 889.
— in Erythrocyten 398.
Wirkung auf Fettleber nach Cystinzufuhr 151.
freie, keine Methylierung von — 397.

Nicotinsäureamid:
Abbau beim Kaninchen 396f.
Antagonismus gegen Pantothensäure 675.
— gegen Thiamin 675.
Ausscheidung im Harn 292.
Bedeutung für Gehirnatmung 778.
— für Progesteronreduktion 435.
— für Sehpurpurregeneration 943.

Nicotinsäureamid:
Bedeutung für Spaltung, reduktive, von p-Dimethylaminoazobenzol 498.
Bildung aus Tryptophan 285, 401.
— in Gehirn 672.
— in Leber 347.
— von Nicotinursäure aus — 397.
— von Trigonellin aus — 149, 151.
Desamidierung bei Kaninchen 396.
Einfluß auf Atmung von Leberhomogenaten 395.
— von Antibiotica auf Ausscheidung von — 395.
— auf Dicumarinwirkung 374.
— auf Oestrogeninaktivierung 427.
— auf Pyridinnucleotidgehalt der Leber 395.
Förderung des Testosteronabbaus durch — 430.
Gehalt in Gehirn 672f.
— in Leber 346 Tab., 347.
— in Muskel 585.
Hemmung von Dehydrogenasen 395.
— der Diphosphopyridinnucleotidase 708, 793.
— der Thiaminwirkung durch — 675.
Mangel, Anämien bei — 505.
—, Leberstörungen bei — 399.
Methylierung 148 Schema, 347, 396ff., 452.
Oxydation 396ff.
Steigerung der Acetessigsäureoxydation durch — 395.
— der Bilirubinausscheidung durch — 509.
— der Vitamin B_4-Wirkung durch — 675.
— der Wirkung durch Riboflavin und Vitamin B_4 675.
Stoffwechsel in der Leber 394—399.
Wirkung auf Nucleosidase der Diphosphopyridinnucleotidspaltung 395.
—, alipotrope 149, 151.
Nicotinsäureamidenzyme, Elektronentransport auf — 730.
Nicotinsäureamidglykoside, Abbau im Gehirn 793.
Nicotinsäureamidmethylkinase 397.
Nicotinsäureamid-mononucleotid, Abbau im Gehirn 793.
Nicotinsäureamidnucleotid, Bildung aus Diphosphopyridinnucleotid 583.
Nicotinsäureamidproteine, Stellung in der Atmungskette 733 Tab.
Nicotinursäure 397*.
—, Bildung aus Nicotinsäure und Nicotinsäureamid 397.
Nicotyrin als Zwischenprodukt der Nicotinentgiftung 492.
NIEMANN-PICK-Zellen, Perjodsäure-Leukofuchsinreaktion 661.
NIEMANN-PICKsche Erkrankung 668f.

Niere:
Abbau von Acetessigsäure 195.
— von Adrenalin 440.
— von Alanin 748.

Niere:
Abbau von Cholesterin 555.
— von Cortison 438.
— von Fetten 196.
— von Isoamylamin 440.
— von Ketonkörpern 195.
— von Kynurenin 289.
— von Palmitinsäure bei Hunger 189.
— von Ribose-5-phosphat 109.
— von Sympatol 440.
— von Tryptophan 295.
— von Tyramin 440.
Abgabe von Eiweiß im Hunger 219.
Ablagerung von Kupfer 58.
Aktivität der Cytochromoxydase 796.
— der Xanthinoxydase 335 Tab.
—, katheptische 762.
bei Anoxie 787.
Atmung 778.
Aufnahme von Fett, deuteriumhaltigem 686.
— von Kobalt 65.
— von Nickel 65.
— von Plasmaeiweiß aus dem Blut 225 Abb.
Ausscheidung von Eisen 52, 55.
— von Glucuroniden 456.
— von Stercobilin und Stercobilinogen 521.
Bildung von Allantoin 338.
— von Ammoniak 254, 304.
— von Arginin in — 307, 309.
— von Ascorbinsäure 380.
— von Cholesterin 204.
— von Citronensäure 195, 742.
— von Esterschwefelsäure 464.
— von Fetten 165.
— von Glutamin 934.
— von γ-Glutaminylpeptiden 753.
— von Glykocyamin 303.
— von Harnsäure 334, 336, 339.
— von Hippursäure 469.
— von Ketonkörpern 184.
— von Lipoiden 740.
— von Pentose-5-phosphat aus Gluconsäure-6-phosphat 109.
— von Purinen 332.
Blutversorgung 14.
Dehydropeptidase in — 763.
Desoxyribonucleinsäuren, Fraktionen 314.
Entgiftung von Nicotin 492.
als Entgiftungsorgan 452.
Ferment der Spaltung von p-Dimethylaminoazobenzol 499.
Gehalt an Acetokinase 129.
— an Arginase bei Vögeln 302.
— an Axerophthol 354.
— an Calciferol 362.
— an Codehydrogenasen 394, 395 Tab.
— an Coenzym A 404—410.
— an Conjugase 414.
— an Cytochrom c 795.
— an Dehydrogenasen 394.
— an Eiweiß 220 Tab.

Niere:
Gehalt an Flavinnucleotiden 391 Tab.
— an Glutamin 253.
— an Glutamintransferase 755.
— an Glutathion 276 Tab.
— an Glykogen bei Glykogenspeicherkrankheit 79.
— an Inositphosphatiden 150.
— an Lipoiden 132.
— an Nucleinsäuren 311.
— — bei Lymphosarkom 327.
— an Pantothensäure 404.
— an Pyridinnucleotiden 395 Tab.
— an Riboflavin 391 Tab.
— an Ribonuclease 319.
— an Thiamin bei Hyperthyreoidismus 388.
— an Vitamin D 362.
— an Wasser, intracellulärem 621.
Gewicht bei Hunger 10.
Glutamin, Desaminierung von — in der — 253f.
Glycin, markiertes, Aufnahmegeschwindigkeit in — 214.
Inaktivierung von ACTH durch — 449.
— von Vasopressin 451.
Leucin, markiertes, Aufnahmegeschwindigkeit in — 214.
Nucleinsäuren, Basenverhältnis 314 Tab.
Oxydation von Äthylalkohol 485.
— von Biotin 411.
— von Methylalkohol 488.
Proteine, Aminosäureeinbau in — 746.
—, Aminosäurezusammensetzung 655.
Serin, markiertes, Aufnahmegeschwindigkeit in — 214.
Sauerstoffverbrauch, Steigerung durch Thyroxin 444.
Spaltung von Axerophtholestern durch — 352.
— von Corticosteronacetat 439.
— von Desoxycorticosteronacetat 439.
— von Oestradiolbenzoat 439.
— von Testosteronpropionat 439.
— von Tyrosinen, jodierten 442.
Speicherung von Axerophthol 348ff., 355.
— von Biotin 411.
— von Sphingomyelin in — 736.
Stoffwechsel von Oxalessigsäure 719.
Transaminierung in — 250 Tab.
Verhältnis Ribonucleinsäuren/Desoxyribonucleinsäuren 312.
Vorkommen von D-Aminosäureoxydase 249.
— von L-Aminosäureoxydase 248.
— von Arginase 309.
— von Glucuronidase 462f.
— von Glutaminsäuredehydrogenase 754.
— von Glutathion 753.
— von Glutathionreduktase 753.
— von 9,10-Fettsäuredehydrogenase 163.
— von Formylase 288.
— von Heparin 233.
— von Malatferment 127.

Niere:
Vorkommen von Nucleosidase, Diphosphopyridinnucleotid-spaltender 395.
— von Transaminasen 249.
— von Xanthinoxydase 337.
— — beim Hühnerembryo in — 334.
Zellkerne, Gehalt an Desoxyribonucleinsäuren 312.
Nierenerkrankungen, Albuminbildung in der Leber bei — 230.
—, Ausscheidung von Serumalbumin bei — 230.
Nierenexstirpation, Leberverfettung bei — 155.
Nierenextrakte, Spaltung von Gallensäuren, gekoppelten, durch — 558.
Nierenrinde, Gehalt an Axerophthol 354.
Nierenschäden, Milchsäuregehalt des Blutes bei — 121.
NISSL-Schollen, Ribonucleinsäuregehalt 666, 764.
NISSL-Substanz 652, 661.
—, Liponucleoproteidkomplex in — 666.
— bei Nervendegeneration und -regeneration 698.
— und Eiweißsynthese 698.
Nitrile, aromatische, Bildung von Rhodanid aus — 480.
o-Nitroacetophenon, Bildung von o-Aminophenyl-α-oxyäthan 456.
Nitrobenzoesäuren, Reduktion zu Aminobenzoesäuren 483f.
Nitrofluoren 495, 496*.
5-Nitro-2-furaldehyd-semicarbazon, Beeinflussung der Gehirnfunktion durch — 791.
p-Nitrohippursäure, Bildung aus p-Nitrotoluol 469.
p-Nitrophenol, Wirkung auf Atmungskettenphosphorylierung 731f.
—, Hemmung der PASTEUR-Reaktion 732.
p-Nitrotoluol, Bildung von Hippursäure, substituierter, aus — 469.
nitrogen-mustard, Hemmung der Acetylcholinesterase durch — 860.
Nitzschia Closterium W, Axerophthol-Bildung 356, 363.
Noradrenalin 440*.
—, Abbau durch Aminoxydase 761.
—, Abgabe durch Nebenniere 840.
—, Freisetzung 840.
—, Gehalt in Gefäßhaut 919.
—, — im Kammerwasser 904.
—, — in Milznerven 840.
—, Inaktivierung in der Leber 440.
— als Überträgersubstanz, sympathicomimetische 839f.
—, Vorkommen in Nerven 839f.
—, Wirkung auf Coronargefäße 840.
—, — auf Leberphosphorylase 90.
—, —, Vergleich mit Adrenalin 761.
—, Zerstörung an Nervenendigungen, sympathischen 761.
Norleucin, Hemmung der Ausbreitung von Viren im Gehirn durch — 831.
Norleucin, Oxydation durch L-Aminosäureoxydase 248.
Norvalin, Oxydation durch L-Aminosäureoxydase 248.
Novocain zur Leberfunktionsprüfung 484.
—, Spaltung, hydrolytische, in der Leber 484.
„NR“ (= Wuchsstoff, neuroregenerativer) 699.
Nucleasen, Gehirn 762f., 766.
—, Vorkommen in Nerven, peripheren 766.
Nucleinsäuren:
s. a. Desoxyribonucleinsäuren.
s. a. Ribonucleinsäuren.
Abbau im Gehirn 766ff.
—, —, Fermente des — 766ff.
Analysengang, Zentralnervensystem 663 Tab.
Basenverhältnis 314 Tab., 315 Tab.
Bedeutung für Abbau und Synthese der Purine und Pyrimidine aus — 317.
— von Adenosintriphosphorsäure für Bildung von — 111.
Bestimmung im Zentralnervensystem 661f., 663 Tab., 665f.
Bestimmungsmethoden 311.
Bildung, Bedeutung von Folsäure für — 415.
— in Leber 213.
— bei Leberregeneration 317, 324f.
Einbau von Formiat in — 316.
— von Glykokoll in — 316.
— von Purinen und Pyrimidinen, exogenen, in — 316, 330f., 333.
— von Serinin 316.
Einfluß von Hormonen auf Umsatzgeschwindigkeit der — 322.
Erneuerungsgeschwindigkeit 316.
Gehalt an Purinen und Pyrimidinen 313, 314 Tab.
— in Gehirn 661—668, 687.
— —, Altersveränderungen 681.
— in Leber s. Leber, Gehalt an Nucleinsäuren.
— in Lebergewebe, erkranktem 325.
— in Markscheiden 662.
— in Milz 311.
— in Nerv 664 Tab., 665 Tab., 666.
— — bei Degeneration, WALLERscher 694, 697.
— in N. ischiadicus bei Ernährung, eiweißarmer 687.
— in Niere 311.
— in Nucleoproteiden 682.
— in Organen bei Lymphosarkom 327.
— in Pankreas 311.
— in Retina 926.
— in Rückenmark, Vorderhornzellen 667.
— in Substanz, grauer und weißer 664 Tab., 665 Tab., 666.
— in Thymus 311.
— in Zellkern 764.
— —, Nucleolus 312, 322.
— in Zentralnervensystem 661—668.
Gehirn, Bausteine 667f.
—, Bestimmung 664f.

Nucleinsäuren:
Gehirn bei Wachstum 681f.
Hemmung der Conjugase durch — 414.
Leber, Quotient N:P 314f.
Niere, Basenverhältnis 314 Tab.
Phosphatumsatz nach Azofarbstoffen, cancerogenen 502.
bei Poliomyelitis 828.
Spaltung, Hemmung der — 766.
— durch Gallenphosphatasen 543.
— in der Retina 936.
Stoffwechsel und Abbau, oxydativer, von Glucose 110f.
—, Bedeutung von Heterochromatin für — 764.
—, — von Glucose für — 110f.
— in Gehirn 764—768.
— und Gehirnfunktion 809—812.
— in Leber bei physiologischen und pathologischen Veränderungen 320 bis 327.
— in Lebergewebe, regenerierendem 324f.
Synthese im Zentralnervensystem 764.
Ultraviolettabsorption 321.
Umsatz im Gehirn 764.
Umsatzgeschwindigkeit in Hepatomen 326.
— in Leber, 315—318, 322ff.
— in Lebertumoren 326.
— in Mitochondrien 323.
Verwertung von Ammoniak zum Aufbau von 331.
im Zentralnervensystem, Bausteine der — 667f.
Zusammensetzung 313ff.
Nucleodepolymerasen im Gehirn 766.
Nucleodesaminase im Gehirn 766.
Nucleolar-Satellit in Zellkernen von Nervenzellen 667.
Nucleolen, histonhaltige, in Zellkernen 764.
Nucleolus, Gehalt an Nucleinsäuren und Proteingehalt der Nahrung 322.
—, — an Phosphatasen 775.
—, Nervenzellen, Gehalt an Eiweiß vom Histontyp 745.
—, Vorderhornganglienzellen, Bildung von Ribosenucleotiden bei Poliomyelitis 828.
—, Vorkommen von Nucleinsäuren im — 312.
—, — von Phosphatasen im — 775.
—, — von Ribonucleinsäuren 666.
Nucleophosphatasen im Gehirn 766.
Nucleoproteide:
Aufnahme von Phosphat, radioaktivem 318 Tab.
Beteiligung an Funktion der Neurone 811f.
Bildung in Ganglienzellen 829.
Gehalt an Nucleinsäuren 682.
— in Ganglienzellen 811.
— in Retina bei Hell- und Dunkeladaptation 812.
aus Gehirn 654.
—, Beeinflussung durch Viren 827.

Nucleoproteide:
in NISSL-Substanz 652.
Stoffwechsel in Ganglienzellen und Funktion, psychische 812.
— in Gehirn, Beeinflussung durch Viren, neurotrope 828—833.
— bei Poliomyelitis 828.
Synthese bei Nembutalnarkose 814.
Vorkommen in der Galle 542.
— in Gehirn 652.
Nucleosidasen im Gehirn 395, 768.
— in Leber 395.
— im Muskel 585.
Nucleoside, Bildung von Ribose-1-phosphat aus — 768.
—, Gehalt im Hundegehirn 668 Tab.
—, Verwertung zum Aufbau von Polynucleotiden in der Leber 331.
Nucleosidphosphorylase im Gehirn 768.
— in Leber 329.
Nucleosid-triphosphat, Vorkommen im Gehirn 667.
Nucleotidase, Abbau von Di- und Triphosphopyridinnucleotiden durch — 704.
—, Bedeutung für Elektronentransport 704.
—, Vorkommen in Antiglykolysefaktor 704.
—, — in Gefäßhaut 920.
—, — in Leber 394.
—, — in Retina 936.
5-Nucleotidase, Aktivität im Hypophysenhinterlappen 767.
—, Nachweis 767.
—, Vorkommen in Gehirn 767.
—, — in Nerv 696, 698, 767.
—, — — bei Degeneration, WALLERscher 696.
—, — in Nervengewebe 668.
—, — im Plexus chorioideus 767.
Nucleotiddesaminasen 766.
Nucleotide, Bildung an der Kernmembran 764.
—, Halbwertszeit 329.
—, Leber, Erneuerung 329.
—, Stoffwechsel im Nervensystem 764.
5-Nucleotide, Spaltung in der Retina 936.
Nucleotidphosphatasen 766.
Nucleus caudatus, Gehalt an Ascorbinsäure 674.
— —, — an Chlorid 620 Tab.
— —, — an Glykogen 658 Tab., 680.
— —, — — — bei Hypoglykämie 824.
— —, — an Kalium 620 Tab., 622.
— —, — an Natrium 620 Tab., 625.
— —, — an Phosphor 620 Tab.
— —, — an P-Verbindungen 665 Tab.
— —, — an Thiamin 670.
— —, — an Wasser 620 Tab.
— —, Lipoidzusammensetzung 648.
— —, Zusammensetzung, chemische 618 Tab.
— lentiformis, Aktivität der Acetylcholinesterase 853f., 854 Tab.
— —, Schädigung bei CO-Vergiftung 790.
— —, Tributyrinspaltung 852.
— paraventricularis, Phosphatasen im — 776.

Nucleus rotundus, Phosphatase, alkalische, in — 776.
— ruber, Aktivität der Acetylcholinesterase 853.
— supraopticus, Phosphatasen im — 776.
Nutria Myocastor coypu, Galle, Nutriaglykocholsäure in der — 554.
Nutriaglykocholsäure, Vorkommen in Galle von Sumpfbiber 554.

Obstruktionsikterus, Ausscheidung von Koproporphyrin I im Harn bei — 526.
—, Cholesterinester im Blut bei — 208.
—, Hypoprothrombinämie bei — 236.
—, Kephalin-Cholesterinflockungstest bei — 247.
—, Thymoltrübungstest bei — 246.
—, Urobilinogenprobe im Harn bei — 521.
—, Urobilinsubstanzen, keine, im Stuhl bei — 518.
—, Verhalten der Lipoide des Blutplasmas bei — 232.
— s. a. Ikterus.
Ochse, Gehirn, Acetylcholinesterase, Aktivität im — 854 Tab.
—, —, Nicotinsäuregehalt 672.
—, —, Q_{O_2}, Oxalbernsteinsäuredecarboxylase 724.
—, Leber, Mangangehalt 61 Tab.
—, —, Wassergehalt 39.
—, Nucleus caudatus, Acetylcholinesterasen 854 Tab., 856.
—, Retina, Acetylcholinesterase, Aktivität in der — 854.
— s. a. Rind.
Ochsengalle, Gallensäuren in — 557.
—, Gehalt an Desoxycholsäure 550.
Ochsengehirn, Nucleoproteide aus — 654.
Octadecanal, Vorkommen in Glycerinphosphatiden des Gehirns 639 Tab.
n-Octadecenal, Vorkommen in Acetalphosphatiden 638.
Δ^9-Octadecenal, Vorkommen in Glycerinphosphatiden des Gehirns 639 Tab.
Δ^{11}-Octadecenal 638.
—, Vorkommen in Glycerinphosphatiden des Gehirns 639 Tab.
cis-Δ^{11}-Octadecensäure, Wirkung, hämolytische 640.
Octansäure, Abbau 170, 190, 193.
—, — in Mitochondrien 187 Tab.
—, Bildung von Acetessigsäure aus — 187 Tab.
—, — von Fettsäuren, höheren, aus — 165, 168.
—, — von Ketonkörpern aus — 186.
—, Oxydation durch Organe 740.
—, Umwandlung in der Leber 165.
^{14}C-1-Octansäure, Einbau in Lipoidfraktionen des Gehirns 740.
Octylalkohol, Hemmung der Hirnglykolyse durch — 708.
Ödeme bei Lebercirrhose 230.
Ölsäure, Abbau in Mitochondrien 187 Tab.
Ölsäure, Beeinflussung des R.Q. der Leber durch — 173.
—, Bildung aus Behensäure 162.
—, — aus Stearinsäure 163, 166.
—, — von Acetessigsäure aus — 186, 187 Tab.
—, — von Cholesterin aus — 201.
—, — von Fett in der Hornhaut aus — 878.
—, — von Stearinsäure aus — 166.
—, —, keine, von Fettsäuren, mehrfach ungesättigten, aus — 374.
—, Bindung von Coenzym A an — 180.
—, Gehalt in Leberlecithin 376.
—, — in Serinkephalin 635, 639.
—, Vorkommen in Colaminkephalin 636.
—, — in Glycerinphosphatiden des Gehirns 639 Tab.
—, — in Hirnlipoiden 638.
Oestradiol, Ausscheidung im Kot 429.
—, Bildung von Oestriol aus — 428.
—, Hemmung der Gehirnatmung durch — 819f.
—, Inaktivierung durch Leber 425.
—, Leberverfettung nach — 143.
—, Umwandlung in Oestron 425f., 428.
α-Oestradiol, Speicherung 739.
—, Stoffwechsel in Leber 428.
—, Wirkung bei Hepatektomie, partieller 424.
Oestradiolbenzoat, Spaltung durch Leber und Niere 439.
Oestradiolglucuronsäureester, Ausscheidung im Harn 428.
Oestranderivate, Ätherbildung mit Glucuronsäure 455.
Oestriol, Bildung aus 16-Ketooestron und 16-Ketooestradiol 428.
—, — aus Oestron und Oestradiol 428.
—, Bindung an Serumproteine 425.
—, Inaktivierung durch Leber 425.
Oestriolglucuronsäureester, Ausscheidung im Harn 428.
Oestrogene, Abbau, Beeinflussung durch Progesteron 428.
—, Ausscheidung in Galle 429.
—, — im Harn bei Leberschädigungen 426.
—, — — als Leberfunktionsprüfung 427.
—, Glucuronidbildung 428.
—, Implantation 424.
—, Inaktivierung 739.
—, —, Abhängigkeit von der Ernährung 427f.
—, — in Hepatomen 426.
—, — in Leber 423—429.
—, Veresterung, verminderte, bei Leberschäden 426.
—, künstliche, Inaktivierung 428.
Oestron, Bildung aus Oestradiol 428.
—, — von Oestradiol aus — 425, 428.
—, — von Oestriol aus — 428.
—, Inaktivierung in der Leber 423—429.
—, Leberverfettung nach — 143.
—, Vorkommen im Glaskörper 912.
—, Wirkung auf Glucuronidasebildung 463.

Oestron, Wirkung bei Hepatektomie, partieller 424.
Oestronglucuronsäureester, Ausscheidung im Harn 428.
Oestronimplantation, Hodenatrophie nach — 424.
Oestronschwefelsäureester, Ausscheidung im Harn 428.
—, Bildung und Spaltung in der Leber 428.
Oestroprotein 425.
Okklusionsikterus 514.
—, Sekretionsdruck der Galle bei — 529.
Oleinaldehyd, Vorkommen in Acetalphosphatiden 638.
Oleinsäure s. Ölsäure.
Oleopalmitolecithin, Vorkommen in der Galle 545.
Oligophrenia phenylpyruvica 278f., 826.
—, Leber, Oxydation, keine, von Phenylalanin bei — 827.
—, Sauerstoffverbrauch des Gehirns bei — 827.
— —, Unterbrechung des Phenylalaninabbaus bei — 282 Schema.
Olivenöl, Gallenblasenentleerung durch — 535.
—, Resorption der Fettsäuren aus — 136.
Ommin 918.
Ommochrome 918.
Opiumalkaloide, Entgiftung in der Leber 484.
Opossum, Galle, Gehalt an Lipiden 545.
—, Xanthinoxydaseaktivität 335 Tab.
Opsine 942.
—, Verschiedenheiten der — aus Stäbchen und Zapfen 946.
— s. a. Auge, Sehpurpurprotein.
Orcin, Ätherbildung mit Glucuronsäure 455.
Orcinmethode zur Nucleinsäurebestimmung 311.
Orcinreaktion auf Ribonucleinsäure 662, 663 Tab., 665 Tab.
Organe, periphere, Fettabbau in den — 166.
Ornithin:
301*.
Abbau 302.
Aminierung von Ketosäuren durch — 751.
Bildung aus Arginin 306.
— aus Glutaminsäure 253.
— beim Prolinabbau 299f.
— von Citrullin aus — 253, 305, 412.
— von Glutaminsäure aus — 253.
— von Glutaminsäurehalbaldehyd aus — 301*.
— von Pyrrolidincarbonsäure aus — 301*.
Entgiftung durch — 454, 472.
Hemmung der Virusausbreitung im Gehirn durch — 831.
— von Glutaminsäuredecarboxylase durch — 756.
Steigerung der Harnstoffbildung durch — 306.
Stoffwechsel 301f.
Übertragung von Amino-N auf Ketosäuren 751.
Ornithin:
Umwandlung, reversible, in Prolin 300f.
Verwendung zur Entgiftung 472.
Ornithursäure, Bildung bei Vögeln 302.
Orotidin, Zwischenprodukt der Pyrimidinbildung 343.
Orotidinphosphat, Zwischenprodukt der Pyrimidinbildung 343.
Orotsäure, Aufnahme in Nucleinsäuren der Leber, regenerierenden 325.
—, Bildung aus Asparaginsäure 343.
—, — in der Leber 343.
—, — von Pyrimidin aus — 341f.
Osmiumtetroxyd zur Fettfärbung 132.
—, Zersetzung von Sehpurpur durch — 938.
Osteoporose, bei Gallenfistelhunden 361.
Ovalbumin, Glucosebildung aus — 123.
Ovarium, Cholesterinsynthese in — 204.
Oxalacetat s. Oxalessigsäure.
Oxalacetatdecarboxylase 128.
—, Hemmung durch Malonat 193.
Oxalacetatdehydrogenase, Gehalt in regenerierender Leber 33.
Oxalbernsteinsäure, Bildung aus Isocitronensäure 719.
—, — aus α-Ketoglutarsäure 720f.
—, — von α-Ketoglutarsäure aus 719.
Oxalbernsteinsäuredecarboxylase 719f.
—, Gehalt im Gehirn 724.
—, Hemmung durch Isocitronensäure 724.
—, Q_{CO_2} 724.
Oxalessigsäure:
129*.
Bedeutung für Citronensäurebildung 717.
— für Oxydation im Gehirn 719.
Beschleunigung der Fettsäurebildung durch — 167.
Bildung aus Asparaginsäure 249, 253.
— aus Brenztraubensäure 116, 118, 119 Schema, **126—129**, 255, 412, 720.
— aus Citronensäure 126.
— aus Glucose 253.
— aus α-Ketoglutarsäure 253.
— in Retina 933.
— von Äpfelsäure aus — im Gehirn 718.
— von Alanin aus — im Gehirn 830.
— von Asparaginsäure aus — 250, 252, 254f., 718, 831.
— von Brenztraubensäure aus — 116, 123, 127ff.
— von Citronensäure aus — 114 Abb., 192f., 741f.
— von Glucose aus — 253.
— von α-Ketoglutarsäure aus — 718.
— von Ketonkörpern bei Mangel an — 184, 189, 191, 192 Abb.
und Brenztraubensäure, Verknüpfung des Stoffwechsels von — 113, 114 Abb.
Kondensation mit Acetyl-CoA 179, 183, 184*, 186.
Förderung der CO_2-Fixierung durch — 721.
Gehalt im Gehirn 660.
Gleichgewicht mit Malat und Fumarat 128.

Oxalessigsäure:
Hemmung der Äpfelsäuredehydrogenase durch — 725.
— von Succinodehydrogenase durch — 789, 793f.
Oxydation durch Gehirn 719.
P/O-Verhältnis bei Oxydation von — im Zentralnervensystem 730f.
Reduktion durch Isocitronensäure zu Äpfelsäure im Gehirn 719.
— im Gewebe 742.
Steigerung der Citratbildung durch — 190.
— der Glykolyse, anaeroben, von Gewebsschnitten, durch — 710.
Stoffwechsel im Gehirn 718f.
— in Leber 719.
— in Niere 719.
bei Umwandlung von Fett in Kohlenhydrat 130.
Wirkung auf Glutaminsäuregehalt in Hirnschnitten 756.
— auf Glutaminsäureumsatz im Gehirn 748.
—, antiketogene 190.
Oxalessigsäurecarboxylase 720, 724.
—, Hemmung durch L-Malat 724.
—, Q_{CO_2} 724.
—, Vorkommen in der Linse 896.
Oxalessigsäure-Glutaminsäure-Transaminierung, Bedeutung von Pyridoxalfermenten für — 400.
Oxalessigsäure-Transaminase 400.
Oxalsäure 383*.
—, Bildung aus Ascorbinsäure 383.
—, — aus Glyoxylsäure 259.
—, — aus α-Ketoglutarsäure 123, 253.
7-Oxy-2-acetylaminofluoren 495, 496*.
—, Bildung aus 2-Acetylaminofluoren 499f.
—, Wirkung auf Ascorbinsäuregehalt der Leber 503.
—, —, cancerogene 500, 503.
β-Oxyacyl-CoA-dehydrogenase 182.
o-(α-Oxyäthyl)-anilin, Bildung aus 7-Aminoacetophenon 483.
Oxyaminosäuren in Proteinen der Zellfraktionen 218.
β-Oxy-α-aminosäuren, Bildung von Glykokoll aus — 256.
Oxyanthranilsäure 286*, 294*.
—, Bildung aus Kynurenin 292.
—, — aus Oxykynurenin 290 Schema, 291f., 401.
—, — aus Tryptophan 285, 286*, 292.
—, — von Chinolinsäure aus — 286*, 292f.
—, — von Nicotinsäure aus — 286*, 292, 398.
Oxyatophan, Bildung aus Atophan 482, 483*.
Oxybenzoesäuren, Entgiftung 455.
—, Esterbildung mit Glucuronsäure 455.
β-Oxybuttersäure, Abbau 194.
—, — in Atmungskette 733 Abb.
—, — in Gehirn 741f.
—, Bildung aus Acetessigsäure im Gehirn 741f.
β-Oxybuttersäure, Bildung aus Acetessigsäure in der Leber 194.
—, — von Acetessigsäure aus — 194.
—, Bindung von Coenzym A an — 180.
β-Oxybuttersäure-CoA, Bildung aus Acetoacetyl-CoA 181.
—, — von Acetoacetyl-CoA aus — 177.
β-Oxybuttersäuredehydrogenase 741f.
—, Vorkommen in Mitochondrien 396.
Oxycarotinoide, Vorkommen 358.
Oxychinolincarbonsäure s. Kynurensäure.
Oxycholesterine, Vorkommen in Tierlebern 200.
17-Oxycorticosteron, Abbau durch Leber 438 Tab.
—, Ausscheidung bei Hepatitis und Lebercirrhose 438.
— Bildung aus 17-Oxy-11-desoxycorticosteron 438.
—, Wirkung auf Glykoneogenese 125.
17-Oxy-11-desoxycorticosteron, Bildung von 17-Oxycorticosteron aus — 438.
Oxydiketocholansäure, Bildung bei Kröten 553.
3β-Oxy-7,12-diketocholansäure 553*.
—, Bildung aus Dehydrocholsäure 556.
4-Oxydimethylaminoazobenzol, Bildung aus p-Dimethylaminoazobenzol 498.
β-Oxyfettsäuren 182.
—, CoA-Verbindungen 177, 178*, 181f.
oxygen debt, Muskel 591.
D,L-Oxyglutaminsäure, Hemmung der Glykolyse im Zentralnervensystem durch — 707.
γ-Oxyglutaminsäurehalbaldehyd, Bildung aus Oxyprolin 301.
α-Oxy-hexacosensäure 643.
3α-Oxy-6-keto-allocholansäure 552*.
—, Vorkommen in Schweinegalle 553.
3-Oxy-6-ketocholansäure, Vorkommen in Schweinegalle 553.
3-Oxy-7-ketocholansäure in Meerschweinchengalle 551, 556.
3-Oxy-12-ketocholansäuren, Bildung aus Dehydrodesoxycholsäure 553*, 556.
Oxykynurenin, Ausscheidung im Harn 286, 291.
—, — bei Pyridoxinmangel 290.
—, Bedeutung von Pyridoxin für Spaltung von — 293.
—, Bildung aus Tryptophan 285, 286*, 290ff.
—, — bei Pyridoxinmangel 401.
—, — von Nicotinsäure aus — 286*, 292.
—, — von Oxyanthranilsäure aus — 290 Schema, 291f., 401.
—, — von Xanthurensäure aus — 290 Schema, 291.
3-Oxykynurenin 286*.
—, Acetylierung 291.
—, Bildung 290ff.
—, — aus Kynurenin 285, 286*, 290ff.
—, Bindung an Glucuronsäure und Schwefelsäure 291.
Oxymalonat, Hemmung der Lacticodehydrogenase durch — 715.

Oxynervon 642.
Oxynervonsäure, Vorkommen in Cerebrosiden 643.
Oxyphenylacetat, Ausscheidung bei Tyrosinosis 284.
2-Oxy-5-phenylbenzyl-trimethyl-ammoniumbromid-dimethylcarbamat, Hemmung von Cholinesterase durch — 858.
p-Oxyphenylbrenztraubensäure, Ausscheidung im Harn 285.
—, — — von Frühgeborenen 283.
—, — bei Meerschweinchen, skorbutkranken 283.
—, — bei Tyrosinosis 284.
—, Bildung aus Phenylalanin bei Ascorbinsäure-Mangel 386, 417.
—, Bildung aus Tyrosin 279, 281*, 282 Schema.
—, Bestimmung 285.
—, — von Homogentisinsäure aus — 283.
—, — von Tyrosin und Phenylalanin aus — 283.
— zur Leberfunktionsprüfung 284f.
α-(o-Oxyphenyl)-chinolin-γ-carbonsäure, Bildung aus Atophan 482, 483*.
p-Oxyphenylmilchsäure, Ausscheidung bei Meerschweinchen, skorbutkranken 283.
p-Oxyphenylpyruvat s. p-Oxyphenylbrenztraubensäure.
n-Oxyphenyl-trimethylammonium-bromid-N-p-chlorophenyl-N-methylcarbamat, Hemmung von Cholinesterasen durch — 858.
Oxyprolin, Bildung von γ-Oxyglutaminsäurehalbaldehyd aus — 301.
—, Gehalt in Gehirnproteinen 653 Tab.
—, — in Haarkeratin 653 Tab.
—, — in Leberproteinen 217 Tab.
—, — in Neurokeratin 653 Tab.
—, Stoffwechsel 301.
—, Vorkommen im Eiweiß der Membran, DESCEMETschen 875.
Oxypurine, Bildung aus Aminopurinen 767.
α-Oxysantonin, Bildung aus Santonin 482, 483*.
3-Oxysteroide, Bildung aus Testosteron und Androsteron 433 Abb.
—, Bindung an Glucuronsäure 433.
17-Oxysteroide, Bildung von 17-Ketosteroiden aus — 438.
Δ^{15}-n-α-Oxy-tetracosensäure, Vorkommen in Cerebrosiden 643.
Oxytocin, Inaktivierung, keine, in der Leber 451.
Oxytryptophan 286f.

Pagellus erythrinus, Leber, Axerophthol-Gehalt 357 Tab.
Pallidum, Gehalt an Eisen 626.
—, Phosphataufnahme 769.
—, Plasmalogengehalt 638.
—, Q_{O_2} 782 Tab.
—, Schädigung bei CO-Vergiftung 787, 790.
Pallidum, Störungen bei Blutverlusten und Anämie 787.
— s. a. Globus pallidus.
Palmital, Vorkommen in Acetalphosphatiden 638.

Palmitinsäure:
Abbau in Mitochondrien 187 Tab.
— in Niere bei Hunger 189.
Beeinflussung des R.Q. der Leber durch — 173.
Bildung aus Behensäure 162.
— aus Laurinsäure 170.
— aus Myristinsäure 170.
— aus Octansäure 165.
— aus Stearinsäure 162.
— in Leber 166.
— von Acetessigsäure aus — 187 Tab.
— von Fettsäuren, ungesättigten, aus — 162f.
— von Ketonkörpern aus — 189.
— von Palmito-oleinsäure aus — 162f., 166.
— von Stearinsäure aus — 162, 170.
Gehalt in Sphingomyelinen 641.
Oxydation durch Gehirn 740.
Resorptionsweg 136f.
Vorkommen in Glycerinphosphatiden des Gehirns 639 Tab.
— in Hirnlipoiden 638.
— in Plasmalogenen 637.
Palmitoleinsäure, Bildung aus Palmitinsäure 162f., 166.
—, —, keine, von Fettsäuren, mehrfach ungesättigten, aus — 374.
—, Vorkommen in Colaminkephalin 636.
Palmityl-CoA 166.
—, Bildung in der Leber 180.
—, Phosphatidsäurebildung aus — 159.
Panaxtoxin, Extraktion des Sehpurpurs durch — 937.

Pankreas:
Aufnahme von Plasmaeiweiß aus dem Blut 225 Abb.
Bildung von Purinen in — 332.
Dehydropeptidase in — 763.
Desoxyribonucleinsäuren, Fraktionen 314.
Eisenspeicherung 54.
Gehalt an 7-Dehydrocholesterin 644.
— an Inositphosphatiden 150.
— an Nucleinsäuren 311.
— an Ribonuclease 319.
— an Ribonucleinsäuren bei Hunger 321.
— an Zink 62.
Vorkommen von Xanthinoxydase 337.
Xanthinoxydaseaktivität 335 Tab.
Zellkerne, Gehalt an Desoxyribonucleinsäuren 312.
Pankreascarcinome, Antithrombingehalt des Blutes bei — 238.
Pankreasdiabetes, Beeinflussung durch Hypophyse 126.
—, Cholesterinsynthese in der Leber bei — 141 Tab., 205.

Pankreasdiabetes, Glykoneogenese aus Aminosäuren bei — 122, 124.
—, Mobilisierung von Depotfett bei — 140.
—, Nebennierenrindenexstirpation, Wirkung bei — 124.
—, Phosphatidgehalt der Leber bei — 141 Tab.
—, Quotient, respiratorischer, bei — 197.
—, Wirkung von Nebennierenrindenhormonen bei — 124.
Pankreasektomie, Einfluß auf Phosphatidumsatz 160.
—, Fettbildung aus Kohlenhydrat bei — 168f.
—, Galle, Gehalt an Stoffen, reduzierenden 543.
—, Gehirn, Kohlenhydratoxydation im — bei — 822.
—, Leber, Ketonkörperbildung in der — bei — 191.
—, —, Phosphatidumsatz in der — nach — 160.
—, Leberfett, Bildung nach — 169.
—, Lebergewicht nach — 10.
—, Leberverfettung nach — 140, 141 Tab., 144, 152, 154.
Pankreaserkrankungen, Antithrombingehalt des Blutes bei — 238.
Pankreasextrakt, Freilegung von Cobalamin durch — 419.
Pankreasextrakte, lipotrope 154.
Pankreaslipase 157.
Pankreassaft, Ausscheidung von Zink im — 63.
—, Sekretion, Auslösung durch Extrakte der Duodenalschleimhaut 531.
—, —, Einfluß von Sekretin auf — 531.
Pankreassekret, Gehalt an Chlor 539 Tab.
—, — an Kalium 539 Tab.
—, — an Natrium 539 Tab.
Pankreatitis, Antithrombingehalt des Blutes bei — 238.
Pantethein 407*, 408.
Pantetheinkinase 408.
Pantetheinphosphat 407.
Pantocain, Acetylcholingehalt der Cornea nach — 876.
—, Entgiftung in der Leber 484.
—, Sauerstoffverbrauch der Hornhaut nach — 877.
—, Spaltung, hydrolytische, in der Leber 484.
Pantothensäure:
407*, 408.
Antagonismus gegen Nicotinsäureamid und Riboflavin 675.
Bedarf, Steigerung durch Wachstumshormon 406.
Bedeutung für Acetatabbau 116.
— für Cholesterinsynthese in der Leber 205.
— für Ergosterinsynthese 206.
— für Fettsäuresynthese 116.
— für Fettstoffwechsel 409.
— für Leberstoffwechsel 409f.
Bestimmung mit Lactobacillus arabinosus 405.
Pantothensäure:
Bildung von Coenzym A aus — 116, 270, 405—409, 477.
Brenztraubensäurestoffwechsel bei Mangel an — 410.
Darstellung 404.
Einfluß auf Alkohol-Polyneuritis 673.
— auf Dicumarinwirkung 374.
Fettsynthese bei Mangel an — 409.
— auf Polioencephalitis 673.
— auf Thalliumvergiftung 673.
Förderung der Entgiftung des Aminofluorens durch — 502.
Gehalt in Gehirn 404, 672 Tab., 673, 723.
— in Herz 404.
— in Leber 346 Tab., 347, 403—406.
— in Muskel 404f., 585.
— in Niere 404.
— in Organen 404 Tab., 722f.
— in Testes 404 Tab.
— in Zellfraktionen 405.
Steigerung der Vitamin B_4-Wirkung durch — 675.
Stoffwechsel in der Leber 403—410.
Verteilung in der Leberzelle 405.
Vorstufe von Coenzym A 116, 270, **405** bis **409**, 477.
Wirkung auf Albumingehalt im Blutplasma 410.
— auf Bilirubingehalt im Blutplasma 410.
— auf Hormonbildung in Nebennierenrinde 410.
freie und gebundene, bei Pantothensäuremangel 405.
gebundene 722f.
—, in Coenzym A in der Leber 404ff.
Pantothensäuremangel, Anämien bei — 505.
— und Coenzym A-Aktivität 405.
—, Fettbildung bei — 409.
—, Gehirn, Demyelinisierung bei — 679.
—, Glutathionsynthese bei — 410.
—, Hornhautveränderungen bei — 876.
—, Leberstoffwechsel bei — 409.
—, Leberverfettung bei — 151, 409f.
—, Resistenz gegen Encephalitisvirus bei — 832.
Pantothenylaminoäthylmercaptan 407*, 408.
—, Bildung aus Pantothenylcystein 272.
Pantothenylcystein 407*, 408.
—, Bildung von Pantothenylaminoäthylmercaptan aus — 272.
—, Vorstufe von Coenzym A 270.
Pantoyltauryl-p-anisidid, Hemmung der Fettsynthese durch — 179.
— als Pantothensäureantagonist 409.
Papain, Freilegung von Cobalamin durch — 419.
—, Wirkung auf Biotin, gebundenes 411.
—, — auf Proteine der Substanz, weißen, des Gehirns 650.
Papaverin, Hemmung von ATPase durch — 773.
Papilla nervi optici 646.
— — —, Lipoidzusammensetzung 647 Tab.

Paraldehyd, Oxydation zu Acetat in der Leber 491.
Paralyse bei Tokopherolmangel 675.
Parasympathicus, Bedeutung für Wärmebildung in der Leber 24.
Parathion, Hemmung der Acetylcholinesterase durch — 859.
—, — von Cholinesterase durch — 859f.
Parathormon 447.
—, Aufnahme in die Zellen 225.
Parese, allgemeine, Gehirnstoffwechsel bei — 821.
Parietalrinde, Zusammensetzung, chemische 618 Tab.
Parietalweiß, Zusammensetzung, chemische 618 Tab.
Parkinsonismus 861.
—, postencephalitischer, Gehirnstoffwechsel bei 822.
PARNASsche Umesterungsreaktion 772.
Pars coeca retinae 922.
PASTEUR-Effekt im Gehirn 731ff.
—, Hemmstoffe 732.
PASTEUR-MEYERHOFsche Reaktion 593, 608, 612.
— im Gehirn 731ff.
PASTEUR-Reaktion 732, 930f.
Patho-Thesaurosen 688.
Peccari besitzt keine Gallenblase 534.
Pedunculi cerebri, Gehalt an Neuraminsäure 644.
Pellagra, Eisenanhäufung in der Leber bei — 54.
—, Hämoglobinabbau bei — 399.
—, Porphyringehalt der Leber bei — 523.
—, Porphyrinausscheidung bei — 399.
—, Porphyrinurie 399.
Penicillin, Ausscheidung mit der Galle 562.
—, Gehalt in Blutplasma und Darmlymphe nach Injektion 20.
—, Inaktivierung in der Leber 562.
Pentadecansäure, Abbau in Mitochondrien 187 Tab.
—, Bildung von Acetessigsäure aus — 187 Tab.
—, Resorptionsweg 136.
Pentaenfettsäuren, Bildung aus Linolensäure 375.
Pentaensäuren, Gehalt im Gehirn 687.
$\Delta^{4,7,10,13,16}$-Pentaensäure, Vorkommen in Glycerinphosphatiden des Gehirns 639 Tab.
$\Delta^{7,10,13,16,19}$-Pentaensäure, Vorkommen in Glycerinphosphatiden des Gehirns 639 Tab.
Pentaoxybufostan 552*.
—, Vorkommen in Krötengalle 550.
Pentdyopente 523.
Pentobarbital, Hemmung der Fumarsäureoxydation durch — 814.
—, Wirkung auf Atmungskettenphosphorylierung 814.
Pentobarbiton, Hemmung der Transmission, synaptischen, durch — 813.
Pentobarbitonanaesthesie, Einfluß auf Blut-Hirnschranke 800.
Pentosen, Abbau im Gehirn 768.
—, Bildung 345 Abb., 729.
—, — aus Fructose-1,6-phosphorsäure 345 Abb.
—, — beim Abbau, oxydativen, von Glucose 106—111, 345.
—, — über Gluconsäure 345.
—, — in Leber 345f.
—, Übertritt aus dem Blut ins Kammerwasser 908f.
—, Vorkommen im Muskel 580.
Pentosenucleinsäuren, Einbau ins Gehirn 764.
Pentosenucleotide, Gehalt in Nervenzellen 764.
— und Wachstum 764.
Pentosephosphatisomerase 109, 345.
Pentosephosphorsäure, Abbau 345.
—, Bildung von Fructose-6-phosphat aus — 109, 345.
—, — von Glucose-6-phosphorsäure aus — 345.
—, — von Hexosen aus — 109.
—, — von Triosephosphorsäure aus — 345.
—, Vorkommen im Muskel 580.
Pentose-5-phosphorsäure Bildung aus Gluconsäure-6-phosphat 108 Schema, 109.
—, — bei Glucoseoxydation in der Leber 107 Abb.
Pentosurie 463.
Pepsin, Abbau von Vitrein durch — 911.
—, Inaktivierung von Ribonuclease durch — 319.
—. Wirkung auf Biotin, gebundenes 411.
Peptidasen, Aktivierung durch Manganionen 61.
—, Aktivität im Nerven 762.
—, Gehirn 762f.
—, Hornhaut 878.
—, Linse 897.
—, Rückenmark 762.
Peptide, Verwendung zur Hippursäuresynthese 470.
—, Vorkommen in Muskel 584.
Peptidsynthese, Beteiligung von Glutaminsäure an — 748.
Pepton, Wirkung, choleretische 531.
Perca fluviatilis, Leber, Gehalt an Vitamin A_2 359.
Percain, Entgiftung in der Leber — 484.
—, Hemmung von Cholinesterasen durch — 858.
perimysia interna 571.
Peritonealfett, Axerophthol-Speicherung 348.
Perjodsäure-Leukofuchsinreaktion 661.
Peroxydase, Gehirn 796.
— bei Tryptophanabbau 287.
Peroxyde, Wirkung auf Demethylierung von p-Dimethylaminoazobenzol 497.
Pestox III, Hemmung der Acetylcholinesterase durch — 860.
Petersfisch, Leber, Vorkommen von Uricase und Allantoinase 341.
Pfeilkarpfen, Harnsäureabbau bei — 341.

PFAUNDLER-HURLERsche Erkrankung 688, 690.
Pferd:
Allantoinbildung beim — 338.
Auge, Chorioidea, Gehalt an Ascorbinsäure 918.
—, Gefäßhaut, Nucleotidase in — 920.
—, Gehalt an Ascorbinsäure 890 Tab.
—, Glaskörper, Gehalt an Eiweiß 910.
—, Retina, Ernährung 929.
Blutserum, Bilirubingehalt 510.
besitzt keine Gallenblase 534.
Gehirn, Q_{O_2} 780 Tab., 782 Tab.
—, Thromboplastin im — 676.
Gesamtumsatz 778.
Kreuzlähme 521f.
Leber, Alkoholdehydrogenase 489.
—, Gehalt an Kupfer 57 Tab.
—, — an Mangan 61 Tab.
—, — an Nicotinsäure 394.
—, — an Polypeptid A 218.
—, — an Vitamin A 355, 357 Tab.
—, — an Zinn 64 Tab.
—, Gewicht 9.
—, Glucosedehydrogenase in — 107.
Linse, Dimethylalloxazin in — 889.
—, α- und β-Krystalline in — 886.
N. vertebralis, Lipoidzusammensetzung 647.
Rückenmark, Substanz, weiße, Lipoidzusammensetzung 648.
Pflanzen, Ascorbinsäuresynthese, Beeinflussung durch Pharmaka 380.
Pflanzenfresser, Aminosäurestoffwechsel 210.
—, Fettleber 139.
Pflanzensekretine, Wirkung, choleretische 533.
Pfortader 11, 12 Abb., 13, 15.
—, Blutdruck in der — 15.
—, Blutversorgung der Leber durch die — 15, 16 Tab.
—, Blutverteilung in der — 17.
—, Blutzustrom zur Leber durch die — 17.
—, Durchblutung 14.
—, — bei Temperaturänderung 23.
—, Gehalt an Ammoniak 304.
—, — an Aminosäuren nach Nahrung, proteinreicher 211.
—, — an Glutathion 276.
—, — an Ketonkörpern 185.
—, — an Urobilinkörpern im — 520.
—, Querschnitt 15.
—, Strömungsgeschwindigkeit in der — 15.
—, Unterbindung 29.
Phagocytose durch Leberparenchymzellen 507.
Phenacetursäure, Bildung aus Phenylessigsäure 469.
Phenanthren, Entgiftung durch Merkaptursäurebildung 474.
o-Phenanthrolin, Hemmung der Hirnglykolyse durch — 708.
Phenazinderivate, Steigerung der Glykolyse, aeroben, durch — 732.
Phenobarbiton, Wirkung auf Gehirnstoffwechsel 815.
Phenol, Ätherbildung mit Glucuronsäure 455.
—, Ascorbinsäureausscheidung nach — 380.
—, Bildung aus Benzol 455, 473.
—, Bindung an Glucuronsäure 453, 456f.
—, — an Schwefelsäure 453f., 465.
—, Entgiftung von — 454, 465ff.
Phenolasen, Vorkommen in der Leber 441.
Phenole, monosubstituierte, Entgiftung durch Bindung an Schwefelsäure 466.
Phenolglucosid, Bindung an Glucuron- oder Schwefelsäure 459.
β-Phenol-D-glucosid, Bildung, keine, von Glucuronid aus — 459.
Phenolglucuronsäure, Bildung 465.
Phenoloxydasen 761.
Phenolschwefelsäure, Bildung 468, 470.
—, — aus Benzol 457.
—, — aus Phenolglucosid 459.
—, — in Leber 464f., 467.
Phenoltetrachlorphthalein zur Leberfunktionsprobe 564.
Phenolvergiftung, Ausscheidung von Sulfat, anorganischem, bei — 468.
Phenosafranin, Hemmung der Atmungskettenphosphorylierung 732.
—, — der Diphosphopyridinnucleotidase 708.
—, — der PASTEUR-Reaktion 732.
—, — der Succinodehydrogenase 724.
Phenothiazin, Einfluß auf Axerophthol-Gehalt der Leber 349.
Phenylacetat s. Phenylessigsäure.
Phenylacetylglycin 469.
Phenylacrylsäure, Bildung von Benzoesäure aus — 469.
β-Phenyläthylamin, Beeinflussung der Gehirnatmung durch — 790.
Phenylalanin:
Abbau 279—284.
— bei Ascorbinsäure-Mangel 386f.
— bei Oligophrenia phenylpyruvica 282 Schema.
als Aminosäure, exogene 277.
—, glucoplastische 280, 282 Schema.
—, ketoplastische 122f., 280, 282 Schema.
Ausscheidung im Harn 278.
Bedeutung für Ernährung der Hornhaut 876.
Bildung aus p-Oxyphenylbrenztraubensäure 283.
— aus Phenylbrenztraubensäure 278, 283.
— von Phenylfettsäuren aus — 173.
— von Cholesterin aus — 202.
— von Essigsäure aus — 279, 281*, 282 Schema.
— von Glucose aus — 280, 282 Schema.
— von Glykogen aus — 280.
— von Homogentisinsäure aus — 280.
— von p-Oxyphenylbrenztraubensäure aus — 386.
— von Phenylbrenztraubensäure aus — 278f., 826.

Phenylalanin:
Bildung von Tyrosin aus — 210, 277ff.
Einbau von Acetat-C in — im Gehirn bei Virusinfektion 829.
— von Formiat-C in — 831.
— von Glucose-C in — 747, 831.
Gehalt in Blut bei Oligophrenia phenylpyruvica 278.
— in Eiweiß der Augenlinse 887 Tab.
— — von Cornea und Sklera 874 Tab.
— in Gehirn 655 Tab.
— — bei Eiweißmangel 685.
— in Gehirnproteinen 653 Tab., 655.
— in Haarkeratin 653 Tab.
— in Leberproteinen 217, 218 Tab.
— in Linseneiweißkörpern 887 Tab.
— in Neurokeratin 653 Tab.
— in Proteolipoid aus Gehirn 651 Tab.
Hemmung der Virusausbreitung im Gehirn durch — 831.
Linsentrübungen bei Mangel an — 899.
Oxydation durch L-Aminosäureoxydase 248.
— in der Großhirnrinde 277.
— in Leber 826.
Stoffwechsel 277—285.
Transaminierung durch Leber, Herz und Niere 250 Tab.
— mit Brenztraubensäure 250.
Umwandlung in Tyrosin 277ff.
Vorkommen in Nerv 695.
markiertes, Aufnahmegeschwindigkeit in Organe 214ff.
D,L-Phenylalanin, Desaminierung durch die Leber 249 Tab.
Phenylaminobuttersäure, Acetylierung in der Rattenleber 477.
L-Phenylaminobuttersäure, Acetylierung 477.
γ-Phenyl-α-aminobuttersäure, Acetylierung 475, 477.
Phenylaminoessigsäure, Acetylierung in der Leber 476.
Phenylarsenoxyd, Hemmung der Pyruvatoxydase durch — 726.
Phenylbrenztraubensäure, Ausscheidung bei Oligophrenia phenylpyruvica 826.
—, — im Harn 278f.
—, Bildung aus Formyl- und Acetylphenylalanin 826.
—, — aus Glycyl-D,L-phenylalanin 826.
—, — aus Phenylalanin 278f., 826.
—, — aus Phenylmilchsäure 279, 826.
—, — von Homogentisinsäure aus — 283.
—, — von Phenylalanin aus — 278, 283.
—, — von Tyrosin aus 252*, 283.
—, Gehalt im Blut bei Oligophrenia phenylpyruvica 278.
—, Reaktion mit Glutamin 252*.
α-Phenylchinolin-γ-carbonsäure, Abbau in der Leber 482.
Phenylcystein, Bildung von Phenylmerkaptursäure aus — 474.
Phenylessigsäure 466.
—, Ausscheidung im Harn 278.
—, Bildung aus Phenylalanin 278.
Phenylessigsäure, Bildung von Phenacetursäure aus — 469.
—, — von Phenylpyruvat aus — 279.
—, Entgiftung 453f., 472.
Phenylfettsäuren, Bildung aus Tyrosin 173.
—, Oxydation in der Leber 173.
Phenylglucuronide, Bildung in der Leber 456.
Phenylglycin, Bildung von Phenylglyoxylsäure aus — 259.
N-Phenylglycin-äthylester, Wirkung auf Gehirnglykolyse bei Virusinfektion 833.
Phenylglyoxylsäure, Bildung aus Phenylglycin 259.
Phenylhydrazin, Wirkung, hämolytische 507, 511.
Phenylhydrazinvergiftung, Aminosäureaufnahme der Leber bei — 211.
—, Fettleber bei — 155.
Phenylisopropylamin, Hemmung der Aminoxydase durch — 760f.
Phenylketonurie 278f.
Phenylmerkaptursäure, Bildung aus Benzol 472.
—, — aus Phenylcystein 474.
Phenylmilchsäure, Bildung von Phenylbrenztraubensäure aus — 826.
—, Entgiftung 466.
p-Phenyl-β-oxyäthylamin, Beeinflussung der Gehirnatmung durch — 790.
α-Phenyl-β-(4-oxy-2,5-dijodphenyl)-propionsäure zur Darstellung, röntgenologischen, der Gallenblase 565.
Phenylpropionsäure, Bildung von Benzoesäure aus — 469.
—, jodierte, zur Darstellung, röntgenologischen, der Gallenblase 565.
β-Phenylserin, Bildung aus Hippursäure 256.
Phenylurethan, Hemmung der Hirnglykolyse durch — 708.
Phloroglucin, Ätherbildung mit Glucuronsäure 455.
Phlorrhizin, Beeinflussung der Adenosintriphosphatbildung in der Leber 328.
—, — der Fettsynthese in der Leber durch — 169.
—, Hemmung der Glykolyse, anaeroben, von Hirnschnitten, durch — 708.
—, Wirkung auf Adenosintriphosphorsäureumsatz 85.
—, — auf Glucosestoffwechsel der Leber 85f.
—, —, keine, auf Glucose-6-phosphatase 91.
Phlorrhizindiabetes, Glucosebildung aus Valin bei — 263f.
—, —, keine, aus Tyrosin und Phenylalanin bei — 280.
— und Leberglykogen 78.
—, Wirkung auf Eiweißumsatz der Leber 221.
—, —, proteinsparende, von Kohlenhydraten bei — 102.
Phlorrhizinvergiftung:
Abbau von Glutarsäure bei — 296.
Brenztraubensäureangebot an die Leber bei — 116.
Depotfett, Mobilisierung, bei — 141.

Phlorrhizinvergiftung:
Fettansammlung in der Leber bei — 135, 141.
Glucoseausscheidung im Harn nach — 122.
Glucosebildung aus Alanin bei — 293.
Glykoneogenese bei — 117, 125.
G:N-Quotient bei — 122.
Hemmung der Dephosphorylierung von Phospho-enol-brenztraubensäure durch — 708.
Ketonämie nach — 185.
Ketonkörperbildung bei — 191.
Ketonkörpergehalt in Organen bei — 195.
Ketonkörperverwertung als Energiequelle bei — 197.
Ketosis bei — 191.
Leber, Glutathion, reduziertes, bei — 191.
—, Redoxpotential 191.
Leberglykogen bei — 78f., 141.
Wirkung auf Fettsäuresynthese in der Leber 171.
Zuckerbildung aus Arginin bei — 303.
Phoca barbata, Leber, Vitamin A-Gehalt 357 Tab.
— groenlandica, Leber, Vitamin A-Gehalt 357 Tab.
Phocaecholsäure 552*, 553.
α- und β-Phocaecholsäure, Vorkommen 553.
Phosphagen s. Argininphosphorsäure bzw. Kreatinphosphorsäure.
Phosphagene 612.
Phosphat:
Aktivierung von Glutaminase durch — 253.
— von Glutaminotransferase durch — 755.
— von Prolinoxydase durch — 300.
Aufnahme durch Gehirn 736, 768—771.
— durch Hypophyse 769, 799.
— durch Linse 892.
— durch Muskel 769.
— durch Nerven 768f.
— durch Nucleinsäuren 318 Abb.
Ausscheidung im Glaskörper 912.
Austausch zwischen Blut und Kammerwasser 908.
— im Gehirn 765.
— zwischen Gehirn und Liquor cerebrospinalis 799.
Bedeutung für Citrullinbildung 307.
— für Glutaminasewirkung 754.
— für α-Ketoglutarsäureoxydase 724.
— für Pentoseabbau 768.
Bilanz, Bedeutung von Calciferol für — 361.
Einbau in Diphosphoinosit 747.
— in Gehirnlipoide 735ff.
— in Gehirnproteine 746.
— — bei Virusinfektion 829, 832.
— in Kephaline 737.
— in Ribonucleinsäure und Atmungskettenphosphorylierung 764.
Einfluß auf Acetylcholinsynthese 849.
— auf Adenylsäuredesaminase 767.
Phosphat:
Einfluß der Gallensäurebildung 559.
Förderung der α-Ketoglutarsäureoxydation durch — 720.
Gehalt in Aderhaut 915 Tab.
— in Bindegewebe 575 Tab.
— in Blut 101, 575 Tab.
— in Blutserum 240f., 575 Tab.
— in Ciliarkörper 915, 915 Tab.
— in Erythrocyten 575 Tab.
— in Gallensteinen 566.
— in Gehirn 620 Tab., 623 Tab., 624 Tab., 630, 631 Tab., 632 Tab., 771.
— —, Altersveränderungen 676.
— —, Substanz, graue 924 Tab.
— in Glaskörper 901 Tab.
— in Herzmuskel 575 Tab., 576.
— in Hornhaut 873 Tab.
— in Iris 915 Tab.
— in Kammerwasser 907.
— in Knorpel 575 Tab.
— in Leber 64 Tab.
— in Lederhaut 872 Tab.
— in Linse 883 Tab., 884 Tab., 885, 890, 892.
— in Magen 611.
— in Muskel 575 Tab., 576.
— — im Winterschlaf 586.
— —, entnervten 586.
— —, glattem 575 Tab., 576.
— in Nerv 620 Tab., 624 Tab., 630.
— in Nervenzellen 775.
— in N. opticus 948.
— in Retina 924 Tab.
— in Rückenmark 620.
— in Skeletmuskel 575 Tab., 576.
Gehirn, Fraktionen des — 617, 662, 663 Tab., 664 Tab.
Hemmung der Cozymasehydrogenierung 714.
— der Gehirnatmung durch — 779.
— der Glykogenbildung durch — 43.
— der Sphingomyelinase durch — 744.
Permeabilität der Blut-Hirnschranke für — 797ff.
Resorption bei Achylie 361.
Steigerung der Leistung, körperlichen, durch — 608.
Stoffwechsel im Gehirn 769.
— im Nervensystem 770.
Verteilung in Nerv 630.
Vorkommen in Leberzellkernen 544.
Wanderung am Nerven 770.
anorganisches, Bedeutung für Brenztraubensäureoxydation im Gehirn 717.
—, — für Fettsäureoxydation in Mitochondrien 741.
—, — für Oxydationen im Gehirn 719.
—, Bildung bei Nervenerregung 863.
—, — in Netzhaut 935.
—, Eintritt ins Gehirn 736.
—, Gehalt in Blutplasma 912 Tab.
— —, in Galle 539.

Phosphat:
anorganisches, Gehalt in Gehirn bei Funktionszuständen, verschiedenen 810 Tab.
—, — — bei Hypoglykämie 823.
—, — — bei Krampfanfällen 816.
—, — — bei Narkose 813f.
—, — in Glaskörper 912 Tab.
—, — in Kammerwasser 912 Tab.
—, — in Muskel 581 Tab.
—, Hemmung des P-Einbaus in Gehirnlipoide durch — 737.
—, Überführung in Bindung, organische, in der Gefäßhaut 921.
—, Veresterung in der Linse 894.
energiereiches 598.
—, Bedeutung für Leberstoffwechsel 22.
—, — für Trennung von Wasser in H^+- und OH^--Ionen 803.
—, Beeinflussung der Bildung durch Arsenat 721.
—, — — von 3,5-Dinitro-o-kresol 721.
—, Bildung durch Atmungskettenphosphorylierung 730.
—, — in Gehirn 847.
—, — bei Gehirnglykolyse 702f.
—, Bildung und Kohlenhydratumsatz 599.
—, — durch Sauerstoffverbrauch 847.
—, — durch Substratphosphorylierung 729f.
—, Gehalt im Gehirn bei Ischämie 788.
—, — — bei Krampfanfällen 816.
—, — — bei Narkose 809, 814.
—, — — bei Reizung, elektrischer 815.
—, — — bei Schlaf 809.
—, Nutzeffekt der Bildung von — bei Kohlenhydratoxydation 599f.
—, bei Synthese von Peptidbindungen 753.
—, Umsatz in Gehirn 765, 809.
—, — in Leber 809.
—, — im Muskel 809.
—, Verbrauch bei der Carboxylierung, reduktiven 721.
—, Vorkommen im Linsenepithel 894.
labiles, Energielieferung im Gehirn durch — 816.
organisches, Gehalt in der Linse 890.
—, lösliches, Gehalt im Hundegehirn 668 Tab.
radioaktives (^{32}P), Aufnahme in Desoxyribonucleinsäuren 316.
—, — in Ribonucleotide 317f.
—, Messung der Erneuerung der Zellnucleotide mit — 315f., 318.
säurelösliches, Gehalt in Gehirn bei Hypoglykämie 823.

Phosphatasen:
Aktivität in Chorioidea 921.
— in Ciliarkörper 921.
— in Hirntumoren 692.
— bei Hyperthyreoidismus 446.
— in Iris 921.

Phosphatasen:
Aktivität in Leber, regenerierender 34.
— bei Lebererkrankungen 240.
Aktivierung durch Magnesiumionen 42.
— durch Zinkionen 63.
Ausscheidung in die Galle 241.
— in Harn 241.
Bestimmung in Gehirn 617.
— in Leberpunktaten 39.
Bildung im Knochen 241.
Gehalt in Blut bei Gallengangsatresien 241.
— — bei Gallenretention 240.
— — nach Hepatektomie 240f.
— — bei Stauungsikterus 544.
— in Blutserum 240f.
— in Galle 240, 544, 755.
— in Leber 98f., 240f., 755.
— — bei Hepatitis 544.
— in Leberzellen bei Chloroformvergiftung 36.
Hemmung durch Cyanid 241.
bei Hyperthyreoidismus 446.
Inaktivierung in Gallenblase 544.
Nachweis 776.
in Nerven bei Degeneration, WALLERscher 695, 698.
— —, degenerierenden 699.
im Nucleolus 775.
Vorkommen in Dendriten 618.
— in Galle 538, 543f.
— in Gehirn 773—777.
— in Linse 896.
— in Muskel 585.
— in Retina 936.
alkalische, Gehirn, Hemmung durch Gallensäure 777.
—, bei Glykogenspeicherkrankheit 80.
—, Vorkommen in der Galle 543f.
—, — in Gallenkapillaren 544.
—, — in Gehirn und Nerven 775f.
—, — in Hornhaut 878.
—, in Leber bei Eiweißmangel 222.
—, in Nervenzellen 776.
saure, Aktivität in Zellen, chromatolysierenden 698f.
—, Gehalt in Achsencylinder 695.
—, Vorkommen in Galle 543.
—, — in Gehirn und Nerven 695, 775f.
—, — in Nervenzellen 775f.
unspezifische, Gehirn 774—777.

Phosphatide:
s. a. Phospholipoide.
Abbau in Gehirn 736.
— in Leber 158—161.
Austausch zwischen Gehirn und Blutplasma 736.
Bedeutung für Löslichkeit von Cholesterin in der Galle 569.
Bildung, Beeinflussung durch Fettsäuren, ungesättigte 153.
—, Beschleunigung durch Betain 148.
—, Mechanismus 159.
— aus Serin 263.
— bei Ernährung, proteinarmer 161.

Phosphatide:
Bildung bei Leberregeneration 33.
— bei Nembutalnarkose 814.
— bei Rotation von Versuchstieren 813.
— in Gehirn 736ff., 764.
— — durch Atmungskettenphosphorylierung 734.
— in Leber s. Leber, Bildung von Phosphatiden.
— in Leberschnitten 161.
— in Mitochondrien 156—159.
— in Nerv 738.
— in Neurilemmzellen 738.
— in Neuroglia 738.
—, gesteigerte, Gehalt an Fett in der Leber bei — 145.
Einbau in Gehirnlipoide 735.
Eintritt ins Gehirn 736.
Erneuerung bei Hyperlipämie 446.
— in Retina 935.
Fettsäurezusammensetzung in — nach Cholinzufuhr 145.
Fraktionen in Nerv bei Degeneration, WALLERscher 694.
Gehalt
an Elaidinsäure in Gehirnphosphatiden 685f.
an Myristinsäure in Gehirnphosphatiden 639 Tab.
in Achsenzylinder 649 Tab.
in Augenlinse 889.
in Blut bei Lipämie, alimentärer 138.
in Cytoplasma, Nervenzellen 649 Tab.
in Galle 545.
in Ganglien, sympathischen 647 Tab.
in Gehirn 631 Tab., 633—642.
—, Altersveränderungen 676, 677 Tab., 678, 679 Tab.
—, Insulinwirkung auf 736.
— bei Encephalitis epidemica 692.
— bei Ratten, fetalen 678.
— bei Schlaf und Narkose 809.
in Gehirnteilen, verschiedenen 618 Tab.
in Gliomen 691.
in Großhirn, Substanz, weißer 648 Tab.
in Hämangiomen 691.
in Herzmuskel 584.
in Hirnrinde 647 Tab.
in Intraduralnerven 648 Tab.
in Kammerwasser 904.
in Leber s. Leber, Gehalt an Phosphatiden.
in Lebermitochondrien 133.
in Markscheiden 649 Tab.
in Mikrosomen 134.
in Milznerven 647 Tab.
in Mitochondrien 133, 735.
in Muskel 584.
in Nerven 633f., 635 Tab., 687.
—, peripheren 634, 635 Tab.
in Nervensystem von Feten, menschlichen 679 Tab.
— von Insekten 649.
in Nervenzellen 649 Tab.

Phosphatide:
Gehalt
in N. ischiadicus 633f., 635 Tab., 648 Tab.
— bei Ernährung, eiweißarmer 687.
— bei Degeneration, WALLERscher 694 Tab.
in N. opticus 648 Tab., 948.
in N. vagus 648 Tab.
in N. vertebralis 647 Tab.
in Papilla nervi optici 647 Tab.
in Retina 647 Tab., 925 Tab., 926.
in Rückenmark, Substanz, weißer 648 Tab.
in Substanz, grauer und weißer 634 Tab., 637 Tab.
in Sympathicus 647 Tab.
in Zellkernen, Nervenzellen 649 Tab.
Gehirn, Austausch mit Blutplasma 736.
—, Hydrolyse 743.
—, Konstanz der Zusammensetzung 685.
im Nervensystem des Hummers 647.
Oxydation, Vanadiumwirkung auf — 66.
C_{22}-Säuren, hochungesättigte, in — 635f.
Stickstoff: Phosphor-Verhältnis in — der Mitochondrien und Mikrosomen 134.
Stoffwechsel, Beeinflussung durch Cystin 149.
Spaltung in der Gallenblase 569.
— in Leber 158—161.
Umsatz 158.
—, Einfluß von Pankreasektomie auf — 160.
— in Gehirn von — 160, 736, 738, 764, 770.
— bei Hepatektomie, partieller 161.
— in Leber 143, 147, 160f.
— bei Nahrung, fettreicher 160.
Vorkommen in Chorioidea und Iris 918.
— in Cornea 875.
— von α- und β-Glycerinphosphorsäure in — 636f.
Phosphatidfettsäuren, Gehalt in Gehirnteilen verschiedenen 618 Tab.
Phosphatid-P, Gehalt in Gehirn und Rückenmark 633.
Phosphatidsäuren 633.
—, Bildung aus Palmityl-CoA 159.
—, — in der Leber 180, 183.
—, Bindung an Serin 262.
Phosphatidspeicherkrankheiten 688ff.
Phosphatidylserin 635.
— s. a. Serinkephaline.
Phosphoamidasen, Vorkommen im Gehirn 776.
Phosphobrenztraubensäure, Phosphatquelle für Kreatinphosphorsäuresynthese 772.
—, Phosphorylierung von Adenylsäure durch — 595.
Phosphodiesterase, Vorkommen in der Galle 543.
Phospho-enol-brenztraubensäure, Bildung 120, 706.
—, —, Aktivierung durch Magnesiumionen 714.

Phospho-enol-brenztraubensäure, Dephosphorylierung 714, 806f.
—, —, Hemmung durch Phlorrhizin 708.
—, —, — durch Natriumfluorid 714.
—, Transphorylierung mit Adenosindiphosphorsäure 806.
1-Phosphofructoaldolase 100.
Phosphofructokinase 713.
Phosphoglucomutase 86f.
—, Aktivierung durch Magnesiumionen 705.
—, — durch Mangan- und Kobaltionen 86.
—, Aktivität im Gehirn 710.
—, — im Herzen 710.
—, Bedeutung für Bildung von Leberglykogen 84.
— beim Glykogenabbau in der Leber 89, 91.
—, Hemmung durch Ionen 86.
—, Phosphatgehalt 86.
—, Vorkommen in Leber 86.
—, — in Muskel 86, 710.
—, — in Retina 936.
—, Wirkung von Sauerstoffvergiftung auf — 789.
—, Wirkungsmechanismus 86.
Phosphogluconsäure, Bildung aus Glucose-6-phosphorsäure 728.
—, — von Ribulose-5-phosphorsäure aus — 729.
6-Phosphogluconsäure, Reduktion, reversible, zu Glucose-6-phosphorsäure 721.
Phosphoglycerinsäure, Bildung im Gehirn 706.
—, Umsatz, kein, in Hirnschnitten 706.
—, Oxydation durch Gehirn 785.
—, Spaltung in Gehirnbrei 706.
—, — in Retina 936.
3-Phosphoglycerinsäure, Umsatz in Taubengehirn, homogenisiertem 706.
—, Umwandlung in Phospho-enol-brenztraubensäure 706.
—, Vorkommen in der Linse 891.
Phosphoglyceromutase, Vorkommen im Gehirn 714.
Phosphohexokinase, Aktivierung 713.
—, Aktivität im Gehirn 710—713.
—, Beeinflussung durch Adrenochrom 708.
—, Gehirn, Aktivierung durch Ammoniumionen 807.
—, —, Darstellung 713.
—, Q_{CO_2} 807.
—, Vorkommen in Erythrocyten 712.
—, — in Retina 936.
—, Wirkung von Sauerstoffvergiftung 789.
Phosphohexoseisomerase 86, 100, 109, 345.
—, Aktivität im Gehirn 710, 713.
—, Gehalt im Blutplasma 242.
—, Vorkommen in Hirnextrakten 705.
—, — in Retina 936.
Phosphokreatin:
581•.
Bedeutung für Gehirnglykolyse 703f.
— für Muskelkontraktion 594.
Bestimmung 594f.
Bildung bei Alloxandiabetes 819.
— in Gehirn 772, 774.
Phosphokreatin:
Bildung von Hexosephosphat bei —spaltung 772.
Energielieferung für Acetylcholinsynthese 817.
als Energiespeicher 771f.
Gehalt in Gehirn 632 Tab., 657, 772.
— — bei Funktionszuständen, verschiedenen 810 Tab.
— — bei Hypoglykämie 823.
— — bei Ischämie 788.
— — bei Krampfanfällen 816.
— — bei Narkose 813f.
— — bei Reizung, elektrischer 772, 815f.
— — bei Schädeltrauma 772.
— in Herzmuskel 581, 609.
— in Hirnschnitten, Wirkung, keine, von Glutaminsäure auf — 750.
— in Magen 611.
— in Muskel 581, 581 Tab.
— — bei Muskeldystrophie 586.
— — im Winterschlaf 586.
— —, entnervtem 586.
— in N. opticus 948.
— in Vorderhornzellen 658.
— — bei Nervenregeneration 699.
Gleichgewicht mit ATP 771•, 772.
p_H-Änderung bei Spaltung der — 604.
Phosphataustausch im Gehirn mit — 765.
Phosphorylierung von Adenylsäure durch — 595f.
Reaktion mit Adenylsäure 774.
— Adenosindiphosphorsäure 771, 774.
Resynthese 596.
Spaltung 594ff.
—, Änderung der Energie, freien, bei — 599.
—, Einfluß auf Lichtdurchlässigkeit des Muskels 603.
— in Herzmuskel 610.
— bei Ischämie 772.
— bei Muskelkontraktion, anaerober 588, 594f.
— bei Narkose 772.
— bei Totenstarre 607.
— nach Krampfgiften 772.
—, Volumenkontraktion des Muskels bei — 602.
—, Wärmetönung 598.
Umsatz in der Muskulatur 765.
— im Nervensystem 765.
Vorkommen in Linse 891.
— in Muskel, glattem 612.
— in Retina 928.
Wirkung bei Infektion mit FA-Mäuseencephalitisvirus 833.
Phospholipase aus Schlangengift 134.
Phospholipide, Bildung in Leber 546.
—, Einfluß von Hypophysektomie auf Umsatzgeschwindigkeit der — 322.
—, Erneuerungsgeschwindigkeit 317.
—, Fettsäurezusammensetzung 133 Tab.
—, Galle, Bildung 546.
—, Gehalt in Darmlymphe 20.

Phospholipide, Gehalt in Galle 545f.
—, — in Leber 222.
—, — —, geschädigter 326.
—, — in Muskel bei Muskeldystrophie 586.
—, Oxydation, aerobe, Hemmung durch Mangan(II)-Ionen 61.
—, Umsatzgeschwindigkeit in Leber 323 Tab.
— s. a. Phosphatide.
Phospholipoide s. a. Phospholipide.
— s. a. Phosphatide.
Phospholipid-Nucleotidkomplexe 312ff.
Phosphomanno-Isomerase 105.
Phosphomonoesterase 34.
— in Leberzellen bei Chloroformvergiftungen 36.
—, alkalische, Aktivität im Nerven bei Degeneration, WALLERscher 695.
Phosphomutasen, Aktivierung durch Magnesiumionen 42.
Phosphopantethein 409.
4-Phosphopantethein 408.
Phosphoproteide, Bildung im Gehirn 764.
—, —, Gehalt im Gehirn 661, 663 Tab., 664 Tab., 665f.
—, —, Umsatz im Gehirn 770.
— der Linse 885—888.
Phosphoproteidfraktion, Gehirn 770.
—, Wanderung am N. ischiadicus 770.
Phosphoproteidphosphatase 763.
Phosphoproteid-phosphor, Anteil von Diphosphoinosit am — 739.
Phosphor, Leberschädigung durch — 92, 121.
—, weißer, Leberschädigung durch — 35.
Phosphoribomutase, Gehirn 768.
—, Leber 111.
Phosphorsäure s. Phosphat.
Phosphorsäureester, p_H-Änderung bei Spaltung der — 604.
—, Vorkommen in der Linse 891.
Phosphorsäureverbindungen, Gehalt in Geweben, nervösen 665 Tab.
—, — in Muskel 580f.
—, — in Zentralnervensystem 664 Tab., 665 Tab.
—, Hydrolysekonstanten 597.
Phosphorvergiftung:
Aktivität der Leberesterase bei — 157.
Entgiftung von Alkohol bei — 486.
— von Benzol bei — 473.
— von Santonin bei — 482.
Blut, Eiweißgehalt bei — 228 Tab.
—, Fibrinogengehalt bei — 234.
—, Prothrombingehalt bei — 236, 370.
Einfluß auf Phenolentgiftung 466.
— auf Rhodanidbildung 480.
Fettleber bei — 154f., 410.
Glucuronidasebildung bei — 463.
Glucuronidbildung bei — 456.
Glykoneogenese bei — 35.
Hippursäureausscheidung bei — 471.
Leber, Aminosäureaufnahme bei — 211.
—, Ascorbinsäurebildung bei — 379.
—, Entgiftungsfunktionen bei — 457.
—, Glutathion, reduziertes bei — 191.
—, Glykogengehalt bei — 35.
Phosphorvergiftung:
Leber bei Hypophysektomie 141.
Leberverfettung bei — 61.
Leberzellen, Redoxpotential bei — 191.
Nicotinentgiftung bei — 492.
Plasmaproteine, Regeneration bei — 227.
Porphyrinausscheidung bei — 525.
Prothrombinbildung bei — 35.
Serumalbumingehalt bei — 229.
akute 35.
Phosphorylase, Aktivität im Gehirn 710, 917.
—, — im Herzen 710.
—, — im Muskel 710.
—, Bedeutung für Bildung von Leberglykogen 84.
—, Beeinflussung durch Adrenalin 76.
—, — durch Glucagon 76.
—, Glykogenabbau durch — 83, 89f.
—, Glykogensynthese in der Leber durch — 81.
—, Leber 87, 89 Abb., 90.
—, Polysaccharidbildung durch — 87f.
—, Retina 936.
—, inaktive und aktive 90.
Phosphoryl-CoA 847.
—, Bildung im Gehirn 723.
Phosphorylierung, oxydative 589.
Phosphotransacetylase, Beteiligung an Acetylcholinsynthese 850.
Phrenosin 641f.
Phyllochinon (= Vitamin K):
Antagonisten des — 237.
Aufnahme durch die Leber 369.
Bedarf 371.
Bedeutung für Blutgerinnung 369.
— für Prothrombinbildung 235, 368, 370.
Einfluß auf Dicumarinwirkung 374.
— auf Gallensäurebildung 373.
— auf Glutathion im Blut 373.
— auf Glykogengehalt in Organen 373.
— auf Lebercholesterin 373.
— auf Leber- und Muskelglykogen 73.
— auf Prothrombinbildung 368.
—, kein, auf Axerophthol-Gehalt der Leber 349.
Reserven 369.
Resorption 368f.
Speicherung 369.
Stoffwechsel, Bedeutung der Leber für — 368—374.
Wirkung auf Diathesen, hämorrhagische, bei Neugeborenen 371.
— auf Koproporphyrinausscheidung bei Ikterus, parenchymatösem 526f.
— bei Lebercirrhose 373.
synthetisches 369, 371.
Phylloerythrine, Vorkommen in Rindergalle 525.
Physostigmin, Beeinflussung der Gehirnatmung durch — 791.
—, Hemmung der Cholinesterase durch — 801, 858, 860f.
—, Wirkung auf Albumin: Globulin-Verhältnis im Kammerwasser 903.
Pia mater 947.

Piazellen, GOMORI-Reaktion 776.
„Pigmente", Gehalt in Chorioidea und Iris 917 Tab.
Pigmente, Linse 895.
Pigmentepithel, Retina, Bedeutung für Phosphatidbildung in der — 935.
Pigment-Kalksteine 566ff.
Pikrinsäure, Ausscheidung als Esterschwefelsäure 484.
—, Bildung von Pikraminsäure aus — in der Leber 484.
Pikrotoxin, Wirkung, keine, auf Acetylcholinesterase 860.
Pilocarpin, Beeinflussung der Erneuerungsgeschwindigkeit der Lebernucleinsäuren 322.
—, Wirkung, choleretische 533.
Pilzproteine, Leberschäden nach — 365.
Piqûre, Wirkung auf Gehalt der Galle an Stoffen, reduzierenden 543.
Placenta, Eisenaufnahme 50.
—, Gehalt an 7-Dehydrocholesterin 664.
Placentarblut, Prothrombingehalt 371.
Plankton, Calciferol-Gehalt 363.
Plasmacholesterin, Bildung in der Leber 206f.
Plasmaeiweißkörper, Abbau 223ff.
—, Aufnahme durch Organe 225 Abb.
—, Bildung in der Kernmembran 745.
—, Halbwertszeit 224.
— nach Leberexstirpation 227f.
—, Regeneration 227.
Plasmal 637.
Plasmalogene 634, 637.
—, Gehalt im Gehirn 637 Tab., 638.
—, — in Substanz, grauer und weißer 638.
—, Vorkommen in den Markscheiden 638, 646.
— s. a. Acetalphosphatide.
Plasmalogensäure 637.
Plasmapherese 20, 226.
Plasminogen 763.
Platessa platessa, Leber, Kupfergehalt 56 Tab.
Pleuronectes limanda, Harnsäureabbau bei — 340.
— unimaculatus, Axerophthol-Gehalt 357 Tab.
— platessa, Harnsäureabbau bei — 340.
Pleuronectiden, Harnsäureabbau bei — 340.
Plexus, AUERBACHscher, bei Glykogenspeicherkrankheit 690f.
— brachialis, Gehalt an P-Verbindungen 665 Tab.
— chorioideus, Bedeutung für Gehirnversorgung 798f.
— —, Epithel, Oxydoreduktionspotential 800.
— —, Gehalt an Substanz P 843.
— —, GOMORI-Reaktion 776.
— —, 5-Nucleotidase im — 767.
— —, Phosphataufnahme 769.
— —, Sauerstoffaufnahme 800.
— —, Tätigkeit, sekretorische 799.
Plötze, Retina, Atmung und Glykolyse 930 Tab.
Pneumatophores colias, Leber, Axerophthol-Gehalt 357 Tab.
Pneumokokken, Wirkung von Leberextrakten auf — 319.
Poikilothermie 23.
Polartiere, Leber, Axerophthol-Gehalt 358.
Polioencephalitis, Beeinflussung durch Pantothensäure 673.
Poliomyelitis 828f.
— bei Beri-Beri 832.
Poly-en-fettsäuren, Gehalt in der Leber 375.
Polyensäuren, Gehalt im Gehirn bei Fettmangelkost 687.
Polyglycerinphosphatide in Hundeleber 133.
Polyneuritis, Taube, Gehalt an Acetylcholin im Gehirn 848.
Polynucleinsäuren, Bildung aus Mononucleinsäuren 331.
—, Schicksal im Darm 331.
Polynucleotidasen im Gehirn 766.
Polynucleotide, Bildung in der Leber 331.
Polyoxysteroide in Krötengalle 553.
Polypeptid, blutdrucksenkendes, in Gehirn und Dünndarm (= Substanz P) 843.
Polypeptid A, Gehalt in der Leber 218.
Polypeptide, Vorkommen in Leberzellen 218.
—, — in Muskel 584.
— in Proteolipoiden 650.
Polysaccharid in Linsenkapsel 888.
—, glykogenähnliches, aus Galaktose 82.
Polysaccharide, Bildung durch Phosphorylase in vitro 87f.
— aus Corneamucoproteid 874f.
—, Übertritt aus dem Blut ins Kammerwasser 909.
—, glucosehaltige, Verwertung in Geweben, peripheren 117.
—, verzweigte, Struktur 81 Abb.
Polyurie, Allantoinausscheidung bei — 340.
Pons, Acetylcholinesterase, Aktivität der — in — 854 Tab.
—, Gehalt an Chlorid 620 Tab.
—, — an Kalium 620 Tab., 622.
—, — an Natrium 620 Tab., 625.
—, — an Neuraminsäure 644.
—, — an Phosphor 620 Tab.
—, — an Silicium 628.
—, — an Substanz P 843.
—, — an Wasser 620 Tab.
—, Phosphataufnahme 769.
Porencephalie bei Kupfermangel (Schafe) 627.
Porphyrie 524.
—, Porphyringehalt der Leber bei — 523.
Porphyrine, Abbau in der Leber 524.
—, Ausscheidung im Harn bei Leberschädigung 525ff.
—, — bei Pellagra 399.
—, — bei Phosphorvergiftung 525.
—, — in Galle 523—527.
—, Bildung im Knochenmark 525.
—, — bei Leberschädigung 525.
—, — bei Sedormidvergiftung 523.
—, — von Dipyrrylfarbstoffen aus — 522.
—, —, keine, aus Blutfarbstoff 525.
—, Gehalt in Leber bei Pellagra 523.
—, Stoffwechsel in der Leber 505—527.

Porphyrinurie 524.
— bei Pellagra 399.
Porphyropsin 927, 939, 944, 946 Tab.
Pottwal, Leber, Gehalt an Axerophthol 357 Tab.
—, —, — an Zink 62.
PP-Faktor, Gehalt im Gehirn 672f.
— s. a. Nicotinsäure.
— s. a. Nicotinsäureamid.
Präeklampsie, Gehirnstoffwechsel bei — 821.
5α-Pregnan 436.
3α- und 3β-Pregnanderivate, Bildung bei Steroidabbau 436.
Pregnandiol 435*.
—, Bildung aus Desoxycorticosteron 437.
—, — aus Progesteron 435.
—, Gehalt in der Galle 436.
—, Stereoisomere 435f.
allo-Pregnandiol, Bildung aus Progesteron 435.
Pregnan-3α,20α-diol 435.
Pregnan-3β,20α-diol 435.
Pregnandiolglucuronid, Ausscheidung im Harn 436.
—, Bildung 435ff.
3β,21-Pregnandiol-20-on, Bildung aus Desoxycorticosteron 436.
Pregnandion 435*.
Pregnan-3,20-dion 435.
Pregnan-3α-ol 435.
Pregnanolon 435.
—, Bildung aus Progesteron 435.
5α-Pregnanolon, Bildung aus Progesteron 436.
Pregnan-3-ol-20-on in der Galle 436.
Pregnan-3α-ol-20-on 435.
allo-Pregnan-3α,20α-diol 435.
allo-Pregnan-3β,20α-diol 435.
allo-Pregnan-3,20-dion 435.
allo-Pregnan-3α-ol-20-on 435f.
allo-Pregnan-3β-ol-20-on 435.
Δ^4-Pregnen-17α,21-diol-3,11,20-trion 438.
Primaten, Harnsäurebildung bei — 333.
Procain, Spaltung, hydrolytische, in der Leber 484.
Progesteron, Abbau 434—437.
—, — bei Hysterektomie 437.
—, Beeinflussung des Oestrogenabbaus durch — 428.
—, Bildung aus Cholesterin 209.
—, — von Pregnandiolen und Pregnanolon aus — 435.
—, — von Pregnandiolglucuronid 437.
—, — von Pregnanolon aus — 435f.
—, Hemmung der Gehirnatmung durch — 819f.
—, Inaktivierung in der Leber 434—437.
Prolan, Einfluß auf Magnesiumgehalt des Gehirns 625.
Prolin:
Abbau 299*, 300, 747.
Beeinflussung der Gallensäurebildung durch — 558.
Bildung aus Glutaminsäure 253.
— von Brenztraubensäure aus — 123.

Prolin:
Bildung von Glutamin aus — 747.
— von Glutaminsäure aus — 253, 299f., 747.
— von α-Ketoglutarsäure aus — 747.
Desaminierung durch die Leber 249 Tab
Einbau von Acetat-C in — im Gehirn bei Virusinfektion 829.
— von Acetat-Carboxyl-C in — im Gehirn 830f.
Gehalt in Gehirn 655f.
— — bei Eiweißmangel 684f.
— in Gehirnproteinen 653 Tab.
— in Haarkeratin 653 Tab.
— in Kollagen 14.
— in Leberproteinen 217 Tab., 218 Tab.
— in Neurokeratin 653 Tab.
— in Proteolipoid aus Gehirn 651 Tab.
Oxydation durch L-Aminosäureoxydase 248.
Stoffwechsel 299ff.
Umwandlung, reversible, in Ornithin 300f.
Vorkommen in Nerv 695.
— in Polypeptid A der Leber 218.
D-Prolin, Spaltung durch Prolinoxydase 299f.
Prolinoxydase, Hemmung durch Kupfer(II)-ionen 300.
— Wirkung auf Oxyprolin 301.
—, — auf Prolin 299f.
—, — auf Pyrrolidoncarbonsäure 300.
Prontosil, Spaltung zu Sulfanilamid 499.
Prooestrus, Phosphataufnahme von Gehirn und Hypophyse im — 771.
n-Propanol, Oxydation 489.
Propentdyopente 522f.
—, Vorkommen in Gallensteinen 567.
Propionin 148*.
Propionitril, Bildung von Rhodanid aus — 480.
Propionsäure, Beschleunigung des Acetatabbaus durch — 174.
—, Bildung bei Oxydation von Fettsäuren, ungeradzahligen 174.
—, Verwertung, keine, durch Gehirn 742.
—, Wirkung, antiketogene 174.
Propylamin, Desaminierung im Gehirn 760.
Propylcholin, Spaltung durch Acetylcholinesterase 851, 857.
—, Wirkung, keine, lipotrope 146.
n-Propylphenylketon, Entgiftung 456.
Propylthiouracyl, Wirkung auf Cholesteringehalt des Blutes und —ausscheidung in der Galle 547.
Prostigmin, Hemmung der Acetylcholinesterase durch — 857.
—, — von Cholinesterasen durch — 858, 860.
Protagonfraktion im Gehirn 643.
Proteasen, Galle 544.
—, Gehirn 762f.
—, Glaskörper 911.
—, Kammerwasser 903.
—, Leber 763.

Proteasen, Linse 896.
— s. a. Proteinasen.
α- und β-Protease, Linse 896.
Protein, hexokinasehemmendes, in Hypophyse 709.
Proteinase, neutrale, Gehirn 763.
Proteinasen, Gehirn 762f.
—, Leber 763.
—, Milz 762f.
—, Muskulatur 762f.
— s. a. Proteasen.
Proteine:
s. a. Eiweiß.
Abbauprodukte 341.
Adsorption von Gallensäuren 560.
Bedarf für Riboflavinspeicherung in der Leber 391f., 501.
Beeinflussung der Cholesterinbildung in der Leber durch — 205.
— der Fettbildung in der Leber durch — 205.
— der Fettsäurebildung durch — 167.
Beteiligung an der Funktion der Neurone 811f.
Bildung, Bedeutung der Mikrosomen für — 214f., 258.
—, — der Mitochondrien für — 215.
—, Untersuchung mit ^{35}S-Methionin 227f.
— bei Lebererkrankungen 210.
— in Gehirn bei Virusinfektionen 829.
— in Leber, regenerierender 211—223, 324f.
— in Nervenzellen 811.
Einbau von Aminosäuren in — 258, 745f.
Energielieferung für Zentralnervensystem 700.
Endoxydation im Citronensäurecyclus 126.
Gehalt in Galle 542.
— in Gehirn, fetalem 677 Tab., 679 Tab.
— in Herz bei Eiweißmangel 222 Abb.
— in Leber nach Schädigungen 326.
— —, regenerierender 33.
— in Nahrung, Einfluß auf Nucleinsäuregehalt der Leber 321f.
— — und Vitamin B_6-Gehalt der Leber 399.
— in Nerven, degenerierenden 699.
— in Organen 220 Tab.
Gehirn, Aminosäurezusammensetzung 653 Tab., 654f.
—, Schwefelgehalt 655.
aus Hummernerven 654.
Lebensdauer beim Menschen 745.
Leber, Aminosäurezusammensetzung 655.
Muskel 762f.
aus N. obturatorius vom Warmblüter 654.
Neubildung, Verzögerung durch Glucocorticoide 125.
Niere, Aminosäurezusammensetzung 655.
Schutzwirkung gegen Wirkung, cancerogene, von Azofarbstoffen 501.
Proteine:
SH-Gruppen, Affinität zu Arsenverbindungen 727.
Stoffwechsel in Gehirn, Beeinflussung durch Viren, neurotrope 828—833.
— in Leber 209—247, 386.
Umsatz im Gehirn 784.
Umwandlung in Fett, Bedeutung von Pyridoxin für — 403.
Verbrennung im Gehirn 784.
Zellgranula, Aminosäurezusammensetzung 218 Tab.
methioninhaltige, Wirkung, lipotrope 143.
unlösliche, Gehalt in Chorioidea und Iris 917 Tab.
Proteinmangel, Ascorbinsäurebedarf bei — 386.
—, Ascorbinsäuresynthese bei Ratten 386.
—, Leberveränderungen bei — 221.
Protein-N, Gehalt in Gehirnteilen, verschiedenen 618 Tab.
protein turnover, Definition 744.
Proteolipoide 653.
—, Aminosäurenzusammensetzung 651 Tab.
—, Vorkommen in Gehirn und Nervensystem 650f.
Proteolipoide A, B und C 650f.
Prothrombin, Bestimmung 237.
—, Bildung 210, 235—238, 368—371.
—, —, Bedeutung von Phyllochinon für — 235, 368, 370.
—, — in Leber 369ff.
—, — als Leberfunktionsprüfung 372, 562.
—, — in Mitochondrien 370, 374.
—, — bei Phosphorvergiftung 35.
—, —, Wirkung von Dicumarin auf — 374.
—, —, — von Methylxanthin auf — 371f.
—, Eigenschaften 235.
—, Gehalt in Blut bei Lebererkrankungen 235, 372.
—, — — bei Neugeborenen 371.
—, — — bei Phosphorvergiftung 236, 370.
—, — in Blutplasma bei Chloroformvergiftung 237.
—, — — nach 2-Methylnaphthochinondiphosphat 370.
—, — in Leberlymphe 20.
—, — in Placentarblut 371.
—, Umwandlung in Thrombin 237.
Prothrombintest zur Leberfunktionsprobe 562.
Prothrombinzeit 370, 372.
Protoplasma, Basophilie 220f., 321, 504.
—, — bei Hepatomen 504.
—, Lokalisierung der Glykolyse im — 113.
Protoporphyrin, Ausscheidung im Harn bei Lebererkrankungen 526.
—, Bildung von Koproporphyrin in der Leber aus — 524.
—, Vorkommen in Galle, menschlicher 524.
Protoporphyrin III, Vorkommen in der Leber 523.
Provitamin A, Neo-β-Carotin als — 358.
Provitamin D_2, Speicherung 361.

Pseudocholinesterase 239, 851f.
Pseudoglobuline, Gehalt in Blutplasma bei Lebererkrankungen 231.
—, — in Leber 223 Tab.
Pseudoglobulin I bei Lebererkrankungen 243.
Psychosen, Gehirnstoffwechsel bei — 827.
Pterophin, Wirkung auf Ascorbinsäuregehalt der Leber 379.
Pteroylglutaminsäure, Bedeutung für Glykokollstoffwechsel 261ff.
—, — für Serinstoffwechsel 260f.
—, — für Umsatz von Formylgruppen 261.
—, Gehalt im Gehirn 674.
—, Wirkung auf Ausscheidung von Harnsäure, Allantoin, Kreatin und Kreatinin 418 Abb.
— s. a. Vitamin B_c.
— s. a. Folsäure.
— s. a. Folinsäure.
N-Pteroylglutaminsäure 585.
Pupille, Lichtreflexe, Abhängigkeit von Cholinesterase 920.
Purine:
Abbau 333—336.
— beim Hund 339.
— und Synthese an den Nucleinsäuren 317.
Abbauprodukte 341.
Bildung, Bedeutung von Folsäure für — 332.
— aus 4-Amino-5-imidazolcarboxamid 333.
— aus Formiat 332f.
— aus Glykokoll 258, 262, 332f.
— aus Serin 263.
— in Gehirn 667f., 668 Tab.
— im Herzen 332.
— in Leber 311, 329, 332f., 336.
— in Organen 332.
— von Glyoxylsäure aus — 334.
— von Harnsäure aus — 333—336.
— von Harnstoff aus — 334, 340f.
—, keine, aus Pyrimidinen 341f.
Desaminierung im Gehirn 767f.
Einbau in Nucleinsäuren 316, 330f., 332.
Gehalt in Gehirn 667f., 668 Tab.
Leberschutzwirkung der — 334.
Stoffwechsel in der Leber 330—346.
im Tapetum lucidum 919.
exogene, Verwendung für Bildung von Nucleinsäuren 330f., 333.
freie, Gehalt im Hundegehirn 668 Tab.
Purin-Nucleosidphosphorylase, Gehirn 768.
Purinnucleotide, Dephosphorylierung im Gehirn 767f.
PURKINJE-Zellen im Kleinhirn 811.
—, RNS: Protein-Verhältnis 667.
—, Typen von — im Kleinhirn 811.
—, Veränderungen bei Louping ill 829.
—, — bei Rabies 828.
Pute, Leber, Axerophthol-Gehalt 357 Tab.
Putrescin, Beeinflussung der Gehirnatmung durch — 790.
Putrescin, Hemmung der Histaminase durch — 760.
Pylorus, Schleimhautschädigung durch große Eisenmengen 55.
Pyocyanin, Beeinflussung der Gehirnatmung durch — 791.
— als Elektronenacceptor für Äthylenreduktase 183.
—, Hemmung der Succinodehydrogenase durch — 724.
Pyramidenzellen, Lipoidgehalt 617.
—, Trockensubstanzgehalt 617.
Pyramidon, Hypoprothrombinämie nach — 372.
Pyrazolone, Hemmung von Cholinesterasen durch — 858.
Pyren, Wirkung, wachstumshemmende 474.
α-Pyridincarbonsäureglycin 469.
Pyridincarbonsäure, Bildung aus α-Methylpyridin 469.
—, Bindung an Glykokoll 469.
Pyridinnucleotide, Bildung in Leber 401.
—, Gehalt in Leber 395f.
—, — — von Neugeborenen 396.
—, — in Organen 395 Tab.
—, Vorkommen in der Augenlinse 889, 896.
α-Pyridinursäure 469.
Pyridoxal 290.
—, Gehalt in Leber 399.
—, — im Muskel 585.
—, Oxydation in der Leber 347.
—, — zu Pyridoxinsäure 403.
—, Vorkommen in der Leber 399.
— s. a. Pyridoxamin.
— s. a. Pyridoxin.
Pyridoxalenzyme, Bedeutung für Glutaminsäurebildung 400.
—, — für Transaminierung und Aminosäureabbau 400f.
—, Vorkommen in der Leber 347.
Pyridoxalphosphat, Bedeutung für Bildung und Spaltung von Cystathionin 402.
—, — für Desulfhydrasen 402.
—, — für Sehpurpurregeneration 943.
—, — für Nicotinsäurebildung 398.
—, — für Serinbildung 401f.
—, — für Transaminierung 400.
—, — für Transsulfurase der Leber 401.
— als Coenzym von Transaminasen 249ff., 401.
—, Wirkung auf Hippursäuresynthese 470.
Pyridoxal-5-phosphat, Coenzym von Glutaminsäuredecarboxylase 755.
—, — der Kynureninase 290.
—, — der Kynurenin-Transaminase 289.
Pyridoxamin 290.
—, Gehalt in Leber 399.
—, — im Muskel 585.
—, Vorkommen in der Leber 399.
— s. a. Pyridoxal.
— s. a. Pyridoxin.
Pyridoxaminphosphat 251.

Pyridoxin:
s. a. Pyridoxal.
s. a. Pyridoxalphosphat.
s. a. Pyridoxamin.
Aktivierung von Kynureninase 290.
Bedarf an — und Proteingehalt der Nahrung 400.
Bedeutung für Cysteindesulfhydrase 274.
— für Fettsäuredesaturierung in der Leber 375, 376 Abb.
— für Spaltung von Kynurenin und Oxykynurenin 293.
— für Stoffwechsel der Fettsäuren, essentiellen 403.
— für Transaminierungen 250.
— für Umwandlung von Protein in Fett 403.
Einfluß, kein, auf Cholesterinsynthese in der Leber 206.
Gehalt in Gehirn 399, 672 Tab., 673.
— in Leber 399.
— in Muskel 399, 585.
und Fettsäuren, ungesättigte, Synergismus 687.
Leber. Oxydation in der — 347.
—, Stoffwechsel in der — 399—403.
—, Vorkommen in der — 399 Tab.
Wirkung auf Dermatitis, seborrhoische 403.
— auf Pantothensäuregehalt der Leber 406.
—, lipotrope 403.
Pyridoxinmangel, Einfluß auf Eiweißstoffwechsel 402.
—, — auf Harnstoffbildung 402.
—, Glutamin- und Glutaminsäuregehalt im Blut bei — 402.
—, Hämosiderosis der Leber bei — 400.
—, Harnstoffausscheidung bei — 402.
—, Kynureninabbau bei — 290, 293, 401.
—, Leberverfettung bei — 151, 403.
—, Methylnicotinsäureausscheidung bei — 398.
—, Serinbildung bei — 402.
—, Störungen der Eisenresorption bei — 55.
—, Verstärkung durch Methionin, Homocystin und Glutaminsäure 400.
Pyridoxinsäure 347.
—, Bildung aus Pyridoxal 403.
Pyridoxinsäurelacton als Ausscheidungsform von Pyridoxin 403.
4(5)-3-Pyridylglyoxalin, Hemmung der Diphosphopyridinnucleotidase durch — 708.
Pyrimidine, Abbau und Bildung im Leberstoffwechsel 341—344.
—, — — an den Nucleinsäuren 317.
—, Bildung aus Orotsäure oder Thymidin 341f.
—, — aus Ureidosuccinat 343.
—, — von Barbitursäure aus — 343f., 344*.
—, Desaminierung im Gehirn 767f.
—, Einbau in Nucleinsäuren 316, 330f., 333.
—, Stoffwechsel in der Leber 330—346.
Pyrimidine, Übergang, kein, in Purine 341f.
—, exogene, Verwendung für Bildung von Nucleinsäuren 330f.
Pyrimidinnucleotide, Abbau 344.
—, Dephosphorylierung im Gehirn 767f.
Pyrimidinriboside und -desoxyriboside, Aufnahme in Ribo- und Desoxyribonucleinsäuren 342 Tab.
Pyrinderivate, Entgiftung durch Bindung an Schwefelsäure 466.
Pyroninmethylgrün-Färbung zum Ribonucleinsäurenachweis 894.
Pyrophosphat, Aktivierung der Glycerophosphatdehydrogenase durch — 714.
—, Gehalt im Gehirn 632 Tab.
—, Hemmung der Citricodehydrogenase durch — 724.
—, Wirkung auf Hexokinase 712.
—, anorganisches, Hydrolyse durch Rattengehirn 775.
—, —, Spaltung in der Linse 896.
Pyrophosphatase, Galle 543.
—, anorganische, Gehirn 773, 777.
Pyrrolfarbstoffe, Ausscheidung in der Galle 506.
Pyrrolidinring, Öffnung im Stoffwechsel 299.
Pyrrolidoncarbonsäure, Spaltung durch Prolinoxydase 300.
Pyrrolincarbonsäure, Bildung aus Ornithin 301*.
Pyruvat s. Brenztraubensäure.
Pyruvatcarboxylase 128.
Pyruvatdehydrogenase, Gehirn 726f.
—, —, Hemmung durch Maleinat 707, 727.
—, —, Schutzwirkung von BAL auf — 727.
—, SH-Gruppen in — 727.
—, Taubengehirn 716.
Pyruvatkinase, Bedeutung für Glykolyse im Zentralnervensystem 715.
—, Gehirn 709, 714f.
Pyruvatoxydase, Reaktion mit Lewisit 728*.
—, Wirkung von Mustardgas auf — 728.
Pyruvatoxydasesystem, Beteiligung an Acetylcholinsynthese 850.
—, Gehirn 726f.
—, Wirkung von Sauerstoffvergiftung auf 789.
Pyruvatpool **113—116**, 118, 126, 128, 255, 262f.
Pythocholsäure in Schlangengalle 551.
Python, Pythocholsäurebildung bei — 551.
— reticulatus, 2,12-Dioxy-7-ketocholansäure in Galle von — 551.

Q_{CO_2}, Oxalbernsteinsäuredecarboxylase 724f.
—, Oxalessigsäuredecarboxylase 724.
—, Phosphohexokinase 807.
Q, Glucose für Hexokinase 807.
Q, Glutaminsäure, Hirnschnitte 749.
$Q_{Katalase}$, Gehirn 789.
—, Leber 789.
Q_M bei Hemmung der Lactatoxydation durch Nicotin 822.
—, Retina 930, 930 Tab.

Q_{M}, Fructose, Gehirn 703.
—, Glucose, Gehirn 703.
—, Hexosediphosphat, Gehirn 703.
$Q_M^{N_2}$, Chorioidea 920 Tab.
—, Ciliarkörper 920 Tab.
—, Gefäßhaut 920 Tab.
—, Gehirn 707, 788.
—, Iris 920 Tab.
—, Retina 930, 930 Tab.
$Q_M^{O_2}$, Chorioidea 920 Tab.
—, Ciliarkörper 920 Tab.
—, Gefäßhaut 920 Tab.
—, Gehirnschnitte, Mensch 707.
—, Iris 920 Tab.
—, Retina 930, 930 Tab.
Q_{O_2}, Ammonshorn 782 Tab.
—, Beeinflussung durch Kaliumchlorid 806.
—, Chorioidea 920 Tab.
—, Ciliarkörper 920 Tab.
—, Corpus callosum 782 Tab.
—, — striatum 782 Tab.
—, Gefäßhaut 920 Tab.
—, Gehirn 725, 779f., 780 Tab., 782.
—, —, Substanz, graue, nach Thyroxin 818.
—, Großhirnrinde 782.
—, Hexokinase 711.
—, Hirnrinde, Meerschweinchen 802.
—, Hornhaut 877.
—, Hypophyse 782f.
—, Hypothalamus, Ratte 782.
—, Iris 920 Tab.
—, Kleinhirnrinde 782 Tab.
—, Linse, Kaninchen 893.
—, Medulla oblongata 782 Tab.
—, Mittelhirn 782 Tab.
—, Pallidum 782 Tab.
—, Retina 930, 930 Tab.
—, Rückenmark 782 Tab.
—, Thalamus 782 Tab.
—, Substanz, graue 782.
—, —, weiße
—, Äpfelsäuredehydrogenase, Gehirn 725.
—, Cytochromoxydase, Gehirn 796.
—, —, Herz 796.
—, Hexokinase 711.
—, Succinoxydase, Gehirn 725.
$Q_{Pyruvat}$, Gehirn 807.
—, Succinodehydrogenase, Gehirn 822.
Quecksilber, Gehalt in Gehirn 623 Tab., 627.
— — in Geweben, nervösen 628.
—, — in Hypophyse 628.
—, — in Leber 64 Tab.
Quecksilberionen, Hemmung von Phosphoglucomutase durch — 86.
Quecksilberverbindungen, Hemmung der Oxydation von Brenztraubensäure im Gehirn durch — 727.
Quotient, respiratorischer, Leber 173.
—, —, bei Kost, gemischter 589.
—, —, bei Muskeltätigkeit 589f.
—, —, bei Pankreasdiabetes 197.
—, —, der Tristearinoxydation 172, 174.
—, —, im Gehirn 783f., 809.
—, —, — bei Aminosäureoxydation 750.
Quotient, respiratorischer, im Herzen 41.
—, —, im Herzlungenpräparat 610.
—, —, in Leber 172f.
—, —, in Nerv 783.
—, —, in Retina 930.
—, —, nach Fructose 101.
—, —, nach Kohlenhydraten 589.

Rabies 828.
Rachitis, Gehirn, Kaliumgehalt 622.
—, —, Phosphatgehalt 630.
Radix ventralis und dorsalis, Gehalt an Histamin 760.
Räume, Dissesche 13.
Raffinose, Ausscheidung durch die Galle 543.
—, Übertritt aus dem Blut ins Kammerwasser 909.
Raja clavata, Leber, Gehalt an Allantoicase 340.
— maculata, Fettsäuren, ungesättigte, im Leberfett 376.
R(amus) communicans, Gehalt an Histamin 760.
Rana, Harnsäureabbau, (verschiedene Arten) 340.
— catesbiana, Galle, Vorkommen von Tetraoxycholanschwefelsäureester 551.
— —, Leber, Phenolschwefelsäurebildung 465.
— —, Retina, Axerophthol-Gehalt 927.
— pipiens, Leber, Phenolschwefelsäurebildung 465.
— temporaria, Galle, Ausscheidung von Steroidalkoholen, sulfatgebundenen 551.
Ratte:
Aminosäuren, markierte, Einbau in Organeiweiß 214.
Ascorbinsäurepool 377.
Ascorbinsäuresynthese und -ausscheidung bei Beeinflussung durch Pharmaka 380.
Aufnahme von ^{32}P in Ribonucleinsäuren 318.
Auge, Gehalt an Ascorbinsäure 890 Tab.
—, — an Glutathion 889.
—, —, Kataraktbildung 899.
Ausscheidung von Cyanid 481.
— von Ketonkörpern im Harn 194.
— von N-Methylnicotinsäureamid 396.
— von Nicotinursäure 397.
— von Taurin 402.
Axerophtholbedarf 356.
Bildung von Ascorbinsäure bei Proteinmangel 386.
— von Chenodesoxycholsäure 551.
— von Cholsäure 551.
— von Gallensäuren, tauringebundenen 557.
— von Glucuronsäure 458.
Biotinoxydation 411.
Blut, Axerophthol-Gehalt 348, 350.
Blutplasma, Axerophthol-Gehalt 354 Tab., 355 Abb.

Ratte:
Blutserum, Cyanidgehalt 481.
Ciliarfortsätze, Axerophthol in den — 918.
Darm, Spaltung von Gallensäuren, gepaarten 558.
Entgiftung von Anthracen 474.
— von Naphthalin 473.
— von 2-Naphthylamin 474.
Galle, Ausscheidung von Calcium und Strontium 540.
—, Gehalt an Gallensäuren 550.
—, Phocaecholsäure in der — 553.
besitzt keine Gallenblase 534.
Gehirn
Atmungshemmung durch Cyanid 790.
Acetylcholinsynthese 758.
Aminosäurezusammensetzung 654 Tab.
ATPase-Aktivität im — 696.
Bildung von Cholesterin 740.
— von Eiweißkörpern 746.
— von Fettsäuren 740.
— von Glutamin 752.
— von Kreatin 759.
Carboanhydratase 683.
Cytochromoxydase 795.
Dephosphorylierung von Purin- und Pyrimidinnucleotiden 767f.
Desaminierung von Aminen durch — 760.
— von Purinen und Pyrimidinen 767f.
Gehalt an Acetokinase 129.
— an Acetylcholin 844 Tab.
— an Adermin 673.
— an Äpfelsäuredehydrogenase 725.
— an Äthanolaminoglycerinphosphorsäure 641.
— an Äthanolaminophosphorsäure 640.
— an Aminosäuren, freien 655 Tab.
— an Ammonium 628.
— an Aneurin 670f.
— an Biotin 675.
— an Calcium 621, 624 Tab.
— an Citronensäure 660.
— an Cocarboxylase 722.
— an Coenzym A 722.
— an condensing enzyme 723.
— an Cozymase 792.
— an Cytochrom c 795.
— an Eisen 626.
— an Flavinadenindinucleotid 794.
— an Glutaminsäure und Glutamin 656, 750f.
— an Kreatin 657.
— an Lactoflavin 672.
— an Lipoiden, Altersveränderungen 677f.
— an Milchsäure 808.
— an Neutralfett 678.
— an Nicotinsäure 672.
— an Pantothensäure 673.
— an Phosphat 624 Tab., 630, 631 Tab.
— an Pyridoxin 673.

Ratte:
Gehirn
Gehalt an Säuren, organischen 660.
— an Vitaminen B 672 Tab.
Gleichgewicht cis-Aconitsäure/Citronensäure 719.
Glutaminase 754.
Hydrolyse von Phosphorsäureestern 775.
Kathepsin 762.
Nucleinsäurespaltung 766.
Oxydation von Glykogen 784.
— von Laurinsäure 740.
— von D-Milchsäure 706.
— von Octansäure 740.
Phosphatasenachweis 776.
Phosphatidaustausch 736.
Phosphorsäureverbindungen, Hydrolysegrad 775.
Q_{O_2} 780 Tab., 781 Tab., 782 Tab..
Sauerstoffaufnahme, Abhängigkeit, jahreszeitliche 780.
Sulfatasen 763.
Transaminierung γ-Aminobuttersäure/α-Ketoglutarsäure 751.
Vorkommen von Cysteinsulfinsäure 748.
— von Enolase 714.
— von Phosphoglyceromutase 714.
fetales, Zusammensetzung, chemische 678.
Hepatome 500—504.
Herz, Gehalt an Acetokinase 129.
—, — an Thiamin 387.
Hirnrinde, Lipoidzusammensetzung 647 Tab.
Hornhaut, Gehalt an Hexosamin 875.
—, Veränderungen bei Ernährungsschäden 876.
Hypothalamus, Q_{O_2} 782.
Intestinaltrakt, Reduktion von Retinin im — 941.
Leber
Abbau von Adrenalin 440 Tab.
— der Cholesterinseitenkette 555 Tab.
— von Isoamylamin 440 Tab.
— von Sympatol 440 Tab.
— von Tyramin 440 Tab.
Acetataktivierung 129.
Acetylierungen in der — 476f.
Alkoholoxydation 485.
Axerophthol-Speicherung 348f.
Bildung von Ascorbinsäure 379, 381.
— von Glykogen 43.
— — aus Mannit 105f.
— von Kreatin 759.
— von Phenolglucuronid 465.
Butyraseaktivität 157.
Desacetylierungen in der — 478.
Desulfurase in — 402.
Entgiftung von Nicotin 491f.
— von Opiumalkaloiden 484.
Gehalt an Acetokinase 129.
— an Aluminium 64 Tab.

Ratte:
Leber
Gehalt an Aminosäuren in Proteinen der — 217 Tab.
— an Ascorbinsäure 377.
— an Axerophthol 354 Tab., 355 Tab., 356.
— an Cholesterin 197ff.
— an Cholinoxydase 145.
— an Cobalamin 420 Tab.
— an Cocarboxylase 387.
— an Codehydrogenasen 394.
— an Conjugase 414.
— an Eisen 44.
— an Eiweiß 216, 217 Tab., 219.
— an Fetten 135 Tab.
— —, Wirkung von Wachstumshormon auf — 142.
— an Fettsäuren 131.
— an Glykogen 67, 73, 75f., 77f.
— — im Hunger 73.
— an Kupfer 56 Tab., 57 Tab., 59 Tab.
— an Mineralstoffen 41 Tab., 64 Tab.
— an Nicotinsäure 394ff.
— an Nicotinsäureamid 395.
— an Nucleinsäuren 311, 323f.
— an Pantothensäure 404.
— an Phosphatiden 133f.
— — in Mitochondrien 133.
— an Polypeptid A 218.
— an Purinbasen 315 Tab.
— an Pyridinnucleotiden 395, 395 Tab., 396.
— an Pyridoxal, Pyridoxamin und Pyridoxin 399.
— an Pyrimidinbasen 315 Tab.
— an Rhodanese 480.
— an Riboflavin 390.
— an Thiamin 387.
— an Zink 62.
Glutathionspaltung 276.
Glykogen, Kettenlänge 83 Tab.
Nucleinsäuren, Umsatzgeschwindigkeit 323.
Phenolschwefelsäurebildung 465.
Phospholipide, Umsatzgeschwindigkeit 323, 323 Tab.
Raum, intracellulärer 621.
Ribonucleinsäure, Zusammensetzung 315 Tab.
Testosteroninaktivierung 432.
Tetrachlorkohlenstoffvergiftung 36.
Tumorbildung nach Azofarbstoffen, cancerogenen 500—505.
— nach Buttergelb 495.
Tryptophanperoxydase 287.
Uricase 335.
Vorkommen von Cysteinsäuredecarboxylase 272.
Xanthinoxydase 335.
—, Aktivität der — 392.
Leberexstirpation bei — 28.
Leberfett, Zusammensetzung 153 Tab.
Leberproteine, Halbwertszeit 214.
Leberverfettung 139.

Ratte:
Linsentrübungen durch Gifte 899f.
Lunge, Abbau von Adrenalin durch — 440 Tab.
—, — der Cholesterinseitenkette 555 Tab.
—, — von Isoamylamin durch — 440 Tab.
—, — von Sympatol durch — 440 Tab.
—, — von Tyramin durch — 440 Tab.
Mannose, Verwertung 105.
Methylalkoholoxydation 488.
Methyl- und Äthylalkohol, Oxydationsgeschwindigkeit 489.
Milz, Abbau der Cholesterinseitenkette 555 Tab.
Muskel, Gehalt an Acetokinase 129.
—, — an Nicotinsäure 395 Tab.
—, — an Pyridinnucleotiden 395 Tab.
—, — an Tokopherol 363, 364 Tab., 584.
—, Sauerstoffverbrauch 590.
N. ischiadicus, Phosphatidgehalt bei Ernährung, eiweißarmer 687.
Niere, Abbau von Adrenalin durch — 440 Tab.
—, — von Isoamylamin durch — 440 Tab.
—, — von Sympatol durch — 440 Tab.
—, — von Tyramin durch — 440 Tab.
—, Alkoholoxydation 485.
—, Gehalt an Acetokinase 129.
—, — an Nicotinsäure 395 Tab.
—, — an Pyridinnucleotiden 395 Tab.
—, Hippursäurebildung 469.
Nucleinsäuren, Umsatzgeschwindigkeit in der Leber 323.
Organe, Gehalt an Codehydrogenasen 394.
—, — an Eiweiß 220 Tab.
—, — an Flavinadeninnucleotid 330.
—, — an Glutathion 276 Tab.
—, — an Proteinen 220 Tab.
—, — an Pyridinnucleotiden 395 Tab.
—, Verhältnis Ribonucleinsäure: Desoxyribonucleinsäure 312.
Phlorrhizindiabetes 78.
Plasmaproteine, Halbwertszeit 224.
Retina, Ammoniakbildung 934.
—, Atmung und Glykolyse 930 Tab., 931 ff.
—, Atmungsferment 936.
—, Milchsäurebildung 929.
—, Quotient, respiratorischer 930.
—, Sauerstoffverbrauch 929.
Ribonucleinsäuren, Basenverhältnis 315 Tab.
Rückenmark, Q_{O_2} 782.
—, Vorderhornzellen, Nucleinsäure- und Eiweißgehalt 667.
Selen, Wirkung, carcinogene, bei — 493.
Sorbit, Verwertung 104.
Testes, Abbau der Cholesterinseitenkette 555 Tab.
Tumoren, Entstehung bei Cholinmangel 493.
Uricase 339.
Xanthinoxydase 334.

Ratte:
Xanthinoxydase, Aktivität 335 Tab.
hypophysektomierte, Acetylcholinsynthese im Gehirn von — 849.
junge, Rückenmark, Acetylcholinesterasegehalt 861.
kastrierte, Gehirnatmung bei — 820.
neugeborene, Gehirn, Gehalt an Acetylcholinesterase 861.
—, —, — an Phosphoglucomutase 710.
—, —, — an Phosphorylase 710.
—, —, Glykogenspaltung 710.
Rattensarkom, Desoxyribonucleinsäurebildung und Ascorbinsäure 321.
Raum, extracellulärer, Mineral- und Wassergehalt im — bei Ödemen 18.
Raumsinn 867.
Reaktion nach CARR-PRICE 350.
— nach GOMORI 352, 775f.
—, PASTEURsche 732, 930f.
—, PASTEUR-MEYERHOFsche 593, 608, 612.
—, —, Gehirn 731ff.
— nach TAKATA 243f.
— nach WOOD-WERKMAN 127.
—, photochemische, Sehpurpur 939f.
Recresal, Leistungssteigerung durch — 608.
Regenbogenhaut s. Auge, Iris.
Regurgitationsikterus 512—515.
Reh besitzt keine Gallenblase 534.
—, Gehirn, Gehalt an 7-Dehydrocholesterin 644.
Reizung, elektrische, Hirnstoffwechsel bei — 810 Tab.
—, —, Wirkung auf das Gehirn 815f.
Reptilien, Bildung von Gallensäuren, tauringebundenen 557.
—, — von Harnsäure 333.
—, Endprodukte des N-Stoffwechsels bei — 341 Tab.
—, Entgiftung von Ammoniak durch Harnsäurebildung 336.
—, Gallensäurebindung an Taurin 551.
—, Leber, Harnsäurebildung 311, 333, 336ff.
—, Retina, Ernährung 929.
—, Sehstoffe 926.
RES s. System, reticuloendotheliales.
— s. a. Reticuloendothel.
Resorcin, Wirkung auf Dehydroascorbinsäurereduktion 383.
Rest-N, Gehalt in Augenlinse 889.
—, — in Gehirn bei Thiamin-Mangel 685.
—, — in Kammerwasser 904.
—, — in N. opticus 948.
—, — in Tränenflüssigkeit 869 Tab.
restoring factor 264.
Restprotein, Vorkommen im Glaskörper 910.
Reticulin 14.
Reticulinfasern 14.
Reticuloendothel 13.
—, Abbau der Erythrocyten im — 506f.
—, Bedeutung für Allantoinbildung 338.
—, — für Harnsäuresynthese 336.
—, Bilirubinbildung 506.
—, Eisenspeicherung im — 49.
Reticuloendothel, Leber, Bedeutung für Riboflavinphosphorylierung 392.
—, —, — für Urobilinaufnahme 520f.
Reticulosarkom, Leber, Erzeugung durch Trypanblau 496.
Retina s. Auge, Retina.
Retinin 927, 940.
—, Bildung 940.
—, Bildung von Axerophthol aus — 941, 943.
—, — von Farbstoff mit — 941.
—, — von Verbindungen, lichtabsorbierenden, mit SH- und NH_2-Gruppen aus — 942.
—, Isomere 927, 944.
—, Reduktion 941.
—, Resorption von — 350.
—, identisch mit Vitamin A-Aldehyd 941.
$Retinin_1$, Bildung von trans-Vitamin A aus — 944.
—, Vorstufe 944.
$Retinin_2$ 350, 927, 941.
cis-Retinin, Bildung aus trans-Retinin 944f.
cis-$Retinine_2$ 946 Tab.
Δ^3-cis-Retinin, Rhodopsinbildung aus — 944.
trans-Retinin, Bildung bei Sehpurpurspaltung 944.
—, Umlagerung in cis-Retinin 944f.
Retininreduktase 941, 943f.
Rhodanese 478—481.
Rhodanid, Ausscheidung im Harn 480f.
—, — im Speichel 480.
—, Austausch zwischen Blut und Kammerwasser 908.
—, Bildung 479ff.
—, Bindung durch Leberproteine 481.
—, Gehalt in Blutserum 481.
— im Leberstoffwechsel 478—481.
—, Muskelstarre durch — 607.
—, Oxydation 481.
Rhodopsin 927, 946 Tab.
— s. a. Auge, Sehpurpur.
Rhombus laevis, Harnsäureabbau bei — 340.
— maximus, Harnsäureabbau bei — 340.
— —, Leber, Axerophthol-Gehalt 357 Tab.
Ribodepolymerasen im Gehirn 766.
Riboflavin:
Antagonismus gegen Thiamin, Pantothensäure und Vitamin B_4 675.
Atmungssteigerung in der Retina durch — 931.
Ausscheidung im Harn 392f.
Bedeutung für Ascorbinsäuresynthese 382.
— für Cholinoxydaseaktivität 392.
— für Citrullinsynthese 308.
— für Harnsäurebildung 335.
— für Nicotinsäurebildung aus Tryptophan 293.
— für Synthese der Enzyme, porphyrinhaltigen, in Leberzellen 503.
— für Xanthinoxydasebildung 336.
Bestimmung im Gehirn 617.
Bindung an Glucose 393.
Einfluß auf Oestrogeninaktivierung 427.

Riboflavin:
Einfluß, kein, auf Cholesterinsynthese in der Leber 206.
Förderung der Entgiftung des Aminofluorens durch — 502.
Gehalt in Chorioidea 919 Tab.
— in Ciliarkörper 919 Tab.
— in Cornea 875 Tab., 876.
— in Gehirn 391, 672, 672 Tab.
— in Iris 919 Tab.
— in Kammerwasser 904.
— in Leber 346 Tab., 347, 390—394.
— — bei Lebertumoren 501.
— —, regenerierender 34.
— in Leberzellen, durch Azofarbstoff geschädigten 503.
— in Linse, Rind 889.
— in Muskel 391 Tab., 585.
— in Organen 391 Tab.
— in Retina 927ff.
— in Tränenflüssigkeit 869 Tab.
— in Zellfraktionen 390.
Mangel nach 2-Acetylaminofluoren 393.
—, Gehalt der Leber an Riboflavin bei — 390f.
—, Glucoseabbau bei — 390.
—, Gynaekomastie bei — 427.
—, Hornhautveränderungen bei — 876f.
— und Kataraktbildung 899.
—, Transaminaseaktivität bei — 390.
Phoshorylierung 392f.
Schutzwirkung gegen Wirkung, cancerogene, von Azofarbstoffen 501.
Speicherung in Leber 501.
— —, Proteinbedarf für — 391f., 501.
Steigerung der Nicotinsäureamidwirkung durch — 675.
Stoffwechsel in der Leber 390—394.
Vorkommen in Bindehaut 871.
— in Retina 927, 929.
Wirkung, cancerogene, auf Hepatombildung, experimentelle 501.
—, alipotrope 151.
und Wirkung, carcinogene, der Azofarbstoffe 393f.
Riboflavinadenindinucleotid als Coferment der D-Aminosäureoxydase 249.
5'-D-Riboflavin-α-glucopyranosid 393.
Ribokinase 110.
Ribonuclease 312, 319f.
Ribonucleinsäuren:
s. a. Nucleinsäuren.
Abbau 319.
Aufnahme von Adenin in — in der Leber 329.
— —, exogenem, in — 332.
— von ^{32}P durch — 318.
— von Pyrimidinribosiden und -desoxyribosiden in — 342 Tab.
Bedeutung für Eiweißsynthese in der Linse 894.
Bestimmung 311.
Bildung 319, 764f.
— in Gehirnzellen bei Poliomyelitis 828.

Ribonucleinsäuren:
Bildung in Kernmembran 745.
— in Leber nach Hepatektomie, partieller 324.
— in Vorderhornzellen bei Poliomyelitis 828.
— in Zellkern 317.
:Desoxyribonucleinsäuren-Verhältnis in Organen 312, 666.
Einbau von Phosphor in — und Atmungskettenphosphorylierung 764.
Erneuerung 316f.
Gehalt an Cytidylsäure 668.
— an Guanylsäure 668.
— in Gehirn 312, 666f., 926.
— im Herzen 312.
— in Leber s. Leber, Gehalt an Ribonucleinsäuren.
— in Lebermitochondrien 312, 313 Tab.
— — nach Azofarbstoffen, cancerogenen 504.
— in Leberzellen bei Chloroformvergiftungen 36.
— in Nerv 664 Tab., 665 Tab., 666.
— — bei Degeneration, WALLERscher 694, 697.
— in Nervenzellen 667.
— in NISSL-Schollen 666, 764.
— in Pankreas bei Hunger 321.
— in Retina 926.
— in Zellfraktionen bei Hunger 321.
— in Zellgranula 312.
— in Zentralnervensystem 664 Tab., 665 Tab.
Gehirn, Bestimmung 662, 664f.
—, Umsatz 770.
—, Vermehrung bei Infektion mit GD VII-Mäuseencephalitis-Virus 829.
Hepatome 326.
Leber, Basenverhältnis 315 Tab.
—, Umsatzgeschwindigkeit 323 Tab.
—, fetale, Umsatzgeschwindigkeit in der — 323f.
Lebertumoren, Umsatzgeschwindigkeit in — 326.
Orcinreaktion auf — 662, 663 Tab., 665 Tab.
:Protein-Verhältnis im Kaninchenhirn 667.
Spaltung durch Gehirnextrakte 766.
Umsatz im Gehirn 770.
Vorkommen in Augenlinse 889.
— in Heterochromatin 666.
— in Nucleolus 312, 666.
— in Zellfraktionen 666.
Zusammensetzung 315 Tab.
— bei Leberregeneration 325.
Ribonucleodepolymerase, Aktivität in Leberzellen nach Azofarbstoffen, cancerogenen 504f.
—, Leber, Beeinflussung durch Buttergelb 320.
Ribonucleoproteide, Gehalt in Ganglienzellen bei Aktivität, gesteigerter 811.

Ribonucleoproteide, Gehalt in Retina bei Hell- und Dunkeladaptation 812.
Ribonucleotide, Bildung an der Kernmembran 745.
—, — im Nucleolus von Vorderhornganglienzellen bei Poliomyelitis 828.
— und Eiweißsynthese 764.
—, Lokalisation in Zellen 745.
—, Vorkommen in Viren, neurotropen 828f.
Ribose, Abbau und Bildung 345f.
—, — in der Linsenkapsel 892.
—, Bildung in Geweben, tierischen 729.
—, — in Leber 345f.
—, Stoffwechsel 110f.
Ribosephosphorsäure, Bildung in Erythrocyten 109.
Ribose-1-phosphorsäure, Bildung aus Gluconsäure-6-phosphat 111 Schema.
—, — aus Nucleosiden 768.
—, — aus Ribose-5-phosphorsäure 111 Schema.
—, — von Ribose-5-phosphorsäure aus 768.
Ribose-5-phosphorsäure, Abbau in Gehirn 729.
—, — in Leber und Niere 109.
—, Bildung aus Gluconsäure-6-phosphorsäure 111 Schema.
—, — aus Ribose 110.
—, — aus Ribose-1-phosphorsäure 768.
—, — von Glucose-6-phosphorsäure aus — 109.
—, — von Glycerin-3-phosphorsäure aus — 110.
—, — von Sedoheptulose-7-phosphorsäure aus — 110.
—, Gleichgewicht mit Ribulosephosphorsäure 729.
—, Oxydation in Gehirn 728.
—, — in Leber 729.
Ribosenucleotide s. Ribonucleotide.
Ribulose, Bildung von Pentosen aus — 345 Abb.
Ribulosephosphat, Bildung aus Fructose-1,6-diphosphat 345.
—, — aus Phosphogluconsäure 729.
—, Gleichgewicht mit Ribose-5-phosphorsäure 729.
—, Spaltung durch Transketolasen 109.
Rind:
s. a. Ochse.
Auge
Anreicherung von ^{99}Mo in — 916.
Gehalt an Ascorbinsäure 890 Tab.
— an Glutathion 889.
— an Spurenelementen 916 Tab.
Chorioidea, Gehalt an Eiweiß 917 Tab.
—, — an Lipoiden 918.
—, — an Mineralstoffen 915 Tab.
—, — an Schwermetallen 915 Tab.
—, Melanine 917 Tab.
— + Pigmentepithel, Gehalt an Kupfer und Zink 915 Tab.
—, Vorkommen von Acetylcholin 919.
Rind:
Auge
Ciliarfortsätze, Atmung 920.
Ciliarkörper, Gehalt an Mineralstoffen 915 Tab.
—, — an Noradrenalin 919.
—, — an Wasser 914.
Flüssigkeiten, intraoculare, Kaliumgehalt, Abhängigkeit vom Alter 902.
Gefäßhaut, Nucleotidase in — 920.
Glaskörper, Gehalt an Eiweiß 910.
—, — an Hexosamin 911.
—, — an Hyaluronsäure 911.
—, — an Kupfer und Zink 915 Tab.
—, — an Lipoiden 911f.
—, — an Mineralstoffen 901 Tab.
Hornhaut, Gehalt an Acetylcholin 876.
—, — an Hexosamin 875.
—, — an Kupfer und Zink 915 Tab.
—, Vitamine in der — 875 Tab.
Iris, β-Carotin in der — 918.
— + Ciliarkörper, Gehalt an Kupfer und Zink 915 Tab.
— Gehalt an Eiweiß 917 Tab.
—, — an Mineralstoffen 915 Tab.
—, — an Noradrenalin 919.
—, — an Lipoiden 918.
—, — an Schwermetallen 915 Tab.
—, Pigment 917.
—, Vorkommen von Acetylcholin in der — 919.
Kammerwasser, Gehalt an Kupfer und Zink 915 Tab.
—, — an Mineralstoffen 901 Tab.
Lederhaut, Mineralgehalt 872 Tab.
Linse, Eiweißkörper 885.
—, —, Aminosäurezusammensetzung 887f.
—, Gehalt an Glutathion 889.
—, — an Inosit 891.
—, — an Kupfer und Zink 915 Tab.
—, — an Lipoiden 889.
—, — an Mineralstoffen 883 Tab.
—, — an Phosphaten 885.
—, Gewicht und Lebensalter 883.
—, Krystalline in — 886.
N. opticus, Gehalt an Eisen 948 Tab.
—, — an Kupfer 915 Tab., 948 Tab.
—, — an Mangan 947, 948 Tab.
—, — an Phosphaten 948.
—, — an Phosphokreatin 948.
—, — an Rest-N 948.
—, — an Zink 915 Tab., 948 Tab.
Retina, Ammoniakbildung 934.
—, Gehalt an Acetylcholin 928.
—, — an Ammoniak 934.
—, — an Ascorbinsäure 929.
—, — an Carnosin 926 Tab.
—, — an Farbstoff 926.
—, — an Glutathion 926 Tab.
—, — an Kreatinin 926 Tab.
—, — an Kupfer und Zink 915 Tab.

Rind:
Auge
Retina, Gehalt an Lactoflavin 928.
—, — an Lipoiden 925 Tab., 926f.
—, — an Mineralstoffen 924 Tab.
—, — an Nucleinsäuren 926.
—, — an Spermin 926 Tab.
—, — an Trockensubstanz 924.
—, Kaliumaustausch 802.
—, Verbindungen, N-haltige 926 Tab.
—, Vorkommen von Aneurin 928.
Sklera, Gehalt an Kupfer und Zink 915 Tab.
Bildung von Allantoin 338.
— von Chenodesoxycholsäure 551.
— von Gallensäuren, gekoppelten 557.
Blut, Kaliumgehalt, Abhängigkeit vom Alter 902.
—, Vorkommen von Glucuroniden im — 456.
Blutserum, Bilirubingehalt 510.
—, Mineralgehalt 901 Tab.
Chorioidea s. unter Rind, Auge.
Ciliarkörper s. unter Rind, Auge.
Cornea s. unter Rind, Hornhaut.
Erythrocyten, Kaliumaustausch 802.
Galle, Gehalt an Cholesterin 209.
—, — an Gallensäuren 550f.
—, Vorkommen von Amylase 544.
—, — von Phylloerythrinen 525.
—, Zusammensetzung, chemische 538 Tab.
Gehirn, Aktivität der Oxalbernsteinsäurecarboxylase 724.
—, — der Oxalessigsäurecarboxylase 724.
—, Atmung 782 Tab.
—, Carboanhydratase 683.
—, Gehalt an Acetokinase 129.
—, — an Acetylcholin 844 Tab.
—, — an Äthanolaminoglycerinphosphorsäure 641.
—, — an condensing enzyme 723.
—, — an Cytochrom c 795.
—, — an 7-Dehydrocholesterin 644.
—, — an Sphingomyelin 641.
—, Kathepsin 762.
—, Q_{O_2} 780 Tab., 782 Tab., 783 Tab.
Glaskörper s. unter Rind, Auge.
Herz, Gehalt an Acetokinase 129.
—, — an Lipoiden 132.
Hornhaut s. unter Rind, Auge.
Iris s. unter Rind, Auge.
Kammerwasser s. unter Rind, Auge.
Leber
Bildung von Gluconsäure aus Glucose in der — 107f.
Desacetylierungen in der — 478.
Gehalt an Ascorbinsäure 377.
— an Axerophthol 355, 357 Tab.
— an Cholesterin 198.
— an Cobalamin 420 Tab.
— an Fetten 131.
— an Heparin 233.
— an Kupfer 56 Tab., 57 Tab.

Rind:
Leber
Gehalt an Lipoiden 132.
— an Mangan 60, 64 Tab.
— an Nicotinsäure 394.
— an Pantothensäure 404.
— an Polypeptid A 218.
— an Pyridoxal, Pyridoxamin und Pyridoxin 399.
— an Rhodanese 480.
— an Riboflavin 390.
— an Thiamin 387.
— an Uran 64 Tab.
— an Zinn 64 Tab.
Gewicht 9.
Glutathionspaltung 276.
Nicotinentgiftung 492.
Nucleinsäuren, Basenverhältnis 314.
Proteine, Gehalt an Aminosäuren in der — 217 Tab.
Vorkommen von Glucosedehydrogenase 107.
— von Protoporphyrin III 523.
fetale, Glykogengehalt 70.
Linse s. unter Rind, Auge.
Lunge, Lipoidgehalt 132.
Muskel, Gehalt an Acetokinase 129.
—, — an Ascorbinsäure 377.
Nebennieren, Abbau der Cholesterinseitenkette 555 Tab.
Nerv, Natriumgehalt 624.
N. opticus, s. unter Rind, Auge.
Netzhaut s. unter Rind, Auge.
Niere, Gehalt an Acetokinase 129.
—, — an Lipoiden 132.
Plasmaproteine, Halbwertszeit 224.
Regenbogenhaut s. unter Rind, Auge, Iris.
Retina s. unter Rind, Auge.
Rückenmark, Gehalt an Sphingomyelin 642.
Selenvergiftung 475.
Vorkommen von Phenolasen 441.
— von Xanthinoxydase 334.
Xanthinoxydaseaktivität 335 Tab.
Rindergallensteine 568.
Robben, Leber, Axerophthol-Gehalt 356.
Rochen, Fettsäuren, ungesättigte, im Leberfett 376.
—, Gallensäuren, Bindung an Sulfat 557.
Röntgenbestrahlung, Störung der Blutgerinnung bei — 233.
—, Wirkung auf Citronensäuresynthese 728.
—, — auf Eisengehalt der Leber 51.
—, — auf die Linse 898.
—, —, keine, auf Axerophthol-Gehalt der Leber 349.
Rose Bengale, Leberfunktionsprobe mit — 564.
Rubidium, Gehalt in Gehirn 628.
—, — in Leber 64 Tab.
—, Wirkung auf Mitochondrienoxydation 41.
Rubidiumchlorid, Einfluß auf Glykolyse im Gehirn 806.

Rubidiumionen, Einfluß auf Acetylcholinsynthese 848.
—, Förderung der Glykolyse, aeroben, durch —. 708.
Rückenmark:
s. a. Substanz, graue.
s. a. Substanz, weiße.
s. a. Zentralnervensystem.
Aktivität von Acetylcholinesterase im — 854f.
— von Adenosin- und Adenylsäuredesaminase im — 767.
Autolyse 744.
Demyelinisierung, sekundäre, bei Kupfermangel 627.
Gehalt an Acetylcholinesterase bei Ratten, jungen, 861.
— an γ-Aminobuttersäure 655f.
— an Chlorid 620 Tab., 629.
— an Gangliosiden 646.
— an Glykogen 658 Tab., 680.
— — bei Krämpfen, Maus 816.
— an Glykolipoiden 661.
— an Histamin 760.
— an Inositphosphatid 637.
— an Kalium 620 Tab.
— an Lipoiden 646, 648 Tab.
— an Magnesium 625.
— an Markscheiden, Altersveränderungen 678.
— an Natrium 620 Tab., 625.
— an Phosphatid-P 633.
— an Phosphor 620 Tab.
— an Quecksilber 628.
— an Sphingomyelinen 642, 646.
— —, Altersveränderungen 677.
— an Stickstoff, Altersveränderungen 680.
— an Substanz P 843f.
— an Thiamin 671 Tab.
— an Wasser 620 Tab.
Glykolysehemmung durch Natriumionen 807.
Myelinisierung 678f.
Peptidasen 762.
Proteine im — 652.
Q_{O_2} 782 Tab.
Raum, extracellulärer 621.
Reflexerregbarkeit, Einfluß von Glutaminsäure und Glutamin auf — 758.
Sphingomyeline, Lignocerinsäure in den — 646.
Substanz, weiße, Lipoidzusammensetzung 648 Tab.
Vorderhornzellen, Bildung von Ribonucleinsäuren bei Poliomyelitis 828.
—, Chromatolyse 698.
—, Gehalt an Eiweiß 667, 681.
—, — — und Nucleinsäuren 667
—, — an Phosphokreatin 699.
—, Typen, im — von Meerschweinchen 811.
Wurzeln, hintere, Cholinesterase in den — 842.
Rückenmark:
Wurzeln, vordere und hintere, Histamingehalt 760.
kindliches, Gehalt an Uran 628.
Ruhepotentiale von Membranen, erregbaren 835.

Saccharomyces faecalis, Bestimmung von Folsäure und Folinsäure mit — 415 Tab.
Saccharose, Einwirkung auf R.Q. 101.
—, Verwertung von — 102.
—, Wirkung, antiketogene 101f.
—, —, proteinsparende, bei Phlorrhizindiabetes 102.
Säugetiere:
Bildung von Cholsäure 551.
— von Desoxycholsäure 551.
— von Gallensäuren, tauringebundenen 557.
Endprodukte des N-Stoffwechsels 341 Tab.
Gehirn, Aktivität der Acetylcholinesterase im — 853f.
—, Gehalt an Lipoiden 637f.
Gehirnproteine, Alanin- und Asparagingehalt 654.
Harnsäureabbau 333, 341.
Leber, Gehalt an Ascorbinsäure 377.
—, Testosteron-Inaktivierung 432.
Leberexstirpation bei — 28, 30ff.
Linseneiweiß 887f.
Muskel, Gehalt an Ascorbinsäure 377.
Retina, Gehalt an Axerophthol 927.
Säugling, Gehirn, Calciumgehalt 621.
—, Hämoglobinmenge 45.
—, Leber, Cholesteringehalt an — 199.
Säure-Basen-Gleichgewicht 8, 254.
—, Regulation durch Leber 121, 193.
Säuren, hochungesättigte, Vorkommen in Phosphatiden 635f.
—, organische, Gehalt im Gehirn 659f.
—, ungesättigte, Vorkommen in Colaminphosphatiden 636.
—, α, β- ungesättigte 182.
Salamander, Harnsäureabbau 340.
Salicylamid, Ätherbildung mit Glucuronsäure 455.
—, Entgiftung 455.
Salicylglycin 469.
Salicylsäure, Ascorbinsäureausscheidung nach — 380.
—, Bildung von Salicylursäure aus — 454, 469.
—, Entgiftung 454f., 484.
—, Glucuronidbildung mit — 455, 458.
—, Hemmung der Adrenalinzerstörung durch — 439.
—, Hypoprothrombinämie nach — 373.
—, Wirkung auf Ascorbinsäuregehalt der Leber 379.
—, —, choleretische 533.
Salicylursäure, Bildung aus Salicylsäure 454, 469.
Salmo fario, Harnsäureabbau bei — 340.

Salmo irideus, Leber, Gehalt an Vitamin A_2 359.
— salmo, Leber, Gehalt an Vitamin A_2 359.
Salmoniden, Harnsäureabbau bei — 340.
Salvarsan, Wirkung auf Pyruvatdehydrogenase 727.
Salzausscheidung, Rhythmus 42.
Salze, Wirkung, choleretische 533.
—, gallensaure, Extraktion des Sehpurpurs durch — 937.
— — s. a. Gallensäuren.
Salzsäure, Produktion in der Magenschleimhaut 803.
Santonin, Oxydation in der Leber 482, 483*.
L-Santonin 483*.
Saponin, Extraktion des Sehpurpurs durch — 937.
Sarda sarda, Leber, Axerophthol-Gehalt 357 Tab.
Sargus rondoletti, Leber, Axerophthol-Gehalt 357 Tab.
Sarkoid, TAKATA-Reaktion bei — 244.
Sarkolemm 571 f.
Sarkom, Desoxyribonucleinsäuren, Erneuerungsgeschwindigkeit 327.
Sarkoplasma 571 f.
Sarkosin, Bildung von Glycin und Formaldehyd aus — 259*.
—, — von Glyoxylsäure aus — 259*.
—, — von Methylamin und Glyoxylsäure aus — 259*.
— kein Methyldonator 149.
Sarkosinoxydase 416.
Sauerstoff, Bedeutung für Acetylcholinsynthese 845.
—, Beeinflussung der Netzhautglykolyse 931.
—, Gehalt im Kammerwasser 902.
Sauerstoffaufnahme, Steigerung bei Aktivität, cerebraler, erhöhter 808.
Sauerstoffdifferenz, cerebrale, arterio-venöse 823 ff.
Sauerstoffmangel, Einfluß auf Blut-Hirnschranke 800.
—, — auf Harnstoffbildung 304.
—, Hemmung der Phosphataufnahme ins Gehirn 769 f.
—, Leberverfettung bei — 155.
—, Wirkung auf Kohlenhydratstoffwechsel 76.
—, — auf Leber bei Hyperthyreoidismus 447.
Sauerstoffschuld 591.
— bei Arbeit in Höhen, großen 609.
Sauerstoffverbrauch, Hemmung durch Titan 65.
—, bei Arbeit, körperlicher 589, 607.
— —, —, Steigerung durch Thyroxin 444.
— bei Muskelkontraktion 592 f., 608.
— und Bildung von Phosphatbindungen, energiereichen 847.
Sauerstoffvergiftung, Gehirn 789.
Sauerstoffversorgung, Bedeutung für Ionentransport im Nervensystem 801 f.
—, — für P-Einbau in Lipoide des Gehirns 736.
Sauropsiden, Endprodukte des N-Stoffwechsels bei — 341 Tab.
Scillirosid, Gehirnkrämpfe nach — 817.
Schädeltrauma, Einfluß auf Phosphatgehalt des Gehirns 631 Tab.
—, Kreatinphosphorsäurezerfall bei — 772.
Schaf:
Bildung von Gallensäuren, gekoppelten 557.
Chorioidea + Pigmentepithel, Gehalt an Kupfer und Zink 915 Tab.
Galle, Gehalt an Cholesterin 209.
—, — an Gallensäuren 550.
—, Vorkommen von Amylase 544.
—, — von Lipase 544.
Gallenmenge 529.
Gehirn, Aminosäurezusammensetzung 654 Tab.
—, Bildung von Glutamin 752.
—, Gehalt an Ammoniak, Glutamin und Glutaminsäure 656 Tab.
—, Kathepsinwirkung 763.
—, Nucleoproteid-P 666.
—, Q_{O_2} 780 Tab., 782 Tab., 783 Tab.
—, Vorkommen von Glutamintransferase 755.
—, — von Phenoloxydasen im — 761.
Glaskörper, Gehalt an Kupfer und Zink 915 Tab.
Hirnschnitte, $Q_{\text{Glutaminsäure}}$ 749.
Hornhaut, Gehalt an Kupfer und Zink 915 Tab.
Iris + Ciliarkörper, Gehalt an Kupfer und Zink 915 Tab.
Kammerwasser, Gehalt an Kupfer und Zink 915 Tab.
Leber, Bildung von Gluconsäure aus Glucose in der — 107 f.
—, Desacetylierungen in der — 478.
—, Gehalt an Ascorbinsäure 377.
—, — an Axerophthol 355, 357 Tab.
—, — an Cobalamin 420 Tab.
—, — an Glykogen 78.
—, — an Kupfer 56 Tab., 57 Tab., 59 Tab.
—, — an Mangan 60, 61 Tab., 64 Tab.
—, — an Nucleinsäuren 323.
—, — an Riboflavin 390.
—, — an Vitamin A_2 359.
—, — an Zinn 64 Tab.
—, Glykogen, Kettenlänge 83 Tab.
—, Nicotinentgiftung 492.
—, Vorkommen von Glucosedehydrogenase 107.
—, — von Kitol 359.
—, — von Protoporphyrin III 523.
—, fetale, Glykogengehalt 70.
Lebergewicht 9.
Linse, Gehalt an Kupfer und Zink 915 Tab.
Muskel, Gehalt an Ascorbinsäure 377.
N. opticus, Gehalt an Kupfer und Zink 915 Tab.
Porencephalie bei Kupfermangel 627.
Retina, Gehalt an Kupfer und Zink 915 Tab.
—, — an Trockensubstanz 924.

Schaf:
Sklera, Gehalt an Kupfer und Zink 915 Tab.
Vorkommen von Phenolasen 441.
Xanthinoxydaseaktivität 335 Tab.
Zentralnervensystem, Demyelinisierung bei Kupfermangel 626f.
Scharbe, Leber, Axerophthol-Gehalt 357 Tab.
Schellfisch, Harnsäureabbau bei — 341.
—, Leber, Gehalt an Mangan 61 Tab.
—, —, — an Thiamin 387.
SCHIFFsche Basen 251*.
Schilddrüse:
Ammoniakbildung 934.
Bedeutung für Aminosäurebildung 445.
— für Entgiftung von Acetonitril 480.
Bindung von Hormon, thyreotropem, durch die — 450.
Blutversorgung 14.
Aminosäurebildung aus Brenztraubensäure 445.
Einfluß auf Cholesterinausscheidung in der Galle 547.
— auf Gallensäureausscheidung 547.
Spaltung von Tyrosinen, jodierten 442.
Wirkung auf Adenosintriphosphorsäurebildung in der Leber 328.
— auf Cholesteringehalt der Leber 198.
— auf Fettgehalt der Leber 143.
— auf Gehirnstoffwechsel 818f.
— auf Kreatingehalt der Leber 77.
Schilddrüsenextrakt, Einfluß, kein, auf Gallensäurebildung 559.
Schilddrüsenhormon, Bedeutung für Energieübertragung 328.
—, Beeinflussung des Nucleinsäureumsatzes in der Leber 322.
—, Wirkung auf Leberfermente 445.
Schilddrüsenpräparate, Wirkung auf Leberglykogen 77.
Schilddrüsensubstanz, Wirkung auf Eiweißumsatz der Leber 221.
Schildkröte, Gehirn, Bildung von Glutamin 752.
—, Harnstoffbildung 310.
—, Leber, Abbau von Nicotin und Nicotyrin 492.
—, — bei Chloroformvergiftung 36.
—, —, Kupfergehalt 56 Tab.
—, Leberdurchströmung 27.
—, Magen, Milchsäurebildung 612.
—, Muskel, Zuckungsdauer 612.
Schimpanse, Phenylessigsäureentgiftung durch Bindung an Glutaminsäure 472.
Schizophrenie, Behandlung 757, 823.
—, Eiweiß- und Nucleoproteidgehalt von Nervenzellen bei — 812.
—, Gehirn, Sauerstoffverbrauch 778.
—, Gehirnstoffwechsel 827.
Schlaf, Gehirn, Acetylcholingehalt im 842.—
—. — Aktivität, elektrische, im — 808.
—, —, Acetylcholingehalt in — 809.
—, —, Glykolyse im — 809.
—, —, Milchsäuregehalt 808.
Schlaf, Gehirn, Phosphatverbindungen, energiereiche im — 809.
—, —, Stoffwechsel bei — 810 Tab.
—, —, Temperatur im — 808.
Schlangengalle, Gallensäuren in — 551, 557.
Schlangengifte, Einfluß auf Acetylcholin im Gehirn 849.
—, Hornhautschädigungen durch — 878.
—, Phospholipase aus — 134.
—, Spaltung von Uridindiphosphatglucuronsäure durch — 462.
SCHLEMMscher Kanal 905.
Schnappatmung 788.
Schneehase, Leber, Axerophthol-Gehalt 358.
Schneider, Calorienbedarf 589.
Schock, Einbau von P in Gehirnlipoide bei — 738.
—, anaphylaktischer, Einfluß auf Blut-Hirnschranke 800.
—, —, Heparin im Blut bei — 233.
Scholle, Harnsäureabbau bei — 340.
—, Leber, Kupfergehalt 56 Tab.
Schradan (= Pestox III), Hemmung der Acetylcholinesterase durch — 860.
Schreiber, Calorienbedarf 589.
Schreiner, Calorienbedarf 589.
Schuhmacher, Calorienbedarf 589.
Schwangerschaft, Eisenresorption bei — 53.
—, Galle, Gehalt an Cholesterin 568.
—, —, — an Gallensäure 568.
—, Gallensteine bei — 568.
—, Gehirnstoffwechsel bei — 821.
—, Leber, Gehalt an Eisen 50.
—, —, — an Kupfer 59.
—, —, — an Nucleinsäuren 322f.
—, —, Glykogenbildung in der — 70.
—, Lebernekrosen bei Tokopherolmangel 366.
—, Leberschäden bei — 221.
—, Rattenleber, Glucuronidasegehalt 463.
—, Uterus, Gehalt an Actomyosin, Myosin und Glykogen 611.
—, Wirkung auf Umsatzgeschwindigkeit der Lebernucleinsäuren 322f.
SCHWANNsche Zellen, Gehalt an Phosphatase, saurer 695.
Schwefel:
Gehalt in Aderhaut 915 Tab.
— in Bindegewebe 575 Tab.
— in Blut 575 Tab.
— in Blutserum 575 Tab., 901 Tab., 902.
— in Ciliarkörper 915 Tab.
— in Erythrocyten 575 Tab.
— in Gehirn, Substanz, grauer 924 Tab.
— in Gehirneiweiß 655.
— in Glaskörper 901 Tab.
— in Herzmuskel 575 Tab.
— in Hornhaut 873 Tab.
— in Iris 915 Tab.
— in Kammerwasser 901 Tab., 902 Tab.
— in Knorpel 575 Tab.
— in Lederhaut 872 Tab.
— in Muskel, glattem 575 Tab.
— in Proteinen aus Rinderlinsen 887f.
— in Retina 924 Tab.
— in Skeletmuskel 575 Tab., 576.

Schwefel:
Gehalt in Tierlinsen 883 Tab., 884 Tab.
kolloidaler, Verwertung zur Bildung von Esterschwefelsäure 467.
Schwefeldioxyd, Bildung aus Cysteinsulfinsäure 273.
Schwefelsäure, Bedeutung für Kalkinfiltration der Linse 884.
—, Bindung an Adrenalin 439.
—, — an 3-Oxykynurenin 292.
—, — an Phenol 453, 465f.
—, — an Thyroxin 439.
—, Entgiftung durch Veresterung mit — 452ff., 464—468.
—, — von Kohlenwasserstoffen durch 482.—
—, Vorkommen im Corneaaminoproteid 874.
—, gepaarte, Vorkommen in der Galle 538.
— s. a. Sulfate.
Schwefelsäureester, Entgiftung durch Bildung von 452ff., 464—468.
Schwefelverbindungen, Einbau in Gehirneiweiß 745.
Schwefelwasserstoff, Aktivierung von — und Cerebrosidase 744.
—, Bildung aus Cystein 273f.
—, — von Sulfat aus — 274.
Schwein:
Aderhaut, Gehalt an Mineralstoffen 915 Tab.
Ausscheidung von Nicotinursäure 397.
Bildung von Allantoin 338.
— von Chenodesoxycholsäure 551.
— von Gallensäuren, glycingebundenen 557.
Ciliarkörper, Gehalt an Mineralstoffen 915 Tab.
Galle, Gallensäuren in der — 550f., 553.
—, Gehalt an Bilirubin 508.
—, — an Stoffen, reduzierenden 543.
—, Vorkommen von Amylase 544.
—, Zusammensetzung, chemische 538 Tab.
Gehirn, Abbau von Adrenalin durch — 440 Tab.
—, — von Isoamylamin durch — 440 Tab.
—, — von Sympatol durch — 440 Tab.
—, — von Tyramin durch — 440 Tab.
—, Bildung von Glutamin 752.
—, Gehalt an Acetokinase 129.
—, — an Nicotinsäure 672.
—, Nucleoproteide aus — 654.
—, Vorkommen von Vitamin B_4 674.
Herz, Gehalt an Acetokinase 129.
Hornhaut, Mineralgehalt 873 Tab.
Iris, Gehalt an Mineralstoffen 915 Tab.
Leber, Abbau von Adrenalin durch — 440 Tab.
—, — von Isoamylamin durch — 440 Tab.
—, — von Sympatol durch — 440 Tab.
—, — von Tyramin durch — 440 Tab.
—, Desacetylierungen in der — 478.
—, Diphosphopyridinnucleotid-Synthese in der — 396.
Schwein:
Leber, Faktor, glykogenolytischer 77.
—, Gehalt an Acetokinase 129.
—, — an Ascorbinsäure 377.
—, — an Axerophthol 355, 357 Tab.
—, — an Biotin 411.
—, — an Chlor 41 Tab.
—, — an Cobalamin 420 Tab.
—, — an Eisen 45.
—, — an Heparin 233.
—, — an Kupfer 57 Tab.
—, — an Mangan 60, 61 Tab., 64 Tab.
—, — an Mineralstoffen 41 Tab.
—, — an Nicotinsäure 394, 396.
—, — an Polypeptid A 218.
—, — an Riboflavin 390.
—, — an Tokopherol 364.
—, Gewicht 9.
—, Glutathionspaltung 276.
—, Nicotinentgiftung 492.
—, Proteine, Aminosäurezusammensetzung 217 Tab.
—, Vorkommen von Cysteinsäuredecarboxylase 271.
—, — von Uricase 339.
Leberverfettung bei Pyridoxinmangel 403.
Lederhaut, Mineralgehalt 872 Tab.
Linse, Gehalt an Mineralstoffen 883 Tab.
—, Kataraktbildung bei Riboflavin-Mangel 899.
—, Krystalline in — 886.
Milz, Eisengehalt 45.
Muskel, Acetokinasegehalt 129.
Naphthalinentgiftung 473.
Niere, Acetokinasegehalt 129.
Retina, Mineralstoffgehalt 924 Tab.
—, Trockensubstanzgehalt 924.
Vorkommen von Phenolasen bei — 441.
Xanthinoxydaseaktivität 335 Tab.
Zentralnervensystem, Veränderungen bei Axerophthol-Mangel 669.
Schweiß, Ausscheidung von Milchsäure im — 608.
Schweißdrüsennerven sind cholinergisch 839.
Schwermetalle, Ausscheidung mit der Galle 455, 541.
Schwertfisch, Leber, Axerophthol-Gehalt 357 Tab.
—, Leberöl, Gehalt an Axerophthol und Calciferol 362 Tab.
Scomber scomber, Leber, Kupfergehalt 56 Tab.
— scombrus, Harnsäureabbau bei — 341.
— —, Leber, Axerophthol-Gehalt 357 Tab.
Scrombriden, Harnsäureabbau bei — 341.
Scorpaena porcus, Leber Kupfergehalt 56 Tab.
Scyllium catalus, Retina, Atmung und Glykolyse 930 Tab.
Scymnol, Vorkommen in Haifischgalle 553.
—, Zwischenprodukt der Gallensäurebildung 550, 552*.
seal, hooded, Leber, Axerophthol-Gehalt 357 Tab.
Sebacinsäure, Abbau 176.

Sebacinsäure, Bildung aus Capronsäure 176.
Sedoheptulose-7-phosphat, Bildung aus Ribose-5-phosphat 110.
—, — von Tetrosephosphorsäure aus — 110.
Sedormidvergiftung, Prophyrinbildung bei — 523.
Seebarbe, rote, Leber, Vorkommen von Uricase und Allantoinase 341.
Seefische, Leber, Gehalt an Axerophthol 355f., 357 Tab.
—, —, — an Vitamin A_2 359.
Seehecht, Harnsäureabbau bei — 341.
—, Leber, Gehalt an Mangan 61 Tab.
Seehund, Bildung von Phocaecholsäure 553.
—, Leber, Axerophthol-Gehalt 357 Tab.
Seelöwe, Bildung von Phocaecholsäure 553.
—, Leber, Gehalt an Zink 62.
Seeschildkröte, Gehirn, Gehalt an Glykogen 658.
Seeteufel, Leber, Gehalt an Mangan 61 Tab.
Seepflanzen, Oxycarotinoide in — 358.
Seetiere, Leber, Axerophthol-Gehalt 358.
Seezunge, Harnsäureabbau bei — 340.
Sehbahn, Entwicklung in Abhängigkeit von Reizung, adäquater 812.
Sehnerv s. Auge, Nervus opticus.
Sehnervenatrophie 868.
Sehnervenscheiden 947.
Sehpurpur s. Auge, Sehpurpur.
Sekretin, Beeinflussung der Sekretion von Pankreas und Duodenum durch — 531.
—, Förderung der Sulfonamidausscheidung in der Galle 561.
Sekretintest 531.
Selachier, Allantoinsäureabbau 334.
—, Arginasegehalt der Leber 310.
—, Harnstoffbildung bei — 340.
Selen, Entgiftung durch Merkaptursäurebildung 475.
—, Wirkung, cancerogene, bei Ratten 493.
Selenat, Ausscheidung mit der Galle 541f.
Selencystein 475.
Selenit, Ausscheidung mit der Galle 541f.
Semicarbazid, Hemmung der Glutaminsäuredecarboxylase durch — 753.
—, — der Histaminase durch — 760.
Serin:
269*.
Bedeutung für Coenzym A-Bildung 263.
— für Taurinbildung 263.
— für Taurocholsäurebildung 263.
Bildung, Bedeutung von Pyridoxalphosphat für — 401f.
—, — von Tetrahydropteroylglutaminsäure für — 260.
— aus Essigsäure 262.
— aus Brenztraubensäure 262.
— aus Glykokoll und Formiat 210, 260*, 417, 831.
— — — bei Pyridoxinmangel 402.
— — in der Linse 894.
— in Leber 260.
— von Äthanolamin aus — 257, 258 Schema, 263.
— von Alanin aus 261*, 262*.
Serin:
Bildung von Ammoniak aus — in der Retina 934.
— von Brenztraubensäure aus — 123, 263*.
— von Cholin aus — 262f.
— von Cystein aus — 262f., 268.
— von Glykocholsäure aus — 263.
— von Glykokoll aus — **255—258**, 260, 262f., 417, 470, 894.
— von Häm aus — 263.
— von Hippursäure aus — 256, 263.
— von Kephalinen aus — 263.
— von Purinen aus — 263.
Bindung an Phosphatidsäuren 262.
Einbau in Gehirnlipoide 735.
— in Nucleinsäuren 316.
— in Sphingosin 738f.
— von Acetat-C in — im Gehirn bei Virusinfektion 829.
— von Formiat-C in — 260*, 831.
— von Glucose-C in — 747, 831.
Gehalt in Eiweiß der Augenlinse 887 Tab.
— — von Cornea und Sklera 874 Tab.
— in Gehirn 656.
— in Gehirnproteinen 653 Tab., 654 Tab.
— in Haarkeratin 653 Tab.
— in Leberproteinen 217, 218 Tab.
— in Neurokeratin 653 Tab.
— in Proteolipoiden aus Gehirn 651 Tab.
Hemmung der Virusausbreitung im Gehirn durch — 831.
Leber, Monoaminophosphatidgehalt nach Zufuhr von — 145.
als Methyldonator für Thyminbildung 343.
und Phosphatidbildung 263.
und Pyruvatpool 262f.
Spaltung 263*.
Stoffwechsel 260—263.
Verwertung zur Hippursäuresynthese 256, 263.
Vorkommen in Lipoidfraktion der Gliome 691.
— in Polypeptid A der Leber 218.
— in Nerven 695.
— in Serinkephalin 635.
Wirkung, lipotrope 152.
markiertes, Aufnahmegeschwindigkeit in Organe 214ff.
—, Einbau in Leberproteine 216.
Serinbetain, Wirkung, alipotrope 148.
Serinkephaline:
s. a. Kephaline.
s. a. Serinphosphatide.
634f.
Fettsäurezusammensetzung 635, 640 Tab.
Gehalt an Acetalphosphatiden 635 Tab.
— an Ölsäure 635, 639.
— an Stearinsäure 639.
— in Achsenzylinder 649 Tab.
— in Markscheiden 649 Tab.
— in Nervenzellen 649 Tab.
— in Substanz, grauer und weißer 634 Tab., 642, 648.

Serinkephaline:
I.P. 734.
Konfiguration 636.
Vorkommen in Myelinlipoiden 646.
Serinphosphatide 634.
—, Bildung 263.
—, Gehalt in Gehirn 637 Tab.
—, — in Leber 133.
Serumalbumin, Ausscheidung von — bei Nierenerkrankungen 230.
—, Bildung in der Leber 226—230.
—, Einfluß auf Stabilität von Cholesterinsolen 569.
—, Regeneration bei Hepatektomie 228.
Serumamylase 241.
Serumglobuline, Bedeutung der Leber für Stoffwechsel der — 231.
—, Einfluß auf Stabilität von Cholesterinsolen 569.
—, Regeneration bei Hepatektomie 228.
Serumlabilitätsteste und Leberfunktion 242—247.
Serumlipase, Hemmung 157.
Serumphosphatase 240f.
Serumproteine, Oestriolbindung an — 425.
—, Veränderungen bei Lebererkrankungen 232.
Sexualcyclus, Einfluß auf Phosphataufnahme durch Gehirn 771.
Sexualhormone, Wirkung auf Fettgehalt der Leber 143.
Siderin s. Hämosiderin.
Siderophilin 47ff.
—, Vorkommen im Serumglobulin 49.
Siderosis 47.
Silber, Gehalt in Gehirn 628.
—, — in Leber 64 Tab.
—, — in Nackenband 577.
—, — in Nerven, peripheren 628.
—, — in Rinderauge 916 Tab.
—, Vorkommen in Gallensteinen 567.
Silicium, Gehalt in Gehirn 628.
—, — in Leber 64 Tab.
—, — in Rinderauge 916 Tab.
—, Vorkommen in Gallensteinen 567.
—, — in Muskel 576.
Silurus glanis, Leber, Gehalt an Vitamin A_2 359.
Sinusiode 11, 13, 13 Tab., 14f., 91.
—, Kontraktion nach CCl_3H- und CCl_4-Vergiftung 36f.
—, Rolle beim Ikterus, hepatocellulärem 512f.
Skatol, Beeinflussung der Gehirnatmung durch — 790.
Skatoxyl, Entgiftung durch Bindung an Schwefelsäure 466f.
Skelet, Abgabe von Eiweiß im Hunger 219.
Skeletmuskel:
s. a. Muskel.
570—609.
Anteil am Körpergewicht 570f.
Aufnahmegeschwindigkeit von Leucin, markiertem, im — 214.
Bildung von Citronensäure von — 742.

Skeletmuskel:
Bildung von Ketonkörpern im — 184.
Fermente 585.
Gehalt
an Actin 579.
an Actomyosin 579.
an Adenosintriphosphorsäure 582.
an Äpfelsäure 580.
an Albumin 577 Tab.
an Ammoniak 584.
an Anserin 583f.
an Ascorbinsäure 585.
an Axerophthol 354, 584.
an Bernsteinsäure 580.
an Bestandteilen, anorganischen 575 Tab.
an Calcium 575 Tab., 576.
an Carnitin 584.
an Carnosin 583f.
an Carotinen 584.
an Chlor 575 Tab., 576.
an Cholesterin 584.
an Cobalamin 585.
an Coenzym A 179.
an Diphosphopyridinnucleotid 583.
an Eisen 575 Tab., 576.
an Eiweiß 577.
an Fetten 584.
an Flavinadenindinucleotid 330, 583.
an Flavinmononucleotid 583.
an Folsäure 585.
an Fumarsäure 580.
an Globulin x 577 Tab.
an Glucose 580.
an Glutathion 276 Tab., 584.
an Glykogen 580.
— bei Glykogenspeicherkrankheit 79.
an Harnstoff 584.
an Hexosemonophosphorsäure 581.
an Inosinphosphorsäure 582.
an Inosit 580.
an Kalium 575 Tab.
an Kohlenhydraten, niederen 580.
an Kreatinphosphorsäure 581.
an Lactoflavin 585.
an Lipoiden 584.
an Magnesium 575 Tab., 576.
an Methylguanidin 584.
an Milchsäure 580.
an Myogen 577.
an Myoglobin 579f.
an Myosin 577 Tab., 578f.
an Natrium 575 Tab.
an Nicotinsäureamid 585.
an Pantothensäure 585.
an Phosphor 575 Tab., 576.
an Phosphorverbindungen 580f.
an Schwefel 575 Tab., 576.
an Spurenelementen 576f.
an Sterinen 584.
an Stroma 577 Tab.
an Thiamin 585.
an Tokopherol 363, 364 Tab., 584.
an Triphosphopyridinnucleotid 583.
an Trockensubstanz 574, 575 Tab.

Skeletmuskel:
Gehalt
an Vitamin B_6 585.
an Vitaminen 584f.
an Wasser 574, 575 Tab.
—, intracellulären 621.
Histologie 571—574.
Natrium: Kalium-Verhältnis 575f.
Vorkommen von Aminosäuren 584.
— von Polypeptiden 584.
Skeletmuskelfasern, quergestreifte 572 Abb.
Sklera s. Auge, Sklera.
Sklerose, diffuse, Gehirn, Lipoidgehalt bei — 692.
Skorbut, Abbau von Tyrosin bei — 417.
—, Ausscheidung von Thyroxinabbauprodukten 283.
—, Leber, Esteraseaktivität bei — 386.
—, —, Gehalt an Ascorbinsäure bei — 386f.
—, —, — an Eiweiß bei — 386.
—, —, — an Fetten 385.
—, —, — an Glykogen 385.
—, —, — an Ribonucleinsäure bei — 386.
—, —, Sauerstoffverbrauch und Kohlensäurebildung 385.
—, Leberveränderungen bei — 386.
SLATER-Faktor, Stellung in der Atmungskette 733 Abb.
Sojaproteine, Leberschäden nach — 365.
Solea vulgaris, Harnsäureabbau bei — 340.
Sorbit, Bildung von Fett aus — 104.
—, — von Glucose aus — 104.
—, — von Glykogen aus — 104.
—, Umwandlung in Fructose 98.
—, — in Glucose 104.
—, Verwertung 104, 106.
—, Wirkung, antiketogene 104.
Sorbitdehydrogenase 104.
Sorbose, Phosphorylierung durch Fructokinase 99.
—, Wirkung, antiketogene 101f.
L-Sorbose, Bildung aus L-Idit 104*.
—, — von D-Glucose aus — 104.
L-Sorbose-1-phosphat 704f.
Speicheldrüse, Gehalt an Riboflavin und Flavinnucleotiden 391 Tab.
Speicherungskrankheiten, Gehirn 688.
Sperma, Adenin/Guanin-Verhältnis 314.
Spermien, Gehalt an Desoxyribonucleinsäuren 312.
Spermin, Gehalt in Chorioidea 919 Tab.
—, — in Ciliarkörper 919 Tab.
—, — in Iris 919 Tab.
—, — in Retina 926 Tab.
—, Vorkommen in Augenlinse 889.
—, — in N. opticus 948.
Sphingomyelinase in Kalbshirn 744.
Sphingomyeline:
643, 645.
Bestimmung im Gehirn 617.
Fettsäuren in — 641, 646.
Gehalt in Achsenzylinder, Nerv 649 Tab.
— in Blutkörperchen 642.
— in Cytoplasma, Nervenzellen 649 Tab.

Sphingomyeline:
Gehalt in Ganglien, sympathischen 647 Tab.
— in Gehirn 631 Tab., 633 Tab., 634, 641 f. 646.
— —, Altersveränderungen 677.
— —, fetalem 677 Tab., 679 Tab.
— in Großhirn, Substanz, weißer 648 Tab.
— in Hirnrinde 647 Tab.
— in Intraduralnerven 648 Tab.
— in Kleinhirn 677, 679 Tab.
— in Leber 132f.
— —, regenerierender 33.
— in Lebermitochondrien 133.
— in Lunge 641f.
— in Markscheiden, Nerv 649 Tab.
— in Milznerven 647 Tab.
— in Nerven 642.
— — bei Degeneration, WALLERscher 693.
— —, peripheren 642.
— in Nervensystem von Insekten 649.
— in Nervenzellen 649 Tab.
— in N. ischiadicus 648 Tab.
— — bei Degeneration, WALLERscher 694 Tab.
— in N. opticus 648 Tab.
— in N. vagus 648 Tab.
— in N. vertebralis 647 Tab.
— in Papilla nervi optici 647 Tab.
— in Retina 647 Tab., 925 Tab.
— in Rückenmark 642, 646, 677.
— in Scherennerv, Hummer 647 Tab.
— in Substanz, grauer 634, 642 Tab., 648.
— —, weißer 634 Tab., 642, 648 Tab.
— in Sympathicus 647 Tab.
— in Ventralmark, Hummer 647 Tab.
Hydrolyse im Gehirn 743.
I. P. 734.
Spaltung durch Gehirn 744.
— durch Leber 744.
Speicherung 736.
— bei Erkrankung, NIEMANN-PICKscher 689.
Umsatz im Gehirn 739.
— in Milz 641.
Vorkommen in Myelinlipoiden 645.
Sphingomyelin: Lecithin-Verhältnis in Geweben, nervösen 648f.
Sphingosin 641.
—, Bildung aus Äthanolamin 739.
—, — aus Essigsäure 739.
—, — in Gehirn 738f.
—, Einbau von Aminosäuren in — 738f.
—, Vorkommen in Cerebrosiden 642.
—, — in Gangliosiden 644.
—, — in Proteolipoiden 650.
—, — in Strandin 644.
Sphingosin-Phosphorsäure-Cholinester aus Sphingomyelinen 641.
Spongioblastome, multiforme, Gehalt an Glykogen 692.
Spinalganglien, Acetylcholinesterase, Aktivität in — 854.

Spinalreflexe, Transmission, synaptische, Rolle von Acetylcholin bei — 843.
Spinat, Wirkung, choleretische 533.
Splanchnicus-Reizung, Wirkung auf Zusammensetzung des Lebervenenblutes 42.
Sport, Calorienbedarf 589.
Spurenelemente, Gehalt in Hornhaut 916 Tab.
—, — in Linse 885, 916 Tab.
—, — in Muskel 576f.
—, — in Sklera 916 Tab.
Squalen, Bildung aus Essigsäure, aktivierter 202f.
—, — von Cholesterin aus — 203.
— in Haileberölen 376.
Squalus acanthias, Xanthopterin in der Chorioidea von — 919.
Stachelroche, Leber, Gehalt an Allantoicase 340.
Stammganglien. Gehalt an Phosphatasen 776.
—, Phosphataufnahme 769.
Stammhirn, Vorkommen von Histamin im — 759.
Stammknoten, Gehalt an Quecksilber 628.
Stapelungsdystrophie, Gehirn 688.
Star, Linsenkapsel bei — 892.
STAUB-TRAUGOTT-Effekt 91.
Stauungsikterus 511, 513f.
—, Ausscheidung von Koproporphyrin I im Harn bei — 526.
—, Blutphosphatase bei — 544.
—, Gallensäuregehalt des Blutes bei — 513.
—, Hypercholatämie bei — 560.
—, Phosphatasen in der Leber bei — 544.
— s. a. Ikterus.
— s. a. Obstruktionsikterus.
Stearal, Vorkommen in Acetalphosphatiden 638.
Stearinaldehyd, Vorkommen in Acetylphosphatiden 638.
Stearinsäure:
Abbau in Mitochondrien 187 Tab.
Beeinflussung des R.Q. der Leber durch — 173.
Bildung aus Behensäure 162.
— aus Cetylalkohol 170.
— aus Laurinsäure 162, 170.
— aus Myristinsäure 170.
— aus Octansäure 165.
— aus Oleinsäure 166.
— aus Palmitinsäure 162, 170.
— in Leber 166.
— von Acetessigsäure aus — 186, 187 Tab.
— von Cholesterin aus — 739.
— von Ölsäure aus — 163, 166.
— von Palmitinsäure aus — 162.
Gehalt in Serinkephalin 639.
— in Sphingomyelinen 641.
Resorptionsweg 136.
Vorkommen in Glycerinphosphatiden des Gehirns 639 Tab.
— in Hirnlipoiden 638.
Stearinsäure:
Vorkommen in Plasmalogenen 637.
— in Serinkephalin 635.
— in Sphingomyelinen des Rückenmarks 646.
Stearinsäureäthylester, Schicksal nach Verfütterung 162.
Stearinsäure-CoA 166.
Stearylgangliosid 644.
Steinbutt, Harnsäureabbau bei — 340.
—, Leber, Axerophthol-Gehalt 357 Tab.
—, Leberöl, Gehalt an Axerophthol und Calciferol 362 Tab.
Steinhauer, Calorienbedarf 589.
Stercobilin 517*.
—, Ausscheidung durch die Niere 521.
—, — im Kot 509.
—, Bildung aus Bilirubin durch Darmbakterien 517f.
—, — aus Hämin 506.
—, — bei Ikterus, hämolytischem 511.
—, — in Coecum und Dickdarm 518.
—, Resorption im Darm 520.
—, — in Rectum 521.
—, Vorkommen im Stuhl von Flaschenkindern 518.
Stercobilinogen 517*.
—, Ausscheidung durch die Niere 521.
—, Bildung aus Bilirubin 519.
—, — — durch Darmbakterien 517f.
—, — bei Ikterus, hämolytischem 511.
—, Resorption im Darm 520.
Stereolepsis ishinagi, Leber, Gehalt an Vitamin A_2 359.
Sterin, Wirkung auf Demethylierung von p-Dimethylaminoazobenzol 497.
Sterine, Gehalt im Muskel 584.
Sternzellen, KUPFFERsche 13f.
—, —, Bilirubinbildung in den — 508.
—, —, Gänseleber, Biliverdin in den — bei Arsenwasserstoffvergiftung 516.
—, —, Glykogen in den — bei Glykogenspeicherkrankheit 79.
—, —, Vorkommen von Axerophthol in — 350.
Sterocholsäure ($C_{28}H_{48}O_4$) in Rindergalle 551.
Steroidalkohole, Bindung an Sulfat bei Knorpelfischen und Amphibien 557.
Steroide, „Bremswirkung" auf Hirnstoffwechsel 820.
Steroidhormone, Bildung aus Cholesterin 209, 554f.
—, Inaktivierung in der Leber 422—439.
—, Vorkommen im Glaskörper 912.
—, Wirkung auf Hirnstoffwechsel 819ff.
Steroidpolyalkohole in der Amphibiengalle 550.
Stickstoff, Ausscheidung nach ACTH 125.
—, Gehalt in Gehirn 677 Tab., 679 Tab.
—, — —, fetalem 677 Tab., 679 Tab.
—, — in Gehirneiweiß 654 Tab.
—, — in Leber, regenerierender 34.
—, — in Rückenmark 680.
—, Stoffwechsel, Endprodukte des — 341.
— und Adrenektomie 124.

Stickstoff im Harn, Tagesschwankungen 25, 529.
— im Hunger 124.
— bei Tieren, nebennierenlosen, pankreasdiabetischen 124.
—, säurelöslicher, Gehalt in Gehirnteilen, verschiedenen 618 Tab.
Stickstofflost, Hemmung der Wirkung, cancerogenen, von 3'-Methyl-4-dimethylaminoazobenzol 501.
—, Derivate, Hemmung der Acetylcholinesterase durch — 860.
Stickstoffverbindungen, heterocyclische, Ätherbildung mit Glucuronsäure 455.
—, lösliche, Gehalt im Gehirn 657.
Stilbamidin, Hemmung der Acetylcholinesterase durch — 860.
Stilbenhydrat, Bildung aus Dibenzyl 455.
Stilboestrol 428.
—, Hemmung des Succinoxydasesystems durch — 819.
—, Inaktivierung in der Leber 429.
Stirnhirn, Gehalt an Ascorbinsäure 674.
St. Louis-Encephalomyelitisvirus, Wirkung von Acetylcholin auf Infektion mit — 834.
Stör, Leber, Gehalt an Vitamin A_2 359.
Stoff A als Aktionssubstanz des Nerven 836, 862.
Stoffe, androgene, synthetische, Inaktivierung 434.
—, antilipotrope 135.
—, cancerogene, Bindung und Abbau in der Leber 496—500.
—, —, Wirkung auf Aminosäurezusammensetzung der Zellproteine 503.
—, —, — auf Ascorbinsäuregehalt der Leber 379, 503.
—, —, — auf Leberstoffwechsel 493—505.
—, —, — auf Nicotinsäurebildung aus Tryptophan 398.
—, gerinnungsaktive, Vorkommen im Gehirn 676.
—, körperfremde, Acetylierung 475—478.
—, lipotrope 135, 143—154.
—, —, Einfluß auf Axerophthol-Gehalt der Leber 349f.
—, oestrogene, Ausscheidung im Harn 423f.
—, —, Inaktivierung in der Leber 423—429.
—, —, Kreislauf, enterohepatischer 429.
—, reduzierende, Gehalt in der Galle 543.
Strahlenkörper 913f.
Strandin 644f., 662.
—, Gehalt in Gehirn 637 Tab.
—, — in Hirntumoren 691.
—, — in Substanz, grauer 645.
Strang, BURDACHscher, Degeneration bei Axerophtholmangel 669.
Stratum oriens, Lipoidgehalt 617.
— radiatum, Lipoidgehalt 617.
street-type von Rabies 828.
Stress 124, 380.
—, Ascorbinsäuresynthese bei — 386.
Streptomycin, Ausscheidung mit der Galle 561.
Strontium, Ausscheidung in Galle 540.
—, Gehalt in Gehirn 628.
—, — in Leber 64 Tab.
—, Vorkommen in Gallensteinen 567.
Strophantin, Förderung der Glykolyse, aeroben, durch — 708.
Strukturlipoide 131ff.
—, Gehalt an Fettsäuren, ungesättigten 133.
— der Leber im Hunger 140.
—, Leberzelle, Verteilung, intracelluläre, in der — 133f.
Strychnin, Einfluß auf Gefäßerweiterung, antidrome 843.
—, Kaliumgehalt des Gehirns nach — 623.
Strychninkrämpfe, Frosch, Acetylcholingehalt des Gehirns bei — 843.
—, Glutaminsäuregehalt im Gehirn bei — 757.
Strychninvergiftung, Abbau des Leberglykogens bei — 74.
Subarachnoidalraum, Verbindung mit dem Gehirninneren 799.
Substantia nigra, Aktivität der Acetylcholinesterase 853.
— —, Gehalt an Ascorbinsäure 674.
— —, — an Eisen 626, 674f.
— perforata, Phosphataufnahme 769.
Substanz P 843f.
Substanz X 643.
—, encephalitogene 651.
Substanz, graue:
Acetylcholinesterase, Aktivität in — 854.
Acetylcholinsynthese im — 850.
Atmung 733, 782.
Cholinesterasen 852.
Cytochromoxydase 795.
Gehalt an Aneurin 670.
— an Bestandteilen, anorganischen 924 Tab.
— an Cerebrosiden 643.
— an Chloriden 629.
— an Cholesterin 645.
— an Cholinphosphatiden 647f.
— an Cozymase 792.
— an Desoxyribonucleinsäuren 664 Tab., 665 Tab., 666.
— an Diphosphoinosit 648.
— an Eiweißkörpern 652.
— an Glutaminsäure 656.
— an Kalium 924 Tab.
— an Kephalin 634 Tab., 636.
— an Lecithin 634 Tab., 648.
— an Lipoiden, Altersveränderungen 678.
— — bei Sklerose, diffuser 692.
— an Magnesium 625.
— an Natrium 625.
— an Nucleinsäuren 664 Tab., 665 Tab., 666.
— an Phosphatasen 776.
— an Phosphatiden 634 Tab., 637 Tab.
— an Plasmalogen 638.
— an Proteolipoiden 650.
— an Ribonucleinsäuren 664 Tab., 665 Tab., 666.

Substanz, graue:
Gehalt an Sphingomyelinen 634 Tab., 642, 648.
— an Strandin 645.
— an Substanz P 843.
Glucosephosphorylierung 714.
GOMORI-Reaktion 776.
Hexokinase, Wirkung von Hypophysektomie auf — 818.
Lipoidzusammensetzung 631 Tab., 633 Tab., 647f.
Milchsäurebildung 929.
Permeation von Phosphat in die — 799.
Phosphataufnahme 769.
Q_{O_2} 782.
— nach Thyroxin 818.
Verhältnis Desoxyribonucleinsäure: Ribonucleinsäure 926.
Vorkommen von Histamin in — 759.
Substanz, parasympathicomimetische, Gehalt im Kammerwasser 904.
Substanz, weiße:
Acetylcholinesterase, Aktivität 854 Tab.
Atmung 733, 782.
Cholinesterasen in — 852.
Cytochromoxydase 795.
Gehalt an Aneurin 670.
— an Cerebrosiden 643.
— an Chloriden 629.
— an Cholesterin 645.
— an Cholinphosphatiden 648.
— an Desoxyribonucleinsäuren 664 Tab., 665 Tab., 666.
— an Diphosphoinosit 648.
— an Eiweißkörpern 650, 652.
— an Inositphosphatid 637.
— an Kephalin 634 Tab., 636.
— an Lecithin 634 Tab., 648.
— an Lipoiden 648 Tab.
— —, Altersveränderungen 678.
— — bei Sklerose, diffuser 692.
— an Monoaminophosphatiden 648.
— an Natrium 625.
— an Nucleinsäuren 664 Tab., 665 Tab., 666.
— an Phosphatasen 776.
— an Phosphatiden 634 Tab., 637 Tab., 648 Tab.
— an Plasmalogen 638.
— an Proteolipoiden 650.
— an Ribonucleinsäuren 664 Tab., 665 Tab., 666.
— an Sphingomyelinen, 634 Tab., 642, 648.
— an Strandin 645.
Gehirn, Gehalt an Wasser, Altersveränderungen 676.
Glykolyse 701.
GOMORI-Reaktion 776.
Kathepsinaktivität 762.
Lipoidzusammensetzung 631 Tab., 633 Tab., 648 Tab.
Phosphataufnahme 769, 799.
Phosphatpermeation in — 799.
Proteine, Trypsinwirkung auf — 650.
Substanz, weiße:
Q_{O_2} 782.
Spaltung von Cholinestern in — 852.
Vorkommen in Gangliosiden 644.
— von Histamin in — 759.
Succinat s. Bernsteinsäure.
Succinodehydrogenase:
Aktivität bei der Gehirnentwicklung 683.
bei Alloxandiabetes 822.
Q_{O_2} bei Diabetes mellitus 822.
Gehalt in Gehirn 720, 724f., 793.
— in Herz bei Eiweißmangel 222 Abb.
— in Leber bei Eiweißmangel 222 Abb.
— in Nervenzellen bei Chromatolyse 698.
Gehirn, Aktivität bei Diabetes mellitus 822.
—, Hemmung durch Cozymase 793.
Hemmung durch α-Ketoglutarsäure 724.
— durch Malonitril 789.
— durch Malonsäure 717, 724, 789.
— durch Oxalessigsäure 789, 793.
— durch Phenosafranin und Pyocyanin 724.
— durch Tokopherol 367.
Leber 222 Abb., 445.
Vorkommen im Ciliarkörper 917, 920.
— in Linse 896.
Wirkung von Monojodessigsäure auf — 727.
— von Mustardgas auf — 728.
Succinoxydase, Aktivität bei der Gehirnentwicklung 683.
—, in Gehirn bei Mangel an Fettsäuren, essentiellen 377.
—, Gehalt in Gehirn 720, 725.
—, — in Hepatomen 504.
—, — in Leber bei Eiweißmangel 222 Abb.
—, — in Leberzellen bei Chloroformvergiftung 36.
—, — in Mitochondrien 504.
—, — — der Leber, regenerierenden 33.
—, Wirkung von Sauerstoffvergiftung auf — 789.
Succinoxydasesystem, Gehirn, Hemmung durch Stilboestrol 819.
Succinyl-CoA, Bildung 195f.
—, Reaktion mit Acetoacetat 195.
Succinylsulfathiazol, Folsäuremangel nach — 417.
—, Wirkung auf Ascorbinsäuregehalt der Leber 382.
—, — auf Pantothensäuregehalt der Leber 406.
Sudan III zur Fettfärbung 132.
Süßwasserfische, Bildung, keine, von Harnstoff in der Leber 310.
—, Leber, Gehalt an Vitamin A_2 359.
Sulfacryl, Acetylierung 475.
Sulfadiazin, Acetylierung 475.
Sulfaguanidin, Acetylierung 475.
Sulfamethyldiazol, Acetylierung 475.
Sulfamezathin 478.
Sulfanilamid, Acetylierung 475, 477.
—, Bildung aus Sulfonamiden 561.
—, Symptome, neuritische, nach — 791.

Sulfapyridin, Acetylierung 475.
—, Ausscheidung mit der Galle 561.
Sulfasuxidin, Folsäuremangel nach — 417.
—, Wirkung auf Ascorbinsäuregehalt der Leber 382.
Sulfatasen, Gehirn, Ratten 763.
Sulfate:
s. a. Schwefelsäure.
Ausscheidung durch den Darm 540.
— durch die Galle 540.
— in Harn 274, 540.
Bedeutung für Glutaminasewirkung 754.
Bildung aus Cystein 274.
— aus Cysteinsulfinsäure 273.
— aus Schwefelwasserstoff 273f.
— in Leber 274.
— von Aminosäuren, S-haltigen, aus — 270.
Bindung von Gallensäure an — 557.
Entgiftung durch Bindung an — 467.
Entkoppelung der Atmungskettenphosphorylierung durch — 731.
Gehalt in Gehirn 630.
— in Harn bei Phenolvergiftung 468.
— in Kammerwasser 907.
Hemmung des P-Einbaus in Gehirnlipoide durch — 737.
Wirkung auf Gallensekretion 533.
Sulfathiazol, Acetylierung 475.
Sulfatide 643.
—, Gehalt im Gehirn 637 Tab., 643, 678.
—, I.P. 734.
Sulfhydrylgruppen in Acetylcholinesterase 856.
— in Albumoid der Linsen 888.
— in Cholinacetylase 849.
— in Hepatomen 503.
— in Krystallinen 888.
— in Linseneiweiß bei Katarakt 897.
Sulfinsäureoxydase 273.
Sulfit, Hemmung der Rhodanese durch – 479.
—, Sulfatbildung aus — 467.
Sulfocyanate s. Rhodanide.
Sulfonamide, Acetylierung 130, 409, 475ff.
—, — in der Leber 452, 476.
—, — bei Thiaminmangel 477.
—, Ascorbinsäureausscheidung nach — 380.
—, Ausscheidung durch die Galle 561f.
—, Hemmung der Kohlensäureanhydratase durch — 802.
—, Wirkung auf Bilirubinreduktion im Darm 518.
p-Sulfonamidobenzoesäure, Bildung aus p-Tolylsulfonamid 482.
Sulfonmethane, Ascorbinsäureausscheidung nach — 380.
Sumpfbiber, Galle, Nutriaglykocholsäure in der — 554.
Suprachorioidea 914.
—, Ascorbinsäure in der — 918.
swayback 626f.
Sympathicus, Bedeutung für Wärmebildung in der Leber 24.
—, Fasern, präganglionäre, sind cholinergisch 839.
Sympathicus, Gehalt an Diphosphoinosit 647.
—, — an Histamin 759.
—, — an Lecithin 647.
—, Lipoidzusammensetzung 647 Tab.
Sympathin als Aktionssubstanz des Nerven 839.
Sympatol, Abbau in Organen 440 Tab.
Sympathin E und I 839.
Symptome, neuromuskuläre, Hemmung durch Cholate 560.
Synapsen, Aktivität der Acetylcholinesterase 853f., 854 Tab.
—, Beeinflussung bei Narkose 813.
—, Übertragungsmechanismen an den — 843.
—, zentrale, Acetylcholin als Überträgersubstanz an — 839.
System, adrenergisches, Glutaminsäurewirkung auf — 757.
—, endokrines, und Leber 422—450.
—, reticulo-endotheliales s. Reticuloendothel.
Syringin, Glucuronidbildung mit — 459.

Tachycardie bei Thiamin-Mangel 838.
Tagesrhythmus der Leberfunktion 24ff., 71, 529.
Tagessehen 923, 937.
Takadiastase, Spaltung von Coenzym A durch — 404.
TAKATA-ARA-Reaktion 243f.
TAKATA-Proteine 244.
„Tanger"-Typ von Rabies 828.
Tannodon saltator, Leber, Axerophthol-Gehalt 357 Tab.
Tapetum lucidum, Vorkommen von Purinen in — 919.
— — fibrosum, Zinkgehalt 916.
Tartronsäure, Beschleunigung, keine, der Harnsäurebildung in Vogelleber durch — 336.
Taube:
Antabuswirkung 490.
B_1-Avitaminose, Glykogenanreicherung im Gehirn bei — 710.
Beri-Beri, Cocarboxylasegehalt im Gehirn 722.
Darm, Abbau von Adrenalin durch — 440 Tab.
—, — von Isoamylamin durch — 440 Tab.
—, — von Sympatol durch — 440 Tab.
—, — von Tyramin durch — 440 Tab.
Fumaraseaktivität 720.
besitzt keine Gallenblase 534.
Gehirn, Aktivität der Acetylcholinesterase im — 853f.
—, Bildung von Glutamin 752.
—, Cytochromoxydase 795.
—, Gehalt an Acetylcholin bei Polyneuritis 848.
—, — an Ammoniak 656 Tab.
—, — an Äpfelsäuredehydrogenase 725.
—, — an Brenztraubensäure 660.
—, — an Cocarboxylase 722.
—, — an Coenzym A 722.

Taube:
Gehirn, Gehalt an condensing enzyme 723.
—, — an Glutamin 656 Tab.
—, — an Glutaminsäure 656 Tab.
—, Phosphatase, alkalische, im — 776.
—, Pyruvatdehydrogenase im — 716.
—, Q_{O_2} 780 Tab., 782 Tab.
—, Umsatz von 3-Phosphoglycerinsäure 706.
—, Vorkommen von Pyruvatdehydrogenase 716.
Harnsäurebildung 334, 336f.
Herzmuskel, Citronensäurebildung 129, 195.
Hirnschnitte, $Q_{\text{Glutaminsäure}}$ 749.
Leber, Abbau von Adrenalin durch — 440 Tab.
—, — von Isoamylamin durch — 440 Tab.
—, — von Sympatol durch 440 Tab.
—, — von Tyramin durch — 440 Tab.
—, Acetylierung von Sulfonamiden 476.
—, Acetylierungen 130.
—, Alkoholoxydation 485.
—, Bildung von Acetessigsäure 130.
—, — von Ascorbinsäure 381.
—, — von Adenylsäure 337.
—, — von Harnsäure 334.
—, — von Hypoxanthosinphosphat 337.
—, Chloroformvergiftung 36.
—, Desacetylierungen in der — 478.
—, Fettsäuresynthese 170.
—, Gehalt an Axerophthol 357 Tab.
—, — an Cocarboxylase 387.
—, — an Fetten nach Desoxycorticosteron 143.
—, — an Fettsäuren 131.
—, — an Glykogen 73.
—, — an Thiamin 387.
—, Histaminacetylierung 476.
—, Nicotinentgiftung 492.
—, Xanthinoxydase fehlt 490.
Muskel, Alkoholoxydation 485.
Retina, Atmung und Glykolyse 930 Tab.
—, Glykogengehalt 928.
—, Milchsäurebildung 929.
Sorbitverwertung 104.
Xanthinoxydaseaktivität 335 Tab.
Taurin, Ausscheidung im Harn 402.
—, Bildung aus Aminoäthylmercaptan 272.
—, — aus Cystamin 272.
—, — aus Cystein 270—273.
—, — aus Cysteinsäure 271f., 402.
—, Bindung von Gallensäuren an — 551, 554, 557.
—, Gehalt in Galle 542.
—, — in Gehirn 656.
—, Verwertung zur Bildung von Esterschwefelsäure 467.
Taurochenodesoxycholsäure, Spaltung im Rattendarm 558.
Taurocholsäure, Bildung aus Cysteinsäure 271.
—, Hemmung der Cholesterinestersynthese durch — 207.
Taurocholsäure, Spaltung durch Nierenextrakte 558.
—, — im Rattendarm 558.
Tegmentum, Gehalt an Substanz P 843.
Telencephalon, Phosphataufnahme 769.
Teleostier, Bildung von Allantoinsäure aus Allantoin 334.
—, Harnsäureabbau bei — 340.
TEPP (Tetraäthylpyrophosphat), Einfluß auf Acetylcholinsynthese 849.
—, Hemmung von Cholinesterase durch — 859.
Terpene, Entgiftung 455.
—, Oxydation zu Terpinolen 455.
Terpenperoxyde, cyclische, Wirkung auf Demethylierung von p-Dimethylaminoazobenzol 497f.
Terpinole, Bildung aus Terpenen 455.
Terramycin, Ausscheidung mit der Galle 561.
—, Wirkung auf Bilirubinreduktion im Darm 518.
—, — auf Nicotinsäureamidgehalt der Rattenleber 395.
—, — auf Vitamin B_c-Gehalt der Leber 414.
Testes, Abbau der Cholesterinseitenkette in — 555 Tab.
—, Abgabe von Eiweiß im Hunger 219.
—, Aufnahme von Plasmaeiweiß aus dem Blut 225 Abb.
—, Desoxyribonucleinsäuren, Fraktionen 314.
—, Fettbildung in — 165.
—, Hormonbildung aus Cholesterin 555.
—, Oxydation von Linolensäure 741.
—, Panthotensäuregehalt 404 Tab.
—, Verhältnis Ribonucleinsäuren: Desoxyribonucleinsäuren 312.
—, Vorkommen von 9,10-Fettsäuredehydrogenase 163.
— s. a. Hoden.
Testosteron 431*.
—, Abbau 429—434.
—, Bildung aus Androstendion 431*, 432.
—, — von Δ^4-Androsten-3,17-dion aus — 431*, 432.
—, — von Androsteron aus — 429, 431.
—, — von 17-Ketosteroiden aus — 432.
—, — von 3-Oxysteroiden aus — 433 Tab.
—, — von cis-Testosteron aus — 432.
—, Hemmung der Gehirnatmung durch — 819f.
—, Inaktivierung 430, 432—434, 739.
—, —, Leberschädigung bei — 434.
—, Wirkung auf Glucuronidasebildung 463.
cis-Testosteron 431*.
—, Bildung aus Androstendion 431*, 432.
—, — aus Testosteron 432.
17-β-Testosteron s. cis-Testosteron.
Testosteron-cyclopentylpropionat, Hemmung der Gehirnatmung durch — 820.
Testosteronpropionat, Abbau in Leber 430, 439.
—, — — in Niere 439.
Tetanie, Calciumgehalt des Gehirns bei — 622.

Tetaniekatarakt 898f.
Tetanustoxin, Einfluß auf Calciumgehalt des Gehirns 622.
Tetraäthylammoniumbromid, Hemmung von Cholinesterasen durch — 858.
Tetraäthylpyrophosphat s. TEPP.
Tetraäthylthiuramiddisulfid s. Antabus.
Tetrachlorkohlenstoff, Gallensäureausscheidung bei — 559.
—, Wirkung, cancerogene, bei Mäusen 493.
Tetrachlorkohlenstoffvergiftung:
  Aktivität der Leberesterase bei — 157.
  Ascorbinsäurebildung in der Rattenleber bei — 379, 381.
  Einfluß auf Lymphbildung in der Leber 19f.
  — auf Sinosoide der Leber 36f.
  — von Cobalamin auf Leberverfettung bei — 421.
  Hippursäureausscheidung bei — 471.
  Inaktivierung von Melanophorenhormon bei — 450.
  — von Oestrogen bei — 425f.
  — von Testosteron bei — 434.
  — von Vasopressin bei — 451.
  Leber 35ff., 92.
  —, Entgiftungsfunktionen 457.
  —, Glucuronidbildung 457.
  Leberkonzentrate, Schutzwirkung bei — 334.
  Leberverfettung nach — 154.
  Oestriolbildung bei — 428.
  Paraldehydoxydation bei — 491.
  Santoninentgiftung bei — 482.
  Serumalbumingehalt bei — 229.
  Uteruswachstum bei — 426.
  Wirkung auf Glucuronidasebildung 463.
  — auf Leber bei Hypophysektomie 141.
  — auf Leberglykogenbildung 147.
  Zusammensetzung der Globuline des Blutes bei — 232f.
Tetradecanal, Vorkommen in Glycerinphosphatiden des Gehirns 639 Tab.
Tetradecansäure, Abbau 176.
Tetra-en-fettsäuren, Bildung in der Leber 374.
$\Delta^{4,7,10,13}$-Tetraensäure, Vorkommen in Glycerinphosphatiden des Gehirn 639 Tab.
$\Delta^{5,8,11,14}$-Tetraensäure, Vorkommen in Glycerinphosphatiden des Gehirns 639 Tab.
$\Delta^{7,10,13,16}$-Tetraensäure, Vorkommen in Glycerinphosphatiden des Gehirns 639 Tab.
Tetrahydromesobilan 517*.
—, Bildung aus Bilirubin durch Darmbakterien 517f.
Tetrahydromesobilen 517*.
—, Aktivität, optische 519.
—, Bildung aus Bilirubin durch Darmbakterien 517f.
β(= 1,2,3,4)-Tetrahydronaphthylamin-2, Leberdurchblutung nach — 16.
—, Temperatursteigerung durch — 22, 24.
—, Wirkung auf Leberglykogen 22.
Tetrahydropteroylglutaminsäure, Bedeutung für Serinsynthese 260.
Tetrajodphenolphthalein zur Darstellung, röntgenologischen, der Gallenblase 565.
Tetrajodtetrachlorfluorescein, Leberfunktionsprobe mit — 564.
2,3,4,6-Tetramethylglucose aus Glykogen, methyliertem 82.
Tetramethylthiurammonosulfid, Wirkung auf Acetaldehydoxydation 490.
Tetraoxybufostan, Vorkommen in Krötengalle 550
Tetraoxycholan-schwefelsäureester in der Galle von Rana catesbiana 551.
Tetraoxycholansäure, Ausscheidung bei Fischen 551.
Tetraoxysterocholansäurelacton in der Galle von Emys orbicularis 551.
Tetrazomethode zum Proteinnachweis in der Hirnrinde 653.
Tetrosephosphat, Bildung aus Sedoheptulose-7-phosphat 110.
Thalamus opticus:
  Acetylcholinesterase, Aktivität 754 Tab., 853.
  Acetylcholinsynthese 850.
  Gehalt an Ascorbinsäure 674.
  — an Chlorid 620 Tab.
  — an Glykogen 658 Tab., 680.
  — an Kalium 620 Tab., 622.
  — an Natrium 620 Tab., 625.
  — an Neuraminsäure 644.
  — an Phosphor 620 Tab.
  — an Substanz P 843.
  — an Wasser 620 Tab.
  Lipoidzusammensetzung 648.
  Phosphataufnahme 769.
  Q_{O_2} 782 Tab.
  Zusammensetzung, chemische 618 Tab.
Thalliumsalze, Linsentrübungen durch — 899.
Thalliumvergiftung, Beeinflussung durch Pantothensäure 673.
THEILERsches FA-Mäuseencephalomyelitis-Virus 833.
— GD VII-Mäuseencephalitis-Virus 829ff.
Theobromin, Hyperprothrombinämie nach — 372.
— als Methyldonator 149.
Theophyllin, Beschleunigung der Blutgerinnung durch — 371.
—, Hyperprothrombinämie nach — 372.
— als Methyldonator 149.
—, Wirkung auf Blut-Kammerwasserschranke 903.
Thesaurismosen 688—691.
Thiamin:
  Abgabe durch Nerven 837.
  als Aktionssubstanz des Nerven 836, 839.
  Antagonismus gegen Riboflavin und Nicotinsäureamid 675.
  Ausscheidung im Harn 389.
  Bedarf bei Hyperthyreoidismus 671.
  Bedeutung für Acetylcholinstoffwechsel 838.
  — für Ascorbinsäuresynthese 382.
  — für Brenztraubensäureabbau 715ff.

Thiamin:
Bedeutung für Fettsynthese aus Kohlenhydrat 170.
— für Leberstoffwechsel 389f.
— für Nervenerregung 671, 836—839.
— für Zentralnervensystem 669.
Beeinflussung der LANSING-Poliomyelitis-Infektion durch — 832.
Einfluß auf Acetylcholinwirkung 838.
— auf Cholesteringehalt der Leber 150.
— auf Cocarboxylasegehalt in Organen 722.
— auf Glykogengehalt der Leber 73.
— auf Oestrogeninaktivierung 427.
—, kein, auf Axerophthol-Gehalt der Leber 349.
Förderung der Santoninentgiftung durch — 482.
Freisetzung bei Nervenerregung 671, 838.
Gehalt in Cornea 875 Tab., 876.
— in Gehirn 670, 671 Tab., 672 Tab.
— im Herzen 387f., 670.
— in Hornhaut 875 Tab.
— in Leber 346 Tab., 347, 387ff., 670.
— in Linse, Kaninchen 889.
— in Muskel 585.
— in Nerven 671 Tab.
— — bei Degeneration 672, 696f.
— im Nervensystem, vegetativen 670.
— in Organen bei Hyperthyreoidismus 388.
— in Rückenmark 671 Tab.
Hemmung der Herzwirkung von Acetylcholin durch — 838.
Identität mit 2. Vagusstoff 838.
Leberstoffwechsel bei — Überschuß 389.
Mangel, Acetylierung von Sulfonamiden bei — 477.
—, Anämien bei — 505.
—, Blut, Brenztraubensäuregehalt bei — 115, 706, 715.
—, Brenztraubensäureabbau bei — 115f, 669.
—, Gehirn, Glykogenanreicherung bei — 710.
—, —, Hypotonie, arterielle, bei — 838.
—, — Phosphatidgehalt bei — 686.
—, —, Rest-N-Gehalt bei — 685.
—, Glucoseabbau bei — 390.
—, Gynäkomastie bei — 427.
—, Herzwirkung 838.
—, Leberstoffwechsel bei — 389f.
—, Resistenz gegen Poliomyelitisvirus bei — 832.
—, Wirkung von Lecithin bei — 686.
Phosphorylierung 115, 388f.
Resorptionsweg 387.
Steigerung der Vitamin B_4-Wirkung durch — 675.
Stoffwechsel in der Leber 387—390.
Taubentest 670.
Vorkommen in Nervenscheiden 670.
— in der Retina 928.
Vorrat in der Leber 387.

Thiamin:
Wirkung auf Myelinisierung des Gehirns 679.
— auf N. vagus 838.
—, antilipotrope 151, 390.
Zerstörung und Übererregbarkeit des Nerven, peripheren 837.
Thiamindehydrogenase 722.
Thiaminenzyme, Elektronentransport auf Nicotinamidenzyme 730.
—, Störungen, hepatogene, der Bildung von — 389.
—, Vorkommen in der Leber 347.
Thiaminmonophosphat 388f.
—, in Gehirn 669.
Thiaminproteine, Stellung in der Atmungskette 733 Abb.
Thiaminpyrophosphat, Bedeutung für Bildung von Acetat, aktiviertem, aus Pyruvat 129.
—, Bildung in Leber 388.
—, Brenztraubensäuredecarboxylierung 129, 716.
—, Coferment der Carboxylase 715.
—, — der Transketolase 109.
—, Dephosphorylierung 389.
—, Gehirn 669.
—, Hydrolyse durch Rattengehirn 775.
—, Wirkung auf Hippursäuresynthese 470.
— s. a. Cocarboxylase.
Thiamintriphosphat 389.
Thioglykolsäure, Hemmung von Oxydationen durch — 65.
Thioharnstoff, Wirkung auf Ascorbinsäure-Gehalt des Gehirns 675.
Thiolacetat, Acetylierung von Coenzym A durch — 129.
Thiomethyladenosin 268.
Thionase 402.
Thionin, Beeinflussung der Gehirnatmung durch — 791.
Thiopental, Wirkung bei Mäusen 815.
—, — auf Phosphorylierung im Gehirn 814.
2-Thiophen-alanin, Hemmung der Virusvermehrung durch — 832.
Thiophencarbonsäure, Bindung an Glykokoll 469.
Thiouracil, Wirkung auf Adenosintriphosphatbildung in der Leber 328.
—, — auf Aktivität der Cytochromoxydase der Leber 445.
—, — auf Ascorbinsäuregehalt des Gehirns 675.
—, — auf Cholesteringehalt im Blut und -ausscheidung in der Galle 547.
—, — auf Cytochrom c, abhängig von der Schilddrüse 445.
—, — auf Lacticodehydrogenase der Leber 445.
Thiosulfat, Ausscheidung im Harn 480.
—, Bildung im Stoffwechsel 480.
— zur Cyanidentgiftung 479*, 480.
—, Hemmung der Rhodanese durch — 479.
Thoracicus-Lymphe, Gehalt an Axerophthol 351f.

Thoriumverbindungen, Verhalten im Organismus 66.
Threonin, Beeinflussung der Gallensäurebildung durch — 558.
—, Gehalt in Eiweiß der Augenlinse 887 Tab.
—, — — von Cornea und Sklera 874 Tab.
—, — in Gehirn 655 Tab.
—, — in Gehirnproteinen 653 Tab., 654 Tab.
—, — in Haarkeratin 653 Tab.
—, — in Neurokeratin 653 Tab.
—, — in Proteolipoid aus Gehirn 651 Tab.
—, — in Leberproteinen 217, 218 Tab.
—, — in Linseneiweißkörpern 887 Tab.
—, Hemmung der Ausbreitung von Viren im Gehirn durch — 831.
—, Vorkommen in Nerven 695.
—, — in Polypeptid A der Leber 218.
—, Wirkung, lipotrope 152.
D,L-Threonin, Desaminierung durch die Leber 249 Tab.
—, Hemmung von Glutaminsäuredecarboxylase durch — 756.
Threoninbetain, Wirkung, alipotrope 148.
allo-Threonine, Wirkung, keine, lipotrope 152.
L-Threonsäure 383*.
Thrombin, Bildung aus Prothrombin 237.
Thromboplastin 235, 676.
Thrombose, Cholesteringehalt der Leber bei — 198 Tab.
Thunfisch, Leber, Gehalt an Axerophthol 357 Tab.
—, —, — an Polypeptid A 218.
—, Leberöl, Gehalt an Axerophthol und Calciferol 362 Tab.
—, —, — an Neovitamin A 358 Tab.
Thymektomie, Wirkung auf Umsatzgeschwindigkeit der Lebernucleinsäuren 322.
Thymidin, Bildung von Pyrimidinresten der Nucleinsäuren aus — 341f.
—, exogenes, Einbau in Nucleinsäuren 331.
Thymin 344*.
—, Abbau 331.
—, Bildung, Bedeutung von Folsäure für die — 343.
—, —, Methyldonatoren für — 343.
—, — aus Cytosin 343.
—, — von 5-Methylbarbitursäure 344.
—, Einbau in Desoxyribonucleinsäuren der Leber, regenerierenden 331.
—, Gehalt in Desoxyribonucleinsäure 668.
—, — — der Leber 313, 314 Tab.
—, — in Nucleinsäuren der Kalbsleber 314 Tab.
—, Hemmung der Virusausbreitung durch — 832.
Thymonucleinsäure 313.
Thymoltrübungstest 245f.
Thymus, Adenin/Guanin-Verhältnis 314.
—, Gehalt an Flavinnucleotiden 391 Tab.
—, — an Nucleinsäuren 311.
—, — an Riboflavin 391 Tab.
—, Nucleinsäuren, Basenverhältnis 314 Tab.
—, Xanthinoxydaseaktivität 335 Tab.
Thymus, Zellkerne, Gehalt an Desoxyribonucleinsäuren 312.
Thynnus alalonga, Retina, Zinkgehalt 924.
— thunnus, Leber, Axerophthol-Gehalt 357 Tab.
Thyreoektomie, Wirkung auf Cytochrom c-Gehalt der Leber 445.
—, — auf Fettgehalt der Leber 179.
Thyreoglobulin, Wirkung auf Lacticodehydrogenase der Leber 445.
—, — auf Leberstoffwechsel 444.
— s. a. Schilddrüsenhormon.
— s. a. Thyroxin.
Thyreoidea s. Schilddrüse.
Thyreoidektomie, Wirkung auf Cholesteringehalt des Blutes und -ausscheidung in der Galle 547.
Thyronin, Einfluß, kein, auf Leberstoffwechsel 444.
Thyroxin:
s. a. Schilddrüsenhormon.
s. a. Thyreoglobulin.
Abbau in der Leber 441ff.
Ausscheidung in Galle 442.
— im Kot 442.
Bedeutung für Carotinresorption 349.
Bindung an Schwefel- oder Glucuronsäure 439.
Gehalt in Zellfraktionen, Leber 441.
Inaktivierung 443.
im Leberstoffwechsel 441—447.
Wirkung auf Adenosintriphosphatbildung in der Leber 328, 446.
— auf D-Aminosäureoxydase der Leber 445.
— auf Ascorbinsäuregehalt von Organen 675.
— auf Atmungskette 445.
— auf Autolyse der Leber 446.
— auf Axerophthol-Gehalt der Leber 349.
— auf Cholesterinausscheidung in der Galle 446.
— auf Coenzym A-Gehalt der Organe 179.
— auf Cytochrom c-Gehalt der Leber 445.
— auf Fettgehalt der Leber 143, 447.
— auf Gallenmenge 446.
— auf Glykogengehalt der Leber 446f.
— auf Hexokinase 712, 818.
— auf Leberglykogen 77.
— auf Leberregeneration 35.
— auf den Leberstoffwechsel 443—447.
— auf Mitochondrien der Leber 444.
— auf Q_{O_2}, Substanz, graue 818.
— auf Succinodehydrogenase der Leber 445.
— auf Sauerstoffverbrauch 443f.
— auf Wärmeerzeugung der Leber 24.
— auf Xanthinoxydase der Leber 445.
— nach Leberexstirpation 441.
—, kein, auf Gallensäurebildung 559.
Thyroxinglucuronid 442.
Tiere, winterschlafende, Wärmehaushalt 23.

Tiergalle, Vorkommen von Biliverdin 536.
Tierlebern, Axerophthol-Gehalt 354—359.
Tintenfisch, Ganglion opticum, Vorkommen von Cytochrom b und c 795.
—, — —, — von Cytochromoxydase 795.
—, Kopfganglien, Acetylcholinesterase, Aktivität in — 854.
—, —, Acetylcholinsynthese in — 850.
—, Nerven, Ionentransport im — 734.
—, —, Proteine in — 652.
—, —, Struktur des Axonplasmas 652.
—, Riesenfasern, Acetylcholinesterase in den — 855.
Titan, Gehalt in Gehirn 623 Tab.
—, — in Leber 64 Tab., 65.
—, Hemmung des Sauerstoffverbrauchs im Gewebe 65.
—, Vorkommen in Gallensteinen 567.
—, — in Leber 65.
Tokopherol:
und Aktivität der Leberfermente 366f.
Beziehung zum Stoffwechsel von Aminosäuren, S-haltigen 365.
Bildung in Leber 367.
Einfluß auf Axerophthol-Gehalt der Leber 349.
— auf Fett- und Lipoidzusammensetzung der Organe 686.
— auf Leberglykogen 366.
Gehalt im Blutplasma 368.
— in Gehirn 675.
— im Herzen 363.
— in Hypophysenvorderlappen 675.
— in Leber 346 Tab., 347, 363f.
— in Leberölen von Fischen 364.
— in Lunge 363.
— in Muskel 363, 364 Tab., 584.
— in Organen 363f.
Hemmung der Cytochrom c-Reduktion durch — 675.
— von Fermenten durch — 366f.
und Kreatinsynthese in der Leber 367.
Leberschutzwirkung bei Schwangerschaft 366.
Lebertherapie mit — 366.
Mangel, Ausfallserscheinungen, nervöse, bei — 675.
—, Encephalomalacie, nutritive, bei — 675.
— bei Gallensperre 368.
— und Kreatinausscheidung 367.
—, Kreatingehalt in Muskel und Leber bei — 367.
—, Leberschädigungen bei — 365.
— und Muskeldystrophie 365.
—, Paralyse bei — 675.
—, Wirkung auf Lipoidzusammensetzung des Gehirns 686.
Resorption 368.
Schutzwirkung gegen Lebernekrosen 365f.
Speicherung im Körperfett 363f.
Stoffwechsel, Bedeutung der Leber für — 363—368.
— und Lebererkrankungen 368.
Tokopherol:
Wirkung, Bedeutung von Xanthin für — 366.
— auf Glutathiongehalt des Blutes 367.
— auf Leberfermente 366f.
— auf Leberschädigung bei Chloroformvergiftung 366.
—, Steigerung durch Xanthin 366.
α-Tokopherol als Methyldonator 149.
α-, β-, γ-Tokopherol, Vorkommen 364.
α- und γ-Tokopherol, Schutzwirkung, verschiedene 366.
Tokopherylester zur Leberfunktionsprüfung 368.
Tokopherylphosphat, Hemmung von Esterase und Cholinesterase durch — 367.
Toluendiamin, Wirkung, hämolytische 507f.
Toluidinblau, Permeabilität der Blut-Hirnschranke für — 798.
Toluol, Bildung von Benzoesäure aus — 469.
—, Entgiftung 455, 482.
—, Oxydation zu Benzoesäure 455.
Toluole, substituierte, Bildung von Hippursäure, substituierter, aus — 469.
p-Tolylsulfonamid, Entgiftung in der Leber 482.
—, Hemmung der Kohlensäureanhydratase durch — 802.
p-Tolylsulfaminofluoren, Wirkung, keine, cancerogene 495, 499.
Totenstarre 586, 606f.
TPN s. Triphosphopyridinnucleotid.
Tractus olfactorius, Gehalt an Substanz P 843.
— opticus, Gehalt an Substanz P 843.
Training, Muskel 586, 607, 609.
—, Quotient, respiratorischer, beim — 590.
Tränen, Wirkung, bactericide 870.
Tränendrüse, Anatomie 868.
Tränenflüssigkeit 868ff.
—, Analyse, chemische 869f.
—, Brechungsindex 868.
—, Glucosegehalt 869 Tab., 870.
Transacetylase 129.
Transaldolase 109f.
Transaminasen 754.
—, Aktivität bei Riboflavin- und Thiaminmangel 390.
—, Pyridoxal-5-phosphat als Coferment von — 249ff., 401.
—, Vorkommen 249.
—, Wirkung von Sauerstoffvergiftung auf — 789.
Transaminierung 248—252, 750ff.
— bei Argininbildung 308.
—, Bedeutung von Pyridoxalfermenten für 400f.
—, in Gehirn 750ff., 754.
— durch Kathepsin 763.
— in Leber 249—255, 308f.
— — nach Hepatektomie, partieller 223.
Transesterisation 158.
Transglykosidation 157.
Transhydrogenase, Vorkommen im Kaninchengehirn 794.
Transketolase 109, 389.

Transmethylase, Aktivierung durch Cobalamin 422.
Transmethylierungen 759.
—, Reversibilität 266.
Transpeptisierung 157, 748.
— in Gehirn 752f.
— von Glutamin 752f.
— von Glutaminsäure 752f., 755f.
— durch Kathepsin 763.
Transphosphorylierungen im Gehirn 771f.
— bei Glykolyse im Gehirn 702.
Transsulfurase, Leber 401, 479.
trans-Verbindungen s. unter den betreffenden Verbindungen.
Traubenzucker s. Glucose.
Triacetin, Spaltung durch Acetylcholinesterase 851f.
Triacetyldihydrosphingosin 641.
Triäthylammoniumäthanol, Wirkung, lipotrope 144*.
Tribromäthanol, Ätherbildung mit Glucuronsäure 455.
—, Glucuronidbildung mit — 458.
Tributyrin, Spaltung 852, 856.
—, — durch Cholinesterasen, unspezifische 851.
Tricaprin, Abbau 176.
Tricarbonsäurecyclus, Fermente des — beim Alloxandiabetes 822.
— in der Linse 896.
— s. a. Citronensäurecyclus.
Tricarbonsäuren, Synthese durch CO_2-Fixierung 720.
Trichloräthylalkohol, Bildung aus Chloralhydrat 483.
Trichloräthylennarkose, Prothrombinzeit nach — 370.
Trichlordimethyläthanol, Steigerung der Ascorbinsäuresynthese durch — 380.
1,1,1-Trichlor-2-methyl-2-propanol, Steigerung der Ascorbinsäuresynthese durch — 380.
Tridion, Beeinflussung der Gehirnatmung durch — 791.
Tri-en-fettsäuren, Dehydrogenierung in der Leber 374f.
—, Gehalt in der Leber 375.
Triensäuren, Gehalt im Gehirn bei Fettmangelkost 687.
$\Delta^{5,8,11}$-Triensäure, Vorkommen in Glycerinphosphatiden des Gehirns 639 Tab.
$\Delta^{7,10,13}$-Triensäure, Vorkommen von Glycerinphosphatiden des Gehirns 639 Tab.
Triglyceride, Permeation in Zellen 740.
Trigonellin, Ausscheidung im Harn 396.
—, Bildung aus Nicotinsäureamid 149, 151.
—, — in der Leber 396.
—, —, keine, bei Kaninchen 396f.
—, kein Methyldonator 149.
—, Vorkommen in der Augenlinse 889.
— s. a. N-Methylnicotinsäure.
Trigonellinamid s. N-Methylnicotinsäureamid.
L-3,5,3'-Trijodthyronin, Schicksal in der Leber 442.
Triketocholansäure, Reduktion bei Kröten 553.
—, Wirkung, choleretische 532*.
Tri-o-kresylphosphat, Hemmung von Cholinesterasen durch — 853, 858f.
—, Vergiftung durch — 853.
Trilaurin, Abbau 193, 196.
—, Oxydation durch Gehirn 740.
Trimethylamin, Ausscheidung im Harn 146.
—, Bildung aus Cholin durch Darmbakterien 146.
Trimethylammoniumpropanol, Wirkung, lipotrope 146.
Trimethylcolamin, Bildung 146f.
3,3,5-Trimethyloxazolidin-2,4-dion, Beeinflussung der Gehirnatmung durch — 791.
β-3,4,5-Trimethyloxyphenyläthylamin, Beeinflussung der Gehirnatmung durch — 790.
Triosephosphatdehydrogenase, Aktivität im Gehirn 713f.
—, Darstellung 713.
—, Gehirn, Wirkung von Monojodessigsäure auf — 714.
—, Hemmung durch Arsenat 721.
—, — durch Homogenate aus Mäusegehirn 709.
—, — durch Monojodessigsäure 714, 727.
—, Inaktivierung durch Kathepsin III 833.
— bei Oxydoreduktionen im Gehirn 706.
—, Vorkommen in der Linse 896.
—, Wirkung auf Gehirnglykolyse bei Virusinfektion 833.
—, — von Glutathion, oxydiertem, auf — 708.
—, — von Sauerstoffvergiftung auf — 789.
Triosephosphatdehydrogenierung, Koppelung mit Aminierung, reduktiver, von Ketoglutarsäure 749.
Triosephosphorsäure, Abbau in der Atmungskette 733 Abb.
—, Bildung aus Fructose 100.
—, — aus Pentosephosphorsäure 345.
—, — in Gehirn 705.
—, — von Fructose-1,6-phosphorsäure aus — 100.
— bei Glykolyse im Gehirn 705.
—, Hydrogenierung durch Cozymase 714.
Trioxybufosterocholensäure, Vorkommen in Krötengalle 550.
Trioxycholansäure in Schlangengalle 551.
$3\beta,5\alpha,6\beta$-Trioxycholestan, Bildung aus Acetat 203.
Trioxysterocholansäurelacton in der Galle der Aligatorschildkröte 551.
Trioxyisosterocholansäuremethylester in der Galle der Aligatorschildkröte 551.
Trioxyisosterocholensäure, Vorkommen in Krötengalle 550.
Tripeptidasen, Gehirn 763.
Tripeptide, Spaltung im Muskel 763.
Triphenyltetrazoliumchlorid 797.
Triphosphopantetheinnucleotid s. Coenzym A.

Triphosphopyridinnucleotid:
Abbau 704.
Aktivierung von Glucose-6-phosphatdehydrogenase durch — 108.
Bedeutung für β-Carboxylierung 721.
— für Pentosephosphatabbau 346.
Coenzym der Isocitronensäure-dehydrogenierung 724.
— von Glucosedehydrogenase 108.
— von Malatdehydrogenase 127, 128 Abb.
— von malic enzyme 127.
— der Oxalbernsteinsäurebildung 719.
Förderung der Antabusreduktion 491.
Gehalt in Gehirn 792.
— in der Leber 330, 394.
— in Muskel 583.
Oxydation durch Diphosphopyridinnucleotid 794.
— von Glucose-6-phosphat durch — 728.
Reduktion durch Glucose-6-phosphatdehydrogenase 721.
Stellung in der Atmungskette 733 Abb.
Vorkommen in Augenlinse 889, 896.
— in Leber 394, 396.
— in Muskel 583.
Wirkung auf Demethylierung von p-Dimethylaminoazobenzol 497.
— auf Hippursäuresynthese 470.
Zerstörung bei Gehirnglykolyse 704.
Tripropionin, Spaltung durch Cholinesterasen, unspezifische 851.
Tristearin, R.Q. der Oxydation von — 172, 174.
Triton, Harnsäureabbau 340.
Tromexan als Axerophthol-Antagonist 237.
Tropasäure, Bildung aus Atropin in der Leber 484.
Tropin, Bildung aus Atropin in der Leber 484.
Tropomyosin 577 Tab.
Truncus sympathicus, Resektion, Einfluß auf Acetylcholinsynthese 848.
Truthahn, Leber, Kupfergehalt 56 Tab.
—, —, Tokopherolgehalt 364.
Trypanblau 496*.
—, Einfluß auf Blut-Hirnschranke 800.
—, Erzeugung von Reticulosarkomen der Leber durch — 496.
—, Permeabilität, keine, der Blut-Hirnschranke für — 798.
—, Übergang in Leberlymphe 20.
Tryparsamid, Wirkung auf Pyruvatdehydrogenase 727.
Trypoflavin, Ausscheidung durch die Galle 528.
Trypsin, Freilegung von Cobalamin durch — 419.
—, Verdauung von Glaskörperfasern durch — 910.
—, Vorkommen im Gehirn 762f.
—, Wirkung auf Biotin, gebundenes 411.
—, — auf Proteine der Substanz, weißen, des Gehirns 650.
Tryptophan:
286*, 289*, 294*.
Abbau 285—297.

Tryptophan:
Abbau, Bedeutung von Vitamin B_6 für — 401.
— in Niere 295.
Abbauwege 294f.
Bedarf 294.
Bedeutung für Ernährung der Hornhaut 876.
Bildung aus Indolbrenztraubensäure 294.
— von Ammoniak aus — 295.
— von Anthranilsäure aus — 285, 286*, 287, 290 Schema.
— von Chinolinsäure aus — 285, 286*, 292ff.
— von Formylkynurenin aus — 285, 286*, 287.
— von Harnstoff aus — 295.
— von Kynurenin aus — 285, 286*, 287ff., 290 Schema, 292.
— von Kynureninsäure aus — 285, 286*. 287—289, 290 Schema, 291.
— von N-Methylnicotinsäure aus — 292,
— von N-Methylnicotinsäureamid aus — 292f.
— von N-Methyl-2-pyridon-6-carboxamid aus — 292.
— von Nicotinsäure aus 285, 286*, 292ff., 398.
— von Nicotinsäureamid aus — 285, 401.
— von Ommochromen aus — 918.
— von Oxyanthranilsäure aus — 285, 286*, 292.
— von Oxykynurenin aus — 285, 286*, 290ff.
— von Xanthurensäure aus — 291.
Desaminierung und Reaminierung 294.
Einfluß auf Bildung der Gallensäuren durch — 558.
— — der Pyridinnucleotide in der Leber 401.
— auf Pyridinnucleotidgehalt der Leber 395.
Förderung des Testosteronabbaus durch — 430.
Gehalt in Blutplasma nach Hepatektomie 211.
— in Gehirn 655 Tab.
— — bei Methioninmangel 685.
— in Gehirnproteinen 653 Tab., 654 Tab., 655.
— in Glaskörpereiweiß 910.
— in Haarkeratin 653 Tab.
— in Leberproteinen 217, 218 Tab.
— — nach p-Dimethylaminoazobenzol 503.
— in Linseneiweißkörpern 887 Tab.
— in Neurokeratin 653 Tab.
Hemmung der Glutaminsäuredecarboxylase durch — 756.
— der Virusausbreitung im Gehirn 831.
Mangel, Einfluß auf Xanthinoxydase der Leber 335.
—, Linsentrübung bei — 899.
Oxydation durch L-Aminosäureoxydase 248.
Stoffwechsel 285—297.

Tryptophan:
Stoffwechsel, Wirkung von Desoxypyridoxin auf — 291.
Transaminierung durch α-Ketoglutarsäure 250.
— durch Leber, Herz und Niere 250 Tab.
Vorkommen in Polypeptid A der Leber 218.
Wirkung auf Fettleber nach Cystinzufuhr 151.
— auf Nicotinsäuregehalt des Gehirns 672.
—, antiketogene 293.
D-Tryptophan, Umwandlung in L-Tryptophan 294.
Tryptophanperoxydase 287.
Tryptophanpyrrolase 287f.
Tuber cinereum, Phosphataufnahme 769, 771.
Tuberkulose, Ausscheidung von 3-Oxykynurenin bei — 291.
—, Urochromogenreaktion, WEISSsche, bei — 291.
D-Tubocurarin, Hemmung der Acetylcholinesterase durch — 860.
Tubularia, Acetylcholinesterase im Gewebe, neuromuskulären 856.
Tumoren, Anreicherung von Tyrosin, markiertem, in — 746.
—, Ammoniakbildung 934.
—, maligne, Cholesteringehalt der Leber bei — 198 Tab.
—, —, Desoxyribonucleinsäuren, Erneuerungsgeschwindigkeit 327.
—, —, Eisenbindungsfähigkeit des Blutplasmas bei — 48 Tab.
—, —, Eisengehalt des Blutserums bei — 48 Tab.
Tumorextrakte, Steigerung der Glykolyse, anaeroben, in Gewebsschnitten, durch — 709.
Tumorträger, Nucleinsäuregehalt der Leber bei — 326f.
Tumorwachstum und Zinkgehalt der Leber 63.
Tyramin, Abbau in Organen 440 Tab.
—, Beeinflussung der Gehirnatmung durch — 790.
—, Desaminierung im Gehirn 760.
—, Hemmung der Hirnatmung durch — 760.
Tyrosin:
Abbau 279—284.
—, Bedeutung von Ascorbinsäure für — 283, 386f.
—, — von Folsäure für — 417.
— bei Skorbut 417.
als Aminosäure, glucoplastische 280, 282 Schema.
—, ketoplastische 122, 280, 282 Schema.
Bildung aus p-Oxyphenylbrenztraubensäure 283, 386.
— aus Phenylalanin 210, 277ff.
— von Essigsäure aus — 279, 281•, 282 Schema.
— von Glucose aus — 280, 282 Schema.
— von Glutaminsäure aus — 279, 281•, 282 Schema.

Tyrosin:
Bildung von Glykogen aus — 280.
— von Homogentisinsäure — 279—283.
— von Melanin aus — 277.
— p-Oxyphenylbrenztraubensäure aus — 279, 281•, 282 Schema, 386.
Einbau in Gehirneiweiß 745f.
— in Organproteine 285.
— von Acetat-C in — im Gehirn bei Virusinfektion 829.
— von Formiat-C in — 831.
— von Glucose-C in — 831.
Gehalt in Eiweiß der Augenlinse 887 Tab.
— — von Cornea nud Sklera 874 Tab.
— in Galle 542.
— in Gehirn 655 Tab.
— in Gehirnproteiden 653 Tab., 654 Tab., 655.
— in Glaskörpereiweiß 910.
— in Haarkeratin 653 Tab.
— in Harn 284.
— in Leberproteiden 217, 218 Tab.
— in Linseneiweißkörpern 887 Tab.
— in Neurokeratin 653 Tab.
— in Proteolipoid aus Gehirn 651 Tab.
zur Leberfunktionsprüfung 213, 284f.
Oxydation 279, 281•, 282 Schema.
— durch L-Aminosäureoxydase 248.
Stoffwechsel 277—285.
Transaminierung durch Leber, Herz und Niere 250 Tab.
Vorkommen in Linsen, kataraktösen 895.
— in Nerven 695.
— in Polypeptid A der Leber 218.
Wirkung auf Koagulationsband, WELTMANNsches 245.
markiertes, Anreicherung in Tumoren 746.
—, Aufnahmegeschwindigkeit in Organe 214ff.
Tyrosine, jodierte, Spaltung in Organen 442.
Tyrosinämie 284.
Tyrosine, jodierte, Spaltung 442.
Tyrosinosis 284.
Tyrosinurie 284.

UDP s. Uridindiphosphat.
Übergangsorange 940.
Ultraviolettbestrahlung, Wirkung auf Nerven 837.
Undecandisäure, Abbau 176.
Undecansäure, Abbau 176.
—, ω-Oxydation 175.
Unterernährung, Bedeutung für Lebergröße 10.
—, Cholesterinsynthese bei — 204f.
—, Fettansammlung in der Leber bei — 135.
—, Fettsäuresynthese bei — 204f.
—, Gallensteine bei — 568.
—, Oestrogeninaktivierung bei — 427.
Uracil 344•.
—, Abbau 344.
—, Bildung aus Thymidin 342.
—, — von Barbitursäure aus — 343, 344•.
—, — von Cytosin aus — 343.

Uracil, Gehalt in Lebermitochondrien 315 Tab.
—, — in Nucleinsäuren der Kalbsleber 314 Tab.
—, — in Ribonucleinsäuren der Rattenleber 315 Tab.
—, Schutzwirkung gegen Lebergifte 334.
—, Vorkommen in Zellkernen 339.
Uracilthyminoxydase 344.
Uran, Gehalt in Gehirn 628.
—, — in Leber 64 Tab.
Urate, Ausscheidung nach ACTH 126.
— s. a. Harnsäure.
Ureidosuccinat, Pyrimidinbildung aus — 343.
Urethan, Kaliumgehalt des Gehirns nach — 623.
—, Wirkung auf Acetateinbau in Gehirnlipoide 740.
Uricase, Aktivierung durch Zink 63.
—, Bedeutung für Tryptophanpyrrolasewirkung 287.
—, Darstellung 338.
—, Gehalt an Zink 63.
—, — in Leber bei Eiweißmangel 222 Abb.
—, Rattenleber 335.
—, Vorkommen in Leber 338, 341.
—, — in Zellelementen 339.
Uricolyse 340.
Uridin, Bildung aus Orotsäure 343.
—, Verwendung zur Nucleinsäuresynthese 316.
—, exogenes, Einbau in Nucleinsäuren 331.
Uridinderivate, Hemmung der Virusausbreitung durch — 832.
Uridindiphosphat, Aktivierung der Glucuronsäure durch — 461f.
Uridindiphosphat-acetyl-glucosamin 95*, 96.
Uridindiphosphatgalaktose 96.
Uridindiphosphatglucose 95*, 96.
Uridindiphosphat-gluconsäureverbindung 96.
Uridindiphosphatglucuronsäure 461f.
Uridinphosphat, Bildung aus Orotsäure 341, 343.
Uridylsäure, Aufnahme von ^{32}P in — von Ribonucleinsäuren der Leber 318 Tab.
—, Bildung aus Orotsäure 343.
—, — im Gehirn 764.
—, Dephosphorylierung im Gehirn 768.
—, Umsatzgeschwindigkeit in der Leber 323 Tab.
„Urobilin“ 517f.
—, Aktivität, optische 519.
—, Aufnahme durch Reticuloendothel 520f.
—, Ausscheidung durch die Leber 521.
—, — im Harn, Tagesmenge 521.
—, Begriff 517.
—, Bestimmung 517.
—, Bildung aus Hämin oder Hämoglobin 525.
—, Gehalt im Blut nach Nicotinsäurezufuhr 399.
—, — im Harn, Tagesmenge 521.
—, Resorption aus dem Darm 520.
—, Stoffwechsel in der Leber 520f.
—, Vorkommen in Galle 520.
Urobilin IXa, Vorkommen im Kot 517.
„Urobiline“, Bildung im Darm aus Bilirubin 518.
Urobilinkörper 518.
—, Gehalt in Pfortaderblut 520.
„Urobilinogen“ 517f.
—, Aktivität, optische 519.
—, Begriff 517.
—, Bestimmung 517.
—, Bildung außerhalb des Darmes 519.
—, Vorkommen in Harn bei Obstruktionsikterus 521.
Urobilinogen IXa, Vorkommen im Kot 517.
„Urobilinogene“, Bildung im Darm aus Bilirubin 518.
„Urobilin“-Reaktion 517, 520.
Urobilinsubstanzen im Kot 517.
Urobilinurie bei Apoplexie und Encephalitis 522.
Urocaninase 299.
Urocaninsäure, Bildung aus Histidin 298f.
Urochloralsäure 456, 483.
Urochromogenreaktion, Weisssche 291.
Ursodesoxycholsäure, Vorkommen in Bärengalle 553.
Urtica dioica, Wirkung, choleretische 533.
— urens, Wirkung, choleretische 533.
Uterus, Gehalt an Adenosintriphosphat 328.
—, — an Glykogen bei Meerschweinchen 611.
—, — an Myosin 611.
—, Wachstum bei Tetrachlorkohlenstoffvergiftung 426.
Uvea, Auge, s. Gefäßhaut.
Uveitis, chronische, Antikörper im Kammerwasser bei — 903.

Vaccensäure 638.
cis-Vaccensäure 638.
—, Wirkung, hämolytische 640.
2. Vagusstoff 671, 838.
n-Valeriansäure, Abbau in der Leber 174.
iso-Valeronitril, Bildung von Rhodanid aus — 480.
Valerylsulfonamid, Desacetylierung in der Leber 478.
Valin:
Bedeutung für Ernährung der Hornhaut 876.
Beeinflussung der Gallensäurebildung durch — 558.
Bildung von Brenztraubensäure aus — 264*.
— von Glucose aus — 264*.
— von Glykogen aus — 263.
— von α-Ketoisovaleriansäure aus — 263, 264*.
— von α-Methylpropionsäure aus — 176.
—, keine, von Aceton aus — 176.
Einbau von Glucose-C in — 747.
Gehalt in Eiweiß der Augenlinse 887 Tab.
— — von Cornea und Sklera 874 Tab.
— in Galle 542.
— in Gehirn 655 Tab.
— — bei Eiweißmangel 685.
— — bei Methioninmangel 685.
— in Gehirnproteinen 653 Tab.
— in Haarkeratin 653 Tab.

Valin:
Gehalt in Leberproteinen 217, 218 Tab.
— in Neurokeratin 653 Tab.
— in Proteolipoid aus Gehirn 651 Tab.
Oxydation durch L-Aminosäureoxydase 248.
Stoffwechsel 263f.
Transaminierung mit α-Ketoglutarsäure 250.
— — im Gehirn 751.
Vorkommen in Nerv 695.
D,L-Valin, Desaminierung durch die Leber 249 Tab.
—, Transaminierung durch Leber, Herz und Niere 250 Tab.
Valindehydrogenase, Vorkommen in der Linse 896.
Vanadium, Gehalt in Gehirn 628.
—, — in Leber 64 Tab., 65.
—, Wirkung auf Oxydation der Phosphatide 66.
Vasoconstrictoren, sympathische, Wirkung über Noradrenalin 840.
Vasopressin, Abbau in der Leber 439.
—, Inaktivierung 451.
Vaterit, Vorkommen in Gallensteinen 567.
Vena cava, Blutabfluß aus der Leber in die — 13 Abb., 15, 16 Tab.
— — abdominalis, Blutdruck in der — 15.
— hepatica, Gehalt an Ketonkörpern in der — 185.
— jugularis, Sauerstoffdruck, „kritischer" 786.
— lienalis, Blutdruck in der — 15.
— mesenterica coeci, Gehalt an Ammoniak 304.
Ventralmark, Hummer, Lipoidzusammensetzung 647 Tab.
Veratrinalkaloide, Förderung der Glykolyse, aeroben, durch — 708.
Verbindung F, Bildung aus Verbindung S 438.
— S, Bildung von Verbindung F aus — 438.
Verbindungen, P-haltige, im Muskel 580—583.
Verdinikterus 516.
Verschlußikterus, Eiweißfraktionen des Blutserums bei — 232 Tab.
—, Thymoltrübungstest, extrahepatischer, bei — 246.
Vertebraten, Lipoidverteilung im Nervensystem 644.
„Verzweigungsferment" 88.
Viren, Ausbreitung im Gehirn, Hemmung durch Aminosäuren 831.
—, Chromosomenmechanismus für die Vermehrung der — 829.
—, neurotrope 827f.
—, —, Beeinflussung des Nucleoproteid- und Proteinstoffwechsels durch — 828—833.
—, —, Hemmung der Hexosediphosphatglykolyse durch — 705.
—, —, Unterbrechung der Hirnglykolyse durch — 833.
—, —, Wirkung auf Gehirnglykolyse 833.
Virushepatitis, Serumamylase bei — 241.
Virusinfektionen, Gehirn 811, 827—834.
Vitamin A s. Axerophthol.
Δ^3-cis-Vitamin A, Vorstufe von Retinin$_1$ 944.
trans-Vitamin A aus Retinin$_1$ 944.
— aus Sehpurpur 941.
Vitamin A-acetat-Esterase 352.
Vitamin A-Aldehyd 941.
—, Beziehungen zum Sehpurpur 939.
—, Resorption von — 350.
all-trans-Vitamin A-Aldehyd, Bildung von Neoretinin b aus — 944.
Vitamin A_1-Aldehyd 927.
Vitamin A_2, Bildung aus Retinin$_2$ 350, 941.
—, Gehalt in Leber 359.
—, Vorkommen 359.
—, — in Retina 927.
Vitamin A_2-Aldehyd 941.
Vitamin B, Gehalt in Rattenhirn 672 Tab.
—, Wirkung auf Fettgehalt der Leber 151.
— -Komplex, Antagonismus der Fraktionen des — 675.
— —, Bedeutung für Desoxycorticosteronabbau 438.
— —, Förderung der Santoninentgiftung durch — 482.
Vitamin B_c s. Folsäure sowie Pteroylglutaminsäure.
Vitamin B_1 s. Thiamin.
Vitamin B_2 s. Riboflavin.
Vitamin B_4, Antagonismus gegen Riboflavin 675.
—, Gehalt im Gehirn 673f.
—, Mangel 673.
—, Steigerung der Wirkung durch Thiamin, Nicotinsäureamid und Pantothensäure 675.
—, — — von Nicotinsäureamid 675.
—, Vorkommen im Gehirn 674.
Vitamin B_6:
s. a. Pyridoxal.
s. a. Pyridoxalphosphat.
s. a. Pyridoxamin.
s. a. Pyridoxin.
Ausscheidung 403.
Bedarf, Sparwirkung von Fettsäuren, ungesättigten 687.
Bedeutung für Aminierung von Ketosäuren 401.
— für Aminosäure- und Proteinstoffwechsel der Leber 400ff.
— für Desaminierung, oxydative, der D-Aminosäuren 401.
— für Fettstoffwechsel der Leber 400, 403.
— für Hämoglobinbildung 505.
— für Kupferspeicherung in der Leber 400.
— für Mineralhaushalt der Leber 400.
— für Nicotinsäurebildung aus Tryptophan 293, 398.
— für Taurinbildung aus Cysteinsäure 402.
— für Thionase 402.
— für Transaminierungen 250.
— für Transsulfurase der Leber 401.
— für Tryptophanabbau 401.

Vitamin B_6:
Desoxypyridoxin als Antagonist von — 755.
Einfluß auf Nucleinsäuregehalt von Organen bei Lymphosarkom 327.
Gehalt in Hepatomen 503.
— in Leber 346 Tab., 347, 399f.
— in Leberzellen nach Azofarbstoffen, cancerogenen 503.
— in Muskel 585.
Mangel, Aktivität von Asparaginsäure-Glutaminsäuredesaminase und Glutaminsäuredecarboxylase bei — 755.
—, Anämien bei — 505.
—, Hornhautveränderungen bei — 876.
—, Krämpfe, epileptiforme, bei — 673.
—, Wirkung von 4-Desoxypyridoxin bei — 401.
Oxydation und Inaktivierung in der Leber 403.
Speicherung in der Leber 505.
Stoffwechsel in der Leber 399—403.
Wirkung auf Eiweißgehalt der Leber nach Exstirpation, partieller 223.
Vitamin B_{12} s. Cobalamin sowie extrinsic factor.
Vitamin D s. Calciferol.
Vitamin D_2, Speicherung in der Leber 361.
—, Vorkommen in Fischlebern 363.
Vitamin D_3, Vorkommen in Fischlebern 363.
Vitamin E s. Tokopherol.
Vitamin H s. Biotin.
Vitamin K s. Phyllochinon.
Vitamine, Bedeutung für das Zentralnervensystem 668—676.
—, Einfluß auf Leberglykogen 73.
—, Gehalt in Gehirn 668—676.
—, — in Leber 346 Tab.
—, — im Herzmuskel 585.
—, — in Muskel 584f.
—, Schutzwirkung gegen Azofarbstoffe, cancerogene 500ff.
—, Stoffwechsel in der Leber 346—422.
—, Wirkung, lipotrope 151f.
— B, Beeinflussung der Oestrogeninaktivierung durch — 427.
— —, Gehalt in Gehirn von Ratten 672 Tab.
— —, — in Leber nach Aureomycin 392.
Vitrein 910ff.

Vögel:
Argininbedarf 302.
Bildung von Gallensäuren, tauringebundenen 557.
— von Harnstoff 302.
— von Hypoxanthin 333.
— von Ornithursäure 302.
Endprodukte des N-Stoffwechsels 341 Tab.
Entgiftung von Ammoniak durch Harnsäurebildung 336.
Galle, Biliverdin in der — 516, 536.
—, Gallensäuren in der — 551.
Gehirn, Aktivität der Acetylcholinesterase im — 853f.
Gehirn, Proteine, Alanin- und Asparagingehalt 654.
Harnsäurebildung bei — 311, 333, 336ff.
Hypoxanthinvorstufen bei — 337.
Kammerwasser, Gehalt an Citronensäure 905.
Leber, keine Arginase in — 310.
—, Bildung von Glycin 337.
—, Gehalt an Ascorbinsäure 377.
—, — an Codehydrogenasen 394.
—, — an Nucleinsäuren 323.
—, Vorkommen von Xanthinoxydase 337.
Leberexstirpation bei — 28.
Muskel, Gehalt an Ascorbinsäure 377.
Niere, Vorkommen von Arginase in der — 302.
Ornithin, Verwendung zur Entgiftung 472.
Retina, Ernährung 929.
—, Stoffwechsel 929ff.
Sehstoffe 926.

Wachstum, Bedeutung von Pentosenucleotiden für das — 764.
—, Bildung von Desoxyribonucleinsäuren bei — 317.
—, Nucleinsäuregehalt der Leber während des — 323.
Wachstumshormon, Beeinflussung der Fettsynthese durch — 169.
— und Pantothensäurebedarf 406.
—, Wirkung auf Fettgehalt der Leber 141f.
Wärmehaushalt, Bedeutung des Leberglykogens für — 22f.
— bei Tieren, winterschlafenden 23.
Wärmeregulation, Bedeutung der Leber für — 21—24.
—, chemische 23, 588.
—, nervöse 23.
Wal, Bildung von Gallensäuren, tauringebundenen 557.
—, Leber, Gehalt an Axerophthol 355f., 357 Tab.
—, —, — an Cobalamin 390.
—, —, — an Nicotinsäure 394.
—, —, — an Thiamin 387.
—, —, Vorkommen von Kitol 359.
WALLERsche Degeneration, Nerv 693—699.
Walroß, Bildung von Phocaecholsäure 553.
—, Leber, Axerophthol-Gehalt 358.
WARBURGsches Atmungsferment, Muskel 585.
Warmblüter, N. obturatorius, Proteine aus — 654.
Waschfrauen, Calorienbedarf 589.

Wasser:
Aufnahme durch die Linse 893.
Ausscheidung, Tagesrhythmus 25f.
Gehalt in Aderhaut 914.
— in Bindegewebe 575 Tab.
— in Blut 575 Tab.
— in Blutserum 575 Tab.
— in Ciliarkörper 914.
— in Cornea 881.
— in Erythrocyten 575 Tab.

Wasser:
Gehalt in Gehirn 618, 620f.
— —, Altersveränderungen 676, 677 Tab.
— —, unter Ernährungsbedingungen, besonderen 684.
— —, Substanz, grauer 924 Tab.
— in Gehirnsubstanz, entfetteter 632.
— in Gehirnteilen, verschiedenen 618 Tab.
— in Glaskörper 910.
— in Herzmuskel 575 Tab.
— in Iris 914.
— in Knorpel 575 Tab.
— in Leber 39f., 621.
— —, regenerierender 33.
— in Linse 883.
— — bei Katarakt 897.
— in Muskel 574, 575 Tab.
— —, glattem 575 Tab.
— in Nebenniere 621.
— in Nerven 620 Tab., 620f.
— —, peripheren, bei Degeneration, WALLERscher 693.
— in N. ischiadicus 620 Tab.
— — bei Degeneration, WALLERscher 694 Tab.
— in Niere 621.
— in Retina 924 Tab.
— in Rinderauge 916 Tab.
— in Rückenmark 620 Tab.
Trennung in H- und OH-Ionen beim Ionentransport 803.
Stoffwechsel, Bedeutung der Leber für — 210.
— in Leber 39f.
Verwendung zur Cholesterinsynthese 201.
doppelt markiertes, Untersuchung des Fettstoffwechsel der Leber mit — 165.
intracelluläres 621.
sulfathaltige, Wirkung, choleretische 533.
Wasserhaushalt, Gehirn, Altersveränderungen 676.
—, Regulation durch die Leber 8.
—, Störungen bei Lebercirrhose 18.
Wasserstoffsuperoxyd, Bedeutung für Tryptophanpyrrolasewirkung 287.
WEISS, Urochromogenreaktion 291.
Weißfisch, Harnsäureabbau bei — 341.
—, Leber, Gehalt an Vitamin A_2 359.
—, Leberöl, Gehalt an Axerophthol und Calciferol 362 Tab.
WELTMANNsches Koagulationsband 245.
Wildente, Leber, Axerophthol-Gehalt 357 Tab.
Winterschlaf, Glykogenolyse, postmortale, im — 69.
—, Zusammensetzung des Muskels bei — 586.
Wirbellose, Lipoidverteilung im Nervensystem 644.
Wirbeltiere, Lipoidverteilung im Nervensystem 644.
Wirkung, alipotrope 154.
—, —, bei Nahrung, proteinarmer 152.
—, antidiuretische, von Blutplasma und Harn bei Hepatitis 451.
—, antiketogene 192 Abb.
—, —, von Brenztraubensäure 190.
Wirkung, antiketogene, von Fructose 101.
—, —, von Fumarat 190.
—, —, von Glucose 101.
—, —, von Glycerin 190.
—, —, von Indolbrenztraubensäure 293.
—, —, von α-Ketoglutarat 190.
—, —, von Kynurenin 293.
—, —, von Lactat 190.
—, —, von Malat 190.
—, —, von Mannose 105.
—, —, von Oxalessigsäure 190.
—, —, von Propionsäure 174.
—, —, von Sorbose 101f.
—, —, von Tryptophan 293.
—, ketogene, von Ammoniumsalzen 193.
—, —, von Leucin 264f.
—, —, von Malonsäure 191ff.
—, —, von Methionin 147.
—, lipotrope 135, 143, 148—152, 154.
—, —, bei Nahrung, proteinreicher 147, 152.
—, —, von Mangan 61.
—, —, von Methionin 143, 146—148, 152, 266.
—, —, von Pyridoxin 403.
Wismut, Vorkommen in Gallensteinen 567.
Wöchnerinnen, Ausscheidung von Myoglobin im Kot bei — 522.
Wolfram, Vorkommen in Gallensteinen 567.
Wuchsstoff, neuroregenerativer 699.

Xanthelasmatose 688.
Xanthin, Abbau, Endprodukte 335.
—, Aktivierung der Fettsäuredehydrogenase durch — 163.
—, Bedeutung für Tokopherolwirkung 366.
—, Bildung aus Guanin 334.
—, — aus Guanylsäure 334.
—, Oxydation von — 334ff.
—, Schutzwirkung gegen Lebergifte 334.
—, Vorkommen im Tapetum lucidum 919.
Xanthindehydrogenase, Gehalt in Leber bei Eiweißmangel 222.
Xanthinoxydase:
Aktivierung durch Cobalamin 422.
Aktivität 335f.
ein Flavinferment 335.
Form, reduzierte, Oxydation der — 491.
Hemmung durch Aminopterin 415.
— durch Antabus 490.
— durch Folsäure 415, 416 Abb., 422.
fehlt in Hundeleber 339.
Identität mit Aldehydoxydase 490.
Leber, Gehalt bei Eiweißmangel 222 Abb.
—, — bei Methioninmangel 335.
—, — bei Tryptophanmengel 335.
—, Wirkung von Thyroxin auf — 445.
Molybdängehalt 65.
bei Ratten 334.
Vorkommen 334.
— in Leber 222 Abb., 259, 334f., 337, 392, 490f.
— in Milch 490f.
— in Muskel 585.
— in Pankreas 337.
— in Niere 334, 337.
Wirkung von Methylenblau auf — 491.

Xanthophyll und Xanthophyllester, Vorkommen in Ölkugeln der Retina 926f.
Xanthopterin, Bildung von Folsäure aus — 413.
—, Vorkommen in der Chorioidea 919.
Xanthopterinoxydase 416.
Xanthuren 286*.
— s. a. Oxykynurenin.
Xanthurensäure 286*, 287.
—, Ausscheidung im Harn 286, 291.
—, Bildung aus Kynurenin 291.
—, — aus Oxykynurenin 290 Schema, 291.
—, — aus Tryptophan 291.
—, kein Ersatz für Nicotinsäure 292.
Xiphias gladius, Leber, Axerophthol-Gehalt 357 Tab.
Xyloketose, Zwischenprodukt der Ribosebildung 345 Abb.
L-Xyloketose, Bildung aus Glucuronsäure 463.
Xylose, Einfluß auf Permeabilität der Linse 893.
—, Linsentrübung durch — 899.
—, Oxydation, direkte 108.
—, Zwischenprodukt der Ribosebildung 345 Abb.
D-Xylose, Verteilungsverhältnis Plama : Kammerwasser 909.
Xylulosephosphat, Bildung aus Fructose-1,6-diphosphat 345.

Zapfensubstanz 936, 945ff.
Zeichner, Calorienbedarf 589.
Zeiden, Leber, Vorkommen von Uricase und Allantoinase 341.
Zein, Glucosebildung aus — 123.
Zellatmung, Unterbrechung durch Cyanide 478.
Zellen, endoneurale, Gehalt an Phosphatase, saurer 695.
Zellen, SCHWANNsche, Gehalt an Phosphatase, saurer 695f.
—, —, Proliferation bei Degeneration, WALLERscher 697.
Zellfraktionen, Gehalt an Folsäure und Folinsäure 415.
—, Leber, Gehalt an Eiweiß 217 Tab.
—, —, — an Nucleinsäuren 313 Tab.
—, —, — an Ribonucleinsäure bei Hunger 321f.
Zellgranula, Leber, Erneuerung der Ribonucleinsäuren in — 317.
—, —, Gehalt an Eiweiß 217 Tab.
—, —, — an Ribonucleinsäuren 312.
—, Vorkommen von Uricase 339.
Zellkern:
Aufnahme von Aminosäuren, markierten, in — 215 Tab.
— von Phosphat, radioaktivem, in Ribonucleinsäuren 318.
Bildung von Diphosphopyridinnucleotid 396.
— von Ribonucleinsäuren im — 317.
Erneuerung der Phospholipide 317.
Zellkern:
Erneuerung der Proteine 214.
Gehalt an Butyrase 157.
— an Cobalamin 419.
— an Coenzym A 405.
— an Desoxyribonuclease 320, 504.
— an Desoxyribonucleinsäuren 311ff., 502.
— — bei Hunger 321f.
— an Fol- und Folinsäure 415 Tab.
— an Nucleinsäuren 764.
— an Pantothensäure 405.
— an Phosphatiden 134.
— an Riboflavin 390.
— an Ribonucleasen 319.
— an Ribonucleinsäuren 313 Tab.
— — bei Hunger 321.
Gehirn, Lipoidzusammensetzung 649.
Leber, Erneuerung der Ribonucleinsäuren in — 317.
—, Gehalt an Arginase 310.
—, — an Desoxyribonucleinsäuren 311ff., 313 Tab.
—, — an Eiweiß 217 Tab.
—, — an Ribonucleinsäuren 312, 313 Tab.
—, — an Thyroxin 441.
—, Vorkommen von Phosphatase 541.
Nervenzellen, Lipoidverteilung 649 Tab.
Nucleinsäuren, Basenverhältnis 314 Tab.
Nucleolen, histonhaltige, in — 764.
Proteine in Zellgranula, Aminosäurenzusammensetzung 218 Tab.
Rattenleber, Gehalt an Purin- und Pyrimidinbasen 315 Tab.
Umsatzgeschwindigkeit der Nucleinsäuren 323.
— der Phospholipide 323 Tab.
Vorkommen von Alkoholhydrogenase 487.
— von Ribonucleinsäuren 666.
— von Uricase 339.
Zellproteine, Synthese 228.
—, Umwandlung in Plasmaproteine 230.
Zellteilung, Hemmung durch Heparin 320.
Zentralnervensystem (ZNS):
s. a. Gehirn.
s. a. Nervensystem.
s. a. Rückenmark.
Acetylcholin und Neurone, nicht cholinergische 842.
Aufbau aus Neuronen, cholinergischen und nichtcholinergischen 839.
—, chemischer 617—700.
Bausteine, Altersveränderungen 676 bis 684.
Bedeutung von Vitaminen für das — 668—674.
Bildung von γ-Aminobuttersäure im — 748.
— von Bernsteinsäure im — 720.
— von Nucleinsäuren im — 764.
Cholesteringranulomatose 688.
Cozymase, Abbau im — 793.
Demyelinisierung bei Kupfermangel 626f.

Zentralnervensystem (ZNS):
Energiebedarf, Deckung 700.
Erkrankung, demyelinisierende 692f.
Funktion der Lipoide im — 743f.
Gehalt an Acetylcholin 844.
— an Desoxyribonucleinsäuren 664 Tab.
— an Glykolipoiden 661.
— an Kaliumionen 801.
— an Natriumionen 625, 801.
— an Neutralfetten 649f.
— an Nucleinsäuren 661—668.
— an Phosphorverbindungen 664 Tab., 665 Tab.
— an Ribonucleinsäuren 664 Tab.
Glutaminsäure, Reaktionen der — im — 748.
Glykolyse 700—715.
Hämangiome, Lipoidgehalt 691.
Ionentransport 801—805.
Kohlenhydratstoffwechsel 700—733.
Lipoide nach Lipoidmast 686.
Mineralstoffwechsel 796—801.
Neurone, cholinergische und nichtcholinergische 850.
Nucleinsäuren, Analysengang 663 Tab.
—, Bausteine 667.
—, Bestimmung 661f., 663 Tab., 665f.
Oxydationen im —, P/O-Verhältnis bei — 730f.
Perjodsäure-Leukofuchsinreaktion 611.
Phosphataufnahme 769.
Phosphatidspeicherkrankheiten 688ff.
Phosphorverbindungen im — 664 Tab., 665 Tab.
Resistenz gegen Substanzen, cancerogene 692.
Stoffwechsel der Eiweißkörper 744—763.
— und Fermente 700—808.
— und Funktion 808—814.
— — der Lipoide 734—744.
— von α-Ketoglutarsäure 719.
— der Lipoide 735—739.
— der Mineralstoffe 796—801.
— bei Virusinfektionen am — 827—834.
Thesaurismosen 688—691.
Veränderungen bei Axerophthol-Mangel 669.
Verhalten unter Ernährungsbedingungen, besonderen 684—687.
Vitamine, Bedeutung für das — 668 bis 676.
Vorkommen von Cocarboxylase im — 669.
— von Myokinase im — 767.
— von 5-Nucleotidase im — 696.
Wirkung von Ischämie auf — 787.
Zustand, funktioneller, Einfluß von Glutaminsäure auf — 758.
„Zephirol", Extraktion des Sehpurpurs durch — 938.
Zeus faber, Leber, Kupfergehalt 56 Tab.
— —, —, Vorkommen von Uricase und Allantoinase 341.
Ziege, Bildung von Chenodesoxycholsäure 551.
Ziege, Bildung von Cholsäure 551.
—, — von Gallensäuren, gekoppelten 557.
—, Leber, Gehalt an Cobalamin 420 Tab.
—, —, — an Eisen 45 Tab., 46.
—, —, — an Kupfer 56 Tab.
—, —, Vorkommen von Glucosedehydrogenase 107.
—, Xanthinoxydaseaktivität 335 Tab.

Zink:
Ausscheidung im Pankreassaft 63.
Bedeutung für Desulfurase 274.
— für Ernährung der Hornhaut 876.
Gehalt in Augenteilen, verschiedenen 915 Tab.
— in Chorioidea 915 Tab., 916.
— in Gehirn 623 Tab., 626f.
— in Hornhaut 873 Tab.
— in Iris + Ciliarkörper 915 Tab.
— in Leber 62f., 64 Tab.
— in Lederhaut 871f.
— in Linse 884 Tab.
— in Milz 62.
— in Nebenniere 62.
— in N. opticus 948 Tab.
— in Pankreas 62.
— in Retina 915 Tab., 924, 925 Tab.
— in Rinderauge 916 Tab.
— in Tapetum fibrosum 916.
— in Uricase 63.
Hemmung der Katalase durch — 63.
Verteilung bei der Maus 62 Tab.
Vorkommen in Augengeweben, pigmentierten 917f.
— in der Bindehaut 871.
— in Gallensteinen 567.
— in Muskel 577.
Wirkung auf Insulinase 448.
— auf Leberglykogen 63.
Zinkionen, Aktivierung von Phosphatasen durch — 63.
Zinkreaktion, Serum 245.
—, Vorkommen in Gallensteinen 567.
Zinn, Gehalt in Gehirn 628.
—, — in Leber 64 Tab.
—, — in Rinderauge 916 Tab.
Zonula Zinnii 882, 914.
Zucker, Gehalt in Blut bei Muskelarbeit 609.
—, — in Tränenflüssigkeit 869 Tab.
—, Übertritt aus Blut in Glaskörper 909.
—, — — ins Kammerwasser 908f.
—, Verfütterung von, Wirkung auf Gehalt der Galle an Stoffen, reduzierenden 543.
—, freier, Gehalt in Gehirn 659.
— s. a. Kohlenhydrate.
Zuckerbelastung, Einwirkung auf Blutphosphatgehalt 101.
Zuckersäurelacton, Hemmung der β-Glucuronidase durch — 462f.
Zuckerverbrauch, peripherer 824f.
Zwerchfell, Inaktivierung von ACTH durch — 449.
—, Oxydation von Methylalkohol in — 488.
Zwischenhirn, Jodgehalt 632.
Zymohexase, Aktivität im Gehirn 713.